To Chinese Students

Many generations of English speaking students have used the book and we are pleased that Chinese students will now have that opportunity as well. Just as the Fundamental Theorem of the Calculus unites the derivative with the integral, which at first glance may appear as seemingly unconnected mathematical concepts, it is our hope that the spirit of friendship as represented in the translation of our book will provide a deep and powerful connection between our two cultures.

致中国学生

许多代讲英语的学生用过本书,我们很高兴现在中国学生也有机会来使用本书. 恰如微积分基本定理统一了初看起来似乎是不相关的数学概念微分和积分那样,我们希望在翻译本书中所表达的友好精神提供了我们两种文化之间的深刻而强有力的联系.

本书作者:Maurice Weir

代数

1. 指数定律
$$a^m a^n = a^{m+n}, \quad (ab)^m = a^m b^m, \quad (a^m)^n = a^{mn}, \quad a^{m/n} = \sqrt[n]{a^m}$$

如果 $a \neq 0$,那么
$$\frac{a^m}{a^n} = a^{m-n}, \quad a^0 = 1, \quad a^{-m} = \frac{1}{a^m}.$$

2. 零 除以零是没有定义的.

如果 $a \neq 0$,那么 $\dfrac{0}{a} = 0$, $a^0 = 1$, $0^a = 0$

对任何数 a: $a \cdot 0 = 0 \cdot a = 0$

3. 分式
$$\frac{a}{b} + \frac{c}{d} = \frac{ad+bc}{bd}, \quad \frac{a}{b} \cdot \frac{c}{d} = \frac{ac}{bd}, \quad \frac{a/b}{c/d} = \frac{a}{b} \cdot \frac{d}{c}, \quad \frac{-a}{b} = -\frac{a}{b} = \frac{a}{-b}$$

4. 二项式定理 对任何正整数 n,
$$(a+b)^n = a^n + na^{n-1}b + \frac{n(n-1)}{1 \cdot 2}a^{n-2}b^2 + \frac{n(n-1)(n-2)}{1 \cdot 2 \cdot 3}a^{n-3}b^3 + \cdots + nab^{n-1} + b^n.$$

5. 整数幂的差, $n > 1$
$$a^n - b^n = (a-b)(a^{n-1} + a^{n-2}b + a^{n-3}b^2 + \cdots + ab^{n-2} + b^{n-1})$$

例如,
$$a^2 - b^2 = (a-b)(a+b),$$
$$a^3 - b^3 = (a-b)(a^2 + ab + b^2),$$
$$a^4 - b^4 = (a-b)(a^3 + a^2b + ab^2 + b^3).$$

6. 配(平)方 如果 $a \neq 0$,那么
$$ax^2 + bx + c = a\left(x^2 + \frac{b}{a}x\right) + c$$
$$= a\left(x^2 + \frac{b}{a}x + \frac{b^2}{4a^2} - \frac{b^2}{4a^2}\right) + c$$
$$= a\left(x^2 + \frac{b}{a}x + \frac{b^2}{4a^2}\right) + a\left(-\frac{b^2}{4a^2}\right) + c$$
$$= a\underbrace{\left(x^2 + \frac{b}{a}x + \frac{b^2}{4a^2}\right)}_{\text{这是}\left(x+\frac{b}{2a}\right)^2} + \underbrace{c - \frac{b^2}{4a}}_{\text{称这部分为}C}$$
$$= au^2 + C \quad (u = x + (b/2a))$$

7. 二次公式 如果 $a \neq 0$,那么
$$ax^2 + bx + c = 0$$
$$x = \frac{-b \pm \sqrt{b^2 - 4ac}}{2a}.$$

几何

(A = 面积, B = 底面积, C = 周长, S = 侧面积或表面积, V = 体积)

1. 三角形

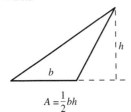

$$A = \frac{1}{2}bh$$

2. 相似三角形

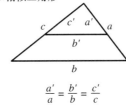

$$\frac{a'}{a} = \frac{b'}{b} = \frac{c'}{c}$$

3. 毕达哥拉斯定理

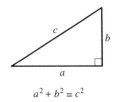

$$a^2 + b^2 = c^2$$

4. 平行四边形

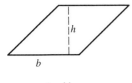

$$A = bh$$

5. 梯形

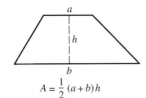

$$A = \frac{1}{2}(a+b)h$$

6. 圆

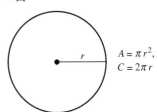

$$A = \pi r^2, \quad C = 2\pi r$$

7. 柱体或底平行的棱柱体

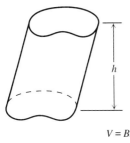
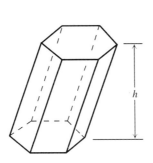

$$V = Bh$$

8. 直立圆柱

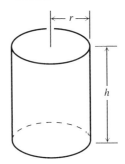

$$V = \pi r^2 h, \quad S = 2\pi rh$$

9. 锥或棱锥

$$V = \frac{1}{3}Bh$$

10. 直立圆锥

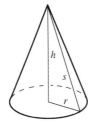

$$V = \frac{1}{3}\pi r^2 h, \quad S = \pi rs$$

11. 球

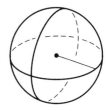

$$V = \frac{4}{3}\pi r^3, \quad S = 4\pi r^2$$

三角公式

1. 定义和基本恒等式

正弦：$\sin\theta = \dfrac{y}{r} = \dfrac{1}{\csc\theta}$

余弦：$\cos\theta = \dfrac{x}{r} = \dfrac{1}{\sec\theta}$

正切：$\tan\theta = \dfrac{y}{x} = \dfrac{1}{\cot\theta}$

2. 恒等式

$\sin(-\theta) = -\sin\theta, \quad \cos(-\theta) = \cos\theta$

$\sin^2\theta + \cos^2\theta = 1, \quad \sec^2\theta = 1 + \tan^2\theta,$

$\csc^2\theta = 1 + \cot^2\theta$

$\sin 2\theta = 2\sin\theta\cos\theta, \quad \cos 2\theta = \cos^2\theta - \sin^2\theta$

$\cos^2\theta = \dfrac{1+\cos 2\theta}{2}, \quad \sin^2\theta = \dfrac{1-\cos 2\theta}{2}$

$\sin(A+B) = \sin A \cos B + \cos A \sin B$

$\sin(A-B) = \sin A \cos B - \cos A \sin B$

$\cos(A+B) = \cos A \cos B - \sin A \sin B$

$\cos(A-B) = \cos A \cos B + \sin A \sin B$

$\tan(A+B) = \dfrac{\tan A + \tan B}{1 - \tan A \tan B}$

$\tan(A-B) = \dfrac{\tan A - \tan B}{1 + \tan A \tan B}$

$\sin\left(A - \dfrac{\pi}{2}\right) = -\cos A, \quad \cos\left(A - \dfrac{\pi}{2}\right) = \sin A$

$\sin\left(A + \dfrac{\pi}{2}\right) = \cos A, \quad \cos\left(A + \dfrac{\pi}{2}\right) = -\sin A$

$\sin A \sin B = \dfrac{1}{2}\cos(A-B) - \dfrac{1}{2}\cos(A+B)$

$\cos A \cos B = \dfrac{1}{2}\cos(A-B) + \dfrac{1}{2}\cos(A+B)$

$\sin A \cos B = \dfrac{1}{2}\sin(A-B) + \dfrac{1}{2}\sin(A+B)$

$\sin A + \sin B = 2\sin\dfrac{1}{2}(A+B)\cos\dfrac{1}{2}(A-B)$

$\sin A - \sin B = 2\cos\dfrac{1}{2}(A+B)\sin\dfrac{1}{2}(A-B)$

$\cos A + \cos B = 2\cos\dfrac{1}{2}(A+B)\cos\dfrac{1}{2}(A-B)$

$\cos A - \cos B = -2\sin\dfrac{1}{2}(A+B)\sin\dfrac{1}{2}(A-B)$

三角函数

弧度度量

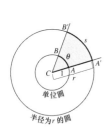

$\dfrac{s}{r} = \dfrac{\theta}{1} = \theta$ 或 $\theta = \dfrac{s}{r}$,

$180° = \pi$ 弧度

用角度和弧度表示的两个同样的三角形的角.

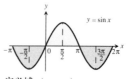

定义域：$(-\infty, \infty)$
值域：$[-1, 1]$

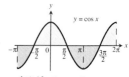

定义域：$(-\infty, \infty)$
值域：$[-1, 1]$

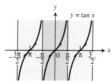

定义域：除 $\pi/2$ 的奇整数倍数外的所有实数
值域：$(-\infty, \infty)$

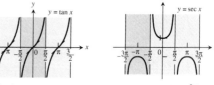

定义域：$x \neq \pm\dfrac{\pi}{2}, \pm\dfrac{3\pi}{2}, \ldots$
值域：$(-\infty, -1] \cup [1, \infty)$

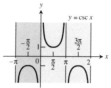

定义域：$x \neq 0, \pm\pi, \pm 2\pi, \ldots$
值域：$(-\infty, -1] \cup [1, \infty)$

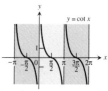

定义域：$x \neq 0, \pm\pi, \pm 2\pi, \ldots$
值域：$(-\infty, \infty)$

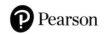

托马斯微积分

第10版

Thomas' CALCULUS

TENTH EDITION

FINNEY 芬尼　　WEIR 韦尔　　GIORDANO 乔达诺

叶其孝　王耀东　唐　兢　译

中国教育出版传媒集团

高等教育出版社·北京

图字：01-2024-1863号

FINNEY　WEIR　GIORDANO
Thomas' CALCULUS（TENTH EDITION）
ISBN：0-201-44141-1

Simplified Chinese edition copyright © 2003 by PEARSON EDUCATION NORTH ASIA LIMITED and HIGHER EDUCATION PRESS.（Thomas' Calculus from Addision Wesley Longman's edition of the Work）

Thomas' Calculus, 10e by Ross Finnney, Maurice Weir, Frank Giordano, George Thomas Copyright © 2001. All Rights Reserved.

Published by arrangement with the original publisher, Pearson Education, Inc., publishing as Addison Wesley Longman.

This edition is authorized for sale only in the People's Republic of China（excluding the Special Administrative Regions of Hong Kong and Macau）.

本书封面贴有 Pearson Education（培生教育出版集团）激光防伪标签，无标签者不得销售。

图书在版编目（CIP）数据

托马斯微积分/（美）芬尼，（美）韦尔，（美）焦尔当诺著;叶其孝,王耀东,唐兢译.—北京:高等教育出版社,2003.8（2024.10 重印）
书名原文：Thomas' Calculus
ISBN 978-7-04-010823-1

Ⅰ.托... Ⅱ.①芬...②韦...③焦...④叶...⑤王...⑥唐... Ⅲ.微积分-高等学校-教材 Ⅳ.0172

中国版本图书馆 CIP 数据核字（2003）第 058260 号

| 责任编辑　徐　可 | 封面设计　王凌波 | 版式设计　杨　明 | 责任印制　赵　佳 |

出版发行	高等教育出版社	咨询电话	400-810-0598
社　　址	北京市西城区德外大街4号	网　　址	http://www.hep.edu.cn
邮政编码	100120		http://www.hep.com.cn
印　　刷	北京中科印刷有限公司	网上订购	http://www.landraco.com
开　　本	787×1092　1/16		http://www.landraco.com.cn
印　　张	85	版　　次	2003年8月第10版
字　　数	2 000 000	印　　次	2024年10月第21次印刷
购书热线	010-58581118	定　　价	99.80元

本书如有缺页、倒页、脱页等质量问题，请到所购图书销售部门联系调换
版权所有　侵权必究
物　料　号　10823-01

译者的话

微积分是人类智慧最伟大的成就之一. 微积分是有关运动和变化的数学. 微积分作为数学科学的一个重要组成部分也是科学而且优美的语言. 自微积分诞生后的三百多年来, 每一世纪都证明了微积分在阐明和解决来自数学、物理学、工程科学以及经济学、管理科学、社会学和生物科学各领域问题中的强大威力. 正因为如此, 微积分必然会成为培养人才的重要的必须掌握的内容. 在全世界, 微积分已经成为理工科大学生的必修课程. 而且正在成为所有专业的大学生的必修或选修课程. 甚至在许多高级中学已经把微积分作为必修或选修课程. 针对不同对象、不同层次、不同水平具有不同风格的有关微积分的教材和图书不断、大量的出版也充分表明了需求量之大. 在已经出版的有关微积分的教材和图书中不乏优秀之作. 《Thomas'Calculus》(《托马斯微积分》)就是其中之一.

最新出版的《托马斯微积分》(第10版)离1951年出版的第1版(第1版到第9版的书名都是《Calculus and Analytic Geometry》(《微积分和解析几何》)已有半个世纪. 众所周知, 20世纪后半叶是科技和社会迅速发展的时期, 尤其是计算机、计算技术、因特网和网络技术的惊人而且超乎想象的发展为数学的应用开辟了无限广阔的前景. 数学的应用正在向一切领域渗透, 各行各业对数学的要求也前所未有地增长. 在长达半个世纪里出版了10版的微积分教材是不多的, 这就说明了这是一本深受到美国广大教师和大学生欢迎的教材. 事实上, 不少大学和教师采用它作为微积分课程的教材, 在相当一段时间里它也是麻省理工学院(MIT)微积分课程所用的几套教材之一. 为什么呢? 我们认为很重要的原因是作者既了解科技进步及其对微积分课程产生的新的需求, 也因为他们是在教学的第一线深切了解后继课程的的需要, 知道怎样才能培养和提高学生的能力. 他们以学生为中心, 处处为学生着想、为学生服务. 只有这样所编写的教材才能做到与时俱进. 我们在翻译的过程中更具体地体会到了这一点. 我们觉得很多方面是非常值得我们思考的.

首先, 本书的目标明确. 作者指出尽管第10版作了重大的修订, "但我们没有放弃我们的信念, 即微积分的根本目的在于帮助学生为进入数学、科学和工程的领域作准备.""保持了本教材的传统的优点: 坚实的数学, 对科学和工程相关的和重要的应用以及极好的习题." "本教材继续把加强技能的训练作为重点. 贯穿本版, 我们把能鼓励学生直观形象地、解析和数值地思考的例子和讨论包括进来. 几乎每个习题组都包含了要求学生把生成和解释图形作为理解数学和现实世界中关系的工具. 许多节还包含扩大应用范围、数学概念和严格性方面的问题."用我们国内经常讨论甚至争论的初、高等微积分的话来说, 本书在某种意义上是一本现代的初等微积分教材, 即尽可能快地向学生介绍微积分的基本概念、方法和应用, 有的甚至是不甚严格的,但数学上是决没有错误的.鼓励甚至迫使学生直观形象地、解析和数值地思考,把加强解决问题的方法和技能的训练作为重点是有道理的.尽管学习数学(微积分)的方法和途径是多种多样的,都可能掌握和应用好数学,真是条条大路通罗马!但是选修微积分课程学生的情况也是多种多样的,他们的基础也是参差不齐的,很多人对数学的兴趣不大,对微积分的重要性更是不了解,他们选微积分是因为教学计划的要求,为了以后可能要用到它们而来学的.对于这样的学生微积分的入门门槛不能太高,入门后再逐步引导、帮助他们了解和学好微积分.在美国微积分一般都分为 3 - 4 个阶段的课来上的,有不少学生只学第 1 阶段或第 1,2 阶段的微积分课.因此,中国的读者在读本书时,会感到前面部分怎么那么"浅",我们认为部分原因就是为了适应更多的学生的需要.这也许就是教材的灵活性吧.不过,我们觉得本书的前几章是很值得我国的高职高专或数学课时较少的学校或专业的数学教师参考的.

第二,本书力图尽早地把数学建模以及数学实验的思想和方法融入课程.数学建模本身并不是什么新东西.数学建模几乎是一切应用科学的基础.古今中外凡是要用数学来解决的实际问题,都是通过数学建模的过程来进行的,换一种说法,都是应用数学建模的思想和方法来解决的.然而,由于计算的速度、精度和画图等形象化手段长期没有解决,以及其他种种原因,致使数学建模的重要性逐渐被人淡忘了.然而,恰恰是在 20 世纪后半叶计算机、计算速度和精度以及其他技术突飞猛进飞速发展,给数学建模这一技术以极大的推动力,通过数学建模也极大地扩大了数学的应用领域."数学建模和与之相伴的计算正在成为工程设计中的关键工具.科学家正日益依赖于计算方法,而且在选择正确的数学和计算方法以及解释结果的精度和可靠性方面必须具有足够的经验.对工程师和数学家的数学教育需要变革以反映这一新的现实.[1]""把对外部世界各种现象或事件的研究化归为数学问题的数学建模的方法在各种研究方法,特别是与电子计算机的出现有关的研究方法中,占有主导地位.数学建模的方法能使人们在解决复杂的科学技术问题时设计出在最佳情景下可行的新的技术手段,并且能预测新的现象.[2]"因此怎样把数学建模的思想和方法真正有机地融入微积分的课程是一项既迫切又艰巨的任务.困难之一就是数学建模往往与各领域的实际问题以及具体的数学方法——常常是很高深的数学方法——紧密相连,本书作者的努力在于把精选的只涉及较为初等的数学而又能体现数学建模精神,既能吸引学生而且学生以后又可能碰到的案例融入本书.特别是,尽可能多地训练学生的"双向翻译"的能力,简单地说,就是把实际问题用数学语言翻译为明确的数学问题,再把数学问题得到解决的结论或数学成果翻译为常人能懂的语言."双向翻译"是能否有效地应用数学建模的思想和方法的极为关键的步骤.数学建模的力量就在于"通过把物质对象对应到认定能'表示'这些物质对象的数学对象以及把控制前者的规律对应到数学对象之间的数学关系,就能构造所研究的情形的数学模型;这样,把原来的问题翻译为数学问题,如果能以精确或近似方式求解此数学问题,就可以再把所得到的解翻译回去,从而'解'出原先提出的问题.[3]"本书作者在这方面作了很大努力,大量的习题要求学生学习、练习并逐步培养双向翻译的能力.我们认为在微积分的早期学习中渗透数学建模的思想和方法是极为重要的,不仅是使学生获得了用数学建模的思想和方法去解决问题的初步能力,提高了学习微积分以至学习更多的数学的兴趣和积极性,提高了自学能力,更能使学生在后继专业课程的学习中更为积极主动.

与数学建模紧密相连的就是数学实验,长期以来人们对数学的一个很大的误解是数学是从来不做实验的,数学家就是凭脑袋、纸和笔进行推理、证明和计算云云. 实际上,数学实验也不是新东西. 人们实际上早就认识到数学实验在解决各种实践问题中的必要性和重要性. 问题在于手算太费时、太繁琐甚至太困难以致无法进行下去. 当然数学实验和物理、化学或生物学的实验在做法上是很不相同的,但精神是一致的. 而现在进行数学实验的手段大大发展了,它不仅为用数学方法解决更多的实际问题创造了良好的条件,也为加速数学本身的发展提供了更多的机会. 1991 年期刊《实验数学(Experimental Mathematics)》创刊,以及数学实验作为数学科学的一个生气勃勃的新领域的兴起,也充分证明了数学实验的重要性. 本书的作者也与时俱进地加进了大量的具有数学实验思想的例题和习题,以提高学生对数学实验的认识和能力.

我国也正在进行把数学建模的思想和方法有机融入大学的主干数学课程的研究和实践,这是大学数学教学改革的重要一环. 本书的许多做法是非常值得我们思考、学习和借鉴的.

第三,微积分教学和学习中技术手段的使用. 在本书中技术手段主要是指图形计算器和计算机和相应的数学软件以及网络教学等. 使用技术手段来学习数学是好事还是坏事是一个颇有争议的问题. 确实,企图用技术手段来替代个人刻苦努力的学习,是荒唐而且绝对不可取的,只会害学生. 但决不能完全彻底地排斥技术手段,这里既有一个度的问题,也有怎样使用的问题. 对于数学已经掌握得很好的教师来说技术手段既可能成为自己科研和教学研究的得心应手的有力工具,也可以通过教学实践来研究在教学过程中怎样使用它们,从而既能吸引学生、调动其学习的能动性,又能提高教学质量. 这不是要不要的问题,而是需要从实践中取得经验,再慎重推广施行的问题. 本书及其所附的光盘大量应用先进技术,从光盘和因特网上可得到包括诸如投影胶片等马上可以用于电子教案的许多技术手段. 同时本书在多处地方强调不能滥用技术手段,无论是画函数的图形或是用数学软件求积分都可能出现误导、错误或非常繁琐不得要领等问题,它们是有局限性的,决不能代替聪明的思考、计算和推理证明. 技术手段永远是辅助手段,它们能促进我们的思考,帮助我们更好地学习掌握微积分. 在教学过程中是否采用技术,决定权在教师手中.

第四,教学内容和教学手段现代化的问题. 上面已经谈到了教学手段的现代化问题. 关于教材内容现代化的问题,本书大量的课文和习题涉及航天等现代高科技的问题. 就数学本身来讲,诸如相直线、平衡点的稳定性分析、吸引子、分形以及 Monte Carlo 数值积分等也都有论述,但基本上是蜻蜓点水式的. 要不要仔细展开完全取决于任课教师,本书主要考虑的是为进一步学习这些现代的重要数学概念打下一定的基础.

第五,作者精辟地指出,"一本书不能构成一门课;教师和学生在一起才能构成一门课. 本教科书是支持你们的课程的信息资源;有鉴于此,我们在第 10 版中加进了许多有特色的内容使得本书无论在教和学习微积分时更加灵活和有用." 如果只是从某本好书中摘取几个好的例子套用到自己主讲的课程是远远不够的. 教材是死的,课程是活的. 课程是教师和学生共同组成的一个相互作用的整体,只有真正做到教师是动力、以学生为中心,教师充满爱心,处处为学生着想,充分发挥教师的核心指导作用,才能使之成为富有成效的课程. 而一本好的教材能够为教师提供支持其课程的充分的信息资源,帮助主讲教师在教学过程中发挥其才华.

第六,关于作者. 已经退休年近 90 的 G. B. Thomas 教授从 1944 年到 1978 年一直在 MIT

工作，具有丰富的教学经验，他编写的《Calculus and Analytic Geometry》(《微积分和解析几何》)就是该校微积分课程所用的教材之一．主要作者 R. L. Finney 博士 1980 年到 1990 年也在 MIT 工作，他是一位有丰富教学经验的大学数学教育改革的积极份子，有很多著述．他曾于 1983 年作为由美国数学协会(MAA)组织的人民对人民(people to people)大学数学教育代表团的成员访问过中国北京等地，与我国数学教师进行了很好的交流．遗憾的是他在改写完本书后不久不幸去世．M. D. Weir 教授任职于美国海军研究生院(Naval Postgraduate School)对大学水平上应用数学建模和技术手段很有研究．F. R. Giordano 教授 1988 年以来任美国陆军军官学校，即西点军校(United States Military Academy (USMA))数学系的系主任，也是组织美国大学生数学建模竞赛(Mathematical Contest in Modeling (MCM))和美国大学生交叉学科建模竞赛(Interdisciplinary Contest in Modeling (ICM))的名为数学及其应用联合体(Consortium for Mathematics and its Applications (COMAP))非盈利公司的大学教育部的主任和 MCM 这个竞赛的主任．Weir 和 Giordano 曾著有数学建模的教材和不少大学数学教育改革的教学单元．他们既有相当高的学术水平，又热爱教学，长期工作在教学第一线，对大学数学教育中存在的问题及可能的改进方向有见解，对数学建模非常熟悉，对技术手段有很好的掌握，而且有相当好的写作能力．这也许是本书深受欢迎的重要原因．这样的作者阵容才能写出这样的教材，这对我们是深有启发的，也是值得我们学习的．

本书第 3 章以前的内容是由叶其孝(北京理工大学)翻译的，第 4 - 11 章是由王耀东(北京大学)翻译的，12 - 13 章和附录是由唐兢(北京工业大学)翻译的．林源渠教授(北京大学)翻译了第 4 - 7 章的部分内容，我们感谢他对翻译本书所作出的贡献．高等教育出版社的徐可同志做了大量的组织和协调工作．

由于译者学术水平有限，时间比较仓促，不妥甚至错误之处在所难免．我们真诚地希望读者予以指正．读者可以通过电子邮件和我们或徐可同志联系．

叶其孝　yeqx@bit.edu.cn　　　　王耀东　wyd@pku.edu.cn
唐　兢　tangjing@bjpu.edu.cn　　徐　可　xuke@hep.com.cn

译者
2003 年 7 月

[1] A. Friedman, J. Glimm, J. Lavery. *The mathematical and computational sciences in emerging manufacturing technologies and management practices — SIAM Reporton Issues in the Mathematical Sciences*, SIAM, 62 - 62, 1992

[2] А. Н. Тихонов, *Mathematical Model*. 《Encyclopaedia of Mathematics》, Vol. 3, 784 - 785, Kluwer Academic Publishers, 1995

[3] Jean Dieudonne, *Pour l'honneur de l'humain — Les Mathematiques Aujourd'hui*, Hachette, 1987. 英译本：*Mathematics—The Music of Reason*, Translated by H. G. and J. C. Dales, Springer - Verlag, 1992. 中译本：让·迪厄多内 著，沈永欢 译．《当代数学——为了人类心智的荣耀》，上海教育出版社，pp. 21 - 22, 1999

本书中译本的出版，源自于西北工业大学张肇炽教授的热心推荐．在 2001 年，他推荐我们引进本书的翻译版权．我们向他表示衷心的感谢！——出版者．

目 录

计算机代数系统(CAS)练习　11
本版的技术创新之处　14
致教师　17
致学生　27

P　预备知识　　1

1　直线　1
2　函数和图形　12
3　指数函数　28
4　反函数和对数函数　36
5　三角函数及其反函数　50
6　参数方程　67
7　对变化进行建模　76
指导你们复习的问题　85
实践习题　86
附加习题：理论、例子、应用　90

1　极限和连续　　95

1.1　变化率和极限　95
1.2　求极限和单侧极限　111
1.3　与无穷有关的极限　126
1.4　连续性　138
1.5　切线　149
指导你们复习的问题　158
实践习题　159

附加习题:理论、例子、应用　161

2　导　数　163

2.1　作为函数的导数　163
2.2　作为变化率的导数　178
2.3　积、商以及负幂的导数　191
2.4　三角函数的导数　197
2.5　链式法则　205
2.6　隐函数微分法　218
2.7　相关变化率　226
指导你们复习的问题　235
实践习题　236
附加习题:理论、例子、应用　242

3　导数的应用　245

3.1　函数的极值　245
3.2　中值定理和微分方程　257
3.3　图形的形状　267
3.4　自治微分方程的图形解　280
3.5　建模和最优化　290
3.6　线性化和微分　308
3.7　Newton 法　321
指导你们复习的问题　331
实践习题　332
附加习题:理论、例子、应用　336

4　积　分　339

4.1　不定积分、微分方程和建模　339
4.2　积分法则;替换积分法　349
4.3　用有限和来估计　356
4.4　黎曼和与定积分　367
4.5　中值定理和基本定理　378
4.6　定积分的变量替换　391
4.7　数值积分　399

指导你们复习的问题　411
实践习题　412
附加习题：理论、例子、应用　418

5　积分的应用　421

5.1　切片法求体积和绕轴旋转　421
5.2　以圆柱薄壳模式计算体积　436
5.3　平面曲线的长度　444
5.4　弹簧、泵吸和提升　452
5.5　流体力　463
5.6　矩和质心　471
指导你们复习的问题　484
实践习题　484
附加习题：理论、例子、应用　487

6　超越函数和微分方程　489

6.1　对数　489
6.2　指数函数　498
6.3　反三角函数的导数；积分　510
6.4　一阶可分离变量微分方程　517
6.5　线性一阶微分方程　530
6.6　Euler 法：人口模型　538
6.7　双曲函数　550
指导你们复习的问题　561
实践习题　561
附加习题：理论、例子、应用　566

7　积分方法，l'Hôpital 法则和反常积分　569

7.1　基本积分公式　569
7.2　分部积分　576
7.3　部分分式　584
7.4　三角替换　593
7.5　积分表，计算机代数系统和 Monte Carlo 积分　598
7.6　L'Hôpital 法则　605

7.7　反常积分　613
指导你们复习的问题　625
实践习题　626
附加习题：理论、例子、应用　629

8　无穷级数　633

8.1　数列的极限　634
8.2　子序列、有界序列和皮卡方法　644
8.3　无穷级数　652
8.4　非负项级数　664
8.5　交错级数、绝对收敛和条件收敛　676
8.6　幂级数　685
8.7　Taylor 级数和 Maclaurin 级数　693
8.8　幂级数的应用　706
8.9　Fourier 级数　714
8.10　Fourier 余弦和正弦级数　720
指导你们复习的问题　727
实践习题　728
附加习题：理论、例子、应用　733

9　平面向量和极坐标函数　739

9.1　平面向量　739
9.2　点积　749
9.3　向量-值函数　759
9.4　对抛射体运动建模　770
9.5　极坐标和图形　781
9.6　极坐标曲线的微积分　791
指导你们复习的问题　800
实践习题　801
附加习题：理论、例子、应用　806

10　空间中的向量和运动　807

10.1　空间中的笛卡儿（直角）坐标和向量　807
10.2　点积和叉积　816

10.3　空间中的直线和平面　828

10.4　柱面和二次曲面　836

10.5　向量值函数和空间曲线　846

10.6　弧长和单位切向量 T　858

10.7　TNB 标架；加速度的切向分量和法向分量　867

10.8　行星运动和人造卫星　877

指导你们复习的问题　886

实践习题　887

附加习题：理论、例子、应用　890

11　多元函数及其导数　895

11.1　多元函数　895

11.2　高维函数的极限和连续　906

11.3　偏导数　914

11.4　链式法则　925

11.5　方向导数、梯度向量和切平面　935

11.6　线性化和微分　949

11.7　极值和鞍点　959

11.8　Lagrange 乘子　970

11.9　*带约束变量的偏导数　981

11.10　两个变量的 Taylor 公式　986

指导你们复习的问题　990

实践习题　991

附加习题：理论、例子、应用　996

12　重积分　999

12.1　二重积分　999

12.2　面积、力矩和质心*　1011

12.3　极坐标形式的二重积分　1025

12.4　直角坐标下的三重积分　1032

12.5　三维空间中的质量和矩　1041

12.6　柱坐标与球坐标下的三重积分　1048

12.7　多重积分中的变量替换　1061

指导你们复习的问题　1071

实践习题　1072

附加习题：理论、例子、应用　1075

13　向量场中的积分　1079

13.1　线积分　1079
13.2　向量场、功、环量和流量　1085
13.3　与路径无关、势函数和保守场　1096
13.4　平面的格林(Green)定理　1104
13.5　曲面面积和曲面积分　1116
13.6　参数化曲面　1127
13.7　Stokes 定理　1137
13.8　散度定理及统一化理论　1147
指导你们复习的问题　1158
实践习题　1159
附加习题：理论、例子、应用　1162

附　录　1165

A.1　数学归纳法　1165
A.2　1.2 节极限定理的证明　1167
A.3　链式法则的证明　1172
A.4　复数　1173
A.5　Simpson 三分之一法则　1182
A.6　Cauchy 中值定理和 l'Hôpital 法则的较强的形式　1183
A.7　常见的几个极限　1184
A.8　Taylor 定理的证明　1185
A.9　向量叉积的分配律　1187
A.10　行列式与 Cramer 法则　1188
A.11　混合导数定理和增量定理　1195
A.12　平行四边形在平面上投影的面积　1200

习题答案　1203

中英文名词对照　1297

积分简表　1323

计算机代数系统(CAS)练习

P 预备知识

P.7 观察数据的曲线拟合,分析其误差,作出预测,作出改进,如果这样做是合适的话.

1 极限和连续

1.1 比较极限的图形估算和 CAS 的符号极限计算.
通过对特定的 ε 图形地求 δ 来探究极限的正式定义.

1.3 探究当 $x \to \pm\infty$ 时的渐近线和图形的性态.

1.5 图形地和数值地探究平均变化率和切线.

2 导数

2.1 图形地探究割线的收敛性.用定义求函数的导数.探究 f 和 f' 的图形之间的关系并画有选择的切线的图形.

2.2 探究速度和加速度这样的导数的动画形象化.

2.4 探究简谐运动和衰减振动.

2.5 探究锯齿和方波函数的三角"多项式"近似.把参数地定义的曲线和特定的切线画在一起.

2.6 求隐式表示的导数并把隐式表示的曲线和特定的切线画在一起.

3 导数的应用

3.1 通过图形和数值地分析 f 和 f' 来求绝对极值.

3.2 微分方程的图解法.

3.3 探究二次和二次多项式以及逻辑斯谛函数.

3.5 研究梁的强度和刚度以及它们和拐点的关系.探究由圆盘做成的圆锥的体积.

3.6 求函数的线性化并通过比较函数及其线性化的图形来探究线性化的绝对误差.

3.7 用 Newton 法求函数的零点.求数 $\sqrt{2}, \pi$ 和 e 的近似值.

4 积分

4.1 求解初值问题.

4.3 求 $f(x)$ 的平均值以及使 f 取到该平均值的点. 用有限和来估算体积.

4.4 探究 Riemann 和及其极限.

4.5 研究 $F(x) = \int_a^x f(t)\,dt$ 和 $f(x)$ 与 $f'(x)$ 之间的关系. 分析 $F(x) = \int_a^{u(x)} f(t)\,dt$.

4.7 数值地计算定积分.

5 积分的应用

5.1 用圆截面和垫片截面求绕 x 轴旋转生成的旋转体的体积.

5.3 估算显式或参数地定义的曲线的长度.

5.4 探究功和动能间的关系.

6 超越函数和微分方法

6.1 探究 $\ln(1+x)$ 在 $x=0$ 的线性化.

6.2 探究 $e^x, 2^x$ 和 $\log_3 x$ 的线性化. 探究反函数及其导数.

6.4 对向静脉内供应葡萄糖时随时间变化的建模的微分方程的研究. 画分离变量微分方程的斜率场和解曲线的图形.

6.6 画斜率场并研究修正的逻辑斯谛方程的解. 用 Euler 法和改进的 Euler 法求数值解. 图形地、解析地和数值地探究初值问题的解, 并比较其结果.

7 积分方法、L'Hôpital 法则和广义积分

7.5 用 CAS 求积分. 用 CAS 求积分失效的一个例子. Monte Carlo 积分法.

7.7 探究与 $x^p \ln x$ 有关的广义积分的收敛性.

8 无穷级数

8.1 标画序列以探究其收敛或发散性. 对于收敛序列, 求位于以极限值为中心的规定区间内的序列尾顶.

8.2 探究递归定义的序列的收敛性. 存款和提款的复利问题. 逻辑斯谛差分方程和混沌性态.

8.4 探究有待确定其收敛或发散性的级数 $\sum_{n=1}^{\infty}(1/(n^3 \sin^2 n))$.

8.7 比较函数的线性、二次和三次近似.

8.9 求 Fourier 级数展开. 利用 Fourier 级数证明 $\sum_{n=1}^{\infty} 1/n^2 = \pi^2/6$.

8.10 求 $f(x) = |2x - \pi|, 0 < x < \pi$ 的 Fourier 正弦和余弦级数.

9 平面向量和极坐标向量

9.6 探究追踪一条极坐标图形的花样溜冰者.

10 空间向量和运动

10.3 把三维的情景投放到二维的画面上.

10.4 画二维的直线、平面、柱面和二次曲面的图形.

10.5 画空间曲线的切线的图形. 探究一般的螺旋线.

10.6 分析质点沿空间曲线的运动.
10.7 求空间曲线的 κ,τ,T,N 和 B. 求并且画出平面曲线的曲率圆.

11 多元函数及其导数

11.1 画曲面 $z=f(x,y)$ 及其等值线的图形. 画隐式和参数表示的曲面的图形.
11.5 探究方向导数.
11.7 利用从曲面图形、等值线和判别式得到的信息求二元函数的临界点并对其进行分类.
11.8 对三和四个自变量的函数施行 Lagrange 乘子法.

12 多重积分

12.1 利用 CAS 的二重积分计算功能求积分值. 用 Monte Carlo 积分法求非负曲面下的体积.
12.3 为计算直角坐标表示的积分,将其变成等价的极坐标表示的积分.
12.4 计算立体区域上的三重积分. 利用体积测量降雨量并按来自卫星天线反射器的信息确保适当的排水.
12.5 探究矩和平均以确定浮标是否会翻转. 探究新的画图方法.

13 向量场中的积分

13.1 计算沿不同路径的线积分.
13.2 估算向量场沿给定的空间路径所作的功.
13.3 力场的可视(形象)化. 力场是保守场的验证.
13.4 应用 Green 定理求逆时针环流量. 求力场中作功最大的路径. 比较保守和非保守力场.
13.8 三维通量和散度的可视化和解释. 计算参数地定义在曲面上的积分. 计算散度积分.

本版的技术创新之处

贯穿《托马斯微积分》全书,我们就教师可以在何处以及怎样把技术融合到微积分课程中去,在页边加进了建议.这些技术注记是容易识别的.本书作者和由 John L. Scharf, Marie M. Vanisko, Colonel D. Chris Arney 组成的技术小组一起工作向微积分教师提供了许多选择以

- 通过可视形象化和数值演示加强学生对微积分基本概念的理解;
- 利用技术来研究微积分的更深刻的概念;以及
- 把基本概念用于来自各种不同领域的重要应用.

Mathematica® 和 Maple® 的教学单元

本教科书所附光盘中的 Mathematica 和 Maple 教学单元可以多种方式来使用.首先,可把它们用于课堂演示以帮助学生形象化地看到作为微积分基础的基本概念.其次,这些教学单元形成了学生在计算机实验室或指定的课外作业中使用的极好的探索性作业.如果用于课外作业,我们建议教师和学生一起预先看一下有关材料.这些教学单元并不要求对 Mathematica 或 Maple 具有预先必备的知识.但是,某些教学单元为希望对 Mathematica 和 Maple 有一个概况了解的学生提供了 Mathematica 和 Maple 的初步介绍.大部分教学单元研制或引进了学生可以用来解决相关问题或可应用于特定问题的"笔记本或特殊功能".有一些教学单元附有能使演示生动的录象剪辑.

Java 小型可视化应用软件

除了教学单元外,还有 6 个能为微积分基本概念提供可视化的 Java 小型可视化应用软件.它们是学生探索工作的极好的资源,容易在实验室或家庭作业中完成.或者,也可以把它们用作课堂演示,如果有良好的投影设备的话.尽管,每个 Java 小型可视化应用软件都可以从适当的教学单元进入,它们也可以独立于 Mathematica 和 Maple 教学单元使用.

计算机代数系统(CAS)习题

在全书的适当地方预先准备了许多 CAS 练习,每个习题要求使用 CAS 来解决一个(不用 CAS 不易解决的)问题,从而有助于对重要概念的基本理解或更深入的探索.有些习题在 Mathematica 和 Maple 教学单元中有说明或有引用. CAS 习题可以独立于教学单元使用.

使用技术来增强理解的机会

贯穿全书图标被用来指出在那里可以用附加的技术资源来研究概念.我们在下表中综述

了 Mathematica 和 Maple 教学单元和 Java 小型可视化应用软件可能的应用. 查找本教科书各章节中何处有 CAS 练习也紧随在内容表后面列出.

基本概念	章、节	Mathematica 和 Maple 教学单元	Java 小型可视化应用软件/电视
建模	P.7	对变化进行建模：弹簧、驾驶安全、放射性、树、鱼和动物	
极限	1.1,1.2 1.3,1.4	取极限 趋于无穷：当自变量越来越大时函数会发生什么？	
连续性	1.4	取极限	连续和间断曲线的可视化应用软件
曲线的切线	1.5		切线和割线的可视化应用软件
导数	2.1,2.4 2.1,2.4 2.2,2.4	割线斜率收敛到导函数 导数、斜率、切线和电影制作 沿直线的运动，第一部分：位置→速度→加速度	地震录象
最优化	3.1		极小、极大和拐点的可视化应用软件
图的形状	3.3	沿直线的运动，第一部分：位置→速度→加速度	地震录象
线性化	3.6	导数、斜率、切线和电影制作	
Newton 法	3.7	牛顿惊人的方法：估算 π 到多少位？	
微分方程	4.1	梁的弯曲或者对结构设计来说，微积分必须做什么？	
面积、体积	4.3	利用 Riemann 和来估计面积、体积以及弧长	
Riemann 和以及定积分	4.4	按 Riemann 求和的方式相加，定积分，微积分基本定理 集雨器、电梯和火箭	
基本定理	4.5	按 Riemann 求和的方式相加，定积分，微积分基本定理 集雨器、电梯和火箭 沿直线的运动，第一部分：加速度→速度→位置	塔科马海峡大桥录象
面积应用	4.6	按 Riemann 求和的方式相加，定积分，微积分基本定理	
数值积分	4.7	Riemann、梯形和 Simpson 法	
面积、体积	5.1	利用 Riemann 和来估计面积、体积以及弧长	
弧长	5.3	利用 Riemann 和来估计面积、体积以及弧长	
功	5.4	对蹦(绳)极跳进行建模：课堂实验	蹦极跳录象
自然对数	6.1	按 Riemann 求和的方式相加，定积分，微积分基本定理	
指数函数	6.1	导数、斜率、切线和电影制作	

基本概念	章、节	Mathematica 和 Maple 教学单元	Java 小型可视化应用软件/电视
一阶微分方程	6.4 6.6	药的剂量:有效吗?安全吗? 一阶微分方程和斜率场	
数值积分 广义积分	7.5 7.7	机会游戏:探究数值积分的 Monte Carlo 法以及用广义积分来计算概率	
无穷极数 几何级数	8.3	弹跳的球	
Taylor 级数	8.7	函数的泰勒多项式逼近	
Fourier 级数	8.9 8.10	利用 Fourier 级数逼近不连续函数以及解释音乐	
向量值函数	9.1,9.2 9.3,9.5 9.3,9.5	利用向量来表示直线以及求距离 移动物体的雷达追踪 花样滑冰运动员路线的参数和极坐标方程	抛射体运动的可视化应用软件和射箭的录象 警察的雷达录象
三维向量	10.3 10.3,10.4 10.5,10.6 10.7	把三维的情景放到二维画面上 三维作图 三维空间中的运动	切向量和法向量的可视化应用软件 环滑车道的录象
曲面	11.1	画曲面的图形	大峡谷录象
方向导数	11.5	滑板的数学探究:方向导数的分析	滑板的录象
最小二乘法	11.7	寻求模式以及把最小二乘法用于实际数据	
Lagrange 方法	11.8	Lagrange 玩滑板:他能滑得多高?	滑板的录象
热传导方程	11 章的附加习题	热是怎么扩散开去的?	
数值积分	12.1	把握你的机会:试着对三维数值积分用 Monte Carlo 方法	
平均和矩	12.2,12.5	平均和矩以及探究新的画图方法	
多重积分的应用	12 章的附加习题	你可以利用体积	
向量场	13.3	保守和非保守力场中的功	
Green 定理	13.4	你怎样才能看得见 Green 定理?	
旋度	13.4		旋度概念的可视化应用软件
散度	13.8	可视化并解释散度定理	

微积分:了不起的人类活动:光盘和因特网址上详述的历史和传记

微积分无疑是人类最伟大的智力活动之一. 作者和 Colonel D. Chris 以及 Joe B. Albree 一起工作研制了一组可以从光盘和因特网上得到的材料. 与本版协调一致的这些材料包括微积分发展的年表、(诸如微分方程的发展那样的)主要论题,100 多人的传记以及要考虑的问题. 用能增进知识且有趣的方式写成的传记概述可以使读者从中得到乐趣. 有关历史的教学单元可以作为讲课的补充材料或用于学生的课外活动(在光盘和因特网上有与微积分的历史有关的 100 多个问题). 这些教学单元是写作或论述课题的极好原始资料. 我们发现学生喜欢研究并在课堂上报告有关微积分的许多独有的特别的东西. 贯穿全书安排的历史窗标指出了结合教学单元的时机.

致教师

纵观其光辉的发展沿革过程,《Thomas 微积分》一直用来支持各种各样的从传统到实验的课程和教学方法. 第 10 版作了重大修订, 但保持了本教科书的传统的长处(优点): 坚实的数学、对科学和工程的相关的和重要的应用以及极好的习题. 这本灵活而且现代的教科书包含了为教现有的许多种不同类型的课程所需要的全部基础.

一本书不能构成一门课; 教师和学生在一起才能构成一门课. 本教科书是支持你们的课程的信息资源; 有鉴于此, 我们在第 10 版中加进了许多有特色的内容使得本书无论在教和学习微积分时更加灵活和有用.

第 10 版的特点:

- 这本一流教材的标准版本和先前的精华版本都可以得到, 这还是第一次.
- 新版包括了(课程中怎样)融入技术的建议, 突出了怎样可以利用万维网站和光盘来增强各章的论题的讲授.
- 本教科书始终具有易于阅读、适于交谈以及数学内容丰富的特点. 每个新论题都是通过清楚的、易于理解的例子启发性地引入的, 然后通过马上能引起学生兴趣的在实际问题中的应用来加深理解.
- 现在每节都以小节的标题来开始, 使得主要的概念更加醒目.
- 第 10 版更多地强调利用实际数据的建模和应用. 因此, 在不损害数学的完整性的情形下本书实现了图形、数值、分析的方法和技巧这三者之间逐步完善的平衡.
- 平面向量及抛射体运动在一章中分开讲, 以单变量微积分的处理方法结尾. 三维向量结合多变量微积分进行讨论.
- 习题仍是在适当的标题下结组. 对大多数文字题加进了表明内容或应用的标题. 对那些需要用绘图设备的习题, 全书中都用图标 **T** 来标识. 计算机代数系统(CAS)习题也出现在各章中, 并在标以"计算机探究"的特别小节中结组.
- 光盘和万维网站一起为学生和教师提供了更多的支持:

—— 一组 Maple 和 Mathematica 教学单元, 录象以及 Java 可视化应用程序可用来帮助学生使主要的微积分概念可视化.

—— 交互式的在线辅导能帮助学生进行有关微积分前的以及与教科书有关特定材料的复习、进行实践性的测试、接受对其在测试中的表现的诊断性反馈.

—— 逐章准备了小测验. 这些小测验可以作为基于解题技巧的掌握程度的评估进行在线实施和评分.

— 对特定的计算机代数系统和图形计算器提供了可下载的技术资源.
— 详述的历史传记现在都置于因特网址和光盘上.

虽然有所有这些变化,但我们没有放弃我们的信念,即微积分的根本目的在于帮助学生为进入数学、科学和工程的领域作准备.

掌握技巧和概念

始终如一地,本教材继续把熟练技巧的训练作为重点.贯穿本版,我们把能鼓励学生直观、解析和数值地思考的例子和讨论包括进来.几乎每道习题都要求学生把生成和解释图形作为理解数学或现实世界中的关系的工具.许多节还包含扩大应用范围、数学概念和严格性方面的问题.

遍布本教材各处设置的写作习题要求学生探究和解释各种微积分的概念和应用.此外,每章末尾有一组问题以帮助学生复习和总结他们学过的内容.许多这样的复习问题构成了大的写作作业.

问题解决的策略

我们相信当程序性的方法设计得尽可能清楚和简明的时候学生就能最有效地学习.为此,在适当的地方,特别是对比较困难和复杂的方法还包括了逐步的问题解决的概要.我们始终特别用心于制定用来说明概要所述的各个步骤的课文中的例子.

习题

新版中的习题组都经过仔细的审阅和修改.它们按主题结组,同时有专门的节来进行计算机探究.这些节包括 CAS(计算机代数系统)的探究和课题.

习题组中有实践和应用问题、严谨思考和挑战性的习题(在标题为"应用和理论"的小节中),以及要求学生就重要的微积分概念进行写作论述的习题.写作习题在习题组中到处可见.习题一般按课文讲授的次序安排,而对需要用绘图设备(例如图形计算器)的习题在课文中用图标 **T** 来加以识别.

每章末的帮助材料

每章末有概述该章内容的三个有特色的小节:

"指导你们复习的问题"要求学生思考该章主要的概念,然后用文字表达他们对这些概念的理解,还包括说明性的例子.这些都是适合于作写作习题的问题.

"实践习题"提供了对方法、计算和数值技巧,以及主要应用的复习.

"附加习题:理论、例子和应用"向学生提供更多的理论和挑战性问题,以及进一步加深学生对数学概念理解的问题.

应用和例子

本书的特点一直是微积分在科学和工程中的应用.本版中,我们还包括了更多的基于实际数据的问题,这些问题的求解需要图形和数值方法.贯穿全书,我们列出了导致这些应用的数据的来源或论文,以帮助学生了解这是一个需要用到许多不同技巧和方法的与时俱进的、充满活力不断发展的领域.这些应用中的多数与物理科学和工程有关,但也有许多应用来自生物学和社会科学.

技术:应用绘图功能和计算机探究

事实上,本教材的每一节都包含研究数值模式的习题或要求学生用生成并解释图形作为理解数学的或现实世界的关系的工具的应用绘图功能的习题.许多应用绘图功能的习题适用于课堂示范或课内外的小组作业.这些习题在教材中用窗口 T 或标题"计算机探究"来加以识别.

计算机探究

有超过 200 道题已经用 Mathematica 和 Maple 数学软件求解过.此外,也可利用网站或 CD – ROM(只读盘)上的 Mathematica 和 Maple 教学单元.精心设计的这些教学单元可以帮助学生发展几何直观以及对微积分概念、方法和应用的更深的理解和欣赏. CD/Web 网站窗口标出了与这些教学单元有关的材料在教材中的位置.

贯穿全书还有注记,这些注记鼓励学生应用绘图手段进行探索,并帮助学生评估什么情况下应用技术是有用的以及什么情况下技术手段可能起误导的作用.

扩大了的历史注记和传记

任何学生都是通过了解数学的历史发展过程中数学的人性方面来丰富充实自己的.在前几版中,我们把描述概念的源起、这些概念发明权的争论以及诸如分形和混沌那样的现代课题中的趣闻以加框表示的历史文字放在显著地位.第 10 版中,我们扩写了更多的传记和历史短文.这些短文现在都可以在 CD – ROM 和万维网站上得到.贯穿全书用窗口标出以供参考,而且在页边留下更多的空白供学生作笔记、评论和注释之用.

本书面面观

数学是一种形式而且优美的语言

微积分是最强有力的人类心智成就之一.和前几版一样,我们只是谨慎地说什么是正确的以及在数学理论上是坚实的内容.为了清晰和数学上正确起见,每个定义、定理、推论和证明都经过仔细的审阅.

无论是以传统的方式讲授微积分或者是全部在实验室集中注意力于数值和图形实验的个人或小组学习的方式,微积分的概念和方法都需要清晰和确切地表达.

学生在将来的许多年里都将从本书学到许多东西,我们意图提供远比一位教师想要教的内容多得多的材料.学生可以在学完微积分课后很长时间里继续从本书学习微积分.本书为早已学过微积分的学生提供易于理解的复习,而且本书也是在职工程师和科学家的一种知识资源.

逐章表述的新内容特征的重点

预备知识
- 完全涵盖了作为学习微积分必备知识的所有熟悉的函数.
- 介绍了参数方程.
- 也涵盖了包括三角函数在内的熟悉的函数的反函数.
- 介绍了数学建模并配有建模习题.
- 应用实际数据的新的例子和习题以及利用计算器作的回归分析.

第 1 章 极限和连续
- 极限是通过变化率的途径引进的,用有关切线的一节来联结并完成一开始的讨论.
- 包括有限极限、无限极限、渐近线、极限法则以及 $\lim\limits_{\theta \to 0} \dfrac{\sin\theta}{\theta}$ 在内的所有极限概念现在都集中在单一的一章里.
- 极限概念的非正式和确切的定义都给了,但不那么强调用确切的定义去证明定理.

第 2 章 导数
- 作为变化率的导数出现得更早以强调在研究沿直线运动时对实际现象建模中导数的重要性.
- 用两节来讲述求导数的法则以强化讲述的清晰性和连贯性.
- 求参数方程的一阶、二阶导数是作为链式法则的应用包含在本章的.

第 3 章 导数的应用
- 应用一阶和二阶导数来确定图的形状的处理更为集中而且精简有效.
- 关于用一阶和二阶导数来得到一阶自治微分方程图形解的新的一节起到了第 4 和 6 章的图解前奏的作用.
- 新的一节包括了人口(种群)增长建模的介绍.

第 4 章 积分
- 和以前一样,先讲不定积分,强调它们在求解初等微分方程中的重要性,原函数的法则以及变量替换方法紧随其后.
- 和前一版一样,估计各种应用中的有限和激发了 Riemann 和以及定积分的概念. 学生较早地知道定积分的用处要多于只是作为求面积的工具.
- 精简了用 Riemann 和来定义定积分的那一节,现在重点放在连续函数上,分段连续函数的讨论放在章末的附加习题中.
- 有关单重积分面积(包括曲线间的面积)计算的全部内容现在都在本章中讨论.

第 5 章 积分的应用
- 体积的讨论从三节缩合为二节.
- 详尽阐述了平面上显式函数和参数曲线的弧长公式.

- 曲面面积后移到第 13 章,该章讲曲面积分时需要曲面面积. 该章将用一种统一的方式而不只对回转曲面这种特殊情形进行讨论.
- 对弹簧、泵和水的提升、流体的力和矩等方面的应用都从前一版中保留下来了.

第 6 章　超越函数和微分方程

- 本章已经重新组织过,为了能立即讲述对数、指数和反三角函数的微积分(在早先的精华版中这些函数的微分计算是在第 2、3 章中讲述的).论述包括了导致反三角函数的积分.
- 对增长和衰减、热传导、有阻力时的落体以及复杂问题的建模紧随分离变量和线性一阶微分方程之后.
- Euler 法和改进的 Euler 法是结合人口(种群)增长模型的附加材料一起来讲述的,用以说明图解法、数值解法和解析求解方法.

第 7 章　积分技巧、L'Hôpial 法则和广义积分

- 为了求积分现在把 Monte Carlo 方法和积分表或计算机代数系统的使用一起都包括在本章内.
- 包括在本章的 L'Hôpial 法则正好在(第 8 章中)要用它来计算某些广义积分和序列极限之前.

第 8 章　无穷级数

- 第一节讨论数值级数及其极限的基本概念.第二节是可以选学的内容,包括子序列和有界单调序列的更为理论的概念.
- 大多数重要级数的收敛检验法放在单一的、精简了的一节中一起论述.
- 章末新加的两节是可以选学的内容,介绍 Fourier 级数的初步知识.这样的做法能使需要把 Fourier 级数马上用于应用科学和工程课程的学生得到这些重要概念的早一点的介绍.在完成级数的初步介绍的同时,这两节用例子说明用不同于幂级数表示的重要函数的级数表示法.

第 9 章　平面向量和极坐标函数

- 这是关于平面上的向量和抛射体运动的新的一章,章末的两节极坐标以及极坐标表示的曲线的图形和微分,为学生在多元微积分学习中要用到的知识作准备.如果有需要的时候,本章可以作为平面向量的提前的自封的论述.本章可以在学过积分以及指数和对数函数的微积分后的任何时候讲授.
- 从预备知识章到第 9 章组成了论述一元微积分概念的完整的整体.三维向量从第 10 章开始的多元微积分中单独介绍.
- 向量的概念受启发于研究路径、速度、加速度以及作用于沿平面路径运动物体的力时向量的应用.
- 删去了圆锥曲线和二次方程的详述的解析几何的部分.这些概念在中学和预微积分课程(precalculus,译注:预微积分课程是指学习微积分之前必修的课程)中透彻地讲授过,但是当有需要的时候我们仍然会复习许多有关的概念.
- 平面曲线的参数化已经移到较前面的章去讲授.

第10章 空间向量和运动
- 三维向量、空间几何以及定义空间曲线的向量值函数现在和新的引言和例子一起组织在单独的一章里.
- 表示向量的字母现在从大写字母改变为更为标准的小写字母.
- 用三维向量的代数和几何的新的发展来复习平面向量以帮助学生克服微积分 II 和微积分 III 之间可能有的脱节.
- 沿空间曲线运动的逻辑论证和内容的组织以及 TNB(切向、法向、次法向)标架都从前一版中保留下来了.

第11章 多元函数及其导数
- 本章已经重新组织以改进其效率和连贯性,具有限制变量的偏导数的讨论移到本章末紧随引进 Lagrange 乘子之后. 线性化和微分的论述现在紧随在方向导数、梯度向量和切平面之后.
- 有关梯度和切平面的论述现在更为简洁和直接.
- 极值和鞍点的新的引言把多变量和单变量的情形进行了比较.
- 精简了习题,而且为快速识别起见所有的应用题都加上了标记.

第12章 多重积分
- 用多重积分来计算质量、矩和质心的论述现在是自封的. 不再假定先前在第5章中用单重积分计算的做法,现在可以完全绕过这种做法.
- 另外,习题都标上标题的做法使得比以前明显地容易选择.

第13章 向量场中的积分
- 在平面 Green 定理的讨论中一点的环流密度是作为称为旋度的更一般地的环流向量的第 k 个分量引进的,旋度将在稍后的 Stokes 定理这一节中详细讨论. 这种安排解决了平面环量是用纯量表示而空间环量是用向量表示的明显的不一致.

供教师用的补充材料

TestGen-EQ with QuizMaster-EQ

Windows and Macintosh CD(dual platform)
ISBN 0-201-70287-8

TestGen-EQ 的友好图形界面使教师能看到、编辑、加进问题、把问题转换成试题并能容易地用各种字体和形式打印试题. 搜索和分类的特色能使教师很容易找到问题并按他喜欢的方式编排问题. 有6种格式可供选用,包括简短的回答题、是非题、选择题、短文、匹配题以及统计模式的题. 内置的问题编辑器给用户以创建图形、输入图形、插入数学符号和模板以及插入可变化的数目字或课文的功能. 试题库包括按本教材每种版本(标准版和精华版)组织的可以算法地确定的问题."输出到 HTML(超文本置标语言)"的特征使教师能为网站创建实践试题.

Quiz Master-EQ 使教师能利用 TestGen-EQ 创建并保存试题以使学生能把它们作为考试实

践或在计算机网络上评分.教师可以设置怎样以及何时注册考试的查询.Quiz Master-EQ 能自动对考试成绩评分、把结果存到盘上,并允许教师查看和打印有关个别学生、班级课程的各种报告.

对本教材的使用者本软件是免费提供的.请和你们的 Addison-Wesley 的代表商讨有关细节.

教师用题解手册(Instructor's Solutions Manual)

第Ⅰ卷(预备知识章到第 9 章),ISBN 0 - 201 - 50403 - 0

第Ⅱ卷(8 - 13 章),ISBN 0 - 201 - 50404 - 9

由 Maurice D. Weir 和 John L. Scharf 编写的教师用题解手册包括教材中全部习题的完全算好的解答.

答案集(Answer Book)

ISBN 0 - 201 - 44144 - 6.

由 Maurice D. Weir 和 John L. Scharf 编写的答案集包括了教材中多数习题的简短答案.

计算机代数系统和计算器的技术资源手册

TI - 图形计算器手册 ISBN 0 - 201 - 72198 - 8

Maple 手册 ISBN 0 - 201 - 72197 - X

Mathematica 手册 ISBN 0 - 201 - 72196 - 1

每种手册就整合特定的软件包或图形计算器提供了包括语法和命令在内的详尽的指南.

原版投影胶片

教师可以从 CD - ROM 上下载供课堂上放映的教材中许多更为复杂的图形的整套的用 Power Point 制作的艺术投影胶片.

供学生用的补充材料

学生学习指南(Student's Study Guide)

第Ⅰ卷(预备知识章 - 第 9 章),ISBN 0 - 201 - 50405 - 7

第Ⅱ卷(8 - 13 章),ISBN 0 - 201 - 50406 - 5

与教材对应地组织编写的学生学习指南强化了重要的概念并提供学习用的插图和额外的实践问题.

学生题解手册

第Ⅰ卷(预备知识章 - 第 9 章),ISBN 0 - 201 - 50381 - 6

第Ⅱ卷(8 - 13 章),ISBN 0 - 201 - 50402 - 2

由 Maurice D. Weir 和 John L. Scharf 编写的学生题解手册是为学生设计的包括了教材中所有奇数编号习题的完全算好的解答.

选学微积分的学生用的及时雨代数和三角学,第二版

ISBN 0 - 201 - 66974 - 9

为掌握微积分,灵活的代数和三角技巧是至关重要的.由 Guntram Mueller 和 Ronald I. Brent 编写的选学微积分学生用的及时雨代数和三角学是为学生学习微积分时为提高代数和三角的技巧而设计的.本教材在选学微积分的学生的学习过程中的每一阶段向学生指明必需的代数和三角主题以及潜在的问题所在.容易使用的目录包含按学生学习微积分所需要的顺序安排的代数和三角的主题.

AWL 数学辅导中心

AWL 数学辅导中心向选修微积分且购买由 Addison Wesley Longman 出版的数学图书的学生提供帮助.通过电话、传真和电子邮件的方式来提供帮助.利用这种服务的学生将得到由资深数学教师担任的辅导教师的帮助.

CD – ROM(只读盘,见后续二维码)和 WebSite(万维网站)

Maple 和 Mathematica 教学单元

超过35个教学单元已经由蒙他那州 Carroll 学院的 John L. Scharf 和 Marie M. Vanisko 以及美国西点军校的 Colonel D. Chris Arney 编写好了.精心设计的这些教学单元是为了帮助学生发展他们的几何直观以及深化他们对微积分的概念和方法的理解.基于实际的应用问题这些教学单元鼓励学生使微积分形象化并发现微积分在日常生活中的重要性.用户要用 Mathematica 和 Maple 来访问这些教学单元.全书各处的图标引用了这些教学单元作为参考.

交互式微积分(Java 小型可视化应用软件)

这些独特的交互式微积分小型可视化应用软件使用方便,不需要学习语法和特殊的语言.学生可以"实时地"生成方程和图形.主题包括极限、抛射体运动、斜率、切线、导数、积分、TNB(切向、法向、次法向)标架以及旋度的概念,通过把这些小型可视化应用软件引入到课堂演示和讨论、实验室和家庭作业的指派、或自学,教师和学生就可以探究时间和运动的数学.设计这些小型可视化应用软件是为了学生初次碰到一些概念时能建立起对概念的清晰理解,帮助学生克服他们过去常常觉得困惑的抽象过程中的难点.

录象片

现实情景的录象片能激起学生学习和应用微积分的热情.这些录象片是特别为前面说过的某些微积分教学单元一起研制的.

扩写的历史注记和传记

散见在本书各处的图标告诉你去查阅 Web Site 和 CD – ROM 上的扩写了的历史传记和注记.这些材料是由美国西点军校的 Colonel D. Chris Arney 和 Auburn 大学的 Joe B. Albree 合作写成的.

及时雨在线代数和三角学

由在 Lowell 的 Massachusetts 大学的 Ronald I. Brent 和 Guntran Mueller 汇编的这个交互式的基于万维网的考试和辅导系统能帮助学生实践对于掌握微积分来说是至关重要的代数和三角技巧.及时雨在线能跟踪学生的进步并提供个性化的学习计划来帮助学生取得成功.附在本书背面的注册赠券提供进入该万维网站的这个专题的使用权.

交互式微积分辅导教材

由得克萨斯 A&M 大学的 G. Donald Allen,Michael Stecher 和 Philip B. Yasskin 编写的这个交

互式在线微积分辅导教材通过测验及对其表现的诊断反馈来帮助学生逐章复习教材中的特定内容.

技巧掌握程度测验

网站还提供逐章安排的测验题可以通过在线注册和评分来评估基于技巧的掌握程度.

投影胶片

教师可以从 CD-ROM 下载供课堂上放映的教材中许多更为复杂的图形的整套用 Power Point 制作的艺术投影胶片.

特定计算机代数系统和图形计算器的可下载的技术资源

每本手册为集成散见于教材各处的特定的软件包或图形计算器提供了详细的指南,包括语法和命令.这些手册可以用 PDF 形式从网站得到.

协作网络

协作网络是一套在线交流的工具,它包括留言板和网上聊天.这些工具可用来为远程学习环境下发送课程.留言板用户可以张贴留言并定期检查回应.学生也可以从留言板上获得学习指导活动中学识相同的人的支持和帮助,从而可以不占用教师的时间.网上聊天是由教师领导的一组学生进行生动活泼讨论的理想场合.网上聊天大厅允许教师在屏幕上方张贴一系列幻灯片而在下方给出来自学生的(只与教材有关的)提问.这种特色功能无论是作为复习课或者是分散在各地的学生的班级会议来说都特别有用.

教学大纲管理者(Syllabus Manager™)

Syllabus Mangaer™ 是为使用本教材的教师和学生服务的免费在线教学大纲的创建和管理工具.

它可以由非专业技术人员在网上创建和维护一个或多个教学大网.学生可以从网站"打开"教师的教学大纲.

致谢

我们要感谢在编写和使本版定形的各阶段中审阅过本书的人士作出的许多极有价值的贡献.

手稿审阅人

Tuncay Aktosun, North Dakota State University

Andrew G. Bennett, Kansas State University

Terri A. Bourdon, Virginia Polytechnic Institute and State University

Mark Brittenham, University of Nebraska, Lincoln

Bob Brown, Essex Community College

David A. Edwards, University of Delaware

Mark Farris, Midwestern State University

Kim Jongerius, Northwestern College

Jeff Knisley, East Tennessee State University

Slawomir Kwasik, Tulane University

Jeuel LaTorre, Clemson University

Daniel G. Martinez, California State University, Long Beach

Sandra E. McLaurin, University of North Carolina, Wilmington

Stephen J. Merrill, Marquette University

Shai Neumann, Brevard Community College

Linda Powers, Virginia Polytechnic Institute and State University

William L. Siegmann, Rensselaer Polytechnic Institute

Rick L. Smith, University of Florida

James W. Thomas, Colorado State University

Abraham Ungar, North Dakota State University

Harvey E. Wolff, University of Toledo

技术审阅人

Mark Brittenham, University of Nebraska, Lincoln

Warren J. Burch, Brevard Community College, Cocoa

Lyle Cochran, Whitworth College

Philip S. Crooke Ⅲ, Vanderbilt University

Linda Powers, Virginia Polytechnic Institute and State University

David Ruch, Metropolitan State College of Denver

Paul Talaga, Weber State University

James W. Thomas, Colorado State University

Robert L. Wheeler, Virginia Polytechnic Institute and State University

其他有贡献的人士

我们要特别感谢 Colonel D. Chris Arney, John L. Scharf 和 Marie M. Vanisko 让我们分享他们在应用技术使微积分在学生中生动活泼起来的洞察, Colonel D. Chris Arney 和 JoeB. Albree 在微积分历史方面所作的贡献. 对他们在我们构思和创建技术教学单元以及历史传记和短文的共同工作中的奉献、鼓励和团队精神深表感谢. 还要感谢 John L. Scharf 为题解手册作出的贡献.

CD-ROM 内容

致学生

什么是微积分?

　　微积分是关于运动和变化的数学.那里有运动或增长,变力作功产生的加速度,那里要用到的数学就是微积分.微积分开创的初期是这样,今天仍然还是这样.

　　微积分首先是为了满足16、17世纪科学家数学方面的要求,本质上说是为满足力学发展的需要而发明的.微分学处理计算变化率的问题,它使人们能够定义曲线的斜率,计算运动物体的速度和加速度,求得炮弹能达到其最大射程的发射角,预测何时行星靠得最近或离得最远.积分学处理从函数变化率的信息决定函数自身的问题.它使人们能够从物体现在的位置和作用在物体上力的知识计算该物体将来的位置,求平面上不规则区域的面积,度量曲线的长度,以及求任意空间物体的体积和质量.

　　现在,微积分及其在数学分析方面的延伸确实是深远的.假如首先发明微积分的物理学家、数学家和天文学家能了解到微积分能够解决如此大量的问题以及现在用来理解我们周围的宇宙和世界的数学模型所涉及的众多领域的话,他们肯定会感到十分惊奇和高兴.我们希望你们也会有这样的感觉.

怎样学习微积分

　　学习微积分不同于学习算术、代数和几何.在这些课程中你们主要学习怎样计算数、怎样简化代数表达式以及计算变量;以及怎样对平面上的点、线和图形进行推理.微积分需要这些方法和技巧,但也要以更大的精确性以及在更深刻的层次上发展其他的方法和技巧.微积分引进了如此多的新概念和计算操作.事实上,你已经不可能在课堂上学习你们所需要的所有内容.你必须依靠自学或者和其他学生一起工作来学习相当多的内容.

什么是你应该学习的呢?

　　1. <u>阅读课文</u>　你不可能只通过做习题来学会你需要的全部内容和因果逻辑关系,你需要阅读书中有关的段落并一步步把例题解出来.快速阅读在这里不起作用.你是在一步步地、合乎逻辑地阅读并探究细节.深刻且技术细节众多的内容所需要的这类阅读要求专注、耐心和实践.

　　2. <u>做家庭做业</u>　记住以下原则:

　　(**a**) 只要有可能,画出示意图.

（b）以一步步紧扣、合乎逻辑的方式写下你的求解过程,就像你是在向别人讲解这个求解过程.

（c）思考一下为什么要在那里设一道习题.为什么要指定做这道习题？该习题和其他指定的习题有什么关联.

3. 使用你的图形计算器和计算机,如果有可能的话.尽可能多地做图形和计算机探究习题,即使是没有指定要你做的题.图形为重要的概念和关系提供洞察和形象的表示.数字能展现模式.图形计算器或计算机可以使你们不费力地去研究手算起来太困难或冗长而确实需要计算的实际问题和例子.

4. 每当学完教材的一节试着独立地对关键之处写一个简短的描述.如果你成功了,你可能理解了有关的内容;如果你没有做到,你就会明白在你的理解过程中的差距在那里.

学习微积分是一个过程;它不可能一蹴而就.要有耐心、要锲而不舍、要提问、要和同学讨论概念和共同工作.学习微积分的回报不仅在智力上而且在专业上都将会是令人非常满足的.

预备知识

概述 本章复习在开始学习微积分时你需要知道的最重要的事情.本章还介绍利用图形功能作工具来研究数学概念,支持解析的工作以及用数值和作图方法解决问题.重点是函数和图形,这是微积分的主要建筑材料.

函数和参数方程是用数学术语来描述现实世界的主要工具,从温度变化到行星运动,从脑波到商业循环,以及从心跳模式到人口(种群)增长.许多函数由于它们所描述的性态而具有特殊的重要性.三角函数描述循环、重复的活动;指数、对数和逻辑斯谛函数描述了增长和衰减;多项式函数可用来近似这些函数或其他函数.

1 直线

增量 • 直线的斜率 • 平行线和垂直线 • 直线的方程 • 应用 • 用计算器来做回归分析

证明微积分是如此有用的一个理由在于微积分是把一个量的变化率和该量的图形连系起来的正确的数学.解释这种关系是本书的一个目标.这都要从直线的斜率开始.

增量

当平面上一个质点从一点移动到另一点,其坐标的纯改变或增量通过把终点坐标减去起点坐标而求得.

定义 增量
如果一个质点从点 (x_1, y_1) 移动到点 (x_2, y_2),其坐标的增量为
$$\Delta x = x_2 - x_1 \quad \text{和} \quad \Delta y = y_2 - y_1.$$

注:记号 Δx 和 Δy 读作"delta x"和"delta y". Δ 是表示"差"的希腊字母 d 的大写. Δx 和 Δy 都不表示相乘;Δx 不是"delta 乘上 x", Δy 也不是"delta 乘上 y".

增量可以是正的、负的或零,如例 1 所示.

例 1(求增量) 从 $(4,-3)$ 到 $(2,5)$ 的坐标增量是
$$\Delta x = 2 - 4 = -2, \quad \Delta y = 5 - (-3) = 8.$$
从 $(5,6)$ 到 $(5,1)$ 的坐标增量为
$$\Delta x = 5 - 5 = 0, \quad \Delta y = 1 - 6 = -5.$$

直线的斜率

每条非垂直的直线 L 有一个斜率,每行进单位距离时高度的变化为直线的斜率,我们以下列方式计算. 设 $P_1(x_1, y_1)$ 和 $P_2(x_2, y_2)$ 是 L 上两点(图 1). 我们称 $\Delta y = y_2 - y_1$ 为 P_1 到 P_2 的

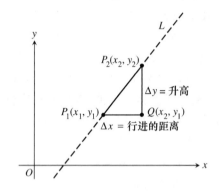

图 1　直线 L 的斜率为 $m = \dfrac{升高}{行进的距离} = \dfrac{\Delta y}{\Delta x}$

升高,$\Delta x = x_2 - x_1$ 是从 P_1 到 P_2 行进的距离,我们从而定义 L 的斜率为 $\dfrac{\Delta y}{\Delta x}$.

定义　斜率

设点 $P_1(x_1, y_1)$ 和 $P_2(x_2, y_2)$ 是非垂直直线 L 上的两个点. L 的斜率为
$$m = \frac{升高}{行进的距离} = \frac{\Delta y}{\Delta x} = \frac{y_2 - y_1}{x_2 - x_1}.$$

注:习惯上用字母 m 来记斜率.

当 x 增加时上升的直线具有正斜率;当 x 增加时下降的直线具有负斜率. 水平线的斜率为零,因为其上的点具有相同的 y 坐标,使得 $\Delta y = 0$. 对垂直的直线,$\Delta x = 0$,从而 $\dfrac{\Delta y}{\Delta x}$ 是无意义的. 我们说垂直直线没有斜率来表示这一事实.

平行线和垂直线

平行线与 x 轴的夹角相等(图 2). 因此,非垂直的平行线具有相同的斜率. 反之,具相同斜率的直线与 x 轴的交角相等,所以是平行线.

如果两条非垂直直线 L_1 和 L_2 是互相垂直的,其斜率 m_1 和 m_2 满足 $m_1 m_2 = -1$,所以每个斜率是另一个斜率的负倒数:

$$m_1 = -\frac{1}{m_2}, \quad m_2 = -\frac{1}{m_1}.$$

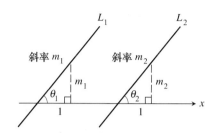

图 2 若 $L_1 \parallel L_2$，则 $\theta_1 = \theta_2$，于是 $m_1 = m_2$. 反之，若 $m_1 = m_2$，则 $\theta_1 = \theta_2$，从而 $L_1 \parallel L_2$.

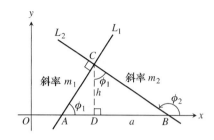

图 3 $\triangle ADC$ 与 $\triangle CDB$ 相似. 因此 ϕ_1 也是 $\triangle CDB$ 的上角，$\tan \phi_1 = \frac{a}{h}$.

论证大致如下：用图 3 的记号，$m_1 = \tan \phi_1 = \frac{a}{h}$，而 $m_2 = \tan \phi_2 = -\frac{h}{a}$. 因此

$$m_1 m_2 = \left(\frac{a}{h}\right)\left(-\frac{h}{a}\right) = -1.$$

例 2 (从斜率确定垂直性) 若 L 是斜率为 $\frac{3}{4}$ 的直线，任何斜率为 $-\frac{4}{3}$ 的直线垂直于 L.

直线的方程

过点 (a,b) 的垂直线的方程为 $x = a$，因为直线上每点的 x 坐标值为 a. 类似地过 (a,b) 的水平线的方程为 $y = b$.

例 3 (求垂直线和水平线的方程) 过点 $(2,3)$ 的垂直线和水平线的方程分别为 $x = 2$ 和 $y = 3$ (图 4).

如果我们知道直线的斜率 m 和直线上的一点 $P_1(x_1,y_1)$，我们可以写出任何非垂直线的方程. 因为如果 $P(x,y)$ 是直线上任一点，则

$$\frac{y - y_1}{x - x_1} = m,$$

所以

$$y - y_1 = m(x - x_1) \quad \text{或} \quad y = m(x - x_1) + y_1.$$

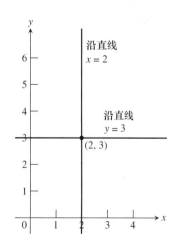

图 4 过点 $(2,3)$ 的垂直线和水平线的标准方程是 $x = 2$ 和 $y = 3$. (例 3)

> **定义　点 - 斜式方程**
> 方程
> $$y = m(x - x_1) + y_1$$
> 是过点 (x_1, y_1)，且斜率为 m 的直线的**点 - 斜式方程**.

例 4（应用点 – 斜式方程） 写出过点 $(2,3)$ 且斜率为 $-3/2$ 的直线的方程.

解 把 $x_1 = 2, y_1 = 3$ 和 $m = -3/2$ 代入点 – 斜式方程,得
$$y = -\frac{3}{2}(x-2) + 3 \quad \text{或} \quad y = -\frac{3}{2}x + 6.$$

例 5（应用点 – 斜式方程） 写出过 $(-2,-1)$ 和 $(3,4)$ 的直线的方程.

解 该直线的斜率为
$$m = \frac{4-(-1)}{3-(-2)} = \frac{5}{5} = 1.$$

我们可以在点 – 斜式方程中用这个斜率以及两个给定点中的任一点,如用 $(x_1, y_1) = (-2, -1)$ 得到
$$y = 1 \cdot (x - (-2)) + (-1)$$
$$y = x + 2 + (-1)$$
$$y = x + 1.$$

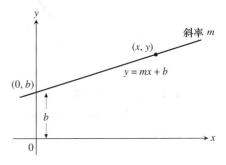

图 5 斜率为 m 而 y – 截距为 b 的直线

非垂直直线和 y 轴的交点的 y 坐标是直线的 y – **截距**. 类似地,非水平直线和 x 轴的交点的 x 坐标是直线的 x – **截距**. 斜率为 m 而 y – 截距为 b 的直线过 $(0,b)$（图 5）,所以
$$y = m(x-0) + b, \quad \text{或更简洁地,} \quad y = mx + b.$$

定义 斜率 – 截距方程
方程
$$y = mx + b$$
是斜率为 m 而 y – 截距为 b 的直线的**斜率 – 截距方程**.

例 6（写出直线的方程） 写出一条过点 $(-1,2)$ 的直线的方程,它 (a) 平行于,(b) 垂直于直线 $L: y = 3x - 4$.

解 直线 $L, y = 3x - 4$ 的斜率为 3.

(**a**) 直线 $y = 3(x+1) + 2$ 或 $y = 3x + 5$ 过点 $(-1,2)$ 而且平行于 L,因为其斜率为 3.

(**b**) 直线 $y = \left(\dfrac{-1}{3}\right)(x+1) + 2$ 或 $y = \left(\dfrac{-1}{3}\right)x + \dfrac{5}{3}$ 是过点 $(-1,2)$ 而且垂直于 L 的直线,因为其斜率为 $-\dfrac{1}{3}$.

如果 A 和 B 都不全为零,则方程 $Ax + By = C$ 的图形是一条直线. 每条直线都有这种形式的方程,即使是一条具有不确定的斜率的直线.

定义 一般线性方程
方程
$$Ax + By = C \quad (A \text{ 和 } B \text{ 不全为 } 0)$$
是 x, y 的**一般线性方程**.

虽然一般线性方程的形式有助于快速识别直线,但斜率－截距形式是用计算器来画直线图形的输入形式.

例7(一般线性方程的分析和绘图) 求直线 $8x + 5y = 20$ 的斜率和 y－截距.画直线的图形.

解 对 y 解方程,把方程写成斜率－截距形式.
$$8x + 5y = 20$$
$$5y = -8x + 20$$
$$y = -\frac{8}{5}x + 4.$$

该形式展现了斜率($m = -\frac{8}{5}$)和 y－截距($b = 4$),这样就把该方程置于适合于图形计算器的形式(图6).

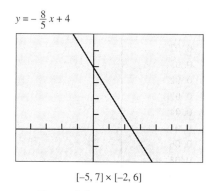

译注: $[-5,7] \times [-2,6]$ 表示 $-5 \leqslant x \leqslant 7$,$-2 \leqslant y \leqslant 6$;一般地 $[a,b] \times [c,d]$ ($a < b, c < d$) 表示 $a \leqslant x \leqslant b, c \leqslant y \leqslant d$.

图6 直线 $8x + 5y = 20$

应用

许多重要的变量与直线有关.例如,华氏温度和摄氏温度之间的关系是线性的,这是我们要用到的有助于下一个例子的一个事实.

例8(温度转换) 求联系华氏和摄氏温度的公式.然后求 90 °F 的等价摄氏温度和 -5 ℃ 的等价华氏温度.

解 因为两种温度尺度间的关系是线性的,因此其关系的形式为 $F = mC + b$.水的冰点是 $F = 32°$ 或 $C = 0°$,而沸点为 $F = 212°$ 或 $C = 100°$.因此
$$32 = m \cdot 0 + b \quad \text{以及} \quad 212 = m \cdot 100 + b,$$
故 $b = 32$ 而 $m = \frac{(212 - 32)}{100} = \frac{9}{5}$.所以
$$F = \frac{9}{5}C + 32 \quad \text{或} \quad C = \frac{5}{9}(F - 32).$$
这些关系就使我们能求得等价温度.90 °F 的等价摄氏温度是
$$C = \frac{5}{9}(90 - 32) \approx 32.2 \text{ (℃)}.$$
-5 ℃ 的等价华氏温度为
$$F = \frac{9}{5}(-5) + 32 = 23 \text{ (°F)}.$$

用计算器来做回归分析

要从一组成对的数目中看出模式或趋势可能是困难的. 为此,我们有时候从画出数对图(这种图称为**散点图**)出发来看看是否相应的点具有某种模式或趋势. 如果它有确实存在某种模式,又若我们能找到近似表达种趋势的曲线的方程 $y = f(x)$,那么我们就有公式能

1. 用一个简单的表达式来概括这些数据,以及
2. 使我们能预测其他 x 值处的 y 值.

求这样一条拟合数据的特殊曲线类型的过程就是**回归分析**,该曲线就是**回归曲线**.

有许多有用的回归曲线类型,诸如幂、多项式、指数、对数和正弦曲线. 在例9中我们应用图形计算器的线性回归的功能特征用一个线性方程来拟合表1中的数据. 这个过程相当于用一条直线来拟合由这些数据画出的散点图中的点.

表 1 美国邮票的面值

年 x	价格 y
1885	0.02
1917	0.03
1919	0.02
1932	0.03
1958	0.04
1963	0.05
1968	0.06
1971	0.08
1974	0.10
1975	0.13
1977	0.15
1981	0.18
1981	0.20
1985	0.22
1987	0.25
1991	0.29
1995	0.32
1998	0.33

例9(用计算器来做回归分析) 从表1中的数据出发,构建一个邮票面值作为时间函数的数学模型. 在检验了这个模型是"合理"的之后,用这个模型来预测一下2010年的邮票面值.

解 了解数据 1968年前美国邮票的面值改变很小. 因为我们真正感兴趣的是更晚近时期数据的趋势,所以我们从1968年开始. 1981年有两次涨价,一次涨3分,另一次涨了2分. 为使1981年的数据能和其他年份的数据进行比较,我们把它们归并为单一的5分的涨价,就给出了表2中的数据. 图7给出了表2数据的散点图.

译注:这里指的是一封美国国内信件要贴的邮票的最低的值.

表 2 1968 年以来的美国邮票的面值

x	0	3	6	7	9	13	17	19	23	27	30
y	6	8	10	13	15	20	22	25	29	32	33

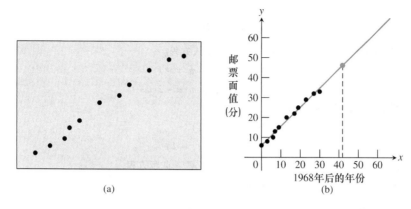

图 7 (a) 表 2 中 (x,y) 数据的散点图；(b) 用回归直线估计 2010 年邮票的面值

模型　因为散点图相当线性，所以我们研究线性模型. 在输入图形计算器（或空白电子表格）并选择线性回归，我们求得回归直线为

$$y = 0.96185x + 5.8978. \tag{1}$$

图 7(b) 把直线和散点图一起展现. 拟合是非常好的，所以模型看来是合理的.

图解　我们的目的是预测 2010 年邮票的面值. 从图 7(b) 的图形上读出，我们得到 2010 年($x = 42$) 的 y 值约为 46.

解释　2010 年邮票的面值约为 46 分.

代数地确认　对 $x = 42$ 计算(1) 式给出

$$y = 0.96185(42) + 5.8978 \approx 46.3.$$

回归分析　回归分析有四个步骤：

第 1 步　图示数据(散点图).

第 2 步　求回归方程. 对直线而言方程的形式为 $y = mx + b$.

第 3 步　把回归方程的图重叠在散点图上看看拟合情况.

第 4 步　如果拟合满意，用回归方程来预测不在表中 x 值的 y 值.

习题 1

在题 1 和 2 中，求从 A 到 B 的坐标增量.

1. (**a**)$A(1,2), B(-1,-1)$　　　　　　(**b**)$A(-3,2), B(-1,-2)$

2. (**a**)$A(-3,1), B(-8,1)$　　　　　　(**b**)$A(0,4), B(0,-2)$

在题 3 和 4 中，令 L 是由点 A 和 B 决定的直线.

　　(**i**) 图示 A 和 B.　　　　(**ii**) 求 L 的斜率.　　　　(**iii**) 画出 L 的图形.

3. (**a**)$A(1,-2), B(2,1)$　　　　　　(**b**)$A(-2,-1), B(1,-2)$

4. (**a**)$A(2,3), B(-1,3)$　　　　　　(**b**)$A(1,2), B(1,-3)$

在题 5 和 6 中，对过点 P 的(**i**) 垂直线以及(**ii**) 水平线写出方程.

5. (**a**) $P(2,3)$　　　　　　　　　(**b**) $P\left(-1,\dfrac{4}{3}\right)$

6. (**a**) $P(0,-\sqrt{2})$　　　　　　　(**b**) $P(-\pi,0)$

在题 7 和 8 中,对过点 P 的斜率为 m 的直线写出点 – 斜式方程.

7. (**a**) $P(1,1), m=1$　　　　　　(**b**) $P(-1,1), m=-1$

8. (**a**) $P(0,3), m=2$　　　　　　(**b**) $P(-4,0), m=-2$

在题 9 和 10 中,写出过两点的一般线性方程.

9. (**a**) $(0,0),(2,3)$　　　　　　　(**b**) $(1,1)(2,1)$

10. (**a**) $(-2,0),(-2,-2)$　　　　　(**b**) $(-2,1)(2,-2)$

在题 11 和 12 中,对斜率为 m,y – 截距为 b 的直线写出斜率 – 截距方程.

11. (**a**) $m=3, b=-2$　　　　　　(**b**) $m=-1, b=2$

12. (**a**) $m=\dfrac{-1}{2}, b=-3$　　　　(**b**) $m=\dfrac{1}{3}, b=-1$

在题 13 和 14 中,直线过原点以及计算器屏幕的右上角的点. 写出直线的方程. 在题 13 中,x 轴的刻度表示 1 个单位,而 y 轴的刻度表示 5 个单位. 在题 14 中,x 和 y 轴上的刻度都表示 1 个单位.

13.　　　　　　　　　　　　　　14.

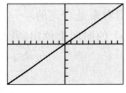　　　　　　　　　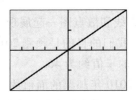

[–10, 10]×[–25, 25]　　　　　　　[–5, 5]×[–2, 2]

在题 15 和 16 中,求(**i**)斜率,(**ii**)y – 截距,(**iii**)画直线的图形.

15. (**a**) $3x+4y=12$　　　　　　　(**b**) $x+y=2$

16. (**a**) $\dfrac{x}{3}+\dfrac{y}{4}=1$　　　　　　　(**b**) $y=2x+4$

在题 17 和 18 中,写出过 P 点且(**i**)平行于 L 以及(**ii**)垂直于 L 的直线的方程.

17. (**a**) $P(0,0), L: y=-x+2$　　　(**b**) $P(-2,2), L: 2x+y=4$

18. (**a**) $P(-2,4), L: x=5$　　　　(**b**) $P\left(-1,\dfrac{1}{2}\right), L: y=3$

在题 19 和 20 中,对线性函数 $f(x)=mx+b$ 给出了一张表. 试确定 m 和 b.

19.　　　　　　　　　　　　　　20.

x	$f(x)$
1	2
3	9
5	16

x	$f(x)$
2	–1
4	–4
6	–7

在题 21 和 22 中,求通过 A 和 B 具有给定斜率的直线方程中的 x 或 y.

21. $A(-2,3), B(4,y), m=\dfrac{-2}{3}$　　22. $A(-8,-2), B(x,2), m=2$

23. **重访例 5**　如果你们用点 $(3,4)$ 来写方程的话,试证明你们得到和例 5 中一样的方程.

24. **为学而写**:x – 截距和 y – 截距

(**a**) 说明为什么 c 和 d 分别是直线 $\dfrac{x}{c} + \dfrac{y}{d} = 1$ 的 x - 截距和 y - 截距.

(**b**) 在直线 $\dfrac{x}{c} + \dfrac{y}{d} = 2$ 中 x - 截距以及 y - 截距和 c 以及 d 是怎样的关系?

25. 平行线和垂直线 对怎样的 k 值,两条直线 $2x + ky = 3$ 和 $x + y = 1$,(**a**) 是平行的?(**b**) 是垂直的?

在题 26 - 28 中,2 - 3 个学生结成小组来解题.

26. 绝热 通过量度图中的斜率求下列材料以多少度每英寸的温度变化.

(**a**) 石膏灰泥板   (**b**) 板墙筋间的玻璃纤维   (**c**) 望板

(**d**) 在 (**a**) 到 (**c**) 三种材料中哪一种绝热最好?最差?试说明理由.

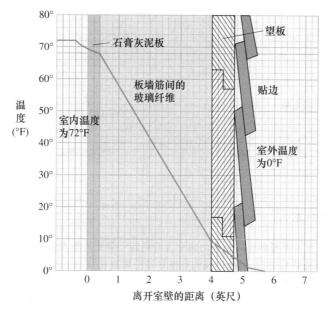

27. 水下压力 潜水员在水下所承受的压力 p 通过方程 $p = kd + 1$(k 为常数) 与潜水员的深度 d 相关. 当 $d = 0$ 米时,压力为 1 个大气压,① 在 100 米处时,压力为 10.94 大气压. 求在 50 米处时的压力.

28. 对行进距离进行建模 一辆汽车在时刻 $t = 0$,从点 P 出发,以 45 英里每小时的速度行进.

(**a**) 写出汽车在 t 小时内从 P 出发行进距离的表达式 $d(t)$.

(**b**) 图示 $y = d(t)$.

(**c**) (**b**) 中图形的斜率是什么?该斜率应对该汽车提示点什么?

(**d**) 为学而写   创建一种 t 可以取负值的情景.

(**e**) 为学而写   创建一种 $y = d(t)$ 的 y - 截距可以等于 30 的情景.

扩充概念

29. 华氏对摄氏 我们已经在例 8 中找到了华氏温度和摄氏温度的关系.

(**a**) 是否存在一个温度值使华氏温度计和摄氏温度计的读数是一样的?如果存在,该温度值是多少?

T (**b**) 为学而写   在同样的视窗里图示 $y_1 = \left(\dfrac{9}{5}\right)x + 32, y_2 = \left(\dfrac{5}{9}\right)(x - 32)$,和 $y_3 = x$. 说明这张图和 (**a**) 题有什么关联.

30. 平行四边形 三个不同的平行四边形都有顶点 $(-1, 1), (2, 0)$ 和 $(2, 3)$. 画出这三个平行四边形并写出另一顶点的坐标.

---

①   1 atm(标准大气压) = 101325 Pa

31. **平行四边形** 如果把任一四边形的边的中点依次连起来,试证明所得到的四边形是平行四边形.
32. **切线** 考虑一个圆心在$(0,0)$半径为5的圆周.求该圆周在点$(3,4)$处的切线的方程.
33. **从一点到一条直线的距离** 本题研究怎样求出点$P(a,b)$到直线$L: Ax+By=C$的距离.我们建议2或3个学生结成小组一起来做.
    (a) 写出过点P垂直于L的直线M的方程.
    (b) 求M和L的交点Q的坐标.
    (c) 求P到Q的距离.
34. **反射光线** 光线沿直线$x+y=1$从第二象限射入,并在x轴反射离开.从垂直线量起的入射角等于反射角.写出光线沿反射线离开的反射线的方程.

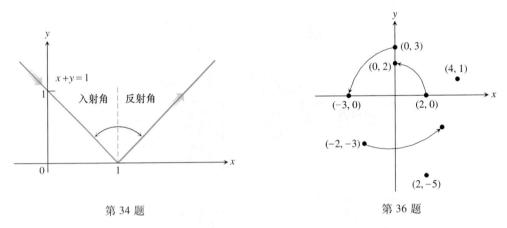

第 34 题　　　　　　　　　第 36 题

35. **华盛顿山齿轨铁路** 土木工程师计算路基的斜率为升高或下降距离和水平行进距离之比.他们称之为路基的**坡度**,通常是以百分数写出的.沿海岸线商业性铁路的坡度通常小于2%.在山区,坡度可以高达4%.高速公路的坡度通常小于5%.

    在新汉普夏郡(New Hampshire)华盛顿山的齿轨铁路达到了罕见的 37.1% 的坡度.沿这部分线路,车厢前面的坐位要高出车厢末尾的坐位 14 英尺.它们之间的距离有多远?

36. 关于原点逆时针旋转$90°$把$(2,0)$转到$(0,2)$,把$(0,3)$转到$(-3,0)$,如图所示.把下面各点转到什么坐标位置?
    (a) $(4,1)$　　(b) $(-2,-3)$　　(c) $(2,-5)$
    (d) $(x,0)$　　(e) $(0,y)$　　　(f) (x,y)
    (g) 什么点转到$(10,3)$?

在题 37 和 38 中应用回归分析.

T 37. 表 3 列出了 9 个女孩的年龄和体重

表 3　女孩年龄和体重

年龄(月)	体重(磅)
19	22
21	23
24	25
27	28
29	31
31	28
34	32
38	34
43	39

注:$1\ \text{lb} = 0.453\ 592\ \text{kg}$.

（**a**）对该数据求线性回归方程.
（**b**）求该回归直线的斜率. 该斜率表示什么含义？
（**c**）把线性回归方程的图重叠到数据散点图上去.
（**d**）利用回归方程预测 30 个月大小的女孩大概的体重.

T 38. 表 4 展示了建筑工人的平均年工资.

表 4　建筑工人的平均年工资

年份	年工资（美元）
1980	22,033
1985	27,581
1988	30,466
1989	31,465
1990	32,836

来源：美国经济分析署（U. S. Bureau of Economic Analysis.）

（**a**）对该数据求线性回归方程.
（**b**）求该回归直线的斜率. 该斜率表示什么含义？
（**c**）把线性回归方程的图重叠到数据散点图上去.
（**d**）利用回归方程预测 2000 年建筑工人的平均年工资.

T 39. 自 1970 年以来现行的供单个家庭住的房屋的中等房价稳定上升. 但表 5 中的数据展示在美国不同地区的房价是有差别的.

表 5　供单个家庭住的中等房价

年份	东北部（美元）	中西部（美元）
1970	25,200	20,100
1975	39,300	30,100
1980	60,800	51,900
1985	88,900	58,900
1990	141,200	74,000

来源：全美房地产经纪人协会，房屋销售年鉴（华盛顿直辖区，1990）
National Association of Realtors®, *Home Sales Yearbook*（Washington DC, 1990）.

（**a**）求东北地区房价的线性回归方程.
（**b**）回归直线的斜率表示什么含义？
（**c**）求中西部地区房价的线性回归方程.
（**d**）哪个地区的中等房价涨得更快，东北部或是中西部？

2　函数和图形

函数 • 定义域和值域 • 审阅和解释图形 • 增函数与减函数 • 偶函数和奇函数：对称性 • 分段定义的函数 • 绝对值函数 • 怎样移位图形 • 复合函数

函数是用数学术语来描述现实世界的主要工具. 本节讨论函数的基本概念, 它们的图形, 移位或复合函数的方法. 讲述出现在微积分中的若干重要函数类.

函数

一个变量的值常常取决于另一个变量的值.
- 水达到沸点的温度取决于海拔高度（当你往上走时沸点下降）.
- 你的存款额在一年中的增长取决于银行的利率.

在上述的每种情形中, 一个变量的值取决于另一个变量的值. 水的沸点 b 取决于海拔高度 e; 利息的多少 I 取决于利率 r. 我们称 b 和 I 为**因变量**, 因为它们是由它们所依赖的变量 e 和 r 的值所决定的. 变量 e 和 r 为**自变量**.

对一个集合中的每个元素指定另一个集合中唯一确定的一个元素的规则称为**函数**. 集合可以是任意类型的集合, 而且两个集合不必是相同的. 函数类似于对每个允许的输入指定一个唯一确定的输出的机器. 输入构成了函数的**定义域**; 输出构成了函数的**值域**（图 8）.

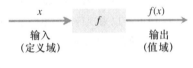

图 8　函数的"机器"图示

定义　函数
从集合 D 到集合 R 的一个函数是对 D 中每个元素指定 R 中唯一确定的元素的一种规则.

在这种定义下, D 是函数的定义域而 R 是包含值域的一个集合（图 9）.

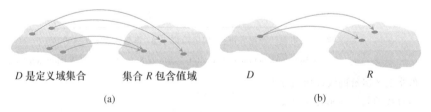

图 9　(a) 从集合 D 到集合 R 的函数；(b) 不是函数. 这种指定不是唯一确定的.

CD-ROM
WEBsite
历史传记
Leonhard Euler
(1707 — 1783)

许多年前, 瑞士数学家欧拉（Leonhard Euler, 1707—1783）首创了一种用符号来说"y 是 x 的函数"的方法：
$$y = f(x),$$
我们念作"y 等于 'f' 'x'". 这种记号使我们能通过改变我们所用的字母给不同的函数以不同的名称. 说沸点是海拔高度的函数, 我们可

以记为 $b = f(e)$；说圆面积是半径的函数，我们可以记为 $A = A(r)$，给函数与因变量以同样的名字.

记号 $y = f(x)$ 还给出了记函数特定值的方法. f 在 a 处的值可以记作 $f(a)$，念作 ""f" "a"".

例1（圆周 – 面积函数） 圆周 – 面积函数 $A(r) = \pi r^2$ 的定义域是所有可能的半径的集合，它是全体正实数构成的集合. 值域也是全体正实数构成的集合.

A 在 $r = 2$ 处的值是
$$A(2) = \pi(2)^2 = 4\pi,$$
即半径为 2 的圆的面积为 4π.

定义域和值域

在例 1 中，函数的定义域是由问题的背景限定的：自变量是半径，因而必须是正的. 当我们用公式定义函数 $y = f(x)$ 而且没有明显说出定义域或者由问题的背景所限定，则假定该定义域是使 x 值处都给出实的 y 值的最大集合，所谓的**自然定义域**. 如果我们要以某种方式限制定义域，我们必须说出来. $y = x^2$ 的定义域是整个实数集. 为把函数限制于，例如说，x 的正值，我们应写作 "$y = x^2, x > 0$".

实自变量的许多实值函数的定义域和值域是区间或区间的组合. 区间可以是开、闭或半开的（图 10 和 11）以及有限或无限的（图 12）.

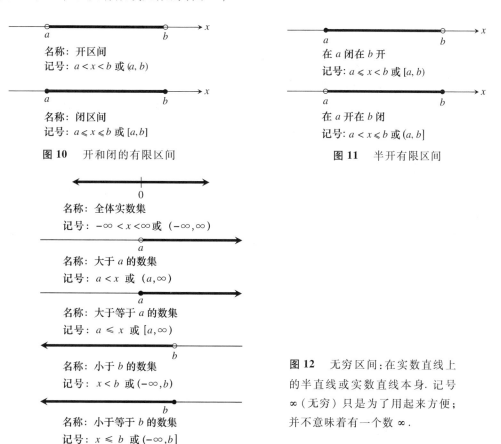

名称：开区间
记号：$a < x < b$ 或 (a, b)

名称：闭区间
记号：$a \leq x \leq b$ 或 $[a, b]$

图 10 开和闭的有限区间

名称：在 a 闭在 b 开
记号：$a \leq x < b$ 或 $[a, b)$

名称：在 a 开在 b 闭
记号：$a < x \leq b$ 或 $(a, b]$

图 11 半开有限区间

名称：全体实数集
记号：$-\infty < x < \infty$ 或 $(-\infty, \infty)$

名称：大于 a 的数集
记号：$a < x$ 或 (a, ∞)

名称：大于等于 a 的数集
记号：$a \leq x$ 或 $[a, \infty)$

名称：小于 b 的数集
记号：$x < b$ 或 $(-\infty, b)$

名称：小于等于 b 的数集
记号：$x \leq b$ 或 $(-\infty, b]$

图 12 无穷区间：在实数直线上的半直线或实数直线本身. 记号 ∞（无穷）只是为了用起来方便；并不意味着有一个数 ∞.

区间的端点称为**边界点**,它们构成了区间的边界. 其余的点都是**内点**,它们构成了区间的**内部**. 包括所有边界点在内的区间是**闭区间**. 不包含边界点的区间就是开区间. 开区间的每一点都是该区间的内点.

例 2（识别定义域和值域） 检验这些函数的定义域.

函数	定义域(x)	值域(y)
$y = x^2$	$(-\infty, \infty)$	$[0, \infty)$
$y = \dfrac{1}{x}$	$(-\infty, 0) \cup (0, \infty)$	$(-\infty, 0) \cup (0, \infty)$
$y = \sqrt{x}$	$[0, \infty)$	$[0, \infty)$
$y = \sqrt{4-x}$	$(-\infty, 4]$	$[0, \infty)$
$y = \sqrt{1-x^2}$	$[-1, 1]$	$[0, 1]$

解 对任何实数 x,方程 $y = x^2$ 给出实 y 值,所以定义域为 $(-\infty, \infty)$.

对除 $x = 0$ 外的任何实 x 值,方程 $y = \dfrac{1}{x}$ 给出实 y 值. 我们不能以 0 除任何数.

仅当 x 是正的或 0 时,方程 $y = \sqrt{x}$ 给出实 y 值.

仅当 $4 - x$ 大于或等于 0 时,方程 $y = \sqrt{4-x}$ 给出实 y 值.

对从 -1 到 1 的闭区间上的任何 x 值,方程 $y = \sqrt{1-x^2}$ 给出实 y 值. 在该区间外,$1 - x^2$ 是负的,从而其平方根不是实数. 定义域是 $[-1, 1]$.

审阅和解释图形

平面上的点 (x, y),其坐标为函数 $y = f(x)$ 的输入 – 输出对,构成函数的**图形**. 例如,函数 $y = x + 2$ 的图形是坐标 (x, y) 满足 $y = x + 2$ 的点的集合.

用笔和纸来作图需要发展你们的图形绘制技巧. 用绘图器作图需要发展的图形审阅技巧.

图形审阅技巧

第 1 步 识别图形是合理的.
第 2 步 看出图形的所有重要特征.
第 3 步 解释这些特征.
第 4 步 识别绘图器的失效.

识别图形是合理的能力来自经验. 你们需要知道基本的函数,它们的图形,以及表示它们的方程改变时会怎样影响到其图形的变化.

当绘图器画出的图形不精确——甚至不正确时就会发生绘图器的失效,通常是由于绘图器屏幕的分辨率的局限造成的.

例3(识别绘图器的失效) 求 $y = f(x) = \dfrac{1}{\sqrt{4-x^2}}$ 的定义域和值域.

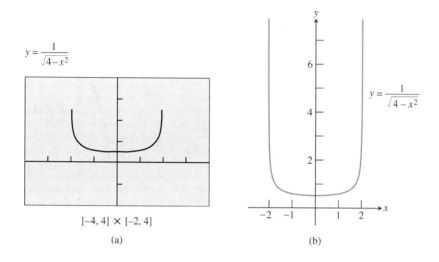

图13 (a) 绘图器失效；(b) $y = \dfrac{1}{\sqrt{4-x^2}}$ 的较精确图形. (例3)

解 图13(a)中 f 的图形似乎暗示 f 的定义域在 -2 和 2 之间,而值域也是一个有限区间. 后者的观察结果是由绘图器的失效造成的;这时我们可以用代数方法来识别这种失效.

代数求解 表达式 $4 - x^2$ 必须大于 0.
$$4 - x^2 > 0, \quad x^2 < 4$$
因此,$-2 < x < 2$,从而定义域为 $(-2, 2)$.

f 的最小值为 $\dfrac{1}{2}$ 且在 $x = 0$ 处达到. 如下面的表所提示的(f 的值舍入到三位小数),当 x 从左边趋于 2 或从右边趋于 -2 时,f 的值变得非常大.

x	± 1.99	± 1.999	± 1.9999	± 1.99999
$f(x)$	5.006	15.813	50.001	158.114

f 的值域为 $[0.5, +\infty)$.

图14展示了微积分中经常出现的幂函数的图形. 知道这些图形的一般形状将会帮助你们识别绘图器的失效.

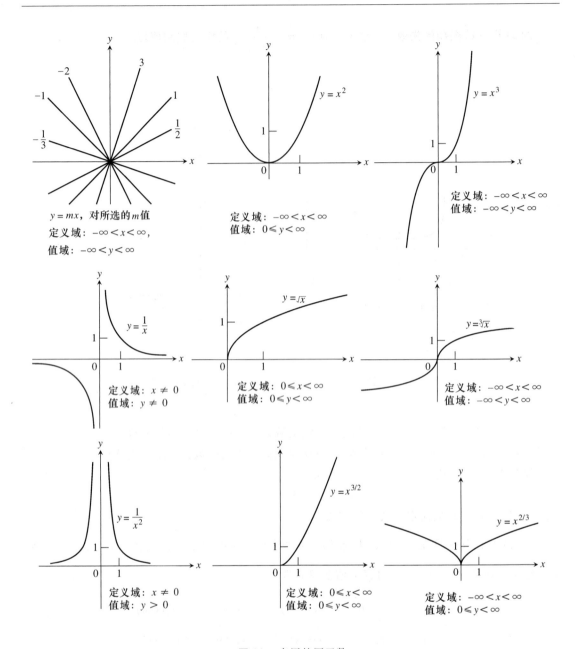

图 14 有用的幂函数

增函数与减函数

如果当你从左走向右时,函数的图形是<u>往上爬</u>或<u>升高</u>的,我们就说该函数是<u>增函数</u>. 如果当你从左走向右时,函数的图形是<u>下降</u>或<u>下落</u>的,则该函数就是<u>减函数</u>. 我们将在 3.3 节中给出增函数和减函数的正式定义. 在该节中,你们将学会怎样找出函数是增的区间以及函数是减的区间. 以下是来自图 14 的例子.

函数	增的区间	减的区间
$y = x^2$	$0 \leq x < \infty$	$-\infty < x \leq 0$
$y = x^3$	$-\infty < x < \infty$	无处
$y = \dfrac{1}{x}$	无处	$-\infty < x < 0, 0 < x < \infty$
$y = \dfrac{1}{x^2}$	$-\infty < x < 0$	$0 < x < \infty$
$y = \sqrt{x}$	$0 \leq x < \infty$	无处
$y = x^{\frac{2}{3}}$	$0 \leq x < \infty$	$-\infty < x \leq 0$

偶函数和奇函数：对称性

偶函数和奇函数的图形具有对称性的表征.

> **定义　偶函数、奇函数**
> 函数 $y = f(x)$ 是
>
> x 的**偶函数**，如果 $f(-x) = f(x)$，
>
> x 的**奇函数**，如果 $f(-x) = -f(x)$，
>
> 对该函数定义域中任何 x 都成立.

偶和奇的名称来自 x 的幂次. 如果 y 是 x 的偶数次幂，如 $y = x^2$ 或 $y = x^4$，那么它们就是 x 的偶函数(因为 $(-x)^2 = x^2, (-x)^4 = x^4$). 如果 y 是 x 的奇数次幂，如 $y = x$ 或 $y = x^3$，那么它们就是 x 的奇函数(因为 $(-x)^1 = -x, (-x)^3 = -x^3$).

偶函数的图形是**关于 y 轴对称的**. 因为 $f(-x) = f(x)$，点 (x, y) 位于该图形上当且仅当 $(-x, y)$ 也位于该图形上(图 15a).

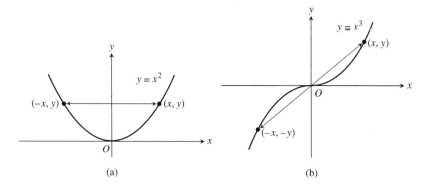

图 15　(a) $y = x^2$ (偶函数) 的图形是关于 y 轴对称的. (b) $y = x^3$ (奇函数) 的图形是关于原点对称的.

奇函数的图形是**关于原点对称的**. 因为 $f(-x) = -f(x)$，点 (x, y) 位于该图形上当且仅当 $(-x, -y)$ 也位于该图形上(图 15b). 等价地，图形关于原点对称，如果把该图形绕原点转 180° 仍保持图形不变.

例 4 识别偶函数和奇函数

$f(x) = x^2$ 偶函数:$(-x)^2 = x^2$ 对所有的 x;关于 y 轴对称.

$f(x) = x^2 + 1$ 偶函数:$(-x^2) + 1 = x^2 + 1$ 对所有的 x;关于 y 轴对称(图16a).

$f(x) = x$ 奇函数:$(-x) = -x$ 对所有的 x;关于原点对称.

$f(x) = x + 1$ 不是奇函数:$f(-x) = -x + 1$,但是 $-f(x) = -x - 1$,两者不相等.

       不是偶函数:$(-x) + 1 \neq x + 1$ 对所有的 $x \neq 0$(图16b).

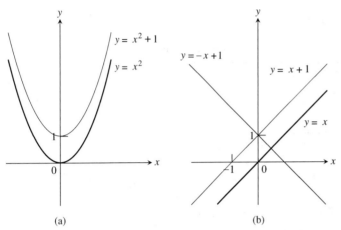

图 16 (a) 当我们把常数项1加到函数 $y = x^2$ 上,所得到的函数 $y = x^2 + 1$ 仍然是偶函数,而且其图形仍然关于 y 轴对称. (b) 当我们把常数项1加到函数 $y = x$ 上,所得到的函数 $y = x + 1$ 不再是奇函数了.关于原点的对称性也没有了.(例4)

用画图形来识别偶函数和奇函数是很有效的. 我们一旦知道在 y 轴一边的函数类型的图形,就自动知道函数在 y 轴另一边的图形.

分段定义的函数

可以通过在定义域的不同部份用不同的公式来定义函数.

例 5(画分段定义函数的图形)   画 $y = f(x) = \begin{cases} -x, & x < 0 \\ x^2, & 0 \leq x \leq 1 \\ 1, & x > 1 \end{cases}$ 的图形.

解 f 的值由三个不同的公式给出:$y = -x$ 当 $x < 0$,$y = x^2$ 当 $0 \leq x \leq 1$,以及 $y = 1$ 当 $x > 1$.但是,该函数只是一个函数,其定义域是整个实数集(图17).

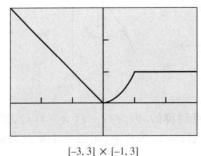

$[-3, 3] \times [-1, 3]$

图 17 分段定义的函数的图形.(例5)

例6(写出分段定义的函数的公式) 写出函数 $y = f(x)$ 的公式,该函数由图18的两段直线段组成.

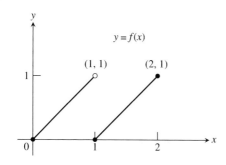

图 18 左边的线段包含(0,0)但不包含(1,1). 右边的线段包含它的两个端点. (例6)

解 我们从(0,0)到(1,1)和从(1,0)到(2,1)的线段求得公式,然后按例5的样子把它们合到一起.

从(0,0)到(1,1)的线段 过(0,0)和(1,1)的直线的斜率为 $m = \dfrac{1-0}{1-0} = 1$ 而 y - 截距 $b = 0$. 该直线的斜率 - 截距方程为 $y = x$. 从(0,0)到(1,1)的包含(0,0)而不包含(1,1)的线段是函数 $y = x$ 限制在半开区间 $0 \leq x < 1$ 上的图形,即
$$y = x, \quad 0 \leq x < 1.$$

从(1,0)到(2,1)的线段 过(1,0)和(2,1)的直线的斜率为 $m = \dfrac{1-0}{2-1} = 1$ 并过点(1,0). 该直线相应的点 - 斜式方程为
$$y = 1(x-1) + 0, \quad \text{或} \quad y = x - 1.$$
包含端点在内的从(1,0)到(2,1)的线段是函数 $y = x - 1$ 限制在闭区间 $1 \leq x \leq 2$ 上的图形,即
$$y = x - 1, \quad 1 \leq x \leq 2.$$

分段表达的公式 联合两段图形的公式,得到
$$f(x) = \begin{cases} x, & 0 \leq x < 1 \\ x - 1, & 1 \leq x \leq 2. \end{cases}$$

绝对值函数

绝对值函数 $y = |x|$ 是由公式
$$|x| = \begin{cases} -x, & x < 0 \\ x, & x \geq 0 \end{cases}$$
来分段定义的.

注:记住 $\sqrt{a^2} = |a|$. 不要写作 $\sqrt{a^2} = a$,除非你早已知道 $a \geq 0$.

注:绝对值的性质
1. $|-a| = |a|$;
2. $|ab| = |a||b|$;
3. $\left|\dfrac{a}{b}\right| = \dfrac{|a|}{|b|}$;
4. $|a+b| \leq |a| + |b|$.

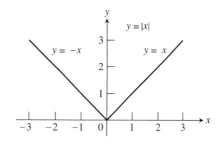

图 19 绝对值函数的定义域为 $(-\infty, \infty)$,而值域为 $[0, \infty)$.

绝对值函数是偶函数(图 19),因而其图形是关于 y 轴对称的. 因为符号 $\sqrt{a}$ 表示 a 的非负平方根,所以 $|x|$ 的另一种定义就是

$$|x| = \sqrt{x^2}.$$

怎样移位图形

为往上移位函数 $y = f(x)$ 的图形,加一正常数到公式的右边.

为往下移位函数 $y = f(x)$ 的图形,加一负常数到公式的右边.

例 7(垂直移位图形) 在公式 $y = x^2$ 的右端加 1 就得到 $y = x^2 + 1$,把图形往上移位 1 个单位(图 20).

在公式 $y = x^2$ 的右端加 -2 就得到 $y = x^2 - 2$,把图形往下移位 2 个单位(图 20).

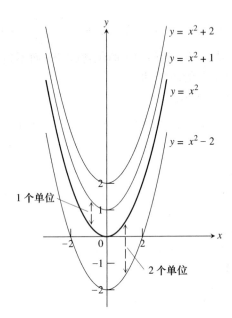

图 20 为向上(或向下)移位 $f(x) = x^2$ 的图形,我们加正(或负)常数到 f 的公式的右边.

为向左移位 $y = f(x)$ 的图形,加一正常数到 x. 为向右移位 $y = f(x)$ 的图形,加一负常数到 x.

例 8(水平移位图形) 在 $y = x^2$ 中的 x 加上 3 就得到 $y = (x + 3)^2$,图形向左移位 3 个单位(图 21). 在 $y = x^2$ 中的 x 加上 -2 就得到 $y = (x - 2)^2$,图形向右移位 2 个单位(图 21).

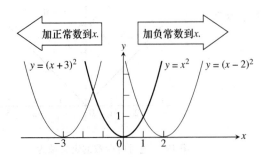

图 21 为向左移位 $y = x^2$ 的图形,我们加一正常数到 x. 为向右移位 $y = x^2$ 的图形,我们加一负常数到 x.

移位公式	垂直移位
$y = f(x) + k$	若 $k > 0$,则向上移位 k 个单位
	若 $k < 0$,则向下移位 $\|k\|$ 个单位
水平移位	
$y = f(x + h)$	若 $h > 0$,则向左移位 h 个单位
	若 $h < 0$,则向右移位 $\|h\|$ 个单位

例 9(组合移位) 求 $f(x) = |x - 2| - 1$ 的定义域和值域,并画其图形.

解 f 的图形是绝对值函数水平向右移位 2 个单位再垂直向下移位一个单位(图 22). f 的定义域是 $(-\infty, \infty)$,其值域为 $[-1, \infty)$.

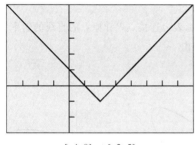

图 22 $f(x) = |x - 2| - 1$ 的图形的最低点是 $(2, -1)$. (例 9)

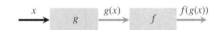

图 23 每当一个函数在 x 处的值在另一个函数的定义域中,这两个函数就可以在 x 处复合. 这种复合函数记作 $f \circ g$.

复合函数

假定函数 g 的某些输出可以作为函数 f 的输入. 那么我们可以构作一个新函数把 g 和 f 联系在一起,该新函数的输入 x 是 g 的输出,而输出为数 $f(g(x))$,如图 23 所示. 函数 $f(g(x))$(念作 "f" "g" "x")是 g 和 f 的**复合函数**,这是按先 g 然后 f 的次序复合 g 和 f 的. 这个复合函数通常的"独立"记号是 $f \circ g$,念作 "f" "g". $f \circ g$ 在 x 处的值是 $(f \circ g)(x) = f(g(x))$. 注意在记号 $f \circ g$ 中,我们首先把 g 作用到输入变量然后再作用 f.

例 10(把函数作为复合函数进行审阅) 例 2 中的函数 $y = \sqrt{1 - x^2}$ 可以设想为首先计算 $1 - x^2$ 紧接着对结果开平方根. 函数 y 是函数 $g(x) = 1 - x^2$ 和函数 $f(x) = \sqrt{x}$ 的复合函数. 注意 $1 - x^2$ 不能为负. 复合函数的定义域为 $[-1, 1]$.

例 11(求复合函数的公式并求值) 求 $f(g(x))$ 的公式,若 $g(x) = x^2$,而 $f(x) = x - 7$. 然后求 $f(g(2))$.

解 为求 $f(g(x))$,我们用 $g(x)$ 的表达式代替公式 $f(x) = x - 7$ 中的 x.
$$f(x) = x - 7$$
$$f(g(x)) = g(x) - 7 = x^2 - 7$$

然后在 x 处代入 2 求出 $f(g(2))$ 的值
$$f(g(2)) = (2)^2 - 7 = -3$$

习题 2

求函数的公式

1. 把等边三角形的面积和周长表为该三角形边长 x 的函数.
2. 把正方形的边长表为该正方形对角线长度 d 的函数. 然后把该正方形的面积表为对角线长度的函数.
3. 把立方体的棱边长表为该立方体对角线长度 d 的函数. 然后把该立方体的表面积和体积表为对角线长度的函数.
4. 第一象限中的点 P 位于函数 $f(x) = \sqrt{x}$ 的图形上. 把点 P 的坐标表为连接点 P 和原点的直线的斜率的函数.

在题 5 和 6 中, 哪些图是 x 的函数, 哪些不是? 对你的回答给出理由.

5. 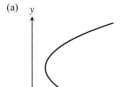 6.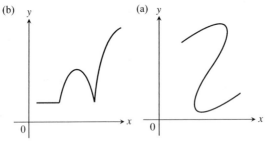

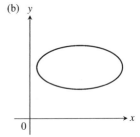

定义域和值域

在题 7 - 10 中, 求每个函数的定义域和值域.

7. (**a**) $f(x) = 1 + x^2$ (**b**) $f(x) = 1 - \sqrt{x}$

8. (**a**) $F(t) = \dfrac{1}{\sqrt{t}}$ (**b**) $F(t) = \dfrac{1}{1 + \sqrt{t}}$

9. $g(z) = \sqrt{4 - z^2}$ 10. $g(z) = \sqrt[3]{z - 3}$

函数和图形

画题 11 和 12 的图形. 如果图形有对称性的话, 是什么样的对称性?

11. (**a**) $y = -x^3$ (**b**) $y = -\dfrac{1}{x^2}$

12. (**a**) $y = \sqrt{|x|}$ (**b**) $y = -\dfrac{1}{x}$

13. 画下列式子的图形并解释它们为什么不是 x 的函数.
    (**a**) $|y| = x$ (**b**) $y^2 = x^2$

14. 画下列式子的图形并解释它们为什么不是 x 的函数.

(**a**) $|x| + |y| = 1$ (**b**) $|x + y| = 1$

偶函数和奇函数

在题 15–20 中,说出函数是否是偶函数、奇函数或两者都不是.

15. (**a**) $f(x) = 3$ (**b**) $f(x) = x^{-5}$
16. (**a**) $f(x) = x^2 + 1$ (**b**) $f(x) = x^2 + x$
17. (**a**) $g(x) = x^3 + x$ (**b**) $g(x) = x^4 + 3x^2 - 1$
18. (**a**) $g(x) = \dfrac{1}{x^2 - 1}$ (**b**) $g(x) = \dfrac{x}{x^2 - 1}$
19. (**a**) $h(t) = \dfrac{1}{t - 1}$ (**b**) $h(t) = |t^3|$
20. (**a**) $h(t) = \sqrt{t^2 + 3}$ (**b**) $h(t) = 2|t| + 1$

分段定义的函数

在题 21–24 中,(**a**) 画出函数的图形,然后求(**b**) 定义域和(**c**) 值域.

21. (**a**) $f(x) = -|3 - x| + 2$ (**b**) $f(x) = 2|x + 4| - 3$

22. (**a**) $f(x) = \begin{cases} 3 - x, & x \leq 1 \\ 2x, & 1 < x \end{cases}$ (**b**) $f(x) = \begin{cases} 1, & x < 0 \\ \sqrt{x}, & x \geq 0 \end{cases}$

23. $f(x) = \begin{cases} 4 - x^2, & x < 1 \\ \left(\dfrac{3}{2}\right)x + \dfrac{3}{2}, & 1 \leq x \leq 3 \\ x + 3, & x > 3 \end{cases}$ 24. $f(x) = \begin{cases} x^2, & x < 0 \\ x^3, & 0 \leq x \leq 1 \\ 2x - 1, & x > 1 \end{cases}$

25. **为学而写**   确定一条曲线是否是一函数的图形的<u>垂直线法则</u>是说:如果 xy 平面上每条与坐标轴垂直的直线与给定曲线至多只交于一个点的话,那么该曲线是某一函数的图形. 说明为什么这一陈述是正确的.

26. **为学而写**   对一条关于 x 轴对称的曲线而言,点 (x, y) 一定位于曲线上当且仅当点 $(x, -y)$ 位于该曲线上. 说明为什么关于 x 轴对称的曲线不是 x 的函数的图形,除非 $y = 0$.

在题 27 和 28 中,写出函数的分段表达的公式.

27.

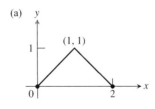

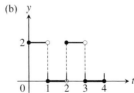

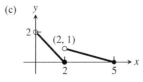

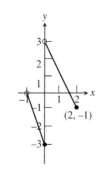

28.

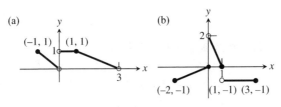

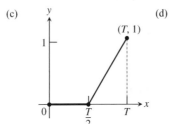 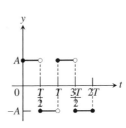

移位图形

29. 把(a)~(d)中的方程和所附图形的位置配对(见左下图).

(**a**) $y = (x-1)^2 - 4$ (**b**) $y = (x-2)^2 + 2$ (**c**) $y = (x+2)^2 + 2$ (**d**) $y = (x+3)^2 - 2$

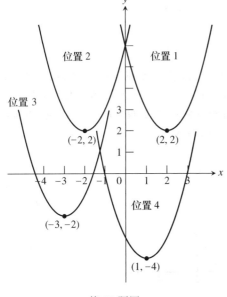

第 29 题图

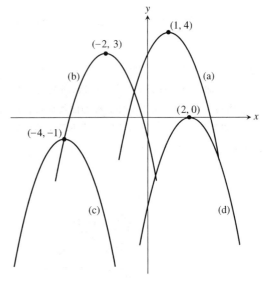

第 30 题图

30. 右上图展示了 $y = -x^2$ 的图形移位到 4 个新的位置. 对每个新的图形写出其方程.

题 31 – 36 告诉你们把给定的方程移位多少单位以及移位的方向. 给出移位后图形的方程. 然后把原来的图形和移位后的图形画在一起,并对每个图形及其方程编号.

31. $x^2 + y^2 = 49$ 向下 3,左移 2   **32.** $y = x^3$ 左移 1,向下 1

33. $y = x^{\frac{2}{3}}$ 右移 1,向下 1   **34.** $y = -\sqrt{x}$ 右移 3

35. $y = \left(\dfrac{1}{2}\right)(x+1) + 5$ 向下 5,右移 1   **36.** $x = y^2$ 左移 1

函数的复合

37. 若 $f(x) = x + 5$ 而 $g(x) = x^2 - 3$，求下列复合函数的值和公式.

(**a**) $f(g(0))$ (**b**) $g(f(0))$ (**c**) $f(g(x))$ (**c**) $g(f(x))$

(**e**) $f(f(-5))$ (**f**) $g(g(2))$ (**g**) $f(f(x))$ (**h**) $g(g(x))$

38. 若 $f(x) = x - 1$ 而 $g(x) = \dfrac{1}{(x+1)}$，求下列复合函数的值和公式.

(**a**) $f\left(g\left(\dfrac{1}{2}\right)\right)$ (**b**) $g\left(f\left(\dfrac{1}{2}\right)\right)$ (**c**) $f(g(x))$ (**d**) $g(f(x))$

(**e**) $f(f(2))$ (**f**) $g(g(2))$ (**g**) $f(f(x))$ (**h**) $g(g(x))$

39. 若 $u(x) = 4x - 5$, $v(x) = x^2$, 而 $f(x) = \dfrac{1}{x}$，求下列复合函数的公式.

(**a**) $u(v(f(x)))$ (**b**) $u(f(v(x)))$ (**c**) $v(u(f(x)))$

(**d**) $v(f(u(x)))$ (**e**) $f(u(v(x)))$ (**f**) $f(v(u(x)))$

40. 若 $f(x) = \sqrt{x}$, $g(x) = \dfrac{x}{4}$, 而 $h(x) = 4x - 8$，求下列复合函数的公式.

(**a**) $h(g(f(x)))$ (**b**) $h(f(g(x)))$ (**c**) $g(h(f(x)))$

(**d**) $g(f(h(x)))$ (**e**) $f(g(h(x)))$ (**f**) $f(h(g(x)))$

令 $f(x) = x - 3$, $g(x) = \sqrt{x}$, $h(x) = x^3$, 而 $j(x) = 2x$. 把题 41 和 42 中的每个函数表示为由 f, g, h 和 j 中的一个或几个组成的复合函数.

41. (**a**) $y = \sqrt{x-3}$ (**b**) $y = 2\sqrt{x}$ (**c**) $y = x^{\frac{1}{4}}$

(**d**) $y = 4x$ (**e**) $y = \sqrt{(x-3)^3}$ (**f**) $y = (2x-6)^3$

42. (**a**) $y = 2x - 3$ (**b**) $y = x^{3/2}$ (**c**) $y = x^9$

(**d**) $y = x - 6$ (**e**) $y = 2\sqrt{x-3}$ (**f**) $y = \sqrt{x^3 - 3}$

43. 抄下并补全下面的表.

	$g(x)$	$f(x)$	$(f \circ g)(x)$
(**a**)	?	$\sqrt{x-5}$	$\sqrt{x^2-5}$
(**b**)	?	$1 + \dfrac{1}{x}$	x
(**c**)	$\dfrac{1}{x}$	?	x
(**d**)	$\sqrt{x}$	?	$|x|$

44. 抄下并补全下面的表.

	$g(x)$	$f(x)$	$(f \circ g)(x)$
(**a**)	$x - 7$	$\sqrt{x}$	?
(**b**)	$x + 2$	$3x$	?
(**c**)	?	$\sqrt{x-5}$	$\sqrt{x^2-5}$
(**d**)	$\dfrac{x}{x-1}$	$\dfrac{x}{x-1}$	?
(**e**)	?	$1 + \dfrac{1}{x}$	x
(**f**)	$\dfrac{1}{x}$	?	x

45. 下左图展示了定义域为[0,2]而值域为[0,1]的函数 $f(x)$ 的图形. 求下列函数的定义域和值域并画出它们的图形.

(**a**) $f(x) + 2$ (**b**) $f(x) - 1$ (**c**) $2f(x)$ (**d**) $-f(x)$

(**e**) $f(x + 2)$ (**f**) $f(x - 1)$ (**g**) $f(-x)$ (**h**) $-f(x + 1) + 1$

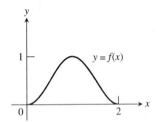
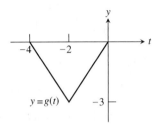

46. 上右图展示了定义域为[-4,0]而值域为[-3,0]的函数 $g(t)$ 的图形. 求下列函数的定义域和值域并画出它们的图形.

(**a**) $g(-t)$ (**b**) $-g(t)$ (**c**) $g(t) + 3$ (**d**) $1 - g(t)$

(**e**) $g(-t + 2)$ (**f**) $g(t - 2)$ (**g**) $g(1 - t)$ (**h**) $-g(t - 4)$

理论和例子

47. 锥问题 从右图(a)所示的半径为4英寸的一个圆纸片开始. 切掉一个弧长为 x 的扇形. 把剩下的两条边粘贴在一起形成如图(b)所示的一个半径为 r 而高为 h 的锥.

(**a**) 说明为什么锥底的圆周长为 $8\pi - x$.

(**b**) 把半径 r 表示为 x 的函数.

(**c**) 把锥高 h 表示为 x 的函数.

(**d**) 把锥的体积表示为 x 的函数.

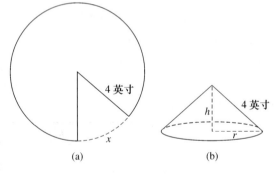

48. 工业成本 Dayton 电力和照明公司在迈阿密河上有一家发电厂,该处的河宽为800英尺. 为铺设一条从发电厂到河对岸往下游方向2英里处的一个城市的新电缆,电缆跨河的成本为每英尺180美元, 而在陆地上电缆的成本为每英尺100美元.

(**a**) 假定电缆从发电厂到河对岸的 Q 点, Q 点离发电厂正对岸的 P 点距离为 x 英尺. 写出用距离 x 来表示的铺设电缆的成本函数 $C(x)$.

(**b**) 生成一组成本值表以决定最小花费的 Q 点的位置离 P 点的距离小于2000英尺或大于2000英尺.

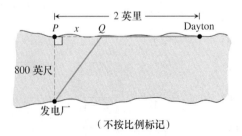

(不按比例标记)

49. 偶函数和奇函数

(**a**) 两个偶函数之积一定是偶函数吗? 对你的回答给出理由.

（b）关于两个奇函数之积有什么可说的?对你的回答给出理由.
（c）是否可能有一个既是偶的又是奇的函数?对你的回答给出理由.

50. **变戏法**　你可能听到过一种变戏法,进行如下:取任一数,加上5.对结果加倍.减6.除以2.减去2.现在请告诉我你得到的结果,而我将告诉你们开始取的数是什么.
（a）取一个数试试看.
（b）为什么对任何数都可以这样变戏法?

T 51. 画函数 $f(x) = \sqrt{x}$ 和 $g(x) = \sqrt{1-x}$ 以及它们的（a）和,（b）积,（c）两个差,以及（d）两个商的图形.

T 52. 设 $f(x) = x - 7, g(x) = x^2$. 画 f 和 g 以及 $f \circ g$ 和 $g \circ f$ 的图形.

有些绘图器容许例如 y_1 那样的函数作为另一个函数的自变量.利用这样的绘图器我们可以复合函数.

T 53. （a）输入函数 $y_1 = f(x) = 4 - x^2, y_2 = g(x) = \sqrt{x}, y_3 = y_2(y_1(x))$ 和 $y_4 = y_1(y_2(x))$. y_3 和 y_4 中哪一个对应于 $f \circ g$?对应于 $g \circ f$?
（b）画 y_1, y_2 和 y_3 的图形来猜测 y_3 的定义域和值域.
（c）画 y_1, y_2 和 y_4 的图形来猜测 y_4 的定义域和值域.
（d）通过求得 y_3 和 y_4 的公式代数地确证你的猜测.

T 54. 把 $y_1 = \sqrt{x}, y_2 = \sqrt{1-x}$ 和 $y_3 = y_1 + y_2$ 输入你的绘图器.
（a）在 $[-3, 3] \times [-1, 3]$ 中画 y_3 的图形.
（b）比较 y_3 图形的定义域和 y_1 以及 y_2 的图形的定义域.
（c）依次用 $y_1 - y_2, y_2 - y_1, y_1 \cdot y_2, \dfrac{y_1}{y_2}$ 和 $\dfrac{y_2}{y_1}$ 来替换 y_3,重复（b）的比较.
（d）基于你从（b）和（c）的观察结果,关于函数的和、差、积以及商的定义域,你有什么猜想.

回归分析:船尾波和停止距离

参见前面有关利用计算器来做回归分析的介绍.

T 55. **船尾波**　对与船的航向成直角的尾波的观察结果,显示这些波峰间的距离(它们的<u>波长</u>)随船的行进速度的增加而增长.表6展示了波长和船速间的关系.
（a）对表6中的数据求一幂函数回归方程 $y = ax^b$,其中 x 是波长,而 y 是船速.
（b）在数据的散点图上重叠幂函数回归方程的图形.
（c）用幂函数回归方程的图形预测波长为 11 m 时的船速.代数地确认这一结果.
（d）再用线性回归来预测波长为 11 m 时的船速.把回归直线重叠到数据的散点图上.哪个给出较好的拟合,是这里的回归直线还是（b）中的曲线?

表6　波长

波长(m)	船速(km/h)
0.20	1.8
0.65	3.6
1.13	5.4
2.55	7.2
4.00	9.0
5.75	10.8
7.80	12.6
10.20	14.4
12.90	16.2
16.00	18.0
18.40	19.8

T 56. 车辆的停止距离 表 7 展示了汽车的总停止距离作为其速度的函数.

(a) 对表 7 中的数据求二次回归方程.

(b) 把二次回归方程的图形重叠到数据的散点图上.

(c) 利用二次回归方程的图形预测速度为 72 英里／时和 85 英里／时的平均总停止距离. 代数地确认这一结果.

(d) 再用线性回归来预测速度为 72 英里／时和 85 英里／时的平均总停止距离. 把回归直线重叠到数据的散点图上. 哪个给出较好的拟合,是这里的回归直线还是(b)中的曲线?

表 7　车辆的停止距离

速度（英里／时）	平均总停止距离（英尺）
20	42
25	56
30	73.5
35	91.5
40	116
45	142.5
50	173
55	209.5
60	248
65	292.5
70	343
75	401
80	464

来源:美国公路局(U. S. Bureau of Public Roads.)

3　指数函数

指数增长 • 人口增长 • 指数函数 e^x • 为什么不用 a^x?

在科学和工程应用中指数函数特别重要. 我们在本节中用这类函数来考察你的经验并讨论若干有关增长和衰减的指数模型. 构成这些非常规函数的性质以及它们和对数函数(下一节)的关系的数学基础是优美和深刻的. 当我们在第 3 章和第 6 章中学习这些函数的微积分时我们将适当详细地研究这种数学基础.

指数增长

表 8 展示 1996 年以年复利率 5.5% 投资 100 美元的增长. 一年后帐户上的钱数总是前一年钱数的 1.055 倍. n 年后钱数为 $y = 100 \cdot (1.055)^n$.

复利提供了指数增长的一个例子,而且是用形为 $y = P \cdot a^x$ 的函数来建模的,其中 P 是初始投资而 a 等于 1 加上用小数表示的利率.

3 指数函数

表 8　储蓄存款的增长

年份	总数(美元)	增长(美元)
1996	100	
1997	100(1.055) = 105.50	5.50
1998	$100(1.055)^2$ = 111.30	5.80
1999	$100(1.055)^3$ = 117.42	6.12
2000	$100(1.055)^4$ = 123.88	6.46

方程 $y = P \cdot a^x, a > 0, a \neq 1$ 确定了称为指数函数的一类函数.

例1(画 $y = a^x$ 的图形)　画 $y = 2^x, y = 3^x$, 和 $y = 10^x$ 的图形. 对什么样的 x 值 $2^x > 3^x > 10^x$ 成立?

解　从图 24 的图形知道, 函数对所有 x 值都是增函数. 对 $x < 0$, 我们有 $2^x > 3^x > 10^x$. 在 $x = 0$ 我们有 $2^x = 3^x = 10^x = 1$. 对 $x > 0$. 我们有 $2^x < 3^x < 10^x$. ∎

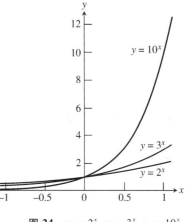

图 24　$y = 2^x, y = 3^x, y = 10^x$.

定义　指数函数
设 a 是不等于 1 的正实数. 函数
$$f(x) = a^x$$
是底为 a 的指数函数.

$f(x) = a^x$ 的定义域是 $(-\infty, \infty)$ 而值域是 $(0, \infty)$. 若 $a > 1, f$ 的图形看起来像图 25a 中 $y = 2^x$ 的图形. 若 $0 < a < 1, f$ 的图形看起来像图 25b 中的 $y = \left(\frac{1}{2}\right)^x = 2^{-x}$.

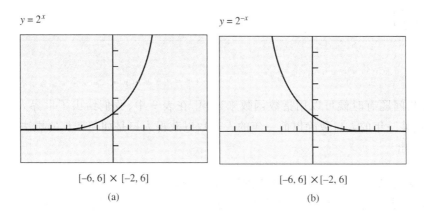

图 25　(a) $y = 2^x$ 和 (b) $y = 2^{-x}$ 的图形.

例2(画 $y = a^{-x}$ 的图形)　画 $y = 2^{-x}, y = 3^{-x}$, 和 $y = 10^{-x}$ 的图形. 对什么样的 x 值 $2^{-x} > 3^{-x} > 10^{-x}$ 成立?

解　由图 26 的图形知道, 这三个函数对所有 x 值都是递减的. 对 $x < 0$, 我们有 $2^{-x} < 3^{-x}$

$< 10^{-x}$. 在 $x = 0$，我们有 $2^{-x} = 3^{-x} = 10^{-x} = 1$. 对 $x > 0$，我们有 $2^{-x} > 3^{-x} > 10^{-x}$.

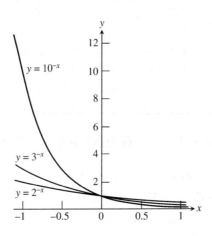

图 26　$y = 2^{-x}, y = 3^{-x}, y = 10^{-x}$.

指数函数服从指数法则.

指数法则

若 $a > 0, b > 0$，对所有实数 x, y，以下结果成立.

1. $a^x \cdot a^y = a^{x+y}$
2. $\dfrac{a^x}{a^y} = a^{x-y}$
3. $(a^x)^y = (a^y)^x = a^{xy}$
4. $a^x \cdot b^x = (ab)^x$
5. $\dfrac{a^x}{b^x} = \left(\dfrac{a}{b}\right)^x$

人口增长

人口增长问题有时候可以用指数函数来建模. 在表 9 中，我们给出了世界人口的一些数据. 我们还把某一年的人口数除以前一年的人口数以获得人口是如何增长的想法. 这些比在表 9 的第三列给出.

例 3（预测世界人口） 利用表 9 中的数据以及指数模型来预测 2010 年的人口.

解 基于表 9 的第三列，尽管对给出的增长率的变化会提出疑问，但我们还是愿意猜想任一年的世界人口是前一年人口的 1.018 倍. 在 1986 年后的任何时间，世界人口将是 $4936(1.018)^t$ 百万. 2010 年的人口是 $t = 24$，即 1986 年的第 24 年后的人口大约为

$$P(24) = 4936(1.018)^{24} \approx 7573.9$$

或 76 亿.

表 9 世界人口

年份	人口数（百万）	比
1986	4936	
1987	5023	$5023/4936 \approx 1.0176$
1988	5111	$5111/5023 \approx 1.0175$
1989	5201	$5201/5111 \approx 1.0176$
1990	5329	$5329/5201 \approx 1.0246$
1991	5422	$5422/5329 \approx 1.0175$

来源：联合国统计办公室：统计月报，1991（Statistical Office of the United Nations，*Monthly Bonthly Bulletin Statistics*. 1991.）

指数函数 e^x

对自然、物理和经济现象的建模中用到的最重要的指数函数是**自然指数函数**，它的基底是著名的数 e，精确到 9 位小数时是 2.718281828. 我们可以把 e 定义为函数 $f(x) = \left(1 + \dfrac{1}{x}\right)^x$ 当 x 无穷增大时的极限. 图 27 中的图形和表强烈暗示这个数是存在的. 在你学习微积分的过程中你将学到关于数 e 的更多的知识以及 e 是怎样得到的.

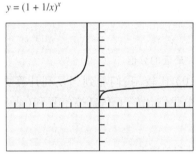

$[-10, 10] \times [-5, 10]$

图 27　$f(x) = \left(1 + \dfrac{1}{x}\right)^x$ 的图形和数值列表都暗示当 $x \to \infty$ 时，$f(x) \to e \approx 2.718$.

指数函数 $y = e^{kx}$，其中 k 是一非零常数，常被用作指数增长或衰减的模型. 作为指数增长的一个例子，连续复利，就用到模型 $y = P \cdot e^{rt}$，其中 P 是初始投资，r 是以小数表示的利率，t 是按年计的时间. 指数衰减的一个例子是模型 $y = A \cdot e^{-1.2 \times 10^4 t}$，这表示放射性元素碳-14 是怎样随时间衰减的. 这里 P 是碳-14 一开始的含量，t 是按年计的时间. 碳-14 衰减被用来测量诸如贝壳、种子和木制手工艺品等的死亡机体残留物的年代.

定义　指数增长、指数衰减

函数 $y = y_0 e^{kx}$ 是**指数增长**的模型，若 $k > 0$；又是**指数衰减**的模型，若 $k < 0$.

图 28 展示了指数增长和指数衰减的图形.

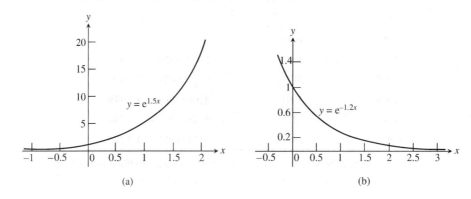

图 28 （a）指数增长，$k = 1.5 > 0$ 以及（b）指数衰减，$k = -1.2 < 0$ 的图形.

例 4（再论储蓄存款的增长） 在计算投资增值时投资公司常常利用连续复利的模型. 利用这个模型来追踪在 1996 年的年利率为 5.5% 连续复利计算的投资 100 美元的增值情况.

解

模型 设 $x = 0$ 表示 1996 年，$x = 1$ 表示 1997 年，等等. 连续复利的指数增长模型为 $y(x) = P \cdot e^{rx}$，其中 $P = 100$（初始投资），$r = 0.055$ 为用小数表示的年利率，t 表示以年为单位的时间. 例如，要预测 2010 年帐户中的存款数，我们取 $t = 4$ 并计算

$$y(4) = 100 \cdot e^{0.055(4)}$$
$$= 100 \cdot e^{0.22}$$
$$= 124.61. \quad \text{最近的分值}$$

把这个结果与年复利计算的结果 123.88 美元（表 10）比较. 我们看到当复利计算更频繁（现在这种情况是连续复利）时，投资者挣得更多. 表 10 中我们比较了利息按年复利（表 8）和连续复利计算时从 1996 到 2000 年储蓄帐户上的钱数.

表 10 比较储蓄帐户的增长

年份	总额（美元） 年复利率计	总额（美元） 连续利率计
1996	100.00	100.00
1997	105.50	105.65
1998	111.30	111.63
1999	117.42	117.94
2000	123.88	124.61

银行可能会作出决定，这样的额外多出来的钱数是值得做广告的，"我们按连续复利计算"，作为一种吸引顾客的方法.

例 5（对放射性衰减建模） 实验室的实验表明某些原子以辐射的方式发射其部分质量，该原子用其剩余物重新组成某种新元素的原子. 例如，放射性碳 – 14 衰变成氮；镭最终衰变成铅. 若 y_0 是初始时刻 $t = 0$ 时放射性物质的数量，在任何以后时刻 t 的数量为

$$y = y_0 e^{-rt}, \quad r > 0$$

数 r 称为放射性物质的**衰减率**. 对碳 - 14 而言,当 t 用年份来度量时,由实验确定的衰减率约为 $r = 1.2 \times 10^{-4}$. 试预测过了 866 年后的碳 - 14 所占的百分比.

解 若从碳 - 14 原子核数量 y_0 开始,则 866 年后的剩余量为
$$y(866) = y_0 e^{(-1.2 \times 10^{-4})(866)}$$
$$\approx (0.901) y_0.$$

即,866 年后,原有的碳 - 14 中有 90% 的留存,所以约有 10% 衰减掉了. 下节的例 12 中,你们将学到怎样求出使样本中一半放射性核衰减掉所需要的年数.

为什么不用 a^x?

你们可能会感到惊讶,为什么我们用取不同常数 k 的函数族 $y = y_0 e^{kx}$ 而不是用一般指数函数 $y = Pa^x$. 下一节,我们会说明对适当的 k 值指数函数 a^x 和 e^{kx} 是一样的. 所以公式 $y = y_0 e^{kx}$ 涵盖了所有的可能性.

习题 3

在题 1 - 6 中,把图 29 中的图形和下列函数配对.

1. $y = 2^x$ **2.** $y = 3^{-x}$

3. $y = -3^{-x}$ **4.** $y = -0.5^{-x}$

5. $y = 2^{-x} - 2$ **6.** $y = 1.5^x - 2$

在题 7 - 10 中,画函数的图形. 说出其定义域、值域和截距.

7. $y = -2^x + 3$ **8.** $y = e^x + 3$

9. $y = 3 \cdot e^{-x} - 2$ **10.** $y = -2^{-x} - 1$

在题 11 - 14 中,重写具有指定底的指数函数.

11. 9^{2x},底为 3   **12.** 16^{3x},底为 2

13. $\left(\dfrac{1}{8}\right)^{2x}$,底为 2   **14.** $\left(\dfrac{1}{27}\right)^x$,底为 3

在题 15 - 18 中,复制所列的表,然后二、三个学生组一起完成对该函数的制表.

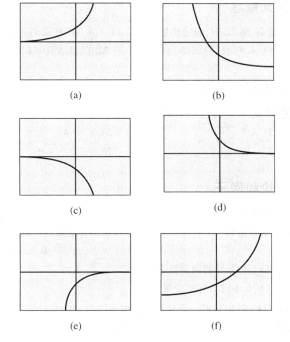

图 29 题 1 - 6 的图形.

15. $y = 2x - 3$

x	y	改变量(Δy)
1	?	
2	?	?
3	?	?
4	?	?

16. $y = -3x + 4$

x	y	改变量(Δy)
1	?	
2	?	?
3	?	?
4	?	?

17. $y = x^2$

x	y	改变量(Δy)
1	?	
2	?	?
3	?	?
4	?	?

18. $y = 3e^x$

x	y	比(y_i/y_{i-1})
1	?	
2	?	?
3	?	?
4	?	?

19. 为学而写 说明题 15 和 16 中改变量 Δy 是怎样和直线的斜率相关的. 如果线性函数 x 的改变量是常量，关于相应的 y 的改变量你的结论是什么?

20. 为学而写 描述一下题 17 中从一个 x 值到下一个 x 值的改变量 Δy 是怎样和这些 x 值相关的. 当 x 从 $x = 1000$ 到 $x = 1001$ 时改变量 Δy 是什么?对任意正整数，当 x 从 $x = n$ 到 $x = n + 1$ 时改变量 Δy 是什么?

扩充概念

在题 21 和 22 中，假定指数函数 $f(x) = k \cdot a^x$ 的图形通过两个点. 求 a 和 k 的值.

21. $(1, 4.5), (-1, 0.5)$ **22.** $(1, 1.5)(-1, 6)$

利用图形求解

T 在题 23 - 26 中，利用图形解方程.

23. $2^x = 5$ **24.** $e^x = 4$

25. $3^x - 0.5 = 0$ **26.** $3 - 2^{-x} = 0$

理论和例子

27. 世界人口(例 3 的延伸) 利用 1.018 和 1991 年的人口估计 2010 年的世界人口.

28. 细菌增长 t 小时后在佩特里菌培养皿溶液中的细菌数为

$$B = 100e^{0.693t}.$$

(**a**) 一开始的细菌数是多少?

(**b**) 6 小时后有多少细菌?

T (**c**) 近似计算一下什么时候细菌数为 200?估计使细菌数倍增所需要的时间.

T 在题 29 - 40 中，利用指数模型和图形计算器来估计每个问题的答案.

29. 人口增长 Knoxville 的人口为 500000 并以每年 3.75% 的增长率增长. 近似计算一下什么时候人口会达到一百万.

30. 人口增长 Silver Run 的人口在 1890 年是 6250 人. 假定人口的年增长率为 2.75%.

(a) 估计 1915 和 1940 年的人口.

(b) 近似计算一下什么时候人口会达到 50000?

31. **放射性衰减**　磷 -32 的半衰期约为 14 天. 一开始有 6.6 克.

    (a) 表示磷 -32 的残余量为时间 t 的函数.

    (b) 什么时候只剩下 1 克磷 -32 了?

32. **求时间**　如果约翰以年复利率 6% 在一储蓄帐户投资了 2300 美元,要多少时间约翰帐户上的结余为 4150 美元?

33. **倍增你的投资**　如果利息按年复利率 6.25% 计算,试决定要多少时间能使投资倍增.

34. **倍增你的投资**　如果利息按月复利率 6.25% 计算,试决定要多少时间能使投资倍增.

35. **倍增你的投资**　如果利息按连续复利率 6.25% 计算,试决定要多少时间能使投资倍增.

36. **三倍于你的投资**　如果利息按年复利率 5.75% 计算,试决定要多少时间能使投资变为原投资的三倍.

37. **三倍于你的投资**　如果利息按日复利率 5.75% 计算,试决定要多少时间能使投资变为原投资的三倍.

38. **三倍于你的投资**　如果利息按连续复利率 5.75% 计算,试决定要多少时间能使投资变为原投资的三倍.

39. **霍乱菌**　假定一个菌株开始时有一个细菌,每隔半小时倍增其细菌数,24 小时后该菌株共有多少细菌?

40. **消灭疾病**　假定对任意给定年份病例数下降 20%. 如果今天有 10000 个病例. 试问要多少年才能使

    (a) 病例下降到 1000?

    (b) 该种疾病消灭;即,使病例数小于 1.

回归分析：人口的指数模型

参见第 1 节末有关利用计算器来做回归分析的介绍.

T 41. 表 11 给出了墨西哥人口的数据.

表 11　墨西哥的人口

年份	人口（百万）
1950	25.8
1960	34.9
1970	48.2
1980	66.8
1990	81.1

来源:政治家年鉴,129 版(*The Statesman's Yearbook*,129th ed. London:The Macmillan Press,Ltd. ,1992).

(a) 设 $x = 0$ 表示 1900 年, $x = 1$ 表示 1901 年,等等. 对该数据求指数回归方程并把它们的图形重叠到数据的散点图上.

(b) 利用指数回归方程估计 1900 年墨西哥的人口. 该估计和 1900 年墨西哥的实际人口 13607272 有多接近?

(c) 利用指数回归方程估计墨西哥人口的年增长率.

T 42. 表 12 给出了南非人口的数据.

表 12　南非的人口

年份	人口（百万）
1904	5.2
1911	6.0
1921	6.9
1936	9.6
1946	11.4
1951	12.7
1960	16.0
1970	18.3
1980	20.6

来源：政治家年鉴，129 版（*Tthe Statesman's Yearbook*，129th ed. London：The Macmillan Press，Ltd.，1992）.

(a) 设 $x = 0$ 表示 1900 年，$x = 1$ 表示 1901 年，等等. 对该数据求指数回归方程并把它们的图形重叠到数据的散点图上.

(b) 利用指数回归方程估计 1990 年南非的人口.

(c) 利用指数回归方程估计南非人口的年增长率.

4　反函数和对数函数

一对一函数 • 反函数 • 求反函数 • 对数函数 • 对数函数的性质 • 应用

本节中，我们将定义什么是一个函数为另一个函数的反函数，并观察函数 – 反函数对的公式和图形说明些什么. 然后我们把对数函数作为有适当底的指数函数的反函数进行研究，并给出对数函数的若干重要应用.

一对一函数

我们已知道，函数是一种对其定义域中每个点指定其值域中唯一确定的值的规则. 例如，$f(x) = x^2$ 对 $x = 2$ 和 $x = -2$ 指定输出为 4. 另一些函数从不输出一个给定值多于一次. 例如，立方函数对不同的输入，输出总是不同的.

定义　一对一函数

函数 $f(x)$ 在定义域 D 上是**一对一**的，若每当 $a \neq b$ 时 $f(a) \neq f(b)$.

一对一函数 $y = f(x)$ 的图形与任何水平直线相交至多一次（<u>水平直线法则</u>）. 如果它与水

平直线相交多于两次,即它取同一个 y 值多于一次的话,那么该函数不是一对一的(图30).

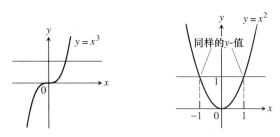

一对一:图形与每条水平直线　　非一对一:图形与某些水平直线
只交一次.　　　　　　　　　　相交多于一次.

图 30　利用水平直线法则,我们知道 $y = x^3$ 是一对一的,而 $y = x^2$ 不是一对一的.

例 1(利用水平直线法则)　试确定下列函数是否是一对一的.

(**a**) $f(x) = x^{2/3}$　　　(**b**) $g(x) = \sqrt{x}$

解　如图31a提示的,每条水平直线 $y = c, c > 0$ 与 $f(x) = x^{\frac{2}{3}}$ 相交二次,所以 f 不是一对一的. 如图31b所提示的,函数 $g(x) = \sqrt{x}$ 与每条水平直线或相交一次或根本不相交. 函数 g 是一对一的.

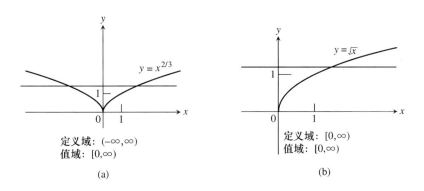

图 31　(a) $f(x) = x^{2/3}$ 的图形和一条水平直线. (b) $g(x) = \sqrt{x}$ 的图形和一条水平直线.

反函数

因为一对一函数的每个输出只来自一个输入,所以一对一函数可以反过来看作是把输出送回到它们所来自的输入. 由逆转一对一函数的定义域和值域定义的函数就是 f 的**反函数**. 表13和14中的函数互为反函数. 反函数 f 的记号是 f^{-1},念作"f 逆". f^{-1} 中的 -1 不是指数; $f^{-1}(x)$ 意思也不是 $\dfrac{1}{f(x)}$.

表 13	租费对时间
时间 x(小时)	租费 y(美元)
1	5.00
2	7.50
3	10.00
4	12.50
5	15.00
6	17.50

表 14	时间对租费
租费 x(美元)	时间 y(小时)
5.00	1
7.50	2
10.00	3
12.50	4
15.00	5
17.50	6

如表 13 和 14 所提示的用两种次序复合一个函数及其反函数就把每个输入送回它来自的输入. 换言之, 用两种次序复合一个函数及其反函数的结果就是**恒等函数**, 该函数指定每个数到它自身. 复合两个函数 f 和 g, 给出了测试它们是否互为反函数的一种方法. 计算 $f \circ g$ 和 $g \circ f$. 若 $(f \circ g)(x) = x$ 而且 $(g \circ f)(x) = x$, 则 f 和 g 互为反函数;否则, 它们就不是互为反函数. 函数 $f(x) = x^3$ 和 $g(x) = x^{\frac{1}{3}}$ 是互为反函数的, 因为对任何数 x, $(x^3)^{\frac{1}{3}} = x$ 而且 $(x^{\frac{1}{3}})^3 = x$.

反函数的测试

函数 f 和 g 是反函数对, 当且仅当
$$f(g(x)) = x \quad \text{并且} \quad g(f(x)) = x.$$
这时, $g = f^{-1}$ 而且 $f = g^{-1}$.

例 2(反函数的测试) (**a**) 函数
$$f(x) = 3x \quad \text{和} \quad g(x) = \frac{x}{3}$$
是反函数对, 因为对任何数 x
$$f(g(x)) = f\left(\frac{x}{3}\right) = 3\left(\frac{x}{3}\right) = x \quad \text{而且} \quad g(f(x)) = g(3x) = \frac{3x}{3} = x$$

(**b**) 函数
$$f(x) = x \quad \text{和} \quad g(x) = \frac{1}{x}$$
不是反函数对, 因为
$$f(g(x)) = f\left(\frac{1}{x}\right) = \frac{1}{x} \neq x$$

求反函数

我们怎样求一个函数的反函数? 假定, 例如说, 该函数是图 32a 中所画的图形. 为了解读该图形, 我们从 x 轴的 x 点出发, 向上达到该图形, 然后平移到 y 轴, 并读出 y 值. 如果我们从 y 出发, 并想找到作为原来出发点的 x, 那么我们把这个过程反过来做(图 32b).

f 的图形就是 f^{-1} 的图形, 尽管 f^{-1} 的图形不是用通常的定义域轴是水平的而值域轴是垂直的方式画出来的. 对 f^{-1} 而言, 输入 – 输出对是反的. 为用通常的方式展示 f^{-1}, 我们必须通过把图形对 45° 线 $y = x$ 反射一下把输入 – 输出对反过来(图 32c), 并交换字母 x 和 y(图 32d).

这一步把自变量还叫做 x,放在水平轴上,而把因变量还叫做 y,放在垂直轴上.

正如预期的 f 和 f^{-1} 的图形是互相关于直线 $y=x$ 的反射,因为 f 的输入 – 输出对已经反过来产生出 f^{-1} 的输入 – 输出对.

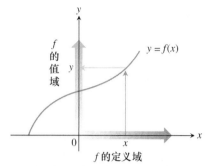
(a) 为求 f 在 x 的值,我们从 x 出发向上到达曲线然后平移到 y 轴.

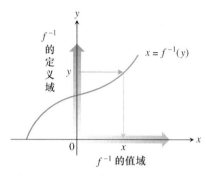
(b) f 的图形就是 f^{-1} 的图形.为求得给出 x 的 y,我们从 y 出发,平移到达曲线然后向下到 x 轴. f^{-1} 的定义域就是 f 的值域. f^{-1} 的值域就是 f 的定义域.

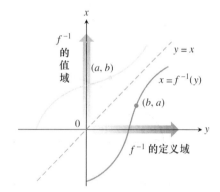
(c) 用通常方式画 f^{-1} 的图形,我们把系统关于直线 $y=x$ 反射之.

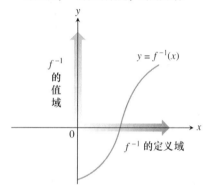
(d) 然后我们交换字母 x 和 y. 我们就得到作为 x 的函数的 f^{-1} 的看起来是常规的图形

图 32 $y=f^{-1}(x)$ 的图形.

图 32 中的图形告诉我们怎样代数地把 f^{-1} 表示为 x 的函数.

注:把 f^{-1} 写作 x 的函数
第 1 步   借助 y 对 x 解方程 $y=f(x)$.
第 2 步   交换 x 和 y. 得到的公式将是 $y=f^{-1}(x)$.

例 3(求反函数)   求 $y=\left(\dfrac{1}{2}\right)x+1$ 的反函数,表示为 x 的函数.

解   第 1 步   借助 y 解出 x:

$$y=\frac{1}{2}x+1$$
$$2y=x+2$$
$$x=2y-2.$$

第 2 步 交换 x 和 y：
$$y = 2x - 2.$$

函数 $f(x) = \left(\dfrac{1}{2}\right)x + 1$ 的反函数就是函数 $f^{-1}(x) = 2x - 2$.

检验：为检验，我们验证两个复合函数都给出恒等函数：
$$f^{-1}(f(x)) = 2\left(\dfrac{1}{2}x + 1\right) - 2 = x + 2 - 2 = x$$
$$f(f^{-1}(x)) = \dfrac{1}{2}(2x - 2) + 1 = x - 1 + 1 = x.$$

参见图 33.

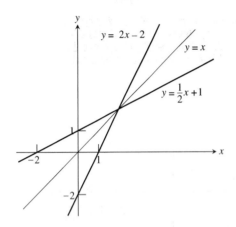

图 33 把 $f(x) = \left(\dfrac{1}{2}\right)x + 1$ 和 $f^{-1}(x) = 2x - 2$ 的图形画在一起展示了图形关于直线 $y = x$ 的对称性.

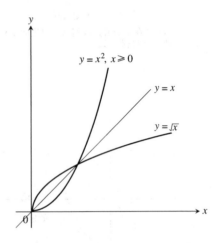

图 34 函数 $y = \sqrt{x}$ 和 $y = x^2, x \geq 0$ 互为反函数.（例 4）

例 4（求反函数） 求函数 $y = x^2, x \geq 0$ 的反函数，表示为 x 的函数.

解 第 1 步 借助 y 解出 x：
$$y = x^2$$
$$\sqrt{y} = \sqrt{x^2} = |x| = x, \quad \text{因为 } x \geq 0 \text{ 所以 } |x| = x$$

第 2 步 交换 x 和 y
$$y = \sqrt{x}.$$

$y = x^2, x \geq 0$ 的反函数是 $y = \sqrt{x}$. 参见图 34.

注意，不像受到限制的函数 $y = x^2, x \geq 0$，不受限制的函数 $y = x^2$ 不是一对一的，所以没有反函数.

在 1.6 节，我们将向你们说明一种容易的方法，把 $y = f(x)$ 和 $y = f^{-1}(x)$ 一起图示在图形计算器或计算机上.

对数函数

若 a 是任何不等于 1 的正实数,以 a 为底的指数函数 $f(x) = a^x$ 是一对一的. 所以它有反函数. 它的反函数称为底为 a 的对数函数.

> **定义 底为 a 的对数函数**
>
> **底为 a 的对数函数** $y = \log_a x$ 是底为 a 的指数函数 $y = a^x (a > 0, a \neq 1)$ 的反函数.

$\log_a x$ 的定义域是 a^x 的值域 $(0, \infty)$. $\log_a x$ 的值域是 a^x 的定义域 $(-\infty, \infty)$.

因为我们无法从方程 $y = a^x$ 按 y 解出 x,对数函数作为 x 的函数没有显式公式. 但是 $y = \log_a x$ 的图形可以从 $y = a^x$ 的图形关于直线 $y = x$ 反射得到(图 35).

以 e 为底和以 10 为底的对数在应用中是如此的重要以致于计算器都有专门计算它们的键. 它们也有其专门的记号和名称:

$$\log_e x \quad 写作 \quad \ln x.$$
$$\log_{10} x \quad 写作 \quad \log x.$$

函数 $\ln x$ 称为**自然对数函数**,而 $\log x$ 常称为**普通对数函数**.

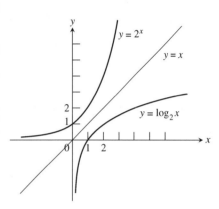

图 35　2^x 及其反函数 $\log_2 x$ 的图形.

对数函数的性质

因为 a^x 和 $\log_a x$ 互为反函数,所以以任何次序复合它们都给出恒等函数.

> **a^x 和 $\log_a x$ 的互为反函数性质**
>
> **1.** 底为 a: $a^{\log_a x}$, $\quad \log_a a^x = x, \quad a > 0, a \neq 1, x > 0$
>
> **2.** 底为 e: $e^{\ln x} = x, \quad \ln e^x = x, \quad x > 0$

这些性质会帮助我们求解包含对数和指数的方程.

例 5(利用反函数的性质) 　解 x: (**a**) $\ln x = 3t + 5$ 　(**b**) $e^{2x} = 10$

解　(**a**) $\ln x = 3t + 5$

$$\begin{aligned} e^{\ln x} &= e^{3t+5} &\quad 两边取指数 \\ x &= e^{3t+5} &\quad 反函数的性质 \end{aligned}$$

(**b**) $\quad e^{2x} = 10$

$$\begin{aligned} \ln e^{2x} &= \ln 10 &\quad 两边取对数 \\ 2x &= \ln 10 &\quad 反函数的性质 \\ x &= \frac{1}{2} \ln 10 \approx 1.15 \end{aligned}$$

对数函数有下列算术性质.

> **对数的性质**
> 对任何实数 $x > 0$ 和 $y > 0$,
> 1. 乘积法则: $\log_a xy = \log_a x + \log_a y$
> 2. 商法则: $\log_a \dfrac{x}{y} = \log_a x - \log_a y$
> 3. 幂法则: $\log_a x^y = y \log_a x$

在方程 $x = \mathrm{e}^{\ln x}$ 中用 a^x 替换 x,就能重写 a^x 作为 e 的幂函数:

$$\begin{aligned} a^x &= \mathrm{e}^{\ln(a^x)} & & \text{在 } x = \mathrm{e}^{\ln x} \text{ 中用 } a^x \text{ 替换 } x \\ &= \mathrm{e}^{x \ln a} & & \text{对数函数的幂法则} \\ &= \mathrm{e}^{(\ln a)x} & & \text{指数重排} \end{aligned}$$

对 $k = \ln a$ 而言,指数函数 a^x 和 e^{kx} 是一样的. 通常用的公式表述是不带括号的 $a^x = \mathrm{e}^{x \ln a}$.

> **每个指数函数是自然指数函数的幂函数**
> $$a^x = \mathrm{e}^{x \ln a}$$
> 即, a^x 和 e^x 的 $\ln a$ 次幂是同样的.

例 6 把指数函数写作 e 的幂函数

$$2^x = \mathrm{e}^{(\ln 2)x} = \mathrm{e}^{x \ln 2}$$
$$5^{-3x} = \mathrm{e}^{(\ln 5)(-3x)} = \mathrm{e}^{-3x \ln 5}$$

例 7(用对数解方程) 解 x:
$$3^{\log_3(7)} - 4^{\log_4(2)} = 5^{(\log_5 x - \log_5 x^2)}$$

解

$$\begin{aligned} 3^{\log_3(7)} - 4^{\log_4(2)} &= 5^{(\log_5 x - \log_5 x^2)} \\ 3^{\log_3(7)} - 4^{\log_4(2)} &= 5^{\log_5(x/x^2)} & & \text{商法则} \\ 7 - 2 &= \frac{x}{x^2} & & \text{反函数性质} \\ 5 &= \frac{1}{x} & & \text{消去}, x \neq 0 \\ \frac{1}{5} &= x \end{aligned}$$

再次回到 a^x 和 $\log_a x$ 的性质,我们有

$$\begin{aligned} \ln x &= \ln a^{\log_a x} & & a^x \text{ 和 } \log_a x \text{ 的反函数性质} \\ &= (\log_a x)(\ln a). & & \text{对 } y = \log_a x \text{ 用对数的幂法则} \end{aligned}$$

把这个方程重写为 $\log_a x = \dfrac{\ln x}{\ln a}$ 表明每个对数函数是 $\ln x$ 的常数倍.

> **底变换公式** 每个对数函数是自然对数函数的常数倍:
> $$\log_a x = \frac{\ln x}{\ln a} \quad (a > 0, a \neq 1)$$

例 8（画底为 a 的对数函数的图形） 画 $f(x) = \log_2 x$ 的图形.

解 利用底变换公式重写 $f(x)$：
$$f(x) = \log_2 x = \frac{\ln x}{\ln 2}$$

图 36 给出了它的图形.

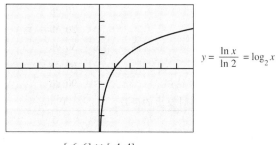

$[-6, 6] \times [-4, 4]$

图 36 利用 $f(x) = \dfrac{\ln x}{\ln 2}$ 来画 $f(x) = \log_2 x$ 的图形.（例 8）

应用

在第 3 节中，我们用图形方法解指数增长和衰减的问题. 现在我们可以利用对数来代数地解同样的问题.

例 9（求时间） 萨拉在储蓄帐户投资 1000 美元,年复利率为 5.25%. 要多长时间帐户里的存款可达到 2500 美元？

解

模型 任何以年表示的时间 t 帐户里的存款为 $1000(1.0525)^t$，所以我们要解方程
$$1000(1.0525)^t = 2500$$

代数地求解

$(1.0525)^t = 2.5$	两边除以 1000
$\ln(1.0525)^t = \ln 2.5$	两边取对数
$t \ln(1.0525) = \ln 2.5$	幂法则
$t = \dfrac{\ln 2.5}{\ln(1.0525)} \approx 17.9$	

解释 萨拉帐户里的存款在 17.9 年后,或者说大约 17 年 11 个月后会是 2500 美元.

例 10（地震强度） 地震强度常用对数里氏尺度来报告. 以下是它的公式

强度 $R = \log\left(\dfrac{a}{T}\right) + B$,

其中 a 是监听站以微米计的地面运动的幅度，T 是地震波以秒计的周期，而 B 是由于随离震中的距离增大时地震波减弱所允许的一个经验因子. 对离监听站 10000 公里处的地震而言，$B = 6.8$. 如果记录的垂直地面运动为 $a = 10$ 微米而周期为 $T = 1$ 秒，那么地震强度为

$$R = \log\left(\dfrac{10}{1}\right) + 6.8 = 1 + 6.8 = 7.8.$$

这种强度的地震在其震中附近确实会造成极大的破坏.

例 11 声音的强度

典型的声级	
刚能听见的声音	0 db
树叶沙沙声	10 db
平均耳语声	20 db
温和汽车声	50 db
通常谈话声	65 db
10 英尺处的风钻声	90 db
开始感到疼痛时发出的声音	120 db

利用普通对数的另一个例子是度量声音响度（表示功率比和声音强度的单位）**分贝**（**decibel** 或 **db**）**尺度**. 如果 I 是以每平方米瓦特计的声音**强度**，声音的分贝级是

$$\text{声级} = 10\log(I \times 10^{12}) \text{ db} \tag{1}$$

如果你曾为把扩音器的功率加大一倍而声级只增加少许分贝而感到惊讶的话，方程(1)就给出了回答.

方程(1)中的 I 加倍，声级只增加 3 分贝:

$$\begin{aligned}
I \text{ 加倍后的声级} &= 10\log(2I \times 10^{12}) \quad \text{方程(1)中用 } 2I \text{ 代替 } I\\
&= 10\log(2 \cdot I \times 10^{12})\\
&= 10\log 2 + 10\log(I \times 10^{12})\\
&= \text{原来的声级} + 10\log 2\\
&\approx \text{原来的声级} + 3 \cdot \log 2 \approx 0.30
\end{aligned}$$

例 12（钋 – 210 的半衰期） 放射性元素的**半衰期**就是样本中的放射性核衰减掉一半所需要的时间. 值得注意的事实是半衰期是一个常数，它不依赖于样本一开始所含放射性核的数量而只依赖放射性物质本身.

为说明为什么是这样，设 y_0 是样本一开始所含有的放射性核的数量. 而表示任何以后时刻 t 的核的数量 y 是 $y = y_0 e^{-kt}$. 我们求 t 值使得此时的放射性核的数量等于原先数量的一半:

$$y_0 e^{-kt} = \dfrac{1}{2} y_0$$

$$e^{-kt} = \dfrac{1}{2}$$

$$-kt = \ln\frac{1}{2} = -\ln 2 \quad \text{对数的倒数法则}$$

$$t = \frac{\ln 2}{k}. \tag{2}$$

t 的值就是该元素的半衰期. 它只依赖于 k 的值;(2) 中没有 y_0.

钋 -210 的有效放射性半衰期是如此之短以致我们不能用年而只能用天来度量. 一开始有 y_0 个放射性原子的样本,t 天后样本中剩余的放射性原子数为

$$y = y_0 e^{5\times 10^{-3}t}.$$

该元素的半衰期为

$$\text{半衰期} = \frac{\ln 2}{k} \qquad \text{方程(2)}$$

$$= \frac{\ln 2}{5\times 10^{-3}} \qquad \text{钋的衰减方程中的 } k$$

$$\approx 139 \text{ 天}.$$

习题 4

从图形识别一对一函数

题 1-6 中图示的函数中哪些是一对一的,哪些不是一对一的?

1.

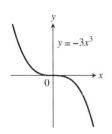

2.

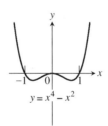

3.

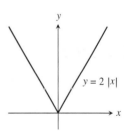

4.

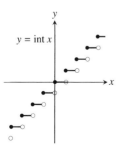

5.

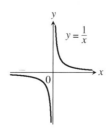

6.

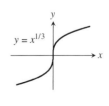

画反函数的图形

题 7 – 10 中每道题都展示了函数 $y = f(x)$ 的图形. 复制该图形并画上直线 $y = x$. 然后利用对直线 $y = x$ 的对称性把 f^{-1} 的图形加到你的图上(不必求 f^{-1} 的方程). 识别 f^{-1} 的定义域和值域.

7.

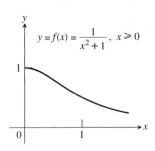

8.

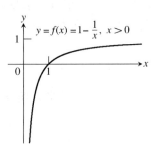

9.

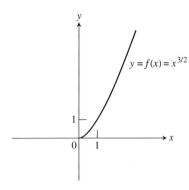

10.

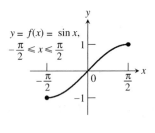

反函数的方程

题 11 – 16 给出了函数 $y = f(x)$ 的方程并展示了 f 和 f^{-1} 的图形. 求每题中 f^{-1} 的方程.

11. $f(x) = x^2 + 1, x \geq 0$

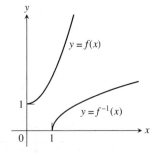

12. $f(x) = x^2, x \leq 0$

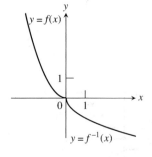

13. $f(x) = x^3 - 1$

14. $f(x) = x^2 - 2x + 1, x \geq 1$

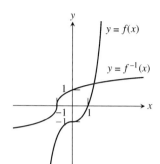
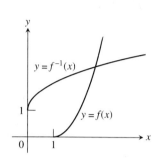

15. $f(x) = (x+1)^2, x \geq 1$

16. $f(x) = x^{2/3}, x \geq 0$

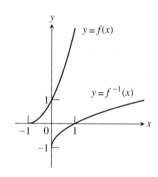
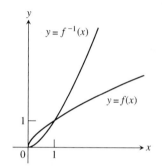

求反函数

在题 17 - 28 中，求 f^{-1} 并验证 $(f \circ f^{-1})(x) = (f^{-1} \circ f)(x) = x$.

17. $f(x) = 2x + 3$
18. $f(x) = 5 - 4x$
19. $f(x) = x^3 - 1$
20. $f(x) = x^2 + 1, x \geq 0$
21. $f(x) = x^2, x \leq 0$
22. $f(x) = x^{2/3}, x \geq 0$
23. $f(x) = -(x-2)^2, x \leq 2$
24. $f(x) = x^2 + 2x + 1, x \geq -1$
25. $f(x) = \dfrac{1}{x^2}, x > 0$
26. $f(x) = \dfrac{1}{x^3}$
27. $f(x) = \dfrac{2x+1}{x+3}$
28. $f(x) = \dfrac{x+3}{x-2}$

"自然化"指数和对数函数

在题 29 和 30 中，把指数函数表为 e 的幂函数. 求 (a) 定义域和 (b) 值域.

29. $y = 3^x - 1$
30. $y = 4^{x+1}$

在题 31 和 32 中，把函数用自然对数表示出来. 求 (a) 定义域；(b) 值域；(c) 画图.

31. $y = 1 - (\ln 3)\log_3 x$
32. $y = (\ln 10)\log(x+2)$

解指数方程

在题 33 - 36 中，代数地求解方程. 如果你有一图形计算器或计算机绘图器，试图解地证实你得到的解.

33. $(1.045)^t = 2$
34. $e^{0.05t} = 3$

35. $e^x + e^{-x} = 3$

36. $2^x + 2^{-x} = 5$

解包含对数项的方程

在题 37 和 38 中,解 y.

37. $\ln y = 2t + 4$

38. $\ln(y-1) - \ln 2 = x + \ln x$

理论和应用

39. 求 f^{-1} 的方程并验证 $(f \circ f^{-1})(x) = (f^{-1} \circ f)(x) = x$.

(a) $f(x) = \dfrac{100}{1+2^{-x}}$

(b) $f(x) = \dfrac{50}{1+1.1^{-x}}$

40. **反函数** 我们建议 2~3 个学生结成小组一起来做.

$$y = f(x) = mx + b, \quad m \neq 0.$$

(a) **为学而写** 给出一个 f 是一对一的函数的令人信服的论证.

(b) 求 f 的反函数的方程. f 和 f^{-1} 的图形的斜率是怎样的关系?

(c) 如果两个函数的图形是具有非零斜率的平行直线,关于它们的反函数你能说些什么?

(d) 如果两个函数的图形是具有非零斜率的互相垂直的直线,关于它们的反函数你能说些什么?

41. **放射性衰减** 某种放射性物质的半衰期是 12 个小时.一开始该种物质有 8 克.

(a) 把该物质的剩余量表示为时间 t 的函数.

(b) 何时剩余量只剩下 1 克?

42. **倍增你的投资** 试决定要多长时间可使 500 美元的投资增值一倍,如果所得到的利息是以年复利率 4.75% 计算的.

43. **人口增长** Glenbrook 的人口为 375000,并正以每年 2.25% 的增长率增加.试预测何时人口会达到一百万.

44. **扩音器** 你必须乘声音的强度 I 以什么因子 k 才能使你的扩音器的声级增加 10 个分贝.

45. **扩音器** 你对你的扩音系统的声音强度乘因子 10. 这将使声级提高多少分贝?

46. **氡 - 222** 已知氡 - 222 气体的衰减方程为 $y = y_0 e^{-0.18t}$, t 以天计. 在密封样本气体中的氡减为其原先含量的 90% 要花多长时间.

解方程并比较函数

T 在题 47-50 中,用图形计算器求两条曲线的交点.四舍五入你的答案到 2 位小数.

47. $y = 2x - 3, y = 5$

48. $y = -3x + 5, y = -3$

49. (a) $y = 2^x, y = 3$

(b) $y = 2^x, y = -1$

50. (a) $y = e^{-x}, y = 4$

(b) $y = e^{-x}, y = -1$

T 对题 51-54 中的每对函数

(a) 把函数 f 和 g 一起画在正方形视窗中.

(b) 画 $f \circ g$ 的图形.

(c) 画 $g \circ f$ 的图形.

从这些图形中你能得出什么结论?

51. $f(x) = x^3, g(x) = x^{1/3}$

52. $f(x) = x, g(x) = \dfrac{1}{x}$

53. $f(x) = 3x, g(x) = \dfrac{x}{3}$

54. $f(x) = e^x, g(x) = \ln x$

T 55. **证实乘积法则** 设 $y_1 = \ln(ax), y_2 = \ln x, y_3 = y_1 - y_2$.

(a) 对 $a = 2, 3, 4, 5$ 画 y_1 和 y_2 的图形. y_1 和 y_2 有怎样的关系?

(b) 通过画 y_3 的图形来证实你的发现.

(c) 代数地确证你的发现.

T 56. 证实商法则 设 $y_1 = \ln\left(\dfrac{x}{a}\right), y_2 = \ln x, y_3 = y_2 - y_1$ 以及 $y_4 = e^{y_3}$.

(a) 对 $a = 2,3,4,5$ 画 y_1 和 y_2 的图形. y_1 和 y_2 有怎样的关系?

(b) 对 $a = 2,3,4,5$ 画 y_3 的图形. 描述这些图形.

(c) 对 $a = 2,3,4,5$ 画 y_4 的图形. 比较这些图形和 $y = a$ 的图形.

(d) 用 $e^{y_3} = e^{y_2 - y_1}$ 解 y_1.

T 57. 方程 $x^2 = 2x$ 有三个解: $x = 2, x = 4$ 和另一个解. 你可以用画图的方法尽可能精确地估计第三个解.

T 58. 对 $x > 0, x^{\ln 2}$ 可能会和 $2^{\ln x}$ 一样吗? 画这两个函数的图形, 并说明你看到了什么.

对数回归分析: 石油产量

参见第 1 节末有关利用计算器来做回归分析的介绍.

T 59. 印度尼西亚的石油产量 表 15 展示了三个不同年份印度尼西亚生产的石油的公吨数.

(a) 利用计算器或计算机对表 15 中的数据求自然对数回归方程 $y = a + b\ln x$, 并用该方程来估计印度尼西亚在 1982 和 2000 生产石油的公吨数. 设 $x = 60$ 表示 1960 年, $x = 70$ 表示 1970 年等等.

(b) 把对数回归方程的图形重叠到表 15 数据的散点图上去.

(c) 利用回归方程的图形预测 1982 和 2000 年石油产量的公吨数.

表 15   印度尼西亚的石油产量

年份	公吨(百万)
1960	20.56
1970	42.10
1990	70.10

来源: 政治家年鉴, 129 版 (*Statesman's Yearbook*, 129th ed. London: The Macmillan Press, ltd., 1992.)

T 60. 沙特阿拉伯的石油产量

(a) 求表 16 中数据的自然对数回归方程.

(b) 估计沙特阿拉伯 1975 年生产石油的公吨数.

(c) 预测什么时候沙特阿拉伯的石油产量会达到 4 亿公吨.

表 16   沙特阿拉伯的石油产量

年份	公吨(百万)
1960	61.09
1970	176.85
1990	321.93

来源: 政治家年鉴, 129 版 (*The Statesman's Yearbook*, 129th ed. London: The Macmillan Press, Ltd., 1992).

5 三角函数及其反函数

弧度 • 三角函数的图形 • 三角函数的值 • 周期性 • 偶和奇三角函数 • 三角函数图形的变换 • 恒等式 • 余弦定律 • 反三角函数 • 与反正弦和反余弦有关的恒等式

本节复习基本三角函数及其反函数. 三角函数是重要的, 因为它是周期的, 或重复的. 所以它们可以对诸如地球大气的日温度浮动, 乐曲的波动性态, 心脏血压以及通潮闸坞的水位等许多自然发生的周期过程进行建模.

当我们要从三角形的边长计算角度时就出现了反三角函数. 你们会在第6和7章中看到它们在微积分中的用处.

弧度

在单位圆中心处的角 ACB 的**弧度**(图37)等于 ABC 从单位圆周上切割下的圆弧的长度.

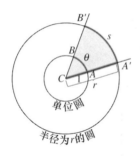

图 37 角 ACB 的弧度就是以 C 为中心的单位圆上弧 AB 的长度 θ. 但 θ 值也可从其他任何半径为 r 的圆周算得为比值 $\dfrac{s}{r}$.

注: 转换公式

$$1 \text{ 度} = \frac{\pi}{180}(\approx 0.02) \text{ 弧度}, \quad \text{度到弧度: 乘以} \frac{\pi}{180}$$

$$1 \text{ 弧度} = \frac{180}{\pi}(\approx 57) \text{ 度} \quad \text{弧度到度: 乘以} \frac{180}{\pi}$$

当弧度为 θ 的角置于半径为 r 的圆的<u>标准位置</u>时(图38), θ 的 6 个基本三角函数定义如下:

正弦: $\sin \theta = \dfrac{y}{r}$ 余割: $\csc \theta = \dfrac{r}{y}$

余弦: $\cos \theta = \dfrac{x}{r}$ 正割: $\sec \theta = \dfrac{r}{x}$

正切: $\tan \theta = \dfrac{y}{x}$ 余切: $\cot \theta = \dfrac{x}{y}$

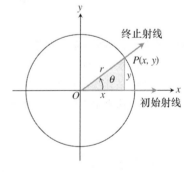

图 38 标准位置的角 θ.

三角函数的图形

当我们在坐标平面上画三角函数的图形时, 通常我们不用 θ 而用 x 来记自变量(弧度)

(图39).

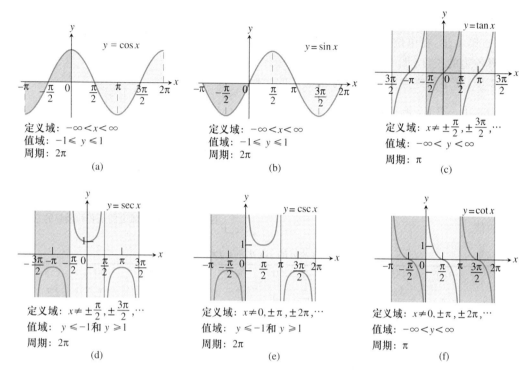

图39 用弧度作自变量的(a) 余弦(b) 正弦(c) 正切(d) 正割(e) 余割和(f) 余切的图形.

三角函数的值

如图40的圆周的半径 $r = 1$,定义 $\sin\theta$ 和 $\cos\theta$ 的方程就变成
$$\cos\theta = x, \quad \sin\theta = y.$$
于是我们可以直接从点 P 的坐标计算余弦和正弦的值,如果碰巧知道点 P 的坐标或能从点 P 向下作垂线交于 x 轴构成的锐角参考三角形(图41)间接知道点 P 坐标. 我们从该三角形的边读出 x 和 y 的大小. x 和 y 的正负号由三角形所在的象限确定.

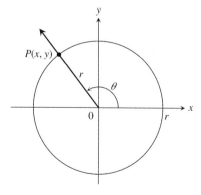

图40 由 x, y 和 r 定义的一般角 θ 的三角函数.

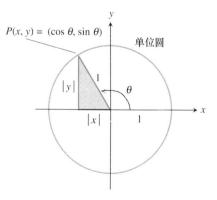

图41 角 θ 的锐角参考三角形.

例1（求正弦和余弦的值） 求 $-\dfrac{\pi}{4}$ 弧度的正弦和余弦的值.

解 第1步：在单位圆的标准位置画角并记下参考三角形各边的长度（图42）.

第2步：求角的终点射线交圆周的点 P 的坐标：

$$\cos\left(-\dfrac{\pi}{4}\right) = 点 P 的 x 坐标 = \dfrac{\sqrt{2}}{2},$$

$$\sin\left(-\dfrac{\pi}{4}\right) = 点 P 的 y 坐标 = -\dfrac{\sqrt{2}}{2}.$$

类似于例1中的计算，我们可以填写出表17. 大多数计算器和计算机很容易给出以弧度或度给定的角度的三角函数的值.

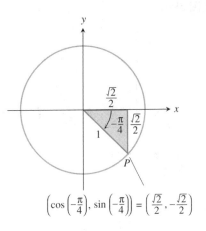

图42 计算 $-\dfrac{\pi}{4}$ 弧度的正弦和余弦的三角形.

表17 对所选 θ 值的 $\sin\theta, \cos\theta$ 和 $\tan\theta$ 的值

度	-180	-135	-90	-45	0	30	45	60	90	135	180
θ（弧度）	$-\pi$	$-\dfrac{3\pi}{4}$	$-\dfrac{\pi}{2}$	$-\dfrac{\pi}{4}$	0	$\dfrac{\pi}{6}$	$\dfrac{\pi}{4}$	$\dfrac{\pi}{3}$	$\dfrac{\pi}{2}$	$\dfrac{3\pi}{4}$	π
$\sin\theta$	0	$-\dfrac{\sqrt{2}}{2}$	-1	$-\dfrac{\sqrt{2}}{2}$	0	$\dfrac{1}{2}$	$\dfrac{\sqrt{2}}{2}$	$\dfrac{\sqrt{3}}{2}$	1	$\dfrac{\sqrt{2}}{2}$	0
$\cos\theta$	-1	$-\dfrac{\sqrt{2}}{2}$	0	$\dfrac{\sqrt{2}}{2}$	1	$\dfrac{\sqrt{3}}{2}$	$\dfrac{\sqrt{2}}{2}$	$\dfrac{1}{2}$	0	$-\dfrac{\sqrt{2}}{2}$	-1
$\tan\theta$	0	1		-1	0	$\dfrac{\sqrt{3}}{3}$	1	$\sqrt{3}$		-1	0

周期性

当角度 θ 和角度 $\theta + 2\pi$ 在标准位置时，它们的终点射线重合. 所以两角有同样的三角函数值：

$$\cos(\theta + 2\pi) = \cos\theta \quad \sin(\theta + 2\pi) = \sin\theta \quad \tan(\theta + 2\pi) = \tan\theta$$
$$\sec(\theta + 2\pi) = \sec\theta \quad \csc(\theta + 2\pi) = \csc\theta \quad \cot(\theta + 2\pi) = \cot\theta \tag{1}$$

类似地，$\cos(\theta - 2\pi) = \cos\theta, \sin(\theta - 2\pi) = \sin\theta,$ 等等.

我们看到在规则的区间上三角函数的值重复取值. 我们通过说这6个三角函数是<u>周期函数</u>来描述这种行为.

> **定义　周期函数，周期**
> 函数 $f(x)$ 是**周期函数**，如果存在正数 p 使得对每个 x 值有 $f(x+p) = f(x)$. 最小的这样的 p 值就是 f 的**周期**.

我们可以从图39中看出函数 $\cos x, \sin x$ 和 $\csc x$ 都是周期为 2π 的周期函数. 函数 $\tan x$ 和 $\cot x$ 是周期为 π 的周期函数.

注：三角函数的周期

周期 π: $\quad \tan(x + \pi) = \tan x \quad \cot(x + \pi) = \cot x$

周期 2π: $\quad \sin(x + 2\pi) = \sin x \quad \cos(x + 2\pi) = \cos x$

$\qquad\qquad\quad \sec(x + 2\pi) = \sec x \quad \csc(x + 2\pi) = \csc x$

周期函数是重要的,因为我们在科学中研究的许多现象的性态特征都是周期的(图 43). 脑电波和心跳及家用的电压和电流是周期的. 用以加热食物的微波炉中的电磁场和季节性商业销售中的现金流动以及旋转机器的行为是周期的. 季节和气候是周期的. 月相和行星的运动是周期的. 有强烈的证据表明冰河期是周期的,其周期为 90000 到 100000 年.

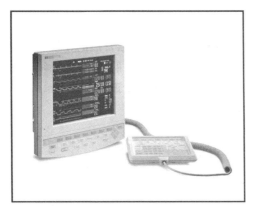

图 43 这台小型病人监护仪展示了几个与人体相关的周期函数. 该仪器动态地监视心电图、呼吸音和血压.

为什么三角函数在研究周期性现象中如此重要呢?回答就在于一个令人惊讶且优美的高等微积分的定理之中,该定理说我们在数学建模中用到的每个周期函数都可以表为正弦和余弦的代数组合. 一旦我们学会了正弦和余弦的微积分,我们就能对大多数周期现象的数学表征进行建模.

偶和奇三角函数

图 39 中的图形提示 $\cos x$ 和 $\sec x$ 是偶函数. 因为它们的图形关于 y 轴对称. 而其余四个基本三角函数都是奇函数.

例 2(确认偶和奇函数) 证明余弦是偶函数而正弦是奇函数.

解 从图 44 得知
$$\cos(-\theta) = \frac{x}{r} = \cos\theta, \quad \sin(-\theta) = \frac{-y}{r} = -\sin\theta,$$
所以余弦是偶函数而正弦是奇函数.

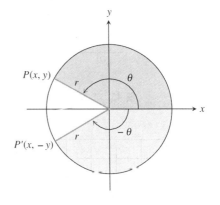

图 44 正负号相反的角. (例 2)

我们可以用例 2 的结果来建立其余四个基本三角函数的奇偶性.
$$\sec(-\theta) = \frac{1}{\cos(-\theta)} = \frac{1}{\cos\theta} = \sec\theta,$$
$$\tan(-\theta) = \frac{\sin(-\theta)}{\cos(-\theta)} = \frac{-\sin\theta}{\cos\theta} = -\tan\theta,$$
所以正割是偶函数而正切是奇函数. 类似步骤可以证明余割和余切都是奇函数.

三角函数图形的变换

把函数的移位、伸展、压缩和反射应用于三角函数. 下面的图解会提醒你怎样控制参数.

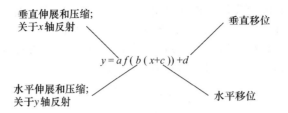

例 3（对阿拉斯加的温度变化进行建模） 横穿阿拉斯加的输油管道的建设者们使用了绝热衬垫套以避免管道的热量使地下的永久冻土层软化。为设计这样的衬垫套，必须考虑全年的空气温度变化。在计算中这种变化是由下面形式的一般正弦函数或**正弦曲线**表示的：

$$f(x) = A\sin\left[\frac{2\pi}{B}(x - C)\right] + D, \tag{2}$$

其中 $|A|$ 是幅度，$|B|$ 是周期，C 是水平移位，而 D 是垂直移位（图 45）。

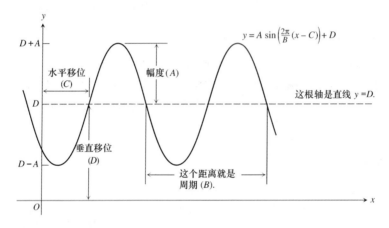

图 45 A, B, C 和 D 为正时的一般正弦曲线 $y = A\sin\left[\frac{2\pi}{B}(x - C)\right] + D$。（例 3）

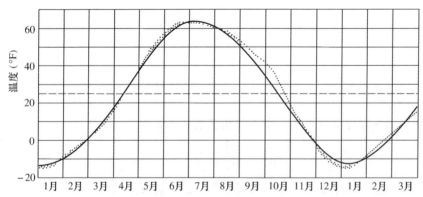

来源："温度曲线是按正弦曲线变化的吗？"（Is the Curve of Temperature Variation a Sine Curve? by B. M. Lando and C. A. Lando. *The Mathematics Teacher*. Vol. 7, No. 6 (September 1997), Fig. 2, p. 53.）

图 46 阿拉斯加 Fairbanks 正常的大气平均温度用数据点标出。近似的正弦函数是

$$f(x) = 37\sin\left[\frac{2\pi}{365}(x - 101)\right] + 25.$$

图 46 说明怎样用这种函数来表示温度数据. 图中的数据点是按基于全国天气服务中心从 1941 到 1970 年的阿拉斯加的温度记录的日平均气温标出的. 拟合该数据的正弦函数是

$$f(x) = 37\sin\left[\frac{2\pi}{365}(x - 101)\right] + 25,$$

其中 f 是用华氏度表示的温度, 而 x 是从一年开始算起的天数. 拟合是相当好的.

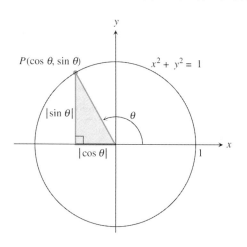

图 47　一般角 θ 的参考三角形.

恒等式

把毕达哥拉斯定理应用于参考直角三角形, 通过从点 $P(\cos\theta,\sin\theta)$ 向下画垂线与单位圆交于 x 轴 (图 47) 给出

$$\cos^2\theta + \sin^2\theta = 1. \tag{3}$$

对于一切的 θ 值都是对的, 这个方程是三角学中最常用的恒等式. 依次除该恒等式以 $\cos^2\theta$ 和 $\sin^2\theta$, 给出

$$1 + \tan^2\theta = \sec^2\theta, \quad 1 + \cot^2\theta = \csc^2\theta.$$

下列公式对一切 A 和 B 成立.

和角公式

$$\begin{aligned}\cos(A + B) &= \cos A\cos B - \sin A\sin B \\ \sin(A + B) &= \sin A\cos B + \cos A\sin B\end{aligned} \tag{4}$$

注: 本书中你们所需要的所有的三角恒等式都是从方程 (3) 和 (4) 推导出来的.

在和角公式中把 A 和 B 都用 θ 代替就给出了两个更有用的恒等式.

倍角公式

$$\cos 2\theta = \cos^2\theta - \sin^2\theta$$
$$\sin 2\theta = 2\sin\theta\cos\theta$$

(5)

注：不用记公式(5)，而是记住公式(4)，然后回想(5)是从那里来的，你会发现这是有好处的．

余弦定律

如果 a, b 和 c 是三角形 ABC 的三条边，又如果 θ 是 c 边的对角，那么

$$c^2 = a^2 + b^2 - 2ab\cos\theta \tag{6}$$

这个公式称为**余弦定理**．

如果我们引入原点在 C 的坐标轴且三角形的一条边沿正 x 轴，如图 48 所示，我们就会知道为什么余弦定律是成立的．点 A 的坐标是 $(b, 0)$；点 B 的坐标是 $(a\cos\theta, a\sin\theta)$，所以点 A 和点 B 间距离的平方为

$$c^2 = (a\cos\theta - b)^2 + (a\sin\theta)^2$$
$$= a^2\underbrace{(\cos^2\theta + \sin^2\theta)}_{} + b^2 - 2ab\cos\theta$$
$$= a^2 + b^2 - 2ab\cos\theta.$$

把这些等式结合在一起就给出了余弦定律．

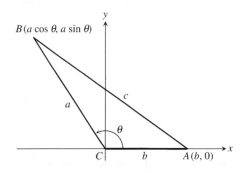

图 48 点 A 和点 B 间的距离的平方就给出了余弦定律．

余弦定律推广了毕达哥拉斯定律．若 $\theta = \dfrac{\pi}{2}$，则 $\cos\theta = 0$，从而有 $c^2 = a^2 + b^2$．

反三角函数

在图 39 中图示的 6 个基本三角函数中没有一个是一对一的．这些函数没有反函数．但是，如例 4 中所说明的，在每一种情形中，限制其定义域就会产生一个有反函数的新的函数．

例 4（限制正弦的定义域） 证明函数 $y = \sin x$，$\dfrac{-\pi}{2} \leqslant x \leqslant \dfrac{\pi}{2}$ 是一对一的，并画它的反函数的图形．

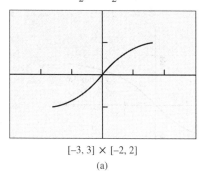
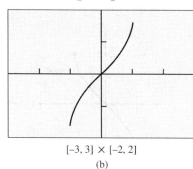

图49 (a) 受到限制的正弦函数,(b) 它的反函数. 这两张图是用图形计算器在参数模式下生成的. 参见第6节有关参数方程的复习. (例4)

解 图49(a)展示了这个受到限制的正弦函数. 这个函数是一对一的,因为它不重复任何输出值,所以它有反函数. 我们通过如第4节所做的改变坐标对的次序在图49(b)中画出了它的图形.

例4中受到限制的正弦函数的反函数称为<u>反正弦函数</u>. x 的反正弦函数就是在 $\left[\dfrac{-\pi}{2}, \dfrac{\pi}{2}\right]$ 中的角度,其正弦的值为 x. 把反正弦函数记作 $\sin^{-1}x$ 或 $\arcsin x$. 两个记号都念作 "arcsine' f ' x'" 或 " ' sine ' ' x ' 的反函数".

可以通过限制其他基本三角函数的定义域来产生一个有反函数的函数. 所得到的反函数的定义域和值域就成为这些反函数的定义的一部分.

定义 反三角函数

函数	定义域	值域
$y = \cos^{-1}x$	$-1 \leqslant x \leqslant 1$	$0 \leqslant y \leqslant \pi$
$y = \sin^{-1}x$	$-1 \leqslant x \leqslant 1$	$-\dfrac{\pi}{2} \leqslant y \leqslant \dfrac{\pi}{2}$
$y = \tan^{-1}x$	$-\infty < x < \infty$	$-\dfrac{\pi}{2} < y < \dfrac{\pi}{2}$
$y = \sec^{-1}x$	$|x| \geqslant 1$	$0 \leqslant y \leqslant \pi, y \neq \dfrac{\pi}{2}$
$y = \csc^{-1}x$	$|x| \geqslant 1$	$-\dfrac{\pi}{2} \leqslant y \leqslant \dfrac{\pi}{2}, y \neq 0$
$y = \cot^{-1}x$	$-\infty < x < \infty$	$0 < y < \pi$

图50展示了6个反三角函数的图形.

适当选择反函数的定义域和值域使得这些函数具有以下关系:

$$\sec^{-1}x = \cos^{-1}\left(\dfrac{1}{x}\right),$$

$$\csc^{-1}x = \sin^{-1}\left(\dfrac{1}{x}\right),$$

$$\cot^{-1}x = \dfrac{\pi}{2} - \tan^{-1}x.$$

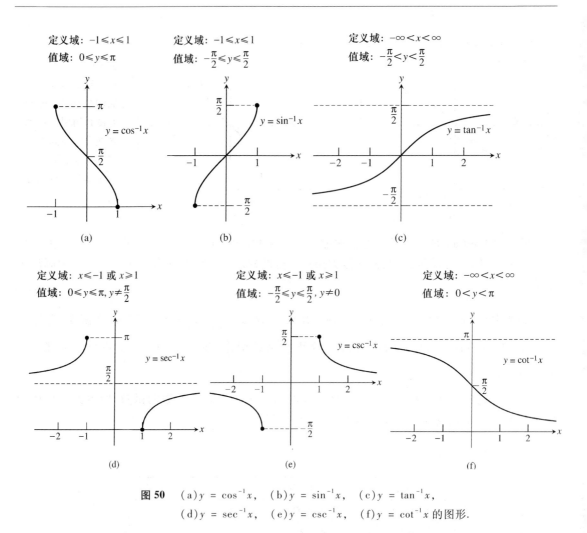

图 50　(a) $y = \cos^{-1} x$，(b) $y = \sin^{-1} x$，(c) $y = \tan^{-1} x$，
(d) $y = \sec^{-1} x$，(e) $y = \csc^{-1} x$，(f) $y = \cot^{-1} x$ 的图形.

对于只给出 $\cos^{-1} x, \sin^{-1} x$ 和 $\tan^{-1} x$ 的计算器我们就用上述关系来求 $\sec^{-1} x, \csc^{-1} x$ 和 $\cot^{-1} x$ 的值.

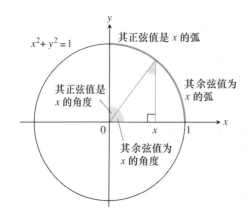

注：Arc Sine（反正弦）和 Arc Cosine（反余弦）中的"Arc"（弧）

左图给出了对第一象限弧度而言的 $y = \sin^{-1} x$ 和 $y = \cos^{-1} x$ 的几何解释. 对于单位圆周，公式 $s = r\theta$ 变为 $s = \theta$，所以中心角和它所对的弧长有同样的度量. 所以，如果 $x = \sin y$，那么除了 y 是正弦的值为 x 的角度外，y 也是单位圆上正弦值为 x 的角所对的弧长. 所以我们称 y 为"其正弦是 x 的弧".

例 5 $\sin^{-1} x$ 的常用值

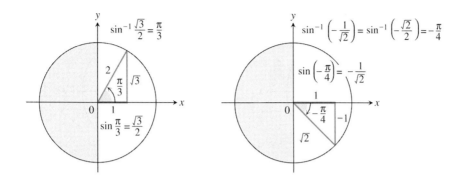

因为 $\sin^{-1} x$ 的值域是 $\left[-\dfrac{\pi}{2}, \dfrac{\pi}{2} \right]$，所以它是位于第一和第四象限的角度.

例 6 $\cos^{-1} x$ 的常用值

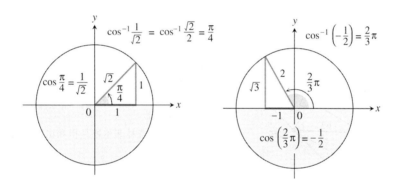

因为 $\cos^{-1} x$ 的值域是 $[0, \pi]$，所以它是位于第一和第二象限的角度.

x	$\sin^{-1} x$	x	$\cos^{-1} x$	x	$\tan^{-1} x$
$\dfrac{\sqrt{3}}{2}$	$\dfrac{\pi}{3}$	$\dfrac{\sqrt{3}}{2}$	$\dfrac{\pi}{6}$	$\sqrt{3}$	$\dfrac{\pi}{3}$
$\dfrac{\sqrt{2}}{2}$	$\dfrac{\pi}{4}$	$\dfrac{\sqrt{2}}{2}$	$\dfrac{\pi}{4}$	1	$\dfrac{\pi}{4}$
$\dfrac{1}{2}$	$\dfrac{\pi}{6}$	$\dfrac{1}{2}$	$\dfrac{\pi}{3}$	$\dfrac{\sqrt{3}}{3}$	$\dfrac{\pi}{6}$
$-\dfrac{1}{2}$	$-\dfrac{\pi}{6}$	$-\dfrac{1}{2}$	$\dfrac{2\pi}{3}$	$-\dfrac{\sqrt{3}}{3}$	$-\dfrac{\pi}{6}$
$-\dfrac{\sqrt{2}}{2}$	$-\dfrac{\pi}{4}$	$-\dfrac{\sqrt{2}}{2}$	$\dfrac{3\pi}{4}$	1	$-\dfrac{\pi}{4}$
$-\dfrac{\sqrt{3}}{2}$	$-\dfrac{\pi}{3}$	$-\dfrac{\sqrt{3}}{2}$	$\dfrac{5\pi}{6}$	$-\sqrt{3}$	$-\dfrac{\pi}{3}$

例7 $\operatorname{Tan}^{-1} x$ 的常用值

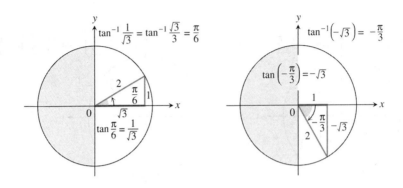

因为 $\tan^{-1} x$ 的值域是 $\left(-\dfrac{\pi}{2}, \dfrac{\pi}{2}\right)$,所以它是位于第一和第四象限的角度.

例8(飞行方向的校正) 在从芝加哥到圣·路易斯的飞机的飞行期间,领航员确定飞机偏离航线12英里,如图51所示.求该航线与平行于原先的正确航线之间的夹角 a,角 b,以及校正角 $c = a + b$.

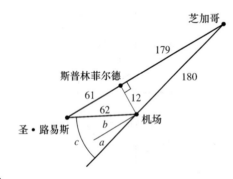

图51 飞行方向校正的图示(例8),距离舍入到最靠近的英里数(图示中不考虑尺度比例).

译注:斯普林菲尔德是伊利诺斯州的首府.

解

$$a = \sin^{-1} \frac{12}{180} \approx 0.067 \text{ 弧度} \approx 3.8°$$

$$b = \sin^{-1} \frac{12}{62} \approx 0.195 \text{ 弧度} \approx 11.2°$$

$$c = a + b \approx 15°.$$

与反正弦和反余弦有关的恒等式

如图50(b)所示 $y = \sin^{-1} x$ 的图形是关于原点对称的.所以反正弦是一奇函数:

$$\sin^{-1}(-x) = -\sin^{-1} x \tag{7}$$

$y = \cos^{-1} x$ 的图形没有这样的对称性.我们可以从图52知道 x 的反余弦函数满足

$$\cos^{-1} x + \cos^{-1}(-x) = \pi \tag{8}$$

或

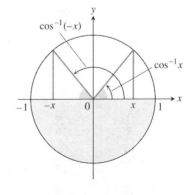

图52 $\cos^{-1} x + \cos^{-1}(-x) = \pi$.

$$\cos^{-1}(-x) = \pi - \cos^{-1}x \qquad (9)$$

而且我们从图 53 可以知道对于 $x > 0$

$$\sin^{-1}x + \cos^{-1}x = \frac{\pi}{2} \qquad (10)$$

公式(10) 对 $[-1,1]$ 中 x 的其他值同样成立.

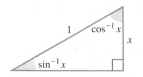

图 53 在本图中 $\sin^{-1}x + \cos^{-1}x = \pi/2$.

习题 5

弧度、度和圆弧

1. 在半径为 10 m 的圆周上,所对中心角为(a) $\frac{4\pi}{5}$ 弧度,(b) $110°$ 的弧的长度为多少?

2. 半径为 8 的圆周的中心角所对的弧的长度为 10π. 求中心角的弧度和度.

估算三角函数

3. 复制并填满下表中的函数值. 如果在给定解处函数没有定义,则写上"UND". 不要用计算器或数学表.

θ	$-\pi$	$-\frac{2\pi}{3}$	0	$\frac{\pi}{2}$	$\frac{3\pi}{4}$
$\sin\theta$					
$\cos\theta$					
$\tan\theta$					
$\cot\theta$					
$\sec\theta$					
$\csc\theta$					

4. 复制并填满下表中的函数值. 如果在给定解处函数没有定义,则写上"UND". 不要用计算器或数学表.

θ	$-\frac{3\pi}{2}$	$-\frac{\pi}{3}$	$-\frac{\pi}{6}$	$\frac{\pi}{4}$	$\frac{5\pi}{6}$
$\sin\theta$					
$\cos\theta$					
$\tan\theta$					
$\cot\theta$					
$\sec\theta$					
$\csc\theta$					

在题 5 和 6 中, $\sin x, \cos x$ 和 $\tan x$ 之一的值给定. 求在指定区间其他两个函数的值.

5. (**a**) $\sin x = \frac{3}{5}, x$ 在 $\left[\frac{\pi}{2}, \pi\right]$ 中   (**b**) $\cos x = \frac{1}{3}, x$ 在 $\left[-\frac{\pi}{2}, 0\right]$ 中

6. (a) $\tan x = \dfrac{1}{2}$, x 在 $\left[\pi, \dfrac{3\pi}{2}\right]$ 中 (b) $\sin x = -\dfrac{1}{2}$, x 在 $\left[\pi, \dfrac{3\pi}{2}\right]$ 中

画三角函数的图形

画题 7-10 中的函数的图形. 每个函数的周期是多少?

7. (a) $\sin 2x$ (b) $\cos \pi x$

8. (a) $-\sin \dfrac{\pi x}{3}$ (b) $-\cos 2\pi x$

9. (a) $\cos\left(x - \dfrac{\pi}{2}\right)$ (b) $\sin\left(x + \dfrac{\pi}{2}\right)$

10. (a) $\sin\left(x - \dfrac{\pi}{4}\right) + 1$ (b) $\cos\left(x + \dfrac{\pi}{4}\right) - 1$

在 ts 平面上画题 11 和 12 中函数的图形(t 轴水平, s 轴垂直). 每个函数的周期是多少? 图形有什么样的对称性?

11. $s = \cot 2t$ 12. $s = \sec\left(\dfrac{\pi t}{2}\right)$

利用和角公式

在题 13 和 14 中用 $\sin x$ 和 $\cos x$ 表示给定的量.

13. (a) $\cos(\pi + x)$ (b) $\sin(2\pi - x)$

14. (a) $\sin\left(\dfrac{3\pi}{2} - x\right)$ (b) $\cos\left(\dfrac{3\pi}{2} + x\right)$

利用和角公式导出题 15 和 16 中的恒等式.

15. (a) $\cos\left(x - \dfrac{\pi}{2}\right) = \sin x$ (b) $\cos(A - B) = \cos A \cos B + \sin A \sin B$

16. (a) $\sin\left(x + \dfrac{\pi}{2}\right) = \cos x$ (b) $\sin(A - B) = \sin A \cos B - \cos A \sin B$

17. 如果在恒等式 $\cos(A - B) = \cos A \cos B - \sin A \sin B$ 中取 $A = B$, 结果是什么? 该结果是否和你先前学过的某些东西一致?

18. 如果在和角公式中取 $B = 2\pi$, 结果是什么? 该结果是否和你先前学过的某些东西一致?

一般正弦曲线

对题 19 和 20 中的正弦函数识别方程(2)中的 A, B, C 和 D, 并画出它们的图形.

19. (a) $y = 2\sin(x + \pi) - 1$ (b) $y = \dfrac{1}{2}\sin(\pi x - \pi) + \dfrac{1}{2}$

20. (a) $y = -\dfrac{2}{\pi}\sin\left(\dfrac{\pi}{-2}t\right) + \dfrac{1}{\pi}$ (b) $y = \dfrac{L}{2\pi}\sin\dfrac{2\pi t}{L}, L > 0$

21. **阿拉斯加 Fairbanks 的温度** 求一般正弦函数
$$f(x) = 37\sin\left(\dfrac{2\pi}{365}(x - 101)\right) + 25$$
的 (a) 幅度, (b) 周期, (c) 水平移位, 和 (d) 垂直移位.

22. **阿拉斯加 Fairbanks 的温度** 利用题 21 的方程来近似回答图 46 所示阿拉斯加 Fairbanks 的温度. 假设一年有 365 天.
   (a) 所示的最高和最低日平均温度是多少?
   (b) 所示的最高和最低日平均温度的平均是多少? 为什么这个平均值是函数的垂直移位?

反三角函数的常用值

利用像在题 5-7 中的参考三角形去求题 23-26 中的角度.

23. (**a**) $\tan^{-1} 1$ (**b**) $\tan^{-1}(-\sqrt{3})$ (**c**) $\tan^{-1}\left(\dfrac{1}{\sqrt{3}}\right)$

24. (**a**) $\sin^{-1}\left(\dfrac{-1}{2}\right)$ (**b**) $\sin^{-1}\left(\dfrac{1}{\sqrt{2}}\right)$ (**c**) $\sin^{-1}\left(\dfrac{-\sqrt{3}}{2}\right)$

25. (**a**) $\cos^{-1}\left(\dfrac{1}{2}\right)$ (**b**) $\cos^{-1}\left(\dfrac{-1}{\sqrt{2}}\right)$ (**c**) $\cos^{-1}\left(\dfrac{\sqrt{3}}{2}\right)$

26. (**a**) $\sec^{-1}(-\sqrt{2})$ (**b**) $\sec^{-1}\left(\dfrac{2}{\sqrt{3}}\right)$ (**c**) $\sec^{-1}(-2)$

应用和理论

27. 你正坐在教室靠墙的地方看着前面的黑板. 黑板长 12 英尺, 离你坐的地方的墙壁 3 英尺. 如果你和前墙的距离为 x 英尺, 证明你的视角为

$$\alpha = \cot^{-1}\dfrac{x}{15} - \cos^{-1}\dfrac{x}{3}$$

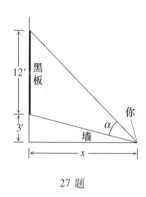

27 题

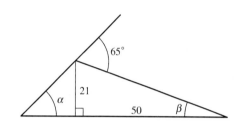

28 题

28. 求角 α.

29. 把余弦定律应用于下左图的三角形来导出 $\cos(A - B)$ 的公式.

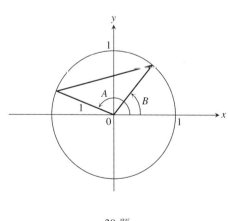

29 题

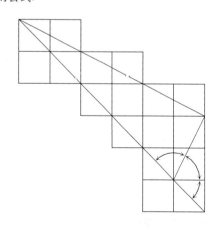

31 题

30. 当应用于与题 29 中类似的图形时, 余弦定律直接导出 $\cos(A + B)$ 的公式. 这样的图形是什么? 怎样推导公式?

31. 上右图是 $\tan^{-1}1 + \tan^{-1}2 + \tan^{-1}3 = \pi$ 的非正式证明. 试说明是怎么证的.

32. **恒等式 $\sec^{-1}(-x) = \pi - \sec^{-1}x$ 的两种推导**

(**a**)（几何的）下图是 $\sec^{-1}(-x) = \pi - \sec^{-1}x$ 的几何证明. 你能否说一下是怎么证的.

(**b**)（代数的）通过结合下面两个方程

$$\cos^{-1}(-x) = \pi - \cos^{-1}x, \quad 方程(9)$$

$$\sec^{-1}x = \cos^{-1}\left(\frac{1}{x}\right)$$

导出恒等式 $\sec^{-1}(-x) = \pi - \sec^{-1}x$.

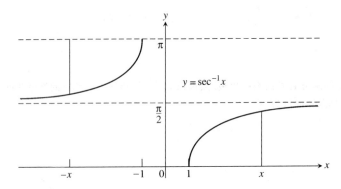

33. **恒等式** $\sin^{-1}x + \cos^{-1}x = \dfrac{\pi}{2}$ 图 53 建立了 $0 < x < 1$ 时的恒等式. 为证明该恒等式对 $[-1,1]$ 的其余部分也是对的, 通过直接计算验证在 $x = 1, 0$ 和 -1 处恒等式成立. 对于 x 在 $(-1,0)$ 中的值, 令 $x = -a, a > 0$, 对 $\sin^{-1}(-a) + \cos^{-1}(-a)$ 应用方程(7)和(9)验证恒等式成立.

34. 证明 $\tan^{-1}x + \tan^{-1}\left(\dfrac{1}{x}\right)$ 是常数.

35. **正弦定律** 正弦定律说, 如果 a, b, c 是三角形的角 A, B, C 的对边, 则

$$\frac{\sin A}{a} = \frac{\sin B}{b} = \frac{\sin C}{c}.$$

利用附图, 以及当需要时利用恒等式 $\sin(\pi - \theta) = \sin \theta$ 来导出正弦定律.

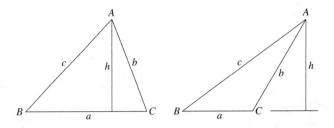

36. **正切和角公式** 两个角之和的正切的标准公式是

$$\tan(A + B) = \frac{\tan A + \tan B}{1 - \tan A \tan B}.$$

试导出该公式.

解三角形并比较函数

37. **解三角形**

   (**a**) 三角形两边为 $a = 2, b = 3$ 而角 $C = 60°$. 求边长 c.

   (**b**) 三角形两边为 $a = 2, b = 3$ 而角 $C = 40°$. 求边长 c.

38. **解三角形**

   (**a**) 三角形两边为 $a = 2, b = 3$ 而角 $C = 60°$（和题 37(**a**) 一样）. 利用题 35 中的正弦定律求角 B 的正弦.

(b) 三角形的边 $c = 2$ 而角 $A = \dfrac{\pi}{4}$,角 $B = \dfrac{\pi}{3}$. 求 A 的对边 a 的长度.

T 39. 近似 $\sin x \approx x$ 知道以下事实常常是有用的:当 x 用弧度量度时,对于数值小的 x,有 $\sin x \approx x$. 在第 3.6 节中我们会知道为什么这个近似成立.如果 $|x| < 0.1$,该近似的误差小于 $\dfrac{1}{500}$.

(a) 在你的绘图器上用弧度模式在原点附近的视窗画 $y = \sin x$ 和 $y = x$ 的图. 当 x 靠近原点时,你看到什么?

(b) 把(a)中"弧度模式"改为"度模式",在原点附近的视窗画 $y = \sin x$ 和 $y = x$ 的图.这个图形和(a)在弧度模式下得到的图形有什么不同?

(c) **是否在弧度模式的快速检验** 你的计算器处于弧度模式吗?在靠近原点的 x 值处计算 $\sin x$. 如果 $\sin x \approx x$,则计算器处于弧度模式;否则计算器不处于弧度模式.试试看.

T 40. 函数及其倒数

(a) 对 $\dfrac{-3\pi}{2} \leqslant x \leqslant \dfrac{3\pi}{2}$ 把 $y = \cos x$ 和 $y = \sec x$ 画在一起. 说明 $\sec x$ 与 $\cos x$ 的正负号和值的关系.

(b) 对 $-\pi \leqslant x \leqslant 2\pi$ 把 $y = \sin x$ 和 $y = \csc x$ 画在一起,说明 $\csc x$ 与 $\sin x$ 的正负号和值的关系.

T 在题 41 和 42 求每个复合函数的定义域和值域.然后图示这些复合函数在不同的屏幕.是否每种情况下图形都有意义?对你的回答给出理由.说明你看到的任何差别.

41. (a) $y = \tan^{-1}(\tan x)$ (b) $y = \tan(\tan^{-1} x)$
42. (a) $y = \sin^{-1}(\sin x)$ (b) $y = \sin(\sin^{-1} x)$

在题 43 – 46 中的指定区域上解方程.

43. $\tan x = 2.5, 0 \leqslant x \leqslant 2\pi$ 44. $\cos x = -0.7, 2\pi \leqslant x < 4\pi$
45. $\sec x = -3, -\pi \leqslant x < \pi$ 46. $\sin x = -0.5, -\infty < x < \infty$

T 47. 三角恒等式 令 $f(x) = \sin x + \cos x$

(a) 画 $y = f(x)$ 的图形. 描述该图形.

(b) 利用图形识别幅度、周期、水平移位和垂直移位.

(c) 利用两角之和的正弦的公式
$$\sin\alpha\cos\beta + \cos\alpha\sin\beta = \sin(\alpha + \beta)$$
来确认你的回答.

T 48. Newton 蛇形线 画 Newton 蛇形线 $y = \dfrac{4x}{x^2 + 1}$ 的图形. 然后在同样的图形框里画 $y = 2\sin(2\tan^{-1} x)$ 的图形. 你看到了什么?试解释之.

正弦回归分析:音符和温度

参见第 1 节末有关用计算器来做回归分析的介绍. 正弦回归方程是一个一般正弦曲线;见方程(2).许多计算器和计算机能对给定数据集作出它们的回归方程.

T 49. 求音符的频率 音符是在空气中的压力波. 波的性态可以以极大的精确度用一般正弦曲线来建模. 称为以计算器为基础的实验室(CBL)系统的仪器,可以用话筒录下这些波. 表18 的数据给出了电音叉产生的一个音符的在以秒计的时间过程中的压力位移并用 CBL 系统记录下来.

(a) 求该数据的正弦回归方程(一般正弦曲线)并把它重叠到该数据的散点图上去.

(b) 一个音符的频率,或波,是用每秒的循环数,或赫兹(1 Hz = 每秒一个循环). 频率是波的周期的倒数,周期是以每个循环要多少秒来量度的.估计由音叉产生的音符的频率.

表 18　音叉数据

时间	压力	时间	压力
0.00091	−0.080	0.00362	0.217
0.00108	0.200	0.00379	0.480
0.00125	0.480	0.00398	0.681
0.00144	0.693	0.00416	0.810
0.00162	0.816	0.00435	0.827
0.00180	0.844	0.00453	0.749
0.00198	0.771	0.00471	0.581
0.00216	0.603	0.00489	0.346
0.00234	0.368	0.00507	0.077
0.00253	0.099	0.00525	−0.164
0.00271	−0.141	0.00543	−0.320
0.00289	−0.309	0.00562	−0.354
0.00307	−0.348	0.00579	−0.248
0.00325	−0.248	0.00598	−0.035
0.00344	−0.041		

表 19　圣路易斯的温度数据

时间(月)	温度(℉)
1	34
2	30
3	39
4	44
5	58
6	67
7	78
8	80
9	72
10	63
11	51
12	40

T 50. 温度数据　表 19 给出了从 1 月开始,周期为 12 个月的圣路易斯的月平均温度. 用形为

$$y = a\sin(b(t-h)) + k$$

的方程对月温度进行建模如下,其中 y 用华氏度计,t 是月数:

(a) 假设周期为 12 个月,求 b 值.
(b) 幅度 a 和差 80° − 30° 是怎样的关系?
(c) 利用(b)的信息求 k.
(d) 求 h 并写下 y 的方程.
(e) 把 y 的图形重叠到该数据的散点图上去.

T 51. 正弦回归　表 20 给出了函数

$$f(x) = a\sin(bx + c) + d$$

准确到小数两位的值.

(a) 求该数据的正弦回归方程.
(b) 对 a, b, c 和 d 舍入到最靠近的整数重写方程.

表 20　函数值

x	$f(x)$
1	3.42
2	0.73
3	0.12
4	2.16
5	4.97
6	5.97

T 52. 建议二、三个学生结成小组来做. 用音叉或调音器产生的音符是一系列压力波. 表 12 给出了频率(用赫兹表示)在调律音阶上的频率. 表 22 中的压力对时间的音叉数据是用 CBL 系统和话筒收集的.

(a) 求表 22 的数据的正弦回归方程并把它的图形重叠到该数据的散点图上.

(b) 决定频率以及识别音叉产生的音符.

表 21　音符的频率

音符	频率(赫兹)
C	262
C$^\#$ 或 D^b	277
D	294
D$^\#$ 或 E^b	311
E	330
F	349
F$^\#$ 或 G^b	370
G	392
G$^\#$ 或 A^b	415
A	440
A$^\#$ 或 B^b	466
B	494
C(下一个八度)	523

来源:CBL 系统实验手册,*CBL System Experimental Workbook*,Texas Instruments,Inc. ,1994.

表 22　音叉数据

时间(秒)	压力	时间(秒)	压力
0.0002368	1.29021	0.0049024	-1.06632
0.0005664	1.50851	0.0051520	0.09235
0.0008256	1.51971	0.0054112	1.44694
0.0010752	1.51411	0.0056608	1.51411
0.0013344	1.47493	0.0059200	1.51971
0.0015840	0.45619	0.0061696	1.51411
0.0018432	-0.89280	0.0064288	1.43015
0.0020928	-1.51412	0.0066784	0.19871
0.0023520	-1.15588	0.0069408	-1.06072
0.0026016	-0.04758	0.0071904	-1.51412
0.0028640	1.36858	0.0074496	-0.97116
0.0031136	1.50851	0.0076992	0.23229
0.0033728	1.51971	0.0079584	1.46933
0.0036224	1.51411	0.0082080	1.51411
0.0038816	1.45813	0.0084672	1.51971
0.0041312	0.32185	0.0087168	1.50851
0.0043904	-0.97676	0.0089792	1.36298
0.0046400	-1.51971		

6　参数方程

平面曲线的参数化 • 直线和其他曲线 • 参数化反函数 • 一个应用

当在平面上运动的质点的路径看起来像图 54 中的曲线时,我们不能用形为 $y = f(x)$ 的方程来描述该曲线,因为存在与曲线相交多于一次的垂直线. 类似地,我们不可能通过把 x 直接表为 y 的方法来描述该曲线. 在本节中,你们将学习借助称为参数的变量来描述曲线的另一种方法. 这个强有力的方法也可用来描述普通的函数曲线,就像我们迄今已研究过的那些函数,

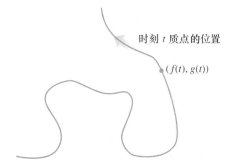

图 54　沿 xy 平面运动的质点走过的路径并不总是 x 的函数或 y 的函数的图形.

以及当它们的反函数存在时也可用来描述它们的反函数.

平面曲线的参数化

当在平面上运动的质点的路径看起来像图 54 中的曲线时,我们把质点坐标的每一个表为第三个变量 t 的函数,并用一对方程 $x = x(t)$ 和 $y = y(t)$ 来描述该路径. 对于研究运动的情形, t 通常表示时间. 这样的方程比笛卡儿公式(即 $y = f(x)$ 或 $x = g(y)$)要好,因为它告诉我们任何时刻 t 质点的位置 $(x, y) = (f(t), g(t))$.

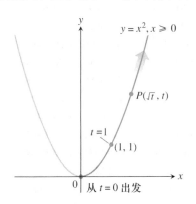

图 55 方程 $x = \sqrt{t}$ 和 $y = t$ 以及区间 $t \geq 0$ 描述了走过抛物线 $y = x^2$ 右半部的质点的路径. (例 1)

例 1(沿抛物线的运动) 在 xy 平面上运动质点的位置 $P(x, y)$ 由方程和参数区间
$$x = \sqrt{t}, \quad y = t, \quad t \geq 0$$
给出. 试识别质点所走的路径并描述该运动.

解 我们试图通过消去方程 $x = \sqrt{t}$ 和 $y = t$ 中的 t 来识别路径. 如果一切顺利,这将给出 x 和 y 之间的可识别的代数关系. 我们求得
$$y = t = (\sqrt{t})^2 = x^2.$$
因此,质点的定位坐标满足 $y = x^2$,所以质点沿抛物线运动.

但得出结论说质点的路径是整个抛物线则是一个错误;质点的路径只是抛物线的一半. 即质点的 x 坐标永远不可能是负的. 当 $t = 0$ 时质点从 $(0, 0)$ 出发而且当 t 增加时在第一象限攀升 (图 55).

定义　参数曲线,参数方程

如果 x 和 y 由 t 值的区间上的函数
$$x = f(t), \quad y = g(t)$$
给出,那么由这些方程定义的点集 $(x, y) = (f(t), g(t))$ 是一条**参数曲线**. 方程称为曲线的**参数方程**.

变量 t 是曲线的**参数**,其定义域 I 就是**参数区间**. 如果 I 是闭区间, $a \leq t \leq b$,则点 $(f(a), g(a))$ 是曲线的**起点**;点 $(f(b), g(b))$ 是曲线的**终点**. 当我们给出了曲线的参数方程和参数区间,我们就说**参数化**了该曲线. 方程和区间构成了曲线的**参数化**.

在例 1 中,参数区间是 $[0, \infty)$,所以 $(0, 0)$ 是初始点;但是没有终点.

绘图器只能对闭区间画参数曲线,所以即使要画图的曲线没有终点,而图形画出来的部分

也是有终点的. 当你用图形计算器或计算机画图时记住这一点.

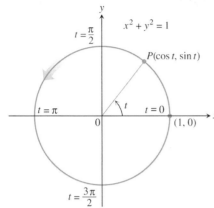

图 56　方程 $x = \cos t$ 和 $y = \sin t$ 描述了在圆周 $x^2 + y^2 = 1$ 上的运动. 箭头表示 t 增加的方向. (例2)

例 2 (在圆周上逆时针运动)　画参数曲线

(a) $x = \cos t$, $\quad y = \sin t$, $\quad 0 \leqslant t \leqslant 2\pi$

(b) $x = a\cos t$, $\quad y = a\sin t$, $\quad 0 \leqslant t \leqslant 2\pi$

的图形.

解　(a) 因为 $x^2 + y^2 = \cos^2 t + \sin^2 t = 1$, 所以参数曲线位于单位圆 $x^2 + y^2 = 1$ 上. 当 t 从 0 增加到 2π 时, 点 $(x,y) = (\cos t, \sin t)$ 从 $(1,0)$ 出发沿逆时针方向走过整个圆周一圈 (图 56).

(b) 对 $x = a\cos t, y = a\sin t, 0 \leqslant t \leqslant 2\pi$, 我们有 $x^2 + y^2 = a^2 \cos^2 t + a^2 \sin^2 t = a^2$. 参数化描述了从点 $(a,0)$ 出发逆时针走过圆周 $x^2 + y^2 = a^2$ 一圈在 $t = 2\pi$ 回到 $(a,0)$ 的运动.　∎

例 3 (顺时针走过半圆)　画参数曲线

$$x = \cos t, \quad y = -\sin t, \quad 0 \leqslant t \leqslant \pi$$

的图形. 求包含该曲线的笛卡儿方程. 该笛卡儿方程的图形的什么部分是该参数曲线走过的路径? 描述该运动.

解　点 $(x,y) = (\cos t, -\sin t)$ 在圆周 $x^2 + y^2 = 1$ 上运动. 对比于例 2, 现在的运动是顺时针的. 当 t 从 0 增加到 π 时, y 是负的而 x 是减少的. 点 (x,y) 沿圆周的下半部分运动, 先降到 $(0,-1)$ 再升到 $(-1,0)$, 运动在 $t = \pi$ 停止, 只覆盖了圆周的下半部分 (图 57).　∎

直线和其他曲线

包括直线和直线段在内的许多其他的曲线也可以参数地定义.

例 4 (沿直线运动)　画图并识别参数曲线

$$x = 3t, \quad y = 2 - 2t, \quad 0 \leqslant t \leqslant 1.$$

如果把对 t 的限制去掉将会怎样?

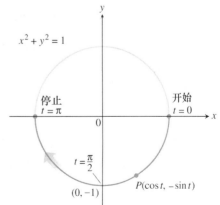

图 57　当 t 从 0 增加到 π 时点 $P(\cos t, -\sin t)$ 顺时针运动. (例3)

解 当 $t = 0$ 时,方程给出 $x = 0$ 和 $y = 2$. 当 $t = 1$ 时,给出 $x = 3, y = 0$. 如果我们把 $t = \dfrac{x}{3}$ 代入 y 的方程,我们得到
$$y = 2 - 2\left(\dfrac{x}{3}\right) = -\dfrac{2}{3}x + 2.$$
因此该参数曲线描绘了直线 $y = -\left(\dfrac{2}{3}\right)x + 2$ 从 $(2,0)$ 到 $(0,3)$ 的一段(图 58).

如果我们去掉对 t 的限制,把参数区间从 $[0,1]$ 改为 $(-\infty, \infty)$,那么参数化曲线描绘了整条直线 $y = -\left(\dfrac{2}{3}\right)x + 2$. ∎

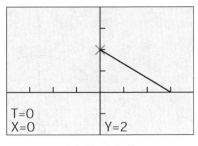

图 58 标出起点 $(0,2)$ 的直线段 $x = 3t, y = 2 - 2t, 0 \leqslant t \leqslant 1$ 的图形. (例 4)

例 5(参数化直线段) 求端点为 $(-2,1)$ 和 $(3,5)$ 的直线段的参数化.

解 利用 $(-2,1)$ 来创建参数方程
$$x = -2 + at, \quad y = 1 + bt$$
这代表一条直线,因为我们可以对每个方程解出 t,并令之相等来得到
$$\dfrac{x+2}{a} = \dfrac{y-1}{b}$$
从而知道这是直线方程.

当 $t = 0$ 时该直线通过点 $(-2,1)$. 我们确定 a 和 b 使得该直线在 $t = 1$ 时过点 $(3,5)$.
$$3 = -2 + a \Rightarrow a = 5 \quad \text{当 } t = 1 \text{ 时 } x = 3.$$
$$5 = 1 + b \Rightarrow b = 4 \quad \text{当 } t = 1 \text{ 时 } y = 5.$$
所以
$$x = -2 + 5t, \quad y = 1 + 4t, \quad 0 \leqslant t \leqslant 1$$
是起点为 $(-2,1)$ 而终点为 $(3,5)$ 的直线段的参数化.

例 6(沿椭圆 $\dfrac{x^2}{a^2} + \dfrac{y^2}{b^2} = 1$ 运动) 描述 t 时刻位于 $P(x, y)$ 的质点由
$$x = a\cos t, \quad y = b\sin t, \quad 0 \leqslant t \leqslant 2\pi$$
给出的运动.

解 通过消去方程
$$\cos t = \dfrac{x}{a}, \quad \sin t = \dfrac{y}{b}.$$
中的 t 来得到质点坐标的笛卡儿方程.

由恒等式 $\cos^2 t + \sin^2 t = 1$ 给出
$$\left(\dfrac{x}{a}\right)^2 + \left(\dfrac{y}{b}\right)^2 = 1, \quad \text{或} \quad \dfrac{x^2}{a^2} + \dfrac{y^2}{b^2} = 1.$$
质点的坐标 (x, y) 满足方程 $\left(\dfrac{x^2}{a^2}\right) + \left(\dfrac{y^2}{b^2}\right) = 1$,所以质点沿这个椭圆运动. $t = 0$ 时,质点坐标为
$$x = a\cos(0) = a, \quad y = b\sin(0) = 0,$$

所以运动从点 $(a,0)$ 开始. 当 t 增加时, 质点上升且向左运动, 逆时针方向运动. 它绕椭圆一周在 $t = 2\pi$ 回到起点 $(a,0)$ (图 59).

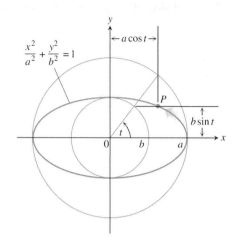

图 59 对 $a > b > 0$ 画出的例 6 中的椭圆. 点 P 的坐标为 $x = a\cos t, y = b\sin t$.

参数化反函数

我们可以图示或参数地表示任何函数 $y = f(x)$ 为
$$x = t \quad \text{和} \quad y = f(t).$$
交换 t 和 $f(t)$ 就得到反函数的参数化方程
$$x = f(t) \quad \text{和} \quad y = t$$
(参见第 4 节).

例如, 为把一对一的函数 $f(x) = x^2, x \geq 0$ 及其反函数以及直线 $y = x, x \geq 0$ 的图形在绘图器上画在一起, 利用参数图形选择, 得到

$$f \text{ 的图形}: x_1 = t, y_1 = t^2, t \geq 0$$
$$f^{-1} \text{ 的图形}: x_2 = t^2, y_2 = t$$
$$y = x \text{ 的图形}: x_3 = t, y_3 = t$$

图 60 展示了这三个图形.

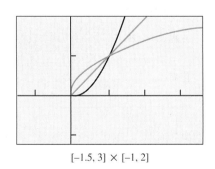

$[-1.5, 3] \times [-1, 2]$

图 60 函数 $y = x^2, x \geq 0$, 其反函数以及直线 $y = x$ 的图形.

一个应用

例 7 (空投应急救援物资) 一架红十字会的飞机正在向一个受灾地区空投应急救援食品

和药物. 如果飞机在一长为 700 英尺的开放区域的边上立即投下货物,又如果货物沿
$$x = 120t, \quad y = -16t^2 + 500, \quad t \geq 0$$
运动. 货物能在该区域着陆吗?坐标 x 和 y 按英尺度量,而参数 t(从投下算起的时间)以秒计. 求下落货物路径的直角坐标方程(图 61).

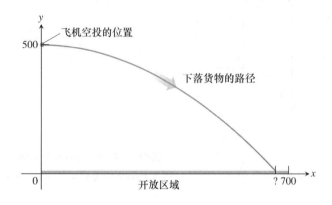

图 61 例 7 中救援货物的下落路径.

解 当 $y = 0$ 时货物着地,它在 t 时刻发生,这时

$$-16t^2 + 500 = 0 \qquad 令 y = 0$$

$$t^2 = \frac{500}{16} \qquad 解 t$$

$$t = \frac{5\sqrt{5}}{2} 秒. \qquad t \geq 0$$

投下时刻的 x 坐标为 $x = 0$. 货物着地时刻的 x 坐标为

$$x = 120t = 120\left(\frac{5\sqrt{5}}{2}\right) = 300\sqrt{5} \text{ 英尺}.$$

因为 $300\sqrt{5} \approx 670.8 < 700$,所以货物确实落在该开放区域内.

我们通过消去参数方程中的 t 来求货物坐标的笛卡儿方程:

$$y = -16t^2 + 500 \qquad y \text{ 的参数方程}$$

$$= -16\left(\frac{x}{120}\right)^2 + 500 \qquad 方程 \; x = 120t$$

$$= -\frac{16}{14400}x^2 + 500 \qquad 化简$$

或

$$y = -\frac{1}{900}x^2 + 500$$

因此,货物沿抛物线

$$y = -\frac{1}{900}x^2 + 500$$

运动.

> **标准参数化**
>
> 圆 $x^2 + y^2 = a^2$:
> $$x = a\cos t$$
> $$y = a\sin t$$
> $$0 \leqslant t \leqslant 2\pi$$
>
> 函数 $y = f(x)$:
> $$x = t$$
> $$y = f(t)$$
>
> 椭圆 $x^2/a^2 + y^2/b^2 = 1$:
> $$x = a\cos t$$
> $$y = b\sin t$$
> $$0 \leqslant t \leqslant \pi$$
>
> $y = f(x)$ 的反函数:
> $$x = f(t)$$
> $$y = t$$

习题 6

从参数方程求直角坐标方程

题 1-18 给出了质点在平面上运动的参数方程和参数区间.

1. $x = \cos t, y = \sin t, 0 \leqslant t \leqslant \pi$
2. $x = \cos 2t, y = \sin 2t, 0 \leqslant t \leqslant \pi$
3. $x = \sin(2\pi t), y = \cos(2\pi t), 0 \leqslant t \leqslant 1$
4. $x = \cos(\pi - t), y = \sin(\pi - t), 0 \leqslant t \leqslant \pi$
5. $x = 4\cos t, y = 2\sin t, 0 \leqslant t \leqslant 2\pi$
6. $x = 4\sin t, y = 5\cos t, 0 \leqslant t \leqslant 2\pi$
7. $x = 3t, y = 9t^2, -\infty < t < \infty$
8. $x = -\sqrt{t}, y = t, t \geqslant 0$
9. $x = t, y = \sqrt{t}, t \geqslant 0$
10. $x = \sec^2 t - 1, y = \tan t, -\pi/2 < t < \pi/2$
11. $x = -\sec t, y = \tan t, -\pi/2 < t < \pi/2$
12. $x = 2t - 5, y = 4t - 7, -\infty < t < \infty$
13. $x = 1 - t, y = 1 + t, -\infty < t < \infty$
14. $x = 3 - 3t, y = 2t, 0 \leqslant t \leqslant 1$
15. $x = t, y = \sqrt{1 - t^2}, -1 \leqslant t \leqslant 0$
16. $x = \sqrt{t + 1}, y = \sqrt{t}, t \geqslant 0$
17. $x = e^t + e^{-t}, y = e^t - e^{-t}, -\infty < t < \infty$
18. $x = \cos(e^t), y = 2\sin(e^t), -\infty < t < \infty$

确定参数方程

19. 求从 $(a, 0)$ 出发走过圆周 $x^2 + y^2 = a^2$ 的质点运动的参数方程和参数区间
    (**a**) 顺时针一周. (**b**) 反时针一周. (**c**) 顺时针二周. (**d**) 反时针二周.
    (有许多方法来做本题,所以你们的答案和书末提供的答案不一定相同.)

20. 求从 $(a, 0)$ 出发走过椭圆 $\left(\dfrac{x^2}{a^2}\right) + \left(\dfrac{y^2}{b^2}\right) = 1$ 的质点运动的参数方程和参数区间.
    (**a**) 顺时针一周. (**b**) 反时针一周. (**c**) 顺时针二周. (**d**) 反时针二周.
    (和题 19 一样,有许多正确答案.)

在题 21-26 中,求曲线的参数化.

21. 端点为 $(-1, -3)$ 和 $(4, 1)$ 的直线段.
22. 端点为 $(-1, 3)$ 和 $(3, -2)$ 的直线段.
23. 抛物线 $x - 1 = y^2$ 的下半部分.
24. 抛物线 $y = x^2 + 2x$ 的左半部分.
25. 起点为 $(2, 3)$ 通过点 $(-1, -1)$ 的射线(半直线).
26. 起点为 $(-1, 2)$ 通过点 $(0, 0)$ 的射线(半直线).

参数作图

T 在题 27–30 中,把参数化方程及其图形配对. 说出视窗的大致尺寸. 给出正好走过曲线一圈的参数区间.

27. $x = 3\sin(2t), y = 1.5\cos t$ 28. $x = \sin^3 t, y = \cos^3 t$

29. $x = 7\sin t - \sin(7t), y = 7\cos t - \cos(7t)$ 30. $x = 12\sin t - 3\sin(6t), y = 12\cos t + 3\cos(6t)$

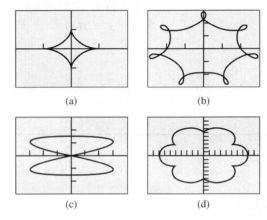

(a)   (b)   (c)   (d)

T 在题 31–38 中用参数作图法图示 f, f^{-1} 和 $y = x$.

31. $f(x) = e^x$ 32. $f(x) = 3^x$ 33. $f(x) = 2^{-x}$

34. $f(x) = 3^{-x}$ 35. $f(x) = \ln x$ 36. $f(x) = \log x$

37. $f(x) = \sin^{-1} x$ 38. $f(x) = \tan^{-1} x$

题 39–42 与右图所示的
$$x = 3 - |t|, \quad y = t - 1, \quad -5 \leq t \leq 5$$
的图形有关. 二、三个学生结组求在给定象限中产生该图形的 t 值.

39. 第 I 象限.   40. 第 II 象限.

41. 第 III 象限.   42. 第 IV 象限.

$[-6, 6] \times [-8, 8]$

T 在题 43–48 中,画给定区间上方程的图形.

43. 椭圆 $x = 4\cos t, y = 2\sin t$, 在
     (a) $0 \leq t \leq 2\pi$ (b) $0 \leq t \leq \pi$ (c) $-\pi/2 \leq t \leq \pi/2$

44. 双曲线的分支
     (a) $-1.5 \leq t \leq 1.5$ (b) $-0.5 \leq t \leq 0.5$ (c) $-0.1 \leq t \leq 0.1$

45. 抛物线 $x = 2t + 3, y = t^2 - 1, -2 \leq t \leq 2$.

46. 一条优美的曲线(Δ 形曲线)
$$x = 2\cos t + \cos 2t, \quad y = 2\sin t - \sin 2t, \quad 0 \leq t \leq 2\pi$$
如果在 x 和 y 的方程中用 -2 代替 2,结果将会怎样?画出新方程的图形来看结果.

47. 一条更优美的曲线
$$x = 3\cos t + \cos 3t, \quad y = 3\sin t - \sin 3t, \quad 0 \leq t \leq 2\pi$$
如果在 x 和 y 的方程中用 -3 来代替 3,结果将会怎样?画出新方程的图形来看结果.

48. 旋轮线 $x = t - \sin t, y = 1 - \cos t$, 在
     (a) $0 \leq t \leq 2\pi$ (b) $0 \leq t \leq 4\pi$ (c) $\pi \leq t \leq 3\pi$

扩充概念

49. **Agnesi 箕舌线**   钟形的箕舌线可以构建如下. 从圆心在 $(0,1)$ 半径为 1 的圆周开始,如附图所示.

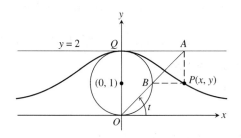

在直线 $y=2$ 上选点 A, 把点 A 和原点 O 连一直线段, 该直线段与圆周的交点为 B. 令 P 是过点 A 的垂线和过点 B 的水平线的交点. 当 A 沿直线 $y=2$ 运动时点 P 走过的曲线就是箕舌线.

通过把点 P 的坐标用 t 表示的方法求箕舌线的参数化, t 是线段 OA 和正 x 轴的交角(弧度). 下面的等式(你可以假设它们)能带来帮助:

(i) $x = AQ$.   (ii) $y = 2 - AB\sin t$.   (iii) $AB \cdot AO = (AQ)^2$.

50. 参数化直线和线段

(a) 说明方程和参数区间
$$x = x_0 + (x_1 - x_0)t, \quad y = y_0 + (y_1 - y_0)t, \quad -\infty < t < \infty,$$
描绘了经过点 (x_0, y_0) 和 (x_1, y_1) 的直线(图62).

(b) 用同样的参数区间, 写出过点 (x_1, y_1) 和原点的直线的参数方程.

(c) 用同样的参数区间, 写出过点 $(-1, 0)$ 和 $(0, 1)$ 的直线的参数方程.

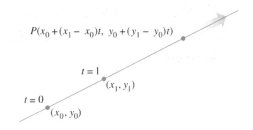

图 62 题 50(a) 中的直线, 箭头表示 t 增加的方向.

T 51. 画 Agnesi 箕舌线的图形 Agnesi 箕舌线就是曲线(如右图所示)
$$x = 2\cot t, \quad y = 2\sin^2 t, \quad 0 < t < \pi.$$

(a) 利用附图的视窗画该曲线. 对你的绘图器你选择什么样的闭参数区间? 什么是曲线行进的方向? 你认为曲线延伸离开原点的左边和右边有多远?

(b) 用参数区间 $\left(-\dfrac{\pi}{2}, \dfrac{\pi}{2}\right)$, $\left(0, \dfrac{\pi}{2}\right)$ 和 $\left(\dfrac{\pi}{2}, \pi\right)$ 图示同样的参数方程. 描述每种情形中你看到的曲线以及你的绘图器描绘的曲线行进的方向.

(c) 如果在原来的参数化中, 你们用 $x = -2\cot t$ 代替 $x = 2\cos t$ 结果将会怎样? 如果你用 $x = 2\cot(\pi - t)$, 结果将会怎样?

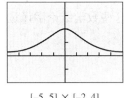

$x = 2\cot t, y = 2\sin^2 t$

$[-5, 5] \times [-2, 4]$

T 52. 双曲线 设 $x = a\sec t, y = b\tan t$.

(a) **为学而写** 设 $a = 1, 2$ 或 3, $b = 1, 2$ 或 3, 用参数区间 $\left(-\dfrac{\pi}{2}, \dfrac{\pi}{2}\right)$ 作图. 说明你看到了什么, 并描述 a 和 b 在这些参数方程中的作用. (**警告**, 如果你得到看起来像渐近线的东西, 试着对参数区间使用近似表示 $[-1.57, 1.57]$.)

(**b**) 设 $a=2, b=3$,在参数区间 $\left(\dfrac{\pi}{2}, \dfrac{3\pi}{2}\right)$ 上画图. 说明你看到了什么?

(**c**) **为学而写** 设 $a=2, b=3$,用参数区间 $\left(-\dfrac{\pi}{2}, \dfrac{3\pi}{2}\right)$ 作图. 说明在这个区间或任何包括 $\pm\dfrac{\pi}{2}$ 的区间上作图时为什么必须非常小心.

(**d**) 用代数方法说明为什么
$$\left(\dfrac{x}{a}\right)^2 - \left(\dfrac{y}{b}\right)^2 = 1.$$

(**e**) 设 $x = a\tan t, y = b\sec t$,利用(d)的适当的变型重复(a),(b) 和(d).

7 对变化进行建模

数学模型 • 简化 • 验证模型 • 模型构建过程 • 经验建模:抓住所收集数据的趋势 • 在建模中应用微积分

为帮助我们更好地了解我们的世界,我们常常数学地(例如用函数或方程)描述一种特定的现象. 这样一种**数学模型**是实际现象的理想化,从而永远不是完完全全精确的表示,尽管任何模型都有其局限性,但好的模型能提供有价值的结果和结论. 在本节中我们要考察建模的过程和讨论若干说明性的例子.

数学模型

在对我们的世界进行建模时,我们常常对预测未来某个时刻一个变量的值有兴趣. 也许这个变量是人口、房地产的价值或患有一种传染病的人数. 数学模型常常能帮助我们更好地了解一种行为或帮助我们规划未来. 让我们把数学模型设想为旨在研究人们感兴趣的特定的系统或行为的一种数学构想. 如图 63 所说明的,该模型能使我们得到有关这种行为的数学结论. 把这些数学结论翻译过来有助于决策者规划未来.

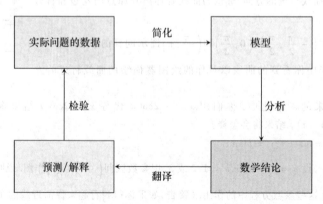

图 63 从考察实际问题的数据开始的建模过程的流程图.

简化

多数模型简化了实际情形. 一般说, 模型只能近似地表达实际行为. 一种非常强有力的简化关系就是**比例关系**.

> **定义 比例关系**
> 两个变量 y 和 x 是（一个对另一个）成**比例**的, 如果一个变量总是另一个变量的常数倍; 即如果对某个非零常数 k, 有
> $$y = kx.$$

这个定义的含义就是 y 作为 x 的函数的图形位于一条过原点的直线上. 在测试给定的数据集是否合乎比例关系时, 对图形的观察常常是有帮助的. 如果比例关系是合理的, 那么一个变量对另一个变量的图示就应近似位于一条过原点的直线上. 下面是一个例子.

例1（测试司机反应距离的比例关系） 在惊慌之余的紧急停车过程中, 汽车司机必须对紧急情况作出反应, 然后刹闸, 并把车停下来. 什么是汽车司机的安全紧随距离呢? 为回答这个问题, 知道在刹闸前车辆以给定速度走了多远是有帮助的（司机反应距离）. 美国公路局对一大批汽车司机采集了反应距离和刹闸距离（刹闸距离就是从刹闸到车辆完全停止期间车辆走过的路程.）的数据. 表 23 中, x 是以每小时英里数（mph）计的汽车速度, 而 y 是以英尺（ft）计的刹闸前汽车走过的距离.

表 23 司机反应距离

x(mph)	20	25	30	35	40	45	50	55	60	65	70	75	80
y(英尺)	22	28	33	39	44	50	55	61	66	72	77	83	88

从代表了许多汽车司机的数据采集情况来看, 我们可以假定一位有代表性的司机对紧急情况作出反应所需要的时间是近似不变的（与速度无关）. 于是反应期间走过的距离与速度成**比**例. 我们通过所走过的距离对速度的图示来测试这个比例关系的假设. 图 64 中的点相当过得去地位于过原点的一条直线上. 所以比例性假设看来是有根据的.

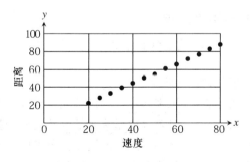

图 64 反应距离对速度的图示.

我们甚至可以从该图形估计该比例常数. 利用第一个和最后一个数据点求得近似该数据的直线的斜率为: $\dfrac{\text{距离差}}{\text{速度差}} = \dfrac{88-22}{80-20} = 1.1$. 该比例关系模型预测的司机反应距离为

$$y = 1.1x. \tag{1}$$

验证模型

我们过去通过把(1)的图形重叠到散点图上来测试方程(1)拟合该数据有多好. 另一种方法是考察误差或残差（表 24）:

$$\text{残差} = \text{观察值} - \text{预测值}$$

表 24　计算残差

速度(mph) x	观察值(ft)	预测值(ft) $y = 1.1x$	残差(ft)
20	22	22.0	0.0
25	28	27.5	0.5
30	33	33.0	0.0
35	39	38.5	0.5
40	44	44.0	0.0
45	50	49.5	0.5
50	55	55.0	0.0
55	61	60.5	0.5
60	66	66.0	0.0
65	72	71.5	0.5
70	77	77.0	0.0
75	83	82.5	0.5
80	88	88.0	0.0

表 24 中的残差是相对小的(比之于 22 到 88 英尺的增幅,最大残差只有 0.5 英尺),从而没有令人讨厌的模式. 注意到速度为 60 mph 或 88 ft/sec 时,作出反应过程中一般水平的司机行进了 66 ft. 一位有代表性的司机需要 $\dfrac{66 \text{ ft}}{88 \text{ ft/sec}} = 0.75$ 秒使汽车开始停下来. 对于数量很大又经常有变化的司机群体来说这个反应时间看来是合理的. 考虑到我们为之建模的问题不是很精确的特点,我们大概会接受这个简单模型作为合适的预测反应距离的模型. 在习题中,我们将要求你在建议一种安全紧随距离之前先分析刹闸距离并在估算安全距离时设计一种汽车司机应遵守的简单规则.

作为判断模型的合适性以及获得如何改进模型的洞察的一种强有力的方法就是作出残差对自变量的图形,然后观察误差的相对大小. 一种模式表明通过抓住和融入该模式的趋势可以改进模型.

模型构建过程

在学习构建模型时,以下过程是有帮助的. 在构建方程(1) 时,我们大体上完成了以下几步:

模型构建的步骤

第 1 步　**识别问题**　为估算安全紧随距离,我们决定先估算司机的反应距离.

第 2 步　**对要包括那些变量以及这些变量间的关系作出假设**　反应距离依赖于包括速度、能见度、天气以及司机的年龄等许多因素. 为简单起见,我们假设反应距离只依赖于速度. 我们还进一步假设反应距离与速度成比例.

第 3 步　**求一个满足这些关系的函数或图形**　我们通过确定反应距离对速度的散点图是否近似于沿一条过原点的直线来测试成比例关系的假设. 因为确实如此,所以我们可以计算该直线的斜率,它就是比例常数.

第 4 步　**检验模型**　分析残差的大小和模式.

经验建模:抓住所收集数据的趋势

在例 1 中,我们假设了因变量和自变量之间的一种关系. 另一种构建模型的方法是采集数据并找到能抓住数据趋势的模型.这种经验方法既有优点也有缺点.

例 2(求预测种群水平的曲线) 我们可能要预测某个种群未来数量的大小,例如渔场的鲑鱼或鲶鱼的数目.图 65 展示了由 R. Pearl 采集的酵母细胞(以**生物量**度量)在营养物中随时间(以小时度量)增长的数据.

时间(小时) x	生物量 y
0	9.6
1	18.3
2	29
3	47.2
4	71.1
5	119.1
6	174.6
7	257.3

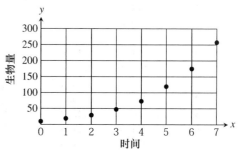

数据摘自 R.Pearl "种群增长" (Data from R.Pearl, "The Growth of Population," *Quart.Rev.Biol.*, Vol.2(1927),pp.532-548).

图 65 酵母培养物的生物量对所经过的时间.

散点图显示了比较光滑的且有一种向上弯曲的趋势.我们试图用多项式(例如,二次多项式 $y = ax^2 + bx + c$)或幂函数($y = ax^b$)或指数曲线($y = ae^{bx}$)拟合来抓住这种趋势.图 66 展示了用计算器拟合的一个二次模型.

看来二次模型 $y = 6.10x^2 - 9.28x + 16.43$ 相当过得去地拟合了所采集的数据.利用这个模型,我们预测 17 小时后的种群数为 $y(17) = 1622.65$.我们来考察 Pearl 提供的数据中更多的数据来看看这个二次模拟是否仍然是一个好模型.

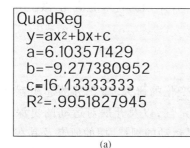
(a)

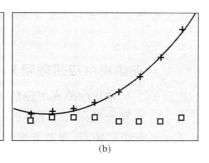
(b)

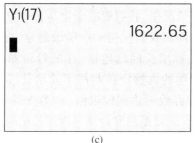
(c)

图 66 利用计算器(a)拟合二次曲线;(b)把数据、模型和残差置于一张图上;以及(c)预测 $y(17)$.

在图 67 中我们展示了 Pearl 的所有数据. 现在你们看到预测值 $y(17) = 1622.65$ 大大超过了种群数的观测值 656.6. 为什么二次模型不能预测出更为精确的值呢?

时间(小时)	观测值	预测值
x	y	y
0	9.6	16.4
1	18.3	13.3
2	29.0	22.3
3	47.2	43.5
4	71.1	77.0
5	119.1	122.6
6	174.6	180.5
7	257.3	250.6
8	350.7	332.8
9	441.0	427.3
10	513.3	534.0
11	559.7	652.9
12	594.8	784.0
13	629.4	927.3
14	640.8	1082.9
15	651.1	1250.6
16	655.9	1430.5
17	659.6	1622.7
18	661.8	1827.0

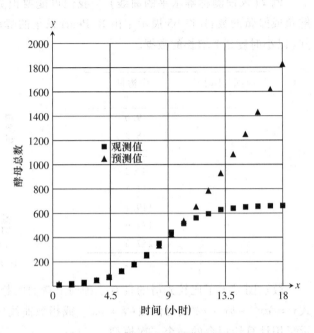

图 67　Pearl 的数据中其余的数据.

问题在于预测的能及范围超出了用来建立经验模型的数据的范围. (创建模型的数据范围是 $0 \leq x \leq 7$.) 当所选的模型不是由某种建议这种形式模型的根本性的理由所支持的时候, 这种外推特别危险. 在我们的酵母例子中, 为什么我们要预期二次函数作为基本的种群增长模型呢?为什么不是指数函数?面对这个问题, 我们应怎样来预测将来的值呢?微积分常常能帮助我们.

在建模中应用微积分

CD-ROM
WEBsite
历史补充材料
包括对微积分发展的深入讨论。

微积分的应用包括对变化的研究. 微积分的起源就在于我们对运动的更深入的了解的好奇性, 以及开展对运动的更深入的了解的研究的需要. 寻找支配行星运动的规律、摆的研究及其在制钟中的应用以及支配炮弹飞行的规律就是激励 16 和 17 世纪数学家和科学家智慧的几类问题. 在许多情况里, 我们观察变化是怎样发生的并假定变量之间的关系, 许多方面和我们在例 1 中所做的是一样的. 在第 6 章, 我们要用微积分对种群增长问题建模. 在酵母培养物增长的情形, 你们将看到酵母可利用的食物资源制约了其增长. 即, 环境只能支持有限的种群数. 当种群数量达到极限值(称为支持容量)时, 增长就慢下来了. 支配 Pearl 的数据的酵母培养物增长的模型被证明是逻辑斯谛函数

$$P = \frac{665}{1 + 73.8e^{-0.55t}} \tag{2}$$

重叠到 Pearl 的数据的散点图上方程(2)的图形展示在图 68 上. 在第 6 章你们将知道方程(2)是怎样得到的.

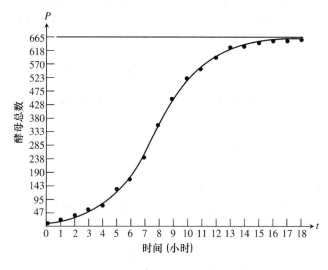

图 68 从方程(2)得到的逻辑斯谛曲线重叠到图 67 中 Pearl 的观察数据的散点图上.

习题 7

1. **比例常数** 试确定下列数据是否支持所说的比例关系假设. 如果假设看来是合理的, 那么估算比例常数.

（a）y 与 x 成比例

y	1	2	3	4	5	6	7	8
x	5.9	12.1	17.9	23.9	29.9	36.2	41.8	48.2

（b）y 与 $x^{\frac{1}{2}}$ 成比例

y	3.5	5	6	7	8
x	3	6	9	12	15

（c）y 与 3^x 成比例

y	5	15	45	135	405	1215	3645	10,935
x	0	1	2	3	4	5	6	7

（d）y 与 $\ln x$ 成比例

y	2	4.8	5.3	6.5	8.0	10.5	14.4	15.0
x	2.0	5.0	6.0	9.0	14.0	35.0	120.0	150.0

构建模型

2. 弹簧伸长 为设计能以所要求的方式对道路条件作出反应的诸如油罐车、自动卸货卡车、供电车以及豪华轿车那样的车辆,必须对各种荷载下弹簧的响应进行建模. 我们做了一个实验来测量弹簧的伸长(以英寸计)作为置于弹簧上单位质量的数目 x 的函数.

x(单位质量的数目)	0	1	2	3	4	5	6	7	8	9	10
y(伸长多少英寸)	0	0.875	1.721	2.641	3.531	4.391	5.241	6.120	6.992	7.869	8.741

(a) 构建一个弹簧伸长和单位质量数目之间关系的模型.
(b) 你的模型拟合数据有多好?
(c) 预测在 13 个单位质量下弹簧的伸长. 你对这个预测有多满意?

3. 刹闸距离 当刹闸后汽车还走了多少距离?考虑以下数据,其中 x 是以每小时英里数计的速度而 y 是刹闸到汽车停下来所需要的以英尺计的滑行距离.

x(mph)	20	25	30	35	40	45	50	55	60	65	70	75
y(ft)	32	47	65	87	112	140	171	204	241	282	325	376

构建并测试刹闸距离和速度间关系的模型.

4. 安全紧随距离 利用反应距离方程(1)和你在题 3 中构建的刹闸距离模型构建完全停止距离(反应距离加刹闸距离)的模型. 通常对安全紧随距离的规则就是在你的汽车和你前面的汽车之间允许有 2 秒钟的时间. 这条规则和你的完全停止距离模型是否一致?如果不一致,试建议一条更好的规则.

5. 心脏病 地高辛是用来治疗心脏病的. 医生必须开出处方用药量使之能保持血液中地高辛的浓度高于有效水平 而不超过安全用药水平. 先从考虑地高辛在血液中的衰减率开始. 假定在血液中的初始剂量为 0.5 mg(毫克). 下表中,x 表示用了初始剂量后的天数而 y 表示对某个特定病人血液中剩余地高辛的含量.

x	0	1	2	3	4	5	6	7	8
y	0.5000	0.345	0.238	0.164	0.113	0.078	0.054	0.037	0.026

(a) 构建血液中地高辛含量和用药后天数间关系的模型.
(b) 你的模型拟合数据有多好?
(c) 预测 12 天后血液中地高辛的含量.

6. 放射性 为强化 X-射线过程给病人静脉注射放射性染剂. 在几分钟的过程中以每分钟的计数(cpm)来度量放射性,给出了下列表值.

x 时间(分)	0	1	2	3	4	5
y 放射性(cpm)	10,023	8174	6693	5500	4489	3683

x 时间(分)	6	7	8	9	10
y 放射性(cpm)	3061	2479	2045	1645	1326

(a) 构建放射性水平和所经历的时间之间关系的数学模型.
(b) 比较观测值和预测值.

(c) 用你的模型预测何时放射性水平会低于 500 cpm.

7. **药物水平**　随着时间的过去,对实验室动物所用药物在血液中的浓度在递减.用每百万个中占多少个（ppm）度量的浓度列在下表.

浓度(ppm)	853	587	390	274	189	130	97	67	50	40	31
时间(天)	0	1	2	3	4	5	6	7	8	9	10

(a) 构建药物浓度水平和所经历的时间之间关系的数学模型.
(b) 比较观测值和预测值.
(c) 用你的模型预测何时浓度水平会低于 10 ppm.

8. **美国黄松**　下表中 x 表示在齐肩宽处以英寸计的松树周围的保护距离;y 表示最终得到的木材的板英尺(bf)(译注:板英尺是木材的计量单位,等于厚 1 英寸面积为 1 平方英尺的木材).

x(英寸)	17	19	20	23	25	28	32	38	39	41
y(板英尺)	19	25	32	57	71	113	123	252	259	294

形成并检验以下两个模型:可利用的板英尺比例于(a) 保护距离的平方,(b) 保护距离的立方. 是否其中一个模型比另一个模型能提供更好的"解释".

9. **黑鲈鱼**　下列数据表示以英寸计的各种长度的纽约黑鲈鱼的以盎司计的重量

l(英寸)	12.50	12.63	12.63	14.13	14.5	14.5	17.25	17.75
w(盎司)	17	16	17	23	26	27	41	49

构建并检验假定重量与 l^3 成比例的模型. 该模型拟合数据有多好?

10. **哺乳动物的心律**　下面的数据给出了某些哺乳动物以克(g)计的体重对以每分钟心跳次数(bpm)计的心律间的关系. 画数据的散点图. 是否存在一种趋势?如果存在的话,求能反映该数据趋势的函数.
(提示,试试形为 $y = x^{\frac{1}{n}}$ 的模型,其中 n 为正整数.)

哺乳动物	体重 x(g)	脉搏 y(bpm)
伏翼(一种很小的蝙蝠)	4	660
小鼠	25	670
鼠	200	420
荷兰猪	300	300
兔	2 000	205
小狗	5 000	120
大狗	30 000	85
羊	50 000	70
人	70 000	72
马	450 000	38
牛	500 000	40
象	3 000 000	48

与行为有关的图形

对于题 11 – 14,选择能最好地描述其定性行为的图形(或者给出你自己建议的图形). 解释你的选择. 可能的答案有(a) 直线(b) 上凸增长(c) 上凹增长(d) 下凹递减(e) 下凸递减(f) 逻辑斯谛.

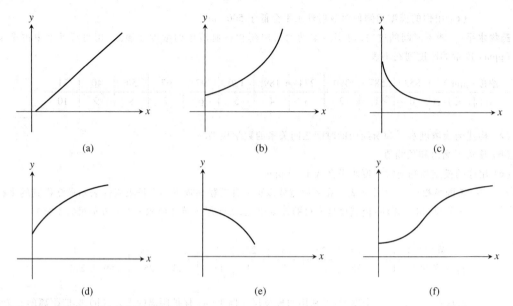

(a)   (b)   (c)

(d)   (e)   (f)

11. 血流中处方药物浓度对时间.

12. 你对某门课程的熟练程度对学习该课程所花费的时间.

13. 在一件艺术品中残存的碳 – 14 的含量对时间.

14. 水从水箱底部出口处排出.

（a）水的流出速度与所经历的时间之间的关系.　　（b）水箱中水深和所经历的时间之间的关系.

15. 对上述每个图形提出该图形所描述的定性的行为.

16. 塑料着色涂层是用来降低光强的. 试建立所传输的光强和着色涂层数目之间的关系.

在题 17 – 20 中，画定性描述每种行为的图形.

17. 高尔夫球从 6 英尺高度掉到混凝土的人行道上. 建立球的高度和所经历时间之间的关系.

18. 一块大理石掉进一个油罐. 建立

（a）大理石和时间之间的关系.　　（b）下落距离和时间之间的关系.

19. 跳伞员从飞机跳出. 大约 4 秒钟的自由落体后，打开了降落伞. 建立

（a）跳伞员的速度和时间之间的关系.　　（b）下落距离和时间之间的关系.

20. 一个动物保留地能支持容纳 500 头鹿的容量. 建立鹿的数目和时间之间的关系，如果一开始已经存放的鹿的数目为

（**a**）300 头鹿.　　　　（**b**）500 头鹿.　　　　（**c**）600 头鹿.

21. 试描述由下列图形定性地表示行为.

（**a**）　　　　　　　　　　　　　　（**b**）

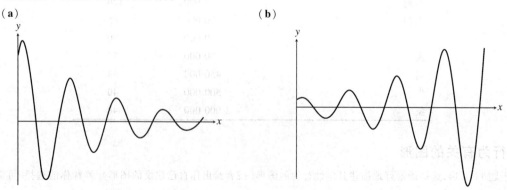

22. **识别问题** 从下面模糊地述说的每个情景,识别一个你想研究的问题.哪些变量影响到你所识别的问题中的行为?哪个变量是最重要的?

(a) 单个物种的种群增长.

(b) 从极高处掉下的物体.何时击到地面,击到地面时有多利害?

(c) 滑雪者从山坡滑下,他能滑到多快?

(d) 一位物理学家对研究光的性质有兴趣.她想知道光线从空气中穿入光洁的湖面的路径,特别是在两种不同的介质处光线的路径.

(e) 美国食品与药物管理局很想知道某种新药对控制人群中发生的某种疾病是否有效.

(f) 一个零售商店意图造一个新的停车场.停车场的照明应怎么解决?

指导你们复习的问题

1. 如果你知道直线上二点的坐标,或知道直线的斜率和直线上一点的坐标,或知道直线的斜率和 y-截距,怎样写出该直线的方程?给出例子.

2. 垂直于坐标轴的直线的标准方程是什么?

3. 互相垂直的直线的斜率有怎样的关系?互相平行的直线呢?给出例子.

4. 什么是函数?给出例子.如何作出定义域和值域均为实数的实值函数的图形?什么是增函数?减函数?

5. 什么是偶函数?奇函数?这类函数具有怎样的对称性?我们可以利用这种对称性的什么优点?给出一个既非偶又非奇的函数.

6. 什么是分段定义的函数?给出例子.定义绝对值函数并画它的图形.

7. 在什么条件下有可能复合一个函数和另一个函数?给出复合函数的例子并计算它们在不同点处的值.复合函数的次序重要吗?

8. 怎样改写方程 $y = f(x)$ 以便往上或往下移位其图形?往左或往右呢?给出例子.

9. 什么是指数函数?给出例子.指数函数遵从什么指数法则?和简单的幂函数 $f(x) = x^n$ 有什么不同?什么样的实际现象是用指数函数来建模的?

10. 什么是数 e,它是怎样定义的?什么是 $f(x) = e^x$ 的定义域和值域?它的图形有什么特征?e^x 的值和 x^2, x^3 等等的值有什么关联?

11. 什么样的函数有反函数?你怎么知道两个函数 f 和 g 互为反函数?给出互为(不互为)反函数的例子.

12. 函数及其反函数的定义域、值域和图形有什么样的关系?给出例子.

13. 你有时候用什么样的方法把 x 的函数的反函数表为 x 的函数?怎样在计算器或计算机上参数地把函数 $y = f(x)$ 及其反函数 $y = f^{-1}(x)$ 一起画出来?

14. 什么是对数函数?它满足什么性质?什么是自然对数函数?什么是 $y = \ln x$ 的定义域和值域?它的图形的特征是什么?

15. $\log_a x$ 的图形和 $\ln x$ 的图形有怎样的关系?只有一个指数函数和一个对数函数的说法有什么事实根据?

16. 什么是弧度?怎样从弧度换算成度?

17. 画 6 个基本三角函数的图形.图形有什么样的对称性?

18. 你有时候怎么能从三角形得到三角函数的值?给出例子.

19. 什么是周期函数?给出例子.6 个基本三角函数的周期是什么?

20. 一般正弦函数的公式 $f(x) = A\sin\left(\frac{2\pi}{B}(x-C)\right) + D$ 和图形的移位、伸长、压缩以及反射有什么关联?给出例子.画一般正弦曲线的图形并识别常数 A, B, C 和 D.

21. 从恒等式 $\cos^2\theta + \sin^2\theta = 1$ 和 $\cos(A+B)$ 以及 $\sin(A+B)$ 的公式出发,说明可以怎样导出许多其他的三角恒等式.

22. 反三角函数是怎样定义的?你有时候怎样用直角三角形来求这些函数的值?给出例子.

23. 怎样用计算器上的 $\cos^{-1}x, \sin^{-1}x$ 和 $\tan^{-1}x$ 键来求 $\sec^{-1}x, \csc^{-1}x$ 和 $\cot^{-1}x$ 的值?

24. 什么是平面上的参数曲线?什么是该曲线的起点?终点?如果你求得了参数表示的在平面上运动的质点的路径的直角坐标方程,你期望直角坐标方程的图形和运动路径会有怎样的匹配?给出例子.

25. 什么是圆周 $x^2 + y^2 = a^2$ 的标准参数化?椭圆 $\dfrac{x^2}{a^2} + \dfrac{y^2}{b^2} = 1$ 的标准参数化?函数 $y = f(x)$ 的图形的参数化?函数 $y = f(x)$ 的反函数的参数化?

实践习题

直线

在题 1 – 12 中,写出指定直线的方程.

1. 过 $(1, -6)$ 斜率为 3.
2. 过 $(-1, 2)$ 斜率为 $-1/2$.
3. 过 $(0, -3)$ 的垂直线.
4. 过 $(-3, 6)$ 和 $(1, -2)$.
5. 过 $(0, 2)$ 的水平线.
6. 过 $(3, 3)$ 和 $(-2, 5)$.
7. 斜率为 -3 和 y – 截距为 3.
8. 过 $(3, 1)$ 平行于 $2x - y = -2$.
9. 过 $(4, -12)$ 平行于 $4x + 3y = 12$.
10. 过 $(-2, -3)$ 垂直于 $3x - 5y = 1$.
11. 过 $(-1, 2)$ 垂直于 $(1/2)x + (1/3)y = 1$.
12. x – 截距为 3 而 y – 截距为 -5.

函数和图形

13. 把圆面积和周长表为圆半径的函数.然后把面积表为周长的函数.
14. 把球的半径表为球的表面积的函数.然后把表面积表为体积的函数.
15. 第一象限的点 P 位于抛物线 $y = x^2$ 上.把点 P 的坐标表为连接点 P 和原点直线的倾角的函数.
16. 从水平场地向上升起的热气球由位于离起飞点 500 英尺的一架测距仪跟踪.把气球的高度表为测距仪和气球的连线和地面的交角的函数.

在题 17 – 20 中,确定函数的图形是否关于 y 轴、原点对称或两者都不是.

17. $y = x^{1/5}$.
18. $y = x^{2/5}$.
19. $y = x^2 - 2x - 1$.
20. $y = e^{-x^2}$.

在题 21 – 28 中,确定函数是否是偶、奇函数或两者都不是.

21. $y = x^2 + 1$.
22. $y = x^5 - x^3 - x$.
23. $y = 1 - \cos x$.
24. $y = \sec x \tan x$.
25. $y = \dfrac{x^4 + 1}{x^3 - 2x}$.
26. $y = 1 - \sin x$.
27. $y = x + \cos x$.
28. $y = \sqrt{x^4 - 1}$.

在题 29 – 38 中,求 (a) 定义域和 (b) 值域.

29. $y = |x| - 2$.
30. $y = -2 + \sqrt{1 - x}$.
31. $y = \sqrt{16 - x^2}$.
32. $y = 3^{2-x} + 1$.
33. $y = 2e^{-x} - 3$.
34. $y = \tan(2x - \pi)$.
35. $y = 2\sin(3x + \pi) - 1$.
36. $y = x^{2/5}$.
37. $y = \ln(x - 3) + 1$.
38. $y = -1 + \sqrt[3]{2 - x}$.

分段定义函数

在题 39 和 40 中,求(a) 定义域和(b) 值域.

39. $y = \begin{cases} \sqrt{-x}, & -4 \leqslant x \leqslant 0 \\ \sqrt{x}, & 0 < x \leqslant 4 \end{cases}$

40. $y = \begin{cases} -x-2, & -2 \leqslant x \leqslant -1 \\ x, & -1 < x \leqslant 1 \\ -x+2, & 1 < x \leqslant 2 \end{cases}$

在题 41 和 42 中,写出函数的分段表示的公式.

41.

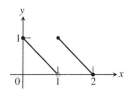

42.

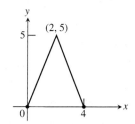

函数的复合

在题 43 和 44 中,求

(**a**) $(f \circ g)(-1)$ (**b**) $(g \circ f)(2)$ (**c**) $(f \circ f)(x)$ (**d**) $(g \circ g)(x)$

43. $f(x) = \dfrac{1}{x}, g(x) = \dfrac{1}{\sqrt{x+2}}$.

44. $f(x) = 2-x, g(x) = \sqrt[3]{x+1}$.

在题 45 和 46 中,(a) 写出 $f \circ g$ 和 $g \circ f$ 的公式并求每个复合函数的(b) 定义域和(c) 值域.

45. $f(x) = 2-x^2, g(x) = \sqrt{x+2}$.

46. $f(x) = \sqrt{x}, g(x) = \sqrt{1-x}$.

和绝对值函数复合 在题 47 – 52 中,把 f_1 和 f_2 的图形画在一起. 然后说明在作用 f_1 之前取绝对值会怎样影响图形.

	$f_1(x)$	$f_2(x) = f_1(\lvert x \rvert)$
47.	x	$\lvert x \rvert$
48.	x^3	$\lvert x \rvert^3$
49.	x^2	$\lvert x \rvert^2$
50.	$\dfrac{1}{x}$	$\dfrac{1}{\lvert x \rvert}$
51.	$\sqrt{x}$	$\sqrt{\lvert x \rvert}$
52.	$\sin x$	$\sin \lvert x \rvert$

和绝对值函数复合 在题 53 – 56 中,把 g_1 和 g_2 的图形画在一起. 然后说明在作用 g_1 后再取绝对值会怎样影响图形.

	$g_1(x)$	$g_2(x) = \lvert g_1(x) \rvert$
53.	x^3	$\lvert x^3 \rvert$
54.	$\sqrt{x}$	$\lvert \sqrt{x} \rvert$
55.	$4-x^2$	$\lvert 4-x^2 \rvert$
56.	x^2+x	$\lvert x^2+x \rvert$

反函数

57. (a) 画函数 $f(x) = \sqrt{1-x^2}, 0 \leq x \leq 1$ 的图形. 该图形有怎样的对称性?

(b) 证明 f 是它自己的反函数. (记住: 如果 $x \geq 0$, 则 $\sqrt{x^2} = x$.)

58. (a) 画函数 $f(x) = 1/x$ 的图形. 该图形有怎样的对称性?

(b) 证明 f 是它自己的反函数.

在题 59 和 60 中,

(a) 求 f^{-1}, 并证明 $(f \circ f^{-1})(x) = (f^{-1} \circ f)(x) = x$.

(b) 把 f 和 f^{-1} 的图画在一起.

59. $f(x) = 2 - 3x.$ **60.** $f(x) = (x+2)^2, x \geq -2.$

61. (a) 证明 $f(x) = x^3$ 和 $g(x) = \sqrt[3]{x}$ 互为反函数.

T (b) 在 x 足够长的区间上画 f 和 g 的图形, 展示两个图形相交于 $(1,1)$ 和 $(-1,-1)$. 务必展示所要求的关于直线 $y = x$ 的对称性.

62. (a) 证明 $h(x) = x^3/4$ 和 $k(x) = (4x)^{1/3}$ 互为反函数.

T (b) 在 x 足够长的区间上画 h 和 k 的图形, 展示两个图形相交于 $(2,2)$ 和 $(-2,-2)$. 务必展示所要求的关于直线 $y = x$ 的对称性.

63. (a) 求 $f(x) = x + 1$ 的反函数. 把 f 及其反函数画在一起. 在图中加上直线 $y = x$, 为对比起见用虚线或点线来画 $y = x$.

(b) 求 $f(x) = x + b$ (b 为常数) 的反函数. f^{-1} 的图形和 f 的图形有怎样的关系?

(c) 当函数的图形是平行于直线 $y = x$ 的直线时, 关于这些函数的反函数你能得到什么结论?

64. (a) 求 $f(x) = -x + 1$ 的反函数. 把直线 $y = -x + 1$ 和 $y = x$ 的图形画在一起. 两直线的交角为多少?

(b) 求 $f(x) = -x + b$ (b 为常数) 的反函数. 直线 $y = -x + b$ 和 $y = x$ 的交角为多少?

(c) 当函数的图形是与直线 $y = x$ 相垂直的直线时, 关于这些函数的反函数你能得到什么结论?

T **65. e 的小数表示** 在你的计算器上通过解方程 $\ln x = 1$ 来求所能求得的 e 的最多的小数位数表示.

T **66. e^x 和 $\ln x$ 间的互反关系** 看一看用你的计算器计算复合函数

$$e^{\ln x} \quad \text{和} \quad \ln(e^x)$$

时有多好.

指数和对数函数的代数计算

求题 67 - 70 中量的更简单的表达式.

67. (a) $e^{\ln 7.2}$ (b) $e^{-\ln x^2}$ (c) $e^{\ln x - \ln y}$

68. (a) $e^{\ln(x^2+y^2)}$ (b) $e^{-\ln 0.3}$ (c) $e^{\ln \pi x - \ln 2}$

69. (a) $2\ln\sqrt{e}$ (b) $\ln(\ln e^e)$ (c) $\ln(e^{-x^2-y^2})$

70. (a) $\ln(e^{\sec\theta})$ (b) $\ln(e^{e^x})$ (c) $\ln(e^{2\ln x})$

三角函数

在题 71 和 72 中, 求以弧度和度表示的角度值.

71. $\sin^{-1}(0.6).$ **72.** $\tan^{-1}(-2.3).$

73. 求 $\theta = \cos^{-1}\left(\dfrac{3}{7}\right)$ 的 6 个基本三角函数的值. 给出确切的回答.

74. 在下列区间上求解方程 $\sin x = -0.2$
    (**a**) $0 \leq x \leq 2\pi$ (**b**) $-\infty < x < \infty$

在题 75 和 76 中,画给定函数的图形. 函数的周期是什么?

75. $y = \sin \dfrac{x}{2}$.   **76.** $y = \cos \dfrac{\pi x}{2}$.

77. 画 $y = 2\cos\left(x - \dfrac{\pi}{3}\right)$ 的图形.   **78.** 画 $y = 1 + \sin\left(x + \dfrac{\pi}{4}\right)$ 的图形.

在图 79-82 中,$\triangle ABC$ 是一角 C 为直角的直角三角形. 角 A, B, C 的对边分别为 a, b, c.

79. (**a**) 若 $c = 2, B = \dfrac{\pi}{3}$,求 a, b.   (**b**) 若 $b = 2, B = \dfrac{\pi}{3}$,求 a, c.

80. (**a**) 用 A 和 C 来表示 a.   (**b**) 用 A 和 b 来表示 a.

81. (**a**) 用 B 和 b 来表示 a.   (**b**) 用 A 和 a 来表示 c.

82. (**a**) 用 a 和 c 来表示 $\sin A$.   (**b**) 用 b 和 c 来表示 $\sin A$.

在题 83 和 84 中,证明 f 是周期函数并求其周期.

83. $y = \sin^3 x$.   **84.** $y = |\tan x|$.

利用和角定理推导题 85 和 86 中的恒等式.

85. $\cos\left(x + \dfrac{\pi}{2}\right) = -\sin x$.   **86.** $\sin\left(x - \dfrac{\pi}{2}\right) = -\cos x$.

87. 用 $\sin\left(\dfrac{\pi}{4} + \dfrac{\pi}{3}\right)$ 来计算 $\sin\dfrac{7\pi}{12}$.   **88.** 用 $\cos\left(\dfrac{\pi}{4} + \dfrac{2\pi}{3}\right)$ 来计算 $\cos\dfrac{11\pi}{12}$.

利用参考三角形求题 89-92 中的角.

89. (**a**) $\sin^{-1}\left(\dfrac{1}{2}\right)$ (**b**) $\sin^{-1}\left(\dfrac{-1}{\sqrt{2}}\right)$ (**c**) $\sin^{-1}\left(\dfrac{\sqrt{3}}{2}\right)$

90. (**a**) $\cos^{-1}\left(\dfrac{-1}{2}\right)$ (**b**) $\cos^{-1}\left(\dfrac{1}{\sqrt{2}}\right)$ (**c**) $\cos^{-1}\left(\dfrac{-\sqrt{3}}{2}\right)$

91. (**a**) $\sec^{-1}\sqrt{2}$ (**b**) $\sec^{-1}\left(\dfrac{-2}{\sqrt{3}}\right)$ (**c**) $\sec^{-1}2$

92. (**a**) $\cot^{-1}1$ (**b**) $\cot^{-1}(-\sqrt{3})$ (**c**) $\cot^{-1}\left(\dfrac{1}{\sqrt{3}}\right)$

计算三角函数和反三角函数的值

求题 93-96 中的函数值.

93. $\sec\left(\cos^{-1}\dfrac{1}{2}\right)$.   **94.** $\cot\left(\sin^{-1}\left(-\dfrac{\sqrt{3}}{2}\right)\right)$.   **95.** $\tan(\sec^{-1}1) + \sin(\csc^{-1}(-2))$.   **96.** $\sec(\tan^{-1}1 + \csc^{-1}1)$.

计算三角函数表达式

计算题 97-100 中的表达式.

97. $\sec(\tan^{-1}2x)$.   **98.** $\tan\left(\sec^{-1}\dfrac{y}{5}\right)$.   **99.** $\tan(\cos^{-1}x)$.   **100.** $\sin\left(\tan^{-1}\dfrac{x}{\sqrt{x^2+1}}\right)$.

题 101-104 中的哪些表达式是有定义的,哪些没有定义?对你的回答给出理由.

101. (**a**) $\tan^{-1}2$ (**b**) $\cos^{-1}2$ **102.** (**a**) $\csc^{-1}\dfrac{1}{2}$ (**b**) $\csc^{-1}2$

103. (**a**) $\sec^{-1}0$ (**b**) $\sin^{-1}\sqrt{2}$ **104.** (**a**) $\cot^{-1}\left(\dfrac{1}{-2}\right)$ (**b**) $\cos^{-1}(-5)$

105. **杆的高度** 两根金属线从垂直的杆顶 T 伸展到地面点 C 和点 D,C 离杆底比 B 离杆底要短 10 米. 如果 BT 和水平面的夹角为 $35°$ 而 CT 和水平面的夹角为 $50°$,杆有多高?

106. **气象气球的高度** 在点 A 和 2 公里外的点 B 的观测者同时测量气象气球的迎角分别为 $40°$ 和 $70°$. 如果

气球位于点 A 和点 B 间一点的垂直上空,求气球的高度.

T 107. (a) 画函数 $f(x) = \sin x + \cos\left(\dfrac{x}{2}\right)$ 的图形;　　(b) 从图形看函数的周期是什么?

(c) 代数地确认你在(b)中得到的结论.

T 108. (a) 画函数 $f(x) = \sin\left(\dfrac{1}{x}\right)$ 的图形;　　(b) f 的定义域和值域是什么?

(c) f 是周期函数吗?对你的回答给出理由.

参数化

在题 109 – 112 中,给定了曲线的参数化.

(a) 求包含参数化曲线在内的曲线的直角坐标方程.直角坐标方程的图形的哪些部分正好是参数曲线所走过的?

(b) 画给定曲线的图形.识别其起点和终点,如果有的话.说明该曲线行进的方向.

109. $x = 5\cos t, y = 2\sin t, 0 \le t \le 2\pi$　　**110.** $x = 4\cos t, y = 4\sin t, \dfrac{\pi}{2} \le t < \dfrac{3\pi}{2}$

111. $x = 2 - t, y = 11 - 2t, -2 \le t \le 4$　　**112.** $x = 1 + t, y = (t-1)^2, t \le 1$

在题 113 – 116 中,试给出曲线的参数化.

113. 端点为 $(-2,5)$ 和 $(4,3)$ 的直线段.　　**114.** 过 $(-3,-2)$ 和 $(4,-1)$ 的直线.

115. 起点为 $(2,5)$ 的过 $(-1,0)$ 的射线.　　**116.** $y = x(x-4), x \le 2$

附加习题:理论、例子、应用

1. f 的图形如附图所示.画以下每个函数的图形.

(a) $y = f(-x)$　　　　　　　　　　(b) $y = -f(x)$

(c) $y = -2f(x+1) + 1$　　　　　　(d) $y = 3f(x-2) - 2$

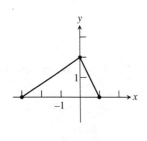

第 1 题图

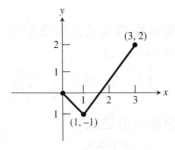

第 2 题图

2. 定义在 $[-3,3]$ 上函数的图形的一部分如右上图所示.试画完该函数的图形,如果假定该函数是

(a) 偶函数　　　　　　　　　　　　(b) 奇函数

3. 贬值　　Smith Hauling 用 10 万美元买了一辆大卡车.大卡车在今后 10 年里以每年降价 1 万美元的不变跌价率跌价.

(a) 写出 x 年后卡车价值 y 的表达式.　　(b) 何时车价为 5.5 万美元?

4. 药物的吸收　　静脉注射给药给病人.函数

$$f(t) = 90 - 52\ln(1 + t), \quad 0 \le t \le 4$$

给出了 t 小时后留在体内的单位药量数.

（a）用药开始时单位药量数是多少？
（b）2小时后还剩多少？　　　　（c）画 f 的图形。

5. **求时间**　Juanita 在退休帐户上投资 1500 美元，年复利率为 8%。要多长时间，单次支付的款项能增加到 5000 美元？

6. 解释下面的余弦定律的"没有词语的证明"。（来源：Sidney H. Kung,"Proof without Words：The Law of Cosines,"*Mathematics Magazine*, Vol. 63, No. 5, Dec. 1990, p. 342.）。

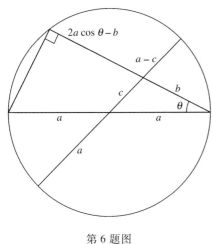

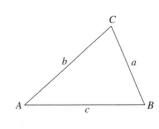

第 6 题图　　　　　　　　　　　　　　第 7 题图

7. 证明三角形 ABC 的面积由 $\left(\dfrac{1}{2}\right)ab\sin C = \left(\dfrac{1}{2}\right)bc\sin A = \left(\dfrac{1}{2}\right)ca\sin B$ 给出。

8. （a）求附图中从原点到三角形 AB 边中点 P 的直线的斜率（$a, b > 0$）。
   （b）何时 OP 垂直于 AB？

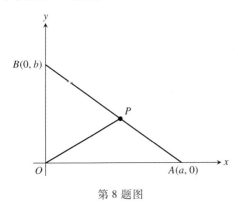

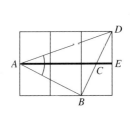

第 8 题图　　　　　　　　　　　　　　第 9 题图

9. 右上图展示了对
$$\tan^{-1}\dfrac{1}{2} + \tan^{-1}\dfrac{1}{3} = \dfrac{\pi}{4}.$$
的一个非正式证明。论证是怎样进行的？（来源：Edward M. Harris,"Behold! Sums of Arctan,"*College Mathematics Journal*, Vol. 18, No. 2, March 1987, p. 141.）

10. **为学而写**　对于什么样的 $x > 0, x^{(x^x)} = (x^x)^x$ 成立？对你的回答给出理由。

11. **复合奇函数**
    （a）设 $h = g \circ f$，其中 g 是偶函数。h 总是偶函数吗？对你的回答给出理由。

(b) 设 $h = g \circ f$, 其中 g 是奇函数. h 总是奇函数吗? 如果 f 是奇函数时将会怎样? 如果 f 是偶函数时又将怎样? 对你的回答给出理由.

12. **70 法则** 如果你用近似值 $\ln 2 \approx 0.70$ (代替 $0.69314\cdots$), 你可以导出一个实用而粗略的快速算法: "当投资的连续复利率为 $r\%$, 那么为估计要多少年能使投资的钱数翻番, 只要用 70 除以 r 即得." 例如, 要使以利率 5% 的投资的钱数翻番需要 $\frac{70}{5} = 14$ 年. 如果你想在 10 年里就使之翻番, 那么投资利率必须为 $\frac{70}{10} = 7\%$. 说明 70 法则是怎么导出的. (类似的 "72 法则" 是用 72 替代 70, 因为 72 有更多的整数因子.)

函数和图形

13. 是否存在两个函数 f 和 g 使得 $f \circ g = g \circ f$? 对你的回答给出理由.
14. 是否存在具有下列性质的两个函数 f 和 g? f 和 g 的图形不是直线, 但 $f \circ g$ 的图形是一条直线. 对你回答给出理由.
15. 如果 $f(x)$ 是奇函数, 对 $g(x) = f(x) - 2$ 能说些什么? 如果 f 是偶函数又将如何? 对你的回答给出理由.
16. 如果 $g(x)$ 是定义在所有 x 值上的奇函数, 对 $g(0)$ 能说些什么? 对你的回答给出理由.
17. 画方程 $|x| + |y| = 1 + x$ 的图形.
18. 画方程 $y + |y| = x + |x|$ 的图形.
19. 试证明: 如果 f 既是奇函数又是偶函数, 那么对 f 定义域中的任何 x 有 $f(x) = 0$.
20. (a) **奇 – 偶分解** 若 f 是一个函数, 其定义域关于原点对称: 即当 x 属于定义域时, $-x$ 也属于定义域. 证明 f 是一个偶函数和一个奇函数之和:
$$f(x) = E(x) + O(x),$$
其中 E 是偶函数而 O 是奇函数. (提示: 令 $E(x) = [f(x) + f(-x)]/2$. 证明 $E(-x) = E(x)$, 所以 E 是偶函数. 然后证明 $O(x) = f(x) - E(x)$ 是奇函数.)

(b) **唯一性** 证明只有一种方法能把 f 写成一个偶函数和一个奇函数之和. (提示: (a) 中已给出的方法. 如果还有 $f(x) = E_1(x) + O_1(x)$, 其中 E_1 是偶函数而 O_1 是奇函数, 证明 $E - E_1 = O_1 - O$. 然后用题 9 结论证明 $E = E_1$ 和 $O = O_1$.)

21. **一对一函数** 如果 f 是一对一函数, 试证明 $g(x) = -f(x)$ 也是一对一的.
22. **一对一函数** 如果 f 是一对一函数而且 $f(x)$ 处处不为零, 试证明 $g(x) = \dfrac{1}{f(x)}$ 也是一对一的.
23. **定义域和值域** 假定 $a \neq 0, b \neq 1$ 且 $b > 0$. 试确定下列函数的定义域和值域.

(a) $y = a(b^{c-x}) + d$ (b) $y = a\log_b(x - c) + d$

24. **反函数** 设
$$f(x) = \frac{ax+b}{cx+d}, \quad c \neq 0, \quad ad - bc \neq 0.$$

(a) **为学而写** 给出一个令人信服的关于 f 是一对一的论证.

(b) 求 f 的反函数的公式.

(c) 求 f 的水平渐近线和垂直渐近线.

(d) 求 f^{-1} 的水平渐近线和垂直渐近线. 它们和 f 的渐近线有什么关系?

建模

25. **比例常数** 试确定下列数据是否支持所说的比例关系假设. 如果假设看似合理, 试估计比例常数.

(a) y 与 x^2 成比例

y	6	13	24	39	58	81	108	139
x	0	1	2	3	4	5	6	7

(**b**) y 与 4^x 成比例

y	0.6	2.4	9.6	38.4	153.6	614.4	2457.6	9830.4
x	0	1	2	3	4	5	6	7

26. 细胞计数 某种细菌增长的研究给出了下面展示的细胞计数

x 时间(hr)	0	2	4	6	8	10	12	14	16	18	20
y 细胞计数	597	893	1339	1995	2976	4433	6612	9865	14 719	21 956	32 763

(**a**) 构建细胞计数和时间之间关系的数学模型. (**b**) 比较观测值和预测值.
(**c**) 利用你的模型来预测何时细胞计数会达到 50 000.

27. 弹簧伸长 对给定在钢绳上的压力 S 以每平方英寸磅(lb/in.²)来度量,下表给出了钢绳的伸长已按每英寸伸长多少英寸(in./in.)计. 通过画数据散点图来检验模型 $e = c_1 S$. 从图形估计 c_1.

$S \times 10^{-3}$	5	10	20	30	40	50	60	70	80	90	100
$e \times 10^5$	0	19	57	94	134	173	216	256	297	343	390

(**a**) 试构建弹簧的伸长和荷载的质量单位的数目之间关系的模型. (**b**) 你的模型拟合数据有多好?
(**c**) 预测压力为 200×10^{-3} lb/in.² 时弹簧的伸长. 你对这个预测有多满意?

28. 真空泵 常称为"粗抽气机"的一种机械真空泵被用来抽空容器内的空气. 一个压力计以大气压力(Pa)(帕)来度量压力. 测量数据记录如下.

压力(Pa)(帕)	100 000	36 788	13 537	4986	1837	671
时间(min)	0	1	2	3	4	5

(译注:Pa(帕)为压强单位,1 帕 = 1 牛顿/m²).

(**a**) 试构建容器内的压力和时间的关系的模型. (**b**) 你的模型拟合数据有多好?
(**c**) 预测何时容器内压力会达 200 Pa.

回归分析

T 29. 博士学位 表 25 展示了西班牙裔学生在给定学年获得博士学位的人数. 设 $x = 0$ 表示 1970–71 学年, $x = 1$ 表示 1971–72 年, 等等.

表 25 西班牙裔美国人获博士学位人数

学年	获博士人数
1976–77	520
1980–81	460
1984–85	680
1988–89	630
1990–91	730
1991–92	810
1992–93	830

来源:U. S. Department of Education, as reported in the *Chronicle of Higher Education*, April 28, 1995.

(**a**) 求该数据的线性回归方程并把它的图形重叠到数据的散点图上去.

(b) 用该回归方程预测 2000 – 01 学年西班牙裔美国人将获得博士学位的人数.

(c) **为学而写** 求回归直线的斜率. 该斜率表示什么含义?

T 30. 估计人口增长 利用表 26 中关于纽约州的人口数据. 设 $x = 60$ 表示 1960, $x = 70$ 表示 1970 年,等等.

(a) 求该数据的指数回归方程.

(b) 用该指数回归方程预测何时人口将达到 2500 万.

(c) 什么样的年增长率我们可以从回归方程中推出?

表 26　纽约州人口

年份	人口数(百万)
1960	16.78
1980	17.56
1990	17.99

来源: *The Statesman's Yearbook*, 129th ed. (London: The Macmillan Press, Ltd., 1992).

T 31. 正弦函数回归 表 27 给出了准确到两位小数的函数

$$f(x) = a\sin(bx+c) + d$$

的值.

(a) 求该数据的正弦回归方程.

(b) 对舍入到最靠近的整数的 a, b, c 和 d 重写方程.

表 27　函数值

x	$f(x)$
1	5.82
2	2.08
3	5.98
4	2.00
5	5.98
6	2.08

表 28　加拿大石油产量

年份	(百万)公吨
1960	27.48
1970	69.95
1990	92.24

来源: *The Statesman's Yearbook*, 129th ed. (London: The Macmillan Press, Ltd., 1992).

T 32. 石油产量

(a) 求表 28 中数据的自然对数回归方程.

(b) 估计加拿大 1985 年生产石油的公吨数.

(c) 预测加拿大石油产量何时达到 1.2 亿公吨.

T 33. 表 29 给出了有关能源消耗的假设数据.

(a) 设 $x = 0$ 表示 1900 年, $x = 1$ 表示 1910 年,等等. 求该数据的形为 $Q = ae^{bx}$ 的指数回归方程, 并把该方程的图形重叠到该数据的散点图上去.

(b) 利用该指数回归方程估计 1996 年的能源消耗. 20 世纪能源消耗的年增长率是多少?

表 29　能源消耗

年份	消耗量 Q
1900	1.00
1910	2.01
1920	4.06
1930	8.17
1940	16.44
1950	33.12
1960	66.69
1970	134.29
1980	270.43
1990	544.57
2000	1096.63

1 极限和连续

概述 极限的概念是微积分有别于代数和三角的诸多概念之一.本章中,我们要说明怎样去定义和计算函数值的极限.计算法则是简单直接的,而且我们需要的大多数极限可以通过替换、图形的考察、数值近似、代数方法或这些方法的某种组合来求得.

当某些函数的输入连续变化时其输出也连续变化——输入的变化愈小,输出的变化也愈小.对于另一些函数,不论我们怎样小心去控制输入,它们的函数值可能会有跳跃或者非常不规则.极限的概念给出了区别这些性态的一种精确的方法.我们还要用极限来定义函数图形的切线.这个几何应用立即导致函数的导数这一重要概念.我们将在第 2 章中透彻地研究导数,它给出一种数值地度量函数值的瞬时变化率的方法.

1.1 变化率和极限

平均和瞬时速度 • 平均变化率和割线 • 函数的极限 • 极限的非正式定义 • 极限的精确定义

本节中我们将引进平均和瞬时变化率.这将导致本节的主要概念——极限的概念.

平均和瞬时速度

历史传记

Zeno
(490BC — 430BC)

运动物体在一段时间区间上的**平均速度**是通过物体走过的距离除以所用的时间来求得的.度量单位是长度每单位时间:公里每小时,英尺每秒,或就手头的问题来说合适的度量单位.

例 1(求平均速度) 一块岩石突然松动从峭壁顶上掉下来.掉下来的头 2 秒中岩石的平均速度是多少?

解 实验表明一块致密的固体在地球表面附近从静止状态自由落下,下落的头 t 秒中下落的英尺数为

$$y = 16t^2$$

在任何给定时间区间上岩石的平均速度是所走过的距离 Δy 除以时间区间的长度 Δt. 从 $t = 0$ 到 $t = 2$ 的头 2 秒的下落平均速度为

$$\frac{\Delta y}{\Delta t} = \frac{16(2)^2 - 16(0)^2}{2 - 0} = 32 \text{ 英尺} / \text{秒}.$$

注:自由落体

在地球表面附近,所有物体以同样的常加速度下落. 物体在从静止突然下落走过的距离是下落时间平方的常数倍. 至少,物体在真空中下落是这样的,真空中没有空气来减慢其下降. 对于像岩石、钢珠和钢质工具那样的致密重物在空气中下落的头几秒里,在速度的增加还没有达到空气阻力生效之前,这个时间平方法则仍然成立. 当空气阻力不存在或者不重要而且重力是作用在物体上唯一的力时,我们把这种物体下落的方式称为<u>自由落体</u>.

例 2 (求瞬时速度) 求例 1 中岩石在时刻 $t = 2$ 的速度.

数值求解

我们可以计算从 $t = 2$ 到任何稍后一点的时间 $t = 2 + h, h > 0$ 的区间上的平均速度

$$\frac{\Delta y}{\Delta t} = \frac{16(2 + h)^2 - 16(2)^2}{h}. \tag{1}$$

我们不能用该公式来计算在确切时刻 $t = 2$ 的速度,因为这要求取 $h = 0$,而 $0/0$ 是不确定的. 但是我们可以通过计算公式在 h 接近零的值来获得有关 $t = 2$ 时将会发生什么的信息,这是一个很好的想法. 当我们这样做了的时候,我们看到了一个清晰的模式(表 1.1).

表 1.1 从 $t = 2$ 开始的短的时间区间上的平均速度

$$\frac{\Delta y}{\Delta t} = \frac{16(2 + h)^2 - 16(2)^2}{h}$$

时间区间的长度 h(秒)	该时间区间内的平均速度 $\Delta y / \Delta t$(英尺 / 秒)
1	80
0.1	65.6
0.01	64.16
0.001	64.016
0.0001	64.0016
0.00001	64.00016

当 h 趋于 0 时,平均速度趋于极限值 64 英尺 / 秒.

代数地确认

如果我们展开方程(1)的分子并简化之,我们求得

$$\frac{\Delta y}{\Delta t} = \frac{16(2+h)^2 - 16(2)^2}{h} = \frac{16(4 + 4h + h^2) - 64}{h}$$

$$= \frac{64h + 16h^2}{h} = 64 + 16h.$$

对不为 0 的 h 值,右边和左边的表达式是等价的且平均速度为 $64 + 16h$ 英尺/秒. 现在我们就知道为什么当 h 趋于 0 时平均速度有极限值 $64 + 16(0) = 64$ 英尺/秒.

平均变化率和割线

给定任意函数 $y = f(x)$,我们用以下方式来计算 y 关于 x 在区间 $[x_1, x_2]$ 上的平均变化率,即把 y 值的改变量 $\Delta y = f(x_2) - f(x_1)$ 除以函数发生变化的区间的长度 $\Delta x = x_2 - x_1 = h$.

> **定义　平均变化率**
>
> $y = f(x)$ 关于 x 在区间 $[x_1, x_2]$ 上的**平均变化率**是
> $$\frac{\Delta y}{\Delta x} = \frac{f(x_2) - f(x_1)}{x_2 - x_1} = \frac{f(x_1 + h) - f(x_1)}{h}, \quad h \neq 0.$$

注:几何上,平均变化率就是割线的斜率.

注意到 f 在 $[x_1, x_2]$ 上的变化率就是通过点 $P(x_1, f(x_1))$ 和 $Q(x_2, f(x_2))$ 的直线的斜率(图 1.1). 几何上,连接曲线上两点的直线就是该曲线的**割线**. 因此,f 从 x_1 到 x_2 的平均变化率就是割线 PQ 的斜率.

工程中,常常要知道材料中温度变化的变化率以决定裂纹或其他的破裂是否会发生.

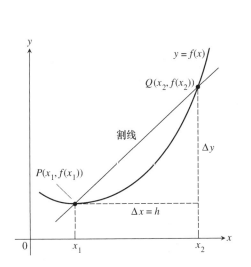

图 1.1　$y = f(x)$ 的图形的割线. 其斜率为函数 f 在区间 $[x_1, x_2]$ 上的平均变化率 $\dfrac{\Delta y}{\Delta x}$.

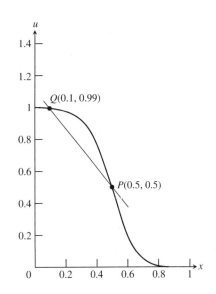

图 1.2　在进入地球大气层后不久,挡热罩的温度作为罩面下深度的函数.

例 3(挡热罩的温度变化)　机械工程师正在为返回式宇宙飞船设计厚 1 英寸的挡热罩. 她已经确定在挡热罩每个深度处的温度应该为多少,如图 1.2 所示(图中温度已经归一化为位于区间 $0 \leqslant u \leqslant 1$ 中). 她必须确定材料能承受的每单位长度最大的温度变化.

解　从温度函数的图形(图 1.2),工程师知道在深为 0.5 英寸的点 P 处曲线倾斜最陡. 从深为 0.1 英寸的点 Q 到深为 0.5 英寸的点 P 的温度的平均变化率为

平均变化率：$\dfrac{\Delta u}{\Delta x} = \dfrac{0.99 - 0.5}{0.1 - 0.5} \approx -1.23$ 度／英寸.

这个平均值就是图 1.2 图形中过点 P 和 Q 的割线的斜率. 但这个平均值并没有告诉我们在点 P 温度变化得有多快. 为此我们需要考察在不断缩短的在深 $x = 0.5$ in 结束 (或开始) 的区间上的平均变化率. 用几何语言来说, 对一系列的沿曲线趋于 P 的点 Q (图 1.3), 我们通过求从 P 到 Q 的割线的斜率来求这些变化率.

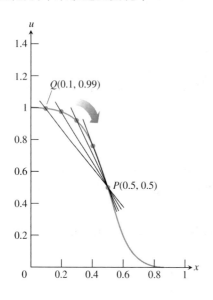

Q	PQ 的斜率 $= \Delta u / \Delta x$
$(0.1, 0.99)$	$\dfrac{0.99 - 0.5}{0.1 - 0.5} \approx -1.23$
$(0.2, 0.98)$	$\dfrac{0.98 - 0.5}{0.2 - 0.5} \approx -1.60$
$(0.3, 0.92)$	$\dfrac{0.92 - 0.5}{0.3 - 0.5} \approx -2.10$
$(0.4, 0.76)$	$\dfrac{0.76 - 0.5}{0.4 - 0.5} \approx -2.60$

图 1.3　在挡热罩温度图形上过点 P 的 4 条割线的位置和斜率.

图 1.3 中的值表明当点 Q 的 x 坐标从 0.1 增加到 0.4 时割线的斜率从 -1.23 到 -2.6. 几何上, 割线关于点 P 顺时针旋转趋近于过点 P 的直线, 其斜率和该曲线在点 P 的陡度 (斜率) 一样. 我们将会知道这条直线就称为该曲线在点 P 的切线 (图 1.4). 因为该直线看来通过点 $A(0.32, 1)$ 和 $B(0.68, 0)$. 于是, 在点 P 的斜率为

$$\dfrac{1.0}{0.32 - 0.68} \approx -2.78 \text{ 度／英寸}.$$

点 P 的深度为 0.5 英寸, 温度以约为 -2.78 度／英寸的变化率变化.

例 2 中岩石下落到瞬时 $t = 2$ 的变化率和例 3 中在深度 0.5 英寸处的温度变化率都称为**瞬时变化率**. 正如这些例子表明的, 我们把瞬时变化率作为平均变化率的极限. 在例 3 中, 我们还画出在深 0.5 处温度曲线的切线作为割线的极限. 瞬时变化率和与之密切联系着的切线也出现在其他情形中. 为建设性地讨论这两者并进一步了解其联系, 我们需要研究确定极限值, 或者我们很快就会把它们称为求极限的过程.

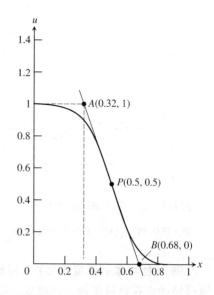

图 1.4　点 P 处的切线有和曲线在点 P 一样的陡度 (斜率).

函数的极限

在给出定义之前,我们再来看一个例子.

例 4(一点附近函数的性态) 函数
$$f(x) = \frac{x^2 - 1}{x - 1}$$
在 $x = 1$ 附近的性态是怎样的?

解 给定公式对除 $x = 1$ 外的所有 x 定义了 f(分母不能为 0). 对任何 $x \neq 1$,我们可以通过对分子的因式分解并消去公因子来简化该公式:
$$f(x) = \frac{(x-1)(x+1)}{x-1} = x + 1, \quad x \neq 1$$
因此 f 的图形就是挖掉点 $(1,2)$ 的直线 $y = x + 1$. 在图 1.5 中这个挖掉的点用一个"洞"来表示.

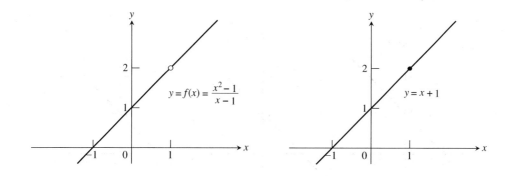

图 1.5 f 的图形除 $x = 1$ 外和直线 $y = x + 1$ 是一样的,在 $x = 1$ 处 f 没有定义.

即使 $f(1)$ 没有定义,我们可以通过选 x 充分靠近 1 使得 $f(x)$ 的值要多靠近 2 就能多靠近 2.

表 1.2 x 愈靠近 1,$f(x) = \dfrac{(x^2-1)}{(x-1)}$ 就愈靠近 2

小于和大于 x 的值	$f(x) = \dfrac{x^2-1}{x-1} = x+1, x \neq 1$
0.9	1.9
1.1	2.1
0.99	1.99
1.01	2.01
0.999	1.999
1.001	2.001
0.999 999	1.999 999
1.000 001	2.000 001

我们说当 x 趋于 1 时 $f(x)$ 任意趋近 2；或更简单地说，当 x 趋于 1 时 $f(x)$ 趋于**极限** 2. 我们把这个过程记作

$$\lim_{x \to 1} f(x) = 2, \quad \text{或} \quad \lim_{x \to 1} \frac{x^2 - 1}{x - 1} = 2.$$

极限的非正式定义

设 $f(x)$ 除了可能在点 x_0 没有定义外，在 x_0 的一个开区间上均有定义. 如果对充分靠近 x_0 的 x，$f(x)$ 能任意靠近 L，那么我们就说当 x 趋于 x_0 时 f 趋于**极限** L，并记作

$$\lim_{x \to x_0} f(x) = L.$$

这个定义是"非正式的"，因为像任意靠近和充分靠近的说法都是不确切的；它们的含义有赖于不同的情况. 对制造活塞的机械师来说，靠近可能意味着在千分之几英寸以内. 对于研究遥远银河系的天文学家来说，靠近可能意味着在几千光年以内. 但是这个定义是足够清楚的，能使我们识别和计算许多特定函数的极限.

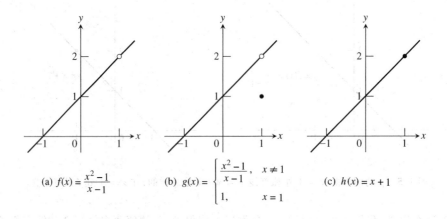

(a) $f(x) = \dfrac{x^2 - 1}{x - 1}$ (b) $g(x) = \begin{cases} \dfrac{x^2-1}{x-1}, & x \neq 1 \\ 1, & x = 1 \end{cases}$ (c) $h(x) = x + 1$

图 1.6 $\lim_{x \to 1} f(x) = \lim_{x \to 1} g(x) = \lim_{x \to 1} h(x) = 2.$

例 5（极限值不依赖于在 x_0 处函数是怎样定义的） 图 1.6 中的函数 f 当 $x \to 1$ 时有极限 2，即使 f 在 $x = 1$ 处没有定义. 函数 g 当 $x \to 1$ 时有极限 2，即使 $2 \neq g(1)$. 函数 h 是仅有的一个当 $x \to 1$ 时其极限等于函数在 $x = 1$ 处的值. 对 h，我们有 $\lim_{x \to 1} h(x) = h(1)$. 极限等于函数值的这个等式是特殊的. 我们将在 1.4 节回到这个话题.

例 6（在每点都有极限的两个函数）

（**a**）如果 f 是**恒等函数** $f(x) = x$，则对任何值 x_0（图 1.7a）

$$\lim_{x \to x_0} f(x) = \lim_{x \to x_0} x = x_0.$$

（**b**）如果 f 是**常数函数** $f(x) = k$（值为常数 k 的函数），则对任何值 x_0（图 1.7b）

$$\lim_{x \to x_0} f(x_0) = \lim_{x \to x_0} k = k.$$

例如，

$$\lim_{x \to 3} x = 3 \quad \text{和} \quad \lim_{x \to -7}(4) = \lim_{x \to 2}(4) = 4.$$

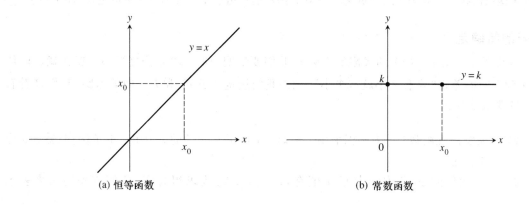

(a) 恒等函数　　　　　　　　　　　(b) 常数函数

图 1.7　例 6 中的函数.

极限不存在的一些可能性图示在图 1.8 中,并在下面的例子中描述了这些函数.

例 7 (极限可能不存在)　讨论下列函数当 $x \to 0$ 时的性态.

（**a**）$U(x) = \begin{cases} 0, & x < 0 \\ 1, & x \geqslant 0 \end{cases}$　　（**b**）$g(x) = \begin{cases} \dfrac{1}{x}, & x \neq 0 \\ 0, & x = 0 \end{cases}$　　（**c**）$f(x) = \begin{cases} 0, & x \leqslant 0 \\ \sin \dfrac{1}{x}, & x > 0 \end{cases}$

解　（**a**）**函数跳跃**:$x \to 0$ 时**单位阶梯函数**没有极限,因为函数值在 $x = 0$ 处有跳跃. 对任意靠近 0 的 x 的负值,$U(x) = 0$;对任意靠近 0 的 x 的正值,$U(x) = 1$. 不存在单一的值 L,使得当 $x \to 0$ 时 $U(x)$ 趋于 L(图 1.8a).

（**b**）**函数无限增大**:$x \to 0$ 时 $g(x)$ 没有极限,因为 $x \to 0$ 时函数 g 的绝对值任意增大,从而不可能呆在任何某一实数的近傍(图 1.8b).

（**c**）**函数无限振动**:$x \to 0$ 时 $f(x)$ 没有极限,因为在包含 0 的任何开

CD-ROM
WEBsite
历史传记
Aristotle
(384BC — 322BC)

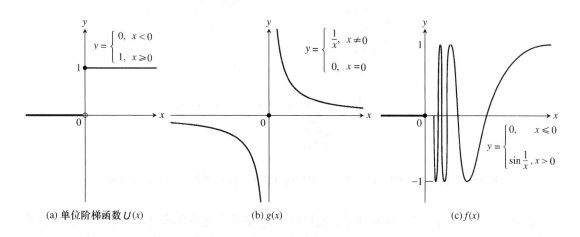

(a) 单位阶梯函数 $U(x)$　　　　　(b) $g(x)$　　　　　(c) $f(x)$

图 1.8　例 7 中的函数.

区间中函数值在 -1 和 $+1$ 之间振荡. $x \to 0$ 时函数值不可能呆在任何一个数的近傍(图 1.8c).

极限的精确定义

为说明 $x \to x_0$ 时 $f(x)$ 的极限等于数 L,我们要证明:如果 x "充分接近" x_0,那么就可以使 $f(x)$ 和 L 间的差距 "要有多小就有多小". 如果我们规定了 $f(x)$ 和 L 之间的差距,我们来看看对 x 的要求是什么.

例 8(控制线性函数) 为确保输出 $y = 2x - 1$ 位于 $y_0 = 7$ 的 2 个单位的范围内,输入 x 应该靠 $x_0 = 4$ 多近?

解 问我们的是:对什么样的 x 值有 $|y - 7| < 2$?为求得答案,我们首先用 x 来表示 $|y - 7|$:

$$|y - 7| = |(2x - 1) - 7| = |2x - 8|.$$

于是问题变成:什么样的 x 值满足 $|2x - 8| < 2$?为求出这些 x,我们解此不等式

$$|2x - 8| < 2$$
$$-2 < 2x - 8 < 2$$
$$6 < 2x < 10$$
$$3 < x < 5$$
$$-1 < x - 4 < 1.$$

使 x 保持在和 $x_0 = 4$ 相距一个单位的距离就能使 y 保持在和 $y_0 = 7$ 相距 2 个单位的距离内 (图 1.9).

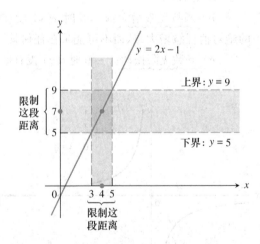

图 1.9 把 x 保持在距 $x_0 = 4$ 一个单位内就能使 y 保持在距 $y_0 = 7$ 两个单位内.

在例 8 中,我们确定了要保持变量 x 距特定值 x_0 多近就能确保输出 $f(x)$ 位于极限 L 的指定区间内. 为证明 $x \to x_0$ 时 $f(x)$ 的极限正好等于 L,我们一定能证明只要保持 x 足够接近 x_0,就能使 $f(x)$ 和 L 间的差距小于任何不管有多小的预先指定的误差.

假设我们正注视着当 x 趋于 x_0(但不取 x_0 值)时函数 $f(x)$ 值的变化. 我们肯定能说,只要

x 在距 x_0 的某个 δ 距离内 $f(x)$ 就能呆在距 L 十分之一单位距离内(图1.10). 但这还是不够的, 因为在 x 趋于 x_0 的过程中,有什么能阻止 $f(x)$ 在区间 $L - \frac{1}{10}$ 到 $L + \frac{1}{10}$ 中连续地振动而不趋于 L 呢? 我们可以通过如下方式证明 $f(x)$ 趋于 L: 不管我们怎样缩小 $f(x)$ 和 L 之间的差距范围,只要使 x 足够接近 x_0 就能使 $f(x)$ 保持在 L 的容许范围内. 这样的说法就是用数学的方式来说 x 愈接近 x_0,$y = f(x)$ 就愈接近 L.

定义   极限的正式定义

设 $f(x)$ 定义在 x_0 的一个可能不包括 x_0 的开区间上,我们说当 x 趋于 x_0 时 $f(x)$ 趋于**极限** L,并记为

$$\lim_{x \to x_0} f(x) = L,$$

如果,对任何数 $\varepsilon > 0$,存在相应的数 $\delta > 0$ 使得对所有满足 $0 < |x - x_0| < \delta$ 的 x,有

$$|f(x) - L| < \varepsilon.$$

在图 1.11 中极限定义用图形加以了说明.

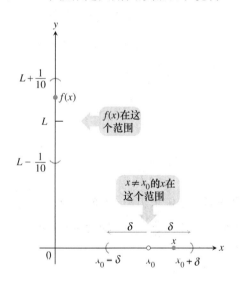
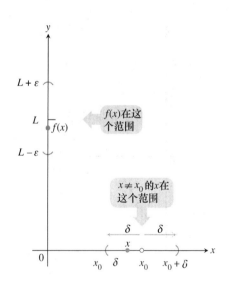

图 1.10   极限定义发展中的初级阶段.　　　　图 1.11   极限定义中 δ 和 ε 的关系.

译注: 如果用"$\forall$ 任意的"和"$\exists$ 存在","$\in$ 属于"的量词来表示"$x \to x_0$ 时 $f(x)$ 有极限 L"的话,可表达如下

$\exists L \in \mathbf{R}$($\mathbf{R}$ 表示实数集)	存在实数 L
$\forall \varepsilon > 0$	对任意的正数 ε
$\exists \delta > 0$	存在正数 δ
$x \in \{x \mid 0 < |x - x_0| < \delta\}$	当 x 满足 $0 < |x - x_0| < \delta$ 时
$|f(x) - L| < \varepsilon$	就有 $|f(x) - L| < \varepsilon$ 成立

例 9 (检验定义) 证明: $\lim_{x \to 1}(5x - 3) = 2$.

解 令 $x_0 = 1, f(x) = 5x - 3$, 以及极限定义中的 $L = 2$. 对任何给定的 $\varepsilon > 0$, 我们必须求出一个合适的 $\delta > 0$ 以致如果 $x \neq 1$ 而且 x 在距 $x_0 = 1$ 的 δ 距离内, 即, 如果

$$0 < |x - 1| < \delta,$$

则 $f(x)$ 在 $L = 2$ 的 ε 距离内, 即

$$|f(x) - 2| < \varepsilon.$$

我们从 ε - 不等式往回求解来求得 δ:

$$|(5x - 3) - 2| = |5x - 5| < \varepsilon$$

$$5|x - 1| < \varepsilon$$

$$|x - 1| < \frac{\varepsilon}{5}.$$

因此我们可以取 $\delta = \frac{\varepsilon}{5}$ (图 1.12). 如果 $0 < |x - 1| < \delta = \frac{\varepsilon}{5}$, 则

$$|(5x - 3) - 2| = |5x - 5| = 5|x - 1| < 5\left(\frac{\varepsilon}{5}\right) = \varepsilon,$$

这就证明了 $\lim_{x \to 1}(5x - 3) = 2$.

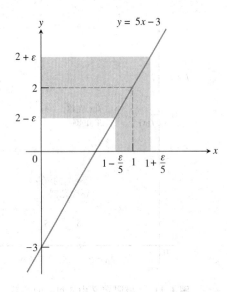

图 11.2 如果 $f(x) = 5x - 3$, 则 $0 < |x - 1| < \frac{\varepsilon}{5}$ 保证了 $|f(x) - 2| < \varepsilon$.
(例 9)

值 $\delta = \frac{\varepsilon}{5}$ 不是能从 $0 < |x - 1| < \delta$ 推出 $|5x - 5| < \varepsilon$ 的唯一的值. 任何更小的正数 δ 也能做到这点. 定义并不要求 "最佳" 正数 δ, 而只是要求能确保从 $0 < |x - 1| < \delta$ 推出 $|f(x) - 2| < \varepsilon$ 的某一个 δ 就可以了.

在例 9 中使 $|f(x) - L|$ 小于 ε 的 x_0 的区间关于 x_0 是对称的, 从而我们可以取区间长度的一半. 当没有这种对称性时, 通常我们取 δ 为从 x_0 到最近的区间边界点的距离. 这样的 δ 的选取在下一个例子中加以了说明.

例 10 (从给定的 ε 代数地求 δ) 对极限 $\lim_{x \to 5} \sqrt{x - 1} = 2$, 求相应于 $\varepsilon = 1$ 的 $\delta > 0$. 即, 求 $\delta > 0$ 使得对所有满足 $0 < |x - 5| < \delta$ 的 x, $\left|\sqrt{x - 1} - 2\right| < 1$ 成立.

解 我们分两步来找 δ. 首先,解不等式 $|\sqrt{x-1}-2|<1$,求包含 $x_0=5$ 的一个区间 (a,b),使得对该区间上的一切 $x\neq x_0$,不等式 $|\sqrt{x-1}-2|<1$ 成立. 然后我们求 $\delta>0$ 使得区间 $5-\delta<x<5+\delta$(中心在 $x_0=5$ 的对称区间)在区间 (a,b) 的内部.

第 1 步:解不等式 $|\sqrt{x-1}-2|<1$ 求包含 $x_0=5$ 的一个区间使得在该区间上的一切 $x\neq x_0$,下面的不等式成立.

$$|\sqrt{x-1}-2|<1$$
$$-1<\sqrt{x-1}-2<1$$
$$1<\sqrt{x-1}<3$$
$$1<x-1<9$$
$$2<x<10$$

这个不等式对开区间 $(2,10)$ 中的一切 x 成立,所以它也对该区间中一切 $x\neq 5$ 成立.

第 2 步:求 $\delta>0$ 使得中心区间 $5-\delta<x<5+\delta$ 在区间 $(2,10)$ 的内部. 从 5 到 $(2,10)$ 较近的端点的距离为 3(图 1.13). 如果我们取 $\delta=3$ 或更小的正整数,那么不等式 $0<|x-5|<\delta$ 就自然会使 x 在 2 和 10 之间,从而使 $|\sqrt{x-1}-2|<1$ 成立(图 1.14):

$$0<|x-5|<3 \Rightarrow |\sqrt{x-1}-2|<1.$$

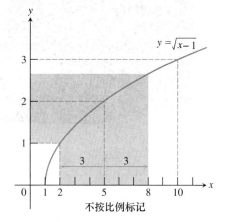

图 1.13 关于 $x_0=5$ 半径为 3 的开区间位于开区间 $(2,10)$ 的内部.

图 1.14 例 10 中的函数和区间.

习题 1.1

平均变化率

在题 1-4 中,求给定区间上函数的平均变化率.

1. $f(x)=x^3+1$,   (**a**) $[2,3]$ (**b**) $[-1,1]$

2. $R(\theta)=\sqrt{4\theta+1}$, $[0,2]$

3. $h(t) = \cot t$, (a) $\left[\dfrac{\pi}{4}, \dfrac{3\pi}{4}\right]$ (b) $\left[\dfrac{\pi}{6}, \dfrac{\pi}{2}\right]$

4. $g(t) = 2 + \cos t$, (a) $[0, \pi]$ (b) $[-\pi, \pi]$

5. **福特野马眼镜蛇汽车的速度** 右图展示了 1994 福特野马眼镜蛇型号汽车从静止开始加速后的时间对距离的图形.

   (a) 估算割线 PQ_1, PQ_2, PQ_3 和 PQ_4 的斜率,按次序把它们列一个表.什么是这些斜率的合适的单位?

   (b) 估算该眼镜蛇型号汽车在 $t = 20$ 秒时的速度.

6. **下落板钳的速度** 一个板钳从月球的通信天线杆的顶部向 80 米下的通信站顶部下落,下图展示了下落距离对时间的图形.

   (a) 估算割线 PQ_1, PQ_2, PQ_3 和 PQ_4 的斜率,按次序把它们列在一个像图 1.3 那样的表中.

   (b) 当板钳击到站顶时它的下落有多快?

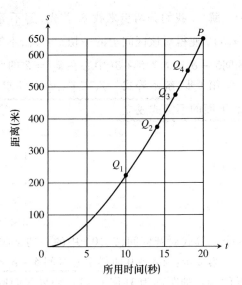

第 5 题图

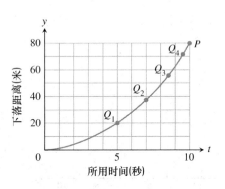

7. **球的速度** 附表的数据给出了从斜面上滚下的球的距离.试通过找速度的上、下界并求其平均来估算 $t = 1$ 时的瞬时速度.即,求 $a \leqslant v(1) \leqslant b$ 然后估算 $v(1)$ 为 $\dfrac{(a+b)}{2}$.

时间 t(秒)	走过的距离(英尺)
0	0
0.2	0.52
0.4	2.10
0.6	4.72
0.8	8.39
1.0	13.10
1.2	18.87
1.4	25.68

习题 1.1

8. **火车行进的距离** 一辆火车从静止加速到的最大缓慢巡行速度,然后以某个常速度行经一个城镇.经过该城镇后又加速到它缓慢巡行速度.最后,火车平稳地减速直到到达目的地时停下来.试画一个火车的行进距离作为时间的函数的可能的图形.

从图形求极限

9. 对左下图的函数 $g(x)$,求下列极限,或解释为什么没有极限.

（a）$\lim\limits_{x\to 1} g(x)$ （b）$\lim\limits_{x\to 2} g(x)$ （c）$\lim\limits_{x\to 3} g(x)$

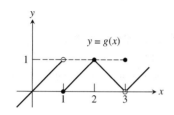

第 9 题图

第 10 题图

10. 对右上图的函数 $f(t)$,求下列极限,或解释为什么没有极限.

（a）$\lim\limits_{t\to -2} f(t)$ （b）$\lim\limits_{t\to -1} f(t)$ （c）$\lim\limits_{t\to 0} f(t)$

11. 关于左下图的函数 $y = f(x)$,下列命题中哪些是对的,哪些是不对的?

（a）$\lim\limits_{x\to 0} f(x)$ 存在. （b）$\lim\limits_{x\to 0} f(x) = 0$. （c）$\lim\limits_{x\to 0} f(x) = 1$.

（d）$\lim\limits_{x\to 1} f(x) = 1$. （e）$\lim\limits_{x\to 1} f(x) = 0$. （f）在 $(-1,1)$ 中每一点 x_0 处 $\lim\limits_{x\to x_0} f(x)$ 存在.

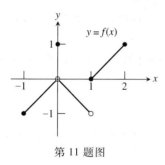

第 11 题图

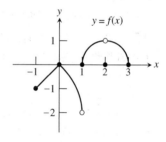

第 12 题图

12. 关于右上图的函数 $y = f(x)$,下列命题中哪些是对的,哪些是不对的?

（a）$\lim\limits_{x\to 2} f(x)$ 不存在. （b）$\lim\limits_{x\to 2} f(x) = 2$. （c）$\lim\limits_{x\to 1} f(x)$ 不存在.

（d）在 $(-1,1)$ 中每一点 x_0 处 $\lim\limits_{x\to x_0} f(x)$ 存在. （e）在 $(1,3)$ 中每一点 x_0 处 $\lim\limits_{x\to x_0} f(x)$ 存在.

极限的存在性

在题 13 和 14 中,解释为什么极限不存在.

13. $\lim\limits_{x\to 0} \dfrac{x}{|x|}$ 14. $\lim\limits_{x\to 1} \dfrac{1}{x-1}$

15. **为学而写** 假设函数 $f(x)$ 对除 $x = x_0$ 外的所有实值 x 有定义.关于极限 $\lim\limits_{x\to x_0} f(x)$ 的存在性可以说些什么?对你的回答给出理由.

16. **为学而写** 假设函数 $f(x)$ 对 $[-1,1]$ 的所有 x 有定义.关于极限 $\lim\limits_{x\to 0} f(x)$ 的存在性可以说些什么?对你的回答给出理由.

17. **为学而写** 如果 $\lim\limits_{x\to 1} f(x) = 5$, f 在 $x = 1$ 是否一定有定义? 如果是的话, 是否一定有 $f(1) = 5$? 对 f 在 $x = 1$ 处的值能得到什么结论? 试解释之.

18. **为学而写** 如果 $f(1) = 5$, $\lim\limits_{x\to 1} f(x)$ 一定存在吗? 如果极限存在, 一定有 $\lim\limits_{x\to 1} f(x) = 5$ 吗? 关于 $\lim\limits_{x\to 1} f(x)$ 能得出什么结论? 试解释之.

估算极限

T 对题 19 – 26 而言, 你会发现图形计算器是很有用的.

19. 设 $f(x) = \dfrac{x^2 - 9}{x + 3}$.

    (a) 对点 $x = -3.1, -3.01, -3.001$ 等处 f 的值列表, 只要你的计算器还能算. 然后估算 $\lim\limits_{x\to -3} f(x)$. 如果代之以 f 在 $x = -2.9, -2.99, -2.999, \cdots$ 的值, 你得到的估算是什么?

    (b) 用在 $x_0 = -3$ 附近画图来支持你在 (a) 中的结论, 再用(计算器上的) Zoom (推近、拉远功能键) 和 Trace (跟踪功能键) 来估算 $x \to -3$ 时图形的 y 值.

    (c) 代数地求 $\lim\limits_{x\to -3} f(x)$.

20. 设 $g(x) = \dfrac{x^2 - 2}{x - \sqrt{2}}$.

    (a) 对点 $x = 1.4, 1.41, 1.414$ 以及 $\sqrt{2}$ 的逐次小数近似值处函数 g 的值列表. 估算 $\lim\limits_{x\to \sqrt{2}} g(x)$.

    (b) 用在 $x_0 = \sqrt{2}$ 附近画图来支持你在 (a) 中的结论, 并用 Zoom 和 Trace 来估算 $x \to \sqrt{2}$ 时图形的 y 值.

    (c) 代数地求 $\lim\limits_{x\to \sqrt{2}} g(x)$.

21. 设 $G(x) = \dfrac{x + 6}{x^2 + 4x - 12}$.

    (a) 对 $x = -5.9, -5.99, -5.999$ 等处 G 的值列表. 然后估算 $\lim\limits_{x\to -6} G(x)$. 如果代之以 G 在 $x = -6.1, -6.01, -6.001, \cdots$ 的值, 你得到的估算是什么?

    (b) 用画 G 的图形来支持你在 (a) 中的结论, 并用 Zoom 和 Trace 来估算 $x \to -6$ 时图形的 y 值.

    (c) 代数地求 $\lim\limits_{x\to -6} G(x)$.

22. 设 $h(x) = \dfrac{x^2 - 2x - 3}{x^2 - 4x + 3}$.

    (a) 对 $x = 2.9, 2.99, 2.999$ 等处 h 的值列表. 然后估算 $\lim\limits_{x\to 3} h(x)$. 如果代之以 h 在 $x = 3.1, 3.01, 3.001, \cdots$ 的值, 你得到的估算是什么?

    (b) 用画 h 在 $x_0 = 3$ 附近的图形来支持你在 (a) 中的结论, 并用 Zoom 和 Trace 来估算 $x \to 3$ 时图形的 y 值.

    (c) 代数地求 $\lim\limits_{x\to 3} h(x)$.

23. 设 $g(\theta) = \dfrac{\sin \theta}{\theta}$.

    (a) 对从 $\theta_0 = 0$ 上方和下方趋于 0 的 θ 值处的 g 值列表. 然后估算 $\lim\limits_{\theta\to 0} g(\theta)$.

    (b) 用画 g 在 $\theta_0 = 0$ 附近的图形来支持你在 (a) 中的结论.

24. 设 $G(t) = \dfrac{1 - \cos t}{t^2}$.

    (a) 对从 $t_0 = 0$ 上方和下方趋于 0 的 t 值处的 G 值列表, 然后估算 $\lim\limits_{t\to 0} G(t)$.

    (b) 用画 G 在 $t_0 = 0$ 附近的图形来支持你在 (a) 中的结论.

25. 设 $f(x) = x^{1/(1-x)}$.

    (a) 对从 $x_0 = 1$ 上方和下方趋于 1 的 t 值处 f 的值列表. $x \to 1$ 时 f 看似有极限吗? 如果有极限, 极限值是什么? 如果没有极限, 为什么没有?

（b）用画 f 在 $x_0 = 1$ 附近的图形支持你在（a）中的结论.

26. 设 $f(x) = \dfrac{3^x - 1}{x}$.

（a）对从 $x_0 = 0$ 上方和下方趋于 0 的 x 值处的 f 值列表. $x \to 0$ 时 f 看似有极限吗？如果有极限，极限值是什么？如果没有极限，为什么没有？

（b）用画 f 在 $x_0 = 0$ 附近的图形来支持你在（a）中的结论.

从图形求 δ

在题 27-30 中，利用图形求 $\delta > 0$，使得所有满足 $0 < |x - x_0| < \delta$ 的 x，有
$$|f(x) - L| < \varepsilon.$$

27.

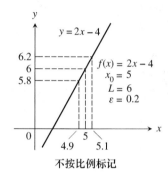

28.

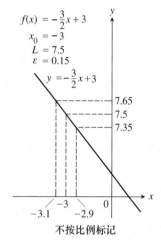

29.

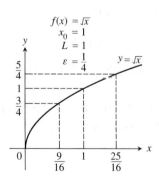

30.

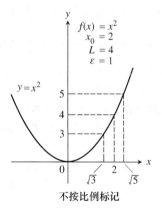

代数地求 δ

题 31-36 中的每道题给出了函数 f 以及数 L, x_0 和 $\varepsilon > 0$. 对每道题求 x_0 的一个开区间，在该区间上不等式 $|f(x) - L| < \varepsilon$ 成立. 然后给出 $\delta > 0$ 的值使得对满足 $0 < |x - x_0| < \delta$ 的所有 x，不等式 $|f(x) - L| < \varepsilon$ 成立.

31. $f(x) = x + 1, \quad L = 5, x_0 = 4, \varepsilon = 0.01$

32. $f(x) = 2x - 2, \quad L = -6, x_0 = -2, \varepsilon = 0.02$

33. $f(x) = \sqrt{x + 1}, \quad L = 1, x_0 = 0, \varepsilon = 0.1$

34. $f(x) = \sqrt{19 - x}, \quad L = 3, x_0 = 10, \varepsilon = 1$

35. $f(x) = \dfrac{1}{x}$, $L = \dfrac{1}{4}$, $x_0 = 4$, $\varepsilon = 0.05$ 36. $f(x) = x^2$, $L = 3$, $x_0 = \sqrt{3}$, $\varepsilon = 0.1$

理论和例子

37. **磨光发动机气缸** 在磨光发动机气缸使之变窄到横截面积为 9 平方英寸之前,你们需要知道它和标准的气缸直径 $x_0 = 3.385$ 英寸的偏差有多少. 容许所要求的 9 平方英寸面积有 0.01 平方英寸以内的误差. 为求容许偏差,设 $A = \pi\left(\dfrac{x}{2}\right)^2$ 并求区间,在该区间内所有的 x 都有 $|A - 9| \leq 0.01$. 你找到的区间是什么?

38. **制造电阻** 如附图所示的电流的欧姆定律为 $V = RI$. 在这个方程中, V 是常电压, I 是以安培计的电流, 而 R 是以欧姆计的电阻. 你们的公司被要求提供某电路中的电阻, 其中 $V = 120$ 伏特而 I 为 5 ± 0.1 安培. R 应在什么区间能使电流在其目标值 $I_0 = 5$ 的 0.1 安培的误差范围内?

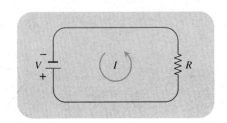

T 39. **控制输出** 设 $f(x) = \sqrt{3x - 2}$.
   (a) 证明 $\lim\limits_{x \to 2} f(x) = 2 = f(2)$.
   (b) 利用图形来估计 a 和 b, 使得只要 $a < x < b$, 就有 $1.8 < f(x) < 2.2$.
   (c) 利用图形来估计 a 和 b, 使得只要 $a < x < b$, 就有 $1.99 < f(x) < 2.01$.

T 40. **控制输出** 设 $f(x) = \sin x$.
   (a) 求 $f\left(\dfrac{\pi}{6}\right)$.
   (b) 利用图形估计关于 $x = \dfrac{\pi}{6}$ 的区间 (a, b), 使得只要 $a < x < b$, 就有 $0.3 < x < 0.7$.
   (c) 利用图形估计关于 $x = \dfrac{\pi}{6}$ 的区间 (a, b), 使得只要 $a < x < b$, 就有 $0.49 < f(x) < 0.51$.

41. **自由落体** 一个水气球从高出地面很多的窗口掉下, t 秒后的下落距离为 $y = 4.9t^2$. 求气球的
   (a) 下落头 3 秒的平均速度.   (b) 瞬间 $t = 3$ 的速度.

42. **在空气稀薄的小行星上的自由落体** 在空气稀薄的小行星上的一块岩石从静止突然下落, t 秒后的下落距离为 $y = gt^2$, g 是一常数. 假设下落到离落点为 20 米深的裂隙的底部并在 4 秒后击到底部.
   (a) 求 g 的值.   (b) 求落体的平均速度.
   (c) 岩石以多大的速度击到底部?

在题 43 - 46 中, 填完下表并说明你认为 $\lim\limits_{x \to 0} f(x)$ 等于什么?
(a)

x	-0.1	-0.01	-0.001	-0.0001	$\cdots$
$f(x)$	?	?	?	?	

(b)

x	0.1	0.01	0.001	0.0001	$\cdots$
$f(x)$	?	?	?	?	

43. $f(x) = x\sin\dfrac{1}{x}$ 44. $f(x) = \sin\dfrac{1}{x}$ 45. $f(x) = \dfrac{10^x - 1}{x}$ 46. $f(x) = x\sin(\ln|x|)$

计算机探究

极限的图形估计

在题 47–50 中,利用 CAS 来完成以下各步:

(a) 画 x_0 附近函数的图形.　　(b) 从你的作图中猜测极限值.

(c) 符号地计算极限值.该值和你的猜测值有多接近?

47. $\lim\limits_{x\to 2}\dfrac{x^4 - 16}{x - 2}$ 48. $\lim\limits_{x\to 0}\dfrac{1 - \cos x}{x\sin x}$ 49. $\lim\limits_{x\to -1}\dfrac{x^3 - x^2 - 5x - 3}{(x + 1)^2}$ 50. $\lim\limits_{x\to 3}\dfrac{x^2 - 9}{\sqrt{x^2 + 7} - 4}$

从图形求 δ

在题 51–54 中,你将进一步探究怎样图形地求 δ.利用 CAS 来完成以下各步:

(a) 画 x_0 附近函数 $y = f(x)$ 的图形.

(b) 猜测极限值 L 并符号地计算该极限值,看看你的猜测是否正确.

(c) 用值 $\varepsilon = 0.2$,把边界线 $y_1 = L - \varepsilon$ 和 $y_2 = L + \varepsilon$ 以及 x_0 附近函数 f 的图形画在一起.

(d) 从(c)的图估算一个 $\delta > 0$ 使得对满足 $0 < |x - x_0| < \delta$ 的所有 x,有 $|f(x) - L| < \varepsilon$. 把 f, y_1 和 y_2 在区间 $0 < |x - x_0| < \delta$ 上画出来以检验你的估算.就你的视窗,采用

$$x_0 - 2\delta \leq x \leq x_0 + 2\delta \quad 和 \quad L - 2\varepsilon \leq y \leq L + 2\varepsilon.$$

如果有函数值位于 $[L - \varepsilon, L + \varepsilon]$ 之外,那么你选的 δ 就太大了.用小一点的 δ 估值再试一遍.

(e) 逐次对 $\varepsilon = 0.1, 0.05$ 和 0.001 重复(c)和(d).

51. $f(x) = \dfrac{x^4 - 81}{x - 3}, x_0 = 3$ 52. $f(x) = \dfrac{\sin 2x}{3x}, x_0 = 0$

53. $f(x) = \dfrac{5x^3 + 9x^2}{2x^5 + 3x^2}, x_0 = 0$ 54. $f(x) = \dfrac{x(1 - \cos x)}{x - \sin x}, x_0 = 0$

1.2　求极限和单侧极限

极限性质 • 代数地消去零分母 • 三明治(夹逼)定理 • 单侧极限 • 与 $(\sin \theta)/\theta$ 有关的极限

在前一节中,我们通过考察图形和数值模式来求极限.本节中,我们将看到利用算术运算和一些基本法则可以代数地计算许多极限.

极限性质

下一个定理告诉我们怎样去计算已知极限的函数的算术组合而成的函数的极限.这些法则将在附录 2 中加以证明.

定理 1　极限法则

如果 L, M, c 和 k 都是实数,且

$$\lim_{x \to c} f(x) = L \quad 和 \quad \lim_{x \to c} g(x) = M, 那么$$

1. 和法则：
$$\lim_{x \to c}(f(x) + g(x)) = L + M$$

两个函数之和的极限等于它们的极限之和.

2. 差法则：
$$\lim_{x \to c}(f(x) - g(x)) = L - M$$

两个函数之差的极限等于它们的极限之差.

3. 积法则：
$$\lim_{x \to c}(f(x) \cdot g(x)) = L \cdot M$$

两个函数之积的极限等于它们的极限之积.

4. 乘常数法则：
$$\lim_{x \to c}(k \cdot f(x)) = k \cdot L$$

常数乘一个函数后的极限等于该常数乘该函数的极限.

5. 商法则：
$$\lim_{x \to c} \frac{f(x)}{g(x)} = \frac{L}{M}, \quad M \neq 0$$

两个函数之商的极限等于它们的极限之商,如果分母的极限不为零.

6. 幂法则：如果 r 和 s 都是整数,$s \neq 0$,那么

$$\lim_{x \to c}(f(x))^{\frac{r}{s}} = L^{\frac{r}{s}}$$

只要 $L^{\frac{r}{s}}$ 是实数.

函数的有理幂的极限等于该函数极限的同样的幂,如果后者是实数.

以下是怎样用定理 1 来求多项式和有理函数的极限的一些例子.

例 1（运用极限法则）　利用 $\lim\limits_{x \to c} k = k$ 和 $\lim\limits_{x \to c} x = c$ 以及极限性质求下列极限.

(**a**) $\lim\limits_{x \to c}(x^3 + 4x^2 - 3)$　(**b**) $\lim\limits_{x \to c} \dfrac{x^4 + x^2 - 1}{x^2 + 5}$　(**c**) $\lim\limits_{x \to -2} \sqrt{4x^2 - 3}$

解

(**a**) $\quad \lim\limits_{x \to c}(x^3 + 4x^2 - 3) = \lim\limits_{x \to c} x^3 + \lim\limits_{x \to c} 4x^2 - \lim\limits_{x \to c} 3 \quad$ 和、差法则

$\qquad\qquad\qquad\qquad\quad = c^3 + 4c^2 - 3 \qquad\qquad\qquad$ 积法则和乘常数法则

(**b**) $\quad \lim\limits_{x \to c} \dfrac{x^4 + x^2 - 1}{x^2 + 5} = \dfrac{\lim\limits_{x \to c}(x^4 + x^2 - 1)}{\lim\limits_{x \to c}(x^2 + 5)} \qquad$ 商法则

$\qquad\qquad\qquad\qquad\quad = \dfrac{\lim\limits_{x \to c} x^4 + \lim\limits_{x \to c} x^2 - \lim\limits_{x \to c} 1}{\lim\limits_{x \to c} x^2 + \lim\limits_{x \to c} 5} \quad$ 和、差法则

$\qquad\qquad\qquad\qquad\quad = \dfrac{c^4 + c^2 - 1}{c^2 + 5} \qquad\qquad\qquad$ 幂或积法则

(**c**) $\quad \lim\limits_{x \to -2} \sqrt{4x^2 - 3} = \sqrt{\lim\limits_{x \to -2}(4x^2 - 3)} \qquad$ 幂法则, $n = \dfrac{1}{2}$

$$= \sqrt{\lim_{x\to-2} 4x^2 - \lim_{x\to-2} 3} \qquad \text{和、差法则}$$

$$= \sqrt{4(-2)^2 - 3} \qquad \text{积法则和乘常数法则}$$

$$= \sqrt{16 - 3}$$

$$= \sqrt{13}$$

正如例1所表明的,定理1中的公式使我们得出结论:可用代入法来求多项式函数的极限. 对于有理函数也可以这样求极限,如果有理函数的分母在计算极限的点处不等于零.

定理 2 可用代入法求多项式的极限

如果 $P(x) = a_n x^n + a_{n-1} x^{n-1} + \cdots + a_0$,那么

$$\lim_{x\to c} P(x) = P(c) = a_n c^n + a_{n-1} c^{n-1} + \cdots + a_0.$$

定理 3 可用代入法求有理函数的极限,如果分母的极限不等于零

如果 $P(x)$ 和 $Q(x)$ 都是多项式且 $Q(c) \neq 0$,那么

$$\lim_{x\to c} \frac{P(x)}{Q(x)} = \frac{P(c)}{Q(c)}.$$

例2(有理函数的极限)

$$\lim_{x\to -1} \frac{x^3 + 4x^2 - 3}{x^2 + 5} = \frac{(-1)^3 + 4(-1)^2 - 3}{(-1)^2 + 5} = \frac{0}{6} = 0$$

这个结果类似于例1中的第二个极限,$c = -1$,现在是一步完成.

代数地消去零分母

仅当有理函数的分母在极限点 c 处不为零时才能应用定理3. 如果分母为零,消去分子和分母的公因子可能会把公式化为分母在 c 处不再为零的分式. 如果能这样做的话,我们就可以对简化后的分式用代入法求得极限.

注:识别公因子 可以证明,如果 $Q(x)$ 是一个多项式且 $Q(c) = 0$,那么 $(x - c)$ 是 $Q(x)$ 的一个因子. 因此,如果有理函数的分子和分母在 $x = c$ 处都为零的话,那么它们就有公因子 $(x - c)$.

例3(消去公因子) 计算

$$\lim_{x\to 1} \frac{x^2 + x - 2}{x^2 - x}.$$

解 我们不能代入 $x = 1$,因为这时分母为零. 我们测试一下分子,看看它是否也在 $x = 1$ 处等于零. 确实如此,所以分子和分母有公因子 $(x - 1)$. 消去 $(x - 1)$ 后给出了 $x \neq 1$ 时和原分式取同样值的更为简单的分式:

$$\frac{x^2 + x - 2}{x^2 - x} = \frac{(x - 1)(x + 2)}{x(x - 1)} = \frac{x + 2}{x}, \qquad \text{如果 } x \neq 1.$$

利用这个更简单的分式,我们用代入法求得 $x \to 1$ 时的极限:

$$\lim_{x\to 1}\frac{x^2+x-2}{x^2-x} = \lim_{x\to 1}\frac{x+2}{x} = \frac{1+2}{1} = 3.$$

参见图 1.15.

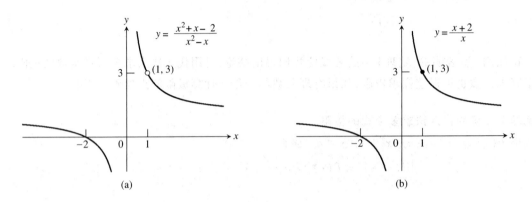

图 1.15 除去 $x=1$ 外，(a) 中 $f(x) = \dfrac{x^2+x-2}{x^2-x}$ 的图形和 (b) 中 $g(x) = \dfrac{x+2}{x}$ 的图形是一样的. 在 $x=1$ 处 f 没有定义. 当 $x \to 1$ 时两个函数有同样的极限.

例 4（创建并消去公因子） 计算

$$\lim_{h\to 0}\frac{\sqrt{2+h}-\sqrt{2}}{h}.$$

解 我们不能代入 $h=0$，而且分子和分母又没有明显可见的公因子. 但我们可对分子和分母同乘以 $(\sqrt{2+h}-\sqrt{2})$ 的共轭表达式 $\sqrt{2+h}+\sqrt{2}$ 来创建一个公因子：

$$\frac{\sqrt{2+h}-\sqrt{2}}{h} = \frac{\sqrt{2+h}-\sqrt{2}}{h} \cdot \frac{\sqrt{2+h}+\sqrt{2}}{\sqrt{2+h}+\sqrt{2}}$$

$$= \frac{2+h-2}{h(\sqrt{2+h}+\sqrt{2})}$$

$$= \frac{h}{h(\sqrt{2+h}+\sqrt{2})} \qquad \text{有公因子 } h$$

$$= \frac{1}{\sqrt{2+h}+\sqrt{2}}. \qquad h \neq 0,\text{消去 } h.$$

所以

$$\lim_{h\to 0}\frac{\sqrt{2+h}-\sqrt{2}}{h} = \lim_{h\to 0}\frac{1}{\sqrt{2+h}+\sqrt{2}}$$

$$= \frac{1}{\sqrt{2+0}+\sqrt{2}} \qquad \text{在 } h=0 \text{ 处分母不为零，代入}$$

$$= \frac{1}{2\sqrt{2}}.$$

注意 $\dfrac{\sqrt{2+h}-2}{h}$ 是曲线 $y=\sqrt{x}$ 上过点 $P(2,\sqrt{2})$ 和 $Q(2+h,\sqrt{2+h})$ 的割线斜率的极限.

图 1.16 展示了 $h > 0$ 时的割线. 我们的计算表明 $\dfrac{1}{2\sqrt{2}}$ 是点 Q 沿曲线从两边趋于点 P 时割线斜率的极限.

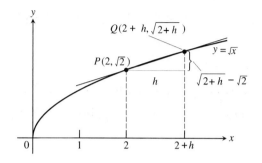

图 1.16 当 Q 沿曲线趋近 P 时割线 PQ 的斜率 $\dfrac{\sqrt{2+h}-\sqrt{2}}{h}$ 的极限为 $\dfrac{1}{2\sqrt{2}}$. (例 4)

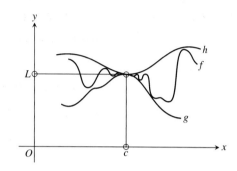

图 1.17 f 的图形夹在 g 和 h 的图形之间.

三明治(夹逼)定理

如果我们不能直接求极限,我们可以用三明治(夹逼)定理间接地求极限. 该定理适用于函数 f 的值夹在另外两个函数 g 和 h 之间. 如果 $x \to c$ 时 g 和 h 有相同的极限,那么 f 也有同样的极限(图 1.17).

注:三明治(夹逼)定理有时也称为挤压定理或夹挤定理.

> **定理 4 三明治(夹逼)定理**
> 假设在包含 c 在内的某个开区间中除 $x = c$ 外所有的 x,有 $g(x) \leq f(x) \leq h(x)$. 又假设
> $$\lim_{x \to c} g(x) = \lim_{x \to c} h(x) = L,$$
> 那么 $\lim_{x \to c} f(x) = L.$

你们在附录 2 可找到定理 4 的证明.

例 5(运用三明治(夹逼)定理) 给定
$$1 - \frac{x^2}{4} \leq u(x) \leq 1 + \frac{x^2}{2} \quad \text{对所有 } x \neq 0,$$
求 $\lim_{x \to 0} u(x)$.

解
$$\lim_{x \to 0}\left(1 - \frac{x^2}{4}\right) = 1 \quad \text{以及} \quad \lim_{x \to 0}\left(1 + \frac{x^2}{2}\right) = 1,$$
三明治(夹逼)定理蕴涵着
$$\lim_{x \to 0} u(x) = 1 \quad (\text{图 } 1.18).$$

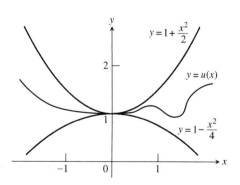

图 1.18 其图形位于 $y = 1 + x^2/2$ 和 $y = 1 - x^2/4$ 之间的区域的任何函数 $u(x)$ 当 $x \to 0$ 时有极限 1.

历史传记
Euclid
(Ca.365BC)

例 6 (三明治 (夹逼) 定理的另一个应用)　**(a)** (图 1.19a) 因为 $-|\theta| \leq \sin\theta \leq |\theta|$ 对一切 θ 成立, 而 $\lim_{\theta \to 0}(-|\theta|) = \lim_{\theta \to 0}|\theta| = 0$, 我们有

$$\lim_{\theta \to 0} \sin\theta = 0.$$

(b) (图 1.19b) 因为 $0 \leq 1 - \cos\theta \leq |\theta|$ 对一切 θ 成立, 我们有 $\lim_{\theta \to 0}(1 - \cos\theta) = 0$, 或

$$\lim_{\theta \to 0} \cos\theta = 1.$$

(c) 对任何函数 $f(x)$, 如果 $\lim_{x \to c}|f(x)| = 0$, 则 $\lim_{x \to c}f(x) = 0$. 论证: $-|f(x)| \leq f(x) \leq |f(x)|$ 以及 $-|f(x)|$ 和 $|f(x)|$ 当 $x \to c$ 时有极限 0.

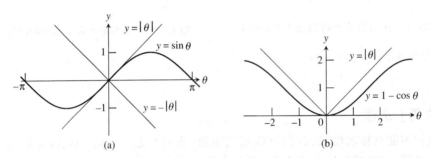

图 1.19　三明治 (夹逼) 定理确认 (a) $\lim_{\theta \to 0} \sin\theta = 0$ 和 (b) $\lim_{\theta \to 0}(1 - \cos\theta) = 0$.

单侧极限

为使 $x \to a$ 时有极限 L, 函数 f 必须在 a 的**双侧**有定义, 而且当 x 从 a 的双侧趋于 a 时函数值 $f(x)$ 必须趋于 L. 因为这点, 通常的极限都是**双侧极限**.

如果在 a 双侧极限不存在, 仍有可能存在单侧极限, 即只是从单侧趋向的极限. 如果是从右侧趋向, 该极限就是**右侧**极限; 如果是从左侧趋向, 该极限就是**左侧**极限.

函数 $f(x) = x/|x|$ (图 1.20) 当 x 从右边趋于零时有极限 1, 当 x 从左侧趋于零时有极限 -1.

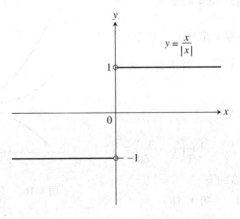

图 1.20　在原点不同的右侧和左侧极限.

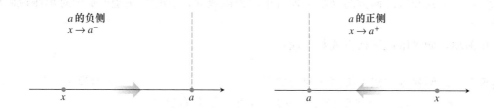

注:关于"+"和"−" 在单侧极限中正负号的含义为:

$x \to a^-$ 意即 x 从小于 a 的方向,即从 a 的负侧趋于 a.

$x \to a^+$ 意即 x 从大于 a 的方向,即从 a 的正侧趋于 a.

> **定义 右侧极限和左侧极限**
>
> 设 $f(x)$ 定义在 (a,b) 上,$a<b$. 如果当 x 在区间 (a,b) 内趋于 a 时 $f(x)$ 任意接近地趋于 L,那么我们就说 f 在 a 有**右侧极限**,并记作:
> $$\lim_{x \to a^+} f(x) = L.$$
> 设 $f(x)$ 定义在 (c,a) 上,$c<a$. 如果当 x 在区间 (c,a) 内趋于 a 时 $f(x)$ 任意接近地趋于 M,那么我们就说 f 在 a 有**左侧极限**,并记作:
> $$\lim_{x \to a^-} f(x) = M.$$

对图 1.20 中的函数 $f(x) = x/|x|$,我们有
$$\lim_{x \to 0^+} f(x) = 1 \quad \text{以及} \quad \lim_{x \to 0^-} f(x) = -1.$$

例 7(半圆的单侧极限) $f(x) = \sqrt{4-x^2}$ 的定义域是 $[-2,2]$;它的图形是图 1.21 中的半圆. 我们有
$$\lim_{x \to -2^+} \sqrt{4-x^2} = 0 \quad \text{以及} \quad \lim_{x \to 2^-} \sqrt{4-x^2} = 0.$$
该函数在 $x=-2$ 处没有左侧极限或在 $x=2$ 处没有右侧极限. 该函数在 $x=-2$ 或 $x=2$ 处没有通常的双侧极限.

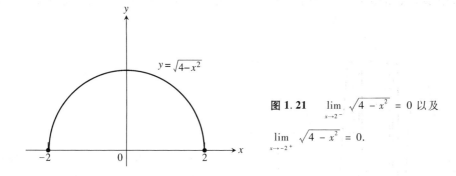

图 1.21 $\lim\limits_{x \to 2^-} \sqrt{4-x^2} = 0$ 以及 $\lim\limits_{x \to -2^+} \sqrt{4-x^2} = 0.$

单侧极限具有定理 1 列出的所有性质. 两个函数之和的右侧极限等于它们的右侧极限之

和,等等. 多项式和有理函数的极限定理对单侧极限成立,三明治(夹逼)定理对单侧极限同样是成立的.

单侧和双侧极限以下列方式相关联:

定理 5　单侧极限和双侧极限之间的关系

当 $x \to c$ 时函数 $f(x)$ 有极限当且仅当 f 的左侧极限和右侧极限存在且相等:

$$\lim_{x \to c} f(x) = L \Leftrightarrow \lim_{x \to c^-} f(x) = L \quad \text{且} \quad \lim_{x \to c^+} f(x) = L.$$

注:符号 $\Leftrightarrow$ 符号 $\Leftrightarrow$ 念作"当且仅当". 这是符号 $\Rightarrow$(蕴涵、推出) 和 $\Leftarrow$(由 … 推出)的组合.

例 8　图 1.22 中图示的函数的极限

在 $x = 0$: $\lim\limits_{x \to 0^+} f(x) = 1$,

$\lim\limits_{x \to 0^-} f(x)$ 和 $\lim\limits_{x \to 0} f(x)$ 不存在. 函数在 $x = 0$ 的左侧没有定义.

在 $x = 1$: $\lim\limits_{x \to 1^-} f(x) = 0$ 尽管 $f(1) = 1$,

$\lim\limits_{x \to 1^+} f(x) = 1$,

$\lim\limits_{x \to 1} f(x)$ 不存在,因左、右侧极限不相等.

在 $x = 2$: $\lim\limits_{x \to 2^-} f(x) = 1$, $\lim\limits_{x \to 2^+} f(x) = 1$,

$\lim\limits_{x \to 2} f(x) = 1$ 尽管 $f(2) = 2$.

在 $x = 3$: $\lim\limits_{x \to 3^-} f(x) = \lim\limits_{x \to 3^+} f(x) = \lim\limits_{x \to 3} f(x) = f(3) = 2$.

在 $x = 4$: $\lim\limits_{x \to 4^-} f(x) = 1$ 尽管 $f(4) \neq 1$,

$\lim\limits_{x \to 4^+} f(x)$ 和 $\lim\limits_{x \to 4} f(x)$ 不存在. 函数在 $x = 4$ 的右侧没有定义.

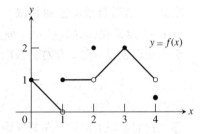

图 1.22　例 8 中函数的图形.

在 $[0,4]$ 中任何其他点 a, $f(x)$ 有极限 $f(a)$.

迄今为止考察过的函数在感兴趣的每一点处都有某种类型的极限. 一般情况不是这样的.

例 9(振荡太厉害的函数)　证明 $y = \sin(1/x)$ 当 x 无论从哪一侧趋于零时都没有极限(图 1.23).

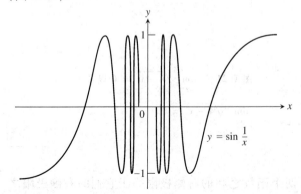

图 1.23　当 $x \to 0$ 时函数 $\sin(1/x)$ 既没有右侧极限也没有左侧极限. (例 9)

解 当 x 趋于零时,其倒数 $1/x$ 无限增大而 $\sin(1/x)$ 的值在 -1 和 1 之间重复循环取值. 不存在数 L,使得 x 趋于零时 $f(x)$ 越来越接近 L,甚至把 x 限制为正值或负值时情况也是这样. 函数在 $x = 0$ 处既没有右侧极限也没有左侧极限.

有关 $(\sin \theta)/\theta$ 的极限

有关 $(\sin \theta)/\theta$ 的最重要的事实是在弧度度量下当 $x \to 0$ 时其极限为 1. 我们可以从图 1.24 看出这个事实并且用三明治(夹逼)定理代数地确认这一结果.

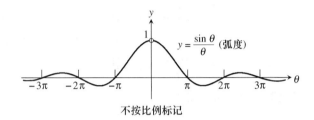

不按比例标记

图 1.24 $f(\theta) = (\sin \theta)/\theta$ 的图形.

定理 6

$$\lim_{\theta \to 0} \frac{\sin \theta}{\theta} = 1 \quad (\theta \text{ 为弧度}) \tag{1}$$

证明 证明的方法是证明右侧极限和左侧极限都为 1. 于是我们就知道双侧极限也是 1. 为证右侧极限为 1,从小于 $\pi/2$ 的正值 θ 开始(图 1.25). 注意到

$$\triangle OAP \text{ 的面积} < \text{扇形 } OAP \text{ 的面积} < \triangle OAT \text{ 的面积}.$$

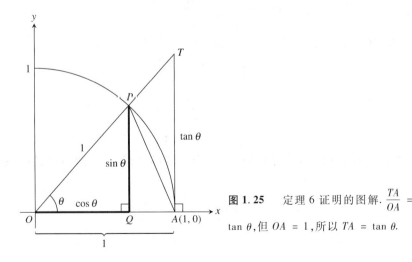

图 1.25 定理 6 证明的图解. $\dfrac{TA}{OA} = \tan \theta$,但 $OA = 1$,所以 $TA = \tan \theta$.

我们可以用 θ 把这些面积表示如下:

$$\triangle OAP \text{ 的面积} = \frac{1}{2} \text{底} \times \text{高} = \frac{1}{2}(1)(\sin \theta) = \frac{1}{2} \sin \theta$$

扇形 OAP 的面积 $= \dfrac{1}{2}r^2\theta = \dfrac{1}{2}(1)^2\theta = \dfrac{\theta}{2}$ (2)

ΔOAT 的面积 $= \dfrac{1}{2}$ 底 $\times$ 高 $= \dfrac{1}{2}(1)\tan\theta = \dfrac{1}{2}\tan\theta$.

注：方程(2)要采用弧度度量：仅当 θ 用弧度度量时，扇形 OAP 的面积才是 $\theta/2$.

因此

$$\dfrac{1}{2}\sin\theta < \dfrac{1}{2}\theta < \dfrac{1}{2}\tan\theta.$$

用正数 $(1/2)\sin\theta$ 除这个不等式中的三项(译注：因为 $\theta\to 0$ 可使 $0<\theta<\pi/2$)，不等式仍成立：

$$1 < \dfrac{\theta}{\sin\theta} < \dfrac{1}{\cos\theta}.$$

不等式中各项取倒数：

$$1 > \dfrac{\sin\theta}{\theta} > \cos\theta.$$

因为 $\lim\limits_{\theta\to 0^+}\cos\theta = 1$，由三明治(夹逼)定理给出

$$\lim\limits_{\theta\to 0^+}\dfrac{\sin\theta}{\theta} = 1.$$

回想起 $\sin\theta$ 和 θ 都是奇函数(预备知识章第3节)．所以 $f(\theta) = (\sin\theta)/\theta$ 是偶函数，其图形关于 y 轴对称(图1.24)．这个对称性蕴涵着在 $x=0$ 处的左侧极限存在且和右侧极限相等：

$$\lim\limits_{\theta\to 0^-}\dfrac{\sin\theta}{\theta} = 1 = \lim\limits_{\theta\to 0^+}\dfrac{\sin\theta}{\theta},$$

所以由定理4知 $\lim\limits_{\theta\to 0}(\sin\theta)/\theta = 1$.   □

例10 运用 $\lim\limits_{\theta\to 0}(\sin\theta/\theta) = 1$

证明：(**a**) $\lim\limits_{h\to 0}\dfrac{\cos h - 1}{h} = 0$ 以及 (**b**) $\lim\limits_{x\to 0}\dfrac{\sin 2x}{5x} = \dfrac{2}{5}$.

解 (**a**) 利用半角公式 $\cos h = 1 - 2\sin^2(h/2)$，计算

$$\lim\limits_{h\to 0}\dfrac{\cos h - 1}{h} = \lim\limits_{h\to 0}-\dfrac{2\sin^2(h/2)}{h}$$

$$= -\lim\limits_{\theta\to 0}\dfrac{\sin\theta}{\theta}\sin\theta \quad \text{令 } \theta = h/2$$

$$= -(1)(0) = 0.$$

(**b**) 公式(1)不能直接用于题中的分式．我们在分母上需 $(2x)$ 而不是 $(5x)$．我们同乘分子、分母以 $2/5$：

$$\lim\limits_{x\to 0}\dfrac{\sin 2x}{5x} = \lim\limits_{x\to 0}\dfrac{(2/5)\cdot\sin 2x}{(2/5)\cdot 5x}$$

$$= \dfrac{2}{5}\lim\limits_{x\to 0}\dfrac{\sin 2x}{2x} \quad \text{现在对 } \theta = 2x \text{ 可用式(1)}$$

$$= \dfrac{2}{5}(1) = \dfrac{2}{5}.$$

习题 1.2

从图形估计极限

在题 1-6 中,利用图形来估算函数的极限,或解释为什么极限不存在.

1.

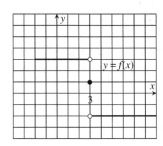

(a) $\lim\limits_{x \to 3^-} f(x)$ (b) $\lim\limits_{x \to 3^+} f(x)$ (c) $\lim\limits_{x \to 3} f(x)$ (d) $f(3)$

2.

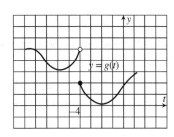

(a) $\lim\limits_{t \to -4^-} g(t)$ (b) $\lim\limits_{t \to -4^+} g(t)$ (c) $\lim\limits_{t \to -4} g(t)$ (d) $g(-4)$

3.

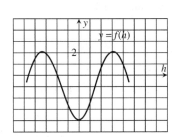

(a) $\lim\limits_{h \to 0^-} f(h)$ (b) $\lim\limits_{h \to 0^+} f(h)$ (c) $\lim\limits_{h \to 0} f(h)$ (d) $f(0)$

4.

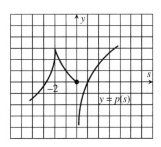

(a) $\lim\limits_{s \to -2^-} p(s)$ (b) $\lim\limits_{s \to -2^+} p(s)$ (c) $\lim\limits_{s \to -2} p(s)$ (d) $p(-2)$

5.

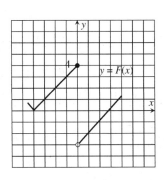

(a) $\lim\limits_{x \to 0^-} F(x)$ (b) $\lim\limits_{x \to 0^+} F(x)$ (c) $\lim\limits_{x \to 0} F(x)$ (d) $F(0)$

6.

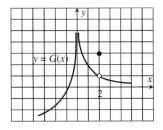

(a) $\lim\limits_{x \to 2^-} G(x)$ (b) $\lim\limits_{x \to 2^+} G(x)$ (c) $\lim\limits_{x \to 2} G(x)$ (d) $G(2)$

运用极限法则

7. 假设 $\lim\limits_{x \to 0} f(x) = 1$ 和 $\lim\limits_{x \to 0} g(x) = -5$. 写出下面计算中步骤(a),(b)和(c)中用到的定理1中法则的名称.

$$\lim_{x \to 0} \frac{2f(x) - g(x)}{(f(x) + 7)^{2/3}} = \frac{\lim_{x \to 0}(2f(x) - g(x))}{\lim_{x \to 0}(f(x) + 7)^{2/3}} \tag{a}$$

$$= \frac{\lim_{x \to 0} 2f(x) - \lim_{x \to 0} g(x)}{\left(\lim_{x \to 0}(f(x) + 7)\right)^{2/3}} \tag{b}$$

$$= \frac{2\lim_{x \to 0} f(x) - \lim_{x \to 0} g(x)}{\left(\lim_{x \to 0} f(x) + \lim_{x \to 0} 7\right)^{2/3}} \tag{c}$$

$$= \frac{(2)(1) - (-5)}{(1 + 7)^{2/3}} = \frac{7}{4}$$

8. 设 $\lim_{x \to 1} h(x) = 5$, $\lim_{x \to 1} p(x) = 1$, 以及 $\lim_{x \to 1} r(x) = -2$. 写出下面计算中步骤(a),(b)和(c)中用到的定理1中法则的名称.

$$\lim_{x \to 1} \frac{\sqrt{5h(x)}}{p(x)(4 - r(x))} = \frac{\lim_{x \to 1} \sqrt{5h(x)}}{\lim_{x \to 1}(p(x)(4 - r(x)))} \tag{a}$$

$$= \frac{\sqrt{\lim_{x \to 1} 5h(x)}}{\left(\lim_{x \to 1} p(x)\right)\left(\lim_{x \to 1}(4 - r(x))\right)} \tag{b}$$

$$= \frac{\sqrt{5 \lim_{x \to 1} h(x)}}{\left(\lim_{x \to 1} p(x)\right)\left(\lim_{x \to 1} 4 - \lim_{x \to 1} r(x)\right)} \tag{c}$$

$$= \frac{\sqrt{(5)(5)}}{(1)(4 - 2)} = \frac{5}{2}$$

9. 假设 $\lim_{x \to c} f(x) = 5$ 以及 $\lim_{x \to c} g(x) = -2$. 求

(a) $\lim_{x \to c} f(x)g(x)$ (b) $\lim_{x \to c} 2f(x)g(x)$ (c) $\lim_{x \to c}(f(x) + 3g(x))$ (d) $\lim_{x \to c} \frac{f(x)}{f(x) - g(x)}$

10. 假设 $\lim_{x \to 4} f(x) = 0$ 以及 $\lim_{x \to 4} g(x) = -3$. 求

(a) $\lim_{x \to 4}(g(x) + 3)$ (b) $\lim_{x \to 4} xf(x)$ (c) $\lim_{x \to 4}(g(x))^2$ (d) $\lim_{x \to 4} \frac{g(x)}{f(x) - 1}$

极限计算

求题 11 – 14 中的极限.

11. (a) $\lim_{x \to -7}(2x + 5)$ (b) $\lim_{t \to 6} 8(t - 5)(t - 7)$ (c) $\lim_{y \to -2} \frac{y + 2}{y^2 + 5y + 6}$ (d) $\lim_{h \to 0} \frac{3}{\sqrt{3h + 1} + 1}$

12. (a) $\lim_{r \to -2}(r^3 - 2r^2 + 4r + 8)$ (b) $\lim_{x \to 2} \frac{x + 3}{x + 6}$ (c) $\lim_{y \to -3}(5 - y)^{4/3}$ (d) $\lim_{\theta \to 5} \frac{\theta - 5}{\theta^2 - 25}$

13. (a) $\lim_{t \to -5} \frac{t^2 + 3t - 10}{t + 5}$ (b) $\lim_{x \to -2} \frac{-2x - 4}{x^3 + 2x^2}$ (c) $\lim_{y \to 1} \frac{y - 1}{\sqrt{y + 3} - 2}$ (d) $\lim_{x \to 3} \sin\left(\frac{1}{x} - \frac{1}{2}\right)$

14. (a) $\lim_{x \to -1} \frac{\sqrt{x^2 + 8} - 3}{x + 1}$ (b) $\lim_{\theta \to 1} \frac{\theta^4 - 1}{\theta^3 - 1}$ (c) $\lim_{t \to 9} \frac{3 - \sqrt{t}}{9 - t}$ (d) $\lim_{s \to \pi} s \cos\left(\frac{\pi - s}{2}\right)$

运用三明治(夹逼)定理

15. 为学而写 (a) 可以证明不等式

$$1 - \frac{x^2}{6} < \frac{x \sin x}{2 - 2\cos x} < 1$$

对所有接近 0 的 x 成立. 对

$$\lim_{x \to 0} \frac{x \sin x}{2 - 2\cos x}$$

有什么可说的?对你的回答给出理由.

T (b) 对 $-2 \leq x \leq 2$ 把 $y = 1 - \dfrac{x^2}{6}$, $y = \dfrac{x \sin x}{2 - 2\cos x}$ 和 $y = 1$ 的图形画在一起. 说明当 $x \to 0$ 时各个图形的性态.

16. 为学而写 (a) 不等式

$$\frac{1}{2} - \frac{x^2}{24} < \frac{1 - \cos x}{x^2} < \frac{1}{2}$$

对接近零的 x 值成立. 对

$$\lim_{x \to 0} \frac{1 - \cos x}{x^2}$$

有什么可说的?对你的回答给出理由.

T (b) 对 $-2 \leq x < 2$ 把 $y = \dfrac{1}{2} - \dfrac{x^2}{24}$, $y = \dfrac{1 - \cos x}{x^2}$ 和 $y = \dfrac{1}{2}$ 的图形画在一起. 说明当 $x \to 0$ 时各图形的性态.

平均变化率的极限

因为和割线、切线以及瞬时变化率的密切联系,形为

$$\lim_{h \to 0} \frac{f(x_0 + h) - f(x_0)}{h}$$

的极限经常出现在微积分中. 在题 17-20 中对给定的 x_0 和函数 f 计算极限.

17. $f(x) = x^2$, $x_0 = 1$ 　　18. $f(x) = 3x - 4$, $x_0 = 2$

19. $f(x) = \dfrac{1}{x}$, $x_0 = -2$ 　　20. $f(x) = \sqrt{x}$, $x_0 = 7$

从图形求极限

21. 对如下图示的函数,下列陈述中哪些是对的哪些是不对的?对你的回答给出理由.

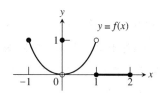

(a) $\lim\limits_{x \to -1^+} f(x) = 1$.　　(b) $\lim\limits_{x \to 0^-} f(x) = 0$.　　(c) $\lim\limits_{x \to 0^-} f(x) = 1$.

(d) $\lim\limits_{x \to 0^-} f(x) = \lim\limits_{x \to 0^+} f(x)$.　(e) $\lim\limits_{x \to 0} f(x)$ 存在.　　(f) $\lim\limits_{x \to 0} f(x) = 0$.

(g) $\lim\limits_{x \to 0} f(x) = 1$.　　(h) $\lim\limits_{x \to 1} f(x) = 1$.　　(i) $\lim\limits_{x \to 1} f(x) = 0$.

(j) $\lim\limits_{x \to 2^-} f(x) = 2$.　　(k) $\lim\limits_{x \to -1^-} f(x)$ 不存在.　(l) $\lim\limits_{x \to 2^+} f(x) = 0$.

22. 设 $f(x) = \begin{cases} 3 - x, & x < 2 \\ \dfrac{x}{2} + 1, & x > 2, \end{cases}$ 如右图所示.

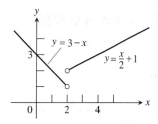

(a) 求 $\lim\limits_{x \to 2^+} f(x)$ 和 $\lim\limits_{x \to 2^-} f(x)$.

(b) $\lim\limits_{x \to 2} f(x)$ 存在吗?如果存在,极限值等于什么?如果不存在,为什么?

(c) 求 $\lim\limits_{x \to 4^-} f(x)$ 和 $\lim\limits_{x \to 4^+} f(x)$.

(**d**) $\lim\limits_{x\to 4} f(x)$ 存在吗?如果存在,极限值等于什么?如果不存在,为什么?

23. 设 $f(x) = \begin{cases} 0, & x \leqslant 0 \\ \sin\dfrac{1}{x}, & x > 0. \end{cases}$

(**a**) $\lim\limits_{x\to 0^+} f(x)$ 存在吗?如果存在,极限值等于什么?如果不存在,为什么?

(**b**) $\lim\limits_{x\to 0^-} f(x)$ 存在吗?如果存在,极限值等于什么?如果不存在,为什么?

(**c**) $\lim\limits_{x\to 0} f(x)$ 存在吗?如果存在,极限值等于什么?如果不存在,为什么?

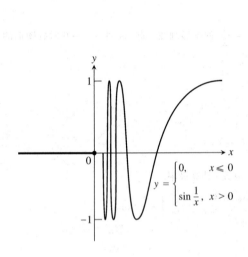

第 23 题图

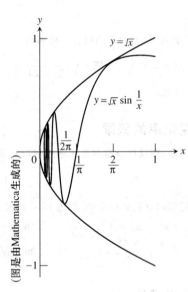

第 24 题图

24. 设 $g(x) = \sqrt{x}\sin\left(\dfrac{1}{x}\right)$.

(**a**) $\lim\limits_{x\to 0^+} g(x)$ 存在吗?如果存在,极限值等于什么?如果不存在,为什么?

(**b**) $\lim\limits_{x\to 0^-} g(x)$ 存在吗?如果存在,极限值等于什么?如果不存在,为什么?

(**c**) $\lim\limits_{x\to 0} g(x)$ 存在吗?如果存在,极限值等于什么?如果不存在,为什么?

图示题 25 和 26 中函数的图形,然后回答以下问题.

(**a**) 什么是 f 的定义域和值域?   (**b**) 在哪点 c,$\lim\limits_{x\to c} f(x)$ 存在?如果存在这样的点的话.

(**c**) 在什么点只存在左极限?   (**d**) 在什么点只存在右极限?

25. $f(x) = \begin{cases} \sqrt{1-x^2} & \text{若 } 0 \leqslant x < 1 \\ 1 & \text{若 } 1 \leqslant x < 2 \\ 2 & \text{若 } x = 2 \end{cases}$

26. $f(x) = \begin{cases} x & \text{若 } -1 \leqslant x < 0 \text{ 或 } 0 < x \leqslant 1 \\ 1 & \text{若 } x = 0 \\ 0 & \text{若 } x < -1 \text{ 或 } x > 1 \end{cases}$

代数地求单侧极限

求题 27 – 32 中的极限.

27. $\lim\limits_{x\to -0.5^-} \sqrt{\dfrac{x+2}{x+1}}$

28. $\lim\limits_{x\to -2^+} \left(\dfrac{x}{x+1}\right)\left(\dfrac{2x+5}{x^2+x}\right)$

29. $\lim\limits_{h\to 0^+} \dfrac{\sqrt{h^2+4h+5}-\sqrt{5}}{h}$

30. $\lim\limits_{h\to 0^-} \dfrac{\sqrt{6}-\sqrt{5h^2+11h+6}}{h}$

31. (a) $\lim\limits_{x\to -2^+}(x+3)\dfrac{|x+2|}{x+2}$ (b) $\lim\limits_{x\to -2^-}(x+3)\dfrac{|x+2|}{x+2}$

32. (a) $\lim\limits_{x\to 1^+}\dfrac{\sqrt{2x}(x-1)}{|x-1|}$ (b) $\lim\limits_{x\to 1^-}\dfrac{\sqrt{2x}(x-1)}{|x-1|}$

理论和例子

33. **为学而写** 若对 $[-1,1]$ 上的 x 有 $x^4 \le f(x) \le x^2$ 而对 $x < -1$ 和 $x > 1$ 的 x 有 $x^2 \le f(x) \le x^4$,哪些点 c 你不加思索地就知道 $\lim\limits_{x\to c}f(x)$ 存在?关于在这些点处的极限值你能说些什么?

34. **为学而写** 假设对一切 $x, x \ne 2$ 有 $g(x) \le f(x) \le h(x)$,又假设
$$\lim_{x\to 2}g(x) = \lim_{x\to 2}h(x) = -5.$$
关于 f, g 和 h 在 $x = 2$ 处的值能得到什么结论?$f(2) = 0$ 可能吗?$\lim\limits_{x\to 2}f(x) = 0$ 可能吗?对你的回答给出理由.

35. **推断极限值** 如果 $\lim\limits_{x\to -2}\dfrac{f(x)}{x^2} = 1$,求

    (a) $\lim\limits_{x\to -2}f(x)$ (b) $\lim\limits_{x\to -2}\dfrac{f(x)}{x}$

36. **推断极限值**

    (a) 如果 $\lim\limits_{x\to 2}\dfrac{f(x)-5}{x-2} = 3$,求 $\lim\limits_{x\to 2}f(x)$.

    (b) 如果 $\lim\limits_{x\to 2}\dfrac{f(x)-5}{x-2} = 4$,求 $\lim\limits_{x\to 2}f(x)$.

37. **为学而写** 一旦你知道在 f 的定义域的内点 a 处有 $\lim\limits_{x\to a^+}f(x)$ 和 $\lim\limits_{x\to a^-}f(x)$,你能知道 $\lim\limits_{x\to a}f(x)$ 吗?对你的回答给出理由.

38. **为学而写** 如果你知道 $\lim\limits_{x\to c}f(x)$ 存在,你能从计算 $\lim\limits_{x\to c^+}f(x)$ 的值来求 $\lim\limits_{x\to c^-}f(x)$ 吗?对你的回答给出理由.

39. **求 δ** 给定 $\varepsilon > 0$,求区间 $I = (5, 5+\delta), \delta > 0$,使得如果 x 在 I 中,就有 $\sqrt{x-5} < \varepsilon$.正在验证的是什么极限,以及极限值是什么?

40. **求 δ** 给定 $\varepsilon > 0$,求区间 $I = (4-\delta, 4), \delta > 0$,使得如果 x 在 I 中,就有 $\sqrt{4-x} < \varepsilon$.正在验证的是什么极限,以及极限值是什么?

偶函数和奇函数

回忆一下,在定义域 D 上关于原点对称的函数 $y = f(x)$,如果对 D 中一切 x 有 $f(-x) = f(x)$,f 就是偶函数;如果对 D 中一切 x 有 $f(-x) = -f(x)$,f 就是奇函数.

41. **为学而写** 假设 f 是 x 的奇函数,知道了 $\lim\limits_{x\to 0^+}f(x) = 3$,关于 $\lim\limits_{x\to 0^-}f(x)$ 能告诉你什么呢?对你的回答给出理由.

42. **为学而写** 假设 f 是 x 的偶函数,知道了 $\lim\limits_{x\to 2^-}f(x) = 7$,关于 $\lim\limits_{x\to -2^-}f(x)$ 或 $\lim\limits_{x\to -2^+}f(x)$ 能告诉你什么呢?对你的回答给出理由.

计算机探究

43. (a) 画 $g(x) = x\sin(1/x)$ 的图形来估算 $\lim\limits_{x\to 0}g(x)$,必要时放大在原点附近的图形.

    (b) **为学而写** 现在画 $k(x) = \sin(1/x)$ 的图形.在原点附近比较 g 和 k 的性态,什么是相同的?什么是不同的?

44. (a) 画 $h(x) = x^2\cos(1/x)$ 的图形来估算 $\lim\limits_{x\to 0}h(x)$,必要时放大在原点附近的图形.

    (b) **为学而写** 现在画 $k(x) = \cos(1/x)$ 的图形.在原点附近比较 h 和 k 的性态,什么是相同的?什么是不同的?

1.3 与无穷有关的极限

$x \to \pm\infty$ 时的有限极限 • $x \to \pm\infty$ 时有理函数的极限 • 水平和垂直渐近线:无穷极限 • 再论三明治(夹逼)定理 • 无穷极限的精确定义 • 终极性态模型和斜渐近线

我们要分析 $x \to \pm\infty$ 时有理函数(多项式的商)以及具有有趣的极限性态的函数的图形. 我们采用的工具是水平渐近线和垂直渐近线.

$x \to \pm\infty$ 时的有限极限

无穷(∞)的记号并不表示它是一个实数. 我们用 ∞ 来描述函数的性态:当函数定义域中的值或值域中的值会超过所有有限的界限. 例如,函数 $f(x) = 1/x$ 是对一切 $x \neq 0$ 有定义的(图1.26). 当 x 为正且变得愈来愈大时,$1/x$ 就变得愈来愈小;当 x 为负且它的量值(绝对值)变得愈来愈大时,$1/x$ 也变得愈来愈小. 我们用说 $x \to \pm\infty$ 时 $f(x) = 1/x$ 的极限为 0 来总结我们的这些观察.

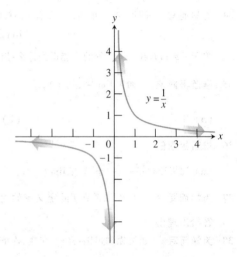

图 1.26 $y = 1/x$ 的图形.

定义 $x \to \pm\infty$ 时的极限

1. 我们说 x **趋于无穷**时 $f(x)$ 有**极限** L 并记作
$$\lim_{x \to \infty} f(x) = L$$
如果当 x 沿正向离开原点愈来愈远时,$f(x)$ 任意接近 L.

2. 我们说 x **趋于负无穷**时 $f(x)$ 有**极限** L 并记作
$$\lim_{x \to -\infty} f(x) = L$$
如果当 x 沿负向离开原点愈来愈远时,$f(x)$ 任意接近 L.

计算 $x \to \pm\infty$ 时函数极限的策略和 1.2 节中计算有限极限的策略是一样的. 1.2 节中我们首先求常数函数和恒等函数 $y = k$ 和 $y = x$ 的极限. 然后通过应用了一个有关代数组合函数的极限的定理推广了这些结果. 这里我们做的是同样的事情,但是要用 $y = k$ 和 $y = 1/x$ 来代替 $y = k$ 和 $y = x$ 作为出发点的函数.

$x \to \pm\infty$ 时要验证的基本事实在下面的例子中给出.

例 1 ($x \to \pm\infty$ 时 $1/x$ 和 k 的极限) 证明

(a) $\lim\limits_{x \to \infty} 1/x = \lim\limits_{x \to -\infty} 1/x = 0$

(b) $\lim\limits_{x \to \infty} k = \lim\limits_{x \to -\infty} k = k$.

注:无穷符号(∞) 始终如一地,符号 ∞ 并不表示是一个实数,从而我们不能以通常的方法用它来做算术运算. 还有,符号 ∞ 指的是 $+\infty$. 这两个记号可以替换使用.

解

（a）从图 1.26 我们看到，当 x 无论从正向或负向离开原点愈来愈远时 $y = 1/x$ 愈来愈接近 0.

（b）无论 x 离原点有多远，常数函数 $y = k$ 永远恒等于值 k.

在无穷远处的极限具有和有限极限类似的性质.

定理 7 $x \to \pm\infty$ 时的极限法则

如果 L, M 和 k 都是实数，且

$$\lim_{x \to \pm\infty} f(x) = L \quad \text{和} \quad \lim_{x \to \pm\infty} g(x) = M, \text{那么}$$

1. <u>和法则</u>：$\quad \lim\limits_{x \to \pm\infty} (f(x) + g(x)) = L + M$

2. <u>差法则</u>：$\quad \lim\limits_{x \to \pm\infty} (f(x) - g(x)) = L - M$

3. <u>积法则</u>：$\quad \lim\limits_{x \to \pm\infty} (f(x) \cdot g(x)) = L \cdot M$

4. <u>常乘数法则</u>：$\quad \lim\limits_{x \to \pm\infty} (k \cdot f(x)) = k \cdot L$

5. <u>商法则</u>：$\quad \lim\limits_{x \to \pm\infty} \dfrac{f(x)}{g(x)} = \dfrac{L}{M}, \quad M \neq 0$

6. <u>幂法则</u>：如果 r 和 s 都是整数，$s \neq 0$，则

$$\lim_{x \to \pm\infty} (f(x))^{r/s} = L^{r/s}$$

只要 $L^{r/s}$ 是实数.

这些性质和 1.2 节定理 1 所述的性质一模一样，而且我们也将以同样的方式来用它们.

例 2   运用定理 7

(a) $\lim\limits_{x \to \infty} \left(5 + \dfrac{1}{x}\right) = \lim\limits_{x \to \infty} 5 + \lim\limits_{x \to \infty} \dfrac{1}{x}$ 和法则

$\qquad\qquad\qquad\quad = 5 + 0 = 5$ 已知极限

(b) $\lim\limits_{x \to -\infty} \dfrac{\pi\sqrt{3}}{x^2} = \lim\limits_{x \to -\infty} \pi\sqrt{3} \cdot \dfrac{1}{x} \cdot \dfrac{1}{x}$

$\qquad\qquad\quad = \lim\limits_{x \to -\infty} \pi\sqrt{3} \cdot \lim\limits_{x \to -\infty} \dfrac{1}{x} \cdot \lim\limits_{x \to -\infty} \dfrac{1}{x}$ 积法则

$\qquad\qquad\quad = \pi\sqrt{3} \cdot 0 \cdot 0 = 0$ 已知极限

$x \to \pm\infty$ 时有理函数的极限

为 $x \to \pm\infty$ 时确定有理函数的极限，分子和分母可以同除以分母中 x 的最高幂次. 结果如何取决于有关多项式的次.

注：多项式 $a_n x^n + a_{n-1} x^{n-1} + \cdots + a_1 x + a_0$，$a_n \neq 0$ 的**次**就是其最大的指数 n.

例 3   同次的分子和分母

$$\lim_{x \to \infty} \dfrac{5x^2 + 8x - 3}{3x^2 + 2}$$

$$= \lim_{x \to \infty} \dfrac{5 + (8/x) - (3/x^2)}{3 + (2/x^2)} \qquad \text{分子和分母同除以 } x^2$$

$$= \frac{5+0-0}{3+0} = \frac{5}{3} \qquad 参见图1.27$$

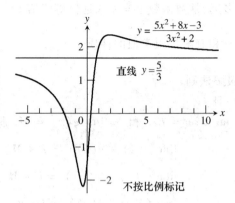

图 1.27 例 3 中的函数.

例 4 分子的次小于分母的次

$$\lim_{x \to -\infty} \frac{11x+2}{2x^3-1} = \lim_{x \to -\infty} \frac{(11/x^2)+(2/x^3)}{2-(1/x^3)} \qquad 分子和分母同除以 x^3$$

$$= \frac{0+0}{2-0} = 0 \qquad 参见图1.28$$

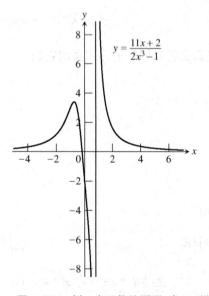

图 1.28 例 4 中函数的图形. 当 $|x|$ 增加时, 该图形逼近 x 轴.

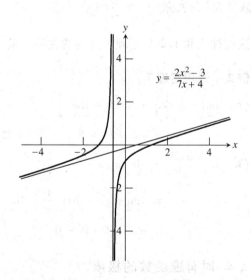

图 1.29 例 5(a) 中的函数.

例 5 分子的次大于分母的次

$$(\mathbf{a}) \lim_{x \to \infty} \frac{2x^2-3}{7x+4} = \lim_{x \to -\infty} \frac{2x-(3/x)}{7+(4/x)} \qquad 分子和分母同除以 x$$

$$= -\infty \qquad\qquad 分子趋于 -\infty, 而分母趋于7, 所以比值趋于 -\infty.$$

参见图 1.29.

(b) $\lim\limits_{x\to-\infty}\dfrac{-4x^2+7x}{2x^2-3x-10} = \lim\limits_{x\to-\infty}\dfrac{-4x+(7/x)}{2-(3/x)-(10/x^2)}$ 分子和分母同除以 x^2

$= \infty$ 分子 $\to \infty$,分母 $\to 2$,比值 $\to \infty$.

水平和垂直渐近线：无穷极限

看一下 $f(x) = 1/x$（图 1.30），我们观察到以下事实：

(**a**) $x \to \infty$ 时,$(1/x) \to 0$,我们记作 $\lim\limits_{x\to\infty}(1/x) = 0$.

(**b**) $x \to -\infty$ 时,$(1/x) \to 0$,我们记作 $\lim\limits_{x\to-\infty}(1/x) = 0$.

我们说直线 $y = 0$ 是图形 f 的<u>水平渐近线</u>.

如果当图形愈来愈远离原点地移动时函数的图形和某条固定直线间的距离趋于零时,我们就说该图形渐近地趋于该直线,该直线就是该图形的一条<u>渐近线</u>.

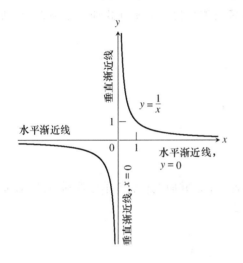

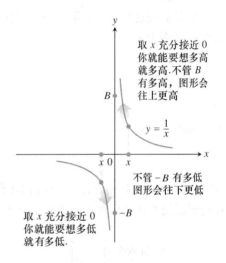

图 1.30   坐标轴是双曲线两个分支的渐近线.

图 1.31   单侧无穷极限：

$\lim\limits_{x\to 0^+}\dfrac{1}{x} = \infty,\ \lim\limits_{x\to 0^-}\dfrac{1}{x} = -\infty.$

我们更近地看一下图 1.31 中的函数 $f(x) = 1/x$. 当 $x \to 0^+$ 时 f 的值无限增长,最终达到并超过所有可能的正实数,即给定任何正实数界,不管它有多大,f 的值仍然会变得更大(图 1.31). 因此,$x \to 0^+$ 时 f 没有极限. 用 $x \to 0^+$ 时 $f(x)$ 趋于无穷大的说法来描述 f 的性态还是方便的. 我们记作

$$\lim\limits_{x\to 0^+}f(x) = \lim\limits_{x\to 0^+}\dfrac{1}{x} = \infty.$$

$x \to 0^-$ 时,$f(x) = 1/x$ 的值变得任意地大而且是负的. 给定任何负实数 $-B$,f 的值最终能位于 $-B$ 之下(参见图 1.31). 我们记作

$$\lim\limits_{x\to 0^-}f(x) = \lim\limits_{x\to 0^-}\dfrac{1}{x} = -\infty.$$

注意在 $x = 0$ 处分母为零,因而函数在 $x = 0$ 处是没有定义的.

定义　水平渐近线和垂直渐近线

直线 $y = b$ 是函数 $y = f(x)$ 图形的**水平渐近线**,如果有

$$\lim_{x \to \infty} f(x) = b \quad 或 \quad \lim_{x \to -\infty} f(x) = b.$$

直线 $x = a$ 是该图形的**垂直渐近线**,如果有

$$\lim_{x \to a^+} f(x) = \pm \infty \quad 或 \quad \lim_{x \to a^-} f(x) = \pm \infty.$$

例 6（求渐近线）　求曲线

$$y = \frac{x + 3}{x + 2}$$

的渐近线.

解　我们对 $x \to \pm \infty$ 和 $x \to -2$ ($x = -2$ 时分母为零) 的性态感兴趣.

如果我们通过 $(x+2)$ 除 $(x+3)$ 把一个有理函数重写为一个多项式加上余项,那么渐近线很快就显现出来了.

$$\begin{array}{r} 1 \\ x+2 \overline{\smash{)}\, x+3} \\ \underline{x+2} \\ 1 \end{array}$$

结果是可把 y 重写为:

$$y = 1 + \frac{1}{x + 2}.$$

现在我们就知道该曲线是由 $y = 1/x$ 的图形往上移置 1 单位并向左移置 2 单位得到的(图 1.32). 现在的渐近线不是坐标轴而是直线 $y = 1$ 和 $x = -2$.

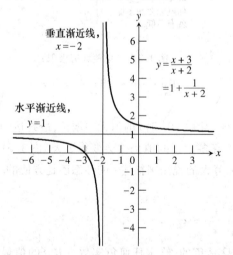

图 1.32　直线 $y = 1$ 和 $x = -2$ 是曲线 $y = \dfrac{(x+3)}{(x+2)}$ 的渐近线. (例 6)

例 7（渐近线不必都是双侧的）　求函数

$$f(x) = -\frac{8}{x^2 - 4}$$

图形的渐近线.

解　我们对 $x \to \pm \infty$ 以及 $x \to \pm 2$ ($x = \pm 2$ 分母为零)时的性态感兴趣. 注意到 f 是偶函

数,所以图形关于 y 轴对称.

$x \to \pm \infty$ 时的性态. 因为 $\lim\limits_{x \to \infty} f(x) = 0$,所以直线 $y = 0$ 是图形位于右边的渐近线. 由对称性,图形也有一条位于左边的渐近线(图 1.33).

$x \to \pm 2$ 时的性态. 因为
$$\lim_{x \to 2^+} f(x) = -\infty \quad \text{以及} \quad \lim_{x \to 2^-} f(x) = \infty,$$
从右侧或从左侧直线 $x = 2$ 都是垂直渐近线. 由对称性,对直线 $x = -2$ 也是同样的.

因为 f 在所有其他点处都有有限的极限,所以没有其他的渐近线.

例 8(具有无穷多条渐近线的曲线) 曲线
$$y = \sec x = \frac{1}{\cos x} \quad \text{和} \quad y = \tan x = \frac{\sin x}{\cos x}$$
在 $\pi/2$ 的奇整数倍数处(在那里 $\cos x = 0$)都有垂直渐近线(图 1.34).

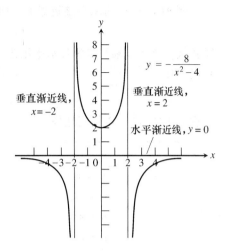

图 1.33 $y = \dfrac{-8}{x^2 - 4}$ 的图形. 注意曲线只是从 x 的一侧趋于 x 轴. 渐近线不必都是双侧的. (例 7)

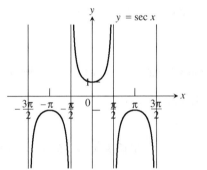
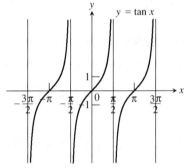

图 1.34 $\sec x$ 和 $\tan x$ 的图形. (例 8)

$$y = \csc x = \frac{1}{\sin x} \quad \text{和} \quad y = \cot x = \frac{\cos x}{\sin x}$$
的图形在 π 的整数倍数处(在那里 $\sin x = 0$)有垂直渐近线(图 1.35).

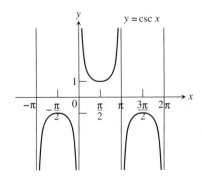
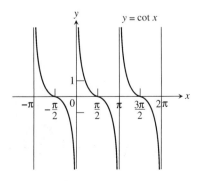

图 1.35 $\csc x$ 和 $\cot x$ 的图形. (例 8)

例 9（$y = e^x$ 的水平渐近线） 曲线 $y = e^x$ 以直线 $y = 0$（x 轴）作为其水平渐近线. 我们从图 1.36 中的图形和所附函数值的表看出这点. 我们记作

$$\lim_{x \to -\infty} e^x = 0.$$

注意 e^x 的值趋于 0 相当地快.

x	e^x
0	1.00000
-1	0.36788
-2	0.13534
-3	0.04979
-5	0.00674
-8	0.00034
-10	0.00005

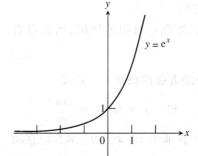

图 1.36　直线 $y = 0$ 是图形 $y = e^x$ 的水平渐近线.

我们可以通过研究 $x \to 0$ 时 $y = f(1/x)$ 的极限来研究 $x \to \pm\infty$ 时 $y = f(x)$ 的性态.

例 10（替换新变量） 求 $\lim\limits_{x \to \infty} \sin(1/x)$.

解　我们引入新变量 $t = 1/x$. 从图 1.30 我们知道 $x \to \infty$ 时 $t \to 0^+$. 所以

$$\lim_{x \to \infty} \sin \frac{1}{x} = \lim_{t \to 0^+} \sin t = 0.$$

类似地，我们可以通过研究 $x \to \pm\infty$ 时的 $y = f(x)$ 来研究 $x \to 0$ 时 $y = f(1/x)$ 的性态.

例 11（运用替换） 求 $\lim\limits_{x \to 0^-} e^{1/x}$.

解　我们令 $t = \dfrac{1}{x}$. 从图 1.31 知 $x \to 0^-$ 时 $t \to -\infty$. 所以

$$\lim_{x \to 0^-} e^{1/x} = \lim_{t \to -\infty} e^t = 0 \quad \text{例 9} \quad （\text{图 1.37}）.$$

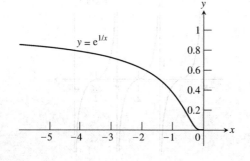

图 1.37　对 $x < 0$ 时 $y = e^{\frac{1}{x}}$ 的图形表明 $\lim\limits_{x \to 0^-} e^{\frac{1}{x}} = 0.$（例 11）

再论三明治(夹逼)定理

对 $x \to \pm \infty$ 时极限的三明治(夹逼)定理也是成立的.

例 12(求 x 趋于 0 或 $\pm \infty$ 时的极限) 运用三明治(夹逼)定理求曲线

$$y = 2 + \frac{\sin x}{x}$$

的渐近线.

解 我们对 $x \to \pm \infty$ 和 $x \to 0$(分母为零)时函数的性态感兴趣.

$x \to 0$ 时的性态. 我们知道 $\lim\limits_{x \to 0}(\sin x)/x = 1$,所以在原点没有渐近线.

$x \to \pm \infty$ 时的性态. 因为

$$0 \leqslant \left|\frac{\sin x}{x}\right| \leqslant \left|\frac{1}{x}\right|$$

以及 $\lim\limits_{x \to \pm \infty} |1/x| = 0$,由三明治(夹逼)定理我们有 $\lim\limits_{x \to \pm \infty}(\sin x)/x = 0$. 因此

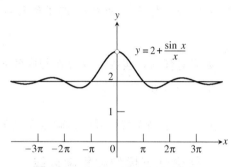

图 1.38 曲线可以跨过它的一条渐近线无穷多次.(例 12)

$$\lim_{x \to \pm \infty}\left(2 + \frac{\sin x}{x}\right) = 2 + 0 = 2,$$

而直线 $y = 2$ 从左侧和右侧都是该曲线的渐近线(图 1.38).

这个例子说明曲线可以跨过它的一条渐近线,也许是跨过许多次.

无穷极限的精确定义

无穷极限的定义要求对所有充分接近 x_0 的 x,不是要求 $f(x)$ 任意接近有限数 L,而是要求 $f(x)$ 位于离原点($y = 0$)任意远的地方. 除了这个改变外,所用的语言和以前用的语言是一样的. 图 1.39 和 1.40 补充说明了这些定义.

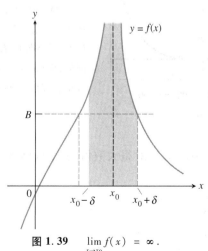

图 1.39 $\lim\limits_{x \to x_0} f(x) = \infty$.

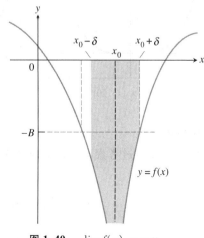

图 1.40 $\lim\limits_{x \to x_0} f(x) = -\infty$.

定义 无穷极限

1. 我们说 x **趋于** x_0 **时** $f(x)$ **趋于无穷**,并记作

$$\lim_{x \to x_0} f(x) = \infty,$$

如果对任何正实数 B 存在相应的 $\delta > 0$,使得对一切满足 $0 < |x - x_0| < \delta$ 的 x,有 $f(x) > B$.

2. 我们说 x **趋于** x_0 **时** $f(x)$ **趋于负无穷**,并记作

$$\lim_{x \to x_0} f(x) = -\infty,$$

如果对任何负实数 $-B$ 存在相应的 $\delta > 0$,使得对一切满足 $0 < |x - x_0| < \delta$ 的 x,有 $f(x) < -B$.

在 x_0 的单侧无穷极限的精确定义是类似的.

终极性态模型和斜渐近线

对于数值很大的 x,我们有时候可以对复杂函数的性态用一个实际上以同样方式起作用的较为简单的函数作为该复杂函数的模型.

例 13(对于 $|x|$ 很大时的函数建模) 设 $f(x) = 3x^4 - 2x^3 + 3x^2 - 5x + 6$ 以及 $g(x) = 3x^4$. 试说明尽管对数值很小的 x,f 和 g 是十分不同的,但对于很大的 $|x|$,f 和 g 实际上是一样的.

解 图形地求解

f 和 g 的图形(图 1.41a)在原点附近是十分不同的,但在很大的尺度标记下,f 和 g 实际上是一样的(图 1.41b).

$y = 3x^4 - 2x^3 + 3x^2 - 5x + 6$

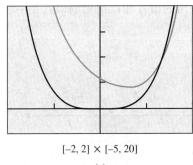

$[-2, 2] \times [-5, 20]$

(a)

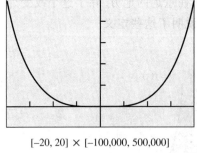

$[-20, 20] \times [-100,000, 500,000]$

(b)

图 1.41 f(上面的曲线)和 g 的图形,(a) $|x|$ 小时两者是不同的,而(b) $|x|$ 大时两者是相同的.(例 13).

代数地确认

我们可以通过考察 $x \to \pm\infty$ 时两个函数的比来检验断言:对很大数值的 x,g 可以作为 f 的模型. 我们求得

$$\lim_{x \to \pm\infty} \frac{f(x)}{g(x)} = \lim_{x \to \pm\infty} \frac{3x^4 - 2x^3 + 3x^2 - 5x + 6}{3x^4}$$

$$= \lim_{x \to \pm\infty} \left(1 - \frac{2}{3x} + \frac{1}{x^2} - \frac{5}{3x^3} + \frac{2}{x^4}\right) = 1,$$

这就是当$|x|$很大时f和g表现一样的令人信服的证明.

> **定义** **终极性态模型**
> 函数g是
> (a)f的**右侧终极性态模型**,当且仅当
> $$\lim_{x\to\infty}\frac{f(x)}{g(x)} = 1$$
> (b)f的**左侧终极性态模型**,当且仅当
> $$\lim_{x\to-\infty}\frac{f(x)}{g(x)} = 1.$$

函数的右侧、左侧终极性态模型不必是同一个函数.

例14(求终极性态模型) 设$f(x) = x + \mathrm{e}^{-x}$.试证明$g(x) = x$是$f$的右侧终极模型而$h(x) = \mathrm{e}^{-x}$是$f$的左侧终极模型.

解 在右边,
$$\lim_{x\to\infty}\frac{f(x)}{g(x)} = \lim_{x\to\infty}\frac{x + \mathrm{e}^{-x}}{x} = \lim_{x\to\infty}\left(1 + \frac{\mathrm{e}^{-x}}{x}\right) = 1, \quad 因为 \lim_{x\to\infty}\frac{\mathrm{e}^{-x}}{x} = 0.$$

在左边,
$$\lim_{x\to-\infty}\frac{f(x)}{h(x)} = \lim_{x\to-\infty}\frac{x + \mathrm{e}^{-x}}{\mathrm{e}^{-x}} = \lim_{x\to-\infty}\left(\frac{x}{\mathrm{e}^{-x}} + 1\right) = 1, \quad 因为 \lim_{x\to-\infty}\frac{x}{\mathrm{e}^{-x}} = 0.$$

(参见题51). 图1.42中f的图形支持这些终级性态模型.

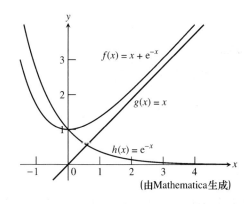

图1.42 $f(x) = x + \mathrm{e}^{-x}$的图形从$y$轴的右边看起来像$g(x) = x$的图形而从$y$轴的左边看起来像$h(x) = \mathrm{e}^{-x}$的图形.(例14)

(由Mathematica生成)

在有些情形,我们可以求得有理函数的终极性态模型. 如果分子的次比分母的次大1,那么有理函数$f(x)$的图形就有一条像图1.29中那样的**斜渐近线**. 我们通过分子除以分母把f表为一个线性函数再加上一项当$x \to \pm\infty$时趋于0的余项来求得渐近线的方程. 下面就是一个例子.

例15(求一条斜渐近线) 求图1.29中
$$f(x) = \frac{2x^2 - 3}{7x + 4}$$
的图形的斜渐近线.

解 由长除法，我们求得

$$f(x) = \frac{2x^2 - 3}{7x + 4}$$

$$= \underbrace{\left(\frac{2}{7}x - \frac{8}{49}\right)}_{\text{线性函数}g(x)} + \underbrace{\frac{-115}{49(7x + 4)}}_{\text{余项}}.$$

当 $x \to \pm\infty$ 时，给出 f 和 g 的图形间的垂直距离的余项趋于零，就使得（倾斜的）直线

$$g(x) = \frac{2}{7}x - \frac{8}{49}$$

成为 f 的图形的渐近线（图 1.29）. 函数 g 是 f 的右侧终极模型也是 f 的左侧终极模型.

习题 1.3

计算 $x \to \pm\infty$ 时的极限

在题 1-4 中，求每个函数 (a) $x \to \infty$ 和 (b) $x \to -\infty$ 时的极限.（你可能要用绘图器来形象化地看到你的结果.）

1. $f(x) = \pi - \dfrac{2}{x^2}$

2. $g(x) = \dfrac{1}{2 + (1/x)}$

3. $h(x) = \dfrac{-5 + (7/x)}{3 - (1/x^2)}$

4. $h(x) = \dfrac{3 - (2/x)}{4 + (\sqrt{2}/x^2)}$

求题 5 和 6 中的极限.

5. $\lim\limits_{x \to \infty} \dfrac{\sin 2x}{x}$

6. $\lim\limits_{t \to -\infty} \dfrac{2 - t + \sin t}{t + \cos t}$

有理函数的极限

在题 7-14 中，求每个函数 (a) $x \to \infty$ 和 (b) $x \to -\infty$ 时的极限.

7. $f(x) = \dfrac{2x + 3}{5x + 7}$

8. $f(x) = \dfrac{x + 1}{x^2 + 3}$

9. $f(x) = \dfrac{1 - 12x^3}{4x^2 + 12}$

10. $h(x) = \dfrac{7x^3}{x^3 - 3x^2 + 6x}$

11. $g(x) = \dfrac{3x^2 - 6x}{4x - 8}$

12. $f(x) = \dfrac{2x^5 + 3}{-x^2 + x}$

13. $h(x) = \dfrac{-2x^3 - 2x + 3}{3x^3 + 3x^2 - 5x}$

14. $h(x) = \dfrac{-x^4}{x^4 - 7x^3 + 7x^2 + 9}$

具非整数或负幂次函数的极限

我们用以确定有理函数极限的过程对于包含 x 的非整数或负幂次函数的比式用起来也很有效：分子和分母同除以分母中 x 的最高幂次项并由此继续求极限的过程. 求题 15-20 中的极限.

15. $\lim\limits_{x \to \infty} \dfrac{2\sqrt{x} + x^{-1}}{3x - 7}$

16. $\lim\limits_{x \to \infty} \dfrac{2 + \sqrt{x}}{2 - \sqrt{x}}$

17. $\lim\limits_{x \to -\infty} \dfrac{\sqrt[3]{x} - \sqrt[5]{x}}{\sqrt[3]{x} + \sqrt[5]{x}}$

18. $\lim\limits_{x \to \infty} \dfrac{x^{-1} + x^{-4}}{x^{-2} - x^{-3}}$

19. $\lim\limits_{x \to \infty} \dfrac{2x^{\frac{5}{3}} - x^{\frac{1}{3}} + 7}{x^{\frac{8}{5}} + 3x + \sqrt{x}}$

20. $\lim\limits_{x \to -\infty} \dfrac{\sqrt[3]{x} - 5x + 3}{2x + x^{\frac{2}{3}} - 4}$

从函数值及其极限来创建该函数的图形

在题 21 和 22 中勾画满足给定条件的函数 $y = f(x)$ 的图形. 不要求公式表示；只要标出坐标轴并勾画适当的图形.（答案不是唯一的，所以你的图可能并不正好和书末的答案一样.）

21. $f(0)=0, f(1)=2, f(-1)=-2, \lim_{x\to\infty} f(x)=-1,$ 以及 $\lim_{x\to-\infty} f(x)=1$

22. $f(0)=0, \lim_{x\to\pm\infty} f(x)=0, \lim_{x\to1^-} f(x)=\lim_{x\to-1^+} f(x)=\infty, \lim_{x\to1^+} f(x)=-\infty,$ 以及 $\lim_{x\to-1^-} f(x)=-\infty$

创建函数

在题 23 和 24 中,求满足给定条件的函数并勾画其图形.(答案不是唯一的.任何满足这些条件的函数都是可以接受的.如果你觉得有帮助的话尽可以用分段形式定义函数.)

23. $\lim_{x\to\pm\infty} f(x)=0, \lim_{x\to2^-} f(x)=\infty,$ 以及 $\lim_{x\to2^+} f(x)=\infty$

24. $\lim_{x\to-\infty} h(x)=-1, \lim_{x\to\infty} h(x)=1, \lim_{x\to0^-} h(x)=-1,$ 以及 $\lim_{x\to0^+} h(x)=1$

画有理函数的图形

T 画题 25-34 中有理函数的图形.包括渐近线的图形和方程.

25. $y=\dfrac{1}{x-1}$ 26. $y=\dfrac{x+3}{x+2}$ 27. $y=\dfrac{2x^2+x-1}{x^2-1}$ 28. $y=\dfrac{x^2-1}{x}$

29. $y=\dfrac{x^4+1}{x^2}$ 30. $y=\dfrac{x^2-4}{x-1}$ 31. $y=\dfrac{x^2-x+1}{x-1}$ 32. $y=\dfrac{x}{x^2-1}$

33. $y=\dfrac{8}{x^2+4}$ (Agnesi 箕舌线) 34. $y=\dfrac{4x}{x^2+4}$ (牛顿蛇形线)

终极性态模型

在题 35-38 中,把函数及其终极性态模型的图形进行配对.

35. $y=\dfrac{2x^3-3x^2+1}{x+3}$ 36. $y=\dfrac{x^5-x^4+x+1}{2x^2+x-3}$

37. $y=\dfrac{2x^4-x^3+x^2-1}{2-x}$ 38. $y=\dfrac{x^4-3x^3+x^2-1}{1-x^2}$

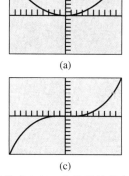

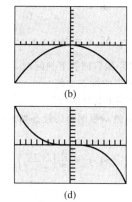

(a) (b)

(c) (d)

在题 39-42 中,对所述函数求(a)一个简单的基本函数作为其右侧终极性态模型和(b)一个简单的基本函数作为其左侧终极性态模型.

39. $y=e^x-2x$ 40. $y=x^2+e^{-x}$ 41. $y=x+\ln|x|$ 42. $y=x^2+\sin x$

理论和例子

T 43. (a) 通过画函数 $f(x)=\sqrt{x^2+x+1}-x$ 的图形来估算 $\lim_{x\to\infty}(\sqrt{x^2+x+1}-x)$ 的值.

(b) 从 $f(x)$ 的值的一个列表来猜测(a)中的极限值.然后证明你的猜测是正确的.

T 44. 从图形求 $\lim_{x\to\infty}(\sqrt{x^2+x}-\sqrt{x^2-x})$,并代数地确证之.

45. **为学而写** 给定的有理函数的图形可以有多少条水平渐近线?对你的回答给出理由.
46. **为学而写** 给定的有理函数的图形可以有多少条垂直渐近线?对你的回答给出理由.

计算机探究

比较图形和公式

画题 47—50 中的曲线的图形. 解释曲线的公式和你看到的曲线图形之间的关系.

47. $y = \dfrac{x}{\sqrt{4-x^2}}$ 48. $y = \dfrac{-1}{\sqrt{4-x^2}}$

49. $y = x^{2/3} + \dfrac{1}{x^{1/3}}$ 50. $y = \sin\left(\dfrac{\pi}{x^2+1}\right)$

代换 $1/x$

在题 51—54 中,利用 $y = f(1/x)$ 的图形求 $\lim\limits_{x \to \infty} f(x)$ 和 $\lim\limits_{x \to -\infty} f(x)$.

51. $f(x) = x\,e^x$ 52. $f(x) = x^2 e^{-x}$ 53. $f(x) = \dfrac{\ln|x|}{x}$

54. $f(x) = x \sin \dfrac{1}{x}$ 55. $\lim\limits_{x \to -\infty} \dfrac{\cos(1/x)}{1+(1/x)}$ 56. $\lim\limits_{x \to \infty} \left(\dfrac{1}{x}\right)^{1/x}$

57. $\lim\limits_{x \to \pm\infty} \left(3 + \dfrac{2}{x}\right)\left(\cos \dfrac{1}{x}\right)$ 58. $\lim\limits_{x \to \infty} \left(\dfrac{3}{x^2} - \cos \dfrac{1}{x}\right)\left(1 + \sin \dfrac{1}{x}\right)$

求渐近线

画题 59—62 中函数的图形. 这些图形有什么样的渐近线?为什么渐近线位于那个位置?

59. $y = -\dfrac{x^2-4}{x+1}$ 60. $y = \dfrac{x^3-x^2+1}{x^2-1}$

61. $y = x^3 + \dfrac{3}{x}$ 62. $y = 2\sin x + \dfrac{1}{x}$

画题 63 和 64 中函数的图形. 然后回答下列问题.
 (a) 当 $x \to 0^+$ 时函数图形的性态如何?
 (b) 当 $x \to \pm\infty$ 时函数图形的性态如何?
 (c) 在 $x = 1$ 和 $x = -1$ 处函数图形的性态如何?
对你的回答给出理由.

63. $y = \dfrac{3}{2}\left(x - \dfrac{1}{x}\right)^{2/3}$ 64. $y = \dfrac{3}{2}\left(\dfrac{x}{x-1}\right)^{2/3}$

1.4 连续性

在一点的连续性 • 连续函数 • 代数组合 • 复合函数 • 连续函数的中间值定理

当我们标绘由实验室生成或现场收集的函数值时,我们常常把标绘出来的点用不断开的曲线把它们连续起来以表明在我们没有测量的时刻函数值大概是这个样子的

(图 1.43). 这样做的时候,我们实际上假定了我们处理的是<u>连续函数</u>,其输出随输入连续地变化,且函数取值不可能从一个值跳跃到另一个值而取不到这两个值之间的值.

任何函数 $y = f(x)$,如果它的图形可以用铅笔(在其定义域上)在纸上连续运动而且铅笔始终不离纸张画出来的话,这种函数就是连续函数的一个例子. 本节中我们将学习连续性的概念.

在一点的连续性

连续函数是我们用来求得行星运动轨道中最靠近太阳的点或者血浆中抗体浓度的峰值的那些函数. 连续函数也是我们用以描述物体在空间中的运动或者化学反应速度怎样随时间变化的那些函数. 事实上,那么多的物理过程都是连续进行的行为,致使在整个 18 世纪和 19 世纪几乎没有人会去寻找任何其他类型的行为. 当 1920 年代的物理学家发现光进入粒子而且受热的原子以离散的频率发射光线时(图 1.44)人们大为惊讶. 由于这些发现和其他发现以及由于在计算机科学、统计学和数学建模中大量应用间断函数,连续性的问题就成为在实践中和理论上有重大意义的问题之一.

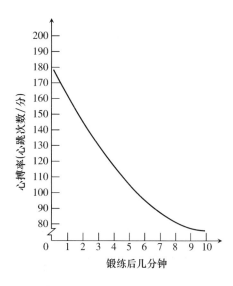

图 1.43 在奔跑后心搏率怎样回复到正常的心搏率.

为理解连续性,我们要考虑如图 1.45 中那样的函数,我们在 1.2 节例 8 中研究了它的极限.

图 1.44 激光是由于人们对原子性质理解而研制出来的.

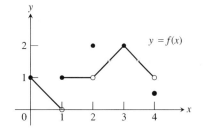

图 1.45 除在 $x = 1, x = 2$ 和 $x = 4$ 外,函数在 $[0,4]$ 上连续.(例 1)

例 1(研究连续性) 求图 1.45 中函数的连续点和间断点.

解 除 $x = 1, x = 2$ 和 $x = 4$ 外,在定义域 $[0,4]$ 上的每一点函数 f 都是连续的. 在 $x = 1,2,4$ 处图形都是断开的. 注意在函数定义域上每一点处 f 的极限和 f 的函数值的关系.

f 连续的点:

在 $x = 0$, $\qquad \lim\limits_{x \to 0} f(x) = f(0)$.

在 $x = 3$, $\lim_{x \to 3} f(x) = f(3)$.

在 $0 < c < 4, c \neq 1, 2$, $\lim_{x \to c} f(x) = f(c)$.

f 间断的点:

在 $x = 1$, $\lim_{x \to 1} f(x)$ 不存在.

在 $x = 2$, $\lim_{x \to 2} f(x) = 1$, 但 $1 \neq f(2)$.

在 $x = 4$, $\lim_{x \to 4} f(x) = 1$, 但 $1 \neq f(4)$.

在 $c < 0, c > 4$, 这些点不属于 f 的定义域.

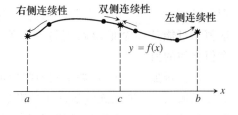

图 1.46　在点 a, b 和 c 处的连续性.

CD-ROM
WEBsite

历史传记

Johann van Waveren Hudde
(1628 — 1704)

为定义函数在其定义域中一点处的连续性,我们需要定义在内点处的连续性(与双侧极限有关)以及在端点处的连续性(与单侧极限有关)(图 1.46).

定义　在一点的连续性

内点:函数 $f(x)$ 在其定义域的**内点** c 处是连续的,如果
$$\lim_{x \to c} f(x) = f(c).$$

端点:函数 $f(x)$ 在其定义域的**左端点** a 或**右端点** b 是连续的,如果分别有
$$\lim_{x \to a^+} f(x) = f(a) \quad \text{或} \quad \lim_{x \to b^-} f(x) = f(b).$$

如果函数 f 在点 c 处不是连续的,我们就说 f 在 c **间断**,而 c 是 f 的一个**间断点**. 注意 c 不必在 f 的定义域中.

函数 f 在其定义域的点 $x = c$ 是**右连续(从右侧连续)**的,如果 $\lim_{x \to c^+} f(x) = f(c)$. 如果 $\lim_{x \to c^-} f(x) = f(c)$, 则 f 在 c 是**左连续(从左侧连续)**的. 因此,函数在其定义域的左端点 a 连续,如果它在 a 右连续;而函数在其定义域的右端点 b 连续,如果它在 b 左连续. 函数在其定义域的内点 c 连续当且仅当它在 c 既是右连续又是左连续的(图 1.46).

例 2(在整个定义域上都连续的函数)　函数 $f(x) = \sqrt{4-x^2}$ 在其定义域 $[-2, 2]$ 上的每一点连续(图 1.47), 包括在 $x = -2$ 处 f 是右连续的而在 $x = 2$ 处 f 是左连续的.

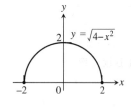

图 1.47　在定义域每点连续的函数.

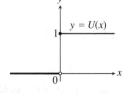

图 1.48　在原点的右连续.

例 3(具有跳跃间断的函数)　在图 1.48 中图示的单位阶梯函数在 $x = 0$ 是右连续的,但在 $x = 0$ 它既不左连续也不连续. 它在 $x = 0$ 有一个跳跃.

1.4 连续性

我们把在一点的连续性以检验的形式总结如下.

连续性检验
函数 $f(x)$ 在 $x = c$ 连续,当且仅当它满足以下条件:
1. $f(c)$ 存在 （c 在 f 的定义域中）
2. $\lim\limits_{x \to c} f(x)$ 存在 （当 $x \to c$ 时 f 有极限）
3. $\lim\limits_{x \to c} f(x) = f(c)$ （极限等于函数值）

就单侧连续性和端点处的连续性而言,检验中的第 2 和 3 部分应该代之以适当的单侧极限.

例 4（求连续点和间断点） 求最大整数函数 $y = \text{int } x$（图 1.49）的连续点和间断点.

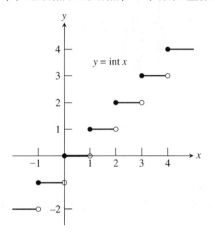

图 1.49 函数 $\text{int } x$ 在每个非整数上是连续的. 在每个整数点处它是右连续的但不是左连续的.（例 4）

解 为使函数在 $x = c$ 连续,$x \to c$ 时的极限必须存在而且等于 $x = c$ 时的函数值. 最大整数函数在每个整数点处是间断的. 例如

$$\lim_{x \to 3^-} \text{int } x = 2 \quad \text{而} \quad \lim_{x \to 3^+} \text{int } x = 3,$$

所以 $x \to 3$ 时极限不存在. 一般说,如果 n 是一整数

$$\lim_{x \to n^-} \text{int } x = n - 1 \quad \text{而} \quad \lim_{x \to n^+} \text{int } x = n,$$

所以 $x \to n$ 时极限不存在. 因为 $\text{int } n = n$,所以最大整数函数在每个整数 n 处是右连续的（但不是左连续的）.

最大整数函数在每个非整数的实数处是连续的. 例如

$$\lim_{x \to 1.5} \text{int } x = 1 = \text{int } 1.5.$$

一般地,如果 $n - 1 < c < n$,n 是一整数,那么

$$\lim_{x \to c} \text{int } x = n - 1 = \text{int } c.$$

图 1.50 是间断类型的分类目录. 图 1.50a 中的函数在 $x = 0$ 连续. 图 1.50b 中的函数可能是连续的,如果有 $f(0) = 1$. 图 1.50c 中的函数可能是连续的,如果 $f(0)$ 是 1 而不是 2. 图 1.50b 和 1.50c 中的间断是**可去的**. 每个函数当 $x \to 0$ 时都有极限,我们可以令 $f(0)$ 等于这个极限来消掉这种间断.

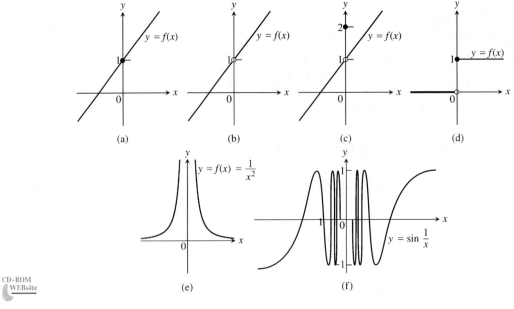

图 1.50 （a）中的函数在 $x=0$ 连续；(b) - (f) 中的函数在 $x=0$ 是不连续的.

图 1.50d ~ f 中的图形的间断更为严重：$\lim_{x\to 0} f(x)$ 不存在，而且无法通过改变 $f(0)$ 的值来改善处境. 图 1.50d 中的阶梯函数具有**跳跃间断**：单侧极限存在但极限值不同. 图 1.50e 中的函数 $f(x) = 1/x^2$ 具有**无穷间断**. 图 1.50f 中的函数具有**振荡间断**：当 $x \to 0$ 时无限振荡致使没有极限.

连续函数

函数**在一个区间上连续**当且仅当它在该区间的每一点连续. **连续函数**是在其定义域中每一点连续的函数. 连续函数不一定在所有可能的区间上连续. 例如，$y = 1/x$ 在 $[-1,1]$ 上不是连续函数（图 1.51）.

例 5（识别连续函数） 函数 $y = 1/x$（图 1.51）是连续函数因为它在其定义域中的任一点处连续. 但是，它在 $x = 0$ 处有一个间断点，因为它在 $x = 0$ 没有定义.

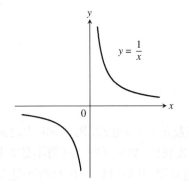

图 1.51 函数 $y = \dfrac{1}{x}$ 在除 $x = 0$ 以外的任何 x 处连续. 它在 $x = 0$ 处有一间断点. （例 5）

下列函数在其定义域的每一点都连续：

- 多项式
- 根号函数（$y = \sqrt[n]{x}$，n 是大于 1 的正整数）
- 反三角函数
- 有理函数
- 三角函数
- 指数函数
- 对数函数

多项式函数在每个数 c 处是连续的，因为 $\lim\limits_{x \to c} f(x) = f(c)$. 有理函数在其定义域中的每个点处是连续的. 有理函数在其分母为零的点处有间断点. 从正弦和余弦函数的图形看，我们不会对它们的连续性感到惊讶.

任何连续函数的反函数是连续的. 我们知道这点是因为连续函数 f 的图形没有断开的地方，而 f^{-1} 的图形是把 f 的图形关于 $y = x$ 反射得到的（所以 f^{-1} 的图形也没有断开的地方）.

指数函数 $y = a^x$ 的定义就蕴涵连续性，所以它的反函数 $y = \log_a x$ 在其定义域上也是连续的.

函数 $f(x) = |x|$ 在每个 x 值处连续（图 1.52）. 如果 $x > 0$，我们有 $f(x) = x$，是一多项式. 如果 $x < 0$，我们有 $f(x) = -x$，是另一个多项式. 最后，在原点 $\lim\limits_{x \to 0} |x| = 0 = |0|$.

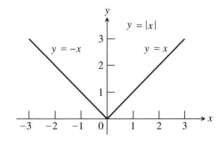

图 1.52 尖角并不妨碍函数在原点的连续性.

代数组合

你们可能已经猜到，连续函数的代数组合，当它们有定义的时候，是连续的.

定理 8　连续函数的性质

如果函数 f 和 g 在 $x = c$ 连续，那么下列 f 和 g 的组合在 $x = c$ 都是连续的.

1. 和：　　　　$f + g$
2. 差：　　　　$f - g$
3. 积：　　　　$f \cdot g$
4. 乘常数：　　$k \cdot f$，对任何数 k
5. 商：　　　　$\dfrac{f}{g}$，倘若 $g(c) \neq 0$

定理 8 中的大多数结果容易用定理 1 中的极限法则加以证明.

复合函数

连续函数的复合函数是连续函数. 因此像
$$y = \sin(x^2) \quad \text{和} \quad y = |\cos x|$$
那样的复合函数在其有定义的点处都是连续的. 思路是：如果 $f(x)$ 在 $x = c$ 连续而 $g(x)$ 在

$x = f(c)$ 连续,那么 $g \circ f$ 在 $x = c$ 连续(图 1.53). 这时 $x \to c$ 时 $g \circ f$ 的极限为 $g(f(c))$.

> **定理 9　连续函数的复合函数**
>
> 如果 f 在 c 连续而 g 在 $f(c)$ 连续,那么复合函数 $g \circ f$ 在 c 连续.

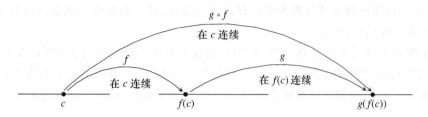

图 1.53　连续函数的复合函数是连续函数.

直观上看定理 9 是合理的,因为如果 x 接近 c,那么 $f(x)$ 就接近 $f(c)$,又因为 g 在 $f(c)$ 处连续,由此得出 $g(f(x))$ 接近 $g(f(c))$.

例 6(运用定理 9)　说明

$$y = \left| \frac{x \sin x}{x^2 + 2} \right|$$

是连续函数.

解　$y = |(x \sin x)/(x^2 + 2)|$ 的图形(图 1.54)揭示该函数在每个 x 值处连续. 令

$$g(x) = |x| \quad \text{和} \quad f(x) = \frac{x \sin x}{x^2 + 2},$$

我们知道 y 是复合函数 $g \circ f$.

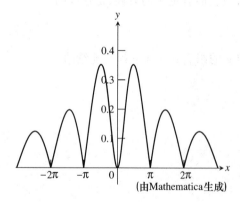

图 1.54　图形提示 $y = \left| \dfrac{x \sin x}{x^2 + 2} \right|$ 是连续的.(例 6)

我们知道绝对值函数 g 是连续的. 由定理 8 知函数 f 是连续的. 由定理 9 知该复合函数是连续的.

连续函数的中间值定理

在区间上连续的函数具有使之在数学和应用中特别有用的性质. 其中之一就是<u>中间值性质</u>. 说一个函数具有**中间值性质**,如果该函数取到两个值的话,该函数一定能取到这两个值之间的一切值.

定理 10　连续函数的中间值定理
在闭区间 $[a,b]$ 上连续的函数一定取到 $f(a)$ 和 $f(b)$ 之间的每一个值. 换言之，如果 y_0 是 $f(a)$ 和 $f(b)$ 之间的任何值，那么 $y_0 = f(c)$ 对 $[a,b]$ 中的某个 c 成立.

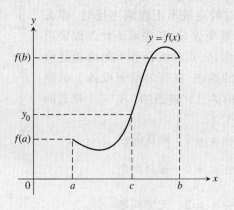

几何上，中间值定理是说，在数 $f(a)$ 和 $f(b)$ 之间与 y 轴相交的任何水平直线 $y = y_0$ 与区间 $[a,b]$ 上的曲线 $y = f(x)$ 至少相交一次.

f 在区间上的连续性对定理 10 来说是本质性的. 如果 f 即使在区间中的某一点间断，该定理的结论就可能不成立，就像图 1.55 中图示的函数那样.

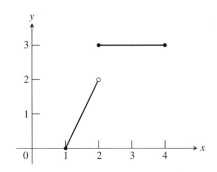

图 1.55　函数 $f(x) = \begin{cases} 2x - 2, & 1 \leqslant x < 2 \\ 3, & 2 \leqslant x \leqslant 4 \end{cases}$
并不取到 $f(1) = 0$ 和 $f(4) = 3$ 之间的一切值；在 2 和 3 之间的值它都取不到.

关于图形的推论：连通性　定理 10 就是区间 I 上连续函数的图形在该区间上不会有任何断开的理由. 像 $\sin x$ 的图形一样，连续函数的图形是一条**连通的**、单一而不断开的曲线. 它不会像最大整数函数 int x 的图形有跳跃也不会像 $1/x$ 的图形那样有分离的分支.

关于求根的推论　我们把方程 $f(x) = 0$ 的解称为该方程的**根**或者函数 f 的**零点**. 中间值定理告诉我们：如果 f 是连续的，任何使 f 取值变号的区间中一定包含该函数的一个零点.

用实用的话来讲，当我们在计算机屏幕上看到连续函数的图形穿过水平轴时，我们知道这不是一个台阶式的跨越. 确实存在一点，在该点处函数值为零. 这个推论导致对任何我们可以画出其图形的函数的零点的一种估算方法：

1. 在稍大点的区间上图示函数，粗略地看看零点在什么地方.
2. 在每个零点附近放大图形来估计零点的 x 坐标值.

注：求根的图解法.

你可以用习题中的某些题在你的图形计算器或计算机上来实践这种方法.

不可靠的图形 绘图器(计算器或计算机代数系统)画图几乎和你用手画图一样:用坐标绘点,或**象素**,然后依次把点连接起来. 当图形中间断点的相对的点被不正确地连接时,那么得到的图形可能会误导. 为避免误导,某些系统允许你采用"点模式",即只标绘出点. 但是,点模式也许不能揭示足够的信息来描绘图形的真正的性态. 在你的绘图设备上试画下列4个函数. 如果你能做的话,以"连通的"和"点"模式的方式把它们的图形画出来.

$$y_1 = x \text{ int } x \quad 在 x = 2 \quad 跳跃间断$$

$$y_2 = \sin\frac{1}{x} \quad 在 x = 0 \quad 振荡间断$$

$$y_3 = \frac{1}{x-2} \quad 在 x = 2 \quad 无穷间断$$

$$y_4 = \frac{x^2 - 2}{x - \sqrt{2}} \quad 在 x = 2 \quad 可去间断$$

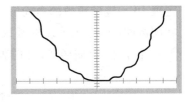

(a)

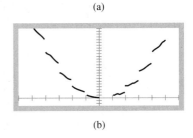

(b)

(a) 被不正确地以连通模式画出的 $y_1 = x \times \text{int } x$ 图形. (b) 以点模式正确地画出的 $y_1 = x \times \text{int } x$ 的图形.

例7(运用中间值定理) 是否存在某一实数正好比其立方数小1吗?

解 我们通过以下方式应用中间值定理来回答本问题. 任何这样的数一定满足方程 $x = x^3 - 1$,或等价地,$x^3 - x - 1 = 0$. 因此,我们要找连续函数 $f(x) = x^3 - x - 1$ 的零点(图1.56). $f(x)$ 在1和2之间改变符号,所以在1和2之间一定有一点 c 使 $f(c) = 0$.

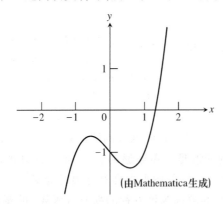

(由Mathematica生成)

图1.56 $f(x) = x^3 - x - 1$ 的图形. (例7)

习题 1.4

从图形看连续性

在题1-4中,说明在[-1,3]上图示的函数是否是连续的. 如果不是,何处不连续以及为什么?

1.
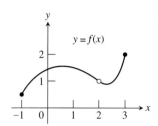

2.
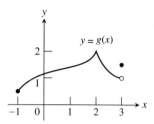

3.
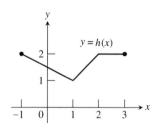

4.
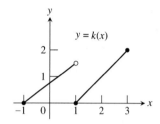

题 5 - 10 是有关在图 1.57 中图示的函数的,

$$f(x) = \begin{cases} x^2 - 1, & -1 \leqslant x < 0 \\ 2x, & 0 < x < 1 \\ 1, & x = 1 \\ -2x + 4, & 1 < x < 2 \\ 0, & 2 < x < 3 \end{cases}$$

5. (a) $f(-1)$ 是否存在? (b) $\lim\limits_{x \to -1^+} f(x)$ 是否存在?
   (c) 是否 $\lim\limits_{x \to -1^+} f(x) = f(-1)$? (d) f 是否在 $x = -1$ 处连续?

6. (a) $f(1)$ 是否存在? (b) $\lim\limits_{x \to 1} f(x)$ 是否存在?
   (c) 是否 $\lim\limits_{x \to 1} f(x) = f(1)$? (d) f 是否在 $x = 1$ 处连续?

7. (a) f 在 $x = 2$ 有定义吗? (察看 f 的图形.)
   (b) f 在 $x = 2$ 连续吗?

8. 在什么点处 f 是连续的?

9. 什么值应指定给 $f(2)$ 才能使得延拓后的函数在 $x = 2$ 连续?

10. $f(1)$ 取什么新值就能消去间断?

图 1.57 题 5 - 10 中函数的图形.

运用连续性检验法则

题 11 和 12 中在哪些点处函数不连续?在哪些点其间断是可去的?是不可去的?对你的回答给出理由.

11. 1.1 节题 11.   **12.** 1.1 节题 12.

题 13 - 20 中的函数在什么样的区间上连续?

13. $y = \dfrac{1}{x - 2} - 3x$ 14. $y = \dfrac{1}{(x + 2)^2} + 4$ 15. $z = \dfrac{t + 1}{t^2 - 4t + 3}$

16. $u = \dfrac{1}{|t| + 1} - \dfrac{t^2}{2}$ 17. $r = \dfrac{\cos \theta}{\theta}$ 18. $y = \tan \dfrac{\pi \theta}{2}$

19. $s = \sqrt{2v+3}$ 20. $y = \sqrt[4]{3x-1}$

复合函数

求题 21-24 中的极限. 在极限中要趋向的点处函数连续吗?

21. $\lim\limits_{x \to \pi} \sin(x - \sin x)$ 22. $\lim\limits_{t \to 0} \sin\left(\dfrac{\pi}{2} \cos(\tan t)\right)$

23. $\lim\limits_{y \to 1} \sec(y \sec^2 y - \tan^2 y - 1)$ 24. $\lim\limits_{\theta \to 0} \tan\left(\dfrac{\pi}{4} \cos(\sin \theta^{\frac{1}{3}})\right)$

理论和例子

25. **为学而写** 已知 $[0,1]$ 上连续的函数 $y = f(x)$, 在 $x = 0$ 为负且在 $x = 1$ 为正. 关于方程 $f(x) = 0$ 有什么可说的? 画一草图来说明.

26. **为学而写** 为什么方程 $\cos x = x$ 至少有一个解?

27. **为学而写** 试解释为什么下列 5 个陈述要求的是同样的信息.
    (a) 求 $f(x) = x^3 - 3x - 1$ 的零点.
    (b) 求曲线 $y = x^3$ 和直线 $y = 3x + 1$ 的交点的 x 坐标.
    (c) 求所有使 $x^3 - 3x = 1$ 的 x 的值.
    (d) 求三次曲线 $y = x^3 - 3x$ 和直线 $y = 1$ 的交点的 x 坐标.
    (e) 解方程 $x^3 - 3x - 1 = 0$.

28. **解方程** 如果 $f(x) = x^3 - 8x + 10$, 证明至少有一个 c 值, 使得 $f(c)$ 等于
    (a) π (b) $-\sqrt{3}$ (c) $5\,000\,000$.

29. **可去间断** 试给出一个除 $x = 2$ 外在一切 x 值连续的函数 $f(x)$ 的例子, 该函数在 $x = 2$ 处有一个可去间断. 试解释你怎么知道 f 在 $x = 2$ 有间断以及你怎么知道这个间断是可去的.

30. **非可去间断** 试给出一个除 $x = -1$ 外在一切 x 值连续的函数 $g(x)$ 的例子, 该函数在 $x = -1$ 处有一个非可去间断. 试解释你怎么知道在 $x = -1$ g 有间断以及你怎么知道这个间断是非可去的.

31. **多项式的因子分解** 求因式分解中的 r_1 到 r_5, 舍入到小数点后三位
    $$x^5 - x^4 - 5x^3 = (x - r_1)(x - r_2)(x - r_3)(x - r_4)(x - r_5).$$

T 32. **多项式的因子分解** 你要把多项式 $x^3 - 3x - 1$ 重写为形式 $(x - r)q(x)$, 其中 $q(x)$ 是一个二次多项式. 舍入到三位小数, 你选的 r 是什么?

33. **每点都不连续的函数**
    (a) 利用每个非空实数区间都既包含有理数也包含无理数这一事实, 证明函数
    $$f(x) = \begin{cases} 1 & \text{如果 } x \text{ 是有理数} \\ 0 & \text{如果 } x \text{ 是无理数} \end{cases}$$
    在每一点都是不连续的.
    (b) f 是否在任何点右连续或左连续?

34. **为学而写** 如果函数 $f(x)$ 和 $g(x)$ 在 $0 \leq x \leq 1$ 上连续, $f(x)/g(x)$ 在 $[0,1]$ 上的某一点可能间断吗? 对你的回答说明理由.

35. **为学而写** 在某一区间上永不为零的连续函数在该区间上绝不会变号, 这个结论是正确的吗? 对你的回答给出理由.

36. **拉伸一条橡皮带** 如果你拉伸一条橡皮带使一个端点往右运动而另一个端点往左运动, 那么带中某些点最终停在它原先的位置上, 这个结论对吗? 对你的回答给出理由.

37. **不动点定理** 假设函数 f 在闭区间 $[0,1]$ 上连续并且对 $[0,1]$ 上任一点有 $0 \leq f(x) \leq 1$. 试证明 $[0,1]$ 中一定存在一点 c 使得 $f(c) = c$ (c 称为 f 的**不动点**).

38. **连续函数的保持符号的性质** 设 f 定义在区间 (a,b) 上又假设在某点 c, f 连续且有 $f(c) \neq 0$. 试证明存在关于 c 的区间 $(c - \delta, c + \delta)$, f 在该区间上有和 $f(c)$ 同样的符号. 注意这个结论是多么的不平凡. 尽管 f

在整个 (a,b) 上有定义,但并不要求除 c 点外的任何点处函数连续.函数在 c 点连续以及条件 $f(c) \neq 0$ 足以使函数在整个(小)区间上异于零(或为正或为负).

T 39. 工资谈判 一位焊工的合同承诺 4 年里每年涨工资 3.5%,而 Luisa 的起始工资是 36 500 美元.
 (**a**) 说明 Luisa 的工资由 $y = 36\,500(1.035)^{\text{int }t}$ 给出,其中 t 表示自从 Luisa 签署合同后以年计的时间.
 (**b**) 图示 Luisa 的工资函数.在 t 的那些值该函数是连续的?

T 40. 机场停车场 Valuepark 停车场每小时或不到一小时的收费为 1.10 美元.一天最高的收费为 7.25 美元.
 (**a**) 对 x 小时,$0 \leqslant x \leqslant 24$,停车的收费写出公式.(提示:参见题 39.)
 (**b**) 画(a)中函数的图形.在 x 的那些值该函数是连续的?

计算机探究

连续延拓到一点

我们在 1.2 节就知道有理函数即使在其分母为零的点处也可能是连续的.如果 $f(c)$ 没有定义,但 $\lim_{x \to c} f(x) = L$,我们可以如下地定义一个新函数 $F(x)$

$$F(x) = \begin{cases} f(x) & \text{如果 } x \text{ 在 } f \text{ 的定义域中} \\ L & \text{如果 } x = c \end{cases}$$

函数 $F(x)$ 在 $x = c$ 连续.这称为把 $f(x)$ **连续延拓**到 $x = c$.对有理函数而言连续延拓通常是通过消去分子、分母的公因子来求得的.

在题 41 – 44 中画函数 f 的图形,看看是否显示出可以连续延拓到原点.如果可以的话,利用计算器上的 Trace 和 Zoom 键求得 $x = 0$ 处的一个候选延拓后的函数值.如果看来没有可能连续延拓,能否从左或从右延拓到原点使之成为在原点左连续或右连续.如果可以的话,你认为延拓后的函数值应为多少?

41. $f(x) = \dfrac{10^x - 1}{x}$ **42.** $f(x) = \dfrac{10^{|x|} - 1}{x}$

43. $f(x) = \dfrac{\sin x}{|x|}$ **44.** $f(x) = (1 + 2x)^{1/x}$

从图形解方程

利用图形计算器或计算机绘图软件求解题 45 – 52 中的方程.把每个解舍入到小数点后四位小数.

45. $x^3 - 3x - 1 = 0$ **46.** $2x^3 - 2x^2 - 2x + 1 = 0$
47. $x(x-1)^2 = 1$ (1 个根)   **48.** $x^x = 2$
49. $\sqrt{x} + \sqrt{1+x} = 4$ **50.** $x^3 - 15x + 1 = 0$(3 个根)
51. $\cos x = x$(1 个根).确认你用的是弧度模式.   **52.** $2\sin x = x$(3 个根).确认你用的是弧度模式.

1.5 切线

什么是曲线的切线? • 求函数图形的切线 • 变化率:在一点处的导数

本节继续 1.1 节开始的割线和切线的讨论.我们计算割线的斜率的极限来求曲线的切线.

什么是曲线的切线？

P
L
O

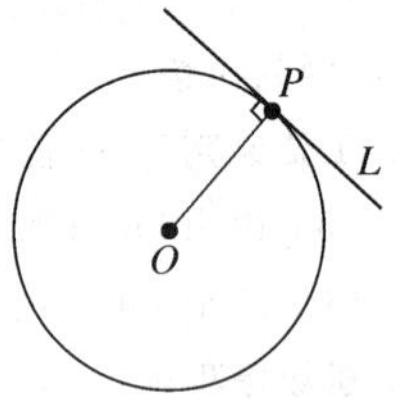

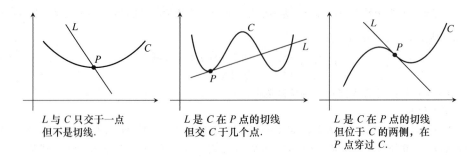

图 1.58 L 是圆周上点 P 的切线，如果 L 过点 P 且垂直于半径 OP.

对圆来说，相切的概念是很直接的. 直线 L 是圆周上一点 P 的切线，如果 L 过点 P 且垂直于点 P 的半径（图 1.58）. 这样一条直线刚好触到圆周. 但是说直线 L 是另一条曲线 C 上点 P 的切线的含义是什么呢？从圆的几何概括想象，我们可以说这意味着以下几条中的一条.

1. L 过点 P 且垂直于从点 P 到曲线 C 中心的连线.

2. L 只过 C 上的一点，即点 P.

3. L 过点 P 且只位于曲线 C 的一侧.

尽管当曲线 C 是圆时这些陈述都是对的，但对于更一般的曲线来说，三条中没有一条能相容地表达切线的含义. 大多数曲线没有中心，我们想称之为切线的直线可能与曲线 C 相交于其他的点或者在切点穿过曲线（位于曲线的两侧）（图 1.59）.

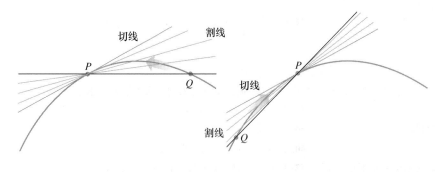

L
C
P
L 与 C 只交于一点
但不是切线.
C
L
P
L 是 C 在 P 点的切线
但交 C 于几个点.
L
C
P
L 是 C 在 P 点的切线
但位于 C 的两侧，在
P 点穿过 C.

图 1.59 探究有关切线的误解.

切线
割线
P
Q
P
切线
割线
Q

图 1.60 动态地趋向切点. 曲线在点 P 的切线是过 P 的直线其斜率是当曲线上的点 Q 沿曲线从点 P 的两侧趋于点 P 时割线 QP 的斜率的极限.

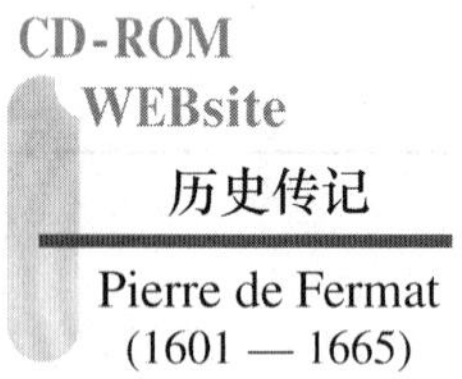

CD-ROM
WEBsite
历史传记
Pierre de Fermat
(1601 — 1665)

为定义与一般曲线相切的概念，我们需要一种动态处理的方法，这种方法考虑了过点 P 和附近点 Q 当 Q 沿曲线（图 1.60）向点 P 移动时过 PQ 的割线的性态. 该方法的大致步骤如下：

1. 从我们能计算的东西开始，即割线 PQ 的斜率.

2. 研究当点 Q 沿曲线趋于点 P 时割线的极限.

3. 如果极限存在，就把它取作曲线在点 P 的斜率，并把过点 P 具有这个斜率的直线定义为曲线在点 P 的切线.

这种方法正是我们在 1.1 节的岩石下落及挡热罩例子中所做过的.

注:你们怎样求曲线的切线?

这个问题是 17 世纪早期首要的数学问题,说那个时代的科学家非常想知道这个问题的答案是不为过的. 在光学中,切线决定着光线射入弯曲的镜头的角度. 在力学中物体沿其运动路径每一点的运动的方向. 在几何学中在相交点处的两条曲线的切线决定在该点相交的曲线的交角. René Descartes(笛卡儿)说求曲线的切线问题"不但是我所知道的最有用最一般的问题,而且,甚至可以说,是我仅仅想在几何里知道的问题."(译注:见 Morris Kline, Mathematical Thought from Ancient to Modern Times, Oxford University Press, 1972, p. 345. 中译本,[美]莫里斯·克莱因著,古今数学思想,第二册,上海科学技术出版社,2002, p. 53.)

例 1(抛物线的切线) 求抛物线 $y = x^2$ 点 $P(2,4)$ 处的切线. 写出抛物线在该点的切线的方程.

解 我们从过点 $P(2,4)$ 和邻近点 $Q(2+h, (2+h)^2)$ 的割线开始. 再写出割线 PQ 斜率的表达式并研究当点 Q 沿抛物线趋于点 P 时斜率会有什么变化发生:

$$\text{割线斜率} = \frac{\Delta y}{\Delta x} = \frac{(2+h)^2 - 2^2}{h} = \frac{h^2 + 4h + 4 - 4}{h}$$

$$= \frac{h^2 + 4h}{h} = h + 4.$$

如果 $h > 0$,那么 Q 位于 P 的右上方,如图 1.61 所示;如果 $h < 0$,那么 Q 位于 P 的左下方(图 1.61 中没有标出). 两种情形中,当点 Q 沿曲线趋于 P 时,h 都趋于零而且割线斜率趋于 4:

$$\lim_{h \to 0}(h + 4) = 4.$$

我们就取 4 作为该抛物线在点 P 的斜率.

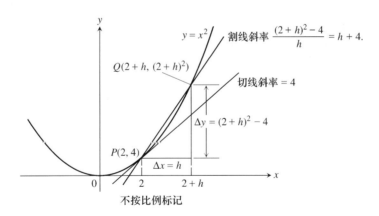

图 1.61 求抛物线 $y = x^2$ 在点 $(2,4)$ 的斜率的图解.(例 1)

过点 P 的抛物线的切线就是过点 P 斜率为 4 的直线:

$$y = 4 + 4(x - 2) \quad \text{点 - 斜式方程}$$
$$y = 4x - 4$$

求函数图形的切线

为求任意曲线 $y = f(x)$ 在点 $P(x_0, f(x_0))$ 的切线,我们采用同样的动态方法. 我们计算过

点 P 和点 $Q(x_0 + h, f(x_0 + h))$ 的割线的斜率. 然后研究当 $h \to 0$ 时该斜率的极限(图 1.62). 如果该极限存在,我们就称它为曲线在点 P 的斜率并把曲线在点 P 的切线定义为过点 P 且以切线斜率为斜率的直线.

定义   斜率和切线

曲线 $y = f(x)$ 在点 $P(x_0, f(x_0))$ 的**斜率**是数

$$m = \lim_{h \to 0} \frac{f(x_0 + h) - f(x_0)}{h} \quad (倘若这个极限存在).$$

曲线在点 P 的**切线**是过点 P 且以 m 为斜率的直线.

每当我们作一个新的定义时,试着把新定义用在我们熟悉的事物,确认它给出我们要的熟悉的结果,这总是很好的想法. 例 2 表明斜率的新定义和我们用于非垂直直线的老定义是一致的.

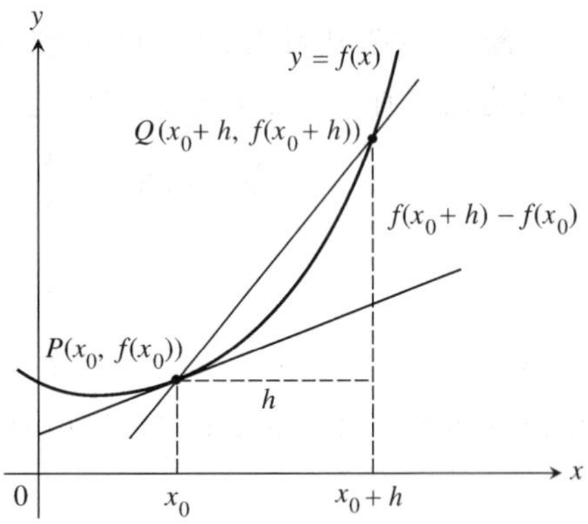

例 2(检验定义)   证明直线 $y = mx + b$ 是它自己在点 $(x_0, mx_0 + b)$ 的切线.

解   令 $f(x) = mx + b$,并用三步来证明上述结论.

第 1 步:求 $f(x_0)$ 和 $f(x_0 + h)$.

$$f(x_0) = mx_0 + b$$
$$f(x_0 + h) = m(x_0 + h) + b$$
$$= mx_0 + mh + b$$

第 2 步:求斜率 $\lim_{h \to 0}(f(x_0 + h) - f(x_0))/h$.

$$\lim_{h \to 0} \frac{f(x_0 + h) - f(x_0)}{h} = \lim_{h \to 0} \frac{(mx_0 + mh + b) - (mx_0 + b)}{h}$$
$$= \lim_{h \to 0} \frac{mh}{h} = m$$

第 3 步:用点 - 斜式方程求切线. 在点 $(x_0, mx_0 + b)$ 的切线为

$$y = (mx_0 + b) + m(x - x_0)$$
$$y = mx_0 + b + mx - mx_0$$
$$y = mx + b.$$

图 1.62   切线斜率是 $\lim_{h \to 0} \dfrac{f(x_0 + h) - f(x_0)}{h}$.

例 3 $y = 1/x$ **的斜率和切线**

(a) 求曲线 $y = 1/x$ 在 $x = a$ 的斜率.

(b) 在何处斜率等于 $-1/4$?

(c) 在点 $(a, 1/a)$ 处曲线的切线当 a 变化时会发生什么样的变化?

注:怎样求曲线 $y = f(x)$ 在 (x_0, y_0) 的切线

1. 计算 $f(x_0)$ 和 $f(x_0 + h)$.

2. 计算斜率 $m = \lim\limits_{h \to 0} \dfrac{f(x_0 + h) - f(x_0)}{h}$.

3. 如果极限存在,所求切线为

$$y = y_0 + m(x - x_0).$$

解 (**a**) 这里 $y = 1/x$. 在 $(a, 1/a)$ 的斜率为

$$\lim_{h \to 0} \frac{f(a+h) - f(a)}{h} = \lim_{h \to 0} \frac{\dfrac{1}{a+h} - \dfrac{1}{a}}{h} = \lim_{h \to 0} \frac{1}{h} \frac{a - (a+h)}{a(a+h)}$$

$$= \lim_{h \to 0} \frac{-h}{ha(a+h)} = \lim_{h \to 0} \frac{-1}{a(a+h)} = -\frac{1}{a^2}$$

注意为什么直到我们可以直接代入 $h = 0$ 来计算极限之前一定要在分式前写上"$\lim\limits_{h \to 0}$".

(**b**) 在点 $(a, 1/a)$ 曲线 $y = 1/x$ 的斜率是 $-1/a^2$. 倘若

$$-\frac{1}{a^2} = -\frac{1}{4}.$$

那么斜率就是 $-1/4$. 这个方程等价于 $a^2 = 4$, 所以 $a = 2$ 或 $a = -2$. 曲线在两点 $(2, 1/2)$ 和 $(-2, -1/2)$ 处的斜率均为 $-1/4$(图 1.63).

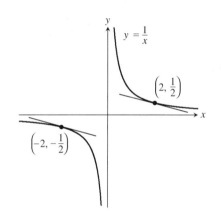

图 1.63 $y = 1/x$ 有两条切线, 其斜率均为 $-1/4$.

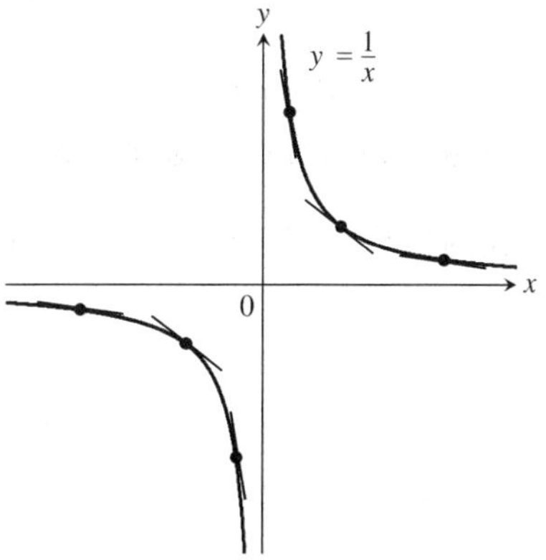

图 1.64 在原点附近很陡的切线斜率, 当切点移开时变得较为平坦.

(**c**) 注意到斜率 $-1/a^2$ 总是负的. 当 $a \to 0^+$ 时斜率趋于 $-\infty$, 切线变得愈来愈陡 (图 1.64). 我们看到 $a \to 0^-$ 时的情形是一样的. 当 a 从原点往两个方向移出时, 斜率趋于 0^- 从而切线变得平坦了.

CD-ROM
WEBsite
历史传记
René François de
Sluse
(1622 — 1685)

变化率: 在一点处的导数

表达式

$$\frac{f(x_0 + h) - f(x_0)}{h}$$

称为 f 在 x_0 **处增量为** h **的差商**. 如果 $h \to 0$ 时差商有极限, 那么这个极限就称为 f **在** x_0 **的导数**. 如果我们把差商解释为割线的斜率, 那么导数就给出了在 $x = x_0$ 点处曲线的斜率和切线的斜率. 如果我们把差商解释为 1.1 节中曾论述过的平均变化率, 那么导数就给出了函数在 $x = x_0$ 处关于 x 的变化率. 导数是微积分所考虑的两个最重要的对象之一. 我们在第 2 章中开始对导数的全面的学

习. 另一个重要对象是积分, 我们将从第 4 章开始学习积分.

例 4 **瞬时速度**(1.1 节例 1 和例 2 的继续)

在 1.1 节的例 1 和例 2 中, 我们研究了在地球表面附近岩石从静止自由下落的速度. 我们知道岩石在头 t 秒下落 $y = 16t^2$ 英尺, 而且我们还用愈来愈短的区间上的一串平均变化率来估算在瞬间 $t = 2$ 时岩石的速度. 精确地说岩石在该时刻的速度是多少?

注: 下列所有的陈述指的是同一件事情

1. $y = f(x)$ 在 $x = x_0$ 处的斜率
2. 曲线 $y = f(x)$ 在 $x = x_0$ 的切线的斜率
3. $f(x)$ 在 $x = x_0$ 关于 x 的变化率
4. f 在 $x = x_0$ 的导数
5. $\lim_{h \to 0} \dfrac{f(x_0 + h) - f(x_0)}{h}$

解 令 $f(x) = 16t^2$. 在 $t = 2$ 和 $t = 2 + h$ 的时间里岩石的平均速度为

$$\frac{f(2+h) - f(2)}{h} = \frac{16(2+h)^2 - 16(2)^2}{h}$$

$$= \frac{16(h^2 + 4h)}{h} = 16(h + 4).$$

在瞬间 $t = 2$, 岩石的速度为

$$\lim_{h \to 0} 16(h + 4) = 16(0 + 4) = 64 \text{ 英尺 / 秒}.$$

我们原先的估算 64 英尺 / 秒是正确的.

习题 1.5

斜率和切线

在题 1 - 4 中, 利用格点和直边对曲线在点 P_1 和点 P_2 的斜率(以 y 单位 /x 单位计)作粗略的估计. 在印刷机开机印刷的过程中图形可能会有移动, 所以你的估计和书末的答案会有些许不同.

1.
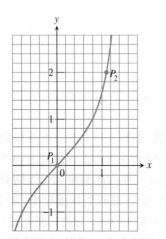

2.
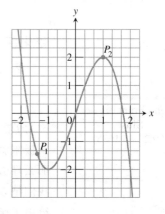

3. 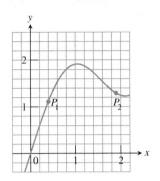 **4.**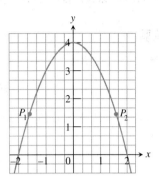

在题 5–8 中,求曲线在给定点切线的方程. 把曲线和切线一起画出来.

5. $y = 4 - x^2$,　$(-1, 3)$　　　　**6.** $y = 2\sqrt{x}$,　$(1, 2)$

7. $y = x^3$,　$(-2, -8)$　　　　**8.** $y = \dfrac{1}{x^3}$,　$(-2, -1/8)$

在题 9–12 中,求函数图形在给定点的斜率. 然后求该图形在给定点的切线的方程.

9. $f(x) = x - 2x^2$,　$(1, -1)$　　　**10.** $h(t) = t^3 + 3t$,　$(1, 4)$

11. $g(u) = \dfrac{u}{u-2}$,　$(3, 3)$　　　**12.** $f(x) = \sqrt{x+1}$,　$(8, 3)$

在题 13 和 14 中,求指明 x 处的曲线的斜率.

13. $y = \dfrac{1}{x-1}$,　$x = 3$　　　**14.** $y = \dfrac{x-1}{x+1}$,　$x = 0$

具有指定斜率的切线

在题 15 和 16 的函数图形的那些点处有水平切线?

15. $f(x) = x^2 + 4x - 1$　　　　**16.** $g(x) = x^3 - 3x$

17. 求曲线 $y = 1/(x-1)$ 的斜率为 -1 的所有切线的方程.

18. 求曲线 $y = \sqrt{x}$ 的斜率为 $1/4$ 的切线的方程.

变化率

19. 从塔楼扔下的物体　一物体从 100 m 高的塔楼被扔下来. 在 t 秒时它离地面的高度为 $100 - 4.9t^2$ m, 扔下 2 秒后它的速度有多快?

20. 火箭的速度　火箭发射 t 秒后,火箭的高度为 $3t^2$ 英尺. 火箭发射后第 10 秒时爬高的速度有多快?

21. 变半径的圆面积　当半径 $r = 3$ 时,圆面积 $(A = \pi r^2)$ 关于半径的变化率为多少?

22. 变半径的球体积　当半径 $r = 2$ 时,球的体积 $(V = (4/3)\pi r^3)$ 关于半径的变化率等于多少?

23. 火星上的自由落体　火星表面(见右图)自由落体的方程是 $s = 1.86t^2$ 米, t 以秒计. 假设一块岩石从 200 米高的悬崖顶上掉下来. 求岩石在 $t = 1$ 秒时的速度.

24. 木星上的自由落体　木星表面自由落体的方

程是 $s = 11.44t^2$ 米,t 以秒计.假设一块岩石从 500 米高的悬崖顶上掉下来.求岩石在 $t = 2$ 秒时的速度.

切线的检验

25. 为学而写

$$f(x) = \begin{cases} x^2\sin(1/x), & x \neq 0 \\ 0, & x = 0 \end{cases}$$

的图形在原点有切线吗?对你的回答给出理由.

26. 为学而写

$$f(x) = \begin{cases} x\sin(1/x), & x \neq 0 \\ 0, & x = 0 \end{cases}$$

的图形在原点有切线吗?对你的回答给出理由.

垂直切线

我们说曲线 $y = f(x)$ 在点 $(x_0, f(x_0))$ 处有一条**垂直切线**,如果 $\lim\limits_{h \to 0} \dfrac{f(x_0 + h) - f(x_0)}{h} = \infty$ 或 $-\infty$.

如果 $f(x) = x^{1/3}$,在点 $(0,0)$ 处有垂直切线:

$$\lim_{h \to 0} \frac{f(0+h) - f(0)}{h} = \lim_{h \to 0} \frac{h^{1/3} - 0}{h} = \lim_{h \to 0} \frac{1}{h^{2/3}} = \infty$$

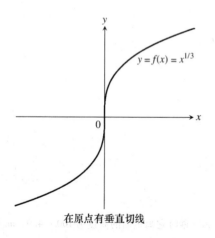

在原点有垂直切线

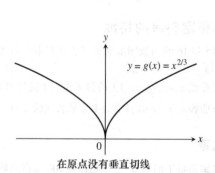

在原点没有垂直切线

如果 $g(x) = x^{\frac{2}{3}}$,在 $(0,0)$ 处没有垂直切线:

$$\lim_{h \to 0} \frac{g(0+h) - g(0)}{h} = \lim_{h \to 0} \frac{h^{2/3} - 0}{h} = \lim_{h \to 0} \frac{1}{h^{1/3}}$$

不存在,因为当 h 从右边趋于零时极限为 ∞;而当 h 从左边趋于零时极限为 $-\infty$.

27. 为学而写

$$f(x) = \begin{cases} -1, & x < 0 \\ 0, & x = 0 \\ 1, & x > 0 \end{cases}$$

的图形在原点有垂直切线吗?对你的回答给出理由.

28. 为学而写

$$U(x) = \begin{cases} 0, & x < 0 \\ 1, & x \geq 0 \end{cases}$$

的图形在点(0,1)处有没有垂直切线?对你的回答给出理由.

计算机探究

在题 29 – 32 中,利用计算器或计算机求每个区间上函数的平均变化率.

29. $f(x) = e^x$
  (**a**)[-2,0]   (**b**)[1,3]

30. $f(x) = \ln x$
  (**a**)[1,4]   (**b**)[100,103]

31. $f(t) = \cot t$
  (**a**)[π/4,3π/4]   (**b**)[π/6,π/2]

32. $f(t) = 2 + \cos t$
  (**a**)[0,π]   (**b**)[-π,π]

33. 美国移民归化局的拨款 表 1.3 给出了若干年中美国移民归化局的联邦拨款数额.

表 1.3 联邦移民归化局的拨款

年份	拨款(百万美元)
1993	1.5
1994	1.6
1995	2.1
1996	2.6
1997	3.1

来源:Immigration and Naturalization Service as reported by Bob Laird in *USA Today*, February 18,1997.

(**a**) 求从 1993 到 1995 年拨款的平均变化率.
(**b**) 求从 1995 到 1997 年拨款的平均变化率.
(**c**) 设 $x = 0$ 表示 1990,$x = 1$ 表示 1991,等等.求该数据的二次回归方程并把它的图形和数据的散点图重叠在一起.(参见第 1 章第 1 节末有关利用计算器来做回归分析的介绍.)
(**d**) 利用回归方程计算(a)和(b)中的平均变化率.
(**e**) 利用回归方程求 1997 年的拨款增长有多快.

34. 国会的学术研究拨款 表 1.4 给出了美国国会在若干年中专门拨给大学学术研究课题的款项.

表 1.4 美国国会的学术研究拨款

年份	拨款(百万美元)
1988	225
1989	289
1990	270
1991	493
1992	684
1993	763
1994	651
1995	600
1996	296
1997	440

来源:*The Chronicle of Higher Educaion*,March 28,1997.

(**a**) 设 $x = 0$ 表示 1980,$x = 1$ 表示 1981,等等.画出数据的散点图.
(**b**) 设 P 表示与 1997 相应的点而 Q 表示任何先于 1997 年的点.对可能的割线 PQ 的斜率列表.
(**c**) **为学而写** 在计算的基础上,解释为什么有些人对预测 1997 年国会拨款的变化率很犹豫?

图形研究:垂直切线

(a) 画题 35 - 44 中的曲线的图形. 该图形在什么地方看来有垂直切线?

(b) 计算极限来确认你在(a)中的结论. 但是在你这样做之前, 读一下题 27 和 28 的引言.

35. $y = x^{\frac{2}{5}}$　　　　　　36. $y = x^{\frac{4}{5}}$　　　　　　37. $y = x^{\frac{1}{5}}$

38. $y = x^{\frac{3}{5}}$　　　　　　39. $y = 4x^{\frac{2}{5}} - 2x$　　　40. $y = x^{\frac{5}{3}} - 5x^{\frac{2}{3}}$

41. $y = x^{\frac{2}{3}} - (x-1)^{\frac{1}{3}}$　　42. $y = x^{\frac{1}{3}} + (x-1)^{\frac{1}{3}}$

43. $y = \begin{cases} -\sqrt{|x|}, & x \leq 0 \\ \sqrt{x}, & x > 0 \end{cases}$　　44. $y = \sqrt{|4-x|}$

画割线和切线

利用 CAS 对题 45 - 48 中的函数完成以下各步.

(a) 在区间 $x_0 - 1/2 \leq x \leq x_0 + 3$ 上画 $y = f(x)$ 的图形.

(b) 固定 x_0, 在 x_0 的差商

$$q(h) = \frac{f(x_0 + h) - f(x_0)}{h}$$

就变成步长 h 的函数. 把这个函数录入你装有 CAS 的计算机.

(c) 求 $h \to 0$ 时 q 的极限.

(d) 对 $h = 3, 2$ 和 1 定义割线 $y = f(x_0) + q * (x - x_0)$. 在(a)的区间上把它们和 f 以及切线画在一起.

45. $f(x) = x^3 + 2x, \quad x_0 = 0$　　46. $f(x) = x + \frac{5}{x}, \quad x_0 = 1$

47. $f(x) = x + \sin(2x), \quad x_0 = \pi/2$　　48. $f(x) = \cos x + 4\sin(2x), \quad x_0 = \pi$

指导你们复习的问题

1. 什么是从 $t = a$ 到 $t = b$ 的区间上的函数 $g(t)$ 的平均变化率? 它和割线有什么关系?

2. 为求函数 $g(t)$ 在 $t = t_0$ 的变化率, 必须算什么极限?

3. 什么是极限 $\lim\limits_{x \to x_0} f(x) = L$ 的非正式定义? 为什么这个定义是非正式的? 给出例子. $\lim\limits_{x \to x_0} f(x) = L$ 确切地意味着什么?

4. 当 x 趋于 x_0 时函数 $f(x)$ 的极限的存在性和极限值总是取决于函数在 $x = x_0$ 的情况吗? 试说明并给出例子.

5. 极限可能不存在时, 函数会出现什么样的性态? 给出例子.

6. 什么定理可用来计算极限? 给出怎样应用这些定理的例子.

7. 单侧极限和极限有什么样的关系? 有时候这种关系是怎样用来计算极限或证明极限不存在的? 给出例子.

8. $\lim\limits_{\theta \to 0} (\sin \theta)/\theta$ 的值是什么? θ 用度或弧度来度量是无所谓的吗? 试解释之.

9. $\lim\limits_{x \to \infty} f(x) = L$ 和 $\lim\limits_{x \to -\infty} f(x) = L$ 的意思是什么? 给出例子.

10. 什么是 $\lim\limits_{x \to \pm \infty} k$ (k 常数) 和 $\lim\limits_{x \to \pm \infty} (1/x)$? 你怎样把这些结果推广到其他的函数? 给出例子.

11. 你怎样求 $x \to \pm \infty$ 时有理函数的极限? 给出例子.

12. 什么是水平、垂直和斜的渐近线? 给出例子.

13. 如果函数要在其定义域的内点处连续必须满足哪些条件? 在端点的情形呢?

14. 审视函数的图形怎么会有助于告诉你函数在何处连续?
15. 函数在一点右连续的意思是什么?左连续呢?连续和单侧连续之间有什么关系?
16. 关于多项式的连续性可以说些什么?有理函数?三角函数?指数函数?对数函数?有理幂函数和函数的代数组合?复合函数?函数的绝对值?函数的反函数?
17. 函数在区间上连续是什么意思?
18. 函数连续是什么意思?给出例子来说明函数在其整个定义域上是不连续的但在其定义域中有选择的某些区间上仍然可以是连续的.
19. 什么是间断(性)的基本类型?对每种类型给出一个例子. 什么是可去间断?给一个例子.
20. 函数具有中间值性质是什么意思?什么条件能保证函数在区间上有这个性质?什么是图示和求解方程 $f(x)=0$ 的推论?
21. 常常说,如果你在纸上用铅笔画函数的图形时只要铅笔不离纸那么该函数就是连续的. 为什么这么说?
22. 直线与曲线 C 相切于点 P 的意思是什么?
23. 公式 $\lim_{h \to 0} \dfrac{f(x+h)-f(x)}{h}$ 的意义是什么?试从几何和物理上来解释该公式.
24. 你怎么求曲线 $y=f(x)$ 在其上一点 (x_0, y_0) 处的切线?
25. 曲线 $y=f(x)$ 在 $x=x_0$ 的斜率和该函数在 $x=x_0$ 关于 x 的变化率的关系是什么?和 f 在 x_0 的导数的关系是什么?

实践习题

极限和连续性

1. 画函数 $f(x)=\begin{cases} 1, & x \leq -1 \\ -x, & -1 < x < 0 \\ 1, & x=0 \\ -x, & 0 < x < 1 \\ 1, & x \geq 1. \end{cases}$ 的图形. 然后详细讨论 f 在 $x=-1,0$ 和 1 处的极限、单侧极限、连续(性)和单侧连续(性). 有没有间断是可去的?试解释之.

2. 对 $f(x)=\begin{cases} 0, & x \leq -1 \\ \dfrac{1}{x}, & 0 < |x| < 1 \\ 0, & x=1 \\ 1, & x>1 \end{cases}$ 按题 1 的要求再做一遍.

3. 假设 $f(t)$ 和 $g(t)$ 对一切 t 有定义而且 $\lim_{t \to t_0} f(t)=-7$ 以及 $\lim_{t \to t_0} g(t)=0$. 求 $t \to t_0$ 时下列函数的极限.
   (a) $3f(t)$ (b) $(f(t))^2$ (c) $f(t) \cdot g(t)$
   (d) $\dfrac{f(t)}{g(t)-7}$ (e) $\cos(g(t))$ (f) $|f(t)|$
   (g) $f(t)+g(t)$ (h) $1/f(t)$

4. 假设 $f(x)$ 和 $g(x)$ 对一切 x 有定义而且 $\lim_{x \to 0} f(x)=1/2$ 以及 $\lim_{x \to 0} g(x)=\sqrt{2}$. 求 $x \to 0$ 时下列函数的极限.
   (a) $-g(x)$ (b) $g(x) \cdot f(x)$ (c) $f(x)+g(x)$
   (d) $\dfrac{1}{f(x)}$ (e) $x+f(x)$ (f) $\dfrac{f(x) \cdot \cos x}{x-1}$

在题 5 和 6 中,如果题目所述的极限存在的话,求 $\lim_{x \to 0} g(x)$ 的值.

5. $\lim\limits_{x\to 0}\left(\dfrac{4-g(x)}{x}\right)=1$ 6. $\lim\limits_{x\to -4}(x\lim\limits_{x\to 0}g(x))=2$

7. 下列函数在什么区间上连续？

   (**a**) $f(x)=x^{\frac{1}{3}}$ (**b**) $g(x)=x^{\frac{3}{4}}$ (**c**) $h(x)=x^{-\frac{2}{3}}$ (**d**) $k(x)=x^{-\frac{1}{6}}$

8. 下列函数在什么区间上连续？

   (**a**) $f(x)=\tan x$ (**b**) $g(x)=\csc x$ (**c**) $h(x)=e^{-x}$ (**d**) $k(x)=\dfrac{\sin x}{x}$

求极限

在题 9-16 中，求极限或说明为什么极限不存在.

9. $\lim\dfrac{x^2-4x+4}{x^3+5x^2-14x}$

   (**a**) 当 $x\to 0$ (**b**) 当 $x\to 2$

10. $\lim\dfrac{x^2+x}{x^5+2x^4+x^3}$

    (**a**) 当 $x\to 0$ (**b**) 当 $x\to -1$

11. $\lim\limits_{x\to 1}\dfrac{1-\sqrt{x}}{1-x}$

12. $\lim\limits_{x\to a}\dfrac{x^2-a^2}{x^4-a^4}$

13. $\lim\limits_{h\to 0}\dfrac{(x+h)^2-x^2}{h}$

14. $\lim\limits_{x\to 0}\dfrac{(x+h)^2-x^2}{h}$

15. $\lim\limits_{x\to 0}\dfrac{\dfrac{1}{2+x}-\dfrac{1}{2}}{x}$

16. $\lim\limits_{x\to 0}\dfrac{(2+x)^3-8}{x}$

求题 17-28 中的极限.

17. $\lim\limits_{x\to\infty}\dfrac{2x+3}{5x+7}$

18. $\lim\limits_{x\to -\infty}\dfrac{2x^2+3}{5x^2+7}$

19. $\lim\limits_{x\to -\infty}\dfrac{x^2-4x+8}{3x^3}$

20. $\lim\limits_{x\to\infty}\dfrac{1}{x^2-7x+1}$

21. $\lim\limits_{x\to -\infty}\dfrac{x^2-7x}{x+1}$

22. $\lim\limits_{x\to\infty}\dfrac{x^4+x^3}{12x^3+128}$

23. $\lim\limits_{x\to\infty}\dfrac{\sin x}{\text{int }x}$ （如果你有绘图器，试着在 $-5\le x\le 5$ 上画函数的图形.）

24. $\lim\limits_{\theta\to 0}\dfrac{\cos\theta-1}{\theta}$ （如果你有绘图器，试着画 $f(x)=x(\cos(1/x)-1)$ 在原点附近的图形来"看看"它在无穷远处的极限.）

25. $\lim\limits_{x\to\infty}\dfrac{x+\sin x+2\sqrt{x}}{x+\sin x}$

26. $\lim\limits_{x\to\infty}\dfrac{x^{2/3}+x^{-1}}{x^{2/3}+\cos^2 x}$

27. $\lim\limits_{x\to\infty}e^{-x^2}$

28. $\lim\limits_{x\to -\infty}e^{1/x}$

T 29. 设 $f(x)=x^3-x-1$.

   (**a**) 证明 f 在 -1 和 2 之间有一零点.

   (**b**) 图形地求解方程 $f(x)=0$ 使误差至多为 10^{-8} 的量级.

   (**c**) 可以证明(b)中方程的解的精确值为

   $$\left(\dfrac{1}{2}+\dfrac{\sqrt{69}}{18}\right)^{1/3}+\left(\dfrac{1}{2}-\dfrac{\sqrt{69}}{18}\right)^{1/3}$$

   计算这个精确答案并与你在(b)中求得的值进行比较.

T 30. 设 $f(\theta)=\theta^3-2\theta+2$.

   (**a**) 证明 f 在 -2 和 0 之间有一零点.

   (**b**) 图形地求解方程 $f(\theta)=0$ 使误差至多为 10^{-4} 的量级.

   (**c**) 可以证明(b)中方程的解的精确值为

   $$\left(\sqrt{\dfrac{19}{27}}-1\right)^{1/3}-\left(\sqrt{\dfrac{19}{27}}+1\right)^{1/3}$$

   计算这个精确答案并与你在(b)中求得的值进行比较.

附加习题:理论、例子、应用

T 1. 给 0^0 指定值 指数法则告诉我们如果 a 是不等于零的数,那么 $a^0 = 1$. 指数法则还告诉我们,如果 n 是正数,那么 $0^n = 0$.

如果我们试图把这些法则推广到包括 0^0 的情形,那么我们会得到互相矛盾的结果. 第一个法则会得出 $0^0 = 1$,而第二个法则会得出 $0^0 \neq 0$.

这里我们不是要讨论问题的对错.也不是要讨论按法则原样地应用,所以就不会有矛盾. 事实上,我们可以把 0^0 定义为我们想要的任何值,只要你能说服别人同意.

你想要 0^0 取什么值?下面是一个也许能帮你作出决定的例子.(后面的题 2 是另一个例子.)

(a) 对 $x = 0.1, 0.01, 0.001$,等等,计算 x^x,只要你的计算器能算下去.记下你得到的值.什么样的模式你能够看出来?

(b) 在 $0 < x \leq 1$ 上画函数 $y = x^x$ 的图形.即使函数对 $x \leq 0$ 没有定义,图形也会从右边趋于 y 轴. 看似趋于什么 y 值吗?放大图形以支持你的想法.

T 2. 你可能想要 0^0 等于不为 0 或 1 的某个值的理由 当 $x > 0$ 增长时,数 $1/x$ 和 $1/(\ln x)$ 都趋于零. 当 x 增加时,数

$$f(x) = \left(\frac{1}{x}\right)^{1/(\ln x)}$$

会等于什么?以下是两种求法.

(a) 对 $x = 10, 100, 1000$ 等等计算 f,只要你的计算器能算下去. 什么样的模式你能看出来?

(b) 在包含原点在内的不同视窗画 f 的图形. 你看到了什么?沿图形追踪 y 值.你发现了什么?

3. 洛伦兹(Lorentz)短缩 在相对论中,对观察者来说,物体,例如说火箭的长度看来似乎是依赖于物体对于观察者的行进速度. 如果观察者量度静止时火箭的长度为 L_0,那么速度为 v 时的长度将是

$$L = L_0 \sqrt{1 - \frac{v^2}{c^2}}.$$

这个方程就是洛伦兹短缩方程. 其中 c 是光在真空中的速度,大约为 3×10^8 米/秒. 当 v 增加时会发生什么结果?求 $\lim_{v \to c^-} L$. 为什么要求左极限?

4. 控制水罐的排水量 托里切里(Torricelli)定律说如果你从附图所示的罐排水,那么水的流出率 y 等于一个常数乘以水深 x 的平方根. 常数依赖于流出管的大小和形状.

假设对某种水罐,$y = \sqrt{x}/2$. 你试图不断地通过软管往罐中加水以保持相当稳定的流出率.如果你想保持流出率在

(a) $y_0 = 1$ 英尺^3/分,误差不超过 0.2 英尺^3/分的范围内

(b) $y_0 = 1$ 英尺^3/分,误差不超过 0.1 英尺^3/分的范围内的话,水深必须保持在什么高度?

流出率:y 英尺^3/分

第 4 题图

5. 精密仪器中的热涨 我们知道大多数金属受热时会膨涨、冷却时会收缩. 有时候一件实验室仪器的尺寸是如此的至关重要,以致于车间必须在和实验室中使用该仪器的温度一样的温度条件下来制造该仪器. 70°F 的宽为 10 厘米典型的铝棒在该温度附近的宽度为

$$y = 10 + (t - 70) \times 10^{-4} \text{ 厘米}$$

假设你在重力波探测仪中正使用一种类似的棒,棒宽必须保持理想的以 10 厘米为中心,误差不超过 0.0005

厘米的宽度范围内. 温度必须在靠近 70°F 的什么范围内才能确保不超过这个容差.

6. 为学而写:对映点　有任何理由使人相信地球赤道上总存在一对对映(直径上相对的)点,在这两处温度是相同的?试解释之.

T 7. 几乎是线性的二次方程的根　方程 $ax^2 + 2x - 1 = 0$,其中 a 是一常数,有两个根,如果 $a > -1$ 并且 $a \neq 0$,一为正,另一为负:

$$r_+(a) = \frac{-1 + \sqrt{1+a}}{a}, \quad r_-(a) = \frac{-1 - \sqrt{1+a}}{a}.$$

(a) 当 $a \to 0$ 时, $r_+(a)$ 会发生什么情况?当 $a \to -1^+$ 呢?

(b) 当 $a \to 0$ 时, $r_-(a)$ 会发生什么情况?当 $a \to -1^+$ 呢?

(c) 通过画 $r_+(a)$ 和 $r_-(a)$ 作为 a 的图形来支持你的结论. 你看到了什么.

(d) 为增加支持力度,同时对 $a = 1.05, 0.2, 0.1$ 和 0.005 画 $f(x) = ax^2 + 2x - 1$ 的图形.

8. 单侧极限　如果 $\lim_{x \to 0^+} f(x) = A$ 而 $\lim_{x \to 0^-} f(x) = B$ 求

(a) $\lim_{x \to 0^+} f(x^3 - x)$　(b) $\lim_{x \to 0^-} f(x^3 - x)$　(c) $\lim_{x \to 0^+} f(x^2 - x^4)$　(d) $\lim_{x \to 0^-} f(x^2 - x^4)$

9. 极限和连续　下列陈述中那些是对的;那些是错的?如果是对的,说明为什么对;如果是错的,给出一个反例(即,确认结论是错的例子).

(a) 如果 $\lim_{x \to a} f(x)$ 存在但 $\lim_{x \to a} g(x)$ 不存在,那么 $\lim_{x \to a} (f(x) + g(x))$ 不存在.

(b) 如果 $\lim_{x \to a} f(x)$ 和 $\lim_{x \to a} g(x)$ 都不存在,那么 $\lim_{x \to a} (f(x) + g(x))$ 不存在.

(c) 如果 f 在 x 连续,那么 $|f|$ 也在 x 连续.　(d) 如果 $|f|$ 在 a 连续,那么 f 也在 a 连续.

10. 方程的根　证明方程 $x + 2\cos x = 0$ 至少有一个解.

极限的正式定义

在题 11 - 14 中,运用函数的正式定义,证明题中函数在 x_0 处连续.

11. $f(x) = x^2 - 7, \quad x_0 = 1$　　**12.** $g(x) = \dfrac{1}{2x}, \quad x_0 = \dfrac{1}{4}$

13. $h(x) = \sqrt{2x - 3}, \quad x_0 = 2$　　**14.** $F(x) = \sqrt{9 - x}, \quad x_0 = 5$

15. 只在一点连续的函数　设 $f(x) = \begin{cases} x & \text{如果 } x \text{ 是有理数} \\ 0 & \text{如果 } x \text{ 是无理数} \end{cases}$

(a) 证明 f 在 $x = 0$ 连续.

(b) 利用每个实数的非空开区间中既包含有理数又包含无理数这一事实,证明 f 在非零的 x 值处都是不连续的.

16. 狄利克雷(Dirichlet)直尺函数　如果 x 是一有理数,那么 x 可以唯一地表示为整数的商 $\dfrac{m}{n}$,其中 $n > 0$ 而且 m 和 n 没有大于 1 的公因子. (我们说这种分式处于<u>最低项</u>. 例如,6/4 用最低项来写就是 3/2.) 设 $f(x)$ 对 $[0,1]$ 中一切 x,由

$$f(x) = \begin{cases} \dfrac{1}{n} & \text{如果 } x = \dfrac{m}{n}, \text{以最低项表示的有理数} \\ 0 & \text{如果 } x \text{ 是无理数} \end{cases}$$

来定义. 例如, $f(0) = f(1) = 1, f\left(\dfrac{1}{2}\right) = \dfrac{1}{2}, f\left(\dfrac{1}{3}\right) = f\left(\dfrac{2}{3}\right) = \dfrac{1}{3}, f\left(\dfrac{1}{4}\right) = f\left(\dfrac{3}{4}\right) = \dfrac{1}{4}$,等等.

(a) 证明 f 在 $[0,1]$ 中每个有理数处间断.

(b) 证明 f 在 $[0,1]$ 中每个无理数处连续. (<u>提示</u>:如果 ε 是给定的正数,证明在 $[0,1]$ 中只有有限个有理数 r 能使 $f(r) \geq \varepsilon$.)

(c) 画 f 的图形. 你认为为什么要把 f 称为"直尺函数"?

2 导　数

概述　第1章中,我们定义曲线在一点的斜率为割线斜率的极限.称为导数的这个极限度量了函数在该点的变化率,而且是微积分最重要的概念之一.导数广泛应用于工程、科学、经济、医学和计算机科学,用以计算速度和加速度,解释机械的性态,当水从水罐中吸出时估计水罐中水位的下降,以及预测由于测量误差造成的后果.用计算极限的方法来求导数可能是冗长而且困难的.本章中,我们要发展各种方法使得求导数更容易些.

2.1　作为函数的导数

导数的定义 • 记号 • 常数函数、幂函数、函数乘以常数以及函数之和的导数 • 区间上的可微函数;单侧导数 • 从估算值画 f' 的图形 • 可微函数是连续函数 • 导数的中间值性质 • 二阶和高阶导数

CD-ROM
WEBsite
历史短文
The Derivative

第1章末,我们定义了曲线 $y=f(x)$ 在点 $x=x_0$ 处的斜率为

$$\lim_{h\to 0}\frac{f(x_0+h)-f(x_0)}{h}.$$

如果这个极限存在,我们就称之为 f 在 x_0 的导数. 现在,我们研究通过考虑在 f 定义域中每个点处这样的极限来导出的作为<u>函数的导数</u>.

导数的定义

定义　**导函数**
函数 $f(x)$ 关于变量 x 的**导数**是函数 f',它在 x 处的值为

$$f'(x)=\lim_{h\to 0}\frac{f(x+h)-f(x)}{h},$$

如果该极限存在的话.

注:从导数的定义计算 $f'(x)$

第 1 步:写出 $f(x)$ 和 $f(x+h)$ 的表达式.

第 2 步:展开并简化差商 $\dfrac{f(x+h)-f(x)}{h}$.

第 3 步:利用简化后的商式,通过计算极限 $f'(x)=\lim\limits_{h\to 0}\dfrac{f(x+h)-f(x)}{h}$ 来求得 $f'(x)$.

f' 的定义域是 f 的定义域中使上述极限存在的点的集合. f' 的定义域可能和 f 的定义域一样,也可能比 f 的定义域要小. 如果在一特定点 x 处 f' 存在,我们就说 f 在 x 是**可微的**(**有导数**). 如果在 f 的定义域的所有点处 f' 都存在,我们就说 f 是**可微的**.

例 1 运用定义

(**a**) 求 $y=\sqrt{x}, x>0$ 的导数.

(**b**) 求曲线 $y=\sqrt{x}$ 在 $x=4$ 处的切线.

解 (**a**) 第 1 步: $f(x)=\sqrt{x}$ 而 $f(x+h)=\sqrt{x+h}$

第 2 步: $\dfrac{f(x+h)-f(x)}{h} = \dfrac{\sqrt{x+h}-\sqrt{x}}{h}$

$\qquad\qquad\qquad\quad = \dfrac{(x+h)-x}{h(\sqrt{x+h}+\sqrt{x})} \qquad$ 乘上 $\dfrac{\sqrt{x+h}+\sqrt{x}}{\sqrt{x+h}+\sqrt{x}}$

$\qquad\qquad\qquad\quad = \dfrac{1}{\sqrt{x+h}+\sqrt{x}}$

第 3 步: $f'(x)=\lim\limits_{h\to 0}\dfrac{1}{\sqrt{x+h}+\sqrt{x}}=\dfrac{1}{2\sqrt{x}}$

参见图 2.1.

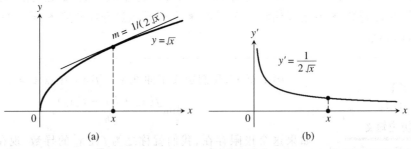

图 2.1 (a) $y=\sqrt{x}$ 和 (b) $y'=1/(2\sqrt{x})$ 的图形. 函数本身在 $x=0$ 有定义,但它的导数在 $x=0$ 处没有定义. (例 1)

(**b**) 曲线在 $x=4$ 处的斜率为

$$f'(4)=\dfrac{1}{2\sqrt{4}}=\dfrac{1}{4}.$$

切线就是过点 $(4,2)$ 且斜率为 $1/4$ 的直线(图 2.2).

$$y=2+\dfrac{1}{4}(x-4)$$

$$y=\dfrac{1}{4}x+1$$

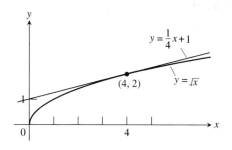

图 2.2　曲线 $y=\sqrt{x}$ 及其在点 $(4,2)$ 处的切线.切线斜率是通过计算在 $x=4$ 揣的 y' 求得的.（例 1）

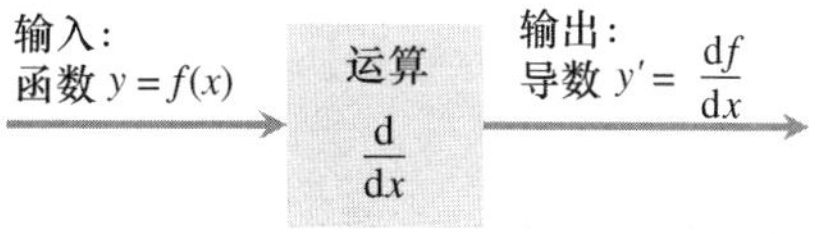

图 2.3　求关于 x 的导数的运算的流程图.

记号

有许多方式来记函数 $y=f(x)$ 的导数.除了 $f'(x)$ 外,最常用的记号有:

y' 念作"y 撇"　　　　很好且简洁的表示,但没有说出自变量是什么

$\dfrac{dy}{dx}$ 念作"dy""dx"　　说出了自变量并用 d 来表示导数

$\dfrac{df}{dx}$ 念作"df""dx"　　强调了函数的名称

$\dfrac{d}{dx}f(x)$ 念作"ddx""$f(x)$"　强调了微商是作用在 f 上的一种运算的概念（图 2.3）

注:"撇"记号来自 Newton 的著作,而记号 d/dx 则来自 Leibniz 的著作.

我们也把 $\dfrac{dy}{dx}$ 念作"y 关于 x 的导数"而把 $\dfrac{df}{dx}$ 和 $\dfrac{d}{dx}f(x)$ 念作"f 关于 x 的导数".

$y=f(x)$ 在 $x=a$ 处关于 x 的导数的值 $f'(a)=\lim\limits_{h\to 0}\dfrac{f(a+h)-f(a)}{h}$,也可以记作

$$y'\Big|_{x=a} \quad \text{或} \quad \dfrac{dy}{dx}\Big|_{x=a} \quad \text{或} \quad \dfrac{d}{dx}f(x)\Big|_{x=a}.$$

记号 $\Big|_{x=a}$ 称为**赋值记号**,它告诉我们要计算符号左边表达式在 $x=a$ 处的值.

计算导数的过程称为**微分**.例 1 说明了求函数 $y=\sqrt{x}$ 的导数的过程.现在我们来说明怎样不用每次都从定义出发来求函数的导数.

常数函数、幂函数、函数乘以常数以及函数之和的导数

第一条法则是,每个常数函数的导数是零函数.

法则 1　常数函数的导数

如果 f 取常数值 $f(x)=c$,则

$$\dfrac{df}{dx}=\dfrac{d}{dx}(c)=0.$$

例 2（运用法则 1） 如果 f 取常数值 $f(x) = 8$，则
$$\frac{df}{dx} = \frac{d}{dx}(8) = 0.$$

类似地，
$$\frac{d}{dx}\left(-\frac{\pi}{2}\right) = 0 \quad \text{以及} \quad \frac{d}{dx}(\sqrt{3}) = 0.$$

法则 1 的证明 我们把导数的定义用到 $f(x) = c$，输出为常数值 c 的函数（图 2.4）。在每个 x 值处，我们求得
$$f'(x) = \lim_{h \to 0} \frac{f(x+h) - f(x)}{h} = \lim_{h \to 0} \frac{c - c}{h} = \lim_{h \to 0} 0 = 0.$$

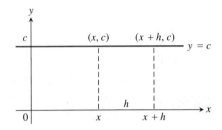

图 2.4 法则 $\frac{d}{dx}(c) = 0$ 的另一种说法是，常数函数的值永远不变以及水平线在每点的斜率都为 0。

第 2 条法则是说，如果 n 是正整数，怎样求 x^n 的导数。

法则 2 正整数幂法则

如果 n 是正整数，则
$$\frac{d}{dx} x^n = n x^{n-1}.$$

应用法则 2，我们从原来的幂指数 (n) 减去 1 再乘以 n。

例 3（解释法则 2）

f	x	x^2	x^3	x^4	⋯
f'	1	$2x$	$3x^2$	$4x^3$	⋯

CD-ROM
WEBsite
历史传记
Richard Courant
(1888 — 1972)

法则 2 的证明 如果 $f(x) = x^n$，则 $f(x+h) = (x+h)^n$，因为 n 是正整数，我们可以利用以下事实
$$a^n - b^n = (a-b)(a^{n-1} + a^{n-2} b + \cdots + a b^{n-2} + b^{n-1})$$
来简化 f 的差商。取 $x + h = a$ 和 $x = b$，我们有 $a - b = h$。因此
$$\frac{f(x+h) - f(x)}{h} = \frac{(x+h)^n - x^n}{h}$$
$$= \frac{(h)\left[(x+h)^{n-1} + (x+h)^{n-2} x + \cdots + (x+h) x^{n-2} + x^{n-1}\right]}{h}$$
$$= \underbrace{(x+h)^{n-1} + (x+h)^{n-2} x + \cdots + (x+h) x^{n-2} + x^{n-1}}_{n \text{项}, h \to 0 \text{时每项的极限为} x^{n-1}}$$

因此

$$\frac{\mathrm{d}}{\mathrm{d}x}x^n = \lim_{h \to 0}\frac{f(x+h)-f(x)}{h} = nx^{n-1}. \quad \square$$

第 3 条法则是说,如果可微函数乘以常数,则它的导数就是该函数的导数乘以同样的常数.

法则 3　乘常数法则

如果 u 是 x 的可微函数,而 c 是一常数,则

$$\frac{\mathrm{d}}{\mathrm{d}x}(cu) = c\frac{\mathrm{d}u}{\mathrm{d}x}.$$

例 4(运用法则 3)　　(a) $\dfrac{\mathrm{d}}{\mathrm{d}x}(3x^2) = 3 \cdot 2x = 6x$

解释:通过对每个 y 坐标乘以 3 来调整 $y = x^2$ 的图形,就使在点 x 处的斜率增加到原斜率的三倍(图 2.5).

(b)一种有用的特殊情形:可微函数取负号后的导数等于该函数的导数取负号. $c = -1$ 时的法则 3 给出

$$\frac{\mathrm{d}}{\mathrm{d}x}(-u) = \frac{\mathrm{d}}{\mathrm{d}x}(-1 \cdot u) = -1 \cdot \frac{\mathrm{d}}{\mathrm{d}x}(u)$$

$$= -\frac{\mathrm{d}u}{\mathrm{d}x}. \quad \square$$

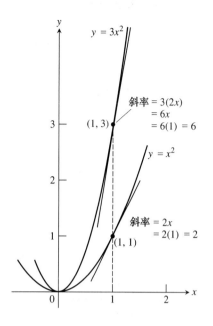

图 2.5　$y = x^2$ 和 $y = 3x^2$ 的图形.三倍 y 坐标三倍斜率.(例 4)

法则 3 的证明

$$\frac{\mathrm{d}}{\mathrm{d}x}cu = \lim_{h \to 0}\frac{cu(x+h)-cu(x)}{h} \quad f(x) = cu(x)\text{ 的导数的定义}$$

$$= c\lim_{h \to 0}\frac{u(x+h)-u(x)}{h} \quad \text{极限性质}$$

$$= c\frac{\mathrm{d}u}{\mathrm{d}x} \quad u \text{ 是可微的} \quad \square$$

下一条法则是说,两个可微函数和的导数等于它们的导数之和.

法则 4　导数和法则

如果 u 和 v 都是 x 的可微函数,则和 $u + v$ 在 u 和 v 都是可微的每点也是可微的.在这种点处,有

$$\frac{\mathrm{d}}{\mathrm{d}x}(u+v) = \frac{\mathrm{d}u}{\mathrm{d}x} + \frac{\mathrm{d}v}{\mathrm{d}x}.$$

注:用 u 和 v 表示函数　　当我们需要一个微商公式时,我们很可能是用 f 和 g 那样的字母表示正在处理的公式中的函数.当我们应用该公式时不希望以某种其他的方式使用同样的字母.为防止出现这样的问题,我们用早先不大可能用过的像 u 和 v 那样的字母来记微商法则中的函数.

例 5　和的导数

$$y = x^4 + 12x$$

$$\frac{dy}{dx} = \frac{d}{dx}(x^4) + \frac{d}{dx}(12x) = 4x^3 + 12.$$

法则 4 的证明　我们对 $f(x) = u(x) + v(x)$ 用导数的定义：

$$\frac{d}{dx}[u(x) + v(x)] = \lim_{h \to 0} \frac{[u(x+h) + v(x+h)] - [u(x) + v(x)]}{h}$$

$$= \lim_{h \to 0}\left[\frac{u(x+h) - u(x)}{h} + \frac{v(x+h) - v(x)}{h}\right]$$

$$= \lim_{h \to 0} \frac{u(x+h) - u(x)}{h} + \lim_{h \to 0} \frac{v(x+h) - v(x)}{h} = \frac{du}{dx} + \frac{dv}{dx}.$$

CD-ROM
WEBsite
历史传记
Colin Maclaurin
(1698 — 1746)

结合和法则以及乘常数法则就给出等价的**差法则**，即可微函数的差的导数等于它们的导数之差。

$$\frac{d}{dx}(u - v) = \frac{d}{dx}[u + (-1)v] = \frac{du}{dx} + (-1)\frac{dv}{dx} = \frac{du}{dx} - \frac{dv}{dx}.$$

也可把和法则推广到多于两个函数的和的情形，只要和式中只有有限个函数，如果 $u_1, u_2, \cdots, u_n$ 在 x 可微，那么 $u_1 + u_2 + \cdots + u_n$ 也在 x 可微，且

$$\frac{d}{dx}(u_1 + u_2 + \cdots + u_n) = \frac{du_1}{dx} + \frac{du_2}{dx} + \cdots + \frac{du_n}{dx}.$$

例 6　多项式的导数

$$y = x^3 + \frac{4}{3}x^2 - 5x + 1$$

$$\frac{dy}{dx} = \frac{d}{dx}x^3 + \frac{d}{dx}\left(\frac{4}{3}x^2\right) - \frac{d}{dx}(5x) + \frac{d}{dx}(1)$$

$$= 3x^2 + \frac{4}{3} \cdot 2x - 5 + 0 = 3x^2 + \frac{8}{3}x - 5.$$

注意到，我们可以对任何多项式逐项求导，就像我们对例 6 中的多项式求导那样。

注：所有多项式都是可微的。

例 7（求水平切线）　曲线 $y = x^4 - 2x^2 + 2$ 有水平切线吗？如果有的话，在何处？

解　如果有水平切线的话，一定在使斜率 $\frac{dy}{dx}$ 为零的地方。按以下步骤来求这样的点。

1. 计算 $\frac{dy}{dx}$：

$$\frac{dy}{dx} = \frac{d}{dx}(x^4 - 2x^2 + 2) = 4x^3 - 4x.$$

2. 对 x 解方程 $\frac{dy}{dx} = 0$：

$$4x^3 - 4x = 0$$
$$4x(x^2 - 1) = 0$$
$$x = 0, 1, -1.$$

曲线 $y = x^4 - 2x^2 + 2$ 在 $x = 0, 1$ 和 -1 处有水平切线。曲线上相应的点为 $(0, 2)$，$(1, 1)$ 和

$(-1,1)$. 参见图 2.6.

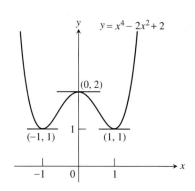

图 2.6 曲线 $y = x^4 - 2x^2 + 2$ 及其水平切线. (例 7)

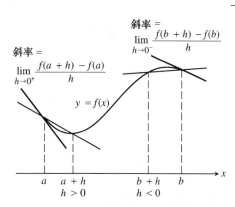

图 2.7 端点的导数是单侧极限.

区间上的可微函数;单侧导数

函数 $y = f(x)$ 在一(有限或无限)区间上**可微**,如果函数在区间的每点处可微. 函数在闭区间 $[a,b]$ 上可微,如果函数在区间内部区间 (a,b) 上可微而且在端点处极限

$$\lim_{h \to 0^+} \frac{f(a+h) - f(a)}{h} \quad a \text{ 点处的右侧导数}$$

$$\lim_{h \to 0^-} \frac{f(b+h) - f(b)}{h} \quad b \text{ 点处的左侧导数}$$

存在(图 2.7).

在函数定义域的任何点处都可以定义右侧和左侧导数. 对这两个导数通常的单侧和双侧极限间的关系是成立的. 由 1.2 节的定理 5,函数在一点有导数当且仅当该函数有左侧导数和右侧导数而且两者相等.

例 8 $y = |x|$ 在原点不可微

说明函数 $y = |x|$ 在 $(-\infty, 0)$ 和 $(0, \infty)$ 上是可微的,但在 $x = 0$ 处没有导数.

解 在原点的右侧

$$\frac{d}{dx}(|x|) = \frac{d}{dx}(x) = \frac{d}{dx}(1 \cdot x)$$

$$= 1. \quad \text{因为} \frac{d}{dx}(mx + b) = m$$

在原点的左侧

$$\frac{d}{dx}(|x|) = \frac{d}{dx}(-x) = \frac{d}{dx}(-1 \cdot x) = -1$$

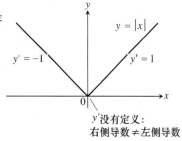

图 2.8 函数 $y = |x|$ 在原点不可微,原点处的图形有一个"角".

(图 2.8). 在原点没有导数,因为两个单侧导数不相等:

$$|x| \text{ 在 } x = 0 \text{ 的右侧导数} = \lim_{h \to 0^+} \frac{|0+h| - |0|}{h} = \lim_{h \to 0^+} \frac{|h|}{h}$$

$$= \lim_{h \to 0^+} \frac{h}{h} \quad |h| = h \text{ 当 } h > 0.$$

$$= \lim_{h \to 0^+} 1 = 1$$

$|x|$ 在 $x = 0$ 的左侧导数 $= \lim_{h \to 0^-} \dfrac{|0+h| - |0|}{h} = \lim_{h \to 0^-} \dfrac{|h|}{h}$

$$= \lim_{h \to 0^-} \dfrac{-h}{h} \quad |h| = -h \text{ 当 } h < 0.$$

$$= \lim_{h \to 0^-} -1 = -1.$$

一般的,如果函数的图形有一"角",那么在该点没有切线从而函数在该点不可微. 因此可微性是一种"光滑性"条件.

从估算值画 f' 的图形

当我们在实验室或现场度量函数 $y = f(x)$ 的值时(例如说压力对温度,或人口对时间),我们常常把数据点和那些画出 f 的图象的直线或曲线联系起来. 我们常常可以通过估计该图形上的斜率来画出 f' 的合理的图形.

下面的例子说明这是怎样进行的以及从这个过程中可以学到什么.

例 9(画导函数的图形) 画图 2.9a 中函数 $y = f(x)$ 的导数的图形.

解 我们画一对坐标轴,用 x 单位标记水平轴而以 y' 单位标记纵轴(图 2.9b). 并在许

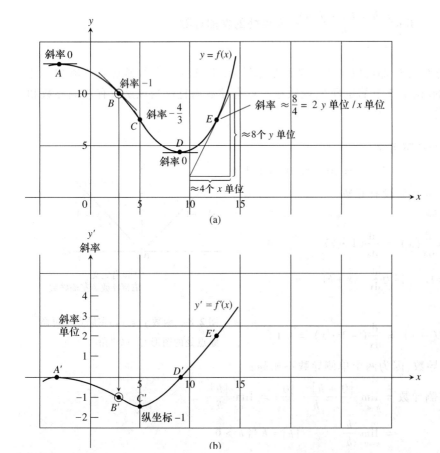

图 2.9 我们通过描点(a)中 $y = f(x)$ 图形的斜率值作出(b)中 $y' = f'(x)$ 的图形. B' 的纵坐标是在点 B 的斜率,等等. 下移 $y' = f'(x)$ 的图形是 f 的斜率怎样随 x 的变化而变化的形象化记录.

多区间上粗略地画出 f 图形的切线并用这些切线的斜率来估算在这些点处 $y' = f'(x)$ 的值. 标出相应的点 (x, y') 并用光滑曲线把它们连接起来.

从 $y' = f'(x)$ 的图形, 我们一眼就能看出

1. 何处 f 的变化率是正、负或零
2. 在某一 x 处增长率的粗略大小及其与 $f(x)$ 大小的关系
3. 何处变化率本身是增长或递减的.

你们可以在题 15 – 20 中进一步用这些思想来做实验.

可微函数是连续函数

在函数的导数存在的每一点处函数都是连续的.

定理 1 可微性蕴涵着连续性
如果 f 在 $x = c$ 有导数, 那么 f 在 $x = c$ 连续.

警告: 定理 1 的逆定理不成立. 在函数连续的点处导数不一定存在, 如同我们在例 8 中所见到的.

证明 已知 $f'(c)$ 存在. 我们必须证明 $\lim_{x \to c} f(x) = f(c)$, 或等价地证明 $\lim_{h \to 0} f(c + h) = f(c)$.
若 $h \neq 0$, 则

$$f(c + h) = f(c) + (f(c + h) - f(c))$$
$$= f(c) + \frac{f(c + h) - f(c)}{h} \cdot h.$$

现在令 $h \to 0$ 取极限. 由 1.2 节的定理 1, 有

$$\lim_{h \to 0} f(c + h) = \lim_{h \to 0} f(c) + \lim_{h \to 0} \frac{f(c + h) - f(c)}{h} \cdot \lim_{h \to 0} h$$
$$= f(c) + f'(c) \cdot 0$$
$$= f(c) + 0$$
$$= f(c).$$

对于类似的单侧极限的论证表明, 如果 f 在 $x = c$ 有 (右或左) 侧导数, 则 f 在 $x = c$ 是 (右或左) 侧连续的.

定理 1 给出了为什么一个函数可能没有导数的另一种理由. 如果函数在一点间断 (例如, 跳跃间断), 那么它在该点不可微. 最大整数函数 $y = \text{int } x$ 在每个整数 $x = n$ 处不可微 (1.4 节例 4).

导数的中间值性质

根据下述定理我们将会知道, 并非每个函数都可成为某个函数的导数的.

定理 2 导数的中间值性质
如果 a 和 b 是 f 在其上可微的区间中的两个点, 那么 f' 一定取到 $f'(a)$ 和 $f'(b)$ 中间的每一个值.

定理 2 (我们将不予证明) 是说, 一个函数不可能是一个区间上的导函数除非该导函数具

有中间值性质(图 2.10). 何时函数是导函数的问题是整个微积分的中心问题之一,而 Newton 和 Leibniz 对这个问题的回答使数学界发生了革命性的变革. 我们将在第 4 章看到他们的回答.

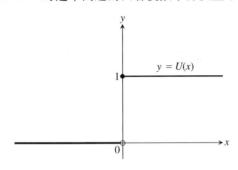

图 2.10 单位阶梯函数没有中间值性质,从而不可能是实轴上某个函数的导数.

二阶和高阶导数

导数 $y' = dy/dx$ 是 y 关于 x 的**一阶导数**. 该导数本身就可能是 x 的可微函数;如果是这样的话,它的导数

$$y'' = \frac{dy'}{dx} = \frac{d}{dx}\left(\frac{dy}{dx}\right) = \frac{d^2y}{dx^2}$$

注意: $\frac{d}{dx}\left(\frac{dy}{dx}\right)$ 并不是指相乘. 它的意思是"导数的导数".

称为 y 关于 x 的**二阶导数**.

如果 y'' 是可微的,它的导数, $y''' = \dfrac{dy''}{dx} = \dfrac{d^3y}{dx^3}$ 就是 y 关于 x 的**三阶导数**. 如你们想象的一样,命名可以继续下去

$$y^{(n)} = \frac{d}{dx}y^{(n-1)}$$

表示 y 关于 x 的 n(任何正整数 n)**阶导数**.

我们可以把二阶导数解释为曲线 $y = f(x)$ 在每一点的切线斜率的变化率. 在下一章中你们将会看到二阶导数揭示了,当我们从切点离开时曲线是否是从切线向上或向下弯曲的. 下一节我们从沿直线的运动的角度来解释二阶和三阶导数.

例 10 求高阶导数

$y = x^3 - 3x^2 + 2$ 的前四个导数是

一阶导数: $y' = 3x^2 - 6x$

二阶导数: $y'' = 6x - 6$

三阶导数: $y''' = 6$

四阶导数: $y^{(4)} = 0.$

该函数有任何阶数的导数,第五阶以及以后的导数皆为零.

注:怎样念导数的记号

y': "y 撇"

y'': "y 两撇"

$\dfrac{d^2y}{dx^2}$: "d 平方 y 'dx' 平方"

y''': "y 三撇"

$y^{(n)}$: "y 的 n 阶导数"

$\dfrac{d^ny}{dx^n}$: "dn 次方 y 'dx' n 次方"

习题 2.1

求导数并计算导数的值

在题 1-6 中,利用导数的定义求所列函数的导数. 然后在指定点处求导数的值.

1. $f(x) = 4 - x^2, f'(-3), f'(0)$
2. $g(t) = \dfrac{1}{t^2}; g'(-1), g'(2)$
3. $\left.\dfrac{ds}{dt}\right|_{t=1}$ 如果 $s = t^3 - t^2$
4. $f(x) = x + \dfrac{9}{x}, x = -3$
5. $p(\theta) = \sqrt{3\theta}, \theta = 0.25$
6. $\left.\dfrac{dr}{d\theta}\right|_{\theta=0}$ 如果 $r = \dfrac{2}{\sqrt{4-\theta}}$

导数计算

在题 7-10 中,求一阶和二阶导数.

7. $y = x^2 + x + 8$
8. $s = 5t^3 - 3t^5$
9. $y = \dfrac{4x^3}{3} - 4$
10. $y = \dfrac{x^3 + 7}{x}$

求题 11 和 12 中所列函数的各阶导数.

11. $y = \dfrac{x^4}{2} - \dfrac{3}{2}x^2 - x$
12. $y = \dfrac{x^5}{120}$

斜率和切线

13. (a) 求曲线 $y = x^3 - 4x + 1$ 在点 $(2,1)$ 处的切线方程.
    (b) 曲线斜率的值域是什么?
    (c) 求曲线斜率为 8 的点处的切线方程.

14. (a) 求曲线 $y = x - 3\sqrt{x}$ 的水平切线的方程. (b) 曲线斜率的值域是什么?

图形

把题 15-18 中图示的函数和图 2.11 中图示的导数配对.

15.

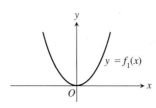

16.

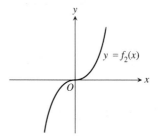

17.

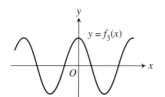

18.

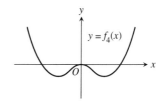

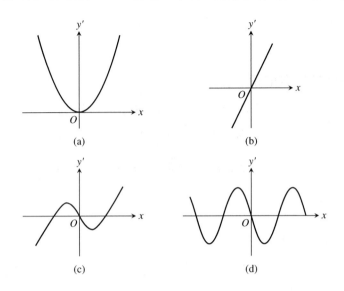

图 2.11 题 15 – 18 中导数的图形.

9. 为学而写

(a) 图 2.12 中的图形是通过点和点之间用直线段连接构成的. 区间 [−4,6] 中哪些点 f' 没有定义?对你的回答给出理由.

(b) 画 f 的导数的图形. 把垂直坐标称为 y' 轴. 该图形应该展示一个阶梯函数.

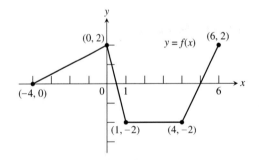

图 2.12 题 19 的图形.

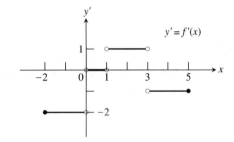

图 2.13 题 20 的导数的图形.

从函数的导数恢复函数

20. (a) 利用下列信息画出闭区间 [−2,5] 上函数 f 的图形.

    i. f 的图形是通过点和点之间用直线段连接构成的.

    ii. 图形从点 (−2,3) 开始.

    iii. f 的导数是如图 2.13 所示的阶梯函数.

    (b) 假定图形是从 (−2,0) 而不是从 (−2,3) 开始的,重做 (a).

单侧导数

比较右侧导数和左侧导数以证明题 21 和 22 中的函数在点 P 处不是可微的.

习题 2.1

21.

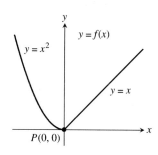

22.

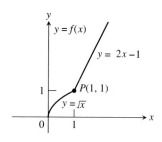

什么情况下函数在一点没有导数？

函数 $f(x)$ 在 $x = x_0$ 有导数，如果过点 $P(x_0, f(x_0))$ 和函数图形上附近点 Q 的割线的斜率当 Q 趋于 P 时有极限. 当 Q 趋于 P 时割线没有单一的极限位置或极限位置是垂直的，那么导数就不存在. 其图形不是光滑的函数在具有下列特征的点处没有导数.

1. **角点**，角点处单侧导数不相等. 如图（i）.

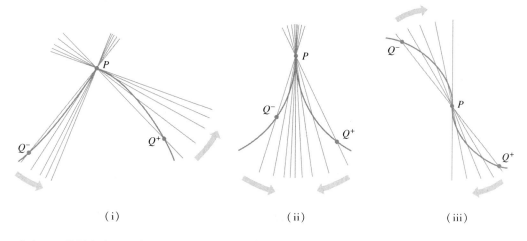

（i） （ii） （iii）

2. **尖点**，PQ 的斜率从一边趋于 ∞ 而从另一边趋于 $-\infty$. 如上中图（ii）.
3. **垂直切线**，PQ 的斜率从两边都趋于 ∞ 或从两边都趋于 $-\infty$（图示的是 $-\infty$ 的情形）. 如上右图（iii）.
4. **间断**. 如下面两个图所示.

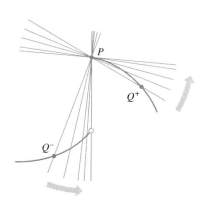 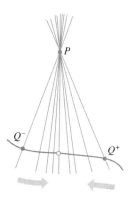

题 23 - 26 中的每个图形展示了函数在闭区间 D 上的图形. 在定义域的哪些点上函数看来是
(**a**) 可微的?　　　　　(**b**) 连续但不可微?　　　　　(**c**) 既不连续也不可微?

对你的回答给出理由.

23.
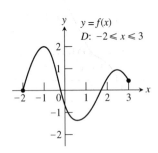

24.
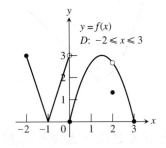

25.
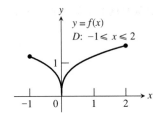

26.
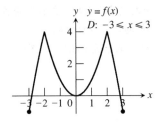

解释导数

在题 27 - 30 中,
(**a**) 求给定函数 $y = f(x)$ 的导数 $y' = f'(x)$.
(**b**) 用分开的坐标轴标度相同地画 $y = f(x)$ 和 $y' = f'(x)$ 两个图形, 并回答下面的问题.
(**c**) 对哪些 x 值 y' 为正? 为零? 为负?
(**d**) 在 x 值的哪些区间上当 x 增加时函数 $y = f(x)$ 递增? 当 x 减少时 $y = f(x)$ 递减? 这和你在 (c) 中发现的结果有什么关系? (我们将在第 3 章讲更多的这种关系.)

27. $y = -x^2$　　　　**28.** $y = \dfrac{-1}{x}$　　　　**29.** $y = \dfrac{x^3}{3}$　　　　**30.** $y = \dfrac{x^4}{4}$

31. **为学而写**　　曲线 $y = x^3$ 有负的斜率吗? 如果有, 在哪些 x 处? 对你的回答给出理由.

32. **为学而写**　　曲线 $y = 2\sqrt{x}$ 有水平切线吗? 如果有, 在哪些 x 处? 对你的回答给出理由.

理论和例子

33. **抛物线的切线**　　抛物线 $y = 2x^2 - 13x + 5$ 有斜率为 -1 的切线吗? 如果有, 求切点和切线的方程. 如果没有, 为什么没有?

34. **$y = \sqrt{x}$ 的切线**　　曲线 $y = \sqrt{x}$ 有在 $x = -1$ 处穿过 x 轴的切线吗? 如果有, 求切点和切线的方程. 如果没有, 为什么没有?

35. **x 的最大整数函数**　　有没有 $(-\infty, \infty)$ 上的可微函数以 x 的最大整数函数 (参见图 1.49) $y = \text{int } x$ 为其导数? 对你的回答给出理由.

36. **$y = |x|$ 的导数**　　画 $f(x) = |x|$ 的导数的图形. 然后画 $y = \dfrac{|x| - 0}{x - 0} = \dfrac{|x|}{x}$ 的图形. 你能得出什么结论?

37. **$-f$ 的导数**　　函数 $f(x)$ 在 $x = x_0$ 可微是否也告诉你 $-f$ 在 $x = x_0$ 的可微性? 对你的回答给出理由.

38. **函数乘常数的导数**　　函数 $g(t)$ 在 $t = 7$ 可微是否也告诉你函数 $3g(t)$ 在 $t = 7$ 的可微性? 对你的回答给出

39. **商的极限** 假设 $g(t)$ 和 $h(t)$ 对一切 t 有定义而且 $g(0) = h(0) = 0$. $\lim_{t \to 0}(g(t)/h(t))$ 可能存在吗?如果确实存在,极限必定为零吗?对你的回答给出理由.

40. (a) 设函数 $f(x)$ 在 $-1 \leq x \leq 1$ 上满足 $|f(x)| \leq x^2$, 证明 f 在 $x = 0$ 可微并求 $f'(0)$.

  (b) 证明 $f(x) = \begin{cases} x^2 \sin \dfrac{1}{x}, & x \neq 0 \\ 0, & x = 0 \end{cases}$ 在 $x = 0$ 是可微的并求 $f'(0)$.

T 41. **为学而写** 在包括 $0 \leq x \leq 2$ 在内的视窗画 $y = 1/(2\sqrt{x})$ 的图形. 然后,在同一屏幕上对 $h = 1$, $0.5, 0.1$ 画

$$y = \frac{\sqrt{x+h} - \sqrt{x}}{h}$$

的图形. 再对 $h = -1, -0.5, -0.1$ 画图. 试说明有什么发现.

T 42. **为学而写** 在包括 $-2 \leq x \leq 2, 0 \leq y \leq 3$ 在内的视窗画 $y = 3x^2$ 的图形. 然后在同一屏幕上对 $h = 2, 1, 0.2$ 画

$$y = \frac{(x+h)^3 - x^3}{h}$$

的图形. 再对 $h = -2, -1, -0.2$ 画图. 试说明有什么发现.

T 43. **魏尔斯特拉斯(Weierstrass)处处不可微的连续函数** 魏尔斯特拉斯函数 $f(x) = \sum_{n=0}^{\infty} \left(\dfrac{2}{3}\right)^n \cos(9^n \pi x)$ 的前 8 项之和为

$$g(x) = \cos(\pi x) + \left(\frac{2}{3}\right)^1 \cos(9\pi x) + \left(\frac{2}{3}\right)^2 \cos(9^2 \pi x)$$
$$+ \left(\frac{2}{3}\right)^3 \cos(9^3 \pi x) + \cdots + \left(\frac{2}{3}\right)^7 \cos(9^7 \pi x).$$

画 $g(x)$ 的图形. 放大图形若干次. 这个图形是怎样地起伏和高低不平?指定一个视窗能使图形的展示部分是光滑的.

T 44. **为学而写** 利用图形计算器在同一矩形视窗里画两个函数 $f(x) = 1 + \ln(x+1)$ 和 $g(x) = |x| + 1$ 的图形. 利用 Zoom 和 Trace 功能来分析在点 $(0,1)$ 附近的图形. 你观察到了什么?在该点哪个函数看来是可微的?对你的回答给出理由.

计算机探究

利用 CAS 对题 45 - 50 中的函数完成以下各步.

  (a) 画 $y = f(x)$ 的图形以观察函数的整体性态.
  (b) 在点 x 用步长 h, 定义差商 q.
  (c) 取 $h \to 0$ 时的极限. 给出的公式是什么?
  (d) 代入 $x = x_0$ 并把函数 $y = f(x)$ 及其在 $x = x_0$ 的切线的图形画在一起.
  (e) 把大于和小于 x_0 的 x 值代入(c)中得到的公式. 这些数对你的图形有意义吗?
  (f) **为学而写** 画(c)中公式的图形. 当它取负值时意味着什么?取零值呢?取正值呢?对你在(a)中画的图形而言这是否有意义?对你的回答给出理由.

45. $f(x) = x^3 + x^2 - x$, $x_0 = 1$ 46. $f(x) = x^{\frac{1}{3}} + x^{\frac{2}{3}}$, $x_0 = 1$ 47. $f(x) = \dfrac{4x}{x^2+1}$, $x_0 = 2$

48. $f(x) = \dfrac{x-1}{3x^2+1}$, $x_0 = -1$ 49. $f(x) = \sin 2x$, $x_0 = \dfrac{\pi}{2}$ 50. $f(x) = x^2 \cos x$, $x_0 = \dfrac{\pi}{4}$

2.2 作为变化率的导数

瞬时变化率 • 沿直线的运动:位移、速度、速率、加速度和急推 • 对变化的敏感性 • 经济学中的导数

在 1.1 节中,我们开始学习平均和瞬时变化率. 在本节中,我们继续进行应用研究,在这些应用中导数被用来对我们周围世界中事物的变化率进行建模. 我们再次研究沿直线的运动并研究其他的应用.

把变化看作是随时间的变化是自然的,但是其他的变量也可以用同样的方式来处理. 例如,医师想要知道药的剂量的变化怎样影响到人体对药物的响应. 经济学家想研究生产钢的成本怎样随所生产钢的吨数而变化.

瞬时变化率

如果我们把差商 $(f(x+h)-f(x))/h$ 解释为 f 在从 x 到 $x+h$ 的区间上的平均变化率,那么我们就可以把 $h \to 0$ 时差商的极限解释为 f 在点 x 的瞬时变化率.

定义   瞬时变化率

f 关于 x 在 x_0 的**瞬时变化率**就是导数

$$f'(x_0) = \lim_{h \to 0} \frac{f(x_0+h) - f(x_0)}{h},$$

倘若该极限存在.

注:瞬时变化率是平均变化率的极限.

习惯上都采用"瞬时"这一词语,即使对 x 并不表示时间的情形也用"瞬时". 但常常略去"瞬时"两字. 当说变化率的时候,我们的意思就是瞬时变化率.

例 1(圆面积怎样随直径变化)   圆面积 A 和直径的关系由方程

$$A = \frac{\pi}{4} D^2$$

表示. 当直径为 10 米时面积关于直径的变化有多大?

解   面积关于直径的变化率为

$$\frac{dA}{dD} = \frac{\pi}{4} \cdot 2D = \frac{\pi D}{2}.$$

当 $D = 10$ 米时,面积的变化率为 $\left(\frac{\pi}{2}\right) 10 = 5\pi \text{ m}^2/\text{m}.$

沿直线的运动:位移、速度、速率、加速度和急推

假设物体正沿坐标轴线(例如说 s 轴)运动,所以我们知道物体在直线上的位置 s 是时间 t 的函数:

$$s = f(t).$$

图 2.14 物体沿坐标线运动,在时刻 t 和稍后的时刻 $t+\Delta t$ 的位置.

物体从 t 到 $t+\Delta t$ 时间间隔内的**位移**(图 2.14)为

$$\Delta s = f(t+\Delta t) - f(t),$$

而在该时间间隔内的**平均速度**为

$$v_{平均} = \frac{位移}{时间间隔} = \frac{\Delta s}{\Delta t} = \frac{f(t+\Delta t) - f(t)}{\Delta t}.$$

为求物体在精确瞬间 t 的速度,我们取从 t 到 $t+\Delta t$ 时间间隔上的平均速度当 Δt 收缩为 0 时的极限. 该极限是 f 关于 t 的导数.

定义 (瞬时)速度

速度(瞬时速度)是位置关于时间的导数. 如果物体在时刻 t 的位置为 $s=f(t)$,那么物体在时刻 t 的速度为

$$v(t) = \frac{\mathrm{d}s}{\mathrm{d}t} = \lim_{\Delta t \to 0} \frac{f(t+\Delta t) - f(t)}{\Delta t}.$$

例 2(求赛车的速度) 图 2.15 展示了 1996 Riley & Scott Mk III – Olds WSC 赛车的时间对距离图. 割线 PQ 的斜率是从 $t=2$ 到 $t=5$ 秒这个 3 秒区间的平均速度;大约为 100 英尺/秒或 68 英里/时.

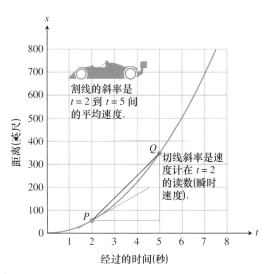

图 2.15 例 2 的时间对距离图.

历史传记

Galileo Galilei
(1564 — 1642)

切线在点 P 的斜率是速度计在 $t=2$ 秒时的读数,约为 57 英尺/秒或 39 英里/时. 这段时间内显示的加速度几乎是常值 28.5 英尺/秒^2,在每一秒内,约为 $0.89g$,这里 g 是重力加速度. 赛车的最高速度估计可达 190 英里/时. (来源:*Road and Track*,1997 年 3 月.)

速度除了告诉人们物体运动有多快,还告诉我们运动的方向. 当物体向前运动时(s 增加),速度为正;当物体向后运动时(s 递减),速度为负.

如果我们以 30 英里／时的速度开车到朋友家去,回来也是这个速度. 速度计在去的路上显示 30,但在回家的路上并不显示 -30,即使我们离家的距离在递减. 速度计永远显示速率,它是速度的绝对值. 速率度量了前进的速度值而不考虑方向.

定义　速率
速率是速度的绝对值

$$速率 = |v(t)| = \left|\frac{ds}{dt}\right|$$

例 3(水平运动)　图 2.16 展示了质点在坐标线上运动的速度 $v = f'(t)$. 前 3 秒质点向前运动,接着的 2 秒里往回运动,停了 1 秒,再接着向前运动. 质点在往回运动期间在 $t = 4$ 秒达到其最大速率.

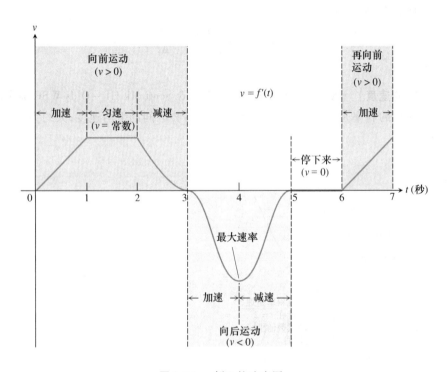

图 2.16　例 3 的速度图.

物体速度的变化率就是物体的加速度. 加速度度量物体加速和减速有多快.

加速度的突然改变称为"急推". 当人们搭乘汽车或公共汽车的情景就是急推,这并不是指有关的加速度必须有多大而是加速度的变化是突然的. 急推导致我们一不小心把自己的饮料泼了出来.

CD-ROM
WEBsite
历史传记
Bernard Bolzano
(1781 — 1848)

2.2 作为变化率的导数

定义 加速度、急推

加速度是速度关于时间的导数. 如果物体在时刻 t 的位置为 $s = f(t)$,那么物体在 t 时刻的加速度为

$$a(t) = \frac{dv}{dt} = \frac{d^2s}{dt^2}.$$

急推是加速度关于时间的导数:

$$j(t) = \frac{da}{dt} = \frac{d^3s}{dt^3}.$$

在地球表面附近所有的物体都以常加速度下落. 伽利略(Galileo)关于自由落体的实验揭示了物体从静止落下 t 秒下落的距离和下落时间的平方成比例. 今天,我们用

$$s = (1/2)gt^2,$$

来表示这一结果,其中 s 是距离而 g 是由于地球重力引起的加速度. 在真空中这个方程是成立的,真空中没有空气阻力,而且这个方程可以近似地作为诸如岩石或钢制工具那样的致密重物下落前几秒的模型,这时空气阻力还尚未起作用开始减缓其速度.

重力常加速度($g = 32$ 英尺/秒^2)的急推为零:

$$j = \frac{d}{dt}(g) = 0.$$

物体在自由落体期间没有急推.

方程 $s = (1/2)gt^2$ 中的 g 依赖于用来度量 t 和 s 的单位. 当 t 以秒计(常用的单位)的情形,我们有下面的值:

自由落体方程(地球)

英制单位：$g = 32 \dfrac{\text{英尺}}{\text{秒}^2}, s = \dfrac{1}{2}(32)t^2 = 16t^2$ (s 以英尺计)

公制单位：$g = 9.8 \dfrac{\text{米}}{\text{秒}^2}, s = \dfrac{1}{2}(9.8)t^2 = 4.9t^2$ (s 以米计)

注：度量单位的缩写 ft/sec^2 "每平方秒英尺" 或 "每秒每秒英尺",m/sec^2 "每平方秒米" 或 "每秒每秒米"

例 4(建立自由落体的模型) 图 2.17 展示了重球在 $t = 0$ 秒从静止突然松动的自由下落.

(**a**) 在前 2 秒球下落了多少米?

(**b**) 那时的速度、速率和加速度为多少?

解 (**a**) 公制自由落体方程为 $s = 4.9t^2$. 前 2 秒球下落

$$s(2) = 4.9(2)^2 = 19.6 \text{ 米}.$$

(**b**) 在任何时刻 t,速度是位置的导数：

$$v(t) = s'(t) = \frac{d}{dt}(4.9t^2) = 9.8t.$$

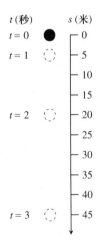

图 2.17 突然从静止落下的球. (例 4)

在 $t = 2$ 时,速度为
$$v(2) = 19.6 \text{ 米} / \text{秒}$$
方向向下(s 增加的方向). $t = 2$ 时的速率为
$$\text{速率} = |v(2)| = 1.96 \text{ 米} / \text{秒}$$
任何时刻 t 的加速度为
$$a(t) = v'(t) = s''(t) = 9.8 \text{ 米} / \text{秒}^2.$$
在 $t = 2$ 时,加速度为 9.8 米/秒^2.

例 5(建立垂直运动的模型) 氨爆炸药的爆炸把沉重的岩石以发射速度 160 英尺/秒(大约 109 英里/时)垂直射向空中(图 2.18a). t 秒后岩石达到的高度为
$$s = 160t - 16t^2 \text{ 英尺}.$$

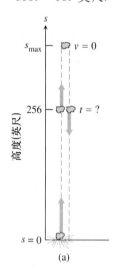
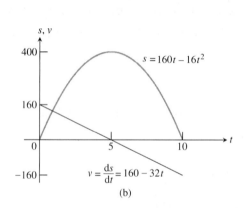

(a) (b)

图 2.18 (a)例 5 中的岩石. (b)s 和 v 作为时间的函数的图形;当 $v = \dfrac{\mathrm{d}s}{\mathrm{d}t} = 0$ 时 s 最大. s 的图并不是岩石走过路径的轨迹:它只是时间对高度的图形. 该图形的斜率是岩石速度的图形,图示在这里的是一条直线.

(**a**)岩石能上升到多高?
(**b**)岩石离地面 256 英尺高度时,岩石上升和下落的速度和速率是多少?
(**c**)岩石(在爆炸后)的飞行中任何时刻 t 的加速度是多少?
(**d**)何时岩石再次击到地面?

解 (a)在我们选的坐标系中,s 度量从地面上升的高度,所以上升时速度为正,下落时速度为负. 岩石达到最高点的瞬间就是飞行中速度为零的时刻. 为求最高的高度,我们需要做的一切就是求何时 $v = 0$ 并计算该时刻的 s.

任何时刻 t 的速度为
$$v = \frac{\mathrm{d}s}{\mathrm{d}t} = \frac{\mathrm{d}}{\mathrm{d}t}(160t - 16t^2) = 160 - 32t \text{ 英尺} / \text{秒}.$$
当
$$160 - 32t = 0 \quad \text{或} \quad t = 5 \text{ 秒}$$

时速度为零.

岩石在 $t=5$ 秒时的高度为

$$s_{\max} = s(5) = 160(5) - 16(5)^2 = 800 - 400 = 400 \text{ 英尺}.$$

参见图 2.18b.

(**b**) 为求岩石在上升和下落到 256 英尺高度时的速度,我们对

$$s(t) = 160t - 16t^2 = 256$$

求 t 的两个值.

为解这个方程,我们有

$$16t^2 - 160t + 256 = 0$$
$$16(t^2 - 10 + 16) = 0$$
$$(t-2)(t-8) = 0$$
$$t = 2 \text{ 秒}, t = 8 \text{ 秒}.$$

爆炸后 2 秒和 8 秒时岩石离地面高度为 256 英尺. 在这两个时刻岩石的速度为

$$v(2) = 160 - 32(2) = 160 - 64 = 96 \text{ 英尺/秒}$$
$$v(8) = 160 - 32(8) = 160 - 256 = -96 \text{ 英尺/秒}.$$

两个时刻岩石的速率都是 96 英尺/秒.

(**c**) 爆炸后,飞行中每个时刻岩石的加速度为常数

$$a = \frac{dv}{dt} = \frac{d}{dt}(160 - 32t) = -32 \text{ 英尺/秒}^2.$$

加速度总是向下的. 当岩石向上运动时,加速度使岩石的运动慢下来;当岩石下落时,加速度使岩石加速.

(**d**) 岩石在某个使 $s=0$ 的 $t>0$ 时击到地面. 方程 $160t - 16t^2 = 0$ 的因子分解给出 $16t(10-t) = 0$,所以有解 $t=0$ 和 $t=10$. $t=0$ 时爆炸发生,岩石被上抛. 10 秒后岩石回到地面. ∎

在垂直线上运动的模拟

使用技术

参数方程

$$x(t) = c, \quad y(t) = f(t)$$

能图示沿垂直线 $x=c$ 的(电视图象的)象素. 如果 $f(t)$ 表示运动物体 t 时刻的高度,画 $(x(t), y(t)) = (c, f(t))$ 将模拟真实的运动. 比如说,对 $x(t) = 2$ 及 $y(t) = 160t - t^2$ 以 t 的步长 $=0.1$ 的点模式试着模拟例 5 中岩石的运动. 为什么点的间隔距离会变化?为什么绘图器看来在物体达到顶点时画点就会停止?(试着对 $0 \leq t \leq 5$ 和 $5 \leq t \leq 10$ 分别画出图来).

第二个实验,把参数方程

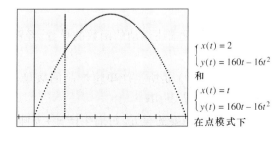

$$\begin{cases} x(t) = 2 \\ y(t) = 160t - 16t^2 \end{cases}$$

和

$$\begin{cases} x(t) = t \\ y(t) = 160t - 16t^2 \end{cases}$$

在点模式下

$$x(t) = t, \quad y(t) = 160t - 16t^2$$

和运动垂直线的模拟一起画出来,仍用点模式. 利用你从例 5 的计算中得知的岩石运动的性态选择视窗的尺寸使之能展示所有感兴趣的性态.

对变化的敏感性

当 x 的小的变化会引起函数值 $f(x)$ 的大的变化时,我们就说该函数对 x 的变化是相对**敏感**的. 导数 $f'(x)$ 是这种敏感性的度量.

例 6(基因数据以及对变化的敏感性) 奥地利修道士 G·J·孟德尔(Gregor Johann Mender,1822—1884)(译注:奥地利遗传学家、孟德尔学派创造人,原为天主教神父,发现遗传基因原理(1865),总结出分离定律和独立分配定律,提供了遗传学的数学基础.) 在花园里种植豌豆和其他植物时对杂交提供了第一个科学的阐明. 他的仔细小心的记录表明,如果 $p(0$ 和 1 之间的一个数)是豌豆的使其表皮光滑基因(优势基因)的频率而 $(1-p)$ 是豌豆的使其表皮起皱基因的频率,那么表皮光滑豌豆在下一代中占的比例为

$$y = 2p(1-p) + p^2 = 2p - p^2.$$

图 2.19a 中 y 对 p 的图形提示,当 p 小时,y 值对 p 的变化的响应比 y 大时更为敏感. 确实,图 2.19b 的导数图形证实了这一事实,该图形表明当 p 在 0 附近时 $\dfrac{dy}{dp}$ 接近 2,而当 p 在 1 附近时 $\dfrac{dy}{dp}$ 接近于 0.

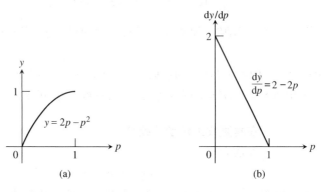

图 2.19 (a) 描述表皮光滑豌豆所占比例 $y = 2p - p^2$ 的图形. (b) $\dfrac{dy}{dp}$ 的图形.

遗传学中的含意为:在高度隐性的群体(表皮起皱豌豆的频率大的群体)中引进稍多一点优势基因比之于在高度优势的群体中引进稍多一点优势基因对下一代优势基因的增加有更注目的影响.

经济学中的导数

工程师用术语:速度和加速度指称所描述运动的函数的导数. 经济学家也有其指称变化率和导数的特殊的词汇. 他们称其为**边际**.

在工业的经营管理中,<u>产品成本 $c(x)$</u> 是所生产单位产品的数量 x 的函数. <u>生产的边际成本</u>是成本关于生产水平的变化率,所以是 dc/dx.

假设 $c(x)$ 表示每周生产 x 吨钢所需要的美元. 每周生产 $x + h$ 吨成本就要高一点,成本的

差价除以 h 就是生产附加的 h 吨钢的平均成本.

$$\frac{c(x+h)-c(x)}{h}=\text{生产附加的 } h \text{ 吨钢的每吨钢的平均成本}.$$

$h\to 0$ 时的极限就是在当前每周生产 x 吨的情形下每周生产更多吨钢的<u>边际成本</u>(图 2.20).

$$\frac{\mathrm{d}c}{\mathrm{d}x}=\lim_{h\to 0}\frac{c(x+h)-c(x)}{h}=\text{生产的边际成本}.$$

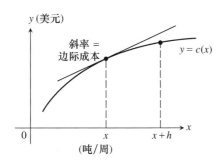

图 2.20 周钢产量: $c(x)$ 是每周生产 x 吨钢的成本,生产附加的 h 吨钢的成本为 $c(x+h)-c(x)$.

有时候把生产的边际成本不太精确地定义为多生产一个单位产品的超值成本:

$$\frac{\Delta c}{\Delta x}=\frac{c(x+1)-c(x)}{1},$$

它由 $\mathrm{d}c/\mathrm{d}x$ 在 x 的值所近似. 如果 c 的图形的斜率在 x 附近不是变化得很快的话,这种近似是可以接受的. 于是差商接近它的极限 $\mathrm{d}c/\mathrm{d}x$, 如果 $\Delta x=1$, $\mathrm{d}c/\mathrm{d}x$ 就是切线所表示的成本增长(图 2.21). 对大的 x 值近似得最好.

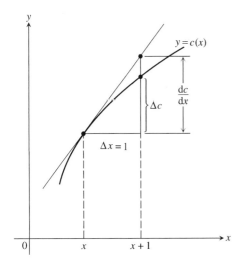

注:选择函数来阐明经济学
如果你想知道经济学家为什么要用低次的多项式来说明像成本和收入这样复杂的现象,下面的陈述就是理由:尽管在任何给定的情况下很少有表示实际现象的公式可以利用,但是经济学理论仍然可以提供有价值的指导. 三次多项式就提供了在处理方便和复杂到足以抓住经济行为特征之间的一种很好的均衡.

图 2.21 边际成本 $\dfrac{\mathrm{d}c}{\mathrm{d}x}$ 近似地为多生产 $\Delta x=1$ 个单位产品的超值成本 Δc.

例7（边际成本和边际收入） 假设在生产 8 到 30 台散热器的情况下，生产 x 台散热器的成本为

$$c(x) = x^3 - 6x^2 + 15x \quad 美元$$

而售出 x 台散热器的收入为

$$r(x) = x^3 - 3x^2 + 12x \quad 美元$$

你们的工厂目前每天生产 10 台散热器。每天多生产 1 台散热器的超值成本为多少，你们估计一下每天售出 11 台散热器的收入为多少？

解 在每天生产 10 台散热器的情况下每天多生产一台的成本大约为 $c'(10)$：

$$c'(x) = \frac{d}{dx}(x^3 - 6x^2 + 15x) = 3x^2 - 12x + 15$$

$$c'(10) = 3(100) - 12(10) + 15 = 195$$

附加成本约为 195 美元。边际收入为

$$r'(x) = \frac{d}{dx}(x^3 - 3x^2 + 12x) = 3x^2 - 6x + 12$$

边际收入估计了多卖出一台散热器的收入的增加。如果目前是每天售出 10 台的话，那么如果每天销售增加到 11 台时，你们可以期望的收入增加约为

$$r'(10) = 3(100) - 6(10) + 12 = 252 \quad 美元$$

例8（边际税率） 为得到边际率这种语言的某种感受，考虑边际税率。如果你的边际收入税率为 28%，而你的收入增加为 1000 美元，你可以预期要付超值税 280 美元。这只是说，在你当前的收入水平 I，税款 T 关于收入的增长率是 $dT/dI = 0.28$。你将为你多挣的每一美元付 0.28 美元的税。当然，如果你挣得更多，那么你可能属于更高的纳税档次，因而你的边际税率就得提高。

习题 2.2

沿坐标轴线的运动

题 1-4 给出了沿坐标轴线运动的物体的位置 $s = f(t)$，s 以米计，t 以秒计。

(a) 求给定时间区间上物体的位移和平均速度。

(b) 求物体在区间端点的速率和加速度。

(c) 在该时间区间内运动是否会改变方向，如果是的话，何时改变？

1. $s = t^2 - 3t + 2, \quad 0 \leqslant t \leqslant 2$
2. $s = 6t - t^2, \quad 0 \leqslant t \leqslant 6$
3. $s = -t^3 + 3t^2 - 3t, \quad 0 \leqslant t \leqslant 3$
4. $s = (t^4/4) - t^3 + t^2, \quad 0 \leqslant t \leqslant 3$

5. **质点运动** 沿 s 轴运动的物体在 t 时刻的位置为 $s = t^3 - 6t^2 + 9t$ 米。

(a) 求速度为零的每个时刻的加速度。 (b) 求加速度为 0 时的速率。

(c) 求从 $t = 0$ 到 $t = 2$ 物体走过的总距离。

6. **质点运动** 沿 s 轴运动的物体在 $t \geqslant 0$ 时的速度为 $v = t^2 - 4t + 3$。

(a) 求速度为零的每个时刻的加速度。

(b)何时物体向前运动?向后运动?

(c)何时物体的速度增加?减少?

自由落体应用

7. **火星和木星上的自由落体** 在火星表面附近自由落体的方程为 $s = 1.86t^2$,在木星表面附近的自由落体方程为 $s = 11.44t^2$(s 以米计,t 以秒计). 在每个星球上岩石从静止落下达到速度27.8米/秒(约100公里/时)需要多长时间?

8. **月球上的抛射体运动** 一块岩石在月球表面以24米/秒(约86公里/时)的速度垂直上抛,t 秒时达到的高度为 $s = 24t - 0.8t^2$.

    (a)求岩石在 t 时刻的速度和加速度.(本题情形中的加速度就是月球上的重力加速度.)

    (b)要用多少时间使岩石达到其最高点?

    (c)最高高度为多少?

    (d)岩石达到最高高度的一半,要用多少时间?

    (e)岩石在空中的时间有多长?

9. **求空气阻力很小的行星上的重力加速度** 在一个阻力很小的行星上的探险者用弹簧枪以15米/秒的发射速度从星球表面把一个球垂直向上发射. 因为在该行星表面的重力加速度为 g_s 米/秒^2,探险者预期 t 秒后球可达到高度 $s = 15t - (1/2)g_s t^2$ 米. 发射20秒后球达到其最高点. g_s 的值等于多少?

10. **发射子弹** 0.45英寸口径的子弹在月球表面向上射出 t 秒后达到的高度为 $s = 832t - 2.6t^2$ 英尺. 在地球上,在空气稀薄的情况下,t 秒后其高度可达 $s = 832t - 16t^2$ 英尺. 在两个星球上子弹在空中的时间有多长?达到的最大高度为多少?

11. **比萨斜塔上的自由落体** 伽利略曾在离地面高179英尺的比萨斜塔上扔下一颗炮弹,t 秒后下落的炮弹高出地面的高度为 $s = 179 - 16t^2$.

    (a)t 时刻炮弹的速度、速率和加速度为多少?

    (b)炮弹击到地面所需时间为多少?

    (c)击到地面时炮弹的速度为多少?

12. **伽利略自由落体公式** 伽利略用以下办法研究并得到自由落体速度的公式,即在不断增陡斜面上让球从静止滚下来,并寻找能够预测板垂直从而球自由地落下时球的性态的极限公式;参见附图(a). 他发现,对任何给定板的角度,运动 t 秒时的速度为常数乘上 t. 即速度是由形为 $v = kt$ 的公式给出的. 常数值取决于板的倾斜.

    用现代的记号——附图(b)——距离以米计,时间以秒计,伽利略通过实验确定的结果是,对任何给定角度 θ,滚动 t 秒时球的速度为

    $$v = 9.8(\sin\theta)t \text{ 米/秒}.$$

    (a)什么是自由落体时球的速度的方程?

    (b)基于你在(a)中得到的结果,说明在地球表面附近自由落体的常加速度为多少?

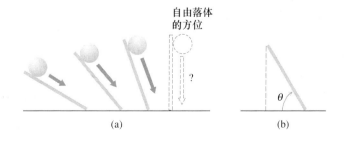

(a)　　　　　　　　(b)

从图形看有关运动的结论

13. 右图展示了沿坐标线运动的物体的速度 $v = ds/dt = f(t)$（米/秒）.

    （**a**）何时物体转换运动的方向？ （**b**）何时（近似地）物体以常速率运动？
    （**c**）画 $0 \leqslant t \leqslant 10$ 上物体速率的图形. （**d**）在有定义的地方画加速度的图形.

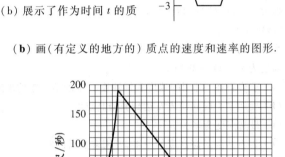

14. 左下图（a）所示质点 P 在数直线上运动. 附图（b）展示了作为时间 t 的质点的位置.

    （**a**）何时 P 向左运动？向右运动？停住不动？ （**b**）画（有定义的地方的）质点的速度和速率的图形.

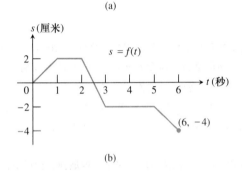

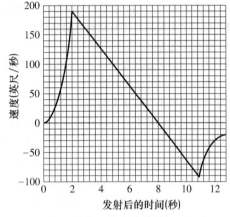

第 14 题图

第 15 题图

15. **发射火箭** 当发射模型火箭时，为加速火箭向上升起，火箭燃料要燃烧几秒钟发动火箭发动机. 火箭发动机歇火后火箭就开始向上惯性滑翔一会儿，然后就开始下落. 就在火箭开始下落不久一个小小的爆炸充压爆开了降落伞. 降落伞减慢了火箭的下落以免它着地时断裂.

    右上图展示了从模型火箭飞行中得到的速度数据. 利用该数据回答下列问题.

    （**a**）当发动机停止后火箭的爬升有多快？
    （**b**）发动机燃烧了几秒钟？
    （**c**）火箭何时达到其最高点？那时火箭的速度为多少？
    （**d**）降落伞何时爆开？之后火箭下落有多快？
    （**e**）降落伞打开之前它下落了多少时间？
    （**f**）火箭的加速度何时最大？
    （**g**）什么时候加速度不变？那时加速度的值为多少？
    （计算到最靠近的整数.）

16. **行驶着的大卡车** 附右图展示了行进在高速公路上的一辆大卡车的位置 s. 大卡车在 $t = 0$ 出发 15 小时后，即在 $t = 15$ 时回来.

    （**a**）利用 2.1 节例 9 中所述的方法在 $0 \leqslant t \leqslant 15$ 上画出大卡车速度 $v = ds/dt$ 的图形. 然后对速度的图形，重复上述方法画大卡车的加速度 $a = dv/dt$ 的图形.

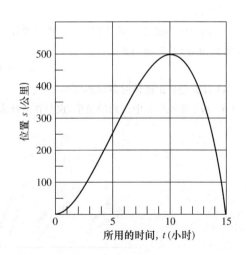

第 16 题图

(b) 假设 $s = 15t^2 - t^3$. 画 ds/dt 和 d^2s/dt^2 的图形, 并和你在 (a) 中画的图形进行比较.

17. **两个下落的球** 附图用多个闪光灯拍摄的照片展示了从静止下落的两个球. 垂直标尺的刻度是厘米. 利用方程 $s = 490t^2$ (s 以厘米计, t 以秒计的自由落体方程) 来回答下列问题.

   (a) 下落的前 160 厘米要花多少时间?这段时间的平均速度为多少?

   (b) 当到达标度为 160 厘米处时它们下落有多快?那时它们的加速度为多少?

   (c) 光闪(每秒的闪光次数)大约有多快?

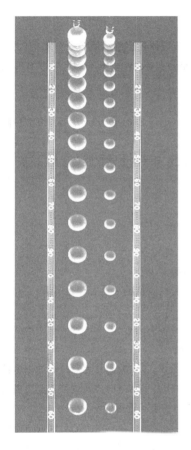

第 17 题图

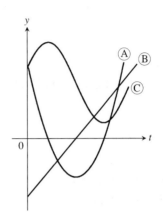

图 2.22 题 18 的图形.

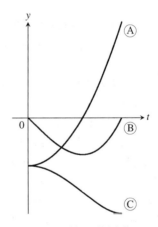

图 2.23 题 19 的图形.

18. **为学而写** 图 2.22 展示了沿坐标轴线运动物体的位置 s, 速度 $v = ds/dt$ 和加速度 $a = d^2s/dt^2$ 作为 t 的函数的图形. 哪个图形分别是位置、速度和加速度的图形?对你的回答给出理由.

19. **为学而写** 图 2.23 展示了沿坐标轴线运动物体的位置 s, 速度 $v = ds/dt$ 和加速度 $a = d^2s/dt^2$ 作为 t 的函数的图形. 哪个图形分别是位置、速度和加速度的图形?对你的回答给出理由.

经济学

20. **边际成本** 假设生产 x 台洗衣机的成本为 $c(x) = 2000 + 100x - 0.1x^2$ 美元.

   (a) 求生产前 100 台洗衣机的平均成本.

   (b) 求当 100 台洗衣机生产出来时的边际成本.

   (c) 证明当 100 台洗衣机生产出来时的边际成本近似等于在 100 台之后多生产一台洗衣机的成本, 通过直接计算来求得生产第101台洗衣机的成本.

21. **边际收入** 假设售出 x 台洗衣机获得的收入为

$$r(x) = 20\,000\left(1 - \frac{1}{x}\right) 美元.$$

(a) 求生产出 100 台洗衣机的边际收入.
(b) 用函数 $r'(x)$ 来估算从每周生产 100 台洗衣机到每周生产 101 台洗衣机的收入的增长.
(c) 求 $x \to \infty$ 时 $r'(x)$ 的极限. 你将怎样解释这个数的含义?

附加应用题

22. **细菌群体** 当在细菌正在增长的营养液培养剂中注入杀菌剂时,细菌群体还会继续增长一会儿,但之后就停止增长而且细菌数开始减少. t 时刻(以小时计)细菌种群的大小为 $b = 10^6 + 10^4 t - 10^3 t^2$. 求在时刻
    (a) $t = 0$ 小时   (b) $t = 5$ 小时   (c) $t = 10$ 小时
    的增长率.

23. **从水箱放水** 从水箱开始放水 t 分钟后,水箱中有多少加仑的水由 $Q(t) = 200(30-t)^2$ 表示. 10 分钟刚过时水流出有多快? 在头 10 分钟里水流出的平均流出率为多少?

T 24. **从水箱放水** 从打开水箱底部的阀门开始放水,要用 12 小时才能放干水箱中贮存的水. 阀门打开 t 小时后水箱中水深 y 由公式

$$y = 6\left(1 - \frac{t}{12}\right)^2 米$$

给出.
    (a) 求在时间 t 小时处,正在放水的水箱的水深下降率 dy/dt(米/时).
    (b) 何时水箱中的水位下降最快? 最慢? 在这两个时刻 dy/dt 的值为多少?
    (c) 把 y 和 dy/dt 的图形画在一起,并讨论 y 的性态和 dy/dt 的符号以及值的大小有什么关系.

25. **给气球充气** 球形气球的体积 $V = (4/3)\pi r^3$ 随半径 r 而变化.
    (a) 当 $r = 2$ 英尺时体积以什么样的关于半径的变化率(英尺^3/英尺)变化着?
    (b) 当半径从 2 英尺增加到 2.2 英尺时,近似计算体积的增长有多少?

26. **飞机的起飞** 假设飞机在起飞前沿跑道滑行的距离由 $D = (10/9)t^2$ 给出,其中 D 是从起点算起的以米计的距离,而 t 是从刹闸放开算起的以秒计的时间. 当飞机的速率达到 200 公里/时时飞机就处于起飞升空状态. 要使飞机处于起飞升空状态要多少时间,在这段时间里飞机滑行了多长距离?

27. **火山的熔岩喷发** 尽管 1959 年 11 月夏威夷岛的 Kilauea Iki 火山的喷发开始时是从沿火山口壁的一排喷泉似的喷发,火山喷发活动后来就局限于火山口底部的单一喷发口,在某一点把熔岩直射到空中高达 1900 英尺(世界记录). 熔岩以每秒英尺计喷出速度为多少? 以每小时英里计呢? (提示: 如果 v_0 是熔岩质点的喷出速度,那么 t 秒后它的高度为 $s = v_0 t - 16t^2$ 英尺. 先求使 $ds/dt = 0$ 的时刻,忽略空气阻力.)

T 题 28 – 31 给出了沿 s 轴运动的物体的位置函数 $s = f(t)$. 把 f 和速度函数 $v(t) = ds/dt = f'(t)$ 以及加速度函数 $a(t) = \dfrac{d^2 s}{dt^2} = f''(t)$ 的图形画在一起. 评注物体运动的性态和 v 与 a 的符号和取值大小的关系. 你的评注要包括以下的问题:
    (a) 何时物体处于停止状态?   (b) 何时运动向左(向下)或向右(向上)?
    (c) 何时运动改变方向?   (d) 何时加快, 何时减慢?
    (e) 何时运动最快(最高速率)? 何时最慢?   (f) 何时离开原点最远?

28. $s = 200t - 16t^2, \quad 0 \leq t \leq 12.5$ (以速度 200 英尺/秒从地球表面向上射出重物.)

29. $s = t^2 - 3t + 2, \quad 0 \leq t \leq 5$

30. $s = t^3 - 6t^2 + 7t, \quad 0 \leq t \leq 4$

31. $s = 4 - 7t + 6t^2 - t^3$, $0 \leq t \leq 4$

32. 良种马比赛 一匹赛马正在跑一个10浪的比赛.(1浪等于220码 = 660英尺,但在本题中我们用浪和秒作为单位.)当马跑过每个浪标记(F)时服务员就记下自比赛开始算起所用的时间(t),如下表所示:

F	0	1	2	3	4	5	6	7	8	9	10
t	0	20	33	46	59	73	86	100	112	124	135

(**a**) 这匹赛马跑完全程要花多少时间?
(**b**) 这匹赛马在前5浪里的平均速度是多少?
(**c**) 当它通过第三个浪标记时这匹赛马的近似速率为多少?
(**d**) 在哪段时间里这匹赛马跑得最快?
(**e**) 在哪段时间里这匹赛马加速最快?

2.3 积、商以及负幂的导数

积 • 商 • x 的负整数次幂

本节继续讨论怎样不必每次都用定义来求函数的导数.

积

尽管两个函数之和的导数是其导数之和,但是两个函数之积的导数却不是它们的导数之积.例如,

$$\frac{d}{dx}(x \cdot x) = \frac{d}{dx}(x^2) = 2x, \quad 而 \quad \frac{d}{dx}(x) \cdot \frac{d}{dx}(x) = 1 \cdot 1 = 1.$$

两个函数之积的导数是两个积之和,我们现在就来说明这点.

> **法则5 导数的积法则**
> 如果 u 和 v 在 x 都可微,那么它们的积 uv 也在 x 可微,而且
> $$\frac{d}{dx}(uv) = u\frac{dv}{dx} + v\frac{du}{dx}.$$

积 uv 的导数是 u 乘 v 的导数加上 v 乘 u 的导数.用撇记号,$(uv)' = uv' + vu'$.

例1(运用积法则) 求 $y = \frac{1}{x}\left(x^2 + \frac{1}{x}\right)$ 的导数.

解 我们对 $u = 1/x$ 和 $v = x^2 + (1/x)$ 用积法则:

$$\frac{d}{dx}\left[\frac{1}{x}\left(x^2 + \frac{1}{x}\right)\right] = \frac{1}{x}\left(2x - \frac{1}{x^2}\right) + \left(x^2 + \frac{1}{x}\right)\left(-\frac{1}{x^2}\right) \qquad \frac{d}{dx}(uv) = u\frac{dv}{dx} + v\frac{du}{dx}$$

$$= 2 - \frac{1}{x^3} - 1 - \frac{1}{x^3}$$

$$= 1 - \frac{2}{x^3}.$$

法则 5 的证明

$$\frac{\mathrm{d}}{\mathrm{d}x}(uv) = \lim_{h\to 0} \frac{u(x+h)v(x+h) - u(x)v(x)}{h}$$

为把这个分式变为包括 u 和 v 的导数的相应的差商的等价分式,我们在分子上减和加 $u(x+h)v(x)$:

$$\frac{\mathrm{d}}{\mathrm{d}x}(uv) = \lim_{h\to 0} \frac{u(x+h)v(x+h) - u(x+h)v(x) + u(x+h)v(x) - u(x)v(x)}{h}$$

$$= \lim_{h\to 0}\left[u(x+h)\,\frac{v(x+h)-v(x)}{h} + v(x)\,\frac{u(x+h)-u(x)}{h} \right]$$

$$= \lim_{h\to 0} u(x+h) \cdot \lim_{h\to 0} \frac{v(x+h)-v(x)}{h} + v(x) \cdot \lim_{h\to 0} \frac{u(x+h)-u(x)}{h}.$$

当 h 趋于 0 时,因为 u 在 x 可微,所以在 x 连续,从而 $u(x+h)$ 趋于 $u(x)$. 两个分式分别趋于 $\frac{\mathrm{d}v}{\mathrm{d}x}$ 在 x 的值和 $\frac{\mathrm{d}u}{\mathrm{d}x}$ 在 x 的值. 简言之,

$$\frac{\mathrm{d}}{\mathrm{d}x}(uv) = u\,\frac{\mathrm{d}v}{\mathrm{d}x} + v\,\frac{\mathrm{d}u}{\mathrm{d}x}. \qquad \square$$

注:图示积法则 如果 $u(x)$ 和 $v(x)$ 是正函数,而且当 x 增加时增加,又若 $h > 0$,则在图中的整个阴影区域是

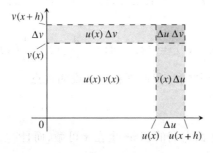

$$u(x+h)v(x+h) - u(x)v(x) = u(x+h)\Delta v + v(x+h)\Delta u - \Delta u\Delta v.$$

两边除以 h,给出

$$\frac{u(x+h)v(x+h) - u(x)v(x)}{h} = u(x+h)\,\frac{\Delta v}{h} + v(x+h)\,\frac{\Delta u}{h} - \Delta u\,\frac{\Delta v}{h}.$$

当 $h \to 0^+$ 时,$\Delta u \cdot \frac{\Delta v}{h} \to 0 \cdot \frac{\mathrm{d}v}{\mathrm{d}x} = 0$,留下的就是

$$\frac{\mathrm{d}}{\mathrm{d}x}(uv) = u\,\frac{\mathrm{d}v}{\mathrm{d}x} + v\,\frac{\mathrm{d}u}{\mathrm{d}x}.$$

下列的例子中我们只算出数值.

例2(求导数的值) 设 $y = uv$ 是函数 u 和 v 的积. 求 $y'(2)$, 如果
$$u(2) = 3, u'(2) = -4, v(2) = 1, \text{且 } v'(2) = 2.$$

解 由积法则
$$y' = (uv)' = uv' + vu',$$
我们有
$$y'(2) = u(2)v'(2) + v(2)u'(2)$$
$$= (3)(2) + (1)(-4) = 6 - 4 = 2.$$

商

恰如两个可微函数之积的导数不是其导数之积一样,两个函数之商的导数不是其导数之商. 其结果就是商法则.

法则 6 导数的商法则
如果 u 和 v 在 x 可微, 又如果 $v(x) \neq 0$, 那么商 u/v 在 x 可微, 且有
$$\frac{d}{dx}\left(\frac{u}{v}\right) = \frac{v\dfrac{du}{dx} - u\dfrac{dv}{dx}}{v^2}.$$

例3(运用商法则) 求 $y = \dfrac{t^2 - 1}{t^2 + 1}$ 的导数.

解 我们对 $u = t^2 - 1$ 和 $v = t^2 + 1$ 用商法则:

$$\frac{dy}{dt} = \frac{(t^2 + 1) \cdot 2t - (t^2 - 1) \cdot 2t}{(t^2 + 1)^2} \qquad \frac{d}{dt}\left(\frac{u}{v}\right) = \frac{v(du/dt) - u(dv/dt)}{v^2}$$

$$= \frac{2t^3 + 2t - 2t^3 + 2t}{(t^2 + 1)^2}$$

$$= \frac{4t}{(t^2 + 1)^2}.$$

法则 6 的证明

$$\frac{d}{dx}\left(\frac{u}{v}\right) = \lim_{h \to 0} \frac{\dfrac{u(x+h)}{v(x+h)} - \dfrac{u(x)}{v(x)}}{h}$$

$$= \lim_{h \to 0} \frac{v(x)u(x+h) - u(x)v(x+h)}{hv(x+h)v(x)}$$

为把上述分式变为包括 u 和 v 的相应的差商的等价分式, 我们在分子上减和加 $u(x)v(x)$, 得到

$$\frac{d}{dx}\left(\frac{u}{v}\right) = \lim_{h \to 0} \frac{v(x)u(x+h) - v(x)u(x) + v(x)u(x) - u(x)v(x+h)}{hv(x+h)v(x)}$$

$$= \lim_{h \to 0} \frac{v(x)\dfrac{u(x+h) - u(x)}{h} - u(x)\dfrac{v(x+h) - v(x)}{h}}{v(x+h)v(x)}.$$

取分子分母中的极限就给出商法则.

x 的负整数次幂

法则 7　负整数次幂法则

如果 n 是负整数,且 $x \neq 0$,那么

$$\frac{\mathrm{d}}{\mathrm{d}x}(x^n) = nx^{n-1}.$$

例 4　运用法则 7

(**a**) $\dfrac{\mathrm{d}}{\mathrm{d}x}\left(\dfrac{1}{x}\right) = \dfrac{\mathrm{d}}{\mathrm{d}x}(x^{-1}) = (-1)x^{-2} = -\dfrac{1}{x^2}$

(**b**) $\dfrac{\mathrm{d}}{\mathrm{d}x}\left(\dfrac{4}{x^3}\right) = 4\dfrac{\mathrm{d}}{\mathrm{d}x}(x^{-3}) = 4(-3)x^{-4} = -\dfrac{12}{x^4}$

CD-ROM
WEBsite
历史传记
René Descartes
(1596 — 1650)

法则 7 的证明　证明巧妙地利用了商法则. 如果 n 是一个负整数,则 $n = -m$,m 是一个正整数. 由此 $x^n = x^{-m} = \dfrac{1}{x^m}$,从而

$$\begin{aligned}
\frac{\mathrm{d}}{\mathrm{d}x}(x^n) &= \frac{\mathrm{d}}{\mathrm{d}x}\left(\frac{1}{x^m}\right) \\
&= \frac{x^m \cdot \frac{\mathrm{d}}{\mathrm{d}x}(1) - 1 \cdot \frac{\mathrm{d}}{\mathrm{d}x}(x^m)}{(x^m)^2} \quad \text{对 } u = 1 \text{ 和 } v = x^m \text{ 应用商法则} \\
&= \frac{0 - mx^{m-1}}{x^{2m}} \quad \text{因为 } m > 0, \frac{\mathrm{d}}{\mathrm{d}x}(x^m) = mx^{m-1} \\
&= -mx^{-m-1} \\
&= nx^{n-1}. \quad \text{因为 } -m = n
\end{aligned}$$

例 5(曲线的切线)　求曲线 $y = x + \dfrac{2}{x}$ 在点 $(1,3)$ 处切线的方程(图 2.24).

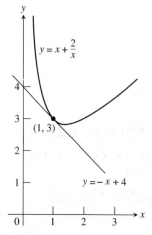

图 2.24　曲线 $y = x + (2/x)$ 在 $(1,3)$ 的切线. 曲线在第三象限的部分没有画出来. 我们将在第 3 章中知道怎样去画像这样的曲线的图形.

解　曲线的斜率是

$$\frac{dy}{dx} = \frac{d}{dx}(x) + 2\frac{d}{dx}\left(\frac{1}{x}\right) = 1 + 2\left(-\frac{1}{x^2}\right) = 1 - \frac{2}{x^2}.$$

在 $x = 1$ 处的斜率为

$$\left.\frac{dy}{dx}\right|_{x=1} = \left[1 - \frac{2}{x^2}\right]_{x=1} = 1 - 2 = -1.$$

过点 $(1,3)$ 且斜率 $m = -1$ 的直线为

$$y - 3 = (-1)(x - 1) \qquad 点-斜式方程$$
$$y = -x + 1 + 3$$
$$y = -x + 4$$

在解求导数问题时,选用不同的法则会影响到不同的计算工作量. 下面就是一个例子.

例 6(法则的选用) 不用商法则求

$$y = \frac{(x-1)(x^2 - 2x)}{x^4}$$

的导数,先展开分子并除以 x^4:

$$y = \frac{(x-1)(x^2 - 2x)}{x^4} = \frac{x^3 - 3x^2 + 2x}{x^4} = x^{-1} - 3x^{-2} + 2x^{-3}.$$

再用和法则及幂法则:

$$\frac{dy}{dx} = -x^{-2} - 3(-2)x^{-3} + 2(-3)x^{-4} = -\frac{1}{x^2} + \frac{6}{x^3} - \frac{6}{x^4}.$$

例 7(人体对药物的反应) 人体对一定剂量药物的反应有时可用形为

$$R = M^2\left(\frac{C}{2} - \frac{M}{3}\right)$$

的方程来表示,其中 C 是一正常数而 M 是血液中吸收的一定量的药物. 如果反应是血压的变化,那么 R 是用毫米水银柱高来度量的;如果反应是温度的变化,那么 R 是用度来度量的;等等.

求 dR/dM. 作为 M 的函数这个导数称为人体对药物的<u>敏感性</u>.

解

$$\frac{dR}{dM} = 2M\left(\frac{C}{2} - \frac{M}{3}\right) + M^2\left(-\frac{1}{3}\right) \qquad 积、幂以及乘常数法则$$
$$= MC - M^2$$

习题 2.3

导数计算

在题 1-4 中,求一阶和二阶导数.

1. $y = 6x^2 - 10x - 5x^{-2}$ **2.** $w = 3z^{-3} - \frac{1}{z}$ **3.** $r = \frac{1}{3s^2} - \frac{5}{2s}$ **4.** $r = \frac{12}{\theta} - \frac{4}{\theta^3} + \frac{1}{\theta^4}$

在题 5 和 6 中,求 y',(a) 用积法则,(b) 用乘上因子得到比较简单的和式再求导.

5. $y = (3 - x^2)(x^3 - x + 1)$

6. $y = \left(x + \dfrac{1}{x}\right)\left(x - \dfrac{1}{x} + 1\right)$

求题 7 - 14 中函数的导数.

7. $y = \dfrac{2x + 5}{3x - 2}$

8. $g(x) = \dfrac{x^2 - 4}{x + 0.5}$

9. $f(t) = \dfrac{t^2 - 1}{t^2 + t - 2}$

10. $v = (1 - t)(1 + t^2)^{-1}$

11. $f(s) = \dfrac{\sqrt{s} - 1}{\sqrt{s} + 1}$

12. $r = 2\left(\dfrac{1}{\sqrt{\theta}} + \sqrt{\theta}\right)$

13. $y = \dfrac{1}{(x^2 - 1)(x^2 + x + 1)}$

14. $y = \dfrac{(x + 1)(x + 2)}{(x - 1)(x - 2)}$

求题 15 - 18 中函数的一阶和二阶导数.

15. $s = \dfrac{t^2 + 5t - 1}{t^2}$

16. $r = \dfrac{(\theta - 1)(\theta^2 + \theta + 1)}{\theta^3}$

17. $w = \left(\dfrac{1 + 3z}{3z}\right)(3 - z)$

18. $p = \left(\dfrac{q^2 + 3}{12q}\right)\left(\dfrac{q^4 - 1}{q^3}\right)$

利用数值求导数值

19. 假设 u 和 v 是在 $x = 0$ 可微的函数,而且
$$u(0) = 5, \quad u'(0) = 3$$
$$v(0) = -1, \quad v'(0) = 2.$$
求下列导数在 $x = 0$ 处的值.

(a) $\dfrac{\mathrm{d}}{\mathrm{d}x}(uv)$ (b) $\dfrac{\mathrm{d}}{\mathrm{d}x}\left(\dfrac{u}{v}\right)$ (c) $\dfrac{\mathrm{d}}{\mathrm{d}x}\left(\dfrac{v}{u}\right)$ (d) $\dfrac{\mathrm{d}}{\mathrm{d}x}(7v - 2u)$

20. 假设 u 和 v 是 x 的可微函数,而且
$$u(1) = 2, \quad u'(1) = 0$$
$$v(1) = 5, \quad v'(1) = -1.$$
求下列导数在 $x = 1$ 处的值.

(a) $\dfrac{\mathrm{d}}{\mathrm{d}x}(uv)$ (b) $\dfrac{\mathrm{d}}{\mathrm{d}x}\left(\dfrac{u}{v}\right)$ (c) $\dfrac{\mathrm{d}}{\mathrm{d}x}\left(\dfrac{v}{u}\right)$ (d) $\dfrac{\mathrm{d}}{\mathrm{d}x}(7v - 2u)$

斜率和切线

21. 求 Newton 蛇形线(图示如下)在原点和点(1,2) 的切线.

第 21 题图   第 22 题图

22. 求 Agnesi 箕舌线(右上图)在点(2,1) 的切线.

23. 曲线 $y = ax^2 + bx + c$ 过点(1,2) 并与直线 $y = x$ 相切于原点. 求 a, b, c.

24. 曲线 $y = x^2 + ax + b$ 和 $y = cx - x^2$ 在点(1,0) 有公共切线. 求 a, b, c.

理论和例子

25. **为学而写** 假设积法则中的函数 v 具有常数值 c. 那么积法则的结论是什么?就乘常数法则而言这说明了什么?

26. **倒数法则**

 (**a**) 倒数法则是说,在函数可微且不等于零的任何点处
$$\frac{d}{dx}\left(\frac{1}{v}\right) = -\frac{1}{v^2}\frac{dv}{dx}.$$
证明倒数法则是商法则的特殊情形.

 (**b**) 证明倒数法则和积法则一起就能推出商法则.

27. **推广积法则** 积法则对 x 的两个可微函数的积 uv 的导数,给出公式
$$\frac{d}{dx}(uv) = u\frac{dv}{dx} + v\frac{du}{dx}.$$

 (**a**) x 的三个可微函数的积 uvw 的导数的类似的公式是什么?

 (**b**) x 的四个可微函数的积 $u_1 u_2 u_3 u_4$ 的导数的公式是什么?

 (**c**) x 的有限数目 n 个可微函数的积 $u_1 u_2 u_3 \cdots u_n$ 的导数的公式是什么?

28. **有理幂**

 (**a**) 把 $x^{3/2}$ 写成 $x \cdot x^{1/2}$ 并用积法则求 $\frac{d}{dx}(x^{3/2})$. 把你的结果表为有理数乘 x 的有理幂. 用类似的方法做(b)和(c).

 (**b**) 求 $\frac{d}{dx}(x^{5/2})$. (**c**) 求 $\frac{d}{dx}(x^{7/2})$.

 (**d**) 你从(a),(b)和(c)的答案中看到了什么样的模式?在2.6节中将研究有理幂.

29. **柱体中气体的压力** 如果柱体中的气体保持在常温,压力 P 和体积 V 的关系由形如(如右图所示)
$$P = \frac{nRT}{V - nb} - \frac{an^2}{V^2}$$
的式子给出,其中 a,b,n 和 R 都是常数. 求 dP/dV.

30. **最佳订货量** 库存管理的计算订货、付费以及货物贮存的周平均成本的公式之一是
$$A(q) = \frac{km}{q} + cm + \frac{hq}{2},$$
其中 q 是缺货时你的订货量(鞋、收音机、扫帚,或不论什么可能的缺货);k 是订一次货的成本(不论你过多长时间订一次货成本都是一样的);c 是一种货物的成本(常数);m 是每周售出货物的数量(常数);h 是每件货物每周的贮存成本(考虑到诸如空间、设施、保险和安全等因素的一个常数). 求 dA/dq 和 d^2A/dq^2.

第29题图

2.4 三角函数的导数

正弦函数的导数 • 余弦函数的导数 • 简谐运动 • 其他基本三角函数的导数 • 三角函数的连续性

我们想要的许多现象的信息都是周期的(电磁场、心律、潮汐、天气). 高等微积分的一个令人吃惊且优美的定理说我们可能应用于数学建模的任何周期函数都可以用正弦和余弦函数表示出来. 因此在描述周期性的变化时正弦函数和余弦函数的导数起着关键的作用. 本节将说明怎样求六个基本三角函数的导数.

正弦函数的导数

为求 $y = \sin x$ 的导数,我们要把 1.2 节中的例 10(a) 中的极限和定理 6 以及和角恒等式

$$\sin(x + h) = \sin x \cos h + \cos x \sin h. \tag{1}$$

结合起来应用.

$$\begin{aligned}
\frac{dy}{dx} &= \lim_{h \to 0} \frac{\sin(x+h) - \sin x}{h} & \text{导数定义} \\
&= \lim_{h \to 0} \frac{(\sin x \cos h + \cos x \sin h) - \sin x}{h} & \text{方程(1)} \\
&= \lim_{h \to 0} \frac{\sin x(\cos h - 1) + \cos x \sin h}{h} \\
&= \lim_{h \to 0}\left(\sin x \cdot \frac{\cos h - 1}{h}\right) + \lim_{h \to 0}\left(\cos x \cdot \frac{\sin h}{h}\right) \\
&= \sin x \cdot \lim_{h \to 0} \frac{\cos h - 1}{h} + \cos x \cdot \lim_{h \to 0} \frac{\sin h}{h} & \text{1.2 节中的} \\
& & \text{例 10(a) 和定理 6} \\
&= \sin x \cdot 0 + \cos x \cdot 1 \\
&= \cos x.
\end{aligned}$$

注:微积分中的弧度 万一你想知道在其他地方都用度的情况下为什么在微积分中要用弧度,回答就在正弦函数的导数是余弦函数的论证之中. 仅当 x 用弧度度量时 $\sin x$ 的导数才是 $\cos x$, 因为 $\lim\limits_{h \to 0} \dfrac{\sin h}{h} = 1$ 只对 h 是弧度时才成立.

正弦函数的导数是余弦函数

$$\frac{d}{dx}(\sin x) = \cos x.$$

例 1　与正弦函数有关的函数的导数

(**a**) $y = x^2 - \sin x$:

$$\begin{aligned}
\frac{dy}{dx} &= 2x - \frac{d}{dx}(\sin x) & \text{差法则} \\
&= 2x - \cos x.
\end{aligned}$$

(**b**) $y = \dfrac{\sin x}{x}$:

$$\begin{aligned}
\frac{dy}{dx} &= \frac{x \cdot \dfrac{d}{dx}(\sin x) - \sin x \cdot 1}{x^2} & \text{商法则} \\
&= \frac{x \cos x - \sin x}{x^2}.
\end{aligned}$$

余弦函数的导数

借助于和角公式

$$\cos(x + h) = \cos x \cos h - \sin x \sin h, \tag{2}$$

我们有

2.4 三角函数的导数

$$\frac{\mathrm{d}}{\mathrm{d}x}(\cos x) = \lim_{h\to 0}\frac{\cos(x+h)-\cos x}{h} \qquad \text{导数定义}$$

$$= \lim_{h\to 0}\frac{(\cos x\cos h - \sin x\sin h)-\cos x}{h} \qquad \text{方程(2)}$$

$$= \lim_{h\to 0}\frac{\cos x(\cos h - 1) - \sin x\sin h}{h}$$

$$= \lim_{h\to 0}\cos x\cdot\frac{\cos h - 1}{h} - \lim_{h\to 0}\sin x\cdot\frac{\sin h}{h}$$

$$= \cos x\cdot\lim_{h\to 0}\frac{\cos h - 1}{h} - \sin x\cdot\lim_{h\to 0}\frac{\sin h}{h}$$

$$= \cos x\cdot 0 - \sin x\cdot 1 \qquad \text{1.2 节的例 10(a) 和定理 6}$$

$$= -\sin x.$$

余弦函数的导数是正弦函数取负号

$$\frac{\mathrm{d}}{\mathrm{d}x}(\cos x) = -\sin x.$$

图 2.25 展示了另一种方法来形象化表示这一结果.

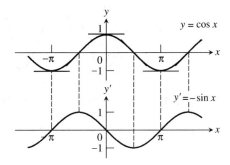

图 2.25 曲线 $y' = -\sin x$ 作为曲线 $y = \cos x$ 的切线的斜率的图形.

例 2 再论求导法则

(**a**) $y = \sin x\cos x$:

$$\frac{\mathrm{d}y}{\mathrm{d}x} = \sin x\frac{\mathrm{d}}{\mathrm{d}x}(\cos x) + \cos x\frac{\mathrm{d}}{\mathrm{d}x}(\sin x) \qquad \text{积法则}$$

$$= \sin x(-\sin x) + \cos x(\cos x)$$

$$= \cos^2 x - \sin^2 x.$$

(**b**) $y = \dfrac{\cos x}{1 - \sin x}$:

$$\frac{\mathrm{d}y}{\mathrm{d}x} = \frac{(1-\sin x)\dfrac{\mathrm{d}}{\mathrm{d}x}(\cos x) - \cos x\dfrac{\mathrm{d}}{\mathrm{d}x}(1-\sin x)}{(1-\sin x)^2} \qquad \text{商法则}$$

$$= \frac{(1-\sin x)(-\sin x) - \cos x(0 - \cos x)}{(1-\sin x)^2}$$

$$= \frac{1 - \sin x}{(1-\sin x)^2} \qquad \sin^2 x + \cos^2 x = 1$$

$$= \frac{1}{1 - \sin x}.$$

简谐运动

在弹簧或蹦级绳索端点的物体的上下自由摆动就是简谐运动的一个例子. 下面的例子描述了没有诸如摩擦或浮力这样的反力来减缓物体向下运动的情形.

例 3(弹簧运动) 挂在弹簧上的一重物(见图 2.26)从静止位置往下拉长 5 个单位并在 $t = 0$ 时刻松开让其上下摆动. 之后任何时刻 t, 物体的位置为

$$s = 5\cos t.$$

时刻 t 的速度和加速度是什么?

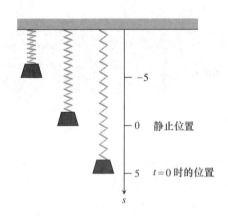

图 2.26 例 3 中的物体.

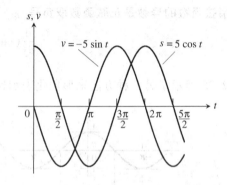

图 2.27 例 3 中重物的位置和速度的图形.

解 我们有

位置: $s = 5\cos t$

速度: $v = \dfrac{ds}{dt} = \dfrac{d}{dt}(5\cos t) = -5\sin t$

加速度: $a = \dfrac{dv}{dt} = \dfrac{d}{dt}(-5\sin t) = -5\cos t.$

注意我们从这些等式学到多少东西:

1. 当时间推移时, 重物沿 s 轴在 $s = -5$ 和 $s = 5$ 之间运动的幅度是 5. 运动的周期是 2π.

2. 如图 2.27 所示, 当 $\cos t = 0$ 时, 速度 $v = -5\sin t$ 达到其最大量值 5. 因此, 当 $\cos t = 0$ 时, 即当 $s = 0$(静止位置)时, 重物的速率 $|v| = 5|\sin t|$ 达到最大. 当 $\sin t = 0$ 时重物的速率为零. 当 $s = 5\cos t = \pm 5$ 时在运动区间的端点速度为零.

3. 加速度的值总是和位置值反号. 当重物在静止位置上方时, 重力要拖它往下; 当重物在静止位置的下方时, 弹簧拉它向上.

4. 加速度 $a = -5\cos t$ 仅当重物处于静止位置时才为零, 静止位置处 $\cos t = 0$ 而且重力和弹簧力互相抵消. 当重物在其他位置时, 这两个力不相等从而加速度不为零. 加速度的量值在离静止位置最远的地方, 在那里 $\cos t = \pm 1$, 达到最大.

例 4（急推） 例 3 中简谐运动的急推为

$$j = \frac{da}{dt} = \frac{d}{dt}(-5\cos t) = 5\sin t.$$

当 $\sin t = \pm 1$ 时它达到其最大量值，不是在位置的最大量值处而是在静止位置处达到，在静止位置处加速度改变方向和符号.

其他基本三角函数的导数

因为 $\sin x$ 和 $\cos x$ 都是 x 的可微函数，所以有关的函数

$$\tan x = \frac{\sin x}{\cos x} \qquad \cot x = \frac{\cos x}{\sin x}$$

$$\sec x = \frac{1}{\cos x} \qquad \csc x = \frac{1}{\sin x}$$

在它们有定义的每个 x 值处都是可微的. 利用商法则计算得到的它们的导数，由下面的公式给出.

$$\frac{d}{dx}(\tan x) = \sec^2 x \tag{3}$$

$$\frac{d}{dx}(\sec x) = \sec x \tan x \tag{4}$$

$$\frac{d}{dx}(\cot x) = -\csc^2 x \qquad \textbf{注：}\text{注意余函数导数公式中的负号.} \tag{5}$$

$$\frac{d}{dx}(\csc x) = -\csc x \cot x \tag{6}$$

为说明有代表性的计算，我们来推导(3). 其他导数的计算留作习题中的题 44.

例 5（正切函数的导数） 求 $\dfrac{d(\tan x)}{dx}$.

解

$$\frac{d}{dx}(\tan x) = \frac{d}{dx}\left(\frac{\sin x}{\cos x}\right) = \frac{\cos x \dfrac{d}{dx}(\sin x) - \sin x \dfrac{d}{dx}(\cos x)}{\cos^2 x} \quad \text{商法则}$$

$$= \frac{\cos x \cos x - \sin x(-\sin x)}{\cos^2 x}$$

$$= \frac{\cos^2 x + \sin^2 x}{\cos^2 x} = \frac{1}{\cos^2 x} = \sec^2 x.$$

例 6（三角函数的二阶导数） 如果 $y = \sec x$ 求 y''.

解

$$y = \sec x$$

$$y' = \sec x \tan x \qquad\qquad\qquad\qquad \text{等式(4)}$$

$$y'' = \frac{d}{dx}(\sec x \tan x)$$

$$= \sec x \frac{d}{dx}(\tan x) + \tan x \frac{d}{dx}(\sec x) \quad \text{积法则}$$

$$= \sec x(\sec^2 x) + \tan x(\sec x \tan x) \quad \text{等式(3)和(4)（译注）}$$
$$= \sec^3 x + \sec x \tan^2 x.$$

三角函数的连续性

因为六个基本三角函数在其定义域上都是可微的，所以由 1.2 节的定理 1 它们在其定义域上都是连续的。由此，$\sin x$ 和 $\cos x$ 对一切 x 都是连续的，这证实了我们在 1.4 节中的观察结果。还有，除 x 是 $\pi/2$ 的非零整数倍外 $\sec x$ 和 $\tan x$ 都是连续的，除 x 是 π 的整数倍外 $\csc x$ 和 $\cot x$ 都是连续的。对每个函数，当 $f(c)$ 有定义时有 $\lim_{x \to c} f(x) = f(c)$。因此，我们可以用直接代入法来计算三角函数的许多代数组合和复合函数的极限。

例 7　求三角函数的极限

$$\lim_{x \to 0} \frac{\sqrt{2 + \sec x}}{\cos(\pi - \tan x)} = \frac{\sqrt{2 + \sec 0}}{\cos(\pi - \tan 0)} = \frac{\sqrt{2 + 1}}{\cos(\pi - 0)} = \frac{\sqrt{3}}{-1} = -\sqrt{3}.$$

习题 2.4

导数

在题 1 – 12 中求 dy/dx.

1. $y = -10x + 3\cos x$
2. $y = \dfrac{3}{x} + 5\sin x$
3. $y = \csc x - 4\sqrt{x} + 7$
4. $y = x^2 \cot x - \dfrac{1}{x^2}$
5. $y = (\sec x + \tan x)(\sec x - \tan x)$
6. $y = (\sin x + \cos x)\sec x$
7. $y = \dfrac{\cot x}{1 + \cot x}$
8. $y = \dfrac{\cos x}{1 + \sin x}$
9. $y = \dfrac{4}{\cos x} + \dfrac{1}{\tan x}$
10. $y = \dfrac{\cos x}{x} + \dfrac{x}{\cos x}$
11. $y = x^2 \sin x + 2x \cos x - 2\sin x$
12. $y = x^2 \cos x - 2x \sin x - 2\cos x$

在题 13 – 16 中求 ds/dt.

13. $s = \tan t - t$
14. $s = t^2 - \sec t + 1$
15. $s = \dfrac{1 + \csc t}{1 - \csc t}$
16. $s = \dfrac{\sin t}{1 - \cos t}$

在题 17 – 20 中求 $dr/d\theta$.

17. $r = 4 - \theta^2 \sin \theta$
18. $r = \theta \sin \theta + \cos \theta$
19. $r = \sec \theta \csc \theta$
20. $r = (1 + \sec \theta)\sin \theta$

在题 21 – 24 中求 dp/dq.

21. $p = 5 + \dfrac{1}{\cot q}$
22. $p = (1 + \csc q)\cos q$
23. $p = \dfrac{\sin q + \cos q}{\cos q}$
24. $p = \dfrac{\tan q}{1 + \tan q}$

25. 如果
    (**a**) $y = \csc x$
    (**b**) $y = \sec x$
    求 y''.

26. 如果
    (**a**) $y = -2\sin x$
    (**b**) $y = 9\cos x$
    求 $y^{(4)} = \dfrac{d^4 y}{dx^4}$.

切线

在题 27-30 中,把给定区间上的曲线的图形和它们在给定 x 值处的切线画在一起. 用每条曲线和切线的方程分别标记它们.

27. $y = \sin x$, $-\dfrac{3\pi}{2} \leqslant x \leqslant 2\pi$, $x = -\pi, 0, \dfrac{3\pi}{2}$

28. $y = \tan x$, $-\dfrac{\pi}{2} < x < \dfrac{\pi}{2}$, $x = -\dfrac{\pi}{3}, 0, \dfrac{\pi}{3}$

29. $y = \sec x$, $-\dfrac{\pi}{2} < x < \dfrac{\pi}{2}$, $x = -\dfrac{\pi}{3}, \dfrac{\pi}{4}$

30. $y = 1 + \cos x$, $-\dfrac{3\pi}{2} \leqslant x \leqslant 2\pi$, $x = -\dfrac{\pi}{3}, \dfrac{3\pi}{2}$

T 题 31-34 中函数的图形在区间 $0 \leqslant x \leqslant 2\pi$ 中有水平切线吗? 如果有, 在何处? 如果没有, 为什么? 用绘图器画函数的图形来形象化你的发现.

31. $y = x + \sin x$
32. $y = 2x + \sin x$
33. $y = x - \cot x$
34. $y = x + 2\cos x$

35. 求曲线 $y = \tan x$, $-\dfrac{\pi}{2} < x < \dfrac{\pi}{2}$ 所有的点, 其切线与直线 $y = 2x$ 平行. 把曲线和切线的图形一起画出来并用它们的方程来标记.

36. 求曲线 $y = \cot x$, $0 < x < \pi$ 所有的点, 其切线与直线 $y = -x$ 平行. 把曲线和切线的图形一起画出来并用它们的方程来标记.

在题 37 和 38 中, (a) 求曲线在点 P 的切线的方程, (b) 求曲线在点 Q 水平切线的方程.

37.

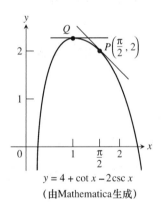

$y = 4 + \cot x - 2\csc x$
(由 Mathematica 生成)

38.

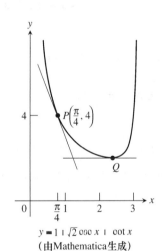

$y = 1 + \sqrt{2}\csc x + \cot x$
(由 Mathematica 生成)

简谐运动

题 39 和 40 中的方程给出了物体沿坐标轴线运动的位置 $s = f(t)$ (s 以米计, t 以秒计). 求物体在时刻 $t = \pi/4$ 秒处的速度、速率、加速度和急推.

39. $s = 2 - 2\sin t$
40. $s = \sin t + \cos t$

理论和例子

41. **为学而写** 是否存在一个值 c, 使

$$f(x) = \begin{cases} \dfrac{\sin^2 3x}{x^2}, & x \neq 0 \\ c, & x = 0 \end{cases}$$

在 $x = 0$ 连续?对你的回答给出理由.

42. 为学而写 是否存在一个值 b,使

$$f(x) = \begin{cases} x + b, & x < 0 \\ \cos x, & x \geq 0 \end{cases}$$

在 $x = 0$ 连续?在 $x = 0$ 可微?对你的回答给出理由.

43. 求 $\dfrac{d^{999}}{dx^{999}}(\cos x)$.

44. 求

    (**a**) $\sec x$ (**b**) $\csc x$ (**c**) $\cot x$

关于 x 的导数的公式.

T 45. 画 $y = \cos x, -\pi \leq x \leq 2\pi$ 的图形. 在同一屏幕上对 $h = 1, 0.5, 0.3$ 和 0.1 画

$$y = \frac{\sin(x + h) - \sin x}{h}$$

的图形. 然后,在一个新的视窗对 $h = -1, -0.5$ 和 -0.3 画图. 当 $h \to 0^+$ 时情况如何?当 $h \to 0^-$ 呢? 这说明了什么现象?

T 46. 画 $y = -\sin x, -\pi \leq x \leq 2\pi$ 的图形. 在同一屏幕上对 $h = 1, 0.5, 0.3$ 和 0.1 画

$$y = \frac{\cos(x + h) - \cos x}{h}$$

的图形. 然后,在一个新视窗对 $h = -1, -0.5$ 和 -0.3 画图. 当 $h \to 0^+$ 时情况如何?当 $h \to 0^-$ 呢?这说明了什么现象?

T 47. 中心差商 中心差商

$$\frac{f(x + h) - f(x - h)}{2h}$$

在数值计算中用来近似计算 $f'(x)$,因为(1)当 $f'(x)$ 存在时,$h \to 0$ 时其极限等于 $f'(x)$,(2) 它通常给出对给定 h 值的 $f'(x)$ 的比费马(Fermat)差商 $\dfrac{f(x+h) - f(x)}{h}$ 更好的近似. 见下图.

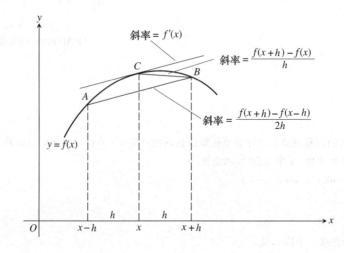

(**a**) 为看出 $f(x) = \sin x$ 的中心差商收敛到 $f'(x) = \cos x$ 有多快,把 $y = \cos x$ 和
$$y = \frac{\sin(x+h) - \sin(x-h)}{2h}$$
在区间 $[-\pi, 2\pi]$,对 $h = 1, 0.5$ 和 0.3 的图形画在一起. 和题 45 中对同样的 h 值得到的结果相比较.

(**b**) 为看出 $f(x) = \cos x$ 的中心差商收敛到 $f'(x) = -\sin x$ 有多快,把 $y = -\sin x$ 和
$$y = \frac{\cos(x+h) - \cos(x-h)}{2h}$$
在区间 $[-\pi, 2\pi]$,对 $h = 1, 0.5$ 和 0.3 的图形画在一起. 和题 46 中对同样的 h 值得到的结果相比较.

48. **谨慎使用中心差商**(题 47 的延伸) 当 f 在 x 没有导数时,商
$$\frac{f(x+h) - f(x-h)}{2h}$$
当 $h \to 0$ 时也可能有极限. 作为例子,取 $f(x) = |x|$ 并计算
$$\lim_{h \to 0} \frac{|0+h| - |0-h|}{2h}$$
如同你们看到的,即使 $f(x) = |x|$ 在 $x = 0$ 没有导数但中心差商的极限存在. 格言:在采用中心差商前,要确认导数存在.

T 49. **为学而写:正切函数图形的斜率** 把 $y = \tan x$ 及其导数在 $(-\pi/2, \pi/2)$ 上的图形画在一起. 正切函数的图形看似有一个最小的斜率?最大的斜率?斜率总是负的吗?对你的回答给出理由.

T 50. **为学而写:余切函数图形的斜率** 把 $y = \cot x$ 及其导数在 $0 < x < \pi$ 上的图形画在一起. 余切函数的图形看似有一个最小的斜率?最大的斜率?斜率总是正的吗?对你的回答给出理由.

T 51. **为学而写:探究 $(\sin kx)/x$** 把 $y = (\sin x)/x$,$y = (\sin 2x)/x$ 和 $y = (\sin 4x)/x$ 在 $-2 \leq x \leq 2$ 上的图形画在一起. 每个图形在何处看似要穿过 y 轴?该图形真的穿过 y 轴吗?你认为 $x \to 0$ 时 $y = (\sin 5x)/x$ 和 $y = (\sin(-3x))/x$ 的图形会怎样?对其他 k 值,$y = (\sin kx)/x$ 的图形会是怎样的?对你的回答给出理由.

T 52. **弧度对度:度模式的导数** 如果 x 不用弧度而用度来度量,那么 $\sin x$ 和 $\cos x$ 的导数将会是怎样的?为解决这个问题,采取以下步骤.

(**a**) 把你的图形计算器或计算机图形软件置于度模式,画 $f(h) = \dfrac{\sin h}{h}$ 的图形并估算 $\lim\limits_{h \to 0} f(h)$. 与用 $\pi/180$ 作出的估计相比较. 有理由相信该极限应该是 $\pi/180$ 吗?

(**b**) 仍然把你的计算机软件置于度模式,估算 $\lim\limits_{h \to 0} \dfrac{\cos h - 1}{h}$.

(**c**) 现在回到课文中 $\sin x$ 的导数公式的推导并利用度模式执行求导的各步. 你得到的导数公式是什么?

(**d**) 利用度模式计算 $\cos x$ 的导数公式的求导全过程. 你得到的导数公式是什么?

(**e**) 当求高阶导数时度模式公式的缺点就更为明显. 试试看. 什么是 $\sin x$ 和 $\cos x$ 的二阶和三阶度模式导数?

2.5 链式法则

复合函数的导数 • "外面 – 里面"法则 • 累次应用链式法则 • 参数曲线的斜率 • 幂链式法则 • 融化立方体冰块

我们将在第 3 和 4 章中看到微积分的许多工程应用涉及求函数使它等于给定导数. 有时候

我们可以马上识别这样的函数,例如,$2x$ 是 x^2 的导数,以及和式 $\cos x + 2x$ 是 $\sin x + x^2$ 的导数. 但是如果我们要求函数使其导数等于两函数的积而不是和时,结果会怎样呢?我们知道这种函数不会是可微函数的积. 因为它们的积的导数不是它们的导数的积.

所以,什么函数的导数会是导数的积的形式呢?答案就在称为链式法则的求复合函数导数的法则之中. 本节讲述链式法则以及如何应用链式法则.

复合函数的导数

我们从例子开始.

例 1(相对导数) 函数 $y = 6x - 10 = 2(3x - 5)$ 是函数 $y = 2u$ 和 $u = 3x - 5$ 的复合函数. 这些函数的导数之间有什么关系呢?

解 我们有

$$\frac{dy}{dx} = 6, \quad \frac{dy}{du} = 2, \quad 及 \quad \frac{du}{dx} = 3.$$

因此 $6 = 2 \cdot 3$,我们知道

$$\frac{dy}{dx} = \frac{dy}{du} \cdot \frac{du}{dx}.$$

这是偶然的吗?

如果我们把导数设想为变化率,我们的直观告诉我们这种关系是合理的. 如果 $y = f(u)$ 的变化是 u 的变化的 2 倍那样快,而 $u = g(x)$ 是 x 的变化的 3 倍那样快,那么我们预期 y 变化是 x 变化的 6 倍那样快. 这种效果有点像多个齿轮的齿轮链(图 2.28).

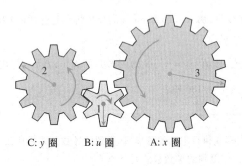

C: y 圈   B: u 圈   A: x 圈

图 2.28 当齿轮 A 转过 x 圈,B 转过 u 圈而 C 转过 y 圈. 通过计算周长或数齿数,我们知道 $y = \frac{u}{2}, u = 3x$,所以,$y = \frac{3x}{2}$. 因此 $\frac{dy}{du} = \frac{1}{2}, \frac{du}{dx} = 3$,而 $\frac{dy}{dx} = \frac{3}{2} = \left(\frac{dy}{du}\right)\left(\frac{du}{dx}\right)$.

例 2(相对导数) 函数

$$y = 9x^4 + 6x^2 + 1 = (3x^2 + 1)^2$$

是 $y = u^2$ 和 $u = 3x^2 + 1$ 的复合函数. 计算导数,我们知道

$$\begin{aligned}\frac{dy}{du} \cdot \frac{du}{dx} &= 2u \cdot 6x \\ &= 2(3x^2 + 1) \cdot 6x \qquad u = 3x^2 + 1 \\ &= 36x^3 + 12x\end{aligned}$$

以及

$$\frac{dy}{dx} = \frac{d}{dx}(9x^4 + 6x^2 + 1) = 36x^3 + 12x.$$

再次有
$$\frac{dy}{du} \cdot \frac{du}{dx} = \frac{dy}{dx}.$$

复合函数 $f(g(x))$ 在 x 的导数为 f 在 $g(x)$ 的导数乘上 g 在 x 的导数. 这个观察结果称为链式法则(图 2.29).

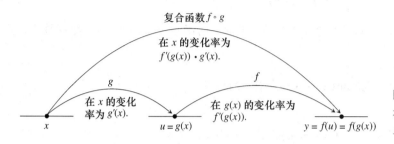

图 2.29 变化率相乘: $f \circ g$ 在 x 的导数是 f 在点 $g(x)$ 的导数乘上 g 在点 x 的导数.

定理 3 链式法则

如果 $f(u)$ 在点 $u = g(x)$ 可微而 $g(x)$ 在 x 可微, 那么复合函数 $(f \circ g)(x) = f(g(x))$ 在 x 可微, 而且

$$(f \circ g)'(x) = f'(g(x)) \cdot g'(x). \tag{1}$$

用 Leibniz 的记号, 如果 $y = f(u)$ 而 $u = g(x)$, 那么

$$\frac{dy}{dx} = \frac{dy}{du} \cdot \frac{du}{dx}, \tag{2}$$

其中 $\frac{dy}{du}$ 是在 $u = g(x)$ 处取值.

我们很想通过写成

$$\frac{\Delta y}{\Delta x} = \frac{\Delta y}{\Delta u} \cdot \frac{\Delta u}{\Delta x}$$

的样子, 并取 $\Delta x \to 0$ 时的极限来试图证明链式法则. 如果我们知道 u 的改变 Δu 是非零的, 那么这种试图是可行的, 但是我们并不知道 $\Delta u \neq 0$. x 的小的改变可以想象地导致 u 没有改变. 证明需要利用 3.6 节中的思想的不同的方法. (参见附录 3.)

例 3(应用链式法则) 一物体沿 x 轴运动使其在任何时刻 $t \geq 0$ 的位置由 $x(t) = \cos(t^2 + 1)$ 给出. 求作为 t 的函数的物体的速度.

解 我们知道速度是 $\frac{dx}{dt}$. 本题中, x 是复合函数: $x = \cos(u)$ 而 $u = t^2 + 1$. 我们有

$$\frac{dx}{du} = -\sin(u) \qquad x = \cos(u)$$

$$\frac{du}{dt} = 2t \qquad u = t^2 + 1$$

由链式法则

$$\frac{dx}{dt} = \frac{dx}{du} \cdot \frac{du}{dt} = -\sin(u) \cdot 2t$$

$$= -\sin(t^2+1) \cdot 2t$$
$$= -2t\sin(t^2+1).$$

"外面 – 里面"法则

用以下方式来想链式法则有时是会有助益的:如果 $y = f(g(x))$,那么

$$\frac{dy}{dx} = f'(g(x)) \cdot g'(x). \tag{3}$$

用文字表述就是对"外面"的函数 f 求导并单独在"里面"的函数 $g(x)$ 处取值;然后乘上"里面"函数的导数.

例 4(从外到里求导数) 求 $\sin(x^2+x)$ 关于 x 的导数.

解

$$\frac{d}{dx}\sin(\underbrace{x^2+x}_{\text{里面}}) = \underbrace{\cos(x^2+x)}_{\substack{\text{单独的}\\\text{里面函数}}} \cdot \underbrace{(2x+1)}_{\substack{\text{里面函数}\\\text{的导数}}}$$

累次应用链式法则

CD-ROM
WEBsite
历史传记
Johann Bernoulli
(1667 — 1748)

为求导数我们有时候要应用链式法则二次或多次. 下面是一个例子.

例 5(三节"链") 求 $g(t) = \tan(5 - \sin 2t)$ 的导数.

解 这里要注意正切是 $5 - \sin 2t$ 的函数,而正弦是 $2t$ 的函数,$2t$ 本身又是 t 的函数. 所以由链式法则

$$\begin{aligned}
g'(t) &= \frac{d}{dt}(\tan(5-\sin 2t)) \\
&= \sec^2(5-\sin 2t) \cdot \frac{d}{dt}(5-\sin 2t) \qquad \tan u \text{ 关于 } u = 5-\sin 2t \text{ 的导数} \\
&= \sec^2(5-\sin 2t) \cdot (0 - \cos 2t \cdot \frac{d}{dt}(2t)) \qquad 5-\sin u \text{ 关于 } u = 2t \text{ 的导数} \\
&= \sec^2(5-\sin 2t) \cdot (-\cos 2t) \cdot 2 \\
&= -2(\cos 2t)\sec^2(5-\sin 2t)
\end{aligned}$$

参数化曲线的斜率

参数化曲线 $(x(t), y(t))$ 在 t **可微**,如果 x 和 y 在 t 都可微. 在可微的参数化曲线上一点处 y 也是 x 的可微函数,导数 $\frac{dy}{dx}, \frac{dx}{dt}$ 和 $\frac{dy}{dt}$ 是由链式法则把它们联系起来的:

$$\frac{dy}{dt} = \frac{dy}{dx} \cdot \frac{dx}{dt}.$$

如果 $dx/dt \neq 0$,我们可以在这个方程两边除以 dx/dt 来解出 dy/dx.

dy/dx 的参数公式

如果三个导数都存在,且 $dx/dt \neq 0$,那么

$$\frac{dy}{dx} = \frac{dy/dt}{dx/dt}. \tag{4}$$

例 6(求参数化曲线的导数) 求参数地定义的双曲线右端分支

$$x = \sec t, \quad y = \tan t, \quad -\frac{\pi}{2} < t < \frac{\pi}{2}$$

在 $t = \frac{\pi}{4}$ 的点$(\sqrt{2},1)$处的切线(图 2.30).

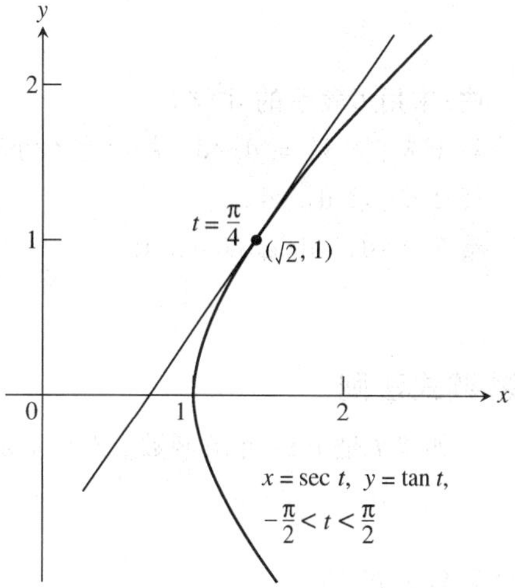

图 2.30 例 6 中双曲线的分支. 方程(4) 可用于图中除(1,0) 外的一切点处.

解 方程(4) 中的三个导数都存在,而且在所指明的点处 $dx/dt = \sec t \tan t \neq 0$. 所以可以用方程(4),从而

$$\frac{dy}{dx} = \frac{dy/dt}{dx/dt} = \frac{\sec^2 t}{\sec t \tan t} = \frac{\sec t}{\tan t} = \csc t.$$

令 $t = \pi/4$,给出

$$\left.\frac{dy}{dx}\right|_{t=\pi/4} = \csc\left(\frac{\pi}{4}\right) = \sqrt{2}.$$

切线的方程为

$$\begin{aligned} y - 1 &= \sqrt{2}(x - \sqrt{2}) \\ y &= \sqrt{2}x - 2 + 1 \\ y &= \sqrt{2}x - 1. \end{aligned}$$

如果参数方程定义 y 作为 x 的二次可微函数,那么我们可对函数 $dy/dx = y'$ 应用方程(4) 来计算作为 t 的函数的 d^2y/dx^2:

$$\frac{d^2y}{dx^2} = \frac{d}{dx}(y') = \frac{dy'/dt}{dx/dt} \qquad \text{在方程(4) 中用 } y' \text{ 替换 } y$$

d^2y/dx^2 的参数公式

如果方程 $x = f(t)$, $y = g(t)$ 定义 y 作为 x 的二次可微函数,那么在 $dx/dt \neq 0$ 的地方

$$\frac{d^2y}{dx^2} = \frac{dy'/dt}{dx/dt}.$$

例 7(求参数化曲线的 d^2y/dx^2) 如果 $x = t - t^2$, $y = t - t^3$,求作为 t 的函数的 d^2y/dx^2.

解 第 1 步:把 $y' = dy/dx$ 表示为 t 的函数.

$$y' = \frac{dy}{dx} = \frac{dy/dt}{dx/dt} = \frac{1 - 3t^2}{1 - 2t}$$

第 2 步：求 y' 关于 t 的导数．

$$\frac{\mathrm{d}y'}{\mathrm{d}t} = \frac{\mathrm{d}}{\mathrm{d}t}\left(\frac{1-3t^2}{1-2t}\right) = \frac{2-6t+6t^2}{(1-2t)^2}. \qquad 商法则$$

第 3 步：$\mathrm{d}y'/\mathrm{d}t$ 除以 $\mathrm{d}x/\mathrm{d}t$．

$$\frac{\mathrm{d}^2 y}{\mathrm{d}x^2} = \frac{\mathrm{d}y'/\mathrm{d}t}{\mathrm{d}x/\mathrm{d}t} = \frac{(2-6t+6t^2)/(1-2t)^2}{1-2t} = \frac{2-6t+6t^2}{(1-2t)^3}.$$

注：求用 t 表示的 $\mathrm{d}^2 y/\mathrm{d}x^2$

第 1 步：把 $y' = \mathrm{d}y/\mathrm{d}x$ 表示为 t 的函数．
第 2 步：求 $\mathrm{d}y'/\mathrm{d}t$．
第 3 步：$\mathrm{d}y'/\mathrm{d}t$ 除以 $\mathrm{d}x/\mathrm{d}t$．

幂链式法则

如果 f 是 u 的可微函数，又若 u 是 x 的可微函数，那么把 $y=f(u)$ 代入链式法则公式

$$\frac{\mathrm{d}y}{\mathrm{d}x} = \frac{\mathrm{d}y}{\mathrm{d}u} \cdot \frac{\mathrm{d}u}{\mathrm{d}x}$$

就导致公式

$$\frac{\mathrm{d}}{\mathrm{d}x}f(u) = f'(u)\frac{\mathrm{d}u}{\mathrm{d}x}.$$

下面就是怎样用这个公式的一个例子：如果 n 是一整数而 $f(u) = u^n$，幂法则（法则 2 和 7）告诉我们 $f'(u) = nu^{n-1}$．如果 u 是 x 的可微函数，那么我们可用链式法则把它推广为**幂链式法则**：

$$\frac{\mathrm{d}}{\mathrm{d}x}u^n = nu^{n-1}\frac{\mathrm{d}u}{\mathrm{d}x}. \qquad \frac{\mathrm{d}}{\mathrm{d}u}(u^n) = nu^{n-1} \tag{5}$$

例 8 求切线的斜率

（**a**）求曲线 $y = \sin^5 x$ 在 $x = \pi/3$ 的点处的切线的斜率．
（**b**）证明与曲线 $y = 1/(1-2x)^3$ 相切的每条直线的斜率都是正的．

注：$\sin^n x$ 是 $(\sin x)^n$ 的缩写，$n \neq -1$．

解

（**a**）$\dfrac{\mathrm{d}y}{\mathrm{d}x} = 5\sin^4 x \cdot \dfrac{\mathrm{d}}{\mathrm{d}x}\sin x \qquad$ 对 $u = \sin x, n = 5$ 用幂链式法则

$\qquad\quad = 5\sin^4 x \cos x$

切线的斜率为

$$\left.\frac{\mathrm{d}y}{\mathrm{d}x}\right|_{x=\pi/3} = 5\left(\frac{\sqrt{3}}{2}\right)^4 \left(\frac{1}{2}\right) = \frac{45}{32}.$$

（**b**）$\dfrac{\mathrm{d}y}{\mathrm{d}x} = \dfrac{\mathrm{d}}{\mathrm{d}x}(1-2x)^{-3}$

$\qquad\quad = -3(1-2x)^{-4} \cdot \dfrac{\mathrm{d}}{\mathrm{d}x}(1-2x) \qquad$ 对 $u = (1-2x), n = -3$ 用幂链式法则

$\qquad\quad = -3(1-2x)^{-4} \cdot (-2) = \dfrac{6}{(1-2x)^4}$

在曲线上任何点$(x,y), x \neq \frac{1}{2}$,切线的斜率为
$$\frac{dy}{dx} = \frac{6}{(1-2x)^4},$$
为两个正数之商.

例9(弧度对度) 记住以下事实是重要的:$\sin x$和$\cos x$的导数公式都是在假设x以弧度计(不是以度计)的前提下得到的.链式法则给我们有关弧度和度的差别的新的洞察.因为$180° = \pi$弧度,$x° = \pi x/180$弧度,其中$x°$的含义是指角x用度来度量.

由链式法则
$$\frac{d}{dx}\sin(x°) = \frac{d}{dx}\sin\left(\frac{\pi x}{180}\right) = \frac{\pi}{180}\cos\left(\frac{\pi x}{180}\right) = \frac{\pi}{180}\cos(x°).$$

参见图2.31.类似地,$\cos(x°)$的导数是$-(\pi/180)\sin(x°)$.

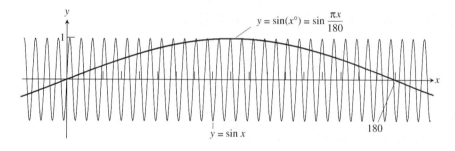

图2.31 $\sin(x°)$的摆动次数只是$\sin x$摆动次数的$\frac{\pi}{180}$倍.其最大斜率为$\frac{\pi}{180}$.(例9)

在一阶导数中令人讨厌的因子$\pi/180$随着累次求导还会结合在导数中.我们一下子就看到不得不使用弧度来度量的原因.

融化立方体冰块

美国加利福尼亚州有严重的干旱问题,因此总是在考虑新的水资源.建议之一就是把冰山从极地水域拖到靠近南加州的近岸水域,融化的冰块就能提供淡水.作为分析这个建议的第一步近似,我们可以把冰山设想为巨大的立方体(或诸如长方体或棱锥体那样的其他规则形状的固体).

例10(融化立方体冰块) 融化立方体冰块要花多少时间?

解 我们从创建数学模型开始.我们假定在融化过程中立方体的形状不变.我们称立方体的边长为s,其体积为$V = s^3$而表面积为$6s^2$.我们假定V和s都是t的可微函数.我们还假定体积的衰减率和曲面面积成比例.当我们考虑到融化发生在表面时:改变表面的大小也要改变融化的冰的量,后者这个假定看起来是相当合理的.用数学语言来表述,即
$$\frac{dV}{dt} = -k(6s^2), \quad k > 0.$$

负号表明体积是不断缩小的.我们假定比例因子k是常数.这依赖于诸如周围空气的相对湿

度、空气温度以及有没有阳光等许多因素,这里只列出几个因素.

最后,我们至少需要另一个信息:要融化特定百分比的冰要花多少时间?我们没有任何指导意见,除非我们做一个或多个观察,不过我们还是假定一组条件,在这组条件下,在前一小时里冰被融化掉1/4的体积.(我们也可以用字母$n\%$代替特定的值,例如说r小时融化掉$n\%$体积的冰.于是答案将由n和r表出.)数学上,我们现在就有下列问题.

给定:

$$V = s^3 \qquad \text{和} \qquad \frac{\mathrm{d}V}{\mathrm{d}t} = -k(6s^2)$$

$$V = V_0 \qquad \text{当} \quad t = 0$$

$$V = (3/4)V_0 \qquad \text{当} \quad t = 1 \text{小时}$$

求使$V = 0$的t值.

我们用链式法则来求$V = s^3$关于t的导数:

$$\frac{\mathrm{d}V}{\mathrm{d}t} = 3s^2 \frac{\mathrm{d}s}{\mathrm{d}t}.$$

我们令这个导数等于给定的衰减率$-k(6s^2)$,得到

$$3s^2 \frac{\mathrm{d}s}{\mathrm{d}t} = -6ks^2$$

$$\frac{\mathrm{d}s}{\mathrm{d}t} = -2k.$$

边长以每小时$2k$个单位这样的常速率减少.因此,如果立方体边长s的初始长度为s_0,一小时后边长的长度为$s_1 = s_0 - 2k$.这个方程告诉我们

$$2k = s_0 - s_1.$$

冰全部融化掉的时间为使$2kt = s_0$的t值.(译注:冰全部融化掉所需时间为t,这时边长就为零,即$2kt = s_0 - s_1, s_1 = 0$.)由此

$$t_{\text{融化}} = \frac{s_0}{2k} = \frac{s_0}{s_0 - s_1} = \frac{1}{1 - (s_1/s_0)},$$

但是

$$\frac{s_1}{s_0} = \frac{\left(\frac{3}{4}V_0\right)^{1/3}}{(V_0)^{1/3}} = \left(\frac{3}{4}\right)^{1/3} \approx 0.91.$$

所以

$$t_{\text{融化}} = \frac{1}{1 - 0.91} \approx 11 \text{ 小时}.$$

如果在1小时里融化掉$\frac{1}{4}$的立方体,那么要融化掉其余部分所需的时间为10个小时多一些.

当然我们最终要回答各种类型的问题是,有多少冰在运输过程中丢失掉了?要多长时间才能把冰转化成可用的水?如果我们要进一步继续进行研究,下一步就要通过实验来检验模型并在此基础上改进模型.

习题 2.5

导数计算

在题 1-6 中,给定 $y = f(u)$ 和 $u = g(x)$,求 $dy/dx = f'(g(x))g'(x)$.

1. $y = 6u - 9, u = (1/2)x^4$
2. $y = 2u^3, u = 8x - 1$
3. $y = \sin u, u = 3x + 1$
4. $y = \cos u, u = \sin x$
5. $y = \tan u, u = 10x - 5$
6. $y = -\sec u, u = x^2 + 7x$

在题 7-12 中,把函数写成形式 $y = f(u)$ 和 $u = g(x)$. 然后求 dy/dx 作为 x 的函数.

7. $y = (4 - 3x)^9$
8. $y = \left(1 - \dfrac{x}{7}\right)^{-7}$
9. $y = \left(\dfrac{x^2}{8} + x - \dfrac{1}{x}\right)^4$
10. $y = \sec(\tan x)$
11. $y = \cot\left(\pi - \dfrac{1}{x}\right)$
12. $y = \sin^3 x$

求题 13-26 中函数的导数.

13. $q = \sqrt{2r - r^2}$
14. $s = \sin\left(\dfrac{3\pi t}{2}\right) + \cos\left(\dfrac{3\pi t}{2}\right)$
15. $r = (\csc\theta + \cot\theta)^{-1}$
16. $r = -(\sec\theta + \tan\theta)^{-1}$
17. $y = x^2 \sin^4 x + x\cos^{-2} x$
18. $y = \dfrac{1}{x}\sin^{-5} x - \dfrac{x}{3}\cos^3 x$
19. $y = \dfrac{1}{21}(3x - 2)^7 + \left(4 - \dfrac{1}{2x^2}\right)^{-1}$
20. $y = (4x + 3)^4(x + 1)^{-3}$
21. $h(x) = x\tan(2\sqrt{x}) + 7$
22. $k(x) = x^2 \sec\left(\dfrac{1}{x}\right)$
23. $f(\theta) = \left(\dfrac{\sin\theta}{1 + \cos\theta}\right)^2$
24. $r = \sin(\theta^2)\cos(2\theta)$
25. $r = \sec\sqrt{\theta}\tan\left(\dfrac{1}{\theta}\right)$
26. $q = \sin\left(\dfrac{t}{\sqrt{t+1}}\right)$

在题 27-32 中,求 $\dfrac{dy}{dt}$.

27. $y = \sin^2(\pi t - 2)$
28. $y = (1 + \cos 2t)^{-4}$
29. $y = (1 + \cot(t/2))^{-2}$
30. $y = \sin(\cos(2t - 5))$
31. $y = \left(1 + \tan^4\left(\dfrac{t}{12}\right)\right)^3$
32. $y = \sqrt{1 + \cos(t^2)}$

参数化曲线的切线

在题 33-40 中,求曲线在由给定 t 值确定的点处切线的方程. 还要求该点处的 $\dfrac{d^2 y}{dx^2}$.

33. $x = 2\cos t, y = 2\sin t, t = \dfrac{\pi}{4}$
34. $x = \cos t, y = \sqrt{3}\cos t, t = \dfrac{2\pi}{3}$
35. $x = t, y = \sqrt{t}, t = 1/4$
36. $x = -\sqrt{t+1}, y = \sqrt{3}t, t = 3$
37. $x = 2t^2 + 3, y = t^4, t = -1$
38. $x = t - \sin t, y = 1 - \cos t, t = \pi/3$
39. $x = \cos t, y = 1 + \sin t, t = \pi/2$
40. $x = \sec^2 t - 1, y = \tan t, t = -\pi/4$

二阶导数

在题 41-44 中求 y''.

41. $y = \left(1 + \dfrac{1}{x}\right)^3$
42. $y = (1 - \sqrt{x})^{-1}$
43. $y = \dfrac{1}{9}\cot(3x - 1)$
44. $y = 9\tan\left(\dfrac{x}{3}\right)$

求导数值

在题 45-50 中,求在给定 x 值处 $(f \circ g)'$ 的值.

45. $f(u) = u^5 + 1, u = g(x) = \sqrt{x}, x = 1$

46. $f(u) = 1 - \dfrac{1}{u}, u = g(x) = \dfrac{1}{1-x}, x = -1$

47. $f(u) = \cot\dfrac{\pi u}{10}, u = g(x) = 5\sqrt{x}, x = 1$

48. $f(u) = u + \dfrac{1}{\cos^2 u}, u = g(x) = \pi x, x = \dfrac{1}{4}$

49. $f(u) = \dfrac{2u}{u^2+1}, u = g(x) = 10x^2 + x + 1, x = 0$

50. $f(u) = \left(\dfrac{u-1}{u+1}\right)^2, u = g(x) = \dfrac{1}{x^2} - 1, x = -1$

51. 假定函数 f 和 g 及其关于 x 的导数在 $x = 2$ 和 $x = 3$ 处有如下的取值.

x	$f(x)$	$g(x)$	$f'(x)$	$g'(x)$
2	8	2	1/3	-3
3	3	-4	2π	5

求下列组合关于 x 的导数在给定 x 值处的取值.

(a) $2f(x), x = 2$ (b) $f(x) + g(x), x = 3$ (c) $f(x) \cdot g(x), x = 3$

(d) $f(x)/g(x), x = 2$ (e) $f(g(x)), x = 2$ (f) $\sqrt{f(x)}, x = 2$

(g) $1/g^2(x), x = 3$ (h) $\sqrt{f^2(x) + g^2(x)}, x = 2$

52. 假定函数 f 和 g 及其关于 x 的导数在 $x = 0$ 和 $x = 1$ 处有如下的取值.

x	$f(x)$	$g(x)$	$f'(x)$	$g'(x)$
0	1	1	5	1/3
1	3	-4	-1/3	-8/3

求下列组合关于 x 的导数在给定 x 值处的取值.

(a) $5f(x) - g(x), x = 1$ (b) $f(x)g^3(x), x = 0$ (c) $\dfrac{f(x)}{g(x)+1}, x = 1$

(d) $f(g(x)), x = 0$ (e) $g(f(x)), x = 0$ (f) $(x^{11} + f(x))^{-2}, x = 1$

(g) $f(x + g(x)), x = 0$

53. 如果 $s = \cos\theta$ 而 $d\theta/dt = 5$,求当 $\theta = 3\pi/2$ 时的 $\dfrac{ds}{dt}$.

54. 如果 $y = x^2 + 7x - 5$ 而 $dx/dt = 1/3$,求当 $x = 1$ 时的 dy/dt.

复合方式的选择

如果你能把函数写成以不同方式复合的函数,结果会怎样?是否每次你都得到同样的导数?链式法则说你应该得到同样的结果.用题 55 和 56 中的函数来试一试.

55. 如果 $y = x$,利用链式法则对以如下方式复合的函数求 dy/dx.

 (a) $y = (u/5) + 7$ 而 $u = 5x - 35$ (b) $y = 1 + (1/u)$ 而 $u = 1/(x-1)$

56. 如果 $y = x^{3/2}$,利用链式法则对以如下方式复合的函数求 dy/dx.

 (a) $y = u^3$ 而 $u = \sqrt{x}$ (b) $y = \sqrt{u}$ 而 $u = x^3$

切线和斜率

57. (a) 求曲线 $y = 2\tan(\pi x/4)$ 在 $x = 1$ 处的切线.

（b）为学而写：正切曲线的斜率　　在区间 $-2 < x < 2$ 上该曲线能取到的斜率的最小值是什么？对你的回答给出理由.

58. 为学而写：正弦曲线的斜率

   （a）求曲线 $y = \sin 2x$ 和 $y = -\sin(x/2)$ 在原点的切线的方程. 这两条切线之间有怎样的特殊关系？对你的回答给出理由.

   （b）关于曲线 $y = \sin mx$ 和 $y = -\sin(x/m)$ 在原点的切线能说些什么（m 是不等于零的常数）？对你的回答给出理由.

   （c）对给定的 m，曲线 $y = \sin mx$ 和 $y = -\sin(x/m)$ 能取到的斜率的最大值是什么？对你的回答给出理由.

   （d）在区间 $[0, 2\pi]$ 上函数 $y = \sin x$ 完成了一个周期，函数 $y = \sin 2x$ 完成了两个周期，函数 $y = \sin(x/2)$ 完成了半个周期，等等. 在 $[0, 2\pi]$ 上 $y = \sin mx$ 完成的周期数和曲线 $y = \sin mx$ 在原点的斜率之间有任何关系吗？对你的回答给出理由.

理论、例子和应用

59. **运转机器太快了**　　假设活塞上下运动，活塞在时刻 t 秒的位置为

    $$s = A\cos(2\pi bt),$$

    其中 A 和 b 为正数. A 的值就是运动的幅度，而 b 是频率（每秒活塞上下运动的次数）. 频率加倍对活塞的速度、加速度和急推动有什么影响？（一旦你求得，你就会知道当你运转机器太快的时刻为什么机器会损坏）. 参见图 2.32.

60. **阿拉斯加（Alaska）费尔班克斯（Fairbanks）的温度**　　图 2.33 展示了在一个典型的以 365 天计的一年里阿拉斯加费尔班克斯的平均华氏温度. 近似表示第 x 天的温度的方程为

    $$y = 37\sin\left[\frac{2\pi}{365}(x - 101)\right] + 25.$$

    （a）哪天温度上升得最快？

    （b）当温度上升得最快时，每天大约要上升几度？

图 2.32　当速度太大时发动机的内力变大，致使发动机被弄坏.

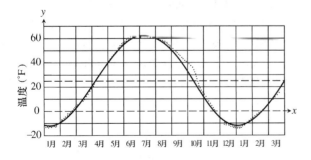

图 2.33　由数据点以及近似的正弦函数画出的阿拉斯加费尔班克斯的正常平均气温.（题 60）

61. **质点运动**　　沿坐标轴线运动的质点的位置为 $s = \sqrt{1 + 4t}$, s 以米计而 t 以秒计. 求质点在 $t = 6$ 秒时的速度和加速度.

62. **常加速度**　　假设落体下落到离起点距离为 s 米的瞬间的速度为 $v = k\sqrt{s}$ 米/秒（k 为常数）. 试证明物体的加速度为常数.

63. **正在下坠的陨星**　　比重大的陨星进入大气层时，当它离地心为 s 公里时的速度反比于 $\sqrt{s}$. 试证明陨星的加速度与 s^2 成反比.

64. 质点的加速度 质点沿 x 轴以速度 $dx/dt = f(x)$ 运动. 试证明质点的加速度为 $f(x)f'(x)$.

65. 温度和摆的周期 对于小幅振荡(小的摆动),我们可以有把握地用方程

$$T = 2\pi\sqrt{\frac{L}{g}}$$

来对单摆的周期 T 和长度 L 之间的关系建立模型,其中 g 是单摆所在地的重力加速度常数. 如果我们以每平方秒厘米来度量 g,那么 L 以厘米计而 T 以秒计. 如果单摆是金属制成的,那么它的长度会随温度的变化而变化,以大约与 L 成比例的变化率拉长或缩短. 用符号表示, u 是温度而 k 是比例常数,则有

$$\frac{dL}{du} = kL.$$

假定现在的情况就是这样,试证明周期关于温度的变化率为 $kT/2$.

66. 为学而写:链式法则 假设 $f(x) = x^2$ 以及 $g(x) = |x|$. 那么复合函数

$$(f \circ g)(x) = |x|^2 = x^2 \quad \text{而} \quad (g \circ f)(x) = |x^2| = x^2$$

在 $x = 0$ 都是可微的, 即使 g 本身在 $x = 0$ 不可微. 这和链式法则矛盾吗?试解释之.

67. 为学而写:切线 假设 $u = g(x)$ 在 $x = 1$ 可微而 $y = f(u)$ 在 $u = g(1)$ 可微. 如果 $y = f(g(x))$ 在 $x = 1$ 有一条水平切线, 那么关于 g 的图形在 $x = 1$ 的切线或者 f 的图形在 $u = g(1)$ 的切线能得出什么结论?对你的回答给出理由.

68. 为学而写 假设 $u = g(x)$ 在 $x = -5$ 可微, $y = f(u)$ 在 $u = g(-5)$ 可微, 以及 $(f \circ g)'(-5)$ 是负的. 关于 $g'(-5)$ 和 $f'(g(-5))$ 的值能说些什么?

T 69. $\sin 2x$ 的导数 在 $-2 \le x \le 3.5$ 上画函数 $y = 2\cos 2x$ 的图形, 然后在同一屏幕上对 $h = 1.0, 0.5$ 和 0.2 画

$$y = \frac{\sin 2(x+h) - \sin 2x}{h}$$

的图形. 对包括负值在内的其他 h 值做实验. 当 $h \to 0$ 时你看到发生了什么?试解释这种性态.

T 70. $\cos(x^2)$ 的导数 在 $-2 \le x \le 3.5$ 上画函数 $y = -2x\sin(x^2)$ 的图形. 然后在同一屏幕上对 $h = 1.0, 0.7$ 和 0.3 画

$$y = \frac{\cos((x+h)^2) - \cos(x^2)}{h}$$

的图形. 对其他的 h 值做实验. 当 $h \to 0$ 时你看到发生了什么?试解释这种性态.

T 题 71 和 72 中的曲线称为鲍迪奇曲线(Bowditch curves)(译注:Bowditch, Nathaniel, 1773, 3, 26—1838, 3, 16, 美国自学成才的航海家、数学家和天文学家, 著有《新美国实用航海术》, 并译著拉普拉斯的《天体力学》前4卷. 发现在天文学和物理学上有重要用途的鲍迪奇曲线.) 或利萨如图形(Lissajous figures)(译注:Lissajous, Jules - Antione, 1822—1880, 法国物理学家, 研究声学、振动和光学, 按 N. Bowditch 所创曲线绘制的图形.) 求第一象限内曲线的水平切线. 并求两条在原点的切线的方程.

71.

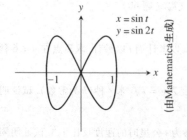

(由Mathematica生成)

72.

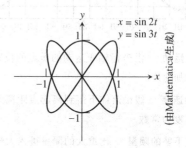

(由Mathematica生成)

计算机探究

三角多项式

73. 如图 2.34 所示,三角"多项式"
$$s = f(t) = 0.78540 - 0.63662\cos 2t - 0.07074\cos 6t - 0.02546\cos 10t - 0.01299\cos 14t$$
给出区间 $[-\pi,\pi]$ 上锯齿函数 $s = g(t)$ 的很好的近似. 在 dg/dt 有定义的地方 f 的导数近似 g 的导数有多好? 为求得解答,执行以下步骤.

(a) 在 $[-\pi,\pi]$ 图示 dg/dt(在它有定义的地方).   (b) 求 df/dt.

(c) 图示 df/dt. 什么地方用 df/dt 来近似 dg/dt 似乎是最好的? 至少是好的? 在热和振动理论中用三角多项式来近似是重要的,但是正如我们将在下一题中将会看到的,不能期望过高.

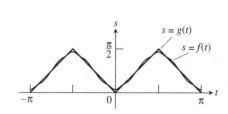

图 2.34 用三角"多项式"来近似锯齿函数. (题 73)

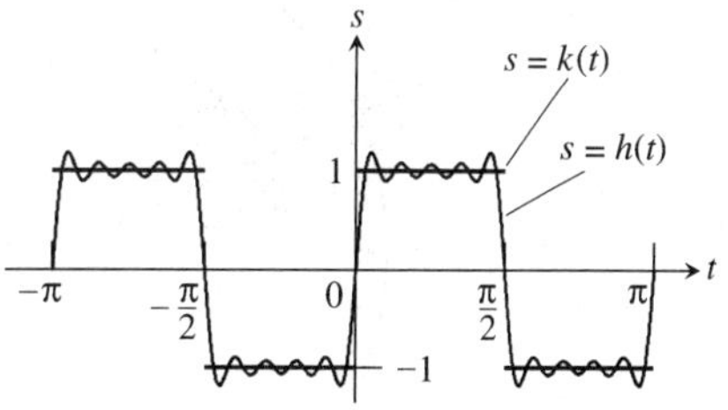

图 2.35 用三角"多项式"近似阶梯函数. (题 74)

74. (题 73 的延续) 在题 73 中,在 $[-\pi,\pi]$ 上近似锯齿函数 $g(t)$ 的三角多项式 $f(t)$ 具有导数, 它近似锯齿函数的导数. 但是, 也可能有一个三角多项式以过得去的方式近似一个函数但该三角多项式的导数完全不能很好地近似该函数. 作为一个合适的例子,图示在图 2.35 中的"多项式"
$$s = h(t) = 1.2732\sin 2t + 0.4244\sin 6t + 0.25465\sin 10t + 0.18189\sin 14t + 0.14147\sin 18t$$
近似该图中的阶梯函数 $s = k(t)$. 但是 h 的导数函数一点不像 k 的导数.

(a) 在 $[-\pi,\pi]$ 上图示 dk/dt(在它有定义的地方).   (b) 求 dh/dt.

(c) 图示 dh/dt 以看出其图形拟合 dk/dt 的图形有多差, 对你所看到的作出评注.

参数化曲线

利用 CAS 来完成关于题 75-80 中参数化曲线的各步.

(a) 在给定 t 值的区间上画曲线的图形.   (b) 求点 t_0 处的 dy/dx 和 d^2y/dx^2.

(c) 求由给定值 t_0 确定的点处曲线的切线的方程.

75. $x = \dfrac{1}{3}t^3, y = \dfrac{1}{2}t^2, 0 \leqslant t \leqslant 1, t_0 = \dfrac{1}{2}$

76. $x = 2t^3 - 16t^2 + 25t + 5, y = t^2 + t - 3, 0 \leqslant t \leqslant 6, t_0 = 3/2$

77. $x = e^t - t^2, y = t + e^{-t}, -1 \leqslant t \leqslant 2, t_0 = 1$

78. $x = t - \cos t, y = 1 + \sin t, -\pi \leqslant t \leqslant \pi, t_0 = \dfrac{\pi}{4}$

79. $x = e^t + \sin 2t, y = e^t + \cos(t^2), -\sqrt{2}\pi \leqslant t \leqslant \pi/4, t_0 = -\pi/4$

80. $x = e^t\cos t, y = e^t\sin t, 0 \leqslant t \leqslant \pi, t_0 = \pi/2$

2.6 隐函数微分法

隐式定义的函数 • 高阶导数 • 可微函数的有理幂

在描述光线进入透镜时如何改变其方向的定律中,重要的角度是光线和入射点处与透镜表面垂直的直线之间的角度(图 2.36 中的角 A 和 B). 这条直线称为入射点处曲面的<u>法线</u>. 像图 2.36 中的透镜那样的轮廓线来说,法线是垂直于入射点处轮廓线的切线的直线.

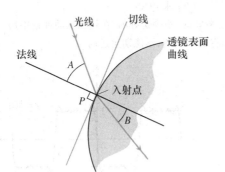

图 2.36 透镜的轮廓,展示了光线通过透镜表面时的弯曲(折射).

透镜的轮廓线常常由形为 $F(x,y) = 0$ 的方程来描述. 为求轮廓线上一点处的法线,我们首先需要通过计算 dy/dx 以求得切线的斜率. 但是如果我们不能把该方程写成 $y = f(x)$ 的形式来求导数那又将如何呢? 在这种情形,我们仍可通过称为<u>隐函数微分法</u>的过程求得 dy/dx. 本节讲述这种方法以及利用这种方法来推广包括有理指数在内的求导数的幂法则.

隐式定义的函数

方程 $x^3 + y^3 - 9xy = 0$ 的图形(图 2.37)在几乎每一点都有明确定义的斜率,因为它是除原点和点 A 外都可微的函数 $y = f_1(x), y = f_2(x), y = f_3(x)$ 的联合. 但当我们不能很方便地

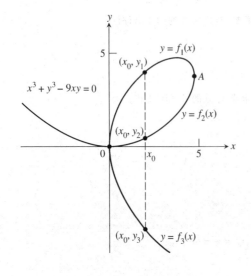

图 2.37 曲线 $x^3 + y^3 - 9xy = 0$ 不是 x 的一个函数的图形. 但是该曲线可以分割成几条弧线,每条弧线都是 x 的函数的图形. 称为<u>叶形线</u>的这条特别的曲线确定为 1638 年由笛卡儿所作.

解出这些函数时我们该怎样求斜率呢？回答在于把 y 作为 x 的可微函数来处理并且利用和、积、商的求导法则以及链式法则对该方程的两边关于 x 求导. 然后经由 x 和 y 一起解出 dy/dx 以得到由 x 和 y 的值确定的图形上任一点 (x,y) 处的斜率的计算公式. 这种求 dy/dx 的过程称为**隐函数微分法**, 这样命名是因为 $x^3 + y^3 - 9xy = 0$ 隐式地(即, 隐藏在方程中)定义了函数 f_1, f_2 和 f_3, 而不需要给出我们要求导的函数的**显式**的公式.

注: 由 $F(x,y) = 0$ 定义的函数什么情况下是可微的? 为证明隐函数微分法的正确性, 我们必须知道我们要求的导数确实存在. 即, 我们要知道什么情况下我们能指望由表达式 $F(x,y) = 0$ 定义的函数是可微的. 高等微积分的一个定理保证在对函数 F 的一定条件下, 由 $F(x,y) = 0$ 定义的函数是可微的. 本节中你将碰到的所有函数都满足这些条件.

例1 (隐式地求导数) 如果 $y^2 = x$, 求 dy/dx.

解 方程 $y^2 = x$ 定义了两个实际上可以求出的 x 的可微函数, 即 $y_1 = \sqrt{x}$ 和 $y_2 = -\sqrt{x}$ (图 2.38). 对 $x > 0$ 我们知道怎样求其导数:

$$\frac{dy_1}{dx} = \frac{1}{2\sqrt{x}} \quad \text{和} \quad \frac{dy_2}{dx} = -\frac{1}{2\sqrt{x}}.$$

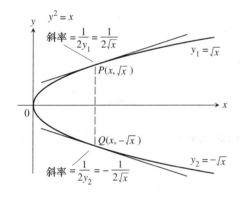

图 2.38 方程 $y^2 - x = 0$ 或通常写作 $y^2 = x$ 在区间 $x > 0$ 上定义了两个可微函数. 例 1 说明了怎样不用对 y 解方程 $y^2 = x$ 来求这两个函数的导数.

但假设我们只知道方程 $y^2 = x$ 对 $x > 0$ 定义了 x 的一个或多个可微函数 y, 而不必确切知道这些函数是什么. 我们还能求 dy/dx 吗?

回答是肯定的. 为求 dy/dx, 我们只要对方程 $y^2 = x$ 两边求关于 x 的导数, 而把 $y = f(x)$ 当作 x 的可微函数来处理:

$$y^2 = x$$

$$2y\frac{dy}{dx} = 1 \qquad 链式法则 \frac{d}{dx}y^2 = \frac{d}{dx}[f(x)]^2 = 2f(x)f'(x) = 2y\frac{dy}{dx}.$$

$$\frac{dy}{dx} = \frac{1}{2y}$$

这个单一的公式给出了我们对显式函数 $y_1 = \sqrt{x}$ 和 $y_2 = -\sqrt{x}$ 所计算的导数:

$$\frac{dy_1}{dx} = \frac{1}{2y_1} = \frac{1}{2\sqrt{x}} \quad \text{以及} \quad \frac{dy_2}{dx} = \frac{1}{2y_2} = \frac{1}{2(-\sqrt{x})} = -\frac{1}{2\sqrt{x}}.$$

为求其他隐式定义的函数的导数, 我们照例 1 的过程做. 我们把 y 当作 x 的可微隐函数来处理并用求导法则对所定义的方程的两边求导.

注：隐函数求导的四个步骤

第1步：把 y 作为 x 的可微函数处理，方程两边对 x 求导数.
第2步：对 dy/dx 并项到等式的一边.
第3步：提出因子 dy/dx.
第4步：解出 dy/dx.

例2（隐式地求导数） 如果 $y^2 = x^2 + \sin xy$，求 dy/dx（图2.39）.

解

$$y^2 = x^2 + \sin xy$$

$$\frac{d}{dx}(y^2) = \frac{d}{dx}(x^2) + \frac{d}{dx}(\sin xy) \qquad \text{两边对 } x \text{ 求导}$$

$$2y\frac{dy}{dx} = 2x + (\cos xy)\frac{d}{dx}(xy) \qquad \text{把 } y \text{ 当作 } x \text{ 的函数来处理并应用链式法则}$$

$$2y\frac{dy}{dx} = 2x + (\cos xy)\left(y + x\frac{dy}{dx}\right)$$

$$2y\frac{dy}{dx} - (\cos xy)\left(x\frac{dy}{dx}\right) = 2x + (\cos xy)y \qquad \text{对 } \frac{dy}{dx} \text{ 并项}$$

$$(2y - x\cos xy)\frac{dy}{dx} = 2x + y\cos xy \qquad \text{提出因子 } \frac{dy}{dx}$$

$$\frac{dy}{dx} = \frac{2x + y\cos xy}{2y - x\cos xy}. \qquad \text{用除法解出 } \frac{dy}{dx}$$

注意 $\frac{dy}{dx}$ 的公式对隐式定义的曲线上有斜率的一切点处都适用. 还要注意导数的公式中包含变量 x 和 y，而不只是自变量 x.

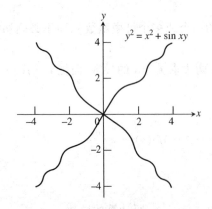

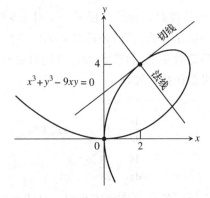

图2.39 例2中 $y^2 = x^2 + \sin xy$ 的图形. 本例说明了怎样求隐式定义的曲线的斜率.

图2.40 例3说明怎样求该曲线在点 $(2,4)$ 的切线和法线的方程.

例3（笛卡儿叶形线的切线和法线） 证明点 $(2,4)$ 位于曲线 $x^3 + y^3 - 9xy = 0$ 上. 然后求曲线在点 $(2,4)$ 的切线和法线（图2.40）.

解 点 $(2,4)$ 位于曲线上,因为它的坐标满足曲线的方程:$2^3 + 4^3 - 9(2)(4) = 8 + 64 - 72 = 0$.

为求曲线在 $(2,4)$ 的斜率,我们首先用隐函数微分法求 dy/dx 的公式:

$$x^3 + y^3 - 9xy = 0$$

$$\frac{d}{dx}(x^3) + \frac{d}{dx}(y^3) - \frac{d}{dx}(9xy) = \frac{d}{dx}(0) \qquad \text{两边对 } x \text{ 求导数}.$$

$$3x^2 + 3y^2\frac{dy}{dx} - 9\left(x\frac{dy}{dx} + y\frac{dx}{dx}\right) = 0 \qquad \text{对 } xy \text{ 作积处理,而 } y \text{ 作为 } x \text{ 的函数}.$$

$$(3y^2 - 9x)\frac{dy}{dx} + 3x^2 - 9y = 0$$

$$3(y^2 - 3x)\frac{dy}{dx} = 9y - 3x^2 \qquad \text{并项}$$

$$\frac{dy}{dx} = \frac{3y - x^2}{y^2 - 3x} \qquad \text{解出 } \frac{dy}{dx}$$

然后计算在 $(x,y) = (2,4)$ 处的导数:

$$\left.\frac{dy}{dx}\right|_{(2,4)} = \left.\frac{3y - x^2}{y^2 - 3x}\right|_{(2,4)} = \frac{3(4) - 2^2}{4^2 - 3(2)} = \frac{8}{10} = \frac{4}{5}.$$

点 $(2,4)$ 处的切线是过点 $(2,4)$ 斜率为 $4/5$ 的直线:

$$y = 4 + \frac{4}{5}(x - 2)$$

$$y = \frac{4}{5}x + \frac{12}{5}.$$

曲线在 $(2,4)$ 处的法线是过该点且垂直于切线的直线,即过 $(2,4)$ 斜率为 $-5/4$ 的直线:

$$y = 4 - \frac{5}{4}(x - 2)$$

$$y = -\frac{5}{4}x + \frac{13}{2}.$$

注:法线(normal)这个词

当解析几何在 17 世纪得到发展时,欧洲的科学家用拉丁文来写出他们的研究工作和思想,拉丁文是所有受过教育的欧洲人都能阅读和理解的语言.词 normalis 是学者们用以表示"垂直"的拉丁文,当他们用英语讨论几何学的时候就变成了 normal.

高阶导数

隐函数微分法也可用来求高阶导数.下面是一个例子.

例 4(隐式地求二阶导数) 如果 $2x^3 - 3y^2 = 8$,求 d^2y/dx^2.

解 为求 $y' = dy/dx$,从对方程两边求关于 x 的导数开始.

$$\frac{d}{dx}(2x^3 - 3y^2) = \frac{d}{dx}(8)$$

$$6x^2 - 6yy' = 0$$

$$x^2 - yy' = 0$$

$$y' = \frac{x^2}{y}, \qquad \text{当 } y \neq 0 \text{ 时}$$

现在我们用商法则求 y'',

$$y'' = \frac{\mathrm{d}}{\mathrm{d}x}\left(\frac{x^2}{y}\right) = \frac{2xy - x^2 y'}{y^2} = \frac{2x}{y} - \frac{x^2}{y^2} \cdot y'$$

最后,我们代入 $y' = \frac{x^2}{y}$ 把 y'' 用 x 和 y 表示出来,

$$y'' = \frac{2x}{y} - \frac{x^2}{y^2}\left(\frac{x^2}{y}\right) = \frac{2x}{y} - \frac{x^4}{y^3}. \qquad \text{当 } y \neq 0 \text{ 时}$$

可微函数的有理幂

我们知道当 n 是整数时,法则

$$\frac{\mathrm{d}}{\mathrm{d}x} x^n = n x^{n-1}$$

成立. 利用隐函数微分法我们可以证明当 n 是任何有理数时该法则也成立.

定理 4　有理幂的幂法则

如果 n 是一有理数,那么在 x^{n-1} 的定义域的每个内点处 x^n 是可微的,而且

$$\frac{\mathrm{d}}{\mathrm{d}x} x^n = n x^{n-1}. \tag{1}$$

例 5　应用有理幂法则

(a) $\dfrac{\mathrm{d}}{\mathrm{d}x}(\sqrt{x}) = \dfrac{\mathrm{d}}{\mathrm{d}x}(x^{1/2}) = \dfrac{1}{2} x^{-1/2} = \dfrac{1}{2\sqrt{x}}$

注意 $\sqrt{x}$ 在 $x = 0$ 有定义,而 $\dfrac{1}{2\sqrt{x}}$ 在 $x = 0$ 没有定义.

(b) $\dfrac{\mathrm{d}}{\mathrm{d}x}(x^{2/3}) = \dfrac{2}{3}(x^{-1/3}) = \dfrac{2}{3 x^{1/3}}$

原来的函数 $y = x^{2/3}$ 对所有的实数有定义,但它的导数在 $x = 0$ 没有定义. $y = x^{2/3}$ 在 $x = 0$ 有一个尖点(图 2.41).

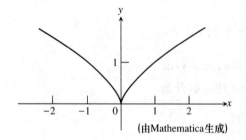

图 2.41　$y = x^{\frac{2}{3}}$ 的图形在 $x = 0$ 有一个尖点. (例 5)

定理 4 的证明　设 $n = p/q$, p 和 q 是整数且 $q > 0$,又设 $y = \sqrt[q]{x^p} = x^{\frac{p}{q}}$,那么

$$y^q = x^p.$$

因为 p 和 q 都是整数(对此我们早就有了幂法则),我们可以对方程的两边求关于 x 的导数并得到

$$qy^{q-1}\frac{dy}{dx} = px^{p-1}.$$

如果 $y \neq 0$，我们可以用 qy^{q-1} 除方程的两边解出 dy/dx，得到

$$\begin{aligned}\frac{dy}{dx} &= \frac{px^{p-1}}{qy^{q-1}} \\ &= \frac{p}{q} \cdot \frac{x^{p-1}}{(x^{p/q})^{q-1}} \qquad y = x^{p/q} \\ &= \frac{p}{q} \cdot \frac{x^{p-1}}{x^{p-p/q}} \qquad \frac{p}{q}(q-1) = p - \frac{p}{q} \\ &= \frac{p}{q} \cdot x^{(p-1)-(p-p/q)} \qquad \text{指数定律} \\ &= \frac{p}{q} \cdot x^{(p/q)-1}\end{aligned}$$

这就证明了有理幂的幂法则. □

把这个结果和链式法则结合起来，我们得到对 u 的有理幂的幂链式法则的推广：如果 n 是一有理数而 u 是 x 的可微函数，那么 u^n 是 x 的可微函数，并且

$$\frac{d}{dx}u^n = nu^{n-1}\frac{du}{dx}, \tag{2}$$

如果 $n < 1$ 的话要求 $u \neq 0$.

当 $n < 1$ 时限制 $u \neq 0$ 是必要的，因为 0 可能在 u^n 的定义域但不在 u^{n-1} 的定义域，如我们将在下一个例子中看到的那样.

例 6 **利用有理幂法则和链式法则**

(**a**) $\dfrac{d}{dx}\overbrace{(1-x^2)^{1/4}}^{\text{函数定义在 }[-1,1]\text{ 上}} = \dfrac{1}{4}(1-x^2)^{-3/4}(-2x) \qquad u = 1-x^2 \text{ 和 } n = 1/4 \text{ 的式(2)}$

$$= \underbrace{\frac{-x}{2(1-x^2)^{3/4}}}_{\text{导数只定义在}(-1,1)\text{ 上}}$$

(**b**) $\dfrac{d}{dx}(\cos x)^{-1/5} = -\dfrac{1}{5}(\cos x)^{-6/5}\dfrac{d}{dx}(\cos x)$

$$= -\frac{1}{5}(\cos x)^{-6/5}(-\sin x) = \frac{1}{5}(\sin x)(\cos x)^{-\frac{6}{5}}. \qquad □$$

习题 2.6

有理幂函数的导数

在题 1 – 6 中求 $\dfrac{dy}{dx}$.

1. $y = x^{9/4}$ **2.** $y = \sqrt[3]{2x}$ **3.** $y = 7\sqrt{x+6}$

4. $y = (1-6x)^{2/3}$ **5.** $y = x(x^2+1)^{1/2}$ **6.** $y = x(x^2+1)^{-1/2}$

求题 7 - 12 中函数的一阶导数.

7. $s = \sqrt[7]{t^2}$
8. $r = \sqrt[4]{\theta^{-3}}$
9. $y = \sin((2t+5)^{-\frac{2}{3}})$
10. $f(x) = \sqrt{1 - \sqrt{x}}$
11. $g(x) = 2(2x^{-1/2} + 1)^{-1/3}$
12. $h(\theta) = \sqrt[3]{1 + \cos(2\theta)}$

隐函数微分法

利用隐函数微分法求题 13 - 22 中的 dy/dx.

13. $x^2y + xy^2 = 6$
14. $2xy + y^2 = x + y$
15. $x^3 - xy + y^3 = 1$
16. $x^2(x-y)^2 = x^2 - y^2$
17. $y^2 = \dfrac{x-1}{x+1}$
18. $x^3 = \dfrac{x-y}{x+y}$
19. $x = \tan y$
20. $x + \sin y = xy$
21. $y \sin\left(\dfrac{1}{y}\right) = 1 - xy$
22. $y^2 \cos\left(\dfrac{1}{y}\right) = 2x + 2y$

求题 23 - 26 中的 $dr/d\theta$.

23. $\theta^{1/2} + r^{1/2} = 1$
24. $r - 2\sqrt{\theta} = \dfrac{3}{2}\theta^{2/3} + \dfrac{4}{3}\theta^{3/4}$
25. $\sin(r\theta) = \dfrac{1}{2}$
26. $\cos r + \cos \theta = r\theta$

高阶导数

在题 27 - 30 中,利用隐函数微分法求 dy/dx,再求 d^2y/dx^2.

27. $x^{2/3} + y^{2/3} = 1$
28. $y^2 = x^2 + 2x$
29. $2\sqrt{y} = x - y$
30. $xy + y^2 = 1$
31. 如果 $x^3 + y^3 = 16$,求在点 $(2,2)$ 处 d^2y/dx^2 的值.
32. 如果 $xy + y^2 = 1$,求在点 $(0,-1)$ 处 d^2y/dx^2 的值.

隐式定义的参数化曲线

假定题 33 - 36 中的方程隐式地把 x 和 y 定义为可微函数 $x = f(t), y = g(t)$,求曲线 $x = f(t), y = g(t)$ 在给定 t 值处的斜率.

33. $x^2 - 2tx + 2t^2 = 4$, $2y^3 - 3t^2 = 4, t = 2$
34. $x = \sqrt{5 - \sqrt{t}}$, $y(t-1) = \ln y, t = 1$
35. $x + 2x^{3/2} = t^2 + t$, $y\sqrt{t+1} + 2t\sqrt{y} = 4, t = 0$
36. $x \sin t + 2x = t$, $t \sin t - 2t = y, t = \pi$

斜率、切线和法线

在题 37 和 38 中,求曲线在给定点处的斜率.

37. $y^2 + x^2 = y^4 - 2x$ 在 $(-2,1)$ 和 $(-2,-1)$ 处
38. $(x^2 + y^2)^2 = (x-y)^2$ 在 $(1,0)$ 和 $(1,-1)$ 处

在题 39 - 46 中,验证给定的点在曲线上,并求在给定点处曲线的(a)切线和(b)法线.

39. $x^2 + xy - y^2 = 1$, $(2,3)$
40. $x^2y^2 = 9$, $(-1,3)$
41. $y^2 - 2x - 4y - 1 = 0$, $(-2,1)$
42. $6x^2 + 3xy + 2y^2 + 17y - 6 = 0$, $(-1,0)$
43. $2xy + \pi \sin y = 2\pi$, $\left(1, \dfrac{\pi}{2}\right)$
44. $x\sin 2y = y\cos 2x$, $\left(\dfrac{\pi}{4}, \dfrac{\pi}{2}\right)$
45. $y = 2\sin(\pi x - y)$, $(1,0)$
46. $x^2 \cos^2 y - \sin y = 0$, $(0,\pi)$
47. **平行切线** 求曲线 $x^2 + xy + y^2 = 7$ 与 x 轴相交的两点并证明曲线在这两点处的切线是平行的. 这两条切线的共同斜率为多少?
48. **与坐标轴平行的切线** 求曲线 $x^2 + xy + y^2 = 7$ 上的点, 在这些点处(a)切线与 x 轴平行(b)切线与 y 轴平行. 在(b)中 dy/dx 没有定义,但 dx/dy 有定义. 在这些点处 dx/dy 的值是什么?

49. 8 字形曲线   求曲线 $y^4 = y^2 - x^2$ 在下左图所示两点处的斜率.

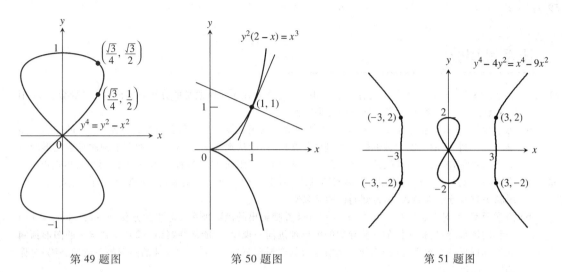

第 49 题图   第 50 题图   第 51 题图

50. 尖点蔓叶线（约公元前 200 年）   求尖点蔓叶线 $y^2(2-x) = x^3$ 在 $(1,1)$ 处的切线和法线（见上中附图）.

51. 魔鬼曲线（Gabriel Cramer,克拉默法则的 Cramer,1750）   求魔鬼曲线 $y^4 - 4y^2 = x^4 - 9x^2$ 在四个指定点处的斜率（见上右图）.

52. 笛卡儿（Descartes）叶形线（参见图 2.37）

（a）求笛卡儿叶形线 $x^3 + y^3 - 9xy = 0$ 在点 $(4,2)$ 和 $(2,4)$ 处的斜率.

（b）在除原点外的哪些点处该叶形线有水平切线？

（c）求图 2.37 中点 A 的坐标,在该点处该叶形线有垂直切线.

理论和例子

53. 如果 $f''(x) = x^{-1/3}$,下列各结论哪些是对的？

（a）$f(x) = \dfrac{3}{2}x^{2/3} - 3$ （b）$f(x) = \dfrac{9}{10}x^{5/3} - 7$

（c）$f'''(x) = -\dfrac{1}{3}x^{-4/3}$ （d）$f'(x) = \dfrac{3}{2}x^{2/3} + 6$

54. 为学而写   曲线 $2x^2 + 3y^2 = 5$ 和 $y^2 = x^3$ 在点 $(1, \pm 1)$ 处的切线有什么特别之处？见上右图. 对你的回答给出理由.

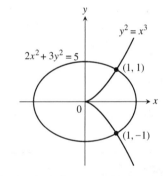

第 54 题图

55. 与法线相交的点   曲线 $x^2 + 2xy - 3y^2 = 0$ 在 $(1,1)$ 处的法线还与曲线的哪一点相交？

56. 与直线平行的法线   求曲线 $xy + 2x - y = 0$ 与直线 $2x + y = 0$ 平行的法线.

57. 抛物线的法线   试证明,如果能从右图所示的点 $(a,0)$ 处画抛物线 $x = y^2$ 的三条法线,那么 a 必须大于 $1/2$. 一条法线是 x 轴. 对什么样的 a 值另外两条法线互相垂直？

58. 为学而写   例 5 和例 6(b) 中对导函数的定义域的限制背后的几何意义是什么？

T 在题 59 和 60 中,求 $\dfrac{\mathrm{d}y}{\mathrm{d}x}$（把 y 当作 x 的可微函数）和 $\dfrac{\mathrm{d}x}{\mathrm{d}y}$（把 x 当作 y 的可微函数）. $\dfrac{\mathrm{d}y}{\mathrm{d}x}$ 和 $\dfrac{\mathrm{d}x}{\mathrm{d}y}$ 看起来有什么关系吗？通过图形从几

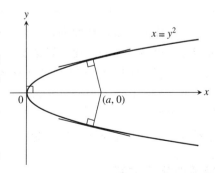

第 57 题图

何上来解释这种关系.

59. $xy^3 + x^2y = 6$

60. $x^3 + y^2 = \sin^2 y$

计算机探究

61. (a) 给定 $x^4 + 4y^2 = 1$,试用以下两种方法求 dy/dx:(1) 解出 y 并用通常的方法对解出的 y 求导数,(2) 用隐函数微分法求导数.你得到同样的结果吗?

(b) **为学而写** 对 y 求解方程 $x^4 + 4y^2 = 1$ 并把解出的函数画在一起得到方程 $x^4 + 4y^2 = 1$ 的完整的图形.然后把它们的一阶导数的图形加进同一视窗.你能从观察 $x^4 + 4y^2 = 1$ 的图形预测导数图形的一般性态吗?你能从观察导数的图形预测 $x^4 + 4y^2 = 1$ 的图形的一般性态吗?对你的回答给出理由.

62. (a) 给定 $(x-2)^2 + y^2 = 4$,试用以下两种方法求 dy/dx:(1) 解出 y 并对解得的函数求关于 x 的导数,(2) 用隐函数微分法求导数.你得到同样的结果吗?

(b) **为学而写** 对 y 求解方程 $(x-2)^2 + y^2 = 4$ 并把解出的函数画在一起得到方程 $(x-2)^2 + y^2 = 4$ 的完整的图形.然后把它们的一阶导数的图形加进同一视窗.你能从观察 $(x-2)^2 + y^2 = 4$ 的图形预测导数的图形的一般性态吗?你能从观察导数的图形预测 $(x-2)^2 + y^2 = 4$ 的图形的一般性态吗?对你的回答给出理由.

利用 CAS 对题 63 - 70 完成以下各步.

(a) 用 CAS 的隐式绘图功能画方程的图形.验看给定点满足方程.

(b) 利用隐函数微分法求导数 dy/dx 的公式,并计算其在给定点 P 处的值.

(c) 利用(b) 中求得的斜率求曲线在点 P 的切线的方程.然后把隐式表示的曲线和切线画在同一张图上.

63. $x^3 - xy + y^3 = 7$, $P(2,1)$

64. $x^5 + y^3x + yx^2 + y^4 = 4$, $P(1,1)$

65. $y^2 + y = \dfrac{2+x}{1-x}$, $P(0,1)$

66. $y^3 + \cos xy = x^2$, $P(1,0)$

67. $x + \tan\left(\dfrac{y}{x}\right) = 2$, $P\left(1, \dfrac{\pi}{4}\right)$

68. $xy^3 + \tan(x+y) = 1$, $P\left(\dfrac{\pi}{4}, 0\right)$

69. $2y^2 + (xy)^{1/3} = x^2 + 2$, $P(1,1)$

70. $x\sqrt{1+2y} + y = x^2$, $P(1,0)$

2.7 相关变化率

相关变化率方程 • 求解方法

假设你要测量从地面垂直发射的火箭上升的速率.借助某些精巧且费钱的预防措施,你们可能会在火箭下面的地面放置某类仪器并从中读出速率的读数.但是只要站在离发射点距离 d 的地方并测量火箭的仰角 θ 的变化率可能会更安全而且省很多钱.只要用一点三角知识你就可以把火箭的高度 h 用仰角 θ 和距离表示为 $h = d\tan\theta$. 对这个方程两边关于时间 t 求导就把你们要求的速率 dh/dt 用你容易测得的 $d\theta/dt$ 表示出来.用另一个你能求得的速率来求出一个你不容易求得其速率的问题称为<u>相关变化率问题</u>.相关变化率问题是本节的主题.

相关变化率方程

假设质点 $P(x,y)$ 沿平面上曲线 C 运动使得其坐标 x 和 y 都是 t 的可微函数.如果 D 是原点

到点 P 的距离,那么利用链式法则我们就能求得把 dD/dt, dx/dt 和 dy/dt 联系起来的方程.

$$D = \sqrt{x^2 + y^2}$$

$$\frac{dD}{dt} = \frac{1}{2}(x^2 + y^2)^{-1/2}\left(2x\frac{dx}{dt} + 2y\frac{dy}{dt}\right)$$

任何包含两个或多个时间 t 的可微函数的方程都可用来求得把这些变量相应的变化率联系起来的方程.

例1(求相关变化率方程) 假定直圆锥的半径 r 和高 h 都是 t 的可微函数,又设锥的体积 V 也是 t 的可微函数. 求联系 $\dfrac{dV}{dt}$, $\dfrac{dr}{dt}$ 和 $\dfrac{dh}{dt}$ 的方程.

解

$$V = \frac{\pi}{3}r^2 h \qquad \text{直圆锥的体积公式}$$

$$\frac{dV}{dt} = \frac{\pi}{3}\left(r^2 \cdot \frac{dh}{dt} + 2r\frac{dr}{dt} \cdot h\right) = \frac{\pi}{3}\left(r^2 \frac{dh}{dt} + 2rh\frac{dr}{dt}\right).$$

求解方法

如果你以某个给定的速率从贮存某种流体的直圆柱水箱往外输送流体,试问水箱内流体的高度下降会有多快?类似这样的问题要求我们从一个能直接测量求得的变化率来求一个不能直接测量求得的变化率. 为此,我们要写出联系相关变量的方程并对之求导数以得到把我们知道的变化率和要求的变化率联系起来的方程.

例2(从水箱往外输送流体) 如果我们以速率 3000 升／分从直圆柱水箱往外输送流体,试问水箱内流体的高度下降会有多快?

解 我们画一个部分灌满液体的直圆柱水箱,把它的半径记为 r,把流体的高度记为 h(图 2.42). 记流体的体积为 V.

当时间流逝,半径保持不变,但 V 和 h 在变化. 我们认为 V 和 h 是时间的可微函数并用 t 来表示时间. 我们知道

$$\frac{dV}{dt} = -3000,$$

我们以速率 3000 升／分向外输送流体. 因为体积在减少所以速度是负的.

我们要求

$$\frac{dh}{dt}. \qquad \text{流体高度的下降会有多快?}$$

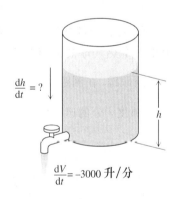

图 2.42 例 2 中的直圆柱水箱.

为求 dh/dt,首先写出把 V 和 h 联系起来的方程. 这个方程有赖于对 V, r 和 h 所选的单位. 当 V 以升计而 r 和 h 以米计时,直圆柱体积的近似方程为

$$V = 1000\pi r^2 h$$

因为 1 立方米包含 1000 升.

因为 V 和 h 是 t 的可微函数,我们可以在方程 $V = 1000\pi r^2 h$ 两端求关于 t 的导数得到把 dh/dt 和 dV/dt 联系起来的方程:

$$\frac{dV}{dt} = 1000\pi r^2 \frac{dh}{dt}. \qquad r \text{ 是常数}$$

我们代入已知值 $dV/dt = -3000$ 从而解得 dh/dt:

$$\frac{dh}{dt} = \frac{-3000}{1000\pi r^2} = -\frac{3}{\pi r^2}.$$

流体高度以速率 $3/(\pi r^2)$ 米/分下降.

解释 方程 $dh/dt = -3/(\pi r^2)$ 说明了流体水位下降的速率是怎样依赖于水箱的半径的. 如果 r 小,那么 dh/dt 就大;如果 r 大,那么 dh/dt 就小.

如果 $r = 1$ 米: $\dfrac{dh}{dt} = -\dfrac{3}{\pi} \approx -0.95$ 米/分 $= -95$ 厘米/分.

如果 $r = 10$ 米: $\dfrac{dh}{dt} = -\dfrac{3}{100\pi} \approx -0.0095$ 米/分 $= -0.95$ 厘米/分.

相关变化率问题的求解方法

第 1 步:画一个图并给变量和常数命名. 用 t 表示时间. 假设所有的变量都是 t 的可微函数.

第 2 步:记下数值信息(利用你所选的记号).

第 3 步:写下要你求的东西(通常是用导数表示的变化率).

第 4 步:写出把变量联系起来的方程. 你可能要把两个或多个方程结合成把你要求其变化率的变量和你已经知道其变化率的变量联系起来的单个方程.

第 5 步:求关于 t 的导数. 然后把你要求的变化率用你已知其值的变化率和变量表示出来.

第 6 步:求值. 利用已知值去求得待求的变化率的值.

例 3(上升的气球) 从水平场地正在垂直上升的一个热气球被距离起飞点 500 英尺远处的测距器所跟踪. 在测距器的仰角为 $\dfrac{\pi}{4}$ 的瞬间,仰角以 0.14 弧度/分的速率增长. 在该瞬间气球的上升有多快?

解 我们分 6 步来求解这个问题.

第 1 步:画一个图并给变量和常数命名(图 2.43). 图中的变量为

$\theta = $ 测距器从地面测得的以弧度计的角度

$y = $ 以英尺计的气球的高度

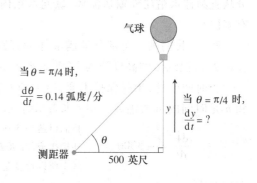

图 2.43 例 3 中的气球.

设 t 表示以分计的时间又假设 θ 和 y 为 t 的可微函数.

图中的一个常数为从测距器到起飞点的距离(500 英尺). 不需要给它以特殊的记号.

第 2 步:写下附加的数值信息.

$$\text{当 } \theta = \frac{\pi}{4} \text{ 时}, \quad \frac{d\theta}{dt} = 0.14 \text{ 弧度/分}.$$

第 3 步:写下我们要求的是什么. 我们要求当 $\theta = \pi/4$ 时的 dy/dt.

第 4 步：写出把变量 y 和 θ 联系起来的方程.

$$\frac{y}{500} = \tan\theta \quad 或 \quad y = 500\tan\theta$$

第 5 步：利用链式法则求关于 t 的导数. 结果告诉我们(我们要求的) $\mathrm{d}y/\mathrm{d}t$ 和(我们知道的) $\mathrm{d}\theta/\mathrm{d}t$ 之间的关系.

$$\frac{\mathrm{d}y}{\mathrm{d}t} = 500(\sec^2\theta)\frac{\mathrm{d}\theta}{\mathrm{d}t}$$

第 6 步：代入 $\theta = \pi/4$ 和 $\mathrm{d}\theta/\mathrm{d}t = 0.14$ 计算以求得 $\mathrm{d}y/\mathrm{d}t$ 的值.

$$\frac{\mathrm{d}y}{\mathrm{d}t} = 500(\sqrt{2})^2(0.14) = 140 \qquad \sec\frac{\pi}{4} = \sqrt{2}$$

解释 在问题中给出的瞬间气球以速率 140 英尺/分上升.

CD-ROM
WEBsite
历史传记
Sylvestre Francois Lacroix
(1765—1843)

例 4(高速公路上的追逐) 正在追逐一辆超速行驶汽车的一辆警察巡逻车正从北向南驶向一个直角路口，超速汽车已拐过路口向东驶去. 当巡逻车离路口向北 0.6 英里而汽车离路口向东 0.8 英里时，警察用雷达确定了两车之间的距离正以 20 英里/时的速率在增长. 如果巡逻车在该测量时刻以 60 英里/时的速率行驶，试问该瞬间超速汽车的速率为多少?

解 我们按求解方法的步骤来做.

第 1 步：图形和变量. 我们把汽车和巡逻车画在坐标平面上，正 x 轴表示车向东行驶的高速公路，而正 y 轴表示车向南行驶的高速公路(图 2.44). 设 t 表示时间，又令

x = 时刻 t 汽车的位置，

y = 时刻 t 巡逻车的位置，

s = 时刻 t 汽车和巡逻车之间的距离.

我们假设 x, y 和 s 都是 t 的可微函数.

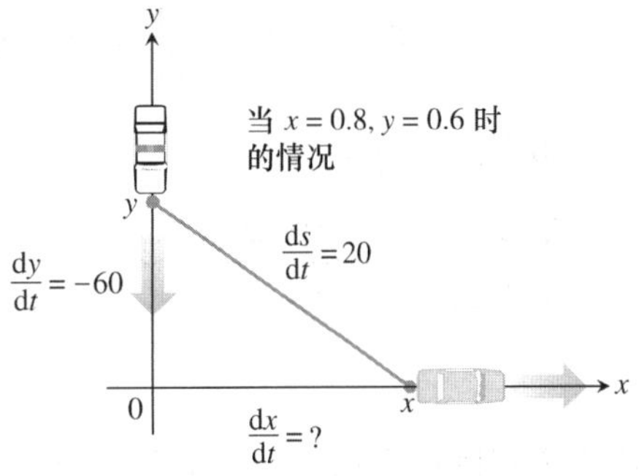

图 2.44 例 4 的图形.

第 2 步：数值信息. 在问题中说及的瞬间

$$x = 0.8 \text{ 英里}, \quad y = 0.6 \text{ 英里}, \quad \frac{\mathrm{d}y}{\mathrm{d}t} = -60 \text{ 英里/时}, \quad \frac{\mathrm{d}s}{\mathrm{d}t} = 20 \text{ 英里/时}.$$

注意 $\frac{\mathrm{d}y}{\mathrm{d}t}$ 是负的，因为 y 在减小.

第 3 步：要求 $\mathrm{d}x/\mathrm{d}t$.

第 4 步：变量之间是怎样的关系：

$$s^2 = x^2 + y^2 \quad (也可以写作\ s = \sqrt{x^2 + y^2}.)$$

第 5 步：求关于 t 的导数.

$$2s\frac{\mathrm{d}s}{\mathrm{d}t} = 2x\frac{\mathrm{d}x}{\mathrm{d}t} + 2y\frac{\mathrm{d}y}{\mathrm{d}t}$$

$$\frac{\mathrm{d}s}{\mathrm{d}t} = \frac{1}{s}\left(x\frac{\mathrm{d}x}{\mathrm{d}t} + y\frac{\mathrm{d}y}{\mathrm{d}t}\right)$$

· 230 · 第 2 章 导 数

$$= \frac{1}{\sqrt{x^2+y^2}}\left(x\frac{dx}{dt}+y\frac{dy}{dt}\right)$$

第 6 步:求值. 利用 $x=0.8, y=0.6, dy/dt=-60$ 以及 $ds/dt=20$,从而求得 dx/dt.

$$20 = \frac{1}{\sqrt{(0.8)^2+(0.6)^2}}\left(0.8\frac{dx}{dt}+(0.6)(-60)\right)$$

$$\frac{dx}{dt} = \frac{20\sqrt{(0.8)^2+(0.6)^2}+(0.6)(60)}{0.8} = 70$$

解释 在问题中说及的瞬间,汽车的速率为 70 英里/时.

例 5(向圆锥形水箱灌水) 水以 9 英尺³/分的速率灌入圆锥形水箱. 水箱尖点朝下,高为 10 英尺,底半径为 5 英尺. 箱内水位深 6 英尺时水位的升高有多快?

解 我们按求解方法的步骤来做.

第 1 步:图形和变量. 图 2.45 展示了部分灌满的圆锥形水箱. 与问题有关的变量为

$V=$时刻 t(分)水箱中水的体积(英尺³)

$x=t$ 时刻水表面的半径(英尺)

$y=t$ 时刻水箱中的水深(英尺)

第 2 步:数值信息. 在问题中说及的瞬间

$$y=6 \text{ 英尺} \quad \text{而} \quad \frac{dV}{dt}=9 \text{ 英尺}^3/\text{分}.$$

第 3 步:求 $\dfrac{dy}{dt}$.

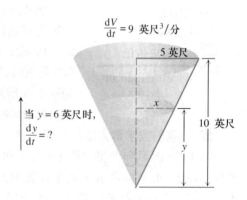

图 2.45 例 5 中的圆锥形水箱.

第 4 步:变量之间是怎样的关系. 水箱中的水形成一个锥,其体积为

$$V=\frac{1}{3}\pi x^2 y.$$

这个方程既包含 x,也包含 V 和 y. 因为在问题中说及的瞬间没有给出 x 和 dx/dt 的信息,因而我们需要消去 x. 图 2.45 中的相似三角形给出了用 y 来消去 x 的方法:

$$\frac{x}{y}=\frac{5}{10} \quad \text{或} \quad x=\frac{y}{2}.$$

所以

$$V=\frac{1}{3}\pi\left(\frac{y}{2}\right)^2 y=\frac{\pi}{12}y^3.$$

第 5 步:求关于 t 的导数.

$$\frac{dV}{dt}=\frac{\pi}{12}\cdot 3y^2\frac{dy}{dt}=\frac{\pi}{4}y^2\frac{dy}{dt}$$

第 6 步:求值. 利用 $y=6$ 和 $dV/dt=9$ 解出 dy/dt.

$$9=\frac{\pi}{4}(6)^2\frac{dy}{dt}$$

$$\frac{dy}{dt}=\frac{1}{\pi}\approx 0.32 \text{ 英尺/分}$$

解释 在问题中说及的瞬间,水位大约以 0.32 英尺 / 分的速率升高.

习题 2.7

1. **面积** 假设圆的半径 r 和面积 $A = \pi r^2$ 是 t 的可微函数. 写出联系 dA/dt 和 dr/dt 的方程.

2. **曲面面积** 假设球的半径 r 和表面积 $S = 4\pi r^2$ 都是 t 的可微函数. 写出联系 dS/dt 和 dr/dt 的方程.

3. **体积** 直圆柱的半径 r 和高 h 与直圆柱的体积之间的关系由公式 $V = \pi r^2 h$ 给出.
   (**a**) 如果 r 是常数, dV/dt 和 dh/dt 的关系是什么?
   (**b**) 如果 h 是常数, dV/dt 和 dr/dt 的关系是什么?
   (**c**) 如果 r 和 h 都不是常数, dV/dt 和 dr/dt 及 dh/dt 之间的关系是什么?

4. **体积** 直圆锥的半径 r 和高 h 与其体积 V 之间的关系由公式 $V = (1/3)\pi r^2 h$ 给出.
   (**a**) 如果 r 是常数, dV/dt 和 dh/dt 的关系是什么?
   (**b**) 如果 h 是常数, dV/dt 和 dr/dt 的关系是什么?
   (**c**) 如果 r 和 h 都不是常数, dV/dt 和 dr/dt 及 dh/dt 之间的关系是什么?

5. **改变电压** 如右图所示的电路中的电压 V(伏特)、电流 I(安培)和电阻 R(欧姆) 之间的关系由公式 $V = IR$ 给出. 假设 V 以 1 伏特 / 秒的速率增长而 I 以 $1/3$ 安培 / 秒的速度衰减. 设 t 表示以秒计的时间.
   (**a**) 什么是 dV/dt 的值?
   (**b**) 什么是 dI/dt 的值?
   (**c**) 把 dR/dt 和 dV/dt 及 dI/dt 联系起来的公式是什么?
   (**d**) 当 $V = 12$ 伏特而 $I = 2$ 安培时求 R 的变化率. R 是增长的?或是衰减的?

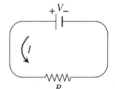

6. **电功率** 电路中的功率 P(瓦特)和电路中的电阻 R(欧姆)和电流 i(安培)之间的关系由方程 $P = Ri^2$ 给出.
   (**a**) 如果 P, R 和 i 都不是常数, $dP/dt, dR/dt$ 和 di/dt 之间的关系是什么?
   (**b**) 如果 P 是常数, 那么 dR/dt 和 di/dt 之间又将有怎样的关系?

7. **距离** 设 x 和 y 是 t 的可微函数, 又设 $s = \sqrt{x^2 + y^2}$ 是 xy 平面上点 $(x,0)$ 和 $(0,y)$ 之间的距离.
   (**a**) 如果 y 是常数, ds/dt 和 dx/dt 之间有怎样的关系?
   (**b**) 如果 x 和 y 都不是常数, $ds/dt, dx/dt, dy/dt$ 之间有怎样的关系?

8. **对角线** 如果 x, y 和 z 是长方体盒子的边长, 盒子对角线的公共长度为 $s = \sqrt{x^2 + y^2 + z^2}$.
   (**a**) 假设 x, y 和 z 都是 t 的可微函数, ds/dt 和 $dx/dt, dy/dt$ 以及 dz/dt 之间有怎样的关系?
   (**b**) 如果 x 是常数, ds/dt 和 dy/dt 以及 dz/dt 之间又有怎样的关系?
   (**c**) 如果 s 是常数, $dx/dt, dy/dt$ 和 dz/dt 之间有怎样的关系?

9. **面积** 边长为 a, b 以及这两条边的夹角为 θ 的三角形的面积 A 为
$$A = \frac{1}{2}ab\sin\theta.$$
   (**a**) 如果 a, b 都是常数, dA/dt 和 $d\theta/dt$ 之间有怎样的关系?
   (**b**) 如果只有 b 是常数, dA/dt 和 $d\theta/dt$ 以及 da/dt 之间有怎样的关系?
   (**c**) 如果 a, b 和 θ 都不是常数, dA/dt 和 $d\theta/dt, da/dt$ 以及 db/dt 之间有怎样的关系?

10. **加热盘子** 当金属圆盘在炉中加热时,圆盘半径 r 以 0.01 厘米 / 分的速率增长. 当盘子半径为 50 厘米时, 盘子的面积以怎样的速率增长?

11. **改变长方形的大小** 长方形的长 l 以 2 厘米 / 秒的速率递减, 而长方形的宽 w 以 2 厘米 / 秒的速率增长.

求 $l = 12$ 厘米,$w = 5$ 厘米时(a)面积的变化率,(b)周长的变化率以及(c)长方形对角线长度的变化率. 这些量中哪些是增的,又有哪些是减的?

12. **改变长方体盒子的大小** 假设闭长方体盒子的边长 x,y,z 按以下的变化率变化

$$\frac{dx}{dt} = 1 \text{ 米 / 秒}, \quad \frac{dy}{dt} = -2 \text{ 米 / 秒}, \quad \frac{dz}{dt} = 1 \text{ 米 / 秒}.$$

求该盒子在 $x = 4, y = 3$ 以及 $z = 2$ 的瞬间的(a)体积的变化率,(b)表面积的变化率,以及(c)对角线 $s = \sqrt{x^2 + y^2 + z^2}$ 的变化率.

13. **滑动的梯子** 13 英尺的梯子靠在房子的墙边,它的底部开始滑离(如下图所示). 在开始滑离的时刻梯子的底部离房子的距离为 12 英尺,梯子的底部以 5 英尺 / 秒的速率滑离.

    (a)梯子顶部从墙边滑下有多快?

    (b)由梯子、墙、地面构成的三角形的面积以怎样的速率变化?

    (c)梯子和地面的夹角 θ 以怎样的速率变化?

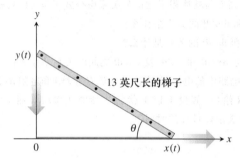

14. **商业空中交通管理** 两架商用飞机在 4000 英尺高度沿交角为直角的两条直线飞行. 飞机 A 以 442 节的速率(1 节 = 1 海里 / 时 = 1.852 公里 / 时,1 海里 = 2000 码)飞向交汇点. 飞机 B 以 481 节的速率飞向交汇点. 当飞机 A 离交汇点 5 海里,飞机 B 离交汇点 12 海里时,两飞机间的距离以怎样的速率变化?

15. **放风筝** 一个女孩把风筝放到 300 英尺高,水平吹来的风以 25 英尺 / 秒的速率把风筝吹离,当风筝离女孩 500 英尺远时,女孩放风筝线的速度要多快?

16. **钻圆柱形的孔** 林肯汽车的机修工正在重钻一个深为 6 英寸的孔以安装新的活塞. 他们用的机器每 3 分钟扩大圆柱的半径 1/1000 英寸. 当孔径(直径)为 3.800 英寸时圆柱体的体积增长有多快?

17. **增大的沙堆** 沙子通过传送带以 10 米^3 / 分的速度送到圆锥形沙堆的顶部. 沙堆的高度永远是其底直径的 3/8 倍. 当沙堆 4 米高时(a)其高度以及(b)底半径的变化有多快?答案用厘米 / 分表示.

18. **正在放水的圆锥形水库** 水正以 50 米^3 / 分的速率从一个底半径 45 米、高 6 米的浅混凝土圆锥形水库(顶点朝下)流出.

    (a)当水位处于 5 米深时水位的下降有多快(厘米 / 分)?

    (b)水面半径的变化有多快?回答用每分钟多少厘米表示.

19. **正在放水的半球形水库** 水正以 6 米^3 / 分的速率从形如半径为 13 米的半球形碗状水库流出,见右所示的剖面图. 给定半径为 R 的半球形碗状水库中水的体积为 $V = (\pi/3)y^2(3R - y)$,其中 y 米为水深.

    (a)当水深 8 米时,水位以什么速率变化?

    (b)当水深 y 米时,水面的半径为多少?

    (c)当水深 8 米时,半径 r 以什么速率变化?

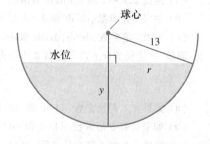

第 19 题图

20. **增大的雨点** 假设雾滴是一个完整的球体,通过冷凝作用,该雾点以和它的表面积成比例的速率吸取水份. 试证明在这种情况下,雨点半径以常速率增长.

21. **正在充气的气球的半径** 一个球状气球正以 100π 英尺^3/分充氦气. 当气球半径为 5 英尺时气球半径的增长有多快?气球表面积的增长有多快?

22. **拖一条小划艇** 从船头的绳子通过高出船头 6 英尺的船坞上的圆环把小划艇拖向船坞. 绳子以 2 英尺/秒的速率被拖拉.
    (**a**) 当绳子拖上去 10 英尺时小划艇向船坞的行进有多快?
    (**b**) 角 θ 以什么速度变化(如右图所示)?

23. **气球和自行车** 一个气球正从一条水平的直路上方以常速率 1 英尺/秒升起. 正当气球离地面 65 英尺高时,一辆自行车以常速度 17 英尺/秒从气球下面经过. 试问 3 秒以后气球和自行车之间的距离增加有多快?

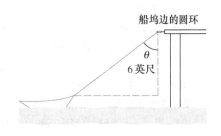

第 22 题图

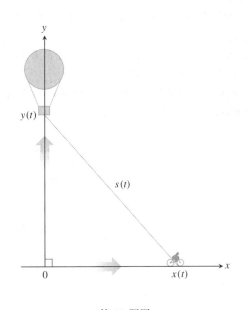

第 23 题图

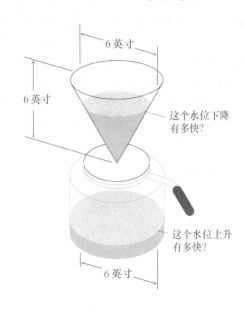

第 24 题图

24. **煮咖啡** 咖啡从圆锥形的过滤器以速率 10 英寸^3/分流入圆柱形的咖啡壶里.
    (**a**) 当锥形过滤器中咖啡深为 5 英寸时,咖啡壶中水位上升有多快?
    (**b**) 锥形过滤器中水位下降有多快?

25. **心脏的输出** 1860 年代后期,德国维尔茨堡医学院的生理学教授 Adolf Fick 研制了现在我们用来测量一分钟内心脏泵出的血液的几种方法中的一种方法. 当你读到这个句子时你的心脏输出大约为 7 升/分. 休息时输入大约比 6 升/分低一点. 如果你是受过训练的马拉松运动员正在跑马拉松,你的心脏输出可以高达 30 升/分.

你的心脏输出可以用公式
$$y = \frac{Q}{D}$$
来计算,其中 Q 是你在一分钟里呼出 CO_2(二氧化碳)的毫升数,而 D 是从血液里泵出到肺里的 CO_2 的浓度(毫升/分)和从肺里回到血液中的 CO_2 的浓度的差. 当 $Q = 233$ 毫升/分和 $D = 97 - 56 = 41$ 毫升/升时
$$y = \frac{233 \text{ 毫升}/\text{分}}{41 \text{ 毫升}/\text{升}} \approx 5.68 \text{ 升}/\text{分},$$
相当接近于多数人在基底(休息)条件下的值 6 升/分. (承蒙东田纳亚州立大学 Quillan 医学院的

假设当 $Q = 233$ 和 $D = 41$ 时,我们还知道 D 以每分钟 2 个单位的速率递减但 Q 保持不变.心脏输出会发生怎样的变化?

26. **成本、收入和利润** 一家公司能以成本 $c(x)$ 千美元制造 x 件产品,销售收入为 $r(x)$ 千美元而利润为 $p(x) = r(x) - c(x)$ 千美元.对以下的 x 和 dx/dt 的值求 dc/dt,dr/dt 和 dp/dt.
   (**a**) $r(x) = 9x, c(x) = x^3 - 6x^2 + 15x$,而当 $x = 2$ 时 $dx/dt = 0.1$.
   (**b**) $r(x) = 70x, c(x) = x^3 - 6x^2 + 45/x$,而当 $x = 1.5$ 时 $dx/dt = 0.05$.

27. **沿抛物线的运动** 质点沿第一象限中的抛物线 $y = x^2$ 这样运动:其 x 坐标(以米计)以恒定速率 10 米/秒增长.当 $x = 3$ 米时,连接质点和原点的直线的倾角 θ 的变化有多快?

28. **沿另一条抛物线的运动** 质点从右向左沿抛物线 $y = \sqrt{-x}$ 这样运动:其 x 坐标(以米计)以速率 8 米/秒衰减.当 $x = -4$ 米时,连接质点和原点的直线的倾角 θ 的变化有多快?

29. **平面运动** 在米制 xy 平面上质点的坐标是 t 的可微函数,而且 $dx/dt = -1$ 米/秒,$dy/dt = -5$ 米/秒.当质点运动通过点 $(5, 12)$ 时质点到原点间的距离的变化有多快?

30. **运动着的影子** 一个 6 英尺高的男人以速率 5 英尺/秒朝离地面 16 英尺的街灯走去.他的影子的末端以怎样的速率运动?当他离开街灯的底座 10 英尺时他的影子长度变化的速率为多少?

31. **另一种运动着的影子** 灯从 50 英尺高的灯杆顶照射下来.距灯 30 英尺处同样高度有一个球落下来(参见附图).1/2 秒后球的影子沿地平面的运动有多快?(假设 t 秒内球下落的距离为 $s = 16t^2$ 英尺.)

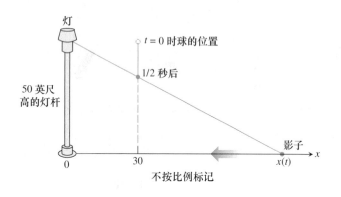

第 31 题图

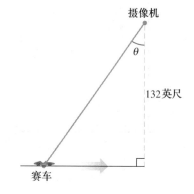

第 32 题图

32. **对运动着的汽车摄像** 你正在从高出赛车道 132 英尺的看台上跟随以 180 英里/时(264 英尺/秒)运动的一辆赛车进行摄像.当赛车在你正前方时你的摄像机的角度的变化有多快?半秒钟以后又有多快?

33. **融化的冰层** 一颗直径为 8 英寸的球形铁球为一层均匀的冰所覆盖.如果冰以 10 英寸³/分的速率融化,当冰层厚为 2 英寸时冰层厚度的衰减会有多快?冰层外表面的衰减会有多快?

34. **高速公路上的巡逻** 一架高速公路巡逻飞机在水平直线马路上方 3 英里以恒定速度 120 英里/时飞行.飞行员看到迎面驶来的一辆汽车,用雷达确定在该瞬间从飞机到汽车的视线距离为 5 英里.视线距离以速率 160 英里/时递减.求汽车沿高速公路行驶的速度.

35. **建筑物的影子** 一天早晨当太阳直接从头顶过时,高 80 英尺的建筑物在水平地面上的影子长为 60 英尺.在该瞬间,阳光和地面形成的夹角 θ

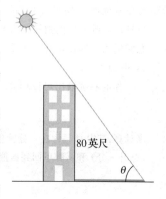

第 35 题图

以 0.27°／分的速率增长. 影子以什么速率缩短?(注意要用弧度. 把你的结果用每分钟英寸表示,误差为 0.01.)

36. **步行者** A 和 B 正步行在直角相交的直行街道上(参见附图). A 以 2 米／秒的速率走向交汇点; B 以 1 米／秒的速率离开汇点. 当 A 离交汇点 10 米而 B 离交汇点 20 米时, 角 θ 以什么样的速率变化?把你的答案用每秒几度表示,精确到度.

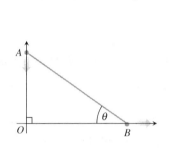

第 36 题图

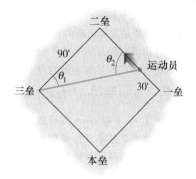

第 37 题图

37. **棒球运动员** 棒球场是一个边长为 90 英尺的正方形. 一个棒球运动员以 16 英尺／秒的速率从一垒跑向二垒(参见附图).
   (a) 当运动员离一垒 30 英尺远时,运动员和三垒间的距离以什么样的速率变化?
   (b) 在该时刻,角 θ_1 和 θ_2(参见附图) 以什么样的速率变化?
   (c) 运动员以 15 英尺／秒的速度滑向二垒. 当运动员触及二垒时, θ_1 和 θ_2 以什么样的速率变化?

38. **航行中的船只** 两条船正从点 O 沿夹角为 120° 的两条直线航道启航. 船只 A 以 14 节的速率前进. 船只 B 以 21 节的速率前进. 当 $OA = 5$ 海里而 $OB = 3$ 海里时两船间的距离离开得有多快?

指导你们复习的问题

1. 什么是函数 f 的导数?它的定义域和 f 的定义域有什么关系?给出例子.
2. 在定义斜率、切线以及变化率时导数所起的作用是什么?
3. 有时你能怎样画函数导数的图形,如果你只有一张函数值表?
4. 函数在开区间上可微的含义是什么?在闭区间上可微的含义是什么?
5. 导数和单侧导数有怎样的关系?
6. 试从几何上描述函数在一点没有导数的典型情形.
7. 函数在一点的可微性和函数在该点的连续性有怎样的关系,如果有关系的话?
8. 阶梯函数

$$U(x) = \begin{cases} 0, & x < 0 \\ 1, & x \geq 0 \end{cases}$$

   有可能是 $[-1,1]$ 上某个函数的导数吗?试解释之.
9. 你知道哪些计算导数的法则?给出例子.
10. 试解释以下三个公式

(**a**) $\dfrac{d}{dx}(x^n) = nx^{n-1}$ (**b**) $\dfrac{d}{dx}(cu) = c\dfrac{du}{dx}$

(**c**) $\dfrac{d}{dx}(u_1 + u_2 + \cdots + u_n) = \dfrac{du_1}{dx} + \dfrac{du_2}{dx} + \cdots + \dfrac{du_n}{dx}$

怎样能保证求得任何多项式的导数.

11. 为求有理函数的导数,除了题 10 中列出的三个公式外,还需要什么公式?
12. 什么是二阶导数?三阶导数?你知道的函数有多少阶导数?给出例子.
13. 函数的平均变化率和瞬时变化率之间的关系是什么?给出例子.
14. 研究运动时导数是怎样出现的?你怎样能从考察物体位置函数的导数来了解物体沿直线的运动?给出例子.
15. 导数是怎样出现在经济学中的?
16. 给出导数还可能有的其他应用的例子.
17. 极限 $\lim\limits_{h\to 0}\dfrac{\sin h}{h}$ 和 $\lim\limits_{h\to 0}\dfrac{\cos h - 1}{h}$ 在求正弦及余弦函数的导数时起什么作用?正弦和余弦函数的导数是什么?
18. 一旦你知道了 $\sin x$ 和 $\cos x$ 的导数,怎样求 $\tan x, \cot x, \sec x$ 以及 $\csc x$ 的导数?这些函数的导数是什么?
19. 在哪些点处这 6 个基本三角函数都是连续的?你怎么知道的?
20. 什么是计算两个可微函数的复合函数的导数的法则?复合函数的导数是怎样计算的?给出例子.
21. 什么是参数化曲线 $x = f(t), y = g(t)$ 的斜率 dy/dx 的公式?什么条件下可应用该公式?什么条件下你预期也能求得 d^2y/dx^2?给出例子.
22. 如果 u 是 x 的可微函数,如果 n 是整数,你怎样求 $(d/dx)(u^n)$?给出例子.
23. 什么是隐函数微分法?何种情况下你需要用隐函数微分法?给出例子.
24. 概述求解相关变化率问题的方法. 用一个例子加以说明.

实践习题

函数的导数

求题 1 – 40 中的函数的导数.

1. $y = x^5 - 0.125x^2 + 0.25x$
2. $y = 3 - 0.7x^3 + 0.3x^7$
3. $y = x^3 - 3(x^2 + \pi^2)$
4. $y = x^7 + \sqrt{7}x - \dfrac{1}{\pi + 1}$
5. $y = (x + 1)^2(x^2 + 2x)$
6. $y = (2x - 5)(4 - x)^{-1}$
7. $y = (\theta^2 + \sec\theta + 1)^3$
8. $y = \left(-1 - \dfrac{\csc\theta}{2} - \dfrac{\theta^2}{4}\right)^2$
9. $s = \dfrac{\sqrt{t}}{1 + \sqrt{t}}$
10. $s = \dfrac{1}{\sqrt{t} - 1}$
11. $y = 2\tan^2 x - \sec^2 x$
12. $y = \dfrac{1}{\sin^2 x} - \dfrac{2}{\sin x}$
13. $s = \cos^4(1 - 2t)$
14. $s = \cot^3\left(\dfrac{2}{t}\right)$
15. $s = (\sec t + \tan t)^5$
16. $s = \csc^5(1 - t + 3t^2)$
17. $r = \sqrt{2\theta\sin\theta}$
18. $r = 2\theta\sqrt{\cos\theta}$
19. $r = \sin\sqrt{2\theta}$
20. $r = \sin(\theta + \sqrt{\theta + 1})$
21. $y = \dfrac{1}{2}x^2\csc\dfrac{2}{x}$
22. $y = 2\sqrt{x}\sin\sqrt{x}$
23. $y = x^{-\frac{1}{2}}\sec(2x)^2$
24. $y = \sqrt{x}\csc(x + 1)^3$
25. $y = 5\cot x^2$
26. $y = x^2\cot 5x$
27. $y = x^2\sin^2(2x^2)$
28. $y = x^{-2}\sin^2(x^3)$
29. $s = \left(\dfrac{4t}{t + 1}\right)^{-2}$
30. $s = \dfrac{-1}{15(15t - 1)^3}$

31. $y = \left(\dfrac{\sqrt{x}}{1+x}\right)^2$

32. $y = \left(\dfrac{2\sqrt{x}}{2\sqrt{x}+1}\right)^2$

33. $y = \sqrt{\dfrac{x^2+x}{x^2}}$

34. $y = 4x\sqrt{x+\sqrt{x}}$

35. $r = \left(\dfrac{\sin\theta}{\cos\theta - 1}\right)^2$

36. $r = \left(\dfrac{1+\sin\theta}{1-\cos\theta}\right)^2$

37. $y = (2x+1)\sqrt{2x+1}$

38. $y = 20(3x-4)^{1/4}(3x-4)^{-1/5}$

39. $y = \dfrac{3}{(5x^2 + \sin 2x)^{3/2}}$

40. $y = (3 + \cos^3 3x)^{-1/3}$

隐函数微分法

在题 41 – 48 中,求 dy/dx.

41. $xy + 2x + 3y = 1$

42. $x^2 + xy + y^2 - 5x = 2$

43. $x^3 + 4xy - 3y^{4/3} = 2x$

44. $5x^{4/5} + 10y^{6/5} = 15$

45. $\sqrt{xy} = 1$

46. $x^2 y^2 = 1$

47. $y^2 = \dfrac{x}{x+1}$

48. $y^2 = \sqrt{\dfrac{1+x}{1-x}}$

在题 49 和 50 中,求 dp/dq.

49. $p^3 + 4pq - 3q^2 = 2$

50. $q = (5p^2 + 2p)^{-3/2}$

在题 51 和 52 中,求 dr/ds.

51. $r\cos 2s + \sin^2 s = \pi$

52. $2rs - r - s + s^2 = -3$

53. 用隐函数微分法求 $d^2 y/dx^2$.　　(**a**) $x^3 + y^3 = 1$　　(**b**) $y^2 = 1 - \dfrac{2}{x}$

54. (**a**) 通过对 $x^2 - y^2 = 1$ 隐式求导数,证明 $dy/dx = x/y$.　　(**b**) 然后证明 $d^2 y/dx^2 = -1/y^3$.

导数的数值

55. 假设函数 $f(x)$ 和 $g(x)$ 及其一阶导数在 $x = 0$ 和 $x = 1$ 取下表列出的值.

x	$f(x)$	$g(x)$	$f'(x)$	$g'(x)$
0	1	1	-3	1/2
1	3	5	1/2	-4

求给定点处下列组合函数的一阶导数.

(**a**) $6f(x) - g(x)$,　　$x = 1$　　(**b**) $f(x)g^2(x)$,　　$x = 0$　　(**c**) $\dfrac{f(x)}{g(x)+1}$,　　$x = 1$

(**d**) $f(g(x))$,　　$x = 0$　　(**e**) $g(f(x))$,　　$x = 0$　　(**f**) $(x + f(x))^{3/2}$,　　$x = 1$

(**g**) $f(x + g(x))$,　　$x = 0$

56. 假设函数 $f(x)$ 及其一阶导数在 $x = 0$ 和 $x = 1$ 取下表列出的值.

x	$f(x)$	$f'(x)$
0	9	-2
1	-3	1/5

求给定点处下列组合函数的一阶导数.

(**a**) $\sqrt{x}\,f(x)$,　　$x = 1$　　(**b**) $\sqrt{f(x)}$,　　$x = 0$　　(**c**) $f(\sqrt{x})$,　　$x = 1$

(**d**) $f(1 - 5\tan x)$,　　$x = 0$　　(**e**) $\dfrac{f(x)}{2+\cos x}$,　　$x = 0$　　(**f**) $10\sin\left(\dfrac{\pi x}{2}\right)f^2(x)$,　　$x = 1$

57. 如果 $y = 3\sin 2x$ 而 $x = t^2 + \pi$,求 $t = 0$ 处 dy/dt 的值.

58. 如果 $s = t^2 + 5t$ 而 $t = (u^2 + 2u)^{1/3}$,求 $u = 2$ 处 ds/du 的值.

59. 如果 $w = \sin(\sqrt{r} - 2)$ 而 $r = 8\sin(s + \pi/6)$,求 $s = 0$ 处 dw/ds 的值.

60. 如果 $r = (\theta^2 + 7)^{1/3}$ 而 $\theta^2 t + \theta = 1$,求 $t = 0$ 处 dr/dt 的值.

61. 如果 $y^3 + y = 2\cos x$,求在点 $(0,1)$ 处 d^2y/dx^2 的值.

62. 如果 $x^{1/3} + y^{1/3} = 4$,求在点 $(8,8)$ 处 d^2y/dx^2 的值.

导数的定义

在题 63 和 64 中,利用定义求导数.

63. $f(t) = \dfrac{1}{2t+1}$ 　　　　64. $g(x) = 2x^2 + 1$

65. 为学而写　(a) 画函数 $f(x) = \begin{cases} x^2, & -1 \leqslant x < 0 \\ -x^2, & 0 \leqslant x \leqslant 1 \end{cases}$ 的图形. (b) f 在 $x = 0$ 处连续吗? (c) f 在 $x = 0$ 处可微吗?对你的回答给出理由.

66. 为学而写　(a) 画函数 $f(x) = \begin{cases} x, & -1 \leqslant x < 0 \\ \tan x, & 0 \leqslant x \leqslant \dfrac{\pi}{4} \end{cases}$ 的图形. (b) f 在 $x = 0$ 处连续吗? (c) f 在 $x = 0$ 处可微吗?对你的回答给出理由.

67. 为学而写　(a) 画函数 $f(x) = \begin{cases} x, & 0 \leqslant x \leqslant 1 \\ 2-x, & 1 < x \leqslant 2 \end{cases}$ 的图形. (b) f 在 $x = 1$ 处连续吗? (c) f 在 $x = 1$ 处可微吗?对你的回答给出理由.

68. 为学而写　对常数 m 的哪些值(如果有的话),$f(x) = \begin{cases} \sin 2x, & x \leqslant 0 \\ mx, & x > 0 \end{cases}$ (a) 在 $x = 0$ 处连续? (b) 在 $x = 0$ 处可微?对你的回答给出理由.

斜率、切线和法线

69. **具有指定斜率的切线**　在曲线 $y = \dfrac{x}{2} + \dfrac{1}{2x-4}$ 上有点,使得在这些点处的斜率等于 $-\dfrac{3}{2}$ 吗?如果有,把它们求出来.

70. **具有指定斜率的切线**　在曲线 $y = x - 1/(2x)$ 上有点,使得在这些点处的斜率等于 3 吗?如果有,把它们求出来.

71. **水平切线**　求曲线 $y = 2x^3 - 3x^2 - 12x + 20$ 上的点,这些点处的切线平行于 x 轴.

72. **切线的截距**　求曲线 $y = x^3$ 在点 $(-2, -8)$ 处的切线的 x 截距和 y 截距.

73. **垂直或平行于直线的切线**　求曲线 $y = 2x^3 - 3x^2 - 12x + 20$ 上的点,在这些点处其切线
(a) 与直线 $y = 1 - (x/24)$ 垂直.　(b) 与直线 $y = \sqrt{2} - 12x$ 平行.

74. **相交的切线**　证明曲线 $y = (\pi \sin x)/x$ 在 $x = \pi$ 和 $x = -\pi$ 处的切线交于直角.

75. **与直线平行的法线**　求曲线 $y = \tan x, -\dfrac{\pi}{2} < x < \dfrac{\pi}{2}$ 上的点,在这些点处其法线与直线 $y = -\dfrac{x}{2}$ 平行. 把曲线和法线画在一起并标记上它们的方程.

76. **切线和法线**　求曲线 $y = 1 + \cos x$ 在点 $\left(\dfrac{\pi}{2}, 1\right)$ 处的切线和法线的方程. 把曲线、切线和法线画在一起并标记上它们的方程.

77. **与直线相切的抛物线**　抛物线 $y = x^2 + C$ 与直线 $y = x$ 相切. 求 C.

78. **切线的斜率**　试证明曲线 $y = x^3$ 在任何点 (a, a^3) 处的切线一定与该曲线再次相交,交点处的斜率是在点 (a, a^3) 处斜率的 4 倍.

实践习题

79. 与直线相切的双曲线 对什么样的 c 值, 曲线 $y = \dfrac{c}{x+1}$ 和过点 $(0,3)$ 和 $(5,-2)$ 的直线相切?

80. 圆的法线 证明圆 $x^2 + y^2 = a^2$ 上任一点的法线过原点.

隐式定义的曲线的切线和法线

在题 81–86 中, 求给定点处曲线的切线和法线的方程.

81. $x^2 + 2y^2 = 9$, $(1,2)$
82. $x^3 + y^2 = 2$, $(1,1)$
83. $xy + 2x - 5y = 2$, $(3,2)$
84. $(y - x)^2 = 2x + 4$, $(6,2)$
85. $x + \sqrt{xy} = 6$, $(4,1)$
86. $x^{3/2} + 2y^{3/2} = 17$, $(1,4)$

87. 求曲线 $x^3 y^3 + y^2 = x + y$ 在点 $(1,1)$ 和 $(1,-1)$ 处的斜率.

88. **为学而写** 右图暗示曲线 $y = \sin(x - \sin x)$ 可能有平行于 x 轴的水平切线. 是吗? 对你的回答给出理由.

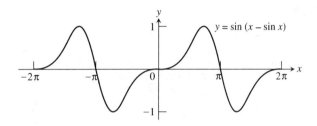

第 88 题图

参数化曲线的切线

在题 89 和 90 中, 求 xy 平面上与给定 t 值相应的点处曲线的切线的方程. 还要求在该点处 $d^2 y/dx^2$ 的值.

89. $x = (1/2)\tan t$, $y = (1/2)\sec t$; $t = \dfrac{\pi}{3}$
90. $x = 1 + 1/t^2$, $y = 1 - 3/t$; $t = 2$

分析图形

在题 91 和 92 的图形中都展示了两个图形, 函数 $f(x)$ 及其导数 $f'(x)$ 的图形画在一起. 哪个是 $f(x)$ 的图形, 哪个是 $f'(x)$ 的图形? 你是怎么知道的?

91.

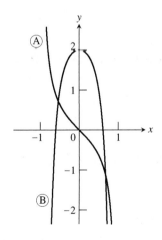

92.

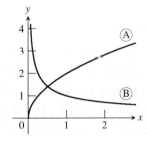

93. 利用下列信息画函数 $y = f(x)$ 在 $-1 \leqslant x \leqslant 6$ 上的图形.
    i. f 的图形是由端点到端点的线段组成的.
    ii. 图形从点 $(-1,2)$ 开始.
    iii. 函数的导数和右图所示的阶梯函数一样.

94. 重做题 93,假设图形是从 $(-1,0)$ 开始而不是从 $(-1,2)$ 开始的.
    题 95 和 96 和图 2.46 中的图形有关.(a)中的图展示了一个小的北极群体中兔子和狐狸的数量.在 200 天的时间里它们作为时间的函数画出来的.当兔子繁殖时,兔子的数量先是增加.但狐狸以兔子为食饵,所以,当狐狸的数量增加时,兔子的数量就停止增长然后就下降.图 2.46(b)展示了兔子头数的导数的图形.我们通过画斜率来作出此图.

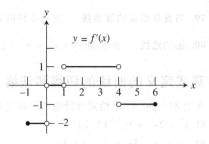

第 93 题图

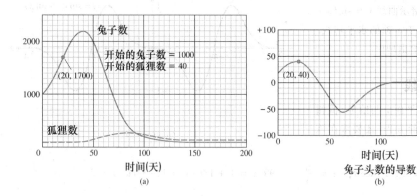

图 2.46　在一个北极捕食 - 食饵食物链中的兔子和狐狸的数量.

95. (a) 在图 2.46 中当兔子头数最多时兔子头数的导数的值为多少?当兔子头数最少时其导数的值为多少?
    (b) 在图 2.46 中当兔子头数的导数最大时兔子的数量为多少?当导数最小时(取负值)兔子数量为多少?
96. 兔子和狐狸的数目曲线的斜率应该用什么单位来度量?

相关变化率

97. **直圆柱**　直圆柱的总表面积 S 和其底半径 r 以及高 h 的关系由方程 $S = 2\pi r^2 + 2\pi rh$ 给出.
    (a) 当 h 为常数时,dS/dt 和 dr/dt 的关系是什么?
    (b) 当 r 为常数时,dS/dt 和 dh/dt 的关系是什么?
    (c) 如果 r 和 h 都不是常数,dS/dt 和 dr/dt 以及 dh/dt 的关系是什么?
    (d) 如果 S 为常数,dr/dt 和 dh/dt 的关系是什么?

98. **直圆锥**　直圆锥的侧表面积和它的底半径 r 以及高 h 的关系由方程 $S = \pi r \sqrt{r^2 + h^2}$ 给出.
    (a) 如果 h 为常数,dS/dt 和 dr/dt 的关系是什么?
    (b) 如果 r 为常数,dS/dt 和 dh/dt 的关系是什么?
    (c) 如果 r 和 h 都不是常数,dS/dt 和 dr/dt 以及 dh/dt 的关系是什么?

99. **面积在变化的圆**　圆半径以变化率 $-2/\pi$ 米/秒变化.当 $r = 10$ 米时圆面积以怎样的变化率变化?

100. **边在变化的立方体**　当立方体的边长为 20 厘米的瞬间它的体积以 1200 厘米³/分的速率变化着.在该瞬间立方体的边长变化的速率为多少?

101. **并联的电阻**　如果两个电阻 R_1 欧姆和 R_2 欧姆在一个电路中并联成一个如右图所示的 R 欧姆电阻,R 的

值可从方程

$$\frac{1}{R} = \frac{1}{R_1} + \frac{1}{R_2}$$

求得.

如果 R_1 以速率 1 欧姆/秒衰减,而 R_2 以速率 0.5 欧姆/秒增长,那么当 $R_1 = 75$ 欧姆而 $R_2 = 50$ 欧姆时,R 的变化速率为多少?

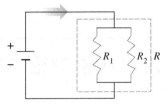

第 101 题图

102. **串联电路中的阻抗** 串联电路中的阻抗 Z(欧姆)和电阻 R(欧姆)以及电抗 X(欧姆)的关系由方程 $Z = \sqrt{R^2 + X^2}$ 给出. 如果 R 以速率 3 欧姆/秒增长,而 X 以 2 欧姆/秒衰减,那么当 $R = 10$ 欧姆而 $X = 20$ 欧姆时 Z 的变化速率为多少?

103. **运动质点的速率** 在公制 xy 平面上运动的质点的坐标是时间 t 的可微函数,且 $dx/dt = 10$ 米/秒而 $dy/dt = 5$ 米/秒. 当质点通过点 $(3, -4)$ 时质点离开原点的速率有多快?

104. **质点的运动** 质点沿第一象限中的曲线 $y = x^{3/2}$ 这样运动:它和原点间的距离以每秒 11 个单位的速率增长. 求当 $x = 3$ 时的 dx/dt.

105. **水箱放水** 水从如图 2.47 所示的锥形水箱以 5 英尺³/分的速率放水.

(a) 图中变量 h 和 r 的关系是什么?

(b) 当 $h = 6$ 英尺时水位下降有多快?

106. **可转动的电缆卷轴** 电视电缆从一个大的卷轴从电话线杆沿马路拖出来进行拉直,电缆以半径不变的层从卷轴(参见图 2.48)一层层展开. 如果拖电缆的卡车以恒定速率 6 英尺/秒移动(比 4 英里/时多一点点),利用方程 $s = r\theta$ 求当半径为 1.2 英尺的层正要展开时,卷轴旋转有多快(弧度/秒).

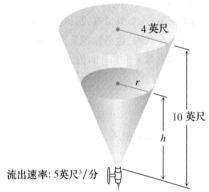

图 2.47 题 105 的锥形水箱.

图 2.48 题 106 中的电视电缆.

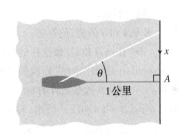

第 107 题图

107. **移动的探照灯光束** 右上图所示的离海岸 1 公里处的船用探照灯光扫过海岸. 光束以不变的变化率 $d\theta/dt = -0.6$ 弧度/秒旋转着.

(a) 当光束射到点 A 时,光束的移动有多快?

(b) 0.6 弧度/秒相当于每分钟里要旋转多少圈?

108. **在坐标轴上运动的点** 点 A 和点 B 分别沿 x 轴和 y 轴这样运动:从原点到直线 AB 的垂直距离 r(米)保持不变. 当 $OB = 2r$ 而 B 以速率 $0.3r$ 米/秒向原点运动时,OA 的变化有多快?它是增加的还是减少的?

附加习题:理论、例子、应用

1. 像 $\sin^2\theta + \cos^2\theta = 1$ 那样的方程称为**恒等式**,因为它对一切 θ 成立. 像 $\sin\theta = 0.5$ 那样的方程不是恒等式,因为它只对有选择的 θ 成立而不是对一切 θ 都成立. 如果你对 θ 的三角恒等式的两边求关于 θ 的导数得到的新方程也还是一个恒等式.

   对下列恒等式求导数来证明所得到的方程对一切 θ 成立.

   (**a**) $\sin 2\theta = 2\sin\theta\cos\theta$ (**b**) $\cos 2\theta = \cos^2\theta - \sin^2\theta$

2. **为学而写** 如果恒等式 $\sin(x+a) = \sin x\cos a + \cos x\sin a$ 关于 x 是可微的,那么求导数后得到的方程也是恒等式吗?这条原理是否也可用于方程 $x^2 - 2x - 8 = 0$?说明理由.

3. (**a**) 求常数 a,b 和 c 的值,使得
   $$f(x) = \cos x \quad \text{和} \quad g(x) = a + bx + cx^2$$
   满足条件
   $$f(0) = g(0), \quad f'(0) = g'(0), \quad \text{以及} \quad f''(0) = g''(0).$$

   (**b**) 求 b 和 c 的值,使得
   $$f(x) = \sin(x+a) \quad \text{和} \quad g(x) = b\sin x + c\cos x$$
   满足条件
   $$f(0) = g(0) \quad \text{和} \quad f'(0) = g'(0)$$

   (**c**) 对已确定的 a,b 和 c 值,(a),(b) 中的 f 和 g 的三阶和四阶导数会有什么结果?

4. **微分方程的解**

   (**a**) 证明 $y = \sin x, y = \cos x$ 以及 $y = a\cos x + b\sin x (a,b$ 为常数) 都满足方程
   $$y'' + y = 0.$$

   (**b**) 你能怎样修改 (a) 中的函数使之能满足方程
   $$y'' + 4y = 0?$$

   试推广这个结果.

5. **密切圆** 求 h,k 和 a 的值,使得圆 $(x-h)^2 + (y-k)^2 = a^2$ 与抛物线 $y = x^2 + 1$ 相切于点 $(1,2)$ 还使得两曲线的 d^2y/dx^2 在该点相等. 像这样的与曲线相切并且在切点处有相同的二阶导数的圆周称为**密切圆**(来自拉丁文 osculari,意即"亲吻"). 我们将在第 10 章再次遇到密切圆.

6. **边际收入** 一辆公共汽车能容纳 60 人. 租用该辆车每次旅行乘客人数 x 和支付的费用 p (美元) 之间的关系由法则 $p = [3 - (x/40)]^2$ 给出. 写出公共汽车公司得到的每次旅行的总收入 $r(x)$ 的表达式. 使边际收入 dr/dx 等于零的每次旅行的人数为多少?相应的费用为多少?(这个费用是使收入最大的费用,所以公共汽车公司或许应重新考虑其政策.)

7. **工业生产**

   (**a**) 经济学家常常以相对而非绝对的方式用来表达"增长率". 例如,设 $u = f(t)$ 是 t 时刻某给定工业的劳动力总数的人数. (我们把这个函数当作可微函数来对待,即使它实际上是整数取值的阶梯函数.) $v = g(t)$ 表示在时间 t 劳动力中每一人的平均产出,则总产出为 $y = uv$. 如果劳动力每年以 4% 的速率 $(du/dt = 0.04u)$ 增长且平均每一工人的产出以每年 5% 的速率 $(dv/dt = 0.05v)$ 增长,求总产出 y 的增长率.

   (**b**) 假设(a)中的劳动力总数以每年 2% 的速率衰减,而每个劳动力的产出以每年 3% 的速率增长. 总产出是增长,或是衰减,以什么样的速率增长或衰减?

8. **设计吊篮**　直径30英尺的球形热气球的设计者想在气球底部以下8英尺处用与气球相切的缆绳悬吊一个吊篮,见附图所示.图示的两根缆绳把吊篮的顶边和切点$(-12,-9)$和$(12,-9)$连接起来.吊篮的宽应为多少?

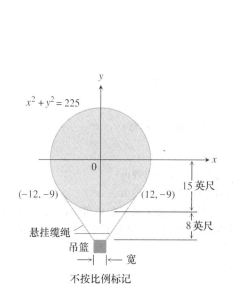

第 8 题图

伦敦的 Mike McCarthy 从比萨斜塔跳下,然后在据他所说从 179 英尺的离地面最近高度的世界记录开伞.(来源:Boston Globe, Aug. 6,1988.)(第9题图)

9. **从比萨斜塔跳伞**　右上的照片展示了1988年8月5日 Mike McCarthy 从比萨斜塔塔顶跳伞的情景.试画一个略图以展示他跳伞期间速率图形的样子.

10. **质点运动**　沿坐标直线运动的质点在时刻 $t \geq 0$ 的位置为
$$s = 10\cos(t + \pi/4).$$
(a) 什么是质点的起始($t = 0$)位置?
(b) 什么是质点能达到的离原点往左和往右的最远位置?
(c) 求质点在(b)中位置处的速度和加速度.
(d) 何时质点第一次达到原点?那时质点的速度、速率和加速度为多少?

11. **弹射回形针**　在地球上,你很容易用橡皮筋把一枚回形针直射向空中64英尺高.弹射出 t 秒后,回形针在你手的上方位置 $s = 64t - 16t^2$ 英尺处.
(a) 要多少时间回形针能达到其最大高度?从你手中射出时的速度为多少?
(b) 在月球上,同样的加速度在 t 秒内将把回形针弹射到高度 $s = 64t - 2.6t^2$.要多少时间回形针能达到其最大高度,此高度有多高?

12. **两个质点的速度**　在时刻 t 秒,坐标直线上两个质点的位置分别为 $s_1 = 3t^3 - 12t^2 + 18t + 5$ 米和 $s_2 = -t^3 + 9t^2 - 12t$ 米.何时两个质点有同样的速度?

13. **质点的速度**　常质量 m 的质点沿 x 坐标轴运动.它的速度 v 和位置 x 满足方程
$$\frac{1}{2}m(v^2 - v_0^2) = \frac{1}{2}k(x_0^2 - x^2),$$
其中 k, v_0 和 x_0 都是常数.试证明每当 $v \neq 0$ 时, $m\dfrac{dv}{dt} = -kx$.

14. **平均速度和瞬时速度**

(**a**) 试证明,如果动点 x 的位置由 t 的二次函数 $x = At^2 + Bt + C$ 给出,那么任何时间区间 $[t_1, t_2]$ 上的平均速度等于该区间中点处的瞬时速度.

(**b**)(**a**)中结果的几何意义是什么?

15. 求使函数 $y = \begin{cases} \sin x, & x < \pi \\ mx + b, & x \geq \pi \end{cases}$

   (**a**) 在 $x = \pi$ 处连续, (**b**) 在 $x = \pi$ 处可微

   的所有 m 和 b 的值.

16. **为学而写** 函数 $f(x) = \begin{cases} \dfrac{1 - \cos x}{x} & x \neq 0 \\ 0 & x = 0 \end{cases}$ 在 $x = 0$ 有导数吗?说明理由.

17. (**a**) 对什么样的 a 和 b 值,$f(x) = \begin{cases} ax, & x < 2 \\ ax^2 - bx + 3, & x \geq 2 \end{cases}$ 对一切 x 都可微?

   (**b**) **为学而写** 讨论所得到的 f 的图形的几何意义.

19. **奇可微函数** x 的奇可微函数的导数有任何特殊之处吗?对你的回答给出理由.

20. **偶可微函数** x 的偶可微函数的导数有任何特殊之处吗?对你的回答给出理由.

21. **一个令人惊讶的结果** 假设函数 f 和 g 在包含点 x_0 的开区间上处处有定义,f 在 x_0 可微,$f(x_0) = 0$,而 g 在 x_0 连续.试证明积 fg 在 x_0 可微.这个证明过程表明,例如,尽管 $|x|$ 在 $x = 0$ 是不可微的,但是积 $x|x|$ 在 $x = 0$ 是可微的.

22. (题 21 的继续) 利用题 21 的结果证明下列函数在 $x = 0$ 可微.

   (**a**) $|x|\sin x$ (**b**) $x^{2/3}\sin x$ (**c**) $\sqrt[3]{x}(1 - \cos x)$

   (**d**) $h(x) = \begin{cases} x^2\sin(1/x), & x \neq 0 \\ 0, & x = 0 \end{cases}$

23. **为学而写**
$$h(x) = \begin{cases} x^2\sin(1/x), & x \neq 0 \\ 0, & x = 0 \end{cases}$$
的导数在 $x = 0$ 连续吗?$k(x) = xh(x)$ 的导数在 $x = 0$ 连续吗?对你的回答给出理由.

24. 假设函数 f 对 x 和 y 的一切实值满足下列条件:

   i. $f(x + y) = f(x) \cdot f(y)$

   ii. $f(x) = 1 + xg(x)$,而 $\lim_{x \to 0} g(x) = 1$.

   试证明在每个 x 处,导数 f' 存在且有 $f'(x) = f(x)$.

25. **推广的积法则** 利用数学归纳法(附录1)证明:如果 $y = u_1 u_2 \cdots u_n$ 是有限个可微函数之积,那么 y 在它们的共同定义域上可微,且
$$\frac{dy}{dx} = \frac{du_1}{dx} u_2 \cdots u_n + u_1 \frac{du_2}{dx} \cdots u_n + \cdots + u_1 u_2 \cdots u_{n-1} \frac{du_n}{dx}.$$

26. **乘积函数高阶导数的 Leibniz 法则** 可微函数的乘积的高阶导数的 Leibniz 法则是这么说的:

   (**a**) $\dfrac{d^2(uv)}{dx^2} = \dfrac{d^2 u}{dx^2} v + 2 \dfrac{du}{dx} \dfrac{dv}{dx} + u \dfrac{d^2 v}{dx^2}$

   (**b**) $\dfrac{d^3(uv)}{dx^3} = \dfrac{d^3 u}{dx^3} v + 3 \dfrac{d^2 u}{dx^2} \dfrac{dv}{dx} + 3 \dfrac{du}{dx} \dfrac{d^2 v}{dx^2} + u \dfrac{d^3 v}{dx^3}$

   (**c**) $\dfrac{d^n(uv)}{dx^n} = \dfrac{d^n u}{dx^n} v + n \dfrac{d^{n-1} u}{dx^{n-1}} \dfrac{dv}{dx} + \cdots + \dfrac{n(n-1)\cdots(n-k+1)}{k!} \dfrac{d^{n-k} u}{dx^{n-k}} \dfrac{d^k v}{dx^k} + \cdots + u \dfrac{d^n v}{dx^n}.$

   (**a**) 和(**b**)中的公式是(**c**)中公式的特殊情形.利用公式
$$\binom{m}{k} + \binom{m}{k+1} = \frac{m!}{k!(m-k)!} + \frac{m!}{(k+1)!(m-k-1)!}$$

   和数学归纳法导出(**c**)中的公式.

导数的应用

概述 在本章中,我们要说明怎样利用导数求函数的最大值和最小值,怎样预测和分析图形的形状,以及怎样得出有关满足微分方程的函数的性态的结论.我们还将知道切线怎么能抓住在切点附近曲线形状的特征以及怎样利用切线来数值地求函数的零点.许多这样的技能的关键就是中值定理,这条定理及其推论提供了进入第 4 章开始的积分计算的通道.

3.1 函数的极值

油井问题 • 绝对(全局)极值 • 局部(相对)极值 • 求极值

能从函数的导数获悉的最重要的事情之一就是该函数在给定区间上是否取到其最大值或最小值,以及如果取到的话,这些值在何处取到.一旦我们能做到这点,我们就能解决像油井问题那样的问题.

油井问题

例 1(从油井到炼油厂输油管的铺设) 用输油管把离岸 12 英里的一座油井和沿岸往下 20 英里处的炼油厂连接起来(参见附图).如果水下输油管的铺设成本为每英里 50 000 美元而陆地输油管的铺设成本为每英里 30 000 美元.水下和陆地输油管的什么样的组合能给出这种连接的最小费用?

初步的分析 我们试试几种可能性以获得对问题的感性认识:

(a) 水下输油管最短

因为水下输油管铺设比较贵,所以我们尽可能少铺设水下输油管.我们直接铺到最近的岸边(12 英里)再铺设陆地输油管(20 英里)到炼油厂.

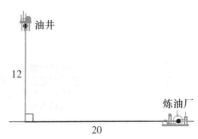

$$成本 = 12(50\,000) + 20(30\,000)$$
$$= 1\,200\,000 \text{ 美元}$$

（**b**）全部铺设水下输油管（最直接的路程）

我们从水下直铺到炼油厂.

$$成本 = \sqrt{(12)^2 + (20)^2}\,(50\,000) = \sqrt{544}\,(50\,000)$$
$$\approx 1\,166\,190 \text{ 美元}$$

这比方案（a）要便宜点（见下左图）.

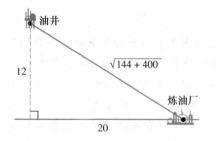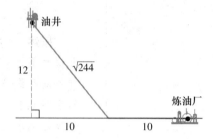

（**c**）折中方案

我们从水下铺设到中点 10 英里处再从陆地铺设到炼油厂（见右上图）.

$$成本 = \sqrt{(12)^2 + (10)^2}\,(50\,000) + 10(30\,000)$$
$$= \sqrt{244}\,(50\,000) + 10(30\,000)$$
$$\approx 1\,081\,025 \text{ 美元}$$

两个极端的方案（最短水下输油管或输油管全部在水下）都没有给出最优解. 折中方案比较好一点.

10 英里那个点是随便取的. 另一种选择是否会更好些呢？如果是的话，怎么去求得？我们能尽力而为地做什么呢？我们将应用我们马上要研究的数学方法来求得最优解，我们将在本节末回过头来解决这个问题.

绝对（全局）极值

函数取到，无论是局部或全局的（参见图 3.1），最大和最小值的问题永远是极有兴趣的问题.

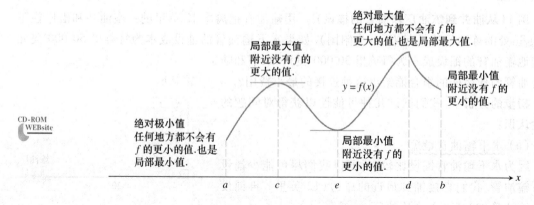

图 3.1　怎样对最大值和最小值进行分类.

定义 绝对极值

设 f 是定义域为 D 的函数, $c \in D$. 则 $f(c)$ 是
(a) f 在 D 上的**绝对最大值**, 当且仅当对一切 $x \in D$, 有 $f(x) \leqslant f(c)$.
(b) f 在 D 上的**绝对最小值**, 当且仅当对一切 $x \in D$, 有 $f(x) \geqslant f(c)$.

绝对(或**全局**)最大值和最小值也称为**绝对极值**(absolute extrema, extrema 是拉丁词 extremum 的复数). 我们常常略去"绝对"或"全局"而只说最大值和最小值.

例 2 表明绝对极值可能出现在区间的内点或端点处.

例 2(探究极值) 在 $[-\pi/2, \pi/2]$ 上, $f(x) = \cos x$ 取到最大值 1(一次)和最小值 0(两次). 函数 $g(x) = \sin x$ 取到最大值 1 和最小值 -1(图 3.2).

由同样的规则定义的函数可以有不同的极值, 这与定义域有关.

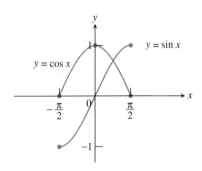

图 3.2 例 2 中的图形

例 3(探究极值) 下列函数在其定义域上的绝对极值可以从图 3.3 看出.

	函数	定义域 D	D 上的绝对极值
(a)	$y = x^2$	$(-\infty, \infty)$	无绝对最大值. 在 $x = 0$ 取到绝对最小值.
(b)	$y = x^2$	$[0, 2]$	在 $x = 2$ 取到绝对最大值. 在 $x = 0$ 取到绝对最小值.
(c)	$y = x^2$	$(0, 2]$	在 $x = 2$ 取到绝对最大值. 无绝对最小值.
(d)	$y = x^2$	$(0, 2)$	无绝对极值.

CD-ROM
WEBsite
历史传记
Daniel Bernoulli
(1700—1789)

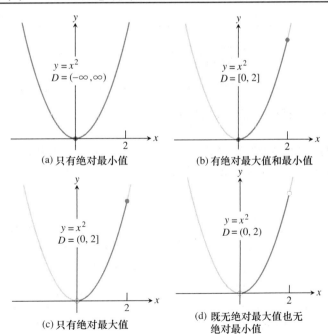

图 3.3 例 3 的图形.

例3表明函数可能没有最大值或最小值. 但是,对于有限闭区间上的连续函数这种情形不会发生.

定理1　连续函数的极值定理

如果$f(x)$是闭区间I上的连续函数,那么$f(x)$在I的某些点处既能取到其绝对最大值M也能取到其绝对最小值m. 即,存在I中的x_1和x_2使得$f(x_1)=m$, $f(x_2)=M$,以及对I中任何其他的x有$m\leqslant f(x)\leqslant M$(图3.4).

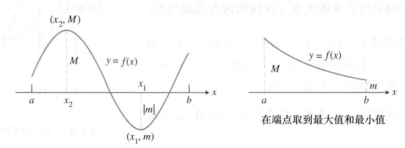

在内点取到最大值和最小值

在端点取到最大值和最小值

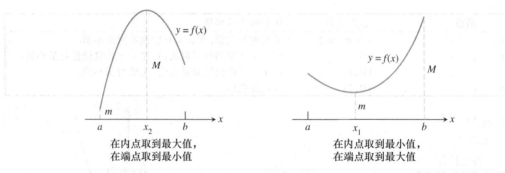

在内点取到最大值,
在端点取到最小值

在内点取到最小值,
在端点取到最大值

图 3.4　闭区间$[a,b]$上连续函数的最大值或最小值的一些可能情形.

定理1的证明需要有关实数系的详细的知识,我们在这里不给出其证明.

例4(有赖于连续性的极值)　如图3.5所示,定理1中要求区间是闭的以及函数连续是至关重要的条件. 没有这些条件,定理的结论不一定成立.

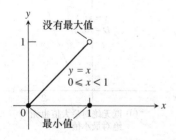

图 3.5　闭区间上的函数即使只有一个间断点也可能使该函数或没有最大值或没有最小值. 函数

$$y=\begin{cases}x, & 0\leqslant x<1\\ 0, & x=1\end{cases}$$

在$[0,1]$上除$x=1$外的每点都连续,但它在$[0,1]$上的图形却没有最高的点.

局部(相对)极值

图3.1展示了函数在其定义域$[a,b]$上取到极值的五个点的图形.函数的绝对极小值在a取到,尽管在e的函数值比它附近任何点处的函数值要小.在点c周围曲线从左边上升而从右边降下来,从而使$f(c)$成为一个局部极小.该函数在d取到其绝对最大值.

> **定义　局部极值**
> 设c是函数$f(x)$定义域的内点.则$f(c)$是
> (a) 在c的**局部最大值**,当且仅当对包含c的某个开区间中的一切x,有$f(x) \leqslant f(c)$.
> (b) 在c的**局部最小值**,当且仅当对包含c的某个开区间中的一切x,有$f(x) \geqslant f(c)$.

局部极值也称为**相对极值**.我们可以把局部极值的定义推广到区间的端点.一个函数$f(x)$在端点c取到局部最大值或局部最小值,如果对包含c的某个半开区间中一切点x恰当的不等式成立.

绝对极值也是相对极值,因为作为总体上的极值当然也是它最贴近的邻域上的极值.因此,如果存在绝对极值的话,列出了所有的局部极值也就包括绝对极值在内.

求极值

在图3.1中函数取到局部极值的定义域的内点处或者f'为零,或f'不存在.从下面的定理我们知道通常就是这样的情形.

> **定理2　局部极值**
> 如果函数f在其定义域的内点c点取到局部最大值或局部最小值,又若在c点f'存在,那么
> $$f'(c) = 0.$$

定理2是说,在函数取到局部极值的内点处,如果一阶导数有定义,那么它一定为零.因此,函数f可能取到极值(局部或全局极值)的点只可能是

1. 使$f' = 0$的内点.
2. f'没有定义的内点.
3. f的定义域的端点.

多数求极值的问题是求闭区间上连续函数的绝对极值.定理1保证闭区间上连续函数的绝对极值一定存在.定理2告诉我们到那里去找.下面的定义帮助我们总结这些结论.

> **定义　临界点**
> 函数f的定义域中的一点称为f的**临界点**,如果在该点处$f' = 0$或者f'不存在.

因此,概括地说,极值只在临界点和端点处取到.

例5(求闭区间上的绝对极值)　求$f(x) = x^{2/3}$在区间$[-2,3]$上的绝对最大值和最小值.

解 图 3.6 表明 f 在大约 $x = 3$ 处取到绝对最大值而在 $x = 0$ 处取到绝对最小值. 为确证这些观察结果, 我们计算函数在临界点处的值并取它们之中的最大值和最小值.

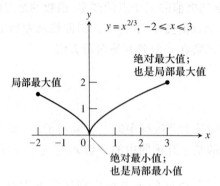

图 3.6 $f(x) = x^{2/3}$ 在 $[-2, 3]$ 上的绝对极值在 $x = 0$ 和 $x = 3$ 取到.
（例 5）

一阶导数

$$f'(x) = \frac{2}{3}x^{-1/3} = \frac{2}{3\sqrt[3]{x}}$$

没有零点, 但在 $x = 0$ 没有定义. f 在这个临界点以及端点处的值为

临界点处： $f(0) = 0$

端点处： $f(-2) = (-2)^{2/3} = \sqrt[3]{4}$

$f(3) = (3)^{2/3} = \sqrt[3]{9}$.

我们从列出的值知道函数的绝对最大值为 $\sqrt[3]{9} \approx 2.08$, 并且在右端点 $x = 3$ 处取到. 绝对最小值为零, 并且在内点 $x = 0$ 处取到.

注：怎样求闭区间上连续函数的极值

第 1 步：计算 f 在所有临界点和端点处的值.

第 2 步：从这些值中取最大和最小值.

定理 2 的证明 为证明在一个内局部极值点 c 处 $f'(c)$ 为零. 我们首先证明 $f'(c)$ 既不可能为正, 然后证明 $f'(c)$ 也不可能为负. 既非正又非负的数只能是零, 所以 $f'(c)$ 一定等于零.

首先假定在 $x = c$ 处 f 有局部极大值（图 3.7）, 所以对 x 充分靠近 c 处的所有值都有 $f(x)$

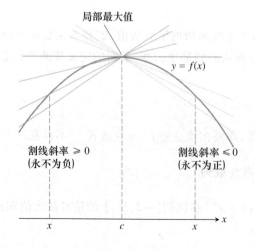

图 3.7 具有局部最大值的曲线. 在点 c 的斜率为非正数又为非负数的极限, 一定为零.

$-f(c) \leq 0$. 因为点 c 是 f 的定义域中的内点，$f'(c)$ 是由双侧极限

$$\lim_{x \to c} \frac{f(x) - f(c)}{x - c}.$$

定义的. 由此，在 $x = c$ 处的右侧极限和左侧极限都存在且等于 $f'(c)$. 当我们分别考察左侧极限和右侧极限时，我们发现

$$f'(c) = \lim_{x \to c^+} \frac{f(x) - f(c)}{x - c} \leq 0 \quad \text{因为}(x - c) > 0 \text{ 且 } f(x) \leq f(c) \tag{1}$$

类似地

$$f'(c) = \lim_{x \to c^-} \frac{f(x) - f(c)}{x - c} \geq 0 \quad \text{因为}(x - c) < 0 \text{ 且 } f(x) \leq f(c) \tag{2}$$

(1) 和 (2) 合起来，$0 \leq f'(c) \leq 0$，就推出 $f'(c) = 0$.

这就对局部最大值的情形证明了定理. 为证局部最小值的情形，我们只要利用 $f(x) \geq f(c)$，这将逆转不等式(1) 和 (2) 中的不等号. □

在例 6 中，我们研究的函数的图形在预备知识章第 2 节例 3 中画出来了.

例 6(求极值) 求

$$f(x) = \frac{1}{\sqrt{4 - x^2}}$$

的极值.

解 图 3.8 表明 f 在 $x = 0$ 取到的绝对最小值约为 0.5. 看来在 $x = -2$ 和 $x = 2$ 处取到局部最大值. 但在这两点处函数 f 没有定义，而且看来在其他点处都不会取到最大值.

我们来确证图形观察结果. 函数 f 只定义在 $4 - x^2 > 0$ 上，所以 f 的定义域是开区间 $(-2, 2)$. 该定义域没有端点，所以所有的极值只能在临界点处取到. 为求 f'，我们重写 f 的方程：

$$f(x) = \frac{1}{\sqrt{4 - x^2}} = (4 - x^2)^{-1/2}.$$

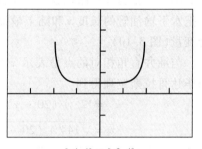

图 3.8 $f(x) = \dfrac{1}{\sqrt{4 - x^2}}$ 的图形. (例6)

因此

$$f'(x) = -\frac{1}{2}(4 - x^2)^{-3/2}(-2x) = \frac{x}{(4 - x^2)^{3/2}}.$$

仅有的在定义域 $(-2, 2)$ 中的临界点就是 $x = 0$. 所以值

$$f(0) = \frac{1}{\sqrt{4 - 0^2}} = \frac{1}{2}$$

就是仅有的可能的极值.

为确定 $1/2$ 确实是 f 的极值，我们考察公式

$$f(x) = \frac{1}{\sqrt{4 - x^2}}.$$

当 x 从 0 往两边移动时，分母变小，f 的值增加，从而图形往上升. 我们在 $x = 0$ 有一个最小值，

而且是绝对最小值.

该函数既没有局部的也没有绝对的最大值. 这并不违反定理 1(极值定理),因为现在的 f 是定义在一个开区间上的. 为保证最大和最小极值点都存在,定理 1 要求区间是闭的.

例 7(临界点不一定就是给出极值的点) 尽管函数的极值只可能在临界点和端点处取到,但并非每个临界点或端点都表示在该点一定取到极值. 图 3.9 对内点的情形说明了这点. 习题中的题 56 描述的函数在定义域端点处的值取不到极值.

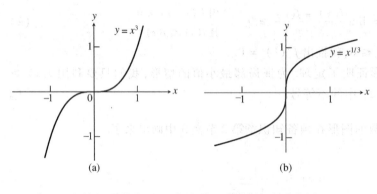

图 3.9 取不到极值的临界点. (a) $y' = 3x^2$ 在 $x = 0$ 处等于 0,但是 $y = x^3$ 在 $x = 0$ 处的值不是极值. (b) $y' = (1/3)x^{-2/3}$ 在 $x = 0$ 没有定义,但 $y = x^{1/3}$ 在 $x = 0$ 处的值不是极值.

例 8(油井问题的解) 在本节开始的初步分析中,我们画了一张图并粗略地算了一下成本的多少. 现在我们把水下输油管的长度 x 和陆上输油管的长度 y 添加作为变量(图 3.10).

与油井直角相对的点是表示 x 和 y 间关系的关键,由毕达哥拉斯定理得到

$$x^2 = 12^2 + (20 - y)^2$$
$$x = \sqrt{144 + (20 - y)^2}. \tag{3}$$

在本模型中只有正根才有意义.

输油管的成本为

$$c = 50\,000x + 30\,000y \text{ 美元}$$

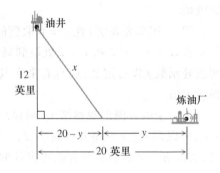

图 3.10 求解油井问题的图形. (例 8)

为把 c 表为单个变量的函数,我们可以用(3)来替换掉 x:

$$c = 50\,000\sqrt{144 + (20 - y)^2} + 30\,000y.$$

我们的目标是求区间 $0 \leq y \leq 20$ 上 $c(y)$ 的最小值. c 关于 y 的一阶导数为

$$c' = 50\,000 \cdot \frac{1}{2} \cdot \frac{2(20 - y)(-1)}{\sqrt{144 + (20 - y)^2}} + 30\,000$$

$$= -50\,000\frac{20 - y}{\sqrt{144 + (20 - y)^2}} + 30\,000.$$

令 $c' = 0$ 给出

$$50\,000(20 - y) = 30\,000\sqrt{144 + (20 - y)^2}$$

$$\frac{5}{3}(20 - y) = \sqrt{144 + (20 - y)^2}$$

$$\frac{25}{9}(20-y)^2 = 144 + (20-y)^2$$

$$\frac{16}{9}(20-y)^2 = 144$$

$$(20-y) = \pm\frac{3}{4}\cdot 12 = \pm 9$$

$$y = 20 \pm 9$$

$$y = 11 \quad \text{或} \quad y = 29.$$

只有 $y = 11$ 位于我们感兴趣的区间里. 在 $y = 11$ 这个临界点以及端点处的值为

$$c(11) = 1\,080\,000$$
$$c(0) = 1\,166\,190$$
$$c(20) = 1\,200\,000.$$

花费最小的连接成本为 $1\,080\,000$ 美元,通过把水下输油管通到离炼油厂 11 英里的地方就能做到这点.

习题 3.1

从图形求极值

在题 1–6 中,从图形决定函数在 $[a,b]$ 上是否取到绝对极值. 然后解释为什么你的回答和定理 1 是不矛盾的.

1.

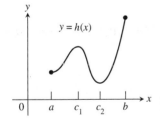

2.

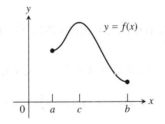

3.

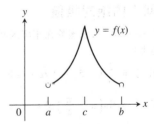

4.

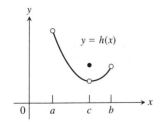

5.

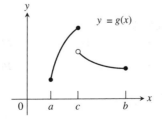

6.

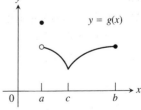

在题 7 – 10 中,求极值以及在何处取到极值.

7.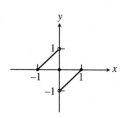
8.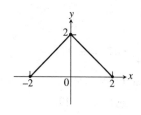
9.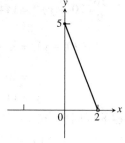
10.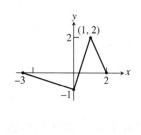

在题 11 – 14 中,把表和图形匹配起来.

11.

x	$f'(x)$
a	0
b	0
c	5

12.

x	$f'(x)$
a	0
b	0
c	-5

13.

x	$f'(x)$
a	不存在
b	0
c	-2

14.

x	$f'(x)$
a	不存在
b	不存在
c	-1.7

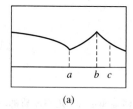
(a)

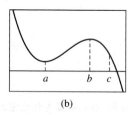
(b)

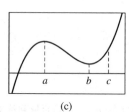
(c)

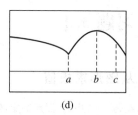
(d)

区间上的绝对极值

在题 15 – 20 中,求函数在相应区间上的绝对极值. 然后画该函数的图形. 确定图形上取到极值的点以及这些点的坐标.

15. $f(x) = \dfrac{2}{3}x - 5, \ -2 \leqslant x \leqslant 3$

16. $f(x) = 4 - x^2, \ -3 \leqslant x \leqslant 1$

17. $f(x) = \sin\left(x + \dfrac{\pi}{4}\right), 0 \leqslant x \leqslant \dfrac{7\pi}{4}$

18. $g(x) = \sec x, \ -\dfrac{\pi}{2} < x < \dfrac{3\pi}{2}$

19. $F(x) = -\dfrac{1}{x^2}, 0.5 \leqslant x \leqslant 2$

20. $h(x) = \sqrt[3]{x}, \ -1 \leqslant x \leqslant 8$

求极值

在题 21 – 30 中,求函数的极值以及取到极值的 x 值.

21. $y = 2x^2 - 8x + 9$

22. $y = x^3 - 2x + 4$

23. $y = x^3 + x^2 - 8x + 5$

24. $y = x^3 - 3x^2 + 3x - 2$

25. $y = \sqrt{x^2 - 1}$

26. $y = \dfrac{1}{\sqrt{1 - x^2}}$

27. $y = \dfrac{1}{\sqrt[3]{1 - x^2}}$

28. $y = \sqrt{3 + 2x - x^2}$

29. $y = \dfrac{x}{x^2 + 1}$

30. $y = \dfrac{x + 1}{x^2 + 2x + 2}$

局部极值和临界点

在题 31 - 38 中, 求临界点处导数的值并确定局部极值.

31. $y = x^{2/3}(x + 2)$
32. $y = x^{2/3}(x^2 - 4)$
33. $y = x\sqrt{4 - x^2}$
34. $y = x^2\sqrt{3 - x}$
35. $y = \begin{cases} 4 - 2x, & x \leq 1 \\ x + 1, & x > 1 \end{cases}$
36. $y = \begin{cases} 3 - x, & x < 0 \\ 3 + 2x - x^2, & x \geq 0 \end{cases}$
37. $y = \begin{cases} -x^2 - 2x + 4, & x \leq 1 \\ -x^2 + 6x - 4, & x > 1 \end{cases}$
38. $y = \begin{cases} -\frac{1}{4}x^2 - \frac{1}{2}x + \frac{15}{4}, & x \leq 1 \\ x^3 - 6x^2 + 8x, & x > 1 \end{cases}$

在题 39 和 40 中, 对你的回答给出理由.

39. **为学而写** 设 $f(x) = (x - 2)^{2/3}$.
    (a) $f'(2)$ 存在吗?
    (b) 证明 f 仅有的极值在 $x = 2$ 处取到.
    (c) (b) 中的结果和极值定理矛盾吗?
    (d) 用 a 替代 2, 对 $f(x) = (x - a)^{2/3}$ 重做 (a) 和 (b).

40. **为学而写** 设 $f(x) = |x^3 - 9x|$.
    (a) $f'(0)$ 存在吗?
    (b) $f'(3)$ 存在吗?
    (c) $f'(-3)$ 存在吗?
    (d) 试决定 f 的所有极值.

最优化应用

每当你求单变量函数的最大和最小值的时候, 我们鼓励你在适合于你要求解的问题的函数的定义域范围内画出函数的图形. 当你开始计算之前这个图形提供了洞察, 图形也为理解你得到的答案提供形象的说明.

41. **建造输油管线** 超级油船在离岸 4 英里的船坞卸油. 最靠近船坞的炼油厂在最靠近船坞的岸边点往东 9 英里 (参见左下图). 必须建一条输油管线把船坞和炼油厂连接起来. 如果在水下建输油管线成本为每英里 300 000 美元, 而在陆上建输油管线的成本为 200 000 美元.
    (a) 确定 B 点的位置使建造成本最低.
    (b) 水下建造的成本预期会增加, 但陆地上建造的成本预期会保持不变. 什么样的水下建造成本能使铺设直接通向点 A 的水下管线的总成本最低?

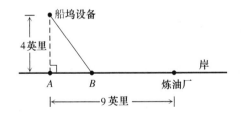

第 41 题图

第 42 题图

42. **高速公路的升级** 为连接 A 村和 B 村要造一条高速公路. 往南 50 英里处有一条老路可以升级为高速公路 (再修一段新的高速公路) 也可以连接两个村镇 (参见右上图). 把现有道路升级的高速公路的成本为每英里 300 000 美元, 而新修高速公路的成本为 500 000 美元. 求升级和新建的组合以使连接两个村镇的高速公路的成本最低. 明确定出你建议的高速公路的定位.

43. **泵站选址**　两个城镇位于河的南边.服务于这两个镇的泵站要选址.输水管直线连接这两个镇到泵站(参见左下图).试选定泵站的位置使得管线的长度最短.

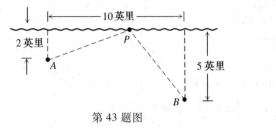

第 43 题图

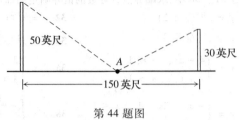

第 44 题图

44. **拉索的长度**　一座塔高 50 英尺,另一座塔高 30 英尺,两塔之间相距 150 英尺(参见右上图).拉索要从点 A 拉到这两个塔的顶部.

   (a) 确定 A 的位置使整个拉索长度最短.

   (b) 试证明不管塔高如何,如果拉索在点 A 构成的两个角相等,那么拉索的长度一定是最短的.

45. **为学而写**　函数

$$V(x) = x(10-2x)(16-2x), \quad 0 < x < 5$$

是一个盒子体积的模型.

   (a) 求 V 的极值.

   (b) 用盒子的体积来解释(a)中求得的值.

46. **为学而写**　函数

$$P(x) = 2x + \frac{200}{x}, \quad 0 < x < \infty$$

是边长为 x 和 $100/x$ 的矩形的周长的模型.

   (a) 求 P 的极值.

   (b) 用矩形的周长来解释(a)中求得的值.

47. **直角三角形的面积**　斜边为 5 厘米长的直角三角形可能的最大面积为多少?

48. **运动场的面积**　要建造的运动场的形状为 x 单位长的矩形,两端用半径为 r 的半圆包住.运动场由 400 米的跑道界住.

   (a) 把运动场矩形部分的面积表为只是 x 或 r 的函数(由你选择).

   (b) 什么样的 x 和 r 值能给出运动场最大可能的面积?

49. **垂直运动物体的最大高度**　垂直运动物体的高度由

$$s = -\frac{1}{2}gt^2 + v_0 t + s_0, \quad g > 0$$

给出,s 以米计,而 t 以秒计.求物体的最大高度.

50. **交流电的峰值**　假设在一交流电电路中在给定的 t 时刻(以秒计)的电流 i(以安培计)为 $i = 2\cos t + 2\sin t$.这个电路的峰值电流(最大的幅值)为多少?

理论和例子

51. **不存在导数的极小值**　函数 $f(x) = |x|$ 在 $x = 0$ 取到绝对最小值,尽管 f 在 $x = 0$ 不可微.这和定理 2 不矛盾吗?对你的回答给出理由.

52. **偶函数**　如果偶函数在 $x = c$ 取到局部最大值,那么 f 在 $x = -c$ 处的情况有什么可说的?对你的回答给出理由.

53. **奇函数**　如果奇函数在 $x = c$ 取到局部最小值,那么 f 在 $x = -c$ 处的情况有什么可说的?对你的回答给出理由.

54. 为学而写 我们知道怎样通过考察 $f(x)$ 在临界点和端点的值来求连续函数 $f(x)$ 的极值. 但如果没有临界点或没有端点, 又将如何呢? 将会发生什么情况? 这样的函数确实存在吗? 对你的回答给出理由.

55. 三次函数 考虑三次函数
$$f(x) = ax^3 + bx^2 + cx + d.$$
(a) 证明 f 可以没有或有 1 个、2 个临界点. 给出例子和图形来支持你的论断.
(b) f 可以有多少个局部极值?

T 56. 在端点取不到极值的函数
(a) 画函数
$$f(x) = \begin{cases} \sin \dfrac{1}{x}, & x > 0 \\ 0, & x = 0 \end{cases}$$
的图形. 解释为什么 $f(0) = 0$ 不是 f 的局部极值.
(b) 你自己构造一个在定义域的端点取不到极值的函数.

T 画题 57 – 60 中函数的图形. 然后在指定区间上求函数的极值并说出在哪里取到.

57. $f(x) = |x - 2| + |x + 3|, \ -5 \leq x \leq 5$
58. $g(x) = |x - 1| - |x - 5|, \ -2 \leq x \leq 7$
59. $h(x) = |x + 2| - |x - 3|, \ -\infty < x < \infty$
60. $k(x) = |x + 1| + |x - 3|, \ -\infty < x < \infty$

计算机探究

在题 61 – 70 中, 利用 CAS 来帮助你求指定闭区间上给定函数的绝对极值. 完成以下各步.
(a) 在区间范围内画函数的图形, 看该函数的一般性态.
(b) 求使 $f' = 0$ 的内点. (在有些题中你还必须要用方程的数值求解软件求近似解.) 你也可能要画 f' 的图形.
(c) 求 f' 不存在的内点.
(d) 计算 (b) 和 (c) 中求得的点以及区间端点处的函数值.
(e) 求函数在区间上的绝对极值并说明在哪里取到.

61. $f(x) = x^4 - 8x^2 + 4x + 2, \ [-20/25, 64/25]$
62. $f(x) = -x^4 + 4x^3 - 4x + 1, \ [-3/4, 3]$
63. $f(x) = x^{2/3}(3 - x), \ [-2, 2]$
64. $f(x) = 2 + 2x - 3x^{2/3}, \ [-1, 10/3]$
65. $f(x) = \sqrt{x} + \cos x, \ [0, 2\pi]$
66. $f(x) = x^{3/4} - \sin x + \dfrac{1}{2}, \ [0, 2\pi]$
67. $f(x) = \dfrac{1}{x} + \ln x, \ 0.5 \leq x \leq 4$
68. $g(x) = e^{-x}, \ -1 \leq x \leq 1$
69. $h(x) = \ln(x + 1), \ 0 \leq x \leq 3$
70. $k(x) = e^{-x^2}, \ -\infty < x < \infty$

3.2 中值定理和微分方程

Rolle 定理 • 中值定理 • 物理解释 • 数学推论 • 从加速度求速度和位置 • 微分方程以及抛射体的高度

我们已经知道怎样求作为时间的函数从静止自由落下的物体的位置以及由此导出该物体的速度和加速度函数. 但是, 假设我们一开始只知道物体的加速度, 即除了知道重力对物体的作用外不知道任何其他的东西. 我们能往回求解, 去求得物体的速度和位置函数吗?

这里的基本数学问题是, 什么样的函数可以有另一个函数作为自己的导数? 什么样的速度函数其导数正好是给定的加速度函数? 什么样的位置函数其导数正好是给定的速度函数? 中值定理的推论给出了答案.

中值定理本身把函数在区间上的平均变化率和该区间内一点处的瞬时变化率联系起来.

CD-ROM
WEBsite
历史传记
Michel Rolle
(1652 — 1719)

Rolle(罗尔)定理

强有力的几何直观表明在可微曲线与 x 轴相交的任何两点之间一定有曲线上的一点, 该点处的切线是水平的. 有 300 年历史的 Michel Rolle 的一个定理确保了这个直观结果永远是对的.

定理 3 Rolle 定理
假设 $y = f(x)$ 在 $[a,b]$ 的每一点连续, 又假设它在 (a,b) 的每一点可微. 如果
$$f(a) = f(b) = 0,$$
那么 (a,b) 中至少有一个数 $c, f'(c) = 0$(图 3.11).

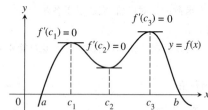

图 3.11 Rolle 定理说, 可微曲线和 x 轴相交的任意两点之间至少有一条水平切线. 这里展示的曲线有三条水平切线.

证明 由闭区间上的连续性, f 一定取到 $[a,b]$ 上的绝对最大值和最小值. 这只能在以下三种情形发生:

1. 在内点取到, 从而在该点处 f' 等于零;
2. 在不可微的内点处取到;
3. 在函数定义域的端点, 即 a 和 b 处取到.

由假设, f 在 $[a,b]$ 的每一个内点处可微. 这就排除了可能性 2, 只留下两种可能, 即在使 $f' = 0$ 的内点处和在端点 a 和 b 处.

如果在内点取到最大值或最小值, 那么由第 3.1 节的定理 2 知道 $f'(c) = 0$, 从而我们找到了满足 Rolle 定理的一个点.

如果最大值和最小值在 a 或 b 取到, 那么 (由定理假设) 最大值和最小值都为零. 因此, f 等于常数值 0, 所以在整个 (a,b) 上 $f' = 0$, 从而 c 可以取区间内的任一点. 这就完成了证明. □

定理 3 的假设是本质的. 如果即使在某一点不满足条件, 函数的图形就可能没有水平切线 (图 3.12).

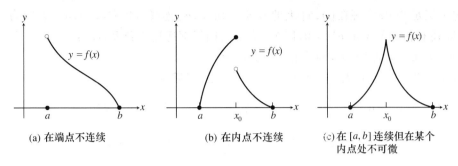

(a) 在端点不连续   (b) 在内点不连续   (c) 在 $[a,b]$ 连续但在某个内点处不可微

图 3.12 没有水平切线的情形.

中值定理

中值定理就是在斜线上的 Rolle 定理.

定理 4 中值定理

假设 $y = f(x)$ 在闭区间 $[a,b]$ 上连续而且在区间 (a,b) 的内点处可微. 那么 (a,b) 中至少有一点 c, 使

$$\frac{f(b)-f(a)}{b-a} = f'(c). \tag{1}$$

成立.

证明 我们在平面上画 f 的图形, 并且画过点 $A(a,f(a))$ 和 $B(b,f(b))$ 的直线(参见图 3.13). 该直线是函数

$$g(x) = f(a) + \frac{f(b)-f(a)}{b-a}(x-a) \tag{2}$$

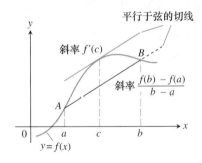

图 3.13 几何上看, 中值定理是说, 在曲线的 A 和 B 之间至少有一条切线与弦 AB 平行.

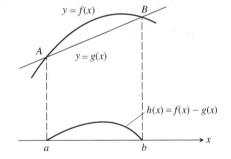

图 3.14 弦 AB 是函数 $g(x)$ 的图形. 函数 $h(x) = f(x) - g(x)$ 给出了 x 处 f 和 g 的图形间的垂直距离.

的图形(点 - 斜方程). 在 x 处 f 和 g 的图形间的垂直距离为

$$\begin{aligned} h(x) &= f(x) - g(x) \\ &= f(x) - f(a) - \frac{f(b)-f(a)}{b-a}(x-a). \end{aligned} \tag{3}$$

图 3.14 把 f, g 和 h 展示在一起了.

函数 h 满足 Rolle 定理在 $[a,b]$ 上的假设. h 在 $[a,b]$ 连续而且在 (a,b) 可微,因为 f 和 g 都是这样的. 还有, $h(a) = h(b) = 0$,因为 f 和 g 的图形都通过 A 和 B 点. 所以,在 (a,b) 中的某点 $c, h'(c) = 0$. 这就是我们要对方程(1)找的点.

为验证方程(1),我们对(3)的两边对 x 求导数,然后令 $x = c$:

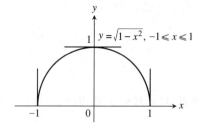

$$h'(x) = f'(x) - \frac{f(b) - f(a)}{b - a} \qquad \text{方程(3)的导数}$$

$$h'(c) = f'(c) - \frac{f(b) - f(a)}{b - a} \qquad \text{用 } x = c \text{ 代入}$$

$$0 = f'(c) - \frac{f(b) - f(a)}{b - a} \qquad h'(c) = 0$$

$$f'(c) = \frac{f(b) - f(a)}{b - a}. \qquad \text{重排上式}$$

这就是我们要证明的.

中值定理的假设并不要求 f 在 a 和 b 可微. 在 a 和 b 的连续性就足够了(图 3.15).

图 3.15 函数 $f(x) = \sqrt{1-x^2}$ 在 $[-1,1]$ 上满足中值定理的假设 (和结论) 即使 f 在 $x = -1$ 和 $x = 1$ 不可微.

关于 c,我们通常并不比定理所说的 c 是存在的知道得更多. 在有些情形,就像在下一个例子中,我们可以满足有关识别确定 c 的好奇心. 我们能识别确定 c 只是一个例外情形而非一般的法则. 但是,中值定理的重要性不在于识别确定 c 而在于其他地方的应用.

例 1(探究中值定理) 函数 $f(x) = x^2$ (图 3.16) 在 $0 \le x \le 2$ 连续且在 $0 < x < 2$ 可微. 因为 $f(0) = 0$ 和 $f(2) = 4$,中值定理说区间中的某点 c 导数 $f'(x) = 2x$ 一定取值
$$(4 - 0)/(2 - 0) = 2.$$

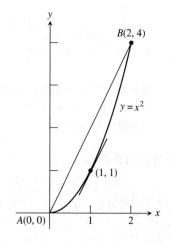

图 3.16 如例 1 中所求得的 $c = 1$,在该点的切线与弦平行.

在这个(例外的)情形中,我们可以通过解方程 $2c = 2$ 得到 $c = 1$ 从而具体识别确定 c.

物理解释

把数 $(f(b) - f(a))/(b - a)$ 设想为 f 在 $[a, b]$ 上的平均变化率而 $f'(c)$ 是 f 在 $x = c$ 的瞬时变化率. 中值定理是说, 在某个内点处的瞬时变化率一定等于整个区间上的平均变化率.

例 2 (解释中值定理) 如果汽车加速用 8 秒钟把距离从 0 推进到 352 英尺, 汽车在 8 秒的间隔中的平均速度为 $352/8 = 44$ 英尺 / 秒. 在加速过程中的某个时刻速度计的读数正好是 30 英里 / 小时(44 英尺 / 秒) (图 3.17).

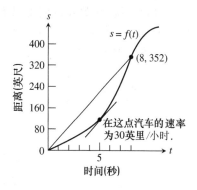

图 3.17 例 2 中汽车的距离对时间图.

数学推论

中值定理的第一个推论告诉我们什么样的函数其导数为零.

推论 1 导数为零的函数一定是常数函数
如果在区间 I 的每一点上 $f'(x) = 0$, 那么对 I 上的一切 x 有 $f(x) = C$, 其中 C 是常数.

我们知道如果函数在区间 I 取常数值, 那么 f 在 I 上可微且对 I 中一切 x 有 $f'(x) = 0$. 推论 1 给出了逆命题.

CD-ROM
WEBsite
历史传记
Bernard le Bouyer
Fontenelle (1657 — 1757)

推论 1 的证明 我们要证明 f 在 I 上取常数值. 我们通过证明以下命题来证明这点: 如果 x_1 和 x_2 是 I 中任两个点, 那么 $f(x_1) = f(x_2)$.

假设 x_1 和 x_2 是 I 中的两个点, 从左到右编号所以 $x_1 < x_2$. f 满足 $[x_1, x_2]$ 中值定理的假设: f 在 $[x_1, x_2]$ 的每一点可微, 因而也在每一点连续. 所以在 x_1 和 x_2 间的某点 c, 有

$$\frac{f(x_2) - f(x_1)}{x_2 - x_1} = f'(c)$$

因为在整个 I 上 $f' = 0$, 这个方程依次转换成

$$\frac{f(x_2) - f(x_1)}{x_2 - x_1} = 0, \quad f(x_2) - f(x_1) = 0, \quad 从而 \quad f(x_1) = f(x_2). \qquad \square$$

在本节开始, 我们问过: 我们能否从静止自由下落物体的加速度返回去求得物体的速度和位置函数. 作为下一个推论的结论, 回答是肯定的.

推论 2 在区间上具有相同导函数的函数互相差一个常数
若在区间 I 的每一点 $f'(x) = g'(x)$, 那么存在常数 C 使得对 I 中一切 x, $f(x) = g(x) + C$ 成立.

证明 在 I 的每一点, 差函数 $h = f - g$ 的导数为

$$h'(x) = f'(x) - g'(x) = 0.$$

因此,(由推论 1) 在 I 上 $h(x) = C$. 即在 I 上 $f(x) - g(x) = C$, 所以 $f(x) = g(x) + C$. □

推论 2 说,函数在区间上具有恒同导数仅当它们在区间上的值的差为常数. 我们知道,例如说 $f(x) = x^2$ 在 $(-\infty, \infty)$ 上的导数为 $2x$. 任何在 $(-\infty, \infty)$ 上导数为 $2x$ 的函数一定等于 $x^2 + C$, C 为某个常数(图 3.18).

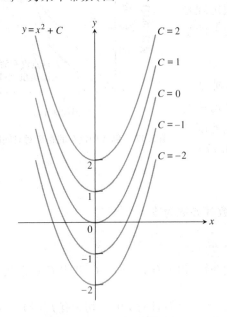

图 3.18 从几何的观点,中值定理的推论 2 说,在区间上导数恒同的函数的图形只差一个垂直的移位. 导数为 $2x$ 的函数的图形为抛物线 $y = x^2 + C$, 这里图示的只是有选择的 C 的抛物线.

例 3(应用推论 2) 求导数为 $\sin x$ 的函数 $f(x)$ 以及该函数过点 $(0, 2)$ 的图形.

解 因为 f 和 $g(x) = -\cos x$ 有同样的导数,我们知道 $f(x) = -\cos x + C$, C 为某个常数. C 的值可以由条件 $f(0) = 2$ 确定(通过 $(0, 2)$ 的 f 的图形):
$$f(0) = -\cos(0) + C = 2, \quad \text{所以} \quad C = 3.$$
f 的表示式为 $f(x) = -\cos x + 3$.

从加速度求速度和位置

下面展示了如何从以 9.8 米/秒^2(32 英尺/秒^2 的等价公制表示)的加速度找出静止自由下落的物体的速度 $v(t)$ 和位置 $s(t)$.

我们知道 $v(t)$ 是导数为 9.8 的函数. 我们还知道函数 $g(t) = 9.8t$ 的导数为 9.8. 所以,由推论 2 知
$$v(t) = 9.8t + C$$
其中 C 为某个常数. 因为物体是从静止下落的,所以 $v(0) = 0$. 这就确定了 C:
$$9.8(0) + C = 0, \quad \text{所以} \quad C = 0.$$
速度函数一定是 $v(t) = 9.8t$. 位置函数 $s(t)$ 又将是怎样的函数呢?

我们知道 $s(t)$ 是导数为 $9.8t$ 的函数. 我们还知道函数 $h(t) = 4.9t^2$ 的导数为 $9.8t$. 所以由推论 2 知
$$s(t) = 4.9t^2 + C$$
其中 C 为某个常数. 因为 $s(0) = 0$, 所以
$$4.9(0)^2 + C = 0 \quad \text{从而} \quad C = 0.$$

位置函数一定是 $s(t) = 4.9t^2$.

微分方程以及抛射体的高度

微分方程就是把未知函数及其一个或多个导数联系在一起的方程. 一个函数称为微分方程的一个**解**, 若该函数的导数满足该微分方程.

例 4 (微分方程的解)　(**a**) 函数 $s(t) = 4.9t^2$ 是微分方程 $d^2s/dt^2 = 9.8$ 米/秒^2 的一个解.
(**b**) 函数 $y = -\cos x + 3$ 是微分方程 $dy/dx = \sin x$ 的一个解.

例 5 (从抛射体的加速度、初速度和初始位置求其高度)　一个重质抛射体以初速度 160 米/秒 从离地面 3 米高的平台向上发射. 假设在其飞行过程中作用在抛射体上仅有的力为重力, 重力产生了向下的加速度 9.8 米/秒^2. 如果发射抛射体时 $t = 0$, 求出作为 t 的函数的抛射体离地面的高度所满足的方程. 发射 3 秒后抛射体离地面的高度有多高?

解　为建立这个运动的模型, 我们画一个图 (图 3.19) 并用 s 表示 t 时刻抛射体离地面的高度. 我们假定 s 是 t 的二次可微函数, 并用导数

$$v = \frac{ds}{dt} \quad \text{以及} \quad a = \frac{dv}{dt} = \frac{d^2s}{dt^2}.$$

来表示抛射体的速度和加速度. 因为在我们的模型中, 重力的作用是沿使 s 减少的方向, 所以问题就是要求解微分方程

$$\frac{d^2s}{dt^2} = -9.8$$

还知道

$$v(0) = 160 \quad \text{以及} \quad s(0) = 3.$$

因为 $g(t) = -9.8t$ 的导数为 -9.8, 推论 2 给出

$$v(t) = -9.8t + C$$

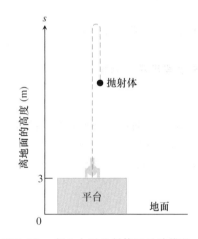

图 3.19　例 5 中对抛射体运动建模的略图.

其中 C 为某个常数. 我们可从初始条件 $v(0) = 160$ 求出 C 的值:

$$v(0) = 160, \quad 9.8(0) + C = 160, \quad C = 160.$$

这就得到 ds/dt 的方程:

$$\frac{ds}{dt} = -9.8t + 160$$

我们知道 $s(t)$ 是其导数为 $-9.8t + 160$ 的函数. 我们还知道 $h(t) = -4.9t^2 + 160t$ 的导数为 $-9.8t + 160$. 由推论 2 知,

$$s = -4.9t^2 + 160t + C.$$

我们应用第二个初始条件求出这个新的常数 C:

$$s(0) = 3$$
$$-4.9(0)^2 + 160(0) + C = 3$$
$$C = 3.$$

这就得到了 s 作为 t 的函数的表达式:

$$s = -4.9t^2 + 160t + 3.$$

为求抛射体在飞行 3 秒后的高度,我们在 s 的表达式中令 $t = 3$. 高度为

$$s = -4.9(3)^2 + 160(3) + 3 = 438.9 \text{ 米}$$

我们将在第 4 和 6 章中论及更多的微分方程的求解.

习题 3.2

检验和利用假设

题 1-4 中哪些函数满足在给定区间上中值定理的假设,哪些函数不满足假设?对你的回答给出理由.

1. $f(x) = x^{2/3}, [-1, 8]$
2. $g(x) = x^{4/5}, [0, 1]$
3. $s(t) = \sqrt{t(1-t)}, [0, 1]$
4. $f(\theta) = \begin{cases} \dfrac{\sin\theta}{\theta}, & -\pi \leq \theta < 0 \\ 0, & \theta = 0 \end{cases}$

5. **为学而写** 函数

$$f(x) = \begin{cases} x, & 0 \leq x < 1 \\ 0, & x = 1 \end{cases}$$

在 $x = 0$ 和 $x = 1$ 处的值为零并且在 $(0,1)$ 上可微,但它的导数在 $(0,1)$ 上处处不为零. 怎么会是这样的呢? Rolle 定理不是说导数在 $(0,1)$ 中的某个值处为零吗?对你的回答给出理由.

6. 对 a, m 和 b 的什么样的值,函数

$$f(x) = \begin{cases} 3, & x = 0 \\ -x^2 + 3x + a, & 0 < x < 1 \\ mx + b, & 1 \leq x \leq 2 \end{cases}$$

满足区间 $[0, 2]$ 上的中值定理的假设?

微分方程

7. **为学而写** 假设 $f(-1) = 3$ 以及对一切 x 有 $f'(x) = 0$. 是否一定对一切 x 有 $f(x) = 3$?对你的回答给出理由.

8. **为学而写** 假设 $g(0) = 5$ 以及对一切 t 有 $g'(t) = 2$. 对一切 t 一定有 $g(t) = 2t + 5$ 吗?对你的回答给出理由.

在题 9-12 中求具有给定导数的所有可能的函数.

9. (a) $y' = x$ (b) $y' = x^2$ (c) $y' = x^3$
10. (a) $y' = 2x$ (b) $y' = 2x - 1$ (c) $y' = 3x^2 + 2x - 1$
11. (a) $r' = -\dfrac{1}{\theta^2}$ (b) $r' = 1 - \dfrac{1}{\theta^2}$ (c) $r' = 5 + \dfrac{1}{\theta^2}$
12. (a) $y' = \dfrac{1}{2\sqrt{t}}$ (b) $y' = \dfrac{1}{\sqrt{t}}$ (c) $y' = 4t - \dfrac{1}{\sqrt{t}}$

在题 13 到 16 中,求具有给定导数的函数而且该函数的图形过点 P.

13. $f'(x) = 2x - 1, \quad P(0, 0)$
14. $g'(x) = \dfrac{1}{x^2} + 2x, \quad P(-1, 1)$

15. $r'(\theta) = 8 - \csc^2\theta$, $P\left(\dfrac{\pi}{4}, 0\right)$ **16.** $r'(t) = \sec t \tan t - 1$, $P(0,0)$

从加速度求位置

题 17-20 给出了沿坐标直线运动物体的速度 ds/dt 和初始位置. 求物体在 t 时刻的位置.

17. $v = 9.8t + 5$, $s(0) = 10$ **18.** $v = 32t - 2$, $s(0.5) = 4$

19. $v = \sin \pi t$, $s(0) = 0$ **20.** $v = \dfrac{2}{\pi}\cos\dfrac{2t}{\pi}$, $s(\pi^2) = 1$

从加速度求位置

题 21-24 给出了沿坐标直线运动物体的加速度 $a = d^2s/dt^2$, 初速度和初始位置. 求物体在时刻 t 的位置.

21. $a = 32, v(0) = 20, s(0) = 5$ **22.** $a = 9.8, v(0) = -3, s(0) = 0$

23. $a = -4\sin 2t, v(0) = 2, s(0) = -3$ **24.** $a = \dfrac{9}{\pi^2}\cos\dfrac{3t}{\pi}, v(0) = 0, s(0) = -1$

重力加速度

25. 月球上的自由落体 在我们的月球上重力加速度为 1.6 米/秒². 如果一块岩石从裂缝掉下去, 在岩石下落 30 秒之后又在击到裂缝底之前, 岩石的下落有多快?

26. 火箭的速度 火箭在地球表面以常加速度 20 米/秒² 发射. 一分钟后火箭的运动有多快?

27. 跳台跳水 如果你从 10 米高的跳台跳水, 你将以多大的近似速度进入水中?(利用 $g = 9.8$ 米/秒².)

28. 火星上抛射体的高度 火星表面附近的重力加速度为 3.72 米/秒². 一块岩石在火星表面以初速度 93 米/秒(约 208 英里/小时)猛力向上投去, 它能升到多高?(提示:何时速度为零?)

线性运动

29. 沿坐标直线的运动 质点在坐标直线上以加速度 $a = d^2s/dt^2 = 15\sqrt{t} - (3/\sqrt{t})$ 运动, 当 $t = 1$ 时遵从条件 $ds/dt = 4$ 以及 $s = 0$. 求

(a) 用 t 表示的速度 $v = ds/dt$.   (b) 用 t 表示的位置.

30. 从速度求位置

(a) 假设沿 s 轴运动物体的速度为

$$\dfrac{ds}{dt} = v = 9.8t - 3.$$

i. 当 $t = 0$ 时给定 $s = 5$, 求从 $t = 1$ 到 $t = 3$ 时间区间内物体的位移.

ii. 当 $t = 0$ 时给定 $s = -2$, 求从 $t = 1$ 到 $t = 3$ 时间区间内物体的位移.

iii. 当 $t = 0$ 时给定 $s = s_0$, 求从 $t = 1$ 到 $t = 3$ 时间区间内的物体的位移.

(b) **为学而写** 假设沿坐标直线运动物体的位置 s 是时间 t 的可微函数. 一旦你知道一个函数其导数就是速度函数的话, 即使你不知道物体在 $t = a$ 或 $t = b$ 时刻的确切位置, 你能求得从 $t = a$ 到 $t = b$ 物体的位移, 这个结论对吗?对你的回答给出理由.

应用

31. 温度变化 当把水银温度计从制冷器中拿出来并放入开水中, 要花 14 秒才能把温度计的温度从 -19℃ 提高到 100℃. 试证明在温度计温度上升的过程中一定有一时刻温度的增加率为 8.5℃/秒.

32. 超速行驶 一位货车司机在收费亭处拿到一张罚款单, 说她在限速为 65 英里/小时的收费道路上在 2 小时内走了 159 英里. 罚款单列出的违章理由为该货车司机超速行驶. 为什么?

33. 三列桨船 经典的计算告诉我们 170 个划桨手的三列桨船(古希腊或古罗马的战舰)能在 24 小时内一次航

行 184 海里. 试解释为什么在航行过程中的某时刻该三列桨船的速度一定超过 7.5 节 (1 节 = 1 海里 / 小时).

34. **跑马拉松**　一位马拉松运动员用 2.2 小时跑完了纽约城市马拉松赛的 26.2 英里的全程. 试说明该马拉松运动员至少有两个时刻正好用 11 英里 / 小时的速度跑.

理论和例子

35. **a 和 b 的几何平均**　两个正数 a 和 b 的几何平均为 $\sqrt{ab}$. 试证明: 对函数 $f(x) = 1/x$ 在函数区间 $[a,b]$ 上应用中值定理时其结论中的 c 值为 $c = \sqrt{ab}$.

36. **a 和 b 的算术平均**　两个数 a 和 b 的算术平均为 $(a+b)/2$. 试证明: 对函数 $f(x) = x^2$ 在任何区间 $[a,b]$ 上应用中值定理时, 其结论中的 c 值为 $c = (a+b)/2$.

T 37. **为学而写: 令人惊讶的图形**　画函数
$$f(x) = \sin x \sin(x+2) - \sin^2(x+1)$$
的图形. 图形是什么样的? 为什么这个函数的性态会是这样的? 对你的回答给出理由.

T 38. **Rolle 定理**
(a) 构造一个以 $x = -2, -1, 0, 1$ 和 2 为其零点的多项式 $f(x)$.
(b) 把 f 和 f' 的图形画在一起. 你看到与 Rolle 定理有关的结论是什么样的?
(c) $g(x) = \sin x$ 及其导数 g' 也说明了同样的现象吗?

39. **唯一解**　假定 f 在 $[a,b]$ 上连续在 (a,b) 上可微. 还假定 $f(a)$ 和 $f(b)$ 反号, 而且 f' 在 a 和 b 之间不等于零. 试证明在 a 和 b 之间恰好只有一点使 $f(x) = 0$.

40. **平行切线**　假定 f 和 g 在 $[a,b]$ 上可微而且 $f(a) = g(a)$ 以及 $f(b) = g(b)$. 试证明: a 与 b 之间至少存在一点, f 和 g 的图形在该点处的切线是平行的或是同一条切线. 用一个略图来说明.

41. **为学而写: 恒同的图形?**　如果两个可微函数 $f(x)$ 和 $g(x)$ 在平面上的同一点出发而且两个函数在每点的变化率都相同, 两个图形是恒同的吗? 对你的回答给出理由.

42. **上界**　试证明对任何数 a 和 b, 不等式 $|\sin b - \sin a| \leq |b - a|$ 是对的.

43. **f' 的符号**　假定 f 在 $a \leq x \leq b$ 可微而且 $f(b) < f(a)$. 试证明 f' 在 a 和 b 之间的某一点处的值为负.

44. 设 f 是定义在 $[a,b]$ 上的函数. 你可以在 f 上加什么样的条件来确保
$$\min f' \leq \frac{f(b) - f(a)}{b - a} \leq \max f'$$
其中 $\min f'$ 和 $\max f'$ 分别指 f' 在 $[a,b]$ 上的最小值和最大值. 对你的回答给出理由.

45. 如果 $f'(x) = 1/(1 + x^4 \cos x), 0 \leq x \leq 0.1$ 以及 $f(0) = 1$, 试利用题 44 中的不等式来估计 $f(0.1)$.

46. 如果 $f'(x) = 1/(1 - x^4), 0 \leq x \leq 0.1$ 以及 $f(0) = 2$, 试利用题 44 中的不等式来估计 $f(0.1)$.

计算机探究

微分方程的图解法

应用 CAS 图解地研究题 47 - 50 中每个微分方程的解. 完成下列各步以帮助你的研究.
(a) 利用你的 CAS 的微分方程求解软件求得包括任意常数 C 的解.
(b) 把 $C = -2, -1, 0, 1, 2$ 的解画在一起.
(c) 求在给定区间 $[a,b]$ 上过指定点 $P(x_0, y_0)$ 的解并画它的图形.

47. $y' = x\sqrt{1-x}, [0,1], P(1/2, 1)$ 　　48. $y' = \dfrac{1}{x}, [1,4], P(2,-1)$

49. $y' = x \sin x, [-4,4], P(\pi, -1)$ 　　50. $y' = \dfrac{1}{1 + \sin x}, [-\pi/4, \pi/2], P(0,1)$

3.3 图形的形状

增函数和减函数的一阶导数检验法 • 局部极值的一阶导数检验法 • 凹性 • 拐点 • 局部极值的二阶导数检验法 • 从函数的导数了解函数

为确定图形的形状我们需要知道什么信息?我们要知道当沿图形往前走时它是上升或下降以及图形是怎么弯曲的.这些辨别特征展示在图 3.20 中.本节中,我们将看到函数的一阶和二阶导数是怎样提供为确定图形的形状所需要的信息的.我们从形式地定义函数在区间上增加或减少的含义开始.

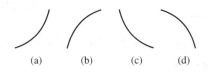

图 3.20 (a) 中的图形上升并且弯曲向上. (b) 中的图形上升并且弯曲向下. (c) 中的图形下降并且弯曲向上. (d) 中的图形下降并且弯曲向下.

增函数和减函数的一阶导数检验法

什么样的函数具有正的导数或者负的导数?由中值定理的第三个推论提供的回答是:其导数为正的函数都是增函数;其导数为负的函数都是减函数.

定义 增函数,减函数

设 f 是定义在区间 I 上的函数,那么

1. f 在 I 上是**增函数**,如果对所有 I 中的 x_1 和 x_2,$x_1 < x_2 \Rightarrow f(x_1) < f(x_2)$.
2. f 在 I 上是**减函数**,如果对所有 I 中的 x_1 和 x_2,$x_1 < x_2 \Rightarrow f(x_2) < f(x_1)$.

推论 3 增函数和减函数的一阶导数检验法

假设 f 在 $[a,b]$ 上连续并在 (a,b) 上可微.

如果在 (a,b) 的每一点处 $f' > 0$,那么 f 在 $[a,b]$ 上是增函数.

如果在 (a,b) 的每一点处 $f' < 0$,那么 f 在 $[a,b]$ 上是减函数.

证明 设 x_1 和 x_2 是 $[a,b]$ 中两点,且 $x_1 < x_2$. 应用于 $[x_1, x_2]$ 上的中值定理:
$$f(x_2) - f(x_1) = f'(c)(x_2 - x_1)$$
其中 c 为 x_1 和 x_2 之间的一点. 因为 $x_2 - x_1$ 为正,所以上式右端的正负号和 $f'(c)$ 的正负号一致. 所以,如果 f' 在 (a,b) 上为正,则有 $f(x_2) > f(x_1)$;如果 f' 在 (a,b) 上为负,则有 $f(x_2) < f(x_1)$. □

以下讲的是怎样用一阶导数检验法来求函数在什么地方是增的和减的. 函数 f 的临界点把 x 轴分成若干 f' 为正或为负的区间. 我们通过计算 f' 在一个小区间中的某一个 x 处的值,来得到 f' 在该小区间上的符号. 然后再用推论 3.

例1(应用增函数和减函数的一阶导数检验法)　求 $f(x) = x^3 - 12x - 5$ 的临界点并识别函数 f 为增和减的区间.

解　图 3.21 表明 f 有两个临界点. 因为 f 对一切实数连续而且可微, 所以临界点只能出现在使 f' 等于零的点处.

$$f'(x) = 3x^2 - 12 = 3(x^2 - 4)$$
$$= 3(x+2)(x-2)$$

f' 的零点为 $x = -2$ 和 $x = 2$. 它们把 x 轴分割为如下的区间:

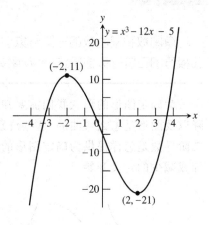

区间	$-\infty < x < -2$	$-2 < x < 2$	$2 < x < \infty$
f' 的正负号	+	−	+
f 的性态	增	减	增

为确定 f' 在每个区间上的正负号, 我们求每个因子在该区间上的正负号并"相乘"这些因子的正负号就得到 f' 的正负号. 然后用推论 3 就知道 f 在 $(-\infty, 2)$ 上为增, 在 $(-2, 2)$ 上为减以及在 $(2, \infty)$ 上为增.

图 3.21　$f(x) = x^3 - 12x - 5$ 的图形. (例1)

知道了何处函数增和减也就告诉了我们怎样去检验函数局部极值的性质.

局部极值的一阶导数检验法

CD-ROM
WEBsite
历史传记
Edmund Halley
(1656 — 1742)

在图 3.22 中, 在 f 取极小值的点处, 在其左边邻近 $f' < 0$ 而在其右边邻近 $f' > 0$(如果是端点, 只要考虑左边或右边邻近的情形). 所以在取最小值的点的左边曲线是下降的(函数值递减)而在右边是上升的(函数值增加). 类似地, 在取最大值的点处, 在其左边邻近 $f' > 0$ 而在其右边邻近 $f' < 0$. 因此曲线在取到最大值点的左边是上升的(函数值增加)而在右边是下降的(函数值减少).

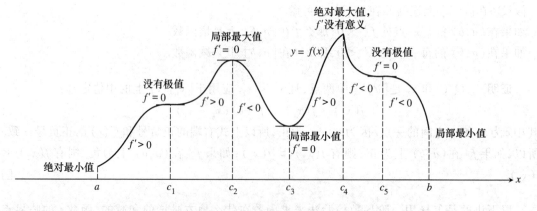

图 3.22　函数的一阶导数说明了图形的上升和下降.

这些观察结果导致了可微函数局部极值的存在和性质的检验法.

局部极值的一阶导数检验法
在临界点 $x = c$ 处,
1. f 有局部最小值,如果 f' 在 c 从负变到正.
2. f 有局部最大值,如果 f' 在 c 从正变到负.
3. f 没有局部极值,如果 f' 在 c 的两边正负号相同.

在端点的局部极值的检验是类似的,但只需考虑一边的情形.

例 2(应用局部极值的一阶导数检验法) 求
$$f(x) = x^{1/3}(x-4) = x^{4/3} - 4x^{1/3}.$$
的临界点. 识别 f 是增和减的区间. 求该函数的局部极值和绝对极值.

解 函数对一切 x 连续(图 3.23). 一阶导数
$$f'(x) = \frac{d}{dx}(x^{4/3} - 4x^{1/3}) = \frac{4}{3}x^{1/3} - \frac{4}{3}x^{-2/3}$$
$$= \frac{4}{3}x^{-2/3}(x-1) = \frac{4(x-1)}{3x^{2/3}}$$

在 $x = 1$ 为零而在 $x = 0$ 处没有定义. 定义域没有端点,所以临界点 $x = 0$ 和 $x = 1$ 是 f 可能取到极值的仅有的点.

临界点把区间分成 f' 为正或为负的区间. f' 正负号的模式揭示了 f 在临界点之间和临界点处的性态. 我们可以把信息展示在下表中:

区间	$x < 0$	$0 < x < 1$	$x > 1$
f' 的正负号	−	−	+
f 的性态	减	减	增

中值定理的推论 3 告诉我们 f 在 $(-\infty, -0)$ 上是减的,在 $(0,1)$ 上是减的而在 $(1,\infty)$ 上是增的. 局部极值的一阶导数检验法告诉我们 f 在 $x = 0$ 处不取极值(f' 不改变符号)而 f 在 $x = 1$ 处取到局部最小值(f' 从负变到正).

局部极值为 $f(1) = 1^{1/3}(1-4) = -3$. 这也是绝对极小值,因为函数值在 $x = 1$ 的左边都是下降的而在 $x = 1$ 的右边都是上升的. 图 3.23 展示了这个值和函数图形的关系.

现在我们来说明怎样确定函数 $y = f(x)$ 的图形弯曲的方式. 我们知道有关信息一定包含在 y' 中,但怎样去找出这些信息呢?对于除可能的孤立点外的二次可微函数而言,回答就在于对 y' 求导数. y' 和 y'' 一起就告诉我们函数图形的形状. 在下一节我们将看到这怎样能使我们粗略地画出某些微分方程的解.

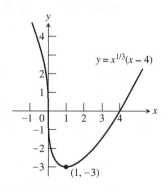

图 3.23 $y = x^{1/3}(x-4)$ 的图形. (例 2)

凹性

如同你们能从图 3.24 看到的,当 x 增加时函数 $y = x^3$ 是上升的,但是定义在 $(-\infty, 0)$ 和 $(0, \infty)$ 上的图形以不同的方式转向. 当我们从左向右扫描时看一下切线,我们看到曲线的斜率 y' 在 $(-\infty, 0)$ 上递减然后在 $(0, \infty)$ 上递增. 曲线 $y = x^3$ 在 $(-\infty, 0)$ 上凹向下而在 $(0, \infty)$ 上凹向上. 凹向下的那部分曲线位于切线下面,而凹向上的那部分曲线位于切线的上面.

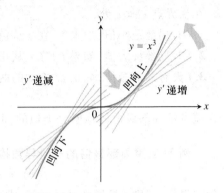

图 3.24 $f(x) = x^3$ 的图形在 $(-\infty, 0)$ 上凹向下,而在 $(0, \infty)$ 上凹向上.

> **定义 凹性**
> 可微函数 $y = f(x)$ 的图形是
> (a) 在开区间 I 上凹向上的,如果 y' 在 I 上递增.
> (b) 在开区间 I 上凹向下的,如果 y' 在 I 上递减.

如果一个函数 $y = f(x)$ 有二阶导数,那么我们可得出结果: y' 递增,如果 $y'' > 0$,以及 y' 递减,如果 $y'' < 0$.

> **凹性的二阶导数检验法**
> 二次可微函数 $y = f(x)$ 的图形
> (a) 在 $y'' > 0$ 的任何区间上是凹向上的.
> (b) 在 $y'' < 0$ 的任何区间上是凹向下的.

例 3(应用凹性检验法) 曲线 $y = x^2$(图 3.25)在 $(-\infty, \infty)$ 上是凹向上的,因为其二阶导数 $y'' = 2$ 恒正.

例 4(确定凹性) 试确定 $y = 3 + \sin x$ 在 $[0, 2\pi]$ 上的凹性.

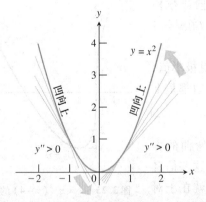

图 3.25 $f(x) = x^2$ 的图形在每个区间上都是凹向上的.

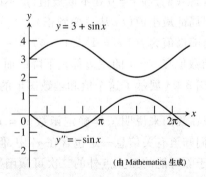

(由 Mathematica 生成)

图 3.26 利用 y'' 的图形来确定 y 的凹性.(例 4)

解 $y = 3 + \sin x$ 在 $(0, \pi)$ 上凹向下,因为在 $(0, \pi)$ 上 $y'' = -\sin x$ 是负的. 它在 $(\pi, 2\pi)$ 上凹向上,因为 $y'' = -\sin x$ 在 $(\pi, 2\pi)$ 上是正的(图 3.26).

拐点

例 4 中的曲线 $y = 3 + \sin x$ 在点 $(\pi, 3)$ 处改变凹性. 我们称 $(\pi, 3)$ 为该曲线的**拐点**.

> **定义 拐点**
> 一点称为函数的**拐点**,如果函数在该点有切线而且在该点改变函数的凹性.

曲线上一点, y'' 在其一边为正而在其另一边为负,这样的点就是拐点. 在拐点处, y'' 或为零(因为导数有介值性质)或者没有定义. 如果 y 是二次可微函数,那么在拐点处 $y'' = 0$ 而且 y' 在拐点处取到局部最大值或最小值.

为研究作为时间的函数的物体沿直线的运动,我们常常想知道由二阶导数表示的物体的加速度何时为正或为负. 物体位置函数的图形上的拐点揭示了何时加速度改变正负号.

例 5 (研究沿直线的运动) 位置函数为
$$s(t) = 2t^3 - 14t^2 + 22t - 5, \quad t \geq 0$$
的质点沿水平直线运动. 求质点的速度和加速度,并描述质点的运动.

解 速度为
$$v(t) = s'(t) = 6t^2 - 28t + 22 = 2(t-1)(3t-11),$$
加速度为
$$a(t) = v'(t) = s''(t) = 12t - 28 = 4(3t - 7).$$
当函数 $s(t)$ 增加时,质点向右运动;当 $s(t)$ 减少时,质点向左运动.

注意到 $t = 1$ 和 $t = 11/3$ 时一阶导数 $(v = s')$ 为零.

区间	$0 < t < 1$	$1 < t < 11/3$	$11/3 < t$
$v = s'$ 的正负号	+	−	+
s 的性态	增	减	增
质点运动	向右	向左	向右

质点在时间区间 $[0, 1)$ 和 $(11/3, \infty)$ 上向右运动,而在 $(1, 11/3)$ 上向左运动.

当 $t = 7/3$ 时加速度 $a(t) = s''(t) = 4(3t - 7)$ 为零.

区间	$0 < t < 7/3$	$7/3 < t$
$a = s''$ 的正负号	−	+
s 的图形	凹向下	凹向上

在时间区间 $[0, 7/3]$ 内加速力指向左,在 $t = 7/3$ 加速力瞬时为零,此后加速力指向右.

例 6 (拐点和股票市场) 图 3.27 是一条假设的道琼斯工业(股票)平均指数曲线(译注:它综合反映了美国工业股票价格升降趋势的指数). 道琼斯工业指数是一种能抓住具有局部下跌

和上涨的股票市场的总体增长的股票市场的指数.

投资股票市场的一种方法是购买指数基金股票,它以跟踪指数为目标地依次购买不同的股票. 指数基金主任的目标无疑是买低(在局部最小处买进)卖高(在局部最大处卖出). 但是,这种对股市时机的掌握是难以捉摸的,因为不可能预测股市的极值. 当投资人刚意识到股市确实上扬时,最小值早已过去.

拐点为投资者提供了在逆转趋势发生之前预测它的方法,因为拐点标志着函数增长率的根本改变. 在拐点(或接近拐点)的价格购进股票能使投资者呆在较长期的上扬趋势中(拐点预警了趋势的改变). 投资者为降低股市的浮动带来的影响,这种方法在长时间的过程中抓住了上扬的趋势.

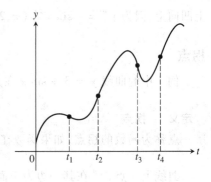

图 3.27　例 6 中假设的道琼斯工业平均指数曲线.

例 7($y'' = 0$ 的非拐点)　曲线 $y = x^4$ 在 $x = 0$ 处没有拐点(图 3.28). 即使 $y'' = 12x^2$ 当 $x = 0$ 时为零,但并不改变 y'' 的正负号.

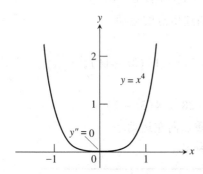

图 3.28　$y = x^4$ 的图形在原点没有拐点,即使在原点 $y'' = 0$.

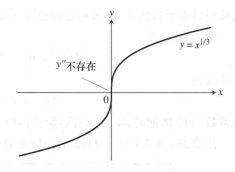

图 3.29　y'' 不存在的点可能是拐点.

例 8(拐点处 y'' 不存在)　$x = 0$ 是曲线 $y = x^{1/3}$ 的拐点(图 3.29),但在 $x = 0$ 处 y'' 不存在.

$$y'' = \frac{d^2}{dx^2}(x^{1/3}) = \frac{d}{dx}\left(\frac{1}{3}x^{-2/3}\right) = -\frac{2}{9}x^{-5/3}.$$

从例 7 我们知道二阶导数为零的点并不总是拐点. 从例 8 我们知道二阶导数不存在的点也可能是拐点.

局部极值的二阶导数检验法

代之以寻求临界点处 y' 的正负号改变,我们有时能用下面的检验法来确定局部极值的存在及其特征.

定理 5　局部极值的二阶导数检验法
1. 如果 $f'(c) = 0$ 且 $f''(c) < 0$,那么 f 在 $x = c$ 取到局部最大值.
2. 如果 $f'(c) = 0$ 且 $f''(c) > 0$,那么 f 在 $x = c$ 取到局部最小值.

这个检验法只需要知道 f'' 在点 c 的信息而不必知道它在有关 c 的区间上的信息. 这就使该检验法便于应用. 这是优点. 缺点是当 $f''(c) = 0$ 或 f'' 不存在时该检验法就失灵了. 如果发生这种情形, 那就要回到局部极值的一阶导数检验法.

例 9 中, 我们把二阶导数检验法用于例 1 中的函数.

例 10 (应用二阶导数检验法) 求 $f(x) = x^3 - 12x - 5$ 的极值.

解 我们有
$$f'(x) = 3x^2 - 12 = 3(x^2 - 4)$$
$$f''(x) = 6x.$$

检验临界点 $x = \pm 2$ 处 ($f(x)$ 的定义域没有端点) 二阶导数的值, 我们有
$$f''(-2) = -12 < 0 \Rightarrow f \text{ 在 } x = -2 \text{ 处取到局部最大值}$$

和
$$f''(2) = 12 > 0 \Rightarrow f \text{ 在 } x = 2 \text{ 处取到局部最小值}.$$

例 10 (把 f' 和 f'' 用于画 f 的图形) 运用以下步骤粗略地画出函数
$$f(x) = x^4 - 4x^3 + 10$$
的图形.

(a) 识别 f 的极值点.
(b) 求 f 的递增和递减区间.
(c) 求 f 凹向上和凹向下的区间.
(d) 粗略地画出 f 的可能的图形.

解 因为 $f'(x) = 4x^3 - 12x^2$ 存在, 所以 f 是连续函数. f 的定义域为 $(-\infty, \infty)$, 所以 f' 的定义域也是 $(-\infty, \infty)$. 因此, f 的临界点只能是 f' 的零点. 因为
$$f'(x) = 4x^3 - 12x^2 = 4x^2(x - 3)$$
所以一阶导数在 $x = 0$ 和 $x = 3$ 处为零.

区间	$x < 0$	$0 < x < 3$	$3 < x$
f' 的正负号	−	−	+
f 的性态	减	减	增

(a) 应用局部极值的一阶导数检验法以及上表, 我们知道在 $x = 0$ 处没有极值而在 $x = 3$ 处有一个局部最小值.
(b) 利用上表我们知道 f 在 $(-\infty, 0]$ 和 $[0, 3]$ 上是递减的, 而在 $[3, \infty)$ 上是递增的.
(c) $f'' = 12x^2 - 24x = 12x(x - 2)$ 的零点为 $x = 0$ 和 $x = 2$.

区间	$x < 0$	$0 < x < 2$	$2 < x$
f'' 的正负号	+	−	+
f 的性态	凹向上	凹向下	凹向上

我们知道 f 在区间 $(-\infty, 0)$ 和 $(2, \infty)$ 上凹向上, 而在 $(0, 2)$ 上凹向下.
(d) 综合上面两张表的信息, 我们得到

$x<0$	$0<x<2$	$2<x<3$	$x<3$
减	减	减	增
凹向上	凹向下	凹向上	凹向上

图 3.30 展示了 f 的图形.

例 10 中的步骤给出了用手画函数图形的一般步骤.

> 注：用手画 $y=f(x)$ 的图形的一般步骤
> 第 1 步：求 y' 和 y''.
> 第 2 步：求曲线的上升和下降区间.
> 第 3 步：确定曲线的凹性.
> 第 4 步：综合并展示曲线的总的样子.
> 第 5 步：点出特定的点并粗略画出曲线的图形.

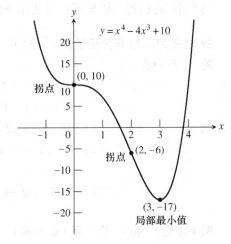

图 3.30 $f(x)=x^4-4x^3+10$ 的图形.（例 10）

从函数的导数了解函数

如同我们在例 10 中看到的，通过对其一阶导数的考察，我们几乎可以了解有关二次可微函数 $y=f(x)$ 我们需要知道的任何事情. 我们可以求得在什么地方该函数的图形上升和下降，在什么地方取到局部极值. 我们可以通过求 y' 的导数来了解当 y 通过其上升或下降区间时是怎样弯曲的. 我们可以确定函数图形的样子. 仅有的从导数不能得到的信息是怎样把函数的图形放到 xy 平面上去. 但是正如我们在 3.2 节中发现的为放置图形所需要的唯一的附加信息是函数在一点的值.

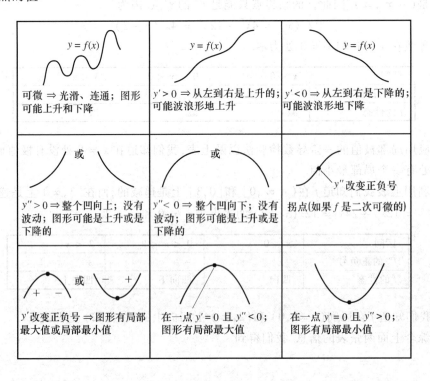

习题 3.3

从 y' 和 y'' 的图形画 y 的略图

题 1–4 中的每个题都展示了函数 $y = f(x)$ 的一阶和二阶导数的图形. 复制该图并把过给定点 P 的 f 的近似略图加进去.

1.

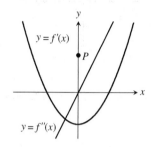

2.

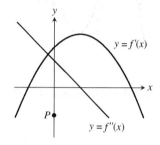

3.

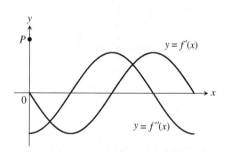

4.

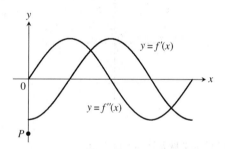

从 y' 和 y'' 的正负号画 y 的略图

5. 画具有以下性质的二次可微函数 $y = f(x)$ 图形的略图. 在可能的地方标出坐标值.

x	y	导数
$x < 2$		$y' < 0, y'' < 0$
2	1	$y' = 0, y'' < 0$
$2 < x < 4$		$y' < 0, y'' < 0$
4	4	$y' > 0, y'' = 0$
$4 < x < 6$		$y' > 0, y'' < 0$
6	7	$y' = 0, y'' < 0$
$x > 6$		$y' < 0, y'' < 0$

6. 画二次可微函数 $y = f(x)$ 图形的略图, $y = f(x)$ 过点 $(-2, 2), (-1, 1), (0, 0),$ $(1, 1)$ 和 $(2, 2)$ 而且其一阶和二阶导数具有 (如右图所示) 的正负号模式.

$y':\ \dfrac{+\ \ \ -\ \ \ +\ \ \ -}{\ \ -2\ \ \ 0\ \ \ 2\ \ }$

$y'':\ \dfrac{-\ \ \ +\ \ \ -}{\ \ -1\ \ \ 1\ \ }$

利用图形来分析函数

在题 7 和 8 中,试利用函数 f 的图形来估计什么地方 (a) f' 和 (b) f'' 等于 0,为正和为负.

7.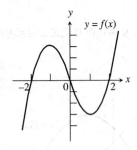

8.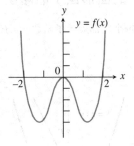

在题 9-12 中,试利用 f' 的图形来估计区间,f 在这些区间上 (a) 增或 (b) 减. (c) 估计在何处 f 取到局部极值.

9.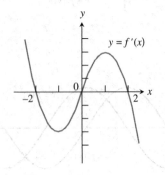

10.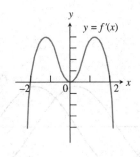

11. f' 的定义域是 $[0,4) \cup (4,6]$.

12. f' 的定义域是 $[0,1) \cup (1,2) \cup (2,3]$.

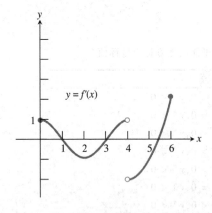

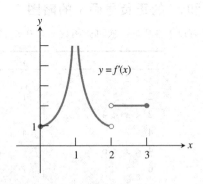

给定 f' 分析 f

题 13-16 中 $f'(x)$ 给定,试回答下列有关函数 $f(x)$ 的问题.

(**a**) 什么是 f 的临界点?

(**b**) 在什么区间上 f 是增的或是减的?

(c) 在什么点上,如果有这样的点的话,f 取到局部最大值和局部最小值.

13. $f'(x) = (x-1)(x+2)$ 　　　14. $f'(x) = (x-1)^2(x+2)$
15. $f'(x) = (x-1)(x+2)(x-3)$ 　　16. $f'(x) = x^{-1/3}(x+2)$

图形的形状

在题 17–22 中,试利用解析的方法求区间,函数在这些区间上
(a) 增　　　(b) 减　　　(c) 凹向上　　　(d) 凹向下
然后定位和识别
(e) 局部极值　　　(f) 拐点

17. $y = x^2 - x - 1$ 　　18. $y = -2x^3 + 6x^2 - 3$ 　　19. $y = 2x^4 - 4x^2 + 1$
20. $y = x^4 - 12x^3 + 48x^2 - 64x$ 　21. $y = x\sqrt{8-x^2}$ 　22. $y = \begin{cases} 3-x^2, & x<0 \\ x^2+1, & x \geq 0 \end{cases}$

T 在题 23–32 中,画函数的图形以求出区间,函数在这些区间上
(a) 增　　　(b) 减　　　(c) 凹向上　　　(d) 凹向下
然后定位和识别
(e) 局部极值　　　(f) 拐点

23. $y = 4x^3 + 21x^2 + 36x - 20$ 　24. $y = -x^4 + 4x^3 - 4x + 1$ 　25. $y = 2x^{1/5} + 3$
26. $y = 5 - x^{1/3}$ 　27. $y = x^{1/3}(x-4)$ 　28. $y = x^2\sqrt{9-x^2}$
29. $y = \dfrac{x^3 - 2x^2 + x - 1}{x - 2}$ 　30. $y = x^{3/4}(5-x)$ 　31. $y = x^{1/4}(x+3)$ 　32. $y = \dfrac{x}{x^2+1}$

极值和拐点

在题 33 和 34 中,试利用函数 $y = f(x)$ 的导数求点,f 在这些点上取
(a) 局部最大值　　　(b) 局部最小值　　　(c) 拐点

33. $y' = (x-1)^2(x-2)$ 　　34. $y' = (x-1)^2(x-2)(x-4)$

在题 35 和 36 中,二、三个人结组完成.
(a) 求 f 的绝对极值以及在何处取到.
(b) 求拐点.
(c) 画 f 的可能的略图.

35. f 在 $[0,3]$ 上连续并满足以下条件.

x	0	1	2	3
f	0	2	0	-2
f'	3	0	不存在	-3
f''	0	-1	不存在	0

x	$0<x<1$	$1<x<2$	$2<x<3$
f	+	+	−
f'	+	−	−
f''	−	−	−

36. f 是偶函数,在 $[-3,3]$ 上连续,并满足以下条件.

x	0	1	2
f	2	0	-1
f'	不存在	0	不存在
f''	不存在	0	不存在

x	$0 < x < 1$	$1 < x < 2$	$2 < x < 3$
f	+	−	−
f'	−	−	+
f''	+	−	−

在题 37 − 40 中,求函数图形的拐点(如果有的话),以及函数取到局部最大值或局部最小值的图形上点的坐标. 然后能在显示所有这些点的足够大的区域上画函数的图形. 把函数的一阶、二阶导数的图形加进去. 一、二阶导数和 x 轴交点的值和函数的图形有怎样的关系?导数的图形以怎样的另一种方式和函数的图形相关?

37. $y = x^5 - 5x^4 - 240$

38. $y = x^3 - 12x^2$

39. $y = \dfrac{4}{5}x^5 + 16x^2 - 25$

40. $y = \dfrac{x^4}{4} - \dfrac{x^3}{3} - 4x^2 + 12x + 20$

41. 把 $f(x) = 2x^4 - 4x^2 + 1$ 及其一、二阶导数的图形画在一起. 对 f 的性态和 f' 以及 f'' 的正负号和值的关系提出评注.

42. 把 $f(x) = x\cos x$ 及其二阶导数在 $0 \leq x \leq 2\pi$ 上的图形画在一起. 对 f 的性态和 f'' 的正负号和值的关系提出评注.

沿直线的运动

在题 43 − 46 中,质点沿直线运动,其位置函数为 $s(t)$. 求(a) 速度,(b) 加速度,以及(c) 描述 $t \geq 0$ 时质点的运动.

43. $s(t) = t^2 - 4t + 3$

44. $s(t) = 6 - 2t - t^2$

45. $s(t) = t^3 - 3t + 3$

46. $s(t) = 3t^2 - 2t^3$

在题 47 和 48 中,给定了沿直线运动的质点的位置函数 $y = s(t)$ 的图形. 大概在什么时刻,质点的

(a) 速度为零? (b) 加速度为零?

47.

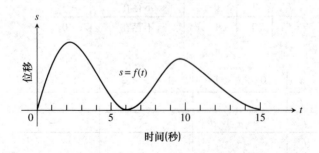

48.

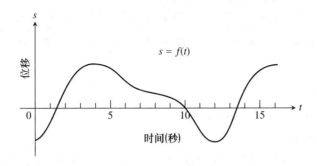

理论和例子

49. **为学而写** 如果 f 是可微函数而且在 f' 定义域的内点 c 处 $f'(c) = 0$,那么 f 在 $x = c$ 处一定取到局部最大值或局部最小值吗?说明理由.

50. **为学而写** 如果 f 是二次可微函数而且在 f' 定义域的内点 c 处 $f''(c) = 0$,那么 $x = c$ 一定是 f 的拐点吗?说明理由.

51. **把 f 和 f' 联系起来** 对过原点且具有以下性质的光滑曲线 $y = f(x)$ 画一个略图:当 $x < 0$ 时 $f'(x) < 0$ 而当 $x > 0$ 时 $f'(x) > 0$.

52. **把 f 和 f'' 联系起来** 对过原点且具有以下性质的光滑曲线 $y = f(x)$ 画一个略图:当 $x < 0$ 时 $f''(x) < 0$ 而当 $x > 0$ 时 $f''(x) > 0$.

53. **把 f,f' 和 f'' 联系起来** 对具有以下性质的连续曲线 $y = f(x)$ 画一略图. 只要有可能,标出点的坐标.

$$f(-2) = 8 \qquad f'(x) > 0 \text{ 当 } |x| > 2$$
$$f(0) = 4 \qquad f'(x) < 0 \text{ 当 } |x| < 2$$
$$f(2) = 0 \qquad f''(x) < 0 \text{ 当 } x < 0$$
$$f(2) = f(-2) = 0 \qquad f''(x) > 0 \text{ 当 } x > 0$$

54. **为学而写:水平切线** 曲线 $y = x^2 + 3\sin 2x$ 在 $x = -3$ 附近有水平切线吗?对你的回答给出理由.

55. **为学而写** 对 $x > 0$ 时的曲线 $y = f(x)$,$f(1) = 0$ 且 $f'(x) = 1/x$ 画一略图. 对这种曲线的凹性有什么可说的吗?对你的回答给出理由.

56. **为学而写** 具有恒不为零的二阶连续导数的函数的图形有什么可说的?对你的回答给出理由.

57. **二次曲线** 对二次曲线 $y = ax^2 + bx + c, a \neq 0$ 的拐点能说些什么?对你的回答给出理由.

58. **三次曲线** 对三次曲线 $y = ax^3 + bx^2 + cx + d, a \neq 0$ 的拐点能说些什么?对你的回答给出理由.

计算零点

当我们数值地求解方程 $f(x) = 0$ 时,我们通常希望事先就知道在给定区间要找的解有多少个. 借助于推论 3 的帮助,我们有时候可以做到这一点.

假设

    i. f 在 $[a,b]$ 上连续且在 (a,b) 上可微

    ii. $f(a)$ 和 $f(b)$ 反号

    iii. 在 (a,b) 上 $f' > 0$ 或在 (a,b) 上 $f' < 0$

那么 f 在 a 和 b 之间恰好有一个零点:不可能有多于一个的零点,因为 f 在 $[a,b]$ 上或为增或为减. 但根据介值定理(1.4节) f 至少有一个零点. 例如,$f(x) = x^3 + 3x + 1$ 在 $[-1,1]$ 上恰好有一个零点,因为 f 在 $[-1,1]$ 上可微,$f(-1) = -3$ 而 $f(1) = 5$ 是互相反号的,而且 $f'(x) = 3x^2 + 3 > 0$ 对一切 x 成立. (如右图所示.)

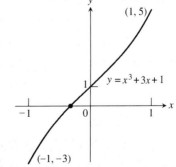

试证明题 59 – 62 中的函数在给定区间上恰好有一个零点.

59. $f(x) = x^4 + 3x + 1$, $[-2, -1]$

60. $g(t) = \sqrt{t} + \sqrt{1+t} - 4$, $(0, \infty)$

61. $r(\theta) = \theta + \sin^2\left(\dfrac{\theta}{3}\right) - 8$, $(-\infty, \infty)$

62. $r(\theta) = \tan\theta - \cot\theta - \theta$, $(0, \pi/2)$

计算机探究

63. 为学而写：一族三次曲线

(a) 对 $k = 0$ 及其邻近的 k 的正值和负值, 把 $f(x) = x^3 + kx$ 的图形画在一个公共屏幕上. k 的值是怎样影响到图形的形状的?

(b) 求 $f'(x)$. 正如你知道的, $f'(x)$ 是一个二次函数. 求该二次函数的判别式（$ax^2 + bx + c$ 的判别式为 $b^2 - 4ac$). 对什么样的 k 值, 该判别式为正？为零？为负？对什么 k 值 f' 有两个零点？一个或没有零点？现在请说明 k 的值对 f 图形的形状有什么影响.

(c) 对其他的 k 值做实验. 当 $k \to -\infty$ 会发生什么情形？当 $k \to \infty$ 呢？

64. 为学而写：另一族四次函数

(a) 对 $k = -4$ 以及邻近的 k 值把 $f(x) = x^4 + kx^3 + 6x^2$, $-1 \leq x \leq 4$ 的图形画在一个公共屏幕上. k 的值是怎样影响到图形的形状的?

(b) 求 f''. 正如你知道的, f'' 是 x 的二次函数. 什么是这个二次函数的判别式（参见题 63 的 b 题). 对什么样的 k 值该判别式为正？为零？为负？对什么 k 值 f'' 有两个零点？一个或没有零点？现在请说明 k 的值对 f 图形的形状有什么影响.

应用 CAS 来求解题 65 和 66 中的问题.

65. 逻辑斯谛函数　设 $f(x) = c/(1 + ae^{-bx})$, 其中 $a > 0, abc \neq 0$.

(a) 证明：若 $abc > 0$, 则 f 在 $(-\infty, \infty)$ 是增函数；以及若 $abc < 0$, 则 f 在 $(-\infty, \infty)$ 上是减函数.

(b) 证明 $x = (\ln a)/b$ 是 f 的拐点.

66. 四次多项式函数　设 $f(x) = ax^4 + bx^3 + cx^2 + dx + e$, 其中 $a \neq 0$.

(a) 证明 f 的图形或者没有拐点或者有两个拐点.

(b) 如果 f 的图形没有拐点或者有两个拐点, 试写出一个系数必须满足的条件.

3.4　自治微分方程的图形解

平衡点和相直线　●　稳定和不稳定平衡点　●　冷却、有阻力时的落体以及逻辑斯谛增长

我们可以把有关导数怎样确定图形的形状的知识作为图形地求解微分方程的基础. 要这样做的出发点的概念就是<u>相直线</u>和<u>平衡点</u>的概念. 我们通过从一种新的角度来考察当可微函数的导数为零时会发生什么情形来得到这些概念.

平衡点和相直线

我们已经知道临界点在确定函数的性态以及求函数极值中的重要作用. 现在我们从稍为不同的角度来考察当函数的导数为零时会发生什么情形. 我们要考察的是导数 dy/dx 只是（因

变量)y 的情形. 例如, 对方程
$$y^2 = x + 1$$
隐式地求导数就给出
$$2y\frac{dy}{dx} = 1 \quad \text{或} \quad \frac{dy}{dx} = \frac{1}{2y}.$$
这一微分方程, 其中 dy/dx 只是 y 的函数, 称为**自治微分方程**.

定义 平衡点或静止点

如果 $dy/dx = g(y)$ 是自治微分方程, 那么使 $dy/dx = 0$ 的 y 的值称为**平衡点**或**静止点**.

因此, 平衡点就是这样一些点, 因变量在这些点不发生变化, 所以 y 处于静止状态. 强调的是使 $dy/dx = 0$ 的 y 值, 而不是在前节中强调的 x 值.

例 1 (求平衡点) 自治微分方程
$$\frac{dy}{dx} = (y+1)(y-2)$$
的平衡点是 $y = -1$ 和 $y = 2$.

为构造像例 1 中那样的自治微分方程的图形解, 我们首先要作出方程的**相直线**, 在 y 轴上把平衡点位置和 dy/dx 和 d^2y/dx^2 为正和为负的区域标出来的直线. 于是我们就知道什么地方解是递增和递减的, 以及解曲线的凹性. 这些都是我们在前一节中发现的本质特征, 所以我们就可以确定解曲线的形状而无需知道解的表达式.

例 2 (画相直线和解曲线的略图) 画方程
$$\frac{dy}{dx} = (y+1)(y-2)$$
的相直线并用它来画方程解的略图.

解 第 1 步: 画 y 的数直线并标出使 $dy/dx = 0$ 的平衡点 $y = -1$ 和 $y = 2$ 的位置.

第 2 步: 识别并标出 $y' > 0$ 和 $y' < 0$ 的区间.
这一步和我们在前一节所做的类似, 只是现在是在 y 轴而不是在 x 轴上标出.

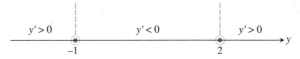

我们可以把 y' 正负号的信息概括在相直线上. 因为在 $y = -1$ 左边的区间上 $y' > 0$, 所以微分方程的 y 值小于 -1 的解将向着 $y = -1$ 的方向增加. 我们在该区间上画一个指向 -1 的箭头来标明这一信息.

类似地,在 $y=-1$ 和 $y=2$ 之间 $y'<0$,所以任何取值在该区间的解一定向着 $y=-1$ 的方向递减.

对于 $y>2$, $y'>0$,所以 y 值大于2的解将无限制地增长.

简言之,位于水平直线 $y=-1$ 下面的解曲线在 xy 平面上朝着 $y=-1$ 上升. 在直线 $y=-1$ 和 $y=2$ 之间的解曲线将离开 $y=2$ 落向 $y=-1$. 在 $y=2$ 上面的解曲线离开 $y=2$ 并继续上升.

第3步:计算 y'' 并标明 $y''>0$ 和 $y''<0$ 的区间. 为求 y''. 我们求 y' 关于 x 的导数,利用隐函数微分法

$$y' = (y+1)(y-2) = y^2 - y - 2 \qquad y' \text{ 的表达式}$$

$$y'' = \frac{d}{dx}(y') = \frac{d}{dx}(y^2 - y - 2)$$

$$= 2yy' - y' \qquad \text{关于 } x \text{ 隐式求导}$$

$$= (2y - 1)y'$$

$$= (2y - 1)(y + 1)(y - 2).$$

由 y'' 的这个表达式,我们知道 y'' 在 $y=-1$, $y=1/2$ 和 $y=2$ 处改变正负号. 我们把正负号的信息加到相直线上去.

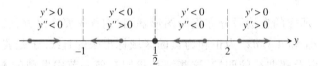

第4步:把 xy-平面上的解曲线分类画出略图. 水平直线 $y=-1$, $y=1/2$ 和 $y=2$ 把平面分割成水平带,在每个水平带中我们知道 y' 和 y'' 的正负号. 在每个水平带中,这种信息告诉我们解曲线是否是升或降的,以及当 x 增加时解曲线是怎样弯曲的(图 3.31).

"平衡点直线" $y=-1$ 和 $y=2$ 也是解曲线. (常数函数 $y=-1$ 和 $y=2$ 满足微分方程.) 穿过直线 $y=1/2$ 的解曲线在 $y=1/2$ 处有一个拐点. 凹性从凹向下(在直线上面部分)变为凹向上(在直线下面部分).

正如第2步预测的,在中间和下方水平带中的解当 x 增加时趋于平衡点 $y=-1$. 而在上方的水平带中的解上升平稳地离开 $y=2$.

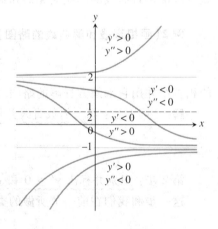

图 3.31 例2 的图形解.

稳定和不稳定平衡点

再次察看图 3.31,特别要察看解曲线在平衡点附近的性态. 一旦解曲线取到 $y=-1$ 附近的值,它就会平稳地趋于 $y=-1$. $y=-1$ 就是一个**稳定平衡点**. 在 $y=2$ 附近的性态正好相反:除平衡解 $y=2$ 本身外的所有的解,当 x 增加时都会离开 $y=2$. 我们称 $y=2$ 为**不稳定平衡点**. 如果解正好处于平衡点,那么它就会呆在那里,但是解只要离开平衡点一点点,不管多小的一点点,解就会离开平衡点. (有时候一个平衡点是不稳定的,因为解只从平衡点的一边离开

平衡点.)

现在我们知道了我们要寻求的东西就是我们早已从相直线上了解到的这种解的性态. 离开 $y = 2$ 的箭头,一旦指向 $y = 2$ 的左边就会趋于 $y = -1$.

冷却、有阻力时的落体以及逻辑斯谛(logistic) 增长

在下面的例子中,我们利用相直线来了解物理模型的性态. 伊萨克·牛顿(Issaac Newton) 假设冷却和加热物体中的温度变化率与物体及其周围介质的温度差成正比. 我们可以用这个想法来描述物体的温度是怎样随时间变化的.

注:这个假设称为 Newton 冷却定律(即使它同样可应用于加热的情形).

例3(汤的冷却) 当一碗热汤放在房间的桌子上时汤的温度将会怎样变化?我们知道汤会冷下来,但是作为时间的函数的典型的温度曲线看起来是什么样的呢?

解 我们假设汤的摄氏温度 H 是时间 t 的可微函数,对 t 选一个合适的单位 —— 例如说分 —— 并测量 $t = 0$ 时汤的温度. 我们还假定周围的介质足够大以致汤的热量对周围介质的温度的影响可以忽略.

假设周围介质处于 15℃ 的常温. 于是我们可以把温差表为 $H(t) - 15$. 根据 Newton 冷却定律,存在常数 $k > 0$ 使得

$$\frac{dH}{dt} = -k(H - 15) \tag{1}$$

(当 $H > 15$ 时, $-k$ 就给出了负的导数).

由于 $H = 15$ 时 $dH/dt = 0$,温度 15℃ 就是平衡点. 如果 $H > 15$,方程(1)告诉我们 $(H - 15) > 0$ 从而 $dH/dt < 0$. 如果汤的温度比室温高,那么汤就会冷下来. 类似地,如果 $H < 15$,那么 $(H - 15) < 0$,从而 $dH/dt > 0$. 比室温低的汤就会热起来. 因此由方程(1)描述的温度性态和我们关于温度应怎样变化的直观是一致的. 由图 3.32 中的初始相直线图就得到了这些观察结果.

图 3.32 构建例3的 Newton 冷却定理的相直线的第一步. 在长期变化过程中温度趋于平衡点温度(即周围介质的温度).

通过对方程两边求关于 t 的导数来确定解曲线的凹性:

$$\frac{d}{dt}\left(\frac{dH}{dt}\right) = \frac{d}{dt}(-k(H - 15))$$

$$\frac{d^2H}{dt^2} = -k\frac{dH}{dt}.$$

因为 $-k$ 是负的,所以我们知道当 $dH/dt < 0$ 时 d^2H/dt^2 是正的,而当 $dH/dt > 0$ 时 d^2H/dt^2 是负的. 图 3.33 把这个信息加进了相直线.

完全的相直线表明如果汤的温度高于平衡点 15℃,那么 $H(t)$ 的图形是递减而且凹向上的. 如果汤的温度低

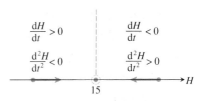

图 3.33 例3的完全的相直线.

于 15℃(周围介质的温度),那么 $H(t)$ 的图形是递增而且凹向下的. 我们就用这些信息画出了典型解曲线的略图(图 3.34).

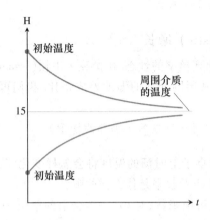

图 3.34 温度对时间图. 不论初始温度怎样,汤的温度 $H(t)$ 趋于周围介质的温度 15℃.

从图 3.34 上面的解曲线,我们看到汤的温度在下降,温度的下降率慢下来了. 因为 dH/dt 趋于零. 这个观察结果隐含在 Newton 定律并包含在微分方程之中, 但是当时间向前进时图形的逐渐平坦给出了现象的立即的形象表示. 从图形认识物理行为的能力是理解实际系统的强有力的工具.

例 4(分析有阻力时的落体) Galileo 和 Newton 都观察到发生在运动物体的动量变化率等于作用在物体上的有效力. 用数学语言表示, 即

$$F = \frac{d}{dt}(mv) \tag{2}$$

其中 F 是力而 m 和 v 分别是物体的质量和速度. 如果 m 随时间变化,就像物体是靠燃烧燃料推进的火箭那样,利用积法则,方程(2)在右端可展开为

$$m\frac{dv}{dt} + v\frac{dm}{dt}$$

但是在许多情形中,m 是常数,$dm/dt = 0$. 从而方程(2)变为更简单的形式

$$F = m\frac{dv}{dt} \quad \text{或} \quad F = ma, \tag{3}$$

这就是众所周知的 Newton 第二运动定律.

在自由落体中,重力常加速度记作 g. 从而作用在下落物体上向下的力就是由重力产生的推力

$$F_p = mg,$$

但是,如果我们设想真实的物体在空气中下落 —— 例如说,一分的硬币从很高的地方或者降落伞从更高的地方下落 —— 我们知道在某个时刻空气阻力就是下落加速过程中的一个因素. 自由落体的更为实际的模型应把空气阻力包括在内,在图 3.35 的图解中是用 F_r 表示的.

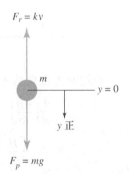

图 3.35 物体在重力以及假定与速度成比例的阻力的影响下的下落.

对于远小于声速的速率而言,物理实验已证明 F_r 近似地与物体的速度成比例. 所以作用

在物体上的有效力为
$$F = F_p - F_r,$$
就给出
$$ma = mg - kv$$
$$\frac{dv}{dt} = g - \frac{k}{m}v. \tag{4}$$

我们可以用相直线来分析作为这个微分方程解的速度函数.

令方程(4)的右端等于零就得到平衡点为
$$v = \frac{mg}{k}.$$

如果物体一开始的运动要比这个速度快,那么 dv/dt 为负从而物体的运动就会慢下来. 如果物体以低于 mg/k 的速度运动,那么 $dv/dt > 0$ 从而物体运动会加速. 这些观察结果都可以从图 3.36 的初始相直线图获得.

我们通过方程(4)两边求关于 t 的导数来确定解曲线的凹性:
$$\frac{d^2v}{dt^2} = \frac{d}{dt}\left(g - \frac{k}{m}v\right) = -\frac{k}{m}\frac{dv}{dt}.$$

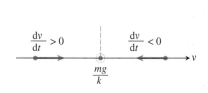

图 3.36　例 4 的初始相直线.

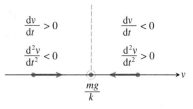

图 3.37　例 4 的完全的相直线.

我们知道当 $v < mg/k$ 时 $d^2v/dt^2 < 0$,而当 $v > mg/k$ 时 $d^2v/dt^2 > 0$. 图 3.37 把这个信息加进了相直线. 注意到与 Newton 冷却定律的相直线(图 3.33)的相似性. 解曲线也是类似的(图 3.38).

图 3.38 展示了两条典型的解曲线. 无论初始速度怎样,我们看到物体的速度趋于极限速度 $v = mg/k$. 这个值是一个稳定平衡点, 称为物体的**终极速度**.

注:跳伞员可通过与下落相反的物体面积的大小在 95 英里/小时到 180 英里/小时的范围内来改变其终极速度.

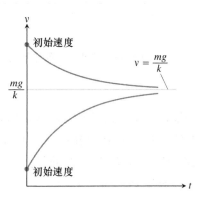

图 3.38　例 4 中典型的速度曲线. 速度 $v = mg/k$ 是终极速度.

例 5(分析有限资源环境下的群体增长)　假设 $P = P(t)$ 表示某特殊群体中个体的数目. 例如,P 可能是营养液中酵母细胞的数目或是美国西部的猫头鹰的数目. 假设在某个小的时间增量 Δt 期间,群体总数的某个百分比的个体诞生了而另一个百分比的个体死亡了. 于是在区

间 $[t, t + \Delta t]$ 内, P 的平均变化率为

$$\frac{\Delta P}{\Delta t} = kP(t), \tag{5}$$

其中 $k > 0$ 是单位时间内个体的出生率减去死亡率.

因为自然环境只有有限的资源来支持生命,所以假定只能为最大群体总数 M 提供保障是合理的. 当群体趋于这个**极限群体**或**承载容量**,资源就会变得短缺,增长率 k 就会下降. 展示这种行为的一个简单关系为

$$k = r(M - P),$$

其中 r 为一常数. 注意当 P 向 M 增加时 k 就减小,如果 P 大于 M,那么 k 就是负的. 把方程(5)中的 k 用 $r(M - P)$ 代替并令 Δt 趋于零就得到微分方程

$$\frac{\mathrm{d}P}{\mathrm{d}t} = r(M - P)P = rMP - rP^2. \tag{6}$$

模型(6)称为**逻辑斯谛(logistic)增长模型**.

我们可以通过分析方程(6)的相直线来预测群体随时间变化的性态. 平衡点为 $P = M$ 和 $P = 0$,而且我们知道若 $0 < P < M$,则 $\mathrm{d}P/\mathrm{d}t > 0$;若 $P > M$,则 $\mathrm{d}P/\mathrm{d}t < 0$. 这些观察结果记录在图 3.39 的相直线上.

我们通过对方程(6)两边求关于 t 的导数来确定该群体曲线的凹性:

$$\begin{aligned}
\frac{\mathrm{d}^2 P}{\mathrm{d}t^2} &= \frac{\mathrm{d}}{\mathrm{d}t}(rMP - rP^2) \\
&= rM\frac{\mathrm{d}P}{\mathrm{d}t} - 2rP\frac{\mathrm{d}P}{\mathrm{d}t} \\
&= r(M - 2P)\frac{\mathrm{d}P}{\mathrm{d}t}.
\end{aligned} \tag{7}$$

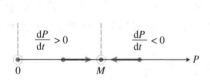

图 3.39　方程(6)的初始相直线.

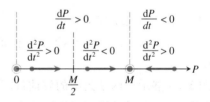

图 3.40　逻辑斯谛增长模型的完全的相直线. (方程(6))

如果 $P = M/2$,则有 $\mathrm{d}^2 P/\mathrm{d}t^2 = 0$. 如果 $P < M/2$,则有 $(M - 2P)$ 和 $\mathrm{d}P/\mathrm{d}t$ 都为正从而 $\mathrm{d}^2 P/\mathrm{d}t^2 > 0$. 如果 $M/2 < P < M$,则有 $(M - 2P) < 0$ 和 $\mathrm{d}P/\mathrm{d}t > 0$,从而 $\mathrm{d}^2 P/\mathrm{d}t^2 < 0$. 如果 $P > M$,则有 $(M - 2P)$ 和 $\mathrm{d}P/\mathrm{d}t$ 都为负从而 $\mathrm{d}^2 P/\mathrm{d}t^2 > 0$. 我们把这些信息加到相直线上(图 3.40).

直线 $P = M/2$ 和 $P = M$ 把 tP 平面的第一象限分割成水平带域,我们知道每个带域中 $\mathrm{d}P/\mathrm{d}t$ 和 $\mathrm{d}^2 P/\mathrm{d}t^2$ 的正负号. 在每个带域中,我们既知道解曲线是怎样上升和下降的,也知道当时间向前推移时解曲线是怎样弯曲的. 平衡点直线 $P = 0$ 和 $P = M$ 都是群体曲线. 跨过直线 $P = M/2$ 的群体曲线在 $P = M/2$ 处有一个拐点,使群体曲线成为 S 型曲线(像字母 S 那样往

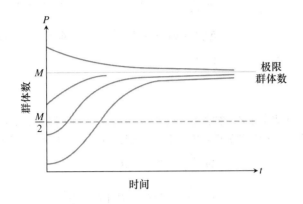

图 3.41 例 5 中的群体曲线.

两个方向弯曲). 图 3.41 展示了典型的群体曲线. 图 3.42 展示了基于实验数据的实验室酵母培养液中的酵母增长.

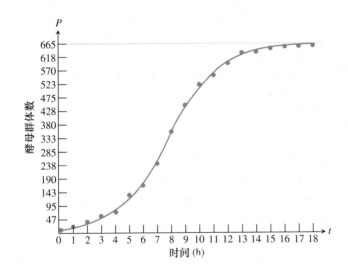

图 3.42 展示培养液中酵母增长的逻辑斯谛曲线. 点表示观察值. (数据来自 R. Pearl, "Growth of Population." *Quart. Rev. Biol.* 2(1927):532 – 548.)

习题 3.4

相直线和解曲线

在题 1 – 8 中,
(a) 识别平衡点. 哪个是稳定的哪个是不稳定的?
(b) 画出相直线. 确定 y' 和 y'' 的正负号.
(c) 画几条解曲线的略图.

1. $\dfrac{dy}{dx} = (y+2)(y-3)$
2. $\dfrac{dy}{dx} = y^2 - 4$
3. $\dfrac{dy}{dx} = y^3 - y$
4. $\dfrac{dy}{dx} = y^2 - 2y$
5. $y' = \sqrt{y}, y > 0$
6. $y' = y - \sqrt{y}, y > 0$
7. $y' = (y-1)(y-2)(y-3)$
8. $y' = y^3 - y^2$

群体增长模型

题 9 – 12 中的自治微分方程表示了若干群体增长模型. 对每道题, 选择不同的起点 $P(0)$, 应用相直线的分析画解曲线 $P(t)$ 的略图(如例 5 所做的那样). 哪个平衡点是稳定的, 哪个平衡点是不稳定的?

9. $\dfrac{dP}{dt} = 1 - 2P$
10. $\dfrac{dP}{dt} = P(1 - 2P)$
11. $\dfrac{dP}{dt} = 2P(P - 3)$
12. $\dfrac{dP}{dt} = 3P(1 - P)\left(P - \dfrac{1}{2}\right)$

13. **例 5 的灾难性延续** 假设某一物种的一个健康的群体正在一个有限资源的环境中增长而且当前的群体 P_0 相当接近于承载容量 M_0. 你可以想像在荒野地区一个淡水湖中生活的鱼群. 突然间像圣海伦斯火山爆发(译注: Mount Saint Helens(圣海伦斯)火山位于美国华盛顿州西南部. 1980 年 3 月 27 日晨, 强烈地震(5级)使山北坡开裂, 大面积隆起和崩塌, 随后发生更剧烈的爆炸. 泥石流远达 27 公里, 将四周森林夷平. 形成 6000 米高烟柱的火山灰降落至蒙大拿州中部, 数日内即形成环绕地球的火山灰带. 5 月 25 日再次喷发.) 那样的灾变污染了该湖并毁坏了鱼群赖以生存的大部分食物和氧气. 其结果是形成了一个承载容量 M_1 大大小于 M_0 的环境, 事实上 M_1 比当前的鱼群数 P_0 还要小. 从灾难发生前的某时刻开始, 画 "灾前和灾后" 曲线的略图以表明鱼群是怎样对环境的改变作出响应的.

14. **控制群体的增长** 某些州的鱼类和野生动物管理局正在规划签发狩猎许可证从而控制鹿群体的总数(每证可狩猎一头鹿). 已知如果鹿群体总数低于某个水平 m, 鹿将灭绝. 还知道如果鹿群体增长大于其承载容量 M, 那么由于疾病和营养不良鹿群体总数会下降到 M.

    (a) 讨论下面作为时间 t 的函数的鹿群体增长率的合理性:
    $$\dfrac{dP}{dt} = rP(M-P)(P-m),$$
    其中 P 是鹿群体的总数, 而 r 是一个正比例常数. 讨论中要包括相直线.

    (b) 说明该模型是怎样不同于逻辑斯谛模型 $dP/dt = rP(M-P)$. 该模型比逻辑斯谛模型好还是差?

    (c) 证明如果对一切 $t, P > M$, 那么 $\lim\limits_{t \to \infty} P(t) = M$.

    (d) 如果对一切 $t, P < M$, 将会怎样?

    (e) 讨论微分方程的解. 什么是该模型的平衡点? 说明 P 的稳态值依赖于 P 的初值的位置. 应该签发多少张许可证?

应用和例子

15. **跳伞** 如果在重力作用下从静止下落的质量为 m 的物体遇到的空气阻力与速率的平方成正比, 那么下落 t 秒后物体的速度满足方程
    $$m\dfrac{dv}{dt} = mg - kv^2, \quad k > 0$$
    其中 k 是一个取决于物体的空气动力学性质和空气密度的常数. (我们假设下落时间太短以致空气密度的变化对下落没有影响.)

    (a) 画该方程的相直线.

    (b) 画一条典型速度曲线的略图.

    (c) 对一体重 160 磅的跳伞员 $(mg = 160)$, 时间以秒计而距离以英尺计, k 的有代表性的值为 0.005. 跳伞员的终极速度为多少?

习题 3.4

16. **阻力与 $\sqrt{v}$ 成正比**　质量为 m 的物体以初速度 v_0 被垂直扔下.假设阻力与速度的平方根成正比,用图形分析求终极速度.

17. **航海**　一条帆船在前向推力 50 磅的作用下沿直线航道航行.作用在帆船上仅有的其他力就是水的阻力.阻力在数值上等于 5 倍的船速,帆船的初始速度为 1 英尺/秒.帆船在这样的风力下航行的最大速度(英尺/秒)为多少?

18. **信息的传播**　社会学家认识到一种称为**社会扩散**的现象,它就是一段信息、技术革新或文化时尚在一个群体中的传播.群体成员可分为两类:那些知道信息的和那些不知道该信息的.在群体大小固定且大小已知时,假设扩散率与知道该信息的人数和不知道该信息的人数的乘积成正比是合理的.如果 X 表示有 N 个人的群体中知道该信息的人数,那么社会扩散的数学模型由

$$\frac{dX}{dt} = kX(N - X)$$

给出,其中 t 表示以天计的时间,而 k 是一正常数.

(**a**) 讨论该模型的合理性.

(**b**) 画出确定 X' 和 X'' 正负号的相直线.

(**c**) 画具有代表性的解曲线的略图.

(**d**) 预测信息传播得最快时的 X 的值.有多少人最终获知了该信息?

19. **RL - 电路中的电流**　附图表示一个电路,其电阻不变为 R 欧姆,图示的线圈的自感也是不变的,为 L 亨利.有一个接点为 a 和 b 的开关,开关合上后可形成一个 V 伏特的不变电源.

对这种电路需要修正欧姆定律,$V = Ri$.修正后的欧姆定律为

$$L\frac{di}{dt} + Ri = V,$$

其中 i 是以安培计的电流强度,而 t 是以秒计的时间.通过求解该方程我们可以预测开关合上后的电流将会怎样.

试利用相直线分析画解曲线的略图,假设 RL - 电路的开关是在 $t = 0$ 时刻合上的.当 $t \to \infty$ 时电流将会怎样?这个极限值称为**稳态解**.

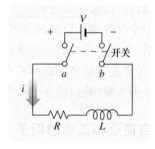

第19题图

20. **洗发液中的珍珠**　假设一颗珍珠正在像洗发液那样稠的液体中下沉,其摩擦力和下沉方向相反,大小与下沉速度成正比.假设洗发液还有浮力作用阻止珍珠下沉.按照**阿基米德(Archimedes)原理**浮力等于和珍珠同样体积的洗发液的重量.用 m 记珍珠的质量,并用 P 记当珍珠下沉时和珍珠同体积的洗发液的质量,完成以下各步.

(**a**) 画一个如同图 3.35 那样的表示珍珠下沉时作用在珍珠上的力的草图.

(**b**) 用 $v(t)$ 表示珍珠的速度,它是 t 的函数.写出对下降物体的速度建立模型的微分方程.

(**c**) 画出展示 v' 和 v'' 正负号的相直线.

(**d**) 画有代表性的解曲线的略图.

(**e**) 珍珠的终极速度为多少?

3.5 建模和最优化

来自商业和工业的例子 • 来自数学和物理学的例子 • Fermat(费马)原理和 Snell(斯奈尔)定律 • 来自经济学的例子 • 用可微函数对离散现象进行建模

最优化某个东西意即极大化或极小化该东西的某个方面. 什么是所生产的最能获利的产品的尺寸?什么是花费最小的油罐的形状?我们能从直径为 12 英寸的圆木切割成什么样的最不易弯曲的梁?在用函数来描述我们感兴趣的事物的数学模型中,我们是通过求得可微函数的最大值和最小值来回答这样的问题的.

为说明这个问题,假设一位贮藏橱的制作者用外面买来的材料制作顾客定做的家具. 她有一个每天制作 5 件的合同,这也是她的容量了. 对她要用的每一件原材料,她要决定每次送多少原材料以及多长时间送一次. 每送一次货她要付的费用与送多少原材料无关,而且她可以租用一个存放多少原材料都可以的货场. 她分析如果一种特定材料的运送费用贵而贮存费用低的话,那么运货次数应该少一点而贮存得多一点. 另一方面,如果运送费用低而贮存费用贵的话,运货次数应多一点而贮存得少一点. 但是,每种原材料的货运和贮存的可能组合的最小费用是多少呢?我们将在下一节中回答这个问题.

来自商业和工业的例子

例 1(制作盒子) 通过从 12 英寸 × 12 英寸的方形马口铁的四角切去全等的四个小正方形再把四边向上折起制作成一只无盖的方盒子. 从四个角要切掉多大的正方形才能使方盒子装得尽可能多?

解 我们先从一个图形开始(图 3.43). 图中四个角处的正方形的边长为 x. 盒子的体积就是变量 x 的函数:

$$V(x) = x(12 - 2x)^2 = 144x - 48x^2 + 4x^3. \qquad V = 高 \times 长 \times 宽$$

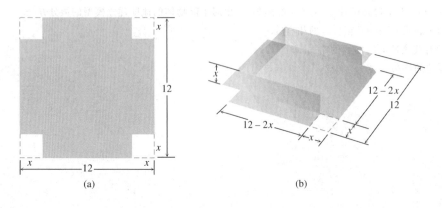

图 3.43 由四角切去正方形的马口铁制成的无盖方盒子.(例 1)

因为原马口铁皮的边长只有 12 英寸长,所以 $x \leq 6$ 从而 V 的定义域为区间 $0 \leq x \leq 6$.

V 的图形(图 3.44)表明体积在 $x=0$ 和 $x=6$ 时取最小值而在 $x=2$ 附近取到最大值. 为了知道得更多,我们考察 V 关于 x 的一阶导数:

$$\frac{dV}{dx} = 144 - 96x + 12x^2 = 12(12 - 8x + x^2)$$
$$= 12(2-x)(6-x).$$

两个零点 $x=2$ 和 $x=6$ 中只有 $x=2$ 是函数定义域的内点,从而是临界点. V 在临界点和两个端点处的值为

在临界点处的值:　　$V(2) = 128$

在端点处的值:　　$V(0) = 0$, $V(6) = 0$

最大体积为 128 英寸^3. 切掉的小正方形的边长应为 2 英寸.

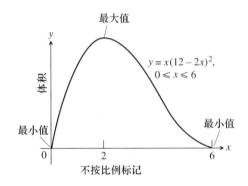

图 3.44　图 3.43 中盒子的体积图示为 x 的函数.

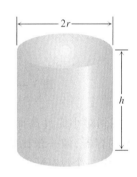

图 3.45　当 $h = 2r$ 时这个容量为 1 升的油罐用的材料最省.

例 2(高效油罐的设计)　你被要求设计一个容量为 1 升形状如直圆柱的油罐(图 3.45). 什么样的尺寸用的材料最少?

解　<u>罐的体积</u>:如果 r 和 h 都以厘米计,那么以厘米^3 计的体积为

$$\pi r^2 h = 1000. \qquad 1 \text{升} = 1000 \text{ 厘米}^3$$

<u>罐的表面积</u>: $A = \underbrace{2\pi r^2}_{\substack{\text{上下端圆}\\\text{盖的面积}}} + \underbrace{2\pi r h}_{\substack{\text{圆柱壁}\\\text{侧面积}}}$

我们怎样解释"最少的材料"的意思?一种可能性是忽略材料的厚度以及制造中浪费的材料. 然后我们在满足约束 $\pi r h^2 = 1000$ 的条件下求使总的表面积尽可能小的 r 和 h 的尺寸. (题 17 描述了把废料考虑在内的一种方法.)

模型　为把表面积表为单个变量的函数,我们从 $\pi r^2 h = 1000$ 中解出一个变量并代入表面积的表示式. 解出 h 比较容易一点:

$$h = \frac{1000}{\pi r^2}$$

因此

$$A = 2\pi r^2 + 2\pi r h$$

$$= 2\pi r^2 + 2\pi r\left(\frac{1000}{\pi r^2}\right)$$

$$= 2\pi r^2 + \frac{2000}{r}.$$

解析地求解　　我们的目标是求使 A 的值最小的 $r > 0$. 图 3.46 表示这个值是存在的.

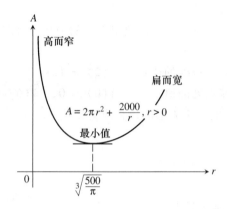

图 3.46　$A = 2\pi r^2 + 2000/r$ 的图形是凹向上的.

从图形注意到对小的 r(高而窄的容器,像一段管子),$2000/r$ 这项起主导作用而且 A 大. 对大的 r(扁而宽的容器,像一张比萨饼),$2\pi r^2$ 这项起主导作用而且 A 也偏大.

因为对 $r > 0$(一个没有端点的区间)A 可微,因此只能在一阶导数为零的 x 值处取到最小值.

$$\frac{\mathrm{d}A}{\mathrm{d}r} = 4\pi r - \frac{2000}{r^2}$$

$$0 = 4\pi r - \frac{2000}{r^2} \qquad 令\ \mathrm{d}A/\mathrm{d}r = 0$$

$$4\pi r^3 = 2000 \qquad 乘以\ r^2$$

$$r = \sqrt[3]{\frac{500}{\pi}} \approx 5.42 \qquad 解出\ r$$

在 $r = \sqrt[3]{500/\pi}$ 处发生了什么事情?

如果 A 的定义域是一闭区间,我们可以通过求在临界点和端点处 A 的值并进行比较来求得最小值. 但现在 A 的定义域是一开区间. 所以我们必须知道在 $r = \sqrt[3]{500/\pi}$ 处 A 的图形的形状是什么样的. 二阶导数

$$\frac{\mathrm{d}^2 A}{\mathrm{d}r^2} = 4\pi + \frac{4000}{r^3}$$

在整个 A 的定义域上为正. 所以 A 的图形凹向上,从而 A 在 $r = \sqrt[3]{500/\pi}$ 处的值是绝对最小值.

相应的 h 值(稍为做一点代数计算)为

$$h = \frac{1000}{\pi r^2} = 2\sqrt[3]{\frac{500}{\pi}} = 2r.$$

解释　　所用材料最省的容量为 1 升的罐的尺寸是使高等于直径,其中 $r \approx 5.42$ 厘米而 $h \approx 10.84$ 厘米.

CD-ROM
WEBsite
历史传记
Marin Mersenne
(1588 — 1648)

求解最大－最小问题的步骤

第1步：了解问题　　仔细阅读问题．明确为解决该问题你所需要的信息．什么是未知量？什么是给定的？什么是要求的？

第2步：研制一个该问题的数学模型　　画图并标出对该问题来说是重要的部分．引入一个变量来表示要最大化或最小化的量．利用该变量写出一个函数 f，其极值给出要求的信息．

第3步：求该函数的定义域　　确定变量的哪些值对该问题是有意义的．如果可能画函数的图形．

第4步：识别临界点和端点　　求导数为零或导数不存在的点．利用你所知道的有关函数形状的知识以及问题的物理意义．利用一阶和二阶导数来识别临界点（$f' = 0$ 或不存在的点）并进行分类．

第5步：求解该数学模型　　如果对结果不太有把握，用不同的方法求解以支持和确认你得到的解．

第6步：对解进行解释　　把数学的结果翻译到原来设定的问题并确定所得结果是否有意义．

来自数学和物理学的例子

例3（内接矩形）　　一个矩形内接于一个半径为2的半圆．矩形可以达到的最大面积为多少，矩形的尺寸是什么？

解

模型　　设 $(x, \sqrt{4-x^2})$ 是把半圆和矩形放在坐标平面上得到的矩形的角点的坐标（图3.47）．于是矩形的长、高和面积可以用矩形右下角点的位置 x 表出：

长：$2x$，　　高：$\sqrt{4-x^2}$，　　面积：$2x \cdot \sqrt{4-x^2}$．

注意 x 的值位于区间 $0 \leqslant x \leqslant 2$ 中，这是从我们所选的矩形的角点的位置求得的．

现在，我们的数学目标就是求连续函数

$$A(x) = 2x\sqrt{4-x^2}$$

在定义域 $[0,2]$ 上的绝对最大值．

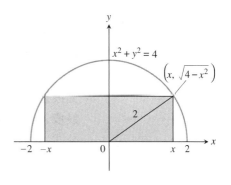

图3.47　　例3中的矩形和半圆．

识别临界点和端点

导数

$$\frac{dA}{dx} = \frac{-2x^2}{\sqrt{4-x^2}} + 2\sqrt{4-x^2}$$

在 $x = 2$ 处没有定义，而且

$$\frac{-2x^2}{\sqrt{4-x^2}} + 2\sqrt{4-x^2} = 0$$
$$-2x^2 + 2(4-x^2) = 0 \qquad \text{两边同乘} \sqrt{4-x^2}$$
$$8 - 4x^2 = 0$$
$$x^2 = 2$$
$$x = \pm\sqrt{2}$$

当 $x = \pm\sqrt{2}$ 时 $A(x) = 0$. 两个零点 $x = \sqrt{2}$ 和 $x = -\sqrt{2}$ 中只有 $x = \sqrt{2}$ 是 A 的定义域的内点,从而是一临界点. A 在端点以及一个临界点处的值为

在临界点的值: $\qquad A(\sqrt{2}) = 2\sqrt{2}\sqrt{4-2} = 4$

在端点的值: $\qquad A(0) = 0, \qquad A(2) = 0.$

解释 当矩形高为 $\sqrt{4-x^2} = \sqrt{2}$ 单位以及长为 $2x = 2\sqrt{2}$ 时面积达到最大值 4.

Fermat 原理和 Snell 定律

光速依赖于光所经过的介质,在稠密介质中光速会慢下来. 在真空中,光以速度 $c = 3 \times 10^8$ 米/秒行进,但在地球的大气层中它的行进速度稍慢于这个速度,而且在玻璃中会更慢一点(大约为 c 的三分之二左右).

光学中的 Fermat 原理说光永远以速度最快(时间最短)的路径行进. 这个观察结果使我们能预测光从一种介质(例如说空气)中的一点行进到另一种介质(例如说玻璃和水)中一点的路径.

CD-ROM
WEBsite
历史传记
Willebrod Snell
van Royen
(1580 — 1626)

例 4(求光线的路径) 求一条光线从光速为 c_1 的介质中的点 A 穿过平直界面行进到光速为 c_2 的介质中点 B 的路径.

解 因为光线从 A 到 B 会按最快的路径行进,所以我们寻求使行进时间最短的路径.

模型 我们假定 A 和 B 位于 xy 平面而且两种介质的分界线为 x 轴(图 3.48).

在均匀的介质中光速不变,"最短时间"意即"最短路径",而且光线遵循直线路径行进. 由此,从 A 到 B 的路径由从 A 到边界点 P 的线段,紧接着从 P 到 B 的另一个线段组成. 由距离等于速率乘时间的公式,我们有

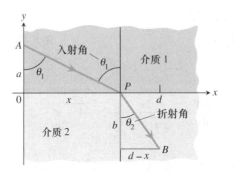

图 3.48 当光线从一种介质行进到另一种介质时它折射了(从原来的路径偏移了).(例4)

$$时间 = \frac{距离}{速率}.$$

所以,光线从 A 行进到 P 所需要的时间为

$$t_1 = \frac{AP}{c_1} = \frac{\sqrt{a^2 + x^2}}{c_1}.$$

从 P 到 B 所需时间为

$$t_2 = \frac{PB}{c_2} = \frac{\sqrt{b^2 + (d-x)^2}}{c_2}.$$

则从 A 到 B 的时间为此二者之和

$$t = t_1 + t_2 = \frac{\sqrt{a^2 + x^2}}{c_1} + \frac{\sqrt{b^2 + (d-x)^2}}{c_2}.$$

这个方程把 t 表为 x 的一个可微函数,其定义域为闭区间 $[0, d]$,而我们要求的就是在该闭区间上 t 的绝对最小值.

识别临界点和端点 我们求得

$$\frac{\mathrm{d}t}{\mathrm{d}x} = \frac{x}{c_1\sqrt{a^2 + x^2}} - \frac{d-x}{c_2\sqrt{b^2 + (d-x)^2}}. \tag{1}$$

用图 3.48 中的角 θ_1 和 θ_2 来表示,得到

$$\frac{\mathrm{d}t}{\mathrm{d}x} = \frac{\sin\theta_1}{c_1} - \frac{\sin\theta_2}{c_2}.$$

我们从方程(1)可以知道在 $x = 0$ 处,$\mathrm{d}t/\mathrm{d}x < 0$,而在 $x = d$ 处,$\mathrm{d}t/\mathrm{d}x > 0$.由此得到在 $x = 0$ 和 $x = d$ 之间的某 $x = x_0$ 处 $\mathrm{d}t/\mathrm{d}x = 0$(图 3.49).这样的点只有一个,因为 $\mathrm{d}t/\mathrm{d}x$ 是增函数(题 58).在 $x = x_0$ 处

$$\frac{\sin\theta_1}{c_1} = \frac{\sin\theta_2}{c_2}.$$

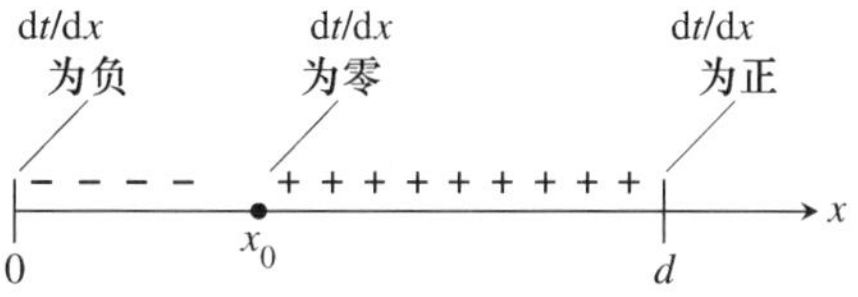

这个方程就是 Snell **定律**或**折射定律**.

图 3.49 例 4 中 $\mathrm{d}t/\mathrm{d}x$ 的正负号模式.

解释 我们的结论是:光线遵循的路径是由 Snell 定理描述的路径. 图 3.50 说明了对空气

图 3.50 对室温下的空气和水,光速比为 1.33,从而 Snell 定律变成

$$\sin\theta_1 = 1.33\sin\theta_2.$$

在这张实验室的照片中,

$$\theta_1 = 35.5°, \theta_2 = 26°.$$

而

$(\sin 35.5°/\sin 26°) \approx 0.581/0.438 \approx 1.33,$

和预测值相同.

这张照片还说明了反射角 = 入射角.(题 40)

和水的情形.

来自经济学的例子

以下我们要指出微积分在经济理论的应用中的另外两个方面. 第一个是有关最大利润的问题. 第二个是有关最小平均成本的问题.

假设
$$r(x) = 卖出\ x\ 件产品的收入$$
$$c(x) = 生产这\ x\ 件产品的成本$$
$$p(x) = r(x) - c(x) = 卖出\ x\ 件产品的利润.$$

在这个生产水平(x 件产品)上的**边际收入**、**边际成本**和**边际利润**为

$$\frac{\mathrm{d}r}{\mathrm{d}x} = 边际收入,\quad \frac{\mathrm{d}c}{\mathrm{d}x} = 边际成本,\quad \frac{\mathrm{d}p}{\mathrm{d}x} = 边际利润$$

第一个结果是关于 p 和这些导数的关系的.

定理 6 最大利润

在给出最大利润的生产水平上, 边际收入等于边际成本.

证明 我们假设 $r(x)$ 和 $c(x)$ 对一切 $x > 0$ 可微, 所以如果 $p(x) = r(x) - c(x)$ 取到最大值, 那么它一定在使 $p'(x) = 0$ 的生产水平处取到. 因为 $p'(x) = r'(x) - c'(x)$, 所以 $p'(x) = 0$ 蕴涵着

$$r'(x) - c'(x) = 0 \quad 或 \quad r'(x) = c'(x). \qquad \square$$

图 3.51 对这种情形给出了更多的信息.

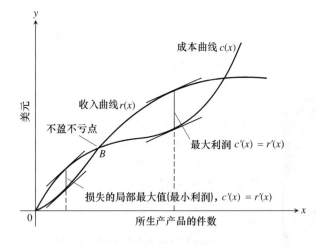

图 3.51 典型的成本函数的图形, 开始为凹向下稍后变成凹向上, 它在不盈不亏点 B 处穿过收入曲线. 在 B 的左边, 公司在亏损情况下运作. 在 B 的右边, 公司在有利润的情况下运作, 在 $c'(x) = r'(x)$ 的 x 处达到最大利润. 再往右, 成本超过了利润(也许是因为劳动力和原材料的涨价以及市场饱和的组合因素造成的) 从而生产水平再次变成无利可图.

从这些观察结果我们得到什么样的指引呢?我们知道在 $p'(x) = 0$ 的生产水平不一定是利润最大的生产水平. 它可能是, 例如说, 利润最小的生产水平. 但是, 如果我们正在为我们的公司作财务规划的话, 我们应该寻求边际成本看来是等于边际收入的生产水平. 如果存在一个利润最高的生产水平的话, 它就是这些生产水平中的一个.

3.5 建模和最优化

例 5（极大化利润） 假设 $r(x) = 9x$ 而 $c(x) = x^3 - 6x^2 + 15x$，其中 x 表示千件产品. 是否存在一个能最大化利润的生产水平？如果存在的话，它是什么？

解 注意到 $r'(x) = 9$ 而 $c'(x) = 3x^2 - 12x + 15$.

$$3x^2 - 12x + 15 = 9 \qquad \text{令 } c'(x) = r'(x)$$
$$3x^2 - 12x + 6 = 0$$

这个二次方程的两个解为

$$x_1 = \frac{12 - \sqrt{72}}{6} = 2 - \sqrt{2} \approx 0.586 \quad \text{以及} \quad x_2 = \frac{12 + \sqrt{72}}{6} = 2 + \sqrt{2} \approx 3.414.$$

可能使利润最大的产品的水平为 $x \approx 0.586$ 千件或 $x \approx 3.414$ 千件. 图 3.52 的图形表明在 $x = 3.414$ 处（在该处收入超过成本）达到最大利润而最大亏损发生在大约 $x = 0.586$ 的生产水平上.

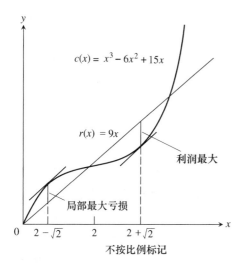

图 3.52 例 5 中的成本和收入曲线.

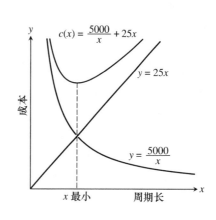

图 3.53 每天的平均成本 $c(x)$ 是双曲线和线性函数之和.（例 6）

例 6（极小化成本） 在本章的引言中，我们考虑过利用原材料生产 5 件家具的贮藏橱制作者. 假设一种特定的外来的木材的运送成本为 5000 美元，而贮存每个单位材料的贮存成本为 10 美元，这里的单位材料指的是她制作一件家具所需的原材料的量. 为使她在两次运送期间的制作周期内平均的每天成本最小，每次她应该订多少原材料以及多长时间订一次货？

解

模型 如果她要求每 x 天送一次货，那么为在运送周期内有足够的原材料她必须订 $5x$ 单位材料. 平均贮存量大约为运送数量的一半，即 $5x/2$. 因此每个运送周期内的运送和贮存成本大约为

$$\text{每个周期的成本} = \text{运送成本} + \text{贮存成本}$$

$$\text{每个周期的成本} = \underbrace{5000}_{\substack{\text{运送}\\\text{成本}}} + \underbrace{\left(\frac{5x}{2}\right)}_{\substack{\text{每天平均}\\\text{贮存量}}} \cdot \underbrace{x}_{\substack{\text{贮存}\\\text{天数}}} \cdot \underbrace{10}_{\substack{\text{每天的}\\\text{贮存成本}}}$$

我们通过把每个周期的成本除以该周期的天数算得每天的平均成本 $c(x)$（参见图 3.53）.

$$c(x) = \frac{5000}{x} + 25x, \quad x > 0.$$

当 $x \to 0$ 和 $x \to \infty$ 时每天的平均成本变大. 所以我们预期最小值是存在的, 但是在哪里取到呢? 我们的目的是要确定能给出绝对最小成本的两次运送之间的天数 x.

识别临界点   我们通过确定使导数等于零的点来求得临界点:

$$c'(x) = -\frac{5000}{x^2} + 25 = 0$$

$$x = \pm \sqrt{200} \approx \pm 14.14.$$

两个临界点中, 只有 $\sqrt{200}$ 是在 $c(x)$ 的定义域中. 每天的平均成本的临界点处的值为

$$c(\sqrt{200}) = \frac{5000}{\sqrt{200}} + 25\sqrt{200} = 500\sqrt{2} \approx 707.11 \text{ 美元}.$$

我们要指出, $c(x)$ 定义在开区间 $(0, \infty)$ 上, 其二阶导数 $c''(x) = 5000/x^3 > 0$. 因此在 $x = \sqrt{200} \approx 14.14$ 天处取到绝对最小值.

解释   贮藏橱制作者应安排每隔 14 天运送外来的木材 $5(14) = 70$ 单位材料.

用可微函数对离散现象进行建模

也许你们想知道为什么我们可以用可微函数 $c(x)$ 和 $r(x)$ 来描述只能用整数来表示的生产出的产品件数 x 的成本和收入, 以下就是理由.

当 x 很大时, 我们可以用不仅定义在 x 的整数值而且也定义在整数之间一切值上的光滑函数 $c(x)$ 和 $r(x)$ 合理地拟合成本和收入. 一旦我们有了这些可微函数, 假定它们的性态很像当 x 是整数时的实际的成本和收入, 我们就可以用微积分对 $c(x)$ 和 $r(x)$ 的值得出各种结论. 然后我们把这些数学结论翻译成我们希望会给出预测值的有关实际问题的各种推断. 当我们这样做的时候, 就像我们在这里对经济学理论所作的那样, 我们说这些函数给出了实际问题的很好的模型.

当我们的计算结果告诉我们最优解的 x 值不是整数时我们该怎么办呢? 在例 6 中, 如果在两次运送间的天数必须是整数以及某些材料的进货必须是按批算的时候, 那么我们必须对答案进行舍入. 我们应该向下或是向上舍入呢? 即在两次运送间的最优时间（天数）的邻近, 成本的变化对两次运送间的时间是增加或减少有多敏感?

例 7（最低成本的敏感度）   对例 6 中两次运送间天数的最优解我们应该向上舍入还是向下舍入?

解   如果我们从 14.14 天向下舍入为 14 天, 那么平均每天成本将增加 0.03 美元:

$$c(14) = \frac{5000}{14} + 25(14) = 707.14 \text{ 美元}$$

而

$$c(14) - c(14.14) = 707.14 - 707.11 = 0.03 \text{ 美元}$$

另一方面, $c(15) = 708.33$ 美元, 如果我们向上舍入, 那么我们的成本将增加 $708.33 - 707.11 = 1.22$ 美元. 因此, 向下舍入会更好一点. 在题 49 中要求你对给定任何材料运送和贮存成本时

两次运送之间的最优时间推导出一个一般的公式.

习题 3.5

每当你要极大化或极小化一个单变量函数时,我们鼓励你在你正在求解的问题的适当的定义域上画函数的图形.在你计算之前,该图形会提供洞察,而且对于理解你的答案该图形也提供了形象化的背景.

几何中的应用

1. **极小化周长** 面积为 16 英寸^2 的矩形的最小可能的周长是什么,它的尺寸是多少?

2. **求面积** 证明在周长为 8 米的所有矩形中,面积最大的是正方形.

3. **内接矩形** 右图展示的是斜边为 2 的等边直角三角形内的内接矩形(如右图所示).
   (a) 把点 P 的 y 坐标用 x 表示出来.(提示:写出 AB 的方程.)
   (b) 把矩形的面积用 x 表示出来.
   (c) 矩形可能有的最大面积为多大,尺寸是什么?

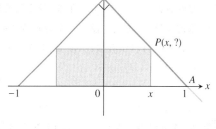

4. **最大矩形** 底在 x 轴上的矩形,它的上面两个顶点在抛物线 $y = 12 - x^2$ 上.矩形可能有的最大面积为多大,尺寸是什么?

5. **最佳尺寸** 你正计划从 8 英寸×15 英寸的一张硬纸板上在四个角切去全等的正方形再往上折起构成一个无盖的长方盒子.用这种方法做得的体积最大的盒子的尺寸(长、宽、高)是什么,体积为多大?

6. **隔离第一象限** 你正计划用从 $(a,0)$ 到 $(0,b)$ 20 单位长的线段把第一象限割离出一个角.试证明由这个线段割离出来的三角形的面积当 $a = b$ 时最大.

7. **最佳围栏规划** 一块矩形的农田,一边靠河,另三边用单股的电线围栏围起来.800 米长的电线由你支配,你能围起来的最大矩形面积为多少,矩形的尺寸是什么?

8. **最短的篱笆** 一块面积为 216 米^2 的矩形豌豆地用篱笆围起来并且用平行于其一边的另一条篱笆把豌豆地分割成两个相等的部分.要使篱笆总长最小的外矩形的尺寸是什么?要用多少篱笆?

9. **不锈钢桶的设计** 你的铁工厂已经和制造厂签署了一个为该厂设计和制造 500 英尺^3 容量的底为正方形的无盖长方体桶.该桶是把薄个不锈钢板沿正方形的边焊甬而成的.作为制造工程师,你的工作是找出使桶的重量尽可能轻的底和高的尺寸.
   (a) 你告诉工厂要采用的尺寸是什么?
   (b) **为学而写** 简单地叙述一下你是怎么考虑重量的.

10. **收集雨水** 要建造一个顶部和地面齐平,底是边长为 x 英尺的正方形,深为 y 英尺的容量为 1125 英尺^3 的收集雨水的无盖水池.其成本不仅和建造池子所用的材料有关,而且和与乘积 xy 成正比的开挖成本有关.
    (a) 如果总成本为
    $$c = 5(x^2 + 4xy) + 10xy,$$
    使成本最小的 x 和 y 为多大?
    (b) **为学而写** 试给出(a) 中成本函数的可能的设想方案.

11. **海报尺寸设计** 你正在设计一张长方形海报,包括 50 英寸^2 的印刷内容以及上、下底各 4 英寸的页边空白,左右两边各 2 英寸的页边空白.什么样的总的尺寸能使用的纸量最少?

12. **内接圆锥** 求左下图所示半径为 3 的最大的内接直立圆锥的体积.

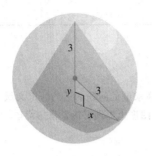

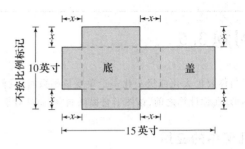

第 12 题图

第 16 题图

13. **求角度** 三角形的两边的边长为 a 和 b,其夹角为 θ. 什么样的 θ 值能使三角形的面积最大?(提示:$A = (1/2)ab\sin\theta$.)

14. **罐的设计** 容量为 1000 厘米^3 的重量最轻的无盖直立圆柱形罐的尺寸是什么?与例 2 中的结果进行比较.

15. **罐的设计** 你正在设计一个容量为 1000 厘米^3 的直圆柱形罐,它的制造要考虑材料的损耗. 切割做侧面的铝片时材料没有损耗,但上、下底 r 为半径的圆片是从边长为 $2r$ 的正方形铝片切出的. 所以所用的铝片总量为

$$A = 8r^2 + 2\pi rh$$

而不是例 2 中的 $A = 2\pi r^2 + 2\pi rh$. 例 2 中高和半径之比为 $2:1$. 现在的情况,高和半径之比为多少?

16. **设计带盖的盒子** 一块 10 英寸 × 15 英寸的硬纸板. 两个相同的正方形从如右上图所示的 10 英寸边长的两角切去. 两个同样的矩形从另两个角切去使凸出部分如图折起来能做成一个带盖的长方盒子.

   (a) 写出盒子体积 $V(x)$ 的公式.
   (b) 求本问题情形中 V 的定义域并在该定义域范围内画 V 的图形.
   (c) 用图形法求最大可能的体积以及给出该体积的 x 值.
   (d) 解析地确证你在(c)中得到的结果.

17. **箱子的设计** 一块 24 英寸 × 36 英寸的硬纸板折成两半,形成附图所示的 24 英寸 × 18 英寸的矩形. 然后从折出的矩形的四个角切去边长为 x 的全等正方形. 再展开硬纸板,把 6 个凸出部分折起形成一只有边和盖的盒子.

   (a) 写出盒子体积 $V(x)$ 的公式.
   (b) 求本问题情形中 V 的定义域并在该定义域范围内画 V 的图形.
   (c) 用图形法求最大可能的体积以及给出该体积的 x 值.

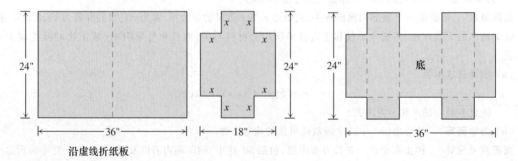

沿虚线折纸板

(**d**) 解析地确证你在(**c**)中得到的结果.

(**e**) 求给出体积为 1120 英寸³ 的 x 值.

(**f**) 为学而写 写一段描述(**b**)中提出的问题的短文.

18. **内接矩形** 矩形内接于曲线 $y = 4\cos(0.5x)$ 从 $x = -\pi$ 到 $x = \pi$ 的弧下. 具有最大面积的矩形的尺寸是什么, 最大面积为多少?

19. **极大化体积** 求能内接于半径为 10 厘米的球内的最大可能体积的直圆柱体的尺寸. 最大体积为多少?

20. (**a**) 仅当盒子的长度和腰围(围绕长度, 见下左图)之和不超过 108 英寸时, 美国的邮局才接受国内投递. 正方形端面的长方体盒子的什么样的尺寸能使其体积最大?

T (**b**) 画这个 108 英寸盒子(长加上腰围等于 108 英寸)的体积作为长度的函数的图形, 并与你在(**a**)中的答案进行比较.

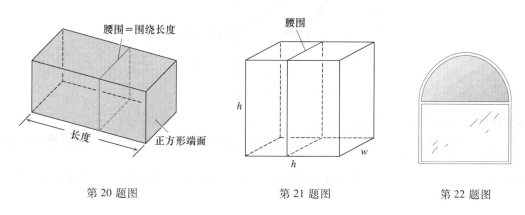

第 20 题图   第 21 题图   第 22 题图

21. (题 20 的继续)

(**a**) 假设盒子不是正方形端面而是正方形侧面, 因而其尺寸为 $h \times h \times w$, 而腰围为 $2h + 2w$(见上中图). 什么尺寸能给出最大体积?

T (**b**) 画体积作为 h 的函数的图形, 并与你在(**a**)中的答案进行比较.

22. **设计窗户** 窗户的形状为矩形上面有一个半圆(见右上图). 矩形部分是透明玻璃; 而半圆部分是着色玻璃, 只能透过透明玻璃能透过的光线的一半. 整个周长是固定的. 求能够透过最多光线的窗户的半圆和矩形部分所占的比例. 忽略窗框的厚度.

23. **建造谷仓** 建造一个下部为圆柱上部为半球形状的谷仓(不包括底部). 就每平方英尺表面的建造成本而言, 半球的成本为圆柱侧表面成本的两倍. 如果体积一定, 试决定使建造成本最小的尺寸. 忽略谷仓的厚度以及建造中材料的损耗.

24. **求角度** 要建造的(水)槽的形状及尺寸如下图所示. 只有角度可以改变. 什么样的 θ 可使(水)槽的体积最大?

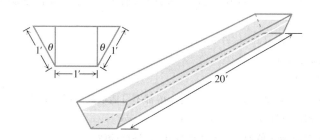

25. **折纸**（2-3人结组一起做） 8.5英寸×11英寸矩形的纸片放在平坦的面上. 如下图所示把一个角（通过折叠）放到较长的对边上, 并保持纸片是光滑平坦的. 问题是使折痕的长度尽可能小. 把长度记为 L. 用一张纸来试一下.

(**a**) 证明 $L^2 = 2x^3/(2x-8.5)$.

(**b**) 什么样的 x 值使 L^2 最小？

(**c**) L 的最小值是什么？

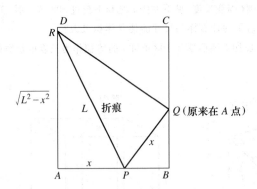

26. **构建柱体** 试比较下面两个构建问题的答案.

(**a**) 周长为 36 厘米, 尺寸为 x 厘米 × y 厘米的矩形片卷成如左下图(a)所示的圆柱体. 什么样的 x 和 y 值能使圆柱体体积最大？

(**b**) 同样的矩形片沿长为 y 的一边旋转扫出如下图(b)所示的圆柱体. 什么样的 x 和 y 值能使圆柱体的体积最大？

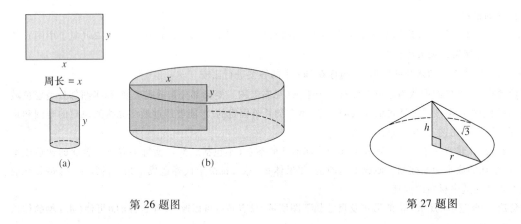

第 26 题图　　　　　　　　　　第 27 题图

27. **锥的构建** 斜边为 $\sqrt{3}$ 米的直角三角形绕它的一条侧边旋转生成一个直圆锥. 求能使该直圆锥体积最大的半径、高度和体积.

28. **求参数值** a 的什么值能使 $f(x) = x^2 + (a/x)$

(**a**) 在 $x = 2$ 有局部最小值？

(**b**) 在 $x = 1$ 有一拐点？

29. **求参数值** 试证明 $f(x) = x^2 + (a/x)$ 对任何 a 值都不可能取到局部最大值.

30. **求参数值** a 和 b 的什么样的值能使 $f(x) = x^3 + ax^2 + bx$

(**a**) 在 $x = -1$ 取到局部最大值而在 $x = 3$ 处取到局部最小值？

(**b**) 在 $x = 4$ 处取到局部最小值而在 $x = 1$ 处有一个拐点？

物理应用

31. 垂直运动 垂直运动物体的高度由

$$s = -16t^2 + 96t + 112$$

给出,其中 s 以英尺计而 t 以秒计. 求
(a) 当 $t = 0$ 时物体的速度.
(b) 物体的最大高度以及何时达到.
(c) 当 $s = 0$ 时物体的速度.

32. 最快的路径 Jane 在离岸 2 英里的船上,目的地是从离船最近的点沿直的海岸线往下 6 英里处的一个村镇. 她能每小时划船 2 英里,每小时走路 5 英里. 要在最短时间内到达该村镇,她的船应在何处靠岸?

33. 最短的杆 附图所示 8 英尺高的墙离建筑物 27 英尺. 求能从墙外地面到建筑物边的最短的直杆.

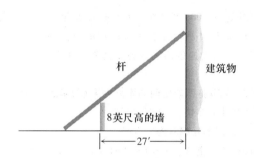

T 34. 梁的强度 矩形木质梁的强度 S 和其宽度与深度平方之积成正比(见右图).

(a) 求能从直径 12 英寸的圆柱原木切割下来强度最大的梁的尺寸.
(b) 为学而写 假设比例常数取作 $k = 1$. 画 S 作为梁的宽度 w 的函数的图形. 试把它与你从(a)中得到的答案一致起来.
(c) 为学而写 在同一屏幕上,画 S 作为梁的深度 d 的函数的图形,再次假设 $k = 1$. 比较这两个图形以及你在(a)中的答案. 如果改变 k 值将会有什么样的影响?试试看.

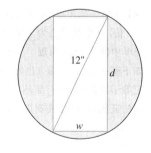

T 35. 梁的刚度 矩形梁的刚度 S 和其宽度与深度的立方之积成正比.
(a) 求能从直径 12 英寸的圆柱原木切割下来刚度最大的梁的尺寸.
(b) 为学而写 假设比例常数 $k = 1$,画 S 作为梁的宽度 w 的函数的图形. 试把它与你从(a)中得到的答案一致起来.
(c) 为学而写 在同一屏幕上,画 S 作为梁的深度 d 的函数的图形,再次假设 $k = 1$. 比较这两个图形以及你在(a)中的答案. 如果改变 k 值将会有什么样的影响?试试看.

36. 直线运动 两个质点在 s 轴上的位置为 $s_1 = \sin t$ 和 $s_2 = \sin(t + \pi/3)$,其中 s_1 和 s_2 以米计而 t 以秒计.
(a) 在区间 $0 \leq t \leq 2\pi$ 中的什么时刻两质点相遇?
(b) 质点相距最远的距离是什么?
(c) 在区间 $0 \leq t \leq 2\pi$ 中的什么时刻两质点间距离变化最快?

37. 无磨擦的手车 从静止位置把通过一个弹簧与墙相连的小车拉出 10 厘米(见附图),然后在 $t = 0$ 时刻松开,让小车来回滚动 4 秒钟. 小车在 t 时刻的位置为 $s = 10\cos \pi t$.
(a) 小车的最大速度是多少?何时小车运动有这么快?在什么位置?加速度的大小为多少?
(b) 当加速度达到最大时小车位置在那里?小车的速率为多少?

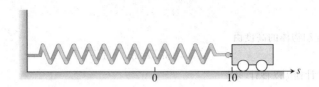

38. **并排挂着的两块东西** 并排挂在弹簧下的两块东西的位置分别为 $s_1 = 2\sin t$ 和 $s_2 = \sin 2t$(如右图所示).

    (a) 在区间 $0 < t$ 中什么时刻这两块东西互相擦肩而过?(提示:$\sin 2t = 2\sin t \cos t$.)

    (b) 在区间 $0 \leq t \leq 2\pi$ 中何时两者间的距离最大?距离为多少? (提示:$\cos 2t = 2\cos^2 t - 1$.)

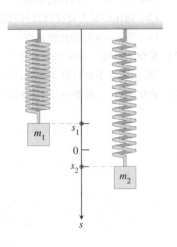

39. **两条船之间的距离** 正午时刻(12:00) 船 A 在船 B 北面 12 海里处. 船 A 以 12 节的速度(每小时 1 海里;1 海里等于 2000 码) 向南行驶而且全天继续向南行驶. 船 B 以 8 节的速度向东行驶而且全天继续向东行驶.

    (a) 从正午 $t = 0$ 开始计算时间,并把两船之间的距离表为 t 的函数.

    (b) 正午时刻两船间的距离变化有多快?一小时以后呢?

    (c) 那天的能见度是 5 海里. 两船能互相看到对方吗?

    T (d) 把作为 t 的函数的 s 和 ds/dt 一起在 $-1 \leq t \leq 3$ 的范围内的图形画在一起,如果可能用不同的颜色画出. 比较这两个图形并使之与你在(b)和(c)得到的答案一致起来.

    (e) 在第一象限里 ds/dt 的图形看起来好像有一条水平渐近线. 这就提示 ds/dt 当 $t \to \infty$ 时趋于一个极限值. 这个极限值为多少?和船自身的速度的关系是什么?

40. **光学中的 Fermat 原理** 光学中的 Fermat 原理说光线从一点到另一点永远沿行进时间最短的路径行进. 如下图所示,从光源 A 出发,从一平面镜面反射到一接受点 B. 试证明对服从 Fermat 原理的光线,入射角一定等于反射角,它们都是从反射面的法线量起的角度.(这个结果也可以不用微积分来导出. 有一个纯几何的证明,你可能喜欢那个证明.)

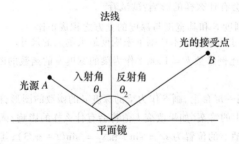

41. **马口铁害虫** 当金属的马口铁保持在 13.2℃ 以下时,它会慢慢地变得易碎而后粉碎成灰色的粉末. 如果保持在冷的气候条件下多年马口铁做的物体会自发地粉碎成灰色的粉末. 多年以前看到教堂里马口铁元件做成的管子粉碎掉的欧洲人把这种变化称为马口铁害虫,因为它看起来好像是接触传染性的,它确实是这样,因为灰色的粉末就是形成它自己的催化剂.

化学反应中的催化剂是一种它自身并不经受永久性变化而又能控制反应率的物种. 自催化反应是一种反应,这种反应中其产品本身就是形成它自己的催化剂. 如果一开始催化剂的量少,那么这种反应可能会缓慢地进行而且当多数原来的物质被用尽时反应最后又会变慢. 但在反应的中间阶段,当反应物和它的催化剂都很丰富时反应会以较快的速度进行.

在某些情形,假设反应率 $v = dx/dt$ 既和现有的原来的反应物成正比又和产品的量成正比是合理的.即认为 v 只是 x 的函数,从而

$$v = kx(a - x) = kax - kx^2$$

其中

x = 产品总量

a = 开始时反应物的总量

k = 正常数

在什么样的 x 处变化率 v 达到最大值?v 的最大值为多少?

42. 飞机降落的路径　当正在高度 H 飞行的飞机开始向机场跑道下降时,如下图所示从飞机到机场的水平地面距离为 L. 假设飞机下降的路径为三次函数 $y = ax^3 + bx^2 + cx + d$ 的图形,其中 $y(-L) = H$ 而 $y(0) = 0$.

(a) 在 $x = 0$ 处 dy/dx 为多少?

(b) 在 $x = -L$ 处 dy/dx 为多少?

(c) 利用 dy/dx 在 $x = 0$ 和 $x = -L$ 处的值以及 $y(0) = 0$ 和 $y(-L) = H$,证明

$$y(x) = H\left[2\left(\frac{x}{L}\right)^3 + 3\left(\frac{x}{L}\right)^2\right].$$

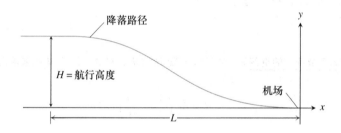

商业和经济学

43. 销售背包　制造和销售每一个背包的成本为 c 美元.如果每个背包的售出价为 x 美元,售出背包数由

$$n = \frac{a}{x - c} + b(100 - x)$$

给出,其中 a 和 b 是正常数.什么样的售出价格能带来最大利润?

44. 旅游服务　你运作的旅游服务提供以下的价格:

如果 50 人(预订旅游的最低数字)参加旅游,那么每人 200 美元.

对每增加 1 人,至多到总数 80 人,每人的费用的下降率为 2 美元.

要实施一次旅游的费用为 6000 美元(固定成本)加上每人 32 美元.要有多少人参加旅游才能使你的利润最大?

45. 威尔逊(Wilson) 批量大小的公式　库存管理中的一个公式是说,订货、支付和保存货物的平均周费用为

$$A(q) = \frac{km}{q} + cm + \frac{hq}{2},$$

其中 q 是当货物快耗尽时(鞋、收音机、扫帚或者可能的货物种类)你的订货量,k 是发出一次订单所需费用(同样的费用,不管你多久发一次订单),c 是一类商品的成本(常数),m 是每周出售的商品的种类,而 h 是每种商品的周保存费用(考虑了诸如空间、设施、保险以及安全性等因素的一个常数).

(a) 作为你的商店的库存经理,你的任务就是要求出能使 $A(q)$ 最小的量 q. 它等于多少?(你得到的答案的公式称为 Wilson 批量大小公式.)

(b) 有时运送成本依赖于订货多少.如果确是如此的话,用 k 与 q 的常数倍之和 $k + bq$ 来代替 k 更为实际.现在最经济的订货量为多少?

46. 生产水平 试证明:平均成本最小的生产水平(如果存在的话)是使平均成本等于边际成本的水平.

47. 生产水平 证明:如果 $r(x) = 6x$ 而 $c(x) = x^3 - 6x^2 + 15x$ 是你的收入和成本函数,那么你能做得最好的策略就是不亏不盈(收入等于成本).

48. 生产水平 假设 $c(x) = x^3 - 20x^2 + 20\,000x$ 是制造 x 件产品的成本. 求制造 x 件产品的平均成本最小的生产水平.

49. 平均天成本 在例6中,假设任何材料每次送货的运送成本为 d 美元,单位材料每天的贮存成本为 s 美元,而生产率为每天 p 件.

(**a**) 每 x 天要送货多少材料?

(**b**) 证明

$$\text{每个周期的成本} = d + \frac{px}{2}sx.$$

(**c**) 求两次送货之间的时间 x^* 以及使送货和贮存的<u>平均天成本</u>最小的送货量.

(**d**) 证明 x^* 位于双曲线 $y = \dfrac{d}{x}$ 和直线 $y = psx/2$ 的交点处.

50. 极小化平均成本 假设 $c(x) = 2000 + 96x + 4x^{3/2}$,其中 x 表示千单元. 是否存在使平均成本最小的生产水平?如果存在的话,什么是该生产水平?

医学

51. 对药物的敏感性(2.3节例7的继续) 通过求导数 dR/dM 取到最大值的 M 值来求得对人体最敏感的药量,其中

$$R = M^2\left(\frac{C}{2} - \frac{M}{3}\right)$$

而 C 是一常数.

52. 我们怎样咳嗽

(**a**) 当我们咳嗽时,气管收缩以增加空气流出的速度. 这就提出了以下问题:为使速度最大,应收缩多少以及当我们咳嗽时是否真的收缩了那么多.

在关于气管壁的弹性以及在管壁附近由于磨擦气流会慢下来的合理假设下,平均气流速度可以用方程

$$v = c(r_0 - r)r^2 \text{ 厘米／秒}, \quad \frac{r_0}{2} \leqslant r \leqslant r_0,$$

来建模,其中 r_0 是以厘米计的气管在静止状态下的半径而 c 是一个其值部分依靠于气管长度的正常数.

证明当 $r = (2/3)r_0$ 时,即当气管收缩33%时,v 取到最大值. 值得注意的事实是,X光照相确认了当咳嗽时气管收缩大约就是这么多.

T(**b**) 取 $r_0 = 0.5$ 而 $c = 1$,并在区间 $0 \leqslant r \leqslant 0.5$ 范围内画 v 的图形. 把你从图形中看到的和当 $r = (2/3)r_0$ 时 v 取到最大值的结论进行比较.

理论和例子

53. 有关正整数的不等式 证明如果 a, b, c 和 d 是正整数,那么

$$\frac{(a^2 + 1)(b^2 + 1)(c^2 + 1)(d^2 + 1)}{abcd} \geqslant 16.$$

54. 例4中的导数 dt/dx

(**a**) 证明

$$f(x) = \frac{x}{\sqrt{a^2 + x^2}}$$

是 x 的增函数.

(b) 证明

$$g(x) = \frac{d - x}{\sqrt{b^2 + (d - x)^2}}$$

是 x 的减函数.

(c) 证明

$$\frac{dt}{dx} = \frac{x}{c_1 \sqrt{a^2 + x^2}} - \frac{d - x}{c_2 \sqrt{b^2 + (d - x^2)}}$$

是 x 的增函数.

55. **为学而写** 设 $f(x)$ 和 $g(x)$ 是左下图中的可微函数. 两曲线间的垂直距离在点 c 达到最大. 关于这两条曲线在点 c 的切线有什么特殊之处? 对你的回答给出理由.

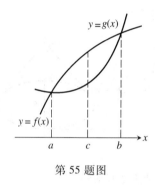

第 55 题图

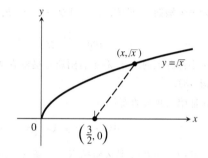

第 59 题图

56. **为学而写** 要求你确定函数 $f(x) = 3 + 4\cos x + \cos 2x$ 是否总是负的.
   (a) 说明为什么你只需要在区间 $[0, 2\pi]$ 上考虑上述问题.
   (b) f 总是负的吗? 说明理由.

57. **绝对最大值**
   (a) 函数 $y = \cot x - \sqrt{2} \csc x$ 在区间 $0 < x < \pi$ 上取到绝对最大值. 求该最大值.
   T (b) 画函数的图形并把你看到的和你在 (a) 中的答案进行比较.

58. **绝对最小值**
   (a) 函数 $y = \tan x + 3\cot x$ 在区间 $0 < x < \pi/2$ 上取到绝对最小值. 求该最小值.
   T (b) 画函数的图形并把你看到的和你在 (a) 中的答案进行比较.

59. **微积分和几何学**
   (a) 曲线 $y = \sqrt{x}$ 和点 $(3/2, 0)$ 有多近? (提示: 如果你对距离的平方求最小值, 那么你就可以避开平方根.)
   T (b) 把距离函数和 $y = \sqrt{x}$ 的图形画在一起并把你看到的和你在 (a) 中的答案一致起来.

60. **微积分和几何学**
   (a) 半圆 $y = \sqrt{16 - x^2}$ 和点 $(1, \sqrt{3})$ 有多近?
   T (b) 把距离函数和 $y = \sqrt{16 - x^2}$ 的图形画在一起并把你看到的和你在 (a) 中的答案一致起来.

计算机探究

在题 61 和 62 中, 你会发现利用 CAS 会是有帮助的.

61. 广义锥问题 把半径为 a 英寸的平的圆盘,切掉弧长为 x 的一个扇形 AOC,再把边 OA 和 OC 粘接在一起,构建了一个高 h 而半径为 r 的锥.

(**a**) 求用 x 和 a 表示的体积 V 的公式.

(**b**) 对 $a = 4, 5, 6, 8$ 求体积最大的锥的 r 和 h.

(**c**) **为学而写** 求体积最大的锥的与 a 无关的 r 和 h 间的简单关系式. 说明你是怎样求得这个关系式的.

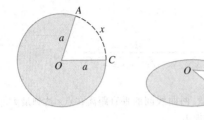
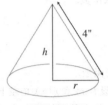

不按比例标记

62. 外切一个椭圆 设 $P(x, a)$ 和 $Q(-x, a)$ 是中心在 $(0, 5)$ 的椭圆

$$\frac{x^2}{100} + \frac{(y-5)^2}{25} = 1$$

的上半部分上的两点. 利用右图所示椭圆在 P 和 Q 的切线构成了三角形 RST.

(**a**) 证明三角形的面积为

$$A(x) = -f'(x)\left[x - \frac{f(x)}{f'(x)}\right]^2,$$

其中 $y = f(x)$ 是表示椭圆上半部分的函数.

(**b**) A 的定义域是什么? 画 A 的图形. 该图形和本问题有关的渐近线是怎样的?

(**c**) 确定使面积最小的三角形的高. 它和该椭圆中心的坐标有什么样的关系?

(**d**) 对中心位于 $(0, B)$ 的椭圆

$$\frac{x^2}{C^2} + \frac{(y-B)^2}{B^2} = 1$$

重复(a)到(c). 证明当高等于 $3B$ 时三角形面积最小.

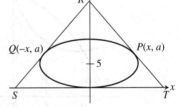

3.6 线性化和微分

线性化 • 微分 • 用微分来估计变化 • 绝对、相对和百分比变化 • 变化的敏感度 • 微分近似中的误差 • 质能转换

有时候我们可以用能给出在特定应用中我们所需要的精度而且较容易处理的比较简单的函数来近似复杂的函数. 本节中要讨论的近似函数称为<u>线性化</u>,它们是建立在切线的基础上的. 其他的近似函数在第 8 章中讨论.

我们引进新的变量 dx 和 dy 并以能对 Leibniz 的记号 dy/dx 给出新的含义的方式来定义

dx 和 dy. 我们用 dy 来估计函数变化的度量中的误差和敏感度.

线性化

如你在图 3.54 中可以看到的, 曲线 $y = x^2$ 的切线在切点附近很靠近该曲线. 对于两边的一小段区间, 沿切线的 y 值给出了曲线上 y 值的很好的近似. 我们通过把镜头推近在切点附近的这两个图形或者察看在切点 x 坐标附近 $y = x^2$ 和它的切线之间距离的数值表来观察这种现象. 局部看来, 每一条可微曲线的性态就像一条直线.

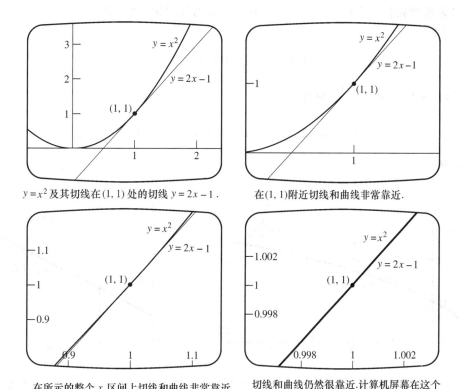

图 3.54　在函数可微的点附近我们把函数的图形放得愈大, 图形变得更为平坦从而愈像它的切线.

一般说来, 在 $f(x)$ 可微的点 $x = a$ 处 $y = f(x)$ 的切线通过点 $(a, f(a))$ (图 3.55), 所以切线的点 – 斜方程为

$$y = f(a) + f'(a)(x - a).$$

因此, 这条切线是线性函数

$$L(x) = f(a) + f'(a)(x - a)$$

的图形. 只要这条直线继续保持和 f 的图形很靠近, 那么 $L(x)$ 就给出了 $f(x)$ 的很好的近似.

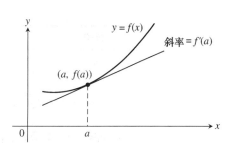

图 3.55　曲线 $y = f(x)$ 在 $x = a$ 的切线是直线 $y = f(a) + f'(a)(x - a)$.

> **定义 线性化**
>
> 如果 f 在 $x = a$ 可微,那么近似函数
> $$L(x) = f(a) + f'(a)(x-a) \tag{1}$$
> 就是 f 在 a 的**线性化**.

近似 $f(x) \approx L(x)$ 是 f 在 a 的**标准线性近似**. 点 $x = a$ 是该近似的**中心**.

例 1(求线性化) 求 $f(x) = \sqrt{1+x}$ 在 $x = 0$ 的线性化(图 3.56).

解 因为
$$f'(x) = \frac{1}{2}(1+x)^{-1/2},$$

我们有 $f(0) = 1, f'(0) = \frac{1}{2}$,而且
$$L(x) = f(a) + f'(a)(x-a) = 1 + \frac{1}{2}(x-0) = 1 + \frac{x}{2}.$$

参见图 3.56.

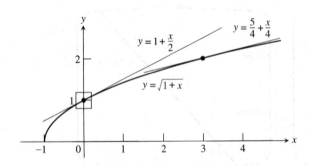

图 3.56 $y = \sqrt{1+x}$ 的图形及其在 $x = 0$ 和 $x = 3$ 的线性化. 图 3.57 展示了在 y 轴上 $y = 1$ 附近小视窗的放大.

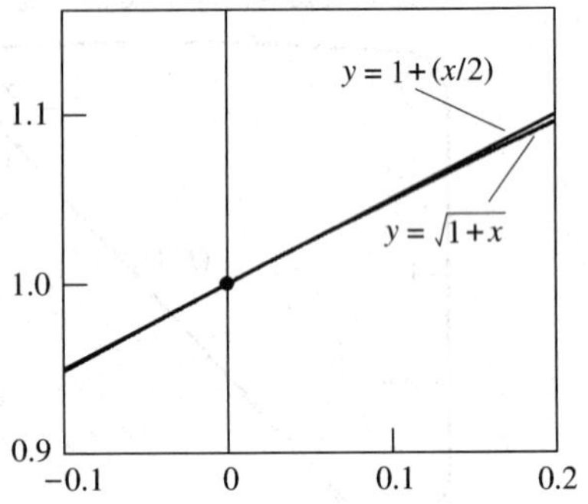

图 3.57 图 3.56 中小视窗的放大.

察看一下 x 在 0 附近的 x 值处近似 $\sqrt{1+x} \approx 1 + (x/2)$ 的精度.

近似	|真值 − 近似值|
$\sqrt{1.2} \approx 1 + \frac{0.2}{2} = 1.10$	$< 10^{-2}$
$\sqrt{1.05} \approx 1 + \frac{0.05}{2} = 1.025$	$< 10^{-3}$
$\sqrt{1.005} \approx 1 + \frac{0.005}{2} = 1.00250$	$< 10^{-5}$

当我们从 $x = 0$ 移开时,我们就失去了精度. 例如,对 $x = 2$,线性化对 $\sqrt{3}$ 给出的近似为 2, 它甚至连一位小数的精度都没有.

不要被前面的计算误导而认为无论怎样用线性化去近似总比用计算器计算要好. 实际上, 我们从来不会用线性化去求某个特定的平方根. 线性化的效用在于它有能力在整个区间上用比较简单的函数来替代复杂的函数. 如果我们必须在 0 附近的 x 处 $\sqrt{1+x}$ 而且能容许有小量的误差的话, 我们可以用处理 $1+(x/2)$ 来代替. 当然, 接下来我们就需要知道误差有多大. 我们在第 8 章中将会对误差作详尽的分析.

当离开其中心时线性近似通常会失去精度. 如图 3.56 表明的, 在 $x=3$ 附近, 近似 $\sqrt{1+x} \approx 1+(x/2)$ 大概是太粗糙了. 在 $x=3$ 处, 我们需要在 $x=3$ 处的线性化.

例 2(求另一点的线性化) 求 $f(x) = \sqrt{1+x}$ 在 $x=3$ 的线性化.

解 我们在 $a=3$ 的情形计算(1)式. 由于

$$f(3) = 2, \quad f'(3) = \frac{1}{2}(1+x)^{-1/2}\bigg|_{x=3} = \frac{1}{4},$$

我们有

$$L(x) = 2 + \frac{1}{4}(x-3) = \frac{5}{4} + \frac{x}{4}.$$

在 $x=3.2$, 例 2 中的近似给出

$$\sqrt{1+x}\bigg|_{x=3.2} = \sqrt{1+3.2} \approx \frac{5}{4} + \frac{3.2}{4} = 1.250 + 0.800 = 2.050,$$

与真值 $\sqrt{4.2} \approx 2.04939$ 之差小于千分之一. 例 1 中的线性化给出

$$\sqrt{1+x}\bigg|_{x=3.2} = \sqrt{1+3.2} \approx 1 + \frac{3.2}{2} = 1 + 1.6 = 2.6,$$

与真值之差大于 25%.

例 3(求根式函数和幂函数的线性化) 最重要的根式和幂函数的线性化为

$$(1+x)^k \approx 1 + kx \quad (x \text{ 在 0 附近; 任何数 } k) \tag{2}$$

(习题中的题 7). 对于充分靠近 0 的 x 值这个线性化是很好的, 它有广泛的应用.

例 4(应用例 3) 下列近似是例 3 的结论

$$\sqrt{1+x} \approx 1 + \frac{1}{2}x \qquad\qquad k = 1/2$$

$$\frac{1}{1-x} = (1-x)^{-1} \approx 1 + (-1)(-x) = 1 + x \qquad k = -1; \text{用} -x \text{替代} x.$$

$$\sqrt[3]{1+5x^4} = (1+5x^4)^{1/3} \approx 1 + \frac{1}{3}(5x^4) = 1 + \frac{5}{3}x^4 \qquad k = 1/3; \text{用} 5x^4 \text{替代} x.$$

$$\frac{1}{\sqrt{1-x^2}} = (1-x^2)^{-1/2} \approx 1 + \left(-\frac{1}{2}\right)(-x^2) = 1 + \frac{1}{2}x^2 \qquad k = -1/2; \text{用} -x^2 \text{替代} x.$$

注: 在 $x=0$ 附近常用的近似

$$\sin x \approx x, \quad \cos x \approx 1, \quad \tan x \approx x, \quad (1+x)^k \approx 1+kx$$

(习题中的题 6 和 7)

例 5(求线性化) 求 $f(x) = \cos x$ 在 $x = \pi/2$ 的线性化(图 3.58).

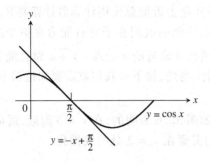

图 3.58 $f(x) = \cos x$ 及其在 $x = \pi/2$ 的线性化的图形. 在 $x = \pi/2$ 附近,
$$\cos x \approx -x + (\pi/2).$$
(例 5)

解 因为 $f(\pi/2) = \cos(\pi/2) = 0, f'(x) = -\sin x$, 而 $f'(\pi/2) = -\sin(\pi/2) = -1$, 所以我们有

$$\begin{aligned} L(x) &= f(a) + f'(a)(x-a) \\ &= 0 + (-1)\left(x - \frac{\pi}{2}\right) \qquad a = \pi/2 \\ &= -x + \frac{\pi}{2} \end{aligned}$$

微 分

我们有时候用记号 dy/dx 来表示 y 关于 x 的导数. 与它的外貌相反, 它不是一个比值. 现在我们引进具有下列性质的新变量 dx 和 dy: 如果它们的比存在, 那么比值就等于导数.

> **定义 微分**
> 设 $y = f(x)$ 是一个可微函数. 微分 dx 是一个自变量. 微分 dy 是
> $$dy = f'(x)dx.$$

和自变量 dx 不同, 变量 dy 永远是因变量, 它既依赖 x, 又依赖 dx.

例 6 (求微分 dy) 求 dy, 如果

(a) $y = x^5 + 37x$ (b) $y = \sin 3x$

解

(a) $dy = (5x^4 + 37)dx$ (b) $dy = (3\cos 3x)dx$

如果 $dx \neq 0$, 那么微分 dy 和微分 dx 的商就等于导数 $f'(x)$, 因为

$$\frac{dy}{dx} = \frac{f'(x)dx}{dx} = f'(x).$$

我们有时候记为

$$df = f'(x)dx$$

来代替 $dy = f'(x)dx$, 称 df 为 **f 的微分**. 例如, 若 $f(x) = 3x^2 - 6$, 则

$$df = d(3x^2 - 6) = 6xdx.$$

每一个像

注: dx 和 dy 的含义 在多数上下文中, 自变量的微分 dx 就是它的改变量 Δx, 但是我们并不把这个限制强加在定义中.

与自变量 dx 不同, 变量 dy 永远是个因变量. 它既依赖于 x 也依赖于 dx.

$$\frac{d(u+v)}{dx} = \frac{du}{dx} + \frac{dv}{dx} \quad \text{或} \quad \frac{d(\sin u)}{dx} = \cos u \frac{du}{dx}$$

那样的微商公式都有一个像

$$d(u+v) = du + dv \quad \text{或} \quad d(\sin u) = \cos u \, du.$$

那样相应的微分公式.

例 7 求函数的微分

(**a**) $d(\tan 2x) = \sec^2(2x) d(2x) = 2\sec^2 2x \, dx$

(**b**) $d\left(\dfrac{x}{x+1}\right) = \dfrac{(x+1)dx - xd(x+1)}{(x+1)^2} = \dfrac{x\,dx + dx - x\,dx}{(x+1)^2} = \dfrac{dx}{(x+1)^2}$

用微分来估计变化

假设我们知道可微函数 $f(x)$ 在点 a 的值而且我们想预测如果我们从 a 移动到附近一点 $a + dx$,那么函数值的改变会有多大. 如果 dx 小,那么 f 及其在 a 的线性化的变化几乎是同样的 (图 3.59). 因为 L 的值算起来简单,计算 L 的变化提供了估计 f 的变化的一种实际可行的方法.

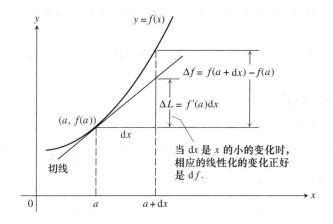

图 3.59 用 f 的线性化的变化来近似函数 f 的变化.

在图 3.59 的记号中, f 的变化为

$$\Delta f = f(a + dx) - f(a)$$

而相应的 L 的变化为

$$\begin{aligned}\Delta L &= L(a+dx) - L(a) \\ &= \underbrace{f(a) + f'(a)[(a+dx) - a]}_{L(a+dx)} - \underbrace{f(a)}_{L(a)} \\ &= f'(a)dx.\end{aligned}$$

因此,微分 $df = f'(x)dx$ 有以下的几何解释: df 在 $x = a$ 的值为 ΔL,相应于变化 dx 的 f 的线性化的变化.

> **变化的微分估计**
> 设 $f(x)$ 在 $x = a$ 可微. 当 x 从 a 变到 $a + dx$ 时 f 值的近似变化为
> $$df = f'(a)dx.$$

例8（用微分来估计变化） 圆的半径 r 从 $a = 10$ 米变到 10.1 米（图 3.60）. 利用 dA 来估计圆面积 A 的增加. 用真的变化 ΔA 来与这个估计进行比较.

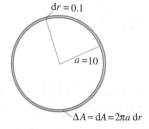

图3.60 当 dr 与 r 相比是小的情形，就像 $dr = 0.1$ 而 $a = 10$ 那样的情形，微分 $dA = 2\pi a dr$ 给出了 ΔA 的一个很好的估计.（例8）

解 因为 $A = \pi r^2$，估计的面积增加为
$$dA = A'(a)dr = 2\pi a dr = 2\pi(10)(0.1) = 2\pi \text{ 米}^2$$

真的变化为
$$\Delta A = \pi(10.1)^2 - \pi(10)^2 = (102.01 - 100)\pi = (\underbrace{2\pi}_{dA} + \underbrace{0.01\pi}_{\text{误差}}) \text{ 米}^2.$$

绝对、相对和百分比变化

当我们从 a 移动到邻近点 $a + dx$ 时，我们可以用三种方式来描述 f 的变化：

	真的变化	估计的变化
绝对变化	$\Delta f = f(a + dx) - f(a)$	$df = f'(a)dx$
相对变化	$\dfrac{\Delta f}{f(a)}$	$\dfrac{df}{f(a)}$
百分比变化	$\dfrac{\Delta f}{f(a)} \times 100$	$\dfrac{df}{f(a)} \times 100$

例9（计算百分比变化） 例8中圆面积的估计的百分比变化为
$$\frac{dA}{A(a)} \times 100 = \frac{2\pi}{100\pi} \times 100 = 2\%.$$

真的百分比变化为
$$\frac{\Delta A}{A(a)} \times 100 = \frac{2.01\pi}{100\pi} \times 100 = 2.01\%.$$

例10（打开受阻塞的动脉） 1830年代后期,法国生理学家普瓦泽伊（Jean Poiseuille）（译注:Jean - Louis - Marie Poiseuille,1799,4,22 ~ 1869,12,26,法国医师和生理学家,制定了圆管内液体层流速率的公式. Poiseuille 定律说,管内流量:(1) 与沿着管内长度的压力下降成正比,与管的半径的四次幂成正比,(2) 与管的长度和流体粘度成反比.）发现了今天我们仍在用来预测必须扩张部分受阻塞的动脉半径多少才能恢复正常的血液流动. 他的公式

$$V = kr^4,$$

说流体以固定的压力在单位时间内流过的细管的体积 V 等于一个常数乘以管半径 r 的四次幂. 半径 r 增加 10% 对 V 的影响有多大?

血管造影术
不透光的染色剂注射到部分受阻塞的动脉使其内部在 X 光线下变得可见. 这就展示了阻塞的位置及严重程度.

血管成形术
末端带有可膨胀气球的导管在动脉膨胀以扩张阻塞的部位.

解 r 的微分和 V 的微分之间的关系由方程

$$dV = \frac{dV}{dr}dr = 4kr^3 dr$$

表出. V 的相对变化为

$$\frac{dV}{V} = \frac{4kr^3 dr}{kr^4} = 4\frac{dr}{r}$$

V 的相对变化为 4 倍的 r 的相对变化, 所以 10% 的 r 增长将产生 40% 的流量增长.

变化的敏感度

方程 $df = f'(x)dx$ 告诉我们对不同 x 值处的输入变化 f 的输出变化有多敏感. 在 x 处 f' 的值愈大, 给定的变化 dx 的影响愈大.

例 11 (求井的深度) 你想通过往井下扔一块很重的石头计算石头触及水面溅泼声的时间并从公式 $s = 16t^2$ 来计算井的深度. 在测量时间中, 0.1 秒的误差对你的计算有多敏感?

解 公式中 ds 的大小

$$ds = 32t\, dt$$

取决于 t 有多大. 如果 $t = 2$ 秒, 由 $dt = 0.1$ 造成的误差只有

$$ds = 32(2)(0.1) = 6.4 \text{ 英尺}$$

三秒后, 即 $t = 5$ 时, 由同样的 dt 造成的误差为

$$ds = 32(5)(0.1) = 16 \text{ 英尺}$$

微分近似中的误差

设 $f(x)$ 在 $x = a$ 可微又设 Δx 是 x 的增量: 当 x 从 a 变到 $a + \Delta x$ 时我们有两种描述 f 的变化的方法:

真变化: $\Delta f = f(a + \Delta x) - f(a)$

微分估计: $df = f'(a)\Delta x$

df 近似 Δf 有多好?

我们用 Δf 减去 df 来度量近似的误差:

$$\begin{aligned}\text{近似的误差} &= \Delta f - df \\ &= \Delta f - f'(a)\Delta x\end{aligned}$$

$$= \underbrace{f(a+\Delta x) - f(a)}_{\Delta f} - f'(a)\Delta x$$

$$= \underbrace{\left(\frac{f(a+\Delta x) - f(a)}{\Delta x} - f'(a)\right)}_{\text{称这部分为 }\varepsilon}\Delta x$$

$$= \varepsilon \cdot \Delta x.$$

当 $\Delta x \to 0$ 时,差商

$$\frac{f(a+\Delta x) - f(a)}{\Delta x}$$

趋于 $f'(a)$(记住 $f'(a)$ 的定义),所以括号中的量是一个非常小的数(这就是为什么我们称它为 ε 的原因). 事实上,当 $\Delta x \to 0$ 时 $\varepsilon \to 0$. 当 Δx 小时,近似的误差 $\varepsilon\Delta x$ 更小.

$$\underbrace{\Delta f}_{\text{真变化}} = \underbrace{f'(a)\Delta x}_{\text{估计的变化}} + \underbrace{\varepsilon\Delta x}_{\text{误差}}$$

尽管我们并不确切知道误差有多小而且直到第 8 章之前我们也不可能在这方面取得更多的进展,但有些事是值得指出的,即这个等式所采用的形式.

在 $x = a$ 附近 $y = f(x)$ 的变化

如果 $y = f(x)$ 在 $x = a$ 可微而 x 从 a 变到 $a + \Delta x$,那么 f 的变化 Δy 由形为

$$\Delta y = f'(a)\Delta x + \varepsilon\Delta x \tag{3}$$

的等式给出,其中当 $\Delta x \to 0$ 时 $\varepsilon \to 0$.

质能转换

例 12(在 Einstein 物理学中应用近似) Newton 第二运动定律

$$F = \frac{\mathrm{d}}{\mathrm{d}t}(mv) = m\frac{\mathrm{d}v}{\mathrm{d}t} = ma$$

的这种陈述是假定了质量为常数(不变的),但我们知道严格说来这是不对的,因为物体的质量随其速度的增长而增长. 在 Einstein 修正后的公式中,质量为

$$m = \frac{m_0}{\sqrt{1 - v^2/c^2}},$$

其中"静止质量"表示没有运动时物体的质量,而 c 是光速,大约为 300 000 公里/秒. 利用例 4 中的近似

$$\frac{1}{\sqrt{1-x^2}} \approx 1 + \frac{1}{2}x^2 \tag{4}$$

来估计由于加进了速度 v 后质量的增长 Δm.

解 当 v 和 c 相比很小时,v^2/c^2 接近于零,从而可安全地利用

$$\frac{1}{\sqrt{1-v^2/c^2}} \approx 1 + \frac{1}{2}\left(\frac{v^2}{c^2}\right)$$

(方程(4)中 $x = v/c$)写下

$$m = \frac{m_0}{\sqrt{1-v^2/c^2}} \approx m_0\left[1 + \frac{1}{2}\left(\frac{v^2}{c^2}\right)\right] = m_0 + \frac{1}{2}m_0 v^2\left(\frac{1}{c^2}\right),$$

或

$$m \approx m_0 + \frac{1}{2}m_0 v^2 \left(\frac{1}{c^2}\right) \qquad (5)$$

是没有问题的. 等式(5) 表示加进速度 v 后产生的质量的增长.

能量解释 在 Newton 物理学中,$(1/2)m_0 v^2$ 是物体的动能(KE),又若我们把等式(5) 改写成

$$(m - m_0)c^2 \approx \frac{1}{2}m_0 v^2$$

的形式,那么我们就看到

$$(m - m_0)c^2 \approx \frac{1}{2}m_0 v^2 = \frac{1}{2}m_0 v^2 - \frac{1}{2}m_0 (0)^2 = \Delta(\mathrm{KE}),$$

或

$$(\Delta m)c^2 \approx \Delta(\mathrm{KE}). \qquad (6)$$

换言之,从速度 0 到速度 v 的动能的变化 $\Delta(\mathrm{KE})$ 近似等于 $(\Delta m)c^2$.

因为 $c = 3 \times 10^8$ 米/秒,等式(6) 就变成

$$\Delta(\mathrm{KE}) \approx 90\,000\,000\,000\,000\,000\,\Delta m \text{ 焦尔} \quad \text{以千克计的质量}$$

由此我们知道小的质量变化可以创造出大的能量变化. 例如,爆炸一颗 2 万吨级的原子弹释放的能量只相当于把 1 克的质量转换成的能量. 爆炸产品的重量只比爆炸材料少 1 克. 美国 1 分分币的重量为 3 克.

习题 3.6

求线性化

在题 1—5 中,求 $f(x)$ 在 $x = a$ 的线性化 $L(x)$.

1. $f(x) = x^3 - 2x + 3, \quad a = 2$
2. $f(x) = \sqrt{x^2 + 9}, \quad a = -4$
3. $f(x) = x + \frac{1}{x}, \quad a = 1$
4. $f(x) = \sqrt[3]{x}, \quad a = -8$
5. $f(x) = \tan x, \quad a = \pi$
6. 常用的在 $x = 0$ 的线性近似 求下列函数在 $x = 0$ 的线性化.
   (**a**) $\sin x$ (**b**) $\cos x$ (**c**) $\tan x$

幂函数和根式函数的线性化

7. 证明 $f(x) = (1 + x)^k$ 在 $x = 0$ 的线性化为 $L(x) = 1 + kx$.

8. 利用线性近似 $(1 + x)^k \approx 1 + kx$ 对零附近的 x 值求函数 $f(x)$ 的近似表示式.

   (**a**) $f(x) = (1 - x)^6$ (**b**) $f(x) = \dfrac{2}{1-x}$ (**c**) $f(x) = \dfrac{1}{\sqrt{1+x}}$

   (**d**) $f(x) = \sqrt{2 + x^2}$ (**e**) $f(x) = (4 + 3x)^{1/3}$ (**f**) $f(x) = \sqrt[3]{\left(1 - \dfrac{1}{2+x}\right)^2}$

作为近似的线性化

在题 9 - 12 中,选择中心不在 $x = a$ 的线性化,但在 $x = a$ 附近容易计算函数及其导数值. 说明线性化以及中心是什么.

9. $f(x) = 2x^2 + 4x - 3$, $a = -0.9$
10. $f(x) = \sqrt[3]{x}$, $a = 8.5$
11. $f(x) = \dfrac{x}{x+1}$, $a = 1.3$
12. $f(x) = \cos x$, $a = 1.7$

13. **比计算器算得快** 利用近似 $(1 + x)^k \approx 1 + kx$ 来估计下面的量.
    (**a**) $(1.0002)^{50}$ (**b**) $\sqrt[3]{1.009}$

14. **为学而写** 求 $f(x) = \sqrt{x + 1} + \sin x$ 在 $x = 0$ 的线性化. 它和 $\sqrt{1 + x}$ 以及 $\sin x$ 在 $x = 0$ 的单独的线性化有什么关系?

微分形式的导数

在题 15 - 24 中, 求 dy.

15. $y = x^3 - 3\sqrt{x}$
16. $y = x\sqrt{1 - x^2}$
17. $y = \dfrac{2x}{1 + x^2}$
18. $y = \dfrac{2\sqrt{x}}{3(1 + \sqrt{x})}$
19. $2y^{3/2} + xy - x = 0$
20. $xy^2 - 4x^{3/2} - y = 0$
21. $y = \sin(5\sqrt{x})$
22. $y = \cos(x^2)$
23. $y = 4\tan(x^3/3)$
24. $y = \sec(x^2 - 1)$

近似的误差

在题 25 - 28 中, 当 x 从 a 变到 $a + dx$ 时函数 f 也改变它的值. 求
 (**a**) 绝对变化 $\Delta f = f(a + dx) - f(a)$
 (**b**) 估计的变化 $df = f'(a)dx$
 (**c**) 近似的误差 $|\Delta f - df|$

25. $f(x) = x^2 + 2x, a = 0, dx = 0.1$
26. $f(x) = x^3 - x, a = 1, dx = 0.1$
27. $f(x) = x^{-1}, a = 0.5, dx = 0.05$
28. $f(x) = x^4, a = 1, dx = 0.01$

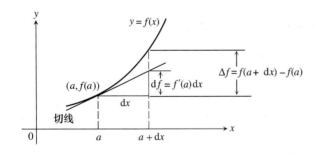

第 25 - 28 题图

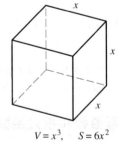

第 29 - 32 题图

变化的微分估计

在题 29 - 32 中, 写出估计给定体积或表面积变化的微分公式.

29. **体积**   当半径从 a 变到 $a + dr$ 时, 球体积 $V = (4/3)\pi r^3$ 的体积变化.
30. **表面积**   当半径从 a 变到 $a + dr$ 时, 球的表面积 $S = 4\pi r^2$ 的变化.
31. **体积**   当边长从 a 变到 $a + dx$ 时, 立方体体积 $V = x^3$ 的变化.

32. **表面积** 当边长从 a 变到 $a+dx$ 时,立方体表面积 $S=6x^2$ 的变化.

应用

33. **扩张的圆** 圆的半径从 2.00 米增加到 2.02 米.
    (**a**) 估计圆面积的变化.
    (**b**) 把该估计表为原来圆面积的百分数.

34. **长大的树** 树的直径为 10 英寸. 随后几年间,其周长增加了 2 英寸. 树的直径增长了多少?树的截面积增长了多少?

35. **估算体积** 估算高为 30 英寸,半径为 6 英寸而壳的厚度为 0.5 英寸的圆柱形壳体中材料的体积(如右图所示).

36. **估算高度** 站在离建筑物底部 30 英尺的一位勘测员测得到建筑物顶端的仰角为 $75°$. 为使在测量该建筑物高度时的相对误差小于 4%,所测得的角度必须有多大的精度?

37. **容限** 直圆柱的高和半径相等,所以其体积为 $V=\pi h^3$. 要用误差不超过真值 1% 的精度要求来计算体积. 近似地求在测量 h 时能容许的最大误差,表为 h 的百分数.

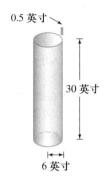

第 35 题图

38. **容限**
    (**a**) 通过测量 10 米高直圆柱贮存罐内半径来计算罐的体积,要求误差不超过真体积的 1%,问测量内半径应有的精度为多少?
    (**b**) 涂一个贮存箱的外表面,测量箱的外半径的精度要有多高,才能使涂料总量不超过真值的 5%.

39. **铸造硬币** 制造商和联邦政府签订铸造硬币的合同. 如果铸造的硬币的重量在理想重量的 $1/1000$ 的范围内的话这是容许的,试问为此硬币半径的容许偏差为多少?假设硬币的厚度不变.

40. **概述立方体体积的变化** 边长为 x 的立方体的体积 $V=x^3$ 当 x 增长 Δx 时其体积增量为 ΔV. 写一个概述,怎样把 ΔV 几何地表述为
    (**a**) 三个大小为 $x \times x \times \Delta x$ 的层体
    (**b**) 三个大小为 $x \times \Delta x \times \Delta x$ 的杆体
    (**c**) 大小为 $\Delta x \times \Delta x \times \Delta x$ 的立方体
    的体积之和. 微分公式 $dV=3x^2 dx$ 用这三个层体估计 V 的变化.

41. **飞行机动作对心脏的影响** 由心脏的主泵室,左心室,完成的工作由方程
$$W = PV + \frac{V\delta v^2}{2g}$$
给出,其中 W 是单位时间作的功,P 是平均血压,V 是单位时间内泵出血液的体积,δ 是血液的重量密度,v 是现有血液的平均速度,而 g 是重力加速度.

当 P,V,δ 和 v 保持不变时,W 就变成 g 的函数从而方程有一简化的形式
$$W = a + \frac{b}{g} \quad (a,b \text{ 为常数})$$
作为 NASA(美国航空航天署)医疗队的一员,你想知道 W 对由于飞行机动动作造成的 g 的明显的变化的敏感度如何,而且这还依赖于 g 的初值. 作为你的研究的一部分,你决定比较在月球上给定的变化 dg 对 W 的影响,在月球上 $g=5.2$ 英尺/秒^2 和地球上同样的变化 dg 对 W 的影响,地球上 $g=32$ 英尺/秒^2. 利用上面的简化方程求 $dW_{月球}$ 和 $dW_{地球}$ 的比值.

42. **测量重力加速度** 当钟摆由于控制其温度而保持长度不变时,钟摆的周期取决于重力加速度 g. 所以当钟从地球表面一处移到另一处时取决于 g 的变化,摆的周期会稍有变化. 通过记下 ΔT,我们可以从联系 T,g 和 L 的方程 $T=2\pi(L/g)^{1/2}$ 来估计 g 的变化.

(a) 让 L 保持不变而让 g 作为自变量,计算 dT,并用它来回答(b)和(c).

(b) **为学而写** 如果 g 增加,T 是增加或减少?摆钟会走得快或慢下来?说明理由.

(c) 摆长为 100 厘米的钟从 $g = 980$ 厘米/秒^2 的地方移到一个新地方.这使周期增加了 $dT = 0.001$ 秒.求 dg 并估计在新地方 g 的值.

T 43. 拉近镜头来"看"可微性 下列函数在 $x = 0$ 可微吗?

$$f(x) = |x| + 1, \quad g(x) = \sqrt{x^2 + 0.0001} + 0.99$$

(a) 我们早就知道 f 在 $x = 0$ 不可微;它的图形在 $x = 0$ 有一角.画 f 的图形并在点 (0,1) 拉近镜头(放大)若干次.角有变直的迹象吗?

(b) 现在对 g 做(a)中同样的事情.g 的图形有变直的迹象吗?我们知道 g 在 $x = 0$ 可微,事实上,g 在 $x = 0$ 有一条水平切线.

(c) 在 g 的图形看起来确实像一条水平直线之前要拉近多少次镜头(放大多少次)?

(d) 现在把 f 和 g 的图形在标准的正方形视窗里画在一起.直到你开始拉近镜头之前它们似乎是一样的.可微函数最终是变直了,而非可微函数却令人印象深刻地保持不变.

T 44. 从图形读出导数 可微函数放大后会(局部)变平这个想法可用来估计在特定点处函数导数的值.我们不断放大曲线在所讨论点附近的图形直到它看起来像是一条过该点的直线为止,然后我们利用屏幕显示的坐标格点读出该直线的斜率作为曲线的斜率.

(a) 为看看这个过程怎样进行,首先对函数 $y = x^2$ 在 $x = 1$ 附近试试看.你读出的斜率应为 2.

(b) 然后对曲线 $y = e^x$ 在 $x = 1, x = 0$ 和 $x = -1$ 附近试试看.对每种情况把你的导数估计值和该点 e^x 的值进行比较.你看到什么样的模式?对其它的 x 值测试一下.

45. 线性化是最佳的线性近似(这就是为什么我们要用线性化的理由.) 假设 $y = f(x)$ 在 $x = a$ 可微而 $g(x) = m(x - a) + c$ 是一线性函数,其中 m 和 c 是常数.如果误差函数 $E(x) = f(x) - g(x)$ 在 $x = a$ 附近足够小,那么我们就可能会用 g 作为 f 的线性近似而不是线性化 $L(x) = f(a) + f'(a)(x - a)$.证明:如果我们对 g 加上条件(如右图所示):

1. $E(a) = 0$ 在 $x = 0$ 的近似误差为零.

2. $\lim\limits_{x \to a} \dfrac{E(x)}{x - a} = 0$ 与 $x - a$ 相比误差可以忽略.

那么 $g(x) = f(a) + f'(a)(x - a)$. 因此线性化 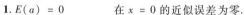 $L(x)$ 是在 $x = 0$ 的误差为零以及与 $x - a$ 相比误差可以忽略的唯一的线性近似.

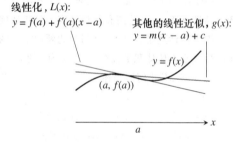

第 45 题图

46. 二次近似

(a) 设 $Q(x) = b_0 + b_1(x - a) + b_2(x - a)^2$ 是 $f(x)$ 在 $x = a$ 的具有以下性质的二次近似:

i. $Q(a) = f(a)$

ii. $Q'(a) = f'(a)$

iii. $Q''(a) = f''(a)$

试确定系数数 b_0, b_1 和 b_2.

(b) 求 $f(x) = 1/(1 - x)$ 在 $x = 0$ 的二次近似.

T (c) 画 $f(x) = 1/(1 - x)$ 及其在 $x = 0$ 的二次近似的图形.然后在点 (0,1) 把两个图形放大.对你所看到的加以评注.

T (d) 求 $g(x) = 1/x$ 在 $x = 1$ 的二次近似.画 g 及其二次近似的图形.对你所看到的加以评注.

T (e) 求 $h(x) = \sqrt{1 + x}$ 在 $x = 0$ 的二次近似.画 h 及其二次近似的图形.对你所看到的加以评注.

(f) 什么是 f, g 和 h 在 (b), (d) 和 (e) 的各自的点处的线性化?

47. 通过证明

$$\lim_{x \to 0} \frac{\sqrt{1+x}}{1+(x/2)} = 1$$

来说明用 $\sqrt{1+x}$ 在 $x = 0$ 的线性化作为 $\sqrt{1+x}$ 当 $x \to 0$ 时的近似是一定可以改进的.

48. **为学而写** 设可微函数 $f(x)$ 的图形在 $x = a$ 有一条水平切线. 关于 f 在 $x = a$ 的线性化有什么好说的? 对你的回答给出理由.

T 49. **在拐点处的线性化** 如图 3.58 表明的线性化在拐点处拟合得特别好. 在第 8 章你就会知道为什么了. 作为另一个例子,把 Newton 蛇形线 $f(x) = 4x/(x^2+1)$ 及其在 $x = 0$ 和 $x = \sqrt{3}$ 的线性化的图形画在一起.

T 50. **为学而写:重复开平方根**

(a) 在你的计算器上输入 2 然后逐次按平方根键求其开平方根的值(或重复按幂为 0.5 的指数函数键). 你看到呈现出的模式是什么? 说明会怎样发展下去. 如果你代之以逐次开十次方根又会怎样?

(b) 用 0.5 取代 2 并重复上述过程. 结果如何? 你能用任何正数 x 取代 2 吗? 说明将会发生什么?

计算机探究

比较函数及其线性化

在题 51 – 54 中,利用 CAS 来估计在指定区间上用线性化代替函数所产生误差的大小. 完成以下几步.

(a) 在 I 上画 f 的图形. (b) 求该函数在点 a 的线性化 L.
(c) 把 f 和 L 画在一张图上.
(d) 画 I 上的绝对误差 $|f(x) - L(x)|$ 的图形并求其最大值.
(e) 从 (d) 的图对 $\varepsilon = 0.5, 0.1$ 和 0.01 估计你可能做到的满足

$$|x - a| < \delta \Rightarrow |f(x) - L(x)| < \varepsilon$$

的尽可能大的 δ. 然后从图形上验证,看看你的 δ - 估计是否正确.

51. $f(x) = x^3 + x^2 - 2x, [-1, 2], a = 1$ 　　52. $f(x) = \dfrac{x-1}{4x^2+1}, [-3/4, 1], a = \dfrac{1}{2}$

53. $f(x) = x^{2/3}(x-2), [-2, 3], a = 2$ 　　54. $f(x) = \sqrt{x} - \sin x, [0, 2\pi], a = 2$

3.7　Newton 法

Newton 法的步骤 • 实践 • 收敛性通常是确保的 • 但也可能出问题 • 分形盆和 Newton 法

CD-ROM
WEBsite
历史传记

Neils Henrik Abel
(1802 — 1829)

我们知道解线性和二次方程的简单公式,对于三次和四次方程有更为复杂的公式. 人们一度希望对五次和更高次方程也可能求得类似的公式,但是挪威数学家阿贝尔(Neils Henrik Abel)证明了对于次数大于四的多项式方程不可能有类似的求解公式.

当得不到求解方程 $f(x) = 0$ 的确切公式时,我们可以用来自微积分的数值方法来近似求解我们要求的根. 数值方法之一就是 Newton 法,或更准确地说,牛顿 – 拉弗森(Newton – Raphson)法. 该方法基于下列想法:在 f 等于零的 x 值附近用 f 的切线来替代 $y = f(x)$

的图形. 线性化再次成为求解实际问题的关键.

Newton 法的步骤

Newton 法是用具有零点的函数的线性化来近似其零点的一种数值方法. 在合适的情况下,线性化的零点迅速收敛到要求的零点的精确近似值. 而且,Newton 法可应用于广泛的一类函数而且常常只要几步就得到结果. 下面就是 Newton 法是怎么做的.

初始估计值 x_0 常常可通过画图或简单的猜测来求得. 然后该方法就用曲线 $y = f(x)$ 在 $(x_0, f(x_0))$ 的切线近似该曲线,把切线和 x 轴的交点记作 x_1(图 3.61). 数 x_1 通常是比 x_0 更好的解的近似. 在 $(x_1, f(x_1))$ 的切线和 x 轴的交点 x_2 是近似序列中的下一个近似值. 利用每一次的近似来生成下一次的近似,我们就这样继续下去,直到充分靠近根的值再停止.

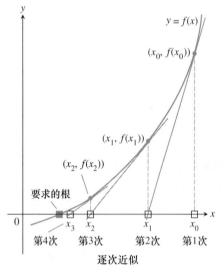

图 3.61 Newton 法从初始的猜测值开始而且(在合适的情况下)每次都把猜测值推进一步.

有一个从第 n 次近似值 x_n 求得 $(n+1)$ 次近似值 x_{n+1} 的公式. 曲线在 $(x_n, f(x_n))$ 的切线的点 – 斜方程为

$$y - f(x_n) = f'(x_n)(x - x_n).$$

令 $y = 0$ 就可以求得该切线和 x 轴的交点(图 3.62).

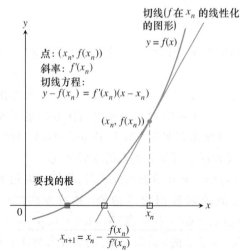

图 3.62 Newton 法逐次步骤的几何表示. 从 x_n 向上与曲线相交,然后作切线往下与 x 轴相交,求得 x_{n+1}.

$$0 - f(x_n) = f'(x_n)(x - x_n)$$
$$-f(x_n) = f'(x_n) \cdot x - f'(x_n) \cdot x_n$$
$$f'(x_n) \cdot x = f'(x_n) \cdot x_n - f(x_n)$$
$$x = x_n - \frac{f(x_n)}{f'(x_n)} \qquad 如果 f'(x_n) \neq 0$$

这个 x 值就是下一个近似值 x_{n+1}. 下面是 Newton 法的综合.

Newton 法的步骤

1. 猜方程 $f(x) = 0$ 的解的第一个近似值. $y = f(x)$ 的图形可能会有所帮助.
2. 利用公式

$$x_{n+1} = x_n - \frac{f(x_n)}{f'(x_n)} \qquad (1)$$

从第一次近似求得第二次近似,再从第二次近似求第三次近似,等等.

实践

在我们的第一个例子中,通过估计方程 $f(x) = x^2 - 2 = 0$ 的正根来求得 $\sqrt{2}$ 的十进制近似值.

例 1(求 2 的平方根) 求方程
$$f(x) = x^2 - 2 = 0$$
的正根.

解 由于 $f(x) = x^2 - 2$ 以及 $f'(x) = 2x$,方程(1)变成

$$x_{n+1} = x_n - \frac{x_n^2 - 2}{2x_n}.$$

为有效地使用计算器,我们重写该方程为如下形式以减少算术运算的次数:

$$x_{n+1} = x_n - \frac{x_n}{2} + \frac{1}{x_n} = \frac{x_n}{2} + \frac{1}{x_n}.$$

方程

$$x_{n+1} = \frac{x_n}{2} + \frac{1}{x_n}$$

注(算法和迭代): 习惯上把像 Newton 法那样的特定的计算步骤序列称为<u>算法</u>. 当算法是通过对给定步骤的重复执行,利用前一步的结果作为下一步的输入来实现的,这种算法就称为<u>迭代法</u>,而每一次重复就称为<u>一次迭代</u>. Newton 法是求根的真正快速迭代方法之一.

使我们能按少数几个键就能从一个近似值算出下一个近似值. 从 $x_0 = 1$ 开始,我们得到的结果列在下表中. (就 5 位小数而言, $\sqrt{2} = 1.41421.$)

	误差	正确位数
$x_0 = 1$	-0.41421	1
$x_1 = 1.5$	0.08579	1
$x_2 = 1.41667$	0.00246	3
$x_3 = 1.41422$	0.00001	5

多数计算器可用 Newton 法来求根,因为它收敛是如此的快(以后还会谈及更多). 如果例 1 表中的计算要求到 13 位小数而不是 5 位小数,那么只要再往下算一步就会给出 $\sqrt{2}$ 的正确位数超过 10 位小数的结果.

例 2(应用 Newton 法)　求曲线 $y = x^3 - x$ 和水平直线 $y = 1$ 交点的 x 坐标.

解　当 $x^3 - x = 1$ 或 $x^3 - x - 1 = 0$ 时曲线和直线相交. 什么 x 值使 $f(x) = x^3 - x - 1 = 0$ 呢?f 的图形(图 3.63)展示了位于 $x = 1$ 和 $x = 2$ 之间的一个单根. 我们对 f 用 Newton 法,从 $x_0 = 1$ 开始. 结果展示在表 3.1 和图 3.64 中.

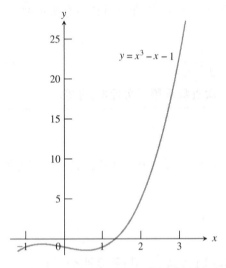

图 3.63　$f(x) = x^3 - x - 1$ 的图形. (例 2)

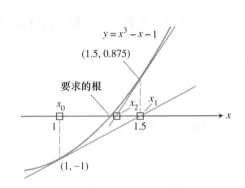

图 3.64　表 3.1 中前三个 x 值.

$n = 5$ 时,我们得到结果 $x_6 = x_5 = 1.324717957$. 当 $x_{n+1} = x_n$ 时,方程(1)表明 $f(x_n) = 0$. 我们求得 $f(x) = 0$ 的解到 9 位小数.

表 3.1　对 $f(x) = x^3 - x - 1, x_0 = 1$ 用 Newton 法的结果

n	x_n	$f(x_n)$	$f'(x_n)$	$x_{n+1} = x_n - \dfrac{f(x_n)}{f'(x_n)}$
0	1	−1	2	1.5
1	1.5	0.875	5.75	1.3478 26087
2	1.3478 26087	0.1006 82173	4.4499 05482	1.3252 00399
3	1.3252 00399	0.0020 58362	4.2684 68292	1.3247 18174
4	1.3247 18174	0.0000 00924	4.2646 34722	1.3247 17957
5	1.3247 17957	−1.8672E-13	4.2646 32999	1.3247 17957

在图 3.65 中,我们已经表明例 2 中的过程可以从 $x_0 = 3$ 的点 $B_0(3,23)$ 开始. 点 B_0 远离 x 轴,但 B_0 处的切线与 x 轴交于 $(2.12, 0)$,所以 x_1 仍是 x_0 的改进. 如果我们像前面那样对 $f(x) = x^3 - x - 1$ 和 $f'(x) = 3x^2 - 1$ 重复利用方程(1),我们确认用 7 步就可以得到 7 位小数解 $x_7 = x_6 = 1.324717957$.

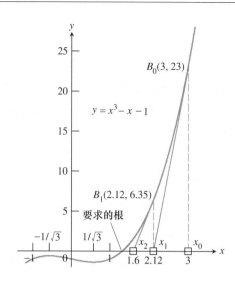

图 3.65 在 $x = 1/\sqrt{3}$ 右边的任何起始值 x_0 都将收敛到方程的根.

图 3.65 中的曲线在 $x = -1/\sqrt{3}$ 处有一个局部最大值而在 $x = 1/\sqrt{3}$ 处有一个局部最小值. 如果我们从这两个值之间的 x_0 开始的话我们不能指望 Newton 法会得到好的结果, 但我们可以从 $x = 1/\sqrt{3}$ 右边的任何地方开始都能得到解答. 这样做不是聪明的做法, 但我们甚至可以在右边很远处, 例如 $x = 10$, 开始. 这样做会多做几步, 但这个过程仍会收敛到和前面一样的答案.

收敛性通常是确保的

实践中, Newton 法通常以极快的速度收敛, 但并非都有保证. 测试收敛性的方法之一是从画函数的图形从估计 x_0 的好的初始值开始. 你可以通过计算 $|f(x_n)|$ 来测试是否接近函数的零点并且通过计算 $|x_n - x_{n+1}|$ 来检验该方法正在收敛与否.

理论确实提供了某些帮助. 高等微积分的一个定理是说, 如果

$$\left| \frac{f(x)f''(x)}{[f'(x)]^2} \right| < 1 \tag{2}$$

对包含根 r 的一个区间内的一切 x 成立的话, 那么对该区间内的任何起始值 x_0 该方法会收敛到 r.

如果曲线 $y = f(x)$ 关于 x 轴在 x_0 和要求的根之间的区间上是凸("隆起")的(参见图 3.66), 那么 Newton 法总是收敛的.

在适当的条件下, Newton 法收敛到 r 的速度可用高等微积分的公式

$$\underbrace{|x_{n+1} - r|}_{\text{误差} e_{n+1}} \leq \frac{\max |f''|}{2\min |f'|} |x_n - r|^2 = \text{常数} \cdot \underbrace{|x_n - r|^2}_{\text{误差} e_n} \tag{3}$$

来表示, max 和 min 表示包围 r 的区间上的最大值和最小值. 这个公式说第 $n+1$ 步的误差不超过一个常数乘上第 n 步误差的平方. 这看起来好像没有多快, 但要思考一下公式说的是什么. 如果常数小于等于 1 而且 $|x_n - r| < 10^{-3}$, 那么 $|x_{n+1} - r| < 10^{-6}$. 就单独的一步而言, Newton 法就把三位小数的精度提高到六位小数的精度!

方程(2)和(3)的结果都假设了 f 是"很好的"函数. 因此, 在方程(3)的情形, f 在 r 只有一个单根, 所以 $f'(r) \neq 0$.

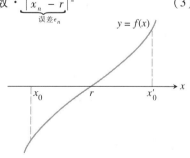

图 3.66 从每一个起点出发, Newton 法都会收敛到 r.

如果 f 在 r 有重根,那么收敛可能会慢下来.

但也可能出问题

如果 $f'(x_n) = 0$,Newton 法就会停下来(图 3.67). 这时要试试另一个起点. 当然 f 和 f' 可能会有公共的零点. 为测试是否是这种情形,你可以先求 $f'(x) = 0$ 的解然后检验 f 在这些值处的取值,或者你可以把 f 和 f' 画在一起来检验.

Newton 法并非总是收敛的. 例如,如果

$$f(x) = \begin{cases} -\sqrt{r-x}, & x < r \\ \sqrt{x-r}, & x \geq r \end{cases}$$

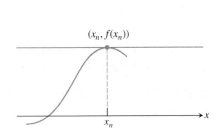

图 3.67　如果 $f'(x_n) = 0$,那么就没有能定义 x_{n+1} 的交点.

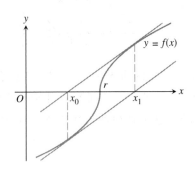

图 3.68　Newton 法不收敛的情形. 从 x_0 到 x_1 又返回 x_0,永远不会靠近 r.

那么其图形像图 3.68 中的图形. 如果我们从 $x_0 = r - h$ 开始,我们得到 $x_1 = r + h$,而后的逐次近似都在这两个值之间来回. 无论多少次迭代都不会比我们的初始猜测更接近根 r.

如果 Newton 法确实收敛,那么它一定收敛到一个根. 但是要小心. 有可能出现这样的情况,即看似收敛但"收敛值"不是根. 幸运的是,很少出现这种情况.

在 Newton 法收敛到一个根的情形,它可能并非你心目中要求的根. 图 3.69 说明了会出现这些情形的两种方式.

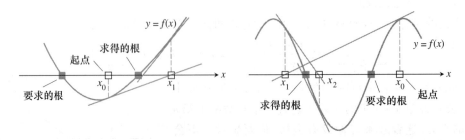

图 3.69　如果你从很远的地方开始,Newton 法可能会找不到你想要的根.

分形盆和 Newton 法

用 Newton 法求根的过程在如下意义下可能是不确定的,对某些方程而言,最终的结果对

起始值的位置高度敏感.

方程 $4x^4 - 4x^2 = 0$ 就是这样的方程(图 3.70a). 在 x 轴的左边区间上的起始值导至根 A. 在中间区间上的起始值导至根 B,而在右边区间中的起始值导至根 C. 点 $\pm\sqrt{2}/2$ 处有水平切线. 点 $\pm\sqrt{21}/7$ 是"来回循环",从每一点出发都导至另一点,又回到出发点(图 3.70b).

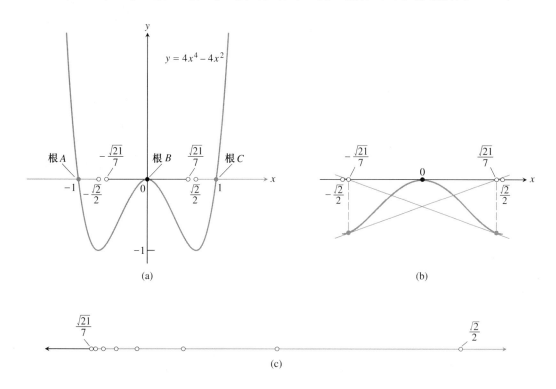

图 3.70 (a) 在 $(-\infty, -\sqrt{2}/2), (-\sqrt{21}/7, \sqrt{21}/7)$ 和 $(\sqrt{2}/2, \infty)$ 中的起始值分别导至根 A, B 和 C. (b) 值 $x = \pm\sqrt{21}/7$ 互相导至. (c) 在 $\sqrt{21}/7$ 和 $\sqrt{2}/2$ 之间有无穷多个吸引到 A 的点组成的开区间交替着吸引到 C 的点组成的开区间. 这种性态被反射到区间 $(-\sqrt{2}/2, -\sqrt{21}/7)$.

区间 $(\sqrt{21}/7, \sqrt{2}/2)$ 包含由导至根 A 的点组成的无穷多个开区间交替着由导至根 C 的点组成的无穷多个开区间(图 3.70c). 分割相邻区间的边界点(有无穷多个) 不会迭代到一个根, 而是从这个到另一个来回循环. 而且, 当我们选从右边趋于 $\sqrt{21}/7$ 的点时, 要区分那个点作起始点会导至 A 或那个会导至 C 将变得愈来愈困难. 在 $\sqrt{21}/7$ 的同一侧, 我们找到互相可以任意靠近的点而它们最终的收敛点却相隔很远.

如果我们把方程的根想像为另一些点的"吸引子", 图 3.70 表明了"吸引子"所吸引的点组成的区间("吸引区间"). 你可能会认为根 A 和 B 之间的点会吸引到 A 或 B, 但是如你们已经知道的, 不是这种情形. 在 A 和 B 之间有无穷多个由吸引到 C 的点组成的区间. 类似地在 B 和 C 之间存在无穷多个由吸引到 A 的点组成的区间.

当我们用 Newton 法来解复数方程 $z^6 - 1 = 0$ 时我们遇到了这种性态的一个甚至更引人注目的例子. 它有 6 个解: $1, -1$ 以及四个复数 $\pm(1/2) \pm (\sqrt{3}/2)i$. 如图 3.71 表明的, 六个根中的每一个在复平面(附录 4) 上都有无穷多个吸引"盆". 最下端中间的盆形域中的起始点被吸引到根 1,右下端盆形域中的起始点被吸引到根 $(1/2) + (\sqrt{3}/2)i$,等等. 每个盆都有边界,其复杂的模式在逐次放大的情形下无休止地重复着. 这些盆形域称为**分形盆**.

图 3.71 这个由计算机生成的初始值图利用颜色来展示当它们作为用 Newton 法求解方程 $z^6 - 1 = 0$ 时迭代终止在复平面上哪些不同的点.(译注:由于原图是彩色的,作者通过颜色来表示区域. 由于现在的图是黑白的. 我们用,例如,红色的点(下端中间盆形域)等方式来表明区域的位置.)红色的点(下端中间盆形域)走向 1(下端),绿色的点(右下端盆形域)走向 $(1/2) + (\sqrt{3}/2)i$,深兰色的点(右上端盆形域)走向 $(-1/2) + (\sqrt{3}/2)i$,等等. 黑色区域(最中间区域)中的点表示:如果以它为起始点,那么在迭代 32 步后它仍不能达到根的 0.1 单位的范围内.

习题 3.7

求根

1. 用 Newton 法估算方程 $x^2 + x - 1 = 0$ 的解. 从 $x_0 = -1$ 出发求左边的解而从 $x_0 = 1$ 出发求右边的解. 然后,求两种情形下的 x_2.

2. 用 Newton 法估算 $x^3 + 3x + 1 = 0$ 的一个实解. 从 $x_0 = 0$ 出发然后求 x_2.

3. 用 Newton 法估算函数 $f(x) = x^4 + x - 3$ 的两个零点. 从 $x_0 = -1$ 出发求左边的零点而从 $x_0 = 1$ 出发求右边的零点. 然后求两种情形下的 x_2.

4. 用 Newton 法估算函数 $f(x) = 2x - x^2 + 1$ 的两个零点. 从 $x_0 = 0$ 出发求左边的零点而从 $x_0 = 2$ 出发求右边的零点. 然后求两种情形下的 x_2.

5. 用 Newton 法通过解方程 $x^4 - 2 = 0$ 求正的 2 的四次方根. 从 $x_0 = 1$ 出发并求 x_2.

6. 用 Newton 法通过解方程 $x^4 - 2 = 0$ 求负的 2 的四次方根. 从 $x_0 = -1$ 出发并求 x_2.

理论、例子和应用

7. **猜根** 假设你第一次的猜测在如下意义下很运气,即 x_0 是 $f(x)$ 的一个根. 假定 $f'(x_0)$ 有定义而且非零,那么 x_1 和以后的近似将会怎样?

8. **为学而写** 你计划通过用 Newton 法解方程 $\cos x = 0$ 来估算 $\pi/2$ 到 5 位小数的精度. 这和起始点是什么值有关吗?对你的回答给出理由.

9. **振荡** 证明:如果 $h > 0$,把 Newton 法用于

$$f = \begin{cases} \sqrt{x}, & x \geq 0 \\ \sqrt{-x}, & x < 0 \end{cases}$$

会导至 $x_1 = -h$,如果 $x_0 = h$;而导至 $x_1 = h$ 如果 $x_0 = -h$. 画一图说明将会怎样.

习题 3.7

10. 愈来愈坏的近似 把 Newton 法用于 $f(x) = x^{1/3}$,从 $x_0 = 1$ 开始并计算 x_1, x_2, x_3 和 x_4. 求 $|x_n|$ 的一个公式. 当 $n \to \infty$ 时 $|x_n|$ 将会怎样?画一图以说明会怎样.

11. 为学而写 说明为什么下面四个陈述问的是相同信息:

 i. 求 $f(x) = x^3 - 3x - 1$ 的零点.

 ii. 求曲线 $y = x^3$ 和直线 $y = 3x + 1$ 交点的 x 坐标.

 iii. 求曲线 $y = x^3 - 3x$ 和水平直线 $y = 1$ 的交点的 x 坐标.

 iv. 求 $g(x) = (1/4)x^4 - (3/2)x^2 - x + 5$ 的导数等于零的值.

12. 确定行星的位置 为计算行星的空间坐标,我们必须要解像 $x = 1 + 0.5\sin x$ 的方程. 画出函数 $f(x) = x - 1 - 0.5\sin x$ 的图形表明 f 在 $x = 1.5$ 附近有一个零点. 试利用 Newton 法来改进这个估计. 即,从 $x_0 = 1.5$ 开始来求 x_1. (精确到小数 5 位的零点的值为 1.49870.) 记住要用弧度.

T 13. 在图形计算器上应用 Newton 法的编程 设 $f(x) = x^3 + 3x + 1$. 以下是为完成 Newton 法计算的主屏幕编程.

 (**a**) 置 $y_0 = f(x)$ 及 $y_1 = f(x)$ 的数值导数(NDER).

 (**b**) 把 $x_0 = -0.3$ 存入 x.

 (**c**) 再把 $x_0 - (y_0/y_1)$ 存入 x,尔后一再按"回车键". 看着数值收敛到 f 的零点.

 (**d**) 再利用不同的 x_0 值重复 (b) 和 (c) 的步骤.

 (**e**) 写下你自己设定的函数并用这样的方法(用 Newton 法)求该函数的零点. 并与你的计算器内置的求函数零点的功能求得的答案与之进行比较.

T 14. (题 11 的继续)

 (**a**) 用 Newton 法求 $f(x) = x^3 - 3x - 1$ 的两个负零点精确到 5 位小数的值.

 (**b**) 在 $-2 \le x \le -2.5$ 的范围内画 $f(x) = x^3 - 3x - 1$ 的图形. 利用拉近拉远(zoom)和跟踪(trace)的特殊功能来估计 f 的精确到小数 5 位的零点.

 (**c**) 画 $g(x) = 0.25x^4 - 1.5x^2 - x + 5$ 的图形. 在适当的重新标度下利用拉近拉远和跟踪的特殊功能求图形水平切线切点的精确到小数 5 位的 x 值.

15. 相交曲线 曲线 $y = \tan x$ 和直线 $y = 2x$ 在 $x = 0$ 和 $x = \pi/2$ 之间相交. 用 Newton 法求在何处相交.

T 16. 四次方程的实数解 用 Newton 法求方程 $x^4 - 2x^3 - x^2 - 2x + 2 = 0$ 的两个实数解.

T 17. 求解

 (**a**) 方程 $\sin 3x = 0.99 - x^2$ 有多少个解?

 (**b**) 用 Newton 法求这些解.

18. 曲线的相交

 (**a**) $\cos 3x$ 等于 x 吗?对你的回答给出理由.

 (**b**) 用 Newton 法求使它们相等的 x.

T 19. 多个零点 求函数 $f(x) = 2x^4 - 4x^2 + 1$ 的四个实零点.

T 20. 估算 π 的值 从 $x_0 = 3$ 开始用 Newton 法解方程 $\tan x = 0$ 来估算 π 到你的计算器能显示的尽可能多的精确位数.

21. 曲线的相交 在什么 x 值处 $\cos x = 2x$?

22. 曲线的相交 在什么 x 值处 $\cos x = -x$?

23. 求根 利用 1.4 节的介值定理证明 $f(x) = x^3 + 2x - 4$ 在 $x = 1$ 和 $x = 2$ 之间有一个零点. 再求这个零点 (精确到 5 位小数).

24. 四次方程的因式分解 求

$$8x^4 - 14x^3 - 9x^2 + 11x - 1 = 8(x - r_1)(x - r_2)(x - r_3)(x - r_4)$$

的因式分解中 r_1 到 r_4 的近似值.

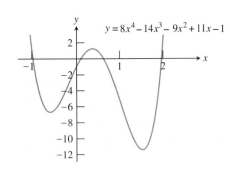

第 24 题图

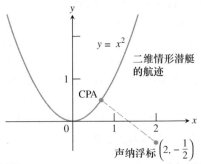

(来源:*The Contraction Mapping Principle*,by C.O. Wilde,UMAP Unit 326,Arlington,MA,COMAP,Inc.)

第 26 题图

25. 收敛到不同的零点 对给定的开始值用 Newton 法求 $f(x) = 4x^4 - 4x^2$ 的零点(图 3.70).

(a) $x_0 = -2$ 和 $x_0 = -0.8$,零点位于$(-\infty, -\sqrt{2}/2)$

(b) $x_0 = -0.5$ 和 $x_0 = 0.25$,零点位于$(-\sqrt{21}/7, \sqrt{21}/7)$

(c) $x_0 = 0.8$ 和 $x_0 = 2$,零点位于$(\sqrt{2}/2, \infty)$

(d) $x_0 = -\sqrt{21}/7$ 和 $x_0 = \sqrt{21}/7$

26. 声纳浮标问题 在潜艇定位问题中,常常需要求潜艇到水中的声纳浮标的最近点(CPA).假设潜艇在抛物线 $y = x^2$ 上航行而浮标位于点$(2, -1/2)$.

(a)证明使潜艇和浮标之间距离最小值的 x 是方程 $x = 1/(x^2 + 1)$ 的解.

(b)用 Newton 法解方程 $x = 1/(x^2 + 1)$.

27. 在根附近几乎是平坦的曲线 有些曲线太平坦,实际上,为给出有效的估计,Newton 法停止的地方离根太远了.对函数 $f(x) = (x - 1)^{40}$,起始值 $x_0 = 2$,用 Newton 法来看看你的计算机是怎样接近根 $x = 1$ 的.

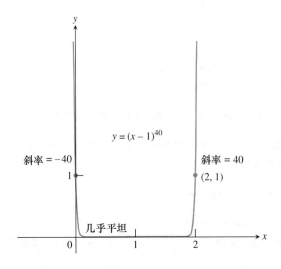

28. **求与已求得的根不同的根** $f(x) = 4x^4 - 4x^2$ 的三个根都可以用在 $x = \sqrt{21}/7$ 附近的 x 值作为起始值用 Newton 法求得. 试试看. 参见图 3.70.

29. **求离子的浓度** 当试图求盐酸中氢氧化镁的浸透溶液的酸度时,你导出了水合氢离子的离子浓度 $[H_3O^+]$ 的方程

$$\frac{3.64 \times 10^4}{[H_3O^+]^2} = [H_3O^+] + 3.6 \times 10^{-4}$$

为求 $[H_3O^+]$ 的值,你令 $x = 10^4[H_3O^+]$ 并把方程转换为

$$x^3 + 3.6x^2 - 36.4 = 0$$

用 Newton 法解这个方程. 你得到的 x 是什么?(使之达到 2 位小数的精度.)$[H_3O^+]$ 呢?

T 30. **复根** 如果你有能编制程序来进行复数运算的计算机或计算器的话,试做一个用 Newton 法求解方程 $z^6 - 1 = 0$ 的实验. 要用到的迭代关系为

$$z_{n+1} = z_n - \frac{z_n^6 - 1}{6z_n^5} \quad \text{或} \quad z_{n+1} = \frac{5}{6}z_n + \frac{1}{6z_n^5}.$$

试试从起始值:$2, i, \sqrt{3} + i$ 开始.

指导你们复习的问题

1. 关于闭区间上的连续函数能说些什么?
2. 函数在其定义域上有一个局部极值的含义是什么?绝对极值的含义呢?如果两者都有,那么局部极值和绝对极值有什么样的关系?给出例子.
3. 如果在内点处取到局部极值,该点处的 f' 会有什么样的情况?这一事实怎样导致求函数局部极值的步骤?
4. 你怎样求闭区间上连续函数的绝对极值?给出例子.
5. Rolle 定理的假设和结论是什么?这些假设真是必要的吗?说明理由.
6. 中值定理的假设和结论是什么?该定理可能有的物理解释是什么?
7. 叙述中值定理的三个推论.
8. 有时候你怎么能从知道 $f'(x)$ 以及 f 在一点 $x = x_0$ 的值来识别函数 $f(x)$?给一个例子.
9. 什么是微分方程?什么是微分方程的解?给出例子.
10. 什么是增函数和减函数的一阶导数检验法?怎样能用它来检验是否存在局部极值?
11. 你怎样检验二次可微函数以确定它的图形是凹向上或凹向下?给出例子.
12. 什么是拐点?给出例子. 有时候拐点会具有什么样的物理意义?
13. 什么是局部极值的二阶导数检验法?给出怎样应用该检验法的例子.
14. 函数的导数告诉你有关它的图形的什么信息?
15. 什么是自治微分方程?什么是它的平衡点?平衡点怎样有别于临界点?什么是稳定平衡点?不稳定平衡点?
16. 你怎样构建自治微分方程的相直线?相直线怎样有助于你产生能定性地描绘该微分方程解的图形?
17. 概述求解最大 - 最小问题的一般步骤. 给出例子.
18. 什么是函数 $f(x)$ 在点 $x = a$ 的线性化 $L(x)$?为使 f 在 a 的线性化存在,对 f 的要求是什么?线性化是怎么用的?给出例子.
19. 如果 x 从 a 移动到邻近的 $a + dx$,你怎样估算可微函数 $f(x)$ 的值的相应的变化?怎样估算相对变化?百分比变化?给一个例子.
20. 叙述解方程的 Newton 法. 给一个例子. 当你应用 Newton 法时应注意什么?

实践习题

从图形得到的结论

在题 1 - 4 中,利用图形回答问题.

1. 识别 f 的全局极值以及在哪些 x 值处取到全局极值.

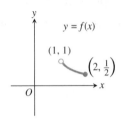

第 1 题图

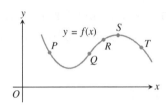

第 2 题图

2. 图示的 $y = f(x)$ 的图形的五点中的哪些点处

(**a**) y' 和 y'' 都是负的？　　　　(**b**) y' 为负而 y'' 为正？

3. 估计区间,在该区间上 $y = f(x)$ 为

(**a**) 增　　　　(**b**) 减

(**c**) 利用已给的 f' 的图形指出何处函数取到局部极值,以及该极值是相对最大值或相对最小值.

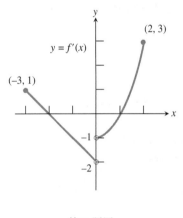

第 3 题图

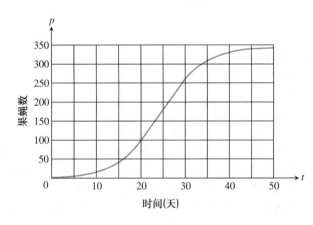

第 4 题图

4. 右上图是果蝇总数的图形. 大致在哪一天果蝇数的增长率从增的变为减的？

极值的存在性

5. 为学而写:**局部极值**　$f(x) = x^3 + 2x + \tan x$ 有局部最大值或局部最小值吗？对你的回答给出理由.

6. 为学而写:**局部最大值**　$g(x) = \csc x + 2\cot x$ 有局部最大值吗？对你的回答给出理由.

7. 为学而写:**极值**　$f(x) = (7+x)(11-3x)^{1/3}$ 有绝对最小值吗？绝对最大值？如果有的话,把它们求出来;或者如果不存在的话,给出不存在的理由. 列出 f 的全部临界点.

8. 为学而写:**局部极值**　求 a 和 b 的值,使得函数

$$f(x) = \frac{ax+b}{x^2-1}$$

在 $x = 3$ 处取到局部极值 1. 这个极值是局部最大值,或局部最小值?对你的回答给出理由.

9. **为学而写** 对一切 x 有定义的最大整数函数 $f(x) = \text{int } x$ 在 $[0,1)$ 中的每一点取到局部最大值. 这些局部最大值也能成为 f 的局部最小值吗?对你的回答给出理由.

10. (**a**) 试给出一个可微函数 f 的例子,即使 f 在点 c 既没有局部最大值也没有局部最小值,但它的一阶导数在点 c 等于零.
    (**b**) **为学而写** (a) 中的例子是怎样和 3.1 节的定理 2 相容的?对你的回答给出理由.

11. **绝对极值** 即使函数 $y = 1/x$ 在区间 $0 < x < 1$ 上连续但它既取不到最大值也取不到最小值. 这和连续函数的极值定理矛盾吗?为什么?

12. **绝对极值** 什么是函数 $y = |x|$ 在区间 $-1 \leq x < 1$ 上的最大值和最小值?注意这个区间不是闭区间. 这和连续函数的极值定理矛盾吗?为什么?

中值定理

13. (**a**) 证明 $g(t) = \sin^2 t - 3t$ 在其定义域的每个区间上都是减函数.
    (**b**) **为学而写** 方程 $\sin^2 t - 3t = 5$ 有多少个解?对你的回答给出理由.

14. (**a**) 证明 $y = \tan \theta$ 在其定义域的每个区间上都是增函数.
    (**b**) **为学而写** 如果(a)的结论真的是对的话,你怎么解释 $\tan \pi = 0$ 小于 $\tan(\pi/4) = 1$?

15. (**a**) 证明方程 $x^4 + 2x^2 - 2 = 0$ 在 $[0,1]$ 上有且只有一个解.
    T (**b**) 用计算器求解精确到尽可能多的小数位数.

16. (**a**) **增函数** 证明 $f(x) = x/(x+1)$ 在其定义域的每个区间上都是增函数.
    (**b**) **没有局部极值的函数** 证明函数 $f(x) = x^3 + 2x$ 既没有局部最大值也没有局部最小值.

17. **水库的水量** 作为一场暴雨的后果,水库水的体积在 24 小时里增加了 1400 英亩-英尺(译注:acre-foot,复数为 acre-ft. 英亩-英尺,灌溉的水量单位,相当于 1 英亩地 1 英尺深的水量,即 43 560 立方英尺,或 1233.5 立方米).试证明在下雨期间的某个瞬间水库的体积以超过 225 000 加仑/每分钟的速率增加(1 立方英尺等于 7.48 加仑).

18. **为学而写** 公式 $F(x) = 3x + C$ 对不同的 C 给出了不同的函数. 但是,所有这些函数都有关于 x 的相同的导数,即 $F'(x) = 3$. 这些函数是否就是仅有的导数等于 3 的可微函数?会有另外的函数其导数也等于 3 吗?对你的回答给出理由.

19. **为学而写** 证明

$$\frac{d}{dx}\left(\frac{x}{x+1}\right) = \frac{d}{dx}\left(-\frac{1}{x+1}\right)$$

即使 $\frac{x}{x+1} \neq -\frac{1}{x+1}$. 这和中值定理的推论 2 相矛盾吗?对你的回答给出理由.

20. **比较导数** 计算 $f(x) = x^2/(x^2+1)$ 和 $g(x) = -1/(x^2+1)$ 的一阶导数. 关于这两个函数的图形你能得到什么结论?

画函数图形的略图

画题 21-26 中曲线的略图.

21. $y = x^2 - (x^3/6)$ 22. $y = -x^3 + 6x^2 - 9x + 3$ 23. $y = (1/8)(x^3 + 3x^2 - 9x - 27)$

24. $y = x^3(8-x)$ 25. $y = x - 3x^{2/3}$ 26. $y = x\sqrt{3-x}$

题 27-30 中的每一题给出了函数 $y = f(x)$ 的一阶导数.

(**a**) 在哪些点,如果有的话,f 的图形有局部最小值、局部最大值或拐点?

(b) 画曲线一般形状的略图.

27. $y' = 16 - x^2$　　28. $y' = x^2 - x - 6$　　29. $y' = 6x(x+1)(x-2)$　　30. $y' = x^4 - 2x^2$

运动

从图形获得有关运动的结论　题 31 和 32 中的每张图都是沿坐标直线运动的物体位置函数 $s = f(t)$ (t 表示时间) 的图形. 大概在什么时间 (如果存在的话) 物体的

(a) 速度等于零?　　　　(b) 加速度等于零?

大概在什么时间区间里物体运动

(c) 向前?　　　　　　 (d) 向后?

31.　　　　　　　　　　　　　　　　32.

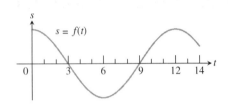 

33. **沿直线的运动**　沿直线运动的质点的位置函数为 $s(t) = 3 + 4t - 3t^2 - t^3$. 求

(a) 速度　　　　　　　(b) 加速度

(c) 描述 $t \geq 0$ 时质点的运动

34. **沿直线的运动**　沿直线运动的质点的位置函数为 $s(t) = (1/2)t^4 - 4t^3 + 6t^2, t \geq 0$. 在什么时间区间里质点向前运动?向后运动?

微分方程

在题 35 - 38 中,求具有题中所述导数的所有可能的函数.

35. $f'(x) = x^{-5} + \sin 2x$　　　　36. $f'(x) = \sec x \tan x$

37. $f'(x) = \dfrac{2}{x^2} + x^2 + 1, x > 0$　　38. $f'(x) = \sqrt{x} + \dfrac{1}{\sqrt{x}}$

在题 39 和 40 中,给定质点的速度 v 或加速度 a 及其初始位置. 求质点在 t 时刻的位置.

39. $v = 9.8t + 5, s = 10$ 当 $t = 0$ 时　　40. $a = 32, v = 20$ 且 $s = 5$, 当 $t = 0$ 时

自治微分方程和相直线

在题 41 和 42 中

(a) 识别平衡点. 哪个是稳定定平衡点,哪个是不稳定平衡点?

(b) 构建相直线. 识别 y' 和 y'' 的正负号.

(c) 画有选择的有代表性的解曲线的略图.

41. $\dfrac{dy}{dx} = y^2 - 1$　　　　42. $\dfrac{dy}{dx} = y - y^2$

最优化

43. **扇形的面积**　如果右图所示的圆扇形的周长固定为 100 英尺. 什么样的 r 和 s 的值能使扇形的面积最大?

第 43 题图

44. **三角形的面积**　等腰三角形的顶点在原点而它的底与 x 轴平行,其顶点在曲线 $y =$

$27 - x^2$ 上. 求该三角形可能具有的最大面积.

45. 内接柱体 求能够在如左下图所示的半径为 $\sqrt{3}$ 的球内的最大的直圆柱的半径和高.

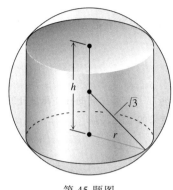

第 45 题图

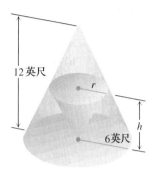

第 46 题图

46. 锥中锥 右上图展示了两个直圆锥,顶向下的锥在另一个锥里面. 锥的底面是平行的,小的锥的顶点位于大的锥的底面上. 什么样的 r 和 h 的值能使小锥的体积最大?

47. 制造轮胎 你们的公司一天能制造 x 百个 A 级轮胎和 y 百个 B 级轮胎,其中 $0 \le x \le 4$ 而且
$$y = \frac{40 - 10x}{5 - x}$$
A 级轮胎的利润是 B 级轮胎利润的 2 倍. 为获得最大利润每类轮胎应各制造多少?

48. 质点运动 两质点在 s 轴上的位置分别为 $s_1 = \cos t$ 和 $s_2 = \cos(t + \pi/4)$.
(a) 两质点离得最远的距离为多少? (b) 何时两质点相碰?

T 49. 无盖的盒子 用一块 10 英寸 × 16 英寸的硬纸板在各顶点切去边长相同的正方形然后往上折起做成一只无盖长方体盒子. 解析地求出使盒子体积最大的尺寸以及最大体积. 用图形来支持你的答案.

50. 设计大盆 你要设计一只无盖的不锈钢大盆. 它的底部是正方形的,其体积为 32 ft³,从四分之一英寸厚的不锈钢板焊接而成,不能有不必要的重量. 你建议盆的尺寸为多少?

线性化

51. 求 (a) $\tan x$ 在 $x = -\pi/4$ (b) $\sec x$ 在 $x = -\pi/4$
的线性化. 把曲线和其线性化的图形画在一起.

52. 我们可以通过组合近似
$$\frac{1}{1+x} \approx 1 - x \quad 和 \quad \tan x \approx x$$
来得到函数 $f(x) = 1/(1 + \tan x)$ 在 $x = 0$ 的有用的线性近似 $\frac{1}{1 + \tan x} \approx 1 - x$.
试证明这一结果正是 $1/(1 + \tan x)$ 在 $x = 0$ 的标准线性近似(线性化).

53. 求 $f(x) = \sqrt{1 + x} + \sin x - 0.5$ 在 $x = 0$ 的线性化.

54. 求 $f(x) = 2/(1 - x) + \sqrt{1 + x} - 3.1$ 在 $x = 0$ 的线性化.

变化的微分估计

55. 锥的体积 当右图的直圆锥的半径从 r_0 变到 $r_0 + dr$ 而高不变时,试写出该圆锥体积变化的估算公式.

56. 控制误差
(a) 要求合理地确保立方体表面积计算的误差不超过 2% 时,你测量立方体边长应

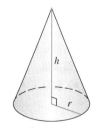

$V = \frac{1}{3}\pi r^2 h$
$S = \pi r \sqrt{r^2 + h^2}$
(侧表面积)

第 55 题图

(b) 假设边长是以(a)中的精度测量得到的. 从这种边长测量算得的立方体的精度有多少? 为计算这个精度, 估算从这种边长测量计算体积的百分比误差.

57. **复合误差** 测量一个球的大圆周长, 每10厘米的可能误差为0.4厘米. 然后把这个测量用于计算半径. 然后这个半径又用于计算球的表面积和大圆. 估算

(a) 半径 (b) 表面积 (c) 体积

计算中的百分比误差.

58. **求高度** 为求路灯柱的高度(见下图), 你在离路灯20英尺处竖起一6英尺高的杆并测量杆的影子的长度 a 为15英尺. 利用值 $a=15$ 计算路灯柱的高度并估计算得结果的可能误差.

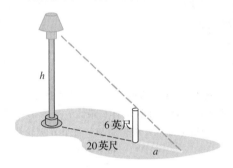

Newton 法

T 在题 59–62 中, 用 Newton 法估算给定函数的零点. 使用计算器并说出你的精确到6位小数的答案.

59. $f(x) = 3x - x^3, 1 \le x \le 2$

60. $f(x) = x^3 + \dfrac{4}{x^2} + 7, x < 0$

61. $g(t) = 2\cos t - \sqrt{1-t}, -\infty < t < \infty$

62. $g(t) = \sqrt{t} + \sqrt{1+t} - 4, t > 0$

附加习题: 理论、例子、应用

1. **为学而写** 关于在一个区间上具有相等的最大值和最小值的函数你有什么可以说的? 对你的回答给出理由.

2. **为学而写** 闭区间上的间断函数不可能既有最大值又有最小值, 对吗? 对你的回答给出理由.

3. **为学而写** 关于开区间上连续函数的极值你能得到什么结论? 半开区间呢? 对你的回答给出理由.

4. **局部极值** 利用导数

$$\frac{df}{dx} = 6(x-1)(x-2)^2(x-3)^3(x-4)^4$$

的正负号模式来识别使 f 取到局部最大值和最小值的点.

5. **局部极值**

(a) 假设 $y = f(x)$ 的一阶导数为

$$y' = 6(x+1)(x-2)^2$$

在哪些点, 如果存在的话, f 的图形有局部最大值、局部最小值或拐点?

(b) 假设 $y = f(x)$ 的一阶导数为

$$y' = 6x(x+1)(x-2)$$

在哪些点, 如果存在的话, f 的图形有局部最大值、局部最小值或拐点?

6. **为学而写: 界函数** 如果对一切 $x, f'(x) \le 2$, 那么函数 f 在 $[0,6]$ 上可能增长到最大的值是多少? 对你的

回答给出理由.

7. 限制函数的界 假设 f 在 $[a,b]$ 上连续而 c 是该区间中的一个内点. 试证明如果在 $[a,c)$ 上 $f'(x) \le 0$, 而在 $(c,b]$ 上 $f'(x) \ge 0$, 那么 $f(x)$ 在 $[a,b]$ 上永远不会小于 $f(c)$.

8. 一个不等式
(a) 试证明对任何 x 值, $-1/2 \le x/(1+x^2) \le 1/2$.
(b) 假设函数 $f(x)$ 的导数为 $f'(x) = x/(1+x^2)$. 利用(a)中的结果证明对任何 a 和 b,
$$|f(b)-f(a)| \le \frac{1}{2}|b-a|$$

9. 为学而写 $f(x) = x^2$ 的导数在 $x=0$ 处为零, 但 f 不是一个常数函数. 这不是和中值定理的推论(导数为零的函数为常数函数)相矛盾吗?对你的回答给出理由.

10. 极值和拐点 设 $h(x) = f(x)g(x)$ 是两个可微函数之积.
(a) 如果 f 和 g 都是正函数, 在 $x=a$ 有局部极值, 又如果 f' 和 g' 在 $x=a$ 改变正负号, 那么 h 在 $x=a$ 取到局部最大值吗?
(b) 如果点 $x=a$ 是 f 和 g 的图形的拐点, 点 $x=a$ 也是 h 的图形的拐点吗?
对每一种情形, 如果结论是肯定的, 给出证明; 如果结论是否定的, 给出反例.

11. 求函数 利用下列信息求函数表达式 $f(x) = (x+a)/(bx^2+cx+2)$ 中的 a, b 和 c 的值.
i. a, b 和 c 的值为 0 或 1.
ii. f 的图形通过点 $(-1,0)$.
iii. 直线 $y=1$ 是 f 的图形的渐近线.

12. 水平切线 对什么样的常数值 k, 曲线 $y = x^3 + kx^2 + 3x - 4$ 有且只有一条水平切线?

13. 最大内接三角形 点 A 和 B 位于单位圆的直径的两个端点, 而点 C 位于圆周上. 以下结论是否正确: 当三角形是等腰三角形时 $\triangle ABC$ 的周长最长? 你是怎么知道的?

14. 梯子问题 能水平地搬过左下图所示的走廊的角域的最长的梯子的长度(以英尺计)是多少? 把你的答案舍入到最靠近的整数英尺.

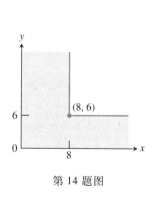

第 14 题图

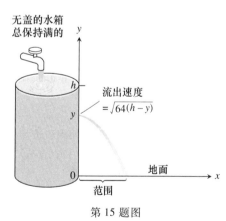

第 15 题图

15. 水箱上的孔 你想在如右上图所示的水箱边上某高度钻一孔使得流出的水击到地面尽可能远. 如果你在靠近顶部的边上钻孔, 压力低, 水流慢, 在空中要花相对长的时间. 如果你在靠近底部的边上钻孔, 水流虽以高速流出但只用很短时间就掉到地面. 什么高度是孔的最佳位置, 如果存在这样的位置的话? (提示: 从高度 y 处流出的水的质点要多长时间击到地面?)

16. 踢3分球 一位美式足球(橄榄球)运动员要从右界内虚线处踢一个越过球门横木得3分的球. 假设球门柱相距 b 英尺而界内虚线是一条离右球门柱 a 英尺 $(a>0)$ 的直线. 求能给出踢球者最大角度 β 的离球门

线的距离 h. 假设球场是平地(参见左下图).

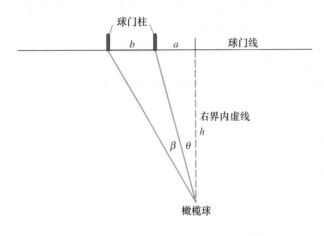

第 16 题图   第 17 题图

17. **答案不同的最大－最小问题**　有时候最大－最小问题的解有赖于有关东西形状的尺寸比例. 作为例子,假设半径为 r 高为 h 的直圆柱内接于半径为 R 高为 H 的直圆锥中,如上图所示. 求(经由 R 和 H 表示的)值 r 使得圆柱体的总表面积(包括顶和底面积)最大. 正如你将会看到的,解有赖于是否 $H \leqslant 2R$ 或 $H > 2R$.

18. **最小参数**　求最小的正常数 m,使对所有正的 x 值有 $mx - 1 + (1/x)$ 大于等于零.

19. **证明二阶导数检验法**　局部最大值和最小值的二阶导数检验法(3.3 节)说:

   (**a**) f 在 $x = c$ 有一局部最大值,如果 $f'(c) = 0$ 且 $f''(c) < 0$.

   (**b**) f 在 $x = c$ 有一局部最小值,如果 $f'(c) = 0$ 且 $f''(c) > 0$.

   为证明(a),令 $\varepsilon = (1/2)|f''(c)|$. 然后利用

   $$f''(c) = \lim_{h \to 0} \frac{f'(c+h) - f'(c)}{h} = \lim_{h \to 0} \frac{f'(c+h)}{h}$$

   来得到以下结论:对某 $\delta > 0$

   $$0 < |h| < \delta \Rightarrow \frac{f'(c+h)}{h} < f''(c) + \varepsilon < 0$$

   因此在 $-\delta < h < 0$ 上 $f'(c+h)$ 是正的;而在 $0 < h < \delta$ 上 $f'(c+h)$ 是负的. 以类似的方式证明命题(b).

20. **Schwarz 不等式**

   (**a**) 证明:如果 $a > 0$,那么 $f(x) = ax^2 + bx + c \geqslant 0$ 对所有实的 x 成立当且仅当 $b^2 \leqslant ac$.

   (**b**) 把你在(a)中得知的结果用到和式

   $$(a_1 x + b_1)^2 + (a_2 x + b_2)^2 + \cdots + (a_n x + b_n)^2$$

   上,推导出 **Schwarz 不等式**

   $$(a_1 b_1 + a_2 b_2 + \cdots + a_n b_n)^2 \leqslant (a_1^2 + a_2^2 + \cdots + a_n^2)(b_1^2 + b_2^2 + \cdots + b_n^2)$$

   (**c**) 证明仅当存在实数 x 使对 $i = 1, 2, \cdots, n$ 有 $a_i x + b_i = 0$ 时 Schwarz 不等式中的等号成立.

21. **钟摆的周期**　钟摆的周期 T(一个完整的摇摆过去又回到原地所需的时间)由公式 $T^2 = 4\pi^2 L/g$ 给出,其中 T 以秒计,$g = 32.2$ 英尺/秒^2,而摆的长度以英尺计. 近似地求

   (**a**) 周期 $T = 1$ 秒时,钟摆的长度　　(**b**) 如果(a)中的摆拉长了 0.01 英尺,T 的变化 dT

   (**c**) 由于(b)中求出的由 dT 表示的周期变化的结果使该钟快或慢了多少.

22. **不用除法求倒数值**　如果你把 Newton 法用于 $f(x) = (1/x) - a$,你就可以不用相除求得数 a 的倒数的估计值. 例如,如果 $a = 3$,那么有关的函数为 $f(x) = (1/x) - 3$.

   (**a**) 画 $y = (1/x) - 3$ 的图形. 该图形在何处穿过 x 轴?

   (**b**) 证明这时的递推公式为 $x_{n+1} = x_n(2 - 3x_n)$. 所以就不需要做除法了.

积分

概述 我们已经看到计算瞬时变化率的需要如何导致微积分的发现者们去研究切线的斜率,终于引出我们称之为微分运算的导数,但是他们知道导数揭示的仅仅是事物的一半,微积分除了描述函数在给定的时刻如何变化以外,他们还需要描述那些瞬时的变化怎么能在一段时间间隔上积累产生该函数.也就是,通过研究行为的改变来了解行为本身.例如,从一个运动物体的速度能够决定该物体作为时间函数的位置.正是为了这个目的,他们还研究了曲边梯形的面积,并导致产生我们称之为积分学的微积分第二主要分支.

从前,人们曾觉得求切线斜率和求曲边梯形面积这两种对几何图形的运算似乎没有任何联系,Newton 和 Leibniz 却提出异议,他们要证明凭直观发现的两者之间的内在联系.这个联系(人们称之为微积分基本定理)的发现使得微分和积分运算一起成为数学家们总能得到认识宇宙万物的最有力的工具.

4.1 不定积分、微分方程和建模

求反导数(导数的逆运算):不定积分 • 初值问题 • 数学建模

根据函数的一个已知值和它的导数 $f'(x)$ 决定函数 $f(x)$ 的步骤分两步.第一步是求一个公式,这个公式给出所有可能以 f 作为导数的函数.这些函数称为 f 的反导数[①],而给出 f 所有反导数的公式称为 f 的不定积分.第二步是利用已知值从不定积分中选定我们想要的一个特殊的反导数.对一个函数,求一个包罗它的所有反导数的公式,乍看起来,似乎是不太可能的事,至少要有小魔力才行,但完全不是这种情况.根据 3.2 节的中值定理的开头两个推论,只要我们能找到一个反导数,就能找到所有反导数.

---

① 反导数,即原函数 —— 译者注

求反导数:不定积分

我们从一个定义开始.

> **定义 一个函数的反导数**
> 一个函数 $F(x)$ 称为另一个函数 $f(x)$ 的**反导数**,如果
> $$F'(x) = f(x)$$
> 对 f 定义域中的 x 成立. f 的全体反导数所组成的集合称为 f 关于 x 的**不定积分**,记作
> $$\int f(x)\,dx$$
> 其中符号 $\int$ 称为**积分号**. 函数 f 称为积分的**被积函数**,而 x 称为**积分变量**.

根据 3.2 节的中值定理推论 2,我们已有一个 f 的反导数 F,其他原函数与这个反导数只差一个常数. 我们用如下符号记法简要地说明这个关系:

$$\int f(x)\,dx = F(x) + C \tag{1}$$

其中 C 称为**积分常数**或**任意常数**. 方程(1)读作 "f 关于 x 的不定积分为 $F(x)+C$." 当我们求得 $F(x)+C$,我们说已经完成了对 f 的**积分**,也就是计算了 f 的积分.

例 1(求不定积分) 计算 $\int 2x\,dx$.

解

$$\int 2x\,dx = \underbrace{x^2}_{2x\text{的一个反导数}} + \underbrace{C}_{\text{任意常数}}$$

公式 $x^2 + C$ 产生函数 $2x$ 的所有反导数. 读者可以通过求导检验函数 x^2+1,$x^2-\pi$,和 $x^2+\sqrt{2}$ 等都是 $2x$ 的反导数.

在科学工作中需要的许多不定积分是借助反转导数公式求得的. 读者一看表 4.1 便会明白这个意思,表中并排列出了基本积分公式与相应的反向导数公式来源.

到此,读者可能会发生疑问,为什么正切、余切、正割和余割的积分未出现在表里,其原因在于它们的通常的公式含有对数. 在 4.5 节,我们会看到这些函数的确有反导数,但是直到第六章和第七章才知道这些函数的反导数是什么.

表 4.1 积分公式

不定积分	相应的的导数公式
1. $\int x^n dx = \dfrac{x^{n+1}}{n+1} + C, n \neq -1, n$ 为有理数	$\dfrac{d}{dx}\left(\dfrac{x^{n+1}}{n+1}\right) = x^n$
$\quad \int dx = \int 1 dx = x + C$ （特殊情形）	$\dfrac{d}{dx}(x) = 1$
2. $\int \sin kx\, dx = -\dfrac{\cos kx}{k} + C$	$\dfrac{d}{dx}\left(-\dfrac{\cos kx}{k}\right) = \sin kx$
3. $\int \cos kx\, dx = \dfrac{\sin kx}{k} + C$	$\dfrac{d}{dx}\left(\dfrac{\sin kx}{k}\right) = \cos kx$
4. $\int \sec^2 x\, dx = \tan x + C$	$\dfrac{d}{dx}\tan x = \sec^2 x$
5. $\int \csc^2 x\, dx = -\cot x + C$	$\dfrac{d}{dx}(-\cot x) = \csc^2 x$
6. $\int \sec x \tan x\, dx = \sec x + C$	$\dfrac{d}{dx}\sec x = \sec x \tan x$
7. $\int \csc x \cot x\, dx = -\csc x + C$	$\dfrac{d}{dx}(-\csc x) = \csc x \cot x$

例 2 （根据表 4.1 求积分）

(a) $\int x^5 dx = \dfrac{x^6}{6} + C$ \hfill 公式 $1, n = 5$

(b) $\int \dfrac{1}{\sqrt{x}} dx = \int x^{-1/2} dx = 2x^{1/2} + C = 2\sqrt{x} + C$ \hfill 公式 $1, n = -1/2$

(c) $\int \sin 2x\, dx = -\dfrac{\cos 2x}{2} + C$ \hfill 公式 $2, k = 2$

(d) $\int \cos \dfrac{x}{2} dx = \int \cos\left(\dfrac{1}{2} x\right) dx = \dfrac{\sin(1/2)x}{1/2} + C = 2\sin \dfrac{x}{2} + C$ \hfill 公式 $3, k = 1/2$

求一个积分公式有时是困难的,但是一旦找到了,检验起来却相对容易:对结果的右边求导,其导数应该是被积函数.

例 3 检验不定积分的正确性

正确：$\int x \cos x\, dx = x \sin x + \cos x + C$

理由:对等式的右边求导,其导数正是被积函数:
$$\dfrac{d}{dx}(x \sin x + \cos x + C) = x \cos x + \sin x - \sin x + 0 = x \cos x.$$

错误：$\int x \cos x\, dx = x \sin x + C$

理由:对等式的右边求导,其导数不是被积函数:
$$\dfrac{d}{dx}(x \sin x + C) = x \cos x + \sin x + 0 \neq x \cos x.$$

别担心怎么求出例 3 中正确的积分公式.在第七章中我们会给出一个求法.

初值问题

已知函数的导数以及在某个特殊点 x_0 处的值 y_0,求 x 的函数 y 的问题称为**初值问题**.正如例 4 所示. 我们分两步求解初值问题.

例 4（已知一个点及斜率函数，确定一条曲线） 已知曲线在点 (x,y) 处的斜率为 $3x^2$，并且通过点 $(1,-1)$，求这条曲线.

解 用数学术语，我们要解的是如下初值问题.

<u>微分方程</u>： $\dfrac{dy}{dx} = 3x^2$ 曲线的斜率为 $3x^2$.

<u>初始条件</u>： $y(1) = -1$

1. 解微分方程：

$$\dfrac{dy}{dx} = 3x^2$$

$$\int \dfrac{dy}{dx} dx = \int 3x^2 dx$$

$$y + C_1 = x^3 + C_2$$

$$y = x^3 + C. \quad \text{合并积分常数，给出通解.}$$

结果告诉我们 y 等于 $x^3 + C$，C 是某一常数. 我们从条件 $y(1) = -1$ 求这一常数值.

2. 求 C：

$$y = x^3 + C$$

$$-1 = (1)^3 + C \quad \text{初始条件 } y(1) = -1$$

$$C = -2.$$

所求的曲线为 $y = x^3 - 2$（图 4.1）.

函数 $f(x)$ 的不定积分 $F(x) + C$ 给出了微分方程 $dy/dx = f(x)$ 的**一般解** $y = F(x) + C$. 此一般解给出方程的所有解（这些解有无穷多个，对应每一个 C 的值都有一个解）. 我们通过求其一般解来**解**微分方程. 接着通过求满足初始条件 $y(x_0) = y_0$（当 $x = x_0$ 时 $y = y_0$）的**特解**来解初值问题.

在数学建模中，解初值问题是重要的，通过这个步骤，我们，例如科学家和工程师们，运用数学认识现实世界.

数学建模

数学模型的提出通常有四个步骤：首先我们观察现实世界中的某种事物（例如，从静止下落的重球或在咳嗽期间收缩的气管）并构造一个数学变量的系统和模仿该事物重要特征的一些关系. 建立一个人们能够理解的数学比喻. 我们将数学用于变量及其关系求解模型并得出关于变量的结论. 接着，将数学结论翻译成所研究系统的信息. 最后，对照观测的结果检验这些信息，看看模型是否有预言性的价值. 我们也研究该模型用于其他系统的可能性. 确实好的模型会导致与观察一致的结论，有预言

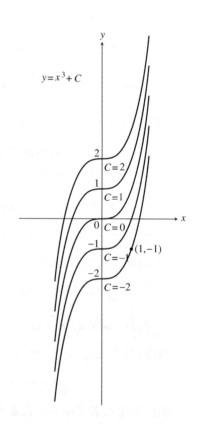

图 4.1 曲线 $y = x^3 + C$ 没有重叠地填满坐标平面. 在例 4 中，我们确认曲线 $y = x^3 - 2$ 是通过点 $(1,-1)$ 的曲线.

性的价值,有广泛的应用并且用起来不是太难.

> **建模步骤**
> 步骤 1:观察现实世界行为.
> 步骤 2:为确定变量及其关系作假设,建立模型.
> 步骤 3:求解模型得到数学解.
> 步骤 4:解释模型并将其与现实世界的观察对照.

对自由落体模型,其数学模仿,推理,解释,和确认的自然循环用框图表示如下:

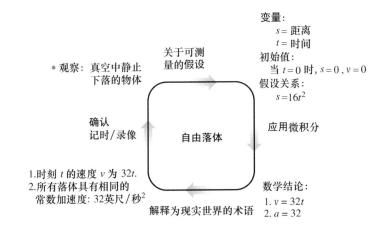

例 5(从一个上升的汽球掉落一个包裹) 一个包裹从一个汽球上掉落,当时汽球位于离地面 80 英尺高空,正以 12 英尺/秒的速度上升.多长时间该包裹落到地面?

解 设在时刻 t,包裹的速度为 $v(t)$,离地面高度为 $s(t)$.地球表面附近的重力加速度为 32 英尺/秒². 假设没有另外的力作用在下落的包裹上,我们有

$$\frac{dv}{dt} = -32. \quad \text{负号因为重力作用于 } s \text{ 减小的方向}$$

从而导出初值问题:

<u>微分方程</u>: $\quad \dfrac{dv}{dt} = -32$

<u>初始条件</u>: $\quad v(0) = 12,$

这就是包裹运动的数学模型.我们解初值问题得到包裹的速度.

1. 解微分方程:

$$\frac{dv}{dt} = -32$$

$$\int \frac{dv}{dt} dt = \int -32\, dt$$

$$v = -32t + C. \quad \text{合并积分常数为一个}$$

有了该微分方程的一般解,我们利用初值条件求问题的特解.

2. 求 C：

$$12 = -32(0) + C \qquad \text{初始条件 } v(0) = 12$$
$$C = 12.$$

初值问题的解为

$$v = -32t + 12.$$

因为速度是高度的导数和当 $t = 0$ 时包裹掉落，当时位于离地面 80 英尺高空，从而我们有另一个初值问题.

<u>微分方程</u>： $\dfrac{\mathrm{d}s}{\mathrm{d}t} = -32t + 12 \qquad$ 在上面的最后一个方程中，设 $v = \mathrm{d}s/\mathrm{d}t$

<u>初始条件</u>： $s(0) = 80,$

解此初值问题求作为 t 的函数的高度.

解微分方程：

$$\frac{\mathrm{d}s}{\mathrm{d}t} = -32t + 12$$

$$\int \frac{\mathrm{d}s}{\mathrm{d}t}\mathrm{d}t = \int(-32t + 12)\mathrm{d}t$$

$$s = -16t^2 + 12t + C. \qquad \text{合并积分常数得到通解}$$

求 C：

$$80 = -16(0)^2 + 12(0) + C \qquad \text{初始条件 } s(0) = 80$$
$$C = 80.$$

在时刻 t 包裹离地面的高度为

$$s = -16t^2 + 12t + 80.$$

解的利用：为了求该包裹落到地面的时间，我们设 s 等于 0 来求解 t：

$$-16t^2 + 12t + 80 = 0$$
$$-4t^2 + 3t + 20 = 0$$

$$t = \frac{-3 \pm \sqrt{329}}{-8} \qquad \text{二次方程求根公式}$$

$$t \approx -1.89, \quad t \approx 2.64.$$

包裹从汽球上掉落后大约 2.64 秒落到地面（负根没有物理意义）.

习题 4.1

求反导数

在题 1 - 8 中，对每一个函数求一个反导数. 尽可能用心算. 通过求导检验你的答案.

1. (**a**) $6x$ (**b**) x^7 (**c**) $x^7 - 6x + 8$

2. (**a**) $-3x^{-4}$ (**b**) x^{-4} (**c**) $x^{-4} + 2x + 3$

3. (**a**) $-\dfrac{2}{x^3}$ (**b**) $\dfrac{1}{2x^3}$ (**c**) $x^3 - \dfrac{1}{x^3}$

4. (a) $\dfrac{3}{2}\sqrt{x}$ (b) $\dfrac{1}{2\sqrt{x}}$ (c) $\sqrt{x}+\dfrac{1}{\sqrt{x}}$

5. (a) $\dfrac{2}{3}x^{-1/3}$ (b) $\dfrac{1}{3}x^{-2/3}$ (c) $-\dfrac{1}{3}x^{-4/3}$

6. (a) $-\pi\sin\pi x$ (b) $3\sin x$ (c) $\sin\pi x - 3\sin 3x$

7. (a) $\sec^2 x$ (b) $\dfrac{2}{3}\sec^2\dfrac{x}{3}$ (c) $-\sec^2\dfrac{3x}{2}$

8. (a) $\sec x\tan x$ (b) $4\sec 3x\tan 3x$ (c) $\sec\dfrac{\pi x}{2}\tan\dfrac{\pi x}{2}$

求积分

在题 9 – 26 中求积分,通过求导检验你的答案.

9. $\int (x+1)\,\mathrm{d}x$ 10. $\int\left(3t^2+\dfrac{t}{2}\right)\mathrm{d}t$ 11. $\int(2x^3-5x+7)\,\mathrm{d}x$ 12. $\int\left(\dfrac{1}{x^2}-x^2-\dfrac{1}{3}\right)\mathrm{d}x$

13. $\int x^{-1/3}\,\mathrm{d}x$ 14. $\int(\sqrt{x}+\sqrt[3]{x})\,\mathrm{d}x$ 15. $\int\left(8y-\dfrac{2}{y^{1/4}}\right)\mathrm{d}y$ 16. $\int\left(\dfrac{\sqrt{x}}{2}+\dfrac{2}{\sqrt{x}}\right)\mathrm{d}x$

17. $\int\left(\dfrac{1}{7}-\dfrac{1}{y^{5/4}}\right)\mathrm{d}y$ 18. $\int 2x(1-x^{-3})\,\mathrm{d}x$ 19. $\int\dfrac{t\sqrt{t}+\sqrt{t}}{t^2}\,\mathrm{d}t$ 20. $\int(-2\cos t)\,\mathrm{d}t$

21. $\int 7\sin\dfrac{\theta}{3}\,\mathrm{d}\theta$ 22. $\int(-3\csc^2 x)\,\mathrm{d}x$ 23. $\int(1+\tan^2\theta)\,\mathrm{d}\theta$ (提示:$1+\tan^2\theta=\sec^2\theta$)

24. $\int\cot^2 x\,\mathrm{d}x$ (提示:$1+\cot^2 x=\csc^2 x$) 25. $\int\cos\theta(\tan\theta+\sec\theta)\,\mathrm{d}\theta$ 26. $\int\dfrac{\csc\theta}{\csc\theta-\sin\theta}\,\mathrm{d}\theta$

检验积分公式

通过求导检验 27 – 30 题中的积分.在 4.2 节,我们将会看到像这样的公式是怎么得来的.

27. $\int(7x-2)^3\,\mathrm{d}x = \dfrac{(7x-2)^4}{28}+C$

28. $\int(3x+5)^{-2}\,\mathrm{d}x = -\dfrac{(3x+5)^{-1}}{3}+C$

29. $\int\csc^2\left(\dfrac{x-1}{3}\right)\mathrm{d}x = -3\cot\left(\dfrac{x-1}{3}\right)+C$

30. $\int\dfrac{1}{(x+1)^2}\,\mathrm{d}x = -\dfrac{1}{x+1}+C$

31. 下列的每一个公式对还是错,对你的回答请给出一个简短的解释.

   (a) $\int x\sin x\,\mathrm{d}x = \dfrac{x^2}{2}\sin x + C$

   (b) $\int x\sin x\,\mathrm{d}x = -x\cos x + C$

   (c) $\int x\sin x\,\mathrm{d}x = -x\cos x + \sin x + C$

32. 下列的每一个公式对还是错,对你的回答请给出一个简短的解释.

   (a) $\int(2x+1)^2\,\mathrm{d}x = \dfrac{(2x+1)^3}{3}+C$

   (b) $\int 3(2x+1)^2\,\mathrm{d}x = (2x+1)^3+C$

   (c) $\int 6(2x+1)^2\,\mathrm{d}x = (2x+1)^3+C$

初值问题

33. 右边哪一个图形给出了以下初值问题的解(如右图所示).

   $\dfrac{\mathrm{d}y}{\mathrm{d}x}=2x$, 当 $x=1$ 时 $y=4$

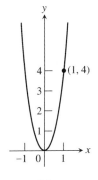

(a)

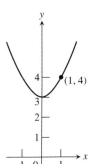

(b)

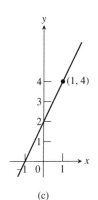

(c)

对你的回答给出理由.

34. 下列哪一个图形给出了以下初值问题的解？

$$\frac{dy}{dx} = -x, \quad \text{当 } x = -1 \text{ 时 } y = 1$$

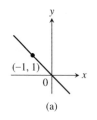
(a)

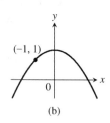
(b)

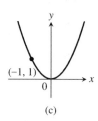
(c)

对你的回答给出理由.

解第 35-46 题中的初值问题.

35. $\dfrac{dy}{dx} = 2x - 7, y(2) = 0$

36. $\dfrac{dy}{dx} = \dfrac{1}{x^2} + x, x > 0; y(2) = 1$

37. $\dfrac{dy}{dx} = 3x^{-\frac{2}{3}}, y(-1) = -5$

38. $\dfrac{dy}{dx} = \dfrac{1}{2\sqrt{x}}, y(4) = 0$

39. $\dfrac{ds}{dt} = \cos t + \sin t, s(\pi) = 1$

40. $\dfrac{dr}{d\theta} = -\pi \sin \pi\theta, r(0) = 0$

41. $\dfrac{dv}{dt} = \dfrac{1}{2} \sec t \tan t, v(0) = 1$

42. $\dfrac{dv}{dt} = 8t + \csc^2 t, v\left(\dfrac{\pi}{2}\right) = -7$

43. $\dfrac{d^2 y}{dx^2} = 2 - 6x; y'(0) = 4, y(0) = 1$

44. $\dfrac{d^2 r}{dt^2} = \dfrac{2}{t^3}; \left.\dfrac{dr}{dt}\right|_{t=1} = 1, r(1) = 1$

45. $\dfrac{d^3 y}{dx^3} = 6; y''(0) = -8, y'(0) = 0, y(0) = 5$

46. $y^{(4)} = -\sin t + \cos t; y'''(0) = 7, y''(0) = y'(0) = -1, y(0) = 0$

从速度求位置

题 47-48 给出了速度 $v = ds/dt$ 和沿坐标轴运动的一个物体的初始位置. 求该物体在时间 t 的位置.

47. $v = 9.8t + 5, s(0) = 10$

48. $v = \dfrac{2}{\pi} \cos \dfrac{2t}{\pi}, s(\pi^2) = 1$

从加速度求位置

题 49-50 给出了加速度 $a = d^2 s/dt^2$ 和一个物体在坐标轴上的初始速度和初始位置. 求该物体在时间 t 的位置.

49. $a = 32; v(0) = 20, s(0) = 5$

50. $a = -4\sin 2t; v(0) = 2, s(0) = -3$

求曲线

51. xy 平面上的一条曲线 $y = f(x)$ 经过点 $(9,4)$，在每一点的斜率为 $3\sqrt{x}$，求该曲线.

52. (**a**) 求一条具有下列性质的曲线 $y = f(x)$:

　　i. $\dfrac{d^2 y}{dx^2} = 6x$　　**ii.** 该曲线经过点 $(0,1)$ 且在该点有一条水平的切线.

(**b**) 有多少条这样的曲线？你怎么知道的？

解（积分）曲线

题 53-56 给出了微分方程的解曲线. 对每一道题，求经过该标志点的曲线的方程.

53.　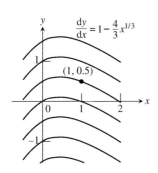

54.

55.　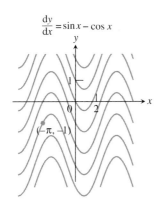

56.　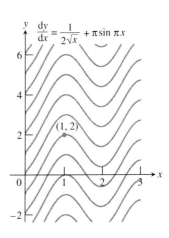

应用

57. **在月球上下落**　在月球上,由重力产生的加速度是 1.6 米／秒², 如果一块岩石从裂缝中下落, 在它 30 秒后快撞击底部之前, 它的速度有多快?

58. **从地球表面升起**　一个火箭以常加速度 20 米／秒² 从地球表面升空, 一分钟后火箭速度有多快?

59. **使汽车停止的时间**　你沿一条高速公路稳定地以速度 60 英里／时(88 英尺／秒²)行驶, 当你看见前方出现了事故立即刹车. 在 242 英尺需要多少常加速度才能使你的汽车停止, 为求此加速度, 请执行下列步骤:

步骤 1: 解下列初值问题

　　微分方程:　　$\dfrac{d^2 s}{dt^2} = -k$　(k 为常数)

　　初值条件:　　$\dfrac{ds}{dt} = 88$　和　$s = 0$ (当 $t = 0$ 时)

从开始刹车后计算时间和距离

步骤 2: 求使 $ds/dt = 0$ 的 t 值. (答案应包含 k.)

步骤 3: 求使你在步骤 2 中所得 t 值并使 $s = 242$ 的 k 值.

60. **使摩托车停止**　伊利诺斯州摩托车安全组织要求车手能够在 45 英尺内从 30 英里／时(44 英尺／秒) 刹车到 0 英里／时, 这需要多少的常加速度?

61. **沿坐标轴的运动**　一个质点沿坐标轴运动, 其加速度为 $a = d^2 s/dt^2 = 15\sqrt{t} - (3/\sqrt{t})$, 当 $t = 1$ 时, $ds/dt = 4$ 和 $s = 0$, 求:

(**a**) 用 t 表示的速度 $v = ds/dt$. (**b**) 用 t 表示的位置 s.

62. **锤子和羽毛** 在阿波罗 15 宇宙飞船的宇航员 David Scott 在月球上放下了一个锤子和一片羽毛,以证明所有的物体在真空中以同样的加速度下落,它从 4 英尺高放下它们,录像胶片长度显示锤子和羽毛比在地球上下落得慢,在地球上的真空中它们仅需要 0.5 秒就能下落 4 英尺. 在月球上锤子和羽毛下落 4 英尺需要多少时间?为解此问题,解下列关于时间 t 的函数 s 的初值问题,求使 $s = 0$ 的 t 值.

微分方程: $\dfrac{d^2 s}{dt^2} = -5.2$ 英尺/秒^2

初值条件: $\dfrac{ds}{dt} = 0$ 和 $s = 4$,当 $t = 0$ 时

63. **常加速度的运动** 沿一条坐标轴以一常加速度运动的物体的位置 s 的标准方程是

$$s = \dfrac{a}{2} t^2 + v_0 t + s_0, \tag{2}$$

其中 v_0 和 s_0 是在时间 $t = 0$ 的该物体的速度和位置. 此方程是通过解下列初值问题导出的

微分方程: $\dfrac{d^2 s}{dt^2} = a$

初值条件: $\dfrac{ds}{dt} = v_0$ 和 $s = s_0$,当 $t = 0$ 时.

64. **为学而写:从行星表面附近下落** 在一个行星表面附近的自由下落由于重力产生的加速度有一个常值 g 长度 单位/秒^2,63 题的方程(2) 有下列形式

$$s = -\dfrac{1}{2} g t^2 + v_0 t + s_0, \tag{3}$$

其中 s 是在行星表面上物体的高度. 方程前带有负号是因为 s 减少,加速度是向下的. 速度 v_0 是正的,如果物体从 $t = 0$ 开始上升;是负的,如果物体从 $t = 0$ 开始下落;

不利用第 36 题的结果也可以直接地解一个合适的初值问题导出方程(3),是什么初值问题?解它确实得到正确的公式并解释你所使用的解题步骤.

理论和例子

65. **从速度的反导数求位移**
   (**a**) 假设一个物体沿着 s 轴运动,其速度为

   $$\dfrac{ds}{dt} = v = 9.8 t - 3.$$

   (i) 求物体在从 $t = 1$ 到 $t = 3$ 时间段内的位移,假设 $t = 0$ 时,$s = 5$.
   (ii) 求该物体从 $t = 1$ 到 $t = 3$ 时间段内的位移,假设 $t = 0$ 时,$s = -2$.
   (iii) 现在求物体从 $t = 1$ 到 $t = 3$ 时间段内的位移,假设 $t = 0$ 时,$s = s_0$.

   (**b**) 假设沿一坐标轴运动的物体的位置是时间 t 的可微函数. 一旦你知道了速度函数 ds/dt 的一个反导数你就能求出从 $t = a$ 到 $t = b$ 时间段上的位移,即使你不知道物体在 $t = a$ 和 $t = b$ 上的确定位置,这是否正确?对你的答案给出理由.

66. **解的惟一性** 如果两个可微函数 $y = F(x)$ 和 $y = G(x)$ 都是下列初值条件

$$\dfrac{dy}{dx} = f(x), \quad y(x_0) = y_0,$$

在区间 I 上的解,在区间 I 上对每一个 x,是否必有 $F(x) = G(x)$?对你的答案给出理由.

计算机探究

利用 CAS 解 67 - 72 题中的初始问题,画出解的曲线.

67. $y' = \cos^2 x + \sin x, y(\pi) = 1$ 68. $y' = 2 e^{-x}, y(\ln 2) = 0$

69. $y' = \dfrac{1}{x} + x,\ y(1) = -1$

70. $y' = \dfrac{1}{\sqrt{4-x^2}},\ y(0) = 2$

71. $y'' = 3e^{x/2} + 1,\ y(0) = -1,\ y'(0) = 4$

72. $y'' = \dfrac{2}{x} + \sqrt{x},\ y(1) = 0,\ y'(1) = 0$

4.2 积分法则；替换积分法

反导数的代数法则 • $\sin^2 x$ 和 $\cos^2 x$ 的积分 • 积分形式的幂法则 • 替换法：反向运用链式法则

正如极限和导数遵守代数法则，反导数和不定积分亦是如此. 在这一节，我们介绍并且运用这些法则求许多函数的反导数.

反导数的代数法则

从前面我们对于导数的研究得知：

1. 一个函数是函数 f 的常数倍数 kf 的一个反导数，当且仅当它是 f 的一个反导数的 k 倍.
2. 特别地，一个函数是 $-f$ 的一个反导数，当且仅当它等于 f 的一个反导数前加负号.
3. 一个函数是和或差 $f \pm g$ 的一个反导数，当且仅当它是 f 的一个反导数与 g 的一个反导数的和或差.

如果用积分表示这些事实，我们就得到标准的不定积分的算术法则（表 4.2）.

CD-ROM
WEBsite
历史传记
Jakob Bernoulli
(1654 — 1705)

表 4.2　不定积分法则

1. 常倍数法则 （k 依赖于 x 时不成立）	$\int k f(x)\,dx = k\int f(x)\,dx$
2. 负法则 （法则 1 中的 $k = -1$）	$\int -f(x)\,dx = -\int f(x)\,dx$
3. 和与差法则	$\int [f(x) \pm g(x)]\,dx = \int f(x)\,dx \pm \int g(x)\,dx$

例 1　改写积分常数

$$\begin{aligned}
\int 5\sec x \tan x\,dx &= 5\int \sec x \tan x\,dx & &\text{表 4.2，法则 1}\\
&= 5(\sec x + C) & &\text{表 4.1，公式 6}\\
&= 5\sec x + 5C & &\text{第一种形式}\\
&= 5\sec x + C' & &\text{简短形式，这里 } C' \text{ 是 } 5C\\
&= 5\sec x + C & &\text{常用形式，不加撇 "$'$" 是因为一个任意常}\\
& & &\text{数的 5 倍仍是任意常数，重新命名 } C'
\end{aligned}$$

关于例 1 中的三个不同的形式该说些什么呢？每一个都给出 $f(x) = 5\sec x \tan x$ 的所有反导数，从而每个答案都是正确的，不过三个当中最简洁的也是通常的选择是最后一个

$$\int 5\sec x \tan x\,dx = 5\sec x + C.$$

和与差的积分法则使我们能够对表达式逐项积分. 当我们这样做时, 我们最后合并各个积分常数为一个单一的任意常数.

例 2(逐项积分) 求积分
$$\int (x^2 - 2x + 5)\,dx.$$

解 如果我们识别出 $(x^3/3) - x^2 + 5x$ 是 $x^2 - 2x + 5$ 的一个反导数, 我们可以求出积分

$$\int (x^2 - 2x + 5)\,dx = \underbrace{\frac{x^3}{3} - x^2 + 5x}_{\text{一个反导数}} + \underbrace{C}_{\text{任意常数}}.$$

如果我们不能直接写出反导数, 那么可以用和与差法则逐项生成它:

$$\int (x^2 - 2x + 5)\,dx = \int x^2\,dx - \int 2x\,dx + \int 5\,dx$$
$$= \frac{x^3}{3} + C_1 - x^2 + C_2 + 5x + C_3.$$

这个公式过分地长. 如果我们合并 C_1, C_2 和 C_3 成一个单一常数 $C = C_1 + C_2 + C_3$, 公式简化为

$$\frac{x^3}{3} - x^2 + 5x + C$$

并且<u>仍然</u>给出所有反导数. 基于这一理由, 我们建议你直接达到最终的形式, 即使选择用逐项积分时也一样. 这样来写

$$\int (x^2 - 2x + 5)\,dx = \int x^2\,dx - \int 2x\,dx + \int 5\,dx$$
$$= \frac{x^3}{3} - x^2 + 5x + C.$$

你可以为每一部分求最简单的反导数, 并在最后加上积分常数.

$\sin^2 x$ 和 $\cos^2 x$ 的积分

有时我们可以利用三角恒等式把不知道如何求出的积分变换为我们会求出的积分. $\sin^2 x$ 和 $\cos^2 x$ 的积分公式经常出现在应用中.

例 3 $\sin^2 x$ 和 $\cos^2 x$ 的积分

(**a**) $\displaystyle\int \sin^2 x\,dx = \int \frac{1 - \cos 2x}{2}\,dx \qquad \sin^2 x = \frac{1 - \cos 2x}{2}$

$\displaystyle\qquad = \frac{1}{2}\int (1 - \cos 2x)\,dx = \frac{1}{2}\int dx - \frac{1}{2}\int \cos 2x\,dx$

$\displaystyle\qquad = \frac{1}{2}x - \frac{1}{2}\frac{\sin 2x}{2} + C = \frac{x}{2} - \frac{\sin 2x}{4} + C$

(**b**) $\displaystyle\int \cos^2 x\,dx = \int \frac{1 + \cos 2x}{2}\,dx \qquad \cos^2 x = \frac{1 + \cos 2x}{2}$

$\displaystyle\qquad = \frac{x}{2} + \frac{\sin 2x}{4} + C \qquad$ 跟部分(a)仅差一个符号.

积分形式的幂法则

当 u 是 x 的一个可微函数而 n 是一个异于 -1 的有理数时, 链式法则告诉我们

CD-ROM
WEBsite
历史传记
Hipplcrates of Chios
(约公元前440年)

$$\frac{d}{dx}\left(\frac{u^{n+1}}{n+1}\right) = u^n \frac{du}{dx}.$$

这一方程,从另一观点看,说的是 $u^{n+1}/(n+1)$ 是函数 $u^n(du/dx)$ 的一个反导数. 因此

$$\int \left(u^n \frac{du}{dx}\right) dx = \frac{u^{n+1}}{n+1} + C.$$

这个等式左端的积分通常写成更简单的"微分"形式.

$$\int u^n du,$$

这可以看作微分 dx 抵消了,这就导致以下法则.

如果 u 是任一可微函数,则

$$\int u^n du = \frac{u^{n+1}}{n+1} + C \quad (n \neq -1, n \text{ 为有理数}). \quad (1)$$

注:在第6章我们将看到,等式(1) 实际对任何实指数 $n \neq -1$ 成立.

在推导等式(1) 的过程中,我们假定 u 是变量 x 的可微函数,但是变量的名称无关紧要并且没有出现在最终的公式中,我们可以用 θ, t, y 或任何其它字母表示变量,等式(1)说明,一旦我们把积分表示成形式

$$\int u^n du \quad (n \neq -1),$$

其中 u 是一个可微函数,而 du 是它的微分,我们就可以求出积分为 $[u^{n+1}/(n+1)] + C$.

例4 使用幂法则

$$\int \sqrt{1+y^2} \cdot 2y\, dy = \int u^{1/2} du \qquad \text{令 } u = 1+y^2, du = 2y\,dy.$$

$$= \frac{n^{(1/2)+1}}{(1/2)+1} + C \qquad \text{用等式(1) 积分,其中 } n = 1/2.$$

$$= \frac{2}{3} u^{3/2} + C \qquad \text{更简单的形式}$$

$$= \frac{2}{3}(1+y^2)^{3/2} + C \qquad \text{用 } 1+y^2 \text{ 替换 } u.$$

例5 用一个常数调整积分

$$\int \sqrt{4t-1}\, dt = \int u^{1/2} \cdot \frac{1}{4} du \qquad \text{令 } u = 4t-1, du = 4dt, (1/4)du = dt.$$

$$= \frac{1}{4} \int u^{1/2} du \qquad \text{提出 } 1/4, \text{积分现在是标准形式}$$

$$= \frac{1}{4} \cdot \frac{u^{3/2}}{3/2} + C \qquad \text{用 } n = 1/2 \text{ 时的等式(1) 积分}$$

$$= \frac{1}{6} u^{3/2} + C \qquad \text{化简}$$

$$= \frac{1}{6}(4t-1)^{3/2} + C \qquad \text{把 } 4t-1 \text{ 代入.}$$

替换法:反向运用链式法则

例 4 和例 5 中的替换都是下列一般法则的实例.

$$\int f(g(x)) \cdot g'(x) \, dx = \int f(u) \, du \qquad \text{1. 替换 } u = g(x), du = g'(x) dx$$

$$= F(u) + C \qquad \text{2. 通过求 } f(u) \text{ 的任何一个反导数 } F(u) \text{ 积分上式}$$

$$= F(g(x)) + C \qquad \text{3. 用 } g(x) \text{ 代换 } u.$$

这三步组成替换积分法的步骤. 这个方法之所以能够运用,是由于只要 F 是 f 的一个反导数,则 $F(g(x))$ 就是 $f(g(x)) \cdot g'(x)$ 的一个反导数:

$$\frac{d}{dx} F(g(x)) = F'(g(x)) \cdot g'(x) \qquad \text{链式法则}$$

$$= f(g(x)) \cdot g'(x). \qquad \text{因为 } F' = f$$

替换积分法

当 f 和 g' 是连续函数时,为求积分 $\int f(g(x)) g'(x) \, dx$,采用下列步骤.

步骤 1: 做替换 $u = g(x)$,则 $du = g'(x) dx$,得到积分 $\int f(u) \, du$.

步骤 2: 对 u 积分.

步骤 3: 在上一步的结果中用 $g(x)$ 代替 u.

例 6 使用替换法

$$\int \cos(7\theta + 5) \, d\theta = \int \cos u \cdot \frac{1}{7} du \qquad \text{令 } u = 7\theta + 5, du = 7d\theta, (1/7) du = d\theta$$

$$= \frac{1}{7} \int \cos u \, du \qquad \text{提出}(1/7), \text{积分成为标准形式}$$

$$= \frac{1}{7} \sin u + C \qquad \text{对 } u \text{ 积分}$$

$$= \frac{1}{7} \sin(7\theta + 5) + C \qquad \text{用 } 7\theta + 5 \text{ 代替 } u$$

例 7 使用替换法

$$\int x^2 \sin(x^3) \, dx = \int \sin(x^3) \cdot (x^2) \, dx$$

$$= \int \sin u \cdot \frac{1}{3} du \qquad \text{令 } u = x^3, du = 3x^2 dx,$$
$$\qquad\qquad\qquad\qquad (1/3) du = x^2 dx.$$

$$= \frac{1}{3} \int \sin u \, du$$

$$= \frac{1}{3} (-\cos u) + C \qquad \text{对 } u \text{ 积分}$$

$$= -\frac{1}{3} \cos(x^3) + C \qquad \text{用 } x^3 \text{ 代替 } u$$

例 8（使用恒等式和替换法） 求积分 $\int \dfrac{1}{\cos^2 2x} \mathrm{d}x$.

解

$$\begin{aligned}
\int \dfrac{1}{\cos^2 2x} \mathrm{d}x &= \int \sec^2 2x \, \mathrm{d}x & \dfrac{1}{\cos 2x} &= \sec 2x \\
&= \int \sec^2 u \cdot \dfrac{1}{2} \mathrm{d}u & u &= 2x, \mathrm{d}u = 2\mathrm{d}x, \mathrm{d}x = (1/2)\mathrm{d}u \\
&= \dfrac{1}{2} \int \sec^2 u \, \mathrm{d}u \\
&= \dfrac{1}{2} \tan u + C & \dfrac{\mathrm{d}}{\mathrm{d}x} \tan u &= \sec^2 u \\
&= \dfrac{1}{2} \tan 2x + C & u &= 2x
\end{aligned}$$

替换法的成功依赖于找到一个替换,用它把一个我们不能直接求出的积分改变为可以求出的,如果第一个替换失败,我们可以尝试用一个或两个附加的替换进一步化简被积函数. (如果你做了习题 33 和 34,你就会明白我们所说的意思.) 有时我们也可以重新开始. 或许像在下例中那样,有不止一个好方法.

例 9（使用不同的替换） 求积分

$$\int \dfrac{2z \mathrm{d}z}{\sqrt[3]{z^2 + 1}}.$$

解 我们可以把替换法作为一个探索工具:先替换被积函数的最麻烦的部分再相机行事. 对于这里的被积函数,我们可以尝试令 $u = z^2 + 1$,甚至试一试我们的运气就取 u 是整个立方根. 以下说明在每种情形的进展如何.

解法 1 替换 $u = z^2 + 1$.

$$\begin{aligned}
\int \dfrac{2z \mathrm{d}z}{\sqrt[3]{z^2 + 1}} &= \int \dfrac{\mathrm{d}u}{u^{1/3}} & &\text{令 } u = z^2 + 1, \mathrm{d}u = 2z\mathrm{d}z. \\
&= \int u^{-1/3} \mathrm{d}u & &\text{形如 } \int u^n \mathrm{d}u \\
&= \dfrac{u^{2/3}}{2/3} + C & &\text{对 } u \text{ 积分} \\
&= \dfrac{3}{2} u^{2/3} + C \\
&= \dfrac{3}{2} (z^2 + 1)^{2/3} + C & &\text{用 } z^2 + 1 \text{ 替换 } u.
\end{aligned}$$

解法 2 另一替换 $u = \sqrt[3]{z^2 + 1}$.

$$\begin{aligned}
\int \dfrac{2z \mathrm{d}z}{\sqrt[3]{z^2 + 1}} &= \int \dfrac{3u^2 \mathrm{d}u}{u} & &\text{令 } u = \sqrt[3]{z^2 + 1}, u^3 = \\
& & &z^2 + 1, 3u^2 \mathrm{d}u = 2z\mathrm{d}z. \\
&= 3 \int u \, \mathrm{d}u
\end{aligned}$$

$$= 3 \cdot \frac{u^2}{2} + C \qquad \text{对 } u \text{ 积分.}$$

$$= \frac{3}{2}(z^2 + 1)^{2/3} + C \qquad \text{用}(z^2 + 1)^{\frac{1}{3}} \text{替换 } u.$$

习题 4.2

求积分

通过用给定的替换把下列各积分归结为标准形式,求题 1 – 10 中的不定积分.

1. $\int x\sin(2x^2)\,\mathrm{d}x, \quad u = 2x^2$

2. $\int\left(1 - \cos\dfrac{t}{2}\right)^2 \sin\dfrac{t}{2}\,\mathrm{d}t, \quad u = 1 - \cos\dfrac{t}{2}$

3. $\int 28(7x - 2)^{-5}\,\mathrm{d}x, \quad u = 7x - 2$

4. $\int x^3(x^4 - 1)^2\,\mathrm{d}x, \quad u = x^4 - 1$

5. $\int \dfrac{9r^2\,\mathrm{d}r}{\sqrt{1 - r^3}}, \quad u = 1 - r^3$

6. $\int 12(y^4 + 4y^2 + 1)^2(y^3 + 2y)\,\mathrm{d}y, \quad u = y^4 + 4y^2 + 1$

7. $\int \sqrt{x}\sin^2(x^{3/2} - 1)\,\mathrm{d}x, \quad u = x^{3/2} - 1$

8. $\int \dfrac{1}{x^2}\cos^2\left(\dfrac{1}{x}\right)\mathrm{d}x, \quad u = -\dfrac{1}{x}$

9. $\int \csc^2 2\theta \cot 2\theta\,\mathrm{d}\theta$
   - (a) 用 $u = \cot 2\theta$
   - (b) 用 $u = \csc 2\theta$

10. $\int \dfrac{\mathrm{d}x}{\sqrt{5x + 8}}$
    - (a) 用 $u = 5x + 8$
    - (b) 用 $u = \sqrt{5x + 8}$

求题 11 – 32 中的积分.

11. $\int \sqrt{3 - 2s}\,\mathrm{d}s$

12. $\int \dfrac{1}{\sqrt{5s + 4}}\,\mathrm{d}s$

13. $\int \dfrac{3\,\mathrm{d}x}{(2 - x)^2}$

14. $\int \theta \sqrt[4]{1 - \theta^2}\,\mathrm{d}\theta$

15. $\int 3y\sqrt{7 - 3y^2}\,\mathrm{d}y$

16. $\int \dfrac{1}{\sqrt{x}(1 + \sqrt{x})^2}\,\mathrm{d}x$

17. $\int \dfrac{(1 + \sqrt{x})^3}{\sqrt{x}}\,\mathrm{d}x$

18. $\int \cos(3z + 4)\,\mathrm{d}z$

19. $\int \sec^2(3x + 2)\,\mathrm{d}x$

20. $\int \sin^5\dfrac{x}{3}\cos\dfrac{x}{3}\,\mathrm{d}x$

21. $\int \tan^7\dfrac{x}{2}\sec^2\dfrac{x}{2}\,\mathrm{d}x$

22. $\int r^2\left(\dfrac{r^3}{18} - 1\right)^5\,\mathrm{d}r$

23. $\int x^{1/2}\sin(x^{3/2} + 1)\,\mathrm{d}x$

24. $\int \sec\left(v + \dfrac{\pi}{2}\right)\tan\left(v + \dfrac{\pi}{2}\right)\mathrm{d}v$

25. $\int \dfrac{\sin(2t + 1)}{\cos^2(2t + 1)}\,\mathrm{d}t$

26. $\int \dfrac{6\cos t}{(2 + \sin t)^3}\,\mathrm{d}t$

27. $\int \sqrt{\cot y}\,\csc^2 y\,\mathrm{d}y$

28. $\int \dfrac{1}{t^2}\cos\left(\dfrac{1}{t} - 1\right)\mathrm{d}t$

29. $\int \dfrac{1}{\sqrt{t}}\cos(\sqrt{t} + 3)\,\mathrm{d}t$

30. $\int \dfrac{1}{\theta^2}\sin\dfrac{1}{\theta}\cos\dfrac{1}{\theta}\,\mathrm{d}\theta$

31. $\int \dfrac{\cos\sqrt{\theta}}{\sqrt{\theta}\,\sin^2\sqrt{\theta}}\,\mathrm{d}\theta$

32. $\int \sqrt{\dfrac{x - 1}{x^5}}\,\mathrm{d}x$

逐步化简积分

如果你不知道做什么替换,尝试逐步简化积分,试用一个替换简化一点积分,再尝试另一个更化简一些.如果你尝试了题 33 和 34 中的替换序列,你就会明白我们的意思是什么.

33. $\int \dfrac{18\tan^2 x\,\sec^2 x}{(2 + \tan^3 x)^2}\,\mathrm{d}x$

(**a**) $u = \tan x$, 随后 $v = u^3$, 进而 $w = 2 + v$

(**b**) $u = \tan^3 x$, 随后 $v = 2 + u$

(**c**) $u = 2 + \tan^3 x$

34. $\int \sqrt{1 + \sin^2(x-1)} \sin(x-1) \cos(x-1) \, dx$

(**a**) $u = x - 1$, 随后 $v = \sin u$, 进而 $w = 1 + v^2$

(**b**) $u = \sin(x-1)$, 随后 $v = 1 + u^2$

(**c**) $u = 1 + \sin^2(x-1)$

求题 35 和 36 中的积分.

35. $\int \dfrac{(2r-1)\cos\sqrt{3(2r-1)^2 + 6}}{\sqrt{3(2r-1)^2 + 6}} \, dr$

36. $\int \dfrac{\sin\sqrt{\theta}}{\sqrt{\theta}\cos^3\sqrt{\theta}} \, d\theta$

初值问题

解题 37 – 42 中的初值问题.

37. $\dfrac{ds}{dt} = 12t(3t^2 - 1)^3, \quad s(1) = 3$

38. $\dfrac{dy}{dx} = 4x(x^2 + 8)^{-1/3}, \quad y(0) = 0$

39. $\dfrac{ds}{dt} = 8\sin^2\left(t + \dfrac{\pi}{12}\right), \quad s(0) = 8$

40. $\dfrac{dr}{d\theta} = 3\cos^2\left(\dfrac{\pi}{4} - \theta\right), \quad r(0) = \dfrac{\pi}{8}$

41. $\dfrac{d^2s}{dt^2} = -4\sin\left(2t - \dfrac{\pi}{2}\right), \quad s'(0) = 100, s(0) = 0$

42. $\dfrac{d^2y}{dx^2} = 4\sec^2 2x \tan 2x, \quad y'(0) = 4, y(0) = -1$

43. **质点运动**　在直线上向前和向后运动的质点的速度对所有 t 是 $v = ds/dt = 6\sin 2t$ 米/秒. 如果当 $t = 0$ 时 $s = 0$, 求当 $t = \pi/2$ 秒时 s 的值.

44. **质点运动**　在直线上向前和向后运动的质点的加速度对所有 t 是 $a = d^2s/dt^2 = \pi^2 \cos \pi t$ 米/秒^2. 如果当 $t = 0$ 时 $s = 0$ 和 $v = 8$ 米/秒, 求 $t = 1$ 秒时的 s.

45. **用不同的替换**　看起来我们可用三种不同方式对于 x 积分 $2\sin x \cos x$:

(**a**) $\int 2\sin x \cos x \, dx = \int 2u \, du \qquad u = \sin x$

$\qquad\qquad\qquad\qquad = u^2 + C_1 = \sin^2 x + C_1$

(**b**) $\int 2\sin x \cos x \, dx = \int -2u \, du \qquad u = \cos x$

$\qquad\qquad\qquad\qquad = -u^2 + C_2 = -\cos^2 x + C_2$

(**c**) $\int 2\sin x \cos x \, dx = \int \sin 2x \, dx \qquad 2\sin x \cos x = \sin 2x$

$\qquad\qquad\qquad\qquad = -\dfrac{\cos 2x}{2} + C_3$

所有三个积分是否都正确? 对于你的回答给出理由.

46. **用不同的替换**　替换 $u = \tan x$ 给出

$$\int \sec^2 x \tan x \, dx = \int u \, du = \dfrac{u^2}{2} + C = \dfrac{\tan^2 x}{2} + C.$$

替换 $u = \sec x$ 给出

$$\int \sec^2 x \tan x \, dx = \int u \, du = \dfrac{u^2}{2} + C = \dfrac{\sec^2 x}{2} + C.$$

两个积分都正确? 对于你的回答给出理由.

4.3 用有限和估计

面积和心脏输出 • 行进的距离 • 位移和行进距离的比较 • 球的体积 • 非负函数的均值 • 结论

这一节说明实际问题怎样以自然的方式引导出利用有限和逼近.

面积和心脏输出

你的心脏在固定的时间区间里泵出的血液的升数称为你的心脏输出. 对于一个静止的人, 速率可能是每分钟 5 或 6 升, 在紧张的锻炼中速率可能高达每分 30 升, 生病时还可能有显著改变. 医生怎样测量患者的心脏输出又不中断血液的流动呢?

一种技术是往心脏附近的主静脉注射一种染料. 染料被抽回到心脏的右侧并且被泵出, 经肺脏并且出心脏左侧, 再进入主动脉, 在这里当血液流过时几秒钟测量一次染料的浓度. 表 4.3 的数据和(依据此数据画出的)图 4.2 中的图形指出了一个健康的静止的就诊者在注射 5.6 毫克染料后的回应.

表 4.3 染料浓度数据

注射后的秒数 t	(经再循环调整后的)染料浓度 c
5	0
7	3.8
9	8.0
11	6.1
13	3.6
15	2.3
17	1.45
19	0.91
21	0.57
23	0.36
25	0.23
27	0.14
29	0.09
31	0

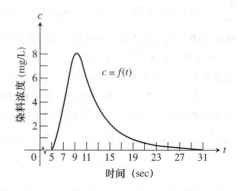

图 4.2 从表 4.3 得到的染料浓度被画出并且被一条光滑曲线拟合, 时间从注射的时间 $t = 0$ 开始测量. 开始阶段染料浓度为 0, 其时染料通过肺脏, 然后大约在 $t = 9$ 秒时浓度达到最大值, 而在 $t = 31$ 秒时减小到零.

图形显示了染料浓度(用每升血液染料的毫克数测量)是时间(以秒测量)的函数. 我们怎样用这个图得到心脏输出(以每秒血液的升数测量)呢? 诀窍是用染料浓度曲线下的面积除染料的毫克数. 如果你考虑单位的情况就会了解为什么这是可行的.

$$\frac{\text{染料的毫克}}{\text{曲线下的面积单位}} = \frac{\text{染料的毫克}}{\frac{\text{染料的毫克}}{\text{血液的升}} \cdot \text{秒}}$$

$$= \frac{\text{染料的毫克}}{\text{秒}} \cdot \frac{\text{血液的升}}{\text{染料的毫克}} = \frac{\text{血液的升}}{\text{秒}}.$$

现在你准备好了像一个病理学家一样做计算.

例1（从染料浓度计算心脏输出） 估计一个患者的心脏输出,他的数据列在表 4.3 中和图 4.2 中. 给出每分钟心脏输出血液升数的估计.

解 我们已经知道通过用图 4.2 中的曲线下的面积除染料用量（对于我们的患者是 5.6 毫克）就可以得到心脏输出. 现在我们需要求面积. 我们知道没有面积公式可以用于这种不规则形状的区域,但是我们可以通过用矩形逼近夹在曲线和 t 轴之间的区域并且对矩形面积求和得到这个面积的一个良好估计（图 4.3）. 每个矩形失去了曲线下的一些面积,但是包含了曲线上面的一些面积给予补偿. 在图 4.3 中,每个矩形的底为 2 单位长,而高等于在底的中点所对应曲线的高,矩形的高的作用类似函数在时间区间上的平均值,矩形的底就是该区间,在从曲线上读出矩形的高之后,我们把每个矩形的高和底相乘求出它的面积,就可得到下列估计

$$\begin{aligned}
\text{曲线下的面积} &\approx \text{矩形面积之和} \\
&\approx f(6) \cdot 2 + f(8) \cdot 2 + f(10) \cdot 2 + \cdots + f(28) \cdot 2 \\
&\approx 2 \cdot (1.4 + 6.3 + 7.5 + 4.8 + 2.8 + 1.9 + 1.1 \\
&\quad + 0.7 + 0.5 + 0.3 + 0.2 + 0.1) \\
&= 2 \cdot (27.6) = 55.2 \text{（毫克／升）} \cdot \text{秒}.
\end{aligned}$$

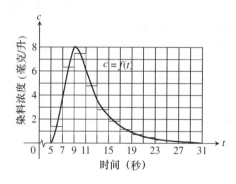

图 4.3 图 4.2 的浓度曲线下的区域的面积用矩形逼近. 我们不计从 $t = 29$ 到 $t = 31$ 的部分；它的贡献可以忽略.

用这个数除 5.6 毫克就给出心脏输出的估计,单位是升每秒. 乘以 60 就转换成升每分钟的估计:

$$\frac{5.6 \text{ 毫克}}{55.2 \text{ 毫克} \cdot \text{秒／升}} \cdot \frac{60 \text{ 秒}}{1 \text{ 分}} \approx 6.09 \text{ 升／分}.$$

使用技术

<u>用作图器计算有限和</u> 如果你的作图使用程序有一个计算和的方法,你就可在本节使用它. 在本章后面逼近"定"积分时它也能排上用场. 在你今后的微积分的学习中它也有用武之地.

行进的距离

假定我们知道了在高速路上行驶的一辆汽车的速度函数 $v = ds/dt = f(t)$ 米／秒,我们想知道在时间区间 $a \leq t \leq b$ 内汽车行进多远. 如果我们知道 f 的一个反导数 F,我们可以求得汽车的位置函数 $s = F(t) + C$,并且求汽车在时刻 $t = a$ 和 $t = b$ 位置的差就可算出行进的距离（见 4.1 节题 65）.

如果我们不知道 $v = f(t)$ 的反导数,那么可以以下列方式用和逼近答案. 我们分割 $[a,b]$ 为微小的时间区间,在每个小区间上 v 几乎是常量. 因为速度是汽车行进的速率,我们用公式

$$\text{距离} = \text{速率} \times \text{时间} = f(t) \cdot \Delta t$$

逼近在每个小时间区间上的行进距离,并且把 $[a,b]$ 上的各个结果相加. 为明确起见,假定分割的区间像

其所有小子区间的长度为 Δt,令 t_1 是第一小子区间上的一个点,如果子区间足够短,以致在子区间上速率几乎是常数,汽车在该区间将大约行进 $f(t_1)\Delta t$;如果 t_2 是第二个区间的一个点,汽车在该区间将行进一个距离 $f(t_2)\Delta t$;如此下去,这些乘积之和逼近从 $t = a$ 到 $t = b$ 行进的总距离 D. 如果选用 n 个子区间,则

$$D \approx f(t_1)\Delta t + f(t_2)\Delta t + \cdots + f(t_n)\Delta t.$$

我们对于 3.2 节的例 5 的射弹试用这一方法. 射弹直射入空气中,它飞行 t 秒时的速度是 $v = f(t) = 160 - 9.8t$,在头 3 秒内从 3 米高度到 438.9 米高度升高了 435.9 米.

历史传记

Arthur Cayley
(1821 — 1895)

例 2(估计射弹的高度) 一个直射入空气中的射弹的速度是 $f(t) = 160 - 9.8t$. 用刚刚叙述的求和技术估计在头 3 秒内射弹升高多少. 该和如何接近精确数值 435.9 米?

解 我们对于不同区间数和求值点的不同选择探讨结果.

三个长度为 1 的子区间,f 在左端点取值:

f 在 $t = 0, 1$ 和 2 取值,我们有

$$\begin{aligned} D &\approx f(t_1)\Delta t + f(t_2)\Delta t + f(t_3)\Delta t \\ &\approx [160 - 9.8(0)](1) + [160 - 9.8(1)](1) + [160 - 9.8(2)](1) \\ &\approx 450.6. \end{aligned}$$

三个长度为 1 的子区间,f 在右端点取值:

f 在 $t = 1, 2$ 和 3 取值,我们有

$$\begin{aligned} D &\approx f(t_1)\Delta t + f(t_2)\Delta t + f(t_3)\Delta t \\ &\approx [160 - 9.8(1)](1) + [160 - 9.8(2)](1) + [160 - 9.8(3)](1) \\ &\approx 421.2. \end{aligned}$$

六个长度为 1/2 的子区间,我们得到

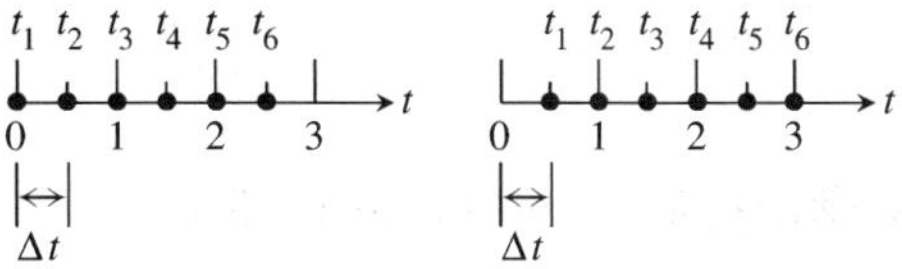

用左端点:$D \approx 443.25$.
用右端点:$D \approx 428.55$.

这些六个子区间的估计比三个子区间的估计更接近精确值.当子区间变短时结果会改进.

正如我们从表 4.4 看到的,左端点和从上面接近真值,而右端点和从下面接近真值,真值夹在这些上和与下和之间.最接近的近似值的误差大小①是 0.23,仅是真值的一个小的百分数.

$$误差百分数 = \frac{0.23}{435.9} \approx 0.05\%.$$

从表的最后一项推断射弹在头 3 秒飞行中升高 436 米是可靠的.

表 4.4 行进距离的估计

子区间数	每个子区间的长度	左端点和	右端点和
3	1	450.6	421.2
6	0.5	443.25	428.55
12	0.25	439.58	432.23
24	0.125	437.74	434.06
48	0.0625	436.82	434.98
96	0.03125	436.36	435.44
192	0.015625	436.13	435.67

位移和行进距离的比较

如果一个物体的位置函数为 $s(t)$,沿坐标直线运动而不改变方向,我们可以通过像例 2 那样把在小区间上行进的距离相加来计算从 $t=a$ 到 $t=b$ 行进的总距离.如果物体在行进中一次或多次改变方向,我们就需要使用物体的速率 $|v(t)|$,这是速度函数 $v(t)$ 的绝对值,求行进距离.使用速度本身,像例 2 那样,仅给出物体位移 $s(b) - s(a)$ 的估计,位移是初始和结束时位置之差.

为了解理由何在,分割区间 $[a,b]$ 成足够短的长度为 Δt 的等长子区间,使得从时刻 t_{k-1} 到 t_k 物体的速度变化不很大.那么 $v(t_k)$ 给出子区间上的速度的好的逼近,相应地,在该子区间上物体位置坐标的变化大约是

$$v(t_k)\Delta t.$$

如果 $v(t_k)$ 是正的,变化是正的;如果 $v(t_k)$ 是负的,变化是负的.

不论哪种情形,在子区间这段时间内行进的距离大约是

$$|v(t_k)|\Delta t.$$

总行进距离将由和

---

① 误差大小 = |真值 − 计算值|.

$$|v(t_1)|\Delta t + |v(t_2)|\Delta t + \cdots + |v(t_n)|\Delta t \tag{2}$$

逼近.

球的体积

注意在例1和例2之间数学的类似性. 在每种情形,我们有一个定义在闭区间上的函数,我们用函数值乘以区间长度的和估计我们要求的量,我们也可用类似的和估计体积.

例 3(估计一个球的体积) 估计半径为 4 的球体的体积.

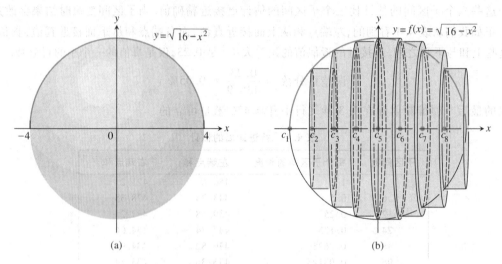

图 4.4 (a) 半圆 $y = \sqrt{16 - x^2}$ 绕 x 轴旋转描出一个球面. (b) 实心球用以截面为底的圆柱逼近.

解 我们设想球体表面由函数 $f(x) = \sqrt{16 - x^2}$ 的图象绕 x 轴旋转而生成(图 4.4a). 我们分割区间 $-4 \leq x \leq 4$ 成 n 个等长为 $\Delta x = 8/n$ 的子区间,再用在分点垂直于 x 轴的平面切割球,把球分割成 n 个宽度为 Δx 的像圆面包片似的平行切片. 当 n 很大时,每个切片可用圆柱逼近,圆柱是一种熟知的几何形状,体积为 $\pi r^2 h$. 在我们的情形,圆柱立于其侧面上,h 是 Δx,而 r 随在 x 轴上的位置而变化. 让我们取圆柱个数为 $n = 8$,而取每个圆柱的半径为高 $f(c_i) = \sqrt{16 - c_i^2}$,$c_i$ 为每一子区间的左端点(图 4.4b). (在 $x = -4$ 的圆柱是退化的,因为那里的横截面仅是一个点.) 然后我们用圆柱体积之和逼近球的体积,

$$\pi r^2 h = \pi(\sqrt{16 - c_i^2})^2 \Delta x.$$

八个圆柱体积之和是

$$\begin{aligned}
S_8 &= \pi[\sqrt{16 - c_1^2}]^2 \Delta x + \pi[\sqrt{16 - c_2^2}]^2 \Delta x + \pi[\sqrt{16 - c_3^2}]^2 \Delta x \\
&\quad + \cdots + \pi[\sqrt{16 - c_8^2}]^2 \Delta x \qquad \Delta x = \frac{8}{n} = 1 \\
&= \pi[(16 - (-4)^2) + (16 - (-3)^2) + (16 - (-2)^2) + \cdots + (16 - (3)^2)] \\
&= \pi[0 + 7 + 12 + 15 + 16 + 15 + 12 + 7] \\
&= 84\pi.
\end{aligned}$$

这个结果同球的体积的真值比较相当接近,

$$V = \frac{4}{3}\pi r^3 = \frac{4}{3}\pi(4)^3 = \frac{256\pi}{3}.$$

S_8 和 V 的差是 V 的一个小的百分数：

$$\text{误差百分数} = \frac{|V - S_8|}{V} = \frac{(256/3)\pi - 84\pi}{(256/3)\pi}$$

$$= \frac{256 - 252}{256} = \frac{1}{64} \approx 1.6\%.$$

分割愈细（子区间愈多），逼近愈好.

非负函数的均值

为求一个数值有限集的平均，我们把它们相加并且除以数值的个数. 但是如果我们想求无穷多个数值的平均，情况如何呢？比如，函数 $f(x) = x^2$ 在 $[-1,1]$ 上的均值是什么呢？为了了解这类"连续的"平均是什么意思，设想我们是对函数抽样的民意调查员. 我们在 -1 和 1 之间随机抽取一些 x，把它们平方，再求这些平方的平均值. 由于我们取大的样本，我们期望这个平均趋近于某个数，把这个数称为 f 在 $[-1,1]$ 上的平均值应当是合乎情理的.

图 4.5a 中的图象暗示平方的平均小于 $1/2$，这是因为平方小于 $1/2$ 的数占到区间 $[-1,1]$ 的 70% 以上，如果我们有一个计算机产生随机数，就可进行上面叙述的取样试验，但是用有限和估计均值更加容易.

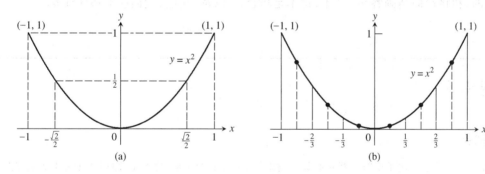

图 4.5 (a) $f(x) = x^2$，$-1 \leqslant x \leqslant 1$ 的图象. (b) f 在规则区间的样本值.

例 4（估计均值） 估计函数 $f(x) = x^2$ 在区间 $[-1,1]$ 上的均值.

解 我们注视 $y = x^2$ 的图象并且分割区间 $[-1,1]$ 成 6 个长度为 $\Delta x = 1/3$ 的子区间（图 4.5b）.

看来在每个子区间上的平方的平均值的一个好的估计是在子区间中点的平方，因为子区间有同样长度，我们可以平均这六个估计而得到在 $[-1,1]$ 上的均值的估计.

$$\text{均值} \approx \frac{\left(-\frac{5}{6}\right)^2 + \left(-\frac{3}{6}\right)^2 + \left(-\frac{1}{6}\right)^2 + \left(\frac{1}{6}\right)^2 + \left(\frac{3}{6}\right)^2 + \left(\frac{5}{6}\right)^2}{6}$$

$$\approx \frac{1}{6} \cdot \frac{25 + 9 + 1 + 1 + 9 + 25}{36} = \frac{70}{216} \approx 0.324$$

后面我们将说明均值是 $1/3$.

注意

$$\frac{\left(-\frac{5}{6}\right)^2+\left(-\frac{3}{6}\right)^2+\left(-\frac{1}{6}\right)^2+\left(\frac{1}{6}\right)^2+\left(\frac{3}{6}\right)^2+\left(\frac{5}{6}\right)^2}{6}$$

$$=\frac{1}{2}\left[\left(-\frac{5}{6}\right)^2\cdot\frac{1}{3}+\left(-\frac{3}{6}\right)^2\cdot\frac{1}{3}+\cdots+\left(\frac{5}{6}\right)^2\cdot\frac{1}{3}\right]$$

$$=\frac{1}{[-1,1]\text{的长度}}\cdot\left[f\left(-\frac{5}{6}\right)\cdot\frac{1}{3}+f\left(-\frac{3}{6}\right)\cdot\frac{1}{3}+\cdots+f\left(\frac{5}{6}\right)\cdot\frac{1}{3}\right]$$

$$=\frac{1}{[-1,1]\text{的长度}}\cdot\left[\begin{array}{c}\text{函数值与区间}\\ \text{长度乘积之和}\end{array}\right].$$

又一次通过函数值乘以区间长度并把对所有区间的结果求和得到我们的估计.

结论

本节的几个例子叙述了这样的实例,函数值乘以区间长度之和提供回答实际问题的足够好的近似. 在习题中你会看到其它的例子.

例 2 中的距离近似值当区间变短而区间个数增加时会改进. 我们确信这一事实是由于我们在 3.2 节已经用反导数求得了精确答案. 如果我们使时间区间的分割不断变细, 和是否趋向于作为极限的精确答案呢?在这一情形下和与反导数之间的联系仅仅是一个巧合吗?我们也可以用反导数计算例 1 中的面积, 例 3 中的体积和例 4 中的均值吗?正如我们将看到的, 回答分别是 "是的, 和将趋向精确答案," "不, 这不是巧合," 以及 "是的, 我们能够那样计算."

习题 4.3

心脏输出

1. 像例 1 那样, 附表给出了染料 – 稀释心脏 – 输出测定中的染料浓度. 这次注射的染料总量是 5 毫克而非 5.6 毫克. 使用矩形估计染料浓度曲线下的面积, 再估计患者的心脏输出.

注射后的秒数 t	（经循环调整后的）染料浓度 c
2	0
4	0.6
6	1.4
8	2.7
10	3.7
12	4.1
14	3.8
16	2.9
18	1.7
20	1.0
22	0.5
24	0

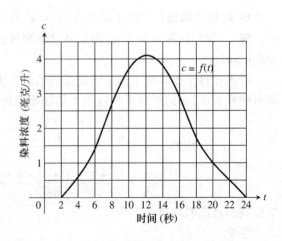

习题 4.3

2. 附表列出像例 1 那样的心脏输出测定中的染料浓度. 这次注射入的染料总量是 10 毫克, 画出数据点, 以光滑曲线连结这些数据点, 估计曲线下的面积, 并从这一估计计算心脏输出.

注射后的秒数 t	（经循环调整后的）染料浓度 c	注射后的秒数 t	（经循环调整后的）染料浓度 c
0	0	16	7.9
2	0	18	7.8
4	0.1	20	6.1
6	0.6	22	4.7
8	2.0	24	3.5
10	4.2	26	2.1
12	6.3	28	0.7
14	7.5	30	0

距离

3. **行进距离** 附表列出了模型机车沿轨道行驶 10 秒的速度. 用长度为 1 的 10 个子区间及
   (a) 左端点值　　　(b) 右端点值
   估计机车行进的距离.

时间（秒）	速度（英寸／秒）	时间（秒）	速度（英寸／秒）
0	0	6	11
1	12	7	6
2	22	8	2
3	10	9	6
4	5	10	0
5	13		

4. **逆流而上行进的距离** 你坐在有潮汐的河的岸边看着来潮携带一个瓶子逆流而上. 你在一小时内每五分钟记录一次水流速度, 其结果列在附表中. 在这一小时内瓶子上溯多远? 用长度为 5 的 12 个子区间及
   (a) 左端点值　　　(b) 右端点值
   估计.

时间（分）	速度（米／秒）	时间（分）	速度（米／秒）
0	1	35	1.2
5	1.2	40	1.0
10	1.7	45	1.8
15	2.0	50	1.5
20	1.8	55	1.2
25	1.6	60	0
30	1.4		

5. **一条路的长度** 你和同伴驾驶一辆车行进在一段蜿蜒土路上, 车的速度计工作正常, 而里程计（英里计数器）坏了. 为求这段路有多长, 你记录了汽车在 10 秒内的速度, 结果列在附表里, 使用

（**a**）左端点值 　　　　　　（**b**）右端点值

估计这段路的长度.

时间 （秒）	速度（换算成英尺／秒） （30 英里／时 = 44 英尺／秒）	时间 （秒）	速度（换算成英尺／秒） （30 英里／时 = 44 英尺／秒）
0	0	70	15
10	44	80	22
20	15	90	35
30	35	100	44
40	30	110	30
50	44	120	35
60	35		

6. **用速度数据求距离**　附表列出了老式跑车从 0 加速到 142 英里／时 每隔 36 秒（一小时的千分之 10）的速度数据.

时间 （时）	速度 （英里／时）	时间 （时）	速度 （英里／时）
0.0	0	0.006	116
0.001	40	0.007	125
0.002	62	0.008	132
0.003	82	0.009	137
0.004	96	0.010	142
0.005	108		

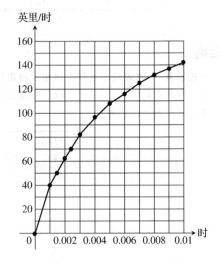

（**a**）用矩形估计汽车达到 142 英里／时的 36 秒内汽车行进多远.

（**b**）大约经过多少秒汽车达到路程中点？汽车此时大约行进多快？

体积

7. **球的体积**（续例3）　假定我们这样逼近例3中球的体积 V，把区间 $-4 \leqslant x \leqslant 4$ 分成长度为 2 的 4 个子区间，并且用底为在子区间左端点处的横截面的圆柱（和在例 3 中一样，最左边的圆柱底半径为零.）

（**a**）求各圆柱体积之和 S_4.

（**b**）用最接近的百分数表示 $|V - S_4|$ 占 V 的百分比.

8. **球体体积**　为估计半径为 5 的球体的体积，你把其直径分成长度为 2 的五个子区间. 再用在子区间左端点垂直于直径的平面切割球体，并把高为 2 底为这些平面确定的球的横截面的圆柱的体积相加.

（**a**）求柱体的体积之和 S_5.

（**b**）用最接近的百分数表示 $|V - S_5|$ 与 V 的百分比.

9. **半球体的体积**　为估计半径为 4 的半球体的体积，设想它的对称轴是 x 轴上的区间 $[0,4]$. 分割 $[0,4]$ 成等长的八个子区间，用这些圆柱体逼近半球体体积，圆柱的底是半球在子区间左端点处垂直于 x 轴的圆形横截面（如右图所示）.

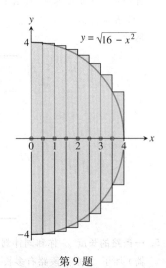

第 9 题

（**a**）**为学而写**　求圆柱的体积之和 S_8．你认为 S_8 是 V 的过剩估计还是不足估计？对于你的回答说明理由．
（**b**）把 $|V-V_8|$ 占 V 的百分比表示成最接近的百分数．

10. **半球的体积**　用底为在子区间右端点的横截面重做题 9．

11. **容器中水的体积**　一个形状为半径为 8 米的半球形碗的容器盛了深度为 4 米的水．
    （**a**）通过用八个内接圆柱逼近求水的体积的一个估计．
    （**b**）你将在 4.5 节习题 43 中看到水的体积是 $V=320\pi/3$ 米^3．求误差 $|V-S|$ 与 V 之比，用最接近的百分数表示．

12. **游泳池中水的体积**　一个矩形游泳池 30 英尺宽 50 英尺长，附表列出了从池的一端到另一端每个 5 英尺区间上的深度 $h(x)$，用
    （**a**）h 的左端点的值　　　（**b**）h 的右端点的值
    估计池中水的体积．

位置 x（英尺）	深度 $h(x)$（英尺）	位置 x（英尺）	深度 $h(x)$（英尺）
0	6.0	30	11.5
5	8.2	35	11.9
10	9.1	40	12.3
15	9.9	45	12.7
20	10.5	50	13.0
25	11.0		

13. **鼻锥体积**　火箭的鼻"锥"是绕 x 轴旋转曲线 $y=\sqrt{x}$，$0\leq x\leq 5$ 生成的抛物体，这里 x 的单位是英尺，为估计鼻锥的体积，我们分割 $[0,5]$ 成五个等长的子区间，用在子区间左端点垂直于 x 轴的平面切割锥体，构造高为 1、底为在这些点处的横截面的圆柱（见附图）．

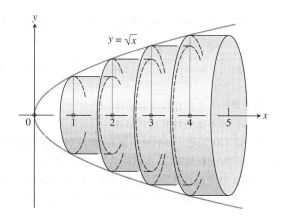

（**a**）**为学而写**　求圆柱体积之和 S_5，你认为 S_5 是 V 的不足估计还是过剩估计？对于你的回答说明理由．
（**b**）你将在 4.5 节题 44 看到，鼻锥体积是 $V=25\pi/2$ 英尺^3．用最接近的百分数表示 $|V-S_5|$ 与 V 之比．

14. **鼻锥体积**　用底为在子区间右端点的横截面的圆柱重做题 13．

速度和距离

15. **有空气阻力的自由落体**　一个物体从直升机上直线落下．物体下落愈来愈快，但其加速度（速度的变化率）由于空气阻力而逐渐减小．加速度单位为英尺／秒^2，并且在下落 5 秒钟内每秒记录一次，如下所示

t	0	1	2	3	4	5
a	32.00	19.41	11.77	7.14	4.33	2.63

(a) 求 $t = 5$ 时的速率的过剩估计.   (b) 求 $t = 5$ 时的速率的不足估计.

(c) 求当 $t = 3$ 时的下落距离的过剩估计.

16. **一个射体行进的距离** 一个物体从海平面以初速度 400 英尺／秒向上射出.

(a) 假定重力是作用在物体上的唯一的力. 对于它 5 秒后的速度给一个过剩估计. 重力加速度 $g = 32$ 英尺／秒^2.

(b) 求 5 秒后达到的高度的一个不足估计.

函数的均值

在题 17 - 20 中，使用有限和估计 f 在给定区间上的均值，为此分割区间成等长的四个子区间，并且在子区间中点取函数值.

17. $f(x) = x^3$, $[0,2]$ 18. $f(x) = 1/x$, $[1,9]$

19. $f(t) = (1/2) + \sin^2 \pi t$, $[0,2]$ 20. $f(t) = 1 - \left(\cos \dfrac{\pi t}{4}\right)^4$, $[0,4]$

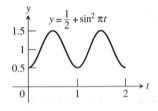
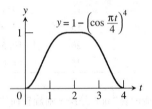

污染控制

21. **水污染** 石油从海上受损的油船泄漏，油轮的损坏不断加重，以致每小时的漏油量都在增加，记录在下表中.

时间（小时）	0	1	2	3	4	5	6	7	8
漏油（加仑①／时）	50	70	97	136	190	265	369	516	720

(a) 给出 5 小时后溢出石油总量的不足估计和过剩估计.

(b) 给出 8 小时后溢出石油总量的不足估计和过剩估计.

(c) 在前 8 小时之后油轮继续以 720 加仑／时的速率漏油. 如果油轮原来装有 25 000 加仑的石油，近似地在最坏情形下再过多少小时所有石油漏完？在最好的情况之下呢？

22. **空气污染** 一个电厂燃油发电. 燃烧过程产生污染物，被烟囱中的毛刷器除去，过一段时间毛刷效力降低，当排放污染物总量超过政府标准时，毛刷最终要被替换. 每月末进行测量以确定污染物排放到大气中的速率，并记录在下表中.

月	一月	二月	三月	四月	五月	六月	七月	八月	九月	十月	十一月	十二月
污染物排放速率（吨／日）	0.20	0.25	0.27	0.34	0.45	0.52	0.63	0.70	0.81	0.85	0.89	0.95

(a) 假定一月 30 天，而使用新毛刷时每日仅排放 0.05 吨，给六月末污染物排放总吨数一个过剩估计. 不足估计是多少？

---

① 1 英加仑(UKgal) = 4.546 09 dm^3,   1 美加仑(USgal) = 7.785 41 dm^3.

(b) 在最好的情况下,大约何时有 125 吨的污染物被排放到大气中?

面积

23. **圆的面积** 在半径为 1 的圆内内接一个正 n 边形,对下列 n 计算正多边形的面积:

(a) 4(正方形)   (b) 8(正八边形)   (c) 16   (d) 比较(a),(b) 和(c) 的面积和圆的面积.

24. (续习题 23)

(a) 在半径为 1 的圆内内接一个正 n 边形,并且计算由原心到顶点画半径形成的 n 个全等三角形中的一个的面积.

(b) 计算当 $n \to \infty$ 时内接正多边形面积的极限.

(c) 对于半径为 r 的圆重复(a) 和(b).

计算机探究

在题 25 – 28 中,使用一个 CAS 执行下列步骤.

(a) 在给定区间上画函数图象.

(b) 分割区间成 $n = 100, 200$ 和 1000 个等长子区间并且求在每个子区间中点的函数值.

(c) 计算由(b) 产生的函数值的平均值.

(d) 用对于 $n = 1000$ 的分割,由(c) 计算出的均值,对于 x 解方程 $f(x) = $ (均值).

25. $f(x) = \sin x, \quad [0, \pi]$ **26.** $f(x) = \sin^2 x, \quad [0, \pi]$

27. $f(x) = x \sin \dfrac{1}{x} \quad \left[\dfrac{\pi}{4}, \pi\right]$ **28.** $f(x) = x \sin \dfrac{1}{x}, \quad \left[\dfrac{\pi}{4}, \pi\right]$

4.4   黎曼和与定积分

黎曼和 • 积分的术语和记号 • 非负函数图象下的面积 • 任意连续函数的平均值 • 定积分的性质

在前一节,我们利用有限和估计距离、面积、体积的平均值. 和中的项由选择的函数值乘以区间长度而得到. 在本节,我们要考察令区间长度无限变小并且它们的数目无限增大且有限和过渡到极限时的情况.

黎曼和

记号"$\sum$"使我们能够以紧凑的形式表示多项数之和:

$$\sum_{k=1}^{n} a_k = a_1 + a_2 + a_3 + \cdots + a_{n-1} + a_n.$$

大写希腊字母 $\sum$（sigma）表示"求和". 标号 k 告诉我们和从哪里开始（$\sum$ 下方的数）及到哪里结束（在 $\sum$ 上方的数）. 如果 ∞ 出现在 $\sum$ 上方，即表明项数趋于无穷.

例 1 使用记号 $\sum$

记号 $\sum$ 表示的和	对 k 的每个值写出对应项之和	和的值
$\sum_{k=1}^{5} k$	$1+2+3+4+5$	15
$\sum_{k=1}^{3}(-1)^{k}k$	$(-1)^{1}(1)+(-1)^{2}(2)+(-1)^{3}(3)$	$-1+2-3=-2$
$\sum_{k=1}^{2}\dfrac{k}{k+1}$	$\dfrac{1}{1+1}+\dfrac{2}{2+1}$	$\dfrac{1}{2}+\dfrac{2}{3}=\dfrac{7}{6}$
$\sum_{k=4}^{5}\dfrac{k^{2}}{k-1}$	$\dfrac{4^{2}}{4-1}+\dfrac{5^{2}}{5-1}$	$\dfrac{16}{3}+\dfrac{25}{4}=\dfrac{139}{12}$

和的下限不必是 1；它可以是任何整数.

CD-ROM
WEBsite
历史传记
Georg Friedrich
Bernhard Riemann
(1826 — 1866)

我们感兴趣的和是黎曼（Riemann）和，以 Georg Friedrich Bernhard Riemann 的姓命名. 黎曼和以特殊方式构成. 我们现在叙述这种和的形式结构，针对的是一般情况，而不仅局限于非负函数.

我们从定义在闭区间 $[a,b]$ 上的任意连续函数 $f(x)$ 开始. 与图 4.6 中的图象表示的函数一样，它既可以取正值，也可以取负值.

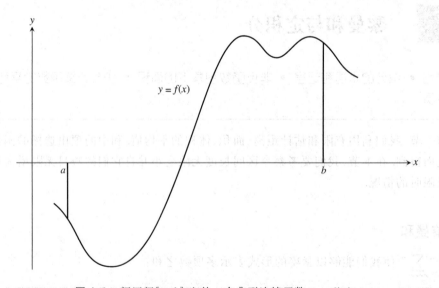

图 4.6　闭区间 $[a,b]$ 上的一个典型连续函数 $y=f(x)$.

分割区间 $[a,b]$ 成 n 个子区间，a 和 b 之间的分点记作 $x_1, x_2, \cdots, x_{n-1}$，它们仅满足条件
$$a < x_1 < x_2 < \cdots < x_{n-1} < b.$$

为使记号统一,我们记 a 为 x_0,记 b 为 x_n. 集

$$P = \{x_0, x_1, x_2, \cdots, x_n\}$$

称为 $[a,b]$ 的一个**划分**.

划分 P 定义 n 个闭子区间

$$[x_0, x_1], [x_1, x_2], \cdots, [x_{n-1}, x_n].$$

典型的闭子区间 $[x_{k-1}, x_k]$ 称为 P 的**第 k 个子区间**.

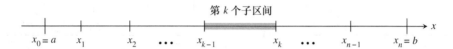

第 k 个子区间的长度是 $\Delta x_k = x_k - x_{k-1}$.

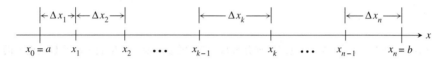

在每个子区间中,我们选择某个数. 用 c_k 表示从第 k 个子区间选择的数. 然后,在每个子区间上,我们竖起一个垂直的矩形,它立于 x 轴上,在 $(c_k, f(c_k))$ 接触曲线(图 4.7).

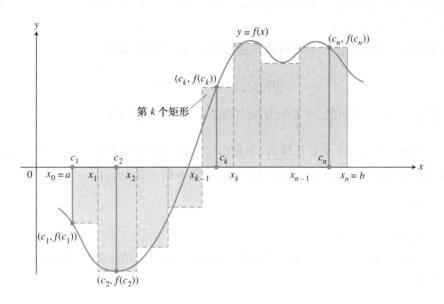

图 4.7　矩形逼近函数 $y = f(x)$ 的图象与 x 轴之间的区域.

在每个子区间上,我们做乘积 $f(c_k) \cdot \Delta x_k$. 乘积的符号依赖于 $f(x_k)$,可以是正的,负的或零. 最后,我们对这些乘积求和:

$$s_n = \sum_{k=1}^{n} f(c_k) \cdot \Delta x_k.$$

这个依赖于划分 P 和数 c_k 的选择的和是 f **在区间 $[a,b]$ 上的黎曼和**.

随着 $[a,b]$ 的划分不断变细,我们期望由划分确定的诸矩形逼近 x 轴和 f 的图象之间的区

域的精确度随之提高(图 4.8). 于是我们期望相应的黎曼和有一个极限值. 下面的定理 1 让我们确信,当全体子区间的长度趋于零时黎曼和有极限,要求最长子区间的长度,称为划分的**模**,记为 $\|P\|$,趋于零,即保证全体子区间的长度趋于零.

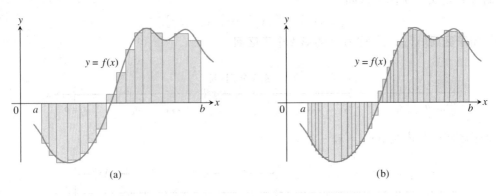

图 4.8 曲线同图 4.7,由 $[a,b]$ 的更细的划分形成矩形,更细的划分产生底更短的数量更多的矩形.

定义 **定积分作为黎曼和的极限**
设 f 是定义在闭区间 $[a,b]$ 上的一个函数,对于 $[a,b]$ 的任意划分 P,设 c_k 是在子区间 $[x_{k-1},x_k]$ 上任意选取的数.

如果存在一个数 I,使得不论划分 P 怎样和 c_k 如何选取,都有
$$\lim_{\|P\|\to 0}\sum_{k=1}^{n}f(c_k)\Delta x_k = I$$
则称 f 在 $[a,b]$ 上是**可积的**,而 I 称为 f 在区间 $[a,b]$ 上的**定积分**.

只要 f 在 $[a,b]$ 上是连续的,不论由于划分的改变及在每个划分的子区间上 c_k 选取的任意性对于黎曼和 $\sum f(c_k)\Delta x_k$ 带来的潜在的变化,当 $\|P\|\to 0$ 时黎曼和总有同一个极限.

定理 1 **定积分的存在性**
所有连续函数是可积的. 即,如果一个函数 f 在区间 $[a,b]$ 上是连续的,则它在 $[a,b]$ 上的定积分存在.

积分的术语和记号

莱布尼茨机智地选择了导数记号,dy/dx,其好处在于保持导数等于一个"分数",即使其分子和分母都趋于零. 虽然导数并非通常的分数,但其表现犹如分数,这个记号使得像链式法则
$$\frac{dy}{dx} = \frac{dy}{du} \cdot \frac{du}{dx}$$
这样深刻的结果显得几乎是显然的.

莱布尼茨的记号同样富有启发性. 在其导数记号中,在极限形式下,希腊字母(表示"差"的"Δ")转换成罗马字母(表示"微分"的"d"),

$$\lim_{\Delta x \to 0} \frac{\Delta y}{\Delta x} = \frac{dy}{dx}.$$

而在他的定积分记号里,在极限形式下希腊字母同样变成了罗马字母

$$\lim_{n \to \infty} \sum_{k=1}^{n} f(c_k) \Delta x = \int_a^b f(x) dx.$$

注意只是趋于零的差分 Δx 变成了微分 dx. 希腊字母"$\sum$"变成了拉长的罗马字母"S",这样定积分保持了它等于"和"这一等式. 过渡到极限时,诸 c_k 拥挤在一起,以致我们不再想到在 a 和 b 之间的 x 值的跳跃式选取,而是想象为从 a 到 b, x 值的连续的未断开的取样,这恰如当 x 从 a 走到 b 时,我们对形如 $f(x)dx$ 的所有乘积求和,从而我们放弃了在有限和表达式中的 k 和 n.

符号

$$\int_a^b f(x) dx$$

读作"从 a 到 b, $f(x)dx$ 的积分"或"从 a 到 b, $f(x)$ 对于 x 的积分",各个组成部分还有名称

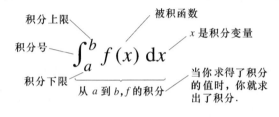

函数在任何特定区间上的定积分值依赖于函数而不依赖表示其自变量的字母. 如果我们决定用 t 或 u 代替 x,我们就简单地把积分写成

$$\int_a^b f(t) dt \quad \text{或} \quad \int_a^b f(u) du \quad \text{以代替} \quad \int_a^b f(x) dx.$$

不论怎样表示积分,它是同一个数,定义为黎曼和的极限. 因为它不依赖于使用什么样的从 a 到 b 的字母,积分变量称为**哑元**.

例 2(使用记号) 分割区间 $[-1, 3]$ 为等长 $\Delta x = 4/n$ 的 n 个子区间. 用 m_k 表示第 k 个子区间的中点. 把极限

$$\lim_{n \to \infty} \sum_{k=1}^{n} (3(m_k)^2 - 2m_k + 5) \Delta x$$

表示成积分.

解 因为从划分的子区间选择了中点 m_k,这个表达式事实上是黎曼和的极限. (选择的点不必是中点;可以在子区间中以任何方式选择点.) 被积函数是 $f(x) = 3x^2 - 2x + 5$,积分区间是 $[-1, 3]$,因此

$$\lim_{n \to \infty} \sum_{k=1}^{n} (3(m_k)^2 - 2m_k + 5) \Delta x = \int_{-1}^{3} (3x^2 - 2x + 5) dx.$$

非负函数图象下的面积

在 4.3 节例 1 中,我们看到可以通过求许多矩形面积的和逼近非负连续函数 $y = f(x)$ 的

图象下的面积,这些矩形的高等于底子区间中点上方曲线的高,我们现在明白了为什么这是正确的.如果一个可积函数 $y=f(x)$ 在整个区间 $[a,b]$ 是非负的,每个非零项 $f(c_k)\Delta x_k$ 是一个矩形的面积,该矩形从 x 轴延伸到曲线 $y=f(x)$(见图 4.9).

黎曼和
$$\sum f(c_k)\Delta x_k,$$
是这些矩形面积之和,它给出从 a 到 b 的 x 轴和曲线之间的面积的估计,因为随着划分的模不断减小,这些矩形给出区域的愈来愈好的逼近,我们称极限值为曲线下的面积.

定义 (作为定积分的)曲线下的面积
如果 $y=f(x)$ 是闭区间 $[a,b]$ 上的非负及可积的函数,则从 a 到 b 的曲线 $y=f(x)$ 下的面积是从 a 到 b,f 的积分
$$A = \int_a^b f(x)\,\mathrm{d}x.$$

这个定义从两个方面起作用:我们可以用积分计算面积,也可以用面积计算积分.

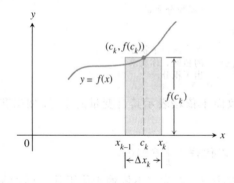
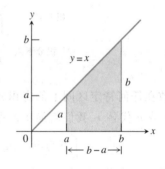

图 4.9 非负函数 f 的黎曼和 $\sum f(c_k)\Delta x_k$ 中的一项或者是 0 或者是图示的一个矩形的面积.

图 4.10 例 3 中的区域.

例 3(曲线 $f(x)=x$ 下的面积) 求值
$$\int_a^b x\,\mathrm{d}x, \quad 0 < a < b.$$

解 我们画出曲线 $y=x, a \leqslant x \leqslant b$ 下的区域(图 4.10)并且看出它就是高为 $(b-a)$ 底为 a 和 b 的梯形,积分值是这个梯形的面积
$$\int_a^b x\,\mathrm{d}x = (b-a)\cdot\frac{a+b}{2} = \frac{b^2}{2} - \frac{a^2}{2}.$$

于是
$$\int_1^{\sqrt{5}} x\,\mathrm{d}x = \frac{(\sqrt{5})^2}{2} - \frac{(1)^2}{2} = 2$$

等等.

注意到 $x^2/2$ 是 x 的一个反导数,反导数和求和之间的联系更加显然.

任意连续函数的平均值

在 4.3 节例 4 中,我们讨论了一个非负函数的平均值,我们现在准备好了对于未必非负的函数 f 定义平均值,在 4.5 节我们将指出连续函数至少取其平均值一次.

我们再次从算术里的想法开始,n 个数的平均值是这些数的和除以 n 得到的商,对于闭区间 $[a,b]$ 上的一个连续函数 f,可能有无穷多个值需要考虑,但我们可以有次序地对它们取样,我们分割 $[a,b]$ 成 n 个等长(长度为 $\Delta x = (b-a)/n$)的子区间并且在每个子区间的一个点 c_k 取值(图 4.11),n 个样本值的平均值是

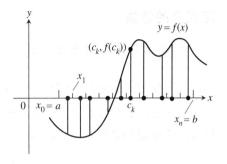

图 4.11 区间 $[a,b]$ 上函数的样本值

$$\frac{f(c_1)+f(c_2)+\cdots+f(c_n)}{n} = \frac{1}{n}\cdot\sum_{k=1}^{n}f(c_k) \qquad \text{用}\sum\text{记号表示和}$$

$$= \frac{\Delta x}{b-a}\cdot\sum_{k=1}^{n}f(c_k) \qquad \Delta x = \frac{b-a}{n}$$

$$= \frac{1}{b-a}\cdot\underbrace{\sum_{k=1}^{n}f(c_k)\Delta x}_{f\text{在}[a,b]\text{上的一个黎曼和}}.$$

于是样本值的平均值总是 f 在 $[a,b]$ 上的黎曼和的 $1/(b-a)$ 倍. 随着样本量的增加,并令划分的模趋于零,平均值必趋于 $(1/(b-a))\int_a^b f(x)\,dx$. 这一值得注意的事实导致下列定义.

定义　平均(中)值

若 f 在 $[a,b]$ 上可积,则它在 $[a,b]$ 上的**平均(中)值**是

$$\mathrm{av}(f) = \frac{1}{b-a}\int_a^b f(x)\,dx.$$

例 4(求一个平均值)　求 $f(x) = \sqrt{4-x^2}$ 在 $[-2,2]$ 上的平均值.

解　我们识别出函数 $f(x) = \sqrt{4-x^2}$ 的图象是中心在原点、半径为 2 的上半圆. 上半圆和 -2 到 2 的 x 轴之间的面积可以用几何公式

$$\text{面积} = \frac{1}{2}\cdot\pi r^2 = \frac{1}{2}\cdot\pi(2)^2 = 2\pi$$

计算. 因为面积也是 f 从 -2 到 2 的积分值

$$\int_{-2}^{2}\sqrt{4-x^2}\,dx = 2\pi.$$

因此 f 的平均值是

$$\mathrm{av}(f) = \frac{1}{2-(-2)}\int_{-2}^{2}\sqrt{4-x^2}\,dx = \frac{1}{4}(2\pi) = \frac{\pi}{2}.$$

定积分的性质

在把 $\int_a^b f(x)\,\mathrm{d}x$ 定义为和 $\sum f(c_k)\Delta x_k$ 的**极限**时,我们从左到右通过区间 $[a,b]$. 如果我们在相反方向积分将会怎样?积分变为 $\int_b^a f(x)\,\mathrm{d}x$ —— 仍是形如 $\sum f(c_k)\Delta x_k$ 的和的极限 —— 但这一次每个 Δx_k 的符号由于 x 值从 b 到 a 减少,将是负的. 这将改变每个黎曼和所有项的符号,并且最终改变定积分的符号,这就暗示了法则

$$\int_b^a f(x)\,\mathrm{d}x = -\int_a^b f(x)\,\mathrm{d}x.$$

因为原来的定义不适用于在一个区间上反向的积分,我们可以把这一法则视作原定义的逻辑延伸.

虽然 $[a,a]$ 从技术上看不是区间,定积分定义的另一个逻辑延伸是 $\int_a^a f(x)\,\mathrm{d}x = 0$.

这些是表 4.5 中的头两个法则,其余的都是继承自对于黎曼和成立的法则.

表 4.5 定积分法则

1. 积分的次序: $\int_b^a f(x)\,\mathrm{d}x = -\int_a^b f(x)\,\mathrm{d}x$ 定义

2. 零: $\int_a^a f(x)\,\mathrm{d}x = 0$ 也是定义

3. 常倍数: $\int_a^b k f(x)\,\mathrm{d}x = k\int_a^b f(x)\,\mathrm{d}x$ 任何数 k

   $\int_a^b -f(x)\,\mathrm{d}x = -\int_a^b f(x)\,\mathrm{d}x$ $k = -1$

4. 和与差: $\int_a^b (f(x) \pm g(x))\,\mathrm{d}x = \int_a^b f(x)\,\mathrm{d}x \pm \int_a^b g(x)\,\mathrm{d}x$

5. 可加性: $\int_a^b f(x)\,\mathrm{d}x + \int_b^c f(x)\,\mathrm{d}x = \int_a^c f(x)\,\mathrm{d}x$

6. 最大 – 最小不等式:若 $\max f$ 和 $\min f$ 分别是 f 在 $[a,b]$ 上的最大值和最小值,则

   $$\min f \cdot (b-a) \leq \int_a^b f(x)\,\mathrm{d}x \leq \max f \cdot (b-a).$$

7. 控制:在 $[a,b]$ 上 $f(x) \geq g(x) \Rightarrow \int_a^b f(x)\,\mathrm{d}x \geq \int_a^b g(x)\,\mathrm{d}x$

   在 $[a,b]$ 上 $f(x) \geq 0 \Rightarrow \int_a^b f(x)\,\mathrm{d}x \geq 0$ (特殊情形)

例 5(利用定积分法则) 假定

$$\int_{-1}^1 f(x)\,\mathrm{d}x = 5, \quad \int_1^4 f(x)\,\mathrm{d}x = -2, \quad 和 \quad \int_{-1}^1 h(x)\,\mathrm{d}x = 7,$$

则

1. $\int_4^1 f(x)\,\mathrm{d}x = -\int_1^4 f(x)\,\mathrm{d}x = -(-2) = 2$ 法则 1

2. $\int_{-1}^{1}[2f(x)+3h(x)]\mathrm{d}x = 2\int_{-1}^{1}f(x)\mathrm{d}x + 3\int_{-1}^{1}h(x)\mathrm{d}x$ 法则 3 和 4

$\qquad\qquad\qquad\qquad\qquad = 2(5)+3(7) = 31$

3. $\int_{-1}^{4}f(x)\mathrm{d}x = \int_{-1}^{1}f(x)\mathrm{d}x + \int_{1}^{4}f(x)\mathrm{d}x = 5+(-2) = 3.$ 法则 5

法则 3 的证明   法则 3 说的是函数 k 倍的积分是该函数积分的 k 倍,其理由是

$$\int_{a}^{b}kf(x)\mathrm{d}x = \lim_{\|P\|\to 0}\sum_{i=1}^{n}kf(c_i)\Delta x_i$$

$$= \lim_{\|P\|\to 0}k\sum_{i=1}^{n}f(c_i)\Delta x_i$$

$$= k\lim_{\|P\|\to 0}\sum_{i=1}^{n}f(c_i)\Delta x_i = k\int_{a}^{b}f(x)\mathrm{d}x.\qquad\square$$

图 4.12 图解了对于一个正函数的法则 5,但是这个法则对任何可积函数皆成立.

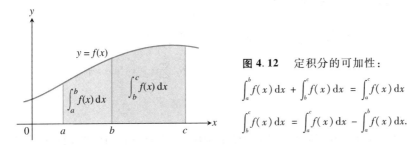

图 4.12   定积分的可加性:

$$\int_{a}^{b}f(x)\mathrm{d}x + \int_{b}^{c}f(x)\mathrm{d}x = \int_{a}^{c}f(x)\mathrm{d}x$$

$$\int_{b}^{c}f(x)\mathrm{d}x = \int_{a}^{c}f(x)\mathrm{d}x - \int_{a}^{b}f(x)\mathrm{d}x.$$

法则 6 的证明   法则 6 是说,f 在 $[a,b]$ 上的积分决不小于 f 的最小值和区间长度的乘积,也决不大于 f 的最大值和区间长度的乘积,理由是对 $[a,b]$ 的每一个划分的点 c_k 的每一个选择

$$\min f\cdot(b-a) = \min f\cdot\sum_{k=1}^{n}\Delta x_k \qquad \sum_{k=1}^{n}\Delta x_k = b-a$$

$$= \sum_{k=1}^{n}\min f\cdot\Delta x_k$$

$$\leq \sum_{k=1}^{n}f(c_k)\Delta x_k \qquad \min f\leq f(c_k)$$

$$\leq \sum_{k=1}^{n}\max f\cdot\Delta x_k \qquad f(c_k)\leq \max f$$

$$= \max f\cdot\sum_{k=1}^{n}\Delta x_k$$

$$= \max f\cdot(b-a).$$

简言之,f 在 $[a,b]$ 上的所有黎曼和满足不等式

$$\min f\cdot(b-a) \leq \sum_{k=1}^{n}f(c_k)\Delta x_k \leq \max f\cdot(b-a).$$

因此,作为黎曼和极限的积分仍如是.

例 6(求一个积分的界)   证明 $\int_{0}^{1}\sqrt{1+\cos x}\,\mathrm{d}x$ 小于 $\dfrac{3}{2}$.

解 定积分的最大 - 最小不等式告诉我们 $\min f \cdot (b-a)$ 是 $\int_a^b f(x)\,\mathrm{d}x$ 的值的一个下界,而 $\max f \cdot (b-a)$ 是它的一个上界. $\sqrt{1+\cos x}$ 在 $[0,1]$ 上的最大值是 $\sqrt{1+1} = \sqrt{2}$,于是

$$\int_0^1 \sqrt{1+\cos x}\,\mathrm{d}x \leqslant \sqrt{2} \cdot (1-0) = \sqrt{2}.$$

因为 $\int_0^1 \sqrt{1+\cos x}\,\mathrm{d}x$ 有一个上界 $\sqrt{2}$(它等于 $1.414\cdots$),故积分小于 $\dfrac{3}{2}$.

习题 4.4

$\sum$ 记号

不用 $\sum$ 记号写出题 1 - 6 中的和,然后求它们的值.

1. $\displaystyle\sum_{k=1}^{2} \frac{6k}{k+1}$
2. $\displaystyle\sum_{k=1}^{3} \frac{k-1}{k}$
3. $\displaystyle\sum_{k=1}^{4} \cos k\pi$

4. $\displaystyle\sum_{k=1}^{5} \sin k\pi$
5. $\displaystyle\sum_{k=1}^{3} (-1)^{k+1} \sin \frac{\pi}{4}$
6. $\displaystyle\sum_{k=1}^{4} (-1)^{k} \cos k\pi$

黎曼和中的矩形

在题 7 - 10 中,画出函数 $f(x)$ 在给定区间上的图象.分割区间成四个等长的子区间.再在你的草图上画上与黎曼和 $\sum_{k=1}^{4} f(c_k) \Delta x_k$ 对应的矩形,其中 c_k 是第 k 个子区间的(a)左端点,(b)右端点,(c)中点.(对每个矩形集分开画草图.)

7. $f(x) = x^2 - 1$, $[0,2]$
8. $f(x) = -x^2$, $[0,1]$
9. $f(x) = \sin x$, $[-\pi,\pi]$
10. $f(x) = \sin x + 1$, $[-\pi,\pi]$

把极限表示为积分

把题 11 - 16 中的极限表示为定积分.

11. $\displaystyle\lim_{\|P\|\to 0} \sum_{k=1}^{n} c_k^2 \Delta x_k$,$P$ 是 $[0,2]$ 的划分
12. $\displaystyle\lim_{\|P\|\to 0} \sum_{k=1}^{n} 2 c_k^3 \Delta x_k$,$P$ 是 $[-1,0]$ 的划分
13. $\displaystyle\lim_{\|P\|\to 0} \sum_{k=1}^{n} (c_k^2 - 3c_k) \Delta x_k$,$P$ 是 $[-7,5]$ 的划分
14. $\displaystyle\lim_{\|P\|\to 0} \sum_{k=1}^{n} \frac{1}{1-c_k} \Delta x_k$,$P$ 是 $[2,3]$ 的划分
15. $\displaystyle\lim_{\|P\|\to 0} \sum_{k=1}^{n} \sqrt{4-c_k^2} \Delta x_k$,$P$ 是 $[0,1]$ 的划分
16. $\displaystyle\lim_{\|P\|\to 0} \sum_{k=1}^{n} (\sec c_k) \Delta x_k$,$P$ 是 $\left[-\dfrac{\pi}{4},0\right]$ 的划分

用面积求积分值

在题 17 - 22 中,画被积函数的图象,并且用面积求积分的值.

17. $\displaystyle\int_{-2}^{4} \left(\frac{x}{2}+3\right)\mathrm{d}x$
18. $\displaystyle\int_{-3}^{3} \sqrt{9-x^2}\,\mathrm{d}x$
19. $\displaystyle\int_{-2}^{1} |x|\,\mathrm{d}x$

20. $\displaystyle\int_{-1}^{1} (2-|x|)\,\mathrm{d}x$
21. $\displaystyle\int_{0}^{b} x\,\mathrm{d}x$, $b>0$
22. $\displaystyle\int_{a}^{b} 2s\,\mathrm{d}s$, $0<a<b$

平均值

在题 23-26 中,利用例 4 的几何方法求函数在给定区间上的平均值.

23. $f(x) = 1 - x$, $[0,1]$ **24.** $f(x) = |x|$, $[-1,1]$

25. $f(x) = \sqrt{1-x^2}$, $[0,1]$ **26.** $f(x) = \sqrt{1-(x-2)^2}$, $[1,2]$

用性质和已知值求其它积分

27. 假定 f 和 g 是连续的,而且

$$\int_1^2 f(x)\,dx = -4, \quad \int_1^5 f(x)\,dx = 6, \quad \int_1^5 g(x)\,dx = 8.$$

用表 4.5 中的法则求下列积分的值

(a) $\int_2^2 g(x)\,dx$ (b) $\int_5^1 g(x)\,dx$ (c) $\int_1^2 3f(x)\,dx$

(d) $\int_2^5 f(x)\,dx$ (e) $\int_1^5 [f(x) - g(x)]\,dx$ (f) $\int_1^5 [4f(x) - g(x)]\,dx$

28. 假定 f 和 h 是连续的,而且

$$\int_1^9 f(x)\,dx = -1, \quad \int_7^9 f(x)\,dx = 5, \quad \int_7^9 h(x)\,dx = 4.$$

利用表 4.5 中的法则求下列积分的值.

(a) $\int_1^9 -2f(x)\,dx$ (b) $\int_7^9 [f(x) + h(x)]\,dx$ (c) $\int_7^9 [2f(x) - 3h(x)]\,dx$

(d) $\int_9^1 f(x)\,dx$ (e) $\int_1^7 f(x)\,dx$ (f) $\int_9^7 [h(x) - f(x)]\,dx$

29. 假定 $\int_1^2 f(x)\,dx = 5$,求下列各值.

(a) $\int_1^2 f(u)\,du$ (b) $\int_1^2 \sqrt{3}f(z)\,dz$ (c) $\int_2^1 f(t)\,dt$ (d) $\int_1^2 [-f(x)]\,dx$

30. 假定 $\int_{-3}^0 g(t)\,dt = \sqrt{2}$,求下列各值.

(a) $\int_0^{-3} g(t)\,dt$ (b) $\int_{-3}^0 g(u)\,du$ (c) $\int_{-3}^0 [-g(x)]\,dx$ (d) $\int_{-3}^0 \frac{g(r)}{\sqrt{2}}\,dr$

31. 假定 f 是连续的,而且 $\int_0^3 f(z)\,dz = 3$ 和 $\int_0^4 f(z)\,dz = 7$. 求下列各值.

(a) $\int_3^4 f(z)\,dz$ (b) $\int_4^3 f(t)\,dt$

32. 假定 h 是连续的,而且 $\int_{-1}^1 h(r)\,dr = 0$ 和 $\int_{-1}^3 h(r)\,dr = 6$. 求下列各值.

(a) $\int_1^3 h(r)\,dr$ (b) $-\int_3^1 h(u)\,du$

理论和例子

33. 最大化一个积分 a 和 b 的什么值,使积分 $\int_a^b (x - x^2)\,dx$ 的值最大?

34. 最小化一个积分 a 和 b 的什么值,使积分 $\int_a^b (x^4 - 2x^2)\,dx$ 的值最小?

35. 为学而写   解释为什么对任意常数 k,有 $\int_a^b k\,dx = k(b-a)$.

36. **非负函数的积分** 利用最大 - 最小不等式证明:若 f 是可积的,则在 $[a,b]$ 上 $f(x) \geq 0 \Rightarrow \int_a^b f(x) dx \geq 0$.

37. **上界和下界** 利用最大 - 最小不等式求 $\int_0^1 \dfrac{1}{1+x^2} dx$ 的上界和下界.

38. **上界和下界**(续题 37) 利用最大 - 最小不等式求
$$\int_0^{0.5} \frac{1}{1+x^2} dx \quad \text{和} \quad \int_{0.5}^1 \frac{1}{1+x^2} dx,$$
的上界和下界. 把这些结果相加以改进对 $\int_0^1 \dfrac{1}{1+x^2} dx$ 的估计.

39. **一次旅行中的平均速率** 如果你以每小时 30 英里的速率做 150 英里的旅行并且以每小时 50 英里的速率在同样 150 英里的路程上返回,你往返旅行的平均速率是多少?对于你的回答给出理由. (来源:David H. Pleacher, The Mathematics Teacher, Vol. 85, No. 6 (1992 年 9 月), pp. 445 - 446.)

40. **水流的平均速率** 一个水坝先以 10 米^3/分的速率放水 1000 米^3,再以 20 米^3/分的速率放水另一个 1000 米^3. 放水的平均速率是多少?对于你的回答给出理由.

计算机探究

求黎曼和

如果你的 CAS 能够画对应于黎曼和的矩形,利用它画出对应于收敛到题 41 - 46 中的积分的黎曼和的矩形. 在每个情形利用 $n = 4, 10, 20$ 和 50 的等长子区间.

41. $\int_0^1 (1-x) dx = \dfrac{1}{2}$ 42. $\int_0^1 (x^2+1) dx = \dfrac{4}{3}$ 43. $\int_{-\pi}^{\pi} \cos x \, dx = 0$

44. $\int_0^{\pi/4} \sec^2 x \, dx = 1$ 45. $\int_{-1}^1 |x| dx = 1$ 46. $\int_1^2 \dfrac{1}{x} dx$(积分的值是 $\ln 2$.)

4.5 中值定理和基本定理

定积分的中值定理 • 基本定理,部分 1 • 几何解释 • 基本定理,部分 2 • 与面积的联系

CD-ROM
WEBsite
历史传记
Sir Isaac Newton
(1642 — 1727)

本节讲解积分学的两个最重要的定理,定积分的中值定理断言闭区间上的连续函数在该区间上至少取一次平均值,基本定理连结了积分法和微分法,我们把它分成两部分介绍. 莱布尼茨和 Newton 独立做出的这一发现开创了数学进展刺激了此后 200 年的科学革命,并且仍被看作世界历史上的最重要的计算方面的发现.

定积分的中值定理

在前一节我们把闭区间上一个连续函数的平均值定义为定积分 $\int_a^b f(x) dx$ 除以区间长度 $b - a$ 所得到的商,定积分的中值定理断言这个平均值总是在区间上至少取到一次. 这决非偶然,请看图 4.13 中的图象,设想底为 $(b-a)$ 而高从 f 的最小值(与积分相比,此矩形太小)修正

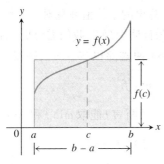

图 4.13 中值定理中的值 $f(c)$ 在某种意义上是 f 在 $[a,b]$ 上的平均(或中值)高度,当 $f \geq 0$ 时,阴影矩形的面积是 f 从 a 到 b 的图象下的面积

$$f(c)(b-a) = \int_a^b f(x)\,dx.$$

到 f 的最大值(一个太大的矩形). 在这中间的某处有一个面积"恰好"等于积分的矩形,如果 f 是连续的,该矩形的上边将会与 f 的曲线相交.

定理 2　定积分的中值定理

如果 f 在 $[a,b]$ 上连续,则在 $[a,b]$ 中的某点 c

$$f(c) = \frac{1}{b-a}\int_a^b f(x)\,dx.$$

例 1(应用定理 2)　求 $f(x) = 4-x$ 在 $[0,3]$ 上的平均值和在给定区间 f 恰取这个值的点.

解

$$\begin{aligned}
\operatorname{av}(f) &= \frac{1}{b-a}\int_a^b f(x)\,dx \\
&= \frac{1}{3-0}\int_0^3 (4-x)\,dx = \frac{1}{3}\left(\int_0^3 4\,dx - \int_0^3 x\,dx\right) \\
&= \frac{1}{3}\left(4(3-0) - \left(\frac{3^2}{2} - \frac{0^2}{2}\right)\right) \quad \text{4.4 节,例 3.} \\
&= 4 - \frac{3}{2} = \frac{5}{2}.
\end{aligned}$$

$f(x)$ 在 $[0,3]$ 上的平均值是 $5/2$. 当 $4-x = 5/2$ 或 $x = 3/2$ 时函数取这个值.(图 4.14)

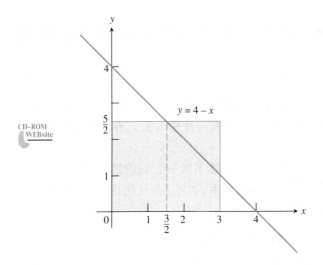

图 4.14　底为 $[0,3]$ 高等于 $5/2(f(x) = 4-x$ 的平均值)的矩形的面积等于夹在 f 的图象和从 0 到 3 的 x 轴之间的面积.(例 1)

在例 1 中,我们求出了一个点,方法是令 $f(x)$ 等于计算出的平均值并且对 x 求解,但这并未证明这样的点总是存在,它仅证明了在例 1 中是存在的,为证明定理 2,我们需要更一般的推理.

定理 2 的证明　最大 – 最小不等式(表 4.5,法则 6)两端除以 $(b-a)$,即得

$$\min f \leq \frac{1}{b-a}\int_a^b f(x)\,\mathrm{d}x \leq \max f.$$

因为 f 是连续的,根据连续函数的中间值定理(1.4 节),必可断言 f 能取 $\min f$ 和 $\max f$ 之间的每个值. 因此它必定在 $[a,b]$ 中的某个点 c 取到值 $(1/(b-a))\int_a^b f(x)\,\mathrm{d}x$. □

这里 f 的连续性是重要的,一个不连续的函数可以跨越它的平均值(图 4.15).

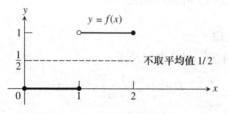

图 4.15　一个不取平均值的连续函数.

从定理 2 还可以获悉什么呢?

例 2(零平均值)　证明:如果 f 是 $[a,b]$ 上的连续函数, $a \neq b$,又

$$\int_a^b f(x)\,\mathrm{d}x = 0,$$

则在 $[a,b]$ 上至少有一次 $f(x) = 0$.

解　f 在 $[a,b]$ 上的平均值是

$$\mathrm{av}(f) = \frac{1}{b-a}\int_a^b f(x)\,\mathrm{d}x = \frac{1}{b-a}\bullet 0 = 0.$$

根据定理 2, f 在 $[a,b]$ 的某个点 c 取这个值. □

基本定理,部分 1

如果 $f(x)$ 是一个可积函数,从任何固定数 a 到另一数 x 的积分定义一个函数 F,它在 x 的值是

$$F(x) = \int_a^x f(t)\,\mathrm{d}t. \tag{1}$$

比如,如果 f 是非负的而 x 在 a 的右侧, $F(x)$ 是从 a 到 x 图象下的面积,变量 x 是一个积分区间的上限,但 F 在其它方面跟实变量的实值函数完全一样,对每一个输入值 x,有一个完全确定的数值输出,这里是 f 从 a 到 x 的积分.

等式(1)给出了一个重要的定义新函数的方式并且表达了微分方程的解(详情见后). 现在提到等式(1)的理由是它建立起了积分和导数之间的联系,如果 f 是任何连续函数,则 F 是一个可微函数并且它的导数就是 f 自己,在任何点 x,

$$\frac{\mathrm{d}}{\mathrm{d}x}F(x) = \frac{\mathrm{d}}{\mathrm{d}x}\int_a^x f(t)\,\mathrm{d}t = f(x).$$

这一联系如此重要,以致构成微积分基本定理的第一部分.

定理 3　微积分基本定理，部分 1

如果 f 在 $[a,b]$ 上连续，则函数
$$F(x) = \int_a^x f(t)\,dt$$
在 $[a,b]$ 的每个点 x 有导数，并且
$$\frac{dF}{dx} = \frac{d}{dx}\int_a^x f(t)\,dt = f(x). \tag{2}$$

这一结论是优美的，有力的，深刻的和令人惊异的，而等式(2)成了数学中最重要的等式之一. 它告诉我们对每个连续函数 f，微分方程 $dF/dx = f(x)$ 有一个解，它断言每个连续函数 f 是另外一个函数的导数，这正是 $\int_a^x f(t)\,dt$. 它申明每个连续函数必有一个反导数，最终它说明了积分和微分的过程是互逆的.

例 3 (应用基本定理)　利用基本定理求
$$\frac{d}{dx}\int_{-\pi}^x \cos t\,dt \quad \text{和} \quad \frac{d}{dx}\int_0^x \frac{1}{1+t^2}\,dt$$

解
$$\frac{d}{dx}\int_{-\pi}^x \cos t\,dt = \cos x \qquad \text{等式(2)中 } f(t) = \cos t$$
$$\frac{d}{dx}\int_0^x \frac{1}{1+t^2}\,dt = \frac{1}{1+x^2}. \qquad \text{等式(2)中 } f(t) = \frac{1}{1+t^2}$$

例 4 (结合链式法则应用基本定理)　若 $y = \int_1^{x^2} \cos t\,dt$，求 $\frac{dy}{dx}$.

解　积分上限不是 x 而是 x^2，这使得 y 由
$$y = \int_1^u \cos t\,dt \quad \text{和} \quad u = x^2$$
复合而成. 因此必须用链式法则求 dy/dx.
$$\frac{dy}{dx} = \frac{dy}{du} \cdot \frac{du}{dx} = \left(\frac{d}{du}\int_1^u \cos t\,dt\right) \cdot \frac{du}{dx}$$
$$= \cos u \cdot \frac{du}{dx} = \cos(x^2) \cdot 2x = 2x\cos x^2$$

例 5 (变下限的积分)　求 dy/dx.

(a) $y = \int_x^5 3t\sin t\,dt$ 　　　**(b)** $y = \int_{1+3x^2}^4 \frac{1}{2+t^2}\,dt$

解　4.4 节的积分的法则 1 使得对这些积分能够用基本定理.

(a) $\dfrac{d}{dx}\int_x^5 3t\sin t\,dt = \dfrac{d}{dx}\left(-\int_5^x 3t\sin t\,dt\right)$　　法则 1
$$= -\frac{d}{dx}\int_5^x 3t\sin t\,dt$$
$$= -3x\sin x$$

(**b**) $\dfrac{d}{dx}\displaystyle\int_{1+3x^2}^{4}\dfrac{1}{2+t^2}dt = \dfrac{d}{dx}\left(-\displaystyle\int_{4}^{1+3x^2}\dfrac{1}{2+t^2}dt\right)$ 　　法则 1

$\qquad\qquad\qquad\qquad\quad = -\dfrac{d}{dx}\displaystyle\int_{4}^{1+3x^2}\dfrac{1}{2+t^2}dt$

$\qquad\qquad\qquad\qquad\quad = -\dfrac{1}{2+(1+3x^2)^2}\dfrac{d}{dx}(1+3x^2)$　　等式(2) 和链式法则

$\qquad\qquad\qquad\qquad\quad = -\dfrac{2x}{1+2x^2+3x^4}$　　从分子和分母约去了 3

例 6（构造一个有给定导数和值的函数）　求一个函数 $y = f(x)$，它有导数

$$\dfrac{dy}{dx} = \tan x$$

并且满足条件 $f(3) = 5$.

解　基本定理使得易于构造具有导数 $\tan x$ 的函数

$$y = \int_{3}^{x}\tan t\,dt.$$

因为 $y(3) = 0$，只需在这个函数上加上 5 就构造出了具有导数 $\tan x$ 和在 $x = 3$ 取值为 5 的函数:

$$f(x) = \int_{3}^{x}\tan t\,dt + 5.$$

虽然例 6 中问题的解满足所要求的两个条件，你还是可能会质疑它是否是有用的形式. 前些年，这种形式会被提出计算问题. 事实上，对这类问题在几个世纪之内人们耗费大量精力去求不含积分的解. 在第六章我们会看到其中的一些，在那里我们将学会（比如）怎样把例 6 的解写成

$$y = \ln\left|\dfrac{\cos 3}{\cos x}\right| + 5.$$

如今尽管计算机和计算器能够求积分，但是例 6 所给的形式不仅是有用的，在某些方面还是更可取的. 它必然更容易求出并且总是有用的.

几何解释

如果 f 是正的，等式

$$\dfrac{d}{dx}\int_{a}^{x}f(t)\,dt = f(x)$$

有一个美妙的几何解释. f 从 a 到 x 的积分是夹在 f 的图象及从 a 到 x 的 x 轴之间的区域的面积. 设想公共汽车挡风玻璃上被清除雨滴的刷扫过的区域. 当雨刷移动通过 x 时，被清洗区域的速率正是垂直刷的高度 $f(x)$（图 4.16）.

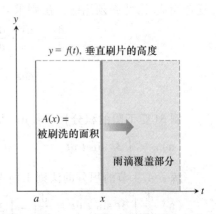

图 4.16　公共汽车上刷片移动 x 时，刷片清洗挡风玻璃的速率是刷片的高度. 用符号表示，$\dfrac{dA}{dx} = f(x)$.

定理 3 的证明　我们通过对函数 $F(x)$ 直接应用导数定义证明定理 3. 这意味写出差商

$$\dfrac{F(x+h) - F(x)}{h} \qquad (3)$$

并且证明当 $h \to 0$ 时它的极限是 $f(x)$.

当我们用定积分替换 $F(x+h)$ 和 $F(x)$ 时,等式(3)中的分子变为
$$F(x+h) - F(x) = \int_a^{x+h} f(t)\,dt - \int_a^x f(t)\,dt.$$

积分的可加性法则(表 4.5,法则 5)简化右端成
$$\int_x^{x+h} f(t)\,dt,$$

于是等式(3)成为
$$\frac{F(x+h) - F(x)}{h} = \frac{1}{h}[F(x+h) - F(x)]$$
$$= \frac{1}{h}\int_x^{x+h} f(t)\,dt. \tag{4}$$

根据定积分的中值定理(定理 2),等式(4)中最后一个表达式的值是 f 在连结 x 和 $x+h$ 的区间上取的一个值. 即对于这个区间的某个数 c,
$$\frac{1}{h}\int_x^{x+h} f(t)\,dt = f(c). \tag{5}$$

因此我们通过观察当 $h \to 0$ 时 $f(c)$ 如何变化就可以了解当 $h \to 0$ 时 $\left(\dfrac{1}{h}\right)\int_x^{x+h} f(t)\,dt$ 如何变化.

当 $h \to 0$ 时 $f(c)$ 如何变化呢? 当 $h \to 0$ 时,端点 $x+h$ 趋向 x,推动 c 在它的前面像推动套在金属丝上的一粒珠子.

于是 c 趋向于 x,因为 f 在 x 连续,$f(c)$ 趋向于 $f(x)$:
$$\lim_{h \to 0} f(c) = f(x). \tag{6}$$

回到开头,我们有

$$\begin{aligned}
\frac{dF}{dx} &= \lim_{h \to 0} \frac{F(x+h) - F(x)}{h} &\quad\text{导数定义} \\
&= \lim_{h \to 0} \frac{1}{h}\int_x^{x+h} f(t)\,dt &\quad\text{等式(4)} \\
&= \lim_{h \to 0} f(c) &\quad\text{等式(5)} \\
&= f(x). &\quad\text{等式(6)}
\end{aligned}$$

这就完成了证明.

基本定理,部分 2

微积分基本定理部分 2 指出怎样利用反导数直接计算定积分.

定理 3(续)　微积分基本定理,部分 2

如果 f 在 $[a,b]$ 的每个点连续,而 F 是 f 在 $[a,b]$ 的任何一个反导数,则

$$\int_a^b f(x)\,\mathrm{d}x = F(b) - F(a).$$

基本定理的这一部分称为**积分求值定理**.

证明　基本定理的部分 1 告诉我们 f 的一个反导数存在,正是

$$G(x) = \int_a^x f(t)\,\mathrm{d}t.$$

于是,若 F 是 f 的任何一个反导数,则(由 3.2 节对于导数的中值定理的推论 2) $F(x) = G(x) + C$. 求 $F(b) - F(a)$ 的值,我们有

$$\begin{aligned}F(b) - F(a) &= [G(b) + C] - [G(a) + C] \\ &= G(b) - G(a) \\ &= \int_a^b f(t)\,\mathrm{d}t - \int_a^a f(t)\,\mathrm{d}t \\ &= \int_a^b f(t)\,\mathrm{d}t - 0 \\ &= \int_a^b f(t)\,\mathrm{d}t.\end{aligned}$$

我们不厌其烦地强调:无论怎样估计简单等式

$$\int_a^b f(x)\,\mathrm{d}x = F(b) - F(a)$$

的威力都不会过分,它申明,要求任何连续函数的定积分,只要求出了 f 的一个反导数就可算出而勿须求极限,勿须计算黎曼和,甚至往往勿须费多大气力. 如果你设想一下在这个定理(和计算机)出现之前的状况,那时为了解决许多现实世界的问题用冗长的和做逼近是仅有的选择,那么你就可以想象一个神奇的算法被想出以后的功效. 如果有一个等式值得称谓为微积分基本定理,那个现在这个等式就必定是这样的一个(第二个).

怎样求 $\int_a^b f(x)\,\mathrm{d}x$ 的值

步骤 1:求 f 的一个反导数 F,任何反导数都可以,你可以选择最简单的一个.
步骤 2:计算数 $F(b) - F(a)$.
这个数就是 $\int_a^b f(x)\,\mathrm{d}x$.

例 7(求积分值)　用反导数求 $\int_{-1}^3 (x^3 + 1)\,\mathrm{d}x$ 的值.

解　$x^3 + 1$ 的一个最简单的反导数是 $(x^4/4) + x$. 因此,

$$\int_{-1}^{3}(x^3+1)\,dx = \left[\frac{x^4}{4}+x\right]_{-1}^{3}$$
$$= \left(\frac{81}{4}+3\right)-\left(\frac{1}{4}-1\right)$$
$$= 24.$$

注：积分求值记号 $F(b)-F(a)$ 的通用记号是

$$F(x)\Big]_a^b \quad \text{或} \quad \left[F(x)\right]_a^b,$$

这依赖 F 有一项或多项. 这个记号提供了一个求积分值的紧凑"处方"，这使得我们可以在中间的步骤显示反导数.

与面积的联系

我们现在能够用反导数计算面积，但是必须细心区分净面积(其中的在 x 轴下面的面积按负数计算)和总面积. 不加修饰词的"面积"理解为<u>总面积</u>.

例 8(用反导数求面积) 求 x 轴和 $f(x)=x^3-x^2-2x$，$-1\leqslant x\leqslant 2$ 的图象之间的区域的面积.

解 首先求 f 的零点. 因为
$$f(x)=x^3-x^2-2x=x(x^2-x-2)=x(x+1)(x-2),$$
零点是 $x=0$，-1 和 2(图 4.17). 零点把 $[-1,2]$ 分割成两个子区间：$[-1,0]$，在这里 $f\geqslant 0$；$[0,2]$，在这里 $f\leqslant 0$. 在每个子区间上积分 f，并且把所计算出的值的绝对值相加.

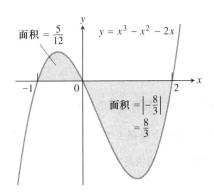

图 4.17 曲线 $y=x^3-x^2-2x$ 和 x 轴之间的区域. (例 8)

<u>在 $[-1,0]$ 上的积分</u>：$\int_{-1}^{0}(x^3-x^2-2x)\,dx = \left[\frac{x^4}{4}-\frac{x^3}{3}-x^2\right]_{-1}^{0}$
$$= 0-\left[\frac{1}{4}+\frac{1}{3}-1\right]=\frac{5}{12}$$

<u>在 $[0,2]$ 上的积分</u>：$\int_{0}^{2}(x^3-x^2-2x)\,dx = \left[\frac{x^4}{4}-\frac{x^3}{3}-x^2\right]_{0}^{2}$
$$=\left[4-\frac{8}{3}-4\right]-0=-\frac{8}{3}$$

<u>围成的面积</u>：围成的总面积 $=\dfrac{5}{12}+\left|-\dfrac{8}{3}\right|=\dfrac{37}{12}$

如何求总面积

为解析地求区间 $[a,b]$ 上在 $y=f(x)$ 的图象和 x 轴之间的面积,按下列步骤作:
步骤 1:用 f 的零点分割 $[a,b]$.
步骤 2:在每个子区间上积分 f.
步骤 3:把积分的绝对值相加.

例 9(一户的用电) 我们的配电室的电压用正弦函数

$$V = V_{max} \sin 120\pi t$$

建模,它把电压的伏特数表示为以秒为单位的时间 t 的函数. 每秒循环 60 周(它的频率是 60 赫兹,或 60 Hz). 正的常数 V_{max}($V_{\max}$)是**峰值电压**.

V 在从 0 到 $\frac{1}{120}$ 秒的半周上的平均值(见图 4.18)是

$$V_{av} = \frac{1}{(1/120)-0} \int_0^{1/120} V_{max} \sin 120\pi t \, dt$$

$$= 120 V_{max} \left[-\frac{1}{120\pi} \cos 120\pi t \right]_0^{1/120}$$

$$= \frac{V_{max}}{\pi} [-\cos\pi + \cos 0]$$

$$= \frac{2V_{max}}{\pi}.$$

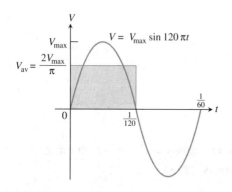

图 4.18 在整个周期上的电压 $V = V_{max}\sin 120\pi t$ 的图象,它在半个周期上的平均值是 $\frac{2V_{max}}{\pi}$,它在整个周期上的平均值是零(例 9).

从图 4.18 看出,电压在整个一周上的平均值是零.(又见题 52.)如果我们用标准的移动线圈检流计,仪表读数为零.

为有效地测量电压,我们使用一种测量电压的平方的平均值的平方根

$$V_{rms} = \sqrt{(V^2)_{av}}.$$

的设备. 下标"rms"(分别读各个字母)代表"平方平均的平方根." 因为在一个周期上 $V^2 = (V_{max})^2 \sin^2 120\pi t$ 的平均值是

$$(V^2)_{av} = \frac{1}{(1/60)-0} \int_0^{1/60} (V_{max})^2 \sin^2 120\pi t \, dt = \frac{(V_{max})^2}{2}, \tag{7}$$

(题 52,部分(c)),rms 电压是

$$V_{\text{rms}} = \sqrt{\frac{(V_{\max})^2}{2}} = \frac{V_{\max}}{\sqrt{2}}. \tag{8}$$

住宅的电流和电压表给出的值总是 rms 值. 这样,"交流 115 伏"意味 rms 电压是 115. 由等式 (8) 得峰值电压是

$$V_{\max} = \sqrt{2} V_{\text{rms}} = \sqrt{2} \cdot 115 \approx 163 \text{ 伏},$$

这明显地高于电表所显示的数字.

习题 4.5

求积分的值

求题 1 – 14 中的积分值.

1. $\int_{-2}^{0} (2x + 5) dx$
2. $\int_{0}^{4} \left(3x - \frac{x^3}{4} \right) dx$
3. $\int_{0}^{1} (x^2 + \sqrt{x}) dx$
4. $\int_{-2}^{-1} \frac{2}{x^2} dx$
5. $\int_{0}^{\pi} (1 + \cos x) dx$
6. $\int_{0}^{\pi/3} 2\sec^2 x \, dx$
7. $\int_{\pi/4}^{3\pi/4} \csc \theta \cot \theta \, d\theta$
8. $\int_{0}^{\pi/2} \frac{1 + \cos 2t}{2} dt$
9. $\int_{-\pi/2}^{\pi/2} (8y^2 + \sin y) dy$
10. $\int_{-1}^{1} (r + 1)^2 dr$
11. $\int_{1}^{\sqrt{2}} \left(\frac{u^2}{2} - \frac{1}{u^5} \right) du$
12. $\int_{4}^{9} \frac{1 - \sqrt{u}}{\sqrt{u}} du$
13. $\int_{-4}^{4} |x| dx$
14. $\int_{0}^{\pi} \frac{1}{2} (\cos x + |\cos x|) dx$

积分的导数

求题 15 – 18 中的导数

(a) 先求积分的值再对所得结果求导.

(b) 直接对积分求导.

15. $\dfrac{d}{dx} \int_{0}^{\sqrt{x}} \cos t \, dt$
16. $\dfrac{d}{dx} \int_{1}^{\sin x} 3t^2 \, dt$
17. $\dfrac{d}{dt} \int_{0}^{t^4} \sqrt{u} \, du$
18. $\dfrac{d}{d\theta} \int_{0}^{\tan \theta} \sec^2 y \, dy$

在题 19 – 24 中求 dy/dx.

19. $y = \int_{0}^{x} \sqrt{1 + t^2} \, dt$
20. $y = \int_{1}^{x} \frac{1}{t} dt, \quad x > 0$
21. $y = \int_{\sqrt{x}}^{0} \sin(t^2) \, dt$
22. $y = \int_{0}^{x^2} \cos \sqrt{t} \, dt$
23. $y = \int_{0}^{\sin x} \frac{dt}{\sqrt{1 - t^2}}, \quad |x| < \frac{\pi}{2}$
24. $y = \int_{\tan x}^{0} \frac{dt}{1 + t^2}$

用变量替换求积分值

在题 25 – 28 中,利用变量替换求一个反导数,再用基本定理求积分.

25. $\int_{0}^{1} (1 - 2x)^3 dx$
26. $\int_{0}^{1} t \sqrt{t^2 + 1} \, dt$

27. $\int_0^\pi \sin^2\left(1 + \dfrac{\theta}{2}\right) d\theta$ 28. $\int_0^\pi \sin^2 \dfrac{x}{4} \cos \dfrac{x}{4} dx$

初值问题

解题 29 – 32 中的初值问题

29. $\dfrac{dy}{dx} = \sec x, \quad y(2) = 3$ 30. $\dfrac{dy}{dx} = x\sqrt{1+x^2}, \quad y(1) = -2$

31. $\dfrac{dy}{dx} = \cos^2 x \sin x, \quad y(0) = -1$ 32. $\dfrac{dy}{dx} = \dfrac{1}{\sqrt{x+1}} \cos\sqrt{x+1}, \quad y\left(\dfrac{\pi}{2} - 1\right) = 1$

面积

在题 33 – 36 中,求曲线和 x 轴之间的区域的总面积.

33. $y = -x^2 - 2x, \quad -3 \leq x \leq 2$ 34. $y = x^3 - 3x^2 + 2x, \quad 0 \leq x \leq 2$

35. $y = x^3 - 4x, \quad -2 \leq x \leq 2$ 36. $y = x^{1/3} - x, \quad -1 \leq x \leq 8$

求题 37 和 38 中阴影区域的面积.

37. 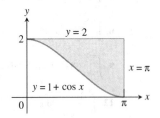 38.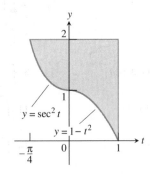

应用

39. **由边际成本求成本** 当印刷了 x 份广告时印刷一份广告的边际成本是

$$\dfrac{dc}{dx} = \dfrac{1}{2\sqrt{x}}$$

美元. 求

(a) 印刷 2 – 100 份广告的成本 $c(100) - c(1)$. (b) 印刷 101 – 400 份广告的成本 $c(400) - c(100)$.

40. **从边际收益求收益** 假定一公司生产和销售鸡蛋搅拌器的边际收益是

$$\dfrac{dr}{dx} = 2 - \dfrac{2}{(x+1)^2},$$

其中 r 以千美元为单位,而 x 以千件为单位. 销售产品 $x = 3$ 千鸡蛋搅拌器,公司期望获得收益多少?为求出收益,从 $x = 0$ 到 $x = 3$ 积分边际收益.

从图象获取关于运动的结论

41. **为学而写** 假定 f 是一个可微函数,其图象画在下左图中,一个沿坐标轴运动的质点在时刻 t(秒)的位置是

$$s(t) = \int_0^t f(x) dx$$

米. 利用图形回答下列问题,并且对于你的回答给出理由.

(a) 质点在时刻 $t = 5$ 的速度是多少? (b) 质点在时刻 $t = 5$ 秒的加速度是正的还是负的?

(**c**)质点在时刻 $t = 3$ 的位置在哪里?　　(**d**)在前 9 秒之内的什么时刻 s 有最大值?
(**e**)大约何时加速度是零?　　(**f**)质点何时向着原点运动?何时离开原点运动?
(**g**)质点在时刻 $t = 9$ 在原点的哪一侧?

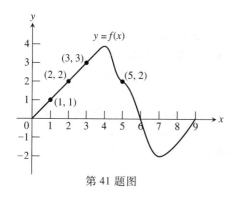

第 41 题图

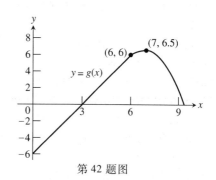

第 42 题图

42. 为学而写　假定 g 是可微函数,其图象画在如右上的附图中,而沿坐标轴运动的质点在时刻 t(秒)的位置是
$$s(t) = \int_0^t g(x)\,\mathrm{d}x$$
米. 利用图形回答下列问题. 对于你的回答给出理由.
(**a**)质点在时刻 $t = 3$ 的速度是多少?　　(**b**)在时刻 $t = 3$ 加速度是正还是负?
(**c**)质点在时刻 $t = 3$ 的位置在哪里?　　(**d**)质点何时通过原点?
(**e**)何时加速度为零?　　(**f**)质点何时离开原点运动?何时向着原点运动?
(**g**)质点在 $t = 9$ 时在原点的哪一侧?

4.3 节中的体积

43.(续 4.3 节题 11) 逼近 4.3 节中的题 11 中水的体积的和是一个积分的黎曼和,什么积分?计算积分值以便求体积.

44.(续 4.3 节题 13) 逼近 4.3 节中的题 13 中的火箭头锥体积的和是一个积分的黎曼和,什么积分?计算积分值以便求积分值以便求体积.

理论和例子

45. 假定 $\int_1^x f(t)\,\mathrm{d}t = x^2 - 2x + 1$. 求 $f(x)$.

46. 若 $\int_0^x f(t)\,\mathrm{d}t = x\cos \pi x$,求 $f(4)$.

47. 线性化　求 $f(x) = 2 - \int_2^{x+1} \dfrac{9}{1+t}\mathrm{d}t$ 在 $x = 1$ 的线性化.

48. 线性化　求 $g(x) = 3 + \int_1^{x^2} \sec(t-1)\,\mathrm{d}t$ 在 $x = -1$ 的线性化.

49. 为学而写　假定 f 对所有 x 的值有正的导数,而且 $f(1) = 0$. 对于函数
$$g(x) = \int_0^x f(t)\,\mathrm{d}t$$
下列陈述中的哪些必定正确?对于你的回答给出理由.
(**a**)g 是 x 的可微函数.　　(**b**)g 是 x 的连续函数.
(**c**)g 的图象在 $x = 1$ 有水平切线.　　(**d**)g 在 $x = 1$ 有局部最大值.
(**e**)g 在 $x = 1$ 有局部最小值.　　(**f**)g 的图象在 $x = 1$ 有拐点.

(g) dg/dx 的图象在 $x = 1$ 穿过 x 轴.

50. 为学而写 假定 f 对于所有的 x 值有负的导数,并且 $f(1) = 0$. 对于函数
$$h(x) = \int_0^x f(t)\,dt$$
下列陈述中的哪些必定正确?对于你的回答给出理由.
(a) h 是 x 的二次可微函数.   (b) h 和 dh/dx 都是连续的.
(c) h 的图象在 $x = 1$ 有水平切线.   (d) h 在 $x = 1$ 有局部最大值.
(e) h 在 $x = 1$ 有局部最小值.   (f) h 的图象在 $x = 1$ 有一个拐点.
(g) dh/dx 的图象在 $x = 1$ 穿过 x 轴.

51. 阿基米德的抛物线面积公式 阿基米德(公元前287—212),发明家,军事工程师,物理学家和西方世界古典时期最伟大的数学家,发现了抛物弧下的面积是高与底的乘积的三分之二.
(a) 用一个积分求弧 $y = 6 - x - x^2$, $-3 \leq x \leq 2$ 下的面积.
(b) 求该弧的高.
(c) 证明面积是底 b 乘高 h 的三分之二.
(d) 画抛物弧 $y = h - (4h/b^2)x^2$, $-b/2 \leq x \leq b/2$ 的草图,假定 h 和 b 是正的,再用微积分求由这个弧和 x 轴围成的区域的面积.

52. (例9续)住宅的用电
(a) 通过求表达式
$$\frac{1}{(1/60) - 0}\int_0^{1/60} V_{\max}\sin 120\pi t\,dt$$
中的积分证明 $V = V_{\max}\sin 120\pi t$ 在一个完整周期上的平均值是零.
(b) 流过你的电炉的电路的 rms 电压是 240 伏. 允许的峰值电压是多少?
(c) 证明
$$\int_0^{1/60} (V_{\max})^2 \sin^2 120\pi t\,dt = \frac{(V_{\max})^2}{120}.$$

T 53. 基本定理 若 f 是连续的,我们期望像基本定理部分 1 的证明中指出的,
$$\lim_{h \to 0} \frac{1}{h}\int_x^{x+h} f(t)\,dt$$
等于 $f(x)$. 例如,若 $f(t) = \cos t$,则
$$\frac{1}{h}\int_x^{x+h}\cos t\,dt = \frac{\sin(x+h) - \sin x}{h}. \tag{9}$$
等式(9)的右端是正弦函数导数中的差商,正如我们期望的那样,当 $h \to 0$ 时它的极限是 $\cos x$.
当 $-\pi \leq x \leq 2\pi$ 时画 $\cos x$ 的图象,如果可能,再以不同的颜色画等式(9)右端 x 的函数的图象,h 的取值为 2, 1, 0.5 和 0.1. 观察后面的曲线当 $h \to 0$ 时如何收敛到余弦函数的图象.

T 54. 对于 $f(t) = 3t^2$ 重复题 53.
$$\lim_{h \to 0}\frac{1}{h}\int_x^{x+h} 3t^2\,dt = \lim_{h \to 0}\frac{(x+h)^3 - x^3}{h}$$
等于什么?对于 $-1 \leq x \leq 1$ 画 $f(x) = 3x^2$ 的图象. 然后对 $h = 1, 0.5, 0.2$ 和 0.1 画作为 x 的函数商 $((x+h)^3 - x^3)/h$ 的图象. 观察当 $h \to 0$ 时后面的曲线如何收敛到 $3x^2$ 的图象.

计算机探究

在题 55 – 58 中,对于特定的函数 f 和区间 $[a, b]$ 令 $F(x) = \int_a^x f(t)\,dt$. 利用一个 CAS 执行下列步骤并且回答提

出的问题.

(a) 画在 $[a,b]$ 上的 f 和 F 二者的图形.

(b) 解方程 $F'(x) = 0$. 关于 f 和 F 在使 $F'(x) = 0$ 的点处的图形你能够看出什么是正确的?你的观察是否能够用基本定理结合一阶导数提供的信息来证实. 解释你的回答.

(c) (近似地) 在什么区间 F 增加和减少?在这些区间上关于 f 什么断言成立?

(d) 计算导数 f' 并且把它的图形和 f 的画在一起. 关于 F 在使 $f'(x) = 0$ 的点的图形你能看出什么断言成立?你的观察结果是否能用基本定理部分 1 证实?解释你的回答.

55. $f(x) = x^3 - 4x^2 + 3x$, $[0,4]$

56. $f(x) = 2x^4 - 17x^3 + 46x^2 - 43x + 12$, $[0,9/2]$

57. $f(x) = \sin 2x \cos \dfrac{x}{3}$, $[0,2\pi]$

58. $f(x) = x \cos \pi x$, $[0,2\pi]$

在题 59—64 中,对于特定的 a,u 和 f 令 $F(x) = \displaystyle\int_a^{u(x)} f(t)\,dt$. 利用一个 CAS 执行下列步骤并且回答提出的问题.

(a) 求 F 的定义域.

(b) 计算 $F'(x)$ 并且确定它的零点,在什么区间 F 增加?减少?

(c) 计算 $F''(x)$ 并且确定它的零点,识别 F 的极值和拐点.

(d) 利用从 (a) 到 (c) 的信息,勾勒 $y = f(x)$ 在其定义域上的草图. 再在你的 CAS 上画 $F(x)$ 的图象以支持你的草图.

59. $a = 1, u(x) = x^2, f(x) = \sqrt{1-x^2}$

60. $a = 0, u(x) = x^2, f(x) = \sqrt{1-x^2}$

61. $a = 0, u(x) = 1-x, f(x) = x^2 - 2x - 3$

62. $a = 0, u(x) = 1-x^2, f(x) = x^2 - 2x - 3$

63. 计算 $\dfrac{d}{dx}\displaystyle\int_a^{u(x)} f(t)\,dt$ 并且利用一个 CAS 检验你的答案.

64. 计算 $\dfrac{d^2}{dx^2}\displaystyle\int_a^{u(x)} f(t)\,dt$ 并且利用一个 CAS 检验你的答案.

4.6 定积分的变量替换

变量替换公式 • 曲线之间的面积 • 具有不同表达式的边界

由变量替换求定积分有两种方法,且都有效. 一种是由变量替换求对应的不定积分,再用所得的一个反导数通过基本定理求定积分的值;另一种方法就是使用现在要学习的公式.

变量替换公式

CD-ROM
WEBsite
历史传记
Isaac Barrow
(1630 — 1677)

> **定积分的变量替换**
>
> 公式
> $$\int_a^b f(g(x)) \cdot g'(x)\,dx = \int_{g(a)}^{g(b)} f(u)\,du \qquad (1)$$
>
> 如何使用它
>
> 做替换 $u = g(x)$, $du = g'(x)\,dx$, 并且以 $g(a)$ 到 $g(b)$ 积分.

为了使用这个公式,做为求对应的不定积分曾使用过的 u 替换. 然后从 u 在 $x = a$ 的值到

u 在 $x = b$ 的值对于 u 积分.

我们看一看为什么等式(1)成立,令 F 是 f 的任何一个反导数. 那么

$$\int_a^b f(g(x)) \cdot g'(x) \mathrm{d}x = F(g(x)) \Big|_{x=a}^{x=b} \qquad \frac{\mathrm{d}}{\mathrm{d}x} F(g(x)) = F'(g(x)) g'(x)$$
$$= f(g(x)) g'(x)$$
$$= F(g(b)) - F(g(a))$$
$$= F(u) \Big|_{u=g(a)}^{u=g(b)}$$
$$= \int_{g(a)}^{g(b)} f(u) \mathrm{d}u. \qquad \text{基本定理,部分 2}$$

例 1(使用替换公式) 使用等式(1)求下列定积分的值

$$\int_{-1}^{1} 3x^2 \sqrt{x^3 + 1} \mathrm{d}x.$$

解 变换积分,并且求由等式(1)给出的变换后的积分限之间的积分的值.

$$\int_{-1}^{1} 3x^2 \sqrt{x^3 + 1} \mathrm{d}x = \int_0^2 \sqrt{u} \mathrm{d}u \qquad \begin{array}{l} \text{令 } u = x^3 + 1, \mathrm{d}u = 3x^2 \mathrm{d}x. \\ \text{当 } x = -1 \text{ 时}, u = (-1)^3 + 1 = 0. \\ \text{当 } x = 1 \text{ 时}, u = (1)^3 + 1 = 2. \end{array}$$
$$= \frac{2}{3} u^{\frac{3}{2}} \Big|_0^2 \qquad \text{求新的定积分的值}$$
$$= \frac{2}{3} [2^{3/2} - 0^{3/2}] = \frac{2}{3} [2\sqrt{2}] = \frac{4\sqrt{2}}{3}$$

除了使用变量替换公式,我们还可以使用反导数和基本定理.

例 2(不用定积分换元公式) 通过把定积分变换为不定积分,求不定积分,返回到 x 并且使用原来的 x 积分限求下列积分的值.

$$\int_{-1}^{1} 3x^2 \sqrt{x^3 + 1} \mathrm{d}x$$

解

$$\int 3x^2 \sqrt{x^3 + 1} \mathrm{d}x = \int \sqrt{u} \, \mathrm{d}u \qquad \text{令 } u = x^3 + 1, \mathrm{d}u = 3x^2 \mathrm{d}x.$$
$$= \frac{2}{3} u^{3/2} + C \qquad \text{对 } u \text{ 积分}$$
$$= \frac{2}{3} (x^3 + 1)^{3/2} + C \qquad \text{用 } x^3 + 1 \text{ 代替 } u$$
$$\int_{-1}^{1} 3x^2 \sqrt{x^3 + 1} \mathrm{d}x = \frac{2}{3} (x^3 + 1)^{3/2} \Big|_{-1}^{1} \qquad \begin{array}{l} \text{对刚求得的积分} \\ \text{应用 } x \text{ 的积分限.} \end{array}$$
$$= \frac{2}{3} [((1)^3 + 1)^{3/2} - ((-1)^3 + 1)^{3/2}]$$
$$= \frac{2}{3} [2^{3/2} - 0^{3/2}] = \frac{2}{3} [2\sqrt{2}] = \frac{4\sqrt{2}}{3}$$

哪个方法更好,变换成不定积分,求不定积分,再反向变换并且使用原来的积分限,抑或对于变换后的积分限求变换后的积分值?对于被积函数 $3x^2\sqrt{x^3+1}$,使用例 1 中的替换公式看来更容易些,但并非总是如此.作为一个规则,最好是知道两种方法,并且使用当前看起来更好的那一个.

这里是对于变换后的积分限求变换后的积分的例子.

例 3 使用替换公式

$$\int_{\pi/4}^{\pi/2} \cot\theta \sec^2\theta \, d\theta = \int_1^0 u \cdot (-du)$$

令 $u = \cot\theta$, $du = -\csc^2\theta \, d\theta$, $-du = \csc^2\theta \, d\theta$
当 $\theta = \pi/4$ 时,$u = \cot(\pi/4) = 1$,
当 $\theta = \pi/2$ 时,$u = \cot(\pi/2) = 0$.

$$= -\int_1^0 u \, du$$

$$= -\frac{u^2}{2}\Big|_1^0$$

$$= -\left[\frac{(0)^2}{2} - \frac{(1)^2}{2}\right] = \frac{1}{2}$$

可视化难以求出的积分 许多可积函数,比如在概率论中的重要的 $f(x) = e^{-x^2}$,没有可以表示成初等函数的反导数. 但是,由微积分基本定理部分 1,我们知道 f 的反导数存在. 使用你的作图程序可视化函数

$$F(x) = \int_0^x e^{-t^2} dt.$$

关于 $F(x)$ 你可以说些什么?它在哪里增加和减少?如果存在,它的极值在哪里,如果有的话?关于它的凸凹性你可以说些什么?

曲线之间的面积

我们接着要确定如何通过积分定义区域边界的函数求该区域的面积.

假定我们想求一个区域的面积,该区域上端由曲线 $y = f(x)$ 界定,下端由曲线 $y = g(x)$ 界定,而左右两端由直线 $x = a$ 和 $x = b$ 界定(图 4.19). 区域可能有一种能用几何方法求面积的形状,但如果 f 和 g 是任意连续函数,通常必须用积分求面积.

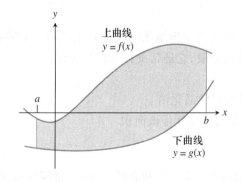

图 4.19 曲线 $y = f(x)$ 和 $y = g(x)$ 以及直线 $x = a$ 和 $x = b$ 之间的区域.

为了解这个积分是什么,我们首先用 n 个底在 $[a,b]$ 的划分 $P = \{x_0, x_1, \cdots, x_n\}$(图4.20)上的矩形逼近区域. 第 k 个矩形(图4.21)是
$$\Delta A_k = 高 \times 宽 = [f(c_k) - g(c_k)]\Delta x_k.$$

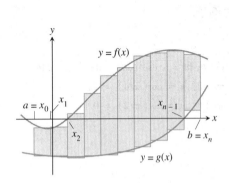
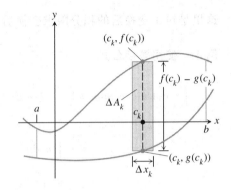

图4.20 我们用垂直于 x 轴的矩形逼近区域.

图4.21 ΔA_k = 第 k 个矩形的面积,$f(c_k) - g(c_k)$ = 高,而 Δx_k = 宽.

再用 n 个矩形面积的和逼近区域的面积:
$$A \approx \sum_{k=1}^{n} \Delta A_k = \sum_{k=1}^{n} [f(c_k) - g(c_k)]\Delta x_k. \quad 黎曼和$$

因为 f 和 g 是连续的,所以当 $\|P\| \to 0$ 时,右端和趋向极限 $\int_a^b [f(x) - g(x)]dx$. 我们所取区域的面积就是这个积分,即
$$A = \lim_{\|P\| \to 0} \sum_{k=1}^{n} [f(c_k) - g(c_k)]\Delta x_k = \int_a^b [f(x) - g(x)]dx.$$

定义 曲线之间的面积
若 f 和 g 连续并且在 $[a,b]$ 上 $f(x) \geq g(x)$,则在从 a 到 b 的曲线 $y = f(x)$ 和 $y = g(x)$ 之间的区域的面积是 $[f - g]$ 从 a 到 b 的积分
$$A = \int_a^b [f(x) - g(x)]dx. \tag{2}$$

为运用等式(2),我们执行下列步骤.

如何求两条曲线之间的面积
步骤1: 画曲线的图并且画一个典型矩形. 这就显示出哪条曲线是 f(上曲线)和哪条曲线是 g(下曲线). 如果你还不知道积分限,它还帮助你求出积分限.

步骤2: 求积分限.

步骤3: 写出 $f(x) - g(x)$ 的表达式,如果可能的话化简它.

步骤4: 从 a 到 b 积分 $[f(x) - g(x)]$. 你得到的数就是该面积.

例4(在相交曲线之间的面积) 求由抛物线 $y = 2 - x^2$ 和直线 $y = -x$ 所围区域的面积.

解 步骤1:画曲线和垂直矩形的草图(图4.22).识别出上、下曲线后,我们取 $f(x) = 2 - x^2$ 和 $g(x) = -x$.交点的 x 坐标是积分限.

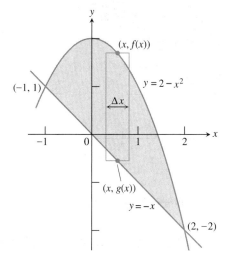

图4.22 例4中的面积,带有一个典型近似矩形.

步骤2:求积分限:通过解联立的 $y = 2 - x^2$ 和 $y = -x$ 求积分限.

$$2 - x^2 = -x \quad \text{令} f(x) \text{和} g(x) \text{相等}$$
$$x^2 - x - 2 = 0 \quad \text{移项}$$
$$(x+1)(x-2) = 0 \quad \text{分解因式}.$$
$$x = -1, \quad x = 2. \quad \text{解}$$

这个区域从 $x = -1$ 延伸到 $x = 2$,积分限是 $a = -1, b = 2$.

步骤3:化简 $f(x) - g(x)$ 的表达式.

$$f(x) - g(x) = (2 - x^2) - (-x) = 2 - x^2 + x \quad \text{稍许整理}$$
$$= 2 + x - x^2$$

步骤4:从 a 到 b 积分 $[f(x) - g(x)]$.

$$A = \int_a^b [f(x) - g(x)] dx = \int_{-1}^2 (2 + x - x^2) dx = \left[2x + \frac{x^2}{2} - \frac{x^3}{3} \right]_{-1}^2$$
$$= \left(4 + \frac{4}{2} - \frac{8}{3} \right) - \left(-2 + \frac{1}{2} + \frac{1}{3} \right) = 6 + \frac{3}{2} - \frac{9}{3} = \frac{9}{2}$$

CD-ROM
WEBsite
历史传记
Richard Dedekind
(1831 — 1916)

具有不同表达式的边界

如果边界曲线的表达式在一个或多个点改变,我们分割区域为对应不同表达式的子区域,并且对每个子区域应用等式(2).

例5(针对边界的改变而改变积分) 求第一象限中,上面以 $y = \sqrt{x}$ 为边界而下面以 x 轴和直线 $y = x - 2$ 为边界的区域的面积.

解 步骤1:草图(图4.23)显示区域的上边界是 $f(x) = \sqrt{x}$ 的图象,下边界从 $g(x) = 0$, $0 \leq x \leq 2$ 改变为 $g(x) = x - 2, 2 \leq x \leq 4$(在 $x = 2$ 重合).我们在 $x = 2$ 把区域分割为 A 和 B 并且画每个子区域的典型矩形.

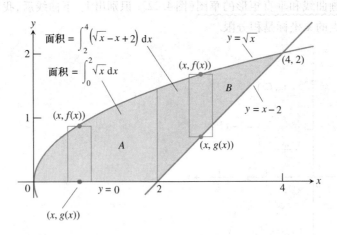

图 4.23 边界曲线的表达式改变时,面积积分随之改变.(例5)

步骤 2:区域 A 的积分限是 $a = 0$ 和 $b = 2$. 区域 B 的左限是 $a = 2$. 为求右限,我们解对于 x 的联立方程 $y = \sqrt{x}$ 和 $y = x - 2$.

$$\sqrt{x} = x - 2 \quad \text{令 } f(x) \text{ 和 } g(x) \text{ 相等}$$
$$x = (x-2)^2 = x^2 - 4x + 4 \quad \text{两端平方}$$
$$x^2 - 5x + 4 = 0 \quad \text{移项}$$
$$(x-1)(x-4) = 0 \quad \text{分解}$$
$$x = 1, \quad x = 4. \quad \text{求解}$$

只有值 $x = 4$ 满足方程 $\sqrt{x} = x - 2$. 值 $x = 1$ 是由平方导致的增根. 右限是 $b = 4$.

步骤 3:对于 $0 \leqslant x \leqslant 2$: $f(x) - g(x) = \sqrt{x} - 0 = \sqrt{x}$

对于 $2 \leqslant x \leqslant 4$: $f(x) - g(x) = \sqrt{x} - (x - 2) = \sqrt{x} - x + 2$

步骤 4:我们把子区域 A 和 B 的面积相加以求得总面积.

$$总面积 = \underbrace{\int_0^2 \sqrt{x}\, dx}_{A \text{的面积}} + \underbrace{\int_2^4 (\sqrt{x} - x + 2)\, dx}_{B \text{的面积}}$$

$$= \left[\frac{2}{3}x^{3/2}\right]_0^2 + \left[\frac{2}{3}x^{3/2} - \frac{x^2}{2} + 2x\right]_2^4$$

$$= \frac{2}{3}(2)^{3/2} - 0 + \left(\frac{2}{3}(4)^{3/2} - 8 + 8\right) - \left(\frac{2}{3}(2)^{3/2} - 2 + 4\right)$$

$$= \frac{2}{3}(8) - 2 = \frac{10}{3}.$$

使用技术 　**两个图象的交**　积分应用中的困难及有时会导致受挫的因素之一是求积分限,为求积分限,我们经常必须求函数的零点或两条曲线的交点.

为利用作图程序解方程 $f(x) = g(x)$,你输入

$$y_1 = f(x) \quad 和 \quad y_2 = g(x)$$

并且使用作图器子程序求交点,另一个途径是用求根器解方程 $f(x) - g(x) = 0$,对于
$$f(x) = \ln x \quad 和 \quad g(x) = 3 - x.$$
尝试这两个过程. 当交点显示得不明显或你怀疑状况不明时,可能还需要用作图实用程序做附加的工作或进一步使用计算机.

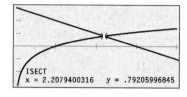 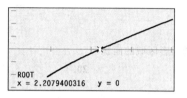

(a) 使用求交点的内置函数求曲线 $y_1 = \ln x$ 和 $y_2 = 3 - x$ 的交点.

(b) 使用内置的求根器求 $f(x) = \ln x - 3 + x$ 的零点.

习题 4.6

利用替换公式求题 1 - 16 中的积分值.

1. (a) $\int_0^3 \sqrt{y+1}\,dy$ (b) $\int_{-1}^0 \sqrt{y+1}\,dy$

2. (a) $\int_0^{\pi/4} \tan x \sec^2 x \,dx$ (b) $\int_{-\pi/4}^0 \tan x \sec^2 x \,dx$

3. (a) $\int_0^\pi 3\cos^2 x \sin x \,dx$ (b) $\int_{2\pi}^{3\pi} 3\cos^2 x \sin x \,dx$

4. (a) $\int_0^{\sqrt{7}} t(t^2+1)^{1/3}\,dt$ (b) $\int_{-\sqrt{7}}^0 t(t^2+1)^{1/3}\,dt$

5. (a) $\int_{-1}^1 \dfrac{5r}{(4+r^2)^2}dr$ (b) $\int_0^1 \dfrac{5r}{(4+r^2)^2}dr$

6. (a) $\int_0^{\sqrt{3}} \dfrac{4x}{\sqrt{x^2+1}}dx$ (b) $\int_{-\sqrt{3}}^{\sqrt{3}} \dfrac{4x}{\sqrt{x^2+1}}dx$

7. (a) $\int_0^{\pi/6} (1-\cos 3t)\sin 3t\,dt$ (b) $\int_{\pi/6}^{\pi/3} (1-\cos 3t)\sin 3t\,dt$

8. (a) $\int_{-\pi/2}^0 \left(2+\tan\dfrac{t}{2}\right)\sec^2\dfrac{t}{2}dt$ (b) $\int_{-\pi/2}^{\pi/2} \left(2+\tan\dfrac{t}{2}\right)\sec^2\dfrac{t}{2}dt$

9. (a) $\int_0^{2\pi} \dfrac{\cos z}{\sqrt{4+3\sin z}}dz$ (b) $\int_{-\pi}^{\pi} \dfrac{\cos z}{\sqrt{4+3\sin z}}dz$

10. (a) $\int_{-\pi/2}^0 \dfrac{\sin w}{(3+2\cos w)^2}dw$ (b) $\int_0^{-\pi/2} \dfrac{\sin w}{(3+2\cos w)^2}dw$

11. $\int_0^1 \sqrt{t^5+2t}(5t^4+2)\,dt$ **12.** $\int_1^4 \dfrac{dy}{2\sqrt{y}(1+\sqrt{y})^2}$

13. $\int_0^{\pi/6} \cos^{-3}2\theta \sin 2\theta\,d\theta$ **14.** $\int_\pi^{3\pi/2} \cot^5\left(\dfrac{\theta}{6}\right)\sec^2\left(\dfrac{\theta}{6}\right)d\theta$

15. $\int_0^{\pi/4} (1-\sin 2t)^{3/2}\cos 2t\,dt$ **16.** $\int_0^1 (4y-y^2+4y^3+1)^{-2/3}(12y^2-2y+4)\,dy$

初值问题

解题 17 和 18 中的初值问题.

17. $\dfrac{\mathrm{d}y}{\mathrm{d}t} = \dfrac{1}{t^2}\sec^2\dfrac{\pi}{t}$, $y(4) = \dfrac{2}{\pi}$

18. $\dfrac{\mathrm{d}y}{\mathrm{d}t} = \dfrac{1}{\sqrt{t}}\sin^2\sqrt{t}\cos\sqrt{t}$, $y\left(\dfrac{\pi^2}{16}\right) = 0$

面积

求题 19 - 24 中的阴影区域的面积.

19.

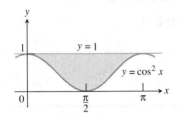

20.

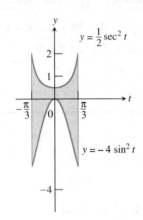

21.

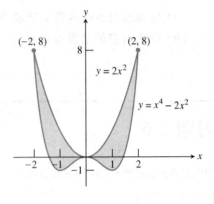

22.

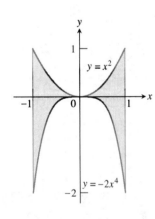

23.

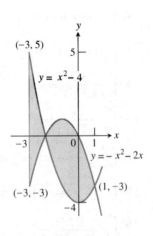

24.

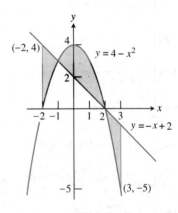

在题 25 - 28 中,画给定区间上的函数图象,然后

(a) 在给定区间上积分函数.

(b) 求图象和 x 轴之间的区域的面积.

25. $y = x^2 - 6x + 8$, $[0,3]$ 26. $y = -x^2 + 5x - 4$, $[0,2]$

27. $y = 2x - x^2$, $[0,3]$ 28. $y = x^2 - 4x$, $[0,5]$

求题 29 - 38 中由直线和曲线所围区域的面积.

29. $y = x^2 - 2$ 和 $y = 2$ 30. $y = -x^2 - 2x$ 和 $y = x$

31. $y = x^2$ 和 $y = -x^2 + 4x$
32. $y = 7 - 2x^2$ 和 $y = x^2 + 4$
33. $y = x^4 - 4x^2 + 4$ 和 $y = x^2$
34. $y = |x^2 - 4|$ 和 $y = (x^2/2) + 4$
35. $y = 2\sin x$ 和 $y = \sin 2x, 0 \le x \le \pi$
36. $y = 8\cos x$ 和 $y = \sec^2 x, -\pi/3 \le x \le \pi/3$
37. $y = \sin(\pi x/2)$ 和 $y = x$
38. $y = \sec^2 x, y = \tan^2 x, x = -\pi/4$, 和 $x = \pi/4$
39. 求第一象限中由直线 $y = x$, 直线 $x = 2$, 曲线 $y = 1/x^2$ 和 x 轴所界定的区域的面积.
40. 求第一象限中左边由 y 轴而右边由曲线 $y = \sin x$ 和 $y = \cos x$ 所界定的"三角形"区域的面积.
41. 求在曲线 $y = 3 - x^2$ 和直线 $y = -1$ 之间的区域的面积.
42. 求第一象限里左边由 y 轴, 下边由直线 $y = x/4$, 左上边由曲线 $y = 1 + \sqrt{x}$ 而右上边由曲线 $y = 2/\sqrt{x}$ 所界定的区域的面积.

计算机探究

在题 43－46 中, 你将求平面上曲线之间的面积, 但不能用简单的代数求得交点, 使用一个 CAS 执行下列步骤.
（a）把曲线画在一张图里, 以便观察曲线的形状和交点的个数.
（b）利用你的 CAS 中的数值方程求解器求所有交点.
（c）在相继两个交点之间积分 $|f(x) - g(x)|$.
（d）把 (c) 中的积分加在一起.

43. $f(x) = \dfrac{x^3}{3} - \dfrac{x^2}{2} - 2x + \dfrac{1}{3}, \quad g(x) = x - 1$
44. $f(x) = \dfrac{x^4}{2} - 3x^3 + 10, \quad g(x) = 8 - 12x$
45. $f(x) = x + \sin(2x), \quad g(x) = x^3$
46. $f(x) = x^2 \cos x, \quad g(x) = x^3 - x$

4.7 数值积分

梯形逼近 • 梯形逼近的误差 • 用抛物线逼近 • Simpson 法的误差 • 哪个方法给出更好的结果？• 截断误差

正如我们已经看到的那样, 求定积分 $\int_a^b f(x)\,dx$ 的值的理想方式是求 $f(x)$ 的一个反导数表达式 $F(x)$, 再计算数 $F(b) - F(a)$, 但某些函数的反导数难以求出, 更有甚者, 像 $\sin x/x$ 和 $\sqrt{1+x^4}$ 的反导数没有初等表达式, 这不仅仅意味着不能对 $(\sin x)/x$ 和 $\sqrt{1+x^4}$ 的一个反导数应用基本公式, 而是意味着根本不存这样的初等表达式.

不管什么理由, 当我们不能用反导数求定积分的值时, 我们转向像本节要叙述的梯形法和 Simpson 法这类的数值方法.

梯形逼近

当我们必须对 f 积分而又求不出它的一个可用的反导数时, 我们就分割积分区间, 在每个子区间上用十分拟合的多项式代替 f, 积分多项式, 并且把结果相加以逼近 f 的积分. 我们从给出梯形的直线段开始.

像图 4.24 所显示的那样,如果把 $[a,b]$ 分割为长度皆为 $h = (b-a)/n$ 的 n 个子区间,f 在 $[a,b]$ 上的图象在每个子区间上可用直线段逼近.

注:长度 $h = (b-a)/n$ 称为**步长**. 在这里的行文中,传统地用 h 代替 Δx.

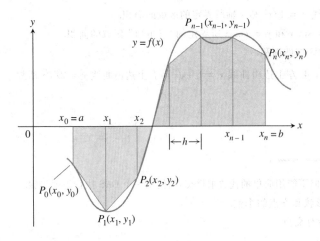

图 4.24 梯形法用直线段逼近一段短的曲线. 为逼近 f 从 a 到 b 的积分,我们把梯形的"有号"面积相加,梯形由线段端点到 x 轴做垂线而得到.

因此在曲线和 x 轴之间的区域可用梯形组逼近,每个梯形的面积是水平方向的"高度"和垂直方向的两"底"的平均值的乘积. 我们把梯形面积相加,x 轴上方的面积看作正的;而 x 轴下方的面积看作负的:

$$T = \frac{1}{2}(y_0 + y_1)h + \frac{1}{2}(y_1 + y_2)h + \cdots + \frac{1}{2}(y_{n-2} + y_{n-1})h + \frac{1}{2}(y_{n-1} + y_n)h$$

$$= h\left(\frac{1}{2}y_0 + y_1 + y_2 + \cdots + y_{n-1} + \frac{1}{2}y_n\right)$$

$$= \frac{h}{2}(y_0 + 2y_1 + 2y_2 + \cdots + 2y_{n-1} + y_n),$$

其中

$$y_0 = f(a), \quad y_1 = f(x_1), \cdots, \quad y_{n-1} = f(x_{n-1}), \quad y_n = f(b).$$

梯形法说的是:用 T 估计 f 从 a 到 b 的积分.

梯形法

为逼近 $\int_a^b f(x)\,dx$,用

$$T = \frac{h}{2}(y_0 + 2y_1 + 2y_2 + \cdots + 2y_{n-1} + y_n).$$

各 y 是 f 在分点

$$x_0 = a, \quad x_1 = a+h, \quad x_2 = a+2h, \cdots, x_{n-1} = a+(n-1)h, \quad x_n = b,$$

的函数值,其中 $h = (b-a)/n$.

例 1(应用梯形法) 使用 $n = 4$ 时的梯形法估计 $\int_1^2 x^2\,dx$,比较估计值和精确值.

解 分割 $[1,2]$ 成四个等长的子区间(图 4.25). 再求 $y = x^2$ 在每个分点的值(表 4.6).

表 4.6

x	$y = x^2$
1	1
$\frac{5}{4}$	$\frac{25}{16}$
$\frac{6}{4}$	$\frac{36}{16}$
$\frac{7}{4}$	$\frac{49}{16}$
2	4

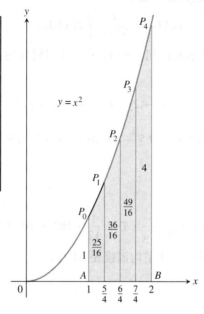

图 4.25 在 $y = x^2$ 图象下的从 $x = 1$ 到 $x = 2$ 的面积的梯形逼近是稍微过剩的估计.

在梯形法中利用这些 y 值,$n = 4$ 和 $h = (2-1)/4 = 1/4$,我们有

$$T = \frac{h}{2}(y_0 + 2y_1 + 2y_2 + 2y_3 + y_4)$$

$$= \frac{1}{8}\left(1 + 2\left(\frac{25}{16}\right) + 2\left(\frac{36}{16}\right) + 2\left(\frac{49}{16}\right) + 4\right) = \frac{75}{32} = 2.343\ 75.$$

积分的精确值是

$$\int_1^2 x^2 \mathrm{d}x = \left.\frac{x^3}{3}\right|_1^2 = \frac{8}{3} - \frac{1}{3} = \frac{7}{3}.$$

逼近 T 超过积分值大约为精确值 $7/3$ 的半个百分点. 相对误差是 $(2.343\ 75 - 7/3)/(7/3) \approx 0.004\ 46$ 或 0.446%.

考虑图 4.25 中图形的几何形状,我们可以预见到梯形法会给出例 1 中的积分的过剩估计. 因为抛物线从上看是凹的,逼近线段位于曲线上方,每个梯形就给出比对应的曲线下的带形稍大的面积. 在图 4.24 中,在曲线从下看是凹的区间上,直线段位于曲线下方,这就使得梯形法在这些区间上给出积分的不足估计. 当曲线位于 x 轴下方时,"面积"一词的解释发生改变,不过较高的 y 值给出较大的有号面积这一情况仍然保持,于是我们总是可以断言图象从上看凹时 T 给出积分的过剩估计,而图象从下看凹时 T 给出积分的不足估计.

例 2 (平均温度) 一观测者从中午到午夜每小时测量一次室外温度,记录温度在下表中.

时间	中午	1	2	3	4	5	6	7	8	9	10	11	午夜
温度	63	65	66	68	70	69	68	68	65	64	62	58	55

12 小时周期内的平均温度是多少?

解 我们考察一个连续函数(温度)的平均值,我们知道该函数在间隔为1个单位的离散时刻的值. 我们没有 $f(x)$ 的表达式而需要求

$$\text{av}(f) = \frac{1}{b-a}\int_a^b f(x)\,dx,$$

利用表中的温度作为函数在12小时区间上的12 - 子区间划分的各点的函数值(取 $h=1$),积分可用梯形法逼近.

$$T = \frac{h}{2}(y_0 + 2y_1 + 2y_2 + \cdots + 2y_{11} + y_{12})$$

$$= \frac{1}{2}(63 + 2 \cdot 65 + 2 \cdot 66 + \cdots + 2 \cdot 58 + 55)$$

$$= 782$$

用 T 逼近 $\int_a^b f(x)\,dx$,我们得

$$\text{av}(f) \approx \frac{1}{b-a} \cdot T = \frac{1}{12} \cdot 782 \approx 65.17.$$

做与给定数据相一致的截断,我们估计平均温度是 65 度.

梯形逼近的误差

图形暗示梯形逼近的误差

$$E_T = \int_a^b f(x)\,dx - T$$

随着**步长** h 的减小而减小,因为当梯形数目增加时梯形拟合曲线会更好. 高等微积分的一个定理保证了当 f 有连续二阶导数时确实是这种情况.

梯形法的误差估计

如果 f'' 连续并且 M 是 $|f''|$ 的值在 $[a,b]$ 上的一个上界,则

$$|E_T| \leq \frac{b-a}{12}h^2 M, \tag{1}$$

其中 $h = (b-a)/n$.

虽然有关定理告诉我们 M 的最小值总是存在,但在实践中却难以求得它. 我们可以尽可能地求出最佳的 M 值,并以此为出发点估计 $|E_T|$. 这看起来有些马虎,却很实效. 为对给定的 M 使得 $|E_T|$ 小,我们让 h 小一些.

例3(求梯形法误差的界) 求在用 $n=10$ 步长时的梯形法估计

$$\int_0^\pi x \sin x \, dx$$

时带来的误差的上界.

解 对于 $a=0, b=\pi$ 和 $h = \frac{(b-a)}{n} = \frac{\pi}{10}$,等式(1)给出

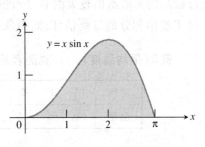

图 4.26 例 3 中的被积函数

$$|E_T| \le \frac{b-a}{12}h^2 M = \frac{\pi}{12}\left(\frac{\pi}{10}\right)^2 M = \frac{\pi^3}{1200}M.$$

数 M 可以是 $f(x) = x\sin x$ 的二阶导数的绝对值在 $[0,\pi]$ 上的任何一个上界. 常规的计算给出
$$f''(x) = 2\cos x - x\sin x,$$
于是
$$|f''(x)| = |2\cos x - x\sin x|$$
$$\le 2|\cos x| + |x||\sin x| \qquad \text{三角不等式} |a+b| \le |a|+|b|$$
$$\le 2 \cdot 1 + \pi \cdot 1 = 2 + \pi. \qquad |\cos x|\text{和}|\sin x|\text{永不超过} 1,$$
$$\text{并且} 0 \le x \le \pi.$$

我们可以保险地取 $M = 2 + \pi$. 因此
$$|E_T| \le \frac{\pi^3}{1200}M = \frac{\pi^3(2+\pi)}{1200} < 0.133. \qquad \text{截断是有效的}$$

绝对误差不大于 0.133.

为提高精确度, 我们不是试图改进 M 而是宁肯取更多的间隔, 比如对于 $n = 100$ 个间隔, $h = \pi/100$, 且
$$|E_T| \le \frac{\pi}{12}\left(\frac{\pi}{100}\right)^2 M = \frac{\pi^3(2+\pi)}{120\,000} < 0.00133 = 1.33 \times 10^{-3}.$$

用抛物线逼近

CD-ROM WEBsite 历史传记 Thomas Simpson (1720 — 1761)

黎曼和与梯形法给出闭区间上连续函数积分的合理逼近, 梯形法更有效, 对于小的 n 给出较好的逼近, 这使得它成为数值积分的一个比较快速的算法.

梯形法仅有的不足之处在于来自用直线段逼近弯曲的弧, 你可以设想这样一个算法, 用弯曲的曲线段逼近曲线, 这将更加有效(并且对于机器来说更快), 你的想法是对的. 一个这类算法是使用抛物线并且称为 Simpson 法. 用 Simpson 法逼近 $\int_a^b f(x)\,dx$ 基于用二次多项式代替线性多项式逼近 f. 我们用抛物线代替直线段逼近函数图象(图 4.27).

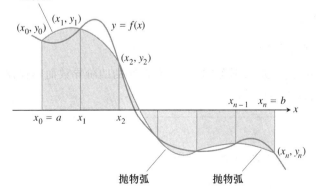

图 4.27 Simpson 法用抛物线弧逼近一段曲线.

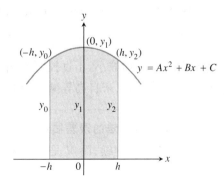

图 4.28 从 $-h$ 到 h 积分, 我们求出阴影部分的面积是 $\frac{h}{3}(y_0 + 4y_1 + y_2)$.

图 4.28 中的二次多项式 $y = Ax^2 + Bx + C$ 从 $x = -h$ 到 $x = h$ 的积分是

$$\int_{-h}^{h}(Ax^2 + Bx + C)\,dx = \frac{h}{3}(y_0 + 4y_1 + y_2) \tag{2}$$

(附录 4). Simpson 法分割 $[a,b]$ 成偶数个长度为 h 的等长子区间,对相邻的区间对用等式 (2),把所得结果相加,这就得到 Simpson 法.

Simpson 法

为逼近 $\int_a^b f(x)\,dx$,使用

$$S = \frac{h}{3}(y_0 + 4y_1 + 2y_2 + 4y_3 + \cdots + 2y_{n-2} + 4y_{n-1} + y_n).$$

各 y 是 f 在分点
$x_0 = a, \quad x_1 = a + h, \quad x_2 = a + 2h, \quad \cdots, \quad x_{n-1} = a + (n-1)h, \quad x_n = b$
的值. n 是偶数,而 $h = (b-a)/n$.

例 4(应用 Simpson 法) 用 $n = 4$ 时的 Simpson 法逼近 $\int_0^2 5x^4\,dx$.

解 分割 $[0,2]$ 成四个子区间并且求 $y = 5x^4$ 在分点的值(表 4.7). 再对 $n = 4$ 和 $h = 1/2$ 用 Simpson 法

$$S = \frac{h}{3}(y_0 + 4y_1 + 2y_2 + 4y_3 + y_4)$$

$$= \frac{1}{6}\left(0 + 4\left(\frac{5}{6}\right) + 2(5) + 4\left(\frac{405}{16}\right) + 80\right)$$

$$= 32\frac{1}{12}.$$

表 4.7

x	$y = 5x^4$
0	0
$\frac{1}{2}$	$\frac{5}{16}$
1	5
$\frac{3}{2}$	$\frac{405}{16}$
2	80

这个估计值与精确值(32)仅差 $1/12$,相对误差小于十分之三个百分点,而这里仅用了四个子区间.

Simpson 法的误差

根据梯形法的经验,Simpson 法的误差

$$E_S = \int_a^b f(x)\,dx - S$$

随间隔量的增加而减小,不过控制 Simpson 法误差的不等式假定 f 有连续的四阶导数而不仅仅是连续的二阶导数,来自高等微积分的公式如下所述.

Simpson 法的误差估计

若 $f^{(4)}$ 连续,而 M 是 $|f^{(4)}|$ 在 $[a,b]$ 上的一个上界,则

$$|E_S| \leq \frac{b-a}{180}h^4 M, \tag{3}$$

其中 $h = (b-a)/n$.

跟梯形法的情形一样,我们几乎从来不能求出最小可能的 M 值,我们仅求出尽可能好的值并以此为误差估计的出发点.

例 5(求 Simpson 法误差的界) 不等式(3)对于例 4 中的 Simpson 逼近给出怎样的误差估计?

解 为估计误差,我们首先求 $f(x)=5x^4$ 的四阶导数的绝对值在区间 $0 \leq x \leq 2$ 上的一个上界 M. 因为四阶导数有常数值 $f^{(4)}(x)=120$,我们可以保险地取 $M=120$,又 $b-a=2$ 和 $h=1/2$,不等式(3)给出

$$|E_S| \leq \frac{b-a}{180}h^4M = \frac{2}{180}\left(\frac{1}{2}\right)^4(120) = \frac{1}{12}.$$

哪个方法给出更好的结果?

回答体现在下列公式中

$$|E_T| \leq \frac{b-a}{12}h^2M, \quad |E_S| \leq \frac{b-a}{180}h^4M.$$

自然其中的 M 意义不同,第一个是 $|f''|$ 的上界而第二个是 $|f^{(4)}|$ 的上界. 还有其它的差别. Simpson 法中的因子 $(b-a)/180$ 是梯形法中因子 $(b-a)/12$ 的十五分之一. 更重要的差别是, Simpson 法中有 h^4,而梯形法中仅有 h^2,如果 h 是十分之一,则 h^2 是百分之一,而 h^4 仅是万分之一. 比方说,如果两个 M 都是 1,而 $b-a=1$,则对于 $h=1/10$,

$$|E_T| \leq \frac{1}{12}\left(\frac{1}{10}\right)^2 \cdot 1 = \frac{1}{1200},$$

而

$$|E_S| \leq \frac{1}{180}\left(\frac{1}{10}\right)^4 \cdot 1 = \frac{1}{1\,800\,000} = \frac{1}{1500} \cdot \frac{1}{1200}.$$

注:梯形法和 Simpson 法比较 既然 Simpson 法更加精确,为什么还要劳驾梯形法?理由有两个. 首先,梯形法在一些特定的应用中会用到,因为它的表达式更加简单;其次,梯形法是 Rhomberg 积分法的基础,当需要高精度时,该积分法是满意的机器方法.

粗略说来,计算上花同样的功夫,用 Simpson 法会得到更好的精确度,至少在这个情形是这样. h^2 对 h^4 是关键. 如果 h 小于 1,那么 h^4 显著小于 h^2. 另一方面,如果 h 等于 1,那么 h^2 与 h^4 之间没有差别. 如果 h 大于 1, h^4 的值会比 h^2 的值大得多. 在后两种情形,误差公式提供少许帮助,我们必须返回曲线 $y=f(x)$ 的几何形状,以便考察梯形法和 Simpson 法哪一个给出我们要求的结果.

例 6(比较梯形法和 Simpson 法逼近) 正如我们将在第 6 章看到的,ln2 可以用下列积分计算

$$\ln 2 = \int_1^2 \frac{1}{x}dx.$$

表 4.8 指出了用各种 n 值逼近 $\int_1^2 \left(\frac{1}{x}\right)dx$ 的 T 和 S 值. 注意 Simpson 法如何显著优于梯形法,特别地,注意到当 n 的值加倍(从而 h 相应改变)时,T 的误差被 2 的平方除,而 S 的误差则被 2 的四次方除.

表 4.8　$\ln 2 = \int_1^2 \left(\dfrac{1}{x}\right) dx$ 的梯形法逼近 (T_n) 和 Simpson 法逼近 (S_n).

n	T_n	|误差|小于 ⋯	S_n	|误差|小于 ⋯
10	0.6937714032	0.0006242227	0.6931502307	0.0000030502
20	0.6933033818	0.0001562013	0.6931473747	0.0000001942
30	0.6932166154	0.0000694349	0.6931472190	0.0000000385
40	0.6931862400	0.0000390595	0.6931471927	0.0000000122
50	0.6931721793	0.0000249988	0.6931471856	0.0000000050
100	0.6931534305	0.0000062500	0.6931471809	0.0000000004

当 h 非常小时这就有了引人注目的效果. $n = 50$ 时截断值精确到第七位小数, 而 $n = 100$ 时精确到第九位 (百万分之一)!

例 7 (排净一块湿地的水) 一个城镇欲排干并填平一小块被污染的水坑 (图 4.29). 水坑平均 5 英尺深. 在排干水坑后为填平它大约用多少方码的泥土.

解 为计算水坑容积, 我们估计表面积再乘以 5. 为估计面积, 我们用 Simpson 公式, 其中 $h = 20$ 英尺, 而 y 等于水池在各处的宽度, 如图 4.29 所示.

$$S = \dfrac{h}{3}(y_0 + 4y_1 + 2y_2 + 4y_3 + 2y_4 + 4y_5 + y_6)$$

$$= \dfrac{20}{3}(146 + 488 + 152 + 216 + 80 + 120 + 13)$$

$$= 8100$$

容积约为 $(8100)(5) = 40\,500$ 英尺^3 或 1500 码^3.

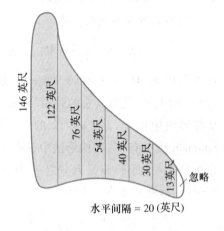

图 4.29　例 7 中的水坑

截断误差

虽然理论上减小长步 h 降低 Simpson 和梯形逼近的误差, 但在实践上却可能令人失望, 当 h 非常小时, 此如说 $h = 10^{-5}$, 求 S 和 T 的值时产生的算术上的截断误差可能累聚到如此程度, 以致误差公式不再起到应有的作用, 缩小 h 到某个程度可能使事情变糟. 虽然这不是本书的论题, 如果你有截断误差方面的问题, 还是应咨询有关不同方法的数值分析的课本.

习题 4.7

估计积分

题 1 – 10 的说明分两部分, 一个针对梯形法而一个针对 Simpson 法.

Ⅰ. 用梯形法

(**a**) 对于 $n = 4$ 间隔估计积分, 利用不等式 (1) 求 $|E_T|$ 的一个上界.

习题 4.7

(b) 直接求积分值并且求 $|E_T|$.

(c) 利用公式($|E_T|/$(真值))$\times 100$ 表示 $|E_T|$ 占积分真值的百分数.

Ⅱ. 用 Simpson 法

(a) 对于 $n=4$ 间隔估计积分,并利用不等式(2)求 $|E_S|$ 的一个上界.

(b) 直接求积分值并且求 $|E_S|$.

(c) 利用公式($|E_S|/$(真值))$\times 100$ 表示 $|E_S|$ 占积分真值的百分数.

1. $\int_1^2 x\,\mathrm{d}x$ 2. $\int_1^3 (2x-1)\,\mathrm{d}x$ 3. $\int_{-1}^1 (x^2+1)\,\mathrm{d}x$

4. $\int_{-2}^0 (x^2-1)\,\mathrm{d}x$ 5. $\int_0^2 (t^3+t)\,\mathrm{d}t$ 6. $\int_{-1}^1 (t^3+1)\,\mathrm{d}t$

7. $\int_1^2 \dfrac{1}{s^2}\,\mathrm{d}s$ 8. $\int_2^4 \dfrac{1}{(s-1)^2}\,\mathrm{d}s$

9. $\int_0^\pi \sin t\,\mathrm{d}t$ 10. $\int_0^1 \sin \pi t\,\mathrm{d}t$

在题 11－14 中,利用表列出的被积函数的值对于 $n=8$ 间隔分别用(a)梯形法和(b)Simpson 法估计积分. 截断你的答案到五位小数. 然后(c)求积分的精确值和逼近误差 E_T 和 E_S.

11. $\int_0^1 x\sqrt{1-x^2}\,\mathrm{d}x$

x	$x\sqrt{1-x^2}$
0	0.0
0.125	0.124 02
0.25	0.242 06
0.375	0.347 63
0.5	0.433 01
0.625	0.487 89
0.75	0.496 08
0.875	0.423 61
1.0	0

12. $\int_0^3 \dfrac{\theta}{\sqrt{16+\theta^2}}\,\mathrm{d}\theta$

θ	$\theta/\sqrt{16+\theta^2}$
0	0.0
0.375	0.093 34
0.75	0.184 29
1.125	0.270 75
1.5	0.351 12
1.875	0.424 43
2.25	0.490 26
2.625	0.584 66
3.0	0.6

13. $\int_{-\pi/2}^{\pi/2} \dfrac{3\cos t}{(2+\sin t)^2}\,\mathrm{d}t$

t	$(3\cos t)/(2+\sin t)^2$
$-1.570\,80$	0.0
$-1.178\,10$	0.991 38
$-0.785\,40$	1.269 06
$-0.392\,70$	1.059 61
0	0.75
0.392 70	0.488 21
0.785 40	0.289 46
1.178 10	0.134 29
1.570 80	0

14. $\int_{\pi/4}^{\pi/2} (\csc^2 y)\sqrt{\cot y}\,\mathrm{d}y$

y	$(\csc^2 y)\sqrt{\cot y}$
0.785 40	2.0
0.883 57	1.516 06
0.981 75	1.182 37
1.079 92	0.939 98
1.178 10	0.754 02
1.276 27	0.601 45
1.374 45	0.463 64
1.472 62	0.316 88
1.570 80	0

应用

15. **游泳池中水的体积** 一个矩形游泳池宽 30 英尺长 50 英尺. 列表指出从一端到另一端每间隔 5 英尺水的深度 $h(x)$. 利用 $n = 10$ 时的梯形法为积分

$$V = \int_0^{50} 30 \cdot h(x)\,dx$$

以估计水的体积.

位置(英尺) x	深度(英尺) $h(x)$	位置(英尺) x	深度(英尺) $h(x)$
0	6.0	30	11.5
5	8.2	35	11.9
10	9.1	40	12.3
15	9.9	45	12.7
20	10.5	50	13.0
25	11.0		

16. **供应一个鱼塘** 作为你们镇区主管钓鱼运动的区长, 你有责任在钓鱼季节之前为鱼塘提供鱼. 鱼塘平均深度是 20 英尺, 利用一张带比例尺的地图, 你每隔 200 英尺的距离测量一个宽度, 结果示在附图上.
    (a) 利用梯形法估计鱼塘中水的体积.
    (b) 你计划在钓鱼季节开始时每 1000 立方英尺投放一尾鱼. 你打算在钓鱼季节结束时至少 25% 的开幕日的鱼量保留着, 如果每个许可证的平均季节捕获量是 20 尾鱼, 那么城镇可以卖出的许可证的最大数量是多少?

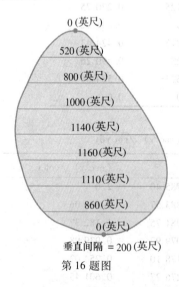

第 16 题图

速度改变	时间(秒)
0 到 30 英里／时	2.2
40 英里／时	3.2
50 英里／时	4.5
60 英里／时	5.9
70 英里／时	7.8
80 英里／时	10.2
90 英里／时	12.7
100 英里／时	16.0
110 英里／时	20.6
120 英里／时	26.2
130 英里／时	37.1

来源:Car and Driver,1994 年四月(第 17 题).

17. **Ford® Mustang Cobra™** 右上表列出了 1994 年 Ford Mustang Cobra 从静止加速到 130 英里／时的时间 – 速度数据. Mustang 在达到这个速度的时间内行进了多远?(用梯形估计速度曲线下的面积,但要注意,时间区间长度是改变的.)

18. **空气动力学阻力** 一个车辆的空气动力学阻力部分地取决于它的横截面面积, 在所有其它事情相等的情况下, 工程师试图这个面积尽可能小, 用 Simpson 法估计图示的 MTT 的 James Worden 的太阳能 Solectria® 汽车的横截面面积.

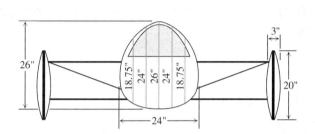
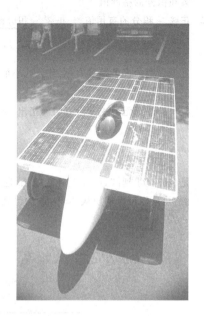

19. 机翼设计　新飞机的设计要求每个机翼中的油箱的横截面保持不变.一个按比例画出的横截面如下.油箱必须装 5000 磅的汽油,汽油密度为 42 磅／英尺^3.估计油箱的长度.

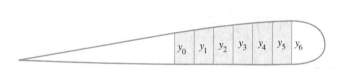

y_0 = 1.5 英尺, y_1 = 1.6 英尺, y_2 = 1.8 英尺, y_3 = 1.9 英尺, y_4 = 2.0 英尺, y_5 = y_6 = 2.1 英尺,　水平间隔 = 1 英尺

20. 探险者岛上汽油消耗　一个柴油发电机连续运转,油消耗的比率逐渐增加,直到必须临时关机以更换过滤器.使用梯形法估计发电机一周内油的消耗量.

日期	油消耗率（升／时）
星期日	0.019
星期一	0.020
星期二	0.021
星期三	0.023
星期四	0.025
星期五	0.028
星期六	0.031
星期天	0.035

(第 20 题)

理论和例子

21. 低阶多项式　$\int_a^b f(x)\,\mathrm{d}x$ 的梯形逼近的误差大小是

$$|E_T| = \frac{b-a}{12} h^2 |f''(c)|,$$

其中 c 是 (a,b) 内的某个点(通常确定不了).如果 f 是 x 的线性函数,则 $f''(c) = 0$,于是 $E_T = 0$,而 T 对于 h 的任何值给出积分的精确值,这没什么大惊小怪的.实际上,由于 f 是线性的,逼近 f 的图象的线段严格地与图象重合.Simpson 法才真正令人惊异.Simpson 法的误差大小是

$$|E_S| = \frac{b-a}{180} h^4 |f^{(4)}(c)|,$$

其中 c 仍在 (a,b) 中.如果 f 是低于 4 阶的多项式,那么不管 c 在哪里,$f^{(4)} = 0$,于是 $E_S = 0$,而 S 给出积分的精确值,即使仅取两个区间.作为相关情形的例子,用 n = 2 时的 Simpson 法估计 $\int_0^2 x^3 \mathrm{d}x$,比较你的答

案和积分的精确值.

22. **正弦 - 积分的有用值**　正弦 - 积分函数

$$\mathrm{Si}(x) = \int_0^x \frac{\sin t}{t} dt, \quad \text{"}x\text{ 的正弦积分"}$$

是工程中的许多函数之一,其公式不能化简. $(\sin t)/t$ 的反导数没有初等公式. 不过 $\mathrm{Si}(x)$ 的值不难用数值积分估计.

虽然在记号中并没有明确指出,被积函数

$$f(t) = \begin{cases} \dfrac{\sin t}{t}, & t \neq 0 \\ 1, & t = 0, \end{cases}$$

是 $(\sin t/t)$ 到 $[0,x]$ 上的连续延拓. 这个函数在其定义域的每个点处都有所有阶的导数. 它的图象是光滑的,并且你可以期望从 Simpson 法得到好结果.

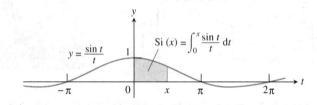

(**a**) 利用在 $[0, \pi/2]$ 上 $|f^{(4)}| \leq 1$ 这一事实给出用 $n = 4$ 时的 Simpson 法估计

$$\mathrm{Si}\left(\frac{\pi}{2}\right) = \int_0^{\pi/2} \frac{\sin t}{t} dt$$

引起的误差的一个上界.

(**b**) 用 $n = 4$ 时的 Simpson 法估计 $\mathrm{Si}(\pi/2)$.

(**c**) 求你在部分(a)得到的误差界占你在部分(b)求得的值的百分比.

23. **误差函数**　误差函数

$$\mathrm{erf}(x) = \frac{2}{\sqrt{\pi}} \int_0^x e^{-t^2} dt,$$

在概率论、热流理论和信号传输中是重要的,因为 e^{-t^2} 的反导数没有初等表达式,必须对其用数值方法求值.

(**a**) 用 $n = 10$ 时的 Simpson 法估计 $\mathrm{erf}(1)$.

(**b**) 在 $[0,1]$ 上,

$$\left| \frac{d^4}{dt^4}(e^{-t^2}) \right| \leq 12.$$

给出部分(a)中估计的误差大小的一个上界.

24. **为学而写**　在例 2 中(截断之前)我们用积分逼近求得平均温度是 65.17 度,而 13 个离散温度的平均值仅是 64.69 度. 考虑温度曲线的形状,据此解释为什么你会认为 13 个离散温度的平均小于温度函数在整个区间上的平均值.

计算机探究

正如我们在本节开头所指出的,许多连续函数的定积分不能用微积分基本定理求值,这是因为它们的反导数没有初等公式. 数值积分提供了估计这些**非初等积分**的实用方法. 如果你的计算器或计算机有数值积分实用

程序,尝试把它用于题 25 – 28 中的积分.

25. $\int_{-1}^{1} 2\sqrt{1-x^2}\,dx$,精确值是 π.

26. $\int_{0}^{1} \sqrt{1+x^4}\,dx$,Newton 在其研究中提出的积分.

27. $\int_{0}^{\pi/2} \frac{\sin x}{x}\,dx$.

28. $\int_{0}^{\pi/2} \sin(x^2)\,dx$,与光的折射有关的一个积分.

29. 考虑积分 $\int_{0}^{\pi} \sin x\,dx$.

    (a) 求 $n = 10$ 100 和 1000 时的梯形法近似值.
    (b) 记录误差,按照你能达到的精确度,取相应的小数位数.
    (c) 你体会出什么样的模式?
    (d) **为学而写** 解释误差 E_T 的界如何说明这个模式.

30. (题 29 续) 对于 Simpson 法和 E_S 重复题 29.

31. 考虑积分 $\int_{-1}^{1} \sin(x^2)\,dx$.

    (a) 对于 $f(x) = \sin(x^2)$ 求 f''.
    (b) 在 $[-1,1]$ 乘 $[-3,3]$ 的视窗中画 $y = f''(x)$ 的图象.
    (c) 解释为什么部分 (b) 的图象启示对于 $-1 \le x \le 1$ 有 $|f''(x)| \le 3$.
    (d) 证明在这一情况,梯形法的误差估计是 $|E_T| \le h^2/2$.
    (e) 证明若 $h \le 0.1$,梯形法误差大小将小于或等于 0.01.

32. 考虑积分 $\int_{-1}^{1} \sin(x^2)\,dx$.

    (a) 对于 $f(x) = \sin(x^2)$ 求 $f^{(4)}$.(如果你有一个适当的 CAS,你可以用它检验你的结果.)
    (b) 在 $[-1,1]$ 乘 $[-30,10]$ 的视窗中画 $y = f^{(4)}x$ 的图象.
    (c) 解释为什么部分 (b) 的图象暗示当 $-1 \le x \le 1$ 时 $|f^{(4)}(x)| \le 30$.
    (d) 证明在这个情况下,Simpson 法的误差估计是 $|E_S| \le h^4/3$.
    (e) 证明如果 $h \le 0.4$,则 Simpson 法的误差的大小将小于或等于 0.01.
    (f) 对于 $h \le 0.4$,n 必须多大?

指导你们复习的问题

1. 一个函数可以有多于一个的反导数吗?如果如此,反导数之间的关系如何?做出解释.
2. 不定积分是什么?你如何求不定积分?你知道计算不定积分的什么一般公式?
3. 你有时怎么能够解一个形如 $dy/dx = f(x)$ 的微分方程?
4. 什么是初值问题?你怎样解它?举一个例子.
5. 你有时能够怎样使用三角等式变换一个不熟悉的积分成为一个你知道如何求出的积分?
6. 如果你知道一个沿坐标直线运动的物体的作为时间的函数的加速度,为求物体的位置函数你还需要知道什么?举一个例子.
7. 换元积分法如何与链式法则关联?
8. 你有时怎么能够用换元法求不定积分?举几个例子.
9. 你有时可以怎样用有限和估计像行进距离、面积、体积和平均值这些量?你为什么要这样做?
10. 什么是希格马记号?它提供什么好处?举几个例子.
11. 什么是黎曼和?你为什么要考虑这样的和?

· 412 ·　　　　　　　　　第 4 章　积　　分

12. 什么是一个闭区间的一个划分的模?
13. 函数 f 在闭区间 $[a,b]$ 上的定积分是什么?什么时候你能保证它存在?
14. 定积分和面积之间的关系是什么?叙述定积分的几个其它解释.
15. 一个在闭区间上的可积函数的平均值是什么?函数必定取到它的平均值吗?解释之.
16. 函数的平均值与取样的函数值有什么关系?
17. 叙述求定积分的规则(表 4.5).举几个例子.
18. 微积分基本定理是什么?它为什么如此重要?用例子说明定理的每一部分.
19. 当 f 连续时,基本定理怎样提供初值问题 $dy/dx = f(x), y(x_0) = y_0$ 的一个解?
20. 如何对于定积分使用替换法?举几个例子.
21. 你如何定义和计算两个连续函数图象间的区域的面积?举一个例子.
22. 你参与撰写简洁的数值积分操作指南,而你正在编写梯形法.
    (a) 关于方法本身以及如何使用,你打算说些什么?如何达到精确度?
    (b) 如果你改为编写 Simpson 法,你打算说些什么?
23. 你如何比较 Simpson 法和梯形法的相对优点?

实践习题

求不定积分

求题 1 – 20 中的积分.

1. $\int (x^3 + 5x - 7) \, dx$
2. $\int \left(8t^3 - \frac{t^2}{2} + t\right) dt$
3. $\int \left(3\sqrt{t} + \frac{4}{t^2}\right) dt$
4. $\int \left(\frac{1}{2\sqrt{t}} - \frac{3}{t^4}\right) dt$
5. $\int \frac{r \, dr}{(r^2 + 5)^2}$
6. $\int \frac{6r^2 \, dr}{(r^3 - \sqrt{2})^3}$
7. $\int 3\theta \sqrt{2 - \theta^2} \, d\theta$
8. $\int \frac{\theta^2}{9\sqrt{73 + \theta^3}} d\theta$
9. $\int x^3 (1 + x^4)^{-1/4} \, dx$
10. $\int (2 - x)^{3/5} \, dx$
11. $\int \sec^2 \frac{s}{10} \, ds$
12. $\int \csc^2 \pi s \, ds$
13. $\int \csc \sqrt{2}\theta \cot \sqrt{2}\theta \, d\theta$
14. $\int \sec \frac{\theta}{3} \tan \frac{\theta}{3} \, d\theta$
15. $\int \sin^2 \frac{x}{4} \, dx$
16. $\int \cos^2 \frac{x}{2} \, dx$
17. $\int 2(\cos x)^{-1/2} \sin x \, dx$
18. $\int (\tan x)^{-3/2} \sec^2 x \, dx$
19. $\int \left(t - \frac{2}{t}\right)\left(t + \frac{2}{t}\right) dt$
20. $\int \frac{(t+1)^2 - 1}{t^4} dt$

有限和与估计值

21. **模型火箭的飞行**　附图显示发射后头 8 秒内一支模型火箭的速度(英尺/秒).头 2 秒内火箭直线加速,然后速度下降,在 $t = 8$ 秒达到最大高度.
    (a) 假设火箭从地平面发射,它大约飞行多高?(这是第 2.2 节题 15 中的火箭,但为做这个题不必做那个 15 题.)
    (b) 作对于 $0 \leqslant t \leqslant 8$ 的作为时间函数的火箭在地平面以上的高度的图象.

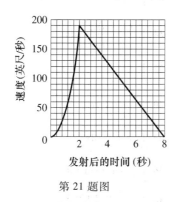

第 21 题图

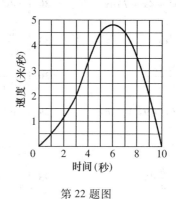

第 22 题图

22. 分析直线运动

(a) 附图显示了一个沿 s 轴运动的物体在从 $t=0$ 到 $t=10$ 秒的时间区间内的速度（米／秒）。物体在这 10 秒内行进大约多远？

(b) 画作为 t 的函数的物体的位置 s 的图象，$0 \leq t \leq 10$，假设 $s(0)=0$。

定积分

在题 23－26 中，把每个极限表示成定积分。然后计算定积分的值以求极限。在每个情形，P 是给定区间的一个划分，而数 c_k 选自 P 的子区间。

23. $\lim\limits_{\|P\| \to 0} \sum\limits_{k=1}^{n} (2c_k - 1)^{-1/2} \Delta x_k$，$P$ 是 $[1,5]$ 的一个分划。

24. $\lim\limits_{\|P\| \to 0} \sum\limits_{k=1}^{n} c_k(c_k^2 - 1)^{1/3} \Delta x_k$，$P$ 是 $[1,3]$ 的一个分划。

25. $\lim\limits_{\|P\| \to 0} \sum\limits_{k=1}^{n} \left(\cos\left(\frac{c_k}{2}\right)\right) \Delta x_k$，$P$ 是 $[-\pi, 0]$ 的一个分划。

26. $\lim\limits_{\|P\| \to 0} \sum\limits_{k=1}^{n} (\sin c_k)(\cos c_k) \Delta x_k$，$P$ 是 $[0, \pi/2]$ 的一个分划。

用性质和已知值求其它积分

27. 若 $\int_{-2}^{2} 3f(x) \mathrm{d}x = 12, \int_{-2}^{5} f(x) \mathrm{d}x = 6$，而 $\int_{2}^{5} g(x) \mathrm{d}x = 2$，求下列值。

    (a) $\int_{-2}^{2} f(x) \mathrm{d}x$ (b) $\int_{2}^{5} f(x) \mathrm{d}x$ (c) $\int_{5}^{-2} g(x) \mathrm{d}x$

    (d) $\int_{-2}^{5} (-\pi g(x)) \mathrm{d}x$ (e) $\int_{-2}^{5} \left(\frac{f(x) + g(x)}{5}\right) \mathrm{d}x$

28. 若 $\int_{0}^{2} f(x) \mathrm{d}x = \pi, \int_{0}^{2} 7g(x) \mathrm{d}x = 7$，而 $\int_{0}^{1} g(x) \mathrm{d}x = 2$，求下列值。

    (a) $\int_{0}^{2} g(x) \mathrm{d}x$ (b) $\int_{1}^{2} g(x) \mathrm{d}x$ (c) $\int_{2}^{0} f(x) \mathrm{d}x$

    (d) $\int_{0}^{2} \sqrt{2} f(x) \mathrm{d}x$ (e) $\int_{0}^{2} (g(x) - 3f(x)) \mathrm{d}x$

求定积分的值

求题 29－52 中的积分值。

29. $\int_{-1}^{1}(3x^2-4x+7)\,dx$ 30. $\int_0^1(8s^3-12s^2+5)\,ds$ 31. $\int_1^2 \dfrac{4}{v^2}\,dv$

32. $\int_1^{27} x^{-4/3}\,dx$ 33. $\int_1^4 \dfrac{dt}{t\sqrt{t}}$ 34. $\int_1^4 \dfrac{(1+\sqrt{u})^{1/2}}{\sqrt{u}}\,du$

35. $\int_0^1 \dfrac{36\,dx}{(2x+1)^3}$ 36. $\int_0^1 \dfrac{dr}{\sqrt[3]{(7-5r)^2}}$ 37. $\int_{1/8}^1 x^{-1/3}(1-x^{2/3})^{3/2}\,dx$

38. $\int_0^{1/2} x^3(1+9x^4)^{-3/2}\,dx$ 39. $\int_0^{\pi}\sin^2 5r\,dr$ 40. $\int_0^{\pi/4}\cos^2\!\left(4t-\dfrac{\pi}{4}\right)dt$

41. $\int_0^{\pi/3}\sec^2\theta\,d\theta$ 42. $\int_{\pi/4}^{3\pi/4}\csc^2 x\,dx$ 43. $\int_{\pi}^{3\pi}\cot^2\dfrac{x}{6}\,dx$

44. $\int_0^{\pi}\tan^2\dfrac{\theta}{3}\,d\theta$ 45. $\int_{-\pi/3}^{0}\sec x\tan x\,dx$ 46. $\int_{\pi/4}^{3\pi/4}\sec z\cot z\,dz$

47. $\int_0^{\pi/2} 5(\sin x)^{3/2}\cos x\,dx$ 48. $\int_{-1}^{1} 2x\sin(1-x^2)\,dx$ 49. $\int_0^{\pi/2}\dfrac{3\sin x\cos x}{\sqrt{1+3\sin^2 x}}\,dx$

50. $\int_0^{\pi/4}\dfrac{\sec^2 x}{(1+7\tan x)^{2/3}}\,dx$ 51. $\int_0^{\pi/3}\dfrac{\tan\theta}{\sqrt{2\sec\theta}}\,d\theta$ 52. $\int_{\pi^2/36}^{\pi^2/4}\dfrac{\cos\sqrt{t}}{\sqrt{t}\sin\sqrt{t}}\,dt$

面积

在题 53-56 中,求 f 的图象和 x 轴之间的总面积.

53. $f(x)=x^2-4x+3$, $0\leqslant x\leqslant 3$ 54. $f(x)=1-(x^2/4)$, $-2\leqslant x\leqslant 3$

55. $f(x)=5-5x^{2/3}$, $-1\leqslant x\leqslant 8$ 56. $f(x)=1-\sqrt{x}$, $0\leqslant x\leqslant 4$

求题 57-64 中的由曲线和直线围成的区域的面积.

57. $y=x, y=1/x^2, x=2$ 58. $y=x, y=1/\sqrt{x}, x=2$

59. $\sqrt{x}+\sqrt{y}=1, x=0, y=0$ 60. $x^3+\sqrt{y}=1, x=0, y=0, 0\leqslant x\leqslant 1$

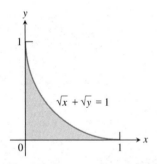

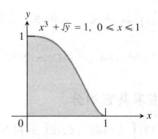

61. $y=\sin x, y=x, 0\leqslant x\leqslant \pi/4$ 62. $y=|\sin x|, y=1, -\pi/2\leqslant x\leqslant \pi/2$

63. $2y=2\sin x, y=\sin 2x, 0\leqslant x\leqslant \pi$ 64. $y=8\cos x, y=\sec^2 x, -\pi/3\leqslant x\leqslant \pi/3$

65. 求 $f(x)=x^3-3x^2$ 的极值并求由 f 的图象和 x 轴所围区域的面积.

66. 求第一象限内由曲线 $x^{1/3}+y^{1/3}=1$ 截下的区域的面积.

初值问题

解题 67-70 中的初值问题.

67. $\dfrac{dy}{dx}=\dfrac{x^2+1}{x^2}$, $y(1)=-1$ 68. $\dfrac{dy}{dx}=\left(x+\dfrac{1}{x}\right)^2$, $y(1)=1$

69. $\dfrac{d^2 r}{dt^2}=15\sqrt{t}+\dfrac{3}{\sqrt{t}}$; $r'(1)=8, r(1)=0$

70. $\dfrac{d^3 r}{dt^3} = -\cos t$; $r''(0) = r'(0) = 0, r(0) = -1$.

71. 证明 $y = x^2 + \int_1^x \left(\dfrac{1}{t}\right) dt$ 是下列初值问题的解

$$\dfrac{d^2 y}{dx^2} = 2 - \dfrac{1}{x^2}; \quad y'(1) = 3, \quad y(1) = 1.$$

72. 证明 $y = \int_0^x (1 + 2\sqrt{\sec t}) dt$ 是下列初值问题的解

$$\dfrac{d^2 y}{dx^2} = \sqrt{\sec x} \tan x; \quad y'(0) = 3, \quad y(0) = 0.$$

用积分表示题 73 和 74 中的初值问题的解.

73. $\dfrac{dy}{dx} = \dfrac{\sin x}{x}, \quad y(5) = -3$.

74. $\dfrac{dy}{dx} = \sqrt{2 - \sin^2 x}, \quad y(-1) = 2$.

平均值

75. 求 $f(x) = mx + b$ 的平均值.
    (a) 在 $[-1, 1]$ 上. (b) 在 $[-k, k]$ 上.

76. 求
    (a) $y = \sqrt{3x}$ 在 $[0, 3]$ 上 (b) $y = \sqrt{ax}$ 在 $[0, a]$ 上
    的平均值.

77. **为学而写:平均变化率和瞬时变化率** 设 f 是 $[a, b]$ 上的可微函数, 在第 1 章, 我们定义 f 在 $[a, b]$ 上的平均变化率是 $\dfrac{f(b) - f(a)}{b - a}$, 而 f 在 x 的瞬时变化率是 $f'(x)$. 在这一章, 我们定义了函数的平均值. 为使新旧平均值的定义一致, 我们应有

$$\dfrac{f(b) - f(a)}{b - a} = f' \text{ 在 } [a, b] \text{ 上的平均值}.$$

果真如此吗? 对于你的回答给出理由.

78. **为学而写:平均值** 在长度为 2 的区间上一个可积函数的平均值是否是在该区间上函数积分的一半? 对于你的回答给出理由?

对积分求导

在题 79 - 82 中, 求 dy/dx.

79. $y = \int_2^x \sqrt{2 + \cos^3 t}\, dt$

80. $y = \int_2^{7x^2} \sqrt{2 + \cos^3 t}\, dt$

81. $y = \int_x^1 \dfrac{6}{3 + t^4} dt$

82. $y = \int_{\sec x}^2 \dfrac{1}{t^2 + 1} dt$

数值积分

83. 4.2 节例 3 中的直接计算证明

$$\int_0^\pi 2\sin^2 x\, dx = \pi.$$

用 $n = 6$ 时的梯形法和 $n = 6$ 时的 Simpson 法你接近这个值的程度怎样? 试用这两个方法并求出值.

84. **燃料效率** 汽车电脑给出每小时消耗的燃料的加仑数字读数, 一乘客在一小时的行程中每隔 5 分钟记录一次燃料消耗.

时间	加仑/时	时间	加仑/时
0	2.5	35	2.5
5	2.4	40	2.4
10	2.3	45	2.3
15	2.4	50	2.4
20	2.4	55	2.4
25	2.5	60	2.3
30	2.6		

（a）用梯形法逼近一小时内燃料的总消耗量.

（b）如果汽车在这一小时内行进了 60 英里,它在这段行程中的燃料效率（英里/加仑）是多少?

85. **平均温度** 计算温度函数

$$f(x) = 37\sin\left(\frac{2\pi}{365}(x-101)\right) + 25$$

在一年的 365 天的平均值. 这是在 Fairbanks, Alaska 估计年平均气温的一种方法. 国家天气服务署正式给出一年的日标准气温的数值平均是 $25.7\,°F$,这稍高于 $f(x)$ 的平均值. 图 2.34 说明了这是为什么.

86. **气体的热容量** 热容量 C_v 是保持定体积的具有给定质量的气体温度升高 $1°C$ 所需要的热量,测量单位是卡/度-摩尔(卡每度克分子量). 氧的热容量依赖于它的温度 T 并且满足公式

$$C_v = 8.27 + 10^{-5}(26T - 1.87T^2).$$

求对于 $20° \leqslant T \leqslant 675°C$ 的 C_v 的平均值和达到这个值的温度.

87. **一块新停车场地** 根据停车需要,你们镇划拨了一块如图所示的面积,作为镇的工程师,镇议会询问你停车场能否用 11 000 美元建成,清理土地一平方英尺花费 0.10 美元,而铺砖一平方英尺花费 2.00 美元. 这件事花费 11 000 美元能否完成? (如下图所示.)

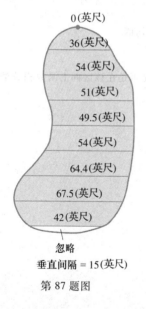

第 87 题图

时间(秒)	速度(英尺/秒)
0	5.30
3	5.25
6	5.04
9	4.71
12	4.25
15	3.66
18	2.94
21	2.09
24	1.11
27	0

第 88 题表

88. **橡皮筋动力雪橇** 一个雪橇以缠绕橡皮筋为动力,它沿雪道滑行,摩擦和橡皮筋的松弛使它逐渐变慢以至停止. 雪橇上的速度计显示它的速度,在 27 秒的滑行中每 3 秒记录一次(a) 给出雪橇行进距离的一个过剩估计和一个不足估计.

（b）利用梯形法估计雪橇行进的距离.

理论和例子

89. 为学而写 每个在 $[a,b]$ 上可微的函数自己是 $[a,b]$ 上某个函数的导数,这是真的吗?对于你的回答给出理由.

90. 为学而写 假设 $F(x)$ 是 $f(x) = \sqrt{1+x^4}$ 的一个反导数. 用 F 表示 $\int_0^1 \sqrt{1+x^4}\,dx$ 并且对于你的答案给出理由.

91. 把解表示为定积分 把满足 $\dfrac{dy}{dx} = \dfrac{\sin x}{x}$ 和 $y(5) = 3$ 的函数表示成定积分.

92. 一个微分方程 说明 $y = \sin x + \int_x^\pi \cos 2t\,dt + 1$ 满足以下两个条件:

  i. $y'' = -\sin x + 2\sin 2x$ ii. 当 $x = \pi$ 时, $y = 1$ 且 $y' = -2$.

93. 用积分定义的一个函数 函数 f 的图象由一个半圆和两个线段组成(如右图所示), 令 $g(x) = \int_1^x f(t)\,dt$.

(a) 求 $g(1)$,   (b) 求 $g(3)$,   (c) 求 $g(-1)$.

(d) 求在开区间 $(-3,4)$ 上使 g 取相对最大值的 x 的所有值.

(e) 写出 g 的图象在 $x = -1$ 的切线的方程.

(f) 求 g 在开区间 $(-3,4)$ 上的图象的每个拐点的 x 坐标.

(g) 求 g 的值域.

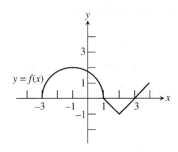

第93题图

94. 跳伞 跳伞员在盘旋于 6400 英尺高空的直升飞机上. 跳伞员 A 跳下并且下降 4 秒后张开她的降落伞, 直升飞机而后攀升到 7000 英尺的高空并且在哪里盘旋. A 离开机舱 13 秒后 B 跳下并且在下降 13 秒后张开她的降落伞. 两位跳伞员在打开降落伞时以 16 英尺/秒的速度下降. 假定跳伞员在她们的降落伞打开之前(以加速度 -32 英尺/秒^2)自由下落.

(a) A 在什么高度张开降落伞?   (b) B 在什么高度张开降落伞?   (c) 哪位跳伞员首先着地?

平均日库存

平均值在经济中用于研究像平均日库存这类问题. 如果 $I(t)$ 是一个公司在日期 t 手中所有的收音机, 轮胎, 鞋或任何产品的数目(我们称 I 为**库存函数**), I 在时间区域 $[0,T]$ 上的平均值称为公司的该段时期的平均日库存.

$$\text{平均日库存} = \operatorname{av}(I) = \frac{1}{T}\int_0^T I(t)\,dt.$$

如果 h 是每天保存一件产品花费的美元数, 乘积 $\operatorname{av}(I)\cdot h$ 是该周期内的**平均日保存费**.

95. 作为一个批发商, Tracey Burr Distributors(TBD) 每 30 天收到 1200 箱的巧克力的货. TBD 以稳定的比率把巧克力给零售商, 在一批货到达后的 t 日, 它的手头货箱库存为 $I(t) = 1200 - 40t, 0 \le t \le 30$. TBD 的 30 日周期内的日平均库存是多少? 如果一箱保存费是每日 3 美元, 日平均保存费是多少?

96. Rich Wholesale Foods 是一个饼干生产厂, 存放它的饼干箱在空调库内以便每 14 天发一次货. Rich 试图保存 600 箱做储备以应付偶然的高峰需求, 于是典型的 14 天库存函数是 $I(t) = 600 + 600t, 0 \le t \le 14$. 每箱的日保存花费 4 美元. 求 Rich 的平均日库存和平均日保存费.

97. Solon Container 每 30 天收到 450 个塑料小球鼓. 库存函数(手头的鼓的数目作为日期的函数)是 $I(t) = 450 - t^2/2$. 求平均日库存, 如果每天一个鼓的保存费是 2 美元, 求平均日保存费.

98. Mitchell Mailorder 每 60 天收到一批 600 箱的运动袜. 一批货物到达后 t 日的手头的箱的数目是 $I(t) = 600 - 20\sqrt{15t}$. 求平均日库存, 如果每天一箱的保存费是 $1/2$ 美元, 求平均日保存费.

附加习题：理论、例子、应用

理论和例子

1. (**a**) 若 $\int_0^1 7f(x)\,dx = 7$，$\int_0^1 f(x)\,dx = 1$ 吗？

   (**b**) 若 $\int_0^1 f(x)\,dx = 4$ 且 $f(x) \geq 0$，$\int_0^1 \sqrt{f(x)}\,dx = \sqrt{4} = 2$ 吗？

   对于你的回答给出理由.

2. 假定 $\int_{-2}^2 f(x)\,dx = 4$，$\int_2^5 f(x)\,dx = 3$，$\int_{-2}^5 g(x)\,dx = 2$. 下列断言的哪几个正确？

   (**a**) $\int_5^2 f(x)\,dx = -3$ (**b**) $\int_{-2}^5 (f(x) + g(x))\,dx = 9$

   (**c**) 在区间 $-2 \leq x \leq 5$ 上，$f(x) \leq g(x)$.

3. **初值问题** 说明 $y = \dfrac{1}{a}\int_0^x f(t)\sin a(x-t)\,dt$ 是下列初值问题的解.

   $$\dfrac{d^2 y}{dx^2} + a^2 y = f(x), \quad \text{当} x = 0 \text{时} \quad \dfrac{dy}{dx} = 0 \quad \text{和} \quad y = 0.$$

   （提示：$\sin(ax - at) = \sin ax \cos at - \cos ax \sin at$.）

4. **成比例** 假定 x 和 y 由方程 $x = \int_0^y \dfrac{1}{\sqrt{1+4t^2}}\,dt$ 联系，说明 $d^2 y/dx^2$ 与 y 成比例，并且求比例系数.

5. 若 (**a**) $\int_0^{x^2} f(t)\,dt = x\cos\pi x$，(**b**) $\int_0^{f(x)} t^2\,dt = x\cos\pi x$，求 $f(4)$.

6. 从下列信息求 $f\left(\dfrac{\pi}{2}\right)$.

   i. f 是正的且是连续的.

   ii. 在从 $x = 0$ 到 $x = a$ 的曲线 $y = f(x)$ 下的面积是 $\dfrac{a^2}{2} + \dfrac{a}{2}\sin a + \dfrac{\pi}{2}\cos a$.

7. xy 平面上由 x 轴，曲线 $y = f(x)$，$f(x) \geq 0$ 和直线 $x = 1$ 及 $x = b$ 围成的区域的面积对所有 $b > 1$ 是 $\sqrt{b^2 + 1} - \sqrt{2}$. 求 $f(x)$.

8. 证明

   $$\int_0^x \left(\int_0^u f(t)\,dt\right) du = \int_0^x f(u)(x-u)\,du.$$

   （提示：把右端的积分表示成两个积分的差. 然后说明等式两端有对于 x 的同样的导数.）

9. **求曲线** 求 xy 平面上曲线的方程，该曲线过点 $(1, -1)$，并且在 x 对应点的切线斜率总是 $3x^2 + 2$.

10. **铲土** 你从洞底以 32 英尺／秒的初速度上抛一铲土，土必须升高到抛出点以上 17 英尺以便洞口边缘保持干净. 这个速度是否足以使土抛出？

分段连续函数

虽然我们主要对连续函数感兴趣，但是在应用中的许多函数是分段连续的. 函数 $f(x)$ 是在闭区间 I 分段连续的，如果 f 在 I 仅有有限个不连续点，在 I 的每个内点，极限

$$\lim_{x \to c^-} f(x) \quad \text{和} \quad \lim_{x \to c^+} f(x)$$

都存在而且有限，而在 I 的端点相应的单侧极限存在且有限. 所有分段连续函数都是可积的. 不连续点把 I 分割成开的和半开子区间. f 在其上是连续的，而上述对极限的要求保证 f 在每个子区间的闭包上有连续延拓. 为积分一个分段连续函数，我们积分各个延拓并且把结果相加.

$$f(x) = \begin{cases} 1-x, & -1 \leq x < 0 \\ x^2, & 0 \leq x < 2 \\ -1, & 2 \leq x \leq 3 \end{cases}$$

(图 4.30) 在 $[-1,3]$ 上的积分是

$$\int_{-1}^{3} f(x) dx = \int_{-1}^{0} (1-x) dx + \int_{0}^{2} x^2 dx + \int_{2}^{3} (-1) dx$$

$$= \left[x - \frac{x^2}{2} \right]_{-1}^{0} + \left[\frac{x^3}{3} \right]_{0}^{2} + [-x]_{2}^{3}$$

$$= \frac{3}{2} + \frac{8}{3} - 1 = \frac{19}{6}.$$

基本定理应用到有界分段连续函数应加限制,仅在 f 的连续点 x 才能期望 $\frac{d}{dx}\int_{a}^{x} f(t) dt$ 等于 $f(x)$. 对于下面的莱布尼茨法则有类似的限制.

画题 11 - 16 中函数的图象并且在其定义域上求积分.

11. $f(x) = \begin{cases} x^{2/3}, & -8 \leq x \leq 0 \\ -4, & 0 \leq x \leq 3 \end{cases}$

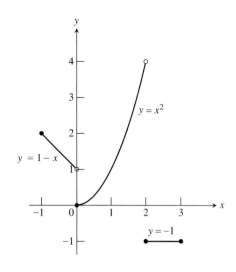

图 4.30 对于像这样的分段连续函数逐段求积分.

12. $f(x) = \begin{cases} \sqrt{-x}, & -4 \leq x < 0 \\ x^2 - 4, & 0 \leq x \leq 3 \end{cases}$

13. $g(t) = \begin{cases} t, & 0 \leq t < 1 \\ \sin \pi t, & 1 \leq t \leq 2 \end{cases}$

14. $h(z) = \begin{cases} \sqrt{1-z}, & 0 \leq z < 1 \\ (7z-6)^{-1/3}, & 1 \leq z \leq 2 \end{cases}$

15. $f(x) = \begin{cases} 1, & -2 \leq x < -1 \\ 1 - x^2, & -1 \leq x < 1 \\ 2, & 1 \leq x \leq 2 \end{cases}$

16. $h(r) = \begin{cases} r, & -1 \leq r < 0 \\ 1 - r^2, & 0 \leq r < 1 \\ 1, & 1 \leq r \leq 2 \end{cases}$

17. 求其图象画在图 4.31a 上的函数的平均值.

18. 求其图象画在图 4.31b 上的函数的平均值.

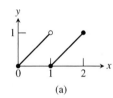
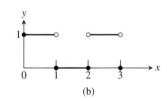

(a)　　　　　　(b)

图 4.31 习题 17 和 18 中的图象.

Leibniz 法则

在应用中,有时我们会遇到像

$$f(x) = \int_{\sin x}^{x^2} (1+t) dt \quad \text{和} \quad g(x) = \int_{\sqrt{x}}^{2\sqrt{x}} \sin t^2 dt,$$

这类由积分定义的函数,积分上限和积分下限同时都是变化的. 第一个可以直接求值,但第二个则不然,不过我们可以用称为 **Leibniz 法则** 的一个公式求这两个积分的导数.

> **Leibniz 法则**
> 若 f 在 $[a,b]$ 上是连续的,而 $u(x)$ 和 $v(x)$ 是 x 的可微函数,其值属于 $[a,b]$,则
> $$\frac{d}{dx}\int_{u(x)}^{v(x)} f(t) dt = f(v(x)) \frac{dv}{dx} - f(u(x)) \frac{du}{dx}.$$

图 4.32 给 Leibniz 法则一个几何解释. 它显示一张宽度 $f(t)$ 变动的地毯,它在左端卷起,而在同一时刻 x,在右端铺开. (在这个解释中,时间是 x,而非 t.) 在时刻 x,地板从 $u(x)$ 到 $v(x)$ 被覆盖,地毯卷起的速率 $\frac{du}{dx}$ 不

必跟地毯铺开的速率 dv/dx 相同,在任何给定的时刻 x,地毯覆盖的面积是

$$A(x) = \int_{u(x)}^{v(x)} f(t) dt.$$

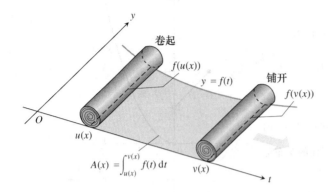

图 4.32 卷起和铺开一张地毯:Leibniz 法则
$$\frac{dA}{dx} = f(v(x)) \frac{dv}{dx} - f(u(x)) \frac{du}{dx}.$$
的一个几何解释.

被覆盖的面积改变的速率是多少呢?在时刻 x,$A(x)$ 增加的速率是铺开的地毯的宽度 $f(v(x))$ 乘以地毯铺开的速率 dv/dx. 即 $A(x)$ 增加的速率是

$$f(v(x)) \frac{dv}{dx}.$$

在同一时间,A 减少的速率是

$$f(u(x)) \frac{du}{dx},$$

这是卷起的一端的宽度与速率 du/dx 的乘积. A 的净变化率是

$$\frac{dA}{dx} = f(v(x)) \frac{dv}{dx} - f(u(x)) \frac{du}{dx},$$

这正是 Leibniz 法则.

为证明这个法则,设 F 是 f 在 $[a,b]$ 上的一个反导数,则

$$\int_{u(x)}^{v(x)} f(t) dt = F(v(x)) - F(u(x)).$$

对于 x 微分这个等式的两端就给出我们要的等式:

$$\frac{d}{dx} \int_{u(x)}^{v(x)} f(t) dt = \frac{d}{dx}[F(v(x)) - F(u(x))]$$

$$= F'(v(x)) \frac{dv}{dx} - F'(u(x)) \frac{du}{dx} \quad \text{链式法则}$$

$$= f(v(x)) \frac{dv}{dx} - f(u(x)) \frac{du}{dx}.$$

在第 11 章附加题 3 你将看到导出这个法则的另一种方式.

利用 Leibniz 法则求题 19 – 21 中的函数的导数.

19. $f(x) = \int_{1/x}^{x} \frac{1}{t} dt$ **20.** $f(x) = \int_{\cos x}^{\sin x} \frac{1}{1-t^2} dt$ **21.** $g(y) = \int_{\sqrt{y}}^{2\sqrt{y}} \sin t^2 dt$

22. 利用 Leibniz 法则求积分

$$\int_{x}^{x+3} t(5-t) dt.$$

取最大值的 x 的值. 像这类问题出现在政治选举的数学理论中,见"The Entry Problem in a Political Race 由 Steven J. Brams 和 Philip D. Straffin Jr. 创作,载于 Political Equilibrium,由 Peter Ordeshook 和 Kenneth Shepfle 主编(Boston:Kluwer – Nijhoff 1982),pp. 181 – 195.

积分的应用

概述 我们想了解的许多东西都可以用积分来计算,立体的体积,曲线的长度,从地下抽液体做的功,水闸的压力,物体的重心坐标,我们将所有这些都定义为在闭区间上的连续函数的 Riemann 和的极限,也就是积分,并且用微积分计算这些极限.

5.1 切片法求体积和绕轴旋转

切片法求体积 • 旋转体:圆盘形横截面 • 旋转体:垫圈形横截面

在 4.3 节,例 3,我们通过将球切割成薄片来估计它的体积,这些薄片近似看做柱体,这些柱体的体积之和后来证明了就是 Riemann 和,那时我们已经知道了如何把球的体积表示为定积分.

用同样的方法我们能求出大量立体的体积.

切片法求体积

假如我们想求一个如图 5.1 所示的立体的体积,对于区间 $[a,b]$ 中的每一个点 x,该立体的横截面是具有面积 $A(x)$ 的区域 $R(x)$. 如果 A 是 x 的连续函数,那么按如下方式,通过它就

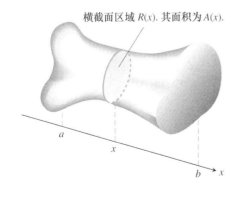

图 5.1 如果横截面 $R(x)$ 的面积 $A(x)$ 是 x 的连续函数,那么可通过 $A(x)$ 从 a 到 b 的定积分来求该立体的体积.

可以用定积分定义和计算立体的体积.

我们将$[a,b]$分割为具有长度Δx的子区间并将立体当做一块面包,用通过点x并垂直于x轴的平面切成薄片.夹在平面$x = x_{k-1}$和$x = x_k$之间的第k个截片与夹在两个平面之间以区域$R(x_k)$为底的柱体近似地有同样的体积(图5.2).

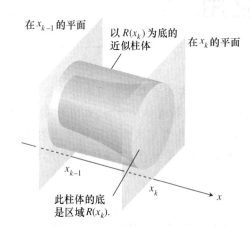

图5.2 立体在过x_{k-1}和x_k的平面之间的截片及它的近似柱体的放大图.

柱体的体积是
$$V_k = 底面积 \times 高 = A(x_k) \times \Delta x.$$
其和
$$\sum V_k = \sum A(x_k) \times \Delta x$$
近似该立体的体积.

这是$A(x)$在$[a,b]$上的Riemann和.我们期望当分划的模趋近于零时,近似得到改善,所以我们定义它的极限(即积分)为立体的体积.

定义　立体的体积

已知从$x = a$到$x = b$横截面积$A(x)$的立体,如果$A(x)$可积,那么它的**体积**是A从a到b的积分
$$V = \int_a^b A(x)\,dx.$$

为了应用这个公式,我们进行如下操作.

如何用截片法求体积

步骤1:画一个该立体及其典型横截面的草图.
步骤2:求$A(x)$的公式.
步骤3:求积分限.
步骤4:积分$A(x)$求体积.

例 1（锥体的体积） 一个锥体高 3 米，底是边长为 3 米的正方形．锥体的顶点下方 x 米处垂直于高的横截面是边长为 x 米的正方形．求锥体的体积．

解 步骤 1：画草图．我们画了一个高度沿 x 轴，顶点在原点的锥体的草图其中包含一个典型的横截面（图 5.3）．

步骤 2：$A(x)$ 的公式．在 x 处的横截面是一个边长为 x 米的正方形，所以它的面积是
$$A(x) = x^2.$$

步骤 3：积分限．正方形变化从 $x = 0$ 到 $x = 3$．

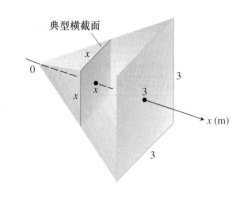

图 5.3 例 1 中的棱椎的横截面是正方形．

步骤 4：积分求体积．
$$V = \int_0^3 A(x)\,dx = \int_0^3 x^2\,dx = \left.\frac{x^3}{3}\right|_0^3 = 9 \text{ 米}^3$$

CD-ROM
WEBsite

历史传记
Bonaventura Cavalieri
(1598 — 1647)

例 2（Cavalieri 体积定理） Cavalieri 体积定理是说，具有同样高度和恒等横截面积的立体具有相同的体积（图 5.4）．这是直接根据体积的定义得到的，因为对这两个立体来说横截面积函数 $A(x)$ 和区间 $[a, b]$ 是相同的．

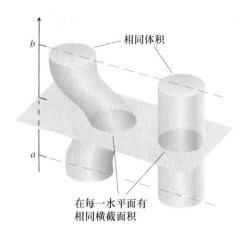

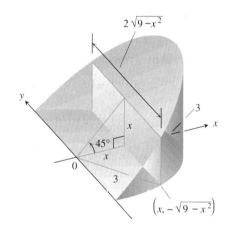

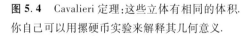

图 5.4 Cavalieri 定理：这些立体有相同的体积．你自己可以用摞硬币实验来解释其几何意义．

图 5.5 例 3 的楔形，截片垂直 x 轴．截面是矩形．

例 3（楔形体的体积） 一个楔形体是从一个半径为 3 的圆柱上用两个平面切下的．其中第一个平面垂直该圆柱的轴，第二个平面过圆柱的中心并与第一个平面夹成 45° 角．求该楔形体的体积．

解 步骤 1：画草图．我们画了楔形与一个垂直于 x 轴的典型截面（图 5.5）．

步骤 2：$A(x)$ 的公式．在点 x 处的横截面是矩形，其面积是

$$A(x) = (\text{高})(\text{宽}) = (x)(2\sqrt{9-x^2})$$
$$= 2x\sqrt{9-x^2}\,(\text{平方单位})$$

步骤 3：积分限. 该矩形从 $x=0$ 到 $x=3$ 移动.
步骤 4：积分求体积.

$$V = \int_a^b A(x)\,\mathrm{d}x = \int_0^3 2x\sqrt{9-x^2}\,\mathrm{d}x$$

$$= -\frac{2}{3}(9-x^2)^{3/2}\Big|_0^3 \qquad \begin{array}{l}\text{令 } u = 9-x^2, \\ \mathrm{d}u = -2x\,\mathrm{d}x, \\ \text{积分并回代.}\end{array}$$

$$= 0 + \frac{2}{3}(9)^{3/2}$$

$$= 18\,(\text{立方单位})$$

旋转体：圆盘形横截面

切片法最通常的是用于旋转体，**旋转体**的形状由平面区域绕某轴旋转一周所产生. 当旋转体的横截面是圆时，变化的唯一事情是面积 $A(x)$ 的公式.

旋转体的垂直于旋转轴的典型横截面是半径为 $R(x)$ 的圆盘，其面积是

$$A(x) = \pi(\text{半径})^2 = \pi[R(x)]^2.$$

鉴于这个理由，常常称这个方法为**圆盘法**. 下面是几个例子.

例 4（（绕 x 轴旋转的）一个旋转体） 曲线 $y = \sqrt{x}, 0 \leqslant x \leqslant 4$ 和 x-轴之间的区域绕 x 轴旋转一周产生一个立体. 求该立体的体积.

解 我们画出这个区域，一个典型的半径和所产生的立体的草图（图 5.6）. 其体积是

$$V = \int_a^b \pi[R(x)]^2\,\mathrm{d}x$$

$$= \int_0^4 \pi[\sqrt{x}]^2\,\mathrm{d}x \qquad R(x) = \sqrt{x}$$

$$= \pi\int_0^4 x\,\mathrm{d}x = \pi\frac{x^2}{2}\Big|_0^4 = \pi\frac{(4)^2}{2} = 8\pi\,(\text{立方单位})$$

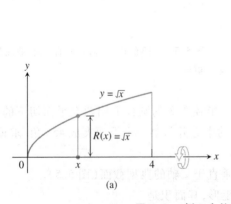
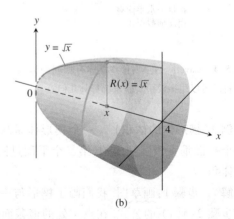

图 5.6　例 4 中的区域(a) 和立体(b).

在下一个例子里,旋转轴不再是 x 轴,但是计算体积的法则是一样的,在适当的积分限下对 $\pi(\text{半径})^2$ 进行积分.

例 5((绕直线 $y=1$ 旋转的)一个旋转体)   求由 $y=\sqrt{x}$ 和直线 $y=1, x=4$ 所围成的区域绕直线 $y=1$ 旋转一周所产生立体的体积.

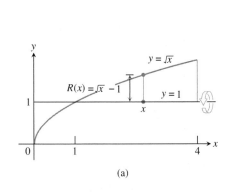 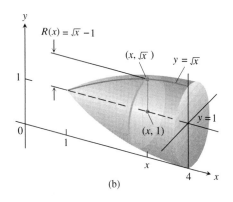

图 5.7   例 5 中的区域(a)和立体(b).

解   我们画出这个区域,一个典型的半径和所产生的立体的草图(图 5.7),其体积是

$$V = \int_1^4 \pi [R(x)]^2 \mathrm{d}x$$

$$= \int_1^4 \pi [\sqrt{x}-1]^2 \mathrm{d}x \qquad R(x) = \sqrt{x}-1$$

$$= \pi \int_1^4 [x - 2\sqrt{x} + 1] \mathrm{d}x$$

$$= \pi \left[\frac{x^2}{2} - 2 \cdot \frac{2}{3} x^{3/2} + x \right]_1^4 = \frac{7\pi}{6} (\text{立方单位})$$

在圆截面情况下如何求体积(圆盘法)
步骤 1:画区域草图和确定半径函数 $R(x)$.
步骤 2:平方 $R(x)$ 并乘以 π.
步骤 3:积分求体积.

为了求 y 轴与曲线 $x=R(y), c \leqslant y \leqslant d$ 之间的区域绕 y 轴旋转一周所产生立体的体积,我们用同样的方法,不过用 y 代替 x 而已. 在这种情况下,该圆截面的面积是

$$A(y) = \pi [\text{半径}]^2 = \pi [R(y)]^2.$$

例 6(绕 y 轴旋转)   求 y 轴与曲线 $x = 2/y, 1 \leqslant y \leqslant 4$ 之间的区域绕 y 轴旋转一周所产生立体的体积.

解   我们画出这个区域,一个典型的半径和所产生的立体的草图(图 5.8). 其体积是

$$V = \int_1^4 \pi [R(y)]^2 dx = \int_1^4 \pi \left(\frac{2}{y}\right)^2 dy \qquad R(y) = \frac{2}{y}$$

$$= \pi \int_1^4 \frac{4}{y^2} dy = 4\pi \left[-\frac{1}{y}\right]_1^4 = 4\pi \left[\frac{3}{4}\right]$$

$$= 3\pi (立方单位)$$

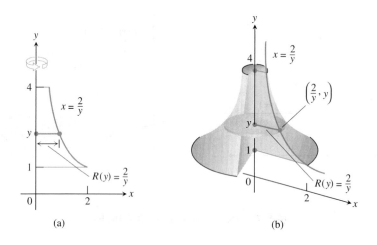

图 5.8　例 6 中的区域(a) 和立体(b).

例 7（绕某个铅直轴旋转）　求抛物线 $x = y^2 + 1$ 和直线 $x = 3$ 之间的区域绕直线 $x = 3$ 旋转一周所产生立体的体积.

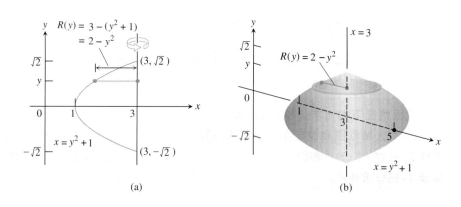

图 5.9　例 7 中的区域(a) 和立体(b).

解　我们画出这个区域，一个典型的半径和所产生的立体的草图(图 5.9). 其体积是

$$V = \int_{-\sqrt{2}}^{\sqrt{2}} \pi [R(y)]^2 dy$$

$$= \int_{-\sqrt{2}}^{\sqrt{2}} \pi [2 - y^2]^2 dy \qquad \begin{aligned} R(y) &= 3 - (y^2 + 1) \\ &= 2 - y^2 \end{aligned}$$

$$= \pi \int_{-\sqrt{2}}^{\sqrt{2}} [4 - 4y^2 + y^4] \mathrm{d}y$$

$$= \pi \left[4y - \frac{4}{3}y^3 + \frac{y^5}{5} \right]_{-\sqrt{2}}^{\sqrt{2}}$$

$$= \frac{64\pi\sqrt{2}}{15}(立方单位)$$

旋转体：垫圈形横截面

如果用其旋转产生旋转体的区域不是相毗邻或不通过旋转轴，那么该旋转体就含有洞（图 5.10）. 这时垂直于旋转轴的横截面不是圆盘而垫圈. 典型圆盘的尺寸是

外半径： $R(x)$，　　　　　　内半径： $r(x)$

图 5.10 此旋转体的横截面是垫圈而非圆盘，于是 $\int_a^b A(x) \mathrm{d}x$ 引导出有些不同的公式.

垫圈的面积是

$$A(x) = \pi [R(x)]^2 - \pi [r(x)]^2 = \pi ([R(x)]^2 - [r(x)]^2).$$

例 8（（绕 x 轴旋转的）垫圈形横截面）　由曲线 $y = x^2 + 1$ 和直线 $y = -x + 3$ 围成的区域绕 x 轴旋转一周产生一个立体，求该立体的体积.

解　步骤 1：作出该区域的草图并画一条垂直于旋转轴的线段横穿它（图 5.11 中的粗线段）.

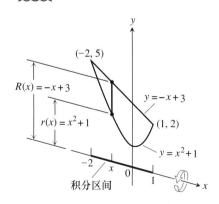

图 5.11 在例 8 中，被一条垂直于旋转轴的线段跨越的区域. 当这个区域绕 x 轴旋转一周时，这条线段产生一个垫圈.

步骤 2：通过求图 5.11 中曲线和直线交点的 x 坐标定积分限.
$$x^2 + 1 = -x + 3$$
$$x^2 + x - 2 = 0$$
$$(x+2)(x-1) = 0$$
$$x = -2, \quad x = 1$$

步骤 3：求垫圈的内外半径. 如果在图 5.11 中的那条粗线段与区域一起绕 x 轴旋转一周，那么这条线段将扫出一个垫圈.（在图 5.12 中我们画出了垫圈的草图，但是你自己做作业时不必画这个图.）内外半径是该线段端点到旋转轴的距离.

外半径： $R(x) = -x + 3$ 　　　　　　内半径： $r(x) = x^2 + 1$

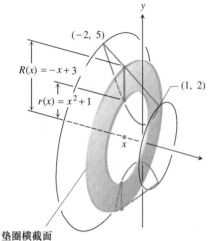
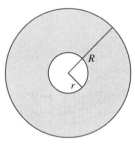

垫圈的面积是 $\pi R^2 - \pi r^2$.

垫圈横截面
外半径：$R(x) = -x + 3$
内半径：$r(x) = x^2 + 1$

图 5.12 在图 5.11 中被那条线段扫出来的垫圈的内外半径.

步骤 4：积分计算体积.
$$\begin{aligned}
V &= \int_a^b \pi([R(x)]^2 - [r(x)]^2)\,dx \\
&= \int_{-2}^{1} \pi((-x+3)^2 - (x^2+1)^2)\,dx \quad\quad \text{这些值来自步骤 2 和 3} \\
&= \int_{-2}^{1} \pi(8 - 6x - x^2 - x^4)\,dx \quad\quad \text{表达式平方再合并} \\
&= \pi\left[8x - 3x^2 - \frac{x^3}{3} - \frac{x^5}{5}\right]_{-2}^{1} = \frac{117\pi}{5}\,(\text{立方单位})
\end{aligned}$$

如何利用垫圈横截面求体积

步骤 1：作出要旋转区域的草图并在区域上画一条横穿它的线段垂直于旋转轴。当这个区域被旋转一周时，伴随着立体的产生，这条线段同时扫出一个该立体的典型的垫圈截面。

步骤 2：求积分限。

步骤 3：求线段所扫出的垫圈的内外半径。

步骤 4：积分求体积。

为了求一区域绕 y 轴旋转一周所产生立体的体积，我们用上述所列的步骤，不过积分是对 y 而不是 x。

例 9((绕 y 轴旋转的)垫圈形横截面) 由在第一象限内的抛物线 $y = x^2$ 和直线 $y = 2x$ 所围成的区域绕 y 轴旋转一周产生一个立体，求该立体的体积。

解 步骤 1：作出区域的草图并在区域上画一条横穿它的线段，此线段垂直于旋转轴，当前旋转轴就是 y 轴(图 5.13)。

步骤 2：因为直线和抛物线在 $y = 0$ 和 $y = 4$ 处相交，所以积分限是 $c = 0$ 和 $d = 4$。

步骤 3：线段所扫出的垫圈的内外半径是 $r(y) = y/2$，$R(y) = \sqrt{y}$(图 5.13 和 5.14)

步骤 4：积分求体积：

$$V = \int_c^d \pi([R(y)]^2 - [r(y)]^2)dy$$

$$= \int_0^4 \pi\left([\sqrt{y}]^2 - \left[\frac{y}{2}\right]^2\right)dy \quad \text{这些值来自步骤 2 和 3}$$

$$= \pi\int_0^4 \left(y - \frac{y^2}{4}\right)dy = \pi\left[\frac{y^2}{2} - \frac{y^3}{12}\right]_0^4 = \frac{8}{3}\pi \text{(立方单位)}$$

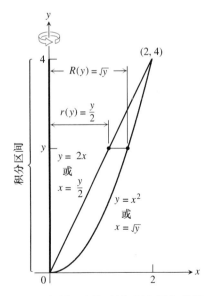

图 5.13 在例 9 中的区域、积分限和半径。

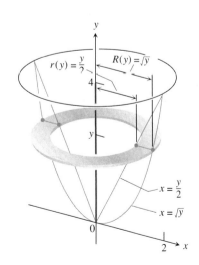

图 5.14 由在图 5.13 中的线段扫出的垫圈。

习题 5.1

截面面积

在题 1 和 2 中求立体的垂直于 x 轴的横截面的面积 $A(x)$ 的公式.

1. 一个立体位于在 $x = -1$ 和 $x = 1$ 处垂直于 x 轴的两个平面之间. 在以下每一种情况下，在这两个平面之间并垂直于 x 轴的横截面都是从半圆 $y = -\sqrt{1-x^2}$ 跑到半圆 $y = \sqrt{1-x^2}$.

   （a）横截面是直径在 xy 平面上的圆盘.   （b）横截面是底边在 xy 平面上的正方形.

   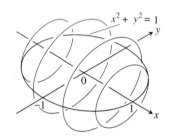 

   （c）横截面是对角线在 xy 平面上的正方形.（正方形对角线长度是其边的长度的 $\sqrt{2}$ 倍.）   （d）横截面是底边在 xy 平面上的等边三角形.

   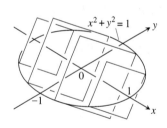 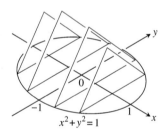

2. 一个立体位于在 $x = 0$ 和 $x = 4$ 处垂直于 x 轴的两个平面之间. 在这两个平面之间并垂直于 x 轴的横截面都是从抛物线 $y = -\sqrt{x}$ 跑到抛物线 $y = \sqrt{x}$.

   （a）横截面是直径在 xy 平面上的圆盘.   （b）横截面是底边在 xy 平面上的正方形.

   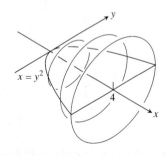 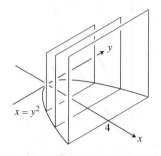

   （c）横截面是对角线在 xy 平面上的正方形.   （d）横截面是底边在 xy 平面上的等边三角形.

用切片法求体积

求题 3 – 10 中的立体的体积.

3. 一个立体位于在 $x = 0$ 和 $x = 4$ 处垂直于 x 轴的两个平面之间, 在区间 $0 \leqslant x \leqslant 4$ 上垂直于 x 轴的横截面都是正方形, 并且它们的对角线都是从抛物线 $y = -\sqrt{x}$ 跑到抛物线 $y = \sqrt{x}$.

4. 一个立体位于在 $x = -1$ 和 $x = 1$ 处垂直于 x 轴的两个平面之间, 所有垂直于 x 轴的横截面都是圆盘, 并且它们的直径都是从抛物线 $y = x^2$ 跑到抛物线 $y = 2 - x^2$ (如右图所示).

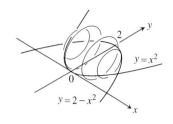

第 4 题图

5. 一个立体位于在 $x = -1$ 和 $x = 1$ 处垂直于 x 轴的两个平面之间. 所有垂直于 x 轴的横截面都是正方形, 并且它们的底边都是从半圆 $y = -\sqrt{1-x^2}$ 跑到半圆 $y = \sqrt{1-x^2}$.

6. 一个立体位于在 $x = -1$ 和 $x = 1$ 处垂直于 x 轴的两个平面之间. 所有垂直于 x 轴的横截面都是正方形, 并且它们的对角线都是从半圆 $y = -\sqrt{1-x^2}$ 跑到半圆 $y = \sqrt{1-x^2}$.

7. 一个立体的底部区域是由曲线 $y = 2\sqrt{\sin x}$ 和 x 轴上的区间 $[0, \pi]$ 围成的. 垂直于 x - 轴的横截面是

   (a) 底边从 x 轴跑到曲线 $y = 2\sqrt{\sin x}$ 的等边三角形 (如右图所示).

   (b) 底边从 x 轴跑到曲线 $y = 2\sqrt{\sin x}$ 的正方形.

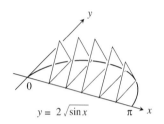

第 7 题图

8. 一个立体位于在 $x = -\pi/3$ 和 $x = \pi/3$ 处垂直于 x 轴的两个平面之间. 垂直于 x 轴的横截面是

   (a) 直径从曲线 $y = \tan x$ 跑到曲线 $y = \sec x$ 的圆盘.

   (b) 底边从曲线 $y = \tan x$ 跑到曲线 $y = \sec x$ 的正方形.

9. 一个立体位于在 $y = 0$ 和 $y = 2$ 处垂直于 y 轴的两个平面之间. 垂直于 y 轴的横截面是直径从曲线 y 轴跑到曲线 $x = \sqrt{5}y^2$ 的圆盘.

10. 一个立体的底部是圆盘 $x^2 + y^2 \leqslant 1$. 在 $y = -1$ 与 $y = 1$ 之间垂直于 y 轴的横截面是一个边在圆盘上的等腰直角三角形.

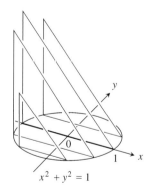

第 10 题图

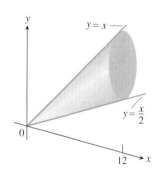

第 12 题图

11. **一个螺旋体**　在一个与直线 L 垂直的平面上, 有一个边长为 s 的正方形. 正方形的一个顶点在 L 上. 当这个正方形沿着 L 移动距离 h 时, 同时这个正方形绕 L 旋转一周产生一个螺旋形的具有正方形截面的柱体.

   (a) **为学而写**　求知该柱体的体积.

（b）**为学而写** 如果用正方形绕 L 旋转两周代替旋转一周，该柱体的体积将是多少？对你的答案给出理由．

12. **为学而写** 一个立体位于在 $x = 0$ 和 $x = 12$ 处垂直于 x 轴的两个平面之间．被垂直于 x 轴的平面截出的横截面都是直径从直线 $y = x/2$ 跑到直线 $y = x$ 的圆盘，如图（见上页）所示．试解释为什么该立体与具有底半径 3、高 12 的直圆锥有相同的体积．

旋转体：圆截面

在题 13 – 16 中，求下列阴影所示区域绕指定轴旋转一周产生的立体的体积．

13. 绕 x 轴

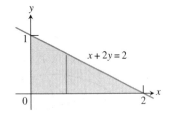

14. 绕 y 轴

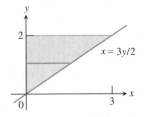

15. 绕 y 轴

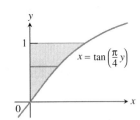

16. 绕 x 轴

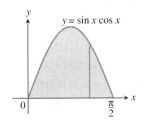

在题 17 – 22 中，求下列直线和曲线围成的区域绕 x 轴旋转一周产生的立体的体积．

17. $y = x^2, y = 0, x = 2$
18. $y = x^3, y = 0, x = 2$
19. $y = \sqrt{9 - x^2}, y = 0$
20. $y = x - x^2, y = 0$
21. $y = \sqrt{\cos x}, 0 \leq x \leq \pi/2, y = 0, x = 0$
22. $y = \sec x, y = 0, x = -\pi/4, x = \pi/4$

在题 23 和 24 中，求下列所给区域绕指定直线旋转一周产生的立体的体积．

23. 指定区域是在第一象限，其上方是直线 $y = \sqrt{2}$，下方是曲线 $y = \sec x \tan x$ 并且其左边是 y 轴，绕直线 $y = \sqrt{2}$ 旋转．

24. 指定区域是在第一象限，其上方是直线 $y = 2$，下方是曲线 $y = 2\sin x, 0 \leq x \leq \dfrac{\pi}{2}$ 并且其左边是 y 轴，绕直线 $y = 2$ 旋转．

在题 25 – 30 中，求下列直线和曲线围成的区域绕 y 轴旋转一周产生的立体的体积．

25. 区域由 $x = \sqrt{5}y^2, x = 0, y = -1, y = 1$ 所围成
26. 区域由 $x = y^{3/2}, x = 0, y = 2$ 所围成
27. 区域由 $x = \sqrt{2\sin 2y}, 0 \leq y \leq \pi/2, x = 0$ 所围成
28. 区域由 $x = \sqrt{\cos(\pi y/4)}, -2 \leq y \leq 0, x = 0$ 所围成
29. 区域由 $x = 2/(y + 1), x = 0, y = 0, y = 3$ 所围成
30. 区域由 $x = \sqrt{2y}/(y^2 + 1), x = 0, y = 1$ 所围成

旋转体:垫圈形横截面

在题 31 和 32 中,求下列阴影所示区域绕所指定轴旋转产生的立体的体积.

31. 绕 x 轴   **32**. 绕 y 轴

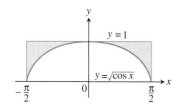 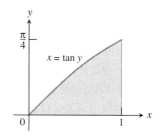

在题 33 – 38 中,求由下列曲线和直线所界定区域绕 x 轴旋转所成旋转体的体积.

33. 区域由 $y = x, y = 1, x = 0$ 所围成

34. 区域由 $y = 2\sqrt{x}, y = 2, x = 0$ 所围成

35. 区域由 $y = x^2 + 1, y = x + 3$ 所围成

36. 区域由 $y = 4 - x^2, y = 2 - x$ 所围成

37. 区域由 $y = \sec x, y = \sqrt{2}, -\pi/4 \leq x \leq \pi/4$ 所围成

38. 区域由 $y = \sec x, y = \tan x, x = 0, x = 1$ 所围成

在题 39 – 42 中,求下列每个区域绕 y 轴旋转产生的立体的体积.

39. 区域由顶点是 $(1,0),(2,1),(1,1)$ 的三角形所围成.

40. 区域由顶点是 $(0,1),(1,0),(1,1)$ 的三角形所围成.

41. 指定区域是在第一象限,其上方是抛物线 $y = x^2$,下方是 x 轴并且其右边是直线 $x = 2$.

42. 指定区域是在第一象限,其左边是圆 $x^2 + y^2 = 3$,其右边是直线 $x = \sqrt{3}$ 并且其上方是直线 $y = \sqrt{3}$.

在题 43 和 44 中,求下列每个区域绕指定轴旋转产生的立体的体积.

43. 指定区域是在第一象限,其上方是曲线 $y = x^2$,下方是 x 轴并且其右边是直线 $x = 1$,绕直线 $x = -1$ 旋转.

44. 指定区域是在第二象限,其上方是曲线 $y = -x^3$,下方是 x 轴并且其左边是直线 $x = -1$,绕直线 $x = -2$ 旋转.

旋转体的体积

45. 求由 $y = \sqrt{x}$ 和直线 $y = 2$ 和 $x = 0$ 所围成的区域绕所指定轴旋转产生的立体的体积.
   (**a**) 绕 x 轴   (**b**) 绕 y 轴   (**c**) 绕直线 $y = 2$ (**d**) 绕直线 $x = 4$

46. 求由直线 $y = 2x, y = 0$ 和 $x = 1$ 所围成的三角形区域绕指定轴旋转产生的立体的体积.
   (**a**) 绕直线 $x = 1$ (**b**) 绕直线 $x = 2$

47. 求由抛物线 $y = x^2$ 和直线 $y = 1$ 所围成的区域绕指定轴旋转产生的立体的体积.
   (**a**) 绕直线 $y = 1$ (**b**) 绕直线 $y = 2$ (**c**) 绕直线 $y = -1$

48. 用积分,求由顶点是 $(0,0),(b,0)(0,h)$ 所围成的三角形区域绕指定轴旋转产生的立体的体积.
   (**a**) 绕 x 轴   (**b**) 绕 y 轴

理论和应用

49. **轮环的体积** 圆盘 $x^2 + y^2 \leq a^2$ 绕直线 $x = b(b > a)$ 产生一个立体,它的形状象汽车轮胎而被称为轮环,求它的体积.(提示 $\int_{-a}^{a} \sqrt{a^2 - y^2}\,\mathrm{d}y = \frac{\pi a^2}{2}$,因为它是半径为 a 的半圆的面积.)

50. **碗的体积** 一个碗形如夹在直线 $y = 0$ 与 $y = 5$ 之间的 $y = x^2/2$ 的图象绕 y 轴旋转一周所产生的曲面.

　　(**a**) 求这个碗的体积.

　　(**b**) **相关的变化率** 如果我们用每秒 3 个立方单位的常数速率往碗里灌水,试问当碗里的水深 4 个单位时碗里的水面上升的速率是多少?

51. **碗的体积**

　　(**a**) 一个半径为 a 的半球状的碗内装着深度为 h 的水. 求碗内水的体积.

　　(**b**) **相关的变化率** 一个半球状的凹陷的混凝土坑半径为 5 米,以 0.2 米$^3/$秒的速率往坑里灌水,试问当坑里的水深 4 米时,坑里的水面上升的速率是多少?

52. **为学而写** 将一盏灯放在一个旋转体的上方使光线平行于该旋转体的旋转轴方向直接投射到旋转体上,试解释为什么你可以通过测量桌子上的影子来估计这个旋转体的体积.

53. **半球的体积** 一个立体是从具有半径 R 和高度 R 的直圆柱中挖去具有底半径 R 和高度 R 的直圆锥产生的. 试通过比较这个立体的横截面与半球的横截面来推导半径为 R 的半球的体积公式为 $V = (2/3)\pi R^3$.

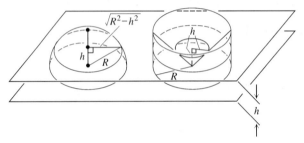

54. **体积定义的一致性** 微积分中的体积公式与来自几何的标准公式,两者在对于具体对象都适用的意义上是一致的.

　　(**a**) 作为恰当的例子,如果我们绕 x 轴旋转一个半圆 $y = \sqrt{a^2 - x^2}$ 与 x 轴围成的区域产生一个球,用本节开头的公式给出其体积是 $4/3 \pi a^3$ 这正如几何的标准公式所给出的.

　　(**b**) 用微积分求底半径为 r,高度为 h 的直圆锥的体积.

55. **一个煎锅的设计** 你正在设计一个形状为有柄球状碗的煎锅. 在家里做过一些实验之后,你发现若是锅深 9 厘米,半径 16 厘米的话,容量可达 3 升(1 升 $= 1000$(厘米)^3.) 为了确定起见,你用下左图所示的旋转体表示它,并用积分计算它的体积,确切的体积究竟是多少?

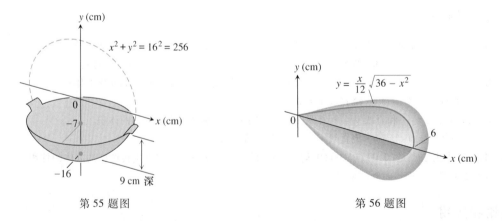

第 55 题图　　　　　　　　　　第 56 题图

56. **一个黄铜悬锤的设计** 有人要求你设计一个重约 190 克的黄铜悬锤,你决定其形状为如上右图所示的旋转体(曲线 $y = \dfrac{x}{12}\sqrt{36 - x^2}\,(0 \leq x \leq 6)$ 绕 x 轴旋转一周产生的立体). 试计算悬锤的体积. 若你指定用比

重为8.5 克／厘米³ 的黄铜为材料,那么该悬锤重约多少?(精确到克)

57. 最大值 – 最小值 弧 $y = \sin x (0 \leqslant x \leqslant \pi)$ 绕直线 $y = c, 0 \leqslant c \leqslant 1$ 旋转产生如下图所示的立体.

(**a**) 求 c 的值,使得该立体的体积最小. 最小体积是多少?

(**b**) $c \in [0,1]$ 取何值时,该立体的体积最大?

T (**c**) **为学而写** 画出该立体体积作为 c 的函数的图形,首先对于 $0 \leqslant c \leqslant 1$,然后考虑 c 在更大的范围. 当 c 越出 $[0,1]$ 范围时,该立体的体积会发生什么情况?有什么物理意义?对你的答案给出理由.

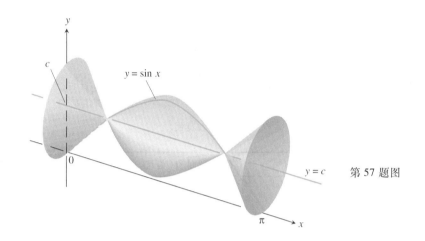

第 57 题图

58. 一个辅助的燃料油箱 你正在设计一个辅助油箱来扩大直升飞机的航程,在绘图板上试验后,决定辅助燃料油箱的形状为 $y = 1 - (x^2/16), -4 \leqslant x \leqslant 4$ 绕 x 轴旋转所得的曲面(单位用英尺).

(**a**) 这个油箱能装多少燃料(精确到立方英尺)?

(**b**) 已知 1 立方英尺装 7.841 加仑,若直升飞机耗 1 加仑可飞行 2 英里,则装上辅助油箱后可多飞多少英里(精确到英里)?

59. 一个花瓶 我们想只用一个计算器、一根绳子和一把尺子来估计一个花瓶的体积. 我们测量花瓶的高是 6 英寸. 然后我们用绳子和尺子从上到下每隔半英寸测量一次花瓶的圆周长(单位用英寸),并把结果列于下表中.

	圆周长
5.4	10.8
4.5	11.6
4.4	11.6
5.1	10.8
6.3	9.0
7.8	6.3
9.4	

(**a**) 求对应于给定圆周长的横截面的面积.

(**b**) 以关于 y 在区间 $[0,6]$ 上的积分来表示花瓶的体积.

(**c**) 以 $n = 12$ 应用梯形法近似计算这个积分.

(**d**) **为学而写** 以 $n = 12$ 应用 Simpson 法近似计算这个积分. 你认为哪一个结果更精确?对你的答案给出理由.

60. 帆船的排水量 为了求被帆船排开的水的体积,通常的做法是将吃水线 10 等分,先测量在每一个分点处淹没部分船体的横截面积 $A(x)$，然后应用 Simpson 法近似计算 $A(x)$ 从吃水线一端到另一端的积分. 对于如图所示的 Pipedream 游览单桅船，这里的表列出了从 0 到 10 各个位置上测量到的面积，0 到 10 即为各个分点的名称. 通常子区间的长度（相邻位置间的距离）是 $h = 2.54$ 英尺（为了施工人员的方便，大约选取 2 英尺 $6\frac{1}{2}$ 英寸.）

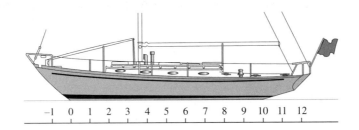

(a) 试估计 Pipedream 游览单桅船的体积，精确到立方英尺.

位置	淹没面积（英尺^2）
0	0
1	1.07
2	3.84
3	7.82
4	12.20
5	15.18
6	16.14
7	14.00
8	9.21
9	3.24
10	0

(b) 表中的数字是在重 64 磅/英尺^3 的海水中测量的. 问这艘游览单桅船排开多少磅水?（排水量对于小船来说用磅，对于大船来说用长吨(1 长吨 = 2240 加仑) 做单位.）（数据来源 Skene Elements of Yacht Design）

(c) **棱柱系数** 一个船体的棱柱系数是指船排开水的体积与一个高度等于船体吃水线长度、底面积等于沉没部分船体横截面积最大的值的棱柱体积之比. 最好帆船具有的棱柱系数是在 0.51 与 0.54 之间. 求 Pipedream 游览单桅船的棱柱系数，已知吃水线长度 25.4 英尺和沉没部分船体横截面积最大值 16.14 英尺^2（在第 6 个位置）.

5.2　以圆柱薄壳模式计算体积

用圆柱薄壳求体积 • 圆柱薄壳公式

当旋转体的旋转轴垂直于包含积分自然区间的直线时，有另外一种求旋转体体积的方法是很有用的. 我们用薄圆柱壳的体积和代替薄切片的体积和，这些薄圆柱壳像树的年轮一样从旋转轴向外增长.

用圆柱薄壳求体积

这里有一个周圆柱薄壳求立体体积的例子.

例 1(用圆柱薄壳求一个体积) 由 x 轴和抛物线 $y = f(x) = 3x - x^2$ 围成的区域绕直线 $x = -1$ 旋转一周产生一个立体(图 5.15 和 5.16). 这个立体的体积是多少?

解 这里对 y 积分是难使用的,因为原来的抛物线表示为 y 的函数是不容易的.(当你试着通过垫圈截面方法求这个体积时,你很快就会体会到我们的意思.)为了对 x 积分,你可以用圆柱壳法解这个问题,这个方法要求你用相当不寻常的方式切割该立体.

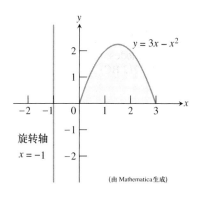

图 5.15 在例 1 中,旋转前的区域图形.

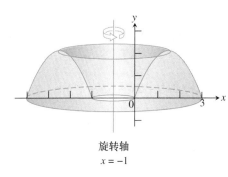

图 5.16 在图 5.15 中的区域绕直线 $x = -1$ 旋转一周产生的一个立体块. 积分的自然区间是沿着 x-轴的,并且垂直于旋转轴.(例 1)

步骤 1:不是切割成一个个楔形,而是靠近洞内侧平行于旋转轴从上往下切割出圆柱状薄片,接着再切割出另一个圆柱状薄片靠近扩大了的洞内侧,然后一个再一个. 圆柱的直径逐渐地增加,而圆柱的高跟着抛物线的轮廓走:从小到大,然后倒过来从大到小(图 5.17). 每个薄片横跨 x 轴上一个长度为 Δx 的子区间. 它的半径近似为 $(1 + x_k)$,而它的高近似为 $3x_k - x_k^2$.

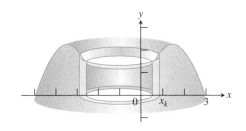

图 5.17 从内向外切割立体为薄圆柱片,每一个圆柱在某一个 x_k 处出现并且具有厚度 Δx.(例 1)

步骤 2:如果你在 x_k 处打开这个圆柱片并将它展平,那么它变成(基本上)一块具有厚度 Δx 的长方体平板(图 5.18). 圆柱的内圆周长是 $2\pi \times$ 半径 $= 2\pi(1 + x_k)$,而这正是所打开的长方体平板的长度. 因此,这块近乎长方体(近似)的体积是

$$\Delta V \approx 长度 \times 高 \times 厚度$$
$$\approx 2\pi(1 + x_k) \cdot (3x_k - x_k^2) \cdot \Delta x$$

CD-ROM
WEBsite
历史传记
Archimedes
(287 BC-212 BC)

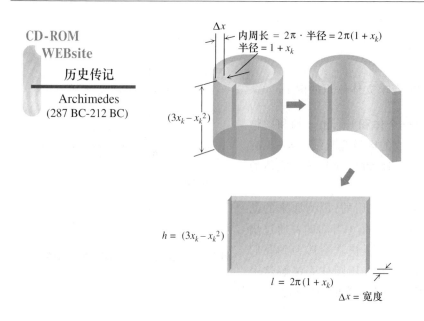

图5.18 想象切割立体为薄圆柱片并将它展平为近乎为长方体的平板.(例1)

步骤3:对区间 $0 \leqslant x \leqslant 3$ 上的各个圆柱薄壳体积求和得到一个 Riemann 和 $\sum 2\pi(1+x_k)(3x_k-x_k^2)\cdot\Delta x$. 当厚度 $\Delta x \to 0$ 取极限时得到体积

$$V = \int_0^3 2\pi(x+1)(3x-x^2)\,dx = \int_0^3 2\pi(3x^2+3x-x^3-x^2)\,dx$$

$$= 2\pi\int_0^3 (2x^2+3x-x^3)\,dx = 2\pi\left[\frac{2}{3}x^3+\frac{3}{2}x^2-\frac{1}{4}x^4\right]_0^3$$

$$= \frac{45\pi}{2}(\text{立方单位})$$

圆柱薄壳公式

假设我们绕铅直线旋转在图5.19中的 $y=f(x)$ 下的区域产生一个立体. 为了估计这个立体的体积,我们可用底在区间 $[a,b]$ 的分划的子区间上的矩形来近似这个薄区域,区域应在 $[a,b]$ 之上. 具有代表性的近似矩形宽 Δx_k 单位,高 $f(c_k)$ 单位,其中 c_k 是矩形底边的中点. 一个几何公式告诉我们由这个矩形扫出的体积是

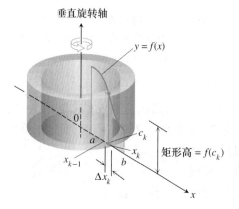

图5.19 第 k 个矩形扫出的圆柱薄壳.

$$\Delta V_k = 2\pi \times \text{平均圆柱薄壳半径} \times \text{圆柱薄壳高度} \times \text{圆柱薄壳厚度}.$$

我们用 n 个立在 P 上的矩形扫过的体积总和来近似事先要估计的立体的体积:

$$V \approx \sum_{k=1}^{n} \Delta V_k.$$

当 $\|P\| \to 0$ 时这个和的极限给出立体的体积:

$$\begin{aligned} V &= \lim_{\|P\| \to 0} \sum \Delta V_k \\ &= \int_a^b 2\pi \binom{\text{圆柱薄壳}}{\text{半径}} \binom{\text{圆柱薄壳}}{\text{高度}} \mathrm{d}x. \end{aligned}$$

绕铅直线旋转的圆柱薄壳公式

夹在连续函数 $y = f(x) \geqslant 0, 0 \leqslant a \leqslant x \leqslant b$ 与 x 轴之间的区域绕一根铅直线旋转一周产生的立体体积是

$$V = \int_a^b 2\pi \binom{\text{圆柱薄壳}}{\text{半径}} \binom{\text{圆柱薄壳}}{\text{高度}} \mathrm{d}x.$$

例 2（绕 y 轴旋转的圆柱薄壳） 由曲线 $y = \sqrt{x}$, x 轴和直线 $x = 4$ 围成的区域绕 y 轴旋转一周产生一个立体. 求这个立体的体积.

解 步骤 1:绘制所指定区域的略图并画一根平行于旋转轴的线段横穿过它（图 5.20）. 给线段的高度（圆柱薄壳高度）和到旋转轴的距离（圆柱薄壳半径）做上标记. 线段的宽度是圆柱薄壳的厚度 $\mathrm{d}x$. （在图 5.21 中我们画了圆柱薄壳的草图,但是你们不必做这些.）

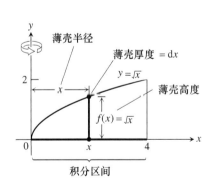

图 5.20 在例 2 中的区域、圆柱薄壳尺寸和积分区间.

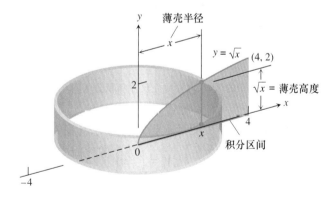

图 5.21 在图 5.20 中的线段扫出来的圆柱薄壳.

步骤 2:针对厚度变量（x 从 $a=0$ 变到 $b=4$）求积分限并用圆柱薄壳公式写出体积积分:

$$\begin{aligned} V &= \int_a^b 2\pi \binom{\text{圆柱薄壳}}{\text{半径}} \binom{\text{圆柱薄壳}}{\text{高度}} \mathrm{d}x \\ &= \int_0^4 2\pi (x)(\sqrt{x}) \mathrm{d}x. \end{aligned}$$

步骤3:积分求体积

$$V = \int_0^4 2\pi(x)(\sqrt{x})\,dx$$
$$= 2\pi \int_0^4 x^{3/2}\,dx = 2\pi \left[\frac{2}{5}x^{5/2}\right]_0^4$$
$$= \frac{128\pi}{5}(\text{立方单位})$$

迄今为止,我们已经用了铅直旋转轴. 对于水平旋转轴,我们用 x 代替 y.

例 3(绕 x 轴旋转的圆柱薄壳) 由曲线 $y = \sqrt{x}$,x 轴和直线 $x = 4$ 围成的区域绕 x 轴旋转一周产生一个立体. 求这个立体的体积.

解 步骤1:绘制所指定区域的略图并画一根平行于旋转轴的线段横穿过它(图 5.22). 给线段的高度(圆柱薄壳高度)和到旋转轴的距离(圆柱薄壳半径)做上标记. 线段的宽度是圆柱薄壳的厚度 dy.(在图 5.23 中我们画了圆柱薄壳的草图,但是你们不必做这些.)

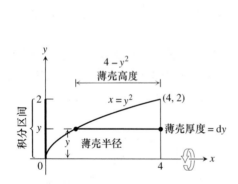 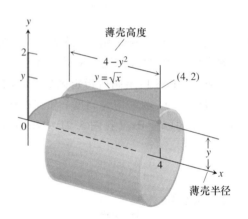

图 5.22 在例 3 中的区域、圆柱薄壳尺寸和积分区间.   **图 5.23** 在图 5.22 中的线段扫出来的圆柱薄壳.

步骤2:针对于厚度变量求积分限(y 从 0 变到 2),并用圆柱薄壳公式写出体积积分.

$$V = \int_0^2 2\pi \binom{\text{圆柱薄壳}}{\text{半径}}\binom{\text{圆柱薄壳}}{\text{高度}}dx$$
$$= \int_0^2 2\pi(y)(4 - y^2)\,dy.$$

步骤3:积分求体积

$$V = \int_0^2 2\pi(y)(4 - y^2)\,dy$$
$$= 2\pi\left[2y^2 - \frac{y^4}{4}\right]_0^2 = 8\pi(\text{立方单位})$$

如何应用圆柱薄壳方法

不考虑旋转轴的位置(水平或垂直),执行圆柱薄壳方法的步骤如下.

步骤 1:作出区域的草图并在区域上画一根平行于旋转轴的线段横穿过它.给线段的高度(圆柱薄壳高度)、到旋转轴的距离(圆柱薄壳半径)和线段的宽度(圆柱薄壳厚度)做上标记.

步骤 2:针对厚度变量求积分限并且写出体积的积分.

步骤 3:对厚度变量(x 或 y),积分"乘积 2π(圆柱薄壳半径)(圆柱薄壳高度)" 以求体积.

习题 5.2

在题 1 - 6 中,用圆柱薄壳方法求阴影区域绕指定轴旋转所得立体的体积.

1.

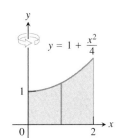

2.

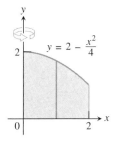

3.

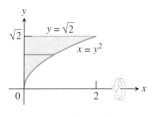

4.

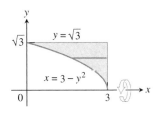

5. 绕 y 轴

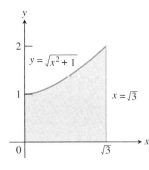

6. 绕 y 轴

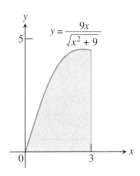

绕 y 轴旋转

用圆柱薄壳法求由题 15 - 22 中的曲线和直线所界定的区域绕 y 轴旋转生成的立体的体积.

7. $y = x, y = -x/2, x = 2$

8. $y = 2x, y = x/2, x = 1$

9. $y = x^2, y = 2 - x, x = 0$, 对于 $x \geqslant 0$

10. $y = 2 - x^2, y = x^2, x = 0$

11. $y = 2x - 1, y = \sqrt{x}, x = 0$

12. $y = 3/(2\sqrt{x}), y = 0, x = 1, x = 4$

13. 令 $f(x) = \begin{cases} (\sin x)/x, & 0 < x \leqslant \pi \\ 1, & x = 0 \end{cases}$

(**a**) 证明 $xf(x) = \sin x, 0 \leq x \leq \pi$.   (**b**) 求下左图中阴影部分区域绕 y 轴旋转所得的体积.

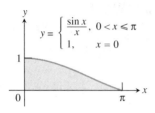
第 13 题图

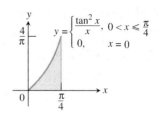
第 14 题图

14. 令 $g(x) = \begin{cases} (\tan x)^2 / x, & 0 < x \leq \pi/4 \\ 0, & x = 0 \end{cases}$

(**a**) 证明 $xg(x) = (\tan x)^2, 0 \leq x \leq \pi/4$ (**b**) 求上右图中阴影部分区域绕 y 轴旋转所得的体积.

绕 x 轴旋转

在题 15 - 22 中,用圆柱薄壳方法求曲线和直线围成的区域绕 x 轴旋转所得立体的体积.

15. $x = \sqrt{y}, x = -y, y = 2$ 16. $x = y^2, x = -y, y = 2, y \geq 0$ 17. $x = 2y - y^2, x = 0$
18. $x = 2y - y^2, x = y$ 19. $y = |x|, y = 1$ 20. $y = x, y = 2x, y = 2$
21. $y = \sqrt{x}, y = 0, y = x - 2$ 22. $y = \sqrt{x}, y = 0, y = 2 - x$

绕水平直线旋转

在题 23 和 24 中,用圆柱薄壳法求阴影区域绕指定轴旋转所得立体的体积.

23. (**a**) x 轴   (**b**) 直线 $y = 1$ (**c**) 直线 $y = 8/5$ (**d**) 直线 $y = -2/5$

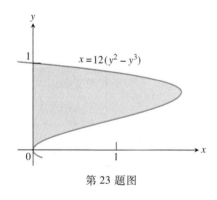
第 23 题图

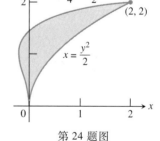
第 24 题图

24. (**a**) x 轴   (**b**) 直线 $y = 2$ (**c**) 直线 $y = 5$ (**d**) 直线 $y = -5/8$

垫圈和薄壳模式的比较

对于某些区域,垫圈和圆柱薄壳两种方法都可以方便地用来计算该区域绕坐标轴旋转所得立体的体积,但是并非总是这样.例如当一个区域绕 y 轴旋转,使用垫圈法我们必须对 y 积分.然而,用 y 表示这样的积分也许是不可能的.在这种情况下,圆柱薄壳方法却允许我们代之以对 x 积分.这一点将在题 25 和 26 中得到某些启示.

25. 计算曲线 $y = x^2$ 和直线 $y = x$ 所围成的区域绕每一个坐标轴旋转所得立体的体积,分别用

(**a**) 圆柱薄壳法   (**b**) 垫圈法

26. 计算由直线 $2y = x + 4$, $y = x$ 和 $x = 0$ 所围成的三角形区域绕指定轴旋转所得立体的体积.
    (**a**) 绕 x 轴旋转,用垫圈法   (**b**) 绕 y 轴旋转,用圆柱薄壳法
    (**c**) 绕直线 $x = 4$ 旋转,用圆柱薄壳法 (**b**) 绕直线 $y = 8$ 旋转,用垫圈法

选择圆柱薄壳法或垫圈法

在题 27—32 中,求各个区域绕指定轴旋转所得立体的体积. 如果你认为,在任一所给的场合使用垫圈法将是好一些的,就放心这样做.

27. 以 $(1,1),(1,2),$ 和 $(2,2)$ 为顶点的三角形绕
    (**a**) x 轴   (**b**) y 轴   (**c**) 直线 $x = 10/3$ (**d**) 直线 $y = 1$

28. 由 $y = \sqrt{x}, y = 2, x = 0$ 围成的区域绕
    (**a**) x 轴   (**b**) y 轴   (**c**) 直线 $x = 4$ (**d**) 直线 $y = 2$

29. 区域是在第一象限内由曲线 $x = y - y^3$ 和 y 轴围成的,绕
    (**a**) x 轴   (**b**) 直线 $y = 1$

30. 区域是在第一象限内由曲线 $x = y - y^3$, $x = 1$ 和 $y = 1$ 围成的,绕
    (**a**) x 轴   (**b**) y 轴   (**c**) 直线 $x = 1$ (**d**) 直线 $y = 1$

31. 区域是由曲线 $y = \sqrt{x}$ 和 $y = x^2/8$ 围成的,绕
    (**a**) x 轴   (**b**) y 轴

32. 区域是由曲线 $y = 2x - x^2$ 和 $y = x$ 围成的,绕
    (**a**) y 轴   (**b**) 直线 $x = 1$

33. 区域是在第一象限内,其上方是曲线 $y = 1/x^{14}$,左边是直线 $x = 1/16$ 和下方是直线 $y = 1$. 绕 x 轴旋转产生一个立体. 求该立体的体积,用
    (**a**) 垫圈法   (**b**) 圆柱薄壳法

34. 区域是在第一象限内,其上方是曲线 $y = 1/\sqrt{x}$,左边是直线 $y = 1/4$ 和下方是直线 $y = 1$. 绕 y 轴旋转产生一个立体. 求该立体的体积,用
    (**a**) 垫圈法   (**b**) 圆柱薄壳法

选择圆盘法、垫圈法或圆柱薄壳法

35. 下左图所示的区域绕 x 轴旋转产生一个立体. 圆盘法、垫圈法或圆柱薄壳法中哪一个方法可以用来求这个立体的体积. 在每一种情况下各要计算多少个积分?对你的答案给出理由.

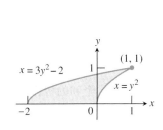

第 35 题图

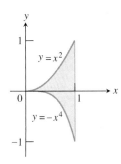

第 36 题图

36. 上右图所示的区域绕 y 轴旋转产生一个立体. 圆盘法、垫圈法或圆柱薄壳法中哪一个方法可以用来求这个立体的体积. 在每一种情况下各要计算多少个积分?对你的答案给出理由.

5.3 平面曲线的长度

正弦波 • 光滑曲线的长度 • 处理 dy/dx 的不连续性 • 简洁微分公式 • 参数弧长公式

你正沿着大峡谷的边缘郊游,你如何估计步行了多少英里?你是一个高速公路的工程师,你如何根据其总长估计铺一段弯曲的山路的成本?为了回答诸如此类问题,你必须知道如何计算曲线的长度.

正弦波

一个正弦波(图 5.24)有多长?

波长的通常意义是波的基本周期,对于 $y=\sin x$ 是 2π. 但是曲线本身有多长?如果你把它看作一段细绳沿正 $x-$ 轴把它拉直,一端固定在 0,另一端将在哪里?

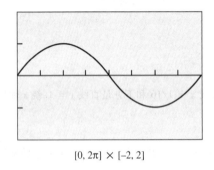

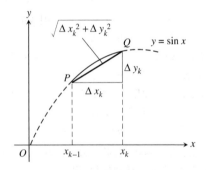

图 5.24 正弦曲线的一个波的长度大于 2π.

图 5.25 直线段逼近正弦曲线在子区间 $[x_{k-1},x_k]$ 上方的弧 $\overset{\frown}{PQ}$. (例1)

例1(一个正弦波的长度) 曲线 $y=\sin x$ 从 $x=0$ 到 $x=2\pi$ 的长度是多少?

解 按照我们剖分整体成可测部分的惯例,我们用积分回答这一提问. 我们分割 $[0,2\pi]$ 成如此短的子区间,使得在子区间正上方的一段曲线(称之为"弧")近乎是直的. 这就使得每段弧跟连结其端点的直线段近乎一样,于是我们可以取线段的长度作为弧长的近似值.

图 5.25 显示逼近子区间 $[x_{k-1},x_k]$ 上方的弧的线段. 线段的长度是 $\sqrt{\Delta x_k^2+\Delta y_k^2}$. 针对整个分割的和

$$\sum \sqrt{\Delta x_k^2+\Delta y_k^2}$$

就逼近曲线的长度. 我们现在需要的一切就是求分割的模趋于零时这个和的极限. 这是通常的计划,但这次有一个难题. 你看出来了吗?

难题在于上面写出的和并非黎曼和. 它的形式不是 $\sum f(c_k)\Delta x_k$. 如果我们把每个平方根乘以和除以 Δx_k,就可以把它改写成黎曼和.

$$\sum \sqrt{\Delta x_k^2+\Delta y_k^2}=\sum \frac{\sqrt{(\Delta x_k)^2+(\Delta y_k)^2}}{\Delta x_k}\Delta x_k$$

$$= \sum \sqrt{1 + \left(\frac{\Delta y_k}{\Delta x_k}\right)^2} \Delta x_k$$

这更好了一些,但我们还需要把最后的平方根写成一个函数在第 k 个子区间的某点 c_k 的值. 为此目的,我们回顾对于可微函数的中值定理(3.2 节),它说,因为 $\sin x$ 在 $[x_{k-1}, x_k]$ 上是连续的,在 (x_{k-1}, x_k) 上是可微的,存在 $[x_{k-1}, x_k]$ 上的一个点 c_k,使得 $\Delta y_k / \Delta x_k = \sin' c_k$(图 5.26). 由

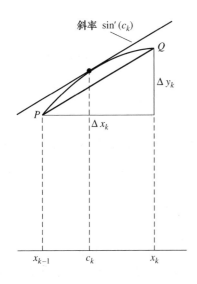

图 5.26 正弦曲线在 $[x_{k-1}, x_k]$ 上方的一段(经放大后). 在区间的某个 c_k, $\sin'(c_k)$ $= \dfrac{\Delta y_k}{\Delta x_k}$, 这是线段 PQ 的斜率. (例1)

此得

$$\sum \sqrt{1 + (\sin' c_k)^2} \Delta x_k,$$

这是黎曼和.

现在我们求当划分的模趋于零时的极限,并且发现正弦函数一个波的长度是

$$\int_0^{2\pi} \sqrt{1 + (\sin' x)^2}\, dx = \int_0^{2\pi} \sqrt{1 + \cos^2 x}\, dx \approx 7.64.$$

我们用计算器的数值积分器得到了积分的(近似)值.

光滑曲线的长度

利用例 1 的程序,我们几乎已做好了把曲线长度定义为定积分的准备. 我们首先提醒注意沿这条途径运作的正弦函数的两个性质.

当我们援引中值定理用区间 $[x_{k-1}, x_k]$ 上某点 c_k 的 $\sin'(c_k)$ 代替 $\Delta y_k / \Delta x_k$ 时,显然用到了可微性. 在从 $\sum \sqrt{1 + (\sin' c_k)^2} \Delta x_k$ 过渡到黎曼积分时我们还不太明显地用到了正弦的导数的连续性. 因此用这个方法定义曲线长度的要求是函数有连续的一阶导数. 我们称这个性质为**光滑**. 具有一阶连续导数的函数是**光滑的**,而它的图象是**光滑曲线**.

让我们复习上述过程,不过这次面对一个一般的光滑函数 $f(x)$. 假定 f 的图象以 (a, c) 为起点,以

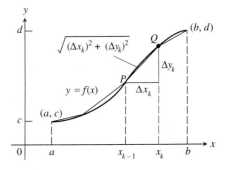

图 5.27 用直线段逼近 f 的图象.

(b,d) 为终点,把它表示在图 5.27 中. 我们分割区间 $a \leqslant x \leqslant b$ 成如此短的子区间,以致在其上的曲线弧近似是直的. 逼近子区间 $[x_{k-1}, x_k]$ 上方的曲线弧的线段的长度是 $\sqrt{\Delta x_k^2 + \Delta y_k^2}$, 和 $\sum \sqrt{\Delta x_k^2 + \Delta y_k^2}$ 逼近整个曲线的长度. 在每个子区间上对于 f 应用中值定理就把这个和改写为黎曼和

$$\sum \sqrt{\Delta x_k^2 + \Delta y_k^2} = \sum \sqrt{1 + \left(\frac{\Delta y_k}{\Delta x_k}\right)^2} \Delta x_k$$

$$= \sum \sqrt{1 + (f'(c_k))^2} \Delta x_k.$$

c_k 为 (x_{k-1}, x_k) 中的某个点.

当划分的模趋向零时过渡到极限就得到曲线的长度

$$L = \int_a^b \sqrt{1 + (f'(x))^2} \, \mathrm{d}x = \int_a^b \sqrt{1 + \left(\frac{\mathrm{d}y}{\mathrm{d}x}\right)^2} \, \mathrm{d}x.$$

CD-ROM WEBsite
历史传记
Gregory St.Vincent
(1584 — 1667)

我们通过除以和乘以 Δy_k 可以同样容易地变换 $\sum \sqrt{\Delta x_k^2 + \Delta y_k^2}$ 成黎曼和,进而给出包含 $[c, d]$ 上 y 的函数 x(记成 $x = g(y)$)的公式

$$L \approx \sum \frac{\sqrt{(\Delta x_k)^2 + (\Delta y_k)^2}}{\Delta y_k} \Delta y_k = \sum \sqrt{1 + \left(\frac{\Delta x_k}{\Delta y_k}\right)^2} \Delta x_k$$

$$= \sum \sqrt{1 + (g'(c_k))^2} \Delta y_k.$$

对于 (y_{k-1}, y_k) 中的某个 c_k

当划分的模趋于零时这个和的极限就给出计算曲线长度的另一个合理的方法

$$L = \int_c^d \sqrt{1 + (g'(y))^2} \, \mathrm{d}y = \int_c^d \sqrt{1 + \left(\frac{\mathrm{d}x}{\mathrm{d}y}\right)^2} \, \mathrm{d}y.$$

把这两个公式摆在一块儿,我们就得到下列光滑曲线长度的定义.

光滑曲线长度的弧长公式

若 f 在 $[a, b]$ 是光滑的,从 a 到 b 的曲线 $y = f(x)$ 的**弧长**是数

$$L = \int_a^b \sqrt{1 + \left(\frac{\mathrm{d}y}{\mathrm{d}x}\right)^2} \, \mathrm{d}x. \tag{1}$$

若 g 在 $[c, d]$ 上是光滑的,从 c 到 d 的曲线 $x = g(y)$ 的**弧长**是数

$$L = \int_c^d \sqrt{1 + \left(\frac{\mathrm{d}x}{\mathrm{d}y}\right)^2} \, \mathrm{d}y. \tag{2}$$

例 2(应用弧长公式) 求曲线

$$y = \frac{4\sqrt{2}}{3} x^{3/2} - 1, \quad 0 \leqslant x \leqslant 1.$$

准确的弧长.

解

$$\frac{\mathrm{d}y}{\mathrm{d}x} = \frac{4\sqrt{2}}{3} \cdot \frac{3}{2} x^{1/2} = 2\sqrt{2} x^{1/2},$$

在[0,1]是连续的. 因此

$$L = \int_0^1 \sqrt{1 + \left(\frac{dy}{dx}\right)^2} dx = \int_0^1 \sqrt{1 + (2\sqrt{2}x^{1/2})^2} dx$$

$$= \int_0^1 \sqrt{1 + 8x} \, dx = \frac{2}{3} \cdot \frac{1}{8}(1+8x)^{3/2} \bigg|_0^1 = \frac{13}{6}.$$

处理 dy/dx 的不连续性

在曲线上的一点 dy/dx 不存在时,dx/dy 可能存在,此时我们有可能通过把 x 表示成 y 的函数应用等式(2)求曲线弧长.

例3(应用等式(2)) 求从 $x=0$ 到 $x=2$ 的曲线 $y = (x/2)^{2/3}$ 的弧长.

解 导数

$$\frac{dy}{dx} = \frac{2}{3}\left(\frac{x}{2}\right)^{-1/3}\left(\frac{1}{2}\right) = \frac{1}{3}\left(\frac{2}{x}\right)^{1/3}$$

在 $x=0$ 没有定义,从而不能用等式(1)求曲线的弧长.

因而我们改写方程,用 y 表示 x:

$$y = \left(\frac{x}{2}\right)^{2/3}$$

$$y^{3/2} = \frac{x}{2} \qquad \text{两端 3/2 次幂}$$

$$x = 2y^{3/2}. \qquad \text{解出 } x$$

由此看出,我们欲求其弧长的曲线也是从 $y=0$ 到 $y=1$ 的 $x=2y^{3/2}$ 的图象(图5.28).

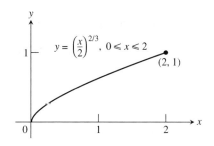

图 5.28 从 $x=0$ 到 $x=2$ 的 $y=(x/2)^{2/3}$ 的图象也是从 $y=0$ 到 $y=1$ 的 $x=2y^{3/2}$ 的图象.

导数

$$\frac{dx}{dy} = 2\left(\frac{3}{2}\right)y^{1/2} = 3y^{1/2}$$

在[0,1]连续,因此我们可以用等式(2)求曲线的弧长

$$L = \int_c^d \sqrt{1 + \left(\frac{dx}{dy}\right)^2} dy = \int_0^1 \sqrt{1 + 9y}\, dy \qquad c=0, d=1 \text{ 时的等式(2)}$$

$$= \frac{1}{9} \cdot \frac{2}{3}(1+9y)^{3/2}\bigg|_0^1 \qquad \text{令 } u = 1+9y \text{ 于是 } du/9 = dy, \text{积分并且回代}$$

$$= \frac{2}{27}(10\sqrt{10} - 1) \approx 2.27.$$

简洁微分公式

等式(1)和(2),即

$$L = \int_a^b \sqrt{1 + \left(\frac{dy}{dx}\right)^2}\, dx \quad \text{和} \quad L = \int_c^d \sqrt{1 + \left(\frac{dx}{dy}\right)^2}\, dy,$$

经常写成微分形式以代替导数形式.考虑到导数是微分之商并且把根号外的 dx 或 dy 移到根号内以消去分母就可达到这个目的.在第一个积分中,我们有

$$\sqrt{1 + \left(\frac{dy}{dx}\right)^2}\, dx = \sqrt{1 + \frac{(dy)^2}{(dx)^2}}\, dx = \sqrt{(dx)^2 + \frac{(dy)^2}{(dx)^2}(dx)^2} = \sqrt{(dx)^2 + (dy)^2}.$$

在第二个积分中,我们有

$$\sqrt{1 + \left(\frac{dx}{dy}\right)^2}\, dy = \sqrt{1 + \frac{(dx)^2}{(dy)^2}}\, dy = \sqrt{(dy)^2 + \frac{(dx)^2}{(dy)^2}(dy)^2} = \sqrt{(dx)^2 + (dy)^2}.$$

不管哪种情况,我们都达到同一个微分公式

$$L = \int_\alpha^\beta \sqrt{(dx)^2 + (dy)^2}. \tag{3}$$

自然,dx 和 dy 必须用一个公共变量表示,并且在求等式(3)中的积分之前必须求适当的积分限 α 和 β.

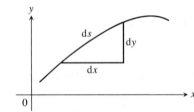

图 5.29 设想 dx 和 dy 是直角三角形的两个直角边,它的"斜边"是 $ds = \sqrt{(dx)^2 + (dy)^2}$.

我们还可以进一步缩短等式(3),设想 dx 和 dy 是一个小直角三角形的两边,其"斜边"是 $ds = \sqrt{(dx)^2 + (dy)^2}$ (图 5.29). 我们把 ds 看作弧长的微分,在适当的积分限之间对它积分就得到曲线的弧长. 令 $\sqrt{dx^2 + dy^2}$ 等于 ds,等式(3)中的积分就简写为 ds 的积分.

定义 弧微分和弧长的微分公式	
$ds = \sqrt{dx^2 + dy^2}$	$L = \int ds$
弧长微分	弧长微分公式

参数弧长公式

处理 dy/dx 不连续性的另一手段是利用平面曲线的参数表示.

假设曲线 C 用参数方程 $x = f(t), y = g(t), \alpha \leq t \leq \beta$ 表示. 曲线是**光滑**的,如果 f 和 g 有连续一阶导数并且二者不同时为零. 为导出求光滑曲线 $x = f(t), y = g(t), \alpha \leq t \leq \beta$ 的弧长的积分,以下列方式改写等式(3)中的积分 $L = \int \sqrt{(dx)^2 + (dy)^2}$:

$$L = \int_{t=\alpha}^{t=\beta} \sqrt{(\mathrm{d}x)^2 + (\mathrm{d}y)^2}$$

$$= \int_\alpha^\beta \sqrt{\left(\frac{(\mathrm{d}x)^2}{(\mathrm{d}t)^2} + \frac{(\mathrm{d}y)^2}{(\mathrm{d}t)^2}\right)\mathrm{d}t^2} = \int_\alpha^\beta \sqrt{\left(\frac{\mathrm{d}x}{\mathrm{d}t}\right)^2 + \left(\frac{\mathrm{d}y}{\mathrm{d}t}\right)^2}\mathrm{d}t.$$

除了被积函数的连续性,唯一的要求是点 $P(x,y) = P(f(t),g(t))$ 当 t 从 α 变到 β 时扫描曲线不多于一次.

弧长的参数公式

如果曲线 C 用参数方程 $x = f(t), y = g(t), \alpha \leq t \leq \beta$ 表示,其中的 f' 和 g' 是连续的并且在 $[\alpha,\beta]$ 上不同时为零,并且当 t 从 α 增加到 β 时,C 刚好被经过一次,则 C 的弧长是

$$L = \int_\alpha^\beta \sqrt{\left(\frac{\mathrm{d}x}{\mathrm{d}t}\right)^2 + \left(\frac{\mathrm{d}y}{\mathrm{d}t}\right)^2}\mathrm{d}t. \tag{4}$$

如果对于一条我们欲求长度的曲线有两个不同的参数表示,该如何呢?我们在意使用哪一个吗?从高等微积分得到的回答是"不",只要我们选择的参数表示满足等式(4)前叙述的条件.

例 4(应用参数公式) 求星形线(图 5.30)
$$x = \cos^3 t, \quad y = \sin^3 t, \quad 0 \leq t \leq 2\pi$$
的弧长.

解 由于曲线对于坐标轴的对称性,它的弧长是第一象限那一部分的四倍. 我们有
$$x = \cos^3 t, \quad y = \sin^3 t$$
$$\left(\frac{\mathrm{d}x}{\mathrm{d}t}\right)^2 = [3\cos^2 t(-\sin t)]^2 = 9\cos^4 t \sin^2 t$$
$$\left(\frac{\mathrm{d}y}{\mathrm{d}t}\right)^2 = [3\sin^2 t(\cos t)]^2 = 9\sin^4 t \cos^2 t$$

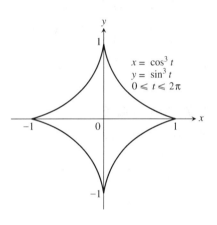

图 5.30 例 4 中的星形线.

$$\sqrt{\left(\frac{\mathrm{d}x}{\mathrm{d}t}\right)^2 + \left(\frac{\mathrm{d}y}{\mathrm{d}t}\right)^2} = \sqrt{9\cos^2 t \sin^2 t \underbrace{(\cos^2 t + \sin^2 t)}_{1}}$$
$$= \sqrt{9\cos^2 t \sin^2 t}$$
$$= 3|\cos t \sin t|$$
$$= 3\cos t \sin t. \quad \text{当 } 0 \leq t \leq \pi/2 \text{ 时}, \cos t \sin t \geq 0$$

因此

$$\text{四分之一部分的弧长} = \int_0^{\pi/2} 3\cos t \sin t \, \mathrm{d}t$$
$$= \frac{3}{2}\int_0^{\pi/2} \sin 2t \, \mathrm{d}t \quad \cos t \sin t = (1/2)\sin 2t$$
$$= -\frac{3}{4}\cos 2t \Big|_0^{\pi/2} = \frac{3}{2}.$$

星形线的弧长是这个值的四倍:$4(3/2) = 6.$

习题 5.3

求曲线弧长

求题 1-10 中曲线的弧长,如果你有一个作图器,你可以画这些曲线的图以便看一看它们的样子.

1. $y = \left(\dfrac{1}{3}\right)(x^2+2)^{\frac{3}{2}}$ 从 $x=0$ 到 $x=3$

2. $y = x^{\frac{3}{2}}$ 从 $x=0$ 到 $x=4$

3. $x = \left(\dfrac{y^3}{3}\right) + \dfrac{1}{4y}$ 从 $y=1$ 到 $y=3$ (提示:$1+\left(\dfrac{dx}{dy}\right)^2$ 是完全平方.)

4. $x = \left(\dfrac{y^{3/2}}{3}\right) - y^{1/2}$ 从 $y=1$ 到 $y=9$ (提示:$1+\left(\dfrac{dx}{dy}\right)^2$ 是完全平方.)

5. $x = \left(\dfrac{y^4}{4}\right) + \dfrac{1}{8y^2}$ 从 $y=1$ 到 $y=2$ (提示:$1+\left(\dfrac{dx}{dy}\right)^2$ 是完全平方.)

6. $x = \left(\dfrac{y^3}{6}\right) + \dfrac{1}{(2y)}$ 从 $y=2$ 到 $y=3$ (提示:$1+\left(\dfrac{dx}{dy}\right)^2$ 是完全平方.)

7. $y = \left(\dfrac{3}{4}\right)x^{4/3} - \left(\dfrac{3}{8}\right)x^{2/3} + 5$, $1 \leq x \leq 8$

8. $y = \left(\dfrac{x^3}{3}\right) + x^2 + x + \dfrac{1}{4x+4}$, $0 \leq x \leq 2$

9. $x = \displaystyle\int_0^y \sqrt{\sec^4 t - 1}\, dt$, $-\dfrac{\pi}{4} \leq y \leq \dfrac{\pi}{4}$

10. $y = \displaystyle\int_{-2}^x \sqrt{3t^4 - 1}\, dt$, $-2 \leq x \leq -1$

参数曲线的弧长

求题 11-16 中的曲线的弧长.

11. $x = a\cos t, y = a\sin t, 0 \leq t \leq 2\pi$

12. $x = \cos t, y = t + \sin t, 0 \leq t \leq \pi$

13. $x = t^3, y = \dfrac{3t^2}{2}, 0 \leq t \leq \sqrt{3}$

14. $x = \dfrac{t^2}{2}, y = \dfrac{(2t+1)^{3/2}}{3}, 0 \leq t \leq 4$

15. $x = \dfrac{(2t+1)^{3/2}}{3}, y = t + \dfrac{t^2}{2}, 0 \leq t \leq 3$

16. $x = 8\cos t + 8t\sin t, y = 8\sin t - 8t\cos t, 0 \leq t \leq \dfrac{\pi}{2}$

理论和例子

17. 为学而写 是否存在一条光滑曲线,其在区间 $0 \leq x \leq a$ 上的长度总是 $\sqrt{2}a$? 对于你的回答给出理由.

18. 用切线鳍导出曲线弧长公式 假定 f 在 $[a,b]$ 是光滑的,以通常方式分割区间 $[a,b]$,在每个子区间 $[x_{k-1}, x_k]$,在点 $(x_{k-1}, f(x_{k-1}))$ 做切线鳍,见下图.

(**a**) 证明:在区间 $[x_{k-1}, x_k]$ 上的第 k 个切线鳍的长度等于 $\sqrt{(\Delta x_k)^2 + (f'(x_{k-1})\Delta x_k)^2}$.

(**b**) 证明:$\displaystyle\lim_{n\to\infty}\sum_{k=1}^n$(第 k 个切线鳍的长)$= \displaystyle\int_a^b \sqrt{1+(f'(x))^2}\, dx$,这正是由线 $y=f(x)$ 从 a 到 b 的弧长 L.

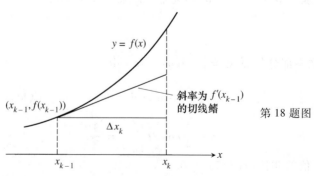

第 18 题图

习题 5.3

19. (**a**) 求过点 $(1,1)$，其弧长积分为
$$L = \int_1^4 \sqrt{1 + \frac{1}{4x}}\,dx.$$
的曲线.

(**b**) **为学而写** 有多少条这样的曲线，对于你的回答出理由.

20. (**a**) 求过点 $(0,1)$，其弧长积分为
$$L = \int_1^2 \sqrt{1 + \frac{1}{y^4}}\,dy.$$
的曲线.

(**b**) **为学而写** 这样的曲线有多少条? 对于你的回答给出理由.

对曲线弧长求积分

在题 21–28 中做下列几件事.

T (**a**) 建立一个积分表示曲线的弧长.

T (**b**) 画曲线的图以便看一看它的形状.

(**c**) 用你的作图器或计算机的积分求值器数值地求曲线的弧长.

21. $y = x^2,\ -1 \leq x \leq 2$

22. $y = \tan x,\ -\pi/3 \leq x \leq 0$

23. $x = \sin y,\ 0 \leq y \leq \pi$

24. $x = \sqrt{1-y^2},\ -1/2 \leq y \leq 1/2$

25. $y^2 + 2y = 2x + 1$，从 $(-1,-1)$ 到 $(7,3)$

26. $y = \sin x - x\cos x,\ 0 \leq x \leq \pi$

27. $y = \int_0^x \tan t\,dt,\ 0 \leq x \leq \dfrac{\pi}{6}$

28. $x = \int_0^y \sqrt{\sec^2 t - 1}\,dt,\ -\dfrac{\pi}{3} \leq y \leq \dfrac{\pi}{4}$

29. 加工金属薄板 你的金属加工公司正投标签订加工覆盖房顶的波浪形钢板，其形状如附图所示，波浪形钢板的横截面形状如曲线
$$y = \sin\left(\frac{3\pi}{20}x\right),\quad 0 \leq x \leq 20 \text{ 英寸}.$$
如果屋顶钢板由平板冲压而成，并且在冲压过程中材料不延展，原来材料的宽度是多少? 用两位小数给出答案.

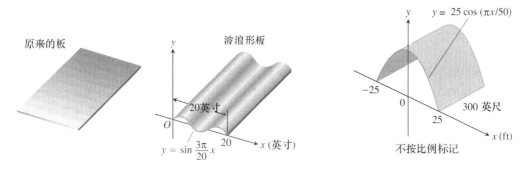

第 29 题图　　　　　　　　　　　　第 30 题图

30. 隧道建设 你的工程公司投标一个建设图示的隧道的合同. 隧道 300 英尺长，底的宽度是 50 英尺. 横截面形状像曲线 $y = 25\cos(\pi x/50)$ 的一拱. 建成后，隧道内部表面(道路除外)用防水密封层处理，设每平方英尺花费 1.75 美元. 该密封层花费多少?

计算机探究

在题 31 – 36 中,利用一个 CAS 对于在闭区间上的给定曲线执行下列步骤.

(a) 画曲线,同时画出对于区间上的 $n = 2, 4, 8$ 个划分点作出的多边路径逼近.(见图 5.27).

(b) 通过对线段长度求和求曲线弧长的对应近似值.

(c) 用积分求曲线的弧长值. 比较 $n = 2, 4, 8$ 时你的近似值和由积分给定的实际弧长. 当 n 增加时实际弧长与近似值互相比较的结果怎样?解释你的回答.

31. $f(x) = \sqrt{1 - x^2}, -1 \leq x \leq 1$

32. $f(x) = x^{1/3} + x^{2/3}, 0 \leq x \leq 2$

33. $f(x) = \sin(\pi x^2), 0 \leq x \leq \sqrt{2}$

34. $f(x) = x^2 \cos x, 0 \leq x \leq \pi$

35. $f(x) = \dfrac{x-1}{4x^2 + 1}, -\dfrac{1}{2} \leq x \leq 1$

36. $f(x) = x^3 - x^2, -1 \leq x \leq 1$

5.4 弹簧、泵吸和提升

常力做的功 • 变力沿直线做的功 • 弹簧的 Hooke 定律:$F = kx$ • 从容器中抽出液体

大多数水坝建筑时配有通称为"竖井"(glory hole) 的溢水设备,为水平面超过某个高度时坝内的水提供一个出口. 可惜的是,竖井可能被堆积物堵塞,只有竖井中的水被泵出以后才能清除这些堆积物. 为获得足够强力的抽水机完成这项工作,有必要求得泵出竖井中的水所需要的功.

在日常生活中,功意味需要体力或脑力的活动. 在科学中,这个词特别涉及到作用到物体上的力和物体随之产生的位移. 这一节说明如何计算功.

常力做的功

当一个物体沿直线移动一个距离 d,而这是沿运动方向的固定大小为 F 的力作用在其上的结果,我们用公式

$$W = Fd \quad (\text{功的常力公式}) \qquad (1)$$

计算力在物体上做的**功** W. 我们马上可以看出习惯上称呼的功和这个公式所说的功之间的显著差别. 如果你在街上推一辆汽车,那么从你自己的估算和从等式(1) 两方面你都做功. 但是如果你推在汽车上而汽车没有移动,方程(1) 说明你在汽车上没有做功,即使你推了一个小时.

从等式(1) 我们看出功的单位在任何单位制里都是力的单位乘距离单位. 在 SI 单位制里(SI 代表**国际制**),力的单位是牛顿,距离单位是米,于是功的单位是牛顿 – 米(N·m). 这个组合经常出现,便有了一个特殊的名称,**焦耳**. 在英制里,功的单位是英尺 – 磅,这是在工程中常用的单位.

注:焦耳
英文为 joule,简写为 J 并且发音为"jewel",以英国物理学家 James Prescutt Joule(1818—1889)而得名. 定义等式是
 1 焦耳 = (1 牛顿)(1 米).
用符号表示,1 J = 1 N·M. 你用大约 1 牛顿的力从桌面举起一个苹果,如果你抬高它 1 米,那么你在苹果上做了大约 1 焦耳的功.

例1(用千斤顶抬起汽车) 如果你用千斤顶把2000磅的汽车抬起1.25英尺以便调换一个轮胎(你必须施以约1000磅的常垂直力),你在汽车上做的功是 $1000 \times 1.25 = 1250$ 英尺·磅. 在 IS 制里,你在 0.381 米的距离上施加 4448 牛顿的力,做的功是 $4448 \times 0.381 \approx 1695$ 焦耳.

变力沿直线做的功

如果你施加的力沿路径变化,比如你抬起一个漏油的桶或者压缩一个弹簧,公式 $W = Fd$ 必须用积分公式代替以体现 F 的变化.

假定做功的力沿一条直线作用,取该直线为 x 轴,而力的大小 F 是位置的连续函数. 我们想求从 $x = a$ 到 $x = b$ 的区间上做的功. 以通常方式分割 $[a,b]$ 并且在每个子区间 $[x_{k-1}, x_k]$ 选择任意一点 c_k. 如果子区间足够短,由于 F 的连续性,从 x_{k-1} 到 x_k,F 的变化不很大. 此区间上做的功的值将大约是 $F(c_k)$ 倍距离 Δx_k,若 F 是固定的,应用等式(1)得到与此同样的结果. 从 a 到 b 做的总功近似的是黎曼和

$$\sum_{k=1}^{n} F(c_k) \Delta x_k.$$

我们期望当划分的模趋于零时,近似值会改进,于是我们定义力从 a 到 b 做的功是 F 从 a 到 b 的定积分.

定义 功

沿 x 轴方向的变力 $F(x)$ 从 $x = a$ 到 $x = b$ 做的**功**是

$$W = \int_a^b F(x) \, dx. \tag{2}$$

如果 F 的单位是牛顿,x 的单位是米,那么积分的单位是焦耳;如果 F 的单位是磅,x 的单位是英尺,那么积分的单位是英尺-磅.

例2(应用功的定义) 力 $F(x) = 1/x^2$ 牛顿沿 x 轴从 $x = 1$ 米到 $x = 10$ 米做的功是

$$W = \int_1^{10} \frac{1}{x^2} dx = -\frac{1}{x} \Big|_1^{10} = -\frac{1}{10} + 1 = 0.9 \text{ 焦耳}.$$

例3(起重一个漏桶) 一个 5 磅的漏桶通过以常速率拉一条 20 英尺长的绳子从地面升至空中(图 5.31). 绳重 0.08 磅/英尺. 开始时桶中装 2 加仑(16 磅)的水并以常速率漏水. 桶到顶时水刚好漏完. 下列诸种情形:

(a) 单独升高水

(b) 升高水桶两者

(c) 升高水,桶及绳子

消耗的功是多少?

解 (a) **单独升高水** 升高水需要的力等于水的重量,它在 20 英尺的升高过程中稳定地从 16 磅减少到 0 磅. 当桶离开地面 x 英尺时,水重

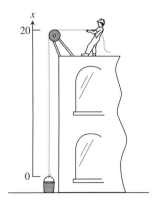

图 5.31 例 3 中的漏桶.

$$F(x) = \underbrace{16}_{\text{原来的水重}} \cdot \underbrace{\left(\frac{(20-x)}{20}\right)}_{\text{升至}x\text{时留下的水的比例}} = 16\left(1 - \frac{x}{20}\right) = 16 - \frac{4x}{5} \text{ 磅}.$$

做的功是

$$W = \int_a^b F(x)\,dx \qquad \text{利用对于变力的等式(2)}$$

$$= \int_0^{20} \left(16 - \frac{4x}{5}\right) dx$$

$$= \left[16x - \frac{2x^2}{5}\right]_0^{20}$$

$$= 320 - 160 = 160 \text{ 英尺·磅}.$$

(b) <u>水和桶一起</u> 根据等式(1),提升重 5 磅的桶 20 英尺做功 $5 \times 20 = 100$ 英尺·磅. 因此提升水和桶消耗的功是

$$160 + 100 = 260 \text{ 英尺·磅}.$$

(c) <u>水、桶和绳</u> 在高度 x 处的总重是

$$F(x) = \underbrace{\left(16 - \frac{4x}{5}\right)}_{\text{变化的水重}} + \underbrace{5}_{\text{固定的桶重}} + \underbrace{\overbrace{(0.08)}^{\text{磅/英尺}} \overbrace{(20-x)}^{\text{英尺}}}_{\text{在高度为}x\text{时剩余的绳重}}$$

提升绳子的功是

$$\text{在绳子上做的功} = \int_0^{20} (0.08)(20-x)\,dx = \int_0^{20} (1.6 - 0.08x)\,dx$$

$$= \left[1.6x - 0.04x^2\right]_0^{20} = 32 - 16 = 16 \text{ 英尺·磅}.$$

对于水、桶和绳子的组合的总功是

$$160 + 100 + 16 = 276 \text{ 英尺·磅}.$$

弹簧的 Hooke 定律: $F = kx$

Hooke **定律**表达的是使弹簧从它的自然(不受力时的)长度伸长或压缩 x 个长度单位所施加的力正比于 x. 用符号表示为

$$F = kx. \qquad (3)$$

常数 k 以每长度单位力测量,它是弹簧的特征,称为**力常数**(或**弹簧常数**). 等式(3)所表达的 Hooke 定律给出正确的结果,只要力不会使弹簧中的金属扭曲. 在本段中我们假定力十分小以致确定如此.

例 4(压缩一个弹簧) 求把自然长度为 1 英尺的弹簧压缩至 0.75 英尺所需的功,假定力常数是 $k = 16$ 磅/英尺.

解 我们沿 x 轴画未压缩弹簧的图,把可动端点放在原点,而把固定端点放在 $x = 1$ 英尺(图 5.32). 这样我们就能够用公式 $F = 16x$ 表示把弹簧从 0 压缩到 x 所需要的力. 为把弹簧从 0 压缩到 0.25 英尺,力必须从

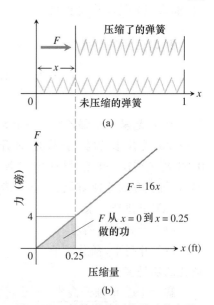

图 5.32 保持弹簧压缩需要的力随弹簧被压缩的长度线性增长.

$$F(0) = 16 \cdot 0 = 0 \text{ 磅} \quad \text{增加到} \quad F(0.25) = 16 \cdot 0.25 = 4 \text{ 磅}.$$

F 在这个区间做的功是

$$W = \int_0^{0.25} 16x \, \mathrm{d}x = 8x^2 \Big|_0^{0.25} = 0.5 \text{ 英尺} \cdot \text{磅}. \qquad \text{等式(2) 中 } a = 0, \; b = 0.25, F(x) = 16x$$

例5（拉长一个弹簧） 一个弹簧的自然长度为1米. 24牛顿的力拉长弹簧到1.8米的长度.

（a）求力常数 k.

（b）为把弹簧从其自然长度拉长2米需做功多少？

（c）45牛顿的力能把弹簧拉长多少？

解 （a）<u>力常数</u> 我们由等式（3）求力常数. 24牛顿的力把弹簧拉长0.8米，于是

$$24 = k(0.8) \qquad \text{在等式(3) 中取 } F = 24, x = 0.8$$

$$k = 24/0.8 = 30 \text{ 牛顿}/\text{米}.$$

（b）<u>把弹簧拉长2米的功</u> 我们设想未受力的弹簧沿 x 轴悬挂，其自由端在 $x = 0$（图5.33）. 把弹簧从它的自然长度拉长 x 米需要的力就是把弹簧的自由端从原点拉到 x 单位需要的力. $k = 30$ 时的Hooke定理告诉我们这个力是

$$F(x) = 30x.$$

F 对弹簧从 $x = 0$ 米到 $x = 2$ 米做的功是

$$W = \int_0^2 30x \, \mathrm{d}x = 15x^2 \Big|_0^2 = 60 \text{ 焦耳}.$$

（c）<u>45牛顿的力拉伸弹簧多长？</u> 把 $F = 45$ 代入等式 $F = 30x$，得

$$45 = 30x, \quad \text{或} \quad x = 1.5 \text{ 米}.$$

45牛顿的力拉长弹簧1.5米. 求这个值无需微积分.

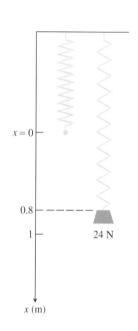

图5.33 一个24牛顿的力拉长弹簧0.8米.（例5）

从容器中抽出液体

从容器中抽出全部或部分液体做多少功？为求得其值，我们设想一次把一水平薄层的液体提升，并且对每层应用等式 $W = Fd$. 当薄层厚度变得越来越薄而薄层数目变得越来越多时这就引导我们要求积分值. 我们每次得到的积分依赖于液体的重量和容器的尺寸，但是我们求得积分的方式却总是相同的. 下面的例子说明要做什么.

例6（从柱形槽中抽水） 为从充满水的底半径为5米、高为10米的直圆柱形槽中把水抽到槽顶以上的4米高处，要做多少功？

解 我们画出水槽（图5.34），添上坐标轴，并且想象把水用在区间[0,10]的一个划分的各点处垂直于 y 轴的平面分成水平薄层，夹在 y 和 $y + \Delta y$ 处的平面之间的典型薄层有体积

$$\Delta V = \pi(\text{半径})^2(\text{厚度}) = \pi(5)^2 \Delta y = 25\pi \Delta y \text{ 米}^3.$$

提升薄层所需的力等于其重量

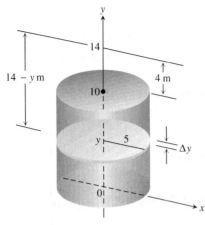

图 5.34 为求从柱形槽中抽出水所做的功,想想一次提升一个薄层的水.

CD-ROM
WEBsite
历史传记
Lazare Carnot
(1753 — 1823)

$$F(y) = 9800 \Delta V \quad \text{水重 9800 牛顿 / 米}^3$$
$$= 9800(25\pi\Delta y) = 245\,000\pi\Delta y \text{ 牛顿}.$$

F 的作用距离大约是 $(14-y)$ 米,于是提升薄层做的功大约是

$$\Delta W = 力 \times 距离 = 245\,000\pi(14-y)\Delta y \text{ 焦耳}.$$

提升全部水要做的功近似地是

$$W \approx \sum_0^{10} \Delta W = \sum_0^{10} 245000\pi(14-y)\Delta y \text{ 焦耳}.$$

这是函数 $245\,000\pi(14-y)$ 在区间 $0 \le y \le 10$ 上的黎曼和,把水槽抽干要做的功是 $\|P\| \to 0$ 时这个和的极限:

$$W = \int_0^{10} 245\,000\pi(14-y)\mathrm{d}y = 245\,000\pi\int_0^{10}(14-y)\mathrm{d}y$$
$$= 245\,000\pi\left[14y - \frac{y^2}{2}\right]_0^{10} = 245\,000\pi[90]$$
$$\approx 69\,272\,118 \approx 69.3 \times 10^6 \text{焦耳}.$$

速率为 746 焦耳 / 秒的 1 马力的输出发动机抽空水槽需时略小于 26 小时.

例 7(从圆锥形槽中抽油) 图 5.35 中的圆锥形槽注入比重 57 磅 / 英尺³ 的橄榄油,油面距顶 2 英尺.把油抽到槽的边缘需做功多少?

解 我们设想油被过 $[0,8]$ 的一个划分的各个分点垂直于 y 轴的平面分割成薄层.夹在过 y 和 $y+\Delta y$ 的平面之间的一个典型薄层的体积大约是

$$\Delta V = \pi(半径)^2(厚度) = \pi\left(\frac{1}{2}y\right)^2\Delta y = \frac{\pi}{4}y^2\Delta y \text{ 英尺}^3.$$

提升这个薄层需要的力 $F(y)$ 等于其重量

$$F(y) = 57\Delta V = \frac{57\pi}{4}y^2\Delta y \text{ 磅} \quad \begin{array}{l}\text{重量 = 每单位体积}\\ \text{重量} \times \text{体积}\end{array}$$

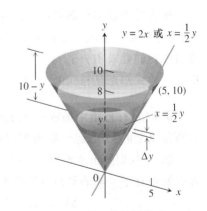

图 5.35 例 7 中的橄榄油

为把这一层提升到锥的边缘水平,$F(y)$作用的距离大约是$(10-y)$英尺,于是提升此薄片所作的功是

$$\Delta W = \frac{57\pi}{4}(10-y)y^2 \Delta y \text{ 英尺} \cdot \text{磅}.$$

提升从 $y = 0$ 到 $y = 8$ 的所有薄层到边缘所做的功近似的是

$$W \approx \sum_0^8 \frac{57\pi}{4}(10-y)y^2 \Delta y \text{ 英尺} \cdot \text{磅}.$$

这是函数$(57\pi/4)(10-y)y^2$在从 $y=0$ 到 $y=8$ 的区间上的黎曼和. 抽油到边缘的功是这个和当划分的模趋于零时的极限.

$$W = \int_0^8 \frac{57\pi}{4}(10-y)y^2 \, dy$$

$$= \frac{57\pi}{4} \int_0^8 (10y^2 - y^3) \, dy$$

$$= \frac{57\pi}{4} \left[\frac{10y^3}{3} - \frac{y^4}{4} \right]_0^8 \approx 30\,561 \text{ 英尺} \cdot \text{磅}$$

例 8(从一个竖井(Glory Hole)抽水) 一个竖井是一个竖直排水管,用以避免水坝后的水位太高. 一个水坝的竖井的顶部在坝顶以下 14 英尺,而在坝底以上 375 英尺(图 5.36). 竖井需及时抽水以便清理季节性杂物,在本节的开场白中曾指出了这一点.

从图 5.36a 中的横截面图我们看到竖井是一个漏斗状排水管. 漏斗的管宽 20 英尺,而顶部宽 120 英尺. 顶部截面的外边界是半径为 50 英尺的四分之一圆周,见图 5.36b. 竖井由其截面绕中心旋转而成. 因此,所有水平截面是贯穿整个竖井的一个个圆盘. 我们计算从

(**a**) 洞的喉部,

(**b**) 漏斗部分,

抽水所需的功

解 (a) 从喉部抽水. 夹在过 y 和 $y + \Delta y$ 处的平面之间的典型薄层的体积大约是

$$\Delta V = \pi (\text{半径})^2 (\text{厚度}) = \pi(10)^2 \Delta y \text{ 英尺}^3.$$

提升这个薄层所需的力等于其重量(水的比重是 62.4 磅/英尺^3),

$$F(y) = 62.4 \Delta V = 6\,240\pi \Delta y \text{ 磅}.$$

提升这个薄层到洞顶,力 $F(y)$ 作用的距离是$(375 - y)$英尺,于是提升这一薄层做的功是

$$\Delta W = 6240\pi(375 - y)\Delta y \text{ 英尺} \cdot \text{磅}.$$

从喉部抽水做的功是一个微分薄层元素从 $y = 0$ 到 $y = 325$ 的积分.

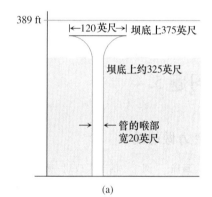

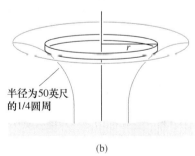

图 5.36 (a) 一个坝的竖井的横截面. (b) 竖井的顶部

$$W = \int_0^{325} 6240\pi(375 - y)\,dy$$

$$= 6240\pi\left[375y - \frac{y^2}{2}\right]_0^{325}$$

$$\approx 1,353,869,354 \text{ 英尺·磅}.$$

(**b**) **从漏斗部分抽水**. 为计算抽出竖井的漏斗部分,即从 $y = 325$ 到 $y = 375$ 的水所需的功,我们需要计算图 5.37 所示的近似漏斗部分元素的 ΔV,从图可以看出,薄层的半径随高度 y 而变化.

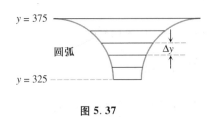

图 5.37

在题 33 和 34 中,要求你完成对于确定抽出竖井的水需要的功和必须的泵的功率的分析.

习题 5.4

变力做的功

1. **漏桶**   例 3 中的工人改用一个更大的桶,盛水 5 加仑(40 磅),但是新桶的漏洞更大,水桶到达顶部时还是漏光了. 假定水桶以稳定速率漏水,提水做的功是多少?(不包含绳子和桶.)

2. **漏桶**   以两倍的速度往上拉例 3 中的桶,这样当桶到达顶部时桶中还剩 1 加仑(8 磅)的水. 这次提升水做的功是多少?(不包括绳子和桶.)

3. **提升绳子**   一登山者忙于往上拉一条长 50 米的悬索. 如果悬索的比重是 0.624 牛顿／米,做的功是多少?

4. **漏沙袋**   一个沙袋原重 144 磅,它以固定速率被提升. 在它升起的过程中,沙子以常速率漏出. 在沙袋升高 18 英尺时沙子漏掉了一半. 提升沙袋到这个高度做的功是多少?(忽略袋子和提升设备的重量.)

5. **提升电梯钢索**   一个电梯的电动机在顶部,它有多股钢索,比重为 4.5 磅／英尺. 当梯厢在第一层时,松开 180 英尺的钢索,当梯厢到达顶部时,有效松开是 0 英尺. 当电动机把梯厢从第一层提升到顶部时,它提升钢索做的功是多少?

6. **引力**   一个质量为 m 的位于 $(x,0)$ 的质点受到指向原点的大小为 k/x^2 的引力. 如果质点由静止从 $x = b$ 出发且没有其它力的作用,求质点到达 $x = a$ 时引力对它做的功,这里 $0 < a < b$.

7. **压缩气体**   假定截面积为 A 的圆柱中的气体被活塞压缩. 假定在每平方英寸上气体压力是 p 磅,而 V 是体积的立方英寸数,证明从状态 (p_1, V_1) 压缩气体到状态 (p_2, V_2) 做的功由等式

$$\text{功} = \int_{(p_1, V_1)}^{(p_2, V_2)} p\,dV$$

给定.(提示:在附图所示的坐标里,$dV = A\,dx$,对于活塞的压力是 pA.)

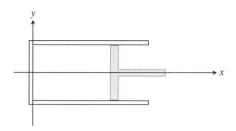

8.（续题7） 利用题7中的积分求把气体从 $V_1 = 243$ 英寸^3 压缩到 $V_2 = 32$ 英寸^3 所做的功. 假定 $p_1 = 50$ 磅／英寸^3, 而 p 和 V 遵守定律 $pV^{1.4}$ = 常数(对于绝热过程.)

弹簧

9. 弹簧常数 把弹簧从其自然长度 2 米拉长到 5 米做功 1800 焦耳. 求弹簧的力常数.

10. 拉伸弹簧 一个弹簧自然长度为 10 英寸. 一个 800 磅的力把弹簧拉长到 14 英寸.
(a) 求力常数.
(b) 把弹簧从 10 英寸拉长到 12 英寸做的功是多少?
(c) 1600 磅的力把弹簧从其自然长度拉长多少?

11. 拉伸一个橡皮筋 2 牛顿的力把橡皮筋拉长 2 厘米(0.02 米). 假定 Hooke 定律适用, 4 牛顿的力把橡皮筋拉长多少?把橡皮筋拉长这么多做功多少?

12. 拉伸弹簧 假定 90 牛顿的力把弹簧从其自然长度上拉伸 1 米, 把弹簧从其自然长度上拉伸 5 米做功多少?

13. 地铁车厢的弹簧 21 714 磅的力把 New York City Transit Authority 地铁车厢的盘绕弹簧组从其自由高度 8 英寸压缩到完全压缩高度 5 英寸.
(a) 弹簧组的力常数是多少?
(b) 压缩弹簧组第一个半英寸做功多少?第二个半英寸呢?答案精确到英寸·磅.

(部分公众运输公司, 1985 至 1987 递交给 New York City Transit Authority 的地铁车厢弹簧组).

14. 浴室秤 当一个体重 150 磅的人站在一浴室的秤上时, 它被压缩 1/16 英寸. 假定秤的状况跟弹簧一样遵守 Hooke 定律, 一个人把秤压缩了 1/8 英寸, 他有多重?把秤压缩 1/8 英寸做功多少?

从容器中抽水

> **水的重量**
> 由于地球的转动和它的重力场的变化, 在海平面一立方英尺的水的重量可以从在赤道的约 62.26 磅变到在极点附近的 62.59 磅, 有大约 0.5% 的变差. 在 Melbourne 和 New York City 一立方英尺的水重 62.4 磅, 在 Jeneau 和 Stochholm 将重 62.5 磅. 虽然 62.4 是通用教科书上的值, 在各处还是有相当可观的变化.

15. 抽水 图示的长方体槽, 其顶部在地平面上, 此槽用于搜集流失的水. 假定水的比重是 62.4 磅／英尺^3.
(a) 当槽盛满水时, 把槽抽空需做功多少?
(b) 如果用(5/11) 马力(hp) 的电动机(输出功率 250 英尺·磅／秒) 抽水到地平面, 为抽空盛满水的水槽需多长时间(精确到分)?
(c) 证明在部分(b) 的抽水中, 在头 25 分钟的抽水中, 水面降低 10 英尺(一半).
(d) 水的重量 在一个地方, 水的比重是 62.26 磅／英尺^3. 对于部分(a) 和(b) 的答案是什么?改为 62.59 磅／英尺^3 呢?

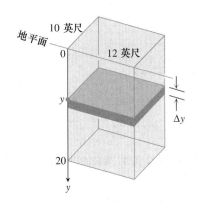
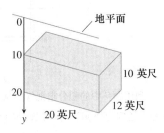

第 15 题图　　　　　　　　　　　　　第 16 题图

16. **抽空蓄水池**　上面的附图所示的长方形蓄水池(储存雨水用)的顶部在地平面以下 10 英尺. 蓄水池目前充满了水, 为对它做检查需把水抽到地平面以使它变空.

　　(a) 为抽空蓄水池的水需做功多少?

　　(b) 1/2 马力的抽水机(功率 275 英尺·磅／秒)把蓄水池抽干需时间多长?

　　(c) 为把蓄水池抽空一半, 在部分(b)的抽水过程中需要时间多长?(这将少于完全抽空蓄水池所需时间的一半.)

　　(d) **水的比重**　在水的比重为 62.26 磅／英尺^3 的一个地方, 部分(a)到部分(b)的答案是多少?改成 62.59 磅／英尺^3 呢?

17. **抽水**　把例 6 中水槽的水抽到槽顶(而非再高 4 米)需做功多少?

18. **从半满水槽中抽水**　假定例 6 中的水槽不再是满的而仅仅是半满的. 为把剩余的水抽到槽顶以上 4 米高处需做功多少?

19. **使槽变空**　一个直圆柱形的槽高 30 英尺, 直径 20 英尺槽中装满比重为 51.2 磅／英尺^3 的煤油. 把煤油抽到槽顶需做功多少?

20. **为学而写**　这里图示的柱形槽可以从槽底以下 15 英尺的湖中抽水来灌满. 有两种方式达到这一目的. 一种是通过一个连接到槽底部阀门的软管抽水; 另一种是把软管连接到槽的边缘而让水注入. 哪种方式更快?对于你的回答给出理由(如右图所示).

21. (a) **抽牛奶**　假定例 7 中的锥形容器盛的不是橄榄油而是牛奶(比重 64.5 磅／英尺^3). 把牛奶抽到容器边缘需做多少功?

　　(b) **抽油**　把例 7 中的油抽到锥边缘以上 3 英尺高度需做功多少?

22. **抽海水**　为设计一个巨大的不锈钢槽的内表面, 你绕 y 轴旋转曲线 $y = x^2$, $0 \leqslant x \leqslant 4$. 容器尺寸用米来测量, 其中盛满海水, 海水比重 10 000 牛顿／米^3. 把水抽到槽顶使槽变空需做功多少?

23. **抽空一个蓄水池**　我们采用跟从其它容器抽水一样的方式, 用沿着球的竖直轴的积分对从球形容器抽水建模. 利用这里的附图求通过把水抽到半球形蓄水池顶部以上 4 米高处从而把充满水的蓄水池抽空需做功多少?水的比重是 9800 牛顿／米^3.

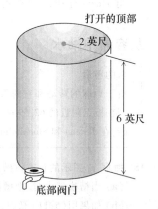

第 20 题图

24. **为学而写**　你主管抽空和修理图示的贮存罐. 半球形罐的半径为 10 英尺并且盛满了苯, 比重为 56 磅／英尺^3. 你接洽的一个公司说抽空贮存罐每英尺－磅的功支付 1/2 美元. 求通过把苯抽到罐顶以上 2 英尺的出口管把罐抽空需作多少功?如果为这项作业你有 5000 美元预算,你付得起公司的工钱吗?

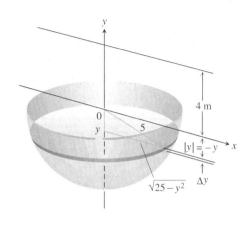

第 23 题图

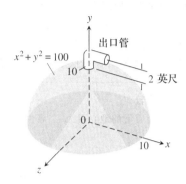

第 24 题图

功和动能

25. **动能**　如果大小为 $F(x)$ 的变力把质量为 m 的物体沿 x 轴从 x_1 移动到 x_2, 物体的速度 v 可以写成 dx/dt (t 表示时间). 利用 Newton 第二运动定律 $F = m(dv/dt)$ 和链式法则

$$\frac{dv}{dt} = \frac{dv}{dx}\frac{dx}{dt} = v\frac{dv}{dx}$$

证明力把物体从 x_1 移动到 x_2 做的功是

$$W = \int_{x_1}^{x_2} F(x)\,dx = \frac{1}{2}mv_2^2 - \frac{1}{2}mv_1^2,$$

其中 v_1 和 v_2 是物体在 x_1 和 x_2 的速度. 在物理学中, 表达式 $(1/2)mv^2$ 称为质量为 m、运动速度为 v 的物体的**动能**. 因此, 力做的功等于物体的动能的变化, 因而我们可以通过计算这个变化求功.

在题 26 - 32 中, 利用题 25 的结果.

26. **网球**　一个 2 盎司的网球以 160 英尺/秒(大约每小时 109 英里)的速度被发出. 为使球达到这一速度做的功多少?(为从球的重量求它的质量, 重量用磅表示, 且除以重力加速率 32 英尺/秒^2.)

27. **棒球**　以每小时 90 英里的速度投掷一个棒球做的功是多少英尺 - 磅?棒球重 5 盎司或 0.3125 磅.

28. **高尔夫**　一个重 1.6 盎司的高尔夫球以 280 英尺/秒(约 191 英里/时)的速度被击出球座. 为使球到空中需做功多少(英尺 - 磅).

29. **网球**　在 1990 年美国公开赛 Pete Sampras 赢得男子网球冠军的比赛中, 他击出了一个计时器测出的时速为 124 英里的发球. Sampras 对于重 2 盎司的球必须做多少功才能使球达到如此高的速度.

30. **橄榄球**　一个四分卫以 88 英尺/秒(60 英里/时)的速度投掷重 14.5 盎司的橄榄球. 为达到这一速度在球上做的功是多少(英尺 - 磅)?

31. **垒球**　为以 132 英尺/秒(90 英里/时)的速度投掷重为 6.5 盎司的垒球需做功多少?

32. 一个重 2 盎司的滚球轴承放在力常数为 $k = 18$ 磅/英尺的竖直的弹簧上. 弹簧被压缩 2 英寸而后释放, 轴承大约升高多少?

33. **从竖井的漏斗抽水**(续例 8)

(a) 求例 8 的竖井的(漏斗部分)的横截面的半径, 把它表示为坝面以上的高 y(从 $y = 325$ 到 $y = 375$)的函数.

(**b**) 求竖井的漏斗部分对应的 ΔV（从 $y = 325$ 到 $y = 375$）.

(**c**) 通过建立积分式和求积分值求抽出漏斗部分的水所需要的功.

34. 抽出杂物的洞中的水（续习题 33）

(**a**) 通过把抽出咽喉和漏斗两部分的水所需要的功相加，从而求抽出竖井的水所需要的总功.

(**b**) 你对于部分(a)的答案用的是英尺 - 磅. 一个更有用的形式是马力 - 小时，这是因为电动机的功率是用马力表示的. 为从英尺 - 磅转换为马力 - 小时需除以 1.98×10^6. 一个 1000 马力的电动机要把竖井的水抽出需多少小时？假定电动机是完全有效的.

重量与质量比较

重量是对一个质量的地心引力. 二者由 Newton 第二定律的方程联系起来，

$$\text{重量} = \text{质量} \times \text{重力加速度}$$

于是

$$\text{牛顿} = \text{千克} \times \text{米/秒}^2,$$
$$\text{磅} = \text{斯勒格} \times \text{英尺/秒}^2.$$

为把质量转换为重量，乘以重力加速度. 为把重量转换成质量，除以重力加速度.

---

35. 喝泡沫奶 这里图示的截锥形容器盛满了比重为 4/9 盎司/英寸^3 的草莓泡沫牛奶. 从图看出，容器深 7 英寸，底面直径 2.5 英寸，顶部直径 3.5 英寸（Boston 的 Brigham 里的标准尺寸）. 麦管伸出顶部 1 英寸. 为通过麦管吸泡沫牛奶需做多少功（忽略摩擦）？用英寸 - 盎司为单位回答.

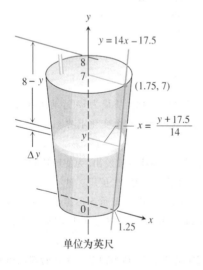

第 35 题图

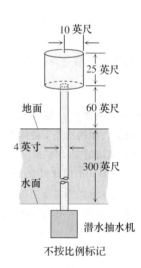

第 36 题图

36. 水塔 你的城镇决定钻一口井以增加水的供给. 作为城镇的工程师，你确定必须用一个水塔提供配水所需的压力，你设计了一个如图所示的系统. 水从 300 英尺深处的水井经直径 4 英寸的水管抽出，水管连接到直径 20 英尺、高 25 英尺的柱形槽. 水槽底部在地面上 60 英尺处. 抽水机是 3 马力的，即其速率为 1650 英尺·磅/秒. 第一次使水槽充满水需多长时间？精确到小时（包括使水管充满水的时间）. 假定水的比重为 62.4 磅/英尺^3.

37. 发射一颗人造卫星到轨道 地球的引力场随到地心的距离 r 而变化，而质量为 m 的一个卫星在发射过程中和发射后受到的引力大小是

$$F(r) = \frac{mMG}{r^2}.$$

这里, $M = 5.975 \times 10^{24}$ 千克是地球的质量, $G = 6.6720 \times 10^{-11}$ 牛顿·米^2 千克$^{-2}$ 是普适引力常数, 而 r 以米测量, 从地球表面使一个质量 1000 kg 的卫星升高到地心以上 35 780 公里的圆形轨道做的功是积分

$$功 = \int_{6\,370\,000}^{35\,780\,000} \frac{1000MG}{r^2} dr \text{ 焦耳}.$$

求积分值. 积分下限是在发射地点的地球半径(单位:米). (这个计算没有考虑升高发射运载工具和消耗的能量和使卫星达到轨道速度消耗的能量.)

38. **推动电子靠拢**   距离为 r 的两个电子互相排斥的力是

$$F = \frac{23 \times 10^{-29}}{r^2} \text{ 牛顿}.$$

(a) 假定一个电子保持固定在 x 轴上的点 $(1,0)$ (单位为米). 为把第二个电子沿 x 轴从点 $(-1,0)$ 移动到原点需要做多少功?

(b) 假定在点 $(-1,0)$ 和 $(1,0)$ 各固定一个电子. 把第三个电子沿 x 轴从 $(5,0)$ 移动到 $(3,0)$ 需做多少功?

5.5 流体力

流体力的常深度公式 • 变-深度公式

因为水坝受的压强随着深度而增加, 工程师把水坝设计得底部比顶部更厚. 为产生水电能, 闸门(称为水阀门), 安置在水坝底部附近, 打开闸门就让高压下的水流入涡轮发电机. 工程师必须计算在不同深度顶着这些闸门的总力以设计闸门本身和开启它们的水力系统. 引人注目的是对水坝的每一点的压强仅仅依赖该点距水平面多远而不依赖水坝表面在该点是如何倾斜的. 在水面以下 h 英尺的点处每平方英尺的压力总是 $62.4h$. 数字 62.4 是水的以每立方英尺磅为单位的水的比重.

压强 $= 62.4h$ 这一公式使你联想到涉及到单位时下式的意义:

$$\frac{磅}{英尺^2} = \frac{磅}{英尺^3} \times 英尺.$$

正如你看到的, 这个等式只依赖于单位而不依赖于所涉及的流体. 在任何流体表面下 h 英尺处的压强是流体密度的 h 倍.

比重	
流体的比重是单位体积的重量. 典型值 (以每立方英尺磅计)	
汽油	42
水银	849
牛奶	64.5
糖蜜	100
橄榄油	57
海水	64
水	62.4

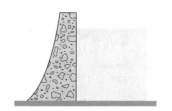

图 5.38   为阻挡增长的压力, 水坝愈往下建得愈厚.

压强 – 深度等式
在静止流体中,在深度 h 处的压强 p 是流体比重 w 的 h 倍:
$$p = wh. \tag{1}$$

在本节,我们利用等式 $p = wh$ 导出流体作用在竖直或水平的容器壁上的整体或一部分上的总力.

流体力的常深度公式

在一个有水平底面的流体容器里,流体作用在底面上的总力可以通过用底面压强乘以底面的面积计算. 我们之所以可以这样做,是因为总力等于单位面积的力(压强)乘面积(见图 5.39). 如果 F, p 和 A 分别是总力,压强和面积,则

$$F = 总力 = 单位面积的力 \times 面积$$
$$= 压强 \times 面积 = pA$$
$$= whA. \quad 由等式(1)知 p = wh$$

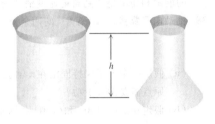

图 5.39 这两个容器的注水到同一深度并且有同样的底面积. 因而每个容器底所受的总力是同样的. 这里容器的形状无关紧要.

作用在常深度曲面上的流体力
$$F = pA = whA \tag{2}$$

例 1(1919 年糖蜜大泛滥) 1919 年 1 月 15 日下午 1:00(一个非季节性的暖日),一个 90 英

尺高,90 英尺直径的圆柱形金属罐在 Boston 北端的 Foster 街和 Commercial 街拐角处爆炸了,罐中储存的是 Puritan Distilling 公司的糖蜜.糖蜜淹没街道达 30 英尺深,拦住了行人和马匹,冲垮了建筑,并且涌进了房屋.最终糖蜜的踪迹遍布了整个城镇,甚至通过电车车厢和人们的鞋子延伸到了郊区.花费数周才把糖蜜清除干净.假设罐里装满了糖蜜,其比重为 100 磅／英尺³,罐破裂时糖蜜作用在罐底的总力是多少?

解 在罐底,糖蜜作用一个常压强:

$$p = wh = \left(100 \frac{磅}{英尺^3}\right)(90 \text{ 英尺}) = 9000 \frac{磅}{英尺^2}.$$

因为底面面积是 $\pi(45)^2$,作用在底面的总力是

$$\left(9000 \frac{磅}{英尺^2}\right)(2025\pi \text{ 英尺}^2) \approx 57\,255\,526 \text{ 磅}.$$

对于水平淹没的平板,像例 1 中的密糖罐底部,由于流体压强作用在其上表面的向下的力由等式(2)计算.但若板是垂直淹没的,对于它的压强在不同的深度是不同的,等式(2)那种形式不再适用(因为 h 变化).通过分割平板成许多窄的水平带形条,我们可以建立黎曼和,其极限就是对于垂直平面板侧面的流体力.其过程如下所述.

图 5.40 例 1 糖蜜罐的示意图.

变－深度公式

假定我们想知道流体对于浸入比重为 w 的流体中的垂直平板的一侧的作用力.为求得这个力,我们把平板建模成 xy 平面里从 $y=a$ 延伸到 $y=b$ 的一个区域(图 5.41).我们按通常的方式分割 $[a,b]$,并且设想区域被在分点处垂直于 y 轴的平面切成了水平条.从 y 到 $y+\Delta y$ 的典型条是 Δy 个单位宽乘 $L(y)$ 个单位长.我们假定 $L(y)$ 是 y 的连续函数.

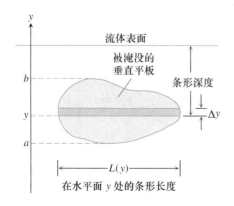

图 5.41 流体对于水平条形窄平板的作用力大约是 $\Delta F = $ 压强 × 面积 $= w \times ($ 条形深度$) \times L(y)\Delta y$.

从顶部到底部穿越条形时压强发生变化.如果条形足够窄,压强将保持接近于窄条底边的值 $w \times ($条形深度$)$.流体作用在条形窄平板一侧上的力将大约是

$$\Delta F = (沿底边的压强) \times (面积)$$
$$= w \times (条形深度) \times L(y)\Delta y$$

对于整个平板的力将大约是

$$\sum_a^b \Delta F = \sum_a^b (w \times (条形深度) \times L(y)) \Delta y. \tag{3}$$

等式(3)中的和是$[a,b]$上一个连续函数的黎曼和,我们期望在划分的模趋于零时近似程度会改善.对于平板的力就是这些和的极限.

作用在垂直平板流体力的积分

假定垂直淹没在密度为w的流体内的平板在y轴上以$y=a$延伸到$y=b$. 令$L(y)$是水平条在水平面y处沿平板表面从左到右的长度. 则对于平板一侧流体的作用力是

$$F = \int_a^b w \cdot (条形深度) \cdot L(y) \, dy. \tag{4}$$

例2(应用流体力的积分) 一个等腰直角三角形平板底边6英尺高3英尺,它被垂直淹没在游泳池中,其底边在水面以下 2 英尺. 求水对于平板一侧的作用力.

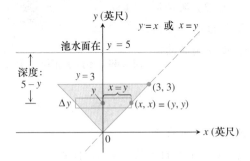

图 5.42 为求例 2 中的被淹没的平板所受的力,我们可以使用像这样的坐标系.

解 我们建立坐标系,把原点放在平板的底部所对的顶点,而y轴沿平板对称轴向上延伸(图 5.42). 池的水表面沿直线$y=5$放置,而平板顶部沿直线$y=3$. 平板的右手边沿直线$y=x$放置,右上顶点在$(3,3)$. 在水平面y的窄条长度是

$$L(y) = 2x = 2y.$$

条形在水面以下的深度是$(5-y)$. 因此水对于平板一侧的作用力是

$$\begin{aligned} F &= \int_a^b w \times (条形深度) \times L(y) \, dy \qquad 等式(4) \\ &= \int_0^3 62.4(5-y)2y \, dy = 124.8 \int_0^3 (5y - y^2) \, dy \\ &= 124.8 \left[\frac{5}{2}y^2 - \frac{y^3}{3} \right]_0^3 = 1684.8 \text{ 磅}. \end{aligned}$$

如何求流体力

不论你使用什么样的坐标系,你都可以按下列步骤求对于被淹没的垂直平板的流体力:
步骤 1:求一个典型水平条形的长度和深度的表达式.
步骤 2:把它们的乘积乘以流体的比重w,并且在被平板或壁所占据的深度的区间上积分.

历史传记
William Thomson
(1824 — 1907)

例 3（Snake 河水坝和水电能） 从 Snake 河水坝引来的水用于在附近的电厂产生水电能.具有巨大压力的水流过三个椭圆形进水闸门,其位置如图 5.43a 所示.闸门最低点在坝底上方 101 英尺处,而最高点位于坝底上方 129 英尺处.闸门在其中心处的宽度是 16 英尺.每个闸门竖直放置.为设计和建造闸门,工程师必须知道闸门可能承受的最大力.

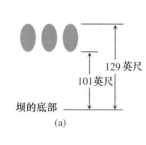

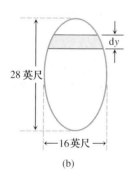

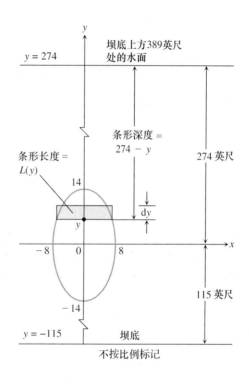

图 5.43 （a）从坝的底部算起的水闸门的位置.(b) 水闸门分为水平条的放大图

图 5.44 计算作用在每个闸门的最大可能的力的尺寸和坐标系.(例 3)

为简化闸门边界的方程,我们使用原点在坝底上方 115 英尺处的闸门中心的坐标系.为计算对于闸门的最大作用力我们假定竖井失效并且自始至终水位达到坝顶,坝底上方 389 英尺.这就导致图 5.44 所示的尺寸.

我们现在用宽 dy 长 $L(y)$ 的水平矩形条逼近闸门.从等式(4)得对于闸门的力是

$$F = \int_a^b w \times (\text{条形深度}) \times L(y) dy$$

$$= \int_{-14}^{14} 62.4(274 - y) L(y) dy. \tag{5}$$

为完成分析,我们利用闸门椭圆边界的方程求得 $L(y)$ 的表达式并且进行积分(题 13).你会为被设计的闸门所经受的巨大压力而惊讶.

习题 5.5

下列各题中的流体比重可以从本节的表中找到.

1. 三角形平板 利用这里指出的坐标系计算例 2 中的平板一侧所受的流体力.

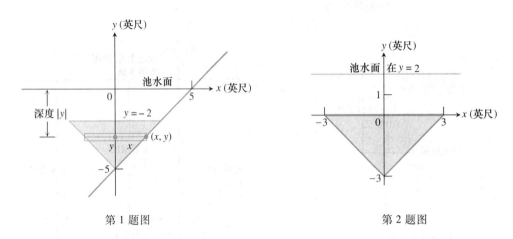

第 1 题图   第 2 题图

2. 三角形平板 利用这里指出的坐标系计算例 2 中的平板所受的流体力.

3. 降低的三角形平板 例 2 中的平板又往水中降低 2 英尺. 现在作用在平板一侧的流体力是多少?

4. 升高的三角形平板 例 2 中的平板被升高, 它的顶边在池的水面. 现在作用在平板一侧的流体力是多少?

5. 三角形平板 图示的等腰三角形垂直浸入一个淡水湖水面以下 1 英尺.

（a）求作用在平板一面的流体力.

（b）如果淡水换为海水, 作用在平板一侧的流体力是多少?

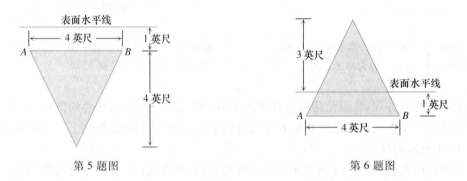

第 5 题图   第 6 题图

6. 旋转三角形平板 题 5 中的平板绕直线 AB 旋转 $180°$, 这样平板就伸出了湖面, 见上图. 现在水作用在平板一面的力是多少?

7. New England 水族馆 水族馆的典型鱼缸的矩形玻璃窗的可见部分宽 63 英寸, 从水面以下 0.5 英寸延伸到水面下 33.5 英寸. 求推窗户的这一部分的流体力. 海水比重是 64 磅/英尺^3. (如果你感到惊奇的话, 请注意玻璃有 3/4 英寸厚, 并且鱼缸壁在水平面以上延伸 4 英寸以防止鱼跳出.)

8. 鱼缸 一个水平放置的长方形鱼缸底 2×4 英尺而高为 2 英尺(内部尺寸), 其中盛水到离顶部 2 英寸.

（a）求作用在鱼缸每个侧面和底的流体力.

（b）为学而写 如果鱼缸是密封的并且被竖起来(水没溢出), 使得正方形侧面是其底, 作用在矩形侧面上

习题 5.5

9. **半圆形平板** 一个直径 2 英尺的半圆形平板垂直浸入清水中,其直径沿着水面.求水作用在平板一侧上的力.

10. **奶罐车** 一辆奶罐车拉着装在直径 6 英尺的水平直圆柱的罐内的牛奶.当罐中装满一半奶时在罐的每个侧面牛奶的作用力是多少?

11. **带抛物形阀门的罐** 这里图示的立方体形金属罐有一个抛物形阀门,该处用塞子堵住.塞子被设计得以承受 160 磅的力而不破裂.你要贮存的流体比重为 50 磅／英尺^3.

    (a) 当液体有 2 英尺深时作用在阀门上的流体力是多少?

    (b) 容器可以充满又不超过设计限度的最大高度是多少?

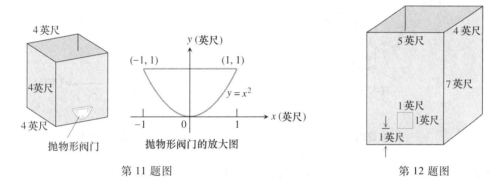

第 11 题图　　　　　　　　　　　　　第 12 题图

12. **槽的窗口** 这里图示的长方体形槽有一个 1 英尺 × 1 英尺的正方形窗口,距槽底 1 英尺.窗口设计得能抵抗 312 磅的力而不破裂.

    (a) 如果槽盛水到 3 英尺深,窗口受的流体力是多少?

    (b) 水槽盛水到什么高度才不致使窗口受力超过设计限度?

13. **对水闸门的力**(例 3)

    (a) 求图 5.44 中椭圆阀门边界的方程.

    (b) 利用部分(a)求得的方程写出条形长度 $L(y)$ 的公式.

    T (c) 利用部分(b)求得的公式完成等式(5)中的积分并且数值地求积分值.

14. **游泳池的排水孔** 以 1000 英尺^3／小时的速度向如图所示的游泳池里注水.

    (a) 求注水 9 小时后推三角形排水板的流体力.

    (b) 排水板设计得能抵抗 520 磅的流体力.游泳池注入多高的水才不致超过这一限度.

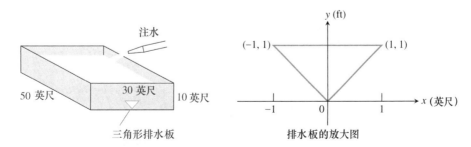

15. (a) **平均压强** 一个垂直矩形平板 a 单位长乘 b 单位宽,把它浸入比重为 w 的流体中,其长边平行于流体表面.求沿平板的竖直尺寸压强的平均值.

    (b) 证明作用在平板一侧的流体力等于平均压强乘平板面积.

16. **带活动侧面的槽** 水以4英尺³/秒的速率注入如图所示的水槽.槽的横截面是直径4英尺的半圆形.槽的一侧是可移动的,它的移动增加了容积并压缩一个弹簧.弹簧力常数是 $k = 100$ 磅/英尺.如果槽的侧面推动弹簧移动5英尺,水将从底部的排水孔以速率5 英尺³/分排出.水槽溢出之前移动侧面是否会到达排水孔?

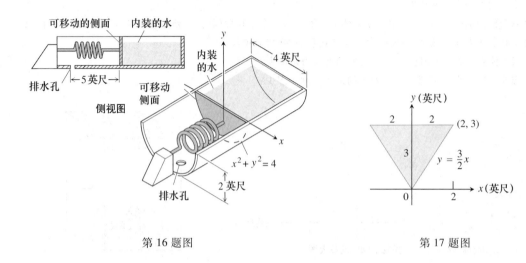

第16题图　　　　　　　　　　　第17题图

17. **饮水槽** 一饮水槽的竖直侧面呈如图所示的等腰三角形(尺寸以英尺计).
    (**a**) 求水槽满时推侧面的流体力.
    (**b**) 你必须使槽中的水面降低多少英寸,才能使作用在侧面的流体力减去一半?(答案精确到半英寸.)
    (**c**) **为学习而写作** 槽有多长是否重要?对于你的回答给出理由.

18. **饮水槽** 饮水槽竖直侧面是边长为3英尺的正方形.
    (**a**) 求水槽盛满水时推侧面的流体力.
    (**b**) 为使流体力减少25%,你必须使槽中的水面降低多少英寸.

19. **奶盒** 一个长方体形的盛牛奶的硬纸盒尺寸是3.75×3.75英寸的底和7.75英寸的高.求奶盒装满时牛奶对于一个侧面的流体力.

20. **橄榄油罐** 一个标准橄榄油罐尺寸是5.75×3.5英寸的底和10英寸的高.当罐装满时对于罐底和每个侧面的流体力是多少?

21. **槽中的水** 设计如下图示的槽的平板侧面承受6667磅的流体力.此槽可以盛多少立方英尺的水才能不超过这个限度?精确到立方英尺.

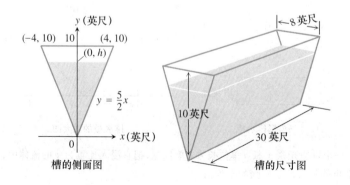

槽的侧面图　　　　　　　　　槽的尺寸图

5.6 矩和质心

沿直线的质量 • 金属丝和细杆 • 分布在平面区域上的质量 • 薄板 • 质心

许多结构和力学系统的行为跟它的质量集中在单独的一个点那样,该点称为质心.(图 5.45).知道如何求这个点的位置是重要的并且做这件事基本上是数学工作.我们暂时只处理一维和二维物体.三维物体最好用第 12 章*的重积分处理.

沿直线的质量

我们分阶段发展数学建模.第一阶段是设想在刚性 x 轴上的质量 m_1, m_2 和 m_3 被支撑在位于原点的支点上.

支点在原点

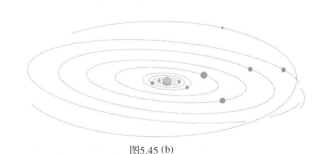

图 5.45 (b)

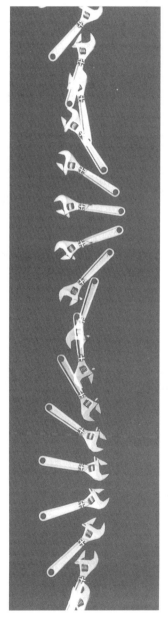

图 5.45(a)

图 5.45 (a) 这个在冰上滑行的板手的运动看似杂乱无章,但仔细观察发现板手简单地绕其质心旋转而质心沿直线滑行.(b) 我们太阳系的行星、小行星和彗星绕着它们的集体质心(位于太阳系内部)旋转.

这样生成的系统可能平衡,也可能不平衡,这取决于质量多大以及如何安置它们.

每个质量 m_k 生成一个向下的力 $m_k g$,它等于质量大小乘以重力加速度.这些力的每一个都有一个绕原点使轴转动的倾向,跟你转动一个跷跷板一样.这个称为**转矩**的效果由力 $m_k g$ 和从作用点到原点的有号距离的乘积来测量.在原点左边的质量施加一个负的(反时针)转矩.原点右边的

---

* 第 12 章的陈述完全是自给自足的.如果愿意,本节可以略去.在第 12 章还会重复基本思想.

质量施加一个正的(顺时针)转矩.

转矩的和测量一个系统绕原点转动的倾向,这个和称为**系统转矩**.

$$\text{系统转矩} = m_1 g x_1 + m_2 g x_2 + m_3 g x_3 \tag{1}$$

当且仅当系统的转矩是零,它将平衡.

如果在等式(1)中提出公因子 g,我们看到系统转矩是

$$\underbrace{g}_{\text{环境的一个特征}} \cdot \underbrace{(m_1 x_1 + m_2 x_2 + m_3 x_3)}_{\text{系统的一个特征}}$$

于是,转矩是重力加速度 g 和数 $(m_1 x_1 + m_2 x_2 + m_3 x_3)$ 的乘积. 这里 g 是环境的特征, 系统偶然处于其中, 而数 $m_1 x_1 + m_2 x_2 + m_3 x_3$ 是系统本身的特征, 这是一个常数, 不论系统位于哪里, 它都保持同一值.

数 $(m_1 x_1 + m_2 x_2 + m_3 x_3)$ 称为**系统关于原点的矩**. 它是个别质量的**矩** $m_1 x_1, m_2 x_2, m_3 x_3$ 之和.

$$M_0 = \text{系统关于原点的矩} = \sum m_k x_k$$

(这里我们转换成 $\sum$ 记号, 以便能含有更多的项, $\sum m_k x_k$ 读作 "求和 $m_k x_k$.")

我们通常想知道把支点放在哪里可使系统平衡, 即把支点放在什么点 $\bar{x}$ 可使转矩之和为零.

注:比较质量和重量

重量是地心引力拉一个质量的结果. 如果一个质量为 m 的物体放在重力加速度为 g 的位置, 物体在那里的重量(按照牛顿第二定律)是

$$F = mg.$$

每个质量关于在这个特殊位置的支点的转矩是

$$m_k \text{ 关于 } \bar{x} \text{ 的转矩} = (m_k \text{ 离开 } \bar{x} \text{ 的有号距离})(\text{向下的力})$$
$$= (x_k - \bar{x}) m_k g.$$

写出说明这些转矩的和是零的等式, 我们就得到能够解出 $\bar{x}$ 的方程:

$$\sum (x_k - \bar{x}) m_k g = 0 \qquad \text{转矩之和等于零}$$

$$g \sum (x_k - \bar{x}) m_k = 0 \qquad \text{求和的常乘数法则}$$

$$\sum (m_k x_k - \bar{x} m_k) = 0 \qquad \text{除以 } g, \text{分配 } m_k$$

$$\sum m_k x_k - \sum \bar{x} m_k = 0 \qquad \text{求和的差法则}$$

$$\sum m_k x_k = \bar{x} \sum m_k \qquad \text{移项, 再用常乘法则}$$

$$\bar{x} = \frac{\sum m_k x_k}{\sum m_k}. \qquad \text{解出 } \bar{x}$$

这最后的等式告诉我们为求 $\bar{x}$, 需用系统的总质量除系统的矩:

$$\bar{x} = \frac{\sum m_k x_k}{\sum m_k} = \frac{\text{系统关于原点的矩}}{\text{系统质量}}.$$

点 $\bar{x}$ 称为系统的**质心**.

金属丝和细杆

在许多应用中,我们需要知道杆或细丝的质心.在这类情况下,我们可以用一个连续函数为质量分布建模,我们公式中的求和符号就以我们就要叙述的方式变为积分.

设想一段沿 x 轴从 $x=a$ 到 $x=b$ 放置的细长条并且通过区间 $[a,b]$ 的一个划分把它切成质量为 Δm_k 的小段.

第 k 段长 Δx_k 单位,并且距离原点近似为 x_k. 现在注意三件事情.

首先,细长条的质心 $\bar{x}$ 近似地和质点系统的质心一样,把每一质量 Δm_k 放在点 x_k 就得到这个质点系统:

$$\bar{x} \approx \frac{\text{系统矩}}{\text{系统质量}}.$$

其次,细长条的每一段关于原点的矩近似地是 $x_k \Delta m_k$,于是,系统矩近似地是 $x_k \Delta m_k$ 之和:

$$\text{系统矩} \approx \sum x_k \Delta m_k.$$

最后,如果细长条在 x_k 的密度是 $\delta(x_k)$,用每单位长度的质量表示,如果 δ 是连续的,则 Δm_k 近似地是 $\delta(x_k)\Delta x_k$(每单位长的质量乘长度):

$$\Delta m_k \approx \delta(x_k)\Delta x_k.$$

组合这三个考察,即得

$$\bar{x} \approx \frac{\text{系统矩}}{\text{系统质量}} \approx \frac{\sum x_k \Delta m_k}{\sum \Delta m_k} \approx \frac{\sum x_k \delta(x_k)\Delta x_k}{\sum \delta(x_k)\Delta x_k}. \quad (2)$$

近似式(2)中的分子是连续函数 $x\delta(x)$ 在闭区间 $[a,b]$ 上的黎曼和,而分母则是函数 $\delta(x)$ 在这个区间上的黎曼和.我们期望近似式(2)中的逼近随着分割愈来愈细而改进,这就导致等式

$$\bar{x} = \frac{\int_a^b x\delta(x)\,\mathrm{d}x}{\int_a^b \delta(x)\,\mathrm{d}x}.$$

这就是我们用以求 $\bar{x}$ 的公式.

> **注:密度**
> 一种物质的密度是每单位体积的质量.但在实践中,我们往往使用测量方便的单位.对于金属丝,杆和窄条,我们使用单位长度的质量.对于平的薄片和平板,我们使用每单位面积的质量.

具有密度函数 $\delta(x)$ 沿着 x – 轴的细杆或条的矩,质量和质心

关于原点的矩: $\quad M_0 = \int_a^b x\delta(x)\,\mathrm{d}x \quad$ (3a)

质量: $\quad M = \int_a^b \delta(x)\,\mathrm{d}x \quad$ (3b)

质心: $\quad \bar{x} = \dfrac{M_0}{M} \quad$ (3c)

> **注:**
> 为求质心,用质量除矩.

例1(常密度条和杆) 证明常密度直的细条或杆的质心位于其两个端点之间的线段的中点.

解 我们把细条建模为 x 轴上从 $x = a$ 到 $x = b$ 的部分(图 5.46). 我们的目的是证明 $\bar{x} = (a + b)/2$, a 和 b 之间的中点.

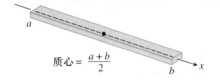

图 5.46 常密度的直线的细杆或条的质心位于其两个端点之间的中点.

关键是密度有常数值. 这使我们能够把等式(3)积分中的 $\delta(x)$ 看作一个常数(称它为 δ), 结果为

$$M_0 = \int_a^b \delta x \, dx = \delta \int_a^b x \, dx = \delta \left[\frac{1}{2} x^2 \right]_a^b = \frac{\delta}{2}(b^2 - a^2)$$

$$M = \int_a^b \delta \, dx = \delta \int_a^b dx = \delta [x]_a^b = \delta(b - a)$$

$$\bar{x} = \frac{M_0}{M} = \frac{\frac{\delta}{2}(b^2 - a^2)}{\delta(b - a)}$$

$$= \frac{a + b}{2}. \qquad \text{在 } \bar{x} \text{ 的公式中消去了 } \delta$$

例2(变密度杆) 图 5.47 中的 10 米长的杆从左至右变粗, 以致其密度不是常数, 而是 $\delta(x) = 1 + (x/10)$ 千克/米. 求杆的质心.

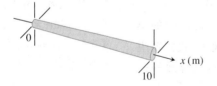

图 5.47 我们可以把粗细不均匀的杆视作变密度的杆. (例2)

解 杆关于原点的矩(等式 3(a))是

$$M_0 = \int_0^{10} x\delta(x) \, dx = \int_0^{10} x\left(1 + \frac{x}{10}\right) dx = \int_0^{10} \left(x + \frac{x^2}{10}\right) dx$$

$$= \left[\frac{x^2}{2} + \frac{x^3}{30}\right]_0^{10} = 50 + \frac{100}{3} = \frac{250}{3} \text{ 千克 · 米} \qquad \text{矩的单位是 质量×长度}$$

杆的质量(等式 3(b))是

$$M = \int_0^{10} \delta(x) \, dx = \int_0^{10} \left(1 + \frac{x}{10}\right) dx = \left[x + \frac{x^2}{20}\right]_0^{10} = 10 + 5 = 15 \text{ 千克}.$$

质心(等式 3(c))位于点

$$\bar{x} = \frac{M_0}{M} = \frac{250}{3} \cdot \frac{1}{15} = \frac{50}{9} \approx 5.56 \text{ 米}.$$

分布在平面区域上的质量

假定我们有分布在平面上的质量的有限集,在点(x_k,y_k)的质量为m_k(见图5.48). 系统的

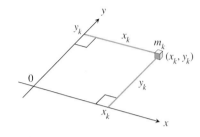

图 5.48 每个质量 m_k 关于每个轴有一个矩.

质量是

$$\text{系统质量：} \quad M = \sum m_k.$$

每一个质量有关于每个轴的矩. 它关于 x 轴的矩是 $m_k y_k$,而它关于 y 轴的矩是 $m_k x_k$. 整个系统关于两个轴的矩是

$$\text{关于 } x \text{ 轴的矩：} \quad M_x = \sum m_k y_k,$$

$$\text{关于 } y \text{ 轴的矩：} \quad M_y = \sum m_k x_k.$$

系统质心的 x 坐标定义为

$$\bar{x} = \frac{M_y}{M} = \frac{\sum m_k x_k}{\sum m_k}. \tag{4}$$

对于这样选择的 $\bar{x}$,跟一维情形一样,系统关于直线 $x = \bar{x}$ 平衡(图5.49).

系统质心的 y 坐标定义为

$$\bar{y} = \frac{M_x}{M} = \frac{\sum m_k y_k}{\sum m_k}. \tag{5}$$

对于这样选择的 $\bar{y}$,系统关于直线 $y = \bar{y}$ 也平衡. 质量关于直线 $y = \bar{y}$ 的转矩相互抵消. 这样,只要涉及到平衡问题,整个系统的行为就跟它的质量在单独一点 $(\bar{x}, \bar{y})$ 一样. 我们称这个点为系统的**质心**.

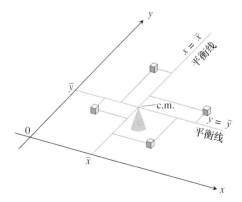

图 5.49 二维质量组在它的质心平衡.

薄板

在许多应用中,我们需要求钢圆盘,钢三角形等这些薄平板的质心. 在这样的情形,我们假定质量分布是连续的,用以计算 $\bar{x}$ 和 $\bar{y}$ 的公式包含积分而非有限和. 积分以下列方式出现.

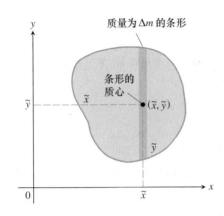

图 5.50 一个平板被切成平行于 y 轴的窄条. 一个典型条形关于每个轴作用的矩是它的质量 Δm 集中在条形的质心 $(\tilde{x},\tilde{y})$ 作用的矩.

设想平板占据 xy 平面的一个区域,把它切割成平行于一个坐标轴(在图 5.50 中,是 y 轴)的窄条. 一个典型窄条的质心是 $(\tilde{x},\tilde{y})$. 我们把窄条的质量 Δm 当作集中在 $(\tilde{x},\tilde{y})$ 来处理. 窄条关于 y 轴的矩就是 $\tilde{x}\Delta m$;窄条关于 x 轴的矩是 $\tilde{y}\Delta m$. 等式(4)和(5)就成为

$$\bar{x} = \frac{M_y}{M} = \frac{\sum \tilde{x}\Delta m}{\sum \Delta m}, \quad \bar{y} = \frac{M_x}{M} = \frac{\sum \tilde{y}\Delta m}{\sum \Delta m}.$$

跟一维情形一样,和是积分的黎曼和,并且由平板切成的窄条愈来愈窄时趋向这些积分. 我们把这些积分符号化地写成

$$\tilde{x} = \frac{\int \tilde{x}\,\mathrm{d}m}{\int \mathrm{d}m} \quad \text{和} \quad \tilde{y} = \frac{\int \tilde{y}\,\mathrm{d}m}{\int \mathrm{d}m}.$$

覆盖 xy 平面上一个区域的薄板的矩、质量和质心

关于 x 轴的矩: $M_x = \int \tilde{y}\,\mathrm{d}m$

关于 y 轴的矩: $M_y = \int \tilde{x}\,\mathrm{d}m$ (6)

质量: $M = \int \mathrm{d}m$

质心: $\bar{x} = \frac{M_y}{M}, \quad \bar{y} = \frac{M_x}{M}$

为求这些积分的值,我们在一个坐标平面上画出平板并勾画出一个平行于一个坐标轴的质量条. 然后我们用 x 或 y 表示细条的质量 $\mathrm{d}m$ 和窄条的质心坐标 $(\tilde{x},\tilde{y})$. 最后,我们由平板在平面上的位置确定积分的限,积分 $\tilde{y}\,\mathrm{d}m,\tilde{x}\,\mathrm{d}m$ 和 $\mathrm{d}m$.

例 3（常密度板） 图 5.51 所示的三角形平板有常密度 $\delta = 3$ 克 / 厘米^2. 求
（**a**）平板关于 y 轴的矩 M_y.
（**b**）平板的质量 M.
（**c**）平板质心的 x 坐标.

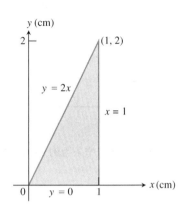
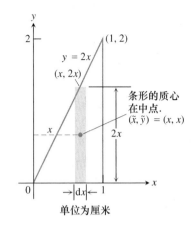

图 5.51　例 3 中的平板.　　　　　图 5.52　用竖直条形为例 3 中的平板建模.

解　**方法 1**：竖直窄条（图 5.52）.
（**a**）矩 M_y：典型的竖直条有

质心（c.m.）：　$(\tilde{x}, \tilde{y}) = (x, x)$
长度：　　　　$2x$
宽度：　　　　$\mathrm{d}x$
面积：　　　　$\mathrm{d}A = 2x\,\mathrm{d}x$
质量：　　　　$\mathrm{d}m = \delta \mathrm{d}A = 3 \cdot 2x\,\mathrm{d}x = 6x\,\mathrm{d}x$
质心到 y 轴距离：$\tilde{x} = x$.
窄条关于 y 轴的矩是
$$\tilde{x}\,\mathrm{d}m = x \cdot 6x\,\mathrm{d}x = 6x^2\,\mathrm{d}x.$$
于是平板关于 y 轴的矩是
$$M_y = \int \tilde{x}\,\mathrm{d}m = \int_0^1 6x^2\,\mathrm{d}x = 2x^3 \Big|_0^1 = 2 \text{ 克} \cdot \text{厘米}.$$

（**b**）平板质量：
$$M = \int \mathrm{d}m = \int_0^1 6x\,\mathrm{d}x = 3x^2 \Big|_0^1 = 3 \text{ 克}.$$

（**c**）平板质心的 x 坐标
$$\tilde{x} = \frac{M_y}{M} = \frac{2 \text{ 克} \cdot \text{厘米}}{3 \text{ 克}} = \frac{2}{3} \text{ 厘米}.$$

由类似的计算，我们可以求得 M_x 和 $\tilde{y} = \dfrac{M_x}{M}$.

方法 2：水平窄条（图 5.53）.

（a）矩 M_y：典型水平窄条质心的 y 坐标是 y（见图 5.53），于是
$$\tilde{y} = y.$$
质心的 x 坐标是三角形的横截线的中点的 x 坐标. 这使它是 $y/2$（窄条左端的 x 值）和 1（窄条右端的 x 值）的平均值
$$\tilde{x} = \frac{(y/2)+1}{2} = \frac{y}{4} + \frac{1}{2} = \frac{y+2}{4}.$$
我们还有

长度：$1 - \dfrac{y}{2} = \dfrac{2-y}{2}$

宽度：dy

面积：$dA = \dfrac{2-y}{2}dy$

质量：$dm = \delta dA = 3 \cdot \dfrac{2-y}{2}dy$

质心到 y 轴的距离：$\tilde{x} = \dfrac{y+2}{4}.$

窄条关于 y 轴的矩是
$$\tilde{x}\,dm = \frac{y+2}{4} \cdot 3 \cdot \frac{2-y}{2}dy = \frac{3}{8}(4-y^2)\,dy.$$
平板关于 y 轴的矩是
$$M_y = \int \tilde{x}\,dm = \int_0^2 \frac{3}{8}(4-y^2)\,dy$$
$$= \frac{3}{8}\left[4y - \frac{y^3}{3}\right]_0^2 = \frac{3}{8}\left(\frac{16}{3}\right) = 2 \text{ 克·厘米}.$$

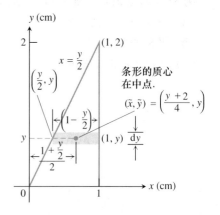

图 5.53　用水平窄条为例 3 中的平板建模.

（b）平板质量：
$$M = \int dm = \int_0^2 \frac{3}{2}(2-y)\,dy$$
$$= \frac{3}{2}\left[2y - \frac{y^2}{2}\right]_0^2 = \frac{3}{2}(4-2) = 3 \text{ 克}.$$

（c）平板质心的 x 坐标：
$$\bar{x} = \frac{M_y}{M} = \frac{2 \text{ 克·厘米}}{3 \text{ 克}} = \frac{2}{3} \text{ 厘米}.$$

通过类似的计算，我们可以求得 M_x 和 $\bar{y}$.

如何求平板的质心

步骤 1：在 xy 平面画出平板的图形.
步骤 2：画平行于一个坐标轴的质量条形并且求它的尺寸.
步骤 3：求该条形的质量 dm 和质心 $(\tilde{x}, \tilde{y})$.
步骤 4：积分 $\tilde{y}dm$，$\tilde{x}dm$ 和 dm 以求 M_x，M_y 和 M.
步骤 5：用质量除矩以计算 $\bar{x}$ 和 $\bar{y}$.

如果在薄平板中的质量分布有一个对称轴,质心将在这个对称轴上,如果有两个对称轴,质心将在它们的交点上. 这些事实经常帮助我们简化工作.

例 4(常密度板) 求常密度为 δ 的一个薄板的质心,它覆盖上由抛物线 $y = 4 - x^2$ 下由 x 轴 界定的区域(图 5.54).

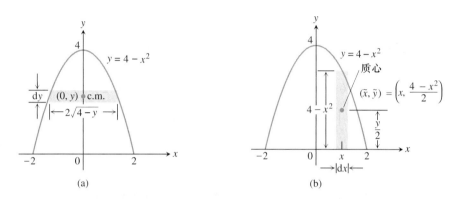

图 5.54 用(a) 水平条形为例 4 中的平板建模导致困难的积分,于是我们用(b) 竖直条形取代它.

解 因为平板关于 y 轴对称,其密度又是常值,质量分布关于 y 轴对称,所以质心位于 y 轴上. 于是 $\bar{x} = 0$. 留下的事情是求 $\bar{y} = M_x/M$.

一个利用水平窄条(图 5.54a)的尝试性计算导致一个困难的积分

$$M_x = \int_0^4 2\delta y \sqrt{4 - y}\,dy.$$

因此我们换用竖直细条为质量分布建模(图 5.54b). 典型的竖直窄条有:

质心(c.m.): $(\tilde{x}, \tilde{y}) = \left(x, \dfrac{4 - x^2}{2} \right)$

长度: $4 - x^2$

宽度: dx

面积: $dA = (4 - x^2)\,dx$

质量: $dm = \delta dA = \delta(4 - x^2)\,dx$

质心到 x 轴的距离: $\tilde{y} = \dfrac{4 - x^2}{2}$.

窄条关于 x 轴的矩是

$$\tilde{y}\,dm = \frac{4 - x^2}{2} \cdot \delta(4 - x^2)\,dx = \frac{\delta}{2}(4 - x^2)^2\,dx.$$

平板关于 x 轴的矩是

$$M_x = \int \tilde{y}\,dm = \int_{-2}^{2} \frac{\delta}{2}(4 - x^2)^2\,dx$$

$$= \frac{\delta}{2} \int_{-2}^{2} (16 - 8x^2 + x^4)\,dx = \frac{256}{15}\delta. \tag{7}$$

平板的质量是

$$M = \int dm = \int_{-2}^{2} \delta(4 - x^2)\,dx = \frac{32}{3}\delta. \tag{8}$$

因此
$$\bar{y} = \frac{M_x}{M} = \frac{(256/15)\delta}{(32/3)\delta} = \frac{8}{5}.$$

平板的质心是点
$$(\bar{x}, \bar{y}) = \left(0, \frac{8}{5}\right).$$

例 5（变密度平板） 求例 4 中平板的质心，假定在点 (x, y) 处的密度是 $\delta = 2x^2$，即点到 y 轴距离平方的两倍。

解 质量分布仍是关于 y-轴对称的，于是 $\bar{x} = 0$. 对于 $\delta = 2x^2$，等式 (7) 和 (8) 成为

$$M_x = \int \tilde{y}\, dm = \int_{-2}^{2} \frac{\delta}{2}(4 - x^2)^2 dx = \int_{-2}^{2} x^2(4 - x^2)^2 dx$$
$$= \int_{-2}^{2}(16x^2 - 8x^4 + x^6)dx = \frac{2048}{105} \tag{7'}$$

$$M = \int dm = \int_{-2}^{2}\delta(4 - x^2)dx = \int_{-2}^{2} 2x^2(4 - x^2)dx$$
$$= \int_{-2}^{2}(8x^2 - 2x^4)dx = \frac{256}{15}. \tag{8'}$$

因此
$$\bar{y} = \frac{M_x}{M} = \frac{2048}{105} \cdot \frac{15}{256} = \frac{8}{7}.$$

平板的新质心是
$$(\bar{x}, \bar{y}) = \left(0, \frac{8}{7}\right).$$

例 6（常密度细丝） 求常密度为 δ 的形状是半径为 a 的半圆的细丝的质心。

解 我们用半圆 $y = \sqrt{a^2 - x^2}$ 模仿细丝（图 5.55）。质量分布关于 y 轴是对称的，于是 $\bar{x} = 0$. 为求 $\bar{y}$，我们设想把细丝分割成短的小段。典型的小段（图 5.55a）有

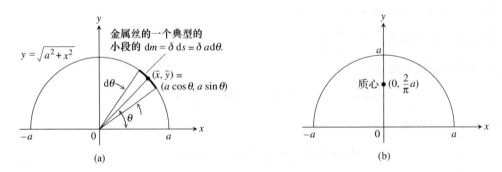

图 5.55 例 6 中的半圆金属丝。(a) 求质心用的尺寸和变量。(b) 质心不在金属丝上。

长度： $ds = a d\theta$

质量： $dm = \delta ds = \delta a d\theta$ 　　　每单位长度质量乘以长度

质心到 x 轴的距离： $\tilde{y} = a\sin\theta$.

因此
$$\bar{y} = \frac{\int \tilde{y}\,dm}{\int dm} = \frac{\int_0^\pi a\sin\theta \cdot \delta a\,d\theta}{\int_0^\pi \delta a\,d\theta} = \frac{\delta a^2[-\cos\theta]_0^\pi}{\delta a\pi} = \frac{2}{\pi}a,$$

质心位于对称轴上的点$(0, 2a/\pi)$,在从原点往上的 2/3 的地方.

质心

当密度函数是常数时,它就从$\bar{x}$和$\bar{y}$的公式中被消去. 在本节的近乎每个例子里都如此. 这时涉及到$\bar{x}$和$\bar{y}$时,δ都可当作是 1. 这样,当密度是常数时,质心是物体的几何特征而非构成它的物质的特征. 在这种情形,工程师可以称质心为形状的**质心**,比如在"求三角形或锥体的质心". 为求形状的质心,只须令δ等于 1,像前而那样求$\bar{x}$和$\bar{y}$,即用质量除矩.

习题 5.6

细杆

1. 一个 80 磅的孩子和一个 100 磅的孩子在跷跷板上平衡. 80 磅的孩子距支点 5 英尺. 100 磅的孩子距支点多远.
2. 一根原木的两端放在两个秤上,一个读数 100 公斤,而另一个 200 公斤. 原木的质心在哪里?
3. 两个等长的细钢杆的末端焊接在一起构成一个直角支架. 求支架的质心. (提示:每个杆的质心在哪里?)
4. 你焊接两个钢杆的末端成直角支架,一个杆的长度是另一个的两倍. 支架的质心在哪里?(提示:每个杆的质心在哪里?)

第 3 题图

题 5-12 给定了放置在x轴的不同区间上的杆的密度函数. 利用等式 (3a) 到 (3b) 求每个杆关于原点的矩、质量和质心.

5. $\delta(x) = 4, \quad 0 \leq x \leq 2$
6. $\delta(x) = 4, \quad 1 \leq x \leq 3$
7. $\delta(x) = 1 + (x/3), \quad 0 \leq x \leq 3$
8. $\delta(x) = 2 - (x/4), \quad 0 \leq x \leq 4$
9. $\delta(x) = 1 + (1/\sqrt{x}), \quad 1 \leq x \leq 4$
10. $\delta(x) = 3(x^{-3/2} + x^{-5/2}), \quad 0.25 \leq x \leq 1$
11. $\delta(x) = \begin{cases} 2-x, & 0 \leq x < 1 \\ x, & 1 \leq x \leq 2 \end{cases}$
12. $\delta(x) = \begin{cases} x+1, & 0 \leq x < 1 \\ 2, & 1 \leq x \leq 2 \end{cases}$

具有常密度的薄板

在题 13-24 中,求覆盖给定区域密度为常数δ的薄板的质心.

13. 由抛物线$y = x^2$和直线$y = 4$界定的区域.
14. 由抛物线和x轴界定的区域.
15. 由抛物线$y = x - x^2$和直线$y = -x$界定的区域.
16. 由抛物线$y = x^2 - 3$和$y = -2x^2$围成的区域.
17. 由y轴和曲线$x = y - y^3, 0 \leq y \leq 1$界定的区域.
18. 由抛物线$x = y^2 - y$和直线$y = x$界定的区域.

19. 由 x 轴和曲线 $y = \cos x$, $-\pi/2 \le x \le \pi/2$ 界定的区域.

20. 夹在 x 轴和曲线 $y = \sec^2 x$, $-\pi/4 \le x \le \pi/4$ 之间的区域.

21. 由抛物线 $y = 2x^2 - 4x$ 和 $y = 2x - x^2$ 界定的区域.

22. (a) 用圆 $x^2 + y^2 = 9$ 从第一象限切下的区域.

    (b) 由 x 轴和半圆 $y = \sqrt{9 - x^2}$ 界定的区域.

    比较部分(b)的答案和部分(a)的答案.

23. 在第一象限里夹在圆 $x^2 + y^2 = 9$, 直线 $x = 3$ 和 $y = 3$ 之间的"三角形". (提示:用几何知识求面积.)

24. 上边由曲线 $y = 1/x^3$, 下边由曲线 $y = -1/x^3$ 而左右由直线 $x = 1$ 和 $x = a > 1$ 界定的区域. 再求 $\lim\limits_{a \to \infty} \bar{x}$.

具有变密度的薄板

25. 求一个薄板的质心, 该薄板覆盖了夹在 x 轴和曲线 $y = 2/x^2$, $1 \le x \le 2$ 之间的区域, 假定板在点 (x, y) 的密度是 $\delta(x) = x^2$.

26. 求一个薄板的质心, 该薄板覆盖了下由抛物线 $y = x^2$、上由直线 $y = x$ 界定的区域, 假定板在点 (x, y) 的密度是 $\delta(x) = 12x$.

27. 由曲线 $y = \pm 4/\sqrt{x}$ 和直线 $x = 1$ 及 $x = 4$ 界定的区域绕 y 轴旋转产生一个立体.

    (a) 求该立体的体积.

    (b) 求覆盖该区域的薄板的质心, 假定板在点 (x, y) 的密度是 $\delta(x) = 1/x$.

    (c) 画板的草图并且在你的草图中指出质心.

28. 夹在曲线 $y = 2/x$ 和 x 轴之间从 $x = 1$ 到 $x = 4$ 的区域绕 x 轴旋转生成一个立体.

    (a) 求该立体的体积.

    (b) 求覆盖该区域的薄板的质心, 假定板在点 (x, y) 的密度是 $\delta(x) = \sqrt{x}$.

    (c) 画板的草图并且在你的草图中指出质心.

三角形的质心

29. **三角形的质心位于三角形中线的交点**(图 5.56a)   你回想起三角形的一个内点, 它位于每一边到相对顶点的路程的三分之一处, 它是三角形的三条中线的交点. 证明三角形的质心位于三条中线的交点. 这就要证明它也位于从每一边到相对顶点路程 1/3 的地方. 为此, 采取下列步骤.

    i. 把三角形的一边如图 5.56b 那样放在 x 轴上. 用 L 和 dy 表示 dm.

    ii. 利用相似三角形证明 $L = (b/h)(h - y)$. 把这个表达式代入你的 dm 的公式中的 L.

    iii. 证明 $\bar{y} = h/3$.   iv. 将这一推理推广到其它的边.

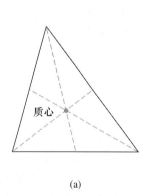
(a)

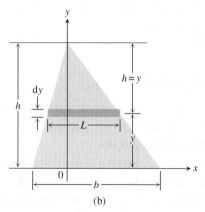
(b)

图 5.56 题 29 中的三角形. (a) 质心. (b) 在确定质心位置时使用的尺寸和变量.

利用题 29 的结果求三角形的质心,它们的顶点给定在题 30 – 34 中. 假定 $a,b > 0$.

30. $(-1,0),(1,0),(0,3)$ 31. $(0,0),(1,0),(0,1)$ 32. $(0,0),(a,0)(0,a)$
33. $(1,0),(a,0),(0,b)$ 34. $(0,0)(a,0),(a/2,b)$

细丝

35. **常密度** 求常密度的沿从 $x = 0$ 到 $x = 2$ 的曲线 $y = \sqrt{x}$ 放置的细丝关于 x 轴的矩.
36. **常密度** 求常密度的沿从 $x = 0$ 到 $x = 1$ 的曲线 $y = x^3$ 放置的细丝关于 x 轴的矩.
37. **变密度** 假定例 6 中细丝的密度是 $\delta = k\sin\theta$ (k 是常数). 求质心.
38. **变密度** 假定例 6 中细丝的密度是 $\delta = 1 + k|\cos\theta|$ (k 是常数). 求质心.

工程技术中的公式

验证题 39 – 42 中的陈述和公式

39. 可微平面曲线的质心的坐标是(如下图所示)

$$\bar{x} = \frac{\int x \, ds}{\text{长度}}, \quad \bar{y} = \frac{\int y \, ds}{\text{长度}}.$$

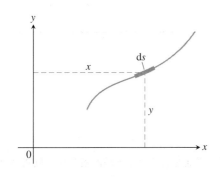

第 39 题图

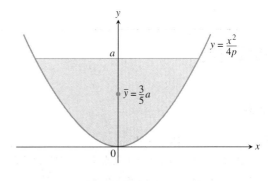

第 40 题图

40. 对方程 $y = x^2/(4p)$ 中 $p > 0$ 的任何值,这里图示的抛物线段的质心的 y 坐标是 $\bar{y} = (3/5)a$.
41. 对于常密度,形状为中心在原点的关于 y 轴对称的圆弧的细丝和细杆,质心的 y 坐标是

$$\bar{y} = \frac{a\sin\alpha}{\alpha} = \frac{ac}{s}.$$

42. (续题 41)

(a) 证明当 α 较小时,从质心到弦 AB 的距离约是 $2h/3$ (用图中的记号),为此采用下列步骤.

   i. 证明 $\dfrac{d}{h} = \dfrac{\sin\alpha - \alpha\cos\alpha}{\alpha - \alpha\cos\alpha}$.

   T ii. 画 $f(\alpha) = \dfrac{\sin\alpha - \alpha\cos\alpha}{\alpha - \alpha\cos\alpha}$ 的图象并且利用轨迹特性说明 $\lim\limits_{\alpha \to 0^+} f(\alpha) \approx \dfrac{2}{3}$.

(b) 误差(d 和 $2h/3$ 之间的差)即使对于大于 $45°$ 的角也是小的. 通过求等式(9)右端当 $\alpha = 0.2, 0.4, 0.6$, 0.8 和 1.0 弧度时的值你自己就能看出这一事实.

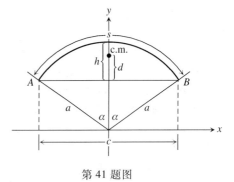

第 41 题图

指导你们复习的问题

1. 你怎样用切片法定义和计算立体的体积?举一个例子.
2. 如何从切片法导出计算体积的圆盘法和垫圈法?给出用这些方法计算体积的例子.
3. 叙述圆柱薄壳法.举一个例子.
4. 如何定义和计算一条在一个闭区间上的光滑曲线 $y = f(x)$ 的长度?举一个例子.
5. 如何求光滑参数曲线 $x = f(t), y = g(t), a \leq t \leq b$ 的长度?求弧长必须的光滑性是什么?为求曲线的长度,关于参数表示还需要知道什么?举一个例子.
6. 如何定义和计算沿着 x 轴一部分的有向变力做的功?如何计算从槽中抽液体需要的功?举几个例子.
7. 弹簧的 Hooke 定律是什么?在为弹簧的行为建模时,什么时候 Hooke 定律给出不好的结果?
8. 如何计算液体对于垂直平壁一部分的作用力?举一个例子.
9. 什么是质心?
10. 如何确定直的细杆或条形物的质心的位置?举一个例子.如果物质的密度是常数,你可以立刻告诉质心在哪里,它在哪里呢?
11. 你如何确定物质薄板的质心的位置?举一个例子.

实践习题

体积

求题 1 – 6 中的立体的体积.

1. 立体夹在在 $x = 0$ 和 $x = 1$ 垂直于 x 轴的平面之间.在这两个平面之间垂直于 x 轴的横截面是圆盘,它们的直径从抛物线 $y = x^2$ 伸展到抛物线 $y = \sqrt{x}$.
2. 立体的底是第一象限中夹在直线 $y = x$ 和抛物线 $y = 2\sqrt{x}$ 之间的区域.立体的垂直于 x 轴的横截面是等边三角形,它们的底从直线伸展到曲线.
3. 立体夹在在 $x = \pi/4$ 和 $= 5\pi/4$ 垂直于 x 轴的两平面之间.在这两个平面之间的横截面是圆盘,它们的直径从曲线 $y = 2\cos x$ 伸展到曲线 $y = 2\sin x$.
4. 立体夹在在 $x = 0$ 和 $x = 6$ 垂直于 x 轴的平面之间.在这两个平面之间的横截面是正方形,它们的一边从 x 轴向上伸展到曲线 $x^{1/2} + y^{1/2} = \sqrt{6}$(如右图所示).
5. 立体夹在在 $x = 0$ 和 $x = 4$ 垂直于 x 轴的两平面之间,立体的垂直于 x 轴的横截面是圆盘,它们的直径从曲线 $x^2 = 4y$ 伸展到曲线 $y^2 = 4x$.
6. 立体的底是由 xy 平面上的抛物线 $y^2 = 4x$ 和直线 $x = 1$ 界定的区域.每个垂直于 x 轴的截面是一个等边三角形,其一个边在 xy 平面上.(所有三角形都在 xy 平面的同一侧.)

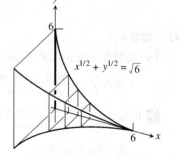

第 4 题图

7. 求由 x 轴,曲线 $y = 3x^4$ 和直线 $x = 1$ 以及 $x = -1$ 界定的区域绕
   (a) x 轴 (b) y 轴 (c) 直线 $x = 1$ (d) 直线 $y = 3$
   旋转生成的立体的体积.

8. 求由被曲线 $y = 4/x^3$ 和直线 $x = 1$ 以及 $y = 1/2$ 界定的"三角形"区域绕
   (a) x 轴 (b) y 轴 (c) 直线 $x = 2$ (d) 直线 $y = 4$
   旋转生成的立体的体积.

9. 求由左边被抛物线 $x = y^2 + 1$、右边被直线 $x = 5$ 界定的区域绕
   (a) x 轴 (b) y 轴 (c) 直线 $x = 5$
   旋转生成的立体的体积.

10. 求由抛物线 $y^2 = 4x$ 和直线 $y = x$ 界定的区域绕
    (a) x 轴 (b) y 轴 (c) 直线 $x = 4$ (d) 直线 $y = 4$
    旋转生成的立体的体积.

11. 求第一象限中由 x 轴,直线 $x = \pi/3$ 和曲线 $y = \tan x$ 界定的"三角形"区域绕 x 轴旋转生成的立体的体积.

12. 求由曲线 $y = \sin x$ 和直线 $x = 0, x = \pi$ 以及 $y = 2$ 界定的区域绕直线 $y = 2$ 旋转生成的立体的体积.

13. 求夹在 x 轴和曲线 $y = x^2 - 7x$ 之间的区域绕
    (a) x 轴 (b) 直线 $y = -1$
    (c) 直线 $x = 2$ (d) 直线 $y = 2$
    旋转生成的立体的体积.

14. 求由 $y = 2\tan x, y = 0, x = -\pi/4$ 和 $x = \pi/4$ 界定的区域绕 x 轴旋转生成的立体的体积.(区域位于第一象限和第三象限并且像一个斜的蝴蝶结.)

15. **立体球洞的体积** 从一个半径为 2 英尺的球钻出一个半径为 $\sqrt{3}$ 英尺的圆洞.求从球去掉的物质的体积.

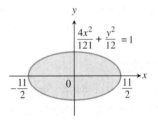

16. **橄榄球的体积** 橄榄球的剖面像这里图示的椭圆.求橄榄球的体积,精确到立方英寸.

第 16 题图

曲线长度

求题 17 - 23 中的曲线的长度.

17. $y = x^{1/2} - (1/3)x^{3/2}, \quad 1 \leq x \leq 4$

18. $x = y^{2/3}, \quad 1 \leq y \leq 8$

19. $y = (5/12)x^{6/5} - (5/8)x^{4/5}, \quad 1 \leq x \leq 32$

20. $x = (y^3/12) + (1/y), \quad 1 \leq y \leq 2$

21. $x = 5\cos t - \cos 5t, y = 5\sin t - \sin 5t, \quad 0 \leq t \leq \dfrac{\pi}{2}$

22. $x = t^2, y = 2t, \quad 0 \leq t \leq 1$

23. $x = 3\cos \theta, y = 3\sin \theta, \quad 0 \leq \theta \leq 3\pi/2$

24. 求右图所示的封闭环 $x = t^2, y = (t^3/3) - t$ 的长度.闭环从 $t = -\sqrt{3}$ 开始到 $t = \sqrt{3}$ 结束.

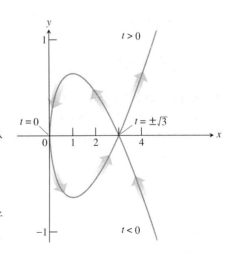

第 24 题图

功

25. **提升设备** 一攀岩者往上拉悬挂在她下面的 40 米长的绳子上的重 100 牛顿(约 22.5 磅)的装备,绳子每米重 0.8 牛顿.这将做多少功?(提示:分别对绳子和装备求解,再相加.)

26. **漏的水罐车** 你驾驶一个 800 加仑的水罐车从 Washington 山

的山脚到山顶,在到达时发现水罐车只是半满了.你出发时水罐是满的,以稳定的速率攀升,在 50 分钟内升高了 4750 英尺.假定水以稳定的速率漏出,把水拉到山顶做功多少?不计对你自己和卡车做的功.水的比重是 8 磅／美国加仑.

27. **拉长弹簧** 如果保持弹簧比其不受力时的长度长 0.8 米需 20 磅的力.把弹簧拉长这么多需做功多少?再增加 1 英尺呢?

28. **车库门的弹簧** 200 牛顿的力把车库门的弹簧比不受力时的长度拉长了 0.8 米.300 牛顿的力将拉长多少?从不受力的长度把弹簧拉长这么多需做功多少?

29. **从容器抽水** 一个容器形状如直圆锥,顶点在下,顶横截面直径 20 英尺,深 8 英尺,盛满了水.把其中的水抽到容器顶部以上 6 英尺高度需做多少功?

30. **从容器中抽水**(续题 29) 容器盛水到 5 英尺的深度,水被抽到容器顶部同一高度.这需做功多少?

31. **从锥形槽抽吸** 一个正圆锥槽顶点在下,顶部半径 5 英尺,高 10 英尺,盛满了比重为 60 磅／英尺^3 的液体.把液体抽到槽以上 2 英尺的一个点需做多少功?如果抽水机由一个 275 英尺·磅／秒(1/2 马力)的电动机带动,抽空这个槽需多长时间?

32. **从柱形罐抽吸** 一个贮存罐是正圆柱体,长 20 英尺,直径 8 英尺,以 x 轴为水平轴.如果罐盛了半满的比重为 57 磅／英尺^3 的橄榄油,求通过一条从罐的底部到比罐顶部高 6 英尺的出口的管子把罐抽空需做的功.

流体力

33. 这里图示的竖直三角形是一个盛满水($w = 62.4$)的水槽的侧面平板,推平板的流体力是多少?

34. **糖枫汁槽** 这里图示的是一个盛满了比重 75 磅／英尺^3 的糖枫汁槽的竖直侧面平板(梯形).当糖枫汁有 10 英寸深时,作用在侧面平板上的力有多大?

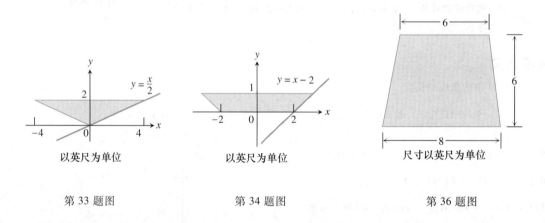

第 33 题图　　　　　　第 34 题图　　　　　　第 36 题图

35. **作用在抛物形门上的力** 水坝正面的一个竖直门的形状像夹在曲线 $y = 4x^2$ 和直线 $y = 4$ 之间的抛物形区域,单位为英尺.门的顶部位于水面以下 5 英尺,求水对于门的作用力($w = 62.4$).

36. **作用在梯形门上的力** 这里图示的等腰梯形平板竖直浸入水($w = 62.4$)中,上底在水面以下 4 英尺.求作用在平板一侧的流体力.

质心

37. 求由抛物线 $y = 2x^2$ 和 $y = 3 - x^2$ 围成的区域的薄平板的质心.

38. 求由 x 轴,直线 $x = 2$ 和 $x = -2$ 以及抛物线 $y = x^2$ 围成的区域的薄平板的质心.

39. 求覆盖第一象限中由 y 轴,抛物线 $y = x^2/4$ 和直线 $y = 4$ 界定的区域的薄平板的质心.

40. 求由抛物线 $y^2 = x$ 和直线 $x = 2y$ 围成的区域的薄平板的质心.

41. **变密度**   求由抛物线 $y^2 = x$ 和直线 $x = 2y$ 围成的区域的薄平板的质心,假定密度函数是 $\delta(y) = 1 + y$.（利用水平条形.）

42. (**a**) **常密度**   求常密度的夹在曲线 $y = 3/x^{3/2}$ 和 x 轴之间的从 $x = 1$ 到 $x = 9$ 的区域的薄板的质心.
    (**b**) **变密度**   常密度改为密度是 $\delta(x) = x$,求平板的质心.（用竖直条形.）

附加习题:理论、例子、应用

体积和长度

1. 一个立体由连续函数 $y = f(x)$ 的图象,x 轴和直线 $x = 0$ 以及 $x = a$ 界定的区域绕 x 轴旋转生成. 对所有 $a > 0$,它的体积是 $a^2 + a$. 求 $f(x)$.

2. 假定函数当 $x \geq 0$ 时是非负和连续的. 再假定对于每个正数 b,由 f 的图象,坐标轴和直线 $x = b$ 围成的区域绕 y 轴旋转生成的立体的体积为 $2\pi b^3$. 求 $f(x)$.

3. 假定增函数 $f(x)$ 当 $x \geq 0$ 时是光滑的且 $f(0) = a$. 用 $s(x)$ 表示 $f(x)$ 的图象从 $(0, a)$ 到 $(x, f(x))$ $(x > 0)$ 的长度. 如果对于某个常数 C, $s(x) = Cx$,求 $f(x)$. 对于 C 允许的值是什么?

4. (**a**) 证明对于 $0 < \alpha \leq \pi/2$,
$$\int_0^\alpha \sqrt{1 + \cos^2\theta}\,d\theta > \sqrt{\alpha^2 + \sin^2\alpha}.$$
   (**b**) 推广部分(**a**) 的结果.

功和流体力

5. **功和动能**   假定 1.6 盎司的高尔夫球放在一个力常数为 $k = 2$ 磅/英寸的竖直弹簧上. 弹簧被压缩 6 英寸,而后松开. 球大约升高多少（从弹簧的静止位置量起）?

6. **流体力**   一个三角形平板 ABC 垂直浸入水中. 4 英尺长的边 AB 在水面下 6 英尺,而顶点 C 在水面下 2 英尺. 求水作用在平板一侧的力.

7. **平均压强**   一个竖直矩形板浸入液体中,其顶边平行于液面. 证明液体作用在平板一侧的力等于板的上部和下部的压强的平均值乘平板的面积.

8. **竖直正方形板**   这里画出了剖面图的容器盛着不混合的比重分别为 w_1 和 w_2 的两种液体. 求竖直正方形平板 $ABCD$ 受的流体力. 顶点 B 和 D 位于分界层,正方形边长 $6\sqrt{2}$ 英尺.（提示:如果 y 从液面往下测量,则对于 $0 \leq y \leq 8$,压强是 $p = w_1 y$;而对于 $y > 8$,压强是 $p = 8w_1 + w_2(y - 8)$.）（如右图所示.）

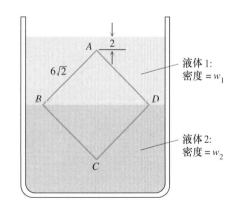

第 8 题图

矩和质心

9. **质心的极限位置**   求下由 x 轴上由曲线 $y = 1 - x^n$ 界定的区域的质心,n 是偶正整数. 当 $n \to \infty$ 时质心的极限位置在哪里?

10. **电话线杆**   如果你拉一根放在卡车后面的二轮车上的电话线杆,你希望两个轮子在杆子质心之后比如 3 英尺,以便提供适当的"舔"重. NYNEX 的 1 类木质电话线杆长 40 英尺,顶部圆周长 27 英寸,底部圆周长

43.5 英寸. 质心大约距顶部多远?

11. **常密度** 假定面积为 A、常密度 δ 的薄金属平板占据 xy 平面的区域 R,令 M_y 是平板关于 y 轴的矩. 证明平板关于直线 $x = b$ 的矩是

(a) $M_y - b\delta A$,如果平板位于该直线右边.

(b) $b\delta A - M_y$,如果平板位于该直线左边.

12. **变密度** 求由曲线 $y^2 = 4ax$ 和直线 $x = a$ 界定的区域的薄板的质心,这里 a 是正常数,假定在 (x,y) 的密度正比于(a) x,(b) $|y|$.

13. (a) **同心圆** 求第一象限内的由两个同心圆和坐标轴界定的区域的质心,假定圆周的半径是 a 和 b,$0 < a < b$,而它们的圆心在原点.

(b) **为学而写** 从边长为1英尺的正方形切去一个三角形的角落. 去掉的三角形的面积是 36 英寸^2. 如果剩下区域的质心离原来正方形的一边 7 英寸,它离其余的边多远?

14. **求质心的位置** 从边长为1英尺的正方形切去一个三角形的角落. 去掉的三角形的面积是 36 英寸^2. 如果剩下区域的质心离原来正方形的一边 7 英寸,它离其余的边多远?

超越函数和微分方程

概述 函数 $\ln x$ 和 e^x 或许是最熟知的同时是极其重要的互逆函数对. 当做适当限制时, 三角函数有重要的反函数, 并且还有其它的有用的对数和指数函数对. 在这一章, 我们研究这些函数的微积分并且把我们的经验拓广到我们能够解决的问题的令人惊异的领域.

6.1 对 数

自然对数函数 • $y = \ln x$ 的导数 • $\ln x$ 的值域 • 积分 $\int (1/u)\,du$ • $\tan x$ 和 $\cot x$ 的积分 • 对数微分法 • $\log_a u$ 的导数 • 含有 $\log_a x$ 的积分

在这一节我们基于微积分基本定理通过积分定义自然对数. 这是跟在预备章里从 e^x 出发并且把 $\ln x$ 定义为它的反函数(以及在学习微积分以前的数学课程里介绍这些函数) 不同的方式.

对数的重要性首先来自它给算术带来的进步. 对数的创新性质使得 17 世纪在远洋航行和天体力学巨大进展中的计算成为可能. 现今我们用计算器做复杂的算术计算, 但是对数的性质在微积分和建模中会永远保持其重要性.

自然对数函数

正数 x 的自然对数, 记作 $\ln x$, 是一个积分值.

> **定义** **自然对数函数**
> $$\ln x = \int_1^x \frac{1}{t}\,dt, \quad x > 0$$

如果 $x > 1$, 则 $\ln x$ 是在曲线 $y = 1/t$ 下从 $t = 1$ 到 $t = x$ 的面积(图 6.1); 对于 $0 < x < 1$, $\ln x$ 给出曲线下从 x 到 1 的面积的负值; 对于 $x \leq 0$ 函数没有定义. 我们还有

$$\ln 1 = \int_1^1 \frac{1}{t}dt = 0. \quad \text{上限和下限相等}$$

注意在图 6.1 中我们画的是 $y = 1/x$ 的图象,但在积分中我们使用 $y = 1/t$. 每一处用记号 x 会让我们写出

$$\ln x = \int_1^x \frac{1}{x}dx,$$

这里 x 表示了两件不同的事情,于是我们就把积分变量改成了 t 以示区别.

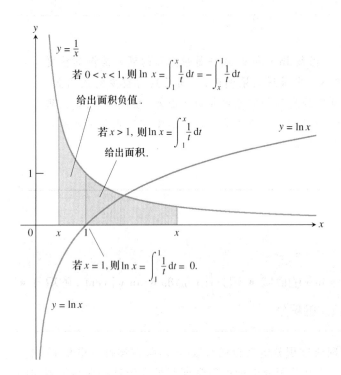

图 6.1 $y = \ln x$ 的图象和它同函数 $y = 1/x, x > 0$ 的关系. 当 x 从 1 向右移动时对数函数的图象升到 x 轴之上;而当 x 从 1 向左移动时它落在 x 轴之下.

$y = \ln x$ 的导数

根据微积分基本定理第一部分(见 4.5 节),对每个正数 x

$$\frac{d}{dx}\ln x = \frac{d}{dx}\int_1^x \frac{1}{t}dt = \frac{1}{x}.$$

因此

$$\frac{d}{dx}\ln x = \frac{1}{x}, \quad x > 0.$$

因为 $\ln x$ 的定义域为 $x > 0$,我们看到它的导数总是正的,因此 $\ln x$ 在其定义域里处处增加. 二阶导数, $-\frac{1}{x^2}$,是负的,于是 $\ln x$ 的图象处处是下凹的.

如果 u 是 x 的可微函数,其值是正的,则 $\ln u$ 是有定义的,对于函数 $y = \ln u$ 应用链式法则

$$\frac{dy}{dx} = \frac{dy}{du}\frac{du}{dx}$$

得

$$\frac{\mathrm{d}}{\mathrm{d}x}\ln u = \frac{\mathrm{d}}{\mathrm{d}u}\ln u \cdot \frac{\mathrm{d}u}{\mathrm{d}x} = \frac{1}{u}\frac{\mathrm{d}u}{\mathrm{d}x}.$$

$$\frac{\mathrm{d}}{\mathrm{d}x}\ln u = \frac{1}{u}\frac{\mathrm{d}u}{\mathrm{d}x}, \quad u > 0 \tag{1}$$

例 1 自然对数的导数

（**a**）$\dfrac{\mathrm{d}}{\mathrm{d}x}\ln 2x = \dfrac{1}{2x}\dfrac{\mathrm{d}}{\mathrm{d}x}(2x) = \dfrac{1}{2x}(2) = \dfrac{1}{x}$

（**b**）对于 $u = x^2 + 3$，等式（1）给出

$$\frac{\mathrm{d}}{\mathrm{d}x}\ln(x^2 + 3) = \frac{1}{x^2 + 3} \cdot \frac{\mathrm{d}}{\mathrm{d}x}(x^2 + 3) = \frac{1}{x^2 + 3} \cdot 2x = \frac{2x}{x^2 + 3}.$$

注意例 1(a) 中的一个重要事实. 函数 $y = \ln 2x$ 跟函数 $y = \ln x$ 有同样的导数. 当 a 为任何数时，这对 $y = \ln ax$ 都是成立的：

$$\frac{\mathrm{d}}{\mathrm{d}x}\ln ax = \frac{1}{ax}\cdot\frac{\mathrm{d}}{\mathrm{d}x}(ax) = \frac{1}{ax}(a) = \frac{1}{x}. \tag{2}$$

对数法则

对任何数 $a > 0$ 和 $x > 0$，

1. $\ln ax = \ln a + \ln x$
2. $\ln \dfrac{a}{x} = \ln a - \ln x$
3. $\ln x^n = n \ln x.$

$\ln ax = \ln a + \ln x$ 的证明 推理是不平常和优雅的. 它从观察到 $\ln ax$ 和 $\ln x$ 有同样的导数出发；见等式(2). 那么按照中值定理的推论 1，两函数必只差一个常数，这表明对某个 C，

$$\ln ax = \ln x + C \tag{3}$$

这已完成了证明的大部分，留下的仅仅是说明 C 等于 $\ln a$.

等式(3) 对 x 的所有正值都成立，于是对于 $x = 1$ 它必定成立. 因此

$$\ln(a \cdot 1) = \ln 1 + C$$
$$\ln a = 0 + C \qquad \ln 1 = 0$$
$$C = \ln a. \qquad \text{整理}$$

把 $C = \ln a$ 代入等式(3)，就给出我们需要证明的等式：

$$\ln ax = \ln a + \ln x. \tag{4}$$

$\ln(a/x) = \ln a - \ln x$ 的证明 我们从等式(4) 分两步得到这个定律. 在等式(4) 中用 $1/x$ 代换 a 得

$$\ln \frac{1}{x} + \ln x = \ln\left(\frac{1}{x} \cdot x\right) = \ln 1 = 0,$$

于是

$$\ln \frac{1}{x} = -\ln x.$$

等式(4)中的 x 换为 $\frac{1}{x}$ 给出

$$\ln \frac{a}{x} = \ln\left(a \cdot \frac{1}{x}\right) = \ln a + \ln \frac{1}{x}$$
$$= \ln a - \ln x. \qquad \square$$

$\ln x^n = n \ln x$ 的证明(假定 n 是有理数)　我们再次使用同一导数推理. 对于 x 的所有正值

$$\frac{d}{dx}\ln x^n = \frac{1}{x^n}\frac{d}{dx}(x^n) \qquad \text{等式(1)中令 } u = x^n$$
$$= \frac{1}{x^n}nx^{n-1} \qquad \text{这里是需要 } n \text{ 为有理数的地方,至少对于当前. 我们}$$
$$= n \cdot \frac{1}{x} = \frac{d}{dx}(n \ln x). \qquad \text{仅对有理数证明了幂法则.}$$

因为 $\ln x^n$ 和 $n \ln x$ 有同一导数,对于某个常数 C

$$\ln x^n = n \ln x + C$$

取 x 为 1 以确定 C 是零,并且证明完毕. $\qquad \square$

当对于 n 的无理值使用法则 $\ln x^n = n \ln x$ 时,可以直接提前使用. 它对所有的 n 都成立,不必回避这一事实,要明白的只是这一法则远未完全证明.

$\ln x$ 的值域

我们可以通过数值积分估计 $\ln 2$ 大约是 0.69. 由此知道

$$\ln 2^n = n \ln 2 > n\left(\frac{1}{2}\right) = \frac{n}{2}$$

和

$$\ln 2^{-n} = -n \ln 2 < -n\left(\frac{1}{2}\right) = -\frac{n}{2}.$$

于是得到

$$\lim_{x \to \infty}\ln x = \infty \qquad \text{和} \qquad \lim_{x \to 0^+}\ln x = -\infty.$$

$\ln x$ 的定义域是正实数集,值域是整个实直线.

CD-ROM
WEBsite
历史传记
Jean d'Alembert
(1717 — 1783)

积分 $\int(1/u)\,du$

当 u 是正的可微函数时,由等式(1)导出积分公式

$$\int \frac{1}{u}du = \ln u + C \qquad (5)$$

但当 u 为负时如何呢?如果 u 是负的,$-u$ 就是正的,而且

$$\int \frac{1}{u}du = \int \frac{1}{(-u)}d(-u)$$
$$= \ln(-u) + C. \qquad \text{等式(5)中的 } u \text{ 代换为 } -u \qquad (6)$$

我们可以把等式(5)和(6)合并成一个单一的公式,只须注意到,在每个情形等式右端都是 $\ln|u|+C$. 在等式(5)中,因为 $u>0$,所以 $\ln u = \ln|u|$;在等式(6)中,因为 $u<0$,所以 $\ln(-u) = \ln|u|$. 不论 u 是正的还是负的,$(1/u)\mathrm{d}u$ 的积分都是 $\ln|u|+C$.

> 如果 u 是从不取 0 值的可微函数,则
> $$\int \frac{1}{u}\mathrm{d}u = \ln|u| + C. \tag{7}$$

我们知道
$$\int u^n \mathrm{d}u = \frac{u^{n+1}}{n+1} + C, \quad n \neq -1.$$

等式(7)解释了当 n 等于 -1 时该如何做. 等式(7)说明某种<u>形式</u>的积分导致对数. 即
$$\int \frac{f'(x)}{f(x)}\mathrm{d}x = \ln|f(x)| + C$$
只要 $f(x)$ 是可微函数,它在其定义域上保持固定符号.

例 2 应用等式(7)
$$\int_0^2 \frac{2x}{x^2-5}\mathrm{d}x = \int_{-5}^{-1} \frac{\mathrm{d}u}{u} = \ln|u|\Big|_{-5}^{-1} \qquad u = x^2-5, \mathrm{d}u = 2x\,\mathrm{d}x,$$
$$u(0) = -5, u(2) = -1$$
$$= \ln|-1| - \ln|-5| = \ln 1 - \ln 5 = -\ln 5$$

例 3 应用等式(7)
$$\int_{-\frac{\pi}{2}}^{\frac{\pi}{2}} \frac{4\cos\theta}{3+2\sin\theta}\mathrm{d}\theta = \int_1^5 \frac{2}{u}\mathrm{d}u \qquad u = 3+2\sin\theta, \mathrm{d}u = 2\cos\theta\,\mathrm{d}\theta,$$
$$u(-\pi/2) = 1, u(\pi/2) = 5$$
$$= 2\ln|u|\Big|_1^5 = 2\ln|5| - 2\ln|1| = 2\ln 5$$

$\tan x$ 和 $\cot x$ 的积分

等式(7)最后告诉我们如何积分正切函数和余切函数. 对于正切,
$$\int \tan x\,\mathrm{d}x = \int \frac{\sin x}{\cos x}\mathrm{d}x = \int \frac{-\mathrm{d}u}{u} \qquad u = \cos x, \mathrm{d}u = -\sin x\,\mathrm{d}x$$
$$= -\int \frac{\mathrm{d}u}{u} = -\ln|u| + C \qquad 等式(7)$$
$$= -\ln|\cos x| + C = \ln\frac{1}{|\cos x|} + C \qquad 倒数法则$$
$$= \ln|\sec x| + C.$$

对于余切
$$\int \cot x\,\mathrm{d}x = \int \frac{\cos x\,\mathrm{d}x}{\sin x} = \int \frac{\mathrm{d}u}{u} \qquad u = \sin x, \mathrm{d}u = \cos x\,\mathrm{d}x$$
$$= \ln|u| + C = \ln|\sin x| + C = -\ln|\csc x| + C$$

> $$\int \tan u\,\mathrm{d}u = -\ln|\cos u| + C = \ln|\sec u| + C$$
> $$\int \cot u\,\mathrm{d}u = \ln|\sin u| + C = -\ln|\csc x| + C$$

例 4 应用 $\tan u$ 的积分

$$\int_0^{\frac{\pi}{6}} \tan 2x \, dx = \int_0^{\frac{\pi}{3}} \tan u \cdot \frac{du}{2} = \frac{1}{2}\int_0^{\frac{\pi}{3}} \tan u \, du \quad \text{替换 } u = 2x, dx = du/2,$$
$$u(0) = 0, u(\pi/6) = \pi/3.$$

$$= \frac{1}{2}\ln|\sec u| \Big|_0^{\frac{\pi}{3}} = \frac{1}{2}(\ln 2 - \ln 1) = \frac{1}{2}\ln 2$$

对数微分法

由包含乘积、商和乘幂的公式给定的正函数的积分经常可以更快地求得,如果在求导之前在等式两端取自然对数. 这就使得我们在求导之前利用对数法则化简公式,这个过程称为**对数求导法**,在下例中予以说明.

例 5(利用对数求导法) 如果

$$y = \frac{(x^2+1)(x+3)^{\frac{1}{2}}}{x-1}, \quad x > 1,$$

求 $\dfrac{dy}{dx}$.

解 我们取两端的自然对数并且利用对数法则化简结果:

$$\ln y = \ln \frac{(x^2+1)(x+3)^{\frac{1}{2}}}{x-1}$$
$$= \ln((x^2+1)(x+3)^{\frac{1}{2}}) - \ln(x-1) \qquad \text{法则}(2)$$
$$= \ln(x^2+1) + \ln(x+3)^{\frac{1}{2}} - \ln(x-1) \qquad \text{法则}(1)$$
$$= \ln(x^2+1) + \frac{1}{2}\ln(x+3) - \ln(x-1). \qquad \text{法则}(3)$$

然后两端对于 x 求导数,对于左端利用等式(1):

$$\frac{1}{y}\frac{dy}{dx} = \frac{1}{x^2+1} \cdot 2x + \frac{1}{2} \cdot \frac{1}{x+3} - \frac{1}{x-1}.$$

然后解出 $\dfrac{dy}{dx}$:

$$\frac{dy}{dx} = y\left(\frac{2x}{x^2+1} + \frac{1}{2x+6} - \frac{1}{x-1}\right).$$

最后代换 y:

$$\frac{dy}{dx} = \frac{(x^2+1)(x+3)^{\frac{1}{2}}}{x-1}\left(\frac{2x}{x^2+1} + \frac{1}{2x+6} - \frac{1}{x-1}\right).$$

$\log_a u$ 的导数

为求以 a 为底的对数的导数,我们首先把它转换成自然对数(见预备章第 4 节). 若 u 是 x 的正的可微函数,则

$$\frac{d}{dx}(\log_a u) = \frac{d}{dx}\left(\frac{\ln u}{\ln a}\right) = \frac{1}{\ln a}\frac{d}{dx}(\ln u) = \frac{1}{\ln a} \cdot \frac{1}{u}\frac{du}{dx}.$$

$$\frac{\mathrm{d}}{\mathrm{d}x}(\log_a u) = \frac{1}{\ln a} \cdot \frac{1}{u} \frac{\mathrm{d}u}{\mathrm{d}x} \tag{8}$$

例 6 对以 a 为底的对数求导

$$\frac{\mathrm{d}}{\mathrm{d}x}\log_{10}(3x+1) = \frac{1}{\ln 10} \cdot \frac{1}{3x+1} \frac{\mathrm{d}}{\mathrm{d}x}(3x+1) = \frac{3}{(\ln 10)(3x+1)}$$

含有 $\log_a x$ 的积分

为求含底为 a 的对数的积分,我们把它们转换为自然对数.

例 7 利用替换

$$\int \frac{\log_2 x}{x} \mathrm{d}x = \frac{1}{\ln 2} \int \frac{\ln x}{x} \mathrm{d}x \qquad\qquad \log_2 x = \frac{\ln x}{\ln 2}$$

$$= \frac{1}{\ln 2} \int u \, \mathrm{d}u \qquad\qquad u = \ln x, \mathrm{d}u = \frac{1}{x}\mathrm{d}x$$

$$= \frac{1}{\ln 2} \frac{u^2}{2} + C = \frac{1}{\ln 2} \frac{(\ln x)^2}{2} + C$$

$$= \frac{(\ln x)^2}{2\ln 2} + C$$

习题 6.1

对数的导数

在题 1 - 22 中,求 y 对于 x, t 或 θ 的导数.

1. $y = \ln 3x$
2. $y = \ln(t^2)$
3. $y = \ln \frac{3}{x}$
4. $y = \ln(\theta + 1)$
5. $y = \ln x^3$
6. $y = (\ln x)^3$
7. $y = t(\ln t)^2$
8. $y = t\sqrt{\ln t}$
9. $y = \frac{x^4}{4}\ln x - \frac{x^4}{16}$
10. $y = \frac{\ln t}{t}$
11. $y = \frac{1 + \ln t}{t}$
12. $y = \frac{\ln x}{1 + \ln x}$
13. $y = \frac{x \ln x}{1 + \ln x}$
14. $y = \ln(\ln x)$
15. $y = \ln(\ln(\ln x))$
16. $y = \theta(\sin(\ln\theta) + \cos(\ln\theta))$
17. $y = \ln(\sec\theta + \tan\theta)$
18. $y = \ln\frac{1}{x\sqrt{x+1}}$
19. $y = \frac{1 + \ln t}{1 - \ln t}$
20. $y = \sqrt{\ln\sqrt{t}}$
21. $y = \ln(\sec(\ln\theta))$
22. $y = \ln\left(\frac{(x^2+1)^5}{\sqrt{1-x}}\right)$

在题 23 和 24 里,利用第 4 章附加习题中的 Leibniz 法则求 y 对于 x 的导数.

23. $y = \int_{\frac{x^2}{2}}^{x^2} \ln\sqrt{t}\,\mathrm{d}t$
24. $y = \int_{\sqrt{x}}^{\sqrt[3]{x}} \ln t\,\mathrm{d}t$

积分

求题 25 – 42 中的积分

25. $\int_{-3}^{-2} \dfrac{dx}{x}$

26. $\int_{-1}^{0} \dfrac{3\,dx}{3x-2}$

27. $\int \dfrac{2y\,dy}{y^2-25}$

28. $\int \dfrac{8r\,dr}{4r^2-5}$

29. $\int_{0}^{\pi} \dfrac{\sin t}{2-\cos t}dt$

30. $\int_{0}^{\pi/3} \dfrac{4\sin\theta}{1-4\cos\theta}d\theta$

31. $\int_{1}^{2} \dfrac{2\ln x}{x}dx$

32. $\int_{2}^{4} \dfrac{dx}{x\ln x}$

33. $\int_{2}^{4} \dfrac{dx}{x(\ln x)^2}$

34. $\int_{2}^{16} \dfrac{dx}{2x\sqrt{\ln x}}$

35. $\int \dfrac{3\sec^2 t}{6+3\tan t}dt$

36. $\int \dfrac{\sec y \tan y}{2+\sec y}dy$

37. $\int_{0}^{\pi/2} \tan\dfrac{x}{2}dx$

38. $\int_{\pi/4}^{\pi/2} \cot t\,dt$

39. $\int_{\pi/2}^{\pi} 2\cot\dfrac{\theta}{3}d\theta$

40. $\int_{0}^{\pi/12} 6\tan 3x\,dx$

41. $\int \dfrac{dx}{2\sqrt{x}+2x}$

42. $\int \dfrac{\sec x\,dx}{\sqrt{\ln(\sec x + \tan x)}}$

对数求导法

在题 43 – 52 中,利用对数求导法求 y 对于给定自变量的导数.

43. $y = \sqrt{x(x+1)}$

44. $y = \sqrt{\dfrac{t}{t+1}}$

45. $y = \sqrt{\theta+3}\sin\theta$

46. $y = (\tan\theta)\sqrt{2\theta+1}$

47. $y = t(t+1)(t+2)$

48. $y = \dfrac{\theta+5}{\theta\cos\theta}$

49. $y = \dfrac{\theta\sin\theta}{\sqrt{\sec\theta}}$

50. $y = \dfrac{x\sqrt{x^2+1}}{(x+1)^{2/3}}$

51. $y = \sqrt[3]{\dfrac{x(x-2)}{x^2+1}}$

52. $y = \sqrt[3]{\dfrac{x(x+1)(x-2)}{(x^2+1)(2x+3)}}$

初值问题

解题 53 和 54 中的初值问题

53. $\dfrac{dy}{dx} = 1 + \dfrac{1}{x}, y(1) = 3$

54. $\dfrac{d^2 y}{dx^2} = \sec^2 x, y(0) = 0, y'(0) = 1$

对于其它底的对数

求题 55 – 60 中的积分.

55. $\int \dfrac{\log_{10} x}{x}dx$

56. $\int_{1}^{4} \dfrac{\ln 2 \log_2 x}{x}dx$

57. $\int_{0}^{2} \dfrac{\log_2(x+2)}{x+2}dx$

58. $\int_{0}^{9} \dfrac{2\log_{10}(x+1)}{x+1}dx$

59. $\int \dfrac{dx}{x\log_{10} x}$

60. $\int \dfrac{dx}{x(\log_8 x)^2}$

在习题 61 – 66 中,求 y 对于相应的 $x, t,$ 或 θ 的导数.

61. $y = \log_2 5\theta$

62. $y = \log_4 x + \log_4 x^2$

63. $y = \log_2 r \cdot \log_4 r$

64. $y = \log_3\left(\left(\dfrac{x+1}{x-1}\right)^{\ln 3}\right)$

65. $y = \theta\sin(\log_7\theta)$

66. $y = 3\log_8(\log_2 t)$

理论和应用

67. **绝对极值** 求

(**a**) $\ln(\cos x)$ 在 $\left[-\frac{\pi}{4}, \frac{\pi}{3}\right]$ 上　　　　(**b**) $\cos(\ln x)$ 在 $\left[\frac{1}{2}, 2\right]$ 上

的绝对极值点和绝对极值.

68. 当 $x > 1$ 时 $\ln x < x$

(**a**) 证明当 $x > 1$ 时, $f(x) = x - \ln x$ 增加.

(**b**) 利用(a)证明:若 $x > 1$, 则 $\ln x < x$.

69. 面积　　求夹在曲线 $y = \ln x$ 和 $y = \ln 2x$ 之间从 $x = 1$ 到 $x = 5$ 的面积.

70. 面积　　求夹在曲线 $y = \tan x$ 和 x 轴之间从 $x = -\frac{\pi}{4}$ 到 $x = \frac{\pi}{3}$ 的面积.

71. 体积　　第一象限里由坐标轴,直线 $y = 3$ 和曲线 $x = \dfrac{2}{\sqrt{y+1}}$ 界定的区域绕 y 轴旋转生成一个立体. 求这个立体的体积.

72. 体积　　夹在曲线 $y = \sqrt{\cot x}$ 和 x 轴之间从 $x = \frac{\pi}{6}$ 到 $x = \frac{\pi}{2}$ 的区域绕 x 轴旋转生成一个立体. 求这个立体的体积.

73. 体积　　夹在曲线 $y = \dfrac{1}{x^2}$ 和 x 轴之间从 $x = \frac{1}{2}$ 到 $x = 2$ 的区域绕 y 轴旋转生成一个立体. 求这个立体的体积.

74. 弧长　　求下列曲线的长度

(**a**) $y = (x^2/8) - \ln x, 4 \leq x \leq 8$　　　　(**b**) $x = (y/4)^2 - 2\ln(y/4), 4 \leq y \leq 12$

75. $\ln(1+x)$ 在 $x = 0$ 的线性化　　代替在 $x = 1$ 附近逼近 $\ln x$, 我们在 $x = 0$ 附近逼近 $\ln(1+x)$. 用这一方法我们得一个更简单的公式.

(**a**) 导出线性化:在 $x = 0$, $\ln(1+x) \approx x$.

(**b**) 估计在区间 $[0, 0.1]$ 上用 x 代替 $\ln(1+x)$ 产生的误差到 5 位小数.

(**c**) 对于 $0 \leq x \leq 0.5$, 把 $\ln(1+x)$ 和 x 的图象画在一起. 如果可能, 用不同的颜色. $\ln(1+x)$ 的逼近看起来在哪个点最好?最不好?通过从图象上读坐标, 在你的作图器所能允许的误差内求尽可能好的上界.

76. $\ln(1+x)$ 在 $x = 0$ 的二次逼近

(**a**) 求 $y = \ln(1+x)$ 在 $x = 0$ 的二次逼近(见 3.6 节题 46).

(**b**) 对于 $0 \leq x \leq 1$, 把 $\ln(1+x)$ 和它的二次逼近的图象画在一起. 如果可能用不同的颜色. $\ln(1+x)$ 的逼近在哪些点看起来最好?最坏?

(**c**) 利用你的二次逼近计算 $\ln(1.1)$ 和 $\ln 2$ 的近似值.

77. 从 Simpson 法得到的 $\ln x$ 估计值　　虽然在短的区间上线性化对于代替对数函数是好的, Simpson 法对于估计 $\ln x$ 的特殊值则更好.

作为例证, $\ln(1.2)$ 和 $\ln(0.8)$ 精确到 5 位小数的值是
$$\ln(1.2) = 0.18232, \quad \ln(0.8) = -0.22314.$$

先用 $\ln(1+x) \approx x$ 再用 $n = 2$ 时的 Simpson 法估计 $\ln(1.2)$ 和 $\ln(0.8)$. (印象深刻, 是吗?)

T 78. 为学而写　　在窗口 $0 \leq x \leq 22, -2 \leq y \leq 0$ 中画 $y = \ln|\sin x|$ 的图象. 解释你看到什么?为使拱形上部颠倒向下你可以怎样改变公式?

T 79. (**a**) 对于 $a = 2, 4, 8, 20$ 和 50 及 $0 \leq x \leq 23$ 把 $y = \sin x$ 和曲线 $y = \ln(a + \sin x)$ 的图象画在一起.

(**b**) 为什么当 a 增加时曲线变平?(提示:求 $|y'|$ 的依赖 a 的一个上界.)

T 80. 一个图象　　$y = \sqrt{x} - \ln x, x > 0$ 的图象是否有拐点?尝试

(**a**) 用图形　　(**b**) 用微积分

回答.

6.2 指数函数

可微函数的反函数的导数 • 考虑定理1的另一种方式 • $\ln x$ 的反函数和数 e • 自然指数函数 $y = e^x$ • e^x 的导数和积分 • 用极限表示数 e • 一般指数函数 a^x • 幂法则（最终形式）• a^u 的导数和积分

只要我们有一个量 y，其关于时间的变化率正比于 y 的当前值，我们就有一个函数满足微分方程

$$\frac{dy}{dt} = ky.$$

再设当 $t = 0$ 时 $y = y_0$，该函数就是指数函数 $y = y_0 e^{kt}$. 本节把指数函数定义为 $\ln x$ 的反函数并且探讨其性质，这些性质解释了这个函数在数学及其应用中令人惊异地频繁出现的理由. 在下一节我们考察一些这样的应用. 首先我们需要知道什么时候一个反函数有导数.

可微函数的反函数的导数

如果我们计算预备节 4 例 3 中的 $f(x) = (1/2)x + 1$ 和它的反函数 $f^{-1}(x) = 2x - 2$ 的导数，便会看到

$$\frac{d}{dx} f(x) = \frac{d}{dx}\left(\frac{1}{2}x + 1\right) = \frac{1}{2}$$

$$\frac{d}{dx} f^{-1}(x) = \frac{d}{dx}(2x - 2) = 2.$$

这两个导数互为倒数. f 的图象是直线 $y = (1/2)x + 1$，而 f^{-1} 的图象是直线 $y = 2x - 2$（图 6.2）. 它们的斜率互为倒数.

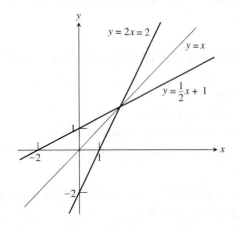

图 6.2 把 $f(x) = (1/2)x + 1$ 和 $f^{-1}(x) = 2x - 2$ 的图象画在一起，显示两图象关于直线 $y = x$ 对称. 它们的斜率互为倒数.

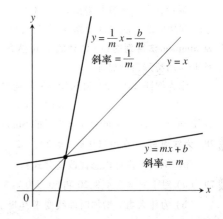

图 6.3 非竖直的关于直线 $y = x$ 对称的两条直线的斜率互为倒数.

这不是一个特殊情形. 通过直线 $y = x$ 反射任何一条非水平或非竖直的直线永远颠倒该直线的斜率. 即如果原来的直线有斜率 $m \neq 0$(图 6.3), 则反射后的直线有斜率 $1/m$(习题 69).

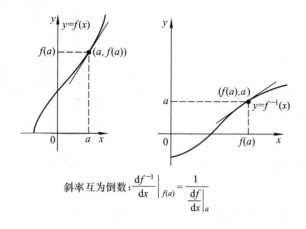

斜率互为倒数: $\dfrac{\mathrm{d}f^{-1}}{\mathrm{d}x}\bigg|_{f(a)} = \dfrac{1}{\dfrac{\mathrm{d}f}{\mathrm{d}x}\bigg|_a}$

图 6.4 反函数的图象在对应点有倒数斜率.

对于其它函数, 互为反函数的图象的斜率之间的互为倒数的关系仍保持. 如果 $y = f(x)$ 在点 $(a, f(a))$ 的斜率是 $f'(a) \neq 0$, 则 $y = f^{-1}(x)$ 在对应点 $(f(a), a)$ 的斜率是 $1/f'(a)$(图 6.4). 这样, f^{-1} 在 $f(a)$ 的导数等于 f 在 a 的导数的倒数. 正如你想象的那样, 为使这个结论成立须对 f 加上某些数学条件. 从高等微积分得到的通常的条件会在定理 1 中叙述.

定理 1 反函数的导数法则

如果 f 在区间 I 上的每个点是可微的而且 $\mathrm{d}f/\mathrm{d}x$ 在 I 上从不为零, 则 f^{-1} 在区间 $f(I)$ 的每个点上是可微的. $\mathrm{d}f^{-1}/\mathrm{d}x$ 在任一特定点 $f(a)$ 的值是 $\mathrm{d}f/\mathrm{d}x$ 在 a 的值的倒数:

$$\left(\frac{\mathrm{d}f^{-1}}{\mathrm{d}x}\right)_{x=f(a)} = \frac{1}{\left(\dfrac{\mathrm{d}f}{\mathrm{d}x}\right)_{x=a}}. \tag{1}$$

简言之

$$(f^{-1})' = \frac{1}{f'}. \tag{2}$$

例 1 (检验定理 1) 对于 $f(x) = x^2, x \geq 0$ 和它的反函数 $f^{-1}(x) = \sqrt{x}$(图 6.5), 我们有

$$\frac{\mathrm{d}f}{\mathrm{d}x} = \frac{\mathrm{d}}{\mathrm{d}x}(x^2) = 2x, \quad \text{而} \quad \frac{\mathrm{d}f^{-1}}{\mathrm{d}x} = \frac{\mathrm{d}}{\mathrm{d}x}\sqrt{x} = \frac{1}{2\sqrt{x}}, \quad x > 0.$$

点 $(4,2)$ 是点 $(2,4)$ 关于直线 $y = x$ 的镜像.

在点 $(2,4)$: $\dfrac{\mathrm{d}f}{\mathrm{d}x} = 2x = 2(2) = 4.$

在点 $(4,2)$: $\dfrac{\mathrm{d}f^{-1}}{\mathrm{d}x} = \dfrac{1}{2\sqrt{x}} = \dfrac{1}{2\sqrt{4}} = \dfrac{1}{4} = \dfrac{1}{\mathrm{d}f/\mathrm{d}x}.$

等式 (1) 有时候使我们能够求 $\mathrm{d}f^{-1}/\mathrm{d}x$ 的特定值而不必知道 f^{-1} 的公式.

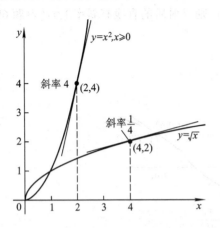

图 6.5 $f^{-1}(x) = \sqrt{x}$ 在点 $(4,2)$ 的导数是 $f(x) = x^2$ 在 $(2,4)$ 的导数的倒数.

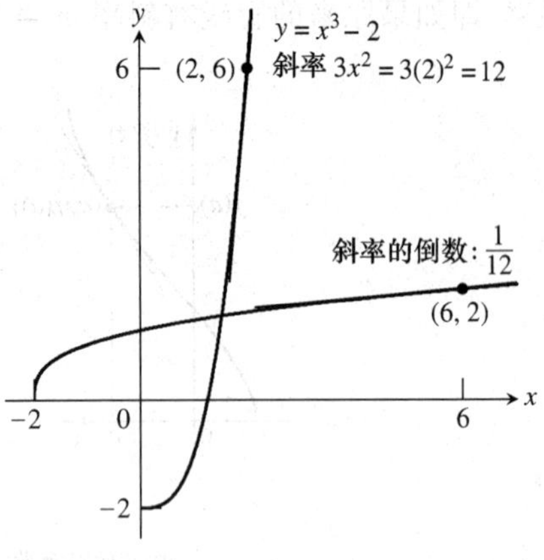

图 6.6 $f(x) = x^3 - 2$ 在 $x = 2$ 的导数告诉我们 f^{-1} 在 $x = 6$ 的导数.

例 2(应用定理 1) 令 $f(x) = x^3 - 2$,求 $\mathrm{d}f^{-1}/\mathrm{d}x$ 在 $x = 6 = f(2)$ 的值而不求 $f^{-1}(x)$ 的公式.

解

$$\left.\frac{\mathrm{d}f}{\mathrm{d}x}\right|_{x=2} = 3x^2\bigg|_{x=2} = 12$$

$$\left.\frac{\mathrm{d}f^{-1}}{\mathrm{d}x}\right|_{x=f(2)} = \frac{1}{12} \qquad 等式(1)$$

见图 6.6.

考虑定理 1 的另一种方式

如果 $y = f(x)$ 在 $x = a$ 是可微的,我们改变 x 一个微小的量 $\mathrm{d}x$, y 的相应改变量近似为

$$\mathrm{d}y = f'(a)\mathrm{d}x.$$

这意味 y 的改变量约是 x 的改变量的 $f'(a)$ 倍,或 x 的改变量约是 y 的改变量的 $1/f'(a)$ 倍.

$\ln x$ 的反函数和数 e

函数 $\ln x$ 是一个增函数,其定义域为 $(0, +\infty)$ 而值域是 $(-\infty, +\infty)$,它有一个逆 $\ln^{-1} x$,定义域为 $(-\infty, +\infty)$,而值域为 $(0, +\infty)$. $\ln^{-1} x$ 的图象是 $\ln x$ 的图象关于直线 $y = x$ 的反射像. 正如你看到的那样

$$\lim_{x \to \infty} \ln^{-1} x = \infty \quad 且 \quad \lim_{x \to -\infty} \ln^{-1} x = 0.$$

数 $\ln^{-1} 1$ 用字母 e 表示(图 6.7).

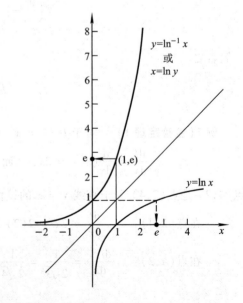

图 6.7 $y = \ln x$ 和 $y = \ln^{-1} x$ 的图象. 数 $e = \ln^{-1} 1$.

> **定义　数 e**
>
> $$e = \ln^{-1} 1$$

e 不是一个有理数,在本节后面我们会看到一种用极限值计算它的方法.

自然指数函数 $y = e^x$

我们可以按通常的方式把数 e 提升到有理幂 x:

$$e^2 = e \cdot e, \quad e^{-2} = \frac{1}{e^2}, \quad e^{1/2} = \sqrt{e},$$

等等. 因为 e 是正数,e^x 也是正数. 于是 e^x 有一个对数. 当我们求对数时,我们发现

$$\ln e^x = x \ln e = x \cdot 1 = x. \tag{3}$$

因为 $\ln x$ 是一对一函数且 $\ln(\ln^{-1} x) = x$,等式(3)告诉我们

$$e^x = \ln^{-1} x, \quad \text{当 } x \text{ 是有理数时.} \tag{4}$$

等式(4)提供了把 e^x 的定义推广到 x 的无理值的一种方法. 函数 $\ln^{-1} x$ 对所有 x 有定义,于是我们可以用它对 e^x 以前没有值的每个点指定一个值.

> **定义　自然指数函数**
>
> 对于每个实数 x,$e^x = \ln^{-1} x$.

因为 $\ln x$ 和 e^x 互为反函数,我们有

> **关于 e^x 和 $\ln x$ 的互为反函数等式**
>
> $$e^{\ln x} = x \quad (\text{所有 } x > 0) \tag{5}$$
> $$\ln(e^x) = x \quad (\text{所有 } x) \tag{6}$$

e^x 的导数和积分

指数函数是可微的,这是因为它是一个可微函数的反函数,其导数从不为零. 从 $y = e^x$ 出发,我们依次有

$$y = e^x$$
$$\ln y = x \quad \text{两边取对数}$$
$$\frac{1}{y} \frac{dy}{dx} = 1 \quad \text{两边对 } x \text{ 求导数}$$
$$\frac{dy}{dx} = y$$
$$\frac{dy}{dx} = e^x. \quad \text{用 } e^x \text{ 替换 } y$$

从这串等式我们推导出了一个惊人的结论:e^x 的导数是它本身.

正如我们在 6.4 节将看到的那样,其它具有这一特征的函数是 e^x 的常倍数.

$$\frac{\mathrm{d}}{\mathrm{d}x}\mathrm{e}^x = \mathrm{e}^x$$

链式法则把这个结果以通常的方式推广到更一般的形式.

如果 u 是 x 的任意一个可微函数,则

$$\frac{\mathrm{d}}{\mathrm{d}x}\mathrm{e}^u = \mathrm{e}^u \frac{\mathrm{d}u}{\mathrm{d}x}. \tag{7}$$

注:超越数和超越函数 一个数,如果是带有理系数的多项式方程的解,则称之为**代数数**. 如 -2 是代数数,因为它满足方程 $x + 2 = 0$,$\sqrt{3}$ 也是代数数,因为它满足方程 $x^2 - 3 = 0$. 不是代数数的数称为**超越数**,由 Euler 起的这个名字描述像 e 和 π 这样的看来"超越代数能力"的数. Euler 去世后不到一百年(1873)年 Charles Hermite(埃尔米特)证明了我们所描述的 e 的超越性. 几年以后(1882)年 C. L. F. Lindemann(林德曼)证明了 π 的超越性.

如今,我们称函数 $y = f(x)$ 为代数的,如果它满足一个形如

$$P_n y^n + \cdots + P_1 y + P_0 = 0$$

的方程,其中各个 P_i 是带有理系数的 x 的多项式. 函数 $y = 1/\sqrt{x+1}$ 是代数的,因为它满足方程 $(x+1)y^2 - 1 = 0$,这里多项式是 $P_2 = x + 1$,$P_1 = 0$ 和 $P_0 = -1$. 带有理系数的多项式和有理函数是代数的,代数函数的所有和、积、商、有理幂和有理根都是代数的.

不是代数函数的函数称为超越的. 六个三角函数是超越的,三角函数的反函数,指数和对数函数也都是超越的,这些都是本章研究的主要对象.

CD-ROM
WEBsite
历史传记
Charles Hermite
(1822 — 1901)
C.L.F.Lindemann
(1852 — 1939)

例 3 对指数函数求导

(**a**) $\dfrac{\mathrm{d}}{\mathrm{d}x}\mathrm{e}^{-x} = \mathrm{e}^{-x} \dfrac{\mathrm{d}}{\mathrm{d}x}(-x)$

$\qquad\qquad = \mathrm{e}^{-x}(-1) = -\mathrm{e}^{-x}$ 在等式(7)中令 $u = -x$

(**b**) $\dfrac{\mathrm{d}}{\mathrm{d}x}\mathrm{e}^{\sin x} = \mathrm{e}^{\sin x} \dfrac{\mathrm{d}}{\mathrm{d}x}(\sin x)$

$\qquad\qquad = \mathrm{e}^{\sin x}\cos x$ 在等式(7)中令 $u = \sin x$

与(7)等价的积分是

$$\int \mathrm{e}^u \,\mathrm{d}u = \mathrm{e}^u + C.$$

例 4 积分指数函数

$$\int_0^{\pi/2} \mathrm{e}^{\sin x}\cos x\,\mathrm{d}x = \mathrm{e}^{\sin x}\Big|_0^{\frac{\pi}{2}} \qquad \text{来自例 3 的反导数}$$

$$= \mathrm{e}^1 - \mathrm{e}^0 = \mathrm{e} - 1$$

例 5(解一个初值问题) 解初值问题

$$\mathrm{e}^y \frac{\mathrm{d}y}{\mathrm{d}x} = 2x, \quad x > \sqrt{3};\quad y(2) = 0.$$

解 我们对 x 积分微分方程的两端,得 $e^y = x^2 + C$. 我们用初值条件确定常数 C:
$$C = e^0 - (2)^2 = 1 - 4 = -3.$$
这就求出了 e^y 的公式:
$$e^y = x^2 - 3. \tag{8}$$
为求 y,对上式两边取对数:
$$\ln e^y = \ln(x^2 - 3), \quad y = \ln(x^2 - 3). \tag{9}$$
注意:解对于 $x > \sqrt{3}$ 是有效的.

在原方程中检验一个解总是一个好主意. 从等式(8)和(9),我们有
$$e^y \frac{dy}{dx} = e^y \frac{d}{dx}\ln(x^2 - 3). \quad \text{等式(9)}$$
$$= e^y \frac{2x}{x^2 - 3} = (x^2 - 3)\frac{2x}{x^2 - 3} \quad \text{等式(8)}$$
$$= 2x.$$
解通过了检验.

用极限表示数 e

我们曾把 e 定义为满足 $\ln e = 1$ 的数. 下一个定理指出计算 e 为一个极限值的一个方法.

定理 2　数 e 是极限
$$\lim_{x \to 0}(1 + x)^{1/x} = e$$

证明 若 $f(x) = \ln x$,则 $f'(x) = 1/x$,于是 $f'(1) = 1$. 而由导数的定义
$$f'(1) = \lim_{h \to 0}\frac{f(1 + h) - f(1)}{h} = \lim_{x \to 0}\frac{f(1 + x) - f(1)}{x}$$
$$= \lim_{x \to 0}\frac{\ln(1 + x) - \ln 1}{x} = \lim_{x \to 0}\frac{1}{x}\ln(1 + x)$$
$$= \lim_{x \to 0}\ln(1 + x)^{1/x} = \ln\left[\lim_{x \to 0}(1 + x)^{1/x}\right] \quad \text{函数 ln 是连续的}$$

因为 $f'(1) = 1$,所以我们有
$$\ln\left[\lim_{x \to 0}(1 + x)^{1/x}\right] = 1$$
于是
$$\lim_{x \to 0}(1 + x)^{1/x} = e \quad \ln e = 1\ \text{且}\ \ln\ \text{是一对一的.} \quad \square$$

使用一个计算器,我们制成图 6.8 所示的表. 精确到 15 位小数
$$e = 2.718281828459045.$$

X	Y₁
1.	2.
0.1	2.59374
0.01	2.70481
0.001	2.71692
0.0001	2.71815
0.00001	2.71827
0.000001	2.71828
Y₁ = (1+X)^(1/X)	

图 6.8　$f(x) = (1 + x)^{1/x}$ 的数值表.

一般指数函数 a^x

因为对于任何正数 $a, a = e^{\ln a}$,我们可以认为 a^x 是 $(e^{\ln a})^x = e^{x \ln a}$. 因此我们得到下列定义.

> **定义　一般指数函数**
> 对于任何数 $a > 0$ 和任何 x
> $$a^x = e^{x\ln a}.$$

CD-ROM
WEBsite
历史传记
Siméon Denis Poisson
(1781 — 1840)

例 6　求指数函数值

(**a**) $2^{\sqrt{3}} = e^{\sqrt{3}\ln 2} \approx e^{1.20} \approx 3.32$

(**b**) $2^\pi = e^{\pi\ln 2} \approx e^{2.18} \approx 8.8$

幂法则(最终形式)

我们现在可以对任一 $x > 0$ 和任一实数 n 定义 x^n 为 $x^n = e^{n\ln x}$. 因此,等式 $\ln x^n = n\ln x$ 中的 n 不再限于是有理数;只要 $x > 0$, 它可以是任何数:

$$\ln x^n = \ln(e^{n\ln x}) = n\ln x \cdot \ln e \quad \text{对任何 } u \text{ 有 } \ln e^u = u$$
$$= n\ln x.$$

法则 $a^x/a^y = a^{x-y}$ 和定义 $x^n = e^{n\ln x}$ 在一起使我们能够建立最终形式的幂求导法则. 对于 x, 对 x^n 求导得

$$\frac{d}{dx}x^n = \frac{d}{dx}e^{n\ln x} \qquad x^n \text{ 的定义}, x > 0$$
$$= e^{n\ln x}\frac{d}{dx}(n\ln x) \qquad e^u \text{ 的链式法则}$$
$$= x^n \cdot \frac{n}{x} \qquad \text{又是 } x^n \text{ 的定义}$$
$$= nx^{n-1}.$$

简言之,只要 $x > 0$, 就有

$$\frac{d}{dx}x^n = nx^{n-1}.$$

链式法则把这个等式推广为最终形式的幂法则

> **幂法则(最终形式)**
> 若 u 是正的 x 的可微函数而 n 是任何实数,则 u^n 是 x 的可微函数,且
> $$\frac{d}{dx}u^n = nu^{n-1}\frac{du}{dx}.$$

例 7　利用对于所有幂的幂法则

(**a**) $\dfrac{d}{dx}x^{\sqrt{2}} = \sqrt{2}x^{\sqrt{2}-1} \quad (x > 0)$

(**b**) $\dfrac{d}{dx}(2 + \sin 3x)^\pi = \pi(2 + \sin 3x)^{\pi-1}(\cos 3x) \cdot 3 = 3\pi(2 + \sin 3x)^{\pi-1}(\cos 3x).$

a^u 的导数和积分

我们从定义 $a^x = e^{x\ln a}$ 开始:

$$\frac{d}{dx}a^x = \frac{d}{dx}e^{x\ln a} = e^{x\ln a} \cdot \frac{d}{dx}(x\ln a) \qquad \text{链式法则}$$

$$= a^x \ln a.$$

如果 $a > 0$,则
$$\frac{d}{dx} a^x = a^x \ln a.$$

利用链式法则,我们得到更一般的形式

> 若 $a > 0$,且 u 是 x 的可微函数,则 a^u 是 x 的可微函数,且
> $$\frac{d}{dx} a^u = a^u \ln a \frac{du}{dx}. \tag{10}$$

等式(10) 说明了为什么 e^x 是微积分中优先的指数函数. 若 $a = 1$,则 $\ln a = 1$ 且等式(10) 简化为
$$\frac{d}{dx} e^x = e^x \ln e = e^x.$$

例 8 对一般的指数函数求导

(**a**) $\dfrac{d}{dx} 3^x = 3^x \ln 3$ (**b**) $\dfrac{d}{dx} 3^{-x} = 3^{-x} (\ln 3) \dfrac{d}{dx}(-x) = -3^{-x} \ln 3$

(**c**) $\dfrac{d}{dx} 3^{\sin x} = 3^{\sin x} (\ln 3) \dfrac{d}{dx}(\sin x) = 3^{\sin x} (\ln 3) \cos x$

从等式(10) 我们看出,若 $\ln a > 0$ 或 $a > 1$,则 a^x 的导数是正的;而若 $\ln a < 1$ 或 $0 < a < 1$,则 a^x 的导数是负的. 于是若 $a > 1$,则 a^x 是 x 的增函数;而若 $0 < a < 1$,则 a^x 是 x 的减函数,对每一情形,a^x 是一对一的. 二阶导数
$$\frac{d^2}{dx^2}(a^x) = \frac{d}{dx}(a^x \ln a) = (\ln a)^2 a^x$$

对所有 x 都是正的,于是 a^x 的图象在实直线的每个区间都是上凹的(图 6.9).

若 $a \neq 1$,则 $\ln a \neq 0$,等式(10) 两端除以 $\ln a$ 就得到
$$a^u \frac{du}{dx} = \frac{1}{\ln a} \frac{d}{dx}(a^u).$$

对 x 积分两端,给出
$$\int a^u \frac{du}{dx} dx = \int \frac{1}{\ln a} \frac{d}{dx}(a^u) dx = \frac{1}{\ln a} \int \frac{d}{dx}(a^u) dx = \frac{1}{\ln a} a^u + C.$$

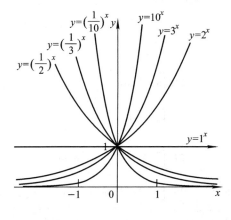

图 6.9 若 $0 < a < 1$,指数函数是减函数;若 $a > 1$,则是增函数. 当 $x \to \infty$ 时,若 $0 < a < 1$,则 $a^x \to 0$ 且若 $a > 1$ 则 $a^x \to \infty$. 当 $x \to -\infty$ 时,我们有,若 $0 < a < 1$,则 $a^x \to \infty$,若 $a > 1$,则 $a^x \to 0$.

把第一个积分写成微分形式,给出

$$\int a^u \, du = \frac{a^u}{\ln a} + C. \tag{11}$$

例 9 积分一般的指数函数

(**a**) $\int 2^x \, dx = \dfrac{2^x}{\ln 2} + C$ 等式(11)中 $a = 2, u = x$

(**b**) $\int 2^{\sin x} \cos x \, dx$

$= \int 2^u \, du = \dfrac{2^u}{\ln 2} + C$ $u = \sin x, du = \cos x \, dx,$ 及等式(11)

$= \dfrac{2^{\sin x}}{\ln 2} + C$ 用 $\sin x$ 替换 u

习题 6.2

带自然指数的导数

在题 1 - 14 中,求 y 对于相应的 x, t 或 θ 的导数.

1. $y = e^{-5x}$
2. $y = e^{5-7x}$
3. $y = e^{(4\sqrt{x} + x^2)}$
4. $y = x e^x - e^x$
5. $y = (x^2 - 2x + 2) e^x$
6. $y = e^{\theta}(\sin \theta + \cos \theta)$
7. $y = \ln(3\theta e^{-\theta})$
8. $y = \cos(e^{-\theta^2})$
9. $y = \ln(2e^{-t} \sin t)$
10. $y = \ln\left(\dfrac{e^{\theta}}{1 + e^{\theta}}\right)$
11. $y = \ln\left(\dfrac{\sqrt{\theta}}{1 + \sqrt{\theta}}\right)$
12. $y = e^{\sin t}(\ln t^2 + 1)$
13. $y = \int_0^{\ln x} \sin e^t \, dt$
14. $y = \int_{e^{\sqrt[4]{x}}}^{e^{2x}} \ln t \, dt$

隐函数求导

在题 15 - 18 中,求 dy/dx.

15. $\ln y = e^x \sin x$
16. $\ln xy = e^{x+y}$
17. $e^{2x} = \sin(x + 3y)$
18. $\tan y = e^x + \ln x$

带自然指数的积分

求题 19 - 32 中的积分.

19. $\int (e^{3x} + 5e^{-x}) \, dx$
20. $\int_{\ln 2}^{\ln 3} e^x \, dx$
21. $\int 8e^{(x+1)} \, dx$
22. $\int_{\ln 4}^{\ln 9} e^{x/2} \, dx$
23. $\int \dfrac{e^{-\sqrt{r}}}{\sqrt{r}} \, dr$
24. $\int 2te^{-t^2} \, dt$
25. $\int \dfrac{e^{1/x}}{x^2} \, dx$
26. $\int \dfrac{e^{-1/x^2}}{x^3} \, dx$
27. $\int_0^{\pi/4} (1 + e^{\tan \theta}) \sec^2 \theta \, d\theta$
28. $\int_{\pi/4}^{\pi/2} (1 + e^{\cot \theta}) \csc^2 \theta \, d\theta$
29. $\int e^{\sec \pi t} \sec \pi t \tan \pi t \, dt$
30. $\int_0^{\sqrt{\ln \pi}} 2x \, e^{x^2} \cos(e^{x^2}) \, dx$

31. $\int \dfrac{e^r}{1+e^r}dr$ **32.** $\int \dfrac{dx}{1+e^x}$

包含一般指数的导数

在习题 33–44 中,求 y 对于给定自变量的导数.

33. $y = 2^x$ **34.** $y = 2^{\sqrt{s}}$ **35.** $y = x^\pi$

36. $y = (\cos\theta)^{\sqrt{2}}$ **37.** $y = 7^{\sec\theta}\ln 7$ **38.** $y = 2^{\sin 3t}$

39. $y = t^{1-e}$ **40.** $y = (\ln\theta)^\pi$ **41.** $y = \log_3\left(\left(\dfrac{x+1}{x-1}\right)^{\ln 3}\right)$

42. $y = \log_5\sqrt{\left(\dfrac{7x}{3x+2}\right)^{\ln 5}}$ **43.** $y = \log_7\left(\dfrac{\sin\theta\cos\theta}{e^\theta 2^\theta}\right)$ **44.** $y = \log_2\left(\dfrac{x^2 e^2}{2\sqrt{x+1}}\right)$

对数求导法

在题 45–50 中,利用对数求导法求 y 对于给定自变量的导数.

45. $y = (x+1)^x$ **46.** $y = t^{\sqrt{t}}$ **47.** $y = (\sin x)^x$

48. $y = x^{\sin x}$ **49.** $y = x^{\ln x}$ **50.** $y = (\ln x)^{\ln x}$

包含一般指数的积分

求题 51–58 中的积分.

51. $\int_1^{\sqrt{2}} x\, 2^{(x^2)}\, dx$ **52.** $\int_0^{\pi/2} 7^{\cos t}\sin t\, dt$ **53.** $\int_1^2 \dfrac{2^{\ln x}}{x}dx$

54. $\int 3x^{\sqrt{3}}dx$ **55.** $\int x^{\sqrt{2}-1}dx$ **56.** $\int_0^3 (\sqrt{2}+1)x^{\sqrt{2}}dx$

57. $\int_1^e x^{(\ln 2)-1}dx$ **58.** $\int_1^{e^x}\dfrac{3^{\ln t}}{t}dt$

初值问题

解题 59–62 中的初值问题

59. $\dfrac{dy}{dt} = e^t\sin(e^t - 2),\quad y(\ln 2) = 0$ **60.** $\dfrac{dy}{dt} = e^{-t}\sec^2(\pi e^{-t}),\quad y(\ln 4) = \dfrac{2}{\pi}$

61. $\dfrac{d^2 y}{dx^2} = 2e^{-x},\quad y(0) = 1, y'(0) = 0$ **62.** $\dfrac{d^2 y}{dt^2} = 1 - e^{2t},\quad y(1) = -1, y'(1) = 0$

理论和应用

63. 绝对极值 求 $f(x) = e^x - 2x$ 在 $[0,1]$ 上的绝对最大值和最小值.

64. 一个周期函数 周期函数 $f(x) = 2e^{\sin(x/2)}$ 在哪里取极值?这些极值是什么?

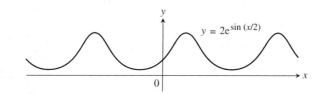

65. 绝对最大值 求 $f(x) = x^2\ln(1/x)$ 的绝对最大值并且告诉在哪里取得.

66. 面积 求第一象限内,上由曲线 $y = e^{2x}$,下由曲线 $y = e^x$,而右由直线 $x = \ln 3$ 界定的"三角形"区域的面积.

67. **指数极限** 证明 $\lim\limits_{k\to\infty}(1+(r/k))^k = e^r$.

68. **曲线的长度** 求 xy 平面上一条曲线,它过原点,从 $x=0$ 到 $x=1$ 的长度是
$$L = \int_0^1 \sqrt{1+\frac{1}{4}e^x}\,dx.$$

69. **一条直线表示的函数的反函数** m 和 b 是常数,$m \neq 0$,证明 $f(x) = mx + b$ 的反函数的图象是直线,其斜率为 $1/m$,而 $y-$ 截距是 $-b/m$.

70. **面积** 求夹在曲线 $y = 2^{1-x}$ 和 x 轴的区间 $-1 \leq x \leq 1$ 之间的区域的面积.

71. **积分的和** 证明:对于任何数 $a > 1$,
$$\int_1^a \ln x\,dx + \int_0^{\ln a} e^y\,dy = a\ln a.\text{(见下图.)}$$

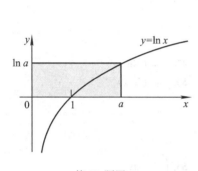

第71题图

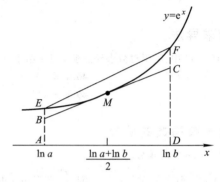

第72题图

72. **几何、对数和算术平均不等式**

(**a**) 证明 e^x 的图象在 x 轴的每个区间上都是上凹的.

(**b**) 参考右上图,证明:若 $0 < a < b$,则
$$e^{(\ln a + \ln b)/2} \cdot (\ln b - \ln a) < \int_{\ln a}^{\ln b} e^x\,dx < \frac{e^{\ln a} + e^{\ln b}}{2} \cdot (\ln b - \ln a).$$

(**c**) 利用部分(b) 的不等式推出结论
$$\sqrt{ab} < \frac{b-a}{\ln b - \ln a} < \frac{a+b}{2}.$$

这一不等式是说,两个正数的几何平均值小于它们的对数平均值,而后者小于它们的算术平均值.(有关这一不等式的更多内容,见"The Geometric, Logarithmic, and Arithmetic Mean Inequality",Frank Burk,*American Mathematical Monthly*,Vol.94,No.6(June – July 1987),pp.527 – 528.)

T 73. 把 $f(x) = (x-3)^2 e^x$ 及其一阶导数的图象画在一起,解释 f 的行为同 f' 的符号以及数值之间的关系. 根据需要,用微积分确定图象上的重要的点.

74. **正交曲线族** 证明曲线族 $y = -\frac{1}{2}x^2 + k$(k 是任意常数)中的所有曲线和族 $y = \ln x + c$(c 是任意常数)中的所有曲线在其交点正交.

75. **e^x 和 $\ln x$ 之间的互逆关系** 发现你的计算器在求复合函数
$$e^{\ln x} \quad \text{和} \quad \ln(e^x).$$
的值时是如何的好.

76. **e 的小数表示** 通过解方程 $\ln x = 1$ 求 e 到你的计算器所允许的小数位数.

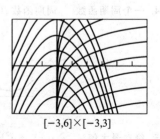

$[-3,6] \times [-3,3]$

第74题图

习题 6.2

77. π^e 或 e^π 哪个大？ 计算器去掉了一些这个一度具有挑战性的问题的神秘性.(动手检验,你会发现一个相当大的惊奇.)不过,不用计算器你也能够回答这个问题.

(a) 求一条过原点切于 $y = \ln x$ 的图象的直线的方程.

(b) 给出一个基于 $y = \ln x$ 的图象和切线的推理,用以解释为什么对所有正数 $x \ne e, \ln x < x/e$.

(c) 证明对所有正数 $x \ne e, \ln(x^e) < x$.

(d) 由(c)得出结论:对所有正的 $x \ne e, x^e < e^x$.

(e) 这样一来,π^e 或 e^π 哪个更大呢？

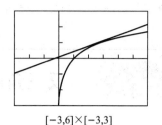

$[-3,6] \times [-3,3]$

第 77 题图

线性化

78. e^x 在 $x = 0$ 的线性化

(a) 导出在 $x = 0$ 的线性逼近 $e^x \approx 1 + x$.

(b) 对于 $-2 \le x \le 2$,把 e^x 和 $1 + x$ 的图象画在一起,如果条件允许,采用不同的颜色. 在什么区间,逼近是 e^x 的过剩估计？不足估计？

T (c) 估计在区间 $[0, 0.2]$ 上用 $1 + x$ 代替 e^x 产生的误差的绝对值(到 5 位小数).

79. 2^x 的线性化

(a) 求 $f(x) = 2^x$ 在 $x = 0$ 的线性化. 再计算其系数到两位小数.

(b) 对于 $-3 \le x \le 3$ 和 $-1 \le y \le 1$ 把线性函数和函数的图象画在一起.

80. $\log_3 x$ 的线性化

(a) 求 $f(x) = \log_3 x$ 在 $x = 3$ 的线性化. 再计算其系数到 2 位小数.

(b) 在 $0 \le x \le 8$ 和 $2 \le y \le 4$ 的窗口内把线性函数和函数的图象画在一起.

计算机探究

反函数和导数

在题 81 - 88 中,你将探索某些函数及其反函数,以及它们的导数和在某些给定点处的线性逼近函数. 使用你的 CAS 执行下列步骤.

(a) 在给定的区间上把函数 $y = f(x)$ 及其导数的图象画在一起. 解释你怎样知道在给定区间上 f 是一对一的.

(b) 对 x 解方程 $y = f(x)$,把解表为 y 的函数并把所得到的反函数记为 g.

(c) 求 f 的图象在指定点 $(x_0, f(x_0))$ 的切线的方程.

(d) 求 g 在点 $(f(x_0), x_0)$ 的切线的方程,$(f(x_0), x_0)$ 是 $(x_0, f(x_0))$ 关于直线 $y = x$(它是恒等函数的图象)的对称点. 利用定理 1 求这条切线的斜率.

(e) 画出函数 f 和 g,恒等函数,两条切线,连结点 $(x_0, f(x_0))$ 和 $(f(x_0), x_0)$ 的线段. 讨论你看到的关于主对角线 $y = x$ 的对称性.

81. $y = \sqrt{3x - 2}$, $\quad \dfrac{2}{3} \le x \le 4, x_0 = 3$

82. $y = \dfrac{3x + 2}{2x - 11}$, $\quad -2 \le x \le 2, x_0 = \dfrac{1}{2}$

83. $y = \dfrac{4x}{x^2 + 1}$, $\quad -1 \le x \le 1, x_0 = \dfrac{1}{2}$

84. $y = \dfrac{x^3}{x^2 + 1}$, $\quad -1 \le x \le 1, x_0 = \dfrac{1}{2}$

85. $y = x^3 - 3x^2 - 1$, $\quad 2 \le x \le 5, x_0 = \dfrac{27}{10}$

86. $y = 2 - x - x^3$, $\quad -2 \le x \le 2, x_0 = \dfrac{3}{2}$

87. $y = e^x$, $\quad -3 \le x \le 5, x_0 = 1$

88. $y = \sin x$, $\quad -\dfrac{\pi}{2} \le x \le \dfrac{\pi}{2}, x_0 = 1$

在题 89 和 90 中,对于由区间上给定方程隐式定义的函数 $y = f(x)$ 和 $x = f^{-1}(y)$,重复以上步骤.

89. $y^{1/3} - 1 = (x+2)^3$, $-5 \leq x \leq 5, x_0 = -3/2$ **90.** $\cos y = x^{1/5}$, $0 \leq x \leq 1, x_0 = 1/2$

6.3 反三角函数的导数;积分

反正弦的导数 • 反正切的导数 • 反正割的导数 • 其它三个反三角函数的导数 • 积分公式

反三角函数提供了在数学、工程技术和物理学中产生的许多函数的反导数. 在这一节,我们求反三角函数的导数并且讨论相关的积分.

反正弦的导数

我们知道函数 $x = \sin y$ 在区间 $-\pi/2 < y < \pi/2$ 是可微的,并且它的导数 $\cos x$ 在此区间上是正的. 因此定理 1 保证反函数 $y = \sin^{-1} x$ 在区间 $-1 < x < 1$ 上是可微的. 但是我们不能期望它在点 $x = -1$ 或 $x = 1$ 是可微的,因为过这些点图象的切线是竖直的(图 6.10).

我们求 $y = \sin^{-1} x$ 的导数的步骤如下:

$$y = \sin^{-1} x$$

$\sin y = x$ 反函数关系

$\dfrac{d}{dx}(\sin y) = \dfrac{d}{dx} x$ 两端求导

$\cos y \dfrac{dy}{dx} = 1$ 隐函数求导

$\dfrac{dy}{dx} = \dfrac{1}{\cos y}$.

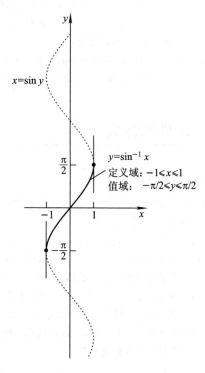

最后一步的除法是合理的,这是因为当 $-\pi/2 < y < \pi/2$ 时 $\cos y \neq 0$. 事实上,对于 $-\pi/2 < y < \pi/2, \cos y$ 是正的,于是我们可以用 $\sqrt{1-(\sin y)^2}$ 即 $\sqrt{1-x^2}$ 代替 $\cos y$. 这样一来,

$$\dfrac{d}{dx}(\sin^{-1} x) = \dfrac{1}{\sqrt{1-x^2}}.$$

如果 u 是 x 的可微函数并且 $|u| < 1$,我们应用链式法则得到

$$\boxed{\dfrac{d}{dx} \sin^{-1} u = \dfrac{1}{\sqrt{1-u^2}} \dfrac{du}{dx}, \quad |u| < 1.}$$

图 6.10 $y = \sin^{-1} x$ 的图象在 $x = -1$ 和 $x = 1$ 处有竖直切线.

例 1   应用公式

$$\dfrac{d}{dx}(\sin^{-1} x^2) = \dfrac{1}{\sqrt{1-(x^2)^2}} \cdot \dfrac{d}{dx}(x^2) = \dfrac{2x}{\sqrt{1-x^4}}$$

反正切的导数

尽管函数 $y = \sin^{-1}x$ 有十分狭窄的定义域 $[-1,1]$,函数 $y = \tan^{-1}x$ 却对所有实数都有定义. 它对所有实数也是可微的,正如我们一会就会看到的一样. 微分过程跟前面的正弦十分相似.

$$y = \tan^{-1}x$$
$$\tan y = x \qquad \text{反函数关系}$$
$$\frac{d}{dx}(\tan y) = \frac{d}{dx}x$$
$$\sec^2 y \frac{dy}{dx} = 1 \qquad \text{隐函数求导法}$$
$$\frac{dy}{dx} = \frac{1}{\sec^2 y}$$
$$= \frac{1}{1 + (\tan y)^2} \qquad \text{三角恒等式}: \sec^2 y = 1 + \tan^2 y$$
$$= \frac{1}{1 + x^2}$$

导数对于所有实数都有定义. 如果 u 是 x 的可微函数,我们得到链式法则的形式:

$$\frac{d}{dx}\tan^{-1}u = \frac{1}{1 + u^2}\frac{du}{dx}.$$

例 2(一个运动质点) 一质点沿 x 轴运动,它在任何时刻 $t \geq 0$ 的位置是 $x(t) = \tan^{-1}\sqrt{t}$. 质点在 $t = 16$ 的速度是多少?

解

$$v(t) = \frac{d}{dt}\tan^{-1}\sqrt{t} = \frac{1}{1 + (\sqrt{t})^2} \cdot \frac{d}{dt}\sqrt{t} = \frac{1}{1 + t} \cdot \frac{1}{2\sqrt{t}}$$

当 $t = 16$ 时的速度是

$$v(16) = \frac{1}{1 + 16} \cdot \frac{1}{2\sqrt{16}} = \frac{1}{136}.$$

反正割的导数

我们求 $y = \sec^{-1}x$ 当 $|x| > 1$ 时的导数,与跟其它两个反三角函数同样的方式开始.

$$y = \sec^{-1}x$$
$$\sec y = x \qquad \text{反函数关系}$$
$$\frac{d}{dx}(\sec y) = \frac{d}{dx}x$$
$$\sec y \tan y \frac{dy}{dx} = 1$$
$$\frac{dy}{dx} = \frac{1}{\sec y \tan y} \qquad \text{因为 } |x| > 1, y \text{ 属于}$$
$$\qquad\qquad\qquad\qquad (0, \pi/2) \cup (\pi/2, \pi)$$
$$\qquad\qquad\qquad\qquad \text{并且 } \sec y \tan y \neq 0.$$

为用 x 表示结果,我们利用关系

$$\sec y = x \quad \text{和} \quad \tan y = \pm \sqrt{\sec^2 y - 1} = \pm \sqrt{x^2 - 1}$$

得到

$$\frac{dy}{dx} = \pm \frac{1}{x\sqrt{x^2 - 1}}.$$

关于 ± 号我们能够做些什么？看一看图 6.11 就知道 $y = \sec^{-1} x$ 的图象的斜率永远是正的. 于是

$$\frac{d}{dx}\sec^{-1} x = \begin{cases} + \dfrac{1}{x\sqrt{x^2 - 1}} & \text{若 } x > 1 \\ - \dfrac{1}{x\sqrt{x^2 - 1}} & \text{若 } x < -1. \end{cases}$$

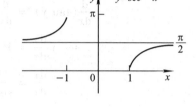

利用绝对值符号，我们可以写成一个单独的表达式并且去掉了含混不清的"±"号：

$$\frac{d}{dx}\sec^{-1} x = \frac{1}{|x|\sqrt{x^2 - 1}}.$$

图 **6.11** 曲线 $y = \sec^{-1} x$ 的斜率对于 $x < -1$ 和 $x > 1$ 都是正的.

如果 u 是 x 的可微函数并且 $|u| > 1$，我们有公式

$$\frac{d}{dx}\sec^{-1} u = \frac{1}{|u|\sqrt{u^2 - 1}} \frac{du}{dx}, \quad |u| > 1.$$

例 3 利用公式

$$\frac{d}{dx}\sec^{-1}(5x^4) = \frac{1}{|5x^4|\sqrt{(5x^4)^2 - 1}} \frac{d}{dx}(5x^4)$$

$$= \frac{1}{5x^4\sqrt{25x^8 - 1}}(20x^3)$$

$$= \frac{4}{x\sqrt{25x^8 - 1}}$$

其它三个反三角函数的导数

我们可以使用相同的技巧求得其它三个反三角函数 — 反余弦、反余切和反余割 — 的导数，但由于下列恒等式，有一个更简捷途径.

反函数 – 反余函数恒等式

$$\cos^{-1} x = \frac{\pi}{2} - \sin^{-1} x$$

$$\cot^{-1} x = \frac{\pi}{2} - \tan^{-1} x$$

$$\csc^{-1} x = \frac{\pi}{2} - \sec^{-1} x$$

由此易得反余函数的导数是对应反函数的导数取负值(见习题 45 到 47).

6.3 反三角函数的导数;积分

例 4(反余切曲线的切线) 求 $y = \cot^{-1} x$ 的图象在 $x = -1$ 的切线的方程.

解 首先我们注意

$$\cot^{-1}(-1) = \frac{\pi}{2} - \tan^{-1}(-1)$$
$$= \frac{\pi}{2} - \left(-\frac{\pi}{4}\right) = \frac{3\pi}{4}.$$

切线的斜率是

$$\left.\frac{dy}{dx}\right|_{x=-1} = -\left.\frac{1}{1+x^2}\right|_{x=-1}$$
$$= -\frac{1}{1+(-1)^2} = -\frac{1}{2},$$

于是切线方程是 $y - 3\pi/4 = (-1/2)(x+1)$. ∎

反三角函数的导数汇集在表 6.1 中.

表 6.1 反三角函数的导数

1. $\dfrac{d(\sin^{-1}u)}{dx} = \dfrac{du/dx}{\sqrt{1-u^2}}, \quad |u| < 1$

2. $\dfrac{d(\cos^{-1}u)}{dx} = -\dfrac{du/dx}{\sqrt{1-u^2}}, \quad |u| < 1$

3. $\dfrac{d(\tan^{-1}u)}{dx} = \dfrac{du/dx}{1+u^2}$

4. $\dfrac{d(\cot^{-1}u)}{dx} = -\dfrac{du/dx}{1+u^2}$

5. $\dfrac{d(\sec^{-1}u)}{dx} = \dfrac{du/dx}{|u|\sqrt{u^2-1}}, \quad |u| > 1$

6. $\dfrac{d(\csc^{-1}u)}{dx} = \dfrac{-du/dx}{|u|\sqrt{u^2-1}}, \quad |u| > 1$

积分公式

表 6.1 中的导数公式导出了表 6.2 中的三个有用的积分公式. 这些公式容易地由对右端的函数求导来验证.

表 6.2 用反三角函数求值的积分

下列公式对任何常数 $a \neq 0$ 成立.

1. $\displaystyle\int \frac{du}{\sqrt{a^2 - u^2}} = \sin^{-1}\left(\frac{u}{a}\right) + C$ （对 $u^2 < a^2$ 成立） (1)

2. $\displaystyle\int \frac{du}{a^2 + u^2} = \frac{1}{a}\tan^{-1}\left(\frac{u}{a}\right) + C$ （对所有 u 成立） (2)

3. $\displaystyle\int \frac{du}{u\sqrt{u^2 - a^2}} = \frac{1}{a}\sec^{-1}\left|\frac{u}{a}\right| + C$ （对 $u^2 > a^2$ 成立） (3)

在表 6.1 的导数公式中 $a = 1$, 而在大多数积分中 $a \neq 1$, 因此表 6.2 中的公式更有用.

例 5 利用积分公式

(a) $\displaystyle\int_{\sqrt{2}/2}^{\sqrt{3}/2} \frac{dx}{\sqrt{1-x^2}} = \sin^{-1}x \Big|_{\sqrt{2}/2}^{\sqrt{3}/2}$

$= \sin^{-1}\left(\dfrac{\sqrt{3}}{2}\right) - \sin^{-1}\left(\dfrac{\sqrt{2}}{2}\right) = \dfrac{\pi}{3} - \dfrac{\pi}{4} = \dfrac{\pi}{12}$

(b) $\displaystyle\int_0^1 \frac{dx}{1+x^2} = \tan^{-1}x \Big|_0^1 = \tan^{-1}(1) - \tan^{-1}(0) = \dfrac{\pi}{4} - 0 = \dfrac{\pi}{4}$

(c) $\displaystyle\int_{2/\sqrt{3}}^{\sqrt{2}} \frac{dx}{x\sqrt{x^2-1}} = \sec^{-1}x \Big|_{2/\sqrt{3}}^{\sqrt{2}} = \dfrac{\pi}{4} - \dfrac{\pi}{6} = \dfrac{\pi}{12}$

例 6 利用替换法和表 6.2

(**a**) $\int \dfrac{dx}{\sqrt{9-x^2}} = \int \dfrac{dx}{\sqrt{(3)^2-x^2}} = \sin^{-1}\left(\dfrac{x}{3}\right) + C$ 等式(1)中 $a=3, u=x$

(**b**) $\int \dfrac{dx}{\sqrt{3-4x^2}} = \dfrac{1}{2}\int \dfrac{du}{\sqrt{a^2-u^2}}$ $a=\sqrt{3}, u=2x$,于是 $\dfrac{du}{2} = dx$

$\qquad\qquad\quad = \dfrac{1}{2}\sin^{-1}\left(\dfrac{u}{a}\right) + C$ 等式(1)

$\qquad\qquad\quad = \dfrac{1}{2}\sin^{-1}\left(\dfrac{2x}{\sqrt{3}}\right) + C$

例 7（配成平方）   求 $\int \dfrac{dx}{\sqrt{4x-x^2}}$.

解   表达式 $\sqrt{4x-x^2}$ 跟表 6.2 中的任一公式都不相匹配,于是我们首先把 $4x-x^2$ 通过配成完全平方,重写为

$$4x - x^2 = -(x^2 - 4x) = -(x^2 - 4x + 4) + 4 = 4 - (x-2)^2.$$

然后我们做替换 $a=2, u=x-2$, 且 $du = dx$, 便得

$\int \dfrac{dx}{\sqrt{4x-x^2}} = \int \dfrac{dx}{\sqrt{4-(x-2)^2}}$

$\qquad\qquad\quad = \int \dfrac{du}{\sqrt{a^2-u^2}}$ $a=2, u=x-2$, 于是 $du = dx$

$\qquad\qquad\quad = \sin^{-1}\left(\dfrac{u}{a}\right) + C$ 等式(1)

$\qquad\qquad\quad = \sin^{-1}\left(\dfrac{x-2}{2}\right) + C$

例 8（配成平方）   求 $\int \dfrac{dx}{4x^2+4x+2}$.

解   我们把二次多项式 $4x^2+4x$ 配成平方：

$$4x^2 + 4x + 2 = 4(x^2+x) + 2 = 4\left(x^2+x+\dfrac{1}{4}\right) + 2 - \dfrac{4}{4}$$

$$= 4\left(x+\dfrac{1}{2}\right)^2 + 1 = (2x+1)^2 + 1.$$

于是

$\int \dfrac{dx}{4x^2+4x+2} = \int \dfrac{dx}{(2x+1)^2+1} = \dfrac{1}{2}\int \dfrac{du}{u^2+a^2}$ $a=1, u=2x+1$, $du/2 = dx$

$\qquad\qquad\qquad\quad = \dfrac{1}{2} \cdot \dfrac{1}{a}\tan^{-1}\left(\dfrac{u}{a}\right)$ 等式(2)

$\qquad\qquad\qquad\quad = \dfrac{1}{2}\tan^{-1}(2x+1) + C$ $a=1, u=2x+1$

例 9（利用替换法）   求 $\int \dfrac{dx}{\sqrt{e^{2x}-6}}$.

解

$$\int \frac{\mathrm{d}x}{\sqrt{\mathrm{e}^{2x} - 6}} = \int \frac{\mathrm{d}u/u}{\sqrt{u^2 - a^2}} \qquad \begin{aligned} u &= \mathrm{e}^x, \mathrm{d}u = \mathrm{e}^x \mathrm{d}x, \\ \mathrm{d}x &= \mathrm{d}u/\mathrm{e}^x = \mathrm{d}u/u, a = \sqrt{6} \end{aligned}$$

$$= \int \frac{\mathrm{d}u}{u\sqrt{u^2 - a^2}}$$

$$= \frac{1}{a}\sec^{-1}\left|\frac{u}{a}\right| + C \qquad \text{等式(3)}$$

$$= \frac{1}{\sqrt{6}}\sec^{-1}\left(\frac{\mathrm{e}^x}{\sqrt{6}}\right) + C$$

习题 6.3

求导数

在题 1-14 中,求 y 对于适当变量的导数.

1. $y = \cos^{-1}(1/x)$
2. $y = \sin^{-1}(1-t)$
3. $y = \sec^{-1}(2s+1)$
4. $y = \csc^{-1}(x^2+1), x > 0$
5. $y = \sec^{-1}\dfrac{1}{t}, 0 < t < 1$
6. $y = \cot^{-1}\sqrt{t}$
7. $y = \ln(\tan^{-1}x)$
8. $y = \tan^{-1}(\ln x)$
9. $y = \cos^{-1}(\mathrm{e}^{-t})$
10. $y = s\sqrt{1-s^2} + \cos^{-1}s$
11. $y = \tan^{-1}\sqrt{x^2-1} + \csc^{-1}x, \quad x > 1$
12. $y = \cot^{-1}\dfrac{1}{x} - \tan^{-1}x$
13. $y = x\sin^{-1}x + \sqrt{1-x^2}$
14. $y = \ln(x^2+4) - x\tan^{-1}\left(\dfrac{x}{2}\right)$

求积分

求题 15-26 中的积分.

15. $\displaystyle\int \frac{\mathrm{d}x}{\sqrt{1-4x^2}}$
16. $\displaystyle\int_0^{3\sqrt{2}/4} \frac{\mathrm{d}x}{9+3x^2}$
17. $\displaystyle\int \frac{\mathrm{d}x}{x\sqrt{25x^2-2}}$
18. $\displaystyle\int_0^{3\sqrt{2}/4} \frac{\mathrm{d}x}{\sqrt{9-4x^2}}$
19. $\displaystyle\int_0^2 \frac{\mathrm{d}t}{8+2t^2}$
20. $\displaystyle\int_{-1}^{-\sqrt{2}/2} \frac{\mathrm{d}y}{y\sqrt{4y^2-1}}$
21. $\displaystyle\int \frac{3\mathrm{d}r}{\sqrt{1-4(r-1)^2}}$
22. $\displaystyle\int \frac{\mathrm{d}x}{1+(3x+1)^2}$
23. $\displaystyle\int \frac{y\,\mathrm{d}y}{\sqrt{1-y^4}}$
24. $\displaystyle\int_{-\pi/2}^{\pi/2} \frac{2\cos\theta\mathrm{d}\theta}{1+(\sin\theta)^2}$
25. $\displaystyle\int_0^{\ln\sqrt{3}} \frac{\mathrm{e}^x\mathrm{d}x}{1+\mathrm{e}^{2x}}$
26. $\displaystyle\int_0^{\mathrm{e}^{\pi/4}} \frac{4\mathrm{d}t}{t(1+\ln^2 t)}$

求题 27-32 中的积分.

27. $\displaystyle\int \frac{\mathrm{d}x}{\sqrt{-x^2+4x-3}}$
28. $\displaystyle\int_{-1}^0 \frac{6\mathrm{d}t}{\sqrt{3-2t-t^2}}$
29. $\displaystyle\int \frac{\mathrm{d}y}{y^2-2y+5}$
30. $\displaystyle\int_1^2 \frac{8\mathrm{d}x}{x^2-2x+2}$
31. $\displaystyle\int \frac{\mathrm{d}x}{(x+1)\sqrt{x^2+2x}}$
32. $\displaystyle\int \frac{\mathrm{d}x}{(x-2)\sqrt{x^2-4x-3}}$

求题 33-36 中的积分.

33. $\displaystyle\int \frac{\mathrm{e}^{\sin^{-1}x}\mathrm{d}x}{\sqrt{1-x^2}}$
34. $\displaystyle\int \frac{(\sin^{-1}x)^2\mathrm{d}x}{\sqrt{1-x^2}}$
35. $\displaystyle\int \frac{\mathrm{d}y}{(\tan^{-1}y)(1+y^2)}$
36. $\displaystyle\int_{\sqrt{2}}^2 \frac{\sec^2(\sec^{-1}x)\mathrm{d}x}{x\sqrt{x^2-1}}$

积分公式

验证题 37-40 中的积分公式.

37. $\int \dfrac{\tan^{-1} x}{x^2} dx = \ln x - \dfrac{1}{2}\ln(1+x^2) - \dfrac{\tan^{-1} x}{x} + C$

38. $\int x^3 \cos^{-1}(5x) \, dx = \dfrac{x^4}{4}\cos^{-1}(5x) + \dfrac{5}{4}\int \dfrac{x^4 dx}{\sqrt{1-25x^2}}$

39. $\int (\sin^{-1} x)^2 dx = x(\sin^{-1} x)^2 - 2x + 2\sqrt{1-x^2}\sin^{-1} x + C$

40. $\int \ln(a^2 + x^2) dx = x\ln(a^2 + x^2) - 2x + 2a\tan^{-1}\dfrac{x}{a} + C$

初值问题

解题 41 – 44 中的初值问题.

41. $\dfrac{dy}{dx} = \dfrac{1}{\sqrt{1-x^2}}$, $y(0) = 0$

42. $\dfrac{dy}{dx} = \dfrac{1}{x^2+1} - 1$, $y(0) = 1$

43. $\dfrac{dy}{dx} = \dfrac{1}{x\sqrt{x^2-1}}$, $x > 1; y(2) = \pi$

44. $\dfrac{dy}{dx} = \dfrac{1}{1+x^2} - \dfrac{2}{\sqrt{1-x^2}}$, $y(0) = 2$

理论和例子

45. 利用恒等式 $\cos^{-1} u = \dfrac{\pi}{2} - \sin^{-1} u$ 从 $\sin^{-1} u$ 的导数公式导出表 6.1 中 $\cos^{-1} u$ 的导数公式.

46. 利用恒等式 $\cot^{-1} u = \dfrac{\pi}{2} - \tan^{-1} u$ 从 $\tan^{-1} u$ 的导数公式导出表 6.1 中 $\cot^{-1} u$ 的导数公式.

47. 利用恒等式 $\csc^{-1} u = \dfrac{\pi}{2} - \sec^{-1} u$ 从 $\sec^{-1} u$ 的导数公式导出表 6.1 中 $\csc^{-1} u$ 的导数公式.

48. **求角的最大值** x 的什么值使这里画出的角 θ 取最大值? θ 在这点取何值? 从证明 $\theta = \pi - \cot^{-1} x - \cot^{-1}(2-x)$ 开始(如右图所示).

49. **反正弦的导数** 使用 6.2 节的导数法则即定理 1 导出

$$\dfrac{d}{dx}\sin^{-1} x = \dfrac{1}{\sqrt{1-x^2}}, \quad -1 < x < 1.$$

50. **反正切的导数** 使用 6.2 节的导数法则即定理 1 导出

$$\dfrac{d}{dx}\tan^{-1} x = \dfrac{1}{1+x^2}.$$

51. **旋转体体积** 求如右图画出的旋转体的体积.

52. **弧长** 求曲线 $y = \dfrac{1}{\sqrt{1-x^2}}$, $-\dfrac{1}{2} \leq x \leq \dfrac{1}{2}$ 的弧长.

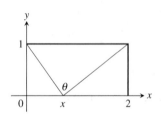

第 48 题图

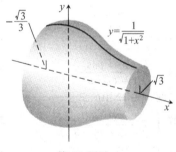

第 51 题图

用切片法求体积

53. 立体夹在在 $x = -1$ 和 $x = 1$ 垂直于 x 轴的两平面之间. 垂直于 x 轴的横截面是

(a) 圆, 其直径从曲线 $y = -\dfrac{1}{\sqrt{1+x^2}}$ 伸展到曲线 $y = \dfrac{1}{\sqrt{1+x^2}}$.

(b) 竖直正方形, 其底边从曲线 $y = -\dfrac{1}{\sqrt{1+x^2}}$ 伸展到曲线 $y = \dfrac{1}{\sqrt{1+x^2}}$.

54. 立体夹在在 $x = -\sqrt{2}/2$ 和 $x = \sqrt{2}/2$ 垂直于 x 轴的两平面之间. 垂直于 x 轴的横截面是

(a) 圆, 其直径从 x 轴伸展到曲线 $y = \dfrac{2}{\sqrt[4]{1-x^2}}$.

(**b**) 正方形，其对角线从 x 轴伸展到曲线 $y = \dfrac{2}{\sqrt[4]{1-x^2}}$.

55. 一个估计 用数值积分估计

$$\sin^{-1} 0.6 = \int_0^{0.6} \dfrac{dx}{\sqrt{1-x^2}}$$

的值. 作为参考, 取 5 位小数的 $\sin^{-1} 0.6 = 0.64350$.

56. 估计 π 用数值积分估计 $\pi = 4 \int_0^1 \dfrac{1}{1+x^2} dx$ 的值.

T 57. 为学而写 把 $f(x) = \sin^{-1} x$ 及其前两阶导数的图象画在一起. 说明 f 的行为和 f 的图象的形状同 f' 和 f'' 的符号以及数值之间的关系.

T 58. 为学而写 把 $f(x) = \tan^{-1} x$ 及其前两阶导数的图象画在一起. 说明 f 的行为和 f 的图象的形状同 f' 和 f'' 的符号以及数值之间的关系.

6.4 一阶可分离变量微分方程

一般一阶微分方程及其解 • 可分离变量方程 • 斜率场:看出解曲线 • 指数变化律 • 连续复利 • 放射性 • 热转移:回顾 Newton 冷却定律 • 正比于速度的阻力 • 从滑行到停止的物体 • Torricelli 定律

CD-ROM
WEBsite

历史传记

Jules Henri Poincaré
(1854 — 1912)

在用隐函数求导法求导数时(2.6 节), 我们发现导数 dy/dx 的表达式中经常同时包含变量 x 和 y, 而不仅仅是自变量 x. 在这一节, 我们研究初值问题, 其中的导数就有形式 $dy/dx = f(x,y)$.

一般一阶微分方程及其解

一阶微分方程是关系

$$\dfrac{dy}{dx} = f(x,y) \tag{1}$$

其中 $f(x,y)$ 是定义在 xy 平面一个区域上的二元函数. 方程(1) 的一个**解**是定义在关于 x 值的一个区间(可能是无穷的) 上的可微函数 $y = y(x)$, 使得在该区间上

$$\dfrac{d}{dx} y(x) = f(x, y(x)).$$

初值条件 $y(x_0) = y_0$ 相当于要求解曲线 $y = y(x)$ 通过点 (x_0, y_0).

例 1(验证一个函数是解) 证明函数

$$y = \dfrac{1}{x} + \dfrac{x}{2}$$

是下列一阶初值问题的解.

$$\dfrac{dy}{dx} = 1 - \dfrac{y}{x}, \quad y(2) = \dfrac{3}{2}.$$

解 方程

$$\frac{dy}{dx} = 1 - \frac{y}{x}$$

是一阶微分方程,其中的 $f(x,y) = 1 - (y/x)$.

函数 $y = (1/x) + (x/2)$ 是微分方程的解,这是因为,当用 $(1/x) + (x/2)$ 替换 y 时方程两端相等.

左端:

$$\frac{dy}{dx} = \frac{d}{dx}\left(\frac{1}{x} + \frac{x}{2}\right) = -\frac{1}{x^2} + \frac{1}{2}.$$

右端:

$$1 - \frac{y}{x} = 1 - \frac{1}{x}\left(\frac{1}{x} + \frac{x}{2}\right) = 1 - \frac{1}{x^2} - \frac{1}{2} = -\frac{1}{x^2} + \frac{1}{2}.$$

因为

$$y(2) = \left(\frac{1}{x} + \frac{x}{2}\right)_{x=2} = \frac{1}{2} + \frac{2}{2} = \frac{3}{2},$$

所以该函数满足初条件.

可分离变量方程

方程 $y' = f(x,y)$ 是**可分离变量**的,如果 f 可以表示成一个 x 的函数和一个 y 的函数的乘积. 于是微分方程有形式

$$\frac{dy}{dx} = g(x)h(y).$$

注: 有时我们把 $dy/dx = f(x,y)$ 写成 $y' = f(x,y)$.

如果 $h(y) \neq 0$,我们可以通过两端除以 h **分离变量**,依次得到

$$\frac{1}{h(y)}\frac{dy}{dx} = g(x)$$

$$\int \frac{1}{h(y)}\frac{dy}{dx}dx = \int g(x)dx \quad \text{两端对 } x \text{ 积分}$$

$$\int \frac{1}{h(y)}dy = \int g(x)dx.$$

现在 x 和 y 已经分离,我们只需要简单地积分两端就得到我们要找的解,把 y 表示成 x 的显函数或隐函数,其中含有一个任意常数.

例 2(解一个可分离变量的方程) 解微分方程

$$\frac{dy}{dx} = (1 + y^2)e^x.$$

解 因为 $1 + y^2$ 从不为零,我们可用分离变量法解这个方程.

$$\frac{dy}{dx} = (1 + y^2)e^x$$

$$dy = (1 + y^2)e^x dx \qquad \text{把 } dy/dx \text{ 看作微分之商并且两端乘以 } dx.$$

$$\frac{dy}{1 + y^2} = e^x dx \qquad \text{除以 } 1 + y^2$$

$$\int \frac{\mathrm{d}y}{1+y^2} = \int \mathrm{e}^x \mathrm{d}x \qquad \text{两端积分}$$

$$\tan^{-1} y = \mathrm{e}^x + C \qquad C \text{ 表示积分的组合常数}$$

等式 $\tan^{-1} y = \mathrm{e}^x + C$ 作为 x 的隐函数给出了 y. 当 $-\pi/2 < \mathrm{e}^x + C < \pi/2$ 时, 通过取两端的正切我们可以把 y 表示成 x 的显函数:

$$\tan(\tan^{-1} y) = \tan(\mathrm{e}^x + C)$$

$$y = \tan(\mathrm{e}^x + C).$$

斜率场: 看出解曲线

每当我们给微分方程 $y' = f(x, y)$ 的解指定一个初条件 $y(x_0) = y_0$, 就要求**解曲线**(解的图象)通过点 (x_0, y_0), 并且在该点有斜率 $f(x_0, y_0)$. 我们可以用图形画出这些斜率, 为此在 xy 平面的区域(f 的定义域区域)的每个选定的点 (x, y) 处画一个短的斜率为 $f(x, y)$ 的线段. 每个线段跟过 (x, y) 的解曲线有相同的斜率, 于是跟解曲线在那里相切. 跟随这些线段我们可看出曲线的行为如何(图 6.12).

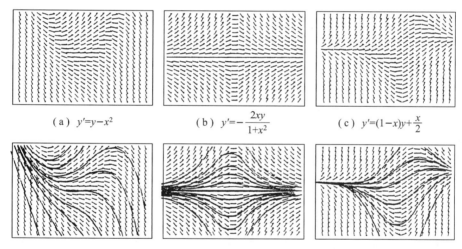

图 6.12 斜率场(上一行)和选定的解曲线(下一行). 在计算机演示中, 斜率线段有时带箭头, 正如你从上图看到的那样. 这并不表示斜率有方向, 其实斜率没有方向.

用铅笔和纸构造斜率场十分单调乏味. 所有我们的这些例子都是由计算机生成的.

指数变化律

假定我们对于量 y(人口, 放射性元素, 货币, 等等)感兴趣, 该量以正比于当前量的速率增加或减少. 假定我们还知道在时刻 $t = 0$ 的量, 记作 y_0, 我们可以通过解下列初值问题求 $y(t$ 的函数).

微分方程: $\quad \dfrac{\mathrm{d}y}{\mathrm{d}t} = ky$

初条件: $\quad t = 0$ 时 $y = y_0$

如果 y 是正的而且是增加的, 则 k 是正数, 而且增长率正比于已经积累的量; 如果 y 是正的但在减少,则 k 是负的,而减少率正比于仍旧留下的量.

历史传记

Josiah Willard Gibbs
(1839 — 1903)

常函数 $y = 0$ 是微分方程的解,但通常我们对此解不感兴趣. 为找到非零解,我们分离变量并且积分

$$\frac{dy}{y} = k dt$$

$$\ln|y| = kt + C \qquad 积分$$

$$e^{\ln|y|} = e^{kt+C} \qquad 求幂$$

$$|y| = e^C \cdot e^{kt} \qquad e^{\ln u} = u, e^{a+b} = e^a \cdot e^b$$

$$y = \pm e^C e^{kt} \qquad |y| = r \Rightarrow y = \pm r$$

$$y = A e^{kt} \qquad 令 A = \pm e^C$$

允许 A 取值 0,添加到 $\pm e^C$ 所有可能的取值当中,就可以把解 $y = 0$ 包括在内. 这就解了微分方程. 为解初值问题,我们令 $t = 0$ 和 $y = y_0$,并解出 A.

$$y_0 = A e^{(k)(0)} = A$$

初值问题的解是 $y = y_0 e^{kt}$.

> **指数变化律**
>
> 如果 y 以正比于当前数量的速率 ($dy/dt = ky$) 变化并且当 $t = 0$ 时 $y = y_0$,则
>
> $$y = y_0 e^{kt},$$
>
> 这里 $k > 0$ 表示增长;而 $k < 0$ 表示衰减. 数 k 是方程的**速率常数**.

连续复利

假定以固定的年利率 r(用小数表示)投资 A_0 美元. 若一年内 k 次把利息加入帐目,则 t 年后的现金总数是

$$A(t) = A_0 \left(1 + \frac{r}{k}\right)^{kt}.$$

利息可以每月($k = 12$),每周($k = 52$),每日($k = 365$),或甚至更频繁地,每小时或每分钟加入(银行家称为"复利").

如果不是在离散的区间加入,而是连续地以正比于帐户现金的速率把利息加入帐目,就可用一个初值问题为帐目的增长建模

微分方程: $\dfrac{dA}{dt} = rA$

初条件: $A(0) = A_0$

t 年后帐目中的货币数量是

$$A(t) = A_0 e^{rt}.$$

按这个公式付的利息称为**连续复利**. 数 r 是**连续利率**.

注:根据 6.2 节题 67,$A_0 e^{rt}$
$= \lim_{k \to \infty} A_0 \left(1 + \dfrac{r}{k}\right)^{kt}$.

例 3(连续复利) 假定你在一个帐户以 6.3% 的年利息存款 800 美元. 8 年后你将有多少美元?如果利息是

(**a**) 连续复利息.   (**b**) 季度复利息.

解 这里 $A_0 = 800, r = 0.063. 8$ 年后,帐户中的金额精确到分是

(**a**) $A(8) = 800\mathrm{e}^{(0.063)(8)} = 1324.26$

(**b**) $A(8) = 800\left(1 + \dfrac{0.063}{4}\right)^{(4)(8)} = 1319.07.$

你或许期望用连续复利息得到这多出的 5.19 美元.

放射性

当一个原子在放射中失去一些质量时,原子的剩余部分就重组为某种新元素的原子. 这个放射过程和变化称为**放射性衰减**,其原子自然地经历这一过程的元素,则是放射性元素. 放射性碳 – 14 衰减为氮. 锂经过几个中间的放射性阶段后,衰变为镭.

实验指出在任何给定的时间,放射性元素衰减的速率(用单位时间改变的原子核数目测量)近似地正比于现存放射性原子核的数目. 于是放射性元素的衰减用方程 $\mathrm{d}y/\mathrm{d}t = -ky, k > 0$ 描述. 如果 y_0 是在时刻零现有放射性原子核的数目,在此后时刻 t 仍存在的数目将是

$$y = y_0 \mathrm{e}^{-kt}, \quad k > 0.$$

一种放射性元素的**半衰期**是样本中现有放射性原子核衰减一半需要的时间. 例 4 指出一个惊人的事实,半衰期是一个仅依赖于放射性物质的常数,而与样本中现存的射性原子核的数目无关.

注:镭-226,用来涂在手表的刻度盘上,使它们在夜间发光(对于用刷子涂这种东西的人,这是一件危险的作业),对于镭-226,t 用年测量,$k = 4.3 \times 10^{-4}$. 对于氢-222 气体,t 用日测量,$k = 0.18$. 镭在地壳中的衰减是有时在地下室中发现的氢的来源.

约定 这里约定用 $-k(k > 0)$ 而不用 $k(k < 0)$ 以强调 y 是减少的. 在这种形式下,数 k 称放射性元素的衰减常数.

例 4 (求半衰期) 求衰减方程为 $y = y_0 \mathrm{e}^{-kt}$ 的放射性物质的半衰期,并且指出半衰期仅依赖于衰减常数 k.

解

模型 半衰期是方程 $y_0 \mathrm{e}^{-kt} = \dfrac{1}{2} y_0$ 的解.

用代数方法求解

$$\mathrm{e}^{-kt} = \dfrac{1}{2} \qquad\qquad 除以\ y_0$$

$$-kt = \ln \dfrac{1}{2} \qquad\qquad 两边取\ \ln$$

$$t = -\dfrac{1}{k}\ln\dfrac{1}{2} = \dfrac{\ln 2}{k} \qquad \ln\dfrac{1}{a} = -\ln a$$

解释 t 的这个值是元素的半衰期. 它仅依赖于 k 值. 数 y_0 没有出现.

用衰减常数 k 表示半衰期

衰减常数为 $k(k > 0)$ 的放射性物质的**半衰期**是

$$半衰期 = \dfrac{\ln 2}{k}.$$

例 5(利用碳-14 测定年代) 利用碳-14 测定年代的科学家用 5700 年作为它的半衰期. 求样本的年代, 其原有的 10% 的放射性原子核已经衰减.

解 因为半衰期 $= 5700 = (\ln 2)/k$, 我们有 $k = (\ln 2)/5700$.

模型 我们需要求 t 的值, 它满足

$$y_0 \mathrm{e}^{-kt} = 0.9 y_0 \quad \text{或} \quad \mathrm{e}^{-kt} = 0.9,$$

其中 $k = (\ln 2)/5700$.

用代数方法求解

$$\mathrm{e}^{-kt} = 0.9$$

$$-kt = \ln 0.9 \qquad \text{两端求 } \ln$$

$$t = -\frac{1}{k} \ln 0.9 = -\frac{5700}{\ln 2} \ln 0.9 \approx 866$$

解释 样本年龄大约为 866 年.

注:碳-14 测定年代

放射性元素的衰减有时可用来测量地球上过去的事件. 长于二十亿年的岩石年龄可用铀(半衰期 4.5 十亿年!) 的放射性衰减的程度测定出来. 在一个活的有机体内, 放射性碳, 碳-14 跟存活在有机体内的普通碳之比基本保持常数, 近似地等于有机体的周围环境中的比. 但在有机体死后, 没有新的碳被吸收, 而碳-14 的比例由于衰变而减少. 通过比较有机体内碳-14 的比例和它生活在其中的环境中的比例有可能估计残余有机体的年龄. 古生物学家应用这种方式测定了贝壳(内含 $CaCO_3$), 种子和木质人造物品的年龄. 法国 Lascaux 的岩洞油画的 15 500 年的年龄估计是由碳-14 测定的. Turin 的裹尸布, 长期以来许多人相信它是基督耶稣的裹尸布, 争论产生后, 人们 1988 年用碳-14 测定出是在公元 1200 以后制造的.

热转移:回顾 Newton 冷却定律

在 3.4 节, 我们获得了浸入冷的环境介质的热的物体, 比如锡杯中的热汤在冷却到周围空气温度这一过程的温度曲线. 描述这一冷却过程的微分方程基于这样一个原理, 物体的温度在任何给定时刻变化的速率大致地正比于它的温度和周围介质温度之差(Newton 冷却定律, 同样适用于加热).

如果 H 是物体在时刻 t 的温度, 而 H_s 是周围的常温度, 则微分方程是

$$\frac{\mathrm{d}H}{\mathrm{d}t} = -k(H - H_s). \tag{2}$$

如果用 $(H - H_s)$ 替换 y, 则

$$\frac{\mathrm{d}y}{\mathrm{d}t} = \frac{\mathrm{d}}{\mathrm{d}t}(H - H_s) = \frac{\mathrm{d}H}{\mathrm{d}t} - \frac{\mathrm{d}}{\mathrm{d}t}(H_s)$$

$$= \frac{\mathrm{d}H}{\mathrm{d}t} - 0 \qquad H_s \text{ 是常数}$$

$$= \frac{\mathrm{d}H}{\mathrm{d}t}$$

$$= -k(H - H_s) \qquad \text{方程}(2)$$

$$= -ky, \qquad H - H_s = y$$

现在我们知道 $\mathrm{d}y/\mathrm{d}t = -ky$ 的解是 $y = y_0 \mathrm{e}^{-kt}$, 这里 $y(0) = y_0$. 用 y 替换 $(H - H_s)$, 这就说明

$$H - H_s = (H_0 - H_s) \mathrm{e}^{-kt}, \tag{3}$$

这里 H_0 是 $t = 0$ 时的温度. 这就是 Newton 冷却定律的等式.

例6(冷却一个煮硬了的鸡蛋) 一个煮硬了的鸡蛋有98℃,把它放在18℃的水池里.5分钟之后,鸡蛋的温度是38℃.假定没有感到水变热,鸡蛋到达20℃需多长时间?

解 我们求鸡蛋从98℃冷却到20℃需多久,再减去已经过去的5分钟.

步骤1:解初值问题.在等式(3)中令 $H_s = 18$ 和 $H_0 = 98$,把鸡蛋放入水池后 t 分钟其温度是

$$H = 18 + (98 - 18)e^{-kt} = 18 + 80e^{-kt}.$$

为求 k,我们利用当 $t = 5$ 时 $H = 38$ 这一信息

$$38 = 18 + 80e^{-5k}, \quad e^{-5k} = \frac{1}{4}$$

$$-5k = \ln\frac{1}{4} = -\ln 4, \quad k = \frac{1}{5}\ln 4$$

鸡蛋在时刻 t 的温度是 $H = 18 + 80e^{-(0.2\ln 4)t}$.

步骤2:求当 $H = 20$ 的时间 t.

$$20 = 18 + 80e^{-(0.2\ln 4)t}$$

$$80e^{-(0.2\ln 4)t} = 2$$

$$e^{-(0.2\ln 4)t} = \frac{1}{40}$$

$$-(0.2\ln 4)t = \ln\frac{1}{40} = -\ln 40 \quad \text{两端求对数}$$

$$t = \frac{\ln 40}{0.2\ln 4} \approx 13 \text{ 分钟}$$

步骤3:达到 $H = 20$ 所需时间的解释.在把鸡蛋放入水池中冷却约13分钟后鸡蛋的温度达到20℃,因为达到38℃用去了5分钟,故大约还需8分钟多一点达到20℃.

正比于速度的阻力

在某些情况下,在没有其它的力作用时,运动物体所受到的阻力,像一辆汽车靠惯性滑行到停止那样,正比于物体的速度这一假设是合理的.物体运动得愈慢,它前进时受到的空气阻力就愈小.为用数学术语表达这一假设,我们把物体的质量视为 m,沿坐标直线运动,其位置 s 和速度 v 是时间 t 的函数.与运动方向相反的阻力是

$$\text{力} = \text{质量} \times \text{加速度} = m\frac{dv}{dt}.$$

我们可以把阻力正比于速度这一假设表示为

$$m\frac{dv}{dt} = -kv \quad \text{或} \quad \frac{dv}{dt} = -\frac{k}{m}v \quad (k > 0).$$

这是指数变化的微分方程.这个微分方程在初条件 $t = 0$ 时 $v = v_0$ 下的解是

$$v = v_0 e^{-(k/m)t}. \tag{4}$$

从滑行到停止的物体

从等式(4)我们可以了解到什么?对某一件事情来说,我们可以看出,如果 m 代表一庞然大物的质量,比如Erie湖上的运矿石的船的质量是20 000吨,为使速度趋近于零将经过很长的

时间. 另一件事情是,我们可以积分这个等式求作为时间 t 的函数 s.

假定一个物体从滑行到停止,仅有正比于它的速度的阻力作用. 它将滑行多远?为求出结果,我们从等式(4)出发并解初值问题

$$\frac{ds}{dt} = v_0 e^{-(k/m)t}, \quad s(0) = 0.$$

对 t 积分,得

$$s = -\frac{v_0 m}{k} e^{-(k/m)t} + C.$$

代入 $t = 0, s = 0$,给出

$$0 = -\frac{v_0 m}{k} + C, \quad \text{于是} \quad C = \frac{v_0 m}{k}.$$

因此在时刻 t 物体的位置是

$$s(t) = -\frac{v_0 m}{k} e^{-(k/m)t} + \frac{v_0 m}{k} = \frac{v_0 m}{k}(1 - e^{-(k/m)t}). \tag{5}$$

为求物体滑行有多远,我们求当 $t \to \infty$ 时 $s(t)$ 的极限. 因为 $-(k/m) < 0$,我们知道当 $t \to \infty$ 时 $e^{-(k/m)t} \to 0$,于是

$$\lim_{t\to\infty} s(t) = \lim_{t\to\infty} \frac{v_0 m}{k}(1 - e^{-(k/m)t})$$

$$= \frac{v_0 m}{k}(1 - 0) = \frac{v_0 m}{k}.$$

终于得到

$$\text{滑行距离} = \frac{v_0 m}{k}. \tag{6}$$

自然,这是一个理想的演算. 仅在数学里时间才可以绵延到无穷. 数 $v_0 m/k$ 仅是一个上界(虽说是有用的). 在某种意义下在生活中这样考虑也是正确的,至少:如果 m 很大,要让物体停止需消耗巨大的能量. 这就是为什么远洋客轮必须用拖轮靠近码头. 任何一个按惯例设计的远洋客轮以足够大的速度滑行时,在停止之前将会撞击到码头.

注:重量和质量的比较 重量是地心引力拉一个质量的力:

$$\text{重量} = \text{质量} \times \text{加速度}$$

在英制里,重量以磅(pounds)测量,质量以斯拉格(slugs)测量. 于是

磅 = 斯拉格 × 32 或 磅/32 = 斯拉格

一个重192磅的滑冰者的质量 = 192/32 = 6 斯拉格.

例7(一个滑行的溜冰者) 对于一个192磅的溜冰者,等式(4)中的 k 大约是 1/3 斯拉格/秒,而 $m = 192/32 = 6$ 斯拉格. 该溜冰者从 11 英尺/秒(7.5 英里/时)滑行到 1 英尺/秒需多久? 溜冰者到完全停止需滑行多远?

解 通过对 t 解方程(4),我们回答第一个问题:

$$11 e^{-t/18} = 1 \qquad \text{方程(4) 中}, k = 1/3,$$
$$\qquad\qquad\qquad m = 6, v_0 = 11, v = 1$$

$$e^{-t/18} = 1/11$$

$$-t/18 = \ln(1/11) = -\ln 11$$

$$t = 18 \ln 11 \approx 43 \text{ 秒}.$$

我们用等式(6)回答第二个问题:

$$\text{滑行距离} = \frac{v_0 m}{k} = \frac{11.6}{1/3} = 198 \text{ 英尺}.$$

Torricelli 定律

Torricelli 定律是说,如果像图 6.13 那样排水,水流出的速率等于一个常数乘水深度 x 的平方根. 常数依赖于出口的尺寸. 在例 8 中,我们假定常数为 $1/2$.

例8(从桶中排水) 一个直圆柱形的桶半径为 5 英尺,高为 16 英尺,起初装满了水,以 $0.5\sqrt{x}$ 英尺^3/分 的速率从桶中排水. 求在任何时刻 t,桶中水的深度和总量的公式. 把桶中的水排空需时间多久?

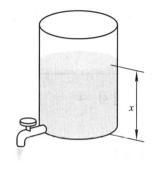

图 6.13 水流出的速率是 $0.5\sqrt{x}$ 英尺^3/分. (例 8)

解 底半径为 r 高为 h 的直圆柱体积是 $V = \pi r^2 h$.

模型 桶(图 6.13)中水的体积是

$$V = \pi r^2 h = \pi (5)^2 x = 25\pi x.$$

微分方程:

$$\frac{dV}{dt} = 25\pi \frac{dx}{dt} \qquad \text{为负值是因为 } V \text{ 减少}, \frac{dx}{dt} < 0$$

$$-0.5\sqrt{x} = 25\pi \frac{dx}{dt} \qquad \text{Torricelli 定律}$$

$$\frac{dx}{dt} = -\frac{\sqrt{x}}{50\pi}$$

初条件: $\qquad x(0) = 16 \qquad t = 0 \text{ 时,水深 16 英尺}.$

解析地求解 我们首先用分离变量法解微分方程

$$x^{-1/2} dx = -\frac{1}{50\pi} dt$$

$$\int x^{-1/2} dx = -\int \frac{1}{50\pi} dt \qquad \text{积分两端}$$

$$2x^{1/2} = -\frac{1}{50\pi} t + C \qquad \text{合并常数}$$

用初条件 $x(0) = 16$ 确定 C 的值:

$$2(16)^{1/2} = -\frac{1}{50\pi}(0) + C$$

$$C = 8.$$

CD-ROM
WEBsite
历史传记
Josiah Willard Gibbs
(1839 — 1903)

由 $C = 8$,我们得

$$2x^{1/2} = -\frac{1}{50\pi} t + 8 \quad \text{或} \quad x^{1/2} = 4 - \frac{t}{100\pi}.$$

我们要找的公式是

$$x = \left(4 - \frac{t}{100\pi}\right)^2 \quad \text{和} \quad V = 25\pi x = 25\pi \left(4 - \frac{t}{100\pi}\right)^2.$$

解释 在任何时刻 t,桶中水深是 $(4 - t/(100\pi))^2$ 英尺,而水的总量是 $25\pi(4 - t/(100\pi))^2$

英尺^3. 在 $t = 0, x = 16$ 英尺, $V = 400\pi$ 英尺^3, 这正是所必需的值. 桶在 $t = 400\pi$ 分将是空的 ($V = 0$), 这大约是21小时.

习题6.4

验证解

在题1和2里, 说明每个函数 $y = f(x)$ 是伴随的微分方程的解.

1. $2y' + 3y = e^{-x}$
   (a) $y = e^{-x}$ (b) $y = e^{-x} + e^{-(3/2)x}$ (c) $y = e^{-x} + Ce^{-(3/2)x}$

2. $y' = y^2$
   (a) $y = -\dfrac{1}{x}$ (b) $y = -\dfrac{1}{x+3}$ (c) $y = -\dfrac{1}{x+C}$

在题3和4里, 说明每个函数是给定的初值问题的解.

3. 微分方程: $y' = e^{-x^2} - 2xy$
   初始条件: $y(2) = 0$
   候选解: $y = (x-2)e^{-x^2}$

4. 微分方程: $xy' + y = -\sin x, x > 0$
   初始条件: $y(\pi/2) = 0$
   候选解: $y = \cos x / x$

可分离变量的方程

解题5—14中的微分方程.

5. $2\sqrt{xy}\dfrac{dy}{dx} = 1, \quad x, y > 0$

6. $\dfrac{dy}{dx} = x^2\sqrt{y}, \quad y > 0$

7. $\dfrac{dy}{dx} = e^{x-y}$

8. $\dfrac{dy}{dx} = 3x^2 e^{-y}$

9. $\dfrac{dy}{dx} = \sqrt{y}\cos^2\sqrt{y}$

10. $\sqrt{2xy}\dfrac{dy}{dx} = 1$

11. $\sqrt{x}\dfrac{dy}{dx} = e^{y+\sqrt{x}}, \quad x > 0$

12. $(\sec x)\dfrac{dy}{dx} = e^{y+\sin x}$

13. $\dfrac{dy}{dx} = 2x\sqrt{1-y^2}, \quad -1 < y < 1$

14. $\dfrac{dy}{dx} = \dfrac{e^{2x-y}}{e^{x+y}}$

应用

15. **大气压强** 大气压强 p 可用对海拔高度 h 的变化率 dp/dh 与 p 成正比来建模, 且位于海平面的压强为1013毫巴(大约每平方英尺14.7磅), 位于海拔高度20公里处的压强为90毫巴.
    (a) 解初始值问题

    微分方程: $dp/dh = kp$ (k 是一个常数)
    初始条件: $p = p_0$ (当 $h = 0$)

    得到通过 h 表示 p 的表达式. 根据海拔高度 — 压强的给定数据确定 p_0 和 k 的值.
    (b) 在海拔高度 $h = 50$ 公里处大气压强是多少?
    (c) 在海拔高度多少公里处大气压强等于900毫巴?

16. **一阶化学反应** 在某化学反应中, 物质的数量随着时间的改变率与其当前的数量成比例. 例如, δ-醣蛋白内酯变成葡萄糖酸, 当时间 t 以小时为单位时, 化学反应方程式是

$$\dfrac{dy}{dt} = -0.6y.$$

如果当 $t = 0$ 时有 δ-醋蛋白内酯 100 克,那么一小时后还剩下多少?

17. **转化糖** 粗糖的加工过程中,有一步骤称为"转化",就是改变粗糖的分子结构.反应一旦开始,粗糖量的改变速率与剩余的粗糖量成正比,如果 1000 公斤粗糖在 10 小时后只剩下 800 公斤,那么再过 14 小时还剩下多少?

18. **水下作业** 在海洋表面下方 x 英尺处的光的强度 $L(x)$ 满足微分方程
$$\frac{dL}{dx} = -kL.$$
潜水者从经验知道在加勒比海当潜水到 18 英尺深时光线强度降到水面的一半.当光线强度降到水面光线强度的十分之一以下时,人们没有人工照明不能工作.试问大约在多深处,没有人工照明仍可以工作?

19. **放电电容器上的电压** 一个放电的电容器,电压的改变率和终端电压成正比,并且时间 t 以秒为单位时,其满足的方程是
$$\frac{dV}{dt} = -\frac{1}{40}V.$$
对 V 解此方程,并应用 V_0 表示当 $t = 0$ 时 V 的值.试问经过多长时间,电压降落到初始值的 10%?

20. **石油减少** 假定从惠蒂尔的峡谷井之一抽走了一定数量的石油,使得加利福尼亚的石油产量每年以 10% 的比率连续地减少.试问什么时候加利福尼亚的石油产量降到当前值的五分之一?

21. **葡萄糖静脉注射** 某医院以每分钟 r 个单位的速率对病人进行葡萄糖静脉注射(直接到血液).假设病人的身体从血液中转移葡萄糖的速率与时刻 t 在血液中的葡萄糖数量 $Q(t)$ 成比例.
    (a) 用微分方程建立一个在血液中的葡萄糖数量随着时间变化的数学模型.
    (b) 在初始条件 $Q(0) = Q_0$ 下求解在(a)中列出的微分方程.
    (c) 求当 $t \to \infty$ 时 $Q(t)$ 的极限.

22. **连续折价** 为了鼓励采购 100(单位)某货物的买主,商家销售部门用连续折价的办法促销,以购货数量 x(单位),决定所售货物的单价 $p(x)$,也就是单价 $p(x)$ 是购货数量 x(单位)的函数.假定折扣降价速率为每单位降价 0.01 美元,又对于 100(单位)该货物的售价是 $p(100) = 20.09$ 美元.
    (a) 通过解如下初值问题求 $p(x)$:

    微分方程: $\quad \dfrac{dp}{dx} = -\dfrac{1}{100}p$

    初始条件: $\quad p(100) = 20.09$

    (b) 求 10(单位)该货物的单价 $p(10)$ 和 90(单位)的单价 $p(90)$.
    (c) 商家的收入是用 $r(x) = x \cdot p(x)$ 来计算的.如果销售部门问你打折如此多是否会出现这种情况,售出 100(单位)货物的收入比售出 90(单位)货物的收入来说更少.试证明当 $x = 100$ 时商家的收入 r 达到它的最大值,以消除他们的顾虑.

23. **连续复利** 你刚把 A_0 美元存入按 4% 连续复利计息的一个银行帐户.
    (a) 五年以后你的存折将有多少钱?   (b) 多长时间你的钱长到二倍?三倍?

24. **约翰·纳皮尔问题** 约翰·纳皮尔(1550—1617),发明了对数的苏格兰地主,是第一个回答以下问题的人,如果 100% 的利息,按连续复利计息,你投资一笔钱,则
    (a) 本利计算公式是什么样的?
    (b) 本利和变为三倍,需要多长时间?   (c) 一年能赚多少利息?
    对你的答案给出理由.

25. **氡-222** 众所周知,氡-222 气体的蜕变方程是 $y = y_0 e^{-0.18t}$,其中 t 以天为单位.将氡的样品放在密封的容器中,大约多长时间它降到其最初的值的 90%?

26. **钋-210** 钋样品的半衰期是 139 天,而钋样品到达当天的放射性核存量的 95% 蜕变后就没有用了.问钋样品到达后可以用多少天?

27. **一个放射性原子核的平均寿命** 使用放射性方程 $y = y_0 e^{-kt}$ 的物理学家把数字 $1/k$ 称为一个放射性原子核的平均寿命,氡原子核的平均寿命大约为 $1/0.18 = 5.6$(天). 碳-14 原子核的平均寿命超过 8000 年. 试证明:在一件样品中原有的放射性原子核的 95% 将在三个平均寿命期间,也就是到时间 $t = 3/k$ 蜕变掉. 从而,一个原子核的平均寿命给出一个估计一件样品的放射性将持续多长时间的快速方法.

28. **锎-252** 什么东西价格为每克 2700 万美元,能被用来处理脑癌,分析煤中硫磺的含量,检查行李中的爆炸性物质?这个东西就是锎-252,一种如此稀少的放射性同位素以致于从 1950 年格伦西博格发现它到现在整个西方世界才仅仅生产了 8 克. 锎-252 的半衰期是 2.645 年,这对有用的生活服务来说寿命足够长,而对于每单位质量有这么高的放射性来说寿命又足够短. 该同位素的 1 微克每秒释放 170 百万个中子.

    (**a**) 该同位素在放射性方程中的 k 值是多少?

    (**b**) 该同位素的平均寿命是多少?(参看题 27.)

    (**c**) 在该同位素的一件样品中,原有的放射性原子核的 95% 将在多长时间内蜕变掉?

29. **饮料冷却** 假设在温度是 20℃ 的房间里,一杯 90℃ 的饮料 10 分钟之后冷却到 60℃. 应用 Newton 冷却定律回答下列问题.

    (**a**) 再经过多久后这杯饮料会冷却到 35℃?

    (**b**) 如果这杯饮料不是放在房间里,而是放在温度是 −15℃ 的冰箱里. 则要多久时间这杯饮料才能从 90℃ 冷却到 35℃?

30. **一根未知温度的杆** 一根铝杆从寒冷的外边拿到温度保持在 65°F 的机房里. 10 分钟后杆变暖和到 35°F,再过十分钟后杆变暖和到 50°F. 应用 Newton 冷却定律估计这根杆的初始温度.

31. **未知温度的周围媒介** 装着温水(46℃) 的平底锅放入冰箱. 十分钟后水的温度是 39℃;再十分钟后水的温度是 33℃. 应用 Newton 冷却定律估计这冰箱的温度是多少.

32. **银在空气中冷却** 一块银锭现在超过室温 60℃,20 分钟以前,它超过室温 70℃. 银锭与室温的温差是多少?

    (**a**) 从现在起 15 分钟后? (**b**) 从现在起两小时后?

    (**c**) 何时银锭仅超过室温 10℃?

33. **莱克火山口的年龄** 在活着的生物体内发现了仍存 44.5% 碳-14 的木炭,如果这木炭是在俄勒冈的莱克火山喷发中被烧死的树留下的. 试问莱克火山口的年龄大约有多大?

34. **用碳-14 测量年代** 考虑以下所假想的情况,在测量一件样品的年代时,去观察那些由于估计碳-14 含量发生相当小的误差而对结果产生的影响.

    (**a**) 公元 2000 年在伊利诺斯中部发现了一块化石骨头,其中碳-14 的含量只有原来的 17%. 试估计该动物死去的年份.

    (**b**) 以 18% 替换 17% 重做(a) 小题.　(**c**) 以 16% 替换 17% 重做(a) 小题.

35. **艺术赝品** 一幅油画标称是 Vermeer(1632—1675) 的,它应该仅包含不超过原有 96.2% 的碳-14,然而却包含了 99.5%. 试问该赝品大约是什么年代的?

36. **细菌的繁殖** 假设菌落中的细菌按照指数改变律无限制地繁殖. 刚开始该菌落只有一个细菌,每半小时增加为原有的 2 倍.

    (**a**) 在 24 小时后该菌落有多少细菌?

    (**b**) **为学而写** 用(a) 小题解释,为什么有人在早上还觉得好好的,到晚上就病得很严重了;而在另一个受感染人身上,许多细菌却被消灭了.

37. **滑行的自行车** 一个 66 公斤的人骑着 7 公斤的自行车开始在水平的地面上以 9 米/秒的速度滑行. 方程(4) 中的 k 值大约为 3.9 公斤/秒.

    (**a**) 在自行车完全停止前,骑车者滑行了大约多远?

    (**b**) 多长时间骑车者的速度降到 1 米/秒?

38. **滑行的战舰** 一艘依阿华类战舰重约 51 000 公吨(51 000 000 公斤) 且方程(4) 中的 k 值大约为 59 000 公斤/秒. 假定当该船以 9 米/秒的速度移动的时候失去动力.

（a）在船完全停泊前,船滑行了大约多远?

（b）多长时间船的速度降到 1 米/秒?

39. 表 6.3 中的数据是 Valerie Sharritts 用运动探测器和 CBL™ 收集的,他是俄亥俄州哥伦布 St. Francis DeSales 高中的数学老师.表中列出了他的 10 岁女儿 Ashley 按直线方向滑冰的时间(秒)和对应的滑行距离(米).试利用表 6.3 里的数据以方程(5)的形式为 Ashley 的位置建立一个模型.她的初始速度是 $v_0 \approx 2.75$ 米/秒,她的质量 $m = 39.92$ 公斤(体重 88 磅)和这次滑行的全程为 4.91 米.

表 6.3　Ashley Sharritts 溜冰数据

t(秒)	s(米)	t(秒)	s(米)	t(秒)	s(米)
0	0	2.24	3.05	4.48	4.47
0.16	0.31	2.40	3.22	4.64	4.82
0.32	0.57	2.56	3.38	4.80	4.84
0.48	0.80	2.72	3.52	4.96	4.86
0.64	1.05	2.88	3.67	5.12	4.88
0.80	1.28	3.04	3.82	5.28	4.89
0.96	1.50	3.20	3.96	5.44	4.90
1.12	1.72	3.36	4.08	5.60	4.90
1.28	1.93	3.52	4.18	5.76	4.91
1.44	2.09	3.68	4.31	5.92	4.90
1.60	2.30	3.84	4.41	6.08	4.91
1.76	2.53	4.00	4.52	6.24	4.90
1.92	2.73	4.16	4.63	6.40	4.91
2.08	2.89	4.32	4.69	6.56	4.91

40. 滑行到停止　表 6.4 列出了 Kelly Schmitzer 在时间 t(秒)沿直线滑行的距离 s(米).求形如等式(5)的她的位置模型.她的初速度是 $v_0 = 0.80$ 米/秒,她的质量是 $m = 49.90$ 千克(110 磅),而她滑行的总距离是 1.32 米.

表 6.4　Kelly Schmitzer 滑行数据

t(秒)	s(米)	t(秒)	s(米)	t(秒)	s(米)
0	0	1.5	0.89	3.1	1.30
0.1	0.07	1.7	0.97	3.3	1.31
0.3	0.22	1.9	1.05	3.5	1.32
0.5	0.36	2.1	1.11	3.7	1.32
0.7	0.49	2.3	1.17	3.9	1.32
0.9	0.60	2.5	1.22	4.1	1.32
1.1	0.71	2.7	1.25	4.3	1.32
1.3	0.81	2.9	1.28	4.5	1.32

计算机探究

斜率场和解曲线

在题 41-46 中,得到斜率场并且添上通过给定点的解曲线的图象.

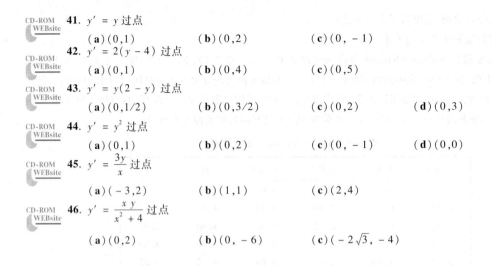

41. $y' = y$ 过点

   (a) $(0,1)$ (b) $(0,2)$ (c) $(0,-1)$

42. $y' = 2(y-4)$ 过点

   (a) $(0,1)$ (b) $(0,4)$ (c) $(0,5)$

43. $y' = y(2-y)$ 过点

   (a) $(0,1/2)$ (b) $(0,3/2)$ (c) $(0,2)$ (d) $(0,3)$

44. $y' = y^2$ 过点

   (a) $(0,1)$ (b) $(0,2)$ (c) $(0,-1)$ (d) $(0,0)$

45. $y' = \dfrac{3y}{x}$ 过点

   (a) $(-3,2)$ (b) $(1,1)$ (c) $(2,4)$

46. $y' = \dfrac{xy}{x^2+4}$ 过点

   (a) $(0,2)$ (b) $(0,-6)$ (c) $(-2\sqrt{3},-4)$

6.5 线性一阶微分方程

线性一阶方程 • 解线性方程 • 混合问题 • RL 回路

在前一节,我们导出了指数变化律 $y = y_0 \mathrm{e}^{kt}$,这正是初值问题 $\mathrm{d}y/\mathrm{d}t = ky, y(0) = y_0$ 的解. 正如我们看到的,这个问题模拟了放射性衰变,热转移以及许多其它的现象. 在这一节,我们研究以方程 $\mathrm{d}y/\mathrm{d}x = f(x,y)$ 为基础的初值问题,其中 f 是两个自变量 x 和 y 的函数. 函数 f 有特殊的形式,称为<u>线性形式</u>,而相关的微分方程同样有更广泛的应用.

线性一阶方程

如果一阶微分方程可以写成形式

$$\frac{\mathrm{d}y}{\mathrm{d}x} + P(x)y = Q(x), \tag{1}$$

p 和 Q 是 x 的函数,则它是**线性**一阶方程. 方程(1)是方程的**标准形式**.

例1(求标准形式) 把下列方程表示成标准形式:

$$x\frac{\mathrm{d}y}{\mathrm{d}x} = x^2 + 3y, \quad x > 0.$$

解

$$x\frac{\mathrm{d}y}{\mathrm{d}x} = x^2 + 3y$$

$$\frac{\mathrm{d}y}{\mathrm{d}x} = x + \frac{3}{x}y \qquad \text{除以 } x$$

$$\frac{\mathrm{d}y}{\mathrm{d}x} - \frac{3}{x}y = x \qquad \text{标准形式中 } P(x) = -3/x$$
$$\qquad\qquad\qquad\qquad\quad \text{而 } Q(x) = x.$$

注意 $P(x)$ 是 $-3/x$，而非 $+3/x$. 标准形式是 $y' + P(x)y = Q(x)$，于是负号是 $P(x)$ 公式的一部分.

例 2（指数增长模型的线性化） 在前一节我们用方程

$$\frac{dy}{dx} = ky$$

模拟了连续复利、放射性衰变和温度变化，这是一个线性一阶方程. 它的标准形式是

$$\frac{dy}{dx} - ky = 0. \quad P(x) = -k \text{ 且 } Q(x) = 0$$

解线性方程

为解方程

$$\frac{dy}{dx} + P(x)y = Q(x) \tag{2}$$

我们乘两端以正值函数 $v(x)$，以便把左端变换为乘积 $v(x) \cdot y$ 的导数. 一会儿我们就指出如何求 v，但我们首先要指出的是，一旦 v 得到了，就提供了要找的解.

下面说明了为什么乘以 v 行得通：

$$\frac{dy}{dx} + P(x)y = Q(x) \qquad \text{是标准形式的原方程}$$

$$v(x)\frac{dy}{dx} + P(x)v(x)y = v(x)Q(x) \qquad \text{乘以正的 } v(x)$$

$$\frac{d}{dx}(v(x) \cdot y) = v(x)Q(x) \qquad \text{选 } v\text{，使得 } v\,dy/dx + Pvy = d/dx(v \cdot y)$$

$$v(x) \cdot y = \int v(x)Q(x)dx$$

$$y = \frac{1}{v(x)}\int v(x)Q(x)dx \qquad \text{解出 } y \tag{3}$$

注：我们称 $v(x)$ 为方程(2) 的**积分因子**，因为它的存在使得方程可积.

等式(3) 通过函数 $v(x)$ 和 $Q(x)$ 表示方程(2) 的解.

为什么 $P(x)$ 没有也出现在解中？其实，它出现在其中，但不是直接地，而是出现在正值函数 $v(x)$ 的构造中. 我们有

$$\frac{d}{dx}(vy) = v\frac{dy}{dx} + Pvy \qquad \text{加在 } v \text{ 上的条件}$$

$$v\frac{dy}{dx} + y\frac{dv}{dx} = v\frac{dy}{dx} + Pvy \qquad \text{导数的乘积法则}$$

$$y\frac{dv}{dx} = Pvy \qquad \text{消去 } v\frac{dy}{dx}$$

上式成立，只要

$$\frac{dv}{dx} = Pv$$

$$\frac{dv}{v} = Pdx \qquad \text{分离变量}$$

$$\int \frac{dv}{v} = \int Pdx \qquad \text{积分两端}$$

$$\ln v = \int P\,dx \qquad \text{因为 } v > 0, \text{在 } \ln v \text{ 中不需要绝对值符号}$$

$$e^{\ln v} = e^{\int P\,dx} \qquad \text{为解 } v, \text{两边求幂}$$

$$v = e^{\int P\,dx} \tag{4}$$

由此看出,对于满足等式(4)的任一函数 v,用等式(3)就能够解方程(2).我们并不需要最一般的正的 v,只要有一个就可以.因此通过对 $\int P\,dx$ 选择 P 的最简单的反导数不无坏处.还要注意满足等式(4)的任一函数 v 必定是正的.

定理 3　线性方程

$$\frac{dy}{dx} + P(x)y = Q(x)$$

的解是

$$y = \frac{1}{v(x)} \int v(x) Q(x)\,dx, \tag{5}$$

其中

$$v(x) = e^{\int P(x)\,dx}. \tag{6}$$

在 v 的公式中,我们不需要 $P(x)$ 的最一般的反导数.任一反导数都适用.

例 3(应用定理 3)　解方程

$$x\frac{dy}{dx} = x^2 + 3y, \quad x > 0.$$

解　我们分四步解这个方程.

步骤 1:把方程写成标准形式以确定 P 和 Q.

$$\frac{dy}{dx} - \frac{3}{x}y = x, \quad P(x) = -\frac{3}{x}, \quad Q(x) = x \qquad \text{例 1}$$

步骤 2:求 $P(x)$ 的一个反导数(任何一个都可以).

$$\int P(x)\,dx = \int -\frac{3}{x}\,dx = -3\int \frac{1}{x}\,dx = -3\ln|x| = -3\ln x \quad (x > 0)$$

步骤 3:求积分因子 $v(x)$.

$$v(x) = e^{\int P(x)\,dx} = e^{-3\ln x} = e^{\ln x^{-3}} = \frac{1}{x^3} \qquad \text{等式(6)}$$

步骤 4:求解.

$$y = \frac{1}{v(x)} \int v(x) Q(x)\,dx \qquad \text{等式(5)}$$

$$= \frac{1}{(1/x^3)} \int \left(\frac{1}{x^3}\right)(x)\,dx \qquad \text{由 1 - 3 步求得的值}$$

$$= x^3 \cdot \int \frac{1}{x^2}\,dx$$

$$= x^3 \left(-\frac{1}{x} + C\right) \qquad \text{不要忘记 } C$$

历史传记

Adrien Marie Legendre
(1752 — 1833)

$$= -x^2 + Cx^3 \qquad \text{它提供解的一部分}$$

解是 $y = -x^2 + Cx^3, x > 0$.

> **注：怎么求线性一阶方程**
> 步骤 1. 化为标准形式；　　　　步骤 2. 求 $P(x)$ 的一个反导数；
> 步骤 3. 求 $v(x) = e^{\int P(x)dx}$；　　步骤 4. 用方程 (5) 求 y.

例 4（解一个线性一阶初值问题） 解方程
$$xy' = x^2 + 3y, \quad x > 0,$$
给定的初条件是 $y(1) = 2$.

解 我们首先解微分方程（例 3），得到
$$y = -x^2 + Cx^3, \quad x > 0.$$
再用初条件求 C 的合适的值：
$$y = -x^2 + Cx^3$$
$$2 = -(1)^2 + C(1)^3 \qquad \text{当 } x = 1 \text{ 时 } y = 2$$
$$C = 2 + (1)^2 = 3.$$
初值问题的解是函数 $y = -x^2 + 3x^3$.

混合问题

液体溶液中（或散布在气体中）的一种化学品流入装有液体（或气体）的容器中，容器中可能还装有一定量的溶解了的该化学品. 把混合物搅拌均匀并以一个已知的速率流出容器. 在这个过程中，知道在任何时刻容器中的该化学品的浓度往往是重要的. 描述这个过程的微分方程来自下列公式.

$$\text{容器中总量的变化率} = (\text{化学品进入的速率}) - (\text{化学品离开的速率}) \tag{7}$$

如果 $y(t)$ 表示在时刻 t 容器中的化学品总量，而 $V(t)$ 是在时刻 t 容器中液体的总体积，则在时刻 t 化学品离开的速率是

$$\text{离开速率} = \frac{y(t)}{V(t)} \cdot (\text{流出速率})$$
$$= (\text{在时刻 } t \text{ 溶器中的浓度}) \cdot (\text{流出速率}). \tag{8}$$

因此，方程 (7) 变成

$$\frac{dy}{dt} = (\text{化学品进入的速率}) - \frac{y(t)}{V(t)} \cdot (\text{流出速率}). \tag{9}$$

假如，比如 y 用磅测量，V 用加仑，而 t 用分钟，方程 (9) 中的单位是

$$\frac{\text{磅}}{\text{分}} = \frac{\text{磅}}{\text{分}} - \frac{\text{磅}}{\text{加仑}} \cdot \frac{\text{加仑}}{\text{分}}.$$

下面是一个例子.

例 5（石油精炼厂的存储罐） 在一个石油精炼厂，一个存储罐装有 2000 加仑的汽油，其中开始时装有 100 磅的添加溶剂. 为冬季作准备，每加仑含 2 磅添加剂的汽油以 45 加仑／分的速率注入贮存罐. 充分混合的溶液以 45 加仑／分的速率泵出. 在混合过程开始后 20 分钟罐中的

添加剂有多少(图 6.14)？

图 6.14 例 5 中的存储罐.

解

微分方程模型 令 y 是在时刻 t 罐中的添加剂的总量(以磅计). 我们知道当 $t = 0$ 时 $y = 100$. 在任何时刻 t, 罐中溶液的汽油和添加剂的加仑数是

$$V(t) = 2000 \text{ 加仑} + \left(40 \frac{\text{加仑}}{\text{分}} - 45 \frac{\text{加仑}}{\text{分}}\right)(t \text{ 分})$$

$$= (2000 - 5t) \text{ 加仑}.$$

因此,

$$\text{添加剂流出速率} = \frac{y(t)}{V(t)} \cdot \text{溶液流出速率} \qquad \text{等式}(8)$$

$$= \left(\frac{y}{2000 - 5t}\right) 45 \qquad \text{溶液流出速率是 45 加仑／分}$$

$$\text{而 } v = 2000 - 5t$$

$$= \frac{45y}{2000 - 5t} \frac{\text{磅}}{\text{分}}.$$

又

$$\text{添加剂加入速率} = \left(2 \frac{\text{磅}}{\text{加仑}}\right)\left(4 \frac{\text{加仑}}{\text{分}}\right) = 80 \frac{\text{磅}}{\text{分}}.$$

模拟混合过程的微分方程是

$$\frac{dy}{dt} = 80 - \frac{45y}{2000 - 5t} \qquad \text{等式}(9)$$

两端单位是磅／分.

解析解 为解上述微分方程, 首先把它写成标准形式:

$$\frac{dy}{dx} + \frac{45}{2000 - 5t} y = 80.$$

于是, $P(t) = 45/(2000 - 5t)$ 且 $Q(t) = 80$.

$P(t)$ 的一个反导数是

$$\int P(t) dt = \int \frac{45}{2000 - 5t} dt = -9\ln(2000 - 5t). \qquad 2000 - 5t > 0$$

(记住, P 的任一反导数都可以.)

积分因子是

$$v(t) = e^{\int P dx} = e^{-9\ln(2000 - 5t)} = (2000 - 5t)^{-9}.$$

微分方程的一般解是

$$y = \frac{1}{(2000-5t)^{-9}} \int (2000-5t)^{-9}(80)\,dt \qquad \text{等式(5)}$$

$$= \frac{80}{(2000-5t)^{-9}} \left(\frac{(2000-5t)^{-8}}{(-8)(-5)} + C \right) \qquad \text{不要忘记 } C$$

$$= 2(2000-5t) + C(2000-5t)^9. \qquad \text{再一次用 } C \text{ 表示 } 80C$$

因为 $t=0$ 时 $y=100$,我们可以确定 C 的值:

$$100 = 2(2000-0) + C(2000-0)^9$$

$$C = -\frac{3900}{(2000)^9}.$$

初值问题的解是

$$y = 2(2000-5t) - \frac{3900}{(2000)^9}(2000-5t)^9.$$

解释　注入开始后 20 分钟时的添加剂总量是

$$y(20) = 2[2000-5(20)] - \frac{3900}{(2000)^9}[2000-5(20)]^9 \approx 1342.03 \text{ 磅}.$$

RL 回路

图 6.15 中的示意图表示一个电路,它的总电阻是常值 R 欧姆,用线圈表示的电感是 L 亨利,也是常值. 一个接线端为 a 和 b 的电闸合上时就接通一个常电源 V 伏特.

Ohm 定律 $V = RI$,对于这个回路必须修改. 修改后的形式是

$$L\frac{di}{dt} + Ri = V, \qquad (10)$$

这里 i 表示电流强度(安培),而 t 表示时间(秒). 通过解这个方程,我们就可预测电闸合上后电流如何流动.

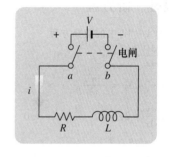

图 6.15　例 6 中的 RL 电路.

例 6(电流的流动)　RL 电路中的闸(图 6.15)在时刻 $t=0$ 合上. 作为时间函数的电流是怎样的?

解　方程(10)是一个相对于时间 t 的函数 i 的线性一阶方程. 它的标准形式是

$$\frac{di}{dt} + \frac{R}{L}i = \frac{V}{L}, \qquad (11)$$

根据定理 3,当 $t=0$ 时 $i=0$,对应的解是

$$i = \frac{V}{R} - \frac{V}{R}e^{-(R/L)t} \qquad (12)$$

(题 32). 因为 R 和 L 是正的, $-(R/L)$ 是负的,于是当 $t \to \infty$ 时 $e^{-(R/L)t} \to 0$. 这样

$$\lim_{t\to\infty} i = \lim_{t\to\infty}\left(\frac{V}{R} - \frac{V}{R}e^{-(R/L)t} \right) = \frac{V}{R} - \frac{V}{R}\cdot 0 = \frac{V}{R}.$$

在任何时刻,从理论上说电流小于 V/R,但随着时间的流逝,电流趋向于**稳态值** V/R. 根据微分方程 $L\dfrac{di}{dt} + Ri = V$,若 $L=0$(没有电感)或者 $di/dt = 0$(稳定电流,i = 常数),流过电路的

电流将是 $I = V/R$(图 6.16).

等式(12)把方程(11)的解表示为两项的和:一个**稳态解** V/R 和一个**瞬时解** $-(V/R)e^{-(R/L)t}$,后者当 $t \to \infty$ 时趋于 0.

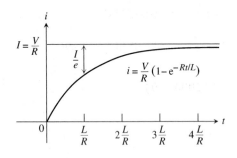

图 6.16 例 6 中 RL 电路中电流的增长. I 是电流的 稳态值. 数 $t = L/R$ 是电路的时间常数. 在 3 倍时间常数时电流与其稳态值的差不足 5%. (题 31)

习题 6.5

线性一阶方程

解题 1 – 14 中的微分方程

1. $x\dfrac{dy}{dx} + y = e^x, \quad x > 0$

2. $e^x \dfrac{dy}{dx} + 2e^x y = 1$

3. $xy' + 3y = \dfrac{\sin x}{x^2}, \quad x > 0$

4. $y' + (\tan x)y = \cos^2 x, \quad -\pi/2 < x < \pi/2$

5. $x\dfrac{dy}{dx} + 2y = 1 - \dfrac{1}{x}, \quad x > 0$

6. $(1 + x)y' + y = \sqrt{x}$

7. $2y' = e^{x/2} + y$

8. $e^{2x}y' + 2e^{2x}y = 2x$

9. $xy' - y = 2x \ln x$

10. $x\dfrac{dy}{dx} = \dfrac{\cos x}{x} - 2y, \quad x > 0$

11. $(t-1)^3 \dfrac{ds}{dt} + 4(t-1)^2 s = t + 1, \quad t > 1$

12. $(t+1)\dfrac{ds}{dt} + 2s = 3(t+1) + \dfrac{1}{(t+1)^2}, \quad t > -1$

13. $\sin\theta \dfrac{dr}{d\theta} + (\cos\theta)r = \tan\theta, \quad 0 < \theta < \pi/2$

14. $\tan\theta \dfrac{dr}{d\theta} + r = \sin^2\theta, \quad 0 < \theta < \pi/2$

解初值问题

解题 15 – 20 中的初值问题

微分方程	初值条件
15. $\dfrac{dy}{dt} + 2y = 3$	$y(0) = 1$
16. $t\dfrac{dy}{dt} + 2y = t^3, \quad t > 0$	$y(2) = 1$
17. $\theta \dfrac{dy}{d\theta} + y = \sin\theta, \quad \theta > 0$	$y(\pi/2) = 1$
18. $\theta \dfrac{dy}{d\theta} - 2y = \theta^3 \sec\theta \tan\theta, \quad \theta > 0$	$y(\pi/3) = 2$
19. $(x+1)\dfrac{dy}{dx} - 2(x^2 + x)y = \dfrac{e^{x^2}}{x+1}, \quad x > -1$	$y(0) = 5$
20. $\dfrac{dy}{dx} + xy = x$	$y(0) = -6$

习题 6.5

21. 当你利用定理 3 对 t 的函数 y 解下列初值问题时你得到什么？

$$\frac{dy}{dt} = ky \quad (k \text{ 是常数}), \quad y(0) = y_0$$

22. 利用定理 3 解下列关于 t 的函数 v 的初值问题

$$\frac{dv}{dt} + \frac{k}{m}v = 0 \quad (k \text{ 和 } m \text{ 是正的常数}), \quad v(0) = v_0$$

理论和例子

23. 为学而写 下列等式是否成立？对于你的回答给出理由．

(a) $x\int \frac{1}{x}dx = x\ln|x| + C$ (b) $x\int \frac{1}{x}dx = x\ln|x| + Cx$

24. 连续复利 你用 1000 美元开了一个帐户，并且计划每年加入 1000 美元．帐户中的所有资金赚得 10% 的年利息，且是连续复利．如果新加的存款也是连续地存入你的帐户，你的帐户在时间 t（年）的美元数目将满足初值问题

$$\frac{dx}{dt} = 1000 + 0.10x, \quad x(0) = 1000.$$

(a) 对于 t 的函数 x 解初值问题．

(b) 为使你的帐户中的总金额达到 100 000 美元，大约需多少年？

25. 盐混合物 一个槽内起初盛有 100 加仑的盐水，内含 50 磅已溶解了的盐．含盐 2 磅／加仑的盐水以 5 加仑／分的速率流入槽内．通过搅拌混合物是均匀的并且以 4 加仑／分的速率流出．

(a) 在时刻 t 盐进入槽的速率（磅／分）是多少？ (b) 在时刻 t 盐水的体积是多少？

(c) 在时刻 t 盐离开槽的速率（磅／分）是多少？ (d) 写出并且求解描述混合过程的初值问题．

(e) 求混合过程开始后 25 分钟槽中盐的浓度是多少？

26. 混合问题 一个 200 加仑的槽盛了半满的蒸溜水．在时刻 $t = 0$，浓缩物的浓度为 0.5 磅／加仑的溶液以 5 加仑／分的速率注入槽中，而充分搅拌后的混合物以速率 3 加仑／分流出．

(a) 在什么时刻槽将是满的？ (b) 在槽满的时刻，它含有多少磅的浓缩物？

27. 肥料混合物 一个槽盛 100 加仑的清水．一种浓度为 1 磅／加仑的可溶草地肥料溶液以 1 加仑／分的速率注入槽内，混合物以 3 加仑／分的速率流出槽．求槽内肥料的最大含量和达到最大值的时间．

28. 一氧化碳污染 公司的行政会议室开始含有 4500 英尺^3 的空气，不含一氧化碳．从时间 $t = 0$ 开始，含有 4% 一氧化碳的香烟烟尘以 0.3 英尺^3／分的速率吹散到室内．天花板上的排风扇保持室内空气良好循环，空气以 0.3 英尺^3／分的同一速率排出室外．求室内一氧化碳浓度达到 0.01% 的时间．

29. 合闸后 RL 电路中的电流 RL 电路的开关合闸后多少秒电流 i 达到它的稳态值的一半？注意时间依赖于 R 和 L 而附加多大电压无关．

30. 开闸的 RL 电路中的电流 如果 RL 回路中的电流达到稳态值 $I = V/R$ 后开关突然拉开，衰减的电流（如右图所示）满足微分方程

$$L\frac{di}{dt} + Ri = 0,$$

这就是 $V = 0$ 时的方程 (10)．

(a) 解方程以便把 i 表示成 t 的函数．

(b) 开关拉开后多长时间电流将减少到原来值的一半？

(c) 说明当 $t = L/R$ 时的电流值是 I/e．（这个时间的大小在下一题中解释）．

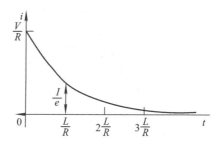

第 30 题图

31. 时间常数 工程师称数 L/R 为图 6.16 中所示的 RL 电路的**时间常数**．时间常数的意义是：开关合上后，3

倍时间常数的时间内电流达到它的最终值的 95%(图 6.16). 这样, 时间常数是个内在测度, 表明一个特定的电路多快达到平稳.

(a) 求等式(12)中对应 $t = 3L/R$ 的 i 值, 并且指出它是稳态值 $I = V/R$ 的约 95%.

(b) 在开关合上后 2 倍时间常数(即当 $t = 2L/R$ 时)的时间内在电路中流动的电流是稳态电流的大约多少百分数?

32. 例 6 中的等式(12)的推导

(a) 用定理 3 指出方程 $\dfrac{di}{dt} + \dfrac{R}{L}i = \dfrac{V}{L}$ 的解是 $i = \dfrac{V}{R} + Ce^{-(R/L)t}$.

(b) 再用初条件 $i(0) = 0$ 确定 C 的值. 这就完成了等式(12)的推导.

(c) 证明 $i = V/R$ 是方程(11)的解而且 $i = Ce^{-(R/L)t}$ 满足方程 $\dfrac{di}{dt} + \dfrac{R}{L}i = 0$.

6.6　Euler 法；人口模型

Euler 法 • 图形解 • 改进的 Euler 法 • 指数人口模型 • 逻辑斯谛人口模型

如果我们不需要或者不能够立即求得初值问题 $y' = f(x,y), y(x_0) = y_0$ 的精确解, 我们或许能够使用一台计算机产生一个表, 列出在一个适当区间内的 x 值和对应的 y 的近似值. 这样的一个表称为问题的**数值解**, 而我们生成此表的方法称为**数值方法**. 数值方法一般是快速的和准确的, 当精确解的公式不必要, 得不到或太复杂时, 经常选择这一方法. 在这一节, 我们研究一种这样的方法, 称为 Euler 法, 它是许多其它数值方法的基础.

Euler 法

给定微分方程 $dy/dx = f(x,y)$ 和初条件 $y(x_0) = y_0$, 我们可以用它的线性化
$$L(x) = y(x_0) + y'(x_0)(x - x_0) \quad \text{或} \quad L(x) = y_0 + f(x_0, y_0)(x - x_0)$$
逼近解 $y = y(x)$. 函数 $L(x)$ 给出解 $y(x)$ 在 x_0 附近的一个短区间上一个好的逼近(图 6.17). Euler 法的原理是把一系列线性化拼接起来以便在一个较长的区间上逼近曲线. 这里讲述此法是如何操作的.

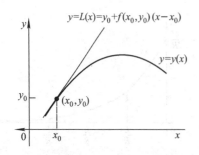

图 6.17　$y = y(x)$ 在 $x = x_0$ 的线性化.

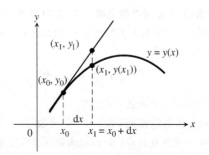

图 6.18　用 $y_1 = L(x_1)$ 做的 $y(x_1)$ 的第一步 Euler 逼近.

我们知道点 (x_0, y_0) 在解曲线上. 假定我们对自变量指定一个新值 $x_1 = x_0 + \mathrm{d}x$. 如果增量 $\mathrm{d}x$ 是小的, 则
$$y_1 = L(x_1) = y_0 + f(x_0, y_0)\mathrm{d}x$$
是精确解值 $y = y(x_1)$ 的一个好的逼近. 于是从严格位于解曲线上的点 (x_0, y_0), 我们得到点 (x_1, y_1), 它非常接近解曲线上的点 $(x_1, y(x_1))$ (图 6.18).

利用点 (x_1, y_1) 和解曲线在 (x_1, y_1) 的斜率 $f(x_1, y_1)$, 我们进行第二步. 令 $x_2 = x_1 + \mathrm{d}x$, 我们利用过 (x_1, y_1) 的解曲线的线性化计算出
$$y_2 = y_1 + f(x_1, y_1)\mathrm{d}x.$$
这就给出沿着解曲线 $y = y(x)$ 的值的下一个逼近 (x_2, y_2) (图 6.19). 以这种方法继续下去, 我

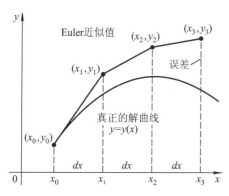

图 6.19 对于初值问题 $y' = f(x, y)$, $y(x_0) = y_0$ 的 Euler 逼近的三步. 当步数增多时, 引起的误差通常会累积, 但并非像这里以夸张方式所表示的那样大.

们从点 (x_2, y_2) 和斜率 $f(x_2, y_2)$ 得到第三个逼近
$$y_3 = y_2 + f(x_2, y_2)\mathrm{d}x,$$
如此下去. 我们沿着微分方程的斜率场的方向逐步地构造了解之一的一个逼近.

图 6.19 中的步长画得比较大以便清楚地显示构造过程, 这样看似逼近比较粗糙. 实践中, $\mathrm{d}x$ 足够小, 使得上面的折线紧靠下面的曲线并且处处给出好的逼近.

例 1 (使用 Euler 法) 使用 Euler 法对初值问题
$$y' = 1 + y, \quad y(0) = 1$$
求前三个近似值 y_1, y_2, y_3. 从 $x_0 = 1$ 出发, 取 $\mathrm{d}x = 0.1$.

解 我们有 $x_0 = 0, y_0 = 1, x_1 = x_0 + \mathrm{d}x = 0.1, x_2 = x_0 + 2\mathrm{d}x = 0.2$ 和 $x_3 = x_0 + 3\mathrm{d}x = 0.3$.

第一个: $y_1 = y_0 + f(x_0, y_0)\mathrm{d}x$
$\qquad = y_0 + (1 + y_0)\mathrm{d}x$
$\qquad = 1 + (1 + 1)(0.1) = 1.2$

第二个: $y_2 = y_1 + f(x_1, y_1)\mathrm{d}x$
$\qquad = y_1 + (1 + y_1)\mathrm{d}x$
$\qquad = 1.2 + (1 + 1.2)(0.1) = 1.42$

第三个: $y_3 = y_2 + f(x_2, y_2)\mathrm{d}x$
$\qquad = y_2 + (1 + y_2)\mathrm{d}x$
$\qquad = 1.42 + (1 + 1.42)(0.1) = 1.662$

CD-ROM
WEBsite
历史传记
Leonhard Euler
(1703 — 1783)

例 1 中按步就班的过程能容易地延续下去. 利用表中自变量间隔相等生成 n 个这样的值:
$$x_1 = x_0 + \mathrm{d}x$$
$$x_2 = x_1 + \mathrm{d}x$$
$$\vdots$$
$$x_n = x_{n-1} + \mathrm{d}x.$$
再计算解的近似值
$$y_1 = y_0 + f(x_0, y_0)\mathrm{d}x$$
$$y_2 = y_1 + f(x_1, y_1)\mathrm{d}x$$
$$\vdots$$
$$y_n = y_{n-1} + f(x_{n-1}, y_{n-1})\mathrm{d}x.$$
步数 n 可以随心所欲地增大,但如果 n 太大,误差可能累积.

Euler 法对于在计算机上编程和对于可编计算器是容易的. 一个程序生成对于一个初值问题的数值解表,首先让我们输入 x_0 和 y_0,步数 n 以及步长 $\mathrm{d}x$. 然后它以递推方式计算近似解的值 $y_1, y_2, \cdots, y_n$,这正跟上面叙述的一样.

在题 13 中,你将证明例 1 中的初值问题的精确解是 $y = 2\mathrm{e}^x - 1$. 我们在例 2 中使用这一信息.

例 2(研究 Euler 法的精确度) 从 $x_0 = 1$ 开始,利用 Euler 法在区间 $0 \leq x \leq 1$ 上解
$$y' = 1 + y, \quad y(0) = 1.$$
取(**a**)$\mathrm{d}x = 0.1$;(**b**)$\mathrm{d}x = 0.05$. 比较近似解同精确解 $y = 2\mathrm{e}^x - 1$ 的值.

解 (**a**)我们使用一个可编程的计算器生成表 6.5 中的近似值."误差"这一列是这样得到的,从未截断的由精确解求得的值减去未截断的 Euler 值. 所有条目再截断到 4 位小数.

表 6.5 $y' = 1 + y, y(0) = 1$ 的 Euler 解,步长 $\mathrm{d}x = 0.1$

x	y(Euler)	y(精确)	误差
0	1	1	0
0.1	1.2	1.2103	0.0103
0.2	1.42	1.4428	0.0228
0.3	1.662	1.6997	0.0377
0.4	1.9282	1.9836	0.0554
0.5	2.2210	2.2974	0.0764
0.6	2.5431	2.6442	0.1011
0.7	2.8974	3.0275	0.1301
0.8	3.2872	3.4511	0.1639
0.9	3.7159	3.9192	0.2033
1.0	4.1875	4.4366	0.2491

当我们达到 $x = 1$ 时(10 步后),误差约是精确解的 5.6%.

(**b**)尝试减少误差的一种方式是减小步长. 表 6.6 列出了结果及它们同精确解的比较,步长减少到 0.05,步数加倍到 20. 像表 6.5 一样,所有的计算在截断前执行. 这次当我们达到 $x = 1$ 时,相对误差仅为约 2.9%.

表 6.6　$y' = 1 + y, y(0) = 1$ 的 Euler 解，步长 $dx = 0.05$

x	y(Euler)	y(精确)	误差
0	1	1	0
0.05	1.1	1.1025	0.0025
0.10	1.205	1.2103	0.0053
0.15	1.3153	1.3237	0.0084
0.20	1.4310	1.4428	0.0118
0.25	1.5526	1.5681	0.0155
0.30	1.6802	1.6997	0.0195
0.35	1.8142	1.8381	0.0239
0.40	1.9549	1.9836	0.0287
0.45	2.1027	2.1366	0.0340
0.50	2.2578	2.2974	0.0397
0.55	2.4207	2.4665	0.0458
0.60	2.5917	2.6442	0.0525
0.65	2.7713	2.8311	0.0598
0.70	2.9599	3.0275	0.0676
0.75	3.1579	3.2340	0.0761
0.80	3.3657	3.4511	0.0853
0.85	3.5840	3.6793	0.0953
0.90	3.8132	3.9192	0.1060
0.95	4.0539	4.1714	0.1175
1.00	4.3066	4.4366	0.1300

可以尝试在例 2 中进一步减少步长以提高精确度. 不过, 每个附加的计算不仅需要附加的图形计算器时间, 而且更重的是, 要附加在图形计算器内的数的近似表示带来的截断误差的累积.

误差分析和做数值计算时减小误差方法的研究是重要的, 但这留给更高等的课程才是适当的. 有比 Euler 法更精确的数值方法, 在微分方程课程的更进一步学习中将会看到. 这里我们学习一个改进的 Euler 法.

图形解

研究一个图形通常比分析一个大的数据表更直观. 如果我们画出一个初值问题的数值解的各个数据对, 我们就得到一个如例 3 所指出的**图形解**.

例 3 (形象化 Euler 近似)　图 6.20 给出了表 6.5 列出的数值解的形象化表示, 把精确解的图象和表中的数据点的散点图重叠在了一起.

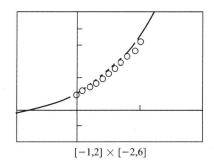

图 6.20　把 $y = 2e^x - 1$ 的图象和表 6.5 (例 3) 中列出的 Euler 近似值的散点图重叠在一起.

CD-ROM WEBsite 历史传记
Carl Runge (1856 — 1927)

改进 Euler 法

我们可以通过取两个斜率的平均值改进 Euler 法. 我们首先像原来的 Euler 法那样估计 y_n, 但把它记为 z_n. 再在下一步中取 $f(x_{n-1}, y_{n-1})$ 和 $f(x_n, z_n)$ 的平均值来代替 $f(x_{n-1}, y_{n-1})$. 这样, 我们用

$$z_n = y_{n-1} + f(x_{n-1}, y_{n-1})\,\mathrm{d}x$$

$$y_n = y_{n-1} + \left[\frac{f(x_{n-1}, y_{n-1}) + f(x_n, z_n)}{2}\right]\mathrm{d}x$$

计算下一步近似值 y_n.

例 4（研究改进 Euler 法的精确度） 利用改进的 Euler 法在区间 $0 \leqslant x \leqslant 1$ 上解

$$y' = 1 + y, \quad y(0) = 1,$$

这里从 $x_0 = 0$ 出发并且取 $\mathrm{d}x = 0.1$. 把近似值同精确解 $y = 2\mathrm{e}^x - 1$ 的值进行比较.

解 我们使用一个可编程计算器生成表 6.7 中的近似值. "误差"列是这样得到的, 从非截断的用精确解求得的值减去非截断的改进的 Euler 值, 所有的条目再截断到 4 位小数.

表 6.7 $y' = 1 + y, y(0) = 1$ 的改进 Euler 解, 步长 $\mathrm{d}x = 0.1$

x	y 改进(Euler)	y(精确)	误差
0	1	1	0
0.1	1.21	1.2103	0.0003
0.2	1.4421	1.4428	0.0008
0.3	1.6985	1.6997	0.0013
0.4	1.9818	1.9836	0.0018
0.5	2.2949	2.2974	0.0025
0.6	2.6409	2.6442	0.0034
0.7	3.0231	3.0275	0.0044
0.8	3.4456	3.4511	0.0055
0.9	3.9124	3.9192	0.0068
1.0	4.4282	4.4366	0.0084

在达到 $x = 1$ 时（10 步以后）, 相对误差约是 0.19%.

比较表 6.5 和 6.7, 我们发现改进 Euler 法明显地比常规的 Euler 法更精确, 至少对于初值问题 $y' = 1 + y, y(0) = 1$ 是这样的.

指数人口模型

严格说来, 人口总数中个体的数目是时间的不连续函数, 这是因为它仅取整数值. 不过为人口建模的通常方式是用一个可微函数 P, 它的增长速率正比于人口数量. 所以, 对某个常数 k,

$$\frac{\mathrm{d}P}{\mathrm{d}t} = kP.$$

注意

6.6 Euler 法；人口模型

$$\frac{dP/dt}{P} = k \tag{1}$$

是常数. 这个比值称为**相对增长率**. 正如我们在 6.4 节曾经了解到的, 我们可以用模型 $P = P_0 e^{kt}$ 表示人口, 这里 P_0 是在时间 $t = 0$ 的人口数量.

表 6.8 列出了从 1980 年到 1989 年在年中的世界人口. 取 $dt = 1$ 和 $dP \approx \Delta P$, 我们从这个表看出等式(1) 中的相对增长率近似地是常数 0.017.

表 6.8 世界人口(年中)

年	人口(百万)	$\Delta P/P$
1980	4454	$76/4454 \approx 0.0171$
1981	4530	$80/4530 \approx 0.0177$
1982	4610	$80/4610 \approx 0.0174$
1983	4690	$80/4690 \approx 0.0171$
1984	4770	$81/4770 \approx 0.0170$
1985	4851	$82/4851 \approx 0.0169$
1986	4933	$85/4933 \approx 0.0172$
1987	5018	$87/5018 \approx 0.0173$
1988	5105	$85/5105 \approx 0.0167$
1989	5190	

来源: 美国人口普查办公室(1999 年 9 月)

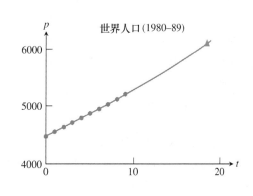

图 6.21 注意解 $P = 4454 e^{0.017t}$ 给的 $t = 19$ 的值是 6152.16. (例 5)

例 5 (预测世界人口) 求对于世界人口的初值问题模型, 并且用它预测 1999 年年中的人口. 画出模型和数据的模型.

解 我们令 $t = 0$ 表示 1980 年, $t = 1$ 表示 1981, 等等. 1999 年将用 $t = 19$ 表示. 如果我们用 $k = 0.0017$ 近似表 6.8 中的比值, 便得初值问题

微分方程： $\dfrac{dP}{dt} = 0.017 P$

初条件： $P(0) = 4454.$

这个初值问题的解给出人口函数 $P = 4454 e^{0.017t}$. 1999 年年中对应于 $t = 19$, 于是

$$P(19) \approx 6152$$

图 6.21 画出了模型的图形并叠加了数据的散点图.

解释 这个模型预测 1999 年年中的世界人口大约是 6152 百万或 61.5 亿, 这比由美国人口普查办公室提供的 59.96 亿的实际人口要多. 在下一个例子里, 我们估计更近的数据, 从中看出是否增长率发生了变化.

逻辑斯谛人口模型

对于人口增长的指数模型假定无限增长并且假定相对增长率(等式(1)) 是常数. 这对于 1980 年到 1989 年或许是合理的, 但是让我们看一看更新的数据. 表 6.9 列出了 1990 年到 1999 年的世界人口.

表6.9 近年的世界人口

年	人口(百万)	$\Delta P/P$
1990	5277	$82/5277 \approx 0.0155$
1991	5359	$83/5359 \approx 0.0155$
1992	5442	$81/5442 \approx 0.0149$
1993	5523	$80/5523 \approx 0.0145$
1994	5603	$79/5603 \approx 0.0141$
1995	5682	$79/5682 \approx 0.0139$
1996	5761	$79/5761 \approx 0.0137$
1997	5840	$79/5840 \approx 0.0135$
1998	5919	$77/5919 \approx 0.0130$
1999	5996	

来源:美国人口普查办公室(1999年9月)

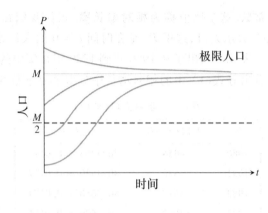

图 6.22 逻辑斯谛人口模型 $dP/dt = r(M-P)P$ 的解曲线.

从表6.8和6.9我们看出相对增长率是正的,但随着人口的增加受环境、经济和其它因素的影响在减小. 平均说来,在1990年到1999年期间,增长率每年减少大约0.00036%. 即等式(1)中的k的图象更接近于直线,斜率是负的,$-r = -0.00036$. 在3.4节例5,我们提出**逻辑斯谛增长模型**

$$\frac{dP}{dt} = r(M-P)P. \tag{2}$$

这里M是最大人口,或**承载容量**,从长远来看,这是环境能够支持的. 把方程(2)跟指数模型作比较,我们看出$k = r(M-P)$实际上是人口的线性减函数. 逻辑斯谛模型(2)的图形解曲线曾在3.4节得到,又重画在图6.22中. 从图形注意到,若$P < M$,人口增加趋向M;若$P > M$,增长率将是负的($r > 0, M > 0$),从而人口减少.

例6(熊数量模型) 已知一个国家公园能够维持100头灰熊的生存,但不会更多. 公园内现有灰熊十头. 我们用$r = 0.001$的逻辑斯谛微分方程为熊的数量建模.

(**a**) 画并且描述微分方程的斜率场.
(**b**) 用步长$dt = 1$的Euler法估计20年内的数量.
(**c**) 求对于灰熊数量的逻辑斯谛增长解析解$P(t)$并且画它的图象.
(**d**) 何时灰熊数量达到50?

解 (**a**) 斜率场 承载容量是100,即$M = 100$. 我们要找的解是下列微分方程的解

$$\frac{dP}{dt} = 0.001(100-P)P$$

图6.23绘出了这个微分方程的斜率场. 在$P = 100$出现一条水平渐近线. 解曲线从上面下降到这个水平线,而从下面上升到这个水平线.

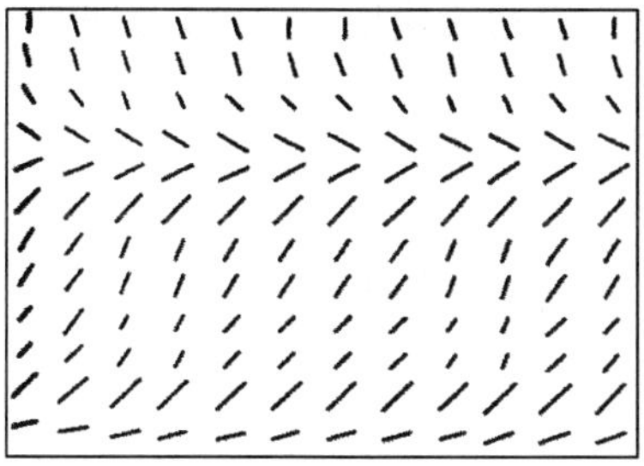

6.6 Euler 法；人口模型

表 6.10　$dP/dt = 0.001(100-P)P, P(0) = 10$, 步长 $dt = 1$ 的 Euler 解

t	$P(\text{Euler})$	t	$P(\text{Euler})$
0	10		
1	10.9	11	24.3629
2	11.8712	12	26.2056
3	12.9174	13	28.1395
4	14.0423	14	30.1616
5	15.2493	15	32.2680
6	16.5417	16	34.4536
7	17.9222	17	36.7119
8	19.3933	18	39.0353
9	20.9565	19	41.4151
10	22.6130	20	43.8414

[0,150]×[0,150]

图 6.23　逻辑斯谛微分方程 $dP/dt = 0.001(100-P)P$ 的斜率场. (例 6)

(b) Euler 法　取步长 $dt = 1, t_0 = 0, P(0) = 10$, 且

$$\frac{dP}{dt} = f(t,P) = 0.001(100-P)P,$$

我们得到表 6.10 中的近似值, 用的递推公式是

$$P_n = P_{n-1} + 0.001(100-P_{n-1})P_{n-1}.$$

20 年后大约有 44 头灰熊. 图 6.24 画出了在区间 $0 \leq t \leq 150$ 上步长 $dt = 1$ 的 Euler 近似解的图象. 它看起来像在图 6.22 中的较低的那一条曲线.

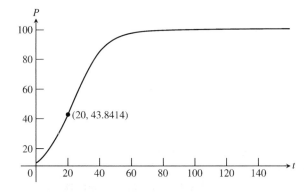

图 6.24　$\dfrac{dP}{dt} = 0.001(100-P)P$, $P(0) = 10$, 步长 $dt = 1$ 的 Euler 近似解.

(c) 解析解　我们可以假定当灰熊数量为 10 时 $t = 0$, 于是 $P(0) = 10$. 我们要找的逻辑斯谛增长模型是下列初值问题的解：

微分方程：　$\dfrac{dP}{dt} = 0.001(100-P)P$

初条件：　$P(0) = 10$.

为准备积分, 我们把微分方程改写为

$$\frac{1}{P(100-P)}\frac{dP}{dt} = 0.001.$$

分式 $1/(P(100-P))$ 可改写为

$$\frac{1}{P(100-P)} = \frac{1}{100}\left(\frac{1}{P} + \frac{1}{100-P}\right).$$

(你在下一章将知道这类部分分式分解的一般方法.)把这一表达式代换入到微分方程中并在两端乘 100,得到

$$\left(\frac{1}{P} + \frac{1}{100-P}\right)\frac{dP}{dt} = 0.1$$

$$\ln|P| - \ln|100-P| = 0.1t + C \quad \text{两端关于 } t \text{ 积分}$$

$$\ln\left|\frac{P}{100-P}\right| = 0.1t + C$$

$$\ln\left|\frac{100-P}{P}\right| = -0.1t + C \quad \ln\frac{a}{b} = -\ln\frac{b}{a}$$

$$\left|\frac{100-P}{P}\right| = e^{-0.1t - C} \quad \text{求指数函数值}$$

$$\frac{100-P}{P} = (\pm e^{-C})e^{-0.1t}$$

$$\frac{100}{P} - 1 = Ae^{-0.1t} \quad \text{令 } A = \pm e^{-C}$$

$$P = \frac{100}{1 + Ae^{-0.1t}}. \quad \text{解 } P$$

这是微分方程的一般解. 当 $t = 0$ 时,$P = 10$,由此

$$10 = \frac{100}{1 + Ae^0}, \quad 1 + A = 10, \quad A = 9.$$

于是,逻辑斯谛增长模型是

$$P = \frac{100}{1 + 9e^{-0.1t}}.$$

它的图形(图 6.25)叠加在表示斜率场的图 6.23 上.

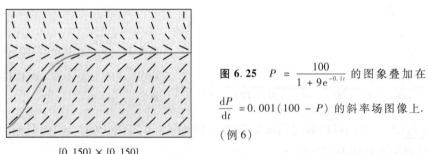

图 6.25 $P = \dfrac{100}{1 + 9e^{-0.1t}}$ 的图象叠加在 $\dfrac{dP}{dt} = 0.001(100-P)$ 的斜率场图像上. (例6)

$[0, 150] \times [0, 150]$

(**d**) 解释 何时灰熊总数将是 50?对于这个模型,

$$50 = \frac{100}{1 + 9e^{-0.1t}}, \quad 1 + 9e^{-0.1t} = 2.$$

$$e^{-0.1t} = \frac{1}{9}, \quad e^{0.1t} = 9, \quad t = \frac{\ln 9}{0.1} \approx 22 \text{ 年}.$$

一般逻辑斯谛微分方程

$$\frac{\mathrm{d}P}{\mathrm{d}t} = r(M-P)P$$

的解可以仿例 6 得到. 在题 14 中, 我们要求你证明解是

$$P = \frac{M}{1 + Ae^{-rMt}}.$$

A 的值由适当的初值条件确定.

习题 6.6

计算 Euler 近似解

在题 1 - 4 中, 利用 Euler 法计算给定的初值问题的对于指定的增量的头三个近似值. 计算精确解并且研究你的近似解的精确度. 截断你的结果到 4 位小数.

1. $y' = x(1-y)$, $y(1) = 0, dx = 0.2$
2. $y' = 1 - \frac{y}{x}$, $y(2) = -1, dx = 0.5$
3. $y' = 2xy + 2y$, $y(0) = 3, dx = 0.2$
4. $y' = y^2(1+2x)$, $y(-1) = 1, dx = 0.5$
5. 假设 $y' = y$ 和 $y(0) = 1$, 利用 $dx = 0.2$ 时的 Euler 法估计 $y(1)$. $y(1)$ 的精确值是多少?
6. 假设 $y' = y/x$ 和 $y(1) = 2$, 利用 $dx = 0.2$ 时的 Euler 法估计 $y(2)$. $y(2)$ 的精确值是多少?

改进的 Euler 法

在题 7 和 8 中, 利用改进的 Euler 法计算给定的初值问题的前三个近似值. 比较近似值和精确解值.

7. $y' = 2y(x+1), y(0) = 3, dx = 0.2$ (精确解见习题 3.)
8. $y' = x(1-y), y(1) = 0, dx = 0.2$ (精确解见习题 1.)
9. **数量** 一个 2000 加仑的池塘承受不多于 150 只小鱼. 六只小鱼引进了池塘. 假定该种群的增长率是

$$\frac{\mathrm{d}P}{\mathrm{d}t} = 0.0015(150-P)P.$$

这里 t 的单位是周.

(a) 求小鱼数量用 t 表示的公式.
(b) 为使小鱼种群数量达到 100 只和 125 只各需多长时间?

10. **大猩猩种群** 某个野生动物保护区可以承受不多于 250 只的低地大猩猩. 1970 年该保护区内有 28 只大猩猩, 假定种群增长率是

$$\frac{\mathrm{d}P}{\mathrm{d}t} = 0.0004(250-P)P,$$

这里时间 t 以年计.

(a) 求在时间 t 大猩猩种群个体数的公式.
(b) 大猩猩种群个体数达到保护区的承载容量需多久?

11. **太平洋大比目鱼渔场** 太平洋大比目鱼渔场用下列逻辑斯谛方程建模

$$\frac{\mathrm{d}y}{\mathrm{d}t} = r(M-y)y$$

其中 $y(t)$ 是在时间 t (用年测量) 大比目鱼种群的总重量 (公斤), 估计的承受容量是 $M = 8 \times 10^7$ 千克, 而 $r = 0.08875 \times 10^{-7}$ 每年.

(**a**) 如果 $y(0) = 1.6 \times 10^7$ 千克,1 年后大比目鱼种群总重量是多少?

(**b**) 何时大比目鱼总重量达到 4×10^7 千克?

12. 修改了的模型   假定例 6 中的逻辑斯谛微分方程修改为

$$\frac{dP}{dt} = 0.001(100 - P)P - c$$

c 为某一常数.

(**a**) **为学而写**   解释常数 c 的意义. 对于灰熊种群, c 的什么值是现实的?

T(**b**) 画 $c = 1$ 时微分方程的方向场. 平衡解是什么(3.4 节)?

(**c**) **为学而写**   在你在部分(a)的方向场里勾画几条解曲线. 对于各个初始的个体数,叙述灰熊种群发生了什么变化.

13. 精确解   求下列初值问题的精确解.

(**a**) $y' = 1 + y$, $y(0) = 1$ (**b**) $y' = 0.5(400 - y)y$, $y(0) = 2$

14. 逻辑斯谛微分方程   验证微分方程 $\frac{dP}{dt} = r(M - P)P$ 的解是

$$P = \frac{M}{1 + Ae^{-rMt}}, \quad \text{其中 } A \text{ 是任意常数}.$$

15. 灾难解   设 k 和 P_0 是正的常数.

(**a**) 解初值问题

$$\frac{dP}{dt} = kP^2, \quad P(0) = P_0.$$

T(**b**) 指出部分(a)的解的图象在一个正的 t 值有一条垂直渐近线. t 的这个值是什么?

16. 灭绝物种   在 3.4 节题 14 里,我们介绍了物种模型

$$\frac{dP}{dt} = r(M - P)(P - m),$$

其中 $r > 0, M$ 是物种的最大个体数, m 是物种个体数的最小值,少于它物种将灭绝.

(**a**) 令 $m = 100$ 和 $M = 1200$,并且假设 $m < P < M$. 证明微分方程可以改写成

$$\left[\frac{1}{1200 - P} + \frac{1}{P - 100}\right]\frac{dP}{dt} = 1100r.$$

利用类似于例 6 中使用的方法解这个微分方程.

(**b**) 求部分(a)满足 $P(0) = 300$ 的解.

(**c**) 在限制 $m < P < M$ 下解此微分方程.

计算机探究

Euler 法

在题 17 - 20 中,利用 Euler 法针对指定的步长估计解在给定点 x^* 的值. 并求精确解在 x^* 的值.

17. $y' = 2xe^{x^2}$, $y(0) = 2, dx = 0.1, x^* = 1$ **18.** $y' = y + e^x - 2$, $y(0) = 2, dx = 0.5, x^* = 2$

19. $y' = y^2/\sqrt{x}$, $y(1) = -1, dx = 0.5, x^* = 5$ **20.** $y' = y - e^{2x}$, $y(0) = 1, dx = 1/3, x^* = 2$

在题 21 和 22 中,(a) 求初值问题的精确解. 再比较从 x_0 出发,步长为 (b) 0.2, (c) 0.1 和 (d) 0.05 的近似值相对于 $y(x^*)$ 的精确度.

21. $y' = 2y^2(x - 1)$, $y(2) = -1/2, x_0 = 2, x^* = 3$

22. $y' = y - 1$, $y(0) = 3, x_0 = 0, x^* = 1$

改进的 Euler 法

在题 23 和 24 中,比较用改进的 Euler 法从 x_0 出发,针对步长

  (**a**)0.2   (**b**)0.1   (**c**)0.05

  求得的近似值相对于 $y(x^*)$ 的精确度.

  (**b**)为学而写 叙述步长减小时误差如何变化.

23. $y' = 2y^2(x-1)$, $y(2) = -1/2, x_0 = 2, x^* = 3$(精确解见习题 21.)

24. $y' = y - 1$, $y(0) = 3, x_0 = 0, x^* = 1$(精确解见习题 22.)

用图形探索微分方程

使用一个 CAS 用图形探索题 25 – 28 中的微分方程. 执行下列步骤以帮助你的探索.

  (**a**)在给定的 xy – 窗口中画微分方程的斜率场.

  (**b**)利用你的 CAS DE 求解器求微分方程的一般解.

  (**c**)在你的斜率场图形上叠加上任意常数 C 取值 $C = -2, -1, 0, 1, 2$ 时的解的图形.

  (**d**)求一个在区间 $[0,6]$ 上满足指定初条件的解,并画出其图象.

  (**e**)针对 x 区间的 4 个子区间求初值问题的 Euler 数值近似解,并且把 Euler 近似解的图形叠加在部分(d) 中生成的图象上.

  (**f**)对于 8,16 和 32 个子区间重复部分(e). 画这三个 Euler 近似解的图,并叠加在部分(e) 的图象上.

  (**g**)对于你的每一个 Euler 近似解(共 4 个)在指定点 $x = b$ 求误差(y(精确) $- y$(Euler)). 讨论相对误差的改进.

25. $y' = x + y$, $y(0) = -7/10; -4 \leqslant x \leqslant 4, -4 \leqslant y \leqslant 4; b = 1$

26. $y' = -x/y$, $y(0) = 2; -3 \leqslant x \leqslant 3, -3 \leqslant y \leqslant 3; b = 2$

27. 一个逻辑斯谛方程 $y' = y(2-y)$, $y(0) = 1/2; 0 \leqslant x \leqslant 4, 0 \leqslant y \leqslant 3; b = 3$

28. $y' = (\sin x)(\sin y), y(0) = 2; -6 \leqslant x \leqslant 6, -6 \leqslant y \leqslant 6; b = 3\pi/2$

题 29 和 30 没有用初等函数表示的显式解,使用一个 CAS 用图形探索每个微分方程,尽可能多地执行上面(a) 至(g) 中的步骤.

29. $y' = \cos(2x - y), y(0) = 2;$ $0 \leqslant x \leqslant 5, 0 \leqslant y \leqslant 5;$ $y(2)$

30. 一个方程 $y' = y(1/2 - \ln y), y(0) = 1/3;$ $0 \leqslant x \leqslant 4, 0 \leqslant y \leqslant 3;$ $y(3)$

31. 利用一个 CAS 求 $y' + y = f(x)$ 的满足初条件 $y(0) = 0$ 的解,如果 $f(x)$ 是

  (**a**)$2x$ (**b**)$\sin 2x$ (**c**)$3e^{x/2}$ (**d**)$2e^{-x/2}\cos 2x$.

  画出所有四个解在区间 $-2 \leqslant x \leqslant 6$ 上的图象以便比较结果.

32. (**a**)利用一个 CAS 画微分方程

$$y' = \frac{3x^2 + 4x + 2}{2(y-1)}$$

   在区域 $-3 \leqslant x \leqslant 3$ 且 $-3 \leqslant x \leqslant 3$ 上的斜率场.

  (**b**)分离变量并且使用一个 CAS 积分器来求隐函数形式的一般解.

  (**c**)利用一个 CAS 隐函数作图器画任意常数 $C = -6, -4, -2, 0, 2, 4, 6$ 时的解曲线.

  (**d**)求满足初条件 $y(0) = -1$ 的解,并且画其图象.

6.7 双曲函数

定义和恒等式 • 导数和积分 • 反双曲函数 • 有用的恒等式 • 导数和积分

每个定义在以原点为中心的区间上的函数都能够以唯一的方式写成一个偶函数和一个奇函数的和. 分解式是

$$f(x) = \underbrace{\frac{f(x) + f(-x)}{2}}_{\text{偶部分}} + \underbrace{\frac{f(x) - f(-x)}{2}}_{\text{奇部分}}.$$

如果用这种方式分写 e^x, 我们得

$$e^x = \underbrace{\frac{e^x + e^{-x}}{2}}_{\text{偶部分}} + \underbrace{\frac{e^x - e^{-x}}{2}}_{\text{奇部分}}$$

e^x 的偶部分和奇部分分别称为 x 的双曲余弦和双曲正弦, 它们本身都是有用的. 它们描述弹性固体中的波的运动, 悬挂的电能线的形状, 散热片中的温度分布. St. Louis 朝西的凯旋门的中心线是有重量的双曲余弦曲线. 在这一节, 我们给出双曲函数的一个简短引论.

定义和恒等式

双曲余弦和双曲正弦函数由表 6.11 的前两个等式定义. 该表还列出了双曲正切、余切、正割和余割的定义. 正如我们将要看到的, 双曲函数与其名称相仿的三角函数具有若干相似性质. (见题 84.)

表 6.11 六个基本双曲函数 (图 6.26 给出其图象)

x 的双曲余弦:	$\cosh x = \dfrac{e^x + e^{-x}}{2}$
x 的双曲正弦:	$\sinh x = \dfrac{e^x - e^{-x}}{2}$
双曲正切:	$\tanh x = \dfrac{\sinh x}{\cosh x} = \dfrac{e^x - e^{-x}}{e^x + e^{-x}}$
双曲余切:	$\coth x = \dfrac{\cosh x}{\sinh x} = \dfrac{e^x + e^{-x}}{e^x - e^{-x}}$
双曲正割:	$\operatorname{sech} x = \dfrac{1}{\cosh x} = \dfrac{2}{e^x + e^{-x}}$
双曲余割:	$\operatorname{csch} x = \dfrac{1}{\sinh x} = \dfrac{2}{e^x - e^{-x}}$

表 6.12 双曲函数的恒等式

$\sinh 2x = 2\sinh x \cosh x$
$\cosh 2x = \cosh^2 x + \sinh^2 x$
$\cosh^2 x = \dfrac{\cosh 2x + 1}{2}$
$\sinh^2 x = \dfrac{\cosh 2x - 1}{2}$
$\cosh^2 x - \sinh^2 x = 1$
$\tanh^2 x = 1 - \operatorname{sech}^2 x$
$\coth^2 x = 1 + \operatorname{csch}^2 x$

双曲函数满足表 6.12 中的恒等式. 除去符号的差别外, 这些都是我们已经知道的三角函数恒等式.

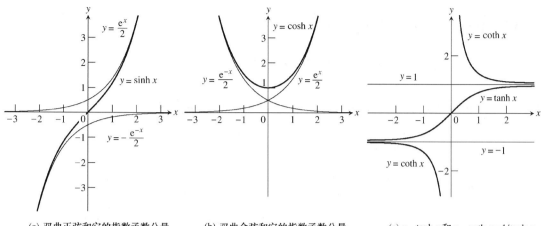

(a) 双曲正弦和它的指数函数分量　　(b) 双曲余弦和它的指数函数分量　　(c) $y=\tanh x$ 和 $y=\coth x=1/\tanh x$ 的图像.

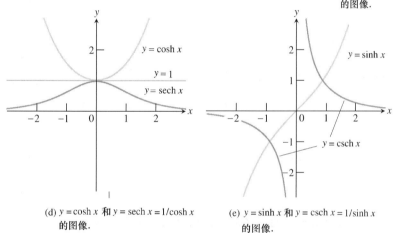

(d) $y=\cosh x$ 和 $y=\text{sech}\, x=1/\cosh x$ 的图像.　　(e) $y=\sinh x$ 和 $y=\text{csch}\, x=1/\sinh x$ 的图像.

图 6.26　六个双曲函数的图象.

导数和积分

六个双曲函数是可微函数 e^x 和 e^{-x} 的有理组合,在它们有定义的每个点有导数(表 6.13). 再一次地,显现了与三角函数的类似性. 表 6.13 中的导数公式引导出表 6.14 中的积分公式.

表 6.13　双曲函数的导数

$$\frac{d}{dx}(\sinh u) = \cosh u \frac{du}{dx}$$
$$\frac{d}{dx}(\cosh u) = \sinh u \frac{du}{dx}$$
$$\frac{d}{dx}(\tanh u) = \text{sech}^2 u \frac{du}{dx}$$
$$\frac{d}{dx}(\coth u) = -\text{csch}^2 u \frac{du}{dx}$$
$$\frac{d}{dx}(\text{sech}\, u) = -\text{sech}\, u \tanh u \frac{du}{dx}$$
$$\frac{d}{dx}(\text{csch}\, u) = -\text{csch}\, u \coth u \frac{du}{dx}$$

表 6.14　双曲函数的积分公式

$$\int \sinh u\, du = \cosh u + C$$
$$\int \cosh u\, du = \sinh u + C$$
$$\int \text{sech}^2 u\, du = \tanh u + C$$
$$\int \text{csch}^2 u\, du = -\coth u + C$$
$$\int \text{sech}\, u \tanh u\, du = -\text{sech}\, u + C$$
$$\int \text{csch}\, u \coth u\, du = -\text{csch}\, u + C$$

例1 求导数和积分

(**a**) $\dfrac{d}{dt}(\tanh\sqrt{1+t^2}) = \text{sech}^2\sqrt{1+t^2}\cdot\dfrac{d}{dt}(\sqrt{1+t^2})$

$\qquad\qquad\qquad\qquad = \dfrac{t}{\sqrt{1+t^2}}\text{sech}^2\sqrt{1+t^2}$

(**b**) $\displaystyle\int\coth 5x\,dx = \int\dfrac{\cosh 5x}{\sinh 5x}dx = \dfrac{1}{5}\int\dfrac{du}{u} \qquad u = \sinh 5x, du = 5\cosh 5x\,dx$

$\qquad\qquad\qquad = \dfrac{1}{5}\ln|u| + C = \dfrac{1}{5}\ln|\sinh 5x| + C$

(**c**) $\displaystyle\int_0^1 \sinh^2 x\,dx = \int_0^1 \dfrac{\cosh 2x - 1}{2}dx$ 表 6.12

$\qquad\qquad\qquad = \dfrac{1}{2}\int_0^1 (\cosh 2x - 1)\,dx = \dfrac{1}{2}\left[\dfrac{\sinh 2x}{2} - x\right]_0^1$

$\qquad\qquad\qquad = \dfrac{\sinh 2}{4} - \dfrac{1}{2} \approx 0.40672$

(**d**) $\displaystyle\int_0^{\ln 2} 4e^x \sinh x\,dx = \int_0^{\ln 2} 4e^x \dfrac{e^x - e^{-x}}{2}dx = \int_0^{\ln 2}(2e^{2x} - 2)\,dx$

$\qquad\qquad\qquad = [e^{2x} - 2x]_0^{\ln 2} = (e^{2\ln 2} - 2\ln 2) - (1 - 0)$

$\qquad\qquad\qquad = 4 - 2\ln 2 - 1$

$\qquad\qquad\qquad \approx 1.6137$

> 注：求双曲函数的值 跟许多标准的函数一样，双曲函数和它们的反函数容易用计算器求值，它们有特别的键或为该目的的按键序列.

反双曲函数

我们在积分中使用六个基本双曲函数的反函数. 因为 $d(\sinh x)/dx = \cosh x > 0$，双曲正弦是 x 的增函数. 我们把它的反函数记作

$$y = \sinh^{-1} x.$$

对区间 $-\infty < x < \infty$ 内的每一个 x 值, $y = \sinh^{-1} x$ 的值是一个数, 其双曲正弦是 x. $y = \sinh x$ 和 $y = \sinh^{-1} x$ 的图象画在图 6.27a 中.

函数 $y = \cosh x$ 不是一对一的, 这从图 6.26b 可看出. 不过限制后的函数 $y = \cosh x, x \geq 0$ 是一对一的, 因此有一个反函数, 表示为

$$y = \cosh^{-1} x.$$

对 $x \geq 1$ 每个值, $y = \cosh^{-1} x$ 是在区间 $0 \leq y < \infty$ 上的一个数, 其双曲余弦是 x. $y = \cosh x$, $x \geq 0$ 和 $y = \cosh^{-1} x$ 的图象画在图 6.27b 中.

跟 $y = \cosh x$ 一样, 函数 $y = \text{sech}\, x = 1/\cosh x$ 也不是一对一的, 但若限制 x 取非负值, 则有一个反函数, 表示为

$$y = \text{sech}^{-1} x.$$

对区间 $(0, 1]$ 中的每一个 x 值, $y = \text{sech}^{-1} x$ 是一个非负数, 其双曲正割是 x. $y = \text{sech}\, x, x \geq 0$ 和 $y = \text{sech}^{-1} x$ 的图象画在图 6.27c 中.

双曲正切、余切和余割在它们的定义域上是一对一的, 因此有反函数, 表示为

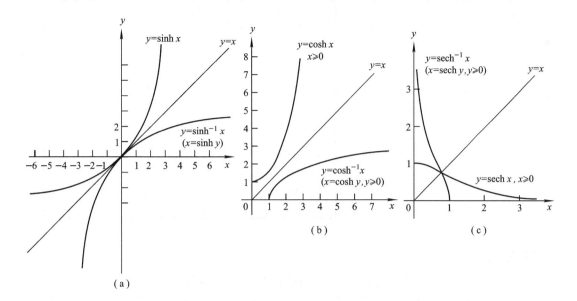

图 6.27 x 的反双曲正弦、余弦和正割的图象. 注意关于直线 $y=x$ 的对称性.

$$y = \tanh^{-1} x, \quad y = \coth^{-1} x, \quad y = \operatorname{csch}^{-1} x.$$

这些函数的图象画在图 6.28 中.

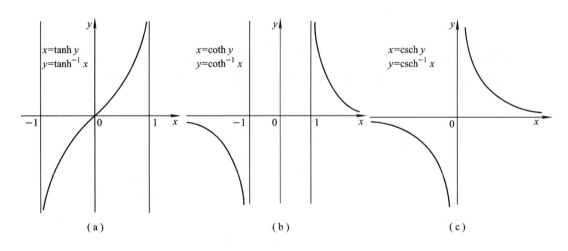

图 6.28 x 的反双曲正切、余切和余割的图象.

有用的恒等式

我们利用表 6.15 中的恒等式可以在仅给出 $\cosh^{-1} x$, $\sinh^{-1} x$ 和 $\tanh^{-1} x$ 的微积分计算器上计算 $\operatorname{sech}^{-1} x$, $\operatorname{csch}^{-1} x$ 和 $\coth^{-1} x$ 的值.

表 6.15

$$\text{sech}^{-1} x = \cosh^{-1} \frac{1}{x}$$

$$\text{csch}^{-1} x = \sinh^{-1} \frac{1}{x}$$

$$\coth^{-1} x = \tanh^{-1} \frac{1}{x}$$

表 6.16　反双曲函数的导数

$$\frac{d(\sinh^{-1} u)}{dx} = \frac{1}{\sqrt{1+u^2}} \frac{du}{dx}$$

$$\frac{d(\cosh^{-1} u)}{dx} = \frac{1}{\sqrt{u^2-1}} \frac{du}{dx}, \quad u > 1$$

$$\frac{d(\tanh^{-1} u)}{dx} = \frac{1}{1-u^2} \frac{du}{dx}, \quad |u| < 1$$

$$\frac{d(\coth^{-1} u)}{dx} = \frac{1}{1-u^2} \frac{du}{dx}, \quad |u| > 1$$

$$\frac{d(\text{sech}^{-1} u)}{dx} = \frac{-du/dx}{u\sqrt{1-u^2}}, \quad 0 < u < 1$$

$$\frac{d(\text{csch}^{-1} u)}{dx} = \frac{-du/dx}{|u|\sqrt{1+u^2}}, \quad u \neq 0$$

导数和积分

反双曲函数的主要应用体现在积分中,由逆转表 6.16 中的导数公式而得到.

$\tanh^{-1} u$ 和 $\coth^{-1} u$ 的导数公式中的限制 $|u| < 1$ 和 $|u| > 1$ 来自对于这些函数的定义域的自然限制(见图 6.28a 和 b.). $|u| < 1$ 和 $|u| > 1$ 之间的区别在把导数公式转换为积分公式时显得重要. 如果 $|u| < 1$, $1/(1-u^2)$ 的积分是 $\tanh^{-1} u + C$;如果 $|u| > 1$,积分是 $\coth^{-1} u + C$.

例 2(反双曲余弦函数的导数)　证明:如果 u 是 x 的可微函数,其值大于 1,则

$$\frac{d}{dx}(\cosh^{-1} u) = \frac{1}{\sqrt{u^2-1}} \frac{du}{dx}.$$

CD-ROM
WEBsite

历史传记

Sonya Kovalevsky
(1850 — 1891)

解　首先我们求 $x > 1$ 时 $y = \cosh^{-1} x$ 的导数:

$y = \cosh^{-1} x$

$x = \cosh y$　　　　　　　　等价等式

$1 = \sinh y \dfrac{dy}{dx}$　　　　　　对 x 求导

$\dfrac{dy}{dx} = \dfrac{1}{\sinh y} = \dfrac{1}{\sqrt{\cosh^2 y - 1}}$　　因为 $x > 1, y > 0$
故 $\sinh y > 0$.

$= \dfrac{1}{\sqrt{x^2 - 1}}.$　　　　　　$\cosh y = x$

简而言之,

$$\frac{d}{dx}(\cosh^{-1} x) = \frac{1}{\sqrt{x^2-1}}.$$

链式法则给出最终结果:

$$\frac{d}{dx}(\cosh^{-1} u) = \frac{1}{\sqrt{u^2-1}} \frac{du}{dx}.$$

经过适当的替换,表 6.16 中的导数公式引导出表 6.17 中的积分公式.

表 6.17　积分导出反双曲函数

$$1. \int \frac{du}{\sqrt{a^2+u^2}} = \sinh^{-1}\left(\frac{u}{a}\right) + C, \quad a > 0$$

$$2. \int \frac{du}{\sqrt{u^2-a^2}} = \cosh^{-1}\left(\frac{u}{a}\right) + C, \quad u > a > 0$$

$$3. \int \frac{du}{a^2-u^2} = \begin{cases} \frac{1}{a}\tanh^{-1}\left(\frac{u}{a}\right) + C, & \text{若 } u^2 < a^2 \\ \frac{1}{a}\coth^{-1}\left(\frac{u}{a}\right) + C, & \text{若 } u^2 > a^2 \end{cases}$$

$$4. \int \frac{du}{u\sqrt{a^2-u^2}} = -\frac{1}{a}\operatorname{sech}^{-1}\left(\frac{u}{a}\right) + C, \quad 0 < u < a$$

$$5. \int \frac{du}{u\sqrt{a^2+u^2}} = -\frac{1}{a}\operatorname{csch}^{-1}\left|\frac{u}{a}\right| + C, \quad u \neq 0$$

例 3（利用表 6.17） 求

$$\int_0^1 \frac{2\,dx}{\sqrt{3+4x^2}}.$$

解 不定积分是

$$\int \frac{2\,dx}{\sqrt{3+4x^2}} = \int \frac{du}{\sqrt{a^2+u^2}} \qquad u = 2x, du = 2dx, a = \sqrt{3}$$

$$= \sinh^{-1}\left(\frac{u}{a}\right) + C \qquad \text{表 6.17 中的公式}$$

$$= \sinh^{-1}\left(\frac{2x}{\sqrt{3}}\right) + C,$$

因此，

$$\int_0^1 \frac{2\,dx}{\sqrt{3+4x^2}} = \sinh^{-1}\left(\frac{2x}{\sqrt{3}}\right)\Big|_0^1 = \sinh^{-1}\left(\frac{2}{\sqrt{3}}\right) - \sinh^{-1}(0)$$

$$= \sinh^{-1}\left(\frac{2}{\sqrt{3}}\right) - 0 \approx 0.98665.$$

习题 6.7

双曲函数值和恒等式

题 1 – 4 每一个给出 $\sinh x$ 或 $\cosh x$ 的一个值. 利用定义和恒等式 $\cosh^2 x - \sinh^2 = 1$ 求其余五个双曲函数的值.

1. $\sinh x = -\dfrac{3}{4}$　　　　　　　**2.** $\sinh x = \dfrac{4}{3}$

3. $\cosh x = \dfrac{17}{15}, \quad x > 0$　　**4.** $\cosh x = \dfrac{13}{5}, \quad x > 0$

用指数函数改写题 5 – 10 中的表达式，并且尽可能地化简结果.

5. $2\cosh(\ln x)$　　　　　　　**6.** $\sinh(2\ln x)$

7. $\cosh 5x + \sinh 5x$
8. $\cosh 3x - \sinh 3x$
9. $(\sinh x + \cosh x)^4$
10. $\ln(\cosh x + \sinh x) + \ln(\cosh x - \sinh x)$
11. 利用恒等式

$$\sinh(x + y) = \sinh x \cosh y + \cosh x \sinh y$$
$$\cosh(x + y) = \cosh x \cosh y + \sinh x \sinh y$$

证明

(a) $\sinh 2x = 2\sinh x \cosh x$.   (b) $\cosh 2x = \cosh^2 x + \sinh^2 x$.

12. 利用 $\cosh x$ 和 $\sinh x$ 的定义证明 $\cosh^2 x - \sinh^2 x = 1$.

导数

在题 13–24 中,求 y 对于适当变量的导数.

13. $y = 6\sinh \dfrac{x}{3}$
14. $y = \dfrac{1}{2}\sinh(2x + 1)$
15. $y = 2\sqrt{t}\tanh\sqrt{t}$
16. $y = t^2 \tanh \dfrac{1}{t}$
17. $y = \ln(\sinh z)$
18. $y = \ln(\cosh z)$
19. $y = \operatorname{sech}\theta(1 - \ln \operatorname{sech}\theta)$
20. $y = \operatorname{csch}\theta(1 - \ln \operatorname{csch}\theta)$
21. $y = \ln\cosh v - \dfrac{1}{2}\tanh^2 v$
22. $y = \ln\sinh v - \dfrac{1}{2}\coth^2 v$
23. $y = (x^2 + 1)\operatorname{sech}(\ln x)$ (提示:在微分之前,用指数表示并且化简.)
24. $y = (4x^2 - 1)\operatorname{csch}(\ln 2x)$

在题 25–36 中,求 y 对于适当变量的导数.

25. $y = \sinh^{-1}\sqrt{x}$
26. $y = \cosh^{-1} 2\sqrt{x + 1}$
27. $y = (1 - \theta)\tanh^{-1}\theta$
28. $y = (\theta^2 + 2\theta)\tanh^{-1}(\theta + 1)$
29. $y = (1 - t)\coth^{-1}\sqrt{t}$
30. $y = (1 - t^2)\coth^{-1} t$
31. $y = \cos^{-1} x - x\operatorname{sech}^{-1} x$
32. $y = \ln x + \sqrt{1 - x^2}\operatorname{sech}^{-1} x$
33. $y = \operatorname{csch}^{-1}\left(\dfrac{1}{2}\right)^\theta$
34. $y = \operatorname{csch}^{-1} 2^\theta$
35. $y = \sinh^{-1}(\tan x)$
36. $y = \cosh^{-1}(\sec x), 0 < x < \dfrac{\pi}{2}$

积分公式

验证题 37–40 的积分公式.

37. (a) $\int \operatorname{sech} x \, dx = \tan^{-1}(\sinh x) + C$ (b) $\int \operatorname{sech} x \, dx = \sin^{-1}(\tanh x) + C$

38. $\int x \operatorname{sech}^{-1} x \, dx = \dfrac{x^2}{2}\operatorname{sech}^{-1} x - \dfrac{1}{2}\sqrt{1 - x^2} + C$

39. $\int x \coth^{-1} x \, dx = \dfrac{x^2 - 1}{2}\coth^{-1} x + \dfrac{x}{2} + C$

40. $\int \tanh^{-1} x \, dx = x \tanh^{-1} x + \dfrac{1}{2}\ln(1 - x^2) + C$

不定积分

求题 41–50 中的积分.

41. $\int \sinh 2x \, dx$
42. $\int \sinh \dfrac{x}{5} dx$
43. $\int 6\cosh\left(\dfrac{x}{2} - \ln 3\right) dx$
44. $\int 4\cosh(3x - \ln 2) \, dx$
45. $\int \tanh \dfrac{x}{7} dx$
46. $\int \coth \dfrac{\theta}{\sqrt{3}} d\theta$
47. $\int \operatorname{sech}^2\left(x - \dfrac{1}{2}\right) dx$
48. $\int \operatorname{csch}^2(5 - x) \, dx$
49. $\int \dfrac{\operatorname{sech}\sqrt{t}\,\tanh\sqrt{t}\,dt}{\sqrt{t}}$
50. $\int \dfrac{\operatorname{csch}(\ln t)\coth(\ln t)\,dt}{t}$

定积分

求题 51 – 60 中的积分.

51. $\int_{\ln 2}^{\ln 4} \coth x \, dx$

52. $\int_0^{\ln 2} \tanh 2x \, dx$

53. $\int_{-\ln 4}^{-\ln 2} 2e^{\theta} \cosh \theta \, d\theta$

54. $\int_0^{\ln 2} 4e^{-\theta} \sinh \theta \, d\theta$

55. $\int_{-\pi/4}^{\pi/4} \cosh(\tan \theta) \sec^2 \theta \, d\theta$

56. $\int_0^{\pi/2} 2\sinh(\sin \theta) \cos \theta \, d\theta$

57. $\int_1^2 \frac{\cosh(\ln t)}{t} \, dt$

58. $\int_1^4 \frac{8 \cosh \sqrt{x}}{\sqrt{x}} \, dx$

59. $\int_{-\ln 2}^0 \cosh^2 \left(\frac{x}{2} \right) dx$

60. $\int_0^{\ln 10} 4 \sinh^2 \left(\frac{x}{2} \right) dx$

求反双曲函数和相关积分的值

当计算器上没有双曲函数键时,仍可以通过像下面那样把它们表示成对数求反双曲函数的值.

$$\sinh^{-1} x = \ln(x + \sqrt{x^2 + 1}), \quad -\infty < x < \infty \qquad \cosh^{-1} x = \ln(x + \sqrt{x^2 - 1}), \quad x \geq 1$$

$$\tanh^{-1} x = \frac{1}{2} \ln \frac{1+x}{1-x}, \quad |x| < 1 \qquad \operatorname{sech}^{-1} x = \ln\left(\frac{1 + \sqrt{1 - x^2}}{x}\right), \quad 0 < x \leq 1$$

$$\operatorname{csch}^{-1} x = \ln\left(\frac{1}{x} + \frac{\sqrt{1 + x^2}}{|x|}\right), \quad x \neq 0 \qquad \coth^{-1} x = \frac{1}{2} \ln \frac{x+1}{x-1}, \quad |x| > 1$$

利用上表中的公式用自然对数表示题 61 – 66 中的数.

61. $\sinh^{-1} \left(-\frac{5}{12} \right)$

62. $\cosh^{-1} \left(\frac{5}{3} \right)$

63. $\tanh^{-1} \left(-\frac{1}{2} \right)$

64. $\coth^{-1} \left(\frac{5}{4} \right)$

65. $\operatorname{sech}^{-1} \left(\frac{3}{5} \right)$

66. $\operatorname{csch}^{-1} \left(-\frac{1}{\sqrt{3}} \right)$

利用(a)反双曲函数;(b)自然对数

求题 67 – 74 中的积分.

67. $\int_0^{2\sqrt{3}} \frac{dx}{\sqrt{4 + x^2}}$

68. $\int_0^{1/3} \frac{6 \, dx}{\sqrt{1 + 9x^2}}$

69. $\int_{5/4}^2 \frac{dx}{1 - x^2}$

70. $\int_0^{1/2} \frac{dx}{1 - x^2}$

71. $\int_{1/5}^{3/13} \frac{dx}{x \sqrt{1 - 16x^2}}$

72. $\int_1^2 \frac{dx}{x \sqrt{4 + x^2}}$

73. $\int_0^{\pi} \frac{\cos x \, dx}{\sqrt{1 + \sin^2 x}}$

74. $\int_1^e \frac{dx}{x \sqrt{1 + (\ln x)^2}}$

应用和理论

75. (a) 如果一个函数 f 是定义在一个关于原点对称的区间上(从而只要 f 在点 x 处有定义,f 在点 $-x$ 处便有定义),求证

$$f(x) = \frac{f(x) + f(-x)}{2} + \frac{f(x) - f(-x)}{2}. \tag{1}$$

进一步证明 $\frac{f(x) + f(-x)}{2}$ 是偶函数, $\frac{f(x) - f(-x)}{2}$ 是奇函数.

(b) 如果 f 本身是(i)偶函数或(ii)奇函数,试化简方程(1). 所得的新方程是什么?对你的答案给出理由.

76. **为学而写** 对公式 $\sinh^{-1} x = \ln(x + \sqrt{x^2 + 1})$, $-\infty < x < \infty$ 求导. 试解释在你求出的导数中,为什么平方根前面是正号而不是负号.

77. **跳伞运动** 如果具有质量 m 的物体从静止由于地心引力的作用下落,并受到与速度平方成正比的空气阻

力,那么该物体下落后第 t 秒的速度满足微分方程

$$m\frac{dv}{dt} = mg - kv^2,$$

其中 k 是依赖于该物体的空气动力学性质和空气密度的常数.(我们假定降落的距离足够短,以至于空气密度的变化不显著影响结果.)

(**a**) 求证

$$v = \sqrt{\frac{mg}{k}}\tanh\left(\sqrt{\frac{gk}{m}}t\right)$$

满足上述微分方程,且初始条件当 $t = 0$ 时 $v = 0$.

(**b**) 求物体的极限速度 $\lim\limits_{t\to\infty} v$.

(**c**) 对于一个体重 160 磅的跳伞运动员($mg = 160$)来说,如果时间以秒为单位,距离以英尺为单位和典型的 k 值取 0.005,那么该跳伞运动员的极限速度是多少?

78. **与位移成正比的加速度** 假定沿着某坐标线运动的物体在时刻 t 的位置是

(**a**) $s = a\cos kt + b\sin kt$ (**b**) $s = a\cosh kt + b\sinh kt$.

求证在上述两种情况下加速度 d^2s/dt^2 都与位移 s 成正比,但是在第一种情况下加速度方向指向原点,而在第二种情况下加速度方向总是离开原点.

79. **拖拉机拖斗和曳物线** 当拖拉机拖斗转进十字形街道或马路时,其后部轮子的运动轨迹沿一条如下图所示的曲线.(这就是为什么拖斗后部的轮子有时候会在马路牙上的原因.)我们可以求得这条曲线的方程,如果我们把后部的轮子看做位于 x 轴上坐标为 $(1,0)$ 处的一个点 M,它通过一根具有单位长度的杆与点 P 连接,这里点 P 表示位于原点的司机室.当点 P 沿 y 轴向上移动时,它拖曳 M 跟在其后移动. M 移动的轨迹称为曳物线(tractrix,源于拉丁语 tractum,拖曳的意思),它是如下初值问题的解函数 $y = f(x)$ 的图形.

微分方程: $\dfrac{dy}{dx} = -\dfrac{1}{x}\sqrt{1-x^2} + \dfrac{x}{\sqrt{1-x^2}}$

初始条件: $y = 0$ 当 $x = 1$.

解此初始值问题得到曳物线方程.(你需要用到某个反双曲函数.)

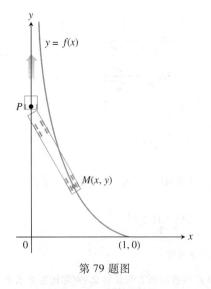

第 79 题图

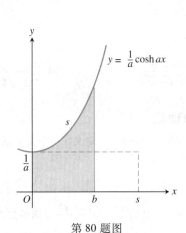

第 80 题图

80. **面积** 求证在第一象限由曲线 $y = (1/a)\cosh ax$,坐标轴和直线 $x = b$ 所围成区域的面积与一个矩形面积相等,这个矩形的高为 $(1/a)$,宽为该曲线从 $x = 0$ 到 $x = b$ 之间的弧长 s.

81. **体积** 一个区域位于第一象限,它在曲线 $y = \cosh x$ 下方,$y = \sinh x$ 上方,左边和右边分别由 y 轴和直

线 $x = 2$ 所界. 求这个区域绕 x 轴旋转一周所产生立体的体积.

82. 体积 由曲线 $y = \text{sech}\, x, x$ 轴和直线 $x = \pm \ln\sqrt{3}$ 所围成的区域绕 x 轴旋转一周所产生立体的体积.

83. 弧长 求曲线 $y = (1/2)\cosh 2x$ 上从 $x = 0$ 到 $x = \ln\sqrt{5}$ 那一段的弧长.

84. 双曲函数里的双曲线 双曲函数的名字从何而来?当你为之感到不可思议时答案就在这里,正如 $x = \cos u$, $y = \sin u$ 确定单位圆上的一个点 (x,y) 一样, $x = \cosh u, y = \sinh u$ 确定单位双曲线 $x^2 - y^2 = 1$(图 6.29) 右边分支上的一个点 (x,y).

双曲线与圆之间还有另一个类似,在双曲线 $x^2 - y^2 = 1$ 右边分支上的点 $(\cosh u, \sinh u)$ 中,变量 u 是如图 6.30 所示的扇形 AOP 面积的两倍. 为了弄清为什么是这样,请按下列步骤执行.

(a) 试证扇形 AOP 的面积 $A(u)$ 是
$$A(u) = \frac{1}{2}\cosh u \sinh u - \int_0^{\cosh u}\sqrt{x^2 - 1}\,dx.$$

(b) 在(a)小题的方程两边关于 u 求导,证明
$$A'(u) = \frac{1}{2}.$$

(c) 对于 $A(u)$ 解此方程. $A(0)$ 的值是多少?在你求出的解中积分常数 C 的值是多少,当 C 确定时,你的解描述了 u 和 $A(u)$ 的什么关系?

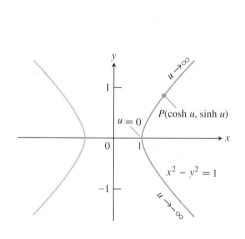
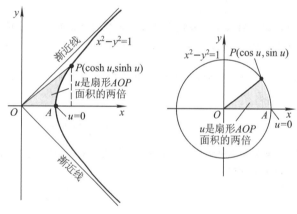

图 6.29 因为 $\cosh^2 u - \sinh^2 u = 1$,所以对于任一 u 的值,点 $(\cosh u, \sinh u)$ 落在双曲线 $x^2 - y^2 = 1$ 的右分支上. (题 84)

图 6.30 双曲线与圆之间的类似之一如这两个图所示. (题 84)

悬链线

85. 想象一根绳索,如同电话线或电视电缆,两端固定并自由地悬挂着,绳索每单位长度的重量为 w,在最低点处的张力沿水平方向且其大小为 H. 如果我们在绳索所在平面上选择一个坐标系, x 轴水平向右,重力垂直向下, y 轴铅直向上通过绳索最低点,并使得最低点的 y 坐标为 $y = H/w$ (图 6.31),试证绳索的形状是双曲余弦
$$y = \frac{H}{w}\cosh\frac{w}{H}x.$$

这样的曲线有时称为**链曲线**或**悬链线**,后者来源于拉丁语 catena,意思是"链".

(a) 假设 $P(x,y)$ 表示该绳索上的任意一点. 图 6.32 示意在点 P 处的张力与在最低点 A 处的张力 H 一样,是具有长度(大小)为 T 的向量. 试证绳索在点 P 处的斜率为

$$\tan \phi = \frac{dy}{dx} = \sinh \frac{w}{H} x.$$

(**b**) 用(a)小题的结果和绳索在点 P 处的水平方向张力应该等于 H 的事实(绳索处于平衡状态),证明 $T = w\,y$. 从而在点 $P(x,y)$ 处的张力大小刚好等于 y 单位绳索的重量.

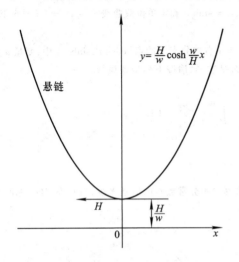

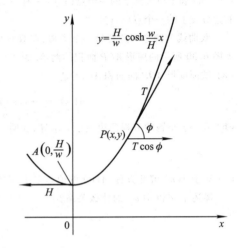

图 6.31 在按上述方式匹配选择 w, H 的坐标系里,悬挂绳索的形状是双曲余弦 $y = (H/w)\cosh(w/x)$.

图 6.32 正像 87 题所讨论的那样,在这个坐标系里 $T = w\,y$.

86. (续85题) 假设在图 6.32 中弧 AP 的长度为 $s = (1/a)\sinh ax$,其中 $a = w/h$. 试证点 P 的坐标可以通过 s 表示为

$$x = \frac{1}{a}\sinh^{-1} as, \quad y = \sqrt{s^2 + \frac{1}{a^2}}.$$

87. 下垂度和水平张力   长 32 英尺,每英尺重 2 磅的绳索两端分别系在相隔 30 英尺的两根柱子的同一水平处.

(**a**) 用方程

$$y = \frac{1}{a}\cosh ax, \quad -15 \leq x \leq 15$$

所表示的曲线作为该绳索的模型. 利用 86 题的信息,试证 a 满足方程

$$16a = \sinh 15a. \tag{2}$$

T(**b**) 用图解法解方程(2),即估计在 ay 平面上直线 $y = 16a$ 与曲线 $y = \sinh 15a$ 交点的坐标.

T(**c**) 求方程(2)的数值解 a,并将它与(b)小题求得的 a 值作比较.

(**d**) 试估计绳索在最低点处的水平张力.

T(**e**) 利用(c)小题求得的 a 值,作出悬链线

$$y = \frac{1}{a}\cosh ax$$

在区间 $-15 \leq x \leq 15$ 上的图形,试估计绳索重心的下垂.

指导你们复习的问题

1. 自然对数函数是什么?它的定义域、值域和导数是什么?它有什么算术性质?根据它的图形加以解说.
2. 对数求导法是什么?试举一个例子.
3. 什么积分导致对数?试举一个例子. $\tan x$ 和 $\cot x$ 的积分是什么?
4. 在什么条件下可以保证一个函数的反函数可导?f 和 f^{-1} 的导数如何发生联系?
5. 指数函数 e^x 是如何通过自然对数函数被定义的?它的定义域、值域和导数是什么?它服从什么指数定律?试用图形加以解说.
6. 数 e 是如何定义的?它是怎么能够表示为极限的?
7. 函数 a^x 和 $\log_a x$ 是如何定义的?对 a 有什么限制?函数 $\log_a x$ 的图形和函数 $\ln x$ 的图形如何发生联系?有什么道理说指数函数和对数函数实际上都只有一个?
8. 反三角函数的导数是什么?怎么样将导数的定义域和函数的定义域进行比较?
9. 什么积分导出反三角函数?如何通过代换和配方来扩大这些积分的应用?
10. 一阶微分方程是什么?什么时候这样一个方程的解是一个函数?
11. 如何解一个分离变量的一阶微分方程?
12. 指数改变率是什么?它如何从初值问题导出?指数改变率有哪些应用?
13. 微分方程 $y' = f(x,y)$ 的斜率场是什么?从斜率场我们能获悉什么?
14. 如何解一个线性一阶微分方程?
15. 试描述求初值问题 $y' = f(x,y), y(x_0) = y_0$ 的数值解的 Euler 法. 试举一个例子. 对该方法的精确性加以解说. 为什么你想求初值问题的数值解?
16. 试描述求初始值问题 $y' = f(x,y), y(x_0) = y_0$ 的数值解的改进 Euler 法. 如何将它与 Euler 法进行比较?
17. 对于预报长时间种群增长来说,指数模型为什么是没有实际意义的?对于种群增长来说,逻辑斯谛模型如何弥补了指数模型的不足. 逻辑斯谛微分方程是什么样的?它的解具有什么样的形式. 试描绘逻辑斯谛微分方程解的图形.
18. 六类基本双曲函数是什么?试说出它的定义域、值域和图形,与它们相联系的恒等式有哪些?
19. 六类基本双曲函数的导数是什么?对应的积分公式是什么?与六类基本三角函数对照,你看到有什么相似之处?
20. 反双曲函数是怎么定义的?试说出它的定义域、值域和图形. 如何利用 $\cosh^{-1}x, \sinh^{-1}x$ 和 $\tanh^{-1}x$ 的计算器键求出 $\text{sech}^{-1}x, \text{csch}^{-1}x$ 和 $\coth^{-1}x$ 的值.
21. 什么积分自然地导出反双曲函数?

实践习题

定义

在练习 $1-24$ 中,求 y 关于适当变量的导数.

1. $y = 10e^{-\frac{x}{5}}$
2. $y = \sqrt{2}e^{\sqrt{2}x}$
3. $y = \frac{1}{4}x\,e^{4x} - \frac{1}{16}e^{4x}$
4. $y = x^2 e^{-\frac{2}{x}}$
5. $y = \ln(\sin^2\theta)$
6. $y = \ln(\sec^2\theta)$
7. $y = \log_2(x^2/2)$
8. $y = \log_5(3x-7)$
9. $y = 8^{-t}$

10. $y = 9^{2t}$

11. $y = 5x^{3.6}$

12. $y = \sqrt{2}x^{-\sqrt{2}}$

13. $y = (x+2)^{x+2}$

14. $y = 2(\ln x)^{\frac{x}{2}}$

15. $y = \sin^{-1}\sqrt{1-u^2}, 0 < u < 1$

16. $y = \sin^{-1}(1/\sqrt{v}), v > 1$

17. $y = \ln \cos^{-1} x$

18. $y = z\cos^{-1}z - \sqrt{1-z^2}$

19. $y = t\tan^{-1}t - \dfrac{1}{2}\ln t$

20. $y = (1+t^2)\cot^{-1}2t$

21. $y = z\sec^{-1}z - \sqrt{z^2-1}, z > 1$

22. $y = 2\sqrt{x-1}\sec^{-1}\sqrt{x}$

23. $y = \csc^{-1}(\sec\theta), 0 < \theta < \pi/2$

24. $y = (1+x^2)e^{\tan^{-1}x}$

对数导数

在题 25 – 30 中,利用对数微分法求 y 关于适当变量的导数.

25. $y = \dfrac{2(x^2+1)}{\sqrt{\cos 2x}}$

26. $y = \sqrt[10]{\dfrac{3x+4}{2x-4}}$

27. $y = \left(\dfrac{(t+1)(t-1)}{(t-2)(t+3)}\right)^5, t > 2$

28. $y = \dfrac{2u2^u}{\sqrt{u^2+1}}$

29. $y = (\sin\theta)^{\sqrt{\theta}}$

30. $y = (\ln x)^{\frac{1}{(\ln x)}}$

积分

在题 31 – 50 中计算积分.

31. $\displaystyle\int e^x \sin(e^x)\,dx$

32. $\displaystyle\int e^t \cos(3e^t - 2)\,dt$

33. $\displaystyle\int e^x \sec^2(e^x - 7)\,dx$

34. $\displaystyle\int e^x \csc(e^y + 1)\cot(e^y + 1)\,dy$

35. $\displaystyle\int \sec^2(x)e^{\tan x}\,dx$

36. $\displaystyle\int \csc^2(x)e^{\cot x}\,dx$

37. $\displaystyle\int_{-1}^{1} \dfrac{dx}{3x-4}$

38. $\displaystyle\int_{1}^{e} \dfrac{\sqrt{\ln x}}{x}\,dx$

39. $\displaystyle\int_{0}^{\pi} \tan\dfrac{x}{3}\,dx$

40. $\displaystyle\int_{\frac{1}{6}}^{\frac{1}{4}} 2\cot\pi x\,dx$

41. $\displaystyle\int_{0}^{4} \dfrac{2t}{t^2-25}\,dt$

42. $\displaystyle\int_{-\frac{\pi}{2}}^{\frac{\pi}{6}} \dfrac{\cos t}{1-\sin t}\,dt$

43. $\displaystyle\int \dfrac{\tan(\ln v)}{v}\,dv$

44. $\displaystyle\int \dfrac{dv}{v\ln v}$

45. $\displaystyle\int \dfrac{(\ln x)^{-3}}{x}\,dx$

46. $\displaystyle\int \dfrac{\ln(x-5)}{x-5}\,dx$

47. $\displaystyle\int \dfrac{1}{r}\csc^2(1+\ln r)\,dr$

48. $\displaystyle\int \dfrac{\cos(1-\ln v)}{v}\,dv$

49. $\displaystyle\int x3^{x^2}\,dx$

50. $\displaystyle\int 2^{\tan x}\sec^2 x\,dx$

在题 51 – 64 中计算积分

51. $\displaystyle\int_{1}^{7} \dfrac{3}{x}\,dx$

52. $\displaystyle\int_{0}^{32} \dfrac{1}{5x}\,dx$

53. $\displaystyle\int_{1}^{4} \left(\dfrac{x}{8} + \dfrac{1}{2x}\right)dx$

54. $\displaystyle\int_{1}^{8} \left(\dfrac{2}{3x} - \dfrac{8}{x^2}\right)dx$

55. $\displaystyle\int_{-2}^{-1} e^{-(x+1)}\,dx$

56. $\displaystyle\int_{-\ln 2}^{0} e^{2w}\,dw$

57. $\displaystyle\int_{0}^{\ln 5} e^r(3e^r+1)^{-\frac{3}{2}}\,dr$

58. $\displaystyle\int_{0}^{\ln 9} e^\theta(e^\theta-1)^{\frac{1}{2}}\,d\theta$

59. $\displaystyle\int_{1}^{e} \dfrac{1}{x}(1+7\ln x)^{-\frac{1}{3}}\,dx$

60. $\displaystyle\int_{e}^{e^2} \dfrac{1}{x\sqrt{\ln x}}\,dx$

61. $\displaystyle\int_{1}^{3} \dfrac{(\ln(v+1))^2}{v+1}\,dv$

62. $\displaystyle\int_{2}^{4} (1+\ln t)t\ln t\,dt$

63. $\displaystyle\int_{1}^{8} \dfrac{\log_4\theta}{\theta}\,d\theta$

64. $\displaystyle\int_{1}^{e} \dfrac{8\ln 3\log_3\theta}{\theta}\,d\theta$

在题 65 – 78 中计算积分.

65. $\displaystyle\int_{-\frac{3}{4}}^{\frac{3}{4}} \dfrac{6\,dx}{\sqrt{9-4x^2}}$

66. $\displaystyle\int_{-\frac{1}{5}}^{\frac{1}{5}} \dfrac{6\,dx}{\sqrt{4-25x^2}}$

67. $\displaystyle\int_{-2}^{2} \dfrac{3\,dt}{4+3t^2}$

68. $\int_{\sqrt{3}}^{3} \dfrac{dt}{3+t^2}$

69. $\int \dfrac{dy}{y\sqrt{4y^2-1}}$

70. $\int \dfrac{24\,dy}{y\sqrt{y^2-16}}$

71. $\int_{\frac{\sqrt{2}}{3}}^{\frac{2}{3}} \dfrac{dy}{|y|\sqrt{9y^2-1}}$

72. $\int_{-\frac{2}{\sqrt{5}}}^{-\frac{\sqrt{6}}{5}} \dfrac{dy}{|y|\sqrt{5y^2-3}}$

73. $\int \dfrac{dx}{\sqrt{-2x-x^2}}$

74. $\int \dfrac{dx}{\sqrt{-x^2+4x-1}}$

75. $\int_{-2}^{-1} \dfrac{2\,dv}{v^2+4v+5}$

76. $\int_{-1}^{1} \dfrac{3\,dv}{4v^2+4v+4}$

77. $\int \dfrac{dt}{(t+1)\sqrt{t^2+2t-8}}$

78. $\int \dfrac{dt}{(3t+1)\sqrt{9t^2+6t}}$

理论和应用

79. 反函数导数 函数 $f(x) = e^x + x$ 是一对一的可导函数,有可导的反函数 $f^{-1}(x)$. 求 df^{-1}/dx 在点 $f(\ln 2)$ 处的值.

80. 反函数导数 求函数 $f(x) = 1 + (1/x), x \neq 0$ 的反函数. 试证 $f^{-1}(f(x)) = f(f^{-1}(x)) = x$, 且
$$\dfrac{df^{-1}}{dx}\bigg|_{f(x)} = \dfrac{1}{f'(x)}.$$

在题 81 和 82 中,对每一个函数在给定的区间上求绝对最大值和绝对最小值.

81. $y = x\ln 2x - x$, $\left[\dfrac{1}{2e}, \dfrac{e}{2}\right]$

82. $y = 10x(2 - \ln x)$, $(0, e^2]$

83. 面积 求从 $x = 1$ 到 $x = e$, 曲线 $y = 2\ln x/x$ 和 x 轴之间的面积.

84. (a) 面积 试证从 $x = 10$ 到 $x = 20$ 和 $x = 1$ 到 $x = 2$, 夹在曲线 $y = 1/x$ 和 x 轴之间的面积是相等的.

(b) 面积 试证从 $x = ka$ 到 $x = kb$ 和从 $x = a$ 到 $x = b(0 < a < b, k > 1)$, 夹在曲线 $y = 1/x$ 和 x 轴之间的面积是相等的.

85. 质点运动 一个质点沿着曲线 $y = \ln x$ 朝右上方运动, 它的 x 坐标以 $dx/dt = \sqrt{x}$ 米 / 秒的速率增加. 试问它的 y 坐标在点 $(e^2, 2)$ 处按什么速率改变?

86. 滑道上的女孩 一个女孩正在一条形状像曲线 $y = 9e^{-\frac{x}{3}}$ 的滑道上向下滑行. 她的 y 坐标以 $dy/dt = (-1/4)\sqrt{9-y}$ 英尺 / 秒的速率改变. 当她到达位于 $x = 9$ 英尺的滑道末端时, 她的 x 坐标大约以什么样的速率改变?(取 $e^3 \approx 20$ 并对你的答案进行四舍五入到最接近的英尺 / 秒.)

T 87. 极值 作出如下函数的图形和通过观察寻找极值点的位置并估计极值, 确定拐点的坐标和确定图形的上凹、下凹区间. 然后再通过对函数求导数来确认你的估计.

(a) $y = \dfrac{(\ln x)}{\sqrt{x}}$ (b) $y = e^{-x^2}$ (c) $y = (1+x)e^{-x}$

T 88. 绝对最小值 作出函数 $f(x) = x\ln x$ 的图形. 该函数好像有绝对最小值是吗? 通过计算确认你的答案.

89. 碳年龄 一个木炭中 90% 的碳 -14 已经衰变, 试问该木炭的年龄是多少?

90. 冷却一个苹果饼 一个深盘子苹果饼, 刚从炉子里拿出来时, 其内部的温度是 220°F, 放在有微风的温度是 40°F 的门廊上冷却. 15 分钟后苹果饼内部的温度是 180°F, 要花多长时间苹果饼在那里冷却到 70°F?

91. 最大矩形 这里所示的矩形有一边在正 y 轴上, 有一边在正 x 轴上并且它的右上方顶点在曲线 $y = e^{-x^2}$ 上, 试问该矩形的长宽为何值时它的面积最大以及最大面积是多少?

92. 最大矩形 这里所示的矩形有一边在正 y 轴上, 有一边在正 x 轴上并且它的右上方顶点在曲线 $y = (\ln x)/x^2$ 上. 试问该矩形的长、宽为何值时, 它的面积最大以及最大面积是多少?

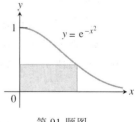

第 91 题图

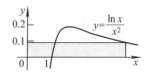

第 92 题图

93. **为学而写** 函数 $f(x) = \ln 5x$ 和 $g(x) = \ln 3x$ 只差一个常数. 是什么常数?说出你答案的理由.

94. **为学而写**

   (**a**) 若 $(\ln x)/x = (\ln 2)/2$, 则必 $x = 2$? （**b**）若 $(\ln x)/x = -2\ln 2$, 则必 $x = 1/2$?
   说出你答案的理由.

95. **太阳能站的位置** 东西排列的两个建筑物,如图所示,要在两个建筑物之间的地面上建造一个太阳能站. 试问选择太阳能地点离较高的楼多远会使一天中日照时间最长,假设太阳直接地从头顶上经过?开始前先注意到

$$\theta = \pi - \cot^{-1}\frac{x}{60} - \cot^{-1}\frac{50-x}{30}.$$

然后求 x 的值使得 θ 最大.

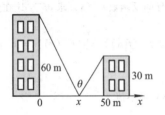

第 95 题图

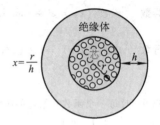

第 96 题图

96. **地下电缆厚度** 圆的水下传输电缆是由不传导的绝缘体包围的铜芯线束构成的. 如果 x 表示芯线束半径与绝缘体厚度之比,并已知信号传输的速率通过方程 $v = x^2 \ln(1/x)$ 给出. 如果芯线束半径是 1 厘米,那么绝缘体厚度 h 是多少时信号传输的速度达到最大?

97. **逃逸速度** 在缺少空气的月球附近,施加在质量为 m、离月球中心距离为 s 的物体上的重力吸引力通过方程 $F = -mgR^2 s^{-2}$ 给出,其中 g 是在月球表面的重力加速度,R 是月球半径(图6.33). 力 F 是负的是因为它作用在 s 减少的方向上.

   (**a**) 如果一个物体在时刻 $t = 0$ 以初始速度 v_0 从月球表面垂直向上抛出,应用牛顿第二定律, $F = ma$,试证物体在位置 s 处的速度满足如下方程

$$v^2 = \frac{2gR^2}{s} + v_0^2 - 2gR.$$

   于是,只要 $v_0 \geq \sqrt{2gR}$ 速度总是正的. 速率 $v_0 = \sqrt{2gR}$ 称为月球的**逃逸速度**. 以这个速度或超过这个速度上抛的物体终将脱离月球的重力牵引.

   (**b**) 试证:如果 $v_0 = \sqrt{2gR}$, 那么

$$s = R\left(1 + \frac{3v_0}{2R}t\right)^{\frac{2}{3}}.$$

98. **从滑行到停止** 表 6.18 由 Johnathon Krueger 列出了一个溜冰者在 t 秒内在一直线上滑行的距离 s(米). 用 6.4 节方程(5)的形式给这个溜冰者的位置建立一个数学模型. 他的初始速度 $v_0 = 0.86$ 米/秒,他的质量 $m = 30.84$ 公斤(他的体重 68 磅)和他的滑行总距离为 0.97 米.

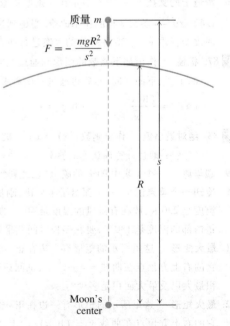

图 6.33 第 97 题图.

表 6.18 Johnathon Krueger 的数据

t(秒)	s(米)	t(秒)	s(米)	t(秒)	s(米)
0	0	0.93	0.61	1.86	0.93
0.13	0.08	1.06	0.68	2.00	0.94
0.27	0.19	1.20	0.74	2.13	0.95
0.40	0.28	1.33	0.79	2.26	0.96
0.53	0.36	1.46	0.83	2.39	0.96
0.67	0.45	1.60	0.87	2.53	0.97
0.80	0.53	1.73	0.90	2.66	0.97

初始值问题

在题 99 – 102 中解初始值问题

微分方程　　　　　　　　　　初始条件

99. $\dfrac{dy}{dx} = e^{-x-y-2}$　　　　$y(0) = -2$

100. $\dfrac{dy}{dx} = \dfrac{y \ln y}{1 + x^2}$　　　　$y(0) = e^2$

101. $(x + 1)\dfrac{dy}{dx} + 2y = x,\quad x > -1$　　　$y(0) = 1$

102. $x\dfrac{dy}{dx} + 2y = x^2 + 1,\quad x > 0$　　　$y(1) = 1$

斜率场和 Euler 方法

103. **给解画草图**　给函数 $y = f(x)$ 画一个草图,已知它的斜率场如右图所示并满足初始条件 $y(0) = 0$.

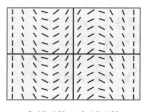

[–10, 10] × [–10, 10]

第 103 题图

在题 104 和 105 中,从 x_0 出发,以 $dx = 0.1$,用所指定的方法在给定的区间上解初始值问题.

T 104. Euler 法　　$y' = y + \cos x, y(0) = 0; 0 \leqslant x \leqslant 2; x_0 = 0$

T 105. 改进 Euler 法　　$y' = (2 - y)(2x + 3), y(-3) = 1; -3 \leqslant x \leqslant -1; x_0 = -3$

在题 106 和 107 中,以 $dx = 0.05$,用所指定的方法估计 $y(c)$,其中 y 是给定的初始值问题的解.

T 106. 改进 Euler 法　　$c = 3; \dfrac{dy}{dx} = \dfrac{x - 2y}{x + 1}, y(0) = 1$

T 107. Euler 法　　$c = 4; \dfrac{dy}{dx} = \dfrac{x^2 - 2y + 1}{x}, y(1) = 1$

在题 108 和 109 中,用所指定的方法图解初始值问题. 从 $x_0 = 0$ 出发,以

　　(**a**) $dx = 0.1$　　　(**b**) $dx = -0.1$.

T 108. Euler 法　　$\dfrac{dy}{dx} = \dfrac{1}{e^{x+y+2}}, y(0) = -2$

T 109. 改进 Euler 法　　$\dfrac{dy}{dx} = -\dfrac{x^2 + y}{e^y + x}, y(0) = 0$

110. (**a**) **求一个精确解**　用解析方法求如下方程的精确解.

$$\dfrac{dP}{dt} = 0.002P\left(1 - \dfrac{P}{800}\right),\quad P(0) = 50.$$

T (**b**) **数值解**　对 $0 \leqslant t \leqslant 20$ 和 $dt = 0.5$ 用 Euler 法解 (a) 小题的方程. 试把 $P(20)$ 的近似值与精确解作比较.

在题 111 – 114 中画出方程斜率场的一部分. 然后在该图上添加通过点 $P(1,-1)$ 的解曲线. 以 $x_0 = 1$ 和 $dx = 0.2$ 用 Euler 法估计 $y(2)$. 四舍五入你的答案到四位小数点位置. 为了比较, 求 $y(2)$ 的精确值.

111. $y' = x$ **112.** $y' = \dfrac{1}{x}$ **113.** $y' = xy$ **114.** $y' = \dfrac{1}{y}$

附加习题:理论、例子、应用

1. **曲线间的面积** 求 $y = (2\log_2 x)/x, y = 2(\log_4 x)/x$ 和 x 轴从直线 $x = 1$ 到 $x = e$ 所围成的面积. 较大一块与较小一块的面积之比是多少?

2. **为学而写:一般指数** 当 $x > 0$ 时, x 的什么值使得 $x^{(x^x)} = (x^x)^x$?说出你的答案的理由.

3. **积分的导数** 求 $f'(2)$, 若
$$f(x) = e^{g(x)} \quad \text{和} \quad g(x) = \int_2^x \frac{t}{1+t^3} dt.$$

4. **积分的导数**

   (a) 求 $\dfrac{df}{dx}$, 若 $f(x) = \displaystyle\int_1^{e^x} \frac{2\ln t}{t} dt$.

   (b) 求 $f(0)$.

   (c) **为学而写** 关于函数 f 的图形你能作出什么结论?说出你答案的理由.

5. **不等式** $\pi^e < e^\pi$

   (a) 为什么图 6.34 "证明"了 $\pi^e < e^\pi$? (来源: "Proof without Words," by Fouad Nakhil, *Mathematics Magazine*, Vol. 60, No. 3 (June 1987), p. 165.)

   (b) 图 6.34 预测了 $f(x) = (\ln x)/x$ 在点 $x = e$ 处有一个绝对最大值. 你知道这是为什么吗?

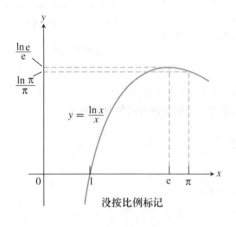

图 6.34 第 5 题图.

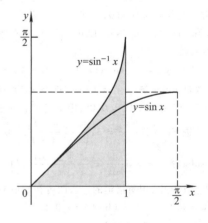

第 6 题图

6. **意外的等式** 应用上图证明
$$\int_0^{\pi/2} \sin x \, dx = \frac{\pi}{2} - \int_0^1 \sin^{-1} x \, dx.$$

7. **为学而写:Nopier 不等式** 这里有两种画图方法用以证明
$$b > a > 0 \Rightarrow \frac{1}{b} < \frac{\ln b - \ln a}{b - a} < \frac{1}{a}.$$

解释在每种情况中有什么事情发生.

(a)   (b)

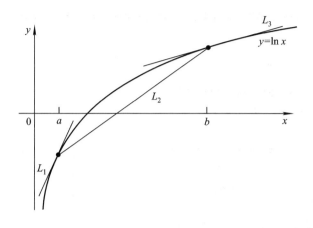
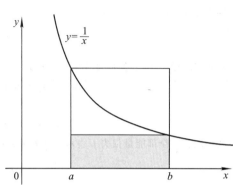

(来源:Roger B. Nelson, *College Mathematics Journal*, Vol. 24, No. 2(March 1993), p. 165.)

8. **图示解** 试给出如下积分公式的两种图示支持.
$$\int x^2 \ln x \, dx = \frac{x^3}{3} \ln x - \frac{x^3}{9} + C.$$

9. **验证解** 求证 $y = \int_0^x \sin(t^2) \, dt + x^3 + x + 2$ 是如下初值问题的解

微分方程: $y'' = 2x \cos(x^2) + 6x,$ 初始条件: $y'(0) = 1, y_0 = 2$

10. **积分常数** 令 $f(x) = \int_0^x u(t) \, dt$ 和 $g(x) = \int_3^x u(t) \, dt.$

(a) 求证 f 和 g 是 $u(x)$ 的原函数. (b) 求一个常数 C, 使得 $f(x) = g(x) + C.$

应用

11. **体积** 曲线 $y = 1/(2\sqrt{x})$, 直线 $x = 1/4$, 直线 $x = 4$ 及 x 轴所围成的区域绕 x 轴旋转一周产生一个立体. 求此立体的体积.

12. **14 世纪的自由落体** 20 世纪 14 世纪中叶, 萨克森的 Abert(1316—1390) 提出一个自由落体的模型, 他假设自由落体的速度与下落的距离成比例. 下落 20 英尺自由落体的速度两倍于下落 10 英尺自由落体的速度, 乍看起来似乎合理. 又因为, 当时使用的仪器精确度还达不到弄清别的模型的程度. 今天我们就能通过求 Albert 模型所蕴含的初始值问题的解来看看他的模型误差有多大. 求解该问题并将你的解图形地与方程 $s = 16t^2$ 作比较. 你将看到它描述的是起初太慢接着变得太快, 以致于很快变到不切实际.

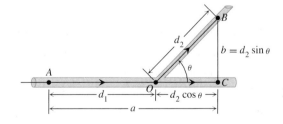

13. **血管和管道的最优分叉角度** 液体流经如图所示的管道, 两支管子分叉角度使能量损失最小?在这个图示中, B 是一个给定点, 它是小管道的终端, A 是大管道上游的一个点和 O 是大小管道分叉点. 法国的生理

学者吉恩·波伊检查伊尔阐述这样一条定律,由非湍流摩擦造成的能量损失与路径的长度成正比,与管道半径的四次方成反比. 于是沿着 AO 的能量损失是 $k\dfrac{d_1}{R^4}$ 和沿着 OB 的能量损失是 $k\dfrac{d_2}{r^4}$,其中 k 是常数,d_1 是 AO 的长度,d_2 是 OB 的长度,R 是大管道的半径,而 r 是小管道的半径. 要选择角度 θ 使得上述两部分能量损失之和最小:

$$L = k\dfrac{d_1}{R^4} + k\dfrac{d_2}{r^4}.$$

在我们的模型中,我们假设 $AC = a$ 和 $BC = b$ 是固定的,于是我们有关系

$$d_1 + d_2\cos\theta = a, \quad d_2\sin\theta = b,$$

所以

$$d_2 = b\csc\theta, \quad d_1 = a - d_2\cos\theta = a - b\cot\theta.$$

我们能够将全部能量损失 L 表示为 θ 的函数:

$$L = k\left(\dfrac{a - b\cot\theta}{R^4} + \dfrac{b\csc\theta}{r^4}\right).$$

(a) 求证 θ 的临界值,也就是使得 $\mathrm{d}L/\mathrm{d}\theta$ 等于零的值是 $\theta_c = \cos^{-1}\dfrac{r^4}{R^4}$.

(b) 如果两管子的半径之比是 $r/R = 5/6$,试估计(a)小题给出的最优分叉角度的最接近值.
这里所描述的数学分析方法也用于解释在动物体内的动脉分叉角度.(参看 *Introduction to Mathematics for Life Scientists*, 2nd ed., by E. Batschelet(New York:Springer - Verlag, 1976).)

T 14. 结组验血 第二次世界大战期间必须对大量新兵进行验血. 给 N 个人进行验血一般有两种标准方法:(1) 是对每位新兵分开验血;(2) 先将 x 个人的血液混合,检验此混合血液,若此血液没有问题,则这 x 个人的测试就通过了;若此血液有问题才将每位新兵分开检验血液,这样要测试的总数为 $x + 1$ 次. 应用方法(2)再加上有关概率定理,在平均的意义上,说可以得出要检验的总次数 y 为

$$y = N\left(1 - q^x + \dfrac{1}{x}\right).$$

其中 $q = 0.99$ 和 $N = 1000$,求使得 y 最小的 x 的整数值. 还求使得 y 最大的 x 的整数值. (后者在现实生活中并不重要). 方法(2)曾在第二次世界大战期间广为应用,较方法(1)大约节省了 80% 的单人检验次数,但其 q 值并非这里的 0.99.

15. 通过细胞膜渗透 在某些条件下,一种溶解物通过细胞膜渗透的结果可以用如下微分方程来描述

$$\dfrac{\mathrm{d}y}{\mathrm{d}t} = k\dfrac{A}{V}(c - y).$$

在这个方程中,y 表示细胞内溶解物的浓度,$\mathrm{d}y/\mathrm{d}t$ 表示在 t 时刻 y 的变化率,字母 k,A,V 和 c 代表常数,其中 k 是渗透系数(细胞膜的一种特性),A 是细胞膜曲面的面积,V 是细胞的体积,以及 c 是细胞外面物质的浓度. 这个方程表明细胞内浓度的变化率与细胞内外浓度之差成正比.

(a) 解方程并用 y_0 表示 $y(0)$.

(b) 求稳态浓度,即 $\lim\limits_{t\to\infty} y(t)$. (根据 Based on *Some Mathematical Models in Biology* edited by R. M. Thrall, J. A. Mortimer, K. R. Rebman. and R. F. Baum, rev. ed., December 1967, PB - 202 364, pp. 101 - 103; distributed by N. T. L. S., U. S. Department of Commerce.)

T 16. 为学而写:正切之和 作出函数 $f(x) = \arctan x + \arctan(1/x) (-5 \leq x \leq 5)$ 的图形. 然后应用微积分解释你所看到的. 你预期函数 $f(x)$ 在区间 $[-5, 5]$ 之外的行为会怎样?对你的答案给出理由.

T 17. 为学而写:正弦的正弦幂 作出函数 $f(x) = (\sin x)^{\sin x} (x \in [0, 3\pi])$ 的图形. 解释你所看到的.

18. 对数的底变化 (a) 当 $a \to 0^+, 1^-, 1^+$ 和 ∞ 时,求极限 $\log_a 2$.

T (b) 在区间 $0 < a \leq 4$ 上作出函数 $y = \log_a 2$ 的图形.

7 积分技术，l'Hôpital 法则和反常积分

CD-ROM
WEBsite
历史传记

John Bernoulli
(1667 — 1748)

概述 我们已经了解到积分出现在为实际现象的建模以及对环绕我们的世界的对象的测量中，并且我们知道理论上如何用反导数求积分值. 但是，随着我们的模型变得更复杂，我们的积分也变得更棘手. 我们需要知道怎样把这些更棘手的积分改变为我们可以对付的形式. 本章的目的之一是指出如何把不熟悉的积分改变成为我们可以识别的, 在表中能发现的或可用计算机计算的积分.

我们已经学会了完成这一任务的两个技术: 代数处理和变量替换. 这里，我们把这些技术提高到一个更高的台阶并且引进一个称为分部积分的强有力的技术. 我们还指出所有有理函数如何被积分. 最后，我们推广我们的想法到这样的积分, 一个或两个积分限是无穷, 或者被积函数在积分区间上变得无界. 在这样做之前, 我们暂停一下积分, 转而介绍计算分式极限的 l'Hôpital(洛必达) 法则, 该分式的分子和分母二者都趋向于零. L'Hôpital 法则实际由 John Bernoulli(伯努利) 发现. 但 l'Hôpital 在他写的一本微积分书里普及了它, 至今依他的名字命名为 l'Hôpital 法则.

7.1 基本积分公式

代数处理

正如在 4.1 节所见到的, 我们通过求被积函数的一个反导数再加上一个任意常数求不定积分. 表 7.1 汇集了迄今为止我们求过的积分的基本形式. 在本书后面又更详尽的表; 我们将在 7.5 节讨论它.

表 7.1 基本积分公式

1. $\int du = u + C$	13. $\int \cot u \, du = \ln|\sin u| + C$
2. $\int k\,du = ku + C$ （任一数 k）	$\qquad\qquad = -\ln|\csc u| + C$
3. $\int (du + dv) = \int du + \int dv$	14. $\int e^u \, du = e^u + C$
4. $\int u^n du = \dfrac{u^{n+1}}{n+1} + C \quad (n \neq -1)$	15. $\int a^u du = \dfrac{a^u}{\ln a} + C \quad (a>0, a\neq 1)$
5. $\int \dfrac{du}{u} = \ln|u| + C$	16. $\int \sinh u \, du = \cosh u + C$
6. $\int \sin u\,du = -\cos u + C$	17. $\int \cosh u \, du = \sinh u + C$
7. $\int \cos u\,du = \sin u + C$	18. $\int \dfrac{du}{\sqrt{a^2 - u^2}} = \sin^{-1}\left(\dfrac{u}{a}\right) + C$
8. $\int \sec^2 u\,du = \tan u + C$	19. $\int \dfrac{du}{a^2 + u^2} = \dfrac{1}{a}\tan^{-1}\left(\dfrac{u}{a}\right) + C$
9. $\int \csc^2 u\,du = -\cot u + C$	20. $\int \dfrac{du}{u\sqrt{u^2 - a^2}} = \dfrac{1}{a}\sec^{-1}\left|\dfrac{u}{a}\right| + C$
10. $\int \sec u \tan u\,du = \sec u + C$	21. $\int \dfrac{du}{\sqrt{a^2 + u^2}} = \sinh^{-1}\left(\dfrac{u}{a}\right) + C \quad (a>0)$
11. $\int \csc u \cot u\,du = -\csc u + C$	22. $\int \dfrac{du}{\sqrt{u^2 - a^2}} = \cosh^{-1}\left(\dfrac{u}{a}\right) + C \quad (u>a>0)$
12. $\int \tan u \, du = -\ln|\cos u| + C$	
$\qquad\quad = \ln|\sec u| + C$	

代数处理

我们经常必须改写积分以便和标准公式相匹配.

例 1（做变量替换） 求积分

$$\int \frac{2x-9}{\sqrt{x^2 - 9x + 1}} dx.$$

解

$$\int \frac{2x-9}{\sqrt{x^2 - 9x + 1}} dx = \int \frac{du}{\sqrt{u}} \qquad \begin{aligned} u &= x^2 - 9x + 1, \\ du &= (2x-9)dx \end{aligned}$$

$$= \int u^{-1/2} du$$

$$= \frac{u^{(-1/2)+1}}{(-1/2)+1} + C \qquad \text{表 7.1，公式 4 中的 } n = -1/2$$

$$= 2u^{1/2} + C = 2\sqrt{x^2 - 9x + 1} + C$$

例 2（配平方） 求积分

$$\int \frac{dx}{\sqrt{8x - x^2}}.$$

解 我们配平方，把被开方式写成

$$8x - x^2 = -(x^2 - 8x) = -(x^2 - 8x + 16 - 16)$$

$$= -(x^2 - 8x + 16) + 16 = 16 - (x-4)^2.$$

于是

$$\int \frac{dx}{\sqrt{8x-x^2}} = \int \frac{dx}{\sqrt{16-(x-4)^2}}$$

$$= \int \frac{du}{\sqrt{a^2-u^2}} \qquad a=4, u=(x-4), du=dx$$

$$= \sin^{-1}\left(\frac{u}{a}\right) + C \qquad \text{表 7.1, 公式 18}$$

$$= \sin^{-1}\left(\frac{x-4}{4}\right) + C.$$

例 3(展开一个幂并且利用三角恒等式) 求积分

$$\int (\sec x + \tan x)^2 dx.$$

解 我们展开被积分式, 得

$$(\sec x + \tan x)^2 = \sec^2 x + 2\sec x \tan x + \tan^2 x.$$

等式右端的前两项是老朋友; 我们可以立刻积分它们. $\tan^2 x$ 如何处理呢? 有一个恒等式把它跟 $\sec^2 x$ 联系起来:

$$\tan^2 x + 1 = \sec^2 x, \quad \tan^2 x = \sec^2 x - 1.$$

我们用 $\sec^2 x - 1$ 代替 $\tan^2 x$, 得

$$\int (\sec x + \tan x)^2 dx = \int (\sec^2 x + 2\sec x \tan x + \sec^2 x - 1) dx$$

$$= 2\int \sec^2 x \, dx + 2\int \sec x \tan x \, dx - \int 1 \, dx$$

$$= 2\tan x + 2\sec x - x + C.$$

例 4(消去平方根) 求积分

$$\int_0^{\pi/4} \sqrt{1+\cos 4x}\, dx.$$

解 我们使用恒等式.

$$\cos^2 \theta = \frac{1+\cos 2\theta}{2}, \quad \text{或} \quad 1 + \cos 2\theta = 2\cos^2 \theta.$$

令 $\theta = 2x$, 恒等式变为

$$1 + \cos 4x = 2\cos^2 2x.$$

因此

$$\int_0^{\pi/4} \sqrt{1+\cos 4x}\, dx = \int_0^{\pi/4} \sqrt{2}\sqrt{\cos^2 2x}\, dx$$

$$= \sqrt{2}\int_0^{\pi/4} |\cos 2x|\, dx \qquad \sqrt{u^2} = |u|$$

$$= \sqrt{2}\int_0^{\pi/4} \cos 2x \, dx \qquad \text{在} [0, \pi/4] \text{ 上}, \cos 2x \geq 0,$$
$$\qquad\qquad\qquad\qquad\qquad\qquad \text{所以} |\cos 2x| = \cos 2x.$$

$$= \sqrt{2}\left[\frac{\sin 2x}{2}\right]_0^{\pi/4} = \sqrt{2}\left[\frac{1}{2} - 0\right] = \frac{\sqrt{2}}{2}.$$

例 5 (化简假分式) 求积分

$$\int \frac{3x^2 - 7x}{3x + 2} dx.$$

解 被积分式是一个假分式(分子次数高于或等于分母的次数). 为积分它, 我们首先做除法, 得到一个商加一个余式(见右边), 后者是真分式:

$$\frac{3x^2 - 7x}{3x + 2} = x - 3 + \frac{6}{3x + 2}.$$

$$\begin{array}{r} x - 3 \\ 3x + 2 \overline{)3x^2 - 7x} \\ \underline{3x^2 + 2x} \\ -9x \\ \underline{-9x - 6} \\ +6 \end{array}$$

因此

$$\int \frac{3x^2 - 7x}{3x + 2} dx = \int \left(x - 3 + \frac{6}{3x + 2} \right) dx = \frac{x^2}{2} - 3x + 2\ln|3x + 2| + C.$$

用长除法(例 5)并不总能把一个表达式转化为一个可以直接求的积分. 在 7.3 节我们会看到遇到这种情况时该如何办.

例 6 (分开一个分式) 求积分

$$\int \frac{3x + 2}{\sqrt{1 - x^2}} dx.$$

解 我们首先分开被积分式, 得

$$\int \frac{3x + 2}{\sqrt{1 - x^2}} dx = 3\int \frac{x \, dx}{\sqrt{1 - x^2}} + 2\int \frac{dx}{\sqrt{1 - x^2}}.$$

对这个新积分的第一个, 我们做替换

$$u = 1 - x^2, \quad du = -2x \, dx, \quad 于是 \quad x \, dx = -\frac{1}{2} du.$$

$$3\int \frac{x \, dx}{\sqrt{1 - x^2}} = 3\int \frac{(-1/2) du}{\sqrt{u}} = -\frac{3}{2} \int u^{-1/2} du$$

$$= -\frac{3}{2} \cdot \frac{u^{1/2}}{1/2} + C_1 = -3\sqrt{1 - x^2} + C_1$$

新积分里的第二个是一个标准形式

$$2\int \frac{dx}{\sqrt{1 - x^2}} = 2\sin^{-1} x + C_2.$$

组合这些结果, 并记 $C_1 + C_2$ 为 C, 就得

$$\int \frac{3x + 2}{\sqrt{1 - x^2}} dx = -3\sqrt{1 - x^2} + 2\sin^{-1} x + C.$$

例 7 (乘以 1 的一种表示) 求积分

$$\int \sec x \, dx.$$

解

$$\int \sec x \, dx = \int (\sec x)(1) dx = \int \sec x \cdot \frac{\sec x + \tan x}{\sec x + \tan x} dx$$

$$= \int \frac{\sec^2 x + \sec x \tan x}{\sec x + \tan x} dx$$

历史传记

George David Birkhoff
(1884 — 1944)

$$= \int \frac{du}{u} \qquad \begin{aligned} u &= \tan x + \sec x, \\ du &= (\sec^2 x + \sec x \tan x) dx \end{aligned}$$

$$= \ln|u| + C = \ln|\sec x + \tan x| + C.$$

用余割和余切代替正割和正切,例 7 的方法导出对于余割积分的伴随公式(见题 93).

表 7.2 正割和余割的积分

1. $\int \sec u\, du = \ln|\sec x + \tan x| + C$ 2. $\int \sec u\, du = -\ln|\csc x + \cot x| + C$

匹配积分到基本公式的步骤	
步骤	例子
做变量替换实现化简	$\dfrac{2x-9}{\sqrt{x^2-9x+1}}dx = \dfrac{du}{\sqrt{u}}$
配平方	$\sqrt{8x-x^2} = \sqrt{16-(x-4)^2}$
利用三角恒等式	$(\sec x + \tan x)^2 = \sec^2 x + 2\sec x\tan x + \tan^2 x$
	$= \sec^2 x + 2\sec x \tan x + (\sec^2 x - 1)$
	$= 2\sec^2 x + 2\sec x \tan x - 1$
消去平方根	$\sqrt{1+\cos 4x} = \sqrt{2\cos^2 2x} = \sqrt{2}|\cos 2x|$
化简假分式	$\dfrac{3x^2-7x}{3x+2} = x-3+\dfrac{6}{3x+2}$
分开分式	$\dfrac{3x+2}{\sqrt{1-x^2}} = \dfrac{3x}{\sqrt{1-x^2}} + \dfrac{2}{\sqrt{1-x^2}}$
乘以 1 的一种表示	$\sec x = \sec x \cdot \dfrac{\sec x + \tan x}{\sec x + \tan x}$
	$= \dfrac{\sec^2 x + \sec x \tan x}{\sec x + \tan x}$

习题 7.1

基本替换

用替换法归结为标准形式,求题 1 – 36 中的积分.

1. $\int \dfrac{16x\, dx}{\sqrt{8x^2+1}}$
2. $\int \dfrac{3\cos x\, dx}{\sqrt{1+3\sin x}}$
3. $\int 3\sqrt{\sin v}\cos v\, dv$
4. $\int \cot^3 y \csc^2 y\, dy$
5. $\int_0^1 \dfrac{16x\, dx}{8x^2+2}$
6. $\int_{\frac{\pi}{4}}^{\frac{\pi}{3}} \dfrac{\sec^2 z}{\tan z} dz$
7. $\int \dfrac{dx}{\sqrt{x}(\sqrt{x}+1)}$
8. $\int \dfrac{dx}{x-\sqrt{x}}$
9. $\int \cot(3-7x)\, dx$
10. $\int \csc(\pi x - 1)\, dx$
11. $\int e^\theta \csc(e^\theta + 1)\, d\theta$
12. $\int \dfrac{\cot(3+\ln x)}{x} dx$

13. $\int \sec \dfrac{t}{3} dt$

14. $\int x \sec(x^2 - 5) dx$

15. $\int \csc(s - \pi) ds$

16. $\int \dfrac{1}{\theta^2} \csc \dfrac{1}{\theta} d\theta$

17. $\int_0^{\sqrt{\ln 2}} 2x\, e^{x^2} dx$

18. $\int_{\pi/2}^{\pi} (\sin y) e^{\cos y} dy$

19. $\int e^{\tan v} \sec^2 v\, dv$

20. $\int \dfrac{e^{\sqrt{t}} dt}{\sqrt{t}}$

21. $\int 3^{x+1} dx$

22. $\int \dfrac{2^{\ln x}}{x} dx$

23. $\int \dfrac{2^{\sqrt{w}} dw}{2\sqrt{w}}$

24. $\int 10^{2\theta} d\theta$

25. $\int \dfrac{9\, du}{1 + 9u^2}$

26. $\int \dfrac{4\, dx}{1 + (2x + 1)^2}$

27. $\int_0^{1/6} \dfrac{dx}{\sqrt{1 - 9x^2}}$

28. $\int_0^1 \dfrac{dt}{\sqrt{4 - t^2}}$

29. $\int \dfrac{2s\, ds}{\sqrt{1 - s^4}}$

30. $\int \dfrac{2\, dx}{x\sqrt{1 - 4\ln^2 x}}$

31. $\int \dfrac{6\, dx}{x\sqrt{25x^2 - 1}}$

32. $\int \dfrac{dr}{r\sqrt{r^2 - 9}}$

33. $\int \dfrac{dx}{e^x + e^{-x}}$

34. $\int \dfrac{dy}{\sqrt{e^{2y} - 1}}$

35. $\int_1^{e^{\pi/3}} \dfrac{dx}{x \cos(\ln x)}$

36. $\int \dfrac{\ln x\, dx}{x + 4x \ln^2 x}$

配平方

用配平方和替换归结成标准形式,求题 37 - 42 中每个积分.

37. $\int_1^2 \dfrac{8\, dx}{x^2 - 2x + 2}$

38. $\int_2^4 \dfrac{2\, dx}{x^2 - 6x + 10}$

39. $\int \dfrac{dt}{\sqrt{-t^2 + 4t - 3}}$

40. $\int \dfrac{d\theta}{\sqrt{2\theta - \theta^2}}$

41. $\int \dfrac{dx}{(x + 1)\sqrt{x^2 + 2x}}$

42. $\int \dfrac{dx}{(x - 2)\sqrt{x^2 - 4x + 3}}$

三角恒等式

用三角恒等式和替换归结为标准形式求题 43 - 46 中的积分.

43. $\int (\sec x + \cot x)^2 dx$

44. $\int (\csc x - \tan x)^2 dx$

45. $\int \csc x \sin 3x\, dx$

46. $\int (\sin 3x \cos 2x - \cos 3x \sin 2x) dx$

假分式

用化简假分式和替换(如有必要)归结为标准形式求题 47 - 52 中的积分.

47. $\int \dfrac{x}{x + 1} dx$

48. $\int \dfrac{x^2}{x^2 + 1} dx$

49. $\int_{\sqrt{2}}^{3} \dfrac{2x^3}{x^2 - 1} dx$

50. $\int_{-1}^{3} \dfrac{4x^2 - 7}{2x + 3} dx$

51. $\int \dfrac{4t^3 - t^2 + 16t}{t^2 + 4} dt$

52. $\int \dfrac{2\theta^3 - 7\theta^2 + 7\theta}{2\theta - 5} d\theta$

分开分式

用分开分式和替换(如有必要)归结为标准形式求题 53 - 56 中的积分.

53. $\int \dfrac{1 - x}{\sqrt{1 - x^2}} dx$

54. $\int \dfrac{x + 2\sqrt{x - 1}}{2x\sqrt{x - 1}} dx$

55. $\int_0^{\pi/4} \dfrac{1 + \sin x}{\cos^2 x} dx$

56. $\int_0^{1/2} \dfrac{2 - 8x}{1 + 4x^2} dx$

乘以 1 的一种表示

用乘以 1 的一种表示和替换(如有必要)归结为标准形式求题 57 - 62 中的积分.

57. $\int \dfrac{1}{1+\sin x} dx$ **58.** $\int \dfrac{1}{1+\cos x} dx$ **59.** $\int \dfrac{1}{\sec\theta+\tan\theta} d\theta$

60. $\int \dfrac{1}{\csc\theta+\cot\theta} d\theta$ **61.** $\int \dfrac{1}{1-\sec x} dx$ **62.** $\int \dfrac{1}{1-\csc x} dx$

消去平方根

用消去平方根求题 63 – 70 中的每个积分.

63. $\int_0^{2\pi} \sqrt{\dfrac{1-\cos x}{2}} dx$ **64.** $\int_0^{\pi} \sqrt{1-\cos 2x} dx$ **65.** $\int_{\frac{\pi}{2}}^{\pi} \sqrt{1+\cos 2t} dt$

66. $\int_{-\pi}^{0} \sqrt{1+\cos t} dt$ **67.** $\int_{-\pi}^{\pi} \sqrt{1-\cos^2\theta} d\theta$ **68.** $\int_{\frac{\pi}{2}}^{\pi} \sqrt{1-\sin^2\theta} d\theta$

69. $\int_{-\frac{\pi}{4}}^{\frac{\pi}{4}} \sqrt{1+\tan^2 y} dy$ **70.** $\int_{-\frac{\pi}{4}}^{0} \sqrt{\sec^2 y - 1} dy$

各类积分

用你认为适当的各种技术求题 71 – 82 中的每个积分.

71. $\int_{\frac{\pi}{4}}^{\frac{3\pi}{4}} (\csc - \cot x)^2 dx$ **72.** $\int_0^{\frac{\pi}{4}} (\sec x + 4\cos x)^2 dx$ **73.** $\int \cos\theta \csc(\sin\theta) d\theta$

74. $\int \left(1 + \dfrac{1}{x}\right) \cot(x + \ln x) dx$ **75.** $\int (\csc x - \sec x)(\sin x + \cos x) dx$ **76.** $\int 3\sinh\left(\dfrac{x}{2} + \ln 5\right) dx$

77. $\int \dfrac{6 dy}{\sqrt{y}(1+y)}$ **78.** $\int \dfrac{dx}{x\sqrt{4x^2-1}}$ **79.** $\int \dfrac{7 dx}{(x-1)\sqrt{x^2-2x-48}}$

80. $\int \dfrac{dx}{(2x+1)\sqrt{4x^2+4x}}$ **81.** $\int \sec^2 t \tan(\tan t) dt$ **82.** $\int \dfrac{dx}{x\sqrt{3+x^2}}$

三角函数幂

83. (a) 求 $\int \cos^3\theta d\theta$. (提示: $\cos^2\theta = 1 - \sin^2\theta$.)

(b) 求 $\int \cos^5\theta d\theta$. (c) 不实际求出积分, 解释你将如何求 $\int \cos^9\theta d\theta$.

84. (a) 求 $\int \sin^3\theta d\theta$. (提示: $\sin^2\theta = 1 - \cos^2\theta$).

(b) 求 $\int \sin^5\theta d\theta$. (c) 求 $\int \sin^7\theta d\theta$.

(d) 不实际求出积分, 解释你将如何求 $\int \sin^{13}\theta d\theta$.

85. (a) 用 $\int \tan\theta d\theta$ 表示 $\int \tan^3\theta d\theta$. 再求 $\int \tan^3\theta d\theta$. (提示: $\tan^2\theta = \sec^2\theta - 1$.)

(b) 用 $\int \tan^3\theta d\theta$ 表示 $\int \tan^5\theta d\theta$. (c) 用 $\int \tan^5\theta d\theta$ 表示 $\int \tan^7\theta d\theta$.

(d) 用 $\int \tan^{2k-1}\theta d\theta$ 表示 $\int \tan^{2k+1}\theta d\theta$, k 为正整数.

86. (a) 用 $\int \cot\theta d\theta$ 表示 $\int \cot^3\theta d\theta$. 再求 $\int \cot^3\theta d\theta$. (提示: $\cot^2\theta = \csc^2\theta - 1$.)

(b) 用 $\int \cot^3\theta d\theta$ 表示 $\int \cot^5\theta d\theta$. (c) 用 $\int \cot^5\theta d\theta$ 表示 $\int \cot^7\theta d\theta$.

(d) 用 $\int \cot^{2k-1}\theta d\theta$ 表示 $\int \cot^{2k+1}\theta d\theta$, k 为正整数.

理论和例子

87. 面积 求上面由 $y = 2\cos x$ 而下面由 $y = \sec x$, $-\pi/4 \leq x \leq \pi/4$ 界定的区域的面积.

88. 面积　求上、下由曲线 $y = \csc x$ 和 $y = \sin x$, $\pi/6 \leqslant x \leqslant \pi/2$,左面由直线 $x = \pi/6$ 界定的"三角形"区域的面积.

89. 体积　求由题 87 中的区域绕 x 轴旋转生成的立体的体积.

90. 体积　求由题 88 中的区域绕 x 轴旋转生成的立体的体积.

91. 弧长　求曲线 $y = \ln(\cos x)$, $0 \leqslant x \leqslant \pi/3$ 的弧长.

92. 弧长　求曲线 $y = \ln(\sec x)$, $0 \leqslant x \leqslant \pi/4$ 的弧长.

93. $\csc x$ 的积分　利用余割函数重复例 7 的推导,证明

$$\int \csc x \, dx = -\ln|\csc x + \cot x| + C.$$

94. 利用不同的替换　指出积分

$$\int ((x^2 - 1)(x + 1))^{-2/3} dx$$

可用下列替换中的任何一个求出.

(**a**) $u = \dfrac{1}{(x+1)}$　　　　(**b**) $u = \left(\dfrac{x-1}{x+1}\right)^k, k = 1, \dfrac{1}{2}, \dfrac{1}{3}, -\dfrac{1}{3}, -\dfrac{2}{3}, -1$

(**c**) $u = \tan^{-1} x$　　　　(**d**) $u = \tan^{-1} \sqrt{x}$

(**e**) $u = \tan^{-1}\left(\dfrac{(x-1)}{2}\right)$　　(**f**) $u = \cos^{-1} x$　　(**g**) $u = \cosh^{-1} x$

积分的结果是什么?(来源:"Problems and Solutions," *College Mathematics Journal*, Vol. 21, No. 5(Nov. 1990), pp. 425 – 426.)

7.2　分部积分

积分形式的乘法法则　●　重复使用　●　解出未知积分　●　列表积分法

因为

$$\int x \, dx = \frac{1}{2}x^2 + C \quad \text{和} \quad \int x^2 \, dx = \frac{1}{3}x^3 + C,$$

显然

$$\int x \cdot x \, dx \neq \int x \, dx \cdot \int x \, dx.$$

换句话说,乘积的积分一般不是每个因子积分的乘积:

$$\int f(x)g(x) \, dx \neq \int f(x) \, dx \cdot \int g(x) \, dx.$$

分部积分是简化形式为

$$\int f(x)g(x) \, dx$$

的积分的一种技术,其中 f 可以毫无困难地重复求导而 g 可以重复积分. 积分

$$\int x \, e^x \, dx$$

就是一个这样的积分,因为 $f(x) = x$ 求导两次就成为零,而 $g(x) = e^x$ 可以不困难地重复积

历史传记

Charles Davies
(1798 — 1876)

分. 分部积分也适用于像

$$\int e^x \sin x \, dx$$

这样的积分, 其中被积分式的每一部分在重复求导或积分后又再次出现.

在这一节, 我们讲述分部积分法并说明如何应用它.

积分形式的乘法法则

当 u 和 v 是 x 的可微函数时, 导数的乘法法则告诉我们

$$\frac{d}{dx}(uv) = u\frac{dv}{dx} + v\frac{du}{dx}.$$

两端关于 x 积分并且经整理引导出积分等式

$$\int \left(u\frac{dv}{dx}\right)dx = \int \left(\frac{d}{dx}(uv)\right)dx - \int \left(v\frac{du}{dx}\right)dx$$

$$= uv - \int \left(v\frac{du}{dx}\right)dx.$$

把这个等式改写成更简单的微分记号时, 我们就得到下列公式.

分部积分公式

$$\int u\,dv = uv - \int v\,du \tag{1}$$

这个公式把一个积分 $\int u\,dv$ 表示成第二个积分 $\int v\,du$. 适当的选择 u 和 v, 第二个积分可能比第一个更容易求. 这就是这个公式的重要性的理由. 当我们面对一个不能处理的积分时, 我们可以用一个更易求的积分代替它.

对于定积分的等价形式是

$$\int_{v_1}^{v_2} u\,dv = (u_2 v_2 - u_1 v_1) - \int_{u_1}^{u_2} v\,du. \tag{2}$$

图 7.1 指出这个公式的各个部分如何解释成面积.

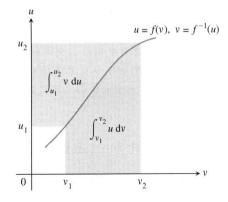

图 7.1 曲线下区域的面积 $\int_{v_1}^{v_2} u\,dv$ 等于大矩形的面积 $u_2 v_2$, 减去小矩形的面积 $u_1 v_1$ 及曲线上区域的面积 $\int_{u_1}^{u_2} v\,du$. 用符号写出, 即

$$\int_{v_1}^{v_2} u\,dv = (u_2 v_2 - u_1 v_1) - \int_{u_1}^{u_2} v\,du.$$

例1（用分部积分） 求 $\int x \cos x \, dx$.

解 我们在公式 $\int u \, dv = uv - \int v \, du$ 中取

$$u = x, \quad dv = \cos x \, dx.$$

为使分部积分公式完整，我们取 u 的微分，并且求 $\cos x$ 的最简单的反导数.

$$du = dx, \quad v = \sin x$$

则有

$$\int x \cos x \, dx = x \sin x - \int \sin x \, dx = x \sin x + \cos x + C.$$

让我们考察一下例 1 中的 u 和 v 的有效选择.

例2（研究分部积分） 当我们对于

$$\int x \cos x \, dx = \int u \, dv$$

应用分部积分时，u 和 v 的选择是什么？

哪个选择引导成功地求出原积分？

解 有四种可能的选择

1. $u = 1$ 和 $dv = x \cos x \, dx$ 2. $u = x$ 和 $dv = \cos x \, dx$
3. $u = x \cos x$ 和 $dv = dx$ 4. $u = \cos x$ 和 $dv = x \, dx$

第一种选择不行，因为我们还不知道如何积分 $dv = x \cos x \, dx$ 求出 v.

第二种选择，正如我们在例 1 中看到的，恰到好处.

第三种选择引导出

$$u = x \cos x, \quad dv = dx,$$
$$du = (\cos x - x \sin x) dx, \quad v = x,$$

新积分是

$$\int v \, du = \int (x \cos x - x^2 \sin x) dx.$$

这比原来的积分还糟.

第四种选择引导出

$$u = \cos x, \quad dv = x \, dx,$$
$$du = -\sin x \, dx, \quad v = \frac{x^2}{2},$$

新积分是

$$\int v \, du = -\int \frac{x^2}{2} \sin x \, dx,$$

这仍然比原来的更糟.

注：何时和怎样使用分部积分

<u>何时</u>：如果变量替换行不通，尝试分部积分.

<u>怎样</u>：从形如 $\int f(x) g(x) dx$ 的积分出发. 使它与形如 $\int u \, dv$ 的积分匹配，为此选择 dv 是被积分函数中包含 dx 以及 $f(x)$ 或 $g(x)$ 的那一部分.

<u>选择 u 和 dv 的原则</u>：公式

$$\int u \, dv = uv - \int v \, du$$

的右端给出一个新的积分. 你必须容易积分 dv 以便得到右端. 如果新的积分比原来的那个更复杂，尝试 u 和 dv 的不同选择.

分部积分的目的是把一个我们看不出如何求出的积分 $\int u \, dv$ 转化为一个我们可以求出的积分 $\int v \, du$. 一般说来，首先选择 dv 是被积函数中的一部分再加上 dx（容易积分）；u 是其余的

部分. 请记住分部积分并非畅通无阻.

例 3(求面积) 求由曲线 $y = x\mathrm{e}^{-x}$ 和 x 轴所界定的从 $x = 0$ 到 $x = 4$ 的区域的面积.

解 区域如图 7.2 中阴影所示. 它的面积是

$$\int_0^4 x\mathrm{e}^{-x}\mathrm{d}x.$$

我们使用公式 $\int u\mathrm{d}v = uv - \int v\mathrm{d}u$, 其中

$$u = x, \qquad \mathrm{d}v = \mathrm{e}^{-x}\mathrm{d}x,$$
$$\mathrm{d}u = \mathrm{d}x, \qquad v = -\mathrm{e}^{-x}.$$

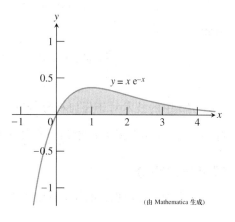

图 7.2 例 3 中的区域.

则

$$\begin{aligned}\int x\mathrm{e}^{-x}\mathrm{d}x &= -x\mathrm{e}^{-x} - \int(-\mathrm{e}^{-x})\mathrm{d}x \\ &= -x\mathrm{e}^{-x} + \int \mathrm{e}^{-x}\mathrm{d}x \\ &= -x\mathrm{e}^{-x} - \mathrm{e}^{-x} + C.\end{aligned}$$

于是

$$\int_0^4 x\mathrm{e}^{-x}\mathrm{d}x = \left[-x\mathrm{e}^{-x} - \mathrm{e}^{-x}\right]_0^4 = (-4\mathrm{e}^{-4} - \mathrm{e}^{-4}) - (-\mathrm{e}^0) = 1 - 5\mathrm{e}^{-4} \approx 0.91.$$

例 4(自然对数的积分) 求

$$\int \ln x\,\mathrm{d}x.$$

解 因为 $\int \ln x\,\mathrm{d}x$ 可以写成 $\int \ln x \cdot 1\,\mathrm{d}x$, 我们使用公式 $\int u\mathrm{d}v = uv - \int v\mathrm{d}u$, 其中

$$u = \ln x \quad \text{微分时变简单} \qquad \mathrm{d}v = \mathrm{d}x \quad \text{容易积分}$$
$$\mathrm{d}u = \frac{1}{x}\mathrm{d}x, \qquad v = x. \quad \text{最简单的反导数}$$

则有

$$\int \ln x\,\mathrm{d}x = x\ln x - \int x \cdot \frac{1}{x}\mathrm{d}x = x\ln x - \int \mathrm{d}x = x\ln x - x + C.$$

重复使用

有时我们必须不止一次地使用分部积分.

例 5(重复使用分部积分) 求积分 $\int x^2\mathrm{e}^x\mathrm{d}x$.

解 令 $u = x^2, \mathrm{d}v = \mathrm{e}^x\mathrm{d}x$, 则 $\mathrm{d}u = 2x\mathrm{d}x, v = \mathrm{e}^x$, 我们有

$$\int x^2 \mathrm{e}^x \mathrm{d}x = x^2\mathrm{e}^x - 2\int x\mathrm{e}^x\mathrm{d}x.$$

新积分不像原来积分那样复杂, 因为 x 的指数减少了 1. 为求右端的积分, 我们再次用分部积分, 令 $u = x, \mathrm{d}v = \mathrm{e}^x\mathrm{d}x$. 于是 $\mathrm{d}u = \mathrm{d}x, v = \mathrm{e}^x$, 并且

$$\int x e^x dx = x e^x - \int e^x dx = x e^x - e^x + C.$$

因此

$$\int x^2 e^x dx = x^2 e^x - 2\int x e^x dx = x^2 e^x - 2x e^x + 2e^x + C.$$

例 5 中的技术对于任何积分 $\int x^n e^x$，n 是正整数都适用，因为不断对 x^n 求导终将出现零而 e^x 容易积分. 在本节最后讨论列表积分法时我们会更多谈及这一点.

解出未知积分

像下面这个出现在电气工程中的积分一样，它们的求出需要两次分部积分，再解出未知积分.

例 6 (解出未知积分)　求积分

$$\int e^x \cos x \, dx.$$

解　令 $u = e^x$, $dv = \cos x \, dx$, 则 $du = e^x dx$, $v = \sin x$, 并且

$$\int e^x \cos x \, dx = e^x \sin x - \int e^x \sin x \, dx.$$

第二个积分类似于第一个，只是 $\cos x$ 换成了 $\sin x$. 为求出它，我们使用分部积分，其中

$$u = e^x, \quad dv = \sin x \, dx, \quad v = -\cos x, \quad du = e^x dx.$$

于是

$$\int e^x \cos x \, dx = e^x \sin x - \left(-e^x \cos x - \int (-\cos x)(e^x dx) \right)$$

$$= e^x \sin x + e^x \cos x - \int e^x \cos x \, dx.$$

未知积分出现在等式两端. 把它们合并得

$$2\int e^x \cos x \, dx = e^x \sin x + e^x \cos x + C.$$

除以 2 并且重新命名常数得

$$\int e^x \cos x \, dx = \frac{e^x \sin x + e^x \cos x}{2} + C.$$

在像例 6 那样重复使用分部积分的情况下，一旦做出了 u 和 dv 的选择，在问题的第二阶段变换选择通常不是好的想法. 这样做的结果是无功而返. 比如，在第二个积分中我们转而做替换 $u = \sin x$, $dv = e^x$, 将有

$$\int e^x \cos x \, dx = e^x \sin x - \left(e^x \sin x - \int e^x \cos x \, dx \right) = \int e^x \cos x \, dx,$$

又回到原来的积分. 下面引进的列表积分法避免了这一缺陷.

列表积分法

我们已经看到形如 $\int f(x) g(x) dx$ 的积分，其中 f 可以重复求导直至出现零，而 $g(x)$ 可以毫无困难地重复积分，是分部积分的自然候选者. 不过当需要多次重复时，计算可能是麻烦的. 在这

类情况下,有一种组织计算的方式,保存大部分工作. 这就是例 7 和例 8 中所展示的**列表积分法**.

例 7(使用列表积分法) 求积分 $\int x^2 \mathrm{e}^x \mathrm{d}x$.

解 令 $f(x) = x^2, g(x) = \mathrm{e}^x$,我们列表:

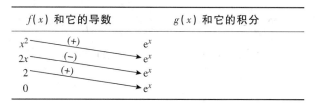

我们按照箭头上面的运算符号组合由箭头连接起来的函数的乘积,便得到

$$\int x^2 \mathrm{e}^x \mathrm{d}x = x^2 \mathrm{e}^x - 2x\mathrm{e}^x + 2\mathrm{e}^x + C.$$

同例 5 的结果进行比较.

例 8(使用列表积分法) 求积分 $\int x^3 \sin x \, \mathrm{d}x$.

解 令 $f(x) = x^3$ 和 $g(x) = \sin x$,我们列表:

$f(x)$ 和它的导数		$g(x)$ 和它的积分
x^3	(+)	$\sin x$
$3x^2$	(−)	$-\cos x$
$6x$	(+)	$-\sin x$
6	(−)	$\cos x$
0		$\sin x$

再次用箭头上面的运算符号组合由箭头连接的两个函数的乘积便得到

$$\int x^3 \sin x \, \mathrm{d}x = -x^3 \cos x + 3x^2 \sin x + 6x \cos x - 6\sin x + C.$$

注:更多的列表积分法,见本章末尾的附加练习.

习题 7.2

分部积分

求题 1 – 24 的积分.

1. $\int x \sin \dfrac{x}{2} \mathrm{d}x$ 2. $\int \theta \cos \pi \theta \mathrm{d}\theta$ 3. $\int t^2 \cos t \, \mathrm{d}t$

4. $\int x^2 \sin x \, \mathrm{d}x$ 5. $\int_1^2 x \ln x \, \mathrm{d}x$ 6. $\int_1^\mathrm{e} x^3 \ln x \, \mathrm{d}x$

7. $\int \tan^{-1} y \, \mathrm{d}y$ 8. $\int \sin^{-1} y \, \mathrm{d}y$ 9. $\int x \sec^2 x \, \mathrm{d}x$

10. $\int 4x\sec^2 2x\,dx$

11. $\int x^3 e^x\,dx$

12. $\int p^4 e^{-p}\,dp$

13. $\int (x^2-5x)e^x\,dx$

14. $\int (r^2+r+1)e^r\,dr$

15. $\int x^5 e^x\,dx$

16. $\int t^2 e^{4t}\,dt$

17. $\int_0^{\pi/2} \theta^2 \sin 2\theta\,d\theta$

18. $\int_0^{\pi/2} x^3 \cos 2x\,dx$

19. $\int_{2/\sqrt{3}}^{2} t\sec^{-1} t\,dt$

20. $\int_0^{1/\sqrt{2}} 2x\sin^{-1}(x^2)\,dx$

21. $\int e^{\theta}\sin\theta\,d\theta$

22. $\int e^{-y}\cos y\,dy$

23. $\int e^{2x}\cos 3x\,dx$

24. $\int e^{-2x}\sin 2x\,dx$

替换和分部积分

通过先替换再分部积分,求题 25 - 30 中的积分.

25. $\int e^{\sqrt{3x+9}}\,ds$

26. $\int_0^1 x\sqrt{1-x}\,dx$

27. $\int_0^{\pi/3} x\tan^2 x\,dx$

28. $\int \ln(x+x^2)\,dx$

29. $\int \sin(\ln x)\,dx$

30. $\int z(\ln z)^2\,dz$

微分方程

在题 31 - 34 中,解微分方程.

31. $\dfrac{dy}{dx}=x^2 e^{4x}$

32. $\dfrac{dy}{dx}=x^2\ln x$

33. $\dfrac{dy}{d\theta}=\sin\sqrt{\theta}$

34. $\dfrac{dy}{d\theta}=\theta\sec\theta\tan\theta$

理论和例子

35. **求面积** 求由曲线 $y=x\sin x$ 和 x 轴(见附图)围成的面积. 对于
    (**a**) $0\leqslant x\leqslant\pi$　(**b**) $\pi\leqslant x\leqslant 2\pi$　(**c**) $2\pi\leqslant x\leqslant 3\pi$.
    (**d**) 你看到什么模式?夹在曲线和 x 轴之间满足 $n\pi\leqslant x\leqslant(n+1)\pi$ 的区域的面积是多少?n 是任意非负整数. 对于你的回答给出理由?

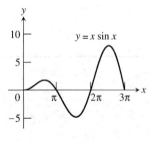

第 35 题图

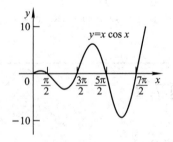

第 36 题图

36. **求面积** 求由曲线 $y=x\cos x$ 和 x 轴(见右上图)围成的面积,且
    (**a**) $\dfrac{\pi}{2}\leqslant x\leqslant 3\dfrac{\pi}{2}$　(**b**) $3\dfrac{\pi}{2}\leqslant x\leqslant 5\dfrac{\pi}{2}$　(**c**) $5\dfrac{\pi}{2}\leqslant x\leqslant 7\dfrac{\pi}{2}$
    (**d**) 你看到什么模式?夹在曲线 $y=x\cos x$ 和 x 轴之间并且满足
    $$\left(\dfrac{2n-1}{2}\right)\pi\leqslant x\leqslant\left(\dfrac{2n+1}{2}\right)\pi,$$

的区域的面积是多少?n 是任意正整数. 对于你的回答给出理由.

37. 求体积 求第一象限中由坐标轴,曲线 $y = e^x$ 和直线 $x = \ln 2$ 界定的区域绕直线 $x = \ln 2$ 旋转生成的立体的体积.

38. 求体积 求第一象限中由坐标轴,曲线 $y = e^{-x}$ 和直线 $x = 1$ 界定的区域
(a) 绕 y 轴 (b) 绕直线 $x = 1$
旋转生成的立体的体积.

39. 求体积 求第一象限中由坐标轴和曲线 $y = \cos x, 0 \leqslant x \leqslant \pi/2$ 界定的区域
(a) 绕 y 轴 (b) 绕直线 $x = \pi/2$
旋转生成的立体的体积.

40. 求体积 求第一象限中由 x 轴和曲线 $y = x\sin x, 0 \leqslant x \leqslant \pi$ 界定的区域
(a) 绕 y 轴 (b) 绕直线 $x = \pi$
旋转生成的立体的体积.(见题 35 的图.)

41. 平均值 一个减速力,形象化为右图中的一个减振器,放慢重力弹簧的运动,使得在时刻 t 质量的位置是
$$y = 2e^{-t}\cos t, \quad t \geqslant 0.$$
求 y 在区间 $0 \leqslant t \leqslant 2\pi$ 上的平均值(如右图所示).

第 41 题图

42. 平均值 在一个像题 11 的质量 – 弹簧 – 减振器系统中,质量在时刻 t 的位置是
$$y = 4e^{-t}(\sin t - \cos t), \quad t \geqslant 0.$$
求 y 在区间 $0 \leqslant t \leqslant 2\pi$ 上的平均值.

递推公式

在题 43 – 46 中,使用分部积分法建立递推公式.

43. $\int x^n \cos x \, dx = x^n \sin x - n\int x^{n-1} \sin x \, dx$

44. $\int x^n \sin x \, dx = -x^n \cos x + n\int x^{n-1} \cos x \, dx$

45. $\int x^n e^{ax} dx = \dfrac{x^n e^{ax}}{a} - \dfrac{n}{a}\int x^{n-1} e^{ax} dx, a \neq 0$

46. $\int (\ln x)^n dx = x(\ln x)^n - n\int (\ln x)^{n-1} dx$

积分反函数

47. 积分反函数 假定函数 f 有一个反函数.
(a) 证明
$$\int f^{-1}(x) dx = \int y f'(y) dy.$$
(提示:使用变量替换 $y = f^{-1}(x)$.)
(b) 对部分(a)的第二个积分,使用分部积分证明
$$\int f^{-1}(x) dx = \int y f'(y) dy = x f^{-1}(x) - \int f(y) dy.$$

48. 积分反函数 假定函数 f 有一个反函数. 直接利用分部积分证明
$$\int f^{-1}(x) dx = x f^{-1}(x) - \int x\left(\dfrac{d}{dx} f^{-1}(x)\right) dx.$$

在题 49 – 52 中使用(a) 题 47 中的技术. (b) 题 48 中的技术. 求积分.
(c) 证明部分(a)得到的表达式(令 $C = 0$)和由(b)得到的是一样的.

49. $\int \sin^{-1} x \, dx$ **50.** $\int \tan^{-1} x \, dx$ **51.** $\int \cos^{-1} x \, dx$ **52.** $\int \log_2 x \, dx$

7.3 部分分式

部分分式 • 方法的一般表述 • 对于线性因子的 Heaviside"掩盖"法 • 确定系数的其它方法

在研究 6.4 或 6.6 节例 6 中的人口模型时,我们解逻辑斯谛微分方程

$$\frac{\mathrm{d}P}{\mathrm{d}t} = 0.001P(100 - P)$$

的方法是:把它改写为

$$\frac{100}{P(100-P)}\mathrm{d}P = 0.1\mathrm{d}t, \qquad 分离变量$$

把左端的分式展开成两个基本分式之和.

$$\frac{100}{P(100-P)} = \frac{1}{P} + \frac{1}{100-P},$$

两边积分便求得解

$$\ln|P| - \ln|100 - P| = 0.1t + C.$$

这种展开技术称为**部分分式法**. 使用部分分式法,任一个有理函数都可写成称为**部分分式**的基本分式之和. 我们就把积分有理函数归结为积分部分分式之和.

部分分式

为对分式求和,我们先求公分母,再对通分后的分式求和,最后化简. 例如

$$\frac{2}{x+1} + \frac{3}{x-3} = \frac{2(x-3)}{(x+1)(x-3)} + \frac{3(x+1)}{(x-3)(x+1)}$$

$$= \frac{2x-6+3x+3}{x^2-2x-3} = \frac{5x-3}{x^2-2x-3}.$$

如果我们"倒转"上述过程,就容易求积分

$$\int \frac{5x-3}{x^2-2x-3}\mathrm{d}x$$

即

$$\int \frac{5x-3}{x^2-2x-3}\mathrm{d}x = \int \frac{2}{x+1}\mathrm{d}x + \int \frac{3}{x-3}\mathrm{d}x$$

$$= 2\ln|x+1| + 3\ln|x-3| + C.$$

更一般地,高等代数的一个定理(后面详细说明)称每个有理函数,不论多复杂,都可以改写为更简单的分式(我们可用已经知道的技术求其积分)之和. 让我们看一看怎样用部分分式法求前面例子中用到的更简单分式之和.

例 1(利用部分分式) 利用部分分式求积分

$$\int \frac{5x-3}{x^2-2x-3}\mathrm{d}x.$$

解 首先,我们分解分母:$x^2 - 2x - 3 = (x+1)(x-3)$. 然后确定 A 和 B 的值,使得

$$\frac{5x-3}{x^2-2x-3} = \frac{A}{x+1} + \frac{B}{x-3}.$$

再消去分母：

$$\begin{aligned}5x - 3 &= A(x-3) + B(x+1) \quad \text{等式两端乘以}(x+1)(x-3)\\ &= (A+B)x - 3A + B \quad \text{合并同类项}\end{aligned}$$

注：部分分式组合中的 A 和 B 叫做**待定系数**

令对应系数相等，就得下列线性方程组

$$\begin{aligned}A + B &= 5\\ -3A + B &= -3\end{aligned}$$

解联立方程得 $A = 2$ 和 $B = 3$。因此

$$\begin{aligned}\int \frac{5x-3}{x^2-2x-3}\,dx &= \int \frac{2}{x+1}\,dx + \int \frac{3}{x-3}\,dx\\ &= 2\ln|x+1| + 3\ln|x-3| + C.\end{aligned}$$

方法的一般表述

把一个有理函数 $f(x)/g(x)$ 成功写成部分分式之和依赖于两件事情：

- $f(x)$ 的阶必须低于 $g(x)$ 的阶。即分式必须是真分式。如果不是，用 $g(x)$ 除 $f(x)$ 而对余项进行操作。见本节的例4。
- 必须知道 $g(x)$ 的因子。理论上，任何实系数多项式都可以写成实线性因式和实二次因式的乘积。而实际上，因式可能难以求得。

这里说明当 g 的因子已知时如何求真分式 $f(x)/g(x)$ 的部分分式。

部分分式法（$f(x)/g(x)$ 是真分式）

步骤1：设 $(x-r)$ 是 $g(x)$ 的一个线性因子。假定 $(x-r)^m$ 是除尽 $g(x)$ 的 $(x-r)$ 的最高次幂。则对这一因子指定 m 个部分分式之和

$$\frac{A_1}{x-r} + \frac{A_2}{(x-r)^2} + \cdots + \frac{A_m}{(x-r)^m}.$$

对 $g(x)$ 的每个不同的线性因子都如此做。

步骤2：设 x^2+px+q 是 $g(x)$ 的一个二次因子。假定 $(x^2+px+q)^n$ 是除尽 $g(x)$ 的这个因子的最高次幂。则对这一因子指定 n 个部分分式之和

$$\frac{B_1 x + C_1}{x^2+px+q} + \frac{B_2 x + C_2}{(x^2+px+q)^2} + \cdots + \frac{B_n x + C_n}{(x^2+px+q)^n}.$$

对 $g(x)$ 的每个不同的不能分解成实系数一次因子的二次因子都如此做。

步骤3：令原来的分式 $f(x)/g(x)$ 等于所有这些部分分式之和。消去所得分式等式的分母，并且按 x 的降幂整理。

步骤4：令 x 的对应幂的系数相等，且对待定系数解所得的方程。

例2（使用一个重复的线性因子） 表示 $\dfrac{6x+7}{(x+2)^2}$ 为部分分式之和。

解 按照上面表述的方法，我们必须把分式表示成有待定系数的部分分式之和。

$$\frac{6x+7}{(x+2)^2} = \frac{A}{x+2} + \frac{B}{(x+2)^2}$$

$$6x+7 = A(x+2) + B \qquad \text{两端乘以}(x+2)^2.$$
$$= Ax + (2A+B) \qquad \text{合并同类项.}$$

令 x 的同次幂的系数相等,得

$$A = 6 \quad \text{和} \quad 2A + B = 12 + B = 7, \quad \text{或} \quad A = 6 \quad \text{和} \quad B = -5.$$

因此

$$\frac{6x+7}{(x+2)^2} = \frac{6}{x+2} - \frac{5}{(x+2)^2}.$$

例 3 (使用部分分式) 求积分

$$\int \frac{6x+7}{(x+2)^2} dx.$$

解

$$\int \frac{6x+7}{(x+2)^2} dx = \int \left(\frac{6}{x+2} - \frac{5}{(x+2)^2} \right) dx \qquad \text{例 2}$$
$$= 6 \int \frac{dx}{x+2} - 5 \int (x+2)^{-2} dx$$
$$= 6\ln|x+2| + 5(x+2)^{-1} + C.$$

例 4 (积分一个假分式) 求积分

$$\int \frac{2x^3 - 4x^2 - x - 3}{x^2 - 2x - 3} dx.$$

解 首先我们用分母除分子以便得到一个多项式加一个真分式

$$\begin{array}{r} 2x \\ x^2-2x-3 \overline{\smash{\big)}\, 2x^3 - 4x^2 - x - 3} \\ \underline{2x^3 - 4x^2 - 6x} \\ 5x - 3 \end{array}$$

然后我们把假分式写成一个多项式加一个真分式.

$$\frac{2x^3 - 4x^2 - x - 3}{x^2 - 2x - 3} = 2x + \frac{5x - 3}{x^2 - 2x - 3}$$

最后,利用 $\int 2x \, dx = x^2$ 和例 1,得

$$\int \frac{2x^3 - 4x^2 - x - 3}{x^2 - 2x - 3} dx = \int 2x \, dx + \int \frac{5x - 3}{x^2 - 2x - 3} dx$$
$$= x^2 + 2\ln|x+1| + 3\ln|x-3| + C.$$

例 5 (解一个初值问题) 求 $\dfrac{dy}{dx} = 2xy(y^2 + 1)$ 满足 $y(0) = 1$ 的解.

解 分离变量,改写微分方程为

$$\frac{1}{y(y^2+1)} dy = 2x \, dx.$$

积分两端给出

$$\int \frac{1}{y(y^2+1)} dy = \int 2x \, dx = x^2 + C_1.$$

我们使用部分分式改写左端的被积函数

$$\frac{1}{y(y^2+1)} = \frac{A}{y} + \frac{By+C}{y^2+1}$$

注意 y^2+1 上的分子:对于二次因子,我们使用一阶分子,而非常数分子. 整理等式给出

$$1 = A(y^2+1) + (By+C)y \quad \text{两端乘以 } y(y^2+1)$$
$$= (A+B)y^2 + Cy + A$$

令同类项系数相等,得 $A+B=0, C=0$ 和 $A=1$. 解这些联立的方程,我们求出 $A=1, B=-1$ 和 $C=0$. 因此

$$\int \frac{1}{y(y^2+1)} dy = \int \frac{1}{y} dy - \int \frac{y}{y^2+1} dy$$
$$= \ln|y| - \frac{1}{2}\ln(y^2+1) + C_2.$$

微分方程的解是

$$\ln|y| - \frac{1}{2}\ln(y^2+1) = x^2 + C. \qquad C = C_1 - C_2$$

代入 $x=0$ 和 $y=1$,我们得

$$0 - \frac{1}{2}\ln 2 = C, \quad \text{或} \quad C = -\ln\sqrt{2}.$$

初值问题的解是

$$\ln|y| - \frac{1}{2}\ln(y^2+1) = x^2 - \ln\sqrt{2}.$$

例 6(积分分式的分母中带不可约的二次因子) 用分部积分求

$$\int \frac{-2x+4}{(x^2+1)(x-1)^2} dx.$$

注:一个二次多项式是不可约的,如果它不能写成两个实系数一次因式的乘积.

解 分母中有一个不可约二次因子以及一个重复的线性因子,故我们写成

$$\frac{-2x+4}{(x^2+1)(x-1)^2} = \frac{Ax+B}{x^2+1} + \frac{C}{x-1} + \frac{D}{(x-1)^2}. \qquad (1)$$

经整理,得

$$-2x+4 = (Ax+B)(x-1)^2 + C(x-1)(x^2+1) + D(x^2+1)$$
$$= (A+C)x^3 + (-2A+B-C+D)x^2$$
$$+ (A-2B+C)x + (B-C+D).$$

令同类项系数相等得

x^3 的系数: $\qquad 0 = A+C$
x^2 的系数: $\qquad 0 = -2A+B-C+D$
x^1 的系数: $\qquad -2 = A-2B+C$
x^0 的系数: $\qquad 4 = B-C+D$

解这个联立方程组就求出 A,B,C 和 D 的值:

$-4 = -2A, A = 2$ 从等二个等式减去第四个
$C = -A = -2$ 根据第一个方程
$B = 1$ 在第三个方程中 $A = 2, C = -2$
$D = 4 - B + C = 1.$ 根据第四个方程

代入这些结果到等式(1), 得

$$\frac{-2x + 4}{(x^2 + 1)(x - 1)^2} = \frac{2x + 1}{x^2 + 1} - \frac{2}{x - 1} + \frac{1}{(x - 1)^2}.$$

最后, 利用上面的展开式我们可以积分

$$\int \frac{-2x + 4}{(x^2 + 1)(x - 1)^2} \mathrm{d}x = \int \left(\frac{2x + 1}{x^2 + 1} - \frac{2}{x - 1} + \frac{1}{(x - 1)^2} \right) \mathrm{d}x$$

$$= \int \left(\frac{2x}{x^2 + 1} + \frac{1}{x^2 + 1} - \frac{2}{x - 1} + \frac{1}{(x - 1)^2} \right) \mathrm{d}x$$

$$= \ln(x^2 + 1) + \tan^{-1} x - 2\ln|x - 1| - \frac{1}{x - 1} + C.$$

对于线性因子的 Heaviside "掩盖法"

当多项式 $f(x)$ 的阶低于 $g(x)$ 的阶而且

$$g(x) = (x - r_1)(x - r_2) \cdots (x - r_n)$$

是 n 个相异线性因子的乘积, 且每个因子都是一次幂时, 有一个快速把 $f(x)/g(x)$ 展开成部分分式的方法.

CD-ROM
WEBsite
历史传记
Oliver Heaviside
(1850 — 1925)

例 7(使用 Heaviside(赫维赛德)法)   求部分分式展开式

$$\frac{x^2 + 1}{(x - 1)(x - 2)(x - 3)} = \frac{A}{x - 1} + \frac{B}{x - 2} + \frac{C}{x - 3}. \tag{2}$$

中的 A, B 和 C.

解   如果用 $(x - 1)$ 乘等式(2)两端便得

$$\frac{x^2 + 1}{(x - 2)(x - 3)} = A + \frac{B(x - 1)}{x - 2} + \frac{C(x - 1)}{x - 3}$$

令 $x = 1$, 上述等式就给出 A 的值

$$\frac{(1)^2 + 1}{(1 - 2)(1 - 3)} = A + 0 + 0,$$

$$A = 1.$$

由此可见, 我们可以这样得到 A 的值, 掩盖原分式

$$\frac{x^2 + 1}{(x - 1)(x - 2)(x - 3)} \tag{3}$$

分母中的因子 $(x - 1)$, 再对剩余部分在 $x = 1$ 求值:

$$A = \frac{(1)^2 + 1}{\boxed{(x - 1)}(x - 2)(x - 3)} = \frac{2}{(-1)(-2)} = 1.$$
      ↑
      掩盖

类似地, 我们求得等式(2)中的 B, 掩盖(3)式中的因子 $(x - 2)$ 再对剩余部分在 $x = 2$ 求值

$$B = \frac{(2)^2 + 1}{(2-1)\,\boxed{(x-2)}\,(2-3)} = \frac{5}{(1)(-1)} = -5.$$
↑ 掩盖

最后，掩盖(3)式中的因子$(x-3)$并且对剩余部分在$x=3$求值

$$C = \frac{(3)^2 + 1}{(3-1)(3-2)\,\boxed{(x-3)}} = \frac{10}{(2)(1)} = 5.$$
↑ 掩盖

Heaviside 法

步骤1：写出商，并且$g(x)$能分解因式：
$$\frac{f(x)}{g(x)} = \frac{f(x)}{(x-r_1)(x-r_2)\cdots(x-r_n)}.$$

步骤2：一次掩盖$g(x)$的一个因子$(x-r_i)$，每次用数r_i代换未被掩盖的x，这就对每个根r_i给出数A_i：
$$A_1 = \frac{f(r_1)}{(r_1-r_2)\cdots(r_1-r_n)}$$
$$A_2 = \frac{f(r_2)}{(r_2-r_1)(r_2-r_3)\cdots(r_2-r_n)}$$
$$\vdots$$
$$A_n = \frac{f(r_n)}{(r_n-r_1)(r_n-r_2)\cdots(r_n-r_{n-1})}.$$

步骤3：把$f(x)/g(x)$的部分分式展开式写成
$$\frac{f(x)}{g(x)} = \frac{A_1}{(x-r_1)} + \frac{A_2}{(x-r_2)} + \cdots + \frac{A_n}{(x-r_n)}.$$

例8（用 Heaviside 法求积分） 求积分
$$\int \frac{x+4}{x^3 + 3x^2 - 10x} \mathrm{d}x.$$

解 $f(x) = x+4$的阶低于$g(x) = x^3 + 3x^2 - 10x$的阶，对$g(x)$分解因式，得
$$\frac{x+4}{x^3 + 3x^2 - 10x} = \frac{x+4}{x(x-2)(x+5)}.$$

$g(x)$的根是$r_1 = 0, r_2 = 2$和$r_3 = -5$. 我们求得

$$A_1 = \frac{0+4}{\boxed{x}\,(0-2)(0+5)} = \frac{4}{(-2)(5)} = -\frac{2}{5}$$
↑ 掩盖

$$A_2 = \frac{2+4}{2\,\boxed{(x-2)}\,(2+5)} = \frac{6}{(2)(7)} = \frac{3}{7}$$
↑ 掩盖

$$A_3 = \frac{-5+4}{(-5)(-5-2)\,\boxed{(x+5)}} = \frac{-1}{(-5)(-7)} = -\frac{1}{35}.$$
↑ 掩盖

于是，

$$\frac{x+4}{x(x-2)(x+5)} = -\frac{2}{5x} + \frac{3}{7(x-2)} - \frac{1}{35(x+5)},$$

积分得

$$\int \frac{x+4}{x(x-2)(x+5)} dx = -\frac{2}{5}\ln|x| + \frac{3}{7}\ln|x-2| - \frac{1}{35}\ln|x+5| + C.$$

确定系数的其它方法

确定部分分式系数的另一个方法是像下例那样用求导法. 再一个方法是对 x 指定一个数值.

例 9(用求导法) 求下式中的 A, B 和 C

$$\frac{x-1}{(x+1)^3} = \frac{A}{x+1} + \frac{B}{(x+1)^2} + \frac{C}{(x+1)^3}.$$

解 首先清除分式中的分母

$$x - 1 = A(x+1)^2 + B(x+1) + C.$$

用 $x = -1$ 代入求出 $C = -2$. 再关于 x 对两端求导,得

$$1 = 2A(x+1) + B.$$

用 $x = -1$ 代入得 $B = 1$. 再次求导得到 $0 = 2A$, 即 $A = 0$. 因此

$$\frac{x-1}{(x+1)^3} = \frac{1}{(x+1)^2} - \frac{2}{(x+1)^3}.$$

在有些问题里,对 x 指定小的值,比如 $x = 0, \pm 1, \pm 2$, 得到 A, B 和 C 的方程,这就提供了快速求部分分式系数的又一种方法.

例 10(指定 x 的数值) 求下式中的 A, B 和 C:

$$\frac{x^2+1}{(x-1)(x-2)(x-3)} = \frac{A}{x-1} + \frac{B}{x-2} + \frac{C}{x-3}.$$

解 清除分式的分母,得

$$x^2 + 1 = A(x-2)(x-3) + B(x-1)(x-3) + C(x-1)(x-2).$$

依次令 $x = 1, 2, 3$ 以求 A, B 和 C:

$$x = 1: \quad (1)^2 + 1 = A(-1)(-2) + B(0) + C(0)$$
$$2 = 2A$$
$$A = 1$$
$$x = 2: \quad (2)^2 + 1 = A(0) + B(1)(-1) + C(0)$$
$$5 = -B$$
$$B = -5$$
$$x = 3: \quad (3)^2 + 1 = A(0) + B(0) + C(2)(1)$$
$$10 = 2C$$
$$C = 5.$$

结论

$$\frac{x^2+1}{(x-1)(x-2)(x-3)} = \frac{1}{x-1} - \frac{5}{x-2} + \frac{5}{x-3}.$$

习题 7.3

把商展开成部分分式之和

把题 1-8 中的商展开成部分分式之和.

1. $\dfrac{5x-13}{(x-3)(x-2)}$
2. $\dfrac{5x-7}{x^2-3x+2}$
3. $\dfrac{x+4}{(x+1)^2}$
4. $\dfrac{2x+2}{x^2-2x+1}$
5. $\dfrac{z+1}{z^2(z-1)}$
6. $\dfrac{z}{z^3-z^2-6z}$
7. $\dfrac{t^2+8}{t^2-5t+6}$
8. $\dfrac{t^4+9}{t^4+9t^2}$

非重复线性因式

在题 9-16 中, 把被积函数表示成部分分式之和再求积分.

9. $\displaystyle\int \dfrac{\mathrm{d}x}{1-x^2}$
10. $\displaystyle\int \dfrac{\mathrm{d}x}{x^2+2x}$
11. $\displaystyle\int \dfrac{x+4}{x^2+5x-6}\mathrm{d}x$
12. $\displaystyle\int \dfrac{2x+1}{x^2-7x+12}\mathrm{d}x$
13. $\displaystyle\int_4^8 \dfrac{y\,\mathrm{d}y}{y^2-2y-3}$
14. $\displaystyle\int_{\frac{1}{2}}^{1} \dfrac{y+4}{y^2+y}\mathrm{d}y$
15. $\displaystyle\int \dfrac{\mathrm{d}t}{t^3+t^2-2t}$
16. $\displaystyle\int \dfrac{x+3}{2x^3-8x}\mathrm{d}x$

重复的线性因式

在题 17-20 中, 把被积函数表示成部分分式之和再求积分.

17. $\displaystyle\int_0^1 \dfrac{x^3\,\mathrm{d}x}{x^2+2x+1}$
18. $\displaystyle\int_{-1}^{0} \dfrac{x^3\,\mathrm{d}x}{x^2-2x+1}$
19. $\displaystyle\int \dfrac{\mathrm{d}x}{(x^2-1)^2}$
20. $\displaystyle\int \dfrac{x^2\,\mathrm{d}x}{(x-1)(x^2+2x+1)}$

不可约二次因式

在题 21-28 中, 把被积函数表示成部分分式之和再求积分.

21. $\displaystyle\int_0^1 \dfrac{\mathrm{d}x}{(x+1)(x^2+1)}$
22. $\displaystyle\int_0^{\sqrt{3}} \dfrac{3t^2+t+4}{t^3+t}\mathrm{d}t$
23. $\displaystyle\int \dfrac{y^2+2y+1}{(y^2+1)^2}\mathrm{d}y$
24. $\displaystyle\int \dfrac{8x^2+8x+2}{(4x^2+1)^2}\mathrm{d}x$
25. $\displaystyle\int \dfrac{2s+2}{(s^2+1)(s-1)^3}\mathrm{d}s$
26. $\displaystyle\int \dfrac{s^4+81}{s(s^2+9)^2}\mathrm{d}s$
27. $\displaystyle\int \dfrac{2\theta^3+5\theta^2+8\theta+4}{(\theta^2+2\theta+2)^2}\mathrm{d}\theta$
28. $\displaystyle\int \dfrac{\theta^4-4\theta^3+2\theta^2-3\theta+1}{(\theta^2+1)^3}\mathrm{d}\theta$

假分式

在题 29-34 中, 对被积函数执行长除法, 把真分式写成部分分式之和, 再求积分.

29. $\displaystyle\int \dfrac{2x^3-2x^2+1}{x^2-x}\mathrm{d}x$
30. $\displaystyle\int \dfrac{x^4}{x^2-1}\mathrm{d}x$
31. $\displaystyle\int \dfrac{9x^3-3x+1}{x^3-x^2}\mathrm{d}x$
32. $\displaystyle\int \dfrac{16x^3}{4x^2-4x+1}\mathrm{d}x$
33. $\displaystyle\int \dfrac{y^4+y^2-1}{y^3+y}\mathrm{d}y$
34. $\displaystyle\int \dfrac{2y^4}{y^3-y^2+y-1}\mathrm{d}y$

求积分

求题 35-40 中的积分.

35. $\displaystyle\int \frac{e^t\,dt}{e^{2t}+3e^t+2}$ **36.** $\displaystyle\int \frac{e^{4t}+2e^{2t}-e^t}{e^{2t}+1}dt$ **37.** $\displaystyle\int \frac{\cos y\,dy}{\sin^2 y+\sin y-6}$ **38.** $\displaystyle\int \frac{\sin\theta\,d\theta}{\cos^2\theta+\cos\theta-2}$

39. $\displaystyle\int \frac{(x-2)^2\tan^{-1}(2x)-12x^3-3x}{(4x^2+1)(x-2)^2}dx$ **40.** $\displaystyle\int \frac{(x+1)^2\tan^{-1}(3x)+9x^3+x}{(9x^2+1)(x+1)^2}dx$

初值问题

解题 41 – 48 中的初值问题

41. $(t^2-3t+2)\dfrac{dx}{dt}=1\quad(t>2),\ x(3)=0$ **42.** $(3t^4+4t^2+1)\dfrac{dx}{dt}=2\sqrt{3},\ x(1)=-\pi\dfrac{\sqrt{3}}{4}$

43. $(t^2+2t)\dfrac{dx}{dt}=2x+2\quad(t,x>0),\ x(1)=1$ **44.** $(t+1)\dfrac{dx}{dt}=x^2+1\quad(t>-1),\ x(0)=\dfrac{\pi}{4}$

45. $\dfrac{dy}{dx}=e^x(y^2-y),\quad y(0)=2$ **46.** $\dfrac{dy}{d\theta}=(y+1)^2\sin\theta,\quad y\!\left(\dfrac{\pi}{2}\right)=0$

47. $\dfrac{dy}{dx}=\dfrac{1}{x^2-3x+2},\quad y(3)=0$ **48.** $\dfrac{ds}{dt}=\dfrac{2s+2}{t^2+2t},\quad s(1)=1$

应用和例子

在题 49 和 50 中,求由绕指定轴旋转阴影区域生成的立体的体积.

49. 绕 x 轴 **50.** 绕 y 轴

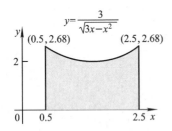

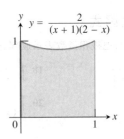

51. 社会扩散 社会学家有时用"社会扩散"这个短语描述信息在人群中的传播方式. 信息可以是一个谣言, 一种文化时尚, 或是有关技术创新的新闻. 在一个充分大的人群中, 持有这一信息的人数 x 处理为时间 t 的可微函数, 假定扩散的速率 dx/dt, 正比于持有这一信息的人数和没有这一信息的人数之乘积. 这就引导出下列微分方程

$$\frac{dx}{dt}=kx(N-x),$$

这里 N 是人群的总人数.

假定 t 以日计, $k=1/250$, 两个人从时刻 $t=0$ 开始在 $N=1000$ 人的人群中散布一个谣言.

(**a**) 求 t 的函数 x.

(**b**) 何时一半人群听到这个谣言?(这是谣言传播最快的时候.)

52. 二阶化学反应 许多化学反应是两种分子交互作用的结果, 它们经历变化后产生新的产品. 典型的反应速率依赖于两类分子的浓度. 如果 a 是物质 A 在时刻 $t=0$ 的总量, 而 b 是物质 B 在时刻 $t=0$ 的总量, 且 x 是在时刻 t 的产品总量, 则 x 的形成速率可由微分方程

$$\frac{dx}{dt}=k(a-x)(b-x),\quad 或\quad \frac{1}{(a-x)(b-x)}\frac{dx}{dt}=k$$

给出, 其中 k 对于该反应是一个常数. 积分这个等式的两端便得到 x 和 t 之间的关系

(**a**) 如果 $a=b$. (**b**) 如果 $a\neq b$.

假定在每种情形下, 当 $t=0$ 时 $x=0$.

7.4 三角替换

三个基本替换

三角替换使我们能够用单个平方项代替二项式 a^2+x^2, a^2-x^2 和 x^2-a^2，从而能变换大量的含平方根的积分为可以直接求出的积分.

三个基本替换

最普通的替换是 $x = a\tan\theta, x = a\sin\theta$ 和 $x = a\sec\theta$. 可参考图 7.3 中的直角三角形.

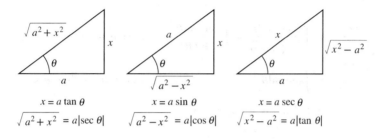

图 7.3　对于把二项式变为单个平方项的三角替换的参考三角形.

对于 $x = a\tan\theta$, $\quad a^2 + x^2 = a^2 + a^2\tan^2\theta = a^2(1+\tan^2\theta) = a^2\sec^2\theta$.

对于 $x = a\sin\theta$, $\quad a^2 - x^2 = a^2 - a^2\sin^2\theta = a^2(1-\sin^2\theta) = a^2\cos^2\theta$.

对于 $x = a\sec\theta$, $\quad x^2 - a^2 = a^2\sec^2\theta - a^2 = a^2(\sec^2\theta - 1) = a^2\tan^2\theta$.

三角替换

1. $x = a\tan\theta$　　把 $a^2 + x^2$ 代换成 $a^2\sec^2\theta$.
2. $x = a\sin\theta$　　把 $a^2 - x^2$ 代换成 $a^2\cos^2\theta$.
3. $x = a\sec\theta$　　把 $x^2 - a^2$ 代换成 $a^2\tan^2\theta$.

CD-ROM WEBsite
历史传记
George Berkeley
(1685 — 1753)

我们希望在积分中使用的任何替换都是可逆的，以便随后可以返回到原来的变量. 比如，如果 $x = a\tan\theta$. 我们希望积分之后令 $\theta = \tan^{-1}(x/a)$. 如果 $x = a\sin\theta$，我们希望积分之后令 $\theta = \sin^{-1}(x/a)$. 对于 $x = a\sec\theta$ 情况类似.

对于可逆性,

$x = a\tan\theta$　　需要　　$\theta = \tan^{-1}\left(\dfrac{x}{a}\right), -\dfrac{\pi}{2} < \theta < \dfrac{\pi}{2}$

$x = a\sin\theta$　　需要　　$\theta = \sin^{-1}\left(\dfrac{x}{a}\right), -\dfrac{\pi}{2} \leq \theta \leq \dfrac{\pi}{2}$

$$x = a\sec\theta \quad \text{需要} \quad \theta = \sec^{-1}\left(\frac{x}{a}\right), \begin{cases} 0 \leq \theta < \frac{\pi}{2}, & \frac{x}{a} \geq 1 \\ \frac{\pi}{2} < \theta \leq \pi, & \frac{x}{a} \leq -1. \end{cases}$$

例 1(使用替换 $x = a\tan\theta$) 求积分

$$\int \frac{dx}{\sqrt{4+x^2}}.$$

解 我们令

$$x = 2\tan\theta, \quad dx = 2\sec^2\theta d\theta, \quad -\frac{\pi}{2} < \theta < \frac{\pi}{2},$$

$$4 + x^2 = 4 + 4\tan^2\theta = 4(1 + \tan^2\theta) = 4\sec^2\theta.$$

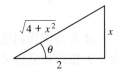

图 7.4 $x = 2\tan\theta$(例 1)的参考三角形:$\tan\theta = x/2$,于是 $\sec\theta = \frac{\sqrt{4+x^2}}{2}$.

则

$$\int \frac{dx}{\sqrt{4+x^2}} = \int \frac{2\sec^2\theta d\theta}{\sqrt{4\sec^2\theta}} = \int \frac{\sec^2\theta d\theta}{|\sec\theta|} \qquad \sqrt{\sec^2\theta} = |\sec\theta|$$

$$= \int \sec\theta d\theta \qquad \sec\theta > 0, -\frac{\pi}{2} < \theta < \frac{\pi}{2}$$

$$= \ln|\sec\theta + \tan\theta| + C$$

$$= \ln\left|\frac{\sqrt{4+x^2}}{2} + \frac{x}{2}\right| + C \qquad \text{由图 7.4 得}$$

$$= \ln\left|\sqrt{4+x^2} + x\right| + C'. \qquad \text{取 } C' = C - \ln 2$$

注意我们如何用 x 表示 $\ln|\sec\theta + \tan\theta|$:我们画对于原来替换 $x = 2\tan\theta$(图 7.4)的参考三角形并且从该三角形读取比值.

例 2(使用替换 $x = a\sin\theta$) 求积分

$$\int \frac{x^3 dx}{\sqrt{9-x^2}}, \quad -3 < x < 3.$$

解 我们令

$$x = 3\sin\theta, \quad dx = 3\cos\theta d\theta, \quad -\frac{\pi}{2} < \theta < \frac{\pi}{2}$$

$$9 - x^2 = 9 - 9\sin^2\theta = 9(1 - \sin^2\theta) = 9\cos^2\theta.$$

则

$$\int \frac{x^3 dx}{\sqrt{9-x^2}} = \int \frac{27\sin^3\theta \cdot 3\cos\theta d\theta}{|3\cos\theta|}$$

$$= 27\int \sin^3\theta d\theta \qquad \cos\theta > 0, -\frac{\pi}{2} < \theta < \frac{\pi}{2}$$

$$= 27\int (1 - \cos^2\theta)\sin\theta d\theta \qquad \sin^2\theta = 1 - \cos^2\theta$$

$$= -27\cos\theta + 9\cos^3\theta + C$$

$$= -27 \cdot \frac{\sqrt{9-x^2}}{3} + 9\left(\frac{\sqrt{9-x^2}}{3}\right)^3 + C \qquad \text{图 7.5}, a = 3$$

$$= -9\sqrt{9-x^2} + \frac{(9-x^2)^{3/2}}{3} + C.$$

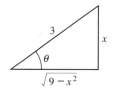

图 7.5 对于 $x = 3\sin\theta$(例 2)的参考三角形: $\sin\theta = \frac{x}{3}$, 于是 $\cos\theta = \frac{\sqrt{9-x^2}}{3}$.

例 3(使用替换 $x = a\sec\theta$) 求积分

$$\int \frac{\mathrm{d}x}{\sqrt{25x^2-4}}, \quad x > \frac{2}{5}.$$

解 我们首先把根式改写为

$$\sqrt{25x^2-4} = \sqrt{25\left(x^2 - \frac{4}{25}\right)} = 5\sqrt{x^2 - \left(\frac{2}{5}\right)^2}$$

这便把被开方式表示成形式 $x^2 - a^2$. 我们再做替换

$$x = \frac{2}{5}\sec\theta, \quad \mathrm{d}x = \frac{2}{5}\sec\theta\tan\theta\mathrm{d}\theta, \quad 0 < \theta < \frac{\pi}{2}$$

$$x^2 - \left(\frac{2}{5}\right)^2 = \frac{4}{25}\sec^2\theta - \frac{4}{25} = \frac{4}{25}(\sec^2\theta - 1) = \frac{4}{25}\tan^2\theta$$

$$\sqrt{x^2 - \left(\frac{2}{5}\right)^2} = \frac{2}{5}|\tan\theta| = \frac{2}{5}\tan\theta. \quad \text{对于 } 0 < \theta < \frac{\pi}{2}, \tan\theta > 0$$

通过这些替换, 我们得

$$\int \frac{\mathrm{d}x}{\sqrt{25x^2-4}} = \int \frac{\mathrm{d}x}{5\sqrt{x^2 - (4/25)}} = \int \frac{(2/5)\sec\theta\tan\theta\mathrm{d}\theta}{5 \cdot (2/5)\tan\theta}$$

$$= \frac{1}{5}\int \sec\theta\mathrm{d}\theta = \frac{1}{5}\ln|\sec\theta + \tan\theta| + C$$

$$= \frac{1}{5}\ln\left|\frac{5x}{2} + \frac{\sqrt{25x^2-4}}{2}\right| + C \qquad \text{图 7.6}$$

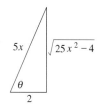

图 7.6 如果 $x = (2/5)\sec\theta, 0 \le \theta < \pi/2$, 则 $\theta = \sec^{-1}(5x/2)$, 我们就可以从这个直角三角形读出 θ 的其它三角函数的值.

三角替换有时可以帮助我们求包含二次式整次幂的积分, 如下例所说明的.

例 4(求旋转体的体积) 求由曲线 $y = 4/(x^2+4)$, x 轴和直线 $x = 0$ 以及 $x = 2$ 界定的区域绕 x 轴旋转生成的立体的体积.

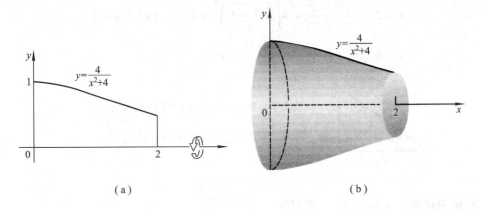

图 7.7　例 4 中的区域(a)和立体(b).

解　我们画区域(图 7.7)的草图并且使用圆盘法:

$$V = \int_0^2 \pi [R(x)]^2 \, dx = 16\pi \int_0^2 \frac{dx}{(x^2+4)^2}, \quad R(x) = \frac{4}{x^2+4}$$

为求积分,我们令

$$x = 2\tan\theta, \quad dx = 2\sec^2\theta \, d\theta, \quad \theta = \tan^{-1}\frac{x}{2},$$

$$x^2 + 4 = 4\tan^2\theta + 4 = 4(\tan^2\theta + 1) = 4\sec^2\theta$$

(图 7.8). 通过这些替换,

$$V = 16\pi \int_0^2 \frac{dx}{(x^2+4)^2}$$

$$= 16\pi \int_0^{\frac{\pi}{4}} \frac{2\sec^2\theta \, d\theta}{(4\sec^2\theta)^2}$$

当 $x = 0$ 时 $\theta = 0$,
当 $x = 2$ 时 $\theta = \pi/4$

$$= 16\pi \int_0^{\frac{\pi}{4}} \frac{2\sec^2\theta \, d\theta}{16\sec^4\theta} = \pi \int_0^{\frac{\pi}{4}} 2\cos^2\theta \, d\theta$$

$$= \pi \int_0^{\frac{\pi}{4}} (1 + \cos 2\theta) \, d\theta = \pi \left[\theta + \frac{\sin 2\theta}{2}\right]_0^{\frac{\pi}{4}} \quad 2\cos^2\theta = 1 + \cos 2\theta$$

$$= \pi \left[\frac{\pi}{4} + \frac{1}{2}\right] \approx 4.04.$$

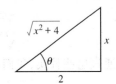

图 7.8　对于 $x = 2\tan\theta$(例 4) 的参考三角形.

习题 7.4

基本三角替换

求题 1 – 18 中的积分.

1. $\displaystyle\int \frac{dy}{\sqrt{9+y^2}}$

2. $\displaystyle\int \frac{3\,dy}{\sqrt{1+9y^2}}$

3. $\displaystyle\int \sqrt{25-t^2}\,dt$

4. $\int \sqrt{1-9t^2}\,dt$

5. $\int \dfrac{dx}{\sqrt{4x^2-49}},\quad x>\dfrac{7}{2}$

6. $\int \dfrac{5\,dx}{\sqrt{25x^2-9}},\quad x>\dfrac{3}{5}$

7. $\int \dfrac{dx}{x^2\sqrt{x^2-1}},\quad x>1$

8. $\int \dfrac{2\,dx}{x^3\sqrt{x^2-1}},\quad x>1$

9. $\int \dfrac{x^3\,dy}{\sqrt{x^2+4}}$

10. $\int \dfrac{dx}{x^2\sqrt{x^2+1}}$

11. $\int \dfrac{8\,dw}{w^2\sqrt{4-w^2}}$

12. $\int \dfrac{\sqrt{9-w^2}}{w^2}\,dw$

13. $\int \dfrac{dx}{(x^2-1)^{3/2}},\quad x>1$

14. $\int \dfrac{x^2\,dx}{(x^2-1)^{5/2}},\quad x>1$

15. $\int \dfrac{(1-x^2)^{3/2}}{x^6}\,dx$

16. $\int \dfrac{(1-x^2)^{1/2}}{x^4}\,dx$

17. $\int \dfrac{8\,dx}{(4x^2+1)^2}$

18. $\int \dfrac{6\,dt}{(9t^2+1)^2}$

组合替换

在题 19 – 26 中,先使用一个适当的替换,再使用一个三角替换求积分.

19. $\int_0^{\ln 4} \dfrac{e^t\,dt}{\sqrt{e^{2t}+9}}$

20. $\int_{\ln(3/4)}^{\ln(4/3)} \dfrac{e^t\,dt}{(1+e^{2t})^{3/2}}$

21. $\int_{1/12}^{1/4} \dfrac{2\,dt}{\sqrt{t}+4t\sqrt{t}}$

22. $\int_1^e \dfrac{dy}{y\sqrt{1+(\ln y)^2}}$

23. $\int \dfrac{dx}{x\sqrt{x^2-1}}$

24. $\int \dfrac{dx}{1+x^2}$

25. $\int \dfrac{x\,dx}{\sqrt{x^2-1}}$

26. $\int \dfrac{dx}{\sqrt{1-x^2}}$

初值问题

对于 x 的函数 y,解题 27 – 30 中的初值问题.

27. $x\dfrac{dy}{dx} = \sqrt{x^2-4},\quad x \geqslant 2,\ y(2)=0$

28. $\sqrt{x^2-9}\,\dfrac{dy}{dx} = 1,\quad x>3,\ y(5)=\ln 3$

29. $(x^2+4)\dfrac{dy}{dx} = 3,\quad y(2)=0$

30. $(x^2+1)^2\dfrac{dy}{dx} = \sqrt{x^2+1},\quad y(0)=1$

应用

31. **求面积** 求第一象限里由坐标轴和曲线 $y=\sqrt{9-x^2}/3$ 围成的区域的面积.

32. **求面积** 求第一象里由坐标轴,曲线 $y=2/(1+x^2)$ 和直线 $x=1$ 围成的区域绕 x 轴旋转生成的立体的体积.

替换 $z = \tan(x/2)$

33. 替换
$$z = \tan\dfrac{x}{2}$$
(如右图所示)把含 $\sin x$ 和 $\cos x$ 的有理函数的积分问题归结为涉及有理函数 z 的问题. 再用部分分式求解. 证明下面每个等式成立.

(a) $\tan\dfrac{x}{2} = \dfrac{\sin x}{1+\cos x}$

(b) $\cos x = \dfrac{1-z^2}{1+z^2}$

(c) $\sin x = \dfrac{2z}{1+z^2}$

(d) $dx = \dfrac{2\,dz}{1+z^2}$

在习题 34 – 41 中,使用替换 $z=\tan(x/2)$ 和习题 33 的结果求积分.

34. $\int \dfrac{dx}{1+\sin x}$

35. $\int \dfrac{dx}{1-\cos x}$

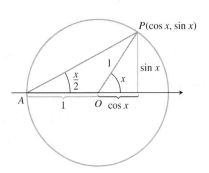

第 33 题图

36. $\int \dfrac{\mathrm{d}\theta}{1-\sin\theta}$ 37. $\int \dfrac{\mathrm{d}t}{1+\sin t+\cos t}$ 38. $\int_0^{\pi/2} \dfrac{\mathrm{d}\theta}{2+\cos\theta}$

39. $\int_{\pi/2}^{2\pi/3} \dfrac{\cos\theta\,\mathrm{d}\theta}{\sin\theta\cos\theta+\sin\theta}$ 40. $\int \dfrac{\mathrm{d}t}{\sin t-\cos t}$ 41. $\int \dfrac{\cos t\,\mathrm{d}t}{1-\cos t}$

7.5 积分表，计算机代数系统和 Monte Carlo 积分

积分表 • 用一个 CAS 求积分 • Monte Carlo 数值积分

如你所知，积分的基本技术是变量替换和分部积分. 我们运用这些技术把不熟悉的积分变换为我们认识的或表中可以找到的形式. 如果一个计算机代数系统(CAS)是可用的，那么你可以时常用它求积分. 逼近定积分的值的另外一个技术称为 Monte Carlo 积分. 我们在这一节研究这些求积分的方法.

积分表

一个积分简表列在书末，积分公式的表述中包含常数 a,b,c,m,n 等. 这些常数通常是取任何实数值而不必是整数. 对于它们的值的特殊场合的限制都随公式予以说明. 比如，公式 5 要求 $n\ne -1$，而公式 11 要求 $n\ne -2$.

公式还假定这些常数不取使得以零作为除数或取负数的偶数根. 比如，公式 8 假定 $a\ne 0$，而公式 13(a) 不能使用，除非 b 是负的.

例1（使用积分表） 求积分

$$\int\left(\dfrac{1}{x^2+1}+\dfrac{1}{x^2-2x+5}\right)\mathrm{d}x.$$

解

$$\int\left(\dfrac{1}{x^2+1}+\dfrac{1}{x^2-2x+5}\right)\mathrm{d}x = \int \dfrac{1}{x^2+1}\mathrm{d}x+\int \dfrac{1}{x^2-2x+5}\mathrm{d}x \tag{1}$$

等式(1)右端的两个积分可用积分简表的公式 16 求出.

16. $\int \dfrac{\mathrm{d}x}{a^2+x^2} = \dfrac{1}{a}\tan^{-1}\dfrac{x}{a}+C$

CD-ROM
WEBsite
历史传记
David Hilbert
(1862 — 1943)

你或许想起

$$\int \dfrac{\mathrm{d}x}{1+x^2} = \tan^{-1}x+C,$$

但是如果你忘记了，你令公式 16 中的 $a=1$ 就得此结果.

为求第二个积分，我们需要配平方：

$$x^2-2x+5 = x^2-2x+1+4 = (x-1)^2+4.$$

于是

7.5 积分表,计算机代数系统和 Monte Carlo 积分

$$\int \frac{dx}{x^2 - 2x + 5} = \int \frac{dx}{(x-1)^2 + 4}$$

$$= \int \frac{du}{u^2 + 4} \qquad u = x-1, du = dx$$

$$= \frac{1}{2}\tan^{-1}\frac{u}{2} + C \qquad \text{公式 16 中取 } a = 2$$

$$= \frac{1}{2}\tan^{-1}\left(\frac{x-1}{2}\right) + C.$$

组合两个积分,得

$$\int \left(\frac{1}{x^2+1} + \frac{1}{x^2-2x+5}\right)dx = \tan^{-1}x + \frac{1}{2}\tan^{-1}\left(\frac{x-1}{2}\right) + C.$$

例 1 中的操作和替换对于利用积分表求积分具有典型性.下面是另一例子.

例 2(利用积分表) 求积分

$$\int \frac{dx}{x^2\sqrt{2x-4}}.$$

解 我们从公式 15 开始

$$15. \int \frac{dx}{x^2\sqrt{ax+b}} = -\frac{\sqrt{ax+b}}{bx} - \frac{a}{2b}\int \frac{dx}{x\sqrt{ax+b}} + C.$$

当 $a = 2$ 和 $b = -4$ 时,我们有

$$\int \frac{dx}{x^2\sqrt{2x-4}} = -\frac{\sqrt{2x-4}}{-4x} + \frac{2}{2 \cdot 4}\int \frac{dx}{x\sqrt{2x-4}} + C.$$

再用公式 13(a) 求右端的积分

$$13(a). \int \frac{dx}{x\sqrt{ax-b}} = \frac{2}{\sqrt{b}}\tan^{-1}\sqrt{\frac{ax-b}{b}} + C.$$

当 $a = 2$ 和 $b = 4$ 时,我们得

$$\int \frac{dx}{x\sqrt{2x-4}} = \frac{2}{\sqrt{4}}\tan^{-1}\sqrt{\frac{2x-4}{4}} + C = \tan^{-1}\sqrt{\frac{x-2}{2}} + C.$$

组合两个积分,即得

$$\int \frac{dx}{x^2\sqrt{2x-4}} = \frac{\sqrt{2x-4}}{4x} + \frac{1}{4}\tan^{-1}\sqrt{\frac{x-2}{2}} + C.$$

用一个 CAS 求积分

计算机代数系统一个强大功能是便捷地求符号积分.这由特定系统的**积分命令**执行(在 Maple 中是 **int**,在 Mathematica 中是 **Integrate**).

例 3(命名一个函数使用 CAS) 假定你要求函数

$$f(x) = x^2\sqrt{a^2+x^2}$$

的不定积分.用 Maple,你首先定义或命名函数:

$$> f: = x^2 * sqrt(a^2 + x^2);$$

然后你对 f 使用积分命令,要指定积分变量:

$$> int(f,x);$$

Maple 便返回答案

$$\frac{1}{4}x(a^2 + x^2)^{3/2} - \frac{1}{8}a^2 x \sqrt{a^2 + x^2} - \frac{1}{8}a^4 \ln(x + \sqrt{a^2 + x^2}).$$

如果你希望知道答案是否能化简,输入

$$> simplify('');$$

Maple 返回

$$\frac{1}{8}a^2 x \sqrt{a^2 + x^2} + \frac{1}{4}x^3 \sqrt{a^2 + x^2} - \frac{1}{8}a^4 \ln(x + \sqrt{a^2 + x^2}).$$

如果你要求在区间 $0 \leq x \leq \pi/2$ 上的定积分,我们可以使用形式

$$> int(f,x = 0..Pi/2);$$

Maple(3.0 版)将返回表达式

$$\frac{1}{64}(4a^2 + \pi^2)^{3/2}\pi - \frac{1}{8}a^4 \ln\left(\frac{1}{2}\pi + \frac{1}{2}\sqrt{4a^2 + \pi^2}\right)$$

$$- \frac{1}{32}a^2 \sqrt{4a^2 + \pi^2}\pi + \frac{1}{8}a^4 \ln(\sqrt{a^2}).$$

你还可以对于常数 a 的特殊值求定积分

$$> a: = 1;$$
$$> int(f,x = 0..1);$$

Maple 返回数值答案

$$\frac{3}{8}\sqrt{2} - \frac{1}{8}\ln(1 + \sqrt{2}).$$

例 4(不命名函数使用 CAS)   使用一个 CAS 求积分 $\int \sin^2 x \cos^3 x \, dx$.

解   对于 Maple,我们输入

$$> int((\sin^2)(x) * (\cos^3)(x), x);$$

直接返回

$$-\frac{1}{5}\sin(x)\cos(x)^4 + \frac{1}{15}\cos(x)^2 \sin(x) + \frac{2}{15}\sin(x).$$

例 5(CAS 可能不返回一个封闭解)   使用一个 CAS 求 $\int (\cos^{-1} ax)^2 dx$.

解   使用 Maple 时,我们输入

$$> int((arccos(a*x))^2, x);$$

Maple 返回表达式

$$\int \text{arccos}(ax)^2 dx,$$

这表明它没有一个封闭形式的解.在下一章,你将看到级数展开如何帮助求这类积分.

计算机代数系统进行积分的方式多种多样.我们在例 3 到例 5 中使用 Maple. 若使用

Mathematica,返回值稍许有些不同.

1. 在例 3 中,给出

$$\text{In}[1] := \text{Integrate}[x^2 * \text{Sqrt}[a^2 + x^2], x]$$

Mathematica 返回

$$\text{Out}[1] = \text{Sqrt}[a^2 + x^2]\left(\frac{a^2 x}{8} + \frac{x^3}{4}\right) - \frac{a^4 \text{Log}[x + \text{Sqrt}[a^2 + x^2]]}{8}$$

没有简化中间结果. 答案接近于积分表中的公式 22.

2. Mathematica 对于例 4 中的积分

$$\text{In}[2] := \text{Integrate}[\text{Sin}[x]^2 * \text{Cos}[x]^3, x]$$

的答案是

$$\text{Out}[2] = \frac{30\,\text{Sin}[x] - 5\,\text{Sin}[3x] - 3\,\text{Sin}[5x]}{240}$$

这跟 Maple 的答案不同.

3. Mathematica 对于例 5 中的积分

$$\text{In}[3] := \text{Integrate}[\text{ArcCos}[a * x]^2, x]$$

给出结果

$$\text{Out}[3] = -2x - \frac{2\,\text{Sqrt}[1 - a^2 x^2]\,\text{ArcCos}[ax]}{a} + x\,\text{ArcCos}[ax]^2$$

虽然一个 CAS 功能非常强大,可以帮助我们解决困难问题,每个 CAS 还是有它的局限性. 甚至还有这种情况,一个 CAS 可能把一个问题进一步复杂化(意思是答案十分难于使用或解释). 另一方面,你自己的点滴数学思考可能把问题归结为一个十分容易处理的问题. 在题 49 中提供了一个这方面的例子.

Monte Carlo 数值积分

在许多应用中,我们会碰到像 $\int_1^{100} e^{x^2} dx$ 这样的不能用本章介绍的解析技术求值的积分. 我们可用像梯形法和 Simpson 法这样的数值技术逼近这类定积分(4.7 节),逼近定积分的另一个数值方法称为 Monte Carle 积分,此方法可方便地推广到多重积分(12 章). 方法的实现大都需要计算机的帮助. 我们用一个简单的例子说明如何运用这一方法.

例 6(在非负曲线下的 Monte Carlo 面积) 设想在闭区间 $a \leq x \leq b$ 之上的连续曲线 $y = f(x)$, $0 \leq f(x) \leq M$ 下的面积是图 7.9 中画出的整个矩形面积的一部分. 在矩形内随机地选取大量的点 $P(x, y)$,再用它们估计曲线下的面积.

解 为在一个矩形内"随机选择"一个点,我们使用一个具有随机数生成器的计算机或编程计算器. 首先我们要求计算机生成一个满足 $a \leq x \leq b$ 的随机数 x. 理论上,闭区间 $[a, b]$ 内的所有数都有相等的可能性被选择. 接着我们要求计算机产生满足 $0 \leq y \leq M$ 的第二个随机数 y. $[0, M]$ 内的任何数同样至少理论上有相等的可能性被选择. 因而点 $P(x, y)$ 就位于图 7.9 的矩形内的某处. 一旦随机点 $P(x, y)$ 被选定,问问你自己它

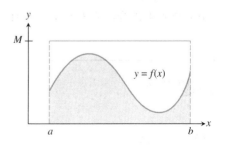

图 7.9 把矩形想象为一个靶.

是否位于曲线下的阴影区域内,也就是说 y 坐标是否满足 $0 \leq y < f(x)$?如果回答是,那么就在某个计数器上加 1 而把点 P 计算在内. 需要两个计数器,一个数生成的总点数,另一个数落在曲线下的点数(见图 7.10).使用此方法我们将取大量的点 P,记住数清楚位于曲线下的点数. 我们就可以用公式

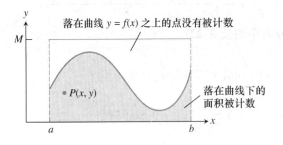

图 7.10 非负曲线 $y = f(x)$, $a \leq x \leq b$ 的面积包含在高为 M,底为 $b-a$ 的矩形内.

$$\frac{\text{曲线下的面积}}{\text{矩形的面积}} \approx \frac{\text{曲线下数出的点数}}{\text{随机点的总数}}. \tag{2}$$

近似曲线下的面积. 作为例子,表 7.3 给出了曲线 $y = \cos x$ 之下 x 轴之上,在区间 $-\pi/2 \leq x \leq \pi/2$ 上的面积的估计值. 我们取数 $M = 2$ 作为矩形的高,我们在矩形内随机选取 100, 200, $\cdots$, 30 000 个点之后估计面积并且应用估计公式(2).

表 7.3 对区间 $-\pi/2 \leq x \leq \pi/2$ 之上的曲线 $y = \cos x$ 下的面积的 Monte Carlo 逼近

点数	面积近似值	点数	面积近似值
100	2.07345	2 000	1.94465
200	2.13628	3 000	1.97711
300	2.01064	4 000	1.99962
400	2.12058	5 000	2.01429
500	2.04832	6 000	2.02319
600	2.09440	8 000	2.00669
700	2.02857	10 000	2.00873
800	1.99491	15 000	2.00978
900	1.99666	20 000	2.01093
1 000	1.99664	30 000	2.01186

曲线 $y = \cos x$ 之下给定区间之上的实际面积是 2 个平方单位. 注意:即使对于生成的相对较大的点的个数,误差也是相当大的. 对于一个变量的函数,Monte Carlo 积分一般比不上你在 4.7 节学到的技术. 缺乏误差的界以及求上界 M 潜在的困难都是其不足之处. 不过,Monte Carlo 技术可以推广到多元函数并且在这种情形变得更加实用.

习题 7.5

使用积分表

使用书末的积分表求题 1 - 20 中的积分.

习题 7.5

1. $\int \dfrac{dx}{x\sqrt{x-3}}$
2. $\int \dfrac{x\,dx}{\sqrt{x-2}}$
3. $\int x\sqrt{2x-3}\,dx$
4. $\int \dfrac{\sqrt{9-4x}}{x^2}dx$
5. $\int x\sqrt{4x-x^2}\,dx$
6. $\int \dfrac{dx}{x\sqrt{7+x^2}}$
7. $\int \dfrac{\sqrt{4-x^2}}{x}dx$
8. $\int \sqrt{25-p^2}\,dp$
9. $\int \dfrac{r^2}{\sqrt{4-r^2}}dr$
10. $\int \dfrac{d\theta}{5+4\sin 2\theta}$
11. $\int e^{2t}\cos 3t\,dt$
12. $\int x\cos^{-1}x\,dx$
13. $\int \dfrac{ds}{(9-s^2)^2}$
14. $\int \dfrac{\sqrt{4x+9}}{x^2}dx$
15. $\int \dfrac{\sqrt{3t-4}}{t}dt$
16. $\int x^2\tan^{-1}x\,dx$
17. $\int \sin 3x\cos 2x\,dx$
18. $\int 8\sin 4t\sin\dfrac{t}{2}dt$
19. $\int \cos\dfrac{\theta}{3}\cos\dfrac{\theta}{4}d\theta$
20. $\int \cos\dfrac{\theta}{2}\cos 7\theta\,d\theta$

替换和积分表

在题 21 – 32 中,使用替换把积分改变成你可以在表中发现的积分. 然后求出积分.

21. $\int \dfrac{x^3+x+1}{(x^2+1)^2}dx$
22. $\int \dfrac{x^2+6x}{(x^2+3)^2}dx$
23. $\int \sin^{-1}\sqrt{x}\,dx$
24. $\int \dfrac{\cos^{-1}\sqrt{x}}{\sqrt{x}}dx$
25. $\int \cot t\sqrt{1-\sin^2 t}\,dt,\ 0<t<\dfrac{\pi}{2}$
26. $\int \dfrac{dt}{\tan t\sqrt{4-\sin^2 t}}$
27. $\int \dfrac{dy}{y\sqrt{3+(\ln y)^2}}$
28. $\int \dfrac{\cos\theta\,d\theta}{\sqrt{5+\sin^2\theta}}$
29. $\int \dfrac{3dr}{\sqrt{9r^2-1}}$
30. $\int \dfrac{3dy}{\sqrt{1+9y^2}}$
31. $\int \cos^{-1}\sqrt{x}\,dx$
32. $\int \tan^{-1}\sqrt{y}\,dy$

x 的幂与指数函数的乘积

使用表中公式 103 – 106 求题 33 – 36 中的积分. 这些积分也可以用列表积分法求(7.2 节).

33. $\int x\,e^{3x}dx$
34. $\int x^3 e^{\frac{x}{2}}dx$
35. $\int x^2 2^x dx$
36. $\int x\pi^x dx$

双曲函数

使用积分表求题 37 – 40 中的积分.

37. $\int \dfrac{1}{8}\sinh^5 3x\,dx$
38. $\int \dfrac{\cosh^4\sqrt{x}}{\sqrt{x}}dx$
39. $\int x^2\cosh 3x\,dx$
40. $\int x\sinh 5x\,dx$

理论和例子

题 41 – 44 可作为书末积分公式的参考.

41. 通过对积分 $\int \dfrac{x}{(ax+b)^2}dx$ 使用替换 $u=ax+b$ 导出公式 9.
42. 通过使用三角替换求积分 $\int \sqrt{a^2-x^2}\,dx$ 导出公式 29.
43. 通过用分部积分求 $\int x^n(\ln ax)^m dx$ 导出公式 110.
44. 通过用分部积分求 $\int x^n\sin^{-1}ax\,dx$ 导出公式 99.
45. **求体积** 你们公司会计部的主管要求你找一个公式供她用在计算公司储存罐中的汽油的年终存量的计算机程序中. 一个典型的油罐形如半径为 r,长为 L 的水平放置的直圆柱. 来到会计室的数据是用刻度为厘米的垂直测量棒测出的深度.

(a) 证明罐中汽油深度为 d 时其体积为

$$V = 2L\int_{-r}^{-r+d} \sqrt{r^2 - y^2}\,dy,$$

其中的记号见右图.

(b) 求该积分.

46. **为学而写** 对于任何 a 和 b, $\int_a^b \sqrt{x - x^2}\,dx$ 的最大值是多少?对于你的回答给出理由.

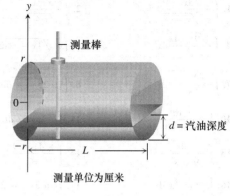

第 45 题图

计算机探究

在题 47 和 48 中,用一个 CAS 求积分.

47. 求部分(a)到(c)的积分.

(a) $\int x \ln x \, dx$ (b) $\int x^2 \ln x \, dx$ (c) $\int x^3 \ln x \, dx$

(d) 你看出什么规律?预见 $\int x^4 \ln x \, dx$ 的公式,再用一个 CAS 求出它,看你的预见是否正确.

(e) 对于 $\int x^n \ln x \, dx, n \geq 1$ 的公式是什么样的?用一个 CAS 检验你的答案.

48. 求部分(a)到(c)的积分.

(a) $\int \dfrac{\ln x}{x^2} dx$ (b) $\int \dfrac{\ln x}{x^3} dx$ (c) $\int \dfrac{\ln x}{x^4} dx$

(d) 你看到什么规律?预见 $\int \dfrac{\ln x}{x^5} dx$ 的公式,并且用一个 CAS 求出它,看你的预见是否正确.

(e) $\int \dfrac{\ln x}{x^n} dx, n \geq 2$ 的公式是什么样的?用一个 CAS 检验你的答案.

49. (a) 用一个 CAS,求

$$\int_0^{\frac{\pi}{2}} \dfrac{\sin^n x}{\sin^n x + \cos^n x}\,dx,$$

其中 n 是任意正整数,你的 CAS 是否求出了结果?

(b) 依次求 $n = 1, 2, 3, 5, 7$ 时的积分. 评论结果的复杂程度.

(c) 做替换 $x = (\pi/2) - u$,并把新老积分相加,

$$\int_0^{\frac{\pi}{2}} \dfrac{\sin^n x}{\sin^n x + \cos^n x}\,dx$$

的值是什么?这个习题说明稍许数学技巧如何解决了用 CAS 不能直接解决的问题.

Monte Carlo 积分法

使用 Monte Carlo 积分法计算习题 50 - 55 中的积分. 比较你的答案和用一个计算机代数系统或前面介绍的解析方法得到的答案.

50. $\int_0^1 x \, e^{-2x} dx$ 51. $\int_{\frac{\pi}{2}}^{\pi} (\sin y) e^{\cos y} dy$ 52. $\int_0^{\frac{1}{\sqrt{2}}} 2x \sin^{-1}(x^2) dx$

53. $\int_0^1 z \sqrt{1-z}\,dz$ 54. $\int_0^{\frac{1}{2}} \dfrac{t^3\,dt}{t^2 - 2t + 1}$ 55. $\int_1^2 (\ln\theta)^3 d\theta$

7.6 L'Hôpital 法则

不定型 $\dfrac{0}{0}$ • 不定型 $\dfrac{\infty}{\infty}$, $\infty \cdot 0$, $\infty - \infty$ • 不定型 1^{∞}, 0^{0}, ∞^{0}

CD-ROM
WEBsite
历史传记
Guillaume Francois Antoineôde l'Hopital
(1661 — 1704)

前面已经提到,John Bernoulli 发现了一个求分式极限的法则,该分式的分子和分母都趋向于零. 这个法则如今根据 Guillaume Francois Antoine de l'Hôpital, Marquis de St. Mesme 的名字命名为 **l'Hôpital 法则**,l'Hôpital 是法国的一个贵族,他编写了第一部微分法导论,该法则在这本书里第一次以印刷形式出现.

不定型 0/0

如果连续函数 $f(x)$ 和 $g(x)$ 二者在 $x = a$ 都是零,则

$$\lim_{x \to a} \frac{f(x)}{g(x)}$$

不能通过代入 $x = a$ 而求得. 代入产生 0/0,这是一个无意义的表达式,称为**不定型**. 迄今为止我们获得的经验是,求不定型的极限,代数上的难易程度差别极大. 在 1.2 节求 $\lim\limits_{x \to 0}(\sin x)/x$ 时做了许多分析. 但对于极限

$$f'(a) = \lim_{x \to a} \frac{f(x) - f(a)}{x - a},$$

我们取得了明显的成功,我们计算导数时要求这个极限,并且当代入 $x = a$ 时总生成 0/0. l'Hôpital 法则使我们能够把计算导数的成功带到其它导致不定型的极限的计算.

定理 1 l'Hôpital 法则(第一种形式)
假定 $f(a) = g(a) = 0$, $f'(a)$ 和 $g'(x)$ 存在,并且 $g'(a) \neq 0$. 则

$$\lim_{x \to a} \frac{f(x)}{g(x)} = \frac{f'(a)}{g'(a)}.$$

例 1 使用 l'Hôpital 法则

(a) $\lim\limits_{x \to 0} \dfrac{3x - \sin x}{x} = \dfrac{3 - \cos x}{1}\bigg|_{x = 0} = 2$

(b) $\lim\limits_{x \to 0} \dfrac{\sqrt{1 + x} - 1}{x} = \dfrac{\dfrac{1}{2\sqrt{1 + x}}}{1}\bigg|_{x = 0} = \dfrac{1}{2}$

注: 为对 f/g 应用 l'Hôpital 法则,f 的导数除以分母的导数. 且莫坠入取 (f/g) 的导数的陷阱. 即使用的是商是 f'/g',而非 $(f/g)'$.

定理 1 的证明

图形论证

如果我们把 f 和 g 的图象在 $(a,f(a))=(a,g(a))=(a,0)$ 放大,那么图象(图 7.11) 看起来像是直线,这是因为可微函数局部地是线性的. 设 m_1 和 m_2 分别是表示 f 和 g 的该直线的斜率. 则对于 a 附近的 x,

$$\frac{f(x)}{g(x)} = \frac{\dfrac{f(x)}{x-a}}{\dfrac{g(x)}{x-a}} = \frac{m_1}{m_2}.$$

当 $x \to a$ 时,m_1 和 m_2 分别趋向于 $f'(a)$ 和 $g'(a)$. 因此

$$\lim_{x \to a} \frac{f(x)}{g(x)} = \lim_{x \to a} \frac{m_1}{m_2} = \frac{f'(x)}{g'(x)}.$$

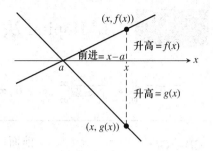

图 7.11 可微函数 f 和 g 在 $x=a$ 的局部放大图. (定理 1)

解析证明

从 $f'(a)$ 和 $g'(a)$ 倒退验证,$f'(a)$ 和 $g'(a)$ 本身都是极限,我们有

$$\frac{f'(x)}{g'(x)} = \frac{\lim\limits_{x \to a}\dfrac{f(x)-f(a)}{x-a}}{\lim\limits_{x \to a}\dfrac{g(x)-g(a)}{x-a}} = \lim_{x \to a}\frac{\dfrac{f(x)-f(a)}{x-a}}{\dfrac{g(x)-g(a)}{x-a}}$$

$$= \lim_{x \to a}\frac{f(x)-f(a)}{g(x)-g(a)} = \lim_{x \to a}\frac{f(x)-0}{g(x)-0} = \lim_{x \to a}\frac{f(x)}{g(x)}. \quad \square$$

有时候在求导后,新的分子和分母在 $x=a$ 仍是零,以下的例 2 就是这样. 这时我们应用 l'Hôpital 法则的加强形式.

> **定理 2** l'Hôpital 法则(加强形式)
>
> 假定 $f(a)=g(a)=0$,f 和 g 在包含 a 的一个开区间 I 上是可微的,且当 $x \neq a$ 时,在 I 上 $g'(x) \neq 0$. 则当 $\lim\limits_{x \to a}\dfrac{f'(x)}{g'(x)}$ 存在时,
>
> $$\lim_{x \to a}\frac{f(x)}{g(x)} = \lim_{x \to a}\frac{f'(x)}{g'(x)}.$$

定理 2 的有限极限情形的证明在附录 6 中给出.

例 2 应用 l'Hôpital 法则的加强形式

$$\lim_{x \to 0}\frac{\sqrt{1+x}-1-x/2}{x^2} \qquad \frac{0}{0}$$

$$= \lim_{x \to 0} = \frac{(1/2)(1+x)^{-1/2}-1/2}{2x} \qquad \text{仍是 } \frac{0}{0}\text{;再次求导.}$$

$$= \lim_{x \to 0} = \frac{-(1/4)(1+x)^{-3/2}}{2} = -\frac{1}{8} \qquad \text{不是 } \frac{0}{0}\text{;求得极限.} \quad \square$$

当我们使用 l'Hôpital 法则时,要观察从 $\dfrac{0}{0}$ 到非 $\dfrac{0}{0}$ 的变化,这正是求出极限的时机.

例 3 不正确地应用 l'Hôpital 法则的加强形式

$$\lim_{x\to 0}\frac{1-\cos x}{x+x^2} \qquad \frac{0}{0}$$

$$=\lim_{x\to 0}\frac{\sin x}{1+2x}=\frac{0}{1}=0 \qquad 不是\frac{0}{0};求得极限$$

假如我们试图再次应用 l'Hôpital 法则再微商一次：

$$\lim_{x\to 0}\frac{1-\cos x}{x+x^2}=\lim_{x\to 0}\frac{\sin x}{1+2x}=\lim_{x\to 0}\frac{\cos x}{2}=\frac{1}{2},$$

这是错误的.

l'Hôpital 法则对于单侧极限照常应用.

例 4 对于单侧极限使用 l'Hôpital 法则　　　　　　　注：回想起 ∞ 和 $+\infty$ 意义相同.

(a) $\lim\limits_{x\to 0^+}\dfrac{\sin x}{x^2}$ 　　　 $\dfrac{0}{0}$ 　　　　(b) $\lim\limits_{x\to 0^-}\dfrac{\sin x}{x^2}$ 　　　 $\dfrac{0}{0}$

$\qquad =\lim\limits_{x\to 0^+}\dfrac{\cos x}{2x}=\infty$　 $\dfrac{1}{0}$ 　　　　　　$=\lim\limits_{x\to 0^-}\dfrac{\cos x}{2x}=-\infty$　 $-\dfrac{1}{0}$

当我们到达一点,一个导数趋于零,而另一个则不,像例 4 中那样,则极限是零(如果分子趋于 0)或无穷(如果分母趋于零).

不定型 $\infty/\infty,\infty\cdot 0,\infty-\infty$

l'Hôpital 法则的一种形式也可应用到不定型 ∞/∞. 如果 $f(x)$ 和 $g(x)$ 当 $x\to a$ 时都趋向于无穷,而且 $\lim\limits_{x\to a}\dfrac{f'(x)}{g'(x)}$ 存在,则

$$\lim_{x\to a}\frac{f(x)}{g(x)}=\lim_{x\to a}\frac{f'(x)}{g'(x)},$$

这里的 a(以及在不定型 $0/\infty$ 中)可以是有限的或无穷,也可以是定理 2 中的区间 I 的一个端点.

例 5(处理不定型 ∞/∞)　　求 (a) $\lim\limits_{x\to \pi/2}\dfrac{\sec x}{1+\tan x}$　　(b) $\lim\limits_{x\to\infty}\dfrac{\ln x}{2\sqrt{x}}.$

解　(a) 分子和分母在 $x=\pi/2$ 是不连续的,故我们研究单侧极限. 为应用 l'Hôpital 法则,我们可以取 I 是以 $\pi/2$ 为一个端点的任一开区间.

$$\lim_{x\to(\pi/2)^-}\frac{\sec x}{1+\tan x} \qquad 从左边\frac{\infty}{\infty}$$

$$=\lim_{x\to(\pi/2)^-}\frac{\sec x\tan x}{\sec^2 x}=\lim_{x\to(\pi/2)^-}\sin x=1$$

右极限也是 1,不定型是 $(-\infty)/(-\infty)$. 因此,双侧极限是 1.

(b) $\lim\limits_{x\to\infty}\dfrac{\ln x}{2\sqrt{x}}=\lim\limits_{x\to\infty}\dfrac{1/x}{1/\sqrt{x}}=\lim\limits_{x\to\infty}\dfrac{1}{\sqrt{x}}=0$

有时我们通过用代数方法归结为 $0/0$ 或 ∞/∞ 处理不定型 $\infty\cdot 0$ 和 $\infty-\infty$. 这里并不意味着存在一个数 $\infty\cdot 0$ 或 $\infty-\infty$,正如不存在一个数 $0/\infty$ 或 ∞/∞ 一样. 这些形式都不是数,而是函数行为的一种描述.

例 6（处理不定型 $\infty \cdot 0$） 求

(a) $\lim\limits_{x \to \infty}\left(x \sin \dfrac{1}{x}\right)$. (b) $\lim\limits_{x \to -\infty}\left(x \sin \dfrac{1}{x}\right)$.

解

(a)
$$\lim_{x \to \infty}\left(x \sin \frac{1}{x}\right) \qquad \infty \cdot 0$$
$$= \lim_{h \to 0^+}\left(\frac{1}{h}\sin h\right) \qquad 令\ h = \frac{1}{x}.$$
$$= 1$$

(b) 类似地, $\lim\limits_{x \to -\infty}\left(x \sin \dfrac{1}{x}\right) = 1.$

例 7（处理不定型 $\infty - \infty$） 求 $\lim\limits_{x \to 0}\left(\dfrac{1}{\sin x} - \dfrac{1}{x}\right)$.

解 若 $x \to 0^+$, 则 $\sin x \to 0^+$, 且
$$\frac{1}{\sin x} - \frac{1}{x} \to \infty - \infty.$$

类似地, 若 $x \to 0^-$, 则 $\sin x \to 0^-$, 且
$$\frac{1}{\sin x} - \frac{1}{x} \to -\infty - (-\infty) = -\infty + \infty.$$

两种形式都显示过渡到极限时的状况. 为求极限, 首先组合分式
$$\frac{1}{\sin x} - \frac{1}{x} = \frac{x - \sin x}{x \sin x} \qquad 公分母是\ x\sin x$$

然后对这个结果应用 l'Hôpital 法则
$$\lim_{x \to 0}\left(\frac{1}{\sin x} - \frac{1}{x}\right) = \lim_{x \to 0}\frac{x - \sin x}{x \sin x} \qquad \frac{0}{0}$$
$$= \lim_{x \to 0}\frac{1 - \cos x}{\sin x + x \cos x} \qquad 仍是\ \frac{0}{0}$$
$$= \lim_{x \to 0}\frac{\sin x}{2\cos x - x \sin x} = \frac{0}{2} = 0.$$

不定型 $1^\infty, 0^0, \infty^0$

有时通过首先取对数可以处理导致不定型 $1^\infty, 0^0$ 和 ∞^0 的极限, 我们使用 l'Hôpital 法则求出对数的极限, 再取指数揭示原来函数的行为.

$$\boxed{\lim_{x \to a}\ln f(x) = L \Rightarrow \lim_{x \to a}f(x) = \lim_{x \to a}e^{\ln f(x)} = e^{\lim\limits_{x \to a}\ln f(x)} = e^L}$$
这里 a 是有限数或无穷.

注: 因为对于每个正数 b 有 $b = e^{\ln b}$, 对任意正的函数 $f(x)$ 我们可以把 $f(x)$ 写成 $f(x) = e^{\ln f(x)}$.

在预备知识第 3 节, 我们使用图形和表格研究 $x \to \infty$ 时 $f(x) = (1 + 1/x)^x$ 的值. 现在我们用 l'Hôpital 法则求这个极限.

历史传记

Augustin-Louis Cauchy
(1862 — 1943)

例8(处理不定型 1^∞) 求
$$\lim_{x\to\infty}\left(1+\frac{1}{x}\right)^x.$$

解 令 $f(x)=(1+1/x)^x$. 取两端的对数转换不定型 1^∞ 成 $0/0$, 我们就可以应用 l'Hôpital 法则了.

$$\ln f(x) = \ln\left(1+\frac{1}{x}\right)^x = x\ln\left(1+\frac{1}{x}\right) = \frac{\ln\left(1+\frac{1}{x}\right)}{\frac{1}{x}}$$

对上面最后的表达式应用 l'Hôpital 法则:

$$\lim_{x\to\infty}\ln f(x) = \lim_{x\to\infty}\frac{\ln\left(1+\frac{1}{x}\right)}{\frac{1}{x}} \qquad \frac{0}{0}$$

$$= \lim_{x\to\infty}\frac{\frac{1}{1+\frac{1}{x}}\left(-\frac{1}{x^2}\right)}{-\frac{1}{x^2}} \qquad \text{对分子和分母求导.}$$

$$= \lim_{x\to\infty}\frac{1}{1+\frac{1}{x}} = 1$$

因此,

$$\lim_{x\to\infty}\left(1+\frac{1}{x}\right)^x = \lim_{x\to\infty}f(x) = \lim_{x\to\infty}e^{\ln f(x)} = e^1 = e.$$

例9(处理不定型 0^0) 确定 $\lim\limits_{x\to 0^+}x^x$ 是否存在, 并且在它存在时求它的值.

解 极限导致不定型 0^0. 为把这一问题转换为含 $0/0$ 的问题, 我们令 $f(x)=x^x$, 再取两端的对数.

$$\ln f(x) = x\ln x = \frac{\ln x}{1/x}$$

对 $(\ln x)/(1/x)$ 应用 l'Hôpital 法则, 我们得

$$\lim_{x\to 0^+}\ln f(x) = \lim_{x\to 0^+}\frac{\ln x}{1/x} \qquad \frac{-\infty}{\infty}$$

$$= \lim_{x\to 0^+}\frac{1/x}{-1/x^2} \qquad \text{求导}$$

$$= \lim_{x\to 0^+}(-x) = 0.$$

因此,

$$\lim_{x\to 0^+}x^x = \lim_{x\to 0^+}f(x) = \lim_{x\to 0^+}e^{\ln f(x)} = e^0 = 1.$$

例10(处理不定型 ∞^0) 求 $\lim\limits_{x\to\infty}x^{1/x}$.

解 令 $f(x)=x^{1/x}$. 则

$$\ln f(x) = \frac{\ln x}{x}.$$

对 $\ln f(x)$ 应用 l'Hôpital 法则,我们得

$$\lim_{x \to \infty} \ln f(x) = \lim_{x \to \infty} \frac{\ln x}{x} \qquad \frac{\infty}{\infty}$$

$$= \lim_{x \to \infty} \frac{1/x}{1} \qquad \text{微分}$$

$$= \lim_{x \to \infty} \frac{1}{x} = 0.$$

因此,

$$\lim_{x \to \infty} x^{1/x} = \lim_{x \to \infty} f(x) = \lim_{x \to \infty} e^{\ln f(x)} = e^0 = 1.$$

习题 7.6

求极限

在题 1 – 6 中,用 l'Hôpital 法则求极限. 然后用第一章学习的方法求极限.

1. $\lim\limits_{x \to 2} \dfrac{x-2}{x^2-4}$
2. $\lim\limits_{x \to 0} \dfrac{\sin 5x}{x}$
3. $\lim\limits_{x \to \infty} \dfrac{5x^2-3x}{7x^2+1}$
4. $\lim\limits_{x \to 1} \dfrac{x^3-1}{4x^3-x-3}$
5. $\lim\limits_{x \to 0} \dfrac{1-\cos x}{x^2}$
6. $\lim\limits_{x \to \infty} \dfrac{2x^2+3x}{x^3+x+1}$

应用 l'Hôpital 法则

使用 l'Hôpital 法则求题 7 – 38 中的极限.

7. $\lim\limits_{\theta \to 0} \dfrac{\sin \theta^2}{\theta}$
8. $\lim\limits_{\theta \to \frac{\pi}{2}} \dfrac{1-\sin \theta}{1+\cos 2\theta}$
9. $\lim\limits_{t \to 0} \dfrac{\cos t - 1}{e^t - t - 1}$
10. $\lim\limits_{t \to 1} \dfrac{t-1}{\ln t - \sin \pi t}$
11. $\lim\limits_{x \to \infty} \dfrac{\ln(x+1)}{\log_2 x}$
12. $\lim\limits_{x \to \infty} \dfrac{\log_2 x}{\log_3(x+3)}$
13. $\lim\limits_{y \to 0^+} \dfrac{\ln(y^2+2y)}{\ln y}$
14. $\lim\limits_{y \to \frac{\pi}{2}} \left(\dfrac{\pi}{2} - y\right) \tan y$
15. $\lim\limits_{x \to 0^+} x \ln x$
16. $\lim\limits_{x \to \infty} x \tan \dfrac{1}{x}$
17. $\lim\limits_{x \to 0^+} (\csc x - \cot x + \cos x)$
18. $\lim\limits_{x \to \infty} (\ln 2x - \ln(x+1))$
19. $\lim\limits_{x \to 0^+} (\ln x - \ln \sin x)$
20. $\lim\limits_{x \to 0^+} \left(\dfrac{1}{x} - \dfrac{1}{\sqrt{x}}\right)$
21. $\lim\limits_{x \to 0} (e^x + x)^{\frac{1}{x}}$
22. $\lim\limits_{x \to 0^+} \left(\dfrac{1}{x^2}\right)^x$
23. $\lim\limits_{x \to \pm \infty} \dfrac{3x-5}{2x^2-x+2}$
24. $\lim\limits_{x \to 0} \dfrac{\sin 7x}{\tan 11x}$
25. $\lim\limits_{x \to \infty} (\ln x)^{\frac{1}{x}}$
26. $\lim\limits_{x \to \infty} (1+2x)^{\frac{1}{(2\ln x)}}$
27. $\lim\limits_{x \to 1} (x^2 - 2x + 1)^{x-1}$
28. $\lim\limits_{x \to (\pi/2)^-} (\cos x)^{\cos x}$
29. $\lim\limits_{x \to 0^+} (1+x)^{\frac{1}{x}}$
30. $\lim\limits_{x \to 1} x^{\frac{1}{(x-1)}}$
31. $\lim\limits_{x \to 0^+} (\sin x)^x$
32. $\lim\limits_{x \to 0^+} (\sin x)^{\tan x}$
33. $\lim\limits_{x \to 1^+} x^{\frac{1}{(1-x)}}$

34. $\lim\limits_{x \to \infty} x^2 e^{-x}$

35. $\lim\limits_{x \to \infty} \int_x^{2x} \frac{1}{t} dt$

36. $\lim\limits_{x \to \infty} \frac{1}{x \ln x} \int_1^x \ln t \, dt$

37. $\lim\limits_{\theta \to 0} \frac{\cos \theta - 1}{e^\theta - \theta - 1}$

38. $\lim\limits_{t \to \infty} \frac{e^t + t^2}{e^t - t}$

理论和应用

l'Hôpital 法则无助于求题 39 - 42 中的极限. 试试看, 将陷于循环. 用其它方法求极限.

39. $\lim\limits_{x \to \infty} \frac{\sqrt{9x+1}}{\sqrt{x+1}}$

40. $\lim\limits_{x \to 0^+} \frac{\sqrt{x}}{\sqrt{\sin x}}$

41. $\lim\limits_{x \to (\pi/2)^-} \frac{\sec x}{\tan x}$

42. $\lim\limits_{x \to 0^+} \frac{\cot x}{\csc x}$

43. 为学而写 哪个正确, 哪个错误? 对于你的回答给出理由.

(**a**) $\lim\limits_{x \to 3} \frac{x-3}{x^2-3} = \lim\limits_{x \to 3} \frac{1}{2x} = \frac{1}{6}$

(**b**) $\lim\limits_{x \to 3} \frac{x-3}{x^2-3} = \frac{0}{6} = 0$

44. $\frac{\infty}{\infty}$ **型** 给出满足 $\lim\limits_{x \to \infty} f(x) = \lim\limits_{x \to \infty} g(x) = \infty$ 和下列等式的两个可微函数 f 和 g 的例子.

(**a**) $\lim\limits_{x \to \infty} \frac{f(x)}{g(x)} = 3$

(**b**) $\lim\limits_{x \to \infty} \frac{f(x)}{g(x)} = 0$

(**c**) $\lim\limits_{x \to \infty} \frac{f(x)}{g(x)} = \infty$

45. 为学而写: 连续延拓 求使函数

$$f(x) = \begin{cases} \dfrac{9x - 3\sin 3x}{5x^3}, & x \neq 0 \\ c, & x = 0 \end{cases}$$

在 $x = 0$ 连续的 c 值. 解释为什么你求出的 c 值适用.

46. l'Hôpital 法则 令

$$f(x) = \begin{cases} x+2, & x \neq 0 \\ 0, & x = 0 \end{cases} \quad \text{和} \quad g(x) = \begin{cases} x+1, & x \neq 0 \\ 0, & x = 0. \end{cases}$$

(**a**) 证明

$$\lim\limits_{x \to 0} \frac{f'(x)}{g'(x)} = 1 \quad \text{但是} \quad \lim\limits_{x \to 0} \frac{f(x)}{g(x)} = 2.$$

(**b**) **为学而写** 解释为什么这并不与 l'Hôpital 法则抵触.

47. 连续复利

(**a**) 证明

$$\lim\limits_{k \to \infty} A_0 \left(1 + \frac{r}{k}\right)^{kt} = A_0 e^{rt}.$$

(**b**) **为学而写** 解释部分 (a) 中的极限怎样把每年 k 次的复利同连续复利联系起来.

T 48. $\dfrac{0}{0}$ **型** 用图象估计

$$\lim\limits_{x \to 1} \frac{2x^2 - (3x+1)\sqrt{x} + 2}{x-1}$$

的值. 用 l'Hôpital 法则确认你的估计.

T 49. $\dfrac{0}{0}$ **型**

(**a**) 通过画 $f(x) = \dfrac{(x-1)^2}{x \ln x - x - \cos \pi x}$ 在 $x = 1$ 附近的图象估计

$$\lim\limits_{x \to 1} \frac{(x-1)^2}{x \ln x - x - \cos \pi x}$$

的值. 再用 l'Hôpital 法则确认你的估计.

(**b**) 画 f 在区间 $0 < x \leqslant 11$ 上的图象.

50. 为什么 0^∞ 和 $0^{-\infty}$ 不是不定型 假定 $f(x)$ 在包含 c 的一个开区间内是非负的,并且 $\lim_{x \to c} f(x) = 0$.

(**a**) 如果 $\lim_{x \to c} g(x) = \infty$, 证明 $\lim_{x \to c} f(x)^{g(x)} = 0$.

(**b**) 如果 $\lim_{x \to c} g(x) = -\infty$, 证明 $\lim_{x \to c} f(x)^{g(x)} = \infty$.

T 51. 作图器的精确性 令

$$f(x) = \frac{1 - \cos x^6}{x^{12}}.$$

解释为什么 f 的某个图象可能给出关于 $\lim_{x \to 0} f(x)$ 的错误信息. (提示:试一试 $[-1,1] \times [-0.5,1]$ 的窗口.)

T 52. $\infty - \infty$ 型

(**a**) 通过画 $f(x) = x - \sqrt{x^2 + x}$ 在 x 值的适当大的区间上的图象估计 $\lim_{x \to \infty}(x - \sqrt{x^2 + x})$ 的值.

(**b**) 现在通过用 l'Hôpital 法则求极限确认你的估计. 作为第一步, $f(x)$ 乘以分式 $\dfrac{x + \sqrt{x^2 + x}}{x + \sqrt{x^2 + x}}$ 并且化简新的分子.

53. 指数函数

(**a**) 用方程 $a^x = e^{x \ln a}$, 求 $f(x) = \left(1 + \dfrac{1}{x}\right)^x$ 的定义域.

(**b**) 求 $\lim_{x \to -1^-} f(x)$. (**c**) 求 $\lim_{x \to -\infty} f(x)$.

54. 广义指数函数 当 $x > 0$ 时, 求

(**a**) $x^{1/x}$ (**b**) x^{1/x^2} (**c**) x^{1/x^n} (n 是正整数)

的最大值, 如果存在的话.

(**d**) 证明:对于每个正整数 n, $\lim_{x \to \infty} x^{1/x^n} = 1$.

T 55. $\ln x$ 在 x 幂当中的位置 自然对数 $\ln x = \int_1^x \dfrac{1}{t} dt$ 填补了公式

$$\int t^{k-1} dt = \frac{t^k}{k} + C, \quad k \neq 0,$$

中的空隙, 但公式本身体现不出对数符合到什么程度. 如果我们选择特定的反导数

$$\int_1^x t^{k-1} dt = \frac{x^k - 1}{k}, \quad x > 0,$$

并且比较它们的图象和 $\ln x$ 的图象, 就会从图形上看出符合得相当精细.

(**a**) 对于 $k = \pm 1, \pm 0.5, \pm 0.1$ 和 ± 0.05 把函数 $f(x) = (x^k - 1)/k$ 和 $\ln x$ 在区间 $0 \leq x \leq 50$ 上的图象画在一起.

(**b**) 证明 $\lim_{k \to 0} \dfrac{x^k - 1}{k} = \ln x$. (来源:"The Place of ln x Among the Powers of x" by Henry C. Finlayson, *American Mathematical Monthly*, Vol. 94, No. 5 (May 1987), p.450.)

T 56. $(\sin x)^x$ 到 $[0, \pi]$ 的连续延拓

(**a**) 画 $f(x) = (\sin x)^x$ 在区间 $0 \leq x \leq \pi$ 上的图象. 为使 f 在 $x = 0$ 连续, 你将对 f 指定什么值?

(**b**) 通过用 l'Hôpital 法则求 $\lim_{x \to 0^+} f(x)$, 验证你在部分(a)得出的结论.

(**c**) 返回到图形, 估计 f 在 $[0, \pi]$ 上的最大值. 大约在哪里取到 max f ?

(**d**) 通过在同一窗口画 f' 的图象并且观察这个图象在哪里穿过 x 轴来改进你在部分(c)的估计. 为简化工作, 你可以从 f' 的表达式中去掉指数因子, 只画出有零点的那个因子的图象.

(**e**) 通过求 $f' = 0$ 的数值解进一步改进你对取 max f 的点的位置的估计.

(**f**) 通过求 f 在部分(c), (d) 和 (e) 求得的位置的值估计 max f. 你求得的 max f 的最佳值是什么?

7.7 反常积分

无穷积分限 • 积分 $\int_1^\infty \dfrac{\mathrm{d}x}{x^p}$ • 无界不连续函数的积分 • 收敛和发散的判别法 • 计算机代数系统

迄今为止,我们要求定积分具有两个性质:首先,积分区域,从 a 到 b,是有限的;其次,被积函数在这个区域上的值域是有界的.但在实践中,经常碰到不满足这些条件中的一个或两个的问题.作为无界区域的例子,我们可以考虑从 $x=1$ 到 $x=\infty$ 在曲线 $y=(\ln x)/x^2$ 之下的面积(图 7.12a).作为无界值域的例子,我们考虑曲线 $y=1/\sqrt{x}$ 之下夹在 $x=0$ 和 $x=1$ 之间的面积(图 7.12b).我们以同一合理方式处理这两个例子.我们问,"定义域稍小时积分是什么?并且考察当定义域增加到极限时的答案.即我们先处理有界情形,再看当趋向无穷时发生了什么.

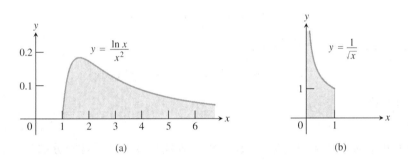

图 7.12 在曲线下的面积是有限值吗?

无穷积分限

考虑第一象限中位于曲线 $y=\mathrm{e}^{-x/2}$ 之下的无界区域(图 7.13a).我们可能认为这个区域有无穷的面积,但是我们将看到指定的自然值是有限的.这里就是怎样为面积指定一个值.首

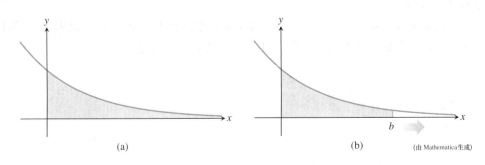

图 7.13 在第一象限中,曲线 $y=\mathrm{e}^{-x/2}$ 下的面积是(b) $\lim\limits_{b\to\infty}\int_a^b \mathrm{e}^{-x/2}\mathrm{d}x$

先我们求右边被 $x = b$ 界住的一部分区域的面积 $A(b)$（图 7.13b）：

$$A(b) = \int_0^b e^{-\frac{x}{2}} dx = -2e^{-\frac{x}{2}} \Big|_0^b = -2e^{-\frac{b}{2}} + 2$$

再求当 $b \to \infty$ 时 $A(b)$ 的极限

$$\lim_{b \to \infty} A(b) = \lim_{b \to \infty} \left(-2e^{-\frac{b}{2}} + 2 \right) = 2$$

我们对于曲线下从 0 到 ∞ 的面积指定的值是

$$\int_0^\infty e^{-\frac{x}{2}} = \lim_{b \to \infty} \int_0^b e^{-\frac{x}{2}} dx = 2.$$

定义　有无穷积分限的反常积分

有无穷积分限的积分是**反常积分**.

1. 如果 $f(x)$ 在 $[a, \infty)$ 是连续的,则

$$\int_a^\infty f(x) dx = \lim_{b \to \infty} \int_a^b f(x) dx.$$

2. 如果 $f(x)$ 在 $(-\infty, b]$ 是连续的,则

$$\int_{-\infty}^b f(x) dx = \lim_{a \to -\infty} \int_a^b f(x) dx.$$

3. 如果 $f(x)$ 在 $(-\infty, \infty)$ 是连续的,则

$$\int_{-\infty}^\infty f(x) dx = \int_{-\infty}^c f(x) dx + \int_c^\infty f(x) dx,$$

c 是任意实数.

在部分 1 和 2,如果极限是有限的,反常积分**收敛**且极限是反常积分的**值**;如果极限不存在,反常积分**发散**. 在部分 3,如果等式右端的两个积分都收敛,则等式左端的积分收敛;否则它**发散**并且没有值. 可以说明部分 3 中 c 的选择无关紧要. 我们可以对任何适当的选择求值或确定 $\int_{-\infty}^\infty f(x) dx$ 的收敛或发散.

例 1（求一个在 $[1, \infty)$ 上的反常积分）　在曲线 $y = \dfrac{(\ln x)}{x^2}$ 从 $x = 1$ 到 $x = \infty$ 的面积是否有穷?如果是,它是多少?

解　我们求曲线下从 $x = 1$ 到 $x = b$ 的面积并且考察当 $b \to \infty$ 时它的极限. 如果极限是有穷的,我们取它作为曲线下的面积（图 7.14）. 从 1 到 b 的面积是

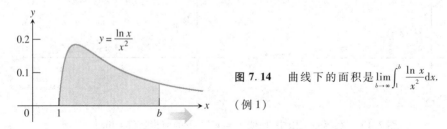

图 7.14　曲线下的面积是 $\lim\limits_{b \to \infty} \int_1^b \dfrac{\ln x}{x^2} dx$.

（例 1）

$$\int_1^b \frac{\ln x}{x^2} dx = \left[(\ln x)\left(-\frac{1}{x}\right)\right]_1^b - \int_1^b \left(-\frac{1}{x}\right)\left(\frac{1}{x}\right) dx \quad \text{分部积分中令 } u = \ln x, dv = dx/x^2,$$
$$\text{于是 } du = dx/x, v = -1/x$$
$$= -\frac{\ln b}{b} - \left[\frac{1}{x}\right]_1^b = -\frac{\ln b}{b} - \frac{1}{b} + 1.$$

当 $b \to \infty$ 时,面积的极限是

$$\int_1^\infty \frac{\ln x}{x^2} dx = \lim_{b \to \infty} \int_1^b \frac{\ln x}{x^2} dx = \lim_{b \to \infty}\left[-\frac{\ln b}{b} - \frac{1}{b} + 1\right]$$
$$= -\left[\lim_{b \to \infty} \frac{\ln b}{b}\right] - 0 + 1$$
$$= -\left[\lim_{b \to \infty} \frac{1/b}{1}\right] + 1 = 0 + 1 = 1. \quad \text{l'Hôpital 法则}$$

于是,反常积分收敛并且面积有有穷值 1.

例 2(求 $(-\infty, \infty)$ 上的一个积分) 求积分 $\int_{-\infty}^\infty \frac{dx}{1+x^2}$.

解 按照定义(部分 3),我们可以写出

$$\int_{-\infty}^\infty \frac{dx}{1+x^2} = \int_{-\infty}^0 \frac{dx}{1+x^2} + \int_0^\infty \frac{dx}{1+x^2}.$$

CD-ROM
WEBsite
历史传记
Karl Weierstrass
(1862 — 1943)

再求等式右端的每个反常积分的值.

$$\int_{-\infty}^0 \frac{dx}{1+x^2} = \lim_{a \to -\infty} \int_a^0 \frac{dx}{1+x^2} = \lim_{a \to -\infty} \tan^{-1} x \Big|_a^0$$
$$= \lim_{a \to -\infty}(\tan^{-1} 0 - \tan^{-1} a) = 0 - \left(-\frac{\pi}{2}\right) = \frac{\pi}{2}$$

$$\int_0^\infty \frac{dx}{1+x^2} = \lim_{b \to \infty} \int_0^b \frac{dx}{1+x^2}$$
$$= \lim_{b \to \infty} \tan^{-1} x \Big|_0^b$$
$$= \lim_{b \to \infty}(\tan^{-1} b - \tan^{-1} 0) = \frac{\pi}{2} - 0 = \frac{\pi}{2}$$

于是,

$$\int_{-\infty}^\infty \frac{dx}{1+x^2} = \frac{\pi}{2} + \frac{\pi}{2} = \pi.$$

积分 $\int_1^\infty \frac{dx}{x^p}$

函数 $y = 1/x$ 是夹在形如 $y = 1/x^p$ 的被积函数的收敛和发散反常积分之间的边界. 例 3 给予了解释.

例 3(确定收敛性) 对于 p 的什么值, 积分 $\int_1^\infty \frac{dx}{x^p}$ 收敛?当积分收敛时,它的值是什么?

解 如果 $p \neq 1$,则

$$\int_1^b \frac{dx}{x^p} = \frac{x^{-p+1}}{-p+1}\bigg|_1^b = \frac{1}{1-p}(b^{-p+1} - 1) = \frac{1}{1-p}\left(\frac{1}{b^{p-1}} - 1\right).$$

于是有

$$\int_1^\infty \frac{dx}{x^p} = \lim_{b\to\infty}\int_1^b \frac{dx}{x^p}$$

$$= \lim_{b\to\infty}\left[\frac{1}{1-p}\left(\frac{1}{b^{p-1}}-1\right)\right] = \begin{cases} \dfrac{1}{p-1}, & p>1 \\ \infty, & p<1 \end{cases}$$

这是由于

$$\lim_{b\to\infty}\frac{1}{b^{p-1}} = \begin{cases} 0, & p>1 \\ \infty, & p<1 \end{cases}$$

因此,如果 $p>1$,积分收敛到值 $1/(p-1)$,而如果 $p<1$,则积分发散. 如果 $p=1$,则

$$\int_1^\infty \frac{dx}{x^p} = \int_1^\infty \frac{dx}{x} = \lim_{b\to\infty}\int_1^b \frac{dx}{x} = \lim_{b\to\infty}\ln x\Big|_1^b = \lim_{b\to\infty}(\ln b - \ln 1) = \infty$$

从而积分发散.

无界不连续函数的积分

反常积分的另一类型当被积函数在一个积分限或积分限之间的某点有垂直渐近线——无界不连续性——时发生.

考虑第一象限中位于曲线 $y=1/\sqrt{x}$ 之下从 $x=0$ 到 $x=1$ 之间的无界区域(图 7.12b). 首先我们求从 a 到 1 那一部分的面积(图 7.15):

$$\int_a^1 \frac{dx}{\sqrt{x}} = 2\sqrt{x}\Big|_a^1 = 2 - 2\sqrt{a}$$

再求当 $a\to 0^+$ 时这个面积的极限.

$$\lim_{a\to 0^+}\int_a^1 \frac{dx}{\sqrt{x}} = \lim_{a\to 0^+}(2-2\sqrt{a}) = 2$$

在曲线之下从 0 到 1 的面积是

$$\int_0^1 \frac{dx}{\sqrt{x}} = \lim_{a\to 0^+}\int_a^1 \frac{dx}{\sqrt{x}} = 2.$$

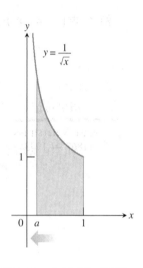

图 7.15 曲线下的面积是
$\lim_{a\to 0^+}\int_a^1 \left(\dfrac{1}{\sqrt{x}}\right)dx$

定义 无界不连续函数的反常积分

在积分区间的一个点,变得无穷的函数的积分是**反常积分**.

1. 如果 $f(x)$ 在 $(a,b]$ 是连续的,则
$$\int_a^b f(x)dx = \lim_{c\to a^+}\int_c^b f(x)dx.$$

2. 如果 $f(x)$ 在 $[a,b)$ 是连续的,则
$$\int_a^b f(x)dx = \lim_{c\to b^-}\int_a^c f(x)dx.$$

3. 如果 $f(x)$ 在 $[a,c)\cup(c,b]$ 是连续的,则
$$\int_a^b f(x)dx = \int_a^c f(x)dx + \int_c^b f(x)dx.$$

在部分 1 和 2, 如果极限是有穷的, 反常积分**收敛**并且极限是反常积分的**值**; 如果极限不存在, 反常积分**发散**. 在部分 3, 如果等式右端的两个积分有值则等式左端的积分**收敛**; 否则它**发散**.

例 4 (一个发散的反常积分) 研究 $\int_0^1 \frac{1}{1-x} dx$ 的收敛性.

解 被积函数 $f(x) = 1/(1-x)$ 在 $[0,1)$ 连续, 但当 $x \to 1^-$ 时变为无穷 (图 7.16). 我们求积分值如下

$$\lim_{b \to 1^-} \int_0^b \frac{1}{1-x} dx = \lim_{b \to 1^-} \left[-\ln|1-x| \right]_0^b$$
$$= \lim_{b \to 1^-} \left[-\ln(1-b) + 0 \right] = \infty.$$

极限是无穷, 故积分发散.

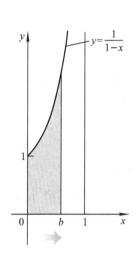

图 7.16 如果极限存在, $\int_0^1 \left(\frac{1}{1-x} \right) dx = \lim_{b \to 1^-} \int_0^b \frac{1}{1-x} dx.$ (例 4)

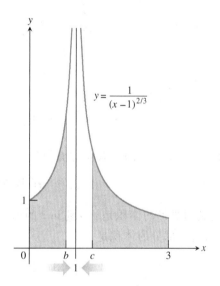

图 7.17 例 5 考察了 $\int_0^3 \frac{1}{(x-1)^{2/3}} dx$ 的收敛性.

例 5 (在一个内点的无界不连续性) 求 $\int_0^3 \frac{dx}{(x-1)^{2/3}}$.

解 被积函数在 $x = 1$ 有一条垂直渐近线, 而在 $[0,1)$ 和 $(1,3]$ 上是连续的 (图 7.17). 于是由上面定义的部分 3,

$$\int_0^3 \frac{dx}{(x-1)^{2/3}} = \int_0^1 \frac{dx}{(x-1)^{2/3}} + \int_1^3 \frac{dx}{(x-1)^{2/3}}.$$

下面, 我们求这个等式右端的每个反常积分.

$$\int_0^1 \frac{dx}{(x-1)^{2/3}} = \lim_{b \to 1^-} \int_0^b \frac{dx}{(x-1)^{2/3}} = \lim_{b \to 1^-} 3(x-1)^{1/3} \Big|_0^b$$
$$= \lim_{b \to 1^-} \left[3(b-1)^{1/3} + 3 \right] = 3$$

$$\int_1^3 \frac{dx}{(x-1)^{2/3}} = \lim_{c \to 1^+} \int_c^3 \frac{dx}{(x-1)^{2/3}} = \lim_{c \to 1^+} 3(x-1)^{1/3} \Big|_c^3$$

$$= \lim_{c \to 1^+} [3(3-1)^{1/3} - 3(c-1)^{1/3}] = 3\sqrt[3]{2}$$

我们得结论

$$\int_0^3 \frac{dx}{(x-1)^{2/3}} = 3 + 3\sqrt[3]{2}.$$

例 6 (求一个无界立体的体积) 图 7.18 中的喇叭形立体的垂直于 x 轴的横截面是圆盘, 其直径从 x 轴伸展到曲线 $y = e^x, -\infty < x \leq \ln 2$. 求喇叭形的体积.

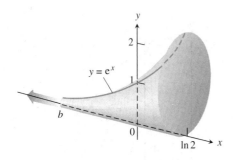

图 7.18 例 6 中的计算显示这个无界的喇叭形有有限的体积.

解 一个典型的横截面的面积是

$$A(x) = \pi(\text{半径})^2 = \pi\left(\frac{1}{2}y\right)^2 = \frac{\pi}{4}e^{2x}.$$

我们定义喇叭形的体积是从 b 到 $\ln 2$ 的那一部分的体积当 $b \to -\infty$ 时的极限. 用 5.1 节中讲的切片法, 这一部分的体积是

$$V = \int_b^{\ln 2} A(x)dx = \int_b^{\ln 2} \frac{\pi}{4}e^{2x}dx = \frac{\pi}{8}e^{2x}\Big|_b^{\ln 2}$$

$$= \frac{\pi}{8}(e^{\ln 4} - e^{2b}) = \frac{\pi}{8}(4 - e^{2b}).$$

当 $b \to -\infty$ 时, $e^{2b} \to 0$, 而 $V \to (\pi/8)(4-0) = \pi/2$, 喇叭形的体积是 $\pi/2$.

例 7 (求圆周长) 用弧长公式 (5.3 节) 证明圆 $x^2 + y^2 = 4$ 的周长是 4π.

解 这个圆周的四分之一由 $y = \sqrt{4-x^2}, 0 \leq x \leq 2$ 给定. 其弧长是

$$L = \int_0^2 \sqrt{1+(y')^2}dx, \quad \text{其中} \quad y' = -\frac{x}{\sqrt{4-x^2}}.$$

因为 y' 在 $x = 2$ 没有定义, 积分是反常的. 我们把它视为极限来计算.

$$L = \int_0^2 \sqrt{1+(y')^2}dx = \int_0^2 \sqrt{1+\frac{x^2}{4-x^2}}dx$$

$$= \int_0^2 \sqrt{\frac{4}{4-x^2}}dx = \lim_{b \to 2^-}\int_0^b \sqrt{\frac{4}{4-x^2}}dx$$

$$= \lim_{b \to 2^-}\int_0^b \sqrt{\frac{1}{1-(x/2)^2}}dx = \lim_{b \to 2^-} 2\sin^{-1}\frac{x}{2}\Big|_0^b$$

$$= \lim_{b \to 2^-} 2 \left[\sin^{-1} \frac{b}{2} - 0 \right] = \pi$$

四分之一圆周的长是 π；圆周的长就是 4π.

收敛和发散的判别法

当我们不能直接求反常积分的值时（在实践中经常出现这种情形），我们首先尝试确定它收敛或发散. 如果积分发散，事情就此完结. 如果它收敛，我们可以用数值方法逼近它的值. 收敛或发散的主要判别法是直接比较判别法和极限比较判别法.

注：**有界单调函数** 可以证明：在一个无穷区间 (a,∞) 上的有界单调函数 $f(x)$ 当 $x \to \infty$ 时必定有一个有穷极限. 在例 8 中，这一事实应用于函数 $f(b) = \int_1^b e^{-x^2} dx, b \to \infty$ 上.

例 8（研究收敛性） 积分 $\int_1^\infty e^{-x^2} dx$ 是否收敛？

解 由定义

$$\int_1^\infty e^{-x^2} dx = \lim_{b \to \infty} \int_1^b e^{-x^2} dx.$$

我们不能直接求后一积分的值，这是因为 e^{-x^2} 的反导数没有简单的公式. 因此我们必须另辟蹊径确定它的收敛或发散. 因为对于所有 $x, e^{-x^2} > 0, \int_1^b e^{-x^2} dx$ 是 b 的增函数. 因此当 $b \to \infty$ 时，积分或变为无穷，或者它是有上界的，从而必定收敛（有一个有穷极限）.

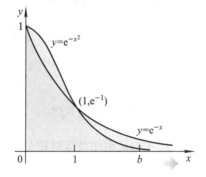

图 7.19 对 $x > 1, e^{-x^2}$ 的图象位于 e^{-x} 的图象下方（例 8）.

两条曲线 $y = e^{-x^2}$ 和 $y = e^{-x}$ 在 $(1, e^{-1})$ 相交，且当 $x \geq 1$ 时 $0 < e^{-x^2} \leq e^{-x}$（图 7.19）. 于是对于任意 $b > 1$，

$$0 < \int_1^b e^{-x^2} dx \leq \int_1^b e^{-x} dx = -e^{-b} + e^{-1} < e^{-1} \approx 0.368.$$

作为 b 的一个增函数（有上界 0.368），积分 $\int_1^b e^{-x^2} dx$ 当 $b \to \infty$ 时必定收敛. 关于反常积分的值这并未告诉我们更多事情，不过，起码说明它是正的且小于 0.368.

例 8 中 e^{-x^2} 和 e^{-x} 的比较是下列判别法的特殊情形.

CD-ROM WEBsite
历史传记
Karl Weierstrass
(1862 — 1943)

定理 3 直接比较判别法
设 f 和 g 在 $[a, \infty)$ 上连续且对所有 $x \geq a$ 有 $0 \leq f(x) \leq g(x)$. 则

1. 若 $\int_a^\infty g(x) dx$ 收敛，则 $\int_a^\infty f(x) dx$ 收敛.
2. 若 $\int_a^\infty f(x) dx$ 发散，则 $\int_a^\infty g(x) dx$ 发散.

例 9 使用直接比较判别法

(**a**) $\int_1^\infty \frac{\sin^2 x}{x^2}\,\mathrm{d}x$ 收敛,这是因为

在 $[1,\infty)$ 上, $0 \le \frac{\sin^2 x}{x^2} \le \frac{1}{x^2}$, 并且 $\int_1^\infty \frac{1}{x^2}\,\mathrm{d}x$ 收敛.   例 3

(**b**) $\int_1^\infty \frac{1}{\sqrt{x^2-0.1}}\,\mathrm{d}x$ 发散,这是因为

在 $[1,\infty)$ 上, $\frac{1}{\sqrt{x^2-0.1}} \ge \frac{1}{x}$, 并且 $\int_1^\infty \frac{1}{x}\,\mathrm{d}x$ 发散.   例 3

定理 4   极限比较判别法
如果正函数 f 和 g 在 $[a,\infty)$ 上连续,并且
$$\lim_{x\to\infty} \frac{f(x)}{g(x)} = L, \quad 0 < L < \infty,$$
则
$$\int_a^\infty f(x)\,\mathrm{d}x \quad \text{和} \quad \int_a^\infty g(x)\,\mathrm{d}x$$
二者同时收敛或同时发散.

定理 4 的证明在高等微积分中给出.

虽然从 a 到 ∞ 的两个函数的反常积分可能同时都收敛,但这不表明它们必须有同样的值,下一个例子指出这一事实.

例 10 (使用极限比较判别法) 通过与 $\int_1^\infty \left(\frac{1}{x^2}\right)\mathrm{d}x$ 比较,证明 $\int_1^\infty \frac{\mathrm{d}x}{1+x^2}$ 收敛. 求出这两个积分并且加以比较.

解 函数 $f(x) = 1/x^2$ 和 $g(x) = 1/(1+x^2)$ 是正的并且在 $[1,\infty)$ 上都连续. 又
$$\lim_{x\to\infty} \frac{f(x)}{g(x)} = \lim_{x\to\infty} \frac{1/x^2}{1/(1+x^2)} = \lim_{x\to\infty} \frac{1+x^2}{x^2}$$
$$= \lim_{x\to\infty}\left(\frac{1}{x^2} + 1\right) = 0 + 1 = 1,$$

这是一个正的有穷极限 (图 7.20). 因此, 由 $\int_1^\infty \frac{\mathrm{d}x}{x^2}$ 收敛推知 $\int_1^\infty \frac{\mathrm{d}x}{1+x^2}$ 收敛.

但两积分收敛于不同的值,
$$\int_1^\infty \frac{\mathrm{d}x}{x^2} = \frac{1}{2-1} = 1 \qquad \text{例 3}$$
而
$$\int_1^\infty \frac{\mathrm{d}x}{1+x^2} = \lim_{b\to\infty}\int_1^b \frac{\mathrm{d}x}{1+x^2}$$
$$= \lim_{b\to\infty}[\tan^{-1} b - \tan^{-1} 1]$$

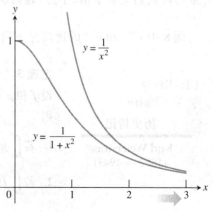

图 7.20   例 10 中的两个函数

$$= \frac{\pi}{2} - \frac{\pi}{4} = \frac{\pi}{4}$$

例 11(使用极限比较判别法)   证明 $\int_1^\infty \frac{2}{e^x - 5} dx$ 收敛.

解   从例 8 容易看出 $\int_1^\infty e^{-x} dx = \int_1^\infty \left(\frac{1}{e^x}\right) dx$ 收敛. 因为

$$\lim_{x \to \infty} \frac{1/e^x}{3/(e^x - 5)} = \lim_{x \to \infty} \frac{e^x - 5}{3e^x} = \lim_{x \to \infty} \left(\frac{1}{3} - \frac{5}{3e^x}\right) = \frac{1}{3},$$

故积分 $\int_1^\infty \frac{3}{e^x - 5} dx$ 也收敛.

计算机代数系统

计算机代数系统可以求出许多反常积分的值.

例 12(使用一个 CAS)   求积分

$$\int_2^\infty \frac{x + 3}{(x - 1)(x^2 + 1)} dx.$$

解   使用 Maple,输入

$$> f: = (x + 3)/((x - 1) * (x^2 + 1));$$

再用积分命令

$$> \text{int}(f, x = 2..\text{infinity});$$

Maple 返回答案

$$-\frac{1}{2}\pi + \ln(5) + \arctan(2).$$

为得到一个数值结果,使用求值命令 **evalf** 并且指定位数,如下所示:

$$> \text{evalf}(", 6);$$

同上符号(″)告诉计算机在屏幕上求最后一个表达式的值,这里最后一个表达式是 $(-1/2)\pi + \ln(5) + \arctan(2)$. Maple 返回. 1.14579.

使用 Mathematica,输入

$$\text{In}[1]: = \text{Integrate}[(x + 3)/((x - 1)(x^2 + 1)), \{x, 2, \text{Infinity}\}]$$

返回

$$\text{Out}[1] = \frac{-\text{Pi}}{2} + \text{ArcTan}[2] + \log[5].$$

为得到六位数字的数值结果,使用命令"N[%,6]",同样返回 1.14579.

本节讨论的反常积分的类型

无穷限积分

1. 积分上限

$$\int_1^\infty \frac{\ln x}{x^2}\,\mathrm{d}x = \lim_{b\to\infty}\int_1^b \frac{\ln x}{x^2}\,\mathrm{d}x$$

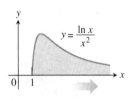

2. 积分下限

$$\int_{-\infty}^0 \frac{\mathrm{d}x}{1+x^2} = \lim_{a\to-\infty}\int_a^0 \frac{\mathrm{d}x}{1+x^2}$$

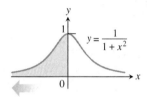

3. 两个积分限

$$\int_{-\infty}^{\infty} \frac{\mathrm{d}x}{1+x^2}$$

$$= \lim_{b\to-\infty}\int_b^0 \frac{\mathrm{d}x}{1+x^2} + \lim_{c\to\infty}\int_0^c \frac{\mathrm{d}x}{1+x^2}$$

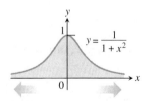

被积函数变得无界

4. 上端点

$$\int_0^1 \frac{\mathrm{d}x}{(x-1)^{2/3}} = \lim_{b\to 1^-}\int_0^b \frac{\mathrm{d}x}{(x-1)^{2/3}}$$

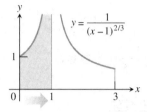

5. 下端点

$$\int_1^3 \frac{\mathrm{d}x}{(x-1)^{2/3}} = \lim_{d\to 1^+}\int_d^3 \frac{\mathrm{d}x}{(x-1)^{2/3}}$$

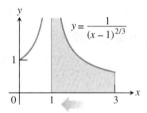

6. 内点

$$\int_0^3 \frac{\mathrm{d}x}{(x-1)^{2/3}}$$

$$= \int_0^1 \frac{\mathrm{d}x}{(x-1)^{2/3}} + \int_1^3 \frac{\mathrm{d}x}{(x-1)^{2/3}}$$

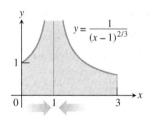

习题 7.7

识别反常积分

在题 1 – 6 中,做下列事情
(**a**) 叙述为什么积分是反常的或涉及反常积分.
(**b**) 确定积分收敛还是发散.
(**c**) 如果积分收敛,求它的值.

1. $\int_0^\infty \dfrac{\mathrm{d}x}{x^2+1}$
2. $\int_0^1 \dfrac{\mathrm{d}x}{\sqrt{x}}$
3. $\int_{-8}^1 \dfrac{\mathrm{d}x}{x^{1/3}}$
4. $\int_{-\infty}^\infty \dfrac{2x\,\mathrm{d}x}{(x^2+1)^2}$
5. $\int_0^{\ln 2} x^{-2}\mathrm{e}^{\frac{1}{x}}\mathrm{d}x$
6. $\int_0^{\frac{\pi}{2}} \cot\theta\,\mathrm{d}\theta$

求反常积分

求题 7 – 34 中的每个积分或说明它发散.

7. $\int_1^\infty \dfrac{\mathrm{d}x}{x^{1.001}}$
8. $\int_{-1}^1 \dfrac{\mathrm{d}x}{x^{\frac{2}{3}}}$
9. $\int_0^4 \dfrac{\mathrm{d}r}{\sqrt{4-r}}$
10. $\int_0^1 \dfrac{\mathrm{d}r}{r^{0.909}}$
11. $\int_0^1 \dfrac{\mathrm{d}x}{\sqrt{1-x^2}}$
12. $\int_{-\infty}^2 \dfrac{2\mathrm{d}x}{x^2+4}$
13. $\int_{-\infty}^{-2} \dfrac{2\mathrm{d}x}{x^2-1}$
14. $\int_2^\infty \dfrac{3\mathrm{d}t}{t^2-t}$
15. $\int_0^1 \dfrac{\theta+1}{\sqrt{\theta^2+2\theta}}\mathrm{d}\theta$
16. $\int_0^2 \dfrac{s+1}{\sqrt{4-s^2}}\mathrm{d}s$
17. $\int_0^\infty \dfrac{\mathrm{d}x}{(1+x)\sqrt{x}}$
18. $\int_1^\infty \dfrac{\mathrm{d}x}{x\sqrt{x^2-1}}$
19. $\int_1^2 \dfrac{\mathrm{d}s}{s\sqrt{s^2-1}}$
20. $\int_{-1}^\infty \dfrac{\mathrm{d}\theta}{\theta^2+5\theta+6}$
21. $\int_2^\infty \dfrac{2}{v^2-v}\mathrm{d}v$
22. $\int_2^\infty \dfrac{2\mathrm{d}t}{t^2-1}$
23. $\int_0^2 \dfrac{\mathrm{d}s}{\sqrt{4-s^2}}$
24. $\int_0^1 \dfrac{4r\mathrm{d}r}{\sqrt{1-r^4}}$
25. $\int_0^\infty \dfrac{\mathrm{d}v}{(1+v^2)(1+\tan^{-1}v)}$
26. $\int_0^\infty \dfrac{16\tan^{-1}x}{1+x^2}\mathrm{d}x$
27. $\int_{-1}^4 \dfrac{\mathrm{d}x}{\sqrt{|x|}}$
28. $\int_0^2 \dfrac{\mathrm{d}x}{\sqrt{|x-1|}}$
29. $\int_{-\infty}^0 \theta\mathrm{e}^\theta\mathrm{d}\theta$
30. $\int_0^\infty 2\mathrm{e}^{-\theta}\sin\theta\,\mathrm{d}\theta$
31. $\int_{-\infty}^\infty \mathrm{e}^{-|x|}\mathrm{d}x$
32. $\int_{-\infty}^\infty 2x\,\mathrm{e}^{-x^2}\mathrm{d}x$
33. $\int_0^1 x\ln x\,\mathrm{d}x$
34. $\int_0^1 (-\ln x)\mathrm{d}x$

收敛判别法

在题 35 – 64 中,使用积分,直接比较判别法或极限比较判别法判别积分的收敛性. 如果应用多于一个方法,你更喜欢哪个方法.

35. $\int_0^{\frac{\pi}{2}} \tan\theta\,\mathrm{d}\theta$
36. $\int_0^{\frac{\pi}{2}} \cot\theta\,\mathrm{d}\theta$
37. $\int_0^\pi \dfrac{\sin\theta\,\mathrm{d}\theta}{\sqrt{\pi-\theta}}$
38. $\int_{-\frac{\pi}{2}}^{\frac{\pi}{2}} \dfrac{\cos\theta\,\mathrm{d}\theta}{(\pi-2\theta)^{1/3}}$
39. $\int_0^{\ln 2} x^{-2}\mathrm{e}^{-1/x}\mathrm{d}x$
40. $\int_0^\infty \dfrac{\mathrm{e}^{-\sqrt{x}}}{\sqrt{x}}\mathrm{d}x$
41. $\int_0^\pi \dfrac{\mathrm{d}t}{\sqrt{t+\sin t}}$
42. $\int_0^1 \dfrac{\mathrm{d}t}{t-\sin t}$ (提示:当 $t\geq 0$ 时,$t\geq\sin t$)
43. $\int_0^2 \dfrac{\mathrm{d}x}{1-x^2}$
44. $\int_0^2 \dfrac{\mathrm{d}x}{1-x}$
45. $\int_{-1}^1 \ln|x|\mathrm{d}x$
46. $\int_{-1}^1 -x\ln|x|\mathrm{d}x$
47. $\int_1^\infty \dfrac{\mathrm{d}x}{x^3+1}$
48. $\int_4^\infty \dfrac{\mathrm{d}x}{\sqrt{x-1}}$
49. $\int_2^\infty \dfrac{\mathrm{d}v}{\sqrt{v-1}}$
50. $\int_4^\infty \dfrac{2\mathrm{d}t}{t^{3/2}-1}$
51. $\int_0^\infty \dfrac{\mathrm{d}x}{\sqrt{x^6+1}}$
52. $\int_2^\infty \dfrac{\mathrm{d}x}{\sqrt{x^2-1}}$
53. $\int_1^\infty \dfrac{\sqrt{x+1}}{x^2}\mathrm{d}x$
54. $\int_2^\infty \dfrac{x\,\mathrm{d}x}{\sqrt{x^4-1}}$

55. $\int_{\pi}^{\infty} \frac{2+\cos x}{x}dx$ 56. $\int_{\pi}^{\infty} \frac{1+\sin x}{x^2}dx$ 57. $\int_{0}^{\infty} \frac{d\theta}{1+e^{\theta}}$ 58. $\int_{2}^{\infty} \frac{1}{\ln x}dx$

59. $\int_{1}^{\infty} \frac{e^x}{x}dx$ 60. $\int_{e^e}^{\infty} \ln(\ln x)dx$ 61. $\int_{1}^{\infty} \frac{1}{\sqrt{e^x-x}}dx$ 62. $\int_{1}^{\infty} \frac{1}{e^x-2^x}dx$

63. $\int_{-\infty}^{\infty} \frac{dx}{\sqrt{x^4+1}}$ 64. $\int_{-\infty}^{\infty} \frac{dx}{e^x+e^{-x}}$

理论和例子

65. 求使每个积分收敛的 p 值. (**a**) $\int_{1}^{2} \frac{dx}{x(\ln x)^p}$ (**b**) $\int_{2}^{\infty} \frac{dx}{x(\ln x)^p}$

66. $\int_{-\infty}^{\infty} f(x)dx$ 可能不等于 $\lim_{b\to\infty}\int_{-b}^{b} f(x)dx$ 指出 $\int_{0}^{\infty} \frac{2x\,dx}{x^2+1}$ 发散,从而 $\int_{-\infty}^{\infty} \frac{2x\,dx}{x^2+1}$ 发散. 然后指出

$$\lim_{b\to\infty}\int_{-b}^{b} \frac{2x\,dx}{x^2+1} = 0.$$

题 67 - 69 有关第一象限中夹在曲线 $y = e^{-x}$ 和 x 轴之间的无界区域.

67. 面积 求这个区域的面积.

68. 体积 求这个区域绕 y 轴旋转生成的立体的体积.

69. 体积 求这个区域绕 x 轴旋转生成的立体的体积.

70. 面积 求夹在曲线 $y = \sec x$ 和 $y = \tan x$ 之间从 $x = 0$ 到 $x = \pi/2$ 的区域的面积.

71. 为学而写 这里是 $\ln 3$ 等于 $\infty - \infty$ 的一个论证. 论证的错误在哪里? 对于你的回答给出理由.

$$\ln 3 = \ln 1 + \ln 3 = \ln 1 - \ln\frac{1}{3} = \lim_{b\to\infty}\ln\left(\frac{b-2}{b}\right) - \ln\frac{1}{3} = \lim_{b\to\infty}\left[\ln\frac{x-2}{x}\right]_3^b$$

$$= \lim_{b\to\infty}[\ln(x-2) - \ln x]_3^b = \lim_{b\to\infty}\int_3^b \left(\frac{1}{x-2} - \frac{1}{x}\right)dx$$

$$= \int_3^{\infty}\left(\frac{1}{x-2} - \frac{1}{x}\right)dx = \int_3^{\infty}\frac{1}{x-2}dx - \int_3^{\infty}\frac{1}{x}dx$$

$$= \lim_{b\to\infty}[\ln(x-2)]_3^b - \lim_{b\to\infty}[\ln x]_3^b = \infty - \infty$$

72. 比较积分 证明:若 $f(x)$ 在实数的每个区间上是可积的,而 a 和 b 是满足 $a < b$ 的实数,则

(**a**) $\int_{-\infty}^{a} f(x)dx$ 和 $\int_{a}^{\infty} f(x)dx$ 两个都收敛,当且仅当 $\int_{-\infty}^{b} f(x)dx$ 和 $\int_{b}^{\infty} f(x)dx$ 两个都收敛.

(**b**) $\int_{-\infty}^{a} f(x)dx + \int_{a}^{\infty} f(x)dx = \int_{-\infty}^{b} f(x)dx + \int_{b}^{\infty} f(x)dx$,只要涉及到的积分都收敛.

73. 估计无界区域上的收敛反常积分的值

(**a**) 证明

$$\int_{3}^{\infty} e^{-3x}dx = \frac{1}{3}e^{-9} < 0.000042$$

以及由此得 $\int_{3}^{\infty} e^{-x^2}dx < 0.000042$. 解释为什么这意味 $\int_{0}^{\infty} e^{-x^2}dx$ 用 $\int_{0}^{3} e^{-x^2}dx$ 代替的误差不会大于 0.000042.

T (**b**) 数值积分 用数值方法求 $\int_{0}^{3} e^{-x^2}dx$.

74. 正弦-积分函数 积分

$$\text{Si}(x) = \int_{0}^{x} \frac{\sin t}{t}dt$$

称为正弦-积分函数,它在光学中有重要应用.

T (**a**) 画 $t > 0$ 时被积函数 $(\sin t)/t$ 的图象. Si 函数是否处处增加或处处减少?你是否认为对于 $x > 0$,有 Si(x) = 0? 画 Si(x),$0 \le x \le 25$ 的图形以检验你的答案.

(**b**) 探索 $\int_0^\infty \frac{\sin t}{t} dt$ 的收敛性,如果收敛,它的值是多少?

75. 误差函数 函数

$$\operatorname{erf}(x) = \int_0^x \frac{2e^{-t^2}}{\sqrt{\pi}} dt,$$

称为**误差函数**,它在概率和统计中有重要应用.

T(**a**) 对于 $0 \leq x \leq 25$ 画误差函数的图象.

(**b**) 探讨 $\int_0^\infty \frac{2e^{-t^2}}{\sqrt{\pi}} dt$ 的收敛性,如果它收敛,估计它的值是多少?你将在 12.3 节的题 37 中了解怎样确认你的估计.

76. 正态概率分布函数 函数

$$f(x) = \frac{1}{\sigma\sqrt{2\pi}} e^{-\frac{1}{2}\left(\frac{x-\mu}{\sigma}\right)^2}$$

称为**正态概率密度函数**,其数学期望为 μ,而标准差为 σ. 数 μ 表示分布集中的地方;而 σ 测量围绕数学期望"散开"的程度. 从概率论知道

$$\int_{-\infty}^\infty f(x) dx = 1$$

在下面小题中,令 $\mu = 0$ 而 $\sigma = 1$.

T(**a**) 画 f 的草图. 求 f 增加的区间和减少的区间,以及 f 的局部极值和取此值的点.

(**b**) 对于 $n = 1, 2, 3$,估计 $\int_{-n}^n f(x) dx$.

(**c**) 对于 $\int_{-\infty}^\infty f(x) dx = 1$ 给一个令人信服的论证. (提示:证明当 $x > 1$ 时 $0 < f(x) < e^{-x/2}$,且对于 $b > 1$,当 $b \to \infty$ 时 $\int_b^\infty e^{-x/2} dx \to 0$.)

计算机探究

探索 $x^p \ln x$ 的积分

在题 77 – 80 中,使用一个 CAS 对于不同的 p 值(包括非整数值)探索积分. 对于 p 的哪些值积分收敛?当它收敛时积分值是多少?对于 p 的不同的值画被积函数的图.

77. $\int_0^e x^p \ln x \, dx$ **78.** $\int_e^\infty x^p \ln x \, dx$ **79.** $\int_0^\infty x^p \ln x \, dx$ **80.** $\int_{-\infty}^\infty x^p \ln |x| \, dx$

指导你们复习的问题

1. 你知道哪些基本积分公式?
2. 你知道哪些把积分匹配到基本公式的手段?
3. 什么是分部积分公式?它来自哪里?你为什么要用它?
4. 什么时候用分部积分公式?你如何选择 u 和 dv?你怎样对于一个形如 $\int f(x) dx$ 的积分应用分部积分?
5. 什么是列表积分法?举一个例子.

6. 部分分式法的目的是什么?
7. 当多项式 $f(x)$ 的阶数低于多项式 $g(x)$ 的阶数时,你怎样把 $f(x)/g(x)$ 写成部分分式之和,如果 $g(x)$
   (**a**) 是不同线性因子的乘积
   (**b**) 含有重复的线性因子
   (**c**) 含有不可约二次式?
   如果 $f(x)$ 的阶不低于 $g(x)$ 的阶,你如何做?
8. 有时什么变量替换把二次二项式变为单一二次项?你为何做这类改变?
9. 你在三类基本三角替换的变量上加什么限制来保证替换是可逆的(有反函数)?
10. 积分表的典型用法是怎样的?如果你求值的积分没有列在表中你如何办?
11. 叙述求在一条非负曲线之下和 x 轴之上的面积的 Monte Carlo 积分法.
12. 叙述 l'Hôpital 法则. 你怎样知道何时用这个法则以及何时终止?举一个例子.
13. 有时你怎样处理导致不定型 $1^\infty, 0^0$ 和 ∞^0 的极限,举几个例子.
14. 什么是反常积分?如何定义不同类型的反常积分的值?举几个例子.
15. 当一个反常积分不能直接求值时,什么判别法可用来确定反常积分的收敛和发散?举几个应用它们的例子.

实践习题

变量替换积分法

求题 1-46 中的积分. 为把每个积分变换成可以辨认的基本形式,可能必须使用一个或多个技术,比如代数替换,配平方,分离分式,长除法或三角替换.

1. $\int x\sqrt{4x^2-9}\,dx$
2. $\int x(2x+1)^{\frac{1}{2}}\,dx$
3. $\int \dfrac{x\,dx}{\sqrt{8x^2+1}}$
4. $\int \dfrac{y\,dy}{25+y^2}$
5. $\int \dfrac{t^3\,dt}{\sqrt{9-4t^4}}$
6. $\int z^{\frac{2}{3}}(z^{\frac{5}{3}}+1)^{\frac{2}{3}}\,dz$
7. $\int \dfrac{\sin 2\theta\,d\theta}{(1-\cos 2\theta)^2}$
8. $\int \dfrac{\cos 2t}{1+\sin 2t}\,dt$
9. $\int \sin 2x\, e^{\cos 2x}\,dx$
10. $\int e^\theta \sec^2(e^\theta)\,d\theta$
11. $\int 2^{x-1}\,dx$
12. $\int \dfrac{dv}{v\ln v}$
13. $\int \dfrac{dx}{(x^2+1)(2+\tan^{-1}x)}$
14. $\int \dfrac{2\,dx}{\sqrt{1-4x^2}}$
15. $\int \dfrac{dt}{\sqrt{16-9t^2}}$
16. $\int \dfrac{dt}{9+t^2}$
17. $\int \dfrac{4\,dx}{5x\sqrt{25x^2-16}}$
18. $\int \dfrac{dx}{\sqrt{4x-x^2-3}}$
19. $\int \dfrac{dy}{y^2-4y+8}$
20. $\int \dfrac{dv}{(v+1)\sqrt{v^2+2v}}$
21. $\int \cos^2 3x\,dx$
22. $\int \sin^3\dfrac{\theta}{2}\,d\theta$
23. $\int \tan^3 2t\,dt$
24. $\int \dfrac{dx}{2\sin x \cos x}$
25. $\int \dfrac{2\,dx}{\cos^2 x-\sin^2 x}$
26. $\int_{\frac{\pi}{4}}^{\frac{\pi}{2}} \sqrt{\csc^2 y-1}\,dy$
27. $\int_{\frac{\pi}{4}}^{\frac{3\pi}{4}} \sqrt{\cot^2 t+1}\,dt$
28. $\int_0^{2\pi} \sqrt{1-\sin^2\dfrac{x}{2}}\,dx$
29. $\int_{\frac{\pi}{2}}^{\frac{\pi}{2}} \sqrt{1-\cos 2t}\,dt$
30. $\int_0^{2\pi} \sqrt{1+\cos 2t}\,dt$
31. $\int \dfrac{x^2}{x^2+4}\,dx$
32. $\int \dfrac{x^3}{9+x^2}\,dx$
33. $\int \dfrac{2y-1}{y^2+4}\,dy$

34. $\int \dfrac{y+4}{y^2+1} dy$

35. $\int \dfrac{t+2}{\sqrt{4-t^2}} dt$

36. $\int \dfrac{2t^2+\sqrt{1-t^2}}{t\sqrt{1-t^2}} dt$

37. $\int \dfrac{\tan x\, dx}{\tan x + \sec x}$

38. $\int x\csc(x^2+3)\, dx$

39. $\int \cot\left(\dfrac{x}{4}\right) dx$

40. $\int x\sqrt{1-x}\, dx$

41. $\int (16+z^2)^{-3/2}\, dz$

42. $\int \dfrac{dy}{\sqrt{25+y^2}}$

43. $\int \dfrac{dx}{x^2\sqrt{1-x^2}}$

44. $\int \dfrac{x^2\, dx}{\sqrt{1-x^2}}$

45. $\int \dfrac{dx}{\sqrt{x^2-9}}$

46. $\int \dfrac{12\, dx}{(x^2-1)^{3/2}}$

分部积分

用分部积分法求题 47 – 54 中的积分

47. $\int \ln(x+1)\, dx$

48. $\int x^2 \ln x\, dx$

49. $\int \tan^{-1} 3x\, dx$

50. $\int \cos^{-1}\left(\dfrac{x}{2}\right) dx$

51. $\int (x+1)^2 e^x\, dx$

52. $\int x^2 \sin(1-x)\, dx$

53. $\int e^x \cos 2x\, dx$

54. $\int e^{-2x} \sin 3x\, dx$

部分分式

求题 55 – 66 中的积分. 可能必须首先做一个变量替换.

55. $\int \dfrac{x\, dx}{x^2-3x+2}$

56. $\int \dfrac{dx}{x(x+1)^2}$

57. $\int \dfrac{\sin\theta\, d\theta}{\cos^2\theta + \cos\theta - 2}$

58. $\int \dfrac{3x^2+4x+4}{x^3+x} dx$

59. $\int \dfrac{v+3}{2v^3-8v} dv$

60. $\int \dfrac{dt}{t^4+4t^2+3}$

61. $\int \dfrac{x^3+x^2}{x^2+x-2} dx$

62. $\int \dfrac{x^3+4x^2}{x^2+4x+3} dx$

63. $\int \dfrac{2x^3+x^2-21x+24}{x^2+2x-8} dx$

64. $\int \dfrac{dx}{x(3\sqrt{x+1})}$

65. $\int \dfrac{ds}{e^s-1}$

66. $\int \dfrac{ds}{\sqrt{e^s+1}}$

三角替换

求题 67 – 70 中的积分 (a) 先不用三角替换 (b) 再用三角替换.

67. $\int \dfrac{y\, dy}{\sqrt{16-y^2}}$

68. $\int \dfrac{x\, dx}{\sqrt{4+x^2}}$

69. $\int \dfrac{x\, dx}{4-x^2}$

70. $\int \dfrac{t\, dt}{\sqrt{4t^2-1}}$

二次项

求题 71 – 74 中的积分

71. $\int \dfrac{x\, dx}{9-x^2}$

72. $\int \dfrac{dx}{x(9-x^2)}$

73. $\int \dfrac{dx}{9-x^2}$

74. $\int \dfrac{dx}{\sqrt{9-x^2}}$

各类积分

求题 75 – 114 中的积分. 积分以随意的次序列出.

75. $\int \dfrac{x\, dx}{1+\sqrt{x}}$

76. $\int \dfrac{dx}{x(x^2+1)^2}$

77. $\int \dfrac{\cos\sqrt{x}}{\sqrt{x}} dx$

78. $\int \dfrac{dx}{\sqrt{-2x-x^2}}$

79. $\int \dfrac{du}{\sqrt{1+u^2}}$

80. $\int \dfrac{2-\cos x+\sin x}{\sin^2 x} dx$

81. $\int \dfrac{9\,dv}{81-v^4}$

82. $\int \theta \cos(2\theta+1)\,d\theta$

83. $\int \dfrac{x^3\,dx}{x^2-2x+1}$

84. $\int \dfrac{d\theta}{\sqrt{1+\sqrt{\theta}}}$

85. $\int \dfrac{2\sin\sqrt{x}\,dx}{\sqrt{x}\sec\sqrt{x}}$

86. $\int \dfrac{x^5\,dx}{x^4-16}$

87. $\int \dfrac{d\theta}{\theta^2-2\theta+4}$

88. $\int \dfrac{dr}{(r+1)\sqrt{r^2+2r}}$

89. $\int \dfrac{\sin 2\theta\,d\theta}{(1+\cos 2\theta)^2}$

90. $\int \dfrac{dx}{(x^2-1)^2}$

91. $\int \dfrac{x\,dx}{\sqrt{2-x}}$

92. $\int \dfrac{dy}{y^2-2y+2}$

93. $\int \ln\sqrt{x-1}\,dx$

94. $\int \dfrac{x\,dx}{\sqrt{8-2x^2-x^4}}$

95. $\int \dfrac{z+1}{z^2(z^2+4)}\,dz$

96. $\int x^3 e^{(x^2)}\,dx$

97. $\int \dfrac{\tan^{-1}x}{x^2}\,dx$

98. $\int \dfrac{e^t\,dt}{e^{2t}+3e^t+2}$

99. $\int \dfrac{1-\cos 2x}{1+\cos 2x}\,dx$

100. $\int \dfrac{\cos(\sin^{-1}x)}{\sqrt{1-x^2}}\,dx$

101. $\int \dfrac{\cos x\,dx}{\sin^3 x-\sin x}$

102. $\int \dfrac{e^t\,dt}{1+e^t}$

103. $\int_1^\infty \dfrac{\ln y}{y^3}\,dy$

104. $\int \dfrac{\cot v\,dv}{\ln\sin v}$

105. $\int \dfrac{dx}{(2x-1)\sqrt{x^2-x}}$

106. $\int e^{\ln\sqrt{x}}\,dx$

107. $\int e^\theta \sqrt{3+4e^\theta}\,d\theta$

108. $\int \dfrac{dv}{\sqrt{e^{2v}-1}}$

109. $\int (27)^{3\theta+1}\,d\theta$

110. $\int x^5 \sin x\,dx$

111. $\int \dfrac{dr}{1+\sqrt{r}}$

112. $\int \dfrac{8\,dy}{y^3(y+2)}$

113. $\int \dfrac{8\,dm}{m\sqrt{49m^2-4}}$

114. $\int \dfrac{dt}{t(1+\ln t)\sqrt{(\ln t)(2+\ln t)}}$

极限

求题 115 – 128 中的极限.

115. $\lim\limits_{t\to 0}\dfrac{t-\ln(1+2t)}{t^2}$

116. $\lim\limits_{t\to 0}\dfrac{\tan 3t}{\tan 5t}$

117. $\lim\limits_{x\to 0}\dfrac{x\sin x}{1-\cos x}$

118. $\lim\limits_{x\to 1} x^{\frac{1}{(1-x)}}$

119. $\lim\limits_{x\to\infty} x^{\frac{1}{x}}$

120. $\lim\limits_{x\to\infty}\left(1+\dfrac{3}{x}\right)^x$

121. $\lim\limits_{r\to\infty}\dfrac{\cos r}{r}$

122. $\lim\limits_{\theta\to\pi/2}\left(\theta-\dfrac{\pi}{2}\right)\sec\theta$

123. $\lim\limits_{x\to 1}\left(\dfrac{1}{x-1}-\dfrac{1}{\ln x}\right)$

124. $\lim\limits_{x\to 0^+}\left(1+\dfrac{1}{x}\right)^x$

125. $\lim\limits_{\theta\to 0^+}(\tan\theta)^\theta$

126. $\lim\limits_{\theta\to\infty}\theta^2\sin\left(\dfrac{1}{\theta}\right)$

127. $\lim\limits_{x\to\infty}\dfrac{x^3-3x^2+1}{2x^2+x-3}$

128. $\lim\limits_{x\to\infty}\dfrac{3x^2-x+1}{x^4-x^3+2}$

反常积分

求题 129 – 138 中的反常积分或申明它发散.

129. $\int_0^3 \dfrac{dx}{\sqrt{9-x^2}}$

130. $\int_0^1 \ln x\,dx$

131. $\int_{-1}^1 \dfrac{dy}{y^{2/3}}$

132. $\int_{-2}^0 \dfrac{d\theta}{(\theta+1)^{3/5}}$

133. $\int_3^\infty \dfrac{2\,du}{u^2-2u}$

134. $\int_1^\infty \dfrac{3v-1}{4v^3-v^2}\,dv$

135. $\int_0^\infty x^2 e^{-x}\,dx$

136. $\int_{-\infty}^0 x e^{3x}\,dx$

137. $\int_{-\infty}^\infty \dfrac{dx}{4x^2+9}$

138. $\int_{-\infty}^\infty \dfrac{4\,dx}{x^2+16}$

收敛或发散

题 139 – 144 中的反常积分哪个收敛?哪个发散?对于你的回答给出理由.

139. $\int_0^\infty \dfrac{\mathrm{d}\theta}{\sqrt{\theta^2+1}}$
140. $\int_0^\infty e^{-u}\cos u\,\mathrm{d}u$
141. $\int_1^\infty \dfrac{\ln z}{z}\mathrm{d}z$
142. $\int_1^\infty \dfrac{e^{-t}}{\sqrt{t}}\mathrm{d}t$
143. $\int_{-\infty}^\infty \dfrac{\mathrm{d}x}{e^x+e^{-x}}$
144. $\int_{-\infty}^\infty \dfrac{\mathrm{d}x}{x^2(1+e^x)}$

初值问题

解题 145 – 148 中的初值问题.

145. $\dfrac{\mathrm{d}y}{\mathrm{d}x}=e^x(y^2-y),\quad y(0)=2$
146. $\dfrac{\mathrm{d}y}{\mathrm{d}\theta}=(y+1)^2\sin\theta,\quad y(\pi/2)=0$
147. $\dfrac{\mathrm{d}y}{\mathrm{d}x}=\dfrac{1}{x^2-3x+2},\quad y(3)=0$
148. $\dfrac{\mathrm{d}s}{\mathrm{d}t}=\dfrac{2s+2}{t^2+2t},\quad s(1)=1$

附加习题：理论、例子、应用

具有挑战性的积分

求题 1 – 10 中的积分

1. $\int (\sin^{-1}x)^2\mathrm{d}x$
2. $\int \dfrac{\mathrm{d}x}{x(x+1)(x+2)\cdots(x+m)}$
3. $\int x\sin^{-1}x\,\mathrm{d}x$
4. $\int \sin^{-1}\sqrt{y}\,\mathrm{d}y$
5. $\int \dfrac{\mathrm{d}\theta}{1-\tan^2\theta}$
6. $\int \ln(\sqrt{x}+\sqrt{1+x})\mathrm{d}x$
7. $\int \dfrac{\mathrm{d}t}{t-\sqrt{1-t^2}}$
8. $\int \dfrac{(2e^{2x}-e^x)\mathrm{d}x}{\sqrt{3e^{2x}-6e^x-1}}$
9. $\int \dfrac{\mathrm{d}x}{x^4+4}$
10. $\int \dfrac{\mathrm{d}x}{x^6-1}$

极限

求题 11 – 16 中的极限

11. $\lim\limits_{b\to 1^-}\int_0^b \dfrac{\mathrm{d}x}{\sqrt{1-x^2}}$
12. $\lim\limits_{x\to\infty}\dfrac{1}{x}\int_0^x \tan^{-1}t\,\mathrm{d}t$
13. $\lim\limits_{x\to 0^+}(\cos\sqrt{x})^{1/x}$
14. $\lim\limits_{x\to\infty}(x+e^x)^{2/x}$
15. $\lim\limits_{x\to\infty}\int_{-x}^x \sin t\,\mathrm{d}t$
16. $\lim\limits_{x\to 0^+}x\int_x^1 \dfrac{\cos t}{t^2}\mathrm{d}t$

理论和应用

17. **求弧长** 求曲线 $y=\int_0^x\sqrt{\cos 2t}\,\mathrm{d}t$, $0\le x\le\dfrac{\pi}{4}$ 的弧长.

18. **求弧长** 求曲线 $y=\ln(1-x^2)$, $0\le x\le 1/2$ 的弧长.

19. **求体积** 第一象限中由 x 轴和曲线 $y=3x\sqrt{1-x}$ 围成的区域绕 y 轴旋转生成一个立体. 求该立体的体积.

20. **求体积** 第一象限中由 x 轴, 曲线 $y=\dfrac{5}{x\sqrt{5-x}}$ 和直线 $x=1$ 以及 $x=4$ 围成的区域绕 x 轴旋转生成一个立体. 求该立体的体积.

21. **求体积** 第一象限中的由坐标轴, 曲线 $y=e^x$ 和直线 $x=1$ 围成的区域绕 y 轴旋转生成一个立体. 求该立体的体积.

22. **求体积** 第一象限中上由曲线 $y=e^x-1$, 下由 x 轴, 右由直线 $x=\ln 2$ 界定的区域绕直线 $x=\ln 2$ 旋转生成一个立体. 求该立体的体积.

23. **求体积** 设 R 是第一象限中的上由直线 $y = 1$,下由曲线 $y = \ln x$ 且左由直线 $x = 1$ 界定的"三角形"区域. 求 R 绕
    (a) x 轴 (b) 直线 $x = 1$
    旋转生成的立体的体积.

24. **求体积**(续习题 23) 求 R 绕
    (a) y 轴 (b) 直线 $x = 1$
    旋转生成的立体的体积.

25. **求体积** 夹在曲线
$$y = f(x) = \begin{cases} 0, & x = 0 \\ x \ln x, & 0 < x \leq 2 \end{cases}$$
和 x 轴之间的区域绕 x 轴旋转生成图示的立体(如右图所示).
    (a) 证明 f 在 $x = 0$ 是连续的. (b) 求该立体的体积.

第 25 题图

26. **求体积** 求由坐标轴和曲线 $y = -\ln x$ 界定的第一象限中的无界区域绕 x 轴旋转生成一个立体的体积.

27. **求极限** 求 $\displaystyle\lim_{n \to \infty} \int_0^1 \frac{n y^{n-1}}{1 + y} dy$.

28. **一个积分公式** 推导出积分公式
$$\int x\left(\sqrt{x^2 - a^2}\right)^n dx = \frac{\left(\sqrt{x^2 - a^2}\right)^{n+2}}{n + 2} + C, \quad n \neq -2.$$

29. **一个不等式** 证明
$$\frac{\pi}{6} < \int_0^1 \frac{dx}{\sqrt{4 - x^2 - x^3}} < \frac{\pi\sqrt{2}}{8}.$$
(提示:注意:对于 $0 < x < 1$,我们有 $4 - x^2 > 4 - x^2 - x^3 > 4 - 2x^2$,并且当 $x = 0$ 时左端变为等式,而 $x = 1$ 时右端变为等式.)

30. **为学而写** 对于 a 的什么值,$\displaystyle\int_1^\infty \left(\frac{ax}{x^2 + 1} - \frac{1}{2x}\right) dx$ 收敛?求对应的积分值.

31. **求积分值** 假定已知某个函数 f 满足
$$f'(x) = \frac{\cos x}{x}, \quad f\left(\frac{\pi}{2}\right) = a, \quad f\left(\frac{3\pi}{2}\right) = b.$$
利用分部积分求 $\displaystyle\int_{\pi/2}^{3\pi/2} f(x) dx$ 的值.

32. **求相等的面积** 求满足 $\displaystyle\int_0^a \frac{dx}{1 + x^2} = \int_a^\infty \frac{dx}{1 + x^2}$ 的正数 a.

33. **星形线的弧长** 方程 $x^{2/3} + y^{2/3} = 1$ 的图形称为星形线(astroids,不是 asteroids(小行星))的家族中的一员,因为它们形似闪烁的星(见右图). 求这个特殊星形线的弧长.

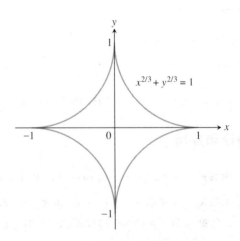

第 33 题图

34. **求过原点,长度为** $\displaystyle\int_0^4 \sqrt{1 + \frac{1}{4x}} dx$ **的曲线**.

35. **一个有理函数** 求一个二次多项式,它满足 $P(0) = 1, P'(0) = 0,$ 且 $\displaystyle\int \frac{P(x)}{x^3(x-1)^2} dx$ 是一个有理函数.

36. **为学而写** 不求两积分的值,解释为什么
$$2\int_{-1}^1 \sqrt{1 - x^2} dx = \int_{-1}^1 \frac{dx}{\sqrt{1 - x^2}}.$$

(来源: Peter A. Lindstrom, *Mathematics Magazine*, Vol. 45, No. 1(January 1972), p. 47.)

37. **无穷面积和有穷体积** p 的什么值具有下列性质?夹在曲线 $y = x^{-p}, 1 \leq x < \infty$ 和 x 轴之间的区域的面积是无穷的,但此区域绕 x 轴旋转生成的立体的体积是有穷的.

38. **无穷面积和有穷体积** p 的什么值具有下列性质?第一象限中由曲线 $y = x^{-p}$, y 轴,直线 $x = 1$ 和 x 轴上的区间 $[0,1]$ 围成的区域的面积是无穷的,而该区域绕 x 轴旋转生成的立体的体积是有穷的.

39. **有穷面积**

    T (**a**) 画函数 $f(x) = e^{(x-e^x)}, -5 \leq x \leq 3$ 的图象. (**b**) 证明 $\int_{-\infty}^{\infty} f(x) dx$ 收敛并求它的值.

40. **联系 π 及其近似值 22/7 的积分**

    (**a**) 求积分 $\int_0^1 \frac{x^4(x-1)^4}{x^2+1} dx$. (**b**) 近似值 $\pi \approx 22/7$ 好到什么程度?把 $(\pi - 22/7)$ 表示为 π 的百分比.

    T (**c**) 画函数 $y = \frac{x^4(x-1)^4}{x^2+1}, 0 \leq x \leq 1$ 的图象. 令 y 轴上的值域在 0 和 1 之间,再在 0 和 0.5 之间,再缩小值域的范围,直至图象可以看到,逐次进行实验. 关于曲线下的面积你得到什么结论?

列表积分法

列表积分技术还可应用到形式为 $\int f(x)g(x)dx$ 的积分,其中没有一个函数能够重复求导到零. 例如,为求 $\int e^{2x} \cos x \, dx$ 的值,像以前一样,我们以逐次求 e^{2x} 的导数和 $\cos x$ 的积分开始,并列表:

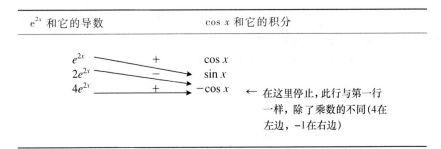

一旦我们达到某一个行跟第一行除去乘数因子外相同时就停止求导和积分. 我们把表解释为

$$\int e^{2x} \cos x \, dx = +(e^{2x} \sin x) - (2e^{2x}(-\cos x)) + \int (4e^{2x})(-\cos x) dx.$$

我们从对角箭头上取有号乘积并对最后水平箭头取有号积分. 把右端的积分移项到左端,得

$$5\int e^{2x} \cos x \, dx = e^{2x} \sin x + 2e^{2x} \cos x$$

或在除以 5 并加上积分常数后得

$$\int e^{2x} \cos x \, dx = \frac{e^{2x} \sin x + 2e^{2x} \cos x}{5} + C.$$

用列表积分法求题 41 - 48 中的积分.

41. $\int e^{2x} \cos 3x \, dx$ 42. $\int e^{3x} \sin 4x \, dx$ 43. $\int \sin 3x \sin x \, dx$ 44. $\int \cos 5x \sin 4x \, dx$

45. $\int e^{ax} \sin bx \, dx$ 46. $\int e^{ax} \cos bx \, dx$ 47. $\int \ln(ax) dx$ 48. $\int x^2 \ln(ax) dx$

Gamma 函数和 Stirling(斯特林) 公式

Euler 的 gamma 函数 $\Gamma(x)$ ("x 的 gamma"; Γ 是与 g 对应的大写希腊字母) 用一个积分把阶乘函数从非负整数推广到其它实数值. 公式是

$$\Gamma(x) = \int_0^\infty t^{x-1} e^{-t} dt, \quad x > 0.$$

对于每个正数 x, 数 $\Gamma(x)$ 是 $t^{x-1}e^{-t}$ 对于 t 从 0 到 ∞ 的积分. 图 7.21 显示 Γ 在原点附近的图象. 如果你做了第 12 章的附加题 31, 你将会了解如何求 $\Gamma(1/2)$.

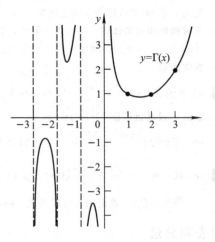

图 7.21 $\Gamma(x)$ 是 x 的连续函数, 它在每个正整数 $n+1$ 的值是 $n!$. 对 Γ 的定积分公式仅对 $x>0$ 有效, 但是我们可以用公式 $\Gamma(x) = \dfrac{\Gamma(x+1)}{x}$ 把 Γ 延拓到负的非整数值 x, 这是题 49 的主题.

49. 如果 n 是非负整数, $\Gamma(n+1) = n!$

　(a) 证明 $\Gamma(1) = 1$.

　(b) 再对 $\Gamma(x+1)$ 施以分部积分, 证明
$$\Gamma(x+1) = x\Gamma(x).$$

这就给出
$$\Gamma(2) = 1\Gamma(1) = 1$$
$$\Gamma(3) = 2\Gamma(2) = 2$$
$$\Gamma(4) = 3\Gamma(3) = 6$$
$$\vdots$$
$$\Gamma(n+1) = n\Gamma(n) = n! \quad (1)$$

　(c) 用数学归纳法对每个非负整数 n 验证等式 (1).

50. Stirling 公式 苏格兰数学家 James Stirling(1692 - 1770) 证明了
$$\lim_{x \to \infty} \left(\frac{e}{x}\right)^x \sqrt{\frac{x}{2\pi}} \Gamma(x) = 1,$$

于是对于大的 x,
$$\Gamma(x) = \left(\frac{x}{e}\right)^x \sqrt{\frac{2\pi}{x}} (1 + \varepsilon(x)), \quad \varepsilon(x) \to 0 (x \to \infty). \quad (2)$$

取消 $\varepsilon(x)$, 导致逼近
$$\Gamma(x) \approx \left(\frac{x}{e}\right)^x \sqrt{\frac{2\pi}{x}} \quad (\text{Stirling 公式}). \quad (3)$$

　(a) **对于 $n!$ 的 Stirling 逼近**　用近似公式 (3) 和 $n! = n\Gamma(n)$ 这个事实证明
$$n! \approx \left(\frac{n}{e}\right)^n \sqrt{2n\pi} \quad (\text{Stirling 逼近}) \quad (4)$$

如果你做了 8.1 节的题 64, 你会了解近似公式 (4) 导致
$$\sqrt[n]{n!} \approx \frac{n}{e}. \quad (5)$$

　(b) 比较你对 $n!$ 用计算器算出的值和由 Stirling 逼近给出的值, 取 $n = 10, 20, 30, \cdots$, 直至你的计算器能运行.

　(c) 等式 (2) 的一个精细化给出
$$\Gamma(x) = \left(\frac{x}{e}\right)^x \sqrt{\frac{2\pi}{x}} e^{\frac{1}{(12x)}} (1 + \varepsilon(x)), \quad \text{或} \quad \Gamma(x) \approx \left(\frac{x}{e}\right)^x \sqrt{\frac{2\pi}{x}} e^{\frac{1}{(12x)}},$$

它告诉我们
$$n! \approx \left(\frac{n}{e}\right)^n \sqrt{2n\pi}\, e^{\frac{1}{(12x)}}. \quad (6)$$

比较你的计算器给出的 10! 的值, Stirling 近似值和等式 (6).

无穷级数

概述 无穷级数的求和这一无穷过程困惑数学家长达几个世纪. 有时一个无穷级数的项之和是一个数, 比如

$$\frac{1}{2} + \frac{1}{4} + \frac{1}{8} + \frac{1}{16} + \cdots = 1.$$

(你可以通过累加右图中的单位正方形无穷次平分所得的面积看出这一事实.) 而有时无穷和是无穷大, 比如

$$\frac{1}{1} + \frac{1}{2} + \frac{1}{3} + \frac{1}{4} + \frac{1}{5} + \cdots = \infty$$

(尽管这远非显然), 还可能无穷和无从谈起, 比如

$$1 - 1 + 1 - 1 + 1 - 1 + \cdots.$$

(是 0?, 是 1?, 或别的什么?)

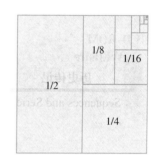

不过, 像 Euler 和 Laplace 等数学家成功使用无穷级数推导出以前难以接受的结果. 拉普拉斯使用无穷级数证明太阳系的稳定性(虽然至今这并未打消某些人对这件事的顾虑, 因为他们感到"太多"行星运行到太阳的同一侧). 若干年后细心的分析学者像 Cauchy 建立了级数计算的理论基础, 促使许多数学家(包括 Laplace)回到书桌前核对他们的结果.

无穷级数是一个威力强大的工具的基础, 这个工具使我们能把许多函数表示成"无穷多项式", 并告诉我们把它截断成有限多项式时带来多少误差. 这些无穷多项式(称为幂级数)不仅提供了可微函数的有效的多项式逼近, 而且还有许多其它应用. 我们还要考察如何利用三角函数项无穷级数, 称为傅里叶级数, 表示在科学和工程应用中使用的重要函数. 无穷级数提供一个有效的手段计算非初等积分的值, 并求解洞察热流, 振动, 化学扩散和信号传输的微分方程. 你在本章学到的内容将为各类函数的级数在科学和数学中扮演的角色搭建好舞台.

8.1 数列的极限

定义和记号 • 收敛和发散 • 序列极限的计算 • L'Hôpital 法则的应用 • 常见极限

粗略地说,一个序列是事物的有序列表,而在本章,所谓的事物通常是数. 我们以前曾遇到序列,像由 Newton 法产生的序列. 以后我们考虑含 x 的幂的序列和含像 $\sin x, \cos x, \sin 2x, \cos 2x, \cdots, \sin nx, \cos nx, \cdots$ 这样的三角函数项的序列. 一个中心问题是序列有无极限.

定义和记号

我们可以通过为每个位置指定一个倍数而把 3 的整倍数列表:

$$\begin{array}{cccccc} \text{定义域}: & 1 & 2 & 3 & \cdots & n & \cdots \\ & \downarrow & \downarrow & \downarrow & & \downarrow & \\ \text{值域}: & 3 & 6 & 9 & & 3n & \end{array}$$

第一个数是 3,第二个数是 6,第三个数是 9,等等. 指定是一个函数,它把 $3n$ 指定给第 n 个位置. 这体现了构造序列的基本思想. 即存在一个函数,它把值域中的每个数放在其正确的排好序的位置上.

> **定义 1 序列**
> 数的无穷序列是一个函数,它的定义域是大于或等于某个整数 n_0 的整数集.

n_0 通常是 1,而定义域是正整数集. 但有时我们要从其它地方开始序列. 当开始 Newton 方法时我们取 $n_0 = 0$. 而当定义 n-边形序列时我们取 $n_0 = 3$.

序列用和其它函数一样的方式定义. 一些典型的对应规则是

$$a(n) = \sqrt{n}, \quad a(n) = (-1)^{n+1}\frac{1}{n}, \quad a(n) = \frac{n-1}{n}$$

(例 1 和图 8.1). 为暗示定义域是整数集,我们使用字母表中间的字母像 n 表示自变量,代替其它场合广泛使用的 x, y, z 和 t. 不过,像上述那些定义对应规则的公式时常对比正整数集更大的范围仍有效. 我们将会看到这是有益的. 数 $a(n)$ 是**第 n 项**,或指标为 n 的项. 若 $a(n) = (n-1)/n$,我们有:

8.1 数列的极限

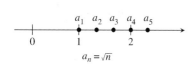
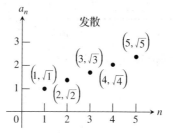

(a) 项 $a_n = \sqrt{n}$ 可以超过任一整数, 于是序列 $\{a_n\}$ 发散.

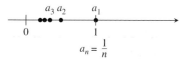
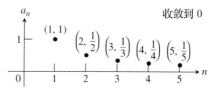

(b) 而项 $a_n = 1/n$ 当 n 增加时稳定减少并任意接近于零, 于是序列 $\{a_n\}$ 收敛到零.

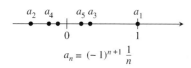
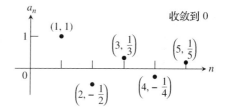

(c) 项 $a_n = (-1)^{n+1}(1/n)$ 符号交替, 但仍收敛到零.

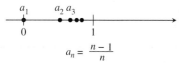
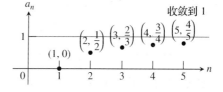

(d) 项 $a_n = (n-1)/n$ 当 n 增加时稳定趋向并任意接近于 1, 从而序列 $\{a_n\}$ 收敛到 1.

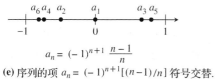
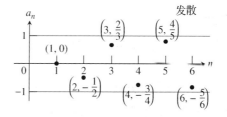

(e) 序列的项 $a_n = (-1)^{n+1}[(n-1)/n]$ 符号交替. 当 n 增加时, 正项趋向于 1, 而负项趋向于 -1, 于是序列 $\{a_n\}$ 发散.

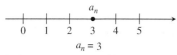
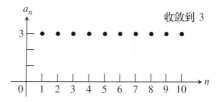

(f) 序列的项 $a_n = 3$ 是常数, 对不同的 n 取同一值, 于是序列 $\{a_n\}$ 收敛到 3.

图 8.1 对例 1 中的序列以两种方式作图. 把 a_n 画在数轴上和把 (n, a_n) 画在坐标平面上.

第一项	第二项	第三项		第 n 项
$a(1) = 0$	$a(2) = \dfrac{1}{2}$,	$a(3) = \dfrac{2}{3}$,	$\cdots$,	$a(n) = \dfrac{n-1}{n}$.

当对 $a(n)$ 用下标记号 a_n，序列写成

$a_1 = 0$	$a_2 = \dfrac{1}{2}$,	$a_3 = \dfrac{2}{3}$,	$\cdots$,	$a_n = \dfrac{n-1}{n}$.

为描述序列，我们往往写出前几项及第 n 项的公式.

例 1（描述序列）

我们写出序列	序列规则的定义
(a) $1, \sqrt{2}, \sqrt{3}, \sqrt{4}, \cdots, \sqrt{n}, \cdots$	$a_n = \sqrt{n}$,
(b) $1, \dfrac{1}{2}, \dfrac{1}{3}, \cdots, \dfrac{1}{n}, \cdots$	$a_n = \dfrac{1}{n}$
(c) $1, -\dfrac{1}{2}, \dfrac{1}{3}, -\dfrac{1}{4}, \cdots, (-1)^{n+1}\dfrac{1}{n}, \cdots$	$a_n = (-1)^{n+1}\dfrac{1}{n}$
(d) $0, \dfrac{1}{2}, \dfrac{2}{3}, \dfrac{3}{4}, \cdots, \dfrac{n-1}{n}, \cdots$	$a_n = \dfrac{n-1}{n}$
(e) $0, -\dfrac{1}{2}, \dfrac{2}{3}, -\dfrac{3}{4}, \cdots, (-1)^{n+1}\left(\dfrac{n-1}{n}\right), \cdots$	$a_n = (-1)^{n+1}\left(\dfrac{n-1}{n}\right)$
(f) $3, 3, 3, \cdots, 3, \cdots$	$a_n = 3$

记号 我们把第 n 项为 a_n 的序列表示成 $\{a_n\}$（"序列 a 加上下标 n"）. 例 1 中第二个序列是 $\{1/n\}$（"序列 n 分之一"）；最后一个序列是 3（"常数序列 3"）.

收敛和发散

正如图 8.1 所指出的，例 1 中序列的变化趋势有几种不同的情况. 一方面，序列 $\{1/n\}$，$\{(-1)^{n+1}(1/n)\}$ 和 $\{(n-1)/n\}$ 中的每一个看来当 n 增加时趋向唯一的极限值，且 $\{3\}$ 从第一项起就取极限值；另一方面，$\{(-1)^{n+1}(n-1)/n\}$ 的项看来集中在两个不同的点 -1 和 1，而 $\{\sqrt{n}\}$ 的项不断增加而不集中在任何地方.

下列定义把当 n 增加时趋向唯一的极限值 L 的序列跟不具备这一性质的序列区分开来.

定义 （收敛，发散，极限）

极限序列 $\{a_n\}$ **收敛**到数 L，如果每个正数 ε，都对应一个整数 N，使得对所有 n：

$$n > N \Rightarrow |a_n - L| < \varepsilon.$$

如果这样的数 L 不存在，我们说 $\{a_n\}$ **发散**.

若 $\{a_n\}$ 收敛到 L，我们记成 $\lim_{n \to \infty} a_n = L$，或简单地记成 $a_n \to L$，并称 L 是序列 $\{a_n\}$ 的**极限**（图 8.2）.

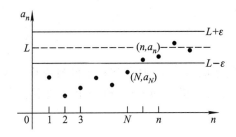

图 8.2 $a_n \to L$, 如果 $y = L$ 是点列 $\{(n, a_n)\}$ 的渐近线. 在本图中, a_N 之后的所有 a_n 位于 L 的 ε 邻域内.

例 2（用定义验证） 证明

(a) $\lim_{n \to \infty} \dfrac{1}{n} = 0$;

(b) $\lim_{n \to \infty} k = k$ （任意常数 k）.

解 （a）任给 $\varepsilon > 0$. 必须指出存在一个整数 N, 使得对所有 n:
$$n > N \Rightarrow \left| \dfrac{1}{n} - 0 \right| < \varepsilon.$$

蕴涵式将成立, 如果 $(1/n) < \varepsilon$ 或 $n > 1/\varepsilon$. 如果 N 是大于 $1/\varepsilon$ 的任一正整数, 那么当 $n > N$ 时, 蕴涵式成立. 这就证明了 $\lim_{n \to \infty} (1/n) = 0$.

(b) 任给 $\varepsilon > 0$. 必须指出存在一个整数 N, 使得对所有 n:
$$n > N \Rightarrow |k - k| < \varepsilon.$$

因为 $k - k = 0$, 对任一正整数 N 蕴涵式都成立. 这就证明了对任一常数 k, $\lim_{n \to \infty} k = k$.

例 3（一个发散序列） 证明 $\{(-1)^{n+1} [(n-1)/n]\}$ 发散.

解 取小于 1 的正数 ε, 那么图 8.3 中在直线 $y = 1$ 和 $y = -1$ 附近的带形区域不相重叠, 对任何 ε 都如此. 如收敛到 1 将需要超过某一指标 N 的图中的点落在上面的带形内, 但这不会方发生, 一旦一个点 (n, a_n) 落在上面的带形内, 从 $(n+1, a_{n+1})$ 开始每隔一个都要落在下面的带形内, 因此序列不会收敛到 1; 同样, 它也不会收敛到 -1. 另外, 因为序列的项交替地接近 1 和 -1, 决不集中在任何其它值附近. 因此, 序列发散.

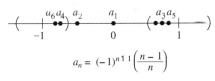

$$a_n = (-1)^{n+1} \left(\dfrac{n-1}{n} \right)$$

既没有围绕 1 的 ε-区间也没有围绕 -1 的 ε-区间包含满足 $n \geqslant N$ (对某个 N) 的所有 a_n

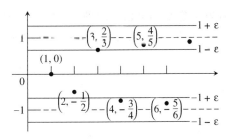

图 8.3 序列 $\{(-1)^{n+1}[(n-1)/n]\}$ 发散.

序列 $\{(-1)^{n+1}[(n-1)/n]\}$ 与序列 $\{\sqrt{n}\}$ 是不同的, 后者是因超越任一个实数而发散, 可描述序列 $\{\sqrt{n}\}$:
$$\lim_{n \to \infty} (\sqrt{n}) = \infty.$$

在谈论一个序列 $\{a_n\}$ 的极限是无穷时, 并不意味 a_n 和无穷之差随 n 增加变得小. 我们只是说

随 n 增加 a_n 的绝对值无限增大.

序列极限的计算

如果必须用定义回答有关收敛的每一个问题,那极限的研究将使人不堪重负.幸亏有三个定理使这大可不必.基于我们前面关于极限的工作,第一个定理不会令人感到惊奇.我们省去证明.

定理 1　序列极限定律

设 $\{a_n\}$ 和 $\{b_n\}$ 是实数序列,A 是 B 是实数.若 $\lim_{n\to\infty} a_n = A$ 和 $\lim_{n\to\infty} b_n = B$,则下列规则成立.

1. 和法则：$\qquad \lim_{n\to\infty}(a_n + b_n) = A + B$
2. 差法则：$\qquad \lim_{n\to\infty}(a_n - b_n) = A - B$
3. 积法则：$\qquad \lim_{n\to\infty}(a_n \cdot b_n) = A \cdot B$
4. 常倍数法则：$\quad \lim_{n\to\infty}(k \cdot b_n) = k \cdot B$ （任意数 k）
5. 商法则：$\qquad \lim_{n\to\infty} \dfrac{a_n}{b_n} = \dfrac{A}{B} \quad$ 若 $B \neq 0$

例 4 (利用极限定律)　组合定理 1 和例 2 中的结果,我们有

(a) $\lim\limits_{n\to\infty}\left(-\dfrac{1}{n}\right) = -1 \cdot \lim\limits_{n\to\infty} \dfrac{1}{n} = -1 \cdot 0 = 0$

(b) $\lim\limits_{n\to\infty}\left(\dfrac{n-1}{n}\right) = \lim\limits_{n\to\infty}\left(1 - \dfrac{1}{n}\right) = \lim\limits_{n\to\infty} 1 - \lim\limits_{n\to\infty} \dfrac{1}{n} = 1 - 0 = 1$

(c) $\lim\limits_{n\to\infty} \dfrac{5}{n^2} = 5 \cdot \lim\limits_{n\to\infty} \dfrac{1}{n} \cdot \lim\limits_{n\to\infty} \dfrac{1}{n} = 5 \cdot 0 \cdot 0 = 0$

(d) $\lim\limits_{n\to\infty} \dfrac{4 - 7n^6}{n^6 + 3} = \lim\limits_{n\to\infty} \dfrac{(4/n^6) - 7}{1 + (3/n^6)} = \dfrac{0 - 7}{1 + 0} = -7.$

例 5 (发散级数的常倍数发散)　发散序列 $\{a_n\}$ 的非零倍数发散.如若不然,则对某一数 $c \neq 0$,$\{ca_n\}$ 收敛.那么在定理 1 的常倍数规则里取 $k = 1/c$,我们看出序列

$$\left\{\dfrac{1}{c} \cdot ca_n\right\} = \{a_n\}$$

收敛.这样,$\{ca_n\}$ 不能收敛,除非 $\{a_n\}$ 也收敛.即若 $\{a_n\}$ 不收敛,则 $\{ca_n\}$ 不收敛.

要求你在题 69 中证明下列定理.

定理 2　序列的夹逼定理

设 $\{a_n\}$,$\{b_n\}$ 和 $\{c_n\}$ 是实数序列.若对超过某一指标 N 的 n,成立 $a_n \leq b_n \leq c_n$,并且 $\lim_{n\to\infty} a_n = \lim_{n\to\infty} c_n = L$,则也有 $\lim_{n\to\infty} b_n = L$.

定理 2 的一个直接推论是：若 $|b_n| \leq c_n$ 且 $c_n \to 0$,则由 $-c_n \leq b_n \leq c_n$ 得 $b_n \to 0$.下例中我们将利用这个事实.

例 6(使用夹逼定理) $1/n \to 0$,

(**a**) 由 $\left|\dfrac{\cos n}{n}\right| = \dfrac{|\cos n|}{n} \leqslant \dfrac{1}{n}$ 得 $\dfrac{\cos n}{n} \to 0$

(**b**) 由 $\dfrac{1}{2^n} \leqslant \dfrac{1}{n}$ 得 $\dfrac{1}{2^n} \to 0$

(**c**) 由 $\left|(-1)^n \dfrac{1}{n}\right| \leqslant \dfrac{1}{n}$ 得 $(-1)^n \dfrac{1}{n} \to 0$.

定理 1 和定理 2 的应用通过下述定理而扩大,该定理说作用一个连续函数到一个收敛序列得到收敛序列. 我们叙述这个定理而不予证明(题 70).

> **定理 3** 序列的连续函数定理
> 设 $\{a_n\}$ 是一个实数序列. 若 $a_n \to L$,且 f 是一个在 L 连续并对所有 a_n 定义的函数,则 $f(a_n) \to f(L)$.

例 7(应用定理 3) 证明 $\sqrt{(n+1)/n} \to 1$.

解 我们已知 $(n+1)/n \to 1$. 在定理 3 中令 $f(x) = \sqrt{x}$ 和 $L = 1$ 即得出 $\sqrt{(n+1)/n} \to \sqrt{1} = 1$.

例 8(序列 $\{2^{1/n}\}$) 序列 $\{1/n\}$ 收敛到 0. 在定理 3 中取 $a_n = 1/n, f(x) = 2^x$ 和 $L = 0$,我们看到 $2^{1/n} = f(1/n) \to f(L) = 2^0 = 1$. 序列收敛到 1(图 8.4).

L'Hôpital 法则的应用

下一个定理使我们能够使用 L'Hôpital 法则求某些序列的极限. 它使一个函数(通常是可微的)的值同一个给定序列的值相匹配.

> **定理 4**
> 假定 $f(x)$ 是一个对所有 $x \geqslant n_0$ 有定义的函数,而 $\{a_n\}$ 是一个对 $n \geqslant n_0$ 满足 $a_n = f(n)$ 的实数序列. 则
> $$\lim_{x \to \infty} f(x) = L \Rightarrow \lim_{n \to \infty} a_n = L.$$

例 9(使用 L'Hôpital 法则) 证明
$$\lim_{n \to \infty} \frac{\ln n}{n} = 0.$$

解 函数 $(\ln x)/x$ 对所有 $x \geqslant 1$ 定义,并对所有正整数同给定序列重合. 根据定理 4,$\lim_{n \to \infty}(\ln n)/n$ 将等于 $\lim_{x \to \infty}(\ln x)/x$,只要后者存在. 用一次洛必达法则即得
$$\lim_{x \to \infty} \frac{\ln x}{x} = \lim_{x \to \infty} \frac{1/x}{1} = \frac{0}{1} = 0.$$
于是 $\lim_{n \to \infty}(\ln n)/n = 0$.

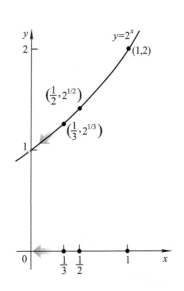

图 8.4 当 $n \to \infty$ 时 $1/n \to 0$,而 $2^{1/n} \to 2^0$.

当我们使用 L'Hôpital 法则求序列极限时，常常把 n 看作连续实变量，并直接对 n 微分. 像例 9 所做的那样，不必重写 a_n 的公式.

例 10（使用 L'Hôpital 法则） 求 $\lim\limits_{n\to\infty}\dfrac{2^n}{5n}$.

解 根据 L'Hôpital 法则（直接对 n 微分），
$$\lim_{n\to\infty}\frac{2^n}{5n} = \lim_{n\to\infty}\frac{2^n\cdot\ln 2}{5} = \infty.$$

定理 4 的证明 假定 $\lim_{x\to\infty}f(x) = L$. 则对每个正数 ε 存在数 M，使得对所有 x，
$$x > M \Rightarrow |f(x) - L| < \varepsilon.$$
令 N 是一个大于 M 且大于或等于 n_0 的整数. 则
$$n > N \Rightarrow a_n = f(n) \quad 并且 \quad |a_n - L| = |f(n) - L| < \varepsilon. \qquad \square$$

例 11（应用 L'Hôpital 法则确定收敛性） 第 n 项为
$$a_n = \left(\frac{n+1}{n-1}\right)^n$$
的序列是否收敛？如果收敛，求 $\lim_{n\to\infty}a_n$.

解 这个极限归结为不定型 1^∞. 如果首先取 a_n 的自然对数把它变换为形式 $0\cdot\infty$，就可应用 L'Hôpital 法则：
$$\ln a_n = \ln\left(\frac{n+1}{n-1}\right)^n = n\ln\left(\frac{n+1}{n-1}\right).$$
于是
$$\begin{aligned}
\lim_{n\to\infty}\ln a_n &= \lim_{n\to\infty} n\ln\left(\frac{n+1}{n-1}\right) &&\infty\cdot 0 \\
&= \lim_{n\to\infty}\frac{\ln\left(\dfrac{n+1}{n-1}\right)}{1/n} &&\frac{0}{0} \\
&= \lim_{n\to\infty}\frac{-2/(n^2-1)}{-1/n^2} &&\text{L'Hôpital 法则} \\
&= \lim_{n\to\infty}\frac{2n^2}{n^2-1} = 2.
\end{aligned}$$
因为 $\ln a_n \to 2$ 和 $f(x) = e^x$ 是连续的，定理 3 告诉我们
$$a_n = e^{\ln a_n} \to e^2.$$
即序列 $\{a_n\}$ 收敛到 e^2.

常见极限

表 8.1 所列的都是常见极限，第一个极限来自例 9. 后两个可通过代入对数函数和应用定理 3 求证（题 67 和 68）. 保留的证明见附录 7.

例 12（用表 8.1 求极限）

(**a**) $\dfrac{\ln(n^2)}{n} = \dfrac{2\ln n}{n} \to 2\cdot 0 = 0$ 　　　公式 1

(b) $\sqrt[n]{n^2} = n^{2/n} = (n^{1/n})^2 \to (1)^2 = 1$ 公式 2

(c) $\sqrt[n]{3n} = 3^{1/n}(n^{1/n}) \to 1 \cdot 1 = 1$ 公式 3 中令 $x = 3$ 和公式 2

(d) $\left(-\dfrac{1}{2}\right)^n \to 0$ 公式 4 中令 $x = -\dfrac{1}{2}$

(e) $\left(\dfrac{n-2}{n}\right)^n = \left(1 + \dfrac{-2}{n}\right)^n \to e^{-2}$ 公式 5 中令 $x = -2$

(f) $\dfrac{100^n}{n!} \to 0$ 公式 6 中令 $x = 100$

表 8.1 常见极限

1. $\lim\limits_{n \to \infty} \dfrac{\ln n}{n} = 0$ 2. $\lim\limits_{n \to \infty} \sqrt[n]{n} = 1$

3. $\lim\limits_{n \to \infty} x^{1/n} = 1 \quad (x > 0)$ 4. $\lim\limits_{n \to \infty} x^n = 0 \quad (|x| < 1)$

5. $\lim\limits_{n \to \infty} \left(1 + \dfrac{x}{n}\right)^n = e^x \quad$ 任何 x 6. $\lim\limits_{n \to \infty} \dfrac{x^n}{n!} = 0 \quad$ 任何 x

公式 (3) ~ (6) 中,当 $n \to \infty$ 时, x 保持固定

习题 8.1

求序列的项

题 1 ~ 4 给出序列 $\{a_n\}$ 的第 n 项 a_n 的公式,求 a_1, a_2, a_3 和 a_4 的值.

1. $a_n = \dfrac{1-n}{n^2}$ 2. $a_n = \dfrac{1}{n!}$ 3. $a_n = \dfrac{(-1)^{n+1}}{2n-1}$ 4. $a_n = \dfrac{2^n}{2^{n+1}}$

求序列的公式

在题 5 ~ 12 中,求序列第 n 项的公式

5. 序列 $1, -1, 1, -1, \cdots$ 1 带交替的正负符号
6. 序列 $1, -4, 9, -16, 25, \cdots$ 正整数的平方带交替的正负符号
7. 序列 $0, 3, 8, 15, 24, \cdots$ 正整数的平方减 1
8. 序列 $-3, -2, -1, 0, 1 \cdots$ 从 -3 开始的整数
9. 序列 $1, 5, 9, 13, 17, \cdots$ 相隔一个的奇整数
10. 序列 $2, 6, 10, 14, 118, \cdots$ 相隔一个的偶整数
11. 序列 $1, 0, 1, 0, 1, \cdots$ 1 和 0 交替
12. 序列 $0, 1, 1, 2, 2, 3, 3, 4,$ 每个正整数重复

求极限

题 13 ~ 56 中哪些序列收敛?哪些序列发散?求收敛序列的极限.

13. $a_n = 2 + (0.1)^n$ 14. $a_n = \dfrac{n + (-1)^n}{n}$ 15. $a_n = \dfrac{1-2n}{1+2n}$

16. $a_n = \dfrac{1 - 5n^4}{n^4 + 8n^3}$　　17. $a_n = \dfrac{n^2 - 2n + 1}{n - 1}$　　18. $a_n = \dfrac{n + 3}{n^2 + 5n + 6}$

19. $a_n = 1 + (-1)^n$　　20. $a_n = (-1)^n \left(1 - \dfrac{1}{n}\right)$　　21. $a_n = \left(\dfrac{n + 1}{2n}\right)\left(1 - \dfrac{1}{n}\right)$

22. $a_n = \dfrac{(-1)^{n+1}}{2n - 1}$　　23. $a_n = \sqrt{\dfrac{2n}{n + 1}}$　　24. $a_n = \sin\left(\dfrac{\pi}{2} + \dfrac{1}{n}\right)$

25. $a_n = \dfrac{\sin n}{n}$　　26. $a_n = \dfrac{\sin^2 n}{2^n}$　　27. $a_n = \dfrac{n}{2^n}$

28. $a_n = \dfrac{\ln(n - 1)}{\sqrt{n}}$　　29. $a_n = \dfrac{\ln n}{n^{1/n}}$　　30. $a_n = \ln n - \ln(n + 1)$

31. $a_n = \left(1 + \dfrac{7}{n}\right)^n$　　32. $a_n = \left(1 - \dfrac{1}{n}\right)^n$　　33. $a_n = \sqrt[n]{10n}$

34. $a_n = \sqrt[n]{n^2}$　　35. $a_n = \left(\dfrac{3}{n}\right)^{1/n}$　　36. $a_n = (n + 4)^{1/(n+4)}$

37. $a_n = \sqrt[n]{4^n n}$　　38. $a_n = \sqrt[n]{3^{2n+1}}$　　39. $a_n = \dfrac{n!}{n^n}$　（提示：同 $1/n$ 比较）

40. $a_n = \dfrac{(-4)^n}{n!}$　　41. $a_n = \dfrac{n!}{10^{6n}}$　　42. $a_n = \dfrac{n!}{2^n \cdot 3^n}$

43. $a_n = \left(\dfrac{1}{n}\right)^{1/(\ln n)}$　　44. $a_n = \ln\left(1 + \dfrac{1}{n}\right)^n$　　45. $a_n = \left(\dfrac{3n + 1}{3n - 1}\right)^n$

46. $a_n = \left(\dfrac{n}{n + 1}\right)^n$　　47. $a_n = \left(\dfrac{x^n}{2n + 1}\right)^{1/n},\ x > 0$　　48. $a_n = \left(1 - \dfrac{1}{n^2}\right)^n$

49. $a_n = \dfrac{3^n \cdot 6^n}{2^{-n} \cdot n!}$　　50. $a_n = \dfrac{n^2}{2n - 1}\sin\dfrac{1}{n}$　　51. $a_n = \tan^{-1} n$

52. $a_n = \dfrac{1}{\sqrt{n}}\tan^{-1} n$　　53. $a_n = \left(\dfrac{1}{3}\right)^n + \dfrac{1}{\sqrt{2^n}}$　　54. $a_n = \sqrt[n]{n^2 + n}$

55. $a_n = \dfrac{(\ln n)^5}{\sqrt{n}}$　　56. $a_n = n - \sqrt{n^2 - n}$

极限的计算器探究

在题 57～60 中,作以下实验:用计算器求使不等式对所有 $n > N$ 成立的 N. 假设下述不等式是由序列极限形式所定义,每个题中的序列是什么?它的极限是多少?

57. $\left|\sqrt[n]{0.5} - 1\right| < 10^{-3}$　　58. $\left|\sqrt[n]{n} - 1\right| < 10^{-3}$

59. $(0.9)^n < 10^{-3}$　　60. $(2^n/n!) < 10^{-7}$

理论和例子

61. 一个有理数序列描述如下：

$$\dfrac{1}{1}, \dfrac{3}{2}, \dfrac{7}{5}, \dfrac{17}{12}, \cdots, \dfrac{a}{b}, \dfrac{a + 2b}{a + b}, \cdots$$

这里分子形成一个序列,分母形成一个序列,而它们的比值形成第三个序列. 设 x_n 和 y_n 分别是分数 $r_n = x_n/y_n$ 的分子和分母.

(a) 验证 $x_1^2 - 2y_1^2 = -1, x_2^2 - 2y_2^2 = +1$,更一般地,若 $a^2 - 2b^2 = -1$ 或 $+1$,则分别有

$$(a + 2b)^2 - 2(a + b)^2 = +1 \quad \text{或} \quad -1$$

(b) 当 n 增加时,分数 $r_n = x_n/y_n$ 趋于一个极限. 极限是多少?（提示：利用(a)证明 $r_n^2 - 2 = \pm(1/y_n)^2$ 和 y_n 不小于 n.）

62. (a) 假设 $f(x)$ 对 $[0,1]$ 中的所有 x 可微并且 $f(0) = 0$. 由 $a_n = nf(1/n)$ 定义序列 $\{a_n\}$. 证明 $\lim_{n \to \infty} a_n = f'(0)$. 利用(a)的结果,求下列序列 $\{a_n\}$ 的极限.

习题 8.1

(**b**) $a_n = n \tan^{-1} \dfrac{1}{n}$ (**c**) $a_n = n(e^{1/n} - 1)$ (**d**) $a_n = n \ln\left(1 + \dfrac{2}{n}\right)$

63. 毕达哥拉斯三元组 三个正整数合称为毕达哥拉斯三元组,如果 $a^2 + b^2 = c^2$. 设 a 是奇正整数,并令

$$b = \left\lfloor \frac{a^2}{2} \right\rfloor \quad \text{和} \quad c = \left\lceil \frac{a^2}{2} \right\rceil$$

分别是 $a^2/2$ 的下整数部分和上整数部分.

(**a**) 证明 $a^2 + b^2 = c^2$ (**提示**:令 $a = 2n + 1$ 并用 n 表示 b 和 c.)

(**b**) 通过直接计算或借助图形,求

$$\lim_{a \to \infty} \left\lfloor \frac{a^2}{2} \right\rfloor \bigg/ \left\lceil \frac{a^2}{2} \right\rceil$$

64. $n!$ 的 n 次根

(**a**) 证明 $\lim_{n \to \infty} (2n\pi)^{1/(2n)} = 1$,并利用 Stirling 逼近(见第 7 章)证明

$$\sqrt[n]{n!} \approx \frac{n}{e} \quad \text{对大数值的 } n.$$

(**b**) 在你的计算器允许范围内对 $n = 40, 50, 60, \cdots$ 验证(a)中的逼近.

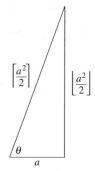

第63题图

65. (**a**) 假定对任意正数 c, $\lim_{n \to \infty} (1/n^c) = 0$,证明对任意正数 c,

$$\lim_{n \to \infty} \frac{\ln n}{n^c} = 0$$

(**b**) 证明对任意正数 c 有 $\lim_{n \to \infty} (1/n^c) = 0$. (**提示**:若 $\varepsilon = 0.001$ 而 $c = 0.04$,为保证 $|1/n^c - 0| < \varepsilon$ 当 $n > N$ 时成立,N 有多大?)

66. 拉链定理 证明序列的"拉链定理":若 $\{a_n\}$ 和 $\{b_n\}$ 都收敛到 L,则序列

$$a_1, b_1, a_2, b_2, \cdots, a_n, b_n, \cdots$$

也收敛到 L.

67. 证明 $\lim_{n \to \infty} \sqrt[n]{n} = 1$.

68. 证明 $\lim_{n \to \infty} x^{1/n} = 1 (x > 0)$.

69. 证明定理 2.

70. 证明定理 3.

71. 收敛序列的项变得任意接近 证明:若 $\{a_n\}$ 是一个收敛序列,则任意正数 ε 对应一个整数 N,使得对所有 m 和 n,

$$m > N \text{ 和 } n > N, \quad |a_m - a_n| < \varepsilon.$$

72. 极限的唯一性 证明序列的极限是唯一的. 即证明若两数 L_1 和 L_2 使得 $a_n \to L_1$ 和 $a_n \to L_2$,则 $L_1 = L_2$.

73. 证明数列 $\{a_n\}$ 收敛于 0 当且仅当其绝对值数列 $\{|a_n|\}$ 收敛于 0.

74. 改进汽车生产 根据华尔街期刊 1992,12 月 15 日一期首页的一篇文章透露,福特汽车公司生产普通汽车的冲压件耗费工时从 1980 年估计的 15 工时下降到了现在的 $7\dfrac{1}{4}$ 工时,而日本仅需用 $3\dfrac{1}{2}$ 工时.

福特自 1980 年以来平均耗时每年减少 6%. 如果保持这个速率,从 1992 年起,第 n 年后福特将用大约

$$S_n = 7.25(0.94)^n$$

小时生产普通汽车的冲压件. 假定日本仍保持每辆汽车用 $3\dfrac{1}{2}$ 小时,几年以后,福特将赶上日本?用两种方法来求:

(**a**) 求序列 S_n 的小于或等于 3.5 的第一项.

T (**b**) 画 $f(x) = 7.25(0.94)^n$ 的图形并使用 Trace 找到图形和直线 $y = 3.5$ 的交点.

计算机探究

寻找收敛和发散的征兆

使用 CAS 对题 75 – 84 中的序列执行下列两个步骤.

(a) 计算并画出序列的前 25 项. 序列显得收敛还是发散? 如果它收敛, 极限 L 是多少?

(b) 如果序列收敛, 求整数 N, 使得对 $n > N$ 有 $|a_n - L| < 0.01$. 为使序列的项进入 L 的 0.0001 邻域, 你必须走多远?

75. $a_n = \sqrt[n]{n}$ 76. $a_n = \left(1 + \dfrac{0.5}{n}\right)^n$ 77. $a_n = \sin n$ 78. $a_n = n \sin \dfrac{1}{n}$

79. $a_n = \dfrac{\sin n}{n}$ 80. $a_n = \dfrac{\ln n}{n}$ 81. $a_n = (0.9999)^n$ 82. $a_n = 123456^{1/n}$

83. $a_n = \dfrac{8^n}{n!}$ 84. $a_n = \dfrac{n^{41}}{19^n}$

8.2 子序列、有界序列和皮卡方法

子序列 • 单调有界序列 • 递归地定义序列 • 求根的皮卡(Picard)方法

本节继续对序列收敛和发散的研究.

子序列

如果一个序列保持其次序出现在另一序列中, 则称第一个序列为第二个序列的**子序列**.

例 1 正整数的子序列

(a) 偶整数子序列: $2, 4, 6, \cdots, 2n, \cdots$

(b) 奇整数子序列: $1, 3, 5, \cdots, 2n, \cdots$

(c) 素数子序列: $2, 3, 5, 7, 11, \cdots$

基于两个理由子序列是重要的:

1. 如果一个序列收敛到 L, 则它的每个子序列收敛到 L. 如果我们知道一个序列收敛, 就可通过考察一个特殊的子序列迅速求得和估计它的极限.

2. 如果一个序列 $\{a_n\}$ 有一个子序列发散, 或者有两个子序列收敛到不同的极限, 则 $\{a_n\}$ 发散. 例如, 序列 $\{(-1)^n\}$ 发散, 因为奇数项序列 $-1, -1, -1, \cdots$ 收敛到 -1, 而偶数项序列 $1, 1, 1, \cdots$ 收敛到 1, 两极限值不同.

子序列还提供观察收敛性的新方法. 一个序列 $\{a_n\}$ 的**尾部**是由一个序列从某个指标 N 开始的项组成的子序列. 换句话说, 一个尾部是由集 $\{a_n | n \geq N\}$ 组成的子序列. 说 $a_n \to L$ 的另一方式是说围绕 L 的每一 ε 区间包含该序列的一个尾部.

注: 一个序列的收敛与发散与该序列的开头无关. 它仅依赖其尾部的状况.

单调有界序列

> **定义 非减,非增,单调序列**
> 一个序列 $\{a_n\}$ 具有对所有 $n, a_n \leqslant a_{n+1}$ 这一性质,则称为非减的;即 $a_1 \leqslant a_2 \leqslant a_3 \leqslant \cdots$. 称它为非增的,如果对所有 $n, a_n \geqslant a_{n+1}$. 如果一个序列是非减的或非增的,则称为是单调的.

CD-ROM
WEBsite
历史传记
Fibonacci
(1170 — 1240)

例 2 单调序列

(**a**) 自然数序列 $1, 2, 3, \cdots, n, \cdots$ 是非减的.

(**b**) 序列 $\dfrac{1}{2}, \dfrac{2}{3}, \dfrac{3}{4}, \cdots, \dfrac{n}{n+1}, \cdots$ 是非减的.

(**c**) 序列 $\dfrac{3}{8}, \dfrac{3}{9}, \dfrac{3}{10}, \cdots, \dfrac{3}{n+7}, \cdots$ 是非增的.

(**d**) 常数序列 $\{3\}$ 既是非减的,也是非增的.

例 3(一个非减序列) 证明序列

$$a_n = \frac{n-1}{n+1}$$

是非减的.

解 (**a**) 我们来证明 $n \geqslant 1, a_n \leqslant a_{n+1}$,即

$$\frac{n-1}{n+1} \leqslant \frac{(n+1)-1}{(n+1)+1}.$$

不等式等价于交叉相乘所得的不等式:

$$\frac{n-1}{n+1} \leqslant \frac{(n+1)-1}{(n+1)+1} \Leftrightarrow \frac{n-1}{n+1} \leqslant \frac{n}{n+2}$$

$$\Leftrightarrow (n-1)(n+2) \leqslant n(n+1)$$

$$\Leftrightarrow n^2 + n - 2 \leqslant n^2 + n$$

$$\Leftrightarrow -2 \leqslant 0.$$

因为 $-2 \leqslant 0$ 成立,有 $a_n \leqslant a_{n+1}$,因此序列 $\{a_n\}$ 是非减的.

(**b**) 证明 $\{a_n\}$ 是非减的另一方法是定义 $f(n) = a_n$ 并验证 $f'(x) \geqslant 0$. 在本例中,$f(n) = (n-1)/(n+1)$,

$$f'(x) = \frac{\mathrm{d}}{\mathrm{d}x}\left(\frac{x-1}{x+1}\right)$$

$$= \frac{(x+1)(1) - (x-1)(1)}{(x+1)^2} \quad \text{商法则}$$

$$= \frac{2}{(x+1)^2} > 0.$$

因此,f 是一个增函数,于是 $f(n+1) \geqslant f(n)$,或 $a_{n+1} \geqslant a_n$.

> **定义** 有上界的,上界,有下界的,下界,有界序列
> 一个序列 $\{a_n\}$ 是**有上界的**,如果存在一个数 M,使得对所有的 $n,a \leqslant M$. 数 M 称为 $\{a_n\}$ 的一个**上界**. 一个序列 $\{a_n\}$ 是**有下界的**,如果存在一个数 m,使得对所有的 $n,a_n \geqslant m$. 数 m 称为 $\{a_n\}$ 的一个**下界**. 如果一个序列 $\{a_n\}$ 既是有上界的,又是有下界的,则 $\{a_n\}$ 是**有界序列**.

例 4 应用有界性定义

(**a**) 序列 $1,2,,3,\cdots,n,\cdots$ 无上界,但有下界 $m = 1$.

(**b**) 序列 $\dfrac{1}{2},\dfrac{2}{3},\dfrac{3}{4},\cdots,\dfrac{n}{n+1}$ 有上界 $M = 1$ 且有下界 $m = \dfrac{1}{2}$.

(**c**) 序列 $-1,2,-3,4,\cdots,(-1)^n n,\cdots$ 既无上界,也无下界.

我们知道并非每个有界序列都收敛,比如序列 $a_n = (-1)^n$ 有界 $(-1 \leqslant a_n \leqslant 1)$ 但发散. 另外,也不是每个单调序列都收敛,比如自然数序列 $1,2,3,\cdots,n,\cdots$ 是单调的,但它发散. 然而,如果一个序列同时是有界的和单调的,则它必定收敛. 这一事实总结在下列定理中.

> **定理 5** 单调序列定理
> 每个单调有界序列是收敛的.

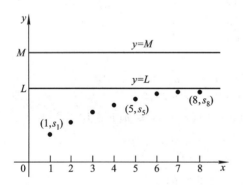

图 8.5 如果一个非减序列的项有一个上界 M,它有一个极限 $L \leqslant M$.

我们不证明定理 5,图 8.5 帮助我们理解为什么它对一个单调不减有上界的序列为真. 因为序列不减又不能走到 M 上方,其项必然集中在某数 $L \leqslant M$ 的附近.

例 5 应用定理 5

(**a**) 非减序列 $\left\{\dfrac{n}{n+1}\right\}$ 是收敛的,因为它有上界 $M = 1$. 事实上,

$$\lim_{n\to\infty} \frac{n}{n+1} = \lim_{n\to\infty} \frac{1}{1+(1/n)}$$
$$= \frac{1}{1+0} = 1,$$

因此序列收敛到 $L = 1$.

(**b**) 非增序列 $\left\{\dfrac{1}{n+1}\right\}$ 有下界 $m = 0$,因此是收敛的. 它收敛到 $L = 0$.

递归地定义序列

前面我们研究的序列都是从 n 的值直接计算每个 a_n. 但序列还经常如下递归地定义,

1. 给定开始一项或几项的值,
2. 给定一个从前面的项计算其后面的项的规则, 该规则称为**递归公式**.

注: 递归公式时常出现在计算机程序中和欧拉方法这类求解微分方程的数值算法中.

注: **阶乘** 记号 $n!$ ("n 的阶乘") 表示从 1 至 n 的整数的乘积 $1 \cdot 2 \cdot 3 \cdot n$. 注意 $(n+1)! = (n+1) \cdot n!$, 于是 $4! = 1 \cdot 2 \cdot 3 \cdot 4 = 24$, 而 $5! = 1 \cdot 2 \cdot 3 \cdot 4 \cdot 5 = 5 \cdot 4! = 120$. 我们定义 $0!$ 为 1, 阶乘增长甚至比指数函数快, 正如下表所显示的.

n	e^n 舍入值	$n!$
1	3	1
5	148	120
10	22026	3628800
20	4.9×10^8	2.4×10^{18}

例 6 递归地构造序列

(a) 语句 $a_1 = 1$ 和 $a_n = a_{n-1} + 1$ 定义正整数序列 $1, 2, 3, \cdots, n, \cdots$. 由 $a_1 = 1$ 我们得 $a_2 = a_1 + 1 = 2, a_3 = a_2 + 1 = 3$, 等等.

(b) 语句 $a_1 = 1$ 和 $a_n = n \cdot a_{n-1}$ 定义阶乘序列 $1, 2, 6, 24, \cdots, n!, \cdots$. 由 $a_1 = 1$, 我们得 $a_2 = 2 \cdot a_1 = 2, a_3 = 3 \cdot a_2 = 6, a_4 = 4 \cdot a_3 = 24$, 等等.

(c) 语句 $a_1 = 1, a_2 = 1$ 和 $a_{n+1} = a_n + a_{n-1}$ 定义 Fibonacci 数的序列. 由 $a_1 = 1$ 和 $a_2 = 1$ 我们得 $a_3 = 1 + 1 = 2, a_4 = 2 + 1 = 3, a_5 = 3 + 2 = 5$, 等等.

(d) 正如我们应用 Newton 法时所看到的, 语句 $x_0 = 1$ 和 $x_{n+1} = x_n - [(\sin x_n - x_n^2) / (\cos x_n - 2x_n)]$ 定义一个序列, 它收敛到方程 $x - x^2 = 0$ 的解.

求根的 Picard 方法

解方程
$$f(x) = 0 \tag{1}$$
的问题等价于解方程
$$g(x) = f(x) + x = x$$
的问题, 后一方程从方程 (1) 两边加 x 得到. 经过这一简单的变换, 我们就使方程 (1) 转化成了在计算机上用威力强大的 **Picard 方法**可解的形式.

CD-ROM
WEBsite
历史传记
Charles Émile Picard
(1856 — 1941)

如果 g 的定义域包含 g 的值域, 我们可以从定义域内任一点 x_0 开始, 重复用 g 作用, 便得到
$$x_1 = g(x_0), \quad x_2 = g(x_1), \quad x_3 = g(x_2), \quad \cdots.$$

在我们即刻要叙述的一些简单的限制之下,由递归公式 $x_{n+1} = g(x_n)$ 产生的序列将收敛到一个满足 $g(x) = x$ 的点 x. 这个点满足方程 $f(x) = 0$,这是因为

$$f(x) = g(x) - x = x - x = 0.$$

满足 $g(x) = x$ 的点称为 g 的**不动点**. 从上面的方程我们看到 g 的不动点正是 f 的根.

例 7(检验 Picard 方法)   解方程 $\frac{1}{4}x + 3 = x$.

解   由代数知解是 $x = 4$. 为应用 Picard 方法,我们取

$$g(x) = \frac{1}{4}x + 3,$$

选择一个出发点,比如 $x_0 = 1$,并计算序列 $x_{n+1} = g(x_n)$ 的前几项. 表 8.2 把结果列成了表. 在第 10 步,得到原方程的解,误差大小小于 3×10^{-6}.

表 8.2   从 $x_0 = 1$ 开始的 $g(x) = (1/4)x + 3$ 的递归迭代 $x_0 = 1$

x_n	$x_{n+1} = g(x_n) = (1/4)x_n + 3$
$x_0 = 1$	$x_1 = g(x_0) = (1/4)(1) + 3 = 3.25$
$x_1 = 3.25$	$x_2 = g(x_1) = (1/4)(3.25) + 3 = 3.8125$
$x_2 = 3.8125$	$x_3 = g(x_2) = 3.953125$
$x_3 = 3.9531\,25$	$x_4 = 3.98828125$
$\vdots$	$x_5 = 3.997070313$
	$x_6 = 3.999267578$
	$x_7 = 3.99816895$
	$x_8 = 3.99954224$
	$x_9 = 3.99988556$
	$x_{10} = 3.99997139$
	$\vdots$

图 8.6 显示解的几何. 我们从 $x_0 = 1$ 开始并计算第一个值 $g(x_0)$. 这成为第二个 x 值 x_1. 第二个 y 值 $g(x_1)$ 成为第三个 x 值 x_2,等等. 这一过程表现为一个路径,它从 $x_0 = 1$ 出发,上移到 $(x_0, g(x_0)) = (x_0, x_1)$,移动到 x_1,再上移到 $(x_1, g(x_1))$,如此下去. 路径收敛到一个点,在这儿 g 的图形和直线 $y = x$ 相交. 在交点处,$g(x) = x$.

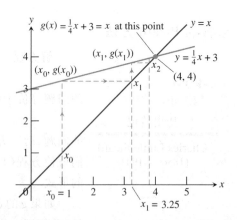

图 8.6   方程 $g(x) = (1/4)x + 3 = x$ 的皮卡解.(例 7)

例 8(使用 Picard 方法)   解方程 $\cos x = x$.

解   我们取 $g(x) = \cos x$,选择 $x_0 = 1$ 作为出发点并使用递归公式 $x_{n+1} = g(x_n)$ 求得

$$x_0 = 1, \quad x_1 = \cos 1, \quad x_2 = \cos(x_1), \cdots$$

在计算器处于弧度模式时,首先键入 1,再重复按余弦

键,我们可以作50步或更多步逼近. 当在显示的小数位数的范围内 $\cos x = x$ 时,显示的数字就不再改变.

你亲自照上面说的试一试. 当你不断取余弦时,递归逼近值交替超过或低于不动点 $x = 0.739085133\cdots$.

从图8.7看到逼近值按这种方式振动,这是因为表示上述过程的路径围绕不动点回旋.

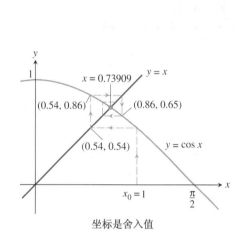

图8.7 从 $x_0 = 1$ 开始的 $\cos x = x$ 的皮卡方法给出的解. (例8)

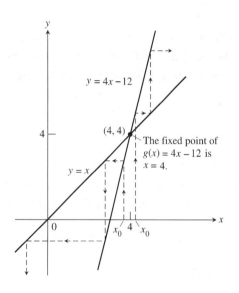

图8.8 对 $g(x) = 4x - 12$ 应用 Picard 方法求不出不动点,除非 x_0 自己是不动点. (例9)

例9(使用 Picard 方法解方程可能失效) Picard 方法不能解方程
$$g(x) = 4x - 12 = x.$$
正如图8.8所表明的,除非 $x_0 = 4$ 是解本身,x_0 的任何选择产生一个离解愈来愈远的发散序列.

例9中的问题症结在于直线 $y = 4x - 12$ 的斜率超过直线 $y = x$ 的斜率1. 反之,例7的过程正常是由于直线 $y = (1/4)x + 3$ 的斜率数量上小于1. 高等微积分的一个定理告诉我们,如果 $g'(x)$ 在一个闭区间 I 连续,I 含有方程 $g(x) = x$ 的一个解,并且在 I 上 $|g'(x)| < 1$,则 x_0 在 I 内部的任一选择都导致一个解.

习题 8.2

求递归定义的序列的项

题1-6的每一个给出序列的一项或两项并随之给出对其余项的递归公式. 写出序列的前10项.

1. $a_n = 1$, $a_{n+1} = a_1(1/2^n)$
2. $a_1 = 1$, $a_{n+1} = a_n/(n+1)$
3. $a_1 = 2$, $a_{n+1} = (-1)^{n+1} a_n/2$
4. $a_1 = 2$, $a_{n+1} = na_n/(n+1)$

5. $a_1 = a_2 = 1$，$a_{n+2} = a_{n+1} + a_n$ 6. $a_1 = 2$，$a_2 = -1$，$a_{n+2} = a_{n+1}/a_n$

T 7. Newton 方法产生的序列　应用到一个可微函数 $f(x)$ 的 Newton 方法，从一个初始值 x_0 开始构造序列 $\{x_n\}$，该序列在适当条件下收敛到 f 的零点. 序列的递归公式是

$$x_{n+1} = x_n - \frac{f(x_n)}{f'(x_n)}.$$

(a) 证明对 $f(x) = x^2 - a$, $a > 0$，递归公式可以写成 $x_{n+1} = (x_n + a/x_n)/2$.

(b) 为学而写　从 $x_0 = 1$ 和 $a = 3$ 开始，计算序列相继各项，直到显示开始重复. 序列逼近什么数? 作出解释.

T 8. (题 7 的继续) 用 $a = 2$ 代替 $a = 3$ 重做题 7 的(b).

T 9. Newton 方法　下列序列来自 Newton 方法的递归公式(见练习 7).

序列是否收敛? 如果收敛，收敛到什么值? 在每个情形，首先识别产生该序列的函数 f.

(a) $x_0 = 1$, $x_{n+1} = x_n - \dfrac{x_n^2 - 2}{2x_n} = \dfrac{x_n}{2} + \dfrac{1}{x_n}$

(b) $x_0 = 1$, $x_{n+1} = x_n - \dfrac{\tan x_n - 1}{\sec^2 x_n}$

(c) $x_0 = 1$, $x_{n+1} = x_n - 1$

T 10. $\pi/2$ 的递归定义　如果你从 $x_1 = 1$ 开始，按照规则 $x_n = x_{n-1} + \cos x_{n-1}$ 定义后续的项，就会得到一个迅速收敛到 $\pi/2$ 的一个序列.

(a) 试一试.

(b) 利用右图解释为什么收敛如此迅速.

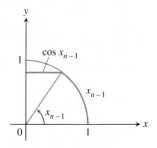

第 10 题图

理论和例子

在题 11 - 14 中，确定序列是否是非减的以及是否是有上界的.

11. $a_n = \dfrac{3n+1}{n+1}$　　12. $a_n = \dfrac{(2n+3)!}{(n+1)!}$

13. $a_n = \dfrac{2^n 3^n}{n!}$　　14. $a_n = 2 - \dfrac{2}{n} - \dfrac{1}{2^n}$

在题 15 - 24 中，哪些序列收敛? 哪些序列发散? 给出你的回答的理由.

15. $a_n = 1 - \dfrac{1}{n}$　　16. $a_n = n - \dfrac{1}{n}$　　17. $a_n = \dfrac{2^n - 1}{2^n}$

18. $a_n = \dfrac{2^n - 1}{3^n}$　　19. $a_n = ((-1)^n + 1)\left(\dfrac{n+1}{n}\right)$

20. 一个序列的第一项是 $x_1 = \cos(1)$. 下一项 $x_2 = x_1$ 或 $x_2 = \cos(2)$，视哪个大而定，而 $x_3 = x_2$ 或 $x_2 = \cos(3)$，视哪个大而定. 一般地

$$x_{n+1} = \max\{x_n, \cos(n+1)\}.$$

21. $a_n = \dfrac{n+1}{n}$　　22. $a_n = \dfrac{1 + \sqrt{2n}}{\sqrt{n}}$

23. $a_n = \dfrac{1 - 4^n}{2^n}$　　24. $a_n = \dfrac{4^{n+1} + 3^n}{4^n}$

25. **极限和子序列**　证明如果一个序列 $\{a_n\}$ 的两个子序列有不同的极限 $L_1 \neq L_2$，则 $\{a_n\}$ 发散.

26. **奇和偶指标**　对一个序列 $\{a_n\}$，带偶指标的项表示为 a_{2k}，带奇指标的项表示为 a_{2k+1}. 证明若 $a_{2k} \to L$，且 $a_{2k+1} \to L$，则 $a_n \to L$.

Picard 方法

使用 Picard 方法解题 27 - 32 中的方程.

27. $\sqrt{x} = x$ **28.** $x^2 = x$ **29.** $\cos x + x = 0$

30. $\cos x = x + 1$ **31.** $x - \sin x = 0.1$ **32.** $\sqrt{x} = 4 - \sqrt{1+x}$ (提示:两边先取平方)

33. 使用 Picard 方法解方程 $\sqrt{x} = x$,可求得解 $x = 1$,但求不出解 $x = 0$.为什么?(提示:同时画出 $y = x$ 和 $y = \sqrt{x}$ 的图形.)

34. 从 $|x_0| \neq 1$ 出发使用 Picard 方法解方程 $x^2 = x$ 可求得解 $x = 1$,但求不出解 $x = 0$.为什么?(提示:同时画出 $y = x^2$ 和 $y = x$ 的图形.)

计算机探究

考察递归定义的序列的收敛性

使用 CAS 对题 35 和 36 中的序列执行下列步骤.

(a) 计算并随后画出序列的头 25 项.序列是否显得有上界或有下界?如果它收敛,极限 L 是多少?

(b) 如果序列收敛,求整数 N,使得对有 $n \geq N$, $|a_n - L| \leq 0.01$. 从什么地方往后,序列的项距离 L 小于 0.0001?

35. $a_n = 1$, $a_{n+1} = a_n + \dfrac{1}{5^n}$ **36.** $a_1 = 1$, $a_{n+1} = a_n + (-2)^n$

37. 复利息存款和提款 如果你投资数量为 A_0,固定年利率为 r,每年分 m 次计算复利,在每个复利周期末在帐户中追加一个固定数量 b(或从帐户取出,如果 $b < 0$),则在 $n+1$ 个复利周期后你的资金总额是

$$A_{n+1} = \left(1 + \frac{r}{m}\right)A_n + b. \tag{2}$$

(a) 如果 $A_0 = 1000, r = 0.02015, m = 12$,而 $b = 50$,计算并画出头 100 个点 (n, A_n).在第 5 年末你的帐户中的钱有多少?$\{A_n\}$ 是否收敛?$\{A_n\}$ 是否有界?

(b) 对 $A_0 = 5000, r = 0.0589, m = 12$ 和 $b = -50$,重做部分 (a).

(c) 如果你在一个存款单(CD)上存入 5000 元,年利率 4.5%,每年按季度计算复利,在 CD 上不再进一步投入,大约过多少年你将有 20000 元?如果 CD 赚 6.25%,又需多少年?

(d) 可以证明对任何 $k \geq 0$ 对 (a) 中的 A_0, r, m 和 b,方程 (2) 定义的序列满足关系

$$A_k = \left(1 + \frac{r}{m}\right)^k \left(A_0 + \frac{mb}{r}\right) - \frac{mb}{r}. \tag{3}$$

比较 (2) 和 (3) 定义的两个序列的头 50 项,叫确信这一结论.由直接代入证明方程 (3) 中的项满足递归公式 (2).

38. 逻辑斯谛差分方程和分岔 递归公式

$$a_{n+1} = r a_n (1 - a_n)$$

称为**逻辑斯谛差分方程**,当初始值 a_0 给定时,此方程定义序列 $\{a_n\}$.本题中,我们在区间 $0 < a_0 < 1$ 取 a_0,比如 $a_0 = 0.3$.

(a) 取 $r = 3/4$. 对序列的头 100 项计算并画出点 (n, a_n). 它看起来是否收敛?极限看起来是否依赖 a_0 的选择?

(b) 在区间 $1 < r < 3$ 选择 r 的值,重复 (a) 的过程. 确保靠近区间端点选择几个点. 描述你在图中观察到的序列的状况.

(c) 现在对接近区间 $3 < r < 3.45$ 端点的 r 的值检查序列的行为. 转换值 $r = 3$ 称为**分岔值**,而在该区间的序列的新行为称为**吸引 2-循环**. 解释为什么这合理地描述了序列的行为.

(d) 接着对接近区间每个 $3.45 < r < 3.54$ 和 $3.54 < r < 3.55$ 的端点的 r 的值考察序列的行为. 画出序列的头 200 项. 用你自己的话描述在为每个区间画出的图形中观察到的序列的行为. 其中包括每个区间

序列显示出围绕多少值振动?值 $r = 3.45$ 和值 $r = 3.54$(精确到两位小数)也称为分岔值,因为序列的行为在跨过这些值时改变.

(e) 还有更有趣的情况.实际上存在一个分岔值的增加序列 $3 < 3.45 < 3.54 < \cdots < c_n < c_{n+1} < \cdots$,使得对 $c_n < r < c_{n+1}$,逻辑斯谛序列 $\{a_n\}$ 围绕 2^n 个值稳定振动,称为**吸收** 2^n **- 循环**.并且分岔序列有上界 3.57(从而收敛).如果你取 r 的值小于 3.57,你会看到某类的 2^n - 循环.取 $r = 3.5695$ 并画 300 个点.

(f) 让我们看一看当 $r > 3.57$ 时发生什么.取 $r = 3.65$,计算并画出 $\{a_n\}$ 的头 300 项.观察序列的项怎样以不可预见的混沌方式漫游.

(g) 对 $r = 3.65$,选择 a_0 的两个接近的出发值,比如 $a_0 = 0.3$ 和 $a_0 = 0.301$.计算并画出由每个初始值确定的序列的头 300 个值.比较在你的图中观察到的行为.在多远处两个序列的对应项互相离开?对 $r = 3.75$ 重复这一探索.是否看到图形随 a_0 的选择而不同?我们说逻辑斯谛序列**对初始条件** a_0 **是敏感的**.

8.3 无穷级数

级数与部分和 • 几何级数 • 发散级数 • 发散级数的第 n 项判别法 • 添加或取消项 • 重新编号 • 级数的组合

在数学和科学中,我们时常把函数写成无穷多项式,比如
$$\frac{1}{1-x} = 1 + x + x^2 + x^3 + \cdots + x^n + \cdots, \quad |x| < 1$$
(随着本章的继续我们将看到这样做的重要性).对 x 的任何允许值,我们把无穷个常数的和作为多项式的值.这个和我们称为一个无穷级数.本节目的是让大家熟悉无穷级数.

级数与部分和

关于级数的第一件事情是它不简单地是加法的一个例子.实数加法是二元运算,这意味着我们一次加两个数.$1 + 2 + 3$ 作为加法有意义的唯一理由是我们可以任意把数组合再相加,即加法结合律保证不论如何组合,都得到同一个和.
$$1 + (2 + 3) = 1 + 5 = 6, \quad \text{而} \quad (1 + 2) + 3 = 3 + 3 = 6.$$

简而言之,实数的有限和总产生一个实数(有限次二元加法的结果),但实数的无限和则迥然不同.这就是我们为什么需要无穷级数的一个谨慎的定义.

我们从怎样界定像
$$1 + \frac{1}{2} + \frac{1}{4} + \frac{1}{8} + \frac{1}{16} + \cdots.$$
这样的表达式的意义.为此而采用的方法不是一次加所有的项(我们也做不到),而是从开头一次加一项,并考察这些"部分"和的变动模式.

8.3 无穷级数

部分和		值
第 1 项	$s_1 = 1$	$2 - 1$
第 2 项	$s_2 = 1 + \dfrac{1}{2}$	$2 - \dfrac{1}{2}$
第 3 项	$s_3 = 1 + \dfrac{1}{2} + \dfrac{1}{4}$	$2 - \dfrac{1}{4}$
$\vdots$	$\vdots$	$\vdots$
第 n 项	$s_n = 1 + \dfrac{1}{2} + \dfrac{1}{4} + \cdots + \dfrac{1}{2^{n-1}}$	$2 - \dfrac{1}{2^{n-1}}$

实际存在一个模式. 部分和组成一个序列, 其第 n 项

$$s_n = 2 - \frac{1}{2^{n-1}}$$

(我们马上会看到为什么). 因为 $\lim_{n\to\infty}(1/2^n) = 0$, 序列收敛到 2. 我们称

无穷级数的和 $1 + \dfrac{1}{2} + \dfrac{1}{4} + \cdots + \dfrac{1}{2^{n-1}} + \cdots$ 等于 2.

是否这个级数的有限项之和等于 2? 不. 我们事实上能够一项一项地加无穷项吗? 不能. 不过, 我们还是能定义它们的和为部分和当 $n \to \infty$ 时的极限, 这里是 2 (图 8.9). 我们有关序列和极限的知识使我们能够突破有限和的禁锢来定义无穷级数的和这一全新概念.

图 8.9 当长度 $1, 1/2, 1/4, \cdots$ 一一相加时和趋于 2

定义 无穷级数

给定一个数列 $\{a_n\}$, 形如

$$a_1 + a_2 + a_3 + \cdots + a_n + \cdots$$

的表达式是一个**无穷级数**. 数 a_n 称为级数的**第 n 项**.

级数的**部分和**组成一个实数序列

$$s_1 = a_1$$
$$s_2 = a_1 + a_2$$
$$s_3 = a_1 + a_2 + a_3$$
$$\vdots$$
$$s_n = \sum_{k=1}^{n} a_k$$
$$\vdots$$

CD-ROM
WEBsite
历史传记
Blaise Pascal
(1623 — 1662)

如果部分和序列当 $n \to \infty$ 时有一个极限 S, 就说级数**收敛**到 S, 并写成

$$a_1 + a_2 + a_3 + \cdots + a_n + \cdots = \sum_{k=1}^{n} a_k = S.$$

否则,我们就说级数发散.

例 1 (判断一个级数的收敛性) 级数

$$\frac{3}{10} + \frac{3}{100} + \frac{3}{1000} + \cdots + \frac{3}{10^n} + \cdots$$

是否收敛?

解 这是写成小数形式的部分和

$$0.3, \quad 0.33, \quad 0.333, \quad 0.3333, \quad \cdots$$

序列有极限 $0.\overline{3}$,我们识别出这是 $1/3$. 级数收敛到和 $1/3$.

当我们研究给定级数 $a_1 + a_2 + \cdots + a_n + \cdots$ 时,我们不知道它是否收敛. 不管哪种情况,下列表示级数的 $\sum$ 符号是便利的.

$$\sum_{n=1}^{\infty} a_n, \quad \sum_{k=1}^{\infty} a_k, \quad \text{或} \quad \sum a_n.$$

当默认从 1 至 ∞ 求和时这是一个有用的缩写

几何级数

例 1 中的级数是一个几何级数,因为它的每一项由其前一项乘以同一常数 r 得到,这里 $r = 1/10$. (本章开头的无穷平分正方形所得的面积级数也是几何级数.)

几何级数的收敛性是无穷过程的少数情形之一,对这类级数,数学家可预先方便地进行计算. 让我们看看这是为什么.

几何级数 是形如

$$a + ar + ar^2 + \cdots + ar^{n-1} + \cdots = \sum_{n=1}^{\infty} ar^{n-1}$$

的级数,其中 a 和 r 是固定的实数,并且 $a \neq 0$. **公比** r 可为正,像

$$1 + \frac{1}{2} + \frac{1}{4} + \cdots + \left(\frac{1}{2}\right)^{n-1} + \cdots,$$

也可是负的,像

$$1 - \frac{1}{3} + \frac{1}{9} - \cdots + \left(-\frac{1}{3}\right)^{n-1} + \cdots.$$

如果 $|r| \neq 1$,我们以下列方式确定级数的收敛性和发散性. 从第 n 个部分和开始:

$$\begin{aligned}
s_n &= a + ar + ar^2 + \cdots + ar^{n-1} \\
rs_n &= ar + ar^2 + \cdots + ar^{n-1} + ar^n \qquad & s_n \text{ 乘以 } r \\
s_n - rs_n &= a - ar^n & rs_n \text{ 减去 } s_n, \text{右端大部分项消去} \\
s_n(1-r) &= a(1-r^n) & \text{分解因式} \\
s_n &= \frac{a(1-r^n)}{1-r}, \quad (r \neq 1). & \text{若 } r \neq 1 \text{ 可以解出 } s_n.
\end{aligned}$$

如果 $|r| < 1$,则 $n \to \infty$,$r^n \to 0$ (表 8.1,公式 4),于是 $s_n \to a/(1-r)$. 如果 $|r| > 1$,则 $|r^n| \to \infty$,从而级数发散.

如果 $r=1$,几何级数的部分和是
$$s_n = a + a(1) + a(1)^2 + \cdots + a(1)^{n-1} = na,$$
由于 $\lim_{n\to\infty} s_n = \pm\infty$,级数发散. 如果 $r=-1$,因为部分和交替是 a 和 0,级数发散. 结果总结如下.

几何级数
$$a + ar + ar^2 + ar^3 + \cdots + ar^{n-1} + \cdots = \sum_{n=1}^{\infty} ar^{n-1}$$
当 $|r| < 1$ 时收敛到和 $a/(1-r)$,而当 $|r| \geq 1$ 时发散.

注:等式
$$\sum_{n=1}^{\infty} ar^{n-1} = \frac{a}{1-r}, \quad |r| < 1$$
仅当求和从 $n=1$ 开始时成立.

这就彻底解决了几何级数的收敛问题. 我们知道哪一个收敛,哪一个发散. 对于收敛情形,我们知道和是什么. 区间 $-1 < r < 1$ 是**收敛区间**.

例 2(分析几何级数) 说明每个级数收敛还是发散,如果收敛,给出它的和.

(a) $\sum_{n=1}^{\infty} 3\left(\frac{1}{2}\right)^{n-1}$

(b) $1 - \frac{1}{2} + \frac{1}{4} - \frac{1}{8} + \cdots + \left(-\frac{1}{2}\right)^{n-1}$

(c) $\sum_{k=0}^{\infty} \left(\frac{3}{5}\right)^k = \sum_{k=1}^{\infty} \left(\frac{3}{5}\right)^{k-1}$

(d) $\frac{\pi}{2} + \frac{\pi^2}{4} + \frac{\pi^3}{8} + \cdots$

解 (a) 第一项是 $a = 3$,而 $r = 1/2$. 级数收敛到
$$\frac{3}{1-(1/2)} = 6.$$

(b) 第一项是 $a = 1$,而 $r = -1/2$. 级数收敛到
$$\frac{1}{1-(-1/2)} = \frac{2}{3}.$$

(c) 第一项是 $a = (3/5)^0 = 1$,而 $r = 3/5$. 级数收敛到
$$\frac{1}{1-(3/5)} = \frac{5}{2}.$$

(d) 对这个级数,$r = \pi/2 > 1$. 级数发散.

例 3(跳跃球) 你从 a 米高度让一个球下落到一个平的表面上. 球每次落下距离 h 碰到表面,再跳起距离 rh,r 是一个小于 1 的正数. 求这个球上下的总距离(图 8.10).

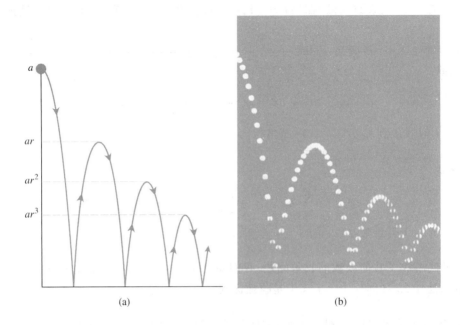

图 8.10 (a) 例 3 指出如何使用几何级数计算一个跳跃球经过的总垂直距离, 假定每次弹起的高度以比例系数 r 减少. (b) 跳跃球的频闪观测仪照片.

解 总距离是

$$s = a + \underbrace{2ar + 2ar^2 + 2ar^3 + \cdots}_{\text{这个和是} 2ar/(1-r)} = a + \frac{2ar}{1-r} = a\frac{1+r}{1-r}.$$

若 $a = 6, r = 2/3$, 总距离是

$$s = 6\frac{1+(2/3)}{1-(2/3)} = 6\left(\frac{5/3}{1/3}\right) = 30 \text{ 米}.$$

例 4 (循环小数) 把循环小数 $5.232323\cdots$ 表示成两个整数之比.

解
$$\begin{aligned}
5.23\,23\,23\cdots &= 5 + \frac{23}{100} + \frac{23}{(100)^2} + \frac{23}{(100)^3} + \cdots \\
&= 5 + \frac{23}{100}\underbrace{\left(1 + \frac{1}{100} + \left(\frac{1}{100}\right)^2 + \cdots\right)}_{1/(1-0.01)} \qquad a = 1, r = 1/100 \\
&= 5 + \frac{23}{100}\left(\frac{1}{0.99}\right) = 5 + \frac{23}{99} = \frac{518}{99}
\end{aligned}$$

我们对无穷级数的研究刚刚开始, 而对一整类(几何)级数, 我们对其收敛和发散了如指掌, 这应是一个给人深刻印象的开端.

遗憾的是, 像收敛几何级数的和这样的公式凤毛麟角, 我们通常必须解决的问题是估计级数的和(后面更多谈及). 不过, 下一个例子提供可以直接求和的另一种情况.

例 5（一个非几何的压缩级数） 求级数

$$\sum_{n=1}^{\infty} \frac{1}{n(n+1)}$$

的和.

解 我们寻找部分和的一个样式，由它便于导出 s_k 的公式. 关键是部分分式. 注意到

$$\frac{1}{k(k+1)} = \frac{1}{k} - \frac{1}{k+1}$$

就可以把部分和

$$\sum_{n=1}^{k} \frac{1}{n(n+1)} = \frac{1}{1 \cdot 2} + \frac{1}{2 \cdot 3} + \cdots + \frac{1}{k(k+1)}$$

写成

$$s_n = \left(\frac{1}{1} - \frac{1}{2}\right) + \left(\frac{1}{2} - \frac{1}{3}\right) + \cdots + \left(\frac{1}{k} - \frac{1}{k+1}\right).$$

去掉括号，消去正负号相反的项，和就缩短为

$$s_k = 1 - \frac{1}{k+1}.$$

我们现在看到当 $k \to \infty$ 时，$s_k \to 1$. 级数收敛，并且其和为 1（图 8.11）：

$$\sum_{n=1}^{\infty} \frac{1}{n(n+1)} = 1.$$

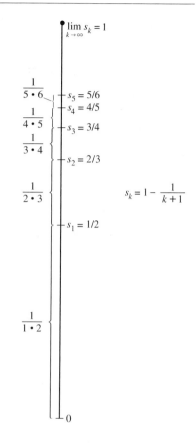

图 8.11 例 5 中的级数的部分和

发散级数

$|r| \geq 1$ 的几何级数不是仅有的发散级数.

例 6（识别一个发散级数） 级数 $1 - 1 + 1 - 1 + 1 - 1 + \cdots$ 是否收敛？

解 你或许会把级数的项两两分组如下

$$(1-1) + (1-1) + (1-1) + \cdots.$$

不过这种方法需要无穷多个配对，从而不能靠加法结合律验证. 这是一个无穷级数，而非有限和. 从而，如果它有和，这必须是部分和序列

$$1, 0, 1, 0, 1, 0, 1, \cdots$$

的极限. 因为这个序列没有极限，级数没有和. 它发散.

例 7 部分和超过任何界

（**a**）级数

$$\sum_{n=1}^{\infty} n^2 = 1 + 4 + 9 + \cdots + n^2 + \cdots$$

发散，因为部分和增长超过任何数 L. 在 $n = 1$ 之后，部分和 $s_n = 1 + 4 + 9 + \cdots + n^2$ 大于 n.

（**b**）级数

$$\sum_{n=1}^{\infty} \frac{n+1}{n} = \frac{2}{1} + \frac{3}{2} + \frac{4}{3} + \cdots + \frac{n+1}{n} + \cdots$$

发散,因为部分和可以超过任何预先指定的数. 每一项大于1,n 项之和大于 n.

发散级数的第 n 项判别法

我们注意到如果级数 $\sum_{n=1}^{\infty} a_n$ 收敛,必有 $\lim_{n\to\infty} a_n$ 为零. 为明白为什么,用 S 表示级数的和,$s_n = a_1 + a_2 + \cdots + a_n$ 是第 n 个部分和. 当 n 变大时,s_n 和 s_{n-1} 都接近于 S,于是它们的差 a_n 接近于零. 更形式地

$$a_n = s_n - s_{n-1} \to S - S = 0. \quad \text{序列的差规则}$$

定理 6　收敛级数第 n 项的极限

若 $\sum_{n=1}^{\infty} a_n$ 收敛,则 $a_n \to 0$.

注:定理 6 <u>不是说</u>,若 $a_n \to 0$,则 $\sum_{n=1}^{\infty} a_n$ 收敛. 当 $a_n \to 0$ 时级数可能发散.

定理 6 导出一个考察例 6 和例 7 中的级数的发散性的判别法.

发散级数的第 n 项判别法

若 $\lim_{n\to\infty} a_n$ 不存在或异于零,则级数 $\sum_{n=1}^{\infty} a_n$ 发散.

例 8　应用第 n 项判别法

(**a**) $\sum_{n=1}^{\infty} n^2$ 发散,因 $n^2 \to \infty$.

(**b**) $\sum_{n=1}^{\infty} \dfrac{n+1}{n}$ 发散,因 $\dfrac{n+1}{n} \to 1$.

(**c**) $\sum_{n=1}^{\infty} (-1)^{n+1}$ 发散,因 $\lim_{n\to\infty} (-1)^{n+1}$ 不存在.

(**d**) $\sum_{n=1}^{\infty} \dfrac{-n}{2n+5}$ 发散,因 $\lim_{n\to\infty} \left(\dfrac{-n}{2n+5}\right) = -\dfrac{1}{2} \neq 0$.

例 9($a_n \to 0$,但级数发散)　级数

$$1 + \underbrace{\frac{1}{2} + \frac{1}{2}}_{2\text{项}} + \underbrace{\frac{1}{4} + \frac{1}{4} + \frac{1}{4} + \frac{1}{4}}_{4\text{项}} + \cdots + \underbrace{\frac{1}{2^n} + \frac{1}{2^n} + \cdots + \frac{1}{2^n}}_{2^n\text{项}} + \cdots$$

$$= 1 + 1 + 1 + \cdots + 1 + \cdots$$

发散,虽然它的项组成收敛到零的序列.

添加或取消项

我们可以对级数添加或删减有限项,而不改变收敛性或发散性,虽然在收敛情形,通常会改变级数的和. 如果 $\sum_{n=1}^{\infty} a_n$ 收敛,则对任何 $k > 1$,$\sum_{n=k}^{\infty} a_n$ 收敛,并且

$$\sum_{n=1}^{\infty} a_n = a_1 + a_2 + \cdots + a_{k-1} + \sum_{n=k}^{\infty} a_n.$$

反之，如果对任何 $k > 1$, $\sum_{n=k}^{\infty} a_n$ 收敛，则 $\sum_{n=1}^{\infty} a_n$ 收敛. 比如，

$$\sum_{n=1}^{\infty} \frac{1}{5^n} = \frac{1}{5} + \frac{1}{25} + \frac{1}{125} + \sum_{n=4}^{\infty} \frac{1}{5^n}.$$

而

$$\sum_{n=4}^{\infty} \frac{1}{5^n} = \left(\sum_{n=1}^{\infty} \frac{1}{5^n}\right) - \frac{1}{5} - \frac{1}{25} - \frac{1}{125}.$$

CD-ROM
WEBsite
历史传记
Richard Dedekind
(1831 — 1916)

重新编号

只要保持各项的次序，我们可以对任何级数重新编号而不影响其收敛性(见例2). 为提高编号的开始值 h 个单位，须把 a_n 公式中的 n 换为 $n - h$:

$$\sum_{n=1}^{\infty} a_n = \sum_{n=1+h}^{\infty} a_{n-h} = a_1 + a_2 + a_3 + \cdots.$$

为降低编号的开始值 h 个单位，须把 a_n 公式中的 n 换为 $n + h$:

$$\sum_{n=1}^{\infty} a_n = \sum_{n=1-h}^{\infty} a_{n+h} = a_1 + a_2 + a_3 + \cdots.$$

这像是水平移动.

例10(重新编号一个几何级数) 我们可以把开头几项为

$$1 + \frac{1}{2} + \frac{1}{4} + \cdots$$

的几何级数写成

$$\sum_{n=0}^{\infty} \frac{1}{2^n}, \quad \sum_{n=5}^{\infty} \frac{1}{2^{n-5}}, \quad \text{甚至} \quad \sum_{n=-4}^{\infty} \frac{1}{2^{n+4}}.$$

不论编号如何选取，部分和保持原样.

我们通常偏爱简化表达式的编号.

级数的组合

当我们有两个收敛级数，可以对它们逐项相加，相减和用常数相乘以得到新的收敛级数.

定理 7 收敛级数的性质

若 $\sum a_n = A$, $\sum b_n = B$, 则

1. 和规则 $\sum (a_n + b_n) = \sum a_n + \sum b_n = A + B$
2. 差规则 $\sum (a_n - b_n) = \sum a_n - \sum b_n = A - B$
3. 常倍数规则 $\sum k a_n = k \sum a_n = kA$ （任何数 k）.

例11(应用定理7) 求下列级数的和

(a) $\sum_{n=1}^{\infty} \frac{3^{n-1} - 1}{6^{n-1}} = \sum_{n=1}^{\infty} \left(\frac{1}{2^{n-1}} - \frac{1}{6^{n-1}}\right)$

$$= \sum_{n=1}^{\infty} \frac{1}{2^{n-1}} - \sum_{n=1}^{\infty} \frac{1}{6^{n-1}} \quad \text{差规则}$$

$$= \frac{1}{1-(1/2)} - \frac{1}{1-(1/6)} \quad a=1 \text{ 和 } r = 1/2, 1/6 \text{ 的几何级数}$$

$$= 2 - \frac{6}{5}$$

$$= \frac{4}{5}$$

(b) $\sum_{n=1}^{\infty} \dfrac{4}{2^{n-1}} = 4 \sum_{n=1}^{\infty} \dfrac{1}{2^{n-1}}$ 常倍数规则

$$= 4 \left(\frac{1}{1-(1/2)} \right) \quad a=1, r=1/2 \text{ 的几何级数}$$

$$= 8$$

定理 7 的证明　这三个级数的规则从 8.1 节定理 1 的类似规则推出. 为证明和规则, 令
$$A_n = a_1 + a_2 + \cdots + a_n, \quad B_n = b_1 + b_2 + \cdots + b_n.$$
则 $\sum (a_n + b_n)$ 的部分和是
$$S_n = (a_1 + b_1) + (a_2 + b_2) + \cdots + (a_n + b_n)$$
$$= (a_1 + \cdots + a_n) + (b_1 + \cdots + b_n)$$
$$= A_n + B_n.$$
因为 $A_n \to A$ 和 $B_n \to B$, 由序列的和规则我们有 $S_n \to A + B$. 差规则的证明类似.

为证明级数的常倍数规则, 注意 $\sum ka_n$ 的部分和形成序列
$$S_n = ka_1 + ka_2 + \cdots + ka_n = k(a_1 + a_2 + \cdots + a_n) = kA_n,$$
由序列的常倍数规则它收敛到 kA.

对发散性解释定理 7

1. 发散级数的每个常倍数仍发散.
2. 若 $\sum a_n$ 收敛, 而 $\sum b_n$ 发散, 则 $\sum (a_n + b_n)$ 和 $\sum (a_n - b_n)$ 都发散.

我们略去证明.

习题 8.3

求第 n 个部分和

在题 1-6 中, 求每个级数的第 n 个部分和的公式, 并在级数收敛时据此求级数的和.

1. $2 + \dfrac{2}{3} + \dfrac{2}{9} + \dfrac{2}{27} + \cdots + \dfrac{2}{3^{n-1}} + \cdots$

2. $\dfrac{9}{100} + \dfrac{9}{100^2} + \dfrac{9}{100^3} + \cdots + \dfrac{9}{100^n} + \cdots$

3. $1 - \frac{1}{2} + \frac{1}{4} - \frac{1}{8} + \cdots + (-1)^{n-1}\frac{1}{2^{n-1}} + \cdots$

4. $1 - 2 + 4 - 8 + \cdots + (-1)^{n-1}2^{n-1} + \cdots$

5. $\frac{1}{2\cdot 3} + \frac{1}{3\cdot 4} + \frac{1}{4\cdot 5} + \cdots + \frac{1}{(n+1)(n+2)} + \cdots$

6. $\frac{5}{1\cdot 2} + \frac{5}{2\cdot 3} + \frac{5}{3\cdot 4} + \cdots + \frac{5}{n(n+1)} + \cdots$

带几何项的级数

在题 7-12 中,写出每个级数的开头几项以显示级数如何开始. 然后求级数的和.

7. $\sum_{n=0}^{\infty} \frac{(-1)^n}{4^n}$

8. $\sum_{n=1}^{\infty} \frac{7}{4^n}$

9. $\sum_{n=0}^{\infty} \left(\frac{5}{2^n} + \frac{1}{3^n}\right)$

10. $\sum_{n=0}^{\infty} \left(\frac{5}{2^n} - \frac{1}{3^n}\right)$

11. $\sum_{n=0}^{\infty} \left(\frac{1}{2^n} + \frac{(-1)^n}{5^n}\right)$

12. $\sum_{n=0}^{\infty} \left(\frac{2^{n+1}}{5^n}\right)$

压缩级数

使用部分分式求习题 13-16 中每个级数的和.

13. $\sum_{n=1}^{\infty} \frac{4}{(4n-3)(4n+1)}$

14. $\sum_{n=1}^{\infty} \frac{6}{(2n-1)(2n+1)}$

15. $\sum_{n=1}^{\infty} \frac{40n}{(2n-1)^2(2n+1)^2}$

16. $\sum_{n=1}^{\infty} \frac{2n+1}{n^2(n+1)^2}$

求习题 17 和 18 中每个级数的和.

17. $\sum_{n=1}^{\infty} \left(\frac{1}{\sqrt{n}} - \frac{1}{\sqrt{n+1}}\right)$

18. $\sum_{n=1}^{\infty} \left(\frac{1}{\ln(n+2)} - \frac{1}{\ln(n+1)}\right)$

收敛或发散

题 19-32 中哪个级数收敛?哪个级数发散?对你的答案给出理由. 如果级数收敛, 求它的和.

19. $\sum_{n=0}^{\infty} \left(\frac{1}{\sqrt{2}}\right)^n$

20. $\sum_{n=0}^{\infty} (\sqrt{2})^n$

21. $\sum_{n=0}^{\infty} (-1)^{n+1}\frac{3}{2^n}$

22. $\sum_{n=0}^{\infty} \frac{\cos n\pi}{5^n}$

23. $\sum_{n=0}^{\infty} e^{-2n}$

24. $\sum_{n=1}^{\infty} \ln\frac{1}{n}$

25. $\sum_{n=0}^{\infty} \frac{1}{x^n}, \quad |x| > 1$

26. $\sum_{n=0}^{\infty} \frac{2n-1}{3^n}$

27. $\sum_{n=1}^{\infty} \left(1 - \frac{1}{n}\right)^n$

28. $\sum_{n=1}^{\infty} \left(\frac{e}{\pi}\right)^n$

29. $\sum_{n=1}^{\infty} \ln\left(\frac{n}{n+1}\right)$

30. $\sum_{n=0}^{\infty} \frac{e^{n\pi}}{\pi^{ne}}$

31. $\sum_{n=0}^{\infty} \frac{n!}{1000^n}$

32. $\sum_{n=1}^{\infty} \frac{n^n}{n!}$

几何级数

对题 33-36 的每个几何级数, 写出级数的头几项以求得 a 和 r, 并求几何级数的和. 然后通过 x 表示不等式 $|r| < 1$, 求使不等式成立从而使级数收敛的 x 值.

33. $\sum_{n=0}^{\infty} (-1)^n x^n$

34. $\sum_{n=0}^{\infty} (-1)^n x^{2n}$

35. $\sum_{n=0}^{\infty} 3\left(\frac{x-1}{2}\right)^n$

36. $\sum_{n=0}^{\infty} \frac{(-1)^n}{2}\left(\frac{1}{3+\sin x}\right)^n$

在题 37-40 中, 求使几何级数收敛的 x 的值. 对这些 x 的值求级数的和(作为 x 的函数).

37. $\sum_{n=0}^{\infty} 2^n x^n$

38. $\sum_{n=0}^{\infty} (-1)^n x^{-2n}$

39. $\sum_{n=0}^{\infty} \left(-\frac{1}{2}\right)^n (x-3)^n$

40. $\sum_{n=0}^{\infty} (\ln x)^n$

循环小数

把题 41 – 46 中的每个数表示成两个整数之比.

41. $0.\overline{23} = 0.23\ 23\ 23\cdots$

42. $0.\overline{234} = 0.234\ 234\ 234\cdots$

43. $0.\overline{7} = 0.7777\cdots$

44. $1.\overline{414} = 1.414\ 414\ 414\cdots$

45. $1.24\overline{123} = 1.24\ 123\ 123\ 123\cdots$

46. $3.\overline{142857} = 3.142857\ 142857\cdots$

理论和例子

47. 跳动球距离 一个球从 4 米高度落下. 每次它从高度 h 米处落下, 碰地面后跳起 $0.75h$ 米. 求球上下经过的总距离.

48. 求题 47 中的球经过的总秒数 (提示: 公式 $s = 4.9t^2$ 给出 $t = \sqrt{s/4.9}$).

49. 面积求和 下图表示一个正方形序列的头五个. 最外面的正方形的面积是 4 米^2. 后面的正方形由连结其前一个每边中点而得. 求所有正方形面积之和.

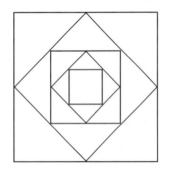

第 49 题图

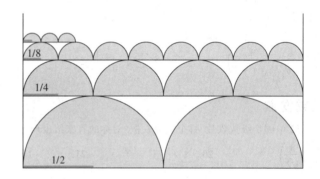

第 50 题图

50. 面积求和 右上图表示半圆序列的头三行和第四行的一部分. 第 n 行有 2^n 个半圆, 每个半径是 $1/2^n$. 求所有半圆面积之和.

51. 雪花曲线 从一个称为曲线 1 的边长为 1 的等边三角形开始. 在每边中间三分之一的线段上做朝外的等边三角形, 擦去老的边上的中间三分之一的线段内部. 称展开的曲线为曲线 2. 现在, 在曲线 2 的每个线段中间三分之一的线段上做朝外的等边三角形. 擦去老的边上的中间三分之一的线段内部, 得到曲线 3. 重复上述过程得到平面曲线的无穷序列. 序列的极限是 Koch 的雪花曲线.

这里是如何证明雪花曲线是一个无穷长曲线, 但围出有限的面积.

(a) 求曲线 C_n 的长度 L_n, 并证明 $\lim_{n\to\infty} L_n = \infty$.

(b) 求 C_n 所围的区域的面积 A_n, 并求 $\lim_{n\to\infty} A_n$.

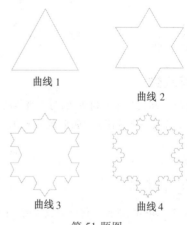

第 51 题图

52. 为学而写 下图提供 $\sum_{n=1}^{\infty}(1/n^2)$ 小于 2 的一个非正式证明. 说明怎样进行下去. (来源:"Convergence with picture"P. J. Rippon, *American Mathematical Monthly*, Vol. 93, No. 6(1986), pp. 476 – 478.)

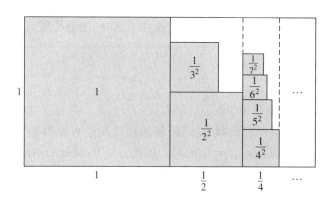

53. 重新编号 题 5 中的级数可以写成

$$\sum_{n=1}^{\infty}\frac{1}{(n+1)(n+2)} \quad \text{和} \quad \sum_{n=-1}^{\infty}\frac{1}{(n+3)(n+4)}.$$

以下列 n 作为开始编号,重新写级数.
(**a**) $n = -2$ (**b**) $n = 0$ (**c**) $n = 5$

54. 为学而写 构造一个非零项无穷级数,其和是
(**a**) 1   (**b**) -3 (**c**) 0

你能否构造一个非零项无穷级数,使它收敛到你要的任何数?做出解释.

55. 几何级数 求 b 的值,使得

$$1 + e^b + e^{2b} + e^{3b} + \cdots = 9.$$

56. 修改后的几何级数 对怎样的 r 值,级数

$$1 + 2r + r^2 + 2r^3 + r^4 + 2r^5 + r^6 + \cdots$$

收敛?当级数收敛时求其和.

57. 部分和的误差 证明收敛几何级数的和 L 与其部分和 s_n 之差 $(L-s_n)$ 是 $ar^n/(1-r)$.

58. 逐项相乘 求几何级数 $A = \sum a_n$ 和 $B = \sum b_n$,用以说明 $\sum a_n b_n$ 收敛但并不收敛到 AB.

59. 逐项相除 用例子说明,虽然 $A = \sum a_n$ 和 $B = \sum b_n$, b_n 不等于零, $\sum a_n/b_n$ 可能收敛到一个不等于 A/B 的某个数.

60. 逐项相除 用例子说明,虽然 $\sum a_n$ 和 $\sum b_n$ 都收敛, b_n 不等于零, $\sum (a_n/b_n)$ 仍可能发散.

61. 逐项求倒数 如果 $\sum a_n$ 收敛且对所有 n 有 $a_n > 0$,对 $\sum (1/a_n)$ 能说些什么?对你的回答给出理由.

62. 添加或取消项 往一个发散级数添加有限项,或从一个发散级数删减有限项,将会发生什么?对你的回答给出理由.

63. 收敛和发散级数相加 如果 $\sum a_n$ 收敛而 $\sum b_n$ 发散,关于逐项相加级数 $\sum (a_n+b_n)$ 可以说些什么?对你的回答给出理由.

8.4 非负项级数

积分判别法 • 调和级数和 p - 级数 • 比较判别法 • 比值和根式判别法

给定一个级数,我们有两个问题.

1. 级数是否收敛?
2. 如果级数收敛,它的和是多少?

在本节,我们研究没有负项的级数. 这一限制的理由是这种级数的部分和组成不减序列,而不减序列有上界就收敛. 因为 $s_{n+1} = s_n + a_{n+1}$ 且 $a_{n+1} \geq 0$,部分是不减的:
$$s_1 \leq s_2 \leq s_3 \leq \cdots \leq s_n \leq s_{n+1} \leq \cdots.$$
根据单调序列定理(8.2 节,定理 5),若 $\{s_n\}$ 有上界,则级数收敛.

定理 5 的推论

若非负项级数 $\sum_{n=1}^{\infty} a_n$ 的部分和有上界,则它收敛.

这一结果是建立本节中研究的级数的收敛判别法的基础.

积分判别法

我们通过一个例子介绍积分判别法.

例 1(应用定理 5 的推论) 证明级数
$$\sum_{n=1}^{\infty} \frac{1}{n^2} = 1 + \frac{1}{4} + \frac{1}{9} + \frac{1}{16} + \cdots + \frac{1}{n^2} + \cdots$$
收敛.

解 我们通过 $\sum_{n=1}^{\infty} (1/n^2)$ 与 $\int_1^{\infty} (1/x^2) \, dx$ 的比较确定其收敛性. 为进行比较,我们设想级数的项是函数 $f(x) = 1/x^2$ 的值,并且把这些值解释为曲线 $y = 1/x^2$ 下的矩形的面积.

正如图 8.12 所指出的,

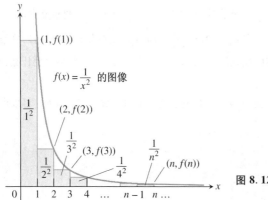

图 8.12　例 1 中的面积比较图

$$s_n = \frac{1}{1^2} + \frac{1}{2^2} + \frac{1}{3^2} + \cdots + \frac{1}{n^2}$$

$$= f(1) + f(2) + f(3) + \cdots + f(n)$$

$$< f(1) + \int_1^n \frac{1}{x^2} dx$$

$$< 1 + \int_1^\infty \frac{1}{x^2} dx$$

$$< 1 + 1 = 2. \quad \text{由 7.7 节例 3, 其中 } p = 2, \int_1^\infty (1/x^2) dx = 1.$$

于是, $\sum_{n=1}^\infty (1/n^2)$ 的部分和有上界 2, 从而级数收敛. 级数的和已知是 $\pi^2/6 \approx 1.64493$.

> **积分判别法**
>
> 设 $\{a_n\}$ 是一个正数项序列. 假定对 $x \geq N$(N 是一个正整数), $a_n = f(n)$, f 是 x 的一个连续, 正的, 递减函数. 则级数 $\sum_{n=N}^\infty a_n$ 和积分 $\int_N^\infty f(x) dx$ 同时收敛或同时发散.

证明 我们对 $N = 1$ 证明判别法. 对一般的 N 证明是类似的.

我们首先假设 f 是减函数并对所有 n 使 $f(n) = a_n$. 这引导我们观察图 8.13(a) 中的矩形, 它们有面积 $a_1, a_2, \cdots, a_n$, 并一起包含的面积大于从 $x = 1$ 到 $x = n + 1$ 曲线 $y = f(x)$ 下的面积. 于是,

$$\int_1^{n+1} f(x) dx \leq a_1 + a_2 + \cdots + a_n.$$

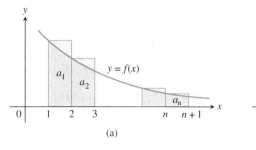
(a)

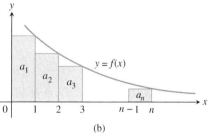
(b)

图 8.13 满足积分判别法的条件时, 级数 $\sum_{n=1}^\infty a_n$ 和积分 $\int_1^\infty f(x) dx$ 同时收敛或同时发散.

在图 8.13 中, 矩形从往右画改成往左画. 如果暂时忽略面积 m 为 a_1 的第一个矩形, 我们看到

$$a_2 + a_3 + \cdots + a_n \leq \int_1^n f(x) dx.$$

算上 a_1, 我们有

$$a_1 + a_3 + \cdots + a_n \leq a_1 + \int_1^n f(x) dx.$$

组合这些结果得

$$\int_1^n f(x)\,\mathrm{d}x \le a_1 + a_2 + \cdots + a_n \le a_1 + \int_1^n f(x)\,\mathrm{d}x.$$

若 $\int_1^\infty f(x)\,\mathrm{d}x$ 有限,右面的不等式表明 $\sum a_n$ 有限. 若 $\int_1^\infty f(x)\,\mathrm{d}x$ 无限,左面的不等式表明 $\sum a_n$ 无限.

因此,级数和积分同时有限或同时无限.

注: 收敛的级数与积分并不一定收敛到同一值. 如例 1 中, $\sum_{n=1}^\infty (1/n^2) = \pi^2/6$,而 $\int_1^\infty (1/x^2)\,\mathrm{d}x = 1$.

例 2(应用积分判别法) $\sum_{n=1}^\infty \dfrac{1}{n\sqrt{n}}$ 是否收敛?

解 因为对 $x > 1$

$$f(x) = \frac{1}{x\sqrt{x}}$$

是 x 的连续,正的且下降的函数,积分判别法适用. 我们有

$$\begin{aligned}
\int_1^\infty \frac{1}{x\sqrt{x}}\,\mathrm{d}x &= \lim_{k\to\infty}\int_1^k x^{-3/2}\,\mathrm{d}x\\
&= \lim_{k\to\infty}[-2x^{-1/2}]_1^k\\
&= \lim_{k\to\infty}\left(-\frac{2}{\sqrt{k}} + 2\right)\\
&= 2.
\end{aligned}$$

因为积分收敛,级数必收敛.

调和级数和 p - 级数

积分判别法可以用来回答形如 $\sum_{n=1}^\infty (1/n^p)$ 的任何级数的收敛问题,其中 p 是一个实常数. (例 2 中的级数具有这种形式,在那里 $p = 3/2$.) 这样的级数称为 p - 级数.

---

p - 级数

$$\sum_{n=1}^\infty \frac{1}{n^p} = \frac{1}{1^p} + \frac{1}{2^p} + \frac{1}{3^p} + \cdots + \frac{1}{n^p} + \cdots$$

(p 是一个实常数),当 $p > 1$ 时收敛;而当 $p \le 1$ 时发散.

证明 由 7.7 节例 3 知道,积分 $\int_1^\infty \mathrm{d}x/x^p$ 当 $p > 1$ 时收敛,而当 $p \le 1$ 时发散. 根据积分判别法,同样的结果对 p 级数 $\sum_{n=1}^\infty (1/n^p)$ 成立: 它当 $p > 1$ 时收敛,而当 $p \le 1$ 时发散.

$p = 1$ 时的 p 级数称为**调和级数**,而它或许是数学中最著名的发散级数. p 级数判别法指出,调和级数正好是勉强发散的;比如把 p 增加到 1.000000001,级数就收敛.

调和级数趋向无穷的缓慢性给人深刻印象. 考虑下列例子.

例 3(调和级数的缓慢收敛) 为使调和级数的部分和大于 20,大约需要多少项?

解 下图(图 8.14)告诉事情的原委.

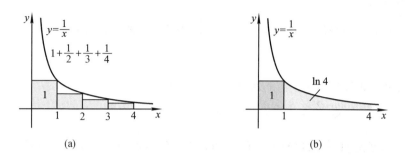

图 8.14 求调和级数部分和的一个上界

用 H_n 表示调和级数的部分和. 比较两个图,我们看到 $H_4 < (1 + \ln 4)$ 和(一般地)$H_n \leq (1 + \ln n)$. 如果希望 H_n 大于 20,则

$$1 + \ln n > H_n > 20$$
$$1 + \ln n > 20$$
$$\ln n > 19$$
$$n > e^{19}.$$

e^{19} 的精确值接近 178 482 301. 至少取调和级数的这么多项,才能使部分和超过 20. 计算这么多项的和你的计算器要花费几个星期. 不过,级数到底还是发散的.

比较判别法

p 级数判别法告诉我们有关形如 $\sum (1/n^p)$ 的级数的收敛和发散的一切. 这无疑是一个十分狭窄的级数类,但是我们可以通过和 p - 级数的比较检验许多其它类的级数(其中包含第 n 项是 n 的有理函数的级数).

CD-ROM
WEBsite
历史传记
Albert of Saxony
(ca.1316 — 1390)

直接比较判别法 设 $\sum a_n$ 是非负项级数.

(**a**) 如果存在一个收敛级数 $\sum c_n$ 和一个整数 N,使得对所有 $n > N$ 有 $a_n \leq c_n$,则 $\sum a_n$ 收敛.

(**b**) 如果存在一个非负项发散级数 $\sum d_n$ 和一个整数 N,使得对所有 $n > N$ 有 $a_n \geq d_n$,则 $\sum a_n$ 发散.

证明 在部分(a),$\sum a_n$ 的部分和有上界

$$M = a_1 + a_2 + \cdots + a_N + \sum_{n=N+1}^{\infty} c_n.$$

其部分和组成非减有上界具有极限 $L \leq M$ 的序列.

在部分(b),$\sum a_n$ 的部分和没有下界. 如若不然,$\sum d_n$ 的部分和有上界

$$M^* = d_1 + d_2 + \cdots + d_N + \sum_{n=N+1}^{\infty} a_n$$

$\sum d_n$ 将收敛而不是发散.

为对级数应用直接比较判别法,不必考虑级数的靠前面的项,我们可以从任何标号 N 开始检验跟随的所有项.

例 4(应用直接比较判别法) 下列级数是否收敛?

$$5 + \frac{2}{3} + 1 + \frac{1}{7} + \frac{1}{2} + \frac{1}{3!} + \frac{1}{4!} + \cdots + \frac{1}{k!} + \cdots$$

解 我们忽略前四项,而比较其后的项和收敛几何级数 $\sum_{n=1}^{\infty}(1/2^n)$ 的项. 我们看到

$$\frac{1}{2} + \frac{1}{3!} + \frac{1}{4!} + \cdots \leqslant \frac{1}{2} + \frac{1}{4} + \frac{1}{8} + \cdots.$$

因此,根据直接比较判别法,原级数收敛.

为应用直接比较判别法,我们必须掌握一系列已知收敛或发散的级数. 这里是迄今为止我们所知道的收敛和发散级数:

收敛级数	发散级数
公比 $\|r\| < 1$ 的几何级数	公比 $\|r\| \geqslant 1$ 的几何级数
类似 $\sum_{n=1}^{\infty} \dfrac{1}{n(n+1)}$ 的压缩级数	调和级数 $\sum_{n=1}^{\infty} \dfrac{1}{n}$
级数 $\sum_{n=1}^{\infty} \dfrac{1}{n!}$	$\lim_{n \to \infty} a_n$ 不存在或 $\lim_{n \to \infty} a_n \neq 0$ 的任何级数
任何 $p > 1$ 的 p-级数 $\sum_{n=1}^{\infty} \dfrac{1}{n^p}$	任何 $p \leqslant 1$ 的 p-级数 $\sum_{n=1}^{\infty} \dfrac{1}{n^p}$

直接比较判别法是一种比较法;极限比较判别法则是另一种.

极限比较判别法 设对所有 $n \geqslant N$(N 是一个正整数),$a_n > 0$ 且 $b_n > 0$.

1. 若 $\lim\limits_{n \to \infty} \dfrac{a_n}{b_n} = c, 0 < c < \infty$,则 $\sum a_n$ 和 $\sum b_n$ 同时收敛或同时发散.

2. 若 $\lim\limits_{n \to \infty} \dfrac{a_n}{b_n} = 0$,而 $\sum b_n$ 收敛,则 $\sum a_n$ 收敛.

3. 若 $\lim\limits_{n \to \infty} \dfrac{a_n}{b_n} = \infty$,而 $\sum b_n$ 发散,则 $\sum a_n$ 发散.

证明 我们证明部分(1). 部分(2)和(3)留作题 67.

因为 $c/2 > 0$,存在一个正整数 N,使得

$$n > N \Rightarrow \left| \frac{a_n}{b_n} - c \right| < \frac{c}{2}. \qquad 极限定义中 \varepsilon = c/2, L = c,而用 a_n/b_n 代替 a_n$$

于是,对 $n > N$,有

$$-\frac{c}{2} < \frac{a_n}{b_n} - c < \frac{c}{2},$$

$$\frac{c}{2} < \frac{a_n}{b_n} < \frac{3c}{2},$$

$$\left(\frac{c}{2}\right)b_n < a_n < \left(\frac{3c}{2}\right)b_n.$$

若 $\sum b_n$ 收敛,则 $\sum (3c/2) b_n$ 收敛,从而根据直接比较判别法 $\sum a_n$ 收敛. 若 $\sum b_n$ 发散,则 $\sum (c/2) b_n$ 发散,从而根据直接比较判别法 $\sum a_n$ 发散. □

例 5(使用极限比较判别法) 确定级数收敛或发散.

(a) $\dfrac{3}{4} + \dfrac{5}{9} + \dfrac{7}{16} + \dfrac{9}{25} + \cdots = \sum\limits_{n=1}^{\infty} \dfrac{2n+1}{(n+1)^2} = \sum\limits_{n=1}^{\infty} \dfrac{2n+1}{n^2 + 2n + 1}$

(b) $\dfrac{1}{1} + \dfrac{1}{3} + \dfrac{1}{7} + \dfrac{1}{15} + \cdots = \sum\limits_{n=1}^{\infty} \dfrac{1}{2^n - 1}$

(c) $\dfrac{1 + 2\ln 2}{9} + \dfrac{1 + 3\ln 3}{14} + \dfrac{1 + 4\ln 4}{21} + \cdots = \sum\limits_{n=2}^{\infty} \dfrac{1 + n\ln n}{n^2 + 5}$

解 (a) 令 $a_n = (2n+1)/(n^2 + 2n + 1)$. 对大的 n,我们料想 a_n 的变化趋势像 $2n/n^2 = 2/n$. 于是令 $b_n = 1/n$. 因为

$$\sum_{n=1}^{\infty} b_n = \sum_{n=1}^{\infty} \frac{1}{n}$$

注:我们也可以取 $b_n = 2/n$,但 $1/n$ 更简单

发散,而

$$\lim_{n \to \infty} \frac{a_n}{b_n} = \lim_{n \to \infty} \frac{2n^2 + n}{n^2 + 2n + 1} = 2,$$

根据极限比较判别法部分 1,$\sum a_n$ 发散.

(b) 令 $a_n = 1/(2^n - 1)$. 我们料想 a_n 的变化趋势像 $1/2^n$,于是令 $b_n = 1/2^n$. 因为

$$\sum_{n=1}^{\infty} b_n = \sum_{n=1}^{\infty} \frac{1}{2^n}$$

收敛,而

$$\lim_{n \to \infty} \frac{a_n}{b_n} = \lim_{n \to \infty} \frac{2^n}{2^n - 1}$$

$$= \lim_{n \to \infty} \frac{1}{1 - (1/2^n)}$$

$$= 1,$$

根据极限比较判别法部分 1,$\sum a_n$ 收敛.

(c) 令 $a_n = (1 + n\ln n)/(n^2 + 5)$. 对大的 n,我们料想 a_n 的变化趋势像 $(n\ln n)/n^2 = (\ln n)/n$. 当 $n \geq 3$ 时,此值比 $1/n$ 大,于是令 $b_n = 1/n$. 因为

$$\sum_{n=2}^{\infty} b_n = \sum_{n=2}^{\infty} \frac{1}{n}$$

发散,而

$$\lim_{n\to\infty}\frac{a_n}{b_n} = \lim_{n\to\infty}\frac{n + n^2\ln n}{n^2 + 5}$$
$$= \infty,$$

根据极限比较判别法部分 3, $\sum a_n$ 发散.

比值和根式判别法

比值判别法通过考察比值 a_{n+1}/a_n 来测量级数增长的速率. 对于几何级数 $\sum ar^n$, 这个速率是一个常数 $((ar^{n+1}/(ar^n) = r)$, 当且仅当这个速率的绝对值小于 1 时级数收敛. 比值判别法是推广这个结果的强有力的规则.

> **比值判别法** 设 $\sum a_n$ 是一个正项级数, 并假定
> $$\lim_{n\to\infty}\frac{a_{n+1}}{a_n} = \rho.$$
> 则
> (**a**) 若 $\rho < 1$, 则级数收敛;
> (**b**) 若 $\rho > 1$ 或 ρ 是无穷, 则级数发散;
> (**c**) 若 $\rho = 1$, 则判别法没有确定的结论.

证明 (**a**) $\rho < 1$. 取 r 介于 ρ 和 1 之间. 那么 $\varepsilon = r - \rho$ 是一个正数. 因为
$$\frac{a_{n+1}}{a_n} \to \rho,$$
a_{n+1}/a_n 当 n 充分大, 比如当 $n > N$ 时, 与 ρ 的距离必将小于 ε. 特别地,
$$\frac{a_{n+1}}{a_n} < \rho + \varepsilon = r, \quad n \geq N.$$
于是,
$$a_{N+1} < ra_N,$$
$$a_{N+2} < ra_{N+1} < r^2 a_N,$$
$$a_{N+3} < ra_{N+2} < r^3 a_N,$$
$$\vdots$$
$$a_{N+m} < ra_{N+m-1} < r^m a_N.$$

这些不等式表明, 在第 N 项之后, 我们的级数的项比公比为 $r < 1$ 的几何级数更快地趋于零. 更精确地说来, 考虑级数 $\sum c_n$, 其中对 $n = 1, 2, \cdots, N, c_n = a_n$, 而 $c_{N+1} = ra_N, c_{N+2} = r^2 a_N, \cdots,$ $c_{N+m} = r^m a_N, \cdots$. 现在, 对所有 $n, a_n \leq c_n$, 而
$$\sum_{n=1}^{\infty} c_n = a_1 + a_2 + \cdots + a_{N-1} + a_N + ra_N + r^2 a_N + \cdots$$
$$= a_1 + a_2 + \cdots + a_{N-1} + a_N(1 + r + r^2 + \cdots).$$

几何级数 $1 + r + r^2 + \cdots$ 由于 $|r| < 1$ 而收敛, 从而 $\sum c_n$ 收敛. 因为 $a_n \leq c_n$, $\sum a_n$ 也收敛.

(**b**) $1 < \rho \leq \infty$. 从某个标号 M 开始,

$$\frac{a_{n+1}}{a_n} > 1 \quad 或 \quad a_M < a_{M+1} < a_{M+2} < \cdots.$$

级数的项当 n 趋向无穷时不趋于零,根据第 n 项判别法,级数发散.

(c) $\rho = 1$. 下列两个级数

$$\sum_{n=1}^{\infty} \frac{1}{n} \quad 或 \quad \sum_{n=1}^{\infty} \frac{1}{n^2}$$

说明当 $\rho = 1$ 时,必须使用其它判别法.

$$\sum_{n=1}^{\infty} \frac{1}{n}: \quad \frac{a_{n+1}}{a_n} = \frac{1/(n+1)}{1/n} = \frac{n}{n+1} \to 1.$$

$$\sum_{n=1}^{\infty} \frac{1}{n^2}: \quad \frac{a_{n+1}}{a_n} = \frac{1/(n+1)^2}{1/n^2} = \left(\frac{n}{n+1}\right)^2 \to 1^2 = 1.$$

在这两个情形,都有 $\rho = 1$,但第一个级数发散;而第二个级数收敛. □

例6(应用比值判别法) 研究下列级数的收敛性

(a) $\sum_{n=0}^{\infty} \frac{2^n + 5}{3^n}$ (b) $\sum_{n=1}^{\infty} \frac{(2n)!}{n!n!}$ (c) $\sum_{n=1}^{\infty} \frac{4^n n!n!}{(2n)!}$

注:当级数的项包含关于 n 的阶乘或 n 次幂的阶乘时,比值判别法通常是有效的.

解 (a) 对于级数 $\sum_{n=0}^{\infty} (2^n + 5)/3^n$,

$$\frac{a_{n+1}}{a_n} = \frac{(2^{n+1} + 5)/3^{n+1}}{(2^n + 5)/3^n} = \frac{1}{3} \cdot \frac{2^{n+1} + 5}{2^n + 5} = \frac{1}{3} \cdot \left(\frac{2 + 5 \cdot 2^{-n}}{1 + 5 \cdot 2^{-n}}\right) \to \frac{1}{3} \cdot \frac{2}{1} = \frac{2}{3}.$$

由于 $\rho = 2/3$ 小于 1,级数收敛. 这不意味 $2/3$ 是这个级数的和. 事实上,

$$\sum_{n=0}^{\infty} \frac{2^n + 5}{3^n} = \sum_{n=0}^{\infty} \left(\frac{1}{3}\right)^n + \sum_{n=0}^{\infty} \frac{5}{3^n} = \frac{1}{1 - (2/3)} + \frac{5}{1 - (1/3)} = \frac{21}{2}.$$

(b) 若 $a_n = \frac{(2n)!}{n!n!}$,则 $a_{n+1} = \frac{(2n+2)!}{(n+1)!(n+1)!}$,而

$$\frac{a_{n+1}}{a_n} = \frac{n!n!(2n+2)(2n+1)(2n)!}{(n+1)!(n+1)!(2n)!}$$

$$= \frac{(2n+2)(2n+1)}{(n+1)(n+1)} = \frac{4n+2}{n+1} \to 4.$$

由于 $\rho = 4$ 大于 1,级数发散.

(c) 若 $a_n = 4^n n!n!/(2n)!$,则

$$\frac{a_{n+1}}{a_n} = \frac{4^{n+1}(n+1)!(n+1)!}{(2n+2)(2n+1)(2n)!} \cdot \frac{(2n)!}{4^n n!n!}$$

$$= \frac{4(n+1)(n+1)}{(2n+2)(2n+1)} = \frac{2(n+1)}{2n+1} \to 1.$$

由于 $\rho = 1$,我们不能够由比值判别法确定这个级数的收敛性. 当我们注意到 $a_{n+1}/a_n = (2n+2)/(2n+1)$,由于 $(2n+2)/(2n+1)$ 总是大于 1,我们断言 a_{n+1} 总是大于 a_n. 因此,所有的项都大于或等于 $a_1 = 2$,从而当 $n \to \infty$ 是 a_n 不趋于零. 级数发散. □

n 次根判别法是另一个回答非负项级数收敛性问题的有用的工具. 我们叙述结果而不予证明.

> **n 次根判别法** 设 $\sum a_n$ 是一个级数,当 $n \geq N$ 时 $a_n \geq 0$,假定
> $$\lim_{n \to \infty} \sqrt[n]{a_n} = \rho.$$
> 则
> (**a**) 若 $\rho < 1$,级数收敛;
> (**b**) 若 $\rho > 1$ 或 ρ 是无穷,级数发散;
> (**c**) 若 $\rho = 1$,判别法没有确定的结论.

例 7(应用 n 次根判别法) 令
$$a_n = \begin{cases} n/2^n, & n \text{ 是奇数} \\ 1/2^n, & n \text{ 是偶数} \end{cases}$$
级数是否收敛?N

解 我们应用 n 次根判别法,求根,得
$$\sqrt[n]{a_n} = \begin{cases} \sqrt[n]{n}/2, & n \text{ 是奇数} \\ 1/2, & n \text{ 是偶数} \end{cases}$$
因此
$$\frac{1}{2} \leq \sqrt[n]{a_n} \leq \frac{\sqrt[n]{n}}{2}.$$
因为 $\sqrt[n]{n} \to 1$(8.1 节,表 8.1),根据夹逼定理我们有 $\lim_{n\to\infty} \sqrt[n]{a_n} = 1/2$. 极限小于 1,由 n 次根判别法级数收敛.

例 8(应用 n 次根判别法) 下列级数中,哪个收敛?哪个发散?

(**a**) $\sum_{n=1}^{\infty} \dfrac{n^2}{2^n}$ (**b**) $\sum_{n=1}^{\infty} \dfrac{2^n}{n^2}$

解 (**a**) 因 $\sqrt[n]{\dfrac{n^2}{2^n}} = \dfrac{\sqrt[n]{n^2}}{\sqrt[n]{2^n}} = \dfrac{(\sqrt[n]{n})^2}{2} \to \dfrac{1}{2} < 1$,所以 $\sum_{n=1}^{\infty} \dfrac{n^2}{2^n}$ 收敛.

(**b**) 因 $\sqrt[n]{\dfrac{2^n}{n^2}} = \dfrac{2}{(\sqrt[n]{n})^2} \to \dfrac{2}{1} > 1$,所以 $\sum_{n=1}^{\infty} \dfrac{2^n}{n^2}$ 发散.

习题 8.4

积分判别法

用积分判别法确定题 1-8 中的级数的收敛和发散.

1. $\sum_{n=1}^{\infty} \dfrac{5}{n+1}$ 2. $\sum_{n=1}^{\infty} \dfrac{1}{2n-1}$ 3. $\sum_{n=2}^{\infty} \dfrac{\ln n}{n}$

4. $\sum_{n=2}^{\infty} \dfrac{\ln n}{\sqrt{n}}$ 5. $\sum_{n=1}^{\infty} \dfrac{e^n}{1+e^{2n}}$ 6. $\sum_{n=1}^{\infty} \dfrac{1}{\sqrt{n}(\sqrt{n}+1)}$

7. $\displaystyle\sum_{n=3}^{\infty} \frac{(1/n)}{(\ln n)\sqrt{\ln^2 n - 1}}$

8. $\displaystyle\sum_{n=1}^{\infty} \frac{1}{n(1+\ln^2 n)}$

直接比较判别法

用直接比较判别法确定题 9–14 中的级数哪个收敛和哪个发散.

9. $\displaystyle\sum_{n=1}^{\infty} \frac{1}{2\sqrt{n}+\sqrt[3]{n}}$

10. $\displaystyle\sum_{n=1}^{\infty} \frac{3}{n+\sqrt{n}}$

11. $\displaystyle\sum_{n=1}^{\infty} \frac{\sin^2 n}{2^n}$

12. $\displaystyle\sum_{n=1}^{\infty} \frac{1+\cos n}{n^2}$

13. $\displaystyle\sum_{n=1}^{\infty} \left(\frac{n}{3n+1}\right)^n$

14. $\displaystyle\sum_{n=1}^{\infty} \frac{1}{\ln(\ln n)}$

极限比较判别法

用极限比较判别法确定题 15–20 中的级数哪个收敛和哪个发散.

15. $\displaystyle\sum_{n=2}^{\infty} \frac{1}{(\ln n)^2}$

16. $\displaystyle\sum_{n=1}^{\infty} \frac{(\ln n)^2}{n^3}$

17. $\displaystyle\sum_{n=1}^{\infty} \frac{(\ln n)^3}{n^3}$

18. $\displaystyle\sum_{n=2}^{\infty} \frac{1}{\sqrt{n}\ln n}$

19. $\displaystyle\sum_{n=1}^{\infty} \frac{(\ln n)^2}{n^{3/2}}$

20. $\displaystyle\sum_{n=1}^{\infty} \frac{1}{1+\ln n}$

比值判别法

用比值判别法确定题 21–28 中的级数哪个收敛和哪个发散.

21. $\displaystyle\sum_{n=1}^{\infty} \frac{n^{\sqrt{2}}}{2^n}$

22. $\displaystyle\sum_{n=1}^{\infty} n^2 e^{-n}$

23. $\displaystyle\sum_{n=1}^{\infty} n! e^{-n}$

24. $\displaystyle\sum_{n=1}^{\infty} \frac{n!}{10^n}$

25. $\displaystyle\sum_{n=1}^{\infty} \frac{n^{10}}{10^n}$

26. $\displaystyle\sum_{n=1}^{\infty} \frac{n\ln n}{2^n}$

27. $\displaystyle\sum_{n=1}^{\infty} \frac{(n+1)(n+2)}{n!}$

28. $\displaystyle\sum_{n=1}^{\infty} e^{-n}(n^3)$

根式判别法

用根式判别法确定习题 29–34 中的级数哪个收敛和哪个发散.

29. $\displaystyle\sum_{n=1}^{\infty} \frac{(\ln n)^n}{n^n}$

30. $\displaystyle\sum_{n=1}^{\infty} \left(\frac{1}{n}-\frac{1}{n^2}\right)^n$

31. $\displaystyle\sum_{n=2}^{\infty} \frac{n}{(\ln n)^n}$

32. $\displaystyle\sum_{n=2}^{\infty} \frac{n}{(\ln n)^{(n/2)}}$

33. $\displaystyle\sum_{n=1}^{\infty} \frac{(n!)^n}{(n^n)^2}$

34. $\displaystyle\sum_{n=1}^{\infty} \frac{n^n}{(2^n)^2}$

确定收敛和发散

在题 35–60 的级数中，哪些收敛?哪些发散?对你的回答给出理由.（在证实你的答案时，不要忘记可能不止一种方法确定级数的收敛和发散.）

35. $\displaystyle\sum_{n=1}^{\infty} 3^{-n}$

36. $\displaystyle\sum_{n=1}^{\infty} \frac{n}{n+1}$

37. $\displaystyle\sum_{n=1}^{\infty} \frac{3}{\sqrt{n}}$

38. $\displaystyle\sum_{n=1}^{\infty} \frac{-2}{n\sqrt{n}}$

39. $\displaystyle\sum_{n=1}^{\infty} \frac{1}{(1+\ln n)^2}$

40. $\displaystyle\sum_{n=2}^{\infty} \frac{\ln(n+1)}{n+1}$

41. $\displaystyle\sum_{n=1}^{\infty} \frac{1}{n\sqrt{n^2-1}}$

42. $\displaystyle\sum_{n=1}^{\infty} \left(\frac{n-2}{n}\right)^n$

43. $\displaystyle\sum_{n=1}^{\infty} \frac{(n+3)!}{3!n!3^n}$

44. $\displaystyle\sum_{n=1}^{\infty} \frac{n 2^n (n+1)!}{3^n n!}$

45. $\displaystyle\sum_{n=1}^{\infty} \frac{n!}{(2n+1)!}$

46. $\displaystyle\sum_{n=1}^{\infty} \frac{n!}{n^n}$

47. $\sum_{n=1}^{\infty} \dfrac{8 \tan^{-1} n}{1 + n^2}$

48. $\sum_{n=1}^{\infty} \dfrac{n}{n^2 + 1}$

49. $\sum_{n=1}^{\infty} \operatorname{sech} n$

50. $\sum_{n=1}^{\infty} \operatorname{sech}^2 n$

51. $\sum_{n=1}^{\infty} \dfrac{2 + (-1)^n}{1.25^n}$

52. $\sum_{n=1}^{\infty} \left(1 - \dfrac{1}{3n}\right)^n$

53. $\sum_{n=1}^{\infty} \dfrac{\ln n}{n^3}$

54. $\sum_{n=1}^{\infty} \dfrac{\ln n}{n}$

55. $\sum_{n=1}^{\infty} \dfrac{10n + 1}{n(n+1)(n+2)}$

56. $\sum_{n=1}^{\infty} \dfrac{5n^3 - 3n}{n^2(n-2)(n^2+5)}$

57. $\sum_{n=1}^{\infty} \dfrac{\tan^{-1} n}{n^{1.1}}$

58. $\sum_{n=1}^{\infty} \dfrac{\sec^{-1} n}{n^{1.3}}$

59. $\sum_{n=1}^{\infty} n \sin \dfrac{1}{n}$

60. $\sum_{n=1}^{\infty} \dfrac{2}{1 + e^n}$

递归定义的项

在题 61 - 66 中由公式定义的级数 $\sum_{n=1}^{\infty} a_n$,哪些收敛?哪些发散?对你的回答给出理由.

61. $a_1 = 2, \quad a_{n+1} = \dfrac{1 + \sin n}{n} a_n$

62. $a_1 = 1, \quad a_{n+1} = \dfrac{1 + \tan^{-1} n}{n} a_n$

63. $a_1 = \dfrac{1}{3}, \quad a_{n+1} = \dfrac{3n - 1}{2n + 5} a_n$

64. $a_1 = 3, \quad a_{n+1} = \dfrac{n}{n + 1} a_n$

65. $a_1 = \dfrac{1}{3}, \quad a_{n+1} = \sqrt[n]{a_n}$

66. $a_1 = \dfrac{1}{2}, \quad a_{n+1} = (a_n)^{n+1}$

理论和例子

67. 证明
    (**a**) 极限比较判别法部分 2.
    (**b**) 极限比较判别法部分 3.

68. **为学而写** 若 $\sum_{n=1}^{\infty} a_n$ 是一个非负项收敛级数,对 $\sum_{n=1}^{\infty} (a_n/n)$ 能够说些什么?做出解释.

69. **为学而写** 假定 $n \geq N$ (N 是一个正整数),$a_n > 0$ 且 $b_n > 0$. 若 $\lim_{n \to \infty} (a_n/b_n) = \infty$ 且 $\sum a_n$ 收敛. 对 $\sum b_n$ 能够说些什么?对你的回答给出理由.

70. **逐项平方** 证明若 $\sum a_n$ 是一个非负项收敛级数,则 $\sum a_n^2$ 收敛.

题 71 和 72 中的级数对 a 的什么值收敛?

71. $\sum_{n=1}^{\infty} \left(\dfrac{a}{n+2} - \dfrac{1}{n+4}\right)$

72. $\sum_{n=3}^{\infty} \left(\dfrac{1}{n-1} - \dfrac{2a}{n+1}\right)$

73. **Cauchy 浓缩判别法** Cauchy 浓缩判别法说:设 $\{a_n\}$ 是一个正的,非增 ($a_n > a_{n+1}$) 且收敛到 0 的序列. 则当且仅当 $\sum 2^n a_{2^n}$ 收敛时 $\sum a_n$ 收敛. 例如,$\sum (1/n)$ 发散,这是因为 $\sum 2^n \cdot (1/2^n) = \sum 1$ 发散. 证明为什么此判别法成立.

74. 用题 73 的 Cauchy 浓缩判别法证明
    (**a**) $\sum_{n=2}^{\infty} \dfrac{1}{n \ln n}$ 发散.
    (**b**) $\sum \dfrac{1}{n^p}$ 当 $p > 1$ 时收敛,而当 $p \leq 1$ 时发散.

75. **对数 p 级数** (**a**) 证明当且仅当 $p > 1$ 时
    $$\int_2^{\infty} \dfrac{dx}{x(\ln x)^p} \quad (p \text{ 是一个正的常数})$$
    收敛.
    (**b**) 部分(a)的事实对级数

$$\sum_{n=2}^{\infty} \frac{1}{n(\ln n)^p}?$$

的收敛性有何结论？对你的回答给出理由.

76. （续题 75）用题 75 的结果确定下列级数哪些收敛，哪些发散.

(**a**) $\sum_{n=2}^{\infty} \frac{1}{(\ln n)^3}$ (**b**) $\sum_{n=2}^{\infty} \frac{1}{n(\ln n)^{1.01}}$ (**c**) $\sum_{n=2}^{\infty} \frac{1}{n \ln(n^3)}$ (**d**) $\sum_{n=2}^{\infty} \frac{1}{n(\ln n)^3}$

77. **另一个对数 p 级数** 证明不论是比值判别法还是根式判别法，都不能对

$$\sum_{n=2}^{\infty} \frac{1}{(\ln n)^p} \quad (p \text{ 为常数})$$

的收敛性提供信息.

78. 令

$$a_n = \begin{cases} n/2^n & \text{若 } n \text{ 是素数} \\ 1/2^n & \text{其余} \end{cases}$$

$\sum a_n$ 是否收敛？对你的回答给出理由.

79. p-**级数** 不论是比值判别法还是根式判别法，都不能对 p-级数有所帮助. 尝试对

$$\sum_{n=1}^{\infty} \frac{1}{n^p}$$

应用这些判别法，并证明二者都不能提供有关收敛性的信息.

计算机探究

一个当前的神秘

80. 还不知道级数

$$\sum_{n=1}^{\infty} \frac{1}{n^3 \sin^2 n}$$

收敛或发散. 使用一个 CAS 执行下列步骤探索级数的行为.

（**a**）定义部分和序列

$$s_k = \sum_{n=1}^{k} \frac{1}{n^3 \sin^2 n}.$$

当你试图求 $k \to \infty$，s_k 的极限时发生了什么？你的 CAS 是否求得了一个封闭形式的答案？

（**b**）画出部分和序列的前 100 个点 (k, s_k). 它们是否显示出收敛？你估计极限是多少.

（**c**）接着画出部分和序列的前 200 个点 (k, s_k)，用你自己的话论述部分和序列的行为.

（**d**）画出前 400 个点 (k, s_k). 当 $k = 355$ 时发生了什么？计算数 355/113. 通过你的计算解释当 $k = 355$ 时发生了什么. 你猜测对 k 的什么值同一现象可能还会出现.

你会在 Cliffod A. Pickover 的 *Mazes for the Mind* (New York: St. Martin's Press, 1992) 第 72 章找到这个级数的有趣讨论.

8.5 交错级数、绝对收敛和条件收敛

交错级数 • 绝对收敛 • 重排级数 • 确定收敛性的过程

迄今为止所讲的收敛判别法仅仅适用于非负项级数. 在本节, 我们要处理带负项的级数. 一个重要的例子是交错级数, 它的项的符号正负交替. 我们还要学习什么样的级数可以重排 (即改变各项出现的次序) 而不改变其和.

交错级数

一个级数的各项交替地是正的和负的, 就是**交错级数**.

这里是三个例子:

$$1 - \frac{1}{2} + \frac{1}{3} - \frac{1}{4} + \frac{1}{5} - \cdots + \frac{(-1)^{n+1}}{n} + \cdots \tag{1}$$

$$-2 + 1 - \frac{1}{2} + \frac{1}{4} - \frac{1}{8} + \cdots + \frac{(-1)^n 4}{2^n} + \cdots \tag{2}$$

$$1 - 2 + 3 - 4 + 5 - 6 + \cdots + (-1)^{n+1} n + \cdots \tag{3}$$

级数 (1) 称为**交错调和级数**, 马上我们会看到它收敛. 级数 (2) 是一个几何级数, $a = -2$, 而 $r = -1/2$, 它收敛到 $-2/[1 + (1/2)] = -4/3$. 根据第 n 项判别法, 级数 (3) 发散.

我们应用下列判别法证明交错调和级数的收敛性.

定理 8 交错级数判别法 (Leibniz 定理)
级数

$$\sum_{n=1}^{\infty} (-1)^{n+1} u_n = u_1 - u_2 + u_3 - u_4 + \cdots$$

收敛, 如果下列三个条件全满足.
1. u_n 全是正的.
2. 对某个 N, 对所有 $n \geq N$, $u_n \geq u_{n+1}$.
3. $u_n \to 0$.

证明　若 n 是一个偶整数, 记成 $n = 2m$, 则前 n 项的和是

$$s_{2m} = (u_1 - u_2) + (u_3 - u_4) + \cdots + (u_{2m-1} - u_{2m})$$
$$= u_1 - (u_2 - u_3) - (u_4 - u_5) - \cdots - (u_{2m-2} - u_{2m-1}) - u_{2m}.$$

第一个等式说明 s_{2m} 是 m 个非负项之和, 因为括号内的每项是正的或零. 因此, $s_{2m+2} \geq s_{2m}$, 序列 $\{s_{2m}\}$ 是非减的. 第二个等式说明 $s_{2m} \leq u_1$. 因为 $\{s_{2m}\}$ 是非减的和有上界的, 它有极限, 记成

$$\lim_{m \to \infty} s_{2m} = L. \tag{4}$$

若 n 是奇整数, 记成 $n = 2m + 1$, 则前 n 项的和是 $s_{2m+1} = s_{2m} + u_{2m+1}$. 因为 $u_n \to 0$,

$$\lim_{m\to\infty} u_{2m+1} = 0$$

从而,当 $m\to\infty$ 时,

$$s_{2m+1} = s_{2m} + u_{2m+1} \to L + 0 = L. \tag{5}$$

综合(4)和(5)的结果即得 $\lim_{n\to\infty} s_n = L$(8.2 节,习题 26). 图 8.15 图示了部分和向其极限 L 的收敛. □

图 8.15 实际上不仅说明了收敛这一**事实**,还说明了当它满足判别法的条件时收敛的**方式**. 部分和在数直线上来回穿越极限,当项趋于零时逐渐接近极限. 如果我们停留在第 n 个部分和,我们知道下一项 u_{n+1} 将随 u_{n+1} 前的符号导致在正方向或负方向穿越极限. 这给我们一个**截断误差**,可把这个事实叙述为另一个定理.

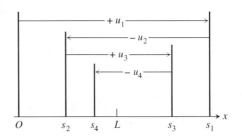

图 8.15 满足定理 8 假设的交错级数的部分和对于 $N=1$ 一开始就跨立极限 L.

定理 9 交错级数估计定理

假使交错级数 $\sum_{n=1}^{\infty} (-1)^{n+1} u_n$ 满足定理 8 的条件,则第 n 个部分和的截断误差 $|L - s_n|$ 小于 u_{n+1},并且 $L - s_n$ 跟第 $n+1$ 项有相同的符号.

例 1(交错调和级数) 证明交错调和级数收敛,但对应的绝对值级数发散. 求 99 项后的截断误差.

解 符号严格交错,并且绝对值从开始就下降:$1 > \frac{1}{2} > \frac{1}{3} > \cdots$. 又有 $\frac{1}{n} \to 0$. 根据交错级数判别法,$\sum_{n=1}^{\infty} \frac{(-1)^{n+1}}{n}$ 收敛.

另一方面,级数 $\sum_{n=1}^{\infty} (1/n)$ 是调和级数,它发散.

交错级数估计定理保证 99 项后的截断误差小于 $u_{99+1} = 1/(99+1) = 1/100$.

注:关于误差的一个界

定理 9 不是给出截断误差的**公式**,而是对截断误差的一个**界**. 这个界是相当谨慎的. 例如,交错调和级数前 99 项的和大约是 0.6981721793,而级数的和是

$\ln 2 \approx 0.6931471806$.

实际截断误差非常接近于 0.005,这是定理 9 所给的界 0.01 的一半.

例 2(应用估计定理) 我们对已知其和的一个级数

$$\sum_{n=1}^{\infty} (-1)^n \frac{1}{2^n} = 1 - \frac{1}{2} + \frac{1}{4} - \frac{1}{8} + \frac{1}{16} - \frac{1}{32} + \frac{1}{64} - \frac{1}{128} + \frac{1}{256} - \cdots$$

试用一下定理 9. 该定理告诉我们,如果我们在第 8 项后截断级数,那么舍弃的总和是正的并且小于 $1/256$. 前八项的和是 0.6640625. 级数的和是

$$\frac{1}{1-(-1/2)} = \frac{1}{3/2} = \frac{2}{3}.$$

差 $(2/3) - 0.6640625 = 0.002604166$ 是正的并且小于 $1/(256) = 0.00390625$. □

绝对收敛

定义　绝对收敛

一个级数 $\sum a_n$ **绝对收敛**(是绝对收敛的),如果对应的绝对值级数 $\sum |a_n|$ 收敛.

历史传记
Niccolo Tartaglia
(1499 — 1557)

几何级数

$$1 - \frac{1}{2} + \frac{1}{4} - \frac{1}{8} + \cdots$$

绝对收敛,这是因为

$$1 + \frac{1}{2} + \frac{1}{4} + \frac{1}{8} + \cdots$$

收敛.交错调和级数(例1)不是绝对收敛的,对应的绝对值级数是(发散的)调和级数.

定义　条件收敛

一个收敛但不是绝对收敛的级数**条件收敛**.

交错调和级数条件收敛.

例3(绝对和条件收敛)　确定下列级数哪些绝对收敛,哪些条件收敛?哪些发散?

(a) $\sum_{n=1}^{\infty} (-1)^{n+1} \frac{1}{\sqrt{n}} = 1 - \frac{1}{\sqrt{2}} + \frac{1}{\sqrt{3}} - \frac{1}{\sqrt{4}} + \cdots$

(b) $\sum_{n=2}^{\infty} (-1)^n \left(1 - \frac{1}{n}\right)^n = \frac{1}{2} - \left(\frac{2}{3}\right)^3 + \left(\frac{3}{4}\right)^4 - \cdots$

(c) $\sum_{n=1}^{\infty} (-1)^{n(n+1)/2} \frac{1}{2^n} = -\frac{1}{2} - \frac{1}{4} + \frac{1}{8} + \frac{1}{16} - \cdots$

解　(a) 因为 $(1/\sqrt{n}) > (1/\sqrt{n+1})$ 和 $(1\sqrt{n}) \to 0$,根据交错级数判别法,级数收敛.但绝对值级数发散,这是由于它是 $p = (1/2) < 1$ 的 p 数.因此,给定的级数条件收敛.

(b) 因为 $\lim_{n \to \infty} (1 - (1/n))^n = e^{-1} \neq 0$(表8.1,公式5),根据第 n 项判别法,级数发散.

(c) 这不是交错级数.但

$$\sum_{n=1}^{\infty} \left| (-1)^{n(n+1)/2} \frac{1}{2^n} \right| = \sum_{n=1}^{\infty} \frac{1}{2^n}$$

是一个收敛几何级数,给定级数是**绝对收敛**的.

基于两个理由绝对收敛级数是重要的.首先,对正项级数我们有好的收敛判别法;其次,如果一个级数绝对收敛,则它收敛.这正是下一个定理的内容.

定理 10　绝对收敛判别法

若 $\sum_{n=1}^{\infty} |a_n|$ 收敛,则 $\sum_{n=1}^{\infty} a_n$ 收敛.

注:我们强调:定理10是说,每个绝对收敛级数收敛.但逆命题不成立:许多收敛级数并不绝对收敛.

证明 对每个 n,
$$-|a_n| \leq a_n \leq |a_n|, \quad 于是 \quad 0 \leq a_n + |a_n| \leq 2|a_n|.$$
若 $\sum_{n=1}^{\infty}|a_n|$ 收敛,则 $\sum_{n=1}^{\infty} 2|a_n|$ 收敛,从而由直接比较判别法,非负级数 $\sum_{n=1}^{\infty}(a_n+|a_n|)$ 收敛. 现在等式 $a_n = (a_n+|a_n|) - |a_n|$ 让我们把级数 $\sum_{n=1}^{\infty} a_n$ 表示为两个收敛级数的差:
$$\sum_{n=1}^{\infty} a_n = \sum_{n=1}^{\infty}(a_n+|a_n|-|a_n|) = \sum_{n=1}^{\infty}(a_n+|a_n|) - \sum_{n=1}^{\infty}|a_n|.$$
因此,$\sum_{n=1}^{\infty} a_n$ 收敛. □

例 4(应用绝对收敛判别法) 对
$$\sum_{n=1}^{\infty}(-1)^{n+1}\frac{1}{n^2} = 1 - \frac{1}{4} + \frac{1}{9} - \frac{1}{16} + \cdots.$$
对应的绝对值级数是收敛级数
$$\sum_{n=1}^{\infty}\frac{1}{n^2} = 1 + \frac{1}{4} + \frac{1}{9} + \frac{1}{16} + \cdots,$$
原交错级数绝对收敛从而收敛.

例 5(应用绝对收敛判别法) 对
$$\sum_{n=1}^{\infty}\frac{\sin n}{n^2} = \frac{\sin 1}{1} + \frac{\sin 2}{4} + \frac{\sin 3}{9} + \cdots,$$
对应的绝对值级数是
$$\sum_{n=1}^{\infty}\left|\frac{\sin n}{n^2}\right| = \frac{|\sin 1|}{1} + \frac{|\sin 2|}{4} + \cdots,$$
因为对每个 n,$|\sin n| \leq 1$,同 $\sum_{n=1}^{\infty}(1/n^2)$ 比较知这个级数收敛. 原级数绝对收敛,因而收敛.

例 6(交错 p 级数) 如果 p 是一个正的常数,序列 $\{1/n^p\}$ 是减少序列并趋于零. 因此,交错 p 级数
$$\sum_{n=1}^{\infty}\frac{(-1)^{n-1}}{n^p} = 1 - \frac{1}{2^p} + \frac{1}{3^p} - \frac{1}{4^p} + \cdots, \quad p > 0$$
收敛.

若 $p > 1$,级数绝对收敛;若 $0 < p \leq 1$,级数条件收敛.

条件收敛:$1 - \frac{1}{\sqrt{2}} + \frac{1}{\sqrt{3}} - \frac{1}{\sqrt{4}} + \cdots$

绝对收敛:$1 - \frac{1}{2^{3/2}} + \frac{1}{3^{3/2}} - \frac{1}{4^{3/2}} + \cdots$

CD-ROM
WEBsite
历史传记

Georg Cantor
(1845 — 1918)

重排级数

> **定理 11 绝对收敛级数的重排定理**
> 若 $\sum_{n=1}^{\infty} a_n$ 绝对收敛,而 $b_1, b_2, \cdots, b_n, \cdots$ 是序列 $\{a_n\}$ 的任意重排,则 $\sum_{n=1}^{\infty} b_n$ 绝对收敛,并且
> $$\sum_{n=1}^{\infty} b_n = \sum_{n=1}^{\infty} a_n.$$

(对于证明概要,见题 60.)

例 7(应用重排定理) 正如我们在例 4 中所见,级数

$$1 - \frac{1}{4} + \frac{1}{9} - \frac{1}{16} + \cdots + (-1)^{n-1}\frac{1}{n^2} + \cdots$$

绝对收敛.级数的一种可能的重排是开始一个正项,然后两个负项,然后三个正项,然后四个负项,如此下去:在同一符号的 k 项之后,取带相反的符号的 $k+1$ 项.这个级数的前 10 项就像这样:

$$1 - \frac{1}{4} - \frac{1}{16} + \frac{1}{9} + \frac{1}{25} + \frac{1}{49} - \frac{1}{36} - \frac{1}{64} - \frac{1}{100} - \frac{1}{144} + \cdots.$$

重排定理说两个级数收敛到同一个和.在本例中,如果先给定第二个级数,又知道我们可以这样做,或许我们乐意把第二个级数改变成第一个级数.我们甚至可以走得更远,两个级数的和都等于

$$\sum_{n=1}^{\infty} \frac{1}{(2n-1)^2} - \sum_{n=1}^{\infty} \frac{1}{(2n)^2}.$$

(见题 61.)

注:假如我们重排条件收敛级数的无穷多项,我们可能得到远远不同于原级数和的结果.

例 8(重排交错调和级数) 交错调和级数

$$\frac{1}{1} - \frac{1}{2} + \frac{1}{3} - \frac{1}{4} + \frac{1}{5} - \frac{1}{6} + \frac{1}{7} - \frac{1}{8} + \frac{1}{9} - \frac{1}{10} + \frac{1}{11} - \cdots$$

重排后可以发散或收敛到任何预先指定的和.

(**a**) 重排 $\sum_{n=1}^{\infty}(-1)^{n+1}/n$,使其发散.正项的级数 $\sum[1/(2n-1)]$ 发散到 $+\infty$,负项的级数 $\sum(-1/2n)$ 发散到 $-\infty$.不管我们从多大的奇编号项开始,总可以加上足够多的正项以得到一个任意大的正和.类似的事实对负项成立,不管我们从多大编号的项开始,总可以加上足够多的相继的偶编号的项以得到一个绝对值任意大的负和.假如我们想得到发散级数,我们可以开始加上奇编号的项直到得到一个大于 $+3$ 的和,比如这样,然后跟随充分多的相继负项使得新的和小于 -4.然后加上充分多的正项得到和大于 $+5$,再跟随充分多的相继负项使得新的和小于 -6,如此下去.用这种方式,我们可以使部分和交替地在两个方向任意大.

(**b**) 重排 $\sum_{n=1}^{\infty}(-1)^{n+1}/n$,使其收敛到 1.另一种可能性是级数的部分和收敛到一个特定的极限.假如我们试图得到收敛到 1 的部分和.我们从第一项 1/1 开始,减去 1/2.接着我们加上

1/3 和 1/5,这使得和回到或超过 1. 然后我们加上相继的负项,直到和小于 1. 按这种方式继续下去. 当和小于 1 时,加上正项直到总和是 1 或更大,然后加上负项直到总和小于 1. 因为原级数的奇编号项和偶编号项当 $n \to \infty$ 时都趋于零,部分和超过或小于1的量趋于零. 因此新级数收敛到 1. 重排级数开始像这个样子:

$$\frac{1}{1} - \frac{1}{2} + \frac{1}{3} + \frac{1}{5} - \frac{1}{4} + \frac{1}{7} + \frac{1}{9} - \frac{1}{6} + \frac{1}{11} + \frac{1}{13} - \frac{1}{8} + \frac{1}{15} + \frac{1}{17} - \frac{1}{10}$$

$$+ \frac{1}{19} + \frac{1}{21} - \frac{1}{12} + \frac{1}{23} + \frac{1}{25} - \frac{1}{14} + \frac{1}{27} - \frac{1}{16} + \cdots.$$

注:本例所显示的这类现象对于任何条件收敛级数是典型的,**忠告**:条件收敛级数应按给定的次序相加.

确定收敛性的过程

下列流称图对于确定一个给定的级数收敛或发散往往是有所裨益的.

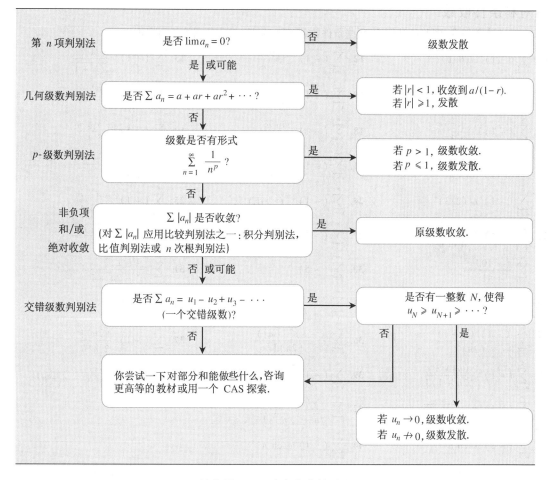

流程图 8.1 确定收敛的过程

习题 8.5

题 1–10 中的交错级数哪些收敛?哪些发散?

1. $\sum_{n=1}^{\infty} (-1)^{n+1} \dfrac{1}{n^2}$
2. $\sum_{n=1}^{\infty} (-1)^{n+1} \dfrac{1}{n^{3/2}}$
3. $\sum_{n=1}^{\infty} (-1)^{n+1} \left(\dfrac{n}{10}\right)^n$
4. $\sum_{n=1}^{\infty} (-1)^{n+1} \dfrac{10^n}{n^{10}}$
5. $\sum_{n=2}^{\infty} (-1)^{n+1} \dfrac{1}{\ln n}$
6. $\sum_{n=1}^{\infty} (-1)^{n+1} \dfrac{\ln n}{n}$
7. $\sum_{n=2}^{\infty} (-1)^{n+1} \dfrac{\ln n}{\ln n^2}$
8. $\sum_{n=1}^{\infty} (-1)^n \ln\left(1+\dfrac{1}{n}\right)$
9. $\sum_{n=1}^{\infty} (-1)^{n+1} \dfrac{\sqrt{n}+1}{n+1}$
10. $\sum_{n=1}^{\infty} (-1)^{n+1} \dfrac{3\sqrt{n}+1}{\sqrt{n}+1}$

绝对和条件收敛

题 11–44 中的级数,哪些绝对收敛?哪些条件收敛?哪些发散?对你的回答给出理由.

11. $\sum_{n=1}^{\infty} (-1)^{n+1} (0.1)^n$
12. $\sum_{n=1}^{\infty} (-1)^{n+1} \dfrac{(0.1)^n}{n}$
13. $\sum_{n=1}^{\infty} (-1)^n \dfrac{1}{\sqrt{n+1}}$
14. $\sum_{n=1}^{\infty} \dfrac{(-1)^n}{1+\sqrt{n}}$
15. $\sum_{n=1}^{\infty} (-1)^{n+1} \dfrac{n}{n^3+1}$
16. $\sum_{n=1}^{\infty} (-1)^{n+1} \dfrac{n!}{2^n}$
17. $\sum_{n=1}^{\infty} (-1)^n \dfrac{1}{n+3}$
18. $\sum_{n=1}^{\infty} (-1)^n \dfrac{\sin n}{n^2}$
19. $\sum_{n=1}^{\infty} (-1)^{n+1} \dfrac{3+n}{5+n}$
20. $\sum_{n=2}^{\infty} (-1)^n \dfrac{1}{\ln(n^3)}$
21. $\sum_{n=1}^{\infty} (-1)^{n+1} \dfrac{1+n}{n^2}$
22. $\sum_{n=1}^{\infty} \dfrac{(-2)^{n+1}}{n+5^n}$
23. $\sum_{n=1}^{\infty} (-1)^n n^2 (2/3)^n$
24. $\sum_{n=1}^{\infty} (-1)^{n+1} (\sqrt[n]{10})$
25. $\sum_{n=1}^{\infty} (-1)^n \dfrac{\tan^{-1} n}{n^2+1}$
26. $\sum_{n=2}^{\infty} (-1)^{n+1} \dfrac{1}{n \ln n}$
27. $\sum_{n=1}^{\infty} (-1)^n \dfrac{n}{n+1}$
28. $\sum_{n=1}^{\infty} (-1)^n \dfrac{\ln n}{n-\ln n}$
29. $\sum_{n=1}^{\infty} \dfrac{(-100)^n}{n!}$
30. $\sum_{n=1}^{\infty} (-5)^{-n}$
31. $\sum_{n=1}^{\infty} \dfrac{(-1)^{n-1}}{n^2+2n+1}$
32. $\sum_{n=2}^{\infty} (-1)^n \left(\dfrac{\ln n}{\ln n^2}\right)^n$
33. $\sum_{n=1}^{\infty} \dfrac{\cos n\pi}{n\sqrt{n}}$
34. $\sum_{n=1}^{\infty} \dfrac{\cos n\pi}{n}$
35. $\sum_{n=1}^{\infty} \dfrac{(-1)^n (n+1)^n}{(2n)^n}$
36. $\sum_{n=1}^{\infty} \dfrac{(-1)^{n+1} (n!)^2}{(2n)!}$
37. $\sum_{n=1}^{\infty} (-1)^n \dfrac{(2n)!}{2^n n! n}$
38. $\sum_{n=1}^{\infty} (-1)^n \dfrac{(n!)^2 3^n}{(2n+1)!}$
39. $\sum_{n=1}^{\infty} (-1)^n (\sqrt{n+1}-\sqrt{n})$
40. $\sum_{n=1}^{\infty} (-1)^n (\sqrt{n^2+n}-n)$
41. $\sum_{n=1}^{\infty} (-1)^n (\sqrt{n+\sqrt{n}}-\sqrt{n})$
42. $\sum_{n=1}^{\infty} \dfrac{(-1)^n}{\sqrt{n}+\sqrt{n+1}}$
43. $\sum_{n=1}^{\infty} (-1)^n \operatorname{sech} n$
44. $\sum_{n=1}^{\infty} (-1)^n \operatorname{csch} n$

误差估计

在题 45–48 中,估计用前四项的和逼近整个级数的和产生的误差.

45. $\sum_{n=1}^{\infty} (-1)^{n+1} \dfrac{1}{n}$,可证明其和为 $\ln 2$
46. $\sum_{n=1}^{\infty} (-1)^{n+1} \dfrac{1}{10^n}$

47. $\sum_{n=1}^{\infty}(-1)^{n+1}\dfrac{(0.01)^n}{n}$,在 8.6 中将看到其和为 $\ln(1.01)$ 48. $\dfrac{1}{1+t}=\sum_{n=0}^{\infty}(-1)^n t^n$, $0<t<1$

在题 49 和 50 中,以大小小于 5×10^{-6} 的误差逼近级数的和.

49. $\sum_{n=0}^{\infty}(-1)^n\dfrac{1}{(2n)!}$ 你将在 8.7 节看到,和是 $\cos 1$,即 1 弧度的余弦.

50. $\sum_{n=0}^{\infty}(-1)^n\dfrac{1}{n!}$ 你将在 8.7 节看到,和是 e^{-1}.

理论和例子

51. (a) 为学而写   级数

$$\dfrac{1}{3}-\dfrac{1}{2}+\dfrac{1}{9}-\dfrac{1}{4}+\dfrac{1}{27}-\dfrac{1}{8}+\cdots+\dfrac{1}{3^n}-\dfrac{1}{2^n}+\cdots$$

不满足定理 8 的哪个条件?

(b) 求部分 (a) 的级数的和.

52. 满足定理 8 的条件的交错级数的和 L 位于任何两个相继的部分和之间. 这启发我们用平均值

$$\dfrac{s_n+s_{n+1}}{2}=s_n+\dfrac{1}{2}(-1)^{n+2}a_{n+1}$$

估计 L. 计算

$$s_{20}+\dfrac{1}{2}\cdot\dfrac{1}{21}$$

把它作为交错调和级数和的逼近. 精确和是 $\ln 2=0.6931\cdots$.

53. **满足定理 8 条件的交错级数的余项的符号**   证明定理 9 的结论:若一个满足定理 8 的条件的交错级数用一个部分和逼近,那么余项(未用项之和)和余项的第一项有相同的符号.(提示:把余项的每相继的两项结为一组.)

54. 为学而写   证明级数

$$1-\dfrac{1}{2}+\dfrac{1}{2}-\dfrac{1}{3}+\dfrac{1}{3}-\dfrac{1}{4}+\dfrac{1}{4}-\dfrac{1}{5}+\dfrac{1}{5}-\dfrac{1}{6}+\cdots$$

的前 $2n$ 项之和与级数

$$\dfrac{1}{1\cdot 2}+\dfrac{1}{2\cdot 3}+\dfrac{1}{3\cdot 4}+\dfrac{1}{4\cdot 5}+\dfrac{1}{5\cdot 6}+\cdots.$$

的前 n 项之和相同. 这些级数是否收敛?第一个级数的前 $2n+1$ 项之和是多少?如果级数收敛,其和是多少?

55. **发散**   证明如果 $\sum_{n=1}^{\infty}a_n$ 发散,则 $\sum_{n=1}^{\infty}|a_n|$ 发散.

56. 证明:如果 $\sum_{n=1}^{\infty}a_n$ 绝对收敛,则

$$\left|\sum_{n=1}^{\infty}a_n\right|\leq\sum_{n=1}^{\infty}|a_n|.$$

57. **绝对收敛法则**   证明:若 $\sum_{n=1}^{\infty}a_n$ 和 $\sum_{n=1}^{\infty}b_n$ 绝对收敛,则

(a) $\sum_{n=1}^{\infty}(a_n+b_n)$ (b) $\sum_{n=1}^{\infty}(a_n-b_n)$ (c) $\sum_{n=1}^{\infty}ka_n$ (k 为任何数)

也绝对收敛.

58. **逐项相乘**   用例子说明即使 $\sum_{n=1}^{\infty}a_n$ 和 $\sum_{n=1}^{\infty}b_n$ 都收敛,$\sum_{n=1}^{\infty}a_n b_n$ 也可能发散.

59. **重排**   在例 8 中,假定重排项的目标是得到收敛到 $-1/2$ 的新级数. 从第一个负项 $-1/2$ 开始新的重排. 一旦你有一个小于或等于 $-1/2$ 的和,就开始按次序引入正项,直到新的总和大于 $-1/2$. 再加上负项直到总

和又小于或等于 $-1/2.\cdots$ 继续这一过程直到你的部分和超过你的目标至少三次并且在小于或等于目标时终止. 若 s_n 是你的新级数的前 n 项部分和, 画出点 (n, s_n) 以图示部分和的行为.

60. 重排定理(定理 11)证明概要

(**a**) 设 ε 是一个正实数. 令 $L = \sum_{n=1}^{\infty} a_n$, 又令 $s_k = \sum_{n=1}^{k} a_n$. 证明: 对某个 N_1 和某个指标 $N_2 \geqslant N_1$,

$$\sum_{n=N_1}^{\infty} |a_n| < \frac{\varepsilon}{2} \quad \text{且} \quad |s_{N_2} - L| < \frac{\varepsilon}{2}.$$

因为所有项 $a_1, a_2, \cdots, a_{N_2}$ 出现在序列 $\{b_n\}$ 的某个地方, 存在一个指标 $N_3 \geqslant N_2$ 使得当 $n \geqslant N_3$ 时, $\left(\sum_{n=1}^{k} b_n\right) - s_{N_2}$ 至多是指标 $m \geqslant N_1$ 的项 a_m 之和. 因此, 如果 $n \geqslant N_3$,

$$\left|\sum_{k=1}^{\infty} b_k - L\right| \leqslant \left|\sum_{k=1}^{n} b_k - s_{N_2}\right| + |s_{N_2} - L|$$

$$\leqslant \sum_{k=N_1}^{\infty} |a_k| + |s_{N_2} - L| < \varepsilon.$$

(**b**) 部分(a)中的推理证明了: 如果 $\sum_{n=1}^{\infty} a_n$ 绝对收敛, 则 $\sum_{n=1}^{\infty} b_n$ 收敛, 并且 $\sum_{n=1}^{\infty} b_n = \sum_{n=1}^{\infty} a_n$. 现在指出, 因为 $\sum_{n=1}^{\infty} |a_n|$ 收敛, $\sum_{n=1}^{\infty} |b_n|$ 收敛到 $\sum_{n=1}^{\infty} |a_n|$.

61. 分离绝对收敛级数

(**a**) 证明: 若 $\sum_{n=1}^{\infty} |a_n|$ 收敛, 而

$$b_n = \begin{cases} a_n & \text{若 } a_n \geqslant 0 \\ 0 & \text{若 } a_n < 0, \end{cases}$$

则 $\sum_{n=1}^{\infty} b_n$ 收敛.

(**b**) 利用部分(a)的结果证明类似结果: 若 $\sum_{n=1}^{\infty} |a_n|$ 收敛, 而

$$c_n = \begin{cases} 0 & \text{若 } a_n \geqslant 0 \\ a_n & \text{若 } a_n < 0, \end{cases}$$

则 $\sum_{n=1}^{\infty} c_n$ 收敛.

换句话说, 如果一个级数绝对收敛, 它的正项组成一个收敛级数, 负项亦如此. 并且由于 $b_n = (a_n + |a_n|)/2, c_n = (a_n - |a_n|)/2$,

$$\sum_{n=1}^{\infty} a_n = \sum_{n=1}^{\infty} b_n + \sum_{n=1}^{\infty} c_n$$

62. 复习交错级数 错在哪里: 交错级数

$$S = 1 - \frac{1}{2} + \frac{1}{3} - \frac{1}{4} + \frac{1}{5} - \frac{1}{6} + \frac{1}{7} - \frac{1}{8} + \frac{1}{9} - \frac{1}{10} + \frac{1}{11} - \frac{1}{12} + \cdots$$

两端乘以 2 得

$$2S = 2 - 1 + \frac{2}{3} - \frac{1}{2} + \frac{2}{5} - \frac{1}{3} + \frac{2}{7} - \frac{1}{4} + \frac{2}{9} - \frac{1}{5} + \frac{2}{11} - \frac{1}{6} + \cdots$$

如箭头所示, 把分母相同的项结为一组, 得到

$$2S = 1 - \frac{1}{2} + \frac{1}{3} - \frac{1}{4} + \frac{1}{5} - \frac{1}{6} + \cdots.$$

方程右端的级数正是最开始我们讨论的级数. 因此 $2S = S$, 除以 S 得 $2 = 1$. (来源: Galanor "Riemann's Rearragement Theorem" by Stewart, *Mathematics Teacher*, Vol. 80, No. 8 (1987), pp. 675 - 681)

63. 当 $N > 1$ 时, 画出类似图 8.15 的图以显示定理 8 中的级数的收敛性.

8.6 幂级数

幂级数及收敛 • 收敛半径和区间 • 逐项求导 • 逐项积分 • 幂级数的乘法

若 $|x| < 1$,则几何级数公式断言

$$1 + x + x^2 + x^3 + \cdots + x^n + \cdots = \frac{1}{1-x}.$$

对这一陈述再添三言两语. 右端的表达式定义一个函数,其定义域是所有数 $x \neq 1$. 左端的表达式定义一个函数,其定义域是收敛区间 $|x| < 1$. 等式仅在后一区域成立,在这里等式两端都有定义. 在这个区域里,级数表示函数 $1/(1-x)$.

在本节,我们研究像 $\sum_{n=0}^{\infty} x^n$ 这样的无穷多项式,而在下一节,我们解决用这样的无穷多项式(称为幂级数)表示特定函数的问题.

幂级数及收敛

表达式 $\sum_{n=0}^{\infty} c_n x^n$ 像一个多项式,这是由于它是系数乘 x 的幂之和. 但真正的多项式有**有限阶**,不会对不合适的 x 的值发散. 恰如数的无穷级数并非仅仅是和, x 的幂级数也不仅仅是多项式.

定义　幂级数

形如

$$\sum_{n=0}^{\infty} c_n x^n = c_0 + c_1 x + c_2 x^2 + \cdots + c_n x^n + \cdots$$

的表达式是一个**中心**在 $x = 0$ 的**幂级数**. 形如

$$\sum_{n=0}^{\infty} c_n (x-a)^n = c_0 + c_1 (x-a) + c_2 (x-a)^2 + \cdots + c_n (x-a)^n + \cdots$$

的表达式是一个**中心**在 $x = a$ 的**幂级数**. 项 $c_n (x-a)^n$ 是第 n 项;数 a 是**中心**.

注:当我们在下列等式

$$\sum_{n=0}^{\infty} c_n x^n = c_0 + c_1 x + c_2 x^2 + \cdots + c_n x^n + \cdots,$$

中令 $x = 0$ 时,右边得到 c_0,而左边为 $c_0 \cdot 0^0$. 由于 0^0 不是一个数,上述记法略有缺陷,我们予以宽容. 当我们在 $\sum_{n=0}^{\infty} c_n (x-a)^n$ 中令 $x = a$ 产生同样的问题. 不管哪种情况,我们同意表达式等于 c_0(也确实应等于 c_0,我们并不是妥协,只是澄清).

例 1(几何级数)　几何级数

$$\sum_{n=0}^{\infty} x^n = 1 + x + x^2 + \cdots + x^n + \cdots$$

是中心在 $x=0$ 的幂级数. 它在区间 $-1<x<1$ 上收敛到 $1/(1-x)$, 区间 $-1<x<-1$ 也以 $x=0$ 为中心 (图 8.16). 不久我们会看到这是典型情形. 一个幂级数或对所有 x 收敛, 或在一个和级数有同样中心的有限区间上收敛, 或仅仅在中心收敛.

迄今为止, 我们把等式
$$\frac{1}{1-x} = 1 + x + x^2 + \cdots + x^n + \cdots, \quad -1 < x < 1$$
看作右端的级数的和的公式.

我们现在换一个看法: 我们设想右端级数的部分和 $P_n(x)$ 逼近左端的函数. 对靠近零点的 x 值, 我们取级数的少数几项就能得到一个好的逼近. 当我们移动到靠近 $x=1$ 或 -1 的值时, 就必须取更多的项. 图 8.16 显示 $f(x) = 1/(1-x)$ 的图形和 $n=0,1,2$ 和 8 时逼近多项式 $P_n(x)$ 的图形.

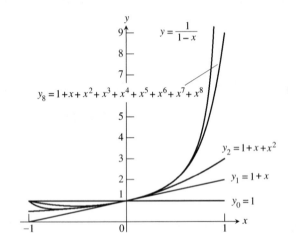

图 8.16 $f(x)=1/(1-x)$ 的图形和它的四个逼近多项式的图形

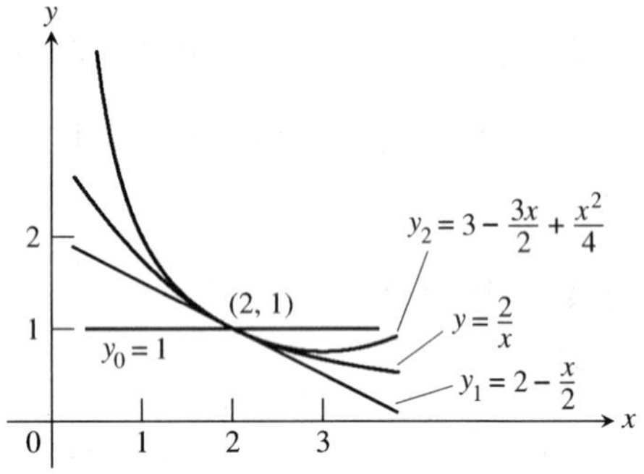

图 8.17 $f(x)=2/x$ 的图形和前三个多项式逼近. (例 2)

例 2 (应用定义) 幂级数
$$1 - \frac{1}{2}(x-2) + \frac{1}{4}(x-2)^2 + \cdots + \left(-\frac{1}{2}\right)^n (x-2)^n + \cdots \tag{1}$$
的中心是 $a=2$, 系数 $c_0=1, c_1=-1/2, c_2=1/4, \cdots, c_n=(-1/2)^n$. 这是一个几何级数, 首项是 1 而公比是 $r = -\frac{x-2}{2}$. 级数对 $\left|\frac{x-2}{2}\right| < 1$ 或 $0 < x < 4$ 收敛. 和是
$$\frac{1}{1-r} = \frac{1}{1+\frac{x-2}{2}} = \frac{2}{x},$$
于是
$$\frac{2}{x} = 1 - \frac{(x-2)}{2} + \frac{(x-2)^2}{4} - \cdots + \left(-\frac{1}{2}\right)^n (x-2)^n + \cdots, \quad 0 < x < 4.$$

对接近 2 的 x 值级数(1)产生 $f(x) = 2/x$ 的一个有用的多项式逼近:

$$P_0(x) = 1$$

$$P_1(x) = 1 - \frac{1}{2}(x-2) = 2 - \frac{x}{2}$$

$$P_2(x) = 1 - \frac{1}{2}(x-2) + \frac{1}{4}(x-2)^2 = 3 - \frac{3x}{2} + \frac{x^2}{4},$$

等等(图 8.17).

收敛半径和区间

例1和例2中的幂级数是几何级数,我们可以求得使它收敛的区间. 对非几何级数,首先注意任何形如 $\sum_{n=0}^{\infty} c_n(x-a)^n$ 的幂级数总在 $x = a$ 收敛,这保证幂级数至少在数直线上的一个点收敛. 在例1和例2中我们碰到级数仅在以 a 为中心的一个有限区间上收敛. 还有些幂级数对所有实数收敛. 关于幂级数的一个有用事实是这些是仅有的可能情形,正如下一个定理所保证的.

> **定理 12 幂级数收敛定理**
>
> 对于 $\sum_{n=0}^{\infty} c_n(x-a)^n$ 的收敛有三种可能性.
> 1. 存在一个正数 R,使得级数当 $|x-a| > R$ 时发散,而当 $|x-a| < R$ 时收敛. 在端点 $a+R$ 和 $a-R$,级数既可能收敛,也可能发散.
> 2. 级数对每个 x 收敛($R = \infty$).
> 3. 级数在 $x = a$ 收敛,而在其余点处发散($R = 0$).

R 是**收敛半径**,而所有使级数收敛的点的集合是**收敛区间**. 如果 R 是无穷或 R 是零,收敛半径完全决定了收敛区间. 但是,对于 $0 < R < \infty$,还留下在收敛区间端点级数是否收敛的问题. 下一例说明怎么求收敛区间.

例3(用比值判别法求收敛区间) 对哪些 x 值下列幂级数收敛?

(**a**) $\sum_{n=1}^{\infty} (-1)^{n-1} \frac{x^n}{n} = x - \frac{x^2}{2} + \frac{x^3}{3} - \cdots$

(**b**) $\sum_{n=1}^{\infty} (-1)^{n-1} \frac{x^{2n-1}}{2n-1} = x - \frac{x^3}{3} + \frac{x^5}{5} - \cdots$

(**c**) $\sum_{n=0}^{\infty} \frac{x_n}{n!} = 1 + x + \frac{x^2}{2!} + \frac{x^3}{3!} + \cdots$

(**d**) $\sum_{n=1}^{\infty} n! x^n = 1 + x + 2!x^2 + 3!x^3 + \cdots$

解 对级数 $\sum |u_n|$ 用比值判别法,这里 u_n 是问题中的级数的第 n 项.

(**a**) $\left| \frac{u_{n+1}}{u_n} \right| = \frac{n}{n+1}|x| \to |x|$.

级数当 $|x| < 1$ 时绝对收敛. 它当 $|x| > 1$ 时发散,这是因为第 n 项不趋于零. 在 $x = 1$,我们得到交错调和级数 $1 - 1/2 + 1/3 - 1/4 + \cdots$,它收敛. 在 $x = -1$,我们得到 $-1 - 1/2 - 1/3$

$-1/4-\cdots$，这是负调和级数，它发散. 级数对 $-1 < x \leq 1$ 收敛，对其余值发散.

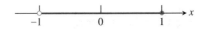

(**b**) $\left|\dfrac{u_{n+1}}{u_n}\right| = \dfrac{2n-1}{2n+1}x^2 \to x^2$.

级数对于 $x^2 < 1$ 绝对收敛. 它对 $x^2 > 1$ 发散，这是因为第 n 项不趋于零. 在 $x = 1$，级数成为 $1 - 1/3 + 1/5 - 1/7 + \cdots$，由交错级数定理它收敛. 在 $x = -1$ 的值是在 $x = 1$ 的值的相反数. 级数对 $-1 \leq x \leq 1$ 收敛，而对其余值发散.

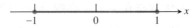

(**c**) $\left|\dfrac{u_{n+1}}{u_n}\right| = \left|\dfrac{x^{n+1}}{(n+1)!} \cdot \dfrac{n!}{x^n}\right| = \dfrac{|x|}{n+1} \to 0$ 对每个 x. 级数对所有 x 绝对收敛.

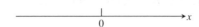

(**d**) $\left|\dfrac{u_{n+1}}{u_n}\right| = \left|\dfrac{(n+1)!x^{n+1}}{n!x^n}\right| = (n+1)|x| \to \infty$ 除非 $x = 0$.

级数对 $x = 0$ 以外的所有值发散.

下面是求幂级数收敛区间的步骤概要.

求收敛区间

步骤 1：用比值判别法（或 n 次根判别法）求使级数绝对收敛的区间. 通常这是一个开区间
$$|x - a| < R \quad \text{或} \quad a - R < x < a + R.$$
步骤 2：如果绝对收敛区间是有限的，像在例 3(a) 和 (b) 中那样，检验在每个端点的收敛或发散. 这时要用比较判别法，积分判别法，或交错级数判别法.

步骤 3：如果绝对收敛区间是 $a - R < x < a + R$，级数对 $|x - a| > R$ 发散（它更不会条件收敛），这是因为对这些 x 值第 n 项不趋于零.

幂级数在收敛区间的内部的每个点绝对收敛. 如果一个幂级数对所有 x 值绝对收敛，我们说它的收敛半径是无穷. 如果它仅在 $x = a$ 收敛，收敛半径是零.

逐项求导

高等微积分的一个定理是说幂级数可以在收敛区间内的点逐项求导.

定理 13　逐项求导定理

若对某个 $R > 0$，$\sum c_n(x-a)^n$ 对 $a - R < x < a + R$ 收敛，它定义一个函数 f

$$f(x) = \sum_{n=0}^{\infty} c_n(x-a)^n, \quad a - R < x < a + R.$$

这个函数 f 在收敛区间内部有所有阶的导数. 我们可以逐项求导原级数得到它的导数：

$$f'(x) = \sum_{n=1}^{\infty} nc_n(x-a)^{n-1}, \quad f''(x) = \sum_{n=2}^{\infty} n(n-1)c_n(x-a)^{n-2}.$$

等等. 这些经求导得到的级数在原级数收敛区间的每一点收敛.

注：逐项求导定理可能对其它类型的级数不起作用，如三角级数 $\sum_{n=1}^{\infty} \dfrac{\sin(n!x)}{n^2}$，对所有 x 收敛. 但若对它逐项求导，我们得到级数 $\sum_{n=1}^{\infty} \dfrac{n!\cos(n!x)}{n^2}$，它对所有 x 发散.

例 4（应用逐项求导）　设

$$f(x) = \frac{1}{1-x} = 1 + x + x^2 + x^3 + x^4 + \cdots + x^n + \cdots$$

$$= \sum_{n=0}^{\infty} x^n, \quad -1 < x < 1,$$

求 $f'(x)$ 和 $f''(x)$ 的级数.

解

$$f'(x) = \frac{1}{(1-x)^2} = 1 + 2x + 3x^2 + 4x^3 + \cdots + nx^{n-1} + \cdots$$

$$= \sum_{n=1}^{\infty} nx^{n-1}, \quad -1 < x < 1$$

$$f''(x) = \frac{2}{(1-x)^3} = 2 + 6x + 12x^2 + \cdots + n(n-1)x^{n-2} + \cdots$$

$$= \sum_{n=2}^{\infty} n(n-1)x^{n-2}, \quad -1 < x < 1$$

逐项积分

另一个高等微积分的定理是说幂级数可以在收敛区间内部逐项积分.

定理 14　逐项积分定理

假定 $f(x) = \sum_{n=0}^{\infty} c_n(x-a)^n$ 对 $a - R < x < a + R (R > 0)$ 收敛. 则

$$\sum_{n=0}^{\infty} c_n \frac{(x-a)^{n+1}}{n+1}$$

对 $a - R < x < a + R$ 收敛，并且对 $a - R < x < a + R$，有

$$\int f(x) \, dx = \sum_{n=0}^{\infty} c_n \frac{(x-a)^{n+1}}{n+1} + C$$

例 5($\tan^{-1} x$ 的一个级数，$-1 \leqslant x \leqslant 1$) 　 识别函数

$$f(x) = x - \frac{x^3}{3} + \frac{x^5}{5} - \cdots, \quad -1 \leqslant x \leqslant 1.$$

解 　 我们逐项求导给定的级数，得

$$f'(x) = 1 - x^2 + x^4 - x^6 + \cdots, \quad -1 < x < 1.$$

这是一个首项为 1，公比为 $-x^2$ 的几何级数，于是

$$f'(x) = \frac{1}{1-(-x^2)} = \frac{1}{1+x^2}.$$

现在积分 $f'(x) = 1/(1+x^2)$，得

$$\int f'(x) \mathrm{d}x = \int \frac{\mathrm{d}x}{1+x^2} = \tan^{-1} x + C.$$

$f(x)$ 的级数当 $x = 0$ 时是零，于是 $C = 0$. 因此

$$f(x) = x - \frac{x^3}{3} + \frac{x^5}{5} - \frac{x^7}{7} + \cdots = \tan^{-1} x, \quad -1 < x < 1.$$

在 8.8 节，我们将看到在 $x = \pm 1$，级数也收敛到 $\tan^{-1} x$.

注：注意例 5 中原来的级数在原收敛区间的两个端点都收敛，但定理 13 仅能保证求导后的级数在该区间内的收敛性.

例 6($\ln(1+x)$ 的级数，$-1 < x \leqslant 1$) 　 级数

$$\frac{1}{1+t} = 1 - t + t^2 - t^3 + \cdots$$

在开区间 $-1 < t < 1$ 收敛. 因此

$$\ln(1+x) = \int_0^x \frac{1}{1+t} \mathrm{d}t = \left[t - \frac{t^2}{2} + \frac{t^3}{3} - \frac{t^4}{4} + \cdots \right]_0^x$$

$$= x - \frac{x^2}{2} + \frac{x^3}{3} - \frac{x^4}{4} + \cdots, \quad -1 < x < 1.$$

还可证明级数在 $x = 1$ 收敛到 $\ln 2$，但不能由这里的定理推出.

幂级数的乘法

还有一个高等微积分的定理是说绝对收敛级数可以像多项式那样相乘并得到新的绝对收敛级数.

定理 15 　 **幂级数的级数乘法定理**

设 $A(x) = \sum_{n=0}^{\infty} a_n x^n$ 和 $B(x) = \sum_{n=0}^{\infty} b_n x^n$ 对 $|x| < R$ 绝对收敛，令

$$c_n = a_0 b_n + a_1 b_{n-1} + a_2 b_{n-2} + \cdots + a_{n-1} b_1 + a_n b_0 = \sum_{k=0}^{n} a_k b_{n-k},$$

则 $\sum_{n=0}^{\infty} c_n x^n$ 对 $|x| < R$ 绝对收敛到 $A(x)B(x)$：

$$\left(\sum_{n=0}^{\infty} a_n x^n \right) \cdot \left(\sum_{n=0}^{\infty} b_n x^n \right) = \sum_{n=0}^{\infty} c_n x^n.$$

例 7(应用乘法定理) 　 几何级数

$$\sum_{n=0}^{\infty} x^n = 1 + x + x^2 + \cdots + x^n + \cdots = \frac{1}{1-x}, \quad |x| < 1$$

乘以自己得到当 $|x| < 1$ 时, $1/(1-x)^2$ 的级数.

解 令

$$A(x) = \sum_{n=0}^{\infty} a_n x^n = 1 + x + x^2 + \cdots + x^n + \cdots = 1/(1-x)$$

$$B(x) = \sum_{n=0}^{\infty} b_n x^n = 1 + x + x^2 + \cdots + x^n + \cdots = 1/(1-x)$$

且

$$c_n = \underbrace{a_0 b_n + a_1 b_{n-1} + \cdots + a_k b_{n-k} + \cdots + a_n b_0}_{n+1 \text{项}} = \underbrace{1 + 1 + \cdots + 1}_{n+1 \text{个}} = n+1.$$

由级数乘法定理,有

$$A(x) \cdot B(x) = \sum_{n=0}^{\infty} c_n x^n = \sum_{n=0}^{\infty} (n+1) x^n$$

$$= 1 + 2x + 3x^2 + 4x^3 + \cdots + (n+1) x^n + \cdots$$

是 $1/(1-x)^2$ 的级数. 这里所有的级数当 $|x| < 1$ 时绝对收敛. 由于

$$\frac{d}{dx}\left(\frac{1}{1-x}\right) = \frac{1}{(1-x)^2}.$$

例 4 给出同样的答案.

习题 8.6

收敛区间

在题 1-32 中,(a) 求级数的收敛半径和收敛区间. (b) 对 x 的哪些值级数绝对收敛? (c) 对 x 的哪些值级数条件收敛?

1. $\sum_{n=0}^{\infty} x^n$
2. $\sum_{n=0}^{\infty} (x+5)^n$
3. $\sum_{n=0}^{\infty} (-1)^n (4x+1)^n$
5. $\sum_{n=0}^{\infty} \frac{(x-2)^n}{10^n}$
6. $\sum_{n=0}^{\infty} (2x)^n$
7. $\sum_{n=0}^{\infty} \frac{nx^n}{n+2}$
8. $\sum_{n=1}^{\infty} \frac{(-1)^n (x+2)^n}{n}$
9. $\sum_{n=1}^{\infty} \frac{x^n}{n\sqrt{n}3^n}$
10. $\sum_{n=1}^{\infty} \frac{(x-1)^n}{\sqrt{n}}$
11. $\sum_{n=0}^{\infty} \frac{(-1)^n x^n}{n!}$
12. $\sum_{n=0}^{\infty} \frac{3^n x^n}{n!}$
13. $\sum_{n=0}^{\infty} \frac{x^{2n+1}}{n!}$
14. $\sum_{n=0}^{\infty} \frac{(2x+3)^{2n+1}}{n!}$
15. $\sum_{n=0}^{\infty} \frac{x^n}{\sqrt{n^2+3}}$
16. $\sum_{n=0}^{\infty} \frac{(-1)^n x^n}{\sqrt{n^2+3}}$
17. $\sum_{n=0}^{\infty} \frac{n(n+3)^n}{5^n}$
18. $\sum_{n=0}^{\infty} \frac{nx^n}{4^n(n^2+1)}$
19. $\sum_{n=0}^{\infty} \frac{\sqrt{n}x^n}{3^n}$
20. $\sum_{n=1}^{\infty} \sqrt[n]{n}(2x+5)^n$
21. $\sum_{n=1}^{\infty} \left(1 + \frac{1}{n}\right)^n x^n$
22. $\sum_{n=1}^{\infty} (\ln n) x^n$
23. $\sum_{n=1}^{\infty} n^n x^n$
24. $\sum_{n=0}^{\infty} n!(x-4)^n$

25. $\sum_{n=1}^{\infty} \dfrac{(-1)^{n+1}(x+2)^n}{n 2^n}$

26. $\sum_{n=0}^{\infty} (-2)^n (n+1)(x-1)^n$

27. $\sum_{n=2}^{\infty} \dfrac{xn}{n(\ln n)^2}$ （从 8.4 节题 75 得到你所需要的有关 $\sum 1/(\ln(\ln n)2)$ 的信息.）

28. $\sum_{n=2}^{\infty} \dfrac{x^n}{n \ln n}$ （从 8.4 节题 75 得到你所需要的有关 $\sum 1/(\ln(\ln n)2)$ 的信息.）

29. $\sum_{n=1}^{\infty} \dfrac{(4x-5)^{2n+1}}{n^{3/2}}$

30. $\sum_{n=1}^{\infty} \dfrac{(3x+1)^{n+1}}{2n+2}$

31. $\sum_{n=1}^{\infty} \dfrac{(x+\pi)^n}{\sqrt{n}}$

32. $\sum_{n=0}^{\infty} \dfrac{(x-\sqrt{2})^{2n+1}}{2^n}$

含 x 的几何级数

在习题 33-38 中，求级数的收敛区间，并在该区间内，把表示为 x 的函数级数的和.

33. $\sum_{n=0}^{\infty} \dfrac{(x-1)^{2n}}{4^n}$

34. $\sum_{n=0}^{\infty} \dfrac{(x+1)^{2n}}{9^n}$

35. $\sum_{n=0}^{\infty} \left(\dfrac{\sqrt{x}}{2}-1\right)^n$

36. $\sum_{n=0}^{\infty} (\ln x)^n$

37. $\sum_{n=0}^{\infty} \left(\dfrac{x^2+1}{3}\right)^n$

38. $\sum_{n=0}^{\infty} \left(\dfrac{x^2-1}{2}\right)^n$

理论和例子

39. **逐项求导** 对 x 的哪些值，级数

$$1 - \dfrac{1}{2}(x-3) + \dfrac{1}{4}(x-3)^2 + \cdots + \left(-\dfrac{1}{2}\right)^n (x-3)^n + \cdots$$

收敛?和是什么?如果你逐项求导给定的级数,将得到什么样的级数?对 x 的哪些值新级数收敛?它的和是什么?

40. **逐项积分** 如果你逐项积分题 39 的级数,你得到什么新级数?对 x 的哪些值新级数收敛?和的另一个名称是什么?

41. **$\sin x$ 的幂级数** 级数

$$\sin x = x - \dfrac{x^3}{3!} + \dfrac{x^5}{5!} - \dfrac{x^7}{7!} + \dfrac{x^9}{9!} - \dfrac{x^{11}}{11!} + \cdots$$

对所有 x 收敛到 $\sin x$.

(**a**) 求 $\cos x$ 的级数的前六项. 对于 x 的哪些值级数收敛?

(**b**) 在 $\sin x$ 的级数中用 $2x$ 代替 x,求一个对所有 x 收敛到 $\sin 2x$ 的级数.

(**c**) 用部分(a)的结果和级数乘法,计算 $2\sin x\cos x$ 的级数的前六项. 同部分(b)中的答案做比较.

42. **e^x 的幂级数** 级数

$$e^x = 1 + x + \dfrac{x^2}{2!} + \dfrac{x^3}{3!} + \dfrac{x^4}{4!} + \dfrac{x^5}{5!} + \cdots$$

对所有 x 收敛到 e^x.

(**a**) 求 $(d/dx)e^x$ 的级数. 是否得到 e^x 的级数?解释你的答案.

(**b**) 求 $\int e^x dx$ 的级数. 是否得到 e^x 的级数?解释你的答案.

(**c**) 在 e^x 的级数中用 $-x$ 代替 x,把 e^x 和 e^{-x} 的级数相乘,以此求 $e^{-x} \cdot e^x$ 的级数的前六项.

43. **$\tan x$ 的幂级数** 级数

$$\tan x = x + \dfrac{x^3}{3!} + \dfrac{2x^5}{15} + \dfrac{17x^7}{315} + \dfrac{62x^9}{2835} + \cdots$$

对于 $-\pi/2 < x < \pi/2$ 收敛到 $\tan x$.

(**a**) 求 $\ln |\sec x|$ 的级数的前六项. 对 x 的哪些值级数收敛?

(**b**) 求 $\sec^2 x$ 的级数的前五项. 对 x 的哪些值级数收敛?

(**c**) 平方题 44 中给出的 $\sec x$ 的级数,并以此检验部分(b)中的结果.

44. sec x 的幂级数 级数

$$\sec x = 1 + \frac{x^2}{2} + \frac{5}{24}x^4 + \frac{61}{720}x^6 + \frac{277}{8064}x^8 + \cdots$$

对于 $-\pi/2 < x < \pi/2$ 收敛到 sec x.

(**a**) 求函数 $\ln|\sec x + \tan x|$ 的幂级数的前五项. 对 x 的哪些值级数收敛?

(**b**) 求函数 sec x tan x 的幂级数的前四项. 对 x 的哪些值级数收敛?

(**c**) 把 sec x 的级数和题 43 中所给的 tan x 的级数相乘,以此检验你在部分(b) 中得到的结果.

45. 收敛级数的唯一性

(**a**) 证明如果两个幂级数 $\sum_{n=0}^{\infty} a_n x^n$ 和 $\sum_{n=0}^{\infty} b_n x^n$ 对一个开区间 $(-c,c)$ 内的所有 x 的值都收敛并且相等,则对每个 n, $a_n = b_n$. (提示:令 $f(x) = \sum_{n=0}^{\infty} a_n x^n = \sum_{n=0}^{\infty} b_n x^n$. 通过逐项求导证明: a_n 和 b_n 都等于 $f^{(n)}(0)/(n!)$.)

(**b**) 证明:如果对一个开区间 $(-c,c)$ 的所有 x 的值 $\sum_{n=0}^{\infty} a_n x^n = 0$,则对每个 n, $a_n = 0$.

46. 级数 $\sum_{n=0}^{\infty} (n^2/2^n)$ 的和 为求这个级数的和,把 $1/(1-x)$ 表示成几何级数,关于 x 求所得方程两端的导数,两端乘以 x,再求导数,令 $x = 1/2$,你得到什么?

47. 在端点的收敛性 用例子说明幂级数在其收敛区间的端点既可能绝对收敛,也可能条件收敛.

48. 收敛区间 构造幂级数,使其收敛区间是

(**a**) $(-3,3)$ (**b**) $(-2,0)$ (**c**) $(1,5)$.

8.7 Taylor 级数和 Maclaurin 级数

构造一个级数 • Taylor 级数和 Maclaurin 级数 • Taylor 多项式 • Taylor 多项式的余项 • 估计余项 • 截断误差 • Maclaurin 级数表 • 组合 Taylor 级数

对几何级数的充分了解,使我们能够求得表示某些函数的幂级数,并求得某些幂级数所表示的函数(在这些等式中的级数都满足收敛性条件). 在本节中,我们要学习更一般的技术来构造幂级数,这里要充分使用微积分工具. 多数情况下,这些级数提供了母函数的有用的多项式逼近.

构造一个级数

我们知道,在幂级数的收敛区间内部,幂级数的和是一个具有所有阶导数的连续函数,但反过来说如何呢?如果一个函数 $f(x)$ 在一个区间 I 上具有各阶导数,它能够表示成一个幂级数吗?如果能够,它的系数将是什么?

后一问题容易回答. 我们假设 $f(x)$ 是一个有正收敛半径的幂级数之和:

$$f(x) = \sum_{n=0}^{\infty} a_n(x-a)^n$$

$$= a_0 + a_1(x-a) + a_2(x-a)^2 + \cdots + a_n(x-a)^n + \cdots$$

在收敛区间 I 的内部重复使用逐项求导,我们得

$$f'(x) = a_1 + 2a_2(x-a) + 3a_3(x-a)^2 + \cdots + na_n(x-a)^{n-1} + \cdots$$

$$f''(x) = 1 \cdot 2a_2 + 2 \cdot 3a_3(x-a) + 3 \cdot 4a_4(x-a)^2 + \cdots$$
$$f'''(x) = 1 \cdot 2 \cdot 3a_3 + 2 \cdot 3 \cdot 4a_4(x-a) + 3 \cdot 4 \cdot 5a_5(x-a)^2 + \cdots,$$

对所有 n,第 n 阶导数是

$$f^{(n)}(x) = n!a_n + (带因子(x-a)的项的和.)$$

因为这些等式在 $x = a$ 成立,我们有

$$f'(a) = a_1,$$
$$f''(a) = 1 \cdot 2a_2,$$
$$f'''(a) = 1 \cdot 2 \cdot 3a_3,$$

而一般地

$$f^{(n)}(a) = n!a_n.$$

这些公式揭示了在 I 上收敛到 f 的值(我们说"在 I 上表示 f")的任何幂级数 $\sum_{n=0}^{\infty} a_n(x-a)^n$ 的系数的美妙样式. 如果存在一个这样的级数(这仍是一个未决问题),则仅有一个这样的级数,它的第 n 个系数是

$$a_n = \frac{f^{(n)}(a)}{n!}.$$

如果 f 有一个幂级数表示,这个幂级数必定是

$$f(x) = f(a) + f'(a)(x-a) + \frac{f''(a)}{2!}(x-a)^2 + \cdots + \frac{f^{(n)}(a)}{n!}(x-a)^n + \cdots. \quad (1)$$

如果我们从任意一个以 a 为中心的区间 I 上无穷次可微的函数出发,用它产生方程(1)中的级数,那么这个在 I 的内部的每个点 x 都收敛到 $f(x)$ 吗?回答是两可的:对有些函数是这样,而对另一些则不然.

Taylor 级数和 Maclaurin 级数

CD-ROM
WEBsite
历史传记
Brook Taylor
(1685 — 1731)
Colin Maclaurin
(1698 — 1746)

> **定义**　Taylor 级数, Maclaurin 级数
> 设 f 是一个在包含 a 作为内点的某个区间内存在所有阶导数的函数. 由 f 在 $x = a$ 生成的 Taylor 级数是
>
> $$\sum_{k=0}^{\infty} \frac{f^{(k)}(a)}{k!}(x-a)^k = f(a) + f'(a)(x-a) + \frac{f''(a)}{2!}(x-a)^2$$
> $$+ \cdots + \frac{f^{(n)}(a)}{n!}(x-a)^n + \cdots.$$
>
> 由 f 生成的 Maclaurin 级数是
>
> $$\sum_{k=0}^{\infty} \frac{f^{(k)}(0)}{k!}x^k = f(0) + f'(0)x + \frac{f''(0)}{2!}x^2 + \cdots +$$
> $$\frac{f^n(0)}{n!}x^n + \cdots,$$
>
> 这是 f 在 $a = 0$ 生成的 Taylor 级数.

例 1(求 Taylor 级数)　求由 $f(x) = 1/x$ 在 $a = 2$ 生成的 Taylor 级数. 级数是否在什么地方

收敛到 $1/x$?

解 我们需要求 $f(2), f'(2), f''(2), \cdots$. 求导数,我们得

$$f(x) = x^{-1}, \qquad f(2) = 2^{-1} = \frac{1}{2},$$

$$f'(x) = -x^{-2}, \qquad f'(2) = -\frac{1}{2^2},$$

$$f''(x) = 2!x^{-3}, \qquad \frac{f''(2)}{2!} = 2^{-3} = \frac{1}{2^3},$$

$$f'''(x) = -3!x^{-4}, \qquad \frac{f'''(2)}{3!} = -\frac{1}{2^4},$$

$$\vdots \qquad\qquad \vdots$$

$$f^{(n)}(x) = (-1)^n n! x^{n+1}, \quad \frac{f^{(n)}(2)}{n!} = \frac{(-1)^n}{2^{n+1}}.$$

Taylor 级数是

$$f(2) + f'(2)(x-2) + \frac{f''(2)}{2!}(x-2)^2 + \cdots + \frac{f^{(n)}(2)}{n!}(x-2)^n + \cdots$$

$$= \frac{1}{2} - \frac{(x-2)}{2^2} + \frac{(x-2)^2}{2^3} - \cdots + (-1)^n \frac{(x-2)^n}{2^{n+1}} + \cdots.$$

这是一个首项为 $1/2$ 而公比为 $r = -(x-2)/2$ 的几何级数. 它对 $|x-2| < 2$ 绝对收敛,其和是

$$\frac{1/2}{1+(x-2)/2} = \frac{1}{2+(x-2)} = \frac{1}{x}.$$

在本例中,由 $f(x) = 1/x$ 在 $a = 2$ 产生的 Taylor 级数对 $|x-2| < 2$ 或 $0 < x < 4$ 收敛到 $1/x$. ▢

Taylor 多项式

一个可微函数在点 a 的线性化是多项式

$$P_1(x) = f(a) + f'(a)(x-a).$$

如果 f 在 a 有更高阶的导数,那么它就有更高阶的多项式逼近. 这些多项式称为 f 的 Taylor 多项式.

定义 n **阶 Taylor 多项式**

设 f 在一个包含 a 作为内点的一个区间内对 $k = 1, 2, \cdots, N$ 有 k 阶导数. 则对任何从 0 至 N 的整数 n,由 f 在 $x = a$ 生成的 n **阶 Taylor 多项式**是

$$P_n(x) = f(a) + f'(a)(x-a) + \frac{f''(a)}{2!}(x-a)^2 + \cdots$$

$$+ \frac{f^{(k)}(a)}{k!}(x-a)^k + \cdots + \frac{f^{(n)}(a)}{n!}(x-a)^n.$$

注: 我们说 n 阶 Taylor 多项式,而不说 n 次,这是因为 $f^{(n)}(a)$ 可能是零. $\cos x$ 在 $x = 0$ 的前两个 Taylor 多项式是 $P_0(x) = 1$ 和 $P_1(x) = 1$. 一阶 Taylor 多项式是零次的,而非一次的.

恰如 f 在 $x = a$ 的线性化提供 f 的最佳线性逼近,高阶 Taylor 多项式提供相应阶的最佳多项式逼近. (见习题 58.)

例 2（求 e^x 的 Taylor 多项式） 求由 $f(x) = e^x$ 在 $x = 0$ 生成的 Taylor 级数和 Taylor 多项式.

解 因为
$$f(x) = e^x, \quad f'(x) = e^x, \quad \cdots \quad f^{(n)}(x) = e^x, \cdots,$$
我们有
$$f(0) = e^0 = 1, \quad f'(0) = 1, \quad \cdots, \quad f^{(n)}(0) = 1, \cdots.$$
由 e^x 在 $x = 0$ 生成的 Taylor 级数是
$$f(0) + f'(0)x + \frac{f''(0)}{2!}x^2 + \cdots + \frac{f^{(n)}(0)}{n!}x^n + \cdots = 1 + x + \frac{x^2}{2} + \cdots + \frac{x^n}{n!} + \cdots$$
$$= \sum_{k=0}^{\infty} \frac{x^k}{k!}.$$

根据定义，这是 f 的 Maclaurin 级数. 我们不久会看到级数在每个 x 收敛到 e^x.

在 $x = 0$ 的 n 阶 Taylor 多项式是
$$P_n(x) = 1 + x + \frac{x^2}{2} + \cdots + \frac{x^n}{n!}.$$
见图 8.18.

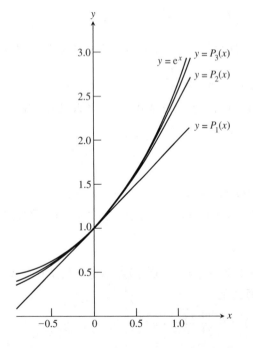

图 8.18 $f(x) = e^x$ 和它的 Taylor 多项式的图形
$P_1(x) = 1 + x,$
$P_2(x) = 1 + x + (x^2/2!),$
$P_3(x) = 1 + x + (x^2/2!) + (x^3/3!)$
注意在中心 $x = 0$ 非常接近.

例 3（求 $\cos x$ 的 Taylor 多项式） 求由 $f(x) = \cos x$ 在 $x = 0$ 生成的 Taylor 级数和 Taylor 多项式.

解 余弦函数和它的导数是
$$f(x) = \cos x, \quad f'(x) = -\sin x,$$
$$f''(x) = -\cos x, \quad f^{(3)}(x) = \sin x,$$
$$\vdots$$
$$f^{(2n)}(x) = (-1)^n \cos x, \quad f^{(2n+1)}(x) = (-1)^{n+1} \sin x$$

在 $x = 0$, 余弦是 1, 而正弦是零, 于是
$$f^{(2n)}(0) = (-1)^n, \quad f^{2n+1}(0) = 0.$$
由 f 在 0 生成的 Taylor 级数是
$$f(0) + f'(0)x + \frac{f''(0)}{2!}x^2 + \frac{f'''(0)}{3!}x^3 + \cdots + \frac{f^{(n)}(0)}{n!}x^n + \cdots$$
$$= 1 + 0 \cdot x - \frac{x^2}{2!} + 0 \cdot x^3 + \frac{x^4}{4!} + \cdots + (-1)^n \frac{x^{2n}}{(2n)!} + \cdots = \sum_{n=0}^{\infty} \frac{(-1)^n x^{2n}}{(2n)!}.$$

根据定义, 这是 $\cos x$ 的 Maclaurin 级数. 我们不久会看到该级数在每个 x 均收敛到 $\cos x$.

因为 $f^{(2n+1)}(0) = 0$, $2n$ 阶和 $2n + 1$ 阶 Taylor 多项式是一样的:
$$P_{2n}(x) = P_{2n+1}(x) = 1 - \frac{x^2}{2!} + \frac{x^4}{4!} - \cdots + (-1)^n \frac{x^{2n}}{(2n)!}.$$

图 8.19 显示在 $x = 0$ 附近这些多项式如何好地逼近 $f(x) = \cos x$. 由于图形关于 y 轴对称, 我们只画了 y 轴右侧的图形.

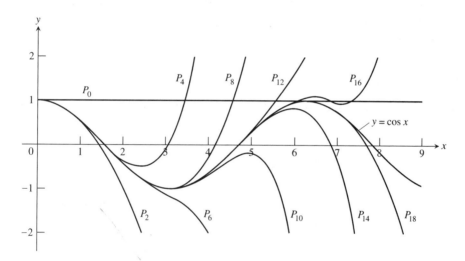

图 8.19 多项式 $P_{2n}(x) = \sum_{k=0}^{n} \frac{(-1)^k x^{2k}}{(2k)!}$ 当 $n \to \infty$ 时收敛到 $\cos x$. 我们可以把握 $\cos x$ 在任意远处的行为, 而只需知道余弦及其各阶导数在 $x = 0$ 的值.

例 4 (一个函数, 其 Taylor 级数处处收敛但仅在 $x = 0$ 收敛到 $f(x)$) 可以证明 (虽说不太容易)
$$f(x) = \begin{cases} 0, & x = 0 \\ e^{-1/x^2}, & x \neq 0 \end{cases}$$

(图 8.20) 在 $x = 0$ 有所有阶的导数, 并且对所有 n, $f^{(n)}(0) = 0$. 因此, 由 f 在 $x = 0$ 生成的 Taylor 级数是
$$f(0) + f'(0)x + \frac{f''(0)}{2!}x^2 + \cdots + \frac{f^{(n)}(0)}{n!}x^n + \cdots$$
$$= 0 + 0 \cdot x + 0 \cdot x^2 + \cdots + 0 \cdot x^n + \cdots$$
$$= 0 + 0 + \cdots 0 + \cdots.$$

级数对每个 x 收敛(其和是 0),但仅在 $x = 0$ 收敛到 $f(x)$.

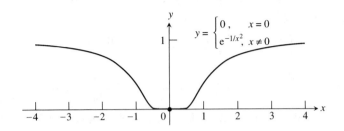

图 8.20 $y = e^{-1/x^2}$ 的图形在原点如此平坦,在原点其所有导数为零.

两个遗留问题:

1. 对于 x 的哪些值我们可以正常期望 Taylor 级数收敛到它的生成函数?
2. 一个函数的 Taylor 多项式在给定的区间逼近函数精确到什么程度?

下面回答这些问题.

Taylor 多项式的余项

我们需要对函数值 $f(x)$ 用其 Taylor 多项式 $P_n(x)$ 逼近的精确程度的度量. 我们可以使用由

$$f(x) = P_n(x) + R_n(x).$$

准确值　近似值　　余项

定义的**余项**这一想法. 绝对值 $|R_n(x)| = |f(x) - P_n(x)|$ 称为相关逼近的**误差**.

下一个定理提供了一个估计与 Taylor 多项式相联系的余项的途径.

定理 16　Taylor 定理

若 f 在一个包含 a 的开区间 I 内是 $n+1$ 阶可微的,则对 I 内的每个 x,存在一个介于 x 和 a 之间的一个数 c,使得

$$f(x) = f(a) + f'(a)(x-a) + \frac{f''(a)}{2!}(x-a)^2 + \cdots + \frac{f^{(n)}(a)}{n!}(x-a)^n + R_n(x),$$

其中

$$R_n(x) = \frac{f^{(n+1)}(c)}{(n+1)!}(x-a)^{n+1}.$$

Taylor 定理是中值定理的推广(题 49). 其较长的证明在附录 8 给出.

若对 I 内所有 x,当 $n \to \infty$ 时 $R_n \to 0$,我们就说由 f 在 $x = a$ 生成的 Taylor 级数在 I 上收敛到 f,并写成

$$f(x) = \sum_{k=0}^{\infty} \frac{f^{(k)}(a)}{k!}(x-a)^k.$$

例 5(重温 e^x 的 Maclaurin 级数) 证明 $f(x) = e^x$ 在 $x = 0$ 的 Taylor 级数对每个 x 值收敛到 $f(x)$.

解 这个函数在整个区间 $(-\infty, \infty)$ 有所有阶的导数,从例 2 得

$$e^x = 1 + x + \frac{x^2}{2!} + \cdots + \frac{x^n}{n!} + R_n(x),$$

其中

$$R_n(x) = \frac{e^c}{(n+1)!} x^{n+1}, \quad 0 \text{ 和 } x \text{ 之间的某个 } c.$$

因为 e^x 是 x 的增函数,e^c 位于 $e^0 = 1$ 和 e^x 之间. 当 x 是负数,c 也是负数,$e^c < 1$;当 x 是零,$e^x = 1$,而 $R_n(x) = 0$;当 x 是正数,c 也是正数,并且 $e^c < e^x$. 于是

$$|R_n(x)| \leqslant \frac{|x|^{n+1}}{(n+1)!} \quad \text{当 } x \leqslant 0,$$

而

$$|R_n(x)| < e^x \frac{x^{n+1}}{(n+1)!} \quad \text{当 } x > 0.$$

最后,因为

$$\lim_{n \to \infty} \frac{x^{n+1}}{(n+1)!} = 0 \quad \text{每个 } x, \quad \text{表 8.1,公式 6}$$

$\lim_{n \to \infty} R_n(x) = 0$,从而级数对每个 x 收敛到 e^x.

估计余项

经常像在例 5 中一样我们可以估计余项 $R_n(x)$. 这个估计方法如此方便,所以有必要把它叙述为一个定理,以便今后引用.

定理 17 余项估计定理

如果存在正数 M 和 r,使得对 a 和 x 之间(含 a 和 x)的所有 t 有 $|f^{(n+1)}(t)| \leqslant M r^{n+1}$,则 Taylor 定理中的余项 $R_n(x)$ 满足不等式

$$|R_n(x)| \leqslant M \frac{r^{n+1} |x - a|^{n+1}}{(n+1)!}.$$

如果这些条件对每个 n 成立,并且 f 满足 Taylor 定理的所有其它条件,则级数收敛到 $f(x)$.

在最简单的例子里,只要 f 和它的所有导数的绝对值都以某个常数 M 为界,我们可以取 $r = 1$. 在其它情形,我们需要考虑 r. 例如,若 $f(x) = 2\cos(3x)$,我们求导一次,就得到一个因子 3,r 就应该大于 1. 在这一情形,我们可以一起取 $r = 3$ 和 $M = 2$.

我们现在准备好了考察一些例子,用以说明余项估计定理和 Taylor 定理如何一起用来处理收敛问题. 正如你已经看到的,它们还可用来确定函数用一个 Taylor 多项式逼近的精确度.

例 6($\sin x$ 的 Maclaurin 级数) 证明 $\sin x$ 的 Maclaurin 级数对所有 x 收敛到 $\sin x$.

解 函数和它的导数是

$$f(x) = \sin x, \quad f'(x) = \cos x,$$
$$f''(x) = -\sin x, \quad f'''(x) = -\cos x,$$
$$\vdots \qquad\qquad \vdots$$
$$f^{(2k)}(x) = (-1)^k \sin x, \quad f^{(2k+1)}(x) = (-1)^k \cos x,$$

于是
$$f^{(2k)}(0) = 0 \quad \text{和} \quad f^{(2k+1)}(0) = (-1)^k.$$

级数仅有奇次幂项. 对 $n = 2k+1$, Taylor 定理给出

$$\sin x = x - \frac{x^3}{3!} + \frac{x^5}{5!} - \cdots + \frac{(-1)^k x^{2k+1}}{(2k+1)!} + R_{2k+1}(x).$$

$\sin x$ 的所有导数的绝对值小于或等于 1, 所以可以在余项估计定理中取 $M = 1$ 和 $r = 1$ 而得到

$$|R_{2k+1}(x)| \leqslant 1 \cdot \frac{|x|^{2k+2}}{(2k+2)!}.$$

因为, 当 $k \to \infty$ 时 $(|x|^{2k+2}/(2k+2)!) \to 0$, 对任意 x, $R_{2k+1}(x) \to 0$, 从而对每个 x, $\sin x$ 的 Maclaurin 级数收敛到 $\sin x$.

例 7(重温 cos x 的 Maclaurin 级数) 证明 $\cos x$ 的 Maclaurin 级数对所有 x 收敛到 $\cos x$.

解 我们对例 3 的 $\cos x$ 的 $n = 2k$ 的 Taylor 公式加上余项:

$$\cos x = 1 - \frac{x^2}{2!} + \frac{x^4}{4!} - \cdots + (-1)^k \frac{x^{2k}}{(2k)!} + R_{2k}(x).$$

因为 $\cos x$ 的所有导数的绝对值小于或等于 1, 所以可以在余项估计定理中取 $M = 1$ 和 $r = 1$ 而得到

$$|R_{2k}(x)| \leqslant 1 \cdot \frac{|x|^{2k+1}}{(2k+1)!}.$$

当 $k \to \infty$ 时 $R_{2k}(x) \to 0$. 从而对任意 x, $\cos x$ 的 Maclaurin 级数收敛到 $\cos x$.

截断误差

e^x 的 Maclaurin 级数对所有 x 收敛到 e^x, 但是我们还需要确定为逼近 e^x 到给定的精确度需要多少项. 我们从余项估计定理得到这方面的信息.

例 8(计算数 e) 计算 e 使误差小于 10^{-6}.

解 我们可以利用例 2 当 $x = 1$ 时的结果, 写出

$$e = 1 + 1 + \frac{1}{2!} + \cdots + \frac{1}{n!} + R_n(1),$$

其中

$$R_n(1) = e^c \frac{1}{(n+1)!} \quad \text{对于 0 和 1 之间的某个 } c.$$

为解本例, 我们假设已知 $e < 3$. 由于对 $0 < c < 1$ 有 $1 < e^c < 3$, 必有

$$\frac{1}{(n+1)!} < R_n(1) < \frac{3}{(n+1)!}.$$

通过试验, 我们发现 $1/9! > 10^{-6}$, 而 $3/10! < 10^{-6}$. 这样, 我们取 $n+1$ 至少为 10, 或 n 至少为 9. 在误差小于 10^{-6} 时, 我们有

$$e = 1 + 1 + \frac{1}{2} + \frac{1}{3!} + \cdots + \frac{1}{9!} \approx 2.718282.$$

例 9（用三次多项式代替正弦函数） 对 x 的哪些值，用 $x - (x^3/3!)$ 代替 $\sin x$ 的误差不大于 3×10^{-4}？

解 利用例 6 的结果，$x - (x^3/3!) = 0 + x + 0x^2 - (x^3/3!) + 0x^4$ 是 $\sin x$ 的 3 阶和 4 阶 Taylor 多项式. 于是

$$\sin x = x - \frac{x^3}{3!} + 0 + R_4,$$

在余项定理中取 $M = r = 1$，得

$$|R_4| \leq 1 \cdot \frac{|x|^5}{5!} = \frac{|x|^5}{120}.$$

因此，若

$$\frac{|x|^5}{120} < 3 \times 10^{-4} \quad \text{或} \quad |x| < \sqrt[5]{360 \times 10^{-4}} \approx 0.514.$$

误差将小于 3×10^{-4}.

交错级数估计定理告诉我们一些余项估计定理所不涉及的事情，即 $\sin x$ 的估计 $x - (x^3/3!)$ 当 x 为正时是一个不足估计，因为这时 $x^5/5!$ 是正的.

图 8.21 是 $\sin x$ 及其几个逼近 Taylor 多项式的图形. $P_3(x) = x - (x^3/3!)$ 的图形当 $-1 \leq x \leq 1$ 时跟 $\sin x$ 的图形几乎是区分不开的.

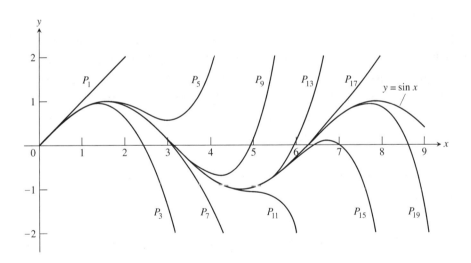

图 8.21 多项式 $P_{2n+1}(x) = \sum_{k=0}^{n} \frac{(-1)^k x^{2k+1}}{(2k+1)!}$ 当 $n \to \infty$ 时收敛到 $\sin x$.

Maclaurin 级数表

这里我们列表给出最常用的 Maclaurin 级数，它们全部用这样的方法或那样的方法在本章推导出来. 习题中将要求你以这些级数作为基本构件构造其它级数（例如 $\tan^{-1} x^2$ 或 $7xe^x$）. 我们还列出了收敛区间.

Maclaurin 级数

1. $\dfrac{1}{1-x} = 1 + x + x^2 + \cdots + x^n + \cdots = \sum_{n=0}^{\infty} x^n \quad (|x| < 1)$

2. $\dfrac{1}{1+x} = 1 - x + x^2 - \cdots + (-x)^n + \cdots = \sum_{n=0}^{\infty} (-1)^n x^n \quad (|x| < 1)$

3. $e^x = 1 + x + \dfrac{x^2}{2!} + \cdots + \dfrac{x^n}{n!} + \cdots = \sum_{n=0}^{\infty} \dfrac{x^n}{n!}$ （所有实数 x）

4. $\sin x = x - \dfrac{x^3}{3!} + \dfrac{x^5}{5!} - \cdots + (-1)^n \dfrac{x^{2n+1}}{(2n+1)!} + \cdots = \sum_{n=0}^{\infty} (-1)^n \dfrac{x^{2n+1}}{(2n+1)!}$ （所有实数 x）

5. $\cos x = 1 - \dfrac{x^2}{2!} + \dfrac{x^4}{4!} - \cdots + (-1)^n \dfrac{x^{2n}}{(2n)!} + \cdots = \sum_{n=0}^{\infty} (-1)^n \dfrac{x^{2n}}{(2n)!}$ （所有实数 x）

6. $\ln(1+x) = x - \dfrac{x^2}{2} + \dfrac{x^3}{3} - \cdots + (-1)^{n-1} \dfrac{x^n}{n} + \cdots = \sum_{n=1}^{\infty} (-1)^{n-1} \dfrac{x^n}{n} \quad (-1 < x \leq 1)$

7. $\tan^{-1} x = x - \dfrac{x^3}{3} + \dfrac{x^5}{5} - \cdots + (-1)^n \dfrac{x^{2n+1}}{2n+1} + \cdots = \sum_{n=0}^{\infty} (-1)^n \dfrac{x^{2n+1}}{2n+1} \quad (|x| \leq 1)$

组合 Taylor 级数

Taylor 级数在它们的收敛区间的公共部分上可以进行相加,相减,与常数相乘和 x 的幂运算,并还得到 Taylor 级数. $f(x) + g(x)$ 的 Taylor 级数是 $f(x)$ 的 Taylor 级数和 $g(x)$ 的 Taylor 级数之和,这是因为 $f + g$ 的 n 阶导数是 $f^{(n)} + g^{(n)}$,等等. 为得到 $(1 + \cos 2x)/2$ 的 Maclaurin 级数,我们可以在 $\cos x$ 的 Maclaurin 级数中把 x 代换成 $2x$,加上 1,在把所得结果除以 2. $\sin x + \cos x$ 的 Maclaurin 级数是 $\sin x$ 的级数与 $\cos x$ 的级数的逐项相加. 把 $\sin x$ 的 Maclaurin 级数每项乘以 x 就得到 $x\sin x$ 的 Maclaurin 级数.

例 10（通过代入求 Maclaurin 级数） 求 $\cos 2x$ 的 Maclaurin 级数.

解 我们可以通过在 $\cos x$ 的 Maclaurin 级数中把 x 代换成 $2x$,得到 $\cos 2x$ 的 Maclaurin 级数:

$$\cos 2x = \sum_{k=0}^{\infty} \dfrac{(-1)^k (2x)^{2k}}{(2k)!} = 1 - \dfrac{(2x)^2}{2!} + \dfrac{(2x)^4}{4!} - \dfrac{(2x)^6}{6!} + \cdots \quad \text{等式(5) 中的 } x \text{ 换为 } 2x.$$

$$= 1 - \dfrac{2^2 x^2}{2!} + \dfrac{2^4 x^4}{4!} - \dfrac{2^6 x^6}{6!} + \cdots$$

$$= \sum_{k=0}^{\infty} (-1)^k \dfrac{2^{2k} x^{2k}}{(2k)!}.$$

Maclaurin 级数表中的等式(5) 对 $-\infty < x < \infty$ 成立,这就蕴含对 $-\infty < 2x < \infty$ 成立,从而新得到的级数对所有 x 收敛. 题 54 了解释为什么新级数事实上是 $\cos 2x$ 的 Maclaurin 级数.

例 11(通过乘法求 Maclaurin 级数) 求 $x\sin x$ 的 Maclaurin 级数.

解 我们可以通过 $\sin x$ 的 Maclaurin 级数(等式 4) 乘以 x,求得 $x\sin x$ 的 Maclaurin 级数:

$$x\sin x = x\left(x - \frac{x^3}{3!} + \frac{x^5}{5!} - \frac{x^7}{7!} + \cdots\right)$$

$$= x^2 - \frac{x^4}{3!} + \frac{x^6}{5!} - \frac{x^8}{7!} + \cdots.$$

因为 $\sin x$ 的级数对所有 x 收敛,新级数也对所有 x 收敛. 题 54 了解释为什么新级数事实上是 $x\sin x$ 的 Maclaurin 级数.

习题 8.7

求 Taylor 多项式

在题 1 - 6 中,求 f 在 a 的 $0,1,2$ 和 3 阶 Taylor 多项式.

1. $f(x) = \ln x$, $a = 1$
2. $f(x) = \ln(1+x)$, $a = 0$
3. $f(x) = \dfrac{1}{(x+2)}$, $a = 0$
4. $f(x) = \sin x$, $a = \pi/4$
5. $f(x) = \cos x$, $a = \pi/4$
6. $f(x) = \sqrt{x}$, $a = 4$

求 Maclaurin 级数

在题 7 - 14 中,求 Maclaurin 级数

7. e^{-x}
8. $\dfrac{1}{1+x}$
9. $\sin 3x$
10. $7\cos(-x)$
11. $\cosh x = \dfrac{e^x + e^{-x}}{2}$
12. $\sinh x = \dfrac{e^x - e^{-x}}{2}$
13. $x^4 - 2x^3 - 5x + 4$
14. $(x+1)^2$

求 Taylor 级数

在题 15 - 20 中,求 f 在 $x = a$ 的 Taylor 级数

15. $f(x) = x^3 - 2x + 4$, $a = 2$
16. $f(x) = 3x^5 - x^4 + 2x^3 + x^2 - 2$, $a = -1$
17. $f(x) = 1/x^2$, $a = 1$
18. $f(x) = x/(1-x)$, $a = 0$
19. $f(x) = e^x$, $a = 2$
20. $f(x) = 2^x$, $a = 1$

通过代换求 Maclaurin 级数

用类似例 10 中所用的代换法求题 21 - 24 中的函数的 Maclaurin 级数.

21. e^{-5x}
22. $e^{-x/2}$
23. $\sin\left(\dfrac{\pi x}{2}\right)$
24. $\cos\sqrt{x}$

更多的 Maclaurin 级数

以 Maclaurin 级数表中的级数作为基本构件,组合级数表达式以求题 25 - 34 中的函数的 Maclaurin 级数.

25. xe^x
26. $x^2 \sin x$
27. $\dfrac{x^2}{2} - 1 + \cos x$

28. $\sin x - x + \dfrac{x^3}{3!}$ 29. $x\cos \pi x$ 30. $\cos^2 x$（提示：$\cos^2 x = (1 + \cos 2x)/2$.）

31. $\sin^2 x$ 32. $\dfrac{x^2}{1-2x}$ 33. $x\ln(1+2x)$ 34. $\dfrac{1}{(1-x)^2}$

误差估计

35. **为学而写** 大约对于 x 的哪些值你可以用 $x - (x^3/6)$ 代替 $\sin x$，而使误差不大于 5×10^{-4}？对你的回答给出理由.

36. **为学而写** 如果用 $1 - (x^2/2)$ 代替 $\cos x$，而 $|x| < 0.5$，可以做怎样的误差估计？$1 - (x^2/2)$ 比精确值更大还是更小？对你的回答给出理由.

37. **$\sin x$ 的线性逼近** 逼近 $\sin x = x$ 当 $|x| < 10^{-3}$ 时如何接近精确值？对 x 的哪些值 $x < \sin x$？

38. **$\sqrt{1+x}$ 的线性逼近** 当 x 很小时使用近似式 $\sqrt{1+x} = 1 + (x/2)$. 估计当 $|x| < 0.01$ 时的误差.

39. **e^x 的二次逼近**
    (a) 当 x 很小时使用逼近 $e^x = 1 + x + (x^2/2)$. 用余项估计定理估计当 $|x| < 0.1$ 时的误差.
    (b) 当 $x < 0$ 时，e^x 的级数是一个交错级数. 用交错级数估计定理估计当 $-0.1 < x < 0$ 时用 $1 + x + (x^2/2)$ 代替 e^x 的误差. 比较这个估计和在部分(a)所得到的估计.

40. **$\sinh x$ 的立方逼近** 估计当 $|x| < 0.5$ 时逼近 $\sinh x = x + (x^3/3!)$ 的误差.（提示：用 R_4 而不用 R_3.）

41. **e^h 的线性逼近** 证明：当 $0 \le h \le 0.01$ 时，e^h 用 $1 + h$ 代替的误差不超过 h 的 0.6%. 应用到 $e^{0.01} = 1.01$.

42. **用 x 逼近 $\ln(1+x)$** 对怎样的正的 x 值你可以用 x 代替 $\ln(1+x)$ 而使误差不超过 x 的 1%？

43. **估计 $\pi/4$** 你计划通过求 $\tan^{-1} x$ 的 Maclaurin 级数在 $x = 1$ 的值估计 $\pi/4$. 用交错级数估计定理确定取级数的多少项相加可保证估计精确到二位小数.

44. **$y = (\sin x)/x$ 的界**
    (a) 用 $\sin x$ 的 Maclaurin 级数和交错级数估计定理证明
    $$1 - \dfrac{x^2}{6} < \dfrac{\sin x}{x} < 1, \quad x \ne 0.$$

    T (b) **为学而写** 画 $f(x) = (\sin x)/x$，函数 $y = 1 - (x^2/6)$ 及函数 $y = 1$ 当 $-5 \le x \le 5$ 时的图形. 评论图形之间的关系.

二次逼近

CD-ROM WEBsite 一个二次可微函数 $f(x)$ 在 $x = a$ 的二阶 Taylor 多项式成为 f 在 $x = a$ 的**二次逼近**. 在题 45–48 中求

  (a) f 在 $x = 0$ 的线性化（一阶 Taylor 多项式）.
  (b) f 在 $x = 0$ 的二次逼近.

45. $f(x) = \ln(\cos x)$ 46. $f(x) = e^{\sin x}$

47. $f(x) = 1/\sqrt{1-x^2}$ 48. $f(x) = \cosh x$

理论和例子

49. **Taylor 定理和中值定理** 解释为什么中值定理（3.2 节定理 4）是 Taylor 定理的特殊情形.

50. **在拐点的线性化（续 3.6 节题 49）** 证明：如果二次可微函数 $f(x)$ 的图形在 $x = a$ 有一个拐点，则 f 在 $x = a$ 的线性化同时是 f 在 $x = a$ 的二次逼近. 这解释了为什么在拐点切线拟合曲线如此之好.

51. **（第二）二阶导数判别法** 用等式
$$f(x) = f(a) + f'(a)(x-a) + \dfrac{f''(c_2)}{2}(x-a)^2$$

建立下列判别法.

设 f 有连续的一阶和二阶导数并且设 $f'(a) = 0$. 则

(a) 若在一个以 a 为内点的区间上 $f'' \leq 0$,则 f 在 a 取局部最大值.

(b) 若在一个以 a 为内点的区间上 $f'' \geq 0$,则 f 在 a 取局部最小值.

52. **一个立方逼近** 用 $a = 0$ 和 $n = 3$ 时的 Taylor 公式求 $f(x) = 1/(1-x)$ 在 $x = 0$ 的标准立方逼近. 给出一个当 $|x| \leq 0.1$ 时逼近误差的一个上界.

53. **改进 π 的逼近**

(a) 设 P 是 π 的精确到 n 位小数的逼近. 证明 $P + \sin P$ 是精确到 $3n$ 位小数的逼近(**提示**:令 $P = \pi + x$.)

(b) 用一个计算器试一试(a)的结论.

54. 由 $f(x) = \sum_{n=0}^{\infty} a_n x^n$ 生成的 Maclaurin 级数是 $\sum_{n=0}^{\infty} a_n x^n$. 由收敛半径为 $c > 0$ 的幂级数 $\sum_{n=0}^{\infty} a_n x^n$ 定义的函数有 Maclaurin 级数, 它在 $(-c, c)$ 的每个点收敛到该函数. 通过验证由 $f(x) = \sum_{n=0}^{\infty} a_n x^n$ 生成的 Maclaurin 级数是级数 $\sum_{n=0}^{\infty} a_n x^n$ 本身来证明这一事实.

这一事实的一个直接推论是:由 Maclaurin 级数乘以 x 的幂所得的级数,比如

$$x \sin x = x^2 - \frac{x^4}{3!} + \frac{x^6}{5!} - \frac{x^8}{7!} + \cdots$$

和

$$x^2 e^x = x^2 + x^3 + \frac{x^4}{2!} + \frac{x^5}{3!} + \cdots,$$

以及由求导和积分收敛的幂级数所得的级数本身就是它们所表示的函数的 Maclaurin 级数.

55. **偶函数和奇函数的 Maclaurin 级数** 假设 $f(x) = \sum_{n=0}^{\infty} a_n x^n$ 对开区间 $(-c, c)$ 内的所有 x 收敛.

(a) 证明若 f 是偶函数,则 $a_1 = a_3 = a_5 = \cdots = 0$;即 f 的级数仅含 x 的偶次幂.

(b) 证明若 f 是奇函数,则 $a_0 = a_2 = a_4 = \cdots = 0$;即 f 的级数仅含 x 的奇次幂.

56. **周期函数的 Taylor 多项式**

(a) 证明每个连续周期函数 $f(x), -\infty < x < \infty$ 是有界的, 为此要证明存在一个正的常数 M, 使得对所有 $x, |f(x)| \leq M$.

(b) 证明 $f(x) = \cos x$ 的每个正次数的 Taylor 多项式的图形当 $|x|$ 增加时最终必然离开 $\cos x$ 的图形. 在图 8.19 中你可以看到这一点. $\sin x$ 的 Taylor 多项式有类似的情况(图 8.21).

T 57. (a) **两个图形** 一起画出曲线 $y = (1/3) - (x^2)/5$ 和 $y = (x - \tan^{-1} x)/x^3$,并画出直线 $y = 1/3$.

(b) 用 Maclaurin 级数解释你所看到的现象. $\lim_{x \to 0} \frac{x - \tan^{-1} x}{x^3}$ 是多少?

58. **在次数 $\leq n$ 的所有多项式中,n 阶 Taylor 多项式给出最佳逼近** 设 $f(x)$ 在以 a 为中心的区间上 n 次可微,而 $g(x) = b_0 + b_1(x-a) + \cdots + b_n(x-a)^n$ 是一个带常系数 $b_0, \cdots, b_n$ 的 n 次多项式. 令 $E(x) = f(x) - g(x)$. 证明:如果对 g 附加条件

(a) $E(a) = 0$;   在 $x = a$ 的逼近误差等于 0.

(b) $\lim_{x \to 0} \frac{E(x)}{(x-a)^n} = 0$,   同 $(x-a)^n$ 相比,误差是可忽略的.

则

$$g(x) = f(a) + f'(a)(x-a) + \frac{f''(a)}{2!}(x-a)^2 + \cdots + \frac{f^{(n)}(a)}{n!}(x-a)^n.$$

即 Taylor 多项式 $P_n(x)$ 是唯一的次数小于或等于 n, 而误差在 $x = a$ 是零并且和 $(x-a)^n$ 相比较可以忽略的多项式.

计算机探究

线性,二次和立方逼近

$n = 1$ 和 $a = 0$ 时的 Taylor 公式给出一个函数的线性化. 而当 $n = 2$ 和 $n = 3$ 时,我们得到标准的二次和立方逼近. 在下面的习题里,我们探索与这些逼近相关联的误差. 我们寻求对两个问题的答案:

(a) 对 x 的什么值函数可以用每个逼近代替而使误差小于 10^{-2}?

(b) 如果在给定的区间上用每个逼近代替函数,预计最大误差是多少?

使用一个 CAS 执行下列步骤,以此帮助回答与题 59 – 64 中的函数和区间相关的问题(a) 和(b).

步骤 1: 在指定的区间上画函数图形.

步骤 2: 求在 $x = 0$ 的 Taylor 多项式 $P_1(x), P_2(x)$ 和 $P_3(x)$.

步骤 3: 计算与每个 Taylor 多项式的余项关联的 $n + 1$ 阶导数 $f^{(n+1)}(c)$. 在指定的区间上画出作为 c 的函数的导数的图形并估计其绝对值的最大值 M.

步骤 4: 用步骤 3 的 $f^{(n+1)}(c)$ 的估计值 M 代替 $f^{(n+1)}(c)$ 计算每个多项式的余项 $R_n(x)$,在指定的区间上画 $R_n(x)$ 的图形. 然后用来估计问题(a) 中的 x 的值.

步骤 5: 在指定区间上画出 $E_n(x)$ 的图形,并以此比较你估计的误差和实际的误差 $E_n(x)$. 这将帮助回答问题(b).

步骤 6: 把函数及其三个 Taylor 逼近的图形画在一起. 结合步骤 4,5 发现的信息讨论图形.

59. $f(x) = \dfrac{1}{\sqrt{1+x}}, \quad |x| \leq \dfrac{3}{4}$

60. $f(x) = (1+x)^{3/2}, \quad -\dfrac{1}{2} \leq x \leq 2$

61. $f(x) = \dfrac{x}{x^2+1}, \quad |x| \leq 2$

62. $f(x) = (\cos x)(\sin 2x), \quad |x| \leq 2$

63. $f(x) = e^{-x}\cos 2x, \quad |x| \leq 1$

64. $f(x) = e^{x/3}\sin 2x, \quad |x| \leq 2$

8.8 幂级数的应用

幂和根的二项式级数 • 微分方程的级数解 • 求不定型的值 • 反正切

本节说明在科学和工程的种种应用中如何使用幂级数.

幂和根的二项式级数

当 m 是一个常数时,$(1+x)^m$ 的 Maclaurin 级数是

$$1 + mx + \frac{m(m-1)}{2!}x^2 + \frac{m(m-1)(m-2)}{3!}x^3 + \cdots$$

$$+ \frac{m(m-1)(m-2)\cdots(m-k+1)}{k!}x^k + \cdots.$$

这个级数称为**二项式级数**,对 $|x| < 1$ 绝对收敛. 为说明这个级数的由来,我们列举函数及其

导数：
$$f(x) = (1+x)^m$$
$$f'(x) = m(1+x)^{m-1}$$
$$f''(x) = m(m-1)(1+x)^{m-2}$$
$$f'''(x) = m(m-1)(m-2)(1+x)^{m-3}$$
$$\vdots$$
$$f^{(k)}(x) = m(m-1)(m-2)\cdots(m-k+1)(1+k)^{m-k}.$$

再求在 $x = 0$ 的值，最后代入 Maclaurin 级数公式即得二项式级数.

如果 m 是一个正整数或零，级数在第 $m+1$ 项后停止，因为系数从 $k = m+1$ 开始全为零.

如果 m 不是一个正整数或零，级数是无限的，并对 $|x| < 1$ 收敛. 为究其缘由，用 u_k 表示含 x^k 的项. 用绝对收敛的比值判别法，我们看到

$$\left|\frac{u_{k+1}}{u_k}\right| = \left|\frac{m-k}{k+1}x\right| \to |x| \quad 当 k \to \infty 时.$$

我们对二项式级数的推导仅说明了它由 $(1+x)^m$ 生成并且对于 $|x| < 1$ 收敛. 这个推导并未告诉我们级数收敛到 $(1+x)^m$. 这是正确的，但我们把它作为假定而不予证明.

二项式级数

对于 $-1 < x < 1$，

$$(1+x)^m = 1 + \sum_{k=1}^{\infty}\binom{m}{k}x^k,$$

其中我们定义

$$\binom{m}{1} = m, \quad \binom{m}{2} = \frac{m(m-1)}{2!},$$

和

$$\binom{m}{k} = \frac{m(m-1)(m-2)\cdots(m-k+1)}{k!} \quad 对于 k \geq 3.$$

例 1（用二项式级数） 若 $m = -1$,

$$\binom{-1}{1} = -1, \quad \binom{-1}{2} = \frac{-1(-2)}{2!} = 1,$$

和

$$\binom{-1}{k} = \frac{-1(-2)(-3)\cdots(-1-k+1)}{k!} = (-1)^k\left(\frac{k!}{k!}\right) = (-1)^k.$$

由这些系数值，二项式级数公式给出我们熟悉的几何级数

$$(1+x)^{-1} = 1 + \sum_{k=1}^{\infty}(-1)^k x^k = 1 - x + x^2 - x^3 + \cdots + (-1)^k x^k + \cdots.$$

例 2（用二项式级数） 从 3.6 节例 1 我们知道对小的 $|x|$，$\sqrt{1+x} \approx 1 + (x/2)$. 对 $m = 1/2$ 的二项式级数给出二阶和更高阶的逼近，同时给出来自交错级数估计定理的估计：

$$(1+x)^{1/2} = 1 + \frac{x}{2} + \frac{\left(\frac{1}{2}\right)\left(-\frac{1}{2}\right)}{2!}x^2 + \frac{\left(\frac{1}{2}\right)\left(-\frac{1}{2}\right)\left(-\frac{3}{2}\right)}{3!}x^3$$

$$+ \frac{\left(\frac{1}{2}\right)\left(-\frac{1}{2}\right)\left(-\frac{2}{3}\right)\left(-\frac{5}{2}\right)}{4!}x^4 + \cdots$$

$$= 1 + \frac{x}{2} - \frac{x^2}{8} + \frac{x^3}{16} - \frac{5x^4}{128} + \cdots.$$

代换 x 还给出其它估计. 例如,

$$\sqrt{1-x^2} \approx 1 - \frac{x^2}{2} - \frac{x^4}{8} \quad 小 |x^2|$$

$$\sqrt{1-\frac{1}{x}} \approx 1 - \frac{1}{2x} - \frac{1}{8x^2} \quad 小 \left|\frac{1}{x}\right|, 即大 |x|.$$

微分方程的级数解

当我们不能求得一个微分方程或初值问题的解的相对简单的表达式时,可尝试用其它途径得到解的信息. 一个途径就是求一个幂级数作为解的表达式. 如果我们可以这样做,我们就直接得到解的一个多项式逼近. 这或许就是我们所需要的一切. 第一个例子(例3)处理一阶线性微分方程,它可以作为线性方程用以前学习过的方法求解. 这个例子说明,在不知道这个方法时,如何用幂级数解方程. 第二个例子(例4)处理一个不能用前面的方法求解的方程.

例 3 (一个初值问题的解) 解初值问题

$$y' - y = x, \quad y(0) = 1.$$

解 我们假定存在一个形如

$$y = a_0 + a_1 x + a_2 x^2 + \cdots + a_{n-1}x^{n-1} + a_n x^n + \cdots \tag{1}$$

的解. 我们的目的是求系数 a_k 的值,使得级数和它的一阶导数

$$y' = a_1 + 2a_2 x + 3a_3 x^2 + \cdots + na_n x^{n-1} + \cdots \tag{2}$$

满足给定的微分方程和初值条件. 级数 $y' - y$ 是方程(1)和(2)的差:

$$y' - y = (a_1 - a_0) + (2a_2 - a_1)x + (3a_3 - a_2)x^2 + \cdots$$

$$+ (na_n - a_{n-1})x^{n-1} + \cdots. \tag{3}$$

如果 y 满足方程 $y' - y = x$, 则方程(3)中的级数必须等于 x. 因为幂级数表示是唯一的,如果你做了8.6节的题45你会明白这一点,方程(3)中的系数必须满足方程

$$a_1 - a_0 = 0 \quad 常数项$$

$$2a_2 - a_1 = 1 \quad x \text{ 的系数}$$

$$3a_3 - a_2 = 0 \quad x^2 \text{ 的系数}$$

$$\vdots \qquad \vdots$$

$$na_n - a_{n-1} = 0 \quad x^{n-1} \text{ 的系数}$$

$$\vdots \qquad \vdots$$

CD-ROM
WEBsite
历史传记
John Van Neumann
(1903 — 1957)

从方程(1)看出当 $x = 0$ 时 $y = a_0$, 于是 $a_0 = 1$(这是初条件). 把这个值跟所有方程结合在一起, 我们得

$$a_0 = 1, \quad a_1 = a_0 = 1, \quad a_2 = \frac{1 + a_1}{2} = \frac{1 + 1}{2} = \frac{2}{2},$$

$$a_3 = \frac{a_2}{3} = \frac{2}{3 \cdot 2} = \frac{2}{3!}, \quad \cdots, \quad a_n = \frac{a_{n-1}}{n} = \frac{2}{n!}, \cdots.$$

把这些系数的值代入到 y 的方程(方程(1))就得到

$$y = 1 + x + 2 \cdot \frac{x^2}{2!} + 2 \cdot \frac{x^3}{3!} + \cdots + 2 \cdot \frac{x^n}{n!} + \cdots$$

$$= 1 + x + 2 \underbrace{\left(\frac{x^2}{2!} + \frac{x^3}{3!} + \cdots + \frac{x^n}{n!} + \cdots \right)}_{e^x - 1 - x \text{ 的 Maclaurin 级数}}$$

$$= 1 + x + 2(e^x - 1 - x) = 2e^x - 1 - x.$$

初值问题的解是 $y = 2e^x - 1 - x$.

作为检验, 我们看到

$$y(0) = 2e^0 - 1 - 0 = 2 - 1 = 1$$

且

$$y' - y = (2e^x - 1) - (2e^x - 1 - x) = x.$$

例 4(解微分方程) 求

$$y'' + x^2 y = 0. \tag{4}$$

的幂级数解.

解 我们假定存在形如

$$y = a_0 + a_1 x + a_2 x + \cdots + a_n x^n + \cdots \tag{5}$$

的解并求系数 a_k, 使得级数和它的二阶导数

$$y'' = 2a_2 + 3 \cdot 2 a_3 x + \cdots + n(n-1)a_n x^{n-2} + \cdots \tag{6}$$

满足方程(4). $x^2 y$ 的级数是方程(5)右端的 x^2 倍:

$$x^2 y = a_0 x^2 + a_1 x^3 + a_2 x^4 + \cdots + a_n x^{n+2} + \cdots \tag{7}$$

$y'' + x^2 y$ 的级数是方程(6)和(7)中的级数之和:

$$y'' + x^2 y = 2a_2 + 6a_3 x + (12a_4 + a_0)x^2 + (20a_5 + a_1)x^3$$

$$+ \cdots + (n(n-1)a_n + a_{n-4})x^{n-2} + \cdots. \tag{8}$$

注意方程(7)中 x^{n-2} 的系数是 a_{n-4}. 如果 y 和它的二阶导数 y'' 满足方程(4), 方程(8)右端 x 的各次幂的系数必须全是零:

$$2a_2 = 0, \quad 6a_3 = 0, \quad 12a_4 + a_0 = 0, \quad 20a_5 + a_1 = 0, \tag{9}$$

而对所有 $n \geq 4$,

$$n(n-1)a_n + a_{n-4} = 0. \tag{10}$$

我们从方程(5)看出

$$a_0 = y(0), \quad a_1 = y'(0).$$

换句话说, 级数的前两个系数是 y 和 y' 在 $x = 0$ 的值. (9)中的方程和等式(10)的递归公式使

我们能够从 a_0 和 a_1 出发求所有其它的系数.

(9) 中的前两个方程给出
$$a_2 = 0, \quad a_3 = 0.$$
方程(10) 说明如果 $a_{n-4} = 0$, 则 $a_n = 0$, 于是我们得
$$a_6 = 0, \quad a_7 = 0, \quad a_{10} = 0, \quad a_{11} = 0,$$
且一旦 $n = 4k+2$ 或 $n = 4k+3$, 便有 $a_n = 0$. 对其余的系数, 我们有
$$a_n = \frac{-a_{n-4}}{n(n-1)}$$

从而有
$$a_4 = \frac{-a_0}{4 \cdot 3}, \quad a_8 = \frac{-a_4}{8 \cdot 7} = \frac{a_0}{3 \cdot 4 \cdot 7 \cdot 8},$$
$$a_{12} = \frac{-a_8}{11 \cdot 12} = \frac{-a_0}{3 \cdot 4 \cdot 7 \cdot 8 \cdot 11 \cdot 12}.$$

和
$$a_5 = \frac{-a_1}{5 \cdot 4}, \quad a_9 = \frac{-a_5}{9 \cdot 8} = \frac{a_1}{4 \cdot 5 \cdot 8 \cdot 9},$$
$$a_{13} = \frac{-a_9}{12 \cdot 13} = \frac{-a_1}{4 \cdot 5 \cdot 8 \cdot 9 \cdot 12 \cdot 13}.$$

答案最好表示成两个分离的级数之和, 一个乘以 a_0, 另一个乘以 a_1:
$$y = a_0 \left(1 - \frac{x^4}{3 \cdot 4} + \frac{x^8}{3 \cdot 4 \cdot 7 \cdot 8} - \frac{x^{12}}{3 \cdot 4 \cdot 7 \cdot 8 \cdot 11 \cdot 12} + \cdots \right)$$
$$+ a_1 \left(x - \frac{x^5}{4 \cdot 5} + \frac{x^9}{4 \cdot 5 \cdot 8 \cdot 9} - \frac{x^{13}}{4 \cdot 5 \cdot 8 \cdot 9 \cdot 12 \cdot 13} + \cdots \right).$$

由比值判别法可以看出两个级数都对所有 x 收敛.

求不定型的值

有时可通过把所涉及的函数表示成 Taylor 级数求不定型的值.

例 5 (用幂级数求极限) 求下式极限:
$$\lim_{x \to 0} \frac{\sin x - \tan x}{x^3}.$$

解 $\sin x$ 和 $\tan x$ 的 Maclaurin 级数写到 x^5 项, 是
$$\sin x = x - \frac{x^3}{3!} + \frac{x^5}{5!} - \cdots, \quad \tan x = x + \frac{x^3}{3} + \frac{2x^5}{15} + \cdots.$$
因此
$$\sin x - \tan x = -\frac{x^3}{2} - \frac{x^5}{8} - \cdots = x^3 \left(-\frac{1}{2} - \frac{x^2}{8} - \cdots \right)$$
且
$$\lim_{x \to 0} \frac{\sin x - \tan x}{x^3} = \lim_{x \to 0} \left(-\frac{1}{2} - \frac{x^2}{8} - \cdots \right)$$
$$= -\frac{1}{2}.$$

如果我们用级数求 $\lim_{n\to 0}((1/\sin x) - (1/x))$，那么不仅成功地求得极限，还可以发现 $\csc x$ 的一个逼近公式.

例 6 (用幂级数求极限) 求
$$\lim_{x\to 0}\left(\frac{1}{\sin x} - \frac{1}{x}\right).$$

解 因为
$$\frac{1}{\sin x} - \frac{1}{x} = \frac{x - \sin x}{x\sin x} = \frac{x - \left(x - \frac{x^3}{3!} + \frac{x^5}{5!} - \cdots\right)}{x\cdot\left(x - \frac{x^3}{3!} + \frac{x^5}{5!} - \cdots\right)}$$
$$= \frac{x^3\left(\frac{1}{3!} - \frac{x^2}{5!} + \cdots\right)}{x^2\left(1 - \frac{x^2}{3!} + \cdots\right)} = x\frac{\frac{1}{3!} - \frac{x^2}{5!} + \cdots}{1 - \frac{x^2}{3!} + \cdots}.$$

所以
$$\lim_{x\to 0}\left(\frac{1}{\sin x} - \frac{1}{x}\right) = \lim_{x\to 0}\left(x\frac{\frac{1}{3!} - \frac{x^2}{5!} + \cdots}{1 - \frac{x^2}{3!} + \cdots}\right) = 0.$$

从右端的商式可以看出对小的 $|x|$，有
$$\frac{1}{\sin x} - \frac{1}{x} \approx x\cdot\frac{1}{3!} = \frac{x}{6} \quad \text{或} \quad \csc x \approx \frac{1}{x} + \frac{x}{6}.$$

反正切

在 8.5 节例 5 中，我们通过微商求得
$$\frac{\mathrm{d}}{\mathrm{d}x}\tan^{-1} x = \frac{1}{1 + x^2} = 1 - x^2 + x^4 - x^6 + \cdots$$

积分得
$$\tan^{-1} x = x - \frac{x^3}{3} + \frac{x^5}{5} - \frac{x^7}{7} + \cdots.$$

但是我们并未证明这个结论所依赖的逐项积分定理. 该级数可再次通过积分下列有限公式的两端
$$\frac{1}{1 + t^2} = 1 - t^2 + t^4 - t^6 + \cdots + (-1)^n t^{2n} + \frac{(-1)^{n+1} t^{2n+2}}{1 + t^2},$$
求得，其中最后一项是余项的和，而余项是一个首项为 $a = (-1)^{n+1} t^{2n+2}$ 公比为 $r = -t^2$ 的几何级数. 从 $t = 0$ 到 $t = x$ 积分上式两端，得
$$\tan^{-1} x = x - \frac{x^3}{3} + \frac{x^5}{5} - \frac{x^7}{7} + \cdots + (-1)^n \frac{x^{2n+1}}{2n + 1} + R(n, x),$$
其中
$$R(n, x) = \int_0^x \frac{(-1)^{n+1} t^{2n+2}}{1 + t^2}\mathrm{d}t.$$

被积函数的分母等于或大于 1；因此

$$|R(n,x)| \leq \int_0^{|x|} t^{2n+2} dt = \frac{|x|^{2n+3}}{2n+3}.$$

若 $|x| \leq 1$，这个不等式右端当 $n \to \infty$ 时趋于零. 于是 $\lim_{n\to\infty} R(n,x) = 0$，并且

注：我们用这一方法代替直接求 Maclaurin 级数，这是因为 $\tan^{-1} x$ 的高阶导数不易求.

$$\tan^{-1} x = \sum_{n=0}^{\infty} \frac{(-1)^n x^{2n+1}}{2n+1}, \quad |x| \leq 1.$$

在这个 $\tan^{-1} x$ 的级数里令 $x = 1$，得 Leibniz 公式

$$\frac{\pi}{4} = 1 - \frac{1}{3} + \frac{1}{5} - \frac{1}{7} + \frac{1}{9} - \cdots + \frac{(-1)^n}{2n+1} + \cdots.$$

这个级数对于求 π 的小数逼近来说收敛太慢. 最好利用像

$$\pi = 48 \tan^{-1} \frac{1}{18} + 32 \tan^{-1} \frac{1}{57} - 20 \tan^{-1} \frac{1}{239},$$

这样的公式，其中 x 的值接近零.

习题 8.8

二项式级数

对题 1 – 10 中的函数求二项式级数的前四项.

1. $(1+x)^{1/2}$
2. $(1+x)^{1/3}$
3. $(1-x)^{-1/2}$
4. $(1-2x)^{1/2}$
5. $\left(1+\frac{x}{2}\right)^{-2}$
6. $\left(1-\frac{x}{2}\right)^{-2}$
7. $(1+x^3)^{-1/2}$
8. $(1+x^2)^{-1/3}$
9. $\left(1+\frac{1}{x}\right)^{1/2}$
10. $\left(1-\frac{2}{x}\right)^{1/3}$

对题 11 – 14 中的函数求二项式级数.

11. $(1+x)^4$
12. $(1+x^2)^3$
13. $(1-2x)^3$
14. $\left(1-\frac{x}{2}\right)^4$

初值问题

对题 15 – 32 中的初值问题求级数解.

15. $y' + y = 0$, $y(0) = 1$
16. $y' - 2y = 0$, $y(0) = 1$
17. $y' - y = 1$, $y(0) = 0$
18. $y' + y = 1$, $y(0) = 2$
19. $y' - y = x$, $y(0) = 0$
20. $y' + y = 2x$, $y(0) = -1$
21. $y' - xy = 0$, $y(0) = 1$
22. $y' - x^2 y = 0$, $y(0) = 1$
23. $(1-x)y' - y = 0$, $y(0) = 2$
24. $(1+x^2)y' + 2xy = 0$, $y(0) = 3$
25. $y'' - y = 0$, $y'(0) = 1$ 和 $y(0) = 0$
26. $y'' + y = 0$, $y'(0) = 0$ 和 $y(0) = 1$
27. $y'' - y = x$, $y'(0) = 1$ 和 $y(0) = 2$
28. $y'' - y = x$, $y'(0) = 2$ 和 $y(0) = -1$
29. $y'' - y = -x$, $y'(2) = -2$ 和 $y(2) = 0$
30. $y'' - x^2 y = x$, $y'(0) = b$ 和 $y(0) = a$
31. $y'' + x^2 y = x$, $y'(0) = b$ 和 $y(0) = a$
32. $y'' - 2y' + y = 0$, $y'(0) = 1$ 和 $y(0) = 0$

用多项式逼近积分函数

在题 33 – 36 中，求在给定区间误差小于 10^{-3} 的逼近 $F(x)$ 的多项式.

33. $F(x) = \int_0^x \sin t^2 \, dt$, $[0,1]$

34. $F(x) = \int_0^x t^2 e^{-t^2} \, dt$, $[0,1]$

35. $F(x) = \int_0^x \tan^{-1} t \, dt$, (a) $[0, 0.5]$ (b) $[0, 1]$

36. $F(x) = \int_0^x \dfrac{\ln(1+t)}{t} \, dt$, (a) $[0, 0.5]$ (b) $[0, 1]$

不定型

用级数求题 37 – 42 中的极限.

37. $\lim\limits_{x \to 0} \dfrac{e^x - (1+x)}{x^2}$

38. $\lim\limits_{t \to 0} \dfrac{1 - \cos t - (t^2/2)}{t^4}$

39. $\lim\limits_{x \to 0} x^2 (e^{-1/x^2} - 1)$

40. $\lim\limits_{y \to 0} \dfrac{\tan^{-1} y - \sin y}{y^3 \cos y}$

41. $\lim\limits_{x \to 0} \dfrac{\ln(1 + x^2)}{1 - \cos x}$

42. $\lim\limits_{x \to \infty} (x+1) \sin \dfrac{1}{x+1}$

理论和例子

43. **当 $|x| < 1$ 时 $\ln(1-x)$ 的级数**　在 $\ln(1+x)$ 的 Maclaurin 级数中用 $-x$ 代换 x 得 $\ln(1-x)$ 的 Maclaurin 级数. 然后用 $\ln(1+x)$ 的 Maclaurin 级数减去这个级数，以此证明对 $|x| < 1$，
$$\ln \dfrac{1+x}{1-x} = 2\left(x + \dfrac{x^3}{3} + \dfrac{x^5}{5} + \cdots\right).$$

44. **为学而写**　为保证计算 $\ln 1.1$ 的误差小于 10^{-8}，需要取 $\ln(1+x)$ 的 Maclaurin 级数的多少项? 为你的回答给出理由.

45. **为学而写**　根据交错级数估计定理, 为保证计算 $\pi/4$ 的误差小于 10^{-3}, 需要 $\tan^{-1} 1$ 的 Maclaurin 级数的多少项? 为你的回答给出理由.

46. **$\tan^{-1} x$ 的 Maclaurin 级数**　证明 $f(x) = \tan^{-1} x$ 的 Maclaurin 级数当 $|x| > 1$ 时发散.

47. **$\sin^{-1} x$ 的 Taylor 多项式**
    (a) 用二项式级数和
    $$\dfrac{d}{dx} \sin^{-1} x = (1 - x^2)^{-1/2}$$
    求 $\sin^{-1} x$ 的 Maclaurin 级数的前四个非零项. 收敛半径是多少?
    (b) **$\cos^{-1} x$ 的 Taylor 级数**　用你在部分(a)所得的结果求 $\cos^{-1} x$ 的 Maclaurin 级数的前五个非零项.

48. **$\sin^{-1} x$ 的 Maclaurin 级数**　通过积分 $(1-x^2)^{-1/2}$ 的二项式级数, 证明对 $|x| < 1$, 有
$$\sin^{-1} x = x + \sum_{n=1}^{\infty} \dfrac{1 \cdot 3 \cdot 5 \cdots (2n-1)}{2 \cdot 4 \cdot 6 \cdots (2n)} \dfrac{x^{2n+1}}{2n+1}.$$

49. **当 $|x| > 1$ 时 $\tan^{-1} x$ 的级数**　通过积分下列级数
$$\dfrac{1}{1+t^2} = \dfrac{1}{t^2} \cdot \dfrac{1}{1 + (1/t^2)} = \dfrac{1}{t^2} - \dfrac{1}{t^4} + \dfrac{1}{t^6} - \dfrac{1}{t^8} + \cdots$$
得到级数
$$\tan^{-1} x = \dfrac{\pi}{2} - \dfrac{1}{x} + \dfrac{1}{3x^3} - \dfrac{1}{5x^5} + \cdots, \quad x > 1$$
$$\tan^{-1} x = -\dfrac{\pi}{2} - \dfrac{1}{x} + \dfrac{1}{3x^3} - \dfrac{1}{5x^5} + \cdots, \quad x < -1$$
在第一个情形, 从 x 到 ∞ 积分; 而在第二个情形, 从 $-\infty$ 到 x 积分.

50. $\sum_{n=0}^{\infty} \tan^{-1}(2/n^2)$ 的值

(a) 用两角差的正切公式证明
$$\tan(\tan^{-1}(n+1) - \tan^{-1}(n-1)) = \frac{2}{n^2}$$

并由此得
$$\tan^{-1}\frac{2}{n^2} = \tan^{-1}(n+1) - \tan^{-1}(n-1).$$

(b) 证明
$$\sum_{n=1}^{N} \tan^{-1}\frac{2}{n^2} = \tan^{-1}(N+1) + \tan^{-1}N - \frac{\pi}{4}.$$

(c) 求 $\sum_{n=1}^{\infty} \tan^{-1}(2/n^2)$ 的值.

8.9 Fourier 级数

Fourier 级数展开式中的系数 • Fourier 级数的收敛性 • 周期延拓

CD-ROM
WEBsite
历史传记

Jean-Baptiste
Joseph Fourier
(1766 — 1830)

在研究细长绝热杆的热传导问题时,法国数学家傅里叶(Jean-Baptiste Joseph Fourier)需要把一个函数 $f(x)$ 表示为三角级数. 一般说来,如果 $f(x)$ 定义在区间 $-L < x < L$ 上,我们需要知道系数 a_0,a_n 和 b_n ($n \geq 1$),使得

$$f(x) = \frac{a_0}{2} + \sum_{n=1}^{\infty}\left(a_n\cos\frac{n\pi x}{L} + b_n\sin\frac{n\pi x}{L}\right). \tag{1}$$

注意区间 $-L < x < L$ 关于原点对称. 等式(1)称为 f 在区间 $(-L,L)$ 上的 **Fourier 级数**. 这类级数在热传导、波动现象、化学制品和污染物的浓度,以及物理世界的其它模型研究中有广泛的科学和工程应用的领域. 在这一节中,我们引入一个给定函数的这些重要的三角级数表示.

Fourier 级数展开式中的系数

设 f 是定义在对称区间 $-L < x < L$ 上的函数. 假定 f 可以表示成由等式(1)给定的三角级数. 我们要寻找计算系数 a_0,a_1,a_2,$\cdots$,b_1,b_2,$\cdots$ 的一个方法. 计算的关键是基于表 8.3 中的结果的定积分.

8.9 Fourier 级数

表 8.3　三角积分

若 m 和 n 是正整数,则
1. $\int_{-L}^{L} \cos\dfrac{n\pi x}{L}\,dx = 0$
2. $\int_{-L}^{L} \sin\dfrac{n\pi x}{L}\,dx = 0$
3. $\int_{-L}^{L} \cos\dfrac{n\pi x}{L}\cos\dfrac{m\pi x}{L}\,dx = \begin{cases} 0, & m \neq n, \\ L, & m = n \end{cases}$
4. $\int_{-L}^{L} \sin\dfrac{n\pi x}{L}\cos\dfrac{m\pi x}{L}\,dx = 0$
5. $\int_{-L}^{L} \sin\dfrac{n\pi x}{L}\sin\dfrac{m\pi x}{L}\,dx = \begin{cases} 0, & m \neq n, \\ L, & m = n. \end{cases}$

(我们要求你计算习题 17 至 21 中这些三角积分.)

a_0 的计算　我们从 $-L$ 到 L 积分等式(1)的两端并且假设积分和求和运算可以变换次序,这就得到

$$\int_{-L}^{L} f(x)\,dx = \frac{a_0}{2}\int_{-L}^{L} dx + \sum_{n=1}^{\infty} a_n \int_{-L}^{L} \cos\frac{n\pi x}{L}\,dx$$
$$+ \sum_{n=1}^{\infty} b_n \int_{-L}^{L} \sin\frac{n\pi x}{L}\,dx. \tag{2}$$

对于每个正整数 n,等式(2)右端的最后两个积分是零(表 8.3 中的公式 1 和 2). 因此

$$\int_{-L}^{L} f(x)\,dx = \frac{a_0}{2}\int_{-L}^{L} dx = \frac{a_0 x}{2}\bigg|_{-L}^{L} = La_0.$$

解出 a_0 得

$$a_0 = \frac{1}{L}\int_{-L}^{L} f(x)\,dx. \tag{3}$$

a_m 的计算　我们用 $\cos(m\pi x/L)$ 乘等式(1)两端,$m > 0$,再从 $-L$ 到 L 积分所得结果:

$$\int_{-L}^{L} f(x)\cos\frac{m\pi x}{L}\,dx = \frac{a_0}{2}\int_{-L}^{L} \cos\frac{m\pi x}{L}\,dx$$
$$+ \sum_{n=1}^{\infty} a_n \int_{-L}^{L} \cos\frac{n\pi x}{L}\cos\frac{m\pi x}{L}\,dx \tag{4}$$
$$+ \sum_{n=1}^{\infty} b_n \int_{-L}^{L} \sin\frac{n\pi x}{L}\cos\frac{m\pi x}{L}\,dx.$$

等式(4)右端的第一个积分是零(表 8.3 中的公式 1). 表 8.3 中的公式 3 和 4 进一步把等式化为

$$\int_{-L}^{L} f(x)\cos\frac{m\pi x}{L}\,dx = a_m \int_{-L}^{L} \cos\frac{m\pi x}{L}\cos\frac{m\pi x}{L}\,dx = La_m.$$

因此,

$$a_m = \frac{1}{L}\int_{-L}^{L} f(x)\cos\frac{m\pi x}{L}\,dx. \tag{5}$$

b_m 的计算

我们用 $\sin(m\pi x/L)$ 乘等式(1)的两端，$m>0$，并且从 $-L$ 到 L 积分所得结果：

$$\int_{-L}^{L} f(x)\sin\frac{m\pi x}{L}dx = \frac{a_0}{2}\int_{-L}^{L}\sin\frac{m\pi x}{L}dx$$

$$+ \sum_{n=1}^{\infty} a_n \int_{-L}^{L}\cos\frac{n\pi x}{L}\sin\frac{m\pi x}{L}dx$$

$$+ \sum_{n=1}^{\infty} b_n \int_{-L}^{L}\sin\frac{n\pi x}{L}\sin\frac{m\pi x}{L}dx.$$

从表 8.3 中的公式 2，4 和 5 得

$$\int_{-L}^{L} f(x)\sin\frac{m\pi x}{L}dx = b_m \int_{-L}^{L}\sin\frac{m\pi x}{L}\sin\frac{m\pi x}{L}dx = Lb_m.$$

因此

$$b_m = \frac{1}{L}\int_{-L}^{L} f(x)\sin\frac{m\pi x}{L}dx. \tag{6}$$

系数 a_0, a_n, b_n 分别由等式(3)，(5)和(6)确定(用 n 代替 m)的三角级数(1)称为函数 f 在区间 $-L<x<L$ 上的 Fourier 级数展开式。常数 a_0, a_n 和 b_n 是 f 的 Fourier 系数。

例 1（求 Fourier 级数的展开式） 求函数

$$f(x) = \begin{cases} 1, & -\pi < x < 0, \\ x, & 0 < x < \pi, \end{cases}$$

(图 8.22)的 Fourier 级数展开式。

解 从图 8.22 注意到 $L=\pi$。这样，从等式(8)我们有

$$a_0 = \frac{1}{\pi}\int_{-\pi}^{\pi} f(x)dx = \frac{1}{\pi}\int_{-\pi}^{0} dx + \frac{1}{\pi}\int_{0}^{\pi} x dx = 1 + \frac{\pi}{2}.$$

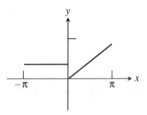

图 8.22 例 1 中的分段连续函数。

为求 a_n，我们利用等式(5)，其中的 m 换成 n：

$$a_n = \frac{1}{\pi}\int_{-\pi}^{\pi} f(x)\cos nx dx = \frac{1}{\pi}\int_{-\pi}^{0}\cos nx dx + \frac{1}{\pi}\int_{0}^{\pi} x\cos nx dx$$

$$= \frac{1}{n\pi}\sin nx \Big|_{-\pi}^{0} + \frac{1}{\pi}\left[\frac{x}{n}\sin nx\right]_{0}^{\pi} - \frac{1}{\pi n}\int_{0}^{\pi}\sin nx dx$$

$$= \frac{1}{\pi n^2}\cos nx \Big|_{0}^{\pi} = \frac{1}{\pi n^2}(\cos n\pi - 1)$$

$$= \frac{(-1)^n - 1}{\pi n^2}. \qquad \cos n\pi = (-1)^n$$

按照同样的方式，利用等式(6)，其中的 m 换成 n：

$$b_n = \frac{1}{\pi}\int_{-\pi}^{\pi} f(x)\sin nx dx$$

$$= \frac{1}{\pi}\int_{-\pi}^{0}\sin nx dx + \frac{1}{\pi}\int_{0}^{\pi} x\sin nx dx$$

$$= \frac{(-1)^n(1-\pi) - 1}{n\pi}.$$

因此，Fourier 展开式是

$$f(x) = \frac{1}{2} + \frac{\pi}{4} + \sum_{n=1}^{\infty} \frac{(-1)^n - 1}{\pi n^2} \cos nx + \sum_{n=1}^{\infty} \frac{(-1)^n(1-\pi) - 1}{\pi n} \sin nx.$$

当项数 n 取 1,5 和 20 时 Fourier 级数逼近的图象画在图 8.23 中. 注意随着 n 的增加，在所有连续点逼近如何越来越接近函数的图象. 在 f 的不连续点 $x = 0$, Fourier 逼近趋向 0.5, 这是跃度的一半. 这些结果跟下面叙述的 Fourier 收敛定理是一致的.

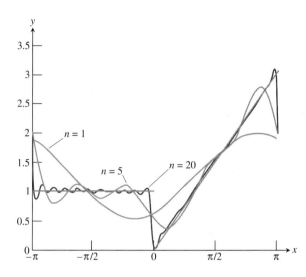

图 8.23 例 1 中的函数当无穷级数中的项数 n 为 1,5 和 20 时的 Fourier 级数逼近. 随着 n 的增加，Fourier 逼近趋向于实际的 $f(x)$ 值.

在计算系数 a_0, a_n 和 b_n 时，我们假定 f 在区间 $(-L, L)$ 上是可积的. 我们还假定等式 (1) 右端的三角级数以及用 $\cos(m\pi x/L)$ 或 $\sin(m\pi x/L)$ 乘它所得的级数的收敛方式允许逐项积分. 这些收敛性问题以及何时 Fourier 级数对于 $-L < x < L$ 实际等于 $f(x)$ 的问题在高等微积分中研究. 你在应用中遇到的大多数函数同时保证级数的收敛性和它同 f 的相等. 过一会儿我们再顾及这点，但首先总结一下我们的结果.

定义　Fourier 级数

定义在区间 $-L < x < L$ 上的一个函数 $f(x)$ 的 Fourier 级数是

$$f(x) = \frac{a_0}{2} + \sum_{n=1}^{\infty} \left[a_n \cos \frac{n\pi x}{L} + b_n \sin \frac{n\pi x}{L} \right], \tag{7}$$

其中

$$a_0 = \frac{1}{L} \int_{-L}^{L} f(x) \, dx, \tag{8}$$

$$a_n = \frac{1}{L} \int_{-L}^{L} f(x) \cos \frac{n\pi x}{L} dx, \tag{9}$$

$$b_n = \frac{1}{L} \int_{-L}^{L} f(x) \sin \frac{n\pi x}{L} dx. \tag{10}$$

Fourier 级数的收敛性

我们现在对于在若干物理现象的简化模型中通常遇到的一大类函数叙述有关 Fourier 级数展开式收敛性的结果,但不加证明. 我们回忆起一个函数 f 在区间 I 上是分段连续的,如果在 I 的每个内点两个极限

$$\lim_{x \to c^+} f(x) = f(c^+) \quad \text{和} \quad \lim_{x \to c^-} f(x) = f(c^-)$$

存在,在 I 的端点相应的单侧极限存在,并且 f 在 I 至多有有限多个不连续点. 注意闭区间上的分段连续函数必然有界(于是它不可能趋于无穷).

定理 18　Fourier 级数的收敛性

若函数 f 和它的导数 f' 在区间 $-L < x < L$ 上分段连续,则在所有连续点 f 等于其 Fourier 级数. 在 f 的跳跃间断点 c,Fourier 级数收敛到平均值

$$\frac{f(c^+) + f(c^-)}{2},$$

其中 $f(c^+)$ 和 $f(c^-)$ 分别是 f 在 c 的右极限和左极限.

例 2(收敛值)　例 1 中的函数满足定理 18 的条件. 对于区间 $-\pi < x < \pi$ 的每个点 $x \neq 0$,Fourier 级数收敛到 $f(x)$. 在 $x = 0$,函数有跳跃间断,Fourier 级数收敛到平均值

$$\frac{f(0^+) + f(0^-)}{2} = \frac{0 + 1}{2} = \frac{1}{2}$$

(图 8.23).

周期延拓

Fourier 级数中的三角项 $\sin(n\pi x/L)$ 和 $\cos(n\pi x/L)$ 是周期为 $2L$ 的周期函数:

$$\sin\frac{n\pi(x+2L)}{L} = \sin\frac{n\pi x}{L}\cos 2n\pi + \cos\frac{n\pi x}{L}\sin 2n\pi$$

$$= \sin\frac{n\pi x}{L}$$

类似地,

$$\cos\frac{n\pi(x+2L)}{L} = \cos\frac{n\pi x}{L}\cos 2n\pi - \sin\frac{n\pi x}{L}\sin 2n\pi$$

$$= \cos\frac{n\pi x}{L}.$$

Fourier 级数也是周期为 $2L$ 的周期函数. 于是,Fourier 级数不仅在区间 $-L < x < L$ 上表示函数 f,并且它还生成 f 在整个实数直线上的**周期延拓**. 从定理 18 得知,级数在这个区间的端点收敛到平均值 $[f(L^-) + f(-L^+)]/2$,并且这个值还周期延拓到 $\pm 3L$, $\pm 5L$, $\pm 7L$ 等等.

例 3(收敛性和周期延拓)　对于在 $-\pi < x < \pi$ 上的函数 $f(x) = x$ 的 Fourier 级数是

$$f(x) = \sum_{n=1}^{\infty} \frac{2(-1)^{n+1}}{n}\sin nx.$$

(在习题 3 中要求你求出这个级数.) 级数收敛到 $f(x) = x$ 在整个 x 轴的周期延拓. 图 8.24 中

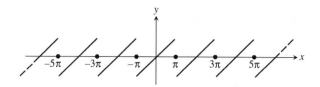

图 8.24 $f(x) = x$ 的 Fourier 级数在区间 $-\pi < x < \pi$ 上收敛到 f, 而在实轴上收敛到其周期延拓. 的实心圆点表示在区间端点 $\pm\pi, \pm 3\pi, \pm 5\pi, \cdots$ 的值

$$\frac{f(\pi^+) + f(\pi^-)}{2} = \frac{\pi + (-\pi)}{2} = 0.$$

习题 8.9

求 Fourier 级数

在题 1 – 14 中, 对于指定区间上的函数求 Fourier 级数.

1. $f(x) = 1, \quad -\pi < x < \pi$

2. $f(x) = \begin{cases} -1, & -\pi < x < 0 \\ 1, & 0 < x < \pi \end{cases}$

3. $f(x) = x, \quad -\pi < x < \pi$

4. $f(x) = 1 - x, \quad -\pi < x < \pi$

5. $f(x) = \dfrac{x^2}{4}, \quad -\pi < x < \pi$

6. $f(x) = \{0 < x < \pi$

7. $f(x) = e^x, \quad -\pi < x < \pi$

8. $f(x) = \begin{cases} 0, & -\pi < x < 0 \\ e^x, & 0 < x < \pi \end{cases}$

9. $f(x) = \begin{cases} 0, & -\pi < x < 0 \\ \cos x, & 0 < x < \pi \end{cases}$

10. $f(x) = \begin{cases} -x & -2 < x < 0 \\ 2, & 0 < x < 2 \end{cases}$

11. $\begin{cases} 0, & -\pi < x < -\dfrac{\pi}{2} \\ 1, & -\dfrac{\pi}{2} < x < \dfrac{\pi}{2} \\ 0, & \dfrac{\pi}{2} < x < \pi \end{cases}$

12. $f(x) = |x|, \quad -1 < x < 1$

13. $f(x) = |2x - 1|, \quad -1 < x < 1$

14. $f(x) = x|x|, \quad -\pi < x < \pi$

理论和例子

15. 利用题 5 的 Fourier 级数证明

$$1 + \frac{1}{4} + \frac{1}{9} + \frac{1}{16} + \frac{1}{25} + \cdots = \frac{\pi^2}{6}.$$

16. 利用题 6 中的 Fourier 级数证明

$$1 - \frac{1}{4} + \frac{1}{9} - \frac{1}{16} + \cdots = \frac{\pi^2}{12}.$$

验证题 17 – 21 中的结果,其中 m 和 n 是正整数.

17. $\int_{-L}^{L} \cos\dfrac{m\pi x}{L}\mathrm{d}x = 0 \quad \text{for all } m.$ **18.** $\int_{-L}^{L} \sin\dfrac{m\pi x}{L}\mathrm{d}x = 0 \quad \text{for all } m.$

19. $\int_{-L}^{L} \cos\dfrac{n\pi x}{L}\cos\dfrac{m\pi x}{L}\mathrm{d}x = \begin{cases} 0, & m \neq n \\ L, & m = n \end{cases}$

(提示: $\cos A\cos B = (1/2)[\cos(A+B) + \cos(A-B)].$)

20. $\int_{-L}^{L} \sin\dfrac{n\pi x}{L}\sin\dfrac{m\pi x}{L}\mathrm{d}x = \begin{cases} 0, & m \neq n \\ L, & m = n \end{cases}$

(提示: $\sin A\sin B = (1/2)[\cos(A-B) - \cos(A+B)].$)

21. $\int_{-L}^{L} \sin\dfrac{n\pi x}{L}\cos\dfrac{m\pi x}{L}\mathrm{d}x = 0 \quad \text{for all } m \text{ and } n.$

(提示: $\sin A\cos B = (1/2)[\sin(A+B) + \sin(A-B)].$)

22. 为学而写:函数和的 Fourier 级数　如果 $f(x)$ 和 $g(x)$ 二者满足定理 18 的条件,$f(x) + g(x)$ 在 $(-L,L)$ 上的 Fourier 级数是 $f(x)$ 和 $g(x)$ 在该区间上的 Fourier 级数之和吗?对于你的回答给出理由.

23. 逐项微分

(a) 利用定理 18 验证习题 3 中的函数的 Fourier 级数当 $-\pi < x < \pi$ 时收敛到 $f(x)$.

(b) 虽然 $f'(x) = 1$,但是说明逐项微分部分(a) 得到的 Fourier 级数却发散.

(c) **为学而写**　从部分(b) 你得到什么结论?

对于你的回答给出理由.

24. 逐项积分　高等微积分中证明了 $[-L,L]$ 上的分段连续函数的 Fourier 级数可以逐项积分. 利用这个事实证明若 $f(x)$ 是 $-\pi < x < \pi$ 上的分段连续函数,则

$$\int_{-\pi}^{\pi} f(s)\mathrm{d}s = \dfrac{1}{2}a_0(x+\pi) + \sum_{n=1}^{\infty} \dfrac{1}{n}(a_n\sin nx - b_n(\cos nx - \cos n\pi)) \quad -\pi \leq x \leq \pi.$$

其中 a_0, a_n 和 b_n 是 f 的 Fourier 系数.

8.10　Fourier 余弦和正弦级数

偶函数和奇函数的积分　●　偶延拓:Fourier 余弦级数　●　奇延拓:Fourier 正弦级数
●　Gibbs 现象

在为绝缘细长杆或金属丝中的热传导建模时,我们假定 x 轴沿长度为 L 的杆放置,并且 $0 < x < L$. 沿着杆的长度方向的温度通常随着位置 x 和时间 t 变化. (在第 12 章,你将学习这类函数,其值依赖两个或更多的自变量.) 问题是给定沿着杆的初始温度 $u(x,0)f(x)$ 后确定 $u(x,$

t),比如,杆的一端较热而另一端较冷,于是热将从热端流到冷端,而我们想了解在一小时内温度分布是怎样的,解这个问题使用的一个方法需要在非对称区间 $0 < x < L$ 上的展开式

$$f(x) = \sum_{n=1}^{\infty} b_n \sin \frac{n\pi x}{L}$$

那么我们怎样计算 f 的 Fourier 级数展开式呢?为此,我们延拓函数使它定义在对称区间 $-L < x < L$ 上. 可是我们对于 $-L < x < 0$ 如何定义 f 的延拓呢?回答是我们可以在 $-L < x < 0$ 上定义延拓是任何函数,只要我们选择延拓及其导数是分段连续的(为的是满足定理 18 的条件). 不管我们怎样在 $-L < x < 0$ 上定义分段连续函数作为延拓,都能保证得到的 Fourier 级数在原来的区域 $0 < x < L$ 上的所有连续点等于 $f(x)$. 自然对于 $-L < x < 0$, Fourier 级数也收敛到我们选择的任何延拓. 不过,有两类特别的延拓特别有用并且其 Fourier 系数十分容易计算;这就是 f 的偶和奇延拓.

偶函数和奇函数的积分

回忆起(预备章,第 2 节)函数 $g(x)$ 是 x 的偶函数,如果对于 g 的定义域中的所有 x 有 $g(-x) = g(x)$. 如果换成 $g(-x) = -g(x)$,就说 g 是 x 的奇函数. 函数 $\cos x$ 是偶的,而函数 $\sin x$ 是奇的. 偶函数的图象关于 y 轴对称,而奇函数的图象关于原点对称(图 8.25).

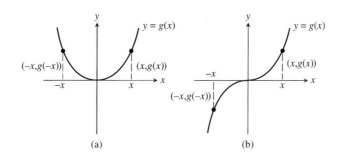

图 8.25 (a) 偶函数的图象关于 y 轴对称. (b) 奇函数的图象关于原点对称.

这一观察使得在关于原点对称的区间上偶和奇函数的积分相对容易计算. 比如,如果我们考虑图 8.25 中的带"适当符号"的部分,我们得下列结果:

奇函数:

$$\int_{-L}^{L} g(x)\, dx = 0. \tag{1}$$

偶函数:

$$\int_{-L}^{L} g(x)\, dx = 2\int_{0}^{L} g(x)\, dx. \tag{2}$$

由于规则(1)和(2),函数的偶和奇延拓便于应用. 下列结果对于偶和奇函数也成立.

1. 两个偶函数的乘积是偶的.
2. 一个偶函数和一个奇函数的乘积是奇的.
3. 两个奇函数的乘积是偶的.

偶延拓：Fourier 余弦级数

假定函数 $y = f(x)$ 定义在区间 $0 < x < L$. 我们通过要求
$$f(-x) = f(x), \quad -L < x < L$$
定义 f 的偶延拓.

从图形上看,我们通过关于 y 轴反射 $y = f(x)$ 得到偶延拓. 一个函数的偶延拓画在图 8.26 中. 这样,如果我们利用一个函数 f 的偶延拓,就得到 Fourier 系数

$$a_0 = \frac{1}{L}\int_{-L}^{L} f(x)\,\mathrm{d}x = \frac{2}{L}\int_{0}^{L} f(x)\,\mathrm{d}x,$$

$$a_n = \frac{1}{L}\int_{-L}^{L} \underbrace{f(x)\cos\frac{n\pi x}{L}}_{\text{偶}}\,\mathrm{d}x = \frac{2}{L}\int_{0}^{L} f(x)\cos\frac{n\pi x}{L}\,\mathrm{d}x,$$

$$b_n = \frac{1}{L}\int_{-L}^{L} \underbrace{f(x)\sin\frac{n\pi x}{L}}_{\text{奇}}\,\mathrm{d}x = 0.$$

f 的 Fourier 级数是
$$f(x) = \frac{a_0}{2} + \sum_{n=1}^{\infty} a_n\cos\frac{n\pi x}{L}.$$

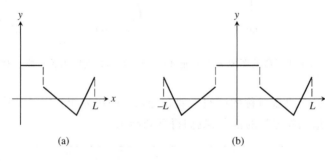

图 8.26 (a) 定义在非对称区间 $0 < x < L$ 上的原来的分段连续函数 f. (b) f 在 $-L < x < L$ 上的偶延拓.

由于 Fourier 系数 b_n 都是零,在 Fourier 级数中正弦项没有出现,故级数称为函数 f 的 **Fourier 余项级数**. 它在区间 $0 < x < L$ 上收敛到原来的函数,而在区间 $-L < x < 0$ 上收敛到偶延拓(假定 f 和 f' 有分段连续性). 我们总结这个结果.

8.10 Fourier 余弦和正弦级数

Fourier 余项级数

区间 $-L < x < L$ 上的偶函数的 Fourier 级数是**余项级数**

$$f(x) = \frac{a_0}{2} + \sum_{n=1}^{\infty} a_n \cos \frac{n\pi x}{L}. \tag{3}$$

其中

$$a_0 = \frac{2}{L}\int_0^L f(x)\,\mathrm{d}x, \tag{4}$$

$$a_n = \frac{2}{L}\int_0^L f(x)\cos\frac{n\pi x}{L}\mathrm{d}x. \tag{5}$$

例 1（求 Fourier 余项级数） 求画在图 8.27 中的函数

$$f(x) = \begin{cases} 1, & 0 < x < \dfrac{\pi}{2}, \\ 0, & \dfrac{\pi}{2} < x < \pi. \end{cases}$$

的 Fourier 余项级数.

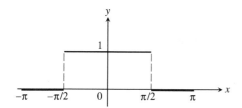

图 8.27 例 1 中的函数

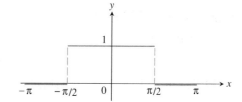

图 8.28 例 1 中函数的偶延拓

解 对于 Fourier 余项级数,我们选择图 8.28 所显示的函数在 $-\pi < x < \pi$ 上的偶延拓. Fourier 系数是

$$\begin{aligned}
a_0 &= \frac{2}{\pi}\int_0^{\pi} f(x)\,\mathrm{d}x & L &= \pi \\
&= \frac{2}{\pi}\int_0^{\pi/2} \mathrm{d}x & &\text{对于 } \pi/2 < x < \pi, \text{有 } f(x) = 0 \\
&= \frac{2x}{\pi}\bigg|_0^{\pi/2} = 1 \\
a_n &= \frac{2}{\pi}\int_0^{\pi} f(x)\cos\frac{n\pi x}{\pi}\mathrm{d}x & L &= \pi \\
&= \frac{2}{\pi}\int_0^{\pi/2}\cos nx\,\mathrm{d}x \\
&= \frac{2}{n\pi}\sin\frac{n\pi}{2}.
\end{aligned}$$

于是我们有 Fourier 余项展开式

$$f(x) = \frac{1}{2} + \sum_{n=1}^{\infty} \frac{2}{n\pi} \sin\frac{n\pi}{2} \cos nx.$$

对于 $x \neq \pi/2$, Fourier 余项级数严格等于 $f(x)$ 的值;而在点 $x = \pi/2$, Fourier 余项级数的值是 $1/2$. 当 n 变化到 $1,5$ 和 20 时 $f(x)$ 的 Fourier 余弦逼近的图形画在图 8.29 中.

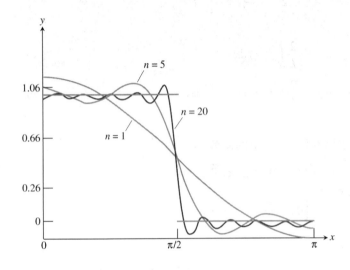

图 8.29 例 1 中的函数当无穷级数中的 n 变化到 $1,5$ 和 20 时的 Fourier 余弦级数逼近随着 n 的增加, Fourier 余弦逼近趋向于函数 $f(x)$ 的实际值. 每个 Fourier 余弦逼近通过值 $y = 0.5$, 这是在间断点 $x = \pi/2$ 跳跃的中值.

奇延拓: Fourier 正弦级数

再次考虑定义在区间 $0 < x < L$ 上的函数 $y = f(x)$. 我们通过要求
$$f(-x) = -f(x), \quad -L < x < L.$$
定义 f 的奇延拓. 从图形上看, 我们通过关于原点反射 $y = f(x)$ 得到奇延拓. 图 8.30 图解了一

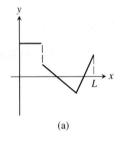
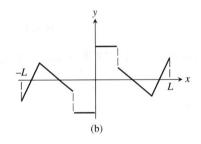

图 8.30 (a) 定义在非对称区间 $0 < x < L$ 上的原来的分段连续函数 f. (b) 在 $-L < x < L$ 上的奇延拓.

个函数的奇延拓. 对于 f 的奇延拓, 我们有

$$a_0 = \frac{1}{L}\int_{-L}^{L} f(x)\,\mathrm{d}x = 0$$

$$a_n = \frac{1}{L}\int_{-L}^{L} \underbrace{f(x)\cos\frac{n\pi x}{L}}_{\text{奇}}\mathrm{d}x = 0$$

$$b_n = \frac{1}{L}\int_{-L}^{L} \underbrace{f(x)\sin\frac{n\pi x}{L}}_{\text{偶}}\mathrm{d}x = \frac{2}{L}\int_0^L f(x)\sin\frac{n\pi x}{L}\mathrm{d}x.$$

f 的 Fourier 级数是

$$f(x) = \sum_{n=1}^{\infty} b_n \sin\frac{n\pi x}{L}.$$

8.10 Fourier 余弦和正弦级数

由于 Fourier 系数 a_0 和 a_n 全是零,在 Fourier 级数展开式中余弦项不出现,级数被称为函数 f 的 Fourier **正弦级数**. 这个级数在区间 $0 < x < L$ 上收敛到原来的函数 f,而在区间 $-L < x < 0$ 上收敛到奇延拓(假设 f 和 f' 的分段连续性成立). 我们总结这个结果.

Fouier 正弦级数

区间 $-L < x < L$ 上的奇函数的 Fourier 级数是

$$f(x) = \sum_{n=1}^{\infty} b_n \sin \frac{n\pi x}{L}, \tag{6}$$

其中

$$b_n = \frac{2}{L} \int_0^L f(x) \sin \frac{n\pi x}{L} dx. \tag{7}$$

例 2(求 Fourier 正弦级数) 求例 1 中函数

$$f(x) = \begin{cases} 1, & 0 < x < \frac{\pi}{2}, \\ 0, & \frac{\pi}{2} < x < \pi, \end{cases}$$

的 Fourier 正弦级数.

解 我们选择函数 $f(x)$ 的奇延拓. Fourier 系数是

$$b_n = \frac{2}{\pi} \int_0^{\pi} f(x) \sin \frac{n\pi x}{\pi} dx \qquad \text{等式(7) 中令 } L = \pi$$

$$= \frac{2}{\pi} \int_0^{\pi/2} \sin nx \, dx \qquad \text{对于 } \pi/2 < x < \pi, 有 f(x) = 0$$

于是,我们有 Fourier 正弦展开式

$$f(x) = \sum_{n=1}^{\infty} \frac{2}{n\pi} \left(1 - \cos \frac{n\pi}{2}\right) \sin nx.$$

对于 $n = 1, 5$ 和 20 的 $f(x)$ 的 Fourier 正弦逼近显示在图 8.31 中.

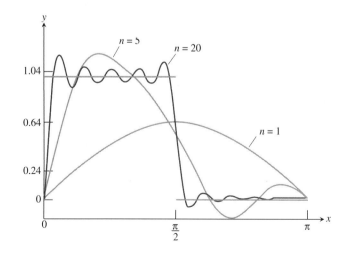

图 8.31 对于 $n = 1, 5$ 和 20 项的例 2 中的函数的 Fourier 正弦逼近. 随着 n 的增加,Fourier 正弦逼近趋向于 $f(x)$ 的值. 逼近在间断点 $x = \pi/2$ 收敛到跳跃的中点.

Gibbs 现象

在图 8.29 和 8.31 中,在 $x = \pi/2^-$ 的**上冲**和在 $x = \pi/2^+$ 的**下冲**是在间断点附近 Fourier 级数展开式的特征,依美国数学物理学家 Josiah Willard Gibbs 而称之为 **Gibbs 现象**. 在间断点组合的上冲和下冲的量是函数在该点的(左右极限)值差的约 18%. 图 8.32 对于

$$f(x) = \begin{cases} 1, & 0 \leqslant x < 1 \\ 0, & x = 1 \end{cases}$$

和 $n = 2, 4, 8, 16, 32$ 和 64 项显示了这一现象. 随着项的增多,最高处就更接近间断点 $x = 1$,但上冲保持近似于 1.09.

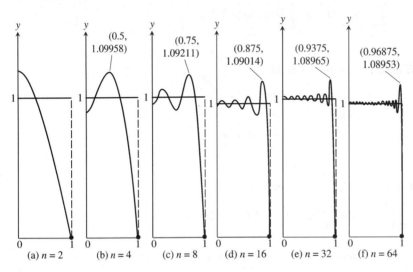

图 8.32 项数 $n = 2$, $4, 8, 16, 32$ 和 64 时的 Gibbs 现象. 最高处从 0.5 先移动到 0.75,再移动到 0.875,如此下去,愈来愈接近间断点 $x = 1$. 上冲总是接近于 1.09,或在间断点 $x = 1$ 超过 $y = 1$ 的值约为 $y = 0$ 和 $y = 1$ 之间距离的 9%.

习题 8.10

求 Fourier 余弦级数

题 1—8 的每一个给出定义在一个区间 $(0, L)$ 上的函数 $f(x)$. 画 f 的图象和它在 $(-L, L)$ 上的偶延拓. 然后求 f 的 Fourier 余弦级数.

1. $f(x) = x, \quad 0 < x < \pi$ **2.** $f(x) = \sin x, \quad 0 < x < \pi$

3. $f(x) = e^x, \quad 0 < x < 1$ **4.** $f(x) = \cos x, \quad 0 < x < \pi$

5. $f(x) = \begin{cases} 1, & 0 < x < 1 \\ -x, & 1 < x < 2 \end{cases}$ **6.** $f(x) = \begin{cases} -1, & 0 < x < 0.5 \\ 1, & 0.5 < x < 1 \end{cases}$

7. $f(x) = |2x - 1|, \quad 0 < x < 1$ **8.** $f(x) = |2x - \pi|, \quad 0 < x < \pi$

求 Fourier 正弦级数

题 9—16 的每一个给出定义在一个区间 $(0, L)$ 上的函数 $f(x)$. 画 f 的图象和它在 $(-L, L)$ 上的奇延拓. 再求 f 的 Fourier 正弦级数.

9. $f(x) = -x$, $0 < x < 1$

10. $f(x) = x^2$, $0 < x < \pi$

11. $f(x) = \cos x$, $0 < x < \pi$

12. $f(x) = e^x$, $0 < x < 1$

13. $f(x) = \sin x$, $0 < x < \pi$

14. $f(x) = \begin{cases} x, & 0 < x < 1 \\ 1, & 1 < x < 2 \end{cases}$

15. $f(x) = \begin{cases} 1-x, & 0 < x < 1 \\ 0, & 1 < x < 2 \end{cases}$

16. $f(x) = |2x - \pi|$, $0 < x < \pi$

理论和例子

17. 求 $\pi/4$ 的一个级数

   (a) 求 $f(x) = \begin{cases} 1, & 0 < x < \pi \\ 0, & x = 0 \text{ 和 } x = \pi \end{cases}$ 的 Fourier 正弦级数.

   (b) 利用部分(a)的结果证明 $\dfrac{\pi}{4} = 1 - \dfrac{1}{3} + \dfrac{1}{5} - \dfrac{1}{7} + \cdots$.

18. 一个图象为三角形的函数

   (a) 画三角形函数 $f(x) = \begin{cases} 1-x, & 0 < x < 1 \\ x-1, & 1 < x < 2 \end{cases}$ 的图象.

   (b) 求 $f(x)$ 的一个 Fourier 级数展开式.

   (c) 求 $f(x)$ 的一个 Fourier 余弦级数展开式.

19. 求一个级数的值　利用习题 2 的结果求 $\sum_{n=1}^{\infty} \dfrac{(-1)^n}{4n^2 - 1}$ 的值.

20. Fourier 正弦级数　给定函数
$$f(x) = 2 - x, \quad 0 < x < 2.$$
定义一个函数,使其 Fourier 正弦级数表示将对 x 的所有值收敛到 $f(x)$. (注:答案不唯一.)

指导你们复习的问题

1. 什么是无穷序列?这样一个序列收敛的意义是什么,发散的意义呢?举几个例子.
2. 什么定理可用于计算序列的极限?举几个例子.
3. 什么定理有时使我们能够使用 l'Hôpital 法则计算序列的极限?举一个例子.
4. 当你处理序列和级数时会遇到哪六个序列极限?
5. 什么是子序列?子序列为什么是重要的?子序列有什么用途?举几个例子.
6. 什么是非减序列?非增序列,单调序列?在什么情况下这些序列有极限?举几个例子.
7. 什么是解方程 $f(x) = 0$ 的 Picard 法?举一个例子.
8. 什么是无穷级数?级数收敛的意义是什么?举一个例子.
9. 什么是几何级数?什么时候这种级数收敛?发散?当它收敛时,和是什么?举几个例子.
10. 几何级数之外,你还知道什么收敛和发散级数?
11. 什么是发散的第 n 项判别法?判别法背后的想法是什么?
12. 关于收敛级数逐项求和与求差能说些什么?关于收敛和发散级数的常倍数呢?
13. 如果你对收敛级数添加有限项会发生什么?对发散级数呢?如果你对收敛级数取消有限项会发生什么?对发散级数呢?
14. 在什么情况下非负项无穷级数收敛?为什么研究非负项级数?
15. 什么是积分判别法?其背后的理由是什么?举一个使用它的例子.

16. 何时 p - 级数收敛?发散?你如何知道的?举几个收敛的发散 p - 级数的例子.
17. 什么是直接比较判别法和极限比较判别法?这些判别法背后的理由是什么?举几个应用它们的例子.
18. 什么是比值和根式判别法?它们总是给出你所需要的确定收敛和发散的信息吗?举几个例子.
19. 什么是交错级数?什么定理适用于确定这类级数的收敛性?
20. 你可以怎样估计用级数的部分和逼近交错级数所引起的误差?背后的理由是什么?
21. 什么是绝对收敛?条件收敛?二者的关系如何?
22. 关于绝对收敛级数的项的重排你知道什么?关于条件收敛级数呢?举几个例子.
23. 什么是幂级数?你如何判别幂级数的收敛性?可能的结果是什么?
24. 关于(a) 幂级数的逐项微分
    (b) 幂级数的逐项积分
    (c) 幂级数的乘法
    的基本事实是什么?举几个例子.
25. 什么是函数 $f(x)$ 在点 $x = a$ 生成的 Taylor 级数?为构造此级数关于 f 你需要什么信息?举一个例子.
26. 什么是 Maclaurin 级数?
27. Taylor 级数总是收敛到它的生成函数吗?解释之.
28. 什么是 Taylor 多项式?它们有何用途?
29. 什么是 Taylor 定理?关于 Taylor 多项式逼近函数产生的误差能说些什么?特别地,关于在线性化中的误差余项估计定理说些什么?
30. 什么是二项式级数?它在什么区间上收敛?怎样使用它?
31. $1/(1-x), 1/(1+x), e^x, \sin x, \cos x, \ln(1+x)$ 和 $\tan^{-1} x$ 的 Maclaurin 级数是什么?
32. 什么是 Fourier 级数?你如何计算定义在区间 $-L < x < L$ 上的函数 $f(x)$ 的 Fourier 系数?在什么条件下 Fourier 级数收敛到它的生成函数?在间断点情况如何?
33. 定义在 $-L < x < L$ 上的函数在整个实直线上的周期延拓是什么?
34. 什么是定义在 $0 < x < L$ 上的函数在 $-L < x < 0$ 上的偶延拓?什么是 Fourier 余项级数,你如何计算它的系数?
35. 什么是定义在 $0 < x < L$ 上的函数在 $-L < x < 0$ 上的奇延拓?什么是 Fourier 正弦级数?你如何计算它的系数?
36. 什么是 Gibbs 现象?当你在 Fourier 级数中对愈来愈多的项求和时它的表现是什么?

实践习题

收敛或发散序列

在题 1 - 18 中给出了序列的第 n 项,哪个收敛?哪个发散?求收敛序列的极限.

1. $a_n = 1 + \dfrac{(-1)^n}{n}$
2. $a_n = \dfrac{1-(-1)^n}{\sqrt{n}}$
3. $a_n = \dfrac{1-2^n}{2^n}$
4. $a_n = 1 + (0.9)^n$
5. $a_n = \sin \dfrac{n\pi}{2}$
6. $a_n = \sin n\pi$
7. $a_n = \dfrac{\ln(n^2)}{n}$
8. $a_n = \dfrac{\ln(2n+1)}{n}$
9. $a_n = \dfrac{n + \ln n}{n}$
10. $a_n = \dfrac{\ln(2n^3+1)}{n}$
11. $a_n = \left(\dfrac{n-5}{n}\right)^n$
12. $a_n = \left(1 + \dfrac{1}{n}\right)^{-n}$
13. $a_n = \sqrt[n]{\dfrac{3^n}{n}}$
14. $a_n = \left(\dfrac{3}{n}\right)^{1/n}$
15. $a_n = n(2^{1/n} - 1)$

16. $a_n = \sqrt[n]{2n+1}$

17. $a_n = \dfrac{(n+1)!}{n!}$

18. $a_n = \dfrac{(-4)^n}{n!}$

收敛级数

求题 19 – 24 中级数的和.

19. $\sum_{n=3}^{\infty} \dfrac{1}{(2n-3)(2n-1)}$

20. $\sum_{n=2}^{\infty} \dfrac{-2}{n(n+1)}$

21. $\sum_{n=1}^{\infty} \dfrac{9}{(3n-1)(3n+2)}$

22. $\sum_{n=3}^{\infty} \dfrac{-8}{(4n-3)(4n+1)}$

23. $\sum_{n=0}^{\infty} e^{-n}$

24. $\sum_{n=1}^{\infty} (-1)^n \dfrac{3}{4^n}$

收敛或发散级数

题 25 – 40 中哪个级数绝对收敛?哪个条件收敛?哪个发散?对于你的回答给出理由.

25. $\sum_{n=1}^{\infty} \dfrac{1}{\sqrt{n}}$

26. $\sum_{n=1}^{\infty} \dfrac{-5}{n}$

27. $\sum_{n=1}^{\infty} \dfrac{(-1)^n}{\sqrt{n}}$

28. $\sum_{n=1}^{\infty} \dfrac{1}{2n^3}$

29. $\sum_{n=1}^{\infty} \dfrac{(-1)^n}{\ln(n+1)}$

30. $\sum_{n=2}^{\infty} \dfrac{1}{n(\ln n)^2}$

31. $\sum_{n=1}^{\infty} \dfrac{\ln n}{n^3}$

32. $\sum_{n=3}^{\infty} \dfrac{\ln n}{\ln(\ln n)}$

33. $\sum_{n=1}^{\infty} \dfrac{(-1)^n}{n\sqrt{n^2+1}}$

34. $\sum_{n=1}^{\infty} \dfrac{(-1)^n 3n^2}{n^3+1}$

35. $\sum_{n=1}^{\infty} \dfrac{n+1}{n!}$

36. $\sum_{n=1}^{\infty} \dfrac{(-1)^n(n^2+1)}{2n^2+n-1}$

37. $\sum_{n=1}^{\infty} \dfrac{(-3)^n}{n!}$

38. $\sum_{n=1}^{\infty} \dfrac{2^n 3^n}{n^n}$

39. $\sum_{n=1}^{\infty} \dfrac{1}{\sqrt{n(n+1)(n+2)}}$

40. $\sum_{n=2}^{\infty} \dfrac{1}{n\sqrt{n^2-1}}$

幂级数

在题 41 – 50 中,(a) 求收敛半径和区间. 再确定使级数(b) 绝对和(c) 条件收敛的 x 值.

41. $\sum_{n=1}^{\infty} \dfrac{(x+4)^n}{n 3^n}$

42. $\sum_{n=1}^{\infty} \dfrac{(x-1)^{2n-2}}{(2n-1)!}$

43. $\sum_{n=1}^{\infty} \dfrac{(-1)^{n-1}(3x-1)^n}{n^2}$

44. $\sum_{n=0}^{\infty} \dfrac{(n+1)(2x+1)^n}{(2n+1)2^n}$

45. $\sum_{n=1}^{\infty} \dfrac{x^n}{n^n}$

46. $\sum_{n=1}^{\infty} \dfrac{x^n}{\sqrt{n}}$

47. $\sum_{n=0}^{\infty} \dfrac{(n+1)x^{2n-1}}{3^n}$

48. $\sum_{n=1}^{\infty} \dfrac{(-1)^n(x-1)^{2n+1}}{2n+1}$

49. $\sum_{n=1}^{\infty} (\operatorname{csch} n) x^n$

50. $\sum_{n=1}^{\infty} (\operatorname{coth} n) x^n$

Maclaurin 级数

题 51 – 56 中的每个级数都是一个函数 $f(x)$ 在一个特定点的 Maclaurin 级数的值,什么函数和什么点?级数的和是多少?

51. $1 - \dfrac{1}{4} + \dfrac{1}{16} - \cdots + (-1)^n \dfrac{1}{4^n} + \cdots$

52. $\dfrac{2}{3} - \dfrac{4}{18} + \dfrac{8}{81} - \cdots + (-1)^{n-1} \dfrac{2^n}{n 3^n} + \cdots$

53. $\pi - \dfrac{\pi^3}{3!} + \dfrac{\pi^5}{5!} - \cdots + (-1)^n \dfrac{\pi^{2n+1}}{(2n+1)!} + \cdots$

54. $1 - \dfrac{\pi^2}{9 \cdot 2!} + \dfrac{\pi^4}{81 \cdot 4!} - \cdots + (-1)^n \dfrac{\pi^{2n}}{3^{2n}(2n)!} + \cdots$

55. $1 + \ln 2 + \dfrac{(\ln 2)^2}{2!} + \cdots + \dfrac{(\ln 2)^n}{n!} + \cdots$

56. $\dfrac{1}{\sqrt{3}} - \dfrac{1}{9\sqrt{3}} + \dfrac{1}{45\sqrt{3}} - \cdots + (-1)^{n-1} \dfrac{1}{(2n-1)(\sqrt{3})^{2n-1}} + \cdots$

求题 57 – 64 中函数的 Maclaurin 级数.

57. $\dfrac{1}{1-2x}$

58. $\dfrac{1}{1+x^3}$

59. $\sin \pi x$

60. $\sin \dfrac{2x}{3}$

61. $\cos(x^{5/2})$ 62. $\cos\sqrt{5x}$ 63. $e^{(\pi x/2)}$ 64. e^{-x^2}

Taylor 级数

在题 65 - 68 中，求 f 在 $x = a$ 生成的 Taylor 级数的前四个非零项.

65. $f(x) = \sqrt{3 + x^2}$ $x = -1$
66. $f(x) = 1/(1 - x)$ $x = 2$
67. $f(x) = 1/(x + 1)$ $x = 3$
68. $f(x) = 1/x$ $x = a > 0$

初值问题

利用幂级数解题 69 - 76 中的初值问题

69. $y' + y = 0$，$y(0) = -1$
70. $y' - y = 0$，$y(0) = -3$
71. $y' + 2y = 0$，$y(0) = 3$
72. $y' + y = 1$，$y(0) = 0$
73. $y' - y = 3x$，$y(0) = -1$
74. $y' + y = x$，$y(0) = 0$
75. $y' - y = x$，$y(0) = 1$
76. $y' - y = -x$，$y(0) = 2$

不定型

在题 77 - 82 中：

(a) 利用幂级数求极限值.

T (b) 再用一个画图器支持你的计算.

77. $\lim\limits_{x \to 0} \dfrac{7\sin x}{e^{2x} - 1}$
78. $\lim\limits_{\theta \to 0} \dfrac{e^{\theta} - e^{-\theta} - 2\theta}{\theta - \sin\theta}$
79. $\lim\limits_{t \to 0}\left(\dfrac{1}{2 - 2\cos t} - \dfrac{1}{t^2}\right)$
80. $\lim\limits_{h \to 0} \dfrac{(\sin h)/h - \cos h}{h^2}$
81. $\lim\limits_{z \to 0} \dfrac{1 - \cos^2 z}{\ln(1 - z) + \sin z}$
82. $\lim\limits_{y \to 0} \dfrac{y^2}{\cos y - \cosh y}$

83. 利用 $\sin 3x$ 的一个级数表示求 r 和 s 的值使得

$$\lim_{x \to 0}\left(\dfrac{\sin 3x}{x^3} + \dfrac{r}{x^2} + s\right) = 0.$$

84. (a) 证明 8.8 节例 6 中的逼近 $\csc x \approx 1/x + x/6$ 导出逼近 $\sin x \approx 6x/(6 + x^2)$.

T (b) 为学而写 通过比较 $f(x) = \sin x - x$ 和 $g(x) = \sin x - (6x/(6 + x^2))$ 的图象比较逼近 $\sin x \approx x$ 和 $\sin x \approx 6x/(6 + x^2)$ 的精确度. 叙述你发现了什么.

Fourier 级数

在题 85 - 90 中，求 f 在给定区间上的 Fourier 级数.

85. $f(x) = \begin{cases} -1, & -\pi < x < 0 \\ 2, & 0 < x < \pi \end{cases}$
86. $f(x) = \begin{cases} 0, & -1 < x < 0 \\ x, & 0 < x < 1 \end{cases}$
87. $f(x) = x + \pi$, $-\pi < x < \pi$
88. $f(x) = \begin{cases} 0, & -\pi < x < 0 \\ \sin x, & 0 < x < \pi \end{cases}$
89. $f(x) = \begin{cases} 1, & -2 < x < 0 \\ 1 + x, & 0 < x < 2 \end{cases}$
90. $f(x) = \begin{cases} 0, & -2 < x < 0 \\ x, & 0 < x < 1 \\ 1, & 1 < x < 2 \end{cases}$

Fourier 余弦和正弦级数

在题 91 - 96 中，求 f 在给定区间上的

(a) Fourier 余弦级数.
(b) Fourier 正弦级数.

91. $f(x) = \begin{cases} 1, & 0 < x < 1/2 \\ 0, & 1/2 < x < 1 \end{cases}$

92. $f(x) = \begin{cases} 0, & 0 < x < 1 \\ x, & 1 < x < 2 \end{cases}$

93. $f(x) = \sin \pi x, \quad 0 < x < 1$

94. $f(x) = \cos x, \quad 0 < x < \pi/2$

95. $f(x) = 2x + x^2, \quad 0 < x < 3$

96. $f(x) = e^{-x}, \quad 0 < x < 2$

理论和例子

97. **一个收敛级数**

   (a) 证明级数

   $$\sum_{n=1}^{\infty} \left(\sin \frac{1}{2n} - \sin \frac{1}{2n+1} \right)$$

   收敛.

   (b) **为学而写** 估计利用到 $n = 20$ 的正弦的和逼近级数和带来的误差大小. 近似值偏大还是偏小? 对于你的回答给出理由.

98. (a) **一个收敛级数** 证明级数

   $$\sum_{n=1}^{\infty} \left(\tan \frac{1}{2n} - \tan \frac{1}{2n+1} \right)$$

   收敛.

   (b) **为学而写** 估计利用直到 $-\tan(1/41)$ 的正切的和逼近级数和带来的误差大小. 近似值偏大还是偏小? 对于你的回答给出理由.

99. **收敛半径** 求级数

   $$\sum_{n=1}^{\infty} \frac{2 \cdot 5 \cdot 8 \cdot \cdots \cdot (3n-1)}{2 \cdot 4 \cdot 6 \cdot \cdots \cdot (2n)} x^n$$

   的收敛半径.

100. **收敛半径** 求级数

   $$\sum_{n=1}^{\infty} \frac{3 \cdot 5 \cdot 7 \cdot \cdots \cdot (2n-1)}{4 \cdot 9 \cdot 14 \cdot \cdots \cdot (5n-1)} (x-1)^n$$

   的收敛半径.

101. **第 n 个部分和** 求级数 $\sum_{n=2}^{\infty} \ln(1 - (1/n^2))$ 的第 n 个部分和的封闭形式的公式并且用它确定级数的收敛或发散.

102. **第 n 个部分和** 通过求 $n \to \infty$ 时级数第 n 个部分和的极限求 $\sum_{k=2}^{\infty} (1/(k^2 - 1))$ 的值.

103. (a) **收敛区间** 求级数

   $$y = 1 + \frac{1}{6} x^3 + \frac{4}{720} x^6 + \cdots + \frac{1 \cdot 4 \cdot 7 \cdot \cdots \cdot (3n-2)}{(3n)!} x^{3n} + \cdots.$$

   的收敛区间.

   (b) **微分方程** 证明由这个级数定义的函数满足形如

   $$\frac{d^2 y}{dx^2} = x^a y + b$$

   的微分方程并且求常数 a 和 b.

104. (a) **Maclaurin 级数** 求函数 $x^2/(1+x)$ 的 Maclaurin 级数.

   (b) 级数在 $x = 1$ 收敛吗? 解释之.

105. **为学而写** 如果 $\sum_{n=1}^{\infty} a_n$ 和 $\sum_{n=1}^{\infty} b_n$ 是非负项的收敛级数, 关于 $\sum_{n=1}^{\infty} a_n b_n$ 能说些什么? 对于你的回答给出理由.

106. **为学而写** 如果 $\sum_{n=1}^{\infty} a_n$ 和 $\sum_{n=1}^{\infty} b_n$ 是非负项的发散级数, 关于 $\sum_{n=1}^{\infty} a_n b_n$ 能说些什么? 对于你的回答给出理由.

107. 序列和级数 证明序列 $\{x_n\}$ 和级数 $\sum_{k=1}^{\infty}(x_{n+1}-x_k)$ 同时收敛或同时发散.

108. 收敛性证明 若对所有 n 有 $a_n>0$ 并且 $\sum_{n=1}^{\infty}a_n$ 收敛,则 $\sum_{n=1}^{\infty}(a_n/(1+a_n))$ 收敛.

109. (**a**) **发散性** 假定 $a_1,a_2,a_3,\cdots,a_n$ 是正数并且满足

i. $a_1 \geq a_2 \geq a_3 \geq \cdots$

ii. 级数 $a_2+a_4+a_8+a_{16}+\cdots$ 发散.

证明级数 $\dfrac{a_1}{1}+\dfrac{a_2}{2}+\dfrac{a_3}{3}+\cdots$ 发散.

(**b**) 用部分(a)的结果证明 $1+\sum_{n=2}^{\infty}\dfrac{1}{n\ln n}$ 发散.

110. 估计积分 假定你希望迅速估计 $\int_0^1 x^2 e^x$ 的值. 有几种方法做这件事.

(**a**) 用 $n=2$ 时的梯形法估计 $\int_0^1 x^2 e^x dx$.

(**b**) 写出 $x^2 e^x$ 的 Maclaurin 级数的前三个非零项得到 $x^2 e^x$ 的四阶 Maclaurin 多项式 $p(x)$. 利用 $\int_0^1 p(x)dx$ 得到 $\int_0^1 x^2 e^x$ 的另一个估计.

(**c**) **为学而写** $f(x)=x^2 e^x$ 的二阶导数对所有 $x>0$ 是正的. 解释为什么这使你能够得到部分(a)梯形法得到的估计偏大这一结论.

(**d**) **为学而写** $f(x)=x^2 e^x$ 的所有导数当 $x>0$ 时都是正的. 解释为什么这使你能够得到 $f(x)$ 的所有 Maclaurin 多项式逼近对 $[0,1]$ 中的 x 都偏小这一结论. (提示: $f(x)=p_n(x)+R_n(x)$)

(**e**) 利用分部积分求 $\int_0^1 x^2 e^x dx$ 的值.

111. $\tan^{-1}x$ 的级数

(**a**) 从 $t=0$ 到 $t=x$ 积分等式

$$\dfrac{1}{1+t^2}=1-t^2+t^4-t^6+\cdots+(-1)^n t^{2n}+\dfrac{(-1)^{n+1}+2n+2}{1+t^2}$$

的两端,右端最后一项来自对首项为 $a=(-1)^{n+1}t^{2n+2}$ 公比为 $r=-t^2$ 的几何级数组成的余项求和.

(**b**) 证明部分(a)的余项是

$$R_n(x)=\int_0^x \dfrac{(-1)^{n+1}t^{2n+2}}{1+t^2}dt$$

并求 $|x|\leq 1$ 时的 $\lim_{n\to\infty}R_n(x)$.

(**c**) 根据部分(b)的结果求 $\tan^{-1}x$ 的幂级数.

(**d**) 在 $\tan^{-1}x$ 的级数中令 $x=1$ 以便得到 Leibniz 公式

$$\dfrac{\pi}{4}=1-\dfrac{1}{3}+\dfrac{1}{5}-\dfrac{1}{7}+\dfrac{1}{9}-\cdots+\dfrac{(-1)^n}{2n+1}+\cdots.$$

112. 求非初等积分的值 如你所知, Maclaurin 级数可用来通过级数表示非初等积分.

(**a**) 把 $\int_0^x \sin t^2 dt$ 表示成幂级数.

(**b**) 根据交错级数估计定理,用部分(a)中的级数的多少项估计 $\int_0^1 \sin x^2 dx$ 可使误差小于 0.001?

113. 斜率大于 1 时的 Picard 法 8.2 节的例 9 指出我们不能用 Picard 法求 $g(x)=4x-12$ 的不动点, 但我们可以用此方法求 $g^{-1}(x)=(1/4)x+3$ 的不动点, 这是因为 g^{-1} 的导数是 $1/4$, 在任何区间其绝对值均小于 1. 在 8.2 节例 7 中, 我们求得 g^{-1} 的不动点是 $x=4$. 注意 4 亦是 g 的不动点, 这是因为

$$g(4)=4(4)-12=4.$$

求得了 g^{-1} 的不动点,也就求得了 g 的不动点.

一个函数和其反函数总是有同样的不动点. 两函数的图象关于直线 $y=x$ 对称,因此与该直线的交是同样的点.

我们现在了解到 Picard 法的应用是十分广泛的. 假定 g 是一对一的,它在一个闭区间 I 上有绝对值大于 1 的连续一阶导数,在 I 内部有 g 的一个不动点. 则 g^{-1} 的导数是 g' 的倒数,其绝对值在 I 上小于 1. 把 Picard 法在 I 上用于 g^{-1} 将会求得 g 的不动点. 与此相关,求下列函数的不动点.

(**a**) $g(x) = 2x + 3$ (**b**) $g(x) = 1 - 4x$

附加习题:理论、例子、应用

收敛或发散

由题 1-4 中的公式定义的级数 $\sum_{n=1}^{\infty} a_n$ 中,哪些收敛?哪些发散?对于你的回答给出理由.

1. $\sum_{n=1}^{\infty} \dfrac{1}{(3n-2)^{n+(1/2)}}$

2. $\sum_{n=1}^{\infty} \dfrac{(\tan^{-1} n)^2}{n^2 + 1}$

3. $\sum_{n=1}^{\infty} (-1)^n \tanh n$

4. $\sum_{n=2}^{\infty} \dfrac{\log_n(n!)}{n^3}$

在题 5-8 的公式定义的级数 $\sum_{n=1}^{\infty} a_n$ 中,哪些收敛?哪些发散?对于你的回答给出理由.

5. $a_1 = 1, \quad a_{n+1} = \dfrac{n(n+1)}{(n+2)(n+3)} a_n$

6. $a_1 = a_2 = 7, \quad a_n = \dfrac{n}{(n-1)(n+1)} a_n \quad n \geq 2$

7. $a_1 = a_2 = 1, \quad a_{n+1} = \dfrac{1}{1 + a_n} \quad n \geq 2$

8. $a_n = 1/3^n n, \quad a_n = n/3^n n$

选择 Taylor 级数的中心

Taylor 公式

$$f(x) = f(a) + f'(a)(x-a) + \dfrac{f''(a)}{2!}(x-a)^2 + \cdots + \dfrac{f^{(n)}(a)}{n!}(x-a)^n + \dfrac{f^{(n+1)}(c)}{(n+1)!}(x-a)^{n+1}$$

用 f 及其导数在 $x = a$ 的值表示 f 在 x 的值. 因此在数值计算中,我们需要 a 是这样一个点,我们知道 f 及其导数在 a 的值. 我们还需要 a 充分接近于我们感兴趣的 x 的值以使 $(x-a)^{n+1}$ 如此小以致我们可以忽略余项.

在题 9-14 中,你将选择什么 Taylor 级数在给定的 x 值附近表示函数?(可能有多于一个的好的答案.)写出你选择的级数的前四个非零项.

9. $\cos x$ 在 $x = 1$ 附近
10. $\sin x$ 在 $x = 6.3$ 附近
11. e^x 在 $x = 0.4$ 附近
12. $\ln x$ 在 $x = 1.3$ 附近
13. $\cos x$ 在 $x = 69$ 附近
14. $\tan^{-1} x$ 在 $x = 2$ 附近

理论和例子

15. $a^n + b^n$ 的 n 次根 设 a 和 b 是满足 $0 < a < b$ 的常数. 序列 $\{(a^n + b^n)^{1/n}\}$ 收敛吗?如果它收敛,极限是多少?

16. 循环小数 求下列无穷级数的和：

$$1 + \frac{2}{10} + \frac{3}{10^2} + \frac{7}{10^3} + \frac{2}{10^4} + \frac{3}{10^5} + \frac{7}{10^6} + \frac{2}{10^7} + \frac{3}{10^8} + \frac{7}{10^9} + \cdots.$$

17. 求积分的和 求 $\sum_{n=0}^{\infty} \int_n^{n+1} \frac{1}{1+x^2} dx$ 的值.

18. 绝对收敛 求使

$$\sum_{n=1}^{\infty} \frac{nx^n}{(n+1)(2x+1)^n}$$

绝对收敛的 x 的值.

19. Euler 常数 类似图 8.13 那样的图象暗示当 n 增加时,和

$$1 + \frac{1}{2} + \cdots + \frac{1}{n}$$

与积分

$$\ln n = \int_1^n \frac{1}{x} dx.$$

之间的差变化微小. 为落实这一想法,执行下列步骤.

(**a**) 在图 8.13 中取 $f(x) = 1/x$,由此证明

$$\ln(n+1) \leq 1 + \frac{1}{2} + \cdots + \frac{1}{n} \leq 1 + \ln n$$

和

$$0 < \ln(n+1) - \ln n \leq 1 + \frac{1}{2} + \cdots + \frac{1}{n} - \ln n \leq 1.$$

于是,序列

$$a_n = 1 + \frac{1}{2} + \cdots + \frac{1}{n} - \ln n$$

是有下界和有上界的.

(**b**) 证明

$$\frac{1}{n+1} < \int_n^{n+1} \frac{1}{x} dx = \ln(n+1) - \ln n$$

并且利用这一结果证明部分(a)中的序列 $\{a_n\}$ 是非增的.

因为有下界的非增序列收敛,部分(a)确定的数 a_n 收敛:

$$1 + \frac{1}{2} + \cdots + \frac{1}{n} - \ln n \to \gamma.$$

数 γ 称为 Euler 常数,其值为 0.5772…,跟其它的象 π 和 e 这样的特殊数不同,对于 γ 还没找到形成规律简单的其它表达式.

20. 广义 Euler 常数 下图显示的是在 $(0, \infty)$ 上二阶导数为正的一个正的二次可微函数的图象. 对于每个 n, 数 A_n 是在连续点 $(n, f(n))$ 和 $(n+1, f(n+1))$ 的曲线和线段之间的月牙形区域的面积.

(**a**) 利用图形指出 $\sum_{n=1}^{\infty} A_n < (1/2)(f(1) - f(2))$.

(**b**) 再证明

$$\lim_{n \to \infty} \left[\sum_{k=1}^n f(k) - \frac{1}{2}(f(1) + f(n)) - \int_1^n f(x) dx \right]$$

的存在性.

(**c**) 然后证明

$$\lim_{n \to \infty} \left[\sum_{k=1}^n f(k) - \int_1^n f(x) dx \right].$$

的存在性.

如果 $f(x) = 1/x$,部分(c)的极限即为 Euler 常数.(来源:"Convergence with Pictures"by P. J. Rippon, *American mathematical Monthly*,Vol. 93,No. 6(1986),pp. 476 – 478.)

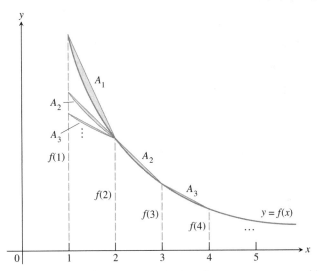

第 20 题图

21. **在三角形上打孔** 这一题把附图中的边长为 $2b$ 的等边三角形为"正放的". 正如图形序列暗示的那样,"倒放等边三角形从原来的三角形中被挖去. 从原来三角形中被挖去的面积之和形成一个无穷级数.

(a) 求这个无穷级数.

(b) 求这个无穷级数的和,从而求出从原来三角形中被挖去的总面积.

(c) 是否原来三角形的每个点都被挖去了?解释为什么是或为什么否.

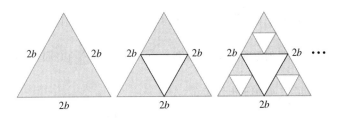

22. **$\pi/2$ 的快速估计** 正如你在做完8.2节第10题后所看到的,从 $x_0 = 1$ 出发应用递推公式 $x_{n+1} = x_n + \cos x_n$ 所生成的序列迅速趋向于 $\pi/2$. 为说明收敛的速度,令 $\varepsilon_n = (\pi/2) - x_n$.(见附图)

$$\begin{aligned}\varepsilon_{n+1} &= \frac{\pi}{2} - x_n - \cos x_n \\ &= \varepsilon_n - \cos\left(\frac{\pi}{2} - \varepsilon_n\right) \\ &= \varepsilon_n - \sin \varepsilon_n \\ &= \frac{1}{3!}(\varepsilon_n)^3 - \frac{1}{5!}(\varepsilon_n)^5 + \cdots.\end{aligned}$$

利用这一等式证明

$$0 < \varepsilon_{n+1} < \frac{1}{6}(\varepsilon_n)^3.$$

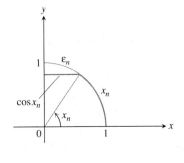

第 22 题图

23. **计算机探索**

(a) 为学而写
$$\lim_{n\to\infty}\left(1-\frac{\cos(a/n)}{n}\right)^n,\quad a\text{ 是常数},$$
的值是否依赖于 a 的值?如果是,如何依赖?

(b) 为学而写
$$\lim_{n\to\infty}\left(1-\frac{\cos(a/n)}{bn}\right)^n,\quad a\text{ 和 }b\text{ 是常数},b\neq 0,$$
的值是否依赖于 b?如果是,如何依赖?

(c) 利用微积分确认你在部分(a)和(b)中的发现.

24. 证明若 $\sum_{n=1}^{\infty} a_n$ 收敛,则
$$\sum_{n=1}^{\infty}\left(\frac{1+\sin(a_n)}{2}\right)^n$$
收敛.

25. **收敛半径** 求常数 b 的值使得幂级数
$$\sum_{n=2}^{\infty}\frac{b^n x^n}{\ln n}$$
的收敛半径等于 5.

26. **为学而写:超越函数** 你怎样知道函数 $\sin x, \ln x$ 和 e^x 不是多项式?对于你的回答给出理由.

27. **Raabe(或 Gauss)判别法** 下列我们叙述而不加证明的判别法是比值判别法的推广.

Raab 判别法:设 $\sum_{n=1}^{\infty} u_n$ 是一个正的常数级数,并且存在常数 C,K 和 N,使得
$$\frac{u_n}{u_{n+1}}=1+\frac{C}{n}+\frac{f(n)}{n^2},$$
其中对于 $n\geq N$ 有 $|f(n)|<K$,则 $\sum_{n=1}^{\infty} u_n$ 当 $C>1$ 时收敛,而当 $C\leq 1$ 时发散.

指出 Raab 判别法的结果同你所知道的关于级数 $\sum_{n=1}^{\infty}(1/n^2)$ 和 $\sum_{n=1}^{\infty}(1/n)$ 的结果是一致的.

28. **使用 Raab 判别法** 假定 $\sum_{n=1}^{\infty} u_n$ 的项由公式
$$u_1=1,\quad u_{n+1}=\frac{(2n-1)^2}{(2n)(2n+1)}u_n.$$
递推地定义.应用 Raab 判别法确定级数是否收敛.

29. 假定 $\sum_{n=1}^{\infty} a_n$ 收敛,对所有 n 有 $a_n\neq 1$ 和 $a_n>0$.

(a) **平方项** 证明 $\sum_{n=1}^{\infty} a_n^2$ 收敛.

(b) **为学而写** $\sum_{n=1}^{\infty} a_n/(1-a_n)$ 是否收敛?做出解释.

30. (续题 29)如果 $\sum_{n=1}^{\infty} a_n$ 收敛并且对所有 n 有 $1>a_n>0$,证明 $\sum_{n=1}^{\infty}\ln(1-a_n)$ 收敛.(提示:首先证明 $|\ln(1-a_n)|\leq a_n/(1-a_n)$.)

31. **Nicole Oresme 定理** 证明 Nicole Oresme 定理
$$1+\frac{1}{2}\cdot 2+\frac{1}{4}\cdot 3+\cdots+\frac{n}{2^{n-1}}+\cdots=4.$$

(提示:对等式 $1/(1-x) = 1 + \sum_{n=1}^{\infty} x^n$ 两端求导数.)

32. (a) **逐项求导** 通过对等式
$$\sum_{n=1}^{\infty} x^{n+1} = \frac{x^2}{1-x}$$
求导两次,对所得结果乘以 x 再用 $1/x$ 代替 x,证明对 $|x|>1$ 成立
$$\sum_{n=1}^{\infty} \frac{n(n+1)}{x^n} = \frac{2x^2}{(x-1)^3}.$$

(b) 利用部分(a) 求方程
$$x = \sum_{n=1}^{\infty} \frac{n(n+1)}{x^n}.$$
的大于 1 的实数解.

33. **对指数幂求和** 利用积分判别法证明 $\sum_{n=0}^{\infty} e^{-n^2}$ 收敛.

34. **为学而写** 如果 $\sum_{n=1}^{\infty} a_n$ 是正项收敛级数,关于 $\sum_{n=1}^{\infty} \ln(1+a_n)$ 的收敛性能说些什么?对你的回答给出理由.

35. **质量控制**
    (a) 对级数
    $$\frac{1}{1-x} = 1 + x + x^2 + \cdots + x^n + \cdots$$
    求导以便得到 $1/(1-x)^2$ 的级数.

    (b) **掷骰子** 一次掷两粒骰子,得到 7 点的概率是 $p=1/6$. 如果你重复掷骰子,在第 n 次首次出现 7 的概率是 $q^{n-1}p$,其中 $q=1-p=5/6$. 直到 7 首次出现的掷的期望次数是 $\sum_{n=1}^{\infty} nq^{n-1}p$. 求这个级数的和.

    (c) 作为一个对于一种工业运行应用统计控制的工程师,你随机地检查从装配线上取下的产品. 你区分每个被取样的产品是"好"或"坏". 如果产品是好的概率为 p,而是坏的概率为 $q=1-p$,在第 n 次检查出首个坏产品的概率是 $p^{n-1}q$. 检查出第一个坏产品的次数的平均数是 $\sum_{n=1}^{\infty} np^{n-1}q$. 假定 $0<p<1$,求这个和的值.

36. **期望值** 假定随机变量 X 以概率 $p_1, p_2, p_3, \cdots$ 取值 $1,2,3,\cdots,p_k$ 是 X 等于 $k(k=1,2,3,\cdots)$ 的概率. 还假定 $p_k \geq 0$ 和 $\sum_{k=1}^{\infty} p_k = 1$. X 的**期望值**是数 $\sum_{k=1}^{\infty} kp_k$,只要这个级数收敛,X 的期望值用 $E(x)$ 表示. 对于下列每个情形,证明 $\sum_{k=1}^{\infty} p_k = 1$ 并且求 $E(x)$,如果它存在. (提示:见题 35).

(a) $p_k = 2^{-k}$ (b) $p_k = \dfrac{5^{k-1}}{6^k}$ (c) $p_k = \dfrac{1}{k(k+1)} = \dfrac{1}{k} - \dfrac{1}{k+1}$

37. **安全和有效剂量** 血液中一种麻碎药的浓度通常由于麻醉药从体内的排除而随时间推移在减少. 于是就需要通过在低于某个特定水平时打点滴周期重复地服药以维持浓度. 对于重复服药结果的一个模型给出恰好在第 $n+1$ 次服药前的剩余浓度是
$$R_n = C_0 e^{-kt_0} + C_0 e^{-2kt_0} + \cdots + C_0 e^{-nkt_0},$$
其中 $C_0 =$ 一次服药完成的浓度变化(毫克每毫升), $k =$ 排除常数(每小时), $t_0 =$ 两次服药之间的时间(小时). 见下页左下图.

(a) 用一个分式的封闭形式写出 R_n 并且求 $R = \lim_{n \to \infty} R_n$.

(b) 对于 $C_0 = 1$ 毫克/毫升, $k = 0.1$ 小时$^{-1}$ 和 $t_0 = 10$ 小时计算 R_1 和 R_{10}. 用 R_{10} 估计 R 好到什么程度?

(c) 如果 $k = 0.01$ 小时$^{-1}$, $t_0 = 10$ 小时,求使得 $R_n > (1/2)R$ 的最小的 n.

（来源：*Prescribing Safe and Effective Dosage* by B. Horelick and S. Koont(Lexington, MA : COMAP, Inc. , 1979).)

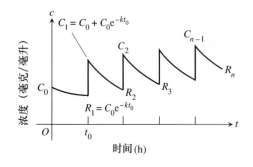

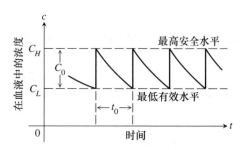

第 37 题图   第 38 题图

38. **服麻醉药的间隔时间（续题 37）** 如果知道一种麻醉药低于浓度 C_L 无效,而高于浓度 C_H 则有害,我们需要求 C_0 和 t_0,使得生成的浓度是安全的(不高于 C_H)和有效的(不低于 C_L). 见右上图.

因此我们想求 C_0 和 t_0 的值使得
$$R = C_L \quad \text{和} \quad C_0 + R = C_H.$$
于是 $C_0 = C_H - C_L$. 把这些值代入题 37 部分(a) 中得到的 R 的等式,所得等式简化为
$$t_0 = \frac{1}{k} \ln \frac{C_H}{C_L}$$

为迅速达到有效水平,人们可以实施一种"装填"服药以产生每毫升 C_H 毫克的浓度. 为此可以每过 t_0 小时服药以使浓度升高每毫升 $C_0 = C_H - C_L$ 毫克.

(a) 验证前面对于 t_0 的等式.

(b) 如果 $k = 0.05$ 小时$^{-1}$,并且最高安全浓度是最低有效浓度的 e 倍,求保证安全和有效浓度的两次服药之间的时间间隔.

(c) **为学而写** 给定 $C_H = 2$ 毫克/毫升, $C_L = 0.5$ 毫克/毫升, $k = 0.02$ 小时$^{-1}$,确定实施麻醉的方案.

(d) 假定 $k = 0.2$ 小时$^{-1}$,而最小有效浓度是 0.03 毫克/毫升. 服了一种麻醉药达到 0.1 毫克/毫升的浓度. 麻醉药保持大约多长时间有效?

39. **无穷乘积** 无穷乘积
$$\prod_{n=1}^{\infty} (1 + a_n) = (1 + a_1)(1 + a_2)(1 + a_3) \cdots$$
是收敛的,如果取乘积的自然对数得到的级数 $\sum_{n=1}^{\infty} \ln(1 + a_n)$ 收敛. 证明:如果对每个 n 有 $a_n > -1$ 并且 $\sum_{n=1}^{\infty} |a_n|$ 收敛,则乘积收敛. (提示:证明当 $|a_n| < 1/2$ 时
$$|\ln(1 + a_n)| \leq \frac{|a_n|}{1 - |a_n|} \leq 2|a_n|.$$

40. **广义对数 p - 级数** 若 p 是一个常数,证明级数 $1 + \sum_{n=3}^{\infty} \frac{1}{n \cdot \ln n \cdot [\ln(\ln n)]^p}$

(a) 当 $p > 1$ 时收敛.   (b) 当 $p \leq 1$ 时发散.

一般地,若 $f_1(x) = x, f_{n+1}(x) = \ln(f_n(x))$,而 n 取值 1,2,3,$\cdots$,我们求得 $f_2(x) = \ln x, f_3(x) = \ln(\ln x)$,等等. 若 $f_n(a) > 1$,则 $\int_a^{\infty} \frac{\mathrm{d}x}{f_1(x) f_2(x) \cdots f_n(x) (f_{n+1}(x))^p}$ 当 $p > 1$ 时收敛,而当 $p \leq 1$ 时发散.

9 平面向量和极坐标函数

概述 当一个物体在 xy 平面漫游时,参数方程 $x = f(t)$ 和 $y = g(t)$ 可以用来作为物体的运动和路径模型. 在这一章,我们引进参数方程的向量形式,用它我们可以描述运动物体的位置的轨迹,计算它的速度和加速度的大小和方向,并且预知作用在它上面的力的影响.

向量函数的一个主要作用是分析空间运动. 行星运动最好用极坐标描述(牛顿的另一发现,虽然由于 J. 伯努利首先发表而通常享有这一荣誉),因此我们在这一新坐标系内研究曲线、导数和积分.

CD-ROM
WEBsite
历史传记
Jakob Bernoulli
(1654 — 1705)

9.1 平面向量

分量形式 • 零向量和单位向量 • 向量的代数运算 • 标准单位向量 • 长度和方向 • 切线和法线

我们测量的某些事物由其大小确定. 举例来说,为记录质量,长度,或时间,我们只需记下一个数和和一个合适的测量单位的名称. 这些是数量,而相关的实数是**标量**. 而为了描述诸如力,位移,或速度则需要更多的信息. 为描述一个力,我们需要记录力作用的方向以及有多大. 为描述物体的位移,我们必须说它在什么方向运动,以及走多远. 为描述物体的速度,我们必须知道物体朝向哪里,以及走多快.

分量形式

像力,位移,或速度这些量用**有向线段表示**(图 9.1). 箭形指向作用方向,而其长度借助适当的单位给出大小. 比如,力向量指向它作用的方向,而它的长度是它的强度的测量;一个速度向量指向运动方向而其长度是运动物体的速率. (我们在 9.3 和 9.4 节将更多谈及力和速度.)

有向线段 $\overrightarrow{AB}$ 有**起点** A 和**终点** B;它的**长度**用 $|\overrightarrow{AB}|$ 表示. 有

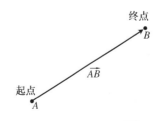

图 9.1 有向线段 $\overrightarrow{AB}$

向线段**相等**,若它们的长度相同且方向相同.

> **定义向量,相等向量**
> 平面上的一个向量是有向线段.两个向量是**相等**(或相同)的,如果它们有相同的长度和方向.

这样,我们画向量时用的带箭头的线段应被理解为表示同一个向量,如果它们有同一个长度,并且指向同一方向(图 9.2).

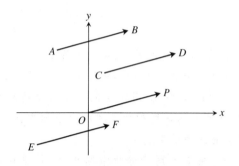

图 9.2 这里画的四个箭形(有向线段)有同一长度和方向.因此它们表示同一向量,并写成 $\overrightarrow{AB} = \overrightarrow{CD} = \overrightarrow{OP} = \overrightarrow{EF}$

在教科书中,向量通常用黑体小写字母表示,比如 **u**, **v**, **w**. 有时用大写黑体字母如 **F** 表示力向量. 在手写形式,通常在字母上方画一个小箭形,例如 $\vec{u}, \vec{v}, \vec{w}$ 和 $\vec{F}$.

例 1(证明向量相等) 令 $A = (0,0), B = (3,4), C = (-4,2)$ 和 $D = (-1,6)$. 证明向量 **u** $= \overrightarrow{AB}$ 和 **v** $= \overrightarrow{CD}$ 相等.

解 我们需要证明 **u** 和 **v** 有同一长度和同一方向(图 9.3). 我们用距离公式求它们的长度.

$$|\mathbf{u}| = |\overrightarrow{AB}| = \sqrt{(3-0)^2 + (4-0)^2} = 5$$
$$|\mathbf{v}| = |\overrightarrow{CD}| = \sqrt{(-1-(-4))^2 + (6-2)^2} = 5$$

再计算两个线段的斜率

$$\overrightarrow{AB} \text{ 的斜率} = \frac{4-0}{3-0} = \frac{4}{3},$$

$$\overrightarrow{CD} \text{ 的斜率} = \frac{6-2}{-1-(-4)} = \frac{4}{3}$$

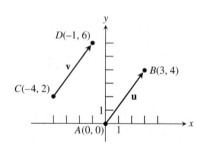

图 9.3 两个相等的向量,它们有相同的长度和方向.(例 1)

因为两个线段平行并且都指向右上方,所以它们有相同的方向. 因为 **u** 和 **v** 有相同的长度和方向,所以 **u** = **v**.

设 **v** $= \overrightarrow{PQ}$. 有一个等于 $\overrightarrow{PQ}$ 的有向线段,其起点在原点(图 9.4). 它是 **v** 的**标准位置**,并且通常用它表示为 **v**(图 9.4).

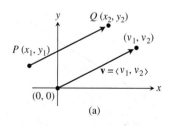
(a)

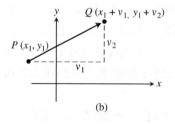
(b)

图 9.4 (a) 一个向量的标准位置是起点在原点. (b) 点 Q 的坐标满足 $x_2 = x_1 + v_1$ 和 $y_2 = y_1 + v_2$.

9.1 平面向量

CD-ROM
WEBsite
历史传记

William Rowan Hamilton
(1805 — 1865)

定义 向量的分量形式
如果平面上的一个向量 **v** 等于起点在原点$(0,0)$终点在(v_1,v_2)的向量,则 **v** 的**分量形式**是
$$\mathbf{v} = \langle v_1, v_2 \rangle.$$

这样,一个平面向量也就是实数的有序对$\langle v_1, v_2 \rangle$. 数 v_1 和 v_2 是 **v** 的**分量**. 向量$\langle v_1, v_2 \rangle$称为点(v_1, v_2)的**位置向量**.

注意:如果 $\mathbf{v} = \langle v_1, v_2 \rangle$ 用有向线段$\overrightarrow{PQ}$表示,起点是$P(x_1, y_1)$,终点是$Q(x_2, y_2)$,则 $x_1 + v_1 = x_2$ 和 $y_1 + v_2 = y_2$(图 9.4),于是 $v_1 = x_2 - x_1$ 和 $v_2 = y_2 - y_1$ 是$\overrightarrow{PQ}$的分量. 总结得

给定点 $P(x_1, y_1)$ 和 $Q(x_2, y_2)$,则等于$\overrightarrow{PQ}$的位置向量 $\mathbf{v} = \langle v_1, v_2 \rangle$ 是
$$\mathbf{v} = \langle x_2 - x_1, y_2 - y_1 \rangle.$$

两个向量$\langle a, b \rangle$和$\langle c, d \rangle$相等当且仅当 $a = c$ 和 $b = d$,于是$\langle v_1, v_2 \rangle = \langle x_2 - x_1, y_2 - y_1 \rangle$.

向量$\overrightarrow{PQ}$的**长度**或**大小**是其彼此相等的有向线段表示中的任一个的长度. 特别地,若 $\mathbf{v} = \langle x_2 - x_1, y_2 - y_1 \rangle$ 是$\overrightarrow{PQ}$的位置向量(图 9.4),则距离公式给出 **v** 的长度,表示成 $|\mathbf{v}|$ 或 $\|\mathbf{v}\|$.

向量$\overrightarrow{PQ}$的**长度**或**大小**是
$$|\mathbf{v}| = \sqrt{v_1^2 + v_2^2} = \sqrt{(x_2 - x_1)^2 + (y_2 - y_1)^2}$$
(图 9.4).

例 2(求分量形式和一个向量的长度) 求起点为 $P = (-3, 4)$ 终点为 $Q = (-5, 2)$ 的向量的(a) 分量形式和(b) 向量长度.

解 (a) 表示$\overrightarrow{PQ}$的位置向量有分量 $v_1 = x_2 - x_1 = (-5) - (-3) = -2$ 和 $v_2 = y_2 - y_1 = 2 - 4 = -2$(图 9.5). $\overrightarrow{PQ}$的分量形式是
$$\mathbf{v} = \langle -2, 2 \rangle.$$

(b) $\overrightarrow{PQ}$的长度是
$$|\mathbf{v}| = \sqrt{(-2)^2 + (-2)^2} = 2\sqrt{2}.$$

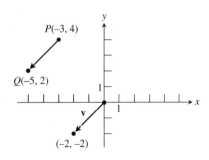

图 9.5 向量 $\overrightarrow{PQ}$ 等于位置向量 $v = \langle -2, -2 \rangle$. (例 2)

例 3(使小车运动的力) 20 磅的力拉一个小车沿光滑的水平地板行进,力同地板形成45°角(图 9.6). 使小车向前的有效力是多少?

解 有效力是 $\mathbf{F} = \langle a,b \rangle$ 的由下式给出的水平分量

$$a = |\mathbf{F}|\cos 45° = (20)\left(\frac{\sqrt{2}}{2}\right) \approx 14.14 \text{ lb.}$$

零向量和单位向量

长度为零的唯一向量是**零向量**

$$\mathbf{0} = \langle 0,0 \rangle.$$

零向量也是唯一没有确定方向的向量.

任何长度为 1 的向量 $\mathbf{v}$ 是**单位向量**. 若 $\mathbf{v} = \langle v_1, v_2 \rangle$ 与正 x 轴形成角 θ,则

$$v_1 = |\mathbf{v}|\cos \theta = \cos \theta$$
$$v_2 = |\mathbf{v}|\sin \theta = \sin \theta$$
$$|\mathbf{v}| = 1$$

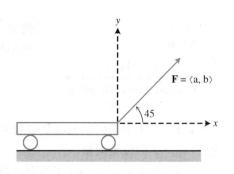

图 9.6 以 20 磅的力 $\mathbf{F}$ 沿 45° 角拉动小车示意图. (例 3)

(图 9.7). 概括之,

与正 x 轴形成角 θ 的单位向量 $\mathbf{v}$ 表示为

$$\mathbf{v} = \langle \cos \theta, \sin \theta \rangle$$

当 θ 从 0 变到 2π 时,单位向量取遍所有可能的方向,并且其终点反时针方向描绘出单位圆.

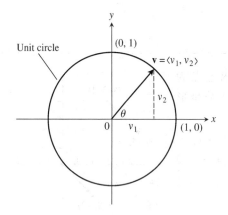

图 9.7 单位向量 $\mathbf{v} = \langle v_1, v_2 \rangle$ 长度为 1,于是 $v_1 = \cos \theta$ 和 $v_2 = \sin \theta$,θ 是 $\mathbf{v}$ 同正 x 轴形成的角. 当 θ 从 0 变到 2π 时,$\mathbf{v}$ 的终点描出单位圆.

向量的代数运算

涉及向量的两个主要运算是**向量加法**和**数乘**.

定义　向量加法和向量与数的乘法

设 $\mathbf{u} = \langle u_1, u_2 \rangle$, $\mathbf{v} = \langle v_1, v_2 \rangle$ 是向量而 k 是一个数(实数).

加法: $\mathbf{u} + \mathbf{v} = \langle u_1, u_2 \rangle + \langle v_1, v_2 \rangle = \langle u_1 + v_1, u_2 + v_2 \rangle$

数乘: $k\mathbf{u} = \langle ku_1, ku_2 \rangle$

向量加法的定义几何地图示在图 9.8(a),图中,一个向量的起点置于另一个向量的终点. 另一种表示画在图 9.8(b)(称为加法的**平行四边形定律**),其中的和称为**合成向量**,是平行四边形的对角线. 在物理学中,力,以及速度,加速度等等都按向量的方式相加.

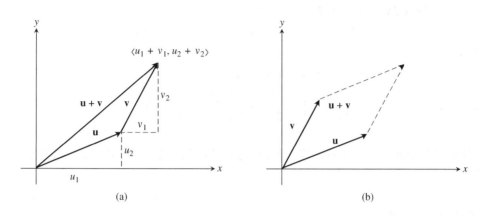

图 9.8 (a) 向量加法的几何解释; (b) 向量加法的平行四边形定律.

一个数 k 和向量 **u** 的乘积的几何解释显示在图 9.9 中. 首先,若 $k > 0$,则 $k\mathbf{u}$ 与 **u** 有相同的方向;若 $k < 0$,则 $k\mathbf{u}$ 与 **u** 有相反的方向. 比较 $\mathbf{u} = \langle u_1, u_2 \rangle$ 和 $k\mathbf{u}$ 的长度,我们看到

$$|k\mathbf{u}| = \sqrt{(ku_1)^2 + (ku_2)^2} = \sqrt{k^2(u_1^2 + u_2^2)}$$
$$= \sqrt{k^2}\sqrt{u_1^2 + u_2^2} = |k||\mathbf{u}|,$$

即 $k\mathbf{u}$ 的长度是数 k 与 **u** 的长度的乘积的绝对值. 特别说来,向量 $(-1)\mathbf{u} = -\mathbf{u}$ 和 **u** 有相同的长度但指向相反的方向.

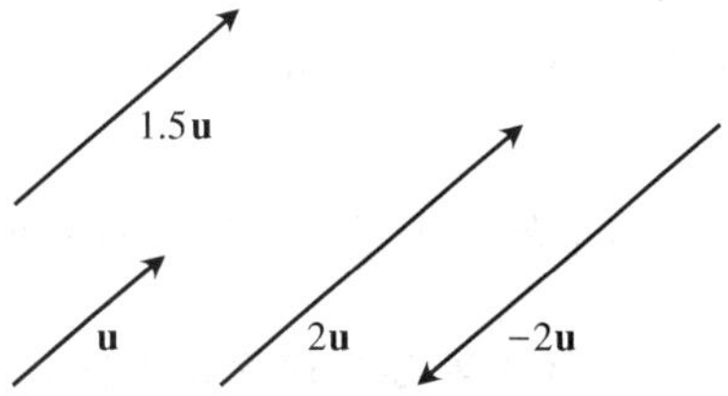

图 9.9 **u** 的数量倍数.

两个向量的**差 u − v** 的意义是

$$\mathbf{u} - \mathbf{v} = \mathbf{u} + (-\mathbf{v}).$$

若 $\mathbf{u} = \langle u_1, u_2 \rangle$ 且 $\mathbf{v} = \langle v_1, v_2 \rangle$,则

$$\mathbf{u} - \mathbf{v} = \langle u_1 - v_1, u_2 - v_2 \rangle.$$

注意 $(\mathbf{u} - \mathbf{v}) + \mathbf{v} = \mathbf{u}$,于是向量 $(\mathbf{u} - \mathbf{v})$ 与 **v** 相加得 **u**(图 9.10a). 图 9.10b 指出 $\mathbf{u} - \mathbf{v}$ 是和 $\mathbf{u} + (-\mathbf{v})$.

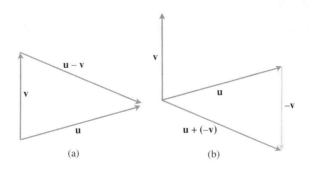

图 9.10 (a) 向量 **u − v** 加上 **v** 得 **u**; (b) $\mathbf{u} - \mathbf{v} = \mathbf{u} + (-\mathbf{v})$

例 4（对向量进行运算） 令 $\mathbf{u} = \langle -1, 3 \rangle$ 和 $\mathbf{v} = \langle 4, 7 \rangle$. 求

(a) $2\mathbf{u} + 3\mathbf{v}$ (b) $\mathbf{u} - \mathbf{v}$ (c) $\left| \frac{1}{2}\mathbf{u} \right|$.

解 (a) $2\mathbf{u} + 3\mathbf{v} = 2\langle -1, 3 \rangle + 3\langle 4, 7 \rangle$
$= \langle 2(-1) + 3(4), 2(3) + 3(7) \rangle = \langle 10, 27 \rangle$

(b) $\mathbf{u} - \mathbf{v} = \langle -1, 3 \rangle - \langle 4, 7 \rangle$
$= \langle -1 - 4, 3 - 7 \rangle = \langle -5, -4 \rangle$

(c) $\left| \frac{1}{2}\mathbf{u} \right| = \left| \left\langle -\frac{1}{2}, \frac{3}{2} \right\rangle \right| = \sqrt{\left(-\frac{1}{2}\right)^2 + \left(\frac{3}{2}\right)^2} = \frac{1}{2}\sqrt{10}$

向量运算具有通常算术运算的许多性质. 这些性质用向量加法和数乘的定义可以验证其正确性.

向量运算的性质

设 $\mathbf{u}, \mathbf{v}, \mathbf{w}$ 是向量而 a, b 是数.

1. $\mathbf{u} + \mathbf{v} = \mathbf{v} + \mathbf{u}$
2. $(\mathbf{u} + \mathbf{v}) + \mathbf{w} = \mathbf{u} + (\mathbf{v} + \mathbf{w})$
3. $\mathbf{u} + \mathbf{0} = \mathbf{u}$
4. $\mathbf{u} + (-\mathbf{u}) = \mathbf{0}$
5. $0\mathbf{u} = \mathbf{0}$
6. $1\mathbf{u} = \mathbf{u}$
7. $a(b\mathbf{u}) = (ab)\mathbf{u}$
8. $a(\mathbf{u} + \mathbf{v}) = a\mathbf{u} + a\mathbf{v}$
9. $(a + b)\mathbf{u} = a\mathbf{u} + b\mathbf{u}$

向量的一个重要应用出现在航行中.

例 5（求着陆的速率和方向） 一架波音 727 飞机在空中以每小时 500 英里的速率向东飞行, 遇到以每小时 70 英里的速率的东北方向 60° 的风. 飞机保持它的罗盘朝东, 但由于风吹, 它得到新的相对地面的速率和方向. 它们是什么?

解 若 $\mathbf{u}$ 是飞机的速度, 而 $\mathbf{v}$ 是风的速度, 那么 $|\mathbf{u}| = 500$ 而 $|\mathbf{v}| = 70$ (图 9.11). 我们需要求合成向量的大小和方向. 若令正 x 轴代表东而正 y 轴代表北, 则 $\mathbf{u}$ 和 $\mathbf{v}$ 的分量是

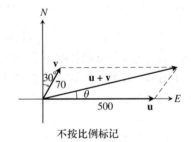

图 9.11 向量表示例 5 中飞机和风的速度.

$$\mathbf{u} = \langle 500, 0 \rangle \quad 和 \quad \mathbf{v} = \langle 70\cos 60°, 70\sin 60° \rangle = \langle 35, 35\sqrt{3} \rangle.$$

因此

$$\mathbf{u} + \mathbf{v} = \langle 535, 35\sqrt{3} \rangle$$

$$|\mathbf{u} + \mathbf{v}| = \sqrt{535^2 + (35\sqrt{3})^2} \approx 538.4$$

且

$$\theta = \tan^{-1}\frac{35\sqrt{3}}{535} \approx 6.5°.$$

解释 新的地面速率大约是 538.4 英里/小时, 而它的新方向大约是东北 6.5°.

标准单位向量

任何平面向量 $\mathbf{v} = \langle a,b \rangle$ 可以写成**标准单位向量**
$$\mathbf{i} = \langle 1,0 \rangle \quad 和 \quad \mathbf{j} = \langle 0,1 \rangle$$
如下的线性组合
$$\mathbf{v} = \langle a,b \rangle = \langle a,0 \rangle + \langle 0,b \rangle = a\langle 1,0 \rangle + b\langle 0,1 \rangle$$
$$= a\mathbf{i} + b\mathbf{j}.$$

向量 $\mathbf{v}$ 是向量 $\mathbf{i}$ 和 $\mathbf{j}$ 的线性组合;数 a 是 $\mathbf{v}$ 的**水平分量**或 $\mathbf{i}$ **分量**,而数 b 是 $\mathbf{v}$ 的**垂直分量**或 $\mathbf{j}$ **分量**。一个非竖直向量 $\mathbf{v}$ 的斜率等于平行于它的直线的斜率. 于是, 若 $a \neq 0$, 则向量 $\mathbf{v}$ 有斜率 b/a (图 9.12).

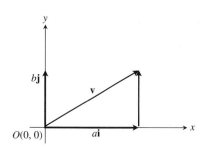

图 9.12 $\mathbf{v}$ 是 $\mathbf{i}$ 和 $\mathbf{j}$ 的线性组合.

例 6(把向量表示为 $\mathbf{i}$ 和 $\mathbf{j}$ 的线性组合) 设 $P = (-1,5)$ 和 $Q = (3,2)$. 把向量 $\mathbf{v} = \overrightarrow{PQ}$ 写成 $\mathbf{i}$ 和 $\mathbf{j}$ 的线性组合, 并求它的斜率.

解 $\mathbf{v}$ 的分量形式是 $\langle 3-(-1), 2-5 \rangle = \langle 4, -3 \rangle$. 于是
$$\mathbf{v} = \langle 4, -3 \rangle = 4\mathbf{i} + (-3)\mathbf{j} = 4\mathbf{i} - 3\mathbf{j}.$$

$\mathbf{v}$ 的斜率是 $-3/4$.

CD-ROM
WEBsite
历史传记
Hermann Grassmann
(1809 — 1877)

长度和方向

在研究运动时,经常想要知道一个物体朝什么方向和它运行有多快.

例 7(把向量表示成速率乘方向) 设 $\mathbf{v} = 3\mathbf{i} - 4\mathbf{j}$ 是一个速度向量, 把 $\mathbf{v}$ 表示成它的速率乘一个在此运动方向的单位向量.

解 速率是 $\mathbf{v}$ 的大小(长度):
$$|\mathbf{v}| = \sqrt{(3)^2 + (-4)^2} = \sqrt{9+16} = 5.$$
向量 $\mathbf{v}/|\mathbf{v}|$ 跟 $\mathbf{v}$ 有同一方向:
$$\frac{\mathbf{v}}{|\mathbf{v}|} = \frac{3\mathbf{i} - 4\mathbf{j}}{5} = \frac{3}{5}\mathbf{i} - \frac{4}{5}\mathbf{j}.$$
此外, $\mathbf{v}/|\mathbf{v}|$ 是一个单位向量:
$$\left|\frac{\mathbf{v}}{|\mathbf{v}|}\right| = \sqrt{\left(\frac{3}{5}\right)^2 + \left(-\frac{4}{5}\right)^2} = \sqrt{\frac{9}{25} + \frac{16}{25}} = 1.$$
于是
$$\mathbf{v} = 3\mathbf{i} - 4\mathbf{j} = \underbrace{5}_{\text{长度(速率)}} \underbrace{\left(\frac{3}{5}\mathbf{i} - \frac{4}{5}\mathbf{j}\right)}_{\text{运动方向}}.$$

一般地,若 $\mathbf{v} \neq \mathbf{0}$, 则 $|\mathbf{v}|$ 非零, 并且
$$\left|\frac{1}{|\mathbf{v}|}\mathbf{v}\right| = \frac{1}{|\mathbf{v}|}|\mathbf{v}| = 1.$$

即 $\mathbf{v}/|\mathbf{v}|$ 是一个和 $\mathbf{v}$ 同方向的单位向量.因此我们可以写成 $\mathbf{v} = |\mathbf{v}|(\mathbf{v}/|\mathbf{v}|)$,从而就可以借助 $\mathbf{v}$ 的长度和方向这两个重要特征表示 $\mathbf{v}$.

若 $\mathbf{v} \neq \mathbf{0}$,则

1. $\dfrac{\mathbf{v}}{|\mathbf{v}|}$ 是一个和 $\mathbf{v}$ 同方向的单位向量;

2. 等式 $\mathbf{v} = |\mathbf{v}|\dfrac{\mathbf{v}}{|\mathbf{v}|}$ 借助 $\mathbf{v}$ 的长度和方向表示 $\mathbf{v}$.

单位向量 $\mathbf{v}/|\mathbf{v}|$ 称为 $\mathbf{v}$ 的**方向**.这样,$\mathbf{v} = 5((3/5)\mathbf{i} - (4/5)\mathbf{j})$ 把例 7 中的速度向量表示为它的速率和方向的乘积.

切线和法线

当一个物体沿平面(或空间)内的一个路径运动时,它的速度是路径的一个切向量.并且,如果物体加快或减慢,就有力作用在切方向和与之垂直的方向.(我们将在 9.3 节研究沿平面路径的运动.)

一个向量是一条曲线在一个点 P 的**切向量**或**法向量**,如果它分别平行或垂直于曲线在点 P 的切线.例 8 说明了怎样求平面可微曲线 $f(x)$ 这样的向量.

例 8(求曲线的切向量和法向量) 一物体沿曲线

$$y = \frac{x^3}{2} + \frac{1}{2}$$

运动.求曲线在点 (1,1) 的切向量和法向量的单位向量.

解 见图 9.13,曲线在 (1,1) 的切线的斜率是

$$y' = \frac{3x^2}{2}\bigg|_{x=1} = \frac{3}{2}.$$

我们求一个有这个斜率的单位向量.向量 $\mathbf{v} = 2\mathbf{i} + 3\mathbf{j}$ 及 $\mathbf{v}$ 的非零倍数有斜率 3/2.为使 $\mathbf{v}$ 的一个非零倍数是单位向量,我们把 $\mathbf{v}$ 除以

$$|\mathbf{v}| = \sqrt{2^2 + 3^2} = \sqrt{13},$$

得到

$$\mathbf{u} = \frac{\mathbf{v}}{|\mathbf{v}|} = \frac{2}{\sqrt{13}}\mathbf{i} + \frac{3}{\sqrt{13}}\mathbf{j}.$$

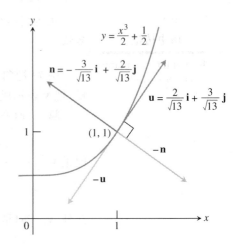

图 9.13 曲线 $y = (x^3/2) + 1/2$ 在点 (1,1) 的切向量和法向量.(例 8)

向量 $\mathbf{u}$ 是曲线在点 (1,1) 的切向量,这是因为它和 $\mathbf{v}$ 有同样的方向.自然,

$$-\mathbf{u} = -\frac{2}{\sqrt{13}}\mathbf{i} - \frac{3}{\sqrt{13}}\mathbf{j},$$

指向相反方向,也是曲线在点 (1,1) 的的切向量.没有附加要求(比如指定运动的方向),没有理由更倾向于这两个向量中的哪一个.

为求曲线在点(1,1)的法向量,我们求一个单位向量,其斜率与 **u** 的斜率呈负倒数.交换 **u** 的两个数值分量,并将其中的一个改变符号就很快做到这一点.由此我们得到

$$\mathbf{n} = -\frac{3}{\sqrt{13}}\mathbf{i} + \frac{2}{\sqrt{13}}\mathbf{j} \quad 和 \quad -\mathbf{n} = \frac{3}{\sqrt{13}}\mathbf{i} - \frac{2}{\sqrt{13}}\mathbf{j}.$$

又一次,两个向量都符合要求.两个向量方向相反但都是曲线在(1,1)的法向量.(见图9.13)

习题 9.1

分量形式

在题 1–8 中,令 $\mathbf{u} = \langle 3, -2 \rangle$ 和 $\mathbf{v} = \langle -2, 5 \rangle$.求(**a**)分量形式和(**b**)向量的大小(长度).

1. $3\mathbf{u}$
2. $-2\mathbf{v}$
3. $\mathbf{u} + \mathbf{v}$
4. $\mathbf{u} - \mathbf{v}$
5. $2\mathbf{u} - 3\mathbf{v}$
6. $-2\mathbf{u} + 5\mathbf{v}$
7. $\frac{3}{5}\mathbf{u} + \frac{4}{5}\mathbf{v}$
8. $-\frac{5}{13}\mathbf{u} + \frac{12}{13}\mathbf{u}$

在题 9–16 中,求向量的分量形式.

9. 向量 $\overrightarrow{PQ}$,其中 $P = (1,3)$ 和 $Q = (2,-1)$.
10. 向量 $\overrightarrow{OP}$,其中 O 是原点,而 P 是线段 RS 的中点,其中 $R = (2,-1)$ 和 $S = (-4,3)$.
11. 从点 $A = (2,3)$ 到原点的向量.
12. $\overrightarrow{AB}$ 和 $\overrightarrow{CD}$ 之和,其中 $A = (1,-1), B = (2,0), C = (-1,3)$ 和 $D = (-2,2)$.
13. 同正 x 轴成角 $\theta = 2\pi/3$ 的单位向量.
14. 同正 x 轴成角 $\theta = -3\pi/4$ 的单位向量.
15. 向量 $\langle 1,0 \rangle$ 绕原点逆时针旋转 $120°$ 所得的向量.
16. 向量 $\langle 0,1 \rangle$ 绕原点逆时针旋转 $135°$ 所得的向量.

几何和计算

在题 17 和 18 中,以所需要的首尾衔接的方式复制向量 **u**, **v** 和 **w**,以便绘出指定的向量.

17. (a) $\mathbf{u} + \mathbf{v}$ (b) $\mathbf{u} + \mathbf{v} + \mathbf{w}$ (c) $\mathbf{u} - \mathbf{v}$ (d) $\mathbf{u} - \mathbf{w}$
18. (a) $\mathbf{u} - \mathbf{v}$ (b) $\mathbf{u} - \mathbf{v} + \mathbf{w}$ (c) $2\mathbf{u} - \mathbf{v}$ (d) $\mathbf{u} + \mathbf{v} + \mathbf{w}$

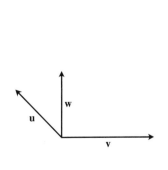

第 17 题图

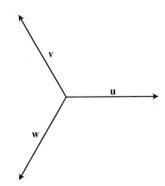

第 18 题图

使用线性组合

把题 19 – 24 中的向量表示成 $a\mathbf{i} + b\mathbf{j}$ 的形式,并用以原点为起点的箭形绘出它们.

19. $\overrightarrow{P_1P_2}$,P_1 是点 $(5,7)$ 而 P_2 是点 $(2,9)$.
20. $\overrightarrow{P_1P_2}$,P_1 是点 $(1,2)$ 而 P_2 是点 $(-3,5)$.
21. $\overrightarrow{AB}$,A 是点 $(-5,3)$ 而 B 是点 $(-10,8)$.
22. $\overrightarrow{AB}$,A 是点 $(-7,-8)$ 而 B 是点 $(6,11)$.
23. $\overrightarrow{P_1P_2}$,P_1 是点 $(1,3)$ 而 P_2 是点 $(2,-1)$.
24. $\overrightarrow{P_3P_4}$,P_3 是点 $(1,3)$ 而 P_4 是连结点 $P_1(2,-1)$ 和点 $P_2(-4,3)$ 的线段 P_1P_2 的中点.

单位向量

绘出题 25 – 28 中的向量并把每个向量表示成 $a\mathbf{i} + b\mathbf{j}$ 的形式.

25. 单位向量 $\mathbf{u} = (\cos\theta)\mathbf{i} + (\sin\theta)\mathbf{j}$,其中 $\theta = \pi/6$ 和 $\theta = 2\pi/3$,在你的图中要包含圆周 $x^2 + y^2 = 1$.
26. 单位向量 $\mathbf{u} = (\cos\theta)\mathbf{i} + (\sin\theta)\mathbf{j}$,其中 $\theta = -\pi/4$ 和 $\theta = -3\pi/4$,在你的图中要包含圆周 $x^2 + y^2 = 1$.
27. $\mathbf{j}$ 绕原点逆时针旋转 $3\pi/4$ 弧度得到的单位向量.
28. $\mathbf{j}$ 绕原点逆时针旋转 $2\pi/3$ 弧度得到的单位向量.

在题 29 – 32 中,求跟给定向量方向相同的单位向量.

29. $\langle 3,4 \rangle$ 30. $\langle 4,-3 \rangle$
31. $\langle -15,8 \rangle$ 32. $\langle -5,-2 \rangle$

对习题 33 和 34 的向量求与之方向相同的向量 $\mathbf{u} = (\cos\theta)\mathbf{i} + (\sin\theta)\mathbf{j}$.

33. $6\mathbf{i} - 8\mathbf{j}$ 34. $-\mathbf{i} + 3\mathbf{j}$

长度和方向

在题 35 和 36 中,把每个向量表示成它的长度和方向的乘积.

35. $5\mathbf{i} + 12\mathbf{j}$ 36. $2\mathbf{i} - 3\mathbf{j}$
37. 求与向量 $3\mathbf{i} - 4\mathbf{j}$ 平行的单位向量(共有两个向量)
38. 求长度为 2 的与向量 $-\mathbf{i} + 2\mathbf{j}$ 反向的向量. 这样的向量有多少?

切向量和法向量

在题 39 – 42 中,求曲线在给定点的单位切向量和法向量(共有四个向量). 然后把向量和曲线绘在一起.

39. $y = x^2$, $(2,4)$ 40. $x^2 + 2y^2 = 6$, $(2,1)$
41. $y = \tan^{-1}x$, $(1,\pi/4)$ 42. $y = \sum_{n=0}^{\infty} \frac{x^n}{n!}$, $(0,1)$

在题 43 – 46 中,求曲线在给定点的单位切向量和法向量(共有四个向量).

43. $3x^2 + 8xy + 2y^2 - 3 = 0$, $(1,0)$ 44. $x^2 - 6xy + 8y^2 - 2x - 1 = 0$, $(1,1)$
45. $y = \int_0^x \sqrt{3 + t^4}\,dt$, $(0,0)$ 46. $y = \int_e^x \ln(\ln t)\,dt$, $(e,0)$

理论和应用

47. **线性组合** 设 $\mathbf{u} = 2\mathbf{i} + \mathbf{j}$,$\mathbf{v} = \mathbf{i} + \mathbf{j}$ 和 $\mathbf{w} = \mathbf{i} - \mathbf{j}$. 求数 a 和 b,使得 $\mathbf{u} = a\mathbf{v} + b\mathbf{w}$.
48. **线性组合** 设 $\mathbf{u} = \mathbf{i} - 2\mathbf{j}$,$\mathbf{v} = 2\mathbf{i} + 3\mathbf{j}$ 和 $\mathbf{w} = \mathbf{i} + \mathbf{j}$. 写出 $\mathbf{u} = \mathbf{u}_1 + \mathbf{u}_2$,其中 $\mathbf{u}_1$ 平行于 $\mathbf{v}$,而 $\mathbf{u}_2$ 平行于 $\mathbf{w}$.

（见习题 47.）

49. **力向量** 你用力 **F** 拉一个箱子（见下图），其大小为 10 磅. 求 **F** 的 **i** 分量和 **j** 分量.

第 49 题图

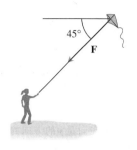

第 50 题图

50. **力向量** 风筝线以 12 磅（|**F**| = 12）的力拉着风筝，该力和水平线成 45° 的角. 求 **F** 的水平分量和垂直分量.

51. **速度** 一架飞机以 800 公里／小时的速度沿西北 25° 的方向飞行. 求飞机速度的分量形式，设正 x 轴表示东而正 y 轴表示北.

52. **速度** 一架飞机以 600 公里／小时的速度沿东南 10° 的方向飞行. 求飞机速度的分量形式，设正 x 轴表示东而正 y 轴表示北.

53. **位置** 一只鸟从其巢沿东北方向 60° 飞行 5 公里，停在一棵树上休息. 然后它沿东南方向方向 10 公里，再落在电线杆上. 设置一个 xy 坐标系，使原点在鸟巢，x 轴指向东，y 轴指向北.
    (a) 树位于哪一点？　　　　(b) 电线杆位于哪一点？

54. **位置** 一只鸟从其巢沿东北方向 60° 飞行 7 公里，停在一棵树上休息. 然后它沿西南方向 30° 飞行 18 公里，再落在电线杆上. 设置一个 xy 坐标系，使原点在鸟巢，x 轴指向东，y 轴指向北.
    (a) 树位于哪一点？　　　　(b) 电线杆位于哪一点？

9.2　点　积

向量间的夹角 • 点积法则 • 垂直（正交）向量 • 向量投影 • 功 • 把一个向量写成正交向量的和

如果一个力 **F** 作用在沿一个路径运动的质点上，我们经常需要知道力在运动方向的大小. 若 **v** 平行于路径在 **F** 的作用点的切线，则我们想求 **F** 在 **v** 的方向的大小. 图 9.14 显示我们要计算的数量是长度 |**F**|cos θ，这里 θ 是两个向量 **F** 和 **v** 间的夹角.

在这一节，我们将学习怎样方便地通过它们的分量计算两个向量的夹角. 计算的一个关键是称为点积的表达式. 点积也叫作数量积，这是因为乘积的结果是一个数，而不是向量. 在研究点积之后我们用它求一个向量在另一个向量上的投影（见图 9.14）和求一个常作用力经过一个位移所做的功.

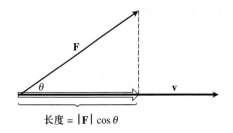 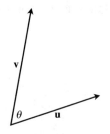

图 9.14 力 F 在向量 v 的方向的大小是 F 在 v 上的投影的长度 $|F|\cos\theta$

图 9.15 u 和 v 之间的夹角.

向量间的夹角

当两个向量 u 和 v 的起点重合,它们形成一个大小为 θ 的角(图 9.15). 这个角是 u 和 v 之间的**夹角**.

定理 1 给了我们一个用以确定两个向量夹角的公式.

定理 1 两个向量之间的夹角

两个非零向量 $\mathbf{u} = \langle u_1, u_2 \rangle$ 和 $\mathbf{v} = \langle v_1, v_2 \rangle$ 的夹角由

$$\theta = \cos^{-1}\frac{u_1v_1 + u_2v_2}{|\mathbf{u}||\mathbf{v}|}.$$

给出.

在证明定理 1(它是余弦定律的推论)之前,让我们聚焦于计算 θ 的表达式

$$u_1v_1 + u_2v_2.$$

定义 点积(内积)

向量 $\mathbf{u} = \langle u_1, u_2 \rangle$ 和 $\mathbf{v} = \langle v_1, v_2 \rangle$ 的**点积**(或**内积**)("u 点 v")是数

$$\mathbf{u} \cdot \mathbf{v} = u_1v_1 + u_2v_2.$$

例 1 求点积

(a) $\langle 1, -2 \rangle \cdot \langle -6, 2 \rangle = (1)(-6) + (-2)(2) = -6 - 4 = -10$

(b) $\left(\frac{1}{2}\mathbf{i} + 3\mathbf{j}\right) \cdot (4\mathbf{i} - \mathbf{j}) = \left(\frac{1}{2}\right)(4) + (3)(-1) = 2 - 3 = -1$

我们可以用点积重写定理 1 中的求向量夹角的公式.

推论 两个向量之间的夹角

非零向量 u 和 v 的夹角是

$$\theta = \cos^{-1}\left(\frac{\mathbf{u} \cdot \mathbf{v}}{|\mathbf{u}||\mathbf{v}|}\right).$$

例2(求一个三角形的角) 求由顶点 $A=(0,0)$, $B=(3,5)$ 和 $C=(5,2)$ 确定的三角形 ABC 的角 θ(图9.16).

解 角 θ 是向量 $\overrightarrow{CA}$ 和 $\overrightarrow{CB}$ 之间的夹角. 这两个向量的分量形式是

$$\overrightarrow{CA} = \langle -5, -2 \rangle \quad \text{和} \quad \overrightarrow{CB} = \langle -2, 3 \rangle.$$

我们首先计算点积和两个向量的大小.

$$\overrightarrow{CA} \cdot \overrightarrow{CB} = (-5)(-2) + (-2)(3) = 4$$

$$|\overrightarrow{CA}| = \sqrt{(-5)^2 + (-2)^2} = \sqrt{29}$$

$$|\overrightarrow{CB}| = \sqrt{(-2)^2 + (3)^2} = \sqrt{13}$$

再由定理1的推论, 我们得

$$\theta = \cos^{-1}\left(\frac{\overrightarrow{CA} \cdot \overrightarrow{CB}}{|\overrightarrow{CA}||\overrightarrow{CB}|}\right)$$

$$= \cos^{-1}\left(\frac{4}{(\sqrt{29})(\sqrt{13})}\right)$$

$$\approx 78.1° \quad \text{或} \quad 1.36 \text{ 弧度}$$

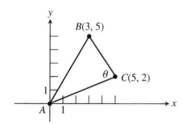

图9.16 例2中的三角形.

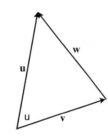

图9.17 向量加法的平行四边形法则给出 $\mathbf{w} = \mathbf{u} - \mathbf{v}$.

定理1的证明 对图9.17中的三角形利用余弦定律, 我们求得

$$|\mathbf{w}|^2 = |\mathbf{u}|^2 + |\mathbf{v}|^2 - 2|\mathbf{u}||\mathbf{v}|\cos\theta$$

$$2|\mathbf{u}||\mathbf{v}|\cos\theta = |\mathbf{u}|^2 + |\mathbf{v}|^2 - |\mathbf{w}|^2.$$

因为 $\mathbf{w} = \mathbf{u} - \mathbf{v}$, $\mathbf{w}$ 的分量形式是 $\langle u_1 - v_1, u_2 - v_2 \rangle$. 于是

$$|\mathbf{u}|^2 = \left(\sqrt{u_1^2 + u_2^2}\right)^2 = u_1^2 + u_2^2$$

$$|\mathbf{v}|^2 = \left(\sqrt{v_1^2 + v_2^2}\right)^2 = v_1^2 + v_2^2$$

$$|\mathbf{w}|^2 = \left(\sqrt{(u_1-v_1)^2 + (u_2-v_2)^2}\right)^2 = (u_1-v_1)^2 + (u_2-v_2)^2$$

$$= (u_1^2 - 2u_1v_1 + v_1^2) + (u_2^2 - 2u_2v_2 + v_2^2)$$

且

$$|\mathbf{u}|^2 + |\mathbf{v}|^2 - |\mathbf{w}|^2 = 2(u_1v_1 + u_2v_2).$$

因此

$$2|\mathbf{u}||\mathbf{v}|\cos\theta = |\mathbf{u}|^2 + |\mathbf{v}|^2 - |\mathbf{w}|^2 = 2(u_1v_1 + u_2v_2)$$

$$|\mathbf{u}||\mathbf{v}|\cos\theta = u_1v_1 + u_2v_2$$

$$\cos\theta = \frac{u_1v_1 + u_2v_2}{|\mathbf{u}||\mathbf{v}|}.$$

于是
$$\theta = \cos^{-1}\left(\frac{u_1v_1 + u_2v_2}{|\mathbf{u}||\mathbf{v}|}\right).$$

点积法则

点积遵守对通常实数乘积成立的许多法则.

点积的性质

设 $\mathbf{u}$, $\mathbf{v}$ 和 $\mathbf{w}$ 是任意向量,而 c 是一个数,则

1. $\mathbf{u} \cdot \mathbf{v} = \mathbf{v} \cdot \mathbf{u}$
2. $(c\mathbf{u}) \cdot \mathbf{v} = \mathbf{u} \cdot (c\mathbf{v}) = c(\mathbf{u} \cdot \mathbf{v})$
3. $\mathbf{u} \cdot (\mathbf{v} + \mathbf{w}) = \mathbf{u} \cdot \mathbf{v} + \mathbf{u} \cdot \mathbf{w}$
4. $\mathbf{u} \cdot \mathbf{u} = |\mathbf{u}|^2$
5. $\mathbf{0} \cdot \mathbf{u} = 0$.

CD-ROM
WEBsite

历史传记

Carl Friedrich Gauss
(1777 — 1855)

用定义容易证明这些性质. 例如,这里是性质 1 和 3 的证明.

1. $\mathbf{u} \cdot \mathbf{v} = u_1v_1 + u_2v_2 = v_1u_1 + v_2u_2 = \mathbf{v} \cdot \mathbf{u}$
3. $\mathbf{u} \cdot (\mathbf{v} + \mathbf{w}) = \langle u_1, u_2 \rangle \cdot \langle v_1 + w_1, v_2 + w_2 \rangle$
$= u_1(v_1 + w_1) + u_2(v_2 + w_2)$
$= u_1v_1 + u_1w_1 + u_2v_2 + u_2w_2$
$= (u_1v_1 + u_2v_2) + (u_1w_1 + u_2w_2)$
$= \mathbf{u} \cdot \mathbf{v} + \mathbf{u} \cdot \mathbf{w}$

垂直(正交)向量

两个非零向量 $\mathbf{u}$ 和 $\mathbf{v}$ 是垂直的或**正交**的,如果它们之间的夹角是 $\pi/2$. 因为 $\cos(\pi/2) = 0$,对于这样的向量,我们自然有 $\mathbf{u} \cdot \mathbf{v} = 0$. 其逆也成立. 若 $\mathbf{u}$ 和 $\mathbf{v}$ 是非零向量,而且 $\mathbf{u} \cdot \mathbf{v} = |\mathbf{u}||\mathbf{v}|\cos\theta = 0$,则 $\cos\theta = 0$,且 $\theta = \cos^{-1}0 = \pi/2$.

定义 正交向量

向量 $\mathbf{u}$ 和 $\mathbf{v}$ 是正交的,当且仅当 $\mathbf{u} \cdot \mathbf{v} = 0$.

例 3 用正交定义

(a) $\mathbf{u} = \langle 3, -2 \rangle$ 和 $\langle 4, 6 \rangle$ 是正交的,这是因为 $\mathbf{u} \cdot \mathbf{v} = (3)(4) + (-2)(6) = 0$.
(b) $\mathbf{u} = \mathbf{i} + 2\mathbf{j}$ 正交于 $-10\mathbf{i} + 5\mathbf{j}$,这是因为 $\mathbf{u} \cdot \mathbf{v} = (1)(-10) + (2)(5) = 0$
(c) $\mathbf{0}$ 正交于每个向量 $\mathbf{u}$,这是因为从性质 5 得 $\mathbf{0} \cdot \mathbf{u} = 0$.

我们现在在回到本节开头提出的一个向量在另一向量上的投影问题.

向量投影

向量 $\mathbf{u} = \overrightarrow{PQ}$ 在非零向量 $\mathbf{v} = \overrightarrow{PS}$ 上的向量投影(图 9.18)是由从 Q 下垂到直线 PS 的垂线

确定的向量 $\mathbf{u} = \overrightarrow{PR}$. 这个向量的记号是

$$\text{proj}_{\mathbf{v}}\mathbf{u} \quad (\text{"}\mathbf{u} \text{ 在 } \mathbf{v} \text{ 上的向量投影"})$$

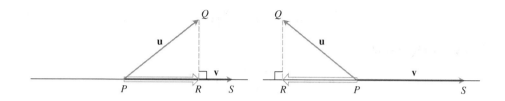

图 9.18 $\mathbf{u}$ 在 $\mathbf{v}$ 上的向量投影.

若 $\mathbf{u}$ 表示一个力,则 $\text{proj}_{\mathbf{v}}\mathbf{u}$ 表示在 $\mathbf{v}$ 的方向的有效力(图 9.19).

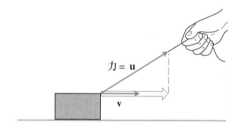

图 9.19 如果我们用力 $\mathbf{u}$ 拉一个箱子,使箱子在方向 $\mathbf{v}$ 向前运动的有效力是 $\mathbf{u}$ 在 $\mathbf{v}$ 上的向量投影.

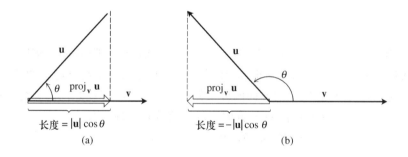

图 9.20 $\text{proj}_{\mathbf{v}}\mathbf{u}$ 的长度是(a) $|\mathbf{u}|\cos\theta$ 若 $\cos\theta \geqslant 0$ 和(b) $-|\mathbf{u}|\cos\theta$ 若 $\cos\theta < 0$.

若 $\mathbf{u}$ 和 $\mathbf{v}$ 之间的夹角 θ 是锐角,$\text{proj}_{\mathbf{v}}\mathbf{u}$ 有长度 $|\mathbf{u}|\cos\theta$ 和方向 $\mathbf{v}/|\mathbf{v}|$;若 $\mathbf{u}$ 和 $\mathbf{v}$ 之间的夹角 θ 是钝角,$\cos\theta < 0$,$\text{proj}_{\mathbf{v}}\mathbf{u}$ 有长度 $-|\mathbf{u}|\cos\theta$ 和方向 $-\mathbf{v}/|\mathbf{v}|$(见图 9.20). 在任何情形,

$$\text{proj}_{\mathbf{v}}\mathbf{u} = (|\mathbf{u}|\cos\theta)\frac{\mathbf{v}}{|\mathbf{v}|}$$

$$= \left(\frac{\mathbf{u}\cdot\mathbf{v}}{|\mathbf{v}|}\right)\frac{\mathbf{v}}{|\mathbf{v}|} \qquad |\mathbf{u}|\cos\theta = \frac{|\mathbf{u}||\mathbf{v}|\cos\theta}{|\mathbf{v}|} = \frac{\mathbf{u}\cdot\mathbf{v}}{|\mathbf{v}|}$$

$$= \left(\frac{\mathbf{u}\cdot\mathbf{v}}{|\mathbf{v}|^2}\right)\mathbf{v}.$$

数 $|\mathbf{u}|\cos\theta$ 称为 **u 在 v 的方向上的数值分量**. 小结如下.

> **u** 在 **v** 上的向量投影:
>
> $$\mathrm{proj}_{\mathbf{v}}\mathbf{u} = \left(\frac{\mathbf{u}\cdot\mathbf{v}}{|\mathbf{v}|^2}\right)\mathbf{v}$$
>
> **u** 在方向 **v** 上的数值分量
>
> $$|\mathbf{u}|\cos\theta = \frac{\mathbf{u}\cdot\mathbf{v}}{|\mathbf{v}|} = \mathbf{u}\cdot\frac{\mathbf{v}}{|\mathbf{v}|}$$

例 4(求向量投影和数值分量)　求力 $\mathbf{F} = 5\mathbf{i} + 2\mathbf{j}$ 在 $\mathbf{v} = \mathbf{i} - 3\mathbf{j}$ 上的向量投影和 **F** 在方向 **v** 上的数值分量.

解　向量投影是

$$\begin{aligned}\mathrm{proj}_{\mathbf{v}}\mathbf{F} &= \left(\frac{\mathbf{F}\cdot\mathbf{v}}{|\mathbf{v}|^2}\right)\mathbf{v}\\ &= \frac{5-6}{1+9}(\mathbf{i}-3\mathbf{j}) = -\frac{1}{10}(\mathbf{i}-3\mathbf{j})\\ &= -\frac{1}{10}\mathbf{i} + \frac{3}{10}\mathbf{j}.\end{aligned}$$

F 在 **v** 的方向上的数值分量是

$$|\mathbf{F}|\cos\theta = \frac{\mathbf{F}\cdot\mathbf{v}}{|\mathbf{v}|} = \frac{5-6}{\sqrt{1+9}} = -\frac{1}{10}.$$

功

在第 5 章中,我们计算一个常力 F 作用于一个运动物体经过距离 d 的功用公式 $W = Fd$ 表示. 这个公式仅当力沿运动方向时才正确. 如果一个力 **F** 移动一个物体经过的位移 $\mathbf{D} = \overrightarrow{PQ}$ 有另外的方向,功应是力 **F** 在 **D** 上的方向的分量做的. 若 θ 是 **F** 和 **D** 之间的夹角(图 9.21),则

$$\begin{aligned}\text{功} &= \mathbf{F}\text{ 在 }\mathbf{D}\text{ 的方向上的数值分量}\cdot\mathbf{D}\text{ 的长度}\\ &= (|\mathbf{F}|\cos\theta)|\mathbf{D}|\\ &= \mathbf{F}\cdot\mathbf{D}\end{aligned}$$

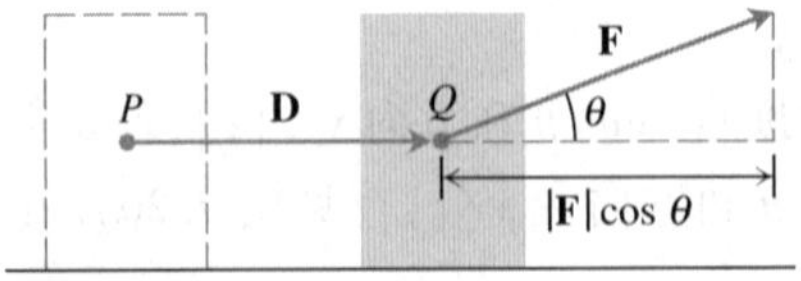

图 9.21　常力 **F** 产生位移 **D** 做的功是 $|\mathbf{F}|\cos\theta\,|\mathbf{D}|$.

> **定义　常力做的功**
>
> 常力 **F** 作用在位移 $\mathbf{D} = \overrightarrow{PQ}$ 上的功是
>
> $$W = \mathbf{F}\cdot\mathbf{D} = |\mathbf{F}||\mathbf{D}|\cos\theta,$$
>
> 其中 θ 是 **F** 和 **D** 之间的夹角.

9.2 点积

例 5(应用功的定义) 设 $|\mathbf{F}| = 40$ 牛顿,$|\mathbf{D}| = 3$ 米,而 $\theta = 60°$,$\mathbf{F}$ 从 P 作用到 Q 所做的功是

$$\begin{aligned}
功 &= |\mathbf{F}||\mathbf{D}|\cos\theta \quad &\text{定义} \\
&= (40)(3)\cos 60° \quad &\text{给定的值} \\
&= (120)(1/2) \\
&= 60 \text{ 焦耳}.
\end{aligned}$$

注:功 功的标准单位是英尺–磅和牛顿–米,二者都是力–距离单位. 牛顿–米通常称为焦耳.

我们在第 13 章会遇到更有趣的变力沿空间中的一个路径做的功的问题.

把一个向量写成正交向量的和

我们已经知道把一个向量写成正交向量的和的方法:
$$\mathbf{u} = \langle a, b\rangle = a\mathbf{i} + b\mathbf{j}$$

(因为 $\mathbf{i} \cdot \mathbf{j} = 0$). 但有时把 $\mathbf{u}$ 表示为另外的和会提供更多信息. 比如,我们经常需要把一个向量写成一个平行于 $\mathbf{v}$ 的和垂直于 $\mathbf{v}$ 的两个向量的和. 举一个例子,在研究一个质点沿平面上(或空间中)的一个路径的运动时,人们想知道加速度向量沿路径在该点的切线方向的分量和沿法法方向的分量. (在 10.6 节研究加速度的这些切向分量和法向分量.)这样加速度向量就可以写成它的切向分量和法向分量之和(这反映了路径本身的重要几何性质,比如曲率). 下节将研究速度和加速度向量.

一般地,对向量 $\mathbf{u}$ 和 $\mathbf{v}$,从图 9.22 容易看出向量

$$\mathbf{u} - \text{proj}_{\mathbf{v}}\mathbf{u}$$

正交于投影向量 $\text{proj}_{\mathbf{v}}\mathbf{u}$(它同 $\mathbf{v}$ 有相同方向). 于是

$$\mathbf{u} = \text{proj}_{\mathbf{v}}\mathbf{u} + (\mathbf{u} - \text{proj}_{\mathbf{v}}\mathbf{u})$$

就把 $\mathbf{u}$ 表示成了正交向量的和.

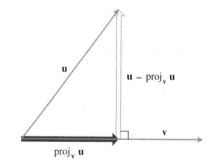

图 9.22 把 $\mathbf{u}$ 表示为平行和正交于 $\mathbf{v}$ 的向量之和.

怎样把 $\mathbf{u}$ 写成平行于 $\mathbf{v}$ 的向量加正交于 $\mathbf{v}$ 的向量

$$\mathbf{u} = \text{proj}_{\mathbf{v}}\mathbf{u} + (\mathbf{u} - \text{proj}_{\mathbf{v}}\mathbf{u})$$
$$= \underbrace{\left(\frac{\mathbf{u} \cdot \mathbf{v}}{|\mathbf{v}|^2}\right)\mathbf{v}}_{\text{平行于 }\mathbf{v}} + \underbrace{\left(\mathbf{u} - \left(\frac{\mathbf{u} \cdot \mathbf{v}}{|\mathbf{v}|^2}\right)\mathbf{v}\right)}_{\text{正交于 }\mathbf{v}}$$

例 6(正交向量的和) 在 9.1 节例 8 中,我们求得 $\mathbf{v} = 2\mathbf{i} + 3\mathbf{j}$ 是路径

$$y = \frac{x^3}{2} + \frac{1}{2}$$

在点 $(1,1)$ 的切向量. 若 $\mathbf{u} = 4\mathbf{i} - \mathbf{j}$ 是一个沿此路径运动的质点在该点的加速度,把 $\mathbf{u}$ 写成平行于 $\mathbf{v}$ 的向量与正交于 $\mathbf{v}$ 的向量之和.

解 由于 $\mathbf{u} \cdot \mathbf{v} = 8 - 3 = 5$ 且 $|\mathbf{v}|^2 = \mathbf{v} \cdot \mathbf{v} = 4 + 9 = 13$,我们有

$$\begin{aligned}
\mathbf{u} &= \left(\frac{\mathbf{u} \cdot \mathbf{v}}{|\mathbf{v}|^2}\right)\mathbf{v} + \left(\mathbf{u} - \left(\frac{\mathbf{u} \cdot \mathbf{v}}{|\mathbf{v}|^2}\right)\mathbf{v}\right) \\
&= \frac{3}{13}(2\mathbf{i} + 3\mathbf{j}) + \left(4\mathbf{i} - \mathbf{j} - \frac{5}{13}(2\mathbf{i} + 3\mathbf{j})\right)
\end{aligned}$$

$$= \left(\frac{10}{13}\mathbf{i} + \frac{15}{13}\mathbf{j}\right) + \left(\frac{42}{13}\mathbf{i} - \frac{28}{13}\mathbf{j}\right).$$

验证:和中的第一个向量平行于 $\mathbf{v}$,这是因为它等于 $(5/13)\mathbf{v}$,第二个向量正交于 $\mathbf{v}$,这是因为

$$\left(\frac{42}{13}\mathbf{i} - \frac{28}{13}\mathbf{j}\right) \cdot (2\mathbf{i} + 3\mathbf{j}) = \frac{84}{13} - \frac{84}{13} = 0.$$

在下一章,我们学习怎样把速度和加速度写成其它互相正交的向量之和.

习题 9.2

计算

在题 1-6 中,求

(a) $\mathbf{v} \cdot \mathbf{u}$, $|\mathbf{v}|$ 和 $|\mathbf{u}|$ (b) $\mathbf{v}$ 和 $\mathbf{u}$ 夹角的余弦

(c) $\mathbf{u}$ 在 $\mathbf{v}$ 方向上的数值分量   (d) 向量 $\text{proj}_\mathbf{v} \mathbf{u}$.

1. $\mathbf{v} = 2\mathbf{i} - 4\mathbf{j}$, $\mathbf{u} = 2\mathbf{i} + 4\mathbf{j}$ 2. $\mathbf{v} = 2\mathbf{i} + 10\mathbf{j}$, $\mathbf{u} = 2\mathbf{i} + 2\mathbf{j}$

3. $\mathbf{v} = -\mathbf{i} + \mathbf{j}$, $\mathbf{u} = \sqrt{2}\mathbf{i} + \sqrt{3}\mathbf{j}$ 4. $\mathbf{v} = 5\mathbf{i} + \mathbf{j}$, $\mathbf{u} = 2\mathbf{i} + \sqrt{17}\mathbf{j}$

5. $\mathbf{v} = \left\langle \frac{1}{\sqrt{2}}, \frac{1}{\sqrt{3}} \right\rangle$, $\mathbf{u} = \left\langle \frac{1}{\sqrt{2}}, -\frac{1}{\sqrt{3}} \right\rangle$ 6. $\mathbf{v} = \left\langle \frac{1}{\sqrt{2}}, \frac{1}{\sqrt{2}} \right\rangle$, $\mathbf{u} = \left\langle -\frac{1}{\sqrt{2}}, -\frac{1}{\sqrt{2}} \right\rangle$

向量之间的夹角

求题 7-10 中的向量之间的精确到百分之一弧度的夹角的近似值.

7. $\mathbf{v} = 2\mathbf{i} + \mathbf{j}$, $\mathbf{u} = \mathbf{i} + 2\mathbf{j}$ 8. $\mathbf{v} = 2\mathbf{i} - 2\mathbf{j}$, $\mathbf{u} = 3\mathbf{i}$

9. $\mathbf{v} = \sqrt{3}\mathbf{i} - 7\mathbf{j}$, $\mathbf{u} = \sqrt{3}\mathbf{i} + \mathbf{j}$ 10. $\mathbf{v} = \mathbf{i} + \sqrt{2}\mathbf{j}$, $\mathbf{u} = -\mathbf{i} + \mathbf{j}$

11. **三角形**   求三角形的角的大小,它的顶点是 $A = (-1, 0)$, $B = (2, 1)$ 和 $C = (0, 3)$.

12. **正方形**   求正方形的对角线夹角的大小,它的顶点是 $A = (1, 0)$, $B = (0, 3)$, $C = (0, 3)$. 和 $D = (4, 1)$.

几何和例子

13. **为学而写:和与差**   在下左中,看起来 $\mathbf{v}_1 + \mathbf{v}_2$ 和 $\mathbf{v}_1 - \mathbf{v}_2$ 是正交的. 这是偶然的情形吗?在什么情形下两个向量的和正交于它们的差?对你的回答给出理由.

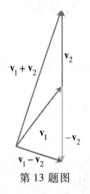

第 13 题图

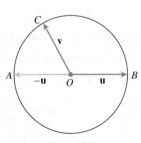

第 14 题图

14. **圆周上的正交性**   设 AB 是中心在 O 的圆周的直径, C 是连结 A 和 B 的两弧之一的一个点(见上右图). 证

习题 9.2

明 $\overrightarrow{CA}$ 和 $\overrightarrow{CB}$ 正交.

15. **菱形的对角线**   证明菱形(边长相等的平行四边形)的对角线正交.
16. **垂直的对角线**   证明正方形是唯一的对角线垂直的矩形.
17. **何时平行四边形是矩形**   证明一个平行四边形是矩形当且仅当它的对角线长度相等.
18. **平行四边形的对角线**   证明:若 $|\mathbf{u}| = |\mathbf{v}|$,则由 $\mathbf{u}$ 和 $\mathbf{v}$ 确定的平行四边形的对角线平分 $\mathbf{u}$ 和 $\mathbf{v}$ 之间的夹角.

第 18 题图　　　　　　　　　　第 20 题图

19. **投射运动**   一只枪以 1200 英尺/秒的枪口速度按水平线上方 8°角发射.求速度的水平分量和垂直分量.
20. **斜面**   假定一个箱子被拉着沿图示的斜面上升.求力 $\mathbf{w}$,使 $\mathbf{w}$ 平行于斜面的分量等于 2.5 加仑.

理论和例子

21. (a) **Cauchy-Schwartz 不等式**   用事实 $\mathbf{u} \cdot \mathbf{v} = |\mathbf{u}||\mathbf{v}|\cos\theta$ 证明不等式 $|\mathbf{u} \cdot \mathbf{v}| \leq |\mathbf{u}||\mathbf{v}|$ 对任意向量 $\mathbf{u}$ 和 $\mathbf{v}$ 成立.
    (b) **为学而写**   在什么情况下 $\mathbf{u} \cdot \mathbf{v}$ 等于 $|\mathbf{u}||\mathbf{v}|$?对你的回答给出理由.
22. **为学而写**   复制图中的轴和向量.再画出满足 $(x\mathbf{i} + y\mathbf{j}) \cdot \mathbf{v} \leq 0$ 的点 (x,y).验证你的答案.

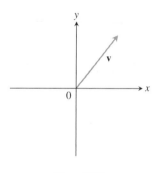

第 22 题图

23. **正交单位向量**   若 $\mathbf{u}_1$ 和 $\mathbf{u}_2$ 是正交单位向量 $\mathbf{v} = a\mathbf{u}_1 + b\mathbf{u}_2$,求 $\mathbf{v} \cdot \mathbf{u}_1$.
24. **为学而写:点积的消去律**   在实数乘法中,若 $uv_1 = uv_2$ 且 $u \neq 0$,我们可以消去 u 得到 $v_1 = v_2$.这一规则对点积成立吗?若 $\mathbf{u} \cdot \mathbf{v}_1 = \mathbf{u} \cdot \mathbf{v}_2$ 且 $\mathbf{u} \neq \mathbf{0}$,你能断言 $\mathbf{v}_1 = \mathbf{v}_2$ 吗?对你的回答给出理由.

平面上的直线方程

25. **垂直于一个向量的直线**   证明向量 $\mathbf{v} = a\mathbf{i} + b\mathbf{j}$ 垂直于直线 $ax + by = c$,为此要验证表示 $\mathbf{v}$ 的线段的斜率是给定直线斜率的负倒数.
26. **平行于一个向量的直线**   证明向量 $\mathbf{v} = a\mathbf{i} + b\mathbf{j}$ 平行于直线 $bx - ay = c$,为此要验证表示 $\mathbf{v}$ 的线段的斜率和给定直线的斜率相同.

在题 27 – 30 中,用题 25 的结果求过点 P 且垂直于 $\mathbf{v}$ 的直线方程.然后画出直线,并画出以原点作为起点的向

量 **v**.

27. $P(2,1)$, $\mathbf{v} = \mathbf{i} + 2\mathbf{j}$
28. $P(-1,2)$, $\mathbf{v} = -2\mathbf{i} - \mathbf{j}$
29. $P(-2,-7)$, $\mathbf{v} = -2\mathbf{i} + \mathbf{j}$
30. $P(11,10)$, $\mathbf{v} = 2\mathbf{i} - 3\mathbf{j}$

在题 31-34 中,用题 26 的结果求过点 P 且平行于 **v** 的直线方程. 然后画出直线, 并画出以原点作为起点的向量 **v**.

31. $P(-2,1)$, $\mathbf{v} = \mathbf{i} - 2\mathbf{j}$
32. $P(0,-2)$, $\mathbf{v} = 2\mathbf{i} + 3\mathbf{j}$
33. $P(1,2)$, $\mathbf{v} = -\mathbf{i} - 2\mathbf{j}$
34. $P(1,3)$, $\mathbf{v} = 3\mathbf{i} - 2\mathbf{j}$

功

35. 沿线段的功 求力 $\mathbf{F} = 5\mathbf{i}$ (大小为 5 牛顿) 把一个物体从原点移动到点 $(1,1)$ (距离单位为米) 所做的功.

36. 机车 太平洋联盟的 Big Boy 机车可以用 602 148 牛顿 (135 375 加仑) 的牵引力拉 6000 吨的列车. 以这个牵引力水平, Big Boy 在从 San Francisco 到 Los Angeles 的 605 千米 (近似值) 的行程中做的功大约是多少?

37. 斜面 在码头用跟水平方向成 $30°$ 角的 200 牛顿的力拉一个货箱滑动 20 米, 这个力做了多少功?

38. 帆船 风刮在船帆上, 如图所示, 船帆受大小为 1000 加仑的力 **F**. 船向前行驶 1 英里时风做的功是多少? 答案的单位用英尺-磅.

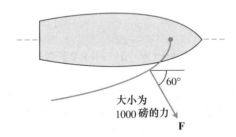

平面直线间的夹角

不垂直交叉的两条相交直线间的锐角跟直线的法向量的夹角或平行于直线的向量的夹角相等.

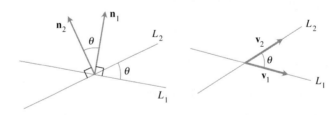

利用这个事实和题 25 或 26 的结果求题 39-44 中的直线的夹角.

39. $3x + y = 5$, $\quad 2x - y = 4$
40. $y = \sqrt{3}x - 1$, $\quad y = -\sqrt{3}x + 2$
41. $\sqrt{3}x - y = -2$, $\quad x - \sqrt{3}y = 1$
42. $x + \sqrt{3}y = 1$, $\quad (1-\sqrt{3})x + (1+\sqrt{3})y = 8$
43. $3x - 4y = 3$, $\quad x - y = 7$
44. $12x + 5y = 1$, $\quad 2x - 2y = 3$

可微曲线间的夹角

两条可微曲线在其交点的夹角是曲线在该点的切线间的夹角. 求题 45-48 中的曲线间的夹角.

45. $y = (3/2) - x^2$, $\quad y = x^2$
46. $x = (3/4) - y^2$, $\quad x = y^2 - (3/4)$
47. $y = x^3$, $\quad x = y^2$
48. $y = -x^2$, $\quad y = \sqrt[3]{x}$

9.3 向量 – 值函数

平面曲线 • 极限和连续 • 导数 • 运动 • 积分

本节我们说明怎样利用向量计算研究平面上一个运动物体的路径,速度和加速度. 下节就以此为基础回答有关抛射运动的问题.

CD-ROM
WEBsite
历史传记
James Clerk Maxwell
(1831 — 1879)

平面曲线

当一个质点历经时间区间 I 在平面内运动时,我们可以把质点的坐标看作定义在 I 上的函数

$$x = f(t), \quad y = g(t), \quad t \in I. \tag{1}$$

点 $(x,y) = (f(t), g(t))$ 形成平面上的曲线,称它为质点的**路径**. (1) 式中的方程和区间参数化了曲线. 从原点到质点在时刻 t 的**位置** $P(f(t), g(t))$ 的向量

$$\mathbf{r}(t) = \overrightarrow{OP} = \langle f(t), g(t) \rangle = f(t)\mathbf{i} + g(t)\mathbf{j} \tag{2}$$

是质点的**位置向量**. 函数 f 和 g 是位置向量的**分量函数 (分量)**. 我们认为质点的路径是经历时间区间 I 由 $\mathbf{r}$ 描绘的曲线 (图 9.23).

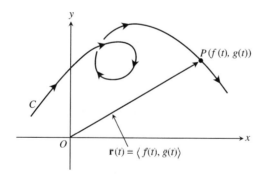

图 9.23 路径 (曲线) C 是由位置向量 $\mathbf{r}(t)$ 历经时间区间 I 描绘的.

等式 (2) 把 $\mathbf{r}$ 定义为实变量 t 在区间 I 上的向量函数. 更一般地, 区域 D 上的**向量函数**或**向量 – 值函数**是一个规则, 它对 D 内的每个元素指定一个平面向量. 由一个向量函数描绘的曲线是这个向量函数的**图形**.

我们把实数 – 值函数叫做**标量函数**, 以便把它们跟向量函数区别开来. 当我们用给定的分量函数定义向量 – 值函数时, 我们假定向量函数的定义域是分量的公共定义域.

例 1 (画螺线) 画向量函数

$$\mathbf{r}(t) = (t\cos t)\mathbf{i} + (t\sin t)\mathbf{j}, \quad t \geq 0.$$

解 我们可以通过
$$x = t\cos t, y = t\sin t, \quad t \geq 0$$
以参数方程的方式在图形计算器上或计算机上画向量函数. 当 t 从 0 增至 2π 时,点 (x,y) 从原点 $(0,0)$ 出发绕原点一周,并且随着 t 的增加,点离原点越来越远. 当 t 增加超过 2π 时,螺线继续绕原点旋转并且离原点越来越远. 如图 9.24 所示.

极限和连续

我们通过其数值分量来定义向量函数的极限.

（由 Mathematica 生成）

图 9.24 $\mathbf{r}(t) = (t\cos t)\mathbf{i} + (t\sin t)\mathbf{j}, t \geq 0$ 的图形是曲线 $x = t\cos, y = t\sin t, t \geq 0$. （例 1）

定义　极限

设 $\mathbf{r}(t) = f(t)\mathbf{i} + g(t)\mathbf{j}$. 若
$$\lim_{t\to c} f(t) = L_1 \quad 且 \quad \lim_{t\to c} g(t) = L_2,$$
则 $\mathbf{r}(t)$ 当 t 趋于 c 时的极限是
$$\lim_{t\to c} \mathbf{r}(t) = \mathbf{L} = L_1\mathbf{i} + L_2\mathbf{j}.$$

例 2（求向量函数的极限） 若 $\mathbf{r}(t) = (\cos t)\mathbf{i} + (\sin t)\mathbf{j}$, 则
$$\lim_{t\to \pi/4} \mathbf{r}(t) = (\lim_{t\to \pi/4}\cos t)\mathbf{i} + (\lim_{t\to \pi/4}\sin t)\mathbf{j} = \frac{\sqrt{2}}{2}\mathbf{i} + \frac{\sqrt{2}}{2}\mathbf{j}.$$

我们用定义标量函数连续性的同样方式定义向量函数的连续性.

定义　在一点的连续性

一个向量函数 $\mathbf{r}(t)$ 在定义域内的一点 $t = c$ 是连续的,如果
$$\lim_{t\to c} \mathbf{r}(t) = \mathbf{r}(c).$$

一个向量函数是连续的,如果它在其定义域中的每一点是连续的.

在一点连续的分量判别法

向量函数 $\mathbf{r}(t) = (\cos t)\mathbf{i} + (\sin t)\mathbf{j}$ 在点 $t = c$ 是连续的,当且仅当 f 和 g 在 $t = c$ 是连续的.

例 3（求连续点和不连续点） （**a**）向量函数
$$\mathbf{r}(t) = (t\cos t)\mathbf{i} + (t\sin t)\mathbf{j}$$
处处连续,这是因为分量函数 $t\cos t$ 和 $t\sin t$ 是处处连续的.

（**b**）向量函数
$$\mathbf{r}(t) = \frac{1}{t}\mathbf{i} + (\sin t)\mathbf{j}$$
在 $t = 0$ 不是连续的,因为第一个分量在 $t = 0$ 是不连续的. 但是因为在它的由所有非零实数组成的定义域上是连续的,所以它是连续向量函数（图 9.25）.

9.3 向量-值函数

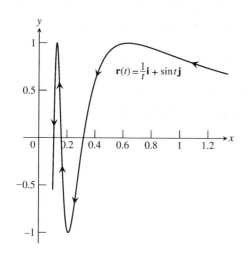

图 9.25 当 $t>0$ 增加时,$\mathbf{r}(t)$ 的路径在 $y=-1$ 和 $y=1$ 之间摆动,由于 $\mathbf{i}$ 分量趋于 0,路径趋于 y 轴.当 $t\to 0^+$ 时,$\mathbf{i}$ 分量趋于 ∞ 而 $\mathbf{j}$ 分量取正值趋于 0.(图形在 y 轴左侧的部分没有画出)

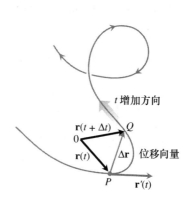

图 9.26 在时刻 t 和时刻 $t+\Delta t$ 之间沿图示的路径运动的质点有位移 $\overrightarrow{PQ}=\Delta\mathbf{r}$. 向量和 $\mathbf{r}(t)+\Delta\mathbf{r}$ 给出新位置 $\mathbf{r}(t+\Delta t)$. 当 $\Delta t\to 0$ 时,点 Q 沿曲线趋于 P,而向量 $\Delta\mathbf{r}/\Delta t$ 趋于与曲线在点 P 相切的极限位置 $\mathbf{r}'(t)$.

导数

假定 $\mathbf{r}(t)=f(t)\mathbf{i}+g(t)\mathbf{j}$ 是沿一平面曲线运动的质点的位置向量,而 f 和 g 是 t 的可微函数. 则(图 9.26)质点位置在时刻 $t+\Delta t$ 和时刻 t 的差是 $\Delta\mathbf{r}=\mathbf{r}(t+\Delta t)-\Delta\mathbf{r}(t)$. 用分量表示,为

$$\Delta\mathbf{r}=\mathbf{r}(t+\Delta t)-\mathbf{r}(t)$$
$$=[f(t+\Delta t)\mathbf{i}+g(t+\Delta t)\mathbf{j}]-[f(t)\mathbf{i}+g(t)\mathbf{j}]$$
$$=[f(t+\Delta t)-f(t)]\mathbf{i}+[g(t+\Delta t)-g(t)]\mathbf{j}.$$

当 Δt 趋于零时,看来三件事情同时发生. 首先,Q 沿曲线趋于 P;其次,割线 PQ 看来趋于在点 P 与曲线相切的极限位置;最后,商 $\Delta\mathbf{r}/\Delta t$ 趋于极限

$$\lim_{\Delta t\to 0}\frac{\Delta\mathbf{r}}{\Delta t}=\left[\lim_{\Delta t\to 0}\frac{f(t+\Delta t)-f(t)}{\Delta t}\right]\mathbf{i}+\left[\lim_{\Delta t\to 0}\frac{g(t+\Delta t)-g(t)}{\Delta t}\right]\mathbf{j}$$
$$=\left[\frac{df}{dt}\right]\mathbf{i}+\left[\frac{dg}{dt}\right]\mathbf{j}.$$

凭借过去的经验这引导我们引进下列定义.

定义 在一点的导数

向量函数 $\mathbf{r}(t)=f(t)\mathbf{i}+g(t)\mathbf{j}$ 在 t 有一个导数(是可微的),如果 f 和 g 在 t 有导数. 导数是

$$\mathbf{r}'(t)=\frac{d\mathbf{r}}{dt}=\lim_{\Delta t\to 0}\frac{\mathbf{r}(t+\Delta t)-\mathbf{r}(t)}{\Delta t}=\frac{df}{dt}\mathbf{i}+\frac{dg}{dt}\mathbf{j}.$$

一个向量函数 **r** 是可微的,如果它在其定义域的每个点是可微的. **r** 描绘的曲线是光滑的,如果 d**r**/dt 是连续的并且从不为 **0**,即如果 f 和 g 有连续的一阶导数并且不同时为零. 在光滑曲线上,没有锋利的拐角或尖点.

在曲线的每一点,向量 d**r**/dt 存在且异于 **0** 时,d**r**/dt 是曲线在该点的切向量. 曲线在点 $P(f(a),g(a))$ 的**切线**定义为过点 P 且平行于 d**r**/dt $\big|_{t=a}$ 的直线(图 9.26).

一条曲线由有限段光滑曲线以连续方式组成,则称之为**分段光滑曲线**(图 9.27).

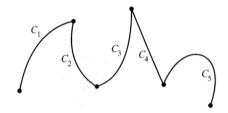

图 9.27 五段光滑曲线首尾以连续方式连接构成的分段光滑曲线.

例 4(求导数) 求下列向量函数的导数 $\dfrac{d\mathbf{r}}{dt}$:
$$\mathbf{r}(t) = (t\cos t)\mathbf{i} + (t\sin t)\mathbf{j}.$$

解
$$\mathbf{r}'(t) = \frac{d\mathbf{r}}{dt} = \frac{d}{dt}(t\cos t)\mathbf{i} + \frac{d}{dt}(t\sin t)\mathbf{j}$$
$$= (\cos t - t\sin t)\mathbf{i} + (\sin t + t\cos t)\mathbf{j}$$

因为向量函数的导数是按分量逐个计算的,对可微向量函数的求导法则跟对标量函数的求导法则有同样的形式.

向量函数的求导法则

设 **u** 和 **v** 是 t 的可微向量函数,**C** 是一个常向量,c 是任一常数,而 f 是可微标量函数.

1. **常函数法则**: $\quad \dfrac{d}{dt}\mathbf{C} = \mathbf{0}$

2. **数值倍数法则**: $\quad \dfrac{d}{dt}[c\mathbf{u}(t)] = c\mathbf{u}'(t)$

3. **和法则**: $\quad \dfrac{d}{dt}[\mathbf{u}(t) + \mathbf{v}(t)] = \mathbf{u}'(t) + \mathbf{v}'(t)$

4. **差法则**: $\quad \dfrac{d}{dt}[\mathbf{u}(t) - \mathbf{v}(t)] = \mathbf{u}'(t) - \mathbf{v}'(t)$

5. **点积法则**: $\quad \dfrac{d}{dt}[\mathbf{u}(t) \cdot \mathbf{v}(t)] = \mathbf{u}'(t) \cdot \mathbf{v}(t) + \mathbf{u}(t) \cdot \mathbf{v}'(t)$

6. **链式法则**: $\quad \dfrac{d}{dt}[\mathbf{u}(f(t))] = f'(t)\mathbf{u}'(f(t))$

我们将证明点积法则,而其余法则留给题 37-40.

法则 5 的证明 假定
$$\mathbf{u} = u_1(t)\mathbf{i} + u_2(t)\mathbf{j} \quad \text{和} \quad \mathbf{v} = v_1(t)\mathbf{i} + v_2(t)\mathbf{j}.$$
则

9.3 向量-值函数

$$\frac{d}{dt}(\mathbf{u}\cdot\mathbf{v}) = \frac{d}{dt}(u_1v_1 + u_2v_2)$$
$$= u_1'v_1 + u_2'v_2 + u_1v_1' + u_2v_2'$$
$$= \mathbf{u}'\cdot\mathbf{v} + \mathbf{u}\cdot\mathbf{v}'.$$

例 5（应用微分法则） 对函数 $\mathbf{u}(t) = 2t^3\mathbf{i} - t^2\mathbf{j}$，$\mathbf{v}(t) = (1/t)\mathbf{i} + (\sin t)\mathbf{j}$ 和 $f(t) = e^{-t}$，求

(a) $\dfrac{d}{dt}[f(t)\mathbf{u}(t)]$ (b) $\dfrac{d}{dt}[\mathbf{u}(t) + \mathbf{v}(t)]$ (c) $\dfrac{d}{dt}[\mathbf{u}(t)\cdot\mathbf{v}(t)]$.

解 (a) 因为 $f'(t) = -e^{-t}$ 和 $\mathbf{u}'(t) = 6t^2\mathbf{i} - 2t\mathbf{j}$，我们有

$$\frac{d}{dt}[f(t)\mathbf{u}(t)] = f'(t)\mathbf{u}(t) + f(t)\mathbf{u}'(t)$$
$$= (-e^{-t})(2t^3\mathbf{i} - t^2\mathbf{j}) + e^{-t}(6t^2\mathbf{i} - 2t\mathbf{j})$$
$$= e^{-t}(6t^2 - 2t^3)\mathbf{i} + e^{-t}(t^2 - 2t)\mathbf{j}$$
$$= 2t^2e^{-t}(3 - t)\mathbf{i} + te^{-t}(t - 2)\mathbf{j}$$

(b) 由 $\mathbf{u}'(t) = 6t^2\mathbf{i} - 2t\mathbf{j}$ 和 $\mathbf{v}'(t) = -\dfrac{1}{t^2}\mathbf{i} + (\cos t)\mathbf{j}$ 得到

$$\frac{d}{dt}[\mathbf{u}(t) + \mathbf{v}(t)] = \mathbf{u}'(t) + \mathbf{v}'(t)$$
$$= (6t^2\mathbf{i} - 2t\mathbf{j}) + \left(-\frac{1}{t^2}\mathbf{i} + (\cos t)\mathbf{j}\right)$$
$$= \left(6t^2 - \frac{1}{t^2}\right)\mathbf{i} + (\cos t - 2t)\mathbf{j}.$$

(c) 用部分(b)的导数和点积法则，我们有

$$\frac{d}{dt}[\mathbf{u}(t)\cdot\mathbf{v}(t)] = \mathbf{u}'(t)\cdot\mathbf{v}(t) + \mathbf{u}(t)\cdot\mathbf{v}'(t)$$
$$= (6t^2\mathbf{i} - 2t\mathbf{j})\cdot\left(\frac{1}{t}\mathbf{i} + (\sin t)\mathbf{j}\right) + (2t^3\mathbf{i} - t^2\mathbf{j})\cdot\left(-\frac{1}{t^2}\mathbf{i} + (\cos t)\mathbf{j}\right)$$
$$= (6t^2)\left(\frac{1}{t}\right) + (-2t)(\sin t) + (2t^3)\left(-\frac{1}{t^2}\right) + (-t^2)(\cos t)$$
$$= 6t - 2t\sin t - 2t - t^2\cos t$$
$$= 4t - 2t\sin t - t^2\cos t.$$

注意向量函数点积的导数是一个标量函数.

验证：

$$\frac{d}{dt}[\mathbf{u}(t)\cdot\mathbf{v}(t)] = \frac{d}{dt}(2t^2 - t^2\sin t) = 4t - 2t\sin t - t^2\cos t.$$

CD-ROM
WEBsite
历史传记
Sir William Thomson
(1824 — 1907)

运动

再看一看图 9.26. 我们是对正 Δt 画的图，于是 $\Delta\mathbf{r}$ 顺着运动方向指向前. 向量 $\Delta\mathbf{r}/\Delta t$（未画出）跟 $\Delta\mathbf{r}$ 有相同方向，也指向前. 如果 Δt 是负的，$\Delta\mathbf{r}$ 将背着运动的方向指向后. 商 $\Delta\mathbf{r}/\Delta t$，即 $\Delta\mathbf{r}$ 的负数值倍数，

仍指向前. 从而, 不论 $\Delta \mathbf{r}$ 指向哪个方向, $\Delta \mathbf{r}/\Delta t$ 总指向前, 我们期望向量 $\mathrm{d}\mathbf{r}/\mathrm{d}t = \lim_{\Delta t \to 0} \Delta \mathbf{r}/\Delta t$, 当它异于零时, 也指向前. 这就意味着导数 $\mathrm{d}\mathbf{r}/\mathrm{d}t$ 正是我们为质点速度建模所需要的. 它指向运动的方向, 并且给出位置对于时间的变化率. 对于一条光滑曲线, 速度从不为零; 质点既不停止也不颠倒方向.

> **定义** 速度, 速率, 加速度, 运动的方向
> 若 $\mathbf{r}$ 是沿光滑平面曲线运动的质点的位置向量, 则在任何时刻 t,
> 1. $\mathbf{v}(t) = \dfrac{\mathrm{d}\mathbf{r}}{\mathrm{d}t}$ 是质点的**速度向量**, 并且与曲线相切
> 2. $|\mathbf{v}(t)|$, $\mathbf{v}(t)$ 的大小, 是质点的**速率**
> 3. $\mathbf{a}(t) = \dfrac{\mathrm{d}\mathbf{v}}{\mathrm{d}t} = \dfrac{\mathrm{d}^2\mathbf{r}}{\mathrm{d}t^2}$, 速度的导数或位置向量的二阶导数, 是质点的**加速度向量**
> 4. $\dfrac{\mathbf{v}}{|\mathbf{v}|}$, 一个单位向量, 是**运动方向**.

我们可以把运动质点的速度表示成它的速率和方向的乘积.

$$\text{速度} = |\mathbf{v}| \left(\frac{\mathbf{v}}{|\mathbf{v}|} \right) = (\text{速率})(\text{方向})$$

例6(研究圆周运动) 向量 $\mathbf{r}(t) = (3\cos t)\mathbf{i} + (3\sin t)\mathbf{j}$ 给出在半径为 3 中心在原点的圆周上逆时针运动的一个质点在时刻 t 的位置(图 9.28). 求

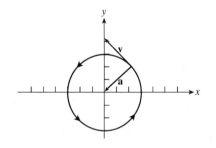

图 9.28 在 $t = \pi/4$, 速度向量 $-(3/\sqrt{2})\mathbf{i} + (3/\sqrt{2})\mathbf{j}$ 切于圆周, 而加速度向量 $-(3/\sqrt{2})\mathbf{i} - (3/\sqrt{2})\mathbf{j}$ 垂直于切线, 并指向圆心. (例 6)

(a) 速度和加速度向量
(b) 在 $t = \pi/4$ 的速度, 加速度, 速率和运动方向
(c) $\mathbf{v} \cdot \mathbf{a}$. 几何地解释这个结果.

解 (a) $\mathbf{v} = \dfrac{\mathrm{d}\mathbf{r}}{\mathrm{d}t} = (-3\sin t)\mathbf{i} + (3\cos t)\mathbf{j}$, $\mathbf{a} = \dfrac{\mathrm{d}\mathbf{v}}{\mathrm{d}t} = (-3\cos t)\mathbf{i} - (3\sin t)\mathbf{j}$

(b) 在 $t = \pi/4$, 质点的速度和加速度是

速度: $\mathbf{v}\left(\dfrac{\pi}{4}\right) = \left(-3\sin\dfrac{\pi}{4}\right)\mathbf{i} + \left(3\cos\dfrac{\pi}{4}\right)\mathbf{j} = -\dfrac{3}{\sqrt{2}}\mathbf{i} + \dfrac{3}{\sqrt{2}}\mathbf{j}$

加速度: $\mathbf{a}\left(\dfrac{\pi}{4}\right) = \left(-3\cos\dfrac{\pi}{4}\right)\mathbf{i} - \left(3\sin\dfrac{\pi}{4}\right)\mathbf{j} = -\dfrac{3}{\sqrt{2}}\mathbf{i} - \dfrac{3}{\sqrt{2}}\mathbf{j}$.

它的速率和方向是

速率：$\left|\mathbf{v}\left(\dfrac{\pi}{4}\right)\right| = \sqrt{\left(\dfrac{-3}{\sqrt{2}}\right)^2 + \left(\dfrac{3}{\sqrt{2}}\right)^2} = 3$

方向：$\dfrac{\mathbf{v}(\pi/4)}{|\mathbf{v}(\pi/4)|} = \dfrac{-3/\sqrt{2}}{3}\mathbf{i} + \dfrac{3/\sqrt{2}}{3}\mathbf{j} = -\dfrac{1}{\sqrt{2}}\mathbf{i} + \dfrac{1}{\sqrt{2}}\mathbf{j}.$

(c) $\mathbf{v} \cdot \mathbf{a} = 9\sin t\cos t - 9\sin t\cos t = 0$

这样,在这个例子里,$\mathbf{v}$ 和 $\mathbf{a}$ 对 t 的所有值都是垂直的.

在图 9.28 中,画出了路径以及在 $t = \pi/4$ 的速度和加速度向量.

例 7(研究运动) 向量 $\mathbf{r}(t) = (2t^3 - 3t^2)\mathbf{i} + (t^3 - 12t)\mathbf{j}$ 给出运动质点在时刻 t 的位置.
(a) 写出质点的路径在 $t = -1$ 对应的点的切线方程.
(b) 求路径上速度的水平分量为 0 的各点的坐标.

解 (a) $\mathbf{v}(t) = \dfrac{\mathrm{d}\mathbf{r}}{\mathrm{d}t} = (6t^2 - 6t)\mathbf{i} + (3t^2 - 12)\mathbf{j}$

在 $t = -1$, $\mathbf{r}(-1) = -5\mathbf{i} + 11\mathbf{j}$,且 $\mathbf{v}(-1) = 12\mathbf{i} - 9\mathbf{j}$. 于是,我们要求的是过点 $(-5, 11)$ 且斜率为 $-9/12 = -3/4$ 的直线方程.

$$y - 11 = -\dfrac{3}{4}(x+5) \quad \text{或} \quad y - \dfrac{3}{4}x + \dfrac{29}{4}$$

(b) 速度的水平分量是 $6t^2 - 6t$. 它当 $t = 0$ 和 $t = 1$ 时等于 0. 对应 $t = 0$ 的点是原点 $(0, 0)$;对应 $t = 1$ 的点是 $(-1, -11)$.

积分

在区间 I 上一个可微向量函数 $\mathbf{R}(t)$ 是向量函数 $\mathbf{r}(t)$ 的一个反导数,如果在 I 的每个点 t 都有 $\mathrm{d}\mathbf{R}/\mathrm{d}t = \mathbf{r}$. 通过一次处理一个分量,可以证明 $\mathbf{r}$ 的在 I 上的每个反导数有形式 $\mathbf{R} + \mathbf{C}$,$\mathbf{C}$ 是某个常向量(习题 35).

定义　不定积分

$\mathbf{r}$ 对 t 的**不定积分**是 $\mathbf{r}$ 的所有反导数的集合,用 $\int \mathbf{r}(t)\mathrm{d}t$ 表示,若 $\mathbf{R}$ 是 $\mathbf{r}$ 的任一反导数,则

$$\int \mathbf{r}(t)\mathrm{d}t = \mathbf{R}(t) + \mathbf{C}.$$

通常求不定积分的算术法则仍适用.

例 8　求反导数

$$\int((\cos t)\mathbf{i} - 2t\mathbf{j})\mathrm{d}t = \left(\int \cos t\,\mathrm{d}t\right)\mathbf{i} - \left(\int 2t\,\mathrm{d}t\right)\mathbf{j} \tag{3}$$

$$= (\sin t + C_1)\mathbf{i} - (t^2 + C_2)\mathbf{j} \tag{4}$$

$$= (\sin t)\mathbf{i} - t^2\mathbf{j} + \mathbf{C} \quad\quad \mathbf{C} = C_1\mathbf{i} + C_2\mathbf{j}$$

跟标量函数的积分法一样,我们建议省去写等式(3)和(4)的步骤,而直接写出最后的形式. 即求每个分量的反导数,再在末尾加上一个常向量.

跟导数和不定积分一样,向量函数的定积分也是对分量逐个计算.

定义　定积分

如果 $\mathbf{r}(t) = f(t)\mathbf{i} + g(t)\mathbf{j}$ 的分量在 $[a,b]$ 上是可积的,则 $\mathbf{r}$ 也如此,并且从 a 到 b 的 $\mathbf{r}$ 的定积分是

$$\int_a^b \mathbf{r}(t)\,dt = \left(\int_a^b f(t)\,dt\right)\mathbf{i} + \left(\int_a^b g(t)\,dt\right)\mathbf{j}.$$

例 9　求定积分的值

$$\int_0^\pi ((\cos t)\mathbf{i} - 2t\mathbf{j})\,dt = \left(\int_0^\pi \cos t\,dt\right)\mathbf{i} - \left(\int_0^\pi 2t\,dt\right)\mathbf{j}$$
$$= (\sin t\,|_0^\pi)\mathbf{i} - (t^2\,|_0^\pi)\mathbf{j} = 0\mathbf{i} - \pi^2\mathbf{j} = -\pi^2\mathbf{j}.$$

例 10（求路径）　在平面上运动的一个质点的速度向量（单位是米）

$$\frac{d\mathbf{r}}{dt} = \frac{1}{t+1}\mathbf{i} + 2t\mathbf{j}, \quad t \geq 0.$$

(**a**) 若 $t = 1$ 时 $\mathbf{r} = (\ln 2)\mathbf{i}$,求作为 t 的向量函数的质点位置.

(**b**) 求质点从 $t = 0$ 到 $t = 2$ 经过的距离.

解　(**a**) $\mathbf{r} = \left(\int \frac{dt}{t+1}\right)\mathbf{i} + \left(\int 2t\,dt\right)\mathbf{j} = (\ln(t+1))\mathbf{i} + t^2\mathbf{j} + \mathbf{C}$

$$\mathbf{r}(1) = (\ln 2)\mathbf{i} + \mathbf{j} + \mathbf{C} = (\ln 2)\mathbf{i}$$

于是 $\mathbf{C} = -\mathbf{j}$ 且

$$\mathbf{r} = (\ln(t+1))\mathbf{i} + (t^2 - 1)\mathbf{j}.$$

(**b**) 参数表示

$$x = \ln(t+1),\quad y = t^2 - 1,\quad 0 \leq t \leq 2$$

是光滑的,又因为 x 和 y 是 t 的增函数,当 t 从 0 增至 2 时,路径刚好经过一次（图 9.29）. 长度为

图 9.29　对 $0 \leq t \leq 2$ 例 10 中的质点的路径.

$$L = \int_0^2 \sqrt{\left(\frac{dx}{dt}\right)^2 + \left(\frac{dy}{dt}\right)^2}\,dt = \int_0^2 \sqrt{\left(\frac{1}{t+1}\right)^2 + (2t)^2}\,dt \approx 4.34 \text{ 米}.$$

习题 9.3

研究运动

在题 1-4 中, $\mathbf{r}(t)$ 是在平面上运动的质点在时刻 t 的位置.

T　(**a**) 画质点路径的图形.　　　　　　　　(**b**) 求速度和加速度向量.
　　(**c**) 求质点在给定时刻 t 运动的速率和方向.　(**d**) 把质点在该时刻的速度写成它的速率和方向的乘积.

1. $\mathbf{r}(t) = (2\cos t)\mathbf{i} + (3\sin t)\mathbf{j},\quad t = \pi/2$　　　　**2.** $\mathbf{r}(t) = (\cos 2t)\mathbf{i} + (2\sin t)\mathbf{j},\quad t = 0$

3. $\mathbf{r}(t) = (\sec t)\mathbf{i} + (\tan t)\mathbf{j},\quad t = \pi/6$　　　　**4.** $\mathbf{r}(t) = (2\ln(t+1))\mathbf{i} + (t^2)\mathbf{j},\quad t = 1$

习题 9.3

在题 5—8 中，$\mathbf{r}(t)$ 是在平面上运动的质点在时刻 t 的位置，求在给定时间区间内的速度和加速度向量垂直的一个或几个时刻.

5. $\mathbf{r}(t) = (t - \sin t)\mathbf{i} + (1 - \cos t)\mathbf{j}, \quad 0 \le t \le 2\pi$
6. $\mathbf{r}(t) = (\sin t)\mathbf{i} + t\mathbf{j}, \quad t \ge 0$
7. $\mathbf{r}(t) = (3\cos t)\mathbf{i} + (4\sin t)\mathbf{j}, \quad t \ge 0$
8. $\mathbf{r}(t) = (5\cos t)\mathbf{i} + (5\sin t)\mathbf{j}, \quad t \ge 0$

在题 9 和 10 中，$\mathbf{r}(t)$ 是在平面上运动的质点在时刻 t 的位置，求在给定的 t 的值，速度和加速度向量的夹角.

9. $\mathbf{r}(t) = (2\cos t)\mathbf{i} + (\sin t)\mathbf{j}, \quad t = \pi/4$
10. $\mathbf{r}(t) = (3t + 1)\mathbf{i} + (t^2)\mathbf{j}, \quad t = 0$

极限和连续

在题 11 和 12 中，(a) 求极限，求使函数 (b) 连续的 (c) 间断的 t 值.

11. $\lim\limits_{t \to 3}\left[t\mathbf{i} + \dfrac{t^2 - 9}{t^2 + 3t}\mathbf{j}\right]$
12. $\lim\limits_{t \to 0}\left[\dfrac{\sin 2t}{t}\mathbf{i} + (\ln(t+1))\mathbf{j}\right]$

切线和法线

在题 13 和 14 中，求曲线 $\mathbf{r}(t)$ 在给定的 t 的值确定的点的 (a) 切线和 (b) 法线.

13. $\mathbf{r}(t) = (\sin t)\mathbf{i} + (t^2 \cos t)\mathbf{j}, \quad t = 0$
14. $\mathbf{r}(t) = (2\cos t - 3)\mathbf{i} + (3\sin t + 1)\mathbf{j}, \quad t = \pi/4$

积分

在题 15—18 中，求积分的值.

15. $\int_1^2 \left[(6 - 6t)\mathbf{i} + 3\sqrt{t}\mathbf{j} \right] dt$
16. $\int_{-\pi/4}^{\pi/4} \left[(\sin t)\mathbf{i} + (1 + \cos t)\mathbf{j} \right] dt$
17. $\int \left[(\sec t \tan t)\mathbf{i} + (\tan t)\mathbf{j} \right] dt$
18. $\int \left[\dfrac{1}{t}\mathbf{i} + \dfrac{1}{5-t}\mathbf{j} \right] dt$

初值问题

在题 19—22 中，解作为 t 的向量函数 $\mathbf{r}(t)$ 的初值问题.

19. $\dfrac{d\mathbf{r}}{dt} = \dfrac{3}{2}(t+1)^{1/2}\mathbf{i} + e^{-t}\mathbf{j}, \quad \mathbf{r}(0) = \mathbf{0}$
20. $\dfrac{d\mathbf{r}}{dt} = (t^3 + 4t)\mathbf{i} + t\mathbf{j}, \quad \mathbf{r}(0) = \mathbf{i} + \mathbf{j}$
21. $\dfrac{d^2\mathbf{r}}{dt^2} = -32\mathbf{j}, \mathbf{r}(0) = 100\mathbf{i}, \quad \left.\dfrac{d\mathbf{r}}{dt}\right|_{t=0} = 8\mathbf{i} + 8\mathbf{j}$
22. $\dfrac{d^2\mathbf{r}}{dt^2} = -\mathbf{i} - \mathbf{j}, \mathbf{r}(0) = 10\mathbf{i} + 10\mathbf{j}, \quad \left.\dfrac{d\mathbf{r}}{dt}\right|_{t=0} = \mathbf{0}$

路径和运动

23. **求行进距离** 一个质点于时刻 t 在平面上的位置由下式给定：
$$\mathbf{r}(t) = (1 - \cos t)\mathbf{i} + (t - \sin t)\mathbf{j}.$$
求质点沿路径从 $t = 0$ 到 $t = 2\pi/3$ 行进路径的长度.

24. **路径的长度** 设 C 是由下式描绘的路径：
$$\mathbf{r}(t) = \left(\dfrac{1}{4}e^{4t} - t\right)\mathbf{i} + (e^{2t})\mathbf{j}, \quad 0 \le t \le 2.$$
(a) 求 C 的起点和终点.   (b) 求 C 的长度.

25. **在一个路径上的速度** 一个质点的位置由下式给定：
$$\mathbf{r}(t) = (\sin t)\mathbf{i} + (\cos 2t)\mathbf{j}.$$
(a) 求质点的速度向量.
(b) 对区间 $0 \le t \le 2\pi$ 上的 t 的什么值 $d\mathbf{r}/dt$ 等于 $\mathbf{0}$？

(c) **为学而写** 求一条包含质点路径的曲线的笛卡儿方程. 笛卡儿方程的图形的哪一部分是由质点描绘的? 描述 t 从 0 增加到 2π 时质点的运动.

26. **回访例** 7 一个质点的位置由 $\mathbf{r}(t) = (2t^3 - 3t^2)\mathbf{i} + (t^3 - 12t)\mathbf{j}$ 给定.
    (a) 求用 t 表示的 dy/dx.
    (b) **为学而写** 求路径的每个临界点(即 dy/dx 是零或不存在的点)的 x 坐标和 y 坐标. 路径在临界点是否有竖直或水平切线. 解释之.

27. **求位置向量** 在时刻 $t = 0$, 一个质点位于点 $(1,2)$. 它沿直线走到点 $(4,1)$, 它在 $(1,2)$ 速率为 2 并有常加速度 $3\mathbf{i} - \mathbf{j}$. 求质点在时刻 t 的位置向量 $\mathbf{r}(t)$ 的方程.

28. **研究一个运动** $t > 0$ 时质点的路径由下式给定:
$$\mathbf{r}(t) = \left(t + \frac{2}{t}\right)\mathbf{i} + (3t^2)\mathbf{j}.$$
    (a) 求路径上质点速度的水平分量是零的各点的坐标.
    (b) 求 $t = 1$ 时的 dy/dx. (c) 求 $y = 12$ 时的 d^2y/dx^2.

29. **圆形路径上的运动** (a) 到 (e) 的每个方程描述路径为单位圆周 $x^2 + y^2 = 1$ 的质点的运动. 尽管 (a) 到 (e) 的质点的路径相同, 每个质点的行为, 或"动力学"是各不相同的. 对每个质点, 回答下列问题:
    i. 质点是否有常速率? 如果有, 常速率是多少?
    ii. 质点的加速度向量是否总是正交于它的速度向量?
    iii. 质点绕原点顺时针还时逆时针运动?
    iv. 质点是否从点 $(1,0)$ 出发?
    (a) $\mathbf{r}(t) = (\cos t)\mathbf{i} + (\sin t)\mathbf{j}, t \geq 0$ (b) $\mathbf{r}(t) = (\cos 2t)\mathbf{i} + (\sin 2t)\mathbf{j}, t \geq 0$
    (c) $\mathbf{r}(t) = \cos(t - \pi/2)\mathbf{i} + \sin(t - \pi/2)\mathbf{j}, t \geq 0$ (d) $\mathbf{r}(t) = (\cos t)\mathbf{i} - (\sin t)\mathbf{j}, t \geq 0$
    (e) $\mathbf{r}(t) = \cos(t^2)\mathbf{i} + \sin(t^2)\mathbf{j}, t \geq 0$

30. **在抛物线上的运动** 质点沿抛物线 $y^2 = 2x$ 的上半部从左到右以常速率每分钟 5 个单位运动. 求它经过点 $(2,2)$ 时的速度.

应用

31. **放飞一个风筝** 风筝的位置由下式给定:
$$\mathbf{r}(t) = \frac{t}{8}\mathbf{i} - \frac{3}{64}t(t - 160)\mathbf{j},$$
    其中 $t \geq 0$ 以秒测量, 而距离以米测量.
    (a) 风筝在地面以上多长时间?
    (b) 在 $t = 40$ 秒时风筝有多高?
    (c) 在 $t = 40$ 秒时风筝高度增加的速率是多少?
    (d) 在什么时刻风筝高度开始下降?

32. **质点相碰** 关于时刻 t 的两个质点的路径由下两式给定:
$$\mathbf{r}_1(t) = (t-3)\mathbf{i} + (t-3)^2\mathbf{j}.$$
$$\mathbf{r}_2(t) = \left(\frac{3t}{2} - 4\right)\mathbf{i} + \left(\frac{3t}{2} - 2\right)\mathbf{j}$$
    (a) 确定质点相碰的一个或几个时刻.
    (b) 求每个质点在相碰时刻的运动方向.

33. **在圆形轨道上的人造卫星** 一个质量为 m 的人造卫星以常速率 v 绕质量为 M 的行星在半径为 r_0 的圆形轨道上运动, r_0 是从行星的质心

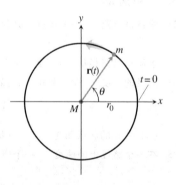

第 33 题图

测量的. 以下列步骤确定人造卫星的轨道周期(完成全轨道运行一次的时间).

(a) 在轨道平面建立坐标系,把原点放在行星的质心,行星在 $t = 0$ 位于 x 轴上并且逆时针方向运行,见附图. 设 $\mathbf{r}(t)$ 是人造卫星在时刻 t 的位置. 证明 $\theta = vt/r_0$,并且由此证明

$$\mathbf{r}(t) = \left(r_0 \cos \frac{vt}{r_0}\right)\mathbf{i} + \left(r_0 \sin \frac{vt}{r_0}\right)\mathbf{j}.$$

(b) 求人造卫星的加速度.

(c) 根据 Newton 重力定律,行星作用在人造卫星上的重力指向原点并由下式给出:

$$\mathbf{F} = \left(-\frac{GmM}{r_0^2}\right)\frac{\mathbf{r}}{r_0},$$

其中 G 是普适重力常数. 根据 Newton 第二定律,$\mathbf{F} = m\mathbf{a}$,证明 $v^2 = GM/r_0$.

(d) 证明轨道周期 T 满足 $vT = 2\pi r_0$.

(e) 从部分(c)和(d)推出

$$T^2 = \frac{4\pi^2}{GM} r_0^3;$$

即圆形轨道上的人造卫星周期的平方正比于从轨道中心算起的半径的立方.

34. **划船横过河流** 一条直河宽 100 米. 一艘划艇在时刻 $t = 0$ 离开远岸. 划艇上的人总是朝着近岸以 20 米/分 的速率划划艇. 河流在 (x, y) 的速度是

$$\mathbf{v} = \left(-\frac{1}{250}(y - 50)^2 + 10\right)\mathbf{i} \text{ 米/分}, \quad 0 < y < 100.$$

(a) 给定 $\mathbf{r}(0) = 0\mathbf{i} + 100\mathbf{j}$,划艇在时刻 t 时的位置在哪里?

(b) 划艇在下游多远处在近岸靠岸?

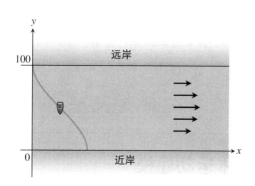

理论和例子

35. **向量函数的反导数**

(a) 用 3.2 节的推论 2(对标量函数的中值定理的推论)证明在一个区间 I 上有相等导数的两个向量函数 $\mathbf{R}_1(t)$ 和 $\mathbf{R}_2(t)$ 在整个 I 上相差一个常向量.

(b) 利用部分(a)的结果证明:若 $\mathbf{R}(t)$ 是 $\mathbf{r}(t)$ 在 I 上的一个反导数,则 $\mathbf{r}(t)$ 在 I 上的每个反导数等于 $\mathbf{R}(t) + \mathbf{C}$,$\mathbf{C}$ 是某个常向量.

36. **常-长度向量函数** 设 $\mathbf{v}$ 是 t 的一个可微向量函数. 证明:若对所有 t 有 $\mathbf{v} \cdot (d\mathbf{v}/dt) = 0$,则 $|\mathbf{v}|$ 是常数.

37. **常函数法则** 证明若 $\mathbf{u}$ 是一个取常值 $\mathbf{C}$ 的向量函数,则 $d\mathbf{u}/dt = \mathbf{0}$.

38. **数值倍数法则**

(a) 证明:若 $\mathbf{u}$ 是 t 的可微向量函数,而 c 是任意实数,则

$$\frac{d(c\mathbf{u})}{dt} = c\frac{d\mathbf{u}}{dt}.$$

(b) 证明:若 **u** 是 t 的可微向量函数,而 f 是 t 的可微标量函数,则

$$\frac{d(f\mathbf{u})}{dt} = \frac{df}{dt}\mathbf{u} + f\frac{d\mathbf{u}}{dt}.$$

39. 和与差法则 证明:若 **u** 和 **v** 是 t 的可微向量函数,则

(a) $\dfrac{d}{dt}(\mathbf{u} + \mathbf{v}) = \dfrac{d\mathbf{u}}{dt} + \dfrac{d\mathbf{v}}{dt}.$ (b) $\dfrac{d}{dt}(\mathbf{u} - \mathbf{v}) = \dfrac{d\mathbf{u}}{dt} - \dfrac{d\mathbf{v}}{dt}.$

40. 链式法则 证明:若 **u** 是 s 的可微向量函数,而 $s = f(t)$ 是 t 的可微标量函数,则

$$\frac{d}{dt}[\mathbf{u}(f(t))] = f'(t)\mathbf{u}'(f(t)).$$

41. 可微向量函数是连续的 证明:若 $\mathbf{r}(t) = f(t)\mathbf{i} + g(t)\mathbf{j}$ 在 $t = c$ 是可微的,则 **r** 在 c 也是连续的.

42. 积分性质 确立可积向量函数的下列性质.

(a) 常数倍数法则:对任意数值常数 k,有

$$\int_a^b k\mathbf{r}(t)dt = k\int_a^b \mathbf{r}(t)dt.$$

(b) 和与差法则:

$$\int_a^b (\mathbf{r}_1(t) \pm \mathbf{r}_2(t))dt = \int_a^b \mathbf{r}_1(t)dt \pm \int_a^b \mathbf{r}_2(t)dt.$$

(c) 常向量倍数法则:对任意常向量 **C**,有

$$\int_a^b \mathbf{C} \cdot \mathbf{r}(t)dt = \mathbf{C} \cdot \int_a^b \mathbf{r}(t)dt.$$

43. 微积分基本定理 对实变量的标量函数的微积分基本定理对实变量的向量函数也成立.

(a) 用标量函数的定理证明:若 $\mathbf{r}(t)$ 对 $a \leq t \leq b$ 是连续的,则对 $[a,b]$ 的每个点 t 有

$$\frac{d}{dt}\int_a^t \mathbf{r}(q)dq = \mathbf{r}(t).$$

(b) 用题 35 部分(b)的结论证明:若 **R** 是 **r** 在 $[a,b]$ 上的任意反导数,则

$$\int_a^b \mathbf{r}(t)dt = \mathbf{R}(b) - \mathbf{R}(a).$$

9.4 对抛射体运动建模

理想抛射体运动 • 高度,飞行时间和射程 • 理想轨道是抛物线 • 从 (x_0, y_0) 发射 • 刮风时的抛射体运动

当我们发射一个抛射物到空中时,通常我们想预先知道它将走多远(走多远到达目标?),它将上升多高(升多高它将越过山丘?),以及何时着地(何时达到预期效果?)我们从抛射体的初速度向量的方向和大小并用 Newton 第二运动定律获得这些信息.

理想抛射体运动

我们将要为理想抛射体运动建模.这就是假定抛射体的行为像一个在竖直坐标平面内运动的质点,并且抛射体在(靠近地球表面)飞行过程中作用在它上面的唯一的力是总指向正下方的常重力.

我们假设抛射体在时刻 $t=0$ 以初速度 $\mathbf{v}_0$ 被发射到第一象限(图9.30). 若 $\mathbf{v}_0$ 跟水平线成角 α, 则
$$\mathbf{v}_0 = (|\mathbf{v}_0|\cos\alpha)\mathbf{i} + (|\mathbf{v}_0|\sin\alpha)\mathbf{j}.$$

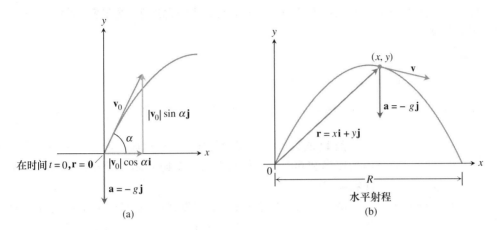

图9.30 (a) 在 $t=0$ 时的位置、速度、加速度及抛射角; (b) 在一个随后时间 t 时的位置、速度和加速度.

若用简化的记号 v_0 表示初速率 $|\mathbf{v}_0|$, 则
$$\mathbf{v}_0 = (v_0\cos\alpha)\mathbf{i} + (v_0\sin\alpha)\mathbf{j}. \tag{1}$$
抛射体的初位置是
$$\mathbf{r}_0 = 0\mathbf{i} + 0\mathbf{j} = \mathbf{0}. \tag{2}$$

Newton 第二运动定律告诉我们: 作用在抛射体上的力等于抛射体的质量乘它的加速度, 即 $m(\mathrm{d}^2\mathbf{r}/\mathrm{d}t^2)$, 这里 $\mathbf{r}$ 是抛射体的位置向量, 而 t 是时间. 若力仅仅是重力 $-mg\mathbf{j}$, 则
$$m\frac{\mathrm{d}^2\mathbf{r}}{\mathrm{d}t^2} = -mg\mathbf{j} \quad \text{随之} \quad \frac{\mathrm{d}^2\mathbf{r}}{\mathrm{d}t^2} = -g\mathbf{j}.$$

我们通过解下列初值问题求 t 的函数 $\mathbf{r}$.

微分方程: $\dfrac{\mathrm{d}^2\mathbf{r}}{\mathrm{d}t^2} = -g\mathbf{j}$

初始条件: 当 $t=0$ 时 $\mathbf{r} = \mathbf{r}_0$ 且 $\dfrac{\mathrm{d}\mathbf{r}}{\mathrm{d}t} = \mathbf{v}_0$

积分一次给出
$$\frac{\mathrm{d}\mathbf{r}}{\mathrm{d}t} = -(gt)\mathbf{j} + \mathbf{v}_0.$$

再次积分给出
$$\mathbf{r} = -\frac{1}{2}gt^2\mathbf{j} + \mathbf{v}_0 t + \mathbf{r}_0.$$

代入等式(1)和(2)中的 $\mathbf{v}_0$ 和 $\mathbf{r}_0$ 的值, 即得
$$\mathbf{r} = -\frac{1}{2}gt^2\mathbf{j} + \underbrace{(v_0\cos\alpha)t\mathbf{i} + (v_0\sin\alpha)t\mathbf{j}}_{\mathbf{v}_0 t} + \mathbf{0}$$

或

$$\mathbf{r} = (v_0\cos\alpha)t\mathbf{i} + \left((v_0\sin\alpha)t - \frac{1}{2}gt^2\right)\mathbf{j}. \tag{3}$$

方程(3)是理想抛射体运动的**向量方程**. 角 α 是抛射体的**抛射角(发射角,仰角)**,而 v_0 是我们前面提到的初速率.

$\mathbf{r}$ 的分量给出

$$x = (v_0\cos\alpha)t \quad \text{和} \quad y = (v_0\sin\alpha)t - \frac{1}{2}gt^2, \tag{4}$$

其中 x 是在时刻 $t \geqslant 0$ 抛射体离开发射点的水平距离,而 y 是在时刻 $t \geqslant 0$ 抛射体的高度.

CD-ROM
WEBsite
历史传记

Joseph Louis Lagrange
(1736 — 1813)

例 1 (发射一个理想抛射体) 从地面上的原点以 500 米 / 秒的初速率和 $60°$ 的抛射角发射一个抛射体. 发射后 10 秒钟时抛射体在哪里?

解 我们利用方程(3)求发射后 10 秒钟时的抛射体位置向量的分量,其中 $v_0 = 500, \alpha = 60°, g = 9.8$,而 $t = 10$,

$$\mathbf{r} = (v_0\cos\alpha)t\mathbf{i} + \left((v_0\sin\alpha)t - \frac{1}{2}gt^2\right)\mathbf{j}$$

$$= (500)\left(\frac{1}{2}\right)(10)\mathbf{i} + \left((500)\left(\frac{\sqrt{3}}{2}\right)10 - \left(\frac{1}{2}\right)(9.8)(100)\right)\mathbf{j}$$

$$\approx 2500\mathbf{i} + 3840\mathbf{j}.$$

解释 发射后 10 秒钟,抛射体大约在空中高度为 3840 米,离开发射点的水平距离为 2500 米.

高度,飞行时间和射程

方程(3)使我们能够回答有关从原点发射的理想抛射体的大部分问题.

抛射体在它的竖直速度分量为零时,即当

$$\frac{\mathrm{d}y}{\mathrm{d}t} = v_0\sin\alpha - gt = 0, \quad \text{或} \quad t = \frac{v_0\sin\alpha}{g}.$$

时达到最高高度. 对这个 t 值, y 的值是

$$y_{\max} = (v_0\sin\alpha)\left(\frac{v_0\sin\alpha}{g}\right) - \frac{1}{2}g\left(\frac{v_0\sin\alpha}{g}\right)^2 = \frac{(v_0\sin\alpha)^2}{2g}.$$

为求抛射体何时着地,我们令方程(3)中的竖直分量为零并由此解出 t.

$$(v_0\sin\alpha)t - \frac{1}{2}gt^2 = 0$$

$$t\left(v_0\sin\alpha - \frac{1}{2}gt\right) = 0$$

$$t = 0, \quad t = \frac{2v_0\sin\alpha}{g}$$

因为抛射体是在时刻 $t = 0$ 发射, $(2v_0\sin\alpha)/g$ 必然是抛射体碰到地面的时刻.

为求抛射体的**射程**,即从原点到水平地面的碰撞点的距离,我们求水平分量当 $t = (2v_0\sin\alpha)/g$

时的值.

$$x = (v_0 \cos \alpha) t$$

$$R = (v_0 \cos \alpha)\left(\frac{2v_0 \sin \alpha}{g}\right) = \frac{v_0^2}{g}(2\sin \alpha \cos \alpha) = \frac{v_0^2}{g}\sin 2\alpha$$

射程当 $\sin 2\alpha = 1$ 时即 $\alpha = 45°$ 时最大.

理想抛射体运动的高度,飞行时间和射程

对一个物体从水平地面上的原点发射的初速率为 v_0 抛射角为 α 的理想抛射体运动:

最大高度: $y_{\max} = \dfrac{(v_0 \sin \alpha)^2}{2g}$

飞行时间: $t = \dfrac{2v_0 \sin \alpha}{g}$

射程: $R = \dfrac{v_0^2}{g}\sin 2\alpha.$

例2(研究理想抛射体运动)   求一个抛射体的最大高度,飞行时间和射程,该抛射体从水平面上的原点发射,初速率为 500 米/秒,而抛射角为 60°(例1 的同一抛射体).

解

最大高度: $y_{\max} = \dfrac{(v_0 \sin \alpha)^2}{2g} = \dfrac{(500 \sin 60°)^2}{2(9.8)} \approx 9566.33$ 米

飞行时间: $t = \dfrac{2v_0 \sin \alpha}{g} = \dfrac{2(500)\sin 60°}{9.8} \approx 88.37$ 秒

射程: $R = \dfrac{v_0^2}{g}\sin 2\alpha = \dfrac{(500)^2 \sin 120°}{9.8} \approx 22092.48$ 米

由方程(3),抛射体的位置向量是

$$\mathbf{r} = (v_0 \cos \alpha) t \mathbf{i} + \left((v_0 \sin \alpha) t - \frac{1}{2} g t^2\right)\mathbf{j}$$

$$= (500\cos 60°) t \mathbf{i} + \left((500\sin 60°) t - \frac{1}{2}(9.8) t^2\right)\mathbf{j}$$

$$= 250 t \mathbf{i} + ((250\sqrt{3}) t - 4.9 t^2)\mathbf{j}.$$

抛射体的路径的图形画在图 9.31 中.

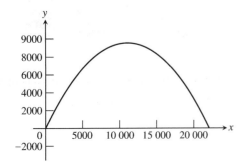

图 9.31 参数方程 $x = 250 t$, $y = (250\sqrt{3}) t - 4.9 t^2, 0 \leqslant t \leqslant 88.4$ 的图形.

理想轨道是抛物线

CD-ROM
WEBsite
历史传记
Henry Briggs
(1561 — 1631)

常常说管子流出的水在空中划出一条抛物线,但任何人充分仔细地观察时会看到其实并非如此.空气减缓了水的降落,而它前进得又太慢,以致于最后不能跟它的的下落速率保持同步.

真正能够说的是理想抛射体沿抛物线运动,并且可以从方程(4)看出这一事实.把从第一个方程解得的 $t = x/(v_0\cos\alpha)$ 代入第二个,我们得到笛卡儿坐标方程

$$y = -\left(\frac{g}{2v_0^2\cos^2\alpha}\right)x^2 + (\tan\alpha)x.$$

这个方程的形式是 $y = ax^2 + bx$,它的图形正是抛物线.

从 (x_0, y_0) 发射

如果我们从点 (x_0, y_0) 发射理想抛射体,而不是在原点发射(图9.32),那么运动路径的位置向量是

$$\mathbf{v} = (x_0 + (v_0\cos\alpha)t)\mathbf{i}$$
$$+ \left(y_0 + (v_0\sin\alpha)t - \frac{1}{2}gt^2\right)\mathbf{j}, \quad (5)$$

在题19中要求你证明这一事实.

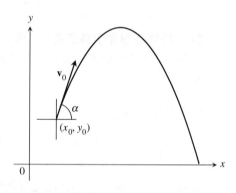

图 9.32 从 (x_0, y_0) 与水平线成 α 度角的发射初速度为 $\mathbf{v}_0$ 的一个抛射体的路径.

例3(发射一支燃烧的箭) 在 Barcelona1992 夏季奥运会开幕式上,射箭铜牌获得者 Antonio Rebollo 用一支燃烧的箭点燃奥林匹克火炬(图9.33).假定 Rebollo 在地面以上6英尺距70英尺高的火炬台90英尺处射箭,并且要使箭恰好在火炬中心以上4英尺处达到最大高度(图9.34).

图 9.33 西班牙射箭手 Antonio Rebollo 用燃烧的箭点燃 Barcelona 的 Olympic 火炬.

(**a**) 用初速率 v_0 和发射角 α 表示 $y_{\max}$.
(**b**) 用 $y_{\max} = 74$ (图 9.34) 和部分 (a) 的结果求 $v_0 \sin \alpha$ 的值.
(**c**) 求 $v_0 \cos \alpha$ 的值.
(**d**) 求箭的初发射角.

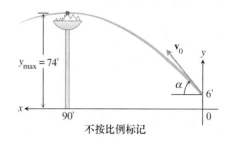

图 9.34　点燃 Olympic 火炬的箭的理想路径.

解　(**a**) 我们使用一个坐标系,其正 **x** 轴沿地面朝左,以便跟图 9.33 的第二幅照片匹配,燃烧的箭在 **t** = 0 的坐标是 $\mathbf{x}_0 = 0$ 和 $\mathbf{y}_0 = 6$ (图 9.34). 我们有

$$\mathbf{y} = \mathbf{y}_0 + (\mathbf{v}_0 \sin \boldsymbol{\alpha})\mathbf{t} - \frac{1}{2}\mathbf{g}\mathbf{t}^2 \quad \text{方程}(5), \mathbf{j} \text{ 分量}$$

$$= 6 + (v_0 \sin \alpha)t - \frac{1}{2}gt^2. \quad y_0 = 6$$

我们通过令 $dy/dt = 0$ 解出 t 来求箭到达最高点的时刻,得到

$$t = \frac{v_0 \sin \alpha}{g}.$$

对 t 的这个值,y 的值是

$$y_{\max} = 6 + (v_0 \sin \alpha)\left(\frac{v_0 \sin \alpha}{g}\right) - \frac{1}{2}g\left(\frac{v_0 \sin \alpha}{g}\right)^2$$

$$= 6 + \frac{(v_0 \sin \alpha)^2}{2g}.$$

(**b**) 利用 $y_{\max} = 74$ 和 $g = 32$,我们从部分(a)的上述方程看出

$$74 = 6 + \frac{(v_0 \sin \alpha)^2}{2(32)}$$

或

$$v_0 \sin \alpha = \sqrt{(68)(64)}.$$

(**c**) 当箭到达 $y_{\max}$,它到火炬中心行进的水平距离是 $x = 90$ 英尺. 我们把部分(a)的到达 $y_{\max}$ 的时间和水平距离 $x = 90$ 英尺代入到方程(5)的 **i** 分量中,即得

$$x = x_0 + (v_0 \cos \alpha)t \quad \text{方程}(5), \mathbf{i} \text{ 分量}$$

$$90 = 0 + (v_0 \cos \alpha)t \quad x = 90, x_0 = 0$$

$$= (v_0 \cos \alpha)\left(\frac{v_0 \sin \alpha}{g}\right). \quad t = (v_0 \sin \alpha)/g$$

对 $v_0 \cos \alpha$ 解这个方程并用 $g = 32$ 和部分(b)的结果,我们有

$$v_0 \cos \alpha = \frac{90g}{v_0 \sin \alpha} = \frac{(90)(32)}{\sqrt{(68)(64)}}.$$

(**d**) 部分(b)和(c)告诉我们

$$\tan \alpha = \frac{v_0 \sin \alpha}{v_0 \cos \alpha} = \frac{\left(\sqrt{(68)(64)}\right)^2}{(90)(32)} = \frac{68}{45}$$

或

$$\alpha = \tan^{-1}\left(\frac{68}{45}\right) \approx 56.5°$$

这就是 Rebolle 的发射角.

刮风时的抛射体运动

下一个例子说明如何考虑作用在抛射体上的另一个力. 我们还假定例 4 中的棒球位于一个竖直片面内.

例 4(击棒球) 一个棒球在地面上 3 英尺处被击. 它离开球棒时的初速率是 152 英尺／秒,并与水平线成 $20°$ 角. 在球被击的时刻,刮来一股和球向场外的运动方向相反的水平方向的瞬时风,这就使球的初速度加上一个分量 $-8.8\mathbf{i}$(英尺／秒)(8.8 英尺／秒 = 6 英里／时).

(a) 求棒球路径位置向量方程.

(b) 棒球飞多高? 又何时达到最高高度?

(c) 假定球未被截获,求它的射程和飞行时间.

解 (a) 用方程(1)并考虑风的影响,棒球的初速度是

$$\mathbf{v}_0 = (v_0 \cos \alpha)\mathbf{i} + (v_0 \sin \alpha)\mathbf{j} - 8.8\mathbf{i}$$
$$= (152 \cos 20°)\mathbf{i} + (152 \sin 20°)\mathbf{j} - (8.8)\mathbf{i}$$
$$= (152 \cos 20° - 8.8)\mathbf{i} + (152 \sin 20°)\mathbf{j}.$$

初位置是 $\mathbf{r}_0 = 0\mathbf{i} + 3\mathbf{j}$. 积分 $d^2\mathbf{r}/dt^2 = -g\mathbf{j}$ 得

$$\frac{d\mathbf{r}}{dt} = (gt)\mathbf{j} + \mathbf{v}_0.$$

再次积分得

$$\mathbf{r} = -\frac{1}{2}gt^2\mathbf{j} + \mathbf{v}_0 t + \mathbf{r}_0.$$

把 $\mathbf{v}_0$ 和 $\mathbf{r}_0$ 的值代入上一方程即得棒球的位置向量.

$$\mathbf{r} = -\frac{1}{2}gt^2\mathbf{j} + \mathbf{v}_0 t + \mathbf{r}_0$$
$$= -16t^2\mathbf{j} + (152 \cos 20° - 8.8)t\mathbf{i} + (152 \sin 20°)t\mathbf{j} + 3\mathbf{j}$$
$$= (152 \cos 20° - 8.8)t\mathbf{i} + (3 + (152 \sin 20°)t - 16t^2)\mathbf{j}.$$

(b) 棒球在速度的竖直分量为零,或

$$\frac{dy}{dt} = 152 \sin 20° - 32t = 0,$$

时达到最高点,对 t 求解,得

$$t = \frac{152 \sin 20°}{32} \approx 1.62 \text{ 秒}.$$

把这个时间代到 $\mathbf{r}$ 的竖直分量就得到最大高度:

$$y_{\max} = 3 + (152 \sin 20°)(1.62) - 16(1.62)^2$$
$$\approx 45.2 \text{ 英尺}.$$

即棒球的最大高度大约是 45.2 英尺,达到最大高度的时间是大约离开球棒后 1.6 秒.

(c) 为求棒球何时落地,我们令 $\mathbf{r}$ 的竖直分量等于 0 并对 t 求解:

$$3 + (152 \sin 20°)t - 16t^2 = 0$$
$$3 + (51.99)t - 16t^2 = 0.$$

解出的值是大约 $t = 3.3$ sec 和 $t = -0.06$ sec. 把正的时间代入 **r** 的竖直分量,我们求得射程
$$R = (152 \cos 20° - 8.8)(3.3)$$
$$\approx 442.3 \text{ 英尺}$$

于是,水平射程是大约 442.3 英尺,而飞行时间是大约 3.3 秒.

在题 29 至 31 题中,我们考虑存在使飞行变慢的空气阻力时的抛射体运动.

习题 9.4

下列各题中飞行的抛射体都被看作是理想的,除非另有说明. 所有的抛射角都是从水平面算起的. 假设所有的抛射体都从水平面上的原点发射,除非另有说明.

1. **行进时间** 一个抛射体以速率 840 米/秒和 60° 角发射. 它经过多长时间沿水平方向行进 21 千米.
2. **求枪口速度** 求最大射程为 24.5 千米的枪的枪口速度.
3. **飞行时间和高度** 一个抛射体以初速率 500 米/秒和仰角 45° 发射.
   (a) 抛射体何时与多远处落地?
   (b) 抛射体在水平方向飞行 5 千米时在空中的高度是多少?
   (c) 抛射体达到的最大高度是多少?
4. **掷棒球** 一个棒球从场地上方高 32 英尺的看台以与水平线成 30° 的仰角被掷出,若初速率为 32 英尺/秒,何时和多远球将撞击地面?
5. **推铅球** 一个运动员以与水平成 45° 的角从地面以上 6.5 英尺处以 44 英尺/秒的初速率推一个 6.5 磅的铅球,见右图. 铅球在抛出后多久和在离挡板内边多远处落地?
6. (续第 5 题) 由于初始的仰角,第 5 题中的铅球比用 40° 角投掷时行进得更远,远多少?以英寸为单位回答.
7. **发射高尔夫球** 一个弹簧枪以 45° 角在地面发射一个高尔夫球. 球在 10 米远处落地.
   (a) 球的初速率是多少?
   (b) 对于同样的初速率,求两个发射角,它们使射程为 6 米.
8. **发射电子** TV 管以 5×10^6 米/秒的速率水平发射电子到 40 厘米远的另一面. 在电子碰撞管的另一面之前,电子降落多少?
9. **求高尔夫球的速率** 实验室旨在发现不同硬度的高尔夫球被长球竿击打时行进多远. 试验显示,100-压缩的球被一个速率为 100 英里/时发射角为 9° 的竿头撞击时射程为 248.8 码. 球的发射速率是多少?(它大于 100 英里/时. 与竿头向前运动的同时,被压缩的球反弹离开竿面,给球一个附加速率.)
10. **为学而写** 人弹以初速率 $v_0 = 80\sqrt{10/3}$ 英尺/秒发射. 马戏团表演者(自然是身材合适的)希望落在一个位于水平距离为 200 英尺的和炮口同样高度的软垫上. 马戏表演在一个其高于炮口 75 英尺的平天花板的大厅进行. 表演者能否被发射落在软垫上又碰不到天花板?如果能,炮的仰角是多少?
11. **为学而写** 一个高尔夫球以 30° 角和 90 英尺/秒的速率离开地面. 它将越过路线上的水平距离 135 英尺处 30 英尺高的树的顶部吗?解释之.

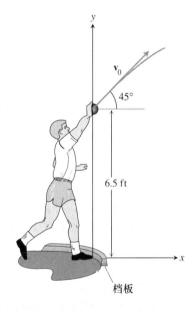

第 5、6 题图

12. **高处球洞区**　如附图所示,一个高尔夫球以116英尺/秒的初速率和45°的仰角被击打,它从球座飞向球洞区.假设旗竿和球座的水平距离是369英尺,没有挡路.球在距旗竿多远处落地.

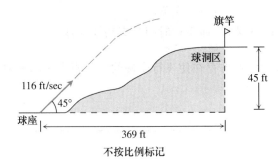

13. **绿魔(Green Monster)**　一个棒球被Boston红袜队的球员以20°角在高于地面3英尺处击打,球刚好飞越"绿魔",Fenway球场(2002赛季后退役)的左-场墙.这面墙37英尺高,距本垒315英尺(见下图).
    (a) 球的初速率是多少?
    (b) 球经过多久到达这面墙?

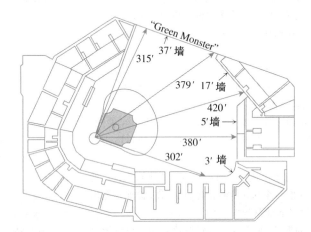

14. **等射程发射角**　证明一个抛射体以$0 < \alpha < 90°$度的抛射角发射跟以同样的速率和$(90 - \alpha)$度的抛射角发射的抛射体有同样的射程.(在考虑空气阻力时失去这种对称性.)

15. **等射程发射角**　两个多大的仰角使抛射体到达水平距离为16千米跟枪有同样高度的目标?假定抛射体的初速率为400米/秒.

16. **相对速率的射程和高度**
    (a) 证明在给定的抛射角下,若抛射体的初速率变为两倍则射程变为4倍.
    (b) 为使高度和射程加倍,初速率增加大约多少百分比?

17. **推铅球**　1987年在Moscow,Natalya Lisouskaya创造一项女子世界纪录,她推一个8磅13盎斯的铅球73英尺10英寸远.假定以和水平线成40°的角在高于地面6.5英尺处投掷铅球,铅球的初速率是多少?

18. **相对时间的高度**　证明一个抛射体的达到最大高度所经过的时间的一半达到四分之三的最大高度.

19. **从(x_0, y_0)发射**　通过解平面上的向量 **r** 的下列初值问题

微分方程:　$\dfrac{d^2 \mathbf{r}}{dt^2} = -g\mathbf{j}$

初条件:　$\mathbf{r}(0) = x_0 \mathbf{i} + y_0 \mathbf{j}$

　　　　$\dfrac{d\mathbf{r}}{dt}(0) = (v_0 \cos \alpha)\mathbf{i} + (v_0 \sin \alpha)\mathbf{j}$

导出方程
$$y = x_0 + (v_0 \cos \alpha)t,$$
$$y = y_0 + (v_0 \sin \alpha)t - \frac{1}{2}gt^2,$$

(见课文中的方程5)

20. **燃烧的箭** 用例3中求得的角,求燃烧的箭离开 Rebollo 的弓时的速率. 见图 9.34.

21. **燃烧的箭** 例3中的火炬台直径 12 英尺. 用方程5和例3c,求燃烧的箭通过边沿之间的水平距离需要多长时间. 箭在边沿上方有多高?

22. **为学而写** 描述当 α = 90° 时由方程4给出的抛射体的路径.

23. **模型机车** 附图的多次闪光照片显示一个模型机车以常速率行驶在直的水平轨道上. 在机车向前行驶时,一粒弹球从烟孔被弹簧枪发射出来. 弹球以和机车同样的前进速率继续运动. 并在它被发射 1 秒之后重落在机车上. 测量弹球的路径跟水平线的夹角,并用这些信息求弹球上升的高度和机车行进的速率.

第 23 题图   第 24 题图

24. **为学而写:弹球碰撞** 附图表示一个两弹球试验. 弹球 A 以发射角 α 和初速率 v_0 朝弹球 B 发射. 弹球 B 位于一个地点的正上方 R tan α 个单位,该地点距 A 有 R 单位, 在 A 发射的同一时刻,弹球 B 被放开从静止开始落下. 人们发现,不管 v_0 的值是多少,两弹球都会碰撞. 这纯属偶然,还是必然如此?对你的回答给出理由.

25. **下坡发射** 一个理想抛射体在一个下坡被发射,见右图.
    (**a**) 证明当初速度向量平分角 AOR 时下倾射程最大.
    (**b**) **为学而写** 如果抛射体在一个上坡发射以代替一个下坡发射,什么样的发射角将使射程最大?对你的回答给出理由.

26. **阵风中击打棒球** 一个棒球在地面以上 2.5 ft 处被击打. 它以 145 ft/sec 的速率和 23° 的发射角离开球棒. 在球被击打的时刻,一股阵风顶着棒球吹来,这使棒球的初速度加上一个分量 −14**i**(ft/sec). 高 15 ft 的围墙位于在棒球飞行方向距主垒 300 ft 处.

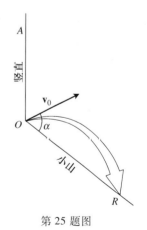

第 25 题图

(**a**) 求棒球路径的向量方程.
(**b**) 棒球飞行多高?何时棒球达到最大高度?
(**c**) 假定棒球未被接住,求它的射程和飞行时间.
(**d**) 何时棒球 20 ft 高?在这个高度棒球离本垒(地面距离)多远?
(**e**) 学习写作 击球手击打一个本垒打吗?解释之.

27. **排球** 一个排球在离地面 4 英尺距 6 英尺高的网 12 英尺处被击打. 它离开击打点时的初速率是 35 英尺/秒,而角度是 27°,由于对方球队未触到球,球落下.

(a) 求排球路径的向量方程.　　(b) 排球飞行多高?何时排球达到最大高度?
(c) 求它的射程和飞行时间.
(d) 何时排球在地面以上 7 英尺处?在这个高度排球离落地点(地面距离)多远?
(e) **为学而写**　假定网升高到 8 ft,情况是否改变?

28. **轨道顶峰**　对于一个从地面以抛射角 α 和初速率 v_0 发射的抛射体,考虑 α 是变量,而 v_0 是固定常数. 对每个 α,我们得到一个如附下图所示的抛物线轨道. 证明平面上给出这些抛物线的最大高度的点全在椭圆

$$x^2 + 4\left(y - \frac{v_0^2}{4g}\right)^2 = \frac{v_0^4}{4g^2}$$

上,其中 $x \geq 0$.

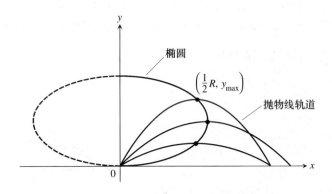

有线性阻力的抛射体运动

作用在抛射体上的力,除了重力外,主要的力是空气阻力. 这个使抛射体慢下来的力是**拖拽力**,它作用在和抛射体的速度相反的方向(见附图). 对于在空气中运动并且速率相对较低的抛射体,拖拽力(非常近似地)正比于速率(的一次幂),于是称为**线性的**.

29. **线性拖拽**　通过解平面向量 **r** 的下列初值问题:

微分方程:　$\dfrac{d^2 \mathbf{r}}{dt^2} = -g\mathbf{j} - k\mathbf{v} = -g\mathbf{j} - k\dfrac{d\mathbf{r}}{dt}$

初条件:　$r(0) = \mathbf{0}$
　　　　　$\left.\dfrac{d\mathbf{r}}{dt}\right|_{t=0} = \mathbf{v}_0 = (v_0 \cos \alpha)\mathbf{i} + (v_0 \sin \alpha)\mathbf{j}$

导出方程

$$x = \frac{v_0}{k}(1 - e^{-kt})\cos \alpha$$

$$y = \frac{v_0}{k}(1 - e^{-kt})(\sin \alpha) + \frac{g}{k^2}(1 - kt - e^{-kt})$$

第 29 题图

拖拽系数 k 是正的常数,它表示来自空气密度的阻力,v_0 和 α 是抛射体的初速率和抛射角,而 g 是重力加速度.

30. **击打带线性拖拽的棒球**　考虑例 4 中的棒球问题存在线性拖拽(见第 29 题)的情况. 假定拖拽系数 $k = 0.12$,但没有阵风.

(a) 利用第 29 题,求棒球路径的向量形式.
(b) 棒球飞行多高?何时棒球达到最大高度?
(c) 求棒球的射程和飞行时间.

(d) 何时棒球 30 英尺高?在这个高度棒球离本垒(地面距离)多远?
(e) **学习写作** 一面高 10 英尺的外野围墙距本垒 340 英尺并位于棒球飞行的方向. 外野手可以跳跃并接住任何一个高达 11 英尺的场外的球以中止它向围墙的飞行. 击球手能击打一个本垒打吗?解释之.

31. **阵风中击打带线性拖拽的棒球** 再一次考虑例 4 中的棒球. 这次假定拖拽系数是 0.08, 并有阵风使在击球瞬间初速度加一个分量 $-17.6\mathbf{i}$(英尺/秒).
(a) 求棒球路径的向量方程.
(b) 棒球飞行多高?何时棒球达到最大高度?
(c) 求棒球的射程和飞行时间.
(d) 何时棒球 35 英尺高?在这个高度棒球离本垒(地面距离)多远?
(e) **学习写作** 一面高 20 英尺的外野围墙距本垒 380 英尺并位于棒球飞行的方向. 击球手能击打一个本垒打吗?如果回答"是",球的初速度的水平分量的怎样的改变使球保持在场内?如果回答"否",怎样的改变使得这是一个本垒打?

9.5 极坐标和图形

极坐标系 • 画极图形 • 对称性 • 极坐标和笛卡儿坐标的关系 • 求极坐标图形的交点

在雷达跟踪中, 操作员对方位或被跟踪对象同某个固定射线(例如指向正东的半直线)成的角以及对象当前位置有多远感兴趣. 在本节, 我们研究一个由 Newton 发明的坐标系, 称为**极坐标系**, 正好适用于这一目的.

CD-ROM
WEBsite
历史传记
Maria Gaetana Agnesi
(1718 — 1799)

极坐标系

为定义极坐标, 我们首先在平面上选定一点, 称为**极点**(或**原点**), 并标记为 O. 然后我们画一条从 O 出发的**初始线**(或**极轴**). 这条射线通常画成水平并指向右, 这对应笛卡儿坐标的 x 轴(图 9.35). 那么每个点可以用指派给它的极坐标 (r, θ) 确定位置, 其中 r 给出从 O 到 P 的有向距离, 而 θ 给出从初始射线到射线 OP 的有向角.

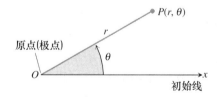

图 9.35 我们从一个称为极点的原点和一条初始射线出发在一个平面上定义极坐标.

极坐标

从 O 到 P 的有向距离   从初始射线到射线 OP 的有向角

像在三角学中一样,逆时针方向测得的 θ 是正的,而顺时针方向测得的 θ 是负的. 跟一个给定的点联系的角不是唯一的. 例如,沿射线 $\theta = \pi/6$ 离原点 2 个单位的点有极坐标 $r = 2$, $\theta = \pi/6$. 它还有坐标 $r = 2, \theta = -11\pi/6$(图 9.36).

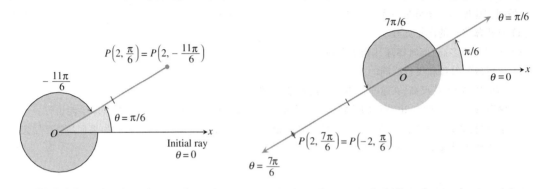

图 9.36　极坐标不是唯一的.　　　　　图 9.37　极坐标可以有负 r 值.

还有机会希望 r 是负的,这就是我们为什么用有向距离定义 $P(r,\theta)$. 点 $P(2,7\pi/6)$ 可以由初始射线逆时针方向旋转 $7\pi/6$ 弧度并向前走 2 单位得到(图 9.37),也可以由初始射线逆时针方向旋转 $\pi/6$ 并向后走 2 单位得到. 于是,该点还有极坐标 $r = -2, \theta = \pi/6$.

画极图形

若我们保持 r 固定为一个常数 $a \neq 0$,点 $P(r,\theta)$ 将距原点 $|a|$ 个单位. 当 θ 在一个任意长度为 2π 的区间上变化,P 就描绘出一个中心在 O 半径为 $|a|$ 的圆周(图 9.38).

若我们保持 θ 为一个常数值 $\theta = \alpha$ 并令 r 从 $-\infty$ 到 ∞ 变化,点 $P(r,\theta)$ 描绘出过 O 的一条直线,它跟初始射线成度量为 α 的角.

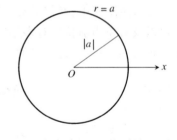

图 9.38　这个圆周的方程是 $r = a$.

方程	极图形
$r = a$	中心中 O 半径为 $|a|$ 的圆周
$\theta = \alpha$	过 O 且与初始射线成角 α 的一条直线

例 1　求图形的极方程

(a) $r = 1$ 和 $r = -1$ 是中心在 O 半径为 1 的圆周.

(b) $\theta = \pi/6, \theta = 7\pi/6$ 和 $\theta = -5\pi/6$ 是图 9.37 中的直线方程.

$r = a$ 和 $\theta = \alpha$ 相结合的方程可以定义区域、线段及射线.

例 2(画方程和不等式的图形)　画极坐标满足给定方程的点的图形.

(a) $1 \leqslant r \leqslant 2$ 且 $0 \leqslant \theta \leqslant \dfrac{\pi}{2}$　　(b) $-3 \leqslant r \leqslant 2$ 且 $\theta = \dfrac{\pi}{4}$

(c) $r \leqslant 0$ 且 $\theta = \dfrac{\pi}{4}$　　　(d) $\dfrac{2\pi}{3} \leqslant \theta \leqslant \dfrac{5\pi}{6}$（对 r 没有限制）

解　图形画在图 9.39 中.

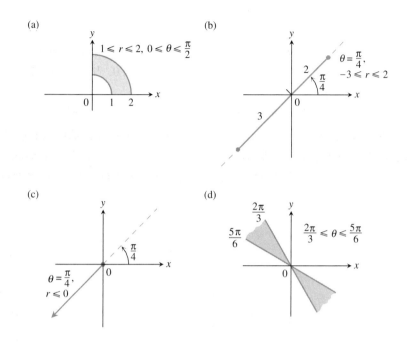

图 9.39　含 r 和 θ 的典型不等式的图形.（例 2）

对称性

图 9.40 以图解方式说明对称性的极坐标判别法.

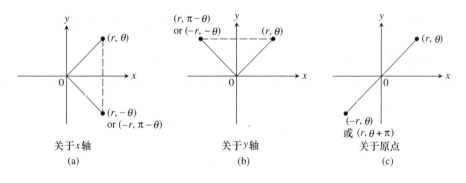

图 9.40　对称的三个判别法.

极图形的对称判别法

1. 关于 x 轴对称：若点 (r,θ) 在图上，则点 $(r,-\theta)$ 或 $(-r,\pi-\theta)$ 在图上（图 9.40a）

2. 关于 y 轴对称：若点 (r,θ) 在图上，则点 $(r,\pi-\theta)$ 或 $(-r,-\theta)$ 在图上（图 9.40b）

3. 关于原点对称：若点 (r,θ) 在图上，则点 $(-r,\theta)$ 或 $(r,\theta+\pi)$ 在图上（图 9.40c）

例 3(一个心脏线) 画曲线 $r = 1 - \cos\theta$.

解 曲线关于 x 轴对称,这是因为

$$(r,\theta) \text{ 在图形上} \Rightarrow r = 1 - \cos\theta$$
$$\Rightarrow r = 1 - \cos(-\theta) \qquad \cos\theta = \cos(-\theta)$$
$$\Rightarrow (r, -\theta) \text{ 在图形上}.$$

当 θ 从 0 增加至 π 时,$\cos\theta$ 从 1 减少到 -1,而 $r = 1 - \cos\theta$ 从最小值 0 增加至最大值 2. 当 θ 继续从 π 到 2π 变化时,$\cos\theta$ 从 -1 回到 1,而 r 从 2 减少回到 0. 当 $\theta = 2\pi$ 时曲线开始重复,这是因为 $\cos\theta$ 的周期为 2π.

曲线以斜率 $\tan(0) = 0$ 离开原点,而又以斜率 $\tan(2\pi) = 0$ 回到原点.

我们列一个 θ 的从 0 到 π 的值的表,画出各个点,通过每个点描出曲线,再对 x 轴反射曲线以画完曲线(图 9.41). 由于曲线与心脏形状相似而被称为心形线. 心形线的形状出现在引导线轴和卷轴上的线状物均匀分层的凸轮轴里,以及某些无线电天线的信号-强度模式中.

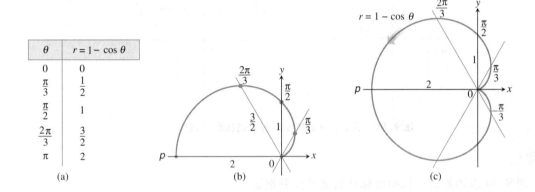

图 9.41 画心形线 $r = 1 - \cos\theta$ 的步骤(例 3).箭头显示 θ 增加的方向.

例 4(画极坐标图) 画 $r^2 = 4\cos\theta$ 的图.

解 方程 $r^2 = 4\cos\theta$ 有要求 $\cos\theta \geq 0$,于是我们让 θ 从 $-\pi/2$ 跑到 $\pi/2$ 就得到整个图形.图形关于 x 轴对称,这是因为

$$(r,\theta) \text{ 在图形上} \Rightarrow r^2 = 4\cos\theta$$
$$\Rightarrow r^2 = 4\cos(-\theta) \qquad \cos\theta = \cos(-\theta)$$
$$\Rightarrow (r, -\theta) \text{ 在图形上}.$$

图形关于原点也对称,这是因为

$$(r,\theta) \text{ 在图形上} \Rightarrow r^2 = 4\cos\theta$$
$$\Rightarrow (-r)^2 = 4\cos\theta$$
$$\Rightarrow (r, -\theta) \text{ 在图形上}.$$

两种对称性一起蕴涵关于 y 轴的对称性.

曲线当 $\theta = -\pi/2$ 和 $\theta = \pi/2$ 时经过原点.因为 $\tan\theta$ 是无穷,这时曲线有竖直切线.

对 $-\pi/2$ 和 $\pi/2$ 之间的 θ 的每个值,公式 $r^2 = 4\cos\theta$ 给出 r 的两个值

$$r = \pm 2\sqrt{\cos\theta}.$$

我们做值的一个短表,画出对应的各点,用有关对称性的信息和切线引导我们用一条光滑曲线连结点(图9.42).

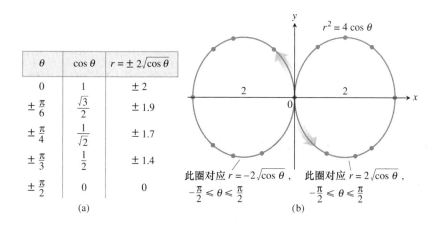

图 9.42 $r^2 = 4\cos\theta$ 的图形.箭头显示 θ 增加的方向.表中 r 的值是四舍五入后的值.(例4)

极坐标和笛卡儿坐标的关系

当我们在平面上同时使用极坐标和笛卡儿坐标时,我们令它们的原点重合,并取极坐标的初始射线为正 x 轴.射线 $\theta = \pi/2, r > 0$,就成为正 y 轴(图9.43).这时两种坐标系用下列方程联系起来.

联系极坐标和笛卡儿坐标的方程

$$x = r\cos\theta, \quad y = r\sin\theta, \quad x^2 + y^2 = r^2, \quad \frac{y}{x} = \tan\theta$$

我们用这些方程和代数(有时是相当多的)把极方程重写为笛卡儿的形式,或者反转过来.

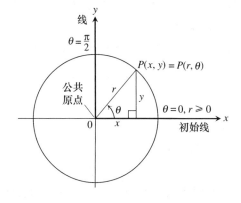

图 9.43 联系极坐标和笛卡儿坐标的通常方式

例 5 等价方程

极坐标方程	等价的笛卡儿方程
$r\cos\theta = 2$	$x = 2$
$r^2\cos\theta\sin\theta = 4$	$xy = 4$
$r^2\cos^2\theta - r^2\sin^2\theta = 1$	$x^2 - y^2 = 1$
$r = 1 + 2r\cos\theta$	$y^2 - 3x^2 - 4x - 1 = 0$
$r = 1 - \cos\theta$	$x^4 + y^4 + 2x^2y^2 + 2x^3 + 2xy^2 - y^2 = 0$

对某些曲线,用极坐标更方便,而对另一些则不然.

例 6（从笛卡儿坐标转换到极坐标） 求圆周 $x^2 + (y-3)^2 = 9$ 的极方程(图 9.44). 并用图形支持演算结果.

解
$$x^2 + y^2 - 6y + 9 = 9 \quad (展开)(y-3)^2.$$
$$x^2 + y^2 - 6y = 0$$
$$r^2 - 6r\sin\theta = 0 \quad x^2 + y^2 = r^2, y = r\sin\theta$$
$$r = 0 \quad 和 \quad r - 6\sin\theta = 0$$

方程 $r = 6\sin\theta$ 包含情形 $r = 0$.

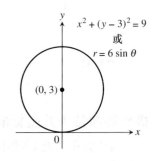

图 9.44 例 6 中的圆周

例 7（把极坐标转换到笛卡儿坐标） 求极方程的等价笛卡儿方程,并识别图形.

(**a**) $r^2 = 4r\cos\theta$ (**b**) $r = \dfrac{4}{2\cos\theta - \sin\theta}$

解

(**a**)
$$r^2 = 4r\cos\theta$$
$$x^2 + y^2 = 4x \quad r^2 = x^2 + y^2, r\cos\theta = x$$
$$x^2 - 4x + y^2 = 0$$
$$x^2 - 4x + 4 + y^2 = 4 \quad (配方)$$
$$(x-2)^2 + y^2 = 4$$

等价的笛卡儿方程 $(x-2)^2 + y^2 = 4$ 的图形是半径为 2 中心在 $(2,0)$ 的圆周.

(**b**)
$$r = \dfrac{4}{2\cos\theta - \sin\theta}$$
$$r(2\cos\theta - \sin\theta) = 4$$
$$2r\cos\theta - r\sin\theta = 4$$
$$2x - y = 4 \quad r\cos = x, r\sin\theta = y$$
$$y = 2x - 4$$

等价的笛卡儿方程 $y = 2x - 4$ 的图形是斜率为 2 截距为 -4 的直线.

求极坐标图形的交点

一个点可以用不同方式表示这一事实迫使我们在决定何时一个点在图形上以及确定极坐标图形的交点时要格外小心. 问题在于一个交点的坐标满足一条曲线的方程, 而这些坐标可能跟该点满足另一条曲线的方程的坐标不同. 这样, 同时解两个曲线方程未必能确定它们的所有交点. 确定所有交点的唯一可靠的办法是画方程的图形.

例 8 (骗人的坐标) 证明点 $(2, \pi/2)$ 在曲线 $r = 2\cos 2\theta$ 上.

解 初看起来, 点 $(2, \pi/2)$ 似乎不在曲线上, 因为把给定坐标代入方程给出

$$2 = 2\cos 2\left(\frac{\pi}{2}\right) = 2\cos \pi = -2,$$

这不是一个等式. 两边绝对值相等, 而符号相反. 这暗示我们对给定的点考察它的坐标对, 其中 r 是负的, 比如, $(-2, -(\pi/2))$. 在方程 $r = 2\cos 2\theta$ 中试探这些坐标, 我们发现

$$-2 = 2\cos 2\left(-\frac{\pi}{2}\right) = 2(-1) = -2,$$

等式满足. 结论是点 $(2, \pi/2)$ 在曲线上.

例 9 (易漏的交点) 求下列曲线的交点

$$r^2 = 4\cos\theta \quad \text{和} \quad r = 1 - \cos\theta.$$

解 在笛卡儿坐标里, 我们总可以通过解联立方程求两条曲线的交点. 而在极坐标里, 情形则有所不同. 解联立方程可以发现某些交点, 但也可能漏去一些交点. 在这个例子里, 解联立方程仅仅找到四个交点中的两个. 另外两个须通过作图找到. (再参见题 79.)

假如我们把 $\cos\theta = r^2/4$ 代入到方程 $r = 1 - \cos\theta$, 就得到

$$r = 1 - \cos\theta = 1 - \frac{r^2}{4}$$

$$4r = 4 - r^2$$

$$r^2 + 4r - 4 = 0$$

$$r = -2 \pm 2\sqrt{2}. \qquad \text{二次方程求根公式}$$

值 $r = -2 - 2\sqrt{2}$ 的绝对值对于两个曲线都太大了 (舍去). 对应 $r = -2 + 2\sqrt{2}$ 的 θ 值是

$$\begin{aligned}
\theta &= \cos^{-1}(1 - r) & &\text{从 } r = 1 - \cos\theta \text{ 得到} \\
&= \cos^{-1}(1 - (2\sqrt{2} - 2)) & &\text{令 } r = 2\sqrt{2} - 2. \\
&= \cos^{-1}(3 - 2\sqrt{2}) \\
&= \pm 80°. & &\text{精确到度}
\end{aligned}$$

这样我们确定了两个交点: $(r, \theta) = (2\sqrt{2} - 2, \pm 80°)$.

假如我们把 $r^2 = 4\cos\theta$ 和 $r = 1 - \cos\theta$ 的图画在一块 (图 9.45), 为此我们可以把图 9.41 和图 9.42 合并成一个图, 我们看到两曲线还在点 $(2, \pi)$ 和原点相交. 为什么这些值没被解联立方程发现? 回答是: 点 $(0, 0)$ 和 $(2, \pi)$ 不"同时"在曲线上, 即不是在同样的 θ 值到达. 在曲线 $r = 1 - \cos\theta$ 上, 点 $(2, \pi)$ 在 $\theta = \pi$ 时到达. 而在曲线 $r^2 = 4\cos\theta$ 上, 它是在

CD-ROM
WEBsite
历史传记
Johannes Kepler
(1571 — 1630)

$\theta = 0$ 到达,它没有从坐标 $(2,\pi)$ 得到,因为该坐标不满足方程,但可以从坐标 $(-2,0)$ 得到,后者满足方程. 类似地,心形线在 $\theta = 0$ 到达原点,而曲线 $r^2 = 4\cos\theta$ 在 $\theta = \pi/2$ 到达原点.

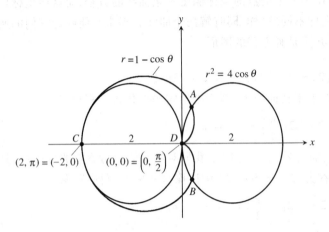

图 9.45 曲线 $r = 1 - \cos\theta$ 和 $r^2 = r4\cos\theta$ 的四个交点(例 9),仅仅 A 和 B 由解联立方程发现,另外两个则通过画图发现.

使用技术

求交点 画图使用程序给予联立的一对极坐标方程的同时解以新的意义. 一个同时解出现,仅当它们被同时描绘时在一点"相碰",而不是一个图形在另一个图形较早点亮的一个点与后者相交. 差别在交通控制领域和导弹防御设备中是特别重要的. 例如,在交通控制中,人们关心的 是两个航空器是否会在同一时刻到达同一位置,而它们经过的曲线是否相交却无关紧要.

作为例子,以同时模式画极方程
$$r = \cos 2\theta \quad \text{和} \quad r = \sin 2\theta$$
的图形,其中 $0 \leq \theta \leq 2\pi$, θ 的步长 $= 0.1$,而观察尺寸是 $[x\min, x\max] = [-1,1]$ 和 $[y\min, y\max] = [-1,1]$. 当图形在屏幕上被同时画出时,数一数两个图形同时在同一象素点亮的次数. 解释为什么两个图形的这些交点对应方程的同时解.(你可以发现把 θ 的步长缩小,比如取 0.05,从而使画图变慢是有益的.) 图形实际总共在多少个点相交.

习题 9.5

极坐标对

在题 1 和 2 中,确定哪些极坐标对代表同一个点.

1. (a) $(3,0)$ (b) $(-3,0)$ (c) $(2,2\pi/3)$ (d) $(2,7\pi/3)$
   (e) $(-3,\pi)$ (f) $(2,\pi/3)$ (g) $(-3,2\pi)$ (h) $(-2,-\pi/3)$

2. (a) $(-2,\pi/3)$ (b) $(2,-\pi/3)$ (c) (r,θ) (d) $(r,\theta+\pi)$
   (e) $(-r,\theta)$ (f) $(2,-2\pi/3)$ (g) $(-r,\theta+\pi)$ (h) $(-2,2\pi/3)$

在题 3 和 4 中,画出给定极坐标的点并求它们的笛卡儿坐标.

3. (a) $(\sqrt{2},\pi/4)$ (b) $(1,0)$ (c) $(0,\pi/2)$ (d) $(-\sqrt{2},\pi/4)$

4. (a) $(-3,5\pi/6)$ (b) $(5,\tan^{-1}(4/3))$ (c) $(-1,7\pi)$ (d) $(2\sqrt{3},2\pi/3)$

在题 5 和 6 中,画出给定笛卡儿坐标的点并求每个点的极坐标的两个集合.

5. (a) $(-1,1)$ (b) $(1,-3\sqrt{3})$ (c) $(0,3)$ (d) $(-1,0)$

6. (a) $(-\sqrt{3},-1)$ (b) $(3,4)$ (c) $(0,-2)$ (d) $(2,0)$

画极方程和不等式的图形

在题 7 - 18 中,画极坐标满足给定方程和不等式的点的集合的图.

7. $r = 2$
8. $0 \leq r \leq 2$
9. $r \geq 1$
10. $0 \leq \theta \leq \pi/6, \quad r \geq 0$
11. $\theta = 2\pi/3, \quad r \leq -2$
12. $\theta = \pi/3, \quad -1 \leq r \leq 3$
13. $0 \leq \theta \leq \pi, \quad r = 1$
14. $0 \leq \theta \leq \pi, \quad r = -1$
15. $\theta = \pi/2, \quad r \leq 0$
16. $\pi/4 \leq \theta \leq 3\pi/4, \quad 0 \leq r \leq 1$
17. $-\pi/4 \leq \theta \leq \pi/4, \quad -1 \leq r \leq 1$
18. $0 \leq \theta \leq \pi/2, \quad 1 \leq |r| \leq 2$

极方程到笛卡儿方程

在题 19 - 36 中,用等价的笛卡儿方程代替极坐标方程.然后识别或描述图形.

19. $r \sin \theta = 0$
20. $r \cos \theta = 0$
21. $r = 4 \csc \theta$
22. $r = -3 \sec \theta$
23. $r \cos \theta + r \sin \theta = 1$
24. $r^2 = 1$
25. $r^2 = 4r \sin \theta$
26. $r = \dfrac{5}{\sin \theta - 2 \sin \theta}$
27. $r^2 \sin 2\theta = 2$
28. $r = \cot \theta \csc \theta$
29. $r = (\csc \theta) e^{r \cos \theta}$
30. $\cos^2 \theta = \sin^2 \theta$
31. $r \sin \theta = \ln r + \ln \cos \theta$
32. $r^2 + 2r^2 \cos \theta \sin \theta = 1$
33. $r^2 = -4r \cos \theta$
34. $r = 8 \sin \theta$
35. $r = 2 \cos \theta + 2 \sin \theta$
36. $r \sin\left(\theta + \dfrac{\pi}{6}\right) = 2$

笛卡儿方程到极方程

在题 37 - 48 中,用等价的极方程代替笛卡儿坐标方程.

37. $x = 7$
38. $y = 1$
39. $x = y$
40. $x - y = 3$
41. $x^2 + y^2 = 4$
42. $x^2 - y^2 = 1$

43. $\dfrac{x^2}{9} + \dfrac{y^2}{4} = 1$ **44.** $xy = 2$ **45.** $y^2 = 4x$

46. $x^2 + xy + y^2 = 1$ **47.** $x^2 + (y-2)^2 = 4$ **48.** $(x-3)^2 + (y+1)^2 = 4$

对称性和极图形

在题 49 – 58 中,(a) 画极坐标曲线.(b) 能够生成整个图形的 θ 区间的最短长度是多少?

49. $r = 1 + \cos\theta$ **50.** $r = 2 - 2\cos\theta$ **51.** $r^2 = -\sin 2\theta$

52. $r = 1 - \sin\theta$ **53.** $r = 1 - 2\sin 3\theta$ **54.** $r = \sin(\theta/2)$

55. $r = \theta$ **56.** $r = 1 + \sin\theta$

57. $r = 2\cos 3\theta$ **58.** $r = 1 + 2\sin\theta$

在题 59 – 62 中,确定曲线的对称性.

59. $r^2 = 4\cos 2\theta$ **60.** $r^2 = 4\sin 2\theta$

61. $r = 2 + \sin\theta$ **62.** $r^2 = -\cos 2\theta$

63. 为学而写:垂直和水平线

（a）解释为什么平面上的每条竖直直线有形为 $r = a\sec\theta$ 的方程.

（b）求类似的水平直线的极坐标方程.对你的回答给出理由.

64. 为学而写:两种对称是否蕴涵第三种对称?   假定一条曲线有任何本节开头列举的对称中的两种,关于它有无第三种对称你能够说些什么?对你的回答给出理由.

交点

65. 证明点 $(2,3\pi/4)$ 在曲线 $r = \sin 2\theta$ 上.

66. 证明点 $(1/2,3\pi/2)$ 在曲线 $r = -\sin(\theta/3)$ 上.

T 求题 67 – 70 中两曲线的交点.

67. $r = 1 + \cos\theta,\quad r = 1 - \cos\theta$ **68.** $r = 2\sin\theta,\quad r = 2\sin 2\theta$

69. $r = \cos\theta,\quad r = 1 - \cos\theta$ **70.** $r = 1,\quad r^2 = 2\sin 2\theta$

T 求题 71 – 74 中两曲线的交点.

71. $r^2 = \sin 2\theta,\quad r^2 = \cos 2\theta$ **72.** $r = 1 + \cos\dfrac{\theta}{2},\quad r = 1 - \sin\dfrac{\theta}{2}$

73. $r = 1,\quad r = 2\sin 2\theta$ **74.** $r = 1,\quad r^2 = 2\sin 2\theta$

T **75.** 下列曲线的哪一个与 $r = 1 - \cos\theta$ 有同样的图形?

     （a） $r = -1 - \cos\theta$ （b） $r = 1 + \cos\theta$

     用代数确认你的回答.

T **76. 玫瑰线**   令 $r = 2\sin n\theta$.

     （a）对 $n = \pm 2,\pm 4,\pm 6$ 画 $r = 2\sin n\theta$ 的图形.描述曲线.

     （b）在部分(a) 能够生成整个图形的 θ 区间的最短长度是多少?

     （c）根据你在部分(a) 的观察,描述 n 为非零偶整数时 $r = 2\sin n\theta$ 的图形.

     （d）对 $n = \pm 3,\pm 5,\pm 7$ 画 $r = 2\sin n\theta$ 的图形.描述曲线.

     （e）在部分(d) 能够生成整个图形的 θ 区间的最短长度是多少?

     （f）根据你在部分(d) 的观察,描述 n 为异于 ± 1 的奇整数时 $r = 2\sin n\theta$ 的图形.

T **77. 玫瑰中的玫瑰**   画 $r = 1 - 2\sin 3\theta$ 的图形.

78. Freeth 的肾形线   画 Freeth 的肾形线:

$$r = 1 + 2\sin\dfrac{\theta}{2}.$$

理论和例子

79.（续例 9）在正文中提到方程

$$r^2 = 4\cos\theta \tag{1}$$

$$r = 1 - \cos\theta \tag{2}$$

的公共解没有给出两图形的交点 $(0,0)$ 和 $(2,\pi)$.

（**a**）不过，在方程（1）中的 (r,θ) 用等价的 $(-r, \theta+\pi)$ 代替后得到

$$r^2 = 4\cos\theta$$
$$(-r)^2 = 4\cos(\theta + \pi) \tag{3}$$
$$r^2 = -4\cos\theta.$$

同时解方程（2）和（3），以此说明 $(2,\pi)$ 是公共解.（这还是不能求得交点 $(0,0)$.）

（**b**）原点仍是特殊情况.（经常如此.）这里有一个处理它的办法. 在方程（1）和（2）中令 $r=0$，从每个方程解出对应的 θ 的值. 因为 $(0,\theta)$ 对任意 θ 是原点，这将证明两条曲线通过原点，尽管是对不同的 θ 值.

80. 建立极方程和参数方程的关系 设 $r = f(\theta)$ 是曲线的极方程.

（**a**）**为学而写** 解释为什么

$$x = f(t)\cos t, \quad y = f(t)\sin t$$

是曲线的参数方程.

T（**b**）用部分（a）写出圆周 $r = 3$ 的参数方程. 画参数方程的图以支持你的回答.

T（**c**）把部分（b）中的方程换成 $r = 1 - \cos\theta$ 重作（b）.

T（**d**）把部分（b）中的方程换成 $r = 3\sin 2\theta$ 重作（b）.

81. 距离公式 证明用极坐标表示的点 (r_1, θ_1) 和 (r_2, θ_2) 之间的距离是

$$d = \sqrt{r_1^2 + r_2^2 - 2r_1 r_2 \cos(\theta_1 - \theta_2)}.$$

82. 心形线的高 求心形线 $r = 2(1 + \cos\theta)$ 在 x 轴上方的最大高度.

9.6 极坐标曲线的微积分

斜率 • 平面内的面积 • 曲线的长度

在本节，我们将了解如何求极坐标曲线 $r = f(\theta)$ 的斜率、面积和长度.

斜率

极坐标曲线 $r = f(\theta)$ 的斜率应由 dy/dx 给定，而非 $r' = df/d\theta$. 为了解为什么，设想 f 的图形为下列参数方程的图形：

$$x = r\cos\theta = f(\theta)\cos\theta, \quad y = r\sin\theta = f(\theta)\sin\theta.$$

如果 f 是 θ 的可微函数，则 x 和 y 亦是，并且当 $dx/d\theta \neq 0$ 时，我们可以如下利用参数公式计算 dy/dx，

$$\frac{dy}{dx} = \frac{dy/d\theta}{dx/d\theta} = \frac{\dfrac{d}{d\theta}(f(\theta)\sin\theta)}{\dfrac{d}{d\theta}(f(\theta)\cos\theta)} \qquad \text{见 2.5 节，在方程(4) 中 } t = \theta$$

$$= \frac{\dfrac{df}{d\theta}\sin\theta + f(\theta)\cos\theta}{\dfrac{df}{d\theta}\cos\theta - f(\theta)\sin\theta} \qquad \text{导数的乘积法则}$$

极坐标曲线 $r = f(\theta)$ 的斜率　　当在 (r,θ) $dx/d\theta \neq 0$ 时,
$$\left.\frac{dy}{dx}\right|_{(r,\theta)} = \frac{f'(\theta)\sin\theta + f(\theta)\cos\theta}{f'(\theta)\cos\theta - f(\theta)\sin\theta}. \tag{1}$$

从等式(1)及其推导我们可以看出曲线 $r = f(\theta)$
1. 在 $dy/d\theta = 0$ 和 $dx/d\theta \neq 0$ 的点有水平切线.
2. 在 $dx/d\theta = 0$ 和 $dy/d\theta \neq 0$ 的点有竖直切线.

如果两个导数都是零,没有像例 1 中所做的那类进一步的研究,就得不到什么结论.

例 1(求水平和竖直切线)　　求心形线 $r = 1 - \cos\theta, 0 \leq \theta \leq 2\pi$ 的图形的水平和垂直切线.

解　　图 9.46 中的图形暗示至少有两条水平切线和三条垂直切线.
方程的参数形式是
$$x = r\cos\theta = (1 - \cos\theta)\cos\theta = \cos\theta - \cos^2\theta,$$
$$y = r\sin\theta = (1 - \cos\theta)\sin\theta = \sin\theta - \cos\theta\sin\theta.$$
我们需要求 $dy/d\theta$ 和 $dx/d\theta$ 的零点.
(a) $dy/d\theta$ 在 $0 \leq \theta \leq 2\pi$ 上的零点:
$$\frac{dy}{d\theta} = \cos\theta + \sin^2\theta - \cos^2\theta = \cos\theta + (1 - \cos^2\theta) - \cos^2\theta$$
$$= 1 + \cos\theta - 2\cos^2\theta = (1 + 2\cos\theta)(1 - \cos\theta).$$
现在
$$1 - \cos\theta = 0 \Rightarrow \theta = 0, 2\pi$$
$$1 + 2\cos\theta = 0 \Rightarrow \theta = 2\pi/3, 4\pi/3.$$
于是,$dy/d\theta = 0$ 在 $0 \leq \theta \leq 2\pi$ 上的解是 $\theta = 0, 2\pi/3, 4\pi/3$ 和 2π.

(b) $dx/d\theta$ 在 $0 \leq \theta \leq 2\pi$ 上的零点:
$$\frac{dx}{d\theta} = -\sin\theta + 2\cos\theta\sin\theta = (2\cos\theta - 1)\sin\theta.$$
现在
$$2\cos\theta - 1 = 0 \Rightarrow \theta = \pi/3, 5\pi/3$$
$$\sin\theta = 0 \Rightarrow \theta = 0, \pi, 2\pi$$
于是,$dx/d\theta = 0$ 在 $0 \leq \theta \leq 2\pi$ 上的解是 $0, \pi/3, 5\pi/3$ 和 2π.

我们现在可以看到在 $\theta = 2\pi/3$ 和 $\theta = 4\pi/3$ 的点有水平切线($dy/d\theta = 0, dx/d\theta \neq 0$),而

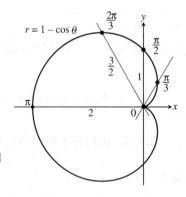

图 9.46

在 $\theta = \pi/3$ 和 $\theta = 5\pi/3$ 的点有垂直切线($\mathrm{d}x/\mathrm{d}\theta = 0, \mathrm{d}y/\mathrm{d}\theta \neq 0$).

在点 $\theta = 0$ 或 2π,等式(1)右端有形式 0/0. 我们可以用 L'Hôpital 法则得到

$$\lim_{\theta \to 0, 2\pi} \frac{\mathrm{d}y/\mathrm{d}\theta}{\mathrm{d}x/\mathrm{d}\theta} = \lim_{\theta \to 0, 2\pi} \frac{1 + \cos \theta - 2\cos^2 \theta}{2\cos \theta \sin \theta - \sin \theta}$$

$$= \lim_{\theta \to 0, 2\pi} \frac{-\sin \theta + 4\cos \theta \sin \theta}{2\cos^2 \theta - 2\sin^2 \theta - \cos \theta} = \frac{0}{1} = 0.$$

曲线在 $\theta = 0$ 或 $\theta = 2\pi$ 有水平切线. 作为总结,我们有

水平切线在 $(0,0) = (0,2\pi)$, $(1.5, 2\pi/3)$, $(1.5, 4\pi/3)$

垂直切线在 $(0.5, \pi/3)$, $(2, \pi)$, $(0.5, 5\pi/3)$.

如果曲线 $r = f(\theta)$ 在 $\theta = \theta_0$ 过原点,则 $f(\theta_0) = 0$,在 $f'(\theta_0) \neq 0$ 时(例1不是这种情况)等式(1)给出

$$\left.\frac{\mathrm{d}y}{\mathrm{d}x}\right|_{(0,\theta_0)} = \frac{f'(\theta_0)\sin \theta_0}{f'(\theta_0)\cos \theta_0} = \tan \theta_0,$$

我们说在"$(0, \theta_0)$ 的斜率",而不说在原点的斜率,其理由是:曲线可以通过原点不止一次,而对不同的 θ 值,斜率可能不同.

例2(求在极点(原点)的切线) 求玫瑰线
$$r = f(\theta) = 2\sin 3\theta, \quad 0 \leq \theta \leq \pi$$
在极点的切线.

解 $f(\theta)$ 当 $\theta = 0, \pi/3, 2\pi/3$ 和 π 时是零. 导数 $f'(\theta) = 6\cos 3\theta$ 在 θ 的这四个值不是零. 于是,这个曲线在极点的切线(图9.47)有斜率 $\tan 0 = \tan \pi = 0, \tan(\pi/3) = \sqrt{3}$ 和 $\tan(2\pi/3) = -\sqrt{3}$. 三条对应的切线是 $y = 0, y = \sqrt{3}x$ 和 $y = -\sqrt{3}x$.

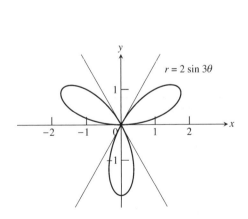

图 9.47 $r = f(\theta) = 2\sin 3\theta, 0 \leq \theta \leq \pi$ 在极点的三条切线是 $y = 0, y = \sqrt{3}x$ 和 $y = -\sqrt{3}x$. (例2)

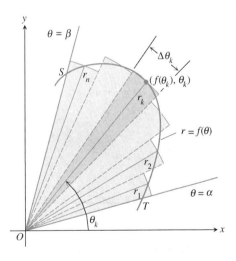

图 9.48 为求区域 OTS 的面积,我们用诸多小圆扇形组成的折扇形逼近区域.

平面内的面积

图 9.48 中的区域 OTS 由射线 $\theta = \alpha, \theta = \beta$ 和曲线 $r = f(\theta)$ 围成. 我们用 n 个基于角 TOS 的分割 P 的构成的不相重叠的圆扇形之和逼近这个区域. 这种典型的扇形的半径是 $r_k = f(\theta_k)$, 而中心角是 $\Delta\theta_k$. 它的面积是

$$A_k = \frac{1}{2}r_k^2 \Delta\theta_k = \frac{1}{2}(f(\theta_k))^2 \Delta\theta_k.$$

区域 OTS 的面积近似值是

$$\sum_{k=1}^{n} A_k = \sum_{k=1}^{n} \frac{1}{2}(f(\theta_k))^2 \Delta\theta_k.$$

如果 f 是连续的, 我们期望当 $\|P\| \to 0$ 时, 逼近会改进, 这引导我们得到区域面积的下列公式:

$$A = \lim_{\|P\| \to 0} \sum_{k=1}^{n} \frac{1}{2}(f(\theta_k))^2 \Delta\theta_k$$

$$= \int_{\alpha}^{\beta} \frac{1}{2}(f(\theta))^2 \mathrm{d}\theta.$$

> **极坐标中的面积**
> 介于原点和曲线 $r = f(\theta), \alpha \leq \theta \leq \beta$ 之间的区域的面积是
> $$A = \int_{\alpha}^{\beta} \frac{1}{2}r^2 \mathrm{d}\theta.$$

这是**面积微分**(图 9.49)

$$\mathrm{d}A = \frac{1}{2}r^2 \mathrm{d}\theta$$

的积分.

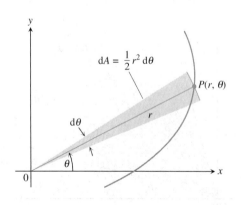

图 9.49 面积微分 dA.

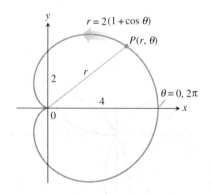

图 9.50 例 3 中的心形线.

例 3 (求面积) 求由心形线 $r = 2(1 + \cos\theta)$ 围成的平面区域的面积.

解 我们画心形线的图形(图 9.50)并确信当 θ 从 0 跑到 2π 时向径 r 正好扫过区域一次. 面积是

$$\int_{\theta=0}^{\theta=2\pi} \frac{1}{2} r^2 \mathrm{d}\theta = \int_0^{2\pi} \frac{1}{2} \cdot 4(1+\cos\theta)^2 \mathrm{d}\theta$$
$$= \int_0^{2\pi} 2(1+2\cos\theta+\cos^2\theta) \mathrm{d}\theta$$
$$= \int_0^{2\pi} \left(2+4\cos\theta+2\frac{1+\cos 2\theta}{2}\right) \mathrm{d}\theta$$
$$= \int_0^{2\pi} (3+4\cos\theta+\cos 2\theta) \mathrm{d}\theta$$
$$= \left[3\theta+4\sin\theta+\frac{\sin 2\theta}{2}\right]_0^{2\pi} = 6\pi - 0 = 6\pi.$$

例 4（求面积） 求耳蜗线 $r = 2\cos\theta + 1$ 小圈内的面积.

解 在画曲线的略图后, 我们看到小圈是当 θ 从 $\theta = 2\pi/3$ 增加到 $\theta = 4\pi/3$ 时点 (r,θ) 描绘的. 因为曲线关于 x 轴对称（θ 换为 $-\theta$ 时方程不变）, 我们可以通过从 $\theta = 2\pi/3$ 到 $\theta = \pi$ 的积分计算小圈中的画阴影的一半的面积. 而我们寻找的面积是积分结果的两倍（图 9.51）：

$$A = 2\int_{2\pi/3}^{\pi} \frac{1}{2} r^2 \mathrm{d}\theta = \int_{2\pi/3}^{\pi} r^2 \mathrm{d}\theta.$$

因为
$$r^2 = (2\cos\theta + 1)^2 = 4\cos^2\theta + 4\cos\theta + 1$$
$$= 4 \cdot \frac{1+\cos 2\theta}{2} + 4\cos\theta + 1$$
$$= 2 + 2\cos 2\theta + 4\cos\theta + 1$$
$$= 3 + 2\cos 2\theta + 4\cos\theta,$$

我们得
$$A = \int_{2\pi/3}^{\pi} (3+2\cos 2\theta+4\cos\theta) \mathrm{d}\theta = [3\theta+\sin 2\theta+4\sin\theta]_{2\pi/3}^{\pi}$$
$$= (3\pi) - \left(2\pi - \frac{\sqrt{3}}{2} + 4 \cdot \frac{\sqrt{3}}{2}\right) = \pi - \frac{3\sqrt{3}}{2}.$$

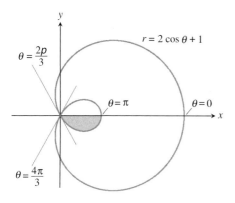

图 9.51 例 4 中的耳蜗线.

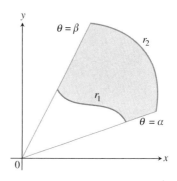

图 9.52 阴影部分的面积通过从 r_2 和原点之间的区域的面积减去 r_1 和原点之间的区域的面积来计算.

像图 9.52 那样的区域,它位于从 $\theta = \alpha$ 到 $\theta = \beta$ 的两条极坐标曲线 $r_1 = r_1(\theta)$ 和 $r_2 = r_2(\theta)$ 之间,为求这类区域的面积,我们从被积函数 $(1/2)r_2^2$ 减去被积函数 $(1/2)r_1^2$. 这就导出下列公式:

> **极坐标曲线之间的面积**
>
> 区域 $0 \leqslant r_1(\theta) \leqslant r_2(\theta), \alpha \leqslant \theta \leqslant \beta$ 的面积是
>
> $$A = \int_\alpha^\beta \frac{1}{2} r_2^2 \,d\theta - \int_\alpha^\beta \frac{1}{2} r_1^2 \,d\theta = \int_\alpha^\beta \frac{1}{2}(r_2^2 - r_1^2) \,d\theta. \tag{2}$$

例 5(求曲线之间的面积) 求在圆周 $r = 1$ 之内而在心形线 $r = 1 - \cos\theta$ 之外的区域的面积.

解 图形画在图 9.53. 外曲线是 $r_2 = 1$,内曲线是 $r_1 = 1 - \cos\theta$,而 θ 从 $-\pi/2$ 跑到 $\pi/2$. 利用方程(2),面积是

$$\begin{aligned}
A &= \int_{-\pi/2}^{\pi/2} \frac{1}{2}(r_2^2 - r_1^2) \,d\theta \\
&= 2\int_0^{\pi/2} \frac{1}{2}(r_2^2 - r_1^2) \,d\theta \qquad \text{对称性} \\
&= \int_0^{\pi/2} (1 - (1 - 2\cos\theta + \cos^2\theta)) \,d\theta \\
&= \int_0^{\pi/2} (2\cos\theta - \cos^2\theta) \,d\theta = \int_0^{\pi/2} \left(2\cos\theta - \frac{1 + \cos 2\theta}{2}\right) d\theta \\
&= \left[2\sin\theta - \frac{\theta}{2} - \frac{\sin 2\theta}{4}\right]_0^{\pi/2} = 2 - \frac{\pi}{4}.
\end{aligned}$$

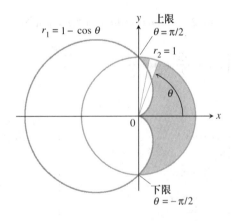

图 9.53 例 5 的区域和积分限.

曲线的长度

为求曲线长度的极坐标公式,把曲线 $r = f(\theta), \alpha \leqslant \theta \leqslant \beta$ 写成参数形式

$$x = r\cos\theta = f(\theta)\cos\theta, \quad y = r\sin\theta = f(\theta)\sin\theta, \quad \alpha \leqslant \theta \leqslant \beta. \tag{3}$$

利用 5.3 节的参数长度公式就给出长度：

$$L = \int_\alpha^\beta \sqrt{\left(\frac{dx}{d\theta}\right)^2 + \left(\frac{dy}{d\theta}\right)^2}\,d\theta.$$

代入 x 和 y 的等式(3)，这一等式变为

$$L = \int_\alpha^\beta \sqrt{r^2 + \left(\frac{dr}{d\theta}\right)^2}\,d\theta \quad (\text{题 41}).$$

CD-ROM
WEBsite
历史传记
Gaspard Monge
(1746 — 1818)

> **极坐标曲线的长度**
> 设 $r = f(\theta)$ 对 $\alpha \leq \theta \leq \beta$ 有连续一阶导数，并且当 θ 从 α 跑到 β 时，点 $P(r,\theta)$ 描绘曲线 $r = f(\theta)$ 恰好一次，则曲线的长度是
> $$L = \int_\alpha^\beta \sqrt{r^2 + \left(\frac{dr}{d\theta}\right)^2}\,d\theta. \qquad (4)$$

例 6（求心形线的长度） 求心形线 $r = 1 - \cos\theta$ 的长度.

解 图形画在图 9.54 中. 当 θ 从 0 跑到 2π 时，点 $P(r,\theta)$ 恰好逆时针描绘曲线一次，这就得到积分限的值. 因为 $r = 1 - \cos\theta, dr/d\theta = \sin\theta$，我们有

$$\begin{aligned}r^2 + \left(\frac{dr}{d\theta}\right)^2 &= (1 - \cos\theta)^2 + (\sin\theta)^2 \\ &= 1 - 2\cos\theta + \underbrace{\cos^2\theta + \sin^2\theta}_{1} \\ &= 2 - 2\cos\theta.\end{aligned}$$

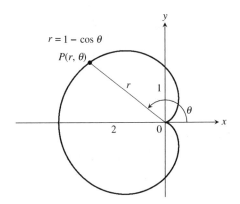

图 9.54 例 6 中计算这个心形线的长度.

因此，

$$\begin{aligned}L &= \int_\alpha^\beta \sqrt{r^2 + \left(\frac{dr}{d\theta}\right)^2}\,d\theta \qquad \text{方程(4)} \\ &= \int_0^{2\pi} \sqrt{2 - 2\cos\theta}\,d\theta \\ &= \int_0^{2\pi} \sqrt{4\sin^2\frac{\theta}{2}}\,d\theta \qquad 1 - \cos\theta = 2\sin^2\frac{\theta}{2} \\ &= \int_0^{2\pi} \left|2\sin\frac{\theta}{2}\right|d\theta \\ &= \int_0^{2\pi} 2\sin\frac{\theta}{2}\,d\theta \qquad \text{当 } 0 \leq \theta \leq 2\pi \text{ 时}, \sin\frac{\theta}{2} \geq 0 \\ &= \left[-4\cos\frac{\theta}{2}\right]_0^{2\pi} = 4 + 4 = 8.\end{aligned}$$

习题 9.6

极坐标曲线的斜率

在题 1 - 4 中,求曲线在指定点的斜率.

1. $r = -1 + \sin\theta, \quad \theta = 0, \pi$
2. $r = \cos 2\theta, \quad \theta = 0, \pm\pi/2, \pi$
3. $r = 2 - 3\sin\theta$
4. $r = 3(1 - \cos\theta)$

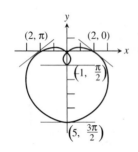
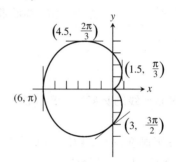

在题 5 - 9 中,求在极点的切线.

5. $r = 3\cos\theta, \quad 0 \leqslant \theta \leqslant 2\pi$
6. $r = 2\cos 3\theta, \quad 0 \leqslant \theta \leqslant \pi$
7. $r = \sin 5\theta, \quad 0 \leqslant \theta \leqslant \pi$
8. $r = 2\sin 2\theta, \quad 0 \leqslant \theta \leqslant 2\pi$

在题 9 - 12 中,求曲线的水平和竖直切线.

9. $r = -1 + \sin\theta, \quad 0 \leqslant \theta \leqslant 2\pi$
10. $r = 1 + \cos\theta, \quad 0 \leqslant \theta \leqslant 2\pi$
11. $r = 2\sin\theta, \quad 0 \leqslant \theta \leqslant \pi$
12. $r = 3 - 4\cos\theta, \quad 0 \leqslant \theta \leqslant 2\pi$

极坐标曲线内的面积

求题 13 - 18 中极坐标曲线所围区域的面积.

13. $r = 4 + 2\cos\theta$
14. $r = a(1 + \cos\theta), \quad a > 0$
15. $r = \cos 2\theta$
16. $r^2 = 2a^2\cos 2\theta, \quad a > 0$
17. $r^2 = 4\sin 2\theta$
18. $r^2 = 2\sin 3\theta$

极坐标区域的面积

求题 19 - 28 中的区域的面积.

19. 圆周 $r = 2\cos\theta$ 和 $r = 2\sin\theta$ 围成的区域
20. 圆周 $r = 1$ 和 $r = 2\sin\theta$ 围成的区域.
21. 圆周 $r = 2$ 和心形线 $r = 2(1 - \cos\theta)$ 围成的区域.
22. 心形线 $r = 2(1 + \cos\theta)$ 和 $r = 2(1 - \cos\theta)$ 围成的区域.
23. 在双纽线 $r^2 = 6\cos 2\theta$ 内并且在圆周 $r = \sqrt{3}$ 外的区域.
24. 在圆周 $r = 3a\cos\theta$ 内并且在心形线 $r = a(1 + \cos\theta), a > 0$ 外的区域.
25. 在圆周 $r = -2\cos\theta$ 内并且在圆周 $r = 1$ 外的区域.
26. (**a**) 在耳蜗线 $r = 1 + 2\cos\theta$ 外圈内的区域(见图 9.51).
    (**b**) 在耳蜗线 $r = 1 + 2\cos\theta$ 外圈内并且在内圈外的区域.

27. 在圆周 $r = 6$ 内并且在直线 $r = 3\csc\theta$ 以上的区域.
28. 在双纽线 $r^2 = 6\cos 2\theta$ 内且在直线 $r = (3/2)\sec\theta$ 右侧的区域.
29. (a) 求下图阴影区域的面积.
    (b) 为学而写 看起来似乎 $r = \tan\theta$, $-\pi/2 < \theta < \pi/2$ 的图形渐近于直线 $x = 1$ 和 $x = -1$. 是这样吗? 对你的回答给出理由.

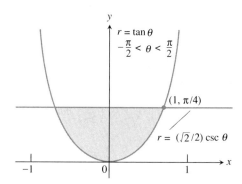

30. 为学而写 在心形线 $r = 1 + \cos\theta$ 内且在圆周 $r = \cos\theta$ 外的区域的面积不等于
$$\frac{1}{2}\int_0^{2\pi}[(1+\cos\theta)^2 - \cos^2\theta]d\theta = \pi.$$
为什么不是? 对你的回答给出理由.

极坐标曲线的长度

求题 31 - 39 中的曲线的长度.

31. $r = \theta^2$, $0 \leq \theta \leq \sqrt{5}$
32. $r = e^\theta/\sqrt{2}$, $0 \leq \theta \leq \pi$
33. $r = 1 + \cos\theta$
34. $r = a\sin^2(\theta/2)$, $0 \leq \theta \leq \pi, a > 0$
35. $r = 6/(1 + \cos\theta)$, $0 \leq \theta \leq \pi/2$
36. $r = 2/(1 - \cos\theta)$, $\pi/2 \leq \theta \leq \pi$
37. $r = \cos^3(\theta/3)$, $0 \leq \theta \leq \pi/4$
38. $r = \sqrt{1 + \sin 2\theta}$, $0 \leq \theta \leq \pi\sqrt{2}$
39. $r = \sqrt{1 + \cos 2\theta}$, $0 \leq \theta \leq \pi\sqrt{2}$

40. **圆周的周长** 照例, 当面对一个新公式的时候, 在熟悉的对象上试一试它, 以确信它给出与过去经验一致的结果, 总是个好想法. 用等式(4)中的公式计算下列圆周的周长 $(a > 0)$:
    (a) $r = a$ (b) $r = a\cos\theta$ (c) $r = a\sin\theta$

理论和例子

41. **一条极坐标曲线的长度** 假定必要的导数是连续的, 指出代换
$$x = f(\theta)\cos\theta, \quad y = f(\theta)\sin\theta$$
(正文中的等式(3)) 怎样把
$$L = \int_\alpha^\beta \sqrt{\left(\frac{dx}{d\theta}\right)^2 + \left(\frac{dy}{d\theta}\right)^2}d\theta$$
变换为
$$L = \int_\alpha^\beta \sqrt{r^2 + \left(\frac{dx}{d\theta}\right)^2}d\theta.$$

42. **平均值** 若 f 是连续的, 在曲线 $r = f(\theta), \alpha \leq \theta \leq \beta$ 极坐标 r 对于 θ 的平均值是
$$r_{av} = \frac{1}{\beta - \alpha}\int_\alpha^\beta f(\theta)d\theta.$$

用这个公式求下列曲线 r 对 θ 的平均值 ($a > 0$).

(**a**) 心形线 $r = a(1 - \cos\theta)$

(**b**) 圆周 $r = a$

(**c**) 圆周 $r = a\cos\theta$, $-\pi/2 \leq \theta \leq \pi/2$

43. **为学而写** 关于曲线

$$r = f(\theta), \quad a \leq \theta \leq \beta,$$

和

$$r = 2f(\theta), \quad a \leq \theta \leq \beta?$$

的相对长度你能够说些什么? 对你的回答给出理由.

44. **录象带长度** 绕在附图所示的录象带卷轮上的带子长度是

$$L = \int_0^\alpha \sqrt{r^2 + \left(\frac{b}{2\pi}\right)^2} \, d\theta.$$

其中 b 是带子厚度, 且

$$r = r_0 + \left(\frac{\theta}{2\pi}\right)b$$

是卷轮上带子的半径. 卷轮上带子的初始半径是 r_0, 而 α 是轴转过的角度的弧度值.

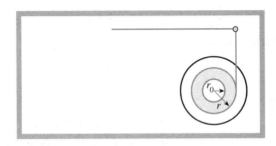

(**a**) 求一个螺旋线作为绕在卷轮上的带子的模型, 使用极图形, 并取 $r_0 = 1.75$ 厘米和 $b = 0.06$ 厘米.

(**b**) 用解析方法确认 L 的公式.

(**c**) 确定绕在卷带轮上的带子的长度, 如果卷带轮转过角度 80π, 并且 $r_0 = 1.75$ 厘米和 $b = 0.06$ 厘米.

(**d**) 假定 b 相对 r 在任何时刻都非常小, 用解析方法说明

$$L_\alpha = \int_0^\alpha r \, d\theta$$

是对 L 的精确值的极好逼近.

(**e**) 对部分 (**c**) 中给定的值, 比较 L_α 和 L.

45. (续题 44) 设 n 是卷轮完整旋转的旋的转数.

(**a**) 求用带子长度 L 表示 n 的公式.

(**b**) 当 VCR 运转时, 磁带通过磁头以常速率运动. 描述卷带轮的速率和时间的关系.

(**c**) 假定 VCR 带子的计数器显示卷轮完整旋转的转数. 把计数值表示成时间 t 的函数.

指导你们复习的问题

1. 何时平面上的有向线段表示同一个向量?
2. 向量怎样几何地相加? 代数地呢?
3. 如何求向量的长度和方向?

4. 如果一个向量用一个正数乘,乘得的结果跟原来向量的关系怎样?用零乘呢?用负数乘呢?
5. 定义两个向量的点积(数量积).点积满足哪些代数定律?给出例子.什么时候两个向量的点积为零?
6. 点积有什么几何表示?给出例子.
7. 一个向量 **u** 在一个向量 **v** 上的向量投影是什么?怎样把一个向量写成一个平行于 **v** 的向量和一个垂直于 **v** 的向量之和?
8. 叙述向量函数的微分和积分法则.给出例子.
9. 你如何定义运动的速度,速率,方向,以及沿一条充分可微的平面曲线运动的物体的加速度?给出例子.
10. 理想抛射体运动的向量和参数方程是什么?怎样求理想抛射体的最大高度,飞行时间和射程?给出例子.
11. 什么是极坐标?联系极坐标和笛卡儿坐标的方程是什么?为什么你要从一个坐标系变换为另一个坐标系?
12. 极坐标缺乏唯一性对作图的推论是什么?举一个例子.
13. 你怎样画极坐标方程的图形?讨论对称性和斜率.给一些例子.
14. 如何求极坐标平面内的区域 $0 \leqslant r_1(\theta) \leqslant r \leqslant r_2(\theta), \alpha \leqslant \theta \leqslant \beta$ 的面积?举一些例子.
15. 在什么条件下你可以求极坐标平面内的曲线 $r = f(\theta), \alpha \leqslant \theta \leqslant \beta$ 的长度?举一个典型计算的例子.

实践习题

向量计算

在题 1 – 4 中,令 **u** = ⟨ – 3,4⟩ 和 **v** = ⟨2, – 5⟩.求(**a**) 向量的分量形式和(**b**) 它的长度.
1. 3**u** – 4**v**　　　　2. **u** + **v**　　　　3. – 2**u**　　　　4. 5**u**

在题 5 – 8 中,求向量的分量形式.
5. ⟨0,1⟩ 旋转一个 $2\pi/3$ 弧度的角得到的向量.
6. 与正 x 轴成 $\pi/6$ 弧度的角的单位向量.
7. 在方向 4**i** – **j** 上单位长度的向量.
8. 与 (3/5)**i** + (4/5)**j** 方向相反的 5 单位长度的向量.

长度和方向

用长度和方向表示题 9 – 12 中的向量.
9. $\sqrt{2}$**i** + $\sqrt{2}$**j** 　　　　　　　　10. – **i** – **j**
11. **r** = $(2\cos t)$**i** + $(2\sin t)$**j** 在点 $(0,2)$ 的速度向量.
12. **r** = $(e^t \cos t)$**i** + $(e^t \sin t)$**j** 在 $t = \ln 2$ 时的速度向量.

切向量和法向量

在题 13 和 14 中,求曲线在点 P 的单位切向量和法向量.
13. $y = \tan x$,　$P(\pi/4, 1)$　　　　14. $x^2 + y^2 = 25$,　$P(3, 4)$

向量投影

15. 复制向量 **u** 和 **v** 并画出 **v** 在 **u** 上的向量投影.

16. 用 **u** 和 **v** 表示向量 **a**, **b** 和 **c**.

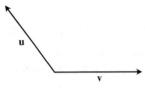

第 15 题图

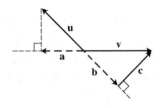

第 16 题图

在题 17 和 18 中,求 $|\mathbf{v}|$, $|\mathbf{u}|$, $\mathbf{v} \cdot \mathbf{u}$, $\mathbf{u} \cdot \mathbf{v}$, $\mathbf{v}$ 和 $\mathbf{u}$ 之间的角, $\mathbf{u}$ 在方向 $\mathbf{v}$ 上的数量投影和 $\mathbf{u}$ 在 $\mathbf{v}$ 上的向量投影.

17. $\mathbf{v} = \mathbf{i} + \mathbf{j}$, $\quad \mathbf{u} = 2\mathbf{i} + \mathbf{j}$ $\qquad$ **18.** $\mathbf{v} = \mathbf{i} + \mathbf{j}$, $\quad \mathbf{u} = -\mathbf{i} - 3\mathbf{j}$

在题 19 和 20 中,把 **u** 写成平行于 **v** 的向量和垂直于 **v** 的向量之和.

19. $\mathbf{v} = 2\mathbf{j} - \mathbf{j}$, $\quad \mathbf{u} = \mathbf{i} + \mathbf{j}$ $\qquad$ **20.** $\mathbf{v} = \mathbf{i} - 2\mathbf{j}$, $\quad \mathbf{u} = \mathbf{i} + \mathbf{j}$

速度和加速度向量

在题 21 和 22 中, $\mathbf{r}(t)$ 是平面上质点在时刻 t 的位置向量.

(**a**) 求速度和加速度向量.

(**b**) 求在给定时刻的速率.

(**c**) 求在给定时刻速度向量和加速度向量之间的夹角.

21. $\mathbf{r}(t) = (4\cos t)\mathbf{i} + (\sqrt{2}\sin t)\mathbf{j}$, $\quad t = \pi/4$ $\qquad$ **22.** $\mathbf{r}(t) = (\sqrt{3}\sec t)\mathbf{i} + (\sqrt{3}\tan t)\mathbf{j}$, $\quad t = 0$

23. 最大速率 平面上在时刻 t 质点的位置是

$$\mathbf{r} = \frac{1}{\sqrt{1+t^2}}\mathbf{i} + \frac{t}{\sqrt{1+t^2}}\mathbf{j}.$$

求质点的最大速率.

24. 为学而写:最小速率 平面上的质点在时刻 $t \geq 0$ 的位置是

$$\mathbf{r}(t) = (e^t \cos t)\mathbf{i} + (e^t \sin t)\mathbf{j}.$$

求质点的最小速率. 它是否有一个最大速率? 对你的回答给出理由.

积分和初值问题

在题 25 和 26 中,求积分值.

25. $\int_0^1 [(3 + 6t)\mathbf{i} + (6\pi \cos \pi t)\mathbf{j}]dt$ $\qquad$ **26.** $\int_e^{e^2} \left[\left(\frac{2\ln t}{t}\right)\mathbf{i} + \left(\frac{1}{t \ln t}\right)\mathbf{j}\right]dt$

在题 27-30 中,解初值问题.

27. $\dfrac{d\mathbf{r}}{dt} = -(\sin t)\mathbf{i} + (\cos t)\mathbf{j}$, $\quad \mathbf{r}(0) = \mathbf{j}$ $\qquad$ **28.** $\dfrac{d\mathbf{r}}{dt} = \dfrac{1}{t^2+1}\mathbf{i} + \dfrac{t}{\sqrt{t^2+1}}\mathbf{j}$, $\quad \mathbf{r}(0) = \mathbf{i} + \mathbf{j}$

29. $\dfrac{d^2\mathbf{r}}{dt^2} = 2\mathbf{j}$, $\quad \left.\dfrac{d\mathbf{r}}{dt}\right|_{t=0} = \mathbf{0}$, $\quad \mathbf{r}(0) = \mathbf{i}$ $\qquad$ **30.** $\dfrac{d^2\mathbf{r}}{dt^2} = -2\mathbf{i} - 2\mathbf{j}$, $\quad \left.\dfrac{d\mathbf{r}}{dt}\right|_{t=1} = 4\mathbf{i}$, $\quad \mathbf{r}(1) = 3\mathbf{i} + 3\mathbf{j}$

极平面图形

画题 31 和 32 中的极坐标不等式定义的区域的草图.

31. $0 \leqslant r \leqslant 6\cos\theta$ **32.** $-4\sin\theta \leqslant r \leqslant 0$

把题 33 – 40 中的图形跟(a)到(l)的适当方程匹配. 因为方程比图形多,所以有些方程不跟任何图形匹配.

(**a**) $r = \cos 2\theta$ (**b**) $r\cos\theta = 1$ (**c**) $r = \dfrac{6}{1 - 2\cos\theta}$ (**d**) $r = \sin 2\theta$

(**e**) $r = \theta$ (**f**) $r^2 = \cos 2\theta$ (**g**) $r = 1 + \cos\theta$ (**h**) $r = 1 - \sin\theta$

(**i**) $r = \dfrac{2}{1 - \cos\theta}$ (**j**) $r^2 = \sin 2\theta$ (**k**) $r = -\sin\theta$ (**l**) $r = 2\cos\theta + 1$

33. 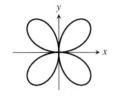   **34.**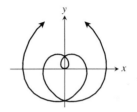

35. 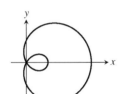   **36.** 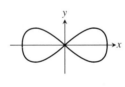   **37.**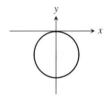

38. 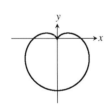   **39.** 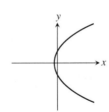   **40.**

在题 41 – 44 中,(**a**) 画极坐标曲线的图形.(**b**) 生成图形的 θ 的区间的最小长度是多少?

41. $r = \cos 2\theta$ **42.** $r\cos\theta = 1$

43. $r^2 = \sin 2\theta$ **44.** $r = -\sin\theta$

极坐标曲线的切线

在题 45 和 46 中,求在极点的切线.

45. $r = \cos 2\theta$, $0 \leqslant \theta \leqslant 2\pi$ **46.** $r = 1 + \cos 2\theta$, $0 \leqslant \theta \leqslant 2\pi$

在题 47 和 48 中,求曲线的水平切线和竖直切线的方程.

47. $r = 1 - \cos(\theta/2)$, $0 \leqslant \theta \leqslant 4\pi$.   **48.** $r = 2(1 - \sin\theta)$, $0 \leqslant \theta \leqslant 2\pi$.

49. 求四瓣玫瑰 $r = \sin 2\theta$ 在四个瓣尖的切线的方程.

50. 求心形线 $r = 1 + \sin\theta$ 与 x 轴的交点的切线的方程.

极方程到笛卡儿方程

在题 51 – 56 中，用等价的笛卡儿方程代替极方程. 识别或描绘曲线.

51. $r\cos\theta = r\sin\theta$
52. $r = 3\cos\theta$
53. $r = 4\tan\theta\sec\theta$
54. $r\cos(\theta + \pi/3) = 2\sqrt{3}$
55. $r = 2\sec\theta$
56. $r = -(3/2)\csc\theta$

笛卡儿方程到极方程

在题 57 – 60 中，用等价的极方程代替笛卡儿方程.

57. $x^2 + y^2 + 5y = 0$
58. $x^2 + y^2 - 2y = 0$
59. $x^2 + 4y^2 = 16$
60. $(x + 2)^2 + (y - 5)^2 = 16$

极平面内的面积

求题 61 – 64 中所描述的极坐标平面内的区域的面积.

61. 耳蜗线 $r = 2 - \cos\theta$ 围的区域.
62. 三瓣玫瑰 $r = \sin 3\theta$ 的一瓣围的区域.
63. 在 "8 形" $r = 1 + \cos 2\theta$ 内且在圆周 $r = 1$ 外的区域.
64. 在心形线 $r = 2(1 + \sin\theta)$ 内且在圆周 $r = 2\sin\theta$ 外的区域.

极坐标曲线的长度

求题 65 – 68 中由极坐标方程所给的曲线的长度.

65. $r = -1 + \cos\theta$
66. $r = 2\sin\theta + 2\cos\theta, \quad 0 \leq \theta \leq \pi/2$
67. $r = 8\sin^3(\theta/3), \quad 0 \leq \theta \leq \pi/4$
68. $r = \sqrt{1 + \cos 2\theta}, \quad -\pi/2 \leq \theta \leq \pi/2$

理论和例子

69. **航空**　一架飞机在北偏东 80° 方向以速度 540 英里/时在静止空气中飞行，遇到 55 英里/时的北东 100° 的风. 飞机保持它的罗盘方向，但是由于风而得到不同的地面速率和方向. 它们是什么？

70. **合力**　一个 120 磅的力跟水平方向成 20° 角往上拉一个物体. 另一个 300 磅的力与水平方向成 –5° 往下拉该物体. 求合力的方向和长度.

71. **推铅球**　一个铅球以与地面成 20° 角以速率 44 英尺/秒离开投掷者的高于地面 6.5 英尺的手. 3 秒钟后它在哪里？

72. **标枪**　一个标枪以与地面成 45° 角以速率 80 英尺/秒离开投掷者的高于地面 7 英尺的手. 它飞行多远？

73. **旋轮**　一个半径 1 英尺中心在 C 的圆形的轮子沿正 x 轴向右滚动，每秒转半周（见图）. 在 t 秒，轮边上的点 P 的位置是
$$\mathbf{r}(t) = (\pi t - \sin \pi t)\mathbf{i} + (1 - \cos \pi t)\mathbf{j}$$

T（a）在区间 $0 \leq t \leq 3$ 描出点 P 所经历的曲线.

（b）求在 $t = 0, 1, 2, 3$ 的速度 $\mathbf{v}$ 和加速度向量 $\mathbf{a}$.

（c）**为学而写**　在任何给定的时刻，轮的最高点的前进速率是多少？C 的呢？对你的回答给出理由.

74. **独裁者**　国内战争期间的迫击炮 Dictator("独裁者") 重达 17 120 磅，必须把它装在铁路车辆上. 它有 13 英寸的炮膛，并用 20 磅的火药引发 200 磅的炮弹. 迫击炮由 Charles Knapp 先生在他的位于 Pittsburgh 的

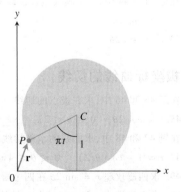

第 73 题图

铁工厂 Pennsylvania 制造,并被联邦军队于 1864 年在 Peterburg, Virginia 的围攻战中使用过. 它射多远?这里有两种说法. 军火手册宣称是 4325 码,而战场指挥官宣称是 4752 码. 假定发射角是 45°,那么所需的炮口速率是多少?

第 74 题图

75. 香槟酒瓶软木塞的世界记录

(a) 1988 年,发射香槟酒瓶软木塞的世界记录是 109 英尺 6 英寸,由英国皇家炮兵的 Michael Hill 上尉创造. 假定 Hill 上尉在地面上以 45° 角握瓶而软木塞的运行像一个理想抛射体,软木塞离开酒瓶的速率是多少?

(b) 一个新的世界记录是 177 英尺 9 英寸,1988 年 6 月 5 日由 Rensselaer 理工学院的 Emeritus Heinrich 教授创造,从地面以上 4 英尺处以 45° 角在 New York 的 Woodbury Vineyards 酒厂发射. 假定软木塞走一个理想轨道,它的初速率是多少?

76. 标枪 1988 年前东德的 Petta Felke 在 Potsdam 创造一项女子标枪 262 英尺 5 英寸的世界记录.

(a) 假定 Felke 以跟水平线成 40° 的角并在高于地面 6.5 英尺的高度投掷,标枪的初速率是多少?

(b) 标枪达到的高度是多少?

77. 同步曲线 通过从理想抛射体方程

$$x = (v_0 \cos \alpha)t, \quad y = (v_0 \sin \alpha)t - \frac{1}{2}gt^2,$$

消去 α 证明 $x^2 + (y + gt^2/2)^2 = v_0^2 t^2$. 此式指出:不管发射角多大,同时从原点以同样的初速度发射的抛射体在任何给定时刻都位于半径为 $v_0 t$ 中心在 $(0, -gt^2/2)$ 的圆周上. 这个圆周是抛射的**同步曲线**.

78. 在阵风中击打一个棒球 一个棒球在地面以上 4 英尺处被击打. 它以跟水平线成 18° 角和 155 英尺/秒的初速度离开球棒. 在击打棒球的瞬间,速率为 11.7 英尺/秒的阵风在水平方向顶着球吹过,在球的初速度上加上一个分量 $-11.7\mathbf{i}$. 一面 10 英尺高的围墙离本垒 380 英尺远并在球飞行的方向.

(a) 求棒球路径的向量和参数方程.

(b) 棒球飞行多高?它何时达到最大高度?

(c) 求棒球的的射程和飞行时间.

(d) 何时棒球有 25 英尺高?在这个高度棒球离本垒的地面距离是多少?

(e) 为学而写 击球手击打一个本垒打吗?

79. 线性拖拽(续题 78) 还考虑题 78 的棒球问题. 这次,假定使用一个拖拽系数为 0.09 的线性拖拽模型.

(a) 求棒球路径的向量和参数方程.

(b) 棒球飞行多高?它何时达到最大高度?

(c) 求棒球的的射程和飞行时间.

(d) 何时棒球有 30 英尺高?在这个高度棒球离本垒的地面距离是多少?

(e) 击球手击打一个本垒打吗?若回答"是",求一个避免本垒打的拖拽系数. 若回答"否",求一个允许本垒打的拖拽系数.

80. **平行四边形**　右图画出平行四边形 $ABCD$ 和对角线 BD 的中点 P.

(a) 用 $\overrightarrow{AB}$ 和 $\overrightarrow{AD}$ 表示 $\overrightarrow{BD}$.

(b) 用 $\overrightarrow{AB}$ 和 $\overrightarrow{AD}$ 表示 $\overrightarrow{AP}$.

(c) 证明 P 也是对角线 AC 的中点.

81. **Achimedes 螺线**　形式为 $r = a\theta$ 的方程的图形称为 Achimedes 螺线,其中 a 为非零常数. 这种螺线相邻两圈之间的宽度有什么特别的吗?

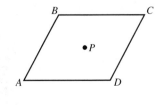

第 80 题图

附加习题: 理论、例子、应用

1. **划船横过河面**　一条直河宽 20 米. 在 (x, y) 的河的的流速是
$$\mathbf{v} = -\frac{3x(20-x)}{100}\mathbf{j} \text{ 米 / 分}, \quad 0 \le x \le 20.$$
一条船在 $(0, 0)$ 离开岸以常速度在水面划行. 它在 $(20, 0)$ 到达对岸. 船的速率总是 $\sqrt{20}$ 米 / 分.

(a) 求船的速度.

(b) 求在时刻 t 船的位置.

(c) 画船的路径的草图.

2. **圆周运动**　平面上运动的一个质点的速度和它的位置向量总是正交的. 证明质点在一个中心在原点的圆周上运动.

3. **位置向量和加速度向量之间的夹角**　假定 $\mathbf{r} = (e^t\cos t)\mathbf{i} + (e^t\sin t)\mathbf{j}$. 证明 $\mathbf{r}$ 和 $\mathbf{a}$ 之间的夹角不变. 这个角多大?

4. **圆周运动**　一个质点沿平面上的一个单位圆周运动. 它在时刻 t 的位置是 $\mathbf{r} = x\mathbf{i} + y\mathbf{j}$, 其中 x 和 y 是 t 的可微函数. 若 $\mathbf{v} \cdot \mathbf{i} = y$, 求 dy/dt. 运动是顺时针的还是逆时针的?

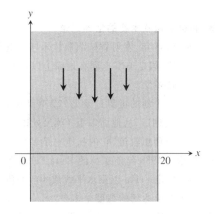

第 1 题图

5. **在立方线上的运动**　你通过形状为曲线 $9y = x^3$ (距离以米为单位) 的充气管道发送一个信件. 在点 $(3, 3)$, $\mathbf{v} \cdot \mathbf{i} = 4$ 和 $\mathbf{a} \cdot \mathbf{i} = -2$. 求在 $(3, 3)$ 的 $\mathbf{v} \cdot \mathbf{j}$ 和 $\mathbf{a} \cdot \mathbf{j}$.

6. **角平分线**　证明 $\mathbf{w} = |\mathbf{v}|\mathbf{u} + |\mathbf{u}|\mathbf{v}$ 平分 $\mathbf{u}$ 和 $\mathbf{v}$ 之间的角.

极坐标

7. (a) **求极方程**　求曲线
$$x = e^{2t}\cos t, \quad y = e^{2t}\sin t, \quad -\infty < t < \infty$$
的极坐标方程.

(b) **曲线的长度**　求从 $t = 0$ 到 $t = 2\pi$ 曲线的长度.

8. **曲线的长度**　求极坐标平面上的曲线 $r = 2\sin^3(\theta/3), 0 \le \theta \le 3\pi$ 的长度.

9. **极面积**　画由极坐标平面上的曲线 $r = 2a\cos^2(\theta/2)$ 和 $r = 2a\sin^2(\theta/2), a > 0$ 围成的区域的草图并求它们的公共部分的面积.

T 10. 画曲线 $r = \cos 5\theta + n\cos\theta, 0 \le \theta \le \pi$ 的图, 其中整数 $n = -5$ (心形) 到 $n = 5$ (钟形). (来源: *The College Mathematics Journal*, Vol. 25, No. 1 (Jan. 1994).)

10 空间中的向量和运动

概述 本章引入三维坐标系中的向量. 正如坐标平面对于研究单变量函数是自然的地方, 坐标空间是研究二元(或更多元)函数的地方. 我们通过添加第三根轴在空间建立坐标系, 该轴测量在 xy 平面上方和下方的距离. 这个轴称为 z 轴, 而平行于它指向正方向的标准单位向量用 $\mathbf{k}$ 表示.

当一个物体在空间行进时, 物体的坐标的方程 $x = f(t)$, $y = g(t)$ 和 $z = h(t)$ 提供了物体运动和路径的方程, 而这些坐标是时间的函数. 采用向量记号, 我们可以把这些方程缩写为一个方程 $\mathbf{r} = f(t)\mathbf{i} + g(t)\mathbf{j} + h(t)\mathbf{k}$, 这个方程给出作为时间的向量函数的物体的位置.

在本章里, 我们说明如何运用微积分研究运动物体的路径、速度和加速度. 随着内容的展开, 我们会了解这些知识如何回答行星和人造卫星的路径和运动的标准问题. 而在最后一节, 我们用新的向量微积分从 Newton 运动定律和引力定律推导行星运动的 Kepler 定律.

10.1 空间中的笛卡儿(直角)坐标和向量

笛卡儿坐标 • 空间中的向量 • 长度 • 零向量 • 单位向量 • 长度和方向 • 距离和空间中的球 • 中点

我们的目的是描述三维笛卡儿坐标系. 然后就可以定义和研究空间向量.

笛卡儿坐标

为给空间中的点定位, 我们用如图 10.1 那样安排的三个互相垂直的轴. 图中所示的轴组成右手坐标系. 如果你这样握住你的右手, 大拇指以外的手指从 x 轴向 y 轴弯曲, 那么大拇指指

向正 z 轴的方向.

空间的点 P 的笛卡儿坐标 (x,y,z) 是过点 P 垂直于坐标轴的平面与该轴的交点在该轴上的坐标. 笛卡儿坐标也称为**直角坐标**,因为定义这种坐标的轴以直角相交.

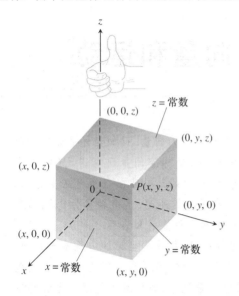

图 10.1　笛卡儿坐标系是右手系

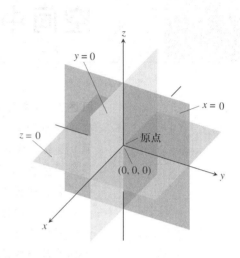

图 10.2　平面 $x=0,y=0$ 和 $y=0$ 分空间成八个卦限

x 轴上的点的 y 坐标和 z 坐标都是零. 即它们的坐标是 $(x,0,0)$. 类似地,y 轴上的点的坐标是 $(0,y,0)$. z 轴上的点的坐标是 $(0,0,z)$(图 10.2).

由坐标轴定义的平面是 **xy 平面**,它的标准方程是 $z=0$;**yz 平面**,它的标准方程是 $x=0$;和 **xz 平面**,它的标准方程是 $y=0$. 它们的交点是**原点** $(0,0,0)$.

三个**坐标平面** $x=0,y=0$ 和 $z=0$ 把空间分成八个称为**卦限**的部分. 其点的所有坐标都是正数的卦限称为**第一卦限**;对其它卦限没有适当的编号.

例 1　几何地解释方程和不等式

(a) $z \geqslant 0$ 　　　　　　　　　在 xy 平面内和其上方的点组成的半空间.

(b) $x=-3$ 　　　　　　　　　垂直与 x 轴并且在 $x=-3$ 与 x 轴相交的平面,这个平面平行于 yz 平面并且在其后面 3 个单位.

(c) $z=0,x \leqslant 0,y \geqslant 0$ 　　　xy 平面的第二象限.

(d) $x \geqslant 0, y \geqslant 0, z \geqslant 0$ 　　第一卦限.

(e) $-1 \leqslant y \leqslant 1$ 　　　　　平面 $y=-1$ 和 $y=1$ 之间的板形(包含平面).

(f) $y=-2, z=2$ 　　　　　平面 $y=-2$ 和 $z=2$ 的交线. 换句话说,过点 $(0,-2,2)$ 平行于 x 轴的直线.

例 2（画方程的图形） 哪些点 $P(x,y,z)$ 满足方程

$$x^2+y^2=4 \quad \text{和} \quad z=3?$$

解 点位于水平平面 $z=3$ 上,并且在这个平面上构成圆周 $x^2+y^2=4$. 我们称这个集合

为"平面 $z = 3$ 上的圆周 $x^2 + y^2 = 4$",或更简单地,"圆周 $x^2 + y^2 = 4, z = 3$"(图 10.3).

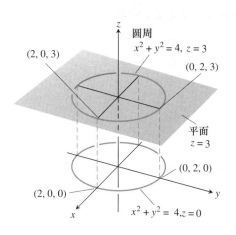

图 10.3 圆周 $x^2 + y^2 = 4, z = 3$

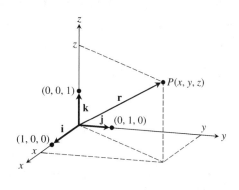

图 10.4 空间中一点的位置向量

空间中的向量

空间中的向量类似平面上的向量,只是多了第三个坐标. 正如在平面上(9.1 节),空间中的**向量**是有向线段. 两个这样的向量是**相等的**,如果它们有同样的的长度和方向. 向量用来表示空间中的力、速度和加速度. 在本节中,我们概述空间中向量的性质(它们跟 9.1 节研究的平面向量的性质是一样的).

若 **v** 是一个起点在点 $(0,0,0)$ 终点在 (v_1, v_2, v_3) 的向量,则 **v** 的**分量形式**是 $\mathbf{v} = \langle v_1, v_2, v_3 \rangle$. 跟平面情形一样,这也是点 (v_1, v_2, v_3) 的位置向量. 从起点 $P_1(x_1, y_1, z_1)$ 到终点 $P_2(x_2, y_2, z_2)$ 的向量是 $\mathbf{v} = \overrightarrow{P_1 P_2} = \langle x_2 - x_1, y_2 - y_1, z_2 - z_1 \rangle$.

用从原点到点 $(1,0,0), (0,1,0)$ 和 $(0,0,1)$ 的有向线段表示的向量是**标准单位向量**,用 **i**, **j** 和 **k** 表示(图 10.4). 于是从原点到典型点 $P(x, y, z)$ 的位置向量就可以写成

$$\mathbf{r} = \overrightarrow{OP} = x\mathbf{i} + y\mathbf{j} + z\mathbf{k}.$$

这样,向量 $\overrightarrow{P_1 P_2} = \langle x_2 - x_1, y_2 - y_1, z_2 - z_1 \rangle$ 可以写成

$$\overrightarrow{P_1 P_2} = (x_2 - x_1)\mathbf{i} + (y_2 - y_1)\mathbf{j} + (z_2 - z_1)\mathbf{k}$$

(见图 10.5). 我们把这作为空间向量的主要记号.

加法、减法和数量乘法的定义跟在平面的一样. 它们还具有同样的性质和解释.

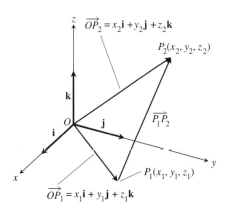

图 10.5 从 P_1 到 P_2 的向量是 $\overrightarrow{P_1 P_2} = (x_2 - x_1)\mathbf{i} + (y_2 - y_1)\mathbf{j} + (z_2 - z_1)\mathbf{k}$

定义 5　向量运算

设 $\mathbf{u} = u_1\mathbf{i} + u_2\mathbf{j} + u_3\mathbf{k}$ 和 $\mathbf{v} = v_1\mathbf{i} + v_2\mathbf{j} + v_3\mathbf{k}$ 是向量而 k 是数(实数)

加法　　$\mathbf{u} + \mathbf{v} = (u_1 + v_1)\mathbf{i} + (u_2 + v_2)\mathbf{j} + (u_3 + v_3)\mathbf{k}$

减法　　$\mathbf{u} - \mathbf{v} = (u_1 - v_1)\mathbf{i} + (u_2 - v_2)\mathbf{j} + (u_3 - v_3)\mathbf{k}$

数量乘法　$k\mathbf{u} = (ku_1)\mathbf{i} + (ku_2)\mathbf{j} + (ku_3)\mathbf{k}$

CD-ROM
WEBsite
历史传记
William Rowan Hamilton
(1805 — 1865)

长度

跟平面向量一样,长度和方向是空间向量的两个重要特征.我们通过对图 10.6 中的三角形用 Pythagoras 定理求得向量 $\mathbf{v} = v_1\mathbf{i} + v_2\mathbf{j} + v_3\mathbf{k}$ 的长度的公式. 从三角形 ABC 得

$$|\overrightarrow{AC}| = \sqrt{v_1^2 + v_2^2},$$

再从三角形 ACD 得

$$|\mathbf{v}| = |v_1\mathbf{i} + v_2\mathbf{j} + v_3\mathbf{k}| = |\overrightarrow{AD}| = \sqrt{|\overrightarrow{AC}|^2 + |\overrightarrow{CD}|^2}$$
$$= \sqrt{v_1^2 + v_2^2 + v_3^2}.$$

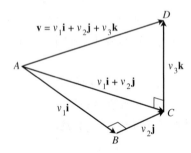

图 10.6　通过对直角三角形 ABC 和 ACD 应用 Pythagorean 定理求得 $\mathbf{v} = \overrightarrow{AD}$ 的长度

定义　空间向量的长度

$\mathbf{v} = v_1\mathbf{i} + v_2\mathbf{j} + v_3\mathbf{k}$ 的大小(长度)是

$$|\mathbf{v}| = |v_1\mathbf{i} + v_2\mathbf{j} + v_3\mathbf{k}| = \sqrt{v_1^2 + v_2^2 + v_3^2}.$$

零向量

空间中的**零向量**是 $\mathbf{0} = \langle 0,0,0 \rangle = 0\mathbf{i} + 0\mathbf{j} + 0\mathbf{k}$. 跟在平面一样,$\mathbf{0}$ 的长度为零而无方向.

单位向量

单位向量 n 是长度为 1 的向量. 标准单位向量的长度是

$$|\mathbf{i}| = |1\mathbf{i} + 0\mathbf{j} + 0\mathbf{k}| = \sqrt{1^2 + 0^2 + 0^2} = 1$$

$$|\mathbf{j}| = |0\mathbf{i} + 1\mathbf{j} + 0\mathbf{k}| = \sqrt{0^2 + 1^2 + 0^2} = 1$$

$$|\mathbf{k}| = |0\mathbf{i} + 0\mathbf{j} + 1\mathbf{k}| = \sqrt{0^2 + 0^2 + 1^2} = 1$$

这就确认了标准单位向量确实是单位向量.

若 $\mathbf{v} \neq \mathbf{0}$,则 $\mathbf{v}/|\mathbf{v}|$ 是与 $\mathbf{v}$ 同方向的单位向量.

例 3(求单位向量) 求与从 $P_1(1,0,1)$ 到 $P_2(3,2,0)$ 的向量同方向的单位向量 $\mathbf{u}$.

解 我们用 $\overrightarrow{P_1P_2}$ 的长度除它:

$$\overrightarrow{P_1P_2} = (3-1)\mathbf{i} + (2-0)\mathbf{j} + (0-1)\mathbf{k} = 2\mathbf{i} + 2\mathbf{j} - \mathbf{k}$$

$$|\overrightarrow{P_1P_2}| = \sqrt{(2)^2 + (2)^2 + (-1)^2} = \sqrt{4+4+1} = \sqrt{9} = 3$$

$$\mathbf{u} = \frac{\overrightarrow{P_1P_2}}{|\overrightarrow{P_1P_2}|} = \frac{2\mathbf{i} + 2\mathbf{j} - \mathbf{k}}{3} = \frac{2}{3}\mathbf{i} + \frac{2}{3}\mathbf{j} - \frac{1}{3}\mathbf{k}.$$

长度和方向

跟在平面的情形一样. 若 $\mathbf{v} \neq \mathbf{0}$ 是空间中的非零向量,则 $\mathbf{v}/|\mathbf{v}|$ 是一个在 $\mathbf{v}$ 方向的单位向量. 等式

$$\mathbf{v} = \underset{\text{长度}}{|\mathbf{v}|} \; \underset{\text{方向}}{\frac{\mathbf{v}}{|\mathbf{v}|}}$$

把 $\mathbf{v}$ 表示成它的长度和方向的乘积.

例 4(把速度表示成速率乘方向) 把一个质点的速度向量 $\mathbf{v} = \mathbf{i} - 2\mathbf{j} + 3\mathbf{k}$ 表示成它的速率和方向的乘积.

解 跟在平面的情形一样,速率是速度向量的大小,我们有

$$|\mathbf{v}| = \sqrt{1^2 + (-2)^2 + 3^2} = \sqrt{14}.$$

于是,

$$\mathbf{v} = |\mathbf{v}|\frac{\mathbf{v}}{|\mathbf{v}|} = \sqrt{14} \cdot \frac{\mathbf{i} - 2\mathbf{j} + 3\mathbf{k}}{\sqrt{14}}$$

$$= \sqrt{14}\left(\frac{1}{\sqrt{14}}\mathbf{i} - \frac{2}{\sqrt{14}}\mathbf{j} + \frac{3}{\sqrt{14}}\mathbf{k}\right) = (\mathbf{v} \text{ 的长度}) \cdot (\mathbf{v} \text{ 的方向})$$

解释: 如果距离单位是英尺,时间单位是秒,则物体的速率是 $\sqrt{14}$ 英尺/秒并且在单位向量 $(1/\sqrt{14})\mathbf{i} - (2/\sqrt{14})\mathbf{j} + (3/\sqrt{14})\mathbf{k}$ 的方向上运动.

例 5 一个 6 牛顿的力 $\mathbf{F}$ 作用在向量 $\mathbf{v} = 2\mathbf{i} + 2\mathbf{j} - \mathbf{k}$ 的方向上. 把 $\mathbf{F}$ 表示成它的长度和方向的乘积.

解 力向量是

$$\mathbf{F} = 6\frac{\mathbf{v}}{|\mathbf{v}|} = 6\frac{2\mathbf{i} + 2\mathbf{j} - \mathbf{k}}{\sqrt{2^2 + 2^2 + (-1)^2}} = 6\frac{2\mathbf{i} + 2\mathbf{j} - \mathbf{k}}{3}$$

$$= 6\left(\frac{2}{3}\mathbf{i} + \frac{2}{3}\mathbf{j} - \frac{1}{3}\mathbf{k}\right).$$

距离和空间中的球

空间中点 P_1 和 P_2 的距离是 $\overrightarrow{P_1P_2}$ 的长度.

$P_1(x_1,y_1,z_1)$ 和 $P_2(x_2,y_2,z_2)$ 之间的距离
$$|\overrightarrow{P_1P_2}| = \sqrt{(x_2-x_1)^2 + (y_2-y_1)^2 + (z_2-z_1)^2}$$

例 6（求两点之间的距离） $P_1(2,1,5)$ 和 $P_2(-2,3,0)$ 之间的距离是

$$|\overrightarrow{P_1P_2}| = \sqrt{(-2-2)^2 + (3-1)^2 + (0-5)^2}$$
$$= \sqrt{16+4+25}$$
$$= \sqrt{45} \approx 6.708.$$

我们用距离公式写出空间中球面的方程（图 10.7）. 一个点 $P(x,y,z)$ 在中心在 $P_0(x_0,y_0,z_0)$ 半径为 a 的球面上, 那么 $|\overrightarrow{P_0P}| = a$, 或

$$(x-x_0)^2 + (y-y_0)^2 + (z-z_0)^2 = a^2.$$

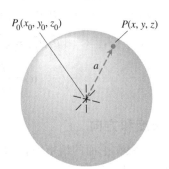

图 10.7 球面 $(x-x_0)^2 + (y-y_0)^2 + (z-z_0)^2 = a^2$.

半径为 a 中心为 (x_0,y_0,z_0) 的标准球面方程
$$(x-x_0)^2 + (y-y_0)^2 + (z-z_0)^2 = a^2$$

例 7（求球面的中心和半径） 求下列球面的中心和半径:
$$x^2 + y^2 + z^2 + 3x - 4z + 1 = 0.$$

解 我们用求圆周的中心和半径的办法求球面的中心和半径:对含 x,y 和 z 的项进行必要的配方,并把每个二次函数 写成线性表达式的平方. 然后从标准形式的方程求得中心和半径.

$$x^2 + y^2 + z^2 + 3x - 4z + 1 = 0$$
$$(x^2 + 3x) + y^2 + (z^2 - 4z) = -1$$
$$\left(x^2 + 3x + \left(\frac{3}{2}\right)^2\right) + y^2 + \left(z^2 - 4z + \left(\frac{-4}{2}\right)^2\right) = -1 + \left(\frac{3}{2}\right)^2 + \left(\frac{-4}{2}\right)^2$$
$$\left(x + \frac{3}{2}\right)^2 + y^2 + (z-2)^2 = -1 + \frac{9}{4} + 4 = \frac{21}{4}.$$

从这个标准方程,我们得到 $x_0 = -3/2, y_0 = 0, z_0 = 2$ 和 $a = \sqrt{21}/2$. 中心是 $(-3/2,0,2)$, 半径是 $\sqrt{21}/2$.

例 8 解释方程和不等式

(**a**) $x^2 + y^2 + z^2 < 4$ 球面 $x^2 + y^2 + z^2 = 4$ 内部

(**b**) $x^2 + y^2 + z^2 \leqslant 4$ 球面 $x^2 + y^2 + z^2 = 4$ 包围的球体. 即球面 $x^2 + y^2 + z^2 = 4$ 及其内部

（c）$x^2 + y^2 + z^2 > 4$　　　　　球面 $x^2 + y^2 + z^2 = 4$ 外部

（d）$x^2 + y^2 + z^2 = 4, z \leq 0$　　球面 $x^2 + y^2 + z^2 = 4$ 被平面 $z = 0$ 截下的下半球面

中点

线段中点的坐标由平均值求得.

连结 $P_1(x_1, y_1, z_1)$ 和 $P_2(x_2, y_2, z_2)$ 的线段的**中点** M 是点
$$\left(\frac{x_1 + x_2}{2}, \frac{y_1 + y_2}{2}, \frac{z_1 + z_2}{2}\right).$$

为了解为什么,注意(图 10.8)

$$\begin{aligned}
\overrightarrow{OM} &= \overrightarrow{OP_1} + \frac{1}{2}(\overrightarrow{P_1P_2}) \\
&= \overrightarrow{OP_1} + \frac{1}{2}(\overrightarrow{OP_2} - \overrightarrow{OP_1}) \\
&= \frac{1}{2}(\overrightarrow{OP_1} + \overrightarrow{OP_2}) \\
&= \frac{x_1 + x_2}{2}\mathbf{i} + \frac{y_1 + y_2}{2}\mathbf{j} + \frac{z_1 + z_2}{2}\mathbf{k}.
\end{aligned}$$

例 9　连结 $P_1(3, -2, 0)$ 和 $P_2(7, 4, 4)$ 的线段的中点是
$$\left(\frac{3+7}{2}, \frac{-2+4}{2}, \frac{0+4}{2}\right) = (5, 1, 2).$$

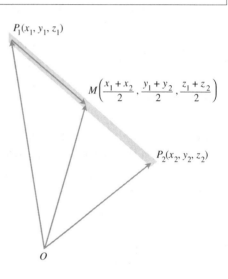

图 10.8　中点坐标是 P_1 和 P_2 的坐标的平均值

习题 10.1

集合、方程、不等式

在第 1 - 10 题中,对空间中坐标满足给定的方程的点的集合做几何解释.

1. $x = 2, y = 3$　　　　　**2.** $x = -1, z = 0$　　　　　**3.** $y = 0, z = 0$

4. $x = 1, y = 0$　　　　　**5.** $x^2 + y^2 = 4, z = -2$　　**6.** $x^2 + z^2 = 4, y = 0$

7. $x^2 + y^2 + z^2 = 1, x = 0$　**8.** $x^2 + y^2 + z^2 = 25, y = -4$

9. $x^2 + y^2 + (z+3)^2 = 25, z = 0$　**10.** $x^2 + (y-1)^2 + z^2 = 4, y = 0$

在第 11 - 16 题中,描述坐标满足给定的不等式或方程与不等式之组合的点的集合.

11. （a）$x \geq 0, y \geq 0, z = 0$　　　　　（b）$x \geq 0, y \leq 0, z = 0$

12. （a）$0 \leq x \leq 1$　　　（b）$0 \leq x \leq 1, 0 \leq y \leq 1$　　　（c）$0 \leq x \leq 1, 0 \leq y \leq 1, 0 \leq z \leq 1$

13. （a）$x^2 + y^2 + z^2 \leq 1$　　（b）$x^2 + y^2 + z^2 > 1$

14. （a）$x^2 + y^2 \leq 1, z = 0$　（b）$x^2 + y^2 \leq 1, z = 3$　（c）$x^2 + y^2 \leq 1$,对 z 没有限制

15. （a）$x^2 + y^2 + z^2 = 1, z \geq 0$　（b）$x^2 + y^2 + z^2 \leq 1, z \geq 0$

16. (**a**) $x = y, z = 0$ (**b**) $x = y$, 对 z 没有限制

在第 17 - 26 题中,用单个方程或一对方程表达给定的集合.

17. (**a**) 在 $(3,0,0)$ 垂直于 x 轴的平面
    (**b**) 在 $(0, -1, 0)$ 垂直于 y 轴的平面
    (**c**) 在 $(0,0, -2)$ 垂直于 z 轴的平面.

18. 过点 $(3, -1, 2)$ 垂直于
    (**a**) x 轴的平面 (**b**) y 轴的平面 (**c**) z 轴的平面

19. 过点 $(3, -1, 1)$ 平行于
    (**a**) xy 平面的平面 (**b**) yz 平面的平面 (**c**) xz 平面的平面

20. 半径为 2,中心在 $(0,0,0)$ 位于
    (**a**) xy 平面的圆周 (**b**) yz 平面的圆周 (**c**) xz 平面的圆周.

21. 半径为 2,中心在 $(0,2,0)$ 位于
    (**a**) xy 平面的圆周 (**b**) yz 平面的圆周 (**c**) xz 平面的圆周.

22. 半径为 1,中心在点 $(-3,4,1)$ 位于平行于
    (**a**) xy 平面 (**b**) yz 平面 (**c**) xz 平面的
    平面上的圆周.

23. 过点 $(1,3, -1)$ 平行于
    (**a**) x 轴 (**b**) y 轴 (**c**) x 轴的直线.

24. 空间中距原点和点 $(0,2,0)$ 等距的点的集合.

25. 过点 $(1,1,3)$ 垂直与 z 轴的平面与半径为 5 中心在原点的球面交成的圆周.

26. 空间中与点 $(0,0,1)$ 的距离为 2 且与点 $(0,0, -1)$ 距离为 2 的点的集合.

写出表达 27 - 32 题的集合的不等式.

27. 由平面 $z = 0$ 和 $z = 1$(平面被包含在内)所围的板形.

28. 第一卦限由坐标平面以及平面 $x = 2, y = 2$ 和 $z = 2$ 围成的实心立方体.

29. 由在 xy 平面内和其下方的点组成的半空间.

30. 半径为 1 中心在原点的上半球面.

31. 半径为 1 中心在 $(1,1,1)$ 的球面内部和外部.

32. 由半径为 1 和半径为 2 中心在原点的球面围成的闭区域.(闭意味着球面被包含在内. 如果球面除外,我们得到由球面围成的开区域. 这类似于我们用闭和开描述区间:"闭"意味端点被包含在内,而"开"意味端点排除在外.)

长度和方向

在第 33 - 38 题中,把每个向量表示成它的长度和方向的乘积.

33. $2\mathbf{i} + \mathbf{j} - 2\mathbf{k}$ 34. $9\mathbf{i} - 2\mathbf{j} + 6\mathbf{k}$ 35. $5\mathbf{k}$

36. $\frac{3}{5}\mathbf{i} + \frac{4}{5}\mathbf{k}$ 37. $\frac{1}{\sqrt{6}}\mathbf{i} - \frac{1}{\sqrt{6}}\mathbf{j} - \frac{1}{\sqrt{6}}\mathbf{k}$ 38. $\frac{\mathbf{i}}{\sqrt{3}} + \frac{\mathbf{j}}{\sqrt{3}} + \frac{\mathbf{k}}{\sqrt{3}}$

39. 求长度和方向给定的向量. 尝试不用笔计算.

    长度 方向
    (**a**) 2 $\mathbf{i}$
    (**b**) $\sqrt{3}$ $-\mathbf{k}$
    (**c**) $\frac{1}{2}$ $\frac{3}{5}\mathbf{j} + \frac{4}{5}\mathbf{k}$
    (**d**) 7 $\frac{6}{7}\mathbf{i} - \frac{2}{7}\mathbf{j} + \frac{3}{7}\mathbf{k}$

习题 10.1

40. 求长度和方向给定的向量.尝试不用笔计算.

   长度　　　　方向

   （a）7　　　　$-\mathbf{j}$

   （b）$\sqrt{2}$　　　　$-\dfrac{3}{5}\mathbf{i}-\dfrac{4}{5}\mathbf{k}$

   （c）$\dfrac{13}{12}$　　　　$\dfrac{3}{13}\mathbf{i}-\dfrac{4}{13}\mathbf{j}-\dfrac{12}{13}\mathbf{k}$

   （d）$a>0$　　　　$\dfrac{1}{\sqrt{2}}\mathbf{i}+\dfrac{1}{\sqrt{3}}\mathbf{j}-\dfrac{1}{\sqrt{6}}\mathbf{k}$

41. 求长度为 7 在 $\mathbf{v}=12\mathbf{i}-5\mathbf{k}$ 的方向上的向量.

42. 求长度为 3 与 $\mathbf{v}=(1/2)\mathbf{i}-(1/2)\mathbf{j}-(1/2)\mathbf{k}$ 方向相反的向量.

由点确定的向量；中点和距离

在第 43 – 46 题中,求

（a）点 P_1 和 P_2 之间的距离

（b）$\overrightarrow{P_1P_2}$ 的方向

（c）线段 P_1P_2 的中点.

43. $P_1(-1,1,5)$, $P_2(2,5,0)$　　44. $P_1(1,4,5)$, $P_2(4,-2,7)$

45. $P_1(3,4,5)$, $P_2(2,3,4)$　　46. $P_1(0,0,0)$, $P_2(2,-2,-2)$

47. 若 $\overrightarrow{AB}=\mathbf{i}+4\mathbf{j}-2\mathbf{k}$ 且 B 是点 $(5,1,3)$,求 A.

48. 若 $\overrightarrow{AB}=-7\mathbf{i}+3\mathbf{j}+8\mathbf{k}$ 且 A 是点 $(-2,-3,6)$,求 B.

球面

在第 49 和 50 题中,求有给定中心和半径的球面的方程.

49. 中心：$(1,2,3)$,半径：$\sqrt{14}$　　50. 中心：$(0,-1,5)$,半径：2

求第 51 – 56 题中的球面的中心和半径.

51. $(x+2)^2+y^2+(z-2)^2=8$

52. $\left(x+\dfrac{1}{2}\right)^2+\left(y+\dfrac{1}{2}\right)^2+\left(z+\dfrac{1}{2}\right)^2=\dfrac{21}{4}$

53. $x^2+y^2+z^2+4x-4z=0$

54. $x^2+y^2+z^2-6y+8z=0$

55. $2x^2+2y^2+2z^2+x+y+z=9$

56. $3x^2+3y^2+3z^2+2y-2z=9$

理论和例子

57. **到坐标轴的距离**　求点 $P(x,y,z)$ 到

　（a）x 轴　　（b）y 轴　　（c）z 轴

　的距离.

58. **到坐标平面的距离**　求点 $P(x,y,z)$ 到

　（a）xy 平面　　（b）yz 平面　　（c）xz 平面

　的距离.

59. **三角形的中线**　假定 A,B 和 C 是右图所示的薄的常密度三角形板的顶点.

　（a）求从 C 到边 AB 中点 M 的向量.

　（b）求从 C 到中线 CM 上从 C 到 M 的路线的三分之二处的点的向量.

　（c）求 $\triangle ABC$ 的中线的交点的坐标.根据 5.6 节习题的第 29 题,这个点是薄板的质心.

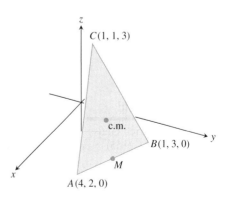

第 59 题图

60. 几何和向量 求从原点到顶点为

$$A(1,-1,2) \quad B(2,1,3), \quad 和 \quad C(-1,2,-1)$$

的三角形的中线交点的向量.

61. 四边形 设 $ABCD$ 是空间中的一个一般的四边形,不必是平面的.证明连结 $ABCD$ 的对边中点的线段互相平分. (**提示**:证明两线段有同一中点.)

62. 为学而写 从平面上的一个正多边形的中心到各个顶点做向量.证明这些向量的和是零. (**提示**:如果你绕原点旋转多边形会发生什么?)

63. 三角形 假定 A,B 和 C 是一个三角形的顶点,而 a,b, 和 c 分别是相对边的中点.证明 $\overrightarrow{Aa} + \overrightarrow{Bb} + \overrightarrow{Cc} = \mathbf{0}$.

10.2 点积和叉积

点积 • 点积的性质 • 垂直(正交)向量和投影 • 空间中两个向量的叉积 • 叉积的性质的公式 • $|\mathbf{u} \times \mathbf{v}|$ 是平行四边形的面积 • $\mathbf{u} \times \mathbf{v}$ 的行列式公式 • 转矩 • 三元数量积或箱积

在本节里,我们首先把在 9.2 节研究的点积定义推广到空间.然后对空间中的向量引入一个新的积,称为**叉积**.叉积对于空间几何是有用的,比如,为描述平面的倾斜,需要确定一个垂直于该平面的向量.这个向量告诉我们平面的"倾斜",正像斜率或倾角描述直线在平面如何倾斜.

点积

空间中两个向量的点积(或内积,数量积)以对平面向量同样的方式定义(见 9.2 节).当把两个非零向量 $\mathbf{u}$ 和 $\mathbf{v}$ 的起点放在一起时,它们形成一个大小 $0 \leq \theta \leq \pi$ 的角.

定义 点积(内积)

向量 $\mathbf{u}$ 和 $\mathbf{v}$ 的**点积(内积)** $\mathbf{u} \cdot \mathbf{v}$ 是数

$$\mathbf{u} \cdot \mathbf{v} = |\mathbf{u}||\mathbf{v}|\cos\theta,$$

其中 θ 是 $\mathbf{u}$ 和 $\mathbf{v}$ 之间的角.

在 9.2 节,我们证明了(见定理 1)点积可以用向量的分量表示.同样的证明导出下列公式.

CD-ROM
WEBsite
历史传记
Carl Friedrich Gauss
(1777 — 1855)

点积的计算

若 $\mathbf{u} = u_1\mathbf{i} + u_2\mathbf{j} + u_3\mathbf{k}$ 和 $\mathbf{v} = v_1\mathbf{i} + v_2\mathbf{j} + v_3\mathbf{k}$,则

$$\mathbf{u} \cdot \mathbf{v} = u_1v_1 + u_2v_2 + u_3v_3.$$

这样,求两个给定向量的点积,我们把它们的 $\mathbf{i}$-, $\mathbf{j}$- 和 $\mathbf{k}$-分量分别相乘,再把结果相加.这个过程跟平面向量一样,唯一不同是在平面情形只有两个分量.

把内积定义中的 θ 解出来,就得到求空间中的向量之间夹角的公式.

非零向量之间的夹角

两个非零向量 **u** 和 **v** 之间的夹角是

$$\theta = \cos^{-1}\left(\frac{\mathbf{u}\cdot\mathbf{v}}{|\mathbf{u}||\mathbf{v}|}\right).$$

例1（求空间中两个向量之间的夹角） 求 $\mathbf{u} = \mathbf{i} - 2\mathbf{j} - 2\mathbf{k}$ 和 $\mathbf{v} = 6\mathbf{i} + 3\mathbf{j} + 2\mathbf{k}$ 之间的夹角.

解 由上面的公式得

$$\mathbf{u}\cdot\mathbf{v} = (1)(6) + (-2)(3) + (-2)(2) = 6 - 6 - 4 = -4$$

$$|\mathbf{u}| = \sqrt{(1)^2 + (-2)^2 + (-2)^2} = \sqrt{9} = 3$$

$$|\mathbf{v}| = \sqrt{(6)^2 + (3)^2 + (2)^2} = \sqrt{49} = 7$$

$$\theta = \cos^{-1}\left(\frac{\mathbf{u}\cdot\mathbf{v}}{|\mathbf{u}||\mathbf{v}|}\right) = \cos^{-1}\left(\frac{-4}{(3)(7)}\right) \approx 1.76 \text{ rad}.$$

点积的性质

我们可以用点积的分量形式证明下列性质（它们跟 9.2 节研究的平面向量的情形相同）

点积的性质 若 **u**, **v** 和 **w** 是任意向量，而 c 是数，则
1. $\mathbf{u}\cdot\mathbf{v} = \mathbf{v}\cdot\mathbf{u}$
2. $(c\mathbf{u})\cdot\mathbf{v} = \mathbf{u}\cdot(c\mathbf{v}) = c(\mathbf{u}\cdot\mathbf{v})$
3. $\mathbf{u}\cdot(\mathbf{v}+\mathbf{w}) = \mathbf{u}\cdot\mathbf{v} + \mathbf{u}\cdot\mathbf{w}$
4. $\mathbf{u}\cdot\mathbf{u} = |\mathbf{u}|^2$
5. $\mathbf{0}\cdot\mathbf{u} = 0$

垂直（正交）向量和投影

跟平面向量的情形一样，两个非零向量 **u** 和 **v** 是垂直的或**正交的**，当且仅当 $\mathbf{u}\cdot\mathbf{v} = 0$. $\overrightarrow{PQ}$ 在一个非零向量 $\mathbf{v} = \overrightarrow{PS}$ 上的**投影向量**（图 10.9）是由从 Q 到直线 PS 做垂线而得的向量 $\overrightarrow{PR}$. 这跟平面向量的情形完全一样(9.2 节). 这个向量的记号是

$$\text{proj}_\mathbf{v}\mathbf{u} \quad (\mathbf{u} \text{ 在 } \mathbf{v} \text{ 上的向量投影})$$

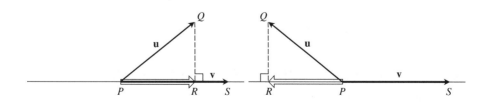

图 10.9 **u** 在 **v** 上的向量投影

如果 **u** 表示一个力，那么 $\text{proj}_\mathbf{v}\mathbf{u}$ 表示在方向 **v** 的有效力（图 10.10）.

$\text{proj}_\mathbf{v}\mathbf{u}$ 的计算跟前面一样.

u 在 v 上的向量投影:

$$\text{proj}_v \mathbf{u} = \left(\frac{\mathbf{u} \cdot \mathbf{v}}{|\mathbf{v}|^2}\right) \mathbf{v} \tag{1}$$

数 $|\mathbf{u}|\cos\theta$ 称为 **u 在方向 v 的数量分量**. 因为

$$|\mathbf{u}|\cos\theta = \frac{\mathbf{u} \cdot \mathbf{v}}{|\mathbf{v}|^2} = \mathbf{u} \cdot \frac{\mathbf{v}}{|\mathbf{v}|}, \tag{2}$$

我们可以通过 u "点乘" v 的方向求数量分量.

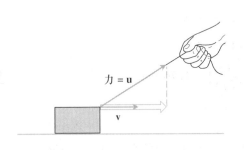

图 10.10 如果我们用力 u 拉一个箱子,在 v 方向的有效力是 u 在 v 上的向量投影

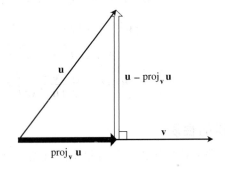

图 10.11 把 u 写成平行和垂直于 v 的向量之和

例 2(求向量投影) 求 $\mathbf{u} = 6\mathbf{i} + 3\mathbf{j} + 2\mathbf{k}$ 在 $\mathbf{v} = \mathbf{i} - 2\mathbf{j} - 2\mathbf{k}$ 上的向量投影和 u 在方向 v 的数量分量.

解 用等式(1)求 $\text{proj}_v \mathbf{u}$:

$$\text{proj}_v \mathbf{u} = \frac{\mathbf{u} \cdot \mathbf{v}}{\mathbf{v} \cdot \mathbf{v}} \mathbf{v} = \frac{6 - 6 - 4}{1 + 4 + 4}(\mathbf{i} - 2\mathbf{j} - 2\mathbf{k})$$

$$= -\frac{4}{9}(\mathbf{i} - 2\mathbf{j} - 2\mathbf{k}) = -\frac{4}{9}\mathbf{i} + \frac{8}{9}\mathbf{j} + \frac{8}{9}\mathbf{k}.$$

用等式(2)求 u 在方向 v 的数量分量:

$$|\mathbf{u}|\cos\theta = \mathbf{u} \cdot \frac{\mathbf{v}}{|\mathbf{v}|} = (6\mathbf{i} + 3\mathbf{j} + 2\mathbf{k}) \cdot \left(\frac{1}{3}\mathbf{i} - \frac{2}{3}\mathbf{j} - \frac{2}{3}\mathbf{k}\right)$$

$$= 2 - 2 - \frac{4}{3} = -\frac{4}{3}.$$

跟平面向量一样,我们可以把一个向量 u 表示成一个平行于 v 的向量和一个垂直于 v 的向量之和. 正如图 10.11 所显示的,我们用公式

$$\mathbf{u} = \text{proj}_v \mathbf{u} + (\mathbf{u} - \text{proj}_v \mathbf{u}),$$

完成这件事.

例 3(作用在太空船上的力) 一个力 $\mathbf{F} = 2\mathbf{i} + \mathbf{j} - 3\mathbf{k}$ 作用在速度为 $\mathbf{v} = 3\mathbf{i} - \mathbf{j}$ 的太空船上. 把 F 表示成一个平行于 v 的向量和一个垂直于 v 的向量之和.

解
$$\mathbf{F} = \text{proj}_{\mathbf{v}}\mathbf{F} + (\mathbf{F} - \text{proj}_{\mathbf{v}}\mathbf{F})$$
$$= \frac{\mathbf{F}\cdot\mathbf{v}}{\mathbf{v}\cdot\mathbf{v}}\mathbf{v} + \left(\mathbf{F} - \frac{\mathbf{F}\cdot\mathbf{v}}{\mathbf{v}\cdot\mathbf{v}}\mathbf{v}\right)$$
$$= \left(\frac{6-1}{9+1}\right)\mathbf{v} + \left(\mathbf{F} - \left(\frac{6-1}{9+1}\right)\mathbf{v}\right)$$
$$= \frac{5}{10}(3\mathbf{i}-\mathbf{j}) + \left(2\mathbf{i}+\mathbf{j}-3\mathbf{k} - \frac{5}{10}(3\mathbf{i}-\mathbf{j})\right)$$
$$= \left(\frac{3}{2}\mathbf{i} - \frac{1}{2}\mathbf{j}\right) + \left(\frac{1}{2}\mathbf{i} + \frac{3}{2}\mathbf{j} - 3\mathbf{k}\right).$$

解释:力$(3/2)\mathbf{i} - (1/2)\mathbf{j}$是平行于速度向量$\mathbf{v}$的有效力.力$(1/2)\mathbf{i} + (3/2)\mathbf{j} - 3\mathbf{k}$垂直于$\mathbf{v}$.为验证这个向量正交于$\mathbf{v}$,我们求点积:
$$\left(\frac{1}{2}\mathbf{i} + \frac{3}{2}\mathbf{j} - 3k\right)\cdot(3\mathbf{i}-\mathbf{j}) = \frac{3}{2} - \frac{3}{2} = 0.$$

空间中两个向量的叉积

我们假定在空间给定两个非零向量 $\mathbf{u}$ 和 $\mathbf{v}$. 如果 $\mathbf{u}$ 和 $\mathbf{v}$ 不平行,那么它们决定一个平面. 我们用**右手法则**选择一个垂直于这个平面的单位向量 $\mathbf{n}$. 这意味着我们选择 $\mathbf{n}$ 是一个单位(标准)向量,在你的右手的拇指以外的四指沿着从 $\mathbf{u}$ 到 $\mathbf{v}$ 的角 θ 卷曲时,$\mathbf{n}$ 指向拇指所指的方向(图 10.12). **向量积 $\mathbf{u} \times \mathbf{v}$($\mathbf{u}$ 叉 $\mathbf{v}$)**则是下列向量

> **定义**　**向量(叉)积**
> $$\mathbf{u} \times \mathbf{v} = (|\mathbf{u}||\mathbf{v}|\sin\theta)\mathbf{n}$$

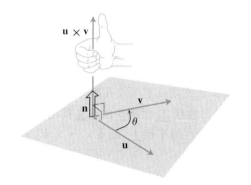

图 10.12　$\mathbf{u} \times \mathbf{v}$ 的构成

向量 $\mathbf{u} \times \mathbf{v}$ 正交于 $\mathbf{u}$ 和 $\mathbf{v}$,因为它是 $\mathbf{n}$ 的数量倍数. 由于记号叉($\times$),$\mathbf{u}$ 和 $\mathbf{v}$ 的向量积常被称为 $\mathbf{u}$ 和 $\mathbf{v}$ 的**叉积**.

如果 $\mathbf{u}$ 和 $\mathbf{v}$ 中的一个或两个是零,我们定义 $\mathbf{u} \times \mathbf{v}$ 是零. 这样一来,$\mathbf{u}$ 和 $\mathbf{v}$ 的叉积是零,当且仅当 $\mathbf{u}$ 和 $\mathbf{v}$ 平行或它们中的一个或两个为零.

> **平行向量**
> 非零向量 $\mathbf{u}$ 和 $\mathbf{v}$ 平行当且仅当 $\mathbf{u} \times \mathbf{v} = \mathbf{0}$.

叉积的性质的公式

叉积服从下列法则

叉积的性质　设 **u**, **v** 和 **w** 是任意向量, 而 r, s 是数, 则
1. $(r\mathbf{u}) \times (s\mathbf{v}) = (rs)(\mathbf{u} \times \mathbf{v})$
2. $\mathbf{u} \times (\mathbf{v} + \mathbf{w}) = \mathbf{u} \times \mathbf{v} + \mathbf{u} \times \mathbf{w}$
3. $(\mathbf{v} + \mathbf{w}) \times \mathbf{u} = \mathbf{v} \times \mathbf{u} + \mathbf{w} \times \mathbf{u}$
4. $\mathbf{v} \times \mathbf{u} = -(\mathbf{u} \times \mathbf{v})$
5. $\mathbf{0} \times \mathbf{u} = \mathbf{0}$

比如,为直观看出性质 4,我们注意当我们的右手四指从 **v** 到 **u** 沿着角 θ 弯曲时,拇指指向相反的方向,于是我们在形成 **v** × **u** 时选择的单位向量是我们形成 **u** × **v** 时选择的单位向量的负向量(图 10.13).

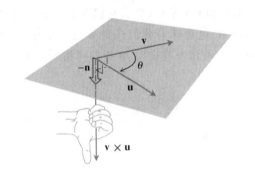

图 10.13　**v** × **u** 的构成

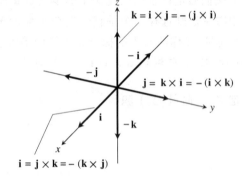

图 10.14　**i**, **j** 和 **k** 两两的叉积

通过把叉积定义用在等式两端并比较结果可以验证性质 1. 性质 2 在附录中证明. 在性质 2 的等式两端乘以 -1,再用性质 4 颠倒积的次序,就推出性质 3. 性质 5 由定义推出. 通常,叉积乘法是**不满足结合律**的,因为 $(\mathbf{u} \times \mathbf{v}) \times \mathbf{w}$ 位于 **u** 和 **v** 所在的平面上,而 $\mathbf{u} \times (\mathbf{v} \times \mathbf{w})$ 在 **v** 和 **w** 所在的平面上.

当我们用定义两两计算 **i**, **j** 和 **k** 的叉积时,便得到(图 10.14)

$$\mathbf{i} \times \mathbf{j} = -(\mathbf{j} \times \mathbf{i}) = \mathbf{k}$$
$$\mathbf{j} \times \mathbf{k} = -(\mathbf{k} \times \mathbf{j}) = \mathbf{i}$$
$$\mathbf{k} \times \mathbf{i} = -(\mathbf{i} \times \mathbf{k}) = \mathbf{j}$$

和

$$\mathbf{i} \times \mathbf{i} = \mathbf{j} \times \mathbf{j} = \mathbf{k} \times \mathbf{k} = \mathbf{0}.$$

为记住这些乘积所用的图示

|**u** × **v**|是平行四边形的面积

因为 **n** 是单位向量, **u** × **v** 的大小是

$$|\mathbf{u} \times \mathbf{v}| = |\mathbf{u}||\mathbf{v}||\sin\theta||\mathbf{n}| = |\mathbf{u}||\mathbf{v}|\sin\theta.$$

这是由 **u** 和 **v** 确定的平行四边形的面积（图 10.15）. $|\mathbf{u}|$ 是平行四边形的底，而 $|\mathbf{v}||\sin\theta|$ 是高.

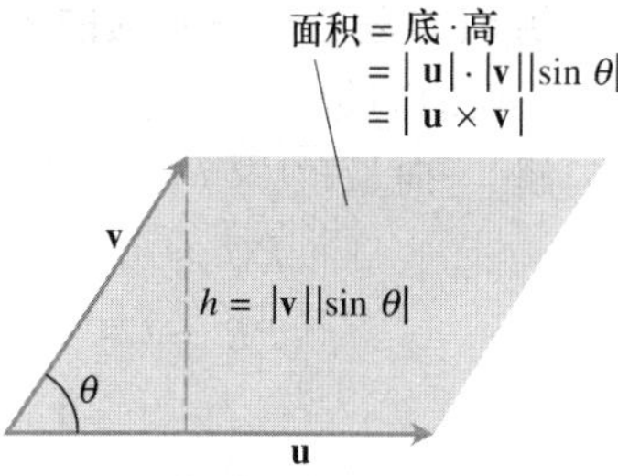

面积 = 底·高
  = $|\mathbf{u}| \cdot |\mathbf{v}||\sin\theta|$
  = $|\mathbf{u} \times \mathbf{v}|$

$h = |\mathbf{v}||\sin\theta|$

图 10.15 **u** 和 **v** 确定的平行四边形

$\mathbf{u} \times \mathbf{v}$ 的行列式公式

我们的下一个目标是通过 **u** 和 **v** 相对于笛卡儿坐标系的分量计算 $\mathbf{u} \times \mathbf{v}$. 假定

$$\mathbf{u} = u_1\mathbf{i} + u_2\mathbf{j} + u_3\mathbf{k}, \quad \mathbf{v} = v_1\mathbf{i} + v_2\mathbf{j} + v_3\mathbf{k}.$$

那么由分配律和 **i**, **j** 和 **k** 相乘的法则告诉我们

$$\begin{aligned}\mathbf{u} \times \mathbf{v} &= (u_1\mathbf{i} + u_2\mathbf{j} + u_3\mathbf{k}) \times (v_1\mathbf{i} + v_2\mathbf{j} + v_3\mathbf{k}) \\ &= u_1v_1\mathbf{i}\times\mathbf{i} + u_1v_2\mathbf{i}\times\mathbf{j} + u_1v_3\mathbf{i}\times\mathbf{k} \\ &\quad + u_2v_1\mathbf{j}\times\mathbf{i} + u_2v_2\mathbf{j}\times\mathbf{j} + u_2v_3\mathbf{j}\times\mathbf{k} \\ &\quad + u_3v_1\mathbf{k}\times\mathbf{i} + u_3v_2\mathbf{k}\times\mathbf{j} + u_3v_3\mathbf{k}\times\mathbf{k} \\ &= (u_2v_3 - u_3v_2)\mathbf{i} - (u_1v_3 - u_3v_1)\mathbf{j} \\ &\quad + (u_1v_2 - u_2v_1)\mathbf{k}.\end{aligned}$$

最后一行跟符号行列式

$$\begin{vmatrix} \mathbf{i} & \mathbf{j} & \mathbf{k} \\ u_1 & u_2 & u_3 \\ v_1 & v_2 & v_3 \end{vmatrix}.$$

展开式的项相同.

于是我们得到下列法则.

注：行列式 $\begin{vmatrix} a & b \\ c & d \end{vmatrix} = ad - bc$

例 $\begin{vmatrix} 2 & 1 \\ -4 & 3 \end{vmatrix} = (2)(3) - (1)(-4)$
$= 6 + 4 = 10$

$$\begin{vmatrix} a_1 & a_2 & a_3 \\ b_1 & b_2 & b_3 \\ c_1 & c_2 & c_3 \end{vmatrix} = a_1\begin{vmatrix} b_2 & b_3 \\ c_2 & c_3 \end{vmatrix}$$
$$- a_2\begin{vmatrix} b_1 & b_3 \\ c_1 & c_3 \end{vmatrix} + a_3\begin{vmatrix} b_1 & b_2 \\ c_1 & c_2 \end{vmatrix}$$

例 $\begin{vmatrix} -5 & 3 & 1 \\ 2 & 1 & 1 \\ -4 & 3 & 1 \end{vmatrix}$

$= (-5)\begin{vmatrix} 1 & 1 \\ 3 & 1 \end{vmatrix} - (3)\begin{vmatrix} 2 & 1 \\ -4 & 1 \end{vmatrix}$
$+ (1)\begin{vmatrix} 2 & 1 \\ -4 & 3 \end{vmatrix}$
$= -5(1-3) - 3(2+4) + 1(6+4)$
$= 10 - 18 + 10 = 2$

用行列式计算叉积   若 $\mathbf{u} = u_1\mathbf{i} + u_2\mathbf{j} + u_3\mathbf{k}$ 和 $\mathbf{v} = v_1\mathbf{i} + v_2\mathbf{j} + v_3\mathbf{k}$，则

$$\mathbf{u} \times \mathbf{v} = \begin{vmatrix} \mathbf{i} & \mathbf{j} & \mathbf{k} \\ u_1 & u_2 & u_3 \\ v_1 & v_2 & v_3 \end{vmatrix}.$$

例 4（用行列式计算叉积）   若 $\mathbf{u} = 2\mathbf{i} + \mathbf{j} + \mathbf{k}$ 和 $\mathbf{v} = -4\mathbf{i} + 3\mathbf{j} + \mathbf{k}$，求 $\mathbf{u} \times \mathbf{v}$ 和 $\mathbf{v} \times \mathbf{u}$.

解 $\mathbf{u} \times \mathbf{v} = \begin{vmatrix} \mathbf{i} & \mathbf{j} & \mathbf{k} \\ 2 & 1 & 1 \\ -4 & 3 & 1 \end{vmatrix} = \begin{vmatrix} 1 & 1 \\ 3 & 1 \end{vmatrix}\mathbf{i} - \begin{vmatrix} 2 & 1 \\ -4 & 1 \end{vmatrix}\mathbf{j} + \begin{vmatrix} 2 & 1 \\ -4 & 3 \end{vmatrix}\mathbf{k}$

$= -2\mathbf{i} - 6\mathbf{j} + 10\mathbf{k}$

$\mathbf{v} \times \mathbf{u} = -(\mathbf{u} \times \mathbf{v}) = 2\mathbf{i} + 6\mathbf{j} - 10\mathbf{k}$

例 5(求垂直于一平面的向量) 求垂直于 $P(1,-1,0),Q(2,1,-1)$ 和 $R(-1,1,2)$ 所在的平面的向量.

解 向量 $\overrightarrow{PQ}\times\overrightarrow{PR}$ 垂直于平面,因为它垂直于平面上的两个向量. 利用分量我们求得

$$\overrightarrow{PQ} = (2-1)\mathbf{i} + (1+1)\mathbf{j} + (-1-0)\mathbf{k} = \mathbf{i} + 2\mathbf{j} - \mathbf{k}$$

$$\overrightarrow{PR} = (-1-1)\mathbf{i} + (1+1)\mathbf{j} + (2-0)\mathbf{k} = -2\mathbf{i} + 2\mathbf{j} + 2\mathbf{k}$$

$$\overrightarrow{PQ}\times\overrightarrow{PR} = \begin{vmatrix} \mathbf{i} & \mathbf{j} & \mathbf{k} \\ 1 & 2 & -1 \\ -2 & 2 & 2 \end{vmatrix} = \begin{vmatrix} 2 & -1 \\ 2 & 2 \end{vmatrix}\mathbf{i} - \begin{vmatrix} 1 & -1 \\ -2 & 2 \end{vmatrix}\mathbf{j} + \begin{vmatrix} 1 & 2 \\ -2 & 2 \end{vmatrix}\mathbf{k}$$

$$= 6\mathbf{i} + 6\mathbf{k}.$$

例 6(求三角形的面积) 求顶点为 $P(1,-1,0),Q(2,1,-1)$ 和 $R(2,1,-1)$ 的三角形的面积(图 10.16).

解 由 P,Q 和 R 所确定的平行四边形的面积是

$$|\overrightarrow{PQ}\times\overrightarrow{PR}| = |6\mathbf{i}+6\mathbf{k}| \quad \text{(例 5 的值)}$$

$$= \sqrt{(6)^2+(6)^2} = \sqrt{2\cdot 36} = 6\sqrt{2}.$$

三角形的面积是这个值的一半,或 $3\sqrt{2}$.

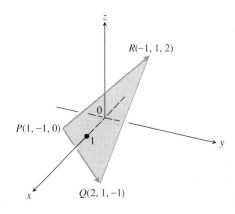

图 10.16 三角形 PQR 的面积是 $|\overrightarrow{PQ}\times\overrightarrow{PR}|$ 的一半. (例 6)

例 7(求平面的单位法向量) 求垂直于 $P(1,-1,0),Q(2,1,-1)$ 和 $R(-1,1,2)$ 所在平面的单位向量.

解 因为 $\overrightarrow{PQ}\times\overrightarrow{PR}$ 垂直于平面,它的方向 $\mathbf{n}$ 是垂直于平面的单位向量. 取例 5 和例 6 的值我们有

$$\mathbf{n} = \frac{\overrightarrow{PQ}\times\overrightarrow{PR}}{|\overrightarrow{PQ}\times\overrightarrow{PR}|} = \frac{6\mathbf{i}+6\mathbf{k}}{6\sqrt{2}} = \frac{1}{\sqrt{2}}\mathbf{i} + \frac{1}{\sqrt{2}}\mathbf{k}.$$

转矩

当我们在扳手上用一个力 $\mathbf{F}$ 转动一个螺栓时,我们产生一个转矩作用在螺栓的轴上以使螺

栓前进. 转矩的大小依赖力作用在扳手多远的地方和多大的在作用点垂直于扳手的力. 我们测量转矩大小的数是杠杆 r 的臂长和 **F** 的的垂直于 r 的数量分量的乘积. 按照图 10.17 的记号,

$$\text{转矩的大小} = |\mathbf{r}||\mathbf{F}|\sin\theta,$$

或 $|\mathbf{r} \times \mathbf{F}|$. 如果令 **n** 是沿螺栓的轴并指向转矩方向的单位向量, 那么转矩向量的完整表示是 $\mathbf{r} \times \mathbf{F}$, 或

$$\text{转矩向量} = (|\mathbf{r}||\mathbf{F}|\sin\theta)\mathbf{n}.$$

回想起当 **u** 和 **v** 平行时我们定义 $\mathbf{u} \times \mathbf{v}$ 为零. 这跟转矩的解释正好是吻合的. 假如图 10.17 中的力 **F** 平行于扳手, 即我们试图通过沿着扳手的柄的方向拉或推扳手, 所产生的转矩为零.

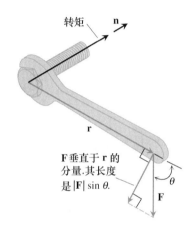

图 10.17 转矩向量表达为 **F** 驱动螺栓向前的趋势

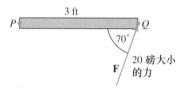

图 10.18 **F** 在 P 作用的转矩大小是大约 56.4 英尺 - 磅. (例 8)

例 8 (求转矩的大小) 图 10.18 中的力在支点 P 产生的转矩的大小是

$$|\overrightarrow{PQ} \times \mathbf{F}| = |\overrightarrow{PQ}||\mathbf{F}|\sin 70°$$
$$= (3)(20)(0.94)$$
$$\approx 56.4 \text{ 英尺 - 磅.}$$

三元数量积或箱积

积 $(\mathbf{u} \times \mathbf{v}) \cdot \mathbf{w}$ 称为 **u**, **v** 和 **w**(按这个次序) 的**三元数量积**. 正如从公式

$$|(\mathbf{u} \times \mathbf{v}) \cdot \mathbf{w}| = |\mathbf{u} \times \mathbf{v}||\mathbf{w}|\cos\theta$$

看到的, 积的绝对值是由 **u**, **v** 和 **w** 确定的平行六面体 (以平行四边形为侧面的盒形) 的体积 (图 10.19). 数 $|\mathbf{u} \times \mathbf{v}|$ 是平行四边形底的面积. 数 $|\mathbf{w}||\cos\theta|$ 是平行六面体的高. 由于这个几何解释, $(\mathbf{u} \times \mathbf{v}) \cdot \mathbf{w}$ 也称为 **u**, **v** 和 **w** 的**盒积**.

把 **v** 和 **w** 以及 **w** 和 **u** 确定的平面作为平行六面体的底所在的平面, 我们看出

$$(\mathbf{u} \times \mathbf{v}) \cdot \mathbf{w} = (\mathbf{v} \times \mathbf{w}) \cdot \mathbf{u} = (\mathbf{w} \times \mathbf{u}) \cdot \mathbf{v}.$$

由此, 我们还得到

$$(\mathbf{u} \times \mathbf{v}) \cdot \mathbf{w} = \mathbf{u} \cdot (\mathbf{v} \times \mathbf{w}) \quad \text{(点积与叉积可交换)}$$

注: 在三元数量积中, 点和叉可交换而不改变其值

· 824 ·　　第 10 章　空间中的向量和运动

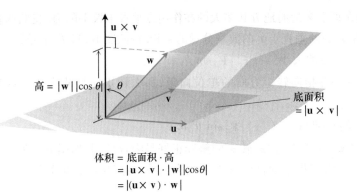

体积 = 底面积 · 高
　　 = |**u** × **v**| · |**w**||cos θ|
　　 = |(**u** × **v**) · **w**|

图 10.19　数 |(**u** × **v**) · **w**| 是平行六面体的体积

CD-ROM
WEBsite
历史传记
Hermann Grassmann
(1809 — 1877)

三元积可以用行列式计算

$$(\mathbf{u} \times \mathbf{v}) \cdot \mathbf{w} = \left[\begin{vmatrix} u_2 & u_3 \\ v_2 & v_3 \end{vmatrix} \mathbf{i} - \begin{vmatrix} u_1 & u_3 \\ v_1 & v_3 \end{vmatrix} \mathbf{j} + \begin{vmatrix} u_1 & u_2 \\ v_1 & v_2 \end{vmatrix} \mathbf{k} \right] \cdot \mathbf{w}$$

$$= w_1 \begin{vmatrix} u_2 & u_3 \\ v_2 & v_3 \end{vmatrix} - w_2 \begin{vmatrix} u_1 & u_3 \\ v_1 & v_3 \end{vmatrix} + w_3 \begin{vmatrix} u_1 & u_2 \\ v_1 & v_2 \end{vmatrix}$$

$$= \begin{vmatrix} u_1 & u_2 & u_3 \\ v_1 & v_2 & v_3 \\ w_1 & w_2 & w_3 \end{vmatrix}.$$

三元数量积

$$(\mathbf{u} \times \mathbf{v}) \cdot \mathbf{w} = \begin{vmatrix} u_1 & u_2 & u_3 \\ v_1 & v_2 & v_3 \\ w_1 & w_2 & w_3 \end{vmatrix}$$

例 9（求平行六面体的体积）　求由 **u** = **i** + 2**j** − **k**, **v** = − 2**i** + 3**k** 和 **w** = 7**j** − 4**k** 确定的盒形（平行六面体）的体积.

解　用一个计算器我们求得

$$(\mathbf{u} \times \mathbf{v}) \cdot \mathbf{w} = \begin{vmatrix} 1 & 2 & -1 \\ -2 & 0 & 3 \\ 0 & 7 & -4 \end{vmatrix} = -23.$$

体积是 (**u** × **v**) · **w** = 23 个立方单位.

习题 10.2

点积和投影

在第 1 - 6 题中,求

(a) $\mathbf{v} \cdot \mathbf{u}, |\mathbf{v}|, |\mathbf{u}|$
(b) $\mathbf{v}$ 和 $\mathbf{u}$ 之间夹角的余弦
(c) $\mathbf{v}$ 在方向 $\mathbf{u}$ 的数量分量.
(d) 向量 $\text{proj}_\mathbf{v} \mathbf{u}$.

1. $\mathbf{v} = 2\mathbf{i} - 4\mathbf{j} + \sqrt{5}\mathbf{k}, \quad \mathbf{u} = -2\mathbf{i} + 4\mathbf{j} - \sqrt{5}\mathbf{k}$
2. $\mathbf{v} = (3/5)\mathbf{i} + (4/5)\mathbf{k}, \quad \mathbf{u} = 5\mathbf{i} + 12\mathbf{j}$
3. $\mathbf{v} = 10\mathbf{i} + 11\mathbf{j} - 2\mathbf{k}, \quad \mathbf{u} = 3\mathbf{j} + 4\mathbf{k}$
4. $\mathbf{v} = 2\mathbf{i} + 10\mathbf{j} - 11\mathbf{k}, \quad \mathbf{u} = 2\mathbf{i} + 2\mathbf{j} + \mathbf{k}$
5. $\mathbf{v} = 5\mathbf{j} - 3\mathbf{k}, \quad \mathbf{u} = \mathbf{i} + \mathbf{j} + \mathbf{k}$
6. $\mathbf{v} = -\mathbf{i} + \mathbf{j}, \quad \mathbf{u} = \sqrt{2}\mathbf{i} + \sqrt{3}\mathbf{j} + 2\mathbf{k}$

分解向量

在第 7 - 9 题中,把 $\mathbf{v}$ 写成平行于 $\mathbf{u}$ 的向量和垂直于 $\mathbf{u}$ 的向量之和.

7. $\mathbf{u} = 3\mathbf{j} + 4\mathbf{k}, \quad \mathbf{v} = \mathbf{i} + \mathbf{j}$
8. $\mathbf{u} = \mathbf{j} + \mathbf{k}, \quad \mathbf{v} = \mathbf{i} + \mathbf{j}$
9. $\mathbf{u} = 8\mathbf{i} + 4\mathbf{j} - 12\mathbf{k}, \quad \mathbf{v} = \mathbf{i} + 2\mathbf{j} - \mathbf{k}$

10. **向量的和** $\mathbf{u} = \mathbf{i} + (\mathbf{j} + \mathbf{k})$ 已经是平行于 $\mathbf{i}$ 的向量和垂直于 $\mathbf{i}$ 的向量之和. 如果你在分解 $\mathbf{u} = \text{proj}_\mathbf{v} \mathbf{u} + (\mathbf{u} - \text{proj}_\mathbf{v} \mathbf{u})$ 中令 $\mathbf{v} = \mathbf{i}$,是否得到 $\text{proj}_\mathbf{v} \mathbf{u} = \mathbf{i}$ 和 $\mathbf{u} - \text{proj}_\mathbf{v} \mathbf{u} = \mathbf{j} + \mathbf{k}$?试试看并说明理由.

向量之间的夹角

在第 11 - 14 题中,求向量之间的夹角,精确到百分之一弧度.

11. $\mathbf{u} = 2\mathbf{i} + \mathbf{j}, \quad \mathbf{v} = \mathbf{i} + 2\mathbf{j} - \mathbf{k}$
12. $\mathbf{u} = 2\mathbf{i} - 2\mathbf{j} + \mathbf{k}, \quad \mathbf{v} = 3\mathbf{i} + 4\mathbf{k}$
13. $\mathbf{u} = \sqrt{3}\mathbf{i} - 7\mathbf{j}, \quad \mathbf{v} = \sqrt{3}\mathbf{i} + \mathbf{j} - 2\mathbf{k}$
14. $\mathbf{u} = \mathbf{i} + \sqrt{2}\mathbf{j} - \sqrt{2}\mathbf{k}, \quad \mathbf{v} = -\mathbf{i} + \mathbf{j} + \mathbf{k}$

15. **方向角和方向余弦** 向量 $\mathbf{v} = a\mathbf{i} + b\mathbf{j} + c\mathbf{k}$ 的**方向角** α, β 和 γ 定义如下:

    α 是 $\mathbf{v}$ 和正 x 轴的夹角 $(0 \leq \alpha \leq \pi)$

    β 是 $\mathbf{v}$ 和正 y 轴的夹角 $(0 \leq \alpha \leq \pi)$

    γ 是 $\mathbf{v}$ 和正 z 轴的夹角 $(0 \leq \alpha \leq \pi)$.

    (a) 证明

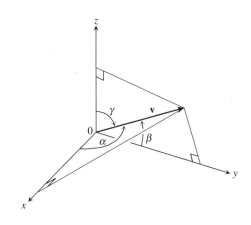

$$\cos\alpha = \frac{a}{|\mathbf{v}|}, \quad \cos\beta = \frac{b}{|\mathbf{v}|}, \quad \cos\gamma = \frac{c}{|\mathbf{v}|},$$

和 $\cos^2\alpha + \cos^2\beta + \cos^2\gamma = 1$. 这些余弦称为 **v** 的**方向余弦**.

(**b**) **单位向量由方向余弦构造** 证明若 $\mathbf{v} = a\mathbf{i} + b\mathbf{j} + c\mathbf{k}$ 是一个单位向量,则 a,b 和 c 是 **v** 的方向余弦.

16. **供水总管建设** 供水总管的铺设中,在北方向的坡度为 20%,而东方向的坡度为 10%. 确定总管从北向东需要的角 **θ**.

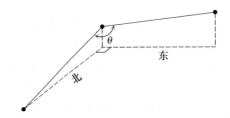

叉积计算

在第 17 - 24 题中,求 $\mathbf{u} \times \mathbf{v}$ 和 $\mathbf{v} \times \mathbf{u}$ 的长度和方向(当方向有定义时).

17. $\mathbf{u} = 2\mathbf{i} - 2\mathbf{j} - \mathbf{k}, \quad \mathbf{v} = \mathbf{i} - \mathbf{k}$
18. $\mathbf{u} = 2\mathbf{i} + 3\mathbf{j}, \quad \mathbf{v} = -\mathbf{i} + \mathbf{j}$
19. $\mathbf{u} = 2\mathbf{i} - 2\mathbf{j} + 4\mathbf{k}, \quad \mathbf{v} = -\mathbf{i} + \mathbf{j} - 2\mathbf{k}$
20. $\mathbf{u} = \mathbf{i} + \mathbf{j} - \mathbf{k}, \quad \mathbf{v} = 0$
21. $\mathbf{u} = 2\mathbf{i}, \quad \mathbf{v} = -3\mathbf{j}$
22. $\mathbf{u} = \mathbf{i} \times \mathbf{j}, \quad \mathbf{v} = \mathbf{j} \times \mathbf{k}$
23. $\mathbf{u} = -8\mathbf{i} - 2\mathbf{j} - 4\mathbf{k}, \quad \mathbf{v} = 2\mathbf{i} + 2\mathbf{j} + \mathbf{k}$
24. $\mathbf{u} = \frac{3}{2}\mathbf{i} - \frac{1}{2}\mathbf{j} + \mathbf{k}, \quad \mathbf{v} = \mathbf{i} + \mathbf{j} + 2\mathbf{k}$

在第 25 - 28 题中,画出坐标轴和以原点作起点的向量 $\mathbf{u},\mathbf{v}$ 和 $\mathbf{u} \times \mathbf{v}$.

25. $\mathbf{u} = \mathbf{i} - \mathbf{k}, \quad \mathbf{v} = \mathbf{j}$
26. $\mathbf{u} = \mathbf{i} - \mathbf{k}, \quad \mathbf{v} = \mathbf{j} + \mathbf{k}$
27. $\mathbf{u} = \mathbf{i} + \mathbf{j}, \quad \mathbf{v} = \mathbf{i} - \mathbf{j}$
28. $\mathbf{u} = \mathbf{j} + 2\mathbf{k}, \quad \mathbf{v} = \mathbf{i}$

空间中的三角形

在第 29 - 32 题中:

(**a**) 求由点 P,Q 和 R 确定的三角形的面积. (**b**) 求一个垂直于平面 PQR 的单位向量.

29. $P(1, -1, 2), Q(2, 0, -1), R(0, 2, 1)$
30. $P(1, 1, 1), Q(2, 1, 3), R(3, -1, 1)$
31. $P(2, -2, 1), Q(3, -1, 2), R(3, -1, 1)$
32. $P(-2, 2, 0), Q(0, 1, -1), R(-1, 2, -2)$

三元数积

在第 33 - 36 题中,验证 $(\mathbf{u} \times \mathbf{v}) \cdot \mathbf{w} = (\mathbf{v} \times \mathbf{w}) \cdot \mathbf{u} = (\mathbf{w} \times \mathbf{u}) \cdot \mathbf{v}$ 并求由 $\mathbf{u},\mathbf{v}$ 和 $\mathbf{w}$ 确定的平行六面体(盒形)的体积.

	u	**v**	**w**
33.	$2\mathbf{i}$	$2\mathbf{j}$	$2\mathbf{k}$
34.	$\mathbf{i} - \mathbf{j} + \mathbf{k}$	$2\mathbf{i} + \mathbf{j} - 2\mathbf{k}$	$-\mathbf{i} + 2\mathbf{j} - \mathbf{k}$
35.	$2\mathbf{i} + \mathbf{j}$	$2\mathbf{i} - \mathbf{j} + \mathbf{k}$	$\mathbf{i} + 2\mathbf{k}$
36.	$\mathbf{i} + \mathbf{j} - 2\mathbf{k}$	$-\mathbf{i} - \mathbf{k}$	$2\mathbf{i} + 4\mathbf{j} - 2\mathbf{k}$

理论和例子

37. **为学而写:平行和垂直向量** 设 $\mathbf{u} = 5\mathbf{i} - \mathbf{j} + \mathbf{k}, \mathbf{v} = \mathbf{j} - 5\mathbf{k}, \mathbf{w} = -15\mathbf{i} + 3\mathbf{j} - 3\mathbf{k}$. 其中哪些向量(**a**) 平行?
(**b**) 正交. 对你的回答给出理由.

习题 10.2

38. 为学而写:平行和垂直向量 设 $u = i + 2j - k, v = -i + j + k, w = i + k, r = -(\pi/2)i - \pi j + (\pi/2)k$. 其中哪些向量(a)平行?(b)正交. 对你的回答给出理由.

在第39和40题中, 求力 F 在螺栓的点 P 所施加的转矩的大小, 假定 $|\overrightarrow{PQ}| = 8$ 英寸和 $|F| = 30$ 磅. 以英尺-磅作单位回答.

39.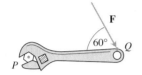

40.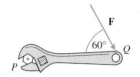

41. 下列判断哪些永真?哪些不是永真. 对你的回答给出理由.
   (a) $|u| = \sqrt{u \cdot u}$ (b) $u \cdot u = |u|$ (c) $u \times 0 = 0 \times u = 0$
   (d) $u \times (-u) = 0$ (e) $u \times v = v \times u$ (f) $u \times (v + w) = u \times v + u \times w$
   (g) $(u \times v) \cdot v = 0$ (h) $(u \times v) \cdot w = u \cdot (v \times w)$

42. 下列判断哪些永真?哪些不是永真. 对你的回答给出理由.
   (a) $u \cdot v = v \cdot u$ (b) $u \times v = -(v \times u)$ (c) $-(u) \times v = -(u \times v)$
   (d) $(cu) \cdot v = u \cdot (cv) = c(u \cdot v)$ 任意 c
   (e) $c(u \times v) = (cu) \times v = u \times (cv)$ 任意 c
   (f) $u \cdot u = |u|^2$ (g) $(u \times u) \cdot u = 0$ (h) $(u \times v) \cdot u = v \cdot (u \times v)$

43. 给定非零向量 u, v 和 w, 适当用点积和叉积记号表达下列对象.
   (a) u 在 v 上的投影.   (b) 垂直于 u 和 v 的一个向量.
   (c) 垂直于 $u \times v$ 和 w 的一个向量.   (d) 由 u, v 和 w 确定的平行六面体的体积.

44. 给定非零向量 u, v 和 w, 适当用点积和叉积记号表达下列对象.
   (a) 正交于 $u \times v$ 和 $u \times w$ 的一个向量.   (b) 正交于 $u + v$ 和 $u - v$ 的一个向量.
   (c) 长度为 $|u|$ 在 v 的方向的一个向量.   (d) 由 u 和 w 确定的平行四边形的面积.

45. 为学而写 设 u, v 和 w 是向量. 下列各式哪些有意义, 哪些没有意义?对你的回答给出理由.
   (a) $(u \times v) \cdot w$ (b) $u \times (v \cdot w)$ (c) $u \times (v \times w)$ (d) $u \cdot (v \cdot w)$

46. 为学而写:三个向量的叉积 证明除去退化情形, $(u \times v) \times w$ 位于 u 和 v 的平面, 而 $u \times (v \times w)$ 位于 v 和 w 的平面. 退化情形是什么?

47. 叉积中的消去 若 $(u \times v) = (u \times w)$ 和 $u \neq 0$, 是否 $v = w$?对你的回答给出理由.

48. 二重消去 若 $u \neq 0$, 并且 $u \times v = u \times w$ 和 $u \cdot v = u \cdot w$, 是否 $v = w$?对你的回答给出理由.

平面内的面积

求顶点给在第49-52题中的平行四边形的面积.

49. $A(1,0), B(0,1), C(-1,0), D(0,-1)$ 50. $A(0,0), B(7,3), C(9,8), D(2,5)$
51. $A(-1,2), B(2,0), C(7,1), D(4,3)$ 52. $A(-6,0), B(1,-4), C(3,1), D(-4,5)$

求顶点给在第53-56题中的三角形的面积.

53. $A(0,0), B(-2,3), C(3,1)$ 54. $A(-1,-1), B(3,3), C(2,1)$
55. $A(-5,3), B(1,-2), C(6,-2)$ 56. $A(-6,0), B(10,-5), C(-2,4)$

57. 为学而写:三角形面积 求 xy 平面上顶点为 $(0,0), (a_1, a_2)$ 和 (b_1, b_2) 的三角形面积的公式. 解释你的工作.

58. 三角形面积 求顶点为 $(a_1, a_2), (b_1, b_2)$ 和 (c_1, c_2) 的三角形面积的简明公式.

10.3 空间中的直线和平面

空间中的直线和线段 • 空间中的平面方程 • 相交直线

在一元微积分中,我们从直线开始,并应用直线的知识研究平面曲线. 我们研究了切线,并且发现,在高倍数放大后,可微曲线是充分线性的.

为在下一章研究多变量微积分,我们基本上以同样的方式开始. 我们以平面作为出发点,并应用平面的知识研究作为函数图形的空间曲面.

本节说明如何用数量积和向量积表达空间中的直线、线段和平面.

空间中的直线和线段

在平面上,直线由一个点和表示斜率的一个数确定. 类似地,空间中的直线由一个点和给出直线方向的一个**向量**确定.

假定 L 是一条过点 $P_0(x_0, y_0, z_0)$ 的平行于向量 $\mathbf{v}$ 的直线. 则 L 是使 $\overrightarrow{P_0P}$ 平行于 $\mathbf{v}$ 的所有点 $P(x, y, z)$ 的集合(图 10.20). 于是对某个数值参数 t 有 $\overrightarrow{P_0P} = t\mathbf{v}$. t 的值依赖点 P 在直线上的位置,并且 t 的定义域是 $(-\infty, \infty)$. 方程 $\overrightarrow{P_0P} = t\mathbf{v}$ 的展开形式是

$$(x - x_0)\mathbf{i} + (y - y_0)\mathbf{j} + (z - z_0)\mathbf{k} = t(v_1\mathbf{i} + v_2\mathbf{j} + v_3\mathbf{k}),$$

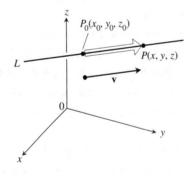

图 10.20 当且仅当 $\overrightarrow{P_0P}$ 是 $\mathbf{v}$ 的数值倍数,点 P 位于过 P_0 平行 $\mathbf{v}$ 的直线上.

这个方程可以写成

$$x\mathbf{i} + y\mathbf{j} + z\mathbf{k} = x_0\mathbf{i} + y_0\mathbf{j} + z_0\mathbf{k} + t(v_1\mathbf{i} + v_2\mathbf{j} + v_3\mathbf{k}) \tag{1}$$

如果 $\mathbf{r}(t)$ 是点 $P(x, y, z)$ 在直线上的位置向量,而 $\mathbf{r}_0$ 是点 $P_0(x_0, y_0, z_0)$ 的位置向量,方程(1)给出空间中的直线方程的下列向量形式.

> **直线的向量方程**
> 过点 $P_0(x_0, y_0, z_0)$ 平行于 $\mathbf{v}$ 的直线的**向量方程**是
> $$\mathbf{r}(t) = \mathbf{r}_0 + t\mathbf{v}, \quad -\infty < t < \infty, \tag{2}$$
> 其中 $\mathbf{r}$ 是 L 上的点 $P(x, y, z)$ 的位置向量,而 $\mathbf{r}_0$ 是 $P_0(x_0, y_0, z_0)$ 的位置向量.

方程(1)的两端的对应分量的方程给出包含参数 t 的三个数量方程：
$$x = x_0 + tv_1, \quad y = y_0 + tv_2, \quad z = z_0 + tv_3.$$
这些方程给出对参数区间 $-\infty < t < \infty$ 的直线的标准参数化.

直线的参数方程

过 $P_0(x_0, y_0, z_0)$ 平行于 $\mathbf{v} = v_1\mathbf{i} + v_2\mathbf{j} + v_3\mathbf{k}$ 的直线的标准参数化是
$$x = x_0 + tv_1, \quad y = y_0 + tv_2, \quad z = z_0 + tv_3, \quad -\infty < t < \infty \tag{3}$$

例 1（参数化过一个点平行于一个向量的直线） 求过 $(-2, 0, 4)$ 平行于 $2\mathbf{i} + 4\mathbf{j} - 2\mathbf{k}$ 的直线的参数方程（图 10.21）.

解 令方程(3) 中的 $P_0(x_0, y_0, z_0)$ 等于 $(-2, 0, 4)$，而 $v_1\mathbf{i} + v_2\mathbf{j} + v_3\mathbf{k}$ 等于 $2\mathbf{i} + 4\mathbf{j} - 2\mathbf{k}$ 即得
$$x = -2 + 2t, \quad y = 4t, \quad z = 4 - 2t.$$

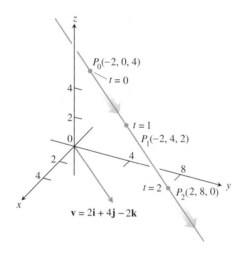

图 10.21 在直线 $x = -2 + 2t, y = 4t,$ $z = 4 - 2t$ 上选择的点和参数值，箭头指示 t 增加的方向.（例 1）

例 2（过两点的的直线的参数方程） 求过点 $P(-3, 2, -3)$ 和 $Q(1, -1, 4)$ 的直线的参数方程.

解 向量
$$\overrightarrow{PQ} = (1 - (-3))\mathbf{i} + (-1 - 2)\mathbf{j} + (4 - (-3))\mathbf{k}$$
$$= 4\mathbf{i} - 3\mathbf{j} + 7\mathbf{k}$$

平行于直线，又 $(x_0, y_0, z_0) = (-3, 2, -3)$，由方程(3)得到
$$x = -3 + 4t, \quad y = 2 - 3t, \quad z = -3 + 7t.$$
我们还可以取 $Q(1, -1, 4)$ 作为"基点"而写出
$$x = 1 + 4t, \quad y = -1 - 3t, \quad z = 4 + 7t.$$
这些方程的作用跟第一组完全一样；只不过在一个给定时刻 t 点在直线上的位置不同.

注：参数化不是唯一的，不仅可以改变"基点"，还可以改变参数方程. $x = -3 + 4t^3, y = 2 - 3t^3$ 和 $z = -3 + 7t^3$ 也是例 2 的直线的参数方程.

为参数化连结两点的线段，我们首先参数化过点的直线. 再求端点对应的 t 值并限制以这些值为端点的区间. 直线连同这个附加的限制就是参数化线段.

例3(参数化一个线段) 参数化一个线段连结点 $P(-3,2,-3)$ 和 $Q(1,-1,4)$ 的线段(图 10.22).

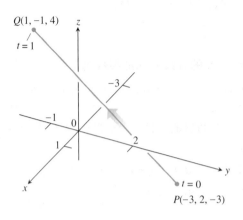

图 10.22 例 3 中的线段 PQ,箭头指示 t 增加的方向.

解 我们从过例 2 中的点 $P(-3,2,-3)$ 和 $Q(1,-1,4)$ 的直线开始:
$$x = -3 + 4t, \quad y = 2 - 3t, \quad z = -3 + 7t.$$
我们注意点
$$(x,y,z) = (-3 + 4t, 2 - 3t, -3 + 7t)$$
在 $t = 0$ 过点 $P(-3,2,-3)$,而在 $t = 1$ 过点 $Q(1,-1,4)$. 我们加上限制 $0 \leq t \leq 1$ 就得到这线段的参数方程:
$$x = -3 + 4t, \quad y = 2 - 3t, \quad z = -3 + 7t, \quad 0 \leq t \leq 1.$$

如果我们想象直线是一个从位置 $P_0(x_0, y_0, z_0)$ 出发沿 $\mathbf{v}$ 的方向运动的质点的路径,空间中的直线的向量形式(方程(2))便更富启发性. 把方程(2)重新写成
$$\mathbf{r}(t) = \mathbf{r}_0 + t\mathbf{v}$$
$$= \underbrace{\mathbf{r}_0}_{\text{初位置}} + \underbrace{t}_{\text{时间}} \underbrace{|\mathbf{v}|}_{\text{速率}} \underbrace{\frac{\mathbf{v}}{|\mathbf{v}|}}_{\text{方向}} \tag{4}$$

换句话说,质点在时刻 t 的位置是它的初位置加上沿直线运动方向 $\mathbf{v}/|\mathbf{v}|$ 的速率 × 时间(运动距离)倍.

例4(直升飞机的飞行) 一直升飞机以速度 60 英尺/秒从在原点的停机坪朝点 $(1,1,1)$ 直飞. 10 秒钟时直升飞机的的位置在哪里?

解 我们把原点放在直升飞机的出发位置(停机坪). 那么单位向量
$$\mathbf{u} = \frac{1}{\sqrt{3}}\mathbf{i} + \frac{1}{\sqrt{3}}\mathbf{j} + \frac{1}{\sqrt{3}}\mathbf{k}$$
给出直升飞机的飞行方向. 由方程(4),直升飞机在任何时刻 t 的位置是
$$\mathbf{r}(t) = \mathbf{r}_0 + t(\text{速率})\mathbf{u}$$
$$= \mathbf{0} + t(60)\left(\frac{1}{\sqrt{3}}\mathbf{i} + \frac{1}{\sqrt{3}}\mathbf{j} + \frac{1}{\sqrt{3}}\mathbf{k}\right)$$
$$= 20\sqrt{3}\,t(\mathbf{i} + \mathbf{j} + \mathbf{k})$$

在 $t = 10$ 秒.

$$\begin{aligned}\mathbf{r}(10) &= 200\sqrt{3}(\mathbf{i}+\mathbf{j}+\mathbf{k}) \\ &= \langle 200\sqrt{3}, 200\sqrt{3}, 200\sqrt{3} \rangle.\end{aligned}$$

解释: 在从原点朝 $(1,1,1)$ 的方向飞行 10 秒种时, 直升飞机位于空间中的点 $(200\sqrt{3}, 200\sqrt{3}, 200\sqrt{3})$. 它飞行的距离为 $(60\text{ 英尺}/\text{秒})(10\text{ 秒}) = 600$ 英尺, 就是向量 $\mathbf{r}(10)$ 的长度.

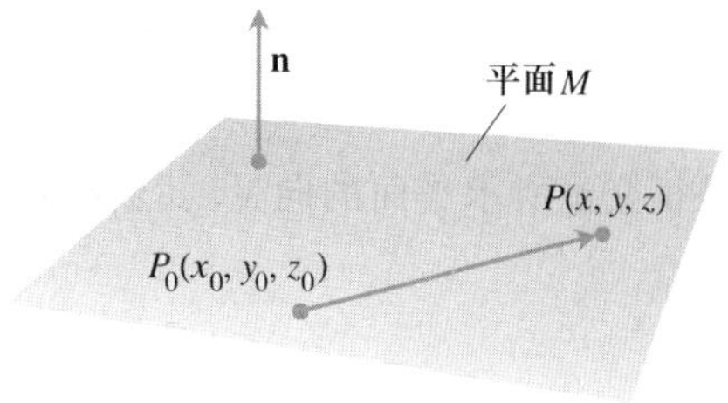

图 10.23 空间中一个平面的标准方程由该平面的法向量定义: 一点 P 在平面上, 当且仅当其与 P_0 相连所成向量垂直于 $\mathbf{n}$, 即 $\mathbf{n} \cdot \overrightarrow{P_0P} = 0$.

空间中的平面方程

空间中的平面由它上面的一个点和它的"倾斜"或方位确定. 而"倾斜"由指定一个垂直于或正交于该平面的一个向量定义.

假定平面 M 过点 $P_0(x_0, y_0, z_0)$ 并且正交于 (垂直于) 非零向量 $\mathbf{n} = A\mathbf{i} + B\mathbf{j} + C\mathbf{k}$. 则 M 是使 $\overrightarrow{P_0P}$ 正交于 $\mathbf{n}$ 的所有点 $P(x, y, z)$ 的集合 (图 10.23), 于是点积 $\mathbf{n} \cdot \overrightarrow{P_0P} = 0$. 这个方程等价于

$$(A\mathbf{i} + B\mathbf{j} + C\mathbf{k}) \cdot [(x-x_0)\mathbf{i} + (y-y_0)\mathbf{j} + (z-z_0)\mathbf{k}] = 0$$

或

$$A(x-x_0) + B(y-y_0) + C(z-z_0) = 0.$$

平面方程 过点 $P_0(x_0, y_0, z_0)$ 且垂直于 $\mathbf{n} = A\mathbf{i} + B\mathbf{j} + C\mathbf{k}$ 的平面有

向量方程: $\mathbf{n} \cdot \overrightarrow{P_0P} = 0.$

分量方程: $A(x-x_0) + B(y-y_0) + C(z-z_0) = 0.$

简化分量方程: $Ax + By + Cz = D$, 其中 $D = Ax_0 + By_0 + Cz_0.$

例 5 (求平面方程) 求过 $P_0(-3, 0, 7)$ 垂直于 $\mathbf{n} = 5\mathbf{i} + 2\mathbf{j} - \mathbf{k}$ 的平面方程.

解 分量方程是

$$5(x-(-3)) + 2(y-0) + (-1)(z-7) = 0.$$

经化简得

$$5x + 15 + 2y - z + 7 = 0$$

$$5x + 2y - z = -22.$$

我们要注意在例 5 中 $\mathbf{n} = 5\mathbf{i} + 2\mathbf{j} - \mathbf{k}$ 的分量如何成为方程 $5x + 2y - z = -22$ 的系数.

注: $A\mathbf{i} + B\mathbf{j} + C\mathbf{k}$ 垂直于平面 $Ax + By + Cz = 0.$

例 6 (求过三个点的平面的方程) 求过 $A(0,0,1), B(2,0,0)$ 和 $C(0,3,0)$ 的平面的方程.

解 我们求一个垂直于该平面的向量, 再利用这个向量和三个点中的一个写平面的方程. 叉积

$$\overrightarrow{AB} \times \overrightarrow{AC} = \begin{vmatrix} \mathbf{i} & \mathbf{j} & \mathbf{k} \\ 2 & 0 & -1 \\ 0 & 3 & -1 \end{vmatrix} = 3\mathbf{i} + 2\mathbf{j} + 6\mathbf{k}$$

是正交于所求平面的向量. 我们把这个向量的分量和坐标 $A(0,0,1)$ 代入分量形式的方程,即得

$$3(x-0) + 2(y-0) + 6(z-1) = 0$$
$$3x + 2y + 6z = 6.$$

恰如两条直线当且仅当它们方向相同时平行,两张平面当且仅当对某个数 k 有 $\mathbf{n}_1 = k\mathbf{n}_2$ 时平行.

相交直线

不平行的两张平面交于一条直线.

例 7(求平行于两平面交线的向量) 求平行于平面 $3x - 6y - 2z = 15$ 和 $2x + y - 2z = 5$ 的交线的向量.

解 两平面的交线正交于法向量 $\mathbf{n}_1$ 和 $\mathbf{n}_2$ (图 10.24),从而平行于 $\mathbf{n}_1 \times \mathbf{n}_2$. 倒过来说,$\mathbf{n}_1 \times \mathbf{n}_2$ 是一个平行于交线的向量. 在本例的情形,

$$\mathbf{n}_1 \times \mathbf{n}_2 = \begin{vmatrix} \mathbf{i} & \mathbf{j} & \mathbf{k} \\ 3 & -6 & -2 \\ 2 & 1 & -2 \end{vmatrix} = 14\mathbf{i} + 2\mathbf{j} + 15\mathbf{k}.$$

$\mathbf{n}_1 \times \mathbf{n}_2$ 的任何非零倍数都符合要求.

例 8(参数化两平面的交线) 求平面 $3x - 6y - 2z = 15$ 和 $2x + y - 2z = 5$ 的交线.

解 我们求一个平行于交线的向量和直线上的一个点,再利用方程(3).

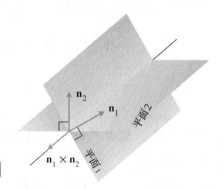

图 10.24 两个平面的交线是怎样与平面的法向量相关的.(例 7)

例 7 已经确定 $\mathbf{v} = 14\mathbf{i} + 2\mathbf{j} + 15\mathbf{k}$ 是一个平行于交线的向量. 为求交线上的一个点,我们可以求两平面的任何公共点. 在平面方程中令 $z = 0$,并解 x 和 y 的联立方程就求得一个公共点 $(3, -1, 0)$. 于是交线是

$$x = 3 + 14t, \quad y = -1 + 2t, \quad z = 15t$$

有时我们想知道直线和平面的交. 比如,我们看一个板和穿过它的一个线段,我们可能对线段的哪一部分从我们的视野被板隐藏感兴趣. 这在计算机作图中会用到(第 62 题).

例 9(求直线和平面的交) 求直线

$$x = \frac{8}{3} + 2t, \quad y = -2t, \quad z = 1 + t$$

和平面 $3x + 2y + 6z = 6$ 的交点.

解 点 $\left(\frac{8}{3} + 2t, -2t, 1 + t\right)$ 在平面上，如果它的坐标满足平面的方程，即如果

$$3\left(\frac{8}{3} + 2t\right) + 2(-2t) + 6(1 + t) = 6$$
$$8 + 6t - 4t + 6 + 6t = 6$$
$$8t = -8$$
$$t = -1.$$

交点是

$$(x, y, z)\big|_{t=-1} = \left(\frac{8}{3} - 2, 2, 1 - 1\right) = \left(\frac{2}{3}, 2, 0\right).$$

习题 10.3

直线和线段

求第 1 – 10 题中的直线的向量方程和参数方程.

1. 过点 $P(3, -4, -1)$ 平行于向量 $\mathbf{i} + \mathbf{j} + \mathbf{k}$
2. 过两点 $P(1, 2, -1)$ 和 $Q(-1, 0, 1)$
3. 过两点 $P(-2, 0, 3)$ 和 $Q(3, 5, -2)$
4. 过原点且平行于向量 $2\mathbf{j} + \mathbf{k}$
5. 过点 $(3, -2, 1)$ 且平行于直线 $x = 1 + 2t, y = 2 - t, z = 3t$
6. 过点 $(1, 1, 1)$ 且平行于 z 轴
7. 过点 $(2, 4, 5)$ 且垂直于平面 $3x + 7y - 5z = 21$
8. 过点 $(0, -7, 0)$ 且垂直于平面 $x + 2y + 2z = 13$
9. 过 $(2, 3, 0)$ 且垂直于 $\mathbf{u} = \mathbf{i} + 2\mathbf{j} + 3\mathbf{k}$ 和 $\mathbf{v} = 3\mathbf{i} + 4\mathbf{j} + 5\mathbf{k}$
10. x 轴

求连结第 11 – 14 题中的点的线段的参数方程. 画坐标轴和每个线段, 标明在你的参数方程中 t 增加的方向.

11. $(0,0,0), \ (1,1,3/2)$
12. $(1,0,0), (1,1,0)$
13. $(0,1,1), (0,-1,1)$
14. $(1,0,-1), (0,3,0)$

平面

求第 15 – 20 题中的平面的方程.

15. 过 $P_0(0, 2, -1)$ 正交于 $\mathbf{n} = 3\mathbf{i} - 2\mathbf{j} - \mathbf{k}$ 的平面.
16. 过 $(1, -1, 3)$ 平行于平面 $3x + y + z = 7$ 的平面.
17. 过 $(1, 1, -1), (2, 0, 2)$ 和 $(0, -2, 1)$ 的平面.
18. 过 $(2, 4, 5), (1, 5, 7)$ 和 $(-1, 6, 8)$ 的平面.
19. 过 $P_0(2, 4, 5)$ 垂直于直线 $x = 5 + t, y = 1 + 3t, z = 4t$ 的平面.
20. 过 $A(1, -2, 1)$ 垂直于从原点到 A 的向量的平面.
21. 求直线 $x = 2t + 1, y = 3t + 2, z = 4t + 3$ 和 $x = s + 2, y = 2s + 4, z = -4s - 1$ 的交点, 再求由这两条直线决定的平面.
22. 求直线 $x = t, y = -t + 2, z = t + 1$ 和 $x = 2s + 2, y = s + 3, z = 5s + 6$ 的交点, 再求由这两条直线决定的平面.

在第 23 和 24 题中, 求由相交直线决定的平面.

23. $L_1: x = -1 + t, y = 2 + t, z = 1 - t, \ -\infty < t < \infty$
    $L_2: x = 1 - 4s, y = 1 + 2s, z = 2 - 2s, \ -\infty < s < \infty$
24. $L_1: x = t, y = 3 - 3t, z = -2 - t, \ -\infty < t < \infty$
    $L_2: x = 1 + s, y = 4 + s, z = -1 + s, \ -\infty < s < \infty$

25. 求过 $P_0(2,1,-1)$ 并且垂直于两平面 $2x+y-z=3$ 和 $x+2y+z=2$ 的交线的平面.
26. 求过点 $P_1(1,2,3),P_2(3,2,1)$ 并且垂直于平面 $4x-y+2z=7$ 的平面.

点到直线的距离

27. 按下列步骤求如右图所示的点 S 到过点 P 且平行于向量 $\mathbf{v}$ 的直线的距离.
   (a) 证明 $\overrightarrow{PS}$ 垂直于该直线的分量是 $|\overrightarrow{PS}|\sin\theta$.
   (b) **距离公式** 证明从 S 到过 P 平行于 $\mathbf{v}$ 的直线的距离是
   $$d=\frac{|\overrightarrow{PS}\times\mathbf{v}|}{|\mathbf{v}|}.$$

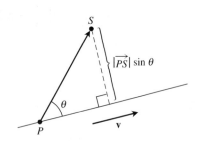

第 27 题图

在第 28－30 题中,利用 27 题的结果求从点到直线的距离.
28. $(0,0,0)$; $x=5+3t$, $y=5+4t$, $z=-3-5t$
29. $(2,1,3)$; $x=2+2t$, $y=1+6t$, $z=3$
30. $(3,-1,4)$; $x=4-t$, $y=3+2t$, $z=-5+3t$

点到平面的距离

31. 按下列步骤求从点 S 到平面 $Ax+By+Cz=D$ 的距离.
   (a) 求平面上的一个点 P. (b) 求 $\overrightarrow{PS}$.
   (c) **距离公式** 证明距离是
   $$d=\left|\overrightarrow{PS}\cdot\frac{\mathbf{n}}{|\mathbf{n}|}\right|, \quad 其中\ \mathbf{n}=A\mathbf{i}+B\mathbf{j}+C\mathbf{k}$$

   附图显示求 $S(1,1,3)$ 到平面 $3x+2y+6z=6$ 的距离的情形.

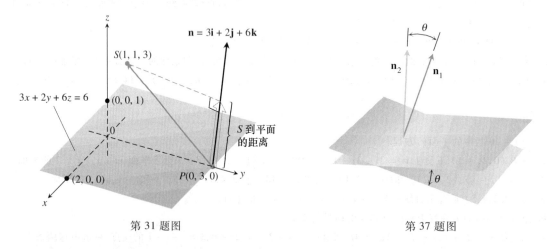

第 31 题图

第 37 题图

在第 32－34 题中,利用第 31 题的结果求点到平面的距离.
32. $(2,-3,4), x+2y+2z=13$　　33. $(0,1,1),4y+3z=-12$　　34. $(0,-1,0),2x+y+z=4$
35. 求从平面 $x+2y+6z=1$ 到平面 $x+2y+6z=10$ 的距离.
36. 求直线 $x=2+t, y=1+t, z=-1/2-(1/2)t$ 到平面 $x+2y+6z=10$ 的距离.

平面的夹角

37. **两个相交平面的夹角** 定义为如图所示的法向量确定的(锐)角.
   (a) **夹角公式** 若 $\mathbf{n}_1$ 和 $\mathbf{n}_2$ 垂直于两平面,证明两平面的夹角是

$$\theta = \cos^{-1}\left(\frac{\mathbf{n}_1 \cdot \mathbf{n}_2}{|\mathbf{n}_1||\mathbf{n}_2|}\right).$$

（b）**求角** 证明平面 $3x - 6y - 2z = 15$ 和 $2x + y - 2z = 5$ 的夹角大约是 1.38 弧度.

在第 38 – 40 题中，利用第 37 题的结果求平面所夹的锐夹角.

38. $x + y + z = 1$, $z = 0$
39. $2x + 2y - z = 3$, $x + 2y + z = 2$
40. $4y + 3z = -12$, $3x + 2y + 6z = 6$

直线和平面的交点

在第 41 – 44 题中，求直线和平面的交点.

41. $x = 1 - t$, $y = 3t$, $z = 1 + t$; $2x - y + 3z = 6$
42. $x = 2$, $y = 3 + 2t$, $z = -2 - 2t$; $6x + 3y - 4z = -12$
43. $x = 1 + 2t$, $y = 1 + 5t$, $z = 3t$; $x + y + z = 2$
44. $x = -1 + 3t$, $y = -2$, $z = 5t$; $2x - 3z = 7$

求第 45 – 48 题中两平面的交线的参数方程.

45. $x + y + z = 1$, $x + y = 2$
46. $3x - 6y - 2z = 3$, $2x + y - 2z = 2$
47. $x - 2y + 4z = 2$, $x + y - 2z = 5$
48. $5x - 2y = 11$, $4y - 5z = -17$

给定空间中的直线，它们是平行的，或相交的，或是相错的（设想空中两架飞机的飞行路径）. 第 49 和 50 题每题给出三条直线. 在每个题里，一次取两条直线，确定它们平行、相交或相错. 如果它们相交，则求交点.

49. $L_1: x = 3 + 2t, y = -1 + 4t, z = 2 - t, -\infty < t < \infty$
    $L_2: x = 1 + 4s, y = 1 + 2s, z = -3 + 4s, -\infty < s < \infty$
    $L_3: x = 3 + 2r, y = 2 + r, z = -2 + 2r, -\infty < r < \infty$

50. $L_1: x = 1 + 2t, y = -1 - t, z = 3t, -\infty < t < \infty$
    $L_2: x = 2 - s, y = 3s, z = 1 + s, -\infty < s < \infty$
    $L_3: x = 5 + 2r, y = 1 - r, z = 8 + 3r, -\infty < r < \infty$

理论和例子

51. **求直线** 用方程 (3) 求过 $P(2, -4, 7)$ 平行于 $\mathbf{v}_1 = 2\mathbf{i} - \mathbf{j} + 3\mathbf{k}$ 的直线的参数方程. 再用点 $P_2(-2, -2, 1)$ 和向量 $\mathbf{v}_2 = -\mathbf{i} + (1/2)\mathbf{j} - (3/2)\mathbf{k}$ 求这条直线的另一个方程.

52. **求平面** 用分量形式求过 $P_1(4,1,5)$ 垂直于 $\mathbf{n}_1 = \mathbf{i} - 2\mathbf{j} + \mathbf{k}$ 的平面的方程. 再用点 $P_2(3, -2, 0)$ 和法向量
$$\mathbf{n}_2 = \sqrt{2}\mathbf{i} + 2\sqrt{2}\mathbf{j} - \sqrt{2}\mathbf{k}.$$
求同一平面的另一个方程.

53. **为学而写** 求直线 $x = 1 + 2t, y = -1 - t, z = 3t$ 与坐标平面的交点. 叙述在你回答背后的理由.

54. **为学而写** 求直线的方程，该直线在平面 $z = 3$ 上，并且与 $\mathbf{i}$ 成 $\pi/6$ 弧度的角，与 $\mathbf{j}$ 成 $\pi/3$ 弧度的角. 叙述在你回答背后的理由.

55. **为学而写** 直线 $x = 1 - 2t, y = 2 + 5t, z = -3t$ 是否平行于平面 $2x + y - z = 8$? 对你的回答给出理由.

56. **为学而写** 两平面 $A_1x + B_1y + C_1z = D_1$ 和 $A_2x + B_2y + C_2z = D_2$ 何时平行? 垂直? 对你的回答给出理由.

57. **为学而写 相交于给定直线的平面** 求两个不同的平面，使它们的交线是直线 $x = 1 + t, y = 2 - t, z = 3 + 2t$. 把每一平面的方程写成形式 $Ax + By + Cz = D$.

58. **为学而写** 求一个过原点且和平面 $M: 2x + 3y + z = 12$ 成直角的平面. 你怎样知道你的平面垂直于 M?

59. **为学而写** 对任何非零数 a, b 和 c, $(x/a) + (y/b) + (z/c) = 1$ 的图形是平面. 什么样的平面方程有这种形式? 对你的回答给出理由.

60. **为学而写** 假定 L_1 和 L_2 是相离(不相交)的非平行直线. 是否可能有一个非零向量同时垂直于 L_1 和 L_2? 对你的回答给出理由.

计算机作图

61. **计算机作图中的透视** 在计算机作图和透视作图中,我们需要把一个用眼睛在空间中看到的物体表现成二维平面上的一个图象. 假定如图所示眼睛在点 $E(x_0,0,0)$, 而我们想把一个点 $P_1(x_1,y_1,z_1)$ 表示为 yz 平面上的点. 我们通过用从 E 出发的射线把 P_1 投影到该平面做到这件事. 点 P_1 被描绘成点 $P(0,y,z)$. 作为一个绘图者, 对我们来说问题是给定 E 和 P_1 时求 y 和 z.

(a) 写一个在 $\overrightarrow{EP}$ 和 $\overrightarrow{EP_1}$ 之间成立的向量方程. 用这个方程由 x_0, x_1, y_1 和 z_1 表示 y 和 z.

(b) 检验部分(a)得到的 y 和 z 的公式, 为此研究它们在 $x_1 = 0$ 和 $x_1 = x_0$ 的行为, 并且观察当 $x_0 \to \infty$ 时发生了什么?

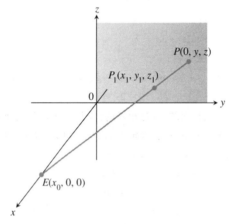

62. **隐藏线** 这里是计算机制图中的另一个典型问题. 你的眼睛在(4,0,0). 你观看顶点为(1,0,1),(1,1,0)和(-2,2,2)的三角形板. 从(1,0,0)到(0,2,2)的线段穿过该板. 在你的视野中线段的哪一部分被板隐藏?(这是一个求直线和平面交点的习题.)

10.4 柱面和二次曲面

柱面 • 二次曲面

截止目前为止, 我们研究了对理解向量微积分和空间微积分所必需的两种特殊曲面, 即空间中的球面和平面. 在本节, 我们拓宽这个目录到包含柱面和二次曲面的种类. 二次曲面是由 x, y 和 z 的二次方程定义的曲面. 前面研究的球面是二次曲面, 但还有其它二次曲面.

柱面

一个**柱面**是由(1)在空间中平行于给定直线并且(2)通过给定平面曲线的所有直线组成的曲面. 这里的曲线称为柱面的**母曲线**(图 10.25). 在立体几何中, 柱面意味圆柱面, 母线是圆周, 但现在我们允许母线是任何类型的曲线. 我们的第一例中的柱面就是由抛物线生成的.

在用手画或分析计算机生成的柱面或其它曲面时,观察曲面同平行于坐标平面的平面相交形成的曲线是有帮助的. 这些曲线称为**横截线**或**迹**.

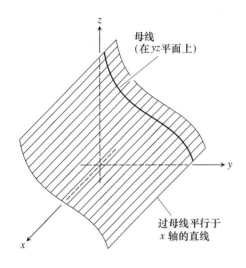

图 10.25 一个柱面及其母线

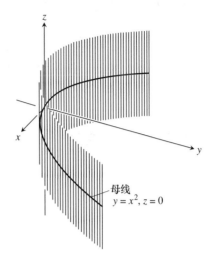

图 10.26 过 xy 平面上的抛物线 $y = x^2$ 且平行于 z 轴的直线构成的柱面. (例 1)

例 1(抛物柱面 $y = x^2$) 求由平行于 z 轴过抛物线 $y = x^2, z = 0$ 的直线构成的柱面的方程(图 10.26).

解 假定点 $P_0(x_0, x_0^2, 0)$ 在 xy 平面的抛物线 $y = x^2$ 上. 那么对 z 的任何值, 点 $Q(x_0, x_0^2, z)$ 将在柱面上, 因为它在过 P_0 且平行于轴的直线 $x = x_0, y = x_0^2$ 上. 反之, 任何点 $Q(x_0, x_0^2, z)$, 它的 y 坐标是 x 坐标的平方, 从而在柱面上, 因为它在过 P_0 且平行于 z 轴的直线 $x = x_0, y = x_0^2$ 上(图 10.27).

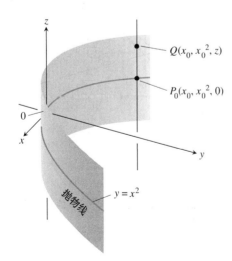

图 10.27 图 10.26 的柱面的每个点有形如 (x_0, x_0^2, z) 的坐标, 我们称这个柱面为"柱面 $y = x^2$".

因此, 不管 z 的值是多少, 曲面上的点是坐标满足方程 $y = x^2$ 的点. 这使得 $y = x^2$ 成为曲面的方程. 正由于此, 我们称该柱面为"柱面 $y = x^2$".

正如例 1 所暗示的,xy 平面上的任何曲线 $f(x,y) = c$ 定义一个平行于 z 轴的柱面,其方程也是 $f(x,y) = c$. 方程 $x^2 + y^2 = 1$ 定义过 xy 平面上的圆周 $x^2 + y^2 = 1$ 且平行于 z 轴的直线构成的圆柱面. 方程 $x^2 + 4y^2 = 9$ 定义过 xy 平面上的椭圆 $x^2 + 4y^2 = 9$ 且平行于 z 轴的直线构成的椭圆柱面.

按照类似的方式,xz 平面上的任何曲线 $g(x,z) = c$ 定义一个平行于 y 轴的柱面,其方程也是 $g(x,z) = c$(图 10.28). yz 平面上的任何曲线 $h(y,z) = c$ 定义一个平行于 x 轴的柱面,其方程也是 $h(y,z) = c$(图 10.29).

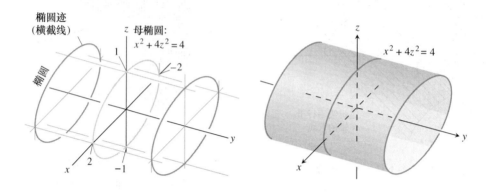

图 10.28 椭圆柱面 $x^2 + 4z^2 = 4$ 由平行于 y 轴并且过 xz 平面上的椭圆 $x^2 + 4z^2 = 4$ 的直线构成. 柱面在垂直于 y 轴的平面上的截线或"迹"是都等于母椭圆的椭圆. 柱面沿整个 y 轴延伸.

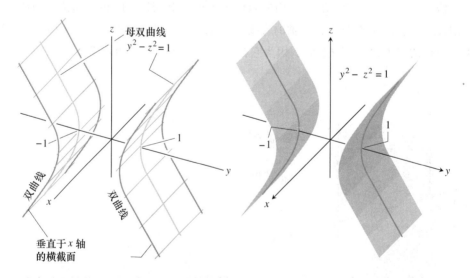

图 10.29 双曲柱面 $y^2 - z^2 = 1$ 由平行于 x 轴并且过 yz 平面上的双曲线 $y^2 - z^2 = 1$ 的直线构成. 柱面在垂直于 x 轴的平面上的截线是全等于母双曲线的双曲线.

柱面的方程

任何两个笛卡儿坐标的方程定义一个平行于第三轴的柱面.

不过,柱面不一定平行于坐标轴.

二次曲面

我们要研究的另一类曲面是二次曲面. 这些曲面是椭圆, 抛物线和双曲线的三维类似.

一个**二次曲面**是空间中 x, y 和 z 的二次方程的图形. 最一般的形式是
$$Ax^2 + By^2 + Cz^2 + Dxy + Eyz + Fxz + Gx + Hy + Jz + K = 0,$$
其中的 A, B, C 等等是常数, 但是跟二维曲线一样方程可以经过平移旋转化简. 我们将仅仅研究简化后的方程. 尽管前面并不需要二次曲面这个定义, 图 10.27 到图 10.29 中的柱面仍是二次曲面的例子. 基本的二次曲面是**椭球面**, **抛物面**, **椭圆锥面**和**双曲面**. (我们可以想到球面是特殊的椭球面.) 我们现在介绍每种类型的例子.

例 2 (画椭球面)   椭球面

$$\frac{x^2}{a^2} + \frac{y^2}{b^2} + \frac{z^2}{c^2} = 1 \tag{1}$$

(图 10.30) 在 $(\pm a, 0, 0), (0, \pm b, 0)$ 和 $(0, 0, \pm c)$ 截坐标轴. 它位于由不等式 $|x| \le a, |y| \le b$ 和 $|z| \le c$ 定义的长方体内. 曲面对每个坐标平面对称, 这是因为定义曲面的方程里的变量都有平方.

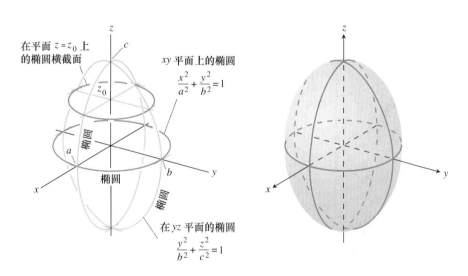

图 10.30   例 2 中的椭球面 $\dfrac{x^2}{a^2} + \dfrac{y^2}{b^2} + \dfrac{z^2}{c^2} = 1$.

三个坐标平面截曲面所得的曲线是椭圆. 比如,

$$\frac{x^2}{a^2} + \frac{y^2}{b^2} = 1 \quad \text{当 } z = 0 \text{ 时}$$

曲面被平面 $z = z_0, |z_0| < c$ 截下的截线是椭圆:

$$\frac{x^2}{a^2(1 - (z_0/c)^2)} + \frac{y^2}{b^2(1 - (z_0/c)^2)} = 1.$$

如果 a,b 和 c 中的任何两个相等,曲面是一个**旋转椭球面**.如果这三个数全相等,曲面是球面.

例 3(画抛物面) 椭圆抛物面

$$\frac{x^2}{a^2} + \frac{y^2}{b^2} = \frac{z}{c} \tag{2}$$

关于平面 $x = 0$ 和 $y = 0$ 对称(图 10.31).曲面和轴的唯一交点是原点.除这个点外,曲面整个在 xy 平面上方(若 $c > 0$)或下方(若 $c < 0$).被坐标平面所截的截线是

$x = 0$: 抛物线 $z = \frac{c}{b^2}y^2$

$y = 0$: 抛物线 $z = \frac{c}{a^2}a^2$

$z = 0$: 点 $(0,0,0)$.

xy 平面上方的每个平面 $z = z_0$ 截曲面成椭圆

$$\frac{x^2}{a^2} + \frac{y^2}{b^2} = \frac{z_0}{c}.$$

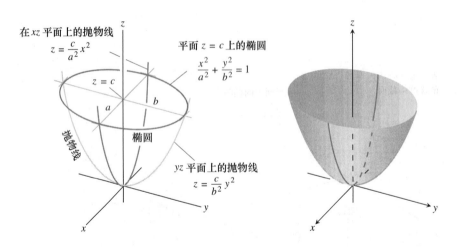

图 10.31 $c > 0$ 时例 3 中的椭圆抛物面 $(x^2/a^2) + (y^2/b^2) = z/c$. xy 平面上方垂直于 z 轴的横截线是椭圆,含 z 轴的平面的横截线是抛物线.

例 4(画锥) 椭圆锥

$$\frac{x^2}{a^2} + \frac{y^2}{b^2} = \frac{z^2}{c^2} \tag{3}$$

关于三个坐标平面对称(图 10.32).由坐标平面切得的截线是

$x = 0$: 直线 $z = \pm\frac{c}{b}y$

$y = 0$: 直线 $z = \pm\frac{c}{a}x$

$z = 0$: 点 $(0,0,0)$

xy 平面上方和下方的平面 $z = z_0$ 的截线是中心在 z 轴,顶点在上述直线上的椭圆.

若 $a = b$,锥是正圆锥.

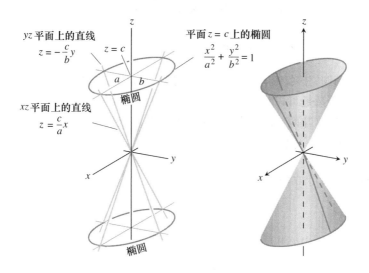

图 10.32 例 4 中的椭圆锥. 垂直于 z 轴的平面截锥成 xy 平面上方或下方的椭圆,包含 z 轴的竖直平面截锥成一对相交直线.

例 5(画双曲面) 单叶双曲面

$$\frac{x^2}{a^2} + \frac{y^2}{b^2} - \frac{z^2}{c^2} = 1 \tag{4}$$

关于每个坐标平面对称(图 10.33). 由坐标平面所切得的截线是

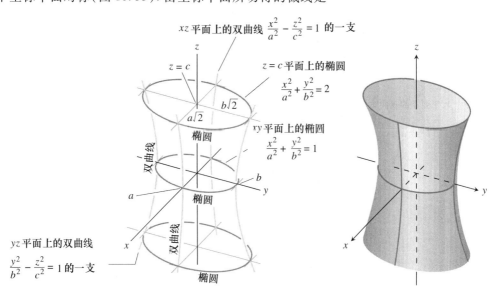

图 10.33 例 5 中的双曲面 $(x^2/a^2) + (y^2/b^2) - (z^2/c^2) = 1$. 垂直于 z 轴的平面截它得椭圆,包含 z 轴的竖直平面截它得双曲线.

$$x = 0: \quad 双曲线 \frac{y^2}{b^2} - \frac{z^2}{c^2} = 1$$

$$y = 0: \quad 双曲线 \frac{x^2}{a^2} - \frac{z^2}{c^2} = 1$$

$$z = 0: \quad 椭\ 圆 \frac{x^2}{a^2} + \frac{y^2}{b^2} = 1.$$

平面 $z = z_0$ 截曲面成椭圆,中心在 z 轴,顶点在上述双曲截线的一支上.

曲面是连通的,其意义是可以从它上面的一点走到它上面的任意另一点而不离开曲面. 根据这个理由,它被说成是单叶的,以区别于下例中有两叶的双曲面.

若 $a = b$,双曲面是一个旋转曲面.

例 6(画双曲面) 双叶双曲面

$$\frac{z^2}{c^2} - \frac{x^2}{a^2} - \frac{y^2}{b^2} = 1 \tag{5}$$

关于三个坐标平面对称(图 10.34). 平面 $z = 0$ 跟曲面不相交;事实上,一个水平平面与曲面相交,必须要求 $|z| \geqslant c$. 双曲截线

$$x = 0: \quad \frac{z^2}{c^2} - \frac{y^2}{b^2} = 1$$

$$y = 0: \quad \frac{z^2}{c^2} - \frac{x^2}{a^2} = 1$$

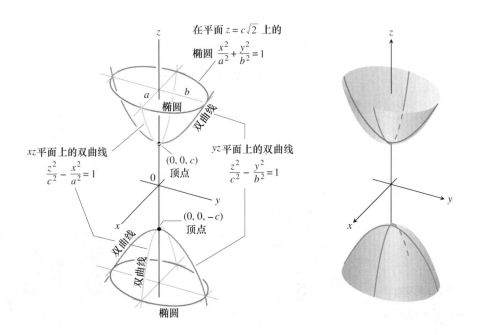

图 10.34 例 6 中的双曲面 $(z^2/c^2) - (x^2/a^2) - (y^2/b^2) = 1$ 在顶点以上和以下的垂直 z 轴的平面截它成椭圆. 含 z 轴的竖直平面截定成双曲线.

的顶点和和焦点在 z 轴上. 曲面分成两部分,一部分在 $z=c$ 上方;而另一部分在 $z=-c$ 下方. 这就是它的名称的由来.

方程(4)和(5)有不同数目的负项. 每个情形负项的个数恰是双曲面的叶数. 假如我们把方程(4)或(5)的右端的 1 换成 0, 我们得到椭圆锥面的方程(方程(3))

$$\frac{x^2}{a^2} + \frac{y^2}{b^2} = \frac{z^2}{c^2}.$$

双曲面渐近于这个锥面(图 10.35),其方式跟 xy 平面上双曲线

$$\frac{x^2}{a^2} - \frac{y^2}{b^2} = \pm 1$$

渐近于见直线 $\frac{x^2}{a^2} - \frac{y^2}{b^2} = 0$ 的方式一样.

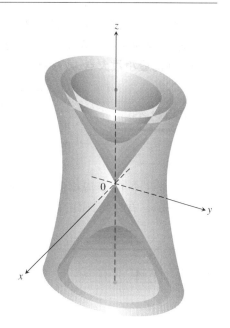

图 10.35 两个双曲面渐近于锥面.(例 6)

例 7(画鞍面) 双曲抛物面

$$\frac{y^2}{b^2} - \frac{x^2}{a^2} = \frac{z}{c}, \quad c > 0 \tag{6}$$

关于平面 $x=0$ 和 $y=0$ 对称(图 10.36). 在这些平面的截线是

$$x = 0: \quad 抛物线\ z = \frac{c}{b^2}y^2 \tag{7}$$

$$y = 0: \quad 抛物线\ z = -\frac{c}{a^2}x^2 \tag{8}$$

在平面 $x=0$,抛物线从原点向上开口,而在平面 $y=0$,抛物线从原点向下开口.

如果我们用平面 $z = z_0 > 0$ 截曲面,截线是双曲线

$$\frac{y^2}{b^2} - \frac{x^2}{a^2} = \frac{z_0}{c},$$

其焦轴平行于 y 轴,而顶点在方程(7)定义的抛物线上. 若 z_0 是负的,其焦轴平行于 x 轴,而顶点在方程(8)定义的抛物线上.

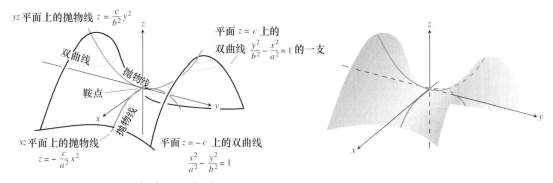

图 10.36 双曲抛物面 $(y^2/b^2) - (x^2/a^2) = z/c, c > 0$ 在垂直于 z 轴(在 xy 平面上方和下方)的平面内的截线是双曲线,在垂直于其它轴的平面内的截线是抛物线.

在原点附近,曲面形状类似马鞍. 对于一个在 yz 平面内沿曲面行走的人来说,原点看起来是最低点,而对于一个在 xz 平面内沿曲面行走的人来说,原点看起来是最高点. 这样的点称为一个曲面的**最小最大点**,或**鞍点**.

使用技术　　空间中的想象　　一个计算机代数系统(CAS)或其它计算机作图程序可以帮助我们想象空间曲面. 它可以比大多数人更有耐心地描绘在不同平面上的迹. 许多计算机作图系统可以旋转图形,这样你就能够看到它,好象它是一个可以在你手中旋转的物理模型. 隐藏线算法(见10.3节习题62)用来遮挡在当前视角看不到的部分. 通常一个 CAS 需要曲面用将在 13.6 节讨论的参数形式输入(还可看 11.1 节的 CAS 题 57 – 60). 有时候,你还必须熟练调整网格线,以便看到曲面的各个部分.

习题 10.4

匹配方程和曲面

在第 1 – 12 题中,匹配方程和它定义的曲面. 还要识别曲面的的类型(抛物面,椭圆面,等等). 曲面标号从 a 至 l.

1. $x^2 + y^2 + 4z^2 = 10$
2. $z^2 + 4y^2 - 4x^2 = 4$
3. $9y^2 + z^2 = 16$
4. $y^2 + z^2 = x^2$
5. $x = y^2 - z^2$
6. $x = -y^2 - z^2$
7. $x^2 + 2z^2 = 8$
8. $z^2 + x^2 - y^2 = 1$
9. $x = z^2 - y^2$
10. $z = -4x^2 - y^2$
11. $x^2 + 4z^2 = y^2$
12. $9x^2 + 4y^2 + 2z^2 = 36$

(a) (b) (c)

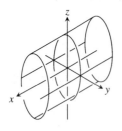
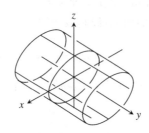
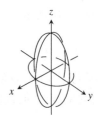

(d) (e) (f)

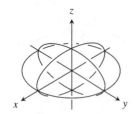
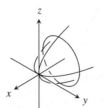
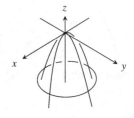

(g)   (h)    (i)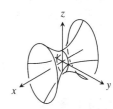

(j) 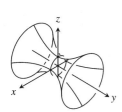   (k) 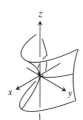   (l)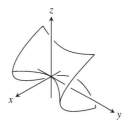

理论和例子

13. **面积和体积**

    (a) 把椭球面
    $$x^2 + \frac{y^2}{4} + \frac{z^2}{9} = 1$$
    被平面 $z = c$ 截得的截线所围的面积表示成 c 的函数.(半轴为 a 和 b 的椭圆的面积是 πab.)

    (b) 用垂直于 z 轴的切片求部分 a 的椭球面(围)的体积.

    (c) 现在求下列椭球面的体积:
    $$\frac{x^2}{a^2} + \frac{y^2}{b^2} + \frac{z^2}{c^2} = 1.$$
    若 $a = b = c$,你的公式是否给出半径为 a 的球的体积?

14. **桶的容积** 这里的桶的形状(右图)像一个椭球面两端用垂直于 z 轴的平面截下相等的部分.垂直于 z 轴的平面截得的截线是圆周.桶高 $2h$ 单位,中间截线的半径为 R,而两端截线的半径是 r.求桶的容积.然后检验两件事情:首先,假定桶的侧面变直以致桶变成半径为 R、高为 $2h$ 的圆柱,你的公式是否给出圆柱的体积?其次,假定 $r = 0$ 和 $h = R$,从而桶是一个球,你的公式给出球的体积吗?

15. **抛物面的体积** 证明抛物面 $\frac{x^2}{a^2} + \frac{y^2}{b^2} = \frac{z}{c}$ 被平面 $z = h$ 所围的体积等于其底面积和高的乘积的一半.(图 10.31 显示了 $h = c$ 的情形.)

16. **双曲面的体积**

    (a) 求由双曲面
    $$\frac{x^2}{a^2} + \frac{y^2}{b^2} - \frac{z^2}{c^2} = 1$$

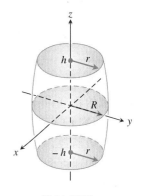

第 14 题图

和平面 $z = 0$ 及 $z = h(h > 0)$ 所围立体的体积.

(b) 把部分(a)中你的答案用 h 和平面 $z = 0$ 与 $z = h$ 被双曲面截得的区域的面积 A_0 和 A_h 表示出来.

(c) 证明部分(a)的体积还可写成

$$V = \frac{h}{6}(A_0 + 4A_m + A_h),$$

其中 A_m 是平面 $z = h/2$ 被双曲面截下的区域的面积.

绘制曲面的图形

T 在指定的区域绘制第 17 - 20 题中的曲面的图形. 如果你有可能, 作旋转得到视点在不同位置的曲面.

17. $z = y^2$, $-2 \leq x \leq 2$, $-0.5 \leq y \leq 2$
18. $z = 1 - y^2$, $-2 \leq x \leq 2$, $-2 \leq y \leq 2$
19. $z = x^2 + y^2$, $-3 \leq x \leq 3$, $-3 \leq y \leq 3$
20. $z = x^2 + 2y^2$ 其中
    (a) $-3 \leq x \leq 3$, $-3 \leq y \leq 3$ (b) $-1 \leq x \leq 1$, $-2 \leq y \leq 3$
    (c) $-2 \leq x \leq 2$, $-2 \leq y \leq 2$ (d) $-2 \leq x \leq 2$, $-1 \leq y \leq 1$

计算机探究

曲面作图

用一个 CAS 画第 21 - 26 题的曲面. 从你的图形识别二次曲面的类型.

21. $\dfrac{x^2}{9} + \dfrac{y^2}{36} = 1 - \dfrac{z^2}{25}$ 22. $\dfrac{x^2}{9} - \dfrac{z^2}{9} = 1 - \dfrac{y^2}{16}$ 23. $5x^2 = z^2 - 3y^2$

24. $\dfrac{y^2}{16} = 1 - \dfrac{x^2}{9} + z$ 25. $\dfrac{x^2}{9} - 1 = \dfrac{y^2}{16} + \dfrac{z^2}{2}$ 26. $y - \sqrt{4 - z^2} = 0$

10.5   向量值函数和空间曲线

空间曲线 • 极限和连续 • 导数和运动 • 微分法则 • 定长度的向量函数 • 向量函数的积分

正像对平面曲线所做的那样, 为描述空间中运动质点的轨迹, 我们让一个从原点到质点的向量 **r** 跑动, 并研究 **r** 的变化. 假定质点的位置坐标是时间 t 的二次可微函数, 那么我们可以通过对 **r** 求导求任何时刻质点的速度和加速度. 反之, 如果我们知道了质点的速度向量或加速度向量是时间的连续函数, 并且我们有关于质点的初速度和初位置的充分多的信息, 通过积分就可以求得作为时间的函数的 **r**. 本章的剩余部分研究空间曲线.

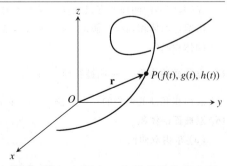

图 10.37   空间中一个值点的位置向量 $\mathbf{r} = \overrightarrow{OP}$ 是时间的函数.

空间曲线

当一个质点在空间中经历时间区间 I 运动时,我们设想质点的坐标是定义在 I 上的函数:

$$x = f(t), \quad y = g(t), \quad z = h(t), \quad t \in I. \tag{1}$$

点 $(x,y,z) = (f(t),g(t),h(t))$ 组成空间**曲线**,我们称它为质点的**路径**.(1)式中的方程和区间**参数化**了曲线.空间曲线还可表示为向量形式:

$$\mathbf{r}(t) = \overrightarrow{OP} = f(t)\mathbf{i} + g(t)\mathbf{j} + h(t)\mathbf{k} \tag{2}$$

从原点到质点在时刻 t 的**位置** $P(f(t),g(t),h(t))$ 是质点的**位置向量**.f, g 和 h 是位置向量的**分量函数(分量)**.我们设想质点的路径是经历时间区间 I 由 $\mathbf{r}$ 描绘的曲线.图 10.38 展示了计算机绘图程序生成的几条空间曲线.用手画这些曲线可不容易.

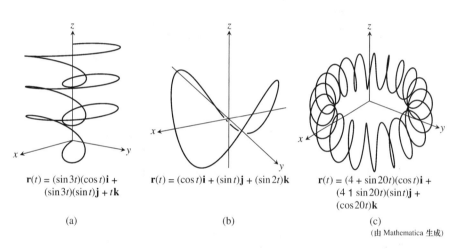

(a) $\mathbf{r}(t) = (\sin 3t)(\cos t)\mathbf{i} + (\sin 3t)(\sin t)\mathbf{j} + t\mathbf{k}$

(b) $\mathbf{r}(t) = (\cos t)\mathbf{i} + (\sin t)\mathbf{j} + (\sin 2t)\mathbf{k}$

(c) $\mathbf{r}(t) = (4 + \sin 20t)(\cos t)\mathbf{i} + (4 1 \sin 20t)(\sin t)\mathbf{j} + (\cos 20t)\mathbf{k}$

(由 Mathematica 生成)

图 10.38　计算机生成的由位置向量定义的空间曲线

方程(2)定义 $\mathbf{r}$ 是实变量 t 在区间 I 上的向量函数.更一般地,定义域 D 上的**向量函数**或**向量值函数**是一个法则,根据这个法则,对 D 内的每个元素指定一个空间向量.就目前情况而论,定义域是实数区间,结果得到空间曲线.后面在第 13 章,定义域将是平面区域.向量函数将表示空间曲面.平面或空间的定义域上的向量函数生成"向量场",这对研究流体流动、引力场和电磁现象是重要的.我们在第 13 章研究向量场及其应用.

跟第 9 章一样,我们称实 – 值函数为**数量函数**,以区别向量函数.$\mathbf{r}$ 的分量是 t 的数量函数.当我们通过给定其分量函数定义向量函数时,我们就假定向量函数的定义域是分量的公共定义域.你会发现这里的内容跟 9.3 节有关平面曲线的内容十分类似.

例 1(画螺线)　画下列向量函数的图形:

$$\mathbf{r}(t) = (\cos t)\mathbf{i} + (\sin t)\mathbf{j} + t\mathbf{k}$$

解　向量函数

$$\mathbf{r}(t) = (\cos t)\mathbf{i} + (\sin t)\mathbf{j} + t\mathbf{k}$$

对所有实数值 t 定义. $\mathbf{r}$ 描绘的曲线是绕在圆柱 $x^2 + y^2 = 1$ 上的螺线(图 10.39)(helix,"螺线"的古希腊词). 曲线在圆柱上,这是因为 $\mathbf{r}$ 的 $\mathbf{i}$ 分量和 $\mathbf{j}$ 分量,即 $\mathbf{r}$ 的终点的 x 和 y 坐标,满足圆

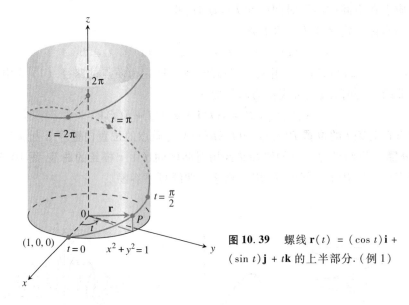

图 10.39　螺线 $\mathbf{r}(t) = (\cos t)\mathbf{i} + (\sin t)\mathbf{j} + t\mathbf{k}$ 的上半部分. (例 1)

柱面方程:
$$x^2 + y^2 = (\cos t)^2 + (\sin t)^2 = 1.$$
当 $\mathbf{k}$ 分量 $z = t$ 增加时曲线升高,t 每增加 2π,曲线绕圆柱一周. 方程
$$x = \cos t, \quad y = \sin t, \quad z = t$$
是螺线的参数方程,参数区间是 $-\infty < t < \infty$. 在图 10.40 中你会看到更多的螺线.

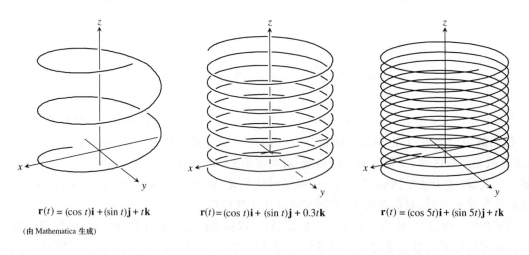

图 10.40　计算机画的螺线

极限和连续

我们以定义平面向量函数极限的同样方式定义空间向量函数的极限.

定义 极限和连续

若 $\mathbf{r}(t) = f(t)\mathbf{i} + g(t)\mathbf{j} + h(t)\mathbf{k}$,则

$$\lim_{t \to t_0} \mathbf{r}(t) = (\lim_{t \to t_0} f(t))\mathbf{i} + (\lim_{t \to t_0} g(t))\mathbf{j} + (\lim_{t \to t_0} h(t))\mathbf{k}. \quad (3)$$

向量函数 $\mathbf{r}(t)$ 在定义域内的**点** $t = t_0$ **连续**,若 $\lim_{t \to t_0} \mathbf{r}(t) = \mathbf{r}(t_0)$. 函数是**连续**的,若它在定义域的每个点都连续.

从等式(3)看到 $\mathbf{r}(t)$ 在 $t = t_0$ 是连续的,当且仅当每个分量函数在 $t = t_0$ 是连续的.

例 2(空间曲线的连续性) 图 10.38 和图 10.40 中的曲线都是连续的,因为它们的分量函数在 $(-\infty, \infty)$ 内的 t 的每个值是连续的.

例 3(求向量函数的极限) 若 $\mathbf{r}(t) = (\cos t)\mathbf{i} + (\sin t)\mathbf{j} + t\mathbf{k}$,则

$$\lim_{t \to \pi/4} \mathbf{r}(t) = (\lim_{t \to \pi/4} \cos t)\mathbf{i} + (\lim_{t \to \pi/4} \sin t)\mathbf{j} + (\lim_{t \to \pi/4} t)\mathbf{k}$$

$$= \frac{\sqrt{2}}{2}\mathbf{i} + \frac{\sqrt{2}}{2}\mathbf{j} + \frac{\pi}{4}\mathbf{k}.$$

导数和运动

空间向量函数的导数与平面向量函数同样的方式定义,只不过增加了有关分量.

定义 在一个点的导数

向量函数 $\mathbf{r}(t) = f(t)\mathbf{i} + g(t)\mathbf{j} + h(t)\mathbf{k}$ 在 $\mathbf{t} = \mathbf{t}_0$ 是**可微**的,如果 f, g 和 h 在 $t = t_0$ 是可微的. **导数**是向量

$$\mathbf{r}'(t) = \frac{d\mathbf{r}}{dt} = \lim_{\Delta t \to 0} \frac{\mathbf{r}(t + \Delta t) - \mathbf{r}(t)}{\Delta t} = \frac{df}{dt}\mathbf{i} + \frac{dg}{dt}\mathbf{j} + \frac{dh}{dt}\mathbf{k}.$$

向量函数 $\mathbf{r}$ 是**可微**的,如果它在定义域的每个点是可微的. 由 $\mathbf{r}$ 描绘的曲线是**光滑的**,如果 $\mathbf{r}'(t)$ 是连续的并且从不等于 $\mathbf{0}$, 即 f, g 和 h 有连续一阶导数并且不同时为 0.

导数定义的几何意义跟平面曲线一样,显示在图 10.41 中. 点 P 和 Q 有位置向量 $\mathbf{r}(t)$ 和

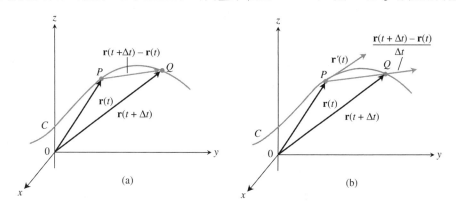

图 10.41 当 $\Delta t \to 0$ 时,点 Q 沿曲线 C 趋向于 P,向量 $\overrightarrow{PQ}/\Delta t$ 的极限值则为切向量 $\mathbf{r}'(t)$.

$r(t+\Delta t)$,而向量 $\overrightarrow{PQ}$ 表示 $r(t+\Delta t) - r(t)$. 对于 $\Delta t > 0$,数量倍数 $(1/\Delta t)(r(t+\Delta t) - r(t))$ 指向跟向量 $\overrightarrow{PQ}$ 同样的方向. 当 $\Delta t \to 0$ 时,这个向量趋向于曲线在点 P 的切向量(图 10.41b). 若 $r'(t)$ 不等于 $\mathbf{0}$,我们定义 $r'(t)$ 为曲线在点 P 的**切向量**. 曲线在点 $(f(t_0), g(t_0), h(t_0))$ 的**切线**定义为过该点平行于 $r'(t_0)$ 的直线. 对光滑曲线我们要求 $dr/dt \neq \mathbf{0}$ 是为了保证曲线在每点有连续转动的切线. 在光滑曲线上没有拐角或尖.

一条曲线由有限段光滑曲线以连续方式组成,则称之为**分段光滑曲线**(图 10.42).

正如我们对平面上的向量函数所见到的情形一样,当 dr/dt 不是 $\mathbf{0}$ 时,导数是沿空间中由 r 定义的曲线运动的质点的速度的模型. 导数指向运动的方向并且给出位置对于时间的变化率. 对于一条光滑曲线,速度从不为零;质点不停止或颠倒方向.

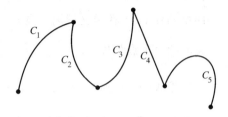

图 10.42 由五段首尾衔接以连续方式组成的分段光滑曲线.

定义　速度,速率,加速度,运动方向

若 r 是沿空间光滑曲线运动的质点的位置,则在任何时刻 t,下列定义适用.

1. $\mathbf{v}(t) = \dfrac{d\mathbf{r}}{dt}$,位置的导数,是质点的**速度向量**,与曲线相切.

2. $|\mathbf{v}(t)|$,$\mathbf{v}(t)$ 的大小,是质点的**速率**.

3. $\mathbf{a}(t) = \dfrac{d\mathbf{v}}{dt} = \dfrac{d^2\mathbf{r}}{dt^2}$,速度的导数及位置的二阶导数,是质点的**加速度**.

4. $\dfrac{\mathbf{v}}{|\mathbf{v}|}$,一个单位向量,是**运动方向**.

跟平面曲线一样,我们可以把质点的速度表示为它的速率和方向的乘积.

$$\text{速度} = |\mathbf{v}|\left(\frac{\mathbf{v}}{|\mathbf{v}|}\right) = (\text{速率})(\text{方向}).$$

在 10.3 节,我们发现速度的这个表达式对于定位,比如确定沿空间直线飞行的一架直升飞机的位置,是有用的. 现在我们考察一个物体沿(非直线的)空间曲线运动的例子.

例 4(悬挂式滑翔机的飞行)　一个人在悬挂式滑翔机上由于快速上升气流而沿位置向量为 $\mathbf{r}(t) = (3\cos t)\mathbf{i} + (3\sin t)\mathbf{j} + (t^2)\mathbf{k}$ 的路径螺旋式向上. 路径类似于螺旋线(但并非螺旋线,在 10.7 节会了解这一点)并在图 10.43 中

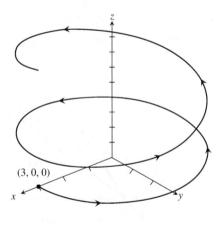

图 10.43 滑翔机位置向量 $\mathbf{r}(t) = (3\cos t)\mathbf{i} + (3\sin t)\mathbf{j} + t^2\mathbf{k}$. (例 4)

James Clerk Maxwell (1831 — 1879)

显示了 $0 \leqslant t \leqslant 4\pi$ 部分. 求

(a) 速度和加速度向量　　(b) 滑翔机在任何时刻 t 的速率

(c) 如果有的话,滑翔机的加速度正交于速度的时刻.

解　(a) $\mathbf{r}(t) = (3\cos t)\mathbf{i} + (3\sin t)\mathbf{j} + t^2\mathbf{k}$

$$\mathbf{v} = \frac{d\mathbf{r}}{dt} = -(3\sin t)\mathbf{i} + (3\cos t)\mathbf{j} + 2t\mathbf{k}$$

$$\mathbf{a} = \frac{d^2\mathbf{r}}{dt^2} = -(3\cos t)\mathbf{i} - (3\sin t)\mathbf{j} + 2\mathbf{k}$$

(b) 速率是 $\mathbf{v}$ 的大小:

$$|\mathbf{v}(t)| = \sqrt{(-3\sin t)^2 + (3\cos t)^2 + (2t)^2}$$

$$= \sqrt{9\sin^2 t + 9\cos^2 t + 4t^2} = \sqrt{9 + 4t^2}.$$

滑翔机沿其路径升高时运动得越来越快.

(c) 为求 $\mathbf{v}$ 和 $\mathbf{a}$ 正交的时刻,我们求 t,使得

$$\mathbf{v} \cdot \mathbf{a} = 9\sin t\cos t - 9\cos t\sin t + 4t = 4t = 0.$$

于是,速度和加速度正交的唯一时刻是在 $t = 0$. 在 10.7 节我们将更仔细地研究沿路径运动的加速度. 在那里,我们将发现加速度向量如何揭示弯曲的性质和由于"扭转"而离开包含速度向量的平面的趋势.

微分法则

因为向量函数的导数是按分量逐个计算的,所以向量函数的微分法则跟数量函数的微分法则形式相同.

向量函数的微分法则

设 $\mathbf{u}$ 和 $\mathbf{v}$ 是 t 的可微向量函数,$\mathbf{C}$ 是常向量,c 是任意数,而 f 是可微标量函数.

1. 常函数法则　　$\dfrac{d}{dt}\mathbf{C} = \mathbf{0}$

2. 数量倍数法则　$\dfrac{d}{dt}[c\mathbf{u}(t)] = c\mathbf{u}'(t)$

　　　　　　　$\dfrac{d}{dt}[f(t)\mathbf{u}(t)] = f'(t)\mathbf{u}(t) + f(t)\mathbf{u}'(t)$

3. 和法则　　　　$\dfrac{d}{dt}[\mathbf{u}(t) + \mathbf{v}(t)] = \mathbf{u}' + \mathbf{v}'(t)$

4. 差法则　　　　$\dfrac{d}{dt}[\mathbf{u}(t) - \mathbf{v}(t)] = \mathbf{u}'(t) - \mathbf{v}'(t)$

5. 点积法则　　　$\dfrac{d}{dt}[\mathbf{u}(t) \cdot \mathbf{v}(t)] = \mathbf{u}'(t) \cdot \mathbf{v}(t) + \mathbf{u}(t) \cdot \mathbf{v}'(t)$

6. 叉积法则　　　$\dfrac{d}{dt}[\mathbf{u}(t) \times \mathbf{v}(t)] = \mathbf{u}'(t) \times \mathbf{v}(t) + \mathbf{u}(t) \times \mathbf{v}'(t)$

7. 链式法则　　　$\dfrac{d}{dt}[\mathbf{u}(f(t))] = f'(t)\mathbf{u}'(f(t))$

注：当使用叉积法则时,记住要保持因子的次序. 若 $\mathbf{u}$ 在等式左边之首,则它也应出现在等式右边之首. 否则符号会错.

微分法则的应用跟平面向量函数相同(9.3节,例5),只不过现在有了第三个分量.跟以前一样,用定义或对向量函数的分量用对应的对数量函数的微分公式,可以证明向量函数的微分法则.作为例子,这里证明叉积和链式法则.

叉积法则的证明 我们模仿对数量函数乘积法则的证明.根据导数的定义,

$$\frac{d}{dt}(\mathbf{u} \times \mathbf{v}) = \lim_{h \to 0} \frac{\mathbf{u}(t+h) \times \mathbf{v}(t+h) - \mathbf{u}(t) \times \mathbf{v}(t)}{h}$$

为把这个分式化成相等的分式,其中包含 $\mathbf{u}$ 和 $\mathbf{v}$ 的差商,我们在分子中减去和加上 $\mathbf{u}(t) \times \mathbf{v}(t+h)$.于是

$$\frac{d}{dt}(\mathbf{u} \times \mathbf{v}) = \lim_{h \to 0} \frac{\mathbf{u}(t+h) \times \mathbf{v}(t+h) - \mathbf{u}(t) \times \mathbf{v}(t+h) + \mathbf{u}(t) \times \mathbf{v}(t+h) - \mathbf{u}(t) \times \mathbf{v}(t)}{h}$$

$$= \lim_{h \to 0} \left[\frac{\mathbf{u}(t+h) - \mathbf{u}(t)}{h} \times \mathbf{v}(t+h) + \mathbf{u}(t) \times \frac{\mathbf{v}(t+h) - \mathbf{v}(t)}{h} \right]$$

$$= \lim_{h \to 0} \frac{\mathbf{u}(t+h) - \mathbf{u}(t)}{h} \times \lim_{h \to 0} \mathbf{v}(t+h) + \lim_{h \to 0} \mathbf{u}(t) \times \lim_{h \to 0} \frac{\mathbf{v}(t+h) - \mathbf{v}(t)}{h}.$$

最后的等式成立,这是因为两个向量叉积的极限等于它们的极限的叉积,只要后者存在(习题第39题).当 h 趋于零时,$\mathbf{v}(t+h)$ 趋于 $\mathbf{v}(t)$,因为 $\mathbf{v}$ 作为 t 的可微函数是连续的(习题第40题).两个分式趋于 $d\mathbf{u}/dt$ 和 $d\mathbf{v}/dt$ 在 t 的值.于是

$$\frac{d}{dt}(\mathbf{u} \times \mathbf{v}) = \frac{d\mathbf{u}}{dt} \times \mathbf{v} + \mathbf{u} \times \frac{d\mathbf{v}}{dt}. \qquad \Box$$

链式法则的证明 假定 $\mathbf{u}(s) = a(s)\mathbf{i} + b(s)\mathbf{j} + c(s)\mathbf{k}$ 是 s 的可微向量函数,而 $s = f(t)$ 是 t 的可微标量函数.则 a, b 和 c 是 t 的可微函数,由实值函数的链式法则给出

$$\frac{d}{dt}[\mathbf{u}(s)] = \frac{da}{dt}\mathbf{i} + \frac{db}{dt}\mathbf{j} + \frac{dc}{dt}\mathbf{k}$$

$$= \frac{da}{ds}\frac{ds}{dt}\mathbf{i} + \frac{db}{ds}\frac{ds}{dt}\mathbf{j} + \frac{dc}{ds}\frac{ds}{dt}\mathbf{k}$$

$$= \frac{ds}{dt}\left(\frac{da}{ds}\mathbf{i} + \frac{db}{ds}\mathbf{j} + \frac{dc}{ds}\mathbf{k}\right) = \frac{ds}{dt}\frac{d\mathbf{u}}{ds}$$

$$= f'(t)\mathbf{u}'(f(t)). \qquad s = f(t)$$

注:为了代数表示方便,我们有时候写一个标量 c 和一个向量 $\mathbf{v}$ 的积为 $\mathbf{v}c$ 而不是 $c\mathbf{v}$.它容许我们,例如,依通常形式写链式法则:

$$\frac{d\mathbf{u}}{dt} = \frac{d\mathbf{u}}{ds}\frac{ds}{dt}$$

其中 $s = f(t)$.

定长度的向量函数

当我们跟踪以原点为中心的球面上运动的一个质点时,位置向量有一个等于球面半径的固定长度(图10.44).运动路径的速度向量 $d\mathbf{r}/dt$ 与运动路径相切,也切于球面,因此垂直于 $\mathbf{r}$.对于固定长度的可微向量函数,情形总是如此:向量和它的的导数正交.长度固定时,函数的变化仅仅在方向上变化.方向变化时保持与 $\mathbf{r}$ 成直角.这个结果可以通过直接计算得到:

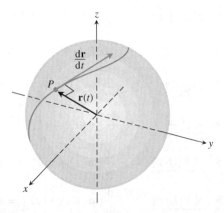

图 10.44 如果一个质点在以原点为中心的球面上运动,那么 $\mathbf{r} \cdot (d\mathbf{r}/dt) = 0$.

10.5 向量值函数和空间曲线

$$\mathbf{r}(t) \cdot \mathbf{r}(t) = c^2 \qquad |\mathbf{r}(t)| = c \text{ 是常数.}$$
$$\frac{\mathrm{d}}{\mathrm{d}t}[\mathbf{r}(t) \cdot \mathbf{r}(t)] = 0 \qquad \text{两端求导}$$
$$\mathbf{r}'(t) \cdot \mathbf{r}(t) + \mathbf{r}(t) \cdot \mathbf{r}'(t) = 0 \qquad \text{对 } \mathbf{r}(t) = \mathbf{u}(t) = \mathbf{v}(t) \text{ 用法则 5}$$
$$2\mathbf{r}'(t) \cdot \mathbf{r}(t) = 0.$$

向量 $\mathbf{r}'(t)$ 和 $\mathbf{r}(t)$ 正交,因为它们的点积为 0. 结论是

> 若 $\mathbf{r}$ 是固定长度的 t 的可微向量函数,则
> $$\mathbf{r} \cdot \frac{\mathrm{d}\mathbf{r}}{\mathrm{d}t} = 0. \tag{4}$$

注:我们将在 10.7 节反复利用此公式

例 5(支持等式(4)) 证明 $\mathbf{r}(t) = (\sin t)\mathbf{i} + (\cos t)\mathbf{j} + \sqrt{3}\mathbf{k}$ 有固定长度并且正交于它的导数.

解
$$\mathbf{r}(t) = (\sin t)\mathbf{i} + (\cos t)\mathbf{j} + \sqrt{3}\mathbf{k}$$
$$|\mathbf{r}(t)| = \sqrt{(\sin t)^2 + (\cos t)^2 + (\sqrt{3})^2} = \sqrt{1+3} = 2$$
$$\frac{\mathrm{d}\mathbf{r}}{\mathrm{d}t} = (\cos t)\mathbf{i} - (\sin t)\mathbf{j}$$
$$\mathbf{r} \cdot \frac{\mathrm{d}\mathbf{r}}{\mathrm{d}t} = \sin t \cos t - \sin t \cos t = 0$$

向量函数的积分

一个可微向量函数 $\mathbf{R}(t)$ 在区间 I 是向量函数 $\mathbf{r}(t)$ 的**反导数**,如果在 I 的每个点 $\mathrm{d}\mathbf{R}/\mathrm{d}t = \mathbf{r}$. 如果 $\mathbf{R}$ 是 $\mathbf{r}$ 在 I 的一个反导数,通过同时处理分量可以证明,$\mathbf{r}$ 在 I 的每个反导数有形式 $\mathbf{R} + \mathbf{C}$,$\mathbf{C}$ 是某个常向量(第 45 题). $\mathbf{r}$ 在 I 的所有反导数的集合是 $\mathbf{r}$ 在 I 的**不定积分**.

> **定义   不定积分**
> $\mathbf{r}$ 对 t 的**不定积分**是 $\mathbf{r}$ 的所有反导数的集合,记作 $\int \mathbf{r}(t)\mathrm{d}t$. 若 $\mathbf{R}$ 是 $\mathbf{r}$ 的一个反导数,则
> $$\int \mathbf{r}(t)\mathrm{d}t = \mathbf{R}(t) + \mathbf{C}.$$

对不定积分的通常法则成立.

例 6(求反导数)
$$\int ((\cos t)\mathbf{i} + \mathbf{j} - 2t\mathbf{k})\mathrm{d}t = \left(\int \cos t \,\mathrm{d}t\right)\mathbf{i} + \left(\int \mathrm{d}t\right)\mathbf{j} - \left(\int 2t\,\mathrm{d}t\right)\mathbf{k} \tag{5}$$
$$= (\sin t + C_1)\mathbf{i} + (t + C_2)\mathbf{j} - (t^2 + C_3)\mathbf{k} \tag{6}$$
$$= (\sin t)\mathbf{i} + t\mathbf{j} - t^2\mathbf{k} + \mathbf{C} \qquad \mathbf{C} = C_1\mathbf{i} + C_2\mathbf{j} - C_3\mathbf{k}$$

跟数量函数的积分一样,我们建议你省略等式(5)和(6)中的步骤而直接过渡到最后的形式. 对每个分量求一个反导数,在末尾加一个常向量.

向量函数的定积分通过分量来定义.

定义 定积分

若 $\mathbf{r}(t) = f(t)\mathbf{i} + g(t)\mathbf{j} + h(t)\mathbf{k}$ 的分量在 $[a,b]$ 是可积的,则 $\mathbf{r}$ 也如此,$\mathbf{r}$ 从 a 到 b 的定积分是

$$\int_b^a \mathbf{r}(t)\,\mathrm{d}t = \left(\int_a^b f(t)\,\mathrm{d}t\right)\mathbf{i} + \left(\int_a^b g(t)\,\mathrm{d}t\right)\mathbf{j} + \left(\int_a^b h(t)\,\mathrm{d}t\right)\mathbf{k}.$$

例 7（求定积分）

$$\begin{aligned}
\int_0^\pi ((\cos t)\mathbf{i} + \mathbf{j} - 2t\mathbf{k})\,\mathrm{d}t &= \left(\int_0^\pi \cos t\,\mathrm{d}t\right)\mathbf{i} + \left(\int_0^\pi \mathrm{d}t\right)\mathbf{j} - \left(\int_0^\pi 2t\,\mathrm{d}t\right)\mathbf{k} \\
&= [\sin t]_0^\pi \mathbf{i} + [t]_0^\pi \mathbf{j} - [t^2]_0^\pi \mathbf{k} \\
&= [0-0]\mathbf{i} + [\pi - 0]\mathbf{j} - [\pi^2 - 0^2]\mathbf{k} \\
&= \pi\mathbf{j} - \pi^2\mathbf{k}
\end{aligned}$$

例 8（重温滑翔机的飞行） 假定我们还不知道例 4 的滑翔机的路径,而仅仅知道它的加速度向量 $\mathbf{a}(t) = -(3\cos t)\mathbf{i} - (3\sin t)\mathbf{j} + 2\mathbf{k}$,还知道初始时刻（在时刻 $t = 0$）滑翔机从点 $(3,0,0)$ 以速度 $\mathbf{v}(0) = 3\mathbf{j}$ 出发.求滑翔机在时刻 t 的位置.

解 我们的目的是在已知条件:

微分方程: $\quad \mathbf{a} = \dfrac{\mathrm{d}^2\mathbf{r}}{\mathrm{d}t^2} = -(3\cos t)\mathbf{i} - (3\sin t)\mathbf{j} + 2\mathbf{k}$

初值条件: $\quad \mathbf{v}(0) = 3\mathbf{j}$ 和 $\mathbf{r}(0) = 3\mathbf{i} + 0\mathbf{j} + 0\mathbf{k}$.

下求 $\mathbf{r}(t)$. 对 t 积分微分方程的两端,即得

$$\mathbf{v}(t) = -(3\sin t)\mathbf{i} + (3\cos t)\mathbf{j} + 2t\mathbf{k} + \mathbf{C}_1.$$

我们用 $\mathbf{v}(0) = 3\mathbf{j}$ 求 $\mathbf{C}_1$:

$$3\mathbf{j} = -(3\sin 0)\mathbf{i} + (3\cos 0)\mathbf{j} + (0)\mathbf{k} + \mathbf{C}_1$$

$$3\mathbf{j} = 3\mathbf{j} + \mathbf{C}_1$$

$$\mathbf{C}_1 = \mathbf{0}.$$

滑翔机的速度作为时间的函数是

$$\frac{\mathrm{d}\mathbf{r}}{\mathrm{d}t} = \mathbf{v}(t) = -(3\sin t)\mathbf{i} + (3\cos t)\mathbf{j} + 2t\mathbf{k}.$$

积分这个微分方程的两端,给出

$$\mathbf{r}(t) = (3\cos t)\mathbf{i} + (3\sin t)\mathbf{j} + t^2\mathbf{k} + \mathbf{C}_2.$$

再用初条件 $\mathbf{r}(0) = 3\mathbf{i}$ 求 $\mathbf{C}_2$:

$$3\mathbf{i} = (3\cos 0)\mathbf{i} + (3\sin 0)\mathbf{j} + (0^2)\mathbf{k} + \mathbf{C}_2$$

$$3\mathbf{i} = 3\mathbf{i} + (0)\mathbf{j} + (0)\mathbf{k} + \mathbf{C}_2$$

$$\mathbf{C}_2 = \mathbf{0}.$$

滑翔机在时刻 t 的位置是

$$\mathbf{r}(t) = (3\cos t)\mathbf{i} + (3\sin t)\mathbf{j} + t^2\mathbf{k}.$$

这是我们在例 4 中已经知道的滑翔机的路径并且已经画在图 10.43 中.

注:在本例中两个积分常数都是 **0** 是特殊的.习题 10.5 中第 23 和 24 题给出不同的结果.

习题 10.5

空间中的速度和加速度

在第 1 – 6 题中,$\mathbf{r}(t)$ 是空间中的质点在时刻 t 的位置. 求质点的速度和加速度向量. 然后求质点在时刻 t 的速率和运动方向. 最后把质点的速度表示成它的速率和方向的乘积.

1. $\mathbf{r}(t) = (t+1)\mathbf{i} + (t^2-1)\mathbf{j} + 2t\mathbf{k}, \quad t = 1$
2. $\mathbf{r}(t) = (1+t)\mathbf{i} + \dfrac{t^2}{\sqrt{2}}\mathbf{j} + \dfrac{t^3}{3}\mathbf{k}, \quad t = 1$

3. $\mathbf{r}(t) = (2\cos t)\mathbf{i} + (3\sin t)\mathbf{j} + 4t\mathbf{k}, \quad t = \pi/2$
4. $\mathbf{r}(t) = (\sec t)\mathbf{i} + (\tan t)\mathbf{j} + \dfrac{4}{3}t\mathbf{k}, \quad t = \pi/6$

5. $\mathbf{r}(t) = (2\ln(t+1))\mathbf{i} + t^2\mathbf{j} + \dfrac{t^2}{2}\mathbf{k}, \quad t = 1$
6. $\mathbf{r}(t) = (e^{-t})\mathbf{i} + (2\cos 3t)\mathbf{j} + (2\sin 3t)\mathbf{k}, \quad t = 0$

在第 7 – 10 题中,$\mathbf{r}(t)$ 是空间中的质点在 t 的位置,求在时刻 $t = 0$ 的速度与加速度之间的夹角.

7. $\mathbf{r}(t) = (3t+1)\mathbf{i} + \sqrt{3}t\mathbf{j} + t^2\mathbf{k}$
8. $\mathbf{r}(t) = \left(\dfrac{\sqrt{2}}{2}t\right)\mathbf{i} + \left(\dfrac{\sqrt{2}}{2}t - 16t^2\right)\mathbf{j}$

9. $\mathbf{r}(t) = (\ln(t^2+1))\mathbf{i} + (\tan^{-1} t)\mathbf{j} + \sqrt{t^2+1}\mathbf{k}$
10. $\mathbf{r}(t) = \dfrac{4}{9}(1+t)^{3/2}\mathbf{i} + \dfrac{4}{9}(1-t)^{3/2}\mathbf{j} + \dfrac{1}{3}t\mathbf{k}$

在第 11 和 12 中,$\mathbf{r}(t)$ 是空间中的质点在 t 的位置. 求在给定时间区间内速度和加速度正交的时刻.

11. $\mathbf{r}(t) = (t - \sin t)\mathbf{i} + (1 - \cos t)\mathbf{j}, \quad 0 \leqslant t \leqslant 2\pi$
12. $\mathbf{r}(t) = (\sin t)\mathbf{i} + t\mathbf{j} + (\cos t)\mathbf{k}, \quad t \geqslant 0$

积分向量值函数

求第 13 – 18 中的积分的值.

13. $\displaystyle\int_0^1 [t^3\mathbf{i} + 7\mathbf{j} + (t+1)\mathbf{k}]\,dt$
14. $\displaystyle\int_1^2 \left[(6-6t)\mathbf{i} + 3\sqrt{t}\mathbf{j} + \left(\dfrac{4}{t^2}\right)\mathbf{k}\right]dt$

15. $\displaystyle\int_{-\pi/4}^{\pi/4} [(\sin t)\mathbf{i} + (1+\cos t)\mathbf{j} + (\sec^2 t)\mathbf{k}]\,dt$
16. $\displaystyle\int_0^{\pi/3} [(\sec t\tan t)\mathbf{i} + (\tan t)\mathbf{j} + (2\sin t\cos t)\mathbf{k}]\,dt$

17. $\displaystyle\int_1^4 \left[\dfrac{1}{t}\mathbf{i} + \dfrac{1}{5-t}\mathbf{j} + \dfrac{1}{2t}\mathbf{k}\right]dt$
18. $\displaystyle\int_0^1 \left[\dfrac{2}{\sqrt{1-t^2}}\mathbf{i} + \dfrac{\sqrt{3}}{1+t^2}\mathbf{k}\right]dt$

向量值函数的初值问题

求第 19 – 24 题中对于作为 t 的向量函数 $\mathbf{r}$ 的初值问题.

19. 微分方程:$\dfrac{d\mathbf{r}}{dt} = -t\mathbf{i} - t\mathbf{j} - t\mathbf{k}$
    初条件:$\mathbf{r}(0) = \mathbf{i} + 2\mathbf{j} + 3\mathbf{k}$

22. 微分方程:$\dfrac{d\mathbf{r}}{dt} = (t^3 + 4t)\mathbf{i} + t\mathbf{j} + 2t^2\mathbf{k}$
    初条件:$\mathbf{r}(0) = \mathbf{i} + \mathbf{j}$

20. 微分方程:$\dfrac{d\mathbf{r}}{dt} = (180t)\mathbf{i} + (180t - 16t^2)\mathbf{j}$
    初条件:$\mathbf{r}(0) = 100\mathbf{j}$

23. 微分方程:$\dfrac{d^2\mathbf{r}}{dt^2} = -32\mathbf{k}$
    初条件:$\mathbf{r}(0) = 100\mathbf{k}$ 且 $\left.\dfrac{d\mathbf{r}}{dt}\right|_{t=0} = 8\mathbf{i} + 8\mathbf{j}$

21. 微分方程:$\dfrac{d\mathbf{r}}{dt} = \dfrac{3}{2}(t+1)^{1/2}\mathbf{i} + e^{-t}\mathbf{j} + \dfrac{1}{t+1}\mathbf{k}$
    初速度:$\mathbf{r}(0) = \mathbf{k}$

24. 微分方程:$\dfrac{d^2\mathbf{r}}{dt^2} = -(\mathbf{i} + \mathbf{j} + \mathbf{k})$
    初条件:$\mathbf{r}(0) = 10\mathbf{i} + 10\mathbf{j} + 10\mathbf{k}$ 且 $\left.\dfrac{d\mathbf{r}}{dt}\right|_{t=0} = \mathbf{0}$

光滑曲线的切线

正如在正文中所说,光滑曲线 $\mathbf{r}(t) = f(t)\mathbf{i} + g(t)\mathbf{j} + h(t)\mathbf{k}$ 在 $t = t_0$ 的切线是过点 $(f(t_0), g(t_0), h(t_0))$ 平行于 $\mathbf{v}(t_0)$ 的直线,$\mathbf{v}(t_0)$ 是曲线在 $t = t_0$ 的速度向量. 在第 25-28 中, 求给定曲线在给定参数值 t_0 的切线的参数方程.

25. $\mathbf{r}(t) = (\sin t)\mathbf{i} + (t^2 - \cos t)\mathbf{j} + e^t\mathbf{k}, \quad t_0 = 0$ 26. $\mathbf{r}(t) = (2\sin t)\mathbf{i} + (2\cos t)\mathbf{j} + 5t\mathbf{k}, \quad t_0 = 4\pi$

27. $\mathbf{r}(t) = (a\sin t)\mathbf{i} + (a\cos t)\mathbf{j} + bt\mathbf{k}, \quad t_0 = 2\pi$ 28. $\mathbf{r}(t) = (\cos t)\mathbf{i} + (\sin t)\mathbf{j} + (\sin 2t)\mathbf{k}, \quad t_0 = \dfrac{\pi}{2}$

在直线上的运动

29. 在时刻 $t = 0$, 一个质点位于点 $(1, 2, 3)$. 它沿直线行进到点 $(4, 1, 4)$, 在 $(1, 2, 3)$ 的速率为 2 并有常加速度 $3\mathbf{i} - \mathbf{j} + \mathbf{k}$. 求质点在时刻 t 的位置 $\mathbf{r}(t)$.

30. 一个质点沿直线行进, 在时刻 $t = 0$ 点位于 $(1, -1, 2)$ 并有速率 2. 质点以常加速度 $2\mathbf{i} + \mathbf{j} + \mathbf{k}$ 运动到点 $(3, 0, 3)$. 求质点在时刻 t 的位置向量 $\mathbf{r}(t)$.

理论和例子

31. **在旋轮线上的运动** 一个质点在 xy 平面上运动, 它在时刻 t 的位置是
$$\mathbf{r}(t) = (t - \sin t)\mathbf{i} + (1 - \cos t)\mathbf{j}.$$
T (a) 画 $\mathbf{r}(t)$ 的图形. 所得的曲线称为旋轮线.
(b) 求 $|\mathbf{v}|$ 和 $|\mathbf{a}|$ 的最大值和最小值. (提示: 首先求 $|\mathbf{v}|^2$ 和 $|\mathbf{a}|^2$ 的最值, 然后开平方.)

32. **在圆周上的运动** 证明向量-值函数
$$\mathbf{r}(t) = (2\mathbf{i} + 2\mathbf{j} + \mathbf{k}) + (\cos t)\left(\dfrac{1}{\sqrt{2}}\mathbf{i} - \dfrac{1}{\sqrt{2}}\mathbf{j}\right) + (\sin t)\left(\dfrac{1}{\sqrt{3}}\mathbf{i} + \dfrac{1}{\sqrt{3}}\mathbf{j} + \dfrac{1}{\sqrt{3}}\mathbf{k}\right)$$
描述一个质点在平面 $x + y - 2z = 2$ 上以 $(2, 2, 1)$ 为中心、半径为 1 的圆周上的运动.

33. **在椭圆上的运动** 一个质点在 yz 平面上的椭圆 $(y/3)^2 + (z/2)^2 = 1$ 上运动, 在时刻 t 的位置是
$$\mathbf{r}(t) = (3\cos t)\mathbf{j} + (2\sin t)\mathbf{k}$$
求 $|\mathbf{v}|$ 和 $|\mathbf{a}|$ 的最大值和最小值. (提示: 首先求 $|\mathbf{v}|^2$ 和 $|\mathbf{a}|^2$ 的最值, 然后开平方.)

34. **固定长度** 设 $\mathbf{v}$ 是 t 的可微向量函数. 证明若对所有 t, 有 $\mathbf{v} \cdot (d\mathbf{v}/dt) = 0$, 则 $|\mathbf{v}|$ 是常数.

35. **常函数法则** 证明若向量函数 $\mathbf{u}$ 取常值 $\mathbf{C}$, 则 $d\mathbf{u}/dt = \mathbf{0}$.

36. **数量倍数法则**
(a) 证明若 $\mathbf{u}$ 是 t 的一个可微函数而 c 是任意常数, 则
$$\dfrac{d(c\mathbf{u})}{dt} = c\dfrac{d\mathbf{u}}{dt}.$$
(b) 证明若 $\mathbf{u}$ 是 t 的一个可微函数, 而 f 是 t 的一个可微数量函数, 则
$$\dfrac{d}{dt}(f\mathbf{u}) = \dfrac{df}{dt}\mathbf{u} + f\dfrac{d\mathbf{u}}{dt}.$$

37. **和与差法则** 证明若 $\mathbf{u}$ 和 $\mathbf{v}$ 是 t 的一个可微函数, 则
$$\dfrac{d}{dt}(\mathbf{u} + \mathbf{v}) = \dfrac{d\mathbf{u}}{dt} + \dfrac{d\mathbf{v}}{dt} \quad 和 \quad \dfrac{d}{dt}(\mathbf{u} - \mathbf{v}) = \dfrac{d\mathbf{u}}{dt} - \dfrac{d\mathbf{v}}{dt}.$$

38. **在一点连续的分量判别法** 证明由 $\mathbf{r}(t) = f(t)\mathbf{i} + g(t)\mathbf{j} + h(t)\mathbf{k}$ 定义的函数在 $t = t_0$ 连续当且仅当 f, g 和 h 在 $t = t_0$ 连续.

39. **向量函数叉积的极限** 假定 $\mathbf{r}_1 = f_1(t)\mathbf{i} + f_2(t)\mathbf{j} + f_3(t)\mathbf{k}, \mathbf{r}_2 = g_1(t)\mathbf{i} + g_2(t)\mathbf{j} + g_3(t)\mathbf{k}, \lim_{t \to t_0}\mathbf{r}_1(t) = \mathbf{u}$ 和 $\lim_{t \to t_0}\mathbf{r}_2(t) = \mathbf{v}$. 利用叉积的行列式公式和数量函数的极限乘积法则证明

$$\lim_{t \to t_0} (\mathbf{r}_1(t) \times \mathbf{r}_2(t)) = \mathbf{u} \times \mathbf{v}.$$

40. 可微向量函数是连续的 证明若 $\mathbf{r} = f(t)\mathbf{i} + g(t)\mathbf{j} + h(t)\mathbf{k}$ 在 $t = t_0$ 是可微的,则它在 $t = t_0$ 也是连续的.

41. 三元数量积的导数

（a）证明若 $\mathbf{u}, \mathbf{v}$ 和 $\mathbf{w}$ 是 t 的可微向量函数,则

$$\frac{d}{dt}(\mathbf{u} \cdot \mathbf{v} \times \mathbf{w}) = \frac{d\mathbf{u}}{dt} \cdot \mathbf{v} \times \mathbf{w} + \mathbf{u} \cdot \frac{d\mathbf{v}}{dt} \times \mathbf{w} + \mathbf{u} \cdot \mathbf{v} \times \frac{d\mathbf{w}}{dt}. \tag{7}$$

（b）证明等式(7)等价于

$$\frac{d}{dt}\begin{vmatrix} u_1 & u_2 & u_3 \\ v_1 & v_2 & v_3 \\ w_1 & w_2 & w_3 \end{vmatrix} = \begin{vmatrix} \frac{du_1}{dt} & \frac{du_2}{dt} & \frac{du_3}{dt} \\ v_1 & v_2 & v_3 \\ w_1 & w_2 & w_3 \end{vmatrix} + \begin{vmatrix} u_1 & u_2 & u_3 \\ \frac{dv_1}{dt} & \frac{dv_2}{dt} & \frac{dv_3}{dt} \\ w_1 & w_2 & w_3 \end{vmatrix} + \begin{vmatrix} u_1 & u_2 & u_3 \\ v_1 & v_2 & v_3 \\ \frac{dw_1}{dt} & \frac{dw_2}{dt} & \frac{dw_3}{dt} \end{vmatrix}. \tag{8}$$

等式(8)说可微函数的3阶行列式的导数是原行列式一次微分一行所得的三个行列式之和.结果可以推广到任意阶的行列式.

42. （续第41题）假定 $\mathbf{r} = f(t)\mathbf{i} + g(t)\mathbf{j} + h(t)\mathbf{k}$,而 f, g 和 h 有直到三阶的导数.用等式(7)或(8)证明

$$\frac{d}{dt}\left(\mathbf{r} \cdot \frac{d\mathbf{r}}{dt} \times \frac{d^2\mathbf{r}}{dt^2}\right) = \mathbf{r} \cdot \left(\frac{d\mathbf{r}}{dt} \times \frac{d^3\mathbf{r}}{dt^3}\right). \tag{9}$$

（提示:微分左端并查看乘积为零的向量.）

43. 可积向量函数的性质 确定可积向量函数的下列性质.

（a）常数量倍数法则

$$\int_a^b k\mathbf{r}(t)\,dt = k\int_a^b \mathbf{r}(t)\,dt \quad k \text{ 为任意数}$$

令 $k = -1$ 得负法则:

$$\int_a^b (-\mathbf{r}(t))\,dt = -\int_a^b \mathbf{r}(t)\,dt.$$

（b）和与差法则:

$$\int_a^b (\mathbf{r}_1(t) \pm \mathbf{r}_2(t))\,dt = \int_a^b \mathbf{r}_1(t)\,dt \pm \int_a^b \mathbf{r}_2(t)\,dt$$

（c）常向量倍数法则:

$$\int_a^b \mathbf{C} \cdot \mathbf{r}(t)\,dt = \mathbf{C} \cdot \int_a^b \mathbf{r}(t)\,dt \quad \text{(任意常向量 } \mathbf{C}\text{)}$$

和

$$\int_a^b \mathbf{C} \times \mathbf{r}(t)\,dt = \mathbf{C} \times \int_a^b \mathbf{r}(t)\,dt \quad \text{(任意常向量 } \mathbf{C}\text{)}$$

44. 数量和向量函数的乘积 假定数量函数 $u(t)$ 和向量函数 $\mathbf{r}(t)$ 都定义在 $a \leq t \leq b$,

（a）证明若 u 和 $\mathbf{r}$ 在 $[a, b]$ 连续,则 $u\mathbf{r}$ 在 $[a, b]$ 连续.

（b）若 u 和 $\mathbf{r}$ 在 $[a, b]$ 可微,证明 $u\mathbf{r}$ 在 $[a, b]$ 可微,并且

$$\frac{d}{dt}(u\mathbf{r}) = u\frac{d\mathbf{r}}{dt} + \mathbf{r}\frac{du}{dt}.$$

45. 向量函数的反导数

（a）用对数量函数的中值定理的推论2证明:若两个向量函数 $\mathbf{R}_1(t)$ 和 $\mathbf{R}_2(t)$ 在区间 I 有相等的导数,则两函数在 I 相差一个常向量.

（b）用部分(a)的结果证明:若 $\mathbf{R}(t)$ 是 $\mathbf{r}(t)$ 的一个在 I 的反导数,则 $\mathbf{r}$ 在 I 的每个其它的反导数等于 $\mathbf{R}(t) + \mathbf{C}, \mathbf{C}$ 为某个常向量.

46. 微积分基本定理 对实变量的数量函数的微积分基本定理对实变量的向量函数也成立.为证明这一事实,首先用对数量函数的定理证明若向量函数 $\mathbf{r}(t)$ 在 $a \leq t \leq b$ 连续,则在 $[a, b]$ 的每个点 t

$$\frac{\mathrm{d}}{\mathrm{d}t}\int_a^b \mathbf{r}(\tau)\,\mathrm{d}\tau = \mathbf{r}(t)$$

再用第 45 题部分 (b) 的结论证明若 $\mathbf{R}$ 是 $\mathbf{r}$ 的一个在 $[a,b]$ 上的反导数,则

$$\int_a^t \mathbf{r}(t)\,\mathrm{d}t = \mathbf{R}(b) - \mathbf{R}(a).$$

计算机探究

画空间曲线的切线

用 CAS 在第 47 – 50 题中执行下列步骤
- (a) 画位置向量 $\mathbf{r}$ 描绘的空间曲线.
- (b) 求速度向量 $\mathrm{d}\mathbf{r}/\mathrm{d}t$ 的分量.
- (c) 求 $\mathrm{d}\mathbf{r}/\mathrm{d}t$ 在给定点 t_0 的值并求曲线在 $\mathbf{r}(t_0)$ 的切线方程.
- (d) 在给定区间把切线和曲线画在一起.

47. $\mathbf{r}(t) = (\sin t - t\cos t)\mathbf{i} + (\cos t + t\sin t)\mathbf{j} + t^2\mathbf{k}$, $0 \leqslant t \leqslant 6\pi$, $t_0 = 3\pi/2$

48. $\mathbf{r}(t) = \sqrt{2}t\mathbf{i} + e^t\mathbf{j} + e^{-t}\mathbf{k}$, $-2 \leqslant t \leqslant 3$, $t_0 = 1$

49. $\mathbf{r}(t) = (\sin 2t)\mathbf{i} + (\ln(1+t))\mathbf{j} + t\mathbf{k}$, $0 \leqslant t \leqslant 4\pi$, $t_0 = \pi/4$

50. $\mathbf{r}(t) = (\ln(t^2+2))\mathbf{i} + (\tan^{-1}3t)\mathbf{j} + \sqrt{t^2+1}\mathbf{k}$, $-3 \leqslant t \leqslant 5$, $t_0 = 3$

探索螺旋线

在第 51 和 52 题中,请用作图探索螺旋线

$$\mathbf{r}(t) = (\cos at)\mathbf{i} + (\sin at)\mathbf{j} + bt\mathbf{k}$$

随常数 a 和 b 值的变化的行为. 用 CAS 执行每个题目中的各个步骤.

51. 令 $b = 1$. 在区间 $0 \leqslant t \leqslant 4\pi$ 上画 $a = 1,2,4,6$ 时螺旋线 $\mathbf{r}(t)$ 和曲线在 $t = 3\pi/2$ 的切线. 用你自己的话描述当 a 增加时螺旋线的图形和切线的位置发生了什么变化.

52. 令 $a = 1$. 在区间 $0 \leqslant t \leqslant 4\pi$ 上画 $b = 1/4, 1/2, 2, 4$ 时螺旋线 $\mathbf{r}(t)$ 和曲线在 $t = 3\pi/2$ 的切线. 用你自己的话描述当 b 增加时螺旋线的图形和切线的位置发生了什么变化.

10.6 弧长和单位切向量 T

曲线的弧长 • 光滑曲线上的速率 • 单位切向量 T • 曲率和平面曲线的主单位法向量 • 曲率圆和曲率半径

设想你做一个以高速在空气中或空间中的一个路径行进的运动实验. 特别地,设想一个使你向你的左侧或右侧的转弯的运动,以及倾向于从座位上抬高或压低你以及上上下下的运动. 在空中飞行特技表演中迂回曲折地飞行的飞行员肯定有这类运动的亲身体验. 现代过山车为吸引不善离开地面的试探者而设法使他们惊心动魄. 体验的强度随着转弯的"急促"和垂直于座位被"举高"的强力以及沿着路径的飞快的速度而提高. 过分急促的转弯,过分剧烈的升降或飞快且不断提高的速度会导致飞行器失控,甚至在空中破裂或坠落地面.

10.6 弧长和单位切向量 T

在本节和下节,我们研究曲线形状的特征,这些特征从数学上刻画弯曲和垂直于前进运动的扭转的程度.我们进一步会了解曲线的这些几何特征如何从数值上体现在运动的速度和加速度上(正如速率是速度向量本身的内在性质).

曲线的弧长

前面在微积分的学习中,我们了解到速率是距离对时间的导数.到目前为止,我们研究的运动主要是沿直线进行的(虽然我们也考察过沿抛物线的抛射体运动).为研究沿其它光滑曲线的运动,我们需要有沿曲线可以测量的长度.这样就使我们可以用点离开某个"基点"的有向距离 s 确定其位置,这跟用离开原点的有向距离确定点在坐标轴上的位置如出一辙(图 10.45).时间是描述运动物体的速度和加速度的自然参数,但 s 是研究曲线形状的自然参数.不久就会了解两种参数对于研究空间曲线都是有用的.

下列公式定义怎样测量沿光滑曲线的距离.它是我们在 5.3 节得到的平面曲线的参数公式的三维形式,它的出现不会令人惊奇.

图 10.45 光滑曲线可像数直线一样度量,对等的,对每一点,为从预先选定的基点到该点的有向距离

定义 弧长:光滑曲线的长度

当 t 从 $t = a$ 增加到 $t = b$ 时恰好描绘一次的光滑曲线 $\mathbf{r}(t) = f(t)\mathbf{i} + g(t)\mathbf{j} + h(t)\mathbf{k}$ 的长度是

$$L = \int_a^b \sqrt{\left(\frac{df}{dt}\right)^2 + \left(\frac{dg}{dt}\right)^2 + \left(\frac{dh}{dt}\right)^2}\, dt$$

$$= \int_a^b \sqrt{\left(\frac{dx}{dt}\right)^2 + \left(\frac{dy}{dt}\right)^2 + \left(\frac{dz}{dt}\right)^2}\, dt. \tag{1}$$

跟平面曲线一样,我们可以用满足条件的任何适当的参数表示计算曲线的长度.我们省去证明.

(1)中的平方根是速度向量 $\mathbf{v}$ 的长度 $|\mathbf{v}|$.这样我们可以把长度公式写成更简洁的形式.

弧 长度公式(简洁形式)

$$L = \int_a^b |\mathbf{v}|\, dt \tag{2}$$

例 1(滑翔机行进的距离) 一架滑翔机沿螺旋线 $\mathbf{r}(t) = (\cos t)\mathbf{i} + (\sin t)\mathbf{j} + t\mathbf{k}$ 盘旋上升.从 $t = 0$ 到 $t = 2\pi \approx 6.28$ 秒滑翔机沿路径行进多远?

解 经历这段时间行进的路径对应螺旋线的完整一圈(图 10.46).这部分曲线的长度是

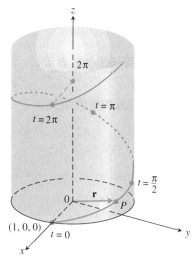

图 10.46 螺旋线 $\mathbf{r}(t) = (\cos t)\mathbf{i} + (\sin t)\mathbf{j} + t\mathbf{k}$.(例 1)

$$L = \int_a^b |\mathbf{v}| dt = \int_0^{2\pi} \sqrt{(-\sin t)^2 + (\cos t)^2 + (1)^2} dt$$
$$= \int_0^{2\pi} \sqrt{2} dt = 2\pi\sqrt{2} \text{ 弧长}$$

这是作为螺旋线在 xy 平面上的投影的圆周弧长的 $\sqrt{2}$ 倍.

如果我们选取以 t 为参数的曲线 C 上的点 $P(t_0)$ 为基点, t 的每个值确定 C 上的一个点 $P(t) = (x(t), y(t), z(t))$ 和一个沿曲线从基点量起的"有向距离"(图 10.47)

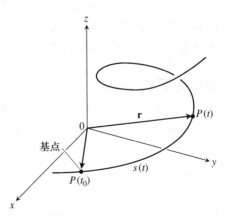

$$s(t) = \int_{t_0}^t |\mathbf{v}(\tau)| d\tau.$$

图 10.47 沿曲线 $P(t_0)$ 到点 $P(t)$ 的有向距离 $s(t) = \int_{t_0}^t |\mathbf{v}(\tau)| d\tau.$

如果 $t > t_0$, $s(t)$ 是从 $P(t_0)$ 到 $P(t)$ 的距离;若 $t < t_0$, $s(t)$ 是负的距离. s 的每个值确定 C 上的一个点,且这个参数 C 是与 s 相关的, s 称为曲线的**弧长参数**. 该参数值在 t 增加的方向增加. 弧长参数对于研究空间曲线的弯曲和扭转特别有效.

带基点 $P(t_0)$ 的弧长的参数化
$$s(t) = \int_{t_0}^t \sqrt{[x'(\tau)]^2 + [y'(\tau)]^2 + [z'(\tau)]^2} d\tau$$
$$= \int_{t_0}^t |\mathbf{v}(\tau)| d\tau \quad (3)$$

注:我们用希腊字母 τ("tau")作为方程 3 的积分变量,因为字母 t 已用为上限.

如果曲线 $\mathbf{r}(t)$ 已经根据参数 t 给定,而 $s(t)$ 是由等式(3)给定的弧长函数,则可以把 t 表成 s 的函数 $t = t(s)$. 然后代入 t 就得到曲线用 s 的参数表示:$\mathbf{r}(t) = \mathbf{r}(t(s))$. 下面是一个简单的例子.

例 2(弧长的参数表示) 设 $t_0 = 0$,沿螺旋线
$$\mathbf{r}(t) = (\cos t)\mathbf{i} + (\sin t)\mathbf{j} + t\mathbf{k}$$
从 t_0 到 t 的弧长参数是

$$s(t) = \int_{t_0}^t |\mathbf{v}(\tau)| d\tau \quad \text{方程 3}$$
$$= \int_0^t \sqrt{2} d\tau \quad \text{见例 1}$$
$$= \sqrt{2} t.$$

对 t 解这个方程即得 $t = s/\sqrt{2}$. 代入位置向量 $\mathbf{r}$ 即得螺旋线的弧长参数表示:
$$\mathbf{r}(t(s)) = \left(\cos \frac{s}{\sqrt{2}}\right)\mathbf{i} + \left(\sin \frac{s}{\sqrt{2}}\right)\mathbf{j} + \frac{s}{\sqrt{2}}\mathbf{k}.$$

不像例 2 那样,对于已经用其它参数 t 表示的曲线解析地求出弧长参数表示通常是困难的. 不过幸运的是我们很少需要 $s(t)$ 及其逆 $t(s)$ 的具体的公式.

CD-ROM
WEBsite
历史传记
Josiah Willard Gibbs
(1839 — 1903)

光滑曲线上的速率

因为等式(3)根号下的导数是连续的(曲线是光滑的),微积分基本定理告诉我们:s 是 t 的可微函数并且有导数

$$\frac{ds}{dt} = |\mathbf{v}(t)|. \tag{4}$$

正如我们已经知道的,质点沿其路径运动的速率是 $|\mathbf{v}|$ 的大小.

注意虽然基点 $P(t_0)$ 在等式(3)中定义 s 时起作用,但在等式(4)中却不起作用. 运动质点沿其路径所经过的距离的变化率跟基点在哪里无关.

因为按照定义,对光滑曲线 $|\mathbf{v}|$ 从来不是零,$ds/dt > 0$. 我们再一次看到 s 是 t 的增函数.

单位切向量 T

我们已经知道速度向量 $\mathbf{v} = d\mathbf{r}/dt$ 切于曲线,从而向量

$$\mathbf{T} = \frac{\mathbf{v}}{|\mathbf{v}|}$$

是(光滑)曲线的单位切向量. 当以弧长做参数时还有更多的的话要说. 因为对于我们考虑的曲线 $ds/dt > 0$,s 是一对一的并且其反函数是 s 的可微函数 t(6.2 节). 反函数的导数是

$$\frac{dt}{ds} = \frac{1}{ds/dt} = \frac{1}{|\mathbf{v}|}.$$

这就使得 $\mathbf{r}$ 是 s 的可微函数,其导数可以用链式法则计算得

$$\frac{d\mathbf{r}}{ds} = \frac{d\mathbf{r}}{dt}\frac{dt}{ds} = \mathbf{v}\frac{1}{|\mathbf{v}|} = \frac{\mathbf{v}}{|\mathbf{v}|} = \mathbf{T}.$$

这个等式说 $d\mathbf{r}/ds$ 是在速度向量 $\mathbf{v}$ 方向上的单位切向量 (图 10.48).

定义 单位切向量
可微曲线 $\mathbf{r}(t)$ 的**单位切向量**是

$$\mathbf{T} = \frac{d\mathbf{r}}{ds} = \frac{d\mathbf{r}/dt}{ds/dt} = \frac{\mathbf{v}}{|\mathbf{v}|}. \tag{5}$$

只要 $\mathbf{v}$ 是 t 的可微函数,单位切向量 $\mathbf{T}$ 就是 t 的可微函数. 正如我们在下节将看到的,$\mathbf{T}$ 是描述空间车辆和其它物体运动的移动标架中的三个向量之一.

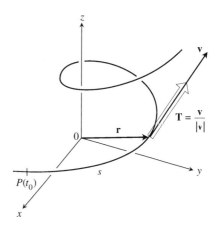

图 10.48 我们看到 $\mathbf{T}$ 是 $\mathbf{v}$ 的 $|\mathbf{v}|$

例 3(求单位切向量 T) 求表示 10.5 节例 4 的滑翔机的路径的曲线

$$\mathbf{r}(t) = (3\cos t)\mathbf{i} + (3\sin t)\mathbf{j} + t^2\mathbf{k}$$

的单位切向量.

解 在该例中,我们已求得

$$\mathbf{v} = \frac{d\mathbf{r}}{dt} = -(3\sin t)\mathbf{i} + (3\cos t)\mathbf{j} + 2t\mathbf{k}$$

和

$$|\mathbf{v}| = \sqrt{9 + 4t^2}.$$

于是,

$$\mathbf{T} = \frac{\mathbf{v}}{|\mathbf{v}|} = -\frac{3\sin t}{\sqrt{9 + 4t^2}}\mathbf{i} + \frac{3\cos t}{\sqrt{9 + 4t^2}}\mathbf{j} + \frac{2t}{\sqrt{9 + 4t^2}}\mathbf{k}.$$

曲率和平面曲线的主单位法向量

为理解曲线的"弯曲"跟"扭转"的不同,最容易的的办法是从平面曲线开始(弯曲但不扭转出平面).基于这一考虑,我们将在下节进入下一步而来研究空间曲线.

当一个质点沿平面光滑曲线运动时,$\mathbf{T} = d\mathbf{r}/ds$ 随曲线的弯曲而转动.因为 $\mathbf{T}$ 是单位向量,在质点沿曲线运动时它的长度保持常值而仅仅方向改变.单位长度上 $\mathbf{T}$ 的转动率称为**曲率**(图 10.49).曲率的传统记号是希腊字母 κ(读作"kappa").

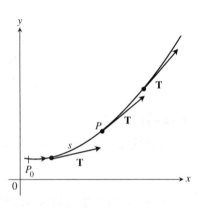

图 10.49 当点 P 在曲线上沿弧长增加方向运动时,单位切向量弯曲而转动,在点 P 的值 $|d\mathbf{T}/ds|$ 称为曲线在点 P 的**曲率**.

定义 曲率
若 $\mathbf{T}$ 是光滑曲线的单位切向量,则**曲率**函数是

$$\kappa = \left|\frac{d\mathbf{T}}{ds}\right|.$$

如果 $|d\mathbf{T}/ds|$ 大,$\mathbf{T}$ 在质点通过 P 时转动得急剧,在点 P 的曲率就大.如果 $|d\mathbf{T}/ds|$ 接近零,$\mathbf{T}$ 在质点通过 P 时转动得缓慢,在点 P 的曲率就小.

如果曲线 $\mathbf{r}(t)$ 已经用异于弧长参数 s 的参数 t 给定,我们可以如下计算曲率:

$$\kappa = \left|\frac{d\mathbf{T}}{ds}\right| = \left|\frac{d\mathbf{T}}{dt}\frac{dt}{ds}\right|$$

$$= \frac{1}{|ds/dt|}\left|\frac{d\mathbf{T}}{dt}\right|$$

$$= \frac{1}{|\mathbf{v}|}\left|\frac{d\mathbf{T}}{dt}\right|. \qquad \frac{ds}{dt} = |\mathbf{v}|$$

计算曲率的公式
若 $\mathbf{r}(t)$ 是光滑曲线,则曲率是

$$\kappa = \frac{1}{|\mathbf{v}|}\left|\frac{d\mathbf{T}}{dt}\right|. \qquad (6)$$

其中 $\mathbf{T} = \mathbf{v}/|\mathbf{v}|$ 是单位切向量.

为检验这个定义,我们在例4和5中看到直线和圆周的曲率为常数.

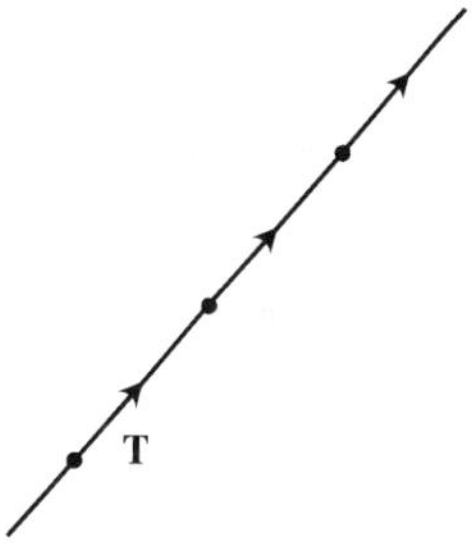

例 4(直线的曲率是零) 在一条直线上,单位切向量 **T** 总是指向同一方向,于是它的分量是常数.因此 $|d\mathbf{T}/ds| = |\mathbf{0}| = 0$(图 10.50).

例 5(半径为 a 的圆周的曲率是 $1/a$) 为了解其中的的缘故,我们从半径为 a 的圆周的参数方程

$$r(t) = (a\cos t)\mathbf{i} + (a\sin t)\mathbf{j}$$

开始.进而,

$$\mathbf{v} = \frac{d\mathbf{r}}{dt} = -(a\sin t)\mathbf{i} + (a\cos t)\mathbf{j}$$

$$|\mathbf{v}| = \sqrt{(-a\sin t)^2 + (a\cos t)^2} = \sqrt{a^2} = |a| = a. \quad \text{由于 } a > 0, |a| = a.$$

图 10.50 在一条直线上,**T** 切向量总是指向同一方向,即 $|d\mathbf{T}/ds| = 0$.(例4)

由此求得

$$\mathbf{T} = \frac{\mathbf{v}}{|\mathbf{v}|} = -(\sin t)\mathbf{i} + (\cos t)\mathbf{j}$$

$$\frac{d\mathbf{T}}{dt} = -(\cos t)\mathbf{i} - (\sin t)\mathbf{j}$$

$$\left|\frac{d\mathbf{T}}{dt}\right| = \sqrt{\cos^2 t + \sin^2 t} = 1.$$

因此,对参数 t 的任意值,

$$\kappa = \frac{1}{|\mathbf{v}|}\left|\frac{d\mathbf{T}}{dt}\right| = \frac{1}{a}(1) = \frac{1}{a}.$$

虽然计算曲率的公式(6)对空间曲线仍然有效,下节我们还要推导一个更便于应用的计算公式.

在正交于单位切向量 **T** 的诸向量中,$d\mathbf{T}/ds$ 具有特殊的重要性,因为它指向曲线转动的方向. 由于 **T** 是固定长度(是1)的向量,导数 $d\mathbf{T}/ds$ 正交于 **T**(10.5 节). 因此,如果 $d\mathbf{T}/ds$ 除以它的长度 κ,就得到正交于 **T** 的单位向量 **N**.

定义 主单位法向量
在 $\kappa \neq 0$ 的点,平面曲线的**主单位法向量**是

$$\mathbf{N} = \frac{1}{\kappa}\frac{d\mathbf{T}}{ds}.$$

当曲线弯曲时,向量 $d\mathbf{T}/ds$ 指向 **T** 转动的方向. 假如我们面向弧长增加的方向,如果 **T** 顺时针转动,向量 $d\mathbf{T}/ds$ 指向右,如果 **T** 逆时针转动,向量 $d\mathbf{T}/ds$ 指向左. 换句话说,主单位法向量 **N** 指向曲线凹的一侧(图 10.51).

若光滑曲线 $\mathbf{r}(t)$ 已经用不同于弧长 s 的参数 t 给定. 我们可以用链式法则直接求 **N**:

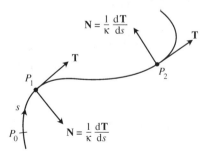

图 10.51 向量 $d\mathbf{T}/ds$,与曲线垂直,总指向 **T** 转动的方向. 向量 **N** 是 $d\mathbf{T}/ds$ 的方向.

$$\mathbf{N} = \frac{\mathrm{d}\mathbf{T}/\mathrm{d}s}{|\mathrm{d}\mathbf{T}/\mathrm{d}s|} = \frac{(\mathrm{d}\mathbf{T}/\mathrm{d}t)(\mathrm{d}t/\mathrm{d}s)}{|\mathrm{d}\mathbf{T}/\mathrm{d}t||\mathrm{d}t/\mathrm{d}s|} = \frac{\mathrm{d}\mathbf{T}/\mathrm{d}t}{|\mathrm{d}\mathbf{T}/\mathrm{d}t|}.$$

这个公式使我们求 **N** 而不必先求 s 和 κ.

> **计算 N 的公式**
>
> 若 $\mathbf{r}(t)$ 是光滑曲线,主单位法向量是
>
> $$\mathbf{N} = \frac{\mathrm{d}\mathbf{T}/\mathrm{d}t}{|\mathrm{d}\mathbf{T}/\mathrm{d}t|}, \tag{7}$$
>
> 其中 $\mathbf{T} = \mathbf{v}/|\mathbf{v}|$ 是单位切向量.

例 6 (求 T 和 N)　求圆周运动
$$r(t) = (\cos 2t)\mathbf{i} + (\sin 2t)\mathbf{j}$$
的 **T** 和 **N**.

解　首先求 **T**:
$$\mathbf{v} = -(2\sin 2t)\mathbf{i} + (2\cos 2t)\mathbf{j}$$
$$|\mathbf{v}| = \sqrt{4\sin^2 2t + 4\cos^2 2t} = 2$$
$$T = \frac{\mathbf{v}}{|\mathbf{v}|} = -(\sin 2t)\mathbf{i} + (\cos 2t)\mathbf{j}.$$

由此求得
$$\frac{\mathrm{d}\mathbf{T}}{\mathrm{d}t} = -(2\cos 2t)\mathbf{i} - (2\sin 2t)\mathbf{j}$$
$$\left|\frac{\mathrm{d}\mathbf{T}}{\mathrm{d}t}\right| = \sqrt{4\cos^2 2t + 4\sin^2 2t} = 2$$

和
$$\mathbf{N} = \frac{\mathrm{d}\mathbf{T}/\mathrm{d}t}{|\mathrm{d}\mathbf{T}/\mathrm{d}t|}$$
$$= -(\cos 2t)\mathbf{i} - (\sin 2t)\mathbf{j} \quad 等式(7)$$

注意: $\mathbf{T}\cdot\mathbf{N} = 0$, 这验证了 **N** 正交于 **T**.

曲率圆和曲率半径

在平面曲线的 $\kappa \neq 0$ 的点 P 的**曲率圆**或**密切圆**是曲线所在平面上的圆周:

1. 它在点 P 切于曲线(跟曲线有同样的切线)
2. 它在点 P 跟曲线有同样的曲率
3. 位于曲线的凹的一侧或内侧(如图 10.52 所示).

曲线在点 P 的**曲率半径**是曲率圆的半径,根据例 5,这就是
$$曲率半径 = \rho = \frac{1}{\kappa}.$$

为求 ρ, 我们求 κ, 再求倒数. 曲线在 P 的**曲率中心**是曲率圆的中心.

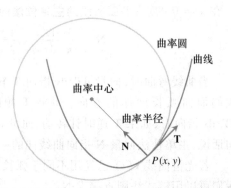

图 10.52　点 $P(x,y)$ 的曲率圆位于曲线内侧

例 7（求抛物线的曲率圆） 求抛物线 $y = x^2$ 在原点的曲率圆.

解 我们用参数 $t = x$ 写出抛物线的参数方程（预备知识第 6 节），
$$\mathbf{r}(t) = t\mathbf{i} + t^2\mathbf{j}.$$
我们首先用等式(6)求抛物线在原点的曲率：
$$\mathbf{v} = \frac{d\mathbf{r}}{dt} = \mathbf{i} + 2t\mathbf{j}, \quad |\mathbf{v}| = \sqrt{1 + 4t^2}$$
于是
$$\mathbf{T} = \frac{\mathbf{v}}{|\mathbf{v}|} = (1 + 4t^2)^{-1/2}\mathbf{i} + 2t(1 + 4t^2)^{-1/2}\mathbf{j}.$$
由此求得
$$\frac{d\mathbf{T}}{dt} = -4t(1 + 4t^2)^{-3/2}\mathbf{i} + [2(1 + 4t^2)^{-1/2} - 8t^2(1 + 4t^2)^{-3/2}]\mathbf{j}.$$
在原点，$t = 0$，于是曲率是
$$\kappa(0) = \frac{1}{|\mathbf{v}(0)|}\left|\frac{d\mathbf{T}}{dt}(0)\right| \quad \text{等式(6)}$$
$$= \frac{1}{\sqrt{1}}|0\mathbf{i} + 2\mathbf{j}| = (1)\sqrt{0^2 + 2^2} = 2.$$

因此曲率半径是 $1/\kappa = \frac{1}{2}$，曲率中心是 $\left(0, \frac{1}{2}\right)$（见图 10.53）.
密切圆的方程是
$$(x - 0)^2 + \left(y - \frac{1}{2}\right)^2 = \left(\frac{1}{2}\right)^2$$
或
$$x^2 + \left(y - \frac{1}{2}\right)^2 = \frac{1}{4}$$

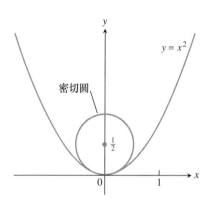

图 10.53 $y = x^2$ 在原点的曲率圆为 $x^2 + \left(y - \frac{1}{2}\right)^2 = \frac{1}{4}$

从图 10.53 你可以发现在原点密切圆比切线 $y = 0$ 更逼近于抛物线.

习题 10.6

求空间曲线的单位切向量和长度

在第 1 - 8 题中，求曲线的单位切向量. 并求曲线的给定部分的长度.

1. $\mathbf{r}(t) = (2\cos t)\mathbf{i} + (2\sin t)\mathbf{j} + \sqrt{5}t\mathbf{k}, \quad 0 \leq t \leq \pi$
2. $\mathbf{r}(t) = (6\sin 2t)\mathbf{i} + (6\cos 2t)\mathbf{j} + 5t\mathbf{k}, \quad 0 \leq t \leq \pi$
3. $\mathbf{r}(t) = t\mathbf{i} + (2/3)t^{3/2}\mathbf{k}, \quad 0 \leq t \leq 8$
4. $\mathbf{r}(t) = (2 + t)\mathbf{i} - (t + 1)\mathbf{j} + t\mathbf{k}, \quad 0 \leq t \leq 3$
5. $\mathbf{r}(t) = (\cos^3 t)\mathbf{j} + (\sin^3 t)\mathbf{k}, \quad 0 \leq t \leq \pi/2$
6. $\mathbf{r}(t) = 6t^3\mathbf{i} - 2t^3\mathbf{j} - 3t^3\mathbf{k}, \quad 1 \leq t \leq 2$
7. $\mathbf{r}(t) = (t\cos t)\mathbf{i} + (t\sin t)\mathbf{j} + (2\sqrt{2}/3)t^{3/2}\mathbf{k}, \quad 0 \leq t \leq \pi$
8. $\mathbf{r}(t) = (t\sin t + \cos t)\mathbf{i} + (t\cos t - \sin t)\mathbf{j}, \quad \sqrt{2} \leq t \leq 2$

9. 求曲线

上的一点,该点沿曲线的弧长增加方向距离 $t = 0$ 时的点 $(0,5,0)$ 是 26π.

10. 求曲线

$$\mathbf{r}(t) = (12 \sin t)\mathbf{i} - (12 \cos t)\mathbf{j} + 5t\mathbf{k}$$

的点,该点沿曲线的弧长增加方向距离 $t = 0$ 时的点 $(0, -12, 0)$ 是 13π.

弧长参数

在第 11 - 14 题中,通过等式(3)求沿曲线从 $t = 0$ 对应的点算起的弧长参数的积分值

$$s = \int_0^t |\mathbf{v}(\tau)| d\tau$$

然后求曲线的给定部分的长度.

11. $\mathbf{r}(t) = (4 \cos t)\mathbf{i} + (4 \sin t)\mathbf{j} + 3t\mathbf{k}, \quad 0 \leqslant t \leqslant \pi/2$
12. $\mathbf{r}(t) = (\cos t + t\sin t)\mathbf{i} + (\sin t - t\cos t)\mathbf{j}, \quad \pi/2 \leqslant t \leqslant \pi$
13. $\mathbf{r}(t) = (e^t \cos t)\mathbf{i} + (e^t \sin t)\mathbf{j} + e^t \mathbf{k}, \quad -\ln 4 \leqslant t \leqslant 0$
14. $\mathbf{r}(t) = (1 + 2t)\mathbf{i} + (1 + 3t)\mathbf{j} + (6 - 6t)\mathbf{k}, \quad -1 \leqslant t \leqslant 0$

平面曲线

求第 15 - 18 题的平面曲线的 $\mathbf{T}, \mathbf{N}$ 和 κ.

15. $\mathbf{r}(t) = t\mathbf{i} + (\ln \cos t)\mathbf{j}, \quad -\pi/2 < t < \pi/2$
16. $\mathbf{r}(t) = (\ln \sec t)\mathbf{i} + t\mathbf{j}, \quad -\pi/2 < t < \pi/2$
17. $\mathbf{r}(t) = (2t + 3)\mathbf{i} + (5 - t^2)\mathbf{j}$
18. $\mathbf{r}(t) = (\cos t + t \sin t)\mathbf{i} + (\sin t - t \cos t)\mathbf{j}, \quad t > 0$

理论和例子

19. **弧长** 求曲线 $\mathbf{r}(t) = (\sqrt{2}t)\mathbf{i} + (\sqrt{2}t)\mathbf{j} + (1 - t^2)\mathbf{k}$ 从 $(0,0,1)$ 到 $(\sqrt{2}, \sqrt{2}, 0)$ 的长度.
20. **螺旋线的长度** 例1中的螺旋线一圈的长度是 $2\pi\sqrt{2}$,这也是边长为 2π 单位的正方形对角线的长度. 说明怎样通过切割和展平螺旋线缠绕的圆柱体得到这个正方形.
21. **椭圆**
    (a) 通过证明曲线 $\mathbf{r}(t) = (\cos t)\mathbf{i} + (\sin t)\mathbf{j} + (1 - \cos t)\mathbf{k}, 0 \leqslant t \leqslant 2\pi$ 是一个正圆柱和一个平面的交来证明这个曲线是椭圆. 并求柱面和平面的方程.
    (b) 在圆柱面上画椭圆,并添上在 $t = 0, \pi/2, \pi$ 和 $3\pi/2$ 的单位切向量.
    (c) 证明加速度向量总平行于该平面(垂直于该平面的法线). 这样,如果你画椭圆上各点的加速度向量, 它将位于椭圆平面内. 在图上添上 $t = 0, \pi/2, \pi$ 和 $3\pi/2$ 时的加速度向量.
    (d) 写出椭圆的长度的积分. 不要试图求积分的值,它不是初等的.
    T (e) **数值积分** 估计椭圆的长度精确到两位小数.
22. **长度不依赖参数表示** 为举例说明光滑曲线的长度不依赖你用以计算长度的参数表示. 用下列参数表示计算例1 的螺旋线一圈的长度
    (a) $\mathbf{r}(t) = (\cos 4t)\mathbf{i} + (\sin 4t)\mathbf{j} + 4t\mathbf{k}, \quad 0 \leqslant t \leqslant \pi/2$
    (b) $\mathbf{r}(t) = [\cos(t/2)]\mathbf{i} + [\sin(t/2)]\mathbf{j} + (t/2)\mathbf{k}, \quad 0 \leqslant t \leqslant 4\pi$
    (c) $\mathbf{r}(t) = (\cos t)\mathbf{i} - (\sin t)\mathbf{j} - t\mathbf{k}, \quad -2\pi \leqslant t \leqslant 0$
23. **曲率圆** 求曲线 $\mathbf{r}(t) = t\mathbf{i} + (\sin t)\mathbf{j}$ 在点 $(\pi/2, 1)$ 的曲率圆的方程. (曲线参数化 xy 平面上 $y = \sin x$ 的图形.)
24. **曲率圆** 求曲线 $\mathbf{r}(t) = (2\ln t)\mathbf{i} - [t + (1/t)]\mathbf{j}, e^{-2} \leqslant t \leqslant e^2$ 在 $t = 1$ 对应的点 $(0, -2)$ 的曲率圆的方程.

10.7 TNB 标架；加速度的切向分量和法向分量

空间曲线的曲率和法向量 • 挠率和次法向量 • 加速度的切向分量和法向分量 • 计算曲率和挠率的公式

假如你沿一空间曲线行进,笛卡儿的 **i**,**j** 和 **k** 坐标系对于表示描述你的的运动的向量并非真的适合.用以下向量代替它们是意味深长的,这些向量是:代表你前进方向的向量(单位切向量 **T**),代表你的路径弯曲方向的向量(单位法向量 **N**)以及代表沿垂直于这两个向量确定的平面的方向从这个平面"扭转"出来的趋势的向量(由单位次法向量 **B** = **T** × **N** 定义).这个 **TNB** 标架由互相正交的单位向量构成并伴随运动而活动(图 10.54),把加速度向量表示成 **TNB** 标架的线性组合能够深刻揭示路径的和沿这个路径的运动的性质.

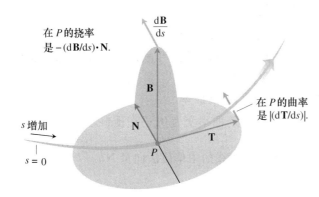

图 10.54 每个运动体带着一个 TNB 标架行进,该标架刻画了运动路径的几何特征.

比如, |d**T**/d*s*| 表明一辆车的路径向左或右弯曲多少;它称为车的路径的曲率. 数 −(d**B**/d*s*)·**N** 表明车的路径从运动平面旋转或扭转多少;它称为车辆路径的挠率.再看一遍图 10.54.如果 *P* 是在弯曲的铁轨上爬高的列车,头灯单位距离左右弯曲的的变化率是铁轨的曲率,机车离开 **T** 和 **N** 确定的平面扭转的变化率是挠率.

空间曲线的曲率和法向量

空间曲线的的单位切向量 **T** 的定义跟平面曲线一样.如果光滑曲线用作为 *t* 的函数的位置向量 **r**(*t*) 定义,而 *s* 是曲线的弧长参数,则 **T** = d**r**/d*s* = **v**/|**v**|.空间的**曲率**跟平面曲线(10.6 节,例 6)一样,定义为

$$\kappa = \left|\frac{d\mathbf{T}}{ds}\right| = \frac{1}{|\mathbf{v}|}\left|\frac{d\mathbf{T}}{dt}\right| \tag{1}$$

向量 d**T**/d*s* 正交于 **T**,我们定义主单位法向量是

$$\mathbf{N} = \frac{1}{\kappa}\frac{d\mathbf{T}}{ds} = \frac{d\mathbf{T}/dt}{|d\mathbf{T}/dt|}. \tag{2}$$

例 1(求曲率) 求下列螺旋线的曲率:
$$\mathbf{r}(t) = (a\cos t)\mathbf{i} + (a\sin t)\mathbf{j} + bt\mathbf{k}, \quad a,b \geq 0, a^2 + b^2 \neq 0.$$

解 我们用速度向量 **v** 计算 **T**(图 10.55):

$$\mathbf{v} = -(a\sin t)\mathbf{i} + (a\cos t)\mathbf{j} + b\mathbf{k}$$

$$|\mathbf{v}| = \sqrt{a^2\sin^2 t + a^2\cos^2 t + b^2} = \sqrt{a^2 + b^2}$$

$$\mathbf{T} = \frac{\mathbf{v}}{|\mathbf{v}|} = \frac{1}{\sqrt{a^2 + b^2}}[-(a\sin t)\mathbf{i} + (a\cos t)\mathbf{j} + b\mathbf{k}]$$

用等式(1),

$$\kappa = \frac{1}{|\mathbf{v}|}\left|\frac{d\mathbf{T}}{dt}\right|$$

$$= \frac{1}{\sqrt{a^2+b^2}}\left|\frac{1}{\sqrt{a^2+b^2}}[-(a\cos t)\mathbf{i} - (a\sin t)\mathbf{j}]\right|$$

$$= \frac{a}{a^2+b^2}|-(\cos t)\mathbf{i} - (\sin t)\mathbf{j}|$$

$$= \frac{a}{a^2+b^2}\sqrt{(\cos t)^2 + (\sin t)^2} = \frac{a}{a^2+b^2}.$$

从这个等式看出,当固定 a 而增加 b 时,曲率减少. 当固定 b 而减少 a 时,曲率最终也会减少. 这表明拉伸弹簧就有把它弄直的趋势.

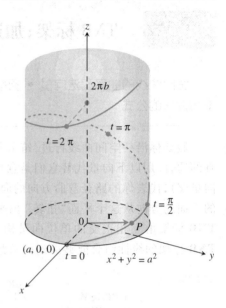

图 10.55 对于正的 a 和 b 以及 $t \geq 0$ 画出的螺旋线. (例 1)

若 $b = 0$,螺旋线退化为半径为 a 的圆周,而其曲率变为 $1/a$,正如所料. 若 $a = 0$,螺旋线成为 z 轴,曲率变为 0,仍在预料之中.

例 2(求主单位法向量 N) 求例 1 的螺旋线的主单位法向量 **N**.

解 我们有

$$\frac{d\mathbf{T}}{dt} = -\frac{1}{\sqrt{a^2+b^2}}[(a\cos t)\mathbf{i} + (a\sin t)\mathbf{j}] \qquad \text{例 1}$$

$$\left|\frac{d\mathbf{T}}{dt}\right| = \frac{1}{\sqrt{a^2+b^2}}\sqrt{a^2\cos^2 t + a^2\sin^2 t} = \frac{a}{\sqrt{a^2+b^2}}$$

$$\mathbf{N} = \frac{d\mathbf{T}/dt}{|d\mathbf{T}/dt|} \qquad \text{等式(2)}$$

$$= -\frac{\sqrt{a^2+b^2}}{a} \cdot \frac{1}{\sqrt{a^2+b^2}}[(a\cos t)\mathbf{i} + (a\sin t)\mathbf{j}]$$

$$= -(\cos t)\mathbf{i} - (\sin t)\mathbf{j}.$$

挠率和次法向量

空间的**次法向量**是 $\mathbf{B} = \mathbf{T} \times \mathbf{N}$,这是同时正交于 **T** 和 **N** 的单位向量(图 10.56). **T**, **N** 和 **B** 定义一个活动右手向量标架,这个标架对于计算在空间运动的质点的路径意义重大.

$d\mathbf{B}/ds$ 相对于 **T**, **N** 和 **B** 的行为如何? 由叉积微分法则,我们有

$$\frac{d\mathbf{B}}{ds} = \frac{d\mathbf{T}}{ds} \times \mathbf{N} + \mathbf{T} \times \frac{d\mathbf{N}}{ds}.$$

因为 **N** 在 $d\mathbf{T}/ds$ 的方向,$d\mathbf{T}/ds \times \mathbf{N} = \mathbf{0}$,于是

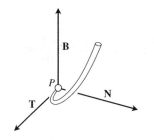

图 10.56 向量 **T**, **N** 和 **B**（按这个次序）组成空间中的互相正交的单位向量的右手标架. 你可以称它为 Frenet 标架（因 Jean-Frédéric Frenet, 1816 – 1900 得名）或称它为 **TNB** 标架.

$$\frac{d\mathbf{B}}{ds} = 0 + \mathbf{T} \times \frac{d\mathbf{N}}{ds} = \mathbf{T} \times \frac{d\mathbf{N}}{ds}.$$

由于叉积总正交于它的因子, 由此看出 $d\mathbf{B}/ds$ 正交于 **T**.

因为 $d\mathbf{B}/ds$ 也正交于 **B**（后者有固定长度）, 故 $d\mathbf{B}/ds$ 同时正交于 **B** 和 **T**. 换句话说, $d\mathbf{B}/ds$ 平行于 **N**, 于是 $d\mathbf{B}/ds$ 是 **N** 的数量倍数. 用符号写出, 即 $d\mathbf{B}/ds = -\tau \mathbf{N}$. 根据传统, 等式前取负号. 数 τ 称曲线的挠率. 注意

$$\frac{d\mathbf{B}}{ds} \cdot \mathbf{N} = -\tau \mathbf{N} \cdot \mathbf{N} = -\tau(1) = -\tau,$$

于是

$$\tau = -\frac{d\mathbf{B}}{ds} \cdot \mathbf{N}.$$

定义 挠率

令 **B** = **T** × **N**. 光滑曲线的**挠率**是

$$\tau = -\frac{d\mathbf{B}}{ds} \cdot \mathbf{N}.$$

曲率 κ 永远不是负的, 与此不同, 挠率可正, 可负, 也可为零.

由 **T**, **N** 和 **B** 确定的三个平面显示在图 10.57 中. 曲率 $\kappa = |d\mathbf{T}/ds|$ 可以设想为点 P 沿曲线运动时法平面转动的速率. 类似的, 挠率 $\tau = -(d\mathbf{B}/ds) \cdot \mathbf{N}$ 是点 P 沿曲线运动时密切平面绕 **T** 转动的速率. 挠率测量曲线扭转的程度.

加速度的切向分量和法向分量

当一个物体由于重力, 刹车, 火箭发动机组合等等的作用而被加速, 我们通常想要知道在运动方向即切方向 **T** 的加速作用是多大. 为求这个值, 我们用链式法则把 **v** 写成

$$\mathbf{v} = \frac{d\mathbf{r}}{dt} = \frac{d\mathbf{r}}{ds}\frac{ds}{dt} = \mathbf{T}\frac{ds}{dt}$$

并对上述方程的两端求导, 即得

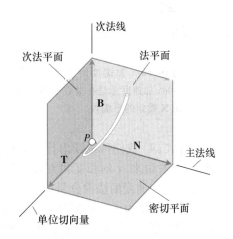

图 10.57 **T**, **N** 和 **B** 确定的三个平面的名称

$$\mathbf{a} = \frac{d\mathbf{v}}{dt} = \frac{d}{dt}\left(\mathbf{T}\frac{ds}{dt}\right) = \frac{d^2s}{dt^2}\mathbf{T} + \frac{ds}{dt}\frac{d\mathbf{T}}{dt}$$

$$= \frac{d^2s}{dt^2}\mathbf{T} + \frac{ds}{dt}\left(\frac{d\mathbf{T}}{ds}\frac{ds}{dt}\right) = \frac{d^2s}{dt^2}\mathbf{T} + \frac{ds}{dt}\left(\kappa\mathbf{N}\frac{ds}{dt}\right) \quad \text{从等式(2) 得}\frac{d\mathbf{T}}{ds} = \kappa\mathbf{N}$$

$$= \frac{d^2s}{dt^2}\mathbf{T} + \kappa\left(\frac{ds}{dt}\right)^2\mathbf{N}.$$

定义　加速度的切向分量和法向分量

$$\mathbf{a} = a_T\mathbf{T} + a_N\mathbf{N}, \tag{3}$$

其中

$$a_T = \frac{d^2s}{dt^2} = \frac{d}{dt}|\mathbf{v}| \quad \text{和} \quad a_N = \kappa\left(\frac{ds}{dt}\right)^2 = \kappa|\mathbf{v}|^2 \tag{4}$$

是加速度的**切向**和**法向**数值分量.

在等式(3)里不出现 **B** 这一事实引人注意. 不管我们观察的运动物体的路径怎样在空间弯曲和扭转, 加速度 **a** 总在正交于 **B** 的 **T** 和 **N** 的平面内. 这个等式还准确告诉我们在切于运动的方向(d^2s/dt^2)产生多少加速度, 以及在正交于运动的方向[$\kappa(ds/dt)^2$]产生多少加速度(图 10.58).

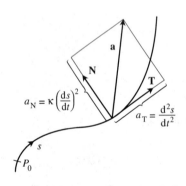

图 10.58　加速度的切向和法向分量. 加速度总是在垂直于 **B** 的 **T** 和 **N** 确定的平面内.

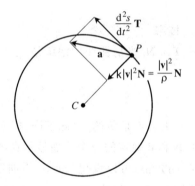

图 10.59　一个物体的加速度的切向分量和法向分量, 该物体沿半径为 ρ 的圆周反时针运动.

从等式(4)我们可以读出什么信息? 根据定义, 加速度 **a** 是速度 **v** 的变化率, 当物体沿路径运动时, 一般说来, **v** 的长度和方向同时改变. 加速度的切向分量测量 **v** 的长度的变化(即速率的变化), 而加速度的法向分量则测量 **v** 的方向的变化速率.

注意加速度的法向数值分量是速度平方的曲率倍. 这就解释了为什么在你的汽车以高速(大 **v**)急剧转弯(大 κ)时你必须极力固定住自己. 如果你的汽车速率加倍, 在同样的曲率下, 你将体验到四倍的法向加速度分量.

如果一个物体以常速率在圆周上运动, d^2s/dt^2 是零, 而所有加速度沿 **N** 指向圆周中心. 如果物体加速或减速, **a** 还有一个非零的切向分量(图 10.59).

为计算 a_N,我们通常使用公式 $a_N = \sqrt{|\mathbf{a}|^2 - a_T^2}$,这从等式 $|\mathbf{a}|^2 = \mathbf{a} \cdot \mathbf{a} = a_T^2 + a_N^2$ 解出 a_N 就可得到. 利用这个公式,不必先求 κ 就可求 a_N.

计算加速度法向分量的公式

$$a_N = \sqrt{|\mathbf{a}|^2 - a_T^2} \tag{5}$$

例 3(求加速度的数值分量 a_T, a_N)   不求 **T** 和 **N**,而把运动

$$\mathbf{r}(t) = (\cos t + t\sin t)\mathbf{i} + (\sin t - t\cos t)\mathbf{j}, \quad t > 0$$

的加速度写成形式 $\mathbf{a} = a_T\mathbf{T} + a_N\mathbf{N}$. (运动路径是图 10.60 中的圆周的渐伸线.)

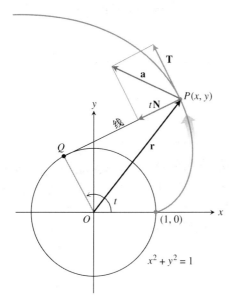

图 10.60   运动 $\mathbf{r}(t) = (\cos t + t\sin t)\mathbf{i} + (\sin t - t\cos t)\mathbf{j}, t > 0$ 的加速度的切向和法向分量. 如果一条缠绕在固定圆周上的线并在圆周所在的平面上保持伸直,线的端点 P 就描画出圆周的一条渐伸线. (例 3)

解   我们首先用公式(4)求 a_T:

$$\mathbf{v} = \frac{\mathrm{d}\mathbf{r}}{\mathrm{d}t} = (-\sin t + \sin t + t\cos t)\mathbf{i} + (\cos t - \cos t + t\sin t)\mathbf{j}$$

$$= (t\cos t)\mathbf{i} + (t\sin t)\mathbf{j}$$

$$|\mathbf{v}| = \sqrt{t^2\cos^2 t + t^2\sin^2 t} = \sqrt{t^2} = |t| = t \quad t > 0$$

$$a_T = \frac{\mathrm{d}}{\mathrm{d}t}|\mathbf{v}| = \frac{\mathrm{d}}{\mathrm{d}t}(t) = 1. \qquad \text{等式(4)}$$

知道 a_T 后,用等式(5)求 a_N:

$$\mathbf{a} = (\cos t - t\sin t)\mathbf{i} + (\sin t + t\cos t)\mathbf{j}$$

$$|\mathbf{a}|^2 = t^2 + 1 \qquad \text{在一些代数计算以后求得}$$

$$a_N = \sqrt{|\mathbf{a}|^2 - a_T^2}$$

$$= \sqrt{(t^2 + 1) - (1)} = \sqrt{t^2} = t.$$

再用等式(3)求 **a**(见图 10.60):

$$\mathbf{a} = a_T\mathbf{T} + a_N\mathbf{N} = (1)\mathbf{T} + (t)\mathbf{N} = \mathbf{T} + t\mathbf{N}$$

计算曲率和挠率的公式

我们现在给出便于使用的计算曲率和挠率的公式. 从等式(3), 我们有

$$\mathbf{v} \times \mathbf{a} = \left(\frac{ds}{dt}\mathbf{T}\right) \times \left[\frac{d^2s}{dt^2}\mathbf{T} + \kappa\left(\frac{ds}{dt}\right)^2\mathbf{N}\right] \qquad \text{由 10.6 节等式(5)}$$
$$\mathbf{v} = d\mathbf{r}/dt = (ds/dt)\mathbf{T}$$

$$= \left(\frac{ds}{dt}\frac{d^2s}{dt^2}\right)(\mathbf{T}\times\mathbf{T}) + \kappa\left(\frac{ds}{dt}\right)^3(\mathbf{T}\times\mathbf{N})$$

$$= \kappa\left(\frac{ds}{dt}\right)^3\mathbf{B}. \qquad \mathbf{T}\times\mathbf{T}=\mathbf{0} \text{ 和 } \mathbf{T}\times\mathbf{N}=\mathbf{B}$$

于是

$$|\mathbf{v}\times\mathbf{a}| = \kappa\left|\frac{ds}{dt}\right|^3|\mathbf{B}| = \kappa|\mathbf{v}|^3. \qquad \frac{ds}{dt} = |\mathbf{v}| \text{ 和 } |\mathbf{B}|=1$$

解出 κ 得下列公式

曲率计算公式

$$\kappa = \frac{|\mathbf{v}\times\mathbf{a}|}{|\mathbf{v}|^3} \qquad (6)$$

等式(6)用来计算曲率,这一曲线的几何性质,利用的是用任何向量表示的曲线的速度和加速度,只要 $\mathbf{v}$ 从不为零. 花点时间想一想这是多么值得观注:从沿曲线的任何运动公式,不管运动如何不同(只要 $\mathbf{v}$ 不取零),我们就可以计算曲线本身的性质,而该性质看来与走出这条曲线的方式无关.

高等微积分中导出的应用最广泛的挠率计算公式是

$$\tau = \frac{\begin{vmatrix} \dot{x} & \dot{y} & \dot{z} \\ \ddot{x} & \ddot{y} & \ddot{z} \\ \dddot{x} & \dddot{y} & \dddot{z} \end{vmatrix}}{|\mathbf{v}\times\mathbf{a}|^2} \quad (\text{若 } \mathbf{v}\times\mathbf{a} \neq \mathbf{0}). \qquad (7)$$

注: Newton 导数的点记号

等式(7)中的点($\cdot$)表示对 t 的微分,每个点代表求一次导数. 这样, $\dot{x}$ ("x 点") 表示 dx/dt, $\ddot{x}$ ("x 双点") 表示 d^2x/dt^2, 而 $\dddot{x}$ ("x 三点") 表示 d^3x/dt^3. 类似地, $\dot{y} = dy/dt$ 等等.

这个公式通过 $\mathbf{r}$ 的分量函数 $x=f(t), y=g(t)$ 和 $z=h(t)$ 直接计算挠率. 行列式的第一行来自 $\mathbf{v}$, 第二行来自 $\mathbf{a}$, 而第三行则来自 $\dot{\mathbf{a}} = d\mathbf{a}/dt$.

例4(求曲率和挠率) 用等式(6)和(7)求下列螺旋线的 κ 和 τ:

$$\mathbf{r}(t) = (a\cos t)\mathbf{i} + (a\sin t)\mathbf{j} + bt\mathbf{k}, \quad a,b \geq 0, a^2+b^2 \neq 0.$$

解 我们用等式(6)计算曲率:

$$\mathbf{v} = -(a\sin t)\mathbf{i} + (a\cos t)\mathbf{j} + b\mathbf{k}$$

$$\mathbf{a} = -(a\cos t)\mathbf{i} - (a\sin t)\mathbf{j}$$

$$\mathbf{v}\times\mathbf{a} = \begin{vmatrix} \mathbf{i} & \mathbf{j} & \mathbf{k} \\ -a\sin t & a\cos t & b \\ -a\cos t & -a\sin t & 0 \end{vmatrix}$$

$$= (ab\sin t)\mathbf{i} - (ab\cos t)\mathbf{j} + a^2\mathbf{k}$$

$$\kappa = \frac{|\mathbf{v} \times \mathbf{a}|}{|\mathbf{v}|^3} = \frac{\sqrt{a^2b^2 + a^4}}{(a^2 + b^2)^{3/2}} = \frac{a\sqrt{a^2 + b^2}}{(a^2 + b^2)^{3/2}} = \frac{a}{a^2 + b^2}. \tag{8}$$

注意等式(8)与例1我们直接用定义计算曲率所得的结果一致.

为求等式(7)的挠率的值,我们通过对 t 微分 $\mathbf{r}$ 求行列式的元素.我们已经算出了 $\mathbf{v}$ 和 $\mathbf{a}$,而

$$\dot{\mathbf{a}} = \frac{d\mathbf{a}}{dt} = (a\sin t)\mathbf{i} - (a\cos t)\mathbf{j}.$$

因此

$$\tau = \frac{\begin{vmatrix} \dot{x} & \dot{y} & \dot{z} \\ \ddot{x} & \ddot{y} & \ddot{z} \\ \dddot{x} & \dddot{y} & \dddot{z} \end{vmatrix}}{|\mathbf{v} \times \mathbf{a}|^2} = \frac{\begin{vmatrix} -a\sin t & a\cos t & b \\ -a\cos t & -a\sin t & 0 \\ a\sin t & -a\cos t & 0 \end{vmatrix}}{(a\sqrt{a^2 + b^2})^2} \quad \text{求等式(8)时得到的} |\mathbf{v} \times \mathbf{a}| \text{的值}$$

$$= \frac{b(a^2\cos^2 t + a^2\sin^2 t)}{a^2(a^2 + b^2)} = \frac{b}{a^2 + b^2}. \tag{9}$$

从等式(9)看到缠绕在圆柱面上的螺旋线的挠率是常数.事实上,常曲率和常挠率在所有空间曲线中刻画了螺旋线的特征.

DNA分子,生命形式的基本构件,被描述为两个互相缠绕的螺旋线,有点像扭转的绳梯的横挡和侧边(图10.61).不仅DNA所占据的空间比把它拆开时要小得多,并且在分子被损坏时,不完善的片段被一类分子剪刀剪去,而(由于曲率和挠率函数是固定的)DNA可正确复原.

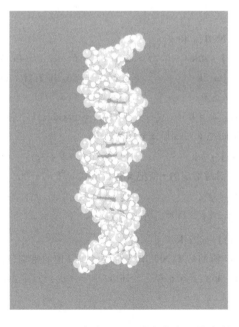

图10.61 DNA分子的螺旋线形状由其常曲率和挠率刻画特征.

空间曲线的公式

单位切向量 $\quad \mathbf{T} = \dfrac{\mathbf{v}}{|\mathbf{v}|}$ $\qquad$ 主单位法向量 $\quad \mathbf{N} = \dfrac{d\mathbf{T}/dt}{|d\mathbf{T}/dt|}$

次法向量 $\quad \mathbf{B} = \mathbf{T} \times \mathbf{N}$ $\qquad$ 曲率 $\quad \kappa = \left|\dfrac{d\mathbf{T}}{ds}\right| = \dfrac{|\mathbf{v} \times \mathbf{a}|}{|\mathbf{v}|^3}$

挠率 $\quad \tau = -\dfrac{d\mathbf{B}}{ds} \cdot \mathbf{N} = \dfrac{\begin{vmatrix} \dot{x} & \dot{y} & \dot{z} \\ \ddot{x} & \ddot{y} & \ddot{z} \\ \dddot{x} & \dddot{y} & \dddot{z} \end{vmatrix}}{|\mathbf{v} \times \mathbf{a}|^2}$

加速度的切向和法向数值分量 $\quad \mathbf{a} = a_\mathrm{T}\mathbf{T} + a_\mathrm{N}\mathbf{N}$

$\qquad\qquad a_\mathrm{T} = \dfrac{d}{dt}|\mathbf{v}|$

$\qquad\qquad a_\mathrm{N} = \kappa|\mathbf{v}|^2 = \sqrt{|\mathbf{a}|^2 - a_\mathrm{T}^2}$

习题 10.7

空间曲线

对第 1 - 8 题的空间曲线,求 $\mathbf{T},\mathbf{N},\mathbf{B},\kappa$ 和 τ.

1. $\mathbf{r}(t) = (3\sin t)\mathbf{i} + (3\cos t)\mathbf{j} + 4t\mathbf{k}$
2. $\mathbf{r}(t) = (\cos t + t\sin t)\mathbf{i} + (\sin t - t\cos t)\mathbf{j} + 3\mathbf{k}$
3. $\mathbf{r}(t) = (e^t\cos t)\mathbf{i} + (e^t\sin t)\mathbf{j} + 2\mathbf{k}$
4. $\mathbf{r}(t) = (6\sin 2t)\mathbf{i} + (6\cos 2t)\mathbf{j} + 5t\mathbf{k}$
5. $\mathbf{r}(t) = (t^3/3)\mathbf{i} + (t^2/2)\mathbf{j},\quad t > 0$
6. $\mathbf{r}(t) = (\cos^3 t)\mathbf{i} + (\sin^3 t)\mathbf{j},\quad 0 < t < \pi/2$
7. $\mathbf{r}(t) = t\mathbf{i} + (a\cosh(t/a))\mathbf{j},\quad a > 0$
8. $\mathbf{r}(t) = (\cosh t)\mathbf{i} - (\sinh t)\mathbf{j} + t\mathbf{k}$

在第 9 和 10 题中,不求 $\mathbf{T}$ 和 $\mathbf{N}$ 而把 $\mathbf{a}$ 写成形式 $a_\mathrm{T}\mathbf{T} + a_\mathrm{N}\mathbf{N}$.

9. $\mathbf{r}(t) = (a\cos t)\mathbf{i} + (a\sin t)\mathbf{j} + bt\mathbf{k}$
10. $\mathbf{r}(t) = (1 + 3t)\mathbf{i} + (t - 2)\mathbf{j} - 3t\mathbf{k}$

在第 11 - 14 题中,不求 $\mathbf{T}$ 和 $\mathbf{N}$ 而对给定的 t 值把 $\mathbf{a}$ 写成形式 $a_\mathrm{T}\mathbf{T} + a_\mathrm{N}\mathbf{N}$.

11. $\mathbf{r}(t) = (t+1)\mathbf{i} + 2t\mathbf{j} + t^2\mathbf{k},\quad t = 1$
12. $\mathbf{r}(t) = (t\cos t)\mathbf{i} + (t\sin t)\mathbf{j} + t^2\mathbf{k},\quad t = 0$
13. $\mathbf{r}(t) = t^2\mathbf{i} + (t + (1/3)t^3)\mathbf{j} + (t - (1/3)t^3)\mathbf{k},\quad t = 0$
14. $\mathbf{r}(t) = (e^t\cos t)\mathbf{i} + (e^t\sin t)\mathbf{j} + \sqrt{2}e^t\mathbf{k},\quad t = 0$

在第 15 和 16 题中,求对给定的 t 值的 $\mathbf{r},\mathbf{T},\mathbf{N}$ 和 $\mathbf{B}$.然后求在该 t 值的密切,法和次法平面(图 10.57)的方程.

15. $\mathbf{r}(t) = (\cos t)\mathbf{i} + (\sin t)\mathbf{j} - \mathbf{k},\quad t = \pi/4$
16. $\mathbf{r}(t) = (\cos t)\mathbf{i} + (\sin t)\mathbf{j} + t\mathbf{k},\quad t = 0$

物理应用

17. **为学而写** 你的汽车的速率表稳定读数是 35 英里/时,你可能再加速吗?解释之.
18. **为学而写** 关于以常速率运动的质点的加速度可以说些什么?对你的回答给出理由.
19. **为学而写** 关于其加速度总是正交于速度的质点的速率可以说些什么?对你的回答给出理由.
20. **抛物线上的运动** 一个质量为 m 的物体以常速率 10 单位/秒沿抛物线 $y = x^2$ 行进.在 $(0,0)$ 与加速度相应的力是什么?在$(\sqrt{2},2)$呢?用 **i** 和 **j** 表示你的答案.(回忆 Newton 定律 **F** = m**a**.)

21. 为学而写 以下内容引自 *American Mathematical Monthly*(October 1990,p.731)的由 Robert Osserman 所写的一篇题目为"Curvature in the Eighties"的文章:"曲率在物理中起关键作用.以常速率沿曲线路径移动一个物体所需的力的大小,根据 Newton 定律,是轨迹曲率的常倍数".从数学上解释为什么引语中的第二句话是正确的.

22. $a_N = 0$ 时发生什么? 证明:如果加速度的法向分量是零则运动质点将在直线上运动.

曲率和挠率

23. xy 平面上函数图形的曲率公式

(a) xy 平面上的 $y = f(x)$ 的图形自动的参数表示: $x = x, y = f(x)$ 和向量公式 $\mathbf{r}(x) = x\mathbf{i} + f(x)\mathbf{j}$. 用这个公式证明:若 f 是 x 的二次可微函数,则

$$\kappa(x) = \frac{|f''(x)|}{[1 + (f'(x))^2]^{3/2}}.$$

(b) 用部分(a)的 κ 的公式求 $y = \ln(\cos x)$, $-\pi/2 < x < \pi/2$ 的曲率.

(c) 证明在拐点曲率为零.

24. 参数表示的平面曲线的曲率计算公式

(a) 证明由二次可微函数 $x = f(t)$ 和 $y = g(t)$ 定义的光滑曲线 $\mathbf{r}(t) = f(t)\mathbf{i} + g(t)\mathbf{j}$ 的曲率由以下公式给定:

$$\kappa = \frac{|\dot{x}\ddot{y} - \dot{y}\ddot{x}|}{(\dot{x}^2 + \dot{y}^2)^{3/2}}.$$

用这个公式求下列曲线的曲率.

(b) $\mathbf{r}(t) = t\mathbf{i} + (\ln \sin t)\mathbf{j}$, $0 < t < \pi$ (c) $\mathbf{r}(t) = [\tan^{-1}(\sinh t)\mathbf{i}] + (\ln \cosh t)\mathbf{j}$

25. 平面曲线的法线

(a) 证明 $\mathbf{n}(t) = -g'(t)\mathbf{i} + f'(t)\mathbf{j}$ 和 $-\mathbf{n}(t) = g'(t)\mathbf{i} - f'(t)\mathbf{j}$ 在点 $(f(t), g(t))$ 正交于曲线 $\mathbf{r}(t) = f(t)\mathbf{i} + g(t)\mathbf{j}$.

为对特殊的平面曲线得到 **N**,我们可以选择 **n** 或 $-\mathbf{n}$ 中指向曲线的凹的一侧的一个,并把它化为单位向量.(见图10.51.)用这个方法求下列曲线的 **N**:

(b) $\mathbf{r}(t) = t\mathbf{i} + e^{2t}\mathbf{j}$ (c) $\mathbf{r}(t) = \sqrt{4-t^2}\mathbf{i} + t\mathbf{j}$, $-2 \leq t \leq 2$

26. (续第25题)

(a) 用第25题的方法求曲线 $\mathbf{r}(t) = t\mathbf{i} + (1/3)t^3\mathbf{j}$, 当 $t > 0$ 和 $t < 0$ 时的 **N**.

(b) 为学而写:对部分(a)的曲线计算

$$\mathbf{N} = \frac{d\mathbf{T}/dt}{|d\mathbf{T}/dt|}, \quad t \neq 0.$$

在 $t = 0$, **N** 是否存在?画曲线的图形并解释在 t 从负过渡到正时, **N** 发生了什么.

27. 曲率极值 证明抛物线 $y = ax^2, a \neq 0$ 在顶点有最大曲率而没有最小曲率.(注:因为曲线的曲率对平移和旋转保持不变,结论对任意抛物线都是正确的.)

28. 曲率极值 证明椭圆 $x = a\cos t, y = b\sin t, a > b > 0$ 在长轴上有最大曲率,而在短轴上有最小曲率.(跟第27题一样,对任何椭圆同样的结果成立.)

29. 为学而写:螺旋线的最大曲率 在例1中,我们求得 $\mathbf{r}(t) = (a\cos t)\mathbf{i} + (a\sin t)\mathbf{j} + bt\mathbf{k}(a,b \geq 0)$ 的曲率是 $\kappa = a/(a^2 + b^2)$. 对于给定的 b 值,最大的 κ 是多少?对你的回答给出理由.

30. 有时可用的捷径 如果你已经知道 $|a_N|$ 和 $|\mathbf{v}|$,那么公式 $a_N = \kappa|\mathbf{v}|^2$ 提供一个求曲率的适当方法.用它求以下曲线的曲率:

$$\mathbf{r}(t) = (\cos t + t\sin t)\mathbf{i} + (\sin t - t\cos t)\mathbf{j}, \quad t > 0.$$

(取 例 3 的 a_N 和 **v**)

31. **直线的曲率和挠率** 证明以下直线的曲率和挠率都是零:
$$\mathbf{r}(t) = (x_0 + At)\mathbf{i} + (y_0 + Bt)\mathbf{j} + (z_0 + Ct)\mathbf{k}.$$

32. **总曲率** 通过对 κ 从 s_0 到 s_1 积分我们求从 $s = s_0$ 跑到 $s = s_1$ 时光滑曲线的一段**总曲率**. 如果曲线有另外的参数, 比如 t, 则总曲率是
$$K = \int_{s_0}^{s_1} \kappa \, ds = \int_{t_0}^{t_1} \kappa \frac{ds}{dt} dt = \int_{t_0}^{t_1} \kappa |\mathbf{v}| dt,$$
其中 t_0 和 t_1 对应 s_0 和 s_1. 求螺旋线的一段 $\mathbf{r}(t) = (3\cos t)\mathbf{i} + (3\sin t)\mathbf{j} + t\mathbf{k}, 0 \leqslant t \leqslant 4\pi$ 的总曲率.

33. (续第 32 题) 求下列曲线的总曲率.

    (a) 单位圆周的渐伸线: $\mathbf{r}(t) = (\cos t + t\sin t)\mathbf{i} + (\sin t - t\cos t)\mathbf{j}, a \leqslant t \leqslant b (a > 0)$. (第 30 题给出求 κ 的适当方式. 用例 3 的值.)

    (b) 抛物线 $y = x^2, -\infty < x < \infty$.

34. **为学而写: 螺旋线的挠率** 在例 4 中, 我们求得螺旋线
$$\mathbf{r}(t) = (a\cos t)\mathbf{i} + (a\sin t)\mathbf{j} + bt\mathbf{k}, \quad a, b \geqslant 0$$
的挠率是 $\tau = b/(a^2 + b^2)$. 对于给定的 a 值, 最大的 τ 是多少? 对你的回答给出理由.

35. **平面上有零挠率的曲线** 充分可微的有零挠率的曲线位于一个平面内这一事实是以下事实的特殊情形: 质点的速度保持跟一固定向量 **C** 垂直, 且在一个垂直于 **C** 的平面内运动. 这可以从微积分的以下问题的解看出.

    假定 $\mathbf{r}(t) = f(t)\mathbf{i} + g(t)\mathbf{j} + h(t)\mathbf{k}$ 对 t 在区间 $[a, b]$ 二次可微, 当 $t = a$ 时 $\mathbf{r} = 0$, 并且对 $[a, b]$ 的所有 t, $\mathbf{v} \cdot \mathbf{k} = 0$. 则对 $[a, b]$ 的所有 $t, h(t) = 0$.

    解这个问题. (提示: 从 $\mathbf{a} = d^2\mathbf{r}/dt^2$ 开始并按相反次序利用初条件.)

36. **从 B 和 v 计算 τ 的一个公式** 如果我们从定义 $\tau = -(d\mathbf{B}/ds) \cdot \mathbf{N}$ 出发并利用链式法则把 $d\mathbf{B}/ds$ 写成
$$\frac{d\mathbf{B}}{ds} = \frac{d\mathbf{B}}{dt} \frac{dt}{ds} = \frac{d\mathbf{B}}{dt} \frac{1}{|\mathbf{v}|},$$
便得到公式
$$\tau = -\frac{1}{|\mathbf{v}|} \left(\frac{d\mathbf{B}}{dt} \cdot \mathbf{N} \right).$$
这个公式比(7)式的长处在于它容易导出和叙述. 短处是不用计算机要花费大量时间. 用这个新公式求例 4 的螺旋线的挠率.

由第 23 题导出的公式
$$\kappa(x) = \frac{|f''(x)|}{[1 + (f'(x))^2]^{3/2}},$$
表示二次可微函数 $y = f(x)$ 的曲率 $\kappa(x)$. 求第 37-40 题每条曲线的曲率函数. 然后在给定区间把 $f(x)$ 和 $\kappa(x)$ 的图形画在一起. 你将发现某种惊奇.

T 37. $y = x^2, \quad -2 \leqslant x \leqslant 2$

T 38. $y = x^4/4, \quad -2 \leqslant x \leqslant 2$

T 39. $y = \sin x, \quad 0 \leqslant x \leqslant 2\pi$

T 40. $y = e^x, \quad -1 \leqslant x \leqslant 2$

计算机探究

曲率圆

在第 41-48 中, 你用一个 CAS 探索一个平面曲线在点 P 的密切圆, 在 $P, \kappa \neq 0$. 用一个 CAS 执行以下步骤:

（a）画在指定区间的参数和函数形式的平面曲线的图形,看一看它像什么.
（b）用第 23 和 24 题的适当公式计算曲线在给定的 t_0 值的曲率 κ. 如果曲线用函数 $y = f(x)$ 给定,就用参数方程 $x = t, y = f(t)$.
（c）求在 t_0 的法向量 **N**. 注意 **N** 的分量的符号依赖单位切向量在 $t = t_0$ 是沿顺时针还是逆时者针转动（见第 25 题.）
（d）若 $\mathbf{C} = a\mathbf{i} + b\mathbf{j}$ 是从原点到密切圆中心的向量（见 10.6 节）,从向量方程

$$\mathbf{C} = \mathbf{r}(t_0) + \frac{1}{\kappa(t_0)}\mathbf{N}(t_0).$$

求中心 **C**. 圆周上的点 $P(x_0, y_0)$ 由位置向量 $\mathbf{r}(t_0)$ 给定.
（e）画密切圆的隐方程 $(x - a)^2 + (y - b)^2 = 1/\kappa^2$ 的图形. 然后画曲线和密切圆. 你可能需要试验视窗的尺寸,但要保证它是正方形.

41. $\mathbf{r}(t) = (3\cos t)\mathbf{i} + (5\cos t)\mathbf{j}, \quad 0 \leq t \leq 2\pi, t_0 = \pi/4$
42. $\mathbf{r}(t) = (\cos^3 t)\mathbf{i} + (\sin^3 t)\mathbf{j}, \quad 0 \leq t \leq 2\pi, t_0 = \pi/4$
43. $\mathbf{r}(t) = t^2\mathbf{i} + (t^3 - 3t)\mathbf{j}, \quad -4 \leq t \leq 4, t_0 = 3/5$
44. $\mathbf{r}(t) = (t^3 - 2t^2 - t)\mathbf{i} + \dfrac{3t}{\sqrt{1 + t^2}}\mathbf{j}, \quad -2 \leq t \leq 5, t_0 = 1$
45. $\mathbf{r}(t) = (2t - \sin t)\mathbf{i} + (2 - 2\cos t)\mathbf{j}, \quad 0 \leq t \leq 3\pi, t_0 = 3\pi/2$
46. $\mathbf{r}(t) = (e^{-t}\cos t)\mathbf{i} + (e^{-t}\sin t)\mathbf{j}, \quad 0 \leq t \leq 6\pi, t_0 = \pi/4$
47. $y = x^2 - x, \quad -2 \leq x \leq 5, x_0 = 1$ **48.** $y = x(1 - x)^{2/5}, \quad -1 \leq x \leq 2, x_0 = 1/2$

10.8 行星运动和人造卫星

极坐标和柱坐标中的运动 • 平面上的行星运动 • 坐标和初条件 • Kepler 第一定律（圆锥截线定律）• Kepler 第二定律（等面积定律）• Kepler 第一定律的证明 • Kepler 第三定律（时间－距离定律）• 轨道数据

在本节,我们利用 Newton 运动定律和引力定律推导行星运动的 Kepler 定律并讨论人造卫星的轨道. 从 Newton 定律导出 Kepler 定律是微积分的成功之一. 它汲取了我们至此所学习过的大部分内容,其中包括空间向量的代数和几何,向量函数的微积分,微分方程和初值问题的解法和极坐标.

极坐标和柱坐标中的运动

当质点沿极坐标平面的曲线运动时,我们用图 10.62 所示的活动单位向量

$$\mathbf{u}_r = (\cos\theta)\mathbf{i} + (\sin\theta)\mathbf{j},$$
$$\mathbf{u}_\theta = -(\sin\theta)\mathbf{i} + (\cos\theta)\mathbf{j},$$

(1)

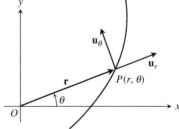

图 10.62 **r** 的长度是点 P 的正的极坐标 r. 于是 $\mathbf{u}_r$ 是 $\mathbf{r}/|\mathbf{r}|$,也是 $\mathbf{r}/r$. 等式(1)用 **i** 和 **j** 表示 $\mathbf{u}_r$ 和 $\mathbf{u}_\theta$.

表示它的位置、速度和加速度. $\mathbf{u}_r$ 指向位置向量 $\overrightarrow{OP}$ 的方向,

于是 $\mathbf{r}=r\mathbf{u}_r$. 向量 $\mathbf{u}_\theta$ 垂直于 $\mathbf{u}_r$, 指向 θ 增加的方向. 从等式(1)求得

$$\frac{\mathrm{d}\mathbf{u}_r}{\mathrm{d}\theta}=-(\sin\theta)\mathbf{i}+(\cos\theta)\mathbf{j}=\mathbf{u}_\theta$$

$$\frac{\mathrm{d}\mathbf{u}_\theta}{\mathrm{d}\theta}=-(\cos\theta)\mathbf{i}-(\sin\theta)\mathbf{j}=-\mathbf{u}_r. \tag{2}$$

当 $\mathbf{u}_r$ 和 $\mathbf{u}_\theta$ 对 t 求导, 以发现他们如何随时间变化时, 链式法则给出

$$\dot{\mathbf{u}}_r=\frac{\mathrm{d}\mathbf{u}_r}{\mathrm{d}\theta}\dot\theta=\dot\theta\mathbf{u}_\theta,\quad \dot{\mathbf{u}}_\theta=\frac{\mathrm{d}\mathbf{u}_\theta}{\mathrm{d}\theta}\dot\theta=-\dot\theta\mathbf{u}_r. \tag{3}$$

注:跟前一节一样,我们使用 Newton 的点记号表示对时间的导数以保持公式尽可能简单: $\dot{\mathbf{u}}_r$ 表示 $\mathrm{d}\mathbf{u}_r/\mathrm{d}t$, $\dot\theta$ 表示 $\mathrm{d}\theta/\mathrm{d}t$, 等等.

因此,

$$\mathbf{v}=\dot{\mathbf{r}}=\frac{\mathrm{d}}{\mathrm{d}t}(r\mathbf{u}_r)=\dot r\mathbf{u}_r+r\dot{\mathbf{u}}_r=\dot r\mathbf{u}_r+r\dot\theta\mathbf{u}_\theta \tag{4}$$

见图 10.63.

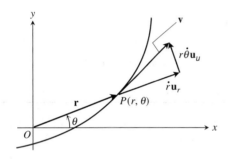

图 10.63 在极坐标里,速度向量是
$\mathbf{v}=\dot r\mathbf{u}_r+r\dot\theta\mathbf{u}_\theta$.

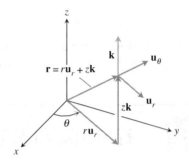

图 10.64 柱坐标里的位置向量和基本单位向量.

加速度是

$$\mathbf{a}=\dot{\mathbf{v}}=(\ddot r\mathbf{u}_r+\dot r\dot{\mathbf{u}}_r)+(\dot r\dot\theta\mathbf{u}_\theta+r\ddot\theta\mathbf{u}_\theta+r\dot\theta\dot{\mathbf{u}}_\theta). \tag{5}$$

用等式(3)求 $\dot{\mathbf{u}}_r$ 和 $\dot{\mathbf{u}}_\theta$ 的值并分离分量, 加速度的等式成为

$$\mathbf{a}=(\ddot r-r\dot\theta^2)\mathbf{u}_r+(r\ddot\theta+2\dot r\dot\theta)\mathbf{u}_\theta. \tag{6}$$

为推广运动的这个等式到空间, 我们把 $z\mathbf{k}$ 添加到等式 $\mathbf{r}=r\mathbf{u}_r$ 的右端. 那么在柱坐标里,

$$\mathbf{r}=r\mathbf{u}_r+z\mathbf{k}$$

$$\mathbf{v}=\dot r\mathbf{u}_r+r\dot\theta\mathbf{u}_\theta+\dot z\mathbf{k} \tag{7}$$

注意:若 $z\neq 0$, 则 $|\mathbf{r}|\neq r$.

$$\mathbf{a}=(\ddot r-r\dot\theta^2)\mathbf{u}_r+(r\ddot\theta+2\dot r\dot\theta)\mathbf{u}_\theta+\ddot z\mathbf{k}$$

向量 $\mathbf{u}_r, \mathbf{u}_\theta$ 和 $\mathbf{k}$ 组成右手标架(图 10.64), 在这个标架里, 有

$$\mathbf{u}_r\times\mathbf{u}_\theta=\mathbf{k},\quad \mathbf{u}_\theta\times\mathbf{k}=\mathbf{u}_r,\quad \mathbf{k}\times\mathbf{u}_r=\mathbf{u}_\theta. \tag{8}$$

平面上的行星运动

Newton 引力定律告诉我们, 如果 $\mathbf{r}$ 是从质量为 M 的太阳中心到质量为 m 的行星中心的径

向量,行星和太阳之间的吸引力是

$$\mathbf{F} = -\frac{GmM}{|\mathbf{r}|^2}\frac{\mathbf{r}}{|\mathbf{r}|} \qquad (9)$$

(图10.65),数 G 是**普适引力常数**. 如果我们以千克测量质量,以牛顿测量力,以米测量距离,则 G 大约是 6.6726×10^{-11} 牛顿·米^2·千克$^{-2}$.

把对作用在行星上的力的等式(9)跟 Newton 第二定律 $\mathbf{F} = m\ddot{\mathbf{r}}$ 结合起来便得

$$m\ddot{\mathbf{r}} = -\frac{GmM}{|\mathbf{r}|^2}\frac{\mathbf{r}}{|\mathbf{r}|}, \quad \ddot{\mathbf{r}} = -\frac{GM}{|\mathbf{r}|^2}\frac{\mathbf{r}}{|\mathbf{r}|} \qquad (10)$$

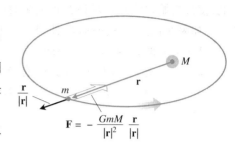

图 10.65 引力沿质心连线的方向.

加速度在任何时候都指向太阳中心.

等式(10)说明 $\ddot{\mathbf{r}}$ 是 $\mathbf{r}$ 的数值倍数,于是

$$\mathbf{r} \times \ddot{\mathbf{r}} = \mathbf{0}. \qquad (11)$$

一个常规的计算指出 $\mathbf{r} \times \ddot{\mathbf{r}}$ 是 $\mathbf{r} \times \dot{\mathbf{r}}$ 的导数:

$$\frac{d}{dt}(\mathbf{r} \times \dot{\mathbf{r}}) = \underbrace{\dot{\mathbf{r}} \times \dot{\mathbf{r}}}_{0} + \mathbf{r} \times \ddot{\mathbf{r}} = \mathbf{r} \times \ddot{\mathbf{r}}. \qquad (12)$$

因此,等式(11)等价于

$$\frac{d}{dt}(\mathbf{r} \times \dot{\mathbf{r}}) = \mathbf{0}, \qquad (13)$$

积分此式得

$$\mathbf{r} \times \dot{\mathbf{r}} = \mathbf{C} \qquad (14)$$

$\mathbf{C}$ 是某个常向量.

方程(14)告诉我们,$\mathbf{r}$ 和 $\dot{\mathbf{r}}$ 通常位于一个与 $\mathbf{C}$ 相垂直的平面上,因此,行星在一个过太阳中心垂直于 $\mathbf{C}$ 的固定平面内运行(图10.66).

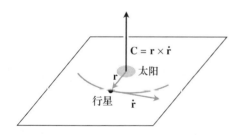

图 10.66 遵守 Newton 的引力和运动定律的一个行星在过太阳垂于 $\mathbf{C} = \mathbf{r} \times \dot{\mathbf{r}}$ 的平面内运行.

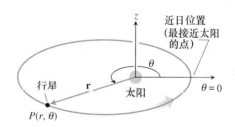

图 10.67 行星运动的坐标系. 像图中所示的,当从上方观察时运动是逆时针的,并且 $\theta > 0$.

坐标和初条件

我们现在以下列方式引进坐标系,太阳的质心在原点,并使行星的运动平面为坐标平面. 这就使得 $\mathbf{r}$ 成为行星的极坐标位置向量,$|\mathbf{r}|$ 等于 r,并且 $\mathbf{r}/|\mathbf{r}|$ 等于 $\mathbf{u}_r$. 我们放置 z 轴,使得 $\mathbf{k}$ 沿 $\mathbf{C}$ 的方向. 这样,$\mathbf{k}$ 与 $\mathbf{C}$ 跟 $\mathbf{r} \times \dot{\mathbf{r}}$ 有同样的右手关系,从而当我们从正 z 轴观察时行星的运动是逆时针的. 这就使得 θ 随 t 增加,从而对所有 $t, \theta > 0$. 最后,如有必要,绕 z 轴旋转极坐标平

面，使得初始射线跟行星最接近太阳时的 **r** 的方向重合，即该射线过行星的**近日点**(图 10.67).

如果我们这样测量时间，使得 $t = 0$ 时行星在近日点，我们就有行星运动的以下初条件.

1. $t = 0$ 时，$r = r_0$ 是最小向径

2. $t = 0$ 时 $\dot{r} = 0$（因为 r 这时有最小值）

3. $t = 0$ 时 $\theta = 0$.　　　**4.** $t = 0$ 时 $|\mathbf{v}| = v_0$.

因为

$$\begin{aligned}
v_0 &= |\mathbf{v}|_{t=0} \\
&= |\dot{r}\mathbf{u}_r + r\dot{\theta}\mathbf{u}_\theta|_{t=0} & \text{等式}(4) \\
&= |r\dot{\theta}\mathbf{u}_\theta|_{t=0} & \text{当 } t = 0 \text{ 时 } \dot{r} = 0 \\
&= (|r\dot{\theta}||\mathbf{u}_\theta|)_{t=0} \\
&= |r\dot{\theta}|_{t=0} & |\mathbf{u}_\theta| = 1 \\
&= (r\dot{\theta})_{t=0} & r \text{ 和 } \dot{\theta} \text{ 都是正的}
\end{aligned}$$

我们还知道

5. $t = 0$ 时 $r\dot{\theta} = v_0$.

Kepler 第一定律(圆锥截线定律)

Kepler 第一定律说行星的轨道是以太阳为焦点的圆锥截线. 其离心率是

$$e = \frac{r_0 v_0^2}{GM} - 1 \tag{15}$$

而极方程是

$$r = \frac{(1+e)r_0}{1 + e\cos\theta}. \tag{16}$$

Kepler 第一定律的推导用到 Kepler 第二定律，所以我们在证明第一定律之前先叙述并证明第二定律.

Kepler 第二定律(等面积定律)

Kepler 第二定律说从太阳到行星的径向量(在我们的模型里是 **r**) 在相等时间里扫过相等的面积(图 10.68). 为推导这个定律，我们用等式(4) 求

等式(14) 的叉积：

$$\begin{aligned}
\mathbf{C} &= \mathbf{r} \times \dot{\mathbf{r}} = \mathbf{r} \times \mathbf{v} \\
&= r\mathbf{u}_r \times (\dot{r}\mathbf{u}_r + r\dot{\theta}\mathbf{u}_\theta) & \text{等式}(4) \\
&= r\dot{r}\underbrace{(\mathbf{u}_r \times \mathbf{u}_r)}_{\mathbf{0}} + r(r\dot{\theta})\underbrace{(\mathbf{u}_r \times \mathbf{u}_\theta)}_{\mathbf{k}} & (17) \\
&= r(r\dot{\theta})\mathbf{k}.
\end{aligned}$$

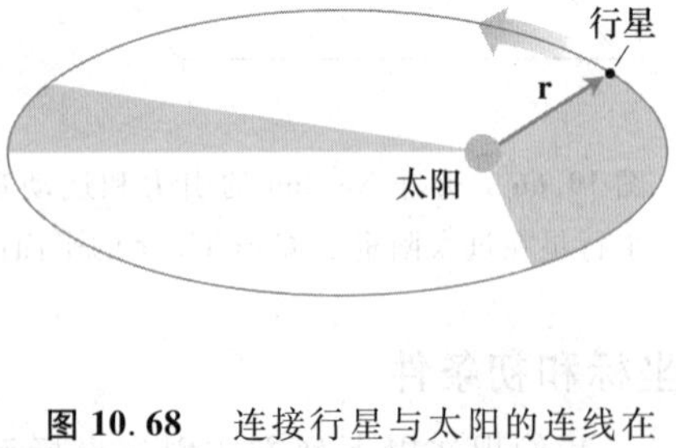

令 t 等于零，得

$$\mathbf{C} = [r(r\dot{\theta})]_{t=0}\mathbf{k} = r_0 v_0 \mathbf{k}. \tag{18}$$

图 10.68 连接行星与太阳的连线在相等的时间内扫过的面积相等.

把这个 **C** 值代入到等式(17)，得

$$r_0 v_0 \mathbf{k} = r^2 \dot{\theta}\mathbf{k}, \quad \text{或} \quad r^2\dot{\theta} = r_0 v_0. \tag{19}$$

CD-ROM
WEBsite
历史传记
Johannes Kepler
(1571 — 1630)

面积就出自这里. 在极坐标里, 面积微分是

$$dA = \frac{1}{2}r^2 d\theta$$

(9.6 节). 因此, dA/dt 有常数值

$$\frac{dA}{dt} = \frac{1}{2}r^2\dot{\theta} = \frac{1}{2}r_0 v_0, \tag{20}$$

这就是 Kepler 第二定律.

对于地球, r_0 约是 150 000 000 千米, v_0 约 30 千米/秒, 而 dA/dt 约 2 250 000 000 千米^2/秒. 你的心脏每跳动一次, 地球沿着它的轨道前进 30 公里, 而连结太阳和地球的向径扫过了 2 250 000 000 平方公里的面积.

Kepler 第一定律的证明

为证明行星沿以太阳为焦点的圆锥截线运动, 我们需要把行星的向径 r 表示成 θ 的函数, 为此要进行一系列远非显然的计算和代入.

令等式(6)和(10)中 $\mathbf{u}_r = \mathbf{r}/|\mathbf{r}|$ 的系数相等, 得等式

$$\ddot{r} - r\dot{\theta}^2 = -\frac{GM}{r^2}. \tag{21}$$

根据等式(19)把 $\dot{\theta}$ 代换为 $r_0 v_0/r^2$ 就消去 θ, 并整理所得等式, 即有

$$\ddot{r} = \frac{r_0^2 v_0^2}{r^3} - \frac{GM}{r^2}. \tag{22}$$

我们通过变量替换把这个方程化成一阶的. 由

$$p = \frac{dr}{dt}, \quad \frac{d^2 r}{dt^2} = \frac{dp}{dt} = \frac{dp}{dr}\frac{dr}{dt} = p\frac{dp}{dr}, \quad \text{链式法则}$$

把方程(22)变为

$$p\frac{dp}{dr} = \frac{r_0^2 v_0^2}{r^3} - \frac{GM}{r^2}. \tag{23}$$

乘以 2 并对 r 积分, 得

$$p^2 = (\dot{r})^2 = -\frac{r_0^2 v_0^2}{r^2} + \frac{2GM}{r} + C_1. \tag{24}$$

$t=0$ 时的初条件 $r = r_0$ 和 $\dot{r} = 0$ 确定 C_1 的值是

$$C_1 = v_0^2 - \frac{2GM}{r_0}.$$

由此, 方程(24)经过适当整理就成为

$$\dot{r}^2 = v_0^2\left(1 - \frac{r_0^2}{r^2}\right) + 2GM\left(\frac{1}{r} - \frac{1}{r_0}\right). \tag{25}$$

从方程(21)过渡到方程(25)的效果是把 r 的二阶微分方程降为一阶的. 我们的目标还是用 θ 表示 r, 所以我们现在让 θ 返回方程. 为此, 我们用方程 $r^2\dot{\theta} = r_0 v_0$ (方程(19))两端的平方去除方程(25)的两端并利用方程 $\dot{r}/\dot{\theta} = (dr/dt)/(d\theta/dt) = dr/d\theta$, 便得到

$$\frac{1}{r^4}\left(\frac{dr}{d\theta}\right)^2 = \frac{1}{r_0^2} - \frac{1}{r^2} + \frac{2GM}{r_0^2 v_0^2}\left(\frac{1}{r} - \frac{1}{r_0}\right)$$

$$= \frac{1}{r_0^2} - \frac{1}{r^2} + 2h\left(\frac{1}{r} - \frac{1}{r_0}\right). \qquad h = \frac{2GM}{r_0^2 v_0^2} \qquad (26)$$

为进一步化简，做代换

$$u = \frac{1}{r}, \quad u_0 = \frac{1}{r_0}, \quad \frac{du}{d\theta} = -\frac{1}{r^2}\frac{dr}{d\theta}, \quad \left(\frac{du}{d\theta}\right)^2 = \frac{1}{r^4}\left(\frac{dr}{d\theta}\right)^2,$$

便得到

$$\left(\frac{du}{d\theta}\right)^2 = u_0^2 - u^2 + 2hu - 2hu_0 = (u_0 - h)^2 - (u - h)^2 \qquad (27)$$

$$\frac{du}{d\theta} = \pm\sqrt{(u_0 - h)^2 - (u - h)^2}. \qquad (28)$$

历史传记
Christian Huygens
(1629 — 1695)

我们取哪个符号？我们知道 $\dot\theta = r_0 v_0/r^2$ 是正的. 又 r 在开始时刻 $t = 0$ 取最小值，r 不能立即减少，于是至少对 t 较早的正值有 $\dot r \geq 0$. 因此

$$\frac{dr}{d\theta} = \frac{\dot r}{\dot\theta} \geq 0 \quad \text{于是} \quad \frac{dr}{d\theta} = -\frac{1}{r^2}\frac{dr}{d\theta} \leq 0.$$

方程(28)的正确符号随之为负号. 这点确定后，我们整理方程(28)并对 θ 积分两端，得

$$\frac{-1}{\sqrt{(u_0 - h)^2 - (u - h)^2}}\frac{du}{d\theta} = 1$$

$$\cos^{-1}\left(\frac{u - h}{u_0 - h}\right) = \theta + C_2. \qquad (29)$$

因为 $\theta = 0$ 时 $u = u_0$，而 $\cos^{-1}(1) = 0$，故 C_2 是零. 于是

$$\frac{u - h}{u_0 - h} = \cos\theta$$

进而

$$\frac{1}{r} = u = h + (u_0 - h)\cos\theta. \qquad (30)$$

再经过一些代数演算即得到最后的方程

$$r = \frac{(1 + e)r_0}{1 + e\cos\theta}, \qquad (31)$$

其中

$$e = \frac{1}{r_0 h} - 1 = \frac{r_0 v_0^2}{GM} - 1. \qquad (32)$$

方程(31)和(32)一起说明行星的轨道是以太阳为一个焦点的圆锥截线，并且离心率是 $(r_0 v_0^2/GM) - 1$. 这是 Kepler 第一定律的现代表述.

Kepler 第三定律(时间 - 距离定律)

行星围绕太阳运行一圈花费的时间 T 是行星的**轨道周期**. Kepler 第三定律说 T 和轨道的的半长轴 a 由以下等式联系：

$$\frac{T^2}{a^3} = \frac{4\pi^2}{GM}. \qquad (33)$$

因为这个等式的右端对于一个给定的太阳系是常数, T^2 和 a^3 之比对该系的每个行星相同.

Kepler 第三定律是计算我们的太阳系的尺寸的出发点. 它使得有可能用天文单位表示每个行星轨道的半长轴. 地球的半长轴是一个天文单位. 任何两个行星在任何时刻的距离就可以用天文单位预报并且留下的所有任务就是求这样的一个距离是多少公里. 比如通过从金星反射雷达波就可做到这点. 在一系列这类测量之后, 已经知道这个天文单位是 149 597 870 千米.

我们从结合行星轨道所围的面积的两个公式导出 Kepler 第三定律:

式 1: 面积 $= \pi a b$ 几何公式中的 a 代表半长轴, b 代表半短轴

式 2: 面积 $= \int_0^T dA$

$$= \int_0^T \frac{1}{2} r_0 v_0 \, dt \quad 等式(20)$$

$$= \frac{1}{2} T r_0 v_0.$$

令两个面积相等, 得到

$$T = \frac{2\pi a b}{r_0 v_0} = \frac{2\pi a^2}{r_0 v_0} \sqrt{1-e^2}. \quad 对任意椭圆, b = a\sqrt{1-e^2} \tag{34}$$

留下的问题是用 r_0, v_0, G 和 M 表示 a 和 e. 等式(32) 对 e 可以做到这一点. 而对于 a, 我们注意在等式(31) 中令 θ 等于 π, 得

$$r_{\max} = r_0 \frac{1+e}{1-e}.$$

即而

$$2a = r_0 + r_{\max} = \frac{2r_0}{1-e} = \frac{2r_0 GM}{2GM - r_0 v_0^2}. \tag{35}$$

等式(34)两端平方并代入等式(32)和(35)的结果即得到 Kepler 第三定律(习题 10.8 第 15 题).

轨道数据

虽然 Kepler 经验地发现他的定律并且仅对当时知道的六个行星叙述定律, Kepler 定律的

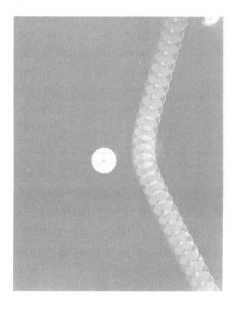

图 10.69 这个多次闪光照片显示一个被平方反比律力作用的空中冰球. 它沿双曲线一支运动.

现代推导表明这些定律适用于任何受遵守平方反比律的力驱使的物体. 它们适用于 Hallkey 彗星, 小行星 Icarus. 它们适用于月亮绕地球轨道和宇宙飞船 Apollo8 绕月的轨道. 它们同样适用于图 10.69 所示的被满足平方反比定律的力作用的空气冰球; 它的路径是双曲线. 原子核发射出的带电粒子沿双曲线路径散开.

表 10.1 到 10.3 给出行星轨道和七个地球人造卫星轨道(图 10.70)的附加数据. Syncom 发回了揭示地球海洋水平面差异的数据并且第一次提供了一些更加孤立的太平洋岛屿的精确位置. 数据还验证了太阳和月球的引力会影响地球卫星的轨道以及太阳的辐射将有充分的压

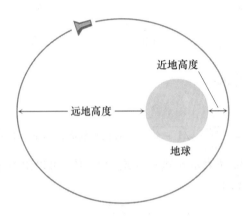

图 10.70 地球卫星轨道: $2a$ = 地球直径 + 近地高度 + 远地高度.

力改变轨道.

表 10.1 大行星的 a,e 和 T 的值

行星	半长轴 a^*	离心率 e	周期 T
水星	57.95	0.2056	87.967 天
金星	108.11	0.0068	224.71 天
地球	149.57	0.0167	365.256 天
火星	227.84	0.0934	1.8808 年
木星	778.14	0.0484	11.8613 年
土星	1427.0	0.0543	29.4568 年
天王星	2870.3	0.0460	84.0081 年
海王星	4499.9	0.0082	164.784 年
冥王星	5909	0.2481	248.35 年

* 百万公里

Syncom 3 是美国国防部电信卫星系列中的一个. Tiros Ⅱ ("television infrared observation satellite")("电视红外线观测卫星"))是气象卫星系列中的一个, GOES 4("geostationary operational environmental satellite"("同步运行环境卫星")), 目的在于收集地球气象信息. 它的轨道周期是 1436.2 分, 近似于地球的自转周期 1436.1 分而轨道则近似于圆周(e = 0.0003). Intelsat 5 是一个大容量的商业电信卫星.

表 10.2　地球卫星数据

名称	发射时期	在空中时间或期望时间	发射质量（千克）	周期（分）	近地高度（千米）	远地高度（千米）	半长轴 a（千米）	离心率
Sputnik 1	Oct. 1957	57.6 日	83.6	96.2	215	939	6 955	0.052
Vanguard 1	March. 1958	300 年	1.47	138.5	649	4 340	8 872	0.208
Syncom 3	Aug. 1964	$> 10^6$ 年	39	1436.2	35 718	35 903	42 189	0.002
Skylab 4	Nov. 1973	84.06 日	13.980	93.11	422	437	6 808	0.001
Tiros II	Oct. 1978	500 年	734	102.12	850	866	7 236	0.001
GOES 4	Sept. 1980	$> 10^6$ 年	627	1436.2	35 776	35 800	42 166	0.0003
Intelsat 5	Dec. 1980	$> 10^6$ 年	1 928	1417.67	35 143	35 707	41 803	0.007

表 10.3　数据

万有引力常数: $G = 6.6726 \times 10^{-11}$ 牛顿米^2 千克$^{-2}$	
（当你在计算中用这个值时，请记住力用牛顿，距离用米，质量用千克，而时间用秒）.	
太阳质量：	1.99×10^{30} 千克
地球质量：	5.975×10^{30} 千克
地球赤道半径：	6378.533 千米
地球极半径：	6356.912 千米
地球自转周期：	1436.1 分
地球公转周期：	1 年 = 365.256 日

习题 10.8

注意：当你使用引力常数 G 时，力用牛顿，距离用米，质量用千克，时间用秒表示.

1. *Skylab* 4 的周期　因为 *Skylab* 4 轨道的半长轴为 6808 km，在 Kepler 第三定律中取 M 为地球质量将给出周期. 计算它，并跟表 10.2 的结果比较.

2. 在近日点地球的速度　地球在近日点离开太阳的距离近似于 149 577 000 千米，而地球轨道的离心率约 0.00167. 求地球在轨道的近日点的速率 v_0. （用等式(15).）

3. *Proton* 1 的半长轴　1965 年 7 月，前苏联发射 *Proton* 1，重 12 200 千克（发射时），近地点高度 183 千米，远地点高度 589 千米，周期 92.25 分. 利用地球质量和引力常数的有关数据，用等式(3)求轨道的半长轴 a.

4. *Viking* 1 的半长轴　卫星 *Viking* 1 从 1975 年 8 月至 1976 年 7 月测量火星，周期为 1639 分. 用这个数据和火星质量 6.418×10^{23} 千克求 *Viking* 1 的半长轴.

5. 火星的平均直径（续第 4 题）　卫星 *Viking* 1 离火星表面最近点为 1499 千米，最远点为 35 800 千米，用这些信息和你从第 4 题获得的数值估计火星的平均直径.

6. *Viking* 2 的周期　卫星 *Viking* 2 从 1975 年 9 月至 1976 年 8 月观测火星，在一个椭圆轨道上运行，其半长轴为 22 030 千米. 轨道周期是多少?(用分钟表示你的答案.)

7. **地球同步轨道** 几个卫星在地球的赤道平面有近似圆周的轨道和跟地球自转一样的周期. 这种轨道是**地球同步的或地球稳定的**, 因为他它使得卫星保持在地面上空同一点.
   (a) **为学而写** 地球同步轨道的半长轴近似是多少? 对你的回答给出理由.
   (b) 地球同步轨道在地球表面上空约有多高?
   (c) 表 10.2 中哪个卫星有(近似的)地球同步轨道?

8. **为学而写** 火星质量是 6.418×10^{23} 千克. 如果一个卫星围绕火星转动保持稳定轨道(跟火星自转有同样周期 1477.4 分), 其轨道半长轴必须是多少? 对你的回答给出理由.

9. **从地球到月球的距离** 月球围绕地球转动的周期 2.3605×10^6 秒. 月球离地球大约多远?

10. **求卫星速率** 一颗卫星围绕地球在圆周轨道运行. 把卫星速率表示成轨道半径的函数.

11. **轨道周期** 如果 T 以分(钟)为单位而 a 以米为单位, 对我们太阳系的行星 T^2/a^3 的值是多少? 对地球的卫星? 对月球的卫星?(月球的质量是 7.354×10^{22} 千克.)

12. **轨道类型** 对等式(15)的 v_0 的什么值轨道是圆周? 椭圆? 抛物线? 双曲线?

13. **圆周轨道** 证明沿圆周轨道运行的行星有常速率(**提示**: 这是 Kepler 定律的一个推论.)

14. 假定 **r** 是沿平面曲线运动的质点的位置向量, 而 dA/dt 是向量扫过面积的变化率. 不引进坐标系, 并且假定必需的导数存在, 根据增量和和极限概念对以下方程给一个几何的推理:

$$\frac{dA}{dt} = \frac{1}{2} |\mathbf{r} \times \dot{\mathbf{r}}|.$$

15. **Kepler 第三定律** 完成 Kepler 第三定律的推导(等式(34)随后的部分).

在第 16 和 17 题中, 两个卫星, 卫星 A 和卫星 B, 沿圆周轨道围绕太阳运行, A 是内卫星, 而 B 离太阳更远. 假定 A 和 B 在时刻 t 的位置分别是

$$\mathbf{r}_A(t) = 2\cos(2\pi t)\mathbf{i} + 2\sin(2\pi t)\mathbf{j} \quad \text{和} \quad \mathbf{r}_B(t) = 3\cos(\pi t)\mathbf{i} + 3\sin(\pi t)\mathbf{j},$$

其中假定太阳的位置在中心, 并且距离用天文单位测量.(注意行星 A 运动得比 B 快.)
在 A 上的人把他们的行星而非太阳看作他们的行星系统(他们的太阳系)的中心.

16. 把卫星 A 作为新坐标系的原点, 给出卫星 B 在时刻 t 位置的参数方程. 用 $\cos(\pi t)$ 和 $\sin(\pi t)$ 书写你的答案.

T 17. 把卫星 A 作为坐标系的原点, 画行星 B 的路径的图形.

这个题目举例说明了 Kepler 时代以前的人们带着对我们的太阳系的地球中心(卫星 A)的观点了解行星(卫星 B = 火星)运动的困难. 见 D. G. Saari 在 *American Monthly* Vol. 97 (Feb. 1990), pp. 105 – 119 的文章.

18. **为学而写** Kepler 发现地球围绕太阳运行的路径是椭圆, 而太阳在椭圆的一个焦点上. 设 $\mathbf{r}(t)$ 是从太阳中心到地球中心的位置向量. 而 **w** 是从地球北极到南极的向量. 已经知道 **w** 是常量并且不垂直于椭圆平面(地球的轴是倾斜的). 利用 $\mathbf{r}(t)$ 和 **w** 给出(i)近日点(ii)远日点(iii)昼夜平分点(iv)夏至点(v)冬至点的数学意义.

指导你们复习的问题

1. 何时空间中的有向线段表示同一个向量?
2. 空间向量怎样代数地和几何地加和减?
3. 怎样求空间向量的大小和方向?
4. 如果一个向量乘以一个正的数, 所得向量与原向量关系怎样? 数值是零怎样? 负数呢?
5. 定义两个向量的点积(数量积). 点积满足什么代数规律(交换, 结合, 分配, 消去)? 不满足什么代数规律? 何

时两个向量的点积是零?

6. 点积有什么几何和物理解释?给出例子.
7. 什么是向量 v 在 u 上的投影?怎样把 v 写成一个平行于 u 的和垂直于 u 的向量之和?
8. 定义两个向量的叉积(向量积).叉积满足什么代数规律(交换,结合,分配,消去)?不满足什么代数规律?何时两个向量的叉积是零?
9. 叉积有什么几何和物理解释?给出例子.
10. 两个向量的与 i,j,k – 坐标有关的计算叉积的行列式公式是什么?在一个例子中使用它.
11. 怎样求空间的直线、线段和平面的方程?你能够用一个方程表示空间直线吗?一个平面呢?
12. 盒积是什么?它们有什么意义?怎样求它的值?给一个例子.
13. 怎样求空间球面的方程?给几个例子.
14. 怎样求空间中两条直线的交?一条直线和一个平面呢?给几个例子.
15. 柱面是什么?给几个定义空间柱面的方程的例子.
16. 二次曲面是什么?给几个椭圆面,抛物面,锥面,和双曲面的各种类型的例子.
17. 叙述向量函数微分和积分的法则.给几个例子.
18. 你怎样定义和计算沿一个充分光滑的空间曲线运动的物体的速度、速率、运动方向和加速度?给几个例子.
19. 固定长度的向量函数的导数有什么特点?举一个例子.
20. 你怎样定义和计算空间的一段光滑曲线的长度?举一个例子.定义中的数学假设是什么?
21. 你怎样测量空间的光滑曲线从一个预先选定的点算起的距离?举一个例子.
22. 什么是光滑曲线的单位切向量?举一个例子.
23. 对二次可微平面曲线定义曲率、曲率圆(密切圆)、曲率中心和曲率半径.举几个例子.什么曲线有零曲率?常曲率?
24. 平面曲线的主法向量是什么?什么时候它有定义?它指向什么方向?举一个例子.
25. 怎样对空间曲线定义 N 和 κ?这些量的关系怎样?举几个例子.
26. 曲线的次法向量是什么?这个向量跟曲线的挠率的关系怎样?举一个例子.
27. 什么公式可以把运动物体的加速度写成其切向和法向分量之和?举一个例子.为什么把加速度写成这种形式?如果物体以常速率运动这些分量是什么?以常速率沿圆周运动呢?
28. 叙述 Kepler 定律?它应用在什么地方?

实践习题

向量计算

把第 1 和第 2 题中的向量表示成他它的长度和方向的乘积.

1. $2\mathbf{i} - 3\mathbf{j} + 6\mathbf{k}$.
2. $\mathbf{i} + 2\mathbf{j} - \mathbf{k}$
3. 求长度为 2 单位,在 $\mathbf{v} = 4\mathbf{i} - \mathbf{j} + 4\mathbf{k}$ 的方向上的向量.
4. 求长度为 5 单位,在 $\mathbf{v} = (3/5)\mathbf{i} + (4/5)\mathbf{k}$ 反方向上的向量.

在第 5 和 6 题中,求 $|\mathbf{v}|,|\mathbf{u}|,\mathbf{v}\cdot\mathbf{u},\mathbf{u}\cdot\mathbf{v},\mathbf{v}\times\mathbf{u},\mathbf{u}\times\mathbf{v},|\mathbf{v}\times\mathbf{u}|,\mathbf{v}$ 和 $\mathbf{u}$ 之间的夹角,$\mathbf{u}$ 在 $\mathbf{v}$ 方向上的数值分量以及 $\mathbf{u}$ 在 $\mathbf{v}$ 上的向量投影.

5. $v = i + j$, $u = 2i + j - 2k$ 6. $v = i + j + 2k$, $u = -i - k$

在第 7 和 8 题中,把 **v** 写成平行于 **u** 和正交于 **u** 的向量之和.

7. $v = 2i + j - k$, $u = i + j - 5k$ 8. $u = i - 2j$, $v = i + j + k$

在第 9 和 10 题中,画坐标轴,再画以原点为起点的向量 **u**,**v** 和 **u** × **v**.

9. $u = i$, $v = i + j$ 10. $u = i - j$, $v = i + j$

11. 若 $|v| = 2$, $|w| = 3$ 且 **v** 和 **w** 之间的角是 $\pi/3$, 求 $|v - 2w|$.

12. 对于 a 的哪个值或哪些值, 向量 $u = 2i + 4j - 5k$ 和 $v = -4i - 8j + ak$ 平行?

在第 13 和 14 题中, 求(**a**) 由向量 **u** 和 **v** 确定的平行四边形的面积和(**b**) 由向量 **u**,**v** 和 **w** 确定的平行六面体的体积.

13. $u = i + j - k$, $v = 2i + j + k$, $w = -i - 2j + 3k$

14. $u = i + j$, $v = j$, $w = i + j + k$

直线,平面和距离

15. **为学而写**   假定 **n** 正交于一平面, 而 **v** 平行于该平面. 描述你怎样求一个既垂直于 **v** 又平行于该平面的向量 **u**.

16. **平行于平面的向量**   在平面内求一个平行于直线 $ax + by = c$ 的向量.

17. **平行于向量的直线**   求过点 $(1,2,3)$ 且平行于向量 $v = -3i + 7k$ 的直线的参数方程.

18. **线段**   求连结点 $P(1,2,0)$ 和 $Q(1,3,-1)$ 的线段的参数方程.

19. **正交于向量的平面**   求过点 $(3,-2,1)$ 并且正交于向量 $n = 2i + j + k$ 的平面的方程.

20. **垂直于直线的平面**   求过点 $(-1,6,0)$ 并且垂直于直线 $x = -1 + t, y = 6 - 2t, z = 3t$ 的平面的方程.

在第 21 和 22 题中, 求过点 P,Q 和 R 的平面的方程.

21. $P(1,-1,2), Q(2,1,3), R(-1,2,-1)$ 22. $P(1,0,0), Q(0,1,0), R(0,0,1)$

23. **交点**   求直线 $x = 1 + 2t, y = -1 - t, z = 3t$ 跟三个坐标平面的交点.

24. **交点**   求过原点且垂直于平面 $2x - y - z = 4$ 的直线跟平面 $3x - 5y + 2z = 6$ 的交点.

25. **平面之间的角**   求平面 $x = 7$ 和 $x + y + \sqrt{2}z = -3$ 之间的锐角.

26. **平面的交**   求平面 $x + 2y + z = 1$ 和 $x - y + 2z = -8$ 交线的参数方程.

27. **平面的交**   证明平面 $x + 2y - 2z = 5$ 和 $5x - 2y - z = 0$ 的交线平行于直线
$$x = -3 + 2t, \quad y = 3t, \quad z = 1 + 4t.$$

28. **平面的交**   平面 $3x + 6z = 1$ 和 $2x + 2y - z = 3$ 交于一条直线.

(**a**) 证明两平面正交.   (**b**) 求交线的方程.

29. **平行于向量的平面**   求过点 $(1,2,3)$ 且平行于 $u = 2i + 3j + k$ 和 $v = i - j + 2k$ 的平面的方程.

30. **平行于平面的向量**   求平行于平面 $2x - y - z = 4$ 和正交于 $i + j + k$ 的一个向量.

31. **平面内的向量**   求在 **v** 和 **w** 的平面内正交于 **u** 的单位向量, 其中 $u = 2i - j + k, v = i + 2j + k$ 和 $w = i + j - 2k$.

32. **平行于直线的向量**   求长度为 2 平行于平面 $x + 2y + z - 1 = 0$ 和 $x - y + 2z + 7 = 0$ 的交线的向量.

33. **交点**   求过原点且垂直于平面 $2x - y - z = 4$ 的直线和平面 $3x - 5y + 2z = 6$ 的交点.

34. **交点**   求过点 $P(3,2,1)$ 且正交于平面 $2x - y + 2z = -2$ 的直线与这个平面的交点.

35. **平面**   下列的哪些方程是过点 $P(1,1,-1), Q(3,0,2)$ 和 $R(-2,1,0)$ 的平面的方程?

(**a**) $(2i - 3j + 3k) \cdot ((x+2)i + (y-1)j + zk) = 0$

(**b**) $x = 3 - t, y = -11t, z = 2 - 3t$

(**c**) $(x + 2) + 11(y - 1) = 3z$

(**d**) $(2i - 3j + 3k) \times ((x+2)i + (y-1)j + zk) = \mathbf{0}$

(**e**) $(2i - j + 3k) \times (-3i + k) \cdot ((x+2)i + (y-1)j + zk) = 0$

平行四边形

36. **平行四边形** 右图示的平行四边形的顶点是 $A(2,-1,4), B(1,0,-1)$, $C(1,23,3)$ 和 D. 求

(**a**) D 的坐标.

(**b**) 在 B 的内角的余弦.

(**c**) $\overrightarrow{BA}$ 在 $\overrightarrow{BC}$ 上的向量投影.

(**d**) 平行四边形的面积.

(**e**) 平行四边形的平面的方程.

(**f**) 平行四边形在三个坐标平面的正交投影的面积.

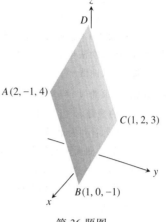

第 36 题图

点,直线和平面之间的距离

在第 37 和 38 中,求从点到直线的距离.

37. $(2,2,0); \quad x=-t, y=t, z=-1+t$

38. $(0,4,1); \quad x=2+t, y=2+t, z=t$

在第 39 和 40 中,求从点到平面的距离.

39. $(6,0,-6), x-y=4$ 40. $(3,0,10), 2x+3y+z=2$

41. 求从点 $P(1,4,0)$ 到过 $A(0,0,0), B(2,0,-1)$ 和 $C(2,-1,0)$ 的平面的距离.

42. 求从点 $(2,2,3)$ 到平面 $2x+3y+5z=0$ 的距离.

43. **直线之间的距离** 求过点 $A(1,0,-1)$ 和 $B(-1,1,0)$ 的直线 L_1 跟过点 $C(3,1,-1)$ 和 $D(4,5,-2)$ 的直线 L_2 之间的距离. 距离沿垂直两直线的直线测量. 首先求一个垂直于两直线的向量 $\mathbf{n}$. 在把 $\overrightarrow{AC}$ 投影到 $\mathbf{n}$ 上.

44. (续第 43 题) 求过点 $A(4,0,2)$ 和 $B(2,4,1)$ 的直线跟过点 $C(1,3,2)$ 和 $D(2.2,4)$ 的直线之间的距离.

二次曲面

识别和描绘第 45—50 题的曲面

45. $x^2+y^2+z^2=4$ 46. $4x^2+4y^2+z^2=4$ 47. $z=-(x^2+y^2)$

48. $x^2+y^2=z^2$ 49. $x^2+y^2-z^2=4$ 50. $y^2-x^2-z^2=1$

空间运动

求第 51 和 52 题的曲线的长度.

51. $\mathbf{r}(t)=(2\cos t)\mathbf{i}+(2\sin t)\mathbf{j}+t^2\mathbf{k}, \quad 0\leqslant t\leqslant \pi/4$

52. $\mathbf{r}(t)=(3\cos t)\mathbf{i}+(3\sin t)\mathbf{j}+2t^{3/2}\mathbf{k}, \quad 0\leqslant t\leqslant 3$

在第 53—56 题中,求在 t 的给定值的 $\mathbf{T}, \mathbf{N}, \mathbf{B}, \kappa$ 和 τ.

53. $\mathbf{r}(t)=\dfrac{4}{9}(1+t)^{3/2}\mathbf{i}+\dfrac{4}{9}(1-t)^{3/2}\mathbf{j}+\dfrac{1}{3}t\mathbf{k}, \quad t=0$

54. $\mathbf{r}(t)=(e^t\sin 2t)\mathbf{i}+(e^t\cos 2t)\mathbf{j}+2e^t\mathbf{k}, \quad t=0$

55. $\mathbf{r}(t)=t\mathbf{i}+\dfrac{1}{2}e^{2t}\mathbf{j}, \quad t=\ln 2$

56. $\mathbf{r}(t)=(3\cosh 2t)\mathbf{i}+(3\sinh 2t)\mathbf{j}+6t\mathbf{k}, \quad t=\ln 2$

在第 57 和 58 题中,不求 $\mathbf{T}$ 和 $\mathbf{N}$ 而在 $t=0$ 把 $\mathbf{a}$ 写成 $\mathbf{a}=a_T\mathbf{T}+a_N\mathbf{N}$ 的形式.

57. $\mathbf{r}(t)=(2+3t+3t^2)\mathbf{i}+(4t+4t^2)\mathbf{j}-(6\cos t)\mathbf{k}$

58. $\mathbf{r}(t)=(2+t)\mathbf{i}+(t+2t^2)\mathbf{j}+(1+t^2)\mathbf{k}$

59. 若 $\mathbf{r}(t)=(\sin t)\mathbf{i}+(\sqrt{2}\cos t)\mathbf{j}+(\sin t)\mathbf{k}$, 求 t 的函数 $\mathbf{T}, \mathbf{N}, \kappa$ 和 τ.

60. **速度和加速度** 在区间 $0\leqslant t\leqslant 2\pi$ 的什么时刻运动 $\mathbf{r}(t)=\mathbf{i}+(5\cos t)\mathbf{j}+(3\sin t)\mathbf{k}$ 的速度和加速度正交?

61. 位置向量的正交 在空间运动的质点在时刻 t 的位置是

$$\mathbf{r}(t) = 2\mathbf{i} + \left(4\sin\frac{t}{2}\right)\mathbf{j} + \left(3 - \frac{t}{\pi}\right)\mathbf{k}.$$

求 $\mathbf{r}$ 正交于 $\mathbf{i} - \mathbf{j}$ 的第一个时刻.

62. 密切,法和次法平面 求曲线 $\mathbf{r}(t) = t\mathbf{i} + t^2\mathbf{j} + t^3\mathbf{k}$ 在点 $(1,1,1)$ 的密切,法和次法平面.

63. 切线 求曲线 $\mathbf{r}(t) = e^t\mathbf{i} + (\sin t)\mathbf{j} + \ln(1-t)\mathbf{k}$ 在 $t=0$ 的切线的参数方程.

64. 切线 求曲线 $\mathbf{r}(t) = (\sqrt{2}\cos t)\mathbf{i} + (\sqrt{2}\sin t)\mathbf{j} + t\mathbf{k}$ 在 $t=\pi/4$ 对应的点的切线的参数方程.

65. Skylab 的视野 当 Skylab 4 在地球表面上方 437 千米高的远地点时,宇航员看到的地球表面面积的百分比是多少?为求得结果,首先把看到的曲面模型化为由图示圆弧 GT 绕 y 轴旋转生成的曲面. 然后执行以下这些步骤.

(1) 用图中的相似三角形证明 $y_0/6380 = 6380/(6380+437)$. 由此解出 y_0.

(2) 计算以下可见面积到四位有效数字:

$$VA = \int_{y_0}^{6380} 2\pi x \sqrt{1 + \left(\frac{dx}{dy}\right)^2}\, dy.$$

(3) 用地球面积的百分比表示可见面积.

66. 曲率半径 证明二次可微平面曲线 $\mathbf{r}(t) = f(t)\mathbf{i} + g(t)\mathbf{j}$ 的曲率半径由以下公式给出:

$$\rho = \frac{\dot{x}^2 + \dot{y}^2}{\sqrt{\ddot{x}^2 + \ddot{y}^2 - \ddot{s}^2}}, \quad 其中 \ddot{s} = \frac{d}{dt}\sqrt{\dot{x}^2 + \dot{y}^2}.$$

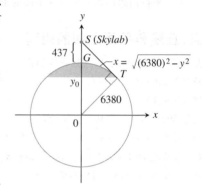

第 65 题图

附加习题:理论,例子,应用

应用和例子

1. 搜索潜水艇 两个水面演习船只试图确定一个潜水艇的路径和速率以便截获它. 如图所示,船只 A 位于 $(4,0,0)$,而船只 B 位于 $(0,5,0)$. 所有坐标的单位是千英尺. 船只 A 确定潜水艇位于向量 $2\mathbf{i} + 3\mathbf{j} - (1/3)\mathbf{k}$ 的方向,而 B 确定它位于向量 $18\mathbf{i} - 6\mathbf{j} - \mathbf{k}$ 的方向. 过了 4 分钟,潜水艇位于 $(2, -1, -1/3)$. 航天器 20 分钟后

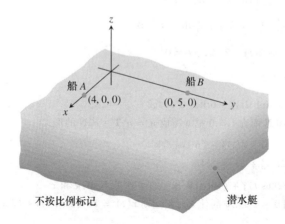

到达. 假定潜水艇沿直线以常速率运动,此时船只向航天器指出潜水艇的位置在哪里.

2. **直升飞机营救** 两架直升飞机,H_1 和 H_2 一起行进. 在时刻 $t = 0$,它们分开并且沿以下直线路径飞行:

$$H_1: x = 6 + 40t, y = -3 + 10t, z = -3 + 2t$$

$$H_2: x = 6 + 110t, y = -3 + 4t, z = -3 + t.$$

时间 t 以小时测量,而所有坐标以海里测量. 由于故障,H_2 在 $(446, 13, 1)$ 停止飞行,并在可忽略的时间里降落在 $(446, 13, 0)$. 两小时后,H_2 被告知这个事实并以 150 英里/时的速率飞向 H_2. H_1 到达 H_2 需多少时间?

3. **转矩** Toro® 21 英寸. 割草机操作手册说"拧紧火花塞至 15 英尺-磅 (20.4 牛顿·米)." 假如你用 10.5 英寸的管钳安装火花塞,手心距火花塞的轴 9 英寸. 你的拉力约多大?用磅回答.

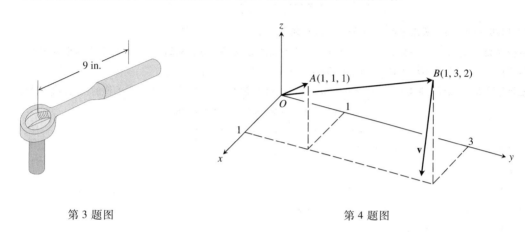

第 3 题图   第 4 题图

4. **旋转体** 从原点到点 $A(1,1,1)$ 的直线是有常角速度 $3/2$ 弧度/秒的一个刚体的旋转轴. 旋转从 A 向原点观看是顺时针的. 求物体的位置为 $B(1,3,2)$ 的点的速度 **v**.

5. **行列式和平面**
   (**a**) 证明

$$\begin{vmatrix} x_1 - x & y_1 - y & z_1 - z \\ x_2 - x & y_2 - y & z_2 - z \\ x_3 - x & y_3 - y & z_3 - z \end{vmatrix} = 0$$

是过三个非共线点 $P_1(x_1, y_1, z_1)$, $P_2(x_2, y_2, z_2)$ 和 $P_3(x_3, y_3, z_3)$ 的平面的方程.

   (**b**) 空间中什么点的集合由方程

$$\begin{vmatrix} x & y & z & 1 \\ x_1 & y_1 & z_1 & 1 \\ x_2 & y_2 & z_2 & 1 \\ x_3 & y_3 & z_3 & 1 \end{vmatrix} = 0?$$

描述?

6. **行列式和直线** 证明直线

$$x = a_1 s + b_1, y = a_2 s + b_2, z = a_3 s + b_3, -\infty < s < \infty,$$

和

$$x = c_1 t + d_1, y = c_2 t + d_2, z = c_3 t + d_3, -\infty < t < \infty$$

相交或平行当且仅当

$$\begin{vmatrix} a_1 & c_1 & b_1 - d_1 \\ a_2 & c_2 & b_2 - d_2 \\ a_3 & c_3 & b_3 - d_3 \end{vmatrix} = 0.$$

7. **点到平面的距离**　用向量证明从点 $P_1(x_1,y_1,z_1)$ 到平面 $Ax + By + Cz = D$ 的距离是
$$d = \frac{|Ax_1 + By_1 + Cz_1 - D|}{\sqrt{A^2 + B^2 + C^2}}.$$

8. **切于平面的球面**　求切于平面 $x + y + z = 3$ 和 $x + y + z = 9$ 的球面的方程,假定平面 $2x - y = 0$ 和 $3x - z = 0$ 过球面中心.

9. **平面间的距离**
   (a) 证明平行的两平面 $Ax + By + Cz = D_1$ 和 $Ax + By + Cz = D_2$ 之间的距离是
$$d = \frac{|D_1 - D_2|}{|A\mathbf{i} + B\mathbf{j} + C\mathbf{k}|}.$$
   (b) 用部分(a)的等式求平面 $2x + 3y - z = 6$ 和 $2x + 3y - z = 12$ 的距离.

10. **平行平面**　求平行于平面 $2x - y + 2z = -4$ 的平面的方程,假定点 $(3,2,-1)$ 与两平面的距离相等.

11. **共面点**　当且仅当 $\overrightarrow{AD} \cdot (\overrightarrow{AB} \times \overrightarrow{BC}) = 0$ 四个点 A, B, C 和 D 共面.

12. **三元向量积**　三元向量积 $(\mathbf{u} \times \mathbf{v}) \times \mathbf{w}$ 和 $\mathbf{u} \times (\mathbf{v} \times \mathbf{w})$ 通常不等,虽然用分量求它们的值的公式是类似的:
$$(\mathbf{u} \times \mathbf{v}) \times \mathbf{w} = (\mathbf{u} \cdot \mathbf{w})\mathbf{v} - (\mathbf{v} \cdot \mathbf{w})\mathbf{u}.$$
$$\mathbf{u} \times (\mathbf{v} \times \mathbf{w}) = (\mathbf{u} \cdot \mathbf{w})\mathbf{v} - (\mathbf{u} \cdot \mathbf{v})\mathbf{w}.$$
通过求等式两端的值并且比较所得结果验证每个公式.

	u	v	w
(a)	$2\mathbf{i}$	$2\mathbf{j}$	$2\mathbf{k}$
(b)	$\mathbf{i} - \mathbf{j} + \mathbf{k}$	$2\mathbf{i} + \mathbf{j} - 2\mathbf{k}$	$-\mathbf{i} + 2\mathbf{j} - \mathbf{k}$
(c)	$2\mathbf{i} + \mathbf{j}$	$2\mathbf{i} - \mathbf{j} + \mathbf{k}$	$\mathbf{i} + 2\mathbf{k}$
(d)	$\mathbf{i} + \mathbf{j} - 2\mathbf{k}$	$-\mathbf{i} - \mathbf{k}$	$2\mathbf{i} + 4\mathbf{j} - 2\mathbf{k}$

13. **叉积和点积**　证明若 $\mathbf{u}, \mathbf{v}, \mathbf{w}$ 和 $\mathbf{r}$ 是任意向量,则
   (a) $\mathbf{u} \times (\mathbf{v} \times \mathbf{w}) + \mathbf{v} \times (\mathbf{w} \times \mathbf{u}) + \mathbf{w} \times (\mathbf{u} \times \mathbf{v}) = \mathbf{0}$
   (b) $\mathbf{u} \times \mathbf{v} = (\mathbf{u} \cdot \mathbf{v} \times \mathbf{i})\mathbf{i} + (\mathbf{u} \cdot \mathbf{v} \times \mathbf{j})\mathbf{j} + (\mathbf{u} \cdot \mathbf{v} \times \mathbf{k})\mathbf{k}$
   (c) $(\mathbf{u} \times \mathbf{v}) \cdot (\mathbf{w} \times \mathbf{r}) = \begin{vmatrix} \mathbf{u} \cdot \mathbf{w} & \mathbf{v} \cdot \mathbf{w} \\ \mathbf{u} \cdot \mathbf{r} & \mathbf{v} \cdot \mathbf{r} \end{vmatrix}$

14. **叉积和点积**　证明或反驳公式
$$\mathbf{u} \times (\mathbf{u} \times (\mathbf{u} \times \mathbf{v})) \cdot \mathbf{w} = -|\mathbf{u}|^2 \mathbf{u} \cdot \mathbf{v} \times \mathbf{w}.$$

15. **向量在平面上的投影**　设 P 是空间一平面而 $\mathbf{v}$ 是一个向量. $\mathbf{v}$ 在平面 P 上的向量投影 $\text{Proj}_P \mathbf{v}$ 可以非正式地定义如下. 假定太阳照耀时的光线正交于平面 P. 则 $\text{Proj}_P \mathbf{v}$ 是 $\mathbf{v}$ 在 P 上的"影子". 若 P 是平面 $x + 2y + 6z = 6$,而 $\mathbf{v} = \mathbf{i} + \mathbf{j} + \mathbf{k}$,求 $\text{Proj}_P \mathbf{v}$.

16. **三角和向量**　通过对两个适当的向量求叉积推导三角等式
$$\sin(A - B) = \sin A \cos B - \cos A \sin B.$$

17. **点质量和引力**　在物理学里,引力定律说:若 P 和 Q 是质量分别为 M 和 m 的(点)质量,则各自地,P 被 Q 吸引的力是

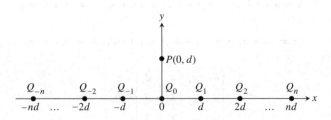

$$\mathbf{F} = \frac{GMm\mathbf{r}}{|\mathbf{r}|^3},$$

其中 $\mathbf{r}$ 是 P 到 Q 的向量, 而 G 是通用引力常数. 进一步, 若 $Q_1, \cdots, Q_k$ 是质量分别为 $m_1, \cdots, m_k$ 的 (点) 质量, 则所有 Q_i 对 P 的引力是

$$\mathbf{F} = \sum_{i=1}^{k} \frac{GMm_i}{|\mathbf{r}_i|^3} \mathbf{r}_i,$$

其中 $\mathbf{r}_i$ 是 P 到 Q_i 的向量.

(a) 设在坐标平面里, 点 P 质量为 M 并且位于点 $P(0, d), d > 0$, 对 $i = -n, -n+1, \cdots, -1, 0, 1, \cdots, n$, 设 Q_i 位于点 $(id, 0)$ 并且有质量 m_i. 求所有 Q_i 对 P 的引力的大小.

(b) 作用在 P 上的大小当 $n \to \infty$ 时的极限是否是有限的? 为什么是? 或为什么不是?

18. **相对论和** Einstein 狭义相对论粗略地说是: 对于一个参考标架 (坐标系), 没有物质对象行进得像 c 那样快, c 为光的速率. 于是, 如果 $\check{x}$ 和 $\check{y}$ 是两个速度, 满足 $|\check{x}| < c$ 和 $|\check{y}| < c$. 则 $\check{x}$ 和 $\check{y}$ 的**相对论和** $\check{x} \oplus \check{y}$ 必须有小于 c 的长度. Einstein 狭义相对论断言

$$\check{x} \oplus \check{y} = \frac{\check{x} + \check{y}}{1 + \frac{\check{x} \cdot \check{y}}{c^2}} + \frac{1}{c^2} \cdot \frac{\gamma_x}{\gamma_x + 1} \cdot \frac{\check{x} \times (\check{x} \times \check{y})}{1 + \frac{\check{x} \cdot \check{y}}{c^2}},$$

其中

$$\gamma_x = \frac{1}{\sqrt{1 - \frac{\check{x} \cdot \check{x}}{c^2}}}.$$

可以证明: 若 $|\check{x}| < c$ 和 $|\check{y}| < c$, 则 $|\check{x} \oplus \check{y}| < c$. 这个题目处理两个特殊情形.

(a) 证明: 若 $\check{x}$ 和 $\check{y}$ 正交, $|\check{x}| < c$, $|\check{y}| < c$, 则 $|\check{x} \oplus \check{y}| < c$.

(b) 证明: 若 $\check{x}$ 和 $\check{y}$ 平行, $|\check{x}| < c$, $|\check{y}| < c$, 则 $|\check{x} \oplus \check{y}| < c$.

(c) 计算 $\lim_{c \to \infty} \check{x} \oplus \check{y}$.

极坐标系和空间运动

19. **到太阳的最近距离** 从轨道方程

$$r = \frac{(1+e)r_0}{1 + e\cos\theta}$$

推导出一个行星当 $\theta = 0$ 时最接近太阳, 并且这时 $r = r_0$.

20. **Kepler 方程** 确定一个行星在给定时间和日期在其轨道上的位置的问题最终导致解如下形式的 Kepler 方程

$$f(x) = x - 1 - \frac{1}{2}\sin x = 0.$$

(a) 证明这个特殊的方程在 $x = 0$ 和 $x = 2$ 之间有一个解.

T (b) 在弧度模式下用你的计算机或计算器利用 Newton 法求解精确到你能够做到的位数.

21. 在 10.8 节, 我们求得在平面上运动的质点的速度

$$\mathbf{v} = \dot{x}\mathbf{i} + \dot{y}\mathbf{j} = \dot{r}\mathbf{u}_r + r\dot{\theta}\mathbf{u}_\theta.$$

(a) 通过求点积 $\mathbf{v} \cdot \mathbf{i}$ 和 $\mathbf{v} \cdot \mathbf{j}$ 的值用 $\dot{r}$ 和 $r\dot{\theta}$ 表示 $\dot{x}$ 和 $\dot{y}$.

(b) 通过求点积 $\mathbf{v} \cdot \mathbf{u}_r$ 和 $\mathbf{v} \cdot \mathbf{u}_\theta$ 的值用 $\dot{x}$ 和 $\dot{y}$ 表示 $\dot{r}$ 和 $r\dot{\theta}$.

22. **极坐标里的曲率** 用 f 及其导数表示极坐标平面里的二次可微的曲线 $r = f(\theta)$ 的曲率.

23. **转动杆上的甲虫** 一个细杆以角速度 3 弧度/分绕极坐标平面的原点 (在该平面) 转动. 一个甲虫从点 $(2, 0)$ 出发 沿杆以速率 1 英寸/分朝原点爬行.

(a) 以极坐标形式求甲虫爬到离原点的一半路程 (离原点 1 英寸) 时的速度和角速度.

(b) 在甲虫爬到原点这段时间里, 它爬行的路径的长度是多少? 精确到十分之一英寸.

24. **角动量守恒** $\mathbf{r}(t)$ 表示运动物体于时刻 t 在空间的位置. 假定时刻 t 作用在物体上的力是

$$\mathbf{F}(t) = -\frac{c}{|\mathbf{r}(t)|^3}\mathbf{r}(t).$$

其中 c 是常数. 在物理学中, 一个物体在时刻 t 的角动量定义为 $\mathbf{L}(t) = \mathbf{r}(t) \times m\mathbf{v}(t)$, 其中 m 是物体的质量, 而 $\mathbf{v}$ 是速度. 证明角动量是一个守恒量; 即证明 $\mathbf{L}(t)$ 是一个不依赖时间的常向量. 回忆 Newton 定律 $\mathbf{F} = m\mathbf{a}$. (这是一个微积分问题, 而非物理学问题.)

多元函数及其导数

概述 二元和多元函数比一元函数更经常地出现在科学中,并且它们的微积分更丰富多采.因为各变量间的交互作用,它们的导数更变化多端并且更加有趣.它们的积分有多种多样的应用.略举几个,像概率论,统计学,流体动力学,以及电学,全以自然的方式引导出多于一个变量的函数.有关这些函数的数学是最精美的科学成就之一.

正如我们在本章将了解到的,当我们进入高维时,微积分的法则本质上保持原样.我们需要明白在同一时间里各个方向的变化,虽然必须引进一些新记号,其中包括前一章的向量记号,但幸运的是并不需要彻底改造原有理论.事实上,多变量微积分无非是同时在各个方向运用单变量微积分.

11.1 多元函数

二元函数 • 定义域和值域 • 二元函数的图形和等位线 • 等高线 • 计算机作图 • 三元或更多元的函数 • 三元函数的等位面

许多函数依赖多于一个的变量.函数 $V = \pi r^2 h$ 通过底半径和高计算正圆柱的体积.函数 $f(x, y) = x^2 + y^2$ 从 P 的两个坐标计算抛物面 $z = x^2 + y^2$ 在点 $P(x, y)$ 上方的高度.地球表面一点的温度 T 依赖纬度 x 和经度 y,可表示成 $T = f(x, y)$.在本节,我们定义多于一个自变量的函数,并且讨论画它们的图形的方法.

二元函数

两个实自变量的实值函数的定义域是实数有序对的集合,而值域是我们一直与之打交道的实数集合.

CD-ROM
WEBsite
历史传记
Multivariable Calculus

> **定义　二元函数**
>
> 假定 D 是有序实数对 (x,y) 的集合. D 上的**二元实函数** f 是一个规则, 它对 D 内的每个有序对 (x,y) 指定唯一的一个实数
> $$w = f(x,y),$$
> D 是 f 的**定义域**. 而 f 取的 w 的值的集合是它的**值域**. **自变量** x 和 y 是函数的输入变量, 而**因变量** w 是函数的**输出**变量.

在应用中, 我们倾向于使用能够提醒我们变量代表什么意思的字母. 为了说明直圆柱的体积是其底半径和高的函数, 我们可以写 $V = f(r,h)$. 为更明确起见我们可以用从 r 和 h 的值计算 V 的值的公式代替记号 $f(r,h)$, 而写成 $V = \pi r^2 h$. 在两种情况下, r 和 h 都是自变量, 而 V 是函数的因变量.

例 1（平面上从原点到点的距离）　当我们用直角坐标时, 点 (x,y) 离原点的距离由函数 $D(x,y) = \sqrt{x^2 + y^2}$ 给定. D 在点 $(3,4)$ 的值是 $\sqrt{3^2 + 4^2} = 5$.

定义域和值域

在定义二元函数时, 我们遵守通常的排除导致复数和使用零作除数的输入的习惯. 若 $f(x,y) = \sqrt{y - x^2}$, y 不能小于 x^2. 若 $f(x,y) = 1/(xy)$, xy 不能是零. 假定函数的定义域是使定义规则产生实数值的最大的集合. 值域则是因变量的输出值的集合.

例 2　确定定义域和值域

函数	定义域	值域
(a) $w = \sqrt{y - x^2}$	$y \geqslant x^2$	$[0, \infty)$
(b) $w = \dfrac{1}{xy}$	$xy \neq 0$	$(-\infty, 0) \cup (0, \infty)$
(c) $w = \sin xy$	全平面	$[-1, 1]$

定义在平面的一部分的函数的定义域可以有内点和边界点, 这跟定义在直线的区间上的函数可能有的状况一样.

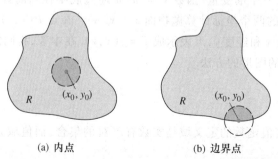

(a) 内点　　　　(b) 边界点

图 11.1　平面集合 R 的内点和边界点, 内点必然是 R 的一个点, 边界点不必属于 R.

定义　内点，边界点，开集，闭集

xy 平面上的集合 R 的一个点 (x_0, y_0) 是 R 的**内点**，如果它是一个完全含于 R 内的圆盘的中心(图 11.1). 一个点 (x_0, y_0) 是 R 的**边界点**，如果每个以 (x_0, y_0) 为中心的圆盘有不属于 R 的点，也有属于 R 的点. (边界点本身不要求属于 R.)

一个集合的内点全体组成这个集合的**内部**. 一个集合的边界点组成它的**边界**. 如果一个集合完全由内点组成，则称它为**开集**. 如果一个集合包含它的所有边界点，则称它为**闭集**(图 11.2).

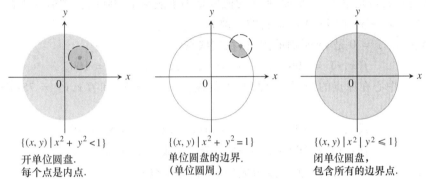

$\{(x, y) \mid x^2 + y^2 < 1\}$
开单位圆盘.
每个点是内点.

$\{(x, y) \mid x^2 + y^2 = 1\}$
单位圆盘的边界.
(单位圆周.)

$\{(x, y) \mid x^2 + y^2 \leq 1\}$
闭单位圆盘，
包含所有的边界点.

图 11.2　平面上单位圆盘的内点和边界点.

如同实数区间一样，平面内的某些区域也可以既不是开集也不是闭集. 如果你在图 11.2 中的开圆盘的基础上，加上一部分边界点但不是所有边界，结果就既非开集也非闭集. 加上的边界点使得该集合不再是开集. 不完全的边界点又使得该集不是闭集.

定义　平面上的有界集和无界集

一个平面集合是**有界的**，如果它包含于一个固定半径的圆盘里. 一个集合是**无界的**，如果它不是有界的.

平面有界集合的例子有线段，三角形，三角形内部，矩形，圆周和圆盘. 无界集合的例子有直线，坐标轴，定义在无穷区间上的函数图形，象限，半平面和平面本身.

例 3(描述二元函数的定义域)　描述函数 $f(x, y) = \sqrt{y - x^2}$ 的定义域

解　因为函数 f 仅定义在满足 $y - x^2 \geq 0$ 的点，定义域是图 11.3 所示的闭的无界的集合. 抛物线 $y = x^2$ 是定义域的边界. 抛物线上方的点组成定义域的内部.

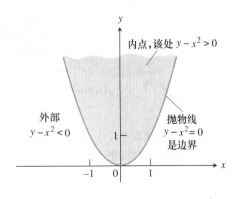

图 11.3　$f(x, y) = \sqrt{y - x^2}$ 的定义域由阴影部分和边界抛物线 $y = x^2$ 组成(例 3)

二元函数的图形和等位线

有两种标准的方法形象化一个函数 $f(x, y)$ 的值.

一个是在定义域里画并标注 f 有同一个值的曲线. 另一个是在空间画曲面 $z = f(x,y)$.

> **定义**　**等位线, 图象, 曲面 (二元函数)**
>
> 平面上的使函数 $f(x,y)$ 取常数值 $f(x,y) = c$ 的点的集合称为 f 的**等位线**. 空间中所有点 $(x,y,f(x,y))$ 的集合, 其中 (x,y) 在 f 的定义域里, 称为 f 的**图象**. f 的图象也称为**曲面 $z = f(x,y)$**.

例 4 (画二元函数的图形)　画 $f(x,y) = 100 - x^2 - y^2$ 的图形以及在平面上 f 的定义域内的等位线 $f(x,y) = 0, f(x,y) = 51$ 和 $f(x,y) = 75$.

解　f 的定义域是整个 xy 平面, 而 f 的值域是小于或等于 100 的实数值的集合. 图形是抛物面 $z = 100 - x^2 - y^2$, 图 11.4 画了它的一部分.

等位线 $f(x,y) = 0$ 是 xy 平面的点集, 在这些点

$$f(x,y) = 100 - x^2 - y^2 = 0, \quad \text{或} \quad x^2 + y^2 = 100,$$

这是半径为 10 中心在原点的圆周. 类似地, 等位线 $f(x,y) = 51$ 和 $f(x,y) = 75$ (图 11.4) 是圆周

$$f(x,y) = 100 - x^2 - y^2 = 51, \quad \text{或} \quad x^2 + y^2 = 49$$

$$f(x,y) = 100 - x^2 - y^2 = 75, \quad \text{或} \quad x^2 + y^2 = 25.$$

等位线 $f(x,y) = 100$ 由原点单独一点组成 (仍称为等位线).

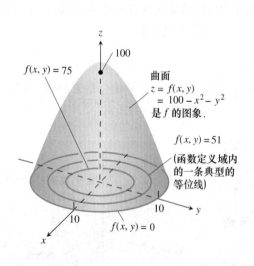

图 11.4　函数 $f(x,y) = 100 - x^2 - y^2$ 的图形和几条等位线 (例 4)

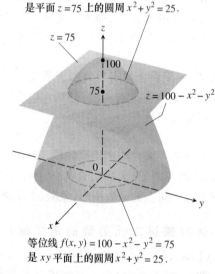

图 11.5　$f(x,y) = 100 - x^2 - y^2$ 的图形及其与平面 $z = 75$ 的交线.

等高线

空间中平面 $z = c$ 和曲面 $z = f(x,y)$ 交成的曲线由表示函数值 $f(x,y) = c$ 的点组成. 这个交线称为**等高线**, 以区别于在 f 的定义域内的等位线 $f(x,y) = c$. 图 11.5 显示了由函数

$f(x,y) = 100 - x^2 - y^2$ 定义的曲面 $z = f(x,y)$ 上的等高线 $f(x,y) = 75$. 等高线位于定义域内的等位线 $f(x,y) = 75$ 的正上方.

不过,并非每个人都做这个区别,你或许希望用同一个名称称呼这两种曲线,而依赖上下文确认你心目中想说的是哪一种. 比如,在大多数地图中,称表示同一高度(海平面以上的高度)的线为等高线,而非等位线(图 11.6).

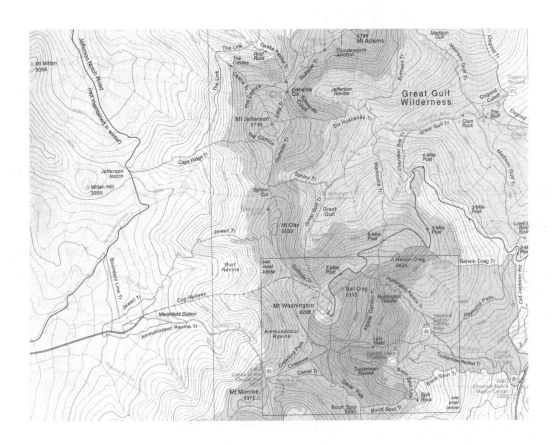

图 11.6　在 New Hampshire 中心的 Washington 上的等高线.

计算机作图

计算机和计算器的三维作图程序使得作二元函数的图形仅需敲打很少的键成为可能. 我们经常从图形比从个公式更快地获得信息.

例 5(地面下温度建模)　地面下温度是地面下深度 x 和时间 t(年)的函数. 假如 x 以英尺测量,而 t 以经过每年一次的最高地面温度的平均天数计算,我们可以用以下函数作为温度变化的模型:
$$w = \cos(1.7 \times 10^{-2} t - 0.2x) e^{-0.2x}.$$
(在 0 英尺的温度被调整在 −1 到 +1 之间变化,于是在地面下 x 英尺的变化被解释为地面变化的分数.)

图 11.7 显示计算机生成的这个函数的图形. 在 15 英尺深处的变化(图形中垂直高度的变化)是地面变化的约 5%. 在 30 英尺,在一年内几乎没有变化.

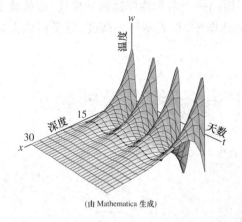

图 11.7 计算机生成的 $w = \cos(1.7 \times 10^{-2}t - 0.2x)e^{-0.2x}$ 的图形显示地面下温度变化占地面温度变化的分数. 在 $x = 15$ 英尺,变化仅为地面变化的 5%. 在 $x = 30$ 英尺,变化小于地面变化的 0.25%. (例 5)(改编自 Norton Starr 提供的 art)

(由 Mathematica 生成)

图形还显示在地面以下 15 英尺处,温度跟地面温度错开约半年. 当温度在地面最低时(比如一月晚些时候),在地面下 15 英尺处温度最高. 地面以下 15 英尺处,季节颠倒.

三元或更多元函数

一个三元函数 f 是对空间的某个定义域 D 的每个三元组 (x,y,z) 指定一个唯一的实数 $w = f(x,y,z)$ 的规则. 值域还是由 f 的输出值组成. 比如,类似于例 1,函数 $D(x,y,z) = \sqrt{x^2 + y^2 + z^2}$ 给出在空间直角坐标系内从原点到点 (x,y,z) 的距离.

例 6 三元函数

函数	定义域	值域
(a) $w = \sqrt{x^2 + y^2 + z^2}$	全空间	$[0,\infty)$
(b) $w = \dfrac{1}{x^2 + y^2 + z^2}$	$(x,y,z) \neq (0,0,0)$	$(0,\infty)$
(c) $w = xy\ln z$	半空间 $z > 0$	$(-\infty,\infty)$

三元函数的等位面

在平面内,二元函数取常数值 $f(x,y) = c$ 的点组成函数定义域内的曲线. 在空间内,三元函数取常数值 $f(x,y,z) = c$ 的点组成函数定义域内的曲面.

> **定义** 等位面
> 空间内三元函数取常数值 $f(x,y,z) = c$ 的点 (x,y,z) 的集合称为 f 的**等位面**.

因为三元函数的图形由点 $(x,y,z,f(x,y,z))$ 组成,它在四维空间内,我们不可能在三维标架内现实地画出来. 不过,我们可以通过观察它的三维等位面了解它的行为.

例7（画三元函数的等位面） 画以下函数的等位面：
$$f(x,y,z) = \sqrt{x^2+y^2+z^2}.$$

解 f 的值是从原点到点 (x,y,z) 的距离。每个等位面 $\sqrt{x^2+y^2+z^2}=c, c>0$ 是半径为 c 中心为原点的球面。图 11.8 显示了三个球面的切割图。等位面 $\sqrt{x^2+y^2+z^2}=0$ 由原点一个点组成。

我们没有在这里画函数图形；而是观察函数定义域里的等位面。等位面在定义域内移动时显示函数值的变化。假如我们停留在半径为 c 中心在原点的球面上，函数保持常数值 c。假如我们从一个球移动到另一个球，函数值改变。假如我们离开原点移动，函数值增加；假如我们朝着原点移动，函数值减少。函数值改变的方式依赖我们移动的方向。改变对方向的依赖性是重要的。在 11.5 节我们回到这一点。

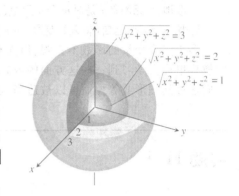

图 11.8 $f(x,y,z)=\sqrt{x^2+y^2+z^2}$ 的等位面是同心球。

内部、边界、开集、闭集、有界和无界集的定义类似于平面的集合。为容纳增加的维数，我们使用球体而非圆盘。

定义 内部，边界，开集，闭集

空间中的集合 R 的一个点 (x_0,y_0,z_0) 是 R 的**内点**，如果它是一个完全含于 R 内的球体的中心（图 11.9a）。一个点 (x_0,y_0,z_0) 是 R 的**边界点**，如果每个以 (x_0,y_0,z_0) 为中心的球体有不属于 R 的点，也有属于 R 的点（图 11.9b）。一个集合的内点全体组成这个集合的**内部**。一个集合的边界点组成它的**边界**。

如果一个集合完全由内点组成，则称为**开集**。如果一个集合包含它的所有边界点，则称为**闭集**。

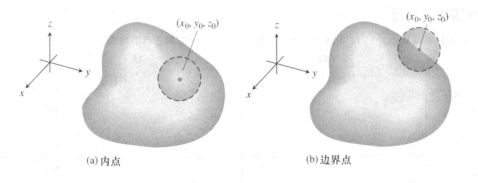

(a) 内点　　　　　　　　(b) 边界点

图 11.9 空间区域的内点和边界点

空间的开集的例子有一个球体的内部，开半空间的 $z>0$，第一卦限（在这里 x,y 和 z 全是正的）和空间本身。

空间的闭集的例子有直线,平面,闭半空间 $z \geq 0$,含边界面的第一象限和空间本身(因为它没有边界点).

一个球体去掉一部分边界,或者一个立方体去掉一个面,棱或一个顶点就既不是开的也不是闭的.

多于三个自变量的函数也是重要的. 比如,空间曲面上的温度不仅依赖曲面上点 $P(x,y,z)$ 的位置,还依赖观察的时刻 t,于是我们写成 $T = f(x,y,z,t)$.

一般地,n 元函数 f 是对每个 n 元组 $(x_1, x_2, \cdots, x_n)$ 指定唯一的一个实数 $w = f(x_1, x_2, \cdots, x_n)$ 的一个规则. x_1 到 x_n 是**自(输入)变量**,而 w 是**因(输出)变量**.

多于三个变量的函数不直观,但强有力的数学方法的发展可以处理它们. 在高等数学或科学教程里你会学习到一些这方面的内容. 在本教材中,我们把注意里集中在二元或三元函数,它们通过其图形或等位面可以被适当地直观化.

习题 11.1

定义域,值域和等位线

在第 1 - 12 题里,
(a) 求函数的定义域
(b) 求函数的值域
(c) 描述函数的等位线
(d) 求函数定义域的边界
(e) 确定定义域是否闭集,开集或都不是
(f) 确定定义域是否是有界的或无界的.

1. $f(x,y) = y - x$
2. $f(x,y) = \sqrt{y - x}$
3. $f(x,y) = 4x^2 + 9y^2$
4. $f(x,y) = x^2 - y^2$
5. $f(x,y) = xy$
6. $f(x,y) = y/x^2$
7. $f(x,y) = \dfrac{1}{\sqrt{16 - x^2 - y^2}}$
8. $f(x,y) = \sqrt{9 - x^2 - y^2}$
9. $f(x,y) = \ln(x^2 + y^2)$
10. $f(x,y) = e^{-(x^2+y^2)}$
11. $f(x,y) = \arcsin(y - x)$
12. $f(x,y) = \arctan\left(\dfrac{y}{x}\right)$

识别曲面和等位线

第 13 - 18 题显示画在 (a) - (f) 中的函数的等位线. 匹配等位线集和适当的曲面.

13.

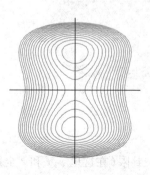

14.

15.

16. **17.** **18.**

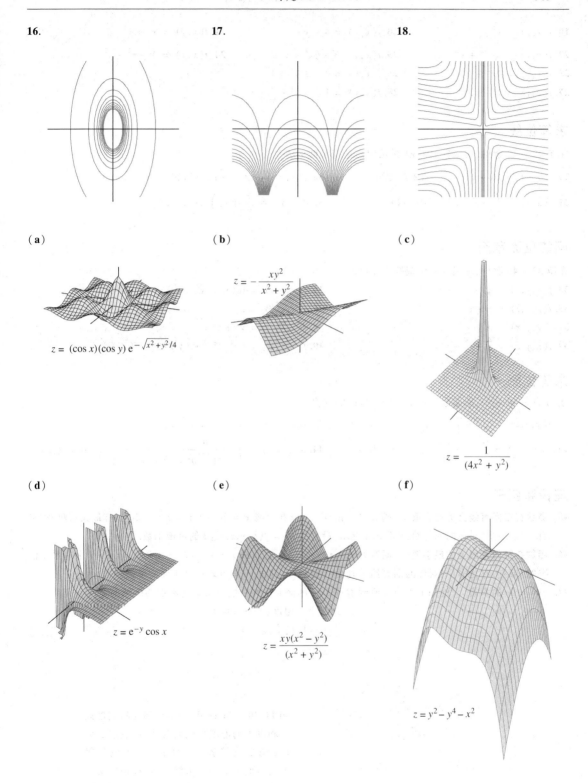

(a) (b) (c)

$z = (\cos x)(\cos y) e^{-\sqrt{x^2+y^2}/4}$

$z = -\dfrac{xy^2}{x^2+y^2}$

$z = \dfrac{1}{(4x^2+y^2)}$

(d) (e) (f)

$z = e^{-y}\cos x$

$z = \dfrac{xy(x^2-y^2)}{(x^2+y^2)}$

$z = y^2 - y^4 - x^2$

识别二元函数

用两种方式显示第 19 – 29 题中的函数的值：(a) 画曲面 $z = f(x,y)$ 的草图和 (b) 画函数定义域内的一组等位线，并用函数值标注每条等位线.

19. $f(x,y) = y^2$ 20. $f(x,y) = 4 - y^2$ 21. $f(x,y) = x^2 + y^2$
22. $f(x,y) = \sqrt{x^2 + y^2}$ 23. $f(x,y) = -(x^2 + y^2)$ 24. $f(x,y) = 4 - x^2 - y^2$
25. $f(x,y) = 4x^2 + y^2$ 26. $f(x,y) = 4x^2 + y^2 + 1$
27. $f(x,y) = 1 - |y|$ 28. $f(x,y) = 1 - |x| - |y|$

求等位线

在第 29 – 32 题中，求函数 $f(x,y)$ 过给定点的等位线的方程.

29. $f(x,y) = 16 - x^2 - y^2$，$(2\sqrt{2}, \sqrt{2})$ 30. $f(x,y) = \sqrt{x^2 - 1}$，$(1,0)$
31. $f(x,y) = \int_x^y \dfrac{\mathrm{d}t}{1 + t^2}$，$(-\sqrt{2}, \sqrt{2})$ 32. $f(x,y) = \sum_{n=0}^{\infty} \left(\dfrac{x}{y}\right)^n$，$(1,2)$

画等位面草图

在第 33 – 40 题中，画函数的典型等位面草图.

33. $f(x,y,z) = x^2 + y^2 + z^2$ 34. $f(x,y,z) = \ln(x^2 + y^2 + z^2)$
35. $f(x,y,z) = x + z$ 36. $f(x,y,z) = z$
37. $f(x,y,z) = x^2 + y^2$ 38. $f(x,y,z) = y^2 + z^2$
39. $f(x,y,z) = z - x^2 - y^2$ 40. $f(x,y,z) = (x^2/25) + (y^2/16) + (z^2/9)$

求等位面

在第 41 – 44 题中，求函数过给定点的等位面的方程.

41. $f(x,y,z) = \sqrt{x - y} - \ln z$，$(3, -1, 1)$ 42. $f(x,y,z) = \ln(x^2 + y + z^2)$，$(-1, 2, 1)$
43. $g(x,y,z) = \sum_{n=0}^{\infty} \dfrac{(x+y)^n}{n! z^n}$，$(\ln 2, \ln 4, 3)$ 44. $g(x,y,z) = \int_x^y \dfrac{\mathrm{d}\theta}{\sqrt{1 - \theta^2}} + \int_{\sqrt{2}}^z \dfrac{\mathrm{d}t}{t\sqrt{t^2 - 1}}$，$(0, 1/2, 2)$

理论和例子

45. **函数在空间直线上的最大值** 函数 $f(x,y,z) = xyz$ 在直线 $x = 20 - t$, $y = t$, $z = 20$ 上有最大值吗？如果有，它是多少？对你的回答给出理由.（提示：沿直线，$w = f(x,y,z)$ 是 t 的可微函数.）

46. **函数在空间直线上的最小值** 函数 $f(x,y,z) = xy - z$ 在直线 $x = t - 1$, $y = t - 2$, $z = t + 7$ 上有最小值吗？如果有，它是多少？对你的回答给出理由.（提示：沿直线，$w = f(x,y,z)$ 是 t 的可微函数.）

47. **Concorde 的声震** 地面上人直接听到 Concorde 的而非空气中的层反射的声震的区域的宽度 w 是

$$T = \text{地面空气温度(Kelvin 度)}$$
$$h = \text{Concorde 的高度(km)}$$

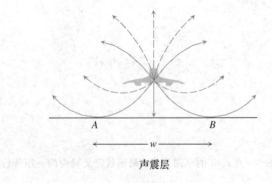

声震层

图 11.10 Concorde 的声波随飞行高度以上和以下的温度变化而弯曲. 声震层是地面的接收直接从飞机来的而非空气反射或沿地面衍射的冲击波的区域. 声震层由从地面上在飞机正下方的点引出的射线确定.（第 47 题）

$$d = 垂直温度梯度(每千米降低的 Kelvin 度)$$

的函数, w 的公式是

$$w = 4\left(\frac{Th}{d}\right)^{1/2}.$$

见图 11.10.

从欧洲飞往 Washington 的 Concorde 在一个航线上飞邻美国, 此航线在 Nantucket 岛以南, 飞机高度 16.8 km. 若 地面温度是 290 K, 垂直温度梯度是 5 K/km, 飞机在 Nantucket 岛以南多少公里飞行才能保持它的声震层离开该岛. (选自 N. K. Balachandra, W. L. Donn, D. H. Rind, "Concorde Sonic Booms as an Atmospheric(声震是空气探测仪)", *Science*, Vol. 197(July1,1977), pp. 47 – 49)

48. **为学而写** 正如你所知道的, 单实变量实值函数的图形是二坐标空间的一个点集. 二元实值函数的图形是三维坐标空间的一个点集. 三元实值函数的图形是四维坐标空间的一个点集. 你怎样定义四实变量实值函数 $f(x_1, x_2, x_3, x_4)$ 的图形? 你怎样定义 n 实变量实值函数 $f(x_1, x_2, x_3, \cdots, x_n)$ 的图形?

计算机探究

隐曲面

利用一个 CAS 对第 49 – 52 题的每个函数执行以下步骤.
(a) 在给定的矩形画曲面.
(b) 在给定的矩形画几条等位线.
(c) 画 f 的通过给定点的等位线.

49. $f(x,y) = x\sin\frac{y}{2} + y\sin 2x, \quad 0 \leq x \leq 5\pi, 0 \leq y \leq 5\pi, P(3\pi, 3\pi)$

50. $f(x,y) = (\sin x)(\cos y)e^{\sqrt{x^2+y^2}/8}, \quad 0 \leq x \leq 5\pi, 0 \leq y \leq 5\pi, P(4\pi, 4\pi)$

51. $f(x,y) = \sin(x + 2\cos y), \quad -2\pi \leq x \leq 2\pi, -2\pi \leq y \leq 2\pi, P(\pi, \pi)$

52. $f(x,y) = e^{(x^{0.1}-y)}\sin(x^2 + y^2), \quad 0 \leq x \leq 2\pi, -2\pi \leq y \leq \pi, P(\pi, -\pi)$

隐曲面

利用一个 CAS 画第 53 – 56 题的等位面.

53. $4\ln(x^2 + y^2 + z^2) = 1$ 54. $x^2 + z^2 = 1$

55. $x + y^2 - 3z^2 = 1$ 56. $\sin(x/2) - (\cos y)\sqrt{x^2 + z^2} = 2$

参数化曲面

正如你用定义在某个参数区间 I 的一对方程 $x = f(t), y = g(t)$ 以参数方式描述平面曲线, 你可以用定义在某个参数矩形 $a \leq u \leq b, c \leq v \leq d$ 的三个方程 $x = f(u,v), y = g(u,v), z = h(u,v)$ 以参数方式描述空间曲面. 许多计算机代数系统允许你以**参数模式**画曲面. (在 13.6 节详细讨论参数曲面.) 利用一个 CAS 画第 57 – 60 题的曲面. 再画几条 xy 平面内的等位线.

57. $x = u\cos v, \quad y = u\sin v, \quad z = u, \quad 0 \leq u \leq 2, \quad 0 \leq v \leq 2\pi$

58. $x = u\cos v, \quad y = u\sin v, \quad z = v, \quad 0 \leq u \leq 2, \quad 0 \leq v \leq 2\pi$

59. $x = (2 + \cos u)\cos v, \quad y = (2 + \cos u)\sin v, \quad z = \sin u, \quad 0 \leq u \leq 2\pi, \quad 0 \leq v \leq 2\pi$

60. $x = 2\cos u\cos v, \quad y = 2\cos u\sin v, \quad z = 2\sin u, \quad 0 \leq u \leq 2\pi, \quad 0 \leq v \leq \pi$

11.2 高维函数的极限和连续

二元函数的极限 • 二元函数的连续性 • 多于二元的函数 • 闭有界集上的连续函数的极值

本节讨论多元函数的极限和连续性. 二元或三元函数极限的定义类似于一元函数极限的定义,但正如我们就要看到的有一个至关重要的区别.

二元函数的极限

若对充分接近于点(x_0,y_0)但不等于(x_0,y_0)的所有点(x,y),实值函数$f(x,y)$的值接近于固定实数值L,我们说L是f在(x,y)趋于(x_0,y_0)时的极限. 用符号写成

$$\lim_{(x,y)\to(x_0,y_0)}f(x,y)=L,$$

并说"f在(x,y)趋于(x_0,y_0)时的极限是L."这像单变量函数的极限,只不过两个自变量代替了一个自变量,从而使得"接近"的提法变得复杂. 若(x_0,y_0)是f的定义域的内点,(x,y)可以从任何方向接近于(x_0,y_0);而在单自变量的情形,x仅沿x轴趋于x_0. 趋近的方向可能会引发问题,这从下面例子中的某几个可以看出.

CD-ROM WEBsite
历史传记
Guillaume l'Hôpital
(1661 — 1704)

> **定义 二元函数的极限**
> 当(x,y)趋于(x_0,y_0)时函数f有极限L,如果给定任意正数ε,存在一个正数δ,使得对所有在f的定义域中的(x,y),
> $$0<\sqrt{(x-x_0)^2+(y-y_0)^2}<\delta\Rightarrow|f(x,y)-L|<\varepsilon.$$
> 我们写成
> $$\lim_{(x,y)\to(x_0,y_0)}f(x,y)=L.$$

定义中的$\delta-\varepsilon$条件等价于条件

$$0<|x-x_0|<\delta \text{ 和 } 0<|y-y_0|<\delta \Rightarrow |f(x,y)-L|<\varepsilon$$

(习题11.2第43题). 这样,在计算极限时,我们可以用平面距离思考,也可以用坐标之差思考.

极限的定义既适用于f的定义域的边界点,也适用于内点. 唯一要求是在任何时候,点(x,y)要留在定义域里.

跟一个自变量的情形一样,可以证明

$$\lim_{(x,y)\to(x_0,y_0)}x=x_0$$

$$\lim_{(x,y)\to(x_0,y_0)}y=y_0$$

$$\lim_{(x,y)\to(x_0,y_0)}k=k \quad \text{(任意数}k\text{)}$$

还可以证明两个函数和的极限是它们的极限(当二者都存在时)之和,对差、积、常倍数、商和幂的类似结果也成立.

定理 1　二元函数极限的性质

若 L, M 和 k 是实数，而且

$$\lim_{(x,y)\to(x_0,y_0)} f(x,y) = L \quad 和 \quad \lim_{(x,y)\to(x_0,y_0)} g(x,y) = M.$$

则下列法则成立.

1. 和法则：$\quad \lim\limits_{(x,y)\to(x_0,y_0)} [f(x,y) + g(x,y)] = L + M$

2. 差法则：$\quad \lim\limits_{(x,y)\to(x_0,y_0)} [f(x,y) - g(x,y)] = L - M$

3. 积法则：$\quad \lim\limits_{(x,y)\to(x_0,y_0)} f(x,y) \cdot g(x,y) = L \cdot M$

4. 常倍数法则：$\quad \lim\limits_{(x,y)\to(x_0,y_0)} kf(x,y) = kL \quad k$ 为任意数

5. 商法则：$\quad \lim\limits_{(x,y)\to(x_0,y_0)} \dfrac{f(x,y)}{g(x,y)} = \dfrac{L}{M} \quad$ 当 $M \neq 0$.

6. 幂法则：$\quad$ 若 m 和 n 是整数，则 $\lim\limits_{(x,y)\to(x_0,y_0)} [f(x,y)]^{m/n} = L^{m/n}$，只要 $L^{m/n}$ 是一个实数.

当我们把定理 1 应用到多项式和有理函数时，我们就得到有用的结果：当 $(x,y) \to (x_0, y_0)$ 时这些函数的极限可以通过求函数在 (x_0, y_0) 的值来计算. 唯一的要求是有理函数在 (x_0, y_0) 有定义.

例 1（计算极限）

(a) $\lim\limits_{(x,y)\to(0,1)} \dfrac{x - xy + 3}{x^2 y + 5xy - y^3} = \dfrac{0 - (0)(1) + 3}{(0)^2(1) + 5(0) - (1)^3} = -3$

(b) $\lim\limits_{(x,y)\to(3,-4)} \sqrt{x^2 + y^2} = \sqrt{(3)^2 + (-4)^2} = \sqrt{25} = 5$

例 2（计算极限）　求

$$\lim_{(x,y)\to(0,0)} \dfrac{x^2 - xy}{\sqrt{x} - \sqrt{y}}.$$

解　因为分母 $\sqrt{x} - \sqrt{y}$ 当 $(x,y) \to (0,0)$ 时趋于 0，我们不能利用定理 1 的商法则. 不过，若分子和分母同乘以 $\sqrt{x} - \sqrt{y}$，就得到一个等价的分式，它的极限为：

$$\begin{aligned}
\lim_{(x,y)\to(0,0)} \dfrac{x^2 - xy}{\sqrt{x} - \sqrt{y}} &= \lim_{(x,y)\to(0,0)} \dfrac{(x^2 - xy)(\sqrt{x} + \sqrt{y})}{(\sqrt{x} - \sqrt{y})(\sqrt{x} + \sqrt{y})} \\
&= \lim_{(x,y)\to(0,0)} \dfrac{x(x-y)(\sqrt{x} + \sqrt{y})}{x - y} \quad 代数\\
&= \lim_{(x,y)\to(0,0)} x(\sqrt{x} + \sqrt{y}) \quad 消去因子 x - y.\\
&= 0(\sqrt{0} + \sqrt{0}) = 0
\end{aligned}$$

注：在例 2 里我们可以消去因子 $(x - y)$，因为路径 $y = x$（沿着它 $x - y = 0$）不在函数 $\dfrac{x^2 - xy}{\sqrt{x} - \sqrt{y}}$ 的定义域里.

二元函数的连续性

二元函数的连续的定义本质上跟一元函数一样.

定义　在一点连续,连续

一个函数是在一点(x_0, y_0)连续的,如果

1. f在(x_0, y_0)有定义
2. $\lim_{(x,y) \to (x_0, y_0)} f(x, y)$存在
3. $\lim_{(x,y) \to (x_0, y_0)} f(x, y) = f(x_0, y_0)$

一个函数是**连续函数**,如果它在定义域的每一点都是连续的.

跟极限定义一样,连续性的定义既适用于f的定义域的边界点,也适用于内点. 唯一要求是在任何时候点(x,y)要留在定义域里.

你一定会猜到,定理 1 的推论之一是连续函数的代数组合在所涉及的函数有定义的每个点是连续的. 因此,连续函数的和、差、积、常倍数、商,以及幂在有定义的地方是连续的. 特别地,二元多项式和有理函数在它们有定义的每个点是连续的.

若$z = f(x, y)$是x和y的连续函数,而$w = g(z)$是z的连续函数,则$w = g(f(x, y))$是连续的. 这样,$\mathrm{e}^{x-y}, \cos\dfrac{xy}{x^2+1}, \ln(1 + x^2 y^2)$在每个点$(x, y)$是连续的.

跟一元函数一样,一般法则是连续函数的复合是连续的. 唯一的要求是被复合的函数在其定义域里连续.

例 3(有唯一不连续点的函数)　证明

$$f(x, y) = \begin{cases} \dfrac{2xy}{x^2 + y^2}, & (x, y) \neq (0, 0) \\ 0, & (x, y) = (0, 0) \end{cases}$$

在原点以外的点连续(图 11.11).

解　函数f在任何点$(x, y) \neq (0, 0)$连续,因为它的值由有理函数给定.

在$(0, 0)$,f有定义,但我们断言当$(x, y) \to (0, 0)$时,f没有极限. 理由是我们下面看到的,

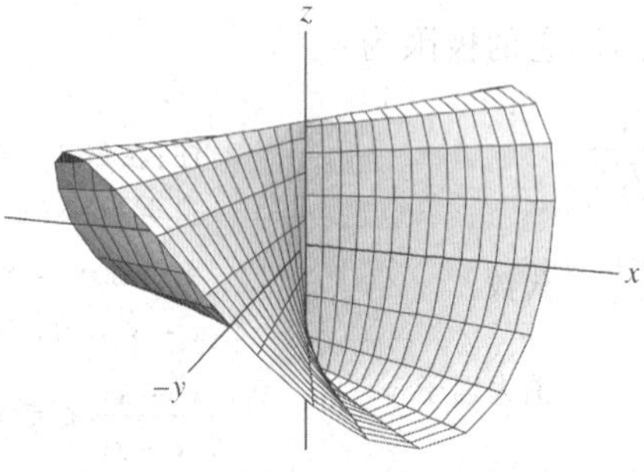

(由 Mathematica 生成)

(a) 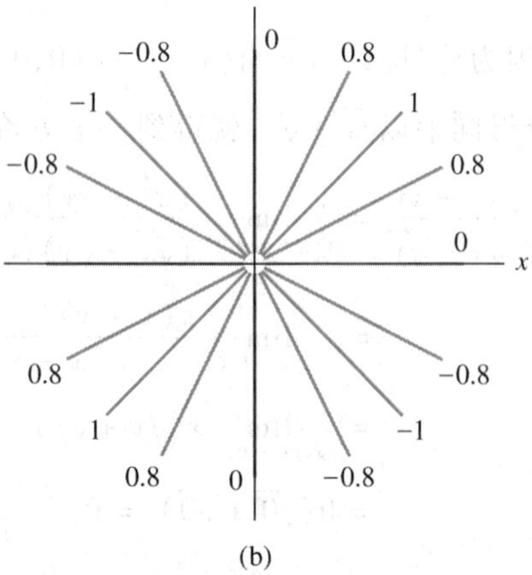　(b)

图 11.11　(a)$f(x, y) = \begin{cases} \dfrac{2xy}{x^2 + y^2}, & (x, y) \neq (0, 0) \\ 0, & (x, y) = (0, 0) \end{cases}$的图形. 函数在原点以外的每个点连续.

(b)f的等位线.(例 3)

趋于(0,0)的不同路径导致不同的结果.

对 m 的每个值,函数 f 在"刺孔"直线 $y = mx, x \neq 0$ 上有常数值,这是因为

$$f(x,y)\bigg|_{y=mx} = \frac{2xy}{x^2+y^2}\bigg|_{y=mx} = \frac{2x(mx)}{x^2+(mx)^2} = \frac{2mx^2}{x^2+m^2x^2} = \frac{2m}{1+m^2}.$$

因此,当 (x,y) 沿这条刺孔直线趋于 $(0,0)$ 时,f 以这个数为极限:

$$\lim_{\substack{(x,y)\to(0,0)\\ \text{沿}\, y=mx}} f(x,y) = \lim_{(x,y)\to(0,0)}\left[f(x,y)\bigg|_{y=mx}\right] = \frac{2m}{1+m^2}.$$

这个极限随 m 改变. 因此没有唯一的数可以称为当 (x,y) 趋于 $(0,0)$ 时 f 的极限. 极限不存在, 函数不连续.

例3说明了有关二元(就这件事而言,甚至更多元)函数的极限的重要一点. 对于函数在一个点极限存在,沿每个趋近路径极限必须一样. 这个结果跟一元函数的情形类似,这时左极限和右极限必须是同一个值. 对于二元或多元函数,如果一旦发现有不同极限的路径,我们就能判定在它们所趋向的点,函数没有极限.

极限不存在的两路径判别法

若函数 $f(x,y)$ 沿 (x,y) 趋于 (x_0,y_0) 的两个不同路径有不同极限,则 $\lim_{(x,y)\to(x_0,y_0)} f(x,y)$ 不存在.

例4(应用两路径判别法) 证明函数 $f(x,y) = \dfrac{2x^2y}{x^4+y^2}$(图11.12)当 (x,y) 趋于 $(0,0)$ 时没有极限.

解 沿路径 $y = kx^2, x \neq 0$,函数有常数值

$$f(x,y)\bigg|_{y=kx^2} = \frac{2x^2y}{x^4+y^2}\bigg|_{y=kx^2} = \frac{2x^2(kx^2)}{x^4+(kx^2)^2} = \frac{2kx^4}{x^4+k^2x^4} = \frac{2k}{1+k^2},$$

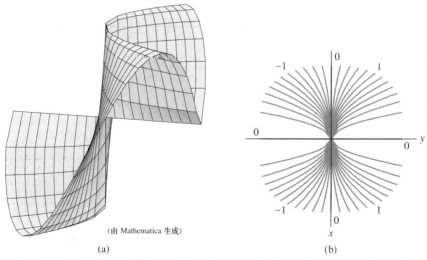

(由 Mathematica 生成)

(a)   (b)

图 11.12 (a) $f(x,y) = 2x^2y/(x^4+y^2)$ 的图形. 由图形暗示和(b)的等位线确认, $\lim_{(x,y)\to(0,0)} f(x,y)$ 不存在. (例4)

因此
$$\lim_{\substack{(x,y)\to(0,0)\\ 沿 y=kx^2}} f(x,y) = \lim_{(x,y)\to(0,0)} \left[f(x,y) \Big|_{y=kx^2} \right] = \frac{2k}{1+k^2}.$$

极限随趋近路径而变化. 比如, 若 (x,y) 沿抛物线 $y = x^2$ 趋于 $(0,0)$, $k = 1$, 极限是 1. 若 (x,y) 沿 x 轴趋于 $(0,0)$, $k = 0$, 极限是 0. 根据两路径判别法, 当 (x,y) 趋于 $(0,0)$ 时, f 没有极限.

这里的语言似乎是矛盾的. 你可能会问: "当 (x,y) 趋于原点时, f 没有极限意味着什么 —— 它有许多极限." 但正是这一点, 没有一个与路径无关的单一的极限, 且因此, 由定义, 极限 $\lim_{(x,y)\to(0,0)} f(x,y)$ 不存在. 把这样正式的陈述译为日常用语: "没有极限" 便产生了明显的矛盾. 数学是优美的. 问题产生于我们怎么讨论一个主题. 我们需要常例使得能看到事物的本质.

多于二元的函数

二元函数的极限和连续的定义以及有关和、积、商、幂, 以及复合的极限和连续的结论全都可以推广到三元或更多元函数. 比如函数 $\ln(x+y+z)$ 和 $\dfrac{y\sin z}{x-1}$ 在它们的定义域中是连续的, 又比如

$$\lim_{P\to(1,0,-1)} \frac{e^{x+z}}{z^2 + \cos\sqrt{xy}} = \frac{e^{1-1}}{(-1)^2 + \cos 0} = \frac{1}{2},$$

其中 P 表示点 (x,y,z), 可以由直接代入求得.

闭有界集上的连续函数的极值

我们已经知道在有界闭区间 $[a,b]$ 上的连续函数至少一次在 $[a,b]$ 上取得绝对最大值和绝对最小值. 同样的结论对于在平面的有界闭集 R (如线段、圆盘、填满的三角形) 上的函数 $f(x,y)$ 也成立. 函数在 R 的某个点取得绝对最大值, 并且在 R 的某个点取得绝对最小值.

类似于这个和本节其它定理的定理对于三元或更多元函数仍然成立. 比如, 在有界闭集 (球体或立方体、球壳、长方体) 上的连续函数 $w = f(x,y,z)$ 取得绝对最大值和绝对最小值.

在 11.8 节我们学习怎样求极值, 但首先要了解高维的导数. 这正是下节的主题.

习题 11.2

二元极限

求第 1 – 12 题的极限

1. $\lim\limits_{(x,y)\to(0,0)} \dfrac{3x^2 - y^2 + 5}{x^2 + y^2 + 2}$

2. $\lim\limits_{(x,y)\to(0,4)} \dfrac{x}{\sqrt{y}}$

3. $\lim\limits_{(x,y)\to(3,4)} \sqrt{x^2 + y^2 - 1}$

4. $\lim\limits_{(x,y)\to(2,-3)} \left(\dfrac{1}{x} + \dfrac{1}{y} \right)^2$

5. $\lim\limits_{(x,y)\to(0,\pi/4)} \sec x \tan y$

6. $\lim\limits_{(x,y)\to(0,0)} \cos \dfrac{x^2 + y^3}{x + y + 1}$

7. $\lim\limits_{(x,y)\to(0,\ln 2)} e^{x-y}$

8. $\lim\limits_{(x,y)\to(1,1)} \ln |1 + x^2 y^2|$

9. $\lim\limits_{(x,y)\to(0,0)} \dfrac{e^y \sin x}{x}$

10. $\lim\limits_{(x,y)\to(1,1)} \cos \sqrt[3]{|xy| - 1}$

11. $\lim\limits_{(x,y)\to(1,0)} \dfrac{x \sin y}{x^2 + 1}$

12. $\lim\limits_{(x,y)\to(\pi/2,0)} \dfrac{\cos y + 1}{y - \sin x}$

商的极限

通过先重写分式求第 13 – 20 题的极限.

13. $\lim\limits_{\substack{(x,y)\to(1,1)\\x\neq y}} \dfrac{x^2-2xy+y^2}{x-y}$

14. $\lim\limits_{\substack{(x,y)\to(1,1)\\x\neq y}} \dfrac{x^2-y^2}{x-y}$

15. $\lim\limits_{\substack{(x,y)\to(1,1)\\x\neq 1}} \dfrac{xy-y-2x+2}{x-1}$

16. $\lim\limits_{\substack{(x,y)\to(2,-4)\\y\neq-4,x\neq x^2}} \dfrac{y+4}{x^2y-xy+4x^2-4x}$

17. $\lim\limits_{\substack{(x,y)\to(0,0)\\x\neq y}} \dfrac{x-y+2\sqrt{x}-2\sqrt{y}}{\sqrt{x}-\sqrt{y}}$

18. $\lim\limits_{\substack{(x,y)\to(2,2)\\x+y\neq 4}} \dfrac{x+y-4}{\sqrt{x+y}-2}$

19. $\lim\limits_{\substack{(x,y)\to(2,0)\\2x-y\neq 4}} \dfrac{\sqrt{2x-y}-2}{2x-y-4}$

20. $\lim\limits_{\substack{(x,y)\to(4,3)\\x\neq y+1}} \dfrac{\sqrt{x}-\sqrt{y+1}}{x-y-1}$

三元极限

求第 21 – 26 题的极限

21. $\lim\limits_{P\to(1,3,4)}\left(\dfrac{1}{x}+\dfrac{1}{y}+\dfrac{1}{z}\right)$

22. $\lim\limits_{P\to(1,-1,-1)} \dfrac{2xy+yz}{x^2+z^2}$

23. $\lim\limits_{P\to(3,3,0)} (\sin^2 x+\cos^2 y+\sec^2 z)$

24. $\lim\limits_{P\to(-1/4,\pi/2,2)} \arctan xyz$

25. $\lim\limits_{P\to(\pi,0,3)} ze^{-2y}\cos 2x$

26. $\lim\limits_{P\to(0,-2,0)} \ln\sqrt{x^2+y^2+z^2}$

平面内的连续性

在平面内的哪些点, 第 27 – 30 题的函数是连续的.

27. (a) $f(x,y)=\sin(x+y)$ (b) $f(x,y)=\ln(x^2+y^2)$

28. (a) $f(x,y)=\dfrac{x+y}{x-y}$ (b) $f(x,y)=\dfrac{y}{x^2+1}$

29. (a) $g(x,y)=\sin\dfrac{1}{xy}$ (b) $g(x,y)=\dfrac{x+y}{2+\cos x}$

30. (a) $g(x,y)=\dfrac{x^2+y^2}{x^2-3x+2}$ (b) $g(x,y)=\dfrac{1}{x^2-y}$

空间内的连续性

在空间内的哪些点, 第 31 – 34 题的函数是连续的.

31. (a) $f(x,y,z)=x^2+y^2-2z^2$ (b) $f(x,y,z)=\sqrt{x^2+y^2-1}$

32. (a) $f(x,y,z)=\ln xyz$ (b) $h(x,y,z)=e^{x+y}\cos z$

33. (a) $h(x,y,z)=xy\sin\dfrac{1}{z}$ (b) $h(x,y,z)=\dfrac{1}{x^2+z^2-1}$

34. (a) $h(x,y,z)=\dfrac{1}{|y|+|z|}$ (b) $h(x,y,z)=\dfrac{1}{|xy|+|z|}$

应用两路径定理

通过考虑不同的趋近路径, 证明第 35 – 42 题中的函数当 $(x,y)\to(0,0)$ 时没有极限.

35. $f(x,y)=-\dfrac{x}{\sqrt{x^2+y^2}}$

36. $f(x,y)=\dfrac{x^4}{x^4+y^2}$

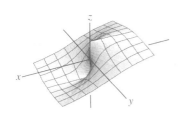
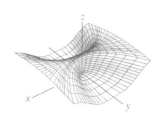

37. $f(x,y) = \dfrac{x^4 - y^2}{x^4 + y^2}$ 38. $f(x,y) = \dfrac{xy}{|xy|}$ 39. $g(x,y) = \dfrac{x - y}{x + y}$

40. $g(x,y) = \dfrac{x + y}{x - y}$ 41. $h(x,y) = \dfrac{x^2 + y}{y}$ 42. $h(x,y) = \dfrac{x^2}{x^2 - y}$

利用 $\delta - \varepsilon$ 定义

43. 证明极限定义中的 $\delta - \varepsilon$ 法则等价于
$$0 < |x - x_0| < \delta \text{ 和 } 0 < |y - y_0| < \delta \Rightarrow |f(x,y) - L| < \varepsilon.$$

44. 以函数 $f(x,y)$ 当 $(x,y) \to (x_0, y_0)$ 时的极限的定义作为蓝本,叙述函数 $f(x,y,z)$ 当 $(x,y,z) \to (x_0, y_0, z_0)$ 时的极限的定义. 对于四元函数 $f(x,y,z,t)$ 类似的定义是什么.

第 45 - 48 题的每个给出函数 $f(x,y)$ 和一个正数 ε. 在每个题目里,证明存在一个 δ,使得对所有 (x,y):
$$\sqrt{x^2 + y^2} < \delta \Rightarrow |f(x,y) - f(0,0)| < \varepsilon$$

或证明存在一个 δ,使得对所有 (x,y):
$$|x| < \delta \text{ 和 } |y| < \delta \Rightarrow |f(x,y) - f(0,0)| < \varepsilon.$$

在每个题目里,选择上述适当的一个来做. 不必两个都做.

45. $f(x,y) = x^2 + y^2$, $\varepsilon = 0.01$ **46.** $f(x,y) = y/(x^2 + 1)$, $\varepsilon = 0.05$

47. $f(x,y) = (x + y)/(x^2 + 1)$, $\varepsilon = 0.01$ **48.** $f(x,y) = (x + y)/(2 + \cos x)$, $\varepsilon = 0.02$

第 49 - 52 题的每个给出函数 $f(x,y,z)$ 和一个正数 ε. 在每个题目里,证明存在一个 δ,使得对所有 (x,y,z):
$$\sqrt{x^2 + y^2 + z^2} < \delta \Rightarrow |f(x,y,z) - f(0,0,0)| < \varepsilon$$

或证明证明存在一个 δ,使得对所有 (x,y,z):
$$|x| < \delta, |y| < \delta, \text{ 和 } |z| < \delta \Rightarrow |f(x,y,z) - f(0,0,0)| < \varepsilon$$

在每个题目里,选择上述适当的一个来做. 不必两个都做.

49. $f(x,y,z) = x^2 + y^2 + z^2$, $\varepsilon = 0.015$ **50.** $f(x,y,z) = xyz$, $\varepsilon = 0.008$

51. $f(x,y,z) = \dfrac{x + y + z}{x^2 + y^2 + z^2 + 1}$, $\varepsilon = 0.015$ **52.** $f(x,y,z) = \tan^2 x + \tan^2 y + \tan^2 z$, $\varepsilon = 0.03$

53. 证明 $f(x,y,z) = x + y - z$ 在每个点 (x_0, y_0, z_0) 是连续的.

54. 证明 $f(x,y,z) = x^2 + y^2 + z^2$ 在原点是连续的.

变换到极坐标

如果你在直角坐标系里讨论 $\lim_{(x,y) \to (0,0)} f(x,y)$ 停滞不前时,不妨试一试变换到极坐标. 代入 $x = r\cos\theta$, $y = r\sin\theta$ 并且研究所得表达式当 $r \to 0$ 时的极限. 换句话说,试一试确定是否存在 L 满足以下准则:

任意给定 $\varepsilon > 0$,存在 $\delta > 0$,使得对所有 r 和 θ:
$$|r| < \delta \Rightarrow |f(r,\theta) - L| < \varepsilon. \tag{1}$$

如果这样的 L 存在,则
$$\lim_{(x,y) \to (0,0)} f(x,y) = \lim_{r \to 0} f(r,\theta) = L.$$

例如,
$$\lim_{(x,y) \to (0,0)} \dfrac{x^3}{x^2 + y^2} = \lim_{r \to 0} \dfrac{r^3 \cos^3 \theta}{r^2} = \lim_{r \to 0} r\cos^3\theta = 0.$$

为验证这些等式,我们需要证明(1)式对 $f(r,\theta) = r\cos^3\theta$ 和 $L = 0$ 满足. 即我们需要证明给定任意 $\varepsilon > 0$,存在 $\delta > 0$,使得对所有 r 和 θ:
$$|r| < \delta \Rightarrow |r\cos^3\theta - 0| < \varepsilon.$$

因为
$$|r\cos^3\theta| = |r||\cos^3\theta| \leq |r| \cdot 1 = |r|,$$

若取 $\delta = \varepsilon$,则蕴涵式成立.

反之,不管 $|r|$ 多么小

$$\frac{x^2}{x^2+y^2} = \frac{r^2\cos^2\theta}{r^2} = \cos^2\theta$$

取 0 到 1 的所有值,于是 $\lim_{(x,y)\to(0,0)} x^2/(x^2+y^2)$ 不存在.

对这里的每个例子,当 $r \to 0$ 时极限的存在与否都是十分显然的. 不过,变换到极坐标,并不是总有所帮助,甚至可能诱发得出错误结论. 例如,极限可能沿每条直线或射线 $\theta =$ 常数存在,但仍不能保证在二元的意义下极限存在. 例4就验证了这点. 在极坐标里, $r \ne 0$ 时 $f(x,y) = (2x^2y)/(x^4+y^2)$ 成为

$$f(r\cos\theta, r\sin\theta) = \frac{r\cos\theta\sin 2\theta}{r^2\cos^4\theta + \sin^2\theta}.$$

如果保持 θ 为常数,令 $r \to 0$ 得极限 0. 但在路径 $y = x^2$ 上,我们有 $r\sin\theta = r^2\cos^2\theta$ 和

$$f(r\cos\theta, r\sin\theta) = \frac{r\cos\theta\sin 2\theta}{r^2\cos^4\theta + (r\cos^2\theta)^2}$$

$$= \frac{2r\cos^2\theta\sin\theta}{2r^2\cos^4\theta} = \frac{r\sin\theta}{r^2\cos^2\theta} = 1.$$

在第 55 - 60 题中,求 $(x,y) \to (0,0)$ 时 f 的极限或证明极限不存在.

55. $f(x,y) = \dfrac{x^3 - xy^2}{x^2 + y^2}$ **56.** $f(x,y) = \cos\left(\dfrac{x^3 - y^3}{x^2 + y^2}\right)$

57. $f(x,y) = \dfrac{y^2}{x^2 + y^2}$ **58.** $f(x,y) = \dfrac{2x}{x^2 + x + y^2}$

59. $f(x,y) = \arctan\left(\dfrac{|x| + |y|}{x^2 + y^2}\right)$ **60.** $f(x,y) = \dfrac{x^2 - y^2}{x^2 + y^2}$

在第 61 和 62 题中,定义 $f(0,0)$,使得 f 在原点连续.

61. $f(x,y) = \ln\left(\dfrac{3x^2 - x^2y^2 + 3y^2}{x^2 + y^2}\right)$ **62.** $f(x,y) = \dfrac{2xy^2}{x^2 + y^2}$

理论和例子

63. 为学而写 若 $\lim_{(x,y)\to(x_0,y_0)} f(x,y) = L$, f 必须在 (x_0, y_0) 有定义吗?对你的回答给出理由.

64. 为学而写 设 $f(x_0, y_0) = 3$,若 f 在 (x_0, y_0) 连续,关于

$$\lim_{(x,y)\to(x_0,y_0)} f(x,y)$$

你可以说些什么?若 f 在 (x_0, y_0) 不连续呢?对你的回答给出理由.

65. (续例 3)

(**a**) 重复例 3. 把 $m = \tan\theta$ 代入到公式

$$f(x,y)\bigg|_{y=mx} = \frac{2m}{1+m^2}$$

并化简结果,用以指出 f 的值如何随倾角变化.

(**b**) 用你在(a)中得到的公式证明沿直线 $y = mx$, $(x,y) \to (0,0)$ 时 f 的极限随 (x,y) 所沿直线的倾角从 -1 变化到 1.

66. 连续延拓 定义 $f(0,0)$,使得

$$f(x,y) = xy\frac{x^2 - y^2}{x^2 + y^2}$$

延拓后在原点连续.

夹逼定理

二元函数的夹逼定理是说:若对中心在 (x_0, y_0) 的圆盘里的所有 $(x,y) \ne (x_0, y_0)$, $g(x,y) \le f(x,y) \le$

$h(x,y)$, 又 g 和 h 当 $(x,y) \to (x_0, y_0)$ 时有同一极限 L, 则
$$\lim_{(x,y)\to(x_0,y_0)} f(x,y) = L.$$
用这个结果支持你对第 67 – 70 题中的问题的回答.

67. **为学而写** 知道了
$$1 - \frac{x^2 y^2}{3} < \frac{\arctan xy}{xy} < 1$$
关于
$$\lim_{(x,y)\to(0,0)} \frac{\arctan xy}{xy}$$
你能得到什么?对你的回答给出理由.

68. **为学而写** 知道了
$$2|xy| - \frac{x^2 y^2}{6} < 4 - 4\cos\sqrt{|xy|} < 2|xy|$$
关于
$$\lim_{(x,y)\to(0,0)} \frac{4 - 4\cos\sqrt{|xy|}}{|xy|}$$
你能得到什么?对你的回答给出理由.

69. **为学而写** 知道了 $|\sin(1/x)| \leq 1$, 关于
$$\lim_{(x,y)\to(0,0)} y \sin\frac{1}{x}$$
你能得到什么?对你的回答给出理由.

70. **为学而写** 知道了 $|\cos(1/y)| \leq 1$, 关于
$$\lim_{(x,y)\to(0,0)} x \cos\frac{1}{y}$$
你能得到什么?对你的回答给出理由.

计算机探究

71. 探索你在第 67 – 70 题中考虑了其极限的四个函数的图形. 尝试找到一个支持你在这几题所得结果的观点.

11.3 偏导数

二元函数的偏导数 • 计算 • 多于二元的函数 • 偏导数和连续性 • 二阶偏导数 • 混合导数定理 • 更高阶的偏导数 • 可微性

当我们令一个自变量之外的自变量固定, 而对这一个变量求导, 我们就得到 "偏" 导数. 这一节指出偏导数如何产生以及怎样利用一元函数的可微函数的法则来计算偏导数.

二元函数的偏导数

若 (x_0, y_0) 是函数 $f(x,y)$ 定义域中的一点, 竖直平面 $y = y_0$ 割曲面 $z = f(x,y)$ 得到曲

线 $z = f(x, y_0)$（图 11.13）. 这条曲线是在平面 $y = y_0$ 内函数 $z = f(x, y_0)$ 的图形. 在这个平面内的水平坐标是 x，而竖直坐标是 z.

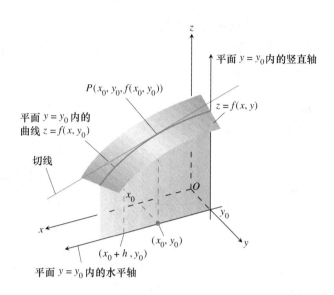

图 11.13 平面 $y = y_0$ 和曲面 $z = f(x, y)$ 的交，从 xy 平面第一象限中的一点向上看.

我们定义 f 在点 (x_0, y_0) 对于 x 的偏导数是 $f(x, y_0)$ 在点 $x = x_0$ 对于 x 的普通导数.

定义　对于 x 的偏导数

在点 (x_0, y_0)，$f(x, y)$ 对于 x 的偏导数是

$$\left.\frac{\partial f}{\partial x}\right|_{(x_0, y_0)} = \left.\frac{\mathrm{d}}{\mathrm{d}x} f(x, y_0)\right|_{x=x_0} = \lim_{h \to 0} \frac{f(x_0 + h, y_0) - f(x_0, y_0)}{h},$$

只要极限存在.

因袭的记号"∂"（类似于极限定义中用的小写希腊字母 δ）是另一类的"d". 以这种便于区别的方式把 Leibniz 的微分记号推广到多变量的行文中是很适宜的.

曲线 $z = f(x, y_0)$ 在点 $P(x_0, y_0, f(x_0, y_0))$ 于平面 $y = y_0$ 内的斜率是 f 在 (x_0, y_0) 对 x 的偏导数的值. 曲线在点 P 的切线是在平面 $y = y_0$ 上过点 P 有这个斜率的直线. 在 (x_0, y_0) 的偏导数 $\partial f/\partial x$ 给出当 y 固定在值 y_0 时 f 对于 x 的变化率. 这是 f 在点 (x_0, y_0) 沿 $\mathbf{i}$ 的方向的变化率.

偏导数的记号依赖于我们要强调什么：

$\dfrac{\partial f}{\partial x}(x_0, y_0)$ 或 $f_x(x_0, y_0)$　　"f 对于 x 在 (x_0, y_0) 的偏导数"或"f 下角 x 在 (x_0, y_0)". 对强调点 (x_0, y_0) 是方便的.

$\left.\dfrac{\partial z}{\partial x}\right|_{(x_0, y_0)}$　　"z 对于 x 在 (x_0, y_0) 的偏导数". 当处理变量而不明确指出函数

时在科学和工程中通用.

$f_x, \dfrac{\partial f}{\partial x}, z_x,$ 或 $\dfrac{\partial f}{\partial x}$　　"f 或 (z) 对于 x 在 (x_0, y_0) 的偏导数". 当把偏导数看作继承过来的函数时适用.

在点 (x_0, y_0) 对于 y 的偏导数的定义类似于 f 对于 x 的偏导数. 这时,我们把 x 固定在 x_0 的值,而取 $f(x_0, y)$ 在 y_0 对 y 的普通导数.

定义　对于 y 的偏导数

在点 $(x_0, y_0), f(x, y)$ 对于 y 的偏导数 是

$$\dfrac{\partial f}{\partial y}\bigg|_{(x_0, y_0)} = \dfrac{\mathrm{d}}{\mathrm{d} y} f(x_0, y)\bigg|_{y=y_0}$$

$$= \lim_{h \to 0} \dfrac{f(x_0, y_0 + h) - f(x_0, y_0)}{h},$$

只要极限存在.

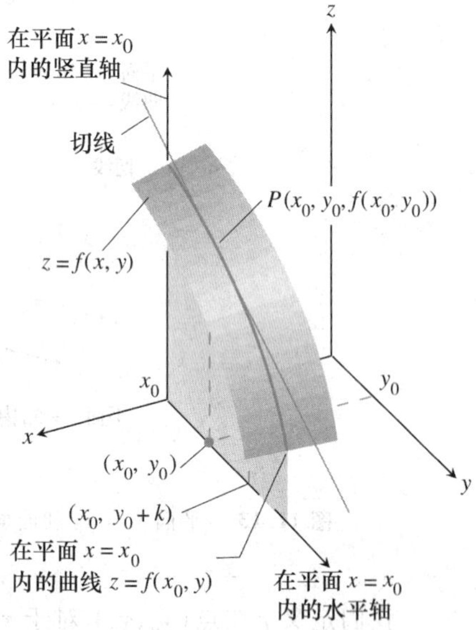

曲线 $z = f(x_0, y)$ 在点 $P(x_0, y_0, f(x_0, y_0))$ 在平面 $x = x_0$ 内的斜率是(图 11.14) f 在 (x_0, y_0) 对 y 的偏导数的值. 曲线在点 P 的切线是在平面 $x = x_0$ 上过点 P 有这个斜率的直线. 在 (x_0, y_0) 的偏导数 $\partial f / \partial y$ 给出当 x 固定在值 x_0 时 f 对于 y 的变化率. 这是 f 在点 (x_0, y_0) 沿 $\mathbf{j}$ 的方向的变化率.

对 y 的偏导数记号以对 x 的偏导数同样的方式表示:

$$\dfrac{\partial f}{\partial y}(x_0, y_0), \quad f_y(x_0, y_0), \quad \dfrac{\partial f}{\partial y}, \quad f_y.$$

图 11.14　平面 $x = x_0$ 与曲面 $z = f(x, y)$ 的交, 视点在 xy 平面第一象限的上方.

注意我们现在在曲面 $z = f(x, y)$ 的点 $P(x_0, y_0, f(x_0, y_0))$ 有两条与之相关的切线(图 11.15). 它们确定的平面在点 P 切于曲面吗? 如果答案为"是"将是美妙的,但为了得到这个结论,还需进一步

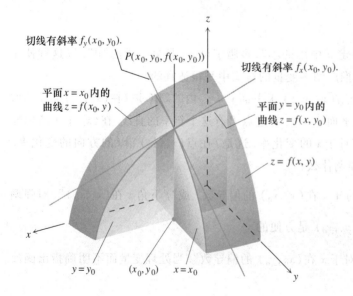

图 11.15　图 11.13 和 11.14 的组合. 在点 $(x_0, y_0, f(x_0, y_0))$ 的切线确定一个平面, 该平面至少在这个图里看起来好像是切于曲面的.

学习有关偏导数的知识.

计算

$\partial f/\partial x$ 和 $\partial f/\partial y$ 的定义提供了在一个点对 f 求导的两种不同方式:把 y 看作常数对 x 以通常方式求导和把 x 看作常数对 y 以通常方式求导. 下面的例子指出在一个给定的点 (x_0, y_0),这两个偏导数值通常是不同的.

例1(求在一个点的偏导数) 设
$$f(x,y) = x^2 + 3xy + y - 1,$$
求 $\partial f/\partial x$ 和 $\partial f/\partial y$ 在点 $(4, -5)$ 的值.

解 为求 $\partial f/\partial x$,我们把 y 看作常量,而对 x 求导:
$$\frac{\partial f}{\partial x} = \frac{\partial}{\partial x}(x^2 + 3xy + y - 1) = 2x + 3 \cdot 1 \cdot y + 0 - 0 = 2x + 3y.$$
$\partial f/\partial x$ 在 $(4, -5)$ 的值是 $2(4) + 3(-5) = -7$.

为求 $\partial f/\partial y$,我们把 x 看作常量,而对 y 求导:
$$\frac{\partial f}{\partial y} = \frac{\partial}{\partial y}(x^2 + 3xy + y - 1) = 0 + 3 \cdot x \cdot 1 + 1 - 0 = 3x + 1.$$
$\partial f/\partial y$ 在 $(4, -5)$ 的值是 $3(4) + 1 = 13$.

例2(求作为函数的偏导数) 若 $f(x,y) = y\sin(xy)$,求 $\partial f/\partial y$.

解 我们把 x 看作常数,而 f 作为 y 和 $\sin(xy)$ 的乘积:
$$\frac{\partial f}{\partial y} = \frac{\partial}{\partial y}(y \sin xy) = y\frac{\partial}{\partial y}\sin xy + (\sin xy)\frac{\partial}{\partial y}(y)$$
$$= (y \cos xy)\frac{\partial}{\partial y}(xy) + \sin xy = xy \cos xy + \sin xy.$$

使用技术

偏微分 一个简单的绘图器可以支持你的计算,即使在高维亦如此. 你可以指定一个自变量以外所有自变量的值,绘图器就可以对留下的那个变量计算偏导数,并且绘制相应交线的图形. 通常情况下,一个 CAS 可以符号地和数值地计算偏导数,并且跟计算简单的导数一样容易. 大部分系统求导一个函数使用同样的命令,而不管变量数目的多寡. (只需简单地指出对哪个变量求导.)

例3(偏导数可以是不同的函数) 对以下函数求 f_x 和 f_y:
$$f(x,y) = \frac{2y}{y + \cos x}.$$

解 把 f 看作商. 保持 y 为常数,我们得到
$$f_x = \frac{\partial}{\partial x}\left(\frac{2y}{y + \cos x}\right) = \frac{(y + \cos x)\frac{\partial}{\partial x}(2y) - 2y\frac{\partial}{\partial x}(y + \cos x)}{(y + \cos x)^2}$$
$$= \frac{(y + \cos x)(0) - 2y(-\sin x)}{(y + \cos x)^2} = \frac{2y \sin x}{(y + \cos x)^2}.$$

x 保持为常数,我们得到

$$f_y = \frac{\partial}{\partial y}\left(\frac{2y}{y+\cos x}\right) = \frac{(y+\cos x)\frac{\partial}{\partial y}(2y) - 2y\frac{\partial}{\partial y}(y+\cos x)}{(y+\cos x)^2}$$

$$= \frac{(y+\cos x)(2) - 2y(1)}{(y+\cos x)^2} = \frac{2\sin x}{(y+\cos x)^2}.$$

对偏导数的隐函数求偏导数跟对普通导数一样操作,正如下例所示.

例 4(隐函数的求偏导数法) 若方程
$$yz - \ln z = x + y$$
定义 z 为 x 和 y 的函数并且偏导数存在,求 $\partial z/\partial x$.

解 我们关于 x 对方程的两端求导,保持 y 为常数,并且把 z 看作 x 的可微函数:

$$\frac{\partial}{\partial x}(yz) - \frac{\partial}{\partial x}\ln z = \frac{\partial x}{\partial x} + \frac{\partial y}{\partial x}$$

$$y\frac{\partial z}{\partial x} - \frac{1}{z}\frac{\partial z}{\partial x} = 1 + 0 \qquad \text{即 } y \text{ 为常数有}\frac{\partial}{\partial x}(yz) = y\frac{\partial z}{\partial x}.$$

$$\left(y - \frac{1}{z}\right)\frac{\partial z}{\partial x} = 1$$

$$\frac{\partial z}{\partial x} = \frac{z}{yz-1}.$$

例 5(求曲面在 y - 方向的斜率) 平面 $x = 1$ 交抛物面 $z = x^2 + y^2$ 成一抛物线. 求此抛物线在 $(1,2,5)$ 的斜率(图 11.16).

解 所求斜率是在 $(1,2)$ 的偏导数 $\partial z/\partial y$:

$$\left.\frac{\partial z}{\partial y}\right|_{(1,2)} = \left.\frac{\partial}{\partial y}(x^2+y^2)\right|_{(1,2)}$$

$$= 2y\bigg|_{(1,2)} = 2(2) = 4.$$

作为一个检验,我们可以把抛物线看作在平面 $x = 1$ 内单变量函数 $z = 1^2 + y^2 = 1 + y^2$ 的图形并且求在 $y = 2$ 的斜率. 此斜率作为普通导数来计算,是

$$\left.\frac{\mathrm{d}z}{\mathrm{d}y}\right|_{y=2} = \left.\frac{\mathrm{d}}{\mathrm{d}y}(1+y^2)\right|_{y=2} = 2y\bigg|_{y=2} = 4.$$

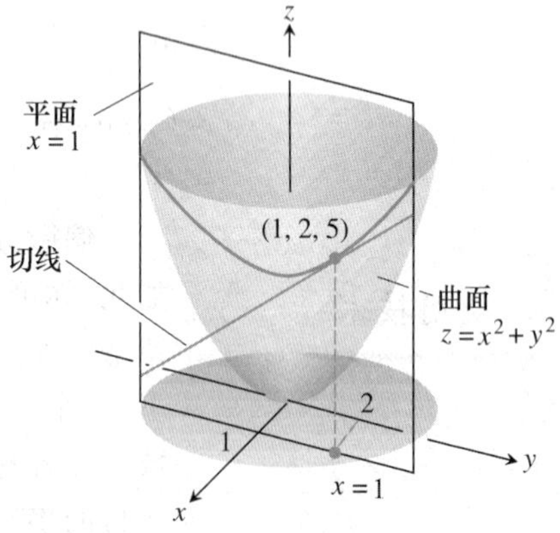

图 11.16 平面 $x = 1$ 和曲面 $z = x^2 + y^2$ 的交线在点 $(1,2,5)$ 的切线. (例 5)

多于二元的函数

多于两个自变量的函数的偏导数的定义类似二元函数的定义. 它们是对于一个变量的导数,而此时其余的自变量保持常数.

例 6(一个三元函数) 设 x,y 和 z 是自变量,而
$$f(x,y,z) = x\sin(y+3z),$$
则

$$\frac{\partial f}{\partial z} = \frac{\partial}{\partial z}[x\sin(y+3z)] = x\frac{\partial}{\partial z}\sin(y+3z)$$

$$= x\cos(y+3z)\frac{\partial}{\partial z}(y+3z) = 3x\cos(y+3z).$$

例 7 (并联电阻) R_1, R_2 和 R_3 欧姆的电阻并联成 R 欧姆的电阻,R 的值可以从下式求得

$$\frac{1}{R} = \frac{1}{R_1} + \frac{1}{R_2} + \frac{1}{R_3}$$

(图 11.7),求 $R_1 = 30, R_2 = 45$ 和 $R_3 = 90$ 欧姆时的 $\partial R/\partial R_2$ 的值.

解 为求 $\partial R/\partial R_2$,我们把 R_1 和 R_3 看作常数对待,关于 R_2 对等式两端求导:

$$\frac{\partial}{\partial R_2}\left(\frac{1}{R}\right) = \frac{\partial}{\partial R_2}\left(\frac{1}{R_1} + \frac{1}{R_2} + \frac{1}{R_3}\right)$$

$$-\frac{1}{R^2}\frac{\partial R}{\partial R_2} = 0 - \frac{1}{R_2^2} + 0$$

$$\frac{\partial R}{\partial R_2} = \frac{R^2}{R_2^2} = \left(\frac{R}{R_2}\right)^2.$$

当 $R_1 = 30, R_2 = 45$ 和 $R_3 = 90$ 时,

$$\frac{1}{R} = \frac{1}{30} + \frac{1}{45} + \frac{1}{90} = \frac{3+2+1}{90} = \frac{6}{90} = \frac{1}{15},$$

于是 $R = 15$ 且 $\dfrac{\partial R}{\partial R_2} = \left(\dfrac{15}{45}\right)^2 = \left(\dfrac{1}{3}\right)^2 = \dfrac{1}{9}.$

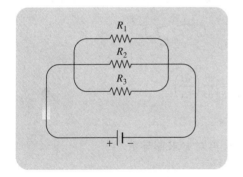

图 11.17 三个电阻并联. 每个电阻有分流,它们的联合电阻 R 由下式计算:
$\dfrac{1}{R} = \dfrac{1}{R_1} + \dfrac{1}{R_2} + \dfrac{1}{R_3}.$ (例 7)

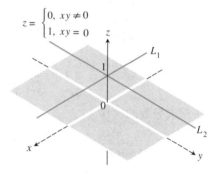

图 11.18 图象 $f(x,y) = \begin{cases} 0, & xy \neq 0 \\ 1, & xy = 0 \end{cases}$ 包括直线 L_1 和 L_2,以及 xy 平面的四个开象限. 函数在原点有偏导数但不连续

偏导数和连续性

一个函数 $f(x,y)$ 可以在一个点有对于 x 和 y 的偏导数,而在该点不连续. 这与单变量函数不同,在单变量情形,导数存在蕴涵着连续性. 不过,下节就要看到,如果 $f(x,y)$ 的偏导数在以 (x_0, y_0) 为中心的一个圆盘存在并且连续,则 f 在 (x_0, y_0) 是连续的.

例 8 (偏导数存在,但 f 不连续) 设 (图 11.18)

$$f(x,y) = \begin{cases} 0, & xy \neq 0 \\ 1, & xy = 0 \end{cases}$$

(a) 求 (x,y) 沿直线 $y = x$ 趋于 $(0,0)$ 时 f 的极限.

(b) 证明 f 在原点不是连续的. **(c)** 证明在原点偏导数 $\partial f/\partial x$ 和 $\partial f/\partial y$ 存在.

解 **(a)** 因为 $f(x,y)$ 沿直线 $y = x$(除去原点)总是零,我们有
$$\lim_{(x,y)\to(0,0)} f(x,y)\Big|_{y=x} = \lim_{(x,y)\to(0,0)} 0 = 0.$$

(b) 因为 $f(0,0) = 1$,部分(a)的极限证明 f 在 $(0,0)$ 是不连续的.

(c) 为在 $(0,0)$ 求 $\partial f/\partial x$,我们固定 y 在 $y = 0$. 那么对所有 x, $f(x,y) = 1$, f 的图形是图 11.18 中的直线 L_1,这条直线的斜率在任何 x 是 $\partial f/\partial x = 0$. 特别在 $(0,0)$ 有 $\partial f/\partial x = 0$. 类似地,直线 L_2 的斜率 $\partial f/\partial y$ 在任何 y 是 0,于是在 $(0,0)$, $\partial f/\partial y = 0$.

虽然在例 8 未说明,但在高维情况,在一点的可微性暗含连续性仍是正确的. 例 8 说明,在高维情况,可微性要求比仅偏导数存在更强的条件. 我们将在本节末定义二元函数的可微性并重访其与连续性的关系.

二阶偏导数

当我们对一个函数 $f(x,y)$ 求导两次,就产生二阶导数. 这些导数通常写成

$\dfrac{\partial^2 f}{\partial x^2}$ d 平方 f dx 平方   或 f_{xx} " f 下 xx "

$\dfrac{\partial^2 f}{\partial y^2}$ d 平方 f dy 平方 f_{yy} " f 下 yy "

$\dfrac{\partial^2 f}{\partial x \partial y}$ d 平方 f dxdy f_{yx} " f 下 yx "

$\dfrac{\partial^2 f}{\partial y \partial x}$ d 平方 f dydx f_{xy} " f 下 xy "

定义式是
$$\frac{\partial^2 f}{\partial x^2} = \frac{\partial}{\partial x}\left(\frac{\partial f}{\partial x}\right), \quad \frac{\partial^2 f}{\partial x \partial y} = \frac{\partial}{\partial x}\left(\frac{\partial f}{\partial y}\right),$$

等等. 要注意求导数的次序.

$\dfrac{\partial^2 f}{\partial x \partial y}$ 先对 y 求偏导数,再对 x 求偏导数.

$f_{yx} = (f_y)_x$ 意义同上.

例 9(求二阶偏导数) 若 $f(x,y) = x\cos y + ye^x$,求 $\dfrac{\partial^2 f}{\partial x^2}$, $\dfrac{\partial^2 f}{\partial y \partial x}$, $\dfrac{\partial^2 f}{\partial y^2}$ 和 $\dfrac{\partial^2 f}{\partial x \partial f}$.

历史传记
Pierre-Simon Laplace
(1749 — 1827)

解

$\dfrac{\partial f}{\partial x} = \dfrac{\partial}{\partial x} = (x\cos y + ye^x)$ $\dfrac{\partial f}{\partial y} = \dfrac{\partial}{\partial y} = (x\cos y + ye^x)$
$= \cos y + ye^x$ $= -x\sin y + e^x$

于是   于是

$\dfrac{\partial^2 f}{\partial y \partial x} = \dfrac{\partial}{\partial y}\left(\dfrac{\partial f}{\partial x}\right) = -\sin y + e^x$ $\dfrac{\partial^2 f}{\partial x \partial y} = \dfrac{\partial}{\partial x}\left(\dfrac{\partial f}{\partial y}\right) = -\sin y + e^x$

$\dfrac{\partial^2 f}{\partial x^2} = \dfrac{\partial}{\partial x}\left(\dfrac{\partial f}{\partial x}\right) = ye^x.$ $\dfrac{\partial^2 f}{\partial y^2} = \dfrac{\partial}{\partial y}\left(\dfrac{\partial f}{\partial y}\right) = -x\cos y.$

混合导数定理

你或许注意到例 9 中的混合二阶偏导数

$$\frac{\partial^2 f}{\partial y \partial x} \quad \text{和} \quad \frac{\partial^2 f}{\partial x \partial y}$$

是相等的. 这绝非偶然. 正如以下定理所陈述的, 当 f, f_x, f_y, f_{xy} 和 f_{yx} 连续时它们必然相等.

定理 2 混合导数定理

若 $f(x,y)$ 以及它的偏导数 f_x, f_y, f_{xy} 和 f_{yx} 定义在含点 (a,b) 的开集并且都在 (a,b) 连续, 则

$$f_{xy}(a,b) = f_{yx}(a,b).$$

在附录 11 你可以找到证明.

定理 2 是说计算二阶混合导数时, 我们可以按任意次序微分. 这有时会给我们带来好处.

例 10 (选择求偏导数次序) 求以下函数的 $\partial^2 w / \partial x \partial y$,

$$w = xy + \frac{e^y}{y^2 + 1}.$$

解 符号 $\partial^2 w / \partial x \partial y$ 告诉我们首先对 y 求偏导数再对 x 求偏导数. 不过, 如果我们把对 y 求偏导数延后, 而把对 x 求偏导数提前, 可以更快求得答案. 只需两步

$$\frac{\partial w}{\partial x} = y \quad \text{和} \quad \frac{\partial^2 w}{\partial y \partial x} = 1.$$

如果先对 y 求偏导数, 工作量会增大. (请试一下.)

更高阶的偏导数

尽管我们将主要处理在应用中最经常出现的一、二阶偏导数, 但对于求导一个函数多少次没有理论上的限制, 只要涉及到的偏导数存在. 这样, 我们得到三阶和四阶导数, 其符号像

$$\frac{\partial^3 f}{\partial x \partial y^2} = f_{yyx} \qquad \frac{\partial^4 f}{\partial x^2 \partial y^2} = f_{yyxx},$$

等等. 跟二阶导数一样, 求导结果跟次序无关, 只要直到涉及到的阶的导数是连续的.

可微性

令人惊讶的是似乎可微性的出发点不是 Fermat 的差商, 而是增量. 从一元函数的讲解中你可以回忆到, 若 $y = f(x)$ 在 $x = x_0$ 是可微的, 则 x 从 x_0 改变到 $x_0 + \Delta x$ 时 f 的改变量用等式

$$\Delta y = f'(x_0) \Delta x + \varepsilon \Delta x$$

给出, 其中, 当 $\Delta x \to 0$ 时 $\varepsilon \to 0$. 对于二元函数, 类似的性质成为可微性的定义. 增量定理 (来自高等微积分) 告诉我们什么时候我们期望的性质成立.

定理 3　二元函数的增量定理

假定 $f(x,y)$ 的一阶偏导数在包含 (x_0,y_0) 的一个开集上有定义,并且 f_x 和 f_y 在 (x_0,y_0) 连续.则从 (x_0,y_0) 移动到 R 内的另一点 $(x_0+\Delta x, y_0+\Delta y)$ 时引起的 f 的改变量

$$\Delta z = f(x_0+\Delta x, y_0+\Delta y) - f(x_0,y_0)$$

满足如下形式的等式:

$$\Delta z = f_x(x_0,y_0)\Delta x + f_y(x_0,y_0)\Delta y + \varepsilon_1 \Delta x + \varepsilon_2 \Delta y,$$

其中,当 $\Delta x, \Delta y \to 0$ 时 $\varepsilon_1, \varepsilon_2 \to 0$.

阅读附录 11 中的证明你就会了解到其中 ε 的由来.你还将了解到对更多个自变量的函数类似的结果也成立.

定义　二元函数的可微性

一个函数 $z=f(x,y)$ 是**在 (x_0,y_0) 可微的**,若 $f_x(x_0,y_0)$ 和 $f_y(x_0,y_0)$ 存在,并且 Δz 满足如下形式的等式:

$$\Delta z = f_x(x_0,y_0)\Delta t + f_y(x_0,y_0)\Delta y + \varepsilon_1 \Delta x + \varepsilon_2 \Delta y$$

其中,当 $\Delta x, \Delta y \to 0$ 时, $\varepsilon_1, \varepsilon_2 \to 0$.如果它在定义域的每个点都是可微的,我们说 f 是**可微的**.

根据这个定义,定理 3 的一个直接推论是:如果一个函数的一阶偏导数是连续的,则它是可微的.

定理 3 的推论　偏导数的连续性蕴涵可微性

如果一个函数 $f(x,y)$ 的偏导数 f_x 和 f_y 在开集 R 是连续的,则 f 在 R 的每个点是可微的.

若 $z=f(x,y)$ 是可微的,则可微性的定义保证当 Δx 和 Δy 趋于 0 时 $\Delta z = f(x_0+\Delta x, y_0+\Delta y)$ 趋于 0.这告诉我们二元函数在它可微的每个点是连续的.

定理 4　可微性蕴涵连续性

若 $f(x,y)$ 在 (x_0,y_0) 可微,则 f 在 (x_0,y_0) 连续.

注:从定理 3 和 4 可以看出一个函数 $f(x,y)$ 在 (x_0,y_0) 必定是连续的,只要 f_x 和 f_y 在包含 (x_0,y_0) 的一个开区域内是连续的.不过请记住,正如我们在例 8 看到的,虽然一个二元函数的一阶偏导数在一个点存在,它在该点仍可能是不连续的.即仅仅偏导数的存在性是不够的.

习题 11.3

计算一阶偏导数

在第 1 - 22 题中,求 $\partial f/\partial x$ 和 $\partial f/\partial y$.

1. $f(x,y) = 2x^2 - 3y - 4$　　　　**2.** $f(x,y) = x^2 - xy + y^2$

3. $f(x,y) = (x^2 - 1)(y + 2)$

4. $f(x,y) = 5xy - 7x^2 - y^2 + 3x - 6y + 2$

5. $f(x,y) = (xy - 1)^2$

6. $f(x,y) = (2x - 3y)^3$

7. $f(x,y) = \sqrt{x^2 + y^2}$

8. $f(x,y) = (x^3 + (y/2))^{2/3}$

9. $f(x,y) = 1/(x + y)$

10. $f(x,y) = x/(x^2 + y^2)$

11. $f(x,y) = (x + y)/(xy - 1)$

12. $f(x,y) = \tan^{-1}(y/x)$

13. $f(x,y) = e^{(x+y+1)}$

14. $f(x,y) = e^{-x}\sin(x + y)$

15. $f(x,y) = \ln(x + y)$

16. $f(x,y) = e^{xy}\ln y$

17. $f(x,y) = \sin^2(x - 3y)$

18. $f(x,y) = \cos^2(3x - y^2)$

19. $f(x,y) = x^y$

20. $f(x,y) = \log_y x$

21. $f(x,y) = \int_x^y g(t)\,dt$ (g 对所有 t 连续)

22. $f(x,y) = \sum_{n=0}^{\infty} (xy)^n$ ($|xy| < 1$)

在 23 - 34 题中,求 f_x, f_y 和 f_z.

23. $f(x,y,z) = 1 + xy^2 - 2z^2$

24. $f(x,y,z) = xy + yz + xz$

25. $f(x,y,z) = x - \sqrt{y^2 + z^2}$

26. $f(x,y,z) = (x^2 + y^2 + z^2)^{-1/2}$

27. $f(x,y,z) = \sin^{-1}(xyz)$

28. $f(x,y,z) = \sec^{-1}(x + yz)$

29. $f(x,y,z) = \ln(x + 2y + 3z)$

30. $f(x,y,z) = yz\ln(xy)$

31. $f(x,y,z) = e^{-(x^2+y^2+z^2)}$

32. $f(x,y,z) = e^{-xyz}$

33. $f(x,y,z) = \tanh(x + 2y + 3z)$

34. $f(x,y,z) = \sinh(xy - z^2)$

在 35 - 40 题中,求对每个变量的偏导数.

35. $f(t,\alpha) = \cos(2\pi t - \alpha)$

36. $g(u,v) = v^2 e^{(2u/v)}$

37. $h(\rho,\phi,\theta) = \rho \sin\phi \cos\theta$

38. $g(r,\theta,z) = r(1 - \cos\theta) - z$

39. 心算(3.6 节,第 41 题)

$$W(P,V,\delta,v,g) = PV + \frac{V\delta v^2}{2g}$$

40. Wilson 批量公式(3.5 节,第 43 题)

$$A(c,h,k,m,q) = \frac{km}{q} + cm + \frac{hq}{2}$$

计算二阶偏导数

求第 41 - 46 题中的函数的所有二阶偏导数.

41. $f(x,y) = x + y + xy$

42. $f(x,y) = \sin xy$

43. $g(x,y) = x^2 y + \cos y + y \sin x$

44. $h(x,y) = xe^y + y + 1$

45. $r(x,y) = \ln(x + y)$

46. $s(x,y) = \tan^{-1}(y/x)$

混合偏导数

在第 47 - 50 题中,验证 $w_{xy} = w_{yx}$.

47. $w = \ln(2x + 3y)$

48. $w = e^x + x \ln y + y \ln x$

49. $w = xy^2 + x^2 y^3 + x^3 y^4$

50. $w = x \sin y + y \sin x + xy$

51. **为学而写** 什么次序计算 f_{xy} 更快,先对 x 或先对 y?尝试只字不写回答问题.

(a) $f(x,y) = x \sin y + e^y$

(b) $f(x,y) = 1/x$

(c) $f(x,y) = y + (x/y)$

(d) $f(x,y) = y + x^2 y + 4y^3 - \ln(y^2 + 1)$

(e) $f(x,y) = x^2 + 5xy + \sin x + 7e^x$

(f) $f(x,y) = x \ln xy$

52. **为学而写** 下列每个函数的五阶导数 $\partial^5 f/\partial x^2 \partial y^3$ 是零. 为尽快验证这个事实,你将首先对哪个变量求导:x 或 y?尝试只字不写回答问题.

(**a**) $f(x,y) = y^2 x^4 e^x + 2$ (**b**) $f(x,y) = y^2 + y(\sin x - x^4)$

(**c**) $f(x,y) = x^2 + 5xy + \sin x + 7e^x$ (**d**) $f(x,y) = xe^{y^2/2}$

用偏导数定义

在第 53 和 54 题中,利用偏导数的极限定义计算函数在指定点的偏导数.

53. $f(x,y) = 1 - x + y - 3x^2 y$,在 $(1,2)$ 的 $\dfrac{\partial f}{\partial x}$ 和 $\dfrac{\partial f}{\partial y}$

54. $f(x,y) = 4 + 2x - 3y - xy^2$,在 $(-2,1)$ 的 $\dfrac{\partial f}{\partial x}$ 和 $\dfrac{\partial f}{\partial y}$

55. **三变量** 设 $w = f(x,y,z)$ 是一个三元函数,写出在 (x_0, y_0, z_0) 的偏导数 $\partial f/\partial z$ 的形式定义. 利用这个定义求 $f(x,y,z) = x^2 yz^2$ 在 $(1,2,3)$ 的偏导数 $\partial f/\partial z$.

56. **三变量** 设 $w = f(x,y,z)$ 是一个三元函数,写出在 (x_0, y_0, z_0) 的偏导数 $\partial f/\partial y$ 的形式定义. 利用这个定义求 $f(x,y,z) = -2xy^2 + yz^2$ 在 $(-1,0,3)$ 的偏导数 $\partial f/\partial y$.

隐函数求导

57. 设方程 $xy + z^3 x - 2yz = 0$ 定义 z 为 x 和 y 的二元函数且偏导数存在,求 $\partial z/\partial x$ 在 $(1,1,1)$ 的值.

58. 设方程 $xz + y\ln x - x^2 + 4 = 0$ 定义 x 为 y 和 z 的二元函数且偏导数存在,求 $\partial x/\partial z$ 在 $(1,-1,-3)$ 的值.

第 59 和 60 题是关于右图所示的三角形的.

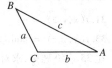

第 59-60 题图

59. 以隐函数把 A 表示为 a,b 和 c 的函数,并计算 $\partial A/\partial a$ 和 $\partial A/\partial b$.

60. 以隐函数把 a 表示为 A,b 和 B 的函数,并计算 $\partial a/\partial A$ 和 $\partial a/\partial B$.

61. **两个自变量** 假设方程 $x = v\ln u$ 和 $y = u\ln v$ 定义 u 和 v 是自变量 x 和 y 的函数,并设 v_x 存在,用 u 和 v 表示 v_x. (提示:对 x 微分两个方程,并用 Cramer 法则解 v_x.)

62. **两个自变量** 假设方程 $u = x^2 - y^2$ 和 $v = x^2 - y$ 定义 x 和 y 是自变量 u 和 v 的函数,并设偏导数存在,求 $\partial x/\partial u$ 和 $\partial y/\partial u$. (见第 61 题的提示.) 再令 $s = x^2 + y^2$,求 $\partial s/\partial u$.

Laplace 方程

空间的稳态温度分布 $T = f(x,y,z)$、引力势和电位势满足**三维 Laplace 方程**

$$\frac{\partial^2 f}{\partial x^2} + \frac{\partial^2 f}{\partial y^2} + \frac{\partial^2 f}{\partial z^2} = 0.$$

在前面的方程中取消项 $\partial^2 f/\partial z^2$ 得**二维 Laplace 方程**

$$\frac{\partial^2 f}{\partial x^2} + \frac{\partial^2 f}{\partial y^2} = 0.$$

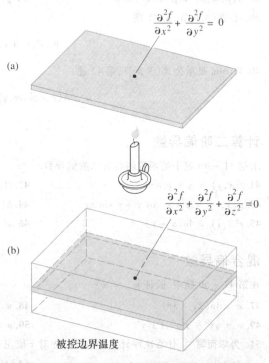

图 11.19 平面和固体内的稳态温度分布满足 Laplace 方程. 平面(a)可以看作固体(b)的垂直于 z 轴的一个薄片.

它描述平面上的势和稳态温度分布.

证明第 63 – 68 题中的每个函数满足 Laplace 方程.

63. $f(x,y,z) = x^2 + y^2 - 2z^2$ **64.** $f(x,y,z) = 2z^3 - 3(x^2 + y^2)z$ **65.** $f(x,y) = e^{-2y}\cos 2x$

66. $f(x,y) = \ln\sqrt{x^2 + y^2}$ **67.** $f(x,y,z) = (x^2 + y^2 + z^2)^{-1/2}$ **68.** $f(x,y,z) = e^{3x+4y}\cos 5z$

波动方程

如果我们站在大海的岸边并拍摄一张快照,那么照片显示出某一时刻峰与谷的规则模式. 我们看到空间中随着距离的周期垂直运动. 如果我们站在海水里,我们会感觉到波浪前进时水的升降. 我们看到了水的随着时间的垂直运动. 在物理学中,这一美丽的对称由下列**一维波动方程**表示:

$$\frac{\partial^2 w}{\partial t^2} = c^2 \frac{\partial^2 w}{\partial x^2},$$

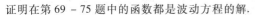

其中 w 是波高, x 是距离变量, t 是时间变量,而 c 是波传播的速度.

在我们的例子里, x 是海面上的距离,而在其它应用里, x 可以是沿振动弦的距离,在空气中的距离(声波),或空间中的距离(光波). 数 c 随介质和波动类型而改变.

证明在第 69 – 75 题中的函数都是波动方程的解.

69. $w = \sin(x + ct)$ **70.** $w = \cos(2x + 2ct)$ **71.** $w = \sin(x + ct) + \cos(2x + 2ct)$

72. $w = \ln(2x + 2ct)$ **73.** $w = \tan(2x - 2ct)$ **74.** $w = 5\cos(3x + 3ct) + e^{x+ct}$

75. $w = f(u)$,其中 f 是 u 的可微函数,且 $u = a(x + ct)$,其中 a 是常数.

连续偏导数

76. 为学而写 函数 $f(x,y)$ 在开集 R 上有连续偏导数, f 必须在 R 上连续吗?对你的回答给出理由.

77. 为学而写 如果函数 $f(x,y)$ 在开集 R 上有所有连续二阶导数, f 在 R 上的一阶偏导数必须连续吗?对你的回答给出理由.

11.4 链式法则

高维复合函数 • 二元函数 • 三元函数 • 定义在曲面上的函数 • 再论隐函数求导法 • 多元函数

我们可以在适当定义域内复合多变量函数,这跟建立单变量函数的复合一样. 本节指出怎样求多变量复合函数的偏导数.

高维复合函数

当我们对在空间曲线 $x = g(t), y = h(t), z = k(t)$ 上的一点的温度 $w = f(x,y,z)$ 或沿气体或液体中的一个路径上的压强或密度感兴趣时,我们可以设想 f 是单变量 t 的函数. 对 t 的每个值,在点 $(g(t), h(t), k(t))$ 的温度是复合函数 $f(g(t), h(t), k(t))$ 的值. 如果尔后我

们希望知道 f 沿路径随时间 t 的变化率,仅须对 t 求导这个复合函数,只要求导数存在.

有时我们可以把 g,h,k 的公式代入 f 的公式而直接对 t 求导,但我们时常会碰到公式复杂而不便代入的函数或者根本没有可资利用的公式的情形. 遇到这种情况,我们使用链式法则. 链式法则的形式依赖于涉及多少个变量,但除附加变量出现之外,它的运作跟 2.5 节的链式法则一样.

二元函数

在 2.5 节,当 $w = f(x)$ 是 x 的可微函数,并且 $x = g(t)$ 是 t 的可微函数时,w 成为 t 的可微函数,并且链式法则说 dw/dt 可以用如下公式计算:

$$\frac{dw}{dt} = \frac{dw}{dx}\frac{dx}{dt}.$$

对函数 $w = f(x,y)$ 的类似公式给在定理 5 中.

定理 5   二元函数的链式法则

若 $w = f(x,y)$ 是可微的,而 x 和 y 是 t 的可微函数,则 w 是 t 的可微函数,并且

$$\frac{dw}{dt} = \frac{\partial f}{\partial x}\frac{dx}{dt} + \frac{\partial f}{\partial y}\frac{dy}{dt}.$$

证明   证明由指出:若 x 和 y 在 $t = t_0$ 可微,则 w 在 t_0 可微,以及

$$\left(\frac{dw}{dt}\right)_{t_0} = \left(\frac{\partial w}{\partial x}\right)_{P_0}\left(\frac{dx}{dt}\right)_{t_0} + \left(\frac{\partial w}{\partial y}\right)_{P_0}\left(\frac{dy}{dt}\right)_{t_0}$$

组成,其中 $P_0 = (x(t_0),y(t_0))$.

设 $\Delta x, \Delta y$ 和 Δw 是 t 从 t_0 变化到 $t_0 + \Delta t$ 时的增量. 因为 f 是可微的(回忆 11.3 节的定义),

$$\Delta w = \left(\frac{\partial w}{\partial x}\right)_{P_0}\Delta x + \left(\frac{\partial w}{\partial y}\right)_{P_0}\Delta y + \varepsilon_1\Delta x + \varepsilon_2\Delta y,$$

其中,当 $\Delta x, \Delta y \to 0$ 时,$\varepsilon_1, \varepsilon_2 \to 0$. 为求 dw/dt,用 Δt 除这个等式的两端,并令 $\Delta t \to 0$ 趋于零. 除的结果是

$$\frac{\Delta w}{\Delta t} = \left(\frac{\partial w}{\partial x}\right)_{P_0}\frac{\Delta w}{\Delta t} + \left(\frac{\partial w}{\partial y}\right)_{P_0}\frac{\Delta y}{\Delta t} + \varepsilon_1\frac{\Delta x}{\Delta t} + \varepsilon_2\frac{\Delta y}{\Delta t}.$$

令 Δt 趋于零,给出

$$\left(\frac{dw}{dt}\right)_{t_0} = \lim_{\Delta t \to 0}\frac{\Delta w}{\Delta t} = \left(\frac{\partial w}{\partial x}\right)_{P_0}\left(\frac{dx}{dt}\right)_{t_0} + \left(\frac{\partial w}{\partial y}\right)_{P_0}\left(\frac{dy}{dt}\right)_{t_0}$$
$$+ 0 \cdot \left(\frac{dx}{dt}\right)_{t_0} + 0 \cdot \left(\frac{dy}{dt}\right)_{t_0}.\quad\Box$$

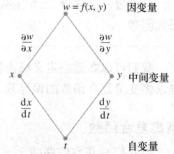

注:为记忆链式法则而画图解如右. 为求 dw/dt,从 w 开始而沿每条路径往下读到 t,把路径上的导数相乘. 然后把乘积相加(见右图).

如右所示的**树形图解**提供了一个合适的记忆链式法则的方式. 从图解看出,当 $t = t_0$ 时,导数 dx/dt 和 dy/dt 在 t_0 求值.

t_0 的值确定可微函数 x 的值 x_0 和可微函数 y 的值 y_0. 偏导数 $\partial w/\partial x$ 和 $\partial w/\partial y$(它们本身是 x 和 y 的函数)在对应 t_0 的点 $P_0(x_0,y_0)$ 求值."真正的"自变量是 t, 而 x 和 y 只是中间变量(由 t 控制),且 w 是因变量.

链式法则的更准确的表示显示出定理 5 中的各个导数在哪里求值:

$$\frac{\mathrm{d}w}{\mathrm{d}t}(t_0) = \frac{\partial f}{\partial x}(x_0,y_0) \cdot \frac{\mathrm{d}x}{\mathrm{d}t}(t_0) + \frac{\partial f}{\partial y}(x_0,y_0) \cdot \frac{\mathrm{d}y}{\mathrm{d}t}(t_0).$$

例 1(应用链式法则)　用链式法则求

$$w = xy$$

沿路径 $x = \cos t, y = \sin t$ 对 t 的导数. 在 $t = \pi/2$ 的导数值是多少?

解　我们用链式法则求 $\mathrm{d}w/\mathrm{d}t$ 如下:

$$\begin{aligned}\frac{\mathrm{d}w}{\mathrm{d}t} &= \frac{\partial w}{\partial x}\frac{\mathrm{d}x}{\mathrm{d}t} + \frac{\partial w}{\partial y}\frac{\mathrm{d}y}{\mathrm{d}t} \\ &= \frac{\partial(xy)}{\partial x} \cdot \frac{\mathrm{d}}{\mathrm{d}t}(\cos t) + \frac{\partial(xy)}{\partial y} \cdot \frac{\mathrm{d}}{\mathrm{d}t}(\sin t) \\ &= (y)(-\sin t) + (x)(\cos t) \\ &= (\sin t)(-\sin t) + (\cos t)(\cos t) \\ &= -\sin^2 t + \cos^2 t \\ &= \cos(2t).\end{aligned}$$

在这个例子里,我们可以用直接计算验证结果. 作为 t 的函数,

$$w = xy = \cos t \sin t = \frac{1}{2}\sin 2t,$$

于是

$$\frac{\mathrm{d}w}{\mathrm{d}t} = \frac{\mathrm{d}}{\mathrm{d}t}\left(\frac{1}{2}\sin 2t\right) = \frac{1}{2} \cdot 2\cos 2t = \cos 2t.$$

不管哪种情形,在给定的 t 的值,

$$\left(\frac{\mathrm{d}w}{\mathrm{d}t}\right)_{t=\pi/2} = \cos\left(2 \cdot \frac{\pi}{2}\right) = \cos \pi = -1.$$

注:这里我们有从 w 到 t 的三条路径,而非两条,但求 $\mathrm{d}w/\mathrm{d}t$ 仍是一样的. 从 w 开始沿每条路径往下读直到 t,沿路导数相乘;然后相加(见下图).

三元函数

你或许预见到三元函数的链式法则仅需在二元公式中加上期望的第三项.

> **定理 6　三元函数的链式法则**
> 若 $w = f(x,y,z)$ 是可微的,而 x,y 和 z 是 t 的可微函数,则 w 是 t 的可微函数,并且
> $$\frac{\mathrm{d}w}{\mathrm{d}t} = \frac{\partial f}{\partial x}\frac{\mathrm{d}x}{\mathrm{d}t} + \frac{\partial f}{\partial y}\frac{\mathrm{d}y}{\mathrm{d}t} + \frac{\partial f}{\partial z}\frac{\mathrm{d}z}{\mathrm{d}t}.$$

证明跟定理 5 的证明一样,只不过现在是三个中间变量代替两个中间变量. 记忆新等式的图解跟以前的类似,只

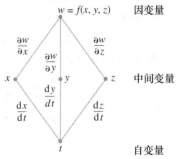

链式法则

不过现在从 w 到 t 是三条路径.

例2（沿螺线的函数值的变化） 若
$$w = xy + z, \quad x = \cos t, \quad y = \sin t, \quad z = t$$
（图 11.20），在 $t = 0$ 的导数值是多少？

解
$$\begin{aligned}
\frac{\mathrm{d}w}{\mathrm{d}t} &= \frac{\partial w}{\partial x}\frac{\mathrm{d}x}{\mathrm{d}t} + \frac{\partial w}{\partial y}\frac{\mathrm{d}y}{\mathrm{d}t} + \frac{\partial w}{\partial z}\frac{\mathrm{d}z}{\mathrm{d}t} \\
&= (y)(-\sin t) + (x)(\cos t) + (1)(1) \\
&= (\sin t)(-\sin t) + (\cos t)(\cos t) + 1 \quad \text{代换中间变量} \\
&= -\sin^2 t + \cos^2 t + 1 = 1 + \cos 2t
\end{aligned}$$
$$\left(\frac{\mathrm{d}w}{\mathrm{d}t}\right)_{t=0} = 1 + \cos(0) = 2.$$

这里是定理6的一个物理解释. 若 $w = T(x,y,z)$ 是沿参数方程为 $x = (t), y = y(t), z = z(t)$ 的曲线 C 在每个点 (x,y,z) 的温度，则复合函数 $w = T(x(t), y(t), z(t))$ 表示沿曲线温度相对于 t 的瞬时变化率.

定义在曲面上的函数

如果我们对空间的一个球面上点 (x,y,z) 的温度 $w = f(x,y,z)$ 感兴趣，我们更喜欢把 x,y 和 z 想象为变量 r 和 s 的函数，它们给出点的经度和纬度. 若 $x = g(r,s)$，$y = h(r,s)$ 和 $z = k(r,s)$，我们把温度表示为 r 和 s 的复合函数
$$w = f(g(r,s), h(r,s), k(r,s)).$$
在适当的条件下，w 将有对于 r 和 s 的偏导数，并且可以按照以下方式计算.

> **定理7　两个自变量和三个中间变量的链式法则**
>
> 假定 $w = f(x,y,z), x = g(r,s), y = h(r,s)$ 和 $z = k(r,s)$. 若所有四个函数是可微的，则 w 有对 r 和 s 的偏导数，并且由以下公式给出：
> $$\frac{\partial w}{\partial r} = \frac{\partial w}{\partial x}\frac{\partial x}{\partial r} + \frac{\partial w}{\partial y}\frac{\partial y}{\partial r} + \frac{\partial w}{\partial z}\frac{\partial z}{\partial r}$$
> $$\frac{\partial w}{\partial s} = \frac{\partial w}{\partial x}\frac{\partial x}{\partial s} + \frac{\partial w}{\partial y}\frac{\partial y}{\partial s} + \frac{\partial w}{\partial z}\frac{\partial z}{\partial s}$$

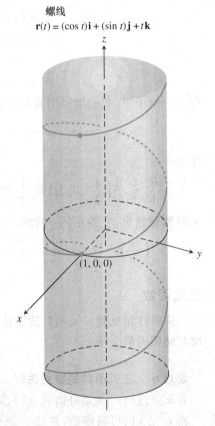

图 11.20 例2指出 $w = xy + z$ 的值沿这条螺线如何随 t 变化.

这里的第一个等式可以从定理6的链式法则导出，只需固定 s 而把 r 看作 t. 第二个可以用同样的方式导出，固定 r 而把 s 看作 t. 两个等式的树形图解显示在图 11.21 中.

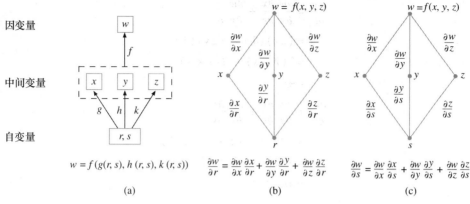

图 11.21　定理 7 中的复合函数和树形图解

例 3（用定理 7 求偏导数） 若

$$w = x + 2y + z^2, \quad x = \frac{r}{s}, \quad y = r^2 + \ln s, \quad z = 2r,$$

用 r 和 s 表示 $\partial w/\partial r$ 和 $\partial w/\partial s$.

解

$$\frac{\partial w}{\partial r} = \frac{\partial w}{\partial x}\frac{\partial x}{\partial r} + \frac{\partial w}{\partial y}\frac{\partial y}{\partial r} + \frac{\partial w}{\partial z}\frac{\partial z}{\partial r}$$

$$= (1)\left(\frac{1}{s}\right) + (2)(2r) + (2z)(2)$$

$$= \frac{1}{s} + 4r + (4r)(2) = \frac{1}{s} + 12r \qquad \text{代换中间变量}$$

$$\frac{\partial w}{\partial s} = \frac{\partial w}{\partial x}\frac{\partial x}{\partial s} + \frac{\partial w}{\partial y}\frac{\partial y}{\partial s} + \frac{\partial w}{\partial z}\frac{\partial z}{\partial s}$$

$$= (1)\left(-\frac{r}{s^2}\right) + (2)\left(\frac{1}{s}\right) + (2z)(0) = \frac{2}{s} - \frac{r}{s^2}$$

若 f 是二元函数而非三元，定理 7 的每个方程相应减少一项.

若 $w = f(x,y), x = g(r,s)$ 且 $y = h(r,s)$，则

$$\frac{\partial w}{\partial r} = \frac{\partial w}{\partial x}\frac{\partial x}{\partial r} + \frac{\partial w}{\partial y}\frac{\partial y}{\partial r}$$

和

$$\frac{\partial w}{\partial s} = \frac{\partial w}{\partial x}\frac{\partial x}{\partial s} + \frac{\partial w}{\partial y}\frac{\partial y}{\partial s}$$

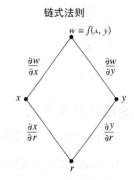

图 11.22　对于等式 $\dfrac{\partial w}{\partial r} = \dfrac{\partial w}{\partial x}\dfrac{\partial x}{\partial r} + \dfrac{\partial w}{\partial y}\dfrac{\partial y}{\partial r}$ 的树形图解.

图 11.22 显示这些等式的第一个的树形图解. 对第二个等式的图解类似，只不过用 s 代替 r.

例 4（更多的偏导数） 用 r 和 s 表示 $\partial w/\partial r$ 和 $\partial w/\partial s$，假设

$$w = x^2 + y^2, x = r - s, y = r + s.$$

解

$$\frac{\partial w}{\partial r} = \frac{\partial w}{\partial x}\frac{\partial x}{\partial r} + \frac{\partial w}{\partial y}\frac{\partial y}{\partial r}$$
$$= (2x)(1) + (2y)(1)$$
$$= 2(r-s) + 2(r+s)$$
$$= 4r$$
$$\frac{\partial w}{\partial s} = \frac{\partial w}{\partial x}\frac{\partial x}{\partial s} + \frac{\partial w}{\partial y}\frac{\partial y}{\partial s}$$
$$= (2x)(-1) + (2y)(1)$$
$$= -2(r-s) + 2(r+s)$$
$$= 4s$$

如果 f 是一个变量 x 的函数,我们的方程变得更简单.

若 $w = f(x)$ 且 $x = g(r,s)$,则
$$\frac{\partial w}{\partial r} = \frac{dw}{dx}\frac{\partial x}{\partial r} \quad \text{和} \quad \frac{\partial w}{\partial s} = \frac{dw}{dx}\frac{\partial x}{\partial s}.$$

在这种情形,我们可以使用常(单变量)导数 dw/dx. 树形图解显示在图 11.23 中.

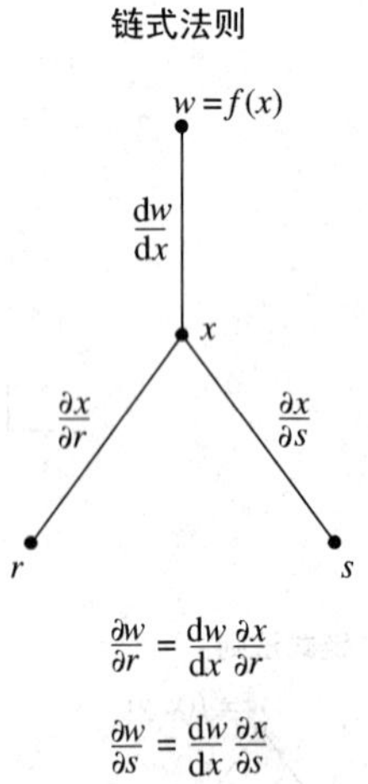

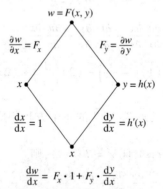

图 11.23 f 作为 r 和 s 的同一个中间变量的复合函数的微分的树形图示.

图 11.24 $w = F(x,y)$ 对于 x 的求导的树形图解. 令 $dw/dx = 0$ 得到隐函数导数的简单计算公式. (定理 8)

再论隐函数求导法

不管你相信与否,定理 5 的两变量的链式法则引导出一个大大简化隐函数导数的公式. 假定

1. 函数 $F(x,y)$ 是可微的,并且
2. 方程 $F(x,y) = 0$ 隐式地定义 y 为 x 的可微函数,记作 $y = h(x)$.

因为 $w = F(x,y) = 0$,导数 dw/dx 必须为零. 用链式法则计算导数(图 11.24 中的树形图解),我们求得

$$0 = \frac{dw}{dx} = F_x \frac{dx}{dx} + F_y \frac{dy}{dx} \qquad \text{定理 5 中的 } t = x, f = F$$

$$= F_x \cdot 1 + F_y \cdot \frac{dy}{dx}.$$

如果 $F_y = \partial w / \partial y \neq 0$,我们可以解出 dy/dx,得到

$$\frac{dy}{dx} = -\frac{F_x}{F_y}.$$

这个公式提供一个求隐函数导数的令人惊奇的捷径,这里我们把它叙述为如下定理.

> **定理 8　隐函数微分公式**
> 假定 $F(x,y)$ 是可微的,并且方程 $F(x,y) = 0$ 定义 y 为 x 的可微函数. 则在 $F_y \neq 0$ 的任何点,
>
> $$\frac{dy}{dx} = -\frac{F_x}{F_y}.$$

例 5(快速隐函数微分法)　若 $y^2 - x^2 - \sin xy = 0$,用定理 8 求 dy/dx.

解　记 $F(x,y) = y^2 - x^2 - \sin xy$. 则

$$\frac{dy}{dx} = -\frac{F_x}{F_y} = -\frac{-2x - y\cos xy}{2y - x\cos xy} = \frac{2x + y\cos xy}{2x - x\cos xy}.$$

这里的计算显著短于第 2.6 节例 2 中的求 dy/dx 的单变量计算.

多元函数

在本节我们看到了链式法则的几个不同形式,但是你不必一一记忆它们,而只需把它们看作同一个公式的特殊情况. 当解一个特殊问题时,它可以帮助你勾画适当的树形图解,置因变量于顶部,中间变量在中部,而选定的自变量在底部. 为求得因变量对于选定自变量的导数,从因变量开始,并往下读树的每条路径到自变量,计算并且乘沿每条路径的导数. 然后把你对每条路径求得的乘积相加.

一般说来,假定 $w = f(x,y,\cdots,v)$ 是变量 $x,y,\cdots,v$(一个有限集) 的可微函数,而 $x,y,\cdots,v$ 又是 $p,q,\cdots,t$(另一个有限集) 的可微函数. 则 w 是 $p,\cdots,t$ 的变量的可微函数,且 w 对这些变量的偏导数由如下形式的方程给出:

$$\frac{\partial w}{\partial p} = \frac{\partial w}{\partial x}\frac{\partial x}{\partial p} + \frac{\partial w}{\partial y}\frac{\partial y}{\partial p} + \cdots + \frac{\partial w}{\partial v}\frac{\partial v}{\partial p}.$$

其它的等式把 p 一次次地换为 $q,\cdots,t$ 即可得到.

记忆这个等式的一个方式是把等式右端设想为分量为

$$\underbrace{\left(\frac{\partial w}{\partial x}, \frac{\partial w}{\partial y}, \cdots, \frac{\partial w}{\partial v}\right)}_{w\text{对于中间变量的导数}} \quad \text{和} \quad \underbrace{\left(\frac{\partial x}{\partial p}, \frac{\partial y}{\partial p}, \cdots, \frac{\partial v}{\partial p}\right)}_{\text{中间变量对于自变量的导数}}.$$

的两个向量的点积.

习题 11.4

链式法则：一个自变量

在第 1 – 6 题中，(a) 用链式法则和用 t 表示 w 而直接对 t 求导两个方法，把 dw/dt 表示成 t 的函数. 然后，(b) 求 dw/dt 在指定点的值.

1. $w = x^2 + y^2$, $x = \cos t$, $y = \sin t$; $t = \pi$
2. $w = x^2 + y^2$, $x = \cos t + \sin t$, $y = \cos t - \sin t$; $t = 0$
3. $w = \dfrac{x}{z} + \dfrac{y}{z}$, $x = \cos^2 t$, $y = \sin^2 t$, $z = 1/t$; $t = 3$
4. $w = \ln(x^2 + y^2 + z^2)$, $x = \cos t$, $y = \sin t$, $z = 4\sqrt{t}$; $t = 3$
5. $w = 2ye^x - \ln z$, $x = \ln(t^2 + 1)$, $y = \tan^{-1} t$, $z = e^t$; $t = 1$
6. $w = z - \sin xy$, $x = t$, $y = \ln t$, $z = e^{t-1}$; $t = 1$

链式法则：两个和三个自变量

在第 7 – 8 题中，(a) 用链式法则和微分前用 r 和 θ 直接表示 z 这两个方法，把 $\partial z/\partial r$ 和 $\partial z/\partial \theta$ 表示成 r 和 θ 的的函数. 然后，(b) 求 $\partial z/\partial r$ 和 $\partial z/\partial \theta$ 在指定点的值.

7. $z = 4e^x \ln y$, $x = \ln(u \cos v)$, $y = u \sin v$; $(u, v) = (2, \pi/4)$
8. $z = \tan^{-1}(x/y)$, $x = u \cos v$, $y = u \sin v$; $(u, v) = (1.3, \pi/6)$

在第 9 – 10 题中，(a) 用链式法则和微分前用 u 和 v 直接表示 w 这两个方法，把 $\partial w/\partial u$ 和 $\partial w/\partial v$ 表示成 u 和 v 的的函数. 然后，(b) 求 $\partial w/\partial u$ 和 $\partial w/\partial v$ 在指定点的值.

9. $w = xy + yz + xz$, $x = u + v$, $y = u - v$, $z = uv$; $(u, v) = (1/2, 1)$
10. $w = \ln(x^2 + y^2 + z^2)$, $x = ue^v \sin u$, $y = ue^v \cos u$, $z = ue^v$; $(u, v) = (-2, 0)$

在第 11 – 12 题中，(a) 用链式法则和求导前用 x, y 和 z 直接表示 u 这两个方法，把 $\partial u/\partial x, \partial u/\partial y$ 和 $\partial u/\partial z$ 表示成 x, y 和 z 的的函数. 然后，(b) 求 $\partial u/\partial x, \partial u/\partial y$ 和 $\partial u/\partial z$ 在指定点的值.

11. $u = \dfrac{p - q}{q - r}$, $p = x + y + z$, $q = x - y + z$, $r = x + y - z$; $(x, y, z) = (\sqrt{3}, 2, 1)$
12. $u = e^{qr} \sin^{-1} p$, $p = \sin x$, $q = z^2 \ln y$, $r = 1/z$; $(x, y, z) = (\pi/4, 1/2, -1/2)$

用树形图解

在第 13 – 24 题中，画树形图解并且写出对每个导数的链式法则.

13. $\dfrac{dz}{dt}$, $z = f(x, y)$, $x = g(t)$, $y = h(t)$
14. $\dfrac{dz}{dt}$, $z = f(u, v, w)$, $u = g(t)$, $v = h(t)$, $w = k(t)$
15. $\dfrac{\partial w}{\partial u}$ 和 $\dfrac{\partial w}{\partial v}$, $w = h(x, y, z)$, $x = f(u, v)$, $y = g(u, v)$, $z = k(u, v)$
16. $\dfrac{\partial w}{\partial x}$ 和 $\dfrac{\partial w}{\partial y}$, $w = f(r, s, t)$, $r = g(x, y)$, $s = h(x, y)$, $t = k(x, y)$
17. $\dfrac{\partial w}{\partial u}$ 和 $\dfrac{\partial w}{\partial v}$, $w = g(x, y)$, $x = h(u, v)$, $y = k(u, v)$
18. $\dfrac{\partial w}{\partial x}$ 和 $\dfrac{\partial w}{\partial y}$, $w = g(u, v)$, $u = h(x, y)$, $v = k(x, y)$
19. $\dfrac{\partial z}{\partial t}$ 和 $\dfrac{\partial z}{\partial s}$, $z = f(x, y)$, $x = g(t, s)$, $y = h(t, s)$

20. $\dfrac{\partial y}{\partial r}$, $y = f(u)$, $u = g(r,s)$ 21. $\dfrac{\partial w}{\partial s}$ 和 $\dfrac{\partial w}{\partial t}$, $w = g(u)$, $u = h(s,t)$

22. $\dfrac{\partial w}{\partial p}$, $w = f(x,y,z,v)$, $x = g(p,q)$, $y = h(p,q)$, $z = j(p,q)$, $v = k(p,q)$

23. $\dfrac{\partial w}{\partial r}$ 和 $\dfrac{\partial w}{\partial s}$, $w = f(x,y)$, $x = g(r)$, $y = h(s)$

24. $\dfrac{\partial w}{\partial s}$, $w = g(x,y)$, $x = h(r,s,t)$, $y = k(r,s,t)$

隐函数求导法

假定第 25-28 题中的方程定义 y 为 x 的可微函数. 用定理 8 求在给定点的 dy/dx.

25. $x^3 - 2y^2 + xy = 0$, $(1,1)$ 26. $xy + y^2 - 3x - 3 = 0$, $(-1,1)$

27. $x^2 + xy + y^2 - 7 = 0$, $(1,2)$ 28. $xe^y + \sin xy + y - \ln 2 = 0$, $(0, \ln 2)$

三元隐函数求导法

定理 8 可以推广到三元甚至更多元的函数. 三维说法如下:若方程 $F(x,y,z) = 0$ 确定 z 是 x 和 y 的可微函数, 则在 $F_z \neq 0$ 的点

$$\dfrac{\partial z}{\partial x} = -\dfrac{F_x}{F_z} \quad 和 \quad \dfrac{\partial z}{\partial y} = -\dfrac{F_y}{F_z}.$$

用这些等式求 $\partial z/\partial x$ 和 $\partial z/\partial y$ 在给定点的值.

29. $z^3 - xy + yz + y^3 - 2 = 0$, $(1,1,1)$ 30. $\dfrac{1}{x} + \dfrac{1}{y} + \dfrac{1}{z} - 1 = 0$, $(2,3,6)$

31. $\sin(x + y) + \sin(y + z) + \sin(x + z) = 0$, (π, π, π)

32. $xe^y + ye^z + 2\ln x - 2 - 3\ln 2 = 0$, $(1, \ln 2, \ln 3)$

求指定偏导数

33. 若 $w = (x + y + z)^2$, $x = r - s$, $y = \cos(r + s)$, $z = \sin(r + s)$, 求 $r = 1$, $s = -1$ 时的 $\partial w/\partial r$.

34. 若 $w = xy + \ln z$, $x = v^2/u$, $y = u + v$, $z = \cos u$, 求 $u = -1$, $v = 2$ 时的 $\partial w/\partial v$.

35. 若 $w = x^2 + (y/x)$, $x = u - 2v + 1$, $y = 2u + v - 2$, 求 $u = 0$, $v = 0$ 时的 $\partial w/\partial v$.

36. 若 $z = \sin xy + x\sin y$, $x = u^2 + v^2$, $y = uv$, 求 $u = 0$, $v = 1$ 时的 $\partial z/\partial u$.

37. 若 $z = 5\tan^{-1} x$, $x = e^u + \ln v$, 求 $u = \ln 2$, $v = 1$ 时的 $\partial z/\partial u$ 和 $\partial z/\partial v$.

38. 若 $z = \ln q$ 和 $q = \sqrt{v + 3}\tan^{-1} u$, 求 $u = 1$ 和 $v = -2$ 时的 $\partial z/\partial u$ 和 $\partial z/\partial v$.

理论和例子

39. **电流回路中的变换** 满足定律 $V = IR$ 的回路中的电压 V 随电池的损耗而缓慢下降. 同时电阻 R 随电阻器变热而增加. 用等式

$$\dfrac{dV}{dt} = \dfrac{\partial V}{\partial I}\dfrac{dI}{dt} + \dfrac{\partial V}{\partial R}\dfrac{dR}{dt}$$

求当 $R = 600$ 欧姆, $I = 0.04$ 安培, $dR/dt = 0.5$ 欧姆/秒和 $dV/dt = -0.001$ 伏特/秒时电流如何变化.

40. **箱子尺寸的变化** 长方体箱子的棱长 a, b 和 c 随时间而改变. 在所论时刻, $a = 1$ 米, $b = 2$ 米和 $c = 3$ 米, $da/dt = db/dt = 1$ 米/秒和 $dc/dt = -3$ 米/秒. 箱子的体积 V 和表面积 S 在该时刻的变化速率是多少?箱子的对角线的长度增加还是减少?

41. **偏导数求和** 若 $f(u,v,w)$ 是可微的, 并且 $u = x - y$, $v = y - z$ 和 $w = z - x$, 证明

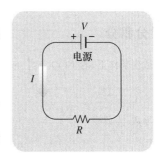

第 39 题图

$$\frac{\partial f}{\partial x} + \frac{\partial f}{\partial y} + \frac{\partial f}{\partial z} = 0.$$

42. 极坐标 假定我们把极坐标 $x = r\cos\theta$ 和 $= r\sin\theta$ 代入可微函数 $w = f(x,y)$.

(**a**) 证明
$$\frac{\partial w}{\partial r} = f_x \cos\theta + f_y \sin\theta \quad \text{和} \quad \frac{1}{r}\frac{\partial w}{\partial \theta} = -f_x \sin\theta + f_y \cos\theta.$$

(**b**) 解部分(a)的方程以便用 $\partial w/\partial r$ 和 $\partial w/\partial \theta$ 表示 f_x 和 f_y.

(**c**) 证明：$(f_x)^2 + (f_y)^2 = \left(\dfrac{\partial w}{\partial r}\right)^2 + \dfrac{1}{r^2}\left(\dfrac{\partial w}{\partial \theta}\right)^2.$

43. Laplace 方程 证明：若 $w = f(u,v)$ 满足方程 $f_{uu} + f_{vv} = 0$? 又若 $u = (x^2 - y^2)/2$ 和 $v = xy$,则 w 满足 Laplace 方程 $w_{xx} + w_{yy} = 0$.

44. Laplace 方程 设 $w = f(u) + g(v)$,其中 $u = x + iy$ 和 $v = x - iy$,且 $i = \sqrt{-1}$. 证明：如果所有必要的函数可微,则 w 满足 Laplace 方程 $w_{xx} + w_{yy} = 0$.

函数沿曲线的变化

45. 螺旋线上的极值 假定一个函数 $f(x,y,z)$ 在螺旋线 $x = \cos t, y = \sin t, z = t$ 的点的偏导数是
$$f_x = \cos t, \quad f_y = \sin t, \quad f_z = t^2 + t - 2.$$
在曲线的哪个点,如果有的话,f 可以取极值？

46. 一条空间曲线 设 $w = x^2 e^{2y} \cos 3z$,求在曲线 $x = \cos t, y = \ln(t+2), z = t$ 上的点 $(1, \ln 2, 0)$ 的 dw/dt 的值.

47. 圆周上的温度 设 $T = f(x,y)$ 表示圆周 $x = \cos t, y = \sin t, 0 \le t \le 2\pi$ 上点 (x,y) 的温度,并且假定
$$\frac{\partial T}{\partial x} = 8x - 4y, \quad \frac{\partial T}{\partial y} = 8y - 4x,$$

(**a**) 求通过考察 dT/dt 和 d^2T/dt^2,求圆周上有最高和最低温度的点.

(**b**) 假定 $T = 4x^2 - 4xy + 4y^2$. 求圆周上 T 的最大值和最小值.

48. 椭圆上的温度 设 $T = g(x,y)$ 是在椭圆
$$x = 2\sqrt{2}\cos t, \quad y = \sqrt{2}\sin t, \quad 0 \le t \le 2\pi,$$
上点 (x,y) 的温度,并且假定
$$\frac{\partial T}{\partial x} = y, \quad \frac{\partial T}{\partial y} = x.$$

(**a**) 通过考察 dT/dt 和 d^2T/dt^2 确定椭圆上有最高和最低温度的点.

(**b**) 设 $T = xy - 2$. 求椭圆上 T 的最大值和最小值.

微分积分

在适当条件下,若 $F(x) = \int_a^b g(t,x)\,dt$,则 $F'(x) = \int_a^b g_x(t,x)\,dt$. 利用这个事实和链式法则,求
$$F(x) = \int_a^{f(x)} g(t,x)\,dt$$
的导数. 为此令
$$G(u,x) = \int_a^u g(t,x)\,dt,$$
其中 $u = f(x)$. 并求第 49 和 50 题中函数的导数.

49. $F(x) = \int_0^{x^2} \sqrt{t^4 + x^3}\,dt$ **50.** $F(x) = \int_{x^2}^1 \sqrt{t^3 + x^2}\,dt$

11.5 方向导数、梯度向量和切平面

平面内的方向导数 • 方向导数的解释 • 计算 • 方向导数的性质 • 梯度和等高线的切线 • 梯度的代数法则 • 增量和距离 • 三元函数 • 切平面和法线 • 曲面 $z = f(x,y)$ 的切平面 • 其它应用

如果你观察沿着 New York 的 Hudson 河的西点军校的显示等高线的地图,你将注意到支流垂直于等高线流动. 支流沿着最陡峭的路径流动,以便河水尽可能快地到达 Hudson 河. 因此,河的海拔高度的瞬时变化率有一个特殊的方向. 在这一节,你将了解到为什么这个方向垂直于等高线.

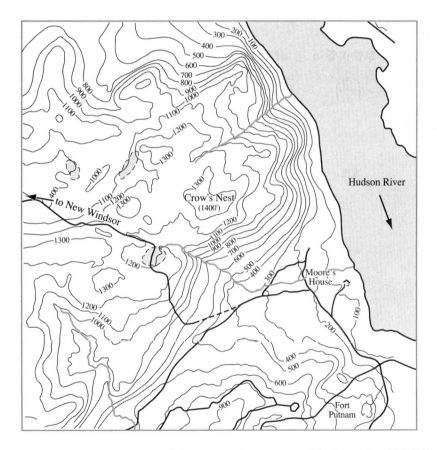

图 11.25 New York 的西点军校的等高线图指出支流沿最速下降的路径垂直于等高线流动.

我们从 11.4 节知道,如果 $f(x,y)$ 是可微的,则 f 沿曲线 $x = g(t), y = h(t)$ 对于 t 的变化率是

$$\frac{\mathrm{d}f}{\mathrm{d}t} = \frac{\partial f}{\partial x}\frac{\mathrm{d}x}{\mathrm{d}t} + \frac{\partial f}{\partial y}\frac{\mathrm{d}y}{\mathrm{d}t}.$$

在任意点 $P_0(x_0, y_0) = P_0(g(t_0), h(t_0))$,这个等式给出 f 对于增加的 t 的变化率,因此这个变

化率依赖的因素之一是沿曲线运动的方向. 这个观察当曲线是一条直线而 t 沿直线从 P_0 沿给定单位向量 $\mathbf{u}$ 的方向量起的弧长参数时是特别重要的. 因为这时 $\mathrm{d}f/\mathrm{d}t$ 是区域内沿方向 $\mathbf{u}$, f 对于距离的变化率. 通过改变 $\mathbf{u}$, 我们求得 f 在 P_0 沿不同方向的变化率. 这个"方向导数"在科学和工程中以及在数学中具有有用的解释. 这一节推导一个计算方向导数的公式, 并由此求得空间曲面的切平面和法线的方程.

平面内的方向导数

假定函数 $f(x,y)$ 定义在 xy 平面的区域 R 内, $P_0(x_0, y_0)$ 是 R 中的一个点, 而 $\mathbf{u} = u_1\mathbf{i} + u_2\mathbf{j}$ 是一个单位向量. 则方程

$$x = x_0 + su_1, \quad y = y_0 + su_2$$

是过 P_0 且平行于 $\mathbf{u}$ 的直线的参数方程. 如果 s 测量从 P_0 沿方向 $\mathbf{u}$ 开始的弧长, 我们通过计算在 P_0 的 $\mathrm{d}f/\mathrm{d}s$ 来求 f 在 P_0 沿方向 $\mathbf{u}$ 的变化率(图 11.26):

定义 方向导数

f 在 $P_0(x_0, y_0)$ 沿单位向量 $\mathbf{u} = u_1\mathbf{i} + u_2\mathbf{j}$ 的方向的导数是数

$$\left(\frac{\mathrm{d}f}{\mathrm{d}s}\right)_{\mathbf{u}, P_0} = \lim_{s \to 0} \frac{f(x_0 + su_1, y_0 + su_2) - f(x_0, y_0)}{s}, \tag{1}$$

只要极限存在.

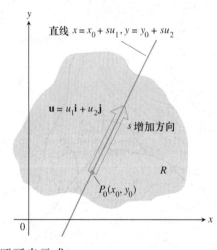

图 11.26 f 在点沿 P_0 沿方向 $\mathbf{u}$ 的变化率是 f 沿过 P_0 的直线的变化率.

方向导数还可表示成

$$(D_\mathbf{u}f)_{P_0}. \quad \text{"}f \text{ 在 } P_0 \text{ 沿方向 } \mathbf{u} \text{ 的方向导数"}$$

例 1(用定义求方向导数) 求

$$f(x,y) = x^2 + xy$$

在 $P_0(1,2)$ 沿单位向量 $\mathbf{u} = (1/\sqrt{2})\mathbf{i} + (1/\sqrt{2})\mathbf{j}$ 方向的方向导数.

解

$$\left(\frac{\mathrm{d}f}{\mathrm{d}s}\right)_{\mathbf{u}, P_0} = \lim_{s \to 0} \frac{f(x_0 + su_1, y_0 + su_2) - f(x_0, y_0)}{s} \quad \text{等式}(1)$$

$$= \lim_{s \to 0} \frac{f\left(1 + s \cdot \frac{1}{\sqrt{2}}, 2 + s \cdot \frac{1}{\sqrt{2}}\right) - f(1,2)}{s}$$

$$= \lim_{s \to 0} \frac{\left(1 + \frac{s}{\sqrt{2}}\right)^2 + \left(1 + \frac{s}{\sqrt{2}}\right)\left(2 + \frac{s}{\sqrt{2}}\right) - (1^2 + 1 \cdot 2)}{s}$$

$$= \lim_{s \to 0} \frac{\left(1 + \frac{2s}{\sqrt{2}} + \frac{s^2}{2}\right) + \left(2 + \frac{3s}{\sqrt{2}} + \frac{s^2}{2}\right) - 3}{s}$$

$$= \lim_{s \to 0} \frac{\frac{5s}{\sqrt{2}} + s^2}{s} = \lim_{s \to 0}\left(\frac{5}{\sqrt{2}} + s\right) = \left(\frac{5}{\sqrt{2}} + 0\right) = \frac{5}{\sqrt{2}}.$$

$f(x,y)$ 在 $P_0(1,2)$ 沿方向 $\mathbf{u} = (1/\sqrt{2})\mathbf{i} + (1/\sqrt{2})\mathbf{j}$ 的变化率是 $5/\sqrt{2}$.

方向导数的解释

方程 $z = f(x,y)$ 表示空间曲面 S. 若 $z_0 = f(x_0, y_0)$, 则点 $P(x_0, y_0, z_0)$ 在 S 上. 过 P 和 $P_0(x_0, y_0)$ 的平行于 $\mathbf{u}$ 的竖直平面交 S 于曲线 C (图 11.27). f 沿方向 $\mathbf{u}$ 的变化率是 C 在点 P 的切线的斜率.

当 $\mathbf{u} = \mathbf{i}$ 时, 在 P_0 的方向导数是 $\partial f/\partial x$ 在 (x_0, y_0) 的值. 当 $\mathbf{u} = \mathbf{j}$ 时, 在 P_0 的方向导数是 $\partial f/\partial y$ 在 (x_0, y_0) 的值. 方向导数推广了两个偏导数. 我们现在可以求沿任何方向, 而不仅仅是方向 $\mathbf{i}$ 和 $\mathbf{j}$ 的变化率.

这里是方向导数的一个物理解释. 假定 $T = f(x,y)$ 是在一个平面区域每点 (x,y) 的温度. 则 $f(x_0, y_0)$ 是在点 $P_0(x_0, y_0)$ 的温度, 而 $(D_{\mathbf{u}}f)_{P_0}$ 是温度沿方向 $\mathbf{u}$ 在点 P_0 的瞬时变化率.

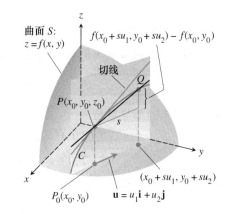

图 11.27 曲线 C 在点 P_0 的斜率是
$$\lim_{Q \to P} 斜率(PQ)$$
$$= \lim_{s \to 0} \frac{f(x_0 + su_1, y_0 + su_2) - f(x_0, y_0)}{s}$$
$$= \left(\frac{df}{ds}\right)_{\mathbf{u}, P_0} = (D_{\mathbf{u}}f)_{P_0}.$$

计算

正如你所知道的, 直接用定义计算作为极限的方向导数是罕见的. 我们可以用以下方式推导一个更有效的公式. 从以下参数方程给出的直线开始:

$$x = x_0 + su_1, \quad y = y_0 + su_2, \tag{2}$$

该直线过 $P_0(x_0, y_0)$, 以沿单位向量 $\mathbf{u} = u_1\mathbf{i} + u_2\mathbf{j}$ 的方向增加的弧长为参数. 则

$$\left(\frac{df}{ds}\right)_{\mathbf{u}, P_0} = \left(\frac{\partial f}{\partial x}\right)_{P_0} \frac{dx}{ds} + \left(\frac{\partial f}{\partial y}\right)_{P_0} \frac{dy}{ds} \qquad 链式法则$$

$$= \left(\frac{\partial f}{\partial x}\right)_{P_0} \cdot u_1 + \left(\frac{\partial f}{\partial y}\right)_{P_0} \cdot u_2 \qquad \begin{array}{l}由方程(2)得\,dx/ds = u_1,\\ 和\,dy/ds = u_2.\end{array}$$

$$= \underbrace{\left[\left(\frac{\partial f}{\partial x}\right)_{P_0}\mathbf{i} + \left(\frac{\partial f}{\partial y}\right)_{P_0}\mathbf{j}\right]}_{f\,在\,P_0\,的梯度} \cdot \underbrace{[u_1\mathbf{i} + u_2\mathbf{j}]}_{方向\,\mathbf{u}}. \tag{3}$$

> **定义　梯度向量或梯度**
>
> $f(x,y)$ 在点 $P_0(x_0,y_0)$ 的**梯度向量（梯度）**是由求 f 在 P_0 的偏导数的值得到的向量
>
> $$\nabla f = \frac{\partial f}{\partial x}\mathbf{i} + \frac{\partial f}{\partial y}\mathbf{j}$$

注：记号 ∇f 读作 "grad f"，或 "f 的梯度" 或 "del f"。符号 ∇ 本身读作 "del"。梯度的另外一个记号是 grad f，就按书写方式读。

等式(3)告诉我们 f 在 P_0 沿方向 $\mathbf{u}$ 的方向导数是 $\mathbf{u}$ 同 f 在 P_0 的梯度的点积。

> **定理 9　方向导数是点积**
>
> 若 $f(x,y)$ 在 $P_0(x_0,y_0)$ 可微，① 则
>
> $$\left(\frac{df}{ds}\right)_{\mathbf{u},P_0} = (\nabla f)_{P_0} \cdot \mathbf{u}, \tag{4}$$
>
> 等式右端是 f 在 P_0 的梯度和 $\mathbf{u}$ 的点积。

例 2（用梯度求方向导数）　求 $f(x,y) = xe^y + \cos(xy)$ 在点 $(2,0)$ 沿方向 $\mathbf{v} = 3\mathbf{i} - 4\mathbf{j}$ 的导数。

解　方向 $\mathbf{u}$ 从 $\mathbf{v}$ 除以其长度得到：

$$\mathbf{u} = \frac{\mathbf{v}}{|\mathbf{v}|} = \frac{\mathbf{v}}{5} = \frac{3}{5}\mathbf{i} - \frac{4}{5}\mathbf{j}.$$

f 在 $(2,0)$ 的偏导数是

$$f_x(2,0) = (e^y - y\sin(xy))_{(2,0)} = e^0 - 0 = 1$$

$$f_y(2,0) = (xe^y - x\sin(xy))_{(2,0)} = 2e^0 - 2\cdot 0 = 2.$$

f 在 $(2,0)$ 的梯度是

$$\nabla f|_{(2,0)} = f_x(2,0)\mathbf{i} + f_y(2,0)\mathbf{j} = \mathbf{i} + 2\mathbf{j}$$

（图 11.28）。因此 f 在 $(2,0)$ 沿方向 $\mathbf{v}$ 的导数是

$$(D_{\mathbf{u}}f)|_{(2,0)} = \nabla f|_{(2,0)} \cdot \mathbf{u} \qquad \text{等式(4)}$$

$$= (\mathbf{i} + 2\mathbf{j}) \cdot \left(\frac{3}{5}\mathbf{i} - \frac{4}{5}\mathbf{j}\right) = \frac{3}{5} - \frac{8}{5} = -1.$$

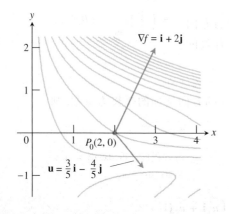

图 11.28　习惯上画 ∇f 为 f 的定义域里的一个向量。在 $f(x,y) = xe^y + \cos(xy)$ 的情形，定义域是全平面，f 沿方向 $\mathbf{u} = (3/5)\mathbf{i} - (4/5)\mathbf{j}$ 的变化率是 $\nabla f \cdot \mathbf{u} = -1$。（例 2）

---

① 原书为 $f(x,y)$ 的偏导数在 $P_0(x_0,y_0)$ 定义，不妥 — 译者注。

方向导数的性质

求点积的公式

$$D_{\mathbf{u}}f = \nabla f \cdot \mathbf{u} = |\nabla f||\mathbf{u}|\cos\theta = |\nabla f|\cos\theta,$$

其中 θ 是向量 $\mathbf{u}$ 和 ∇f 的夹角,揭示以下性质.

方向导数 $D_{\mathbf{u}}f = \nabla f \cdot \mathbf{u} = |\nabla f|\cos\theta$ 的性质

1. 函数 f 当 $\cos\theta = 1$ 时或当 $\mathbf{u}$ 是 ∇f 的方向时增加最快. 即在定义域的每个点 P, f 沿在 P 的梯度向量 ∇f 的方向增加最快. 在这个方向的方向导数是

$$D_{\mathbf{u}}f = |\nabla f|\cos(0) = |\nabla f|.$$

2. 类似的, f 沿 $-\nabla f$ 的方向减少最快. 在这个方向的方向导数是

$$D_{\mathbf{u}}f = |\nabla f|\cos(\pi) = -|\nabla f|.$$

3. 正交于梯度的方向 $\mathbf{u}$ 是 f 变化率为零的方向,因为此时 θ 等于 $\pi/2$,而

$$D_{\mathbf{u}}f = |\nabla f|\cos(\pi/2) = |\nabla f| \cdot 0 = 0.$$

正如我们后面要讨论的,这些性质在三维跟在二维一样也成立.

例 3 (求变化率最大、最小和为零的方向) 求方向, 使得 $f(x,y) = (x^2/2) + (y^2/2)$
(**a**) 在点 (1,1) 增加最快
(**b**) 在 (1,1) 减少最快
(**c**) 在什么方向 f 在 (1,1) 的变化率为零?

解 (**a**) 函数沿在 (1,1) 的 ∇f 的方向增加最快. 这里的梯度是

$$(\nabla f)_{(1,1)} = (x\mathbf{i} + y\mathbf{j})_{(1,1)} = \mathbf{i} + \mathbf{j}.$$

它的方向是

$$\mathbf{u} = \frac{\mathbf{i}+\mathbf{j}}{|\mathbf{i}+\mathbf{j}|} = \frac{\mathbf{i}+\mathbf{j}}{\sqrt{(1)^2+(1)^2}} = \frac{1}{\sqrt{2}}\mathbf{i} + \frac{1}{\sqrt{2}}\mathbf{j}.$$

(**b**) 函数沿在 (1,1) 的 $-\nabla f$ 的方向减少最快. 它是

$$-\mathbf{u} = -\frac{1}{\sqrt{2}}\mathbf{i} - \frac{1}{\sqrt{2}}\mathbf{j}.$$

(**c**) 在 (1,1) 变化率为零的方向是垂直于 ∇f 的方向:

$$\mathbf{n} = -\frac{1}{\sqrt{2}}\mathbf{i} + \frac{1}{\sqrt{2}}\mathbf{j} \quad \text{和} \quad -\mathbf{n} = \frac{1}{\sqrt{2}}\mathbf{i} - \frac{1}{\sqrt{2}}\mathbf{j}.$$

见图 11.29.

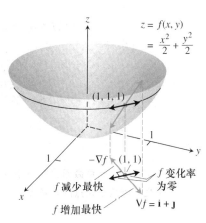

图 11.29 $f(x,y) = (x^2/2) + (y^2/2)$ 在 (1,1) 增加最快的方向是 $\nabla f|_{(1,1)} = \mathbf{i} + \mathbf{j}$ 的方向. 它对应于在点 (1,1,1) 在曲面上最陡峭的方向.

梯度和等高线的切线

若一个可微函数 $f(x,y)$ 沿一条光滑曲线 $\mathbf{r} = g(t)\mathbf{i} + h(t)\mathbf{j}$ 取常数值 c (成为 f 的等高线),有 $f(g(t),h(t)) = c$,对 t 求导这个等式的两端,导致等式

$$\frac{d}{dt}f(g(t),h(t)) = \frac{d}{dt}(c)$$

$$\frac{\partial f}{\partial x}\frac{dg}{dt} + \frac{\partial f}{\partial y}\frac{dh}{dt} = 0 \quad \text{链式法则}$$

$$\underbrace{\left(\frac{\partial f}{\partial x}\mathbf{i} + \frac{\partial f}{\partial y}\mathbf{j}\right)}_{\nabla f} \cdot \underbrace{\left(\frac{dg}{dt}\mathbf{i} + \frac{dh}{dt}\mathbf{j}\right)}_{\frac{d\mathbf{r}}{dt}} = 0. \tag{5}$$

等式(5)表示 ∇f 正交于切向量 $d\mathbf{r}/dt$，于是它正交于曲线.

在 $f(x,y)$ 的定义域的每个点 (x_0, y_0)，f 的梯度正交于过 (x_0, y_0) 的等高线(图 11.30).

等式(5)验证了地形图(图 11.25)中的支流垂直于等高线这一现象. 因为往下流动的河流要以最快的方式到达目的地，由方向导数性质 2 它必须沿负梯度向量的方向流动. 方程(5)告诉我们这个方向垂直于等高线.

这个考察使我们能够求等高线的切线方程. 它们是正交于梯度的直线. 过点 $P_0(x_0, y_0)$ 垂直于向量 $\mathbf{N} = A\mathbf{i} + B\mathbf{j}$ 的直线的方程是

$$A(x - x_0) + B(y - y_0) = 0$$

(第 59 题). 若 $\mathbf{N}$ 是梯度 $(\nabla f)_{(x_0, y_0)} = f_x(x_0, y_0)\mathbf{i} + f_y(x_0, y_0)\mathbf{j}$，方程成为

$$f_x(x_0, y_0)(x - x_0) + f_y(x_0, y_0)(y - y_0) = 0. \tag{6}$$

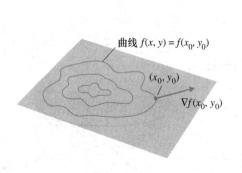
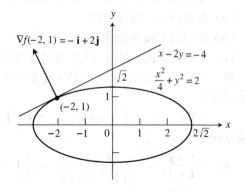

图 11.30 二元可微函数在一个点的梯度总是正交于函数过该点的等高线.

图 11.31 通过把椭圆看作函数 $f(x,y) = (x^2/4) + y^2$ 的等高线，我们可以求椭圆 $(x^2/4) + y^2 = 2$ 的切线. (例 4)

例 4(求椭圆的切线) 求椭圆

$$\frac{x^2}{4} + y^2 = 2$$

在点 $(-2, 1)$ 的切线(图 11.31).

解 椭圆是以下函数的等高线：

$$f(x,y) = \frac{x^2}{4} + y^2.$$

f 在 $(-2, 1)$ 的梯度是

$$\nabla f \big|_{(-2,1)} = \left(\frac{x}{2}\mathbf{i} + 2y\mathbf{j}\right)_{(-2,1)} = -\mathbf{i} + 2\mathbf{j}.$$

切线是直线

$$(-1)(x+2) + (2)(y-1) = 0 \qquad 方程(6)$$
$$x - 2y = -4$$

梯度的代数法则

如果我们知道了 f 和 g 的梯度,我们就自动知道了它们的常倍数、和、差、积和商的梯度.

梯度的代数法则

1. 常数倍数法则: $\nabla(kf) = k\nabla f$ （任意数 k）
2. 和法则: $\nabla(f+g) = \nabla f + \nabla g$
3. 差法则: $\nabla(f-g) = \nabla f - \nabla g$
4. 积法则: $\nabla(fg) = f\nabla g + g\nabla f$
5. 商法则: $\nabla\left(\dfrac{f}{g}\right) = \dfrac{g\nabla f - f\nabla g}{g^2}$

注：这些法则跟对应的导数法则有同样的形式,本来就应该这样（第 63 题）.

例 5（举例说明梯度法则） 我们用
$$f(x,y) = x - y \qquad g(x,y) = 3y$$
$$\nabla f = \mathbf{i} - \mathbf{j} \qquad \nabla g = 3\mathbf{j}.$$

说明以上法则.

我们有

1. $\nabla(2f) = \nabla(2x - 2y) = 2\mathbf{i} - 2 = 2\nabla f$
2. $\nabla(f+g) = \nabla(x + 2y) = \mathbf{i} + 2\mathbf{j} = \nabla f + \nabla g$
3. $\nabla(f-g) = \nabla(x - 4y) = \mathbf{i} - 4\mathbf{j} = \nabla f - \nabla g$
4. $\nabla(fg) = \nabla(3xy - 3y^2) = 3y\mathbf{i} + (3x - 6y)\mathbf{j}$
   $= 3y(\mathbf{i} - \mathbf{j}) + 3y\mathbf{j} + (3x - 6y)\mathbf{j}$
   $= 3y(\mathbf{i} - \mathbf{j}) + (3x - 3y)\mathbf{j}$
   $= 3y(\mathbf{i} - \mathbf{j}) + (x - y)3\mathbf{j} = g\nabla f + f\nabla g$
5. $\nabla\left(\dfrac{f}{g}\right) = \nabla\left(\dfrac{x-y}{3y}\right) = \nabla\left(\dfrac{x}{3y} - \dfrac{1}{3}\right) = \dfrac{1}{3y}\mathbf{i} - \dfrac{x}{3y^2}\mathbf{j}$
   $= \dfrac{3y\mathbf{i} - 3x\mathbf{j}}{9y^2} = \dfrac{3y(\mathbf{i} - \mathbf{j}) - (3x - 3y)\mathbf{j}}{9y^2}$
   $= \dfrac{3y(\mathbf{i} - \mathbf{j}) - (x - y)3\mathbf{j}}{9y^2} = \dfrac{g\nabla f - f\nabla g}{g^2}.$

增量和距离

当我们要估计从点 P_0 到邻近的另外一点移动一个小的距离,函数 f 的变化有多少时,通常方向导数扮演与导数同样的角色.若 f 是单变量函数,我们有
$$\mathrm{d}f = f'(P_0)\mathrm{d}s. \qquad （一般导数 \times 增量）$$
对于二元或更多元函数,我们用公式

$$df = (\nabla f|_{P_0} \cdot \mathbf{u}) ds \quad (方向导数 \times 增量)$$

其中 $\mathbf{u}$ 是离开 P_0 的方向.

估计 f 沿方向 $\mathbf{u}$ 的变化

为估计当从点 P_0 沿特殊方向 $\mathbf{u}$ 移动一个小的距离 ds 时函数 f 的值的变化, 利用公式

$$df = \underbrace{(\nabla f|_{P_0} \cdot \mathbf{u})}_{方向导数} \cdot \underbrace{ds}_{距离增量}$$

例 6(估计 $f(x,y)$ 沿方向 $\mathbf{u}$ 的变化) 估计当点 $P_0(2,0)$ 沿从 P_0 到 $P_1(4,1)$ 的直线移动 0.1 个单位时

$$f(x,y) = xe^y$$

的值的变化.

解 我们首先求 f 在 P_0 沿向量

$$\overrightarrow{P_0P_1} = 2\mathbf{i} + \mathbf{j}.$$

方向的方向导数. 这个向量的方向是

$$\mathbf{u} = \frac{\overrightarrow{P_0P_1}}{|\overrightarrow{P_0P_1}|} = \frac{\overrightarrow{P_0P_1}}{\sqrt{5}} = \frac{2}{\sqrt{5}}\mathbf{i} + \frac{1}{\sqrt{5}}\mathbf{j}.$$

f 在 P_0 的梯度是

$$\nabla f_{(2,0)} = (e^y \mathbf{i} + xe^y \mathbf{j})_{(2,0)} = \mathbf{i} + 2\mathbf{j}.$$

因此,

$$\nabla f|_{P_0} \cdot \mathbf{u} = (\mathbf{i} + 2\mathbf{j}) \cdot \left(\frac{2}{\sqrt{5}}\mathbf{i} + \frac{1}{\sqrt{5}}\mathbf{j}\right) = \frac{2}{\sqrt{5}} + \frac{2}{\sqrt{5}} = \frac{4}{\sqrt{5}}.$$

从点 P_0 沿方向 $\mathbf{u}$ 移动 $ds = 0.1$ 个单位, f 的变化的 df 近似地是

$$df = (\nabla f|_{P_0} \cdot \mathbf{u})(ds) = \left(\frac{4}{\sqrt{5}}\right)(0.1) \approx 0.18 \text{ units}.$$

三元函数

在两变量公式里加上含 z 的项就得到三元公式. 对于可微函数 $f(x,y,z)$ 和空间中的单位向量 $\mathbf{u} = u_1\mathbf{i} + u_2\mathbf{j} + u_3\mathbf{k}$, 我们有

$$\nabla f = \frac{\partial f}{\partial x}\mathbf{i} + \frac{\partial f}{\partial y}\mathbf{j} + \frac{\partial f}{\partial z}\mathbf{k}$$

和

$$D_{\mathbf{u}}f = \nabla f \cdot \mathbf{u} = \frac{\partial f}{\partial x}u_1 + \frac{\partial f}{\partial y}u_2 + \frac{\partial f}{\partial z}u_3.$$

方向导数可以再一次写成形式:

$$D_{\mathbf{u}}f = \nabla f \cdot \mathbf{u} = |\nabla f||u|\cos\theta = |\nabla f|\cos\theta.$$

于是前面对两变量函数列举的性质仍然成立. 在任一给定的点, f 沿方向 ∇f 增加最快, 沿 $-\nabla f$ 的方向减少最快. 沿任何正交于 ∇f 的方向导数是零.

例 7（求最大、最小和零变化的方向）　（a）求 $f(x,y,z) = x^3 - xy^2 - z$ 在 $P_0(1,1,0)$ 沿 $\mathbf{v} = 2\mathbf{i} - 3\mathbf{j} + 6\mathbf{k}$ 方向的方向导数.

（b）沿什么方向 f 在 P_0 变化最快,在这个方向的变化率是多少？

解　（a）$\mathbf{v}$ 除以其长度,得 $\mathbf{v}$ 的方向

$$|\mathbf{v}| = \sqrt{(2)^2 + (-3)^2 + (6)^2} = \sqrt{49} = 7$$

$$\mathbf{u} = \frac{\mathbf{v}}{|\mathbf{v}|} = \frac{2}{7}\mathbf{i} - \frac{3}{7}\mathbf{j} + \frac{6}{7}\mathbf{k}.$$

f 在 P_0 的偏导数是

$$f_x = (3x^2 - y^2)_{(1,1,0)} = 2,$$
$$f_y = -2xy \big|_{(1,1,0)} = -2, \quad f_z = -1 \big|_{(1,1,0)} = -1.$$

f 在 P_0 的梯度是

$$\nabla f \big|_{(1,1,0)} = 2\mathbf{i} - 2\mathbf{j} - \mathbf{k}.$$

因此 f 在 P_0 沿 $\mathbf{v}$ 的方向的方向导数是

$$(D_\mathbf{u} f)_{1,1,0} = \nabla f \big|_{(1,1,0)} \cdot \mathbf{u} = (2\mathbf{i} - 2\mathbf{j} - \mathbf{k}) \cdot \left(\frac{2}{7}\mathbf{i} - \frac{3}{7}\mathbf{j} + \frac{6}{7}\mathbf{k}\right)$$

$$= \frac{4}{7} + \frac{6}{7} - \frac{6}{7} = \frac{4}{7}.$$

（b）这个函数沿 $\nabla f = 2\mathbf{i} - 2\mathbf{j} - \mathbf{k}$ 的方向增加最快,沿方向 $-\nabla f$ 减少最快. 在这两个方向的变化率是

$$|\nabla f| = \sqrt{(2)^2 + (-2)^2 + (-1)^2} = \sqrt{9} = 3 \quad 和 \quad -|\nabla f| = -3.$$

切平面和法线

三元函数 $f(x,y,z)$ 的梯度向量满足二元函数的梯度的所有性质. 特别地,正如我们建立了等式(5)的有效性,在 $f(x,y,z)$ 的定义域的每个点 P_0,梯度 ∇f 正交于过 P_0 的等位面(图 11.32). 这个考察引导出下列定义.

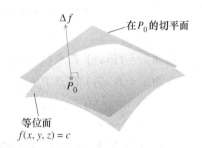

图 11.32　三元函数在点 P_0 的梯度正交于函数过该点的等位面. 于是,梯度定义在点 P_0 的法线和切平面.

定义　切平面和法线

等位面 $f(x,y,z) = c$ 在点 $P_0(x_0, y_0, z_0)$ 的**切平面**是过 P_0 正交于 $\nabla f \big|_{P_0}$ 的平面.

曲面在 P_0 的**法线**是过 P_0 平行于 $\nabla f \big|_{P_0}$ 的直线.

因此,根据 10.3 节,切平面和法线分别有方程

$$f_x(P_0)(x - x_0) + f_y(P_0)(y - y_0) + f_z(P_0)(z - z_0) = 0 \tag{7}$$

$$x = x_0 + f_x(P_0)t, \quad y = y_0 + f_y(P_0)t, \quad z = z_0 + f_z(P_0)t. \tag{8}$$

例 8（求切平面和法线）　求曲面

$$f(x,y,z) = x^2 + y^2 + z - 9 = 0$$

在点 $P_0(1,2,4)$ 的切平面和法线.

解 曲面画在图 11.33 中. 在 P_0 的切平面垂直于 f 在 P_0 的梯度. 梯度是
$$\nabla f|_{P_0} = (2x\mathbf{i} + 2y\mathbf{j} + \mathbf{k})_{(1,2,4)} = 2\mathbf{i} + 4\mathbf{j} + \mathbf{k}.$$
因此切平面是
$$2(x-1) + 4(y-2) + (z-4) = 0, \quad \text{或} \quad 2x + 4y + z = 14.$$
曲面在 P_0 的法线是
$$x = 1 + 2t, \quad y = 2 + 4t, \quad z = 4 + t.$$

曲面 $z = f(x,y)$ 的切平面

为求曲面 $z = f(x,y)$ 在点 $P_0(x_0, y_0, z_0)$ 的切平面,其中 $z_0 = f(x_0, y_0)$,我们首先注意方程 $z = f(x,y)$ 等价于 $f(x,y) - z = 0$. 因此曲面 $z = f(x,y)$ 是函数 $F(x,y,z) = f(x,y) - z$ 的零等位面. F 的偏导数是
$$F_x = \frac{\partial}{\partial x}(f(x,y) - z) = f_x - 0 = f_x$$
$$F_y = \frac{\partial}{\partial y}(f(x,y) - z) = f_y - 0 = f_y$$
$$F_z = \frac{\partial}{\partial z}(f(x,y) - z) = 0 - 1 = -1.$$

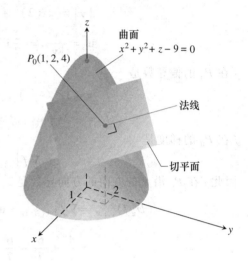

图 11.33 曲面 $x^2 + y^2 + z - 9 = 0$ 在 $P_0(1,2,4)$ 的切平面和法线. (例 8)

等位面在 P_0 的切平面公式
$$F_x(P_0)(x - x_0) + F_y(P_0)(y - y_0) + F_z(P_0)(z - z_0) = 0$$
就归结为
$$f_x(x_0, y_0)(x - x_0) + f_y(x_0, y_0)(y - y_0) - (z - z_0) = 0.$$

曲面 $z = f(x,y)$ 在点 $(x_0, y_0, f(x_0, y_0))$ 的切平面

曲面 $z = f(x,y)$ 在点 $P_0(x_0, y_0, z_0) = (x_0, y_0, f(x_0, y_0))$ 的切平面是
$$f_x(x_0, y_0)(x - x_0) + f_y(x_0, y_0)(y - y_0) - (z - z_0) = 0. \tag{9}$$

例 9(求曲面 $z = f(x,y)$ 的切平面) 求曲面 $z = x\cos y - ye^x$ 在 $(0,0,0)$ 的切平面.

解 我们计算 $f(x,y) = x\cos y - ye^x$ 的偏导数并且用方程(9):
$$f_x(0,0) = (\cos y - ye^x)_{(0,0)} = 1 - 0 \cdot 1 = 1$$
$$f_y(0,0) = (-x\sin y - e^x)_{(0,0)} = 0 - 1 = -1.$$
因此切平面是
$$1 \cdot (x - 0) - 1 \cdot (y - 0) - (z - 0) = 0, \quad \text{等式(9)}$$
$$x - y - z = 0.$$

其它应用

估计从点 P_0 沿方向 $\mathbf{u}$ 移动一个小的距离 ds 时 f 的变化的公式在空间中仍然成立:
$$df = (\nabla f|_{P_0} \cdot \mathbf{u}) ds. \tag{10}$$

例 10(估计 $f(x,y,z)$ 的值的变化) 设点 $P(x,y,z)$ 从 $P_0(0,1,0)$ 沿直线向前朝 $P_1(2,2,-2)$ 移动 0.1 单位,估计函数

$$f(x,y,z) = y\sin x + 2yz$$

的值的变化.

解 我们首先求 f 在 P_0 沿向量 $\overrightarrow{P_0P_1} = 2\mathbf{i} + \mathbf{j} - 2\mathbf{k}$ 的方向的方向导数. 这个向量的方向是

$$\mathbf{u} = \frac{\overrightarrow{P_0P_1}}{|\overrightarrow{P_0P_1}|} = \frac{\overrightarrow{P_0P_1}}{3} = \frac{2}{3}\mathbf{i} + \frac{1}{3}\mathbf{j} - \frac{2}{3}\mathbf{k}.$$

f 在 P_0 的梯度是

$$\nabla f|_{(0,1,0)} = ((y\cos x)\mathbf{i} + (\sin x + 2z)\mathbf{j} + 2y\mathbf{k}))_{(0,1,0)} = \mathbf{i} + 2\mathbf{k}.$$

因此

$$\nabla f|_{P_0} \cdot \mathbf{u} = (\mathbf{i} + 2\mathbf{k}) \cdot \left(\frac{2}{3}\mathbf{i} + \frac{1}{3}\mathbf{j} - \frac{2}{3}\mathbf{k}\right) = \frac{2}{3} - \frac{4}{3} = -\frac{2}{3}.$$

从 P_0 沿方向 $\mathbf{u}$ 移动 $\mathrm{d}s = 0.1$ 时引起的 f 的变化近似地是

$$\mathrm{d}f = (\nabla f|_{P_0} \cdot \mathbf{u})(\mathrm{d}s) = \left(-\frac{2}{3}\right)(0.1) \approx -0.067 \text{ units.}$$

例 11(求空间曲线的切线的参数方程) 曲面

$$f(x,y,z) = x^2 + y^2 - 2 = 0 \quad \text{一个柱面}$$

和

$$g(x,y,z) = x + z - 4 = 0 \quad \text{一个平面}$$

相交成椭圆 E(图 11.34). 求 E 在点 $P_0(1,1,3)$ 的切线的参数方程.

解 该切线同时正交于在 P_0 的 ∇f 和 ∇g,因此平行于向量 $\mathbf{v} = \nabla f \times \nabla g$. 由 $\mathbf{v}$ 的分量和

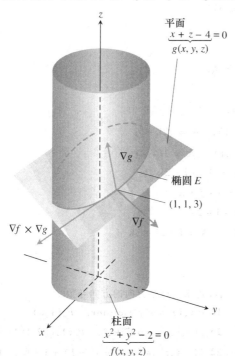

图 11.34 柱面 $f(x,y,z) = x^2 + y^2 - 2 = 0$ 和平面 $g(x,y,z) = x + z - 4 = 0$ 交于椭圆 E. (例 11)

P_0 的坐标给出切线的方程. 我们有

$$\nabla f_{(1,1,3)} = (2x\mathbf{i} + 2y\mathbf{j})_{(1,1,3)} = 2\mathbf{i} + 2\mathbf{j}$$

$$\nabla g_{(1,1,3)} = (\mathbf{i} + \mathbf{k})_{(1,1,3)} = \mathbf{i} + \mathbf{k}$$

$$\mathbf{v} = (2\mathbf{i} + 2\mathbf{j}) \times (\mathbf{i} + \mathbf{k}) = \begin{vmatrix} \mathbf{i} & \mathbf{j} & \mathbf{k} \\ 2 & 2 & 0 \\ 1 & 0 & 1 \end{vmatrix} = 2\mathbf{i} - 2\mathbf{j} - 2\mathbf{k}.$$

切线是

$$x = 1 + 2t, \quad y = 1 - 2t, \quad z = 3 - 2t.$$

习题 11.5

计算在某一点的梯度

在第 1 – 4 题中,求函数在给定点的梯度. 然后把梯度和通过该点的等高曲线画在一起.

1. $f(x,y) = y - x$, $(2,1)$
2. $f(x,y) = \ln(x^2 + y^2)$, $(1,1)$
3. $g(x,y) = y - x^2$, $(-1,0)$
4. $g(x,y) = \dfrac{x^2}{2} - \dfrac{y^2}{2}$, $(\sqrt{2},1)$

在第 5 – 8 题中,求给定点的 ∇f.

5. $f(x,y,z) = x^2 + y^2 - 2z^2 + z\ln x$, $(1,1,1)$
6. $f(x,y,z) = 2z^3 - 3(x^2 + y^2)z + \tan^{-1}xz$, $(1,1,1)$
7. $f(x,y,z) = (x^2 + y^2 + z^2)^{-1/2} + \ln(xyz)$, $(-1,2,-2)$
8. $f(x,y,z) = e^{x+y}\cos z + (y+1)\sin^{-1}x$, $(0,0,\pi/6)$

求在 xy 平面上的方向导数

在第 9 – 16 题中,求函数在 P_0 沿 **A** 的方向的方向导数.

9. $f(x,y) = 2xy - 3y^2$, $P_0(5,5)$, $\mathbf{A} = 4\mathbf{i} + 3\mathbf{j}$
10. $f(x,y) = 2x^2 + y^2$, $P_0(-1,1)$, $\mathbf{A} = 3\mathbf{i} - 4\mathbf{j}$
11. $g(x,y) = x - (y^2/x) + \sqrt{3}\sec^{-1}(2xy)$, $P_0(1,1)$, $\mathbf{A} = 12\mathbf{i} + 5\mathbf{j}$
12. $h(x,y) = \tan^{-1}(y/x) + \sqrt{3}\sin^{-1}(xy/2)$, $P_0(1,1)$, $\mathbf{A} = 3\mathbf{i} - 2\mathbf{j}$
13. $f(x,y,z) = xy + yz + zx$, $P_0(1,-1,2)$, $\mathbf{A} = 3\mathbf{i} + 6\mathbf{j} - 2\mathbf{k}$
14. $f(x,y,z) = x^2 + 2y^2 - 3z^2$, $P_0(1,1,1)$, $\mathbf{A} = \mathbf{i} + \mathbf{j} + \mathbf{k}$
15. $g(x,y,z) = 3e^x\cos yz$, $P_0(0,0,0)$, $\mathbf{A} = 2\mathbf{i} + \mathbf{j} - 2\mathbf{k}$
16. $h(x,y,z) = \cos xy + e^{yz} + \ln zx$, $P_0(1,0,1/2)$, $\mathbf{A} = \mathbf{i} + 2\mathbf{j} + 2\mathbf{k}$

最快增加和减少的方向

在第 17 – 22 题中,求函数增加最快和减少最快的方向. 再求沿这个方向的方向导数.

17. $f(x,y) = x^2 + xy + y^2$, $P_0(-1,1)$
18. $f(x,y) = x^2y + e^{xy}\sin y$, $P_0(1,0)$
19. $f(x,y,z) = (x/y) - yz$, $P_0(4,1,1)$
20. $g(x,y,z) = xe^y + z^2$, $P_0(1,\ln 2,1/2)$
21. $f(x,y,z) = \ln xy + \ln yz + \ln xz$, $P_0(1,1,1)$
22. $h(x,y,z) = \ln(x^2 + y^2 - 1) + y + 6z$, $P_0(1,1,0)$

估计变化

23. 如果点 $P(x,y,z)$ 从 $P_0(3,4,12)$ 沿 $3\mathbf{i}+6\mathbf{j}-2\mathbf{k}$ 的方向移动距离 $ds = 0.1$ 单位,
$$f(x,y,z) = \ln\sqrt{x^2+y^2+z^2}$$
将大约变化多少?

24. 如果点 $P(x,y,z)$ 从原点沿 $2\mathbf{i}+2\mathbf{j}-2\mathbf{k}$ 的方向移动距离 $ds = 0.1$ 单位,
$$f(x,y,z) = e^x \cos yz$$
将大约变化多少?

25. 如果点 $P(x,y,z)$ 从 $P_0(2,-1,0)$ 向点 $P_1(0,1,2)$ 移动距离 $ds = 0.2$ 单位,
$$g(x,y,z) = x + x\cos z - y\sin z + y$$
将大约变化多少?

26. 如果点 $P(x,y,z)$ 从 $P_0(-1,-1,-1)$ 向点 $P_1(0,1,2)$ 移动距离 $ds = 0.2$ 单位,
$$h(x,y,z) = \cos(\pi xy) + xz^2$$
将大约变化多少?

曲面的切平面和法线

在第 27 – 34 题中,求 (**a**) 切平面和 (**b**) 在曲面上的给定点 P_0 的法线.

27. $x^2 + y^2 + z^2 = 3$, $P_0(1,1,1)$
28. $x^2 + y^2 - z^2 = 18$, $P_0(3,5,-4)$
29. $2z - x^2 = 0$, $P_0(2,0,2)$
30. $x^2 + 2xy - y^2 + z^2 = 7$, $P_0(1,-1,3)$
31. $\cos \pi x - x^2 y + e^{xz} + yz = 4$, $P_0(0,1,2)$
32. $x^2 - xy - y^2 - z = 0$, $P_0(1,1,-1)$
33. $x + y + z = 1$, $P_0(0,1,0)$
34. $x^2 + y^2 - 2xy - x + 3y - z = -4$, $P_0(2,-3,18)$

在第 35 – 38 题中,求在给定点切于曲面的平面的方程.

35. $z = \ln(x^2 + y^2)$, $(1,0,0)$
36. $z = e^{-(x^2+y^2)}$, $(0,0,1)$
37. $z = \sqrt{y-x}$, $(1,2,1)$
38. $z = 4x^2 + y^2$, $(1,1,5)$

曲线的切线

在第 39 – 42 题中,画曲线 $f(x,y) = c$,以及在给定点的 ∇f 和切线的草图,并求切线方程.

39. $x^2 + y^2 = 4$, $(\sqrt{2}, \sqrt{2})$
40. $x^2 - y = 1$, $(\sqrt{2}, 1)$
41. $xy = -4$, $(2,-2)$
42. $x^2 - xy + y^2 = 7$, $(-1,2)$

在第 43 – 48 题中,求曲面的交线在给定点的切线的参数方程.

43. 两曲面: $x + y^2 + 2z = 4, x = 1$ 点: $(1,1,1)$
44. 两曲面: $xyz = 1, x^2 + 2y^2 + 3z^2 = 6$ 点: $(1,1,1)$
45. 两曲面: $x^2 + 2y + 2z = 4, y = 1$ 点: $(1,1,1/2)$
46. 两曲面: $x + y^2 + z = 2, y = 1$ 点: $(1/2,1,1/2)$
47. 两曲面: $x^3 + 3x^2 y^2 + y^3 + 4xy - z^2 = 0, x^2 + y^2 + z^2 = 11$ 点: $(1,1,3)$
48. 两曲面: $x^2 + y^2 = 4, x^2 + y^2 - z = 0$ 点: $(\sqrt{2}, \sqrt{2}, 4)$

理论和例子

49. **零方向导数** 在什么方向 $f(x,y) = xy + y^2$ 在 $P(3,2)$ 的导数是零.
50. **零方向导数** 在什么方向 $f(x,y) = (x^2 - y^2)/(x^2 + y^2)$ 在 $P(1,1)$ 的导数是零.
51. **为学而写** 是否存在 $f(x,y) = x^2 - 3xy + 4y^2$ 在 $P(1,2)$ 的变化率等 14 的方向 $\mathbf{u}$?对你的回答给出理由.

52. **温度变化** 是否存在温度函数 $T(x,y,z) = 2xy - yz$（温度以摄氏度为单位，距离以英尺为单位）在 $P(1,-1,1)$ 的变化率是 $-3℃/$英尺的方向 $\mathbf{u}$？对你的回答给出理由.

53. **为学而写** $f(x,y)$ 在 $P_0(1,2)$ 沿 $\mathbf{i}+\mathbf{j}$ 方向的导数是 $2\sqrt{2}$, 沿 $-2\mathbf{j}$ 方向的导数是 -3. f 沿 $-\mathbf{i}-2\mathbf{j}$ 方向的导数是多少？对你的回答给出理由.

54. **为学而写** $f(x,y,z)$ 在点 P 沿 $\mathbf{v}=\mathbf{i}+\mathbf{j}-\mathbf{k}$ 方向的导数最大. 在这个方向, 导数是 $2\sqrt{3}$.
    (a) 在 P 的 ∇f 是什么？对你的回答给出理由.
    (b) f 在 P 沿 $\mathbf{i}+\mathbf{j}$ 方向的导数是什么？

55. **温度沿圆周的变化** 假定在 xy 平面的点 (x,y) 的摄氏温度是 $T(x,y) = x\sin 2y$, 而 xy 平面的距离用米作单位. 一个质点顺时针以速率 2 米/秒沿中心在原点半径为 1 米的圆周运动.
    (a) 质点所体验的温度在点 $P(1/2, \sqrt{3}/2)$ 变化多快？单位取每米摄氏度.
    (b) 质点所体验的温度在点 P 变化多快？单位取每秒摄氏度.

56. **沿圆的渐开线的变化** 求 $f(x,y) = x^2 + y^2$ 沿曲线
$$\mathbf{r}(t) = (\cos t + t\sin t)\mathbf{i} + (\sin t - t\cos t)\mathbf{j}, \quad t > 0$$
（图 11.35）的单位切向量的导数.

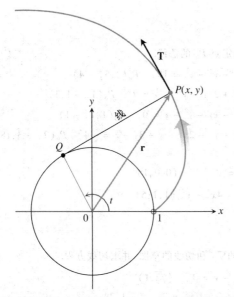

图 11.35 单位圆周的渐开线. 如果你沿渐开线运动, 沿曲线的距离以常速率增加, 你离开原点的距离也将以常速率增加.（这解释了第 56 题的计算结果.）

57. **沿螺旋线的变化** 求 $f(x,y,z) = x^2 + y^2 + z^2$ 沿螺旋线
$$\mathbf{r}(t) = (\cos t)\mathbf{i} + (\sin t)\mathbf{j} + t\mathbf{k}$$
的单位切向量对应 $t = -\pi/4, 0$ 和 $\pi/4$ 的各点的方向导数. 函数 f 给出螺旋线上的点 $P(x,y,z)$ 到原点的距离的平方. 这里计算的这些导数给出了 P 运动到 $t = -\pi/4, 0$ 和 $\pi/4$ 对应的点时距离平方对于 t 的变化率.

58. **温度沿空间曲线的变化** 在空间区域的摄氏温度由 $T(x,y,z) = 2x^2 - xyz$ 给定. 一个质点在这个区域运动, 它在时刻 t 的位置由 $x = 2t^2, y = 3t, z = -t^2$ 给定, 其中时间单位是秒, 距离单位是米.
    (a) 质点所体验的温度当质点位于点 $P(8,6,-4)$ 时变化多快？单位取每米摄氏度.
    (b) 质点所体验的温度在点 P 变化多快？单位取每秒摄氏度.

59. **xy 平面的直线** 证明 $A(x-x_0) + B(y-y_0) = 0$ 是 xy 平面上的过点 (x_0, y_0) 且正交于向量 $\mathbf{N} = A\mathbf{i} + B\mathbf{j}$ 的直线的方程.

60. **正交曲线和切曲线** 一条光滑曲线在一个交点正交于曲面 $f(x,y,z) = c$, 如果曲线的速度向量是在该点的 ∇f 的非零数值倍数. 曲线在一个交点切于曲面, 如果速度向量正交于在该点的 ∇f.
    (a) 证明曲线 $\mathbf{r}(t) = \sqrt{t}\mathbf{i} + \sqrt{t}\mathbf{j} - 1/4(t+3)\mathbf{k}$ 当 $t = 1$ 时正交于曲面 $x^2 + y^2 - z = 3$.

(**b**) 证明曲线 $\mathbf{r}(t) = \sqrt{t}\mathbf{i} + \sqrt{t}\mathbf{j} + (2t-1)\mathbf{k}$ 当 $t = 1$ 时切于曲面 $x^2 + y^2 - z = 1$.

61. 为学而写:方向导数和数值分量 函数 $f(x,y,z)$ 在点 P_0 沿单位向量 $\mathbf{u}$ 的方向的导数和 $(\nabla f)_{P_0}$ 在方向 $\mathbf{u}$ 的数值分量的关系怎样?对你的回答给出理由.

62. 为学而写:方向导数和偏导数 假定 $f(x,y,z)$ 的必要的导数有定义,$D_{\mathbf{i}}f$,$D_{\mathbf{j}}f$ 和 $D_{\mathbf{k}}f$ 同 f_x,f_y 和 f_z 的关系怎样?对你的回答给出理由.

63. 梯度的代数法则 给定一个常数 k 以及梯度

$$\nabla f = \frac{\partial f}{\partial x}\mathbf{i} + \frac{\partial f}{\partial y}\mathbf{j} + \frac{\partial f}{\partial z}\mathbf{k} \quad \text{和} \quad \nabla g = \frac{\partial g}{\partial x}\mathbf{i} + \frac{\partial g}{\partial y}\mathbf{j} + \frac{\partial g}{\partial z}\mathbf{k}$$

利用数值等式

$$\frac{\partial}{\partial x}(kf) = k\frac{\partial f}{\partial x}, \qquad \frac{\partial}{\partial x}(f \pm g) = \frac{\partial f}{\partial x} \pm \frac{\partial g}{\partial x},$$

$$\frac{\partial}{\partial x}(fg) = f\frac{\partial g}{\partial x} + g\frac{\partial f}{\partial x}, \qquad \frac{\partial}{\partial x}\left(\frac{f}{g}\right) = \frac{g\frac{\partial f}{\partial x} - f\frac{\partial g}{\partial x}}{g^2},$$

等等,证明下列法则

(**a**) $\nabla(kf) = k\nabla f$ (**b**) $\nabla(f+g) = \nabla f + \nabla g$ (**c**) $\nabla(f-g) = \nabla f - \nabla g$

(**d**) $\nabla(fg) = f\nabla g + g\nabla f$ (**e**) $\nabla\left(\dfrac{f}{g}\right) = \dfrac{g\nabla f - f\nabla g}{g^2}$

11.6 线性化和微分

二元函数的线性化 • 标准线性逼近的精确度 • 用微分预测变化 • 绝对、相对和百分比变化 • 多于两元的函数

在本节,我们推广线性化和微分的概念到二元或更多元的函数.我们做到这一点的方式类似于求一元函数的线性逼近(3.6节).微分帮助我们确定多元函数对于每个自变量的变化的敏感度.本节的数学结果源自于增量定理(11.3节,定理3).

二元函数的线性化

假定我们希望用一个更简单的函数代替函数 $z = f(x,y)$,从而便于计算. 我们要求代替函数在点 (x_0, y_0) 的附近是有效的,在该点我们知道 f,f_x 和 f_y 的值,并且 f 在该点是可微的. 因为 f 是可微的,从可微定义知道等式

$$\Delta z = f_x(x_0, y_0)\Delta x + f_y(x_0, y_0)\Delta y + \varepsilon_1 \Delta x + \varepsilon_2 \Delta y \qquad (1)$$

对于 f 在 (x_0, y_0) 成立. 因此,如果我们从 (x_0, y_0) 移动到任何点 (x,y),增量为 $\Delta x = x - x_0$ 和 $\Delta y = y - y_0$ (图 11.36),f 的新值将是

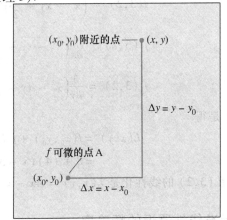

图 11.36 如果 f 在 (x_0, y_0) 是可微的,则 f 在任何附近的点 (x,y) 的值近似地是 $f(x_0, y_0) + f_x(x_0, y_0)\Delta x + f_y(x_0, y_0)\Delta y$.

$$f(x,y) = f(x_0,y_0) + f_x(x_0,y_0)(x-x_0)$$
$$+ f_y(x_0,y_0)(y-y_0) + \varepsilon_1 \Delta x + \varepsilon_2 \Delta y,$$

等式(1)中,
$\Delta x = x - x_0,$
$\Delta y = y - y_0,$ 和
$\Delta z = f(x,y) - f(x_0,y_0)$

其中,当 $\Delta x, \Delta y \to 0$ 时, $\varepsilon_1, \varepsilon_2 \to 0$. 如果增量 Δx 和 Δy 是微小的,乘积 $\varepsilon_1 \Delta x$ 和 $\varepsilon_2 \Delta y$ 将更小,于是有

$$f(x,y) \approx \underbrace{f(x_0,y_0) + f_x(x_0,y_0)(x-x_0) + f_y(x_0,y_0)(y-y_0)}_{L(x,y)}.$$

换句话说,只要 Δx 和 Δy 是微小的, f 将近似地与线性函数 L 有同样的值. 如果 f 使用起来是困难的,而我们的工作容忍所产生的误差,我们可以放心地用 L 代替 f.

> **定义　线性化,标准线性逼近**
> 当函数 f 可微时, $f(x,y)$ 在点 (x_0,y_0) 的**线性化**是函数
> $$L(x,y) = f(x_0,y_0) + f_x(x_0,y_0)(x-x_0) + f_y(x_0,y_0)(y-y_0).$$
> 逼近
> $$f(x,y) \approx L(x,y)$$
> 是 f 在 (x_0,y_0) 的**标准线性逼近**.

从 11.5 节等式(9)我们了解到 $z = L(x,y)$ 是曲面 $z = f(x,y)$ 在点 (x_0,y_0) 的切平面. 这样,一个二元函数的线性化是一个切平面逼近,这跟一个单变量的函数的线性化是一个切线逼近是同样的方式.

例 1(求线性化)　求
$$f(x,y) = x^2 - xy + \frac{1}{2}y^2 + 3$$
在点 $(3,2)$ 的线性化.

解　我们首先求 f, f_x 和 f_y 在点 $(x_0,y_0) = (3,2)$ 的值:
$$f(3,2) = \left(x^2 - xy + \frac{1}{2}y^2 + 3\right)_{(3,2)} = 8$$
$$f_x(3,2) = \frac{\partial}{\partial x}\left(x^2 - xy + \frac{1}{2}y^2 + 3\right)_{(3,2)} = (2x-y)_{(3,2)} = 4$$
$$f_y(3,2) = \frac{\partial}{\partial y}\left(x^2 - xy + \frac{1}{2}y^2 + 3\right)_{(3,2)} = (-x+y)_{(3,2)} = -1,$$

于是得
$$L(x,y) = f(x_0,y_0) + f_x(x_0,y_0)(x-x_0) + f_y(x_0,y_0)(y-y_0)$$
$$= 8 + (4)(x-3) + (-1)(y-2) = 4x - y - 2$$

f 在 $(3,2)$ 的线性化是 $L(x,y) = 4x - y - 2$.

标准线性逼近的精确度

假定 $L(x,y)$ 是可微函数 $f(x,y)$ 的线性化,并且要在接近 (x_0,y_0) 的点 (x,y) 用 $L(x,y)$ 逼近 f. 我们可以期望逼近的精确度是多少? 正如你所想到的,逼近的精确度依赖三个因素:

1. x 和 x_0 的接近程度,

2. y 和 y_0 的接近程度,

3. f 在 (x_0,y_0) 附近用二阶导数的大小测量的"弯曲程度".

事实上, 如果我们可以求出 $|f_{xx}|$, $|f_{xy}|$ 和 $|f_{yy}|$ 在以 (x_0,y_0) 为中心的矩形域 R 上的公共上界(图 11.37), 我们就可以用简单的公式界住在 R 上的误差(在 11.10 节导出).

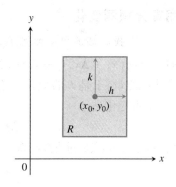

图 11.37 xy 平面的矩形区域 R: $|x-x_0| \leqslant h$, $|y-y_0| \leqslant k$, 在这类区域上, 我们可以求逼近的有用的误差的界.

标准线性逼近的误差

若 f 在包含以 (x_0,y_0) 为中心的矩形 R 的开集上有连续的一阶和二阶导数, 而 M 是 $|f_{xx}|$, $|f_{xy}|$ 和 $|f_{yy}|$ 的值在 R 上的一个上界, 则用 f 的线性化

$$L(x,y) = f(x_0,y_0) + f_x(x_0,y_0)(x-x_0)$$
$$+ f_y(x_0,y_0)(y-y_0)$$

代替 f 带来的误差 $E(x,y)$ 满足不等式

$$|E(x,y)| \leqslant \frac{1}{2}M(|x-x_0|+|y-y_0|)^2.$$

当我们需要使 $|E(x,y)|$ 对给定的 M 小, 只需令 $|x-x_0|$ 和 $|y-y_0|$ 小.

例 2 (例 1 中的误差的界) 在例 1 中, 我们已经求得 $f(x,y) = x^2 - xy + \frac{1}{2}y^2 + 3$ 在 $(3,2)$ 的线性化 $L(x,y) = 4x - y - 2$. 在矩形

$$R: |x-3| \leqslant 0.1, \quad |y-2| \leqslant 0.1.$$

上求逼近 $f(x,y) \approx L(x,y)$ 的误差的一个上界. 以 f 在矩形中心的值 $f(3,2)$ 的百分数表示上界.

解 我们利用不等式

$$|E(x,y)| \leqslant \frac{1}{2}M(|x-x_0|+|y-y_0|)^2.$$

为求适当的 M 值, 我们计算 f_{xx}, f_{xy} 和 f_{yy}, 经过通常的求导, 我们发现所有这三个导数是常数, 其值是

$$|f_{xx}| = |2| = 2, \quad |f_{xy}| = |-1| = 1, \quad |f_{yy}| = |1| = 1.$$

其中的最大数为 2, 于是我们可以放心地取 M 为 2. 对于 $(x_0,y_0) = (3,2)$, 我们知道在 R 上

$$|E(x,y)| \leqslant \frac{1}{2}(2)(|x-3|+|y-2|)^2 = (|x-3|+|y-2|)^2.$$

最终, 因为在 R 上 $|x-3| \leqslant 0.1$ 和 $|y-2| \leqslant 0.1$, 我们有

$$|E(x,y)| \leqslant (0.1+0.1)^2 = 0.04.$$

作为 $f(3,2)$ 的百分数, 误差不大于

$$\frac{0.04}{8} \times 100 = 0.5\%.$$

解释 只要 (x,y) 停留在 R 内, 逼近 $f(x,y) \approx L(x,y)$ 的误差不大于 0.04, 这是 f 在 R 的中心的值的 0.5%.

用微分预测变化

假定我们知道可微函数 $f(x,y)$ 和它的一阶导数在 (x_0,y_0) 的值,而要预测当移动到附近的一个点 $(x_0+\Delta x, y_0+\Delta y)$ 时 f 的变化. 如果 Δx 和 Δy 是小的, f 和它的线性化将会近似地变化同样的量,于是 L 的变化将给出 f 的变化的实际的估计.

f 的变化是

$$\Delta f = f(x_0+\Delta x, y_0+\Delta y) - f(x_0,y_0).$$

从 $L(x,y)$ 的定义经过直接计算,并且使用记号 $x-x_0=\Delta x$ 和 $y-y_0=\Delta y$,得到 L 的相应的变化是

$$\Delta L = L(x_0+\Delta x, y_0+\Delta y) - L(x_0,y_0)$$
$$= f_x(x_0,y_0)\Delta x + f_y(x_0,y_0)\Delta y.$$

Δf 的公式通常像 f 的公式一样难于处理. 但是, L 的变化仅仅是 Δx 的常数倍加上 Δy 的常数倍.

变化 ΔL 通常写成更赋启发性的记号:

$$df = f_x(x_0,y_0)dx + f_y(x_0,y_0)dy,$$

其中 df 表示 x 和 y 的变化 dx 和 dy 引起的线性化的变化. 通常,我们称 dx 和 dy 为 x 和 y 的微分,而称 df 为 f 的全微分.

定义　全微分

如果我们从 (x_0,y_0) 移动到附近的点 $(x_0+\Delta x, y_0+\Delta y)$,由此引起的 f 的线性化的变化

$$df = f_x(x_0,y_0)dx + f_y(x_0,y_0)dy$$

称为 f 的**全微分**.

例 3(对变化的敏感性)　你们工厂制造正圆柱形的高 25 英尺、半径 5 英尺的蜜糖存储罐. 罐的体积对高和半径的微小变化的敏感度是多少?

解　作为半径 r 和高 h 的函数,典型形状的罐的体积是

$$V = \pi r^2 h.$$

半径和高的微小变化 dr 和 dh 引起的体积的变化是

$$dV = V_r(5,25)dr + V_h(5,25)dh$$
$$= (2\pi rh)_{(5,25)}dr + (\pi r^2)_{(5,25)}dh$$
$$= 250\pi dr + 25\pi dh.$$

$f=V$ 和 $(x_0,y_0)=(5,25)$ 时的全微分

于是, r 变化 1 个单位, V 将变化大约 250π 个单位; h 变化 1 个单位, V 将变化大约 25π 个单位. 罐的体积对 r 的微小变化的敏感度是对 h 的同样大小的变化的敏感度的 10 倍. 作为一个关注确保罐有准确体积的质量控制工程师,你将对半径给予特别的注意.

反之,如果 r 和 h 的值颠倒而变成 $r=25$ 和 $h=5$, V 的全微分成为

$$dV = (2\pi rh)_{(25,5)}dr + (\pi r^2)_{(25,5)}dh$$
$$= 250\pi dr + 625\pi dh.$$

此时体积对 h 比对 r 更敏感(图 11.38).

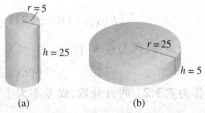

图 11.38　圆柱体(a)的体积对 r 的微小变化比对 h 的微小变化更敏感. 圆柱体(b)的体积对 h 的微小变化比对 r 的微小变化更敏感.

从这个例子学到的一般法则是函数对产生最大偏导数的变量的微小变化更敏感.

注:(绝对变化和和相对变化之比较) 如果你测量 20 伏电压带 10 伏的误差,你的读数大概会太粗糙.偏差高达 50%.但是,如果你测量 200 000 伏的电压,误差 10 伏,你的读数偏离真值 0.005%.10 伏的绝对误差在第一种情形是显著的,而在第二种情形则不然,因为相对误差如此之小.

在其它情形,一个微小的相对误差——比如说,在几百公里的旅行中多走几米也可能会引起严重的后果.

绝对、相对和百分数变化

当我们从点 (x_0,y_0) 移动到临近的点时,我们可以用三种方式描述函数 $f(x,y)$ 的值相应的变化.

	精确值	估计
绝对变化:	Δf	df
相对变化:	$\dfrac{\Delta f}{f(x_0,y_0)}$	$\dfrac{df}{f(x_0,y_0)}$
百分数变化:	$\dfrac{\Delta f}{f(x_0,y_0)} \times 100$	$\dfrac{df}{f(x_0,y_0)} \times 100$

例 4(估计体积变化) 假定设计圆柱的半径为 1 英寸高为 5 英寸,但是半径和高偏离量为 $dr = +0.03$ 和 $dh = -0.1$.估计这引起的圆柱体积的绝对、相对和百分数变化.

解 为估计 V 的绝对变化,我们求值
$$dV = V_r(r_0,h_0)dr + V_h(r_0,h_0)dh$$

得到
$$dV = 2\pi r_0 h_0 dr + \pi r_0^2 dh = 2\pi(1)(5)(0.03) + \pi(1)^2(-0.1)$$
$$= 0.3\pi - 0.1\pi = 0.2\pi \approx 0.63 \text{ 英寸}^3$$

用 $V(r_0,h_0)$ 除这个值以便估计相对变化:
$$\frac{dV}{V(r_0,h_0)} = \frac{0.2\pi}{\pi r_0^2 h_0} = \frac{0.2\pi}{\pi(1)^2(5)} = 0.04.$$

用 100% 乘这个值就得到百分数变化:
$$\frac{dV}{V(r_0,h_0)} \times 100\% = 0.04 \times 100\% = 4\%.$$

例 5(预测测量误差) 正圆柱体的体积 $V = \pi r^2 h$ 通过测量 r 和 h 的值计算.假定测量 r 的误差不大于 2%,而 h 的误差不大于 0.5%.估计这引起的计算 V 的可能的百分数误差.

解 由题意,我们有

$$\left|\frac{\mathrm{d}r}{r} \times 100\right| \leqslant 2 \quad \text{和} \quad \left|\frac{\mathrm{d}h}{h} \times 100\right| \leqslant 0.5.$$

由

$$\frac{\mathrm{d}V}{V} = \frac{2\pi rh\mathrm{d}r + \pi r^2 \mathrm{d}h}{\pi r^2 h} = \frac{2\mathrm{d}r}{r} + \frac{\mathrm{d}h}{h},$$

得

$$\left|\frac{\mathrm{d}V}{V}\right| = \left|2\frac{\mathrm{d}r}{r} + \frac{\mathrm{d}h}{h}\right| \leqslant \left|2\frac{\mathrm{d}r}{r}\right| + \left|\frac{\mathrm{d}h}{h}\right|$$

$$\leqslant 2(0.02) + 0.005 = 0.045.$$

我们估计计算体积的误差最多是 4.5%.

我们必须以怎样的精确度测量 r 和 h 以便得到 $V = \pi r^2 h$ 的合理的误差,比如说,小于 2%? 这类问题难于回答,因为通常不只一个答案. 由于

$$\frac{\mathrm{d}V}{V} = 2\frac{\mathrm{d}r}{r} + \frac{\mathrm{d}h}{h},$$

我们看到 $\mathrm{d}V/V$ 由 $\mathrm{d}r/r$ 和 $\mathrm{d}h/h$ 控制. 如果我们能够以很高的精确度测量 h,那么即使测量 r 马虎一点也可能得到令人满意的结果. 另一方面,h 的测量可能产生如此大的 $\mathrm{d}h$,即使 $\mathrm{d}r$ 为零. 也会引起 $\mathrm{d}V/V$ 相对于 $\Delta V/V$ 的使用来说过分粗糙的估计.

这种情况之下我们要做的是考察围绕测量值 (r_0, h_0) 的一个合理的正方形,在其中 V 的变化与 $V_0 = \pi r_0^2 h_0$ 相比不会大于允许的偏离.

例 6(控制误差) 求 $(r_0, h_0) = (5, 12)$ 的合理的正方形,使得在其中 $V = \pi r^2 h$ 的值的变化不大于 ± 0.1.

解 我们用以下微分逼近变化 ΔV:

$$\mathrm{d}V = 2\pi r_0 h_0 \mathrm{d}r + \pi r_0^2 \mathrm{d}h = 2\pi(5)(12)\mathrm{d}r + \pi(5)^2 \mathrm{d}h = 120\pi \mathrm{d}r + 25\pi \mathrm{d}h.$$

因为我们关注的区域是正方形(图 11.39),我们可以令 $\mathrm{d}h = \mathrm{d}r$,这就得到

$$\mathrm{d}V = 120\pi \mathrm{d}r + 25\pi \mathrm{d}r = 145\pi \mathrm{d}r.$$

现在要问,取 $\mathrm{d}r$ 多小可以保证 $|\mathrm{d}V|$ 不大于 0.1? 为了回答这个问题,我们从以下不等式开始:

$$|\mathrm{d}V| \leqslant 0.1,$$

用 $\mathrm{d}r$ 表示 $\mathrm{d}V$,

$$|145\pi \mathrm{d}r| \leqslant 0.1.$$

求得 $\mathrm{d}r$ 的相应的上界为:

$$|\mathrm{d}r| \leqslant \frac{0.1}{145\pi} \approx 2.1 \times 10^{-4}.$$

由于 $\mathrm{d}h = \mathrm{d}r$,我们要求的正方形用以下不等式描述:

$$|r - 5| \leqslant 2.1 \times 10^{-4}, \quad |h - 12| \leqslant 2.1 \times 10^{-4}.$$

只要 (r, h) 停留在这个正方形内,我们可以期望 $|\mathrm{d}V|$ 小于或等于 0.1,并且我们可以期望 $|\Delta V|$ 近似地有同样的大小.

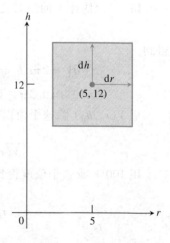

图 11.39 rh 平面上围绕点 $(5, 2)$ 的小正方形. (例 6)

多于两元的函数

类似的结果对于多于两元的可微函数也成立.

1. $f(x,y,z)$ 在点 $P_0(x_0,y_0,z_0)$ 的**线性化**是
$$L(x,y,z) = f(P_0) + f_x(P_0)(x-x_0) + f_y(P_0)(y-y_0) + f_z(P_0)(z-z_0).$$

2. 假定 R 是一个位于开区域内的闭的中心在 P_0 的长方体,在此开区域内 f 的二阶偏导数连续. 假定 $|f_{xx}|, |f_{yy}|, |f_{zz}|, |f_{xy}|, |f_{xz}|$ 和 $|f_{yz}|$ 在 R 上全部小于或等于 M. 则 L 逼近 f 的**误差** $E(x,y,z) = f(x,y,z) - L(x,y,z)$ 被以下不等式界住:
$$|E| \leq \frac{1}{2}M(|x-x_0| + |y-y_0| + |z-z_0|)^2.$$

3. 如果 f 的偏导数是连续的,并且 x, y 和 z 从 x_0, y_0 和 z_0 变化一个微小的量 dx, dy 和 dz,**全微分**
$$df = f_x(P_0)dx + f_y(P_0)dy + f_z(P_0)dz$$
给出由此引起的 f 的变化的逼近.

例 7(求三维空间的线性逼近) 求
$$f(x,y,z) = x^2 - xy + 3\sin z$$
在点 $(x_0,y_0,z_0) = (2,1,0)$ 的线性逼近. 再求在长方体
$$R: |x-2| \leq 0.01, \quad |y-1| \leq 0.02, \quad |z| \leq 0.01.$$
上用 L 代替 f 产生的误差的上界.

解 例行的求值,给出
$$f(2,1,0) = 2, \quad f_x(2,1,0) = 3, \quad f_y(2,1,0) = -2, \quad f_z(2,1,0) = 3.$$
于是,
$$L(x,y,z) = 2 + 3(3-2) + (-2)(y-1) + 3(z-0) = 3x - 2y + 3z - 2.$$
因为
$$f_{xx} = 2, \quad f_{yy} = 0, \quad f_{zz} = -3\sin z,$$
$$f_{xy} = -1, \quad f_{xz} = 0, \quad f_{yz} = 0,$$
我们可以确信地取 M 是 $\max\{|-3\sin z|\} = 3$. 因此用 L 代替 f 在 R 上引起的误差满足
$$|E| \leq \frac{1}{2}(3)(0.01 + 0.02 + 0.01)^2 = 0.0024.$$
误差不大于 0.0024.

例 8(求均匀载荷的梁的下垂) 水平长方体形的梁被支撑在两端,受均匀载荷(单位长度的常数重量)的影响而下垂. 下垂量(图 11.40)用以下公式计算:
$$S = C\frac{px^4}{wh^3}.$$
在这个等式中,
$$p = 载荷(牛顿/每米梁的长)$$
$$x = 支撑之间的长度(米)$$

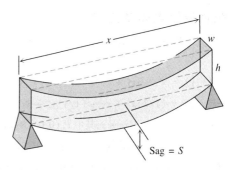

图 11.40 载荷前后支撑在其两端的梁. 例 8 表明下垂 S 如何依赖于载荷和梁的尺寸.

w = 梁的宽度(米)　　　　　　h = 梁的高度(米)

C = 依赖测量单位和构成梁的材料的常数.

求 4 米长,10 厘米宽,20 厘米高载荷为 100 牛顿/米的梁(图 11.41)的 dS. 从 dS 的表达式,关于梁可以得到什么结论.

解　因为 S 是四个独立变量 p,x,w 和 h 的函数,它的全微分是

$$dS = S_p dp + S_x dx + S_w dw + S_h dh.$$

当我们对特殊的值 p_0, x_0, w_0 和 h_0 写出此式并且化简结果时,我们得到

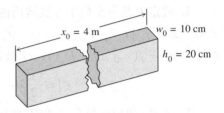

$$dS = S_0 \left(\frac{dp}{p_0} + \frac{4dx}{x_0} - \frac{dw}{w_0} - \frac{3dh}{h_0} \right),$$

其中 $S_0 = S(p_0, x_0, w_0, h_0) = C p_0 x_0^4 / (w_0 h_0^3)$.

图 11.41　例 8 中的梁的尺寸.

若 $p_0 = 100$ 牛顿/米, $x_0 = 4$ 米, $w_0 = 0.1$ 米和 $h_0 = 0.2$ 米,则

$$dS = S_0 \left(\frac{dp}{100} + dx - 10 dw - 15 dh \right).$$

这里是我们从 dS 的表达时所体会到的事实. 因为 dp 和 dx 的系数是正的,垂度随 p 和 x 的增加而增加. 因为 dw 和 dh 的系数是负的,垂度随 w 和 h 的增加而减少(使梁更硬). 垂度对于载荷的变化不十分敏感,因为 dp 的系数是 1/100. dh 的系数大于 dw 的系数. 梁增高 1 厘米减少的垂度大于梁增宽 1 厘米减少的垂度.

习题 11.6

求线性化

在第 1-6 题中,求函数在各点的线性化

1. $f(x,y) = x^2 + y^2 + 1$,其中(a)(0,0),(b)(1,1)
2. $f(x,y) = (x + y + z)^2$,其中(a)(0,0),(b)(1,2)
3. $f(x,y) = 3x - 4y + 5$,其中(a)(0,0),(b)(1,1)
4. $f(x,y) = x^3 y^4$,其中(a)(0,0),(b)(1,1)
5. $f(x,y) = e^x \cos y$,其中(a)(0,0),(b)(0,\pi/2)
6. $f(x,y) = e^{2y-x}$,其中(a)(0,0)(b)(1,2)

线性逼近误差的上界

在第 7-12 题中,求函数 $f(x,y)$ 在 P_0 的线性化. 再求逼近 $f(x,y) \approx L(x,y)$ 的误差 $|E|$ 在矩形 R 上的一个上界.

7. $f(x,y) = x^2 - 3xy + 5$,其中 $P_0(2,1)$, $R: |x-2| \leq 0.1, |y-1| \leq 0.1$
8. $f(x,y) = (1/2)x^2 + xy + (1/4)y^2 + 3x - 3y + 4$,其中 $P_0(2,2)$, $R: |x-2| \leq 0.1, |y-2| \leq 0.1$
9. $f(x,y) = 1 + y + x\cos y$,其中 $P_0(0,0)$, $R: |x| \leq 0.2, |y| \leq 0.2$(在估计 E 中时利用 $|\cos y| \leq 1$ 和 $|\sin y| \leq 1$)
10. $f(x,y) = xy^2 + y\cos(x-1)$,其中 $P_0(1,2)$, $R: |x-1| \leq 0.1, |y-2| \leq 0.1$
11. $f(x,y) = e^x \cos y$,其中 $P_0(0,0)$, $R: |x| \leq 0.1, |y| \leq 0.1$(在估计 E 时利用 $e^x \leq 1.11$ 和 $|\cos y| \leq 1$)
12. $f(x,y) = \ln x + \ln y$,其中 $P_0(1,1)$, $R: |x-1| \leq 0.2, |y-1| \leq 0.2$

对变化的敏感性：估计

13. **为学而写** 你计划通过测量长和宽计算一个长而窄的矩形的面积. 你应当测量哪一边更细心？对你的回答给出理由.

14. **为学而写**
    (a) 在点$(1,0)$附近, $f(x,y) = x^2(y+1)$对x的变化还是对y的变化更敏感？对你的回答给出理由.
    (b) dx对dy的什么比值使df在$(1,0)$等于零？

15. **估计最大误差** 假定T从公式$T = x(e^y + e^{-y})$求得，其中x和y被求得是 2 和 ln2，最的大可能误差是$|dx| = 0.1$和$|dy| = 0.02$. 估计计算T的值的最大可能误差.

16. **估计圆柱体的体积** 由以 1% 的误差测量r和h计算$V = \pi r^2 h$的精确度大约是多少？

17. **最大百分数误差** 若$r = 5.0$厘米和$h = 12.0$厘米精确到毫米，由此计算$V = \pi r^2 h$的最大百分数误差是多少？

18. **估计一个圆柱体的体积** 为估计半径约 2 米高约 3 米的圆柱体的体积，半径和高的精确度大约多少可以使体积的误差不超过 0.1 米^3？假定测量r的误差dr等于测量h的误差dh.

19. **在一个正方形内控制误差** 给一个合理的中心在$(1,1)$的正方形，使得$f(x,y) = x^3 y^4$的值的变化不超过± 0.1.

20. **电阻的变化** 由电阻R_1和R_2并联配线产生的电阻R由下式计算：
    $$\frac{1}{R} = \frac{1}{R_1} + \frac{1}{R_2}.$$
    (a) 证明
    $$dR = \left(\frac{R}{R_1}\right)^2 dR_1 + \left(\frac{R}{R_2}\right)^2 dR_2.$$
    (b) **为学而写** 你设计了两个电阻的电路如图 11.42，R_1的电阻 = 100 欧姆，而R_2 = 400 欧姆，但是在制造时总有一些偏离，你的公司购得的电阻可能不具有这些精确值. R的值对R_1的偏离还是对R_2的偏离更敏感？对你的回答给出理由.

21. (续第 20 题) 在类似图 11.42 的另一个电路中，你计划把R_1从 20 变为 20.1 欧姆，而R_2从 25 变为 24.9 欧姆. 这改变R大约多少百分数？

22. **坐标变换的误差**
    (a) 若如右图显示的，$x = 3 \pm 0.01$和$y = 4 \pm 0.01$，你从公式$r^2 = x^2 + y^2$和$\theta = \tan^{-1}(y/x)$计算点$P(x,y)$的极坐标的精确度近似地是多少？把你的估计表示为r和θ在点$(x_0, y_0) = (3,4)$的值的百分数变化.
    (b) **为学而写** 在点$(x_0, y_0) = (3,4)$，r和θ的值对于x的变化还是对于y的变化更敏感？对你的回答给出理由.

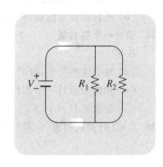

图 11.42 第 20 和 21 题中的电路.

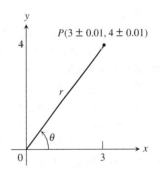

第 22 题图

三元函数

求第 23 - 28 题中的函数在给定点的线性化$L(x,y,z)$.

23. $f(x,y) = xy + yz + xz$，其中
    (a) $(1,1,1)$ (b) $(1,0,0)$ (c) $(0,0,0)$

24. $f(x,y,z) = x^2 + y^2 + z^2$，其中
    (a) $(1,1,1)$ (b) $(0,1,0)$ (c) $(1,0,0)$

25. $f(x,y,z) = \sqrt{x^2 + y^2 + z^2}$，其中
    (a) $(1,0,0)$ (b) $(1,1,0)$ (c) $(1,2,2)$

26. $f(x,y,z) = (\sin xy)/z$,其中
    (**a**) $(\pi/2,1,1)$ (**b**) $(2,0,1)$

27. $f(x,y,z) = e^x + \cos(y+z)$,其中
    (**a**) $(0,0,0)$ (**b**) $\left(0,\dfrac{\pi}{2},0\right)$ (**c**) $\left(0,\dfrac{\pi}{4},\dfrac{\pi}{4}\right)$

28. $f(x,y,z) = \tan^{-1}(xyz)$,其中
    (**a**) $(1,0,0)$ (**b**) $(1,1,0)$ (**c**) $(1,1,1)$

在第 29－32 题中,求函数 $f(x,y,z)$ 在 P_0 的线性化 $L(x,y,z)$. 再求逼近 $f(x,y,z) \approx L(x,y,z)$ 在区域 R 的误差的绝对值的一个上界.

29. $f(x,y,z) = xz - 3yz + 2$,其中 $P_0(1,1,2)$,$R: |x-1| \leq 0.01$,$|y-1| \leq 0.01$,$|z-1| \leq 0.02$

30. $f(x,y,z) = x^2 + xy + yz + (1/4)z^2$,其中 $P_0(1,1,2)$,$R: |x-1| \leq 0.01$,$|y-1| \leq 0.01$,$|z-2| \leq 0.08$

31. $f(x,y,z) = xy + 2yz - 3xz$,其中 $P_0(1,1,0)$,$R: |x-1| \leq 0.01$,$|y-1| \leq 0.01$,$|z| \leq 0.01$

32. $f(x,y,z) = \sqrt{2}\cos x \sin(y+z)$,其中 $P_0(0,0,\pi/4)$,$R: |x| \leq 0.01$,$|y| \leq 0.01$,$|z - \pi/4| \leq 0.01$

理论和例子

33. **再论梁的下垂** 例 8 的梁翻倒使侧面朝下,使得 $h = 0.1$ 米和 $w = 0.2$ 米.
    (**a**) 现在 dS 的值是多少?
    (**b**) 比较新位置的梁对于微小的高的变化和对于同样的宽的变化的敏感度.

34. **设计一个苏打罐** 一个标准的 12 液量盎司的苏打罐本质上是一个半径 $r = 1$ 英寸和高 $h = 5$ 英寸的圆柱体.
    (**a**) 对于这些尺寸,罐的体积对于半径的微小变化和对于高的微小变化相比较敏感度怎样?
    (**b**) 你能否设计一个苏打罐看起来能装更多的苏打,而其实还是装 12 液量盎司?它的尺寸是多少?(正确答案不只一个.)

35. **2×2 行列式的值** 若 $|a|$ 远大于 $|b|$,$|c|$ 和 $|d|$,行列式
    $$f(a,b,c,d) = \begin{vmatrix} a & b \\ c & d \end{vmatrix}$$
    对 a,b,c 和 d 的哪一个最敏感?对你的回答给出理由.

36. **估计乘积** 估计 a,b 和 c 同时出现 2% 的误差会多强地影响乘积
    $$p(a,b,c) = abc$$
    的计算?

37. **设计一个箱子** 估计做一个长方体形的中空的无盖的箱子需要多少木材.其内部长 5 英尺、宽 3 英尺、深 2 英尺,木板厚 1/2 英寸.

38. **测量一个三角形** 三角形的面积是 $(1/2)ab\sin C$,这里 a 和 b 是三角形的两个边的长度,而 C 是这两边的夹角.在测量一块三角形的地面时,我们分别测得 a,b 和 C 是 150 英尺,200 英尺和 60°.如果你的 a 和 b 的值偏离半英尺,C 的测量偏离 2°,你的面积的计算的误差大约是多少?请看右图.记住使用弧度.

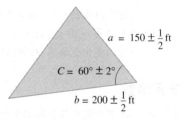

第 38 题图

39. **估计最大误差** 假定 $u = xe^y + y\sin z$,并且 x,y 和 z 可以分别以最大可能误差 ±0.2,±0.6 和 ±$\pi/180$ 测量.从测量值 $x = 2$,$y = \ln 3$,$z = \pi/2$ 计算 u 的最大可能的误差是多少?

40. **Wilson 批量公式** 经济中的 Wilson 批量公式说:一个商店的货物(无线电,鞋,扫帚,不论什么货物)的最经济订购量 Q 由公式 $Q = \sqrt{2KM/h}$ 给定,其中 K 是发出订单的成本,M 是每周销售的货物数量,而 h 是每周保存每件货物的成本(空间成本,实用品,安全,等等).在点 $(K_0, M_0, h_0) = (1, 20, 0.05)$ 附近,Q 对于

K, M 和 h 中的哪个变量最敏感?对你的回答给出理由.

41. $f(x, y)$ 的线性化是一个切平面逼近 证明由可微函数 f 定义的曲面 $z = f(x, y)$ 在点 $P_0(x_0, y_0, f(x_0, y_0))$ 的切平面是平面

$$f_x(x_0, y_0)(x - x_0) + f_y(x_0, y_0)(y - y_0) - (z - f(x_0, y_0)) = 0$$

或

$$z = f(x_0, y_0) + f_x(x_0, y_0)(x - x_0) + f_y(x_0, y_0)(y - y_0).$$

于是,在点 P_0 的切平面是 f 在 P_0 的线性化的图形(图 11.43).

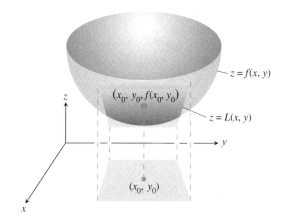

图 11.43 函数 $z = f(x, y)$ 和它在点 (x_0, y_0) 的线性化的图形. 由 L 定义的平面在 (x_0, y_0) 之上的点 $(x_0, y_0, f(x_0, y_0))$ 切于曲面. 这提供了为什么 L 的值在 (x_0, y_0) 的紧靠的邻域内接近 f 的值的一个几何解释.

11.7 极值和鞍点

闭有界区域上的状况 • 局部极值的导数判别法 • 闭有界区域上的绝对最大值和最小值 • 一阶导数判别法的局限和总结

求几个变量的函数的最大值和最小值以及确定在哪里取得这些值是多元微分学的一个重要应用. 例如,在一个平面热金属上最高温度是多少?在哪里达到?一个给定曲面在 xy 平面的给定路径上方的什么地方达到最高点?正如我们在本节要看到的,我们经常通过考察某个适当函数的偏导数来回答这类问题.

闭有界区域上的状况

正如我们讨论一元函数时所了解到的,可微函数正是在为最优化问题建模时所需要的. 因为这些函数是连续的,我们知道在闭区间上它们既取最大值又取最小值. 因为它们是可微的,我们知道它们仅仅在区间的端点或在导数消失的定义域的内点取极值. 有时候,我们会遇到函数在一个或多个内点不可微,从而必须把这些点加到被研究的名单中.

我们还了解到条件 $f'(c) = 0$ 并不总是出现极值的信号. 在这样的点 c,图形可能有拐点,而不是局部最大或最小. 在从左边趋近 c 时图形升高,在 c 变平坦,然后在离开 c 时继续升高. 或者,从左边趋近 c 时,图形下降,在 c 变平坦,然后继续下降. 即,图形在 $x = c$ 穿过它的切线.

二元函数呈现类似的状况.正如我们将在 11.2 节指出的,两个变量的连续函数在闭有界区域取最大值和最小值(图 11.44 和 11.45).另外,正如我们在本节将看到的,通过考察函数的一阶偏导数我们可以缩小搜索这些极值的范围.一个二元函数仅在区域的边界点或两个偏导数为零的内点或一个或两个偏导数不存在的点取极值.

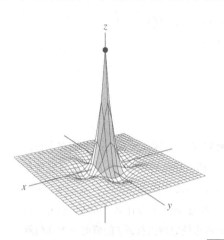

图 11.44 函数 $z = (\cos x)(\cos y)\mathrm{e}^{-\sqrt{x^2+y^2}}$ 在正方形区域 $|x| \leqslant 3\pi/2, |y| \leqslant 3\pi/2$ 有最大值 1 和最小值约 -0.067.

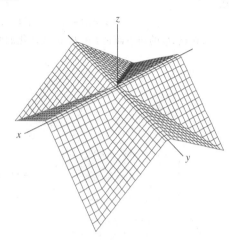

图 11.45 从点 $(10,15,20)$ 观看的"屋顶曲面" $z = \dfrac{1}{2}(\ ||x|-|y||-|x|-|y|)$,定义曲面的函数在正方形区域 $|x| \leqslant a, |y| \leqslant a$ 有最大值 0 和最小值 $-a$.

再一次,偏导数在内点 (a,b) 的消失并不总是出现极值的信号.作为函数图形的曲面可以像在 (a,b) 正上方的鞍形并且穿过切平面.

局部极值的导数判别法

为求一元函数的局部极值,我们寻找函数图形有水平切线的点.在这样的点,我们再分辨这样的点是局部最大、局部最小或是鞍点(不久将更多谈论鞍点).

> **定义 局部最大和局部最小**
> 设 $f(x,y)$ 定义在含有点 (a,b) 的区域 R 上.则
> 1. $f(a,b)$ 是 f 的**局部最大值**,如果对中心在 (a,b) 的一个开圆盘内的定义域内的所有点 (x,y) 有 $f(a,b) \geqslant f(x,y)$.
> 2. $f(a,b)$ 是 f 的**局部最小值**,如果对中心在 (a,b) 的一个开圆盘内的定义域内的所有点 (x,y) 有 $f(a,b) \leqslant f(x,y)$.

CD-ROM WEBsite
历史传记
Siméon-Denis Poisson
(1781 — 1840)

局部最大值对应曲面 $z = f(x,y)$ 的山峰,而局部极小值对应谷底(图 11.46).在这样的点,当切平面存在时必是水平的.局部极值① 也称为**相对极值**.

跟一元函数一样,识别局部极值的关键是一阶导数判别法.

---

① 这里极值是最大值和最小值的统称 —— 译者著.

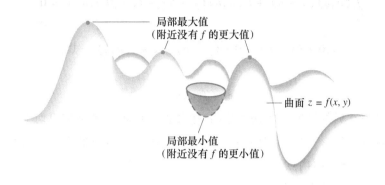

图 11.46　局部最大值是山峰,而局部最小值是谷底.

定理 10　局部极值一阶导数判别法

若 $f(x,y)$ 在定义且域的一个内点 (a,b) 有局部最大值或局部最小值,并且一阶偏导数在该点存在,则 $f_x(a,b) = 0$ 和 $f_y(a,b) = 0$.

证明　假定 f 在其定义域的内点 (a,b) 有局部最大值.

1. $x = a$ 是平面 $y = b$ 和曲面 $z = f(x,y)$ 的交成的曲线 $z = f(x,b)$ 的定义域的内点(图 11.47).

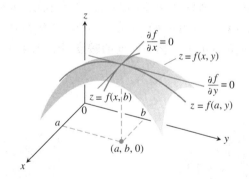

图 11.47　f 在 $x = a, y = b$ 取局部最大值

2. 函数 $z = f(x,b)$ 在 $x = a$ 是 x 的可微函数(导数是 $f_x(a,b)$).
3. 函数 $z = f(x,b)$ 在 $x = a$ 有局部最大.
4. 因此 $z = f(x,b)$ 在 $x = a$ 的导数是零(3.1 节定理 2),既然其导数为 $f_x(a,b)$,我们得结论 $f_x(a,b) = 0$.

对函数 $z = f(a,y)$ 的类似推理证明 $f_y(a,b) = 0$.

这就对局部最大值证明了定理.对局部最小值的证明留作第 36 题.　□

如果我们把值 $f_x(a,b) = 0$ 和 $f_y(a,b) = 0$ 代入曲面 $z = f(x,y)$ 在 (a,b) 的切平面方程

$$f_x(a,b)(x-a) + f_y(a,b)(y-b) - (z - f(a,b)) = 0,$$

方程成为

$$0 \cdot (x-a) + 0 \cdot (y-b) - z + f(a,b) = 0$$

或

$$z = f(a,b).$$

这样,定理 10 是说在局部极值点,曲面实际上有水平切平面,只要在那里切平面存在.

跟在一元函数的情形一样,定理 1 是说一个函数 $f(x,y)$ 仅有的取极值位置是

1. 在使 $f_x = f_y = 0$ 的内点
2. f_x 和 f_y 的一个或两个不存在的内点
3. 函数定义域的边界点.

> **定义 临界点**
> 函数 $f(x,y)$ 定义域的一个内点,在该点 f_x 和 f_y 都是零,或者 f_x 和 f_y 中的一个或两个不存在,称为 f 的一个临界点.

这样,函数 $f(x,y)$ 的仅有的取极值的点是临界点或边界点. 跟单变量可微函数可能有拐点一样,一个二元可微函数可以有鞍点.

> **定义 鞍点**
> 一个可微函数 $f(x,y)$ 在一个临界点 (a,b) 取鞍点,如果在以 (a,b) 为中心的每个开圆盘内既存在点 (x,y) 满足 $f(x,y) > f(a,b)$,又存在点 (x,y) 满足 $f(x,y) < f(a,b)$. 曲面 $z = f(x,y)$ 上对引应的点 $(a,b,f(a,b))$ 称为曲面的**鞍点**(图 11.48).

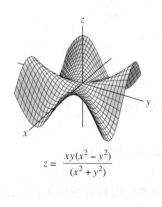

$$z = \frac{xy(x^2 - y^2)}{(x^2 + y^2)}$$

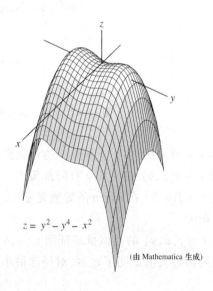

$$z = y^2 - y^4 - x^2$$

(由 Mathematica 生成)

图 11.48 原点是鞍点

例1(求局部极值) 求 $f(x,y) = x^2 + y^2$ 的极值.

解 f 的定义域是全平面(从而没有边界点),而偏导数 $f_x = 2x$ 和 $f_y = 2y$ 处处存在. 因此,局部极值仅可能出现在满足以下条件的点:
$$f_x = 2x = 0 \quad \text{和} \quad f_y = 2y = 0.$$
唯一的可能的点是原点,在这个点,f 的值是零. 因为 f 从不是负的,我们看到原点给出局部最小值(图 11.49).

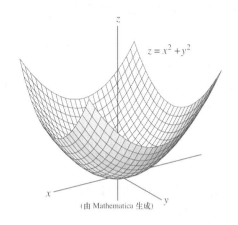

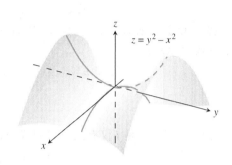

图 11.49 函数 $f(x,y) = x^2 + y^2$ 的图形是抛物面 $z = x^2 + y^2$. 函数仅有的临界点是原点,这点给出局部最小值 0.(例 1)

图 11.50 原点是函数 $f(x,y) = y^2 - x^2$ 的一个鞍点,函数没有局部极值.(例 2)

例2(识别鞍点) 求 $f(x,y) = y^2 - x^2$ 的局部最值(如果有的话).

解 f 的定义域是全平面(从而没有边界点)并且偏导数 $f_x = -2x$ 和 $f_y = 2y$ 处处存在. 因此,局部极值仅可能出现在原点 $(0,0)$. 但是,沿正 x 轴,f 有值 $f(x,0) = -x^2 < 0$;而沿正 y 轴,f 有值 $f(0,y) = y^2 > 0$. 因此,xy 平面的中心在 $(0,0)$ 的每个开圆盘含有函数取正值的点和取负值的点. 从而,原点是函数的鞍点(图 11.50),而非局部极值点. 我们得结论函数没有局部极值.

在 R 的内点 (a,b),$f_x = f_y = 0$ 不能保证 f 在该处有局部最值. 不过,如果 f 和它的一阶以及二阶导数在 (a,b) 连续,我们可以从以下的将要在 11.10 节证明的定理获悉更多信息.

定理 11 局部极值的二阶导数判别法

假定 f 和它的一阶以及二阶导数在以 (a,b) 为中心的一个圆盘上连续,并且 $f_x(a,b) = f_y(a,b) = 0$.

i. 如果在 (a,b),$f_{xx} < 0$ 且 $f_{xx}f_{yy} - f_{xy}^2 > 0$,则 f 在 (a,b) 取**局部最大**.

ii. 如果在 (a,b),$f_{xx} > 0$ 且 $f_{xx}f_{yy} - f_{xy}^2 > 0$,则 f 在 (a,b) 取**局部最小**.

iii. 如果在 (a,b),$f_{xx}f_{yy} - f_{xy}^2 < 0$,则 f 在 (a,b) 取**鞍点**.

iv. 如果在 (a,b),$f_{xx}f_{yy} - f_{xy}^2 = 0$,判别法**无结论**. 在这个情形,我们必须发现其它确定 f 在 (a,b) 的状况的途径.

表达式 $f_{xx}f_{yy} - f_{xy}^2$ 称为 f 的**判别式**，或 Hess. 有时用以下行列式的形式记忆它：

$$f_{xx}f_{yy} - f_{xy}^2 = \begin{vmatrix} f_{xx} & f_{xy} \\ f_{xy} & f_{yy} \end{vmatrix}.$$

定理 11 是说如果判别式在点 (a,b) 是正的，则曲面在任何方向以同样方式弯曲：如果 $f_{xx} < 0$，则朝下，产生局部极大；而如果 $f_{xx} > 0$，则朝上，产生局部极小. 另一方面，如果判别式是负的，则曲面在一些方向向上弯曲，而在另一些方向向下弯曲，从而我们有一个鞍点.

例 3（求局部极值） 求以下函数的局部极值：

$$f(x,y) = xy - x^2 - y^2 - 2x - 2y + 4.$$

解 函数对所有 x 和 y 有定义，从而其定义域没有边界. 因此函数仅在 f_x 和 f_y 同时为零的点取极值. 这导致

$$f_x = y - 2x - 2 = 0, \quad f_y = x - 2y - 2 = 0.$$

或

$$x = y = -2.$$

因此点 $(-2, -2)$ 是 f 仅有的可以取极值的点. 为确认是否真的取到，我们计算

$$f_{xx} = -2, \quad f_{yy} = -2, \quad f_{xy} = 1.$$

在 $(a,b) = (-2, -2)$ 的判别式是

$$f_{xx}f_{yy} - f_{xy}^2 = (-2)(-2) - (1)^2 = 4 - 1 = 3.$$

组合

$$f_{xx} < 0 \quad \text{和} \quad f_{xx}f_{yy} - f_{xy}^2 > 0$$

告诉我们 f 在 $(-2, -2)$ 取极大. f 在这个点的值是 $f(-2, -2) = 8$.

例 4（求局部极值） 求 $f(x,y) = xy$ 的局部极值.

解 因为 f 处处可微（图 11.51），可以假定极值仅在满足下以下条件的点达到：

$$f_x = y = 0 \quad \text{和} \quad f_y = x = 0.$$

这样，原点是仅有的 f 可以取极值的点. 为了解在这个点发生了什么，我们计算出

$$f_{xx} = 0, \quad f_{yy} = 0, \quad f_{xy} = 1.$$

判别式是负的. 因此函数在 $(0,0)$ 有鞍点. 我们得出 f 没有局部极值的结论.

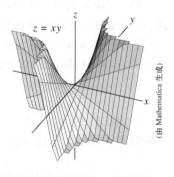

图 11.51 曲面 $z = xy$ 在原点有一个鞍点.（例 4）

闭有界区域上的绝对最大值和最小值

我们把求闭有界区域上的连续函数的绝对极值的过程分为三个步骤.

步骤 1： 列出 R 的内点，求点 f 可能有局部最大值和最小值的点，并求 f 在这些点的值. 这些就是满足 $f_x = f_y = 0$ 的点或者 f_x 和 f_y 的一个或两个不存在的点.

步骤 2： 列出 R 的边界点，在这些点 f 可能有局部最大值和最小值，并且求 f 在这些点的值. 不久我们指出这如何做.

步骤 3： 查看列表中的 f 的最大值和最小值. 这些就是 f 在 R 上的绝对最大值和最小值.

因为 f 的绝对最大值和最小值也是它的局部最大值和最小值,这些值已经出现在步骤1和步骤2的列表的某个地方. 我们只需瞥一眼列表,就可以看出它们是多少.

例5（求绝对极值） 求
$$f(x,y) = 2 + 2x + 2y - x^2 - y^2$$
在由直线 $x = 0, y = 0$ 和 $y = 9 - x$ 所围的在第一象限的三角形板上的绝对最大值和最小值.

解 因为 f 是可微的, f 可以取这些值的仅有的地方是三角形中的满足 $f_x = f_y = 0$ 的内点和它的边界点（见图 11.52）.

内点 对于这些点,我们有
$$f_x = 2 - 2x = 0, \quad f_y = 2 - 2y = 0,$$
解方程得唯一点 $(x,y) = (1,1)$. f 在这个点的值是
$$f(1,1) = 4.$$

边界点 我们依次考虑每个边：

1. 在边 OA 上, $y = 0$. 函数
$$f(x,y) = f(x,0) = 2 + 2x - x^2$$
现在可以看成 x 的定义在区间 $0 \leq x \leq 9$ 上的函数. 它的极值（从第3章知道）出现在端点

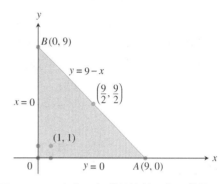

图 11.52 这个三角形板是例5的函数的定义域.

$x = 0$ 在这里 $f(0,0) = 2$

$x = 9$ 在这里 $f(9,0) = 2 + 18 - 81 = -61$

和内点,在该点 $f'(x,0) = 2 - 2x = 0$. 满足 $f'(x,0) = 0$ 的唯一内点是 $x = 1$,在这个点
$$f(x,0) = f(1,0) = 3.$$

2. 在边 OB 上, $x = 0$,且
$$f(x,y) = f(0,y) = 2 + 2y - y^2.$$
从 f 关于 x 和 y 的对称性和我们刚刚做的分析得到在这个线段上的候选点的值是
$$f(0,0) = 2, \quad f(0,9) = -61, \quad f(0,1) = 3.$$

3. 我们已经计算了 f 在 AB 的端点的值,于是我们只需考察 AB 的内点. 这时, $y = 9 - x$,我们有
$$f(x,y) = 2 + 2x + 2(9-x) - x^2 - (9-x)^2 = -61 + 18x - 2x^2.$$
令 $(f(x, 9-x))' = 18 - 4x = 0$ 即得
$$x = \frac{18}{4} = \frac{9}{2}.$$
在 x 的这个值,
$$y = 9 - \frac{9}{2} = \frac{9}{2} \quad \text{和} \quad f(x,y) = f\left(\frac{9}{2}, \frac{9}{2}\right) = -\frac{41}{2}.$$

总结 我们列举所有候选者：$4, 2, -61, 3, -(41/2)$. 最大值是 4, f 在 $(1,1)$ 取到. 最小值是 -61, f 在 $(0,9)$ 和 $(9,0)$ 取到.

解对于变量加代数约束的极值问题通常需要下一节的 Lagrange 乘子法. 但有时我们可以像下例那样直接解这类问题.

例6（求带约束的体积问题） 一个递送公司仅接收长方体形的箱子,并要求其长和腰围

之和不超过 108 英寸. 求可以接收的箱子的最大体积.

解 用 x,y 和 z 分别表示长方体的长,宽和高.则腰围是 $2y + 2z$(图 11.53). 我们使满足条件 $x + 2y + 2z = 108$ 的箱子的体积 $V = xyz$ 最大(公司可以接收的最大的箱子). 这样,我们可以把箱子的体积写成两个变量的函数.

$$V(y,z) = (108 - 2y - 2z)yz \quad V = xyz \text{ 且 } x = 108 - 2y - 2z$$
$$= 108yz - 2y^2z - 2yz^2$$

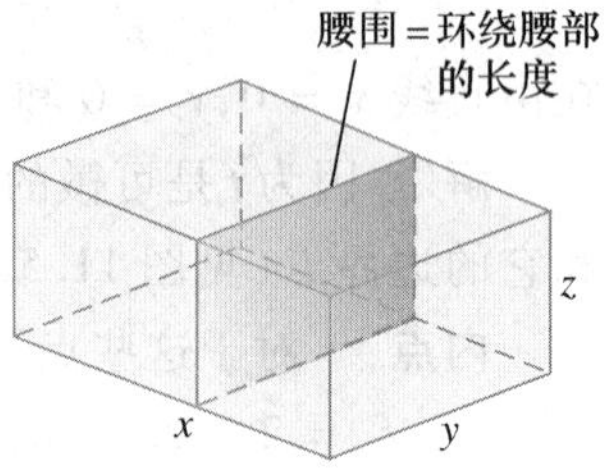

令一阶偏导数等于零,

$$V_y(y,z) = 108z - 4yz - 2z^2 = (108 - 4y - 2z)z = 0$$
$$V_z(y,z) = 108y - 2y^2 - 4yz = (108 - 2y - 4z)y = 0,$$

得到临界点 $(0,0)$,$(0,54)$,$(54,0)$ 和 $(18,18)$. 在 $(0,0)$,$(0,54)$,$(54,0)$ 的体积是零,这不是最大值. 在点 $(18,18)$,我们应用二阶导数判别法(定理 11):

$$V_{yy} = -4z, \quad V_{zz} = -4y, \quad V_{yz} = 108 - 4y - 4z.$$

图 11.53 例 6 中的箱子

因此,

$$V_{yy}V_{zz} - V_{yz}^2 = 16yz - 16(27 - y - z)^2.$$

于是,

$$V_{yy}(18,18) = -4(18) < 0$$

和

$$[V_{yy}V_{zz} - V_{yz}^2]_{(18,18)} = 16(18)(18) - 16(-9)^2 > 0$$

这就蕴涵 $(18,18)$ 给出最大值. 包裹的尺寸是 $x = 108 - 2(18) - 2(18) = 36$ 英寸,$y = 18$ 英寸,$z = 18$ 英寸. 最大体积是 $V = (36)(18)(18) = 11\ 664$ 英寸³,或 6.75 英尺³.

一阶导数判别法的局限和总结

不管定理 10 威力多大,我们还得诚恳地提醒你它的局限性. 它对定义域的边界点不能应用,而在边界点可能取极值并且有非零导数. 另外,它也不能用在 f_x 或 f_y 不存在的地方.

最大 – 最小判别法总结

$f(x,y)$ 的极值仅可能出现在

   i. f 的定义域的**边界点**

   ii. 临界点(满足 $f_x = f_y = 0$ 的内点或者 f_x 或 f_y 不存在的点).

如果 f 的一阶和二阶偏导数在以点 (a,b) 为中心的一个圆盘上连续,并且 $f_x(a,b) = f_y(a,b) = 0$,你可以用**二阶导数判别法**对 $f(a,b)$ 进行分类:

   i. 在 (a,b) $f_{xx} < 0$ 并且 $f_{xx}f_{yy} - f_{xy}^2 > 0 \Rightarrow$ **局部最大值**

   ii. 在 (a,b) $f_{xx} > 0$ 并且 $f_{xx}f_{yy} - f_{xy}^2 > 0 \Rightarrow$ **局部最小值**

   iii. 在 (a,b) $f_{xx}f_{yy} - f_{xy}^2 < 0 \Rightarrow$ **鞍点**

   iv. 在 (a,b) $f_{xx}f_{yy} - f_{xy}^2 = 0 \Rightarrow$ **判别法无结论**.

习题 11.7

求局部最值

在第 1 – 20 题中,求函数的局部最大值和最小值.

1. $f(x,y) = x^2 + xy + y^2 + 3x - 3y + 4$
2. $f(x,y) = 2xy - 5x^2 - 2y^2 + 4x + 4y - 4$
3. $f(x,y) = x^2 + xy + 3x + 2y + 5$
4. $f(x,y) = 5xy - 7x^2 + 3x - 6y + 2$
5. $f(x,y) = 3x^2 + 6xy + 7y^2 - 2x + 4y$
6. $f(x,y) = 2x^2 + 3xy + 4y^2 - 5x + 2y$
7. $f(x,y) = x^2 - y^2 - 2x + 4y + 6$
8. $f(x,y) = x^2 - 2xy + 2y^2 - 2x + 2y + 1$
9. $f(x,y) = 3 + 2x + 2y - 2x^2 - 2xy - y^2$
10. $f(x,y) = x^3 - y^3 - 2xy + 6$
11. $f(x,y) = x^3 + 3xy + y^3$
12. $f(x,y) = 6x^2 - 2x^3 + 3y^2 + 6xy$
13. $f(x,y) = 9x^3 + y^3/3 - 4xy$
14. $f(x,y) = x^3 + y^3 + 3x^2 - 3y^2 - 8$
15. $f(x,y) = 4xy - x^4 - y^4$
16. $f(x,y) = x^4 + y^4 + 4xy$
17. $f(x,y) = \dfrac{1}{x^2 + y^2 - 1}$
18. $f(x,y) = \dfrac{1}{x} + xy + \dfrac{1}{y}$
19. $f(x,y) = y\sin x$
20. $f(x,y) = e^{2x}\cos y$

求绝对极值

在第 21 – 26 题中,求函数在给定区域的绝对最大值和最小值.

21. $f(x,y) = 2x^2 - 4x + y^2 - 4y + 1$,在由直线 $x = 0, y = 2, y = 2x$ 围成的第一象限的闭三角形板上
22. $f(x,y) = x^2 + y^2$,在由直线 $x = 0, y = 0, y + 2x = 2$ 围成的第一象限的闭三角形板上
23. $T(x,y) = x^2 + xy + y^2 - 6x + 2$,在长方形板 $0 \leq x \leq 5, -3 \leq y \leq 0$ 上
24. $f(x,y) = 48xy - 32x^3 - 24y^2$,在长方形板 $0 \leq x \leq 1, 0 \leq y \leq 1$ 上
25. $f(x,y) = (4x - x^2)\cos y$,在长方形板 $1 \leq x \leq 3, -\pi/4 \leq y \leq \pi/4$ 上

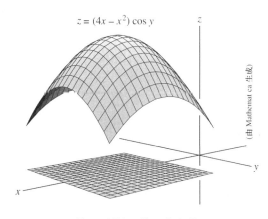

第 25 题的函数和定义域

26. $f(x,y) = 4x - 8xy + 2y + 1$,在由直线 $x = 0, y = 0, x + y = 1$ 围成的第一象限的闭三角形板上
27. **求积分的最大值** 求两个满足 $a \leq b$ 的数 a 和 b,使

$$\int_a^b (6 - x - x^2)\,\mathrm{d}x$$

有最大值.

28. **求积分的最大值** 求两个满足 $a \leq b$ 的数 a 和 b,使
$$\int_a^b (24 - 2x - x^2)^{1/3} dx$$
有最大值.

29. **温度极值** 图 11.54 的圆板有区域 $x^2 + y^2 \leq 1$ 的形状. 该圆板,包括边界 $x^2 + y^2 = 1$ 被加热,以致在点 (x,y) 的温度是
$$T(x,y) = x^2 + 2y^2 - x.$$
求板的最热和最冷的点.

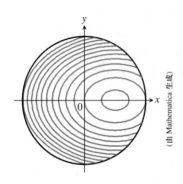

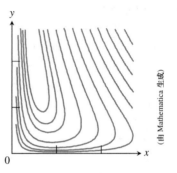

图 11.54 常温度曲线称为等温线. 图形显示温度函数 $T(x,y) = x^2 + 2y^2 - x$ 在 xy 平面的圆盘 $x^2 + y^2 \leq 1$ 上的等温线. 第 29 题问你极值温度的位置. (第 29 题)

图 11.55 函数 $f(x,y) = xy + 2x - \ln x^2 y$ (画出了几条等高线) 在第一象限 $x > 0, y > 0$ 的某个点取最小值. (第 30 题)

30. **识别临界点** 求
$$f(x,y) = xy + 2x - \ln x^2 y$$
在第一象限 ($x > 0, y > 0$) 的临界点并且证明 f 在其中的一个取最小值 (图 11.55).

理论和例子

31. **为学而写** 给定
    (**a**) $f_x = 2x - 4y$ 和 $f_y = 2y - 4x$
    (**b**) $f_x = 2x - 2$ 和 $f_y = 2y - 4$
    (**c**) $f_x = 9x^2 - 9$ 和 $f_y = 2y + 4$.
    求函数的最大值和最小值. 叙述每种情形的理由.

32. **为学而写** 从二阶导数得出结论判别式 $f_{xx} f_{yy} - f_{xy}^2$ 对下列函数在原点是零,从而二阶导数判别法在这里失效. 通过想象曲面 $z = f(x,y)$ 像什么样子确定函数是否有一个最大值,最小值或二者都没有. 叙述每种情形的理由.
    (**a**) $f(x,y) = x^2 y^2$ (**b**) $f(x,y) = 1 - x^2 y^2$ (**c**) $f(x,y) = xy^2$
    (**d**) $f(x,y) = x^3 y^2$ (**e**) $f(x,y) = x^3 y^3$ (**f**) $f(x,y) = x^4 y^4$

33. 证明不论 k 取何值,$(0,0)$ 都是 $f(x,y) = x^2 + kxy + y^2$ 的临界点. (提示:考虑两种情形:$k = 0$ 和 $k \neq 0$.)

34. **为学而写** 对于常数 k 的什么值二阶导数判别法保证 $f(x,y) = x^2 + kxy + y^2$ 在 $(0,0)$ 有鞍点?对于常数 k 的什么值二阶导数判别法无结论?对你的回答给出理由.

习题 11.7

35. (a) **为学而写** 若 $f_x(a,b) = f_y(a,b) = 0$，f 在 (a,b) 必然有局部最大值和局部最小值吗？对你的回答给出理由.

    (b) **为学而写** 如果 f 及其一阶和二阶导数在一个中心为 (a,b) 的圆盘上是连续的并且 $f_{xx}(a,b)$ 和 $f_{yy}(a,b)$ 的符号相异，关于 $f(a,b)$ 你能得出什么结论？对你的回答给出理由.

36. **对于局部最小值证明定理 10** 利用课文中给出的定理 10 的对于 f 有局部最大值情况的证明，证明对于 f 在 (a,b) 取局部最小值的情形.

37. **到平面的最大距离** 在位于平面 $x + 2y + 3z = 0$ 上方的 $z = 10 - x^2 - y^2$ 的图形上求距离平面最远的点.

38. **到平面的最小距离** 求 $z = x^2 + y^2 + 10$ 的图形上最接近平面 $x + 2y - z$ 的点.

39. **为学而写** 函数 $f(x,y) = x + y$ 在第一象限 ($x > 0$ 和 $y > 0$) 没有绝对最大值. 这是否跟课文中有关求绝对最小值的结论互相矛盾？对你的回答给出理由.

40. 在正方形 $0 \leq x \leq 1, 0 \leq y \leq 1$ 上考虑函数 $f(x,y) = x^2 + y^2 + 2xy - x - y + 1$.

    (a) **沿一个线段的最小值** 证明 f 沿在此正方形内的线段 $2x + 2y = 1$ 上有绝对最小值. 绝对最小值是多少？

    (b) **绝对最大值** 求 f 在此正方形上的绝对最大值.

在参数曲线上的极值

为求函数 $f(x,y)$ 在曲线 $x = x(t), y = y(t)$ 上的极值，我们把 f 看作一元函数，并且利用链式法则求 df/dt 在哪里是零. 跟任何一元函数的情形一样，在下列值中求 f 的极值.

(a) 临界点 (df/dt 是零的点和 df/dt 不存在的点)

(b) 参数区域的端点.

在第 41—44 题中，求函数在曲线上的最大值和最小值.

41. 函数：(a) $f(x,y) = x + y$ (b) $g(x,y) xy$ (c) $h(x,y) = 2x^2 + y^2$

    曲线：

    (1) 半圆周 $x^2 + y^2 = 4, y \geq 0$ (2) 四分之一圆周 $x^2 + y^2 = 4, x \geq 0, y \geq 0$

    用参数方程 $x = 2\cos t, y = 2\sin t$.

42. 函数：(a) $f(x,y) = 2x + 3y$ (b) $g(x,y) xy$ (c) $h(x,y) = x^2 + 3y^2$

    曲线：

    (1) 半椭圆 $(x^2/9) + (y^2/4) = 1, y \geq 0$ (2) 四分之一椭圆 $(x^2/9) + (y^2/4) = 1, x \geq 0, y \geq 0$

    用参数方程 $x = 3\cos t, y = 2\sin t$.

43. 函数：$f(x,y) = xy$

    曲线：

    (1) 直线 $x = 2t, y = t + 1$

    (2) 直线段 $x = 2t, y = t + 1, -1 \leq t \leq 0$

    (3) 直线段 $x = 2t, y = t + 1, 0 \leq t \leq 1$

44. 函数：(a) $f(x,y) = x^2 + y^2$ (b) $g(x,y) = 1/(x^2 + y^2)$

    曲线：

    (1) 直线 $x = t, y = 2 - 2t$

    (2) 直线段 $x = t, y = 2 - 2t, 0 \leq t \leq 1$

45. **最小二乘方和回归线** 当我们试图拟合直线和数据点 $(x_1, y_1), (x_2, y_2), \cdots, (x_n, y_n)$ 时 (图 11.56)，通常选择直线使得 从点到直线在竖直方向的距离的平方之和最小. 理论上，这意味求 m 和 b 使函数

$$w = (mx_1 + b - y_1)^2 + \cdots + (mx_n + b - y_n)^2.$$

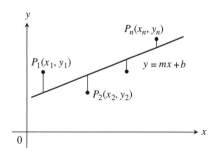

图 11.56 为用一直线拟和非线性数据点，我们选择一条直线，使得在竖直方向距离的平方和最小.

取最小值.

利用一阶和二阶导数判别法证明这些值是

$$m = \frac{\left(\sum x_k\right)\left(\sum y_k\right) - n\sum x_k y_k}{\left(\sum x_k\right)^2 - n\sum x_k^2}, \quad b = \frac{1}{n}\left(\sum y_k - m\sum x_k\right).$$

46. **火星上的环形山** 环形山形成的一个理论提出大的环形山的数目随其直径的平方减少(Marcus, Science, June, 1968, p. 1334). Marine IV 发回的图形显示列在表 11.1 中的数目. 利用第 45 题的结果拟合形如 $F = m(1/D^2) + b$ 的直线和数据. 画数据和直线的图形.

表 11.1 直径的数目

(以千米为单位的直径),D	$1/D^2$(对于左边分类区间的值频率)	F
32 – 45	0.001	51
45 – 64	0.0005	22
64 – 90	0.00024	14
90 – 128	0.000123	4

计算机探究

在第 47 – 52 题中,探索函数,识别在临界点的局部极值. 使用一个 CAS 执行下列步骤:
(a) 在给定长方形画函数图形.   (b) 在该长方形内画几条等高线.
(c) 计算函数的一阶导数,并且使用一个方程求解器求临界点. 临界点和部分(b) 画的等高线的关系怎样? 哪些临界点给出鞍点? 对你的回答给出理由.
(d) 计算二阶导数并且求判别式 $f_{xx}f_{yy} - f_{xy}^2$.
(e) 使用 max-min 判别法,对于在部分(c) 求得的临界点进行分类. 你是否发现跟部分(c) 讨论的结果相一致?

47. $f(x,y) = x^2 + y^3 - 3xy, \quad -5 \leqslant x \leqslant 5, -5 \leqslant y \leqslant 5$
48. $f(x,y) = x^3 - 3xy^2 + y^2, \quad -2 \leqslant x \leqslant 2, -2 \leqslant y \leqslant 2$
49. $f(x,y) = x^4 + y^2 - 8x^2 - 6y + 16, \quad -3 \leqslant x \leqslant 3, -6 \leqslant y \leqslant 6$
50. $f(x,y) = 2x^4 + y^4 - 2x^2 - 2y^2 + 3, \quad -3/2 \leqslant x \leqslant 3/2, -3/2 \leqslant y \leqslant -3/2$
51. $f(x,y) = 5x^6 + 18x^5 - 30x^4 + 30xy^2 - 120x^3, \quad -4 \leqslant x \leqslant 3, -2 \leqslant y \leqslant 2$
52. $f(x,y) = \begin{cases} x^5 \ln(x^2 + y^2), & (x,y) \neq (0,0) \\ 0, & (x,y) = (0,0) \end{cases}, \quad -2 \leqslant x \leqslant 2, -2 \leqslant y \leqslant 2$

11.8 Lagrange 乘子

约束最大值和最小值 • Lagrange 乘子法 • 带两个约束条件的 Lagrange 乘子法

正如我们在 11.7 节看到的,有时候需要求函数的极值,其定义域约束在平面的某个特殊子集,比如一个圆盘或一个闭三角形区域. 正如我们在 11.7 节例 6 看到的,函数还可以受到其它种类的约束(图 11.57).

CD-ROM
WEBsite
历史传记
Joseph Louis Lagrange
(1736 — 1813)

在本节,我们探索一个求函数的约束极值的强有力的办法: Lagrange 乘子法. Lagrange 在 1755 年发展了解 max-min 几何问题的方法. 今天这个方法在经济学中, 在工程中(比如设计多极火箭) 以及在数学中是重要的.

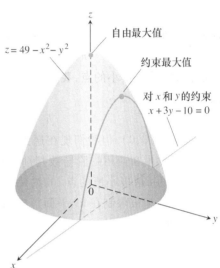

约束最大值和最小值

例 1 (求带约束条件的最小值) 求平面 $2x + y - z - 5 = 0$ 上最接近原点的点 $P(x,y,z)$.

解 问题是求函数

$$|\overrightarrow{OP}| = \sqrt{(x-0)^2 + (y-0)^2 + (z-0)^2}$$
$$= \sqrt{x^2 + y^2 + z^2}$$

在约束条件

$$2x + y - z - 5 = 0$$

下的极值. 因为 $|\overrightarrow{OP}|$ 有最小值,只要函数

$$f(x,y,z) = x^2 + y^2 + z^2$$

有最小值,我们可以通过求 $f(x,y,z)$ 在约束 $2x + y - z - 5 = 0$ 下的最小值(这避免求平方根) 解这个问题. 如果我们把这个方程中的 x 和 y 看作自变量, 而把 z 写成

$$z = 2x + y - 5,$$

我们的问题归结为求点 (x,y) 使函数

$$h(x,y) = f(x,y,2x+y-5) = x^2 + y^2 + (2x+y-5)^2$$

图 11.57 函数 $f(x,y) = 49 - x^2 - y^2$ 受约束 $g(x,y) = x + 3y - 10 = 0$.

有最小值. 因为 h 的定义域是全平面,11.7 节的一阶导数判别法告诉我们, h 的任何最小值出现在这样的点,在该点

$$h_x = 2x + 2(2x+y-5)(2) = 0, \quad h_y = 2y + 2(2x+y-5) = 0.$$

经整理得 $10x + 4y = 20, 4x + 4y = 10$,其解为

$$x = \frac{5}{3}, \quad y = \frac{5}{6}.$$

我们可以利用几何推理和二阶导数判别法指出这些值使 h 最小. 平面 $z = 2x + y - 5$ 上对应点的 z 坐标是

$$z = 2\left(\frac{5}{3}\right) + \frac{5}{6} - 5 = -\frac{5}{6}.$$

因此我们寻找的点是

最接近的点: $P\left(\dfrac{5}{3}, \dfrac{5}{6}, -\dfrac{5}{6}\right)$.

P 到原点的距离是 $5/\sqrt{6} \approx 2.04$.

我们试图用替换法求带约束的最大值或最小值问题,正如我们在例 1 中使用的,并不是那

么有效.这是我们要在本节学习一个新方法的原因之一.

例 2（求带约束的最小） 求双曲柱面 $x^2 - z^2 - 1 = 0$ 上到原点最近的点.

解 1 柱面的图画在图 11.58 中.我们寻找柱面上最接近原点的点.这是其坐标使函数
$$f(x,y,z) = x^2 + y^2 + z^2 \qquad \text{距离的平方}$$
在约束 $x^2 - z^2 - 1 = 0$ 之下的最小值的点.如果我们把 x 和 y 看作约束方程中的自变量,则
$$z^2 = x^2 - 1$$
柱面上的值 $f(x,y,z) = x^2 + y^2 + z^2$ 由以下函数给定:
$$h(x,y) = x^2 + y^2 + (x^2 - 1) = 2x^2 + y^2 - 1.$$
为求柱面上使 f 最小的点,我们在 xy 平面上求其坐标使 h 最小. h 的极值仅出现在这样的点,在该点
$$h_x = 4x = 0 \quad \text{且} \quad h_y = 2y = 0,$$
即出现在点 $(0,0)$.但我们现在遇到了麻烦:柱面上没有 x 和 y 同时为零的点.错在哪里?

问题发生在应用一阶导数判别法在 h 的定义域内求得取最小值的点.另一方面,我们应当求柱面上的 f 取极小值的点.虽然 h 的定义域是整个 xy 平面,但柱面上的点 (x,y,z) 的前两个坐标的区域却被限制在 xy 平面形成的"阴影"里;它不包括直线 $x = -1$ 和 $x = 1$ 之间的带形（图 11.59）.

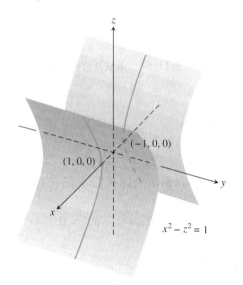

图 11.58 例 2 中的双曲柱面 $x^2 - z^2 - 1 = 0$.

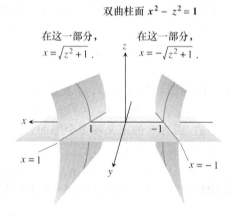

图 11.59 xy 平面上的区域,从中选择双曲柱面 $x^2 - z^2 = 1$ 的点的前两个坐标,这个区域不包含 xy 平面上的带形 $-1 < x < 1$.

把 y 和 z 看作自变量（而不再是 x 和 y）就可以避免这个问题,用 y 和 z 把 x 表示为
$$x^2 = z^2 + 1.$$
用这个代换, $f(x,y,z) = x^2 + y^2 + z^2$ 变为
$$k(y,z) = (z^2 + 1) + y^2 + z^2 = 1 + y^2 + 2z^2$$
然后寻找使 k 取最小值的点. k 的定义域现在就是与柱面上的点 (x,y,z) 的 y 和 z 坐标的区域相匹配. k 的最小值出现在这样的点,它满足

$$k_y = 2y = 0 \quad \text{和} \quad k_z = 4z = 0,$$

或 $y = z = 0$. 这导致

$$x^2 = z^2 + 1 = 1, \quad x = \pm 1.$$

柱面上对应的点是 $(\pm 1, 0, 0)$. 我们从不等式

$$k(y, z) = 1 + y^2 + 2z^2 \geqslant 1$$

看出点 $(\pm 1, 0, 0)$ 给出 k 的最小值. 我们还看出从原点到柱面上的点的最小距离是 1 个单位.

解 2 求柱面上到原点最近的点的另一个途径是设想一个中心在原点的小球像肥皂泡一样膨胀到刚刚接触柱面(图 11.60). 在此接触的每个点,柱面和球面有同样的切平面和法线. 因此,如果把球面和柱面表示为

$$f(x, y, z) = x^2 + y^2 + z^2 - a^2$$

和

$$g(x, y, z) = x^2 - z^2 - 1$$

皆等于 0 的等位面,则梯度 ∇f 和 ∇g 将在两曲面相接触的点平行. 于是,在任一接触点可以求出一个数 λ ("lambda"),使得

$$\nabla f = \lambda \nabla g,$$

或

$$2x\mathbf{i} + 2y\mathbf{j} + 2z\mathbf{k} = \lambda (2x\mathbf{i} - 2z\mathbf{k}).$$

这样,切点的坐标必须满足下列三个数量方程:

$$2x = 2\lambda x, \quad 2y = 0, \quad 2z = -2\lambda z. \quad (1)$$

对 λ 的什么值,坐标满足方程组(1)的点将在曲面 $x^2 - z^2 - 1 = 0$ 上?为回答这个问题,我们利用曲面上没有其 x 坐标为零的点这个事实,由此,(1)的第一个方程中的 $x \neq 0$. 于是,$2x = 2\lambda x$ 仅当

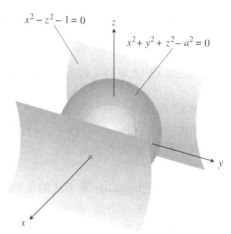

图 11.60 形如中心在原点的肥皂泡的球面膨胀,直到它刚好碰到双曲柱面.

$$2 = 2\lambda \quad \text{或} \quad \lambda = 1$$

时成立. 对于 $\lambda = 1$,方程 $2z = -2\lambda z$ 变为 $2z = -2z$. 这个方程要满足, z 必须是零. 因为还有 $y = 0$ (从方程 $2y = 0$ 得到), 我们寻找的点的坐标必须有形式 $(x, 0, 0)$. 曲面 $x^2 - z^2 = 1$ 上的哪个点的坐标有这种形式?答案是这样的点 $(x, 0, 0)$, 满足

$$x^2 - (0)^2 = 1, \quad x^2 = 1, \quad \text{或} \quad x = \pm 1.$$

因此柱面上最接近原点的点是 $(\pm 1, 0, 0)$.

Lagrange 乘子法

在例 2 的解 2 中,我们用 **Lagrange 乘子法**解该问题. 在一般情况下,这个方法是说:若函数 $f(x, y, z)$ 的变量受约束 $g(x, y, z) = 0$ 的限制,函数 $f(x, y, z)$ 的极值在曲面 $g = 0$ 上的这样的点取得,在该点,对于某个数 λ (称为 **Lagrange 乘子**)

$$\nabla f = \lambda \nabla g$$

为了进一步探索这个方法,并且了解它为什么有效,我们首先做以下观察,并且叙述为定理.

定理 12　正交梯度定理

假定 $f(x,y,z)$ 在一个其内部含有以下曲线的区域内可微：
$$C:\quad \mathbf{r}(t) = g(t)\mathbf{i} + h(t)\mathbf{j} + k(t)\mathbf{k}.$$
若 P_0 是 C 上的点，在该点 f 取相对于 C 上其它值的局部最大值或最小值，则 ∇f 在 P_0 正交于 C.

证明　我们证明 ∇f 在 P_0 正交于曲线的速度向量. f 在 C 上的值由复合函数 $f(g(t),h(t),k(t))$ 给定，它对于 t 的导数是
$$\frac{df}{dt} = \frac{\partial f}{\partial x}\frac{dg}{dt} + \frac{\partial f}{\partial y}\frac{dh}{dt} + \frac{\partial f}{\partial z}\frac{dk}{dt} = \nabla f \cdot \mathbf{v}.$$
在 f 有相对于曲线上其它值的局部最大值和最小值的任何点 P_0，$df/dt = 0$，于是
$$\nabla f \cdot \mathbf{v} = 0 \qquad \square$$

取消定理 12 中含 z 的项，我们得到对于二元函数的类似结果.

定理 12 的推论

在光滑曲线 $\mathbf{r}(t) = g(t)\mathbf{i} + h(t)\mathbf{j}$ 的点上可微函数 $f(x,y)$ 取相对于曲线上的值的局部最大值或最小值，则 $\nabla f \cdot \mathbf{v} = 0$.

定理 12 是 Lagrange 乘子法的关键. 假定 $f(x,y,z)$ 和 $g(x,y,z)$ 是可微的，而 P_0 是曲面 $g(x,y,z) = 0$ 上的某一个点，在该点 f 有相对于它在曲面上的值的局部最大值或最小值. 则 f 在 P_0 取相对于它在每条过 P_0 的曲面 $g(x,y,z) = 0$ 上可微曲线的值的局部最大值或最小值. 因此 ∇f 正交于每条这样的曲线的速度向量. 且 ∇g 也是这样（因为 ∇g 正交于等位面 $g = 0$，见 11.5 节）. 因此在 P_0，∇f 是 ∇g 的某个数值 λ 的倍数.

Lagrange 乘子法

假定 $f(x,y,z)$ 和 $g(x,y,z)$ 是可微的. 为求 f 在约束 $g(x,y,z) = 0$ 下的局部最大值和最小最小值，就求 x,y,z 和 λ 的值，使它们同时满足
$$\nabla f = \lambda \nabla g \quad \text{和} \quad g(x,y,z) = 0.$$
对于两个变量的函数，适当的方程是
$$\nabla f = \lambda \nabla g \quad \text{和} \quad g(x,y) = 0.$$

例 3（用 Lagrange 乘子法）　求函数
$$f(x,y) = xy$$
在椭圆（图 11.61）
$$\frac{x^2}{8} + \frac{y^2}{2} = 1.$$
上的最大值和最小值.

解　我们想求 $f(x,y)$ 在以下约束下的极值

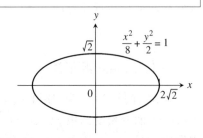

图 11.61　例 3 指出如何求乘积 xy 在这个椭圆上的最大值和最小值.

$$g(x,y) = \frac{x^2}{8} + \frac{y^2}{2} - 1 = 0.$$

为此,我们首先求满足以下方程的 x,y 和 λ 的值:

$$\nabla f = \lambda \nabla g \quad \text{和} \quad g(x,y) = 0.$$

梯度方程给出

$$y\mathbf{i} + x\mathbf{j} = \frac{\lambda}{4}x\mathbf{i} + \lambda y\mathbf{j},$$

由此求得

$$y = \frac{\lambda}{4}x, \quad x = \lambda y, \quad \text{和} \quad y = \frac{\lambda}{4}(\lambda y) = \frac{\lambda^2}{4}y,$$

于是 $y = 0$ 或 $\lambda \pm 2$. 我们现在考虑两种情形.

情形 1:若 $y = 0$,则 $x = y = 0$. 但是 $(0,0)$ 不是椭圆上的点. 因此 $y \neq 0$.

情形 2:若 $y \neq 0$,则 $\lambda = \pm 2$ 和 $x = \pm 2y$. 代入这些值到方程 $g(x,y) = 0$ 得

$$\frac{(\pm 2y)^2}{8} + \frac{y^2}{2} = 1, \quad 4y^2 + 4y^2 = 8, \quad \text{故} \quad y = \pm 1.$$

因此 $f(x,y) = xy$ 在椭圆上的四个点 $(\pm 2, 1), (\pm 2, -1)$ 取极值. 极值是 $xy = 2$ 和 $xy = -2$.

解的几何解释

$f(x,y) = xy$ 的等高线是双曲线 $xy = c$(图 11.62). 双曲线离开原点越远,f 的绝对值越大. 我们想求在椭圆 $x^2 + 4y^2 = 8$ 上的使 $f(x,y)$ 取极值的点. 哪条双曲线与椭圆相交又离原点最远?刚好擦着该椭圆的双曲线,即跟椭圆相切的双曲线应该离开原点最远. 在这些切点,双曲线的法线也是椭圆的法线,于是,$\nabla f = y\mathbf{i} + x\mathbf{j}$ 是 $\nabla g = (x/4)\mathbf{i} + y\mathbf{j}$ 的 ($\lambda = \pm 2$) 倍数. 比如,在点 $(2,1)$,

$$\nabla f = \mathbf{i} + 2\mathbf{j}, \quad \nabla g = \frac{1}{2}\mathbf{i} + \mathbf{j}, \quad \text{故} \quad \nabla f = 2\nabla g.$$

在点 $(-2,1)$,

$$\nabla f = \mathbf{i} - 2\mathbf{j}, \quad \nabla g = -\frac{1}{2}\mathbf{i} + \mathbf{j}, \quad \text{故} \quad \nabla f = -2\nabla g.$$

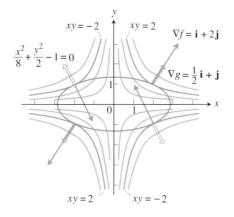

图 11.62 当受约束 $g(x,y) = x^2/8 + y^2/2 - 1 = 0$ 的限制时,函数 $f(x,y) = xy$ 在四个点 $(\pm 2, \pm 1)$ 取极值. 在这些点,∇f(单线)是 ∇g(双线)的数值倍数.

例 4（求函数在圆周上的极值） 求函数 $f(x,y) = 3x + 4y$ 在圆周 $x^2 + y^2 = 1$ 上的极值.

解 我们把这个问题模式化为对

$$f(x,y) = 3x + 4y, \quad g(x,y) = x^2 + y^2 - 1$$

的 Lagrange 乘子问题,并且求 x,y 和 λ 满足方程

$$\nabla f = \lambda \nabla g: \quad 3\mathbf{i} + 4\mathbf{j} = 2x\lambda\mathbf{i} + 2y\lambda\mathbf{j}$$

$$g(x,y) = 0: \quad x^2 + y^2 - 1 = 0.$$

梯度方程蕴涵 $\lambda \neq 0$ 并且给出

$$x = \frac{3}{2\lambda}, \quad y = \frac{2}{\lambda}.$$

这些方程告诉我们的事实之一是 x 和 y 符号相同. 对于 x 和 y 的这些值,方程 $g(x,y) = 0$ 给出

$$\left(\frac{3}{2\lambda}\right)^2 + \left(\frac{2}{\lambda}\right)^2 - 1 = 0.$$

于是

$$\frac{9}{4\lambda^2} + \frac{4}{\lambda^2} = 1, \quad 9 + 16 = 4\lambda^2, \quad 4\lambda^2 = 25, \quad \text{故} \quad \lambda = \pm\frac{5}{2}.$$

由此得

$$x = \frac{3}{2\lambda} = \pm\frac{3}{5}, \quad y = \frac{2}{\lambda} = \pm\frac{4}{5},$$

而 $f(x,y) = 3x + 4y$ 在 $(x,y) = \pm(3/5, 4/5)$ 有极值.

计算 $3x + 4y$ 在 $\pm(3/5, 4/5)$ 的值,我们看到它在圆周 $x^2 + y^2 = 1$ 上的最大值和最小值是

$$3\left(\frac{3}{5}\right) + 4\left(\frac{4}{5}\right) = \frac{25}{5} = 5 \quad \text{和} \quad 3\left(-\frac{3}{5}\right) + 4\left(-\frac{4}{5}\right) = -\frac{25}{5} = -5.$$

解的几何解释

$f(x,y) = 3x + 4y$ 的等高线是直线 $3x + 4y = c$（图 11.63）. 直线离开原点越远,f 的绝对值越大. 我们想求在圆周 $x^2 + y^2 = 1$ 上的使 $f(x,y)$ 取极值的点. 哪条直线与圆周相交又离开原点最远? 刚好擦着该圆周的直线应该离开原点最远. 在这些切点,直线的法线也是圆周的法线,于是,梯度 $\nabla f = 3\mathbf{i} + 4\mathbf{j}$ 是梯度 $\nabla g = 2x\mathbf{i} + 2y\mathbf{j}$ 的 $(\lambda = \pm 5/2)$ 倍数. 比如,在点 $(3/5, 4/5)$,

$$\nabla f = 3\mathbf{i} + 4\mathbf{j}, \quad \nabla g = \frac{6}{5}\mathbf{i} + \frac{8}{5}\mathbf{j}, \quad \text{和} \quad \nabla f = \frac{5}{2}\nabla g.$$

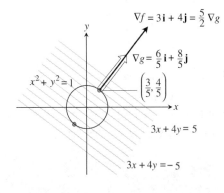

图 11.63 函数 $f(x,y) = 3x + 4y$ 在点 $(3/5, 4/5)$ 取单位圆周 $g(x,y) = x^2 + y^2 - 1 = 0$ 上的最大值,而在点 $(-3/5, -4/5)$ 取最小值. 在这两个点 ∇f 是 ∇g 的数值倍数. 图形显示在第一个点的梯度,而不是第二个点的.

带两个约束条件的 Lagrange 乘子法

许多问题需要求其变量受两个约束限制的可微函数的极值. 如果约束是

$$g_1(x,y,z) = 0 \quad 和 \quad g_2(x,y,z) = 0,$$

这里 g_1 和 g_2 是可微的, 并且 ∇g_1 不平行于 ∇g_2, 我们通过引进两个 Lagrange 乘子 λ 和 μ (mu 发音"mew"). 即, 我们通过求满足以下方程

$$\nabla f = \lambda \nabla g_1 + \mu \nabla g_2, \quad g_1(x,y,z) = 0, \quad g_2(x,y,z) = 0. \tag{2}$$

的 x, y, z, λ 和 μ 值, 求使 f 取约束极值的点 $P(x,y,z)$ 的位置. 方程(2)有美妙的几何解释. 曲面 $g_1 = 0$ 和 $g_2 = 0$(通常)交于一条曲线 C(图11.64). 沿这条曲线我们找 f 取相对于曲线上的其它值的极大值和极小值的点. 在这些点, 由定理12知道, ∇f 正交于 C. 但是因为 C 位于曲面 $g_1 = 0$ 和 $g_2 = 0$ 上, 在该点, ∇g_1 和 ∇g_2 也都正交于 C. 因此, ∇f 位于由 ∇g_1 和 ∇g_2 决定的平面内, 这意味着对于某个 λ 和 μ 有 $\nabla f = \lambda \nabla g_1 + \mu \nabla g_2$. 因为我们要找的点同时在两个曲面上, 它们的坐标必须同时满足方程 $g_1(x,y,z) = 0$ 和 $g_2(x,y,z) = 0$, 这就是方程组(2)其余的方程.

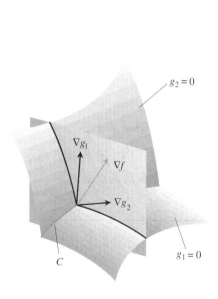 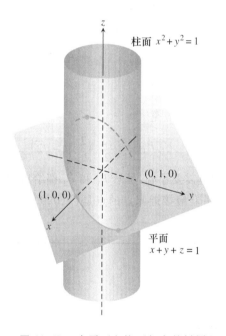

图 11.64 因为 ∇g_1 正交于曲面 $g_1 = 0$, 而 ∇g_2 正交于曲面 $g_2 = 0$, 向量 ∇g_1 和 ∇g_2 位于垂直于曲线 C 的平面内.

图 11.65 在平面和柱面相交的椭圆上, 哪个点离原点最近和最远?(例5)

例 5 (求椭圆上距离的极值) 平面 $x + y + z = 1$ 交圆柱 $x^2 + y^2 = 1$ 成一个椭圆(图11.65). 求这个椭圆上离原点最近和最远的点.

解 我们求

$$f(x,y,z) = x^2 + y^2 + z^2$$

(从 (x,y,z) 到原点的距离的平方) 在以下约束下的极值:

$$g_1(x,y,z) = x^2 + y^2 - 1 = 0 \tag{3}$$

$$g_2(x,y,z) = x + y + z - 1 = 0. \tag{4}$$

由方程组(2)中的梯度方程给出

$$\nabla f = \lambda \nabla g_1 + \mu \nabla g_2$$
$$2x\mathbf{i} + 2y\mathbf{j} + 2z\mathbf{k} = \lambda(2x\mathbf{i} + 2y\mathbf{j}) + \mu(\mathbf{i} + \mathbf{j} + \mathbf{k})$$
$$2x\mathbf{i} + 2y\mathbf{j} + 2z\mathbf{k} = (2\lambda x + \mu)\mathbf{i} + (2\lambda y + \mu)\mathbf{j} + \mu\mathbf{k}$$

或

$$2x = 2\lambda x + \mu, \quad 2y = 2\lambda y + \mu, \quad 2z = \mu. \tag{5}$$

从(5)中的数值方程导出

$$2x = 2\lambda x + 2z \Rightarrow (1 - \lambda)x = z,$$
$$2y = 2\lambda y + 2z \Rightarrow (1 - \lambda)y = z. \tag{6}$$

方程组(6)同时满足,如果 $\lambda = 1$ 和 $z = 0$ 或 $\lambda \neq 1$ 和 $x = y = z/(1 - \lambda)$.

如果 $z = 0$,解方程(3)和(4)求得椭圆上对应的两个点 $(1,0,0)$ 和 $(0,1,0)$. 从图 11.65 看是有意义的.

如果 $x = y$,方程(3)和(4)给出

$$x^2 + x^2 - 1 = 0 \qquad x + x + z - 1 = 0$$
$$2x^2 = 1 \qquad\qquad z = 1 - 2x$$
$$x = \pm\frac{\sqrt{2}}{2} \qquad\qquad z = 1 \mp \sqrt{2}.$$

椭圆上对应的点是

$$P_1 = \left(\frac{\sqrt{2}}{2}, \frac{\sqrt{2}}{2}, 1 - \sqrt{2}\right) \quad 和 \quad P_2 = \left(-\frac{\sqrt{2}}{2}, -\frac{\sqrt{2}}{2}, 1 + \sqrt{2}\right).$$

不过,这里需要小心. 虽然 P_1 和 P_2 都给出 f 在椭圆上的局部最大值,但 P_2 比 P_1 离开原点更远.

椭圆上最接近原点的点是 $(1,0,0)$ 和 $(0,1,0)$. 椭圆上离原点最远的点是 P_2.

习题 11.8

两个变量带一个约束

1. **椭圆上的极值** 求椭圆 $x^2 + 2y^2 = 1$ 上 $f(x,y) = xy$ 取极值的点.
2. **圆周上的极值** 求 $f(x,y) = xy$ 在约束 $g(x,y) = x^2 + y^2 - 10 = 0$ 限制下的极值.
3. **直线上的极大值** 求 $f(x,y) = 49 - x^2 - y^2$ 在直线 $x + 3y = 10$ 上的极大值(图 11.57).
4. **直线上的极值** 求 $f(x,y) = x^2 y$ 在直线 $x + y = 3$ 上的极值.
5. **约束极小值** 求曲线 $xy^2 = 54$ 跟原点最近的点.
6. **约束极小值** 求曲线 $x^2 y = 2$ 跟原点最近的点.
7. **学习写作** 用 Lagrange 乘子法,求

   (a) **双曲线上的极小值** $x + y$ 在约束 $xy = 16, x > 0, y > 0$ 限制下的极小值.

   (b) **直线上的极大值** xy 在约束 $x + y = 16$ 限制下的极大值.

   评论每个解的几何解释.

8. **曲线上的极值** 求 xy 平面上的曲线 $x^2 + xy + y^2 = 1$ 离原点最近和最远的点.

9. **有固定体积的极小曲面** 求体积为 16π cm^3 的闭直圆柱罐的最小表面积.

10. **球面内的圆柱** 求内接于半径为 a 的球面的有最大表面积的开直圆柱的半径和高.

11. **椭圆内有最大面积的矩形** 用乘子法求内接于椭圆 $x^2/16 + y^2/9 = 1$ 的其边平行于坐标轴有最大面积的矩形的尺寸. 最大面积是多少?

12. **椭圆内周长最长的矩形** 求内接于椭圆 $x^2/a^2 + y^2/b^2 = 1$ 的其边平行于坐标轴有最大周长的矩形的尺寸. 最大周长是多少?

13. **圆周上的极值** 求 $x^2 + y^2$ 在约束 $x^2 - 2x + y^2 - 4y = 0$ 限制下的极大值和极小值.

14. **圆周上的极值** 求 $3x - y + 6$ 在约束 $x^2 + y^2 = 4$ 限制下的极大值和极小值.

15. **金属板上的蚂蚁** 金属板上的点 (x,y) 处的温度是 $T(x,y) = 4x^2 - 4xy + y^2$. 一只蚂蚁在板上沿中心在原点半径为 5 的圆周漫步. 蚂蚁遇到的最高和最低温度是多少?

16. **最便宜的存储罐** 你的公司要求设计一个液化石油气的存储罐. 雇主要求的规格是圆柱罐带半球形的两端, 罐装 8000 m^3 的气体. 雇主还要求使用最小量的材料制造罐. 罐的圆柱形部分的半径和高是多少?

三个自变量带一个约束

17. **到一个点的极小距离** 求平面 $x + 2y + 3z = 13$ 离点 $(1,1,1)$ 最近的点.

18. **到一个点的极大距离** 求球面 $x^2 + y^2 + z^2 = 4$ 离点 $(1, -1, 1)$ 最远的点.

19. **到原点的极小距离** 求从曲面 $x^2 + y^2 - z^2 = 1$ 到原点的最小距离.

20. **到原点的极小距离** 求从曲面 $z = xy + 1$ 到原点距离最小的点.

21. **到原点的最小距离** 求曲面 $z^2 = xy + 4$ 上到原点距离最小的点.

22. **到原点的最小距离** 求从曲面 $xyz = 1$ 到原点距离最小的点.

23. **球面上的极值** 求 $f(x,y,z) = x - 2y + 5z$ 在球面 $x^2 + y^2 + z^2 = 30$ 上的最大值和最小值.

24. **球面上的极值** 求在球面 $x^2 + y^2 + z^2 = 25$ 上使 $f(x,y,z) = x + 2y + 3z$ 有最大值和最小值的点.

25. **使平方和最小** 求和为 9 而平方最小的三个数.

26. **使乘积最大** 若 $x + y + z^2 = 16$, 求有最大乘积的正数 x,y 和 z.

27. **球面内最大体积的长方体** 求内接于单位球面的有最大体积的闭长方体的尺寸.

28. 求在第一卦限内其三个面在坐标平面上, 一个顶点在平面 $x/a + y/b + z/c = 1$ 上的最大体积的封闭长方体的尺寸.

29. **空间探测器的最热点** 形状为椭球
$$4x^2 + y^2 + 4z^2 = 16$$
的空间探测器进入地球大气层, 其表面开始受热, 1 小时后在探测器的点 (x,y,z) 的温度是
$$T(x,y,z) = 8x^2 + 4yz - 16z + 600$$
求探测器表面最热的点.

30. **球面上的极值** 假定球面 $x^2 + y^2 + z^2 = 1$ 上点 (x,y,z) 的温度是 $T = 400xyz^2$ 摄氏度. 求球面上温度最高和最低的点的位置.

31. **最大化一个使用函数: 经济中的一个例子** 在经济中, 两个主要货物的有用性或效用有时候用一个函数 $U(x,y)$ 测量. 比如, G_1 和 G_2 是两种化学制品, 一个制药公司需要持有它们. 制造一个合成产品随加工的不同需要不同量的化学制品, 而 $U(x,y)$ 是相应的利润. 如果 G_1 每千克价格 a 元, G_2 每千克价格 b 元, 购买 G_1 和 G_2 分配的总金额是 c 元, 公司管理人员在要使在给定条件 $ax + by = c$ 下的利润最大, 这样, 他们需要解一个典型的乘子问题.

假定
$$U(x,y) = xy + 2x$$
而方程 $ax + by = c$ 简化为

$$2x + y = 30$$

求 U 的最大值和受后一个约束限制的对应的 x 和 y 的值.

32. **射电望远镜的位置** 你主管在一个新发现的行星上安装一台射电望远镜. 为使干扰最小, 你要把它安装在行星磁场最弱的地方. 行星是半径为 6 个单位的球形. 把坐标系的原点放在球心, 磁场强度是 $M(x,y,z) = 6x - y^2 + xz + 60$. 你将把射电望远镜安装在什么地方?

两个约束的极值

33. 求函数 $f(x,y,z) = x^2 + 2y - z^2$ 在约束 $2x - y = 0$ 和 $y + z = 0$ 的限制下的最大值.
34. 求函数 $f(x,y,z) = x^2 + y^2 + z^2$ 在约束 $x + 2y + 3z = 6$ 和 $x + 3y + 9z = 9$ 的限制下的最小值.
35. **求到原点的最小距离** 求平面 $y + 2z = 12$ 和 $x + y = 6$ 的交线上离原点最近的点.
36. **交线上的最大值** 求 $f(x,y,z) = x^2 + 2y - z^2$ 在平面 $2x - y = 0$ 和 $y + z = 0$ 的交线上的最大值.
37. **相交曲线上的极值** 求 $f(x,y,z) = x^2yz + 1$ 在平面 $z = 1$ 和球面 $x^2 + y^2 + z^2 = 10$ 的交线上的极值.
38. (a) **交线上的最大值** 求 $w = xyz$ 在两个平面 $x + y + z = 40$ 和 $x + y - z = 0$ 的交线上的最大值.
    (b) **为学而写** 你断言求了最大值而不是最小值, 给出几何解释以支持你的断言.
39. **交圆上的极值** 求函数 $f(x,y,z) = xy + z^2$ 在平面 $y - x = 0$ 和球面 $x^2 + y^2 + z^2 = 4$ 相交成的圆周上的极值.
40. **到原点的最小距离** 求平面 $2y + 4z = 5$ 和锥面 $z^2 = 4x^2 + 4y^2$ 交成的曲线上距原点最近的点.

理论和例子

41. **条件 $\nabla f = \lambda \nabla g$ 不是充分的** 虽然条件 $\nabla f = \lambda \nabla g$ 对于受约束 $g(x,y) = 0$ 限制的 $f(x,y)$ 的极值的出现是必要的, 但是它不能保证极值存在. 作为一个相关的情形, 尝试用 Lagrange 乘子法求 $f(x,y) = x + y$ 在约束 $xy = 16$ 限制下的最大值. 这个方法将识别出两个点 $(4,4)$ 和 $(-4,-4)$ 作为极值的位置. 然而和 $(x + y)$ 在双曲线 $xy = 16$ 上没有极值. 在第一象限内, 你在此双曲线上离开原点越远, 和 $x + y$ 就越大.

42. **最小二乘方平面** 平面 $z = Ax + By + C$ "拟合" 下列点
$$(0,0,0),\quad (0,1,1),\quad (1,1,1),\quad (1,0,-1).$$
求 A, B 和 C 的值, 使偏差平方之和 $\sum_{k=1}^{4}(Ax_k + By_k + C - z_k)^2$ 最小.

43. (a) **球面上的最大值** 证明 $a^2b^2c^2$ 在 abc 坐标系的中心为原点半径为 r 的球面上的最大值是 $(r^2/3)^3$.
    (b) **几何和算术平均** 利用部分 (a) 的结果, 证明对于非负数 a,b 和 c,
$$(abc)^{1/3} \leq \frac{a+b+c}{3};$$
即非负数的几何平均值不大于他们的算术平均值.

44. **乘积的和** 设 $a_1, a_2, \cdots, a_n$ 是 n 个正数. 求受约束 $\sum_{n}^{i=1} x_i^2$ 限制的 $\sum_{n}^{i=1} a_i x_i$ 的最大值.

计算机探究

在第 45—50 题中, 使用一个 CAS 执行以下步骤以实现求约束极值的 Lagrange 乘子法:

(a) 构成函数 $h = f - \lambda_1 g_1 - \lambda_2 g_2$, 其中 f 是要最优化的并受约束 $g_1 = 0$ 和 $g_2 = 0$ 限制的函数.
(b) 确定 h 的所有一阶偏导数, 包括对于 λ_1 和 λ_2 的偏导数, 再令它们等于零.
(c) 解部分 (b) 求得的对于所有未知量, 包括 λ_1 和 λ_2 的方程组.
(d) 求 f 在部分 (c) 所求得的点的值, 并且选择题目中要求的受约束限制的极值.

45. 求 $f(x,y,z) = xy + yz$ 的受约束 $x^2 + y^2 - 2 = 0$ 和 $x^2 + z^2 - 2 = 0$ 限制的最小值.
46. 求 $f(x,y,z) = xyz$ 的受约束 $x^2 + y^2 - 1 = 0$ 和 $x - z = 0$ 限制的最小值.
47. 求 $f(x,y,z) = x^2 + y^2 + z^2$ 的受约束 $2y + 4z - 5 = 0$ 和 $4x^2 + 4y^2 - z^2 = 0$ 限制的最小值.
48. 求 $f(x,y,z) = x^2 + y^2 + z^2$ 的受约束 $x^2 - xy + y^2 - z^2 - 1 = 0$ 和 $x^2 + y^2 - 1 = 0$ 限制的最小值.
49. 求 $f(x,y,z,w) = x^2 + y^2 + z^2 + w^2$ 的受约束 $2x - y + z - w - 1 = 0$ 和 $x + y - z + w - 1 = 0$ 限制的最小值.
50. 确定从直线 $y = x + 1$ 到抛物线 $y^2 = x$ 的距离. (**提示**: 令 (x,y) 是直线上的点, 而 (z,w) 是抛物线上的点. 你需要求 $(x - w)^2 + (y - z)^2$ 的最小值.)

11.9 *带约束变量的偏导数

确定哪些变量是因变量和哪些是自变量 • 当 $w = f(x,y,z)$ 中的变量受另一个方程约束时怎样求 $\partial w/\partial x$ • 记号 • 箭头图解

在求像 $w = f(x,y)$ 这样的函数的偏导数时, 我们曾经假定 x 和 y 是自变量. 但是, 在许多应用中, 并非如此. 比如, 气体的内能 U 可以表示为压强 P、体积 V 和温度 T 的函数 $U = f(P,V,T)$. 但是如果气体的单个分子不互相作用, P, V 和 T 遵守理想气体定律

$$PV = nRT \quad (n \text{ 和 } R \text{ 是常数})$$

从而不是独立的. 在这种情况下求偏导数是复杂的, 但是现在就面对这种复杂性, 要比在试图学习经济、工程和物理学时才第一次碰到要好.

确定哪些变量是因变量和哪些是自变量

如果函数 $w = f(x,y,z)$ 中的变量 x, y 和 z 受一个由方程 $z = x^2 + y^2$ 约束, f 的偏导数的几何意义和数值将依赖哪个变量被选作因变量和哪个变量被选作自变量. 为了了解这种选择怎样影响结果, 我们考虑 $w = x^2 + y^2 + z^2$ 和 $z = x^2 + y^2$ 时 $\partial w/\partial x$ 的计算.

例 1 (求带约束自变量的偏导数) 若 $w = x^2 + y^2 + z^2$ 和 $z = x^2 + y^2$, 求 $\partial w/\partial x$.

解 对于四个未知数 x, y, z 和 w 给了两个方程. 跟许多这样的方程组一样, 我们可以解出未知数中的两个 (因变量), 而用其余两个 (自变量) 表示它们. 在问及 $\partial w/\partial x$ 时, 这就告诉我们 w 是一个因变量, 而 x 是一个自变量. 对于其余变量的选择, 归结起来有

因变量	自变量
w, z	x, y
w, y	x, z

不管哪种情形, 我们都能够明确地把 w 表示为所选择的变量的函数. 为做到这一点只需从第二个方程消去第一个方程中的其余的因变量.

在第一种情形, 其余的因变量是 z, 用 $x^2 + y^2$ 代替它就从第一个方程中把它消去. 得到 w

---

* 本节根据 Arthur P. Mattuck 为 MIT 写的短文写成

的表达式

$$w = x^2 + y^2 + z^2 = x^2 + y^2 + (x^2 + y^2)^2$$
$$= x^2 + y^2 + x^4 + 2x^2y^2 + y^4$$

并且

$$\frac{\partial w}{\partial x} = 2x + 4x^3 + 4xy^2. \tag{1}$$

这就是 x 和 y 是自变量时 $\partial w/\partial x$ 的公式.

在第二种情形,自变量是 x 和 z,而其余的因变量是 y. 用 $z - x^2$ 代 y^2 就从 w 的表达式中消去因变量 y. 这给出

$$w = x^2 + y^2 + z^2 = x^2 + (z - x^2) + z^2 = z + z^2$$

和

$$\frac{\partial w}{\partial x} = 0. \tag{2}$$

这就是 x 和 z 是自变量时 $\partial w/\partial x$ 的公式.

等式(1) 和(2) 中的 $\partial w/\partial x$ 的公式确实不同. 利用关系 $z = x^2 + y^2$ 不能把一个变换成另外一个. 这里不只有一个 $\partial w/\partial x$,是两个,而原来求 $\partial w/\partial x$ 的问题是不完整的. 我们不禁要问,到底应是哪个 $\partial w/\partial x$?

等式(1) 和(2) 的几何解释帮助我们说明为什么两个等式不同. 函数 $w = x^2 + y^2 + z^2$ 测量点 (x,y,z) 到原点距离的平方. 条件 $z = x^2 + y^2$ 说点 (x,y,z) 在图 11.66 所示的旋转抛物面上. 仅在这个曲面上运动的点 $P(x,y,z)$ 上计算 $\partial w/\partial x$ 的意义是什么?比如,当 P 的坐标是 $(1,0,1)$ 时,$\partial w/\partial x$ 的值是什么?

如果取 x 和 y 作自变量,我们固定 y(在这里的情形,$y = 0$) 而令 x 变化求 $\partial w/\partial x$. 因此,点 P 沿 xy 平面内的抛物线 $z = x^2$ 运动,w 即从 P 到原点的距离的平方随之变化. 在这个情形计算 $\partial w/\partial x$(上面的第一个解) 是

$$\frac{\partial w}{\partial x} = 2x + 4x^3 + 4xy^2.$$

在点 $P(1,0,1)$,导数值是

$$\frac{\partial w}{\partial x} = 2 + 4 + 0 = 6.$$

如果我们取 x 和 z 作自变量,则固定 z 而让 x 变化求 $\partial w/\partial x$. 因为点 P 的 z 坐标是 1,x 变化时 P 沿平面 $z = 1$ 上的一个圆周运动. 当 P 沿这个圆周运动时,它到原点的距离保持常数,而 w 作为这个距离的平方自然没有变化. 即

$$\frac{\partial w}{\partial x} = 0.$$

这正是我们已经求得的解.

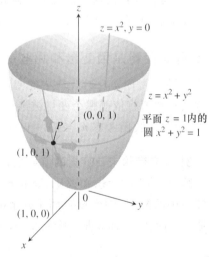

图 11.66 如果 P 被约束在抛物面 $z = x^2 + y^2$ 上,$w = x^2 + y^2 + z^2$ 对于 x 在 P 的偏导数依赖于运动方向(例 1). (a) 当 $y = 0$ 时,随着 x 的变化,P 在 xz 平面的抛物线 $z = x^2$ 上往上或往下运动,而 $\partial w/\partial x = 2x + 4x^3 + 4xy^2$. (b) 当 $z = 1$,时随着 x 的变化,P 在圆周 $x^2 + y^2 = 1$,$z = 1$ 上运动,而 $\partial w/\partial x = 0$.

当 $w = f(x,y,z)$ 中的变量被另一个方程约束时怎样求 $\partial w/\partial x$

正如我们在例1中看到的,当函数 $w = f(x,y,z)$ 中的变量由另一个方程互相联系起来时求 $\partial w/\partial x$ 的程序有三个步骤. 这些步骤同样可用来求 $\partial w/\partial y$ 和 $\partial w/\partial z$.

步骤1: 决定哪些变量是因变量和哪些变量是自变量(在实践中,根据物理或我们在工作中的理论上的考虑决定. 而在本节末的习题里,我们说明什么变量是自变量和因变量.)

步骤2: 消去 w 的表达式中的一个或几个其它的因变量.

步骤3: 按照通常方式微分.

如果在决定哪些变量是自变量之后,我们不能实现步骤2,我们就把它们当作自变量对方程求导,然后尝试解 $\partial w/\partial x$. 下一个例子指出怎样做到这一点.

例2(求指定约束自变量时的偏导数) 如果
$$w = x^2 + y^2 + z^2, \quad z^3 - xy + yz + y^3 = 1,$$
并且 x 和 y 是自变量,求在点 $(x,y,z) = (2,-1,1)$ 的 $\partial w/\partial x$.

解 在 w 的表达式中消去 z 不适当. 因此我们隐式地对 x 求导两个方程,把 x 和 y 看作自变量,而把 w 和 z 看作因变量. 这就给出

$$\frac{\partial w}{\partial x} = 2x + 2z\frac{\partial z}{\partial x} \tag{3}$$

和

$$3z^2\frac{\partial z}{\partial x} - y + y\frac{\partial z}{\partial x} + 0 = 0. \tag{4}$$

这些方程联立就可以用 x,y 和 z 表示 $\partial w/\partial x$. 从(4)解出 $\partial z/\partial x$ 得到

$$\frac{\partial z}{\partial x} = \frac{y}{y + 3z^2}.$$

代入方程(3),得到

$$\frac{\partial w}{\partial x} = 2x + \frac{2yz}{y + 3z^2}.$$

该导数在 $(x,y,z) = (2,-1,1)$ 的值是

$$\left(\frac{\partial w}{\partial x}\right)_{(2,-1,1)} = 2(2) + \frac{2(-1)(1)}{-1 + 3(1)^2} = 4 + \frac{-2}{2} = 3.$$

CD-ROM
WEBsite
历史传记
Sonya Kovalevsky
(1850 — 1891)

记号

为了指出计算导数时被假定的自变量,我们可以使用以下记号:

$$\left(\frac{\partial w}{\partial x}\right)_y \quad (x \text{ 和 } y \text{ 是自变量时的 } \partial w/\partial x)$$

$$\left(\frac{\partial f}{\partial y}\right)_{x,t} \quad (y, x \text{ 和 } t \text{ 是自变量时的 } \partial f/\partial y)$$

例3(求用记号指定约束自变量时的偏导数) 若 $w = x^2 + y - z + \sin t$ 和 $x + y = t$,求 $(\partial w/\partial x)_{y,z}$.

解 把 x, y, z 看作自变量,我们有

$$t = x + y, \quad w = x^2 + y - z + \sin(x + y)$$

$$\left(\frac{\partial w}{\partial x}\right)_{y,z} = 2x + 0 - 0 + \cos(x + y)\frac{\partial}{\partial x}(x + y)$$

$$= 2x + \cos(x + y).$$

箭头图解

在解例3那样的问题时,从一个指出变量和函数关系的箭头图示开始往往是有帮助的. 若

$$w = x^2 + y - z + \sin t \quad \text{和} \quad x + y = t$$

要求我们求 x, y 和 z 是自变量时的 $\partial w/\partial x$,适当的箭头图示像这样:

$$\begin{pmatrix} x \\ y \\ z \end{pmatrix} \rightarrow \begin{pmatrix} x \\ y \\ z \\ t \end{pmatrix} \rightarrow w \tag{5}$$

自变量　　　中间变量　　因变量

为了避免混淆有同样符号名称的自变量和中间变量,重新命名箭头图示中的中间变量是有裨益的. 这样,令 $u = x, v = y$ 和 $s = z$ 表示重新命名的中间变量. 用这些记号,箭头图示变成为

$$\begin{pmatrix} x \\ y \\ z \end{pmatrix} \rightarrow \begin{pmatrix} u \\ v \\ s \\ t \end{pmatrix} \rightarrow w \tag{6}$$

自变量　　　中间变量　　因变量
$$u = x, \quad v = y$$
$$s = z, \quad t = x + y$$

图示左边指出自变量,中间指出中间变量和它们同自变量的关系,右边指出因变量. 函数 w 现在变为

$$w = u^2 + v - s + \sin t,$$

其中

$$u = x, v = y, s = z \quad \text{和} \quad t = x + y.$$

为求 $\partial w/\partial x$,我们对于 w 使用由箭头图示(6)引导的四变量形式的链式法则:

$$\frac{\partial w}{\partial x} = \frac{\partial w}{\partial u}\frac{\partial u}{\partial x} + \frac{\partial w}{\partial v}\frac{\partial v}{\partial x} + \frac{\partial w}{\partial s}\frac{\partial s}{\partial x} + \frac{\partial w}{\partial t}\frac{\partial t}{\partial x}.$$

$$= (2u)(1) + (1)(0) + (-1)(0) + (\cos t)(1)$$

$$= 2u + \cos t$$

$$= 2x + \cos(x + y). \quad \text{代入原来的自变量 } u = x \text{ 和 } t = x + y$$

习题 11.9

求带约束变量的偏导数

在第 1 – 3 题中,开始时做一个图示指出变量之间的关系.

1. 若 $w = x^2 + y^2 + z^2$ 和 $z = x^2 + y^2$,求

(**a**) $\left(\dfrac{\partial w}{\partial y}\right)_z$ (**b**) $\left(\dfrac{\partial w}{\partial z}\right)_x$ (**c**) $\left(\dfrac{\partial w}{\partial z}\right)_y$.

2. 若 $w = x^2 + y - z + \sin t$ 和 $x + y = t$,求

(**a**) $\left(\dfrac{\partial w}{\partial y}\right)_{x,z}$ (**b**) $\left(\dfrac{\partial w}{\partial y}\right)_{z,t}$ (**c**) $\left(\dfrac{\partial w}{\partial z}\right)_{x,y}$

(**d**) $\left(\dfrac{\partial w}{\partial z}\right)_{y,t}$ (**e**) $\left(\dfrac{\partial w}{\partial t}\right)_{x,z}$ (**f**) $\left(\dfrac{\partial w}{\partial t}\right)_{y,z}$.

3. 设 $U = f(P, V, T)$ 是遵守理想气体定律 $PV = nRT$ 的气体的内能(n 和 R 是常数).求

(**a**) $\left(\dfrac{\partial U}{\partial P}\right)_V$ (**b**) $\left(\dfrac{\partial U}{\partial T}\right)_V$.

4. 求 (**a**) $\left(\dfrac{\partial w}{\partial x}\right)_y$ (**b**) $\left(\dfrac{\partial w}{\partial z}\right)_y$

在点 $(x, y, z) = (0, 1, \pi)$,若

$$w = x^2 + y^2 + z^2 \quad \text{和} \quad y\sin z + z\sin x = 0.$$

5. 求 (**a**) $\left(\dfrac{\partial w}{\partial y}\right)_x$ (**b**) $\left(\dfrac{\partial w}{\partial y}\right)_z$

在点 $(w, x, y, z) = (4, 2, 1, -1)$,若

$$w = x^2 y^2 + yz - z^3 \quad \text{和} \quad x^2 + y^2 + z^2 = 6.$$

6. 若 $x = u^2 + v^2$ 和 $y = uv$,在点 $(u, v) = (\sqrt{2}, 1)$ 求 $(\partial u/\partial y)_x$.

7. 假定像在极坐标中那样,$x^2 + y^2 = r^2$ 和 $x = r\cos\theta$.求

$$\left(\dfrac{\partial x}{\partial r}\right)_\theta \quad \text{和} \quad \left(\dfrac{\partial r}{\partial x}\right)_y.$$

8. 假定

$$w = x^2 - y^2 + 4z + t \quad \text{和} \quad x + 2z + t = 25.$$

证明给出 $\partial w/\partial x$ 的方程

$$\dfrac{\partial w}{\partial x} = 2x - 1 \quad \text{和} \quad \dfrac{\partial w}{\partial x} = 2x - 2$$

依赖哪些变量被选作因变量和哪些变量被选作自变量,确认每种情形的自变量.

没有明确公式的偏导数

9. 建立流体动力学中广泛应用的事实:若 $f(x, y, z) = 0$,则

$$\left(\dfrac{\partial x}{\partial y}\right)_z \left(\dfrac{\partial y}{\partial z}\right)_x \left(\dfrac{\partial z}{\partial x}\right)_y = -1.$$

(提示:用形式偏导数 $\partial f/\partial x, \partial f/\partial y$ 和 $\partial f/\partial z$ 表示所有导数.)

10. 若 $z = x + f(u)$,其中 $u = xy$,证明

$$x\dfrac{\partial z}{\partial x} - y\dfrac{\partial z}{\partial y} = x.$$

11. 假定 $g(x, y, z) = 0$ 确定 z 为自变量 x 和 y 的可微函数,并且 $g_z \neq 0$. 证明

$$\left(\frac{\partial z}{\partial y}\right)_x = -\frac{\partial g/\partial y}{\partial g/\partial z}.$$

12. 假定 $f(x,y,z,w) = 0$ 和 $g(x,y,z,w) = 0$ 确定 z 和 w 为自变量 x 和 y 的可微函数,并且

$$\frac{\partial f}{\partial z}\frac{\partial g}{\partial w} - \frac{\partial f}{\partial w}\frac{\partial g}{\partial z} \neq 0.$$

证明

$$\left(\frac{\partial z}{\partial x}\right)_y = -\frac{\dfrac{\partial f}{\partial x}\dfrac{\partial g}{\partial w} - \dfrac{\partial f}{\partial w}\dfrac{\partial g}{\partial x}}{\dfrac{\partial f}{\partial z}\dfrac{\partial g}{\partial w} - \dfrac{\partial f}{\partial w}\dfrac{\partial g}{\partial z}} \quad \text{和} \quad \left(\frac{\partial w}{\partial y}\right)_x = -\frac{\dfrac{\partial f}{\partial z}\dfrac{\partial g}{\partial y} - \dfrac{\partial f}{\partial y}\dfrac{\partial g}{\partial z}}{\dfrac{\partial f}{\partial z}\dfrac{\partial g}{\partial w} - \dfrac{\partial f}{\partial w}\dfrac{\partial g}{\partial z}}.$$

11.10 两个变量的 Taylor 公式

二阶导数判别法的导出 • 线性逼近的误差公式 • 两个变量的 Taylor 公式

本节利用 Taylor 公式(8.7 节)导出局部极值的二阶导数判别法和两变量函数线性逼近的误差公式(11.6 节).这些推导中 Taylor 公式的使用提供两变量函数的所有阶的多项式逼近.

二阶导数判别法的导出

设 $f(x,y)$ 在一个包含点 $P(a,b)$ 的开区域 R 有二阶连续偏导数,在点 $P(a,b)$, $f_x = f_y = 0$ (图 11.67).设 h 和 k 是足够小的增量,以致点 $S(a+h, b+k)$ 和连结它与 P 的线段在 R 内.线段 PS 的参数方程是

$$x = a + th, \quad y = b + tk, \quad 0 \le t \le 1.$$

若 $F(t) = f(a+th, b+tk)$,链式法则给出

$$F'(t) = f_x \frac{\mathrm{d}x}{\mathrm{d}t} + f_y \frac{\mathrm{d}y}{\mathrm{d}t} = hf_x + kf_y.$$

因为 f_x 和 f_y 是可微的(它们有连续偏导数),F' 是 t 的可微函数,并且

$$\begin{aligned} F'' &= \frac{\partial F'}{\partial x}\frac{\mathrm{d}x}{\mathrm{d}t} + \frac{\partial F'}{\partial y}\frac{\mathrm{d}y}{\mathrm{d}t} \\ &= \frac{\partial}{\partial x}(hf_x + kf_y) \cdot h + \frac{\partial}{\partial y}(hf_x + kf_y) \cdot k \\ &= h^2 f_{xx} + 2hk f_{xy} + k^2 f_{yy}. \qquad f_{xy} = f_{yx} \end{aligned}$$

因为 F 和 F' 在 $[0,1]$ 是连续的并且 F' 在 $(0,1)$ 是可微的,我们可以应用 $n=2$ 和 $a=0$ 时的 Taylor 公式得到对于 0 和 1 之间的某个 c,

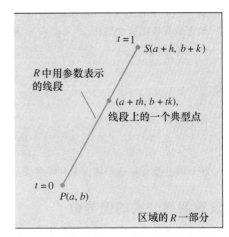

图 11.67 我们从 $P(a,b)$ 到邻近点 S 作线段并参数化,借此开始导出二阶导数判别法.

$$F(1) = F(0) + F'(0)(1-0) + F''(c)\frac{(1-0)^2}{2}$$

$$F(1) = F(0) + F'(0) + \frac{1}{2}F''(c). \tag{1}$$

用 f 写出(1),得给出

$$f(a+h,b+k) = f(a,b) + hf_x(a,b) + kf_y(a,b)$$
$$+ \frac{1}{2}(h^2 f_{xx} + 2hk f_{xy} + k^2 f_{yy})\Big|_{(a+ch,b+ck)} \quad (2)$$

由于 $f_x(a,b) = f_y(a,b) = 0$,最后一个等式成为

$$f(a+h,b+k) - f(a,b) = \frac{1}{2}(h^2 f_{xx} + 2hk f_{xy} + k^2 f_{yy})\Big|_{(a+ch,b+ck)} \quad (3)$$

f 在 (a,b) 出现极值取决于 $f(a+h,b+k) - f(a,b)$ 的符号,根据(3)式,即下式的符号

$$Q(c) = (h^2 f_{xx} + 2hk f_{xy} + k^2 f_{yy})\Big|_{(a+ch,b+ck)}.$$

现在,若 $Q(0) \neq 0$, $Q(c)$ 的符号对于充分小的 h 和 k 将跟 $Q(0)$ 的符号一样. 我们可以从在 (a,b) 的 f_{xx} 和 $f_{xx}f_{yy} - f_{xy}^2$ 的符号预测

$$Q(0) = h^2 f_{xx}(a,b) + 2hk f_{xy}(a,b) + k^2 f_{yy}(a,b) \quad (4)$$

的符号. 等式(4)两端同乘以 f_{xx},并且整理右端得,在 (a,b) 的

$$f_{xx} Q(0) = (h f_{xx} + k f_{xy})^2 + (f_{xx} f_{yy} - f_{xy}^2) k^2 \quad (5)$$

1. 若在 (a,b), $f_{xx} < 0$ 和 $f_{xx}f_{yy} - f_{xy}^2 > 0$,则对于所有充分小且非零的 h 和 k, $Q(0) < 0$,从而 f 在 (a,b) 取**局部最大**.

2. 若在 (a,b), $f_{xx} > 0$ 和 $f_{xx}f_{yy} - f_{xy}^2 > 0$,则对于所有充分小且非零的 h 和 k, $Q(0) > 0$,从而 f 在 (a,b) 取**局部最小**.

3. 若在 (a,b), $f_{xx}f_{yy} - f_{xy}^2 < 0$,则存在充分小且非零的 h 和 k 的组合使 $Q(0) > 0$;也存在充分小且非零的 h 和 k 的其它组合使 $Q(0) < 0$. 在曲面 $z = f(x,y)$ 上任意靠近 $P_0(a,b,f(a,b))$ 的点中有高于 P_0 的点,也有低于 P_0 的点,于是 f 在 P_0 取**鞍点**.

4. 若 $f_{xx}f_{yy} - f_{xy}^2 = 0$,需要另外的判别法. $Q(0) = 0$ 的可能性使我们得不到关于 $Q(c)$ 的符号的结论.

线性逼近的误差公式

我们要证明函数 $f(x,y)$ 和它的线性逼近 $L(x,y)$ 之间的差 $E(x,y)$ 满足下列不等式

$$|E(x,y)| \leq \frac{1}{2} M(|x - x_0| + |y - y_0|)^2.$$

这里假定函数 f 在一个包含以 (x_0, y_0) 为中心的闭矩形区域 R 的开集上有连续二阶偏导数. 数 M 是 $|f_{xx}|$, $|f_{yy}|$ 和 $|f_{xy}|$ 在 R 上的一个公共上界.

我们要的不等式从等式(2)推出. 用 x_0 和 y_0 分别代替 a 和 b,用 $x - x_0$ 和 $y - y_0$ 分别代替 h 和 k,对应地,把结果整理成

$$f(x,y) = \underbrace{f(x_0,y_0) + f_x(x_0,y_0)(x - x_0) + f_y(x_0,y_0)(y - y_0)}_{\text{线性逼近} L(x,y)}$$
$$+ \underbrace{\frac{1}{2}((x - x_0)^2 f_{xx} + 2(x - x_0)(y - y_0) f_{xy} + (y - y_0)^2 f_{yy})\Big|_{(x_0 + c(x - x_0), y_0 + c(y - y_0))}}_{\text{误差} E(x,y)}.$$

这个值得注意的等式揭示出

$$|E| \leq \frac{1}{2}(|x - x_0|^2 |f_{xx}| + 2|x - x_0||y - y_0||f_{xy}| + |y - y_0|^2 |f_{yy}|).$$

因此，若 M 是 $|f_{xx}|,|f_{yy}|$ 和 $|f_{xy}|$ 在 R 上的一个上界，则

$$|E| \leq \frac{1}{2}(|x-x_0|^2 M + 2|x-x_0||y-y_0|M + |y-y_0|^2 M)$$

$$\leq \frac{1}{2}M(|x-x_0| + |y-y_0|)^2.$$

两个变量函数的 Taylor 公式

前面对 F' 和 F'' 导出的公式可以对函数 $f(x,y)$ 施以算子：

$$\left(h\frac{\partial}{\partial x} + k\frac{\partial}{\partial y}\right) \quad \text{和} \quad \left(h\frac{\partial}{\partial x} + k\frac{\partial}{\partial y}\right)^2 = h^2\frac{\partial^2}{\partial x^2} + 2hk\frac{\partial^2}{\partial x \partial y} + k^2\frac{\partial^2}{\partial y^2}$$

而得到．这是以下更一般的公式

$$F^{(n)}(t) = \frac{\mathrm{d}^n}{\mathrm{d}t^n}F(t) = \left(h\frac{\partial}{\partial x} + k\frac{\partial}{\partial y}\right)^n f(x+th, y+tk) \tag{6}$$

的头两个例证，它表示把 $\mathrm{d}^n/\mathrm{d}t^n$ 作用到 $F(t)$，与把按二项式定理展开后的

$$\left(h\frac{\partial}{\partial x} + k\frac{\partial}{\partial y}\right)^n$$

作用到 $f(x,y)$ 得到同样的结果．

如果 f 在以 (a,b) 为中心的矩形上有直到 $n+1$ 阶的连续偏导数，我们可以用 Taylor 公式把 $F(t)$ 展开成

$$F(t) = F(0) + F'(0)t + \frac{F''(0)}{2!}t^2 + \cdots + \frac{F^{(n)}(0)}{n!}t^n + \text{余项}$$

取 $t=1$ 得到

$$F(1) = F(0) + F'(0) + \frac{F''(0)}{2!} + \cdots + \frac{F^{(n)}(0)}{n!} + \text{余项}.$$

我们把上式中的前 n 阶导数代换成与之相等的等式(6)在 $t=0$ 的值，并且加上适当的余项，就得到下列公式．

定理 13 **函数 $f(x,y)$ 在点 (a,b) 的 Taylor 公式**
假定 $f(x,y)$ 及其前 $n+1$ 阶偏导数在以 (a,b) 为中心的一个开矩形区域 R 上连续．则在 R 上，

$$f(a+h, b+k) = f(a,b) + (hf_x + kf_y)\big|_{(a,b)} + \frac{1}{2!}(h^2 f_{xx} + 2hk f_{xy} + k^2 f_{yy})\big|_{(a,b)}$$

$$+ \frac{1}{3!}(h^3 f_{xxx} + 3h^2 k f_{xxy} + 3hk^2 f_{xyy} + k^3 f_{yyy})\big|_{(a,b)} + \cdots + \frac{1}{n!}\left(h\frac{\partial}{\partial x} + k\frac{\partial}{\partial y}\right)^n f\bigg|_{(a,b)}$$

$$+ \frac{1}{(n+1)!}\left(h\frac{\partial}{\partial x} + k\frac{\partial}{\partial y}\right)^{n+1} f\bigg|_{(a+ch, b+ck)} \tag{7}$$

前 n 阶导数的项在 (a,b) 取值．最后一项在连结 (a,b) 和 $(a+h, b+k)$ 的线段上的某点 $(a+ch, b+ck)$ 取值．

若 $(a,b) = (0,0)$，h 和 k 是独立变量(用 x 和 y 表示)，则等式(7)取下列更简单的形式．

定理 13 的推论 $f(x,y)$ 在原点的 Taylor 展开式

$$f(x,y) = f(0,0) + xf_x + yf_y + \frac{1}{2!}(x^2 f_{xx} + 2xy f_{xy} + y^2 f_{yy})$$

$$+ \frac{1}{3!}(x^3 f_{xxx} + 3x^2 y f_{xxy} + 3xy^2 f_{xyy} + y^3 f_{yyy}) + \cdots + \frac{1}{n!}\left(x\frac{\partial}{\partial x} + y\frac{\partial}{\partial y}\right)^n f$$

$$+ \frac{1}{(n+1)!}\left(x\frac{\partial}{\partial x} + y\frac{\partial}{\partial x}\right)^{(n+1)} f \bigg|_{(cx,cy)} \tag{8}$$

前 n 阶导数在 $(0,0)$ 取值. 最后一项在连结原点和 (x,y) 的线段上的某点取值.

Taylor 公式提供了二元函数的多项式逼近. 含前 n 阶导数项给出多项式;最后一项给出逼近误差. 头三项给出函数的线性化. 为改进线性化,我们加上了更高次幂的项.

例 1(求二次逼近) 求 $f(x,y) = \sin x \sin y$ 在原点附近的二次逼近. 若 $|x| \leq 0.1$ 和 $|y| \leq 0.1$,逼近的精确度怎样?

解 在等式(8)中取 $n = 2$:

$$f(x,y) = f(0,0) + (xf_x + yf_y) + \frac{1}{2}(x^2 f_{xx} + 2xy f_{xy} + y^2 f_{yy})$$

$$+ \frac{1}{6}(x^3 f_{xxx} + 3x^2 y f_{xxy} + 3xy^2 f_{xyy} + y^3 f_{yyy})_{(cx,cy)}$$

且

$$f(0,0) = \sin x \sin y \big|_{(0,0)} = 0, \quad f_{xx}(0,0) = -\sin x \sin y \big|_{(0,0)} = 0,$$

$$f_x(0,0) = \cos x \sin y \big|_{(0,0)} = 0, \quad f_{xy}(0,0) = \cos x \cos y \big|_{(0,0)} = 1,$$

$$f_y(0,0) = \sin x \cos y \big|_{(0,0)} = 0, \quad f_{yy}(0,0) = -\sin x \sin y \big|_{(0,0)} = 0,$$

我们有

$$\sin x \sin y \approx 0 + 0 + 0 + \frac{1}{2}(x^2(0) + 2xy(1) + y^2(0))$$

$$\sin x \sin y \approx xy.$$

逼近误差是

$$E(x,y) = \frac{1}{6}(x^3 f_{xxx} + 3x^2 y f_{xxy} + 3xy^2 f_{xyy} + y^3 f_{yyy})\bigg|_{(cx,cy)}.$$

三阶导数的绝对值不超过 1,这是因为它们是正弦和余弦的乘积. 又有 $|x| \leq 0.1$ 和 $|y| \leq 0.1$,因此

$$|E(x,y)| \leq \frac{1}{6}((0.1)^3 + 3(0.1)^3 + 3(0.1)^3 + (0.1)^3) \leq \frac{8}{6}(0.1)^3 \leq 0.00134$$

(过剩近似值). 即当 $|x| \leq 0.1$ 和 $|y| \leq 0.1$ 时,误差不超过 0.00134.

习题 11.10

求二次和三次逼近

在第 1 - 10 题中利用在原点的 $f(x,y)$ 的 Taylor 公式求 f 在原点附近的二次和三次逼近.

1. $f(x,y) = xe^y$
2. $f(x,y) = e^x \cos y$
3. $f(x,y) = y \sin x$
4. $f(x,y) = \sin x \cos y$
5. $f(x,y) = e^x \ln(1 + y)$
6. $f(x,y) = \ln(2x + y + 1)$
7. $f(x,y) = \sin(x^2 + y^2)$
8. $f(x,y) = \cos(x^2 + y^2)$
9. $f(x,y) = \dfrac{1}{1-x-y}$
10. $f(x,y) = \dfrac{1}{1-x-y+xy}$

11. 利用 Taylor 公式求 $f(x,y) = \cos x \cos y$ 在原点的二次逼近. 估计 $|x| \leq 0.1$ 和 $|y| \leq 0.1$ 时的逼近误差.

12. 利用 Taylor 公式求 $f(x,y) = e^x \sin y$ 在原点的的二次逼近. 估计 $|x| \leq 0.1$ 和 $|y| \leq 0.1$ 时的逼近误差.

指导你们复习的问题

1. 什么是两个自变量的实值函数?三个自变量的呢?给出例子.
2. 平面或空间的集合是开集的意义是什么?闭集的呢?给出既不是开集也不是闭集的集合的例子.
3. 你怎样用图形表示两个自变量的函数 $f(x,y)$ 的值?对于三个自变量的函数 $f(x,y,z)$ 如何做同样的事情?
4. 当 $(x,y) \to (x_0, y_0)$ 时函数有极限 L 意味什么?两个自变量的函数的极限的基本性质是什么?
5. 什么时候两(三)个自变量函数在其定义域的一个点连续?给一个在某一个点连续而在其余的点不连续的函数的例子.
6. 关于连续函数的代数组合和复合可以说些什么?
7. 解释极限不存在的两路径判别法.
8. 怎样定义一个函数 $f(x,y)$ 的偏导数 $\partial f/\partial x$ 和 $\partial f/\partial y$?怎样解释和计算它们?
9. 两个变量的函数的偏导数及连续性的关系跟一个变量函数的导数及连续性的关系及区别怎样?举一个例子.
10. 函数 $f(x,y)$ 是可微的意味什么?增量定理关于可微性说些什么?
11. 对于混合二阶偏导数的混合导数定理是什么?它怎样帮助二阶和高阶偏导数的计算?举一个例子.
12. 有时你怎样从考察 f_x 和 f_y 确定一个函数 $f(x,y)$ 是可微的?f 在一个点的可微性和 f 的连续性的关系是什么?
13. 链式法则是什么?对于两个自变量函数它有什么形式?对于三个自变量呢?你怎样图解这些不同的形式?举几个例子. 什么模式能使人记忆所有不同的形式?
14. 一个函数在点 P_0 沿方向 $\mathbf{u}$ 的导数是什么?它描述什么变化率?它有什么几何解释?对于三个自变量的函数叙述类似的结果.
15. 一个函数的梯度向量是什么?它跟函数的方向导数的关系是什么?对于三个自变量的函数叙述类似的结果.
16. 你怎样求一个可微函数 $f(x,y)$ 的等高线在一个点的切线?你怎样求一个可微函数 $f(x,y,z)$ 的等位线在一个点的切平面和法线?举几个例子.
17. 你怎样用方向导数估计变化?
18. 你怎样在一个点 (x_0, y_0) 线性化两个自变量的函数 $f(x,y)$?你怎样线性化三个自变量函数 $f(x,y,z)$?

19. 关于两(三)个自变量函数的线性逼近的精确度,你可以说些什么?

20. 如果 (x,y) 从 (x_0,y_0) 移动到点 (x_0+dx, y_0+dy),你可以怎样估计这样引起的可微函数 $f(x,y)$ 的变化?举一个例子.

21. 你如何定义一个可微函数的局部最大值、局部最小值和鞍点?举几个例子.

22. 什么导数判别法可以用来确定一个函数 $f(x,y)$ 的局部极值?它们怎样使你缩小搜索这些值的范围?举几个例子.

23. 怎样求在 xy 平面的一个闭有界区域上的连续函数的极值?举一个例子.

24. 描述 Lagrange 乘子法,并且举一个例子.

25. 若 $w = f(x,y,z)$,其中变量 x,y 和 z 被方程 $g(x,y,z) = 0$ 约束,符号 $(\partial w/\partial x)_y$ 的意义是什么?一个箭头图示怎样帮助你计算这些带约束变量的偏导数?举几个例子.

26. 对于一个函数 $f(x,y)$ 的 Taylor 公式怎样推广了多项式逼近和误差估计?

实践习题

定义域、值域和等高线

在第 1-4 题中,求给定函数的定义域和值域并且确定它的等高线.画一条典型的等高线.

1. $f(x,y) = 9x^2 + y^2$
2. $f(x,y) = e^{x+y}$
3. $g(x,y) = 1/xy$
4. $g(x,y) = \sqrt{x^2 - y}$

在第 5-8 题中,求给定函数的定义域和值域并且确定它的等位面.画一条典型的等位面.

5. $f(x,y,z) = x^2 + y^2 - z$
6. $g(x,y,z) = x^2 + 4y^2 + 9z^2$
7. $h(x,y,z) = \dfrac{1}{x^2+y^2+z^2}$
8. $k(x,y,z) = \dfrac{1}{x^2+y^2+z^2+1}$

求极限

求第 9-14 题中的极限.

9. $\lim\limits_{(x,y)\to(\pi,\ln 2)} e^y \cos x$

10. $\lim\limits_{(x,y)\to(0,0)} \dfrac{2+y}{x+\cos y}$

11. $\lim\limits_{(x,y)\to(1,1)} \dfrac{x-y}{x^2-y^2}$

12. $\lim\limits_{(x,y)\to(1,1)} \dfrac{x^3y^3-1}{xy-1}$

13. $\lim\limits_{P\to(1,-1,e)} \ln|x+y+z|$

14. $\lim\limits_{P\to(1,-1,-1)} \tan^{-1}(x+y+z)$

通过考虑两个不同的趋近路径,证明第 15 和 16 题中的极限不存在.

15. $\lim\limits_{\substack{(x,y)\to(0,0) \\ y\neq x^2}} \dfrac{y}{x^2-y}$

16. $\lim\limits_{\substack{(x,y)\to(0,0) \\ xy\neq 0}} \dfrac{x^2+y^2}{xy}$

17. 连续延拓 设对于 $(x,y) \neq (0,0)$,$f(x,y) = (x^2-y^2)/(x^2+y^2)$,是否能够以某种方式定义 $f(0,0)$,使 f 在原点连续?为什么?

18. 连续延拓 设

$$f(x,y) = \begin{cases} \dfrac{\sin(x-y)}{|x|+|y|}, & |x|+|y| \neq 0 \\ 0, & (x,y) = (0,0) \end{cases}$$

f 在原点是否连续?为什么?

导数

在第 19-24 题中,对于每个变量求偏导数.

19. $g(r,\theta) = r\cos\theta + r\sin\theta$

20. $f(x,y) = \dfrac{1}{2}\ln(x^2+y^2) + \tan^{-1}\dfrac{y}{x}$

21. $f(R_1,R_2,R_3) = \dfrac{1}{R_1} + \dfrac{1}{R_2} + \dfrac{1}{R_3}$

22. $h(x,y,z) = \sin(2\pi x + y - 3z)$

23. $P(n,R,T,V) = \dfrac{nRT}{V}$ (理想气体定律)

24. $f(r,l,T,w) = \dfrac{1}{2rl}\sqrt{\dfrac{T}{\pi w}}$

二阶偏导数

求第 25–28 题中函数的二阶偏导数

25. $g(x,y) = y + \dfrac{x}{y}$

26. $g(x,y) = e^x + y\sin x$

27. $f(x,y) = x + xy - 5x^3 + \ln(x^2+1)$

28. $f(x,y) = y^2 - 3xy + \cos y + 7e^y$

链式法则

29. 若 $w = \sin(xy+\pi), x = e^t$ 和 $y = \ln(t+1)$，在 $t = 0$ 求 dw/dt.

30. 若 $w = xe^y + y\sin z - \cos z, x = 2\sqrt{t}, y = t-1+\ln t$, 和 $z = \pi t$, 在 $t = 1$ 求 dw/dt.

31. 若 $w = \sin(2x-y), x = r+\sin s$ 和 $y = rs$, 求当 $r = \pi$ 和 $s = 0$ 时的 $\partial w/\partial r$ 和 $\partial w/\partial s$.

32. 若 $w = \ln\sqrt{1+x^2} - \tan^{-1}x$ 和 $x = 2e^u\cos v$, 求当 $u = v = 0$ 时的 $\partial w/\partial u$ 和 $\partial w/\partial v$.

33. 求相对于 t 的 $f(x,y,z) = xy + yz + xz$ 在曲线 $x = \cos t, y = \sin t, z = \cos 2t$ 上对 $t = 1$ 的导数的值.

34. 证明若 $w = f(s)$ 是 s 的可微函数，并且若 $s = y+5x$，则
$$\dfrac{\partial w}{\partial x} - 5\dfrac{\partial w}{\partial y} = 0.$$

隐求导法

假定第 35 和 36 题中的方程定义 y 为 x 的可微函数，求在点 P 的 dy/dx 的值.

35. $1 - x - y^2 - \sin xy = 0, \quad P(0,1)$

36. $2xy + e^{x+y} - 2 = 0, \quad P(0,\ln 2)$

方向导数

在第 37–40 题中，求使 f 在 P_0 增加和减少最快的方向. 并且求 f 在每个方向的方向导数. 再求 f 在点 P_0 在方向 $\mathbf{v}$ 上的导数.

37. $f(x,y) = \cos x\cos y, \quad P_0(\pi/4,\pi/4), \quad \mathbf{v} = 3\mathbf{i}+4\mathbf{j}$

38. $f(x,y) = x^2 e^{-2y}, \quad P_0(1,0), \quad \mathbf{v} = \mathbf{i}+\mathbf{j}$

39. $f(x,y,z) = \ln(2x+3y+6z), \quad P_0(-1,-1,1), \quad \mathbf{v} = 2\mathbf{i}+3\mathbf{j}+6\mathbf{k}$

40. $f(x,y,z) = x^2 + 3xy - z^2 + 2y + z + 4, \quad P_0(0,0,0), \quad \mathbf{v} = \mathbf{i}+\mathbf{j}+\mathbf{k}$

41. **在速度方向的导数** 求 $f(x,y,z) = xyz$ 沿螺旋线
$$\mathbf{r}(t) = (\cos 3t)\mathbf{i} + (\sin 3t)\mathbf{j} + 3t\mathbf{k}$$
在 $t = \pi/3$ 的速度向量方向的方向导数.

42. **最大方向导数** $f(x,y,z) = xyz$ 在点 $(1,1,1)$ 的方向导数的最大值是多少？

43. **带给定值的方向导数** 在点 $(1,2)$，函数 $f(x,y)$ 在朝点 $(2,2)$ 的方向有导数 2，在朝点 $(1,1)$ 的方向有导数 -2.
   (a) 求 $f_x(1,2)$ 和 $f_y(1,2)$.
   (b) 求 f 在 $(1,2)$ 朝点 $(4,6)$ 的方向的导数.

44. **为学而写** 如果 $f(x,y)$ 在 (x_0,y_0) 是可微的，下列陈述哪个是正确的？对于你的回答给出理由.
   (a) 若 $\mathbf{u}$ 是一个单位向量，f 在 (x_0,y_0) 的沿方向 $\mathbf{u}$ 的导数是 $(f_x(x_0,y_0)\mathbf{i} + f_y(x_0,y_0)\mathbf{j})\cdot\mathbf{u}$.
   (b) f 在 (x_0,y_0) 沿方向 $\mathbf{u}$ 的方向导数是一个向量.

(c) f 在 (x_0,y_0) 的方向导数在 ∇f 的方向取最大值.

(d) 在 (x_0,y_0),向量 ∇f 正交于曲线 $f(x,y) = f(x_0,y_0)$.

梯度,切平面和法线

在第 45 和 46 题中,把曲面 $f(x,y,z) = c$ 和在给定点的 ∇f 画在一起.

45. $x^2 + y + z^2 = 0$; $(0,-1,\pm 1),(0,0,0)$ 46. $y^2 + z^2 = 4$; $(2,\pm 2,0),(2,0,\pm 2)$

在第 47 和 48 题中,求等位面 $f(x,y,z) = c$ 在点 P_0 的切平面的方程,再求在 P_0 正交于曲面的法线.

47. $x^2 - y - 5z = 0$, $P_0(2,-1,1)$ 48. $x^2 + y^2 + z = 4$, $P_0(1,1,2)$

在第 49 和 50 题中,求曲面 $z = f(x,y)$ 在给定点的切平面的方程.

49. $z = \ln(x^2 + y^2)$, $(0,1,0)$ 50. $z = 1/(x^2 + y^2)$, $(1,1,1/2)$

在第 51 和 52 题中,求等高线 $f(x,y) = c$ 在给定点 P_0 的切线和法线的方程.再把在 P_0 的切线、法线和等高线与 ∇f 画在一起.

51. $y - \sin x = 1$, $P_0(\pi,1)$ 52. $\dfrac{y^2}{2} - \dfrac{x^2}{2} = \dfrac{3}{2}$, $P_0(1,2)$

曲线的切线

在第 53 和 54 题中,求曲面相交成的曲线在给定点的切线.

53. 曲面:$x^2 + 2y + 2z = 4$, $y = 1$ 点:$(1,1,1/2)$

54. 曲面:$x + y^2 + z = 2$, $y = 1$ 点:$(1/2,1,1/2)$

线性化

在第 55 和 56 题中,求函数 $f(x,y)$ 在点 P_0 的线性化 $L(x,y)$.再求在矩形 R 上逼近 $f(x,y) \approx L(x,y)$ 的误差 E 的绝对值的一个上界.

55. $f(x,y) = \sin x \cos y$, $P_0(\pi/4,\pi/4)$, $R: \left|x - \dfrac{\pi}{4}\right| \leq 0.1, \left|y - \dfrac{\pi}{4}\right| \leq 0.1$

56. $f(x,y) = xy - 3y^2 + 2$, $P_0(1,1)$, $R: |x-1| \leq 0.1, |y-1| \leq 0.2$

求第 57 和 58 题中的函数在给定点的线性化.

57. $f(x,y,z) = xy + 2yz - 3xz$,在 $(1,0,0)$ 和 $(1,1,0)$

58. $f(x,y,z) = \sqrt{2}\cos x \sin(y + z)$,在 $(0,0,\pi/4)$ 和 $(\pi/4,\pi/4,0)$

估计和对于变化的敏感性

59. **管道体积的测量**   你打算计算一段直径约 36 英寸、长约 1 英里的管道内部的体积.你将对于哪个测量更细心,长度还是直径?为什么?

60. **为学而写:对于变化的敏感性**   在点 $(1,2)$ 附近,$f(x,y) = x^2 - xy + y^2 - 3$ 对于 x 的变化还是对于 y 的变化更敏感?你怎样知道的?

61. 假定在一个电路里的电流 I(安培)用方程 $I = V/R$ 跟电压 V(伏特)和电阻 R(欧姆)相关.若电压从 24 伏特降到 23 伏特,而电阻从 100 欧姆降到 80 欧姆,I 将增加还是减少?大约多少?I 的变化对于电压的变化还是对于电阻的变化更敏感?你怎样知道的?

62. **估计椭圆面积的最大误差**   若精确到毫米,$a = 10$ 厘米和 $b = 16$ 厘米,用公式 $A = \pi ab$ 计算椭圆 $x^2/a^2 + y^2/b^2 = 1$ 的面积的最大百分数误差是多少?

63. **估计乘积的误差**   令 $y = uv$ 和 $z = u + v$,其中 u 和 v 是正的自变量.

(a) 若 u 的测量误差是 2%,而 v 的测量误差是 3%,y 的计算值的百分数误差大约是多少?

(b) 证明 z 的计算值的百分数误差小于 y 的计算值的百分数误差.

64. 心脏指标 为使不同的人在心脏输出量(2.7节,第25题)的研究中可以比较,研究者把心脏输出量除以人体的表面积以求得心脏指标 C:

$$C = \frac{\text{心脏输出量}}{\text{人体的表面积}}.$$

体重 w 高 h 的某个人的人体的表面积 B 由下式近似:

$$B = 71.84 w^{0.425} h^{0.725}$$

其中 w 的单位是千克,h 的单位是厘米,而 B 的单位是平方厘米. 你正着手计算一个人的心脏指标,该人的测量结果是:

心脏输出量: 7 升/分
体重: 70 千克
身高: 180 厘米

哪个对于计算的影响更大,1 千克的测量体重的误差还是 1 厘米的测量身高的误差?

局部极值

检验第 65 - 70 题中的函数的最大值点、最小值点和鞍点. 并求在这些点的函数值.

65. $f(x,y) = x^2 - xy + y^2 + 2x + 2y - 4$
66. $f(x,y) = 5x^2 + 4xy - 2y^2 + 4x - 4y$
67. $f(x,y) = 2x^3 + 3xy + 2y^3$
68. $f(x,y) = x^3 + y^3 - 3xy + 15$
69. $f(x,y) = x^3 + y^3 + 3x^2 - 3y^2$
70. $f(x,y) = x^4 - 8x^2 + 3y^2 - 6y$

绝对极值

在第 71 - 78 题中,求 f 在区域 R 上的绝对最大值和绝对最小值.

71. $f(x,y) = x^2 + xy + y^2 - 3x + 3y$, R:第一象限被直线 $x + y = 4$ 截下的三角形区域
72. $f(x,y) = x^2 - y^2 - 2x + 4y + 1$, R:第一象限由坐标轴以及直线 $x = 4$ 和 $y = 2$ 围成的矩形区域
73. $f(x,y) = y^2 - xy - 3y + 2x$, R:由直线 $x = \pm 2$ 和 $y = \pm 2$ 围成的正方形区域
74. $f(x,y) = 2x + 2y - x^2 - y^2$, R:由坐标轴和直线 $x = 2, y = 2$ 围成的第一象限内的正方形区域
75. $f(x,y) = x^2 - y^2 - 2x + 4y$, R:下面被 x 轴,上面被直线 $y = x + 2$,而右面被直线 $x = 2$ 界住的三角形区域
76. $f(x,y) = 4xy - x^4 - y^4 + 16$, R:下面被直线 $y = -2$,上面被直线 $y = x$,而右面被直线 $x = 2$ 界住的三角形区域
77. $f(x,y) = x^3 + y^3 + 3x^2 - 3y^2$, R:由直线 $x = \pm 1$ 和 $y = \pm 1$ 围成的正方形区域
78. $f(x,y) = x^3 + 3xy + y^3 + 1$, R:由直线 $x = \pm 1$ 和 $y = \pm 1$ 围成的正方形区域

Lagrange 乘子

79. **圆周上的极值** 求 $f(x,y) = x^3 + y^2$ 在圆周 $x^2 + y^2 = 1$ 上的极值
80. **圆周上的极值** 求 $f(x,y) = xy$ 在圆周 $x^2 + y^2 = 1$ 上的极值
81. **圆盘上的极值** 求 $f(x,y) = x^2 + 3y^2 + 2y$ 在单位圆盘 $x^2 + y^2 \leq 1$ 上的极值
82. **圆盘上的极值** 求 $f(x,y) = x^2 + y^2 - 3x - xy$ 在圆盘 $x^2 + y^2 \leq 9$ 上的极值
83. **球面上的极值** 求 $f(x,y,z) = x - y + z$ 在单位球面 $x^2 + y^2 + z^2 = 1$ 上的极值
84. **到原点的最小距离** 求曲面 $z^2 - xy = 4$ 上最接近原点的点
85. **箱子的最小成本** 一个封闭的长方体形的箱子体积是 V 厘米^3. 箱子使用的材料的成本是:顶面和底面 a 分/厘米^2, 前面和背面 b 分/厘米^2,其余的面 c 分/厘米^2. 怎样的尺寸使材料的总成本最小?
86. **最小体积** 求过点 $(2,1,2)$ 并且从第一卦限截下最小体积的平面 $x/a + y/b + z/c = 1$.

87. 在曲面交成的曲线上的极值 求 $f(x,y,z) = x(y+z)$ 在直圆柱 $x^2 + y^2 = 1$ 和双曲柱面 $xz = 1$ 相交曲线上的极值.

88. 平面和锥面相交曲线上的点到原点的最小距离 求平面 $x + y + z = 1$ 和锥面 $z^2 = 2x^2 + 2y^2$ 的相交曲线上到原点最近的点.

带约束变量的偏导数

在第 89 和 90 题中,开始时做一个图示来指出变量之间的关系.

89. 若 $w = x^2 e^{yz}$ 和 $z = x^2 - y^2$, 求

(**a**) $\left(\dfrac{\partial w}{\partial y}\right)_z$ (**b**) $\left(\dfrac{\partial w}{\partial z}\right)_x$ (**c**) $\left(\dfrac{\partial w}{\partial z}\right)_y$.

90. 设 $U = f(P, V, T)$ 是遵守理想气体定律 $PV = nRT$ (n 和 R 是常数)的气体的内能. 求

(**a**) $\left(\dfrac{\partial U}{\partial T}\right)_P$ (**b**) $\left(\dfrac{\partial U}{\partial V}\right)_T$.

理论和例子

91. 求偏导数 设 $w = f(r, \theta), r = \sqrt{x^2 + y^2}$ 和 $\theta = \tan^{-1}(y/x)$. 求 $\partial w/\partial x$ 和 $\partial w/\partial y$, 并且用 r 和 θ 表示你的答案.

92. 求偏导数 设 $z = f(u, v), u = ax + by$ 和 $v = ax - by$. 用 f_u, f_v 以及常数 a 和 b 表示 z_x 和 z_y.

93. 验证一个等式 设 a 和 b 是常数, $w = u^3 + \tanh u + \cos u$ 和 $u = ax + by$, 证明

$$a \frac{\partial w}{\partial y} = b \frac{\partial w}{\partial x}.$$

94. 用链式法则 若 $w = \ln(x^2 + y^2 + 2z), x = r + s, y = r - s$ 且 $z = 2rs$, 用链式法则求 w_r 和 w_s, 再用另外的方式验证你的答案.

95. 向量之间的夹角 方程 $e^u \cos v - x = 0$ 和 $e^u \sin v - y = 0$ 定义 u 和 v 是 x 和 y 的可微函数. 证明下列两向量

$$\frac{\partial u}{\partial x}\mathbf{i} + \frac{\partial u}{\partial y}\mathbf{j} \quad \text{和} \quad \frac{\partial v}{\partial x}\mathbf{i} + \frac{\partial v}{\partial y}\mathbf{j}$$

之间的夹角是常数.

96. 极坐标和二阶导数 引进极坐标 $x = r\cos\theta$ 和 $y = r\sin\theta$, 变换 $f(x, y)$ 成 $g(r, \theta)$. 求在 $(r, \theta) = (2, \pi/2)$ 的 $\partial^2 g/\partial\theta^2$ 之值, 如果在该点给定

$$\frac{\partial f}{\partial x} = \frac{\partial f}{\partial y} = \frac{\partial^2 f}{\partial x^2} = \frac{\partial^2 f}{\partial f^2} = 1.$$

97. 平行于平面的法线 求曲面

$$(y+z)^2 + (z-x)^2 = 16$$

上的一点, 在该点法线平行于 yz 平面.

98. 平行于 xy 平面的切平面 求曲面

$$xy + yz + zx - x - z^2 = 0$$

上一点, 在该点的切平面平行于 xy 平面.

99. 当梯度平行于位置向量时 假定 $\nabla f(x, y, z)$ 总是平行于位置向量 $x\mathbf{i} + y\mathbf{j} + z\mathbf{k}$. 证明对于任何 a, 有 $f(0, 0, a) = f(0, 0, -a)$.

100. 在所有方向有方向导数, 但是没有梯度 证明

$$f(x, y, z) = \sqrt{x^2 + y^2 + z^2}$$

在原点的对任意方向的导数等于 1, 但是 f 在原点没有梯度向量.

101. **过原点的法线** 证明曲面 $xy + z = 2$ 在点 $(1,1,1)$ 的法线过原点.
102. **切平面和法线**
   (**a**) 画曲面 $x^2 - y^2 + z^2 = 4$ 的草图.
   (**b**) 求在点 $(2, -3, 3)$ 曲面的法向量,在草图上添上这个向量.
   (**c**) 求在点 $(2, -3, 3)$ 的切平面和法线的方程.

附加习题:理论、例子、应用

偏导数

1. **在原点取鞍点的函数** 如果你做了 11.2 节的第 66 题,你会知道函数

$$f(x, y) = \begin{cases} xy \dfrac{x^2 - y^2}{x^2 + y^2}, & (x,y) \neq (0,0) \\ 0, & (x,y) = (0,0) \end{cases}$$

(参见附图) 在 $(0,0)$ 连续. 求 $f_{xy}(0,0)$ 和 $f_{yx}(0,0)$.

2. **由二阶偏导数求函数** 求一个函数 $w = f(x,y)$,它的一阶偏导数是 $\partial w/\partial x = 1 + e^x \cos y$ 和 $\partial w/\partial y = 2y - e^x \sin y$,而它在 $(\ln 2, 0)$ 的值是 $\ln 2$.

3. **Leibniz 法则的证明** Leibniz 法则是说:若 f 在 $[a,b]$ 连续,且 $u(x)$ 和 $v(x)$ 是 x 的可微函数,它们的值在 $[a,b]$ 内,则

$$\frac{d}{dx} \int_{u(x)}^{v(x)} f(t) \, dt = f(v(x)) \frac{dv}{dx} - f(u(x)) \frac{du}{dx}.$$

通过令

$$g(u, v) = \int_v^u f(t) \, dt, \quad u = u(x), \quad v = v(x)$$

并且用链式法则计算 dg/dx 证明这个法则.

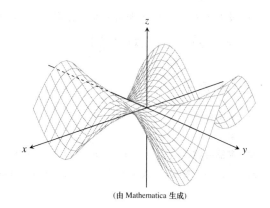

第 1 题图

4. **求二阶导数受约束的函数** 假定 f 是 r 的二次可微函数,且 $r = \sqrt{x^2 + y^2 + z^2}$,并且 $f_{xx} + f_{yy} + f_{zz} = 0$. 证明对于某两个常数 a 和 b,

$$f(r) = \frac{a}{r} + b.$$

5. **齐次函数** 一个函数 $f(x,y)$ 是 n (n 是非负整数) **阶齐次**的,如果对所有 t, x 和 y,有 $f(tx, ty) = t^n(x, y)$. 对于这样的函数(充分可微),证明

   (**a**) $x \dfrac{\partial f}{\partial x} + y \dfrac{\partial f}{\partial y} = nf(x,y)$

   (**b**) $x^2 \left(\dfrac{\partial^2 f}{\partial x^2} \right) + 2xy \left(\dfrac{\partial^2 f}{\partial x \partial y} \right) + y^2 \left(\dfrac{\partial^2 f}{\partial y^2} \right) = n(n-1)f.$

6. **极坐标中的曲面** 令

$$f(r, \theta) = \begin{cases} \dfrac{\sin 6r}{6r}, & r \neq 0 \\ 1, & r = 0 \end{cases}$$

这里 r 和 θ 是极坐标. 求

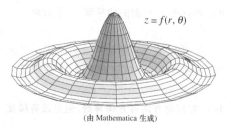

第 6 题图

(**a**) $\lim_{r \to 0} f(r, \theta)$ (**b**) $f_r(0,0)$ (**c**) $f_\theta(r, \theta), r \neq 0$.

梯度和相切

7. 位置向量的性质   令 $\mathbf{r} = x\mathbf{i} + y\mathbf{j} + z\mathbf{k}$，且设 $r = |\mathbf{r}|$。

(**a**) 证明 $\nabla r = \mathbf{r}/r$.   (**b**) 证明 $\nabla(r^n) = nr^{n-2}\mathbf{r}$.   (**c**) 求一个函数，它的梯度等于 $\mathbf{r}$.

(**d**) 证明 $\mathbf{r} \cdot d\mathbf{r} = r dr$.   (**e**) 证明对于每个常向量 $\mathbf{A}$，有 $\nabla(\mathbf{A} \cdot \mathbf{r}) = \mathbf{A}$.

8. 正交于切向量的梯度   假定一个可微函数 $f(x,y)$ 沿可微曲线 $x = g(t), y = h(t)$ 有常数值 c. 即对于 t 的所有值，
$$f(g(t), h(t)) = c$$
关于 t 对这个等式的两端求导，以此证明在曲线的每个点 ∇f 正交于曲线的切向量.

9. 曲线切于曲面   证明曲线
$$\mathbf{r}(t) = (\ln t)\mathbf{i} + (t \ln t)\mathbf{j} + t\mathbf{k}$$
在 $(0,0,1)$ 切于曲面
$$xz^2 - yz + \cos xy = 1$$

10. 曲线切于曲面   证明曲线
$$\mathbf{r}(t) = \left(\frac{t^3}{4} - 2\right)\mathbf{i} + \left(\frac{4}{t} - 3\right)\mathbf{j} + \cos(t-2)\mathbf{k}$$
在 $(0, -1, 1)$ 切于曲面
$$x^3 + y^3 + z^3 - xyz = 0$$

极值

11. 曲面上的极值   证明曲面 $z = x^3 + y^3 - 9xy + 27$ 上的 z 仅有的可能的最大值和最小值出现在点 $(0,0)$ 和点 $(3,3)$. 证明在点 $(0,0)$ 既不取最大值也不取最小值. 确定在点 $(3,3)$ 是否最大值或最小值.

12. 在第一象限的最大值   求 $f(x,y) = 6xye^{-(2x+3y)}$ 在闭第一象限（包括非负坐标轴）的最大值.

13. 从第一卦限截下的最小体积   求由平面 $x = 0, y = 0, z = 0$，以及椭球
$$\frac{x^2}{a^2} + \frac{y^2}{b^2} + \frac{z^2}{c^2} = 1$$
在第一卦限的某一点的切平面界住的区域的最小体积.

14. 从直线到 xy 平面的抛物线的最小距离   通过求函数 $f(x, y, u, v) = (x - u)^2 + (y - v)^2$ 受约束 $y = x + 1$ 和 $u = v^2$ 限制的最小值，求 xy 平面上的直线 $y = x + 1$ 和抛物线 $y^2 = x$ 之间的最小距离.

理论和例子

15. 一阶偏导数的有界性蕴涵连续性   证明以下定理：若 $f(x,y)$ 是定义在 xy 平面的一个开区域 R 上的函数，并且 f_x 和 f_y 在 R 上有界，则 f 在 R 上连续. （有界性的假设是本质的）.

16. 为学而写   假定 $\mathbf{r} = g(t)\mathbf{i} + h(t)\mathbf{j} + k(t)\mathbf{k}$ 是在可微函数 $f(x,y,z)$ 的定义域里的一条光滑曲线. 叙述 df/dt，∇f 和 $\mathbf{v} = d\mathbf{r}/dt$ 之间的关系. 关于在曲线上 f 取相对于曲线上其它值的极值的内点的 ∇f 和 $\mathbf{v}$，可以说些什么？对于你的回答给出理由.

17. 从偏导数求函数   假定 f 和 g 是 x 和 y 的函数，满足
$$\frac{\partial f}{\partial y} = \frac{\partial g}{\partial x} \quad \text{和} \quad \frac{\partial f}{\partial x} = \frac{\partial g}{\partial y},$$
并且假定
$$\frac{\partial f}{\partial x} = 0, \quad f(1,2) = g(1,2) = 5 \quad \text{和} \quad f(0,0) = 4.$$

求 $f(x,y)$ 和 $g(x,y)$.

18. **变化率的变化率** 我们知道,如果 $f(x,y)$ 是两个变量的一个函数,而且 $\mathbf{u} = a\mathbf{i} + b\mathbf{j}$ 是一个单位向量,则 $D_{\mathbf{u}}f(x,y) = f_x(x,y)a + f_y(x,y)b$ 是 $f(x,y)$ 在 (x,y) 沿方向 $\mathbf{u}$ 的变化率. 对于 $f(x,y)$ 在 (x,y) 的沿方向 $\mathbf{u}$ 的变化率的变化率给出一个类似的公式.

19. **热搜粒子的路径** 一个热搜索粒子有这样的性质,在平面的每个点 (x,y) 它沿温度增加最大的方向运动. 如果在 (x,y) 的温度是 $T(x,y) = -e^{-2y}\cos x$, 求一个在点 $(\pi/4, 0)$ 的热搜索粒子的路径的方程 $y = f(x)$.

20. **弹回后的速度** 一个质点沿过点 $(0,0,30)$ 的直线以常速度向量 $\mathbf{i} + \mathbf{j} - 5\mathbf{k}$ 运行并且碰到曲面 $z = 2x^2 + 3y^2$. 质点从曲面弹回,反射角等于入射角. 假定没有损失速率,弹回后的速度是什么? 简化你的回答.

21. **切于一个曲面的方向导数** 设 S 是表示 $f(x,y) = 10 - x^2 - y^2$ 的图形的曲面. 假定空间中在每个点 (x,y,z) 的温度是 $T(x,y,z) = x^2y + y^2z + 4x + 14y + z$.
    (a) 在点 $(0,0,10)$ 在所有切于曲面 S 的方向中,哪个方向使在 $(0,0,10)$ 的温度的变化率最大.
    (b) 在 $(1,1,8)$ 切于 S 的哪个方向使温度的变化率最大?

22. **钻另一个孔** 在平的地面上,地质人员在矿物沉积地垂直向下钻一个孔,在 1000 英尺深处碰到矿物沉积,在第一个孔的北面 100 英尺处钻一个深 950 英尺的第二个孔碰到矿物沉积. 第三个孔在第一个孔的东面 100 英尺深 1025 英尺处发现矿物沉积,地质人员有理由相信矿物沉积成球形屋顶形. 为了节省,他们乐意发现什么地方矿物沉积最接近地面. 假定地面是 xy 平面,你猜测在第一个孔处的什么方向地质人员将钻第四个孔?

一维热方程

若 w 表示侧面完全绝热的均匀杆的位置 x 处在时刻 t 的温度(见右图), 则偏导数 w_{xx} 和 w_t 满足如下形式的微分方程

$$w_{xx} = \frac{1}{c^2}w_t$$

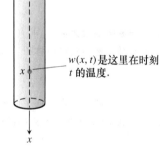

$w(x,t)$ 是这里在时刻 t 的温度.

这个方程称为**一维热方程**. 正的常数值 c^2 由构成杆的材料确定. 对于众多的材料已经通过实验确定了这个常数. 对于一个给定的应用,人们查表求得适当的值. 比如,对于干的土壤,$c^2 = 0.19$ 英尺^2/日.

在化学和生物化学中,热方程称为**扩散方程**. 在这种行文中,$w(x,t)$ 表示可溶解物质,例如沿一个充满液体的管子扩散的盐的浓度. $w(x,t)$ 的值表示在点 x 和时刻 t 的浓度. 在其它的应用中,$w(x,t)$ 表示在一个长的细管中气体的扩散.

在电气工程中,热方程以下列形式出现:

$$v_{xx} = RCv_t$$

和

$$i_{xx} = RCi_t.$$

这些方程描述在同轴电缆或其它电缆里的电压 v 和电流 i, 在其中漏电和感应是被忽略的. 这些方程中的函数和常数是

$v(x,t) =$ 在点 x 和时刻 t 的电压 $R =$ 单位长度的电阻
$C =$ 单位电缆长度的对于地的电容 $i(x,t) =$ 在点 x 和时刻 t 的电流

23. 求一维热方程的所有形如 $w = e^{rt}\sin \pi x$ 的解,这里 r 是一个常数.

24. 求一维热方程的所有形如 $w = e^{rt}\sin kx$ 并且满足条件 $w(0,t) = 0$ 和 $w(L,t) = 0$ 的解. 当 $t \to \infty$ 时这些解的状况怎样?

12 重积分

概述 类似于单变量积分所解决的问题,更一般地,有些问题可以用两个或三个变量的函数的积分解决.因此如前面章节,我们可利用对单变量函数积分的作法来解决重积分所必需的计算.

12.1 二重积分

矩形域上的二重积分 • 二重积分的性质 • 作为体积的二重积分 • 计算二重积分的 Fubini 定理 • 有界非矩形域上的二重积分 • 确定积分限

以下先讲对 xy 平面上一有界区域上的连续函数 $f(x,y)$ 如何求二重积分. 本章定义的"二重"积分和我们在第四章对单变量函数所定义的"单"积分(定积分)之间有许多相似之处. 每个二重积分都可以方便地使用定积分的方法分步进行计算.

矩形域上的二重积分

设 $f(x,y)$ 在矩形域
$$R: a \leq x \leq b, c \leq y \leq d$$
上有定义.

设想 R 被分别平行于 x 轴和 y 轴的直线网格所覆盖(图 12.1). 这些直线将 R 分成许多小块面积 $\Delta A = \Delta x \Delta y$,将这些小面积排序并分别标以 $\Delta A_1, \Delta A_2, \cdots, \Delta A_n$,在每个小面积 ΔA_k 上分别选点 (x,y),并作和

$$S_n = \sum_{k=1}^{n} f(x_k, y_k) \Delta A_k. \qquad (1)$$

如果 f 在整个 R 上连续,那么,当细分网格(二维分割)使两宽度 Δx 和 Δy 都趋于零时,和式(1)趋近于一极限值,则称该极限值为 f 在 R 上的二重积分,并记为

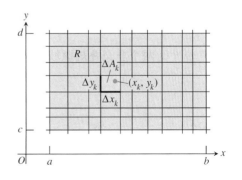

图 12.1 将区域 R 分成矩形网格,每个小矩形面积 $\Delta A_k = \Delta x_k \Delta y_k$.

$$\iint_R f(x,y)\,\mathrm{d}A \quad \text{或} \quad \iint_R f(x,y)\,\mathrm{d}x\mathrm{d}y.$$

于是,

$$\iint_R f(x,y)\,\mathrm{d}A = \lim_{\Delta A \to 0} \sum_{k=1}^{n} f(x_k, y_k)\Delta A_k. \tag{2}$$

与单变量函数的积分一样,当无论怎样分割由区间$[a,b]$和$[c,d]$所确定的区域R,只要分割的两模(所有Δx_k、Δy_k长度的量大值)皆趋于零时,这个和式有极限,而且(2)式中的极限存在与面积ΔA_k的排序无关,也与在每个ΔA_k上的点(x_k, y_k)的选取无关. 个别和式S_n的近似值依赖于这些选取,但结果却趋于同一极限. 对连续函数f的这个极限的存在性和唯一性的证明,在较高等的(微积分)教科书中给出. f的连续性是二重积分存在的一个充分条件,但却不是一个必要条件. 因对许多不连续函数,该极限也存在.

二重积分的性质

与定积分一样,连续函数的二重积分有许多在计算和应用上有用的代数性质.

二重积分的性质

1. 数乘:

$$\iint_R k f(x,y)\,\mathrm{d}A = k\iint_R f(x,y)\,\mathrm{d}A \quad (\text{任给数 } k)$$

2. 和差:

$$\iint_R (f(x,y) \pm g(x,y))\,\mathrm{d}A = \iint_R f(x,y)\,\mathrm{d}A \pm \iint_R g(x,y)\,\mathrm{d}A$$

3. 优势:

(**a**) $\iint_R f(x,y)\,\mathrm{d}A \geq 0$, 若在 R 上 $f(x,y) \geq 0$

(**b**) $\iint_R f(x,y)\,\mathrm{d}A \geq \iint_R g(x,y)\,\mathrm{d}A$, 若在 R 上 $f(x,y) \geq g(x,y)$

4. 区域可加性:

$$\iint_R f(x,y)\,\mathrm{d}A = \iint_{R_1} f(x,y)\,\mathrm{d}A + \iint_{R_2} f(x,y)\,\mathrm{d}A$$

若 R 为两个非交叠矩形域 R_1 和 R_2 的并(图 12.2).

$$\iint_{R_1 \cup R_2} f(x,y)\,\mathrm{d}A = \iint_{R_1} f(x,y)\,\mathrm{d}A + \iint_{R_2} f(x,y)\,\mathrm{d}A$$

图 12.2 二重积分有与定积分同样的区域可加性

作为体积的二重积分

当 $f(x,y)$ 为正函数时,可以把矩形域 R 上的 f 的二重积分解释作下底界于 R 之内,上顶面为曲面 $z = f(x,y)$(图 12.3)的棱柱体的体积. 和式 $S = \sum f(x_k, y_k)\Delta A_k$ 中的每一项 $f(x_k, y_k)\Delta A_k$ 都是一个小长方棱柱的体积,它们都是位于底 ΔA_k 上的竖起部分的体积的近似. 于是和 S 就是我们所谓的立体总体积的近似. 我们定义该体积为

$$\text{体积} = \lim S_n = \iint_R f(x,y)\,dA. \tag{3}$$

你可能会想到,这个计算体积的更一般的方法与第五章的方法一样,但我们在此不作证明.

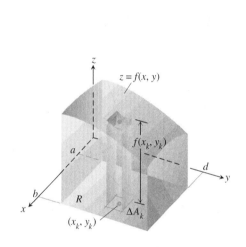

图 12.3 用长方棱柱近似体积使得可以定义更一般的棱柱的体积. 此图所示的棱柱的体积即区域 R 为底的 $f(x,y)$ 的二重积分

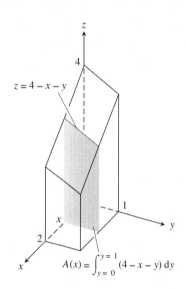

图 12.4 要获得截面积 $A(x)$,需固定 x 对 y 作积分

计算二重积分的 Fubini 定理

假设我们要计算 xy 平面内矩形域 $R: 0 \leq x \leq 2, 0 \leq y \leq 1$ 之上平面 $z = 4 - x - y$ 之下的体积. 如果我们用第 5.1 节切薄片的方法,用垂直于 x 轴的薄片(图 12.4),那么该体积为

$$\int_{x=0}^{x=2} A(x)\,dx, \tag{4}$$

其中 $A(x)$ 为在 x 点的截面积. 由于对 x 的每个值,都可以用积分来计算 $A(x)$:

$$A(x) = \int_{y=0}^{y=1}(4 - x - y)\,dy, \tag{5}$$

此积分为 x 处的截面内曲线 $z = 4 - x - y$ 之下的面积. 在计算 $A(x)$ 中,x 先固定,只对 y 作积分. 结合 (4)(5) 两式,可见整个立体的体积为

$$\text{体积} = \int_{x=0}^{x=2} A(x)\,dx = \int_{x=0}^{x=2}\left(\int_{y=0}^{y=1}(4 - x - y)\,dy\right)dx$$

$$= \int_{x=0}^{x=2} \left(4y - xy - \frac{1}{2}y^2\right)\bigg|_{y=0}^{y=1} dx$$

$$= \int_{x=0}^{x=2} \left(\frac{7}{2} - x\right) dx \tag{6}$$

$$= \left(\frac{7}{2}x - \frac{1}{2}x^2\right)\bigg|_0^2 = 5(\text{立方单位}).$$

如果我们仅要写出计算这个体积的一般算式,而不具体算出任何积分,则体积可以写为

$$\text{体积} = \int_0^2 \int_0^1 (4 - x - y) \, dy \, dx.$$

右侧表达式,称作**累次**或**二次积分**,也就是说体积可以这样得到:固定 x,将 $4 - x - y$ 先关于 y 从 $y = 0$ 积到 $y = 1$,然后再对所得 x 的表达式关于 x 从 $x = 0$ 到 $x = 2$ 积分.

如果要用垂直于 y 轴的平面薄片计算该体积会怎样呢(图 12.5)?作为 y 的函数,具代表性的一截面面积为

$$A(y) = \int_{x=0}^{x=2} (4 - x - y) \, dx$$

$$= \left(4x - \frac{1}{2}x^2 - xy\right)\bigg|_{x=0}^{x=2} = 6 - 2y. \tag{7}$$

因此整个体积是

$$\text{体积} = \int_{y=0}^{y=1} A(y) \, dy$$

$$= \int_{y=0}^{y=1} (6 - 2y) \, dy = [6y - y^2]_0^1 = 5,$$

与我们先前的计算结果一致.

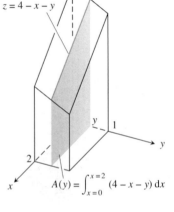

图 12.5 要获得截面面积 $A(y)$,需固定 y 关于 x 积分.

我们又可以给出通过累次积分计算这个体积的一般算式为

$$\text{体积} = \int_0^1 \int_0^2 (4 - x - y) \, dx \, dy.$$

右侧的表达式又说明,还可通过将(7)中 $4 - x - y$ 先关于 x,从 $x = 0$ 到 $x = 2$ 积分,再对结果关于 y 从 $y = 0$ 到 $y = 1$ 积分. 在这个累次积分里,积分次序是先 x 后 y,正好与(6)式中的积分次序相反.

为什么用这些累次积分所作的体积的计算都能用矩形域 $R: a \leq x \leq b, c \leq y \leq d$ 上的二重积分的累次积分表示呢?答案是它们都给出这个二重积分的值:

$$\iint_R (4 - x - y) \, dA$$

Guido Fubini(富比尼)于 1907 年发表的一个定理证明了矩形域上任一个连续函数的二重积分都可以用两种累次积分的任一种次序计算. (Fubini 证的是更一般性的定理,但这个定理现已转换成如下形式.)

历史传记

Guido Fubini
(1879 — 1943)

定理 1(Fubini 定理(第一形式)) 若 $f(x,y)$ 在整个矩形域 $R: a \leq x \leq b, c \leq y \leq d$ 上连续,则

$$\iint_R f(x,y)\,\mathrm{d}A = \int_c^d \int_a^b f(x,y)\,\mathrm{d}x\mathrm{d}y = \int_a^b \int_c^d f(x,y)\,\mathrm{d}y\mathrm{d}x.$$

Fubini 定理说明矩形域上的二重积分可以用累次积分计算. 因而, 我们通过每次对一个变量作积分就可以计算二重积分.

Fubini 定理还说明我们可以用两种中任意一种方便的积分次序计算二重积分, 这一点请见例 3. 特别地, 当用截面法求体积时, 既可以用垂直于 x 轴的平面, 也可以用垂直于 y 轴的平面.

例 1 计算二重积分 $\iint_R f(x,y)\,\mathrm{d}A$, 设

$$f(x,y) = 1 - 6x^2 y \quad 且 \quad R: 0 \leq x \leq 2, -1 \leq y \leq 1.$$

解 使用 Fubini 定理

$$\iint_R f(x,y)\,\mathrm{d}A = \int_{-1}^1 \int_0^2 (1 - 6x^2 y)\,\mathrm{d}x\mathrm{d}y = \int_{-1}^1 [x - 2x^3 y]_{x=0}^{x=2}\,\mathrm{d}y$$

$$= \int_{-1}^1 (2 - 16y)\,\mathrm{d}y = [2y - 8y^2]_{-1}^1 = 4(立方单位).$$

用相反的积分次序可给出相同的答案:

$$\int_0^2 \int_{-1}^1 (1 - 6x^2 y)\,\mathrm{d}y\mathrm{d}x = \int_0^2 [y - 3x^2 y^2]\Big|_{y=-1}^{y=1}\,\mathrm{d}x$$

$$= \int_0^2 [(1 - 3x^2) - (-1 - 3x^2)]\,\mathrm{d}x = \int_0^2 2\,\mathrm{d}x = 4(立方单位).$$

使用技术

重积分 大多数计算机代数系统都能计算重积分的累次积分. 典型的程序根据你特别设定的积分次序, 使用 CAS 的迭代积分命令.

积分	典型 CAS 命令式
$\iint x^2 y\,\mathrm{d}x\mathrm{d}y$	int(int(x^2*y,x),y);
$\int_{-\pi/3}^{\pi/4} \int_0^1 x\cos y\,\mathrm{d}x\mathrm{d}y$	int(int(x*cos(y),x = 0..1),y = - Pi/3..Pi/4);

如果 CAS 不能给出一定积分的精确值, 那么它通常求出一个数值近似值.

有界非矩形域上的二重积分

要定义函数 $f(x,y)$ 在有界非矩形域上的二重积分, 如图 12.6 所示. 请再次设想 R 被矩形网格覆盖, 但这次和式中仅包括那些完全位于区域之内的小面积 $\Delta A = \Delta x \Delta y$(图中阴影部分)的和.

我们以某种次序将小面积编号, 在每个 ΔA_k 内任意取点 (x_k, y_k), 并构成和式

$$S_n = \sum_{k=1}^{n} f(x_k, y_k) \Delta A_k.$$

这个和与(1)式中的和之间唯一的差别就在现在这些小面积可能没有覆盖全部 R. 但随着网格的加细,以及和式 S_n 中项数的增加,R 内包含的小矩形越来越多. 如果 f 连续,且 R 的边界是由有限条 x 的、或 y 的连续函数,或 x 与 y 的连续函数的图形首尾连接构成,则当细分的矩形网格的两模独立地趋于零时和式 S 就会有极限,我们就称该极限为 f 在 R 上的二重积分:

$$\iint\limits_R f(x,y)\,dA = \lim_{\Delta A \to 0} \sum f(x_k, y_k)\,\Delta A_k.$$

这个极限在较少限制情形下也可能存在.

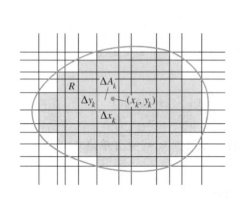

图 12.6 一矩形网格将有界非矩形区域分割成一些小单元.

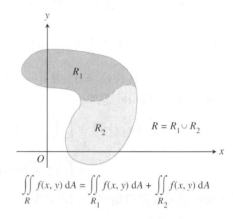

$$\iint\limits_R f(x,y)\,dA = \iint\limits_{R_1} f(x,y)\,dA + \iint\limits_{R_2} f(x,y)\,dA$$

图 12.7 对由连续曲线围成的区域,可加性仍成立.

在非矩形域上的连续函数的二重积分有与矩形域上的积分相同的代数性质,相应于性质 5 的区域可加性可叙述为:若 R 可分解成非交区域 R_1 和 R_2,它们的边界也是由光滑或分段光滑的曲线构成(作为例见图 12.7),则

$$\iint\limits_R f(x,y)\,dA = \iint\limits_{R_1} f(x,y)\,dA + \iint\limits_{R_2} f(x,y)\,dA.$$

若 $f(x,y)$ 为正,且在 R 上连续,则与前面一样,位于 R 与曲面 $z = f(x,y)$ 之间的立体区域的体积可定义为(图 12.8)

$$\iint\limits_R f(x,y)\,dA.$$

图 12.9 表示,在 xy 平面内,若 R 是一个"上"、"下"界于曲线 $y = g_2(x)$ 和 $y = g_1(x)$ 之间,两侧在直线 $x = a, x = b$ 之上的区域,则又可以用切薄片法计算体积. 先计算截面面积

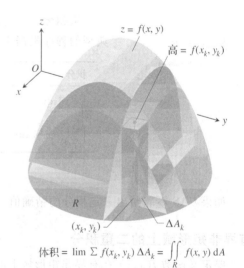

体积 $= \lim \sum f(x_k, y_k) \Delta A_k = \iint\limits_R f(x,y)\,dA$

图 12.8 用定义矩形为底的立体体积同样的方式定义非矩形区域为底的立体的体积.

$$A(x) = \int_{y=g_1(x)}^{y=g_2(x)} f(x,y)\,\mathrm{d}y$$

然后对 $A(x)$ 从 $x = a$ 到 $x = b$ 作积分可求得体积，体积是一个累次积分：

$$V = \int_a^b A(x)\,\mathrm{d}x = \int_a^b \int_{y=g_1(x)}^{y=g_2(x)} f(x,y)\,\mathrm{d}y\mathrm{d}x. \tag{8}$$

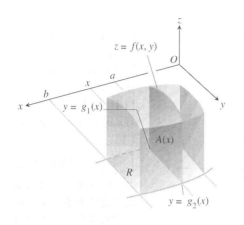 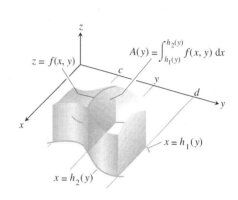

图 12.9　此处所示竖直薄片的面积为
$A(x) = \int_{y=g_1(x)}^{y=g_2(x)} f(x,y)\,\mathrm{d}y$. 要计算立体的体积，再将此面积从 $x = a$ 到 $x = b$ 积分.

图 12.10　此图中立体的体积为
$\int_c^d A(y)\,\mathrm{d}y = \int_c^d \int_{h_1(y)}^{h_2(y)} f(x,y)\,\mathrm{d}x\mathrm{d}y.$

类似地．如果 R 为图 12.10 所示区域，以曲线 $x = h_2(y)$ 与 $x = h_1(y)$ 和直线 $y = c$ 与 $y = d$ 为界，那么用切薄片法计算的体积为累次积分

$$V = \int_c^d \int_{y=h_1(y)}^{y=h_2(y)} f(x,y)\,\mathrm{d}x\mathrm{d}y. \tag{9}$$

(8)、(9) 式的累次积分都给出体积，我们将其定义为 f 在 R 上的二重积分，这一点正是下面较强形式 Fubini 定理的一个推论.

定理 2(Fubini 定理(较强形式))　设 $f(x,y)$ 在区域 R 上连续，
1. 若区域 R 为: $a \leq x \leq b, g_1(x) \leq y \leq g_2(x)$，其中 g_1 和 g_2 在 $[a,b]$ 上连续，则

$$\iint_R f(x,y)\,\mathrm{d}A = \int_a^b \int_{g_1(x)}^{g_2(x)} f(x,y)\,\mathrm{d}y\mathrm{d}x.$$

2. 若区域 R 为: $c \leq y \leq d, h_1(y) \leq x \leq h_2(y)$，其中 h_1 和 h_2 在 $[c,d]$ 上连续，则

$$\iint_R f(x,y)\,\mathrm{d}A = \int_c^d \int_{h_1(y)}^{h_2(y)} f(x,y)\,\mathrm{d}x\mathrm{d}y.$$

例 2(求体积)　求棱柱的体积，其底是 xy 平面的三角形，由 x 轴、直线 $y = x$ 和 $x = 1$ 围成，其顶为平面 $z = f(x,y) = 3 - x - y$.

解　见图 12.11，对 0 与 1 间的任一个 x(暂时固定)，y 将从 $y = 0$ 变化到 $y = x$(图 12.11b). 因

而
$$V = \int_0^1 \int_0^x (3 - x - y) \mathrm{d}y \mathrm{d}x = \int_0^1 \left[3y - xy - \frac{y^2}{2} \right]_{y=0}^{y=x} \mathrm{d}x$$
$$= \int_0^1 \left(3x - \frac{3x^2}{2} \right) \mathrm{d}x = \left[\frac{3x^2}{2} - \frac{x^3}{2} \right]_{x=0}^{x=1} = 1 (立方单位).$$

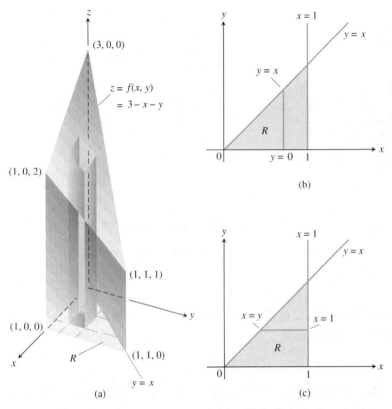

图 12.11 （a）底为 xy 平面内的三角形的棱柱. 该棱柱的体积即 R 上的二重积分. 用累次积分计算它, 我们可以先对 y 积分然后再对 x 积分, 或换另一种方法（例 2）. (b) 积分 $\int_{x=0}^{x=1} \int_{y=0}^{y=x} f(x,y) \mathrm{d}y \mathrm{d}x$, 若先对 y 积分, 则先沿穿过 R 的竖直线积分, 然后再从左到右积分, 要包括 R 内的所有竖线. (c) 积分 $\int_{y=0}^{y=1} \int_{x=y}^{x=1} f(x,y) \mathrm{d}x \mathrm{d}y$, 若先对 x 积分, 则是先沿穿过 R 的水平线积分, 然后再从下往上积分, 要包括 R 内的所有水平线.

当积分次序调换过来（图 12.11c）, 求同一体积的积分为
$$V = \int_0^1 \int_y^1 (3 - x - y) \mathrm{d}x \mathrm{d}y = \int_0^1 \left[3x - \frac{x^2}{2} - xy \right] \Big|_{x=y}^{x=1} \mathrm{d}y$$
$$= \int_0^1 \left(3 - \frac{1}{2} - y - 3y + \frac{y^2}{2} + y^2 \right) \mathrm{d}y$$
$$= \int_0^1 \left(\frac{5}{2} - 4y + \frac{3}{2}y^2 \right) \mathrm{d}y = \left[\frac{5}{2}y - 2y^2 + \frac{y^3}{2} \right]_{y=0}^{y=1} = 1 (立方单位).$$

这两个积分相等, 也应该相等.

虽然 Fubini 定理保证了二重积分可以用两种次序的任一种累次积分去计算, 但是一种可能要比另一种容易些. 下一例就展示了这一点.

例 3（计算二重积分） 计算 $\iint_R \frac{\sin x}{x} \mathrm{d}A$, 其中 R 为 xy 平面内的三角形, 由 x 轴, 直线 $y = x$ 和 $x = 1$ 围成.

解 积分区域如图 12.12 所示. 如果先对 y 而后对 x 积分,可求出

$$\int_0^1 \left(\int_0^x \frac{\sin x}{x} \mathrm{d}y\right) \mathrm{d}x = \int_0^1 \left(y \frac{\sin x}{x} \bigg|_{y=0}^{y=x}\right) \mathrm{d}x = \int_0^1 \sin x \mathrm{d}x$$

$$= -\cos(1) + 1 \approx 0.46 (\text{立方单位}).$$

如果把积分次序反过来,想要计算

$$\int_0^1 \int_y^1 \frac{\sin x}{x} \mathrm{d}x \mathrm{d}y,$$

因为积分 $\int \left(\frac{\sin x}{x}\right) \mathrm{d}x$ 不能用初等函数表示,故计算只得终止.

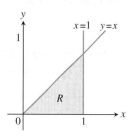

图 12.12　例 3 的积分区域

由于要预见究竟哪一种积分次序好(如此例这种情况)没有一般的原则,因此不必担心该怎样开始计算,尽管做下去,如果先选择的次序不能积,就试另一种次序.

确定积分限

计算二重积分的最难的地方可能要算找积分限了. 不过,还是有好的解题步骤可遵循.

确定积分限的解题步骤

A. 要计算区域 R 上的二重积分 $\iint\limits_R f(x,y)\mathrm{d}A$,当先对 x 后对 y 积分时,应采取下列步骤:

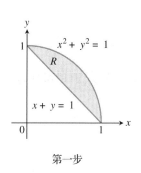
第一步

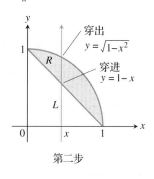
第二步

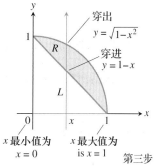
第三步

第一步:画草图. 画出积分区域的草图并标示出边界曲线.
第二步:确定 y - 积分限. 设想一条竖直线 L 按 y 增加的方向纵穿区域 R. 标好 L 穿进与穿出的 y - 值,这些即是 y - 积分限,而且通常是 x 的函数(而不都是常数).
第三步:确定 x - 积分限. 找出 x - 积分限,使之包含穿过 R 的所有竖直线 L. 则积分为:

$$\iint\limits_R f(x,y)\mathrm{d}A = \int_{x=0}^{x=1} \int_{y=1-x}^{y=\sqrt{1-x^2}} f(x,y) \mathrm{d}y\mathrm{d}x.$$

B. 计算同一个二重积分,其累次积分用相反的积分次序,用水平线代替前面的竖直线,则积分为 $\iint\limits_R f(x,y)\mathrm{d}A = \int_0^1 \int_{1-y}^{\sqrt{1-y^2}} f(x,y)\mathrm{d}x\mathrm{d}y.$

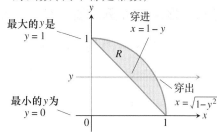

例 4（改换积分次序） 对积分

$$\int_0^2 \int_{x^2}^{2x} (4x+2) \, dy \, dx$$

画出积分区域的草图,再写出换一种次序的等价积分.

解 积分区域可用不等式表示为 $x^2 \leqslant y \leqslant 2x, 0 \leqslant x \leqslant 2$. 因此区域以曲线 $y = x$ 和 $y = 2x$ 为界,其中 x 在 $x = 0$ 与 $x = 2$ 之间(图 12.13a).

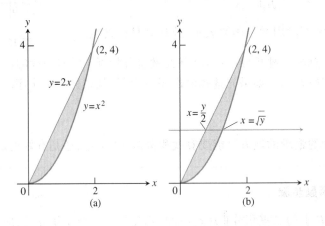

图 12.13　例 4 的图

要找出相反次序的积分限,设想有一条从左到右的水平线横穿区域,从 $x = \dfrac{y}{2}$ 穿入从 $x = \sqrt{y}$ 穿出. 而要包括所有这些线,得让 y 从 $y = 0$ 到 $y = 4$ 取值(图 12.13b). 于是积分为

$$\int_0^4 \int_{\frac{y}{2}}^{\sqrt{y}} (4x+2) \, dx \, dy.$$

两种积分的共同值是 8.

习题 12.1

确定积分区域并计算二重积分

第 1 – 10 题先画出积分区域草图,再计算之.

1. $\int_0^3 \int_0^2 (4 - y^2) \, dy \, dx$　　2. $\int_0^3 \int_{-2}^0 (x^2 y - 2xy) \, dy \, dx$　　3. $\int_{-1}^0 \int_{-1}^1 (x + y + 1) \, dx \, dy$

4. $\int_\pi^{2\pi} \int_0^\pi (\sin x + \cos y) \, dx \, dy$　　5. $\int_0^\pi \int_0^x x \sin y \, dy \, dx$　　6. $\int_0^\pi \int_0^{\sin x} y \, dy \, dx$

7. $\int_1^{\ln 8} \int_0^{\ln y} e^{x+y} \, dx \, dy$　　8. $\int_1^2 \int_y^{y^2} dx \, dy$　　9. $\int_0^1 \int_0^{y^2} 3y^3 e^{xy} \, dx \, dy$　　10. $\int_1^4 \int_0^{\sqrt{x}} \dfrac{3}{2} e^{y/\sqrt{x}} \, dx \, dy$

以下 11 – 16 题在所给区域上积分.

11. **四边形区域**　　$f(x,y) = \dfrac{x}{y}$,在第一象限区域,其边界为直线 $y = x, y = 2x, x = 1, x = 2$.

12. 方形区域 $f(x,y) = \dfrac{1}{xy}$,在方形区域:$1 \leq x \leq 2, 1 \leq y \leq 2$.

13. 三角形区域 $f(x,y) = x^2 + y^2$,在以 $(0,0)(1,0)$ 和 $(0,1)$ 为顶点的三角形区域.

14. 矩形区域 $f(x,y) = y\cos xy$,在矩形区域:$0 \leq x \leq \pi, 0 \leq y \leq 1$.

15. 三角形形域 $f(u,v) = v - \sqrt{u}$,在 uv 平面上由直线 $u + v = 1$ 截出的第一象限的三角形区域.

16. 曲边形区域 $f(s,t) = e^s$,在 st 平面第一象限内,曲线 $s = \ln t$ 之上,从 $t = 1$ 至 $t = 2$ 的区域.

第 17 – 20 题给出直角坐标区域上的积分,画出积分区域图并计算积分.

17. $\int_{-2}^{0}\int_{v}^{-v} 2\,\mathrm{d}p\,\mathrm{d}v$ (pv 平面)

18. $\int_{0}^{1}\int_{0}^{\sqrt{1-s^2}} 8t\,\mathrm{d}t\,\mathrm{d}s$ (st 平面)

19. $\int_{-\frac{\pi}{3}}^{\frac{\pi}{3}}\int_{0}^{\sec t} 3\cos t\,\mathrm{d}u\,\mathrm{d}t$ (tu 平面)

20. $\int_{0}^{1}\int_{1}^{4-2u} \dfrac{4 - 2u}{v^2}\,\mathrm{d}v\,\mathrm{d}u$ (uv 平面)

交换积分次序

对 21 – 30 题,先画出积分区域图,再写出交换次序后相应的二重积分.

21. $\int_{0}^{1}\int_{2}^{4-2x}\mathrm{d}y\,\mathrm{d}x$

22. $\int_{0}^{2}\int_{y-2}^{0}\mathrm{d}x\,\mathrm{d}y$

23. $\int_{0}^{1}\int_{y}^{\sqrt{y}}\mathrm{d}x\,\mathrm{d}y$

24. $\int_{0}^{1}\int_{1-x}^{1-x^2}\mathrm{d}y\,\mathrm{d}x$

25. $\int_{0}^{1}\int_{1}^{e^x}\mathrm{d}y\,\mathrm{d}x$

26. $\int_{0}^{\ln 2}\int_{e^y}^{2}\mathrm{d}x\,\mathrm{d}y$

27. $\int_{0}^{\frac{3}{2}}\int_{0}^{9-4x^2} 16x\,\mathrm{d}y\,\mathrm{d}x$

28. $\int_{0}^{2}\int_{0}^{4-y^2} y\,\mathrm{d}x\,\mathrm{d}y$

29. $\int_{0}^{1}\int_{-\sqrt{1-y^2}}^{\sqrt{1-y^2}} 3y\,\mathrm{d}x\,\mathrm{d}y$

30. $\int_{0}^{2}\int_{-\sqrt{4-x^2}}^{\sqrt{4-x^2}} 6x\,\mathrm{d}y\,\mathrm{d}x$

计算二重积分

以下 31 – 40 题,画图,交换积分次序,然后计算之.

31. $\int_{0}^{\pi}\int_{x}^{\pi} \dfrac{\sin y}{y}\,\mathrm{d}y\,\mathrm{d}x$

32. $\int_{0}^{2}\int_{x}^{2} 2y^2 \sin xy\,\mathrm{d}y\,\mathrm{d}x$

33. $\int_{0}^{1}\int_{y}^{1} x^2 e^{xy}\,\mathrm{d}x\,\mathrm{d}y$

34. $\int_{0}^{2}\int_{0}^{4-x^2} \dfrac{xe^{2y}}{4 - y}\,\mathrm{d}y\,\mathrm{d}x$

35. $\int_{0}^{2\sqrt{\ln 3}}\int_{\frac{y}{2}}^{\sqrt{\ln 3}} e^{x^2}\,\mathrm{d}x\,\mathrm{d}y$

36. $\int_{0}^{3}\int_{\frac{x}{3}}^{1} e^{y^3}\,\mathrm{d}y\,\mathrm{d}x$

37. $\int_{0}^{\frac{1}{16}}\int_{\frac{1}{4}y}^{\frac{1}{2}} \cos(16\pi x^5)\,\mathrm{d}x\,\mathrm{d}y$

38. $\int_{0}^{8}\int_{\sqrt[3]{x}}^{2} \dfrac{\mathrm{d}y\,\mathrm{d}x}{y^4 + 1}$

39. 正方形区域 $\iint_R (y - 2x^2)\,\mathrm{d}A$,其中 R 以正方形 $|x| + |y| = 1$ 为边界.

40. 三角形区域 $\iint_R xy\,\mathrm{d}A$,其中 R 的边界为直线 $y = x, y = 2x$ 和 $x + y = 2$.

求曲面 $z = f(x,y)$ 之下的体积

41. 求 xy 平面内直线 $y = x, x = 0$ 和 $x + y = 2$ 所围三角形区域之上,抛物面 $z = x^2 + y^2$ 以下的曲顶柱体的体积.

42. 求底为 xy 平面内抛物线 $y = 2 - x^2$ 和直线 $y = x$ 所围区域,顶为柱面 $z = x^2$ 之曲顶柱体的体积.

43. 求底为 xy 平面内抛物线 $y = 4 - x^2$ 和直线 $y = 3x$ 所围区域,顶为平面 $z = x + 4$ 之曲顶柱体的体积.

44. 求第一卦限内由坐标平面,柱面 $x^2 + y^2 = 4$ 和平面 $z + y = 3$ 所围立体的体积.

45. 求第一卦限内由坐标平面,平面 $x = 3$ 和抛物柱面 $z = 4 - y^2$ 所围立体的体积.

46. 求第一卦限内被曲面 $z = 4 - x^2 - y$ 截出的立体的体积.

47. 求第一卦限被柱面 $z = 12 - 3y^2$ 和平面 $x + y = 2$ 截出的楔形立体的体积.

48. 求正方柱 $|x| + |y| \leq 1$ 被平面 $z = 0$ 和 $3x + z = 3$ 截出的立体的体积.

49. 求前后界面为平面 $x = 2$ 和 $x = 1$,两侧界面为柱面 $y = \pm \dfrac{1}{x}$,及上下界面为平面 $z = x + 1$ 和 $z = 0$ 所围立体的体积.

50. 求前后界面为平面 $x = \pm \dfrac{\pi}{3}$,两侧界面为柱面 $y = \pm \sec x$,及上界面为柱面 $z = 1 + y^3$ 和下界面为 xy 平面所围立体的体积.

无界区域上的积分

计算 51 – 54 题中的广义累次积分.

51. $\displaystyle\int_1^\infty \int_{e^{-x}}^1 \dfrac{1}{x^3 y} \mathrm{d}y \mathrm{d}x$

52. $\displaystyle\int_{-1}^1 \int_{-\frac{1}{\sqrt{1-x^2}}}^{\frac{1}{\sqrt{1-x^2}}} (2y + 1) \mathrm{d}y \mathrm{d}x$

53. $\displaystyle\int_{-\infty}^\infty \int_{-\infty}^\infty \dfrac{1}{(x^2+1)(y^2+1)} \mathrm{d}x \mathrm{d}y$

54. $\displaystyle\int_0^\infty \int_0^\infty x \mathrm{e}^{-(x+2y)} \mathrm{d}x \mathrm{d}y$

二重积分近似计算

第 55 和 56 题是对 $f(x,y)$ 在区域 R 上二重积分作近似计算,区域被若干垂直线 $x = a$ 和水平线 $y = c$ 所分割,在每个子矩形内近似计算时取点 (x_k, y_k),近似计算表达式为:

$$\iint_R f(x,y) \mathrm{d}A \approx \sum_{k=1}^n f(x_k, y_k) \Delta A_k$$

55. 在半圆 $y = \sqrt{1-x^2}$ 和 x 轴所围的区域 R 上对 $f(x,y) = x + y$ 作二重积分的近似计算,用 $x = -1, -\dfrac{1}{2}, 0, \dfrac{1}{4}, \dfrac{1}{2}, 1$ 和 $y = 0, \dfrac{1}{2}, 1$ 分割区域,第 k 个子矩形上取左下角顶点为 (x_k, y_k) (只要小矩形位于 R 内).

56. 在圆 $(x-2)^2 + (y-3)^2 = 1$ 所围区域 R 上,对 $f(x,y) = x + 2y$ 作二重积分的近似计算,用 $x = 1, \dfrac{3}{2}, 2, \dfrac{5}{2}, 3$ 和 $y = 2, \dfrac{5}{2}, 3, \dfrac{7}{2}, 4$ 分割区域,第 k 个子矩形上取中心点为 (x_k, y_k) (只要小矩形位于 R 内).

理论和例子

57. 圆扇形 在圆 $x^2 + y^2 \leq 4$ 被射线 $\theta = \dfrac{\pi}{6}$ 和 $\theta = \dfrac{\pi}{2}$ 截出的小扇形上,对 $f(x,y) = \sqrt{4 - x^2}$ 作二重积分.

58. 无界区域 在无穷矩形域 $2 \leq x < \infty, 0 \leq y \leq 2$ 上,对

$$f(x,y) = \dfrac{1}{(x^2-x)(y-1)^{\frac{2}{3}}}$$

作二重积分.

59. 非圆柱体 一正柱体(非圆柱),其底 R 在 xy 平面,顶由抛物面 $z = x^2 + y^2$ 所界,该柱体的体积为

$$V = \int_0^1 \int_0^y (x^2 + y^2) \mathrm{d}x \mathrm{d}y + \int_1^2 \int_0^{2-y} (x^2 + y^2) \mathrm{d}x \mathrm{d}y.$$

画出底区域 R 的图形,并以改换积分次序后的累次积分表示柱体体积. 然后计算积分以求出体积.

60. 转换成二重积分 计算积分

$$\int_0^2 (\tan^{-1} \pi x - \tan^{-1} x) \mathrm{d}x.$$

(提示:将被积表达式写作积分).

61. 求二重积分的最大值 在 xy 平面的什么区域 R 上,积分 $\iint_R (4 - x^2 - 2y^2) \mathrm{d}A$ 的值最大?说明理由.

62. **求二重积分的最小值** 在 xy 平面的什么区域 R 上,积分 $\iint\limits_{R}(x^2+y^2-9)\,dA$ 的值最小?说明理由.

63. **写学习心得** 是否对 xy 平面的一矩形区域上的任一连续函数 $f(x,y)$ 都可计算出它的二重积分?举例说明依不同积分次序会有不同的答案. 并说明你的理由.

64. **写学习心得** 如何在 xy 平面区域 R 上计算连续函数 $f(x,y)$ 的二重积分?设区域 R 为闭三角形,其顶点为 $(0,1)$ $(2,0)$ 和 $(1,2)$. 对你的解答加以说明.

65. **无界区域** 证明:
$$\int_{-\infty}^{\infty}\int_{-\infty}^{\infty} e^{-x^2-y^2}\,dxdy = \lim_{b\to\infty}\int_{-b}^{b}\int_{-b}^{b} e^{-x^2-y^2}\,dxdy = 4\left(\int_{0}^{\infty} e^{-x^2}\,dx\right)^2.$$

66. **广义二重积分** 计算广义积分:
$$\int_{0}^{1}\int_{0}^{3}\frac{x^2}{(y-1)^{\frac{2}{3}}}\,dydx.$$

计算机探究

数值法计算二重积分

使用 CAS 二重积分计算器计算题 67 - 70 中的积分

67. $\int_{1}^{3}\int_{1}^{x}\dfrac{1}{xy}\,dydx$
68. $\int_{0}^{1}\int_{0}^{1} e^{-(x^2+y^2)}\,dydx$
69. $\int_{0}^{1}\int_{0}^{1} \tan^{-1}xy\,dydx$
70. $\int_{-1}^{1}\int_{0}^{\sqrt{1-x^2}} 3\sqrt{1-x^2-y^2}\,dydx$

使用 CAS 二重积分计算器计算 71 - 76 题中的积分. 然后交换积分次序,再用 CAS 计算.

71. $\int_{0}^{1}\int_{2y}^{4} e^{x^2}\,dxdy$
72. $\int_{0}^{3}\int_{x^2}^{9} x\cos(y^2)\,dydx$
73. $\int_{0}^{2}\int_{y^3}^{4\sqrt{2y}} (x^2y-xy^2)\,dxdy$
74. $\int_{0}^{2}\int_{0}^{4-y^2} e^{xy}\,dxdy$
75. $\int_{1}^{2}\int_{0}^{x^2}\dfrac{1}{x+y}\,dydx$
76. $\int_{1}^{2}\int_{y^3}^{8}\dfrac{1}{\sqrt{x^2+y^2}}\,dydx$

12.2 面积、力矩和质心*

平面有界区域的面积 • 积分平均值 • 矩与质心 • 分布在平面区域上的质量 • 质量连续分布的薄平板的质量 • 惯性矩 • 几何形心

本节将介绍如何利用二重积分求平面中有界区域的面积,以及求二元函数的积分平均值. 然后研究物理问题求平面某区域薄平板的质心问题.

---

* 本节所讲平面区域质量和矩的有关内容并不需要知道第五章所讲内容. 基本思想在这里全都讲解,有些内容或许是给学生复习一下第 5 章已讲的矩.

平面有界区域的面积

如果在区域 R 上的二重积分定义式中取 $f(x,y) \equiv 1$,则和式化简为

$$S_n = \sum_{k=1}^{n} f(x_k, y_k) \Delta A_k = \sum_{k=1}^{n} \Delta A_k.$$

此和正是区域 R 面积的近似. 当 $\Delta x, \Delta y$ 趋于零时,所有 ΔA_k 对 R 的覆盖(见图 12.14)面积渐渐增加到彻底覆盖,我们就定义 R 的面积为以下极限值

$$\text{Area} = \lim_{n \to \infty} \sum_{k=1}^{n} \Delta A_k = \iint_R dA.$$

定义　面积

有界闭区域 R 的面积定义为 $\quad A = \iint_R dA.$

随着本章其它定义逐步给出,此定义将比一元积分面积的定义有更广的应用,可应用到各类平面区域,但与以前关于区域面积的定义是一致的,两者全可用.

为计算面积,以下总是对 R 上的常值函数 $f(x,y) = 1$ 作积分.

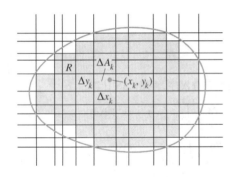

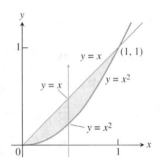

图 12.14　求面积的第一步是分割区域内部为小网格.

图 12.15　例 1 的区域

例 1(求面积)　求第一象限中由 $y = x$ 和 $y = x^2$ 所围区域 R 的面积.

解　先画出区域的图(见图 12.15),再求面积

$$A = \int_0^1 \int_{x^2}^{x} dy\, dx = \int_0^1 y \bigg|_{x^2}^{x} dx$$

$$= \int_0^1 (x - x^2) dx = \left(\frac{x^2}{2} - \frac{x^3}{3} \right) \bigg|_0^1 = \frac{1}{6} (\text{平方单位}).$$

须注意由里层积分得出的定积分 $\int_0^1 (x - x^2) dx$ 是用 4.6 节的方法,对两曲线间的面积求积分.

例 2(求面积)　求由抛物线 $y = x^2$ 和直线 $y = x + 2$ 所围区域 R 的面积.

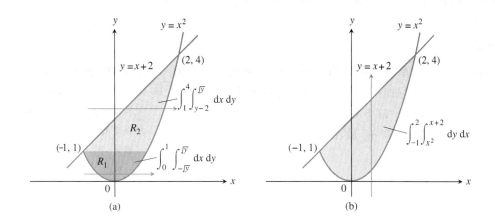

图 12.16 计算这个面积(a)若先对 x 积要算两个二重积分,但若(b)先对 y 作积分则只需计算一个.(例2)

解 如图 12.16a 所示,将 R 分成两块区域 R_1 和 R_2,则面积

$$A = \iint_{R_1} dA + \iint_{R_2} dA = \int_0^1 \int_{-\sqrt{y}}^{\sqrt{y}} dx\, dy + \int_1^4 \int_{y-2}^{\sqrt{y}} dx\, dy.$$

另一方面,交换积分次序,又有(见图 12.6b)

$$A = \int_{-1}^2 \int_{x^2}^{x+2} dy\, dx.$$

此结果要简单得多,且实际计算中只需要算一个积分. 面积为

$$A = \int_{-1}^2 y \Big|_{x^2}^{x+2} dx = \int_{-1}^2 (x + 2 - x^2) dx = \left(\frac{x^2}{2} + 2x - \frac{x^3}{3} \right) \Big|_{x^2}^{x+2} = \frac{9}{2} (\text{平方单位}).$$

积分平均值

一元函数在一个闭区间上的积分平均值等于该函数在区间上的积分除以区间的长. 对于一个在可度量的有界闭区域上定义的可积二元函数,其积分平均值则是区域上的二重积分除以该区域的面积. 即

$$f \text{ 在 } R \text{ 上的积分平均值} = \frac{1}{R \text{ 的面积}} \iint_R f(x,y) dA. \tag{1}$$

如果 f 是位于 R 上的一块薄平板的面密度,则 f 在 R 上的二重积分除以 R 的面积就是薄板的平均面密度,单位是:质量单位/单位面积. 如果 f 是 R 中的点 (x,y) 到一定点 P 的距离,那么 f 在 R 上的平均值则是 R 中的点到点 P 的平均距离.

例 3（求平均值） 求 $f(x,y) = x\cos xy$ 在矩形域 $R: 0 \leq x \leq \pi, 0 \leq y \leq 1$ 上的平均值.

解 f 在 R 上的二重积分为

$$\int_0^\pi \int_0^1 x\cos xy\, dy\, dx = \int_0^\pi (\sin xy) \Big|_{y=0}^{y=1} dx$$

$$= \int_0^\pi (\sin x - 0) dx = -\cos x \Big|_0^\pi = 1 + 1 = 2.$$

而区域 R 的面积为 π. 于是 f 在 R 上的平均值等于 $\dfrac{2}{\pi}$.

矩和质心

许多结构和力学系统问题就像全部质量集中在一点上的作用一样,这点就叫做质心. 于是怎样确定这点就非常重要,而这基本是一个数学问题. 以下我们分步来讨论这个数学模型. 第一步设有质点 m_1, m_2 和 m_3 放在原点为支点的刚性 x 轴上.

注:**质量与重量** 重量是力,它产生于对一质量的引力. 若一质量为 m 的物体放在重力加速度为 g 的地点,则物体的重量(由牛顿第二定律)为
$$F = mg.$$

结果系统可能平衡也可能不平衡,它取决于质量多大以及在数轴上怎样安排它们.

每个质量 m_k 受到一个向下的的力 $m_k g$,其大小等于质量乘以重力加速度. 这些力的每一个都有使轴绕原点转动的趋势,就像转动一个跷跷板. 这一转动作用,称作(转动)**力矩**,它是由力 $m_k g$ 乘以作用点到原点的带符号的距离 x_k 来度量的. 原点左边的质量产生(逆时针)负力矩. 原点右边的质量产生(顺时针)正力矩.

历史传记

Christian Felix Klein
(1849 — 1925)

力矩之和可表示系统将要绕原点转动的趋势. 此和也叫做系统矩.

$$\text{系统矩} = \sum m_k g x_k \tag{1}$$

系统平衡当且仅当系统矩为零.

若把等式(2)中的因子 g 提出,可见系统矩为

$$\underbrace{g}_{\text{环境特征}} \underbrace{\sum m_k x_k}_{\text{系统特征}}$$

于是,矩是重力加速度 g 与 $\sum m_k x_k$ 的积,其中 g 为该系统位于其内的环境特征,而 $\sum m_k x_k$ 是系统自身的特征,它是一个常数,无论系统置于何处都保持不变. 此常数称作**系统关于原点的矩**.

$$\text{系统关于原点的矩} = \sum m_k x_k \tag{3}$$

我们通常想要知道支点放在哪儿才能使系统平衡,即要知道放在哪点 $\bar{x}$ 能使矩为零.

关于在这个特殊位置平衡点的每个质量矩为

$$m_k \text{ 关于点 } \bar{x} \text{ 的矩} = (m_k \text{ 距 } \bar{x} \text{ 的带符号距离})(\text{向下的力})$$
$$= (x_k - \bar{x}) m_k g$$

写出这个等式,又由于这些矩的和为零,就可得一等式而解出 $\bar{x}$.

$$\sum (x_k - \bar{x}) m_k g = 0 \qquad 矩的和等于零$$

$$g \sum (x_k - \bar{x}) m_k = 0 \qquad 和的数乘法则$$

$$\sum (x_k m_k - \bar{x} m_k) = 0 \qquad g\ 除去,m_k\ 分配率$$

$$\sum x_k m_k - \sum \bar{x} m_k = 0 \qquad 把差的和改换或和的差$$

$$\sum x_k m_k = \bar{x} \sum m_k \qquad 移项,再用数乘法则$$

$$\bar{x} = \frac{\sum x_k m_k}{\sum m_k} \qquad 解出 \bar{x}$$

最后的等式表明要求 $\bar{x}$,只要用关于原点的系统矩除以系统的总质量,即

$$\bar{x} = \frac{\sum x_k m_k}{\sum m_k} = \frac{关于原点的系统矩}{系统质量}$$

点 $\bar{x}$ 就称为系统的**质心**.

分布在平面区域上的质量

假设平面上有一有限质点集,位于 (x_k, y_k) 的质点的质量为 m_k(见图 12.17). 系统质量为:

$$M = \sum m_k.$$

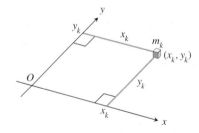

图 12.17　每一质量 m_k 关于每个轴有一个力矩

每一质量 m_k 关于每个轴有一个力矩. 其关于 x 轴的力矩是 $m_k y_k$,关于 y 轴的力矩是 $m_k x_k$,于是整个系统关于两轴的力矩分别是

$$关于\ x\ 轴的力矩: \quad M_x = \sum m_k y_k,$$

$$关于\ y\ 轴的力矩: \quad M_y = \sum m_k x_k.$$

系统质心的 x 坐标定义为

$$\bar{x} = \frac{M_y}{M} = \frac{\sum m_k x_k}{\sum m_k}. \tag{4}$$

同一维情况一样,如此确定的 $\bar{x}$,使系统关于直线 $x = \bar{x}$ 平衡(图 12.18).

系统质心的 y 坐标定义为

$$\bar{y} = \frac{M_x}{M} = \frac{\sum m_k x_k}{\sum m_k}. \tag{5}$$

且如此确定的 $\bar{y}$,也使系统关于直线 $y = \bar{y}$ 平衡.关于直线 $y = \bar{y}$ 由质量产生的力矩抵消掉了.系统的整体作用就好像质量都集中在一点 $(\bar{x}, \bar{y})$ 上一样.我们就把这一点叫作系统的<u>质心</u>.

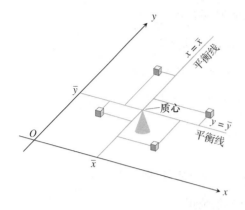

图 12.18　关于其质心平衡的二维质点阵.

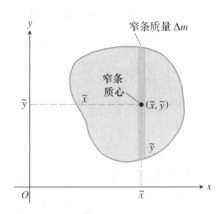

图 12.19　一个薄平板被分割成平行于 y 轴的窄条,每一窄条关于每个轴的矩,相当于其质量 Δm 集中于窄条的质心 $(\tilde{x}, \tilde{y})$ 处所产生的矩.

质量连续分布的薄平板的质量

在实际应用中,有时需要求出薄平板的质心:比如说,一个铝盘或一三角形钢片.这种情况下,我们总假设质量分布是连续的.而我们用来计算 $\bar{x}$ 和 $\bar{y}$ 的公式是积分而不再是有限和了.积分以下列形式出现.

假设圆盘占据 xy 平面的某一区域,并被分割成平行于两轴之一(如图 12.19 中,平行于 y 轴)的若干细条(如图 12.19).设一典型条的质心为 $(\tilde{x}, \tilde{y})$.以下就把这一条的质量 Δm 认为都集中在 $(\tilde{x}, \tilde{y})$.则该条关于 y 轴的力矩为 $\tilde{x}\Delta m$,该条关于 x 轴的力矩为 $\tilde{y}\Delta m$,于是等式(4)及(5)变为

$$\bar{x} = \frac{M_y}{M} = \frac{\sum \tilde{x}\Delta m}{\sum \Delta m}, \quad \bar{y} = \frac{M_x}{M} = \frac{\sum \tilde{y}\Delta m}{\sum \Delta m}.$$

这些等式中的和是相应积分的 Riemann 和,随着圆盘被分割的窄条越来越细,对和式取极限就得到积分表达式.我们把这些写作二重积分可以适合多种形状及密度函数.**质量**本身就是连续密度函数的积分,记为 $\delta(x,y)$(某些物理学家使用 $\rho(x,y)$ 表示密度).有关质量、一阶矩,和质心的公式在表 12.1 中列出.

表 12.1　位于 xy 平面某区域上的薄板的质量及一阶矩公式

密度：$\delta(x,y)$

质量：$M = \iint \delta(x,y)\,dA$

一阶矩：$M_x = \iint y\delta(x,y)\,dA, \quad M_y = \iint x\delta(x,y)\,dA.$

质心：$\bar{x} = \dfrac{M_y}{M}, \quad \bar{y} = \dfrac{M_x}{M}.$

注:**密度**　一种材料的密度是指其单位体积的质量.实际中却愿意用便于测量的单位;如对电线、细棒、窄条板使用单位长度质量,而对平板及圆盘等用单位面积质量.

例 4（求密度变化的薄板的质心） 一薄板位于第一象限的三角形区域,其边界为 x 轴,直线 $x = 1$ 和 $y = 2x$. 薄板在点 (x,y) 的密度 $\delta(x,y) = 6x + 6y + 6$. 求薄板关于坐标轴的质量、一阶矩和质心.

解 画出薄板的草图,并详尽写出积分限(图 12.20). 薄板的质量为

$$M = \int_0^1 \int_0^{2x} \delta(x,y) \, dy \, dx = \int_0^1 \int_0^{2x} (6x + 6y + 6) \, dy \, dx$$

$$= \int_0^1 (6xy + 3y^2 + 6y) \Big|_{y=0}^{y=2x} dx$$

$$= \int_0^1 (24x^2 + 12x) \, dx = (8x^3 + 6x^2) \Big|_0^1 = 14.$$

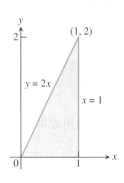

图 12.20 例 4 中被薄板覆盖的三角形区域

关于 x 轴的一阶矩为

$$M_x = \int_0^1 \int_0^{2x} y \delta(x,y) \, dy \, dx = \int_0^1 \int_0^{2x} (6xy + 6y^2 + 6y) \, dy \, dx$$

$$= \int_0^1 (3xy^2 + 2y^3 + 3y^2) \Big|_{y=0}^{y=2x} dx = \int_0^1 (28x^3 + 12x^2) \, dx$$

$$= (7x^4 + 4x^3) \Big|_0^1 = 11.$$

类似的计算给出关于 y 轴的矩:

$$M_y = \int_0^1 \int_0^{2x} x \delta(x,y) \, dy \, dx = 10.$$

质心的坐标为

$$\bar{x} = \frac{M_y}{M} = \frac{10}{14} = \frac{5}{7}, \quad \bar{y} = \frac{M_x}{M} = \frac{11}{14}.$$

注:要算 M_x 应该用 y 乘以密度函数,算 M_y 则应该用 x 乘以密度函数.

惯性矩

物体的一阶矩(表 12.1)告诉我们的是重力场中有关平衡和物体所受到的转动力矩. 如果物体是一个旋转的杆状物,我们则对杆上储存多少能量,或到底要具有多少能量才能使旋转杆加速到某一特定的角速度更感兴趣,而这正是二阶矩或惯性矩要讨论的问题.

设想将杆状物细分成质量为 Δm_k 的小块,令 r_k 代表第 k 块的质心到旋转轴的距离 (图 12.21). 如果此杆以每秒 $\omega = d\theta/dt$ 弧度的角速度旋转,则小块的质心将以下面的线速度

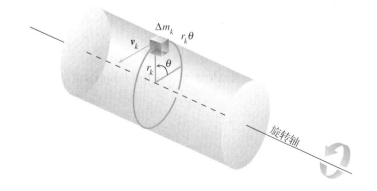

图 12.21 要确定表示旋转的杆储存的能量的积分表达式,设想把此杆细分成小块. 每个小块都有自己的动能. 把各个小块上分布的能量都加起来,就可求出杆的动能.

沿其轨道旋转：

$$v_k = \frac{\mathrm{d}}{\mathrm{d}t}(r_k \theta) = r_k \frac{\mathrm{d}\theta}{\mathrm{d}t} = r_k \omega.$$

小块的动能近似为

$$\frac{1}{2}\Delta m_k v_k^2 = \frac{1}{2}\Delta m_k (r_k \omega)^2 = \frac{1}{2}\omega^2 r_k^2 \Delta m_k.$$

杆的动能则近似是

$$\sum \frac{1}{2}\omega^2 r_k^2 \Delta m_k.$$

随着杆被分割得越来越细，由这些和近似取极限得到的积分就给出杆的动能：

$$\mathrm{KE}_{杆} = \frac{1}{2}\int \omega^2 r^2 \mathrm{d}m = \frac{1}{2}\omega^2 \int r^2 \mathrm{d}m. \tag{6}$$

其中因子

$$I = \int r^2 \mathrm{d}m \tag{7}$$

为杆关于旋转轴的惯性矩，并从(6)式可见杆的动能是：

$$\mathrm{KE}_{杆} = \frac{1}{2}I\omega^2. \tag{8}$$

要启动以 ω 为角速度旋转的杆状物，需要提供动能 $\mathrm{KE} = (1/2)I\omega^2$. 而要终止杆的转动，则应释放出等量的能. 要启动以线速度 v 运行的质量为 m 的机车，需要提供 $\mathrm{KE} = (1/2)mv^2$ 的动能，要使机车停住，也同样应释放等量的能量. 杆的惯性矩与机车的质量是类似的. 使机车难以启动或停止的是它的质量. 使杆难以启动或停止的是它的惯性矩. 惯性矩不仅要考虑质量，还要考虑它的分布.

惯性矩还有一个作用，即能确定在一个负荷下水平金属梁将弯曲多大? 横梁的硬度是 I 的一个常数倍，I 为关于横梁纵向轴的一个典型的横截面的惯性矩. I 的值越大，横梁越硬，它在一定负载下的弯曲就越小. 这就是为什么我们使用工字型钢梁而不用方截面的钢梁. 梁的上下部的凸边缘承受了梁的绝大部分质量以免其承载在纵向轴上，从而极大化了 I 的值(图 12.22).

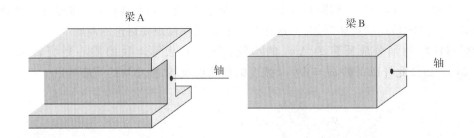

图 12.22 关于横梁纵向轴的横截面的惯性矩越大，横梁越坚硬. 梁 A 与 B 有相同的横截面，但 A 更坚硬.

如果你要看一看惯性矩起什么作用,请试做以下实验.用线将两个硬币系在铅笔的两端并在质心附近捻转铅笔.你每次改变运动方向时感到的阻力说明有惯性矩.现将两硬币向质心移动相等的距离,再捻动铅笔.系统有相同的质量和相同的质心,但运动中再改变方向感觉阻力较小.惯性矩已减小了.惯性矩也正是给棒球球棍,高尔夫球棒,或网球球拍以"感觉"的东西.网球拍其重量相同,样子没变,质心也相同,但若它们的质量不以相同的方式分布就将有不同的感觉,而且运行起来也不同.

注:一阶矩是"平衡"矩,二阶矩是"旋转"矩.

表 12.2 列出惯性矩(也叫二阶矩)的公式以及旋转半径.

表 12.2　xy 平面中薄板的二阶矩公式

惯性矩(二阶矩):

关于 x 轴:　$I_x = \iint y^2 \delta(x,y) \, dA$　　　关于 y 轴:　$I_y = \iint x^2 \delta(x,y) \, dA$

关于原点(极点)　$I_0 = \iint (x^2 + y^2) \delta(x,y) \, dA = I_x + I_y$

关于直线 L:　$I_L = \iint r^2(x,y) \delta(x,y) \, dA$　其中 $r(x,y)$ = 点 (x,y) 到直线 L 的距离

旋转半径:　关于 x 轴:　$R_x = \sqrt{I_x/M}$

关于 y 轴:　$R_y = \sqrt{I_y/M}$

关于原点:　$R_0 = \sqrt{I_0/M}$

一阶矩 M_x 和 M_y,与**惯性矩**或**二阶矩** I_x 和 I_y 之间数学上的差别是二阶矩使用"力臂" x 和 y 的平方.

矩 I_0 也称作关于极点的惯性**极矩**.它可通过对密度 $\delta(x,y)$(单位面积质量)与 $r^2 = x^2 + y^2$ 的积作积分求得,r^2 是一点 (x,y) 到原点的距离的平方.注意到 $I_0 = I_x + I_y$;则一旦知道其中两个,自动可得第三个值.(矩 I_0 有时也叫作 I_z,是关于 z 轴的惯性矩.等式 $I_0 = I_x + I_y$ 也被称作**垂轴定理**.)

旋转半径 R_x 由等式 $I_x = MR_x^2$ 定义.它能说明薄板可集中的质量距离 x 轴多远以给出同样的 I_x,旋转半径则给出一个以质量和长度来表示惯性矩的方便的方法.半径 R_y 和 R_0 也可类似定义:

$$I_y = MR_y^2 \quad \text{或} \quad I_0 = MR_0^2.$$

在表 12.2 中我们取方根就得到公式.

例 5(求惯性矩和旋转半径)　对例 4 中的薄板(见图 12.20),求惯性矩和关于坐标轴和原点的旋转半径.

解　用例 4 中密度函数 $\delta(x,y) = 6x + 6y + 6$,关于 x 轴的惯性矩为

$$I_x = \int_0^1 \int_0^{2x} y^2 \delta(x,y) \, dy \, dx = \int_0^1 \int_0^{2x} (6xy^2 + 6y^3 + 6y^2) \, dy \, dx$$

$$= \int_0^1 \left(2xy^3 + \frac{3}{2}y^4 + 2y^3\right)\Big|_{y=0}^{y=2x} dx = \int_0^1 (40x^4 + 16x^3) dx$$

$$= [8x^5 + 4x^4]\Big|_0^1 = 12.$$

注意：在计算 I_x 中，对 y^2 与密度的积作积分，计算 I_y 是对 x^2 与密度的积作积分.

类似地关于 y 轴的惯性矩为

$$I_y = \int_0^1 \int_0^{2x} x^2 \delta(x,y) \, dy \, dx = \frac{39}{5}.$$

因为已经知道了 I_x 和 I_y，所以无须再用积分求 I_0；可以用 $I_0 = I_x + I_y$ 计算：

$$I_0 = 12 + \frac{39}{5} = \frac{60+39}{5} = \frac{99}{5}.$$

三个旋转半径为

$$R_x = \sqrt{\frac{I_x}{M}} = \sqrt{\frac{12}{14}} = \sqrt{\frac{6}{7}} \approx 0.93$$

$$R_y = \sqrt{\frac{I_y}{M}} = \sqrt{\left(\frac{39}{5}\right)\Big/14} = \sqrt{\frac{39}{70}} \approx 0.75$$

$$R_0 = \sqrt{\frac{I_0}{M}} = \sqrt{\left(\frac{99}{5}\right)\Big/14} = \sqrt{\frac{99}{70}} \approx 1.19$$

几何形心

当一个物体的密度是常数，$\bar{x}$ 与 $\bar{y}$ 的公式中分子和分母的常数密度便可约去. 所以涉及求 $\bar{x}$ 与 $\bar{y}$ 的问题，可以设 $\delta \equiv 1$. 因此，当 δ 是常数时，确定质心问题就变成只要看物体的形状而不是它所构成的物质. 这种情况下，工程师们可以称质心为**形心**. 要找出形心，令 $\delta = 1$ 且在求 $\bar{x}$ 和 $\bar{y}$ 时，同以前一样，用一阶矩除以质量.

例 6（求一区域的形心） 确定第一象限中以直线 $y = x$ 和抛物线 $y = x^2$ 为边界的区域的形心.

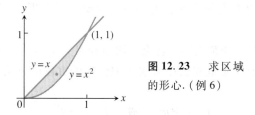

图 12.23 求区域的形心.（例 6）

解 画出区域的图，标出求整体量极限应该注明的一切（图 12.23）. 令 $\delta = 1$，从表 12.1 找出合适的公式作计算：

$$M = \int_0^1 \int_{x^2}^x 1 \, dy \, dx = \int_0^1 [y]_{y=x^2}^{y=x} dx = \int_0^1 (x - x^2) dx = \left[\frac{x^2}{2} - \frac{x^3}{3}\right]_0^1 = \frac{1}{6}$$

$$M_x = \int_0^1 \int_{x^2}^x y \, dy \, dx = \int_0^1 \left[\frac{y^2}{2}\right]_{y=x^2}^{y=x} dx = \int_0^1 \left(\frac{x^2}{2} - \frac{x^4}{2}\right) dx = \left[\frac{x^3}{6} - \frac{x^5}{10}\right]_0^1 = \frac{1}{15}$$

$$M_y = \int_0^1 \int_{x^2}^x x \, dy \, dx = \int_0^1 [xy]_{y=x^2}^{y=x} dx = \int_0^1 (x^2 - x^3) dx = \left[\frac{x^3}{3} - \frac{x^4}{4}\right]_0^1 = \frac{1}{12}$$

从 M, M_x 和 M_y 的这些结果,就可求得:

$$\bar{x} = \frac{M_y}{M} = \frac{1/12}{1/6} = \frac{1}{2}, \quad \bar{y} = \frac{M_x}{M} = \frac{1/15}{1/6} = \frac{2}{5}.$$

形心即是点 $\left(\frac{1}{2}, \frac{2}{5}\right)$.

习题 12.2

用二重积分求面积

第 1 – 8 题,画出所给直线和曲线所围区域的图形. 然后用二重积分表示区域的面积并计算之.

1. 坐标轴和直线 $x + y = 2$.
2. 直线 $x = 0, y = 2x$ 和 $y = 4$.
3. 抛物线 $x = -y^2$ 和直线 $y = x + 2$.
4. 抛物线 $x = y - y^2$ 和直线 $y = -x$.
5. 曲线 $y = e^x$ 和直线 $y = 0, x = 0$, 及 $x = \ln 2$.
6. 曲线 $y = \ln x$ 和 $y = 2\ln x$, 及直线 $x = e$, 在第一象限部分.
7. 抛物线 $x = y^2$ 和 $x = 2y - y^2$.
8. 抛物线 $x = y^2 - 1$ 和 $x = 2y^2 - 2$.

识别积分区域

第 9 – 14 题中的积分及积分和给出 xy 平面中的一些区域的面积. 画图,用曲线的方程标示每一边界曲线,并标示出曲线交点的坐标. 然后求出区域的面积.

9. $\int_0^6 \int_{\frac{y^2}{3}}^{2y} dx dy$
10. $\int_0^3 \int_{-x}^{x(2-x)} dy dx$
11. $\int_0^{\frac{\pi}{4}} \int_{\sin x}^{\cos x} dy dx$
12. $\int_{-1}^2 \int_{y^2}^{y+2} dx dy$
13. $\int_{-1}^0 \int_{-2x}^{1-x} dy dx + \int_0^2 \int_{-\frac{x}{2}}^{1-x} dy dx$
14. $\int_0^2 \int_{x^2-4}^0 dy dx + \int_0^4 \int_0^{\sqrt{x}} dy dx$

积分平均值

15. 在下列区域上求 $f(x,y) = \sin(x + y)$ 的均值.
    (a) 矩形域: $0 \leqslant x \leqslant \pi, 0 \leqslant y \leqslant \pi$
    (b) 矩形域: $0 \leqslant x \leqslant \pi, 0 \leqslant y \leqslant \frac{\pi}{2}$

16. 你认为以下两个均值哪个更大些,是在方域 $0 \leqslant x \leqslant 1, 0 \leqslant y \leqslant 1$ 上 $f(x,y) = xy$ 的均值,还是 f 在第一象限的四分之一圆: $x^2 + y^2 \leqslant 1$ 上的均值?试用计算找出答案.

17. 求抛物面 $z = x^2 + y^2$ 在方域 $0 \leqslant x \leqslant 2, 0 \leqslant y \leqslant 2$ 上的平均高度.

18. 求 $f(x,y) = \frac{1}{xy}$ 在方域 $\ln 2 \leqslant x \leqslant 2\ln 2, \ln 2 \leqslant y \leqslant 2\ln 2$ 上的均值.

常数密度

19. **求质心** 求位于第一象限以直线 $x = 0, y = x$ 和抛物线 $y = 2 - x^2$ 为边界的区域上,密度 $\delta = 3$ 的薄板的质心.

20. **求惯性和旋转半径** 求位于第一象限以直线 $x=3$, 和 $y=3$ 为边界的区域上密度为常数 δ 的薄矩形板关于两坐标轴的惯性矩和旋转半径.

21. **求形心** 求第一象限以 x 轴, 抛物线 $y^2=2x$, 和直线 $x+y=4$ 为边界的区域的形心.

22. **求形心** 求第一象限被直线 $x+y=3$ 割下的三角形区域的形心.

23. **求形心** 求以 x 轴和 $y=\sqrt{1-x^2}$ 为边界的半圆区域的形心.

24. **求形心** 设第一象限中以抛物线 $y=6x-x^2$ 和直线 $y=x$ 为边界的区域的面积为 25/6 个平方单位, 求其形心.

25. **求形心** 求被圆 $x^2+y^2=a^2$ 割下的第一象限区域的形心.

26. **求形心** 求 x 轴和弧 $y=\sin x, 0 \leq x \leq \pi$ 之间区域的形心.

27. **求惯性矩** 求由圆 $x^2+y^2=4$ 所界密度 $\delta=1$ 的薄板关于 x 轴的惯性矩. 然后再用所得结果求出薄板的 I_y 和 I_0.

28. **求惯性矩** 求以区间 $\pi \leq x \leq 2\pi$ 与曲线 $y=\dfrac{\sin^2 x}{x^2}$ 为界, 密度 $\delta=1$ 的薄片关于 y 轴的惯性矩.

29. **无穷区域的形心** 求由坐标轴和曲线 $y=e^x$ 所围第二象限中的无穷区域的形心. (在"质量 – 矩"公式中用反常积分.)

30. **无穷平板的一阶矩** 求第一象限中曲线 $y=e^{-x^2/2}$ 下复盖的无穷区域, $\delta(x,y)=1$ 的薄板关于 y 轴的一阶矩.

可变密度

31. **求惯性矩和旋转半径** 求以抛物线 $x=y-y^2$ 和直线 $x+y=0$ 为边界的密度为 $\delta(x,y)=x+y$ 的薄板关于 x 轴的惯性矩和旋转半径.

32. **求质量** 求密度函数 $\delta(x,y)=5x$, 位于椭圆 $x^2+4y^2=12$ 被抛物线 $x=4y^2$ 截得较小区域上的薄板的质量.

33. **求质心** 求一个以 y 轴, $y=x$ 和 $y=2-x$ 为边界的密度为 $\delta(x,y)=6x+6y+3$ 的薄三角板的质心.

34. **求质心和惯性矩** 求以曲线 $x=y^2$ 和 $x=2y-y^2$ 为边界密度为 $\delta(x,y)=y+1$ 的薄板关于 x 轴的质心和转动惯量.

35. **求质心、惯性矩和旋转半径** 求第一象限被直线 $x=6$ 和 $y=1$ 割下的密度为 $\delta(x,y)=x+y+1$ 的薄矩形板关于 y 轴的质心、转动惯量和旋转半径.

36. **求质心、惯性矩和旋转半径** 求以直线 $y=1$ 和抛物线 $y=x^2$ 为边界的密度为 $\delta(x,y)=y+1$ 的薄板关于 y 轴的质心、转动惯量和旋转半径.

37. **求质心、惯性矩和旋转半径** 求以 x 轴, 直线 $x=\pm 1$ 和抛物线 $y=x^2$ 为边界的密度为 $\delta(x,y)=7y+1$ 的薄板关于 y 轴的质心、转动惯量和旋转半径.

38. **求质心、惯性矩和旋转半径** 求以直线 $x=0, x=20, y=-1$ 和 $y=1$ 为边界的密度为 $\delta(x,y)=1+(x/20)$ 的矩形薄板关于 x 轴的质心、转动惯量和旋转半径.

39. **求质心、惯性矩和旋转半径** 求以直线 $y=x, y=-x$ 和 $y=1$ 为边界的密度为 $\delta(x,y)=y+1$ 的三角形薄板关于坐标轴的质心、转动惯量和旋转半径, 以及惯性极矩和旋转半径.

40. **求质心、惯性矩和旋转半径** 如 39 题令 $\delta(x,y)=3x^2+1$, 再作计算.

理论和例子

41. **细菌数目** 若 $f(x,y)=\dfrac{(10\,000 e^y)}{1+\dfrac{|x|}{2}}$ 在 xy 平面代表某种细菌的"种群密度", 其中 x 和 y 单位为厘米, 试求在矩形域: $-5 \leq x \leq 5, -2 \leq y \leq 0$ 内的细菌总数.

习题 12.2

42. **局部人口** 若以 $f(x,y)=100(y+1)$ 代表地球上平原地区的人口密度,其中 x,y 单位为英里,求在以曲线 $x=y^2$ 和 $x=2y-y^2$ 为界的区域内的人口数目.

43. **器具设计** 当设计一个器具时,一个令大家关心的问题就是如何使器具不会翻倒. 若倾斜,只要它的质心位于支承轴改为正确的一侧,就能自己正过来,该点应是当它翻倒时,器具一直骑在该点上. 假设密度近似为常数的器具的轮廓是抛物线,且充满 xy 平面中的区域:$0 \leqslant y \leqslant a(1-x^2),\ -1 \leqslant x \leqslant 1$(见附图). 问 a 取什么值才能保证器具倾斜度大于 $45°$ 才会翻倒?

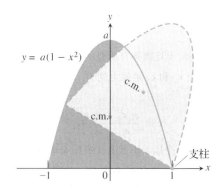

44. **极小惯性矩** 常密度 $\delta(x,y)=1$ 的矩形板位于第一象限以直线 $x=4$ 和 $y=2$ 的区域上. 矩形关于直线 $y=a$ 的惯性矩 I_a 为:

$$I_a = \int_0^4 \int_0^2 (y-a)^2 \mathrm{d}y\mathrm{d}x.$$

试求 a 的值使 I_a 极小.

45. **无界区域的形心** xy 平面内以曲线 $y=\dfrac{1}{\sqrt{1-x^2}},\ y=\dfrac{-1}{\sqrt{1-x^2}}$ 和直线 $x=0,\ x=1$ 为边界的无穷区域的形心.

46. **细棒的旋转半径** 求一个线密度为 $\delta(\mathrm{gm/cm})$ 长度为 $L(\mathrm{cm})$ 的细棒关于指定轴的旋转半径.
    (a)通过质心且垂直于棒的轴的直线为轴;
    (b)过棒的一端且垂直于棒轴的直线为轴.

47. (续 34 题)此处薄板密度为常数 δ,位于 xy 平面中区域 R,其边界曲线为 $x=y^2$ 和 $x=2y-y^2$.
    (a)**常数密度** 求 δ 使平板与 34 题的平板有相同的质量.
    (b)**均值** 把(a)中求出的 δ 值与在 R 上平板密度 $\delta(x,y)=y+1$ 的均值作比较.

48. **得克萨斯(Texas)州的平均温度** 据 Texas 年鉴,该州共有 254 个县且每个县均有一个国家气象服务站. 假设在 t_0 时刻,254 个县中每一个气象站都记下当地温度. 求出一个公式以给出 Texas 在时刻 t_0 平均温度的一个合理近似. 你的答案应该包含希望在 Texas 年鉴中会有用的信息.

平行轴定理

设 $L_{\mathrm{c.m}}$ 为 xy 平面一直线,它通过平面一区域上质量为 m 的薄板的质心. 另设平面一直线平行于 $L_{\mathrm{c.m}}$ 与 $L_{\mathrm{c.m}}$ 相距为 h. "平行轴定理"是这样叙述的——"平板关于 L 和 $L_{\mathrm{c.m}}$ 的惯性矩 I_L 和 $I_{\mathrm{c.m}}$ 满足方程:

$$I_L = L_{\mathrm{c.m}} + mh^2.$$

这个方程给出一种快捷方法:要求一个矩,只需知道另一个矩及质量.

49. **平行轴定理的证明**.
    (a)证明:薄平板关于平板所在平面内的任何一直线的一阶矩都是零.(提示:将质心放在原点,而直线沿 y

轴.那么公式 $\bar{x} = \dfrac{M_y}{M}$ 会告诉你什么?)

(**b**) 使用(a) 的结果即可得平行轴定理. 设平板的 $L_{\text{c.m}}$ 为 y 轴,并设 L 为 $x = h$. 那么关于 I_L 写出其积分表达式并将它重新写作积分的和,即可得到证明.

50. 求惯性矩

(**a**) 用平行轴定理和例 4 的结果求例 4 的平板关于过平板质心的水平和垂直直线的惯性矩.

(**b**) 使用(a) 的结果求平板关于直线 $x = 1$ 和 $y = 2$ 的惯性矩.

Pappus 公式

Pappus 讲两个非交平面区域的并的质心位于连接各自质心的线段上. 更特殊地,假设 m_1 和 m_2 为位于 xy 平面两非交区域上的薄板 P_1 和 P_2 的质量. 设 $\mathbf{c}_1$ 和 $\mathbf{c}_2$ 是原点到 P_1, P_2 各质心的向量. 则两板之并 $P_1 \cup P_2$ 的质心的向径由以下公式给出:

$$\mathbf{c} = \frac{m_1 \mathbf{c}_1 + m_2 \mathbf{c}_2}{m_1 + m_2}. \tag{9}$$

公式(9)就叫作 Pappus 公式. 更一般地,两个以上但数目为有限个非交平板的质心向径为:

$$\mathbf{c} = \frac{m_1 \mathbf{c}_1 + m_2 \mathbf{c}_2 + \cdots + m_n \mathbf{c}_n}{m_1 + m_2 + \cdots + m_n}. \tag{10}$$

此公式特别对求不规则形状平板的质心更有用. 尤其是对那些几何形心已知,密度为常数的若干片平板构成的不规则形状薄板系.

51. 证明 Pappus's 公式(等式 9). (提示:画出平板在第一象限的图,并将它们的质心标示为 $(\bar{x}_1, \bar{y}_1)$ 和 $(\bar{x}_2, \bar{y}_2)$. $P_1 \cup P_2$ 关于两坐标轴的矩等于什么?)

52. 用等式(9)和数学方法推导对任何正整数 $n > 2$,等式(10)成立.

53. 设 A, B 和 C 为图 12.24a 所示形状. 用 Pappus's 公式求形心.

(**a**) $A \cup B$ (**b**) $A \cup C$

(**c**) $B \cup C$ (**d**) $A \cup B \cup C$.

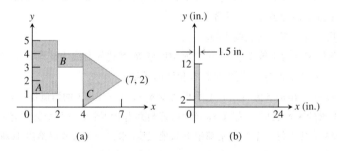

图 12.24　53 及 54 题的图形.

54. 确定质心位置 找出图 12.24b 中的角尺的质心.

55. 一等腰三角形 T 底为 $2a$,高为 h. 其底位于半圆盘 D 的直径上,两者放在一起形状象冰淇凌. 若让 $T \cup D$ 的形心位于 T 和 D 的公式边界上,a 与 h 必得满足什么关系?若在 T 内呢?

56. 一等腰三角形 T 的高为 h,其底为正方形 Q 的一边,其长为 s. (正方形与三角形不交). 要想让 $T \cup Q$ 的形心在三角形底边,h 和 s 之必须满足什么关系?将答案与 55 题作比较.

12.3 极坐标形式的二重积分

用极坐标表示二重积分 • 确定积分限 • 将直角坐标积分变换成极坐标积分

有时一些积分若变换成极坐标形式更便于计算. 本节要介绍怎样完成这种变换和怎样计算区域边界由极坐标方程给出的二重积分.

用极坐标表示二重积分

在定义一个函数在 xy 平面的区域 R 上的二重积分时,我们一开始总是把区域 R 分割成一系列矩形条,使两边分别平行于坐标轴. 分成这些很自然的形状是因为矩形的两边或 x 为常值,或 y 为常值. 在极坐标下,自然形状则是"极坐标矩形",其边也是或 r 为常值,或 θ 为常值.

假设函数 $f(r,\theta)$ 定义在区域 R 上,其边界为射线 $\theta = \alpha, \theta = \beta$,和连续曲线 $r = g_1(\theta)$ 与 $r = g_2(\theta)$. 且设任给一值 θ 位于 α 与 β 之间,都有 $0 \le g_1(\theta) \le g_2(\theta) \le a$. 那么,$R$ 位于一个扇形区域 Q 上,Q 由不等式 $0 \le r \le a, \alpha \le \theta \le \beta$ 定义. 见图 12.25.

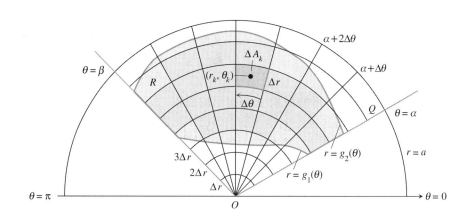

图 12.25 区域 $R: g_1(\theta) \le r \le g_2(\theta), \alpha \le \theta \le \beta$ 包含在扇形区域 $Q: 0 \le r \le a, \alpha \le \theta \le \beta$ 之内,由圆弧与射线对 Q 的分割得到 R 的一个划分.

以圆弧和射线网格覆盖 Q. 弧由中心在原点的一系列圆截出,半径为 $\Delta r, 2\Delta r, \cdots, m\Delta r$,其中 $\Delta r = a/m$. 一系列射线为 $\theta = \alpha, \theta = \alpha + \Delta\theta, \theta = \alpha + 2\Delta\theta, \cdots, \theta = \alpha + m'\Delta\theta = \beta$,其中 $\Delta\theta = (\beta - \alpha)/m'$. 这些弧及射线把 Q 分割成小片,称为"极坐标矩形".

将位于 R 内的极坐标矩形标号排序(序无关紧要),称 n 个小片分别为 $\Delta A_1, \Delta A_2, \cdots, \Delta A_n$.

设 (r_k, θ_k) 为面积为 ΔA_k 的极矩形的中心. 所谓"中心",是指该点位于小极矩形内的两弧及两射线的二分之一交点处. 然后作和式:

$$S_n = \sum_{k=1}^{n} f(r_k, \theta_k) \Delta A_k. \tag{1}$$

若 f 在区域 R 上连续,当细分网格使 Δr 和 $\Delta \theta$ 都趋于零时,这个和将会趋于一个极限值. 此极限就称作 f 在 R 上的二重积分,并记为:

$$\lim_{n\to\infty} S_n = \iint_R f(r, \theta) \, \mathrm{d}A.$$

要计算这个极限,得先以 $\Delta r, \Delta \theta$ 表示 ΔA_k 而写出和 S_n 的具体表达式. ΔA_k 的内侧弧半径为 $r_k - (\Delta r/2)$(图 12.26),外侧弧半径为 $r_k + (\Delta r/2)$,于是,两弧所对的圆扇形的面积分别是:

内径: $\dfrac{1}{2}\left(r_k - \dfrac{\Delta r}{2}\right)^2 \Delta \theta$,   外径: $\dfrac{1}{2}\left(r_k + \dfrac{\Delta r}{2}\right)^2 \Delta \theta$.

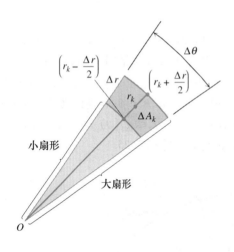

图 12.26   由观察可见

$$\Delta A_k = \binom{\text{大扇形}}{\text{面积}} - \binom{\text{小扇形}}{\text{面积}}$$

从而得出公式 $\Delta A_k = r_k \Delta r \Delta \theta$. 详见以下讲解.

因此,

$$\Delta A_k = \text{大扇形的面积} - \text{小扇形的面积}$$

$$= \frac{\Delta \theta}{2}\left[\left(r_k + \frac{\Delta r}{2}\right)^2 - \left(r_k - \frac{\Delta r}{2}\right)^2\right] = \frac{\Delta \theta}{2}(2r_k \Delta r)$$

$$= r_k \Delta r \Delta \theta.$$

结合等式(1)的结果. 就得出

$$S_n = \sum_{k=1}^{n} f(r_k, \theta_k) r_k \Delta r \Delta \theta.$$

以 Fubini 定理的说法即,和式的极限可以用关于 r, θ 的累次定积分计算而得

$$\iint_R f(r, \theta) \, \mathrm{d}A = \int_{\theta=\alpha}^{\theta=\beta} \int_{r=g_1(\theta)}^{r=g_2(\theta)} f(r, \theta) r \, \mathrm{d}r \, \mathrm{d}\theta. \tag{2}$$

确定积分限

直角坐标系中找积分限的程序也可用于极坐标情况.

如何用极坐标计算二重积分

用极坐标计算区域 R 上的积分 $\iint_R f(r,\theta)dA$，先对 r 积分再对 θ 积分，遵循以下步骤.

第一步：画草图. 画出区域草图并标出边界曲线.

第二步：找 r 的积分限. 设想一射线 L 从原点出发以 r 增加的方式的穿过 R. 标示出射线 L 穿入和穿出的 r 值，它们就是 r 的积分限，且通常依赖角 θ，θ 为 L 与 x 轴正向的夹角.

第三步：找 θ 的积分限. 找出 R 边界的最小和最大的 θ 值，它们是 θ 的积分限.

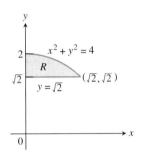
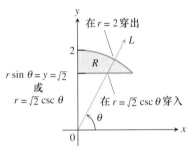
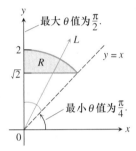

则积分为

$$\iint_R f(r,\theta)\,dA = \int_{\theta=\frac{\pi}{4}}^{\theta=\frac{\pi}{2}} \int_{r=\sqrt{2}\csc\theta}^{r=2} f(r,\theta)r\,dr\,d\theta.$$

例1（确定积分限） 求出 $f(r,\theta)$ 在区域 R 的积分限，R 位于心脏线 $r = 1 + \cos\theta$ 之内，圆 $r = 1$ 之外.

解

第一步：画图. 画出区域草图，并标示出边界曲线（图 12.27）.

第二步：找 r 积分限. 一典型从原点出发的射线在 $r = 1$ 进入 R，$r = 1 + \cos\theta$ 穿出 R.

第三步：找 θ 积分限. 从原点出发的与 R 相交的射线从 $\theta = -\dfrac{\pi}{2}$ 转到 $\theta = \dfrac{\pi}{2}$. 积分为

$$\int_{-\frac{\pi}{2}}^{\frac{\pi}{2}} \int_1^{1+\cos\theta} f(r,\theta)r\,dr\,d\theta.$$

如果 $f(r,\theta)$ 为常数函数，其值恒为1，那么 f 在 R 上的积分恰是区域 R 的面积.

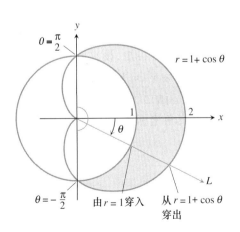

图 12.27 例1 的图.

> **极坐标系下的面积**
>
> 极坐标平面内有界闭区域 R 的面积为
>
> $$A = \iint_R r \mathrm{d}r\mathrm{d}\theta. \tag{3}$$

可能你会发现,这个求面积的公式与所有先前得到的求面积的公式思想是一致的,尽管我们并不证明这个事实.

例 2(用极坐标求面积) 求双纽线所围区域的面积.

解 画图以确定积分限(图 12.28),可见总面积是第一象限部分的 4 倍.

$$A = 4\int_0^{\frac{\pi}{4}} \int_0^{\sqrt{4\cos 2\theta}} r\mathrm{d}r\mathrm{d}\theta = 4\int_0^{\frac{\pi}{4}} \left[\frac{r^2}{2}\right]_{r=0}^{r=\sqrt{4\cos 2\theta}} \mathrm{d}\theta$$

$$= 4\int_0^{\frac{\pi}{4}} 2\cos 2\theta \mathrm{d}\theta = 4\sin 2\theta \bigg|_0^{\frac{\pi}{4}} = 4.$$

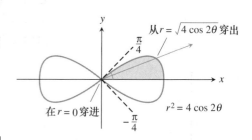

图 12.28 在阴影区域上积分,r 从 0 积到 $\sqrt{4\cos 2\theta}$,θ 从 0 积到 $\frac{\pi}{4}$. (例 2)

将直角坐标积分变换成极坐标积分

积分 $\iint_R f(x,y)\mathrm{d}x\mathrm{d}y$ 由直角坐标变成极坐标分两步:

第一步:在直角坐标积分式中作代换 $x = r\cos\theta, y = r\sin\theta$,并以 $r\mathrm{d}r\mathrm{d}\theta$ 换 $\mathrm{d}x\mathrm{d}y$;

第二步:确定 R 边界的极坐标形式以给出积分限,

则直角坐标系下的积分变为

$$\iint_R f(x,y)\mathrm{d}x\mathrm{d}y = \iint_G f(r\cos\theta, r\sin\theta) r\mathrm{d}r\mathrm{d}\theta, \tag{4}$$

其中 G 代表极坐标下的积分区域. 这与第 4 章的代换方法类似,只不过此处是两个变量作替换而不是一个. 请注意 $\mathrm{d}x\mathrm{d}y$ 不是换成 $\mathrm{d}r\mathrm{d}\theta$,而是换成 $r\mathrm{d}r\mathrm{d}\theta$.

例 3(换直角坐标积分为极坐标积分) 求密度 $\delta(x,y) = 1$ 的薄板的惯性极矩,设它所在区域的边界为第一象限中的四分之一圆 $x^2 + y^2 = 1(0 \leqslant x \leqslant 1, 0 \leqslant y \leqslant 1)$.

解 画出图(图 12.29)以确定积分限.

在直角坐标系,极矩是以下积分值:

$$\int_0^1 \int_0^{\sqrt{1-x^2}} (x^2 + y^2)\mathrm{d}y\mathrm{d}x.$$

先对 y 积分,得

$$\int_0^1 \left(x^2\sqrt{1-x^2} + \frac{(1-x^2)^{3/2}}{3}\right)\mathrm{d}x,$$

这是一个没有公式很难计算的积分.

若将原来的积分换成用极坐标形式算,则要好算得多. 令

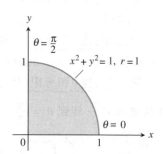

图 12.29 (例 3)用极坐标,区域可以用简单不等式写出:$0 \leqslant r \leqslant 1$ 和 $0 \leqslant \theta \leqslant \frac{\pi}{2}$.

$x = r\cos\theta, y = r\sin\theta$，并将 $\mathrm{d}x\mathrm{d}y$ 换成 $r\mathrm{d}r\mathrm{d}\theta$，得

$$\int_0^1 \int_0^{\sqrt{1-x^2}} (x^2 + y^2) \mathrm{d}y\mathrm{d}x = \int_0^{\frac{\pi}{2}} \int_0^1 r^2 \cdot r\mathrm{d}r\mathrm{d}\theta = \int_0^{\frac{\pi}{2}} \left[\frac{r^4}{4}\right]_{r=0}^{r=1} \mathrm{d}\theta = \int_0^{\frac{\pi}{4}} \frac{1}{4} \mathrm{d}\theta = \frac{\pi}{8}$$

为什么极坐标变换在这里如此有效？一个原因是 $x^2 + y^2$ 简化为 r^2，另一个是积分限变成常数.

例 4（用极坐标计算积分） 计算 $\iint_R e^{x^2+y^2} \mathrm{d}y\mathrm{d}x$，其中 R 为由 x 轴和曲线 $y = \sqrt{1-x^2}$ 所围的半圆形区域（图 12.30）.

解 在直角坐标系中，此题中的积分是非基本类型积分，不管对 x 或是对 y，要积 $e^{x^2+y^2}$ 都没有直接的方法. 但这个积分和其它类似的积分在数学中很重要——例如，在统计学中——因而需要有效的方法计算这个积分. 极坐标正可以解决这类问题. 令 $x = r\cos\theta, y = r\sin\theta$ 并替换 $\mathrm{d}x\mathrm{d}y$ 为 $r\mathrm{d}r\mathrm{d}\theta$，就可以计算这个积分：

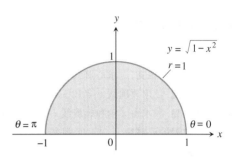

图 12.30　例 4 中的半圆域即区域 $0 \leq r \leq 1, 0 \leq \theta \leq \pi$.

$$\iint_R e^{x^2+y^2} \mathrm{d}y\mathrm{d}x = \int_0^{\pi} \int_0^1 e^{r^2} r\mathrm{d}r\mathrm{d}\theta = \int_0^{\pi} \left[\frac{1}{2} e^{r^2}\right]_0^1 \mathrm{d}\theta$$

$$= \int_0^{\pi} \frac{1}{2}(e - 1) \mathrm{d}\theta = \frac{\pi}{2}(e - 1).$$

$r\mathrm{d}r\mathrm{d}\theta$ 中的 r 正是要计算 e^{r^2} 的积分所必须的. 若没有它，就像一开始，我们仍被困住.

习题 12.3

以极坐标计算积分

第 1—16 题将直角坐标积分变成相应的极坐标形式，然后计算这些极坐标积分.

1. $\int_{-1}^1 \int_0^{\sqrt{1-x^2}} \mathrm{d}y\mathrm{d}x$

2. $\int_{-1}^1 \int_{-\sqrt{1-x^2}}^{\sqrt{1-x^2}} \mathrm{d}y\mathrm{d}x$

3. $\int_0^1 \int_0^{\sqrt{1-y^2}} (x^2 + y^2) \mathrm{d}x\mathrm{d}y$

4. $\int_{-1}^1 \int_{-\sqrt{1-y^2}}^{\sqrt{1-y^2}} (x^2 + y^2) \mathrm{d}y\mathrm{d}x$

5. $\int_{-a}^a \int_{-\sqrt{a^2-x^2}}^{\sqrt{a^2-x^2}} \mathrm{d}y\mathrm{d}x$

6. $\int_0^2 \int_0^{\sqrt{4-y^2}} (x^2 + y^2) \mathrm{d}x\mathrm{d}y$

7. $\int_0^6 \int_0^y x\mathrm{d}x\mathrm{d}y$

8. $\int_0^2 \int_0^x y\mathrm{d}y\mathrm{d}x$

9. $\int_{-1}^0 \int_{-\sqrt{1-x^2}}^0 \frac{2}{1+\sqrt{x^2+y^2}} \mathrm{d}y\mathrm{d}x$

10. $\int_{-1}^1 \int_{-\sqrt{1-y^2}}^0 \frac{4\sqrt{x^2+y^2}}{1+x^2+y^2} \mathrm{d}x\mathrm{d}y$

11. $\int_0^{\ln 2} \int_0^{\sqrt{\ln^2 2 - y^2}} e^{\sqrt{x^2+y^2}} dy dx$

12. $\int_0^1 \int_0^{\sqrt{1-x^2}} e^{-(x^2+y^2)} dy dx$

13. $\int_0^2 \int_0^{\sqrt{1-(x-1)^2}} \frac{x+y}{x^2+y^2} dy dx$

14. $\int_0^2 \int_{-\sqrt{1-(y-1)^2}}^0 xy^2 dx dy$

15. $\int_{-1}^1 \int_{-\sqrt{1-y^2}}^{\sqrt{1-y^2}} \ln(x^2+y^2-1) dx dy$

16. $\int_{-1}^1 \int_{-\sqrt{1-x^2}}^{\sqrt{1-x^2}} \frac{2}{(1+x^2+y^2)^2} dy dx$

在极坐标下求面积

17. 求第一象限被曲线 $r = 2(2-\sin 2\theta)^{\frac{1}{2}}$ 割出的面积.

18. **心脏线与圆相交** 求心脏线 $r = 1+\cos\theta$ 之内, 圆 $r = 1$ 之外区域的面积.

19. **一叶玫瑰** 求玫瑰线 $r = 12\cos 3\theta$ 之一叶所围区域的面积.

20. **螺线贝壳** 求由 x 轴和螺旋线 $r = 4\theta/3, 0 \leq \theta \leq 2\pi$ 所围区域的面积. 区域像个贝壳.

21. **第一象限的心脏线** 求由心脏线 $r = 1+\sin\theta$ 在第一象限割出的面积.

22. **相交的心脏线** 求心脏线 $r = 1+\cos\theta$ 和 $r = 1-\cos\theta$ 内部公共区域的面积.

质量和矩

23. **平板一阶矩** 求常密度 $\delta(x,y) = 3$ 的薄平板关于 x 轴的一阶矩, 平板为在 x 轴之上, 心脏线 $r = 1-\cos\theta$ 之下的区域.

24. **圆盘的惯性矩和极矩** 求由 $x^2+y^2 = a^2$ 所围区域的薄圆盘关于 x 轴和原点的惯性矩, 设圆盘在 (x,y) 点的密度 $\delta(x,y) = k(x^2+y^2)$. k 为常数.

25. **平板质量** 若平板的密度函数 $\delta(x,y) = 1/r$, 求覆盖在圆 $r = 3$ 之外, 圆 $r = 6\sin\theta$ 之内的区域上的薄平板的质量.

26. **心脏线与圆之交的极矩** 求在心脏线 $r = 1-\cos\theta$ 之内, 圆 $r = 1$ 之外区域上的薄平板关于原点的极矩, 设平板的密度函数 $\delta(x,y) = 1/r^2$.

27. **求心脏线的形心** 求心脏线 $r = 1+\cos\theta$ 所围区域的形心.

28. **求心脏线区域的极矩** 由位于心脏线 $r = 1+\cos\theta$ 所围区域的薄平板关于原点的惯性极矩, 设平板的密度函数 $\delta(x,y) = 1$.

平均值

29. **半球的平均高度** 求半球 $z = \sqrt{a^2-x^2-y^2}$ 在 xy 平面圆域 $x^2+y^2 \leq a^2$ 之上的平均高度.

30. **锥的平均高度** 求锥 $z = \sqrt{x^2+y^2}$ 在 xy 平面圆域 $x^2+y^2 \leq a^2$ 上的平均高度.

31. **圆内点到原点的平均距离** 求圆 $x^2+y^2 \leq a^2$ 的内点 $P(x,y)$ 到原点的平均距离.

32. **圆盘的内点到其边界一定点的平均平方距离** 求圆 $x^2+y^2 \leq 1$ 内任一点 $P(x,y)$ 到其边界上的点 $A(1,0)$ 的距离的平方的平均值.

理论和例子

33. **换成极坐标积分** 对区域 $1 \leq x^2+y^2 \leq e$ 上的 $f(x,y) = [\ln(x^2+y^2)]/\sqrt{x^2+y^2}$ 作积分.

34. **换成极坐标积分** 对区域 $1 \leq x^2+y^2 \leq e$ 上的 $f(x,y) = [\ln(x^2+y^2)]/(x^2+y^2)$ 作积分.

35. **非圆柱柱体体积** 以心脏线 $r = 1+\cos\theta$ 之内、圆 $r = 1$ 之外区域为底的正柱体, 其顶为平面 $z = x$. 求柱体体积.

36. **非圆柱柱体的体积** 以双纽线 $r^2 = 2\cos 2\theta$ 所围区域作正柱体的底, 其顶为球面 $z = \sqrt{2-r^2}$, 求该柱体体积.

37. **变换成极坐标**

    (**a**) 计算反常积分 $I = \int_0^\infty e^{-x^2} dx$ 的一般方法是算它的平方：
    $$I^2 = \left(\int_0^\infty e^{-x^2} dx\right)\left(\int_0^\infty e^{-y^2} dy\right) = \int_0^\infty \int_0^\infty e^{-(x^2+y^2)} dxdy.$$
    用极坐标计算右侧积分，然后由等式解得 I.

    (**b**) 求：
    $$\lim_{x\to\infty} \text{erf}(x) = \lim_{x\to\infty} \int_0^x \frac{2e^{-t^2}}{\sqrt{\pi}} dt.$$

38. **变换成极坐标** 计算积分
    $$\int_0^\infty \int_0^\infty \frac{1}{(1+x^2+y^2)^2} dxdy.$$

39. **为学而写** 将函数 $f(x,y) = 1/(1-x^2-y^2)$ 在圆 $x^2+y^2 \leq 3/4$ 上作二重积分. 该积分在 $x^2+y^2 \leq 1$ 上是否存在？对你的回答作说明.

40. **用极坐标求面积的公式** 用极坐标导出以二重积分求面积的公式
    $$A = \int_\alpha^\beta \frac{1}{2} r^2 d\theta.$$
    这是位于极点与极曲线 $r = f(\theta), \alpha \leq \theta \leq \beta$ 之间的扇形区域面积.

41. **到圆内一定点的平均距离** 设 P_0 为半径为 a 的圆内一个定点，令 h 代表 P_0 到圆心的距离. 另设 d 为任一点 P 到 P_0 的距离. 求圆所围区域上 d^2 的平均值.（提示：将圆心设在原点，并让 P_0 在 x 轴上简化问题.）

42. **面积** 设极坐标平面上一区域的面积为：
    $$A = \int_{\pi/4}^{3\pi/4} \int_{\csc\theta}^{2\sin\theta} r\,dr\,d\theta.$$
    画图并求出该面积.

计算机探究

坐标变换

习题 43 – 46，使用 CAS 变换直角坐标下的二重积分为相应的极坐标形式，再算出极坐标积分. 做每一题都按以下步骤.

(**a**) 在 xy 平面画出直角坐标形式的积分区域；

(**b**) 将 (a) 步中的直角坐标形式的区域边界曲线变换成它的极坐标形式，一般是通过解直角方程而求出 r 和 θ；

(**c**) 用 (b) 的结果，画出在 $r\theta$ 平面的极坐标积分区域.

(**d**) 将积分由直角坐标变换成极坐标. 从 (c) 所画的图确定积分限，并使用 CAS 积分计算器求出极坐标积分.

43. $\int_0^1 \int_x^1 \frac{y}{x^2+y^2} dydx$

44. $\int_0^1 \int_0^{x/2} \frac{x}{x^2+y^2} dydx$

45. $\int_0^1 \int_{-y/3}^{y/3} \frac{y}{\sqrt{x^2+y^2}} dxdy$

46. $\int_0^1 \int_y^{2-y} \sqrt{x+y}\, dxdy$

12.4　直角坐标系下的三重积分

三重积分 • 三重积分的性质 • 空间区域的体积 • 确定积分限 • 空间—函数的积分平均值

本书讲三重积分求三维立体的体积、立体的质量和矩,以及三个变量函数的积分平均值等. 在第 13 章,将会看到在研究向量场和流体时这些积分的作用.

三重积分

设 $F(x,y,z)$ 为一个定义在空间有界闭域 D 上的函数——D 为一立体球所占区域,或像一块泥块——则 F 在 D 上的积分可以用以下方式定义. 把一个包含 D 的矩形域用平行于坐标平面的平面分割成小长方体块(图 12.31). 再以某种序将位于 D 内小长方体编号为 1 到 n, 一个典型的小长方块其三维度量分别为 $\Delta x_k, \Delta y_k$ 和 Δz_k, 体积记作 ΔV_k. 在每个小块中取点 (x_k, y_x, z_k), 并作和式

$$S_n = \sum_{k=1}^{n} F(x_k, y_k, z_k) \Delta V_k. \tag{1}$$

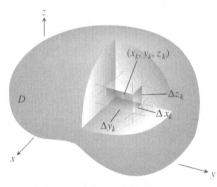

图 12.31　分割一立体,每个小长方块的体积为 ΔV_k.

如果 F 连续,且 D 的边界曲面分片光滑,其交为连续曲线,那么当 $\Delta x_k, \Delta y_k$ 和 Δz_k 独立地趋于零时,和 S_n 有极限

$$\lim_{n \to \infty} S_n = \iiint_D F(x,y,z) \, dV. \tag{2}$$

我们就称此极限为 F 在 D 上的三重积分. 极限对某些不连续函数也是存在的.

三重积分的性质

三重积分有与二重积分和定积分同样的代数性质.

CD-ROM
WEBsite
历史传记
Max Planck
(1858 — 1947)

三重积分的性质

若 $F = F(x,y,z)$ 和 $G = G(x,y,z)$ 连续,则

1. 数乘: $\iiint\limits_{D} kF\,\mathrm{d}V = k\iiint\limits_{D} F\,\mathrm{d}V$ （k 为任何常数）

2. 和与差: $\iiint\limits_{D} (F \pm G)\,\mathrm{d}V = k\iiint\limits_{D} F\,\mathrm{d}V \pm \iiint\limits_{D} G\,\mathrm{d}V$

3. 优势: (**a**) $\iiint\limits_{D} F\,\mathrm{d}V \geq 0$, 若在 D 上 $F \geq 0$

   (**b**) $\iiint\limits_{D} F\,\mathrm{d}V \geq \iiint\limits_{D} G\,\mathrm{d}V$, 若在 D 上 $F \geq G$.

4. 加法: 若 D 为有限个非交子块 $D_k (k = 1,2,\cdots,n)$ 的并,则
$$\iiint\limits_{D} F\,\mathrm{d}V = \iiint\limits_{D_1} F\,\mathrm{d}V + \iiint\limits_{D_2} F\,\mathrm{d}V + \cdots + \iiint\limits_{D_n} F\,\mathrm{d}V$$

空间区域的体积

如果 F 是常函数且它的值为 1,那么等式(1) 的和就化为
$$S_n = \sum F(x_k, y_k, z_k)\Delta V_k = \sum 1 \cdot \Delta V_k = \sum \Delta V_k.$$

随着 $\Delta x, \Delta y$ 和 Δz 趋于零,小体积 ΔV_k 将变得更小且个数更多,但越来越充满 D. 因此可定义 D 的体积就是三重积分
$$\lim_{n \to \infty} \sum_{k=1}^{n} \Delta V_k = \iiint\limits_{D} \mathrm{d}V.$$

定义　体积

空间一有界闭域 D 的体积为
$$V = \iiint\limits_{D} \mathrm{d}V. \tag{3}$$

随后将会看到,用这个三重积分能使我们求出由曲面所围封闭立体的体积.

确定积分限

用三维情况下的 Fubini 定理计算三重积分是通过三次定积分而进行计算的(12.1 节). 同二重积分一样,找三次单变量积分的积分限有一个几何上的程序.

如何找出三重积分的积分限

要计算区域 D 上的积分

$$\iiint_D F(x,y,z)\,dV$$

若先对 z 作积分,再对 y,最后对 x,可采取下列步骤:

第一步:作图. 画出区域 D 及其投影区域 R(垂直投影)的图,R 在 xy 平面内. 标示出 D 的上、下边界曲面及 R 的上、下边界曲线.

第二步:找 z 积分限. 过 R 内一典型点 (x,y) 作一条直线平等于 z 轴. 随 z 的增加,M 在 $z = f_1(x,y)$ 进入 D,又从 $z = f_2(x,y)$ 离开 D. 它们便是 z 的积分限.

第三步:找 y 积分限. 过点 (x,y) 作一条直线 L 平行于 y 轴. 当 y 增加时,L 在 $y = g_1(x)$ 进入 R,在 $y = g_2(x)$ 离开 R,它们便是 y 的积分限.

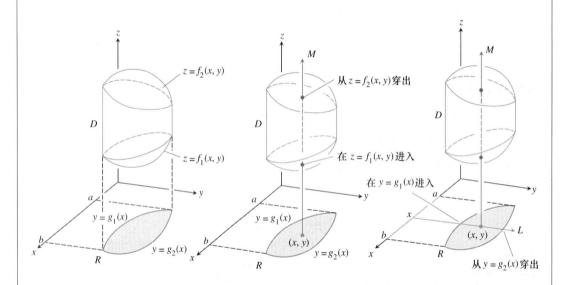

第四步:找 x 积分限. x 的积分限应包括所有通过 R 且平行于 y 轴的直线(如前一图中的 $x = a$ 和 $x = b$). 于是三重积分变为

$$\int_{x=a}^{x=b}\int_{y=g_1(x)}^{y=g_2(x)}\int_{z=f_1(x,y)}^{z=f_2(x,y)} F(x,y,z)\,dz\,dy\,dx.$$

若改变积分限,将用类似的程序. 区域 D 的"影子"总位于另两个变量的平面内,对这另两个变量的累次积分就在该平面内完成.

例1(求体积) 求由曲面 $z = x^2 + 3y^2$ 和 $z = 8 - x^2 - y^2$ 所封闭的区域 D 的体积.

解 所求体积为

$$V = \iiint_D dz\,dy\,dx,$$

即 $F(x,y,z) = 1$ 在 D 上的三重积分. 为计算这个积分而找积分限应采取以下几步.

12.4 直角坐标系下的三重积分

第一步:作图. 两曲面(图 12.32)相交在椭柱上: $x^2 + 3y^2 = 8 - x^2 - y^2$ 即 $x^2 + 2y^2 = 4$. D 在 xy 平面上的投影区域 R 的边界线为一个椭圆, 取同一方程: $x^2 + 2y^2 = 4$. R 的"上"边界是曲线 $y = \sqrt{(4-x^2)/2}$. "下"边界为曲线 $y = -\sqrt{(4-x^2)/2}$.

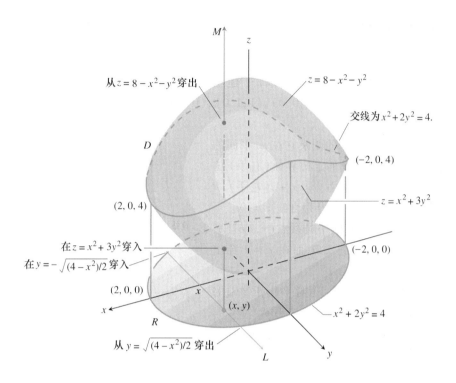

图 12.32 例 1 中所求的两抛物面所围区域的体积.

第二步: 求 z - 积分限. 穿过 R 内一典型点 (x,y) 且平行于 z 轴的直线 M, 在 $z = x^2 + 3y^2$ 进入 D, 而在 $z = 8 - x^2 - y^2$ 离开 D.

第三步: 求 y - 积分限. 通过 (x,y) 且平行于 y 轴的直线 L 在 $y = -\sqrt{(4-x^2)/2}$ 进入 R, 而在 $y = \sqrt{(4-x^2)/2}$ 离开 R.

第四步: 找 x - 积分限. 当直线 L 扫过区域 R, x 的值从 $x = -2$ 在点 $(-2,0,0)$, 到 $x = 2$ 在点 $(2,0,0)$. 于是 D 的体积

$$\begin{aligned}
V &= \iiint_D \mathrm{d}z\mathrm{d}y\mathrm{d}x = \int_{-2}^{2}\int_{-\sqrt{(4-x^2)/2}}^{\sqrt{(4-x^2)/2}}\int_{x^2+3y^2}^{8-x^2-y^2} \mathrm{d}z\mathrm{d}y\mathrm{d}x \\
&= \int_{-2}^{2}\int_{-\sqrt{(4-x^2)/2}}^{\sqrt{(4-x^2)/2}} (8 - 2x^2 - 4y^2)\,\mathrm{d}y\mathrm{d}x \\
&= \int_{-2}^{2}\left[(8-x^2)y - \frac{4}{3}y^3\right]_{y=-\sqrt{(4-x^2)/2}}^{y=\sqrt{(4-x^2)/2}} \mathrm{d}x \\
&= \int_{-2}^{2}\left(2(8-2x^2)\sqrt{\frac{4-x^2}{2}} - \frac{8}{3}\left(\frac{4-x^2}{2}\right)^{3/2}\right)\mathrm{d}x
\end{aligned}$$

$$= \int_{-2}^{2} \left[8 \left(\frac{4-x^2}{2} \right)^{3/2} - \frac{8}{3} \left(\frac{4-x^2}{2} \right)^{3/2} \right] dx = \frac{4\sqrt{2}}{3} \int_{-2}^{2} (4-x^2)^{3/2} dx$$

$$= 8\pi\sqrt{2}(立方单位) \quad 后一积分令 x = 2\sin u 作换元.$$

下一例. 我们将把 D 投影到 xz 平面, 而不是投到 xy 平面, 这样你就可以看到如何使用不同的积分次序.

例2(确定积分次序为 $dydzdx$ 的积分限) 建立计算函数 $F(x,y,z)$ 在四面体 D 上的三重积分的积分限. 此四面体的顶点为 $(0,0,0),(1,1,0),(0,1,0)$ 和 $(0,1,1)$.

解

第一步:作图. 画出区域 D 的图及它在 xz 平面的投影区域 R(图 12.33). 区域 D 的上边界面(右手)位于平面 $y=1$. 下边界面位于平面 $y=x+z$(左手). R 的上边界是直线 $z=1-x$. 下边界为直线 $z=0$.

第二步:y 积分限. 通过 R 内一典型点 (x,z) 且平行于 z 轴的直线在 $y=x+z$ 进入 D, 而在 $y=1$ 穿出 D.

第三步:z-积分限. 通过 (x,z) 且平行于 z 轴的直线 L. 在 $z=0$ 进入 R, 在 $z=1-x$ 离开 R.

第四步:x-积分限. 随 L 扫遍 R, x 的值从 $x=0$ 到 $x=1$. 于是积分为:

$$\int_0^1 \int_0^{1-x} \int_{x+z}^1 F(x,y,z) dydzdx.$$

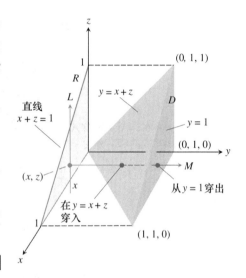

图 12.33 例 2 中的四面体.

例3(用 $dzdydx$ 积分次序重解例2) 要在四面体 D 上以次序 $dzdydx$ 对 $F(x,y,z)$ 积分, 第二至第四步如下.

第二步:z-积分限. 作一直线平行于 z 轴且通过 xy 平面投影区域一典型点 (x,y), 先在 $z=0$ 进入四面体, 后从上部平面 $z=y-x$ 穿出(图 12.33).

第三步:y-积分限. 通过点 (x,y) 且平行于 y 轴的直线则在 xy 平面内从 $y=x$ 进入投影区而在 $y=1$ 离开.

第四步:x-积分限. 当第三步中平行于 y 轴的直线扫过阴影区时, x 的值从 $x=0$ 至 $x=1$ 在点 $(1,1,0)$. 积分则为:

$$\int_0^1 \int_x^1 \int_0^{y-x} F(x,y,z) dzdydx.$$

举例讲, 若 $F(x,y,z)=1$, 则四面体的体积为

$$V = \int_0^1 \int_x^1 \int_0^{y-x} dzdydz = \int_0^1 \int_x^1 (y-x) dydx$$

$$= \int_0^1 \left[\frac{1}{2}y^2 - xy \right]_{y=x}^{y=1} dx = \int_0^1 \left(\frac{1}{2} - x + \frac{1}{2}x^2 \right) dx$$

$$= \left[\frac{1}{2}x - \frac{1}{2}x^2 + \frac{1}{6}x^3 \right]_0^1 = \frac{1}{6}(立方单位)$$

从例 2 通过积分

$$V = \int_0^1 \int_0^{1-x} \int_{x+z}^1 \mathrm{d}y\mathrm{d}z\mathrm{d}x$$

会得到同样的结果. 试算算看!

我们已知,计算二重积分有时(并非总是)可以使用两种不同的积分次序将其化成二次积分. 对三重积分,可能会有多至 6 种的积分次序.

例 4(使用不同的积分次序) 下列每一个积分都给出图 12.34 所示立体的体积.

(**a**) $\int_0^1 \int_0^{1-z} \int_0^2 \mathrm{d}x\mathrm{d}y\mathrm{d}z$ (**b**) $\int_0^1 \int_0^{1-y} \int_0^2 \mathrm{d}x\mathrm{d}z\mathrm{d}y$

(**c**) $\int_0^1 \int_0^2 \int_0^{1-z} \mathrm{d}y\mathrm{d}x\mathrm{d}z$ (**d**) $\int_0^2 \int_0^1 \int_0^{1-z} \mathrm{d}y\mathrm{d}z\mathrm{d}x$

(**e**) $\int_0^1 \int_0^2 \int_0^{1-y} \mathrm{d}z\mathrm{d}x\mathrm{d}y$ (**f**) $\int_0^2 \int_0^1 \int_0^{1-y} \mathrm{d}z\mathrm{d}y\mathrm{d}x$

让我们把(b)及(c)算出来

$$V = \int_0^1 \int_0^{1-y} \int_0^2 \mathrm{d}x\mathrm{d}z\mathrm{d}y \quad (b) 的积分$$

$$= \int_0^1 \int_0^{1-y} 2\mathrm{d}z\mathrm{d}y = \int_0^1 [2x]_{z=0}^{z=1-y} \mathrm{d}y$$

$$= \int_0^1 2(1-y)\mathrm{d}y = 1(立方单位)$$

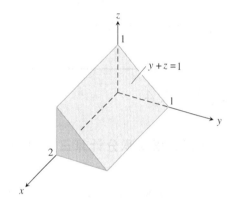

图 12.34 例 4 给出求棱柱体积的 6 种不同三重积分的累次积分.

再算

$$V = \int_0^1 \int_0^2 \int_0^{1-z} \mathrm{d}y\mathrm{d}x\mathrm{d}z \quad (c) 的积分$$

$$= \int_0^1 \int_0^2 (1-z)\mathrm{d}x\mathrm{d}z = \int_0^1 [x - zx]_{x=0}^{x=2} \mathrm{d}z$$

$$= \int_0^1 (2-2z)\mathrm{d}z = 1(立方单位)$$

空间一函数的积分平均值

空间区域 D 上函数 F 的(积分)平均值由下式定义

$$F 在 D 上的\textbf{平均值} = \frac{1}{D 的体积} \iiint_D F \mathrm{d}V. \tag{4}$$

例如,$F(x,y,z) = \sqrt{x^2 + y^2 + z^2}$,则 F 在 D 上的平均值就是 D 上的点到原点的平均距离. 若 $F(x,y,z)$ 是空间区域 D 上一立体的密度,则 F 在 D 的均值就是该立体的平均密度,其单位为每单位体积的质量.

例 5(求平均值) 求 $F(x,y,z) = xyz$ 在第一卦限以坐标平面和平面 $x = 2, y = 2$ 及 $z = 2$ 为界的立体上的平均密度.

解 画图,以详尽显示积分限(图 12.35),然后再用等式 (4) 计算 F 在该立体上的均值.

事实上,立体体积为 $(2)(2)(2) = 8$. F 在立体上的积分值为:

$$\int_0^2 \int_0^2 \int_0^2 xyz\,dx\,dy\,dz = \int_0^2 \int_0^2 \left[\frac{x^2}{2}yz\right]_{x=0}^{x=2} dy\,dz = \int_0^2 \int_0^2 2yz\,dy\,dz$$

$$= \int_0^2 [y^2 z]_{y=0}^{y=2} dz = \int_0^2 4z\,dz = [2z^2]_0^2 = 8.$$

用所得值及等式(4) 可得

$$\begin{matrix} xyz \text{ 在立体上}\\ \text{的平均值}\end{matrix} = \frac{1}{\text{体积}} \iiint_D xyz\,dV = \frac{1}{8} \cdot 8 = 1.$$

在积分的计算中,我们选择次序 $dx\,dy\,dz$,但其它五种可能次序的任一个也能给出相同结果.

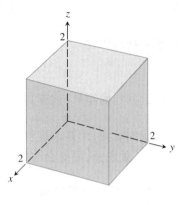

图 12.35 例 5 的积分区域

习题 12.4

以不同的累次积分计算三重积分

1. 再算例 2 中的积分,取 $F(x,y,z) = 1$,求四面体的体积.
2. **长方体的体积** 以 6 种不同的累次三重积分写出一长方体的体积,该长方体在第一卦限,以坐标平面和平面 $x = 1, y = 2$ 和 $z = 3$ 为边界. 计算这些积分中的一个.
3. **四面体体积** 写出一四面体体积的 6 种不同的三重积分,此四面体是由平面 $6x + 3y + 2z = 6$ 割出的第一卦限部分. 计算其中之一.
4. **立体体积** 写出由圆柱 $x^2 + z^2 = 4$ 和平面 $y = 3$ 所封闭的区域的体积的 6 种不同的三重积分,并计算其中一种.
5. **抛物面所围体积** 设 D 为由 $z = 8 - x^2 - y^2$ 和 $z = x^2 + y^2$ 所围区域. 写出 D 的体积的 6 种不同的三次积分. 计算其中之一.
6. **在平面之下抛物面之内的体积** 设 D 为抛物面 $z = x^2 + y^2$ 与平面 $z = 2y$ 所围区域,写出积分次序为 $dz\,dx\,dy$ 和 $dz\,dy\,dx$ 的累次积分以表示 D 的体积. 不必算出积分.

计算三重累次积分

计算题 7 – 20 中的积分

7. $\int_0^1 \int_0^1 \int_0^1 (x^2 + y^2 + z^2)\,dz\,dy\,dx$
8. $\int_0^{\sqrt{2}} \int_0^{3y} \int_{x^2+3y^2}^{8-x^2-y^2} dz\,dx\,dy$
9. $\int_1^e \int_1^e \int_1^e \frac{1}{xyz}\,dx\,dy\,dz$
10. $\int_0^1 \int_0^{3-3x} \int_0^{3-3x-y} dz\,dy\,dx$
11. $\int_0^1 \int_0^\pi \int_0^\pi y\sin z\,dx\,dy\,dz$
12. $\int_{-1}^1 \int_{-1}^1 \int_{-1}^1 (x + y + z)\,dy\,dx\,dz$
13. $\int_0^3 \int_0^{\sqrt{9-x^2}} \int_0^{\sqrt{9-x^2}} dz\,dy\,dx$
14. $\int_0^2 \int_{-\sqrt{4-y^2}}^{\sqrt{4-y^2}} \int_0^{2x+y} dz\,dx\,dy$
15. $\int_0^1 \int_0^{2-x} \int_0^{2-x-y} dz\,dy\,dx$
16. $\int_0^1 \int_0^{1-x^2} \int_3^{4-x^2-y} x\,dz\,dy\,dx$
17. $\int_0^\pi \int_0^\pi \int_0^\pi \cos(u + v + w)\,du\,dv\,dw$ (uvw – 空间)
19. $\int_0^{\pi/4} \int_0^{\ln \sec v} \int_{-\infty}^{2t} e^x\,dx\,dt\,dv$ (tvx – 空间)
20. $\int_0^7 \int_0^2 \int_0^{\sqrt{4-q^2}} \frac{q}{r+1}\,dp\,dq\,dr$ (pqr – 空间)

用三重积分求体积

21. 如下图,在区域上作积分 $\int_{-1}^{1}\int_{x^2}^{1}\int_{0}^{1-y} dzdydx$.

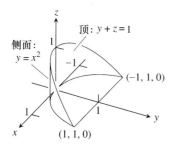

把此积分再用以下次序写出相应的累次积分.
(**a**) $dydzdx$ (**b**) $dydxdz$
(**c**) $dxdydz$ (**d**) $dxdzdy$
(**e**) $dzdxdy$.

22. 积分 $\int_{0}^{1}\int_{-1}^{0}\int_{0}^{y^2} dzdydx$ 的积分区域如下

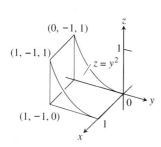

再将此积分以下列次序写出相应的累次积分
(**a**) $dydzdx$ (**b**) $dydxdz$
(**c**) $dxdydz$ (**d**) $dxdzdy$
(**e**) $dzdxdy$.

求出题 23 - 26 中区域的体积.

23. 介于柱面 $z = y^2$ 和 xy 平面之间,并以平面 $x = 0$, $x = 1, y = -1, y = 1$ 为边界面的区域.

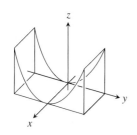

24. 第一卦限内以三坐标平面,和平面 $x + z = 1, y + 2z = 2$ 为边界面的区域.

25. 第一卦象内以三坐标平面,平面 $y + z = 2$,和柱面 $x = 4 - y^2$ 为边界面的区域.

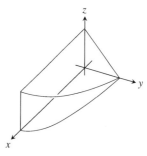

26. 由圆柱面 $x^2 + y^2 = 1$ 被平面 $z = -y$ 和 $z = 0$ 切出的楔形区域.

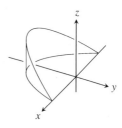

27. 第一卦限内由坐标平面和平面 $x + y/2 + z/3 = 1$ 所围的四面体.

28. 第一卦限内由坐标平面,平面 $y = 1 - x$ 和曲面 $z = \cos(\pi x/2)$, $0 \leqslant x \leqslant 1$ 所围的区域.

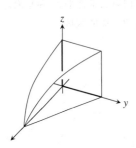

29. 柱面 $x^2 + y^2 = 1$ 及 $x^2 + z^2 = 1$(图 12.36) 内部的公共区域.

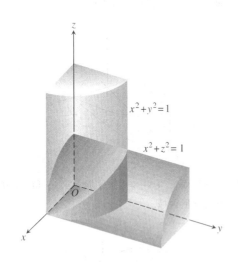

图 12.36 题 29 中两柱面 $x^2 + y^2 = 1$ 和 $x^2 + z^2 = 1$ 的公共部分区域的 1/8.

30. 第一卦限内由坐标平面和曲面 $z = 4 - x^2 - y$ 所围的区域.

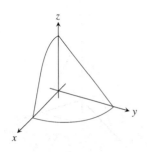

31. 第一卦限内由坐标平面,平面 $x + y = 4$ 和柱面 $y^2 + 4z^2 = 16$ 所围的区域.

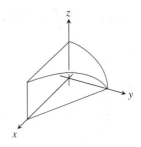

32. 柱面 $x^2 + y^2 = 4$ 被平面 $z = 0$ 和平面 $x + z = 3$ 所截的区域.

33. 平面 $x + y + 2z = 2$ 和 $2x + 2y + z = 4$ 之间的第一卦限部分的区域.

34. 由平面 $z = x, x + z = 8, z = y, z = y, y = 8$ 和 $z = 0$ 所围的区域.

35. 椭柱 $x^2 + 4y^2 \leqslant 4$ 被 xy 平面和平面 $z = x + 2$ 割出的区域.

36. 背面是平面 $x = 0$,前面与侧面是抛物柱面 $x = 1 - y^2$,顶为抛物面 $z = x^2 + y^2$,底面是 xy 平面的一区域.

平均值

第 37 - 40 题,求 $F(x,y,z)$ 在所给区域上的平均值.

37. $F(x,y,z) = x^2 + 9$ 在第一卦限内由坐标平面和平面 $x = 2, y = 2$ 和 $z = 2$ 所围区域.

38. $F(x,y,z) = x + y - z$ 在第一卦限内由坐标平面与平面 $x = 1, y = 1$ 和 $z = 2$ 所围的长方体.

39. $F(x,y,z) = x^2 + y^2 + z^2$ 在第一卦限内由坐标平面和平面 $x = 1, y = 1$ 及 $z = 1$ 围成的立方体.

40. $F(x,y,z) = xyz$ 在第一卦限内由坐标平面和平面 $x = 2, y = 2$ 及 $z = 2$ 围成的立方体.

改变积分次序

以适当方式通过改变积分次序计算题 41 – 44.

41. $\int_0^4 \int_0^1 \int_{2y}^2 \dfrac{4\cos(x^2)}{2\sqrt{z}} dx dy dz$

42. $\int_0^1 \int_0^1 \int_{x^2}^1 12xze^{zy^2} dy dx dz$

43. $\int_0^1 \int_{\sqrt[3]{z}}^1 \int_0^{\ln 3} \dfrac{\pi e^{2x} \sin \pi y^2}{y^2} dx dy dz$

44. $\int_0^2 \int_0^{4-x^2} \int_0^x \dfrac{\sin 2z}{4-z} dy dz dx$

涉及概念理论的习题

45. 求累次积分的上限 求 a,使：
$$\int_0^1 \int_0^{4-a-x^2} \int_a^{4-x^2-y} dz dy dx = \dfrac{4}{15}.$$

46. 椭球 c 为何值,可使椭球 $x^2 + (y/2)^2 + (z/c)^2 \le 1$ 的体积等于 8π?

47. 为学而写：求三重积分的最小值 问在空间的什么区域 D 上,积分值
$$\iiint_D (4x^2 + y^2 + z^2 - 4) dV$$
获得最小值？给出你答案的理由.

48. 为学而写：求三重积分的最大值 问在空间的什么区域 D 上,积分值
$$\iiint_D (1 - x^2 - y^2 - z^2) dV$$
获得最大值？给出你答案的理由.

计算机探究

数值计算

第 49 – 52 题,使用 CAS 积分计算器计算所给函数在指定区域上的三重积分.

49. $F(x,y,z) = x^2y^2z$ 在 $x^2 + y^2 = 1$ 和平面 $z = 0$ 及 $z = 1$ 所围柱体上.

50. $F(x,y,z) = |xyz|$,在下边界面为抛物面 $z = x^2 + y^2$,上边界面为平面 $z = 1$ 的立体上.

51. $F(x,y,z) = \dfrac{z}{(x^2 + y^2 + z^2)^{\frac{3}{2}}}$ 在下表面为锥面 $z = \sqrt{x^2 + y^2}$,上表面为平面 $z = 1$ 的立体上.

52. $F(x,y,z) = x^4 + y^2 + z^2$ 在球体 $x^2 + y^2 + z^2 \le 1$.

12.5 三维空间中的质量和矩

质量和矩

本节介绍直角坐标情况下如何计算三维物体的质量和矩. 相关的公式都与二维情况类似. 用球坐标、柱坐标的计算. 请见 12.6 节.

质量和矩

若 $\delta(x,y,z)$ 为位于空间区域 D 一物体的密度（每单位体积质量）,则 δ 在 D 上的三重积分就是该物体的质量. 要知道为什么,可设想将物体分割成几个小质量块,如图 12.37 所示的一小块,则物体的质量即下述极限

$$M = \lim_{n \to \infty} \sum_{k=1}^\infty \Delta m_k = \lim_{n \to \infty} \sum_{k=1}^\infty \delta(x_k, y_k, z_k) \Delta V_k = \iiint_D \delta(x,y,z) dV.$$

要求**关于坐标平面的一阶矩**,对每个平面用的是带符号的距离,如

$$M_{yz} = \iiint_D x\delta(x,y,z)\,dV$$

是关于 yz 平面的一阶矩.

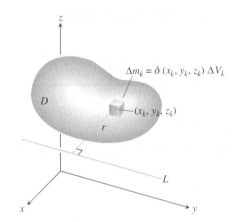

图 12.37　定义物体的质量和关于一直线的惯性矩,须先想象将物体分割成有限个质量小块 Δm_k

推广到三重积分的惯性矩也是类似的. 若 $r(x,y,z)$ 为 D 内点 (x,y,z) 到直线 L 的距离,则小块质量 $\Delta m_k = \delta(x_k,y_k,z_k)\Delta V_k$ 关于直线 L(如图 12.37 所示) 的惯性矩近似为 $\Delta I_k = r^2(x_k,y_k,z_k)\Delta m_k$. 整个物体关于 L 的惯性矩则为

$$I_L = \lim_{n\to\infty}\sum_{k=1}^n \Delta I_k = \lim_{n\to\infty}\sum_{k=1}^n r^2(x_k,y_k,z_k)\delta(x_k,y_k,z_k)\Delta V_k = \iiint_D r^2\delta\,dV.$$

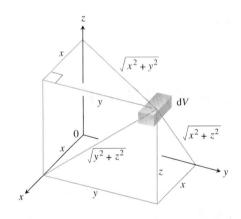

图 12.38　分割的小块立体到坐标平面和坐标轴的距离.

如果 L 是 x 轴,则 $r^2 = y^2 + z^2$(图 12.38)且

$$I_x = \iiint_D (y^2 + z^2)\delta\,dV.$$

类似地

$$I_y = \iiint_D (x^2 + z^2)\delta\,dV \quad \text{及} \quad I_z = \iiint_D (x^2 + z^2)\delta\,dV.$$

空间中的求质量和矩的公式完全类似于 12.2 节对平面区域讨论过的那些公式,那些公式均总结在表 12.3 中.

表 12.3　空间物体的质量和矩的公式

质量：$M = \iiint_D \delta \mathrm{d}V$　（$\delta = \delta(x,y,z) = $ 密度）

关于坐标平面的一阶矩：

$$M_{yz} = \iiint_D x\delta \mathrm{d}V, \quad M_{xz} = \iiint_D y\delta \mathrm{d}V, \quad M_{xy} = \iiint_D z\delta \mathrm{d}V$$

质心：

$$\bar{x} = \frac{M_{yz}}{M}, \quad \bar{y} = \frac{M_{xz}}{M}, \quad \bar{z} = \frac{M_{xy}}{M}$$

关于坐标轴的惯性矩（二阶矩）

$$I_x = \iiint_D (y^2 + z^2)\delta \mathrm{d}V,$$

$$I_y = \iiint_D (x^2 + z^2)\delta \mathrm{d}V,$$

$$I_z = \iiint_D (x^2 + y^2)\delta \mathrm{d}V$$

关于直线 L 的惯性矩：

$$I_L = \iiint_D r^2 \delta \mathrm{d}V \quad (r(x,y,z) = 点(x,y,z) 到直线 L 的距离)$$

关于一条直线 L 的旋转半径：

$$R_L = \sqrt{I_L/M}$$

CD-ROM
WEBsite
历史传记
Guido Fubini
(1879 — 1943)

例 1（求空间一立体的质心）　求密度 δ 为常数的立体的质心,立体所在区域为：下界面为平面 $z = 0$ 内的圆域 $R: x^2 + y^2 \leq 4$,上界面为抛物面 $z = 4 - x^2 - y^2$（图 12.39）.

解　根据对称性,知 $\bar{x} = \bar{y} = 0$,以下求 $\bar{z}$. 先计算

$$M_{xy} = \iint_R \int_{z=0}^{z=4-x^2-y^2} z\delta \mathrm{d}z\mathrm{d}y\mathrm{d}x = \iint_R \left[\frac{z^2}{2}\right]_{z=0}^{z=4-x^2-y^2} \delta \mathrm{d}y\mathrm{d}x$$

$$= \frac{\delta}{2}\iint_R (4 - x^2 - y^2)^2 \mathrm{d}y\mathrm{d}x$$

$$= \frac{\delta}{2}\int_0^{2\pi}\int_0^2 (4 - r^2)^2 r\mathrm{d}r\mathrm{d}\theta \quad \text{极坐标}$$

$$= \frac{\delta}{2}\int_0^{2\pi}\left[-\frac{1}{6}(4 - r^2)^3\right]_{r=0}^{r=2}\mathrm{d}\theta = \frac{16\delta}{3}\int_0^{2\pi}\mathrm{d}\theta = \frac{32\pi\delta}{3}.$$

用类似计算,可得

$$M = \iint_R \int_0^{4-x^2-y^2} \delta \mathrm{d}z\mathrm{d}y\mathrm{d}x = 8\pi\delta.$$

于是 $\bar{z} = (M_{xy}/M) = 4/3$,而质心为 $(\bar{x},\bar{y},\bar{z}) = (0,0,4/3)$.

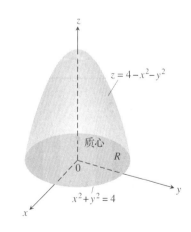

图 12.39　例 1 中求立体的质心

当一物体的密度为常数（如例 1）. 质心又叫物体的**形心**（这与 12.2 节二维形状的形心一样）.

例 2（求关于坐标平面的惯性矩） 求图 12.40 所示的密度为常数 δ 的长方体的惯性矩 I_x, I_y, I_z.

解 由 I_x 的公式得

$$I_x = \int_{-\frac{c}{2}}^{\frac{c}{2}} \int_{-\frac{b}{2}}^{\frac{b}{2}} \int_{-\frac{a}{2}}^{\frac{a}{2}} (y^2 + z^2) \delta \mathrm{d}x \mathrm{d}y \mathrm{d}z.$$

观察到 $(y^2 + z^2)\delta$ 是 x, y 和 z 的偶函数，可以简化积分计算，于是

$$\begin{aligned} I_x &= 8 \int_0^{\frac{c}{2}} \int_0^{\frac{b}{2}} \int_0^{\frac{a}{2}} (y^2 + z^2) \delta \mathrm{d}x \mathrm{d}y \mathrm{d}z \\ &= 4a\delta \int_0^{\frac{c}{2}} \int_0^{\frac{b}{2}} (y^2 + z^2) \mathrm{d}y \mathrm{d}z \\ &= 4a\delta \int_0^{\frac{c}{2}} \left[\frac{y^3}{3} + zx^2 y \right]_{y=0}^{y=\frac{b}{2}} \mathrm{d}z \\ &= 4a\delta \int_0^{\frac{c}{2}} \left(\frac{b^3}{24} + \frac{z^2 b}{2} \right) \mathrm{d}z \\ &= 4a\delta \left(\frac{b^3 c}{48} + \frac{c^3 b}{48} \right) = \frac{abc\delta}{12}(b^2 + c^2) = \frac{M}{12}(b^2 + c^2). \end{aligned}$$

类似可得

$$I_y = \frac{M}{12}(a^2 + c^2) \quad \text{及} \quad I_z = \frac{M}{12}(a^2 + b^2).$$

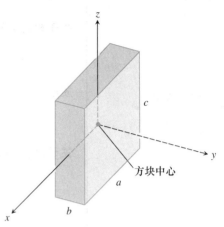

图 12.40 计算此图所示的方块的惯性矩 I_x, I_y 和 I_z，原点位于方块中心.（例 2）

习题 12.5

常数密度

第 1—12 题的立体均设密度 $\delta = 1$.

1. **重访例 1** 用表 12.3 的公式对 I_x 积分的计算公式直接证明：以例 2 的简洁结果会给出同一答案. 试用例 2 的结果求长方体关于坐标轴的旋转半径.

2. **惯性矩** 如图，坐标轴通过一个楔形立体的形心且平行于标注了字母的棱. 求 I_x, I_y, I_z，设棱 $a = b = 6, c = 4$.

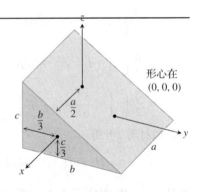

第 2 题图

习题 12.5

3. **惯性矩** 找下图所示的长方体关于三条棱的惯性矩 I_x, I_y 和 I_z.

4. (**a**) **质心和惯性矩** 求四面体的质心和惯性矩 I_x, I_y 和 I_z,该四面体的顶点为 $(0,0,0),(1,0,0),(0,1,0)$ 和 $(0,0,1)$.

   (**b**) **旋转半径** 求四面体关于 x 轴的旋转半径.并将它与质心到 x 轴的距离作比较.

5. **质心和惯性矩** 一个盆形立体密度为常数,下表面以曲面 $z=4y^2$ 为界,上表面是平面 $z=4$,两侧面为平面 $x=1$ 和 $x=-1$.求质心和关于三轴的惯性矩.

6. **质心** 一立体其密度为常数,下表面为平面 $z=0$,侧面为椭柱 $x^2+4y^2=4$,上表面由平面 $z=2-x$ 所围(见图).

   (**a**) 求 $\bar{x}$ 和 $\bar{y}$.

   (**b**) 计算积分 $M_{xy}=\int_{-2}^{2}\int_{-\frac{\sqrt{4-x^2}}{2}}^{\frac{\sqrt{4-x^2}}{2}}\int_{0}^{2-x}z\,dz\,dy\,dx$,关于 x 的最后一层积分可使用积分表.然后用 M_{xy} 除以 M 以证明 $\bar{z}=\dfrac{5}{4}$.

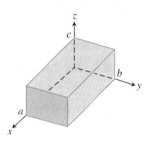

第 3 题图

7. (**a**) **质心** 求一密度为常数的立体的质心,该立体由抛物面 $z=x^2+y^2$ 和平面 $z=4$ 所界.

   (**b**) 试求平面 $z=c$,使立体分成体积相等的两部分.此平面不过质心.

8. **矩和旋转半径** 一正方体,边长均为 2 个单位,由平面 $x=\pm 1, z=\pm 1$ 和 $y=3, y=5$ 所围.求质心和关于坐标轴的惯性矩和旋转半径.

9. **关于直线的惯性矩和旋转半径** 像例 2 的楔形 $a=4, b=6$ 及 $c=3$. 作一草图以快速检查你是否掌握了从楔形一典型点 (x,y,z) 到直线 $L: z=0, y=6$ 的距离的平方为 $r^2=(y-6)^2+z^2$. 再计算关于直线 L 的惯性矩和旋转半径.

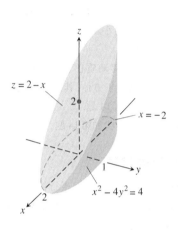

第 6 题图

10. **关于直线的惯性矩和旋转半径** 像例 2 中的楔形 $a=4, b=6$ 及 $c=3$. 作一草图以快速检查你是否掌握了从楔形一典型点 (x,y,z) 到直线 $L: x=4, y=0$ 的距离的平方是 $r^2=(y-4)^2+z^2$. 然后求楔形关于 L 的惯性矩和旋转半径.

11. **关于直线的惯性矩和旋转半径** 如例 3 中的立体 $a=4, b=2$ 及 $c=1$. 作一草图以快速检查你是否掌握了立体上一典型点 (x,y,z) 到直线 $L: y=2, z=0$ 的距离的平方为 $r^2=(y-2)^2+z^2$. 然后计算立体关于 L 的惯性矩和旋转半径.

12. **关于直线的惯性矩和旋转半径** 如例 3 中的立体 $a=4, b=2$ 及 $c=1$. 作一草图以快速检查你是否掌握了立体上一典型点 (x,y,z) 到直线 $L: x=4, y=0$ 的距离的平方为 $r^2=(x-4)^2+y^2$. 然后求出立体关于 L 的惯性矩和旋转半径.

可变密度

题 13 与 14,(**a**) 求立体质量;(**b**) 求质心.

13. 第一卦限一立体所在区域由坐标平面和平面 $x+y+z=2$ 所围,立体的密度 $\delta(x,y,z)=2x$.

14. 第一卦限一立体其边界面为平面 $y=0, z=0$ 和曲面 $z=4-x^2$ 与 $x=y^2$(见右图).它的密度 $\delta(x,y,z)=kxy, k$ 为一常数.

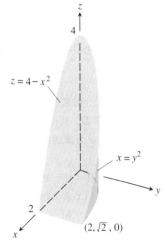

第 14 题图

题 15 与 16,求

(**a**) 立体质量;   (**b**) 质心;

(**c**) 关于坐标轴的惯性矩;   (**d**) 关于坐标轴的旋转半径.

15. 第一卦限中正方体由坐标平面和平面 $x=1, y=1$ 和 $z=1$ 所围. 此正方体的密度 $\delta(x,y,z)=x+y+z+1$.

16. 如例 2 的楔形 $a=2, b=6, c=3$. 密度 $\delta(x,y,z)=x+1$. 注意:若其密度为常数,则质心在 $(0,0,0)$.

17. **质量** 求一立体的质量,该立体由平面 $x+z=1, x-z=-1, y=0$ 和曲面 $y=\sqrt{z}$ 所围,立体密度 $\delta(x,y,z)=2y+5$.

18. **质量** 求由抛物面 $z=16-x^2-y^2$ 和 $z=2x^2+2y^2$ 所围立体区域的质量. 其密度 $\delta(x,y,z)=\sqrt{x^2+y^2}$.

功

对 19-20 题作下列计算:

(**a**) 求重力在抽取容器中注满的液体时所作的功(抽到 xy 平面), g 为常数. (提示:将液体细分成体积为 ΔV_i 的小块,再通过重力对每一小块液体所作的功(近似的)求和,再取极限得一三重积分而得到总功.)

(**b**) 重力移动质心下降到 xy 平面(抽完)所作的功.

19. 一容器为正方体,其边界面为坐标平面及平面 $x=1, y=1$ 和 $z=1$. 注入液体的密度 $\delta(x,y,z)=x+y+z+1$. (见 14 题.)

20. 一容器形状如第 14 题,其边界面为 $y=0, z=0, z=4-x^2$ 和 $x=y^2$. 液体密度 $\delta(x,y,z)=kxy, k$ 为常数.

平行轴定理

与二维类似,三维空间平行轴定理(见习题 12.2)仍成立. 设 $L_{c.m.}$ (c.m. 表质心)为一通过质量为 m 的物体质心的直线,并设直线 L 平行于 $L_{c.m.}$ 且两者相距为 h. **平行轴定理**讲的是,一物体关于 $L_{c.m.}$ 和 L 的惯性矩 $I_{c.m.}$ 和 I_L 满足等式

$$I_L = I_{c.m.} + mh^2. \tag{1}$$

如二维情况,此定理给出一种快速方法. 即求一个矩,只要另一个矩和质量已知.

21. **平行轴定理的证明**

(**a**) 先证明空间中关于任一通过物体质心的平面,该物体的一阶矩为零. (提示:将质心设为原点,再设该平面为 yz 平面. 公式 $\bar{y}=M_{yz}/M$ 告诉你什么?)

(**b**) 要证明平行轴定理,该物体的质心在原点,并取直线 $L_{c.m.}$ 与 z 轴重合且直线 L 在点 $(h,0,0)$ 垂直于 xy 平面. 令 D 为物体所在空间区域. 那么,以图中的记法有

$$I_L = \iiint_D |\mathbf{v}-h\mathbf{i}|\, dm. \tag{2}$$

展开积分的被积表达式,就可完成证明.

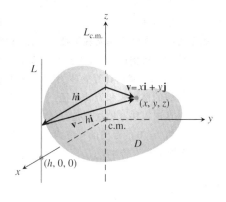

第 21 题图

22. 一密度为常数,半径为 a 的球体关于其直径的惯性矩为 $(2/5)ma^2, m$ 为球的质量. 求该球关于球的一条切线的惯性矩.

23. 第 3 题的立体关于 z 轴的惯性矩为 $I_z=abc(a^2+b^2)/3$.

(**a**) 用等式(1)求一物体关于平行于 z 轴且过物体质心的直线的惯性矩和旋转半径.

(**b**) 用等式(1)和(a)的结果求该物体关于直线 $x=0, y=2b$ 的惯性矩和旋转半径.

24. 若 $a=b=6$ 和 $c=4$,则第 2 题楔形关于 x 轴的惯性矩为 $I_x=208$. 求楔形关于直线 $y=4, z=-4/3$(此楔形的窄端)的惯性矩.

Pappus's 公式

与二维情况类似,Pappus's 公式(习题 12.2)对三维情况仍成立. 假设物体 B_1 和 B_2 的质量分别为 m_1 和 m_2,且两物体在空间占据的区域非交,又设 c_1 和 c_2 分别为原点到各自质心的向量. 则两物体之并 $B_1 \cup B_2$ 的质心可用向量

$$\mathbf{c} = \frac{m_1 \mathbf{c}_1 + m_2 \mathbf{c}_2}{m_1 + m_2} \tag{3}$$

表示. 如前,此公式称为 Pappus's 公式. 与二维情况一样,对 n 个物体的推广公式为

$$\mathbf{c} = \frac{m_1 \mathbf{c}_1 + m_2 \mathbf{c}_2 + \cdots + m_n \mathbf{c}_n}{m_1 + m_2 + \cdots + m_n}. \tag{4}$$

25. 推导 Pappus's 公式(3). (提示:作出第一卦象两非交区域 B_1 和 B_2 的草图. 并标上它们的质心 $(\bar{x}_1, \bar{y}_1, \bar{z}_1)$ 和 $(\bar{x}_2, \bar{y}_2, \bar{z}_2)$. 以质量 m_1, m_2 和它们质心的坐标表示 $B_1 \cup B_2$ 关于坐标平面的矩.)

26. 如图一立体由三块长方体相连而成,其密度 $\delta = 1$. 用 Pappus's 公式求下列区域的质心.
    (a) $A \cup B$ (b) $A \cup C$
    (c) $B \cup C$ (d) $A \cup B \cup C$.

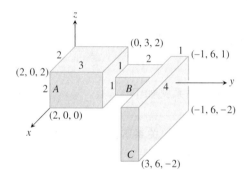

第 26 题图

27. (a) 设一正圆锥体 C 的底半径为 a 高为 h,将其放在一个半径为 a 的半球 S 的圆形底上,使得两立体之并像个冰淇凌. 锥体的形心位于底到顶点的 1/4 处. 半球的形心位于底到顶的 3/8 处. 若要求 $C \cup S$ 的形心位于两立体的公共底上,h 与 a 应满足什么关系?

    (b) 若你以前没做过,应先解答一个关于一三角形和一个半圆的类似问题(见 12.2 节习题 55),答案是不同的.

28. 一四棱锥 P 高为 h,其四个全等的侧面的底置于一个正方体 C 的一面上,其边长为 s. 棱锥的形心位于底到顶点的 1/4 处. 若要求 $P \cup C$ 的形心位于棱锥底面上,那么 h 和 s 应满足什么关系?请将你的答案与 27 题的答案作比较,再把它与 12.2 节 56 题的答案作一下比较.

12.6 柱坐标与球坐标系下的三重积分

用柱坐标作三重积分 • 球坐标 • 用球坐标计算三重积分

当物理、工程或几何中的积分涉及一柱体、锥体或球体时,常可以用柱坐标、球坐标简化计算.

用柱坐标作三重积分

用 xy 平面的极坐标与通常的 z 坐标结合在一起便得到空间的柱坐标. 于是对空间中的每个点都可有一个由三个数构成的坐标 (r,θ,z) 与之对应, 如图 12.41 所示.

> **定义 柱坐标**
> 空间一点 P 的**柱坐标**是由有序三元数组 (r,θ,z) 表示的,其中
> 1. r 与 θ 是 P 在 xy 平面上投影点的极坐标;
> 2. z 是直角坐标系的竖坐标.

直角坐标 x,y 和极坐标 r,θ 的关系式如下.

> **直角坐标 (x,y,z) 和极坐标 (r,θ,z) 的关系等式**
> $$x = r\cos\theta, \quad y = r\sin\theta, \quad z = z,$$
> $$r^2 = x^2 + y^2, \quad \tan\theta = y/x$$

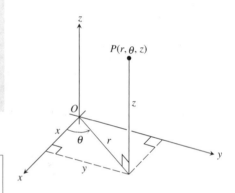

图 12.41 空间一点的柱坐标为 r,θ,z

在柱坐标系中,方程 $r = a$ 不表示 xy 平面中的圆,而表示一个圆柱面(图 12.42),其中心轴为 z 轴. z 轴的方程为 $r = 0$. 方程 $\theta = \theta_0$ 代表一个含 z 轴且与 x 轴正向夹角为 θ_0 的平面. 再者,如在直角坐标系中, $z = z_0$ 表示一垂直于 z 轴的平面.

柱坐标用来表示其轴为 z 轴的圆柱面和含 z 轴的平面,或垂直于 z 轴的平面最方便,这几种曲面的方程是常数坐标等式:

$r = 4$ 柱面,半径为 4,轴为 z 轴

$\theta = \dfrac{\pi}{3}$ 平面,含 z 轴

$z = 2$ 平面,垂直于 z 轴.

空间中分割区域所得体积元,以柱坐标表示为:

$$dV = dz\, r dr d\theta \tag{1}$$

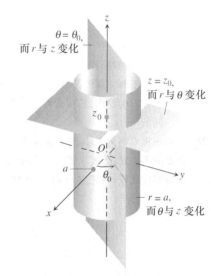

图 12.42 柱坐标系的常数坐标方程生成柱面和平面.

（图 12.43）. 以柱坐标作三重积分，计算时也要化成累次积分，见下例.

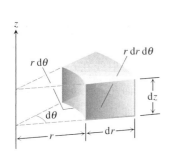

图 12.43　柱坐标表示的体积元为 $dV = dz\, r dr d\theta$.

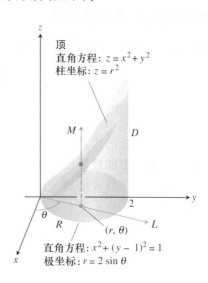

图 12.44　例 1 的图

例 1（求用柱坐标表示的积分限）　求用柱坐标表示的积分限，所求积分是在下表面为平面 $z = 0$，侧面是圆柱 $x^2 + (y-1)^2 = 1$ 和上表面为抛物面 $z = x^2 + y^2$ 所围区域 D 上对函数 $f(r,\theta,z)$ 作积分.

解　第一步：作图（图 12.24）. D 的底是区域在 xy 平面的投影 R. R 的边界为圆 $x^2 + (y-1)^2 = 1$. 它相应的极坐标方程为（推导过程）

$$x^2 + (y-1)^2 = 1$$
$$x^2 + y^2 - 2y + 1 = 1$$
$$r^2 - 2r\sin\theta = 0$$
$$r = 2\sin\theta.$$

第二步：z - 积分限. 过 R 内一典型点 (r,θ) 且平行于 z 轴的直线 M 在 $z = 0$ 进入 D，而在 $z = x^2 + y^2 = r^2$ 离开.

第三步：r - 积分限. 通过 (r,θ) 的从原点出发的射线 L 在 $r = 0$ 进入 R，而在 $r = 2\sin\theta$ 离去.

第四步：θ - 积分限. 随着 L 扫过 R，由 x 正半轴起始的角 θ 从 $\theta = 0$ 到 $\theta = \pi$，积分则为

$$\iiint_D f(r,\theta,z) dV = \int_0^\pi \int_0^{2\sin\theta} \int_0^{r^2} f(r,\theta,z) dz\, r dr d\theta.$$

例 1 对求柱坐标下的积分限的程序作了一个很好的说明. 这程序现总结如下.

如何用柱坐标求三重积分

在空间区域 D 上用柱坐标计算三重积分

$$\iiint_D f(r,\theta,z)\,dV$$

先对 z 积,再对 r 积,最后对 θ 积分,采取下列步骤.

第一步:作图. 画出区域 D 及其在 xy 平面上的投影区域 R. 并标示出 D 与 R 的边界曲面和边界线.

第二步:求 z-积分限. 作直线 M 过 R 内一典型点 (r,θ) 且平行 z 轴. 随 z 增加,直线 M 从 $z = g_1(r,\theta)$ 进入 D 而从 $z = g_2(r,\theta)$ 离开,它们就是 z 积分限.

第三步:求 r-积分限. 作一从原点出发过 (r,θ) 的射线 L. 射线在 $r = h_1(\theta)$ 进入 R,而在 $r = h_2(\theta)$ 离开. 它们即是 r-积分限.

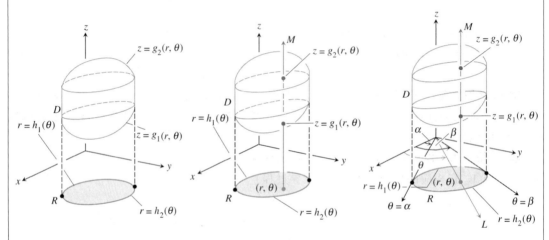

第四步:求 θ-积分限. 当 L 扫遍 R,从 x 轴正向起始的角 θ 就从 $\theta = \alpha$ 变到 $\theta = \beta$,它们是 θ-积分限. 于是积分为

$$\iiint_D f(r,\theta,z)\,dV = \int_{\theta=\alpha}^{\theta=\beta}\int_{r=h_1(\theta)}^{r=h_2(\theta)}\int_{z=g_1(r,\theta)}^{z=g_2(r,\theta)} f(r,\theta,z)\,dz\,rdrd\theta.$$

例 2(求形心) 求由柱面 $x^2+y^2=4$,上为抛物面 $z=x^2+y^2$,下为 xy 平面所围立体的形心 ($\delta=1$).

解

第一步:作图. 先画出题中立体,立体的上顶为抛物面 $z=r^2$,下底在 $z=0$ 平面上(图 12.45),其底所在 xy 平面的区域 R 为圆域 $|r|\leq 2$.

由于是常密度,立体的形心在其对称轴 z 轴上,这说明 $\bar{x}=\bar{y}=0$,为求 $\bar{z}$,应当用一阶矩 M_{xy} 除以 M.

为求质量与矩的积分的积分限. 仍要按照那基本的四步,因先作了草图,即完成了第一步,余下的几步将给出积分限.

第二步: z – 积分限. 从底面一典型点(r,θ)出发且平行于z轴的直线M在$z=0$进入立体, 在$z=r^2$离开.

第三步: r – 积分限. 通过投影区域的点(r,θ)的一射线L在$r=0$进入R, 而在$r=2$离开R.

第四步: θ – 积分限. 当L像一根钟的指针似地扫完整个底, 从x轴正向出发的角θ就从$\theta=0$变到$\theta=2\pi$. 于是M_{xy}为

$$M_{xy}=\int_0^{2\pi}\int_0^2\int_0^{r^2}zdz\,rdrd\theta=\int_0^{2\pi}\int_0^2\left[\frac{z^2}{2}\right]_0^{r^2}rdrd\theta$$

$$=\int_0^{2\pi}\int_0^2\frac{r^5}{2}drd\theta=\int_0^{2\pi}\left[\frac{r^6}{12}\right]_0^2d\theta=\int_0^{2\pi}\frac{16}{3}d\theta=\frac{32\pi}{3}.$$

M的值为

$$M=\int_0^{2\pi}\int_0^2\int_0^{r^2}dz\,rdrd\theta=\int_0^{2\pi}\int_0^2[z]_0^{r^2}rdrd\theta$$

$$=\int_0^{2\pi}\int_0^2 r^3 drd\theta=\int_0^{2\pi}\left[\frac{r^4}{4}\right]_0^2 d\theta=\int_0^{2\pi}4d\theta=8\pi.$$

因此得

$$\bar{z}=\frac{M_{xy}}{M}=\frac{32\pi}{3}\frac{1}{8\pi}=\frac{4}{3}.$$

即形心为$(0,0,4/3)$. 请注意形心位于立体之外.

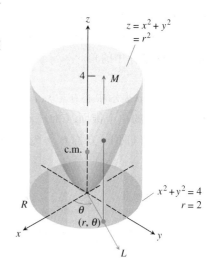

图 12.45　例 2 说明如何求立体的形心.

球坐标

如图 12.46 所示, 球坐标以角和距离确定空间的点.

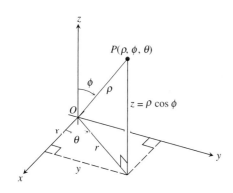

注: 有些书球坐标以序(ρ,θ,ϕ)给出, 与这里的θ和ϕ相反, 还有些情况你会发现ρ也用r表示, 因而当你在别处看书时请注意这一点.

图 12.46　球坐标ρ,ϕ,θ及它们与x,y,z和r的关系.

第一个坐标$\rho=|\overrightarrow{OP}|$为点与原点的距离, 与$x$不一样, 变量$\rho$不取负值. 第二个坐标$\phi$, 为$\overrightarrow{OP}$与$z$轴正向所成的角. 它只在区间$[0,\pi]$取值. 第三个坐标为角$\theta$, 以柱坐标的方法设定.

定义　球坐标

空间一点 P 的**球坐标**由有序三元数组 (ρ, ϕ, θ) 表示，其中

1. ρ 为点 P 到原点的距离；
2. ϕ 为 $\overrightarrow{OP}$ 与 z 轴正向所成角 $(0 \leq \phi \leq \pi)$；
3. θ 为柱坐标中的角．

方程 $\rho = a$ 表示中心在原点，半径为 a 的球面（图 12.47）．方程 $\phi = \phi_0$ 则代表顶点在原点，对称轴是 z 轴的单个锥面．（推广地解释，也包括 xy 平面，作为锥 $\phi = \pi/2$．）若 ϕ_0 比 $\pi/2$ 大，则锥 $\phi = \phi_0$ 开口向下．方程 $\theta = \theta_0$ 代表含 z 轴且与正 x 轴夹角为 θ_0 的半平面．

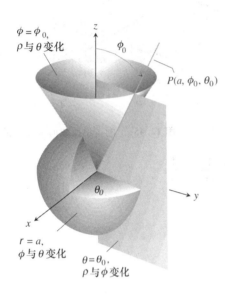

图 12.47　球坐标系中坐标等于常数的方程生成球、单锥和半平面．

球坐标与直角坐标和柱坐标的关系式

$$r = \rho\sin\phi, \quad x = r\cos\theta = \rho\sin\phi\cos\theta,$$
$$z = \rho\cos\phi, \quad y = r\sin\theta = \rho\sin\phi\sin\theta, \quad (3)$$
$$\rho = \sqrt{x^2 + y^2 + z^2} = \sqrt{r^2 + z^2}.$$

例 3（变直角坐标为球坐标）　求球面方程 $x^2 + y^2 + (z-1)^2 = 1$ 的球坐标方程．

解　用以上关系等式(3)代换 x, y 和 z

$$x^2 + y^2 + (z-1)^2 = 1$$
$$\rho^2\sin^2\phi\cos^2\theta + \rho^2\sin^2\phi\sin^2\theta + (\rho\cos\phi - 1)^2 = 1$$
$$\rho^2\sin^2\phi\underbrace{(\cos^2\theta + \sin^2\theta)}_{1} + \rho^2\cos^2\phi - 2\rho\cos\phi + 1 = 1$$
$$\rho^2\underbrace{(\sin^2\phi + \cos^2\phi)}_{1} = 2\rho\cos\phi$$
$$\rho^2 = 2\rho\cos\phi$$
$$\rho = 2\cos\phi.$$

见图 12.48.

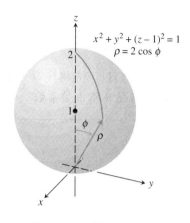

图 12.48 例 3 中的球

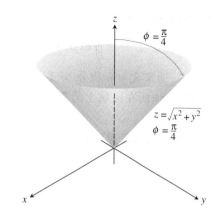

图 12.49 例 4 中的锥

例 4（变直角坐标为球坐标） 求锥面 $z = \sqrt{x^2 + y^2}$ 的球坐标方程（图 12.49）.

解 1（几何方法） 由于锥关于 z 轴对称且沿直线 $z = y$ 将 yz 平面的第一象限割开. 锥与正向 z 轴的夹角因而为 $\pi/4$ 弧度. 锥面实际是由那些点构成, 点的球坐标的 ϕ 分量全等于 $\pi/4$. 故它的球坐标方程为 $\phi = \pi/4$.

解 2（代数方法） 用关系等式(3)去代换 x, y, z 可得同样的结果：

$$z = \sqrt{x^2 + y^2}$$
$$\rho\cos\phi = \sqrt{\rho^2\sin^2\phi} \qquad \text{例 3}$$
$$\rho\cos\phi = \rho\sin\phi \qquad \rho \geq 0, \sin\phi \geq 0$$
$$\cos\phi = \sin\phi$$
$$\phi = \frac{\pi}{4}. \qquad 0 \leq \phi \leq \pi$$

用球坐标计算三重积分

用球坐标易于表示中心在原点的球，从 z 轴伸展出的半平面，以及顶点在原点，轴为 z 轴的单片锥面. 球坐标为常数的曲面为:

$\rho = 4$ 球, 半径为 4, 中心在原点

$\phi = \dfrac{\pi}{3}$ 从原点向上张开的锥, 与 z 轴正向成角为 $\pi/3$ 弧度

$\theta = \dfrac{\pi}{3}$.   半平面, 从 z 轴出发, 与 x 轴正向成角为 $\pi/3$ 弧度

球坐标中的体积元为由微分 $d\rho, d\phi$ 和 $d\theta$ 定义的将球细分所得楔形小块的体积（图 12.50）. 该楔形近似地处理成矩形小盒子，其一边为圆弧，长度为 $\rho d\phi$，另一圆弧边长为 $\rho\sin\phi d\rho$，及

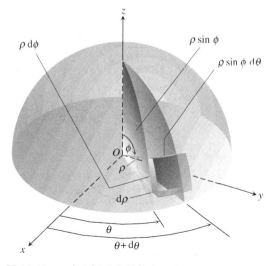

图 12.50 球坐标系中的体积元为
$dV = d\rho \cdot \rho d\phi \cdot \rho\sin\phi d\theta = \rho^2\sin\phi d\rho d\phi d\theta.$

厚度为 dρ. 因此得到用球坐标表示的体积元为
$$dV = \rho^2 \sin\phi d\rho d\phi d\theta, \tag{4}$$
而三重积分采取以下形式
$$\iiint_D F(\rho,\phi,\theta)dV = \iiint_D F(\rho,\phi,\theta)\rho^2 \sin\theta d\rho d\phi d\theta. \tag{5}$$

计算积分时,通常先对 ρ 积分. 求积分限的程序见下面的方框. 我们以下先将注意力集中于关于 z 轴的旋转体所在区域上的积分(或旋转体之一部分),这种情况 θ 和 ϕ 是常数.

如何用球坐标作三重积分

用球坐标计算空间区域 D 的三重积分

$$\iiint_D f(\rho,\phi,\theta)dV$$

总是先对 ρ 积,再对 ϕ,最后对 θ 积分,通常采取以下几步.

第一步:<u>作图</u>. 作出区域 D 及它在 xy 平面上投影 R 的图,标出 D 的边界曲面.

第二步:<u>找 ρ - 积分限</u>. 作一条从原点出发穿过 D 且与 z 轴正向夹角为 ϕ 的射线 M. 再作出 M 在 xy 平面内的投影(称作投影 L). 射线 L 与 x 轴正向成角 θ. 随着 ρ 的增加,可见 M 在 $\rho = g_1(\phi,\theta)$ 进入 D 而在 $\rho = g_2(\phi,\theta)$ 点离开. 它们便是 ρ 积分限.

第三步:<u>找 ϕ - 积分限</u>. 对任一给定数 θ,M 与 z 轴的夹角从 $\phi = \phi_{\min}$ 到 $\phi = \phi_{\max}$. 它们便是 ϕ 的积分限.

第四步:<u>找 θ - 积分限</u>. 射线 L 在 R 上,角 θ 由 α 扫到 β. 于是就得到 θ 的积分限. 从而所求积分为

$$\iiint_D f(\rho,\phi,\theta)dV = \int_{\theta=\alpha}^{\theta=\beta} \int_{\phi=\phi_{\min}}^{\phi=\phi_{\max}} \int_{\rho=g_1(\phi,\theta)}^{\rho=g_2(\phi,\theta)} f(\rho,\phi,\theta)\rho^2 \sin\phi d\rho d\phi d\theta. \tag{6}$$

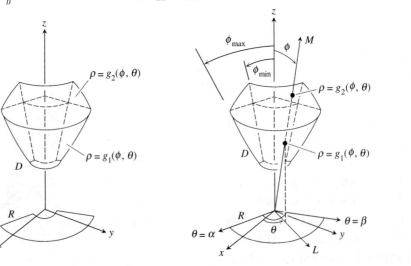

例 5(用球坐标求体积) 求一"冰淇凌锥"D 的体积,D 为由锥面 $\phi = \pi/3$ 从球体 $\rho \le 1$ 截下的立体区域.

解 体积应为 $V = \iiint\limits_{D} \rho^2 \sin\phi \mathrm{d}\rho \mathrm{d}\phi \mathrm{d}\theta$，在 D 上其被积函数 $f(\rho,\phi,\theta) = 1$.

为确定此积分的积分限，我们采取以下步骤.

第一步：作图. 作出区域 D 及它在 xy 平面的投影 R 的图（图 12.51）.

第二步：求 ρ - 积分限. 画一条从原点出发穿过 D 且与 z 轴正向夹角为 ϕ 的射线 M，另作 M 在 xy 平面的投影射线 L，并设 L 与 x 轴正向的夹角为 θ. 射线 M 在 $\rho = 0$ 穿进 D，在 $\rho = 1$ 离开.

第三步：求 ϕ - 积分限. 锥面 $\phi = \pi/3$ 是指与 z 轴正向夹角为 $\pi/3$，所以对任一给定的 θ，角 ϕ 均从 $\phi = 0$ 转到 $\phi = \pi/3$.

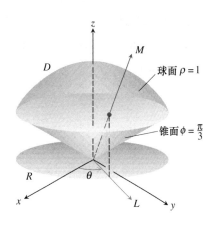

图 12.51　例 5 中的冰淇淋锥

第四步：求 θ - 积分限. 射线 L 是从 $\theta = 0$ 扫过 R 至 $\theta = 2\pi$. 于是体积为：

$$V = \iiint\limits_{D} \rho^2 \sin\phi \mathrm{d}\rho \mathrm{d}\phi \mathrm{d}\theta = \int_0^{2\pi} \int_0^{\frac{\pi}{3}} \int_0^1 \rho^2 \sin\phi \mathrm{d}\rho \mathrm{d}\phi \mathrm{d}\theta$$

$$= \int_0^{2\pi} \int_0^{\frac{\pi}{3}} \left[\frac{\rho^3}{3}\right]_0^1 \sin\phi \mathrm{d}\phi \mathrm{d}\theta = \int_0^{2\pi} \int_0^{\frac{\pi}{3}} \frac{1}{3} \sin\phi \mathrm{d}\phi \mathrm{d}\theta$$

$$= \int_0^{2\pi} \left[-\frac{1}{3}\cos\phi\right]_0^{\frac{\pi}{3}} \mathrm{d}\theta = \int_0^{\frac{\pi}{3}} \left(-\frac{1}{6} + \frac{1}{3}\right) \mathrm{d}\theta = \frac{2\pi}{6} = \frac{\pi}{3}.$$

例 6（求惯性矩）　一立体的密度 $\delta = 1$，占据例 5 的空间区域 D，求此立体关于 z 轴的惯性矩.

解 用直角坐标，所求矩为

$$I_z = \iiint\limits_{D} (x^2 + y^2) \mathrm{d}V.$$

用球坐标，$x^2 + y^2 = \rho^2 \sin^2\phi \cos^2\theta + \rho^2 \sin^2\phi \sin^2\theta = \rho^2 \sin^2\phi$，因此

$$I_z = \iiint\limits_{D} (\rho^2 \sin^2\phi) \rho^2 \sin\phi \mathrm{d}\rho \mathrm{d}\phi \mathrm{d}\theta = \iiint\limits_{D} \rho^4 \sin^3\phi \mathrm{d}\rho \mathrm{d}\phi \mathrm{d}\theta.$$

在例 5 的区域 D 上，积分变成

$$I_z = \int_0^{2\pi} \int_0^{\frac{\pi}{3}} \int_0^1 \rho^4 \sin^3\phi \mathrm{d}\rho \mathrm{d}\phi \mathrm{d}\theta = \int_0^{2\pi} \int_0^{\frac{\pi}{3}} \left[\frac{\rho^5}{5}\right]_0^1 \sin^3\phi \mathrm{d}\phi \mathrm{d}\theta$$

$$= \frac{1}{5} \int_0^{2\pi} \int_0^{\frac{\pi}{3}} (1 - \cos^2\phi) \sin\phi \mathrm{d}\phi \mathrm{d}\theta = \frac{1}{5} \int_0^{2\pi} \left[-\cos\phi + \frac{\cos^3\phi}{3}\right]_0^{\frac{\pi}{3}} \mathrm{d}\theta$$

$$= \frac{1}{5} \int_0^{2\pi} \left(-\frac{1}{2} + 1 + \frac{1}{24} - \frac{1}{3}\right) \mathrm{d}\theta = \frac{1}{5} \int_0^{2\pi} \frac{5}{24} \mathrm{d}\theta = \frac{\pi}{12}$$

坐标变换公式

柱坐标变换到直角坐标	球坐标变换到直角坐标	球坐标变换到柱坐标
$x = r\cos\theta$	$x = \rho\sin\phi\cos\theta$	$r = \rho\sin\phi$
$y = r\sin\theta$	$y = \rho\sin\phi\sin\theta$	$z = \rho\cos\phi$
$z = z$	$z = \rho\cos\phi$	$\theta = \theta$

相应的体积微元

$$dV = dxdydz = dz\,rdrd\theta = \rho^2\sin\phi\,d\rho\,d\phi\,d\theta$$

习题 12.6

用柱坐标计算积分

用柱坐标计算 1 – 6 题中的积分.

1. $\int_0^{2\pi}\int_0^1\int_r^{\sqrt{2-r^2}} dz\,rdrd\theta$

2. $\int_0^{2\pi}\int_0^3\int_{r^2/3}^{\sqrt{18-r^2}} dz\,rdrd\theta$

3. $\int_0^{2\pi}\int_{\frac{\theta}{2\pi}}^{\frac{\theta}{\pi}}\int_0^{3+24r^2} dz\,rdrd\theta$

4. $\int_0^\pi\int_{\frac{\theta}{\pi}}^{\frac{\theta}{\pi}}\int_{-\sqrt{4-r^2}}^{\sqrt{4-r^2}} zdz\,rdrd\theta$

5. $\int_0^{2\pi}\int_0^1\int_r^{\frac{1}{\sqrt{2-r^2}}} 3dz\,rdrd\theta$

6. $\int_0^{2\pi}\int_0^1\int_{-\frac{1}{2}}^{\frac{1}{2}} (r^2\sin^2\theta + z^2)\,dz\,rdrd\theta$

变换柱坐标的积分次序

至此所见积分都是采用柱坐标中为大家所常用的积分次序,但也有其它次序使用起来也不错,有时还更易于计算,计算第 7 – 10 题的积分.

7. $\int_0^{2\pi}\int_0^3\int_0^{z/3} r^3\,drdzd\theta$

8. $\int_{-1}^1\int_0^{2\pi}\int_0^{1+\cos\theta} 4rdrd\theta dz$

9. $\int_0^1\int_0^{\sqrt{z}}\int_0^{2\pi} (r^2\cos^2\theta + z^2)\,rd\theta drdz$

10. $\int_0^2\int_{r-2}^{\sqrt{4-r^2}}\int_0^{2\pi} (r\sin\theta + 1)\,rd\theta dzdr$

11. 设 D 为由平面 $z = 0$,上界面是球 $x^2 + y^2 + z^2 = 4$,和侧面为柱面 $x^2 + y^2 = 1$ 围成. 写出以柱坐标表示 D 的体积的三重积分,使用下列各积分次序.

    (**a**) $dzdrd\theta$ (**b**) $drdzd\theta$ (**c**) $d\theta dzdr$

12. 设 D 是一区域,其下面为锥面 $z = \sqrt{x^2 + y^2}$,上面是抛物面 $z = 2 - x^2 - y^2$. 用下列次序写出以柱坐标表示的三重积分,以给出 D 的体积表达式.

    (**a**) $dzdrd\theta$ (**b**) $drdzd\theta$ (**c**) $d\theta dzdr$

13. 求出将积分 $\iiint_D f(r,\theta,z)\,dz\,rdrd\theta$ 化成累次积分进行计算的积分限. 其中 D 是由下方的平面 $z = 0$,四周的

柱面 $r = \cos\theta$,顶部的抛物面 $z = 3r^2$ 围成的空间区域.

14. 将积分 $\int_{-1}^{1}\int_{0}^{\sqrt{1-y^2}}\int_{0}^{x}(x^2+y^2)\mathrm{d}z\mathrm{d}x\mathrm{d}y$ 用柱坐标换成等价的积分并计算出结果.

求以柱坐标表示的累次积分

题 15 – 20,建立累次积分,求所给区域 D 上的积分.
$$\iiint_D f(r,\theta,z)\,\mathrm{d}z\,r\mathrm{d}r\mathrm{d}\theta$$

15. D 为正圆柱,其底为 xy 平面上的圆 $r = 2\sin\theta$,顶位于平面 $z = 4 - y$ 上.

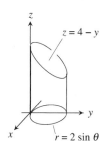

16. D 为正圆柱,其底为圆 $r = 3\cos\theta$,顶位于平面 $z = 5 - x$.

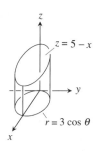

17. D 是直柱体,它的底在 xy 平面内位于心脏线 $r = 1 + \cos\theta$ 之内,圆 $r = 1$ 之外,而顶位于平面 $z = 4$.

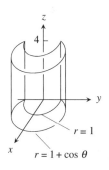

18. D 为直柱体,它的底为 $r = \cos\theta$ 和 $r = 2\cos\theta$ 之间的区域,顶在平面 $z = 2 - y$.

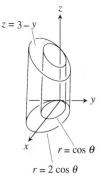

19. D 为棱柱,它的底为平面 xy 内由 x 轴,直线 $y = x$ 和 $x = 1$ 所围的三角形区域,顶在平面 $z = 2 - y$ 内.

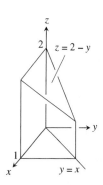

20. D 为一棱柱,其底为 xy 平面以 y 轴,$y = x$ 和 $y = 1$ 为边界的三角形,而顶位于平面 $z = 2 - x$ 内.

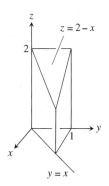

用球坐标计算三重积分

用球坐标计算 21 – 36 题的积分.

21. $\int_0^\pi \int_0^\pi \int_0^{2\sin\phi} \rho^2 \sin\phi \, d\rho \, d\phi \, d\theta$

22. $\int_0^{2\pi} \int_0^{\pi/4} \int_0^2 (\rho\cos\phi) \rho^2 \sin\phi \, d\rho \, d\phi \, d\theta$

23. $\int_0^{2\pi} \int_0^\pi \int_0^{(1-\cos\phi)/2} \rho^2 \sin\phi \, d\rho \, d\phi \, d\theta$

24. $\int_0^{3\pi/2} \int_0^\pi \int_0^1 5\rho^3 \sin^3\phi \, d\rho \, d\phi \, d\theta$

25. $\int_0^{2\pi} \int_0^{\pi/3} \int_{\sec\phi}^2 3\rho^2 \sin\phi \, d\rho \, d\phi \, d\theta$

26. $\int_0^{2\pi} \int_0^{\pi/4} \int_0^{\sec\phi} (\rho\cos\phi) \rho^2 \sin\phi \, d\rho \, d\phi \, d\theta$

变换球坐标的积分次序

前面的三重积分都使用球坐标最常用的积分顺序, 但其它次序也可能用, 而且有时还比较易于计算. 计算第 27 – 30 题中的积分.

27. $\int_0^2 \int_{-\pi}^0 \int_{\pi/4}^{\pi/2} \rho^3 \sin 2\phi \, d\phi \, d\theta \, d\rho$

28. $\int_{\pi/6}^{\pi/3} \int_{\csc\phi}^{2\csc\phi} \int_0^{2\pi} \rho^2 \sin\phi \, d\theta \, d\rho \, d\phi$

29. $\int_0^1 \int_0^\pi \int_0^{\pi/4} 12\rho \sin^3\phi \, d\phi \, d\theta \, d\rho$

30. $\int_{\pi/6}^{\pi/2} \int_{-\pi/2}^{\pi/2} \int_{\csc\phi}^2 5\rho^4 \sin^3\phi \, d\rho \, d\theta \, d\phi$

31. 设 D 为 11 题中的区域, 用球坐标建立三重积分以表示 D 的体积, 分别用以下积分次序.
    (a) $d\rho \, d\phi \, d\theta$ (b) $d\phi \, d\rho \, d\theta$

32. 设 D 为下表面为锥面 $z = \sqrt{x^2 + y^2}$, 上表面为平面 $z = 1$ 所界的区域. 用球坐标建立三重积分以表示 D 的体积, 分别用以下积分次序.
    (a) $d\rho \, d\phi \, d\theta$ (b) $d\phi \, d\rho \, d\theta$

求用球坐标表示的累次积分

第 33 – 38 题, (a) 用球坐标计算所给区域体积的三重积分的积分限; (b) 算出积分.

33. 界于球 $\rho = \cos\phi$ 和 $\rho = 2$, $z \geq 0$ 之间的体积.

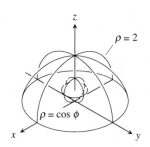

34. 下方以半球 $\rho = 1$, $z \geq 0$ 为界, 上方以心脏线 $\rho = 1 + \cos\phi$ 生成的旋转面所围的立体.

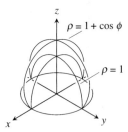

35. 由心脏线 $\rho = 1 - \cos\phi$ 生成的旋转面所围立体.

36. 第 35 题中的立体被 xy 平面所截的上部的体积.

37. 下方为球面 $\rho = 2\cos\phi$, 上方为锥面 $z = \sqrt{x^2 + y^2}$ 所围立体体积.

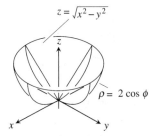

38. 下界面为 xy 平面, 侧面为球面 $\rho = 2$, 上方为锥面 $\phi = \pi/3$ 所围立体的体积.

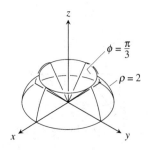

直角、柱和球坐标

39. 建立三重积分以表示球面 $\rho = 2$ 所围球的体积,分别用(**a**) 球坐标,(**b**) 柱坐标和(**c**) 直角坐标.

40. 设 D 为下面是锥面 $\phi = \dfrac{\pi}{4}$,上方为球面 $\rho = 3$ 所围区间在第一卦限的部分,分别用(**a**) 柱坐标,(**b**) 球坐标写出求 D 的体积的累次三重积分,然后(**c**) 计算出体积 V.

41. 设 D 为:半径为 2 个单位的球体被一个平面截下较小的球帽,平面距球心 1 个单位. 分别以(**a**) 球坐标,(**b**) 柱坐标和(**c**) 直角坐标写出求 D 的体积的累次三重积分. 然后(**d**) 用其中一种三重积分求出体积.

42. 分别以(**a**) 柱坐标,(**b**) 球坐标的累次积分表示半球体 $x^2 + y^2 + z^2 \leqslant 1, z \geqslant 0$ 的惯性矩,然后(**c**) 求出 I_z 的值.

体积

求 43 – 48 题中立体的体积.

43.

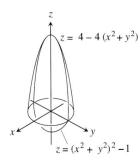

44.

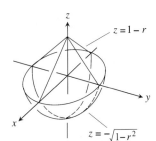

45.

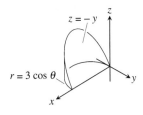

46.

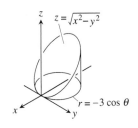

47.

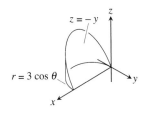

48.

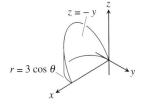

49. 球和锥 求位于锥面 $\phi = \pi/3$ 和 $\phi = 2\pi/3$ 之间球体 $\rho \leqslant a$ 的部分体积.

50. 球和半平面 求由半平面 $\theta = 0$ 和 $\theta = \pi/6$ 割出的球体 $\rho \leq a$ 在第一卦限部分的体积.

51. 球和平面 求球体 $\rho \leq 2$ 被平面 $z = 1$ 割下的较小部分区域的体积.

52. 锥和平面 求由锥面 $z = \sqrt{x^2 + y^2}$ 在平面 $z = 1$ 和 $z = 2$ 之间所封闭的立体体积.

53. 柱面和抛物面 求下方为平面 $z = 0$,侧面为柱面 $x^2 + y^2 = 1$,上方为抛物面 $z = x^2 + y^2$ 所界区域的体积.

54. 柱面和抛物面 求下方为抛物面 $z = x^2 + y^2$,侧面为柱面 $x^2 + y^2 = 1$,及上方为抛物面 $z = x^2 + y^2 + 1$ 围出区域的体积.

55. 柱面和锥面 求由锥面 $z = \pm \sqrt{x^2 + y^2}$ 从"厚墙形"柱体 $1 \leq x^2 + y^2 \leq 2$ 截出的区域的体积.

56. 球面与柱面 求位于球面 $x^2 + y^2 + z^2 = 2$ 之内和圆柱 $x^2 + y^2 = 1$ 之外区域的体积.

57. 柱面和平面 求由柱面 $x^2 + y^2 = 4$ 和平面 $z = 0$,及 $y + z = 4$ 所围立体的体积.

58. 柱面和平面 求由柱面 $x^2 + y^2 = 4$ 和平面 $z = 0$,及 $x + y + z = 4$ 所围立体的体积.

59. 抛物面围住的区域 求由两抛物面:上为 $z = 5 - x^2 - y^2$,下为 $z = 4x^2 + 4y^2$ 所围区域的体积.

60. 抛物面和柱面 求上方为抛物面 $z = 9 - x^2 - y^2$,下方是 xy 平面,且位于柱面 $x^2 + y^2 = 1$ 之外的封闭区域的体积.

61. 柱和球面 求柱体 $x^2 + y^2 \leq 1$ 被球面 $x^2 + y^2 + z^2 = 4$ 截出区域的体积.

62. 球和抛物面 求上、下分别为球面 $x^2 + y^2 + z^2 = 2$ 和抛物面 $z = x^2 + y^2$ 所围立体的体积.

平均值

63. 求 $f(r, \theta, z) = r$ 在由柱面 $r = 1$ 和平面 $z = -1$ 及 $z = 1$ 所围区域上的平均值.

64. 求 $f(r, \theta, z) = r$ 在由球面 $r^2 + z^2 = 1$ 所围球体上的平均值.

65. 求 $f(\rho, \phi, \theta) = \rho$ 在球体 $\rho \leq 1$ 上的平均值.

66. 求 $f(\rho, \phi, \theta) = \rho\cos\phi$ 在上半球 $\rho \leq 1, 0 \leq \phi \leq \pi/2$ 上的平均值.

质量、矩和质心

67. 质心 一密度为常数的立体,下方由平面 $z = 0$,上方由锥面 $z = r, r \geq 0$,和侧面由柱面 $r = 1$ 所围.求其质心.

68. 形心 求第一卦限下述区域的形心:上、下方为锥面 $z = \sqrt{x^2 + y^2}$ 及平面 $z = 0$,侧面是柱面 $x^2 + y^2 = 4$,平面 $x = 0$ 和 $y = 0$ 所围的区域.

69. 形心 求第 38 题立体的形心.

70. 形心 求上方为球面 $\rho = a$,下方为锥面 $\phi = \pi/4$ 围成的立体的形心.

71. 形心 求上表面为曲面 $z = \sqrt{r}$,侧面为柱面 $r = 4$,和下表面是 xy 平面所围区域的形心.

72. 形心 求由 $\theta = -\pi/3, r \geq 0$ 和 $\theta = \pi/3, r \geq 0$ 从球体 $r^2 + z^2 \leq 1$ 截出的区域的形心.

73. 惯性矩和旋转半径 求一个内为柱面 $r = 1$,外为柱面 $r = 2$,上下分别是平面 $z = 0$ 和 $z = 4$ 的"厚墙"形直圆柱关于 z 轴的惯性矩和旋转半径(取 $\delta = 1$).

74. 圆柱体的惯性矩 求下列几种情况的半径为1,高为2的圆柱体的惯性矩.(**a**)关于柱轴,(**b**)关于过形心且垂直于柱的轴的直线(取 $\delta = 1$).

75. 锥体的惯性矩 求一个底半径为1,高为1的正圆锥关于通过锥顶点且平行于底的一条轴的惯性矩(取 $\delta = 1$).

76. 球体的惯性矩 求半径为 a 的球体关于一直径的惯性矩(取 $\delta = 1$).

77. 锥体的惯性矩 求底半径为 a,高为 h 的正圆锥关于它的轴的惯性矩.(提示:设锥顶点的原点,轴沿 z 轴.)

78. 可变密度 求一顶为抛物面 $z = r^2$,底为平面 $z = 0$,侧面为柱面 $r = 1$ 的立体的质心和关于 z 轴的惯性

矩和旋转半径,设其密度函数分别为:

(a) $\delta(r,\theta,z) = z$,　　(b) $\delta(r,\theta,z) = r$.

79. **可变密度**　求一顶为平面 $z = 1$,底为锥面 $z = \sqrt{x^2 + y^2}$ 的立体的质心,以及关于 z 轴的惯性矩和旋转半径,设密度为:

    (a) $\delta(r,\theta,z) = z$,　　(b) $\delta(r,\theta,z) = z^2$.

80. **可变密度**　由球面 $\rho = a$ 围成一球体,求其关于 z 轴的惯性矩与旋转半径,若密度为:

    (a) $\delta(\rho,\phi,\theta) = \rho^2$,　　(b) $\delta(\rho,\phi,\theta) = r = \rho\sin\phi$.

81. **半椭球体质心**　证明半个旋转椭球体 $(r^2/a^2) + (r^2/y^2) \leqslant 1, z \geqslant 0$ 的质心位于 z 轴从底到顶的 3/8 处. 特别对 $h = a$ 为一半球. 质心也位于其对称轴从底到顶的 3/8 处.

82. **锥体的质心**　证明圆锥体的质心在从底到顶点的 1/4 处. (更一般地,所有锥体及棱锥体的质心都在从其底的形心到顶点的 1/4 处.)

83. **可变密度**　一个直圆柱由柱面 $r = a$ 和平面 $z = 0$ 及 $z = h(h > 0)$ 所围. 求其质心和关于 z 轴的惯性矩和旋转半径. 设其密度 $\delta(r,\theta,z) = z + 1$.

84. **行星大气的质量**　半径为 R 的球形行星的大气密度为 $\mu = \mu_0 e^{-ch}$,其中 h 为行星表面上方的高度,μ_0 是在海平面的大气密度,c 为正常数. 求行星大气的质量.

85. **行星中心的密度**　一球形行星的半径为 R,其质量为 M,且其密度呈球对称分布,即密度往行星中心去为线性增加. 若行星表面密度为零,那么行星中心的密度是多少?

理论和例子

86. **用球坐标表示直圆柱**　求柱面 $x^2 + y^2 = a^2$ 的球坐标形式的方程 $\rho = f(\theta)$.

87. **以柱坐标表示垂直平面**

    (a) 证明垂直于 x 轴的平面用柱坐标表示,形式为 $r = a\sec\theta$.

    (b) 证明垂直于 y 轴的平面的柱坐标方程为: $r = b\csc\theta$.

88. (87题的续)　求平面 $ax + by = c(c \neq 0)$ 的柱坐标形式的方程 $r = f(\theta)$.

89. **为学而写:对称性**　一曲面若以柱坐标表示,形式为 $r = f(z)$,你发现它具有什么对称性?给出答案并说明理由.

90. **为学而写:对称性**　一曲面若以球坐标表示,其方程为 $\rho = f(\phi)$,你发现它具有什么对称性?给出答案并说明理由.

12.7　多重积分中的变量替换

二重积分的变量替换 • 三重积分的变量替换

本节讲如何作重积分的变量替换. 如同一元积分,替换的目的是要把复杂的积分换成较简单的,再作计算. 变量替换通过简化被积表达式、积分限,或两者同时简化达到这一目的.

二重积分的变量替换

12.3 节的极坐标变换,是二重积分更一般的替换的一种特例,也是一种方法,即变量替换中随区域改变,变量的图象也改变.

假设通过方程组
$$x = g(u,v), \quad y = h(u,v),$$

把 uv 平面中一区域 G 一对一地变到 xy 平面的区域 R,如图 12.52 所示. 我们称 R 为变换下的 G 的**象**,而称 G 为 R 的**原象**. 任一定义在 R 上的函数 $f(x,y)$,也可被认为是定义在 G 上的函数 $f(g(u,v),h(u,v))$. 那么,$f(x,y)$ 在 R 上的积分与 $f(g(u,v),h(u,v))$ 在 G 上的积分的关系怎样?

注:"逆"序 变换方程组 $x = g(u,v)$ 和 $y = h(u,v)$ 是从 G 到 R,但我们用它们却是把从 R 上的积分变换到 G 上的积分.

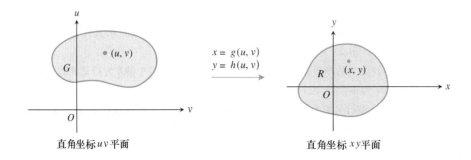

图 12.52 方程组 $x = g(u,v), y = h(u,v)$ 可以把 xy 平面内区域 R 上的积分变换成 uv 平面内区域 G 上的积分.

答案是:若 g,h 和 f 有连续的偏导数并且 $J(u,v)$(下面将要讨论)仅在孤立点上是零,那么

$$\iint_R f(x,y)\,\mathrm{d}x\mathrm{d}y = \iint_G f(g(u,v),h(u,v))\,|J(u,v)|\,\mathrm{d}u\mathrm{d}v, \tag{1}$$

其中因子 $J(u,v)$(等式(1)是用它的绝对值)为坐标变换的 Jacobian 行列式,是以德国数学家 Carl Jacobi 命名.

定义 Jacobi 行列式

坐标变换 $x = g(u,v), y = h(u,v)$ 的 **Jacobi 行列式**为

$$J(u,v) = \begin{vmatrix} \dfrac{\partial x}{\partial u} & \dfrac{\partial x}{\partial v} \\ \dfrac{\partial y}{\partial u} & \dfrac{\partial y}{\partial v} \end{vmatrix} = \dfrac{\partial x}{\partial u}\dfrac{\partial y}{\partial v} - \dfrac{\partial y}{\partial u}\dfrac{\partial x}{\partial v}. \tag{2}$$

Jacobi 行列式还可记为

$$J(u,v) = \dfrac{\partial(x,y)}{\partial(u,v)}$$

目的在于帮助记忆(2)式的行列式如何由关于 x,y 的偏导数构成. (1)式的推导较复杂,可以从高等微积分教程中找到,此处我们不作推证.

对极坐标,相对于 u 和 v 的是 r 和 θ. 有 $x = r\cos\theta, y = r\sin\theta$, Jacobi 行列式为

$$J(r,\theta) = \begin{vmatrix} \dfrac{\partial x}{\partial r} & \dfrac{\partial x}{\partial \theta} \\ \dfrac{\partial y}{\partial r} & \dfrac{\partial y}{\partial \theta} \end{vmatrix} = \begin{vmatrix} \cos\theta & -r\sin\theta \\ \sin\theta & r\cos\theta \end{vmatrix}$$

$$= r(\cos^2\theta + \sin^2\theta) = r.$$

因此,(1) 式变为

$$\iint_R f(x,y)\,dxdy = \iint_G f(r\cos\theta, r\sin\theta)\,|r|\,drd\theta$$

$$= \iint_G f(r\cos\theta, r\sin\theta)\,r\,drd\theta, \quad 若\, r \geq 0 \quad (3)$$

这正是 12.3 节中的等式(4).

图 12.53 表明,变换 $x = r\cos\theta, y = r\sin\theta$ 如何将矩形区域 $G: 0 \leq r \leq 1, 0 \leq \theta \leq \pi/2$ 变换成 xy 平面第一象限中以 $x^2 + y^2 = 1$ 为界的 1/4 个圆域 R.

须注意(3) 式右侧的积分已不是极坐标系在某一区域上对 $f(r\cos\theta, r\sin\theta)$ 的积分. 它是 $f(r\cos\theta, r\sin\theta)$ 和 r 的积在直角坐标 $r\theta$ 平面内区间 G 上的积分.

下面是另一种变换的例子.

例 1(用变换作积分) 计算

$$\int_0^4 \int_{x=y/2}^{x=(y/2)+1} \frac{2x-y}{2}\,dxdy$$

使用变换

$$u = \frac{2x-y}{2}, \quad v = \frac{y}{2} \quad (4)$$

在 uv 平面一适当区域上作积分.

解 先画出在 xy 平面的积分区域 R,并识别它的边界(图 12.54).

为用(1) 式,我们需要找出相应的 uv 区域 G 及变换的 Jacobi 行列式. 要求出它,解方程组(4) 以 u, v 表示 x, y,用常规代数法,得到

$$x = u + v, \quad y = 2v. \quad (5)$$

然后用这两个表达式替换 R 的边界方程,就求出 G 的边界(图 12.54).

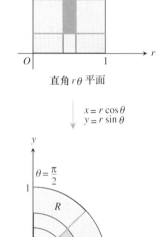

图 12.53 方程组 $x = r\cos\theta$, $y = r\sin\theta$ 将 G 变成 R.

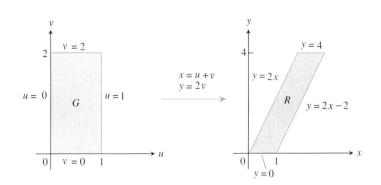

图 12.54 方程组 $x = u+v, y = 2v$ 把 G 变成 R. 由方程组 $u = (2x - y)/2, v = y/2$ 表示的变换把 R 变成 G.(例1)

区域 R 边界的 xy - 方程	相应的区域 G 的 边界的 uv - 方程	简化了的 uv - 方程
$x = \dfrac{y}{2}$	$u + v = \dfrac{2v}{2} = v$	$u = 0$
$x = \dfrac{y}{2} + 1$	$u + v = \dfrac{2v}{2} + 1 = v + 1$	$u = 1$
$y = 0$	$2v = 0$	$v = 0$
$y = 4$	$2v = 4$	$v = 2$

(再一次从方程组(5))变换的 Jacobi 行列式为

$$J(u,v) = \begin{vmatrix} \dfrac{\partial x}{\partial u} & \dfrac{\partial x}{\partial v} \\ \dfrac{\partial y}{\partial u} & \dfrac{\partial y}{\partial v} \end{vmatrix} = \begin{vmatrix} \dfrac{\partial}{\partial u}(u+v) & \dfrac{\partial}{\partial v}(u+v) \\ \dfrac{\partial}{\partial u}(2v) & \dfrac{\partial}{\partial v}(2v) \end{vmatrix} = \begin{vmatrix} 1 & 1 \\ 0 & 2 \end{vmatrix} = 2.$$

现在一切俱备,应用等式(1):

$$\int_0^4 \int_{x=y/2}^{x=(y/2)+1} \dfrac{2x-y}{2} \mathrm{d}x\mathrm{d}y = \int_{v=0}^{v=2} \int_{u=0}^{u=1} u \, |J(u,v)| \, \mathrm{d}u\mathrm{d}v$$

$$= \int_0^2 \int_0^1 u \cdot 2 \mathrm{d}u\mathrm{d}v = \int_0^2 \left[u^2 \right]_0^1 \mathrm{d}v = \int_0^2 \mathrm{d}v = 2.$$

例 2(用变换作积分) 计算

$$\int_0^1 \int_0^{1-x} \sqrt{x+y}(y-2x)^2 \mathrm{d}y\mathrm{d}x.$$

解 画出 xy 平面内积分区域 R,识别它的边界曲线(图 12.55). 从被积表达式可见作变换 $u = x + y$ 及 $v = y - 2x$. 用代数方法得 x, y 为 u, v 的函数表达式:

$$x = \dfrac{u}{3} - \dfrac{v}{3}, \quad y = \dfrac{2u}{3} + \dfrac{v}{3}. \tag{6}$$

从方程组(6),可求得 uv 区域 G 的边界(图 12.55).

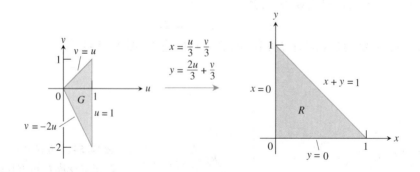

图 12.55　方程组 $x = \dfrac{u}{3} - \dfrac{v}{3}$ 和 $y = \dfrac{2u}{3} + \dfrac{v}{3}$ 把 G 变成 R. 逆变换 $u = x + y, v = y - 2x$ 则将 R 变成 G. (见例 2)

区域 R 边界的 xy - 方程	相应的区域 G 的边界的 uv - 方程	简化了的 uv - 方程
$x + y = 1$	$\left(\dfrac{u}{3} - \dfrac{v}{3}\right) + \left(\dfrac{2u}{3} + \dfrac{v}{3}\right) = 1$	$u = 1$
$x = 0$	$\dfrac{u}{3} - \dfrac{v}{3} = 0$	$u = v$
$y = 0$	$\dfrac{2u}{3} + \dfrac{v}{3} = 0$	$v = -2u$

以方程组(6)作变换的 Jacobi 行列式为：

$$J(u,v) = \begin{vmatrix} \dfrac{\partial x}{\partial u} & \dfrac{\partial x}{\partial v} \\ \dfrac{\partial y}{\partial u} & \dfrac{\partial y}{\partial v} \end{vmatrix} = \begin{vmatrix} \dfrac{1}{3} & -\dfrac{1}{3} \\ \dfrac{2}{3} & \dfrac{1}{3} \end{vmatrix} = \dfrac{1}{3}.$$

应用等式(1)，算出积分：

$$\int_0^1 \int_0^{1-x} \sqrt{x+y}(y-2x)^2 \mathrm{d}y\mathrm{d}x = \int_{u=0}^{u=1} \int_{v=-2u}^{v=u} u^{\frac{1}{2}} v^2 |J(u,v)| \mathrm{d}v\mathrm{d}u$$

$$= \int_0^1 \int_{-2u}^u u^{\frac{1}{2}} v^2 \left(\dfrac{1}{3}\right) \mathrm{d}v\mathrm{d}u = \dfrac{1}{3}\int_0^1 u^{\frac{1}{2}} \left(\dfrac{1}{3}v^3\right)\bigg|_{v=-2u}^{v=u} \mathrm{d}u$$

$$= \dfrac{1}{9}\int_0^1 u^{\frac{1}{2}}(u^3 + 8u^3) \mathrm{d}u = \int_0^1 u^{\frac{7}{2}} \mathrm{d}u = \dfrac{2}{9}u^{\frac{9}{2}}\bigg|_0^1 = \dfrac{2}{9}.$$

三重积分的变量替换

12.6 节的柱坐标及球坐标变换是三重积分特殊情况的变量替换方法，该方法说明随三维区域的转换三重积分中的变量作怎样的变化。方法与二重积分的方法是类似的，所不同就是此处用三维代替二维。

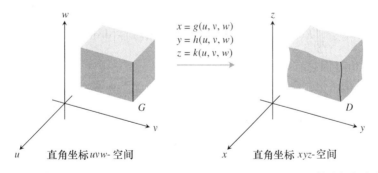

图 12.56 方程组 $x = g(u,v,w)$，$y = h(u,v,w)$ 和 $z = k(u,v,w)$ 使我们把直角坐标 xyz 空间区域 D 上的积分变成直角坐标 uvw 空间区域 G 上的积分。

假定通过以下可微的函数组

$$x = g(u,v,w), \quad y = h(u,v,w), \quad z = k(u,v,w),$$

将 uvw 空间一区域 G 一对一地变换到 xyz 空间的区域 D，如图 12.56 所示，则定义在 D 上的任一函数 $F(x,y,z)$ 可被看成是函数

$$F(g(u,v,w),h(u,v,w),k(u,v,w)) = H(u,v,w)$$

H 定义在 G 上，如果 g,h,k 都具有连续的一阶偏导数，那么 $F(x,y,z)$ 在 D 上的积分与 $H(u,v,w)$ 在 G 上的积分的关系式可由下式给出

$$\iiint_D F(x,y,z)\mathrm{d}x\mathrm{d}y\mathrm{d}z = \iiint_G H(u,v,w)|J(u,v,w)|\mathrm{d}u\mathrm{d}v\mathrm{d}w. \tag{7}$$

式中的因子 $J(u,v,w)$ 称为 **Jacobi 行列式**，以绝对值形式出现：

$$J(u,v,w) = \begin{vmatrix} \dfrac{\partial x}{\partial u} & \dfrac{\partial x}{\partial v} & \dfrac{\partial x}{\partial w} \\ \dfrac{\partial y}{\partial u} & \dfrac{\partial y}{\partial v} & \dfrac{\partial y}{\partial w} \\ \dfrac{\partial z}{\partial u} & \dfrac{\partial z}{\partial v} & \dfrac{\partial z}{\partial w} \end{vmatrix} = \dfrac{\partial(x,y,z)}{\partial(u,v,w)}. \tag{8}$$

与二维情况一样，变量替换公式的推导较复杂，这里不作讨论。

对柱坐标变换，代替 u,v,w 的是 r,θ 和 z。从直角 $r\theta z$ 空间到直角 xyz 空间的变换公式为（图 12.57）

$$x = r\cos\theta, \quad y = r\sin\theta, \quad z = z$$

变换的 Jacobi 行列式为：

$$J(r,\theta,z) = \begin{vmatrix} \dfrac{\partial x}{\partial r} & \dfrac{\partial x}{\partial \theta} & \dfrac{\partial x}{\partial z} \\ \dfrac{\partial y}{\partial r} & \dfrac{\partial y}{\partial \theta} & \dfrac{\partial y}{\partial z} \\ \dfrac{\partial z}{\partial r} & \dfrac{\partial z}{\partial \theta} & \dfrac{\partial z}{\partial z} \end{vmatrix} = \begin{vmatrix} \cos\theta & -r\sin\theta & 0 \\ \sin\theta & r\cos\theta & 0 \\ 0 & 0 & 1 \end{vmatrix}$$

$$= r\cos^2\theta + r\sin^2\theta = r.$$

相应于 (7) 式的三重积分则为

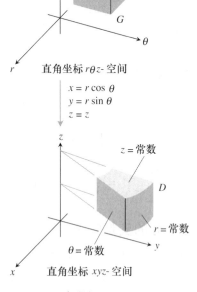

图 12.57 方程组 $x = r\cos\theta, y = r\sin\theta$ 及 $z = z$ 把 G 变成 D.

$$\iiint_D F(x,y,z)\mathrm{d}x\mathrm{d}y\mathrm{d}z = \iiint_G H(r,\theta,z)|r|\mathrm{d}r\mathrm{d}\theta\mathrm{d}z. \tag{9}$$

这里可以去掉绝对值号因总有 $r \geqslant 0$.

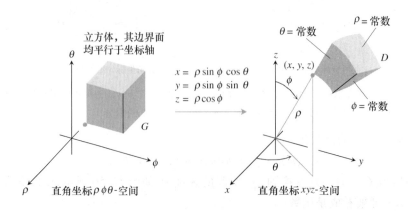

图 12.58 等式 $x = \rho\sin\phi\cos\theta, y = \rho\sin\phi\sin\theta$ 和 $z = \rho\cos\phi$ 把 G 变成 D.

对球坐标变换,代替 u,v,w 的是 ρ,ϕ,θ. 从直角 $\rho\phi\theta$ 空间变换到 xyz 空间的变换公式为(图 12.58)

$$x = \rho\sin\phi\cos\theta, \quad y = \rho\sin\phi\sin\theta, \quad z = \rho\cos\phi.$$

变换的 Jacobi 行列式为

$$J(\rho,\phi,\theta) = \begin{vmatrix} \dfrac{\partial x}{\partial \rho} & \dfrac{\partial x}{\partial \phi} & \dfrac{\partial x}{\partial \theta} \\ \dfrac{\partial y}{\partial \rho} & \dfrac{\partial y}{\partial \phi} & \dfrac{\partial y}{\partial \theta} \\ \dfrac{\partial z}{\partial \rho} & \dfrac{\partial z}{\partial \phi} & \dfrac{\partial z}{\partial \theta} \end{vmatrix} = \rho^2\sin\phi \tag{10}$$

(习题 17). 相应于(7) 的三重积分则变为

$$\iiint_D F(x,y,z)\,\mathrm{d}x\mathrm{d}y\mathrm{d}z = \iiint_G H(\rho,\phi,\theta)\,|\rho^2\sin\phi|\,\mathrm{d}\rho\mathrm{d}\phi\mathrm{d}\theta. \tag{11}$$

这里也可以去掉绝对值号,因为此处 $\sin\phi$ 不取负值.

以下是另一种变换的例子. 虽然我们可以直接计算例中的积分,但此处选它只是为了较简单(也很直观)地说明变量替换.

例 3(用变量替换计算三重积分) 计算

$$\int_0^3 \int_0^4 \int_{x=y/2}^{x=(y/2)+1} \left(\frac{2x-y}{2} + \frac{z}{3} \right) \mathrm{d}x\mathrm{d}y\mathrm{d}z$$

通过作变换

$$u = \frac{(2x-y)}{2}, \quad v = \frac{y}{2}, \quad w = \frac{z}{3} \tag{12}$$

在 uvw 空间一适当区域上计算.

解 先画出 xyz 空间区域 D 的图,并识别它的边界面(图 12.59). 此例中 D 的边界面全是平面.

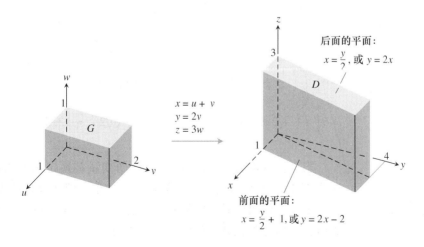

图 12.59 方程组 $x = u + v, y = 2v, z = 3w$ 把 G 变成 D,而方程组 $u = (2x-y)/2, v = y/2$ 和 $w = z/3$ 把 D 变成 G,见例 3.

为应用公式(7),需要求出相应的 uvw 区域 G 和变换的 Jacobi 行列式. 为此,先解方程组求出以 u,v 和 w 表示 x,y 及 z 的表达式. 用通常的代数法可得

$$x = u + v, \quad y = 2v, \quad z = 3w. \tag{13}$$

然后以这些表达式代换 D 的边界面方程就得到 G 的边界面.

区域 D 边界面的 xyz - 方程	区域 G 边界面相应的 uvw - 方程	简化了的 uvw - 方程
$x = y/2$	$u + v = 2v/2 = v$	$u = 0$
$x = (y/2) + 1$	$u + v = (2v/2) + 1 = v + 1$	$u = 1$
$y = 0$	$2v = 0$	$v = 0$
$y = 4$	$2v = 4$	$v = 2$
$z = 0$	$3w = 0$	$w = 0$
$z = 3$	$3w = 3$	$w = 1$

再由方程组(13), 计算出变换的 Jacobi 行列式为

$$J(u,v,w) = \begin{vmatrix} \dfrac{\partial x}{\partial u} & \dfrac{\partial x}{\partial v} & \dfrac{\partial x}{\partial w} \\ \dfrac{\partial y}{\partial u} & \dfrac{\partial y}{\partial v} & \dfrac{\partial y}{\partial w} \\ \dfrac{\partial z}{\partial u} & \dfrac{\partial z}{\partial v} & \dfrac{\partial z}{\partial w} \end{vmatrix} = \begin{vmatrix} 1 & 1 & 0 \\ 0 & 2 & 0 \\ 0 & 0 & 3 \end{vmatrix} = 6.$$

现一切俱备, 可以用(7) 式得

$$\int_0^3 \int_0^4 \int_{x=y/2}^{x=(y/2)+1} \left(\frac{2x-y}{2} + \frac{z}{2} \right) \mathrm{d}x \mathrm{d}y \mathrm{d}z$$

$$= \int_0^1 \int_0^2 \int_0^1 (u+w) |J(u,v,w)| \mathrm{d}u\mathrm{d}v\mathrm{d}w$$

$$= \int_0^1 \int_0^2 \int_0^1 (u+w)(6) \mathrm{d}u\mathrm{d}v\mathrm{d}w = 6 \int_0^1 \int_0^2 \left[\frac{u^2}{2} + uw \right]_0^1 \mathrm{d}v\mathrm{d}w$$

$$= 6 \int_0^1 \int_0^2 \left(\frac{1}{2} + w \right) \mathrm{d}v\mathrm{d}w = 6 \int_0^1 \left[\frac{v}{2} + vw \right]_0^2 \mathrm{d}w$$

$$= 6 \int_0^1 (1 + 2w) \mathrm{d}w = 6(w + w^2) \Big|_0^1 = 6(2) = 12.$$

CD-ROM
WEBsite
历史传记
Carl Gustav
Jacob Jacobi
(1652 — 1719)

当坐标变换为非线性时,重积分的变量替换定理使用起来会使计算变理很困难. 因此这一节的目的仅在于介绍所涉及的思想. 当你学习了线性代数以后,更详细的对变换的讨论,Jacobi 和多变量替换的内容在高等微积分教程中都可查找到.

习题 12.7

求 Jacobi 行列式和两个变量的变换区域

1. (**a**) 解方程组
$$u = x - y, \quad v = 2x + y$$
以 u,v 表示 x,y,然后求 Jacobi 行列式 $\dfrac{\partial(x,y)}{\partial(u,v)}$ 的值.

   (**b**) 求出 xy 平面内以 $(0,0)(1,1)$ 和 $(1,-2)$ 为顶点的三角形区域在变换 $u = x - y, v = 2x + y$ 下的像. 并画出 uv 平面变换后的区域.

2. (**a**) 解方程组
$$u = x + 2y, \quad v = x - y$$
以 u,v 表示 x,y,然后求出 Jacobi 行列式 $\dfrac{\partial(x,y)}{\partial(u,v)}$ 的值.

   (**b**) 求出 xy 平面中以 $y = 0, y = x$ 和 $x + 2y = 2$ 为边界的三角形区域在变换 $u = x + 2y, v = x - y$ 下的像. 并在 uv 平面画出变换后的区域.

3. (**a**) 解方程组
$$u = 3x + 2y, \quad v = x + 4y$$
以 u,v 表示 x,y,再求 Jacobi 行列式 $\dfrac{\partial(x,y)}{\partial(u,v)}$ 的值.

   (**b**) 求出 xy 平面内以 x 轴, y 轴及直线 $x + y = 1$ 围成的三角形区域在变换 $u = 3x + 2y, v = x + 4y$ 下的像. 画出 uv 平面变换后的区域.

4. (**a**) 解方程组
$$u = 2x - 3y, \quad v = -x + y$$
以 u,v 表示 x,y 然后求出 Jacobi 行列式 $\dfrac{\partial(x,y)}{\partial(u,v)}$ 的值.

   (**b**) 求出 xy 平面内以 $x = -3, x = 0, y = x$ 和 $y = x + 1$ 为边界的平行四边形在变换 $u = 2x - 3y, v = -x + y$ 下的象,并在 uv 平面内画出变换后的区域.

应用变量替换求二重积分

5. 直接对 x 和 y 作积分算出例 1 的积分
$$\int_0^4 \int_{x=y/2}^{x=(y/2)+1} \frac{2x-y}{2} dx dy$$
以验证它的值为 2.

6. 用例 1 的变换,在第一象限中以直线 $y = -2x + 4, y = -2x + 7, y = x - 2$ 和 $y = x + 1$ 所围区域 R 上计算积分
$$\iint_D (2x^2 - xy - y^2) dx dy.$$

7. 用第 3 题的变换,在第一象限以直线 $y = -(3/2)x + 1, y = -(3/2)x + 3, y = -(1/4)x$ 和 $y = -(1/4)x + 1$ 为边界的区域 R 上计算积分
$$\iint_D (3x^2 + 14xy + 8y^2) dx dy.$$

8. 用第 4 题中的变换并在该题的平行四边形区域 R 上计算积分

$$\iint_D 2(x-y)\,dxdy.$$

9. 设 R 为 xy 平面的第一象限的区域，其边界为双曲线 $xy=1, xy=9$ 和直线 $y=x, y=4x$. 用变换 $x=u/v$, $y=uv, u>0, v>0$ 将积分

$$\iint_D \left(\sqrt{\frac{y}{x}}+\sqrt{xy}\right)dxdy$$

重写为 uv 平面一适当区域 G 的积分，然后在 uv 积分区域 G 上算出积分值.

10. （a）求变换 $x=u, y=uv$ 的 Jacobi 行列式，并在 uv 平面上画出区域 $G: 1 \leqslant u \leqslant 2, 1 \leqslant uv \leqslant 2$ 的图形.
    （b）再用表达式(1)将积分

$$\int_1^2 \int_1^2 \frac{y}{x}\,dydx$$

变换成 G 上的积分，并算出这两个积分.

11. **求椭圆板的惯性极矩** 一密度为常数的薄板覆盖椭圆 $\dfrac{x^2}{a^2}+\dfrac{y^2}{b^2}=1$ 所围区域，$a>0, b>0$. 求该平板关于原点的一阶矩.（提示：用变换 $x=ar\cos\theta, y=br\sin\theta$.）

12. **求椭圆面积** 椭圆 $\dfrac{x^2}{a^2}+\dfrac{y^2}{b^2}=1$ 的面积 πab 可以用椭圆在 xy 平面所围区域 $f(x,y)=1$ 的积分求出，直接算积分要做三角替换. 一种更简便的计算方法是用变换 $x=au, y=bv$，再在 uv 平面的圆盘 $G: u^2+v^2 \leqslant 1$ 上计算变换后的积分. 用这种方法求椭圆面积.

13. 用第 2 题的变换计算以下积分：

$$\int_0^{2/3}\int_y^{2-2y}(x+2y)e^{(y-x)}\,dxdy$$

先将它在 uv 平面的区域 G 上写成 u,v 的积分.

14. 用变换 $x=u+(1/2)v, y=v$ 计算积分

$$\int_0^2\int_{y/2}^{(y+4)/2}y^3(2x-y)e^{(2x-y)^2}\,dxdy$$

先将它写为 uv 平面区域 G 上关于 u,v 的积分.

求 Jacobi 行列式

15. 求下列变换的 Jacobi 行列式 $\dfrac{\partial(x,y)}{\partial(u,v)}$.
    （a）$x=u\cos v, y=u\sin v$
    （b）$x=u\sin v, y=u\cos v$.

16. 求变换的 Jacobi 行列式 $\dfrac{\partial(x,y,z)}{\partial(u,v,w)}$.
    （a）$x=u\cos v, y=u\sin v, z=w$
    （b）$x=2u-1, y=3v-4, z=(1/2)(w-4)$.

17. 计算公式(10) 的行列式，以证明从直角 $\rho\phi\theta$ 空间到直角 xyz 空间变换的 Jacobi 行列式的值是 $\rho^2\sin\phi$.

18. **一元积分的变量替换** 如何将一元定积分的变量替换看作区域的变换? 在这种情况下的 Jacobi 行列式是什么呢? 举例加以说明.

用变量替换计算三重积分

19. 用对 x,y,z 的积分求例 3 的积分值.
20. **椭球体积** 求椭球

$$\frac{x^2}{a^2}+\frac{y^2}{b^2}+\frac{z^2}{c^2}\leqslant 1$$

的体积.(提示:令 $x=au, y=bv$,和 $z=cw$,再在 uvw 空间一适当区域上求体积.)

21. 在椭球: $\frac{x^2}{a^2}+\frac{y^2}{b^2}+\frac{z^2}{c^2}\leqslant 1$ 上计算三重积分:

$$\iiint |xyz|dxdydz.$$

(提示:令 $x=au, y=bv$,和 $z=cw$,再在 uvw 空间一适当区域上求体积.)

22. 设 xyz 空间的区域 D 由下述不等式定义:

$$1\leqslant x\leqslant 2,\quad 0\leqslant xy\leqslant 2,\quad 0\leqslant z\leqslant 1,$$

使用变换

$$u=x,\quad v=xy,\quad w=3z$$

通过在 uvw 空间一合适区域 G 上计算积分

$$\iiint_D (x^2y+3xyz)dxdydz.$$

23. **半椭球体的质心** 假设已知半椭球体的质心位于其对称轴从底到顶的 3/8 处.证明:通过适当变换积分,再作计算,半椭球体 $(x^2/a^2)+(y^2/b^2)+(z^2/c^2)\leqslant 1, z\geqslant 0$ 的质心仍位于 z 轴上从底到顶的 3/8 处.(作此题并不需要计算积分.)

24. **柱体壳的体积** 在 5.2 节中,已学过用"壳"的方法求旋转体的体积;就是说,若曲线 $y=f(x)$ 和 x 轴在 a 到 b 间所围区域绕 y 轴旋转所得旋转体的体积为 $\int_a^b 2\pi xf(x)dx$.证明:用三重积分求体积能得到同样的结果.(提示:使用柱坐标,加上 y 和 z 改变后所起的效果.)

指导你们复习的问题

1. 在坐标平面一有界区域上定义二元函数的二重积分.
2. 二重积分如何化成累次积分?与积分次序有关吗?积分限如何确定?给出例子来说明.
3. 如何用二重积分计算面积、平均值、质量、矩、质心和旋转半径?给出例子,并加以说明.
4. 你如何将一个直角坐标的二重积分变成一个用极坐标计算的二重积分?为什么这样的变换是值得做的?举一例说明.
5. 定义函数 $f(x,y,z)$ 在空间一有界区域上的三重积分.
6. 用直角坐标如何计算三重积分?如何确定积分限?举一例说明.
7. 如何用直角坐标表示的三重积分计算体积、平均值、质量、矩、质心和旋转半径?举例说明.
8. 如何用柱坐标和球坐标定义三重积分?为什么会有人宁愿用这两种坐标系之一作计算而不用直角坐标去计算?
9. 怎样用柱坐标和球坐标计算三重积分?如何找出积分限?举例说明.
10. 怎样说明二重积分的变量替换就可看作是二维区域的变换?举一个计算例子加以说明.
11. 怎样说明三重积分的变量替换可看作是三维区域的变换,举一个计算例子加以说明.

实践习题

平面区域积分

题 1－4 画积分区域并计算二重积分.

1. $\int_1^{10}\int_0^{\frac{1}{y}} y e^{xy}\,dx\,dy$
2. $\int_0^1\int_0^{x^3} e^{\frac{y}{x}}\,dy\,dx$
3. $\int_0^{\frac{3}{2}}\int_{-\sqrt{9-4t^2}}^{\sqrt{9-4t^2}} t\,ds\,dt$
4. $\int_0^1\int_{\sqrt{y}}^{2-\sqrt{y}} xy\,dx\,dy$

改变积分次序

题 5－8，画出积分区域并写出相反积分次序的等价积分，然后计算这两种积分.

5. $\int_0^4\int_{-\sqrt{4-y}}^{(y-4)/2} dx\,dy$
6. $\int_0^1\int_{x^2}^x \sqrt{x}\,dy\,dx$
7. $\int_0^{\frac{3}{2}}\int_{-\sqrt{9-4y^2}}^{\sqrt{9-4y^2}} y\,dx\,dy$
8. $\int_0^2\int_0^{4-x} 2x\,dy\,dx$

计算二重积分

计算题 9－12 中的二重积分

9. $\int_0^1\int_{2y}^2 4\cos(x^2)\,dx\,dy$
10. $\int_0^2\int_{\frac{y}{2}}^1 e^{x^2}\,dx\,dy$
11. $\int_0^8\int_{\sqrt[3]{x}}^2 \dfrac{dy\,dx}{y^4+1}$
12. $\int_0^1\int_{\sqrt[3]{y}}^1 \dfrac{2\pi\sin\pi x^2}{x^2}\,dx\,dy$

面积和体积

13. **直线与抛物线间的面积** 求 xy 平面内由直线 $y=2x+4$ 和抛物线 $y=4-x^2$ 所围区域的面积.
14. **直线和抛物线所围面积** 求 xy 平面内一"三角形"区域的面积，该区域右为抛物线 $y=x^2$，左为直线 $x+y=2$，上为 $y=4$ 所围成.
15. **抛物面下方区域的体积** 求抛物面 $z=x^2+y^2$ 之下，xy 平面内由直线 $y=x, x=0$, 和 $x+y=2$ 所围三角形区域之上的立体体积.
16. **抛物柱面下方区域的体积** 求在抛物柱面 $z=x^2$ 之下，xy 平面内抛物线 $y=6-x^2$ 和直线 $y=x$ 所围区域之上的立体体积.

平均值

求 $f(x,y)=xy$ 在 17 和 18 题的区域上的积分平均值.

17. 由直线 $x=1, y=1$ 在第一象限围出的正方形.
18. 圆 $x^2+y^2\leq 1$ 在第一象限的四分之一区域.

质量和矩

19. **形心** 求 xy 平面内由直线 $x=2, y=2$ 和双曲线 $xy=2$ 所围三角形区域的形心.

20. **形心** 求 xy 平面内抛物线 $x + y^2 - 2y = 0$ 和直线 $x + 2y = 0$ 之间区域的形心.

21. **极矩** 求 xy 平面由 y 轴,直线 $y = 2x, y = 4$ 所围密度为 3 的薄三角板关于原点的惯性极矩.

22. **极矩** 求由下列直线所围区域上,密度 $\delta = 1$ 的薄矩形片关于其中心的惯性极矩:

    (**a**) xy 平面内, $x = \pm 2, y = \pm 1$.

    (**b**) xy 平面内, $x = \pm a, y = \pm 6$.

    (提示:求 I_x,然后用 I_x 公式求 I_y,再两个相加得 I.)

23. **惯性矩和旋转半径** 求一薄板关于 x 轴的惯性矩和旋转半径,此板密度为常数 δ,覆盖顶点为 $(0,0),(3,0)$ 和 $(3,2)$ 的 xy 平面内一三角形.

24. **可变密度板** xy 平面内由 $y = x$ 和 $y = x^2$ 所围的薄板,密度 $\delta(x,y) = x + 1$,求其关于坐标轴的质心、惯性矩和旋转半径.

25. **可变密度板** 一薄正方形板在 xy 平面由 $x = \pm 1, y = \pm 1$ 所围区域之上,若其密度 $\delta(x,y) = x^2 + y^2 + 1/3$,求它的质量和关于坐标轴的一阶矩.

26. **有相同惯性矩和旋转半径的三角形** 求一薄三角板关于 x 轴的惯性矩和旋转半径,它的密度 δ 为常数,底在 x 轴上的区间 $[0,6]$ 上. 顶点在 $y = h$ 上, $h > 0$. 你将会看到,顶点位于直线上哪点都没关系,即所有这样的三角形关于 x 轴都有相同的惯性矩和旋转半径.

极坐标

变换成极坐标计算第 27 – 28 题的积分.

27. $\int_{-1}^{1} \int_{-\sqrt{1-x^2}}^{\sqrt{1-x^2}} \dfrac{2dydx}{(1 + x^2 + y^2)^2}$

28. $\int_{-1}^{1} \int_{-\sqrt{1-y^2}}^{\sqrt{1-y^2}} \ln(x^2 + y^2 + 1) dxdy$

29. **形心** 求由不等式 $0 \leq r \leq 3, -\pi/3 \leq \theta \leq \pi/3$ 定义的极坐标平面区域的形心.

30. **形心** 求第一象限由射线 $\theta = 0$ 和 $\theta = \pi/2$ 及圆 $r = 1$ 和 $r = 3$ 所围区域的形心.

31. (**a**) **形心** 求极坐标系中位于心脏线 $r = 1 + \cos\theta$ 之内和圆 $r = 1$ 之外区域的形心.

    (**b**) 画出该区域的图,并在图上标出形心.

32. (**a**) **为学而写:形心** 求由极坐标不等式 $0 \leq r \leq a, -\alpha \leq \theta \leq \alpha (0 \leq \alpha \leq \pi)$ 定义的平面区域的形心. 问当 $\alpha \to \pi^-$ 时,形心如何移动?

    (**b**) 画出 $\alpha = 5\pi/6$ 的区域并将形心标在图上.

33. **在双纽线上积分** 在双纽线 $(x^2 + y^2)^2 - (x^2 - y^2) = 0$ 之一叶所围区域上对 $f(x,y) = \dfrac{1}{(1 + x^2 + y^2)^2}$ 积分.

34. 将 $f(x,y) = \dfrac{1}{(1 + x^2 + y^2)^2}$ 在下列区域上积分:

    (**a**) **三角形区域** 顶点为 $(0,0),(1,0),(1,\sqrt{3})$ 的三有形.

    (**b**) **第一象限** xy 平面的第一象限.

用直角坐标计算三重积分

计算 35 – 38 题的积分

35. $\int_{0}^{\pi} \int_{0}^{\pi} \int_{0}^{\pi} \cos(x + y + z) dxdydz$

36. $\int_{\ln 6}^{\ln 7} \int_{0}^{\ln 2} \int_{\ln 4}^{\ln 5} e^{x+y+z} dzdydx$

37. $\int_{0}^{1} \int_{0}^{x^2} \int_{0}^{x+y} (2x - y - z) dzdydx$

38. $\int_{1}^{e} \int_{1}^{x} \int_{1}^{z} \dfrac{2y}{z^3} dydzdx$

39. 体积 求楔形区域的体积,区域侧面是柱面 $x=-\cos y$,$-\pi/2 \leqslant y \leqslant \pi/2$,顶面是 $z=-2x$,底面是 xy 平面.

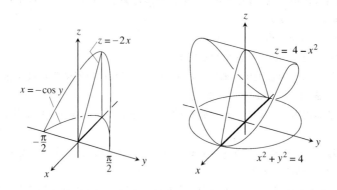

40. 体积 求立体体积,该立体顶面为 $z=4-x^2$,侧面是圆柱面 $x^2+y^2=4$,底面是 xy 平面.

41. 平均值 求 $f(x,y)=30xz\sqrt{x^2+y}$ 在第一卦限中由坐标平面和平面 $x=1$,$y=3$,$z=1$ 所围长方体上的平均值.

42. 平均值 求 ρ 在球体 $\rho \leqslant a$(球坐标)的平均值.

柱坐标与球坐标

43. 柱坐标到直角坐标 将积分 $\int_0^{2\pi}\int_0^{\sqrt{2}}\int_r^{\sqrt{4-r^2}} 3\mathrm{d}z r\mathrm{d}r\mathrm{d}\theta$,$r \geqslant 0$ 转化成(a)按 $\mathrm{d}z\mathrm{d}x\mathrm{d}y$ 次序的直角坐标积分;

(b)球坐标形式的积分,然后(c)算出其中之一的积分值.

44. 直角坐标到柱坐标 (a)将以下积分转化成柱坐标形式的积分,然后(b)计算转化后的新积分.

$$\int_0^1\int_{-\sqrt{1-x^2}}^{\sqrt{1-x^2}}\int_{-(x^2+y^2)}^{(x^2+y^2)} 21xy^2 \mathrm{d}z\mathrm{d}y\mathrm{d}x.$$

45. 直角坐标到球坐标 (a)将以下积分转化成球坐标形式的积分,(b)再计算新得到的积分.

$$\int_{-1}^{1}\int_{-\sqrt{1-x^2}}^{\sqrt{1-x^2}}\int_{\sqrt{x^2+y^2}}^{1} \mathrm{d}z\mathrm{d}y\mathrm{d}x.$$

46. 直角、柱与球坐标 写出 $f(x,y,z)=6+4y$ 在第一卦限的由锥面 $z=\sqrt{x^2+y^2}$,柱面 $x^2+y^2=1$ 和坐标平面所围区域上的三重累次积分. 分别用(a)直角坐标,(b)柱坐标,和(c)球坐标. 然后(d)用其中一种形式的积分,算出积分值.

47. 柱坐标到直角坐标 建立与积分

$$\int_0^{\frac{\pi}{2}}\int_0^{\sqrt{3}}\int_1^{\sqrt{4-r^2}} r^3(\sin\theta\cos\theta)z^2 \mathrm{d}z\mathrm{d}r\mathrm{d}\theta$$

等价的直角坐标形式的积分,使积分次序是先 z,然后 y,之后 x.

48. 直角坐标到柱坐标 一立体的体积为

$$\int_0^2\int_0^{\sqrt{2x-x^2}}\int_{-\sqrt{4-x^2-y^2}}^{\sqrt{4-x^2-y^2}} \mathrm{d}z\mathrm{d}y\mathrm{d}x$$

(a)描述该立体,用构成其边界面的曲面所给的方程.

(b)将积分变成柱坐标形式的积分,但不算出积分.

49. 球坐标与柱坐标 有关球形体的三重积分并非总是用球坐标才方便. 有的积分或许用柱坐标更容易计算. 为说明这点,求上方由球面 $x^2+y^2+z^2=8$,下面是平面 $z=2$ 所围区域的体积,(a)用柱坐标,(b)用球坐标.

50. **用球坐标求 I_z** 求一密度 $\delta = 1$ 的立体关于 z 轴的惯性矩，该立体由球面 $\rho = 2$（在上）和锥面 $\phi = \pi/3$（在下）所围（用球坐标）.

51. **一"厚"球的惯性矩** 求密度为常数 δ 的立体关于一直径的惯性矩，该立体由两个半径为 a 和 b（$a < b$）的同心球面所围.

52. **苹果的惯性矩** 求密度 $\delta = 1$ 的立体关于 z 轴的惯性矩，立体由球坐标给出的曲面 $\rho = 1 - \cos\phi$ 所围（像一个苹果）.

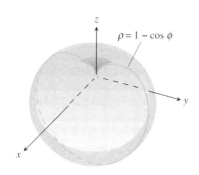

附加习题：理论、例题、应用

体积

1. **沙堆：二重和三重积分** 一沙堆，其底在 xy 平面内由抛物线 $x^2 + y = 6$ 与直线 $y = x$ 所围的区域上. 沙堆在点 (x, y) 的高度为 x^2，试表示沙堆的体积（**a**）以二重积分，（**b**）以三重积分，然后（**c**）求出体积.

2. **半球形碗中的水** 半径为 5 cm 的半球形碗中注入水，水面距顶 3 cm，求碗中水的体积.

3. **两平面间的柱体** 求位于两平面 $z = 0$ 和 $x + y + z = 2$ 之间的柱体 $x^2 + y^2 \le 1$ 的部分体积.

4. **球和抛物面** 求上方为球面 $x^2 + y^2 + z^2 = 2$，下方为抛物面 $z = x^2 + y^2$ 所围区域的体积.

5. **两抛物面** 求两抛物面：上方为 $z = 3 - x^2 - y^2$，下方为 $z = 2x^2 + 2y^2$ 所围区域的体积.

6. **球坐标** 求由球坐标表示的曲面 $\rho = 2\sin\phi$（见右图）所围区域的体积.

7. **球中洞** 一球体中间钻一个圆柱形洞，洞的轴即为球的一条直径. 余下部分的体积为
$$V = 2\int_0^{2\pi}\int_0^{\sqrt{3}}\int_1^{\sqrt{4-z^2}} r\,dr\,dz\,d\theta.$$
（**a**）求洞的半径和球的半径.
（**b**）求出这个积分值.

8. **球和柱** 求球体 $r^2 + z^2 \le 9$ 被柱面 $r = 3\sin\theta$ 所截下

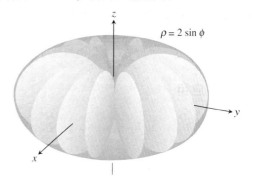

第 6 题图

的材料的体积.

9. 两抛物面 求由曲面 $z = x^2 + y^2$ 和 $z = (x^2 + y^2 + z^2)/2$ 所围成区域的体积.

10. 柱面和曲面 $z = xy$ 求第一卦限位于柱面 $r = 1$ 和 $r = 2$ 之间,下面是 xy 平面,上方为曲面 $z = xy$ 所界出的区域的体积.

变换积分次序

11. 计算积分:$\int_0^\infty \dfrac{e^{-ax} - e^{-bx}}{x} dx$. (提示:用关系式 $\dfrac{e^{-ax} - e^{-bx}}{x} = \int_a^b e^{-xy} dx$ 先构成一个二重积分,再交换积分次序).

12. 极坐标 (**a**) 通过改换成极坐标,证明:

$$\int_0^{a\sin\beta} \int_{y\cos\beta}^{\sqrt{a^2-y^2}} \ln(x^2 + y^2) dx dy = a^2\beta\left(\ln a - \dfrac{1}{2}\right)$$

其中 $a > 0$,且 $0 < \beta < \dfrac{\pi}{2}$.

(**b**) 用相反的次序改写这个直角坐标的积分.

13. 将二重积分化成定积分 通过交换积分次序,证明下面这个二重积分可以化为定积分:

$$\int_0^x \int_0^u e^{m(x-t)} f(t) dt du = \int_0^x (x-t) e^{m(x-t)} f(t) dt.$$

类似地,也可以证明

$$\int_0^x \int_0^v \int_0^u e^{m(x-t)} f(t) dt du dv = \int_0^x \dfrac{(x-t)^2}{2} e^{m(x-t)} f(t) dt.$$

14. 将二重积分变换成常积分限 有些情况,重积分的变积分限可以换成常积分限. 通过变换积分次序,证明

$$\int_0^1 f(x) \left(\int_0^x g(x-y) f(y)\right) dx = \int_0^1 f(y) \left(\int_y^1 g(x-y) f(x) dx\right) dy$$

$$= \dfrac{1}{2} \int_0^1 \int_0^1 g(|x-y|) f(x) f(y) dx dy.$$

质量和矩

15. 极小化极矩 一块常密度薄板位于 xy 平面的三角形区域上,三角形顶点为 $(0,0)$,$(a,0)$ 和 $(a,1/a)$,问 a 取何值可使平板关于原点的极矩最小?

16. 三角板的惯性极矩 求一个密度为 3 的三角形薄板关于原点的惯性极矩,其所在区域由 y 轴,直线 $y = 2x$ 和 $y = 4$ 围成.

17. 平衡器质量和惯性极矩 一密度为 1 的飞轮平衡器,形状为:由距离圆心为 $b(b < a)$ 的弦从半径为 a 的圆上截出的一小段弧.求平衡器的质量和关于轮子中心的惯性极矩.

18. 飞行器形心 求位于 xy 平面内两抛物线 $y^2 = -4(x-1)$ 和 $y^2 = -2(x-2)$ 之间的飞碟形飞行物的形心.

理论与应用

19. 计算

$$\int_0^a \int_0^b e^{\max(b^2x^2, a^2y^2)} dy dx,$$

其中 a,b 为正数,且

$$\max(b^2x^2, a^2y^2) = \begin{cases} b^2x^2, & \text{若 } b^2x^2 \geq a^2y^2 \\ a^2y^2, & \text{若 } b^2x^2 < a^2y^2. \end{cases}$$

20. 证明在矩形：$x_0 \leq x \leq x_1, y_0 \leq y \leq y_1$ 上, 积分

$$\iint \frac{\partial^2 F(x,y)}{\partial x \partial y} dx dy$$

等于

$$F(x_1, y_1) - F(x_0, y_1) - F(x_1, y_0) + F(x_0, y_0).$$

21. 假设 $f(x,y)$ 可写成积 $F(x)G(y)$ 的形式, $F(x), G(y)$ 分别仅是 x 和 y 的函数. 则 f 在矩形域 $R: a \leq x \leq b, c \leq y \leq d$ 上的积分也是一个积的形式, 如下式

$$\iint_D f(x,y) dA = \left(\int_a^b F(x) dx\right)\left(\int_c^d G(y) dy\right). \tag{1}$$

其推证如下:

$$\iint_D f(x,y) dA = \int_c^d \left(\int_a^b F(x) G(y) dx\right) dy \tag{i}$$

$$= \int_c^d \left(G(y) \int_a^b F(x) dx\right) dy \tag{ii}$$

$$= \int_c^d \left(\int_a^b F(x) dx\right) G(y) dy \tag{iii}$$

$$= \left(\int_a^b F(x) dx\right) \int_c^d G(y) dy \tag{iv}$$

(a) 为学而写 说明 i 至 iv 步每一步的理由. 实际应用中, 等式(1)计算起来省时间, 用(1)式求下列积分值.

(b) $\int_0^{\ln 2} \int_0^{\frac{\pi}{2}} e^x \cos y \, dy \, dx$ (c) $\int_1^2 \int_{-1}^1 \frac{x}{y^2} dx dy$

22. 设 D_u 表示 $f(x,y) = \frac{(x^2 + y^2)}{2}$ 沿单位向量 $\mathbf{u} = u_1 \mathbf{i} + u_2 \mathbf{j}$ 方向上的导数.

(a) 求平均值   求 $D_u f$ 在第一象限由直线 $x + y = 1$ 截下的三角形区域上的平均值.

(b) 均值和形心   一般性地证明 $D_u f$ 在 xy 平面内一区域上的平均值就是 $D_u f$ 在区域形心处的值.

23. $\Gamma(1/2)$ 的值 Γ 函数

$$\Gamma(x) = \int_0^\infty t^{x-1} e^{-t} dt,$$

把非负整数的阶乘函数推广到任意其它实数. 微分方程理论中特别感兴趣的数是

$$\Gamma(1/2) = \int_0^\infty t^{\frac{1}{2}-1} e^{-t} dt = \int_0^{+\infty} \frac{e^{-t}}{\sqrt{t}} dt, \tag{2}$$

(a) 若你没做 12.3 的第 37 题, 现在来证明:

$$I = \int_0^\infty e^{-y^2} dy = \frac{\sqrt{\pi}}{2}.$$

(b) 在(2)式中作代换, 令 $y = \sqrt{t}$, 再证明

$$\Gamma(1/2) = 2I = \sqrt{\pi}.$$

24. **圆盘上的总电荷**   半径为 R 的圆盘上的电荷分布为 $\sigma(r, \theta) = kr(1 - \sin\theta)$ coulomb/m² (k 为一常数). 在圆盘上对 σ 作积分求总电荷 Q.

25. **抛物面形雨水测量器**   形状如 $z = x^2 + y^2$, z 从 0 到 10 的碗. 你计划给碗上刻度使其成为一个测雨器. 对应 1 英寸雨在碗内的高度是多少？3 英寸雨呢？

26. **卫星式盘中的水**   一个抛物面型卫星式盘 2 米阔度, 1/2 米深, 其对称轴从垂直方向倾斜 30 度.

(a) 用直角坐标建立一个三重积分(不用算)以表示盘中所能盛的水量. (提示: 建立坐标系使盘子成"标准位置", 而水平线所在平面却是倾斜的, 请注意: 积分限不太好找.)

(b) 为使该盘没有水的最小倾斜是多少?

27. **半无穷柱体** 设 D 为半径为 1 的,唯一的底面在原点上方 1 个单位的无穷正圆柱面的内部,其轴为点 $(0,0,1)$ 至 ∞ 的射线. 用柱坐标计算

$$\iiint_D z(r^2+z^2)^{\frac{-5}{2}} dV.$$

28. **超体积** 我们已学过 $\int_a^b 1 dx$ 表示(一维)数轴上的区间长. $\iint_R 1 dA$ 表示(二维)xy 平面区域 R 的面积,和 $\iiint_R 1 dV$ 则表示三维空间(xyz 空间)的区域 D 的体积,还可继续有:若 Q 为 4 维空间($xyzw$ 空间)一区域,则用 $\iiiint_Q 1 dV$ 可表示 Q 的"超体积". 用将问题一般化的能力和四维空间直角坐标系在四维单位球 $x^2+y^2+z^2+w^2=1$ 内求超体积 V_Q.

13 向量场中的积分

概述 这一章介绍向量场中的积分. 本章的数学内容能使工程师和物理学家描述液体的流动, 设计水下传输电缆, 解释星球内部热的流动, 以及计算把卫星送入运行轨道所需要作的功.

13.1 线积分

定义和记法 • 对光滑曲线的计算 • 可加性 • 质量和矩的计算

当空间中一曲线 $\mathbf{r}(t) = g(t)\mathbf{i} + h(t)\mathbf{j} + k(t)\mathbf{k}, a \leq t \leq b$ 在空间中通过函数 $f(x,y,z)$ 的定义域, 则 f 沿曲线的值就可以用复合函数 $f(g(t),h(t),k(t))$ 表示. 若关于曲线弧长从 a 到 b 对此复合函数积分, 就是沿曲线对 f 作线积分. 抛开三维空间的几何理论, 实际上线积分就是一个实值函数在实轴一个区间上的一般定积分.

线积分的重要性在于其应用. 用线积分能计算变力沿空间路径所作的功, 和流体沿曲线和越过边界流动的速率.

定义和记法

设 $f(x,y,z)$ 为一实值函数, 其定义域包含曲线 $\mathbf{r}(t) = g(t)\mathbf{i} + h(t)\mathbf{j} + k(t)\mathbf{k}, a \leq t \leq b$. 将曲线分割成有限弧段 (图 13.1). 设典型小弧段长度为 Δs_k. 在每个小弧段上取点 (x_k, y_k, z_k) 并作

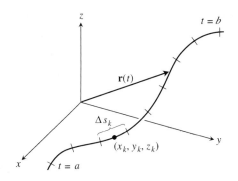

图 13.1 曲线 $\mathbf{r}(t)$ 从 a 至 b 被分割成小弧段. 典型小弧段的长为 Δs_k

和
$$S_n = \sum_{k=1}^{n} f(x_k, y_k, z_k) \Delta S_k.$$

如果 f 连续,且 g,h 和 k 均有一阶连续导数,那么此和当 n 增加且小段弧长 Δs_k 趋于零时有极限. 我们就称此极限值为 f 在曲线上从 a 到 b 的线积分. 若以一个字母代表曲线,比如用 C,则线积分可记为

$$\int_C f(x,y,z) \, \mathrm{d}s \quad \text{"}f \text{ 在 } C \text{ 上的积分"} \tag{1}$$

对光滑曲线的计算

若 $\mathbf{r}(t)$ 在 $a \leqslant t \leqslant b$ 上光滑($\mathbf{v} = \mathrm{d}\mathbf{r}/\mathrm{d}t$ 连续且非 $\mathbf{0}$). 则可用

$$s(t) = \int_a^t |\mathbf{v}(\tau)| \, \mathrm{d}\tau \quad \text{第 10.6 节的式(3)}, t_0 = a.$$

表示(1)式中的 $\mathrm{d}s = |\mathbf{v}(\tau)| \, \mathrm{d}t$. 则由高等微积分的一个定理,可以用下式计算 f 在 C 上的线积分

$$\int_C f(x,y,z) \, \mathrm{d}s = \int_a^b f(g(t), h(t), k(t)) |\mathbf{v}(t)| \, \mathrm{d}t$$

这个公式可以正确地计算线积分,不管曲线的参数式是怎样,只要参数式光滑.

如何计算线积分

要在曲线 C 上对连续函数 $f(x,y,z)$ 积分:

第一步:找出曲线 C 的光滑参数式表达式
$$\mathbf{r}(t) = g(t)\mathbf{i} + h(t)\mathbf{j} + k(t)\mathbf{k}, \quad a \leqslant t \leqslant b$$

第二步:计算积分
$$\int_C f(x,y,z) \, \mathrm{d}s = \int_a^b f(g(t), h(t), k(t)) |\mathbf{v}(t)| \, \mathrm{d}t. \tag{2}$$

CD-ROM WEBsite

历史传记

John Colson
(1760年逝世)

如果 f 取值为常数 1,那么 f 沿 C 的线积分将给出 C 的长度.

例1(计算线积分) 求 $f(x,y,z) = x - 3y^2 + z$ 在原点与点 $(1,1,1)$ 连线段 C 上的积分(图 13.2).

解 可以想到用两点连线的最简参数式:
$$\mathbf{r}(t) = t\mathbf{i} + t\mathbf{j} + t\mathbf{k}, \quad 0 \leqslant t \leqslant 1.$$

其分量具有一阶连续导数,且 $|\mathbf{v}(t)| = |\mathbf{i} + \mathbf{j} + \mathbf{k}| = \sqrt{1^2 + 1^2 + 1^2} = \sqrt{3} \neq 0$,所以参数式光滑. f 在 C 上的积分即

$$\int_C f(x,y,z) \, \mathrm{d}s = \int_0^1 f(t,t,t)(\sqrt{3}) \, \mathrm{d}t \quad \text{公式(2)}$$
$$= \int_0^1 (t - 3t^2 + t)\sqrt{3} \, \mathrm{d}t$$
$$= \sqrt{3} \int_0^1 (2t - 3t^2) \, \mathrm{d}t$$
$$= \sqrt{3} [t^2 - t^3]_0^1 = 0.$$

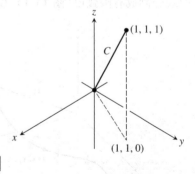

图 13.2 例 1 中的积分路径.

可加性

线积分具有这样一个有用的性质:若曲线 C 由有限曲线段 $C_1,C_2,\cdots,C_n$ 首尾相接构成,则函数在 C 上的积分等于构成曲线的各分段上的积分之和:

$$\int_C f\mathrm{d}s = \int_{C_1} f\mathrm{d}s + \int_{C_2} f\mathrm{d}s + \cdots + \int_{C_n} f\mathrm{d}s \tag{3}$$

例 2(**两相连路径上的线积分**) 图 13.3 显示从原点到点 $(1,1,1)$ 的另一路径,如图为直线段 C_1 与 C_2 相联. 将 $f(x,y,z) = x - 3y^2 + z$ 在 $C_1 \cup C_2$ 上积分.

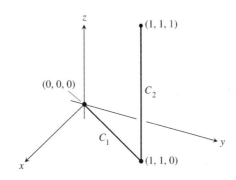

图 13.3 例 2 的积分路径.

解 仍选 C_1,C_2 的我们能想到的最简参数式,并同时算出沿路径的速度向量的长度:

C_1: $\mathbf{r}(t) = t\mathbf{i} + t\mathbf{j}$, $0 \leq t \leq 1$; $|\mathbf{v}| = \sqrt{1^2 + 1^2} = \sqrt{2}$,

C_2: $\mathbf{r}(t) = \mathbf{i} + \mathbf{j} + t\mathbf{k}$, $0 \leq t \leq 1$; $|\mathbf{v}| = \sqrt{0^2 + 0^2 + 1^2} = 1$.

用这些参数可得

$$\begin{aligned}
\int_{C_1 \cup C_2} f(x,y,z)\mathrm{d}s &= \int_{C_1} f(x,y,z)\mathrm{d}s + \int_{C_2} f(x,y,z)\mathrm{d}s &&(\text{式}(3))\\
&= \int_0^1 f(t,t,0)\sqrt{2}\mathrm{d}t + \int_0^1 f(1,1,t)(1)\mathrm{d}t &&(\text{式}(2))\\
&= \int_0^1 (t - 3t^2 + 0)\sqrt{2}\mathrm{d}t + \int_0^1 (1 - 3 + t)(1)\mathrm{d}t\\
&= \sqrt{2}\left[\frac{t^2}{2} - t^3\right]_0^1 + \left[\frac{t^2}{2} - 2t\right]_0^1 = -\frac{\sqrt{2}}{2} - \frac{3}{2}.
\end{aligned}$$

关于例 1 和例 2 中的积分. 有三点应注意,第一,只要把曲线的适当参数式的分量代入到 f 的表达式,积分就变成关于 t 的标准的定积分. 第二,f 在 $C_1 \cup C_2$ 上的积分,可通过将每个路径的积分结果相加得出. 第三,f 在 C 与 f 在 $C_1 \cup C_2$ 上积分的结果不同. 对大多数函数,沿连接两点路径上的积分会因两点间路径的改变而改变. 但是对某些函数,这个积分值,保持相同,这将在 13.3 节讲到.

质量和矩的计算

在空间求沿光滑曲线,如沿螺旋弹簧和螺线圈的质量分布问题. 设其质量分布以连续密度

函数 $\delta(x,y,z)$（每单位长度质量）表示. 弹簧或电线的质量、质心和矩就全可以用表 13.1 中的公式计算. 这些公式对细棒也可用.

表 13.1　在空间沿位于光滑曲线 C 的螺旋弹簧、细棒和电线的质量和矩的公式

质量：
$$M = \int_C \delta(x,y,z)\,\mathrm{d}s$$

关于坐标平面的一阶矩
$$M_{yz} = \int_C x\delta\,\mathrm{d}s, \quad M_{xz} = \int_C y\delta\,\mathrm{d}s, \quad M_{xy} = \int_C z\delta\,\mathrm{d}s$$

质心坐标
$$\bar{x} = \frac{M_{yz}}{M}, \quad \bar{y} = \frac{M_{xz}}{M}, \quad \bar{z} = \frac{M_{xy}}{M}.$$

关于坐标轴和其它直线的惯性矩：
$$I_x = \int_C (y^2 + z^2)\delta\,\mathrm{d}s, \quad I_y = \int_C (x^2 + z^2)\delta\,\mathrm{d}s$$
$$I_z = \int_C (x^2 + y^2)\delta\,\mathrm{d}s, \quad I_L = \int_C r^2\delta\,\mathrm{d}s$$
$$r(x,y,z) = \text{从点}(x,y,z)\text{到直线 }L\text{ 的距离}$$

关于直线 L 的旋转半径：$\quad R_L = \sqrt{\dfrac{I_L}{M}}.$

例 3（求质量，质心，惯性矩，旋转半径）　一螺状弹簧置于螺旋线 $\mathbf{r}(t) = (\cos 4t)\mathbf{i} + (\sin 4t)\mathbf{j} + t\mathbf{k}, 0 \leqslant t \leqslant 2\pi$ 上，其密度为常数 $\delta = 1$. 求该弹簧的质量，质心和它的惯性矩以及关于 z 轴的旋转半径.

解　作图如图 13.4. 由于相关的对称性，可知质心位于 z 轴上点 $(0,0,\pi)$.

对其它计算，应先计算 $|\mathbf{v}(t)|$：
$$|\mathbf{v}(t)| = \sqrt{\left(\frac{\mathrm{d}x}{\mathrm{d}t}\right)^2 + \left(\frac{\mathrm{d}y}{\mathrm{d}t}\right)^2 + \left(\frac{\mathrm{d}z}{\mathrm{d}t}\right)^2}$$
$$= \sqrt{(-4\sin 4t)^2 + (4\cos 4t)^2 + 1} = \sqrt{17}.$$

然后，分别用表 13.1 的公式及前面的公式(2)：
$$M = \int_{\text{螺旋线}} \delta\,\mathrm{d}s = \int_0^{2\pi} (1)\sqrt{17}\,\mathrm{d}t = 2\pi\sqrt{17}$$

$$I_z = \int_{\text{螺旋线}} (x^2 + y^2)\delta\,\mathrm{d}s$$
$$= \int_0^{2\pi} (\cos^2 4t + \sin^2 4t)(1)\sqrt{17}\,\mathrm{d}t$$
$$= \int_0^{2\pi} \sqrt{17}\,\mathrm{d}t = 2\pi\sqrt{17}.$$

$$R_z = \sqrt{\frac{I_z}{M}} = \sqrt{\frac{2\pi\sqrt{17}}{2\pi\sqrt{17}}} = 1.$$

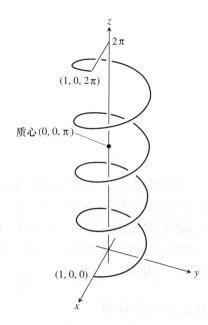

图 13.4　例 3 中的螺旋弹簧.

请注意,关于 z 轴的旋转半径正是螺旋线缠绕其上的柱面半径.

例 4(求弧的质心) 一弯曲的金属弧,其下部比顶部密度大,位于 yz 平面沿半圆 $y^2 + z^2 = 1, z \geq 0$(图 13.5). 若弧上点 (x,y,z) 处的密度为 $\delta(x,y,z) = 2 - z$,求该弧的质心.

解 由于弧位于 yz 平面上,且质量分布关于 z 轴结称,可知质心坐标 $\bar{x} = \bar{y} = 0$. 为求 $\bar{z}$,把半圆方程参数化得

$$\mathbf{r}(t) = (\cos t)\mathbf{j} + (\sin t)\mathbf{k}, \quad 0 \leq t \leq \pi$$

于是

$$|\mathbf{v}(t)| = \sqrt{\left(\frac{dx}{dt}\right)^2 + \left(\frac{dy}{dt}\right)^2 + \left(\frac{dz}{dt}\right)^2}$$
$$= \sqrt{0^2 + (-\sin t)^2 + (\cos t)^2} = 1.$$

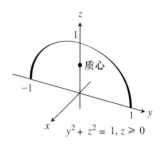

图 13.5 例 4 显示怎样可变密度圆弧的质心.

由表 13.1,则得到

$$M = \int_C \delta ds = \int_C (2-z) ds = \int_0^\pi (2 - \sin t) \cdot 1 \cdot dt = 2\pi - 2$$

$$M_{xy} = \int_C z\delta ds = \int_C z(2-z) ds = \int_0^\pi (\sin t)(2 - \sin t) dt$$
$$= \int_0^\pi (2\sin t - \sin^2 t) dt = \frac{8 - \pi}{2}$$

$$\bar{z} = \frac{M_{xy}}{M} = \frac{8-\pi}{2} \cdot \frac{1}{2\pi - 2} = \frac{8-\pi}{4\pi - 4} \approx 0.57$$

精确到百分位,$\bar{z} \approx 0.57$,质心则是 $(0, 0, 0.57)$.

习题 13.1

向量方程的图

将第 1 - 8 题所给向量方程与图(a) - (h)配对.

(a)   **(b)**

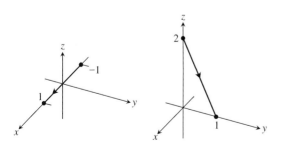

(c)   **(d)**

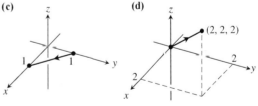

(e)   **(f)**

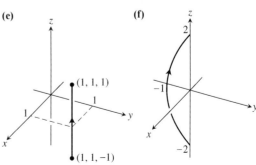

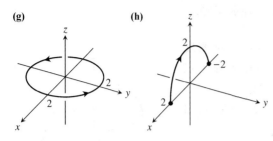

14. 沿曲线 $\mathbf{r}(t) = t\mathbf{i} + t\mathbf{j} + t\mathbf{k}$ ($1 \leqslant t < \infty$) 求 $f(x, y, z) = \sqrt{3}/(x^2 + y^2 + z^2)$ 的线积分.

15. 将 $f(x, y, z) = x + \sqrt{y} - z^2$ 在下列从 $(0,0,0)$ 到 $(1,1,1)$ 的所给路径(图 13.6a)上积分
    $C_1: \mathbf{r}(t) = t\mathbf{i} + t^2\mathbf{j}, 0 \leqslant t \leqslant 1;$
    $C_2: \mathbf{r}(t) = \mathbf{i} + \mathbf{j} + t\mathbf{k}, 0 \leqslant t \leqslant 1.$

1. $\mathbf{r}(t) = t\mathbf{i} + (1 - t)\mathbf{j}, \ 0 \leqslant t \leqslant 1.$
2. $\mathbf{r}(t) = \mathbf{i} + \mathbf{j} + t\mathbf{k}, \ -1 \leqslant t \leqslant 1.$
3. $\mathbf{r}(t) = (2\cos t)\mathbf{i} + (2\sin t)\mathbf{j}, \ 0 \leqslant t \leqslant 2\pi.$
4. $\mathbf{r}(t) = t\mathbf{i}, \ -1 \leqslant t \leqslant 1.$
5. $\mathbf{r}(t) = t\mathbf{i} + t\mathbf{j} + t\mathbf{k}, \ 0 \leqslant t \leqslant 2.$

16. 将 $f(x, y, z) = x + \sqrt{y} - z^2$ 分别沿以下路径 (图 13.6b) 从 $(0,0,0)$ 到 $(1,1,1)$ 积分
    $C_1: \mathbf{r}(t) = t\mathbf{k}, 0 \leqslant t \leqslant 1;$
    $C_2: \mathbf{r}(t) = t\mathbf{j} + \mathbf{k}, 0 \leqslant t \leqslant 1;$
    $C_3: \mathbf{r}(t) = t\mathbf{i} + \mathbf{j} + \mathbf{k}, 0 \leqslant t \leqslant 1.$

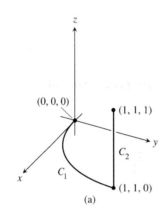

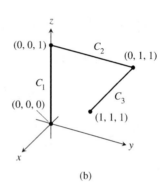

图 13.6 第 15 和 16 题的积分路径.

6. $\mathbf{r}(t) = t\mathbf{j} + (2 - 2t)\mathbf{k}, \ 0 \leqslant t \leqslant 1.$
7. $\mathbf{r}(t) = (t^2 - 1)\mathbf{j} + 2t\mathbf{k}, \ -1 \leqslant t \leqslant 1.$
8. $\mathbf{r}(t) = (2\cos t)\mathbf{i} + (2\sin t)\mathbf{k}, \ 0 \leqslant t \leqslant \pi.$

17. 将 $f(x, y, z) = \dfrac{x + y + z}{x^2 + y^2 + z^2}$ 沿路径 $\mathbf{r}(t) = t\mathbf{i} + t\mathbf{j} + t\mathbf{k}, 0 < a \leqslant t \leqslant b$ 积分.

18. 将 $f(x, y, z) = -\sqrt{x^2 + z^2}$ 沿圆周 $\mathbf{r}(t) = (a\cos t)\mathbf{j} + (a\sin t)\mathbf{k}, 0 \leqslant t \leqslant 2\pi$ 积分.

计算沿空间曲线的线积分

9. 计算 $\int_C (x + y)\,\mathrm{d}s$, C 为从 $(0,1,0)$ 到 $(1,0,0)$ 的直线段: $x = t, y = 1 - t, z = 0$.

10. 计算 $\int_C (x - y + z - 2)\,\mathrm{d}s$, C 是从 $(0,1,1)$ 到 $(1,0,1)$ 的直线段 $x = t, y = 1 - t, z = 1$.

11. 沿曲线 $\mathbf{r}(t) = 2t\mathbf{i} + t\mathbf{j} + (2 - 2t)\mathbf{k}$ ($0 \leqslant t \leqslant 1$) 计算 $\int_C (xy + y + z)\,\mathrm{d}s$.

12. 沿曲线 $\mathbf{r}(t) = (4\cos t)\mathbf{i} + (4\sin t)\mathbf{j} + 3t\mathbf{k}$ ($-2\pi \leqslant t \leqslant 2\pi$) 计算 $\int_C \sqrt{x^2 + y^2}\,\mathrm{d}s$.

13. 沿 $(1,2,3)$ 到 $(0,-1,1)$ 的直线段计算 $f(x,y,z)$

沿平面曲线的线积分

第 19 - 22 题, 在所给曲线上对 f 作线积分.

19. $f(x, y) = x^3/y, C: y = x^2/2, 0 \leqslant x \leqslant 2.$
20. $f(x, y) = (x + y^2)/\sqrt{1 + x^2}, C: y = x^2/2$, 从 $(1, 1/2)$ 到 $(0, 0)$.
21. $f(x, y) = x + y, C: x^2 + y^2 = 4$ 在第一象限从 $(2, 0)$ 到 $(0, 2)$.
22. $f(x, y) = x^2 - y, C: x^2 + y^2 = 4$ 在第一象限部分从 $(0, 2)$ 到 $(\sqrt{2}, \sqrt{2})$.

质量和矩

23. **电线质量** 求沿曲线 $\mathbf{r}(t) = (t^2 - 1)\mathbf{j} + 2t\mathbf{k}, 0 \leq t \leq 1$ 电线的质量,设其密度为 $\delta = (3/2)t$.

24. **电线的质心** 密度为 $\delta(x,y,z) = 15\sqrt{y+2}$ 的电线,沿 $\mathbf{r}(t) = (t^2-1)\mathbf{j} + 2t\mathbf{k}, -1 \leq t \leq 1$ 放置. 求其质心,然后画曲线的图并标出质心.

25. **可变密度电线质量** 求沿曲线 $\mathbf{r}(t) = \sqrt{2}t\mathbf{i} + \sqrt{2}t\mathbf{j} + (4-t^2)\mathbf{k}, 0 \leq t \leq 1$ 放置的细电线的质量,设其密度 (a) $\delta = 3t$, 和 (b) $\delta = 1$.

26. **可变密度电线质心** 求沿曲线 $\mathbf{r}(t) = t\mathbf{i} + 2t\mathbf{j} + (2/3)t^{3/2}\mathbf{k}, 0 \leq t \leq 2$ 放置的密度 $\delta = 3\sqrt{5+t}$ 的细电线的质心.

27. **线圈的惯性矩和旋转半径** 常密度 δ 的圆电线圈置于 xy 平面内圆 $x^2 + y^2 = a^2$ 上. 求线圈关于 z 轴的惯性矩和旋转半径.

28. **细棒的惯性矩和旋转半径** 常密度细棒在 yz 平面沿直线段 $\mathbf{r}(t) = t\mathbf{j} + (2-2k)\mathbf{k}, 0 \leq t \leq 1$ 放置, 求细棒关于三个坐标轴的惯性矩和旋转半径.

29. **两个常密度弹簧** 一密度为常数 δ 的弹簧位于螺旋线 $\mathbf{r}(t) = (\cos t)\mathbf{i} + (\sin t)\mathbf{j} + t\mathbf{k}, 0 \leq t \leq 2\pi$,
    (a) 求 I_z 和 R_z;
    (b) 假设有另一弹簧,其密度为 δ, 是 (a) 中弹簧的 2 倍长, 沿该螺线, $0 \leq t \leq 4\pi$, 你是否认为较长的弹簧的 I_z 和 R_z 与短的那个相同或它们应该不同? 计算较长弹簧的 I_z 和 R_z 以核对你的预见.

30. **常密度电线** 一电线有常密度 $\delta = 1$, 沿曲线:
    $$\mathbf{r}(t) = (t\cos t)\mathbf{i} + (t\sin t)\mathbf{j} + (2\sqrt{2}/3)t^{3/2}\mathbf{k}$$
    $$0 \leq t \leq 1$$
    放置, 求 $\bar{z}, I_z$ 和 R_z.

31. **例 4 的弧** 求例 4 中弧的 I_x 和 R_x.

32. **可变密度电线的质心、惯性矩和旋转半径** 求密度为 $\delta = 1/(t+1)$, 沿曲线
    $$\mathbf{r}(t) = t\mathbf{i} + \frac{2\sqrt{2}}{3}t^{\frac{3}{2}}\mathbf{j} + \frac{t^2}{2}\mathbf{k}, \quad 0 \leq t \leq 2$$
    放置的细电线的关于坐标轴的质心、惯性矩和旋转半径.

计算机探究

用数值法计算线积分

以下第 33 - 36 题, 使用 CAS 依以下步骤计算线积分.

(a) 求沿路径 $\mathbf{r}(t) = g(t)\mathbf{i} + h(t)\mathbf{j} + k(t)\mathbf{k}$ 的 $ds = |\mathbf{v}(t)|dt$.

(b) 写出作为参变量 t 的函数 $f(g(t), h(t), k(t))|\mathbf{v}(t)|$ 的被积表达式.

(c) 用前面的公式 (2) 计算 $\int_C f ds$.

33. $f(x,y,z) = \sqrt{1 + 30x^2 + 10y}$,
    $\mathbf{r}(t) = t\mathbf{i} + t^2\mathbf{j} + 3t^2\mathbf{k}, \quad 0 \leq t \leq 2$.

34. $f(x,y,z) = \sqrt{1 + x^3 + 5y^3}$;
    $\mathbf{r}(t) = t\mathbf{i} + \frac{1}{3}t^2\mathbf{j} + \sqrt{t}\mathbf{k}, \quad 0 \leq t \leq 2$.

35. $f(x,y,z) = x\sqrt{y} - 3z^2$;
    $\mathbf{r}(t) = (\cos 2t)\mathbf{i} + (\sin 2t)\mathbf{j} + 5t\mathbf{k}, \quad 0 \leq t \leq 2\pi$.

36. $f(x,y,z) = \left(1 + \frac{9}{4}z^{1/3}\right)^{1/4}$;
    $\mathbf{r}(t) = (\cos 2t)\mathbf{i} + (\sin 2t)\mathbf{j} + t^{5/2}\mathbf{k}, \quad 0 \leq t \leq 2\pi$.

13.2 向量场、功、环量和流量

向量场 • 梯度场 • 空间中力沿曲线所作的功 • 记法与计算 • 流量积分与环流量 • 穿过一平面曲线的流量(通量)

当研究用向量表示的物理现象时,用过向量场路径上的线积分代替闭区间上的积分. 用这种积分可求沿一路径移动一物体克服变阻力所作的功(如克服地球重力场将飞行器送入太空)或求一向量场中沿场内一路径移动物体所做的功(如加速器增加一粒子能量所作的功). 用线

积分还可以求流体沿着和穿过曲线流动的速率.

向量场

平面或空间一区域上的**向量场**是个函数,即区域内的每一个点都对应一个向量. 三维向量场可以用以下式子表示:

$$\mathbf{F}(x,y,z) = M(x,y,z)\mathbf{i} + N(x,y,z)\mathbf{j} + P(x,y,z)\mathbf{k}.$$

若各**分量函数** M,N,P 是连续的,则这个场就是**连续**的,且如果 M,N 和 P 是可微的,则场就是**可微场**,等等. 二维向量场可以如下表示:

$$\mathbf{F}(x,y) = M(x,y)\mathbf{i} + N(x,y)\mathbf{j}.$$

如果我们把运动平面内子弹弹道上每个点对应一个子弹在该点处的速度向量,则得到一个沿弹道定义的二维场. 若把一个标量函数的梯度向量与该函数的等值面的每一点对应,就得到这个曲面上的一个三维场. 若把速度向量对应流体的每个点,就得到在空间一区域上定义的三维场. 这几种场和其它一些场在图 13.7 ~ 图 13.15 中都分别用图示说明,某几个图还配有公式以说明场.

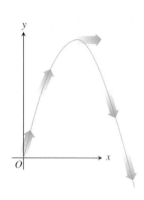

图 13.7　抛射运行的速度向量 $\mathbf{v}(t)$ 形成沿抛射轨迹的向量场.

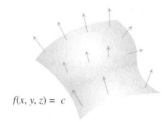

图 13.8　在等值曲面 $f(x,y,z) = c$ 上的梯度向量场 ∇f.

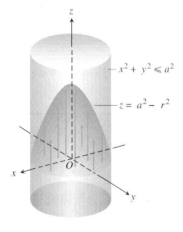

图 13.9　液体在一柱形管中流动. 柱体内速度场 $\mathbf{v} = (a^2 - r^2)\mathbf{k}$,柱底在 xy 平面,顶在抛物面 $z = a^2 - r^2$ 上.

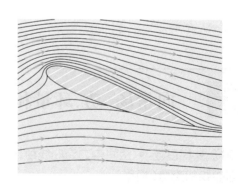

图 13.10　风洞内飞机机翼附近流体的速度向量. 由煤油烟做出的可视流线. (摘自 *NCFMF book of Film Notes*,1974,MIT 教育发展中心出版社;Inc., Newton, Massachusetts.)

图 13.11 在压缩槽内的流线,当槽变窄,水流速度加快,则速度向量长度也增加.(摘自 *NCFMF Book of Film Notes*,1974,教育发展中心 MIT 出版,Inc. Newton,Massachusetts.)

图 13.12 重力场
$$\mathbf{F} = -\frac{GM(x\mathbf{i} + y\mathbf{j} + z\mathbf{k})}{(x^2 + y^2 + z^2)^{3/2}}$$
中的向量.

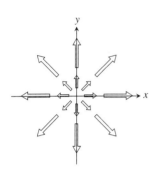

图 13.13 平面点的位置向量的径向场 $\mathbf{F} = x\mathbf{i} + y\mathbf{j}$. 请注意,在要计算 $\mathbf{F}$ 的点处,约定:用箭头尾部表示该点而不是用头.

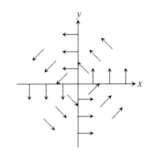

图 13.14 由一个平面单位向量 $\mathbf{F} = \dfrac{-y\mathbf{i} + x\mathbf{j}}{(x^2 + y^2)^{1/2}}$ 形成的 "螺旋场". 该场在原点无定义.

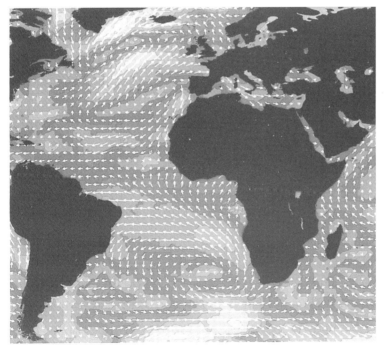

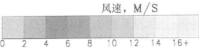

图 13.15 美国国家宇航局(NASA)的 Seasat 于 1978 年 9 月用雷达作了为期 3 天的世界各大洋上风速的测定,采集了 350 000 个数据. 箭头表示风的方向;其长度和颜色深浅等值标示风速. 注意到强风暴在格兰陵南方.

为画有场函数的场,取定义域中有代表性的点集,再画出相应的向量附在每个点上.代表向量的箭头从尾部开始画,不是从头画,是在那些计算出向量函数值的点上开始画箭头.这与画行星和抛射物的位置向量的方法不一样,在那里是把尾部放在原点,而箭头的头部则表示行星或抛射物的位置.

梯度场

CD-ROM
WEBsite
历史传记
Wilhelm Weber
(1804 — 1891)

> **定义   梯度场**
> 一可微函数 $f(x,y,z)$ 的**梯度场**就是梯度向量
> $$\nabla f = \frac{\partial f}{\partial x}\mathbf{i} + \frac{\partial f}{\partial y}\mathbf{j} + \frac{\partial f}{\partial z}\mathbf{k}$$
> 构成的场.

例 1(求梯度场)   求 $f(x,y,z) = xyz$ 的梯度场.

解 f 的梯度场为场 $\mathbf{F} = \nabla f = yz\mathbf{i} + xz\mathbf{j} + xy\mathbf{k}$.

在 13.3 节将会看到,梯度场对工程、数学和物理的特殊重要性.

空间中力沿曲线所做的功

设向量场 $\mathbf{F} = M(x,y,z)\mathbf{i} + N(x,y,z)\mathbf{j} + P(x,y,z)\mathbf{k}$ 代表空间某一区域上分布的力(可以是重力或某种电磁力),又
$$\mathbf{r}(t) = g(t)\mathbf{i} + h(t)\mathbf{j} + k(t)\mathbf{k}, \quad a \leq t \leq b$$
为该区域内一光滑曲线.那么 $\mathbf{F} \cdot \mathbf{T}$ 为 $\mathbf{F}$ 在曲线单位切向量方向上的标量,沿曲线的积分即为力 $\mathbf{F}$ 沿曲线从 a 到 b 所作的功(图 13.16).

> **定义   在光滑曲线上的功**
> 力 $\mathbf{F} = M\mathbf{i} + N\mathbf{j} + P\mathbf{k}$ 沿一光滑曲线 $\mathbf{r}(t)$ 从 a 到 b 所做的**功**,为
> $$W = \int_{t=a}^{t=b} \mathbf{F} \cdot \mathbf{T} ds. \tag{1}$$

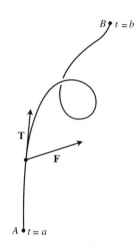

图 13.16   定义功的图.

用第 5 章推导连续数量值力函数 $F(x)$ 沿 x 轴某一区间上所做的功 $W = \int_a^b F(x)dx$ 的同样的方法就可得到公式(1).具体讲,我们也将曲线分割成小段.在每个小曲线段上用"常力 × 距离"求得功的近似值,再把所有这些近似的微功加起来就得到整个曲线上的功,当小曲线段越来越短,数量则越来越多,这个近似和有极限,极限就是所作的功.要精确求这一极限,即积分该等于什么,先以通常方式分割参数区间 $[a,b]$,再在每个子区间 $[t_k,t_{k+1}]$ 上取点 c_k. $[a,b]$ 的分割相应确定了曲线的一种分割,对应点 P_k 为位置向量 $\mathbf{r}(t_k)$ 的尖部,且 Δs_k 为曲线段 $\overgroup{P_kP_{k+1}}$ 的弧长(图 13.17).

若让 $\mathbf{F}_k$ 代表曲线上对应 $t = c_k$ 点的 $\mathbf{F}$ 的值,$\mathbf{T}_k$ 代表曲线在该点的单位切向量,则 $\mathbf{F}_k \cdot \mathbf{T}_k$ 就是 $\mathbf{F}$ 在 $t = c_k$ 处 $\mathbf{T}$ 方向上的数值分量(图 13.18),力 $\mathbf{F}$ 沿曲线段 $\overgroup{P_kP_{k+1}}$ 所做的功近似为:
    (在位移方向上力的分量) × (所经过的距离) = $\mathbf{F}_k \cdot \mathbf{T}_k \Delta s$.

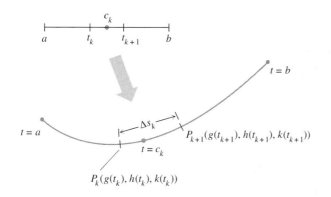

图 13.17 $[a,b]$ 的每一种分割产生曲线 $\mathbf{r}(t) = g(t)\mathbf{i} + h(t)\mathbf{j} + k(t)\mathbf{k}$ 的一种分割.

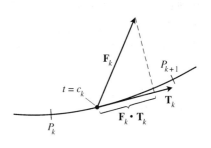

图 13.18 图 13.17 中小曲线段 $\widehat{P_k P_{k+1}}$ 的放大图,显示曲线在对应点 $t = c_k$ 处的力和单位切向量.

于是,力 $\mathbf{F}$ 沿曲线从 $t = a$ 到 $t = b$ 所作的功近似为

$$\sum_{k=1}^{n} \mathbf{F}_k \cdot \mathbf{T}_k \Delta s_k.$$

随着细分区间 $[a,b]$ 后小区间的长度趋于零,相应得出的曲线段的模也趋于零,且"和式"就趋于线积分(极限)

$$\int_{t=a}^{t=b} \mathbf{F} \cdot \mathbf{T} \mathrm{d}s.$$

所得积分值的符号依赖于当 t 增加时曲线前进的方向. 如果使运动反向,则切线 $\mathbf{T}$ 的方向相反,因而 $\mathbf{F} \cdot \mathbf{T}$ 及其积分值的符号改变.

记法与计算

表 13.2 给出 6 种表示公式(1)中积分(即功)的方法. 尽管它们形式各异,表 13.2 中公式的计算方法则完全一样.

表 13.2 用积分表示的功的不同写法

$W = \int_{t=a}^{t=b} \mathbf{F} \cdot \mathbf{T} \mathrm{d}s$	定义式
$= \int_{t=a}^{t=b} \mathbf{F} \cdot \mathrm{d}\mathbf{r}$	紧凑的微分形式
$= \int_{a}^{b} \mathbf{F} \cdot \dfrac{\mathrm{d}\mathbf{r}}{\mathrm{d}t} \mathrm{d}t$	展开写出 $\mathrm{d}t$,强调参数 t 和速度向量 $\mathrm{d}\mathbf{r}/\mathrm{d}t$
$= \int_{a}^{b} \left(M \dfrac{\mathrm{d}g}{\mathrm{d}t} + N \dfrac{\mathrm{d}h}{\mathrm{d}t} + P \dfrac{\mathrm{d}k}{\mathrm{d}t} \right) \mathrm{d}t$	强调分量函数
$= \int_{a}^{b} \left(M \dfrac{\mathrm{d}x}{\mathrm{d}t} + N \dfrac{\mathrm{d}y}{\mathrm{d}t} + P \dfrac{\mathrm{d}z}{\mathrm{d}t} \right) \mathrm{d}t$	$\mathbf{r}$ 的分量的简写
$= \int_{a}^{b} M \mathrm{d}x + N \mathrm{d}y + P \mathrm{d}z$	约去 $\mathrm{d}t$,为最普通形式

如何求一个表示功的积分

为了求一个表示功的积分,采取下述步骤.

第一步:将曲线上的 **F** 写成参数 t 的函数;

第二步:求 $d\mathbf{r}/dt$;

第三步:将 **F** 与 $d\mathbf{r}/dt$ 点乘;

第四步:从 $t = a$ 到 $t = b$ 积分.

例 2(求变力沿空间曲线所作的功) 求变力 $\mathbf{F} = (y - x^2)\mathbf{i} + (z - y^2)\mathbf{j} + (x - z^2)\mathbf{k}$ 沿曲线 $\mathbf{r}(t) = t\mathbf{i} + t^2\mathbf{j} + t^3\mathbf{k}, 0 \leqslant t \leqslant 1$ 从点 $(0,0,0)$ 到点 $(1,1,1)$ (图 13.19) 所作的功.

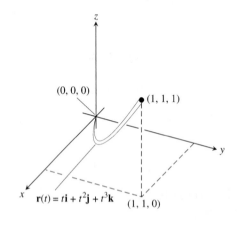

图 13.19 例 2 的曲线.

解 第一步:把沿曲线的 **F** 变成 t 的函数.
$$\mathbf{F} = (y - x^2)\mathbf{i} + (z - y^2)\mathbf{j} + (x - z^2)\mathbf{k}$$
$$= (\underbrace{t^2 - t^2}_{0})\mathbf{i} + (t^3 - t^4)\mathbf{j} + (t - t^6)\mathbf{k}$$

第二步:求 $d\mathbf{r}/dt$.
$$\frac{d\mathbf{r}}{dt} = \frac{d}{dt}(t\mathbf{i} + t^2\mathbf{j} + t^3\mathbf{k}) = \mathbf{i} + 2t\mathbf{j} + 3t^2\mathbf{k}$$

第三步:作点乘.
$$\mathbf{F} \cdot \frac{d\mathbf{r}}{dt} = [(t^3 - t^4)\mathbf{j} + (t - t^6)\mathbf{k}] \cdot (\mathbf{i} + 2t\mathbf{j} + 3t^2\mathbf{k})$$
$$= (t^3 - t^4)(2t) + (t - t^6)(3t^2) = 2t^4 - 2t^5 + 3t^3 - 3t^8$$

第四步:从 $t = 0$ 到 $t = 1$ 积分.
$$W = \int_0^1 (2t^4 - 2t^5 + 3t^3 - 3t^8) dt$$
$$= \left[\frac{2}{5}t^5 - \frac{2}{6}t^6 + \frac{3}{4}t^4 - \frac{3}{9}t^9\right]_0^1 = \frac{29}{60}$$

流量积分与环流量

设 **F** 代表通过一空间中区域流体的速度场,而不是力场(例如,一个潮汐的小海湾或水力发电机的汽轮机箱内).在这些情况下,**F** · **T** 在区间内沿曲线的积分就给出流体沿曲线的流量.

> **定义　流量,流量的积分和环流量**
> 若 **r**(t) 为连续速度场 **F** 的定义域内的一条光滑曲线,则沿曲线从 $t = a$ 到 $t = b$ 的**流量**是
> $$\text{流量} = \int_a^b \mathbf{F} \cdot \mathbf{T} ds. \tag{2}$$
> 这种情况下的积分就称为**流量积分**.若曲线是闭曲线,此流量又称为沿曲线的**环流量**.

下面用与计算功的积分同样的方法求流量积分.

例 3(求沿螺线的流量)　设流体的速度场 $\mathbf{F} = x\mathbf{i} + z\mathbf{j} + y\mathbf{k}$. 求沿螺线 $\mathbf{r}(t) = (\cos t)\mathbf{i} + (\sin t)\mathbf{j} + t\mathbf{k}, 0 \le t \le \pi/2$ 的流量.

解　第一步:写出 **F** 在曲线上的参数式
$$\mathbf{F} = x\mathbf{i} + z\mathbf{j} + y\mathbf{k} = (\cos t)\mathbf{i} + t\mathbf{j} + (\sin t)\mathbf{k}$$

第二步:求出 $d\mathbf{r}/dt$
$$\frac{d\mathbf{r}}{dt} = (-\sin t)\mathbf{i} + (\cos t)\mathbf{j} + \mathbf{k}$$

第三步:求 $\mathbf{F} \cdot (d\mathbf{r}/dt)$
$$\mathbf{F} \cdot \frac{d\mathbf{r}}{dt} = (\cos t)(-\sin t) + t\cos t + (\sin t) \cdot 1$$
$$= -\sin t \cos t + t \cos t + \sin t$$

第四步:从 a 到 b 积分.
$$\text{流量} = \int_{t=a}^{t=b} \mathbf{F} \cdot \frac{d\mathbf{r}}{dt} dt = \int_0^{\pi/2} (-\sin t \cos t + t\cos t + \sin t) dt$$
$$= \left[\frac{\cos^2 t}{2} + t\sin t \right]_0^{\pi/2} = \left(0 + \frac{\pi}{2} \right) - \left(\frac{1}{2} + 0 \right) = \frac{\pi}{2} - \frac{1}{2}$$

例 4(求绕曲线的环流量)　求场 $\mathbf{F} = (x - y)\mathbf{i} + x\mathbf{j}$ 绕圆 $(\cos t)\mathbf{i} + (\sin t)\mathbf{j}, 0 \le t \le 2\pi$ 的环流量.

解　1. 在圆上,$\mathbf{F} = (x - y)\mathbf{i} + x\mathbf{j} = (\cos t - \sin t)\mathbf{i} + (\cos t)\mathbf{j}$.

2. $\dfrac{d\mathbf{r}}{dt} = (-\sin t)\mathbf{i} + (\cos t)\mathbf{j}$.

3. $\mathbf{F} \cdot \dfrac{d\mathbf{r}}{dt} = -\sin t \cos t + \underbrace{\sin^2 t + \cos^2 t}_{1}$.

4. 环流量 $= \displaystyle\int_0^{2\pi} \mathbf{F} \cdot \frac{d\mathbf{r}}{dt} dt = \int_0^{2\pi} (1 - \sin t \cos t) dt = \left[t - \frac{\sin^2 t}{2} \right]_0^{2\pi} = 2\pi$

穿过一平面曲线的流量(通量)

要想求出流体穿入和穿出由 xy 平面一光滑曲线 C 所围区域的速率,只需计算 $\mathbf{F} \cdot \mathbf{n}$ 在 C 上的线积分,这是流体速度场在曲线的外法向量方向上的分量. 这个积分值即是 $\mathbf{F}$ 穿过 C 的<u>流量</u>(Flux). Flux 是拉丁语的流量(flow),但许多流量的计算根本不涉及运动. 若 $\mathbf{F}$ 是电场或磁场,比如说,$\mathbf{F} \cdot \mathbf{n}$ 的积分仍称场穿过 C 的场的流量(通量).

定义 平面内穿过一闭曲线的流量

若 C 是一平面中连续向量场 $\mathbf{F} = M(x,y)\mathbf{i} + N(x,y)\mathbf{j}$ 的定义域内的一条光滑闭曲线,及 $\mathbf{n}$ 为 C 的单位外法向量,则 $\mathbf{F}$ 穿过 C 的流量为

$$\mathbf{F} \text{ 穿过 } C \text{ 的流量} = \int_C \mathbf{F} \cdot \mathbf{n}\, \mathrm{d}s. \tag{3}$$

请注意:流量(通量)和环量之间的差别. $\mathbf{F}$ 的穿过的 C 的流量(flux)是 $\mathbf{F} \cdot \mathbf{n}$ 关于弧长的线积分,是 $\mathbf{F}$ 沿外法线方向的分量(数量值). $\mathbf{F}$ 环绕 C 的环量(Circulation)是 $\mathbf{F} \cdot \mathbf{T}$ 关于弧长的线积分,是 $\mathbf{F}$ 在单位切向量方向的分量(数量值). 流量是 $\mathbf{F}$ 的法向分量的积分,环量则是 $\mathbf{F}$ 的切向分量的积分.

要用(3)式计算积分,应先找出一光滑参数式

$$x = g(t), \quad g = h(t), \quad a \leq t \leq b,$$

此参数式随参数 t 从 a 增加到 b 准确地画出轨迹 C. 通过将曲线单位切向量 $\mathbf{T}$ 与向量 $\mathbf{k}$ 叉乘就得到 C 的单位外法向量 $\mathbf{n}$. 但我们应选择哪种次序,$\mathbf{T} \times \mathbf{k}$ 还是 $\mathbf{k} \times \mathbf{T}$? 哪个指向外? 这取决于当 t 增加时,C 以什么方向运行. 若顺时针,$\mathbf{k} \times \mathbf{T}$ 指向外;若逆时针,$\mathbf{T} \times \mathbf{k}$ 指外向(图 13.20). 通常选 $\mathbf{n} = \mathbf{T} \times \mathbf{k}$,是假定 C 以逆时针方向运行. 于是,虽然公式(3)中流量的定义式中对弧长的积分的值不依赖于 C 前进的方向,方程(3)中我们导出的计算积分的公式仍假定逆时针方向.

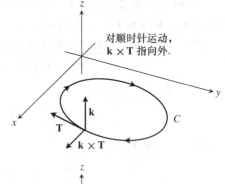

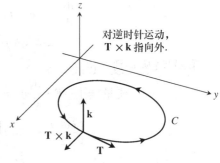

图 13.20 求 xy 平面内一光滑曲线 C 的单位外法向量,若随着 t 增加,C 取逆时针方向,则 $\mathbf{n} = \mathbf{T} \times \mathbf{k}$

用分量式:

$$\mathbf{n} = \mathbf{T} \times \mathbf{k} = \left(\frac{\mathrm{d}x}{\mathrm{d}s}\mathbf{i} + \frac{\mathrm{d}y}{\mathrm{d}s}\mathbf{j}\right) \times \mathbf{k} = \frac{\mathrm{d}y}{\mathrm{d}s}\mathbf{i} - \frac{\mathrm{d}x}{\mathrm{d}s}\mathbf{j}$$

若 $\mathbf{F} = M(x,y)\mathbf{i} + N(x,y)\mathbf{j}$,那么

$$\mathbf{F} \cdot \mathbf{n} = M(x,y)\frac{\mathrm{d}y}{\mathrm{d}s} - N(x,y)\frac{\mathrm{d}x}{\mathrm{d}s}$$

因此

$$\int_C \mathbf{F} \cdot \mathbf{n}\, \mathrm{d}s = \int_C \left(M\frac{\mathrm{d}y}{\mathrm{d}s} - N\frac{\mathrm{d}x}{\mathrm{d}s}\right)\mathrm{d}s = \oint_C M\mathrm{d}y - N\mathrm{d}x.$$

这里用一个带方向的小圆圈记号 ○ 加在最后一个积分号上提醒我们,绕闭曲线 C 的积分是逆

时针方向. 要计算这个积分,应先以参数 t 表示 M, dy, N 和 dx, 再从 $t=a$ 到 $t=b$ 积分. 事实上, 可以无须知道 $\mathbf{n}$ 或 ds 就能求流量.

计算穿过平面一光滑闭曲线的流量的公式

$$\mathbf{F}=M\mathbf{i}+N\mathbf{j} \text{ 穿过 } C \text{ 的流量}=\oint_C M\,dy-N\,dx \tag{4}$$

积分是沿任一条方向为逆时针方向的光滑闭曲线 C 作计算, C 的参数式为 $x=g(t)$, $y=h(t)$, $a\leqslant t\leqslant b$.

例 5（求穿过圆的流量） 求 $\mathbf{F}=(x-y)\mathbf{i}+x\mathbf{j}$ 穿过 xy 平面内圆 $x^2+y^2=1$ 的流量.

解 参数式 $\mathbf{r}(t)=(\cos t)\mathbf{i}+(\sin t)\mathbf{j}, 0\leqslant t\leqslant 2\pi$, 准确地画出圆, 且为逆时针方向. 在公式(4)中用参数式:

$$M=x-y=\cos t-\sin t,\quad dy=d(\sin t)=\cos t\,dt$$
$$N=x=\cos t,\quad dx=d(\cos t)=-\sin t\,dt,$$

可得

$$\text{流量}=\int_C M\,dy-N\,dx=\int_0^{2\pi}(\cos^2 t-\sin t\cos t+\cos t\sin t)\,dt \quad \text{方程 4}$$
$$=\int_0^{2\pi}\cos^2 t\,dt=\int_0^{2\pi}\frac{1+\cos 2t}{2}\,dt=\left[\frac{t}{2}+\frac{\sin 2t}{4}\right]_0^{2\pi}=\pi.$$

即 $\mathbf{F}$ 穿过圆的流量是 π. 既然答案为正, 所以穿过曲线的净流量是向外的. 净流量向内得出的是负流量.

习题 13.2

向量和梯度场

求 1-4 题函数的梯度场.

1. $f(x,y,z)=(x^2+y^2+z^2)^{-1/2}$.
2. $f(x,y,z)=\ln\sqrt{x^2+y^2+z^2}$.
3. $g(x,y,z)=e^z-\ln(x^2+y^2)$.
4. $g(x,y,z)=xy+yz+xz$.
5. 给出一个 $\mathbf{F}=M(x,y)\mathbf{i}+N(x,y)\mathbf{j}$ 的表达式以表示平面内具有以下性质的向量场:$\mathbf{F}$ 指向原点,其大小与 (x,y) 到原点的距离的平方成反比. (场在原点 $(0,0)$ 无定义.)
6. 给出一个 $\mathbf{F}=M(x,y)\mathbf{i}+N(x,y)\mathbf{j}$ 的表达式以表示平面中向量场. 它具性质: 在 $(0,0)$ 点 $\mathbf{F}=\mathbf{0}$, 又在任一其它点 (a,b), $\mathbf{F}$ 与圆 $x^2+y^2=a^2+b^2$ 相切, 且指向顺时针方向, 其大小 $|\mathbf{F}|=\sqrt{a^2+b^2}$.

功

第 7-12 题求力 $\mathbf{F}$ 从 $(0,0,0)$ 到 $(1,1,1)$ 沿下述路径所作的功(图 13.21).

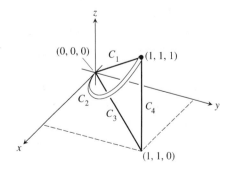

图 13.21 从 $(0,0,0)$ 至 $(1,1,1)$ 的路径

(a) 直线路径 $C_1: \mathbf{r}(t) = t\mathbf{i} + t\mathbf{j} + t\mathbf{k}, 0 \leq t \leq 1$.
(b) 曲线路径 $C_2: \mathbf{r}(t) = t\mathbf{i} + t^2\mathbf{j} + t^4\mathbf{k}, 0 \leq t \leq 1$.
(c) 路径 $C_3 \cup C_4$, 由 $(0,0,0)$ 到 $(1,1,0)$ 的线段接上 $(1,1,0)$ 到 $(1,1,1)$ 的线段.

7. $\mathbf{F} = 3y\mathbf{i} + 2x\mathbf{j} + 4z\mathbf{k}$.   8. $\mathbf{F} = [1/(x^2+1)]\mathbf{j}$.
9. $\mathbf{F} = \sqrt{z}\mathbf{i} - 2x\mathbf{j} + \sqrt{y}\mathbf{k}$.   10. $\mathbf{F} = xy\mathbf{i} + yz\mathbf{j} + xz\mathbf{k}$.
11. $\mathbf{F} = (3x^2 - 3x)\mathbf{i} + 3z\mathbf{j} + \mathbf{k}$.
12. $\mathbf{F} = (y+z)\mathbf{i} + (z+x)\mathbf{j} + (x+y)\mathbf{k}$.

第 13-16 题, 求 $\mathbf{F}$ 在沿参数 t 增加方向的曲线上所做的功.

13. $\mathbf{F} = xy\mathbf{i} + y\mathbf{j} - yz\mathbf{k}$,
    $\mathbf{r}(t) = t\mathbf{i} + t^2\mathbf{j} + t\mathbf{k}, \quad 0 \leq t \leq 1$.

14. $\mathbf{F} = 2y\mathbf{i} + 3x\mathbf{j} + (x+y)\mathbf{k}$,
    $\mathbf{r}(t) = (\cos t)\mathbf{i} + (\sin t)\mathbf{j} + (t/6)\mathbf{k}, \quad 0 \leq t \leq 2\pi$.

15. $\mathbf{F} = z\mathbf{i} + x\mathbf{j} + y\mathbf{k}$,
    $\mathbf{r}(t) = (\sin t)\mathbf{i} + (\cos t)\mathbf{j} + t\mathbf{k}, \quad 0 \leq t \leq 2\pi$.

16. $\mathbf{F} = 6z\mathbf{i} + y^2\mathbf{j} + 12x\mathbf{k}$,
    $\mathbf{r}(t) = (\sin t)\mathbf{i} + (\cos t)\mathbf{j} + (t/6)\mathbf{k}, \quad 0 \leq t \leq 2\pi$.

线积分与平面中的向量场

17. 沿曲线 $y = x^2$ 从 $(-1,1)$ 到 $(2,4)$ 计算 $\int_C xy\,dx + (x+y)\,dy$.

18. 计算 $\int_C (x-y)\,dx + (x+y)\,dy$, C 绕以 $(0,0)$, $(1,0)$ 和 $(0,1)$ 为顶点的三角形一周, 方向为逆时针.

19. 求向量场 $\mathbf{F} = x^2\mathbf{i} - y\mathbf{j}$ 沿曲线 $x = y^2$ 从 $(4,2)$ 到 $(1,-1)$ 的线积分 $\int_C \mathbf{F} \cdot \mathbf{T}\,ds$.

20. 求向量场 $\mathbf{F} = y\mathbf{i} - x\mathbf{j}$ 沿单位圆周 $x^2 + y^2 = 1$ 从 $(1,0)$ 到 $(0,1)$ 的积分 $\int_C \mathbf{F} \cdot d\mathbf{r}$.

21. 功   求力 $\mathbf{F} = xy\mathbf{i} + (y-x)\mathbf{j}$ 在直线上从 $(1,1)$ 到 $(2,3)$ 所做的功.

22. 功   求 $f(x,y) = (x+y)^2$ 的梯度, 逆时针从 $(2,0)$ 出发绕圆 $x^2 + y^2 = 4$ 一周至它本身所作的功.

23. 环量与流量   求场 $\mathbf{F}_1 = x\mathbf{i} + y\mathbf{j}$ 和 $\mathbf{F}_2 = -y\mathbf{i} + x\mathbf{j}$ 绕及穿过下列每一种曲线的环量和流量.
    (a) 圆 $\mathbf{r}(t) = (\cos t)\mathbf{i} + (\sin t)\mathbf{j}, 0 \leq t \leq 2\pi$;
    (b) 椭圆 $\mathbf{r}(t) = (\cos t)\mathbf{i} + (4\sin t)\mathbf{j}, 0 \leq t \leq 2\pi$.

24. 穿过圆的流量   求场 $\mathbf{F}_1 = 2x\mathbf{i} - 3y\mathbf{j}$ 和 $\mathbf{F}_2 = 2x\mathbf{i} + (x-y)\mathbf{j}$ 穿过圆

$\mathbf{r}(t) = (a\cos t)\mathbf{i} + (a\sin t)\mathbf{j}, \quad 0 \leq t \leq 2\pi$

的流量.

环量和流量

第 25-28 题, 求场 $\mathbf{F}$ 环绕和穿过闭半圆路径的环量和流量, 路径由半圆弧 $\mathbf{r}_1(t) = (a\cos t)\mathbf{i} + (a\sin t)\mathbf{j}$; $0 \leq t \leq \pi$, 接直线段 $\mathbf{r}_2(t) = t\mathbf{i}, -a \leq t \leq a$ 组成.

25. $\mathbf{F} = x\mathbf{i} + y\mathbf{j}$.   26. $\mathbf{F} = x^2\mathbf{i} + y^2\mathbf{j}$.
27. $\mathbf{F} = -y\mathbf{i} + x\mathbf{j}$.   28. $\mathbf{F} = -y^2\mathbf{i} + x^2\mathbf{j}$.

29. 流量积分   求速度场 $\mathbf{F} = (x+y)\mathbf{i} - (x^2+y^2)\mathbf{j}$ 沿以下 xy 平面内从 $(1,0)$ 到 $(-1,0)$ 的各路径的流量.
    (a) 上半圆 $x^2 + y^2 = 1$;
    (b) 从 $(1,0)$ 到 $(-1,0)$ 的线段;
    (c) 沿从 $(1,0)$ 到 $(0,-1)$ 的直线段, 再沿从 $(0,-1)$ 到 $(-1,0)$ 的直线段.

30. 穿出三角形流量   求 29 题的场 $\mathbf{F}$ 向外穿出以 $(1,0), (0,1), (-1,0)$ 为顶点的三角形的流量.

画图和求平面场

31. 螺旋场   画出螺旋场

$$\mathbf{F} = -\frac{y}{\sqrt{x^2+y^2}}\mathbf{i} + \frac{x}{\sqrt{x^2+y^2}}\mathbf{j}$$

(见图 13.14) 沿其在圆 $x^2 + y^2 = 4$ 上水平和垂直的分别具代表性点的分量.

32. 辐射场   画出辐射场 $\mathbf{F} = x\mathbf{i} + y\mathbf{j}$ 的图, 伴以圆 $x^2 + y^2 = 1$ 上分别有代表性点的水平与垂直分量 (见图 13.13).

33. 切向量场
    (a) 求 xy 平面内的场 $\mathbf{G} = P(x,y)\mathbf{i} + Q(x,y)\mathbf{j}$, 它具有性质: 在任何点 $(a,b) \neq (0,0)$, $\mathbf{G}$ 为大小等于 $\sqrt{a^2+b^2}$ 的向量, 与圆 $x^2 + y^2 = a^2 + b^2$ 相切, 指向逆时针方向. (场在 $(0,0)$ 无定义.)
    (b) 为学而写   场 $\mathbf{G}$ 与图 13.14 的螺旋场 $\mathbf{F}$ 有怎样的关系?

34. 切向量场
    (a) 求 xy 平面内场 $\mathbf{G} = P(x,y)\mathbf{i} + Q(x,y)\mathbf{j}$, 具有以下性质: 在任一点 $(a,b) \neq (0,0)$ 处, $\mathbf{G}$ 是与 $x^2 + y^2 = a^2 + b^2$ 相切的单位切向量, 方向为顺时针方向;
    (b) 为学而写   场 $\mathbf{G}$ 与图 13.14 的螺旋场 $\mathbf{F}$ 有怎

样的关系？

35. 指向原点的单位向量 求 xy 平面内一场 $\mathbf{F} = M(x,y)\mathbf{i} + N(x,y)\mathbf{j}$，该场具性质：在任一点 $(x,y) \neq (0,0)$，$\mathbf{F}$ 是单位向量，均指向原点。（场在原点 $(0,0)$ 无定义.）

36. 两种"中心"场 在 xy 平面内求一场 $\mathbf{F} = M(x,y)\mathbf{i} + N(x,y)\mathbf{j}$，具有性质：在每一点 $(x,y) \neq (0,0)$，$\mathbf{F}$ 指向原点，且 $|F|$是（**a**）点 (x,y) 到原点的距离；（**b**）反比于 (x,y) 到原点 $(0,0)$ 的距离。（场在 $(0,0)$ 点无定义.）

空间中的流量积分

第 37 – 40 题，$\mathbf{F}$ 是流体流经空间中一区域的速度场，求沿所给曲线依 t 增加方向的流量.

37. $\mathbf{F} = -4xy\mathbf{i} + 8y\mathbf{j} + 2\mathbf{k}$,
$\mathbf{r}(t) = t\mathbf{i} + t^2\mathbf{j} + \mathbf{k}, 0 \leq t \leq 2$.

38. $\mathbf{F} = x^2\mathbf{i} + yz\mathbf{j} + y^2\mathbf{k}$,
$\mathbf{r}(t) = 3t\mathbf{j} + 4t\mathbf{k}, 0 \leq t \leq 1$.

39. $\mathbf{F} = (x-z)\mathbf{i} + x\mathbf{k}$,
$\mathbf{r}(t) = (\cos t)\mathbf{i} + (\sin t)\mathbf{k}, 0 \leq t \leq \pi$.

40. $\mathbf{F} = -y\mathbf{i} + x\mathbf{j} + 2\mathbf{k}$,
$\mathbf{r}(t) = (-2\cos t)\mathbf{i} + (2\sin t)\mathbf{j} + 2t\mathbf{k}, 0 \leq t \leq 2\pi$.

41. 环流量 求 $\mathbf{F} = 2x\mathbf{i} + 2z\mathbf{j} + 2y\mathbf{k}$ 绕闭路的环量，路径由以下三曲线组成，方向为 t 增加的方向：
$C_1: \mathbf{r}(t) = (\cos t)\mathbf{i} + (\sin t)\mathbf{j} + t\mathbf{k}$,
$\quad 0 \leq t \leq \pi/2$;
$C_2: \mathbf{r}(t) = \mathbf{j} + (\pi/2)(1-t)\mathbf{k}, 0 \leq t \leq 1$;
$C_3: \mathbf{r}(t) = t\mathbf{i} + (1-t)\mathbf{j}, 0 \leq t \leq 1$.

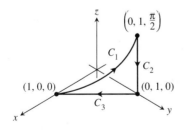

第 41 题图

42. 零环流量 设 C 为平面 $2x + 3y - z = 0$ 与圆柱面 $x^2 + y^2 = 12$ 相交的椭圆交线. 直接证明，即不用计算任何线积分，场 $\mathbf{F} = x\mathbf{i} + y\mathbf{j} + z\mathbf{k}$ 绕 C 任一方向的环量都为零.

43. 沿曲线的流量 设场 $\mathbf{F} = xy\mathbf{i} + y\mathbf{j} - yz\mathbf{k}$ 为空间流体的速度场. 求沿柱面 $y = x^2$ 和平面 $z = x$ 相交曲线，从 $(0,0,0)$ 到 $(1,1,1)$ 的流量. (提示：用 $t = x$ 作参数).

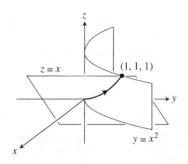

第 43 题图

44. 梯度场的流量 求场 $\mathbf{F} = \nabla(xy^2z^3)$ 的流量：
（**a**）绕 42 题中曲线 C，从上面看方向为顺时针；
（**b**）沿直线段，从 $(1,1,1)$ 到 $(2,1,-1)$.

理论和例子

45. 为学而写：功和面积 假设 $f(t)$ 是可微且取正值的函数 $(a \leq t \leq b)$. 设 C 为路径 $\mathbf{r}(t) = t\mathbf{i} + f(t)\mathbf{j}, a \leq t \leq b, \mathbf{F} = y\mathbf{i}$, 求功的积分 $\int_C \mathbf{F} \cdot d\mathbf{r}$ 与由 t 轴，$f(t)$ 的图及直线 $t = a$ 和 $t = b$ 所围区域面积之间是否有关系？请加以说明.

46. 大小为常数的辐射力所作的功 一粒子沿光滑曲线 $y = f(t)$ 从 $(a, f(a))$ 移动到 $(b, f(b))$. 移动粒子的力的大小为常数 k, 而且总指向从原点向外的方向. 证明力所作的功为
$$\int_C \mathbf{F} \cdot \mathbf{T} ds = k[(b^2 + (f(b))^2)^{1/2} - (a^2 + (f(a))^2)^{1/2}]$$

计算机探究

数值法求功

第 47 – 52 题，使用 CAS 按下列步骤操作以求力 $\mathbf{F}$ 在所给路径上所作的功：
（**a**）求 $d\mathbf{r}$, 对路径 $\mathbf{r}(t) = g(t)\mathbf{i} + h(t)\mathbf{j} + k(t)\mathbf{k}$;
（**b**）算出沿路径的力 $\mathbf{F}$（以 t 为自变量）；
（**c**）计算 $\int_C \mathbf{F} \cdot d\mathbf{r}$.

47. $\mathbf{F} = xy^6\mathbf{i} + 3x(xy^5 + 2)\mathbf{j}$;
    $\mathbf{r}(t) = (2\cos t)\mathbf{i} + (\sin t)\mathbf{j}, 0 \leq t \leq 2\pi$.

48. $\mathbf{F} = \dfrac{3}{1+x^2}\mathbf{i} + \dfrac{2}{1+y^2}\mathbf{j}$,
    $\mathbf{r}(t) = (\cos t)\mathbf{i} + (\sin t)\mathbf{j}, 0 \leq t \leq \pi$.

49. $\mathbf{F} = (y + yz\cos xyz)\mathbf{i} + (x^2 + xz\cos xyz)\mathbf{j} + (z + xy\cos xyz)\mathbf{k}$,
    $\mathbf{r}(t) = 2\cos t\mathbf{i} + 3\sin t\mathbf{j} + \mathbf{k}, 0 \leq t \leq 2\pi$.

50. $\mathbf{F} = 2xy\mathbf{i} - y^2\mathbf{j} + ze^x\mathbf{k}$;
    $\mathbf{r}(t) = -t\mathbf{i} + \sqrt{t}\mathbf{j} + 3t\mathbf{k}, 1 \leq t \leq 4$.

51. $\mathbf{F} = (2y + \sin x)\mathbf{i} + (z^2 + (1/3)\cos y)\mathbf{j} + x^4\mathbf{k}$,
    $\mathbf{r}(t) = (\sin t)\mathbf{i} + (\cos t)\mathbf{j} + (\sin 2t)\mathbf{k}$,
    $-\pi/2 \leq t \leq \pi/2$.

52. $\mathbf{F} = (x^2 y)\mathbf{i} + \dfrac{1}{3}x^3\mathbf{j} + xy\mathbf{k}$;
    $\mathbf{r}(t) = (\cos t)\mathbf{i} + (\sin t)\mathbf{j} + (2\sin^2(t) - 1)\mathbf{k}$,
    $0 \leq t \leq 2\pi$.

13.3 与路径无关、势函数与保守场

路径无关性 • 从本节起通用的假设:连通性 • 保守场的线积分 • 求保守场的势 • 全微分形式

在引力场和电场中,移动一物体或一电荷从一点到另一点所要作的功仅依赖物体移动的始点和终点,不依赖这两点间的路径. 本节讨论表示功的积分与路径无关的概念,讲解场的这种值得注意的性质,即在场中作功的积分是路径无关的.

路径无关性

若 A 和 B 是空间中一开区域内的两点,定义在 D 上的场 $\mathbf{F}$ 将一个粒子从 A 移动至 B 所作的功 $\int \mathbf{F} \cdot d\mathbf{r}$ 通常依赖于所经过的路径. 可是对有些场,积分值对所有从 A 到 B 的路径都相同. 如果这种情况对 D 中所有点 A 和 B 都是对的,我们就称积分 $\int \mathbf{F} \cdot d\mathbf{r}$ 在 D 内是路径无关的,并且称 $\mathbf{F}$ 在 D 上是保守的.

定义　路径无关和保守场
设 $\mathbf{F}$ 是定义在空间开区域 D 上的场,假设对 D 内任意两点 A 与 B,从 A 到 B 所做的功 $\int_A^B \mathbf{F} \cdot d\mathbf{r}$ 对所有从 A 到 B 的路径都相同,则积分 $\int \mathbf{F} \cdot d\mathbf{r}$ 就在 D 内是**路径无关**的并且称 $\mathbf{F}$ 在 D 上是**保守场**.

注:"保守"这个词出自物理学,是指那些场,在其中能量守恒原理成立(在保守场,原理成立).

实际中当条件满足时,场 $\mathbf{F}$ 是保守的,当且仅当它是数量函数 f 的梯度场;或者说,当且仅当对某个 f,$\mathbf{F} = \nabla f$. 这时 f 就叫做 $\mathbf{F}$ 的势函数.

定义　势函数
若 $\mathbf{F}$ 为定义在 D 上的场,且对空间的一个开区域 D 上的某个数量值函数 f,$\mathbf{F} = \nabla f$,则 f 就称为 $\mathbf{F}$ 在 D 上的一个**势函数**.

一个电势是一个数量值函数,它的梯度场就是一个电场,重力势是一个数量值函数,它的梯度场是重力场,等等. 稍后将看到,一旦为场 **F** 找到一个势函数 f,在 **F** 的定义域内用下述公式就可算出所有的功的积分

$$\int_A^B \mathbf{F} \cdot d\mathbf{r} = \int_A^B \nabla f \cdot d\mathbf{r} = f(B) - f(A). \tag{1}$$

若你把关于几个变量的函数的 ∇f 看作是类似于一元函数的导数 f',则你就可以把公式(1)看成与微积分基本积分公式

$$\int_a^b f'(x) dx = f(b) - f(a)$$

完全类似的向量微积分的相应公式.

保守场还有其它值得注意的性质,我们随之要学到. 比如,称 **F** 是 D 上的保守场,等价于说 **F** 绕 D 内每一闭曲线的积分为零. 自然地,我们要对曲线、场、定义域加些条件,使公式(1)及其相关结论成立.

从本节起通用的假设:连通性

假设所有曲线**分段光滑**,即曲线是有限多条分段首尾相接的光滑曲线组成,如 10.5 节的讨论,还假设 **F** 的分量有一阶连续偏导数. 当 $\mathbf{F} = \nabla f$ 时,连续性要求保证势函数 f 的混合二阶导数相等,这一结果对揭示保守场 **F** 的性质是有用的.

设 D 为空间中一开区域,这意味着以 D 内每个点为中心的小球都是完全位于 D 内的. 另设 D 是**连通**的,位于一个开区域内是指,其中每个点都能用一条完全位于区域内的光滑曲线与其它另一个点相连接.

保守场的线积分

下述结果为计算保守场中的线积分提供了一种方便的方法. 该结果说明积分值仅依赖于端点而不依赖连接它们的特殊路径.

CD-ROM
WEBsite
历史传记
Gustav Robert Kirchoff
(1824 — 1887)

定理 1　线积分的基本定理

1. 设 $\mathbf{F} = M\mathbf{i} + N\mathbf{j} + P\mathbf{k}$ 是一个向量场,其分量在空间连通开区域 D 上都连续,那么存在一个可微函数 f,使得

$$\mathbf{F} = \nabla f = \frac{\partial f}{\partial x}\mathbf{i} + \frac{\partial f}{\partial y}\mathbf{j} + \frac{\partial f}{\partial z}\mathbf{k}$$

当且仅当对 D 内所有点 A 和 B,积分值 $\int_A^B \mathbf{F} \cdot d\mathbf{r}$ 与 D 内连接 A,B 的路径无关;

2. 若积分与 A,B 之间的路径无关,则它的值为

$$\int_A^B \mathbf{F} \cdot d\mathbf{r} = f(B) - f(A).$$

证明:由 $\mathbf{F} = \nabla f$ 可推出积分的路径无关性　设 A 与 B 为 D 内两点且 $C: \mathbf{r}(t) = g(t)\mathbf{i} + h(t)\mathbf{j} + k(t)\mathbf{k}, a \le t \le b$ 为 D 内连接 A,B 两点的光滑曲线. 沿此曲线,f 是 t 的可微函数,且

$$\frac{df}{dt} = \frac{\partial f}{\partial x}\frac{dx}{dt} + \frac{\partial f}{\partial y}\frac{dy}{dt} + \frac{\partial f}{\partial z}\frac{dz}{dt} \qquad \text{链式法则}$$

$$= \nabla f \cdot \left(\frac{dx}{dt}\mathbf{i} + \frac{dy}{dt}\mathbf{j} + \frac{dz}{dt}\mathbf{k}\right) = \nabla f \cdot \frac{d\mathbf{r}}{dt} = \mathbf{F} \cdot \frac{d\mathbf{r}}{dt}. \qquad \text{因 } \mathbf{F} = \nabla f$$

于是

$$\int_C \mathbf{F} \cdot d\mathbf{r} = \int_{t=a}^{t=b} \mathbf{F} \cdot \frac{d\mathbf{r}}{dt}dt = \int_a^b \frac{df}{dt}dt$$

$$= f(g(t),h(t),k(t))\Big|_a^b = f(B) - f(A).$$

于是,功的积分值仅依赖于 f 在 A 和 B 的值而不依赖两点间的路径. 这证明了结论 2,同时可推出结论 1 也成立. 这里略去关于逆推的诸多证明技巧.

例 1(求保守场做的功) 求保守场 $\mathbf{F} = yz\mathbf{i} + xz\mathbf{j} + xy\mathbf{k} = \nabla(xyz)$ 沿任一连接点 $(-1,3,9)$ 与 $(1,6,-4)$ 之间的光滑曲线 C 所作的功.

解 因 $f(x,y,z) = xyz$,故

$$\int_A^B \mathbf{F} \cdot d\mathbf{r} = \int_A^B \nabla f \cdot d\mathbf{r} \qquad F = \nabla f$$

$$= f(B) - f(A) \qquad \text{基本定理结论 2.}$$

$$= xyz\Big|_{(1,6,-4)} - xyz\Big|_{(-1,3,9)}$$

$$= (1)(6)(-4) - (-1)(3)(9)$$

$$= -24 + 27 = 3.$$

定理 2 保守场的环路性质

以下两命题等价:

1. 沿 D 内任一闭路线,积分 $\oint \mathbf{F} \cdot d\mathbf{r} = 0$;
2. 场 $\mathbf{F}$ 在 D 上是保守的.

证:$(1) \Rightarrow (2)$ 要证对 D 内任意两点 A 和 B,在从 A 到 B 的任两条路径 C_1 和 C_2 上,$\mathbf{F} \cdot d\mathbf{r}$ 的积分都有相同的值. 我们将 C_2 反向形成从 B 到 A 的路径 $-C_2$(图 13.22). C_1 与 $-C_2$ 合在一起就构成闭环路 C,且

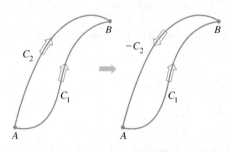

图 13.22 若从 A 到 B 有两条路径,可使其一反向构成环路.

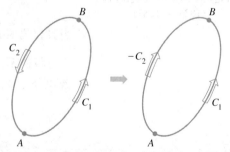

图 13.23 若点 A 与 B 位于一环路上,可使环路部分反向形成从 A 到 B 的两条路径.

$$\int_{C_1} \mathbf{F} \cdot d\mathbf{r} - \int_{C_2} \mathbf{F} \cdot d\mathbf{r} = \int_{C_1} \mathbf{F} \cdot d\mathbf{r} + \int_{-C_2} \mathbf{F} \cdot d\mathbf{r} = \int_C \mathbf{F} \cdot d\mathbf{r} = 0.$$

因此,积分在 C_1 和 C_2 上给出相同的值.

(2)$\Rightarrow$(1)　要证在任一闭路 C 上 $\mathbf{F} \cdot d\mathbf{r}$ 的积分为零. 我们在 C 上取两点 A 和 B,则这两点把 C 分成两段:从 A 到 B 的 C_1 段接 B 回到 A 的 C_2 段(图 13.23). 于是

$$\oint_C \mathbf{F} \cdot d\mathbf{r} = \int_{C_1} \mathbf{F} \cdot d\mathbf{r} + \int_{C_2} \mathbf{F} \cdot d\mathbf{r} = \int_A^B \mathbf{F} \cdot d\mathbf{r} - \int_A^B \mathbf{F} \cdot d\mathbf{r} = 0. \qquad \square$$

下面的图解概括了定理 1 和定理 2 的结果.

$$\begin{array}{ccccc} & \text{定理 1} & & \text{定理 2} & \\ \mathbf{F} = \nabla f (\text{在 } D \text{ 上}) & \Leftrightarrow & \mathbf{F} \text{ 在 } D \text{ 上为保守场} & \Leftrightarrow & \oint_C \mathbf{F} \cdot d\mathbf{r} = 0 (\text{在 } D \text{ 的任一闭路上}). \end{array}$$

现在我们已见到在保守场中要计算线积分有多方便,但还有两个问题要解决.

1. 怎样才能知道一个所给的场 $\mathbf{F}$ 是保守的?

2. 若 $\mathbf{F}$ 实际已知为保守场,又怎样求势函数 f(以使 $\mathbf{F} = \nabla f$)?

求保守场的势

检验保守场的方法如下:

保守场的分量检验

设 $\mathbf{F} = M(x,y,z)\mathbf{i} + N(x,y,z)\mathbf{j} + P(x,y,z)\mathbf{k}$ 为一场,其各分量函数都有一阶连续偏导数. 于是,$\mathbf{F}$ 为保守场,当且仅当

$$\frac{\partial P}{\partial y} = \frac{\partial N}{\partial z}, \quad \frac{\partial M}{\partial z} = \frac{\partial P}{\partial x}, \quad \frac{\partial N}{\partial x} = \frac{\partial M}{\partial y}. \tag{2}$$

证明"若 $\mathbf{F}$ 是保守的,则公式(2)成立"　由于存在一个势 f,使

$$\mathbf{F} = M\mathbf{i} + N\mathbf{j} + P\mathbf{k} = \frac{\partial f}{\partial x}\mathbf{i} + \frac{\partial f}{\partial y}\mathbf{j} + \frac{\partial f}{\partial z}\mathbf{k}.$$

因此

$$\begin{aligned}\frac{\partial P}{\partial y} &= \frac{\partial}{\partial y}\left(\frac{\partial f}{\partial z}\right) = \frac{\partial^2 f}{\partial y \partial z} \\ &= \frac{\partial^2 f}{\partial z \partial y} \qquad \text{一阶偏导连续保证} \\ & \qquad\qquad\qquad\quad \text{二阶混合偏导数相等} \\ &= \frac{\partial}{\partial z}\left(\frac{\partial f}{\partial y}\right) = \frac{\partial N}{\partial z}.\end{aligned}$$

公式(2)的另两个也可类似证明. $\qquad \square$

证明的另一半,"公式(2)成立,则 $\mathbf{F}$ 是保守的"是 Stokes 定理的一个推论,将在 13.7 节讨论.

一旦知道 $\mathbf{F}$ 是保守的,通常想要求出 $\mathbf{F}$ 的一个势函数,这要求解方程 $\nabla f = \mathbf{F}$ 或

$$\frac{\partial f}{\partial x}\mathbf{i} + \frac{\partial f}{\partial y}\mathbf{j} + \frac{\partial f}{\partial z}\mathbf{k} = M\mathbf{i} + N\mathbf{j} + P\mathbf{k}$$

为求 f，通过对下面三个方程积分

$$\frac{\partial f}{\partial x} = M, \quad \frac{\partial f}{\partial y} = N, \quad \frac{\partial f}{\partial z} = P.$$

在下例中将说明这一点.

例 2（求势函数） 证明 $\mathbf{F} = (e^x\cos y + yz)\mathbf{i} + (xz - e^x\sin y)\mathbf{j} + (xy + z)\mathbf{k}$ 为保守场，并求它的一个势函数.

解 应用公式(2)的检验法：

$$M = e^x\cos y + yz, \quad N = xz - e^x\sin y, \quad P = xy + z$$

计算

$$\frac{\partial P}{\partial y} = x = \frac{\partial N}{\partial z}, \quad \frac{\partial M}{\partial z} = y = \frac{\partial P}{\partial x}, \quad \frac{\partial N}{\partial x} = z - e^x\sin y = \frac{\partial M}{\partial y}.$$

这些等式告诉我们，存在一个函数 f，$\nabla f = \mathbf{F}$.

通过积分下列方程求 f：

$$\frac{\partial f}{\partial x} = e^x\cos y + yz, \quad \frac{\partial f}{\partial y} = xz - e^x\sin y, \quad \frac{\partial f}{\partial z} = xy + z. \tag{3}$$

对(3)的第一个方程关于 x 积分，将 y 和 z 固定，得 $f(x,y,z) = e^x\cos y + xyz + g(y,z)$. 将积分常数写成 y 与 z 的函数，因它的值可能会随 y,z 的变化而变化. 然后从此方程计算 $\partial f/\partial y$，与(3)中的 $\partial f/\partial y$ 相匹配.

$$-e^x\sin y + xz + \frac{\partial g}{\partial y} = xz - e^x\sin y,$$

所以 $\partial g/\partial y = 0$，因而 g 仅是 z 的函数，且 $f(x,y,z) = e^x\cos y + xyz + h(z)$. 再对此式计算 $\partial f/\partial z$，并再将结果与(3)中的 $\partial f/\partial z$ 相匹配，得

$$xy + \frac{dh}{dz} = xy + z, \quad \text{或} \quad \frac{dh}{dz} = z,$$

所以 $h(z) = z^2/2 + C$. 因而

$$f(x,y,z) = e^x\cos y + xyz + \frac{z^2}{2} + C.$$

$\mathbf{F}$ 实际有无穷多个势函数，每个势函数对应一个 C 值.

例 3（证明一个场不是保守场） 证明 $\mathbf{F} = (2x - 3)\mathbf{i} - z\mathbf{j} + (\cos z)\mathbf{k}$ 不是保守场.

解 应用公式(2)的分量检验，由于

$$\frac{\partial P}{\partial y} = \frac{\partial}{\partial y}(\cos z) = 0, \quad \frac{\partial N}{\partial z} = \frac{\partial}{\partial z}(-z) = -1,$$

两者不等，所以 $\mathbf{F}$ 非保守场，无须再作其它检验.

CD-ROM
WEBsite
历史传记
Ernst Mach
(1838 — 1916)

全微分形式

如将在下节及以后叙述的，把功和环量积分以"微分"形式

$$\int_A^B M dx + N dy + P dz$$

表示常常很方便，13.2 节也曾提到过. 若 $M dx + N dy + P dz$ 是函数 f

的全微分,则这一积分相当容易计算. 这样

$$\int_A^B M dx + N dy + P dz = \int_A^B \frac{\partial f}{\partial x} dx + \frac{\partial f}{\partial y} dy + \frac{\partial f}{\partial z} dz$$

$$= \int_A^B \nabla f \cdot d\mathbf{r}$$

$$= f(B) - f(A). \qquad \text{定理 1}$$

于是

$$\int_A^B df = f(B) - f(A),$$

与一元可微函数的积分完全相似.

定义 微分形式和全微分形式

任一形如 $M(x,y,z)dx + N(x,y,z)dy + P(x,y,z)dz$ 的式子都是**微分形式**. 空间中区域 D 上的微分形式是**完全**的,若

$$M dx + N dy + P dz = \frac{\partial f}{\partial x} dx + \frac{\partial f}{\partial y} dy + \frac{\partial f}{\partial z} dz = df$$

对某个数量值函数 f 在整个 D 上成立.

请注意:若 $Mdx + Ndy + Pdz = df$ 在 D 上成立,则 $\mathbf{F} = M\mathbf{i} + N\mathbf{j} + P\mathbf{k}$ 就是 f 在 D 上的梯度场. 反之,若 $\mathbf{F} = \nabla f$,则微分形式 $Mdx + Ndy + Pdz$ 就是完全的. 因此检验"形式"是否完全与检验 $\mathbf{F}$ 是否保守是完全等价的.

对 $Mdx + Ndy + Pdz$ 完全性的分量检验

微分形式 $Mdx + Ndy + Pdz$ 是完全的,当且仅当

$$\frac{\partial P}{\partial y} = \frac{\partial N}{\partial z}, \quad \frac{\partial M}{\partial z} = \frac{\partial P}{\partial x}, \quad 及 \quad \frac{\partial N}{\partial x} = \frac{\partial M}{\partial y}.$$

这与称场 $\mathbf{F} = M\mathbf{i} + N\mathbf{j} + P\mathbf{k}$ 是保守场等价.

例 4(证明微分形式是完全的) 证明 $ydx + xdy + 4dz$ 是完全的,并沿 $(1,1,1)$ 到 $(2,3,-1)$ 的直线段计算积分:

$$\int_{(1,1,1)}^{(2,3,-1)} ydx + xdy + 4dz.$$

解 令 $M = y, N = x, P = 4$,并应用完全性的检验:

$$\frac{\partial P}{\partial y} = 0 = \frac{\partial N}{\partial z}, \quad \frac{\partial M}{\partial z} = 0 = \frac{\partial P}{\partial x}, \quad \frac{\partial N}{\partial x} = 1 = \frac{\partial M}{\partial y}.$$

这些式子告诉我们 $ydx + xdy + 4dz$ 是完全的,所以存在某个函数 f,

$$ydx + xdy + 4dz = df$$

而所求积分值等于 $f(2,3,-1) - f(1,1,1)$.

通过对以下方程积分,目标在求出 f

$$\frac{\partial f}{\partial x} = y, \quad \frac{\partial f}{\partial y} = x, \quad \frac{\partial f}{\partial z} = 4. \tag{4}$$

从(4)的第一个方程,得
$$f(x,y,z) = xy + g(y,z).$$
再从第二个方程,可得
$$\frac{\partial f}{\partial y} = x + \frac{\partial g}{\partial y} = x, \quad \text{或} \quad \frac{\partial g}{\partial y} = 0.$$
因此,g 仅是 z 的函数,且
$$f(x,y,z) = xy + h(z).$$
从(4)之第三个方程又得
$$\frac{\partial f}{\partial z} = 0 + \frac{dh}{dz} = 4, \quad \text{或} \quad h(z) = 4z + C.$$
因而
$$f(x,y,z) = xy + 4z + C.$$
积分值是
$$f(2,3,-1) - f(1,1,1) = 2 + C - (5 + C) = -3.$$

习题 13.3

检验保守场

第 1 – 6 题中哪个场是保守的,哪个不是?

1. $\mathbf{F} = yz\mathbf{i} + xz\mathbf{j} + xy\mathbf{k}$
2. $\mathbf{F} = (y\sin z)\mathbf{i} + (x\sin z)\mathbf{j} + (xy\cos z)\mathbf{k}$
3. $\mathbf{F} = y\mathbf{i} + (x + z)\mathbf{j} - y\mathbf{k}$
4. $\mathbf{F} = -y\mathbf{i} + x\mathbf{j}$
5. $\mathbf{F} = (z + y)\mathbf{i} + z\mathbf{j} + (y + x)\mathbf{k}$
6. $\mathbf{F} = (e^x \cos y)\mathbf{i} - (e^x \sin y)\mathbf{j} + z\mathbf{k}$

求势函数

7. $\mathbf{F} = 2x\mathbf{i} + 3y\mathbf{j} + 4z\mathbf{k}$
8. $\mathbf{F} = (y + z)\mathbf{i} + (x + z)\mathbf{j} + (x + y)\mathbf{k}$
9. $\mathbf{F} = e^{y+2z}(\mathbf{i} + x\mathbf{j} + 2x\mathbf{k})$
10. $\mathbf{F} = (y\sin z)\mathbf{i} + (x\sin z)\mathbf{j} + (xy\cos z)\mathbf{k}$
11. $\mathbf{F} = (\ln x + \sec^2(x + y))\mathbf{i}$
    $+ \left(\sec^2(x + y) + \dfrac{y}{y^2 + z^2}\right)\mathbf{j} + \dfrac{z}{y^2 + z^2}\mathbf{k}$
12. $\mathbf{F} = \dfrac{x}{1 + x^2 y^2}\mathbf{i} + \left(\dfrac{x}{1 + x^2 y^2} + \dfrac{z}{\sqrt{1 - y^2 z^2}}\right)\mathbf{j}$
    $+ \left(\dfrac{y}{\sqrt{1 - y^2 z^2}} + \dfrac{1}{z}\right)\mathbf{k}.$

计算全微分形式的积分

第 13 – 22 题,先证明积分中的微分形式是完全的,再计算积分.

13. $\displaystyle\int_{(0,0,0)}^{(2,3,-6)} 2x\,dx + 2y\,dy + 2z\,dz$
14. $\displaystyle\int_{(1,1,2)}^{(3,5,0)} yz\,dx + xz\,dy + xy\,dz$
15. $\displaystyle\int_{(0,0,0)}^{(1,2,3)} 2xy\,dx + (x^2 - z^2)\,dy - 2yz\,dz$
16. $\displaystyle\int_{(0,0,0)}^{(3,3,1)} 2x\,dx - y^2\,dy - \dfrac{4}{1 + z^2}dz$
17. $\displaystyle\int_{(1,0,0)}^{(0,1,1)} \sin y\cos x\,dx + \cos y\sin x\,dy + dz$
18. $\displaystyle\int_{(0,2,1)}^{(1,\frac{\pi}{2},2)} 2\cos y\,dx + \left(\dfrac{1}{y} - 2x\sin y\right)dy + \dfrac{1}{z}dz$
19. $\displaystyle\int_{(1,1,1)}^{(1,2,3)} 3x^2\,dx + \dfrac{z^2}{y}dy + 2z\ln y\,dz$
20. $\displaystyle\int_{(1,2,1)}^{(2,1,1)} (2x\ln y - yz)\,dx + \left(\dfrac{x^2}{y} - xz\right)dy - xy\,dz$
21. $\displaystyle\int_{(1,1,1)}^{(2,2,2)} \dfrac{1}{y}dx + \left(\dfrac{1}{z} - \dfrac{x}{y^2}\right)dy - \dfrac{y}{z^2}dz$
22. $\displaystyle\int_{(-1,-1,-1)}^{(2,2,2)} \dfrac{2x\,dx + 2y\,dy + 2z\,dz}{x^2 + y^2 + z^2}$
23. **再访例** 4 再计算例 4 中的积分 $\displaystyle\int_{(1,1,1)}^{(2,3,-1)} y\,dx + x\,dy$

$+ 4dz$,通过找出两点$(1,1,1)$与$(2,3,-1)$连线段的参数方程,并沿该线段计算$\mathbf{F} = y\mathbf{i} + x\mathbf{j} + 4\mathbf{k}$的线积分. 因为$\mathbf{F}$是保守的,所以积分值与路径无关.

24. 沿连接两点$(0,0,0)$和$(0,3,4)$的直线段C,计算

$$\int_C x^2 dx + yz dy + (y^2/2) dz.$$

理论、应用和例题

路径无关性 证明 25 和 26 题的积分值不依赖从A到B所取之路径.

25. $\int_A^B z^2 dx + 2y dy + 2xz dz$

26. $\int_A^B \dfrac{x dx + y dy + z dz}{\sqrt{x^2 + y^2 + z^2}}$

第 27—28 题,求$\mathbf{F}$的一个势函数.

27. $\mathbf{F} = \dfrac{2x}{y}\mathbf{i} + \left(\dfrac{1-x^2}{y^2}\right)\mathbf{j}$

28. $\mathbf{F} = (e^x \ln y)\mathbf{i} + \left(\dfrac{e^x}{y} + \sin z\right)\mathbf{j} + (y\cos z)\mathbf{k}$

29. **沿不同路径作功** 求$\mathbf{F} = (x^2 + y^2)\mathbf{i} + (y^2 + x)\mathbf{j} + ze^z\mathbf{k}$沿$(1,0,0)$到$(1,0,1)$的下列路径上所做的功.

(a) 直线段$x = 1, y = 0, 0 \le z \le 1$

(b) 螺旋线$\mathbf{r}(t) = (\cos t)\mathbf{i} + (\sin t)\mathbf{j} + (t/2\pi)\mathbf{k}, 0 \le t \le 2\pi$

(c) 沿x轴从$(1,0,0)$到$(0,0,0)$,接着沿抛物线$z = x^2, y = 0$从$(0,0,0)$到$(1,0,1)$.

30. **沿不同路径作功** 求$\mathbf{F} = e^{yz}\mathbf{i} + (xze^{yz} + z\cos y)\mathbf{j} + (xye^{yz} + \sin y)\mathbf{k}$沿$(1,0,1)$到$(1,\pi/2,0)$的下列路径所做的功.

(a) 直线段$x = 1, y = \pi t/2, z = 1 - t, 0 \le t \le 1$

(b) 沿线段从$(1,0,1)$到原点,接着沿线段从原点到$(1, \pi/2, 0)$

(c) 沿直线段从$(1,0,1)$到$(1,0,0)$,再从$(1,0,0)$沿x轴到原点$(0,0,0)$,再接着沿抛物线$y = \pi x^2/2, z = 0$从那儿到$(1, \pi/2, 0)$.

31. **计算功的积分的两种方法** 设$\mathbf{F} = \nabla(x^3 y^2)$,并令$C$为$xy$平面内从$(-1,1)$到$(1,1)$的一条路径,它由直线段从$(-1,1)$到$(0,0)$,再沿直线段从$(0,0)$到$(1,1)$. 试以两种方式计算$\int_C \mathbf{F} \cdot d\mathbf{r}$.

(a) 找出构成线段C的参数式,并计算积分.

(b) 用$f(x, y) = x^3 y^2$作为$\mathbf{F}$的一个势函数.

32. **沿不同路径的积分** 沿下列xy平面内的路径C,计算$\int_C 2x\cos y dx - x^2 \sin y dy$.

(a) 抛物线$y = (x-1)^2$从$(1,0)$至$(0,1)$

(b) 从$(-1, \pi)$到$(1,0)$的直线段

(c) 从$(-1,0)$沿x轴到$(1,0)$.

(d) 沿星形线$\mathbf{r}(t) = (\cos^3 t)\mathbf{i} + (\sin^3 t)\mathbf{j}, 0 \le t \le 2\pi$逆时针从$(1,0)$回到$(1,0)$.

33. (a) **全微分形式** 常数a, b, c为怎样的关系,下列微分形式才是完全的?
$$(ay^2 + 2czx)dx + y(bx + cz)dy + (ay^2 + cx^2)dz$$

(b) **梯度场** b, c取什么值,场
$$\mathbf{F} = (y^2 + 2czx)\mathbf{i} + y(bx + cz)\mathbf{j} + (y^2 + cx^2)\mathbf{k}$$
才是一个梯度场.

34. **线积分的梯度** 假设$\mathbf{F} = \nabla f$是一个保守向量场,且
$$g(x, y, z) = \int_{(0,0,0)}^{(x,y,z)} \mathbf{F} \cdot d\mathbf{r}.$$
证明:$\nabla g = \mathbf{F}$.

35. **为学而写:最小功的路径** 要让你找出一条路径,使沿这条路径,力场$\mathbf{F}$在两点之间移动一粒子将做最小的功. 有一种快捷的计算马上可以证明$\mathbf{F}$是保守的. 你该如何回答?说明你的理由.

36. **为学而写:揭示实验的秘密** 通过实验,你发现,一力场将一物体沿路径C_1从A移到B仅为沿路径C_2从A移到B所做功的一半. 你能对$\mathbf{F}$总结出什么?对你的答案说明理由.

37. **常力作功** 证明常力场$\mathbf{F} = a\mathbf{i} + b\mathbf{j} + c\mathbf{k}$移动粒子从$A$到$B$沿任一路径所做的功都等于$W = \mathbf{F} \cdot \overrightarrow{AB}$.

38. **重力场**

(a) 求重力场
$$\mathbf{F} = -GmM\dfrac{x\mathbf{i} + y\mathbf{j} + z\mathbf{k}}{(x^2 + y^2 + z^2)^{3/2}}$$
(G, m和M是常数)的一个势函数.

(b) 设两点P_1和P_2与原点的距离分别为s_1和s_2. 证明(a)中的重力场移动一粒子从P_1到P_2所做的功是
$$GmM\left(\dfrac{1}{s_2} - \dfrac{1}{s_1}\right).$$

13.4 平面的格林(Green)定理

在一点的通量密度:散度 ● 在一点的环量密度:旋度的 **k** – 分量 ● 格林定理的两种形式 ● 数学假设 ● 用格林定理计算线积分 ● 对特殊区域格林定理的证明 ● 将证明拓广到其它区域

在前面一节里,已学了如何计算保守场的流量积分.我们先要对场建立势函数,求出它在路径端点的值,于是可以用这些值的一个适当的差来计算积分.

本节中,我们将看到当向量场不是保守场时,如何计算穿过平面闭曲线的流量和通量积分,要做这件事的方法来自著名的格林定理,它将线积分变换成二重积分.

格林定理是微积分的重要定理之一.它的结论深邃又令人震惊,且有着意义重大的推论.在纯数学里,它与微积分学基本定理同等重要.在应用数学中,格林定理在三维中的推广为电、磁学和流体力学提供了理论基础.

我们以流体力学的速度场来讲解,因为流体易于图示.可是,应意识到,在满足某种数学条件下,格林定理可以应用于任何向量场,其有效性并不依赖于须有特殊物理意义的场.

在一点的通量密度:散度

为学格林定理需要知道两个新概念.第一个是向量场在一点的通量密度概念,数学上称为向量场的<u>散度</u>.这个概念能用以下方式得到.

设 $\mathbf{F}(x,y) = M(x,y)\mathbf{i} + N(x,y)\mathbf{j}$ 为一个平面流体的速度场,并设 M,N 在区域 R 的每一点处的一阶偏导连续.设 (x,y) 为 R 内一点,且设 A 为一个小矩形,它的一个顶点在 (x,y),且整个小矩形均位于 R 内(图 13.24).矩形的边平行于坐标轴,长度分别为 Δx 和 Δy.液体从底边穿出离开矩形的速率近似为

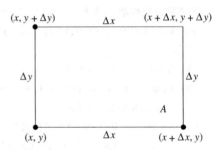

图 13.24 用于定义向量场在一点 (x,y) 的流量密度(散定)的小矩形.

$$F(x,y) \cdot (-\mathbf{j})\Delta x = -N(x,y)\Delta x.$$

这是速度在点 (x,y) 的外法方向的分量乘以线段的长.比如,速度以"每秒米"为单位,流出速率将是每秒乘以米,或每秒平方米,流体沿外法方向穿出其它三边的速率可完全类似估算.也就是说,有以下结果

逸出速率: 顶边: $\mathbf{F}(x, y + \Delta y) \cdot \mathbf{j}\Delta x = N(x, y + \Delta y)\Delta x$
底边: $\mathbf{F}(x, y) \cdot (-\mathbf{j})\Delta x = -N(x, y)\Delta x$
右边: $\mathbf{F}(x + \Delta x, y) \cdot \mathbf{i}\Delta y = M(x + \Delta x, y)\Delta y$
左边: $\mathbf{F}(x, y) \cdot (-\mathbf{i})\Delta y = -M(x, y)\Delta y.$

将对边加在一起,得

上、下边: $(N(x, y + \Delta y) - N(x, y))\Delta x \approx \left(\dfrac{\partial N}{\partial y}\Delta y\right)\Delta x$

右、左边：$(M(x+\Delta x,y)-M(x,y))\Delta y\approx\left(\dfrac{\partial M}{\partial x}\Delta x\right)\Delta y.$

再把上两式相加,得

$$\text{穿过矩形边界的通量}\approx\left(\dfrac{\partial M}{\partial x}+\dfrac{\partial N}{\partial y}\right)\Delta x\Delta y.$$

两边再除以 $\Delta x\Delta y$ 以算出单位面积的总通量或穿过矩形的通量密度.

$$\dfrac{\text{穿过矩形边界的通量}}{\text{矩形面积}}\approx\left(\dfrac{\partial M}{\partial x}+\dfrac{\partial N}{\partial y}\right).$$

最后,令 $\Delta x,\Delta y$ 都趋于零,就得到 **F** 在点 (x,y) 的通量密度的定义. 数学上把通量密度称为 **F** 的散度. 记作 div **F**,称为 **F** 的散度.

定义　通量密度或散度

向量场 $\mathbf{F}=M\mathbf{i}+N\mathbf{j}$ 在点 (x,y) 处的**通量密度**或**散度**为

$$\mathrm{div}\mathbf{F}=\dfrac{\partial M}{\partial x}+\dfrac{\partial N}{\partial y}.\tag{1}$$

直观地说,如果水通过点 (x_0,y_0) 处的一个小洞流进一个区域,流线在该处发散(顾名思义),因为有水从 (x_0,y_0) 附近的一个小矩形流出,故在 (x_0,y_0) 处 **F** 的散度为正. 如果水从小洞被排出而不是流入,散度当然是负的(见图 13.25).

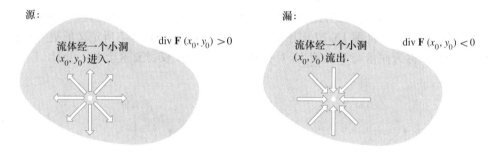

图 13.25　在流体穿过一平面区域的流动中,在"源"处散度为正值,流体进系统,在"漏"处散度为负值,流体离开系统.

例 1(求散度)　求 $\mathbf{F}(x,y)=(x^2-y)\mathbf{i}+(xy-y^2)\mathbf{j}$ 的散度.

解　用公式(1):
$$\mathrm{div}\,\mathbf{F}=\dfrac{\partial M}{\partial x}+\dfrac{\partial N}{\partial y}=\dfrac{\partial}{\partial x}(x^2-y)+\dfrac{\partial}{\partial y}(xy-y^2)$$
$$=2x+x-2y=3x-2y.$$

在一点的环量密度:旋度的 k - 分量

学格林定理需要知道的两个新概念的第二个是向量场 **F** 在一点的环量密度的概念,为得到这一概念,我们再回到向量场

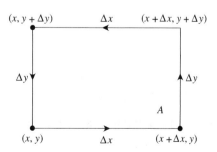

图 13.26　定义向量场在点 (x,y) 处的环量密度(curl)的小矩形.

$$\mathbf{F}(x,y) = M(x,y)\mathbf{i} + N(x,y)\mathbf{j}$$

和矩形 A. 此处图 13.26 再次画出一个小矩形域.

$\mathbf{F}$ 绕 A 的边界的逆时针环量是沿边界的流速之和. 对底边, 流速近似为:

$$\mathbf{F}(x,y) \cdot \mathbf{i}\, \Delta x = M(x,y)\Delta x.$$

这是 $\mathbf{F}(x,y)$ 在切向量 $\mathbf{i}$ 方向上的数值分量乘以该线段的长, 而沿其它边逆时针的流速可以类似方法表出. 总之, 我们有

上边：$\mathbf{F}(x, y+\Delta y) \cdot (-\mathbf{i})\Delta x = -M(x, y+\Delta y)\Delta x$

下边：$\mathbf{F}(x,y) \cdot \mathbf{i}\, \Delta x = M(x,y)\Delta x$

右侧边：$\mathbf{F}(x+\Delta x, y) \cdot \mathbf{j}\, \Delta y = N(x+\Delta x, y)\Delta y$

左侧边：$\mathbf{F}(x,y) \cdot (-\mathbf{j})\Delta y = -N(x,y)\Delta y.$

把对边的结果相加, 得

上与下：$-(M(x, y+\Delta y) - M(x,y))\Delta x \approx -\left(\dfrac{\partial M}{\partial y}\Delta y\right)\Delta x$

右与左：$(N(x+\Delta x, y) - N(x,y))\Delta y \approx \left(\dfrac{\partial N}{\partial x}\Delta x\right)\Delta y.$

此两式相加再除以 $\Delta x \Delta y$, 得出关于小矩形的环量密度的一个估计：

$$\frac{\text{绕矩形的环量}}{\text{矩形面积}} \approx \frac{\partial N}{\partial x} - \frac{\partial M}{\partial y}.$$

然后再令 $\Delta x, \Delta y$ 趋于零就可以定义 $\mathbf{F}$ 在点 (x,y) 的环量密度.

平面上环量密度的正向规定为绕竖轴逆时针旋转, 是 xy 平面上从 (竖直) 单位 $\mathbf{k}$ - 向量的箭头向下看的逆时针方向 (图 13.27). 环量密度值实际是在后面 13.7 所定义的更一般的环向量的 $\mathbf{k}$ 分量值, 又称为向量场 $\mathbf{F}$ 的旋度. 对格林定理, 我们仅仅需要这个 $\mathbf{k}$ - 分量.

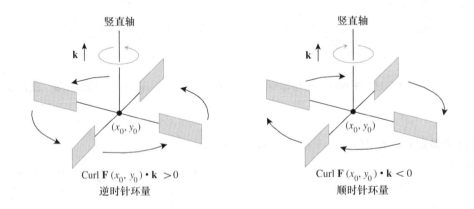

Curl $\mathbf{F}(x_0, y_0) \cdot \mathbf{k} > 0$
逆时针环量

Curl $\mathbf{F}(x_0, y_0) \cdot \mathbf{k} < 0$
顺时针环量

图 13.27　在平面区域上不可压液体的流动中, 旋度的 $\mathbf{k}$ - 分量可度量出液体绕一点旋转的速率. 在旋转方向为逆时针的点上旋度的 $\mathbf{k}$ 分量为正; 而在旋转方向为顺时针的点上为负.

定义　环量密度或旋度的 $\mathbf{k}$ - 分量

向量场 $\mathbf{F} = M\mathbf{i} + N\mathbf{j}$ 在点 (x,y) 的**环量密度**或**旋度的 $\mathbf{k}$ - 分量**是数量值

$$(\operatorname{curl} \mathbf{F}) \cdot \mathbf{k} = \frac{\partial N}{\partial x} - \frac{\partial M}{\partial y}. \tag{2}$$

如果在 xy 平面中一个区域内水在一薄层中在原点附近流动,那么在点 (x_0, y_0) 的环量或旋度的 $\mathbf{k}$ - 分量就给出一种方法度量一个"小浆轮"将旋转多快和以什么方向旋转,若把它放进水中点 (x_0, y_0) 处,其旋转轴垂直于平面,且平行于 $\mathbf{k}$(竖直方向,如图 13.27).

例 2(求旋度的 $\mathbf{k}$ - 分量)　求向量场 $\mathbf{F}(x, y) = (x^2 - y)\mathbf{i} + (xy - y^2)\mathbf{j}$ 的旋度的 $\mathbf{k}$ - 分量.

解　用公式(2):

$$(\text{curl } \mathbf{F}) \cdot \mathbf{k} = \frac{\partial N}{\partial x} - \frac{\partial M}{\partial y} = \frac{\partial}{\partial x}(xy - y^2) - \frac{\partial}{\partial y}(x^2 - y) = y + 1.$$

格林定理的两种形式

格林定理的一种形式是说:在合适的条件下,穿过平面内一简单闭曲线的向量场向外的通量等于该曲线所围区域上场的散度的二重积分(图 13.28).请回忆一下 13.2 节关于通量(流量)的公式(3)和(4).

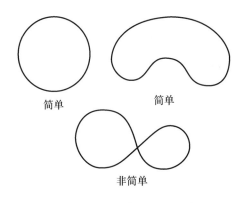

图 13.28　在证明格林定理时,应区别两类闭曲线,简单的和非简单的.简单曲线不自交.圆是简单的,而 8 字形的曲线非简单.

定理 3　**Green 定理(通量 - 散度形式或法向形式)**

场 $\mathbf{F} = M\mathbf{i} + N\mathbf{j}$ 穿过一简单闭曲线 C 向外的通量等于 $\text{div } \mathbf{F}$ 在 C 所围区域 R 上的二重积分

$$\underbrace{\oint_C \mathbf{F} \cdot \mathbf{n} \, ds = \oint_C M \, dy - N \, dx}_{\text{向外通量}} = \underbrace{\iint_R \left(\frac{\partial M}{\partial x} + \frac{\partial N}{\partial y} \right) dx \, dy}_{\text{散度积分}} \tag{3}$$

格林定理的另一种形式是说,向量场绕一简单闭曲线逆时针的环流量等于场在该曲线所围区域上的旋度的 $\mathbf{k}$ 分量的二重积分.

定理 4　**Green 定理(环量 - 旋度形式或切向形式)**

场 $\mathbf{F} = M\mathbf{i} + N\mathbf{j}$ 绕平面简单闭曲线 C 的逆时针方向的环量等于 $(\text{curl } \mathbf{F}) \cdot \mathbf{k}$ 在 C 所围区域 R 上的二重积分

$$\underbrace{\oint_C \mathbf{F} \cdot \mathbf{T} \, ds = \oint_C M \, dx + N \, dy}_{\text{逆时针方向的环量}} = \underbrace{\iint_R \left(\frac{\partial N}{\partial x} - \frac{\partial M}{\partial y} \right) dx \, dy}_{\text{旋度积分}} \tag{4}$$

格林定理的两种形式是等价的. 对场 $\mathbf{G}_1 = N\mathbf{i} - M\mathbf{j}$ 应用公式(3)就得到公式(4). 而对场 $\mathbf{G}_2 = -N\mathbf{i} + M\mathbf{j}$ 应用公式(4)就得到(3).

数学假设

为使格林定理成立,需要两类假设. 首先,我们需要关于 M 与 N 的某些条件以确保积分的存在性. 通常都假定 M,N 及它们的一阶偏导数在包含 C 和 R 的某开区域内的每一点都连续. 其次,需要关于曲线 C 的几何条件. 它必须是简单的,闭的,分段构成以便沿曲线能对 M 和 N 积分. 通常的假设是 C 是分段光滑的. 我们给出的对格林定理的证明,还要对 R 的形状作些假设. 对条件限制较少的定理的证明可在更高级的微积分教材中找到. 先来看一些例子.

例3(验证格林定理) 验证格林定理的两种形式:对场 $\mathbf{F}(x,y) = (x-y)\mathbf{i} + x\mathbf{j}$ 及由单位圆 $C: \mathbf{r}(t) = (\cos t)\mathbf{i} + (\sin t)\mathbf{j}, 0 \leq t \leq 2\pi$ 所围区域 R.

解 我们

$$M = \cos t - \sin t, \quad dx = d(\cos t) = -\sin t\, dt,$$
$$N = \cos t, \quad dy = d(\sin t) = \cos t\, dt,$$

$$\frac{\partial M}{\partial x} = 1, \quad \frac{\partial M}{\partial y} = -1, \quad \frac{\partial N}{\partial x} = 1, \quad \frac{\partial N}{\partial y} = 0.$$

公式(3)的两边分别为

$$\oint_C M dy - N dx = \int_{t=0}^{t=2\pi} (\cos t - \sin t)(\cos t\, dt) - (\cos t)(-\sin t\, dt)$$
$$= \int_0^{2\pi} \cos^2 t\, dt = \pi$$

$$\iint_R \left(\frac{\partial M}{\partial x} + \frac{\partial N}{\partial y}\right) dx dy = \iint_R (1 + 0) dx dy = \iint_R dx dy = \pi. \text{(单位圆面积)}$$

公式(4)的两边分别为

$$\oint_C M dx + N dy = \int_{t=0}^{t=2\pi} (\cos t - \sin t)(-\sin t\, dt) + (\cos t)(\cos t\, dt)$$
$$= \int_0^{2\pi} (-\sin t \cos t + 1) dt = 2\pi$$

$$\iint_R \left(\frac{\partial N}{\partial x} - \frac{\partial M}{\partial y}\right) dx dy = \iint_R (1 - (-1)) dx dy = 2\iint_R dx dy = 2\pi.$$

用格林定理计算线积分

CD-ROM
WEBsite
历史传记
George Grenn
(1793 — 1841)

如果把一些不同的曲线段首尾相连地构成一条闭曲线 C,那么在 C 上计算线积分的过程就会冗长、繁琐,因为有那么多不同的积分要一个个地算. 而若 C 界出一区域 R,又在该区域上可应用格林定理,那么,我们就能应用格林定理把环绕 C 的线积分转换成 R 上的二重积分.

例4(用格林定理计算线积分) 计算线积分 $\oint_C xy dy - y^2 dx$,其中 C 为正方形,是由直线

$x = 1, y = 1$ 从第一象限截出的部分.

解 这里用格林公式的两种形式各做一次,将正方形上的线积分变成以此正方形为边界的区域上的二重积分.

1. 用法向形式的公式(3):令 $M = xy, N = y^2$,且 C 和 R 作为正方形的边界和内部,得出

$$\oint_C xy\,dy - y^2\,dx = \iint_R (y + 2y)\,dx\,dy = \int_0^1 \int_0^1 3y\,dx\,dy$$

$$= \int_0^1 [3xy]_{x=0}^{x=1}\,dy = \int_0^1 3y\,dy = \frac{3}{2}y^2\Big|_0^1 = \frac{3}{2},$$

2. 用切向形式的公式(4):令 $M = -y^2, N = xy$,得相同的结果:

$$\oint_C -y^2\,dx + xy\,dy = \iint_R (y - (-2y))\,dx\,dy = \frac{3}{2}.$$

例 5(求向外的通量) 计算场 $\mathbf{F}(x,y) = x\mathbf{i} + y^2\mathbf{j}$ 穿过以直线 $x = \pm 1$ 和 $y = \pm 1$ 为界的正方形向外的通量.

解 若用线积分求这个通量,要算四次积分(在正方形的每一边算一次)才能得到结果. 而用格林定理,把此线积分变成一个二重积分,这里 $M = x, N = y^2, C$ 为正方形,R 为正方形的内部区域,得

$$通量 = \oint_C \mathbf{F} \cdot \mathbf{n}\,ds = \oint_C M\,dy - N\,dx$$

$$= \iint_R \left(\frac{\partial M}{\partial x} + \frac{\partial N}{\partial y}\right)dx\,dy \qquad \text{Green 定理}$$

$$= \int_{-1}^1 \int_{-1}^1 (1 + 2y)\,dx\,dy = \int_{-1}^1 [x + 2xy]_{x=-1}^{x=1}\,dy$$

$$= \int_{-1}^1 (2 + 4y)\,dy = [2y + 2y^2]_{-1}^1 = 4.$$

对特殊区域格林定理的证明

设 C 为 xy 平面内的一条光滑简单闭曲线,具有性质:平行坐标轴的直线与 C 至多交于两点. 设 R 为 C 所围的区域,并设 M, N 及它们的一阶偏导数在某个包含 C 和 R 的开区域上的每一点上都连续,以下证明格林定理的环量 – 旋度形式,

$$\oint_C M\,dx + N\,dy = \iint_R \left(\frac{\partial N}{\partial x} - \frac{\partial M}{\partial y}\right)dx\,dy. \qquad (5)$$

如图 13.29 所示,C 由两段标明方向的部分组成:

$$C_1: y = f_1(x), a \leq x \leq b,$$
$$C_2: y = f_2(x), b \geq x \geq a.$$

对任何 a, b 间的 x,我们能关于 y 从 $y = f_1(x)$ 到 $y = f_2(x)$ 积分 $\dfrac{\partial M}{\partial y}$,得

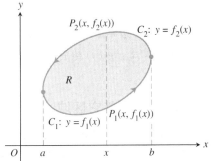

图 13.29 边界曲线 C 由 C_1:曲线 $y = f_1(x)$ 和 C_2:曲线 $y = f_2(x)$ 组成.

$$\int_{f_1(x)}^{f_2(x)} \frac{\partial M}{\partial y} dy = M(x,y)\Big|_{y=f_1(x)}^{y=f_2(x)}$$
$$= M(x,f_2(x)) - M(x,f_1(x)).$$

再对此结果关于 x 从 a 积到 b：

$$\int_a^b \int_{f_1(x)}^{f_2(x)} \frac{\partial M}{\partial y} dy dx = \int_a^b [M(x,f_2(x)) - M(x,f_1(x))] dx$$
$$= -\int_b^a M(x,f_2(x)) dx - \int_a^b M(x,f_1(x)) dx$$
$$= -\int_{C_2} M dx - \int_{C_1} M dx = -\oint_C M dx.$$

因此

$$\oint_C M dx = \iint_R \left(-\frac{\partial M}{\partial y}\right) dx dy. \tag{6}$$

(6) 式是我们要证的 (5) 式的结果的一半，另一半结果将通过对 $\partial N/\partial x$，先关于 x 积分，再关于 y 积分得到，如图 13.30 所示. 此图显示图 13.29 的曲线 C 已被分解成标好方向的两部分：$C_1': x = g_1(y), d \geq y \geq c$ 和 $C_2': x = g_2(y), c \leq y \leq d$. 这个二重积分的结果为

$$\oint_C N dy = \iint_R \frac{\partial N}{\partial x} dx dy. \tag{7}$$

结合 (6) 式和 (7) 式就得到 (5)，于是定理得证. ∎

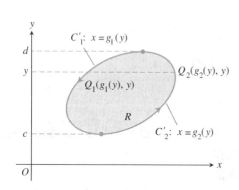

图 13.30　边界曲线 C 由曲线 $C_1': x = g_1(y)$ 和曲线 $C_2': x = g_2(y)$ 组成.

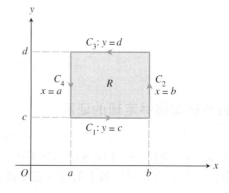

图 13.31　要对矩形证明格林定理，把边界分成标好方向的四条线段.

将证明拓广到其它区域

上面所给出的结果不可直接应用到如图 13.31 所示的矩形域，这是因为直线 $x = a, x = b, y = c$ 和 $y = d$ 与区域边界的交点多于两点. 如果我们把边界 C 分成四个有向直线段：

$$C_1: y = c, a \leq x \leq b, \quad C_2: x = b, c \leq y \leq d,$$
$$C_3: y = d, b \leq x \leq a, \quad C_4: x = a, d \leq y \leq c,$$

则可以用下述方法修正以上讨论.

如前面证明等式(7)的方法,我们有

$$\int_c^d \int_a^b \frac{\partial N}{\partial x} dx dy = \int_c^d [N(b,y) - N(a,y)] dy$$

$$= \int_c^d N(b,y) dy + \int_d^c N(a,y) dy \qquad (8)$$

$$= \int_{C_2} N dy + \int_{C_4} N dy.$$

因为 y 沿 C_1 和 C_3 为常数,故 $\int_{C_1} N dy + \int_{C_3} N dy = 0$,所以我们能把 $\int_{C_1} N dy + \int_{C_3} N dy$ 加到(8)式右侧,等式仍成立. 于是有

$$\int_c^d \int_a^b \frac{\partial N}{\partial x} dx dy = \oint_C N dy. \qquad (9)$$

类似地,我们还能证明

$$\int_a^b \int_c^d \frac{\partial M}{\partial y} dy dx = -\oint_C M dx. \qquad (10)$$

用(9)减去(10),就又得出

$$\oint_C M dx + N dy = \iint_R \left(\frac{\partial N}{\partial x} - \frac{\partial M}{\partial y} \right) dx dy.$$

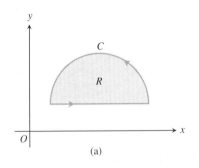
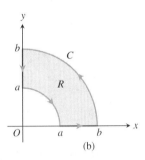

图 13.32 其它应用格林定理的区域

像图 13.32 那种区域,不费更大的力气就一样可解决,公式(5)仍可使用. 格林公式也可用于如图 13.33 所示的马靴型区域 R,如图所示可把区域 R_1 和 R_2 及其边界放在一起,将格林定理用于 C_1, R_1 和 C_2, R_2,也得到以下结果

$$\int_{C_1} M dx + N dy = \iint_{R_1} \left(\frac{\partial N}{\partial x} - \frac{\partial M}{\partial y} \right) dx dy,$$

$$\int_{C_2} M dx + N dy = \iint_{R_2} \left(\frac{\partial N}{\partial x} - \frac{\partial M}{\partial y} \right) dx dy.$$

当把上两式相加,沿 y 轴的线积分,在同一线段上

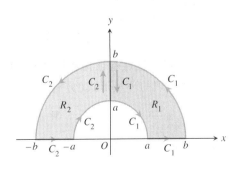

图 13.33 一区域 R 由两区域 R_1 和 R_2 结合而成.

沿 C_1 从 b 到 a 的积分将抵消掉沿 C_2 从 a 到 b 的积分,因此仍有

$$\oint_C M\mathrm{d}x + N\mathrm{d}y = \iint_R \left(\frac{\partial N}{\partial x} - \frac{\partial M}{\partial y}\right)\mathrm{d}x\mathrm{d}y,$$

其中 C 是由 x 轴上从 $-b$ 到 $-a$ 及从 a 到 b 的两线段和两个半圆组成,R 为 C 内区域.

把各分开部分边界上的线积分相加构成单个整体边界上的积分的方法可以推广到任何有限数目的子区域. 在图 13.34(a) 中,设 C_1 为第一象限区域内 R_1 的逆时针方向的边界,类似地,对其它三个象限,C_i 分别是区域 R_i 的边界,$i = 2,3,4$. 由格林定理,

$$\oint_{C_i} M\mathrm{d}x + N\mathrm{d}y = \iint_{R_i} \left(\frac{\partial N}{\partial x} - \frac{\partial M}{\partial y}\right)\mathrm{d}x\mathrm{d}y. \tag{11}$$

把 (11) 式 $i = 1,2,3,4$,全加在一起,得 (图 13.34b):

$$\oint_{r=b} (M\mathrm{d}x + N\mathrm{d}y) + \oint_{r=a} (M\mathrm{d}x + N\mathrm{d}y) = \iint_{a \leqslant r \leqslant b} \left(\frac{\partial N}{\partial x} - \frac{\partial M}{\partial y}\right)\mathrm{d}x\mathrm{d}y. \tag{12}$$

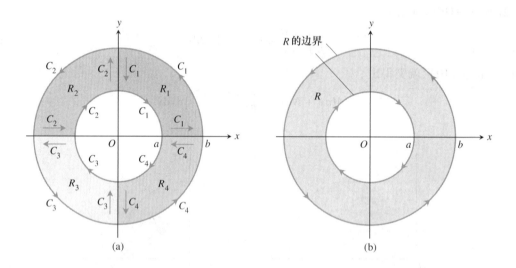

图 13.34 环形区域 R 由 4 个较小区域组合而成,在极坐标系中,$r = a$ 代表内圆,$r = b$ 代表外圆,$a \leqslant r \leqslant b$ 则为区域本身.

(12) 式表明 $\left(\frac{\partial N}{\partial x} - \frac{\partial M}{\partial y}\right)$ 在环形区域 R 上的二重积分等于 $M\mathrm{d}x + N\mathrm{d}y$ 在 R 的全部边界上的线积分,边界的方向总保持为:当在边界上行进时,R 内部总在我们的左手边 (图 13.34b).

例 6(对环形区域验证格林定理) 在环域 $R: h^2 \leqslant x^2 + y^2 \leqslant 1, 0 < h < 1$ (见图 13.35) 上验证格林定理的环量形式 (方程 4),设

$$M = \frac{-y}{x^2 + y^2}, \quad N = \frac{x}{x^2 + y^2}.$$

解 R 的边界包括圆:

$$C_1: x = \cos t, y = \sin t, \quad 0 \leqslant t \leqslant 2\pi,$$

当 t 增加时按逆时针方向,和圆

$$C_h: x = h\cos\theta, y = -h\sin\theta, \quad 0 \leqslant \theta \leqslant 2\pi,$$

当 θ 增加时按顺时针方向,函数 M 和 N 及它们的一阶偏导在整个 R 上都连续,而且
$$\frac{\partial M}{\partial y} = \frac{(x^2+y^2)(-1) + y(2y)}{(x^2+y^2)^2} = \frac{y^2-x^2}{(x^2+y^2)^2} = \frac{\partial N}{\partial x},$$
所以
$$\iint_R \left(\frac{\partial N}{\partial x} - \frac{\partial M}{\partial y}\right) dxdy = \iint_R 0 dxdy = 0.$$
$Mdx + Ndy$ 在 R 的边界上的积分为
$$\int_C Mdx + Ndy = \oint_{C_1} \frac{xdy - ydx}{x^2+y^2} + \oint_{C_h} \frac{xdy - ydx}{x^2+y^2}$$
$$= \int_0^{2\pi}(\cos^2 t + \sin^2 t)dt - \int_0^{2\pi} \frac{h^2(\cos^2\theta + \sin^2\theta)}{h^2}d\theta$$
$$= 2\pi - 2\pi = 0.$$

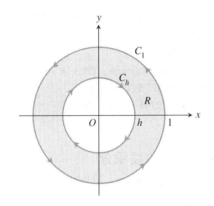

图 13.35　格林定理可以运用于环形区域 R, 积分是沿如图所示的 R 的所有边界.(例 6)

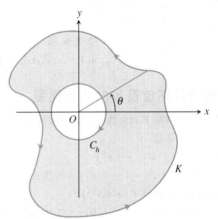

图 13.36　被圆 C_h 和曲线 K 所围区域.

例 6 中的函数 M 和 N 在点 $(0,0)$ 不连续,所以不能将格林定理应用于圆 C 及其内部区域. 我们必须排除原点. 要这样做,就得排除 C_h 内的这些点.

在例 6 中我们还可以用一个椭圆或任一其它包围 C_h 的简单闭曲线 K(图 13.36)代替圆 C_1,结果仍成立:
$$\oint_K (Mdx + Ndy) + \oint_{C_h}(Mdx + Ndy) = \iint_R \left(\frac{\partial N}{\partial x} - \frac{\partial M}{\partial y}\right) dydx = 0,$$
而由此导出一个惊人的结论,即对任何这种曲线 K,
$$\oint_K (Mdx + Ndy) = 2\pi$$
用极坐标则可以解释这个结果,由
$$x = r\cos\theta, \quad dx = -r\sin\theta d\theta + \cos\theta dr,$$
$$y = r\sin\theta, \quad dy = r\cos\theta d\theta + \sin\theta dr,$$
有

$$\frac{x\mathrm{d}y - y\mathrm{d}x}{x^2 + y^2} = \frac{r^2(\cos^2\theta + \sin^2\theta)\mathrm{d}\theta}{r^2} = \mathrm{d}\theta,$$

而当沿 K 逆时针方向行进一圈时,θ 正好增加 2π.

习题 13.4

验证格林定理

第 1 – 4 题对场 $\mathbf{F} = M\mathbf{i} + N\mathbf{j}$ 通过计算公式(3) 和(4) 的两边验证格林定理. 每一种情况的积分域都取圆盘 $R:x^2 + y^2 \le a^2$ 和它的边界圆 $C:\mathbf{r} = (a\cos t)\mathbf{i} + (a\sin t)\mathbf{j}, 0 \le t \le 2\pi$.

1. $\mathbf{F} = -y\mathbf{i} + x\mathbf{j}$
2. $\mathbf{F} = y\mathbf{i}$
3. $\mathbf{F} = 2x\mathbf{i} - 3y\mathbf{j}$
4. $\mathbf{F} = -x^2 y\mathbf{i} + xy^2\mathbf{j}$

逆时针的环流量和向外的通量

第 5 – 10 题对场 $\mathbf{F}$ 和曲线 C 用格林定理求逆时针环量和向外的通量.

5. $\mathbf{F} = (x - y)\mathbf{i} + (y - x)\mathbf{j}$,
 $C:$ 由 $x = 0, x = 1, y = 0, y = 1$ 围成的正方形.
6. $\mathbf{F} = (x^2 + 4y)\mathbf{i} + (x + y^2)\mathbf{j}$,
 $C:$ 由 $x = 0, x = 1, y = 0, y = 1$ 围成的正方形.
7. $\mathbf{F} = (y^2 - x^2)\mathbf{i} + (x^2 + y^2)\mathbf{j}$,
 $C:$ 由 $y = 0, x = 3,$ 和 $y = x$ 所围三角形.
8. $\mathbf{F} = (x + y)\mathbf{i} - (x^2 + y^2)\mathbf{j}$,
 $C:$ 由 $y = 0, x = 1,$ 和 $y = x$ 所围的三角形.
9. $\mathbf{F} = (x + e^x \sin y)\mathbf{i} + (x + e^x \cos y)\mathbf{j}$
 $C:$ 双纽线 $r^2 = \cos 2\theta$ 的右侧一环.
10. $\mathbf{F} = \left(\tan^{-1}\frac{y}{x}\right)\mathbf{i} + \ln(x^2 + y^2)\mathbf{j}$,
 C 为由极坐标定义的不等式区域 $1 \le r \le 2, 0 \le \theta \le \pi$ 的边界.
11. 求场 $\mathbf{F} = xy\mathbf{i} + y^2\mathbf{j}$ 环绕和穿过由曲线 $y = x^2$ 和 $y = x$ 于第一象限所围成区域的边界上的逆时针环量和向外的通量.
12. 求场 $\mathbf{F} = (-\sin y)\mathbf{i} + (x\cos y)\mathbf{j}$ 绕和穿过第一象限被直线 $x = \frac{\pi}{2}$ 和 $y = \frac{\pi}{2}$ 割下的正方形的逆时针环量和向外的通量.
13. 求场 $\mathbf{F} = \left(3xy - \frac{x}{1 + y^2}\right)\mathbf{i} + (e^x + \tan^{-1} y)\mathbf{j}$ 穿过心脏线 $r = a(1 + \cos\theta), a > 0$ 的向外的通量.
14. 求 $\mathbf{F} = (y + e^x \ln y)\mathbf{i} + (e^x/y)\mathbf{j}$ 绕由曲线 $y = 3 - x^2$(在上)和 $y = x^4 + 1$(在下)所围区域边界的逆时针环量.

功

第 15 与 16 两题求 $\mathbf{F}$ 移动粒子绕所给曲线逆时针一周所作的功.

15. $\mathbf{F} = 2xy^3\mathbf{i} + 4x^2 y^2\mathbf{j}$,
 $C:$ 第一象限内由 x 轴,直线 $x = 1$ 和曲线 $y = x^3$ 所围"三角形"区域的边界.
16. $\mathbf{F} = (4x - 2y)\mathbf{i} + (2x - 4y)\mathbf{j}$,
 $C:$ 圆 $(x - 2)^2 + (y - 2)^2 = 4$.

计算平面内的线积分

应用格林定理计算第 17 – 20 题的线积分.

17. $\oint_C (y^2 \mathrm{d}x + x^2 \mathrm{d}y)$,
 $C: x = 0, x + y = 1, y = 0$ 所围三角形.
18. $\oint_C (3y\mathrm{d}x + 2x\mathrm{d}y)$,
 $C:$ 区域 $0 \le x \le \pi, 0 \le y \le \sin x$ 的边界.
19. $\oint_C (6y + x)\mathrm{d}x + (y + 2x)\mathrm{d}y$,
 $C:$ 圆 $(x - 2)^2 + (y - 3)^2 = 4$.
20. $\oint_C (2x + y^2)\mathrm{d}x + (2xy + 3y)\mathrm{d}y$,
 $C:$ 平面中任一简单闭曲线,使格林定理成立.

用格林定理计算面积

若平面内一简单闭曲线 C 及其所围区域 R 满足格林定理的假设条件,则 R 的面积可如下计算:

> **格林定理面积公式**
> $$R \text{ 的面积} = \frac{1}{2}\oint_C x\mathrm{d}y - y\mathrm{d}x \qquad (13)$$

由公式(3),倒着算便可得如下公式:
$$R \text{ 的面积} = \iint_R dydx = \iint_R \left(\frac{1}{2} + \frac{1}{2}\right)dydx$$
$$= \oint_C \frac{1}{2}xdy - \frac{1}{2}ydx.$$

用格林定理面积公式(13)求第 21 - 24 题曲线所围区域的面积.

21. 圆 $\mathbf{r}(t) = (a\cos t)\mathbf{i} + (a\sin t)\mathbf{j}, 0 \leq t \leq 2\pi.$
22. 椭圆 $\mathbf{r}(t) = (a\cos t)\mathbf{i} + (b\sin t)\mathbf{j}, 0 \leq t \leq 2\pi.$
23. 星形线(图5.30) $\mathbf{r}(t) = (\cos^3 t)\mathbf{i} + (\sin^3 t)\mathbf{j}, 0 \leq t \leq 2\pi.$
24. 曲线 $\mathbf{r}(t) = t^2\mathbf{i} + ((t^3/3) - t)\mathbf{j}, -\sqrt{3} \leq t \leq \sqrt{3}.$ (见下图).

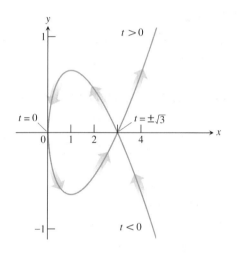

理论和例子

25. 设 C 为一区域的边界,且在该区域上格林定理成立.用格林定理计算:

    (a) $\oint_C f(x)dx + g(y)dy$

    (b) $\oint_C kydx + hxdy, (k, h$ 为常数$)$.

26. **积分值仅依赖于面积** 证明绕任一正方形,积分值 $\oint_C xy^2 dx + (x^2y + 2x)dy$ 仅依赖正方形的面积,而不依赖它所处平面内的位置.

27. **为学而写** 积分 $\oint_C 4x^3 y dx + x^4 dy$ 的特殊性是什么?对你的回答加以说明.

28. **为学而写** 积分 $\oint_C -y^3 dx + x^3 dy$ 的特殊性是什么?对你的回答加以说明.

29. **线积分表示的面积** 证明:若 R 是由分段光滑的简单闭曲线 C 围成的平面区域,则
$$R \text{ 的面积} = \oint_C xdy = -\oint_C ydx.$$

30. **定积分换成线积分** 假设一个非负函数 $y = f(x)$ 在 $[a, b]$ 有连续的一阶导数.设 C 为 xy 平面内一区域的边界,该区域下方由 x 轴,上方由 f 的图形,两侧由直线 $x = a$ 和 $x = b$ 所围,证明:
$$\int_a^b f(x)dx = -\oint_C ydx.$$

31. **面积和形心** 设 A 和 $\bar{x}$ 分别为区域 R 的面积和形心的 x 坐标. R 是由 xy 平面的分段光滑的简单闭曲线 C 所围成,证明
$$\frac{1}{2}\oint_C x^2 dy = -\oint_C xydx$$
$$= \frac{1}{3}\oint_C x^2 dy - xydx = A\bar{x}.$$

32. **惯性矩** 设 I_y 为 31 题的区域关于 y 轴的惯性矩,证明:
$$\frac{1}{3}\oint_C x^3 dy = -\oint_C x^2 ydx$$
$$= \frac{1}{4}\oint_C x^3 dy - x^2 ydx = I_y.$$

33. **格林定理和 Laplace 方程** 假设所有必要的导数都存在且连续,证明:如果 $f(x, y)$ 满足 Laplace 方程 $\frac{\partial^2 f}{\partial x^2} + \frac{\partial^2 f}{\partial y^2} = 0$,那么对所有闭曲线 C,格林定理均可用,且有
$$\oint_C \frac{\partial f}{\partial y}dx - \frac{\partial f}{\partial x}dy = 0$$
(逆命题也成立:若线积分永远是零,则 f 满足 Laplace 方程).

34. **求功的最大值** 沿平面内的所有光滑简单闭曲线,方向为逆时针,求一条闭曲线,使沿着这条闭曲线,
$$\mathbf{F} = \left(\frac{1}{4}x^2 y + \frac{1}{3}y^3\right)\mathbf{i} + x\mathbf{j}$$
所作的功最大.(提示:(curl$\mathbf{F} \cdot \mathbf{k}$)在哪儿为正?)

35. **有许多洞的区域** 格林定理对有有限数目的洞的区域 R 仍成立,只要其边界曲线光滑、简单,且是闭的,分别在边界的每个组成部分上积分,其方向要保持当沿边界向前行进时区域 R 总在我们的左侧(图 13.37).

    (a) 设 $f(x, y) = \ln(x^2 + y^2)$ 且设 C 为圆 $x^2 + y^2$

$= a^2$. 求通量积分
$$\oint_C \nabla f \cdot \mathbf{n} \, ds.$$

(b) 设 k 为平面内任意一条光滑简单闭曲线且不经过 $(0,0)$ 点. 用格林定理证明积分 $\oint_C \nabla f \cdot \mathbf{n} \, ds$ 有两个值,依点 $(0,0)$ 在 K 内或 K 外而定.

图 13.37　格林定理对多于一个洞的区域仍成立.(第 35 题)

36. **Bendixson 判别准则**　平面流体的**流线**是沿流体个别粒子运动轨迹画出的光滑曲线. 流体的速度场的向量 $\mathbf{F} = M(x,y)\mathbf{i} + N(x,y)\mathbf{j}$ 是流线的切向量. 证明:若流体在一简单连通区域 R 上流动(没有洞或无定义点),且若在整个 R 上 $M_x + N_y \neq 0$,则没有一条流线在 R 中是闭的. 换句话说,流体中没有任何粒子的运动在 R 中形成闭轨. 准则 $M_x + N_y \neq 0$ 就称作 **Bendixson 判别准则**,用来说明闭轨的不存在性.

37. 建立公式 (7) 以完成格林定理特殊情况下的证明.

38. 建立公式 (10) 以完成对格林定理拓展情况的讨论.

39. **为学而写:保守场的旋度分量**　关于保守的二维向量场的旋度分量你能再说些什么?说明你的理由.

40. **为学而写:保守场的环量**　格林定理给出什么关于保守场环量的信息吗?这与你所知道的其它什么结论吻合吗?解释你的回答.

计算机探究

求环流量

第 41-44 题,使用 CAS 和格林定理求场 $\mathbf{F}$ 绕简单闭曲线 C 的逆时针环量,执行下述 CAS 步骤:

(a) 在 xy 平面画出 C 的图.

(b) 确定格林定理的旋度形式的被积表达式
$$\frac{\partial N}{\partial x} - \frac{\partial M}{\partial y}.$$

(c) 从 (a) 的图确定二重积分的积分限并为求环量计算旋度积分.

41. $\mathbf{F} = (2x - y)\mathbf{i} + (x + 3y)\mathbf{j}$,
    C:椭圆 $x^2 + 4y^2 = 4$.

42. $\mathbf{F} = (2x^3 - y^3)\mathbf{i} + (x^3 + y^3)\mathbf{j}$,
    C:椭圆 $\dfrac{x^2}{4} + \dfrac{y^2}{9} = 1$.

43. $\mathbf{F} = x^{-1}e^y\mathbf{i} + (e^y \ln x + 2x)\mathbf{j}$,
    C 为下方是 $y = 1 + x^4$,上方是 $y = 2$ 所围区域的边界.

44. $\mathbf{F} = xe^y\mathbf{i} + 4x^2\ln y\mathbf{j}$,
    C:顶点为 $(0,0)$,$(2,0)$ 和 $(0,4)$ 的三角形.

13.5　曲面面积和曲面积分

曲面面积 • 一个实用公式 • 曲面积分 • 代数性质、曲面面积微元 • 定向 • 曲面积分求通量 • 薄壳的矩和质量

我们已学习了如何在平面内的平板区域上求一个函数的积分,但若函数是在一曲面上定义该怎么办呢?怎样才能算出它的积分?计算这些所谓的曲面积分的技巧是要把它改写成坐标

平面内一区域上的二重积分,坐标平面在曲面之下(图 13.38). 在 13.7 和 13.8 节中,将会看到怎样求面积分,我们需要做的仅是将二维形式的格林定理一般化成三维形式.

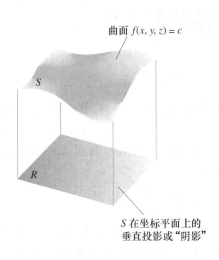

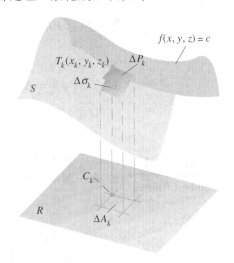

图 13.38 很快就会看到,函数 $g(x,y,z)$ 在空间曲面 S 上的积分能够用在坐标平面上 S 的垂直投影或"阴影"上的一个相关的二重积分来计算.

图 13.39 曲面 S 及其在它之下的平面上的垂直投影,你可以把 R 想像成 S 在平面上的影子. 小切平面 ΔP_k 是对 ΔA_k 之上的小曲面片 $\Delta \sigma_k$ 的近似.

曲面面积

图 13.39 显示一曲面 S 位于在它下面的平面的投影区域 R 之上,曲面由方程 $f(x,y,z)=c$ 定义. 如果曲面是**光滑**的(∇f 连续且在 S 上无零点),我们则可以在 R 上以二重积分定义和计算它的面积.

定义 S 面积的第一步是将区域 R 分割成小矩形 ΔA_k,这类小矩形块用于在 R 上定义积分. 每个 ΔA_k 之上直接对着的曲面片 $\Delta \sigma_k$ 可以用切平面上分割出的一小片 ΔP_k 近似. 特别地,假设 ΔP_k 为 ΔA_k 的后顶点 C_k 之上正对着的点 $T_k(x_k,y_k,z_k)$ 处小曲面的相应一片切平面. 若切平面平行于 R,则 ΔP_k 与 ΔA_k 全等,否则它将是一平行四边形,其面积或多或少比 ΔA_k 的面积大些.

图 13.40 给出 $\Delta \sigma_k$ 与 ΔP_k 的放大图,显示在 T_k 处的梯度向量 $\nabla f(x_k,y_k,z_k)$ 和一个 R 的单位法向量 $\mathbf{p}$. 图中还标示出 ∇f 和 $\mathbf{p}$ 之间的夹角 γ_k. 图中其它的向量有 $\mathbf{u}_k$ 和 $\mathbf{v}_k$,分别位于切平面片 ΔP_k 的两边. 于是,两向量 $\mathbf{u}_k \times \mathbf{v}_k$ 和 ∇f 都与切平面垂直.

以下需要知道高等向量几何的结论,即 $|(\mathbf{u}_k \times \mathbf{v}_k) \cdot \mathbf{p}|$ 表示由 $\mathbf{u}_k$ 和 $\mathbf{v}_k$ 所确定的平行四边形,往任一法向量为 $\mathbf{p}$ 的平面上投影的面积. (证明在附录 12 给出.) 在此处,可以用下式表示这个结论

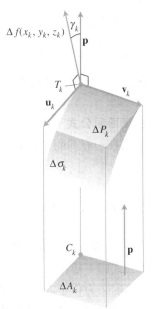

图 13.40 前一个图的放大视图. 向量 $\mathbf{u}_k \times \mathbf{v}_k$ (没显示) 平行于向量 ∇f,因两者都是切平面 ΔP_k 的法向量.

$$|(\mathbf{u}_k \times \mathbf{v}_k) \cdot \mathbf{p}| = \Delta A_k.$$

现在来看，$|\mathbf{u}_k \times \mathbf{v}_k|$ 本身就是 ΔP_k 的面积（叉积的标准事实），所以上面最后一等式就变成：

$$\underbrace{|\mathbf{u}_k \times \mathbf{v}_k|}_{\Delta P_k} \underbrace{|\mathbf{p}|}_{1} \underbrace{\cos(\mathbf{u}_k \times \mathbf{v}_k \text{ 与 } \mathbf{p} \text{ 之间的夹角})}_{\text{与 } |\cos \gamma_k| \text{ 相同，因 } \nabla f \text{ 和 } \mathbf{u}_k \times \mathbf{v}_k \text{ 都是切平面的法向量}} = \Delta A_k$$

或

$$\Delta P_k |\cos \gamma_k| = \Delta A_k, \quad \text{或写为} \quad \Delta P_k = \frac{\Delta A_k}{|\cos \gamma_k|},$$

只要 $\cos \gamma_k \neq 0$. 事实上，只要 ∇f 不平行于地平面，就有 $\cos \gamma_k \neq 0$，且有 $\nabla f \cdot \mathbf{p} \neq 0$.

由于用所有小切平面 ΔP_k 分割近似所有小曲面 $\Delta \sigma_k$，把它们合在一起构成曲面 S，因此和式

$$\sum \Delta P_k = \sum \frac{\Delta A_k}{|\cos \gamma_k|} \tag{1}$$

实际上就是我们称之为曲面 S 的面积的一个近似. 而且当我们细分 R，这一近似会改善. 事实上，(1) 式右端的和就是对以下二重积分的近似

$$\iint_R \frac{1}{|\cos \gamma|} dA. \tag{2}$$

于是就将这个积分值定义为 S 的**面积**，只要此积分存在.

CD-ROM
WEBsite
历史传记
Robert Bunsen
(1811 — 1899)

一个实用公式

对任何曲面 $f(x,y,z) = c$，都有 $|\nabla f \cdot \mathbf{p}| = |\nabla f||\mathbf{p}||\cos \gamma|$，所以

$$\frac{1}{|\cos \gamma|} = \frac{|\nabla f|}{|\nabla f \cdot \mathbf{p}|}$$

结合 (2) 式就得到求面积的一个实用公式.

曲面面积公式

定义在一有界闭平面区域 R 上的曲面 $f(x,y,z) = c$ 的面积为

$$\text{曲面面积} = \iint_R \frac{|\nabla f|}{|\nabla f \cdot \mathbf{p}|} dA, \tag{3}$$

其中 $\mathbf{p}$ 是 R 的单位法向量，且 $\nabla f \cdot \mathbf{p} \neq 0$.

于是，面积就是向量 ∇f 的模（长度）除以 ∇f 在 R 的法向的数值分量的绝对值的二重积分.

公式 (3) 是在整个 R 上 $\nabla f \cdot \mathbf{p} \neq 0$ 及 ∇f 连续的假设下得到的. 但是，只要积分存在，就把它的值定义为位于 R 上的曲面 $f(x,y,z) = c$ 的一部分的面积.

在习题中，我们将要证明：若曲面由 $z = f(x,y)$ 定义，公式 (3) 怎样得以简化.

例 1（求曲面面积） 求从抛物面 $x^2 + y^2 - z = 0$ 的底 ($z = 0$) 到被 $z = 4$ 截下的曲面的面积.

解 画出曲面 S 及其下方平面 xy 平面内的区域 R 的图（图 13.41）. 曲面 S 是等位面 $f(x,y,z) = x^2 + y^2 - z = 0$ 的一部分，R 为 xy 平面内的圆域：$x^2 + y^2 \leq 4$. R 的所在平面的单位法向量可以取为 $\mathbf{p} = \mathbf{k}$.

对曲面上任一点(x,y,z)，
$$f(x,y,z) = x^2 + y^2 - z$$
$$\nabla f = 2x\mathbf{i} + 2y\mathbf{j} - \mathbf{k}$$
$$|\nabla f| = \sqrt{(2x)^2 + (2y)^2 + (-1)^2}$$
$$= \sqrt{4x^2 + 4y^2 + 1}$$
$$|\nabla f \cdot \mathbf{p}| = |\nabla f \cdot \mathbf{k}| = |-1| = 1.$$

在区域 R 上，$dA = dxdy$，因而

$$\text{曲面面积} = \iint_R \frac{|\nabla f|}{|\nabla f \cdot \mathbf{p}|} dA \quad \text{公式(3)}$$
$$= \iint_{x^2+y^2 \leq 4} \sqrt{4x^2 + 4y^2 + 1} dxdy$$
$$= \int_0^{2\pi}\int_0^2 \sqrt{4r^2 + 1}\, rdrd\theta \quad \text{极坐标}$$
$$= \int_0^{2\pi} \left[\frac{1}{12}(4r^2 + 1)^{3/2}\right]_0^2 d\theta$$
$$= \int_0^{2\pi} \frac{1}{12}(17^{3/2} - 1) d\theta = \frac{\pi}{6}(17\sqrt{17} - 1).$$

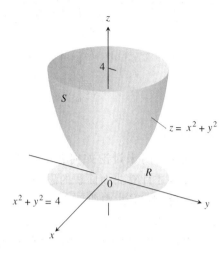

图 13.41　例 1 中抛物面的面积.

例 2（求曲面面积）　求半球面 $x^2 + y^2 + z^2 = 2$，$z \geq 0$ 被柱面 $x^2 + y^2 = 1$（图 13.42）截下的帽形的曲面面积.

解　帽 S 是等值面 $f(x,y,z) = x^2 + y^2 + z^2 = 2$ 的一部分，它一对一地投影到 xy 平面内的圆域 $R: x^2 + y^2 \leq 1$. R 所在平面的单位法向量 $\mathbf{p} = \mathbf{k}$.

在曲面的任一点上
$$f(x,y,z) = x^2 + y^2 + z^2$$
$$\nabla f = 2x\mathbf{i} + 2y\mathbf{j} + 2z\mathbf{k}$$
$$|\nabla f| = 2\sqrt{x^2 + y^2 + z^2} = 2\sqrt{2} \quad \left(\begin{array}{l}\text{因 } S \text{ 上的点满足}\\ x^2 + y^2 + z^2 = 2\end{array}\right)$$
$$|\nabla f \cdot \mathbf{p}| = |\nabla f \cdot \mathbf{k}| = |2z| = 2z. \quad z \geq 0$$
因而
$$\text{曲面面积} = \iint_R \frac{|\nabla f|}{|\nabla f \cdot \mathbf{p}|} = \iint_R \frac{2\sqrt{2}}{2z} dA = \sqrt{2}\iint_R \frac{dA}{z}.$$
(4)

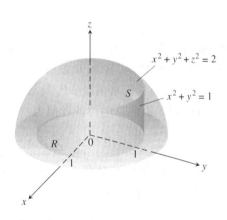

图 13.42　例 2 中半球面被柱面截下的帽形曲面.

对 z 往下该怎么算？

因 z 是球上一点的 z 坐标，以 x, y 表示 z 为 $z = \sqrt{2 - x^2 - y^2}$. 用它代换(4)式中的 z：
$$\text{曲面面积} = \sqrt{2}\iint_R \frac{dA}{z} = \sqrt{2}\iint_{x^2+y^2 \leq 1} \frac{dA}{\sqrt{2 - x^2 - y^2}}$$

$$= \sqrt{2}\int_0^{2\pi}\int_0^1 \frac{r\mathrm{d}r\mathrm{d}\theta}{\sqrt{2-r^2}} \qquad \text{换极坐标}$$

$$= \sqrt{2}\int_0^{2\pi}\left[-(2-r^2)^{\frac{1}{2}}\right]_{r=0}^{r=1}\mathrm{d}\theta$$

$$= \sqrt{2}\int_0^{2\pi}(\sqrt{2}-1)\mathrm{d}\theta = 2\pi(2-\sqrt{2}).$$

曲面积分

现在我们来讨论如何在曲面上"对一个函数积分",用刚才计算曲面面积的思想.

假设,举例说,在曲面 $f(x,y,z) = c$ 有一个电荷分布(见图 13.43),且设函数 $g(x,y,z)$ 给出在 S 的每点处的电荷密度(每单位面积的电荷),则我们可以用下列方法用一个积分求出 S 上的总电荷.

先把曲面下方平面区域 R 分割成我们在定义 S 的曲面面积使用过的小矩形 ΔA_k,每个 ΔA_k 正上方对应一小片曲面 $\Delta\sigma_k$,再用相应的切平面上的一个小平行四边形 ΔP_k 近似它.

至此,以上构建过程是作为曲面面积的定义方式形成的,但现在再附加一步:算出在点 (x_k, y_k, z_k) 的 g 值,通过作积 $g(x_k, y_k, z_k)\Delta P_k$ 近似小曲面片 $\Delta\sigma_k$ 上的总电荷. 其道理是,在当 R 被分割得足够细时,整个 $\Delta\sigma_k$ 上的 g 值接近常值且 ΔP_k 与 $\Delta\sigma_k$ 很接近,几乎与它一样,而 S 上的总电荷就近似为:

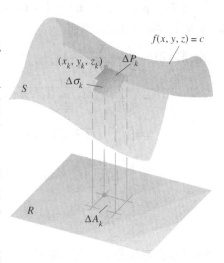

图 13.43 如果已知电荷在曲面 S 上怎样分布,就可以用一个合适的修改了的曲面积分求总电荷.

$$\text{总电荷} \approx \sum g(x_k, y_k, z_k)\Delta P_k = \sum g(x_k, y_k, z_k)\frac{\Delta A_k}{|\cos\gamma_k|}.$$

若函数 f 定义在曲面 S 上,它的一阶偏导数都连续,且若 g 也在 S 上连续,当 R 按通常方式分割得足够细时,则上一式右边的和式就趋于极限

$$\iint_R g(x,y,z)\frac{\mathrm{d}A}{|\cos\gamma|} = \iint_R g(x,y,z)\frac{|\nabla f|}{|\nabla f \cdot \mathbf{p}|}\mathrm{d}A \tag{5}$$

此极限就叫做 g 在曲面 S 上的积分,而且是化为在 R 上的二重积分进行计算的. 积分值就是曲面 S 上的总电荷量.

你可能会想到,只要积分存在,(5)式中的公式就给出任一函数 g 在曲面 S 上积分的定义.

定义 g 在 S 上的积分和曲面积分
若 R 为曲面 S 的投影区域,S 由方程 $f(x,y,z) = c$ 定义,且 g 是定义在 S 上点的连续函数,则 g 在 S 上的积分为

$$\iint_R g(x,y,z)\frac{|\nabla f|}{|\nabla f \cdot \mathbf{p}|}\mathrm{d}A, \tag{6}$$

其中 $\mathbf{p}$ 是 R 的单位法向量且 $\nabla f \cdot \mathbf{p} \neq 0$,此积分也称作**曲面积分**.

公式(6)中的积分在不同应用中有不同的含义. 如果 g 仅取常数 1, 积分为曲面 S 的面积. 如果 g 给出一种形状为 S 的薄壳的质量密度, 积分结果即为薄壳的质量.

代数性质、曲面面积微元

以下用 $\mathrm{d}\sigma$ 表示 $(|\nabla f|/|\nabla f \cdot \mathbf{p}|)\mathrm{d}A$ 使(6)式的积分写法简化.

曲面面积微元与曲面积分的微分形式

$$\mathrm{d}\sigma = \frac{|\nabla f|}{|\nabla f \cdot \mathbf{p}|}\mathrm{d}A \qquad \iint_S g\mathrm{d}\sigma \tag{7}$$

曲面面积微元   曲面积分的微分公式

曲面积分有与二重积分一样的性质, 如两个函数和的积分等于它们积分的和, 等等. 区域的可加性写作

$$\iint_S g\mathrm{d}\sigma = \iint_{S_1} g\mathrm{d}\sigma + \iint_{S_2} g\mathrm{d}\sigma + \cdots + \iint_{S_n} g\mathrm{d}\sigma.$$

其思想是, 若 S 被光滑曲线分割成有限光滑非交曲面片(即 S **分片光滑**), 则在 S 上的积分就是各分片积分之和. 于是, 一个函数在一个立体表面上的积分就等于在该立体所有各面上的积分之和. 又如在一个龟壳上的积分, 可在互相联接的各小片上积分, 再把所有结果相加.

例3(在曲面上的积分) 对 $g(x,y,z) = xyz$ 在第一卦限被平面 $x = 1, y = 1$ 和 $z = 1$ 截出的正方体的表面上积分(图 13.44).

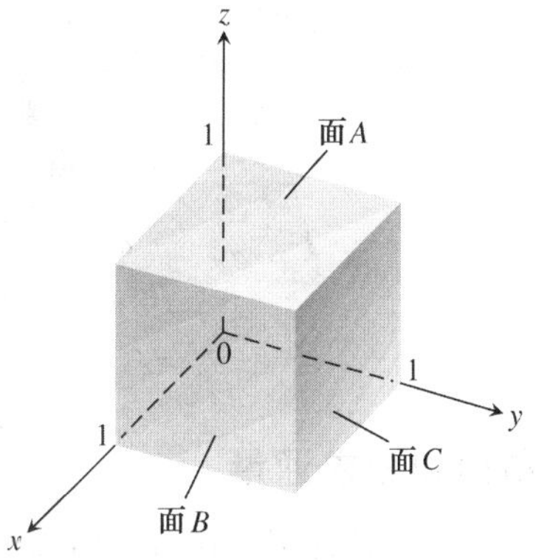

解 对 xyz 在 6 个侧面之每一面上积分, 再把所有结果相加. 由于在位于坐标面的所有侧面上 $xyz = 0$, 因此在正方体表面上的积分化成

$$\iint_{\substack{\text{正方体}\\\text{表面}}} xyz\mathrm{d}\sigma = \iint_{A\text{面}} xyz\mathrm{d}\sigma + \iint_{B\text{面}} xyz\mathrm{d}\sigma + \iint_{C\text{面}} xyz\mathrm{d}\sigma.$$

在 A 面: $f(x,y,z) = z = 1$, 投影到 xy 平面正方形区域 R_{xy}: $0 \leqslant x \leqslant 1, 0 \leqslant y \leqslant 1$, 在该曲面和区域 R_{xy}, 有

$$\mathbf{p} = \mathbf{k}, \quad \nabla f = \mathbf{k}, \quad |\nabla f| = 1,$$
$$|\nabla f \cdot \mathbf{p}| = |\mathbf{k} \cdot \mathbf{k}| = 1$$
$$\mathrm{d}\sigma = \frac{|\nabla f|}{|\nabla f \cdot \mathbf{p}|}\mathrm{d}A = \frac{1}{1}\mathrm{d}x\mathrm{d}y = \mathrm{d}x\mathrm{d}y$$
$$xyz = xy(1) = xy$$
$$\iint_{A\text{面}} xyz\mathrm{d}\sigma = \iint_{R_{xy}} xy\mathrm{d}x\mathrm{d}y = \int_0^1\int_0^1 xy\mathrm{d}x\mathrm{d}y = \int_0^1 \frac{y}{2}\mathrm{d}y = \frac{1}{4}.$$

图 13.44 例 3 的立方体.

对称性告诉我们, xyz 在 B 面与 C 面上的积分也是 $\frac{1}{4}$, 故

$$\iint_{\substack{\text{正方体}}} xyz\mathrm{d}\sigma = \frac{1}{4} + \frac{1}{4} + \frac{1}{4} = \frac{3}{4}.$$

定向

称光滑曲面 S **可定向**或是**双侧**的,如果有可能在 S 上定义一个单位法向量 **n** 的场使得 **n** 可以连续地随位置变化. 一个可定向的曲面的任何子部分也是可定向的. 空间的球面和其它光滑闭曲面(包围立体的光滑表面)都是可定向的. 为方便起见,我们就选闭曲面上的法向 **n** 指向外侧.

一旦选定 **n**,我们就说已给曲面**定向**,且把带有法向场的曲面称为**有向曲面**. 在任一点的向量 **n** 就称为在该点的**正方向**(图 13.45).

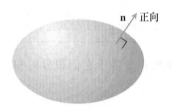

图 13.45 空间中的光滑闭曲面是定向的、单位外法向量定义每点上的正方向.

图 13.46 中的 Möbius 带不是可定向的. 无论你从哪儿开始构建一个连续的单位法向量场(如图中按钉头所示),按图中所示方式绕曲面连续地移动向量使它回到原出发点,但 **n** 的方向与出发时的方向正好相反. 在该点的向量不能同时指向两个方向,但若场是连续的它必是这样. 我们的结论是这样的场是不存在的.

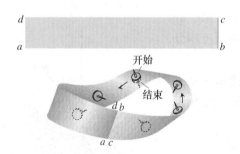

图 13.46 要做一个 Möbius 带,取一长方形纸条 $abcd$,把 bc 边扭一下后,再把纸条粘合在一起使 a 对 c,b 对 d. Möbius 带是不可定向的,或称为单侧曲面.

曲面积分求通量

假设 **F** 为定义在有向曲面 S 上的连续向量场,并且 **n** 为曲面上选定的单位法向量场,我们称 **F · n** 在 S 上的积分为 **F** 沿正向穿过 S 的通量. 因此,通量就是 **F** 在外法方向 **n** 的数量值分量在 S 上的积分.

> **定义 通量**
> 三维向量场 **F** 沿外法向 **n** 穿过有向曲面 S 的**通量**为
> $$\text{通量} = \iint_R \mathbf{F} \cdot \mathbf{n}\, d\sigma. \tag{8}$$

此定义与二维向量场 **F** 穿过平面曲线 C 的通量的定义类似. 在平面(13.2节),通量是 **F** 在曲线法向上的分量的积分

$$\int_C \mathbf{F}\cdot\mathbf{n}\,ds.$$

如果 $\mathbf{F}$ 是三维流体的速度场，$\mathbf{F}$ 穿过 S 的通量就是流体在所选正方向上穿过 S 的净速率. 我们将在 13.7 节较详细地讨论这种流体.

如果 S 是等值面 $g(x,y,z)=c$ 的一部分，那么 $\mathbf{n}$ 可以取两个场中的一个

$$\mathbf{n}=\pm\frac{\nabla g}{|\nabla g|}, \tag{9}$$

但要取决于指定的方向，相应的通量则为

$$\text{通量}=\iint_S \mathbf{F}\cdot\mathbf{n}\,d\sigma$$

$$=\iint_R\left(\mathbf{F}\cdot\frac{\pm\nabla g}{|\nabla g|}\right)\frac{|\nabla g|}{|\nabla g\cdot\mathbf{p}|}dA \qquad \text{用(9)和(7)} \tag{8}$$

$$=\iint_R \mathbf{F}\cdot\frac{\pm\nabla g}{|\nabla g\cdot\mathbf{p}|}dA. \tag{10}$$

例 4(求通量)　求 $\mathbf{F}=yz\mathbf{i}+z^2\mathbf{k}$ 穿出曲面 S 的通量，S 为柱面 $y^2+z^2=1, z\geq 0$ 被平面 $x=0$ 及 $x=1$ 截下的部分.

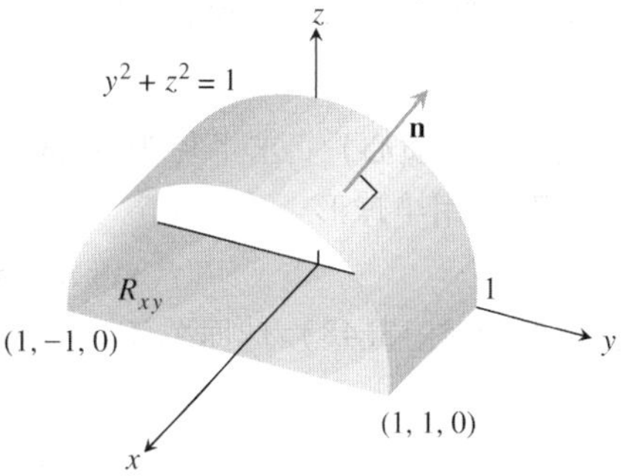

图 13.47　例 4 计算向量场通过曲面的通量，阴影区域 R_{xy} 的面积为 2.

解　S 上的外法向场可以由 $g(x,y,z)=y^2+z^2$ 的梯度计算得

$$\mathbf{n}=+\frac{\nabla g}{|\nabla g|}=\frac{2y\mathbf{j}+2z\mathbf{k}}{\sqrt{4y^2+4z^2}}$$

$$=\frac{2y\mathbf{j}+2z\mathbf{k}}{2\sqrt{1}}=y\mathbf{j}+z\mathbf{k}.$$

由于 $\mathbf{p}=\mathbf{k}$(图 13.47)，因此又有

$$d\sigma=\frac{|\nabla g|}{|\nabla g\cdot\mathbf{l}|}dA=\frac{2}{|2z|}dA=\frac{dA}{z}.$$

去掉绝对值是因为在 S 上，$z\geq 0$.

在曲面上的 $\mathbf{F}\cdot\mathbf{n}$ 的值为

$$\begin{aligned}\mathbf{F}\cdot\mathbf{n}&=(yz\mathbf{j}+z^2\mathbf{k})\cdot(y\mathbf{j}+z\mathbf{k})\\&=y^2z+z^3=z(y^2+z^2)\\&=z. \qquad \text{在 } S \text{ 上}, y^2+z^2=1\end{aligned}$$

因此，$\mathbf{F}$ 穿出 S 的通量为

$$\iint_S \mathbf{F}\cdot\mathbf{n}\,d\sigma=\iint_S (z)\left(\frac{1}{z}dA\right)=\iint_{R_{xy}} dA=R_{xy}\text{ 的面积}=2.$$

薄壳的矩和质量

薄壳形物体像碗、金属鼓和圆顶，都是由曲面定形的. 表 13.3 列出了计算它们的矩和质量的公式.

> **表 13.3 很薄的壳的质量和矩的公式**
>
> 质量: $M = \iint\limits_{S} \delta(x,y,z)\,\mathrm{d}\sigma$ ($\delta(x,y,z) =$ 在 (x,y,z) 的密度,每单位面积质量)
>
> 关于坐标平面的一阶矩:
> $$M_{yz} = \iint\limits_{S} x\delta\mathrm{d}\sigma, \quad M_{xz} = \iint\limits_{S} y\delta\mathrm{d}\sigma, \quad M_{xy} = \iint\limits_{S} z\delta\mathrm{d}\sigma$$
>
> 质心坐标:
> $$\bar{x} = M_{yz}/M, \quad \bar{y} = M_{xz}/M, \quad \bar{z} = M_{xy}/M$$
>
> 关于坐标轴的惯性矩:
> $$I_x = \iint\limits_{S}(y^2+z^2)\delta\mathrm{d}\sigma, \quad I_y = \iint\limits_{S}(x^2+z^2)\delta\mathrm{d}\sigma,$$
> $$I_z = \iint\limits_{S}(x^2+y^2)\delta\mathrm{d}\sigma, \quad I_L = \iint\limits_{S}r^2\delta\mathrm{d}\sigma,$$
> $$r(x,y,z) = 点(x,y,z) 到直线 L 的距离$$
>
> 关于直线 L 的旋转半径: $R_L = \sqrt{I_L/M}$

例 5(求质心) 求半径为 a,密度为常数 δ 的薄半球壳的质心.

解 用半球形
$$f(x,y,z) = x^2+y^2+z^2 = a^2, \quad z \geq 0$$
为壳建模(图 13.48). 球面关于 z 轴对称说明 $\bar{x} = \bar{y} = 0$. 仅余下 $\bar{z}$ 要用公式 $\bar{z} = M_{xy}/M$ 来求.

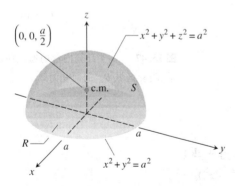

图 13.48 密度为常数的球壳的质心在对称轴上从底至顶的一半.

球壳的质量为
$$M = \iint\limits_{S}\delta\mathrm{d}\sigma = \delta\iint\limits_{S}\mathrm{d}\sigma = (\delta)(S\text{ 的面积}) = 2\pi a^2\delta.$$

要算 M_{xy} 的积分,取 $\mathbf{p} = \mathbf{k}$,作计算
$$|\nabla f| = |2x\mathbf{i}+2y\mathbf{j}+2z\mathbf{k}| = 2\sqrt{x^2+y^2+z^2} = 2a$$
$$|\nabla f \cdot \mathbf{p}| = |\nabla f \cdot \mathbf{k}| = |2z| = 2z$$
$$\mathrm{d}\sigma = \frac{|\nabla f|}{|\nabla f \cdot \mathbf{p}|}\mathrm{d}A = \frac{a}{z}\mathrm{d}A.$$

则
$$M_{xy} = \iint_S z\delta\mathrm{d}\sigma = \delta\iint_R z\frac{a}{z}\mathrm{d}A = \delta a\iint_R \mathrm{d}A = \delta a(\pi a^2) = \delta\pi a^3$$

$$\bar{z} = \frac{M_{xy}}{M} = \frac{\pi a^3 \delta}{2\pi a^2 \delta} = \frac{a}{2}.$$

即求得球壳的质心在点 $\left(0, 0, \frac{a}{2}\right)$ 处.

习题 13.5

曲面面积

1. 求抛物面 $x^2 + y^2 - z = 0$ 被平面 $z = 2$ 截下的曲面面积.

2. 求抛物面 $x^2 + y^2 - 2 = 0$ 被平面 $z = 2$ 和 $z = 6$ 截下的带状曲面的面积.

3. 求被抛物柱面 $x = y^2$ 和 $x = 2 - y^2$ 截下的平面 $x + 2y + 2z = 5$ 的区域的面积.

4. 求位于 xy 平面内由 $x = \sqrt{3}, y = 0$ 和 $y = x$ 所围三角形之上曲面 $x^2 - 2z = 0$ 部分的面积.

5. 求位于 xy 平面内由 $x = 2, y = 0$ 和 $y = 3x$ 所围三角形之上的曲面 $x^2 - 2y - 2z = 0$ 的面积.

6. 求球面 $x^2 + y^2 + z^2 = 2$ 被锥 $z = \sqrt{x^2 + y^2}$ 截下的帽形壳面积.

7. 求从平面 $z = cx$ 被圆柱 $x^2 + y^2 = 1$ 截出的椭圆面积 (c 为常数).

8. 求柱面 $x^2 + z^2 = 1$ 夹在 $x = \pm\frac{1}{2}$ 和 $y = \pm\frac{1}{2}$ 之间的上部的面积.

9. 求抛物面 $x = 4 - y^2 - z^2$ 位于 yz 平面内环域 $1 \leq x^2 + y^2 \leq 4$ 之上的部分的面积.

10. 求抛物面 $x^2 + y^2 = 2$ 被 $y = 0$ 截下的曲面的面积.

11. 求曲面 $x^2 - 2\ln x + \sqrt{15}y - z = 0$ 在 xy 平面内方域 $R: 1 \leq x \leq 2, 0 \leq y \leq 1$ 之上的部分的面积.

12. 求曲面 $2x^{3/2} + 2y^{3/2} - 3z = 0$ 在 xy 平面内方域 $R: 0 \leq x \leq 1, 0 \leq y \leq 1$ 上的部分的面积.

曲面积分

13. 在第一卦限由 $x = a, y = a, z = a$ 割出的正方体表面上对 $g(x,y,z) = x + y + z$ 积分.

14. 将 $g(x,y,z) = y + z$ 在第一卦限由坐标平面,平面 $x = 2$ 和 $y + z = 1$ 所围部分的边界上积分.

15. 将 $g(x,y,z) = xyz$ 在第一卦限由平面 $x = a, y = b$ 和 $z = c$ 截下的长方体表面上积分.

16. 将 $g(x,y,z) = xyz$ 在由平面 $x = \pm a, y = \pm b, z = \pm c$ 所围的长方体的表面上积分.

17. 将 $g(x,y,z) = x + y + z$ 在平面 $2x + 2y + z = 2$ 位于第一卦限的部分上积分.

18. 将 $g(x,y,z) = x\sqrt{y^2 + 4}$ 在抛物柱面 $y^2 + 4z = 16$ 被平面 $x = 0, x = 1$ 和 $z = 0$ 截下的曲面上积分.

穿过曲面的通量

题 19 和 20, 求场 **F** 穿过所给曲面沿特定方向的通量.

19. $\mathbf{F}(x,y,z) = -\mathbf{i} + 2\mathbf{j} + 3\mathbf{k}$,
    S: 长方形表面 $z = 0, 0 \leq x \leq 2, 0 \leq y \leq 3$, 方向: $\mathbf{k}$.

20. $\mathbf{F}(x,y,z) = yx^2\mathbf{i} - 2\mathbf{j} + xz\mathbf{k}$,
    $S: y = 0, -1 \leq x \leq 2, 2 \leq z \leq 7$, 方向: $-\mathbf{j}$.

题 21 - 26, 求场 **F** 穿过在第一卦限球面 $x^2 + y^2 + z^2 = a^2$ 的一部分沿从原点向外方向的通量

21. $\mathbf{F}(x,y,z) = z\mathbf{k}$

22. $\mathbf{F}(x,y,z) = -y\mathbf{i} + x\mathbf{j}$

23. $\mathbf{F}(x,y,z) = y\mathbf{i} - x\mathbf{j} + \mathbf{k}$

24. $\mathbf{F}(x,y,z) = zx\mathbf{i} + zy\mathbf{j} + z^2\mathbf{k}$.

25. $\mathbf{F}(x,y,z) = x\mathbf{i} + y\mathbf{j} + z\mathbf{k}$

26. $\mathbf{F}(x,y,z) = \dfrac{x\mathbf{i} + y\mathbf{j} + z\mathbf{k}}{\sqrt{x^2 + y^2 + z^2}}$.

27. 求场 $\mathbf{F}(x,y,z) = z^2\mathbf{i} + xj - 3z\mathbf{k}$ 穿出抛物柱面 $z = 4 - y^2$ 被平面 $x = 0, x = 1$ 和 $z = 0$ 所截下部分向外的通量.

28. 求场 $\mathbf{F}(x,y,z) = 4x\mathbf{i} + 4\mathbf{j} + 2\mathbf{k}$ 穿过由抛物面 $z = x^2 + y^2$ 的底部被 $z = 1$ 所截向外的通量 (离开 z 轴方向).

29. 设 S 为柱面 $y = e^x$ 在第一卦限的部分,它的投影平行于 x 轴的 yz 平面的区域 $R_{yz}: 1 \le y \le 2, 0 \le z \le 1$(见下图). 设 $\mathbf{n}$ 为 S 的单位法向量,指向远离 yz 平面的方向. 求场 $\mathbf{F}(x, y, z) = -2\mathbf{i} + 2y\mathbf{j} + z\mathbf{k}$ 沿 $\mathbf{n}$ 穿过 S 的通量.

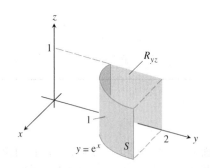

30. 设 S 为柱面 $y = \ln x$ 在第一卦限的部分,它的在 xz 平面上的投影平行于 y 轴,是矩形域 $R_{xz}: 1 \le x \le e, 0 \le z \le 1$. 又设 $\mathbf{n}$ 为 S 的单位法向量,总指向离开 xz 平面方向. 求 $\mathbf{F} = 2y\mathbf{j} + z\mathbf{k}$ 沿 $\mathbf{n}$ 方向穿过 S 的通量.

31. 求场 $\mathbf{F} = 2xy\mathbf{i} + 2yz\mathbf{j} + 2xz\mathbf{k}$ 穿过第一卦限由平面 $x = a, y = a, z = a$ 围成的正方体表面向外的通量.

32. 求场 $\mathbf{F} = xz\mathbf{i} + yz\mathbf{j} + \mathbf{k}$ 穿过球体 $x^2 + y^2 + z^2 \le 25$ 被 $z = 3$ 截下的上部帽形曲面向外的通量.

矩和质量

33. **形心** 求球面 $x^2 + y^2 + z^2 = a^2$ 位于第一卦限部分的形心.

34. **形心** 求柱面 $y^2 + z^2 = 9, z \ge 0$ 被平面 $x = 0$ 和 $x = 3$ 截出部分的形心(图如例 4 的曲面).

35. **常密度薄壳** 求一薄壳的质心和关于 z 轴的惯性矩和旋转半径,设其质量密度为常数 δ,薄壳为锥面 $x^2 + y^2 - z^2 = 0$ 被平面 $z = 1$ 和 $z = 2$ 所截下的部分.

36. **常密度的锥面壳** 求锥面 $4x^2 + 4y^2 - z^2 = 0, z \ge 0$ 被圆柱面 $x^2 + y^2 = 2x$ 割出部分薄壳关于 z 轴的惯性矩,设其密度为常数 δ(见右上图).

37. **球壳**
    (a) 求半径为 a,密度为常数 δ 的薄球壳关于一条直径的惯性矩(先对半球壳作计算,再两倍结果).
    (b) 用平行轴定理(习题 12.5)及(a)部分的结果求关于与球壳相切的一条直线的惯性矩.

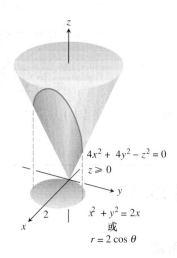

第 36 题图

38. (a) **带与不带冰淇凌形的锥面** 求底半径为 a,高为 h 的锥体侧面的形心(不含底面).
    (b) 用 Pappus 公式(习题 12.5)及(a)中结果求立体锥全部表面的形心.
    (c) **为学而写** 一个半径为 a,高为 h 的锥与一个半径为 a 的半球相接,形成一个类似冰淇凌的表面 S. 用 Pappus 公式及(a)中的结果和例 5 求 S 的形心. 锥得多高才能使形心位于半球和锥的公共底平面上?

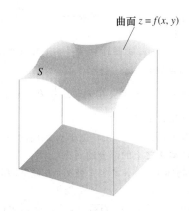

图 13.49 对一个曲面 $z = f(x, y)$,求该曲面面积的公式等式(3)也可取以下形式
$$A = \iint_{R_{xy}} \sqrt{f_x^2 + f_y^2 + 1} \, dx dy.$$

求曲面面积的特定公式

若 S 为由函数 $z = f(x, y)$ 定义的曲面,f 在 xy 平面的

投影区域 R_{xy} 上的一阶偏导数处处连续(图 13.49),于是 S 也可看成函数 $F(x,y,z) = f(x,y) - z$ 的等值面 $F(x,y,z) = 0$. 取 R_{xy} 的单位法方向为 $\mathbf{p} = \mathbf{k}$, 于是有

$$|\nabla F| = |f_x \mathbf{i} + f_y \mathbf{j} - \mathbf{k}| = \sqrt{f_x^2 + f_y^2 + 1}$$

$$|\nabla F \cdot \mathbf{p}| = |(f_x \mathbf{i} + f_y \mathbf{j} - \mathbf{k}) \cdot \mathbf{k}| = |-1| = 1$$

及

$$\iint_{R_{xy}} \frac{|\nabla F|}{|\nabla F \cdot \mathbf{p}|} dA = \iint_{R_{xy}} \sqrt{f_x^2 + f_y^2 + 1} \, dxdy, \quad (11)$$

类似地,在 yz 平面的区域 R_{yz} 上光滑曲面 $x = f(y,z)$ 的面积为

$$A = \iint_{R_{yz}} \sqrt{f_y^2 + f_z^2 + 1} \, dydz, \quad (12)$$

在 xz 平面区域 R_{xz} 上定义的光滑曲面 $y = f(x,z)$ 的面积为

$$A = \iint_{R_{xz}} \sqrt{f_x^2 + f_z^2 + 1} \, dxdz. \quad (13)$$

用公式(11) - (13)求题 39 - 44 中的曲面面积.

39. 抛物面 $z = x^2 + y^2$ 被平面 $z = 3$ 割出的下部曲面.

40. 抛物面 $x = 1 - y^2 - z^2$ 被 yz 平面割下的"鼻梁"形曲面.

41. 锥面 $z = \sqrt{x^2 + y^2}$ 位于 xy 平面内圆 $x^2 + y^2 = 1$ 和椭圆 $9x^2 + 4y^2 = 36$ 之间区域之上的部分(提示:用几何上求区域面积的公式).

42. 平面 $2x + 6y + 3z = 6$ 被第一卦限的坐标平面截出的三角形的面积. 用三种方法计算,一次用一个面积公式.

43. 柱面 $y = (2/3)z^{3/2}$ 被 $x = 1$ 和 $y = 16/3$ 两平面截得的第一卦限的部分曲面.

44. 平面 $y + z = 4$ 位于 xz 平面被抛物线 $x = 4 - z^2$ 截出的第一象限区域之上部分的面积.

13.6 参数化曲面

曲面的参数化 • 曲面面积 • 曲面积分

在一个平面内定义曲线有三种方式:

$$\text{显形式}: \quad y = f(x)$$
$$\text{隐形式}: \quad F(x,y) = 0$$
$$\text{参数向量形式}: \quad \mathbf{r}(t) = f(t)\mathbf{i} + g(t)\mathbf{j}, \quad a \leq t \leq b.$$

空间中曲面也有类似的定义方式:

$$\text{显形式}: \quad z = f(x,y)$$
$$\text{隐形式}: \quad F(x,y,z) = 0.$$

也同样还有一种参数形式. 是用两个变量的向量函数给出曲面上一点的位置. 本节进一步研究用参数描述曲面面积和求曲面积分.

曲面的参数化

设

$$\mathbf{r}(u,v) = f(u,v)\mathbf{i} + g(u,v)\mathbf{j} + h(u,v)\mathbf{k} \tag{1}$$

为 uv 平面内一区域 R 上定义的连续向量值函数,且与 R 内部 1 – 1 对应(图 13.50). 称 $\mathbf{r}$ 的值域为所定义的**曲面** S,或由 $\mathbf{r}$ 所画出的曲面 S. 方程(1)连同它的定义域 R 就构成曲面的**参数化**. 变量 u 和 v 叫做**参数**,R 称为**参数定义域**. 为简化起见,我们取 R 为由不等式 $a \leqslant u \leqslant b, c \leqslant v \leqslant d$ 定义的矩形域. 要求 $\mathbf{r}$ 与 R 内部的点一对一保证 S 不穿过自身. 注意:实际上方程(1)是三个参数等式:

$$x = f(u,v), \quad y = g(u,v), \quad z = h(u,v)$$

定义的向量.

例 1 (将锥面参数化) 求锥面 $z = \sqrt{x^2 + y^2}$,$0 \leqslant z \leqslant 1$ 的参数方程.

解 此处,柱坐标为我们提供一切需要. 锥面上一典型点 (x,y,z) (图 13.51) 用柱坐标表示,则为 $x = r\cos\theta, y = r\sin\theta$ 和 $z = \sqrt{x^2+y^2} = r$,其中 $0 \leqslant r \leqslant 1$ 及 $0 \leqslant \theta \leqslant 2\pi$. 在公式(1)中取 $u = r, v = \theta$ 就得到锥面的参数式

$$\mathbf{r}(r,\theta) = (r\cos\theta)\mathbf{i} + (r\sin\theta)\mathbf{j} + r\mathbf{k},$$
$$0 \leqslant r \leqslant 1, 0 \leqslant \theta \leqslant 2\pi.$$

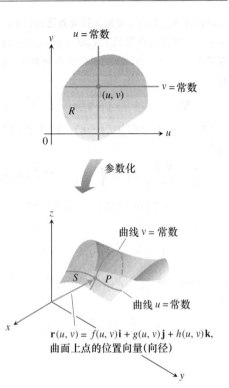

图 13.50 参数化曲面.

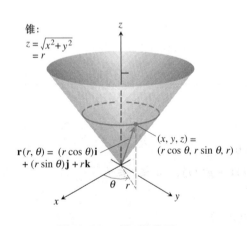

图 13.51 例 1 的锥面.

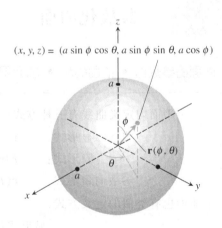

图 13.52 例 2 中的球面.

例 2 (将球面参数化) 求球面的参数方程,球面为 $x^2 + y^2 + z^2 = a^2$.

解 球坐标正好提供给我们所需的一切,球面上(图 13.52)一典型点 (x,y,z) 换成球面坐标为 $x = a\sin\phi\sin\theta, y = a\sin\phi\sin\theta$ 和 $z = a\cos\phi, 0 \leqslant \phi \leqslant \pi, 0 \leqslant \theta \leqslant 2\pi$,在方程(1)中取 $u = \phi, v = \theta$ 就得到球面的参数式

$$\mathbf{r}(\phi,\theta) = (a\sin\phi\cos\theta)\mathbf{i} + (a\sin\phi\sin\theta)\mathbf{j} + (a\cos\phi)\mathbf{k}, \quad 0 \leqslant \phi \leqslant \pi, 0 \leqslant \theta \leqslant 2\pi.$$

例 3（将圆柱面参数化） 求圆柱面 $x^2 + (y-3)^2 = 9, 0 \leq z \leq 5$ 的参数方程.

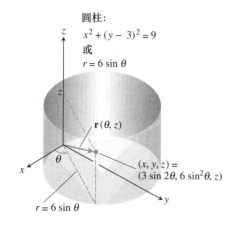

图 13.53 例 3 中的柱面.

解 用柱坐标表示点 (x,y,z)，得 $x = r\cos\theta, y = r\sin\theta$ 及 $z = z$. 对圆柱面 $x^2 + (y-3)^2 = 9$ 上的点（图 13.53），其方程与其底在 xy 平面内的圆柱面的极坐标方程是一样的：

$$x^2 + (y^2 - 6y + 9) = 9$$
$$r^2 - 6r\sin\theta = 0$$

或

$$r = 6\sin\theta, \quad 0 \leq \theta \leq \pi.$$

圆柱面上一典型点 (x,y,z) 的坐标因此为

$$x = r\cos\theta = 6\sin\theta\cos\theta = 3\sin 2\theta$$
$$y = r\sin\theta = 6\sin^2\theta$$
$$z = z.$$

在方程(1)中取 $u = \theta$ 和 $v = z$，得此圆柱面的参数式

$$\mathbf{r}(\theta, z) = (3\sin 2\theta)\mathbf{i} + (6\sin^2\theta)\mathbf{j} + z\mathbf{k}, \quad 0 \leq \theta \leq \pi, 0 \leq z \leq 5.$$

曲面面积

以下我们的目的是要通过二重积分来求由参数方程

$$\mathbf{r}(u,v) = f(u,v)\mathbf{i} + g(u,v)\mathbf{j} + h(u,v)\mathbf{k}, \quad a \leq u \leq b, c \leq v \leq d$$

确定的曲面 S 的面积. 为下面进一步展开讨论方便，我们需要 S 是光滑的，而光滑的定义要涉及 $\mathbf{r}$ 关于 u 及 v 的偏导数：

$$\mathbf{r}_u = \frac{\partial \mathbf{r}}{\partial u} = \frac{\partial f}{\partial u}\mathbf{i} + \frac{\partial g}{\partial u}\mathbf{j} + \frac{\partial h}{\partial u}\mathbf{k}, \quad \mathbf{r}_v = \frac{\partial \mathbf{r}}{\partial v} = \frac{\partial f}{\partial v}\mathbf{i} + \frac{\partial g}{\partial v}\mathbf{j} + \frac{\partial h}{\partial v}\mathbf{k}.$$

定义　光滑参数曲面

一个参数化曲面 $\mathbf{r}(u,v) = f(u,v)\mathbf{i} + g(u,v)\mathbf{j} + h(u,v)\mathbf{k}$ 是**光滑**的，若 $\mathbf{r}_u$ 和 $\mathbf{r}_v$ 都连续且 $\mathbf{r}_u \times \mathbf{r}_v$ 在参数定义域上恒不为零.

现考虑 R 内的小矩形 ΔA_{uv}，它的四边在直线 $u = u_0, u = u_0 + \Delta u, v = v_0$ 和 $v = v_0 + \Delta v$

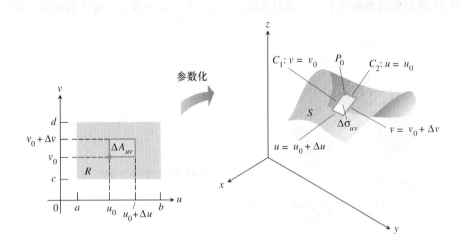

图 13.54 一个 uv 平面中的矩形面积元映射为 S 上的一块曲面面积元.

上(图 13.54). ΔA_{uv} 的每一边在曲面 S 上匹配一条曲线,四条曲线共围出一个"小曲面元"$\Delta\sigma_{uv}$,以图中记法,边 $v=v_0$ 映过去成曲线 C_1,边 $u=u_0$ 映到 C_2,它们的公共顶点 (u_0,v_0) 映到 P_0.

图 13.55 显示的是放大的面积元 $\Delta\sigma_{uv}$. 向量 $\mathbf{r}(u_0,v_0)$ 在 P_0 与 C_1 相切,同理,$\mathbf{r}_v(u_0,v_0)$ 在 P_0 与 C_2 相切. 叉积 $\mathbf{r}_u\times\mathbf{r}_v$ 为曲面在点 P_0 的法向. (这儿开始使用 S 是光滑的假设,我们要保证 $\mathbf{r}_u\times\mathbf{r}_v\neq\mathbf{0}$.)

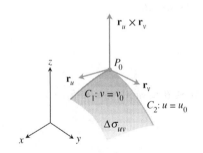

图 13.55 放大了的曲面面积元 $\Delta\sigma_{uv}$

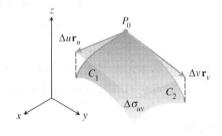

图 13.56 由向量 $\Delta u\mathbf{r}_u$ 和 $\Delta v\mathbf{r}_v$ 确定的平行四边形近似曲面面积元 $\Delta\sigma_{uv}$.

下面我们用切平面上的小平行四边形来近似小曲面面积元 $\Delta\sigma_{uv}$,它的边长由向量 $\Delta u\mathbf{r}_u$ 和 $\Delta v\mathbf{r}_v$(图 13.56)决定,小平行四边形的面积

$$|\Delta u\mathbf{r}_u\times\Delta v\mathbf{r}_v|=|\mathbf{r}_u\times\mathbf{r}_v|\Delta u\Delta v. \tag{2}$$

uv 平面内由小矩形域 ΔA_{uv} 对区域 R 的一个划分产生一个把曲面 S 剖分成小曲面面积元 $\Delta\sigma_{uv}$ 的划分. 我们以公式(2)的小平行四边形面积近似每个小曲面面积 $\Delta\sigma_{uv}$,于是所有这些小面积的和就是曲面 S 面积的一个近似:

$$\sum_u\sum_v|\mathbf{r}_u\times\mathbf{r}_v|\Delta u\Delta v. \tag{3}$$

当 Δu 和 Δv 独立地趋于零,由 $\mathbf{r}_u$ 及 $\mathbf{r}_v$ 的连续性便保证(3)式中的和趋于二重积分

$\int_c^d \int_a^b |\mathbf{r}_u \times \mathbf{r}_v| \mathrm{d}u \mathrm{d}v$. 此二重积分给出曲面 S 的面积.

参数方程求光滑曲面面积公式

光滑曲面 $\mathbf{r}(u,v) = f(u,v)\mathbf{i} + g(u,v)\mathbf{j} + h(u,v)\mathbf{k}, a \leqslant u \leqslant b, c \leqslant v \leqslant d$ 的**面积**为

$$A = \int_c^d \int_a^b |\mathbf{r}_u \times \mathbf{r}_v| \mathrm{d}u \mathrm{d}v \tag{4}$$

同 13.5 节一样,也可以把 $|\mathbf{r}_u \times \mathbf{r}_v| \mathrm{d}u \mathrm{d}v$ 改写成 $\mathrm{d}\sigma$ 以化简公式(4) 中积分的写法.

André Marie Ampère
(1775 — 1836)

曲面面积微元与曲面面积的微分形式公式

$$\mathrm{d}\sigma = |\mathbf{r}_u \times \mathbf{r}_v| \mathrm{d}u \mathrm{d}v \qquad \iint_S \mathrm{d}\sigma \tag{5}$$

曲面面积微元 　　曲面面积的微分形式公式

例 4(求曲面面积(锥面)) 求例 1 中锥面的表面积(图 13.35).

解 例 1 中,已找出了锥面的参数式

$$\mathbf{r}(r,\theta) = (r\cos\theta)\mathbf{i} + (r\sin\theta)\mathbf{j} + r\mathbf{k}, \quad 0 \leqslant r \leqslant 1, 0 \leqslant \theta \leqslant 2\pi.$$

为应用公式(4),得先求 $\mathbf{r}_r \times \mathbf{r}_\theta$:

$$\mathbf{r}_r \times \mathbf{r}_\theta = \begin{vmatrix} \mathbf{i} & \mathbf{j} & \mathbf{k} \\ \cos\theta & \sin\theta & 1 \\ -r\sin\theta & r\cos\theta & 0 \end{vmatrix}$$

$$= -(r\cos\theta)\mathbf{i} - (r\sin\theta)\mathbf{j} + \underbrace{(r\cos^2\theta + r\sin^2\theta)}_{r}\mathbf{k}.$$

于是,$|\mathbf{r}_r \times \mathbf{r}_\theta| = \sqrt{r^2\cos^2\theta + r^2\sin^2\theta + r^2} = \sqrt{2r^2} = \sqrt{2}r$. 锥面面积为

$$A = \int_0^{2\pi} \int_0^1 |\mathbf{r}_r \times \mathbf{r}_\theta| \mathrm{d}r \mathrm{d}\theta \qquad \text{公式(4) 中 } u = r, v = \theta$$

$$= \int_0^{2\pi} \int_0^1 \sqrt{2} r \mathrm{d}r \mathrm{d}\theta = \int_0^{2\pi} \frac{\sqrt{2}}{2} \mathrm{d}\theta = \frac{\pi}{2}(2\pi) = \pi\sqrt{2}(\text{平方单位}).$$

例 5(求球面面积) 求半径为 a 的球面表面积.

解 这里用例 2 得到的球的参数式

$$\mathbf{r}(\phi,\theta) = (a\sin\phi\cos\theta)\mathbf{i} + (a\sin\phi\sin\theta)\mathbf{j} + (a\cos\phi)\mathbf{k}, \quad 0 \leqslant \phi \leqslant \pi, 0 \leqslant \theta \leqslant 2\pi.$$

求 $\mathbf{r}_\phi \times \mathbf{r}_\theta$,得

$$\mathbf{r}_\phi \times \mathbf{r}_\theta = \begin{vmatrix} \mathbf{i} & \mathbf{j} & \mathbf{k} \\ a\cos\phi\cos\theta & a\cos\phi\sin\theta & -a\sin\phi \\ -a\sin\phi\sin\theta & a\sin\phi\cos\theta & 0 \end{vmatrix}$$

$$= (a^2\sin^2\phi\cos\theta)\mathbf{i} + (a^2\sin^2\phi\sin\theta)\mathbf{j} + (a^2\sin\phi\cos\phi)\mathbf{k}.$$

于是

$$|\mathbf{r}_\phi \times \mathbf{r}_\theta| = \sqrt{a^4\sin^4\phi\cos^2\theta + a^4\sin^4\phi\sin^2\theta + a^4\sin^2\phi\cos^2\phi}$$
$$= \sqrt{a^4\sin^4\phi + a^2\sin^2\phi\cos^2\phi} = \sqrt{a^4\sin^4\phi(\sin^2\phi + \cos^2\phi)}$$
$$= a^2\sqrt{\sin^2\phi} = a^2\sin\phi$$

因当 $0 \leq \phi \leq \pi$ 时,$\sin\phi \geq 0$. 所以球面的面积为

$$A = \int_0^{2\pi}\int_0^{\pi} a^2\sin\phi \mathrm{d}\phi\mathrm{d}\theta = \int_0^{2\pi}[-a^2\cos\phi]_0^{\pi}\mathrm{d}\theta$$
$$= \int_0^{2\pi} 2a^2\mathrm{d}\theta = 4\pi a^2(平方单位).$$

曲面积分

在建立了用曲面参数方程求面积的公式后,我们就可以讨论函数在以参数形式表示的曲面上的面积分了.

定义　以参数方程表示的光滑曲面上的积分
若 S 是以参数方程 $\mathbf{r}(u,v) = f(u,v)\mathbf{i} + g(u,v)\mathbf{j} + h(u,v)\mathbf{k}, a \leq u \leq b, c \leq v \leq d$ 定义的光滑曲面,又 $G(x,y,z)$ 是定义在 S 上的连续函数,则 G 在 S 上的积分为

$$\iint_S G(x,y,z)\mathrm{d}\sigma = \int_c^d\int_a^b G(f(u,v),g(u,v),h(u,v))|\mathbf{r}_u \times \mathbf{r}_v|\mathrm{d}u\mathrm{d}v.$$

例 6(由参数方程定义的曲面上的积分)　计算 $G(x,y,z) = x^2$ 在锥面 $z = \sqrt{x^2+y^2}, 0 \leq z \leq 1$ 上的积分.

解　继续例 1 与例 4 的工作,已有结果 $|\mathbf{r}_r \times \mathbf{r}_\theta| = \sqrt{2}r$,

$$\iint_R x^2\mathrm{d}\sigma = \int_0^{2\pi}\int_0^1 (r^2\cos^2\theta)(\sqrt{2}r)\mathrm{d}r\mathrm{d}\theta \qquad x = r\cos\theta$$
$$= \sqrt{2}\int_0^{2\pi}\int_0^1 r^3\cos^2\theta \mathrm{d}r\mathrm{d}\theta = \frac{\sqrt{2}}{4}\int_0^{2\pi}\cos^2\theta\mathrm{d}\theta$$
$$= \frac{\sqrt{2}}{4}\left[\frac{\theta}{2} + \frac{1}{4}\sin 2\theta\right]_0^{2\pi} = \frac{\pi\sqrt{2}}{4}.$$

例 7(求通量)　求 $\mathbf{F} = yz\mathbf{i} + x\mathbf{j} - z^2\mathbf{k}$ 向外穿出抛物柱面 $y = x^2, 0 \leq x \leq 1, 0 \leq z \leq 4$ 的通量(图 13.57,$\mathbf{n}$ 如图所示).

解　在抛物柱面上由于有 $x = x, y = x^2$ 和 $z = z$,因此自动得到其参数方程 $\mathbf{r}(x,z) = x\mathbf{i} + x^2\mathbf{j} + z\mathbf{k}, 0 \leq x \leq 1, 0 \leq z \leq 4$,而切向量的叉积为

$$\mathbf{r}_x \times \mathbf{r}_z = \begin{vmatrix} \mathbf{i} & \mathbf{j} & \mathbf{k} \\ 1 & 2x & 0 \\ 0 & 0 & 1 \end{vmatrix} = 2x\mathbf{i} - \mathbf{j},$$

指向曲面外的单位法向量是

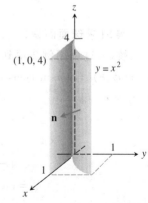

图 13.57　例 7 的抛物面.

$$\mathbf{n} = \frac{\mathbf{r}_x \times \mathbf{r}_z}{|\mathbf{r}_x \times \mathbf{r}_z|} = \frac{2x\mathbf{i} - \mathbf{j}}{\sqrt{4x^2 + 1}}.$$

在曲面上,$y = x^2$,所以向量场

$$\mathbf{F} = yz\mathbf{i} + x\mathbf{j} - z^2\mathbf{k} = x^2 z\mathbf{i} + x\mathbf{j} - z^2\mathbf{k}.$$

于是,

$$\mathbf{F} \cdot \mathbf{n} = \frac{1}{\sqrt{4x^2 - 1}}((x^2 z)(2x) + (x)(-1) + (-z^2)(0)) = \frac{2x^3 z - x}{\sqrt{4x^2 + 1}}.$$

通过曲面 $\mathbf{F}$ 向外的通量为

$$\iint_S \mathbf{F} \cdot \mathbf{n} d\sigma = \int_0^4 \int_0^1 \frac{2x^3 z - x}{\sqrt{4x^2 + 1}} |\mathbf{r}_x \times \mathbf{r}_z| dx dz$$

$$= \int_0^4 \int_0^1 \frac{2x^3 z - x}{\sqrt{4x^2 + 1}} \sqrt{4x^2 + 1} dx dz$$

$$= \int_0^4 \int_0^1 (2x^3 z - x) dx dz = \int_0^4 \left[\frac{1}{2}x^4 z - \frac{1}{2}x^2 \right]_{x=0}^{x=1} dz$$

$$= \int_0^4 \frac{1}{2}(z - 1) dz = \frac{1}{4}(z - 1)^2 \Big|_0^4$$

$$= \frac{1}{4}(9) - \frac{1}{4}(1) = 2.$$

例 8(求质心) 求密度为常数 δ,由平面 $z = 1$ 和 $z = 2$ 截下的薄锥形平截面 $z = \sqrt{x^2 + y^2}$ 的质心(图 13.58).

解 曲面关于 z 轴的对称性说明:$\bar{x} = \bar{y} = 0$.利用例 1 和例 4 的结果,以下只须求 $\bar{z} = M_{xy}/M$,因有

$$\mathbf{r}(r, \theta) = r\cos\theta\mathbf{i} + r\sin\theta\mathbf{j} + r\mathbf{k}, \quad 1 \leq r \leq 2, 0 \leq \theta \leq 2\pi,$$

及

$$|\mathbf{r}_r \times \mathbf{r}_\theta| = \sqrt{2} r.$$

因此

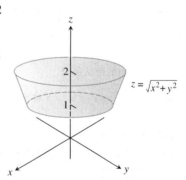

图 13.58 由锥面 $z = \sqrt{x^2 + y^2}$ 被平面 $z = 1$ 和 $z = 2$ 截下的薄锥形平截面.(例 8)

$$M = \iint_S \delta d\sigma = \int_0^{2\pi} \int_1^2 \delta \sqrt{2} r dr d\theta$$

$$= \delta \sqrt{2} \int_0^{2\pi} \left[\frac{r^2}{2} \right]_1^2 d\theta = \delta \sqrt{2} \int_0^{2\pi} \left(2 - \frac{1}{2} \right) d\theta$$

$$= \delta \sqrt{2} \left[\frac{3\theta}{2} \right]_0^{2\pi} = 3\pi\delta\sqrt{2}$$

$$M_{xy} = \iint_S \delta z d\sigma = \int_0^{2\pi} \int_1^2 \delta r \sqrt{2} r dr d\theta = \delta \sqrt{2} \int_0^{2\pi} \int_1^2 r^2 dr d\theta = \delta \sqrt{2} \int_0^{2\pi} \left[\frac{r^3}{3} \right]_1^2 d\theta$$

$$= \delta \sqrt{2} \int_0^{2\pi} \frac{7}{3} d\theta = \frac{14}{3}\pi\delta\sqrt{2}$$

$$\bar{z} = \frac{M_{xy}}{M} = \frac{14\pi\delta\sqrt{2}}{3(3\pi\delta\sqrt{2})} = \frac{14}{9}.$$

于是薄壳质心在点 $(0, 0, 14/9)$.

习题 13.6

求曲面的参数方程

第 1 – 16 题，求曲面的参数方程.（做这些题有许多正确的方法，所以你的答案可以与书后答案不一样.）

1. 抛物面 $z = x^2 + y^2, z \leq 4$.
2. 抛物面 $z = 9 - x^2 - y^2, z \geq 0$.
3. 锥形平截面 $z = \dfrac{\sqrt{x^2 + y^2}}{2}$ 介于 $z = 0$ 和 $z = 3$ 的第一卦限部分.
4. 锥形平截面 锥面 $z = 2\sqrt{x^2 + y^2}$ 夹在 $z = 2$ 和 $z = 4$ 之间的部分.
5. 球冠（帽）球 $x^2 + y^2 + z^2 = 9$ 在第一卦限被锥面 $z = \sqrt{x^2 + y^2}$ 截出的帽状部分.
6. 球冠 球 $x^2 + y^2 + z^2 = 4$ 在第一卦限夹在 xy 平面和锥面 $z = \sqrt{x^2 + y^2}$ 之间的部分.
7. 球带 球 $x^2 + y^2 + z^3 = 3$ 夹在平面 $z = \dfrac{\sqrt{3}}{2}$ 和 $z = -\dfrac{\sqrt{3}}{2}$ 之间的带状部分.
8. 球冠 球面 $x^2 + y^2 + z^2 = 8$ 被平面 $z = -2$ 所截出的上部.
9. 平面间的抛物柱面 抛物柱面 $z = 4 - y^2$ 被平面 $x = 0, x = 2$ 和 $z = 0$ 截出的部分曲面.
10. 平面间的抛物柱面 由抛物柱面 $y = x^2$ 被平面 $z = 0, z = 3$ 和 $y = 2$ 截出的曲面.
11. 圆柱面箍 圆柱面 $y^2 + z^2 = 9$ 在 $x = 0$ 和 $x = 3$ 间的部分.
12. 圆柱面箍 圆柱面 $x^2 + z^2 = 4$ 在 xy 平面之上夹在 $y = -2$ 和 $y = 2$ 之间的部分.
13. 在柱面内的斜平面 平面 $x + y + z = 1$ 在下列曲面内的部分.
    (a) 在柱面 $x^2 + y^2 = 9$,
    (b) 在柱面 $y^2 + z^2 = 9$ 内.
14. 在柱面内的斜平面 $x - y + 2z = 2$ 在下列曲面内的部分.
    (a) 在柱面 $x^2 + z^2 = 3$ 内,
    (b) 在柱面 $y^2 + z^2 = 2$ 内.
15. 圆柱面箍 柱面 $(x-2)^2 + z^2 = 4$ 在 $y = 0$ 与 $y = 3$ 之间的部分.
16. 圆柱面箍 柱面 $y^2 + (z-5)^2 = 25$ 夹在 $x = 0, x = 10$ 间的部分.

参数化曲面的面积

第 17 – 26 题，用参数形式将曲面面积表示作一个二重积分然后计算之.（许多方法建立积分都是正确的，所以你的答案可以与书后答案不一样. 可是，计算结果一样.）

17. 柱内斜平面 平面 $y + 2z = 2$ 在圆柱 $x^2 + y^2 = 1$ 的部分.
18. 柱内的平面 在圆柱 $x^2 + y^2 = 4$ 内部平面 $z = -x$ 的部分.
19. 锥形平截面 锥面夹在平面 $z = 2$ 和 $z = 6$ 之间的部分.
20. 锥形平截面 锥面 $z = \dfrac{\sqrt{x^2 + y^2}}{3}$ 夹在 $z = 1$ 和 $z = \dfrac{4}{3}$ 之间的部分.
21. 圆柱箍 圆柱 $x^2 + y^2 = 1$ 夹在 $z = 1$ 和 $z = 4$ 之间的部分.
22. 圆柱箍 圆柱面 $x^2 + z^2 = 10$ 夹在 $y = -1$ 和 $y = 1$ 之间的部分.
23. 抛物帽 抛物面 $z = 2 - x^2 - y^2$ 被锥面 $z = \sqrt{x^2 + y^2}$ 截下的帽状部分.
24. 抛物带 抛物面 $z = x^2 + y^2$ 夹在 $z = 1$ 和 $z = 4$ 之间的部分.
25. 球面截下部分 球面 $x^2 + y^2 + z^2 = 2$ 被锥面截出的下面部分（球冠优势部分）.
26. 球带 球面 $x^2 + y^2 + z^2 = 4$ 夹在平面 $z = -1$ 和 $z = \sqrt{3}$ 的部分.

在参数形式的曲面上积分

第 27 – 30 题在给定曲面上对给定函数积分.

27. 抛物柱面 $G(x, y, z) = x$, 在抛物柱面 $y = x^2$, $0 \leq x \leq 2, 0 \leq z \leq 3$ 上.
28. 圆柱面 $G(x, y, z) = z$, 在圆柱面 $y^2 + z^2 = 4$,

$z \geq 0, 1 \leq x \leq 4$ 上的部分.

29. 球面　$G(x,y,z) = x^2$, 在单位球 $x^2 + y^2 + z^2 = 1$, $z \geq 0$ 上.

30. 半球面　$G(x,y,z) = z^2$, 在半球面 $x^2 + y^2 + z^2 = a^2, z \geq 0$ 上.

31. 部分平面　$F(x,y,z) = z$, 平面 $x + y + z = 4$ 在 xy 平面方域 $0 \leq x \leq 1, 0 \leq y \leq 1$ 之上的部分.

32. 锥面　$F(x,y,z) = z - x$, 在锥面 $z = \sqrt{x^2 + y^2}$, $0 \leq z \leq 1$ 上.

33. 抛物圆盖　$H(x,y,z) = x^2\sqrt{5 - 4z}$, 在抛物面圆盖 $z = 1 - x^2 - y^2, z \geq 0$ 上.

34. 球帽　$H(x,y,z) = yz$, 在球面 $x^2 + y^2 + z^2 = 4$ 位于锥面 $z = \sqrt{x^2 + y^2}$ 之上的部分.

穿过参数化曲面的通量.

第35 - 44题用曲面的参数式在给定方向上求 $\iint_S \mathbf{F} \cdot \mathbf{n} \, d\sigma$.

35. 抛物柱面　$\mathbf{F} = z^2\mathbf{i} + x\mathbf{j} - 3z\mathbf{k}$ 向外通过由平面 $x = 0, x = 1$ 和 $z = 0$ 截下的抛物面 $z = 4 - y^2$ 的部分曲面 (远离 x 轴的 $\mathbf{n}$).

36. 抛物柱面　$\mathbf{F} = x^2\mathbf{j} - xz\mathbf{k}$, 向外(从 yz 平面向外法向)通过由平面 $z = 0$ 和 $z = 2$ 截得的抛物柱面 $y = x^2$ 表面.

37. 球面　$\mathbf{F} = z\mathbf{k}$ 从原点出发以远离原点方向从球面 $x^2 + y^2 + z^2 = a^2$ 在第一卦限部分向外.

38. 球面　$\mathbf{F} = x\mathbf{i} + y\mathbf{j} + z\mathbf{k}$, 以从原点出发的方向穿出球面 $x^2 + y^2 + z^2 = a^2$.

39. 平面　$\mathbf{F} = 2xy\mathbf{i} + 2yz\mathbf{j} + 2xz\mathbf{k}$, 向上穿出 xy 平面中方域 $0 \leq x \leq a, 0 \leq y \leq a$ 上方的平面 $x + y + z = 2a$.

40. 柱面　$\mathbf{F} = x\mathbf{i} + y\mathbf{j} + z\mathbf{k}$, 从被 $z = 0$ 和 $z = a$ 所截下的柱面 $x^2 + y^2 = 1$ 向外.

41. 锥面　$\mathbf{F} = xy\mathbf{i} - z\mathbf{k}$, 通过锥面 $z = \sqrt{x^2 + y^2}$, $0 \leq z \leq 1$ 向外 (从 z 轴向外法向).

42. 锥面　$\mathbf{F} = y^2\mathbf{i} + xz\mathbf{j} - \mathbf{k}$, 通过锥面 $z = 2\sqrt{x^2 + y^2}$, $0 \leq z \leq 2$ 向外 (从 z 轴向外法向).

43. 锥形平截面　$\mathbf{F} = -x\mathbf{i} - y\mathbf{j} + z^2\mathbf{k}$, 向外 (从 z 轴向外法方向) 穿出锥面 $z = \sqrt{x^2 + y^2}$ 夹在 $z = 1$ 和 $z = 2$ 之间的部分.

44. 抛物面　$\mathbf{F} = 4x\mathbf{i} + 4y\mathbf{j} + 2\mathbf{k}$, 向外 (从 z 轴向外法方向) 穿出抛物面 $z = x^2 + y^2$ 被 $z = 1$ 截得的下部.

矩和质量

45. 质心、惯性、旋转半径　求质心和关于 z 轴的惯性矩和旋转半径, 设一薄壳密度为常数 δ, 形状为从锥面 $x^2 + y^2 - z^2 = 0$ 被 $z = 1$ 和 $z = 2$ 截出的部分.

46. 锥壳的惯性　求密度为常数 δ 的薄锥壳 $z = \sqrt{x^2 + y^2}, 0 \leq z \leq 1$ 关于 z 轴的惯性矩.

与参数曲面相切的平面

参数曲面 $\mathbf{F}(u,v) = f(u,v)\mathbf{i} + g(u,v)\mathbf{j} + h(u,v)\mathbf{k}$ 在其上一点 $P_0(f(u_0,v_0), g(u_0,v_0), h(u_0,v_0))$ 的切平面是通过点 P_0 法方向为 $\mathbf{r}_u(u_0,v_0) \times \mathbf{r}_v(u_0,v_0)$ 的平面, 此叉积为在点 P_0 的切向量 $\mathbf{r}_u(u_0,v_0)$ 与 $\mathbf{r}_v(u_0,v_0)$ 的叉积.

第47 - 50题求曲面在点 P_0 的切平面方程, 再求出曲面的直角坐标方程并画出曲面和切平面的图.

47. 锥面　锥面 $\mathbf{r}(r,\theta) = (r\cos\theta)\mathbf{i} + (r\sin\theta)\mathbf{j} + r\mathbf{k}, r \geq 0, 0 \leq \theta \leq 2\pi$ 在点 $P_0(\sqrt{2}, \sqrt{2}, 2)$ 对应 $(r,\theta) = (2, \pi/4)$.

48. 半球面　半球面 $r(\phi,\theta) = (4\sin\phi\cos\theta)\mathbf{i} + (4\sin\phi\sin\theta)\mathbf{j} + (4\cos\phi)\mathbf{k}, 0 \leq \phi \leq \pi/2, 0 \leq \theta \leq 2\pi$, 在对应 $(\phi,\theta) = (\pi/6, \pi/4)$ 的点 $P_0(\sqrt{2}, \sqrt{2}, 2\sqrt{3})$.

49. 圆柱面　圆柱面 $\mathbf{r}(\theta,z) = (3\sin 2\theta)\mathbf{i} + (6\sin^2\theta)\mathbf{j} + z\mathbf{k}, 0 \leq \theta \leq \pi$, 在对应 $(\theta,z) = (\pi/3, 0)$ 的点 $P_0\left(\dfrac{3\sqrt{3}}{2}, \dfrac{9}{2}, 0\right)$ (见例3).

50. 抛物柱　抛物柱面 $\mathbf{r}(x,y) = x\mathbf{i} + y\mathbf{j} - x^2\mathbf{k}$, $-\infty < x < \infty, -\infty < y < \infty$, 在对应 $(x,y) = (1,2)$ 的点 $P_0(1, 2, -1)$ 处.

其它参数化曲面的习题

51. (a) 旋转环面 (轮胎) 是由 xz 平面内的圆周 C 在空间绕 z 轴旋转而成 (见下图). 若 C 的半径 $r > 0$, 圆心在 $(R, 0, 0)$, 证明轮胎的参数方程为

$$\mathbf{r}(u,v) = ((R + r\cos u)\cos v)\mathbf{i} + ((R + r\cos u)\sin v)\mathbf{j} + (r\sin u)\mathbf{k},$$

其中 $0 \leq u \leq 2\pi$, 和 $0 \leq v \leq 2\pi$ 为角 (见图).

（**b**）证明轮胎的表面积 $A = 4\pi^2 Rr$.

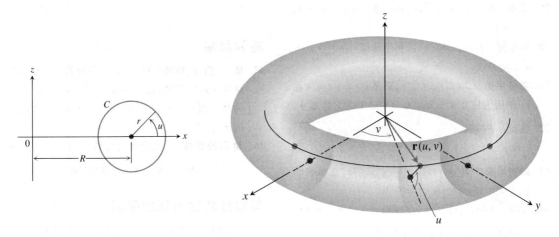

第 51 题图

52. **旋转曲面的参数化** 设参数曲线 $C: (f(u), g(u))$ 绕 x 轴旋转，其中 $g(u) > 0$，对 $a \leqslant u \leqslant b$.

（**a**）证明 $\mathbf{r}(u, v) = f(u)\mathbf{i} + (g(u)\cos v)\mathbf{j} + (g(u)\sin v)\mathbf{k}$ 为旋转所得曲面的参数方程，其中 $0 \leqslant v \leqslant 2\pi$ 为从 xy 平面到曲面上点 $\mathbf{r}(u, v)$ 的夹角（见以下附图）. 须注意 $f(u)$ 代表点 $f((u), g(u), 0)$ 沿旋转轴（距原点）的距离. $g(u)$ 则为到旋转轴的距离（在 xy 平面内）.

（**b**）求关于 x 轴旋转曲线 $x = y^2, y \geqslant 0$ 所得曲面的参数方程.

53. （**a**）**椭球面的参数方程** 请回忆一下如何用 $x = a\cos\theta, y\sin\theta, 0 \leqslant \theta \leqslant 2\pi$ 将 $(x^2/a^2) + (y^2/b^2) = 1$ 参数化（第 6 节例 6）. 用球面坐标中角 θ 和 ϕ 为参数，证明椭球面 $\dfrac{x^2}{a^2} + \dfrac{y^2}{b^2} + \dfrac{z^2}{c^2} = 1$ 的参数方程为：

$$\mathbf{r}(\theta, \phi) = (a\cos\theta\cos\phi)\mathbf{i} + (b\sin\theta\cos\phi)\mathbf{j} + (c\sin\phi)\mathbf{k}.$$

（**b**）写出求椭球表面面积的积分，但不做计算.

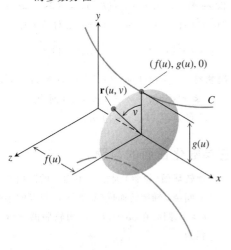

第 52 题图

13.7 Stokes 定理

环量密度: 旋度 • Stokes(斯托克斯)定理 • $\nabla \times \mathbf{F}$ 的蹼轮含义 • 有关多面体的 Stokes 定理的证明 • 有洞曲面的 Stokes 定理 • 一个重要恒等式 • 保守场和 Stokes 定理

本节中, 我们将把格林定理的环量 – 旋度形式推广到空间的速度场.

环量密度: 旋度

如在 13.4 我们看到的, 二维场 $\mathbf{F} = M\mathbf{i} + N\mathbf{j}$ 在一点 (x, y) 的环量密度或旋度是数量值 $\left(\dfrac{\partial N}{\partial x} - \dfrac{\partial M}{\partial y} \right)$. 在三维空间, 描述平面中绕一点的环量密度是一个向量. 此向量为环线所在平面的法向量并且所指方向与环线成右手关系(图 13.59). 这个向量的长度给出流体旋转速率, 该速率通常随流线平面关于点 P 的倾斜度的变化而改变. 可以证明在 $\mathbf{F} = M\mathbf{j} + N\mathbf{j} + P\mathbf{k}$ 的流速

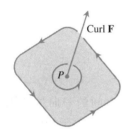

图 13.59 三维流体中一平面内点 P 的旋度向量. 请注意对流线的右手关系(法则).

场中最大环流速度的向量为

$$\operatorname{curl} \mathbf{F} = \left(\frac{\partial P}{\partial y} - \frac{\partial N}{\partial z} \right) \mathbf{i} + \left(\frac{\partial M}{\partial z} - \frac{\partial P}{\partial x} \right) \mathbf{j} + \left(\frac{\partial N}{\partial x} - \frac{\partial M}{\partial y} \right) \mathbf{k}. \tag{1}$$

应注意 $(\operatorname{curl} \mathbf{F}) \cdot \mathbf{k} = (\partial N/\partial x - \partial M/\partial y)$, 与我们在 13.4 节对 $\mathbf{F} = M\mathbf{i} + N\mathbf{j}$ 的旋度的定义一致. 公式(1)中的旋度 curl $\mathbf{F}$ 的公式常使用符号算子来写

$$\nabla = \mathbf{i} \frac{\partial}{\partial x} + \mathbf{j} \frac{\partial}{\partial y} + \mathbf{k} \frac{\partial}{\partial z}. \tag{2}$$

(符号∇读作 "del") 于是 F 的旋度是 $\nabla \times \mathbf{F}$:

$$\nabla \times \mathbf{F} = \begin{vmatrix} \mathbf{i} & \mathbf{j} & \mathbf{k} \\ \dfrac{\partial}{\partial x} & \dfrac{\partial}{\partial y} & \dfrac{\partial}{\partial z} \\ M & N & P \end{vmatrix}$$

$$= \left(\frac{\partial P}{\partial y} - \frac{\partial N}{\partial z} \right) \mathbf{i} + \left(\frac{\partial M}{\partial z} - \frac{\partial P}{\partial x} \right) \mathbf{j} + \left(\frac{\partial N}{\partial x} - \frac{\partial M}{\partial y} \right) \mathbf{k}$$

$$= \operatorname{curl} \mathbf{F}.$$

$$\operatorname{curl} \mathbf{F} = \nabla \times \mathbf{F} \tag{3}$$

例 1（求 curl F）　求 $\mathbf{F} = (x^2 - y)\mathbf{i} + 4z\mathbf{j} + x^2\mathbf{k}$ 的旋度.

解

$$\begin{aligned}
\operatorname{curl} \mathbf{F} &= \nabla \times \mathbf{F} \qquad\qquad \text{公式}(3)\\
&= \begin{vmatrix} \mathbf{i} & \mathbf{j} & \mathbf{k} \\ \dfrac{\partial}{\partial x} & \dfrac{\partial}{\partial y} & \dfrac{\partial}{\partial z} \\ x^2 - y & 4z & x^2 \end{vmatrix}\\
&= \left(\dfrac{\partial}{\partial y}(x^2) - \dfrac{\partial}{\partial z}(4z)\right)\mathbf{i} - \left(\dfrac{\partial}{\partial x}(x^2) - \dfrac{\partial}{\partial z}(x^2 - y)\right)\mathbf{j}\\
&\quad + \left(\dfrac{\partial}{\partial x}(4z) - \dfrac{\partial}{\partial y}(x^2 - y)\right)\mathbf{k}\\
&= (0 - 4)\mathbf{i} - (2x - 0)\mathbf{j} + (0 + 1)\mathbf{k}\\
&= -4\mathbf{i} - 2x\mathbf{j} + \mathbf{k}
\end{aligned}$$

以后还将看到，∇ 还有许多应用，例如，当应用到一个数量值函数 $f(x,y,z)$ 时，就得到 f 的梯度:

$$\nabla f = \dfrac{\partial f}{\partial x}\mathbf{i} + \dfrac{\partial f}{\partial y}\mathbf{j} + \dfrac{\partial f}{\partial z}\mathbf{k}.$$

这在此可读作"del f"或"grad f".

Stokes 定理

Stokes 定理说的是，在实际中，当条件被满足的情况下，空间的一向量场绕定向曲面的边界关于曲面单位法向量场 **n**（图 13.60）成逆时针方向上的环流量等于场的旋度的法向分量在曲面上的积分.

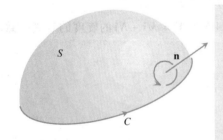

图 13.60　边界曲线 C 的定向是使该方向与法向场 **n** 成右手关系.

定理 5　Stokes 定理

向量场 $\mathbf{F} = M\mathbf{i} + N\mathbf{j} + P\mathbf{k}$ 绕一定向曲面 S 的边界 C 沿与曲面单位法向量 **n** 成逆时针方向上的环流量等于 $\nabla \times \mathbf{F} \cdot \mathbf{n}$ 在 S 上的积分:

$$\oint_C \mathbf{F} \cdot d\mathbf{r} = \iint_S \nabla \times \mathbf{F} \cdot \mathbf{n}\, d\sigma \qquad (4)$$

逆时针环量　　旋度积分

应注意:从公式(4)可知，若两定向曲面 S_1 和 S_2 有相同的边界 C，则它们的旋度积分相等:

$$\iint_{S_1} \nabla \times \mathbf{F} \cdot \mathbf{n}_1\, d\sigma = \iint_{S_2} \nabla \times \mathbf{F} \cdot \mathbf{n}_2\, d\sigma.$$

因为两个旋度积分都等于公式(4)左端的逆时针的环量积分，只要两单位法向量 $\mathbf{n}_1$ 和 $\mathbf{n}_2$ 分别

CD-ROM
WEBsite
历史传记

George Gabriel Stokes
(1819 — 1903)

对曲面定向正确.

自然,我们需要对 **F**, C 和 S 加以数学上的限定条件,以确保 Stokes 等式两边积分的存在. 通常的限定条件是所有涉及的函数以及导数都连续.

若 C 为 xy 平面的曲线,定向为逆时针,又 R 为 xy 平面以 C 为边界的区域,则 $d\sigma = dxdy$,且

$$(\nabla \times \mathbf{F}) \cdot \mathbf{n} = (\nabla \times \mathbf{F}) \cdot \mathbf{k} = \left(\frac{\partial N}{\partial x} - \frac{\partial M}{\partial y}\right).$$

在这些条件下,Stokes 公式就成为

$$\oint_C \mathbf{F} \cdot d\mathbf{r} = \iint_R \left(\frac{\partial N}{\partial x} - \frac{\partial M}{\partial y}\right) dxdy,$$

这便是格林定理的环量 - 旋度形式. 相反地,将这些步逆写过去就可以把二维场的格林定理的环量 - 旋度形式重新以"del"记法写作

$$\oint_C \mathbf{F} \cdot d\mathbf{r} = \iint_R \nabla \times \mathbf{F} \cdot \mathbf{k} \, dA. \tag{5}$$

见图 13.61.

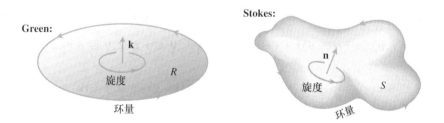

图 13.61 格林定理与 Stokes 定理.

例 2(对半球面验证 Stokes 公式) 对半球面 $S: x^2 + y^2 + z^2 = 9, z \geq 0$,其边界线 $C: x^2 + y^2 = 9, z = 0$ 验证公式(4),设 $\mathbf{F} = y\mathbf{i} - x\mathbf{j}$.

解 先计算绕 C 的逆时针环量(如图),用参数方程 $\mathbf{r}(\theta) = (3\cos\theta)\mathbf{i} + (3\sin\theta)\mathbf{j}$, $0 \leq \theta \leq 2\pi$,有

$$d\mathbf{r} = (-3\sin\theta d\theta)\mathbf{i} + (3\cos\theta d\theta)\mathbf{j}$$

$$\mathbf{F} = y\mathbf{i} - x\mathbf{j} = (3\sin\theta)\mathbf{i} - (3\cos\theta)\mathbf{j}$$

$$\mathbf{F} \cdot d\mathbf{r} = -9\sin^2\theta d\theta - 9\cos^2\theta d\theta = -9d\theta$$

$$\oint_C \mathbf{F} \cdot d\mathbf{r} = \int_0^{2\pi} (-9) d\theta = -18\pi.$$

再算 **F** 的旋度积分,

$$\nabla \times \mathbf{F} = \left(\frac{\partial P}{\partial y} - \frac{\partial N}{\partial z}\right)\mathbf{i} + \left(\frac{\partial M}{\partial z} - \frac{\partial P}{\partial x}\right)\mathbf{j} + \left(\frac{\partial N}{\partial x} - \frac{\partial M}{\partial y}\right)\mathbf{k}$$

$$= (0 - 0)\mathbf{i} + (0 - 0)\mathbf{j} + (-1 - 1)\mathbf{k} = -2k$$

$$\mathbf{n} = \frac{x\mathbf{i} + y\mathbf{j} + z\mathbf{k}}{\sqrt{x^2 + y^2 + z^2}} = \frac{x\mathbf{i} + y\mathbf{j} + z\mathbf{k}}{3} \qquad \text{单位外法向}$$

$$\mathrm{d}\sigma = \frac{3}{z}\mathrm{d}A \qquad \text{13.5节,例5,半径}\ a = 3$$

$$\nabla \times \mathbf{F} \cdot \mathbf{n}\,\mathrm{d}\sigma = -\frac{2z}{3}\frac{3}{z}\mathrm{d}A = -2\mathrm{d}A$$

及

$$\iint_S \nabla \times \mathbf{F} \cdot \mathbf{n}\,\mathrm{d}\sigma = \iint_{x^2+y^2 \le 9}(-2)\mathrm{d}A = -18\pi.$$

结果说明绕圆的环量等于在半球面上旋度的积分.

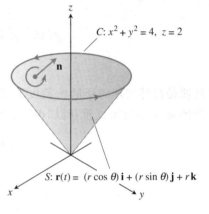

图 13.62 例 3 的曲线 C 和锥面 S.

例3(求环量) 求场 $\mathbf{F} = (x^2 - y)\mathbf{i} + 4z\mathbf{j} + x^2\mathbf{k}$ 绕锥 $z = \sqrt{x^2 + y^2}$ 和平面 $z = 2$ 的交线 C 的环量,从上面看下去为逆时针方向(图 13.62).

解 Stokes 定理保证我们能通过在锥面上的积分求出环量. 从上往下看 C 为逆时针方向,对应应该取锥面的内法向 $\mathbf{n}$ 作为锥的正向,法向的 z 分量为正.

锥面的参数方程为

$$\mathbf{r}(r,\theta) = (r\cos\theta)\mathbf{i} + (r\sin\theta)\mathbf{j} + r\mathbf{k}, \quad 0 \le r \le 2, 0 \le \theta \le 2\pi.$$

于是有

$$\mathbf{n} = \frac{\mathbf{r}_r \times \mathbf{r}_\theta}{|\mathbf{r}_r \times \mathbf{r}_\theta|} = \frac{-(r\cos\theta)\mathbf{i} - (r\sin\theta)\mathbf{j} + r\mathbf{k}}{r\sqrt{2}} \qquad \text{13.6节例4}$$

$$= \frac{1}{\sqrt{2}}(-(\cos\theta)\mathbf{i} - (\sin\theta)\mathbf{j} + \mathbf{k})$$

$$\mathrm{d}\sigma = r\sqrt{2}\,\mathrm{d}r\mathrm{d}\theta \qquad \text{13.6节例4}$$

$$\nabla \times \mathbf{F} = -4\mathbf{i} - 2x\mathbf{j} + \mathbf{k} = -4\mathbf{i} - 2r\cos\theta\mathbf{j} + \mathbf{k} \qquad \text{例1},\ x = r\cos\theta$$

据此

$$\nabla \times \mathbf{F} \cdot \mathbf{n} = \frac{1}{\sqrt{2}}(4\cos\theta + 2r\cos\theta\sin\theta + 1)$$

$$= \frac{1}{\sqrt{2}}(4\cos\theta + r\sin 2\theta + 1)$$

环量为

$$\oint_C \mathbf{F} \cdot \mathrm{d}\mathbf{r} = \iint_S \nabla \times \mathbf{F} \cdot \mathbf{n}\,\mathrm{d}\sigma \qquad \text{Stokes 定理,公式(4)}$$

$$= \int_0^{2\pi}\int_0^2 \frac{1}{\sqrt{2}}(4\cos\theta + r\sin 2\theta + 1)(r\sqrt{2}\,\mathrm{d}r\mathrm{d}\theta) = 4\pi.$$

$\nabla \times \mathbf{F}$ 的蹼轮含义

设 $\mathbf{v}(x,y,z)$ 为流体的速度,流体在点 (x,y,z) 的密度为 $\delta(x,y,z)$,并令 $\mathbf{F} = \delta\mathbf{v}$,则

$$\oint_C \mathbf{F} \cdot d\mathbf{r}$$

是流体绕闭曲线 C 的环量. 根据 Stokes 定理,环量等于 $\nabla \times \mathbf{F}$ 通过以 C 为边界的曲面 S 的通量:

$$\oint_C \mathbf{F} \cdot d\mathbf{r} = \iint_S \nabla \times \mathbf{F} \cdot \mathbf{n}\, d\sigma.$$

假定我们将 $\mathbf{F}$ 的定义域内一点 Q 固定,并设在点 Q 的方向向量为 $\mathbf{u}$. 再设 C 为以 Q 为中心、半径为 ρ 的圆,它所在平面的法向为 $\mathbf{u}$. 若 $\nabla \times \mathbf{F}$ 在 Q 连续,则 $\nabla \times \mathbf{F}$ 的 $\mathbf{u}$ 分量在以 C 为边界的圆盘 S 上的积分平均值,当 $\rho \to 0$ 时趋于 $\nabla \times \mathbf{F}$ 在点 Q 的 $\mathbf{u}$ 分量:

$$(\nabla \times \mathbf{F} \cdot \mathbf{u})_Q = \lim_{\rho \to 0} \frac{1}{\pi \rho^2} \iint_S \nabla \times \mathbf{F} \cdot \mathbf{u}\, d\sigma.$$

如果在这最后一个等式中用环量代换这个二重积分,得

$$(\nabla \times \mathbf{F} \cdot \mathbf{u})_Q = \lim_{\rho \to 0} \frac{1}{\pi \rho^2} \oint_C \mathbf{F} \cdot d\mathbf{r}. \tag{6}$$

等式(6)左边当 $\mathbf{u}$ 就是 $\nabla \times \mathbf{F}$ 的方向时取最大值. 当 ρ 很小时,等式(6)右端的极限近似是

$$\frac{1}{\pi \rho^2} \oint_C \mathbf{F} \cdot d\mathbf{r},$$

它等于绕 C 的环量除以圆盘的面积(环量密度). 假设一个半径为 ρ 的小蹼轮放入流体中点 Q,让它的转轴指向 $\mathbf{u}$. 那么流体绕 C 的环量就将影响这个蹼轮旋转的速率. 当环量积分最大时,轮子旋转得最快;而它转得最快是当轮轴指向 $\nabla \times \mathbf{F}$ 的方向时(见图13.63).

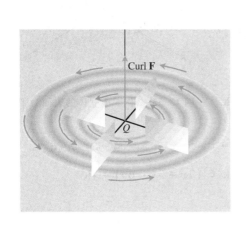

图 13.63　curl $\mathbf{F}$ 的蹼轮含义.

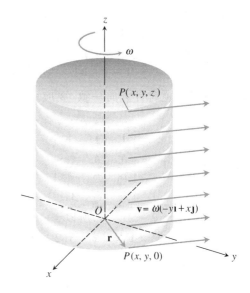

图 13.64　平行于 xy 平面的以常角速度 ω 按正向(逆时针)旋转的稳定流体.

例 4(分析 $\nabla \times \mathbf{F}$ 与环量密度的关系) 常密度流体以速度 $\mathbf{v} = \omega(-y\mathbf{i} + x\mathbf{j})$ 绕 z 轴旋转,其中 ω 为常数,称作旋转的角速度(图13.64). 若 $\mathbf{F} = \mathbf{v}$,求 $\nabla \times \mathbf{F}$,再考察它与环量密度的关系.

解　因 $\mathbf{F} = \mathbf{v} = -\omega y \mathbf{i} + \omega x \mathbf{j}$,

$$\nabla \times \mathbf{F} = \left(\frac{\partial P}{\partial y} - \frac{\partial N}{\partial z}\right)\mathbf{i} + \left(\frac{\partial M}{\partial z} - \frac{\partial P}{\partial x}\right)\mathbf{j} + \left(\frac{\partial N}{\partial x} - \frac{\partial M}{\partial y}\right)\mathbf{k}$$
$$= (0 - 0)\mathbf{i} + (0 - 0)\mathbf{j} + (\omega - (-\omega))\mathbf{k}$$
$$= 2\omega\mathbf{k}.$$

根据 Stokes 定理,$\mathbf{F}$ 绕以 $\nabla \times \mathbf{F}$ 为法向的平面内的半径为 ρ 的圆周 C 的环流量(比如说,平面为 xy 平面)等于

$$\oint_C \mathbf{F} \cdot d\mathbf{r} = \iint_S \nabla \times \mathbf{F} \cdot \mathbf{n} \, d\sigma$$
$$= \iint_S 2\omega \mathbf{k} \cdot \mathbf{k} dx dy = (2\omega)(\pi\rho^2).$$

于是

$$(\nabla \times \mathbf{F}) \cdot \mathbf{k} = 2\omega = \frac{1}{\pi\rho^2}\oint_C \mathbf{F} \cdot d\mathbf{r},$$

这与公式(6)$\mathbf{u} = \mathbf{k}$ 时相一致.

例 5(应用 Stokes 定理) 用 Stokes 定理计算 $\int_C \mathbf{F} \cdot d\mathbf{r}$,设 $\mathbf{F} = xz\mathbf{i} + xy\mathbf{j} + 3xz\mathbf{k}$,曲线 C 为平面 $2x + y + z = 2$ 在第一卦限部分的边界,且从上方看,为逆时针方向(见图 13.65).

解 函数 $f(x,y,z) = 2x + y + z$ 的等位面 $f(x,y,z) = 2$ 为平面. 其单位法向量

$$\mathbf{n} = \frac{\nabla f}{|\nabla f|} = \frac{(2\mathbf{i} + \mathbf{j} + \mathbf{k})}{|2\mathbf{i} + \mathbf{j} + \mathbf{k}|} = \frac{1}{\sqrt{6}}(2\mathbf{i} + \mathbf{j} + \mathbf{k})$$

的方向与 C 的逆时针方向一致. 要应用 Stokes 定理,先求

$$\text{curl } \mathbf{F} = \nabla \times \mathbf{F} = \begin{vmatrix} \mathbf{i} & \mathbf{j} & \mathbf{k} \\ \frac{\partial}{\partial x} & \frac{\partial}{\partial y} & \frac{\partial}{\partial z} \\ xz & xy & 3xz \end{vmatrix} = (x - 3z)\mathbf{j} + y\mathbf{k}.$$

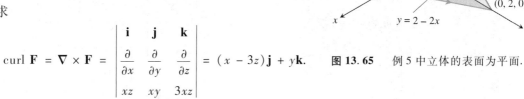

图 13.65 例 5 中立体的表面为平面.

又在平面上,$z = 2 - 2x - y$,所以

$$\nabla \times \mathbf{F} = (x - 3(2 - 2x - y))\mathbf{j} + y\mathbf{k} = (7x + 3y - 6)\mathbf{j} + y\mathbf{k}$$

又

$$\nabla \times \mathbf{F} \cdot \mathbf{n} = \frac{1}{\sqrt{6}}(7x + 3y - 6 + y) = \frac{1}{\sqrt{6}}(7x + 4y - 6).$$

而面积微元为

$$d\sigma = \frac{|\nabla f|}{|\nabla f \cdot \mathbf{k}|}dA = \frac{\sqrt{6}}{1}dxdy.$$

于是环量为

$$\oint_C \mathbf{F} \cdot d\mathbf{r} = \iint_S \nabla \times \mathbf{F} \cdot \mathbf{n} d\sigma \qquad \text{Stokes 定理,式(4)}$$

$$= \int_0^1 \int_0^{2-2x} \frac{1}{\sqrt{6}}(7x+4y-6)\sqrt{6}\,dy\,dx$$

$$= \int_0^1 \int_0^{2-2x} (7x+4y-6)\,dy\,dx = -1.$$

有关多面体的 Stokes 定理的证明

设 S 是由有限个平面区域组成一个多面体表面(想像成一个"Buckminster Fuller"式大教堂的测地屋顶). 将 Green 定理用于 S 的每一片平面. 有两类平面:

1. 所有边界均被其它平面环绕的平面.

2. 有一条或几条边界不与其它平面相邻的平面.

此处 S 的所有边界面 Δ 由第 2 类平面组成,它们不与其它平面相邻. 在图 13.66 中,三角形 EAB, BCE 和 CDE 为 S 的一部分,均属边界面 Δ 的 $ABCD$ 部分. 依次对这三个三角形使用 Green 定理,再将结果加在一起,得

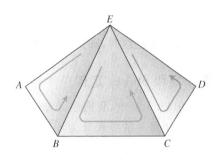

图 13.66 多面体表面的一部分

$$\left(\oint_{EAB} + \oint_{BCE} + \oint_{CDE}\right)\mathbf{F}\cdot d\mathbf{r} = \left(\iint_{EAB} + \iint_{BCE} + \iint_{CDE}\right)\nabla\times\mathbf{F}\cdot\mathbf{n}\,d\sigma. \tag{7}$$

(7)式左边的三个线积分合并成一个沿边界 $ABCDE$ 的线积分,是因为沿内部线段的线积分一对对地抵消了. 例如,沿三角形 ABE 的边界 BE 的线积分正好与沿三角形 EBC 的同一线段的积分的符号相反;对 CE 段结果同样成立. 因此,(7)式转换为

$$\oint_{ABCDE} \mathbf{F}\cdot d\mathbf{r} = \iint_{ABCDE} \nabla\times\mathbf{F}\cdot\mathbf{n}\,d\sigma.$$

当我们将 Green 定理用于所有平面,然后将结果加起来,得

$$\oint_{\Delta} \mathbf{F}\cdot d\mathbf{r} = \iint_S \nabla\times\mathbf{F}\cdot\mathbf{n}\,d\sigma.$$

这就是对多面体表面 S 的 Stokes 定理. 在高等微积分教程中你可以找到更一般表面(曲面)的该定理的证明.

有洞曲面的 Stokes 定理

Stokes 定理可推广到有一个或多个洞的定了侧的曲面 S 的情况(见图 13.67),以类似于 Green 定理的推广的方法: $\nabla\times\mathbf{F}$ 的法向分量在 S 上的面积分等于 $\mathbf{F}$ 的切向分量绕所有边界曲线的线积分的和. 其中线积分是沿 S 定了向后而确定的方向积分.

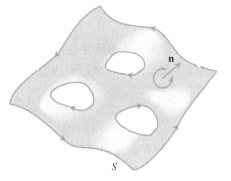

图 13.67 对有洞定了侧的曲面的 Stokes 定理

一个重要恒等式

以下等式在数学及物理中多次出现.

$$\boxed{\operatorname{curl}\operatorname{grad} f = \mathbf{0} \quad \text{或} \quad \nabla \times \nabla f = \mathbf{0}} \tag{8}$$

上述等式对所有具有连续二阶偏导数的函数 $f(x,y,z)$ 都成立. 证明如下:

$$\nabla \times \nabla f = \begin{vmatrix} \mathbf{i} & \mathbf{j} & \mathbf{k} \\ \dfrac{\partial}{\partial x} & \dfrac{\partial}{\partial y} & \dfrac{\partial}{\partial z} \\ \dfrac{\partial f}{\partial x} & \dfrac{\partial f}{\partial y} & \dfrac{\partial f}{\partial z} \end{vmatrix} = (f_{zy} - f_{yz})\mathbf{i} - (f_{zx} - f_{xz})\mathbf{j} + (f_{yx} - f_{xy})\mathbf{k}.$$

当二阶偏导连续时,圆括号中的混合二阶偏导数相等,因而向量为零向量.

保守场和 Stokes 定理

在 13.3 节中,我们已经知道了. 说场 $\mathbf{F}$ 是空间一个开区域 D 内的保守场,等价于说 $\mathbf{F}$ 沿 D 内任一闭路上的线积分为零. 这一点,换言之,又等价于说在简单连通开区域,$\nabla \times \mathbf{F} = \mathbf{0}$. 区域 D 称为**简单连通**,是指 D 内任一闭路保持总不离开 D 而可微缩为 D 内一点. 例如,D 是由一条线移动形成空间,这样的 D 就不会是简单连通的. 因无法不离开 D 又能使围绕这条线的环路缩成一点. 可是另一方面,空间本身是单连通的.

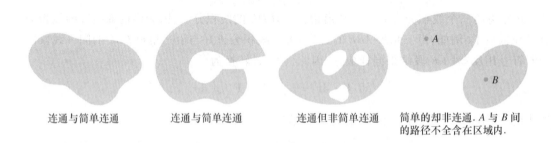

连通与简单连通　　连通与简单连通　　连通但非简单连通　　简单的却非连通. A 与 B 间的路径不全含在区域内.

图 13.68　　连通与简单连通不一样. 由一者推不出另一者,如以上平面区域图形所示. 要做表示这些性质的三维区域,可加厚这些平面区域成柱体区域.

> **定理 6**　**旋度 $\mathbf{F} = \mathbf{0}$ 与闭路性质的关系**
> 若在空间一简单连通开区域 D 内每一点上 $\nabla \times \mathbf{F} = \mathbf{0}$,则沿 D 内任一分段光滑闭路 C,均有
> $$\oint_C \mathbf{F} \cdot d\mathbf{r} = 0.$$

简要证明　　定理 6 的证明通常分两步. 第一步先对简闭曲线. 由高等数学分支"拓扑学"中一个定理可知,在简单连通开区域 D 内每一可微简单闭曲线 C 都是同样位于 D 内的一个双侧光滑曲面 S 的边界. 因此,用 Stokes 定理,

$$\oint_C \mathbf{F} \cdot d\mathbf{r} = \iint_S \nabla \times \mathbf{F} \cdot \mathbf{n}\, d\sigma = 0.$$

第二步再对如图 13.69 所示的那些有交的曲线作证明. 证明思想是将其分成张开定向曲面的一个个简单闭路,分别应用 Stokes 定理,再将所有结果加起来.

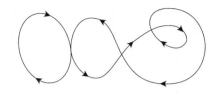

图 13.69 在空间简单连通开区域内,自身相交的可微曲线可以分成一个个环路,从而可在每个环路上用 Stokes 定理.

下列图示将定义在连通的,简单连通开区域的保守场的有关结果做概括总结.

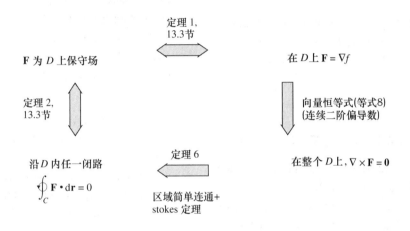

习题 13.7

用 Stokes 定理计算环量

题 1 – 6 用 Stokes 定理中的面积分计算场 **F** 绕指定方向沿曲线 C 的环量.

1. $\mathbf{F} = x^2 \mathbf{i} + 2x \mathbf{j} + z^2 \mathbf{k}$
   C:xy 平面中的椭圆 $4x^2 + y^2 = 4$,从上看为逆时针方向.

2. $\mathbf{F} = 2y \mathbf{i} + 3x \mathbf{j} - z^2 \mathbf{k}$
   C:xy 平面中的圆 $x^2 + y^2 = 9$,从上看为逆时针方向.

3. $\mathbf{F} = y \mathbf{i} + xz \mathbf{j} + z^2 \mathbf{k}$
   C:为平面 $x + y + 1 = 1$ 被第一卦限所截三角形的边界,方向从上方看为逆时针.

4. $\mathbf{F} = (y^2 + z^2) \mathbf{i} + (x^2 + z^2) \mathbf{j} + (x^2 + y^2) \mathbf{k}$
   C:为平面 $x + y + z = 1$ 被第一卦限所截三角形的边界,方向从上看为逆时针.

5. $\mathbf{F} = (y^2 + z^2) \mathbf{i} + (x^2 + y^2) \mathbf{j} + (x^2 + y^2) \mathbf{k}$
   C:以 $x = \pm 1$ 和 $y = \pm 1$ 为边界的正方形,方向从上方看为逆时针.

6. $\mathbf{F} = x^2 y^3 \mathbf{i} + \mathbf{j} + z \mathbf{k}$
   C:为圆柱面 $x^2 + y^2 = 4$ 与半球面 $x^2 + y^2 + z^2 = 16$,$z \geq 0$ 的相交截口曲线.

旋度的流量

7. 设 **n** 为椭球壳 S:$4x^2 + 9y^2 + 36z^2 = 36$,$z \geq 0$ 的单位外法向量,并设:

$$\mathbf{F} = y\mathbf{i} + x^2\mathbf{j} + (x^2+y^4)^{\frac{3}{2}}\sin e^{\sqrt{xyz}}\mathbf{k}.$$

求积分 $\iint_S \nabla \times \mathbf{F} \cdot \mathbf{n}\, d\sigma$ 的值.(提示:椭球壳底面的椭圆的参数式:$x=3\cos t, y=2\sin t, 0 \leqslant t \leqslant 2\pi$.)

8. 设 $\mathbf{n}$ 为抛物面壳
$$S: 4x^2 + y + z^2 = 4, \quad y \geqslant 0,$$
的单位外法向量(从区域向外指),并设
$$\mathbf{F} = \left(-z + \frac{1}{2+x}\right)\mathbf{i} + (\tan^{-1}y)\mathbf{j} + \left(x + \frac{1}{4+z}\right)\mathbf{k}.$$
求积分 $\iint_S \nabla \times \mathbf{F} \cdot \mathbf{n}\, d\sigma$ 的值.

9. 设 S 为圆柱面 $x^2+y^2=a^2, 0 \leqslant z \leqslant h$,其顶面为 $x^2+y^2 \leqslant a^2, z=h$,设 $\mathbf{F} = -y\mathbf{i} + x\mathbf{j} + x^2\mathbf{k}$,用 Stokes 定理求 $\nabla \times \mathbf{F}$ 向外穿出 S 的流量.

10. 计算 $\iint_S \nabla \times (y\mathbf{i}) \cdot \mathbf{n}\, d\sigma$,其中 S 为半球面 $x^2+y^2+z^2=1, z \geqslant 0$.

11. **F 的旋度的流量** 证明:$\iint_S \nabla \times \mathbf{F} \cdot \mathbf{n}\, d\sigma$ 对一切曲线 C 上定向的曲面 S 具有同样的值,并且都可以化为同一正方向 C 上的积分.

12. **为学而写** 设 $\mathbf{F}$ 为定义在包含一光滑定了侧的闭曲面 S 及其内部的区域上的可微向量场. $\mathbf{n}$ 为 S 上的单位法向量场.假设 S 为两曲面 S_1 和 S_2 的并,其交线 L 为一光滑简单闭曲线.关于积分 $\iint_S \nabla \times \mathbf{F} \cdot \mathbf{n}\, d\sigma$ 可以得出什么结论?说明你答案的理由.

Stokes 定理用于参数曲面

第 13-18 题用 Stokes 定理中曲面积分计算场 **F** 的旋度沿单位外法方向 **n** 穿过曲面 S 的流量.

13. $\mathbf{F} = 2z\mathbf{i} + 3x\mathbf{j} + 5y\mathbf{k}$
$S: \mathbf{r}(r,\theta) = (r\cos\theta)\mathbf{i} + (r\sin\theta)\mathbf{j} + (4-r^2)\mathbf{k}$,
$0 \leqslant r \leqslant 2, 0 \leqslant \theta \leqslant 2\pi$

14. $\mathbf{F} = (y-z)\mathbf{i} + (z-x)\mathbf{j} + (x+z)\mathbf{k}$
$S: \mathbf{r}(r,\theta) = (r\cos\theta)\mathbf{i} + (r\sin\theta)\mathbf{j} + (9-r^2)\mathbf{k}$,
$0 \leqslant r \leqslant 3, 0 \leqslant \theta \leqslant 2\pi$

15. $\mathbf{F} = x^2y\mathbf{i} + 2y^3z\mathbf{j} + 3z\mathbf{k}$
$S: \mathbf{r}(r,\theta) = (r\cos\theta)\mathbf{i} + (r\sin\theta)\mathbf{j} + r\mathbf{k}, 0 \leqslant r \leqslant 1$,
$0 \leqslant \theta \leqslant 2\pi$

16. $\mathbf{F} = (x-y)\mathbf{i} + (y-z)\mathbf{j} + (z-x)\mathbf{k}$
$S: \mathbf{r}(r,\theta) = (r\cos\theta)\mathbf{i} + (r\sin\theta)\mathbf{j} + (5-r)\mathbf{k}$,
$0 \leqslant r \leqslant 5, 0 \leqslant \theta \leqslant 2\pi$

17. $\mathbf{F} = 3y\mathbf{i} + (5-2x)\mathbf{j} + (z^2-2)\mathbf{k}$
$S: \mathbf{r}(\phi,\theta) = (\sqrt{3}\sin\phi\cos\theta)\mathbf{i} + (\sqrt{3}\sin\phi\sin\theta)\mathbf{j} + (\sqrt{3}\cos\phi)\mathbf{k}, 0 \leqslant \phi \leqslant \pi/2, 0 \leqslant \theta \leqslant 2\pi$

18. $\mathbf{F} = y^2\mathbf{i} + z^2\mathbf{j} + x\mathbf{k}$
$S: \mathbf{r}(\phi,\theta) = (2\sin\phi\cos\theta)\mathbf{i} + (2\sin\phi\sin\theta)\mathbf{j} + (2\cos\phi)\mathbf{k}, 0 \leqslant \phi \leqslant \pi/2, 0 \leqslant \theta \leqslant 2\pi$

理论与例子

19. **零环量** 用恒等式 $\nabla \times \nabla f = \mathbf{0}$(正文中等式(8))和 Stokes 定理证明下列场绕空间任一光滑可定向曲面边界的环量都为零.
    (a) $\mathbf{F} = 2x\mathbf{i} + 2y\mathbf{j} + 2z\mathbf{k}$
    (b) $\mathbf{F} = \nabla(xy^2z^3)$
    (c) $\mathbf{F} = \nabla \times (x\mathbf{i} + y\mathbf{j} + z\mathbf{k})$
    (d) $\mathbf{F} = \nabla f$

20. **零环量** 设 $f(x,y,z) = (x^2+y^2+z^2)^{-\frac{1}{2}}$.证明场 $\mathbf{F} = \nabla f$ 沿顺时针绕 xy 平面内的圆 $x^2+y^2=a^2$ 的环量为零:
    (a) 用参数式 $\mathbf{r} = (a\cos t)\mathbf{i} + (a\sin t)\mathbf{j}, 0 \leqslant t \leqslant 2\pi$,在圆上对 $\mathbf{F} \cdot d\mathbf{r}$ 作线积分.
    (b) 应用 Stokes 定理.

21. 设 C 为平面 $2x+2y+z=2$ 内一简单光滑闭曲线,方向如图所示.证明
$$\oint_C 2y\,dx + 3z\,dy - x\,dz$$

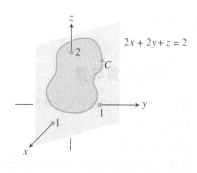

仅依赖由 C 所围区域的面积而不依赖 C 的位置和形状.

22. 证明:如果 $\mathbf{F} = x\mathbf{i} + y\mathbf{j} + z\mathbf{k}$,那么 $\nabla \times \mathbf{F} = \mathbf{0}$.

23. 求具二阶可微分量的向量场,使其旋度为 $x\mathbf{i} + y\mathbf{j} + z\mathbf{k}$,或证明不存在这样的场.

24. **为学而写** Stokes 定理关于其旋度为零的场中的环量讲到什么特性了吗?说明你答案的理由.

25. 令 R 为 xy 平面内一区域,其边界 C 为分段光滑简单闭曲线,另设 R 关于 x 轴、y 轴的惯性矩已知,分别为 I_x 和 I_y. 计算积分

$$\oint_C \nabla(r^4) \cdot \mathbf{n}\, ds,$$

其中 $r = \sqrt{x^2+y^2}$,结果用 I_x, I_y 表示.

26. 零旋度,但非保守场 证明

$$\mathbf{F} = \frac{-y}{x^2+y^2}\mathbf{i} + \frac{x}{x^2+y^2}\mathbf{j} + z\mathbf{k}$$

的旋度为零,但积分 $\oint_C \mathbf{F} \cdot d\mathbf{r}$ 不是零,当 C 为 xy 平面内的圆 $x^2+y^2=1$. (定理 6 在此不能用,因为 $\mathbf{F}$ 的定义域非简单连通. 场 $\mathbf{F}$ 沿 z 轴无定义. 因而无法不离开 $\mathbf{F}$ 的定义域又使 C 可以缩成一点.)

13.8 散度定理及统一化理论

三维空间中的散度 • 散度定理 • 特殊区域上的散度定理的证明 • 其它区域的散度定理 • 高斯(Gauss)定律:电磁理论四大定律之一 • 流体动力学的连续性方程 • 统一化的积分定理

平面内散度形式的 Green 定理讲的是,向量场穿过一简单闭曲线的向外净流量,可以通过对由曲线所围区域上场的散度作积分而得,三维空间中相应的定理,称为散度定理,是讲空间一向量场穿过一闭曲面的向外净流量可以通过由曲面所围区域上场的散度积分进行计算. 本节里,我们将证明散度定理并讲解定理如何简化流量的计算. 我们还将推导关于电场通量的 Gauss 定律和流体动力学的连续性方程. 最后,将把几章的向量积分理论统一成一个基本定理.

三维空间中的散度

向量场 $\mathbf{F} = M(x,y,z)\mathbf{i} + N(x,y,z)\mathbf{j} + P(x,y,z)\mathbf{k}$ 的**散度**是数量函数

$$\text{div } \mathbf{F} = \nabla \cdot \mathbf{F} = \frac{\partial M}{\partial x} + \frac{\partial N}{\partial y} + \frac{\partial P}{\partial z}. \tag{1}$$

"div $\mathbf{F}$" 读作 "$\mathbf{F}$ 的散度" 或 "div $\mathbf{F}$". 记号 $\nabla \cdot \mathbf{F}$ 读作 "del 点 $\mathbf{F}$."

三维中 Div $\mathbf{F}$ 与二维的具有同样的物理意义. 若 $\mathbf{F}$ 是一流体的速度场,则 div$\mathbf{F}$ 在一点 (x,y,z) 的值就是流体在点 (x,y,z) 被注入或抽走的速率. 或说散度是每单位体积的流量或在该点的流量密度.

例 1(求散度)   求 $\mathbf{F} = 2xz\mathbf{i} - xy\mathbf{j} - z\mathbf{k}$ 的散度.

解 $\mathbf{F}$ 的散度为

$$\nabla \cdot \mathbf{F} = \frac{\partial}{\partial x}(2xz) + \frac{\partial}{\partial y}(-xy) + \frac{\partial}{\partial z}(-z) = 2z - x - 1.$$

历史传记

Mikhail Vasilievich Ostrogradsky
(1801 — 1862)

散度定理

散度定理说的是,在适当的条件下,一向量场通过一闭曲面向外的流量(曲面定向向外)等于该场通过曲面所围区域的散度的三重积分.

> **定理 7　散度定理**
>
> 向量场 $\mathbf{F}$ 通过闭曲面 S 的沿其单位外法方向的流量等于 $\nabla \cdot \mathbf{F}$ 在由曲面所围区域 D 上的三重积分：
>
> $$\iint\limits_S \mathbf{F} \cdot \mathbf{n} \mathrm{d}\sigma = \iiint\limits_D \nabla \cdot \mathbf{F} \mathrm{d}V. \tag{2}$$
>
> 　　　向外流量　　散度的积分

例 2（验证散度定理）　对场 $\mathbf{F} = x\mathbf{i} + y\mathbf{i} + z\mathbf{k}$ 在球面 $x^2 + y^2 + z^2 = a^2$ 上分别计算等式 (2) 的两边, 验证散度定理.

解　由计算 $f(x,y,z) = x^2 + y^2 + z^2 - a^2$ 的梯度, 求出 S 的单位外法方向向量

$$\mathbf{n} = \frac{2(x\mathbf{i} + y\mathbf{j} + z\mathbf{k})}{\sqrt{4(x^2 + y^2 + z^2)}} = \frac{x\mathbf{i} + y\mathbf{j} + z\mathbf{k}}{a}.$$

因而

$$\mathbf{F} \cdot \mathbf{n} \, \mathrm{d}\sigma = \frac{x^2 + y^2 + z^2}{a} \mathrm{d}\sigma = \frac{a^2}{a} \mathrm{d}\sigma = a \mathrm{d}\sigma$$

这里因在球面上, $x^2 + y^2 + z^2 = a^2$, 于是

$$\iint\limits_S \mathbf{F} \cdot \mathbf{n} \, \mathrm{d}\sigma = \iint\limits_S a \mathrm{d}\sigma = a \iint\limits_S \mathrm{d}\sigma = a(4\pi a^2) = 4\pi a^3.$$

又 $\mathbf{F}$ 的散度为

$$\nabla \cdot \mathbf{F} = \frac{\partial}{\partial x}(x) + \frac{\partial}{\partial y}(y) + \frac{\partial}{\partial z}(z) = 3,$$

所以

$$\iiint\limits_D \nabla \cdot \mathbf{F} \mathrm{d}V = \iiint\limits_D 3 \mathrm{d}V = 3\left(\frac{4}{3}\pi a^3\right) = 4\pi a^3.$$

例 3（求流量）　求 $\mathbf{F} = xy\mathbf{i} + yz\mathbf{j} + xz\mathbf{k}$ 通过第一卦限被平面 $x = 1, y = 1$ 和 $z = 1$ 所截正方体表面向外的流量.

解　这里不再对正方体六个表面一个算一次, 共作 6 次积分, 流量为 6 个积分的和, 而是对散度积分求流量.

$$\nabla \cdot \mathbf{F} = \frac{\partial}{\partial x}(xy) + \frac{\partial}{\partial y}(yz) + \frac{\partial}{\partial z}(xz) = y + z + x$$

在立方体上作积分

$$\text{流量} = \iint\limits_{\text{立方体界面}} \mathbf{F} \cdot \mathbf{n} \, \mathrm{d}\sigma = \iiint\limits_{\text{立体内部}} \nabla \cdot \mathbf{F} \mathrm{d}V \quad \text{散度定理}$$

$$= \int_0^1 \int_0^1 \int_0^1 (x + y + z) \mathrm{d}x \, \mathrm{d}y \, \mathrm{d}z = \frac{3}{2}. \quad \text{常规积分}$$

特殊区域上的散度定理的证明

为证明散度定理, 假设 $\mathbf{F}$ 的各分量均具有一阶连续偏导数, 并假定 D 为没有洞或气泡的凸区域, 如一个球体、立方体, 或椭球, 且 S 为分片光滑曲面. 另外, 还假设任一条过区域 R_{xy}（为 D

在 xy 平面上的投影区域)的一内点垂直于 xy 平面的直线与曲面 S 仅相交于两点,而且产生两部分界面

$S_1:\quad z = f_1(x,y), (x,y)$ 在 R_{xy} 内,
$S_2:\quad z = f_2(x,y), (x,y)$ 在 R_{xy} 内, 有 $f_1 \leqslant f_2$.

对于 D 在其它坐标平面上的投影也作类似假设(见图 13.70).

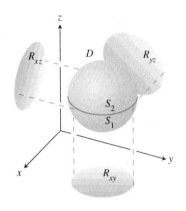

图 13.70 此处先对这类三维区域证明散度定理. 然后再把定理推广至其它区域.

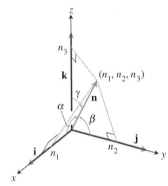

图 13.71 单位法向量 **n** 的数量分量为它与 **i**,**j**,**k** 的夹角 α,β,γ 的余弦.

单位法向量 $\mathbf{n} = n_1\mathbf{i} + n_2\mathbf{j} + n_3\mathbf{k}$ 的三个分量分别为 **n** 与 **i**,**j**,**k** 夹角的余弦(图 13.71). 这是因为这里涉及的所有向量均是单位向量,于是有

$$n_1 = \mathbf{n} \cdot \mathbf{i} = |\mathbf{n}||\mathbf{i}|\cos\alpha = \cos\alpha$$
$$n_2 = \mathbf{n} \cdot \mathbf{j} = |\mathbf{n}||\mathbf{j}|\cos\beta = \cos\beta$$
$$n_3 = \mathbf{n} \cdot \mathbf{k} = |\mathbf{n}||\mathbf{k}|\cos\gamma = \cos\gamma.$$

因此

$$\mathbf{n} = (\cos\alpha)\mathbf{i} + (\cos\beta)\mathbf{j} + (\cos\gamma)\mathbf{k}$$

且

$$\mathbf{F} \cdot \mathbf{n} = M\cos\alpha + N\cos\beta + P\cos\gamma.$$

以分量形式写散度定理为

$$\iint\limits_S (M\cos\alpha + N\cos\beta + P\cos\gamma)\mathrm{d}\sigma = \iiint\limits_D \left(\frac{\partial M}{\partial x} + \frac{\partial N}{\partial y} + \frac{\partial P}{\partial z}\right)\mathrm{d}x\,\mathrm{d}y\,\mathrm{d}z.$$

事实上要证明定理只需通过证明下三个等式:

$$\iint\limits_S M\cos\alpha\,\mathrm{d}\sigma = \iiint\limits_D \frac{\partial M}{\partial x}\mathrm{d}x\,\mathrm{d}y\,\mathrm{d}z \tag{3}$$

$$\iint\limits_S N\cos\beta\,\mathrm{d}\sigma = \iiint\limits_D \frac{\partial N}{\partial y}\mathrm{d}x\,\mathrm{d}y\,\mathrm{d}z \tag{4}$$

$$\iint\limits_S P\cos\gamma\,\mathrm{d}\sigma = \iiint\limits_D \frac{\partial P}{\partial z}\mathrm{d}x\,\mathrm{d}y\,\mathrm{d}z \tag{5}$$

要证明(5)式,得把左端的曲面积分转换成 D 在 xy 平面的投影区域 R_{xy} 上的二重积分(图 13.72). 曲面 S 由上半部分 S_2,其方程为 $z = f_2(x,y)$ 及下部分 S_1,其方程为 $z = f_1(x,y)$ 构成. 在 S_2 上,其外法向 **n** 的 **k** 分量为正值,且

$$\cos\gamma\mathrm{d}\sigma = \mathrm{d}x\,\mathrm{d}y \quad \text{因为} \quad \mathrm{d}\sigma = \frac{\mathrm{d}A}{|\cos\gamma|} = \frac{\mathrm{d}x\,\mathrm{d}y}{\cos\gamma}.$$

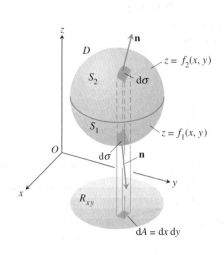
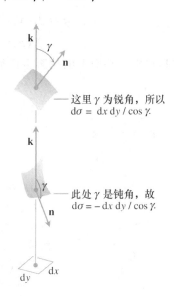

图 13.72 此处显示由曲面 S_1 和 S_2 所围三维区域 D 垂直投影到 xy 平面上的一个二维区域 R_{xy}.

图 13.73 这是图 13.72 一小区域放大了的视图. 关系式 $\mathrm{d}\sigma = \pm\mathrm{d}x\,\mathrm{d}y/\cos\gamma$ 是 13.5 节推导的结果.

见图 13.73. 在 S_1, 其外法向 **n** 的 **k** 分量为负, 且
$$\cos\gamma\mathrm{d}\sigma = -\mathrm{d}x\,\mathrm{d}y.$$
因此
$$\iint_S P\cos\gamma\,\mathrm{d}\sigma = \iint_{S_2} P\cos\gamma\,\mathrm{d}\sigma + \iint_{S_1} P\cos\gamma\,\mathrm{d}\sigma$$
$$= \iint_{R_{xy}} P(x,y,f_2(x,y))\,\mathrm{d}x\,\mathrm{d}y - \iint_{R_{xy}} P(x,y,f_1(x,y))\,\mathrm{d}x\,\mathrm{d}y$$
$$= \iint_{R_{xy}} [P(x,y,f_2(x,y)) - P(x,y,f_1(x,y))]\,\mathrm{d}x\,\mathrm{d}y$$
$$= \iint_{R_{xy}} \left[\int_{f_1(x,y)}^{f_2(x,y)} \frac{\partial P}{\partial z}\,\mathrm{d}z\right]\mathrm{d}x\,\mathrm{d}y = \iiint_D \frac{\partial P}{\partial z}\,\mathrm{d}z\,\mathrm{d}x\,\mathrm{d}y.$$

这就证明了(5)式.

(3) 与 (4) 式的证明有相同的形式; 或依次置换 $x,y,z;M,N,P;\alpha,\beta,\gamma$, 用(5)式也可得到 (3)、(4) 式.

其它区域的散度定理

散度定理可以推广到那些区域, 即可被分成有限个刚论及过的简单区域的区域, 和推广到能以某种方式定义为更简单区域的极限的那种区域. 例如, 假设 D 为两同心球间的区域, **F** 的

分量在整个 D 及其边界曲面上连续可微. 用赤道平面劈开 D 并将散度定理分别用于每一半. 下半部 D_1, 如图 13.74 所示. D_1 的边界曲面 S_1 由一个外部半球,一个垫圈形平面的底和一个内半球组成, 散度定理给出

$$\iint_{S_1} \mathbf{F} \cdot \mathbf{n}_1 \mathrm{d}\sigma_1 = \iiint_{D_1} \nabla \cdot \mathbf{F} \mathrm{d}V_1, \tag{6}$$

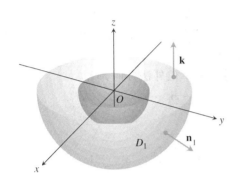
图 13.74　两同心球之间的下半立体区域.

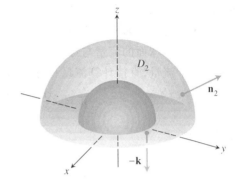
图 13.75　两同心球之间的上半立体区域.

其中从 D_1 向外的单位法向 $\mathbf{n}_1$ 从原点指向外表面外侧, 在平底相当于 $\mathbf{k}$, 而在内表面却指向原点, 再将散度定理用于 D_2 及其表面 S_2 (图 13.75):

$$\iint_{S_2} \mathbf{F} \cdot \mathbf{n}_2 \mathrm{d}\sigma_2 = \iiint_{D_2} \nabla \cdot \mathbf{F} \mathrm{d}V_2. \tag{7}$$

再看 S_2 上的 $\mathbf{n}_2$, 从 D 向外指, 在 xy 平面内的垫圈形底部 $\mathbf{n}_2$ 即为 $-\mathbf{k}$, 在外球从原点向外指, 而在内球指向原点. 当我们把 (6)、(7) 两等式加起来, 平面部分的积分因 $\mathbf{n}_1$, $\mathbf{n}_2$ 的符号相反而相抵消, 于是就得到以下结果

$$\iint_S \mathbf{F} \cdot \mathbf{n} \mathrm{d}\sigma_2 = \iiint_D \nabla \cdot \mathbf{F} \mathrm{d}V,$$

其中 D 为两球间的区域, D 的边界面 S 由两球组成, 而 $\mathbf{n}$ 为 S 从 D 指向外部的单位法向.

例 4 (求向外的流量)　求场 $\mathbf{F} = \dfrac{x\mathbf{i} + y\mathbf{j} + z\mathbf{k}}{\rho^3}, \rho = \sqrt{x^2 + y^2 + z^2}$ 穿过区域 $D: 0 \leqslant a^2 \leqslant x^2 + y^2 + z^2 \leqslant b^2$ 的边界向外的净流量.

解　求流量可将 $\nabla \cdot \mathbf{F}$ 在 D 上积分, 有

$$\frac{\partial \rho}{\partial x} = \frac{1}{2}(x^2 + y^2 + z^2)^{-\frac{1}{2}}(2x) = \frac{x}{\rho}$$

及

$$\frac{\partial M}{\partial x} = \frac{\partial}{\partial x}(x\rho^{-3}) = \rho^{-3} - 3x\rho^{-4}\frac{\partial \rho}{\partial x} = \frac{1}{\rho^3} - \frac{3x^2}{\rho^5}.$$

类似地

$$\frac{\partial N}{\partial y} = \frac{1}{\rho^3} - \frac{3y^2}{\rho^5} \quad \text{及} \quad \frac{\partial P}{\partial z} = \frac{1}{\rho^3} - \frac{3z^2}{\rho^5}.$$

于是

$$\operatorname{div} \mathbf{F} = \frac{3}{\rho^3} - \frac{3}{\rho^5}(x^2 + y^2 + z^2) = \frac{3}{\rho^3} - \frac{3\rho^2}{\rho^5} = 0$$

于是

$$\iiint_D \nabla \cdot \mathbf{F} \, dV = 0.$$

$\nabla \cdot \mathbf{F}$ 在 D 上的积分为零,亦即穿过 D 的边界面的净流量为零. 进而,从此例还可学到更多东西. 穿过内球面 S_a 流出 D 的流量等于负的从外球面 S_b 流出 D 的流量(因这些流量的和是零). 因而 $\mathbf{F}$ 从原点沿离开原点的方向穿过 S_a 的流量等于 $\mathbf{F}$ 从原点穿出 S_b 的流量. 于是 $\mathbf{F}$ 穿过以原点为球心的球面的流量与球半径无关. 这流量到底等于什么?

要求这个流量,直接计算流量积分,半径为 a 的球面的单位外法方向为

$$\mathbf{n} = \frac{x\mathbf{i} + y\mathbf{j} + z\mathbf{k}}{\sqrt{x^2 + y^2 + z^2}} = \frac{x\mathbf{i} + y\mathbf{j} + z\mathbf{k}}{a}.$$

因此,在球上,

$$\mathbf{F} \cdot \mathbf{n} = \frac{x\mathbf{i} + y\mathbf{j} + z\mathbf{k}}{a^3} \cdot \frac{x\mathbf{i} + y\mathbf{j} + z\mathbf{k}}{a} = \frac{x^2 + y^2 + z^2}{a^4} = \frac{a^2}{a^4} = \frac{1}{a^2}$$

$$\iint_{S_a} \mathbf{F} \cdot \mathbf{n} \, d\sigma = \frac{1}{a^2} \iint_{S_a} d\sigma = \frac{1}{a^2}(4\pi a^2) = 4\pi.$$

即 $\mathbf{F}$ 穿过任意以原点为球心的球面向外的流量为 4π.

Gauss(高斯)定律:电磁理论四大定律之一

从例 4 还可以学到更多. 在电磁理论中,位于原点的电荷 q 产生的电场为

$$\mathbf{E}(x,y,z) = \frac{1}{4\pi\varepsilon_0} \frac{q}{|\mathbf{r}|^2} \left(\frac{\mathbf{r}}{|\mathbf{r}|}\right) = \frac{q}{4\pi\varepsilon_0} \frac{\mathbf{r}}{|\mathbf{r}|^3} = \frac{q}{4\pi\varepsilon_0} \frac{x\mathbf{i} + y\mathbf{j} + z\mathbf{k}}{\rho^3},$$

其中 ε_0 是一个物理常数,$\mathbf{r}$ 为点 (x,y,z) 的位置向量,而 $\rho = |\mathbf{r}| = \sqrt{x^2 + y^2 + z^2}$. 以例 4 的记号,

$$\mathbf{E} = \frac{q}{4\pi\varepsilon_0} \mathbf{F}.$$

例 4 的计算表明电场 $\mathbf{E}$ 穿过任何以原点为球心的球面向外的流量为 q/ε_0,但这个结果不受球的限制. $\mathbf{E}$ 穿出任何包含原点的闭曲面(对其应用散度定理)的向外的流量也是 q/ε_0. 要明白这是为什么,仅需要想象一个以原点为球心的大球面 S_a 和封闭曲面 S. 因为

$$\nabla \cdot \mathbf{E} = \nabla \cdot \frac{q}{4\pi\varepsilon_0} \mathbf{F} = \frac{q}{4\pi\varepsilon_0} \nabla \cdot \mathbf{F} = 0$$

当 $\rho > 0$,$\nabla \cdot \mathbf{E}$ 在 S 和 S_a 间的区域 D 上的积分为零. 因此,由散度定理

$$\iint_{D\text{的边界面}} \mathbf{E} \cdot \mathbf{n} \, d\sigma = 0,$$

而且 $\mathbf{E}$ 沿离开原点方向穿过 S 的流量必与 $\mathbf{E}$ 沿离开原点穿出 S_a 的流量相同,为 q/ε_0. 以上表达,即称为 Gauss 定律,也可应用于电荷分布,但要比这里的讨论更一般,这是你在任何一本物理教程中都可以见到的讨论,

Gauss 定律: $\displaystyle\iint_S \mathbf{E} \cdot \mathbf{n} \, d\sigma = \frac{q}{\varepsilon_0}$

流体动力学的连续性方程

设 D 为空间一已定向的闭曲面 S 所围的区域,如果 $\mathbf{v}(x,y,z)$ 为平滑流径 D 的流体的速度场, $\delta = \delta(t,x,y,z)$ 为在时刻 t 点 (x,y,z) 处的流体密度,而 $\mathbf{F} = \delta\mathbf{v}$,则流体动力学的**连续性方程**如下所示

$$\nabla \cdot \mathbf{F} + \frac{\partial \delta}{\partial t} = 0.$$

如果其中所涉及的函数有一阶连续偏导数,方程可自然从散度定理得出,见以下分析.

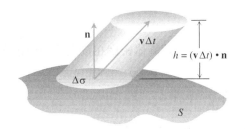

图 13.76 在很短 Δt 时间内,通过小片曲面 $\Delta\sigma$ 向上流出的液体充满一个小柱体,其体积近似为底 × 高 $= \mathbf{v} \cdot \mathbf{n}\, \Delta\sigma \Delta t$.

首先,积分 $\iint_S \mathbf{F} \cdot \mathbf{n}\, \mathrm{d}\sigma$ 表示质量穿过 S 离开 D 的速率(离开是因为 $\mathbf{n}$ 是外法向量). 要明白为什么,考虑曲面上一小片面积 $\Delta\sigma$(图 13.76). 在很短的时间间隔 Δt 内,流过小片液体的体积 ΔV 近似等于底面积为 $\Delta\sigma$,高为 $(\mathbf{v}\Delta t) \cdot \mathbf{n}$ 的柱体的体积,其中 $\mathbf{v}$ 为 $\Delta\sigma$ 上一点的速度向量:

$$\Delta V \approx \mathbf{v} \cdot \mathbf{n}\, \Delta\sigma \Delta t.$$

流体这块体积的质量近似是

$$\Delta m \approx \delta \mathbf{v} \cdot \mathbf{n}\, \Delta\sigma \Delta t,$$

所以质量穿过小面积流出 D 的速率近似为

$$\frac{\Delta m}{\Delta t} \approx \delta \mathbf{v} \cdot \mathbf{n}\, \Delta\sigma.$$

这就得到近似式

$$\frac{\sum \Delta m}{\Delta t} \approx \sum \delta \mathbf{v} \cdot \mathbf{n}\, \Delta\sigma$$

以它作为质量流出 S 的平均速率的一个估计. 最后令 $\Delta\sigma \to 0$ 及 $\Delta t \to 0$,就得出质量穿出 S 离开 D 的瞬时速率为

$$\frac{\mathrm{d}m}{\mathrm{d}t} = \iint_S \delta \mathbf{v} \cdot \mathbf{n}\, \mathrm{d}\sigma,$$

这对特殊流动可写成

$$\frac{\mathrm{d}m}{\mathrm{d}t} = \iint_S \mathbf{F} \cdot \mathbf{n}\, \mathrm{d}\sigma.$$

现设 B 为流体中以点 Q 为球心的一球体,则 $\nabla \cdot \mathbf{F}$ 在 B 上的平均值为

$$\frac{1}{B\text{ 的体积}} \iiint_B \nabla \cdot \mathbf{F}\, \mathrm{d}V.$$

它是散度的连续性的一个推论,事实上, $\nabla \cdot \mathbf{F}$ 在 B 中的某点 P 处取这个值. 因而

$$(\nabla \cdot \mathbf{F})_P = \frac{1}{B \text{ 的体积}} \iiint_D \nabla \cdot \mathbf{F} \, dV = \frac{\iint_S \mathbf{F} \cdot \mathbf{n} \, d\sigma}{B \text{ 的体积}}$$

$$= \frac{\text{质量穿出表面 } S \text{ 离开 } B \text{ 的速率}}{B \text{ 的体积}}. \tag{8}$$

右端的分数表示每单位体积流体质量的减少量.

再令 B 的半径趋于零而保持中心点 Q 不动. (8) 式左端将收敛于 $(\nabla \cdot \mathbf{F})_Q$, 右端则收敛于 $(-\partial \delta/\partial t)_Q$. 这两个极限相等就得到连续性方程

$$\nabla \cdot \mathbf{F} = -\frac{\partial \delta}{\partial t}.$$

此连续性方程能解释 $\nabla \cdot \mathbf{F}$ 的意义: $\mathbf{F}$ 在一点的散度就是流体密度在该点减少的速率.

于是散度定理

$$\iint_S \mathbf{F} \cdot \mathbf{n} \, d\sigma = \iiint_D \nabla \cdot \mathbf{F} \, dV$$

又可以这样讲, 即区域 D 内流体密度的净减少量正是液体质量通过曲面 S 被移走的量. 因此, 定理表达了质量守恒律 (练习 31).

统一化的积分定理

假如把一个二维场 $\mathbf{F} = M(x,y)\mathbf{i} + N(x,y)\mathbf{j}$ 看成一个 $\mathbf{k}$ 分量为零的三维场, 那么 $\nabla \cdot \mathbf{F} = \frac{\partial M}{\partial x} + \frac{\partial N}{\partial y}$, 而 Green 定理的法向形式可写作

$$\oint_C \mathbf{F} \cdot \mathbf{n} \, ds = \iint_R \left(\frac{\partial M}{\partial x} + \frac{\partial N}{\partial y} \right) dx \, dy = \iint_R \nabla \cdot \mathbf{F} \, dA.$$

类似地, $\nabla \times \mathbf{F} \cdot \mathbf{k} = \frac{\partial N}{\partial x} - \frac{\partial M}{\partial y}$, 所以 Green 定理的切向形式可以写作

$$\oint_C \mathbf{F} \cdot d\mathbf{r} = \iint_R \left(\frac{\partial N}{\partial x} - \frac{\partial M}{\partial y} \right) dx \, dy = \iint_R \nabla \times \mathbf{F} \cdot \mathbf{k} \, dA.$$

用记号 ∇ 写出的 Green 定理的两个等式, 让我们看出它们与 Stokes 定理和散度定理的关系.

Green 定理及其三维空间的一般化形式

Green 定理的法向形式: $\qquad \oint_C \mathbf{F} \cdot \mathbf{n} \, ds = \iint_R \nabla \cdot \mathbf{F} \, dA$

散度定理: $\qquad \iint_S \mathbf{F} \cdot \mathbf{n} \, d\sigma = \iiint_D \nabla \cdot \mathbf{F} \, dV$

Green 定理的切向形式: $\qquad \oint_C \mathbf{F} \cdot d\mathbf{r} = \iint_R \nabla \times \mathbf{F} \cdot \mathbf{k} \, dA$

Stokes 定理: $\qquad \oint_C \mathbf{F} \cdot d\mathbf{r} = \iint_S \nabla \times \mathbf{F} \cdot \mathbf{n} \, d\sigma$

请注意 Stokes 定理将平面中一块平面上的 Green 定理的切向 (旋度) 形式一般化成三维空

间中一曲面的相应形式. 每一种情况下,在曲面内部上 **F** 的旋度的法向分量的积分都等于 **F** 绕边界的环量.

同样地,散度定理将平面上一个二维区域的 Green 定理的法向(流量、通量)形式一般化到空间中一个三维区域的相应形式. 在每一种情况下,**F** 的散度 $\nabla \cdot \mathbf{F}$ 在区域内部的积分都等于场 **F** 穿过边界面的总流量.

这里还应该进一步讲,所有这些结果都可以考虑为一个单一的基本定理的不同形式. 回想起 4.5 节中的微积分学基本定理. 它讲,若 $f(x)$ 在 $[a,b]$ 上可微,则

$$\int_a^b \frac{df}{dx} dx = f(b) - f(a).$$

图 13.77 一维空间 $[a,b]$ 边界的向外单位法方向.

若我们令在整个 $[a,b]$ 上 $\mathbf{F} = f(x)\mathbf{i}$,则 $\frac{df}{dx} = \nabla \cdot \mathbf{F}$. 若再定义对 $[a,b]$ 边界的单位外法向量场 **n** 为在点 b 是 **i**,在点 a 是 $-\mathbf{i}$(图 13.77),则

$$f(b) - f(a) = f(b)\mathbf{i} \cdot (\mathbf{i}) + f(a)\mathbf{i} \cdot (-\mathbf{i})$$
$$= \mathbf{F}(b) \cdot \mathbf{n} + \mathbf{F}(a) \cdot \mathbf{n}$$
$$= \mathbf{F} \text{ 穿出区间 } [a,b] \text{ 边界的向外总流量.}$$

基本定理就可以写为

$$\mathbf{F}(b) \cdot \mathbf{n} + \mathbf{F}(a) \cdot \mathbf{n} = \int_{[a,b]} \nabla \cdot \mathbf{F} \, dx$$

微积分学基本定理,Green 定理的流量形式,和散度定理都是讲微分算子 $\nabla \cdot$ 与场 **F** 在一区域上的点乘运算的积分等于在该区域的边界上场的法向分量的和. (这里我们把在边界上 Green 定理的线积分和散度定理中的面积分解释为"和".)

Stokes 定理和 Green 定理的环量形式是讲,当适当定向后,在一个场上旋度运算结果在法向上分量的积分等于在曲面边界上场的场向分量的和.

以上这些解释的美引出下述这个十分了不起的原理,或许可表述如下.

> 微分算子对场作用后在一区域上的积分等于在该区域边界上场的适当分量的和.

习题 13.8

计算散度

第 1 – 4 题,求场的散度.
1. 图 13.14 的自旋场
2. 图 13.13 的径向场
3. 图 13.12 的引力场
4. 图 13.9 的速度场

用散度定理计算向外流量

第 5 – 16 题,用散度定理求 **F** 穿过区域 D 的边界的向外流量.

5. **立方体** $\mathbf{F} = (y-x)\mathbf{i} + (z-y)\mathbf{j} + (y-x)\mathbf{k}$
   D:立方体,其边界面为平面 $x = \pm 1, y = \pm 1$ 和 $z = \pm 1$

6. $\mathbf{F} = x^2\mathbf{i} + y^2\mathbf{j} + z^2\mathbf{k}$
   (a) 立方体 D：被平面 $x = 1, y = 1, z = 1$ 截出的第一卦限的立方体.
   (b) 立方体 D：由平面 $x = \pm 1, y = \pm 1$ 和 $z = \pm 1$ 所界的立方体.
   (c) 圆柱罐 D：圆柱 $x^2 + y^2 \leq 4$ 被平面 $z = 0$ 和 $z = 1$ 截出的区域.

7. 圆柱与抛物面 $\mathbf{F} = y\mathbf{i} + xy\mathbf{j} - z\mathbf{k}$
   D：圆柱 $x^2 + y^2 \leq 4$ 夹在平面 $z = 0$ 和抛物面 $z = x^2 + y^2$ 间的区域.

8. 球 $\mathbf{F} = x^2\mathbf{i} + xz\mathbf{j} + 3z\mathbf{k}$
   D：球体 $x^2 + y^2 \leq 4$.

9. 部分球 $\mathbf{F} = x^2\mathbf{i} - 2xy\mathbf{j} + 3xz\mathbf{k}$
   D：被球面 $x^2 + y^2 + z^2 = 4$ 截出的第一卦限的区域.

10. 圆柱罐 $\mathbf{F} = (6x^2 + 2xy)\mathbf{i} + (2y + x^2z)\mathbf{j} + 4x^2y^3\mathbf{k}$
    D：第一卦限被柱面 $x^2 + y^2 = 4$ 和平面 $z = 3$ 所截出的区域.

11. 楔形 $\mathbf{F} = 2xz\mathbf{i} - xy\mathbf{j} - z^2\mathbf{k}$
    D：第一卦限被平面 $y + z = 4$ 和椭柱 $4x^2 + y^2 = 16$ 割出的楔形体.

12. 球 $\mathbf{F} = x^3\mathbf{i} + y^3\mathbf{j} + z^3\mathbf{k}$
    D：为球体 $x^2 + y^2 + z^2 \leq a^2$.

13. 厚球壳(thick sphere) $\mathbf{F} = \sqrt{x^2 + y^2 + z^2}(x\mathbf{i} + y\mathbf{j} + z\mathbf{k})$
    D：区域 $1 \leq x^2 + y^2 + z^2 \leq 2$.

14. 厚球壳 $\mathbf{F} = (x\mathbf{i} + y\mathbf{j} + z\mathbf{k})/\sqrt{x^2 + y^2 + z^2}$
    D：区域 $1 \leq x^2 + y^2 + z^2 \leq 4$

15. 厚球壳 $\mathbf{F} = (5x^3 + 12xy^2)\mathbf{i} + (y^3 + e^y \sin z)\mathbf{j} + (5z^3 + e^y \cos z)\mathbf{k}$
    D：在两球面 $x^2 + y^2 + z^2 = 1$ 和 $x^2 + y^2 + z^2 = 2$ 之间的立体区域.

16. 厚圆柱形筒 $\mathbf{F} = \ln(x^2 + y^2)\mathbf{i} - \left(\dfrac{2z}{x}\tan^{-1}\dfrac{y}{x}\right)\mathbf{j} + z\sqrt{x^2 + y^2}\mathbf{k}$
    D：厚墙形圆柱筒 $1 \leq x^2 + y^2 \leq z, -1 \leq z \leq 2$.

旋度和散度的性质

17. $\text{div}(\text{curl } \mathbf{G}) = 0$
    (a) 证明：若场 $\mathbf{G} = M\mathbf{i} + N\mathbf{j} + P\mathbf{k}$ 的分量涉及的偏导都连续，则 $\nabla \cdot \nabla \times \mathbf{G} = 0$.
    (b) 为学而写 若成立的话，你对场 $\nabla \times \mathbf{G}$ 穿过一闭曲面的流量能总结出什么？说明为什么你那么回答.

18. 恒等式 设 $\mathbf{F}_1$ 和 $\mathbf{F}_2$ 均为可微向量场，且设 a 和 b 均为任意实常数，证明下列恒等式.
    (a) $\nabla \cdot (a\mathbf{F}_1 + b\mathbf{F}_2) = a\nabla \cdot \mathbf{F}_1 + b\nabla \cdot \mathbf{F}_2$
    (b) $\nabla \times (a\mathbf{F}_1 + b\mathbf{F}_2) = a\nabla \times \mathbf{F}_1 + b\nabla \times \mathbf{F}_2$
    (c) $\nabla \cdot (\mathbf{F}_1 \times \mathbf{F}_2) = \mathbf{F}_2 \cdot \nabla \times \mathbf{F}_1 - \mathbf{F}_1 \cdot \nabla \times \mathbf{F}_2$

19. 恒等式 设 $\mathbf{F}$ 为一可微向量场，并设 $g(x, y, z)$ 为一可微数量值函数. 验证以下恒等式.
    (a) $\nabla \cdot (g\mathbf{F}) = g\nabla \cdot \mathbf{F} + \nabla g \cdot \mathbf{F}$
    (b) $\nabla \times (g\mathbf{F}) = g\nabla \times \mathbf{F} + \nabla g \times \mathbf{F}$

20. 恒等式 若 $\mathbf{F} = M\mathbf{i} + N\mathbf{j} + P\mathbf{k}$ 是一可微向量场，定义记法 $\mathbf{F} \cdot \nabla = M\dfrac{\partial}{\partial x} + N\dfrac{\partial}{\partial y} + P\dfrac{\partial f}{\partial z}$，对可微向量场 $\mathbf{F}_1$ 和 $\mathbf{F}_2$，验证下列恒等式.
    (a) $\nabla \times (\mathbf{F}_1 \times \mathbf{F}_2) = (\mathbf{F}_2 \cdot \nabla)\mathbf{F}_1 - (\mathbf{F}_1 \cdot \nabla)\mathbf{F}_2 + (\nabla \cdot \mathbf{F})\mathbf{F}_1 - (\nabla \cdot \mathbf{F}_1)\mathbf{F}_2$
    (b) $\nabla(\mathbf{F}_1 \cdot \mathbf{F}_2) = (\mathbf{F}_1 \cdot \nabla)\mathbf{F}_2 + (\mathbf{F}_2 \cdot \nabla)\mathbf{F}_1 + \mathbf{F}_1 \times (\nabla \times \mathbf{F}_2) + \mathbf{F}_2 \times (\nabla \times \mathbf{F}_1)$

理论与例

21. 为学而写：有界散度 设 $\mathbf{F}$ 为一场，其所有分量在包含区域 D 的空间部分都有连续的一阶偏导数，光滑闭曲面 S 为 D 的边界面. 若 $|\mathbf{F}| \leq 1$，能否说 $\iiint_D \nabla \cdot \mathbf{F} \, dV$ 的值有界？说明理由.

22. 为学而写：位置向量的流量 下图所示的是类长方体的封闭曲面，其底为 xy 平面内的单位正方形. 四个侧面分别位于 $x = 0, x = 1, y = 0$ 和

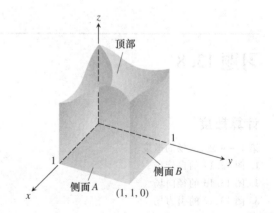

$y = 1$ 内,其顶为任意光滑曲面,它的方程未知. 设 $\mathbf{F} = x\mathbf{i} - 2y\mathbf{j} + (z+3)\mathbf{k}$ 并假设 $\mathbf{F}$ 通过侧面 A 向外的流量为 1,而通过侧面 B 的流量为 -3. 你能否对通过顶面向外的流量总结出什么?说明你答案的理由.

23.(**a**) **位置向量的流量** 证明位置向量场 $\mathbf{F} = x\mathbf{i} + y\mathbf{j} + z\mathbf{k}$ 通一光滑闭曲面 S 的向外的流量为由曲面所围区域体积的三倍.

(**b**) 设 $\mathbf{n}$ 为 S 上的单位法向量场. 证明 $\mathbf{F}$ 在 S 上每一点处与 $\mathbf{n}$ 正交是不可能的.

24. 最大流量 在所有由不等式 $0 \leq x \leq a$, $0 \leq y \leq b, 0 \leq z \leq 1$ 定义的长方体中,求场 $\mathbf{F} = (-x^2 - 4xy)\mathbf{i} - 6yz\mathbf{j} + 12z\mathbf{k}$ 通过 6 个侧面向外流量最大的一个长方体,最大的流量是多少?

25. 立体区域的体积 设 $\mathbf{F} = x\mathbf{i} + y\mathbf{j} + z\mathbf{k}$,并设曲面 S 和区域 D 均满足散度定理的假设条件,证明 D 的体积由以下公式给出

$$D \text{ 的体积} = \frac{1}{3}\iint_S \mathbf{F} \cdot \mathbf{n}\, d\sigma.$$

26. 稳恒场的流量 证明稳恒场 $\mathbf{F} = \mathbf{C}$,对其应用散度定理,则它穿过任何闭曲面向外的流量为零.

27. 调和函数 如果函数 $f(x, y, z)$ 在区域 D 上满足 Laplace 方程

$$\nabla^2 f = \nabla \cdot \nabla f = \frac{\partial^2 f}{\partial x^2} + \frac{\partial^2 f}{\partial y^2} + \frac{\partial^2 f}{\partial z^2} = 0$$

那么就称 f 在该区域是**调合**的.

(**a**) 假设 f 在整个由光滑曲面 S 所围有界区域 D 上是调合的,又以 $\mathbf{n}$ 表示 S 上单位法向量. 证明 f 在 $\mathbf{n}$ 方向的方向导数 $\nabla f \cdot \mathbf{n}$ 在 S 上的积分为零.

(**b**) 证明:若 f 在 D 上是调和的,则

$$\iint_S f\nabla f \cdot \mathbf{n}\, d\sigma = \iiint_D |\nabla f|^2\, dV.$$

28. 梯度场的流量 设 S 为球体 $x^2 + y^2 + z^2 \leq a^2$ 位于第一卦限的部分的表面,又设 $f(x, y, z) = \ln\sqrt{x^2 + y^2 + z^2}$. 计算 $\iint_S \nabla f \cdot \mathbf{n}\, d\sigma$ ($\nabla f \cdot \mathbf{n}$ 为 f 沿 $\mathbf{n}$ 方向的方向导数).

29. Green 第一公式 假设 f 和 g 在整个区域 D 上有连续的一、二阶偏导数,区域 D 由分片光滑的闭曲面 S 所围,证明

$$\iint_S f\nabla g \cdot \mathbf{n}\, d\sigma = \iiint_D (f\nabla^2 g + \nabla f \cdot \nabla g)\, dV. \quad (9)$$

公式(9)称为 Green 第一公式.(提示:对场 $\mathbf{F} = f\nabla g$ 用散度定理.)

30. Green 第二公式(接 29 题) 将(9)式中的 f 与 g 互换就得一个类似的等式. 然后从(9) 式减去这个等式能证明

$$\iint_S (f\nabla g - g\nabla f) \cdot \mathbf{n}\, d\sigma$$

$$= \iiint_D (f\nabla^2 g - \nabla g \nabla^2 f)\, dV. \quad (10)$$

此等式为 Green 第二公式.

31. 质量守恒 设 $\mathbf{v}(t, x, y, z)$ 为空间区域 D 上的连续可微向量函数,并设 $p(t, x, y, z)$ 为连续可微数量函数,变量 t 代表时间,则质量守恒定律可表示为

$$\frac{d}{dt}\iiint_D p(t, x, y, z)\, dV = -\iint_S p\mathbf{v} \cdot \mathbf{n}\, d\sigma,$$

其中 S 为 D 的边界面.

(**a**) 若 $\mathbf{v}$ 是流速场,p 表示时刻 t 在点 (x, y, z) 流体的密度,给出质量守恒定律的一种物理意义.

(**b**) 用散度定理和 Leibniz 法则:

$$\frac{d}{dt}\iiint_D p(t, x, y, z)\, dV = \iiint_D \frac{\partial p}{\partial t}\, dV,$$

证明质量守恒定律与连续性方程

$$\nabla \cdot p\mathbf{v} + \frac{\partial p}{\partial t} = 0$$

等价.(在第一项 $\nabla \cdot p\mathbf{v}$ 中,变量 t 当作固定的,而在第二项 $\frac{\partial p}{\partial t}$ 中,D 中点 (x, y, z) 假设是固定的).

32. 热扩散方程 设 $T(t, x, y, z)$ 表示空间一立体区域 D 上点 (x, y, z) 处在时刻 t 的温度函数,并设此函数有连续二阶导数. 若立体的热容量和质量密度分别以常数 c 和 ρ 表示,数量 $c\rho T$ 称作立体的**每单位体积热能**.

(**a**) 解释为什么 $-\nabla T$ 指向热流方向.

(**b**) 令 $-k\nabla T$ 代表能量流向量(这里常数 k 称为**导电率**). 在习题 31 中假定质量守恒定律中令 $-k\nabla T = \mathbf{v}$ 和 $c\rho T = p$,推导出热扩散方程

$$\frac{\partial T}{\partial t} = K\nabla^2 T,$$

其中 $K = k/(c\rho) > 0$ 为扩散常数.(请注意:若 $T(t, x)$ 代表两端绝热良好的匀导热棒内点 x 处在时刻 t 的温度,则 $\nabla^2 T = \frac{\partial^2 T}{\partial x^2}$,而且这时扩散方程就化为第 11 章附加题的一维热方程.)

指导你们复习的问题

1. 什么是线积分?如何计算线积分?举例说明.
2. 你怎样用线积分求弹簧的质心?请解释.
3. 什么是向量场?什么是梯度场?举例说明.
4. 怎样求力沿曲线移动粒子所作的功?举例说明.
5. 什么叫流量、环量和通量(流量)?
6. 与路径无关场的特点是什么?
7. 你该怎样叙述一个场是保守的?如何求保守力场所作的功?
8. 什么是势函数?举例说明如何求保守场的势函数.
9. 什么是微分形式?微分形式是完全的是指的什么意思?你怎样检验这种完全性?举例说明.
10. 什么叫向量场的散度?你怎样解释它?
11. 什么是向量场的旋度?你怎样解释它?
12. Green 定理的两种形式是什么?如何解释这两种形式?
13. 举例说明如何计算曲面的面积?
14. 什么是定向曲面?如何计算一三维向量场穿过一定向曲面的流量?举例说明.
15. 什么是曲面积分?用曲面积分能计算什么?举一例说明.
16. 什么是参数曲面?你怎样求参数曲面的面积?举例说明.
17. 举一例说明你如何在一个参数曲面上对一个函数作积分?
18. 什么是 Stokes 定理?你怎样解释这个定理?
19. 总结本章有关保守场的结论.
20. 什么是散度定理?你怎样解释这个定理?
21. 散度定理如何将 Green 定理一般化?
22. Stokes 定理如何将 Green 定理一般化?
23. 如何能将 Green 定理,Stokes 定理,和散度定理看成一个单一的基本定理的不同形式?

实践习题

计算线积分

1. 以下两图显示空间连接原点和点 $(1,1,1)$ 的两条折线路径. 沿每条路径对 $f(x,y,z) = 2x - 3y^2 - 2z + 3$ 作积分.

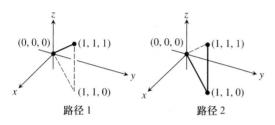

路径 1　　　　路径 2

2. 下列图显示连接原点和点 $(1,1,1)$ 的三条折线路径. 在每条路径上对 $f(x,y,z) = x^2 + y - z$ 作积分.

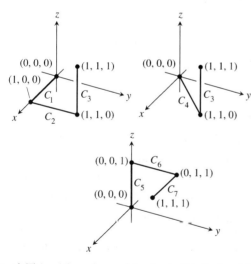

3. 在圆上 $\mathbf{r}(t) = (a\cos t)\mathbf{j} + (a\sin t)\mathbf{k}, 0 \leq t \leq 2\pi$ 对 $f(x,y,z) = \sqrt{x^2 + z^2}$ 作积分.

4. 将 $f(x,y,z) = \sqrt{x^2 + z^2}$ 在渐伸线 $\mathbf{r}(t) = (\cos t + t\sin t)\mathbf{i} + (\sin t - t\cos t)\mathbf{j}, 0 \leq t \leq \sqrt{3}$ 作积分.

计算第 5, 6 题中的积分.

5. $\int_{(-1,1,1)}^{(4,-3,0)} \dfrac{dx + dy + dz}{\sqrt{x+y+z}}$

6. $\int_{(1,1,1)}^{(10,3,3)} dx - \sqrt{\dfrac{z}{y}} dy - \sqrt{\dfrac{y}{z}} dz$

7. 将 $\mathbf{F} = -(y\sin z)\mathbf{i} + (x\sin z)\mathbf{j} + (xy\cos z)\mathbf{k}$ 绕球面 $x^2 + y^2 + z^2 = 5$ 被平面 $z = -1$ 截下的圆积分, 方向为从上方看为顺时针.

8. 将 $\mathbf{F} = 3x^2 y\mathbf{i} + (x^3 + 1)\mathbf{j} + 9z^2\mathbf{k}$ 绕球面 $x^2 + y^2 + z^2 = 9$ 被平面 $x = 2$ 截下的圆积分.

求第 9 和 10 题中的积分.

9. $\int_C 8x \sin y \, dx - 8y \cos x \, dy$, C 为由 $x = \dfrac{\pi}{2}$, 和 $y = \dfrac{\pi}{2}$ 截出的第一象限的正方形.

10. $\int_C y^2 \, dx + x^2 \, dy$, C 为圆 $x^2 + y^2 = 4$.

计算面积分

11. **椭圆区域面积**　求圆柱 $x^2 + y^2 = 1$ 被平面 $x + y + z = 1$ 截出的椭圆形区域的面积.

12. **抛物冠形面积**　求抛物面 $y^2 + z^2 = 3x$ 被平面 $x = 1$ 截出的冠形曲面面积.

13. **球冠的面积**　求球面 $x^2 + y^2 + z^2 = 1$ 被平面 $z = \sqrt{2}/2$ 截下的顶部冠形面积.

14. (a) **圆柱截半球**　求半球面 $x^2 + y^2 + z^2 = 4$, $z \geq 0$ 被圆柱 $x^2 + y^2 = 2x$ 截下的曲面面积 (如下图所示).

    (b) 求位于半球内柱面的那部分面积. (提示: 投影到 xz 平面, 或用积分 $\int h \, ds$ 计算, 其中 h 为圆柱的高, ds 为 xy 平面内圆 $x^2 + y^2 = 2x$ 上

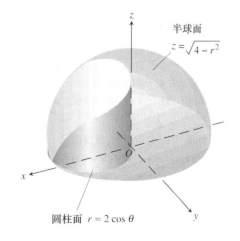

半球面 $z = \sqrt{4 - r^2}$

圆柱面 $r = 2\cos\theta$

的弧微元.)

15. 三角形的面积 求平面 $\dfrac{x}{a} + \dfrac{y}{b} + \dfrac{z}{c} = 1(a, b, c > 0)$ 截在第一卦限内三角形的面积. 再用一种适当的向量运算检验你的答案.

16. 平面截出的抛物柱面 将下列函数在由平面 $x = 0, x = 3$ 和 $z = 0$ 从抛物柱面 $y^2 - z = 1$ 上截出的曲面上积分.

(a) $g(x, y, z) = \dfrac{yz}{\sqrt{4y^2 + 1}}$

(b) $g(x, y, z) = \dfrac{z}{\sqrt{4y^2 + 1}}$

17. 圆弧形柱面 在位于第一卦限内的圆柱面 $y^2 + z^2 = 25$ 夹在平面 $x = 0$ 与 $x = 1$ 之间, 且上方由 $z = 3$ 截下的部分上, 对 $g(x, y, z) = x^4 y(y^2 + z^2)$ 作积分.

18. 怀俄明州面积 (美) 怀俄明州由西经子午线 $111°3'$ 与 $104°3'$ 和北纬圆线 $41°$ 与 $45°$ 的界. 假设地球是半径 $R = 3959$ 英里的球体, 求怀俄明州的面积.

参数曲面

求习题 19 - 24 中曲面的参数方程. (由于做这些题有很多方法, 所以你的答案可能与书后给出的不一样.)

19. 球带 球 $x^2 + y^2 + z^2 = 36$ 夹在平面 $z = -3$ 和 $z = 3\sqrt{3}$ 之间的部分.

20. 抛物冠 抛物面 $z = -\dfrac{x^2 + y^2}{2}$ 在平面 $z = -2$ 上的部分.

21. 锥面 $z = 1 + \sqrt{x^2 + y^2}, z \leq 3$.

22. 正方形上的平面 平面 $4x + 2y + 4z = 12$ 在第一象限内正方形 $0 \leq x \leq 2, 0 \leq y \leq 2$ 上的部分.

23. 部分抛物面 抛物面 $y = 2(x^2 + z^2), y \leq 2$ 在 xy 平面上方部分.

24. 部分半球 球 $x^2 + y^2 + z^2 = 10, y \geq 0$ 在第一卦限部分.

25. 曲面面积 求曲面面积, 设曲面
$\mathbf{r}(u, v) = (u + v)\mathbf{i} + (u - v)\mathbf{j} + v\mathbf{k}, 0 \leq u \leq 1, 0 \leq v \leq 1$.

26. 曲面积分 求 $f(x, y, z) = xy - z^2$ 在 25 题的曲面上的积分.

27. 螺旋面面积 求螺旋面 $\mathbf{r}(r, \theta) = r\cos\theta\mathbf{i} + r\sin\theta\mathbf{j}$ $+ \theta\mathbf{k}, 0 \leq \theta \leq 2\pi, 0 \leq r \leq 1$ 的面积 (见附图).

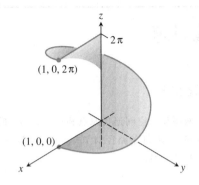

28. 曲面积分 计算积分 $\iint_S \sqrt{x^2 + y^2 + 1}\, d\sigma$, 其中 S 为 27 题中的螺旋面.

保守场

第 29 - 32 题的场哪一些是保守场, 哪一些不是.

29. $\mathbf{F} = x\mathbf{i} + y\mathbf{j} + z\mathbf{k}$

30. $\mathbf{F} = (x\mathbf{i} + y\mathbf{j} + z\mathbf{k})/(x^2 + y^2 + z^2)^{3/2}$

31. $\mathbf{F} = x\,e^y\mathbf{i} + y e^z\mathbf{j} + z e^x\mathbf{k}$

32. $\mathbf{F} = (\mathbf{i} + z\mathbf{j} + y\mathbf{k})/(x + yz)$

求第 33 和 34 题的场的势函数.

33. $\mathbf{F} = 2\mathbf{i} + (2y + z)\mathbf{j} + (y + 1)\mathbf{k}$

34. $\mathbf{F} = (z\cos xz)\mathbf{i} + e^y\mathbf{j} + (x \cos xz)\mathbf{k}$

功和环量

对第 35 和 36 题, 求沿第 1 题从 $(0, 0, 0)$ 至 $(1, 1, 1)$ 的各种路径, 下列场所做的功.

35. $\mathbf{F} = 2xy\mathbf{i} + \mathbf{j} + x^2\mathbf{k}$ **36.** $\mathbf{F} = 2xy\mathbf{i} + x^2\mathbf{j} + \mathbf{k}$

37. 用两种方式求所做的功 求由场 $\mathbf{F} = \dfrac{x\mathbf{i} + y\mathbf{j}}{(x^2 + y^2)^{3/2}}$ 以两种方式沿平面曲线 $\mathbf{r}(t) = (e^t\cos t)\mathbf{i} + (e^t\sin t)\mathbf{j}$ 从点 $(1, 0)$ 到点 $(e^{2\pi}, 0)$ 所作的功.

(a) 用曲线的参数方程计算功的积分.

(b) 通过计算 $\mathbf{F}$ 的势函数.

38. 沿不同路径的流量 求场 $\mathbf{F} = \nabla(x^2 z e^y)$ 的流量.

(a) 绕平面 $x + y + z = 1$ 交柱面 $x^2 + z^2 = 25$ 的椭圆 C 一周的流量, 从 y 轴正向看为顺时针方向.

(b) 沿第 27 题的螺旋面边界曲线, 从 $(1, 0, 0)$ 到 $(1, 0, 2\pi)$ 的流量.

第 39 和 40 题,用 Stokes 定理中的面积分求场 **F** 绕曲线 C 沿指定方向的环量.

39. 绕椭圆的环量 场 $\mathbf{F} = y^2\mathbf{i} - y\mathbf{j} + 3z^2\mathbf{k}$ 沿平面 $2x + 6y - 3z = 6$ 交柱面 $x^2 + y^2 = 1$ 的椭圆 C,从上看为逆时针方向.

40. 绕圆的环量 场 $\mathbf{F} = (x^2 + y)\mathbf{i} + (x + y)\mathbf{j} + (4y^2 - z)\mathbf{k}$ 沿平面 $z = -y$ 与球 $x^2 + y^2 + z^2 = 4$ 的交线,圆 C 的环量,从上看为逆时针方向.

质量和矩

41. 密度不同的铁丝 求位于曲线 $\mathbf{r}(t) = \sqrt{2}t\mathbf{i} + \sqrt{2}t\mathbf{j} + (4 - t^2)\mathbf{k}, 0 \leq t \leq 1$ 的细铁丝的质量,设其在 t 处的密度分别为 (**a**) $\delta = 3t$ 和 (**b**) $\delta = 1$.

42. 密度可变的铁丝 求位于曲线 $\mathbf{r}(t) = t\mathbf{i} + 2t\mathbf{j} + (2/3)t^{3/2}\mathbf{k}, 0 \leq t \leq 2$ 上的细铁丝的质心,设其在 t 处的密度为 $\delta = 3\sqrt{5 + t}$.

43. 密度可变的铁丝 求位于曲线 $\mathbf{r} = t\mathbf{i} + \frac{2\sqrt{2}}{3}t^{\frac{3}{2}}\mathbf{j} + \frac{t^2}{2}\mathbf{k}(0 \leq t \leq 2)$ 的细铁丝的质心、惯性矩和关于坐标轴的旋转半径,设其 t 点的密度 $\delta = \frac{1}{t + 1}$.

44. 弓形的质心 一个细金属弓形位于 xy 平面的半圆 $y = \sqrt{a^2 - x^2}$ 上,它在点 (x, y) 的密度为 $\delta(x, y) = 2a - y$. 求质心.

45. 常密度铁丝 密度 $\delta = 1$ 的铁丝,位于曲线 $\mathbf{r}(t) = (e^t\cos t)\mathbf{i} + (e^t\sin t)\mathbf{j} + e^t\mathbf{k}, 0 \leq t \leq \ln 2$ 上,求 $\bar{z}, I_z$ 和 R_z.

46. 常密度螺旋线 求沿螺旋线 $\mathbf{r}(t) = (2\sin t)\mathbf{i} + (2\cos t)\mathbf{j} + 3t\mathbf{k}(0 \leq t \leq 2\pi)$ 放置的常密度铁丝的质心.

47. 贝壳形惯量,旋转半径、质心 求被平面 $z = 3$ 截出的球的上部分. 密度 $\delta(x, y, z) = z$ 的薄壳形曲面的 I_z, R_z 和质心.

48. 立方体的惯性矩 求由平面 $x = 1, y = 1$ 和 $z = 1$ 截出的第一卦限的立方体表面关于 z 轴的惯性矩,设其密度 $\delta = 1$.

穿过一平面曲线或曲面的流量

第 49 和 50 题对场及曲线使用 Green 定理求逆时针环量和向外流量.

49. 正方形 $\mathbf{F} = (2xy + x)\mathbf{i} + (xy - y)\mathbf{j}$
  C:为 $x = 0, x = 1, y = 0$ 和 $y = 1$ 所界正方形.

50. 三角形 $\mathbf{F} = (y - 6x^2)\mathbf{i} + (x + y^2)\mathbf{j}$
  C:为由直线 $y = 0, y = x$ 和 $x = 1$ 所成三角形.

51. 零线积分 用 Green 定理证明沿任何闭曲线 C,积分
$$\oint_C \ln x \sin y \, dy - \frac{\cos y}{x} dx = 0$$

52. (**a**) **向外流量和面积** 用 Green 定理证明向径场 $\mathbf{F} = x\mathbf{i} + y\mathbf{j}$ 沿任一闭曲线的向外流量,等于该闭曲线所围区域面积的两倍.

(**b**) 设 **n** 为对其应用 Green 定理的一闭曲线的单位外法法向量. 证明在 C 上每点 $\mathbf{F} = x\mathbf{i} + y\mathbf{j}$ 都不与 **n** 垂直.

第 53 - 56 题求穿过 D 的边界面向外的流量

53. 立方体 $\mathbf{F} = 2xy\mathbf{i} + 2yz\mathbf{j} + 2xz\mathbf{k}$
  D:为平面 $x = 1, y = 1$ 和 $z = 1$ 从第一卦限截下的立方体.

54. 球冠 $\mathbf{F} = xz\mathbf{i} + yz\mathbf{j} + \mathbf{k}$
  D:为立体球 $x^2 + y^2 + z^2 \leq 25$ 被 $z = 3$ 截下的上球冠的整个表面.

55. 球冠 $\mathbf{F} = -2x\mathbf{i} - 3y\mathbf{j} + z\mathbf{k}$
  D:为立体球 $x^2 + y^2 + z^2 \leq 2$ 被抛物面 $z = x^2 + y^2$ 截出的上半部区域.

56. 锥与圆柱 $\mathbf{F}(6x + y)\mathbf{i} - (x + z)\mathbf{j} + 4yz\mathbf{k}$
  D:为由锥 $z = \sqrt{x^2 + y^2}$,圆柱 $x^2 + y^2 = 1$ 及坐标平面所围在第一封限内的区域.

57. 半球、圆柱与平面 设 S 为这样的曲面,其左侧由半球 $x^2 + y^2 + z^2 = a^2, y \leq 0$ 所界,中部由圆柱面 $x^2 + z^2 = a^2, 0 \leq y \leq a$ 所界,右侧为平面 $y = a$ 所界. 求场 $\mathbf{F} = y\mathbf{i} + z\mathbf{j} + x\mathbf{k}$ 穿过 S 向外的流量.

58. 圆柱与平面 求场 $\mathbf{F} = 3xz^2\mathbf{i} + y\mathbf{j} - z^3\mathbf{k}$ 穿过由圆柱面 $x^2 + 4y^2 = 16$ 和平面 $y = 2z, x = 0$ 与 $z = 0$ 所围第一封限中立体的表面向外的流量.

59. 圆柱形罐 用散度定理求场 $\mathbf{F} = xy^2\mathbf{i} + x^2y\mathbf{j} + y\mathbf{k}$ 通过由柱面 $x^2 + y^2 = 1$ 和平面 $z = 1$ 与 $z = -1$ 所围区域的表面向外的流量.

60. 半球 求场 $\mathbf{F} = (3z + 1)\mathbf{k}$ 穿过半球面 $x^2 + y^2 + z^2 = a^2, z \geq 0$ 向上的流量 (**a**) 用散度定理和 (**b**) 直接用求流量的积分计算.

附加习题：理论、例子、应用

用 Green 定理求面积

使用习题 13.4 的 (22) 式即 Green 定理的面积分式，求以下 1 - 4 题曲线所围区域的面积.

1. 蚶线 $x = 2\cos t - \cos 2t, y = 2\sin t - \sin 2t, 0 \leqslant t \leqslant 2\pi$.

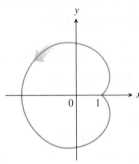

2. 曲三角形 $x = 2\cos t + \cos 2t, y = 2\sin t - \sin 2t, 0 \leqslant t \leqslant 2\pi$.

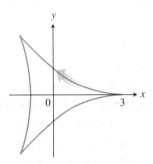

3. "8 字形"曲线 $x = \dfrac{1}{2}\sin 2t, y = \sin t, 0 \leqslant t \leqslant \pi$(一圈)

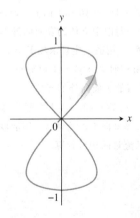

4. 泪珠状曲线 $x = 2a\cos t - a\sin 2t, y = b\sin t, 0 \leqslant t \leqslant 2\pi$.

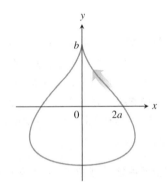

理论与应用

5. **非零旋度场**
   (a) 举这样一个向量场 $\mathbf{F}(x,y,z)$ 的例子，它仅在一点值为 **0** 而各处旋度 curl **F** 全都非零. 请鉴别这一点和算出它的旋度 curl **F**.
   (b) 举这样一个向量场 $\mathbf{F}(x,y,z)$ 的例子，它只在一条线上的值为 **0**，却在各处 **F** 的旋度 curl **F** 都不为零. 鉴别这条线并计算 curl **F**.
   (c) 举这样一个向量场 $\mathbf{F}(x,y,z)$ 的例子，它在一曲面上的值为 **0**，却在各处 **F** 的旋度 curl **F** 都不为零. 请鉴别这张曲面并计算 curl **F**.

6. **正交于球面的场** 在球面 $x^2 + y^2 + z^2 = R^2$ 上求所有点 (a,b,c)，使该点处向量场 $\mathbf{F} = yz^2\mathbf{i} + xz^2\mathbf{j} + 2xyz\mathbf{k}$ 与球面正交而 $\mathbf{F}(a,b,c) \neq \mathbf{0}$.

7. **最小流量** 在所有矩形域 $0 \leqslant x \leqslant a, 0 \leqslant y \leqslant b$ 中，求一个使 $\mathbf{F} = (x^2 + 4xy)\mathbf{i} - 6y\mathbf{j}$ 穿出四边向外的总流量最小. 该最小流量是多少？

8. **最大环量** 求一过原点的平面方程，使得流场 $\mathbf{F} = z\mathbf{i} + x\mathbf{j} + y\mathbf{k}$ 绕该平面与球面 $x^2 + y^2 + z^2 = 4$ 截口圆的环量最大.

9. **在一条绳上作的功** 一绳置于第一象限内圆周 $x^2 + y^2 = 4$ 上从点 $(2,0)$ 至 $(0,2)$ 处，绳的密度 $\rho(x,y) = xy$.

(**a**) **分割绳成有限段**，证明由重力移动绳子竖直向下至 x 轴所作的功为：

$$W = \lim_{n \to \infty} \sum_{k=1}^{n} g x_k y_k^2 \Delta S_k = \int_C g x y^2 \, ds,$$

其中 g 为引力常数.

(**b**) 通过计算(a)中的线积分求总功 W.

(**c**) **移动质心**　证明所作的总功等于竖直向下移动绳子质心 $(\bar{x}, \bar{y})$ 至 x 轴所要作的功.

10. **在一薄板上作的功**　一薄板置于平面 $x + y + z = 1$ 在第一卦限的部分上，薄板(三角形)的密度为 $\delta(x, y, z) = xy$.

(**a**) 分割薄板成有限小块，证明由重力移动薄板竖直向下到 xy 平面所作的功为

$$W = \lim_{n \to \infty} \sum_{k=1}^{n} g x_k y_k z_k \Delta \sigma_k = \iint_S g x y z \, d\sigma,$$

其中 g 为引力常数.

(**b**) 通过计算(a)的面积分求所作的总功.

(**c**) **移动质心**　证明所作的总功等于竖直向下移动薄片质心 $(\bar{x}, \bar{y}, \bar{z})$ 至 xy 平面所要作的功.

11. **阿基米德原理**　若一物体，比如一个球放在液体中，它或沉入底部，或漂浮，或沉到某一距离，保持悬浮在液体中. 假定液体比重为常数 w，并设液面与平面 $z = 4$ 齐平. 一球悬在液体中，占据区域 $x^2 + y^2 + (z-2)^2 \leq 1$.

(**a**) 证明：由液体压强施加在球上的总压力 F 的大小等于面积分

$$F = \lim_{n \to \infty} \sum_{k=1}^{n} w(4 - z_k) \Delta \sigma_k = \iint_S w(4 - z) \, d\sigma.$$

(**b**) **浮力积分**　若球不动，是有液体浮力维持的缘故. 证明：作用在球上浮力的大小为

$$\text{浮力} = \iint_S w(z - 4) \mathbf{k} \cdot \mathbf{n} \, d\sigma,$$

其中 $\mathbf{n}$ 为点 (x, y, z) 处的单位法向量. 此式表述阿基米德原理为：作用在悬浮在液体中物体上浮力的大小等于排开的液体重量.

(**c**) 使用散度定理求(b)中浮力的大小.

12. **重力场不是(某场的)旋度**　设

$$\mathbf{F} = -\frac{GmM}{|\mathbf{r}|^3} \mathbf{r}$$

在 $\mathbf{r} \neq \mathbf{0}$ 定义了重力场. 用 13.8 节的 Gauss 定律证明，不存在连续可微的向量场 $\mathbf{H}$，使 $\mathbf{F} = \nabla \times \mathbf{H}$.

13. **相等的曲线与曲面积分**　若 $f(x, y, z)$ 和 $g(x, y, z)$ 都是定义在以 C 为边界曲线的定了向的曲面 S 上的数量值函数，证明

$$\iint_S (\nabla f \times \nabla g) \cdot \mathbf{n} \, d\sigma = \oint_C f \nabla g \cdot d\mathbf{r}.$$

14. **有相等散度与相等旋度的场**　假设在区域 D 上 $\nabla \cdot \mathbf{F}_1 = \nabla \cdot \mathbf{F}_2$ 且 $\nabla \times \mathbf{F}_1 = \nabla \times \mathbf{F}_2$，$D$ 由定了向的且其单位外法向为 $\mathbf{n}$ 的曲面 S 所围，又在 S 上 $\mathbf{F}_1 \cdot \mathbf{n} = \mathbf{F}_2 \cdot \mathbf{n}$. 证明在整个 D 上 $\mathbf{F}_1 = \mathbf{F}_2$.

15. **零向量场？**　证明：是否成立：若 $\nabla \cdot \mathbf{F} = 0$ 且 $\nabla \times \mathbf{F} = \mathbf{0}$，则有 $\mathbf{F} = \mathbf{0}$.

16. **位置向量场的流量作为体积**　证明空间中由定向曲面 S 所围的区域 D 的体积 V 为

$$V = \frac{1}{3} \iint_S \mathbf{r} \cdot \mathbf{n} \, d\sigma,$$

其中 $\mathbf{n}$ 为 S 的单位外法向量，$\mathbf{r}$ 为 D 内点 (x, y, z) 的位置向量.

附　录

A.1　数学归纳法

许多公式,像
$$1 + 2 + \cdots + n = \frac{n(n+1)}{2}.$$
就能用一个称作数学归纳的原理来证明它对每一个正整数 n 都成立.用这个原理作证明又叫做用数学归纳法证明,或用归纳法证明.

用归纳法证明一个公式的步骤如下:

第一步:检验公式对 $n = 1$ 成立.

第二步:证明:假若公式对任一正整数 $n = k$ 成立,它对下一个整数 $n = k+1$ 也成立.

一旦这两步完成(原理讲),也就是公式对所有正整数 n 成立.用第一步说明 $n = 1$ 成立.用第二步说明对 $n = 2$ 成立,因此也由第二步知 $n = 3$ 成立,又由第二步知 $n = 4$ 也成立,等等.若第一枚多米诺骨牌倒下,而当第 k 个多米诺骨牌倒下,它永远会敲到第 $k+1$ 个牌也倒下,最后所有多米诺骨牌全会倒下.

从另一种观点,设有一列语句 $S_1, S_2, \cdots, S_n, \cdots$,每一句对应一个正整数.假设我们也可以证明,若语句中任一句正确就可顺次推出下一句正确,最终假设又可以证明 S_1 是正确的.那么就可以得出结论,从 S_1 开始的所有语句都正确.

例 1　证明对每一正整数 n,有
$$1 + 2 + \cdots + n = \frac{n(n+1)}{2}.$$

解　我们依上面所说的两步完成证明.

第一步:公式对 $n = 1$ 成立,因
$$1 = \frac{1(1+1)}{2}.$$

第二步:若公式对 $n = k$ 成立,它是否对 $n = k+1$ 也成立?答案是对的,以下说明为什么:假设
$$1 + 2 + \cdots + k = \frac{k(k+1)}{2}.$$

那么

$$1 + 2 + \cdots + k + (k+1) = \frac{k(k+1)}{2} + (k+1) = \frac{k^2 + k + 2k + 2}{2}$$
$$= \frac{(k+1)(k+2)}{2} = \frac{(k+1)((k+1)+1)}{2}.$$

这一串等式中的最后一个表达式即为对应 $n = (k+1)$ 时的 $n(n+1)/2$ 的表达式.

数学归纳原理在此保证了原公式对所有正整数 n 都成立. 须注意,应该做的全部就是执行第 1,2 步,数学归纳原理则做了余下的一切.

例 2(1/2 的幂的和) 证明对所有正整数 n,

$$\frac{1}{2^1} + \frac{1}{2^2} + \cdots + \frac{1}{2^n} = 1 - \frac{1}{2^n}.$$

解 以下通过执行数学归纳法的两步完成证明.

第一步:公式对 $n = 1$ 成立. 因

$$\frac{1}{2^1} = 1 - \frac{1}{2^1}.$$

第二步:若

$$\frac{1}{2^1} + \frac{1}{2^2} + \cdots + \frac{1}{2^k} = 1 - \frac{1}{2^k},$$

则

$$\frac{1}{2^1} + \frac{1}{2^2} + \cdots + \frac{1}{2^k} + \frac{1}{2^{k+1}} = 1 - \frac{1}{2^k} + \frac{1}{2^{k+1}} = 1 - \frac{1 \cdot 2}{2^k \cdot 2} + \frac{1}{2^{k+1}}$$
$$= 1 - \frac{2}{2^{k+1}} + \frac{1}{2^{k+1}} = 1 - \frac{1}{2^{k+1}}.$$

于是原式只要对 $n = k$ 成立,对 $n = (k+1)$ 也成立,由于证完了以上两步,数学归纳原理就保证了公式对每个正整数 n 都成立.

其它起始整数

代替从 $n = 1$ 开始,有些归纳法变量从另一整数开始. 这样的归纳法步骤如下.

第一步:检验公式对 $n = n_1$(第一个合适的整数)成立.

第二步:证明:"若公式对任一整数 $n = k \geq n_1$ 成立,则它对 $n = (k+1)$ 也成立."

一旦完成了以上两步的证明,数学归纳原理保证对所有 $n \geq n_1$,公式也成立.

例 3(阶乘大于指数) 证明对足够大的 n, $n! > 3^n$.

解 多大算足够大? 我们列出实际数据:

n	1	2	3	4	5	6	7
$n!$	1	2	6	24	120	720	5040
3^n	3	9	27	81	243	729	2187

看起来 $n \geq 7$ 就有 $n! > 3^n$. 为确信这一点,我们用数学归纳法. 第一步取 $n_1 = 7$,然后试证第二步.

假设对 $k \geq 7$,有 $k! > 3^k$,进而

$$(k+1)! = (k+1)(k!) > (k+1)3^k > 7 \cdot 3^k > 3^{k+1}.$$

于是,当 $k \geq 7$,由

$$k! > 3^k \quad \Rightarrow \quad (k+1)! > 3^{k+1}.$$

数学归纳原理保证对一切 $n \geq 7, n! > 3^n$.

练习题 A.1

1. **一般三角不等式** 设三角不等式 $|a+b| \leq |a| + |b|$ 对任两个数 a 与 b 成立,证明对任 n 个数成立.
$$|x_1 + x_2 + \cdots + x_n| \leq |x_1| + |x_2| + \cdots + |x_n|$$

2. **几何和** 证明:若 $r \neq 1$,则对每个正整数
$$1 + r + r^2 + \cdots + r^n = \frac{1 - r^{n+1}}{1 - r}.$$

3. **正整数幂求导法则** 使用乘积求导法 $\frac{d}{dx}(uv) = u\frac{dv}{dx} + v\frac{du}{dx}$,及等式 $\frac{d}{dx}(x) = 1$,证明对每个正整数 n,
$$\frac{d}{dx}(x^n) = nx^{n-1}.$$

4. **积变成和** 设函数 $f(x)$ 具性质 $f(x_1 x_2) = f(x_1) + f(x_2)$,其中 x_1, x_2 为两任意正数. 证明对任意 n 个正数 $x_1, x_2, \cdots, x_n$,有
$$f(x_1 x_2 \cdots x_n) = f(x_1) + f(x_2) + \cdots + f(x_n).$$

5. **几何和** 证明对所有正整数 n,成立
$$\frac{2}{3^1} + \frac{2}{3^2} + \cdots + \frac{2}{3^n} = 1 - \frac{1}{3^n}.$$

6. 证明:若 n 足够大,有 $n! > n^3$.

7. 证明:若 n 足够大,有 $2^n > n^2$.

8. 证明:对 $n \geq -3$,有 $2^n \geq 1/8$.

9. **平方和** 证明前 n 个正整数的平方和为 $\dfrac{n\left(n + \frac{1}{2}\right)(n+1)}{3}$.

10. **立方和** 证明前 n 个正整数的立方和为 $\left(\dfrac{n(n+1)}{2}\right)^2$.

11. **有限和的运算法则** 证明下述有限和的运算法则对每个正整数 n 都成立.

    (a) $\sum_{k=1}^{n}(a_k + b_k) = \sum_{k=1}^{n}a_k + \sum_{k=1}^{n}b_k$ (b) $\sum_{k=1}^{n}(a_k - b_k) = \sum_{k=1}^{n}a_k - \sum_{k=1}^{n}b_k$

    (c) $\sum_{k=1}^{n}ca_k = c \cdot \sum_{k=1}^{n}a_k$ (c 为任一数) (d) $\sum_{k=1}^{n}a_k = n \cdot c$ (若 a_k 为常数 c)

12. **正整数幂及其绝对值** 证明:对每个正整数 n 和每个实数 x,有 $|x^n| = |x|^n$.

A.2 1.2 节极限定理的证明

这个附录证明 1.2 节的定理 1 和定理 4.

定理 1 极限性质

若 $\lim\limits_{x \to c} f(x) = L, \lim\limits_{x \to c} g(x) = M$ (L 与 M 为实数),则以下法则成立:

1. **加法法则**: $\lim\limits_{x \to c}[f(x) + g(x)] = L + M$
2. **减法法则**: $\lim\limits_{x \to c}[f(x) - g(x)] = L - M$
3. **乘法法则**: $\lim\limits_{x \to c} f(x) \cdot g(x) = L \cdot M$
4. **数乘法则**: $\lim\limits_{x \to c} k f(x) = kL$ (任意常数 k)
5. **商的法则**: $\lim\limits_{x \to c} \dfrac{f(x)}{g(x)} = \dfrac{L}{M}$, 若 $M \neq 0$
6. **幂的法则**: 若 m 和 n 为整数,则当 $L^{m/n}$ 是实数时,有
$$\lim\limits_{x \to c}[f(x)]^{\frac{m}{n}} = L^{\frac{m}{n}}$$

加法法则的证明 设任意给定 $\varepsilon > 0$,要找一个正数 δ 使得对一切 x,由
$$0 < |x - c| < \delta \Rightarrow |f(x) + g(x) - (L + M)| < \varepsilon.$$

重组各项,得
$$|f(x) + g(x) - (L + M)| = |(f(x) - L) + (g(x) - M)|$$
$$\leqslant |f(x) - L| + |g(x) - M|.$$

三角不等式: $|a + b| \leqslant |a| + |b|$

因 $\lim\limits_{x \to c} f(x) = L$,存在一个正数 $\delta_1 > 0$ 使得对一切 x,当
$$0 < |x - c| < \delta_1 \Rightarrow |f(x) - L| < \dfrac{\varepsilon}{2}.$$

类似地,因 $\lim\limits_{x \to c} g(x) = M$,存在一数 $\delta_2 > 0$ 使得一切 x,当
$$0 < |x - c| < \delta_2 \Rightarrow |g(x) - M| < \dfrac{\varepsilon}{2}.$$

令 $\delta = \min\{\delta_1, \delta_2\}$,为 δ_1 与 δ_2 的较小者. 若 $0 < |x - c| < \delta$,则 $|x - c| < \delta_1$,所以 $|f(x) - L| < \varepsilon/2$,且 $|x - c| < \delta_2$,又有 $|g(x) - M| < \varepsilon/2$,因此
$$|f(x) + g(x) - (L + M)| < \dfrac{\varepsilon}{2} + \dfrac{\varepsilon}{2} = \varepsilon,$$

这就证明了 $\lim\limits_{x \to c}(f(x) + g(x)) = L + M$. □

减法法则可在加法法则中以 $-g(x)$ 代替 $g(x)$,并以 $-M$ 代换 M 得证,数乘法则是乘法法则 $g(x) = k$ 的特殊情况,幂的法则放在更高等教程中去证明,但这里可证明乘积和商的法则.

极限的乘积法则的证明 要证明对任意给定的 $\varepsilon > 0$,都存在 $\delta > 0$ 使得对 f 与 g 的定义域的交集 D 上的所有 x,
$$0 < |x - c| < \delta \Rightarrow |f(x)g(x) - LM| < \varepsilon.$$

对任意给定的正数 $\varepsilon > 0$,把 $f(x)$ 和 $g(x)$ 写为
$$f(x) = L + (f(x) - L), \quad g(x) = M + (g(x) - M).$$

CD-ROM
WEBsite
历史传记
John Wallis
(1616 — 1703)

A.2　1.2节极限定理的证明

将 $f(x)$ 与 $g(x)$ 乘起来,再减去 LM:

$$\begin{aligned}f(x)g(x)-LM &= (L+(f(x)-L))(M+(g(x)-M))-LM \\ &= LM+L(g(x)-M)+M(f(x)-L)+(f(x)-L)(g(x)-M)-LM \\ &= L(g(x)-M)+M(f(x)-L)+(f(x)-L)(g(x)-M).\end{aligned} \quad (1)$$

因 f 和 g 当 $x \to c$ 时有极限 L 和 M,故存在正数 $\delta_1, \delta_2, \delta_3, \delta_4$ 使得对 D 内的所有 x,

$$\begin{aligned} 0 < |x-c| < \delta_1 &\Rightarrow |f(x)-L| < \sqrt{\varepsilon/3} \\ 0 < |x-c| < \delta_2 &\Rightarrow |g(x)-M| < \sqrt{\varepsilon/3} \\ 0 < |x-c| < \delta_3 &\Rightarrow |f(x)-L| < \varepsilon/(3(1+|M|)) \\ 0 < |x-c| < \delta_4 &\Rightarrow |g(x)-M| < \varepsilon/(3(1+|L|)) \end{aligned} \quad (2)$$

若取 δ 为 δ_1 至 δ_4 所有 4 个正数中最小的,则(2)中右边的不等式将同时成立,对 $0 < |x-c| < \delta$,于是对 D 内所有 x,当 $0 < |x-c| < \delta$,

$$\begin{aligned} &|f(x) \cdot g(x) - LM| \\ &\leq |L||g(x)-M| + |M||f(x)-L| + |f(x)-L||g(x)-M| \quad \text{对(1)应用三角不等式} \\ &\leq (1+|L|)|g(x)-M| + (1+|M|)|f(x)-L| + |f(x)-L||g(x)-M| \\ &\leq \frac{\varepsilon}{3} + \frac{\varepsilon}{3} + \sqrt{\frac{\varepsilon}{3}}\sqrt{\frac{\varepsilon}{3}} = \varepsilon. \qquad \text{从(2)可得} \end{aligned}$$

这就证完了极限乘法法则. □

极限的商的法则的证明　先证 $\lim\limits_{x\to c}(1/g(x)) = 1/M$,再用极限的乘法法则

$$\lim_{x\to c}\frac{f(x)}{g(x)} = \lim_{x\to c}\left(f(x)\cdot\frac{1}{g(x)}\right) = \lim_{x\to c}f(x) \cdot \lim_{x\to c}g(x) = L\cdot\frac{1}{M} = \frac{L}{M}.$$

给定 $\varepsilon > 0$,要证 $\lim\limits_{x\to c}\dfrac{1}{g(x)} = \dfrac{1}{M}$,即要说明存在一个 $\delta > 0$,使对一切 x,当

$$0 < |x-c| < \delta \Rightarrow \left|\frac{1}{g(x)}-\frac{1}{M}\right| < \varepsilon.$$

由于 $|M| > 0$,存在一正数 δ_1,使对一切 x,当

$$0 < |x-c| < \delta_1 \Rightarrow |g(x)-M| < \left|\frac{M}{2}\right|. \quad (3)$$

历史传记

Gilles Personne
de Roberval
(1616 — 1703)

另由于对任何数 A 及 B,可以证明 $|A|-|B| \leq |A-B|$ 和 $|B|-|A| \leq |A-B|$,因此得出 $||A|-|B|| \leq |A-B|$. 以 $A = g(x)$,$B = M$,就有

$$||g(x)|-|M|| \leq |g(x)-M|,$$

再结合(3)右端的不等关系,进而得

$$\begin{aligned} ||g(x)|-|M|| &< \frac{|M|}{2} \\ -\frac{|M|}{2} &< |g(x)|-|M| < \frac{|M|}{2} \\ \frac{|M|}{2} &< |g(x)| < \frac{3|M|}{2} \\ |M| &< 2|g(x)| < 3|M| \end{aligned} \quad (4)$$

$$\frac{1}{|g(x)|} < \frac{2}{|M|} < \frac{3}{|g(x)|}.$$

于是，当 $0 < |x - c| < \delta_1$，就有

$$\left|\frac{1}{g(x)} - \frac{1}{M}\right| = \left|\frac{M - g(x)}{Mg(x)}\right| \leqslant \frac{1}{|M|} \cdot \frac{1}{|g(x)|} \cdot |M - g(x)|$$
$$< \frac{1}{|M|} \cdot \frac{2}{|M|} \cdot |M - g(x)|. \quad \text{由不等式(4)} \tag{5}$$

因此对 $(1/2)|M|^2 \varepsilon > 0$，存在 $\delta_2 > 0$，使得对一切 x：

$$0 < |x - c| < \delta_2 \Rightarrow |M - g(x)| < \frac{\varepsilon}{2}|M|^2. \tag{6}$$

若取 δ 为 δ_1 与 δ_2 中较小者，则(5)、(6)式对一切满足 $0 < |x - c| < \delta$ 的 x 都成立. 结合这些结果，便有

$$0 < |x - c| < \delta \Rightarrow \left|\frac{1}{g(x)} - \frac{1}{M}\right| < \varepsilon.$$

以上便是极限商的法则的证明. □

定理 4　夹逼定理

假设 $g(x) \leqslant f(x) \leqslant h(x)$ 对含有 c 的某开区间内的所有 x（可能不包含 c）成立. 又设 $\lim\limits_{x \to c} g(x) = \lim\limits_{x \to c} h(x) = L$，那么 $\lim\limits_{x \to c} f(x) = L$.

先证右极限　设 $\lim\limits_{x \to c^+} g(x) = \lim\limits_{x \to c^+} h(x) = L$. 则对任意给定的 $\varepsilon > 0$，存在 $\delta > 0$，使得对所有满足不等式 $c < x < c + \delta$ 的 x，都有

$$L - \varepsilon < g(x) < L + \varepsilon \quad \text{和} \quad L - \varepsilon < h(x) < L + \varepsilon.$$

这些不等式再结合 $g(x) \leqslant f(x) \leqslant h(x)$ 得

$$L - \varepsilon < g(x) \leqslant f(x) \leqslant h(x) < L + \varepsilon.$$
$$L - \varepsilon < f(x) < L + \varepsilon.$$
$$-\varepsilon < f(x) - L < \varepsilon.$$

因此对一切 x，满足 $c < x < c + \delta$ 就有 $|f(x) - L| < \varepsilon$.

再证左极限　设 $\lim\limits_{x \to c^-} g(x) = \lim\limits_{x \to c^-} h(x) = L$. 则对任意的 $\varepsilon > 0$，存在 $\delta > 0$，使得对所有满足不等式 $c - \delta < x < c$ 的 x，都有

$$L - \varepsilon < g(x) < L + \varepsilon \quad \text{和} \quad L - \varepsilon < h(x) < L + \varepsilon.$$

于是同前面，对一切满足 $c - \delta < x < c$ 的 x，都有 $|f(x) - L| < \varepsilon$.

证双侧极限　若 $\lim\limits_{x \to c} g(x) = \lim\limits_{x \to c} h(x) = L$，则 $g(x)$ 和 $h(x)$ 两个函数当 $x \to c^+$ 和 $x \to c^-$ 时都趋于 L，所以 $\lim\limits_{x \to c^+} f(x) = L$ 且 $\lim\limits_{x \to c^-} f(x) = L$，因此 $\lim\limits_{x \to c} f(x)$ 存在并等于 L. □

练习题 A.2

1. **一般化的极限加法法则** 假设函数 $f_1(x), f_2(x)$ 和 $f_3(x)$ 当 $x \to c$ 分别有极限 L_1, L_2 和 L_3. 证明它们的和的极限是 $L_1 + L_2 + L_3$. 再用数学归纳法(附录1)将这个结果推广到任意有限个函数的和.

2. **一般化的极限乘法法则** 用数学归纳法和定理1的极限乘法法则证明:如果函数 $f_1(x), f_2(x), \cdots, f_n(x)$ 当 $x \to c$ 时有极限 $L_1, L_2, \cdots, L_n$, 那么
$$\lim_{x \to c} f_1(x) f_2(x) \cdots f_n(x) = L_1 \cdot L_2 \cdot \cdots \cdot L_n.$$

3. **正整数的法则** 用 $\lim_{x \to c} x = c$ 及题2的结果证明:对任一正整数 $n > 1$, 极限 $\lim_{x \to c} x^n = c^n$.

4. **多项式的极限** 用事实 $\lim_{x \to c}(k) = k, k$ 为任一数,连同题1, 题3的结果证明,对任一多项式函数
$$f(x) = a_n x^n + a_{n-1} x^{n-1} + \cdots + a_1 x + a_0.$$
有 $\lim_{x \to c} f(x) = f(c)$.

5. **函数之比的极限** 用定理1和题4的结果证明:如果 $f(x)$ 和 $g(x)$ 都是多项式函数, 且 $g(c) \neq 0$, 那么
$$\lim_{x \to c} \frac{f(x)}{g(x)} = \frac{f(x)}{g(x)}.$$

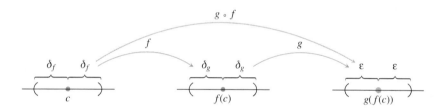

图 A.1 两个连续函数的复合仍连续的图解,且对任有限个函数的复合,连续性仍成立. 唯一的要求是每个函数在所应用的点是连续的. 图中, f 在点 c 及 g 在点 $f(c)$ 必须是连续的.

6. **连续函数的复合** 图 A.1 对两个连续函数的复合仍是连续的证明给出一种图解,请从这个图解构建证明. 证明可以如下表述:若 f 在点 c 连续, 又 g 在 $f(c)$ 连续, 则 $g \circ f$ 在点 c 连续.

设 c 为 f 定义域一内点, $f(c)$ 为 g 定义域的一个内点, 于是所涉及的双侧极限成立. (对单侧情况的讨论完全类似.)

A.3 链式法则的证明

此附录用 3.6 节的思想证明 2.5 节的链式法则.

定理 4 链式法则

若 $f(u)$ 在 $u = g(x)$ 点可微,$g(x)$ 在点 x 可微,则复合函数 $(f \circ g)(x) = f(g(x))$ 就在点 x 可微,且

$$(f \circ g)'(x) = f'(g(x)) \cdot g'(x).$$

用 Leibniz 记法,若 $y = f(u)$ 和 $u = g(x)$,则

$$\frac{dy}{dx} = \frac{dy}{du} \cdot \frac{du}{dx},$$

其中 $\frac{dy}{du}$ 是在 $u = g(x)$ 的导数.

证明 为更简洁起见,我们证:若 g 在点 x_0 可微,又 f 在 $g(x_0)$ 可微,则复合函数在点 x_0 可微且

$$\left. \frac{dy}{dx} \right|_{x=x_0} = f'(g(x_0)) \cdot g'(x_0).$$

令 Δx 为 x 处的一个增量,Δu 和 Δy 分别为变量 u 和 y 的增量. 如图 A.2 所示,

$$\left. \frac{dy}{dx} \right|_{x=x_0} = \lim_{\Delta x \to 0} \frac{\Delta y}{\Delta x},$$

所以以下只要证明这个极限 $f'(g(x_0)) \cdot g'(x_0)$.

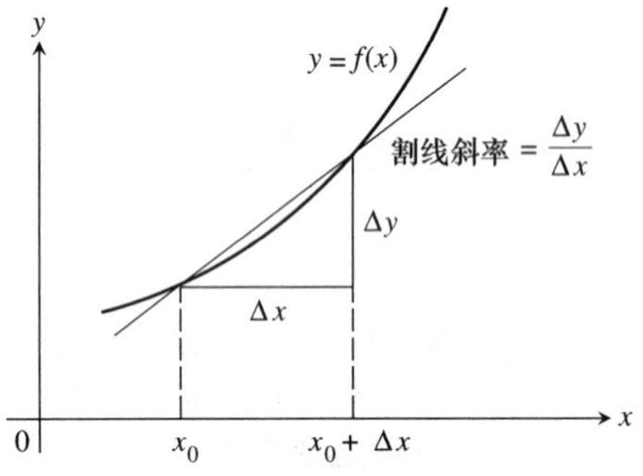

用 3.6 节中的式 (3)

$$\Delta u = g'(x_0) \Delta x + \varepsilon_1 \Delta x = (g'(x_0) + \varepsilon_1) \Delta x,$$

其中,当 $\Delta x \to 0, \varepsilon_1 \to 0$,类似有

$$\Delta y = f'(u_0) \Delta u + \varepsilon_2 \Delta u = (f'(u_0) + \varepsilon_2) \Delta u,$$

图 A.2 y 为 x 的函数的图示. y 在点 $x = x_0$ 的导数是 $\lim\limits_{\Delta x \to 0} \frac{\Delta y}{\Delta x}$.

其中,当 $\Delta u \to 0, \varepsilon_2 \to 0$,注意到当 $\Delta x \to 0$ 也有 $\Delta u \to 0$. 结合 Δu 与 Δy 的两个等式,得到

$$\Delta y = (f'(u_0) + \varepsilon_2)(g'(x_0) + \varepsilon_1) \Delta x,$$

故

$$\frac{\Delta y}{\Delta x} = f'(u_0) g'(x_0) + \varepsilon_2 g'(x_0) + f'(u_0) \varepsilon_1 + \varepsilon_2 \varepsilon_1.$$

因 ε_1 和 ε_2 当 $\Delta x \to 0$ 时都趋于零,在取极限过程中四项中的三项全趋于零,就只有

$$\lim_{\Delta x \to 0} \frac{\Delta y}{\Delta x} = f'(u_0) g'(x_0) = f'(g(x_0)) \cdot g'(x_0).$$

证毕.

A.4 复 数

实数的发展·复数系·Argand 图·欧拉(Euler)公式·积·商·幂与棣莫弗(De Moivre)定理·根·代数基本定理

复数以 $a+ib$ 表示,其中 a,b 为实数,i 用来记 $\sqrt{-1}$. "实"数与"虚"数讲法不幸常让人把 $\sqrt{-1}$ 看得好象不如 $\sqrt{2}$ 那么令人宠爱. 实际上,从创新意义上讲,实数系的构建也需要丰富的联想,实数系是微积分的基础. 在本附录里,我们要回顾发现构建实数的各个阶段,进一步再讲复数系的发明将不会感到奇怪.

实数的发展

数发展的最早期阶段是来自对**记数** $1,2,3,\cdots$,的认识,我们现在将它们称为**自然数**或**正整数**. 这些数作加法和乘法其结果都不会出正整数系统. 也就是,正整数系对加法和乘法运算**封闭**. 即若 m 和 n 为任意正整数,则

$$m+n=p \quad \text{与} \quad mn=q \tag{1}$$

仍是正整数.

在(1)式中任一等式左边任给两个正整数. 都会在右边相应得出一个正整数. 再者,我们有时还可以对特定的正整数 m 和 p,求一个正整数 n 使 $m+n=p$. 例如从 $3+n=7$ 可唯一解出 n 为正整数,可从方程 $7+n=3$,却解不出正整数 n,除非数系扩大.

数零和负整数的发明是源于解象 $7+n=3$ 的方程. 在认识所有**整数**

$$\cdots,-3,-2,-1,0,1,2,3,\cdots \tag{2}$$

的文明发展过程中,一个受教育者总能在方程 $m+n=p$ 已知两个整数情况下求出那未知的整数.

假定受过教育的人们也知道怎样将(2)中的任两个整数作乘法. 比如,(1)式中给定 m 和 q,就会发现有时能求出 n,有时却不能. 若他们的想像仍处于良好运行状态的话,也就会激发灵感进一步发明更多的数和引进有序整数对 m 与 n 作为分数 m/n. 数"零"性质有些特别或许要难为他们一下,但他们终于发现很方便表示所有整数的比为 m/n. 仅那些分母为零的不包括在内. 这一系统,称为**有理数集**,对它们进行所谓的算术**有理运算**是极其丰富多彩的:

1. (a) 加法　　　　　　　　2. (a) 乘法
   (b) 减法　　　　　　　　　 (b) 除法

运算可在有理数系内的任两个数间进行,只是不能用零去除.

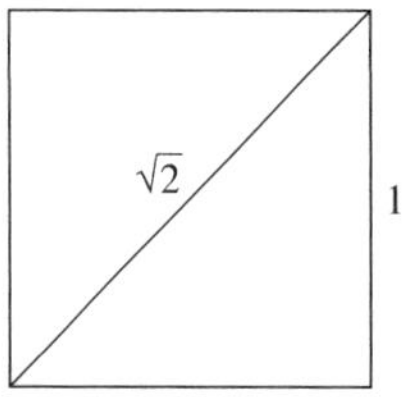

单位正方形的几何性质(图 A.3)和勾股定理表明:可以作出一几何线段,以某基本长度单位说,其长度等于 $\sqrt{2}$. 因而他们可以用几何构造方式解方程

$$x^2=2$$

图 A.3 用直尺和圆规可以作出一条长为无理数的线段

可是他们又发现,表示$\sqrt{2}$的线段和表示长度单位1的线段有同单位性.这意味着比例$\sqrt{2}/1$.不能表示成某个或许更基本长度单位的两个整数倍数之比.也就是说,这些受了教育的人们再无法找出方程$x^2 = 2$的有理数解.

他们无法做到这一点是因为不存在有理数其平方等于2.要弄清这是为什么,无妨假设存在这样一个有理数,即可找到除了1以外没有公因子的整数p和q,使得

$$\left(\frac{p}{q}\right)^2 = 2 \quad 或 \quad p^2 = 2q^2. \tag{3}$$

因p和q都是整数,p必是个偶数;否则它与自身的积就应是奇数.用式子说明应是$p = 2p_1$,其中p_1是一个整数.这又导出$2p_1^2 = q^2$,这又说明q必是偶数,比如说$q = 2q_1$,q_1也是整数.这就推得2是p,q的公因子,这已与p与q除了1之外没有公因子矛盾.于是不存在有理数,其平方等于2.

虽然这些人们没能找到方程$x^2 = 2$的有理数解,却设法得到一列有理数

$$\frac{1}{1}, \quad \frac{7}{5}, \quad \frac{41}{29}, \quad \frac{239}{169}, \quad \cdots, \tag{4}$$

它们的平方形成一数列

$$\frac{1}{1}, \quad \frac{49}{25}, \quad \frac{1681}{841}, \quad \frac{57121}{28561}, \quad \cdots \tag{5}$$

以2作为其极限.这次想像建议他们需要有理数列极限的概念.若我们接受"一个上有界的递增序列总有根限",而又观察到(4)的数列具有这些性质,则我们想到此数列该有一极限L.这一假设对(5)又意味着$L^2 = 2$,因此L不是一个有理数.若我们把所有有界递增的有理数列的极限都加到有理数集中,就达到所有真实(real)的数的系统.这个词"真实"(real)在这里使用是因为它不像任一其它数学系统,实数系中不存在什么或"更真实"或"较少真实"的数.

复数系

在实数系发展的许多阶段都曾借助于想像.事实上,至此我们所讨论的构建这些系统过程中至少有三次曾需要创造性思考想象的艺术.

1. 第一次发明的系统:从计数的数构建出的所有整数集.

2. 第二次发明的系统:从整数构建出的有理数集.

3. 第三次发明的系统:从有理数构建出的所有实数x的集合.

这些被发现的系统形成一个有层次系统,其中每一系统包含前一个系统.每个系统也都比它的前者宠大,系统内允许执行附加的不出系统的运算如下:

1. 在所有整数的系统中,可以解所有形如

$$x + a = 0 \tag{6}$$

的方程,其中a可以是任一整数.

2. 在所有有理数的系统中,可以解所有形如

$$ax + b = 0 \tag{7}$$

的方程,只要a,b为有理数且$a \neq 0$.

3. 在所有实数系统中,可以解所有(6)、(7)形式的方程,加之所有二次方程

$$ax^2 + bx + c = 0, \quad 其中 a \neq 0 \quad 且 \quad b^2 - 4ac \geq 0. \tag{8}$$

你可能对由以下公式给出的方程(8)的解很熟悉,即

$$x = \frac{-b \pm \sqrt{b^2 - 4ac}}{2a}, \tag{9}$$

而且也知道当判别式 $d = b^2 - 4ac$ 是负数时,方程的解就不属于以上所讨论的任一数系.事实上,连十分简单的二次方程

$$x^2 + 1 = 0$$

也不可能有解,要是所能使用的数系仅仅是上面提到已发明的三种数系的话.

于是,我们必然要来到第四次被发现的系统,即所有复数 $a + ib$ 的集合.用符号 i 和使用如 (a,b) 的记法就可完全构建这一系统.当然也可以简洁地说用一对实数 a 与 b. 由于在代数运算下,数对 a 与 b 的处置有点不同,简直说,基本上要保持"序".因此,我们可以讲,**复数系**是由所有"有序实数对"(a,b) 的集合构成,连同下面所列的那些相等、加法、乘法法则等.下面讨论中两种记号:(a,b) 与 $a + ib$ 都用.称复数 (a,b) 的 a 为**实部**. b 为**虚部**.

以下给出定义.

相等

$a + ib = c + id$ 当且仅当 $a = c$ 且 $b = d$.

两复数 (a,b) 与 (c,d) 相等,当且仅当 $a = c$ 且 $b = d$.

加法

$(a + ib) + (c + id)$
$= (a + c) + i(b + d)$

两个复数 (a,b) 与 (c,d) 的和为复数 $(a + c, b + d)$.

乘法

$(a + ib)(c + id)$
$= (ac - bd) + i(ad + bc)$

$c(a + ib) = ac + ibc$

两复数 (a,b) 和 (c,d) 的积为复数 $(ac - bd, ad + bc)$.

一实数 c 与复数 (a,b) 的积为复数 (ac, bc).

所有其第二数 b 为零的复数 (a,b) 的集合具有实数 a 的集合的一切性质.举例来说,$(a,0)$ 与 $(c,0)$ 的加法和乘法就有

$$(a,0) + (c,0) = (a + c, 0)$$
$$(a,0) \cdot (c,0) = (ac, 0),$$

这是那类虚部都等于零的数.再者,如果我们把一个"实数"$(a,0)$ 和复数 (c,d) 相乘,得

$$(a,0) \cdot (c,d) = (ac, ad) = a(c,d).$$

特别地,复数 $(0,0)$ 起到复数系零的作用,且复数 $(1,0)$ 充当单位元的作用.

数对 $(0,1)$,它的实部等于零,虚部等于 1,而它的平方

$$(0,1)(0,1) = (-1, 0),$$

实部等于负 1,虚部等于零.于是在复数 (a,b) 系统,存在一个数 $x = (0,1)$,它的平方加上单位元 $(1,0)$ 得零 $(0,0)$,即

$$(0,1)^2 + (1,0) = (0,0).$$

因此在这个新的数系中,方程 $x^2 + 1 = 0$ 有一个解 $x = (0,1)$.

比起记法 (a,b) 来,你可能对记法 $a + ib$ 更熟悉些,而由于有序数对的代数运算法则又可

使我们写出
$$(a,b) = (a,0) + (0,b) = a(1,0) + b(0,1),$$
其中 $(1,0)$ 就像单位 1 而 $(0,1)$ 就像负 1 的平方根,因此以 (a,b) 代替 $a + ib$ 的写法就无须犹豫. 紧跟 i 的 b 拖在虚部后像个跟踪者,我们可以如愿从有序数对 (a,b) 的王国跨越到表达式 $a + ib$ 的王国,或是反过来. 还有,一旦我们学习复数系 (a,b) 的代数运算律,记号 $(0,1) = i$ 不比记号 $(1,0) = 1$ 更少什么真实.

要化简复数的任何有理组合成一个单一的复数,应该运用基本代数运算法则,无论在哪儿出现都应用 -1 代换 i^2. 当然,我们不能用复数 $(0,0) = 0 + i0$ 去除. 可是,若 $a + ib \neq 0$,我们就可以如下做除法:
$$\frac{c + id}{a + ib} = \frac{(c + id)(a - ib)}{(a + ib)(a - ib)} = \frac{(ac + bd) + i(ad - bc)}{a^2 + b^2}.$$
结果仍是一个复数 $x + iy$,其中
$$x = \frac{ac + bd}{a^2 + b^2}, \quad y = \frac{ad - bc}{a^2 + b^2},$$
而且 $a^2 + b^2 \neq 0$,因为 $a + ib = (a,b) \neq (0,0)$.

数 $a - ib$ 用作因式以消掉分母的 i,又叫作 $a + ib$ 的**共轭复数**. 常习惯用 $\bar{z}$ 表示 z 的共轭复数;即
$$z = a + ib, \quad \bar{z} = a - ib.$$
用分母的共轭复数同时乘以分式 $\dfrac{c + id}{a + ib}$ 的分子和分母总可把分母换成一个实数.

例 1 复数运算

(**a**) $(2 + 3i) + (6 - 2i) = (2 + 6) + (3 - 2)i = 8 + i$

(**b**) $(2 + 3i) - (6 - 2i) = (2 - 6) + (3 - (-2))i = -4 + 5i$

(**c**) $(2 + 3i)(6 - 2i) = (2)(6) + (2)(-2i) + (3i)(6) + (3i)(-2i)$
$= 12 - 4i + 18i - 6i^2 = 12 + 14i + 6 = 18 + 14i$

(**d**) $\dfrac{2 + 3i}{6 - 2i} = \dfrac{2 + 3i}{6 - 2i}\dfrac{6 + 2i}{6 + 2i} = \dfrac{12 + 4i + 18i + 6i^2}{36 + 12i - 12i - 4i^2} = \dfrac{6 + 22i}{40} = \dfrac{3}{20} + \dfrac{11}{20}i$

Argand 图(复数的图示——Argand 图)

复数 $z = x + iy$ 有两种几何表示:

1. 以 xy 平面内的一点 $P(x,y)$ 表示;

2. 以原点到 P 的向量 $\overrightarrow{OP}$ 表示.

在每种表示法中,x 轴都叫实轴,y 轴叫虚轴,两种对 $x + iy$ 的表示法都叫 Argand 图(图 A.4).

x 和 y 用极坐标表示,为
$$x = r\cos\theta, \quad y = r\sin\theta,$$
于是

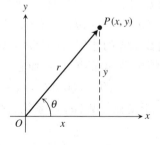

图 A.4 这个 Argand 图表示 $z = x + iy$,它同时可作为一个点 $P(x,y)$,也可作为向量 $\overrightarrow{OP}$.

$$z = x + iy = r(\cos\theta + i\sin\theta). \tag{10}$$

我们将复数 $x + iy$ 的绝对值定义为从原点到点 $P(x,y)$ 的向量 $\overrightarrow{OP}$ 的长 r,并用两竖线如下表示

$x + \mathrm{i}y$ 的绝对值,即
$$|x + \mathrm{i}y| = \sqrt{x^2 + y^2}.$$
一般总选极坐标 r 与 θ,使 r 非负,则
$$r = |x + \mathrm{i}y|.$$
而极角 θ 也叫 z 的**幅角**,记作 $\theta = \arg z$. 当然了,θ 角加上 2π 的任一整数倍就可产生另一相应的幅角.

以下等式是一个有用的公式,它联系了一个复数 z,它的共轭复数 $\bar{z}$,以及它的绝对值 $|z|$,为
$$z \cdot \bar{z} = |z|^2.$$

欧拉(Euler)公式

等式
$$\mathrm{e}^{\mathrm{i}\theta} = \cos\theta + \mathrm{i}\sin\theta$$
称为**欧拉公式**,由它就可以把(10)式写为 $z = r\mathrm{e}^{\mathrm{i}\theta}$. 进而,从这个公式可得出计算复数的积、商、幂、根的下列法则. 因为 $\cos\theta + \mathrm{i}\sin\theta$ 是从(10)式令 $r = 1$ 得到的,所以我们可以说 $\mathrm{e}^{\mathrm{i}\theta}$ 代表一个单位向量,它与 x 轴正向的夹角为 θ(图 A.5).

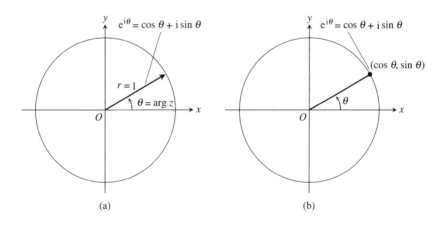

图 A.5 $\mathrm{e}^{\mathrm{i}\theta} = \cos\theta + \mathrm{i}\sin\theta$ 的 Argand 图(a)向量形式(b)点的形式.

积

两个复数作乘法,只需把它们的绝对值(模)相乘,幅角相加,令
$$z_1 = r_1 \mathrm{e}^{\mathrm{i}\theta_1}, \quad z_2 = r_2 \mathrm{e}^{\mathrm{i}\theta_2}, \tag{11}$$
则
$$|z_1| = r_1, \quad \arg z_1 = \theta_1; \quad |z_2| = r_2, \quad \arg z_2 = \theta_2.$$
于是
$$z_1 z_2 = r_1 \mathrm{e}^{\mathrm{i}\theta_1} \cdot r_2 \mathrm{e}^{\mathrm{i}\theta_2} = r_1 r_2 \mathrm{e}^{\mathrm{i}(\theta_1 + \theta_2)}$$
因而
$$|z_1 z_2| = r_1 r_2 = |z_1| \cdot |z_2|$$
$$\arg(z_1 z_2) = \theta_1 + \theta_2 = \arg z_1 + \arg z_2. \tag{12}$$

因此，两个复数的积可以用一个向量表示，它的长度（模）为两因子长度之积，它的幅角为两个幅角的和（图 A.6）。特别地，一个向量乘以 $e^{i\theta}$，只需把幅角逆时针旋转 θ 角。乘以 i 旋转 90°，乘以 -1 旋转 180°，乘以 $-i$ 旋转 270°，等等。

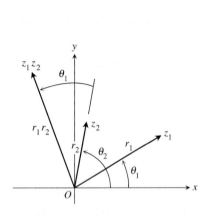 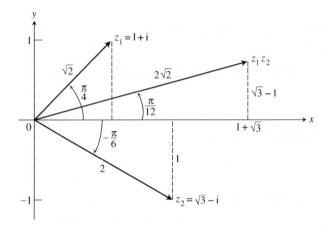

图 A.6 z_1 与 z_2 相乘，$|z_1 z_2| = r_1 r_2$，$\arg(z_1 z_2) = \theta_1 + \theta_2$.

图 A.7 将两个复数相乘，等于它们的绝对值相乘，幅角相加。

例 2（求两复数的积） 设 $z_1 = 1 + i, z_2 = \sqrt{3} - i$. 作出两复数的 Argand 图（图 A.7），从图中马上可读出它们的极坐标表示：

$$z_1 = \sqrt{2}e^{i\frac{\pi}{4}}, \quad z_2 = 2e^{-i\frac{\pi}{6}}.$$

则

$$z_1 z_2 = 2\sqrt{2}\exp\left(\frac{i\pi}{4} - \frac{i\pi}{6}\right) = 2\sqrt{2}\exp\left(\frac{i\pi}{12}\right)$$

$$= 2\sqrt{2}\left(\cos\frac{\pi}{12} + i\sin\frac{\pi}{12}\right) \approx 2.73 + 0.73i.$$

注：$\exp(A)$ 代表 e^A.

商

假设（11）式中的 $r_2 \neq 0$，那

$$\frac{z_1}{z_2} = \frac{r_1 e^{i\theta_1}}{r_2 e^{i\theta_2}} = \frac{r_1}{r_2}e^{i(\theta_1 - \theta_2)}.$$

于是

$$\left|\frac{z_1}{z_2}\right| = \frac{r_1}{r_2} = \frac{|z_1|}{|z_2|} \quad \text{且} \quad \arg\left(\frac{z_1}{z_2}\right) = \theta_1 - \theta_2 = \arg z_1 - \arg z_2.$$

也就是，两者长度相除，幅角相减。

例 3（求复数的商） 与例 2 一样，令 $z_1 = 1 + i, z_2 = \sqrt{3} - i$，则

$$\frac{1 + i}{\sqrt{3} - i} = \frac{\sqrt{2}e^{i\frac{\pi}{4}}}{2e^{-i\frac{\pi}{6}}} = \frac{\sqrt{2}}{2}e^{i\frac{5\pi}{12}} \approx 0.707\left(\cos\frac{5\pi}{12} + i\sin\frac{5\pi}{12}\right)$$

$$\approx 0.183 + 0.683i.$$

幂与棣莫弗(De Moivre)定理

设 n 为正整数,应用(12)式积的公式即有
$$z^n = z \cdot z \cdots z. \qquad n \text{ 个因子}$$
以 $z = re^{i\theta}$ 写法,可得
$$\begin{aligned} z^n &= (re^{i\theta})^n = r^n e^{i(\theta+\theta+\cdots+\theta)} \quad n \text{ 个相加} \\ &= r^n e^{in\theta}. \end{aligned} \tag{13}$$
幂的长度为 $r = |z|$ 的 n 次幂,其幅角为 $\theta = \arg z$ 的 n 倍.

若在(13)式中令 $r = 1$,就得到 De Moivre 定理.

棣莫弗(De Moivre 定理)

$$(\cos\theta + i\sin\theta)^n = \cos n\theta + i\sin n\theta. \tag{14}$$

如果将(14)式的左边用二项式定理展开,并把结果化成 $a + ib$ 的形式,我们就得到 $\cos\theta$ 和 $\sin\theta$ 次的 n 次多项式.

例 4(推导 $\cos 3\theta, \sin 3\theta$ 的公式) 以 $\cos\theta$ 和 $\sin\theta$ 表示 $\cos 3\theta, \sin 3\theta$.

解 在棣莫弗(De Moivre)公式((14)式)中令 $n = 3$,即
$$(\cos\theta + i\sin\theta)^3 = \cos 3\theta + i\sin 3\theta.$$
等式的左边为
$$\cos^3\theta + 3i\cos^2\theta\sin\theta - 3\cos\theta\sin^2\theta - i\sin^3\theta.$$
其实部必等于 $\cos 3\theta$,虚部必等于 $\sin 3\theta$. 因此,
$$\cos 3\theta = \cos^3\theta - 3\cos\theta\sin^2\theta,$$
$$\sin 3\theta = 3\cos^2\theta\sin\theta - \sin^3\theta.$$

根

若 $z = re^{i\theta}$ 为非零复数,n 是一个正整数,则恰存在 z 的 n 个不同的 n 次方根 $w_0, w_1, \cdots, w_{n-1}$. 为弄清这一点,设 $w = \rho e^{i\alpha}$ 为 $z = re^{i\theta}$ 的 n 次方根,则有
$$w^n = z, \quad \text{或} \quad \rho^n e^{in\alpha} = re^{i\theta},$$
于是
$$\rho = \sqrt[n]{r}$$
为 r 的实正 n 次方根. 至于幅角,虽然不能说 $n\alpha$ 必等于 θ,却可以说它们仅可能相差一个 2π 的整数倍,即
$$n\alpha = \theta + 2k\pi, \quad k = 0, \pm 1, \pm 2, \cdots$$
因此
$$\alpha = \frac{\theta}{n} + k\frac{2\pi}{n}.$$
于是,$z = re^{i\theta}$ 的所有 n 次方根可以表示成

$$\sqrt[n]{re^{i\theta}} = \sqrt[n]{r}\exp i\left(\frac{\theta}{n} + k\frac{2\pi}{n}\right), \quad k = 0, \pm 1, \pm 2, \cdots. \tag{15}$$

由于对无穷多个正数 k 可能会出现无穷多个不同的答案，不过(15)式当 $k = n + m$ 与 $k = m$ 给出同样答案，而我们仅需取 n 个对 k 相连的值就可获得 z 的 n 个不同的 n 次方根. 为方便起见，就取

$$k = 0, 1, 2, \cdots, n - 1.$$

所有 $re^{i\theta}$ 的 n 次方根全部位于以原点为圆心，半径等于 r 的实正 n 次方根的圆上，其中一个幅角为 $\alpha = \dfrac{\theta}{n}$. 其它的都绕圆间隔规则地分布，每一个与相邻的一个幅角相差一个 $\dfrac{2\pi}{n}$. 图 A.8 显示了复数 $z = re^{i\theta}$ 三次方根 w_0, w_1, w_2 的分布.

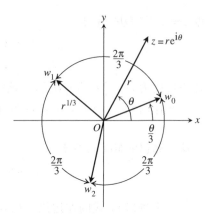

图 A.8　$z = re^{i\theta}$ 的三次方根.

例 5（求四次方根）　求 -16 的四次方根.

解　第一步先作出 -16 的 Argand 图（图 A.9），并确定它的极坐标形式 $re^{i\theta}$，对 $z = -16$，$r = +16$，幅角 $\theta = \pi$，$16e^{i\pi}$ 的四次方根之一为 $2e^{i\frac{\pi}{4}}$，其它的依次在第一个幅角上加 $\dfrac{2\pi}{4} = \dfrac{\pi}{2}$，于是

$$\sqrt[4]{16\exp(i\pi)} = 2\exp i\left(\frac{\pi}{4}, \frac{3\pi}{4}, \frac{5\pi}{4}, \frac{7\pi}{4}\right),$$

四个方根分别为

$$w_0 = 2\left[\cos\frac{\pi}{4} + i\sin\frac{\pi}{4}\right] = \sqrt{2}(1 + i)$$

$$w_1 = 2\left[\cos\frac{3\pi}{4} + i\sin\frac{3\pi}{4}\right] = \sqrt{2}(-1 + i)$$

$$w_2 = 2\left[\cos\frac{5\pi}{4} + i\sin\frac{5\pi}{4}\right] = \sqrt{2}(-1 - i)$$

$$w_3 = 2\left[\cos\frac{7\pi}{4} + i\sin\frac{7\pi}{4}\right] = \sqrt{2}(1 - i).$$

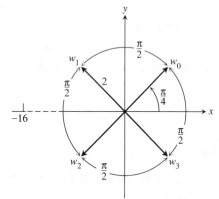

图 A.9　-16 的四次方根

代数基本定理

有人可能会说 $\sqrt{-1}$ 的发明确实不错，并且还引出一个数系，它比实数系要广得多，但这个过程到哪儿才算完呢？难道要发明更多系统以表示 $\sqrt[4]{-1}, \sqrt[6]{-1}$ 或是什么别的？到此应该讲清楚完全没有这个必要. 这些数早已能用复数系 $a + ib$ 表示. 事实上，代数基本定理表明，由于复数的引入，我们有足够的数把每个多项式分解成线性因子，从而有足够的数去解每个可能的多项式方程.

代数基本定理

每个多项式方程

$$a_n z^n + a_{n-1} z^{n-1} + a_{n-2} z^{n-2} + \cdots + a_1 z + a_0 = 0,$$

其系数 $a_0, a_1, \cdots, a_n$ 为任意复数,最高次 $n \geq 1$,且最高次项系数 a_n 不为零,则方程在复数系统中仅有 n 个根,只是对每个 m 重的重根,记为 m 个根.

这个定理的证明几乎可以在任一本有关复变函数理论的教程中找到.

练习题 A.4

复数运算

1. 计算机如何计算复数乘法 求 $(a,b) \cdot (c,d) = (ac - bd, ad + bc)$.
  (**a**) $(2,3) \cdot (4, -2)$ (**b**) $(2, -1) \cdot (-2, 3)$
  (**c**) $(-1, -2) \cdot (2, 1)$ (这就是计算机作复数乘法的方法.)

2. 解下列方程,求实数 x, y.
  (**a**) $(3 + 4i)^2 - 2(x - iy) = x + iy$ (**b**) $\left(\dfrac{1+i}{1-i}\right)^2 + \dfrac{1}{x + iy} = 1 + i$
  (**c**) $(3 - 2i)(x + iy) = 2(x - 2iy) + 2i - 1$

作图与几何性质

3. 几何上看下列复数可以怎样由 $z = x + iy$ 得出? 画图说明.
  (**a**) $\bar{z}$ (**b**) $\overline{(-z)}$ (**c**) $-z$ (**d**) $1/z$

4. 证明: Argand 图中两点 z_1 与 z_2 间的距离为 $|z_1 - z_2|$.

在第 5 - 10 题中,作出点 $x + iy$ 的图,使其满足所给的条件.

5. (**a**) $|z| = 2$ (**b**) $|z| < 2$ (**c**) $|z| > 2$
6. $|z - 1| = 2$ **7.** $|z + 1| = 1$ **8.** $|z + 1| = |z - 1|$
9. $|z + i| = |z - 1|$ **10.** $|z + 1| \geq |z|$

以 $re^{i\theta}$ 形式表示 11 - 14 题的复数,其中 $r \geq 0$,且 $-\pi < \theta \leq \pi$,并对每个计算结果画出 Argand 图.

11. $(1 + \sqrt{-3})^2$ **12.** $\dfrac{1+i}{1-i}$ **13.** $\dfrac{1+i\sqrt{3}}{1-i\sqrt{3}}$ **14.** $(2 + 3i)(1 - 2i)$

幂和方根

使用定理以 $\cos\theta, \sin\theta$ 表示第 15, 16 题中的三角函数.

15. $\cos 4\theta$ **16.** $\sin 4\theta$
17. 求 1 的三个立方根. **18.** 求 i 的二个平方根.
19. 求 $-8i$ 的三个立方根. **20.** 求 64 的六个 6 次方根.
21. 求方程 $z^4 - 2z^2 + 4 = 0$ 的四个解. **22.** 求方程 $z^6 + 2z^3 + 2 = 0$ 的六个解.
23. 求方程 $x^4 + 4x^2 + 16 = 0$ 的所有解. **24.** 解方程 $x^4 + 1 = 0$.

理论与例子

25. 复数与平面内的向量 用 Argand 图证明复数的加法法则与向量加法的平行四边形法则一样.

26. 共轭复数的算术运算 证明两个复数 z_1, z_2 的和(或商)的共轭等于它们共轭的和(或商).

27. 实系数多项式复根共轭成对.

(a) 推广 26 题的结果. 证明:若实系数多项式
$$f(z) = a_n z^n + a_{n-1} z^{n-1} + \cdots + a_1 z + a_0$$
$a_0, \cdots, a_n$ 为实数,则 $f(\bar{z}) = \overline{f(z)}$.

(b) 若 z 是方程 $f(z) = 0$ 的根, $f(z)$ 为(a)中的实系数多项式,证明 $\bar{z}$ 也是方程的根. (提示:令 $f(z) = u + iv = 0$;则 u 与 v 全为零. 再用 $f(\bar{z}) = \overline{f(z)} = u - iv$.)

28. 共轭的绝对值 证明 $|\bar{z}| = |z|$.

29. 当 $z = \bar{z}$ 若 z 和 $\bar{z}$ 相等,关于点 z 在复平面内的位置你能讲出什么?

30. 实部和虚部 令 $\mathrm{Re}(z)$ 代表 z 的实部, $\mathrm{Im}(z)$ 代表 z 的虚部. 证明对任意复数 z, z_1 和 z_2, 下述关系成立.

(a) $z + \bar{z} = 2\mathrm{Re}(z)$

(b) $z - \bar{z} = 2i\mathrm{Im}(z)$

(c) $|\mathrm{Re}(z)| \leq |z|$

(d) $|z_1 + z_2|^2 = |z_1|^2 + |z_2|^2 + 2\mathrm{Re}(z_1 \bar{z}_2)$

(e) $|z_1 + z_2| \leq |z_1| + |z_2|$

A.5 Simpson 三分之一法则

对积分 $\int_a^b f(x) \mathrm{d}x$ 的近似计算的 Simpson(辛普森)法则,原理是用抛物线弧近似 $f(x)$ 的图形.

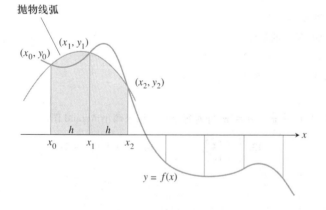

图 A.10 Simpson 法是用若干小抛物弧段近似曲线.

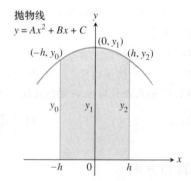

图 A.11 从 $-h$ 到 h 积分得到的阴影面积为 $\dfrac{h}{3}(y_0 + 4y_1 + y_2)$

图 A.11 中在抛物线下阴影的面积为
$$A = \frac{h}{3}(y_0 + 4y_1 + y_2).$$

这个公式就是著名的 Simpson 三分之一法则.

我们可以如下推导公式. 为简化代数运算,用图 A.11 的坐标系. 抛物线下的面积,无论 y 轴在哪儿,只要保持垂直就都是相同的. 设抛物线的方程为 $y = Ax^2 + Bx + C$,则从 $x = -h$ 到 $x = h$ 抛物线下的面积为

$$A = \int_{-h}^{h}(Ax^2 + Bx + C)\,\mathrm{d}x = \left[\frac{Ax^3}{3} + \frac{Bx^2}{2} + Cx\right]_{-h}^{h}$$

$$= \frac{2Ah^3}{3} + 2Ch = \frac{h}{3}(2Ah^2 + 6C).$$

因曲线经过点 $(-h, y_0), (0, y_1)$ 和 (h, y_2),故有

$$y_0 = Ah^2 - Bh + C, \quad y_1 = C, \quad y_2 = Ah^2 + Bh + C.$$

从这些方程可得

$$C = y_1$$
$$Ah^2 - Bh = y_0 - y_1$$
$$Ah^2 + Bh = y_2 - y_1$$
$$2Ah^2 = y_0 + y_2 - 2y_1.$$

用这些代换 C 和 $2Ah^2$,就有

$$面积 = \frac{h}{3}(2Ah^2 + 6C) = \frac{h}{3}((y_0 + y_2 - 2y_1) + 6y_1) = \frac{h}{3}(y_0 + 4y_1 + y_2).$$

A.6 Cauchy 中值定理和 l'Hôpital 法则的较强的形式

此附录证明洛必达法则(7.6 节定理 2)较强形式的有穷点极限情况. 法则如下所述.

洛必达法则(较强形式)

设 $f(x_0) = g(x_0)$,且 f 与 g 在包含点 x_0 的开区间 (a, b) 上可微. 另设在 (a, b) 内除点 x_0 外的任一点处 $g'(x) \neq 0$,则

$$\lim_{x \to x_0} \frac{f(x)}{g(x)} = \lim_{x \to x_0} \frac{f'(x)}{g'(x)} \tag{1}$$

假定右侧的极限存在.

较强形式的洛必达法则是根据 Cauchy 中值定理证明的,这个定理是涉及两个函数而不是一个函数的中值定理. 以下先证明 Cauchy 定理,然后再说明如何从它导出洛必达法则.

Cauchy 中值定理

设函数 f 与 g 在 $[a, b]$ 上连续,在 (a, b) 上可微,又在 (a, b) 上有 $g'(x) \neq 0$,则存在 (a, b) 内的一点 c,使在该点

$$\frac{f'(x)}{g'(x)} = \frac{f(b) - f(a)}{g(b) - g(a)}. \tag{2}$$

一般的中值定理(3.2 节定理 4)为 $g(x) = x$ 的情况.

Cauchy 中值定理的证明　以下将两次使用 3.2 节的中值定理. 首先用它证明 $g(a) \neq g(b)$. 因如果 $g(b)$ 与 $g(a)$ 相等,则由中值定理会得出

$$g'(c) = \frac{g(b) - g(a)}{b - a} = 0$$

c 为 a, b 之间的某个数,但不会有这种情况发生,因为在 (a, b) 内 $g'(x) \neq 0$.

其次我们将中值定理用于以下辅助函数

$$F(x) = f(x) - f(a) - \frac{f(b) - f(a)}{g(b) - g(a)}[g(x) - g(a)].$$

此函数由 f 和 g 的性质而连续、可微,且 $F(b) = F(a) = 0$. 因此在 a 与 b 之间存在一数 c,使 $F'(c) = 0$, 这个等式用 f 与 g 表示为

$$F'(c) = f'(c) - \frac{f(b) - f(a)}{g(b) - g(a)}[g'(c)] = 0$$

或

$$\frac{f'(c)}{g'(c)} = \frac{f(b) - f(a)}{g(b) - g(a)},$$

这便证明了等式(2). □

强形式的洛必达法则的证明　先证(1)式的 $x \to x_0^+$ 情况. 然后几乎无须什么改变就可得到 $x \to x_0^-$ 的情况的证明,两种情况合在一起就得到结果.

假设 x 位于 x_0 的右侧,则由 $g'(x) \neq 0$,可在闭区间 $[x_0, x]$ 上应用 Cauchy 中值定理,于是存在一数 c 在 x_0 和 x 之间,使得

$$\frac{f'(c)}{g'(c)} = \frac{f(x) - f(x_0)}{g(x) - g(x_0)}.$$

但 $f(x_0) = g(x_0) = 0$,所以

$$\frac{f'(c)}{g'(c)} = \frac{f(x)}{g(x)}.$$

由于当 x 趋于 x_0 时,因 c 位于 x, x_0 之间也将趋于 x_0,因此

$$\lim_{x \to x_0^+} \frac{f(x)}{g(x)} = \lim_{c \to x_0^+} \frac{f'(c)}{g'(c)} = \lim_{x \to x_0^+} \frac{f'(c)}{g'(c)},$$

这就证完了 x 从 x_0 右侧趋于 x_0 情况的洛必达法则. 当 x 从 x_0 左侧趋于 x_0 情况的证明只须在闭区间 $[x, x_0], x < x_0$ 应用 Cauchy 中值定理就可证明. □

A.7　常见的几个极限

这个附录将证明 8.1 节表 8.1 的极限(4) 至(6).

极限 4:若 $|x| < 1$, 则 $\lim\limits_{n \to \infty} x^n = 0$　我们需证明任给 $\varepsilon > 0$,都存在一个足够大的正整数 N,使得对一切 $n > N$,有 $|x^n| < \varepsilon$. 因 $\varepsilon^{\frac{1}{n}} \to 1$,而 $|x| < 1$, 定存在一个正整数 N,使得 $\varepsilon^{\frac{1}{N}} > |x|$.

换句话说,即
$$|x^N| = |x|^N < \varepsilon. \tag{1}$$
这正是我们要找的那一个正整数,因为,若 $|x| < 1$,那么
$$|x^n| < |x^N|, \quad 对一切 n > N. \tag{2}$$
结合(1)、(2)式可知,对一切 $n > N$,都有 $|x^n| < \varepsilon$. 证毕. □

极限 5:对任一数 x,$\lim\limits_{n\to\infty}\left(1 + \dfrac{x}{n}\right)^n = e^x$ 令 $a_n = \left(1 + \dfrac{x}{n}\right)^n$. 则
$$\ln a_n = \ln\left(1 + \frac{x}{n}\right)^n = n\ln\left(1 + \frac{x}{n}\right) \to x,$$
如下所示,这可用洛必达法则得出,下面关于 n 求导:
$$\lim_{n\to\infty} n\ln\left(1 + \frac{x}{n}\right) = \lim_{n\to\infty} \frac{\ln(1 + x/n)}{1/n}$$
$$= \lim_{n\to\infty} \frac{\left(\dfrac{1}{1 + x/n}\right)\cdot(-x/n^2)}{-1/n^2} = \lim_{n\to\infty} \frac{x}{1 + x/n} = x.$$
再用 8.1 节定理 3. $f(x) = e^x$,就得到 $\left(1 + \dfrac{x}{n}\right)^n = a_n = e^{\ln a_n} \to e^x$. □

极限 6:对任一数 x,$\lim\limits_{n\to\infty} \dfrac{x^n}{n!} = 0$ 因为有
$$-\frac{|x|^n}{n!} \le \frac{x^n}{n!} \le \frac{|x|^n}{n!},$$
所以只需证 $|x|^n/n! \to 0$. 然后再用数列的夹逼定理(8.1 节定理 2)即可推出 $x^n/n! \to 0$.

证明 $|x|^n/n! \to 0$ 的第一步,找一个整数 $M > |x|$,使得 $(|x|/M) < 1$. 再用刚刚证完的极限 4,即得 $(|x|/M)^n \to 0$. 然后将注意力集中于 $n > M$. 对这样的 n 值,可有
$$\frac{|x|^n}{n!} = \frac{|x|^n}{1\cdot 2\cdot\cdots\cdot M\cdot \underbrace{(M+1)(M+2)\cdots\cdot n}_{(n-M)\text{个因子}}}$$
$$\le \frac{|x|^n}{M!M^{n-M}} = \frac{|x|^n M^M}{n!M^n} = \frac{M^M}{M!}\left(\frac{|x|}{M}\right)^n.$$
于是,
$$0 \le \frac{|x|^n}{n!} \le \frac{M^M}{M!}\left(\frac{|x|}{M}\right)^n.$$
易知常数 $\dfrac{M^M}{M!}$ 当 n 增加不再改变. 于是,夹逼定理告诉我们因 $\left(\dfrac{|x|}{M}\right)^n \to 0$ 而 $\dfrac{|x|^n}{n!} \to 0$. □

A.8 Taylor 定理的证明

本附录以下面的形式证明 Taylor 定理(8.7 节,定理 16).

定理 16 Taylor 定理

若 f 及其前 n 阶导数 $f', f'', \cdots, f^{(n)}$ 都在 $[a,b]$ 或 $[b,a]$ 上连续,且 $f^{(n)}$ 在 (a,b) 或在 (b,a) 上可微,则在 a 与 b 之间存在一个数 c,使

$$f(b) = f(a) + f'(a)(b-a) + \frac{f''(a)}{2!}(b-a)^2 + \cdots$$
$$+ \frac{f^{(n)}(a)}{n!}(b-a)^n + \frac{f^{(n+1)}(c)}{(n+1)!}(b-a)^{n+1}.$$

证 以下在 $a < b$ 的假设下证明 Taylor 定理,$a > b$ 的证明几乎一样,对区间 $[a,b]$ 的任一 x,Taylor 多项式

$$P_n(x) = f(a) + f'(a)(x-a) + \frac{f''(a)}{2!}(x-a)^2 + \cdots + \frac{f^{(n)}(a)}{n!}(x-a)^n$$

和它的前 n 阶导数在点 $x = a$ 的值均与函数 f 及其前 n 阶导数在 $x = a$ 的值相等,现再另加一项 $K(x-a)^{n+1}$,其中 K 为任一常数,因这样一项及 n 阶导数在 $x = a$ 全是零,新函数

$$\phi_n(x) = P_n(x) + K(x-a)^{n+1}$$

及其前 n 项导数仍与 f 及其前 n 阶导数在点 $x = a$ 的值相同.

现选 K 的一个特殊的值使得曲线 $y = \phi_n(x)$ 与原曲线 $y = f(x)$ 在点 $x = b$ 的值相同. 以式子表示,

$$f(b) = P_n(b) + K(b-a)^{n+1} \quad \text{或} \quad K = \frac{f(b) - P_n(b)}{(b-a)^{n+1}}. \tag{1}$$

由后一式对 K 的定义,函数 $F(x) = f(x) - \phi_n(x)$ 表示 $[a,b]$ 内任一点 x 的原函数 f 与近似函数 ϕ_n 的差.

用(3.2节)Rolle 定理. 因 $F(a) = F(b) = 0$ 且 F 与 F' 均在 $[a,b]$ 上连续,可知存在某个 $c_1 \in (a,b)$,使

$$F'(c_1) = 0.$$

第二步,因 $F'(a) = F'(c_1) = 0$,且 F' 与 F'' 均在 $[a,c_1]$ 连续,于是存在某个 $c_2 \in (a,c_1)$,使

$$F''(c_2) = 0, \quad c_2 \in (a,c_1).$$

依此不断地用 Rolle 定理于 $F'', F''', \cdots, F^{(n-1)}$,可得

存在 $c_3 \in (a,c_2)$,使得 $F'''(c_3) = 0$

存在 $c_4 \in (a,c_3)$,使得 $F^{(4)}(c_4) = 0$

$$\vdots$$

存在 $c_n \in (a,c_{n-1})$,使得 $F^{(n)}(c_n) = 0.$

最后,因 $F^{(n)}$ 在 $[a,c_n]$ 连续,在 (a,c_n) 可微,且 $F^{(n)}(a) = F^{(n)}(c_n) = 0$,用 Rolle 定理又知存在 $c_{n+1} \in (a,c_n)$,使得

$$F^{(n+1)}(c_{n+1}) = 0. \tag{2}$$

若将 $F(x) = f(x) - P_n(x) - K(x-a)^{n+1}$ 一共微分 $n+1$ 次,得

$$F^{(n+1)}(x) = f^{(n+1)}(x) - 0 - (n+1)!K. \tag{3}$$

由(2)和(3)就能得到

$$K = \frac{f^{(n+1)}(c)}{(n+1)!} \qquad c = c_{n+1} \text{ 为}(a,b) \text{ 中某个数}. \tag{4}$$

再由(1)及(4)得

$$f(b) = P_n(b) + \frac{f^{(n+1)}(c)}{(n+1)!}(b-a)^{n+1}. \tag{5}$$

这即完成了证明. □

A.9 向量叉积的分配律

在此附录里,将证明 10.2 节性质 2 中的分配律

$$\mathbf{u} \times (\mathbf{v} + \mathbf{w}) = \mathbf{u} \times \mathbf{v} + \mathbf{u} \times \mathbf{w}.$$

证 要得到这个分配律,我们以一种新方法作出 $\mathbf{u} \times \mathbf{v}$,如图 A.12 从一个公共点 O 画出 $\mathbf{u}$ 和 $\mathbf{v}$ 并作出一个平面过点 O 且垂直于 $\mathbf{u}$. 然后将 $\mathbf{v}$ 正投影到平面 M 上得一向量 $\mathbf{v}'$,其长度为 $|\mathbf{v}|\sin\theta$. 再把 $\mathbf{v}'$ 关于 $\mathbf{u}$ 以**正的意义**方式旋转 $90°$ 产生一向量 $\mathbf{v}''$. 最后,再以 $\mathbf{u}$ 的长度乘以 $\mathbf{v}''$. 所得向量 $|\mathbf{u}|\mathbf{v}''$ 就等于 $\mathbf{u} \times \mathbf{v}$,因为 $\mathbf{v}''$ 由它的构成方式(图 A.12)与 $\mathbf{u} \times \mathbf{v}$ 有相同的方向,并且

$$|\mathbf{u}||\mathbf{v}''| = |\mathbf{u}||\mathbf{v}'| = |\mathbf{u}||\mathbf{v}|\sin\theta = |\mathbf{u} \times \mathbf{v}|.$$

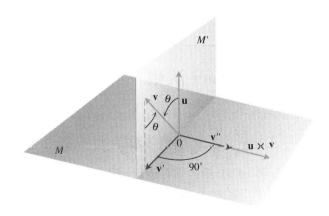

图 A.12 如上文所解释 $\mathbf{u} \times \mathbf{v} = |\mathbf{u}|\mathbf{v}''$.

换句话说,以上三种运算各为
1. 正投影到平面 M 上
2. 关于 $\mathbf{u}$ 旋转 $90°$
3. 以数量 $|\mathbf{u}|$ 作乘法

当把以上运算应用到一个三角形,其所在平面与 $\mathbf{u}$ 不平行,就将产生另一个三角形. 若我们从

三边为 v,w 和 v + w 的三角形开始(如图 A.13),应用上面三步,依次获得以下结果:

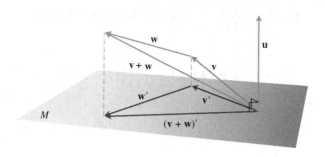

图 A.13 向量 v,w,v + w 以及它们在垂直于 u 的平面上的投影.

1. 产生一个三角形三边为 v′,w′ 和 (v + w)′,且满足以下向量方程
$$v' + w' = (v + w)'$$
2. 又得一三角形三边为 v″,w″ 和 (v + w)″ 满足向量方程
$$v'' + w'' = (v + w)''$$

(每个向量的双上撇号与图 A.12 有同样的意义).

3. 得一个三角形,它的边长为 $|u|v''$, $|u|w''$ 和 $|u|(v + w)''$ 且满足向量方程
$$|u|v'' + |u|w'' = |u|(v + w)''.$$

把前面讨论的结果 $|u|v'' = u \times v$, $|u|w'' = u \times w$, $|u|(v + w)'' = u \times (v + w)$ 代入等式就得到

$$u \times v + u \times w = u \times (v + w).$$

这便是我们要证的分配律.

A.10 行列式与 Gramer 法则

成矩形状排列的数,如 $A = \begin{bmatrix} 2 & 1 & 3 \\ 1 & 0 & -2 \end{bmatrix}$ 称为**矩阵**. A 为 2×3 矩阵,因为它有两行三列, $m \times n$ 矩阵则有 m 行 n 列,而第 i 行第 j 列的**值**或叫**元素**(数)记为 a_{ij}. 矩阵

$$A = \begin{bmatrix} 2 & 1 & 3 \\ 1 & 0 & -2 \end{bmatrix}$$

的元素为

$a_{11} = 2, \quad a_{12} = 1, \quad a_{13} = 3,$

$a_{21} = 1, \quad a_{22} = 0, \quad a_{23} = -2.$

矩阵的行数与列数相同称作**方阵**. 如果行数与列数都是 n 就称作是 n **阶方阵**.

对每个方阵 A 都有一个数与之对应记作 $\det A$ 或 $|a_{ij}|$.

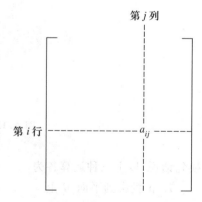

注:记法 $|a_{ij}|$ 中的竖直线不是绝对值.

称作 A 的**行列式**,行列式的值是用 A 的元素以下述方式计算的,对 $n=1$ 和 $n=2$,定义

$$\det[a] = a \tag{1}$$

$$\det\begin{bmatrix} a_{11} & a_{12} \\ a_{21} & a_{22} \end{bmatrix} = a_{11}a_{22} - a_{21}a_{12}. \tag{2}$$

对 3 阶方阵,

$$\det A = \det\begin{bmatrix} a_{11} & a_{12} & a_{13} \\ a_{21} & a_{22} & a_{23} \\ a_{31} & a_{32} & a_{33} \end{bmatrix} = \text{所有形如} \pm a_{1i}a_{2j}a_{3k} \text{的有号积之和} \tag{3}$$

其中 i,j,k 为 $1,2,3$ 以某种序的排列,共有 $3! = 6$ 个这种排列,所以和共有 6 项,当排列的指标为偶数时符号为正,而指标为奇数时符号取负.

> **定义 排列的指标**
> 任意给定数 $1,2,3,\cdots,n$ 的一个排列,并以 $i_1,i_2,i_3,\cdots,i_n$ 代表这个排列,在这种安排下,某个跟在 i_1 后的数有可能比 i_1 小,这些数的数目称为在这个排列中属于 i_1 的**逆序数**,同样地,属于其它一些"i"的每一个都有逆序数,且在该种排列中跟在那个特别的 i 后的指标的数也比它小,**排列的指标**即是所有属于不同指标的逆序数之和.

例 1(求排列的指标) 对 $n = 5$,排列

$$5\ 3\ 1\ 2\ 4$$

属于第一元素 5 的逆序数为 4,属于第 2 个元素 3 的逆序数为 2,此外再没更多的逆序,所以这个排列的指标为 $4 + 2 = 6$.

下列显示数字 1,2,3 的全部排列,每种排列的指标,以及等式 (3) 行列式计算结果中的相应的一项带符号的乘积.

排列	指数	有号积
1 2 3	0	$+ a_{11}a_{22}a_{33}$
1 3 2	1	$- a_{11}a_{23}a_{32}$
2 1 3	1	$- a_{12}a_{21}a_{33}$
2 3 1	2	$+ a_{12}a_{23}a_{31}$
3 1 2	2	$+ a_{13}a_{21}a_{32}$
3 2 1	3	$- a_{13}a_{22}a_{31}$

这 6 个有号积的和是

$$a_{11}(a_{22}a_{33} - a_{23}a_{32}) - a_{12}(a_{21}a_{33} - a_{23}a_{31}) + a_{13}(a_{21}a_{32} - a_{22}a_{31})$$

$$= a_{11}\begin{vmatrix} a_{22} & a_{23} \\ a_{32} & a_{33} \end{vmatrix} - a_{12}\begin{vmatrix} a_{21} & a_{23} \\ a_{31} & a_{33} \end{vmatrix} + a_{13}\begin{vmatrix} a_{21} & a_{22} \\ a_{31} & a_{32} \end{vmatrix} = \begin{vmatrix} a_{11} & a_{12} & a_{13} \\ a_{21} & a_{22} & a_{23} \\ a_{31} & a_{32} & a_{33} \end{vmatrix}.$$

公式

$$\begin{vmatrix} a_{11} & a_{12} & a_{13} \\ a_{21} & a_{22} & a_{23} \\ a_{31} & a_{32} & a_{33} \end{vmatrix} = a_{11} \begin{vmatrix} a_{22} & a_{23} \\ a_{32} & a_{33} \end{vmatrix} - a_{12} \begin{vmatrix} a_{21} & a_{23} \\ a_{31} & a_{33} \end{vmatrix} + a_{13} \begin{vmatrix} a_{21} & a_{22} \\ a_{31} & a_{32} \end{vmatrix} \quad (4)$$

将一个 3×3 行列式的计算化简到 3 个 2×2 行列式的计算.

有些人则在计算 3×3 矩阵的行列式的 6 个有号积时宁愿记忆以下方案:

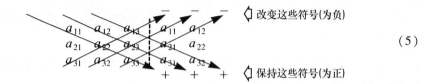

(5)

子行列式和余子式

等式(4)右侧的二阶行列式叫做它们所乘的那些元素的子行列式(minor determinants)(简记为:minors). 于是

$$\begin{vmatrix} a_{22} & a_{23} \\ a_{32} & a_{33} \end{vmatrix} \text{是 } a_{11} \text{ 的子行列式,} \quad \begin{vmatrix} a_{21} & a_{23} \\ a_{31} & a_{33} \end{vmatrix} \text{是 } a_{12} \text{ 的子行列式,}$$

等等. 矩阵 A 的元素 a_{ij} 的子行列式是删掉 a_{ij} 所在行与列之后所尚下矩阵的行列式.

$$\begin{vmatrix} a_{11} & a_{12} & a_{13} \\ a_{21} & a_{22} & a_{23} \\ a_{31} & a_{32} & a_{33} \end{vmatrix} ; a_{22} \text{的子行列式为} \begin{vmatrix} a_{11} & a_{13} \\ a_{31} & a_{33} \end{vmatrix}$$

$$\begin{vmatrix} a_{11} & a_{12} & a_{13} \\ a_{21} & a_{22} & a_{23} \\ a_{31} & a_{32} & a_{33} \end{vmatrix} ; a_{23} \text{的子行列式为} \begin{vmatrix} a_{11} & a_{12} \\ a_{31} & a_{32} \end{vmatrix}$$

故 a_{ij} 的**余子式** A_{ij} 等于 $(-1)^{i+j}$ 乘以 a_{ij} 的子行列式, 也就是

$$A_{22} = (-1)^{2+2} \begin{vmatrix} a_{11} & a_{13} \\ a_{31} & a_{33} \end{vmatrix} = \begin{vmatrix} a_{11} & a_{13} \\ a_{31} & a_{33} \end{vmatrix}$$

$$A_{23} = (-1)^{2+3} \begin{vmatrix} a_{11} & a_{12} \\ a_{31} & a_{32} \end{vmatrix} = - \begin{vmatrix} a_{11} & a_{12} \\ a_{31} & a_{32} \end{vmatrix}.$$

当 $i+j$ 是奇数时,因子 $(-1)^{i+j}$ 改变了子行列式的符号. 有个跳棋盘式的方案图便于记忆这些符号的改变:

$$\begin{matrix} + & - & + \\ - & + & - \\ + & - & + \end{matrix}.$$

在左上角, $i=1, j=1$, 故 $(-1)^{1+1}=1$. 在从任一方格向同一行或同一列的方格走过去时, 我们总是将 i 变化 1 或 j 改变 1, 但并不同时改, 所以指数不是从偶改为奇, 就是从奇改为偶, 结果则符号由"+"到"-", 或由"-"到"+".

现将等式(4)以余子式的方式写, 即有

$$\det A = a_{11}A_{11} + a_{12}A_{12} + a_{12}A_{13}. \tag{6}$$

例 2（用两种方法求行列式的值） 求 $A = \begin{bmatrix} 2 & 1 & 3 \\ 3 & -1 & -2 \\ 2 & 3 & 1 \end{bmatrix}$ 的行列式的值.

解 1 用公式(6)

余子式分别为

$$A_{11} = (-1)^{1+1}\begin{vmatrix} -1 & -2 \\ 3 & 1 \end{vmatrix}, \quad A_{12} = (-1)^{1+2}\begin{vmatrix} 3 & -2 \\ 2 & 1 \end{vmatrix},$$

$$A_{13} = (-1)^{1+3}\begin{vmatrix} 3 & -1 \\ 2 & 3 \end{vmatrix}.$$

要求 A 的行列式的值，将 A 的第一行的每个元素乘以它的余子式再相加：

$$\det A = 2\begin{vmatrix} -1 & -2 \\ 3 & 1 \end{vmatrix} + (-1)\begin{vmatrix} 3 & -2 \\ 2 & 1 \end{vmatrix} + 3\begin{vmatrix} 3 & -1 \\ 2 & 3 \end{vmatrix}$$

$$= 2(-1+6) - 1(3+4) + 3(9+2) = 10 - 7 + 33 + 36.$$

解 2 用方案(5)

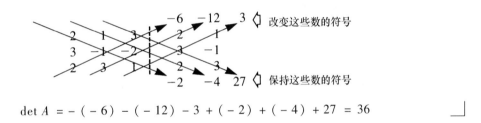

$$\det A = -(-6) - (-12) - 3 + (-2) + (-4) + 27 = 36$$

用列或其它行展开行列式

方阵的行列式可以用任一行或任一列的余子式展开作计算. 如果在例 2 中由第三列的元素及其余子式展开，就得

$$+ 3\begin{vmatrix} 3 & -1 \\ 2 & 3 \end{vmatrix} - (-2)\begin{vmatrix} 2 & 1 \\ 2 & 3 \end{vmatrix} + 1\begin{vmatrix} 2 & 1 \\ 3 & -1 \end{vmatrix}$$

$$= 3(9+2) + 2(6-2) + 1(-2-3) = 33 + 8 - 5 = 36.$$

关于行列式的一些有用的性质

性质 1：如果两行（或两列）相等，那么行列式的值为零.

性质 2：交换两行（或两列），将改变行列式的符号.

性质 3：行列式的值等于第 i 行（任一个 i）的（或列的）元素与它们的余子式的积的和.

性质 4：矩阵转置的行列式与原矩阵的行列式的值相等.（矩阵的**转置**是由把行写作列得到的.）

性质 5：用常数 c 乘以其行（或列）的每一个元素等于行列式的 c 倍.

性质 6：如果主对角线以上（或以下）的所有元素全是零，那么行列式的值就等于主对角线上元素的积（**主对角线**是指从左上角到右下角）.

例 3(说明性质 6)

$$\begin{vmatrix} 3 & 4 & 7 \\ 0 & -2 & 5 \\ 0 & 0 & 5 \end{vmatrix} = (3)(-2)(5) = -30$$

性质 7:如果任一行的元素与另一不同行相应元素的余子式相乘再将这些积加起来,那么和一定是零.

例 4(说明性质 7)   如果 A_{11},A_{12},A_{13} 是 $A=(a_{ij})$ 第一行各元素的余子式,那么(第二行的元素分别乘以第一行元素的余子式)

$$a_{21}A_{11} + a_{22}A_{12} + a_{23}A_{13}, \quad 与 \quad a_{31}A_{11} + a_{32}A_{12} + a_{33}A_{13}$$

都是零.

性质 8:如果任一列的元素与另一不同列相应元素的余子式相乘再将这些积加起来,那么和一定是零.

性质 9:如果将一行的每一个元素都乘以一个常数 c,再把结果加到另一不同的行上,那么行列式的值不变. 对列也有类似结果.

例 5(把一行的倍数加到另一行)   设

$$A = \begin{bmatrix} 2 & 1 & 3 \\ 3 & -1 & -2 \\ 2 & 3 & 1 \end{bmatrix}$$

把第 1 行的 -2 倍加到第 2 行(或说从第 2 行减去第 1 行的 2 倍),得

$$B = \begin{bmatrix} 2 & 1 & 3 \\ -1 & -3 & -8 \\ 2 & 3 & 1 \end{bmatrix}.$$

因(例 2)$\det A = 36$,则应该求出 $\det B = 36$.结果正如此,所做计算如下所示:

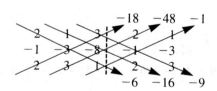

$$\det B = -(-18) - (-48) - (-1) + (-6) + (-16) + (-9)$$
$$= 18 + 48 + 1 - 6 - 16 - 9 = 67 - 31 = 36.$$

例 6(用性质 9 求四阶行列式的值)   计算四阶行列式

$$D = \begin{vmatrix} 1 & -2 & 3 & 1 \\ 2 & 1 & 0 & 2 \\ -1 & 2 & 1 & -2 \\ 0 & 1 & 2 & 1 \end{vmatrix}.$$

解   从第 2 行减去第 1 行的 2 倍,并将第 1 行加到第 3 行,得

$$D = \begin{vmatrix} 1 & -2 & 3 & 1 \\ 0 & 5 & -6 & 0 \\ 0 & 0 & 4 & -1 \\ 0 & 1 & 2 & 1 \end{vmatrix}.$$

再将第一列的元素乘以它们的余子式即得

$$D = \begin{vmatrix} 5 & -6 & 0 \\ 0 & 4 & -1 \\ 1 & 2 & 1 \end{vmatrix} = 5(4+2) - (-6)(0+1) + 0 = 36.$$

克拉默(Cramer)法则

如果行列式 $D = \det A = \begin{vmatrix} a_{11} & a_{12} \\ a_{21} & a_{22} \end{vmatrix} = 0$,那么方程组

$$\begin{aligned} a_{11}x + a_{12}y &= b_1 \\ a_{21}x + a_{22}y &= b_2 \end{aligned} \tag{7}$$

或者有无穷多解或者根本没有解. 如方程组

$$\begin{aligned} x + y &= 0 \\ 2x + 2y &= 0 \end{aligned}$$

它的行列式为

$$D = \begin{vmatrix} 1 & 1 \\ 2 & 2 \end{vmatrix} = 2 - 2 = 0.$$

它有无穷多个解,因对任一给定的 y 都能找出相应的 x. 方程组

$$\begin{aligned} x + y &= 0 \\ 2x + 2y &= 2 \end{aligned}$$

却无解. 因若 $x + y = 0$,则 $2x + 2y = 2(x+y)$ 不会等于 2.

如果 $D \neq 0$,那么方程组(7)有唯一一组解,克拉默法则讲的是,(7)的解可以用以下公式求出

$$x = \frac{\begin{vmatrix} b_1 & a_{12} \\ b_2 & a_{22} \end{vmatrix}}{D}, \quad y = \frac{\begin{vmatrix} a_{11} & b_1 \\ a_{21} & b_2 \end{vmatrix}}{D}. \tag{8}$$

关于 x 的公式的分子是将 A 的第一列,叫 x 列用常数列 b_1 和 b_2(又叫 b-列)置换得到的. 而用 b-列换 y-列就得 y-解的分子.

例 7(用克拉默法则) 解方程组

$$\begin{aligned} 3x - y &= 9 \\ x + 2y &= -4. \end{aligned}$$

解 使用公式(8),系数矩阵的行列式为

$$D = \begin{vmatrix} 3 & -1 \\ 1 & 2 \end{vmatrix} = 6 + 1 = 7.$$

因而

$$x = \frac{\begin{vmatrix} 9 & -1 \\ -4 & 2 \end{vmatrix}}{D} = \frac{18-4}{7} = \frac{14}{7} = 2$$

$$y = \frac{\begin{vmatrix} 3 & 9 \\ 1 & -4 \end{vmatrix}}{D} = \frac{-12-9}{7} = \frac{-21}{7} = -3.$$

三个未知数三个方程的方程组可用同样方法求解. 若

$$D = \det A = \begin{vmatrix} a_{11} & a_{12} & a_{13} \\ a_{21} & a_{22} & a_{23} \\ a_{31} & a_{32} & a_{33} \end{vmatrix} = 0,$$

则方程组

$$a_{11}x + a_{12}y + a_{13}z = b_1$$
$$a_{21}x + a_{22}y + a_{23}z = b_2$$
$$a_{31}x + a_{32}y + a_{33}z = b_3$$

有无穷多解或根本无解. 如果 $D \neq 0$, 那么方程组有唯一解, 由克拉默法则给出:

$$x = \frac{1}{D}\begin{vmatrix} b_1 & a_{12} & a_{13} \\ b_2 & a_{22} & a_{23} \\ b_3 & a_{32} & a_{33} \end{vmatrix}, \quad y = \frac{1}{D}\begin{vmatrix} a_{11} & b_1 & a_{13} \\ a_{21} & b_2 & a_{23} \\ a_{31} & b_3 & a_{33} \end{vmatrix}, \quad z = \frac{1}{D}\begin{vmatrix} a_{11} & a_{12} & b_1 \\ a_{21} & a_{22} & b_2 \\ a_{31} & a_{32} & b_3 \end{vmatrix}$$

更高维的解的形式完全类似.

练习题 A.10

求行列式的值

计算下列行列式

1. $\begin{vmatrix} 2 & 3 & 1 \\ 4 & 5 & 2 \\ 1 & 2 & 3 \end{vmatrix}$
2. $\begin{vmatrix} 2 & -1 & -2 \\ -1 & 2 & 1 \\ 3 & 0 & -3 \end{vmatrix}$
3. $\begin{vmatrix} 1 & 2 & 3 & 4 \\ 0 & 1 & 2 & 3 \\ 0 & 0 & 2 & 1 \\ 0 & 0 & 3 & 2 \end{vmatrix}$
4. $\begin{vmatrix} 1 & -1 & 2 & 3 \\ 2 & 1 & 2 & 6 \\ 1 & 0 & 2 & 3 \\ -2 & 2 & 0 & -5 \end{vmatrix}$

计算下列行列式的值, 通过展开(a)第3行(b)第2列的余子式.

5. $\begin{vmatrix} 2 & -1 & 2 \\ 1 & 0 & 3 \\ 0 & 2 & 1 \end{vmatrix}$
6. $\begin{vmatrix} 1 & 0 & -1 \\ 0 & 2 & -2 \\ 2 & 0 & 1 \end{vmatrix}$
7. $\begin{vmatrix} 1 & 1 & 0 & 0 \\ 0 & 0 & -2 & 1 \\ 0 & -1 & 0 & 7 \\ 3 & 0 & 2 & 1 \end{vmatrix}$
8. $\begin{vmatrix} 0 & 1 & 0 & 0 \\ 0 & 1 & 1 & 0 \\ 1 & 1 & 1 & 1 \\ 1 & 1 & 0 & 0 \end{vmatrix}$

方程组

用克拉默法则解下列方程组.

9. $x + 8y = 4$
   $3x - y = -13$

10. $2x + 3y = 5$
    $3x - y = 2$

11. $4x - 3y = 6$
    $3x - 2y = 5$

12. $x + y + z = 2$
    $2x - y + z = 0$
    $x + 2y - z = 4$

13. $2x + y - z = 2$
    $x - y + z = 7$
    $2x + 2y + z = 4$

14. $2x - 4y = 6$
    $x + y + z = 1$
    $5y + 7z = 10$

15. $x - z = 3$
    $2y - 2z = 2$
    $2x + z = 3$

16. $x_1 + x_2 - x_3 + x_4 = 2$
    $x_1 - x_2 + x_3 + x_4 = -1$
    $x_1 + x_2 + x_3 - x_4 = 2$
    $x_1 + x_3 + x_4 = -1$

理论与例子

17. **无穷多解或无解**　求 h 与 k 的使方程组
$$2x + hy = 8$$
$$x + 3y = k$$
（a）有无穷多个解与（b）无解.

18. **零行列式**　x 取何值可使 $\begin{vmatrix} x & x & 1 \\ 2 & 0 & 5 \\ 6 & 7 & 1 \end{vmatrix} = 0$?

19. **零行列式**　假设 u,v 和 w 都是 x 的二阶可微函数且满足关系式 $au + bv + cw = 0$，其中 a,b,c 均为常数，且不全为零，证明
$$\begin{vmatrix} u & v & w \\ u' & v' & w' \\ u'' & v'' & w'' \end{vmatrix} = 0.$$

20. **部分分式**　将商式 $\dfrac{ax+b}{(x-r_1)(x-r_2)}$ 拆开成部分分式，即要求 C,D 的值使下述等式
$$\frac{ax+b}{(x-r_1)(x-r_2)} = \frac{C}{x-r_1} + \frac{D}{x-r_2}$$
对所有 x 成立.
（a）求解确定 C,D 的线性方程组.
（b）**为学而写**　在什么条件下（a）中的方程组有唯一解？也就是，什么时候方程组系数矩阵的行列式非零？

A.11　混合导数定理和增量定理

本附录推导混合导数定理（11.3 节定理 2）和二元函数的增量定理（11.3 节定理 3）. 欧拉（Euler）于 1734 年在他所写的流体动力学论文集中首次发表了这些定理.

定理 2　混合导数定理
若 $f(x,y)$ 及其偏导数 f_x, f_y, f_{xy} 及 f_{yx} 均在包含点 (a,b) 的整个开区域有定义，并且都在点 (a,b) 连续，则 $f_{xy}(a,b) = f_{yx}(a,b)$.

证　$f_{xy}(a,b)$ 与 $f_{yx}(a,b)$ 的相等关系可以通过四次应用中值定理建立（3.2 节定理 4）. 根

据假设,可设在 xy 平面,点 (a,b) 位于一矩形域 R 的内部,在 R 上,f, f_x, f_y, f_{xy} 和 f_{yx} 均有定义. 令 h 和 k 为这样的数,使 $(a+h, b+k)$ 仍位于 R 内,我们来考虑差

$$\Delta = F(a+h) - F(a), \tag{1}$$

其中

$$F(x) = f(x, b+k) - f(x, b). \tag{2}$$

对 F 应用中值定理,F 显然连续(因为它可微),于是等式(1)变成

$$\Delta = hF'(c_1), \tag{3}$$

其中 c_1 位于 a 与 $a+h$ 之间,从等式(2),

$$F'(x) = f_x(x, b+k) - f_x(x, b),$$

所以(3)又变成

$$\Delta = h[f_x(c_1, b+k) - f_x(c_1, b)]. \tag{4}$$

进而再对 $g(y) = f_x(c_1, y)$ 使用中值定理,有

$$g(b+k) - g(b) = kg'(d_1),$$

或

$$f_x(c_1, b+k) - f_x(c_1, b) = kf_{xy}(c_1, d_1)$$

d_1 是某个位于 b 与 $b+k$ 之间的值. 把这个结果代入式(4),又得

$$\Delta = hk f_{xy}(c_1, d_1) \tag{5}$$

点 (c_1, d_1) 为矩形 R' 内的某个点,R' 的四个顶点分别为 (a,b),$(a+h,b)$ $(a+h, b+k)$ 和 $(a, b+k)$(见图 A.14)

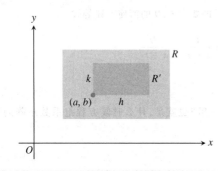

图 A.14 证明 $f_{xy}(a,b) = f_{yx}(a,b)$ 的关键是无论 R' 多么小,f_{xy} 和 f_{yx} 在 R' 内某处取等值(并不一定要在同一点).

通过把(2)代入等式(1),进而可以写出

$$\begin{aligned}\Delta &= f(a+h, b+k) - f(a+h, b) - f(a, b+k) + f(a, b) \\ &= [f(a+h, b+k) - f(a, b+k)] - [f(a+h, b) - f(a, b)] \\ &= \phi(b+k) - \phi(b),\end{aligned} \tag{6}$$

其中

$$\phi(y) = f(a+h, y) - f(a, y). \tag{7}$$

现再对(6)应用中值定理,得

$$\Delta = k\phi'(d_2) \tag{8}$$

d_2 位于 b 与 $b+k$ 之间. 对(7)式求导,

$$\phi'(y) = f_y(a+h, y) - f_y(a, y). \tag{9}$$

再把(9)式代入(8)式,得

$$\Delta = k[f_y(a+h, d_2) - f_y(a, d_2)].$$

最后对方括内的表达式再应用中值定理,
$$\Delta = khf_{yx}(c_2, d_2) \tag{10}$$
其中 c_2 在 a 与 $a+h$ 之间.

在(5)式与(10)式放在一起,可见
$$f_{xy}(c_1, d_1) = f_{yx}(c_2, d_2), \tag{11}$$
其中 (c_1, d_1) 和 (c_2, d_2) 都位于矩形域 R' 内(图 A.14). 等式(11)并非为我们想要的结果,因它只说 f_{xy} 在 (c_1, d_1) 和 f_{yx} 在 (c_2, d_2) 有相等的值. 可是我们讨论中的 h 和 k,却可以让它们要多小就有多小. 由条件,因 f_{xy} 和 f_{yx} 都在 (a,b) 连续,即意味 $f_{xy}(c_1, d_1) = f_{xy}(a,b) + \varepsilon_1$, $f_{yx}(c_2, d_2) = f_{yx}(a,b) + \varepsilon_2$,其中当 $h, k \to 0$ 时 $\varepsilon_1, \varepsilon_2 \to 0$. 因此,若令 $h \to 0, k \to 0$,就得到:
$$f_{xy}(a,b) = f_{yx}(a,b). \qquad \square$$

$f_{xy}(a,b)$ 与 $f_{yx}(a,b)$ 的相等也可以在比此定理更弱的假设条件下作出证明. 如,只要 f, f_x 及 f_y 在 R 存在和 f_{xy} 在 (a,b) 连续的条件就足以了,那么 f_{yx} 就在 (a,b) 存在且与 f_{xy} 在该点的值相等.

> **二元函数增量定理**
> 设 $z = f(x,y)$ 的一阶偏导数在包含点 (x_0, y_0) 的整个开区间 R 上有定义,且 f_x 和 f_y 在点 (x_0, y_0) 连续,那么 R 中从点 (x_0, y_0) 移至另一个点 $(x_0 + \Delta x, y_0 + \Delta y)$ 引起的 f 函数值的改变满足下述等式
> $$\Delta z = f_x(x_0, y_0)\Delta x + f_y(x_0, y_0)\Delta y + \varepsilon_1 \Delta x + \varepsilon_2 \Delta y,$$
> 其中当 $\Delta x, \Delta y \to 0$ 时,$\varepsilon_1, \varepsilon_2 \to 0$.

证 以下在以 $A(x_0, y_0)$ 为中心的矩形域 T 中作证明,T 又位于 R 之内,假定 Δx 和 Δy 都取得足够小使连接 $A, B(x_0 + \Delta x, y_0)$ 的线段与连接 $B, C(x_0 + \Delta x, y_0 + \Delta y)$ 的线段均在 T 的内部(图 A.15).

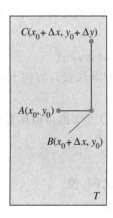

图 A.15 增量定理证明中的矩形域 T. 图中画出的 Δx 和 Δy 都是正的,但增量既可为零也可为负值.

我们可以把 Δz 当作两个增量的和,即 $\Delta z = \Delta z_1 + \Delta z_2$,其中

$$\Delta z_1 = f(x_0 + \Delta x, y_0) - f(x_0, y_0)$$

为从 A 到 B 的 f 值的改变，而

$$\Delta z_2 = f(x_0 + \Delta x, y_0 + \Delta y) - f(x_0 + \Delta x, y_0)$$

为从 B 到 C 的 f 值的改变(图 A.16).

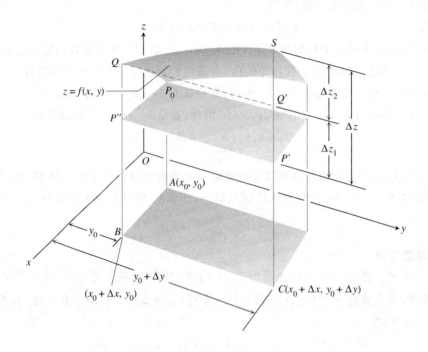

图 A.16 曲面 $z = f(x, y)$ 在 $P_0(x_0, y_0, f(x_0, y_0))$ 附近部分. 点 P_0, P' 和 P'' 在 xy 平面上方有相同的高度 $z_0 = f(x_0, y_0)$.

z 方向的改变量为 $\Delta z = P'S$. 改变量

$$\Delta z_1 = f(x_0 + \Delta x, y_0) - f(x_0, y_0),$$

图中显示为 $P''Q = P'Q'$，是 x 从 x_0 变到 $x_0 + \Delta x$ 引起的，而保持 y 始终等于 y_0. 然后，让 x 保持等于 $x_0 + \Delta x$,

$$\Delta z_2 = f(x_0 + \Delta x, y_0 + \Delta y) - f(x_0 + \Delta x, y_0)$$

则为从 y_0 到 $y_0 + \Delta y$ 因 y 的改变而引起的 z 的改变量，图上以 $Q'S$ 代表，z 方向上总的改变量正是 Δz_1 与 Δz_2 的和.

在从 x_0 到 $x_0 + \Delta x$ 的 x 值的闭区间上，函数 $F(x) = f(x, y_0)$ 是 x 的可微函数(因而连续)，其导数为

$$F'(x) = f_x(x, y_0).$$

由中值定理(3.2 节定理 4)，知存在一 x 值 c 在 x_0 与 $x_0 + \Delta x$ 之间，使

$$F(x_0 + \Delta x) - F(x_0) = F'(c) \Delta x$$

或

$$f(x_0 + \Delta x, y_0) - f(x_0, y_0) = f_x(c, y_0) \Delta x$$

则
$$\Delta z_1 = f_x(c, y_0)\Delta x. \tag{12}$$

类似地,$G(y) = f(x_0 + \Delta x, y)$ 是 y_0 到 $y_0 + \Delta y$ 的闭区间上关于 y 的可微函数(因而连续),其导数为
$$G'(y) = f_y(x_0 + \Delta x, y).$$
因此,存在 y_0 和 $y_0 + \Delta y$ 间的一个 y 值 d,有
$$G(y_0 + \Delta y) - G(y_0) = G'(d)\Delta y$$
或
$$f(x_0 + \Delta x, y_0 + \Delta y) - f(x_0 + \Delta x, y_0) = f_y(x_0 + \Delta x, d)\Delta y$$
则
$$\Delta z_2 = f_y(x_0 + \Delta x, d)\Delta y. \tag{13}$$

于是,随着 Δx 与 $\Delta y \to 0$,知 $c \to x_0, d \to y_0$. 因此,由于 f_x 和 f_y 在 (x_0, y_0) 是连续的,下两个量
$$\varepsilon_1 = f_x(c, y_0) - f_x(x_0, y_0), \quad \varepsilon_2 = f_y(x_0 + \Delta x, d) - f_y(x_0, y_0) \tag{14}$$
当 Δx 和 $\Delta y \to 0$ 时都趋于零.

最后
$$\begin{aligned}
\Delta z &= \Delta z_1 + \Delta z_2 \\
&= f_x(c, y_0)\Delta x + f_y(x_0 + \Delta x, d)\Delta y &\quad \text{从(12)和(13)} \\
&= [f_x(x_0, y_0) + \varepsilon_1]\Delta x + [f_y(x_0, y_0) + \varepsilon_2]\Delta y &\quad \text{从(14)} \\
&= f_x(x_0, y_0)\Delta x + f_y(x_0, y_0)\Delta y + \varepsilon_1\Delta x + \varepsilon_2\Delta y,
\end{aligned}$$
其中当 $\Delta x, \Delta y \to 0$ 时, $\varepsilon_1, \varepsilon_2 \to 0$,而这正是我们要证的结论.

相似的结论对任意有限多个独立变量的函数都成立. 设 $w = f(x, y, z)$ 的一阶偏导数在包含点 (x_0, y_0, z_0) 的整个开区间上有定义,且 f_x, f_y 与 f_z 都在点 (x_0, y_0, z_0) 连续,则
$$\begin{aligned}
\Delta w &= f(x_0 + \Delta x, y_0 + \Delta y, z_0 + \Delta z) - f(x_0, y_0, z_0) \\
&= f_x\Delta x + f_y\Delta y + f_z\Delta z + \varepsilon_1\Delta x + \varepsilon_2\Delta y + \varepsilon_3\Delta z
\end{aligned} \tag{15}$$
其中当 $\Delta x, \Delta y$ 和 $\Delta z \to 0$ 时, $\varepsilon_1, \varepsilon_2, \varepsilon_3 \to 0$. (15) 式中 f_x, f_y, f_z 都要取点 (x_0, y_0, z_0) 处的值.

(15) 式可以通过处理 Δw 为以下三个增量的和:
$$\Delta w_1 = f(x_0 + \Delta x, y_0, z_0) - f(x_0, y_0, z_0) \tag{16}$$
$$\Delta w_2 = f(x_0 + \Delta x, y_0 + \Delta y, z_0) - f(x_0 + \Delta x, y_0, z_0) \tag{17}$$
$$\Delta w_3 = f(x_0 + \Delta x, y_0 + \Delta y, z_0 + \Delta z) - f(x_0 + \Delta x, y_0 + \Delta y, z_0), \tag{18}$$

再分别对这三个增量用中值定理而得证. 方法仍是在这些偏增量 $\Delta w_1, \Delta w_2, \Delta w_3$ 中的每一个都先让两个坐标保持不变,仅一个在变. 例如,在(17)式中,仅 y 变,因为 x 一直等于 $x_0 + \Delta x$ 而 z 一直等于 z_0. 由于 $f(x_0 + \Delta x, y, z_0)$ 对 y 连续且有一阶偏导数 f_y,根据中值定理,有
$$\Delta w_2 = f_y(x_0 + \Delta x, y_1, z_0)\Delta y$$
y_1 是在 y_0 与 $y_0 + \Delta y$ 间的某个值.

A.12 平行四边形在平面上投影的面积

本附录证明 13.5 节需要的结果,即,$|(\mathbf{u} \times \mathbf{v}) \cdot \mathbf{p}|$ 是以 $\mathbf{u}$ 和 $\mathbf{v}$ 为边的平行四边形在任一平面上的投影的面积,$\mathbf{p}$ 为该平面的法向(见图 A.17).

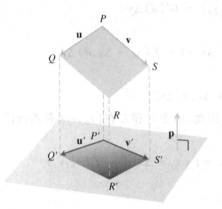

图 A.17 空间两向量 $\mathbf{u}$ 和 $\mathbf{v}$ 确定的平行四边形和平行四边形在平面上的正投影. 所作投影线,都与平面正交,且都平行于单位法向量 $\mathbf{p}$.

定理

空间中两向量 $\mathbf{u}$ 与 $\mathbf{v}$ 确定的平行四边形在一个单位法向为 $\mathbf{p}$ 的平面上的正投影的面积为:
$$\text{面积} = |(\mathbf{u} \times \mathbf{v}) \cdot \mathbf{p}|.$$

证 用图 A.17 的记号,图中显示一个典型的由 $\mathbf{u}$ 和 $\mathbf{v}$ 确定的平行四边形与它在单位法向量为 $\mathbf{p}$ 的平面上的正投影,

$$\begin{aligned}
\mathbf{u} &= \overrightarrow{PP'} + \mathbf{u}' + \overrightarrow{Q'Q} \\
&= \mathbf{u}' + \overrightarrow{PP'} - \overrightarrow{QQ'} \quad (\overrightarrow{Q'Q} = -\overrightarrow{QQ'}) \\
&= \mathbf{u}' + s\,\mathbf{p}. \quad (\text{因}\overrightarrow{PP'} - \overrightarrow{QQ'} \text{平行于} \mathbf{p}, s \text{为某数量})
\end{aligned}$$

类似地
$$\mathbf{v} = \mathbf{v}' + t\,\mathbf{p}$$

因此
$$\begin{aligned}
\mathbf{u} \times \mathbf{v} &= (\mathbf{u}' + s\,\mathbf{p}) \times (\mathbf{v}' + t\,\mathbf{p}) \\
&= (\mathbf{u}' \times \mathbf{v}') + s(\mathbf{p} \times \mathbf{v}') + t(\mathbf{u}' \times \mathbf{p}) + st\,\underbrace{(\mathbf{p} \times \mathbf{p})}_{0}. \quad (1)
\end{aligned}$$

向量 $\mathbf{p} \times \mathbf{v}'$ 和 $\mathbf{u}' \times \mathbf{p}$ 都与 $\mathbf{p}$ 正交. 因此,再在(1)两边都点乘 $\mathbf{p}$,右端仅留下 $(\mathbf{u}' \times \mathbf{v}') \cdot \mathbf{p}$,我们有
$$(\mathbf{u} \times \mathbf{v}) \cdot \mathbf{p} = (\mathbf{u}' \times \mathbf{v}') \cdot \mathbf{p}.$$

特别有
$$|(\mathbf{u} \times \mathbf{v}) \cdot \mathbf{p}| = |(\mathbf{u}' \times \mathbf{v}') \cdot \mathbf{p}|. \quad (2)$$

右侧的绝对值是由 $\mathbf{u}', \mathbf{v}'$ 和 $\mathbf{p}$ 确定的"盒子"的体积. 这特殊的盒子的高为 $|\mathbf{p}| = 1$,所以此盒子的体积值在数值上与它的底面积的值相等,该面积即平行四边形 $P'Q'R'S'$ 的面积,将此与(2)

合起来就给出

$$P'Q'R'S' \text{ 的面积} = |(\mathbf{u}' \times \mathbf{v}') \cdot \mathbf{p}| = |(\mathbf{u} \times \mathbf{v}) \cdot \mathbf{p}|,$$

这就是说,由 $\mathbf{u}$ 与 $\mathbf{v}$ 确定的平行四边形在一个单位法向量为 $\mathbf{p}$ 的平面上的正投影的面积就等于 $|(\mathbf{u} \times \mathbf{v}) \cdot \mathbf{p}|$,证毕. □

例 1(求一投影面积) 求由点 $P(0,0,3), Q(2,-1,2), R(3,2,1)$ 和 $S(1,3,2)$ 确定的平行四边形在 xy 平面上投影的面积.

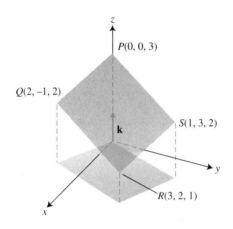

图 A.18 例 1 计算平行四边形 $PQRS$ 在 xy 平面上正投影的面积.

解

$$\mathbf{u} = \overrightarrow{PQ} = 2\mathbf{i} - \mathbf{j} - \mathbf{k}, \quad \mathbf{v} = \overrightarrow{PS} = \mathbf{i} + 3\mathbf{j} - \mathbf{k}, \quad \mathbf{p} = \mathbf{k},$$

面积为

$$A = (\mathbf{u} \times \mathbf{v}) \cdot \mathbf{p} = \begin{vmatrix} 2 & -1 & -1 \\ 1 & 3 & -1 \\ 0 & 0 & 1 \end{vmatrix} = \begin{vmatrix} 2 & -1 \\ 1 & 3 \end{vmatrix} = 7.$$

习题答案

第 P 章

第 P.1 节

1. (a) $\Delta x = -2, \Delta y = -3$ (b) $\Delta x = 2, \Delta y = -4$

3. (a) $m = 3$ (b) $m = -\dfrac{1}{3}$

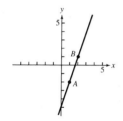 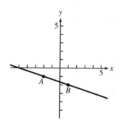

5. (a) $x = 2, y = 3$ (b) $x = -1, y = \dfrac{4}{3}$

7. (a) $y = 1(x-1) + 1$ (b) $x = -1(x+1) + 1$

9. (a) $3x - 2y = 0$ (b) $y = 1$

11. (a) $y = 3x - 2$ (b) $y = -x + 2$

13. $y = \dfrac{5}{2}x$

15. (a) (i) 斜率:$-\dfrac{3}{4}$ (b) (i) 斜率:-1
    (ii) $y-$截距:3 (iii) (ii) $y-$截距:2 (iii)

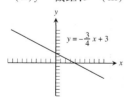 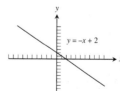

17. (a) $y = -x; y = x$ (b) $y = -2x - 2; y = \dfrac{1}{2}x + 3$

19. $m = \dfrac{7}{2}, b = -\dfrac{3}{2}$ 21. $y = -1$

23. $y = 1(x - 3) + 4$
    $y = x - 3 + 4$
    $y = x + 1$,这是和例5一样的方程.

25. (a) $k = 2$ (b) $k = -2$
27. 5.97 大气压 ($k = 0.0994$)
29. (a) 是的，$-40°F$ 和 $-40°C$ 读数相同. (b) 三条直线都过点$(-40, -40)$.
33. (a) $y = \dfrac{B}{A}(x - a) + b$

(b) 点 Q 的坐标是 $\left(\dfrac{B^2 a + AC - ABb}{A^2 + B^2}, \dfrac{A^2 b + BC - ABa}{A^2 + B^2}\right)$

(c) 距离 $= \dfrac{|Aa + Bb - C|}{\sqrt{A^2 + B^2}}$

35. 40.25 英尺
37. (a) $y = 0.680x + 9.013$

(b) 斜率为 0.68. 它表示每月以磅计的近似平均体重增加.

(c) 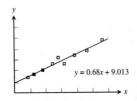   (d) 29 磅

39. (a) $y = 5632x - 11,080,280$

(b) 在该中间价格处以每年美元计的变化率是增加的.

(c) $y = 2732x - 5,362,360$ (d) 东北部

第 P.2 节

1. $A = \dfrac{\sqrt{3}}{4}x^2, p = 3x$ 3. $x = \dfrac{d}{\sqrt{3}}, A = 2d^2, V = \dfrac{d^3}{3\sqrt{3}}$

5. (a) 不是 x 的函数，因为对一些 x 的值有两个 y 值.

(b) 是 x 的函数，因为对每个 x 只有一个 y 值.

7. (a) $D: (-\infty, \infty), R: [1, \infty)$ (b) $D: [0, \infty), R: (-\infty, 1]$

9. $D: [-2, 2], R: [0, 2]$

11. (a) 关于原点对称   (b) 关于 y 轴对称

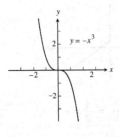 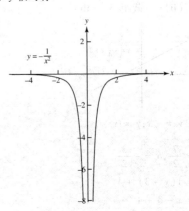

习题答案

13. （a）对每个正的 x 值,有两个 y 值. （b）对每个 $x \neq 0$ 有两个 y 值.

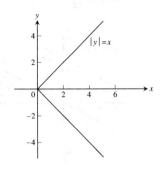
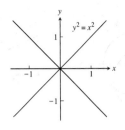

15. （a）偶函数 （b）奇函数
17. （a）奇函数 （b）偶函数
19. （a）既不是偶函数也不是奇函数 （b）偶函数
21. （a）定义域 = 全体实数,值域 = $(-\infty, 2]$ （b）定义域 = 全体实数,值域 = $[-3, \infty)$

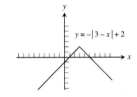
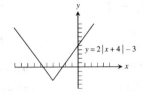

23. （a）

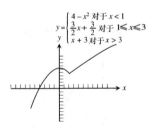

$$y = \begin{cases} 4 - x^2 & \text{对于 } x < 1 \\ \frac{3}{2}x + \frac{3}{2} & \text{对于 } 1 \leqslant x \leqslant 3 \\ x + 3 & \text{对于 } x > 3 \end{cases}$$

（b）全体实数 （c）全体实数

25. 因为,如果垂直线法则成立,那么对每个 x 坐标至多存在一条曲线上一点的 y 坐标. 这个 y 坐标对应于 x 坐标的指定值. 因为只有一个 y 坐标值,这种指定是唯一的.

27. （a）$f(x) = \begin{cases} x, & 0 \leqslant x \leqslant 1 \\ -x + 2, & 1 < x \leqslant 2 \end{cases}$

（b）$f(x) = \begin{cases} 2, & 0 \leqslant x < 1 \\ 0, & 1 \leqslant x < 2 \\ 2, & 2 \leqslant x < 3 \\ 0, & 3 \leqslant x \leqslant 4 \end{cases}$

（c）$f(x) = \begin{cases} -x + 2, & 0 < x \leqslant 2 \\ -\frac{1}{3}x + \frac{5}{3}, & 2 < x \leqslant 5 \end{cases}$

（d）$f(x) = \begin{cases} -3x - 3, & -1 < x \leqslant 0 \\ -2x + 3, & 0 < x \leqslant 2 \end{cases}$

29. （a）位置 4 （b）位置 1
　　（a）位置 2 （b）位置 3

31. $(x+2)^2 + (y+3)^2 = 49$

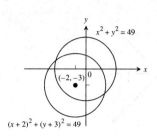

33. $y + 1 = (x-1)^{2/3}$

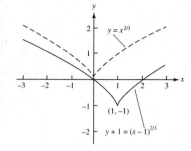

35. $y = \frac{1}{2}x$

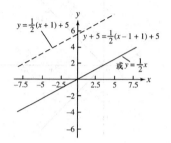

37. (**a**) 2 (**b**) 22 (**c**) $x^2 + 2$ (**d**) $x^2 + 10x + 22$
(**e**) 5 (**f**) -2 (**g**) $x + 10$ (**h**) $x^4 - 6x^2 + 6$

39. (**a**) $\frac{4}{x^2} - 5$ (**b**) $\frac{4}{x^2} - 5$
(**c**) $\left(\frac{4}{x^2} - 5\right)^2$ (**d**) $\left(\frac{1}{4x-5}\right)^2$
(**e**) $\frac{1}{4x^2 - 5}$ (**f**) $\frac{1}{(4x-5)^2}$

41. (**a**) $g(f(x))$ (**b**) $j(g(x))$ (**c**) $g(g(x))$
(**d**) $j(j(x))$ (**e**) $g(h(f(x)))$ (**f**) $h(j(f(x)))$

43. (**a**) $g(x) = x^2$ (**b**) $g(x) = \frac{1}{x-1}$ (**c**) $f(x) = \frac{1}{x}$
(**d**) $f(x) = x^2$ （注意该复合函数的定义域为$[0, \infty)$.）

45. (**a**) $D: [0,2], R: [2,3]$ (**b**) $D: [0,2], R: [-1,0]$ (**c**) $D: [0,2], R: [0,2]$

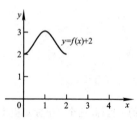
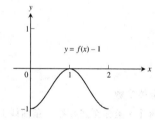
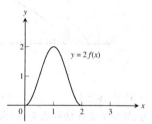

(**d**) $D: [0,2], R: [-1,0]$ (**e**) $D: [-2,0], R: [0,1]$ (**f**) $D: [1,3], R: [0,1]$

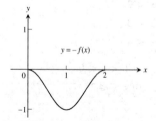
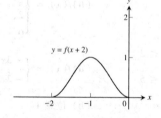
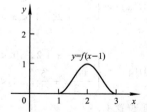

(**g**) $D:[-2,0], R:[0,1]$　　　　　　　(**h**) $D:[-1,1], R:[0,1]$

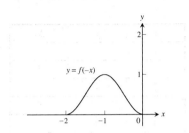

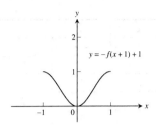

47. (**a**) 因为原来圆周的周长为 8π, 去掉了长为 x 的一段圆弧

(**b**) $r = \dfrac{8\pi - x}{2\pi} = 4 - \dfrac{x}{2\pi}$　　　　(**c**) $h = \sqrt{16 - r^2} = \dfrac{\sqrt{16\pi x - x^2}}{2\pi}$

(**d**) $V = \dfrac{1}{3}\pi r^2 h = \dfrac{(8\pi - x)^2 \sqrt{16\pi x - x^2}}{24\pi^2}$

49. (**a**) 是的, 因为 $(f \cdot g)(-x) = f(-x) \cdot g(-x) = f(x) \cdot g(x) = (f \cdot g)(x)$, 所以函数 $(f \cdot g)(x)$ 也是偶函数.

(**b**) 积为偶函数, 因为 $(f \cdot g)(-x) = (f \cdot g)(x)$.

53. (**d**) $(g \circ f)(x) = \sqrt{4 - x^2}; D(g \circ f) = [-2, 2]; R(g \circ f) = [0, 2]$

$(f \circ g)(x) = 4 - (\sqrt{x})^2 = 4 - x$　　对于 $x \geq 0; D(f \circ g) = [0, \infty); R(f \circ g) = (-\infty, 4]$

55. (**a**) $y = 4.44647 x^{0.511414}$

(**b**)

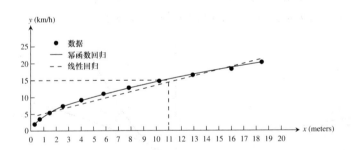

(**c**) 15 km/h

(**d**) 14 km/h, $y = 0.913695x + 4.189976$; (a) 的幂函数回归曲线拟合该数据更好.

第 P.3 节

1. (a)　　　**3.** (e)　　　**5.** (b)

7. 定义域:全体实数;值域$(-\infty, 3)$,　　　**9.** 定义域:全体实数;值域$(-2, \infty)$,
　　x-截距: ≈ 1.585,　　　　　　　　　　　　x-截距: ≈ 0.405,
　　y-截距:2　　　　　　　　　　　　　　　　　y-截距:1

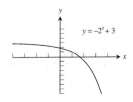

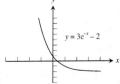

习题答案

1. 3^{4x} **13.** 2^{-6x}

15.

x	y	Δy
1	-1	
		2
2	1	
		2
3	3	
		2
4	5	

17.

x	y	Δy
1	1	
		3
2	4	
		5
3	9	
		7
4	16	

19. 如果线性函数 x 的改变量不变, 例如说 $\Delta x = c$, 那么 y 的改变量也不变, 为 $\Delta y = mc$.

21. $a = 3, k = 1.5$ **23.** $x \approx 2.3219$ **25.** $x \approx -0.6309$ **27.** 7609.7 百万

29. 19 年后

31. (a) $A(t) = 6.6(1/2)^{t/14}$ (b) 大约 38 天后

33. ≈ 11.433 年   **35.** ≈ 11.090 年   **37.** ≈ 19.108 年   **39.** $2^{48} \approx 2.815 \times 10^{14}$

41. (a) 回归方程: $P(x) = 6.033(1.030)^x$, 其中 $x = 0$ 表示 1900 年

(b) 大约 6.03 百万, 这和实际人口并不接近.

(c) 年增长率约为 3%.

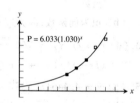

第 41 题图

第 P.4 节

1. 一对一的   **3.** 不是一对一的   **5.** 一对一的

7. $D: (0, 1], R: [0, \infty)$ **9.** $D(f^{-1}) = [0, \infty); R(f^{-1}) = [0, \infty)$

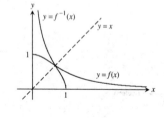

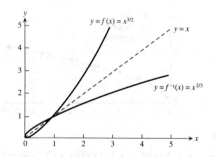

11. $f^{-1}(x) = \sqrt{x-1}$ **13.** $f^{-1}(x) = \sqrt[3]{x+1}$ **15.** $f^{-1}(x) = \sqrt{x} - 1$ **17.** $f^{-1}(x) = \dfrac{x-3}{2}$

19. $f^{-1}(x) = (x+1)^{1/3}$ 或 $\sqrt[3]{x-1}$ **21.** $f^{-1}(x) = -x^{1/2}$ 或 $-\sqrt{x}$

23. $f^{-1}(x) = 2 - (-x)^{1/2}$ 或 $2 - \sqrt{-x}$ **25.** $f^{-1}(x) = \dfrac{1}{x^2}$ 或 $\dfrac{1}{\sqrt{x}}$ **27.** $f^{-1}(x) = \dfrac{1-3x}{x-2}$

29. $y = e^{x \ln 3} - 1$

(a) $D = (-\infty, \infty)$ (b) $R = (-1, \infty)$

31. $y = 1 - \ln x$

(a) $D = (0, \infty)$ (b) $R = (-\infty, \infty)$

(c) (如右图所示)

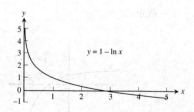

33. $t = \dfrac{\ln 2}{\ln 1.045} \approx 15.75$ **35.** $x = \ln\left(\dfrac{3 \pm \sqrt{5}}{2}\right) \approx -0.96$ 或 0.96

37. $y = e^{2t+4}$

39. （a）$f^{-1}(x) = \log_2\left(\dfrac{x}{100-x}\right)$　　（b）$f^{-1}(x) = \log_{1.1}\left(\dfrac{x}{50-x}\right)$

41. （a）剩余量 $= 8(1/2)^{t/12}$　（b）36 小时

43. ≈ 44.081 年　　　　**45.** 10 分贝　　　　**47.** (4,5)

49. （a）(1.58,3)　　　　（b）没有交点

51. f 和 g 第为反函数，因为 $(f \circ g)(x) = (g \circ f)(x) = x$.

　　（a）　　　　　　　　　　　　　　　（b）和（c）

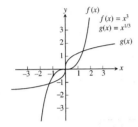 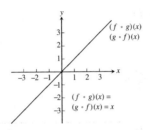

53. f 和 g 互为反函数，因为 $(f \circ g)(x) = (g \circ f)(x) = x$.

　　（a）　　　　　　　　　　　　　　　（b）和（c）

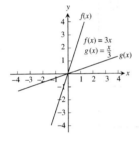 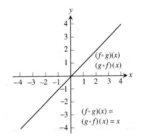

55. （a）y_1 的图形看来是 y_2 的图形的垂直平移.　　（b）

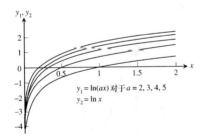 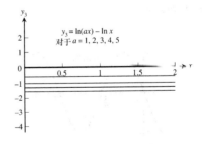

　　（c）$y_3 = y_1 - y_2 = \ln ax - \ln x = (\ln a + \ln x) - \ln x = \ln a$，$a$ 为常数.

57. $x \approx -0.76666$

59. (a) $y(x) = -474.31 + 121.13 \ln x$；1982 年生产了 59.48 百万公吨而在 2000 年生产了 83.5（百万公吨）.
(b)

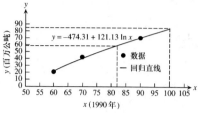

(c) $y(82) \approx 59$ 和 $y(100) \approx 84$

第 P.5 节

1. (a) 8π m (b) $\dfrac{55\pi}{9}$ m

3.

θ	$-\pi$	$-\dfrac{2\pi}{3}$	0	$\dfrac{\pi}{2}$	$\dfrac{3\pi}{4}$
$\sin\theta$	0	$-\dfrac{\sqrt{3}}{2}$	0	1	$\dfrac{1}{\sqrt{2}}$
$\cos\theta$	-1	$-\dfrac{1}{2}$	1	0	$-\dfrac{1}{\sqrt{2}}$
$\tan\theta$	0	$\sqrt{3}$	0	UND	-1
$\cot\theta$	UND	$\dfrac{1}{\sqrt{3}}$	UND	0	-1
$\sec\theta$	-1	-2	1	UND	$-\sqrt{2}$
$\csc\theta$	UND	$-\dfrac{2}{\sqrt{3}}$	UND	1	$\sqrt{2}$

5. (a) $\cos x = -\dfrac{4}{5}, \tan x = -\dfrac{3}{4}$ (b) $\sin x = -\dfrac{2\sqrt{2}}{3}, \tan x = -2\sqrt{2}$

7. (a) 周期为 π (b) 周期为 2

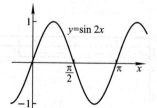 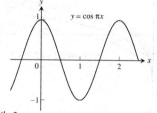

9. (a) 周期为 2π (b) 周期为 2π

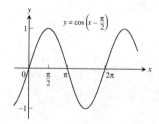 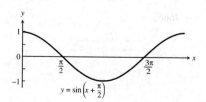

11. 周期为 $\dfrac{\pi}{2}$,关于原点对称

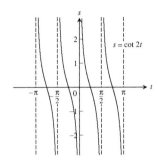

13. (**a**) $-\cos x$ (**b**) $-\sin x$

19. (**a**) $A = 2, B = 2\pi, C = -\pi, D = -1$ (**b**) $A = 1/2, B = 2, C = 1, D = 1/2$

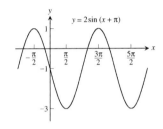 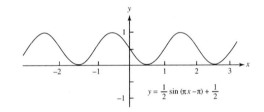

21. (**a**) 37   (**b**) 365   (**c**) 向右 101   (**d**) 向上 25

23. (**a**) $\dfrac{\pi}{4}$ (**b**) $-\dfrac{\pi}{3}$ (**c**) $\dfrac{\pi}{6}$

25. (**a**) $\dfrac{\pi}{3}$ (**b**) $\dfrac{3\pi}{4}$ (**c**) $\dfrac{\pi}{6}$

37. (**a**) $c = \sqrt{7} \approx 2.646$ (**b**) $c \approx 1.951$

39. (**a**) $\sin x$ 的值趋于 x 的值. 在原点处它们都等于 0.

     (**b**) 它们都趋于零, 但在任给的异于零的 x 处, $\sin x$ 的值只是 x 的值的小的百分数.

41. (**a**) 定义域:除形为 $\dfrac{\pi}{2} + k\pi$ 外的所有实数,其中 k 为整数;值域: $-\dfrac{\pi}{2} < y < \dfrac{\pi}{2}$.

     (**b**) 定义域: $-\infty < x < \infty$;值域 $-\infty < y < \infty$

43. $x \approx 1.190$ 和 $x \approx 4.332$ **45.** $x \approx -1.911$ 和 $x \approx 1.911$

47. (**a**)

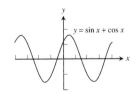

     (**b**) 幅度 ≈ 1.414,周期 $= 2\pi$,水平位移 $\approx$ 与 $\sin x$ 相比为 -0.785 或 5.498,垂直位移:0

49. (**a**) $p = 0.6\sin(2479t - 2.801) + 0.265$

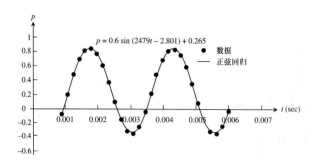

(**b**) ≈ 395 Hz

51. (**a**) $y = 3.0014\sin(0.9996x + 2.0012) + 2.9999$ (**b**) $y = 3\sin(x+2) + 3$

第 P.6 节

1.
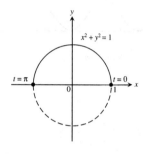

3.
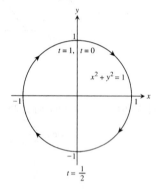

5.
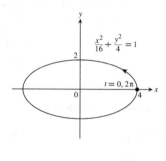

7.
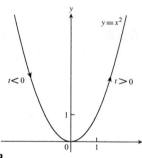

9.
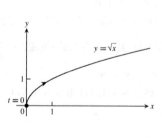

11.
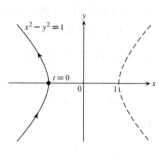

13.
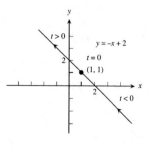

15.
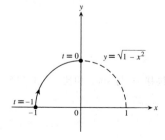

17.
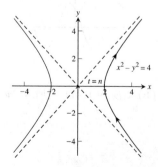

19. (**a**) $x = a\cos t, y = -a\sin t, 0 \leqslant t \leqslant 2\pi$ (**b**) $x = a\cos t, y = a\sin t, 0 \leqslant t \leqslant 2\pi$
    (**c**) $x = a\cos t, y = -a\sin t, 0 \leqslant t \leqslant 4\pi$ (**d**) $x = a\cos t, y = a\sin t, 0 \leqslant t \leqslant 4\pi$

21. 可能的答案:$x = -1 + 5t, y = -3 + 4t, 0 \leqslant t \leqslant 1$

23. 可能的答案:$x = t^2 + 1, y = t, t \leqslant 0$ 25. 可能的答案:$x = 2 - 3t, y = 3 - 4t, t \geqslant 0$

27. 图(c),视窗:$[-4,4] \times [-3,3], 0 \leqslant t \leqslant 2\pi$ 29. 图(c),视窗:$[-10,10] \times [-10,10], 0 \leqslant t \leqslant 2\pi$

31. 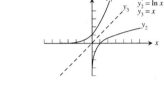   33.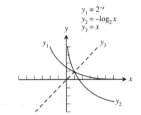

35. 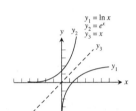   37.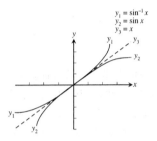

39. $1 < t < 3$ 41. $-5 \leqslant t < -3$

49. $x = 2\cot t, y = 2\sin^2 t, 0 < t < \pi$ 51. (**a**) 曲线从右向左行进而且从原点向两个方向无限延伸.

第 P.7 节

1. (**a**) 图形支持 y 与 x 成比例的假设. 从回归直线的斜率来估算比例常数为 0.166.

(**b**) 图形支持 y 与 $x^{1/2}$ 成比例的假设. 从回归直线的斜率来估算比例常数为 2.03.

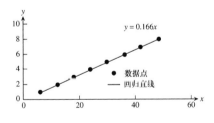

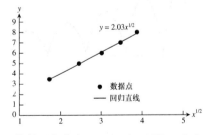

3. 二次回归给出 $y = 0.064555x^2 + 0.078422x + 4.88961$. 二次回归拟合数据很好.

5. (**a**) 指数回归给出 $y = 0.5(0.69^x) = 0.5e^{-0.371x}$.

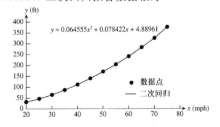

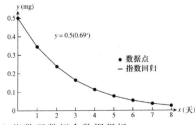

(**b**) 指数函数拟合数据很好.

(**c**) 该模型预测 12 小时后,血液中地高辛的含量将低于 0.006 mg.

7. (**a**) 指数回归给出 $C = 770(0.715^t) = 770\,e^{-0.336t}$.

(**b**) 看来指数函数抓住了这些数据的趋势.

(**c**) 该模型预测 12 天 22 小时后血液浓度将降到低于 10 ppm.

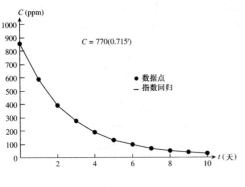
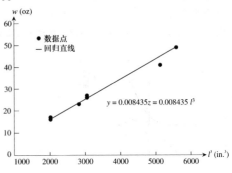

第 7 题图　　　　　　　　　　　第 9 题图

9. 回归直线的斜率为 0.008435, 所以该模型估算作为 l 的函数的重量 $w = 0.008435 l^3$ (见右上图).

11. 图(c)　　　　**13.** 图(c)

15. (**f**) 一种可能的描述：设 y 表示你们学校得了流感的人数, 而 x 表示第一个人得了流感后的天数. 一开始流感的传播并不很快, 因为只有几个病人在传染流感. 但随着更多的人得流感, 流感的传染就会更快, 最具爆发性的状态是有一半人得病时的状态, 因为从此以后很多人在传染流感, 很多人也仍然可能得流感. 当时间继续, 而且更多的人得了流感, 能被传染上流感的人越来越少, 从而流感传播的速度开始慢下来, 可以用像(f)表示的函数作为模型来定性地描述这种行为.

17.

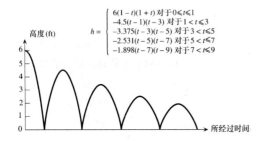

19. (**a**)　　　　　　　　　　　(**b**)

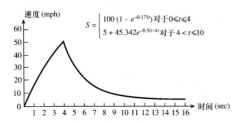

21. (**a**) 该图形可表示单摆摆动时它与垂直线之间的夹角. y 表示角度而 x 表示时间. 由于阻力的原因, 振幅如该图形所画的样子衰减. 当 y 为正时, 单摆在垂直线的一边, 当 y 为负时, 单摆在垂直线的另一边.

(**b**) 该图形可表示小孩在游乐场里荡秋千"前后荡动"让秋千荡起来时秋千和垂直线之间的夹角. y 表示角度而 x 表示时间. 因为小孩不断地把机械能注入该系统(秋千 + 小孩), 所以振幅如该图形所画的样子增长. 当 y 为正时, 秋千在垂直线的一边; 当 y 为负时, 秋千在垂直线的另一边.

预备知识章的实践习题

1. $y = 3x - 9$ 3. $x = 0$ 5. $y = 2$ 7. $y = -3x + 3$

9. $y = -\dfrac{4}{3}x - \dfrac{20}{3}$ 11. $y = \dfrac{2}{3}x + \dfrac{8}{3}$ 13. $A = \pi r^2, C = 2\pi r, A = \dfrac{C^2}{4\pi}$ 15. $x = \tan\theta, y = \tan^2\theta$

17. 原点 19. 两者都不是 21. 偶函数 23. 偶函数

25. 奇函数 27. 两者都不是

29. (a) 定义域:全体实数 (b) 值域:$[-2,\infty)$ 31. (a) 定义域:$[-4,4]$ (b) 值域:$[0,4]$

33. (a) 定义域:全体实数 (b) 值域:$(-3,\infty)$ 35. (a) 定义域:全体实数 (b) 值域:$[-3,1]$

37. (a) 定义域:$(-3,\infty)$ (b) 值域:全体实数 39. (a) 定义域:$[-4,4]$ (b) 值域:$[0,2]$

41. $f(x) = \begin{cases} 1-x, & 0 \leqslant x < 1 \\ 2-x, & 1 \leqslant x \leqslant 2 \end{cases}$

43. (a) 1 (b) $\dfrac{1}{\sqrt{2.5}} = \sqrt{\dfrac{2}{5}}$ (c) $x, x \neq 0$ (d) $\dfrac{1}{\sqrt{1/\sqrt{x+2}+2}}$

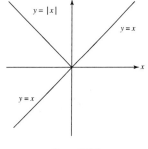

45. (a) $(f \circ g)(x) = -x, x \geqslant -2, (g \circ f)(x) = \sqrt{4-x^2}$
    (b) 定义域$(f \circ g):[-2,\infty)$,定义域$(g \circ f):[-2,2]$
    (c) 值域$(f \circ g):(-\infty,2]$,值域$(g \circ f):[0,2]$

47. 用 $x < 0$ 部分图形的镜象替代 $x < 0$ 的部分作出关于 y 轴对称的新的图形.

49. 不改变图形.

51. 把 $x > 0$ 部分图形的镜象加进去作出关于 y 轴对称的新的图形.

53. 把 $y < 0$ 部分图形关于 x 轴反射即得.

55. 把 $y < 0$ 部分图形关于 x 轴反射即得.

第47题图

57. (a) 关于直线 $y = x$ 对称

59. (a) $f^{-1}(x) = \dfrac{2-x}{3}$

(b)

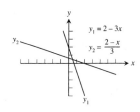

61. (a) $f(g(x)) = (\sqrt[3]{x})^3 = x, g(f(x)) = \sqrt[3]{x^3} = x$

(b)

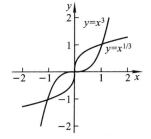

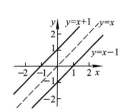

第61题(b)图   第63题(a)的图

63. (a) $f^{-1}(x) = x - 1$(图见上页)

(b) $f^{-1}(x) = x - b$. f^{-1}的图形是与f的图形平行的直线. f和f^{-1}的图形位于直线$y = x$的两侧而且与之等距.

(c) 它们的图形互相平行且位于与直线$y = x$等距的两侧.

65. 2.718281828459

67. (a) 7.2   (b) $\dfrac{1}{x^2}$ (c) $\dfrac{x}{y}$

69. (a) 1   (b) 1   (c) $-x^2 - y^2$

71. ≈ 0.6435 弧度或 36.8699°

73. $\cos\theta = \dfrac{3}{7}, \sin\theta = \dfrac{\sqrt{40}}{7}, \tan\theta = \dfrac{\sqrt{40}}{3}, \sec\theta = \dfrac{7}{3}, \csc\theta = \dfrac{7}{\sqrt{40}}, \cot\theta = \dfrac{3}{\sqrt{40}}$

75. 周期为 4π

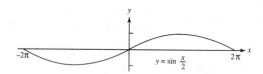

77.

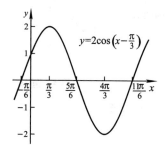

79. (a) $a = 1; b = \sqrt{3}$ (b) $c = 4/\sqrt{3}; a = 2/\sqrt{3}$ **81.** (a) $a = \dfrac{b}{\tan B}$ (b) $c = \dfrac{a}{\sin A}$

83. 因为 $\sin(x)$ 的周期为 2π, $(\sin(x + 2\pi))^3 = (\sin(x))^3$. 该函数的周期为 2π. 图形表明没有更小的数能作为周期.

87. $\dfrac{\sqrt{6} + \sqrt{2}}{4}$ **89.** (a) $\dfrac{\pi}{6}$ (b) $-\dfrac{\pi}{4}$ (c) $\dfrac{\pi}{3}$ **91.** (a) $\dfrac{\pi}{4}$ (b) $\dfrac{5\pi}{6}$ (c) $\dfrac{\pi}{3}$

93. 2   **95.** $-\dfrac{1}{2}$ **97.** $\sqrt{4x^2 + 1}$ **99.** $\dfrac{\sqrt{1-x^2}}{x}$

101. (a) 有定义;存在一个角,其正切为 2.   (b) 没有定义;任何角的余弦都不等于 2.

103. (a) 没有定义;任何角的正割都不为 0.   (b) 没有定义;任何角的正弦都不等于 $\sqrt{2}$.

105. ≈ 16.98 m   **107.** (b) 4π

109. (a) $(x/5)^2 + (y/2)^2 = 1$; 全部

(b) 起点:(5,0),终点:(5,0)

111. (a) $y = 2x + 7$; 从 $(4,15)$ to $(-2,3)$

(b) 起点:(4,15),终点:(-2,3)

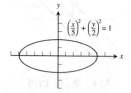

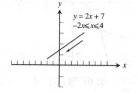

113. 可能的答案: $x = -2 + 6t, y = 5 - 2t, 0 \leq t \leq 1$ **115.** 可能的答案: $x = 2 - 3t, y = 5 - 5t, 0 \leq t$

预备知识章的附加习题

1. (a)

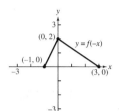

(b)

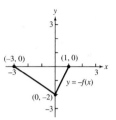

(c)

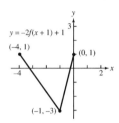

(d)

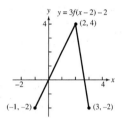

3. (a) $y = 100,000 - 10000x, 0 \leq x \leq 10$ (b) 4.5 年后

5. $\dfrac{\ln(10/3)}{\ln 1.08} \approx 15.6439$ 年后. (如果银行只在年底付利息,那么将要用 16 年的时间.)

11. (a) 是的 (b) 并非总是如此. 如果 f 是奇函数, 那么 h 是奇函数.

13. 是的, 例如: $f(x) = \dfrac{1}{x}$ 而 $g(x) = \dfrac{1}{x}$, 或 $f(x) = 2x$ 而 $g(x) = \dfrac{x}{2}$, 或 $f(x) = e^x$ 而 $g(x) = \ln x$.

15. 如果 $f(x)$ 是奇函数, 那么 $g(x) = f(x) - 2$ 不是奇函数. $g(x)$ 也不是偶函数, 除非对一切 $x, f(x) = 0$. 如果 f 是偶函数, 那么 $g(x) = f(x) - 2$ 也是偶函数.

17.

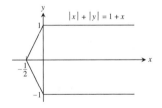

21. 如果 $f(x)$ 的图形能通过水平直线法则, 那么 $g(x) = -f(x)$ 的图形也一样能通过水平直线法则, 因为 g 的图形关于 x 轴反射后和 f 的图形是一样的.

23. (a) 定义域: 全体实数; 值域: 如果 $a > 0$, 那么 (d, ∞); 如果 $a < 0$, 那么 $(-\infty, d)$.
 (b) 定义域: (c, ∞), 值域: 全体实数.

25. （**a**）图形并不支持 $y \propto x^2$ 的假设.

（**b**）图形支持 $y \propto 4^x$ 的假设. 从回归直线的斜率估算得到的比例常数为 0.6; 所以, $y = 0.6(4^x)$.

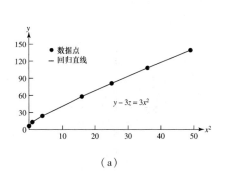
（a）

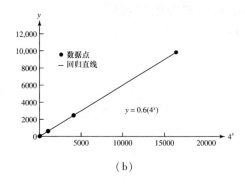
（b）

27. （**a**）因为当压力为 $5(10^{-3})$ (lb/in.²) 时弹簧的伸长为零, 所以应该从每个压力数据值减去这个值来调整数据. 这就给出了下面的表, 其中 $\bar{s} = s - 5(10^{-3})$.

图形的斜率为 $\dfrac{(297-57)(10^5)}{(75-15)(10^{-3})} = 4.00(10^8)$ 而模型为 $e = 4(10^8)\bar{s}$ 或 $e = 4(10^8)(s - 5(10^{-3}))$.

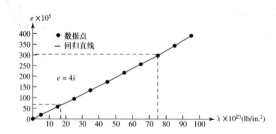

$\bar{s} \times 10^{-3}$	0	5	15	25	35	45	55	65	75	85	95
$e \times 10^5$	0	19	57	94	134	173	216	256	297	343	390

（**b**）该图形拟合数据很好.

（**c**）$e = 780(10^5)$ (in./in.). 因为 $s = 200(10^{-3})$ (lb/in.²) 远在该模型用到的数据范围之外, 所以, 如果没有弹簧的进一步的测试, 人们不应该对这个预测感到满意.

29. （**a**）$y = 20.627x + 338.622$ （**b**）约为 957

（**c**）斜率为 20.627. 它表示美籍西班牙裔学生每年获得博士学位的年增长.

31. （**a**）$f(x) = 2.000268 \sin(2.999187x - 1.000966) + 3.999881$

（**b**）$f(x) = 2\sin(3x - 1) + 4$

33. （**a**）$Q = 1.00(2.0138^x) = 1.00e^{0.7x}$

（**b**）1996 年的消耗为 828.82. 这期间的年增长率为 7.25%.

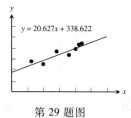

第 29 题图

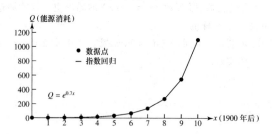

第1章

第1.1节

1. (a) 19　　(b) 1　　3. (a) $-\dfrac{4}{\pi}$　　(b) $-\dfrac{3\sqrt{3}}{\pi}$

5. 在驱动行驶期间图形可能会上移,所以你的估计可能和这些数据不完全一致.

(a)

	PQ_1	PQ_2	PQ_3	PQ_4
	43	46	49	50

合适的单位为每秒米.

(b) $\approx$ 50 m/sec 或 180 km/h

7. 下界: $a = 23.55$ ft/sec,上界: $b = 28.85$ ft/sec, $v(2) \approx \dfrac{a+b}{2} = 26.20$ ft/sec.

9. (a) 不存在. 当 x 从右边趋于 1 时, $g(x)$ 趋于 0. 当 x 从左边趋于 1 时, $g(x)$ 趋于 1. 不存在数 L 当 $x \to 1$ 时能使 $g(x)$ 的全部值任意接近 L.　　(b) 1　　(c) 0

11. (a) 对　　(b) 对　　(c) 不对　　(d) 不对　　(e) 不对　　(f) 对

13. 当 x 从左边趋于 0 时, $x/|x|$ 趋于 -1;当 x 从右边趋于零时, $x/|x|$ 趋于 1. 不存在数 L 当 $x \to 0$ 时能使该函数的值任意接近 L.

15. 不能说什么.　　17. 不一定

19. (a) $f(x) = (x^2 - 9)/(x + 3)$　　(c) $\lim\limits_{x \to -3} f(x) = -6$

x	-3.1	-3.01	-3.001	-3.0001	-3.00001	-3.000001
$f(x)$	-6.1	-6.01	-6.001	-6.0001	-6.00001	-6.000001

x	-2.9	-2.99	-2.999	-2.9999	-2.99999	-2.999999
$f(x)$	-5.9	-5.99	-5.999	-5.9999	-5.99999	-5.999999

21. (a) $G(x) = (x + 6)/(x^2 + 4x - 12)$

x	-5.9	-5.99	-5.999
$G(x)$	-0.126582	-0.1251564	-0.1250156

x	-5.9999	-5.99999	-5.999999
$G(x)$	-0.1250016	-0.12500016	-0.12500002

x	-6.1	-6.01	-6.001
$G(x)$	-0.123457	-0.1248439	-0.1249844

x	-6.0001	-6.00001	-6.000001
$G(x)$	-0.1249984	-0.12499984	-0.12499998

(**c**) $\lim\limits_{x\to -6} G(x) = -\dfrac{1}{8} = -0.125$

23. (**a**) $g(\theta) = (\sin\theta)/\theta$

θ	0.1	0.01	0.001
$g(\theta)$	0.998334	0.999983	0.999999

θ	0.0001	0.00001	0.000001
$g(\theta)$	0.999999	0.999999	0.999999

θ	−0.1	−0.01	−0.001
$g(\theta)$	0.998334	0.999983	0.999999

x	−0.0001	−0.00001	−0.000001
$G(x)$	0.999999	0.999999	0.999999

$\lim\limits_{\theta\to 0} g(\theta) = 1$

25. (**a**) $f(x) = x^{1/(1-x)}$

x	0.9	0.99	0.999
$f(x)$	0.348678	0.366032	0.367695

θ	0.9999	0.99999	0.999999
$g(\theta)$	0.367861	0.367878	0.367879

x	1.1	1.01	1.001
$f(x)$	0.385543	0.369711	0.368063

θ	1.0001	1.00001	1.000001
$g(\theta)$	0.367898	0.367881	0.367880

$\lim\limits_{x\to 1} f(x) \approx 0.36788$

27. $\delta = 0.1$ **29**. $\delta = \dfrac{7}{16}$ **31**. $(3.99, 4.01), \delta = 0.01$ **33**. $(-0.19, 0.21), \delta = 0.19$ **35**. $\left(\dfrac{10}{3}, 5\right), \delta = \dfrac{2}{3}$

37. $[3.384, 3.387]$. 为保险起见,左端点往大舍入,而右端点往小舍入.

39. (**b**) 一个可能的答案: $a = 1.75, b = 2.28$ (**c**) 一个可能的答案: $a = 1.99, b = 2.01$

41. (**a**) 14.7 m/sec (**b**) 29.4 m/sec

43. (**a**)

x	−0.1	−0.01	−0.001	−0.0001
$f(x)$	−0.054402	−0.005064	−0.000827	−0.000031

(b)

x	0.1	0.01	0.001	0.0001
$f(x)$	-0.054402	-0.005064	-0.000827	-0.000031

看来极限为 0.

45. (a)

x	-0.1	-0.01	-0.001	-0.0001
$f(x)$	2.0567	2.2763	2.2999	2.3023

(b)

x	0.1	0.01	0.001	0.0001
$f(x)$	2.5893	2.3293	2.3052	2.3029

看来极限大约为 2.3.

第 1.2 节

1. (a) 3 (b) -2 (c) 没有极限 (d) 1

3. (a) -4 (b) -4 (c) -4 (d) -4

5. (a) 4 (b) -3 (c) 没有极限 (d) 4

7. (a) 商法则 (b) 差和幂法则 (c) 和以及乘常数法则

9. (a) -10 (b) -20 (c) -1 (d) $\dfrac{5}{7}$

11. (a) -9 (b) -8 (c) $\dfrac{1}{5}$ (d) $\dfrac{3}{2}$

13. (a) -7 (b) $-\dfrac{1}{2}$ (c) 4 (d) $-\sin(1/6) \approx -0.1659$

15. (a) $\lim\limits_{x \to 0}\left(1 - \dfrac{x^2}{6}\right) = 1 - \dfrac{0}{6} = 1$ 而 $\lim\limits_{x \to 0} 1 = 1$；由夹逼定理，$\lim\limits_{x \to 0} \dfrac{x \sin x}{2 - 2\cos x} = 1$.

(b) 对于 $x \neq 0, y = (x \sin x)/(2 - 2\cos x)$ 位于下图所示的另两个图形之间，从而当 $x \to 0$ 时该函数的图形收敛.

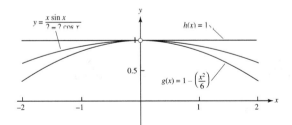

17. $\lim\limits_{h \to 0} \dfrac{(1+h)^2 - 1^2}{h} = \lim\limits_{h \to 0}(2 + h) = 2$

19. $\lim\limits_{h \to 0} \dfrac{\left(\dfrac{1}{-2+h}\right) - \left(\dfrac{1}{-2}\right)}{h} = \lim\limits_{h \to 0} \dfrac{-h}{h(4 - 2h)} = -\dfrac{1}{4}$

21. (a) 对 (b) 对 (c) 不对 (d) 对
   (e) 对 (f) 对 (g) 不对 (h) 不对
   (i) 不对 (j) 不对 (k) 对 (l) 不对

23. (a) 不存在 (b) 存在, 0 (c) 不存在

25. (a) $D: 0 \leqslant x \leqslant 2, R: 0 < y \leqslant 1$ 以及 $y = 2$
   (b) $(0,1) \cup (1,2)$ (c) $x = 2$ (d) $x = 0$

27. $\sqrt{3}$ 29. $\dfrac{2}{\sqrt{5}}$ 31. (a) 1   (b) 21   35. (a) 4   (b) -2

37. 是   39. $\delta = \varepsilon^2, \lim\limits_{x \to 5^+} \sqrt{x - 5} = 0$ 41. 是, $\lim\limits_{x \to 0^-} f(x) = -3$

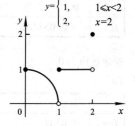

第 25 题图

第 1.3 节

1. (a) π (b) π 3. (a) $-\dfrac{5}{3}$ (b) $-\dfrac{5}{3}$

5. 由夹逼定理, $-\dfrac{1}{x} \leqslant \dfrac{\sin 2x}{x} \leqslant \dfrac{1}{x} \Rightarrow \lim\limits_{x \to \infty} \dfrac{\sin 2x}{x} = 0$ 7. (a) $\dfrac{2}{5}$ (b) $\dfrac{2}{5}$

9. (a) $-\infty$ (b) ∞ 11. (a) ∞ (b) $-\infty$ 13. (a) $-\dfrac{2}{3}$ (b) $-\dfrac{2}{3}$ 15. 0   17. 1   19. ∞

21. 下面的图形是一种可能.   23. 下面的图形是一种可能   25. $y = 1/(x - 1)$

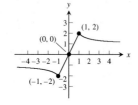
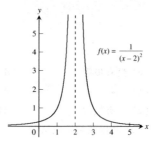
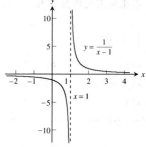

27. $y = \dfrac{2x^2 + x - 1}{x^2 - 1}$ 29. $y = \dfrac{x^4 + 1}{x^2} = x^2 + \dfrac{1}{x^2}$

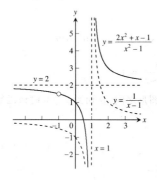
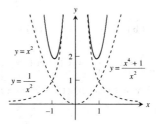

31. $y = \dfrac{x^2 - x + 1}{x - 1} = x + \dfrac{1}{x - 1}$ 33. $y = \dfrac{8}{x^2 + 4}$

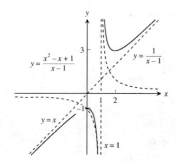
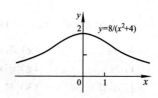

5. 图(a) 37. 图(d) 39. (a) e^x (b) $-2x$ 41. (a) x (b) x

43. (a) $\dfrac{1}{2}$ (b) $\dfrac{1}{2}$ 45. 至多有两条

47. $y = \dfrac{x}{\sqrt{4-x^2}}$ 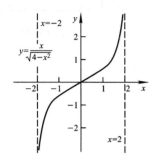 49. $y = x^{2/3} + \dfrac{1}{x^{1/3}}$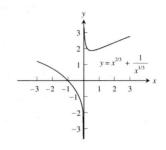

51. 在 $\infty:\infty$,在 $-\infty:0$ 53. 在 $\infty:0$,在 $-\infty:0$ 55. 1 57. 3

59. $y = -\dfrac{x^2-4}{x+1} = 1 - x + \dfrac{3}{x+1}$ 61. 当其中一项占优势时函数的图形就以该项为主.

63. (a) $y \to \infty$(见附图) (b) $y \to \infty$(见附图)
(c) 在 $x = \pm 1$ 有尖点(见附图)

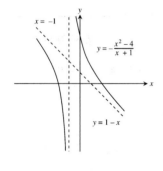 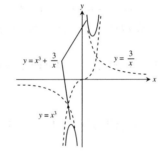 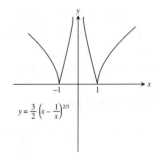

第59题图 第61题图 第63题图

第1.4节

1. 不连续;在 $x = 2$ 间断;在 $x = 2$ 没有定义 3. 连续
5. (a) 存在 (b) 存在 (c) 存在 (d) 存在 7. (a) 没有定义 (b) 不连续 9. 0
13. 在 $x = 2$ 间断 15. 在 $t = 3$ 或 $t = 1$ 间断 17. 在 $\theta = 0$ 间断
19. 在区间 $\left[-\dfrac{3}{2}, \infty\right)$ 上连续 21. 0;连续 23. 1;连续
25. $f(x)$ 在 $[0,1]$ 上连续而且 $f(0) < 0, f(1) > 0 \Rightarrow$ 由介值定理知 $f(x)$ 取到 $f(0)$ 和 $f(1)$ 之间的任何值 $\Rightarrow$ 方程 $f(x) = 0$ 在 $x = 0$ 和 $x = 1$ 之间至少有一个解.
27. 由于连续函数的中间值性质,5 个陈述要求的都是同样的信息.
29. 回答的例子可能不同. 例如,$f(x) = \dfrac{\sin(x-2)}{x-2}$ 在 $x = 2$ 间断,因为 f 在 $x = 2$ 没有定义. 但这个间断是可去的,因为 $x \to 2$ 时 f 有极限(即 1).

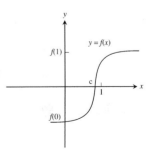

第25题图

31. $r_1 = \dfrac{1-\sqrt{21}}{2} \approx -1.791, r_2 = r_3 = r_4 = 0,$ 而 $r_5 = \dfrac{1+\sqrt{21}}{2} \approx 2.791$

35. 正确,由中间值性质

39. (b) 除在 $t = 1,2,3,4$ 外,在区间$[0,5]$的一切点上连续.

45. $x \approx 1.8794, -1.5321, -0.3473$ 47. $x \approx 1.7549$

49. $x \approx 3.5156$ 51. $x \approx 0.7391$

第39题图

第1.5节

1. $P_1 : m_1 = 1, P_2 : m_2 = 5$ 3. $P_1 : m_1 = \dfrac{5}{2}, P_2 : m_2 = -\dfrac{1}{2}$

5. $y = 2x + 5$ 7. $y = 12x + 16$

9. $y + 1 = -3(x - 1)$ 11. $y - 3 = -2(u - 3)$

13. $-\dfrac{1}{4}$ 15. $(-2, -5)$

17. 如果 $x = 0, y = -(x+1)$;如果 $x = 2, y = -(x-3)$.

19. 19.6 m/sec   21. 6π 23. 3.72 m/sec   25. 有   27. 有

29. (a) $\dfrac{1-e^{-2}}{2} \approx 0.432$ (b) $\dfrac{e^3-e}{2} \approx 8.684$

31. (a) $-\dfrac{4}{\pi} \approx -1.273$ (b) $-\dfrac{3\sqrt{3}}{\pi} \approx -1.654$

33. (a) 每年3亿美元   (b) 每年5亿美元   (c) $y = 0.057x^2 - 0.1514x + 1.3943$
    (d) 从1994到1995:每年3.1亿美元,从1995到1997:每年5.3亿美元
    (e) 每年6.5亿美元

35. (a) 没有   37. (a) 在 $x = 0$ 39. (a) 没有   41. (a) 在 $x = 1$ 43. (a) 在 $x = 0$

第33题图

第1章实践习题

1. 在 $x = -1$: $\lim\limits_{x \to -1^-} f(x) = \lim\limits_{x \to -1^+} f(x) = 1,$ 所以 $\lim\limits_{x \to -1} f(x) = 1 = f(-1)$;在 $x = -1$ 连续

   在 $x = 0$: $\lim\limits_{x \to 0^-} f(x) = \lim\limits_{x \to 0^+} f(x) = 0,$ 所以 $\lim\limits_{x \to 0} f(x) = 0.$ 但是, $f(0) \neq 0$, 所以 f 在 $x = 0$ 间断. 重新定义 $f(0) = 0$ 就可以把间断性去掉.

   在 $x = 1$: $\lim\limits_{x \to 1^-} f(x) = -1$ 而 $\lim\limits_{x \to 1^+} f(x) = 1,$ 所以 $\lim\limits_{x \to 1} f(x)$ 不存在 $x = 1,$ 该函数在 $x = 1$ 间断, 而且间断是不可去的.

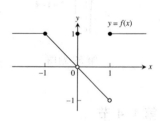

第1题图

3. (a) -21 (b) 49 (c) 0 (d) 1 (e) 1 (f) 7 (g) -7 (h) $-\dfrac{1}{7}$

5. 4 7. (a) $(-\infty, +\infty)$ (b) $[0, \infty)$ (c) $(-\infty, 0)$ 和 $(0, \infty)$ (d) $(0, \infty)$

9. (a) 不存在   (b) 0 11. $\dfrac{1}{2}$ 13. $2x$ 15. $-\dfrac{1}{4}$ 17. $\dfrac{2}{5}$ 19. 0 21. $-\infty$

23. 0 25. 1 27. 0 29. (a) 1.324717957

第1章附加习题

3. 0;因为函数对 $v > c$ 没有定义,所以只需要左侧极限.   5. $65 \leq t \leq 75$;在 $5°F$ 的范围内

7. (a) $\lim\limits_{a \to 0} r_+(a) = 0.5, \lim\limits_{a \to -1^+} r_+(a) = 1$ (b) $\lim\limits_{a \to 0} r_-(a)$ 不存在, $\lim\limits_{a \to -1^-} r_-(a) = 1$

9. (a) 对   (b) 错   (c) 对   (d) 错

第 2 章

第 2.1 节

1. $-2x, 6.0$ 3. $3t^2 - 2t, 5$ 5. $\dfrac{3}{2\sqrt{3\theta}}, \sqrt{3}$ 7. $2x+1, 2$ 9. $4x^2, 8x$

11. $y' = 2x^3 - 3x - 1 \Rightarrow y'' = 6x^2 - 3 \Rightarrow y''' = 12x \Rightarrow y^{(4)} = 12 \Rightarrow y^{(n)} = 0$, 对所有 $n \geq 5$

13. (a) $\dfrac{dy}{dx} = 3x^2 - 4, y - 1 = 8(x-2)$ (b) $[-4, \infty)$

   (c) 当 $x = 2$ 时(a)中已求得这样的一条曲线的切线的方程. 在点 $(-2, 1)$ 处的曲线的切线方程为 $y - 1 = 8(x - (-2))$.

15. (b)   17. (d)

19. (a) 在 $x = 0, 1, 4$ 处 f' 没有定义. 在这些点处左右侧导数不同.   (b) 见右图.

21. $\lim\limits_{h \to 0^-} \dfrac{f(0+h) - f(0)}{h} = 0, \lim\limits_{h \to 0^+} \dfrac{f(0+h) - f(0)}{h} = 1 \Rightarrow$ 导数 $f'(0)$ 不存在.

第 19 题(b) 图

23. (a) 在其定义域 $-2 \leq x \leq 3$ 上函数是可微的.   (b) 没有这样的点.   (c) 没有这样的点.

25. (a) 在 $-1 \leq x < 0$ 和 $0 < x \leq 2$ 上.   (b) 在 $x = 0$ (c) 没有这样的点

27. (a) $y' = -2x$

   (b)

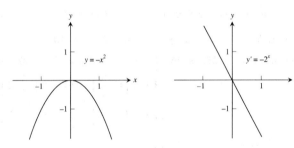

   (c) $x < 0, x = 0, x > 0$ (d) $-\infty < x < 0, 0 < x < \infty$

29. (a) $y' = x^2$

   (b)

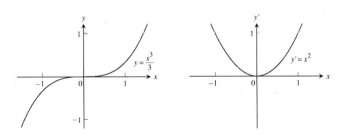

   (c) $x \neq 0, x = 0$, 不取负值.   (d) $-\infty < x < \infty$, 不会递减.

31. $y' = 3x^2$ 永不为负.   33. 有; $y + 16 = -(x-3)$ 是在点 $(3, -16)$ 处的切线方程.

35. 没有; 函数 $y = \text{int } x$ 不满足导数的中间值性质.   37. 是; $(-f)'(x) = -(f'(x))$.

第 2.2 节

1. (a) $\Delta s = -2\text{m}, v_{\text{av}} = -1 \text{ m/sec}$

(b) $|v(0)| = 3$ m/sec, $|v(2)| = 1$ m/sec, $a(0) = a(2) = 2$ m/sec^2 (c) 在 $t = \dfrac{3}{2}$

3. (a) $\Delta s = -9$m, $v_{av} = -3$ m/sec

(b) $|v(0)| = 3$ m/sec, $|v(3)| = 12$ m/sec, $a(0) = 6$ m/sec^2 而 $a(3) = -12$ m/sec^2 (c) 从不改变方向

5. (a) $a(1) = -6$ m/sec^2 而 $a(3) = 6$ m/sec^2 (b) $|v(2)| = 3$ m/sec

(c) 总距离 $= |s(1) - s(0)| + |s(2) - s(1)| = 6$ m

7. 在火星上 $t \approx 7.5$ sec, 在木星上 $t \approx 1.2$ sec 9. $g_s = 0.75$ m/sec^2

11. (a) $v = -32t$, $|v| = 32t$ ft/sec, $a = 32$ ft/sec^2 (b) $t \approx 3.3$ sec (c) $v \approx 107.0$ ft/sec

13. (a) $t = 2, t = 7$ (b) $3 \le t \le 6$

(c)   (d)

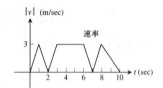   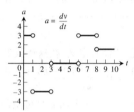

15. (a) 190 ft/sec (b) 2 sec (c) 8 sec, 0 ft/sec (d) 10.8 sec, 90 ft/sec (e) 2.8 sec

(f) 发射后 2 sec (g) 在 2 和 10.8 sec 之间, -32 ft/sec^2

17. (a) $\dfrac{4}{7}$ sec, 280 cm/sec (b) 560 cm/sec, 980 cm/sec^2 (c) 29.75 次闪光 / 秒

19. $C = $ 位置, $B = $ 速度, $A = $ 加速度   21. (a) \$2 (b) \$2 (c) 0

23. -8000 gal/min, $-10{,}000$ gal/min   25. (a) 16π ft^3/ft (b) 3.2π ft^2 27. $80\sqrt{19}$ ft/sec, ≈ 238 mph

29. (a) $t = \dfrac{3}{2}$ (b) 在 $\left[0, \dfrac{3}{2}\right]$ 上向左, 在 $\left(\dfrac{3}{2}, 5\right]$ 上向右

(c) $t = \dfrac{3}{2}$ (d) 在 $\left(\dfrac{3}{2}, 5\right]$ 上加快, 在 $\left[0, \dfrac{3}{2}\right)$ 上减慢

(e) 在 $t = 5$ 最快, 在 $t = \dfrac{3}{2}$ 最慢   (f) $t = 5$

31. (a) $t = \dfrac{6 \pm \sqrt{15}}{3}$

(b) 在 $\left[0, \dfrac{6 - \sqrt{15}}{3}\right) \cup \left(\dfrac{6 + \sqrt{15}}{3}, 4\right]$ 上向左, 在 $\left(\dfrac{6 - \sqrt{15}}{3}, \dfrac{6 + \sqrt{15}}{3}\right)$ 上向右

(c) $t = \dfrac{6 \pm \sqrt{15}}{3}$

(d) 在 $\left(\dfrac{6 - \sqrt{15}}{3}, 2\right) \cup \left(\dfrac{6 + \sqrt{15}}{3}, 4\right]$ 上加快, 在 $\left[0, \dfrac{6 - \sqrt{15}}{3}\right) \cup \left(2, \dfrac{6 + \sqrt{15}}{3}\right)$ 上减慢

(e) 在 $t = 0, 4$ 最快, 在 $t = \dfrac{6 \pm \sqrt{15}}{3}$ 最慢   (f) $t = \dfrac{6 \pm \sqrt{15}}{3}$

第 2.3 节

1. $\dfrac{dy}{dx} = 12x - 10 + 10x^{-3}, \dfrac{d^2 y}{dx^2} = 12 - 30x^{-4}$ 3. $\dfrac{dr}{ds} = \dfrac{-2}{3s^2} + \dfrac{5}{2s^2}, \dfrac{d^2 r}{ds^2} = \dfrac{2}{s^4} - \dfrac{5}{s^3}$

5. (a) $y' = (3 - x^2) \cdot \dfrac{d}{dx}(x^3 - x + 1) + (x^3 - x + 1) \cdot \dfrac{d}{dx}(3 - x^2) = -5x^4 + 12x^2 - 2x - 3$

(b) $y = -x^5 + 4x^3 - x^2 - 3x + 3 \Rightarrow y' = -5x^4 + 12x^2 - 2x - 3$

7. $y' = \dfrac{-19}{(3x-2)^2}$ **9.** $f'(t) = \dfrac{1}{(t+2)^2}$ **11.** $f'(s) = \dfrac{1}{\sqrt{s}(\sqrt{s}+1)^2}$ **13.** $\dfrac{dy}{dx} = \dfrac{-4x^3 - 3x^2 + 1}{(x^2-1)^2(x^2+x+1)^2}$

15. $\dfrac{ds}{dt} = -5t^{-2} + 2t^{-3}, \dfrac{d^2s}{dt^2} = 10t^{-3} - 6t^{-4}$ **17.** $\dfrac{dw}{dz} = -z^{-2} - 1, \dfrac{d^2w}{dz^2} = 2z^{-3}$

19. (a) $\dfrac{d}{dx}(uv)\Big|_{x=0} = 7$ (b) $\dfrac{d}{dx}\left(\dfrac{u}{v}\right)\Big|_{x=0} = -13$ (c) $\dfrac{d}{dx}\left(\dfrac{v}{u}\right)\Big|_{x=0} = \dfrac{13}{25}$ (d) $\dfrac{d}{dx}(7v - 2u)\Big|_{x=0} = 8$

21. $y = 4x$ 在 $(0,0)$, $y = 2$ 在 $(1,2)$ **23.** $a = b = 1$ 而 $c = 0$,所以 $y = x^2 + x$.

25. $\dfrac{d}{dx}(u \cdot c) = u \cdot \dfrac{dc}{dx} + c \cdot \dfrac{du}{dx} = u \cdot 0 + c \dfrac{du}{dx} = c \dfrac{du}{dx} \Rightarrow$ 乘常数法则是积法则的特殊情形.

27. (a) $\dfrac{d}{dx}(uvw) = uvw' + uv'w + u'vw$

(b) $\dfrac{d}{dx}(u_1 u_2 u_3 u_4) = u_1 u_2 u_3 u_4' + u_1 u_2 u_3' u_4 + u_1 u_2' u_3 u_4 + u_1' u_2 u_3 u_4$

(c) $\dfrac{d}{dx}(u_1 \cdots u_n) = u_1 u_2 \cdots u_{n-1} u_n' + u_1 u_2 \cdots u_{n-2} u_{n-1}' u_n + \cdots + u_1' u_2 \cdots u_n$

29. $\dfrac{dP}{dV} = -\dfrac{nRT}{(V-nb)^2} + \dfrac{2an^2}{V^3}$

第 2.4 节

1. $-10 - 3\sin x$ **3.** $-\csc x \cot x - \dfrac{2}{\sqrt{x}}$ **5.** 0 **7.** $\dfrac{-\csc^2 x}{(1+\cot x)^2}$ **9.** $4\tan x \sec x - \csc^2 x$

11. $x^2 \cos x$ **13.** $\sec^2 t - 1$ **15.** $\dfrac{-2\csc t \cot t}{(1-\csc t)^2}$ **17.** $-\theta(\theta\cos\theta + 2\sin\theta)$

19. $\sec\theta \csc\theta(\tan\theta - \cot\theta) = \sec^2\theta - \csc^2\theta$ **21.** $\sec^2 q$ **23.** $\sec^2 q$

25. (a) $2\csc^3 x - \csc x$ (b) $2\sec^3 x - \sec x$

27. 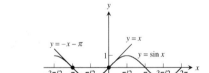 **29.**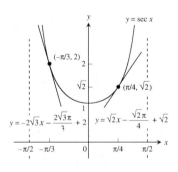

31. 有,在 $x = \pi$ **33.** 没有 **35.** $\left(-\dfrac{\pi}{4}, -1\right); \left(\dfrac{\pi}{4}, 1\right)$,见右图

37. (a) $y = -x + \dfrac{\pi}{2} + 2$ (b) $y = 4 - \sqrt{3}$

39. $-\sqrt{2}$ m/sec, $\sqrt{2}$ m/sec, $\sqrt{2}$ m/sec^2, $\sqrt{2}$ m/sec^3 **41.** $c = 9$ **43.** $\sin x$

第 2.5 节

1. $12x^3$ **3.** $3\cos(3x+1)$ **5.** $10\sec^2(10x - 5)$

7. 令 $u = (4 - 3x), y = u^9$: $\dfrac{dy}{dx} = \dfrac{dy}{du}\dfrac{du}{dx} = 9u^8 \cdot (-3) = -27(4-3x)^8$

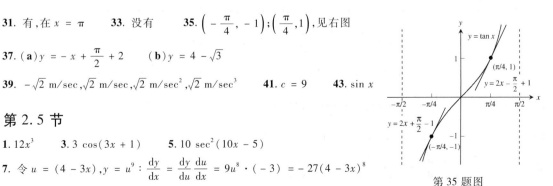

第 35 题图

9. 令 $u = \left(\dfrac{x^2}{8} + x - \dfrac{1}{x}\right), y = u^4: \dfrac{dy}{dx} = \dfrac{dy}{du}\dfrac{du}{dx} = 4u^3 \cdot \left(\dfrac{x}{4} + 1 + \dfrac{1}{x^2}\right) = 4\left(\dfrac{x^2}{8} + x - \dfrac{1}{x}\right)^3\left(\dfrac{x}{4} + 1 + \dfrac{1}{x^2}\right)$

11. 令 $u = \left(\pi - \dfrac{1}{x}\right), y = \cot u: \dfrac{dy}{dx} = \dfrac{dy}{du}\dfrac{du}{dx} = (-\csc^2 u)\left(\dfrac{1}{x^2}\right) = -\dfrac{1}{x^2}\csc^2\left(\pi - \dfrac{1}{x}\right)$

13. $\dfrac{1-r}{\sqrt{2r-r^2}}$ 15. $\dfrac{\csc\theta}{\cot\theta + \csc\theta}$ 17. $2x\sin^4 x + 4x^2\sin^3 x\cos x + \cos^{-2} x + 2x\cos^{-3} x\sin x$

19. $(3x-2)^6 - \dfrac{1}{x^3\left(4 - \dfrac{1}{2x^2}\right)^2}$ 21. $\sqrt{x}\sec^2(2\sqrt{x}) + \tan(2\sqrt{x})$ 23. $\dfrac{2\sin\theta}{(1+\cos\theta)^2}$

25. $(\sec\sqrt{\theta})\left[\dfrac{\tan\sqrt{\theta}\tan\left(\dfrac{1}{\theta}\right)}{2\sqrt{\theta}} - \dfrac{\sec^2\left(\dfrac{1}{\theta}\right)}{\theta^2}\right]$ 27. $2\pi\sin(\pi t - 2)\cos(\pi t - 2)$ 29. $\dfrac{\csc^2\left(\dfrac{t}{2}\right)}{\left[1+\cos\left(\dfrac{t}{2}\right)\right]^3}$

31. $\left[1 + \tan^4\left(\dfrac{t}{12}\right)\right]^2\left[\tan^3\left(\dfrac{t}{12}\right)\sec^2\left(\dfrac{t}{12}\right)\right]$ 33. $y = -x + 2, \left.\dfrac{d^2 y}{dx^2}\right|_{t=\pi/4} = -\sqrt{2}$

35. $y = x + \dfrac{1}{4}, \left.\dfrac{d^2 y}{dx^2}\right|_{t=1/4} = -2$ 37. $y = x - 4, \left.\dfrac{d^2 y}{dx^2}\right|_{t=-1} = \dfrac{1}{2}$ 39. $y = 2, \left.\dfrac{d^2 y}{dx^2}\right|_{t=\pi/2} = -1$

41. $\dfrac{6}{x^3}\left(1 + \dfrac{1}{x}\right)\left(1 + \dfrac{2}{x}\right)$ 43. $2\csc^2(3x-1)\cot(3x-1)$ 45. $\dfrac{5}{2}$ 47. $-\dfrac{\pi}{4}$ 49. 0

51. (a) $\dfrac{2}{3}$ (b) $2\pi + 5$ (c) $15 - 8\pi$ (d) $\dfrac{37}{6}$ (e) -1 (f) $\dfrac{\sqrt{2}}{24}$ (g) $\dfrac{5}{32}$ (h) $\dfrac{-5}{3\sqrt{17}}$

53. 5   55. (a) 1   (b) 1   57. (a) $y = \pi x + 2 - \pi$ (b) $\dfrac{\pi}{2}$ 59. 速度、加速度和急推分别乘 2,4 和 8.

61. $v(6) = \dfrac{2}{5}$ m/sec, $a(6) = -\dfrac{4}{125}$ m/sec^2 71. $\left(\dfrac{\sqrt{2}}{2}, 1\right), y = 2x$ 在 $t = 0, y = -2x$ 在 $t = \pi$

第2.6节

1. $\dfrac{9}{4}x^{5/4}$ 3. $\dfrac{7}{2(x+6)^{1/2}}$ 5. $\dfrac{2x^2+1}{(x^2+1)^{1/2}}$ 7. $\dfrac{ds}{dt} = \dfrac{2}{7}t^{-5/7}$

9. $\dfrac{dy}{dt} = -\dfrac{4}{3}(2t+5)^{-5/3}\cos[(2t+5)^{-2/3}]$ 11. $g'(x) = \dfrac{2}{3}(2x^{-1/2} + 1)^{-4/3}(x^{-3/2})$ 13. $\dfrac{-2xy - y^2}{x^2 + 2xy}$

15. $\dfrac{y - 3x^2}{3y^2 - x}$ 17. $\dfrac{1}{y(x+1)^2}$ 19. $\cos^2 y$ 21. $\dfrac{-y^2}{y\sin\left(\dfrac{1}{y}\right) - \cos\left(\dfrac{1}{y}\right) + xy}$ 23. $-\dfrac{\sqrt{r}}{\sqrt{\theta}}$

25. $\dfrac{-r}{\theta}, \cos(r\theta) \neq 0$ 27. $y' = -\left(\dfrac{y}{x}\right)^{1/3}, y'' = \dfrac{y^{1/3}}{3x^{4/3}} + \dfrac{1}{3y^{1/3}x^{2/3}}$ 29. $y' = \dfrac{\sqrt{y}}{\sqrt{y}+1}, y'' = \dfrac{1}{2(\sqrt{y}+1)^3}$

31. -2 33. 0   35. -6 37. $(-2,1): m = -1, (-2,-1): m = 1$

39. (a) $y = \dfrac{7}{4}x - \dfrac{1}{2}$ (b) $y = -\dfrac{4}{7}x + \dfrac{29}{7}$ 41. (a) $y = -x - 1$ (b) $y = x + 3$

43. (a) $y = -\dfrac{\pi}{2}x + \pi$ (b) $y = \dfrac{2}{\pi}x - \dfrac{2}{\pi} + \dfrac{\pi}{2}$ 45. (a) $y = 2\pi x - 2\pi$ (b) $y = -\dfrac{x}{2\pi} + \dfrac{1}{2\pi}$

47. 点：$(-\sqrt{7}, 0)$ 和 $(\sqrt{7}, 0)$，斜率：-2 49. 在 $\left(\dfrac{\sqrt{3}}{4}, \dfrac{\sqrt{3}}{2}\right), m = -1$；在 $\left(\dfrac{\sqrt{3}}{4}, \dfrac{1}{2}\right), m = \sqrt{3}$.

51. $(-3, 2): m = -\dfrac{27}{8}; (-3, -2): m = \dfrac{27}{8}; (3, 2): m = \dfrac{27}{8}; (3, -2): m = -\dfrac{27}{8}$

53. (a) 不对   (b) 对   (c) 对   (d) 对   55. $(3, -1)$ 57. $a = \dfrac{3}{4}$

59. $\dfrac{dy}{dx} = -\dfrac{y^3 + 2xy}{x^2 + 3xy^2}, \dfrac{dx}{dy} = -\dfrac{x^2 + 3xy^2}{y^3 + 2xy}, \dfrac{dx}{dy} = \dfrac{1}{dy/dx}$

第2.7节

1. $\dfrac{dA}{dt} = 2\pi r \dfrac{dr}{dt}$ 3. (a) $\dfrac{dV}{dt} = \pi r^2 \dfrac{dh}{dt}$ (b) $\dfrac{dV}{dt} = 2\pi h r \dfrac{dr}{dt}$ (c) $\dfrac{dV}{dt} = \pi r^2 \dfrac{dh}{dt} + 2\pi h r \dfrac{dr}{dt}$

5. (a) 1 volt/sec   (b) $-\dfrac{1}{3}$ amp/sec   (c) $\dfrac{dR}{dt} = \dfrac{1}{I}\left(\dfrac{dV}{dt} - \dfrac{V}{I}\dfrac{dI}{dt}\right)$ (d) $\dfrac{3}{2}$ ohms/sec;R 是增的.

7. (a) $\dfrac{ds}{dt} = \dfrac{x}{\sqrt{x^2 + y^2}}\dfrac{dx}{dt}$ (b) $\dfrac{ds}{dt} = \dfrac{x}{\sqrt{x^2+y^2}}\dfrac{dx}{dt} + \dfrac{y}{\sqrt{x^2+y^2}}\dfrac{dy}{dt}$ (c) $\dfrac{dx}{dt} = -\dfrac{y}{x}\dfrac{dy}{dt}$

9. (a) $\dfrac{dA}{dt} = \dfrac{1}{2}ab\cos\theta \dfrac{d\theta}{dt}$ (b) $\dfrac{dA}{dt} = \dfrac{1}{2}ab\cos\theta \dfrac{d\theta}{dt} + \dfrac{1}{2}b\sin\theta \dfrac{da}{dt}$

(c) $\dfrac{dA}{dt} = \dfrac{1}{2}ab\cos\theta \dfrac{d\theta}{dt} + \dfrac{1}{2}b\sin\theta \dfrac{da}{dt} + \dfrac{1}{2}a\sin\theta \dfrac{db}{dt}$

11. (a) 14 cm²/sec,增   (b) 0 cm/sec,不变   (c) $-\dfrac{14}{13}$ cm/sec,减

13. (a) -12 ft/sec   (b) -59.5 ft²/sec   (c) -1 rad/sec

15. 20 ft/sec   17. (a) $\dfrac{dh}{dt} = 11.19$ cm/min   (b) $\dfrac{dr}{dt} = 14.92$ cm/min

19. (a) $\dfrac{-1}{24\pi}$ m/min   (b) $r = \sqrt{26y - y^2}$ m   (c) $\dfrac{dr}{dt} = -\dfrac{5}{288\pi}$ m/min

21. 1 ft/min, 40π ft²/min   23. 11 ft/sec   25. 以 $\dfrac{466}{1681}$ L/min 增加   27. 1 rad/sec   29. -5 m/sec

31. -1500 ft/sec   33. $\dfrac{5}{72\pi}$ in./min, $\dfrac{10}{3}$ in.²/min   35. 7.1 in./min

37. (a) $-32/\sqrt{13} \approx -8.875$ ft/sec

(b) $\dfrac{d\theta_1}{dt} = -\dfrac{8}{65}$ rad/sec, $\dfrac{d\theta_2}{dt} = \dfrac{8}{65}$ rad/sec

(c) $\dfrac{d\theta_1}{dt} = -\dfrac{1}{6}$ rad/sec, $\dfrac{d\theta_2}{dt} = \dfrac{1}{6}$ rad/sec

第2章实践习题

1. $5x^4 - 0.25x + 0.25$ 3. $3x(x-2)$ 5. $2(x+1)(2x^2+4x+1)$ 7. $3(\theta^2 + \sec\theta + 1)^2(2\theta + \sec\theta\tan\theta)$

9. $\dfrac{1}{2\sqrt{t}(1+\sqrt{t})^2}$ 11. $2\sec^2 x\tan x$ 13. $8\cos^3(1-2t)\sin(1-2t)$ 15. $5(\sec t)(\sec t + \tan t)^5$

17. $\dfrac{\theta\cos\theta + \sin\theta}{\sqrt{2\theta\sin\theta}}$ 19. $\dfrac{\cos\sqrt{2\theta}}{\sqrt{2\theta}}$ 21. $x\csc\left(\dfrac{2}{x}\right) + \csc\left(\dfrac{2}{x}\right)\cot\left(\dfrac{2}{x}\right)$

23. $\dfrac{1}{2}x^{1/2}\sec(2x)^2[16\tan(2x)^2 - x^{-2}]$ 25. $-10x\csc^2(x^2)$ 27. $8x^3\sin(2x^2)\cos(2x^2) + 2x\sin^2(2x^2)$

29. $\dfrac{-(t+1)}{8t^3}$ 31. $\dfrac{1-x}{(x+1)^3}$ 33. $\dfrac{1}{2x^2\left(1+\dfrac{1}{x}\right)^{1/2}}$ 35. $\dfrac{-2\sin\theta}{(\cos\theta - 1)^2}$ 37. $3\sqrt{2x+1}$

39. $-9\left[\dfrac{5x+\cos 2x}{(5x^2+\sin 2x)^{5/2}}\right]$ 41. $-\dfrac{y+2}{x+3}$ 43. $\dfrac{-3x^2-4y+2}{4x-4y^{1/3}}$ 45. $-\dfrac{y}{x}$ 47. $\dfrac{1}{2y(x+1)^2}$

49. $\dfrac{dp}{dq} = \dfrac{6q-4p}{3p^2+4q}$ 51. $\dfrac{dr}{ds} = (2r-1)(\tan 2s)$

53. (a) $\dfrac{d^2y}{dx^2} = \dfrac{-2xy^3-2x^4}{y^5}$ (b) $\dfrac{d^2y}{dx^2} = \dfrac{-2xy^2-1}{x^4y^3}$

55. (a) 7   (b) -2 (c) 5/12   (d) 1/4   (e) 12   (f) 9/2   (g) 3/4

57. 0   59. $\sqrt{3}$ 61. $-\dfrac{1}{2}$

63. $\dfrac{-2}{(2t+1)^2}$

65. (a) 见下图. (b) 是 (c) 是   67. (a) 见下图. (b) 是 (c) 否

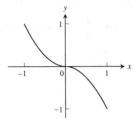

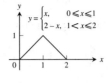

69. $\left(\dfrac{5}{2},\dfrac{9}{4}\right)$ 和 $\left(\dfrac{3}{2},-\dfrac{1}{4}\right)$ 71. $(-1,27)$ 和 $(2,0)$ 73. (a) $(-2,16),(3,11)$ (b) $(0,20),(1,7)$

75.

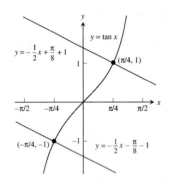

77. $\dfrac{1}{4}$ 79. 4   81. 切线: $y=-\dfrac{1}{4}x+\dfrac{9}{4}$. 法线: $y=4x-2$

83. 切线: $y=2x-4$, 法线: $y=-\dfrac{1}{2}x+\dfrac{7}{2}$ 85. 切线: $y=-\dfrac{5}{4}x+6$, 法线: $y=\dfrac{4}{5}x-\dfrac{11}{5}$

87. $(1,1):m=-\dfrac{1}{2},(1,-1):m$ 没有定义   89. $y=\left(\dfrac{\sqrt{3}}{2}\right)x+\dfrac{1}{4},\dfrac{1}{4}$ 91. $B=f$ 的图形, $A=f'$ 的图形

93.

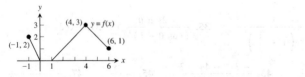

95. (a) 0,0   (b) 1700 头兔子, ≈ 1400 头兔子

97. (a) $\dfrac{dS}{dt}=(4\pi r+2\pi h)\dfrac{dr}{dt}$ (b) $\dfrac{dS}{dt}=2\pi r\dfrac{dh}{dt}$ (c) $\dfrac{dS}{dt}=(4\pi r+2\pi h)\dfrac{dr}{dt}+2\pi r\dfrac{dh}{dt}$ (d) $\dfrac{dr}{dt}=-\dfrac{r}{2r+h}\dfrac{dh}{dt}$

99. $-40\ \text{m}^2/\text{sec}$ 101. 0.02 ohm/sec   103. 2 m/sec

105. (a) $r=\dfrac{2}{5}h$ (b) $-\dfrac{125}{144\pi}$ ft/min   107. (a) $\dfrac{3}{5}$ km/sec 或 600 m/sec   (b) $\dfrac{18}{\pi}$ rpm

第二章附加习题

1. (a) $\sin 2\theta = 2\sin\theta\cos\theta; 2\cos 2\theta = 2\sin\theta(-\sin\theta) + \cos\theta(2\cos\theta); 2\cos 2\theta = -2\sin^2\theta + 2\cos^2\theta;$ $\cos 2\theta = \cos^2\theta - \sin^2\theta$

   (b) $\cos 2\theta = \cos^2\theta - \sin^2\theta; -2\sin 2\theta = 2\cos\theta(-\sin\theta) - 2\sin\theta(\cos\theta); \sin 2\theta = \cos\theta\sin\theta + \sin\theta\cos\theta;$ $\sin 2\theta = 2\sin\theta\cos\theta$

3. (a) $a=1, b=0, c=-\dfrac{1}{2}$ (b) $b=\cos a, c=\sin a$

5. $h=-4, k=\dfrac{9}{2}, a=\dfrac{5\sqrt{5}}{2}$ 7. (a) $0.09y$ (b) 以每年 1% 的速率增长

9. 答案的图形会有所不同. 这里的图形是一种可能. 见右图.

11. (a) $2\sec, 64\text{ ft/sec}$ (b) $12.31\sec, 393.85\text{ ft}$

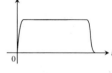

第 9 题图

15. (a) $m = -\dfrac{b}{\pi}$ (b) $m=-1, b=\pi$ 17. (a) $a=\dfrac{3}{4}, b=\dfrac{9}{4}$

19. f 是奇函数 $\Rightarrow f'$ 是偶函数   23. h' 有定义但在 $x=0$ 不连续; k' 有定义且在 $x=0$ 连续.

第 3 章

第 3.1 节

1. 绝对最小值在 $x=c_2$, 绝对最大值在 $x=b$ 3. 绝对最小值在 $x=c$, 没有绝对最小值

5. 绝对最小值在 $x=a$, 绝对最大值在 $x=c$ 7. 局部最小值在 $(-1,0)$, 局部最大值在 $(1,0)$

9. 最大值在 $(0,5)$ 11. (c)   13. (d)   15. 绝对最大值: -3; 绝对最小值: $-\dfrac{19}{3}$. 见下左图

17. 最大值为 1, 在 $x=\dfrac{\pi}{4}$; 最小值为 -1, 在 $x=\dfrac{5\pi}{4}$; 局部最小值在 $\left(0, \dfrac{1}{\sqrt{2}}\right)$; 局部最大值在 $\left(\dfrac{7\pi}{4}, 0\right)$.

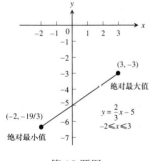
第 15 题图

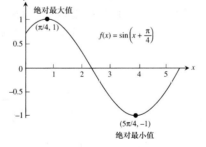
第 17 题图

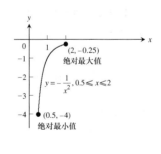
第 19 题图

19. 绝对最大值: -0.25, 绝对最小值: -4, 见右上图   21. 最小值为 1, 在 $x=2$.

23. 局部最大值在 $(-2, 17)$; 局部最小值在 $\left(\dfrac{4}{3}, -\dfrac{41}{27}\right)$ 25. 最小值为 0 在 $x=-1$ 和 $x=1$.

27. 在 $(0,1)$ 有一个局部最小值.   29. 最大值为 $\dfrac{1}{2}$ 在 $x=1$; 最小值为 $-\dfrac{1}{2}$ 在 $x=-1$.

31.

临界点	导数	极值类型	值
$x = -\dfrac{4}{5}$	0	局部最大值	$\dfrac{12}{25}10^{1/3} = 1.0334$
$x = 0$	没有定义	局部最小值	0

33.

临界点	导数	极值类型	值
$x = -2$	没有定义	局部最大值	0
$x = -\sqrt{2}$	0	最小值	-2
$x = \sqrt{2}$	0	最大值	2
$x = 2$	没有定义	局部最小值	0

35.

临界点	导数	极值类型	值
$x = 1$	没有定义	最小值	2

37.

临界点	导数	极值类型	值
$x = -1$	0	最大值	5
$x = 1$	没有定义	局部最小值	1
$x = 3$	0	最大值	5

39. (a) 不存在　(b) 对 $x \neq 2$ 的 x, 导数有定义且非零. 还有 $f(2) = 0$ 和 $f(x) > 0, x \neq 2$.
(c) 不矛盾. 因为 $(-\infty, \infty)$ 不是闭区间.　(d) 答案和 (a), (b) 一样, 只要用 a 替换 2.

41. (a) $C(x) = 0.3\sqrt{16 + x^2} + 0.2(9 - x)$ 百万美元, 其中 $0 \leq x \leq 9$ 英里. 为使建造成本最低, 管线应该从船坞设备到点 B, 从点 A 沿岸 3.58 英里, 然后沿岸从点 B 到炼油厂.
(b) 理论上讲, 每英里水下管线的成本 p 可以趋于无穷来实现管线直接从船坞铺设到点 A (即, $x_c = 0$). 对于 $p > 0.218864$ 的所有 p 值, 总存在 $(0, 9)$ 中的一个 x_c 给出 C 的最小值. 只要看一下 $C''(x_c) = \dfrac{16p}{(16 + x_c^2)^{3/2}}$, 对 $p > 0$ 恒为正就证明了这一点.

43. 管线长为 $L(x) = \sqrt{4 + x^2} + \sqrt{25 + (10-x)^2}$ 对 $0 \leq x \leq 10$. $x = \dfrac{20}{7} \approx 2.857$ 英里.

45. (a) 最大值为 144 在 $x = 2$.　(b) 盒子的最大体积为 144 立方单位且在 $x = 2$ 处达到.

47. 最大可能的面积为 $A\left(\dfrac{5}{\sqrt{2}}\right) = \dfrac{25}{4}$ cm^2.　**49.** $\dfrac{v_0^2}{2g} + s_0$

51. 不矛盾　**53.** g 在 $-c$ 处取到局部最大值.

55. (a) $f'(x) = 3ax^2 + 2bx + c$ 是二次多项式, 所以它可以有 0, 1 或 2 个零点, 它们是 f 的临界点. 例子:
函数 $f(x) = x^3 - 3x$ 有 2 个临界点在 $x = -1$ 和 $x = 1$. 图见下页.
函数 $f(x) = x^3 - 1$ 有一个临界点在 $x = 0$. 图见下页.
函数 $f(x) = x^3 + x$ 没有临界点. 图见下页.

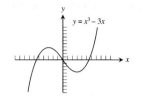
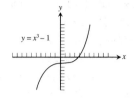
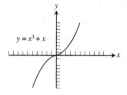

(**b**)2 个或没有.

57. 最大值为 11 在 $x = 5$;最小值为 5 在区间$[-3,2]$上;局部最大值在$(-5,9)$.

59. 最大值为 5 在区间$[3,\infty)$上;最小值为 -5 在区间$(-\infty,-2]$上.

第 3.2 节

1. 不满足　　**3.** 满足　　**5.** 不能用 Rolle 定理,因为 f 在 $x = 1$ 处不连续.

7. 由推论 1, $f'(x) = 0$ 对所有 x 成立 $\Rightarrow f(x) = C$,这里 C 是常数. 因为 $f(-1) = 3$,我们有 $C = 3 \Rightarrow$ 对所有 x 有 $f(x) = 3$.

9. (**a**) $y = \dfrac{x^2}{2} + C$　　(**b**) $y = \dfrac{x^3}{3} + C$　　(**c**) $y = \dfrac{x^4}{4} + C$

11. (**a**) $r = \dfrac{1}{\theta} + C$　　(**b**) $y = \theta + \dfrac{1}{\theta} + C$　　(**c**) $y = 5\theta - \dfrac{1}{\theta} + C$

13. $f(x) = x^2 - x$　　**15.** $r(\theta) = 8\theta + \cot\theta - 2\pi - 1$　　**17.** $s = 4.9t^2 + 25t + 10$　　**19.** $s = \dfrac{1 - \cos(\pi t)}{\pi}$

21. $s = 16t^2 + 20t + 5$　　**23.** $s = \sin(2t) - 3$　　**25.** 48 m/sec　　**27.** 14 m/sec

29. (**a**) $v = 10t^{3/2} - 6t^{1/2}$　　(**b**) $s = 4t^{5/2} - 4t^{3/2}$

31. 因为 $T(t)$ 是温度计在 t 时刻的温度,于是 $T(0) = -19℃$ 而 $T(14) = 100℃$. 由中值定理知,存在 $0 < t_0 < 14$ 使得 $\dfrac{T(14) - T(0)}{14 - 0} = 8.5℃/\text{sec} = T'(t_0)$,当测量温度计水银柱上升时量得的在 $t = t_0$ 时刻的温度变化率.

33. 因为平均速度约为 7.667 节,从而由中值定理知三列桨船在航行过程中至少有一次速度超过 7.5 节.

35. 由中值定理的结论给出 $\dfrac{\dfrac{1}{b} - \dfrac{1}{a}}{b - a} = -\dfrac{1}{c^2} \Rightarrow c^2\left(\dfrac{a-b}{ab}\right) = a - b \Rightarrow c = \sqrt{ab}$.

39. 由中值定理知 $f(x)$ 在 a 和 b 之间至少有一处为零. 现假设在 a 和 b 之间至少有两点使 $f(x) = 0$,那么,由中值定理知 $f'(x)$ 在 $f(x)$ 的两个零点之间至少有一个零点,但这是不可能的,因为在 (a,b) 上 $f' \neq 0$. 所以 $f(x)$ 在 a 和 b 之间有且只有一个零点.

45. $1.09999 \leq f(0.1) \leq 1.1$

第 3.3 节

1.　　　　　　　　　　**3.**　　　　　　　　　　**5.**

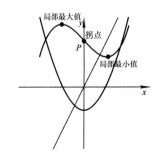
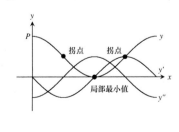
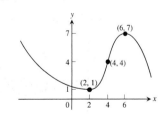

7. (a) 零:$x = \pm 1$;正:$(-\infty, -1)$ 和 $(1, \infty)$;负:$(-1, 1)$ (b) 零:$x = 0$;正:$(0, \infty)$;负:$(-\infty, 0)$

9. (a) $(-\infty, -2]$ 和 $[0, 2]$ (b) $[-2, 0]$ 和 $[2, \infty)$
(c) 局部最大值:$x = -2$ 以及 $x = 2$;局部最小值:$x = 0$

11. (a) $[0, 1]$,$[3, 4]$ 和 $[5.5, 6]$ (b) $[1, 3]$ 和 $[4, 5.5]$
(c) 局部最大值:$x = 1, x = 4$(如果 f 在 $x = 4$ 连续),和 $x = 6$,局部最小值:$x = 0, x = 3$ 和 $x = 5.5$

13. (a) 临界点在 -2 和 1 (b) 在 $(-\infty, -2]$ 和 $[1, \infty)$ 上为增,在 $[-2, 1]$ 上为减.
(c) 局部最大值在 $x = -2$ 而局部最小值在 $x = 1$

15. (a) 临界点在 $-2, 1$ 和 3 (b) 在 $[-2, 1]$ 和 $[3, \infty)$ 上增,在 $(-\infty, -2]$ 和 $[1, 3]$ 上减
(c) 局部最大值在 $x = 1$,局部最小值在 $x = -2$ 和 $x = 3$

17. (a) $\left[\dfrac{1}{2}, \infty\right)$ (b) $\left(-\infty, \dfrac{1}{2}\right)$ (c) $(-\infty, \infty)$ (d) 无处凹向下

(e) 局部(和绝对)最小值在 $\left(\dfrac{1}{2}, -\dfrac{5}{4}\right)$ (f) 没有拐点

19. (a) $[-1, 0]$ 和 $[1, \infty)$ (b) $(-\infty, -1]$ 和 $[0, 1]$ (c) $\left(-\infty, -\dfrac{1}{\sqrt{3}}\right)$ 和 $\left(\dfrac{1}{\sqrt{3}}, \infty\right)$ (d) $\left(-\dfrac{1}{\sqrt{3}}, \dfrac{1}{\sqrt{3}}\right)$

(e) 局部最大值在 $x = 0$;局部(和绝对)最小值在 $x = \pm 1$.

21. (a) $[-2, 2]$ (b) $[-\sqrt{8}, -2]$ 和 $[2, \sqrt{8}]$ (c) $(-\sqrt{8}, 0)$ (d) $(0, \sqrt{8})$
(e) 局部最大值:$(-\sqrt{8}, 0)$ 和 $(2, 4)$;局部最小值:$(-2, -4)$ 和 $(\sqrt{8}, 0)$ (f) $(0, 0)$

23. (a) $(-\infty, -2]$ 和 $\left[-\dfrac{3}{2}, \infty\right)$ (b) $\left[-2, -\dfrac{3}{2}\right]$ (c) $\left(-\dfrac{7}{4}, \infty\right)$ (d) $\left(-\infty, -\dfrac{7}{4}\right)$

(e) 局部最大值:$(-2, -40)$;局部最小值:$\left(-\dfrac{3}{2}, -\dfrac{161}{4}\right)$ (f) $\left(-\dfrac{7}{4}, -\dfrac{321}{8}\right)$

25. (a) $(-\infty, \infty)$ (b) 无处为减 (c) $(-\infty, 0)$ (d) $(0, \infty)$ (e) 没有局部极值 (f) $(0, 3)$

27. (a) $[1, \infty)$ (b) $(-\infty, 1]$ (c) $(-\infty, -2)$ 和 $(0, \infty)$
(d) $(-2, 0)$ (e) 局部最小值:$(1, -3)$ (f) $\approx (-2.7, 56)$ 和 $(0, 0)$

29. (a) 约在 $[0.15, 1.40]$ 和 $[2.45, \infty)$ (b) 约在 $(-\infty, 0.15], [1.40, 2]$ 和 $(2, 2.45]$
(c) $(-\infty, 1)$ 和 $(2, \infty)$ (d) $(1, 2)$
(e) 局部最大值:$\approx (1.40, 1.29)$;局部最小值:$\approx (0.15, 0.48)$ 和 $(2.45, 9.22)$ (f) $(1, 1)$

31. (a) $[0, \infty)$ (b) 无处为减 (c) $\left(\dfrac{9}{5}, \infty\right)$ (d) $\left(0, \dfrac{9}{5}\right)$

(e) 局部(和绝对)最小值:$(0, 0)$ (f) $\left(\dfrac{9}{5}, \dfrac{24}{5} \cdot \sqrt[4]{\dfrac{9}{5}}\right) \approx (1.8, 5.56)$

33. (a) 没有 (b) 在 $x = 2$ (c) 在 $x = 1$ 和 $x = \dfrac{5}{3}$

35. (a) 绝对最大值在 $(1, 2)$;绝对最小值在 $(3, -2)$
(b) 没有拐点 (c) 一种可能的答案见第 35 题图:

37. y' 的零点是 y 的极值点. y'' 右边的零点是 y 的拐点. 拐点在 $x = 3$. 局部最大值点在 $x = 0$,局部最小值点在 $x = 4$.

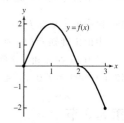

第 35 题图

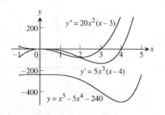

第 37 题图

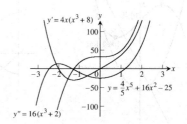

第 39 题图

39. y' 和 y'' 的零点分别是极值点和拐点. 拐点在 $x = -\sqrt[3]{2}$, 局部最大值在 $x = -2$, 局部最小值在 $x = 0$. 图见上页.

43. （**a**）$v(t) = 2t - 4$　（**b**）$a(t) = 2$
（**c**）在位置 $s = 3$ 质点开始向负方向运动. 当 $t = 2$ 时它运动到位置 $s = -1$, 然后改变方向, 此后沿正方向运动.

45. （**a**）$v(t) = 3t^2 - 3$　（**b**）$a(t) = 6t$
（**c**）在位置 $s = 3$ 质点开始向负方向运动. 当 $t = 1$ 时它运动到位置 $s = 1$, 然后改变方向, 此后沿正方向运动.

47. （**a**）$t = 2.2, 6, 9.8$　（**b**）$t = 4.8, 11$

49. 不一定. f 一定在该点有一条水平切线, 但在该点的两边可能都是增（或减）的, 所以没有局部极值.

51. 一种可能的回答： **53**. 一种可能的回答：

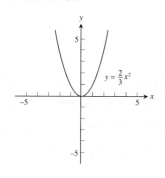
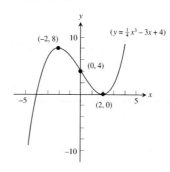

63. （**b**）$f'(x) = 3x^2 + k$; $-12k$; 为正若 $k < 0$, 为负若 $k > 0$, 为零若 $k = 0$; 若 $k < 0$ 则 f' 有两个零点, 若 $k = 0$, 则 f' 只有一个零点, 若 $k > 0$ 则 f' 没有零点.

65. （**a**）应用 CAS 的求导功能, $f'(x) = \dfrac{abce^{bx}}{(e^{bx} + a)^2}$, 所以 $f'(x)$ 的正负号和积 abc 的正负号是一样的.
（**b**）$f''(x) = -\dfrac{ab^2ce^{bx}(e^{bx} - a)}{(e^{bx} + a)^3}$. 因为 $a > 0$, 由在分子中的因子 $(e^{bx} - a)$ 当 $x = \dfrac{\ln a}{b}$ 时 f' 改变正负号, 从而在该点处有一个拐点.

第 3.4 节

1. $y' = (y + 2)(y - 3)$
（**a**）$y = -2$ 是一个稳定平衡点而 $y = 3$ 是一个不稳定平衡点.
（**b**）$y'' = 2(y + 2)\left(y - \dfrac{1}{2}\right)(y - 3)$
（**c**）

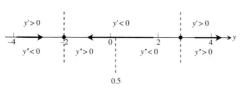
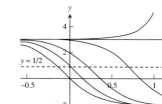

5. $y' = \sqrt{y}, y > 0$
（**a**）没有平衡点.　（**b**）$y'' = \dfrac{1}{2}$

(c)

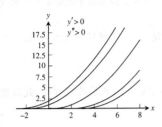

7. $y' = (y-1)(y-2)(y-3)$

(a) $y = 1$ 和 $y = 3$ 是不稳定平衡点而 $y = 2$ 是稳定平稳点.

(b) $y'' = (3y^2 - 12y + 11)(y-1)(y-2)(y-3)$

$= (y-1)\left(y - \dfrac{6-\sqrt{3}}{3}\right)(y-2)\left(y - \dfrac{6+\sqrt{3}}{3}\right)(y-3)$

(c)

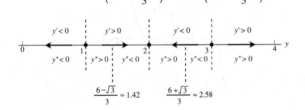

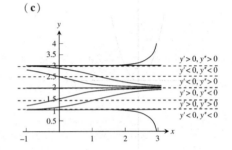

9. $\dfrac{\mathrm{d}P}{\mathrm{d}t} = 1 - 2P$ 有一个稳定平衡点在 $P = \dfrac{1}{2}$, $\dfrac{\mathrm{d}^2P}{\mathrm{d}t^2} = -2\dfrac{\mathrm{d}P}{\mathrm{d}t} = -2(1-2P)$. 见左下图.

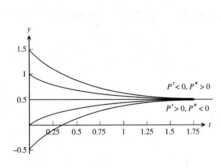

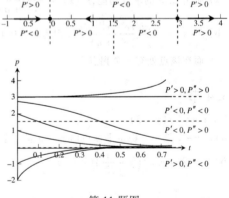

第 9 题图

第 11 题图

11. $\dfrac{\mathrm{d}P}{\mathrm{d}t} = 2P(P-3)$ 有一个稳定平衡点在 $P = 0$,

和一个不稳定平衡点在 $P = 3$; $\dfrac{\mathrm{d}^2P}{\mathrm{d}t^2} = 2(2P-3)\dfrac{\mathrm{d}P}{\mathrm{d}t} = 4P(2P-3)(P-3)$. 见右上图.

13. 在灾变前,群体呈现逻辑斯谛增长而且 $P(t)$ 递增地趋于稳定平衡点 M_0. 灾变后,群体数逻辑斯谛地下降而且 $P(t)$ 递减地趋于新的稳定平衡点 M_1. 见右图.

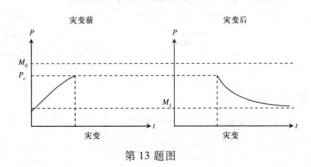

第 13 题图

15. $\dfrac{dy}{dt} = g - \dfrac{k}{m}v^2, g, k, m > 0$ 和 $v(t) \geqslant 0$

平衡点：$\dfrac{dv}{dt} = g - \dfrac{k}{m}v^2 = 0 \Rightarrow v = \sqrt{\dfrac{mg}{k}}$. 凹性：$\dfrac{d^2v}{dt^2} = -2\left(\dfrac{k}{m}v\right)\dfrac{dv}{dt} = -2\left(\dfrac{k}{m}v\right)\left(g - \dfrac{k}{m}v^2\right)$

（a） 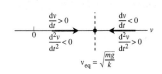 （b）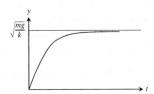

（c）$v_{\text{终值}} = \sqrt{\dfrac{160}{0.005}} = 178.9$ ft/sec $= 122$ mph

17. $F = F_p - F_r; ma = 50 - 5|v|; \dfrac{dv}{dt} = \dfrac{1}{m}(50 - 5|v|)$. 当 $\dfrac{dv}{dt} = 0$ 时达到最大速度或 $v = 10$ ft/sec.

19. 相直线：

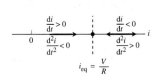   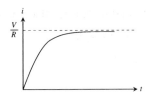

如果开关在 $t = 0$ 合上，那么 $i(0) = 0$，解的图形像上右图所示的那样.
当 $t \to \infty, i(t) \to i_{\text{稳态}} = \dfrac{V}{R}$.

第 3.5 节

1. 16 in. , 4 in. × 4 in.　　3. （a）$(x, 1-x)$　　（b）$A(x) = 2x(1-x)$　　（c）$\dfrac{1}{2}$ 平方单位，$1 \times \dfrac{1}{2}$

5. $\dfrac{14}{3} \times \dfrac{35}{3} \times \dfrac{5}{3}$ in. , $\dfrac{2450}{27}$ in.^{3}　　7. 80 000 m^2；400 m × 200 m

9. （a）桶的最优尺寸是：底边长为 10 ft 而深为 5 ft.
　　（b）极小化桶的表面积就极小化了给定桶壁厚度的桶的重量. 钢制桶壁的厚度大概要由诸如结构要求等其他方面的考虑来决定.

11. 9×18 in.　　13. $\dfrac{\pi}{2}$　　15. $h : r = 8 : \pi$

17. （a）$V(x) = 2x(24-2x)(18-2x)$　（b）定义域：$(0,9)$　（c）当 $x \approx 3.39$ in. 时，最大体积 ≈ 1309.95 in^3.
　　（d）$V'(x) = 24x^2 - 336x + 864$，所以临界点在 $x = 7 - \sqrt{13}$，这肯定了（c）中的结果.
　　（e）$x = 2$ in. 或 $x = 5$ in.

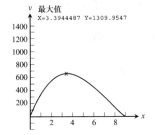

第 17 题图

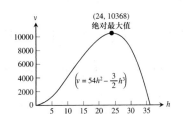

第 21 题（b）图

19. ≈ 2418.40 cm^3　　21. （a）$h = 24, w = 18$　　（b）见上右图

23. 如果 r 是半球的半径, h 是圆柱体的高度而 V 是体积, 则 $r = \left(\dfrac{3V}{8\pi}\right)^{1/3}$ 而 $h = \left(\dfrac{3V}{\pi}\right)^{1/3}$.

25. (b) $x = \dfrac{51}{8}$ (c) $L \approx 11$ in.   27. 半径 $= \sqrt{2}$ m, 高 $= 1$ m, 体积为 $\dfrac{2\pi}{3}$ m³

31. (a) $v(0) = 96$ ft/sec   (b) 256 ft 在 $t = 3$ sec   (c) $s = 0$ 时的速度为 $v(7) = -128$ ft/sec

33. ≈ 46.87 ft   35. (a) $6 \times 6\sqrt{3}$ in.

37. (a) $10\pi \approx 31.342$ cm/sec; 当 $t = 0.5$ sec, 1.5 sec, 2.5 sec, 3.5 sec 时; $s = 0$ 处的加速度为 0
    (b) 离静止位置 10 cm; 速率为 0

39. (a) $s = ((12 - 12t)^2 + 64t^2)^{1/2}$ (b) -12 knots, 8 knots   (c) 互相看不见
    (e) $4\sqrt{13}$. 这个极限是两船各自速率平方之和的平方根.

41. $x = \dfrac{a}{2}, v = \dfrac{ka^2}{4}$ 43. $\dfrac{c}{2} + 50$ 45. (a) $\sqrt{\dfrac{2km}{h}}$ (b) $\sqrt{\dfrac{2km}{h}}$

49. (a) 贮藏橱制作者应订 px 单位的原材料以保证下次送货前够用.
    (c) 平均天成本 $= \dfrac{\left(d + \dfrac{ps}{2}x^2\right)}{2} = \dfrac{d}{x} + \dfrac{ps}{2}x; x^* = \sqrt{\dfrac{2d}{ps}}; px^* = \sqrt{\dfrac{2pd}{s}}$ 给出最小值.
    (d) 当 $\dfrac{d}{x} = \dfrac{ps}{2}x$ 时直线和抛物线相交. 对 $x > 0$, $x_{相交} = \sqrt{\dfrac{2d}{ps}} = x^*$. 当运送平均天成本等于贮存平均天成本时就极小化了平均天成本.

51. $M = \dfrac{C}{2}$ 57. (a) $y = -1$

59. (a) 最短距离为 $\dfrac{\sqrt{5}}{2}$.
    (b) 最短距离就是点 $(3/2, 0)$ 到 $y = \sqrt{x}$ 的图形上的点 $(1, 1)$ 之间的距离, 在 $x = 1$ 处取到这个距离, 图中距离的平方 $D(x)$ 在 $x = 1$ 处取到最小值.

61. (a) $V(x) = \dfrac{\pi}{3}\left(\dfrac{2\pi a - x}{2\pi}\right)^2 \sqrt{a^2 - \left(\dfrac{2\pi a - x}{2\pi}\right)^2}$
    (b) 当 $a = 4$: $r = \dfrac{4\sqrt{6}}{3}, h = \dfrac{4\sqrt{3}}{3}$; 当 $a = 5$: $r = \dfrac{5\sqrt{6}}{3}, h = \dfrac{5\sqrt{3}}{3}$; 当 $a = 6$: $r = 2\sqrt{6}, h = 2\sqrt{3}$; 当 $a = 8$: $r = \dfrac{8\sqrt{6}}{3}, h = \dfrac{8\sqrt{3}}{3}$
    (c) 因为 $r = \dfrac{a\sqrt{6}}{3}$ 和 $h = \dfrac{a\sqrt{3}}{3}$, r 和 h 的关系为 $\dfrac{r}{h} = \sqrt{2}$.

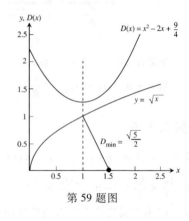

第 59 题图

第 3.6 节

1. $L(x) = 10x - 13$ 3. $L(x) = 2$ 5. $L(x) = x - \pi$

7. $f(0) = 1$. 还有, $f'(x) = k(1 + x)^{k-1}$, 所以 $f'(0) = k$. 这就意味着在 $x = 0$ 的线性化为 $L(x) = 1 + kx$.

9. 中心 $= -1, L(x) = -5$ 11. 中心 $= 1, L(x) = \dfrac{x}{4} + \dfrac{1}{4}$, 或中心 $= 1.5, L(x) = \dfrac{4X}{25} + \dfrac{9}{25}$

13. (a) 1.01 (b) 1.003 15. $\left(3x^2 - \dfrac{3}{2\sqrt{x}}\right)dx$ 17. $\dfrac{2 - 2x^2}{(1 + x^2)^2}dx$ 19. $\dfrac{1 - y}{3\sqrt{y} + x}dx$

21. $\dfrac{5}{2\sqrt{x}}\cos(5\sqrt{x})dx$ 23. $(4x^2)\sec^2\left(\dfrac{x^3}{3}\right)dx$ 25. (a) 0.21 (b) 0.2 (c) 0.01

27. (a) $-\dfrac{2}{11}$ (b) $-\dfrac{1}{5}$ (c) $\dfrac{1}{55}$ 29. $4\pi a^2 dr$ 31. $3a^2 dx$ 33. (a) 0.08π m²   (b) 2%

35. $dV \approx 565.5$ in.³   37. $\dfrac{1}{3}\%$ 39. 0.05%

41. 比值等于 37.87, 所以月球上重力加速度的变化约为地球上重力加速度变化的 38 倍.

47. $\lim_{x\to 0}\dfrac{\sqrt{1+x}}{1+\left(\dfrac{x}{2}\right)} = \dfrac{1+0}{1+\left(\dfrac{0}{2}\right)} = \dfrac{1}{1} = 1$

第 3.7 节

1. $x_2 = -\dfrac{5}{3}, \dfrac{13}{21}$ **3.** $x_2 = -\dfrac{51}{31}, \dfrac{5763}{4945}$ **5.** $x_2 = \dfrac{2387}{2000}$

7. x_1 和以后的近似都等于 x_0.   **9.** 见右图.

11. $y = x^3$ 和 $y = 3x + 1$ 或者 $y = x^3 - 3x$ 和 $y = 1$ 的交点和(i)的零点或者(iv)的解具有同样的 x 值.

15. 1.165561185

第 9 题图

$y = \begin{cases} \sqrt{x}, & x \geqslant 0 \\ \sqrt{-x}, & x < 0 \end{cases}$

17. (a) 两个解   (b) 0.35003501505249 和 -1.0261731615301

19. $\pm 1.30657629648764, \pm 0.5411961001462$ **21.** $x \approx 0.45$ **23.** 该零点为 1.17951.

25. (a) 对于 $x_0 = -2$ 或 $x_0 = -0.8, x_i \to -1$ 当 i 变得很大时.

(b) 对于 $x_0 = -0.5$ 或 $x_0 = 0.25, x_i \to 0$ 当 i 变得很大时.

(c) 对于 $x_0 = 0.8$ 或 $x_0 = 2, x_i \to 1$ 当 i 变得很大时.

(d) 对于 $x_0 = -\sqrt{21}/7$ 或 $x_0 = \sqrt{21}/7$, Newton 法不收敛. 当 i 增大时, x_i 的值在 $-\sqrt{21}/7$ 和 $\sqrt{21}/7$ 之间交替.

27. 答案将随机器的速度变化.   **29.** 2.45, 0.000245

第 3 章实践习题

1. 全局极小值为 $\dfrac{1}{2}$ 在 $x = 2$

3. (a) $[-3, -2]$ 和 $[1, 2]$ (b) $[-2, 1]$ (c) 局部最大值在 $x = -2$ 和 $x = 2$; 局部最小值在 $x = -3$ 和 $x = 1$

5. 没有   **7.** 没有最小值, 绝对最大值: $f(1) = 16$. 临界点: $x = 1$ 和 $\dfrac{11}{3}$

11. 不能   **13.** (b) 一个解   **15.** (b) 0.8555996772

21.   **23.**   **25.**

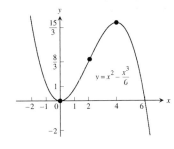 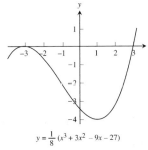 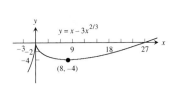

27. (a) 局部最大值在 $x = 4$, 局部最小值在 $x = -4$, 拐点在 $x = 0$ (b) 见附图

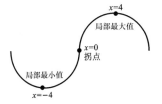 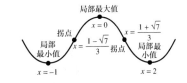

第 27 题(b) 图   第 29 题(b) 图

29. (a) 局部最大值在 $x = 0$. 局部最小值在 $x = -1$ 和 $x = 2$, 拐点在 $x = \dfrac{1 \pm \sqrt{7}}{3}$ (b) 见右上图

31. (a) $t = 0.6, 12$ (b) $t = 3.9$ (c) $6 < t < 12$ (d) $0 < t < 6, 12 < t < 14$
33. (a) $v(t) = -3t^2 - 6t + 4$ (b) $a(t) = -6t - 6$
(c) 质点从位置3沿正方向减速运动. 大约在 $t = 0.528$ 时到达位置4.128并改变运动方向开始沿负方向运动. 此后质点继续沿负方向加速运动.
35. $f(x) = -\frac{1}{4}x^{-4} - \frac{1}{2}\cos 2x + C$ 37. $f(x) = -\frac{2}{x} + \frac{1}{3}x^3 + x + C$ 对 $x > 0$ 39. $s(t) = 4.9t^2 + 5t + 10$
41. (a) $y = -1$ 是稳定的而 $y = 1$ 是不稳定的.
(b) $\frac{d^2y}{dx^2} = 2y\frac{dy}{dx} = 2y(y^2-1)$ (c)

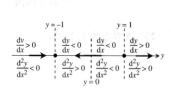
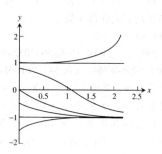

43. $r = 25$ ft 而 $s = 50$ ft   45. 高 $= 2$, 半径 $= \sqrt{2}$
47. $x = 5 - \sqrt{5}$ 百个 ≈ 276 个轮胎, $y = 2(5-\sqrt{5})$ 百个 ≈ 553 个轮胎
49. 尺寸: 底为 6 in. × 12 in., 高 $= 2$ in.; 最大体积 $= 144$ in^3.
51. (a) $L(x) = 2x + \frac{\pi - 2}{2}$ (b) $L(x) = -\sqrt{2}x + \frac{\sqrt{2}(4-\pi)}{4}$

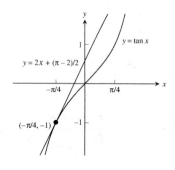
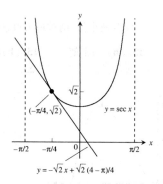

53. $L(x) = 1.5x + 0.5$ 55. $dV = \frac{2}{3}\pi r_0 h dr$ 57. (a) 4% (b) 8% (c) 12%
59. $x_5 = 2.195823345$ 61. $x \approx -0.828361$

第3章附加习题

1. 如果 M 和 m 分别是最大值和最小值, 那么 $m \leq f(x) \leq M$ 对所有 $x \in I$ 成立. 如果 $m = M$, 那么 f 在 I 上等于常数.
3. 极值点不可能在开区间的端点处.
5. (a) 局部最小值在 $x = -1$, 拐点在 $x = 0$ 和 $x = 2$
   (b) 局部最大值在 $x = 0$ 而局部最小值在 $x = -1$ 和 $x = 2$, 拐点在 $x = \frac{1 \pm \sqrt{7}}{3}$
9. 不矛盾. 推论1要求对某个区间 I 中所有的 x 有 $f'(x) = 0$, 不是在 I 中单个点处 $f'(x) = 0$.

11. $a=1, b=0, c=1$ 13. 是 15. 在 $y=\dfrac{h}{2}$ 处钻孔 17. $r=\dfrac{RH}{2(H-R)}$ 对 $H<2R, r=R$ 若 $H=2R$

21. (a) 0.8156 ft (b) 0.00613 sec (c) 慢了约 8.83 min/day.

第 4 章

第 4.1 节

1. (a) $3x^2$ (b) $\dfrac{x^8}{8}$ (c) $\dfrac{x^8}{8}-3x^2+8x$ 3. (a) $\dfrac{1}{x^2}$ (b) $-\dfrac{1}{4x^2}$ (c) $\dfrac{x^4}{4}+\dfrac{1}{2x^2}$

5. (a) $x^{2/3}$ (b) $x^{1/3}$ (c) $x^{-1/3}$ 7. (a) $\tan x$ (b) $2\tan\left(\dfrac{x}{3}\right)$ (c) $-\dfrac{2}{3}\tan\left(\dfrac{3x}{2}\right)$

9. $\dfrac{x^2}{2}+x+C$ 11. $\dfrac{x^4}{2}-\dfrac{5x^2}{2}+7x+C$ 13. $\dfrac{3}{5}x^{2/3}+C$ 15. $4y^2-\dfrac{8}{3}y^{3/4}+C$

17. $\dfrac{1}{7}y+\dfrac{4}{y^{1/4}}+C$ 19. $2\sqrt{t}-\dfrac{2}{\sqrt{t}}+C$ 21. $-21\cos\dfrac{\theta}{3}+C$ 23. $\tan\theta+C$ 25. $-\cos\theta+\theta+C$

31. (a) 错: $\dfrac{d}{dx}\left(\dfrac{x^2}{2}\sin x+C\right)=\dfrac{2x}{2}\sin x+\dfrac{x^2}{2}\cos x=x\sin x+\dfrac{x^2}{2}\cos x$

(b) 错: $\dfrac{d}{dx}(-x\cos x+C)=-\cos x+x\sin x$

(c) 对: $\dfrac{d}{dx}(-x\cos x+\sin x+C)=-\cos x+x\sin x+\cos x=x\sin x$

33. b 35. $y=x^2-7x+10$ 37. $y=9x^{1/3}+4$

39. $s=\sin t-\cos t$ 41. $v=\dfrac{1}{2}\sec t+\dfrac{1}{2}$ 43. $y=x^2-x^3+4x+1$

45. $y=x^3-4x^2+5$ 47. $s=4.9t^2+5t+10$ 49. $s=16t^2+20t+5$

51. $y=2x^{3/2}-50$ 53. $y=x-x^{4/3}+\dfrac{1}{2}$ 55. $y=-\sin x-\cos x-2$

57. 48 米/秒 59. $t=\dfrac{88}{k}, k=16$

61. (a) $v=10t^{3/2}-6t^{1/2}$ (b) $s=4t^{5/2}-4t^{3/2}$

65. (a) (i) 33.2 单位, (ii) 33.2 单位, (iii) 33.2 单位 (b) 真

第 4.2 节

1. $-\dfrac{1}{4}\cos 2x^2+C$ 3. $-(7x-2)^{-4}+C$ 5. $-6(1-r^3)^{1/2}+C$

7. $\dfrac{1}{3}(x^{3/2}-1)-\dfrac{1}{6}\sin(2x^{3/2}-2)+C$ 9. (a) $-\dfrac{1}{4}(\cot^2 2\theta)+C$ (b) $-\dfrac{1}{4}(\csc^2 2\theta)+C$

11. $-\dfrac{1}{3}(3-2s)^{3/2}+C$ 13. $\dfrac{3}{2-x}+C$ 15. $-\dfrac{1}{3}(7-3y^2)^{3/2}+C$ 17. $\dfrac{1}{2}(1+\sqrt{x})^4+C$

19. $\dfrac{1}{3}\tan(3x+2)+C$ 21. $\dfrac{1}{4}\tan^8\left(\dfrac{x}{2}\right)+C$ 23. $-\dfrac{2}{3}\cos(x^{3/2}+1)+C$ 25. $\dfrac{1}{2\cos(2t+1)}+C$

27. $-\dfrac{2}{3}(\cot^3 y)^{1/2}+C$ 29. $2\sin(\sqrt{t}+3)+C$ 31. $-\dfrac{2}{\sin\sqrt{\theta}}+C$

33. (a) $-\dfrac{6}{2+\tan^3 x}+C$ (b) $-\dfrac{6}{2+\tan^3 x}+C$ (c) $-\dfrac{6}{2+\tan^3 x}+C$

35. $\dfrac{1}{6}\sin\sqrt{3(2r-1)^2+6}+C$ 37. $s=\dfrac{1}{2}(3t^2-1)^4-5$

39. $s=4t-2\sin\left(2t+\dfrac{\pi}{6}\right)+9$ 41. $s=\sin\left(2t-\dfrac{\pi}{2}\right)+100t+1$ 43. 6 米

第4.3节

1. $\approx 44.8, 6.7$ 升/分　　3. (a)87 英寸　　(b)87 英寸　　5. (a)3490 英尺　　(b)3840 英尺

7. (a)80π　(b)6%　　9. (a)$\dfrac{93\pi}{2}$, 过剩估计　(b)9%

11. (a)118.5π 或 ≈ 372.28 米^3　(b) 误差 $\approx 11\%$

13. (a)10π, 不足估计　　(b)20%

15. (a)74.65 英尺/秒　　(b)45.28 英尺/秒　　(c)146.59 英尺

17. $\dfrac{31}{16}$　　19. 1

21. (a) 过剩估计 = 758 加仑, 不足估计 = 543 加仑
    (b) 过剩估计 = 2363 加仑, 不足估计 = 1693 加仑
    (c) ≈ 3.14 h, ≈ 32.4 h

23. (a)2　　(b)$2\sqrt{2} \approx 2.828$　　(c)$8\sin\left(\dfrac{\pi}{8}\right) \approx 3.061$
    (d) 每个面积小于圆的面积. 当 n 增加时, 多边形面积趋于 π.

第4.4节

1. $\dfrac{6(1)}{1+1} + \dfrac{6(2)}{2+1} = 7$　　3. $\cos(1\pi) + \cos(2\pi) + \cos(3\pi) + \cos(4\pi) = 0$　　5. $\sin\pi - \sin\dfrac{\pi}{2} + \sin\dfrac{\pi}{3} = \dfrac{\sqrt{3}-2}{2}$

7. (a)　　　　　　　　　　(b)　　　　　　　　　　(c)

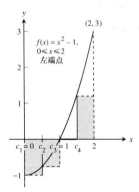　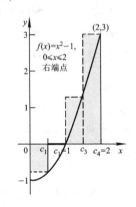　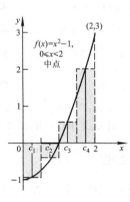

9. (a)　　　　　　　　　　(b)　　　　　　　　　　(c)

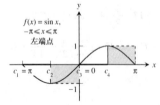　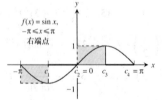　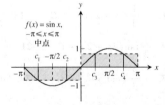

11. $\displaystyle\int_0^2 x^2 \, \mathrm{d}x$　　13. $\displaystyle\int_{-7}^5 (x^2 - 3x) \, \mathrm{d}x$　　15. $\displaystyle\int_0^1 \sqrt{4 - x^2} \, \mathrm{d}x$

17. 面积 = 21 平方单位 　　**19.** 面积 = 2.5 平方单位 　　**21.** 面积 = $b^2/2$ 平方单位

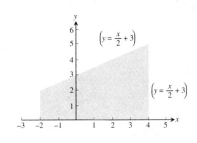 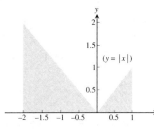 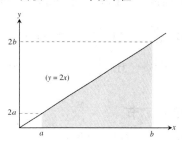

23. av(f) = $\dfrac{1}{2}$ 　　**25.** av(f) = $\dfrac{\pi}{4}$ 　　**27.** (**a**) 0 　　(**b**) -8 　　(**c**) -12 　　(**d**) 10 　　(**e**) -2 　　(**f**) 16

29. (**a**) 5 　　(**b**) $5\sqrt{3}$ 　　(**c**) -5 　　(**d**) -5 　　**31.** (**a**) 4 　　(**b**) -4

33. $a = 0$ 和 $b = 1$ 使积分取最大值. 　　**37.** 上界 = 1, 下界 = $\dfrac{1}{2}$ 　　**39.** 37.5 英里/小时

第 4.5 节

1. 6 　　**3.** 1 　　**5.** π 　　**7.** 0 　　**9.** $\dfrac{2\pi^3}{3}$ 　　**11.** $\dfrac{16\sqrt{2}-19}{48}$ 　　**13.** 16 　　**15.** $(\cos\sqrt{x})\left(\dfrac{1}{2\sqrt{x}}\right)$ 　　**17.** $4t^5$

19. $\sqrt{1+x^2}$ 　　**21.** $-\dfrac{1}{2}x^{-1/2}\sin x$ 　　**23.** 1 　　**25.** 0 　　**27.** $\dfrac{\pi}{2}+\sin 2$ 　　**29.** $y = \int_2^x \sec t\,dt + 3$

31. $y = \int_0^x \cos^2 t\sin t\,dt - 1$ 　　**33.** $\dfrac{28}{3}$ 　　**35.** 8 　　**37.** π 　　**39.** (**a**) 9.00 美元 　　(**b**) 10.00 美元

41. (**a**) $v = \dfrac{ds}{dt} = \dfrac{d}{dt}\int_0^t f(x)\,dx = f(t) \Rightarrow v(5) = f(5) = 2$ 米/秒

(**b**) $a = \dfrac{df}{dt}$ 是负的, 因为在 $t = 5$ 的切线的斜率是负的.

(**c**) $s = \int_0^3 f(x)\,dx = \dfrac{1}{2}(3)(3) = \dfrac{9}{2}$ 米, 因为积分是由 $y = f(x)$, x 轴和 $x = 3$ 围成的三角形的面积.

(**d**) $t = 6$ 因为从 $t = 6$ 到 $t = 9$, 区域位于 x 轴之下.

(**e**) 在 $t = 4$ 和 $t = 7$, 因为在该处有垂直切线.

(**f**) 在 $t = 6$ 和 $t = 9$ 之间向着原点, 因为速度在这个区间是负的. 在 $t = 0$ 和 $t = 6$ 之间离开原点, 因在这段时间速度是正的.

(**g**) 在右边或正的一边, 因为从 0 到 9 的积分是正的, x 轴上方的面积大于下方的.

43. $\int_4^8 \pi(64-x^2)\,dx = \dfrac{320\pi}{3}$ 　　**45.** $2x-2$ 　　**47.** $-3x+5$

49. (**a**) 真. 因为 f 是连续的, 而根据微积分基本定理部分 1, g 是可微的.

(**b**) 真; g 是连续的, 因为它是可微的.

(**c**) 真, 因为 $g'(1) = f(1) = 0$.

(**d**) 假, 因为 $g''(1) = f'(1) > 0$.

(**e**) 真, 因为 $g'(1) = 0$ 和 $g''(1) = f'(1) > 0$.

(**f**) 假: $g''(x) = f'(x) > 0$, 于是 g'' 永不改变符号.

(**g**) 真, 因为 $g'(1) = f(1) = 0$ 而 $g'(x) = f(x)$ 是 x 的增函数 (因为 $f'(x) > 0$).

51. (**a**) $\dfrac{125}{6}$ 　　(**b**) $h = \dfrac{25}{4}$ 　　(**d**) $\dfrac{2}{3}bh$

第 4.6 节

1. (**a**) $\dfrac{14}{3}$ 　　(**b**) $\dfrac{2}{3}$ 　　**3.** (**a**) 2 　　(**b**) 2 　　**5.** (**a**) 0 　　(**b**) $\dfrac{1}{8}$ 　　**7.** (**a**) $\dfrac{1}{6}$ 　　(**b**) $\dfrac{1}{2}$

9. (a) 0 (b) 0   11. $2\sqrt{3}$ 13. $\dfrac{3}{4}$ 15. $\dfrac{1}{5}$ 17. $y(t) = \dfrac{1}{\pi}\left(3 - \tan\dfrac{\pi}{t}\right)$ 19. $\dfrac{\pi}{2}$

21. $\dfrac{128}{15}$ 23. $\dfrac{38}{3}$ 25. (a) 6   (b) $7\dfrac{1}{3}$ 27. (a) 0   (b) $\dfrac{8}{3}$

29. $\dfrac{32}{3}$ 31. $\dfrac{8}{3}$ 33. 8   35. 4   37. $\dfrac{4-\pi}{\pi}$ 39. 1   41. $\dfrac{32}{3}$

第 4.7 节

1. I:(a) 1.5,0   (b) 1.5,0   (c) 0%   II:(a) 1.5,0   (b) 1.5,0   (c) 0%

3. I:(a) 2.75,0.08   (b) 2.67,0.08   (c) $0.0312 \approx 3\%$ II:(a) 2.67,0   (b) 2.67,0   (c) 0%

5. I:(a) 6.25,0.5   (b) 6,0.25   (c) $0.0417 \approx 4\%$ II:(a) 6,0   (b) 6,0   (c) 0%

7. I:(a) 0.509,0.03125   (b) 0.5,0.009   (c) $0.018 \approx 2\%$ II:(a) 0.5004,0.002604   (b) 0.5,0.0004   (c) 0.08%

9. I:(a) 1.8960,0.161   (b) 2,0.1039   (c) $0.052 \approx 5\%$ II:(a) 2.00456,0.0066   (b) 2,0.00456   (c) 0.23%

11. (a) 0.31929   (b) 0.32812   (c) $\dfrac{1}{3}$,0.01404,0.00521

13. (a) 1.95643   (b) 2.00421   (c) 2,0.04357, −0.00421

15. 15 990 英尺^3 17. 1.032 英里或 5443.5 英尺   19. $\approx$ 10.63 英尺   21. 4,4

23. (a) x0.8427   (b) $|E_s| \leq \approx 6.7 \times 10^{-6}$ 25. 样本答案:3.1416442   27. 样本答案:1.3707622

29. (a) $T_{10} \approx 1.983523538, T_{100} \approx 1.999835504, T_{1000} \approx 1.999998355$

(b)

n	$|E_T| = 2 - T_n$
10	$0.016476462 = 1.6476462 \times 10^{-2}$
100	1.64496×10^{-4}
1000	1.645×10^{-6}

(c) $|E_{\text{ion}}| \approx 10^{-2} |E_n|$

(d) $b - a = \pi, h^2 = \dfrac{\pi^2}{n^2}, M = 1$

$|E_n| \leq \dfrac{\pi}{12}\left(\dfrac{\pi^2}{n^2}\right) = \dfrac{\pi^3}{12n^2}$ $|E_{\text{ion}}| \leq \dfrac{\pi^3}{12(10n)^2} = 10^{-2}|E_n|$

31. (a) $f''(x) = 2\cos(x^2) - 4x^2\sin(x^2)$ (b) 见右图.

(c) 图象显示对于 $-1 \leq x \leq 1$ 有 $-3 \leq f''(x) \leq 2$.

(d) $|E_T| \leq \dfrac{1-(-1)}{12}(h^2)(3) = \dfrac{h^2}{2}$ (e) $|E_T| \leq \dfrac{h^2}{2} \leq \dfrac{0.1^2}{2} < 0.01$

(f) $n \geq 20$

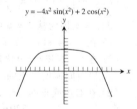

第 31 题(b) 图

第 4 章实践习题

1. $\dfrac{x^4}{4} + \dfrac{5}{2}x^2 - 7x + C$ 3. $2t^{3/2} - \dfrac{4}{t} + C$ 5. $-\dfrac{1}{2(r^2+5)} + C$

7. $-(2 - \theta^2)^{3/2} + C$ 9. $\dfrac{1}{3}(1 + x^4)^{3/4} + C$ 11. $10\tan\dfrac{s}{10} + C$

13. $-\dfrac{1}{\sqrt{2}}\csc\sqrt{2\theta} + C$ 15. $\dfrac{1}{2}x - \sin\dfrac{x}{2} + C$

17. $-4(\cos x)^{1/2} + C$ 19. $\dfrac{t^3}{3} + \dfrac{4}{t} + C$

21. (a) 约 680 英尺   (b) 见右图.

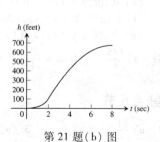

第 21 题(b) 图

23. $\int_1^5 (2x-1)^{-1/2} dx = 2$ 25. $\int_{-\pi}^0 \cos\frac{x}{2} dx = 2$ 27. (a)4   (b)2   (c) -2 (d) -2π (e) $\frac{8}{5}$

29. 16   31. 2   33. 1   35. 8   37. $\frac{27\sqrt{3}}{160}$ 39. $\frac{\pi}{2}$ 41. $\sqrt{3}$ 43. $6\sqrt{3} - 2\pi$ 45. -1

47. 2   49. 1   51. $\sqrt{2} - 1$ 53. $\frac{8}{3}$ 55. 62   57. 1   59. $\frac{1}{6}$ 61. $\frac{\pi^2}{32} + \frac{\sqrt{2}}{2} - 1$

63. 4   65. 最小值: -4; 最大值: 0; 面积: $\frac{27}{4}$ 67. $y = x - \frac{1}{x} - 1$ 69. $r = 4t^{5/2} + 4t^{3/2} - 8t$

73. $y = \int_5^x \left(\frac{\sin t}{t}\right) dt - 3$ 75. (a)b (b)b 79. $\sqrt{2 + \cos^3 x}$ 81. $\frac{-6}{3 + x^4}$ 83. $T = \pi, S = \pi$

85. 25°F   87. 费用 ≈ 12518.10 美元(梯形法), 不能   89. 对   91. $y = \int_5^x \frac{\sin t}{t} dt + 3$

93. (a)0   (b) -1 (c) $-\pi$ (d)$x = 1$ (e)$y = 2x + 2 - \pi$ (f)$x = -1, x = 2$ (g)$[-2\pi, 0]$

95. 600, 18.00 美元   97. 300, 6.00 美元

第 4 章附加习题

1. (a) 对   (b) 不对   5. (a) $\frac{1}{4}$ (b) $\sqrt[3]{12}$ 7. $f(x) = \frac{x}{\sqrt{x^2 + 1}}$ 9. $y = x^3 + 2x - 4$

11. $\frac{36}{5}$ 13. $\frac{1}{2} - \frac{2}{\pi}$ 15. $\frac{13}{3}$

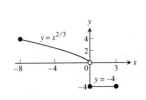   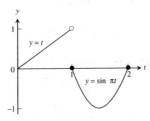   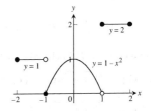

17. $\frac{1}{2}$ 19. $\frac{2}{x}$ 21. $\frac{\sin 4y}{\sqrt{y}} - \frac{\sin y}{2\sqrt{y}}$

第 5 章

第 5.1 节

1. (a)$A(x) = \pi(1 - x^2)$ (b)$A(x) = 4(1 - x^2)$ (c)$A(x) = 2(1 - x^2)$ (d)$A(x) = \sqrt{3}(1 - x^2)$

3. 16   5. $\frac{16}{3}$ 7. (a)$2\sqrt{3}$ (b)8   9. 8π 11. (a)$s^2 h$ (b)$s^2 h$ 13. $\frac{2\pi}{3}$ 15. $4 - \pi$

17. $\frac{32\pi}{5}$ 19. 36π 21. π 23. $\pi\left(\frac{\pi}{2} + 2\sqrt{2} - \frac{11}{3}\right)$ 25. 2π 27. 2π 29. 3π

31. $\pi^2 - 2\pi$ 33. $\frac{2\pi}{3}$ 35. $\frac{117\pi}{5}$ 37. $\pi(\pi - 2)$ 39. $\frac{4\pi}{3}$

41. 8π 43. $\frac{7\pi}{6}$ 45. (a)8π (b)$\frac{32\pi}{5}$ (c)$\frac{8\pi}{3}$ (d)$\frac{224\pi}{15}$

47. (a) $\frac{16\pi}{15}$ (b) $\frac{56\pi}{15}$ (c) $\frac{64\pi}{15}$ 47. $V = 2a^2 b\pi^2$

51. (a) $V = \frac{\pi h^2 (3a - h)}{3}$ (b) $\frac{1}{120\pi}$ 米/秒

55. $V = 330$ 厘米^3 57. (a)$c = \frac{2}{\pi}$ (b)$c = 0$ (c) 见右图.

第 57 题(c) 图

59. (a) 2.3,1.6,2.1,3.2,4.8,7.0,9.3,10.7,10.7,9.3,6.4,3.2

(b) $\frac{1}{4\pi}\int_0^6 (C(y))^2 dy$ (c) ≈ 34.7 英寸^3

(d) 用 Simpson 法得 $V \approx 34.75$ 英尺^3. Simpson 法估计比梯形估计会更精确. 当 $h = 0.5$ 英寸时, Simpson 法估计的误差正比于 $h^4 = 0.0625$, 而梯形法估计的误差正比于 $h^2 = 0.25$, 是一个更大的数.

第 5.2 节

1. 6π 3. 2π 5. $\frac{14\pi}{3}$ 7. 8π 9. $\frac{5\pi}{6}$ 11. $\frac{7\pi}{15}$ 13. (b) 4π 15. $\frac{16\pi}{15}(3\sqrt{2}+5)$ 17. $\frac{8\pi}{3}$

19. $\frac{4\pi}{3}$ 21. $\frac{16\pi}{3}$ 23. (a) $\frac{6\pi}{5}$ (b) $\frac{4\pi}{3}$ (c) 2π (d) 2π

25. (a) 围绕 x 轴: $V = \frac{2\pi}{15}$; 围绕 y 轴: $V = \frac{\pi}{6}$ (b) 围绕 x 轴: $V = \frac{2\pi}{15}$; 围绕 y 轴: $V = \frac{\pi}{6}$

27. (a) $\frac{5\pi}{3}$ (b) $\frac{4\pi}{3}$ (c) 2π (d) $\frac{2\pi}{3}$ 29. (a) $\frac{4\pi}{15}$ (b) $\frac{7\pi}{30}$ 31. (a) $\frac{24\pi}{5}$ (b) $\frac{48\pi}{30}$

33. (a) $\frac{9\pi}{16}$ (b) $\frac{9\pi}{16}$ 35. 圆盘: 2 个积分; 垫圈: 2 个积分; 薄壳: 1 个积分

第 5.3 节

1. 12 3. $\frac{53}{6}$ 5. $\frac{123}{32}$ 7. $\frac{99}{8}$ 9. 2 11. $2\pi a$

13. 7 15. $\frac{21}{2}$ 17. 对, $f(x) = \pm x + C$, 其中 C 是任意实数.

19. (a) $y = \sqrt{x}$, 从 $(1,1)$ 到 $(4,2)$ (b) 仅有一个. 我们知道函数的导数及在 x 的一个值的函数值.

21. (a) $\int_{-1}^{1} \sqrt{1+4x^2} dx$ (c) ≈ 6.13 23. (a) $\int_0^{\pi} \sqrt{1+\cos^2 y} dy$ (c) ≈ 3.82

25. (a) $\int_{-1}^{3} \sqrt{1+(y+1)^2} dy$ (c) ≈ 9.29 27. (a) $\int_0^{\pi/6} \sec x dx$ (c) ≈ 0.55 29. 21.07 英寸.

第 5.4 节

1. 400 英尺·磅 3. 780 焦耳 5. 72900 英尺·磅 9. 400 牛顿/米 11. 4 cm, 0.08 焦耳

13. (a) 7238 磅/英尺 (b) 905 英尺·磅, 2714 英尺·磅

15. (a) 1497600 英尺·磅 (b) 1 小时 40 分

(c) $W = \int_0^{10} 62.4(120y) dy = 374400$ 英尺·磅 $\Rightarrow t = W/250 = 1498$ 秒 ≈ 25 分

(d) 在 62.26 磅/英尺^3: (a) 1494240 英尺·磅 (b) 1 小时 40 分; 在 62.59 磅/英尺^3: (a) 1502160 英尺·磅 (b) 1 小时 40 分

17. 38484510 焦耳 19. 7238229.47 英尺·磅 21. (a) 34583 英尺·磅 (b) 53483 英尺·磅

23. 15073, 10.75 焦耳 27. ≈ 85.1 英尺·磅 29. ≈ 64.6 英尺·磅 31. ≈ 110.6 英尺·磅

33. (a) $r(y) = 60 - \sqrt{50^2 - (y-325)^2}$ 对于 $325 \leq y \leq 375$ 英尺

(b) $\Delta V \approx \pi[60 - \sqrt{2500 - (y-325)^2}]^2 \Delta y$ (c) $W = 6.3358 \cdot 10^7$ 英尺·磅

35. 91.32 英寸·盎司 37. 5.144×10^{10} 焦耳

第 5.5 节

1. 1684.8 磅 3. 2808 磅 5. (a) 1164.8 磅 (b) 1194.7 磅 7. 1309 磅 9. 41.6 磅

11. (a) 93.33 磅 (b) 3 英尺 13. (a) $\left(\frac{x}{8}\right)^2 + \left(\frac{y}{14}\right)^2 = 1$ (b) $L(y) = \frac{2}{7}\sqrt{3136 - 16y^2}$ (c) 3008 吨

15. (a) $\dfrac{wb}{2}$ (b) $\left(\dfrac{wb}{2}\right)ab$ 17. (a) 374.4 磅 (b) 7.5 英寸. (c) 不是 19. 4.2 磅 21. 1035 英尺^3

第 5.6 节

1. 4 英尺

3. $\left(\dfrac{L}{4}, \dfrac{L}{4}\right)$

5. $M_0 = 8, M = 8, \bar{x} = 1$

7. $M_0 = \dfrac{15}{2}, M = \dfrac{9}{2}, \bar{x} = \dfrac{5}{3}$

9. $M_0 = \dfrac{73}{6}, M = 5, \bar{x} = \dfrac{73}{30}$

11. $M_0 = 3, M = 3, \bar{x} = 1$

13. $\bar{x} = 0, \bar{y} = \dfrac{12}{5}$

15. $\bar{x} = 1, \bar{y} = -\dfrac{3}{5}$

17. $\bar{x} = \dfrac{16}{105}, \bar{y} = \dfrac{8}{15}$

19. $\bar{x} = 0, \bar{y} = \dfrac{\pi}{8}$

21. $\bar{x} = 1, \bar{y} = -\dfrac{2}{5}$

23. $\bar{x} = \bar{y} = \dfrac{2}{4-\pi}$

25. $\bar{x} = \dfrac{3}{2}, \bar{y} = \dfrac{1}{2}$

27. (a) $\dfrac{224\pi}{3}$

(b) $\bar{x} = 2, \bar{y} = 0$,

(c) 见右图

31. $\bar{x} = \bar{y} = \dfrac{1}{3}$

33. $\bar{x} = \dfrac{a}{3}, \bar{y} = \dfrac{b}{3}$

35. $\dfrac{13\delta}{6}$

37. $\bar{x} = 0, \bar{y} = \dfrac{a\pi}{4}$

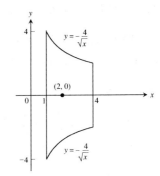

第 27 题 (c) 图

第 5 章实践习题

1. $\dfrac{9\pi}{280}$ 3. π^2 5. $\dfrac{72\pi}{35}$ 7. (a) 2π (b) π (c) $\dfrac{12\pi}{5}$ (d) $\dfrac{26\pi}{5}$

9. (a) 8π (b) $\dfrac{1088\pi}{15}$ (c) $\dfrac{512\pi}{15}$ 11. $\dfrac{\pi(3\sqrt{3}-\pi)}{3}$ 13. (a) $\dfrac{16\pi}{15}$ (b) $\dfrac{8\pi}{5}$ (c) $\dfrac{8\pi}{3}$ (d) $\dfrac{32\pi}{5}$

15. $\dfrac{28\pi}{3}$ 17. $\dfrac{10}{3}$ 19. $\dfrac{285}{8}$ 21. 10 23. $\dfrac{9\pi}{2}$ 25. 4640 焦耳 27. 10 英尺·磅,30 英尺·磅

29. 418208.81 英尺·磅 31. 22500π 英尺·磅, 257 秒 33. 332.8 磅 35. 2196.48 磅

37. $\bar{x} = 0, \bar{y} = \dfrac{8}{5}$ 39. $\bar{x} = \dfrac{3}{2}, \bar{y} = \dfrac{12}{5}$ 41. $\bar{x} = \dfrac{9}{5}, \bar{y} = \dfrac{11}{10}$

第 5 章附加习题

1. $f(x) = \sqrt{\dfrac{2x+1}{\pi}}$ 3. $f(x) = \sqrt{C^2-1}\,x + a$, 其中 $C \geq 1$ 5. 30 英尺

9. 质心在 $\left(0, \dfrac{n}{2n+1}\right)$. 质心的极限位置是 $\left(0, \dfrac{1}{2}\right)$.

13. (a) $\bar{x} = \bar{y} = \dfrac{4(a^2+ab+b^2)}{3\pi(a+b)}$ (b) $\bar{x} = \bar{y} = \dfrac{2b}{\pi}$, 这是半径为 b 的四分之一圆周的质心.

第 6 章

第 6.1 节

1. $\dfrac{1}{x}$ 3. $-\dfrac{1}{x}$ 5. $\dfrac{3}{x}$ 7. $2(\ln t) + (\ln t)^2$ 9. $x^3 \ln x$ 11. $\dfrac{-\ln t}{t^2}$ 13. $1 - \dfrac{\ln x}{(1+\ln x)^2}$

15. $\dfrac{1}{x(\ln x)\ln(\ln x)}$ 17. $\sec\theta$ 19. $\dfrac{2}{t(1-\ln t)^2}$ 21. $\dfrac{\tan(\ln\theta)}{\theta}$ 23. $2x\ln|x| - x\ln\dfrac{|x|}{\sqrt{2}}$

25. $\ln\left(\dfrac{2}{3}\right)$ 27. $\ln|y^2 - 25| + C$ 29. $\ln 3$ 31. $(\ln 2)^2$ 33. $\dfrac{1}{\ln 4}$ 35. $\ln|6 + 3\tan t| + C$

·1248·　　习题答案

37. $\ln 2$　　39. $\ln 27$　　41. $\ln(1+\sqrt{x})+C$　　43. $\left(\frac{1}{2}\right)\sqrt{x(x+1)}\left(\frac{1}{x}+\frac{1}{x+1}\right)=\frac{2x+1}{2\sqrt{x(x+1)}}$

45. $\sqrt{\theta+3}(\sin\theta)\left(\frac{1}{2(\theta+3)}+\cot\theta\right)$　　47. $t(t+1)(t+2)\left(\frac{1}{t}+\frac{1}{t+1}+\frac{1}{t+2}\right)=3t^2+6t+2$

49. $\frac{\theta\sin\theta}{\sqrt{\sec\theta}}\left(\frac{1}{\theta}+\cot\theta-\frac{1}{2}\tan\theta\right)$　　51. $\frac{1}{3}\sqrt[3]{\frac{x(x-2)}{x^2+1}}\left(\frac{1}{x}+\frac{1}{x-2}-\frac{2x}{x^2+1}\right)$

53. $y=x+\ln|x|+2$　　55. $\frac{1}{\ln 10}\left(\frac{(\ln x)^2}{2}\right)+C$　　57. $\frac{3\ln 2}{2}$　　59. $(\ln 10)\ln|\ln x|+C$　　61. $\frac{1}{\theta\ln 2}$

63. $\frac{2(\ln r)}{r(\ln 2)(\ln 4)}$　　65. $\sin(\log_7\theta)+\frac{1}{\ln 7}\cos(\log_7\theta)$

67. (a) 最大值 $=0$ 在 $x=0$, 最小值 $=-\ln 2$ 在 $x=\frac{\pi}{3}$

　　(b) 最大值 $=1$ 在 $x=1$, 最小值 $=\cos(\ln 2)$ 在 $x=\frac{1}{2}$ 和 $x=2$

69. $\ln 16$　　71. $4\pi\ln 4$　　73. $\pi\ln 16$　　75. (b) 0.00469

第6.2节

1. $-5e^{-5x}$　　3. $\left(\frac{2}{\sqrt{x}}+2x\right)e^{(4\sqrt{x}+x^2)}$　　5. x^2e^x　　7. $\frac{1}{\theta}-1$　　9. $\frac{\cos t-\sin t}{\sin t}$　　11. $\frac{1}{2\theta(1+\theta^{1/2})}$

13. $\frac{\sin x}{x}$　　15. $\frac{ye^y\cos x}{1-ye^y\sin x}$　　17. $\frac{2e^{2x}-\cos(x+3y)}{3\cos(x+3y)}$　　19. $\frac{1}{3}e^{3x}-5e^{-x}+C$　　21. $8e^{(x+1)}+C$

23. $-2e^{-\sqrt{r}}+C$　　25. $-e^{1/x}+C$　　27. e　　29. $\frac{1}{\pi}e^{\sec\pi t}+C$　　31. $\ln(1+e^r)+C$　　33. $2^x\ln 2$

35. $\pi x^{(\pi-1)}$　　37. $7^{\sec\theta}(\ln 7)^2(\sec\theta\tan\theta)$　　39. $(1-e)t^{-e}$　　41. $\frac{-2}{(x+1)(x-1)}$

43. $(\cot\theta-\tan\theta-1-\ln 2)\left(\frac{1}{\ln 7}\right)$　　45. $(x+1)^x\left(\frac{x}{x+1}+\ln(x+1)\right)$　　47. $(\sin x)^x(\ln\sin x+x\cot x)$

49. $(x^{\ln x})\left(\frac{\ln x^2}{x}\right)$　　51. $\frac{1}{\ln 2}$　　53. $\frac{2^{\ln 2}-1}{\ln 2}$　　55. $\frac{x^{\sqrt{2}}}{\sqrt{2}}+C$　　57. $\frac{1}{\ln 2}$　　59. $y=1-\cos(e^t-2)$

61. $y=2(e^{-x}+x)-1$　　63. 最大值: 1 在 $x=0$, 最小值: $2-2\ln 2$ 在 $x=\ln 2$　　65. 绝对最大值 $\frac{1}{2e}$ 在 $x=\frac{1}{\sqrt{e}}$

67. 令 $x=\frac{r}{k}\Rightarrow k=\frac{r}{x}$ 并且当 $k\to\infty$ 时, $x\to 0\Rightarrow \lim_{k\to\infty}\left(1+\frac{r}{k}\right)^k=\lim_{x\to 0}(1+x)^{r/x}=\lim_{r\to 0}((1+x)^{1/x})^r$

$=(\lim_{x\to 0}(1+x)^{1/x})^r$, 因为 u^r 是连续的, 但是, $\lim_{x\to 0}(1+x)^{1/x}=e$ (由定理2); 因此, $\lim_{k\to\infty}\left(1+\frac{r}{k}\right)^k=e^r$.

77. (a) $y=\frac{1}{e^x}$　　(b) 因为对所有正数 $x\neq e$, $\ln x$ 的图象在该直线图象下方

　　(c) 乘以 e, $e(\ln x)<x$, 或 $\ln x^e<x$.　　(d) 部分(c)的不等式两端取指数.　　(e) 令 $x=\pi$ 就看出 $\pi^e<e^\pi$.

79. (a) $L(x)=1+(\ln 2)x\approx 0.69x+1$

第6.3节

1. $\frac{1}{|x|\sqrt{x^2-1}}$　　3. $\frac{1}{|2s+1|\sqrt{s^2+s}}$　　5. $\frac{-1}{\sqrt{1-t^2}}$

7. $\frac{1}{(\tan^{-1}x)(1+x^2)}$　　9. $-\frac{-e^{-t}}{\sqrt{1-(e^{-t})^2}}=\frac{e^{-t}}{\sqrt{1-e^{-2t}}}$　　11. 0

13. $\sin^{-1}x$　　15. $\frac{1}{2}\sin^{-1}(2x)+c$　　17. $\frac{1}{\sqrt{2}}\sec^{-1}\left|\frac{5x}{\sqrt{2}}\right|+C$

19. $\frac{\pi}{16}$　　21. $\frac{3}{2}\sin^{-1}2(r-1)+C$　　23. $\frac{1}{2}\sin^{-1}y^2+C$

25. $\frac{\pi}{12}$　　27. $\sin^{-1}(x-2)+C$　　29. $\frac{1}{2}\tan^{-1}\left(\frac{y-1}{2}\right)+C$

31. $\sec^{-1}|x+1|+C$ **33.** $e^{\sin^{-1}x}+C$ **35.** $\ln|\tan^{-1}y|+C$

41. $y=\sin^{-1}(x)$ **43.** $y=\sec^{-1}(x)+\dfrac{2\pi}{3}, x>1$ **51.** $\dfrac{\pi^2}{2}$ **53.** (a) $\dfrac{\pi^2}{2}$ (b) 2π

第 6.4 节

1. (a) $2y'+3y=2(-e^{-x})+3e^{-x}=e^{-x}$

(b) $2y'+3y=2\left(-e^{-x}-\dfrac{3}{2}e^{-(3/2)x}\right)+3(e^{-x}+e^{-(3/2)x})=e^{-x}$

(c) $2y'+3y=2\left(-e^{-x}-\dfrac{3}{2}Ce^{-(3/2)x}\right)+3(e^{-x}+Ce^{-(3/2)x})=e^{-x}$

3. $y'=e^{-x^2}+(-2xe^{-x^2})(x-2)\Rightarrow y'=e^{-x^2}-2xy; y(2)=(2-2)e^{-2^2}=0$

5. $\dfrac{2}{3}y^{3/2}-x^{1/2}=C$ **7.** $e^y-e^x=C$ **9.** $-x+2\tan\sqrt{y}=C$

11. $e^{-y}+2e^{\sqrt{x}}=C$ **13.** $y=\sin(x^2+C)$

15. (a) $p=p_0 e^{kh}, p_0=1013; k\approx -0.121$ (b) ≈ 2.389 millibars (c) ≈ 0.977 千米

17. ≈ 585.35 千克 **19.** ≈ 92.1 秒

21. (a) $\dfrac{dQ}{dt}=-kQ+r$, 其中 k 是正的常数 (b) $Q(t)=\dfrac{r}{k}+\left(Q_0-\dfrac{r}{k}\right)e^{-kt}$ (c) $\dfrac{r}{k}$

23. (a) $A_0 e^{0.2}$ (b) 17.33 年; 27.47 年 **25.** 0.585 日

29. (a) 17.5 分 (b) 13.26 分 **31.** -3℃ **33.** 约 6658 年 **35.** 41 年

37. (a) 168.5 米 (b) 41.13 秒 **39.** $s(t)=4.9(1-e^{-(22.36/39.92)t})$

41. 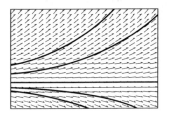 **43.** 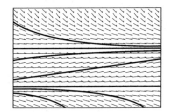 **45.**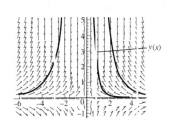

第 6.5 节

1. $y=\dfrac{e^x+C}{x}, x>0$ **3.** $y=\dfrac{C-\cos x}{x^3}, x>0$ **5.** $y-\dfrac{1}{2}-\dfrac{1}{x}+\dfrac{C}{x^2}, x>0$

7. $y=\dfrac{1}{2}xe^{x/2}+Ce^{x/2}$ **9.** $y=x(\ln x)^2+Cx$ **11.** $s=\dfrac{t^3}{3(t-1)4}-\dfrac{t}{(t-1)^4}++\dfrac{C}{(t-1)^4}$

13. $r=(\csc\theta)(\ln|\sec\theta|+C), 0<\theta<\pi/2$ **15.** $y=\dfrac{3}{2}-\dfrac{1}{2}e^{-2t}$

17. $y=-\dfrac{1}{\theta}\cos\theta+\dfrac{\pi}{2\theta}$ **19.** $y=6e^{x^2}-\dfrac{e^{x^2}}{x+1}$ **21.** $y=y_0 e^{kt}$ **23.** (b) 是正确的但, 但(a) 则否.

25. (a) 10 磅/分 (b) $(100+t)$ 加仑 (c) $4\left(\dfrac{y}{100+t}\right)$ 磅/分

(d) $\dfrac{dy}{dt}=10-\dfrac{4y}{100+t}, y(0)=50, y=2(100+t)-\dfrac{150}{\left(1+\dfrac{t}{100}\right)^4}$

(e) 浓度 $=\dfrac{y(25)}{\text{amt. 罐中盐水}}=\dfrac{188.6}{125}\approx 1.5$ 磅/加仑

27. $y(27.8) = 14.8$ 磅, $t \approx 27.8$ 分   29. $t = \dfrac{L}{R}\ln 2$ 秒

31. (**a**) $i = \dfrac{V}{R} - \dfrac{V}{R}e^{-3} = \dfrac{V}{R}(1 - e^{-3}) \approx 0.95\dfrac{V}{R}$ 安培   (**b**) 86%

第 6.6 节

1. $y(\text{精确}) = 1 - e^{-39/50} \approx 0.5416, y_1 = 0.2, y_2 = 0.392, y_3 = 0.5622$

3. $y(\text{精确}) = 3e^{-39/50} \approx 14.2765, y_1 = 4.2, y_2 = 6.216, y_3 = 9.697$

5. $y \approx 2.48832$, 精确值是 e.

7.

x	z	y-近似	y-精确	误差
0	1	3	3	0
0.2	4.2	4.608	4.658122	0.050122
0.4	6.81984	7.623475	7.835089	0.211614
0.6	11.89262	13.56369	14.27646	0.712777

9. (**a**) $P(t) = \dfrac{150}{1 + 24e^{-0.225t}}$ (**b**) 约 17.21 周; 21.28 周

11. (**a**) $y(t) = \dfrac{8 \times 10^7}{1 + 4e^{-0.71t}} \Rightarrow y(1) \approx 2.69671 \times 10^7$ 千克   (**b**) $t \approx 1.95253$ 年

13. (**a**) $y = 2e^t - 1$ (**b**) $y(t) = \dfrac{400}{1 + 199e^{-200t}}$ 15. (**a**) $P(t) = \dfrac{P_0}{1 - kP_0 t}$ (**b**) 垂直渐近线在 $t = \dfrac{1}{kP_0}$

17. Euler 法给出 $y \approx 3.45835$, 精确解是 $y = 1 + e \approx 3.71828$

19. $y \approx -0.2272$, 精确解是 $\dfrac{1}{1 - 2\sqrt{5}} \approx -0.2880$.

21. (**a**) $y = \dfrac{1}{x^2 - 2x + 2}, y(3) = -0.2$ (**b**) -0.1851, 误差 ≈ 0.0149

   (**c**) -0.1929, 误差 ≈ 0.0071 (**d**) -0.1965, 误差 ≈ 0.0035

23. 精确解是 $y = \dfrac{1}{x^2 - 2x + 2}$, 于是 $y(3) = -0.2$. 为求近似解, 令 $z_n = y_{n-1} + 2y_{n-1}^2 x_{n-1} dx$ 而 $y_n = y_{n-1} + (y_{n-1}^2(x_{n-1} - 1) + z_n^2(x_n^2 - 1)) dx$, 初值为 $x_0 = 2$ 和 $y_0 = -\dfrac{1}{2}$. 利用一个电子表格, 画图计算器或 CAS 得 (a) 到 (d) 的结果.

   (**a**) -0.2024, 误差 ≈ 0.0024 (**b**) -0.2005, 误差 ≈ 0.0005
   (**c**) -0.2001, 误差 ≈ 0.0001 (**d**) 每当步长减半, 误差减至原步长时的约四分之一.

第 6.7 节

1. $\cosh x = \dfrac{5}{4}, \tanh x = -\dfrac{3}{5}, \coth x = -\dfrac{5}{3}, \operatorname{sech} x = \dfrac{4}{5}, \operatorname{csch} x = -\dfrac{4}{3}$

3. $\sinh x = \dfrac{8}{15}, \tanh x = \dfrac{8}{17}, \coth x = \dfrac{17}{8}, \operatorname{sech} x = \dfrac{15}{17}, \operatorname{csch} x = \dfrac{15}{8}$

5. $x + \dfrac{1}{x}$ 7. e^{5x} 9. e^{4x}

13. $2\cosh \dfrac{x}{3}$ 15. $\operatorname{sech}^2 \sqrt{t} + \dfrac{\tanh \sqrt{t}}{\sqrt{t}}$ 17. $\coth z$

19. $(\ln \operatorname{sech} \theta)(\operatorname{sech} \theta \tanh \theta)$ 21. $\tanh^3 v$ 23. 2

25. $\dfrac{1}{2\sqrt{x(1+x)}}$ 27. $\dfrac{1}{1+\theta}-\tanh^{-1}\theta$ 29. $\dfrac{1}{2\sqrt{t}}-\coth^{-1}\sqrt{t}$

31. $-\operatorname{sech}^{-1}x$ 33. $\dfrac{\ln 2}{\sqrt{1+\left(\dfrac{1}{2}\right)^{2\theta}}}$ 35. $|\sec x|$

41. $\dfrac{\cosh 2x}{2}+C$ 43. $12\sinh\left(\dfrac{x}{2}-\ln 3\right)+C$ 45. $7\ln(e^{x/7}+e^{-x/7})+C$

47. $\tanh\left(x-\dfrac{1}{2}\right)+C$ 49. $-2\operatorname{sech}\sqrt{t}+C$ 51. $\ln\dfrac{5}{2}$

53. $\dfrac{3}{32}+\ln 2$ 55. $e-e^{-1}$ 57. $\dfrac{3}{4}$

59. $\dfrac{3}{8}+\ln\sqrt{2}$ 61. $\ln\left(\dfrac{2}{3}\right)$ 63. $\dfrac{-\ln 3}{2}$ 65. $\ln 3$

67. (a) $\sinh^{-1}(\sqrt{3})$ (b) $\ln(\sqrt{3}+2)$ 69. (a) $\coth^{-1}(2)-\coth^{-1}\left(\dfrac{5}{4}\right)$ (b) $\left(\dfrac{1}{2}\right)\ln\left(\dfrac{1}{3}\right)$

71. (a) $-\operatorname{sech}^{-1}\left(\dfrac{12}{13}\right)+\operatorname{sech}^{-1}\left(\dfrac{4}{5}\right)$

(b) $-\ln\left(\dfrac{1+\sqrt{1-\left(\dfrac{12}{13}\right)^2}}{\left(\dfrac{12}{13}\right)}\right)+\ln\left(\dfrac{1+\sqrt{1-\left(\dfrac{4}{5}\right)^2}}{\left(\dfrac{4}{5}\right)}\right)=-\ln\left(\dfrac{3}{2}\right)+\ln(2)=\ln\left(\dfrac{4}{3}\right)$

73. (a) 0 (b) 0 75. (a) i. $f(x)=\dfrac{2f(x)}{2}+0=f(x)$ ii. $f(x)=0+\dfrac{2f(x)}{2}=f(x)$

77. (b) $\sqrt{\dfrac{mg}{k}}$ (c) $80\sqrt{5}\approx 178.89$ ft/sec 79. $y=\operatorname{sech}^{-1}(x)-\sqrt{1-x^2}$ 81. 2π 83. $\dfrac{6}{5}$

87. (b) 交点靠近 $(0.042, 0.672)$ (c) $a\approx 0.0417525$ (d) ≈ 47.90 磅

第 6 章实践习题

1. $-2e^{-x/5}$ 3. xe^{4x} 5. $\dfrac{2\sin\theta\cos\theta}{\sin^2\theta}=2\cot\theta$

7. $\dfrac{2}{(\ln 2)x}$ 9. $-8^{-t}(\ln 8)$ 11. $18x^{2.6}$

13. $(x+2)^{x+2}(\ln(x+2)+1)$ 15. $-\dfrac{1}{\sqrt{1-u^2}}, 0<u<1$ 17. $\dfrac{-1}{\sqrt{1-x^2}\cos^{-1}x}$

19. $\tan^{-1}(t)+\dfrac{t}{1+t^2}-\dfrac{1}{2t}$ 21. $\dfrac{1-z}{\sqrt{z^2-1}}+\sec^{-1}z, z>1$ 23. $-1, 0<\theta<\dfrac{\pi}{2}$

25. $\dfrac{2(x^2+1)}{\sqrt{\cos 2x}}\left(\dfrac{2x}{x^2+1}+\tan 2x\right)$ 27. $5\left[\dfrac{(t+1)(t-1)}{(t-2)(t+3)}\right]^5\left(\dfrac{1}{t+1}+\dfrac{1}{t-1}-\dfrac{1}{t-2}-\dfrac{1}{t+3}\right)$

29. $\dfrac{1}{\sqrt{\theta}}(\sin\theta)^{\sqrt{\theta}}(\ln\sqrt{\sin\theta}+\theta\cot\theta)$

31. $-\csc e^x+C$ 33. $\tan(e^x-7)+C$ 35. $e^{\tan x}+C$

37. $\dfrac{-\ln 7}{3}$ 39. $\ln 8$ 41. $\ln\left(\dfrac{9}{25}\right)$

43. $-[\ln|\cos(\ln v)|]+C$ 45. $-\dfrac{1}{2}(\ln x)^{-2}+C$ 47. $-\cot(1+\ln r)+C$

49. $\dfrac{1}{2\ln 3}(3^{x^2})+C$ 51. $3\ln 7$ 53. $\dfrac{15}{16}+\ln 2$

55. $e-1$ 57. $\dfrac{1}{6}$ 59. $\dfrac{9}{14}$

61. $\dfrac{1}{3}[(\ln 4)^3-(\ln 2)^3]$ 或 $\dfrac{7}{3}(\ln 2)^3$ 63. $\dfrac{9\ln 2}{4}$ 65. π 67. $\dfrac{\pi}{\sqrt{3}}$

69. $\sec^{-1}|2y|+C$ 71. $\dfrac{\pi}{12}$ 73. $\sin^{-1}(x+1)+C$

75. $\dfrac{\pi}{2}$　　　　　　　77. $\dfrac{1}{3}\sec^{-1}\left(\dfrac{t+1}{3}\right)+C$　　　79. $\dfrac{1}{3}$

81. 绝对最大值 $=0$ 在 $x=\dfrac{e}{2}$,绝对最小值 $=-0.5$ 在 $x=0.5$

83. 1　　　　　　　　85. $\dfrac{1}{e}$ 米/秒

87. (a) 绝对最大值 $\dfrac{2}{e}$ 在 $x=e^2$,拐点 $\left(e^{8/3},\dfrac{8}{3}e^{-4/3}\right)$,在 $(e^{8/3},\infty)$ 上凹,在 $(0,e^{8/3})$ 下凹

(b) 绝对最大值 1 在 $x=0$,拐点 $\left(\pm\dfrac{1}{\sqrt{2}},\dfrac{1}{\sqrt{e}}\right)$,在 $\left(-\infty,-\dfrac{1}{\sqrt{2}}\right)\cup\left(\dfrac{1}{\sqrt{2}},\infty\right)$ 上凹,在 $\left(-\dfrac{1}{\sqrt{2}},\dfrac{1}{\sqrt{2}}\right)$ 下凹

(c) 绝对最大值 1 在 $x=0$,拐点 $\left(1,\dfrac{2}{e}\right)$,在 $(1,\infty)$ 上凹,在 $(-\infty,1)$ 下凹

89. 18935 年　　91. 长 $\dfrac{1}{\sqrt{2}}$ 单位,高 $\dfrac{1}{\sqrt{e}}$ 单位,$A=\dfrac{1}{\sqrt{2e}}\approx 0.43$ 单位^2

93. $\ln 5x-\ln 3x=\ln\left(\dfrac{5}{3}\right)$　　95. $20(5-\sqrt{17})$ 米

99. $y=\ln(-e^{-x-2}+2e^{-2})$　　101. $y=\dfrac{1}{(x+1)^2}\cdot\left(\dfrac{x^3}{3}+\dfrac{x^2}{2}+1\right)$

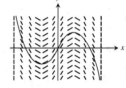

第 103 题图

103. 见右图

105. 令 $z_n=y_{n-1}+((2-y_{n-1})(2x_{n-1}+3))(0.1)$,而 $y_n=y_{n-1}+\left(\dfrac{(2-y_{n-1})(2x_{n-1}+3)+(2-z_n)(2x_n+3)}{2}\right)(0.1)$,
初值 $x_0=-3,y_0=1$,和 20 步,利用一个电子表格,画图计算器或 CAS 得下表所列的值.

x	y
−3	1
−2.9	0.6680
−2.8	0.2599
−2.7	−0.2294
−2.6	−0.8011
−2.5	−1.4509
−2.4	−2.1687
−2.3	−2.9374
−2.2	−3.7333
−2.1	−4.5268
−2.0	−5.2840

x	y
−1.9	−5.9686
−1.8	−6.5456
−1.7	−6.9831
−1.6	−7.2562
−1.5	−7.3488
−1.4	−7.2553
−1.3	−6.9813
−1.2	−6.5430
−1.1	−5.9655
−1.0	−5.2805

107. 令 $y_n=y_{n-1}+\left(\dfrac{x_{n-1}^2-2y_{n-1}+1}{x_{n-1}}\right)(0.05)$,初值 $x_0=1,y_0=1$,和 60 步. 利用电子表格,画图计算器或 CAS 得 $y(4)\approx 4.4974$.

109. 令 $z_n=y_{n-1}-\left(\dfrac{x_{n-1}^2+y_{n-1}}{e^{y_{n-1}}+x_{n-1}}\right)(dx)$,和 $y_n=y_{n-1}+\dfrac{1}{2}\left(\dfrac{x_{n-1}^2+y_{n-1}}{e^{y_{n-1}}+x_{n-1}}+\dfrac{x_n^2+z_n}{e^{z_n}+x_n}\right)(dx)$,开始值 $x_0=0,y_0=0$,
步长 0.1 和 −0.1. 利用一个电子表格,画图计算器或 CAS 生成下列图形:

(a)　　　　　　　　　　　　(b)

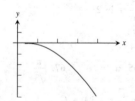　　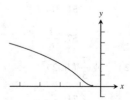

111. $y(精确) = \frac{1}{2}x^2 - \frac{3}{2}; y \approx 0.4;$ 精确值是 $\frac{1}{2}$

113. $y(精确) = -e^{(x^2-1)/2}; y \approx -3.4192;$ 精确值是 $-e^{3/2} \approx -4.4817.$

第 6 章附加习题

1. $\frac{1}{\ln 2}, \frac{1}{2\ln 2}, 2:1$ **3.** $\frac{2}{17}$ **9.** 由微积分基本定理得 $y' = \sin(x^2) + 3x^2 + 1.$ 再次求导并且验证初条件.

11. $\pi \ln 2$ **13.** (b) $61°$ **15.** (a) $y = c + (y_0 - c)e^{-k(A/V)t}$ (b) 稳-态解: $y_\infty = c$

第 7 章

第 7.1 节

1. $2\sqrt{8x^2+1} + C$ **3.** $2(\sin v)^{3/2} + C$ **5.** $\ln 5$ **7.** $2\ln(\sqrt{x}+1) + C$

9. $-\frac{1}{7}\ln|\sin(3-7x)| + C$ **11.** $-\ln|\csc(e^\theta+1) + \cot(e^\theta+1)| + C$

13. $3\ln\left|\sec\frac{t}{3} + \tan\frac{t}{3}\right| + C$ **15.** $-\ln|\csc(s-\pi) + \cot(s-\pi)| + C$

17. 1 **19.** $e^{\tan v} + C$ **21.** $\frac{3^{x+1}}{\ln 3} + C$ **23.** $\frac{2^{\sqrt{w}}}{\ln 2} + C$ **25.** $3\tan^{-1}3u + C$ **27.** $\frac{\pi}{18}$

29. $\sin^{-1}s^2 + C$ **31.** $6\sec^{-1}|5x| + C$ **33.** $\tan^{-1}e^x + C$ **35.** $\ln(2+\sqrt{3})$ **37.** 2π

39. $\sin^{-1}(t-2) + C$ **41.** $\sec^{-1}|x+1| + C,$ 当 $|x+1| > 1$ 时

43. $\tan x - 2\ln|\csc x + \cot x| - \cot x - x + C$ **45.** $x + \sin 2x + C$ **47.** $x - \ln|x+1| + C$

49. $7 + \ln 8$ **51.** $2t^2 - t + 2\tan^{-1}\left(\frac{t}{2}\right) + C$ **53.** $\sin^{-1}x + \sqrt{1-x^2} + C$ **55.** $\sqrt{2}$

57. $\tan x - \sec x + C$ **59.** $\ln|1+\sin\theta| + C$ **61.** $\cot x + x + \csc x + C$ **63.** 4

65. $\sqrt{2}$ **67.** 2 **69.** $\ln|\sqrt{2}+1| - \ln|\sqrt{2}-1|$ **71.** $4 - \frac{\pi}{2}$ **73.** $-\ln|\csc(\sin\theta) + \cot(\sin\theta)| + C$

75. $\ln|\sin x| + \ln|\cos x| + C$ **77.** $12\tan^{-1}(\sqrt{y}) + C$ **79.** $\sec^{-1}\left|\frac{x-1}{7}\right| + C$ **81.** $\ln|\sec(\tan t)| + C$

83. (a) $\sin\theta - \frac{1}{3}\sin^3\theta + C$ (b) $\sin\theta - \frac{2}{3}\sin^3\theta + \frac{1}{5}\sin^5\theta + C$

(c) $\int \cos^9\theta\, d\theta = \int \cos^8\theta(\cos\theta)\, d\theta = \int (1-\sin^2\theta)^4(\cos\theta)\, d\theta$

85. (a) $\int \tan^3\theta\, d\theta = \frac{1}{2}\tan^2\theta - \int \tan\theta\, d\theta = \frac{1}{2}\tan^2\theta + \ln|\cos\theta| + C$

(b) $\int \tan^5\theta\, d\theta = \frac{1}{4}\tan^4\theta - \int \tan^3\theta\, d\theta$ (c) $\int \tan^7\theta\, d\theta = \frac{1}{6}\tan^6\theta - \int \tan^5\theta\, d\theta$

(d) $\int \tan^{2k+1}\theta\, d\theta = \frac{1}{2k}\tan^{2k}\theta - \int \tan^{2k-1}\theta\, d\theta$

87. $2\sqrt{2} - \ln(3 + 2\sqrt{2})$ **89.** π^2 **91.** $\ln(2+\sqrt{3})$

第 7.2 节

1. $-2x\cos\left(\frac{x}{2}\right) + 4\sin\left(\frac{x}{2}\right) + C$ **3.** $t^2\sin t + 2t\cos t - 2\sin t + C$

5. $\ln 4 - \frac{3}{4}$ **7.** $y\tan^{-1}(y) - \ln\sqrt{1+y^2} + C$

9. $x\tan x + \ln|\cos x| + C$ **11.** $(x^3 - 3x^2 + 6x - 6)e^x + C$

13. $(x^2 - 7x + 7)e^x + C$ 15. $(x^5 - 5x^4 + 20x^3 - 60x^2 + 120x - 120)e^x + C$

17. $\dfrac{\pi^2 - 4}{8}$ 19. $\dfrac{5\pi - 3\sqrt{3}}{9}$

21. $\dfrac{1}{2}(-e^\theta \cos\theta + e^\theta \sin\theta) + C$ 23. $\dfrac{e^{2x}}{13}(3\sin 3x + 2\cos 3x) + C$

25. $\dfrac{2}{3}(\sqrt{3s+9}\,e^{\sqrt{3s+9}} - e^{\sqrt{3s+9}}) + C$ 27. $\dfrac{\pi\sqrt{3}}{3} - \ln(2) - \dfrac{\pi^2}{18}$

29. $\dfrac{1}{2}[-x\cos(\ln x) + x\sin(\ln x)] + C$ 31. $y = \left(\dfrac{x^2}{4} - \dfrac{x}{8} + \dfrac{1}{32}\right)e^{4x} + C$

33. $-2(\sqrt{\theta}\cos\sqrt{\theta} - \sin\sqrt{\theta}) + C$ 35. (a) π (b) 3π (c) 5π (d) $(2n+1)\pi$

37. $2\pi(1 - \ln 2)$ 39. (a) $\pi(\pi - 2)$ (b) 2π

41. $\dfrac{1}{2\pi}(1 - e^{-2\pi})$ 43. $u = x^n, dv = \cos x\,dx$ 45. $u = x^n, dv = e^{ax}dx$

47. (a) 令 $y = f^{-1}(x)$. 则 $x = f(y)$, 于是 $dx = f'(y)dy$. 直接替换.   (b) $u = y, dv = f'(y)dy$

49. (a) $\int \sin^{-1} x\,dx = x\sin^{-1}x + \cos(\sin^{-1}x) + C$ (b) $\int \sin^{-1}x\,dx = x\sin^{-1}x + \sqrt{1-x^2} + C$
    (c) $\cos(\sin^{-1}x) = \sqrt{1-x^2}$

51. (a) $\int \cos^{-1}x\,dx = x\cos^{-1}x - \sin(\cos^{-1}x) + C$ (b) $\int \cos^{-1}x\,dx = x\cos^{-1}x - \sqrt{1-x^2} + C$
    (c) $\sin(\cos^{-1}x) = \sqrt{1-x^2}$

第 7.3 节

1. $\dfrac{2}{x-3} + \dfrac{3}{x-2}$ 3. $\dfrac{1}{x+1} + \dfrac{3}{(x+1)^2}$ 5. $\dfrac{-2}{z} + \dfrac{-1}{z^2} + \dfrac{2}{z-1}$ 7. $1 + \dfrac{17}{t-3} + \dfrac{-12}{t-2}$

9. $\dfrac{1}{2}[\ln|1+x| - \ln|1-x|] + C$ 11. $\dfrac{1}{7}\ln|(x+6)^2(x-1)^5| + C$ 13. $\dfrac{\ln 15}{2}$

15. $-\dfrac{1}{2}\ln|t| + \dfrac{1}{6}\ln|t+2| + \dfrac{1}{3}\ln|t-1| + C$ 17. $3\ln 2 - 2$ 19. $\dfrac{1}{4}\ln\left|\dfrac{x+1}{x-1}\right| - \dfrac{x}{2(x^2-1)} + C$

21. $\dfrac{\pi + 2\ln 2}{8}$ 23. $\tan^{-1}y - \dfrac{1}{y^2+1} + C$ 25. $-(s-1)^{-2} + (s-1)^{-1} + \tan^{-1}s + C$

27. $\dfrac{-1}{\theta^2 + 2\theta + 2} + \ln|\theta^2 + 2\theta + 2| - \tan^{-1}(\theta + 1) + C$ 29. $x^2 + \ln\left|\dfrac{x-1}{x}\right| + C$

31. $9x + 2\ln|x| + \dfrac{1}{x} + 7\ln|x-1| + C$ 33. $\dfrac{y^2}{2} - \ln|y| + \dfrac{1}{2}\ln(1+y^2) + C$

35. $\ln\left|\dfrac{e^t + 1}{e^t + 2}\right| + C$ 37. $\dfrac{1}{5}\ln\left|\dfrac{\sin y - 2}{\sin y + 3}\right| + C$ 39. $\dfrac{(\tan^{-1}2x)^2}{4} - 3\ln|x-2| + \dfrac{6}{x-2} + C$

41. $x = \ln|t-2| - \ln|t-1| + \ln 2$ 43. $x = \dfrac{6t}{t+2} - 1, t > 2/5$ 45. $\ln|y-1| - \ln|y| = e^x - 1 - \ln 2$

47. $y = \ln|x-2| - \ln|x-1| + \ln 2$ 49. $3\pi\ln 25$ 51. (a) $x = \dfrac{1000e^{4t}}{499 + e^{4t}}$ (b) 1.55 日

第 7.4 节

1. $\ln|9 + y^2 + y| + C$ 3. $\dfrac{25}{2}\sin^{-1}\left(\dfrac{t}{5}\right) + \dfrac{t\sqrt{25-t^2}}{2} + C$ 5. $\dfrac{1}{2}\ln\left|\dfrac{2x}{7} + \dfrac{\sqrt{4x^2-49}}{7}\right| + C$

7. $\dfrac{\sqrt{x^2-1}}{x} + C$ 9. $\dfrac{1}{3}(x^2+4)^{3/2} - 4\sqrt{x^2+4} + C$ 11. $\dfrac{-2\sqrt{4-w^2}}{w} + C$

13. $-\dfrac{x}{\sqrt{x^2-1}} + C$ 15. $-\dfrac{1}{5}\left(\dfrac{\sqrt{1-x^2}}{x}\right)^5 + C$ 17. $2\tan^{-1}2x + \dfrac{4x}{(4x^2+1)} + C$

19. $\ln 9 - \ln(1 + \sqrt{10})$ 21. $\dfrac{\pi}{6}$ 23. $\sec^{-1}|x| + C$ 25. $\sqrt{x^2-1} + C$

27. $y = 2\left[\dfrac{\sqrt{x^2-4}}{2} - \sec^{-1}\left(\dfrac{x}{2}\right)\right]$ **29.** $y = \dfrac{3}{2}\tan^{-1}\left(\dfrac{x}{2}\right) - \dfrac{3\pi}{8}$ **31.** $\dfrac{3\pi}{4}$

33.（a）这可以在图形中从几何上看出.

（b）利用部分(a)，作替换 $z = \dfrac{\sin x}{1+\cos x}$，然后得一个三角恒等式.

或利用三角恒等式 $\dfrac{1-\tan^2\theta}{1+\tan^2\theta} = \cos 2\theta, \theta = \dfrac{x}{2}$.

（c）利用部分(a)，作替换 $z = \dfrac{\sin x}{1+\cos x}$，然后得到一个三角恒等式.

或利用三角恒等式 $\dfrac{2\tan\theta}{1+\tan^2\theta} = \sin 2\theta, \theta = \dfrac{x}{2}$.

（d）$dz = \left(\sec^2\dfrac{x}{2}\right)\dfrac{1}{2}dx = \left(1+\tan^2\dfrac{x}{2}\right)\dfrac{1}{2}dx = (1+z^2)\dfrac{1}{2}dx$，再解出 dx.

35. $-\dfrac{1}{\tan\dfrac{x}{2}} + C$ **37.** $\ln\left|1+\tan\dfrac{t}{2}\right| + C$ **39.** $\dfrac{1}{2}(\ln\sqrt{3}-1)$ **41.** $-\cot\left(\dfrac{t}{2}\right) - t + C$

第 7.5 节

1. $\dfrac{2}{\sqrt{3}}\left(\tan^{-1}\sqrt{\dfrac{x-3}{3}}\right) + C$ **3.** $\dfrac{(2x-3)^{3/2}(x+1)}{5} + C$

5. $\dfrac{(x+2)(2x-6)\sqrt{4x-x^2}}{6} + 4\sin^{-1}\left(\dfrac{x-2}{2}\right) + C$

7. $\sqrt{4-x^2} - 2\ln\left|\dfrac{2+\sqrt{4-x^2}}{x}\right| + C$ **9.** $2\sin^{-1}\dfrac{r}{2} - \dfrac{1}{2}r\sqrt{4-r^2} + C$

11. $\dfrac{e^{2t}}{13}(2\cos 3t + 3\sin 3t) + C$ **13.** $\dfrac{s}{18(9-s^2)} + \dfrac{1}{108}\ln\left|\dfrac{s+3}{s-3}\right| + C$

15. $2\sqrt{3t-4} - 4\tan^{-1}\sqrt{\dfrac{3t-4}{4}} + C$ **17.** $-\dfrac{\cos 5x}{10} - \dfrac{\cos x}{2} + C$

19. $6\sin\left(\dfrac{\theta}{12}\right) + \dfrac{6}{7}\sin\left(\dfrac{7\theta}{12}\right) + C$ **21.** $\dfrac{1}{2}\ln|x^2+1| + \dfrac{x}{2(1+x^2)} + \dfrac{1}{2}\tan^{-1}x + C$

23. $\left(x - \dfrac{1}{2}\right)\sin^{-1}\sqrt{x} + \dfrac{1}{2}\sqrt{x-x^2} + C$ **25.** $\sqrt{1-\sin^2 t} - \ln\left|\dfrac{1+\sqrt{1-\sin^2 t}}{\sin t}\right| + C$

27. $\ln\left|\ln y + \sqrt{3+(\ln y)^2}\right| + C$ **29.** $\ln\left|3r + \sqrt{9r^2-1}\right| + C$

31. $x\cos^{-1}\sqrt{x} + \dfrac{1}{2}\sin^{-1}\sqrt{x} - \dfrac{1}{2}\sqrt{x-x^2} + C$ **33.** $\dfrac{e^{3x}}{9}(3x-1) + C$

35. $\dfrac{x^2 2^x}{\ln 2} - \dfrac{2}{\ln 2}\left[\dfrac{x 2^x}{\ln 2} - \dfrac{2^x}{(\ln 2)^2}\right] + C$ **37.** $\dfrac{1}{120}\sinh^4 3x \cosh 3x - \dfrac{1}{90}\sinh^2 3x \cosh 3x + \dfrac{2}{90}\cosh 3x + C$

39. $\dfrac{x^2}{3}\sinh 3x - \dfrac{2x}{9}\cosh 3x + \dfrac{2}{27}\sinh 3x + C$

45.（b）利用教材积分表中的公式 29，$V = 2L\left[\left(\dfrac{d-r}{2}\right)\sqrt{2rd-d^2} + \left(\dfrac{r^2}{2}\right)\left[\sin^{-1}\left(\dfrac{d-r}{r}\right) + \dfrac{\pi}{2}\right]\right]$

49.（c）$\dfrac{\pi}{4}$ **51.** $1 - \dfrac{1}{e} \approx 0.632121$

53. $\dfrac{4}{15} \approx 0.266667$ **55.** $6 + 2\left[(\ln 2)^3 - 3(\ln 2)^2 + 6\ln 2 - 6\right] \approx 0.101097$

第 7.6 节

1. $\dfrac{1}{4}$ **3.** $\dfrac{5}{7}$ **5.** $\dfrac{1}{2}$ **7.** 0

9. -1 **11.** $\ln 2$ **13.** 1   **15.** 0

17. 1   **19.** 0   **21.** e^2 **23.** 0
25. 1   **27.** 1   **29.** e   **31.** 1
33. e^{-1} **35.** ln 2   **37.** -1 **39.** 3
41. 1   **43.** (b)是正确的,但(a)则否.   **45.** $c = \dfrac{27}{10}$

47. (a) $\ln\left(1 + \dfrac{r}{k}\right)^k = k\ln\left(1 + \dfrac{r}{k}\right)$. 且当 $k \to \infty$ 时,

$$\lim_{k\to\infty} k\ln\left(1 + \dfrac{r}{k}\right) = \lim_{k\to\infty} \dfrac{\ln\left(1 + \dfrac{r}{k}\right)}{\dfrac{1}{k}} = \lim_{k\to\infty} \dfrac{\dfrac{-r}{k^2}\Big/\left(1 + \dfrac{r}{k}\right)}{\dfrac{-1}{k^2}} =$$

$$\lim_{k\to\infty} \dfrac{r}{1 + \dfrac{r}{k}} = r.\ \text{因此}, \lim_{k\to\infty}\left(1 + \dfrac{r}{k}\right)^k = e^r.$$

$$\text{故}, \lim_{k\to\infty} A_0\left(1 + \dfrac{r}{k}\right)^{kt} = A_0 e^{rt}.$$

(b) 部分(a) 指出,每年计复利的次数增加趋于无穷时,每年取 k 次复利的极限是连续复利.

53. (a) $(-\infty, -1) \cup (0, \infty)$ (b) ∞ (c) e

第 7.7 节

1. (a) 因为积分限无穷   (b) 收敛   (c) $\dfrac{\pi}{2}$

3. (a) 因为被积函数在 $x = 0$ 有无穷间断性   (b) 收敛   (c) $-\dfrac{9}{2}$

5. (a) 因为被积函数在 $x = 0$ 有无穷间断性   (b) 发散   (c) 无值

7. 1000   **9.** 4   **11.** $\dfrac{\pi}{2}$ **13.** ln 3   **15.** $\sqrt{3}$

17. π **19.** $\dfrac{\pi}{3}$ **21.** ln 4   **23.** $\dfrac{\pi}{2}$ **25.** $\ln\left(1 + \dfrac{\pi}{2}\right)$

27. 6   **29.** -1 **31.** 2   **33.** $-\dfrac{1}{4}$ **35.** 发散

37. 收敛   **39.** 收敛   **41.** 收敛   **43.** 发散   **45.** 收敛
47. 收敛   **49.** 发散   **51.** 收敛   **53.** 收敛   **55.** 发散
57. 收敛   **59.** 发散   **61.** 收敛
63. 收敛   **65.** (a) 收敛,当 $p < 1$ (b) 收敛,当 $p > 1$
67. 1   **69.** $\dfrac{\pi}{2}$ **73.** (b) ≈ 0.88621 **75.** (b) 1

第 7 章实践习题

1. $\dfrac{1}{12}(4x^2 - 9)^{3/2} + C$ **3.** $\dfrac{\sqrt{8x^2 + 1}}{8} + C$ **5.** $\dfrac{-\sqrt{9 - 4t^4}}{8} + C$

7. $-\dfrac{1}{2(1 - \cos 2\theta)} + C$ **9.** $-\dfrac{1}{2}e^{\cos 2x} + C$ **11.** $\dfrac{2^{x-1}}{\ln 2} + C$

13. $\ln|2 + \tan^{-1}x| + C$ **15.** $\dfrac{1}{3}\sin^{-1}\left(\dfrac{3t}{4}\right) + C$ **17.** $\dfrac{1}{5}\sec^{-1}\left|\dfrac{5x}{4}\right| + C$

19. $\dfrac{1}{2}\tan^{-1}\left(\dfrac{y-2}{2}\right) + C$ **21.** $\dfrac{x}{2} + \dfrac{\sin 6x}{12} + C$ **23.** $\dfrac{\tan^2(2t)}{4} - \dfrac{1}{2}\ln|\sec 2t| + C$

25. $\ln|\sec 2x + \tan 2x| + C$ **27.** $\ln(3 + 2\sqrt{2})$ **29.** $2\sqrt{2}$

31. $x - 2\tan^{-1}\left(\dfrac{x}{2}\right) + C$ **33.** $\ln(y^2 + 4) - \dfrac{1}{2}\tan^{-1}\left(\dfrac{y}{2}\right) + C$

35. $-\sqrt{4-t^2}+2\sin^{-1}\left(\dfrac{t}{2}\right)+C$ 37. $x-\tan x+\sec x+C$ 39. $4\ln\left|\sin\left(\dfrac{x}{4}\right)\right|+C$

41. $\dfrac{z}{16(16+z^2)^{1/2}}+C$ 43. $\dfrac{-\sqrt{1-x^2}}{x}+C$ 45. $\ln\left|x+\sqrt{x^2-9}\right|+C$

47. $[(x+1)(\ln(x+1))-(x+1)]+C$ 49. $x\tan^{-1}(3x)-\dfrac{1}{6}\ln(1+9x^2)+C$

51. $(x+1)^2 e^x - 2(x+1)e^x + 2e^x + C$ 53. $\dfrac{2e^x\sin 2x}{5}+\dfrac{e^x\cos 2x}{5}+C$

55. $2\ln|x-2|-\ln|x-1|+C$ 57. $-\dfrac{1}{3}\ln\left|\dfrac{\cos\theta-1}{\cos\theta+2}\right|+C$

59. $\dfrac{1}{16}\ln\left|\dfrac{(v-2)^5(v+2)}{v^6}\right|+C$ 61. $\dfrac{x^2}{2}+\dfrac{4}{3}\ln|x+2|+\dfrac{2}{3}\ln|x-1|+C$

63. $x^2-3x+\dfrac{2}{3}\ln|x+4|+\dfrac{1}{3}\ln|x-2|+C$ 65. $\ln|1-e^{-s}|+C$

67. $-\sqrt{16-y^2}+C$ 69. $-\dfrac{1}{2}\ln|4-x^2|+C$

71. $\ln\dfrac{1}{\sqrt{9-x^2}}+C$ 73. $\dfrac{1}{6}\ln\left|\dfrac{x+3}{x-3}\right|+C$

75. $\dfrac{2x^{3/2}}{3}-x+2\sqrt{x}-2\ln(\sqrt{x}+1)+C$ 77. $2\sin\sqrt{x}+C$

79. $\ln\left|u+\sqrt{1+u^2}\right|+C$ 81. $\dfrac{1}{12}\ln\left|\dfrac{3+v}{3-v}\right|+\dfrac{1}{6}\tan^{-1}\dfrac{v}{3}+C$

83. $\dfrac{x^2}{2}+2x+3\ln|x-1|-\dfrac{1}{x-1}+C$ 85. $-\cos(2\sqrt{x}x)+C$

87. $\dfrac{\sqrt{3}}{3}\tan^{-1}\left(\dfrac{\theta-1}{\sqrt{3}}\right)+C$ 89. $\dfrac{1}{4}\sec^2\theta+C$

91. $-\dfrac{2}{3}(x+4)\sqrt{2-x}+C$ 93. $\dfrac{1}{2}[x\ln|x-1|-x-\ln|x-1|]+C$

95. $\dfrac{1}{4}\ln|z|-\dfrac{1}{4z}-\dfrac{1}{4}\left[\dfrac{1}{2}\ln(z^2+4)+\dfrac{1}{2}\tan^{-1}\left(\dfrac{z}{2}\right)\right]+C$ 97. $-\dfrac{\tan^{-1}x}{x}+\ln|x|-\ln\sqrt{1+x^2}+C$

99. $\tan x-x+C$ 103. $\dfrac{1}{4}$ 105. $\sec^{-1}|2x-1|+C$

107. $\dfrac{1}{6}(3+4e^\theta)^{3/2}+C$ 109. $\dfrac{1}{3}\left(\dfrac{27^{3\theta+1}}{\ln 27}\right)+C$ 111. $2\sqrt{r}-2\ln(1+\sqrt{r})+C$

113. $4\sec^{-1}\left|\dfrac{7m}{2}\right|+C$ 115. 极限不存在.

117. 2   119. 1   121. 0   123. $-\dfrac{1}{2}$ 125. 1

127. ∞ 129. $\dfrac{\pi}{2}$ 131. 6   133. $\ln 3$ 135. 2

137. $\dfrac{\pi}{6}$ 139. 发散   141. 发散   143. 收敛

145. $\ln|y-1|-\ln|y|=e^x-1-\ln 2$ 147. $y=\ln|x-2|-\ln|x-1|+\ln 2$

第 7 章

1. $x(\sin^{-1}x)^2+2(\sin^{-1}x)\sqrt{1-x^2}-2x+C$ 3. $\dfrac{x^2\sin^{-1}x}{2}+\dfrac{x\sqrt{1-x^2}-\sin^{-1}x}{4}+C$

5. $\dfrac{\ln|\sec 2\theta+\tan 2\theta|+2\theta}{4}+C$ 7. $\dfrac{1}{2}\left[\ln\left|t-\sqrt{1-t^2}\right|-\sin^{-1}t\right]+C$

9. $\dfrac{1}{16}\ln\left|\dfrac{x^2+2x+2}{x^2-2x+2}\right|+\dfrac{1}{8}[\tan^{-1}(x+1)+\tan^{-1}(x-1)]+C$

11. $\dfrac{\pi}{2}$ 13. $\dfrac{1}{\sqrt{e}}$ 15. 0   17. 1   19. $\dfrac{32\pi}{35}$ 21. 2π

23. (a) π (b) $\pi(2e-5)$ 25. (b) $\pi\left[\dfrac{8(\ln 2)^2}{3}-\dfrac{16(\ln 2)}{9}+\dfrac{16}{27}\right]$ 27. $\dfrac{1}{2}$ 31. $\dfrac{\pi}{2}(3b-a)+2$

33. 6   35. $P(x)=-3x^2+1$ 37. $\dfrac{1}{2}<p\leq 1$ 39. (b) 1

41. $\dfrac{e^{2x}}{13}(3\sin 3x+2\cos 3x)+C$ 43. $\dfrac{\cos x\sin 3x-3\sin x\cos 3x}{8}+C$

45. $\dfrac{e^{ax}}{a^2+b^2}(a\sin bx-b\cos bx)+C$ 47. $x\ln(ax)-x+C$

第 8 章

第 8.1 节

1. $a_1=0, a_2=-\dfrac{1}{4}, a_3=-\dfrac{2}{9}, a_4=-\dfrac{3}{16}$ 3. $a_1=1, a_2=-\dfrac{1}{3}, a_3=\dfrac{1}{5}, a_4=-\dfrac{1}{7}$

5. $a_n=(-1)^{n+1}, n\geq 1$ 7. $a_n=n^2-1, n\geq 1$

9. $a_n=4n-3, n\geq 1$ 11. $a_n=\dfrac{1+(-1)^{n+1}}{2}, n\geq 1$

13. 收敛, 2   15. 收敛, -1 17. 发散   19. 发散   21. 收敛, $\dfrac{1}{2}$

23. 收敛, $\sqrt{2}$ 25. 收敛, 0   27. 收敛, 0   29. 发散   31. 收敛, e^7

33. 收敛, 1   35. 收敛, 1   37. 收敛, 4   39. 收敛, 0   41. 发散

43. 收敛, e^{-1} 45. 收敛, $e^{2/3}$ 47. 收敛, $x(x>0)$ 49. 收敛, 0   51. 收敛, $\dfrac{\pi}{2}$

53. 收敛, 0   55. 收敛, 0   57. $N=692, a_n=\sqrt[n]{0.5}, L=1$

59. $N=65, a_n=(0.9)^n, L=0$ 61. (b) $\sqrt{2}$ 63. (b) 1

第 8.2 节

1. $1, \dfrac{3}{2}, \dfrac{7}{4}, \dfrac{15}{8}, \dfrac{31}{16}, \dfrac{63}{32}, \dfrac{127}{64}, \dfrac{255}{128}, \dfrac{511}{256}, \dfrac{1023}{512}$ 3. $2, 1, -\dfrac{1}{2}, -\dfrac{1}{4}, \dfrac{1}{8}, \dfrac{1}{16}, -\dfrac{1}{32}, -\dfrac{1}{64}, \dfrac{1}{128}, \dfrac{1}{256}$

5. $1, 1, 2, 3, 5, 8, 13, 21, 34, 55$ 7. (b) $\sqrt{3}$

9. (a) $f(x)=x^2-2, 1.414213562\approx\sqrt{2}$

   (b) $f(x)=\tan(x)-1, \ 0.7853981635\approx\dfrac{\pi}{4}$ (c) $f(x)=e^x$, 发散

11. 非减, 有界   13. 不是非减的, 有界   15. 收敛, 单调序列定理

17. 收敛, 单调序列定理   19. 发散, 发散的定义   21. 收敛, 单调序列定理

23. 发散, 发散的定义   27. 1   29. -0.73908513 31. 0.85375017

第 8.3 节

1. $s_n=\dfrac{2\left[1-\left(\dfrac{1}{3}\right)^n\right]}{1-\left(\dfrac{1}{3}\right)}, 3$ 3. $s_n=\dfrac{1-\left(-\dfrac{1}{2}\right)^n}{1-\left(-\dfrac{1}{2}\right)}, \dfrac{2}{3}$ 5. $s_n=\dfrac{1}{2}-\dfrac{1}{n+2}, \dfrac{1}{2}$

7. $1-\dfrac{1}{4}+\dfrac{1}{16}-\dfrac{1}{64}+\cdots, \dfrac{4}{5}$ 9. $(5+1)+\left(\dfrac{5}{2}+\dfrac{1}{3}\right)+\left(\dfrac{5}{4}+\dfrac{1}{9}\right)+\left(\dfrac{5}{8}+\dfrac{1}{27}\right)+\cdots, \dfrac{23}{2}$

11. $(1+1)+\left(\dfrac{1}{2}-\dfrac{1}{6}\right)+\left(\dfrac{1}{4}+\dfrac{1}{25}\right)+\left(\dfrac{1}{8}-\dfrac{1}{125}\right)+\cdots, \dfrac{17}{6}$

13. 1   15. 5   17. 1   19. 收敛, $2+\sqrt{2}$ 21. 收敛, 1

23. 收敛, $\dfrac{e^2}{e^2-1}$ **25.** 收敛, $\dfrac{x}{x-1}$ **27.** 发散 **29.** 发散 **31.** 发散

33. $a=1, r=-x$; 对于 $|x|<1$, 收敛到 $\dfrac{1}{1+x}$ **35.** $a=3, r=\dfrac{x-1}{2}$, 对于 $(-1,3)$ 内的 x, 收敛到 $\dfrac{6}{3-x}$

37. $|x|<\dfrac{1}{2}$, $\dfrac{1}{1-2x}$ **39.** $1<x<5$, $\dfrac{2}{x-1}$ **41.** $\dfrac{23}{99}$

43. $\dfrac{7}{9}$ **45.** $\dfrac{41}{33}$ $\dfrac{333}{300}$ **47.** 28 米 **49.** 8 米^2

51. (a) $3\left(\dfrac{4}{3}\right)^{n-1}$ (b) $A_n = A + \dfrac{1}{3}A + \dfrac{1}{3}\left(\dfrac{4}{9}\right)A + \cdots + \dfrac{1}{3}\left(\dfrac{4}{9}\right)^{n-2}A$, $\lim\limits_{n\to\infty} A_n = \dfrac{2\sqrt{3}}{5}$

53. (a) $\sum\limits_{n=-2}^{\infty}\dfrac{1}{(n+4)(n+5)}$ (b) $\sum\limits_{n=0}^{\infty}\dfrac{1}{(n+2)(n+3)}$ (c) $\sum\limits_{n=5}^{\infty}\dfrac{1}{(n-3)(n-2)}$

55. $\ln\left(\dfrac{8}{9}\right)$ **61.** 它发散.

第8.4节

1. 发散 **3.** 发散 **5.** 收敛 **7.** 收敛

9. 发散; $\dfrac{1}{2\sqrt{n}+\sqrt[3]{n}} \geq \dfrac{1}{2n+n} = \dfrac{1}{3n}$ **11.** 收敛; $\dfrac{\sin^2 n}{2^n} \leq \dfrac{1}{2^n}$

13. 收敛; $\left(\dfrac{n}{3n+1}\right)^n < \left(\dfrac{n}{3n}\right)^n = \left(\dfrac{1}{3}\right)^n$ **15.** 发散; 同 $\sum\dfrac{1}{n}$ 作极限比较

17. 收敛; 同 $\sum\dfrac{1}{n^2}$ 作极限比较 **19.** 收敛; 同 $\sum\dfrac{1}{n^{5/4}}$ 作极限比较 **21.** 收敛, $\rho=1/2$

23. 发散, $\rho=\infty$ **25.** 收敛, $\rho=1/10$ **27.** 收敛, $\rho=0$

29. 收敛, $\rho=0$ **31.** 收敛, $\rho=0$ **33.** 发散, $\rho=\infty$

35. 收敛; 几何级数, $r=\dfrac{1}{e}<1$ **37.** 发散; p-级数, $p<1$ **39.** 发散; 同 $\sum\dfrac{1}{n}$ 作极限比较

41. 收敛; 同 $\sum\dfrac{1}{n^{3/2}}$ 作极限比较 **43.** 收敛; 比值判别法 **45.** 收敛; 比值判别法

47. 收敛; 积分判别法 **49.** 收敛; 积分判别法 **51.** 收敛; 同 $\sum\dfrac{3}{(1.25)^n}$ 作比较

53. 收敛; 同 $\sum\dfrac{1}{n^2}$ 作比较 **55.** 收敛; 同 $\sum\dfrac{1}{n^2}$ 作比较 **57.** 收敛; $\dfrac{\tan^{-1}n}{n^{1.1}} < \dfrac{(\pi/2)}{n^{1.1}}$

59. 发散; 第 n 项判别法 **61.** 收敛; 比值判别法 **63.** 发散; 比值判别法

65. 发散; $a_n = \left(\dfrac{1}{3}\right)^{(1/n!)} \to 1$ **71.** $a=1$

第8.5节

1. 根据定理8收敛 **3.** 发散; $a_n \not\to 0$ **5.** 根据定理8收敛

7. 发散; $a_n \to \dfrac{1}{2} \neq 0$ **9.** 根据定理8收敛

11. 绝对收敛. 绝对值组成的级数是收敛的几何级数.

13. 条件收敛. $\dfrac{1}{\sqrt{n+1}} \to 0$ 但 $\sum\limits_{n=1}^{n}\dfrac{1}{\sqrt{n+1}}$ 发散.

15. 绝对收敛. 同 $\sum\limits_{n=1}^{\infty}\dfrac{1}{n^2}$ 作比较. **17.** 条件收敛. $\dfrac{1}{n+3} \to 0$ 但 $\sum\limits_{n=1}^{\infty}\dfrac{1}{n+3}$ 发散. 同 $\sum\limits_{n=1}^{\infty}\dfrac{1}{n}$ 作比较.

19. 发散; $\dfrac{3+n}{5+n} \to 1$ **21.** 条件收敛; $\left(\dfrac{1}{n^2}+\dfrac{1}{n}\right) \to 0$ 但 $\dfrac{1+n}{n^2} > \dfrac{1}{n}$.

23. 绝对收敛; 比值判别法 **25.** 根据积分判别法绝对收敛

27. 发散;$a_n \not\to 0$ 29. 根据积分判别法绝对收敛

31. 绝对收敛;$\dfrac{1}{n^2+2n+1} < \dfrac{1}{n^2}$ 33. 因为 $\left|\dfrac{\cos n\pi}{n\sqrt{n}}\right| = \left|\dfrac{(-1)^{n+1}}{n^{3/2}}\right| = \dfrac{1}{n^{3/2}}$(收敛 p - 级数),绝对收敛.

35. 根据根式判别法绝对收敛 37. 发散;$a_n \to \infty$

39. 条件收敛;$\sqrt{n+1} - \sqrt{n} = \dfrac{1}{\sqrt{n}+\sqrt{n+1}} \to 0$,但绝对值级数发散. 同 $\sum \dfrac{1}{\sqrt{n}}$ 作比较.

41. 发散;$a_n \to \dfrac{1}{2} \neq 0$

43. 绝对收敛;$\text{sech } n = \dfrac{2}{e^n + e^{-n}} = \dfrac{2e^n}{e^{2n}+1} < \dfrac{2e^n}{e^{2n}} = \dfrac{2}{e^n}$,这是一个收敛几何级数的项.

45. |误差| < 0.2 47. |误差| < 2×10^{-11} 49. 0.54030

51. (a)$a_n \geq a_{n+1}$ 不成立 (b) $-\dfrac{1}{2}$

第 8.6 节

1. (a)$1, -1 < x < 1$ (b) $-1 < x < 1$ (c) 无
3. (a)$\dfrac{1}{4}, -\dfrac{1}{2} < x < 0$ (b) $-\dfrac{1}{2} < x < 0$ (c) 无
5. (a)$10, -8 < x < 12$ (b) $-8 < x < 12$ (c) 无
7. (a)$1, -1 < x < 1$ (b) $-1 < x < 1$ (c) 无
9. (a)$3, [-3,3]$ (b) $[-3,3]$ (c) 无
11. (a)∞,对所有 x (b) 对所有 x (c) 无
13. (a)∞,对所有 x (b) 对所有 x (c) 无
15. (a)$1, -1 \leq x < 1$ (b) $-1 < x < 1$ (c) $x = -1$
17. (a)$5, -8 < x < 2$ (b) $-8 < x < 2$ (c) 无
19. (a)$3, -3 < x < 3$ (b) $-3 < x < 3$ (c) 无
21. (a)$1, -1 < x < 1$ (b) $-1 < x < 1$ (c) 无
23. (a)$0, x = 0$ (b) $x = 0$ (c) 无
25. (a)$2, -4 < x \leq 0$ (b) $-4 < x < 0$ (c) $x = 0$
27. (a)$1, -1 \leq x \leq 1$ (b) $-1 \leq x \leq 1$ (c) 无
29. (a)$\dfrac{1}{4}, 1 \leq x \leq \dfrac{3}{2}$ (b) $1 \leq x \leq \dfrac{3}{2}$ (c) 无
31. (a)$1, (-1-\pi) \leq x < (1-\pi)$ (b) $(-1-\pi) < x < (1-\pi)$ (c) $x = -1-\pi$
33. $-1 < x < 3, \dfrac{4}{3+2x-x^2}$ 35. $0 < x < 16, \dfrac{2}{4-\sqrt{x}}$
37. $-\sqrt{2} < x < \sqrt{2}, \dfrac{3}{2-x^2}$ 39. $1 < x < 5, \dfrac{2}{x-1}, 1 < x < 5, \dfrac{-2}{(x-1)^2}$

41. (a)$\cos x = 1 - \dfrac{x^2}{2!} + \dfrac{x^4}{4!} - \dfrac{x^6}{6!} + \dfrac{x^8}{8!} - \dfrac{x^{10}}{10!} + \cdots$;对于所有 x 收敛

(b) 和 (c) $2x - \dfrac{2^3 x^3}{3!} + \dfrac{2^5 x^5}{5!} - \dfrac{2^7 x^7}{7!} + \dfrac{2^9 x^9}{9!} - \dfrac{2^{11} x^{11}}{11!} + \cdots$

43. (a) $\dfrac{x^2}{2} + \dfrac{x^4}{12} + \dfrac{x^6}{45} + \dfrac{17 x^8}{2520} + \dfrac{31 x^{10}}{14175}, -\dfrac{\pi}{2} < x < \dfrac{\pi}{2}$

(b) $1 + x^2 + \dfrac{2x^4}{3} + \dfrac{17 x^6}{45} + \dfrac{62 x^8}{315} + \cdots, -\dfrac{\pi}{2} < x < \dfrac{\pi}{2}$

第 8.7 节

1. $P_0(x) = 0, P_1(x) = x - 1, P_2(x) = (x-1) - \dfrac{1}{2}(x-1)^2,$

$$P_3(x) = (x-1) - \frac{1}{2}(x-1)^2 + \frac{1}{3}(x-1)^3$$

3. $P_0(x) = \frac{1}{2}, P_1(x) = \frac{1}{2} - \frac{x}{4}, P_2(x) = \frac{1}{2} - \frac{x}{4} + \frac{x^2}{8},\qquad P_3(x) = \frac{1}{2} - \frac{x}{4} + \frac{x^2}{8} - \frac{x^3}{16}$

5. $P_0(x) = \frac{1}{\sqrt{2}}, P_1(x) = \frac{1}{\sqrt{2}} - \frac{1}{\sqrt{2}}\left(x - \frac{\pi}{4}\right),\qquad P_2(x) = \frac{1}{\sqrt{2}} - \frac{1}{\sqrt{2}}\left(x - \frac{\pi}{4}\right) - \frac{1}{2\sqrt{2}}\left(x - \frac{\pi}{4}\right)^2,$

$$P_3(x) = \frac{1}{\sqrt{2}} - \frac{1}{\sqrt{2}}\left(x - \frac{\pi}{4}\right) - \frac{1}{2\sqrt{2}}\left(x - \frac{\pi}{4}\right)^2 + \frac{1}{6\sqrt{2}}\left(x - \frac{\pi}{4}\right)^3$$

7. $\sum_{n=0}^{\infty} \frac{(-x)^n}{n!} = 1 - x + \frac{x^2}{2!} - \frac{x^3}{3!} + \frac{x^4}{4!} - \cdots$ 9. $\sum_{n=0}^{\infty} \frac{(-1)^n 3^{2n+1} x^{2n+1}}{(2n+1)!}$ 11. $\sum_{n=0}^{\infty} \frac{x^{2n}}{(2n)!}$

13. $x^4 - 2x^3 - 5x + 4$ 15. $8 + 10(x-2) + 6(x-2)^2 + (x-2)^3$ 17. $\sum_{n=0}^{\infty} (-1)^n (n+1)(x-1)^n$

19. $\sum_{n=0}^{\infty} \frac{e^2}{n!}(x-2)^n$ 21. $\sum_{n=0}^{\infty} \frac{(-5x)^n}{n!} = 1 - 5x + \frac{5^2 x^2}{2!} - \frac{5^3 x^3}{3!} + \cdots$

23. $\sum_{n=0}^{\infty} \frac{(-1)^n \left(\frac{\pi x}{2}\right)^{2n+1}}{(2n+1)!} = \frac{\pi x}{2} - \frac{\pi^3 x^3}{2^3 \cdot 3!} + \frac{\pi^5 x^5}{2^5 \cdot 5!} - \frac{\pi^7 x^7}{2^7 \cdot 7!} + \cdots$

25. $\sum_{n=0}^{\infty} \frac{x^{n+1}}{n!} = x + x^2 + \frac{x^3}{2!} + \frac{x^4}{3!} + \frac{x^5}{4!} + \cdots$ 27. $\sum_{n=2}^{\infty} \frac{(-1)^n x^{2n}}{(2n)!} = \frac{x^4}{4!} - \frac{x^6}{6!} + \frac{x^8}{8!} - \frac{x^{10}}{10!} + \cdots$

29. $x - \frac{\pi^2 x^3}{2!} + \frac{\pi^4 x^5}{4!} - \frac{\pi^6 x^7}{6!} + \cdots = \sum_{n=0}^{\infty} \frac{(-1)^n \pi^{2n} x^{2n+1}}{(2n)!}$

31. $\sum_{n=1}^{\infty} \frac{(-1)^{n+1}(2x)^{2n}}{2 \cdot (2n)!} = \frac{(2x)^2}{2 \cdot 2!} - \frac{(2x)^4}{2 \cdot 4!} + \frac{(2x)^6}{2 \cdot 6!} - \frac{(2x)^8}{2 \cdot 8!} + \cdots$

33. $\sum_{n=1}^{\infty} \frac{(-1)^{n-1} 2^n x^{n+1}}{n} = 2x^2 - \frac{2^2 x^3}{2} + \frac{2^3 x^4}{3} - \frac{2^4 x^5}{4} + \cdots$ 35. $|x| < (0.06)^{1/5} < 0.56968$

37. $|\text{误差}| < \frac{(10^{-3})^3}{6} < 1.67 \times 10^{-10}, -10^{-3} < x < 0$

39. (a) $|\text{误差}| < \frac{(3^{0.1})(0.1)^3}{6} < 1.87 \times 10^{-4}$ (b) $|\text{误差}| < \frac{(0.1)^3}{6} < 1.67 \times 10^{-4}$

45. (a) $L(x) = 0$ (b) $Q(x) = -\frac{x^2}{2}$ 47. (a) $L(x) = 1$ (b) $Q(x) = 1 + \frac{x^2}{2}$

第 8.8 节

1. $1 + \frac{x}{2} - \frac{x^2}{8} + \frac{x^3}{16}$ 3. $1 + \frac{1}{2}x - \frac{3}{8}x^2 + \frac{5}{16}x^3 + \cdots$ 5. $1 - x + \frac{3x^2}{4} - \frac{x^3}{2}$

7. $1 - \frac{x^3}{2} + \frac{3x^6}{8} - \frac{5x^9}{16}$ 9. $1 + \frac{1}{2x} - \frac{1}{8x^2} + \frac{1}{16x^3}$ 11. $(1+x)^4 = 1 + 4x + 6x^2 + 4x^3 + x^4$

13. $(1-2x)^3 = 1 - 6x + 12x^2 - 8x^3$ 15. $y = \sum_{n=0}^{\infty} \frac{(-1)^n}{n!} x^n = e^{-x}$

17. $y = \sum_{n=1}^{\infty} \frac{x^n}{n!} = e^x - 1$ 19. $y = \sum_{n=2}^{\infty} \frac{x^n}{n!} = e^x - x - 1$ 21. $y = \sum_{n=0}^{\infty} \frac{x^{2n}}{2^n n!} = e^{x^2/2}$

23. $y = \sum_{n=0}^{\infty} 2x^n = \frac{2}{1-x}$ 25. $y = \sum_{n=0}^{\infty} \frac{x^{2n+1}}{(2n+1)!} = \sinh x$ 27. $y = 2 + x - 2\sum_{n=1}^{\infty} \frac{(-1)^{n+1} x^{2n}}{(2n)!}$

29. $y = -2(x-2) - \sum_{n=1}^{\infty} \left[\frac{2(x-2)^{2n}}{(2n)!} + \frac{3(x-2)^{2n+1}}{(2n+1)!}\right]$

31. $y = a + bx + \frac{1}{6}x^3 - \frac{ax^4}{3 \cdot 4} - \frac{bx^5}{4 \cdot 5} - \frac{x^7}{6 \cdot 6 \cdot 7} + \frac{ax^8}{3 \cdot 4 \cdot 7 \cdot 8} + \frac{bx^9}{4 \cdot 5 \cdot 8 \cdot 9} + \cdots$ 对 $n \geq 6, a_n = \frac{a_{n-4}}{n(n-1)}$

33. $\frac{x^3}{3} - \frac{x^7}{7 \cdot 3!} + \frac{x^{11}}{11 \cdot 5!}$ 35. (a) $\frac{x^2}{2} - \frac{x^4}{12}$ (b) $\frac{x^2}{2} - \frac{x^4}{3 \cdot 4} + \frac{x^6}{5 \cdot 6} - \frac{x^8}{7 \cdot 8} + \cdots + (-1)^{15} \frac{x^{32}}{31 \cdot 32}$

37. $\frac{1}{2}$ **39.** -1 **41.** $2!$ **45.** 500 项

47. (a) $x + \frac{x^3}{6} + \frac{3x^5}{40} + \frac{5x^7}{112}$, 收敛半径 $= 1$ (b) $\frac{\pi}{2} - x - \frac{x^3}{6} - \frac{3x^5}{40} - \frac{5x^7}{112}$

第8.9节

1. $f(x) = 1$ **3.** $f(x) = \sum_{n=1}^{\infty} \frac{2(-1)^{n+1}}{n} \sin nx$ **5.** $f(x) = \frac{\pi^2}{12} + \sum_{n=1}^{\infty} \frac{(-1)^n}{n^2} \cos nx$

7. $f(x) = \frac{2\sinh \pi}{\pi} \left[\frac{1}{2} + \sum_{n=1}^{\infty} \frac{(-1)^n}{n^2+1} (\cos nx - n\sin nx) \right]$

9. $f(x) = \frac{1}{2}\cos x + \frac{1}{\pi} \sum_{n=2}^{\infty} \frac{n(1+(-1)^n)}{n^2-1} \sin nx$ **11.** $f(x) = \frac{1}{2} + \frac{2}{\pi} \sum_{k=0}^{\infty} \frac{(-1)^k}{2k+1} \cos(2k+1)x$

13. $f(x) = \frac{5}{4} + \frac{4}{\pi^2} \sum_{n=1}^{\infty} \frac{1}{n^2} \left[(-1)^n - \cos\frac{n\pi}{2} \right] \cos(n\pi x) + \frac{2}{\pi} \sum_{n=1}^{\infty} \frac{1}{n} \left[(-1)^n - \frac{2}{n\pi} \sin\frac{n\pi}{2} \right] \sin(n\pi x)$

15. 令 $x = \pi$, $\frac{\pi^2}{4} = \frac{\pi^2}{12} + \sum_{n=1}^{\infty} \frac{(-1)^n}{n^2} \cos n\pi$, 或 $\frac{\pi^2}{6} = \sum_{n=1}^{\infty} \frac{1}{n^2} = 1 + \frac{1}{4} + \frac{1}{9} + \frac{1}{16} + \cdots + \frac{1}{n^2} + \cdots$.

17. 0 **19.** 0 若 $m \neq n$; L 若 $m = n$ **21.** 0 若 $m \neq n$; 0 若 $m = n$

第8.10节

1. $f(x) = \frac{\pi}{2} + \frac{2}{\pi} \sum_{n=1}^{\infty} \frac{[(-1)^n - 1]}{n^2} \cos nx$ **3.** $f(x) = (e-1) + 2 \sum_{n=1}^{\infty} \frac{[e(-1)^n - 1]}{1+n^2\pi^2} \cos n\pi x$

5. $f(x) = -\frac{1}{4} + \frac{4}{\pi} \sum_{n=1}^{\infty} \left[\frac{1}{n} \sin\frac{n\pi}{2} + \frac{1}{\pi n^2} \left((-1)^{n+1} + \cos\frac{n\pi}{2} \right) \right] \cos\frac{n\pi x}{2}$

7. $f(x) = \frac{1}{2} + \sum_{n=1}^{\infty} \frac{4}{n^2\pi^2} \left[1 + (-1)^n - 2\cos\frac{n\pi}{2} \right] \cos n\pi x$

9. $f(x) = 2 \sum_{n=1}^{\infty} \frac{(-1)^n}{n\pi} \sin n\pi x$ **11.** $f(x) = \frac{8}{\pi} \sum_{k=1}^{\infty} \frac{k}{4k^2-1} \sin 2kx$

13. $f(x) = \sin x$ **15.** $f(x) = \frac{2}{\pi} \sum_{n=1}^{\infty} \left[\frac{1}{n} - \frac{2}{n^2\pi} \sin\frac{n\pi}{2} \right] \sin\frac{n\pi x}{2}$

17. (a) $f(x) = \frac{4}{\pi} \left[\sin x + \frac{\sin 3x}{3} + \frac{\sin 5x}{5} + \frac{\sin 7x}{7} + \cdots \right]$

(b) 在 $x = \frac{\pi}{2}$ 求 $f(x)$ 值 $\Rightarrow \frac{\pi}{4} = 1 - \frac{1}{3} + \frac{1}{5} - \frac{1}{7} + \cdots$.

19. $\sum_{n=1}^{\infty} \frac{(-1)^n}{4n^2-1} = \frac{1}{2} - \frac{\pi}{4}$

第8章实践习题

1. 收敛到 1 **3.** 收敛到 -1 **5.** 发散 **7.** 收敛到 0 **9.** 收敛到 1

11. 收敛到 e^{-5} **13.** 收敛到 3 **15.** 收敛到 $\ln 2$ **17.** 发散 **19.** $\frac{1}{6}$

21. $\frac{3}{2}$ **23.** $\frac{e}{e-1}$ **25.** 发散 **27.** 条件收敛 **29.** 条件收敛

31. 绝对收敛 **33.** 绝对收敛 **35.** 绝对收敛 **37.** 绝对收敛 **39.** 绝对收敛

41. (a) $3, -7 \leq x < -1$ (b) $-7 < x < -1$ (c) $x = -7$

43. (a) $\frac{1}{3}, 0 \leq x \leq \frac{2}{3}$ (b) $0 \leq x \leq \frac{2}{3}$ (c) 无

45. (a) ∞, 对所有 x (b) 对所有 x (c) 无

47. (a) $\sqrt{3}, -\sqrt{3} < x < \sqrt{3}$ (b) $-\sqrt{3} < x < \sqrt{3}$ (c) 无

49. (a) $e, (-e, e)$ (b) $(-e, e)$ (c) { }

51. $\dfrac{1}{1+x}, \dfrac{1}{4}, \dfrac{4}{5}$ 53. $\sin x, \pi, 0$ 55. $e^x, \ln 2, 2$ 57. $\sum\limits_{n=0}^{\infty} 2^n x^n$ 59. $\sum\limits_{n=0}^{\infty} \dfrac{(-1)^n \pi^{2n+1} x^{2n+1}}{(2n+1)!}$

61. $\sum\limits_{n=0}^{\infty} \dfrac{(-1)^n x^{5n}}{(2n)!}$ 63. $\sum\limits_{n=0}^{\infty} \dfrac{\left(\dfrac{\pi x}{2}\right)^n}{n!}$ 65. $2 - \dfrac{(x+1)}{2 \cdot 1!} + \dfrac{3(x+1)^2}{2^3 \cdot 2!} + \dfrac{9(x+1)^3}{2^5 \cdot 3!} + \cdots$

67. $\dfrac{1}{4} - \dfrac{1}{4^2}(x-3) + \dfrac{1}{4^3}(x-3)^2 - \dfrac{1}{4^4}(x-3)^3 + \cdots$ 69. $y = \sum\limits_{n=0}^{\infty} \dfrac{(-1)^{n+1}}{n!} x^n = -e^{-x}$

71. $y = 3\sum\limits_{n=0}^{\infty} \dfrac{(-1)^n 2^n}{n!} x^n = 3e^{-2x}$ 73. $y = -1 - x + 2\sum\limits_{n=2}^{\infty} \dfrac{x^n}{n!} = 2e^x - 3x - 3$

75. $y = -1 - x + 2\sum\limits_{n=0}^{\infty} \dfrac{x^n}{n!} = 2e^x - 1 - x$ 77. (a) $\dfrac{7}{2}$ 79. (a) $\dfrac{1}{12}$

81. (a) -2 83. $r = -3, s = \dfrac{9}{2}$ 85. $f(x) = \dfrac{1}{2} + \dfrac{6}{\pi}\sum\limits_{n=1}^{\infty} \dfrac{1}{2n-1}\sin[(2n-1)x]$

87. $f(x) = \pi - 2\sum\limits_{n=1}^{\infty} \dfrac{(-1)^n}{n}\sin nx$ 89. $f(x) = \dfrac{3}{2} + \dfrac{2}{\pi^2}\sum\limits_{n=1}^{\infty} \dfrac{(-1)^n - 1}{n^2}\cos\dfrac{n\pi x}{2} - \dfrac{2}{\pi}\sum\limits_{n=1}^{\infty} \dfrac{(-1)^n}{n}\sin\dfrac{n\pi x}{2}$

91. (a) $f(x) = \dfrac{1}{2} + \dfrac{2}{\pi}\sum\limits_{n=1}^{\infty} \dfrac{\sin\left(\dfrac{n\pi}{2}\right)}{n}\cos n\pi x$ (b) $f(x) = \dfrac{2}{\pi}\sum\limits_{n=1}^{\infty} \dfrac{1}{n}\left(1 - \cos\dfrac{n\pi}{2}\right)\sin n\pi x$

93. (a) $f(x) = \dfrac{2}{\pi} + \dfrac{1}{\pi}\sum\limits_{n=1}^{\infty} \left[\dfrac{1}{n+1} - \dfrac{1}{n-1} + \dfrac{\cos[(n-1)\pi]}{n-1} - \dfrac{\cos[(n+1)\pi]}{n+1}\right]\cos n\pi x$

   (b) $f(x) = \sin n\pi x$

95. (a) $f(x) = 6 + \dfrac{12}{\pi^2}\sum\limits_{n=1}^{\infty} \dfrac{4(-1)^n - 1}{n^2}\cos\dfrac{n\pi x}{3}$ (b) $f(x) = \dfrac{6}{\pi^3}\sum\limits_{n=1}^{\infty} \dfrac{(6 - 5n^2\pi^2)(-1)^n - 6}{n^3}\sin\dfrac{n\pi x}{3}$

97. (b) $|误差| < \sin\left(\dfrac{1}{42}\right) < 0.02381$；由于余项是正的，这是不足估计.

99. $\dfrac{2}{3}$ 101. $\ln\left(\dfrac{n+1}{2n}\right)$；级数收敛到 $\ln\left(\dfrac{1}{2}\right)$.   103. (a) ∞ (b) $a = 1, b = 0$

105. 它收敛.   113. (a) -3 是不动点   (b) 0.2 是不动点

第8章附加习题

1. 收敛；直接比较判别法   3. 发散；第 n- 项判别法
5. 收敛；直接比较判别法   7. 发散；第 n- 项判别法

9. 取 $a = \dfrac{\pi}{3}, \cos x = \dfrac{1}{2} - \dfrac{\sqrt{3}}{2}\left(x - \dfrac{\pi}{3}\right) - \dfrac{1}{4}\left(x - \dfrac{\pi}{3}\right)^2 + \dfrac{\sqrt{3}}{12}\left(x - \dfrac{\pi}{3}\right)^3 + \cdots$.

11. 取 $a = 0, e^x = 1 + x + \dfrac{x^2}{2!} + \dfrac{x^3}{3!} + \cdots$.

13. 取 $a = 22\pi, \cos x = 1 - \dfrac{1}{2}(x - 22\pi)^2 + \dfrac{1}{4!}(x - 22\pi)^4 - \dfrac{1}{6!}(x - 22\pi)^6 + \cdots$.

15. 收敛，极限 $= b$ 17. $\dfrac{\pi}{2}$

21. (a) $\dfrac{b^2\sqrt{3}}{4}\sum\limits_{n=0}^{\infty} \dfrac{3^n}{4^n}$ (b) $\sqrt{3}b^2$

   (c) 否. 比如，原来的三角形的三个顶点没有被挖掉. 没有挖去的点集有面积 0.

23. (a) 否，极限不依赖于 a 的值.   (b) 是，极限依赖 b 的值.   (c) $\lim\limits_{n\to\infty}\left(1 - \dfrac{\cos(a/n)}{bn}\right)^n = e^{-1/b}$

25. $b = \pm\dfrac{1}{\sqrt{5}}$ 29. (b) Yes   35. (a) $\sum\limits_{n=1}^{\infty} nx^{n-1}$ (b) 6   (c) $\dfrac{1}{q}$

37. (a) $R_n = \dfrac{C_0 \mathrm{e}^{-kt_0}(1-\mathrm{e}^{-nkt_0})}{1-\mathrm{e}^{-kt_0}}, R = \dfrac{C_0(\mathrm{e}^{-kt_0})}{1-\mathrm{e}^{-kt_0}} = \dfrac{C_0}{\mathrm{e}^{kt_0}-1}$

(b) $R_1 = \dfrac{1}{\mathrm{e}} \approx 0.368, R_{10} = R(1-\mathrm{e}^{-10}) \approx R(0.9999546) \approx 0.58195; R \approx 0.58198; 0 < \dfrac{R-R_{10}}{R} < 0.0001$

(c) 7

第9章

第9.1节

1. (a) $\langle 9, -6 \rangle$ (b) $3\sqrt{13}$ 3. (a) $\langle 1, 3 \rangle$ (b) $\sqrt{10}$

5. (a) $\langle 12, -19 \rangle$ (b) $\sqrt{505}$ 7. (a) $\left\langle \dfrac{1}{5}, \dfrac{14}{5} \right\rangle$ (b) $\dfrac{\sqrt{197}}{5}$

9. $\langle 1, -4 \rangle$ 11. $\langle -2, -3 \rangle$ 13. $\left\langle -\dfrac{1}{2}, \dfrac{\sqrt{3}}{2} \right\rangle$ 15. $\left\langle -\dfrac{\sqrt{3}}{2}, \dfrac{1}{2} \right\rangle$

17. 向量 v 是水平的且长为 1 英寸. 向量 u 和 w 长 $\dfrac{11}{16}$ 英寸. w 是竖直的,且 u 和水平方向成 45°角. 所有向量按比例画出.

(a)   (b)   (c)   (d)

19.   21.   23.

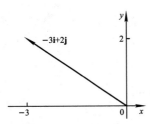 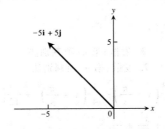 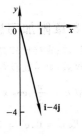

25.   27.

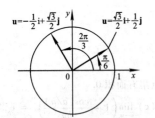 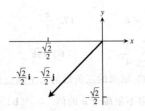

29. $\langle \frac{3}{5}, \frac{4}{5} \rangle$ **31.** $\langle -\frac{15}{17}, \frac{8}{17} \rangle$ **33.** $\frac{3}{5}\mathbf{i} - \frac{4}{5}\mathbf{j}$ **35.** $13\left(\frac{5}{13}\mathbf{i} + \frac{12}{13}\mathbf{j}\right)$

37. $\frac{3}{5}\mathbf{i} - \frac{4}{5}\mathbf{j}$ 和 $-\frac{3}{5}\mathbf{i} + \frac{4}{5}\mathbf{j}$

39. $\mathbf{u} = \frac{1}{\sqrt{17}}\mathbf{i} + \frac{4}{\sqrt{17}}\mathbf{j}, -\mathbf{u} = -\frac{1}{\sqrt{17}}\mathbf{i} - \frac{4}{\sqrt{17}}\mathbf{j}, \mathbf{n} = \frac{4}{\sqrt{17}}\mathbf{i} - \frac{1}{\sqrt{17}}\mathbf{j}, -\mathbf{n} = -\frac{4}{\sqrt{17}}\mathbf{i} + \frac{1}{\sqrt{17}}\mathbf{j}$

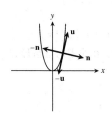
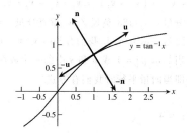

第 39 题图　　　　　　　　　　　　第 41 题图

41. $\mathbf{u} = \frac{1}{\sqrt{5}}(2\mathbf{i} + \mathbf{j}), -\mathbf{u} = \frac{1}{\sqrt{5}}(-2\mathbf{i} - \mathbf{j}), \mathbf{n} = \frac{1}{\sqrt{5}}(-\mathbf{i} + 2\mathbf{j}), -\mathbf{n} = \frac{1}{\sqrt{5}}(\mathbf{i} - 2\mathbf{j})$

43. $\mathbf{u} = \pm\frac{1}{5}(-4\mathbf{i} + 3\mathbf{j}), \mathbf{v} = \pm\frac{1}{5}(3\mathbf{i} + 4\mathbf{j})$　　**45.** $\mathbf{u} = \pm\frac{1}{2}(\mathbf{i} + \sqrt{3}\mathbf{j}), \mathbf{v} = \pm\frac{1}{2}(-\sqrt{3}\mathbf{i} + \mathbf{j})$

47. $a = \frac{3}{2}, b = \frac{1}{2}$　　**49.** $5\sqrt{3}\mathbf{i}, 5\mathbf{j}$　　**51.** $\approx \langle -338.095, 725.046 \rangle$

53. (**a**) $(5\cos 60°, 5\sin 60°) = \left(\frac{5}{2}, \frac{5\sqrt{3}}{2}\right)$

　　　(**b**) $(5\cos 60° + 10\cos 315°, 5\sin 60° + 10\sin 315°) = \left(\frac{5 + \sqrt{2}}{2}, \frac{5\sqrt{3} - 10\sqrt{2}}{2}\right)$

第 9.2 节

	$\mathbf{v} \cdot \mathbf{u}$	$|\mathbf{v}|$	$|\mathbf{u}|$
1.	-20	$2\sqrt{5}$	$2\sqrt{5}$
	$\cos \theta$	$|\mathbf{u}|\cos \theta$	$\text{proj}_\mathbf{v} \mathbf{u}$
	-1	$-2\sqrt{5}$	$-2\mathbf{i} + 4\mathbf{j}$
	$\mathbf{v} \cdot \mathbf{u}$	$|\mathbf{v}|$	$|\mathbf{u}|$
3.	$\sqrt{3} - \sqrt{2}$	$\sqrt{2}$	$\sqrt{5}$
	$\cos \theta$	$|\mathbf{u}|\cos \theta$	$\text{proj}_\mathbf{v} \mathbf{u}$
	$\frac{\sqrt{30} - \sqrt{20}}{10}$	$\frac{\sqrt{6} - 2}{2}$	$\frac{\sqrt{3} - \sqrt{2}}{2}(-\mathbf{i} + \mathbf{j})$
	$\mathbf{v} \cdot \mathbf{u}$	$|\mathbf{v}|$	$|\mathbf{u}|$
5.	$\frac{1}{6}$	$\frac{\sqrt{30}}{6}$	$\frac{\sqrt{30}}{6}$
	$\cos \theta$	$|\mathbf{u}|\cos \theta$	$\text{proj}_\mathbf{v} \mathbf{u}$
	$\frac{1}{5}$	$\frac{1}{\sqrt{30}}$	$\frac{1}{5}\left\langle \frac{1}{\sqrt{2}}, \frac{1}{\sqrt{3}} \right\rangle$

7. ≈ 0.64 弧度   **9.** ≈ 1.85

11. 在 A 的角 $= \cos^{-1}\left(\dfrac{1}{\sqrt{5}}\right) \approx 63.435$ 度, 在 B 的角 $= \cos^{-1}\left(\dfrac{3}{5}\right) \approx 53.130$ 度,

在 C 的角 $= \cos^{-1}\left(\dfrac{1}{\sqrt{5}}\right) \approx 63.435$ 度.

13. 等长向量之和总是正交于它们的差, 这从下列等式看出.

$(\mathbf{v}_1 + \mathbf{v}_2) \cdot (\mathbf{v}_1 - \mathbf{v}_2) = \mathbf{v}_1 \cdot \mathbf{v}_1 + \mathbf{v}_2 \cdot \mathbf{v}_1 - \mathbf{v}_1 \cdot \mathbf{v}_2 - \mathbf{v}_2 \cdot \mathbf{v}_2 = |\mathbf{v}_1|^2 - |\mathbf{v}_2|^2 = 0.$

19. 水平分量: ≈ 1188 英尺/秒, 垂直分量: ≈ 167 英尺/秒

21. (**a**) 因为 $|\cos\theta| \leq 1$, 我们有 $|\mathbf{u} \cdot \mathbf{v}| = |\mathbf{u}||\mathbf{v}||\cos\theta| \leq |\mathbf{u}||\mathbf{v}|(1) = |\mathbf{u}||\mathbf{v}|$.

(**b**) 当 $|\cos\theta| = 1$ 或 $\mathbf{u}$ 和 $\mathbf{v}$ 中的一个或两个是 $\mathbf{0}$ 时我们有严格等式. 在非零向量情形, 当 $\theta = 0$ 或 π 时, 即当向量平行时我们有等式.

23. a

27. $x + 2y = 4$ **29.** $-2x + y = -3$

 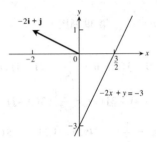

31. $x + y = -1$ **33.** $2x - y = 0$

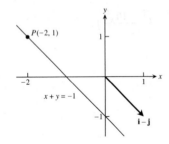 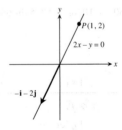

35. 5 焦耳   **37.** 3464 焦耳   **39.** $\dfrac{\pi}{4}$

41. $\dfrac{\pi}{6}$ **43.** 0.14   **45.** 在每个点 $\dfrac{\pi}{3}$ 和 $\dfrac{2\pi}{3}$

47. 在 $(0,0)$: $\dfrac{\pi}{2}$; 在 $(1,1)$: $\dfrac{\pi}{4}$ 和 $\dfrac{3\pi}{4}$

第 9.3 节

1. (**a**) 见右图

(**b**) $\mathbf{v}(t) = (-2\sin t)\mathbf{i} + (3\cos t)\mathbf{j}, \mathbf{a}(t) = (-2\cos t)\mathbf{i} + (-3\sin t)\mathbf{j}$

(**c**) 速率 $= 2$, 方向 $= \langle -1, 0 \rangle$

(**d**) 速度 $= 2\langle -1, 0 \rangle$

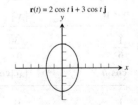

第 1 题(**a**)图

3. (a) 见右图

   (b) $\mathbf{v} = (\sec t \tan t)\mathbf{i} + (\sec^2 t)\mathbf{j}, \mathbf{a}(t) = (\sec t \tan^2 t + \sec^3 t)\mathbf{i} + (2\sec^2 t \tan t)\mathbf{j}$

   (c) 速率 $= \dfrac{2\sqrt{5}}{3}$, 方向 $= \left\langle \dfrac{1}{\sqrt{5}}, \dfrac{2}{\sqrt{5}} \right\rangle$ (d) 速度 $= \left(\dfrac{2\sqrt{5}}{3}\right)\left\langle \dfrac{1}{\sqrt{5}}, \dfrac{2}{\sqrt{5}} \right\rangle$

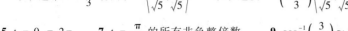

第3题(a)图

5. $t = 0, \pi, 2\pi$ 7. $t = \dfrac{\pi}{2}$ 的所有非负整倍数   9. $\cos^{-1}\left(\dfrac{3}{5}\right) \approx 53.130$ 度

11. (a) $3\mathbf{i}$ (b) $t \neq 0, -3$ (c) $t = 0, -3$ 13. (a) $y = -1$ (b) $x = 0$

15. $-3\mathbf{i} + (4\sqrt{2} - 2)\mathbf{j}$ 17. $(\sec t)\mathbf{i} + (\ln|\sec t|)\mathbf{j} + C$

19. $\mathbf{r}(t) = ((t+1)^{3/2} - 1)\mathbf{i} - (e^{-t} - 1)\mathbf{j}$ 21. $\mathbf{r}(t) = (8t + 100)\mathbf{i} + (-16t^2 + 8t)\mathbf{j}$ 23. 2

25. (a) $\mathbf{v}(t) = (\cos t)\mathbf{i} - (2\sin 2t)\mathbf{j}$ (b) $t = \dfrac{\pi}{2}, \dfrac{3\pi}{2}$

   (c) $y = 1 - 2x^2, -1 \leq x \leq 1$. 质点从(0,1)出发, 走到(1,-1), 接着到(-1,-1), 再到(0,1), 扫描曲线两次.

27. $\mathbf{r}(t) = \left(\dfrac{3}{2}t^2 + \dfrac{3\sqrt{10}}{5}t + 1\right)\mathbf{i} + \left(-\dfrac{1}{2}t^2 - \dfrac{\sqrt{10}}{5}t + 2\right)\mathbf{j}$

29. (a) i. 常速率   (b) i. 常速率
       ii. 是的, 正交   ii. 是的, 正交
       iii. 逆时针方向运动   iii. 逆时针方向运动
       iv. 是的   iv. 是的

   (c) i. 常速率   (d) i. 常速率
       ii. 是的, 正交   ii. 是的, 正交
       iii. 逆时针方向运动   iii. 顺时针方向运动
       iv. 不是   iv. 是的

   (e) i. 变速率
       ii. 一般不正交
       iii. 逆时针方向运动
       iv. 是的

31. (a) 160 秒   (b) 225 米   (c) $\dfrac{15}{4}$ 米/秒

33. (a) 参照图形, 注视从 $t = 0$ 对应的点到点"m"的圆弧. 一方面, 它有弧长 $(r_0 \theta)$, 另一方面它有弧长 (vt). 令这两个量相等即得结果.

   (b) $\mathbf{a}(t) = -\dfrac{v^2}{r_0}\left[\left(\cos\dfrac{vt}{r_0}\right)\mathbf{i} + \left(\sin\dfrac{vt}{r_0}\right)\mathbf{j}\right]$

   (c) 由部分(b), $\mathbf{a}(t) = -\left(\dfrac{v}{r_0}\right)^2 \mathbf{r}(t)$. 于是, 根据Newton第二定律, $\mathbf{F} = -m\left(\dfrac{v}{r_0}\right)^2 \mathbf{r}$, 把 $\mathbf{F}$ 代入引力定律中即得结果.

   (d) 令 $\dfrac{vT}{r_0} = 2\pi$ 并解出 vT.   (e) 把 $\dfrac{2\pi r_0}{T}$ 代入 $v^2 = \dfrac{GM}{r_0}$ 中的 v 并解出 T^2.

35. (a) 对每一分量分别应用推论.

   (b) 直接从部分(a)推出, 因为 $\mathbf{r}(t)$ 的任何两个反导数必有相等的导数, 正是 $\mathbf{r}(t)$.

37. 令 $\mathbf{C} = \langle C_1, C_2 \rangle, \dfrac{d\mathbf{C}}{dt} = \left\langle \dfrac{dC_1}{dt}, \dfrac{dC_2}{dt} \right\rangle = \langle 0, 0 \rangle$.

39. $\mathbf{u} = \langle u_1, u_2 \rangle, \mathbf{v} = \langle v_1, v_2 \rangle$

   (a) $\dfrac{d}{dt}(\mathbf{u} + \mathbf{v}) = \dfrac{d}{dt}(\langle u_1 + v_1, u_2 + v_2 \rangle) = \left\langle \dfrac{d}{dt}(u_1 + v_1), \dfrac{d}{dt}(u_2 + v_2) \right\rangle$

   $= \langle u_1' + v_1', u_2' + v_2' \rangle = \langle u_1', u_2' \rangle + \langle v_1', v_2' \rangle = \dfrac{d\mathbf{u}}{dt} + \dfrac{d\mathbf{v}}{dt}$

(b) $\frac{d}{dt}(\mathbf{u} - \mathbf{v}) = \frac{d}{dt}(\langle u_1 - v_1, u_2 - v_2 \rangle) = \left\langle \frac{d}{dt}(u_1 - v_1), \frac{d}{dt}(u_2 - v_2) \right\rangle$

$= \langle u'_1 - v'_1, u'_2 - v'_2 \rangle = \langle u'_1, u'_2 \rangle - \langle v'_1, v'_2 \rangle = \frac{d\mathbf{u}}{dt} - \frac{d\mathbf{v}}{dt}$

41. $f(t)$ 和 $g(t)$ 在 c 可微 $\Rightarrow f(t)$ 和 $g(t)$ 在 c 连续 $\Rightarrow \mathbf{r}(t) = f(t)\mathbf{i} + g(x)\mathbf{j}$ 在 c 连续.

43. (a) 令 $\mathbf{r}(t) = f(t)\mathbf{i} + g(t)\mathbf{j}$. 则 $\frac{d}{dt}\int_a^t \mathbf{r}(q)dq = \frac{d}{dt}\int_a^t [f(q)\mathbf{i} + g(q)\mathbf{j}]dq = \frac{d}{dt}\left[\left(\int_a^t f(q)dq\right)\mathbf{i} + \left(\int_a^t g(q)dq\right)\mathbf{j}\right] =$

$\left(\frac{d}{dt}\int_a^t f(q)dq\right)\mathbf{i} + \left(\frac{d}{dt}\int_a^t g(q)dq\right)\mathbf{j} = f(t)\mathbf{i} + g(t)\mathbf{j} = \mathbf{r}(t)$.

(b) 令 $\mathbf{S}(t) = \int_a^t \mathbf{r}(q)dq$. 部分(a) 指出 $\mathbf{S}(t)$ 是 $\mathbf{r}(t)$ 的一个反导数. 令 $\mathbf{R}(t)$ 是 $\mathbf{r}(t)$ 的任一反导数. 则根据题 35 部分(b), $\mathbf{S}(t) = \mathbf{R}(t) + \mathbf{C}$. 令 $t = a$, 我们有 $\mathbf{0} = \mathbf{S}(a) = \mathbf{R}(a) + \mathbf{C}$. 因此, $\mathbf{C} = -\mathbf{R}(a)$ 和 $\mathbf{S}(t) = \mathbf{R}(t) - \mathbf{R}(a)$, 令 $t = b$ 即得结果.

第 9.4 节

1. 50 秒　　　3. (a) 72.2 秒, 25.510 米　　　(b) 4020 米　　　(c) 6378 米

5. $t \approx 2.135$ 秒, $x \approx 66.42$ 英尺　　7. (a) $v_0 \approx 9.9$ 米/秒　　(b) $\alpha \approx 18.4°$ 或 $71.6°$

9. 190 英里/时.　　　11. 高尔夫球将碰到树顶的叶子.

13. 149 英尺/秒, 2.25 秒　　15. $39.3°$ 或 $50.7°$　　17. 46.6 英尺/秒

21. 1.92 秒, 73.7 英尺(近似值.)　　23. 4.00 英尺, 7.80 英尺/秒　　25. (b) $\mathbf{v}_0$ 将平分 $\angle AOR$

27. (a) (假定在击球点"x"是零.) $\mathbf{r}(t) = (x(t))\mathbf{i} + (y(t))\mathbf{j}$, 其中 $x(t) = (35\cos 27°)t$ 而 $y(t) = 4 + (35\sin 27°)t - 16t^2$.

(b) 在 $t \approx 0.497$ 秒, 它达到最大高度约 7.945 英尺.　　(c) 射程 ≈ 37.45 英尺, 飞行时间 ≈ 1.201 秒.

(d) 在 $t \approx 0.254$ 和 $t \approx 0.740$ 秒, 它离落地点约 29.554 英尺和 14.396 英尺.

(e) 对. 情况改变是由于球将越不过网.

31. (a) $\mathbf{r}(t) = (x(t))\mathbf{i} + (y(t))\mathbf{j}$, 其中 $x(t) = \left(\frac{1}{0.08}\right)(1 - e^{-0.08t})(152\cos 20° - 7.6)$, 而 $y(t) = 3 + \left(\frac{1.52}{0.08}\right)(1 - e^{-0.08t})(\sin 20°) + \left(\frac{32}{0.08^2}\right)(1 - 0.08t - e^{-0.08t})$

(b) 在 $t \approx 1.527$ 秒, 它达到最大高度约 41.893 英尺.　　(c) 射程 ≈ 351.734 英尺, 飞行时间 ≈ 3.181 秒.

(d) 在 $t \approx 0.877$ 秒和 $t = 2.190$ 秒, 这时它离本垒约 106.028 英尺和 251.530 英尺.

(e) 否. 在击打方向的阵风需要大于 12.846 英尺/秒, 这样对于一个本垒打, 球可越过围墙.

第 9.5 节

1. (a) 和 (e) 是同一个.　　(b) 和 (g) 是同一个.　　(c) 和 (h) 是同一个.　　(d) 和 (f) 是同一个.

3. (a) (1,1)　　(b) (1,0)　　(c) (0,0)　　(d) (−1, −1)

第 3 题图　　　　　　　　　　　第 5 题图

5. (a) $\left(\sqrt{2}, \frac{3\pi}{4}\right)$ 或 $\left(\sqrt{2}, -\frac{5\pi}{4}\right)$　　(b) $\left(2, -\frac{\pi}{3}\right)$ 或 $\left(-2, \frac{2\pi}{3}\right)$　　(c) $\left(3, \frac{\pi}{2}\right)$ 或 $\left(3, \frac{5\pi}{2}\right)$　　(d) $(1, \pi)$ or $(-1, 0)$

7. 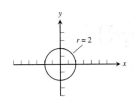 **9.** 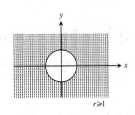 **11.**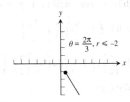

13. 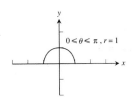 **15.** 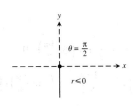 **17.**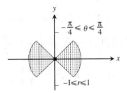

19. $y=0$, x 轴　　**21.** $y=4$, 一条水平直线
23. $x+y=1$, 一条直线（斜率 $=-1$, y-截距 $=1$）
25. $x^2+(y-2)^2=4$, 一个圆（中心 $=(0,2)$, 半径 $=2$）
27. $xy=1\left(\text{或 } y=\dfrac{1}{x}\right)$, 一条双曲线　　**29.** $y=e^x$, 指数曲线　　**31.** $y=\ln x$, 对数曲线
33. $(x+2)^2+y^2=4$, 一个圆（中心 $=(-2,0)$, 半径 $=2$）
35. $(x-1)^2+(y-1)^2=2$, 一个圆（中心 $=(1,1)$, 半径 $=\sqrt{2}$）
37. $r\cos\theta=7$　　**39.** $\theta=\dfrac{\pi}{4}$　　**41.** $r^2=4$ 或 $r=2$
43. $r^2(4\cos^2\theta+9\sin^2\theta)=36$　　**45.** $r\sin^2\theta=4\cos\theta$　　**47.** $r=4\sin\theta$
49.（a）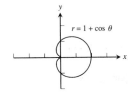　　**51.**（a）　　**53.**（a）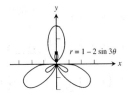

（b）区间长度 $=2\pi$　　（b）区间长度 $=\pi/2$　　（b）区间长度 $=2\pi$
55.（a）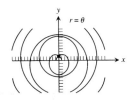　　**57.**（a）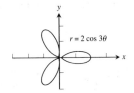

（b）需要区间 $=(-\infty,\infty)$　　（b）区间长度 $=\pi$
59. x 轴, y 轴, 原点　　**61.** y 轴

63. (a) 因为 $r = a\sec\theta$ 等价于 $r\cos\theta = a$,这等价于 Cartesian(笛卡儿)方程 $x = a$.
    (b) $r = a\csc\theta$ 等价于 $y = a$.

67. $(0,0), \left(1, \dfrac{\pi}{2}\right), \left(1, \dfrac{3\pi}{2}\right)$ 69. $(0,0), \left(\dfrac{1}{2}, \pm\dfrac{\pi}{3}\right)$ 71. $(0,0), \left(\pm\dfrac{1}{\sqrt[4]{2}}, \dfrac{\pi}{8}\right)$

73. $\left(1, \dfrac{\pi}{12}\right), \left(1, \dfrac{5\pi}{12}\right), \left(1, \dfrac{7\pi}{12}\right), \left(1, \dfrac{11\pi}{12}\right), \left(1, \dfrac{13\pi}{12}\right), \left(1, \dfrac{17\pi}{12}\right), \left(1, \dfrac{19\pi}{12}\right), \left(1, \dfrac{23\pi}{12}\right)$

75. 部分(a)

81. $d = [(x_2 - x_1)^2 + (y_2 - y_1)^2]^{1/2} = [(r_2\cos\theta_2 - r_1\cos\theta_1)^2 + (r_2\sin\theta_2 - r_1\sin\theta_1)^2]^{1/2}$,再用三角恒等式化简.

第9.6节

1. 在 $\theta = 0: -1$; 在 $\theta = \pi: 1$

3. 在 $(2,0): -\dfrac{2}{3}$; 在 $\left(-1, \dfrac{\pi}{2}\right): 0$; 在 $(2, \pi): \dfrac{2}{3}$; 在 $\left(5, \dfrac{3\pi}{2}\right): 0$ 5. $\theta = \dfrac{\pi}{2}[x = 0]$

7. $\theta = 0[y = 0], \theta = \dfrac{\pi}{5}\left[y = \left(\tan\dfrac{\pi}{5}\right)x\right], \theta = \dfrac{2\pi}{5}\left[y = \left(\tan\dfrac{2\pi}{5}\right)x\right]$,
   $\theta = \dfrac{3\pi}{5}\left[y = \left(\tan\dfrac{3\pi}{5}\right)x\right], \theta = \dfrac{4\pi}{5}\left[y = \left(\tan\dfrac{4\pi}{5}\right)x\right]$

9. 水平的在 $\left(-\dfrac{1}{2}, \dfrac{\pi}{6}\right)\left[y = -\dfrac{1}{4}\right], \left(-\dfrac{1}{2}, \dfrac{5\pi}{6}\right)\left[y = -\dfrac{1}{4}\right], \left(-2, \dfrac{3\pi}{2}\right)[y = 2]$;
   垂直的在 $\left(0, \dfrac{\pi}{2}\right)[x = 0], \left(-\dfrac{3}{2}, \dfrac{7\pi}{6}\right)\left[x = \dfrac{3\sqrt{3}}{4}\right], \left(-1.5, \dfrac{11\pi}{6}\right)\left[x = -\dfrac{3\sqrt{3}}{4}\right]$

11. 水平的在 $(0,0)[y = 0], \left(2, \dfrac{\pi}{2}\right)[y = 2], (0, \pi)[x = 0]$; 垂直的在 $\left(\sqrt{2}, \dfrac{\pi}{4}\right)[x = 1], \left(\sqrt{2}, \dfrac{3\pi}{4}\right)[x = -1]$

13. 18π 15. $\dfrac{\pi}{8}$ 17. 2   19. $\dfrac{\pi}{2} - 1$ 21. $5\pi - 8$

23. $3\sqrt{3} - \pi$ 25. $\dfrac{\pi}{3} + \dfrac{\sqrt{3}}{2}$ 27. $12\pi - 9\sqrt{3}$ 29. (a) $\dfrac{3}{2} - \dfrac{\pi}{4}$ 31. $\dfrac{19}{3}$

33. 8   35. $3(\sqrt{2} + \ln(1 + \sqrt{2}))$ 37. $\dfrac{\pi}{8} + \dfrac{3}{8}$ 39. 2π

45. (a) 令 $r = 1.75 + \dfrac{0.06\theta}{2\pi}, 0 \leqslant \theta \leqslant 12\pi$.

    (b) 因为 $\dfrac{dr}{d\theta} = \dfrac{b}{2\pi}$,这是关于曲线弧长的方程(4).   (c) ≈ 741.420 厘米,或 ≈ 7.414 米

    (d) $\left(r^2 + \left(\dfrac{b}{2\pi}\right)^2\right)^{1/2} = r\left(1 + \left(\dfrac{b}{2\pi r}\right)^2\right)^{1/2} \approx r$,这是因为 $\left(\dfrac{b}{2\pi r}\right)^2$ 是一个非常小的量的平方

    (e) $L \approx 741.420$ 厘米(由部分(c)), $L_a \approx 714.416$ 厘米

第9章实践习题

1. (a) $\langle -17, 32 \rangle$ (b) $\sqrt{1313}$ 3. (a) $\langle 6, -8 \rangle$ (b) 10

5. $\left\langle -\dfrac{\sqrt{3}}{2}, -\dfrac{1}{2} \right\rangle$ [假定逆时针方向]   7. $\left\langle \dfrac{8}{\sqrt{17}}, -\dfrac{2}{\sqrt{17}} \right\rangle$

9. 长度 = 2, 方向是 $\dfrac{1}{\sqrt{2}}\mathbf{i} + \dfrac{1}{\sqrt{2}}\mathbf{j}$.   11. $\left.\dfrac{d\mathbf{r}}{dt}\right|_{t = \pi/2} = 2(-\mathbf{i})$

13. 单位切线 $\pm\left(\dfrac{1}{\sqrt{5}}\mathbf{i} + \dfrac{2}{\sqrt{5}}\mathbf{j}\right)$, 单位法线 $\pm\left(-\dfrac{2}{\sqrt{5}}\mathbf{i} + \dfrac{1}{\sqrt{5}}\mathbf{j}\right)$

15. 见右图

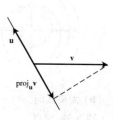

第15题图

17. $|\mathbf{v}| = \sqrt{2}$, $|\mathbf{u}| = \sqrt{5}$, $\mathbf{u} \cdot \mathbf{v} = \mathbf{v} \cdot \mathbf{u} = 3$, $\theta = \cos^{-1}\left(\dfrac{3}{\sqrt{10}}\right) \approx 0.32$ 弧度,

$|\mathbf{u}|\cos\theta = \dfrac{3\sqrt{2}}{2}$, $\mathrm{proj}_{\mathbf{v}}\mathbf{u} = \dfrac{3}{2}(\mathbf{i}+\mathbf{j})$

19. $\mathbf{u} = \left(\dfrac{2}{5}\mathbf{i} - \dfrac{1}{5}\mathbf{j}\right) + \left(\dfrac{3}{5}\mathbf{i} + \dfrac{6}{5}\mathbf{j}\right)$

21. (a) $\mathbf{v}(t) = (-4\sin t)\mathbf{i} + (\sqrt{2}\cos t)\mathbf{j}$, $\mathbf{a}(t) = (-4\cos t)\mathbf{i} + (-\sqrt{2}\sin t)\mathbf{j}$

(b) 3 (c) $\cos^{-1}\dfrac{7}{9} \approx 38.942$ 度

第31题图

23. 1   **25.** 6i   **27.** $\mathbf{r}(t) = (\cos t - 1)\mathbf{i} + (\sin t + 1)\mathbf{j}$ **29.** $\mathbf{r}(t) = \mathbf{i} + t^2\mathbf{j}$

31. 见右图

33. (d)   **35.** (l)   **37.** (k)   **39.** (i)

41. (a)   **43.** (a)

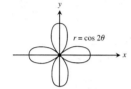

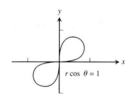

(b) 2π (b) $\pi/2$

45. 切线在 $\theta = \dfrac{\pi}{4}, \dfrac{3\pi}{4}, \dfrac{5\pi}{4}$ 和 $\dfrac{7\pi}{4}$; 笛卡儿方程是 $y = \pm x$.

47. 水平的: $y = 0$, $y \approx \pm 0.443$, $y \approx \pm 1.739$; 竖直的: $x = 2$, $x \approx 0.067$, $x \approx -1.104$

49. $y = \pm x + \sqrt{2}$ 和 $y = \pm x - \sqrt{2}$ **51.** $x = y$, 一条直线   **53.** $x^2 = 4y$, 一条抛物线   **55.** $x = 2$, 一条竖直直线

57. $r = -5\sin\theta$ **59.** $r^2\cos^2\theta + 4r^2\sin^2\theta = 16$, 或 $r^2 = \dfrac{16}{\cos^2\theta + 4\sin^2\theta}$

61. $\dfrac{9\pi}{2}$ **63.** $2 + \dfrac{\pi}{4}$ **65.** 8   **67.** $\pi - 3$

69. 速率 ≈ 591.982 英里/小时, 方向 ≈ 8.179 度东偏北

71. 它在 ≈ 2.135 秒后触地, 距离投掷者手处约 66.421 英尺. 假定它没有弹跳和滚动, 那么在被投掷 3 秒钟后它仍在那里.

73. (a) 见右图

(b) $\mathbf{v}(0) = \langle 0,0 \rangle$ $\mathbf{v}(1) = \langle 2\pi, 0 \rangle$ $\mathbf{a}(0) = \langle 0, \pi^2 \rangle$ $\mathbf{a}(1) = \langle 0, -\pi^2 \rangle$

$\mathbf{v}(2) = \langle 0,0 \rangle$ $\mathbf{v}(3) = \langle 2\pi, 0 \rangle$ $\mathbf{a}(2) = \langle 0, \pi^2 \rangle$ $\mathbf{a}(3) = \langle 0, -\pi^2 \rangle$

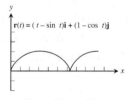

第73题(a)图

(c) 最高点: 2π 英尺/秒; 轮心: π 英尺/秒, 理由: 因为轮子每秒滚动半圈或 π 英尺, 轮心将每秒移动 π 英尺. 因为轮缘以速率 π 英尺/秒绕中心旋转, 最高点相对于轮心的速度是 π 英尺/秒, 总速度就是 2π 英尺/秒.

75. (a) ≈ 59.195 英尺/秒   (b) ≈ 74.584 英尺/秒

77. 我们有 $x = (v_0 t)\cos\alpha$ 和 $y + \dfrac{gt^2}{2} = (v_0 t)\sin\alpha$. 平方并且相加得 $x^2 + \left(y + \dfrac{gt^2}{2}\right)^2 = (v_0 t)^2(\cos^2\alpha + \sin^2\alpha) = v_0^2 t^2$.

79. (a) $\mathbf{r}(t) = \left[(155\cos 18° - 11.7)\left(\dfrac{1}{0.09}\right)(1 - e^{-0.09t})\right]\mathbf{i} +$

$\left[4 + \left(\dfrac{155\sin 18°}{0.09}\right)(1 - e^{-0.09t}) + \dfrac{32}{0.09^2}(1 - 0.09t - e^{-0.09t})\right]\mathbf{j}$

$x(t) = (155\cos 18° - 11.7)\left(\dfrac{1}{0.09}\right)(1 - e^{-0.09t})$

$$y(t) = 4 + \left(\frac{155\sin 18°}{0.09}\right)(1 - e^{-0.09t}) + \frac{32}{0.09^2}(1 - 0.09t - e^{-0.09t})$$

(b) 在 ≈ 1.404 秒,它达到最大高度 ≈ 36.921 英尺.

(c) 射程 ≈ 352.52 英尺,飞行时间 ≈ 2.959 秒.

(d) 在时刻 $t \approx 0.753$ 秒和 $t \approx 2.068$ 秒,它离本垒约 98.799 英尺和约 256.138 英尺.

(e) 否,击球手没有击出本垒打. 如果拖拽系数 k 小于 ≈ 0.011,击打将是本垒打.

81. 相邻两圈之间的宽度是常数,总是 $2\pi a$.

第 9 章附加习题

1. (a) $\mathbf{v} = 4\mathbf{i} + 2\mathbf{j}$

   (b) $\mathbf{r}(t) = 4t\mathbf{i} + \left(2t + \dfrac{16t^3}{100} - \dfrac{120t^2}{100}\right)\mathbf{j}$,其中 $0 \leqslant t \leqslant 5$

   (c) 见右图

3. $\dfrac{\pi}{2}$ 对所有 t 5. $\mathbf{v} \cdot \mathbf{j} = 12, \mathbf{a} \cdot \mathbf{j} = 26$

7. (a) $r = e^{2\theta}$ (b) $\dfrac{\sqrt{5}}{2}(e^{4\pi} - 1)$

9. $a^2\left(\dfrac{3\pi}{2} - 4\right)$

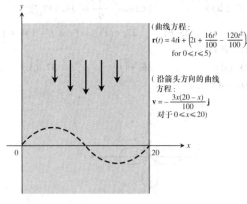

第 1 题(c) 图

第 10 章

第 10.1 节

1. 过点 $(2,3,0)$ 平行于 z 轴的直线   3. x 轴   5. 在平面 $z = -2$ 上的圆周 $x^2 + y^2 = 4$

7. 在 yz 平面上的圆周 $y^2 + z^2 = 1$ 9. 在 xy 平面上的圆周 $x^2 + y^2 = 16$

11. (a) xy 平面的第一象限   (b) xy 平面的第四象限

13. (a) 中心在原点半径为 1 的球体   (b) 跟原点距离大于 1 的所有点

15. (a) 中心在原点半径为 1 的上半球面   (b) 中心在原点半径为 1 的上半球体

17. (a) $x = 3$ (b) $y = -1$ (c) $z = -2$

19. (a) $z = 1$ (b) $x = 3$ (c) $y = -1$

21. (a) $x^2 + (y-2)^2 = 4, z = 0$ (b) $(y-2)^2 + z^2 = 4, x = 0$ (c) $x^2 + z^2 = 4, y = 2$

23. (a) $y = 3, z = -1$ (b) $x = 1, z = -1$ (c) $x = 1, y = 3$

25. $x^2 + y^2 + z^2 = 25, z = 3$ 27. $0 \leqslant z \leqslant 1$ 29. $z \leqslant 0$

31. (a) $(x-1)^2 + (y-1)^2 + (z-1)^2 < 1$ (b) $(x-1)^2 + (y-1)^2 + (z-1)^2 > 1$

33. $3\left(\dfrac{2}{3}\mathbf{i} + \dfrac{1}{3}\mathbf{j} - \dfrac{2}{3}\mathbf{k}\right)$ 35. $5(\mathbf{k})$ 37. $\sqrt{\dfrac{1}{2}}\left(\dfrac{1}{\sqrt{2}}\mathbf{i} - \dfrac{1}{\sqrt{2}}\mathbf{j} - \dfrac{1}{\sqrt{3}}\mathbf{k}\right)$

39. (a) $2\mathbf{i}$ (b) $-\sqrt{3}\mathbf{k}$ (c) $\dfrac{3}{10}\mathbf{j} + \dfrac{2}{5}\mathbf{k}$ (d) $6\mathbf{i} - 2\mathbf{j} + 3\mathbf{k}$ 41. $\dfrac{7}{13}(12\mathbf{i} - 5\mathbf{k})$

43. (a) $5\sqrt{2}$ (b) $\dfrac{3}{5\sqrt{2}}\mathbf{i} + \dfrac{4}{5\sqrt{2}}\mathbf{j} - \dfrac{1}{\sqrt{2}}\mathbf{k}$ (c) $(1/2, 3, 5/2)$

45. (a) $\sqrt{3}$ (b) $-\dfrac{1}{\sqrt{3}}\mathbf{i} - \dfrac{1}{\sqrt{3}}\mathbf{j} - \dfrac{1}{\sqrt{3}}\mathbf{k}$ (c) $\left(\dfrac{5}{2}, \dfrac{7}{2}, \dfrac{9}{2}\right)$

47. $A(4, -3, 5)$ 49. $(x-1)^2 + (y-2)^2 + (z-3)^2 = 14$ 51. $C(-2, 0, 2), a = 2\sqrt{2}$

53. $C(-2,0,2), a = 2\sqrt{2}$ **55.** $C\left(-\dfrac{1}{4}, -\dfrac{1}{4}, -\dfrac{1}{4}\right), a = \dfrac{5\sqrt{3}}{4}$

57. (a) $\sqrt{y^2 + z^2}$ (b) $\sqrt{x^2 + z^2}$ (c) $\sqrt{x^2 + y^2}$

59. (a) $\dfrac{3}{2}\mathbf{i} + \dfrac{3}{2}\mathbf{j} - 3\mathbf{k}$ (b) $\mathbf{i} + \mathbf{j} - 2\mathbf{k}$ (c) $(2,2,1)$

第 10.2 节

1. (a) $-25, 5, 5$ (b) -1 (c) -5 (d) $-2\mathbf{i} + 4\mathbf{j} - \sqrt{5}\mathbf{k}$

3. (a) $25, 15, 5$ (b) $\dfrac{1}{3}$ (c) $\dfrac{5}{3}$ (d) $\dfrac{1}{9}(10\mathbf{i} + 11\mathbf{j} - 2\mathbf{k})$

5. (a) $2, \sqrt{34}, \sqrt{3}$ (b) $\dfrac{2}{\sqrt{3}\sqrt{34}}$ (c) $\dfrac{2}{\sqrt{34}}$ (d) $\dfrac{1}{17}(5\mathbf{j} - 3\mathbf{k})$

7. $\left(\dfrac{3}{2}\mathbf{i} + \dfrac{3}{2}\mathbf{j}\right) + \left(-\dfrac{3}{2}\mathbf{i} + \dfrac{3}{2}\mathbf{j} + 4\mathbf{k}\right)$ **9.** $\left(\dfrac{14}{3}\mathbf{i} + \dfrac{28}{3}\mathbf{j} - \dfrac{14}{3}\mathbf{k}\right) + \left(\dfrac{10}{3}\mathbf{i} - \dfrac{16}{3}\mathbf{j} - \dfrac{22}{3}\mathbf{k}\right)$

11. 0.75 弧度 **13.** 1.77 弧度

17. $|\mathbf{u} \times \mathbf{v}| = 3,$ 方向是 $\dfrac{2}{3}\mathbf{i} + \dfrac{1}{3}\mathbf{j} + \dfrac{2}{3}\mathbf{k};$ $|\mathbf{v} \times \mathbf{u}| = 3.$ 方向是 $-\dfrac{2}{3}\mathbf{i} - \dfrac{1}{3}\mathbf{j} - \dfrac{2}{3}\mathbf{k}$

19. $|\mathbf{u} \times \mathbf{v}| = 0.$ 没有方向；$|\mathbf{v} \times \mathbf{u}| = 0,$ 没有方向

21. $|\mathbf{u} \times \mathbf{v}| = 6,$ 方向是 $-\mathbf{k};$ $|\mathbf{v} \times \mathbf{u}| = 6,$ 方向是 $\mathbf{k}$

23. $|\mathbf{u} \times \mathbf{v}| = 6\sqrt{5},$ 方向是 $\dfrac{1}{\sqrt{5}}\mathbf{i} - \dfrac{2}{\sqrt{5}}\mathbf{k};$ $|\mathbf{v} \times \mathbf{u}| = 6\sqrt{5},$ 方向是 $-\dfrac{1}{\sqrt{5}}\mathbf{i} + \dfrac{2}{\sqrt{5}}\mathbf{k}$

25. $\mathbf{u} \times \mathbf{v} = \mathbf{i} + \mathbf{k}$ **27.** $\mathbf{u} \times \mathbf{v} = -2\mathbf{k}$

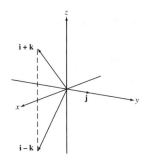 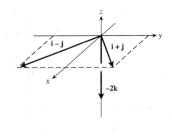

29. (a) $2\sqrt{6}$ (b) $\pm \dfrac{1}{\sqrt{6}}(2\mathbf{i} + \mathbf{j} + \mathbf{k})$ **31.** (a) $\dfrac{\sqrt{2}}{2}$ (b) $\pm \dfrac{1}{\sqrt{2}}(\mathbf{i} - \mathbf{j})$

33. 8 **35.** 7 **37.** (a) 没有 (b) $\mathbf{u}$ 和 $\mathbf{w}$ **39.** $10\sqrt{3}$ 英尺·磅

41. (a) 真 (b) 不总是真 (c) 真 (d) 真
(e) 不总是真 (f) 真 (g) 真 (h) 真

43. (a) $\operatorname{proj}_\mathbf{v} \mathbf{u} = \dfrac{\mathbf{u} \cdot \mathbf{v}}{\mathbf{v} \cdot \mathbf{v}}\mathbf{v}$ (b) $\pm \mathbf{u} \times \mathbf{v}$ (c) $\pm (\mathbf{u} \times \mathbf{v}) \times \mathbf{w}$ (d) $|(\mathbf{u} \times \mathbf{v}) \cdot \mathbf{w}|$

45. (a) 是 (b) 否 (c) 是 (d) 否

47. 否，$\mathbf{v}$ 未必等于 $\mathbf{w}$. 此如，$\mathbf{i} + \mathbf{j} \neq -\mathbf{i} + \mathbf{j},$ 但是 $\mathbf{i} \times (\mathbf{i} + \mathbf{j}) = \mathbf{i} \times \mathbf{i} + \mathbf{i} \times \mathbf{j} = \mathbf{0} + \mathbf{k} = \mathbf{k}$ 并且 $\mathbf{i} \times (-\mathbf{i} + \mathbf{j}) = -\mathbf{i} \times \mathbf{i} + \mathbf{i} \times \mathbf{j} = \mathbf{0} + \mathbf{k} = \mathbf{k}.$

49. 2 **51.** 13 **53.** $\dfrac{11}{2}$ **55.** $\dfrac{25}{2}$

57. 若 $\mathbf{u} = a_1\mathbf{i} + a_2\mathbf{j}$ 和 $\mathbf{v} = b_1\mathbf{i} + b_2\mathbf{j},$ 则 $\mathbf{u} \times \mathbf{v} = \begin{vmatrix} \mathbf{i} & \mathbf{j} & \mathbf{k} \\ a_1 & a_2 & 0 \\ b_1 & b_2 & 0 \end{vmatrix} = \begin{vmatrix} a_1 & a_2 \\ b_1 & b_2 \end{vmatrix}\mathbf{k}$

而三角形面积是 $\frac{1}{2}|\mathbf{u}\times\mathbf{v}| = \pm\frac{1}{2}\begin{vmatrix} a_1 & a_2 \\ b_1 & b_2 \end{vmatrix}$. 如果 $\mathbf{u}$ 逆时针转到 $\mathbf{v}$ 成锐角,则取(+)号;若 $\mathbf{u}$ 顺时针转向 $\mathbf{v}$ 成锐角,则取(-)号.

第 10.3 节

1. 向理形式:$\mathbf{r}(t) = (3+t)\mathbf{i} + (t-4)\mathbf{j} + (t-1)\mathbf{k}$
   参数形式:$x = 3+t, y = -4+t, z = -1+t$

3. 向量形式:$\mathbf{r}(t) = (5t-2)\mathbf{i} + (5t)\mathbf{j} + (3-5t)\mathbf{k}$
   参数形式:$x = -2+5t, y = 5t, z = 3-5t$

5. 向量形式:$\mathbf{r}(t) = (2t+3)\mathbf{i} - (t+2)\mathbf{j} + (3t+1)\mathbf{k}$
   参数形式:$x = 3+2t, y = -2-t, z = 1+3t$

7. 向量形式:$\mathbf{r}(t) = (3t+2)\mathbf{i} + (7t+4)\mathbf{j} + (5-5t)\mathbf{k}$
   参数形式:$x = 2+3t, y = 4+7t, z = 5-5t$

9. 向量形式:$\mathbf{r}(t) = (2-2t)\mathbf{i} + (4t+3)\mathbf{j} - (2t)\mathbf{k}$
   参数形式:$x = 2-2t, y = 3+4t, z = -2t$

11. $x = t, y = t, z = (3/2)t, 0 \leqslant t \leqslant 1$

13. $x = 0, y = 1-2t, z = 1, 0 \leqslant t \leqslant 1$

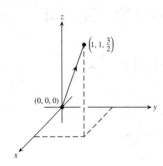
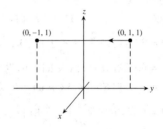

15. $3x - 2y - z = -3$
17. $7x - 5y - 4z = 6$
19. $x + 3y + 4z = 34$
21. $(1,2,3), -20x + 12y + z = 7$
23. $y + z = 3$
25. $x - y + z = 0$
29. 0
33. 19/5
35. $9/\sqrt{41}$
39. 0.82 弧度
41. $(3/2, -3/2, 1/2)$
43. $(1,1,0)$
45. $x = 1-t, y = 1+t, z = -1$
47. $x = 4, y = 3+6t, z = 1+3t$
49. $L1$ 交 $L2$;$L2$ 平行于 $L3$;$L1$ 和 $L3$ 相错.
51. $x = 2+2t, y = -4-t, z = 7+3t; x = -2-t, y = -2+(1/2)t, z = 1-(3/2)t$
53. $(0, -1/2, -3/2), (-1, 0, -3), (1, -1, 0)$
55. 直线和平面不平行.
57. 答案有多种可能. 一种可能是 $x + y = 3$ 和 $2y + z = 7$.
59. $\frac{x}{a} + \frac{y}{b} + \frac{z}{c} = 1$ 表示了所有平面,但过原或平行于坐标直线的除外.

第 10.4 节

1. 图形(d),椭球面
3. 图形(a),柱面
5. 图形(l),双曲抛物面
7. 图形(b),柱面
9. 图形(k),双曲抛物面
11. 图形(h),锥面
13. (a) $\dfrac{2\pi(9-c^2)}{9}$ (b)8π (c) $\dfrac{4\pi abc}{3}$

第 10.5 节

1. $\mathbf{v} = \mathbf{i} + 2t\mathbf{j} + 2\mathbf{k}; \mathbf{a} = 2\mathbf{j};$ 速率:3;方向:$\frac{1}{3}\mathbf{i} + \frac{2}{3}\mathbf{j} + \frac{2}{3}\mathbf{k}; \mathbf{v}(1) = 3\left(\frac{1}{3}\mathbf{i} + \frac{2}{3}\mathbf{j} + \frac{2}{3}\mathbf{k}\right)$

3. $\mathbf{v} = (-2\sin t)\mathbf{i} + (3\cos t)\mathbf{j} + 4\mathbf{k}; \mathbf{a} = (-2\cos t)\mathbf{i} - (3\sin t)\mathbf{j};$ 速率:$2\sqrt{5}$;方向:$\left(-\frac{1}{\sqrt{5}}\right)\mathbf{i} + \left(\frac{2}{\sqrt{5}}\right)\mathbf{k}; \mathbf{v}\left(\frac{\pi}{2}\right) =$

$2\sqrt{5}\left[\left(-\dfrac{1}{\sqrt{5}}\right)\mathbf{i}+\left(\dfrac{2}{\sqrt{5}}\right)\mathbf{k}\right]$

5. $\mathbf{v}=\left(\dfrac{2}{t+1}\right)\mathbf{i}+2t\mathbf{j}+t\mathbf{k}$: $\mathbf{a}=\left(\dfrac{-2}{(t+1)^2}\right)\mathbf{i}+2\mathbf{j}+\mathbf{k}$;速率：$\sqrt{6}$；方向：$\dfrac{1}{\sqrt{6}}\mathbf{i}+\dfrac{2}{\sqrt{6}}\mathbf{j}+\dfrac{1}{\sqrt{6}}\mathbf{k}$；$\mathbf{v}(1)=\sqrt{6}\left(\dfrac{1}{\sqrt{6}}\mathbf{i}+\dfrac{2}{\sqrt{6}}\mathbf{j}+\dfrac{1}{\sqrt{6}}\mathbf{k}\right)$

7. $\pi/2$ 9. $\pi/2$ 11. $t=0,\pi,2\pi$

13. $\left(\dfrac{1}{4}\right)\mathbf{i}+7\mathbf{j}+\left(\dfrac{3}{2}\right)\mathbf{k}$ 15. $\left(\dfrac{\pi+2\sqrt{2}}{2}\right)\mathbf{j}+2\mathbf{k}$ 17. $(\ln 4)\mathbf{i}+(\ln 4)\mathbf{j}+(\ln 2)\mathbf{k}$

19. $\mathbf{r}(t)=\left(\dfrac{-t^2}{2}+1\right)\mathbf{i}+\left(\dfrac{-t^2}{2}+2\right)\mathbf{j}+\left(\dfrac{-t^2}{2}+3\right)\mathbf{k}$

21. $\mathbf{r}(t)=((t+1)^{3/2}-1)\mathbf{i}+(-e^{-t}+1)\mathbf{j}+(\ln(t+1)+1)\mathbf{k}$ 23. $\mathbf{r}(t)=8t\mathbf{i}+8t\mathbf{j}+(-16t^2+100)\mathbf{k}$

25. $x=t,y=-1,z=1+t$ 27. $x=at,y=a,z=2\pi b+bt$

29. $\mathbf{r}(t)=\left(\dfrac{3}{2}t^2+\dfrac{6}{\sqrt{11}}t+1\right)\mathbf{i}-\left(\dfrac{1}{2}t^2+\dfrac{2}{\sqrt{11}}t-2\right)\mathbf{j}+\left(\dfrac{1}{2}t^2+\dfrac{2}{\sqrt{11}}t+3\right)\mathbf{k}=\left(\dfrac{1}{2}t^2+\dfrac{2t}{\sqrt{11}}\right)(3\mathbf{i}-\mathbf{j}+\mathbf{k})+(\mathbf{i}+2\mathbf{j}+3\mathbf{k})$

31. $\text{Max}|\mathbf{v}|=2,\min|\mathbf{v}|=0,\max|\mathbf{a}|=1$

33. $\text{Max}|\mathbf{v}|=3,\min|\mathbf{v}|=2,\max|\mathbf{a}|=3,\min|\mathbf{a}|=2$

第10.6节

1. $\mathbf{T}=\left(-\dfrac{2}{3}\sin t\right)\mathbf{i}+\left(\dfrac{2}{3}\cos t\right)\mathbf{j}+\dfrac{\sqrt{5}}{3}\mathbf{k},3\pi$

3. $\mathbf{T}=\dfrac{1}{\sqrt{1+t}}\mathbf{i}+\dfrac{\sqrt{t}}{\sqrt{1+t}}\mathbf{k},\dfrac{52}{3}$ 5. $\mathbf{T}=(-\cos t)\mathbf{j}+(\sin t)\mathbf{k},\dfrac{3}{2}$

7. $\mathbf{T}=\left(\dfrac{\cos t-t\sin t}{t+1}\right)\mathbf{i}+\left(\dfrac{\sin t+t\cos t}{t+1}\right)\mathbf{j}+\left(\dfrac{\sqrt{2}t^{1/2}}{t+1}\right)\mathbf{k},\dfrac{\pi^2}{2}+\pi$

9. $(0,5,24\pi)$ 11. $s(t)=5t,L=\dfrac{5\pi}{2}$ 13. $s(t)=\sqrt{3}e^t-\sqrt{3},L=\dfrac{3\sqrt{3}}{4}$

15. $\mathbf{T}=(\cos t)\mathbf{i}-(\sin t)\mathbf{j},\mathbf{N}=(-\sin t)\mathbf{i}-(\cos t)\mathbf{j},\kappa=\cos t$

17. $\mathbf{T}=\dfrac{1}{\sqrt{1+t^2}}\mathbf{i}-\dfrac{t}{\sqrt{1+t^2}}\mathbf{j},\mathbf{N}=\dfrac{-t}{\sqrt{1+t^2}}\mathbf{i}-\dfrac{1}{\sqrt{1+t^2}}\mathbf{j},\kappa=\dfrac{1}{2(\sqrt{1+t^2})^3}$

19. $\sqrt{2}+\ln(1+\sqrt{2})$

21. (a) 柱面是 $x^2+y^2=1$, 平面是 $x+z=1$.   (b) 和 (c) 见右图

   (d) $L=\int_0^{2\pi}\sqrt{1+\sin^2 t}\,dt$ (e) $L\approx 7.64$

23. $\left(x-\dfrac{\pi}{2}\right)^2+y^2=1$

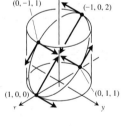

第21题(b)和(c)图

第10.7节

1. $\mathbf{T}=\dfrac{3\cos t}{5}\mathbf{i}-\dfrac{3\sin t}{5}\mathbf{j}+\dfrac{4}{5}\mathbf{k},\mathbf{N}=(-\sin t)\mathbf{i}-(\cos t)\mathbf{j},$

   $\mathbf{B}=\left(\dfrac{4}{5}\cos t\right)\mathbf{i}-\left(\dfrac{4}{5}\sin t\right)\mathbf{j}-\dfrac{3}{4}\mathbf{k},\kappa=\dfrac{3}{25},\tau=-\dfrac{4}{25}$

3. $\mathbf{T}=\left(\dfrac{\cos t-\sin t}{\sqrt{2}}\right)\mathbf{i}+\left(\dfrac{\cos t+\sin t}{\sqrt{2}}\right)\mathbf{j},$

   $\mathbf{N}=\left(\dfrac{-\cos t-\sin t}{\sqrt{2}}\right)\mathbf{i}+\left(\dfrac{-\sin t+\cos t}{\sqrt{2}}\right)\mathbf{j},\mathbf{B}=\mathbf{k},\kappa=\dfrac{1}{e^t\sqrt{2}},\tau=0$

5. $\mathbf{T} = \dfrac{t}{\sqrt{t^2+1}}\mathbf{i} + \dfrac{1}{\sqrt{t^2+1}}\mathbf{j}, \mathbf{N} = \dfrac{1}{\sqrt{t^2+1}} - \dfrac{t\mathbf{j}}{\sqrt{t^2+1}}$,

$\mathbf{B} = -\mathbf{k}, \kappa = \dfrac{1}{t(t^2+1)^{3/2}}, \tau = 0$

7. $\mathbf{T} = \left(\text{sech}\dfrac{t}{a}\right)\mathbf{i} + \left(\tanh\dfrac{t}{a}\right)\mathbf{j}, \mathbf{N} = \left(-\tanh\dfrac{t}{a}\right)\mathbf{i} + \left(\text{sech}\dfrac{t}{a}\right)\mathbf{j}$,

$\mathbf{B} = \mathbf{k}, \kappa = \dfrac{1}{a}\text{sech}^2\dfrac{t}{a}, \tau = 0$

9. $\mathbf{a} = |a|\mathbf{N}$ 11. $\mathbf{a}(1) = \dfrac{4}{3}\mathbf{T} + \dfrac{2\sqrt{5}}{3}\mathbf{N}$ 13. $\mathbf{a}(0) = 2\mathbf{N}$

15. $\mathbf{r}\left(\dfrac{\pi}{4}\right) = \dfrac{\sqrt{2}}{2}\mathbf{i} + \dfrac{\sqrt{2}}{2}\mathbf{j} - \mathbf{k}, \mathbf{T}\left(\dfrac{\pi}{4}\right) = -\dfrac{\sqrt{2}}{2}\mathbf{i} + \dfrac{\sqrt{2}}{2}\mathbf{j}$,

$\mathbf{N}\left(\dfrac{\pi}{4}\right) = -\dfrac{\sqrt{2}}{2}\mathbf{i} - \dfrac{\sqrt{2}}{2}\mathbf{j}, \mathbf{B}\left(\dfrac{\pi}{4}\right) = \mathbf{k}$; 密切平面: $z = -1$;

法平面: $-x + y = 0$; 次切平面: $x + y = \sqrt{2}$

17. 是的. 如果汽车在曲线路径上行驶 ($\kappa \neq 0$), 则 $a_N = \kappa|\mathbf{v}|^2 \neq 0$ 而 $\mathbf{a} \neq 0$.

21. $|\mathbf{F}| = \kappa\left[m\left(\dfrac{ds}{dt}\right)^2\right]$ 23. (b) $\cos x$

25. (b) $\mathbf{N} = \dfrac{-2e^{2t}}{\sqrt{1+4e^{4t}}}\mathbf{i} + \dfrac{1}{\sqrt{1+4e^{4t}}}\mathbf{j}$ (c) $\mathbf{N} = -\dfrac{1}{2}(\sqrt{4-t^2}\mathbf{i} + t\mathbf{j})$

29. $\dfrac{1}{2b}$ 33. (a) $b-a$ (b) π 33. (a) $b-a$ (a) π

37. $\kappa = \dfrac{2}{(1+4x^2)^{3/2}}$ 39. $\kappa = \dfrac{|\sin x|}{(1+\cos^2 x)^{3/2}}$

第 10.8 节

1. $T = 93.2$ 分 3. $a = 6763$ 千米 5. $D = 6480$ 千米

7. (a) 42167 千米 (b) 35788 千米

(c) Syncom 3, GOES 4, 和 Intelsat 5

9. 距地心 $a = 383200$ 千米, 或距地面约 376821 千米

第 10 章实践习题

1. 长度 $= 7$, 方向 $\dfrac{2}{7}\mathbf{i} - \dfrac{3}{7}\mathbf{j} + \dfrac{6}{7}\mathbf{k}$. 3. $\dfrac{8}{\sqrt{33}}\mathbf{i} - \dfrac{2}{\sqrt{33}}\mathbf{j} + \dfrac{8}{\sqrt{33}}\mathbf{k}$

5. $|\mathbf{v}| = \sqrt{2}, |\mathbf{u}| = 3, \mathbf{v}\cdot\mathbf{u} = \mathbf{u}\cdot\mathbf{v} = 3, \mathbf{v}\times\mathbf{u} = -2\mathbf{i} + 2\mathbf{j} - \mathbf{k}$,

$\mathbf{u}\times\mathbf{v} = 2\mathbf{i} - 2\mathbf{j} + \mathbf{k}$,

$|\mathbf{v}\times\mathbf{u}| = 3, \theta = \cos^{-1}\left(\dfrac{1}{\sqrt{2}}\right) = \dfrac{\pi}{4}, |\mathbf{u}|\cos\theta = \dfrac{3}{\sqrt{2}}, \text{proj}_\mathbf{v}\mathbf{u} = \dfrac{3}{2}(\mathbf{i}+\mathbf{j})$

7. $\dfrac{4}{3}(2\mathbf{i}+\mathbf{j}-\mathbf{k}) - \dfrac{1}{3}(5\mathbf{i}+\mathbf{j}+11\mathbf{k})$ 9. $\mathbf{u}\times\mathbf{v} = \mathbf{k}$, 见右图

第 9 题图

11. $2\sqrt{7}$ 13. (a) $\sqrt{14}$ (b) 1 17. $x = 1-3t, y = 2, z = 3+7t$

19. $2x + y + z = 5$ 21. $-9x + y + 7z = 4$

23. $(0, -1/2, -3/2), (-1, 0, -3), (1, -1, 0)$ 25. $\dfrac{\pi}{3}$

29. $7x - 3y - 5z = -14$ 31. $\dfrac{1}{\sqrt{14}}(-2\mathbf{i} - 3\mathbf{j} + \mathbf{k})$ 33. $(4/3, -2/3, -2/3)$

35. (a) 不对 (b) 不对 (c) 不对 (d) 不对 (e) 对

37. $\sqrt{78}/3$ 39. $\sqrt{2}$ 41. 3 43. $11/\sqrt{107}$

45. 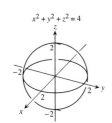   47. 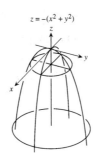   49.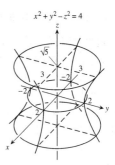

51. 长度 $= \dfrac{\pi}{4}\sqrt{1+\dfrac{\pi^2}{16}} + \ln\left(\dfrac{\pi}{4}+\sqrt{1+\dfrac{\pi^2}{16}}\right)$

53. $\mathbf{T}(0) = \dfrac{2}{3}\mathbf{i} - \dfrac{2}{3}\mathbf{j} + \dfrac{1}{3}\mathbf{k}; \mathbf{N}(0) = \dfrac{1}{\sqrt{2}}\mathbf{i} + \dfrac{1}{\sqrt{2}}\mathbf{j}; \mathbf{B}(0) = -\dfrac{1}{3\sqrt{2}}\mathbf{i} + \dfrac{1}{3\sqrt{2}}\mathbf{j} + \dfrac{4}{3\sqrt{2}}\mathbf{k}; \kappa = \dfrac{\sqrt{2}}{3}; \tau = \dfrac{1}{6}$

55. $\mathbf{T}(\ln 2) = \dfrac{1}{17}\mathbf{i} + \dfrac{4}{\sqrt{17}}\mathbf{j}; \mathbf{N}(\ln 2) = -\dfrac{4}{\sqrt{17}}\mathbf{i} + \dfrac{1}{\sqrt{17}}\mathbf{j}; \mathbf{B}(\ln 2) = \mathbf{k}; \kappa = \dfrac{8}{17\sqrt{17}}; \tau = 0$

57. $\mathbf{a}(0) = 10\mathbf{T} + 6\mathbf{N}$

59. $\mathbf{T} = \left(\dfrac{1}{\sqrt{2}}\cos t\right)\mathbf{i} - (\sin t)\mathbf{j} + \left(\dfrac{1}{\sqrt{2}}\cos t\right)\mathbf{k}; \mathbf{N} = \left(-\dfrac{1}{\sqrt{2}}\sin t\right)\mathbf{i} - (\cos t)\mathbf{j} - \left(\dfrac{1}{\sqrt{2}}\sin t\right)\mathbf{k};$
$\mathbf{B} = \dfrac{1}{\sqrt{2}}\mathbf{i} - \dfrac{1}{\sqrt{2}}\mathbf{k}; \kappa = \dfrac{1}{\sqrt{2}}; \tau = 0$

61. $\pi/3$ 63. $x = 1+t, y = t, z = -t$ 65. 5971 千米, 1.639×10^7 千米², 3.21% 可见

第 10 章附加习题

1. $(26, 23, -1/3)$ 3. $|\mathbf{F}| = 20$ lb   9. (a) $6/\sqrt{14}$

15. $\dfrac{32}{41}\mathbf{i} + \dfrac{23}{41}\mathbf{j} - \dfrac{13}{41}\mathbf{k}$ 17. (a) $|\mathbf{F}| = \dfrac{GMm}{d^2}\left(1 + \sum_{i=1}^{n}\dfrac{2}{(i^2+1)^{3/2}}\right)$ (b) 对

21. (a) $\dfrac{\mathrm{d}x}{\mathrm{d}t} = \dot{r}\cos\theta - r\dot{\theta}\sin\theta, \dfrac{\mathrm{d}y}{\mathrm{d}t} = \dot{r}\sin\theta + r\dot{\theta}\cos\theta$

    (b) $\dfrac{\mathrm{d}r}{\mathrm{d}t} = \dot{x}\cos\theta + \dot{y}\sin\theta, r\dfrac{\mathrm{d}\theta}{\mathrm{d}t} = -\dot{x}\sin\theta + \dot{y}\cos\theta$

23. (a) $\mathbf{v}(1) = -\mathbf{u}_r + 3\mathbf{u}_\theta, \mathbf{a}(1) = -9\mathbf{u}_r - 6\mathbf{u}_\theta$ (b) 6.5 英寸

第 11 章

第 11.1 节

1. (a) xy 平面内的所有点   (b) 所有实数   (c) 直线 $y - x = c$
   (d) 没有边界点   (e) 既是开的又是闭的   (f) 无界

3. (a) xy 平面内的所有点   (b) $z \geq 0$
   (c) 对于 $f(x,y) = 0$,原点;对于 $f(x,y) \neq 0$,中心在 $(0,0)$ 的椭圆和分别沿 x 轴和 y 轴的长轴和短轴.
   (d) 没有边界点   (e) 既是开的又是闭的   (f) 无界的

5. (a) xy 平面内的所有点   (b) 所有实数
   (c) 对于 $f(x,y) = 0, x$ 轴和 y 轴;对于 $f(x,y) \neq 0$,以 x 轴和 y 轴为对称轴的双曲线

(d) 没有边界点　　　　(e) 既是开的又是闭的　　　(f) 无界的

7. (a) 满足 $x^2+y^2<16$ 的所有点 (x,y)　　(b) $z\geq\dfrac{1}{4}$　　(c) 中心在原点、半径 $r<4$ 的圆

(d) 边界是圆 $x^2+y^2=16$　　(e) 开的　　(f) 有界的

9. (a) $(x,y)\neq(0,0)$　　(b) 所有实数　　(c) 中心在$(0,0)$且半径 $r>0$ 的圆

(d) 边界是单个点$(0,0)$.　　(e) 开的　　(f) 无界的

11. (a) 满足 $-1\leq y-x\leq 1$ 的所有点 (x,y)　　(b) $-\pi/2\leq z\leq\pi/2$

(c) 形如 $y-x=c$ 的直线,其中 $-1\leq c\leq 1$

(d) 边界是两条直线 $y=1+x$ 和 $y=-1+x$.

(e) 闭的　　　　　　　　(f) 无界的

13. 图形(f)　　　　15. 图形(a)　　　　17. 图形(d)

19. (a)　　　　　　(b)　　　　　　21. (a)　　　　　　(b)

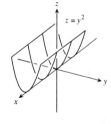 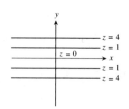  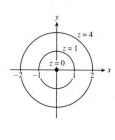

23. (a)　　　　　　(b)　　　　　　25. (a)　　　　　　(b)

 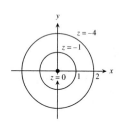  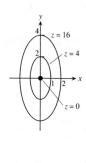

27. (a)　　　　　　　　　　　　　(b)

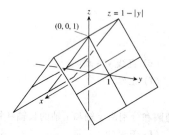

29. $x^2 + y^2 = 10$ **31.** $\tan^{-1} y - \tan^{-1} x = 2\tan^{-1}\sqrt{2}$

33. (a) (b)

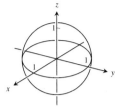
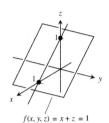

37. (a) (b)

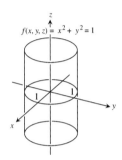
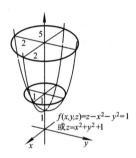

41. $\sqrt{x-y} - \ln z = 2$ **43.** $\dfrac{x+y}{z} = \ln 2$ **45.** 是的, 2000 **47.** 63 千米

第 11.2 节

1. 5/2 **3.** $2\sqrt{6}$ **5.** 1 **7.** 1/2 **9.** 1
11. 0 **13.** 0 **15.** -1 **17.** 2 **19.** 1/4
21. 19/12 **23.** 2 **25.** 3
27. (a) 所有 (x,y) (b) 除 $(0,0)$ 外的所有 (x,y)
29. (a) 除去 $x = 0$ 或 $y = 0$ 的所有 (x,y) (b) 所有 (x,y)
31. (a) 所有 (x,y,z) (b) 除去圆柱 $x^2 + y^2 = 1$ 内部的所有 (x,y,z)
33. (a) 所有 $z \neq 0$ 的 (x,y,z) (b) 所有 $x^2 + z^2 \neq 1$ 的 (x,y,z)
35. 考虑沿 $y = x, x > 0$,和沿 $y = x, x < 0$ 的路径. **37.** 考虑路径 $y = kx^2$, k 是一个常数.
39. 考虑路径 $y = kx$, k 是一个常数, $k \neq -1$. **41.** 考虑路径 $y = kx^2$, k 是一个常数, $k \neq 0$.
45. $\delta = 0.1$ **47.** $\delta = 0.005$ **49.** $\delta = \sqrt{0.015}$ **51.** $\delta = 0.005$
55. 0 **57.** 不存在 **59.** $\dfrac{\pi}{2}$ **61.** $f(0,0) = \ln 3$
63. 不对 **65.** (a) $f(x,y)\big|_{y=mx} = \sin 2\theta$, 其中 $\theta = m$
67. 极限是 1. **69.** 极限是 0.

第 11.3 节

1. $\dfrac{\partial f}{\partial x} = 4x, \dfrac{\partial f}{\partial y} = -3$ **3.** $\dfrac{\partial f}{\partial x} = 2x(y+2), \dfrac{\partial f}{\partial y} = x^2 - 1$

5. $\dfrac{\partial f}{\partial x} = 2y(xy-1), \dfrac{\partial f}{\partial y} = 2x(xy-1)$ **7.** $\dfrac{\partial f}{\partial x} = \dfrac{x}{\sqrt{x^2+y^2}}, \dfrac{\partial f}{\partial y} = \dfrac{y}{\sqrt{x^2+y^2}}$

9. $\dfrac{\partial f}{\partial x} = \dfrac{-1}{(x+y)^2}, \dfrac{\partial f}{\partial y} = \dfrac{-1}{(x+y)^2}$

11. $\dfrac{\partial f}{\partial x} = \dfrac{-y^2-1}{(xy-1)^2}, \dfrac{\partial f}{\partial y} = \dfrac{-x^2-1}{(xy-1)^2}$

13. $\dfrac{\partial f}{\partial x} = e^{x+y+1}, \dfrac{\partial f}{\partial y} = e^{x+y+1}$

15. $\dfrac{\partial f}{\partial x} = \dfrac{1}{x+y}, \dfrac{\partial f}{\partial y} = \dfrac{1}{x+y}$

17. $\dfrac{\partial f}{\partial x} = 2\sin(x-3y)\cos(x-3y), \dfrac{\partial f}{\partial y} = -6\sin(x-3y)\cos(x-3y)$

19. $\dfrac{\partial f}{\partial x} = yx^{y-1}, \dfrac{\partial f}{\partial y} = x^y \ln x$

21. $\dfrac{\partial f}{\partial x} = -g(x), \dfrac{\partial f}{\partial y} = g(y)$

23. $f_x = y^2, f_y = 2xy, f_z = -4z$

25. $f_x = 1, f_y = -y(y^2+z^2)^{-1/2}, f_z = -z(y^2+z^2)^{-1/2}$

27. $f_x = \dfrac{yz}{\sqrt{1-x^2y^2z^2}}, f_y = \dfrac{xz}{\sqrt{1-x^2y^2z^2}}, f_z = \dfrac{xy}{\sqrt{1-x^2y^2z^2}}$

29. $f_x = \dfrac{1}{x+2y+3z}, f_y = \dfrac{2}{x+2y+3z}, f_z = \dfrac{3}{x+2y+3z}$

31. $f_x = -2xe^{-(x^2+y^2+z^2)}, f_y = -2ye^{-(x^2+y^2+z^2)}, f_z = -2ze^{-(x^2+y^2+z^2)}$

33. $f_x = \operatorname{sech}^2(x+2y+3z), f_y = 2\operatorname{sech}^2(x+2y+3z), f_z = 3\operatorname{sech}^2(x+2y+3z)$

35. $\dfrac{\partial f}{\partial t} = -2\pi \sin(2\pi t - \alpha), \dfrac{\partial f}{\partial \alpha} = \sin(2\pi t - \alpha)$

37. $\dfrac{\partial h}{\partial \rho} = \sin\phi\cos\theta, \dfrac{\partial h}{\partial \phi} = \rho\cos\phi\cos\theta, \dfrac{\partial h}{\partial \theta} = -\rho\sin\phi\sin\theta$

39. $W_P(P,V,\delta,v,g) = V, W_V(P,V,\delta,v,g) = P + \dfrac{\delta v^2}{2g}$,

$W_\delta(P,V,\delta,v,g) = \dfrac{Vv^2}{2g}, W_v(P,V,\delta,v,g) = \dfrac{V\delta v}{g}$,

$W_g(P,V,\delta,v,g) = -\dfrac{V\delta v^2}{2g^2}$

41. $\dfrac{\partial f}{\partial x} = 1+y, \dfrac{\partial f}{\partial y} = 1+x, \dfrac{\partial^2 f}{\partial x^2} = 0, \dfrac{\partial^2 f}{\partial y^2} = 0, \dfrac{\partial^2 f}{\partial y \partial x} = \dfrac{\partial^2 f}{\partial x \partial y} = 1$

43. $\dfrac{\partial g}{\partial x} = 2xy + y\cos x, \dfrac{\partial g}{\partial y} = x^2 - \sin y + \sin x, \dfrac{\partial^2 g}{\partial x^2} = 2y - y\sin x$,

$\dfrac{\partial^2 g}{\partial y^2} = -\cos y, \dfrac{\partial^2 g}{\partial y \partial x} = \dfrac{\partial^2 g}{\partial x \partial y} = 2x + \cos x$

45. $\dfrac{\partial r}{\partial x} = \dfrac{1}{x+y}, \dfrac{\partial r}{\partial y} = \dfrac{1}{x+y}, \dfrac{\partial^2 r}{\partial x^2} = \dfrac{-1}{(x+y)^2}, \dfrac{\partial^2 r}{\partial y^2} = \dfrac{-1}{(x+y)^2}, \dfrac{\partial^2 r}{\partial y \partial x} = \dfrac{\partial^2 r}{\partial x \partial y} = \dfrac{-1}{(x+y)^2}$

47. $\dfrac{\partial w}{\partial x} = \dfrac{2}{2x+3y}, \dfrac{\partial w}{\partial y} = \dfrac{3}{2x+3y}, \dfrac{\partial^2 w}{\partial y \partial x} = \dfrac{\partial^2 w}{\partial x \partial y} = \dfrac{-6}{(2x+3y)^2}$

49. $\dfrac{\partial w}{\partial x} = y^2 + 2xy^3 + 3x^2y^4, \dfrac{\partial w}{\partial y} = 2xy + 3x^2y^2 + 4x^3y^3, \dfrac{\partial^2 w}{\partial y \partial x} = \dfrac{\partial^2 w}{\partial x \partial y} = 2y + 6xy^2 + 12x^2y^3$

51. (**a**) x 首先   (**b**) y 首先   (**c**) x 首先
(**d**) x 首先   (**e**) y 首先   (**f**) y 首先

53. $f_x(1,2) = -13, f_y(1,2) = -2$ 55. 12   57. -2

59. $\dfrac{\partial A}{\partial a} = \dfrac{a}{bc\sin A}, \dfrac{\partial A}{\partial a} = \dfrac{c\cos A - b}{bc\sin A}$

61. $v_x = \dfrac{\ln v}{(\ln u)(\ln v) - 1}$ 77. 对

第 11.4 节

1. $\dfrac{dw}{dt} = 0, \dfrac{dw}{dt}(\pi) = 0$ 3. (**a**) $\dfrac{dw}{dt} = 1$,   (**b**) $\dfrac{dw}{dt}(3) = 1$

5. (**a**) $\dfrac{dw}{dt} = 4t\tan^{-1}t + 1$ (**b**) $\dfrac{dw}{dt}(1) = \pi + 1$

7. (**a**) $\dfrac{\partial z}{\partial u} = 4\cos v \ln(u\sin v) + 4\cos v, \dfrac{\partial z}{\partial v} = -4u\sin v \ln(u\sin v) + \dfrac{4u\cos^2 v}{\sin v}$

(**b**) $\dfrac{\partial z}{\partial u} = \sqrt{2}(\ln 2 + 2), \dfrac{\partial z}{\partial v} = -2\sqrt{2}(\ln 2 - 2)$

9. (**a**) $\dfrac{\partial w}{\partial u} = 2u + 4uv, \dfrac{\partial w}{\partial v} = -2v + 2u^2$ (**b**) $\dfrac{\partial w}{\partial u} = 3, \dfrac{\partial w}{\partial v} = -\dfrac{3}{2}$

11. (**a**) $\dfrac{\partial u}{\partial x} = 0, \dfrac{\partial u}{\partial y} = \dfrac{z}{(z-y)^2}, \dfrac{\partial u}{\partial z} = \dfrac{-y}{(z-y)^2}$ (**b**) $\dfrac{\partial u}{\partial x} = 0, \dfrac{\partial u}{\partial y} = 1, \dfrac{\partial u}{\partial z} = -2$

13. $\dfrac{dz}{dt} = \dfrac{\partial z}{\partial x}\dfrac{dx}{dt} + \dfrac{\partial z}{\partial y}\dfrac{dy}{dt}$ 15. $\dfrac{\partial w}{\partial u} = \dfrac{\partial w}{\partial x}\dfrac{\partial x}{\partial u} + \dfrac{\partial w}{\partial y}\dfrac{\partial y}{\partial u} + \dfrac{\partial w}{\partial z}\dfrac{\partial z}{\partial u}, \dfrac{\partial w}{\partial v} = \dfrac{\partial w}{\partial x}\dfrac{\partial x}{\partial v} + \dfrac{\partial w}{\partial y}\dfrac{\partial y}{\partial v} + \dfrac{\partial w}{\partial z}\dfrac{\partial z}{\partial v}$

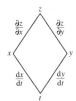 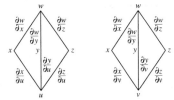

17. $\dfrac{\partial w}{\partial u} = \dfrac{\partial w}{\partial x}\dfrac{\partial x}{\partial u} + \dfrac{\partial w}{\partial y}\dfrac{\partial y}{\partial u}, \dfrac{\partial w}{\partial v} = \dfrac{\partial w}{\partial x}\dfrac{\partial x}{\partial v} + \dfrac{\partial w}{\partial y}\dfrac{\partial y}{\partial v}$ 19. $\dfrac{\partial z}{\partial t} = \dfrac{\partial z}{\partial x}\dfrac{\partial x}{\partial t} + \dfrac{\partial z}{\partial y}\dfrac{\partial y}{\partial t}, \dfrac{\partial z}{\partial s} = \dfrac{\partial z}{\partial x}\dfrac{\partial x}{\partial s} + \dfrac{\partial z}{\partial y}\dfrac{\partial y}{\partial s}$

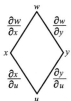 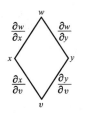 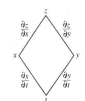 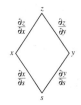

21. $\dfrac{\partial w}{\partial s} = \dfrac{dw}{du}\dfrac{\partial u}{\partial s}, \dfrac{\partial w}{\partial t} = \dfrac{dw}{du}\dfrac{\partial u}{\partial t}$ 23. $\dfrac{\partial w}{\partial r} = \dfrac{\partial w}{\partial x}\dfrac{dx}{dr} + \dfrac{\partial w}{\partial y}\dfrac{dy}{dr} = \dfrac{\partial w}{\partial x}\dfrac{dx}{dr}$ 因为 $\dfrac{dy}{dr} = 0$,

$\dfrac{\partial w}{\partial s} = \dfrac{\partial w}{\partial x}\dfrac{dx}{ds} + \dfrac{\partial w}{\partial y}\dfrac{dy}{ds} = \dfrac{\partial w}{\partial y}\dfrac{dy}{ds}$ 因为 $\dfrac{dx}{ds} = 0$

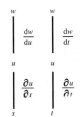 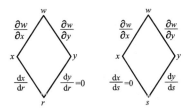

第 21 题图   第 23 题图

25. $4/3$ 27. $-4/5$ 29. $\dfrac{\partial z}{\partial x} = \dfrac{1}{4}, \dfrac{\partial z}{\partial y} = -\dfrac{3}{4}$ 31. $\dfrac{\partial z}{\partial x} = -1, \dfrac{\partial z}{\partial y} = -1$

33. 12   35. -7 37. $\dfrac{\partial z}{\partial u} = 2, \dfrac{\partial z}{\partial v} = 1$ 39. -0.00005 安培/秒

45. $(\cos 1, \sin 1, 1)$ 和 $(\cos(-2), \sin(-2), -2)$

47. (**a**) 最大值在 $\left(-\dfrac{\sqrt{2}}{2}, \dfrac{\sqrt{2}}{2}\right)$ 和 $\left(\dfrac{\sqrt{2}}{2}, -\dfrac{\sqrt{2}}{2}\right)$; 最小值在 $\left(\dfrac{\sqrt{2}}{2}, \dfrac{\sqrt{2}}{2}\right)$ 和 $\left(-\dfrac{\sqrt{2}}{2}, -\dfrac{\sqrt{2}}{2}\right)$

(**b**) 最大值 $= 6$, 最小值 $= 2$

49. $2x\sqrt{x^8 + x^3} + \displaystyle\int_0^{x^2} \dfrac{3x^2}{2\sqrt{t^4 + x^3}} dt$

第 11.5 节

1.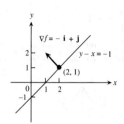

3.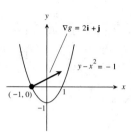

5. $\nabla f = 3\mathbf{i} + 2\mathbf{j} - 4\mathbf{k}$ 7. $\nabla f = -\dfrac{26}{27}\mathbf{i} + \dfrac{23}{54}\mathbf{j} - \dfrac{23}{54}\mathbf{k}$ 9. -4

11. $31/13$ 13. 3 15. 2

17. $\mathbf{u} = -\dfrac{1}{\sqrt{2}}\mathbf{i} + \dfrac{1}{\sqrt{2}}\mathbf{j}, (D_{\mathbf{u}}f)_{P_0} = \sqrt{2}$; $-\mathbf{u} = \dfrac{1}{\sqrt{2}}\mathbf{i} - \dfrac{1}{\sqrt{2}}\mathbf{j}, (D_{-\mathbf{u}}f)_{P_0} = -\sqrt{2}$

19. $\mathbf{u} = \dfrac{1}{3\sqrt{3}}\mathbf{i} - \dfrac{5}{3\sqrt{3}}\mathbf{j} - \dfrac{1}{3\sqrt{3}}\mathbf{k}, (D_{\mathbf{u}}f)_{P_0} = 3\sqrt{3}$; $-\mathbf{u} = -\dfrac{1}{3\sqrt{3}}\mathbf{i} + \dfrac{5}{3\sqrt{3}}\mathbf{j} + \dfrac{1}{3\sqrt{3}}\mathbf{k}, (D_{-\mathbf{u}}f)_{P_0} = -3\sqrt{3}$

21. $\mathbf{u} = \dfrac{1}{\sqrt{3}}(\mathbf{i} + \mathbf{j} + \mathbf{k}), (D_{\mathbf{u}}f)_{P_0} = 2\sqrt{3}$; $-\mathbf{u} = -\dfrac{1}{\sqrt{3}}(\mathbf{i} + \mathbf{j} + \mathbf{k}), (D_{-\mathbf{u}}f)_{P_0} = -2\sqrt{3}$

23. $df = \dfrac{9}{11830} \approx 0.0008$ 25. $dg = 0$

27. (a) $x + y + z = 3$ (b) $x = 1 + 2t, y = 1 + 2t, z = 1 + 2t$

29. (a) $2x - z - 2 = 0$ (b) $x = 2 - 4t, y = 0, z = 2 + 2t$

31. (a) $2x + 2y + z - 4 = 0$ (b) $x = 2t, y = 1 + 2t, z = 2 + t$

33. (a) $x + y + z - 1 = 0$ (b) $x = t, y = 1 + t, z = t$

35. $2x - z - 2 = 0$ 37. $x - y + 2z - 1 = 0$

39.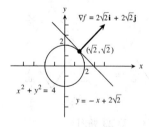

41.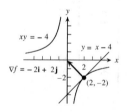

43. $x = 1, y = 1 + 2t, z = 1 - 2t$ 45. $x = 1 - 2t, y = 1, z = \dfrac{1}{2} + 2t$

47. $x = 1 + 90t, y = 1 - 90t, z = 3$ 49. $\mathbf{u} = \dfrac{7}{\sqrt{53}}\mathbf{i} - \dfrac{2}{\sqrt{53}}\mathbf{j}, -\mathbf{u} = -\dfrac{7}{\sqrt{53}}\mathbf{i} + \dfrac{2}{\sqrt{53}}\mathbf{j}$

51. 不对,最大变化率是 $\sqrt{185} < 14$。   53. $-\dfrac{7}{\sqrt{5}}$

55. (a) $\dfrac{\sqrt{3}}{2}\sin\sqrt{3} - \dfrac{1}{2}\cos\sqrt{3} \approx 0.935\,℃/英尺$ (b) $\sqrt{3}\sin\sqrt{3} - \cos\sqrt{3} \approx 1.87\,℃/秒$

57. 在 $-\dfrac{\pi}{4}, -\dfrac{\pi}{2\sqrt{2}}$;在 $0, 0$;在 $\dfrac{\pi}{4}, \dfrac{\pi}{2\sqrt{2}}$

第 11.6 节

1. (a) $L(x,y) = 1$ (b) $L(x,y) = 2x + 2y - 1$　　3. (a) $L(x,y) = 3x - 4y + 5$ (b) $L(x,y) = 3x - 4y + 5$

5. (a) $L(x,y) = 1 + x$ (b) $L(x,y) = -y + \dfrac{\pi}{2}$　　7. $L(x,y) = 7 + x - 6y; 0.06$

9. $L(x,y) = x + y + 1; 0.08$　　11. $L(x,y) = 1 + x; 0.0222$

13. 对于两个尺寸中较小的一个给与更多关注. 它生成更大的偏导数.

15. 最大误差(估计)的绝对值 ≤ 0.31　　17. 最大相对误差 $= \pm 4.83\%$

19. 令 $|x - 1| \le 0.014, |y - 1| \le 0.014$　　21. $\approx 0.1\%$

23. (a) $L(x,y,z) = 2x + 2y + 2z - 3$ (b) $L(x,y,z) = y + z$ (c) $L(x,y,z) = 0$

25. (a) $L(x,y,z) = x$ (b) $L(x,y,z) = \dfrac{1}{\sqrt{2}}x + \dfrac{1}{\sqrt{2}}y$ (c) $L(x,y,z) = \dfrac{1}{3}x + \dfrac{2}{3}y + \dfrac{2}{3}z$

27. (a) $L(x,y,z) = 2 + x$ (b) $L(x,y,z) = x - y - z + \dfrac{\pi}{2} + 1$ (c) $L(x,y,z) = x - y - z + \dfrac{\pi}{2} + 1$

29. $L(x,y,z) = 2x - 6y - 2z + 6, 0.0024$　　31. $L(x,y,z) = x + y - z - 1, 0.00135$

33. (a) $S_0\left(\dfrac{1}{100}dp + dx - 5dw - 30dh\right)$　　(b) 对高度变化更敏感

35. f 对 d 的变化最敏感　　37. $\dfrac{47}{24}$ 英尺^3　　39. 可能误差的绝对值 ≤ 4.8

第 11.7 节

1. $f(-3,3) = -5$, 局部最小值　　3. $f(-2,1)$, 鞍点　　5. $f\left(\dfrac{13}{12}, -\dfrac{3}{4}\right) = -\dfrac{31}{12}$, 局部最小值

7. $f(1,2)$, 鞍点　　9. $f(0,1) = 4$, 局部最大值　　11. $f(0,0)$, 鞍点; $f(-1,-1) = 1$, 局部最大值

13. $f(0,0)$, 鞍点; $f\left(\dfrac{4}{9}, \dfrac{4}{3}\right) = -\dfrac{64}{81}$, 局部最小值　　15. $f(0,0)$, 鞍点; $f(1,1) = 2, f(-1,-1) = 2$, 局部最大值

17. $f(0,0) = -1$, 局部最大值　　19. $f(n\pi, 0)$, 鞍点; 对每个 n, 有 $f(n\pi, 0) = 0$

21. 在 $(0,0)$ 取绝对最大值 1; 在 $(1,2)$ 取绝对最小值 -5

23. 在 $(0, -3)$ 取绝对最大值 11; 在 $(4, -2)$ 取绝对最小值 -10

25. 在 $(2,0)$ 取绝对最大值 4; 在 $\left(3, -\dfrac{\pi}{4}\right), \left(3, \dfrac{\pi}{4}\right), \left(1, -\dfrac{\pi}{4}\right)$ 和 $\left(1, \dfrac{\pi}{4}\right)$ 取绝对最小值 $\dfrac{3\sqrt{2}}{2}$

27. $a = -3, b = 2$　　29. 最热: $2\dfrac{1}{4}°$ 在 $\left(-\dfrac{1}{2}, \dfrac{\sqrt{3}}{2}\right)$ 和 $\left(-\dfrac{1}{2}, -\dfrac{\sqrt{3}}{2}\right)$; 最冷: $-\dfrac{1}{4}°$ 在 $\left(\dfrac{1}{2}, 0\right)$

31. (a) $f(0,0)$, 鞍点 (b) $f(1,2)$, 局部最小值 (c) $f(1,-2)$, 局部最小值; $f(-1,-2)$, 鞍点

37. $(1/6, 1/3, 355/36)$

41. (a) 在半圆上, $\max f = 2\sqrt{2}$ 在 $t = \dfrac{\pi}{4}$, $\min f = -2$ 在 $t = \pi$;

　　在四分之一圆上 $\max f = 2\sqrt{2}$ 在 $t = \dfrac{\pi}{4}$, $\min f = 2$ 在 $t = 0, \dfrac{\pi}{2}$

　(b) 在半圆上, $\max g = 2$ 在 $t = \dfrac{\pi}{4}$, $\min g = -2$ 在 $t = \dfrac{3\pi}{4}$;

　　在四分之一圆上, $\max g = 2$ 在 $t = \dfrac{\pi}{4}$, $\min g = 0$ 在 $t = 0, \dfrac{\pi}{2}$

　(c) 在半圆上, $\max h = 8$ 在 $t = 0, \pi$; $\min h = 4$ 在 $t = \dfrac{\pi}{2}$;

　　在四分之一圆上, $\max h = 8$ 在 $t = 0$, $\min h = 4$ 在 $t = \dfrac{\pi}{2}$

43. (i) $\min f = -\dfrac{1}{2}$ 在 $t = -\dfrac{1}{2}$; 无最大值

(ii) $\max f = 0$ 在 $t = -1, 0$; $\min f = -\dfrac{1}{2}$ 在 $t = -\dfrac{1}{2}$

(iii) $\max f = 4$ 在 $t = 1$; $\min f = 0$ 在 $t = 0$

第11.8节

1. $\left(\pm\dfrac{1}{\sqrt{2}}, \dfrac{1}{2}\right), \left(\pm\dfrac{1}{\sqrt{2}}, -\dfrac{1}{2}\right)$ 3. 39   5. $(3, \pm 3\sqrt{2})$ 7. (a) 8   (b) 64

9. $r = 2$ 厘米, $h = 4$ 厘米   11. $l = 4\sqrt{2}, w = 3\sqrt{2}$ 13. $f(0,0) = 0$ 是最小值, $f(2,4) = 20$ 是最大值

15. 最低 $= 0°$, 最高 $= 125°$ 17. $\left(\dfrac{3}{2}, 2, \dfrac{5}{2}\right)$ 19. 1   21. $(0,0,2), (0,0,-2)$

23. $f(1,-2,5) = 30$ 是最大值, $f(-1,2,-5) = -30$ 是最小值.   25. 3, 3, 3

27. $\dfrac{2}{\sqrt{3}} \times \dfrac{2}{\sqrt{3}} \times \dfrac{2}{\sqrt{3}}$ 单位   29. $(\pm 4/3, -4/3, -4/3)$ 31. $U(8,14) = 128$ 美元

33. $f(2/3, 4/3, -4/3) = \dfrac{4}{3}$ 35. $(2, 4, 4)$

37. 最大值是 $1 + 6\sqrt{3}$ 在 $(\pm\sqrt{6}, \sqrt{3}, 1)$, 最小值是 $1 - 6\sqrt{3}$ 在 $(\pm\sqrt{6}, -\sqrt{3}, 1)$.

39. 最大值是 4 在 $(0, 0, \pm 2)$, 最小值是 2 在 $(\pm\sqrt{2}, \pm\sqrt{2}, 0)$.

第11.9节

1. (a) 0   (b) $1 + 2z$ (c) $1 + 2z$ 3. (a) $\dfrac{\partial U}{\partial P} + \dfrac{\partial U}{\partial T}\left(\dfrac{V}{nR}\right)$ (b) $\dfrac{\partial U}{\partial P}\left(\dfrac{nR}{V}\right) + \dfrac{\partial U}{\partial T}$

5. (a) 5   (b) 5   7. $\left(\dfrac{\partial x}{\partial r}\right)_\theta = \cos\theta$ $\left(\dfrac{\partial r}{\partial x}\right)_y = \dfrac{x}{\sqrt{x^2 + y^2}}$

第11.10节

1. 二次: $x + xy$; 三次: $x + xy + \dfrac{1}{2}xy^2$ 3. 二次: xy; 三次: xy

5. 二次: $y + \dfrac{1}{2}(2xy - y^2)$; 三次: $y + \dfrac{1}{2}(2xy - y^2) + \dfrac{1}{6}(3x^2y - 3xy^2 + 2y^3)$

7. 二次: $\dfrac{1}{2}(2x^2 + 2y^2) = x^2 + y^2$; 三次: $x^2 + y^2$

9. 二次: $1 + (x+y) + (x+y)^2$; 三次: $1 + (x+y) + (x+y)^2 + (x+y)^3$

11. 二次: $1 - \dfrac{1}{2}x^2 - \dfrac{1}{2}y^2$; $E(x,y) \le 0.00134$

第11章实践习题

1. 定义区域: xy 平面上的所有点; 值域 $z \ge 0$. 等高线是长轴沿 y 轴, 短轴沿 x 轴的椭圆.

第1题图   第3题图

3. 定义域: 所有使 $x \ne 0$ 和 $y \ne 0$ 的 (x,y); 值域 $z \ne 0$. 等高线是以 x 轴和 y 轴为渐近线的双曲线.

5. 定义域:xyz-空间的所有点;值域:所有实数. 等位面是以 z 轴为轴的旋转抛物面.

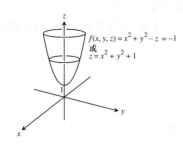

第 5 题图

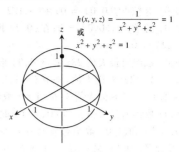

第 7 题图

7. 定义域:所有使$(x,y,z) \neq (0,0,0)$的(x,y,z);值域:正实数. 等位面是中心在$(0,0,0)$和半径 $r > 0$ 的球面.

9. -2 **11.** $1/2$ **13.** 1 **15.** 令 $y = kx^2, k \neq 1$

17. 否;$\lim_{(x,y)\to(0,0)} f(x,y)$ 不存在 **19.** $\frac{\partial g}{\partial r} = \cos\theta + \sin\theta, \frac{\partial g}{\partial \theta} = -r\sin\theta + r\cos\theta$

21. $\frac{\partial f}{\partial R_1} = -\frac{1}{R_1^2}, \frac{\partial f}{\partial R_2} = -\frac{1}{R_2^2}, \frac{\partial f}{\partial R_3} = -\frac{1}{R_3^2}$ **23.** $\frac{\partial P}{\partial n} = \frac{RT}{V}, \frac{\partial P}{\partial R} = \frac{nT}{V}, \frac{\partial P}{\partial T} = \frac{nR}{V}, \frac{\partial P}{\partial V} = -\frac{nRT}{V^2}$

25. $\frac{\partial^2 g}{\partial x^2} = 0, \frac{\partial^2 g}{\partial y^2} = \frac{2x}{y^3}, \frac{\partial^2 g}{\partial y \partial x} = \frac{\partial^2 g}{\partial x \partial y} = -\frac{1}{y^2}$ **27.** $\frac{\partial^2 f}{\partial x^2} = -30x + \frac{2-2x^2}{(x^2+1)^2}, \frac{\partial^2 f}{\partial y^2} = 0, \frac{\partial^2 f}{\partial y \partial x} = \frac{\partial^2 f}{\partial x \partial y} = 1$

29. $\left.\frac{dw}{dt}\right|_{t=0} = -1$ **31.** $\left.\frac{\partial w}{\partial r}\right|_{(r,s)=(\pi,0)} = 2, \left.\frac{\partial w}{\partial s}\right|_{(r,s)=(\pi,0)} = 2 - \pi$

33. $\left.\frac{df}{dt}\right|_{t=1} = -(\sin 1 + \cos 2)(\sin 1) + (\cos 1 + \cos 2)(\cos 1) - 2(\sin 1 + \cos 1)(\sin 2)$

35. $\left.\frac{dy}{dx}\right|_{(x,y)=(0,1)} = -1$

37. 增加最快方向 $\mathbf{u} = -\frac{\sqrt{2}}{2}\mathbf{i} - \frac{\sqrt{2}}{2}\mathbf{j}$;下降最快方向 $-\mathbf{u} = \frac{\sqrt{2}}{2}\mathbf{i} + \frac{\sqrt{2}}{2}\mathbf{j}$;

$D_\mathbf{u} f = \frac{\sqrt{2}}{2}; D_{-\mathbf{u}} f = -\frac{\sqrt{2}}{2}; D_{\mathbf{u}_1} f = -\frac{7}{10}$,其中 $\mathbf{u}_1 = \frac{\mathbf{v}}{|\mathbf{v}|}$

39. 增加最快方向 $\mathbf{u} = \frac{2}{7}\mathbf{i} + \frac{3}{7}\mathbf{j} + \frac{6}{7}\mathbf{k}$;

下降最快方向 $-\mathbf{u} = -\frac{2}{7}\mathbf{i} - \frac{3}{7}\mathbf{j} - \frac{6}{7}\mathbf{k}$;

$D_\mathbf{u} f = 7; D_{-\mathbf{u}} f = -7; D_{\mathbf{u}_1} f = 7$,其中 $\mathbf{u}_1 = \frac{\mathbf{v}}{|\mathbf{v}|}$

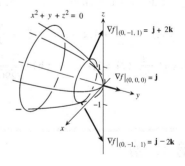

第 45 题图

41. $\pi/\sqrt{2}$ **43.** (a) $f_x(1,2) = f_y(1,2) = 2$ (b) $14/5$

45. 见右上图.

47. 切平面:$4x - y - 5z = 4$;法线:$x = 2 + 4t, y = -1 - t, z = 1 - 5t$

49. $2y - z - 2 = 0$ **51.** 切平面:$x + y = \pi + 1$;法线:$y = x - \pi + 1$.见右图

53. $x = 1 - 2t, y = 1, z = 1/2 + 2t$

55. 答案依赖于 $|f_{xx}|, |f_{xy}|, |f_{yy}|$ 的上界. 对于 $M = \sqrt{2}/2, |E| \leq 0.0142$,对于 $M = 1, |E| \leq 0.02$.

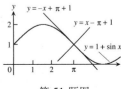

第 51 题图

57. $L(x,y,z) = y - 3z, L(x,y,z) = x + y - z - 1$

59. 对于直径要更细心.

61. $dI = 0.038, I$ 的相对变化率 $= 15.83\%$,对于电压变化更敏感

63. (a) 5%　　　　　　　　**65.** 在 $(-2,-2)$ 取局部最小值 -8

67. 在 $(0,0)$ 有鞍点 $f(0,0) = 0$；在 $(-1/2, -1/2)$ 取局部最大值 $1/4$

69. 在 $(0,0)$ 有鞍点 $f(0,0) = 0$；在 $(0,2)$ 取局部最小值 -4；在 $(-2,0)$ 取局部最大值 4；鞍点在 $(-2,2)$，$f(-2,2) = 0$.

71. 在 $(0,4)$ 取绝对最大值 28；在 $(3/2, 0)$ 取绝对最小值 $-9/4$.

73. 在 $(2, -2)$ 取绝对最大值 18；在 $(-2, 1/2)$ 取绝对最小值 $-17/4$

75. 在 $(-2, 0)$ 取绝对最大值 8；在 $(1, 0)$ 取绝对最小值 -1

77. 在 $(1, 0)$ 取绝对最大值 4；在 $(0, -1)$ 取绝对最小值 -4

79. 在 $(0, \pm 1)$ 和 $(1, 0)$ 取绝对最大值 1；在 $(-1, 0)$ 取绝对最小值 -1

81. 最大值：5 在 $(0, 1)$；最小值：$-1/3$ 在 $(0, -1/3)$

83. 最大值：$\sqrt{3}$ 在 $\left(\dfrac{1}{\sqrt{3}}, -\dfrac{1}{\sqrt{3}}, \dfrac{1}{\sqrt{3}}\right)$；最小值：$-\sqrt{3}$ 在 $\left(-\dfrac{1}{\sqrt{3}}, \dfrac{1}{\sqrt{3}}, -\dfrac{1}{\sqrt{3}}\right)$

85. 宽 $= \left(\dfrac{c^2 V}{ab}\right)^{1/3}$，深 $= \left(\dfrac{b^2 V}{ac}\right)^{1/3}$，高 $= \left(\dfrac{a^2 V}{bc}\right)^{1/3}$

87. 最大值：$\dfrac{3}{2}$ 在 $\left(\dfrac{1}{\sqrt{2}}, \dfrac{1}{\sqrt{2}}, \sqrt{2}\right)$ 和 $\left(-\dfrac{1}{\sqrt{2}}, -\dfrac{1}{\sqrt{2}}, -\sqrt{2}\right)$；

最小值：$\dfrac{1}{2}$ 在 $\left(-\dfrac{1}{\sqrt{2}}, \dfrac{1}{\sqrt{2}}, -\sqrt{2}\right)$ 和 $\left(\dfrac{1}{\sqrt{2}}, -\dfrac{1}{\sqrt{2}}, \sqrt{2}\right)$

89. (a) $(2y + x^2 z) e^{yz}$　　　(b) $x^2 e^{yz}\left(y - \dfrac{z}{2y}\right)$　　　(c) $(1 + x^2 y) e^{yz}$

91. $\dfrac{\partial w}{\partial x} = \cos\theta \dfrac{\partial w}{\partial r} - \dfrac{\sin\theta}{r}\dfrac{\partial w}{\partial \theta}$，$\dfrac{\partial w}{\partial y} = \sin\theta \dfrac{\partial w}{\partial r} + \dfrac{\cos\theta}{r}\dfrac{\partial w}{\partial \theta}$　　　**97.** $(t, -t \pm 4, t)$，t 是实数

第 11 章

1. $f_{xy}(0,0) = -1, f_{yx}(0,0) = 1$　　**7.** (c) $\dfrac{r^2}{2} = \dfrac{1}{2}(x^2 + y^2 + z^2)$　　**13.** $V = \dfrac{\sqrt{3}abc}{2}$

17. $f(x,y) = \dfrac{y}{2} + 4, g(x,y) = \dfrac{x}{2} + \dfrac{9}{2}$　　**19.** $y = 2\ln|\sin x| + \ln 2$

21. (a) $\dfrac{1}{\sqrt{53}}(2\mathbf{i} + 7\mathbf{j})$　　(b) $\dfrac{-1}{\sqrt{29097}}(98\mathbf{i} - 127\mathbf{j} + 58\mathbf{k})$　　**23.** $w = e^{-c^2\pi^2 t}\sin\pi x$

第 12 章

第 12.1 节

1. 16　　　　　　　　**3.** 1　　　　　　　　**5.** $\pi^2/2 + 2$

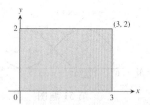
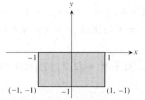
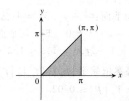

7. $8\ln 8 - 16 + e$

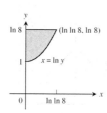

9. $e - 2$

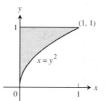

11. $\dfrac{3}{2}\ln 2$ **13.** $1/6$ **15.** $-1/10$

17. 8 **19.** 2π

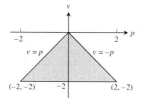

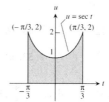

21. $\displaystyle\int_2^4\int_0^{(4-y)/2} \mathrm{d}x\mathrm{d}y$ **23.** $\displaystyle\int_0^1\int_{x^2}^x \mathrm{d}y\mathrm{d}x$ **25.** $\displaystyle\int_1^e\int_{\ln y}^1 \mathrm{d}x\mathrm{d}y$

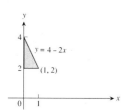
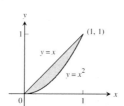
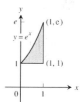

27. $\displaystyle\int_0^9\int_0^{\sqrt{9-y}/2} 16x\,\mathrm{d}x\mathrm{d}y$ **29.** $\displaystyle\int_{-1}^1\int_0^{\sqrt{1-x^2}} 3y\,\mathrm{d}y\mathrm{d}x$

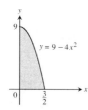
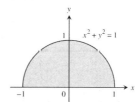

31. 2 **33.** $(e-2)/2$ **35.** 2

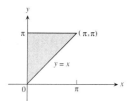
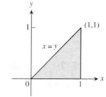
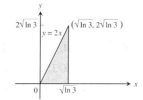

37. $1/80\pi$ **39.** 2

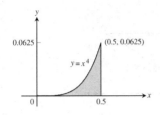
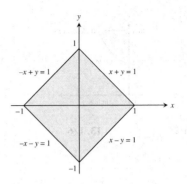

41. $4/3$ **43.** $625/12$ **45.** 16 **47.** 20

49. $2(1+\ln 2)$ **51.** 1 **53.** π^2 **55.** $-\dfrac{3}{32}$

57. $\dfrac{20\sqrt{3}}{9}$ **59.** $\displaystyle\int_0^1\int_x^{2-x}(x^2+y^2)\,dy\,dx=\dfrac{4}{3}$,见右图

63. 否,根据 Fubini 定理,两个次序的积分必定给出同一结果.

67. 0.603 **69.** 0.233

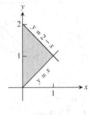

第 59 题图

第 12.2 节

1. $\displaystyle\int_0^2\int_0^{2-x}dy\,dx=2$ 或 $\displaystyle\int_0^2\int_0^{2-y}dx\,dy=2$ **3.** $\displaystyle\int_{-2}^1\int_{y-2}^{-y^2}dx\,dy=\dfrac{9}{2}$ **5.** $\displaystyle\int_0^{\ln 2}\int_0^{e^x}dy\,dx=1$ **7.** $\displaystyle\int_0^1\int_{y^2}^{2y-y^2}dx\,dy=\dfrac{1}{3}$

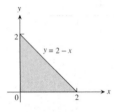
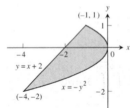
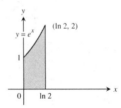
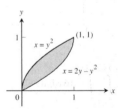

9. 12 **11.** $\sqrt{2}-1$ **13.** $3/2$

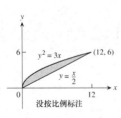
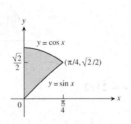
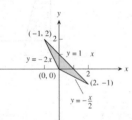

15. (a) 0 (a) $4/\pi^2$ **17.** $8/3$

19. $\bar x=5/14, \bar y=38/35$ **21.** $\bar x=64/35, \bar y=5/7$ **23.** $\bar x=0, \bar y=4/3\pi$

25. $\bar x=\bar y=4a/3\pi$ **27.** $I_x=I_y=4\pi, I_0=8\pi$ **29.** $\bar x=-1, \bar y=1/4$

31. $I_x=64/105, R_x=2\sqrt{2/7}$ **33.** $\bar x=3/8, \bar y=17/16$ **35.** $\bar x=11/3, \bar y=14/27, I_y=432, R_y=4$

37. $\bar{x}=0, \bar{y}=13/31, I_y=7/5, R_y=\sqrt{21/31}$

39. $\bar{x}=0, \bar{y}=7/10; I_x=9/10, I_y=3/10, I_0=6/5; R_x=3\sqrt{6}/10, R_y=3\sqrt{2}/10, R_0=3\sqrt{2}/5$

41. $40000(1-e^{-2})\ln(7/2) \approx 43329$

43. 若 $0 < a \leq 5/2$,则容器必须倾斜超过 $45°$ 以使其翻倒.

45. $(\bar{x},\bar{y})=(2/\pi,0)$ 47. (**a**) $3/2$ (**b**) 它们是一样的.

53. (**a**) $(7/5, 31/10)$ (**b**) $(19/7, 18/7)$ (**c**) $(9/2, 19/8)$ (**d**) $(11/4, 43/16)$

55. 为使质心在公共边界, $h=a\sqrt{2}$. 为使质心在 T 内部, $h > a\sqrt{2}$.

第 12.3 节

1. $\pi/2$ 3. $\pi/8$ 5. πa^2 7. 36 9. $(1-\ln 2)\pi$

11. $(2\ln 2 - 1)(\pi/2)$ 13. $\pi/2 + 1$ 15. $\pi(\ln 4 - 1)$ 17. $2(\pi-1)$ 19. 12π

21. $3\pi/8 + 1$ 23. 4 25. $6\sqrt{3} - 2\pi$ 27. $\bar{x}=5/6, \bar{y}=0$ 29. $\dfrac{2a}{3}$

31. $\dfrac{2a}{3}$ 33. $2\pi(2-\sqrt{e})$ 35. $\dfrac{4}{3}+\dfrac{5\pi}{8}$ 37. (**a**) $\dfrac{\sqrt{\pi}}{2}$ (**b**) 1

39. $\pi \ln 4$, 否   41. $\dfrac{1}{2}(a^2+2h^2)$

第 12.4 节

1. $1/6$

3. $\displaystyle\int_0^1\int_0^{2-2x}\int_0^{3-3x-3y/2}dzdydz,\ \int_0^2\int_0^{1-y/2}\int_0^{3-3x-3y/2}dzdxdy,\ \int_0^1\int_0^{3-3x}\int_0^{2-2x-2z/3}dydzdx,\ \int_0^3\int_0^{1-z/3}\int_0^{2-2x-2z/3}dydxdz,$

$\displaystyle\int_0^2\int_0^{3-3y/2}\int_0^{1-y/2-z/3}dxdzdy,\ \int_0^3\int_0^{2-2z/3}\int_0^{1-y/2-z/3}dxdydz.$

所有六个积分值是 1.

5. $\displaystyle\int_{-2}^{2}\int_{-\sqrt{4-x^2}}^{\sqrt{4-x^2}}\int_{x^2+y^2}^{8-x^2-y^2}1\,dzdydx,\ \int_{-2}^{2}\int_{-\sqrt{4-y^2}}^{\sqrt{4-y^2}}\int_{x^2+y^2}^{8-x^2-y^2}1\,dzdxdy,\ \int_{-2}^{2}\int_{4}^{8-y^2}\int_{-\sqrt{8-z-y^2}}^{\sqrt{8-z-y^2}}1\,dxdzdy + \int_{-2}^{2}\int_{y^2}^{4}\int_{-\sqrt{z-y^2}}^{\sqrt{z-y^2}}1\,dxdzdy,$

$\displaystyle\int_{4}^{8}\int_{-\sqrt{8-z}}^{\sqrt{8-z}}\int_{-\sqrt{8-z-y^2}}^{\sqrt{8-z-y^2}}1\,dxdydz + \int_{0}^{4}\int_{-\sqrt{z}}^{\sqrt{z}}\int_{-\sqrt{z-y^2}}^{\sqrt{z-y^2}}1\,dxdydz.$

$\displaystyle\int_{-2}^{2}\int_{4}^{8-x^2}\int_{-\sqrt{8-z-x^2}}^{\sqrt{8-z-x^2}}1\,dydzdx + \int_{-2}^{2}\int_{x^2}^{4}\int_{-\sqrt{z-x^2}}^{\sqrt{z-x^2}}1\,dydzdx,\ \int_{4}^{8}\int_{-\sqrt{8-z}}^{\sqrt{8-z}}\int_{-\sqrt{8-z-x^2}}^{\sqrt{8-z-x^2}}1\,dydxdz + \int_{0}^{4}\int_{-\sqrt{z}}^{\sqrt{z}}\int_{-\sqrt{z-x^2}}^{\sqrt{z-x^2}}1\,dydxdz.$

所有六个积分都是 16π.

7. 1 9. 1 11. $\dfrac{\pi^3}{2}(1-\cos 1)$ 13. 18

15. $7/6$ 17. 0 19. $\dfrac{1}{2}-\dfrac{\pi}{8}$

21. (**a**) $\displaystyle\int_{-1}^{1}\int_0^{1-x^2}\int_{x^2}^{1-z}dydzdx$ (**b**) $\displaystyle\int_0^1\int_{-\sqrt{1-z}}^{\sqrt{1-z}}\int_{x^2}^{1-z}dydxdz$ (**c**) $\displaystyle\int_0^1\int_0^{1-z}\int_{-\sqrt{y}}^{\sqrt{y}}dxdydz$

(**d**) $\displaystyle\int_0^1\int_0^{1-y}\int_{-\sqrt{y}}^{\sqrt{y}}dxdzdy$ (**e**) $\displaystyle\int_0^1\int_{-\sqrt{y}}^{\sqrt{y}}\int_0^{1-y}dzdxdy$

23. $2/3$ 25. $20/3$ 27. 1 29. $16/3$ 31. $8\pi - \dfrac{32}{3}$

33. 2　　　　**35.** 4π　　　　**37.** $31/3$　　　　**39.** 1　　　　**41.** $2\sin 4$
43. 4　　　　**45.** $a = 3$ 或 $a = 13/3$
47. 定义域是使 $4x^2 + 4y^2 + z^2 \leq 4$ 的所有点 (x,y,z).

第 12.5 节

1. $R_x = \sqrt{\dfrac{b^2 + c^2}{12}}, R_y = \sqrt{\dfrac{a^2 + c^2}{12}}, R_z = \sqrt{\dfrac{a^2 + b^2}{12}}$

3. $I_x = \dfrac{M}{3}(b^2 + c^2), I_y = \dfrac{M}{3}(a^2 + c^2), I_z = \dfrac{M}{3}(a^2 + b^2)$

5. $\bar{x} = \bar{y} = 0, \bar{z} = \dfrac{12}{5}, I_x = 7904/105 \approx 75.28, I_y = 4832/63 \approx 76.70, I_z = 256/45 \approx 5.69$

7. (**a**) $\bar{x} = \bar{y} = 0, \bar{z} = 8/3$　　(**b**) $c = 2\sqrt{2}$　　**9.** $I_L = 1386, R_L = \sqrt{\dfrac{77}{2}}$

11. $I_L = \dfrac{40}{3}, R_L = \sqrt{\dfrac{5}{3}}$　　**13.** (**a**) $4/3$　　(**b**) $\bar{x} = 4/5, \bar{y} = \bar{z} = 2/5$

15. (**a**) $5/2$　　　　(**b**) $\bar{x} = \bar{y} = \bar{z} = 8/15$

　　(**c**) $I_x = I_y = I_z = 11/6$　　(**d**) $R_x = R_y = R_z = \sqrt{\dfrac{11}{15}}$

17. 3　　**19.** (**a**) $\dfrac{4}{3}g$　　(**b**) $\dfrac{4}{3}g$

23. (**a**) $I_{\text{c.m.}} = \dfrac{abc(a^2 + b^2)}{12}, R_{\text{c.m.}} = \sqrt{\dfrac{a^2 + b^2}{12}}$　　(**b**) $I_L = \dfrac{abc(a^2 + 7b^2)}{3}, R_L = \sqrt{\dfrac{a^2 + 7b^2}{3}}$

27. (**a**) $h = a\sqrt{3}$　　(**b**) $h = a\sqrt{2}$

第 12.6 节

1. $\dfrac{4\pi(\sqrt{2} - 1)}{3}$　　**3.** $\dfrac{17\pi}{5}$　　**5.** $\pi(6\sqrt{2} - 8)$　　**7.** $\dfrac{3\pi}{10}$　　**9.** $\pi/3$

11. (**a**) $\displaystyle\int_0^{2\pi}\!\!\int_0^1\!\!\int_0^{\sqrt{4-r^2}} r\,dz\,dr\,d\theta$　　(**b**) $\displaystyle\int_0^{2\pi}\!\!\int_0^{\sqrt{3}}\!\!\int_0^1 r\,dr\,dz\,d\theta + \int_0^{2\pi}\!\!\int_{\sqrt{3}}^2\!\!\int_0^{\sqrt{4-z^2}} r\,dz\,d\theta$　　(**c**) $\displaystyle\int_0^1\!\!\int_0^{\sqrt{4-r^2}}\!\!\int_0^{2\pi} r\,d\theta\,dz\,dr$

13. $\displaystyle\int_{-\pi/2}^{\pi/2}\!\!\int_0^{\cos\theta}\!\!\int_0^{3r^2} f(r,\theta,z)\,dz\,dr\,d\theta$　　**15.** $\displaystyle\int_0^{\pi}\!\!\int_0^{\sin\theta}\!\!\int_0^{4-r\sin\theta} f(r,\theta,z)\,dz\,dr\,d\theta$

17. $\displaystyle\int_{-\pi/2}^{\pi/2}\!\!\int_1^{1+\cos\theta}\!\!\int_0^4 f(r,\theta,z)\,dz\,dr\,d\theta$　　**19.** $\displaystyle\int_0^{\pi/4}\!\!\int_0^{\sec\theta}\!\!\int_0^{2-r\sin\theta} f(r,\theta,z)\,dz\,dr\,d\theta$

21. π^2　　**23.** $\pi/3$　　**25.** 5π　　**27.** 2π　　**29.** $\left(\dfrac{8 - 5\sqrt{2}}{2}\right)\pi$

31. (**a**) $\displaystyle\int_0^{2\pi}\!\!\int_0^{\pi/6}\!\!\int_0^2 \rho^2\sin\phi\,d\rho\,d\phi\,d\theta + \int_0^{2\pi}\!\!\int_{\pi/6}^{\pi/2}\!\!\int_0^{\csc\phi} \rho^2\sin\phi\,d\rho\,d\phi\,d\theta$　　(**b**) $\displaystyle\int_0^{2\pi}\!\!\int_1^2\!\!\int_{\pi/6}^{\sin^{-1}(1/\rho)} \rho^2\sin\phi\,d\phi\,d\rho\,d\theta + \int_0^{2\pi}\!\!\int_0^2\!\!\int_0^{\pi/6} \rho^2\sin\phi\,d\phi\,d\rho\,d\theta$

33. $\displaystyle\int_0^{2\pi}\!\!\int_0^{\pi/2}\!\!\int_{\cos\phi}^2 \rho^2\sin\phi\,d\rho\,d\phi\,d\theta = \dfrac{31\pi}{6}$　　**35.** $\displaystyle\int_0^{2\pi}\!\!\int_0^{\pi}\!\!\int_0^{1-\cos\phi} \rho^2\sin\phi\,d\rho\,d\phi\,d\theta = \dfrac{8\pi}{3}$

37. $\displaystyle\int_0^{2\pi}\!\!\int_{\pi/4}^{\pi/2}\!\!\int_0^{2\cos\phi} \rho^2\sin\phi\,d\rho\,d\phi\,d\theta = \dfrac{\pi}{3}$

39. (**a**) $8\displaystyle\int_0^{\pi/2}\!\!\int_0^{\pi/2}\!\!\int_0^2 \rho^2\sin\phi\,d\rho\,d\phi\,d\theta$　　(**b**) $8\displaystyle\int_0^{\pi/2}\!\!\int_0^2\!\!\int_0^{\sqrt{4-r^2}} r\,dz\,dr\,d\theta$　　(**c**) $8\displaystyle\int_0^2\!\!\int_0^{\sqrt{4-x^2}}\!\!\int_0^{\sqrt{4-x^2-y^2}} dz\,dy\,dx$

41. (**a**) $\int_0^{2\pi}\int_0^{\pi/3}\int_{\sec\phi}^{2}\rho^2\sin\phi\,d\rho d\phi d\theta$ (**b**) $\int_0^{2\pi}\int_0^{\sqrt{3}}\int_1^{\sqrt{4-r^2}}rdzdrd\theta$

(**c**) $8\int_{-\sqrt{3}}^{\sqrt{3}}\int_{-\sqrt{3-x^2}}^{\sqrt{3-x^2}}\int_1^{\sqrt{4-x^2-y^2}}dzdydx$ (**d**) $5\pi/3$

43. $8\pi/3$ **45.** $9/4$ **47.** $\dfrac{3\pi-4}{18}$ **49.** $\dfrac{2\pi a^3}{3}$

51. $5\pi/3$ **53.** $\pi/2$ **55.** $\dfrac{4(2\sqrt{2}-1)\pi}{3}$ **57.** 16π

59. $5\pi/2$ **61.** $\dfrac{4\pi(8-3\sqrt{3})}{3}$ **63.** $2/3$ **65.** $3/4$

67. $\bar{x}=\bar{y}=0,\bar{z}=3/8$ **69.** $(\bar{x},\bar{y},\bar{z})=(0,0,3/8)$

71. $\bar{x}=\bar{y}=0,\bar{z}=5/6$ **73.** $I_z=30\pi,R_z=\sqrt{\dfrac{5}{2}}$

75. $I_x=\pi/4$ **77.** $\dfrac{a^4h\pi}{10}$

79. (**a**) $(\bar{x},\bar{y},\bar{z})=\left(0,0,\dfrac{4}{5}\right),I_z=\dfrac{\pi}{12},R_z=\sqrt{\dfrac{1}{3}}$

(**b**) $(\bar{x},\bar{y},\bar{z})=\left(0,0,\dfrac{5}{6}\right),I_z=\dfrac{\pi}{14},R_z=\sqrt{\dfrac{5}{14}}$

83. $(\bar{x},\bar{y},\bar{z})=\left(0,0,\dfrac{2h^2+3h}{3h+6}\right),I_z=\dfrac{\pi a^4(h^2+2h)}{4},R_z=\dfrac{a}{\sqrt{2}}$

85. $\dfrac{3M}{\pi R^3}$

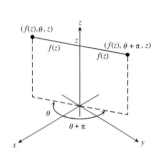

第89题图

89. 曲面方程 $r=f(z)$ 告诉我们, 点 $(r,\theta,z)=(f(z),\theta,z)$ 对所有 θ 在曲面上. 特别地, $(f(z),\theta+\pi,z)$ 在曲面上, 只要 $(f(z),\theta,z)$ 在曲面上, 于是, 曲面关于 z 轴对称. 见右上图.

第12.7节

1. (**a**) $x=\dfrac{u+v}{3},y=\dfrac{v-2u}{3};\dfrac{1}{3}$

(**b**) 三角形区域, 其边界为 $u=0,v=0,$ 和 $u+v=3$

3. (**a**) $x=\dfrac{1}{5}(2u-v),y=\dfrac{1}{10}(3v-u);\dfrac{1}{10}$

(**b**) 三角形区域, 其边界为 $3v=u,v=2u$ 和 $3u+v=10$

7. $64/5$ **9.** $\displaystyle\iint_1^2\!\!\int_1^3(u+v)\dfrac{2u}{v}dudv=8+\dfrac{52}{3}\ln 2$

11. $\dfrac{\pi ab(a^2+b^2)}{4}$ **13.** $\dfrac{1}{3}\left(1+\dfrac{3}{e^2}\right)\approx 0.4687$

15. (**a**) $\begin{vmatrix}\cos v & -u\sin v\\ \sin v & u\cos v\end{vmatrix}=u\cos^2 v+u\sin^2 v=u$

(**b**) $\begin{vmatrix}\sin v & u\cos v\\ \cos v & -u\sin v\end{vmatrix}=-u\sin^2 v-u\cos^2 v=-u$

19. 12 **21.** $\dfrac{a^2b^2c^2}{6}$

第 12 章实践习题

1. $9e-9$

3. $9/2$

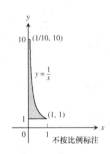
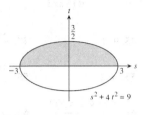

5. $\int_{-2}^{9}\int_{2x+4}^{4-x^2} dy dx = \dfrac{4}{3}$

7. $\int_{-3}^{3}\int_{0}^{(1/2)\sqrt{9-x^2}} y dy dx = \dfrac{9}{2}$

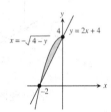
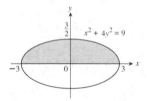

9. $\sin 4$

11. $\dfrac{\ln 17}{4}$

13. $4/3$

15. $4/3$

17. $1/4$

19. $\bar{x} = \bar{y} = \dfrac{1}{2 - \ln 4}$

21. $I_0 = 104$

23. $I_x = 2\delta, R_x = \sqrt{\dfrac{2}{3}}$

25. $M = 4, M_x = 0, M_y = 0$

27. π

29. $\bar{x} = \dfrac{3\sqrt{3}}{\pi}, \bar{y} = 0$

31. (a) $\bar{x} = \dfrac{15\pi + 32}{6\pi + 48}, \bar{y} = 0$ (b) 见右图.

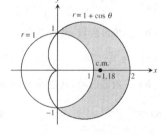

33. $\dfrac{\pi - 2}{4}$

35. 0

37. $8/35$

第 31 题(b) 图

39. $\pi/2$

41. $\dfrac{2(31 - 3^{5/2})}{3}$

43. (a) $\displaystyle\int_{-\sqrt{2}}^{\sqrt{2}}\int_{-\sqrt{2-y^2}}^{\sqrt{2-y^2}}\int_{\sqrt{x^2+y^2}}^{\sqrt{4-x^2-y^2}} 3 dz dx dy$

(b) $\displaystyle\int_{0}^{2\pi}\int_{0}^{\pi/4}\int_{0}^{2} 3\rho^2 \sin\phi d\rho d\phi d\theta$ (c) $2\pi(8 - 4\sqrt{2})$

45. $\displaystyle\int_{0}^{2\pi}\int_{0}^{\pi/4}\int_{0}^{\sec\phi} \rho^2 \sin\phi d\rho d\phi d\theta = \dfrac{\pi}{3}$

47. $\displaystyle\int_{0}^{1}\int_{\sqrt{1-x^2}}^{\sqrt{3-x^2}}\int_{1}^{\sqrt{4-x^2-y^2}} z^2 xy dz dy dx + \int_{1}^{\sqrt{3}}\int_{0}^{\sqrt{3-x^2}}\int_{1}^{\sqrt{4-x^2-y^2}} z^2 xy dz dy dx$

49. (a) $\dfrac{8\pi(4\sqrt{2} - 5)}{3}$ (b) $\dfrac{8\pi(4\sqrt{2} - 5)}{3}$

51. $I_z = \dfrac{8\pi\delta(b^5 - a^5)}{15}$

第 12 章附加习题

1. (a) $\int_{-3}^{2}\int_{x}^{6-x^2} x^2 dy dx$ (b) $\int_{-3}^{2}\int_{x}^{6-x^2}\int_{0}^{x^2} dz dy dx$ (c) $125/4$ 3. 2π 5. $3\pi/2$

7. (a) 洞半径 $=1$,球半径 $=2$ (b) $4\sqrt{3}\pi$

9. $\dfrac{\pi}{4}$ 11. $\ln\left(\dfrac{b}{a}\right)$ 15. $1/\sqrt[4]{3}$

17. 质量 $= a^2\cos^{-1}\left(\dfrac{b}{a}\right) - b\sqrt{a^2-b^2}$, $I_0 = \dfrac{a^4}{2}\cos^{-1}\left(\dfrac{b}{a}\right) - \dfrac{b^3}{2}\sqrt{a^2-b^2} - \dfrac{b}{6}(a^2-b^2)^{3/2}$

19. $\dfrac{1}{ab}(e^{a^2b^2}-1)$ 21. (b) 1 (c) 0

25. $h = \sqrt{20}$in., $h = \sqrt{60}$in.   27. $2\pi\left[\dfrac{1}{3} - \left(\dfrac{1}{3}\right)\dfrac{\sqrt{2}}{2}\right]$

第 13 章

第 13.1 节

1. 图形(c)   3. 图形(g)   5. 图形(d)   7. 图形(f)

9. $\sqrt{2}$ 11. $\dfrac{13}{2}$ 13. $3\sqrt{14}$ 15. $\dfrac{1}{6}(5\sqrt{5}+9)$

17. $\sqrt{3}\ln\left(\dfrac{b}{a}\right)$ 19. $\dfrac{10\sqrt{5}-2}{3}$ 21. 8 23. $2\sqrt{2}-1$

25. (a) $4\sqrt{2}-2$ (b) $\sqrt{2}+\ln(1+\sqrt{2})$ 27. $I_z = 2\pi\delta a^3$, $R_z = a$

29. (a) $I_z = 2\pi\sqrt{2}\delta$, $R_z = 1$ (b) $I_z = 4\pi\sqrt{2}\delta$, $R_z = 1$ 31. $I_x = 2\pi-2$, $R_x = 1$

第 13.2 节

1. $\nabla f = -(x\mathbf{i}+y\mathbf{j}+z\mathbf{k})(x^2+y^2+z^2)^{-3/2}$ 3. $\nabla g = -\left(\dfrac{2x}{x^2+y^2}\right)\mathbf{i} - \left(\dfrac{2y}{x^2+y^2}\right)\mathbf{j} + e^z\mathbf{k}$

5. $\mathbf{F} = -\dfrac{kx}{(x^2+y^2)^{3/2}}\mathbf{i} - \dfrac{ky}{(x^2+y^2)^{3/2}}\mathbf{j}$, 任一 $k>0$

7. (a) $9/2$ (b) $13/3$ (c) $9/2$

9. (a) $1/3$ (b) $-1/5$ (c) 0

11. (a) 2 (b) $3/2$ (c) $1/2$

13. $1/2$ 15. $-\pi$ 17. $69/4$

19. $-39/2$ 21. $25/6$

23. (a) 环量$_1 = 0$, 环量$_2 = 2\pi$, 流量$_1 = 2\pi$, 流量$_2 = 0$
    (b) 环量$_1 = 0$, 环量$_2 = 8\pi$, 流量$_1 = 8\pi$, 流量$_2 = 0$

25. 环量 $= 0$, 流量 $= a^2\pi$ 27. 环量 $= a^2\pi$, 流量 $= 0$

29. (a) $-\dfrac{\pi}{2}$ (b) 0 (c) 1 31. 见右图.

第 31 题图

33. (a) $\mathbf{G} = -y\mathbf{i}+x\mathbf{j}$ (b) $\mathbf{G} = \sqrt{x^2+y^2}\mathbf{F}$ 35. $\mathbf{F} = -\dfrac{x\mathbf{i}+y\mathbf{j}}{\sqrt{x^2+y^2}}$ 37. 48

39. π 41. 0 43. $\dfrac{1}{2}$

第 13.3 节

1. 保守的 3. 非保守的 5. 非保守的

7. $f(x,y,z) = x^2 + \dfrac{3y^2}{2} + 2z^2 + C$　　9. $f(x,y,z) = xe^{y+2z} + C$

11. $f(x,y,z) = x\ln x - x + \tan(x+y) + \dfrac{1}{2}\ln(y^2+z^2) + C$

13. 49　15. -16　17. 1　19. $9\ln 2$　21. 0　23. -3　27. $\mathbf{F} = \nabla\left(\dfrac{x^2-1}{y}\right)$

29. (a) 1　(b) 1　(c) 1　31. (a) 2　(b) 2

33. $f(x,y,z) = \dfrac{GmM}{(x^2+y^2+z^2)^{1/2}}$　　35. (a) $c = b = 2a$　(b) $c = b = 2$

37. 使用什么路径无关紧要.因为均是保守的,沿任何路径的功都是同样的.

39. 力 **F** 是保守的,因为 M, N 和 P 的所有偏导数是零. $f(x,y,z) = ax + by + cz + C; A = (x_a, y_a, z_a), B = (x_b, y_b, z_b)$. 因此, $\int_B^B \mathbf{F} \cdot d\mathbf{r} = f(B) - f(A) = a(x_b - x_a) + b(y_b - y_a) + c(z_b - z_a) = \mathbf{F} \cdot \overrightarrow{AB}$.

第 13.4 节

1. 流量 $= 0$, 环量 $= 2\pi a_2$　3. 流量 $= -\pi a^2$, 环量 $= 0$　5. 流量 $= 2$, 环量 $= 0$

7. 流量 $= -9$, 环量 $= 9$　9. 流量 $= 1/2$, 环量 $= 1/2$　11. 流量 $= 1/5$, 环量 $= -1/12$

13. 0　15. 2/33　17. 0　19. -16π　21. πa^2

23. $\dfrac{3}{8}\pi$　25. (a) 0　(b) $(h-k)$(区域的面积)　35. (a) 0

第 13.5 节

1. $\dfrac{13}{3}\pi$　3. 4　5. $6\sqrt{6} - 2\sqrt{2}$　7. $\pi\sqrt{c^2+1}$　9. $\dfrac{\pi}{6}(17\sqrt{17} - 5\sqrt{5})$

11. $3 + 2\ln 2$　13. $9a^3$　15. $\dfrac{abc}{4}(ab + ac + bc)$　17. 2　19. 18

21. $\dfrac{\pi a^3}{6}$　23. $\dfrac{\pi a^2}{4}$　25. $\dfrac{\pi a^3}{2}$　27. -32　29. -4

31. $3a^4$　33. $\left(\dfrac{a}{2}, \dfrac{a}{2}, \dfrac{a}{2}\right)$　35. $(\bar{x}, \bar{y}, \bar{z}) = \left(0, 0, \dfrac{14}{9}\right), I_z = \dfrac{15\pi\sqrt{2}}{2}\delta, R_z = \dfrac{\sqrt{10}}{2}$

37. (a) $\dfrac{8\pi}{3}a^4\delta$　(b) $\dfrac{20\pi}{3}a^4\delta$　39. $\dfrac{\pi}{6}(13\sqrt{13} - 1)$　41. $5\pi\sqrt{2}$　43. $\dfrac{2}{3}(5\sqrt{5} - 1)$

第 13.6 节

1. $\mathbf{r}(r,\theta) = (r\cos\theta)\mathbf{i} + (r\sin\theta)\mathbf{j} + r^2\mathbf{k}, 0 \leq r \leq 2, 0 \leq \theta \leq 2\pi$

3. $\mathbf{r}(r,\theta) = (r\cos\theta)\mathbf{i} + (r\sin\theta)\mathbf{j} + (r/2)\mathbf{k}, 0 \leq r \leq 6, 0 \leq \theta \leq \pi/2$

5. $\mathbf{r}(r,\theta) = (r\cos\theta)\mathbf{i} + (r\sin\theta)\mathbf{j} + \sqrt{9-r^2}\mathbf{k}, 0 \leq r \leq \dfrac{3\sqrt{2}}{2}, 0 \leq \theta \leq 2\pi$;

且 $\mathbf{r}(\phi,\theta) = (3\sin\phi\cos\theta)\mathbf{i} + (3\sin\phi\sin\theta)\mathbf{j} + (3\cos\phi)\mathbf{k}, 0 \leq \phi \leq \dfrac{\pi}{4}, 0 \leq \theta \leq 2\pi$

7. $\mathbf{r}(\phi,\theta) = (\sqrt{3}\sin\phi\cos\theta)\mathbf{i} + (\sqrt{3}\sin\phi\sin\theta)\mathbf{j} + (\sqrt{3}\cos\phi)\mathbf{k}, \dfrac{\pi}{3} \leq \phi \leq \dfrac{2\pi}{3}, 0 \leq \theta \leq 2\pi$

9. $\mathbf{r}(x,y) = x\mathbf{i} + y\mathbf{j} + (4 - y^2)\mathbf{k}, 0 \leq x \leq 2, -2 \leq y \leq 2$

11. $\mathbf{r}(u,v) = u\mathbf{i} + (3\cos v)\mathbf{j} + (3\sin v)\mathbf{k}, 0 \leq u \leq 3, 0 \leq v \leq 2\pi$

13. (a) $\mathbf{r}(r,\theta) = (r\cos\theta)\mathbf{i} + (r\sin\theta)\mathbf{j} + (1 - r\cos\theta - r\sin\theta)\mathbf{k}, 0 \leq r \leq 3, 0 \leq \theta \leq 2\pi$

(**b**) $\mathbf{r}(u,v) = (1 - u\cos v - u\sin v)\mathbf{i} + (u\cos v)\mathbf{j} + (u\sin v)\mathbf{k}, 0 \leq u \leq 3, 0 \leq v \leq 2\pi$

15. $\mathbf{r}(u,v) = (4\cos^2 v)\mathbf{i} + u\mathbf{j} + (4\cos v\sin v)\mathbf{k}, 0 \leq u \leq 3, -\pi/2 \leq v \leq \pi/2$;

另一方法:$\mathbf{r}(u,v) = (2 + 2\cos v)\mathbf{i} + u\mathbf{j} + (2\sin v)\mathbf{k}, 0 \leq u \leq 3, 0 \leq v \leq 2\pi$

17. $\int_0^{2\pi}\int_0^1 \frac{\sqrt{5}}{2}r\,\mathrm{d}r\,\mathrm{d}\theta = \frac{\pi\sqrt{5}}{2}$ **19.** $\int_0^{2\pi}\int_1^3 r\sqrt{5}\,\mathrm{d}r\,\mathrm{d}\theta = 8\pi\sqrt{5}$

21. $\int_0^{2\pi}\int_1^4 1\,\mathrm{d}u\,\mathrm{d}v = 6\pi$ **23.** $\int_0^{2\pi}\int_0^1 u\sqrt{4u^2 + 1}\,\mathrm{d}u\,\mathrm{d}v = \frac{(5\sqrt{5} - 1)}{6}\pi$

25. $\int_0^{2\pi}\int_{\pi/4}^{\pi} 2\sin\phi\,\mathrm{d}\phi\,\mathrm{d}\theta = 4(4 + 2\sqrt{2})\pi$ **27.** $\iint_S x\,\mathrm{d}\sigma = \int_0^3\int_0^2 u\sqrt{4u^2 + 1}\,\mathrm{d}u\,\mathrm{d}v = \frac{17\sqrt{17} - 1}{4}$

29. $\iint_S x^2\,\mathrm{d}\sigma = \int_0^{2\pi}\int_0^{\pi} \sin^3\phi\cos^2\theta\,\mathrm{d}\phi\,\mathrm{d}\theta = \frac{4\pi}{3}$ **31.** $\iint_S z\,\mathrm{d}\sigma = \int_0^1\int_0^1 (4 - u - v)\sqrt{3}\,\mathrm{d}v\,\mathrm{d}u = 3\sqrt{3}$ (对 $x = u, y = v$)

33. $\iint_S x^2\sqrt{5 - 4z}\,\mathrm{d}\sigma = \int_0^1\int_0^{2\pi} u^2\cos^2 v \cdot \sqrt{4u^2 + 1} \cdot u\sqrt{4u^2 + 1}\,\mathrm{d}v\,\mathrm{d}u = \int_0^1\int_0^{2\pi} u^3(4u^2 + 1)\cos^2 v\,\mathrm{d}v\,\mathrm{d}u = \frac{11\pi}{12}$

35. -32 **37.** $\frac{\pi a^3}{6}$ **39.** $\frac{13a^4}{6}$ **41.** $\frac{2\pi}{3}$ **43.** $-\frac{73}{6}\pi$

45. $(\bar{x}, \bar{y}, \bar{z}) = (0, 0, 14/9), I_z = \frac{(15\sqrt{2})\pi\delta}{2}, R_z = \sqrt{5/2}$

47. 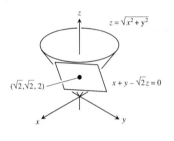 **49.**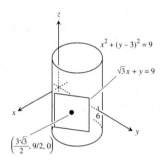

53. (**b**) $A = \int_0^{2\pi}\int_0^{\pi} (a^2b^2\sin^2\phi\cos^2\phi + b^2c^2\cos^4\phi\cos^2\theta + a^2c^2\cos^4\phi\sin^2\theta)^{1/2}\,\mathrm{d}\phi\,\mathrm{d}\theta$

第13.7节

1. 4π 3. $-5/6$ 5. 0 7. -6π

9. $2\pi a$ 13. 12π 15. $-\pi/4$ 17. -15π 25. $16I_y + 16I_x$

第13.8节

1. 0 3. 0 5. -16 7. -8π

9. 3π 11. $-40/3$ 13. 12π 15. $12\pi(4\sqrt{2} - 1)$

21. 积分值从不超过 S 的曲面面积.

第13章实践习题

1. 路径 1:$2\sqrt{3}$;路径 2:$1 + 3\sqrt{2}$

3. $4a^2$ 5. 0 7. $8\pi\sin(1)$ 9. 0

11. $\pi\sqrt{3}$ 13. $2\pi\left(1 - \dfrac{1}{\sqrt{2}}\right)$ 15. $\dfrac{abc}{2}\sqrt{\dfrac{1}{a^2} + \dfrac{1}{b^2} + \dfrac{1}{c^2}}$ 17. 50

19. $\mathbf{r}(\phi,\theta) = (6\sin\phi\cos\theta)\mathbf{i} + (6\sin\phi\sin\theta)\mathbf{j} + (6\cos\phi)\mathbf{k}, \dfrac{\pi}{6} \leq \phi \leq \dfrac{2\pi}{3}, 0 \leq \theta \leq 2\pi$

21. $\mathbf{r}(r,\theta) = (r\cos\theta)\mathbf{i} + (r\sin\theta)\mathbf{j} + (1+r)\mathbf{k}, 0 \leq r \leq 2, 0 \leq \theta \leq 2\pi$

23. $\mathbf{r}(u,v) = (u\cos v)\mathbf{i} + 2u^2\mathbf{j} + (u\sin v)\mathbf{k}, 0 \leq u \leq 1, 0 \leq v \leq \pi$

25. $\sqrt{6}$ 27. $\pi[\sqrt{2} + \ln(1+\sqrt{2})]$ 29. 保守   31. 非保守

33. $f(x,y,z) = y^2 + yz + 2x + z$ 35. 路径 1:2；路径 2:8/3

37. (a) $1 - e^{-2\pi}$ (b) $1 - e^{-2\pi}$ 39. 0

41. (a) $4\sqrt{2} - 2$ (b) $\sqrt{2} + \ln(1+\sqrt{2})$

43. $(\bar{x},\bar{y},\bar{z}) = \left(1, \dfrac{16}{15}, \dfrac{2}{3}\right); I_x = \dfrac{232}{45}, I_y = \dfrac{64}{5}, I_z = \dfrac{56}{9}; R_x = \dfrac{2\sqrt{29}}{3\sqrt{5}}, R_y = \dfrac{4\sqrt{2}}{\sqrt{15}}, R_z = \dfrac{2\sqrt{7}}{3}$

45. $\bar{z} = \dfrac{3}{2}, I_z = \dfrac{7\sqrt{3}}{3}, R_z = \sqrt{\dfrac{7}{3}}$ 47. $(\bar{x},\bar{y},\bar{z}) = (0,0,49/12), I_z = 640\pi, R_z = 2\sqrt{2}$

49. 流量:3/2；环量: -1/2   53. 3   55. $\dfrac{2\pi}{3}(7 - 8\sqrt{2})$ 57. 0   59. π

第 13 章附加习题

1. 6π 3. $2/3$

5. (a) $\mathbf{F}(x,y,z) = z\mathbf{i} + x\mathbf{j} + y\mathbf{k}$ (b) $\mathbf{F}(x,y,z) = z\mathbf{i} + y\mathbf{k}$ (c) $\mathbf{F}(x,y,z) = z\mathbf{i}$

7. $a = 2, b = 1$；最小流量是 -4.

9. (a) $\dfrac{16}{3}g$ (b) 功 $= \left(\displaystyle\int_C gxy\,ds\right)\bar{y} = g\displaystyle\int_C xy^2\,ds$

11. (c) $\dfrac{4}{3}\pi w$ 15. 不对，如果 $\mathbf{F} = y\mathbf{i} + x\mathbf{j}$

附录

附录 A.4 节

1. (a) $(14,8)$ (b) $(-1,8)$ (c) $(0,-5)$

3. (a) 穿过实轴反射 z (b) 穿过虚轴反射 z (c) 关于实轴反射 z，再乘以向量长度 $1/|z|^2$

5. (a) 圆 $x^2 + y^2 = 4$ 上的点   (b) 圆 $x^2 + y^2 = 4$ 内的点   (c) 圆 $x^2 + y^2 = 4$ 外的点

7. 半径为 1，圆心在 $(-1,0)$ 的圆周上的点   9. 在直线 $y = -x$ 上的点

11. $4e^{2\pi i/3}$ 13. $1e^{2\pi i/3}$ 21. $\cos^4\theta - 6\cos^2\theta\sin^2\theta + \sin^4\theta$

23. $1, -\dfrac{1}{2} \pm \dfrac{\sqrt{3}}{2}i$ 25. $2i, -\sqrt{3} - i, \sqrt{3} - i$

27. $\dfrac{\sqrt{6}}{2} \pm \dfrac{\sqrt{2}}{2}i, -\dfrac{\sqrt{6}}{2} \pm \dfrac{\sqrt{2}}{2}i$ 29. $1 \pm \sqrt{3}i, -1, \pm\sqrt{3}i$

附录 A.10 节

1. -5 3. 1   5. -7 7. 38

9. $x = -4, y = 1$ 11. $x = 3, y = 2$ 13. $x = 3, y = -2, z = 2$

15. $x = 2, y = 0, z = -1$ 17. (a) $h = 6, k = 4$ (b) $h = 6, k \neq 4$

中英文名词对照

A

Absolute change 绝对变化
Absolute convergence 绝对收敛
   explanation of ~的阐述
   Rearrangement Theorem for ~的重排定理
   tests 检验法
Absolute extreme values 绝对极值
Acceleration 加速度
   derivatives and 导数和加速度
   in engineering 工程中的 ~
   explanation of ~的阐述
   finding velocity and position from 从 ~ 求速度和位置
   of particle motion 质点运动的 ~
   tangential and normal components of ~的切向和法向分量
Acceleration vector 加速度向量
Addition 加法
   complex numbers of 复数的 ~
   parallelogram law of ~的平行四边形定律
   vector 向量的 ~
Albert of Saxony 萨克森的阿尔伯特
Algebraic numbers 代数数
Algebraic procedures, for basic integration formulas 基本积分公式的代数方法
Algorithms 算法
   hidden-line 隐线 ~
   iteration and 迭代和 ~
Alternating harmonic series 交错调和级数
   explanation of ~的阐述
   rearrangement and 重排和 ~
Alternating series 交错级数
Alternating Series Estimation Theorem 交错级数估计定理
Alternating series test 交错级数检验法
Angle formula 角公式
Angles （夹）角
   between nonzero vectors 非零向量的 ~
   between two intersecting planes 相交平面的 ~
   between vectors 向量的 ~
Angle sum formulas 和角公式
Angular momentum 角动量
Antiderivatives 原函数
   explanation of ~的阐述
   finding area using 利用 ~ 求面积
   of functions 函数的 ~
   rules of algebra for ~的代数法则
   visualizing integrals with elusive 使难以表达的 ~ 的积分可视化
Approximations 近似, 或逼近
   in Einstein's physics 爱因期坦物理学中的 ~
   error in differential 微分 ~ 的误差
   linear 线性 ~
   quadratic 二次 ~
   Sterling's 斯特林 ~
   tangent-plane 切平面 ~
   trapezoidal 梯形 ~
   use of 利用 ~
Arbitrary constant 任意常数
Archimedes 阿基米德
Archimedes' area formula for parabola 抛物线的阿基米德面积公式
Archimedes' principle 阿基米德原理
Archimedes' spiral 阿基米德螺线
Arc length 弧长

along curve　沿曲线的 ~
　　parameter　　~ 参数
Arc length formulas　弧长公式
　　differential　~ 微分
　　for length of smooth curve　光滑曲线长度的 ~
　　parametric　~ 的参数
Arcsecant　反正割
Arcsine　反正法
Arctangent　反正切
　　derivative of　~ 的导数
　　power series and　幂级数和 ~
Area　面积
　　of bounder regions in plane　平面有界区域的 ~
　　between curves　曲线间的 ~
　　under graph of nonnegative function　非负函数的图形下的 ~
　　Green's Theorem to calculate　计算 ~ 的格林公式
　　in polar coordinates　极坐标下的 ~
　　surface　曲面面积
　　using antiderivatives to find　利用原函数求 ~
Argand diagrams　亚根图(解)
Arithmetic mean　算术平均
Arrow diagrams　箭头图
Arteries　动脉
Asymptotes　渐近线
　　limits and horizontal and vertical　极限和水平、竖直 ~
　　oblique　斜的 ~
Atmospheric pressure　大气压力
Attracting 2-cycle　吸引 2-周期
Average daily holding cost　平均天保存成本
Average daily inventory　平均天存货
Average rate of change　平均变化率
　　explanation of　~ 的阐述
　　secant lines and　割线和 ~
Average speed　平均速度
Average value　平均值
　　application of　~ 的应用
　　of arbitrary continuous function　任意连续函数的 ~
　　double integrals and　二重积分和 ~
　　estimation of　~ 的估计
　　of function in space　空间函数 ~
　　of nonnegative function　非负函数 ~
Average velocity　平均速度

B

Barrow, Isaac　伊萨克·巴罗
Bendixson's criterion　班狄克逊判据
Bernoulli, John　约翰·伯努利
Bifurcation value　分歧点(值)
Binomial series　二项级数
Binormal vectors　副法线向量
Blood tests　血液试验
Boundary points　近界点
Bounded monotonic functions　有界单调函数
Bounded monotonic sequences　有界单调序列
Bounded regions　有界区域
　　absolute maxima and minima on closed　闭 ~ 上的绝对最大值和最小值
Bounded regions(*cont.*)　有界区域(续)
　　areas of　~ 的面积
　　continuous functions on closed　闭 ~ 上的连续函数
　　double integrals over nonrectangular　非矩形 ~ 上的二重积分
　　explanation of　~ 的阐述
　　volume of closed　~ 的体积
Box product　~ 框积

C

Calculus. *See also* Fundamental Theorem of Calculus　微积分. 也参见微积分的基本定理
　　differential　微分
　　integral　积分
　　in modeling　建模中的 ~
Carbon-14 dating　用碳 -14 确定年代
Cardiac index　心脏指数
Cardiac output　心脏输出
Cardioid　心脏线
Carrying capacity　承载容量
Cartesian coordinates　直角(笛卡儿坐标)
　　converted to spherical coordinates　~ 转换到球坐标
　　equations relating spherical coordinates to　球坐标和 ~ 的关系
　　explanation of　~ 的阐述
　　masses and moments of three dimensional objects in　三维物体在 ~ 中的质量和矩

    relating polar and 极坐标和 ~ 的关系
Cartesian integrals 笛卡儿积分
Catenary 悬链线
Cauchy, Augustin-Louis 奥古斯汀·路易斯·柯西
Cauchy's Mean Value Theorem 柯西中值定理
Cavalieri, Bonaventura B. 卡瓦列里
Cavalieri's Theorem 卡瓦列里定理
Cell membrane 细胞膜
Centered difference quotient 中心差商
Center of mass 质心
    explanation of ~ 的阐述
    of thin flat plates 薄的平盘的 ~
    in three dimensions 三维情形的 ~
    of wires or rods 线或杆的 ~
Centroids 形心
    explanation of ~ 的阐述
    finding 求 ~
    of geometric figures 几何图形的 ~
Chain curve 链曲线
Chain Rule 链式法则
    application of ~ 的应用
    explanation of ~ 的阐述
    for functions of three independent
       variables 三个自变量的函数的 ~
    for functions of two independent
       variables 两个自变量函数的 ~
    implicit differentiation and 隐微分法和 ~
    melting ice cubes and 冰块的融化和 ~
    as outside-inside rule ~ 从外到里的法则
    partial derivatives and 偏导数和 ~
    power 幂函数的 ~
    proof of ~ 的证明
    rational power rule and 有理幂法则和 ~
    repeated use of ~ 的反复使用
    slopes of parametrized curves
       and 参数化曲线的斜率和 ~
    substitution and 替换和 ~
    for two independent variables and three independent
       variables 两个和三个自变量的 ~
Change 变化
    absolute, relative, and percentage
       绝对、相对和百分比 ~
    differential estimate of ~ 的微分估算

    differentials to predict 预测 ~ 的微分
    sensitivity to ~ 的敏感性
Change of base formula 底变换公式
Chemical reactions 化学反应
    first-order 一阶 ~
    second-order 二阶 ~
Circle 圆
    finding circulation around 求 ~ 的环流(量)
    flux across 穿过 ~ 的通量
    involute of unit ~ 渐伸线
Circle of curvature 曲率圆
Circulation 环流(量)
    finding 求 ~
    flow integrals and 流积分和 ~
Circulation denstiy 环流密度
Closed bounded regions 闭有界区域
    absolute maxima and minima on
       在 ~ 上的最大值和最小值
    continuous functions on ~ 上的连续函数
    max/min values of functions and
       函数的最大/最小值和 ~
    volume of ~ 的体积
Closed intervals 闭区间
Closed-Loop Property of Conservative Fields
    保守场的闭回路性质
Closed sets 闭集
Coefficients 系数
    drag 拖力 ~
    Fourier series 傅里叶级数的 ~
    methods to determine 确定 ~ 的方法
    undetermined 待定 ~
Cofactors 余因子
Coil springs 卷形弹簧
Common factors 公因子
Common logarithmic functions 常用对数函数
Complex conjugate 复共轭
Complex numbers 复数
    Argand diagrams and 亚根图(解)和 ~
    development of real numbers and
       实数的发展和 ~
    Euler's formula and 欧拉公式和 ~
    explanation of ~ 的阐述
    Fundamental Theorem of Algebra and

代数基本定理和 ~
　　operations with　　~的运算
　　powers and　　幂和 ~
　　products and　　积和 ~
　　quotients and　　商和 ~
　　roots and　　根和 ~
　　system of　　复数系
Component form of vectors　　向量的分量形式
Component functions of vectors　　向量的分量函数
Component test　　分量检验法
　　for conservative fields　　保守场的 ~
　　for continuity at point　　一点连续性的 ~
　　for exactness　　正合性的 ~
Composite functions　　复合函数
　　derivative of　　~的导数
　　explanation of　　~的阐述
　　in higher dimensions　　高维 ~
Composites, of continuous functions　　连续函数的复合
Computer algebra systems(CAS)　　计算机代数系统
　　convergent improper integrals on　　收敛广义积分
　　integration on　　积分
　　multiple integrals on　　重积分
　　partial derivatives on　　偏导数
　　surfaces in space and　　空间曲面和 ~
Concavity　　凹性
　　explanation of　　~的阐述
　　second derivative test for　　~的二阶导数检验法
Conditional convergence　　条件收敛
Conductivity　　传导系数
Cones　　锥
　　elliptic　　椭圆 ~
　　parametrizing　　~的参数化
Conic Section Law(Kepler's First Law)
　　圆锥曲线定律(开卜勒第一定律)
Connectivity　　连通性
Conservative fields　　保守场
　　explanation of　　~的阐述
　　finding potentials for　　求 ~ 的势
　　line integrals in　　~中的线积分
　　Stokes' Theorem and　　斯托克斯定理和 ~
Constant density　　常密度
　　Plate with　　~盘
　　strips and rods of　　~带和杆

　　wire with　　~线
Constant-depth formula for fluid force
　　流体力的不变深度公式
Constant force　　常(不变的)力
Constant-force formula for work　　常力作功的公式
Constant functions　　常数函数
　　derivative of　　~的导数
　　limits and　　极限和 ~
Constant Multiple Rule　　乘以常数法则
　　derivatives and　　导数和 ~
　　explanation of　　~的阐述
　　sequence convergence and　　序列收敛性和 ~
Constant of integration　　积分常数
　　explanation of　　~的阐述
　　rewriting　　重写 ~
Continuity　　连续性
　　differentiability and　　可微性和 ~
　　of function of two variables　　两个变量函数的 ~
　　partial derivatives and　　偏导数和 ~
　　at a point　　在一点的 ~
　　of trigonometric functions　　三角函数的 ~
　　of vector functions　　向量函数的 ~
Continuity equation of hydrodynamics
　　流体动力学的连续性方程
Continuity test　　连续性检验
Continuous extension　　连续开拓
Continuous functions　　连续函数
　　absolute value of　　~绝对值
　　algebraic combinations of　　~的代数组合
　　average value of arbitrary　　任意 ~ 的平均值
　　piecewise　　逐点 ~
　　on closed bounded regions　　闭有界区域上的 ~
　　composites of　　~的复合函数
　　definite integrals of　　~的定积分
　　evaluation of definite integrals of
　　连续函数的定积分的计算
　　explanation of　　~的阐述
　　extreme-value theorem for　　~的极值定理
　　identifying　　识别 ~
　　intermediate value theorem for　　~的介值定理
　　properties of　　~性质
　　rational　　有理 ~
　　of two variables　　两个变量的 ~

use of　～的应用
Continuous Function Theorem for Sequences
　　序列的连续函数定理
Continuously compounded interest　连续复利
Contour curves　等值线
Convergence　收敛(性)
　　absolute　绝对～
　　explanation of　阐述～
　　of Fourier series　傅里叶级数的～
　　interval of　～区间
　　Newton's method and　牛顿法和～
　　power series and　幂级数和～
　　procedure for determining　确定～的方法(步骤)
　　of sequences　序列的～
　　tests for　收敛性检验法
Convergent series　收敛级数
Cooling, Newton's Law of　牛顿冷却定律
Coordinate conversion formulas　坐标转变公式
Coordinates. See Cartesian coordinates;Cylindrical coordinates; Polar coordinates　坐标.见笛卡儿坐标;柱坐标;极坐标
Coordinate transformation, Jacobian of
　　坐标变换的雅可比
Cosecant integrals　余割积分
Cosine function　余弦函数
Cosines, Law of　余弦定律
Cramer's Rule　克拉默法则
Critical points　临界点
　　explanation of　～的阐述
　　extreme values and　极值和～
　　identification of　～的认别
Cross Product Rule　叉积(向量积)法则
Cross products　叉积(向量积)
　　calculated using determinants　利用行列式计算～
　　properties of　～的性质
　　of two vectors in space　空间中两向量的～
Curl　旋度
Curvature　曲率
　　calculation of　～的计算
　　explanation of　～的阐述
　　formula for computing　计算～的公式
　　in space　空间中的～
　　total　总～

Curves　曲线
　　arc length along　沿～的弧长
　　areas between　～间的面积
　　bounding　界住
　　chain　链
　　contour　等值线
　　generating　生成
　　lengths of plane　平面～的长度
　　parametric　参数～
　　piecewise smooth　分段光滑～
　　plane　平面～
　　point of inflection of　～的拐点
　　regression　回归～
　　simple and not simple　简单和非简单～
　　smooth　光滑～
　　space　空间～
　　synchronous　同步～
　　tangents to　～的切线
　　unit tangent vector of　～的单位切向量
Cylinders　柱、柱面
　　elliptic　椭圆柱
　　equation of　～方程
　　explanation of　～的阐述
　　parabolic　抛物～
　　parametrizing　参数化～
Cylindrical coordinates　柱坐标
　　explanation of　～的阐述
　　integration in　～下的积分
　　motion in　～下的运动
Cylindrical shells　柱形壳

D

Decay constant　衰减常数
Decay rate　衰减率
Definite integrals　定积分
　　of continuous functions　连续函数的～
　　existence of　～的存在性
　　Mean Value Theorem for　～的中值定理
　　of vector-valued functions　向量值函数的～
　　properties of　～的性质
　　Riemann sums and　黎曼和与～
　　rules for　～法则
　　substitution in　～中的变换

Degrees, radians vs.　弧度对度
De Moivre's Theorem　棣莫弗定理
Density　密度
　　circulation　环流 ~
　　constant　常 ~
　　explanation of　~ 的阐述
　　flux　通量 ~
　　variable　变 ~
Density function　密度函数
Dependent variables　因变量
Derivative Product Rule　导数的积法则
Derivative Quotient Rule　导数的商法则
Derivative Rule for Inverses　反函数的导数法则
Derivatives. See also Differentiation;
　　Partial derivatives　导数. 也参见微分法;偏导数
　　of a^u,　a^u 的
　　Chain Rule and　链式法则和 ~
　　of composite functions　复合函数的 ~
　　Difference Rule and　差法则和 ~
　　directional　方向 ~
　　dot notation for　~ 的点记号
　　of e^x,　e^x 的 ~
　　explanation of　~ 的阐述
　　extreme values of functions and　函数的极值和 ~
　　as functions　作为函数的 ~
　　graphical solutions of autonomous differential
　　　　equations and　自治微分方程的图形解和 ~
　　graphs of　~ 的图形
　　of higher order　高阶 ~
　　of hyperbolic functions　双曲函数的 ~
　　implicit differentiation and　隐微分法和 ~
　　in economics　经济学中的 ~
Derivatives(cont.) 导数(续)
　　intermediate value property of　~ 的中间值性质
　　of inverses of differentiable functions.
　　　　可微函数的反函数的 ~
　　of inverse trigonolnctric functions
　　　　三角函数反函数的 ~
　　learning about functions from　从 ~ 了解函数
　　left-hand　左 ~
　　linearization and differentials
　　　　and　线性化和微分与 ~
　　of $\log_a u$,　$\log_a u$ 的 ~
　　Mean Value Theorem and differential equations and
　　　　中值定理和微分方程
　　modeling and optimization and　优化与 ~ 建模和
　　negative integer power of x and
　　　　x 的非负整数幂和 ~
　　Newton's method and　牛顿法和 ~
　　notation for　~ 的记号
　　one-sided　单边
　　at point　在一点的 ~
　　of products　积的 ~
　　of quotients　商的 ~
　　as rates of change　~ 作为变化率
　　related rates and　相关变化率和 ~
　　right-hand　右 ~
　　shape of graphs and　圆形的形状和 ~
　　of trigonometric functions　三角函数的 ~
　　use of　利用 ~
　　of vector functions　向量函数的 ~
　　of $y = \ln x$,　$y = \ln x$ 的 ~
Derivative Sum Rule　导数的和法则
Derivative tests　导数检验法
　　derivation of second　二阶 ~ 的导出
　　for extreme values　极值的 ~
Determinant formula　行列式公式
Determinants　行列式
　　Cramer's Rule and　克拉默法则和 ~
　　expanding by columns or other rows and
　　　　按列或其它行展开
　　explanation of　~ 的阐述
　　facts about　有关 ~ 的事实(结果)
　　minors and cofactors and　子式和余因子与 ~
Difference Rule　差法则
　　derivatives and　导数和 ~
　　explanation of　~ 的阐述
Differentiability　可微性
Differentiable　可微的
Differentiable functions　可微函数
　　are continuous　~ 是连续函数
　　derivatives of inverses of　~ 函数的反函数的导数
　　gradient of　~ 的梯度
　　modeling discrete phenomena with
　　　　用 ~ 对离散现象进行建模
　　rational powers of　~ 的有理幂

Differential calculus 微分学
Differential equations 微分方程
 first-order 一阶 ~
 first-order separable 一阶分离(变量) ~
 general solution of ~ 的通解
 graphical solutions of autonomous
  自治 ~ 的图形解
 height of projectile and 抛射体的高度和 ~
 linear first-order 线性一阶 ~
 series solutions of ~ 的级数解
 solutions of ~ 的解
Differential form 微分形式
Differential formula 微分公式
 for arc length 弧长的 ~
 for surface area 曲面面积的 ~
Differentials 微分
 absolute, relative, and percentage change and
  绝对、相对和百分比变化与 ~
 approximation errors and 近似的误差与 ~
 estimating change with- 用微分估计变化
 explanation of ~ 的阐述
 linearization and 线性化和 ~
 multivariable functions and 多变量函数和 ~
 predicting change with ~ 预测变化
 sensitivity to change and 变化的敏感性和微分
 total 全 ~
Differentiation. *See also* Derivatives
 微分法. 求导法也参见导数
 choosing order of ~ 次序的选择
 exphmation of ~ 的阐述
 implicit 隐 ~
 logarithmic 对数 ~
 parametric formula ~ 的参数公式
 term-hy-term 逐项 ~
Diffusion, social 扩散, 社会 ~
Diffusion equation 扩散方程
Direct Comparison Test 直接比较检验法
Directed line segment 有向线段
Direction, vectors and 方向、向量和
Directional derivatives 方向导数
 calcuhttion of ~ 的计算
 explanation of ~ 的阐述
 interpretation of ~ 的解释

multivariable functions and 多变量函数和 ~
 properties of ~ 的性质
Discontinuity 间断(性)
 in dy/dx, dy/dx 的 ~
 functions with a single point of
  具单个间断点的函数
 infinite 无穷 ~
 jump 跳跃 ~
 oscillating 振荡
 point of ~ 点
 removable 可去 ~
Displacement 位移
 derivatives and 导数和位移
 distance traveled vs. 行驶距离对 ~
Distance 距离
 between a point and a line in space
  空间中点和面之间的 ~
 between a point and a plane 点和面之间的 ~
 between points in space 空间中点之间的 ~
 vehicular stopping 车辆的停止 ~
Distance traveled 行驶距离
 calculation of ~ 的计算
 displacement vs. ~ 对位移
Distributive law for vector cross products
 向量叉积的分配率
Divergence 发散(散度)
 explanation of ~ 的阐述
 nth-term test for ~ 的第 n 项检验法
 of sequences 序列的 ~
 tests for ~ 的检验法
 of vector field 向量场的散度
Divergence Theorem 散度定理
 explanation of ~ 的阐述
 proof of for other regions
  对其它区域的 ~ 的证明
 proof of for special regions
  对特殊区域的 ~ 的证明
Divergent series 发散级数
Domain 定义域
 of function 函数的 ~
 of function of two variables 二元函数的 ~
 natural 自然 ~
Dot notation 点记号

  for derivatives 导数的 ~
  use of ~ 的用法
Dot products 点积
  angle between vectors and 向量间夹角和 ~
  computing 计算 ~
  directional derivatives as 方向导数作为 ~
  explanation of ~ 的阐述
  laws of ~ 的定律
  orthogonal vectors and 正交向量和 ~
  properties of ~ 的性质
  vector projection and 向量投影和 ~
  vectors in space and 空间向量和 ~
  work and 功和 ~
Double-angle formulas 倍角公式
Double integrals 三重积分
  areas of bounded regions in plane and
   平面有界区域的面积和 ~
  average value and 平均值和 ~
  centroids of geometric figures and
   几何图形的形心和 ~
  changing Cartesian integrals into polar integrals and
   把笛卡儿坐标下的积分变为极坐标下的积分和 ~
  evaluating 计算 ~
  finding limits of integration in 在 ~ 中求积分限
  Fubini's Theorem for calculating
   计算 ~ 的富比尼定理
  moments and centers of mass and
   矩和质心以及 ~
  moments of inertia and 惯性矩和 ~
  over bounded nonrectangular regions
   在有界非矩形区域上的 ~
  over rectangles 在矩形上的 ~
  itl polar coordinates 极坐标下的 ~
  in polar form 极坐标形式的 ~
  properties of ~ 的性质
  substitution in ~ 的替换
  thin flat plates with continuous mass distributions and 连续质量分布的薄平板和 ~
  as volumes ~ 作为体积
Drag coefficient 拖力系数
Drag force 拖力
Drift correction 飞行方向的校正

Drilling-rig problem 油井问题
Dummy variable 哑变量

E

Earth 地球
  atmospheric pressure of ~ 的大气压力
  gravitational field of ~ 的重力场
  satellites and 卫星和 ~
Earthquake intensity 地震强度
Economics 经济学
  derivatives in ~ 中的导数
  functions to illustrate 说明 ~ 的函数
Electrical resistors 电阻
Electric current flow 电流
Electricity, household 家用电
Electromagnetic theory 电磁理论
Ellipsoids 椭球面
Elliptic cones 椭圆锥面
Elliptic cylinders 椭圆柱面
Elliptic paraboloids 椭圆抛物面
End behavior models 终极性态模型
Endpoints 端点
Eneroy flux vector 能量通量向量
Equal Area Law (Kepler's Second Law)
  等面积定律(开普勒第二定律)
Equations. See also Differential equations;
  specific equations 方程等式. 也参见微分方程;特殊方程
  diffusion 扩散 ~
  of lines 直线的 ~
  parametric 参数 ~
  for planes in space 空间平面 ~
Equilibrium 平衡点
Equilibrium values 平衡点
Error formula 误差公式
Error function 误差函数
Euler, Leonhard L. 欧拉
Euler's formula 欧拉公式
Euler's method 欧拉方法
  explanation of ~ 的阐述
  improved 改进的 ~
  investigating accuracy of 研究 ~ 的精度
  use of ~ 的应用

Evaluation symbol　赋值记号
Even fimctions　偶函数
Exact differential form　恰当微分形式
Expected value　期望值
Exponential change　指数变化
Exponential decay　指数衰减
Exponential functions　指数函数
　　derivative and integral of a^u,　a^u 的导数和积分
　　derivative and integral of e^x,　a^x 的导数和积分
　　derivative of inverse of differentiable
　　　　可微　~ 反函数的导数
　　e^x, e^x
　　explanation of　~ 的阐述
　　exponential growth and　指数增长和 ~
　　general　一般 ~
　　inverse of ln x and number e,　ln x 的反函数和数 e
　　natural　自然 ~
　　number e expressed as limit　表为极限的数 e
　　population growth and　人口（群体）增长
　　Power Rulc and　幂法则和 ~
　　use of　~ 的应用
　　a^x, a^x
Exponential growth　指数增长
Exponential population model　指数人口模型
Exponents　指数
Extreme values of functions. *See also*
　　Max/min values of functions
　　　　函数的极值. 也参见函数的最大/最小值
　　absolute　绝对 ~
　　critical points and　临界点和 ~
　　drilling-rig problem and　油井问题和 ~
　　finding　求 ~
　　local　局部 ~

F

Factorial notation　阶乘记号
Fermat's principle　费马原理
Fick, Adolf　A. 菲克
Finite sums, estimating with　用有限和来估计
First Derivative Test　一阶导数检验法
　　for increasing functions and decreasing functions
　　　　增函数和减函数的 ~
　　for local extrema　局部极值的 ~

First moments　一阶矩
First-order derivatives　一阶导数
First-order differential equations　一阶微分方程
　　explanation of　~ 的阐述
　　linear　线性 ~
　　separable　分离（变量）~
Flaming arrow　燃烧的箭
Flow integrals　流积分
Fluid force　流体力
　　constant-depth formula for　~ 的不变深度公式
　　finding　求 ~
　　integral for　~ 积分
　　pressure-depth equation and
　　　　压力深度方程和 ~
　　variable-depth formula for　~ 的变深度公式
Fluids, weight-density of　流体，重量密度
Flux　通量
　　across plane curve　穿过平面曲线的 ~
　　explanation of　~ 的阐述
　　finding　求 ~
　　surface integral for　~ 的曲面积分
Flux density　通量密度
Foot-pound　英尺 - 磅
Force, on spacecraft　宇宙飞船上的力
Force constant　力常数
Fourier, Jean-Baptiste Joseph　J-B. J. 傅里叶
Fourier cosine series　傅里叶余弦级数
Fourier series　傅里叶级数
　　coefficients in　~ 的系数
　　convergence of　~ 的收敛
　　cosine and sine series　~ 余弦和正弦级数
　　expansion　~ 展开
　　explanation of　~ 的阐述
　　periodic extension and　周期延拓和 ~
Fourier sine series　傅里叶正弦级数
Fractal basins, Newton's method and
　　分形盆, 牛顿法和 ~
Fractions　分式
　　partial　部分 ~
　　reducing improper　简化可约 ~
　　separating　分离 ~
Free fall　自由落体
　　derivatives and　导数和 ~

diagram for ～的图解
explanation of ～的阐述
fourteenth century model of ～14世纪的模型
Galileo's formula for ～的伽利略公式
Frenet, Jean-Frédéric J-F 弗勒内
Frenet frame. See TNB frame
　　弗勒内标架. 参见 TNB 标架
Fubini, Guido, G. 富比尼
Fubini's Theorem 富比尼定理
　　for calculating double integrals 计算二重积分的 ～
　　first form of ～的第一形式
　　stronger form of ～的强形式
Functions. See also Continuous functions; Exponential fnnctions;Extreme values of functions; Max/min values of functions;Multivariable functions; Trigonometric functions;Vector functions; specific functions,
　　函数；也见连续函数；指数函数；函数的极值；函数的最大/最小值；多元函数；三角函数；向量函数；特殊函数
　　absolute value 绝对值 ～
　　antiderivative of ～的反导数
Functions(cont.) 函数(续)
　　bounded monotonic 有界单调
　　composite 复合 ～
　　constant 常数 ～
　　defined in pieces 分段定义的 ～
　　derivatives as(See also Derivatives)
　　　　作为函数的导数(也参见导数)
　　differentiable 可微 ～
　　domain of ～的定义域
　　even and odd 偶和奇
　　explanation of ～的阐述
　　graphs of ～的图形
　　harmonic 调和 ～
　　homogeneous 齐次 ～
　　hyperbolic 双曲 ～
　　identity ～恒等式
　　to illustrate economics 用来阐明经济学的 ～
　　implicitly defined 隐式定义的 ～
　　increasing vs. decreasing 增 ～与减 ～
　　inverse 反 ～
　　inverse trigonometric 反三角 ～

limits of ～的极限
logarithmic 对数 ～
nonnegative 非负 ～
one-to-one 一对一 ～
periodic 周期 ～
range of ～的值域
rational 有理 ～
scalar 数量(纯量) ～
transcendental 超越 ～
use of ～的应用
Fundamental Theorem of Algebra 代数基本定理
Fundamental Theorem of Calculus 微积分基本定理
　　application of ～的应用
　　piecewise continuous functions and
　　　　分段连续函数和 ～
　　explanation of ～的阐述
　　Integral Evaluation Theorem and 积分计算定理和
　　origin of ～的源起
　　for vector fnnctions of real variables
　　　　实变量向量函数的 ～
Fundamental Theorem of Line Integrals
　　线积分基本定理

G

Galileo, Galilei, G. 伽利略
Gamma function 伽马函数
Gauss's Law 高斯定律
Gears 齿轮
General first-order differential equations
　　一般的一阶微分方程
General linear equations 一般线性方程
Generating curves 生成曲线
Genetics 遗传学
Geometric mean 几何平均
Geometric series 几何级数
　　analysis of ～的分析
　　explanation of ～的阐述
　　as power series 作为幂级数的 ～
　　reindexing 重标 ～
　　use of ～的应用
Geostationary orbit 几何稳定轨道
Geosynchronous orbit 几何同步轨道
Gibbs, Josiah Willard, J.W. 吉布斯

Gibbs phenomenon 吉布斯现象
Glory hole 大洞穴
Gradient fields 梯度场
Gradients 梯度
  algebra rules for ～的代数法则
  to level curves 等位线
Gradient vectors 梯度向量
Grapher failure 绘图器（图形计算器）的失效
Graphing utilities 绘图器（图形计算器）
  to calculate finite sums 用～计算有限和
  deceptive pictures on ～上不可靠图形
  dot mode on ～的点模式
  finding limits of integration with
    用～求积分的极限
  visualizing integrals with 用～可视化积分
  partial derivatives and 偏导数和～
  polar coordinates and 极坐标和～
  surfaces in space and 空间曲面和～
Graphs 图象
  computer-generated 计算机生成的～
  of derivatives 导数的～
  of functions 函数的～
  of functions of two variables 二元函数的～
  of nonnegative function 非负函数的～
  of power functions 幂函数的～
  shapes of ～的形状
  of trigonometric functions 三角函数的～
  viewing and interpreting 审视和解释～
Gravitational constant 引力常数
Green, George, G. 格林
Green's first formula 格林第一公式
Green's second formula 格林第二公式
Green's Theorem 格林定理
  circulation density at point and 点环流密度和～
  evaluating line integrals using
    利用～计算线积分
  flux density at a point and 一点的通量密度和～
  forms of ～的形式
  generalization to three dimensions of
    ～的三维推广
  importance of ～的重要性
  mathematical assumptions for ～的数学假设
  normal form of ～的正规形式
  proof of ～的证明
  Stokes' Theorem vs. 斯托克斯定理与～
  tangential form of ～的切形式
  supporting 证实～
Green's Theorem Area Formula
  格林定理的面积公式

H

Half-life, of radioactive elements
  放射性元素的半衰期
Harmonic functions 调和函数
Harmonic series 调和级数
Heat energy per unit volume 单位体积中的热能
Heat equation, one-dimensional 一维热方程
Heaviside method 赫维赛德方法
  explanation of ～的阐述
  integrating with 用～求积分
  for linear factors 线性因子的
Helix 螺旋线
  finding flow along 求沿～的流动
  graph of ～的图形
  torsion of ～的挠率
Hermite, Charles, C. 埃尔米特
Hidden-line algorithms 隐线算法
Hook's Law 胡克定律
Horizontal asymptotes 水平渐近线
Horizontal line test 水平直线法则
Hydrodynamics, continuity equation of
  流体动力学的连续性方程
Hydroelectric power 水电力
Hyperbolic 双曲的
Hyperbolic functions 双曲函数
  derivatives and integrals of ～的导数和积分
  evaluation of ～的计算
  explanation of ～的阐述
  identities for ～恒等式
  inverse 反～
Hyperbolic paraboloids 双曲抛物面
Hyperboloids 双曲面

I

Ice cubes, melting 冰块的融化
Identities 恒等式
  explanation of ～的阐述

for hyperbolic functions　双曲函数的 ~
　　inverse function-inverse cofunction
　　　　反函数 - 反余函数 ~
　　trigonometric functions and　三角函数和 ~
Identity function　恒同函数
　　explanation of　　~ 的阐述
　　limits and　极限和 ~
Image　象
Implicit differentiation　隐微分法
　　Chain Rule and　链式法则和 ~
　　derivatives of higher order and　两阶导数和 ~
　　explanation of　　~ 的阐述
　　partial derivatives and　偏导数和 ~
　　rational powers of differentiable functions and
　　　　可微函数的有理幂和 ~
　　steps of　　~ 的步骤
　　three-variable　三个变量的 ~
Improper integrals　广义积分
　　computer algebra systems to evaluate
　　　　计算 ~ 的计算机代数系统
　　convergence and divergence tests and
　　　　收敛和发散检验法和 ~
　　explanation of　　~ 的阐述
　　with infinite discontinuities　具无穷间断的 ~
　　with infinite integration limits　无穷积分限的 ~
　　types of　　~ 的类型
Increments　增量
Increment Theorem for Functions of Two Variables
　　　　二元函数的增量定理
　　explanation of　　~ 的阐述
　　proof of　　~ 的证明
Indefinite integrals　不定积分
　　checking correctness of　检验 ~ 的正确性
　　of f,　f 的 ~
　　finding　求 ~
　　rules for　　~ 的法则
Independent variables　自变量
Indeterminate forms　中间形式
Index of permutation　置换指数
Industry, applications of derivatives to
　　　　导数在工业中的应用
Inertia, moments of　惯性矩
Infinite discontinuities　无穷间断

　　explanation of　　~ 的阐述
　　integrands with　具 ~ 的被积函数
Infinite limits　无穷极限
　　horizontal and vertical asymptotes and
　　　　水平和竖直渐近线与 ~
　　precise definitions of　　~ 的确切定义
Infinite sequence　无穷序列
Infinite series　无穷级数
　　absolute convergence and　绝对收敛和 ~
　　adding or deleting terms
　　　　加上或去掉 ~ 的(有限)项
　　alternating　交错 ~
　　comparison tests and　比较检验法和 ~
　　constructing　构建 ~
　　convergent　收敛 ~
　　divergent　发散 ~
　　even and odd functions and　偶和奇函数与 ~
　　explanation of　　~ 的阐述
　　Fourier　傅里叶 ~
　　Fourier cosine　傅里叶余弦 ~
　　Fourier sine　傅里叶正弦 ~
　　geometric　几何 ~
　　harmonic and p-　调和与 p- ~
　　Integral Test and　积分检验法和 ~
　　limits of sequences of numbers and　数列极限和 ~
　　Maclaurin　麦克劳林 ~
　　monotonic and bounded sequences and
　　　　单调有界序列和 ~
　　partial sums and　部分和与 ~
　　Picard's method for finding roots and
　　　　求根的毕卡法和 ~
　　power　幂 ~
　　Ratio Test for　　~ 的比率检验法
　　recursively defined sequences and
　　　　递归定义的序列和 ~
　　reindexing and　重标和 ~
　　Root Test for　　~ 根检验法
　　subsequences and　子序列和 ~
　　Taylor　泰勒 ~
　　use of　　~ 的应用
Infinity　无穷
　　limits involving　与 ~ 有关的极限
　　symbol for　　~ 的记号

Inflection points 拐点
 of curve 曲线的 ~
 stock market and 股票市场和 ~
Initial ray 初始射线
Initial value problems 初值问题
 linear first-order 线性一阶 ~
 partial fractions to solve 求解 ~ 的部分分式
 series solution for ~ 的级数解
 solutions to ~ 的解
Instantaneous rates of change. See also
  Rates of change 瞬时变化率. 也参见变化率
 derivatives and 导数和 ~
 explanation of ~ 的阐述
Instantaneous speed 瞬时速率
Integral applications 积分的应用
 fluid forces and 流体力和 ~
 lengths of plane curves 平面曲线的长度
 modeling volume using cylindrical shells
  利用柱壳对体积进行建模
 moments and centers of mass and 矩和质心与 ~
 springs, pumping, and lifting 弹簧、泵和提升
 volumes by slicing and rotation about axis
  关于 x 轴切片和旋转求体积
Integral calculus 积分学
Integral Evaluation Theorem 积分计算定理
Integrals. See also Definite integrals; Double integrals;
  Indefinite integrals; Integration; Triple integrals
  积分. 也参见定积分; 重积分; 不定积分; 积分法; 三重积分
 for fluid force 对流体力的 ~
 formulas for ~ 公式
 of hyperbolic functions 双曲函数的 ~
 improper 广义
 involving $\log_a x$, 关于 $\log_a x$ 的 ~
 line 线 ~
 matched to basic formulas 与基本公式匹配的 ~
 natural logarithmic function as 自然对数作为 ~
 polar 极 ~
 rules for ~ 法则
 of $\sin^2 x$ and $\cos^2 x$, $\sin^2 x$ 和 $\cos^2 x$ 的 ~
 surface 曲面 ~
 of $\tan x$ and $\cot x$, $\tan x$ 和 $\cot x$ 的 ~
 trigonometric 三角 ~

 of a^u, a^u 的 ~
 of vector functions 向量函数的 ~
 visualizing with elusive antiderivatives 对不易察觉的反导数的可视化 ~
Integral sign 积分记号
Integral tables 积分表
Integral Test 积分检验法
Integral theorems unified 统一的积分定理
Integrands 被积函数
 explanation of ~ 的阐述
 with infinite discontinuities 具无穷间断的 ~
Integrate command 积分指令
Integrating factor 积分因子
Integration. See also Definite integrals; Indefinite integrals;
  积分法, 积分. 也参见定积分; 不定积分;
 with computer algebra systems
  用计算机代数系统求积分
 constant of 积分常数
 double integrals and limits of 重积分和 ~ 限
 estimating with finite sums and 用有限和估计及 ~
 finding limits of 求积分限
 infinite limits of 无穷 ~ 限
 numerical 数值 ~
 spherical coordinates and 球坐标和 ~
 substitution method of ~ 的替换法
 tabular 列表 ~
 term-by-term 逐项 ~
 terminology and notation of ~ 的术语和记号
 triple integrals and limits of 三重积分和 ~ 限
 variable of 积分变量
Integration by parts 分部积分
 explanation of ~ 阐述
 Product Rule and 积法则和 ~
 repeated use of ~ 的重复使用
 solving for unknown integral and 求未知积分及 ~
 tabular integration and 列表积分法和 ~
Integration formulas 积分公式
 algebraic procedures for basic
  基本 ~ 的代数方法
 explanation of ~ 的阐述
 use of ~ 的应用
Integration in vector fields 向量场中的积分

continuity equation of hydrodynamics and
　　流体动力学的连续性方程和 ~
Divergence Theorem and　散度定理和 ~
exact differential forms and　恰当微分形式和 ~
finding potentials for conservative fields and
　　求保守场的势和 ~
flow integrals and circulation and
　　流积分和环流与 ~
flux across plane curve and
　　穿过平面曲线的通量和 ~
Gauss's Law and　高斯定律和 ~
Green's Theorem and　格林定理和 ~
Integral Theorem and　积分定理和 ~
line integrals and　线积分和 ~
moments and masses of thin shells and
　　薄壳的矩和质量与 ~
parametrized surfaces and　参数化曲面和 ~
path independence and　路径无关和 ~
Stokes' Theorem and　斯托克斯定理和 ~
surface area and　曲面面积和 ~
surface integrals and　曲面积分和 ~
work integrals and　作功的积分和 ~
Interest, continually compounded　连续复利
Interior points　内点
Intermediate value property of continuous functions
　　连续函数的中间值性质
Intermediate value property of derivatives
　　导数的中间值性质
Intermediate value theorem for continuous functions
　　连续函数的介值定理
Intervals　区间
　of convergence　收敛区间
　differentiable on　在 ~ 上可微
　open and closed　开和闭
Inventory function　库存函数
Inventory management formulas　库存管理公式
Inverse cofunction identities　反余函数恒等式
Inverse functions　反函数
　continuous　连续 ~
　explanation of　~ 的阐述
　finding　求 ~
　parametrizing　参数化
　test for　~ 检验法

Inverse hyperbolic functions　反双曲函数
Inverse sine function　反正弦函数
Inverse trigonometric functions　反三角函数
　definitions of　~ 的定义
　derivatives of　~ 的导数
　explanation of　~ 的阐述
　graphs of　~ 的图形
　use of　~ 的应用
Involute of unit circle　圆的渐伸线
Iterative　迭代的

J

Jacobi, Carl Gustav Jacob　C. G. J. 雅可比
Jacobian determinant　雅可比行列式
Jerk　急推
Joule　焦耳
Jump discontinuity　跳跃间断

K

k-component of curl　旋度的第 k 个分量
Kepler, Johannes　J. 开普勒
Kepler equations　开普勒方程
Kepler's laws　开普勒定律
　application of　~ 的应用
　derivation of　~ 的导出
　first　第一 ~
　second　第二 ~
　third　第三 ~
Kinetic energy　动能
　conversion of mass to　质能转换
　in a rotating shaft　旋转轴的 ~
　in sports　运动中的 ~
　work and　功和 ~
k th subinterval　第 k 个子区间

L

LaGrange, Joseph Louis Comte　J. L. C. 拉格朗日
Lagrange multipliers　拉格朗日乘子
　constrained maxima and minima and
　　约束最大值和最小值与 ~
　method of　~ 方法
　with two constraints　具两个约束的 ~
　use of　~ 的应用
Laplace equations　拉普拉斯方程

Launch angle　发射角
Law of Conservation of Mass　质量守恒律
Law of Cosines　余弦定律
Law of Exponential Change　指数变化律
Law of Refraction　折射定律
Left-continuous functions　左连续函数
Left-hand limits　左极限
Leibniz, Gotfried Wilhelm　G. W. 莱不尼茨
Leibniz's formula　莱不尼茨公式
Leibniz's Rule　莱不尼茨法则
　application of　~ 的应用
　for higher-order derivations of products
　　积的高阶导数的 ~
　proofs of　~ 的证明
　visualizing　~ 的形象化
Length　长度
　of plane curves　平面曲线 ~
　of polar curves　极曲线的 ~
　of a sine wave　正弦波的波长
　vectors and　向量和 ~
Lenses　透镜
Level surfaces　等位面
L'Hôpital, Guillaume Françgois Antoine de
　　G. F. A. 洛必达
L'Hôpital's Rule　洛必达法则
　Cauchy's Mean Value Theorem and
　　柯西中值定理
　first form　~ 的第一形式
　indeterminate forms　~ 的中间形式
　limits of sequences and　序列极限和 ~
　origin of　~ 的起源
　stronger form　更强形式的 ~
Light rays　光线
Limit　极限
　eliminating zero denominators　代数地消
　　algebraically and　去零分母和 ~
　finding　求 ~
　frequently arising　经常出现的 ~
　of functions　函数的 ~
　informal definition of　~ 的非正式定义
　involving infinity　与无穷有关的 ~
　involving $(\sin\theta)/\theta$，与 $(\sin\theta)/\theta$ 有关的 ~
　number e expressed as　数 e 表为 ~

one-sided　单边 ~
precise definition of　~ 的确切定义
properties of　~ 的性质
rates of change and　变化率和 ~
Sandwich Theorem and　夹逼（三明治定理）定理和
two-path test for nonexistence of
　　~ 不存在的两路径检验法
two-sided　双边 ~
use of　~ 的应用
of vector functions　向量函数的 ~
Limit Comparison Test　极限的比较检验法
Limiting population　极限群体数
Limit laws for sequences　序列的极限定律
Limit Product Rule　极限的积法则
Limit Quotient Rule　极限的商法则
Limit Rules　极限法则
　explanation of　~ 的阐述
　use of　~ 的应用
Limit theorem proofs　极限定理的证明
Lindemann, C. L. F.,　C. L. F. 林德曼
Linear approximation　线性近似
　accuracy of standard　标准 ~ 的精度
　error formula for　~ 的误差公式
　of $f(x)$，$f(x)$ 的 ~
　of $f(x,y)$，$f(x,y)$ 的 ~
Linear combinations　线性组合
Linear equations　线性方程
Linear first-order differential equations
　　线性一阶微分方程
　explanation of　~ 的阐述
　mixture problems and　混合问题和 ~
　RL circuits and　RL 电路和 ~
　solving　求解 ~
Linearization　线性化
　explanation of　~ 的阐述
　finding　求 ~
　of function of two variables　二元函数的 ~
　of function with more than two variables
　　多于两个变量的函数的 ~
Line integrals　线积分
　additivity and　加性和 ~
　in conservative fields　保守场中的 ~
　definitions and notation of　~ 的定义和记号

evaluation for smooth curves and 光滑曲线和 ~
evaluation of ~ 计算
Green's Theorem to evaluate 计算 ~ 的格林定理
mass and moment calculations for
　　质量和矩的计算
Lines 直线,线
　　applications 应用
　　increments 增量
　　mass along 沿 ~ 的质量
　　motion along 沿 ~ 的运动
　　parallel and perpendicular 平行和垂直 ~
　　in the plane 平面直线
　　regression analysis with calculator
　　　用计算器做线性回归分析
　　slope of ~ 的斜率
　　in space 空间直线
　　tangent 切线
Line segments 线段
　　directed 有向线段
　　in space 空间线段
Local extreme values 局部极值
　　explanation of ~ 的阐述
　　first derivative test for ~ 的一阶导数检验法
　　second derivative test for ~ 的二阶导数检验法
Logarithmic differentiation 对数微分法,对数求导法
Logarithmic functions 对数函数
　　common 常用对数
　　explanation of ~ 的阐述
　　natural 自然 ~
Logarithmic regression analysis 对数回归分析
Logarithms 对数
　　change of basc formula ~ 的底变换公式
　　importance of ~ 的重复性
　　inverse equations for ~ 的反方程
　　laws of 对数律
Logistic difference cquation 逻辑斯谛差分方程
Logistic growth 逻辑斯谛增长
Logistic population model 逻辑斯谛人口模型
Logistic sequence 逻辑斯谛序列
Lorenz contraction formula 洛伦兹短缩公式

M

Maclaurin, Colin 麦克劳林

Maclaurin series 麦克劳林级数
　　binomial series and 二项级数和
　　for cos x cos x 的 ~
　　for e^x e^x 的 ~
　　explanation of ~ 的阐述
　　finding 求 ~
　　for sin x, sin x 的 ~
　　table of ~ 表
Magnetic flux 磁通量
Main diagonal 主对角
Marginals, in economics 经常学中的边际 ~
Mass 质量
　　along line 沿直线的 ~
　　center of 质心
　　distributed over plane region 分布在平面区域的 ~
　　thin, flat plates with continuous distribution
　　　of ~ 连续分布的薄平板
　　weight vs. 重量对 ~
Masses and moments 质量和矩
　　double integrals and 二重积分和 ~
　　formulas for ~ 公式
　　integrals and 积分和 ~
　　line integrals and 线积分和 ~
　　of thin shells 薄壳的 ~
　　in three dimensions 三维 ~
Mathematical induction 数学归纳法
Mathematical models 数学模型
　　construction process for ~ 的构建过程
　　empirical 经验模型
　　explanation of ~ 的阐述
　　simplification and 简化和 ~
　　steps in development of ~ 研制的步骤
　　using calculus in ~ 中应用微积分
　　verifying 验证 ~
Matrix 矩阵
Max/min problems 最大/最小问题
　　a problem with a variable answer 答案不同的 ~
　　strategy for solving 求解 ~ 的步骤
Max/min values of functions 函数的最大/最小值
　　absolute 绝对 ~
　　closed bounded regions and 闭有界区域和 ~
　　critical points and 临界点和 ~
　　drilling-rig problem and 油井问题和 ~

finding 求 ~
Lagrange multipliers and 拉格朗日乘子和 ~
local 局部 ~
summary of ~ 的总结
Mean Value Theorem 中值定理
 Cauchy's 柯西 ~
 corollaries of ~ 的推论
 for definite integrals 定积分的 ~
 explanation of ~ 的阐述
 finding velocity and position from acceleration and 从加速度求速度和位置与 ~
 Increment Theorem for Functions of Two Variables and 二元函数的增量定理和 ~
 Mixed Derivative Theorem and 混合导数定理和 ~
 physical interpretation of ~ 的物理解释
 use of ~ 的应用
Measurement error 测量误差
Melting ice cubes 融化冰块
Mendel, Gregor Johann G.J. 孟德尔
Midpoints, coordinates of 中点的坐标
Minors 子式
Mixed Derivative Theorem 混合导数定理
Mixture problems 混合问题
Models. See Mathematical models 模型. 参见数学模型
Moments. See also Masses and moments and centers of mass 矩. 也参见质量和矩阵与质心
 of inertia 惯性 ~
 of inertia in beams 杆的惯性 ~
 of inertia in sports equipment 运动器械中的惯性 ~
 of inertia vs. mass 惯性对质量
 of the system about the origin 关于原点的系统的 ~
 seeing the moment of inertia at work 了解在起作用的惯性矩
Momentum, angular 角动量
Monotonic functions, bounded 有界单调函数
Monotonic sequences 单调序列
Monotonic Sequence Theorem 单调序列定理
Monte Carlo numerical integration 蒙特卡罗数值积分
Motion 运动
 along lines 沿 ~ 的运动

coasting to a stop 滑行到停止
particle 质点 ~
planetary 行星 ~
in polar and cylindrical coordinates 极坐标和柱坐标系中的 ~
projectile 抛射体 ~
simple harmonic 简谐 ~
vector functions and 向量函数和 ~
Multiplication 乘法
 explanation of ~ 的阐述
 power series 幂级数的 ~
 scalar 数量 ~
Multivariable functions 多元函数
 Chain Rule and 链式法则和 ~
 differentials and 微分和 ~
 directional derivatives and 方向导数和 ~
 extreme values and saddle points and 极值和鞍点与 ~
 gradient vectors and tangent planes and 梯度向量和切平面与 ~
Multivariable functions(cont.) 多变量函数(续)
 Lagrange multipliers and 拉格朗日乘子和 ~
 limits and continuity in higher dimensions and 高维极限和连续性
 linearization and 线性化和 ~
 overview of ~ 概述
 partial derivatives and 偏导数和 ~
 partial derivatives with constrained variables and 具约束变量的偏导数和 ~
 of several variables 多变量 ~
 Taylor formula for two variables and 两个变量的泰勒公式和 ~

N

Napier, John J. 纳皮尔
Natural domain 自然定义域
Natural exponential function 自然指数函数
 explanation of ~ 的阐明
 $y = e^x$, $y = e^x$
Natural logarithmic function 自然对数函数
 explanation of ~ 的阐述
 as integral 作为积分的 ~
Natural numbers 自然数

Newton (SI unit of force)　牛顿(力的国际标准单位)
Newton, Isaac　I. 牛顿
Newton-meter　牛顿－米
Newton's law of Cooling.　牛顿冷却定律
Newton's law of Gravitation　牛顿引力定律
Newton's method　牛顿法
　application of　～的应用
　convergence and　收敛(性)和～
　explanation of　～的阐述
　fractal basins and　分形盆和～
　procedure for　～的步骤
　sequences applied to　应用～生成的序列
Newton's Second Law of Motion　牛顿第二运动定律
　application of　～的应用
　explanation of　～的阐述
　use of　～的应用
Nicole Oresme's Theorem　N. 奥里斯麦定理
Nondecreasing sequences　非减序列
Nonincreasing sequences　非增序列
Nonnegative functions　非负函数
　area under graph of　～图形下的面积
　average value of　～的平均值
Normal　法线
　of line.　直线的～
　origin of term　术语的本源
　principal unit normal vector N,　主单位法向量 N
　vectors　法向量
Normal component of acceleration
　　加速度的法向分量
Normal line　法线
Normal probability density function
　　正态概率密度函数
nth order derivatives　n 阶导数
nth- Term Test for divergence
　　发散的第 n 项检验法
Number of inversions　反序数
Numerical integration　数值积分
　approximations using parabolas and
　　利用抛物线逼近和～
　estimating values of nonelementary integrals
　　using　利用～估算非初等积分的值
　Monte Carlo　蒙特卡罗～
　Simpson's Rule and　辛普森法则和～

trapezoidal approximation and　梯形逼近和～
　use of　～的应用
Numerical method　数值方法
Numerical solution　数值解

O

Oblique asymptotes　斜的渐近线
Odd functions　奇函数
One-dimensional heat equation　一维热方程
One-dimensional wave equation　一维波动方程
One-sided limits　单边极限
One-to-one functions　一对一函数
Open intervals　开区间
Open sets　开集
Optimization　最优化
　applications　～的应用
　examples from business and industry
　　来自商业和工业的～例子
　explanation of　～的阐述
Orbit　轨道
　explanation of　～的阐明
　geostationary　几何稳定～
　geosynchronous　几何同步～
Orientation　定向
Orthogonal Gradient Theorem　正交梯度定理
Orthogonal projection　正交投影
Orthogonal vectors　正交向量
　explanation of　～的阐述
　projection and　投影和～
　writing a vector as a sum of　把向量写作～之和
Oscillating discontinuity　振荡间断
Osculating circle　密切圆

P

Paddle wheel interpretation　蹼轮解释
Pappus's Formula　帕普斯公式
Parabolas　抛物线
　approximations using　利用～的近似
　Archimedes' area formula for
　　～的阿基米德面积公式
　ideal projectiles and　理想抛射体和～
Paraboloids　抛物面
Parallel Axis Theorem　平行移轴定理

Parallelepipeds 平行六面体
Parallel lines 平行线
Parallelograms 平行四边形
    area of ～的面积
    area of orthogonal projection of ～的正交投影的
    law of addition 加法律
Parameters 参数
Parametric arc length formula 参数弧长公式
Parametric curves 参数曲线
    explanation of ～的阐述
    slopes of ～的斜率
Parametric equations 参数方程
    explanation of ～的阐述
    for inverse functions 反函数的～
    for line 直线的～
    for tangent line 切线的～
    use of ～的应用
Parametric formula for area of smooth surface
    光滑曲面面积的参数公式
Parametrizations 参数化
    of lines 直线的～
    of line segments 线段的～
    of plane curves 平面曲线的～
    standard 标准～
    of surfaces 曲面的～
Parametrized surfaces 参数化曲面
Partial derivatives 偏导数
    on a calculator or CAS
        用计算器或计算机代数系统求～
    Chain Rule and 链式法则和～
    with constrained variables 具约束变量的～
    continuity and 连续性和～
    of function of two variables 二元函数的～
    higher order 高阶～
    at point 一点处的～
    second-order 二阶～
Partial fractions 部分分式
    determining constants in 确定～中的常数
    explanation of ～的阐述
    Heaviside method and 赫维赛德方法和～
    method of ～方法
Partial sums 部分和
Partition 划分

Path independence 路径无关
Percentage change 百分比变化
Perihelion position 近日点位置
Periodic extension. Fourier series and
    周期延拓、傅里叶级数和
Periodic functions 周期函数
    explanation of ～阐述
    sines and cosines and 正弦和余弦与～
    use of ～的应用
Permutation index 置换指数
Perpendicular Axis Theorem 垂直轴定理
Perpendicular lines 垂直线
Perpendicular vectors. See Orthogonal vectors
    垂直向量. 参见正交向量
Phase lines 相直线
Picard's method for finding roots 求根的皮卡法
    explanation of ～的阐述
    testing 检验～
    use of ～的应用
Piecewise continuous functions 分段连续函数
Piecewise-defined functions 分段定义的函数
Piecewise smooth curves 分段光滑曲线
Piecewise smooth surfaces 分片光滑曲面
Pinching Theorem. See Sandwich Theorem
    缩成一点定理. 参见夹逼(三明治)定理
Plane curves 平面曲线
    flux across 穿过～的通量
    lengths of ～的长度
    parametrizations of ～的参数化
    principal unit normal vector for
        ～的主单位法向量
    vector functions and 向量函数和～
Planes 平面
    equations for 平面方程
    planets moving in 在～中运动的行星
    tangent 切～
Planetary orbit 行星轨道
Plates, thin flat 薄平板
Point-slope equations 点-斜方程
Poiseuille, Jean J. 普瓦泽伊
Polar axis 极轴
Polar coordinate pair 极坐标对
Polar coordinates 极坐标

area in 在 ~ 下的面积
changes to ~ 变化
explanation of ~ 的阐述
graphing 画 ~ 的图
graphing utilities and 绘图设施和 ~
integrals in ~ 中的积分
motion in ~ 中的运动
relating Cartesian and 笛卡儿坐标和 ~ 的关系
Polar curves 极坐标曲线
area in plane and 平面中的区域和 ~
length of ~ 的长度
shope of ~ 的斜率
Polar integrals 极坐标积分
Polar moment 极距
Pole 极、极点
Polyhedral surfaces 多面体曲面
Polynomial functions 多项式函数
continuous 连续 ~
economics and 经济学和 ~
limits of ~ 的极限
use of ~ 的应用
Polynomials 多项式
irreducible quadratic 不可约二次 ~
of low degree 低次 ~
Taylor 泰勒 ~
Population growth 人口（群体）增长
exponential functions and 指数函数和 ~
in a limiting environment 有限环境中的 ~
Population model 人口模型
exponential 指数 ~
logistic 逻辑斯谛 ~
Positive integers 正整数
explanation of ~ 的阐述
Power Rule for ~ 的幂法则
Potential function 势函数
Power Chain Rule 幂链式法则
Power functions 幂函数
Power Rule 幂法则
for differentiation 微分法的 ~
explanation of ~ 的阐述
final form 终极形式 ~
for negative integers 负整数 ~
for positive integers 正整数 ~
for rational powers 有理幂的 ~
Powers 幂
Power series 幂级数
arctangents and 反正切和 ~
binomial series for powers and roots and
幂函数和根号函数的二项级数与 ~
convergence and 收敛（性）和 ~
evaluating indeterminate forms with
用 ~ 计算中间形式
interval of convergence and 收敛区间和 ~
multiplication of ~ 的乘法
solving differential equations with
用 ~ 求解微分方程
term-by-term differentiation and
逐项微分和 ~
term-by-term integration and 逐项积分和 ~
Preimage 前象
Pressure-depth equation 压力 – 深度方程
Product Rule 积法则
derivative 导数的 ~
explanation of ~ 的阐述
in integral form 积分形式的 ~
Products 积
Projectile height 抛射体高度
differential equations and 微分方程和 ~
estimation of ~ 的估算
explanation of ~ 的阐述
Projectile motion 抛射体运动
drag force and 拖力和 ~
height, flight time, and range and
高度、飞行时间和射程以及 ~
ideal 理想抛射体运动
parabolic trajectories and 抛物线轨迹和 ~
with wind gusts 阵风中的 ~
Proportionality 比例性
p-series p-级数
alternating 交错 ~
explanation of ~ 的阐述
Pumping liquids 抽水
from containers 从容器 ~
weight of water and 水重和 ~
Pyramids 棱锥

Q

Quadratic approximations 二次近似~,二次逼近~
Quadric surfaces 二次曲面
    ellipsoid 椭球面
    elliptic cone 椭圆锥面
    explanation of ~的阐述
    hyperboloid 双曲面
    paraboloid 抛物面
Quotient Rule 商法则
Quotients 商
    of complex numbers 复数的~
    derivatives of ~的导数

R

Raab's Test 拉阿伯检验法
Radian measure 弧度度量
Radians. degrees vs. 度对弧度
Radioactive decay 放射性衰减
    explanation of ~的阐述
    modeling ~的建模
Radioactive elements 放射性元素
    decay constant of ~的衰减常数
    half-life of ~的半衰期
Radius of gyration 旋转半径
Range 值域、射程
    of function 函数的~
    of projectile ~的射程
Rates of change 变化率
    average 平均~
    derivatives as 导数作为~
    informal definition of limit and 极限和~的非正式定义
    instantaneous 瞬时~
    instantaneous speed and 瞬时速率和~
    limits of functions and 函数的极限和~
    precise definition of limit and 极限的确切定义和~
    related 相关~
Rational functions 有理函数
    continuity ~的连续性
    limits of ~的极限
Rational numbers 有理数
Rational operations 有理运算
Rational Power Rule 有理幂法则
Ratio Test 比值检验法,比值判别法
    explanation of ~的阐述
    to find the interval of convergence 用~求收敛区间
Real numbers 实数
Rearrangement Theorem for Absolutely Convergent 绝对收敛的重排定理
Rectangles 矩形
    double integrals over, ~上的重积分
    inscribing 内接~
Rectangular coordinates. *See* Cartesian coordinates 矩形坐标. 参见笛卡儿坐标
Recursion formula 递推公式
Recursively defined sequences 递推定义的序列
Regression analysis 回归分析
    with calculator 用计算器做~
    explanation of ~的阐述
    exponential models for population 种群指数模型的~
    logarithmic 对数~
    sinusoidal 正弦~
    steps in ~的步骤
Regression curve 回归曲线
Reindexing 重标
Related rates 相关变化率
    equations and ~方程和
    solution strategies and 求解方法和~
Relative change 相对变化
Relative extrema 相对极值
Relativistic sum 相对论(性)和
Remainder Estimation Theorem 余项估计定理
    explanation of ~的阐述
    truncation error and 截断误差和~
Removable discontinuity 可去间断
Resistance 阻力
    falling body encountering 有阻力时的落体
    proportional to velocity 与速度成比例
    proportional to velocity squared 与速度的平方成比例
    ships coasting to a stop 按惯性航行到停止的船只,滑行到停止的船只
    skydiving 特技跳伞

Resisters 电阻器
Resultant vectors 结式向量
Riemann, Georg Friedrich Bernhard G. F. B. 黎曼
Riemann sums 黎曼和
　　definite integral as limit of 定积分作为的 ~ 极限
　　explanation of ~ 的阐述
　　nonnegative functions and 非负函数和
Right-continuous functions 右连续函数
Right-hand limits 右极限
Right-hand rule 右手法则
RL circuits RL 电路
Rods 杆
　　center of mass of ~ 的质心
　　mass and moment formulas for thin 细 ~ 的质量和矩公式
Rolle, Michel M. 罗尔
Rolle's Theorem See also Mean Value Theorem 罗尔定理. 也参见中值定理
Roots 根
　　finding complex 求复 ~
　　Picard's method for finding 求 ~ 的皮卡法
Root Test 根检验法, 根值判别法

S

Saddle points 鞍点
　　explanation of ~ 的阐述
　　identifying 识别 ~
Sag 下弯
Sandwich Theorem 三明治（夹逼）定理
　　explanation of ~ 的阐述
　　limits and 极限和 ~
　　sequences and 序列和 ~
　　use of ~ 的应用
Sawtooth function 锯齿函数
Scalar functions 数量函数
Scalar products. See Dot products 数积. 参见点积
Scalars 数量
Scatter plot 散点图
Secant lines 割线
Second Derivative Test 二阶导数检验法
Second moments 二次矩
Second-order derivatives 二阶导数
Sensitivity 敏感性
　　of body to medicine 身体对药物的 ~
　　to change 对变化的 ~
　　of minimum cost 最小成本的 ~
Separable differential equations 分离（变量）微分方程
Sequences 序列
　　calculating limits of 计算 ~ 的极限
　　convergence and divergence of 序列的收敛和发散
　　explanation of ~ 的阐述
　　limit laws for ~ 的极限定律
　　monotonic and bounded 单调有界 ~
　　nondecreasing 非减 ~
　　nonincreasing 非增 ~
　　recursively defined 递推定义的 ~
Shell formula 壳公式
Shell method 壳方法
Shell model 壳模型
Short differential formula 短的微分公式
Sigma notation Σ（西格玛）记号
Simple connectivity 单连通性
Simple harmonic motion 简谐运动
Simpson, Thomas T. 辛普森
Simpson's Rule 辛普森法则
　　error in ~ 的误差
　　explanation of ~ 的阐述
　　Trapezoidal Rule vs. 梯形法则对 ~
Simulations 模拟
Sine-integral function 正弦 - 积分函数
Sinusoidal regression analysis 正弦回归分析
SI unit 国际标准单位
Slicing, volumes by 切片法求体积
Slope 斜率
　　of curve 曲线的 ~
　　of line 直线的 ~
　　of polar curve 极坐标曲线的 ~
Slope fields 斜率场
Slope-intercept equation 斜率 - 截距方程
Smooth curves 光滑曲线
　　length of ~ 的长度
　　scaled 标度的 ~
　　speed on ~ 上的速率
　　torsion of ~ 的扭转

Smoothness 光滑性
Snell's Law 斯奈尔定律
Social diffusion 社会扩散
Solids, volumes of 立体的体积
Solids of revolution 回转体
    cylindrical shells 柱壳
    disk method 圆盘法
    washer cross sections 垫圈截面
Solids of rotation 旋转体
Solution, to differential equations 微分方程的解
Solution curve 解曲线
Sonic boom carpet 声震层
Sound intensity 声音的强度
Space curves 空间曲线
    curvature and normal vectors for ~ 的曲率和法向量
    explanation of ~ 的阐述
    finding parametric equations for line tangent to 求 ~ 切线的参数方程
Speed 速率
    average 平均 ~
    derivatives and 导数和 ~
    explanation of ~ 的阐述
    finding ground 求地面 ~
    instantaneous 瞬时 ~
Spheres 球
    motion on ~ 上的运动
    parametrizing 参数化 ~
    volume estimation ~ 体积估计
Spherical coordinates 球坐标
    converting Cartesian to 转换笛卡儿坐标为 ~
    explanation of ~ 的阐述
    finding moment of inertia in 求 ~ 下的惯性矩
    finding volume in 求 ~ 下的体积
    integration in ~ 下的积分
Spherical wedge 球楔
Springs 弹簧
    compression of ~ 的压缩
    Hook's Law for ~ 的胡克定律
    simple harmonic motion 简谐运动
    stretching 伸展
Square, completing the 配平方
Square matrix 方阵

Squeeze Theorem, See Sandwich Theorem 挤压定理. 参见三明治定理
Stable equilibrium 稳定平衡点
Standard linear approximation. See Linear approximation 标准线性近似. 参见线性近似
Standard position 标准位置
Standard unit vectors 标准单位向量
Steady-state solution 稳态解
Stirling's approximation 斯特林近似
Stirling's formula 斯特林公式
Stock market 股票市场
Stokes, George Gabriel G.G. 斯托克斯
Stokes' Theorem 斯托克斯定理
    application of ~ 的应用
    conservative fields and 保守场和 ~
    explanation of ~ 的阐述
    Green's Theorem and 格林定理和 ~
    paddle wheel interpretation and 蹼轮解释和 ~
    proof of ~ 的证明
Subintervals 子区间
Subsequences 子序列
Substitution 代换
    in double integrals 二重积分中的 ~
    formula for ~ 公式
    method of integration 积分法
    simplified 简化
    in triple integrals 三重积分中的 ~
Sum Rule 和法则
    derivative 导数的 ~
    explanation of ~ 的阐述
    proof of ~ 的证明
Surface area 曲面面积
    defining and calculating 定义和计算 ~
    finding 求 ~
    formula for ~ 公式
    parametrized surface 参数化曲面
Surface area differential 曲面面积微分
Surface integral 曲面积分
    differential form for ~ 的微分形式
    explanation of ~ 的阐述
    for flux 通量的 ~
Surfaces 曲面
    level 等位面

parametrized 参数化 ~
quadric 二次 ~
Symmetry 对称
Symmetry tests 对称检验法
Synchronous curves 同步曲线
System torque 系统扭矩

T

Tabular integration 列表计算积分法
    application of ~ 的应用
    explanation of ~ 的阐述
    extended 推广的 ~
Tangential component of acceleration
    加速度的切向分量
Tangent-plane approximation 切平面逼近
Tangent planes 切平面
Tangents 切线
    to a curve 曲线的 ~
    derivative at a point and 一点的导数和 ~
    finding horizontal or vertical 求水平或垂直 ~
    to folium of Descartes 笛卡儿叶形线的 ~
    to graph of function 函数图形的 ~
    to level curves 等位线的 ~
    vector 切向量
Tanks 箱、罐
    draining 排水
    filling conical 向锥形水箱灌水
    mixture problems and 混合问题和 ~
    pumping out 从 ~ 向外抽水
Taylor polynomials 泰勒多项式
    explanation of ~ 的阐述
    finding 求 ~
    of order 2 二次 ~
    remainder 余项
Taylor series 泰勒级数
    combining 组合 ~
    explanation of ~ 的阐述
    indeterminate forms and ~ 的中间形式和
Taylor's formula 泰勒公式
Taylor's Theorem 泰勒定理
    explanation of ~ 的阐述
    proof of ~ 的证明
Temperature 温度
    below Earth's surface 地球表面下的 ~
    cooling 冷却 ~
    conversion 转换 ~
    of heat shield 挡热罩
    modeling ~ 建模
Term-by-term differentiation and
    integration of series 级数的逐项微分法和逐项积分
Terminal (limiting) velocity 终极速度
Three-variable implicit differentiation
    三个变量的隐微分(求导)法
Time constant 时间常数
Time-Distance Law (Kepler's Third Law)
    时间 – 距离定律(开普勒第三定律)
TNB frame 切向、法向、次法向标架
Torque 扭矩
    explanation of ~ 的阐述
    system ~ 系统
    vector ~ 向量
Torricelli's Law 托里拆利定律
Torsion 扭力、扭转
    formula for computing 计算 ~ 的公式
    of smooth curve 光滑曲线的 ~
Torus of revolution 旋转环面
Total curvature 全曲率
Total differential 全微分
Trajectories, ideal 理想轨道
Transcendental functions 超越函数
Transcendental numbers 超越数
Transformations, Jacobian of 雅可比变换
Transpose 转置
Trapezoidal approximation 梯形 ~
    error in ~ 中的误差
    explanation of ~ 的阐述
Trapezoidal Rule 梯形法则
    application ~ 的应用
    error estimate for ~ 的误差估计
    explanation of ~ 的阐述
    Simpson's Rule vs. 辛普森法则对 ~
Tree diagram 树状图
Triangles 三角形
    angle of ~ 的角
    area of ~ 的面积

Trigonometric functions　三角函数
　　continuity of　~的连续性
　　derivatives of　~的导数
　　even and odd　偶和奇~
　　graphs of　~的图形
　　identities and　恒等式和~
　　inverse　反~
　　law of cosines and　余弦定律和~
　　periodicity and　周期性和~
　　radian measure and　弧度度量和~
　　use of　~的应用
　　values of　~的值
Trigonometric integrals　三角积分
Trigonometric substitutions　三角替换
　　basic　基本~
　　list of　~的列表
　　use of　~的应用
Triple integrals　三重积分
　　average value of function in space and
　　　　空间函数的平均值和~
　　cylindrical coordinates and　柱坐标和~
　　explanation of　~的阐述
　　finding limits of integration in　求~中的积分限
Triple integrals(cont.)　三重积分(续)
　　masses and moments in three dimensions and
　　　　三维中质量和矩与~
　　properties of　~的性质
　　spherical coordinates and　球坐标和~
　　substitution in　~的代换
　　volume of region in space and
　　　　空间区域的体积和~
Triple scalar (box) products of vectors
　　向量的三重数量积(框积)
Truncation error　截断误差
Two-path test for nonexistence of limit
　　极限不存在的两路径检验法
Two-sided limits　双边极限

U

Unbounded regions　无界区域
Undetermined coefficients　待定系数
Units of measure　度量单位
Unit step function　单位阶梯函数

Unit vectors　单位向量
　　explanation of　~阐述
　　standard　标准~
　　tangent　~切向量
Unstable equilibrium　不稳定平衡点
Utility function　效用函数

V

Variable density　变密度
Variable-depth formula for fluid force
　　流体力的变深度公式
Variable force　变力
Variable of integration　积分变量
Variables. See also Dependent variables;
　　Independent variables　变量.也参见因变量;
　　自变量
　　constrained，约束~
　　dependent　因~
　　determining independent or dependent
　　　　确定自~或因~
　　independent　自~
Vector cross products　向量的叉积
Vector fields. See Integration in vector fields
　　向量场.参见向量场中的积分
Vector formula for curvature　曲率的向量公式
Vector functions　向量函数
　　of constant length　长度不变的~
　　derivatives of　~的导数
　　differentiation rules for　~的微分法则
　　integrals of　~的积分
　　limits and continuity of　~的极限和连续(性)
　　motion and　运动和~
　　planar curves and　平面曲线和~
　　properties of integrable　可积~的性质
Vectors. See also specific vectors
　　向量.也参见特殊向量
　　acceleration　加速度~
　　algebraic operations on　~的代数运算
　　angle between　~间的夹角
　　binormal　次法线~
　　component form of　~的分量形式
　　component functions of　~分量函数
　　cross product of two　两~的叉积

direction　方向 ~
　　distance and spheres in space　空间中的距离和球
　　dot product　~ 点积
　　equal　相等的 ~
　　gradient　梯度 ~
　　length and direction　~ 的长度和方向
　　magnitude or length of　~ 的大小或长度
　　midpoints and　中点和 ~
　　orthogonal　正交 ~
　　principal unit normal　主单位法 ~
　　projections　~ 的投影
　　resultant　结式 ~
　　in space　空间 ~
　　standard position of　~ 的标准位置
　　standard unit　标准单位
　　tangent and normal　切和法 ~
　　unit　单位 ~
　　unit tangent　单位切 ~
　　use of　~ 的应用
　　velocity　速度 ~
　　zero　零 ~
Vehicular stopping distance　车辆的停止距离
Velocity　速度
　　average　平均 ~
　　derivatives and　导数和 ~
　　in engineering　工程中的 ~
　　finding　求 ~
　　of particle motion　质点运动的 ~
　　resistance proportional to　阻力与 ~ 成比例
　　terminal(limiting)　终极 ~
Velocity vectors　速度向量
Vertical asymptotes　垂直渐近线,竖直渐近线
Voltage　电压
　　household electricity　家电
　　peak　峰
　　root mean square　~ 平方的平均值的平方根
Volume　体积
　　by cylindrical shells　柱壳的 ~
　　double integrals and　二重积分和 ~

　　estimating change in　估计 ~ 变化
　　finding maximum　求最大值
　　of infinite solid　无穷立体的 ~
　　of region in space　空间区域的 ~
　　by slicing and rotation about axis
　　　　用关于轴切片和旋转来求 ~
　　of solids of revolution　旋转体的 ~
　　of sphere　球的 ~
　　triple integrals and　三重积分和 ~

W

Washer model　垫圈模型
Water　水
Wave equation, one-dimensional　一维波动方程
Weight　重量
　　explanation of　~ 的阐述
　　mass vs.　质量对 ~
　　of water　水的 ~
Wilson lot size formula　威尔逊批量大小(的)公式
Wind　风
Wire　金属线,细丝
　　center of mass of　~ 的质心
　　with constant density　常密度 ~
　　mass and moment formulas for　~ 的质量和矩公式
Work　功
　　done by constant force　常力所作的 ~
　　done by force over curve in space
　　　　由空间曲线上的作用力所作的 ~
　　done by variable force along line
　　　　由沿直线的变力所作的 ~
　　explanation of　~ 的阐述
　　kinetic energy and　动能和 ~
　　units of　~ 的单位
Work integral　功积分

x-intercept　x- 截距
y-intercept　y- 截距
Zero vectors　零向量

积分简表

1. $\int u\,dv = uv - \int v\,du$

2. $\int a^u\,du = \dfrac{a^u}{\ln a} + C, \quad a \neq 1, \quad a > 0$

3. $\int \cos u\,du = \sin u + C$

4. $\int \sin u\,du = -\cos u + C$

5. $\int (ax+b)^n\,dx = \dfrac{(ax+b)^{n+1}}{a(n+1)} + C, \quad n \neq -1$

6. $\int (ax+b)^{-1}\,dx = \dfrac{1}{a}\ln|ax+b| + C$

7. $\int x(ax+b)^n\,dx = \dfrac{(ax+b)^{n+1}}{a^2}\left[\dfrac{ax+b}{n+2} - \dfrac{b}{n+1}\right] + C, \quad n \neq -1, -2$

8. $\int x(ax+b)^{-1}\,dx = \dfrac{x}{a} - \dfrac{b}{a^2}\ln|ax+b| + C$

9. $\int x(ax+b)^{-2}\,dx = \dfrac{1}{a^2}\left[\ln|ax+b| + \dfrac{b}{ax+b}\right] + C$

10. $\int \dfrac{dx}{x(ax+b)} = \dfrac{1}{b}\ln\left|\dfrac{x}{ax+b}\right| + C$

11. $\int (\sqrt{ax+b})^n\,dx = \dfrac{2}{a}\dfrac{(\sqrt{ax+b})^{n+2}}{n+2} + C, \quad n \neq -2$

12. $\int \dfrac{\sqrt{ax+b}}{x}\,dx = 2\sqrt{ax+b} + b\int \dfrac{dx}{x\sqrt{ax+b}}$

13. (a) $\int \dfrac{dx}{x\sqrt{ax-b}} = \dfrac{2}{\sqrt{b}}\tan^{-1}\sqrt{\dfrac{ax-b}{b}} + C$

    (b) $\int \dfrac{dx}{x\sqrt{ax+b}} = \dfrac{1}{\sqrt{b}}\ln\left|\dfrac{\sqrt{ax+b}-\sqrt{b}}{\sqrt{ax+b}+\sqrt{b}}\right| + C$

14. $\int \dfrac{\sqrt{ax+b}}{x^2}\,dx = -\dfrac{\sqrt{ax+b}}{x} + \dfrac{a}{2}\int \dfrac{dx}{x\sqrt{ax+b}} + C$

15. $\int \dfrac{dx}{x^2\sqrt{ax+b}} = -\dfrac{\sqrt{ax+b}}{bx} - \dfrac{a}{2b}\int \dfrac{dx}{x\sqrt{ax+b}} + C$

16. $\int \dfrac{dx}{a^2+x^2} = \dfrac{1}{a}\tan^{-1}\dfrac{x}{a} + C$

17. $\int \dfrac{dx}{(a^2+x^2)^2} = \dfrac{x}{2a^2(a^2+x^2)} + \dfrac{1}{2a^3}\tan^{-1}\dfrac{x}{a} + C$

18. $\int \dfrac{dx}{a^2-x^2} = \dfrac{1}{2a}\ln\left|\dfrac{x+a}{x-a}\right| + C$

19. $\int \dfrac{dx}{(a^2-x^2)^2} = \dfrac{x}{2a^2(a^2-x^2)} + \dfrac{1}{4a^3}\ln\left|\dfrac{x+a}{x-a}\right| + C$

20. $\int \dfrac{dx}{\sqrt{a^2+x^2}} = \sinh^{-1}\dfrac{x}{a} + C = \ln(x + \sqrt{a^2+x^2}) + C$

21. $\int \sqrt{a^2+x^2}\,dx = \dfrac{x}{2}\sqrt{a^2+x^2} + \dfrac{a^2}{2}\ln(x+\sqrt{a^2+x^2}) + C$

22. $\int x^2\sqrt{a^2+x^2}\,dx = \dfrac{x}{8}(a^2+2x^2)\sqrt{a^2+x^2} - \dfrac{a^4}{8}\ln(x+\sqrt{a^2+x^2}) + C$

23. $\int \dfrac{\sqrt{a^2+x^2}}{x}\,dx = \sqrt{a^2+x^2} - a\ln\left|\dfrac{a+\sqrt{a^2+x^2}}{x}\right| + C$

24. $\int \dfrac{\sqrt{a^2+x^2}}{x^2}\,dx = \ln(x+\sqrt{a^2+x^2}) - \dfrac{\sqrt{a^2+x^2}}{x} + C$

25. $\int \dfrac{x^2}{\sqrt{a^2+x^2}}\,dx = -\dfrac{a^2}{2}\ln(x+\sqrt{a^2+x^2}) + \dfrac{x\sqrt{a^2+x^2}}{2} + C$

26. $\int \dfrac{dx}{x\sqrt{a^2+x^2}} = -\dfrac{1}{a}\ln\left|\dfrac{a+\sqrt{a^2+x^2}}{x}\right| + C$

27. $\int \dfrac{dx}{x^2\sqrt{a^2+x^2}} = -\dfrac{\sqrt{a^2+x^2}}{a^2 x} + C$

28. $\int \dfrac{dx}{\sqrt{a^2-x^2}} = \sin^{-1}\dfrac{x}{a} + C$

29. $\int \sqrt{a^2-x^2}\,dx = \dfrac{x}{2}\sqrt{a^2-x^2} + \dfrac{a^2}{2}\sin^{-1}\dfrac{x}{a} + C$

30. $\int x^2\sqrt{a^2-x^2}\,dx = \dfrac{a^4}{8}\sin^{-1}\dfrac{x}{a} - \dfrac{1}{8}x\sqrt{a^2-x^2}(a^2-2x^2) + C$

31. $\int \dfrac{\sqrt{a^2-x^2}}{x}\,dx = \sqrt{a^2-x^2} - a\ln\left|\dfrac{a+\sqrt{a^2-x^2}}{x}\right| + C$

32. $\int \dfrac{\sqrt{a^2-x^2}}{x^2}\,dx = -\sin^{-1}\dfrac{x}{a} - \dfrac{\sqrt{a^2-x^2}}{x} + C$

33. $\int \dfrac{x^2}{\sqrt{a^2-x^2}}\,dx = \dfrac{a^2}{2}\sin^{-1}\dfrac{x}{a} - \dfrac{1}{2}x\sqrt{a^2-x^2} + C$

34. $\int \dfrac{dx}{x\sqrt{a^2-x^2}} = -\dfrac{1}{a}\ln\left|\dfrac{a+\sqrt{a^2-x^2}}{x}\right| + C$

35. $\int \dfrac{dx}{x^2\sqrt{a^2-x^2}} = -\dfrac{\sqrt{a^2-x^2}}{a^2 x} + C$

36. $\int \dfrac{dx}{\sqrt{x^2-a^2}} = \cosh^{-1}\dfrac{x}{a} + C = \ln\left|x+\sqrt{x^2-a^2}\right| + C$

37. $\int \sqrt{x^2-a^2}\,dx = \dfrac{x}{2}\sqrt{x^2-a^2} - \dfrac{a^2}{2}\ln\left|x+\sqrt{x^2-a^2}\right| + C$

38. $\int \left(\sqrt{x^2-a^2}\right)^n dx = \dfrac{x\left(\sqrt{x^2-a^2}\right)^n}{n+1} - \dfrac{na^2}{n+1}\int\left(\sqrt{x^2-a^2}\right)^{n-2}dx,\ n\neq -1$

39. $\int \dfrac{dx}{\left(\sqrt{x^2-a^2}\right)^n} = \dfrac{x\left(\sqrt{x^2-a^2}\right)^{2-n}}{(2-n)a^2} - \dfrac{n-3}{(n-2)a^2}\int\dfrac{dx}{\left(\sqrt{x^2-a^2}\right)^{n-2}},\ n\neq 2$

40. $\int \left(\sqrt{x^2-a^2}\right)^n dx = \dfrac{\left(\sqrt{x^2-a^2}\right)^{n+2}}{n+2} + C,\ n\neq -2$

41. $\int x^2\sqrt{x^2-a^2}\,dx = \dfrac{x}{8}(2x^2-a^2)\sqrt{x^2-a^2} - \dfrac{a^4}{8}\ln\left|x+\sqrt{x^2-a^2}\right| + C$

42. $\int \dfrac{\sqrt{x^2-a^2}}{x}\,dx = \sqrt{x^2-a^2} - a\sec^{-1}\left|\dfrac{x}{a}\right| + C$

43. $\int \dfrac{\sqrt{x^2-a^2}}{x^2}\,dx = \ln\left|x+\sqrt{x^2-a^2}\right| - \dfrac{\sqrt{x^2-a^2}}{x} + C$

44. $\int \dfrac{x^2}{\sqrt{x^2-a^2}}\,dx = \dfrac{a^2}{2}\ln\left|x+\sqrt{x^2-a^2}\right| + \dfrac{x}{2}\sqrt{x^2-a^2} + C$

45. $\int \dfrac{dx}{x\sqrt{x^2-a^2}} = \dfrac{1}{a}\sec^{-1}\left|\dfrac{x}{a}\right| + C = \dfrac{1}{a}\cos^{-1}\left|\dfrac{a}{x}\right| + C$

46. $\int \dfrac{dx}{x^2\sqrt{x^2-a^2}} = \dfrac{\sqrt{x^2-a^2}}{a^2 x} + C$

47. $\int \dfrac{dx}{\sqrt{2ax-x^2}} = \sin^{-1}\left(\dfrac{x-a}{a}\right) + C$

48. $\int \sqrt{2ax-x^2}\,dx = \dfrac{x-a}{2}\sqrt{2ax-x^2} + \dfrac{a^2}{2}\sin^{-1}\left(\dfrac{x-a}{a}\right) + C$

49. $\int \left(\sqrt{2ax-x^2}\right)^n dx = \dfrac{(x-a)\left(\sqrt{2ax-x^2}\right)^n}{n+1} + \dfrac{na^2}{n+1}\int\left(\sqrt{2ax-x^2}\right)^{n-2}dx$

50. $\int \dfrac{dx}{\left(\sqrt{2ax-x^2}\right)^n} = \dfrac{(x-a)\left(\sqrt{2ax-x^2}\right)^{2-n}}{(n-2)a^2} + \dfrac{n-3}{(n-2)a^2}\int\dfrac{dx}{\left(\sqrt{2ax-x^2}\right)^{n-2}}$

51. $\int x\sqrt{2ax-x^2}\,dx = \dfrac{(x+a)(2x-3a)\sqrt{2ax-x^2}}{6} + \dfrac{a^3}{2}\sin^{-1}\left(\dfrac{x-a}{a}\right) + C$

52. $\int \dfrac{\sqrt{2ax-x^2}}{x}\,dx = \sqrt{2ax-x^2} + a\sin^{-1}\left(\dfrac{x-a}{a}\right) + C$

53. $\int \dfrac{\sqrt{2ax-x^2}}{x^2}dx = -2\sqrt{\dfrac{2a-x}{x}} - \sin^{-1}\left(\dfrac{x-a}{a}\right) + C$

54. $\int \dfrac{xdx}{\sqrt{2ax-x^2}} = a\sin^{-1}\left(\dfrac{x-a}{a}\right) - \sqrt{2ax-x^2} + C$ 55. $\int \dfrac{dx}{x\sqrt{2ax-x^2}} = -\dfrac{1}{a}\sqrt{\dfrac{2a-x}{x}} + C$

56. $\int \sin ax\, dx = -\dfrac{1}{a}\cos ax + C$ 57. $\int \cos ax\, dx = \dfrac{1}{a}\sin ax + C$

58. $\int \sin^2 ax\, dx = \dfrac{x}{2} - \dfrac{\sin 2ax}{4a} + C$ 59. $\int \cos^2 ax\, dx = \dfrac{x}{2} + \dfrac{\sin 2ax}{4a} + C$

60. $\int \sin^n ax\, dx = -\dfrac{\sin^{n-1}ax \cos ax}{na} + \dfrac{n-1}{n}\int \sin^{n-2}ax\, dx$

61. $\int \cos^n ax\, dx = \dfrac{\cos^{n-1}ax \sin ax}{na} + \dfrac{n-1}{n}\int \cos^{n-2}ax\, dx$

62. (a) $\int \sin ax \cos bx\, dx = -\dfrac{\cos(a+b)x}{2(a+b)} - \dfrac{\cos(a-b)x}{2(a-b)} + C, \quad a^2 \neq b^2$

(b) $\int \sin ax \sin bx\, dx = \dfrac{\sin(a-b)x}{2(a-b)} - \dfrac{\sin(a+b)x}{2(a+b)} + C, \quad a^2 \neq b^2$

(c) $\int \cos ax \cos bx\, dx = \dfrac{\sin(a-b)x}{2(a-b)} + \dfrac{\sin(a+b)x}{2(a+b)} + C, \quad a^2 \neq b^2$

63. $\int \sin ax \cos ax\, dx = -\dfrac{\cos 2ax}{4a} + C$ 64. $\int \sin^n ax \cos ax\, dx = \dfrac{\sin^{n+1}ax}{(n+1)a} + C, \quad n \neq -1$

65. $\int \dfrac{\cos ax}{\sin ax}dx = \dfrac{1}{a}\ln|\sin ax| + C$ 66. $\int \cos^n ax \sin ax\, dx = -\dfrac{\cos^{n+1}ax}{(n+1)a} + C, \quad n \neq -1$

67. $\int \dfrac{\sin ax}{\cos ax}dx = -\dfrac{1}{a}\ln|\cos ax| + C$

68. $\int \sin^n ax \cos^m ax\, dx = -\dfrac{\sin^{n-1}ax \cos^{m+1}ax}{a(m+n)} + \dfrac{n-1}{m+n}\int \sin^{n-2}ax \cos^m ax\, dx, \quad n \neq -m$ （简化 $\sin^n ax$）

69. $\int \sin^n ax \cos^m ax\, dx = \dfrac{\sin^{n+1}ax \cos^{m-1}ax}{a(m+n)} + \dfrac{m-1}{m+n}\int \sin^n ax \cos^{m-2}ax\, dx, \quad m \neq -n$ （简化 $\cos^m ax$）

70. $\int \dfrac{dx}{b + c\sin ax} = \dfrac{-2}{a\sqrt{b^2-c^2}}\tan^{-1}\left[\sqrt{\dfrac{b-c}{b+c}}\tan\left(\dfrac{\pi}{4} - \dfrac{ax}{2}\right)\right] + C, \quad b^2 > c^2$

71. $\int \dfrac{dx}{b + c\sin ax} = \dfrac{-1}{a\sqrt{c^2-b^2}}\ln\left|\dfrac{c + b\sin ax + \sqrt{c^2-b^2}\cos ax}{b + c\sin ax}\right| + C, \quad b^2 < c^2$

72. $\int \dfrac{dx}{1+\sin ax} = -\dfrac{1}{a}\tan\left(\dfrac{\pi}{4} - \dfrac{ax}{2}\right) + C$ 73. $\int \dfrac{dx}{1-\sin ax} = \dfrac{1}{a}\tan\left(\dfrac{\pi}{4} + \dfrac{ax}{2}\right) + C$

74. $\int \dfrac{dx}{b + c\cos ax} = \dfrac{2}{a\sqrt{b^2-c^2}}\tan^{-1}\left[\sqrt{\dfrac{b-c}{b+c}}\tan\dfrac{ax}{2}\right] + C, \quad b^2 > c^2$

75. $\int \dfrac{dx}{b + c\cos ax} = \dfrac{1}{a\sqrt{c^2-b^2}}\ln\left|\dfrac{c + b\cos ax + \sqrt{c^2-b^2}\sin ax}{b + c\cos ax}\right| + C, \quad b^2 < c^2$

76. $\int \dfrac{dx}{1+\cos ax} = \dfrac{1}{a}\tan\dfrac{ax}{2} + C$ 77. $\int \dfrac{dx}{1-\cos ax} = -\dfrac{1}{a}\cot\dfrac{ax}{2} + C$

78. $\int x\sin ax\, dx = \dfrac{1}{a^2}\sin ax - \dfrac{x}{a}\cos ax + C$ 79. $\int x\cos ax\, dx = \dfrac{1}{a^2}\cos ax + \dfrac{x}{a}\sin ax + C$

80. $\int x^n \sin ax\, dx = -\dfrac{x^n}{a}\cos ax + \dfrac{n}{a}\int x^{n-1}\cos ax\, dx$ 81. $\int x^n \cos ax\, dx = \dfrac{x^n}{a}\sin ax - \dfrac{n}{a}\int x^{n-1}\sin ax\, dx$

82. $\int \tan ax\, dx = \dfrac{1}{a}\ln|\sec ax| + C$ 83. $\int \cot ax\, dx = \dfrac{1}{a}\ln|\sin ax| + C$

84. $\int \tan^2 ax\, dx = \dfrac{1}{a}\tan ax - x + C$ 85. $\int \cot^2 ax\, dx = -\dfrac{1}{a}\cot ax - x + C$

86. $\int \tan^n ax\, dx = \dfrac{\tan^{n-1}ax}{a(n-1)} - \int \tan^{n-2}ax\, dx, \quad n \neq 1$ 87. $\int \cot^n ax\, dx = -\dfrac{\cot^{n-1}ax}{a(n-1)} - \int \cot^{n-2}ax\, dx, \quad n \neq 1$

88. $\int \sec ax\,dx = \dfrac{1}{a}\ln|\sec ax + \tan ax| + C$

89. $\int \csc ax\,dx = -\dfrac{1}{a}\ln|\csc ax + \cot ax| + C$

90. $\int \sec^2 ax\,dx = \dfrac{1}{a}\tan ax + C$

91. $\int \csc^2 ax\,dx = -\dfrac{1}{a}\cot ax + C$

92. $\int \sec^n ax\,dx = \dfrac{\sec^{n-2} ax \tan ax}{a(n-1)} + \dfrac{n-2}{n-1}\int \sec^{n-2} ax\,dx,\quad n\neq 1$

93. $\int \csc^n ax\,dx = -\dfrac{\csc^{n-2} ax \cot ax}{a(n-1)} + \dfrac{n-2}{n-1}\int \csc^{n-2} ax\,dx,\quad n\neq 1$

94. $\int \sec^n ax \tan ax\,dx = \dfrac{\sec^n ax}{na} + C,\quad n\neq 0$

95. $\int \csc^n ax \cot ax\,dx = -\dfrac{\csc^n ax}{na} + C,\quad n\neq 0$

96. $\int \sin^{-1} ax\,dx = x\tan^{-1} ax + \dfrac{1}{a}\sqrt{1-a^2x^2} + C$

97. $\int \cos^{-1} ax\,dx = x\cos^{-1} ax - \dfrac{1}{a}\sqrt{1-a^2x^2} + C$

98. $\int \tan^{-1} ax\,dx = x\tan^{-1} ax - \dfrac{1}{2a}\ln(1+a^2x^2) + C$

99. $\int x^n \sin^{-1} ax\,dx = \dfrac{x^{n+1}}{n+1}\sin^{-1} ax - \dfrac{a}{n+1}\int \dfrac{x^{n+1}\,dx}{\sqrt{1-a^2x^2}},\quad n\neq -1$

100. $\int x^n \cos^{-1} ax\,dx = \dfrac{x^{n+1}}{n+1}\cos^{-1} ax + \dfrac{a}{n+1}\int \dfrac{x^{n+1}\,dx}{\sqrt{1-a^2x^2}},\quad n\neq -1$

101. $\int x^n \tan^{-1} ax\,dx = \dfrac{x^{n+1}}{n+1}\tan^{-1} ax - \dfrac{a}{n+1}\int \dfrac{x^{n+1}\,dx}{1-a^2x^2},\quad n\neq -1$

102. $\int e^{ax}\,dx = \dfrac{1}{a}e^{ax} + C$

103. $\int b^{ax}\,dx = \dfrac{1}{a}\dfrac{b^{ax}}{\ln b} + C,\quad b>0,\ b\neq 1$

104. $\int xe^{ax}\,dx = \dfrac{e^{ax}}{a^2}(ax-1) + C$

105. $\int x^n e^{ax}\,dx = \dfrac{1}{a}x^n e^{ax} - \dfrac{n}{a}\int x^{n-1} e^{ax}\,dx$

106. $\int x^n b^{ax}\,dx = \dfrac{x^n b^{ax}}{a\ln b} - \dfrac{n}{a\ln b}\int x^{n-1} b^{ax}\,dx,\ b>0,\ b\neq 1$

107. $\int e^{ax}\sin bx\,dx = \dfrac{e^{ax}}{a^2+b^2}(a\sin bx - b\cos bx) + C$

108. $\int e^{ax}\cos bx\,dx = \dfrac{e^{ax}}{a^2+b^2}(a\cos bx + b\sin bx) + C$

109. $\int \ln ax\,dx = x\ln ax - x + C$

110. $\int x^n (\ln ax)^m\,dx = \dfrac{x^{n+1}(\ln ax)^m}{n+1} - \dfrac{m}{n+1}\int x^n (\ln ax)^{m-1}\,dx,\quad n\neq -1$

111. $\int x^{-1}(\ln ax)^m\,dx = \dfrac{(\ln ax)^{m+1}}{m+1} + C,\quad m\neq -1$

112. $\int \dfrac{dx}{x\ln ax} = \ln|\ln ax| + C$

113. $\int \sinh ax\,dx = \dfrac{1}{a}\cosh ax + C$

114. $\int \cosh ax\,dx = \dfrac{1}{a}\sinh ax + C$

115. $\int \sinh^2 ax\,dx = \dfrac{\sinh 2ax}{4a} - \dfrac{x}{2} + C$

116. $\int \cosh^2 ax\,dx = \dfrac{\sinh 2ax}{4a} + \dfrac{x}{2} + C$

117. $\int \sinh^n ax\,dx = \dfrac{\sinh^{n-1} ax \cosh ax}{na} - \dfrac{n-1}{n}\int \sinh^{n-2} ax\,dx,\quad n\neq 0$

118. $\int \cosh^n ax\,dx = \dfrac{\cosh^{n-1} ax \sinh ax}{na} + \dfrac{n-1}{n}\int \cosh^{n-2} ax\,dx,\quad n\neq 0$

119. $\int x\sinh ax\,dx = \dfrac{x}{a}\cosh ax - \dfrac{1}{a^2}\sinh ax + C$

120. $\int x\cosh ax\,dx = \dfrac{x}{a}\sinh ax - \dfrac{1}{a^2}\cosh ax + C$

121. $\int x^n \sinh ax\,dx = \dfrac{x^n}{a}\cosh ax - \dfrac{n}{a}\int x^{n-1}\cosh ax\,dx$

122. $\int x^n \cosh ax\,dx = \dfrac{x^n}{a}\sinh ax - \dfrac{n}{a}\int x^{n-1}\sinh ax\,dx$

123. $\int \tanh ax\,dx = \dfrac{1}{a}\ln(\cosh ax) + C$

124. $\int \coth ax\,dx = \dfrac{1}{a}\ln|\sinh ax| + C$

125. $\int \tanh^2 ax\,dx = x - \dfrac{1}{a}\tanh ax + C$

126. $\int \coth^2 ax\,dx = x - \dfrac{1}{a}\coth ax + C$

127. $\int \tanh^n ax\,dx = -\dfrac{\tanh^{n-1} ax}{(n-1)a} + \int \tanh^{n-2} ax\,dx,\quad n\neq 1$

128. $\int \coth^n ax\,dx = -\dfrac{\coth^{n-1} ax}{(n-1)a} + \int \coth^{n-2} ax\,dx, \quad n \neq 1$

129. $\int \text{sech}\, ax\,dx = \dfrac{1}{a}\sin^{-1}(\tanh ax) + C$

130. $\int \text{csch}\, ax\,dx = \dfrac{1}{a}\ln\left|\tanh\dfrac{ax}{2}\right| + C$

131. $\int \text{sech}^2 ax\,dx = \dfrac{1}{a}\tanh ax + C$

132. $\int \text{csch}^2 ax\,dx = -\dfrac{1}{a}\coth ax + C$

133. $\int \text{sech}^n ax\,dx = \dfrac{\text{sech}^{n-2} ax \tanh ax}{(n-1)a} + \dfrac{n-2}{n-1}\int \text{sech}^{n-2} ax\,dx, \quad n \neq 1$

134. $\int \text{csch}^n ax\,dx = -\dfrac{\text{csch}^{n-2} ax \coth ax}{(n-1)a} - \dfrac{n-2}{n-1}\int \text{csch}^{n-2} ax\,dx, \quad n \neq 1$

135. $\int \text{sech}^n ax \tanh ax\,dx = -\dfrac{\text{sech}^n an}{na} + C, \quad n \neq 0$

136. $\int \text{csch}^n ax \coth ax\,dx = -\dfrac{\text{csch}^n ax}{na} + C, \quad n \neq 0$

137. $\int e^{ax}\sinh bx\,dx = \dfrac{e^{ax}}{2}\left[\dfrac{e^{bx}}{a+b} - \dfrac{e^{-bx}}{a-b}\right] + C, \quad a^2 \neq b^2$

138. $\int e^{ax}\cosh bx\,dx = \dfrac{e^{ax}}{2}\left[\dfrac{e^{bx}}{a+b} + \dfrac{e^{-bx}}{a-b}\right] + C, \quad a^2 \neq b^2$

139. $\int_0^\infty x^{n-1} e^{-x}\,dx = \Gamma(n) = (n-1)!, \quad n > 0$

140. $\int_0^\infty e^{-ax^2}\,dx = \dfrac{1}{2}\sqrt{\dfrac{\pi}{a}}, \quad a > 0$

141. $\int_0^{\pi/2} \sin^n x\,dx = \int_0^{\pi/2} \cos^n x\,dx = \begin{cases} \dfrac{1\cdot 3\cdot 5\cdots(n-1)}{2\cdot 4\cdot 6\cdots n}\cdot\dfrac{\pi}{2}, & \text{如果 } n \text{ 是偶整数} \geq 2 \\ \dfrac{2\cdot 4\cdot 6\cdots(n-1)}{3\cdot 5\cdot 7\cdots n}, & \text{如果 } n \text{ 是奇整数} \geq 3 \end{cases}$

郑重声明

高等教育出版社依法对本书享有专有出版权。任何未经许可的复制、销售行为均违反《中华人民共和国著作权法》,其行为人将承担相应的民事责任和行政责任;构成犯罪的,将被依法追究刑事责任。为了维护市场秩序,保护读者的合法权益,避免读者误用盗版书造成不良后果,我社将配合行政执法部门和司法机关对违法犯罪的单位和个人进行严厉打击。社会各界人士如发现上述侵权行为,希望及时举报,我社将奖励举报有功人员。

反盗版举报电话　（010）58581999　58582371
反盗版举报邮箱　dd@hep.com.cn
通信地址　北京市西城区德外大街4号　高等教育出版社法律事务部
邮政编码　100120

读者意见反馈

为收集对教材的意见建议,进一步完善教材编写并做好服务工作,读者可将对本教材的意见建议通过如下渠道反馈至我社。

咨询电话　400-810-0598
反馈邮箱　hepsci@pub.hep.cn
通信地址　北京市朝阳区惠新东街4号富盛大厦1座
　　　　　高等教育出版社理科事业部
邮政编码　100029

度量单位简表

amp	安培	HZ	赫兹
acre – ft	灌溉的水量单位，相当于1英亩1英尺深的水量，即43 560立方英尺或1233.5立方米	Joule, J	焦耳
		km	千米，公里
		knot	节（1节 = 1海里/小时 = 1.852公里/小时）
bf (board feet)	板英尺（木材的计量单位，1板英尺 = 厚1英寸、面积为1平方英尺的木材）	L	升
		lb	磅
		m	米
bpm (beats per minute)	每分钟心跳次数	mg	毫克
cm	厘米	mi	英里
cpm	每分钟记数	mm	毫米
day	天	mph	每小时英里
db	分贝	Newton, N	牛顿
deg	度	ohm	欧姆
ft	英尺	ounce, oz	盎司
′	英尺，1英尺 = 0.3048米	Pa	帕
ft/sec	英尺秒	ppm (parts per millon)	百万分之几
g	克	rad	弧度
gal	加仑	rpm	每分钟多少弧度
h	小时	sec	秒
henry	亨利	slug	斯（勒格），"英尺 – 磅（力） – 秒"制质量单位
in	英寸		
″	英寸	volt	伏特

圆锥曲线

圆是由到平面上一定点距离不变的点构成的集合.该固定点就是圆的**中心**;不变的距离就是**半径**.**椭圆**是由到平面上两个定点的距离之和不变的点构成的点集.**双曲线**是由到平面上两个定点的距离之差不变的点构成的点集.每一种情形,两个定点就是该圆锥曲线的**焦点**.**抛物线**是由到给定点和给定直线距离相等的点构成的点集.该定点就是抛物线的**焦点**;该直线就是**准线**.

标准位置的椭圆和圆

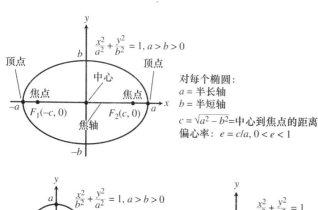

对每个椭圆:
a = 半长轴
b = 半短轴
$c = \sqrt{a^2 - b^2}$ = 中心到焦点的距离
偏心率:$e = c/a, 0 < e < 1$

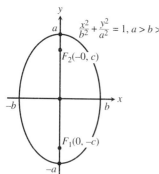

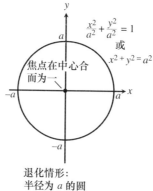

退化情形:
半径为 a 的圆

标准位置的抛物线

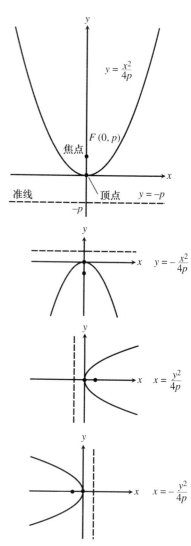

所有抛物线的偏心率 $e = 1$

标准位置的双曲线

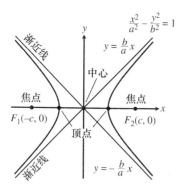

c = 中心到焦点的距离 = $\sqrt{a^2 + b^2}$
偏心率:$e = c/a > 1$
渐近线:$y = \pm(b/a)x$

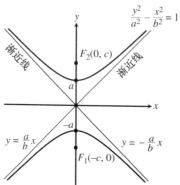

c = 中心到焦点的距离 = $\sqrt{a^2 + b^2}$
偏心率:$e = c/a > 1$
渐近线:$y = \pm(a/b)x$

在直角、柱和球坐标系中的向量算子公式:向量恒等式

Grad(梯度)、Div(散度)、Curl(旋度)和 Laplacian(拉普拉斯算子)

	直角坐标(x,y,z) $\mathbf{i},\mathbf{j}$ 和 $\mathbf{k}$ 是 x,y 和 z 增加方向的单位向量. F_x, F_y 和 F_z 是 $\mathbf{F}(x,y,z)$ 在这些方向上的数量分量.	柱坐标(r,θ,z) $\mathbf{u}_r, \mathbf{u}_\theta$ 和 $\mathbf{k}$ 是 r,θ 和 z 增加方向的单位向量. F_r, F_θ 和 F_z 是 $\mathbf{F}(r,\theta,z)$ 在这些方向上的数量分量.	球坐标(ρ,ϕ,θ) $\mathbf{u}_\rho, \mathbf{u}_\phi$ 和 $\mathbf{u}_\theta$ 是 ρ,ϕ 和 θ 增加方向的单位向量. F_ρ, F_ϕ 和 F_θ 是 $\mathbf{F}(\rho,\phi,\theta)$ 在这些方向上的数量分量.
Grad (梯度)	$\nabla f = \dfrac{\partial f}{\partial x}\mathbf{i} + \dfrac{\partial f}{\partial y}\mathbf{j} + \dfrac{\partial f}{\partial z}\mathbf{k}$	$\nabla f = \dfrac{\partial f}{\partial r}\mathbf{u}_r + \dfrac{1}{r}\dfrac{\partial f}{\partial \theta}\mathbf{u}_\theta + \dfrac{\partial f}{\partial z}\mathbf{k}$	$\nabla f = \dfrac{\partial f}{\partial \rho}\mathbf{u}_\rho + \dfrac{1}{\rho}\dfrac{\partial f}{\partial \phi}\mathbf{u}_\phi + \dfrac{1}{\rho\sin\phi}\dfrac{\partial f}{\partial \theta}\mathbf{u}_\theta$
Div (散度)	$\nabla \cdot \mathbf{F} = \dfrac{\partial F_x}{\partial x} + \dfrac{\partial F_y}{\partial y} + \dfrac{\partial F_z}{\partial z}$	$\nabla \cdot \mathbf{F} = \dfrac{1}{r}\dfrac{\partial}{\partial r}(rF_r) + \dfrac{1}{r}\dfrac{\partial F_\theta}{\partial \theta} + \dfrac{\partial F_z}{\partial z}$	$\nabla \cdot \mathbf{F} = \dfrac{1}{\rho^2}\dfrac{\partial}{\partial \rho}(\rho^2 F_\rho) + \dfrac{1}{\rho\sin\phi}\dfrac{\partial}{\partial \phi}(F_\phi \sin\phi) + \dfrac{1}{\rho\sin\phi}\dfrac{\partial F_\theta}{\partial \theta}$
Curl (旋度)	$\nabla \times \mathbf{F} = \begin{vmatrix} \mathbf{i} & \mathbf{j} & \mathbf{k} \\ \dfrac{\partial}{\partial x} & \dfrac{\partial}{\partial y} & \dfrac{\partial}{\partial z} \\ F_x & F_y & F_z \end{vmatrix}$	$\nabla \times \mathbf{F} = \begin{vmatrix} \dfrac{1}{r}\mathbf{u}_r & \mathbf{u}_\theta & \dfrac{1}{r}\mathbf{k} \\ \dfrac{\partial}{\partial r} & \dfrac{\partial}{\partial \theta} & \dfrac{\partial}{\partial z} \\ F_r & F_\theta & F_z \end{vmatrix}$	$\nabla \times \mathbf{F} = \begin{vmatrix} \dfrac{\mathbf{u}_\rho}{\rho^2\sin\phi} & \dfrac{\mathbf{u}_\phi}{\rho\sin\phi} & \dfrac{\mathbf{u}_\theta}{\rho} \\ \dfrac{\partial}{\partial \rho} & \dfrac{\partial}{\partial \phi} & \dfrac{\partial}{\partial \theta} \\ F_\rho & \rho F_\phi & \rho\sin\phi F_\theta \end{vmatrix}$
Laplacian (拉普拉斯算子)	$\nabla^2 f = \dfrac{\partial^2 f}{\partial x^2} + \dfrac{\partial^2 f}{\partial y^2} + \dfrac{\partial^2 f}{\partial z^2}$	$\nabla^2 f = \dfrac{1}{r}\dfrac{\partial}{\partial r}\left(r\dfrac{\partial f}{\partial r}\right) + \dfrac{1}{r^2}\dfrac{\partial^2 f}{\partial \theta^2} + \dfrac{\partial^2 f}{\partial z^2}$	$\nabla^2 f = \dfrac{1}{\rho^2}\dfrac{\partial}{\partial \rho}\left(\rho^2\dfrac{\partial f}{\partial \rho}\right) + \dfrac{1}{\rho^2\sin\phi}\dfrac{\partial}{\partial \phi}\left(\sin\phi\dfrac{\partial f}{\partial \rho}\right) + \dfrac{1}{\rho^2\sin^2\phi}\dfrac{\partial^2 f}{\partial \theta^2}$

向量的三重积

$(\mathbf{u} \times \mathbf{v}) \cdot \mathbf{w} = (\mathbf{v} \times \mathbf{w}) \cdot \mathbf{u} = (\mathbf{w} \times \mathbf{u}) \cdot \mathbf{v}$

$\mathbf{u} \times (\mathbf{v} \times \mathbf{w}) = (\mathbf{u} \cdot \mathbf{w})\mathbf{v} - (\mathbf{u} \cdot \mathbf{v})\mathbf{w}$

算子∇的直角坐标形式下的恒等式

下面列出的恒等式中,$f(x,y,z)$ 和 $g(x,y,z)$ 是可微数量函数而 $\mathbf{u}(x,y,z)$ 和 $\mathbf{v}(x,y,z)$ 是可微的向量函数.

$\nabla \cdot f\mathbf{v} = f\nabla \cdot \mathbf{v} + \mathbf{v} \cdot \nabla f = f\nabla \cdot \mathbf{v} + (\mathbf{v} \cdot \nabla)f$

$\nabla \times f\mathbf{v} = f\nabla \times \mathbf{v} + \nabla f \times \mathbf{v}$ $\qquad\qquad \nabla \cdot (\nabla \times \mathbf{v}) = 0$

$\nabla \times (\nabla f) = \mathbf{0}$ $\qquad\qquad\qquad\qquad\qquad \nabla(fg) = f\nabla g + g\nabla f$

$\nabla(\mathbf{u} \cdot \mathbf{v}) = (\mathbf{u} \cdot \nabla)\mathbf{v} + (\mathbf{v} \cdot \nabla)\mathbf{u} + \mathbf{u} \times (\nabla \times \mathbf{v}) + \mathbf{v} \times (\nabla \times \mathbf{u})$

$\nabla \cdot (\mathbf{u} \times \mathbf{v}) = \mathbf{v} \cdot (\nabla \times \mathbf{u}) - \mathbf{u} \cdot (\nabla \times \mathbf{v})$

$\nabla \times (\mathbf{u} \times \mathbf{v}) = (\mathbf{v} \cdot \nabla)\mathbf{u} - (\mathbf{u} \cdot \nabla)\mathbf{v} + \mathbf{u}(\nabla \cdot \mathbf{v}) - \mathbf{v}(\nabla \cdot \mathbf{u})$

$\nabla \times (\nabla \times \mathbf{v}) = \nabla(\nabla \cdot \mathbf{v}) - (\nabla \cdot \nabla)\mathbf{v} = \nabla(\nabla \cdot \mathbf{v}) - \nabla^2 \mathbf{v}$

$(\nabla \times \mathbf{v}) \times \mathbf{v} = (\mathbf{v} \cdot \nabla)\mathbf{v} - 1/2\, \nabla(\mathbf{v} \cdot \mathbf{v})$

中英文人名

Agnesi, Maria Gaetana　M. G. 阿格尼西
Albert of Saxony　萨克森的艾伯特
Abel, Neils Henrik　N. H. 阿贝尔
Ampère, André-Marie　A-M. 安培
Archimedes　阿基米德
Aristotle　亚里士多德
Babbage, Charles　C. 巴贝奇
Barrow, Issac　I. 巴罗
Bendixson, Ivar　I. 本迪克森
Berkeley, George　G. 贝克莱
Bernoulli, Daniel　Daniel 伯努利
Bernoulli, Jakob　Jakob 伯努利
Bernoulli, Johann　Johann 伯努利
Bernoulli, John　John 伯努利
Birkhoff, George David　G. D. 伯克霍夫
Bolzano, Bernhard　B. 波尔查诺
Brahe, Tycho　第谷·布拉赫
Briggs, Henry　H. 布里格斯
Cantor, Georg　G. 康托尔
Cardano, Girolamo　G. 卡达诺
Carnot, Lazare-Nicolas-Marguerite　L-N-M. 卡诺
Cauchy, Augustin-Louis　A-L. 柯西
Cavalieri, Bonaventura　B. 卡瓦列里
De Moivre, Abraham　A. 棣莫弗
Cramer, Gabriel　G. 克拉默
Dedekind, Richard　R. 戴德金
Descartes, Rene　R. 笛卡儿
Dirichlet, Peter Gustav Lejeune　P. G. L. 狄利克雷
Einstein, Albert　A. 爱因斯坦
Euclid　欧几里得
Eudoxus　欧多克索斯
Euler, Leonhard　L. 欧拉
Fermat, Pierre de　P. 费马
Fibonacci, Leonardo　L. 斐波那契
Fick, Adolf　A. 费克
Fontenelle, Bernard le Bouyer　B. B. 丰特奈尔
Fourier, Jean-Baptiste Joseph　J-B. J. 傅里叶
Frenet, Jean-Frederic　J. 弗勒内
Fubini, Guido　G. 富比尼
Galileo, Galilei　G. 伽里略
Gauss, Carl Friedrich　C. F. 高斯
Gibbs, Josiah Willard　J. W. 吉布斯
Grassmann, Hermann　H. 格拉斯曼
Green, Geroge　G. 格林
Gregory, James　J. 格雷戈里
Hamilton, William Rowan　W. R. 哈密顿
Halley, Edmund　E. 哈雷
Heaviside, Oliver　O. 赫维赛德
Hermite, Charles　C. 埃尔米特
Hilbert, David　D. 希尔伯特
Hippocrates of Chios　齐奥斯的希波克拉底
Hooke, Robert　R. 胡克

Hudde, Johan van Waveren　J. W. 赫德
Huygens, Christiaan　C. 惠更斯
Jacobi, Carl Gustav Jacob　C. G. J. 雅可比
Kepler, Johannes　J. 开普勒
Kirchhoff, Gustav Robert　G. R. 基尔霍夫
Klein, Christian Felix　C. F. 克莱因
Kovalevsky, Sonya　S. 柯瓦列夫斯基
Lacroix, Sylvestre François　S. F. 拉克鲁瓦
Lagrange, Joseph-Louis　J-L 拉格朗日
Laplace, Pierre-Simon de　P-S. 拉普拉斯
Legendre, Adrien-Marie　A. M. 勒让德
Leibniz, Gottfried Wilhelm von　G. W. 莱不尼茨
L'Hôpital, Guillaume Francois Antoine　G. F. A. 洛必达
Lindemann Carl Louis Ferdinand　C. L. F. 林德曼
Lorentz, Hendrik Antoon　H. A. 洛伦兹
Mach, Ernst　E. 马赫
Maclaurin, Colin　C. 马克罗林
Maxwell, James Clerk　G. C. 麦克斯韦
Mender, Gregor Johann　G. J. 孟德尔
Monge, Gaspard　G. 蒙日
Napier, John　J. 纳皮尔
Newton, Issac　I. 牛顿
Oresme, Nicole　N. 奥雷姆
Ostrogradsky, Mikhail Vasilievich　M. V. 奥斯特罗格拉茨基
Pappus of Alexandria　亚历山大的帕普斯
Pascal, Blaise　B. 帕斯卡
Picard, Emile　E. 皮卡
Poincare, Henri　H. 庞加莱
Poiseuille, Jean　J. 普瓦泽伊
Poisson, Simeon-Denis　S-D. 泊松
Ptolemy, Claudius　C. 托勒密
Raabe, Joseph L.　J. L. 拉贝
Rayleigh, John William Strutt　J. W. S. 瑞利
Riemann, Georg Friedrich Nernhard　G. F. B. 黎曼
Roberval, Gilles Personne de　G. P. 罗贝瓦尔
Rolle, Michel　R. 罗尔
Runge, Carl　C. 隆格
Saint Vincent, Gregory　G. 圣文森特
Simpson, Thomas　T. 辛普森
Sluse, René-François de　R-F. 斯勒思
Snell, Willebrord van Roijen　W. R. 斯奈尔
Stevin, Simon　S. 斯泰芬
Stokes, Sir George Gabriel　G. G. 斯托克斯
Tartaglia, Niccolo　N. 塔尔塔利亚
Taylor, Brook　B. 泰勒
Torricelli, Evangelista　E. 托里拆里
Viète, François　F. 韦达
Von Neumann, John　J. 冯·诺伊曼
Wallis, John　J. 沃利斯
Weber, Wilhelm　W. 韦伯
Weierstrass, Karl　K. 魏尔斯特拉斯
Zeno of Elea　埃利亚的芝诺